W0359686

# Inhalt / Contents

# Vorwort/Preface

Auf der überarbeiteten Grundlage des erstmalig 1954 verlegten LUFTFAHRTWÖRTERBUCHs (AVIATION DICTIONARY) - 1957 gefolgt von einer „Sonderausgabe für die Luftwaffe" - mit insgesamt 30 000 Wortstellen wurde der zwischenzeitlichen fachsprachlichen Entwicklung in einer 1994 erfolgten Neuauflage Rechnung getragen und der Umfang auf annähernd 50 000 Wortstellen erweitert.

Das inhaltliche Übergreifen des Gebiets der Raumfahrt wurde durch den neuen Titel des Werkes AEROSPACE-WÖRTERBUCH (AEROSPACE DICTIONARY) zum Ausdruck gebracht, da sich die Grenzen zwischen der Luftfahrt und der Raumfahrt in Teilbereichen überlappen.

In der jetzt vorliegenden Neuauflage des AEROSPACE-WÖRTERBUCHs sind seither erfolgte neuere Wortbildungen eingearbeitet sowie die auf neuen Stand gebrachte Auswahl von LUFTFAHRTDEFINITIONEN, die bisher in einem Sonderband erschienen waren, mit annähernd 6000 englischen und deutschen Grundlagendefinitionen und Definitionshinweisen als Teil 3 und Teil 4 in das Wörterbuch einbezogen worden.

Die mit einem Definitionshinweis ***(Def)*** in den Wörterbuchteilen 1 und 2 versehenen deutschen und englischen Stichwörter sind in den Teilen 3 und 4 nach Maßgabe der 1952 als NATO-Beirat geschaffenen AGARD (Advisory Group for Aerospace Research and Development) in vollem Wortlaut der letztverfügbaren englischsprachigen Originalversion bzw.ihrer deutschsprachigen Entsprechung definiert.

Der unter Theodore von Kármán erstmalig 1960 herausgegebenen AGARD-Terminologie, die auf einschlägigen Arbeiten der "British Standards Institution", der US-amerikanischen NASA (National Aeronautics and Space Administration), der ICAO (International Civil Aviation Organization) und der NATO (North Atlantic Treaty Organization) basiert, kommt im Rahmen der ständig zunehmenden, globalen internationalen Zusammenarbeit besondere Bedeutung zu. Sie wurde daher in ursprünglich acht und jetzt in zehn Sprachen (Englisch als Ausgangssprache, Deutsch, Französisch, Griechisch, Italienisch, Niederländisch, Portugiesisch, Russisch, Spanisch und Türkisch) abgefasst, um eine international koordinierte Sprachregelung für weit über 7000 fachsprachliche Begriffsbestimmungen zu ermöglichen.

Bei der deutschen Version, an der der Verfasser in Zuarbeit zur AGARD als deutscher Vertreter mitgewirkt hat, haben neuere fachsprachliche Entwicklungen teilweise zu Mehrfachbezeichnungen für ein und dieselbe englischsprachige Originaldefinition geführt. In solchen Fällen wird durch Querverweisungen *(cf/vgl)* auf die äquivalente Stichwortversion hingewiesen. Die Wiedergabe der deutschsprachigen Definitionsversion unter einem bestimmten Stichwort ist jedoch kein Präjudiz dafür, dass nur diesem Stichwort der Vorzug gegeben werden sollte. Welche der Mehrfachbezeichnungen zu verwenden ist, hängt im Einzelfall vom jeweiligen Kontext ab.

Das abschließende Zitat aus dem Geleitwort zur 1. Auflage des Wörterbuchs vom 16. Februar 1954 hat auch für diese Neuauflage seine Gültigkeit behalten:
Cescotti darf wie Maximilian Paul Emile Littré (1801–1881) mit vollem Recht sagen: „Wortbuchartige Werke sind niemals fertig; man muss sie für fertig erklären, wenn man nach Zeit und Umständen das Mögliche getan hat."

Fürstenfeldbruck und Stuttgart
Verfasser und Verlag
im Juli 2002

# Erläuterungen / Explanations

1. **Stichwortanordnung**
Die kastenförmige Anordnung von Wörtern gleichen Stammes bzw. gleichen Wortanfangs erfolgt aus Gründen der Übersichtlichkeit und um Platz zu sparen. Die Hauptstichwörter sind zur besseren Hervorhebung nach links ausgerückt und ebenso wie die nachfolgenden Stichwörter durch **Fettdruck** hervorgehoben.

2. **Alphabetische Anordnung**
Umlaute **ä, ö** und **ü** sind nicht in **ae, oe** oder **ue** aufgelöst, sondern ohne Beachtung des Umlautes alphabetisch eingegliedert.
Beispiel: Langbasis, Länge, ... Langgondel, Längsachse usw.

3. **Tilde**
Durch die Tilde (Wiederholungszeichen) ~ werden wiederholt
a) das Hauptstichwort
Beispiel: *(deutsch-englisch)* **Luv; ~seite** = Luvseite; **~winkel** = Luvwinkel; *(englisch-deutsch)* **obstruction; ~ light** = obstruction light; **~ lighting** = obstruction lighting;
b) der durch | abgetrennte erste Teil des Hauptstichwortes oder Kompositums; Beispiel: *(deutsch-englisch)* **Lande|aufforderung; ~bahn** = Landebahn; **~bahnfeuer** = Landebahnfeuer; *(englisch-deutsch)* **operat|e; ~ing** = operating; **~ion** = operation; **~ional** = operational.
Die Tilde findet auch bei unterschiedlicher Schreibweise des Wortanfanges Verwendung, da die große oder kleine Schreibweise der Anfangsbuchstaben in jedem Falle aus den Erläuterungen zu den betreffenden Stichwörtern hervorgeht.
Beispiel: *(deutsch-englisch)* **bestimm|en**...; **~ungsflughafen** *m*...; (Dass es sich hierbei um das groß zu schreibende Substantiv (Hauptwort) **Bestimmungsflughafen** handelt, geht eindeutig aus der Wortkonstruktion und der Erläuterung *m* = **Maskulinum** *od* **männlich** hervor).
*(englisch-deutsch)* **flying...**; **~ officer** Offizier *m* des fliegenden Personals *(LW)*; (In diesem Fall schreibt man **flying officer** selbstverständlich klein)... **~ Officer,** *abbr* **FO** *(E)* Oberleutnant *m (LW)*; (hier handelt es sich um den Dienstgrad des **Flying Officer** in der *Royal Air Force*, der mit großen Anfangsbuchstaben zu schreiben ist.)

4. **Definitionshinweis**
Die Definition des mit *(Def)*-Vermerk versehenen Hauptstichworts bzw. Stichworts ist in vollem englischen bzw. deutschen Wortlaut in den Teilen 3 und 4 nachzulesen. (Vergl. dazu den Hinweis im Vorwort).

5. **Bindestrich**
Wo sich Silbentrennungsstrich und Bindestrich bei zusammengesetzten englischen Wörtern am Zeilenende treffen, wird der Bindestrich am Anfang der neuen Zeile erforderlichenfalls wiederholt.

| | |
|---|---|
| Beispiel: | omni- |
| -directional | = omni-directional |
| | air- |
| worthy | = airworthy |

6. **Verwendung von *od* und *or*:**
Aus Raumersparnisgründen wurde dort, wo es die Eindeutigkeit der Ausdrücke zulässt, auf eine Wiederholung ganzer Wörter verzichtet und die verschiedenen Ausdrucksmöglichkeiten durch *od* im Deutschen bzw. durch *or* im Englischen gekennzeichnet.
Beispiel: *(deutsch-englisch)* **Luftabkommen** = air treaty *or* convention *or* agreement; d.h.

**Luftabkommen** kann mit **air treaty** oder mit **air convention** oder mit **air agreement** übersetzt werden.
*(englisch-deutsch)* **pilot (para)chute** = Auszieh- *od* Hilfsfallschirm; d.h. **pilot (para)chute** kann mit Ausziehfallschirm oder mit Hilfsfallschirm übersetzt werden.

7. **Komma, Semikolon und Punkt**
Das Komma findet nur für Aufzählungen Verwendung. – Semikolon ist hinter jeden in sich geschlossenen Ausdruck gesetzt. - Der Punkt steht am Ende jeder Stichwort- oder Sachgruppe.

8 **Verwendung von Klammern**
Außer zum Einklammern der Abkürzungen oder anderen Erläuterungen in Kursivschrift werden eingeklammert: in Antiqua gesetzte Wörter oder Wortteile, die in der Umgangssprache ohne Bedenken weggelassen werden können. Beispiel: **(air)plane** wird sowohl als **airplane** gebraucht, als auch nur mit **plane** bezeichnet. Dasselbe gilt sinngemäß für das vorhergehende Beispiel (vgl Ziff. 6) **(para)chute**, wobei **parachute** die offizielle Bezeichnung und **chute** eine allgemein gebräuchliche Kurzbezeichnung ist.

9. **Amerikanisch und Englisch**
Unterschiede in der amerikanischen und englischen Schreib- und Ausdrucksweise wurden durch *(US)* bzw. *(E)* gekennzeichnet.

10. **„Flugzeug“**
Bei Wortzusammensetzungen im Englischen wurde der Ausdruck für **Flugzeug** so in das Wörterbuch übernommen, wie er im englischsprachigen Quellenmaterial aufgeführt ist. Es werden also oft die Ausdrücke **aeroplane, airplane, plane, aircraft** anscheinend wahllos nebeneinander zu finden sein – sie lassen jedoch gewisse Rückschlüsse auf ihre Herkunft zu, wenn man weiß, dass in offiziellen Verlautbarungen, beispielsweise der ICAO, vom **aeroplane** die Rede ist. Diese Bezeichnung wird in den USA als britisch und als veraltet angesehen. Sie bedeutet dasselbe wie **airplane** in den USA. Häufig gebraucht wird die Kurzform **plane**. – Der ausdruck **aircraft (Luftfahrzeug)** wird im allgemeinen Sprachgebrauch, vor allem in England, weitgehend für **Flugzeug** angewendet. Auch hier gibt es die Kurzform **craft**. – Neutral, aber weniger gebraucht ist das Wort **flying-machine** oder kurz **machine**, das sich mit dem deutschen Begriff **Maschine** (als Bezeichnung) für **Flugzeug** deckt.

11. **Erläuternde Hinweise**
Erläuternde Hinweise auf das zu dem Stichwort gehörende Sachgebiet sind in Kursivschrift eingearbeitet. Sie sind in Klammern gesetzt und stehen im deutsch-englischen Teil (Teil 1) jeweils vor dem betreffenden englischen Wort, das sie näher erläutern.
Im englisch-deutschen Teil (Teil 2) sind sie als Erläuterung der entsprechenden deutschen Wortformulierung dieser in Klammern nachgestellt.

12. **Sachgebietskurzformen**
Soweit Sachgebietshinweise nicht voll ausgeschrieben sind, finden Kurzformen wie folgt Verwendung:

| Anwendungsgebiete der Kurzform | Verwendete Kurzform (alphabetisch geordnet) Abbreviation applied (in alphabetical order) | Scope of abbreviation |
|---|---|---|
| Abkürzung; abgekürzt | *abbr* | abbreviation; abbreviated |
| Aerodynamik; aerodynamisch | *aerodyn* | aerodynamics; aerodynamical |
| allgemein | *allg* | general |
| Artillerie | *Art* | artillery |
| Flugverkehrskontrolle; Flugsicherung | *ATC* | air traffic control |
| Ballon | *Ball* | balloon |
| Ballistik; ballistisch | *ballist* | ballistics, ballistic |
| Bodendienste; Bodenausrüstung und -einrichtungen (einschl. Land- und Wasser flugplätzen) | *Bod* | ground services, equipment and facilities (including land water aerodromes) |
| Bundeswehr | *BW* | Federal Armed Forces (Germany) |
| vergleiche | *cf* | confer; compare |
| Chemie, chemisch | *chem* | chemistry; chemical |
| England; englisch, britisch | *E* | England; English; British |
| elektronische Datenverarbeitung | *EDP* | electronic data processing |
| elektronische Datenverarbeitung | *EDV* | electronic data processing |
| Elektrizität, elektrisch | *el* | electricity; elekctrical |
| Femininum; weiblich | *f* | feminine gender |
| ferngelenkter Körper; Lenkflugkörper | *FK* | guided missile |
| Flakartillerie | *Flak* | anti-aircraft artillery |
| Flugbetrieb (ohne Flsich) | *Flbetr* | flight operations (other than ATC) |
| Flug- und Raumfahrtmedizin | *Flmed* | aviation and space medicine |
| Flugmeldedienst | *Flmelde* | aircraft warning service |
| Flugmotor (ohne Turbo) | *Flmot* | aircraft engine (other than jet engines) |
| Flugverkehrskontrolle; Flugsicherung | *Flsich* | air traffic control |
| Flugzeug | *Flzg* | aeroplane |
| Funkwesen | *Funk* | radio |
| Fernmeldewesen | *Fernm* | telecommunication |
| Hubschrauber, Helikopter | *Heli* | helicopter, rotorcraft |
| Hydraulik; hydraulisch | *Hydr* | hydraulics, hydraulic |
| Internationale Zivilluftfahrt-Organisation | *ICAO* | International Civil Aviation Organization |
| Feindnachrichten und Abwehr | *Intel* | intelligence (service) |
| Lfz-Instrumente (ohne Flmot u. nav) | *Instr* | aircraft instruments (other than engine and nav Instr) |
| Kartenwesen; Kartographie | *Kart* | cartography |
| Kraftfahrzeugwesen | *Kfz* | motor transport; automotive |
| Konstruktion & Festigkeit von Lfz | *Konstr* | aircraft structures |

| | | |
|---|---|---|
| Kriegführung | *Kr* | warfare |
| Kybernetik | *Kyb* | cybernetics |
| Luftfahrzeug (allg); Lfz schwerer als Luft; Lfz-Teile & -Bordanlagen | *Lfz* | aircraft (general); aircraft heavier-than-air; aircraft parts and systems |
| Luftfahrzeuge leichter als Luft | *Lfz l* | lighter-than-air aircraft |
| Luftkriegführung | *Lkr* | aerial or air warfare |
| Luftbildwesen | *Lphot* | aerial photography |
| Luftschutz | *LS* | air raid protection |
| Luftverkehr | *LVerk* | air transport |
| Luftwaffe | *LW* | air force |
| Maskulinum; männlich | *m* | masculine gender |
| Mechanik; mechanisch | *mech* | mechanics; mechanical |
| Meteorologie; meteorologisch | *met* | meteorology; meteorological |
| Militärwesen; militärisch | *mil* | military |
| Neutrum; sächlich | *n* | neuter gender |
| Navigation; navigatorisch | *nav* | navigation; navigational |
| oder | *od/or* | or |
| Fallschirm | *Para* | parachute |
| Plural; Mehrzahl | *pl* | plural |
| Propeller; Luftschraube | *Prop* | propeller; airscrew |
| Radar; Funkmess | *Radar* | radar |
| Raketenwesen | *Rak* | rocketry |
| Such- und Rettungsdienst | *SAR* | search and rescue (service) |
| Satellit | *Sat* | satellite |
| Singular; Einzahl | *sing* | singular |
| Slangausdruck | *sl* | slang |
| Stabilität von Lfz | *Stab* | stability of aircraft |
| Statik; statisch | *stat* | statics; static(al) |
| Taktik; taktisch | *takt* | tactics; tactical |
| Telephon; Fernsprechwesen | *Tel* | telephone; telephony |
| Turbo-Stahltriebwerk | *Turbo* | turbojet engine |
| und | *&* | and |
| Vereinigte Staaten von Amerika; amerikanisch | *US* | United States of America; American |
| und so weiter | *usw* | and so on; et cetera |
| Verb; Zeitwort | *v* | verb |
| vergleiche | *vergl/vgl* | cf.; confer, compare |

TEIL 1

# DEUTSCH - ENGLISCH

PART 1

# GERMAN - ENGLISH

# A

**A** *(ICAO- & NATO-Buchstabieralphabet)* Alfa; ~ *(altes, internationales Buchstabieralphabet)* Able.

**A-|Achse** *f (Flzg)* longitudinal *or* roll axis; **~Stand** *m (Bomben-Flzg)* front gunner's position; **~Stoff** *m(Rak)* liquid oxygen *(used in rocket propulsion).*

**Abac-Skala** *f (nav)* Abac scale ***(Def)***.

**Abbildung** *f (allg)* illustration; *(Kart)* (map) representation; **winkeltreue** ~ *(Kart)* projection without distortion of angle; conformal projection.

**Abbinden** *n (Zündanlage mit Flzg-Erdung leitend verbinden)* bonding ***(Def)***; ~ *v* bond.

**Abblase|druck** *m* blowing-off pressure; valving pressure; **~n** *v (Ball)* release gas; blow-off gas; *(Chemikalien usw aus Flzg abstäuben)* dust; **~n** *n* dusting; **~ventil** *n* blow-off valve; exhaust valve; discharge valve.

**abblend|en** *v (Kfz)* dim; **~licht** *n (Kfz)* dim-out *or* dimmed light; **~regler** *m (el)* dimmer.

**Abbrand|produkt** *n*, **gasförmiges ~~** gaseous combustion product; **~versuch** *m* firing test.

**abbrechen** *v (Gefecht)* cease *(combat)*; *(Start, Flugauftrag)* abort *v*; *den Landeanflug* ~ abort the landing; ~ *n* withdrawal *(from action).*

**abbrems|en** *v (Kfz)* brake; *(Bewegungen allg)* retard; slow (down); *(Flmot)* race *or* run up *or* power-test *(the engine)*; *(Fahrt durch wechselseitige Seitenruderbetätigung)* fishtail; swishtail; **~en** *n (Flmot)* running-up; power test (run); ground test (run); *(Fahrt usw)* fishtail(ing); swishtail(ing); **scharfes ~en** *n* abrupt deceleration; **~platz** *m (Bod)* run-up area; **~schirm** *m* retarder parachute; **~stelle** *f (Bod)* run-up position.

**Abbrenn|barkeit** *f* combustibility; **~en** *v (Treibstoff)* deflagrate.

**Abbruch|höhe** *f (Flbetr)* critical *or* break-off height, *abbr* BOH; **~strecke** *f*, **verfügbare Start(lauf)~~** accelerate-stop distance available ***(Def)***.

**Abdeck|blech** *n* cover sheet; **~en** *v (abgestelltes Flzg)* hood; **~plane** *f (Flzg)* cover; *(der Flzg-Form angepasst)* tailored cover; **~platte** *f* cover plate; access plate; **~ung** *(allg)* screening.

**abdicht|en** *v (Flzg-Höhenkabine; Motorverbrennungsraum)* seal; **~ung** *f* seal(ing).

**abdienen** *v (mil)* complete one's term of service; serve one's term.

**abdrehen** *v (Verbandsflug) sl* peel off; *(Luftkampf)* break away; *(anderen Kurs einschlagen)* veer away *or* off; ~ *n (Lufkampf)* breakaway.

**Abdrift** *f vergl* **Abtrift**.

**Abend|dämmerung** *f* evening twilight; nightfall; *bürgerliche* ~~ evening civil twilight; **~thermik** *f* evening upwind; up-wash *(due to heat rising in the evening)*; **~rot** *n* purple light; sunset glow.

**Aberration** *f (des Lichtes)* aberration *(of light)*; *differentielle ~ (Abweichung)* differential aberration.

**Abfallen** *n (Kurve)* decay.

**Abfang|auftrag** *m LKr* intercept(ion)mission; **~bahn** *f (FK)* pull-out branch; **~berechner** *m (Flzg)* flare computer; **~einsatz** *m (LKr)* intercept(ion) mission; **~en** *v (Flzg aus Gleitflug)* flatten out ***(Def)***; *(Flzg aus Sturzflug)* pull out *(of a dive)*; recover *(from a dive)* ***(Def)*** *(Flzg in Normalflugzustand bringen)* recover; *(Flzg vor dem Aufsetzen)* flare out ***(Def)***; *(Flzg im Ausrollen)* pull up; *(Feind-Flzg; Feindverband)* intercept; *(Meldung)* intercept; **~en** *n (Flzg aus Gleitflug)* flattening-out; *(Flzg aus Sturzflug)* pull-out; *(Flzg vor dem Aufsetzen)* flare (out); *(Flzg in Normalflugzustand bringen)* recovery; ~~ *aus dem Trudeln (Flbetr)* spin recovery; *(Flzg im Ausrollen)* pull-up; *(Feind-Flzg; Feindverband)* interception; air intercept(ion); *(Meldung)* interception; **bodengeleitetes ~~** *(eines Luftziels)* ground -controlled intercept(ion), *abbr* GCI; **hartes ~~** *(Flzg aus Sturzflug usw)* sudden pull-out; **~~ mittels Bordradar** *(Feind-Flzg)* airborne interception; **~~ nach Kollisionskursverfahren** *(Feind-Flzg)* collision course interception; **~~ nach Leitverfahren** *(FeindFlzg)* controlled interception; **~~ nach Treffpunktverfahren** *(Feind-Flzg)* collision course interception; **~jäger** *m (LW)* interceptor *or* fighter interceptor, *abbr* FI; **~klappe** *(Lfz)* recovery flap ***(Def)***; **~lastvielfaches** *n* manoeuvring load factor ***(Def)***; **~manöver** *n (Flbetr)* recovery manoeuvre; **~radius** *m (Flzg)* pull-out radius; **~strebe** *f (Flzg)* bracing strut; **~taktik** *f (LKr)* interception tacties; **~weg** *m (Flzg-Träger)* pull-out distance ***(Def)***.

**abfeder|n** *v (Fahrwerk usw)* cushion; spring; **~ung** *f (Fahrwerk)* springing; shock absorption.

**abfertig|en** *v (Flzg)* dispatch; **~~ nach** *(Flzg)* dispatch for; **~ung** *f (Flzg)* dispatch(ing); *(Flsich)* clearance; *(allg LVerk)* traffic handling; *nichtbehördliche* ~~ *(LVerk)* handling; **~~sbeamter** *m (LVerk)* dispatcher; **~~sbereich** *m (Bod)* service area; **~~seinrichtungen** *f/pl* **außerhalb des Flughafens** off-airport processing facilities *pl*; **~~sgebäude** *n (Bod)* terminal building; air terminal; **~~sposition** *f (Flzg)* loading stand; operational stand; **~~sstellen** *f/pl (LVerk)* clearance points *pl*; **~~szeit** *f (bis zum nächsten Einsatz: LVerk)* turnaround (time) ***(Def)***.

**abflauen** *v (Wind)* fall; lull; calm down.

**abfliegen** *v (Flzg vom Boden)* take off; start; *(einen Raum ~) (LKr)* patrol *(an area)*; *(von einem Kurswechselpunkt~)* head for.

**Abfließen** *n* **von Luft** *(Para)* spilling ***(Def)***.

**Abflug** *m (Flzg vom Boden)* take-off; fly-off; *(vom Flugplatz od Kurswechselpunkt)* departure; *(Flak)* course; ~ *mit Starthilfe (Flzg)* assisted take off; *PPI-* ~ *(Flsich)* PPI departure ***(Def)***; **~anweisungen** *f/pl (LVerk)* departure instructions *pl*; **~deck** *n (Flzg-Träger)* flightdeck; **~fläche** *f (Flbetr)* take-off climb surface ***(Def)***; **~folge** *f (Flsich)* departure sequence; **~geschwindigkeit** *f (beim Abheben des Flzgs)* take-off *or* get-away speed; **~hafen** *m* (air)port *or* (air)field of departure; **~halle** *f (Bod)* departure hall; **~kurs** *m (nav)* heading; **~~ über Grund** outbound track;

~**leistung** *f (Fimot)* take-off power; take-off rating; take-off output; starting performance; ~**meldung** *f (Flsich)* departure message; ~**ort** *m* point *or* place of departure ***(Def)***; ~**piste** *f (Flbetr)* departure runway; ~**punkt** *m (Flbetr)* departure point ***(Def)***; ~**raster** *m (Flsich)* departure slot; ~**schneise** *f* departure corridor; ~**sektor** *m (Flbetr)* take-off climb area ***(Def)***; ~**slot** *m (Flsich)* departure slot; ~**strecke** *f (Flsich)* departure route; ~~**nführung** *f (Flsich)* departure routing; ~**teil** *m (Warteverfahren;Flsich)* outbound leg; ~**trichter** *m (Bod)* take-off funnel; ~**weg** *m* departure route; ~**zeit** *f* time of departure; departure time ***(Def)***; **voraussichtliche** ~~ proposed *or* estimated time of departure, *abbr* ETD; **tatsächliche** ~~ actual time of departure, *abbr* ATD.

**Abfrage|frequenz** *f (Funk)* interrogation frequency; ~**gerät** *n* interrogator-responder, *abbr* IR; interrogator; ~**verschlüsselung** *f* interrogation coding.

**Abgabe** *f (Zoll)* tax; due(s) *(pl).*

**Abgang** *m* departure; ~**sfehler** *m (Flak)* vertical jump *(of a gun)*; ~**sflugplatz** *m (LVerk)* aerodrome of departure; ~**sort** *m* point of origin; ~**srichtung** *f* line of departure; ~**sverkehr** *m (LVerk)* outbound *or* outgoing traffic; ~**szeit** *f (Meldung)* time of dispatch.

**Abgas** *n (Flmot)* waste *or* exhaust gas, *pl* gases; emission; ~**anlage** *f* exhaust system ***(Def)***; ~**ausgleichsleitung** *f* exhaust balance line; ~**enteisung** *f (Tragflächen usw)* exhaust-heat de-icer; ~**(führungs)rohr** *n (Flmot)* tail pipe ***(Def)***; ~**gebläse** *n* exhaustgas-driven compressor; ~**gegendruck** *m* exhaust back pressure; ~**kanal** *m* waste-gas duct; exhaust passage; ~**konus** *m (Turbo)* exhaust cone ***(Def)***; ~**lader** *m (Höhen-Flmot)* exhaust-(turbine *or* turbo-)driven supercharger; ~**leitschaufel** *f (Turbo)* exhaust statorblade ***(Def)***; ~**leitung** *f* exhaust pipe; ~**rohr** *n* exhaust branch-pipe; tail pipe ***(Def)***; ~**sammelring** *m (Flmot)* exhaust collector ring ***(Def)***; ~**sammler** *m* exhaust manifold *or* collector ***(Def)***; ~**schleppe** *f* exhaust trail; ~**schubrohr** *n (Flmot)* ejector pipe ***(Def)***; ~**strahl** *m* exhaust gas stream; *(Turbo)* propulsive jet; ~**stutzen** *m* stub pipe; exhaust stack ***(Def)***; ~**system** *n* exhaust system; ~**temperatur** *f (Turbo)* exhaust gas temperature, *abbr* EGT ***(Def)***; jet pipe temperature; ~**turbine** *f* exhaust (gas) turbine; *(Flmot)* blowdown turbine ***(Def)***; ~**turbolader** *m* exhaust-driven turbo-supercharger; ~**verwertung** *f* utilization of waste *or* exhaust gases; ~**wärme(aus)tauscher** *m* exhaust heat exchanger.

**abgeblendet** *(Kfz)* dimmed.

**abgebrochene| Landung** *f (Flbetr)* balked landing; ~**r Landeanflug** *m (Flbetr)* balked approach.

**abgedichtete Kabine** *f (Flzg)* sealed cabin ***(Def)***.

**abgehend** *(Flug)* outbound; outward.

**abgelaufener Reisepass** *m* expired passport.

**abgeschaltetes Triebwerk** *n* dead engine.

**abgeschirmte|Zündanlage** *f (Flmot, el)* screened ignition system ***(Def)***; ~**r Nasenausgleich** *m (Lfz)* shrouded balance ***(Def)***.

**abgesetzte Stelle** *f (Fernm)* remote station.

**abgestrebte Tragfläche** *f (Flzg)* braced wing.

**abgewandte Seite** *f* far side.

**abgieß|en** *v (chem)* spray off; pour off; ~**gerät** *n* spray device.

**Abgleich|fehler** *m (Funk)* alignment error; ~**ung** *f (Funk)* alignment.

**abhängen** *v (sl)* overtake an aircraft; put distance between.

**Abhebe|geschwindigkeit** *f (Flbetr)* lift-off speed; take-off speed ***(Def)***; *(besonders See-Flzg)* get-away speed; **sichere** ~~*(Flbetr)* take-off safety speed ***(Def)***; ~**kontakt** *m (FK)* take-off contact; ~**n** *v (Flzg)* pull up; take off; *E sl* hoick off; unstick; lift off; become *or* get airborne; *(Flzg am Boden)* break ground; *sl* get her away; pull her up *(on reaching flying speed)*; ~**punkt** *m (Lfz-Start)* lift-off *or* unstick point; ~**zeit** *f (Flbetr)* airborne time; time off *(the ground).*

**Abhilfemaßnahme** *f* corrective action.

**Abholkommando** *n* aircraft ferrying detachment.

**Abhör|dienst** *m (Funk)* monitoring or interception service; *(Tel)* tapping service; ~**en** *v* pick up; intercept; listen; monitor; *(Tel)* tap; ~**gefahr** *f* danger of interception; ~**stelle** *f* intercepting *or* monitoring station.

**abkipp|en** *v (Flzg nach vorn)* pitch down *(by the nose)*; *(Flzg in einer überzogenen Kurve)* stall *(out of a turn)*; *(Flzg über eine Tragfläche)* fall off *(on one wing)*; wing over; ~**en** *n (Flzg beim Überziehen)* roll-off ***(Def)***; stall dive; *schwaches* ~~ *(Flbetr)* weak stall; ~~ *über die Tragfläche (Flbetr)* wing stall(ing); ~**geschwindigkeit** *f (Flzg)* stalling speed ***(Def)***; **angezeigte** ~~ *(Lfz)* indicated stalling speed ***(Def)***; ~**messung** *f* stall test; -~**moment** *n (beim Überziehen des Flzgs)* stalling moment.

**Abkling|dauer** *f (Schwingung)* decay time; ~**effekt** *m* relaxation effect; ~**en** *n (Impuls)* decay; ~**ende aperiodische Bewegung** *f (Stab)* subsidence ***(Def)***; ~**ende Welle** *f (aerdyn)* attenuating wave; ~**ende Schwingung** *f* decaying oscillation.

**abkommandieren** *v (mil)* detach; detail.

**abkomm|en** *v (Flzg vom Kurs)* deviate; wander off course; *(Flzg bei Start/Landung von Startbahn)* swing off *or* run-off *(the runway)*; ~**en** *n (Art)*, das ~~ **melden** call the shot; **Haager** ~**en** *n* Hague Convention; ~**en** *f* **über die Internationale Zivilluftfahrt** Convention on International Civil Aviation; ~**genauigkeit** *f (Art)* accuracy of aim.

**abkoppeln** *v (Raum-FK)* undock; ~ *n* undocking.

**abkühl|en** *v* cool off; lose heat; reduce temperature; ~**ung** *f*, *adiabatische* ~*ung (met)* adiabatic cooling; lapse rate; *nächtliche* ~*ung* nocturnal cooling; ~**ungsgeschwindigkeit** *f* cooling speed; cooling rate.

**Ablagerung** *f*, *stromleitende* ~ *(Zündkerze)* conducting deposits *pl.*

**ablandig** off-shore; ~**er Wind** *m (met)* off-shore *or* land wind.

**abla|ssen** *v (Kraftstoff)* drain; *(Luft)* deflate; ~**sshahn** *m* drain cock; ~**ssstopfen** *m* drain plug; ~**ssventil** *n* drain *or* relief valve; *(Turbo)* dump valve ***(Def)***.

**Ablation** *f (Abschmelzung)* ablation; -~**skühlung** *f* ablation cooling; ~**sschicht** *f* ablative coating; ~**sschutzschicht** *f* ablative-protection layer; ~**süberzug** *m* ablative coating; ~**swerkstoff** *m* ablative material.

**Ablauf|bahn** *f (für See Flzge)* seaplane *or* landing ramp; slipway; ~**punkt** *m (nav)* point of orientation; initial point, *abbr* IP; *(Flsich)* gate ***(Def)***.

**ableisten** *v (Wehrdienst)* serve *(in the armed forces)*.

**Ableit|ung** *f* derivative; ~**(ungs)widerstand** *m (el)* leak(age) resistance.

**Ablenk|blech** *n* deflector baffle; ~**en** *v (Funk; Radar)* deflect; *(Kompass)* deviate; ~**feld** *n (Radar)* deflection field; ~**filterung** *f (Flmct)* momentum separation ***(Def)***; ~**kraft** *f* deflecting force; ~**platte** *f* deflector; ~**ung** *f (Radar)* deflection; *(Kompass)* deviation; distraction; ~**ung nach links** *(Wind)* backing of wind direction *(shifting counter-clockwise)*; ~**ung nach rechts** *(Wind)* veering of wind direction *(shifting clockwise)*; **veränderliche** ~**ung** *f (el)* variable sweep; ~**ungsangriff** *m (LKr)* diversionary attack; feint attack; diversion; ~**ungsfilterung** *f (Flmot)* momentum separation ***(Def)***; ~**verstärker** *m (PPI-Radar)* PPI driver.

**Ablese|fehler** *m* error in reading; read-out error; ~**genauigkeit** *f* accuracy of reading; ~**marke** *f* index line *or* mark; ~**n** *v (Instrumente)* read; ~**n** *n* reading.

**Ablesung** *f* reading.

**Ablös|eblase** *f* **der laminaren Strömung** *(aerodyn)* laminar-separation bubble; **laminare** ~**eblase** *f* laminar-separation bubble; ~**en** *v (Luftströmung vom Profil)* stall; separate; break away; *(zum Fliegen ungeeignetes Personal)* dismiss for unfitness; eliminate; *sl* wash out; ~**en** *n (Luftströmung)* separation ***(Def)***; **laminares** ~**en** *n (aerodyn)* laminar separation ***(Def)***; **turbulentes** ~**n** *(aerodyn)* turbulent separation ***(Def)***; ~**ung** *(Luftströmung)* separation *or* detachment *(of the airflow)*; airflow separation; unfitness, elimination; *sl* wash-out; *(einer Schicht; Verbundwerkstoff)* delamination; ~**ung** *f* **der Strömung an der Hinterkante** *(Flzg-Tragfläche)* trailing-edge (flow) separation; ~**ungsbesatzungsmitglied** *n (LVerk)* relief crew member; ~**ungspunkt** *m (aerodyn)* separation point ***(Def)***; ~**ungsquote** *f (bei Ausbildung, insbesondere von Flugschülern)* elimination rate; attrition rate; *(E)* wastage rate; *sl* wash-out rate; ~**ungszone** *f (aerodyn)* stall zone; area of separation.

**abmontieren** *v (allg)* dismount; *(Tragflächen bei Überbeanspruchung in der Luft)* pull off; break up *(in the air)*.

**Abnahme** *f (Fluggerät)* acceptance; taking-over; *(Mond)* waning *(of the moon)*; **kleine** ~ decrement; ~**bericht** *m* acceptance report; ~**beschluss** *m* proof firing test *or* trial; ~**flieger** *m* test pilot; ~**flug** *m* acceptance flight; test flight; commissioning test (flight); *sl* shakedown flight; ~**probelauf** *m (Flmot)* acceptance test *or* run; ~**verweigerung** *f* rejection.

**abnehm|bar** *(Flzg-Teile)* removable; detachable ~**bare Gondel** *f (Lfz)* pod ***(Def)***; ~**barer Tragflügel** *m* detachable wing; ~**en** *v (Fluggerät)* take over; accept; *(Flzg-Teile)* remove, take away; ~**en** *n (Geschwindigkeit)* deceleration; retardation; decrease; ~**ender Mond** *m* waning moon.

**Abnutzungs|kampf** *m (mil)* battle of attrition; ~**krieg** *m (mil)* war of attrition.

**abpatrouillieren** *v (mil)* patrol.

**Abpraller** *m (Art)* ricochet; ~**bombenwurf** *m (LKr)* skip bombing.

**abregnen** *v (Chemikalien aus Flzg)* spray; ~ *n (aus Flzg)* aerial spraying.

**Abreiß|anstellwinkel** *m (aerodyn)* stalling angle ***(Def)***; ~**en** *v (Luftströmung vom Profil)* stall; separate; break off *or* away; burble; ~**en** *n (Luftströmung vom Profil)* stalling; breaking away; breakdown of the airflow; separation ***(Def)***; (flow) breakaway; **symmetrisches** ~~ *(aerodyn)* symmetric(al) breakdown; ~**gebiet** *n (aerodyn)* area of separation; zone of burbling; ~**geschwindigkeit** *f (Strömung)* stalling speed ***(Def)***; ~**punkt** *m (aerodyn)* burble point ***(Def)***; ~**schnur** *f (Para)* breaking *or* rip cord; *(Handgranate)* fuse cord; ~**zone** *f (aerodyn)* stall zone ~**zünder** *m (Art)* friction igniter; ripcord igniter; ~**zündung** *f* touch-spark ignition; coil ignition.

**Abrieb** *m (Verschleiß von Motorteilen usw)* wear; abrasion; ~**prüfung** *f* abrasion test.

**abriegel|n** *v (takt)* block; interdict; box in; ~**ung** *(takt)* interdiction; ~**ungsfeuer** *n (takt)* (box) barrage; ~**ungsfront** *f (takt)* bolt position.

**Abroll|bahn** *f (Bod)* turn-off taxiway; ~**kurve** *f (Bod)* exit curve; ~**weg** *m (Bod)* turn-off *or* exit taxiway.

**Abruf** *m* call; *auf* ~ on call; ~**bereitschaft** *f (30-Minuten-Bereitschaft: LKr)* on call (readiness).

**Abrundung** *f* blunting.

**abrutschen** *v (Flzg nach hinten)* tail-slip; *(seitlich)* fall off; slide; sideslip; ~ *n (Flzg nach hinten)* tail slide ***(Def)***; *(seitlich)* side slipping.

**absacken** *v (Flzg über Schwanz)* pitch down *(by the tail)*; *(Landung)* pancake.

**absaufen** *v sl (Segel-Flzg)* lose height *(owing to lack of up-currents)*; ~ *n (Segel-Flzg)* forced landing *(of a glider)*.

**Absaug|klappe** *f (Lfz)* suction flap ***(Def)***; ~**schlitz** *m (Lfz)* suction slot ***(Def)***.

**Abschalten** *n* **des Triebwerks, schnelles** ~ *(Lfz)* power out-off.

**Abschattung** *f (von Flughindernissen)* shielding.

**Abschätzung** *f* estimation.

**abscher|en** *v (Fahrwerk)* shear (off); ~~ *n* shearing (off); ~**festigkeit** *f* shear(ing) strength; ~**ung** *f* shear.

**Abschied** *m (mil)* discharge; resignation; *ehrenvoller* ~ honourable discharge; *den* ~ *erhalten v* be placed on the retired list; *den* ~ *nehmen v* resign (one's commission).

**abschießen** *v (Luftziele)* shoot down; *Sl* bag; *(FK)* launch.

**abschirm|en** *v (Zündkerze) (E)* screen; *(US)* shield; ~**en** *n (Leitwerk)* blanketing; ~**ung** *f (Flmot)* glow screen ***(Def)***; *(E)* screening; *(US)* shielding; ~**ungseffekt** *m (Fernm)* screen effect.

**Abschlepp|dienst** *m* towing service; recovery service; ~**en** *v* tow off *or* away; ~**en** *n* towing; ~**wagen** *m* wrecking truck *or* car; wrecker; *(E)* break-down lorry.

**Abschluss|bericht** *m* final report; ~**bogen** *m (Tragfläche)* curved wing tip; ~**impedanz** *f (el)* terminal impedance; ~**landung** *f (Flbetr)* full stop landing, *abbr* FSL; ~**leiste** *f (Profilhinterkante)* trailing edge (strip); ~**meldung** *f* final report; ~**prüfung** *f* final test.

**Abschmelz|kühlung** *f* ablation cooling; **~schutzschicht** *f* *(FK)* ablative-protection layer; **~ung** *f* ablation; **~(wirk)stoff** *m (FK)* ablative material.

**abschmieren** *v (Flmot usw)* lubricate; *(Lfz-Unfall)* crash; *~n (Flbetr)* roll-off.

**Abschnappkupplung** *f (Flmot)* impulse starter ***(Def)***.

**abschneiden** *v (takt)* isolate; interdict; *(LKr)* intercept; *-n (takt)* isolation; interdiction; *(LKr)* interception.

**Abschnitt** *m (takt)* section; sector; area; **~seinteilung** *f (takt)* division of sectors; **~sflugmeldestellung** *f (Flmelde)* sector air-warning position; **~sflugmeldezentrale** *f (Flmelde)* main *or* sectional aircraft reporting station; **~sgrenze** *f (takt)* sector boundary; **~sleitung** *f* sector control; **~sreserve** *(takt)* sector *or* local reserve; **~sweise** by sectors.

**abschott|en** *v (Flugboot)* divide *or* partition into bulkheads; **~ung** *f* compartmentalization.

**Abschrägung** *f* chamfer; bevel.

**abschraub|bar** unscrewable; detachable; **~en** *v* unscrew; screw off.

**Abschub** *m* **auf dem Luftweg** air evacuation.

**Abschuss** *m (Art)* discharge *(of a gun)*; *(Luftziel)* bringing down; knocking out; *sl* kill; downed enemy airplane; victory in aerial combat; *(LKr: Sprechfunkverkehr:Pilot an Jägerleitoffizier)* "Tallyho!"; *senkrechter ~ (FK)* vertical ascent; **~entfernung** *f (LKr)* firing distance; *(Flak)* slant range *(to present position)*; present slant range; **~plattform** *f (Rak)* launching platform; **~punkt** *m (Flak)* present position *(at moment of firing)*; **~position** *f, in ~~ gehen (Luftkampf)* to manoeuvre (*US* maneuver) for the kill; *in ~~ sein (Luftkampf)* to be in at the kill.

**Abschwung** *m (Kunstflug)* bunt ***(Def)***; *(mit [gerissener] Halbrolle eingeleitet)* split "S" ***(Def)***.

**Absender** *m (Fernm)* originator.

**absenkbar** droopable.

**absetz|en** *v (nav)* plot a course; *(Funk)* transmit *(by radio)*; *(Fallschirmtruppen)* land para(chute) troops; *(Ladung usw)* discharge; *(Gerät abschreiben)* write off equipment; **~en** *n* **mit Fallschirm** para(chute) drop; **~er** *m (Fallschirmtruppen)* despatcher ***(Def)***; jumpmaster *(of paratroops)*; **~geschwindigkeit** *f* dropping speed; bail-out velocity; **~höhe** *f* drop(ping) altitude *or* height; *niedrige ~~* low release height; **~manöver** *n (Luftlandetruppen)* landing manoeuvre (*US* maneuver); **~raum** *m (Luftlandungen)* landing area *(for airborne troops)*.

**Absinken** *n* diminution; *(einer Luftmasse; met)* subsidence.

**absolut|e Feuchte** *od* **Feuchtigkeit** *f (met)* vapour concentration ***(Def)***; **~e Gipfelhöhe** *f (Flbetr)* absolute ceiling ***(Def)***; **~e Höhe** *f* absolute altitude ***(Def)***; **~e Photometrie** *f* absolute photometry; **~e Temperatur** *f (met)* absolute temperature; **~er Geräuschmesser** *m (Instr)* objective noise-meter ***(Def)***; **~fahrtmesser** *m (Flzg)* true airspeed indicator; true air speedometer; **~geschwindigkeit** *f (über Grund)* ground speed; **~höhenmesser** *m* absolute altimeter ***(Def)***; **~ladedruck** *m (Flmot)* manifold pressure ***(Def)***; **~ladedruckmesser** *m* manifold pressure gauge ***(Def)***; **~lichtmessung** *f* absolute photometry.

**Absolvent** *m (eines Lehrganges usw)* graduate.

**Absonderung** *f* quarantine.

**Absorptions|koeffizient** *m (met)* absorption co-efficient; **~schicht** *f (met)* absorbing layer.

**abspreng|bare Kabine** *od* **Kapsel** *f (Lfz)* ejection capsule; **~bares Kabinendach** *n (Lfz)* jettisonable canopy *or* hood; **~en** *v (Kabinendach usw)* jettison; *(Bombenträger)* blow off; **~kanone** *f (Lfz)* ejection gun ***(Def)***.

**abspringen** *v (aus Flzg)* jump *or* bail out *(by parachute)*; parachute; *~ n* jumping off.

**absprühen** *v (Chemikalien usw aus Flzg)* spray; *~ n* spraying.

**Absprung** *m (parachute)* jump; jump-off; *~ mit verzögerter Öffnung des Fallschirmes* delayed drop ***(Def)*** *or* jump; **~(flug)platz** *m* advanced landing ground; jump-off base; *(US)* staging base; **~geschwindigkeit** *f* bail-out velocity; **~zone** *f* drop zone.

**Abstand** *m (Luftschraubenspitzen vom Boden/Wasser) (ground/water)* clearance; *(zwischen den Tragflächen von Doppeldeckern)* gap; *(Propellerspitzen von Lfz-Teilen)* propeller structural clearance; *(Tastfunkzeichen)* spacing; **~sbestimmung** *f (nav)* determination of distance; **~sbestimmungsgerät** *n (Flsich)* distance measuring equipment, *abbr* DME; **~sermittlung** *f*, **photographische** *~~* photographic scaling technique; **~sfeuer** *n (Bod)* marker light; **~sgleich** equidistant; **~sstrebe** *f (Flzg)* drag strut ***(Def)***; **~swerfen** *n (LKr)* pattern bombing; **~szünder** *m* proximity fuse.

**abstäuben** *v (Chemikalien usw aus Flzg)* dust; *~ n (Chemikalien usw)* dusting.

**absteigen** *v (Luftströmung)* descend; **~der Ast** *m (ballist)* descending branch *(of a trajectory)*.

**Abstell|bahnhof** *m (E)* railway *or (US)* railroad yard; **~en** *v (Flzg am Abstellplatz)* park; line-up; *(Schwimmer-Flzg am Strand)* beach; **~en** *n (Flzg in Halle)* hangarage; **~fläche** *f (Bod)* ramp; apron ***(Def)***; tarmac; *Bereich m der ~~* apron area; *Randzone f der ~~* apron margin; **~gebühr** *f (LVerk)* parking charge; **~platz** m *(für Flzge)* parking place *or* area; *(Auflockerung/Auslagerung)* dispersal area; *(Hallenvorfeld)* apron; tarmac; **Flugbetriebs~~** *(Bod)* flight line ***(Def)***.

**Abstimm|kreis** *m (Funk)* tuner circuit; **~spruch** *m (Funk)* tuning message; **~stufe** *f (Funk)* tuner circuit.

**abstoß|ende Kraft** *f* repulsive force; **~(ungs)kraft** repulsive force.

**Abstrahl|richtung** *f (Radar)* direction of beam; **~ung** *f* radiation; emission of rays; **~ungs(öffnungs)winkel** *m (Fernm)* beam spread angle; **~winkel** *m (Radar)* angle of radiation.

**Abstreifring** *m (Flmot)* scraper *or* stripper ring.

**abstreuen** *v (takt)* sweep *or* spray with fire.

**Abstrom** m *(aerodyn)* flow downwash.

**Abstufung** *f (Kart)* graduation.

**Abstumpfung** *f* blunting.

**Absturz** *m (Flzg)* crash; *zum ~ bringen v (LKr)* down.

**abstürzen** *v (Flzg)* go down; crash.

**Abstützung** *f*, **seitliche** ~ *(Stützschwimmer am Flugboot)* lateral support.

**absuchen** *v (Scheinwerfer)* search; sweep; *(Radar)* sweep; scan; *(Gelände)* search.

**Abtast|einrichtung** *f (Radar)* scanning device; **~en** *v* scan: **~en** *n (Radar)* scanning; **~fleck** *m (Radar)* scanning spot; **~geschwindigkeit** *f (Radar)* (antenna) scan rate *or* scanning speed; **~methode** *f (Radar)* scanning technique; **~periode** *f (Radar)* time base; **~umsetzung** *f (Radar)* scan conversion; **~ung** *f (Radar)* scanning; *rasterförmige ~~* raster scanning; **~vorrichtung** *f (Radar)* scanning assembly.

**Abstransport** *m* **auf dem Luftweg** air evacuation ***(Def)***.

**Abtrift** *f (nav)* drift ***(Def)***; leeway; **~anzeiger** *m* driftmeter; drift indicator; **~fehler** *m (nav)* drift error; **~geschwindigkeit** *f* lateral velocity; drift velocity; **~kompass** *m* drift compass; **~kurs** *m (nav)* drift set; **~messer** *m* driftmeter *or* drift sight ***(Def)***; *optischer ~~*drift sight ***(Def)***; **~rechner** *m (nav-Gerät)* drift computer; **~schreiber** *m (Instr)* drift recorder; **~tabelle** *f (nav)* drift table; **~winkel** *m (nav)* drift angle ***(Def)***; angle of drift.

**abtrudeln** *v (Flzg)* go into a spin; enter a spin.

**Abwärtsbö** *f (met)* downward gust; *sl* air pocket; *sl* hole in the air.

**Abwassern** *n (See-Flzgstart)* water lift-off.

**Abwehr** *f (takt)* (active) defence *(US defense); (Schutz)* protection; *(Abwehrdienst: mil)* military security; counter-espionage; intelligence (service); **~angelegenheit** *f (Intell)* security matter; **~bereitschaft** *f (mil)* defensive preparedness; defensive stand-by; **~bewaffnung** *f* defensive armament; **~bewegung** *f (Luftkampf)* evasive action; *(takt)* defensive movement; **~dienst** *m (Intell)* (counter-)intelligence (service); **~erfolg** *m (mil)* defensive success; defensive results *pl*; **~jäger** *m (Lkr)* interceptor (fighter); defensive fighter; **~kampf** *m* defensive combat; **~kräfte** *f/pl* defensive forces *pl*; **~mittel** *n* defence means *pl*; defensive agent; **~offizier** *m (Abwehrdienst)* security *or* intelligence officer; **~stelle** *f (Abwehrdienst)* military security control office.

**abweich|en** *v (Kompassnadel; Flzg vom Kurs)* deviate; **~ung** *f (Kompass usw)* deviation; declination ***(Def)***; *(ballist)* deflection *(of a projectile)*; *differentielle ~~* differential aberration; *seitliche ~~ vom Kurs (über Grund) (nav)* across-track error; *wahrscheinliche ~~ (nav)* probable error; **~ungsfehler** *m (ILS)* displacement error; *angezeigter ~~ (ILS)* indicated displacement error; **~ungslinie** *f (magnetische Abweichung: Kart)* isogonic line; isogonal.

**abweisen** *v (takt)*, **Angriff** ~ repel; repulse.

**Abweitung** *f (nav)* departure ***(Def)***.

**abwerf|bar** *(Kraftstoffbehälter usw)* droppable; slip-; jettisonable; dischargeable; **~barer Tank** *m (Lfz)* jettisonable tank ***(Def)***; **~barer Rumpfaußenbehälter** *m (Lfz)* belly tank ***(Def)***; **~bares Gewicht** *n (Lfz l)* dischargeable weight ***(Def)***; **~bares Kabinendach** *n (Lfz)* jettisonable canopy *or* hood; **~bares Rettungsfloß** *n* pararaft ***(Def)***; **~en** *v (Bomben)* drop *(bombs)*; *sl* lay eggs; *(mit Fallschirm ~en)* paradrop; *(Kabinendach; Bombenaußenträger)* jettison; *(Flugblätter)* drop leaflets *(from the air)*; **~en** *n (Versorgungsgüter)* supply dropping.

**Abwesenheit** *f* **der Schwerkraft** absence of gravity.

**Abwicklungskommando** *n (mil)* winding-up detachment; demobilization detachment.

**Abwind** *m (met)* descending current; down(ward air) current; down-draft; *(aerodyn)* (flow) downwash ***(Def)***; **~winkel** *m (aerodyn)* downwash (angle); **~zone** *f (aerodyn & met)* downwash field.

**abwracken** *v (Flzg usw)* break up; wreck.

**Abwurf** *m* release; dropping; jettisoning; **~bahn** *f (Bomben)* (air-to-ground) trajectory; **~behälter** *m (Kraftstoff)* slip(per) tank; expendable *or* drop tank ***(Def)***; jettison(able) tank; *(unter dem Flzg-Rumpf)* belly tank: *(für Versorgung aus der Luft)* aerial delivery container; **~meldung** *f (aus Flzg)* drop message; **~munition** *f (LKr)* bombs *pl*; mines *pl*; torpedoes *pl (etc. when dropped from aircraft); (US)* airmunitions *pl*; **~platz** *m (Versorgungsabwurf)* dropping station *or* range; **~raketengeschoß** *n (LKr)* rocket projectile, *abbr* RP; **~rauchzeichen** *n* smoke signal; **~rechengerät** *n (LKr)* bombing calculator; **~sonde** *f (met)* dropsonde; **~~nmessung** *f (met)* dropsounding; **~vorrichtung** *f (Bomben-Flzg)* bomb-release mechanism *or* gear; **~zielgerät** *n* bomb sight; **~zone** *f* drop zone.

**abwürgen** *v sl (Flmot)* stall *or* conk *or* choke *(an engine)*.

**abziehen** *v (Luftschraube)* dismount; remove; pull off; ~ *n (der Luftschraube)* dismounting; removing; pulling off.

**Abzug** *m (Lphot)* (photo)print; *(bei Waffen)* trigger; **entzerrter** ~ *(Lphot)* rectified print.

**Abzweigung** *f (Luftstraßen: Flsich)* junction.

**Achs|(ab)stand** *m (Lfz)* wheel base ***(Def)***; **~druck** *(Flzg-Fahrwerk)* axle load; **~e** *f* axle; axis; *durchgehende ~~ (Fahrwerk)* cross-axle; *flugzeugfeste ~~ f/pl (aerodyn)* body axes *pl* ***(Def)***; *gekröpfte ~~* dropped axle; *gestürzte ~~* cambered axle; *geteilte ~~* split axle; *(halb)fliegende ~~* (semi-)floating axle; *körperfeste ~~ n pl (aerodyn)* body axes *pl* ***(Def)***; **~en** *f/pl*, **schiefwinklige** ~~ oblique (-angled) axes *pl*; **~enkreuz** *n*, **erdfestes** ~~ earth-fixed axis system; **flugbahnfestes** ~~ flight path axis system; **~feder** *f* axle spring; **~lager** *n* axle bearing; **~schenkel** *m* wheel spindle; axle bar; stub axle; steering knuckle *or* stub; **~stand** *m* wheel base ***(Def)***; **~stummel** *m* axle journal; stub axle; **~sturz** *m* pivot *or* kingpin inclination; **~versetzung** *f (Lfz)* axle offset ***(Def)***.

**Acht** *f (Kunstflug)* eight; figure of 8; **langsame** ~ *(Kunstflug)* lazy eight; **~el** *n (met)* okta ***(Def)***; **~eraus** aft; **~eraus sein** to be astern; **~ern** astern; aft; **~ersteven** *m (Lfz)* stern post ***(Def)***; **~ungssignal** *n (LVerk)* attention signal.

**Adapt|er** *m (el)* adapter, **~iervermögen** *n (Flmed)* adaptability.

**Adcock|-Antenne** *f (Funk)* Adcock antenna; **~-Peiler** *m (Funk)* Adcock direction finder.

**Adiabat|e** *f (met)* adiabat; **~endiagramm** *n (met)* adiabatic diagram *or* chart; **~isch** *(dynamische Erwärmung und Abkühlung: met)* adiabatic ***(Def)***; **~~e Abkühlung** *f* **durch Kondensation** *(met)* adiabatic condensation; **~~e Kondensation** *f (met)* adiabatic condensation; **~~e Schichtung** *f (met)* adiabatic stratification; **~~e Zustandsänderung** *f (met)* adiabatic change; **~~er Nebel** *m (met)* adiabatic fog: **~~er Prozess** *m (met)* adiabatic process.

**Adjutant** *m (mil)* adjutant; aid(e) (-de-camp), *abbr* ADC; executive officer; *sl* adje.

**Admiral** *m (mil)* admiral; ~**sschiff** *n (mil)* flagship; ~**stab** *m (mil)* naval staff; ~**stabschef** *m (mil)* chief of naval staff.

**adre|ssanzeigende Gruppe** *f (Fernschr)* address indicating group, *abbr* AIG; ~**ssat** m *(Fernm)* addressee; ~**ssbezeichnung** *f (Fernm)* address designation; ~**sse** *f (Anschrift)* address; ~**sszeile** *f (Fernm)*, **verkürzte** ~~ shortened address.

**Advekti|on** *f (met)* advection ***(Def)***; ~**onsnebel** *m (met)* advection fog; ~**ve (Luft-)Strömung** *f (met)* advection current.

**Aero|ballistik** *f* aeroballistics; ~**ballistische Flugbahn** *f (FK)* aeroballistic trajectory; ~**ballistische Versuchsanlage** *f* gun tunnel; ~**ballistischer Flugkörper** *m* aeroballistic missile; ~**biologie** *f* aerobiology; ~**dyn** *n (Lfz)* aerodyne; heavier-than-air aircraft ***(Def)***.

**Aerodynamik** *f* aerodynamics ***(Def)***; *angewandte* ~ applied aerodynamics; ~ *bei schallnahen Geschwindigkeiten* transonic aerodynamics; ~ *des Rumpfes (Flzg)* body aerodynamics; ~ *des Rumpfhecks (Flzg)* afterbody aerodynamics; ~ *des schallnahen Bereichs* aerodynamics of transonic flight; transonics; ~ *kompressibler Strömungen* compressible aerodynamics; *konventionelle od allgemeine* ~ conventional aerodynamics; *linear(isiert)e* ~ linear(ized) aerodynamics; ~ *geringer Gasdichte od verdünnter Gase* rarefied aerodynamics.

**aerodynamisch** aerodynamic(al); ~ *günstig* low-drag; ~**e Aufheizung** *f* aerodynamic heating; ~**e Ausgereiftheit** *f* aerodynamic efficiency; ~**e Dämpfung** *f* aerodynamic damping ***(Def)***; ~**e Hysteresis** *f* aerodynamic hysteresis; ~**e (mittlere) Flügeltiefe** *f (Flzg)* aerodynamic mean chord ***(Def)***; ~**e Nachwirkung** *f* aerodynamik hysteresis; ~**e Schränkung** *f* aerodynamic twist; ~**e Stabilität** *f (Lfz)* aerodynamic stability ***(Def)***; ~**e steifigkeit** *f (Stab)* aerodynamic stiffness ***(Def)***; ~**e Torsion** *f* aerodynamic twist ~**e Verwindung** *f* aerodynamic torque *or* twist ***(Def)***; ~**e Vollkommenheit** *f* aerodynamic efficiency, ~**er Ansatz** *m* law of aerodynamics; ~**er Auftrieb** *m* aerodynamic lift ***(Def)***; ~**er Ausgleich** *m (Prop)* aerodynamic balance ***(Def)***: ~**er Bodeneffekt** *m (Flbetr)* aerodynamic(al) ground effect; ~**er Koeffizient** *m* aerodynamic coefficient; ~**er Ruderausgleich** *m (Lfz)* aerodynamic balance ***(Def)***; ~**er Übergang** *m (nach Karman)* Karman fillet; ~**er Widerstand** *m* aerodynamic drag; ~**er Zeitverzug** *m* aerodynamic lag; ~**es Drehmoment** aerodynamic torque ***(Def)***; ~**es Fluggerät** *n* aerial vehicle; ~**es Gesetz** *n* aerodynamic law; ~**es Moment** *n* aerodynamic moment; ~**es Nacheilen** *n* aerodynamic lag; ~**es Schütteln** *n (Leitwerk)* aerodynamic buffeting.

**aerolast|isch** aerolastic; ~~**e Flugzeugkonstruktion** *f od* **-struktur** *f* aerolastic aeroplane structure; ~~**e Schwingungen** *f/pl (Konstr)* flutter ***(Def)***; ~~**es Auskippen** *n (Konstr)* aerolastic divergence ***(Def)***; ~**izität** *f (Konstr)* aeroelasticity ***(Def)***.

**Aero|gramm** *n* aerogram; ~**hydrodynamik** *f* aerohydrodynamics; ~**kartograph** *m (Gerät)* aerocartograph; ~**kinetik** *f* aerokinetics; ~**klimatologie** *f* aeroclimatology; ~**Klub** *m* Aero-Club; ~**lastik** *f* aeroelasticity; aerolastics; ~**logation** *f (nav)* pressure pattern flying ***(Def)***; ~**loge** *m* aerologist; ~**logie** *f (Höhenwetterkunde)* aerology; ~**logisch** aerological; ~**logische Messung** *f (met)* atmospheric *or* air sounding; ~**mechanik** *f* aeromechanics; ~**meter** *n* aerometer; ~**metrie** *f* aerometry; ~**nautik** *f* aeronautics; ~**nautisch** aeronautical; ~**nomie** *f* aeronomy; ~**pause** *f (met)* aeropause ***(Def)***; ~**photogrammetrie** *f* aerophotogrammetry; ~**physikalisch** aerophysical; ~**sphäre** *f* aerosphere; ~**stat** *m* aerostat; lighter-than-air aircraft ***(Def)***; ~**statik** *f* aerostatics; ~**statische Kraft** *f (Lfz l)* aerostatic lift; ~**thermodynamik** *f* aerothermodynamics.

**Affenfahrt** *f sl (Flzg)* flying at high speed; *sl (E)* hell-for-leather flying.

**ageostrophisch** *(met)* ageostrophic.

**Aggregatzustand** *m* aggregate state.

**Agrarluftfahrt** *f* agricultural aviation.

**Ähnlichkeit** *f*, **geometrische** ~ geometric similarity; ~**stheorie** *f* similarity theory; ~**sverhältnis** *n* similarity ratio.

**Akku|(mulator)** *m (el)* accumulator; *sl* ac; (storage) battery; ~**(mulatoren)raum** *m* battery compartment; ~**(mulatoren)säure** *f* battery acid.

**Aktionsradius** *m (Flzg)* radius of action ***(Def)*** *or* operation *or* navigation; effective range.

**aktiv|e Funkstörung** *f* active radio interference; ~**e Gewitterzone** *f* active thunderstorm area; ~**e Lenkung** *f (FK)* active guidance; ~**e Zielsuchlenkung** *f (FK)* active homing (guidance) ***(Def)***; ~**es Lenksystem** *n (Rak)* active control system; ~**ierungsenergie** *f* activation energy.

**Akusti|k** *f* acoustics; ~~ *der Atmosphäre* acoustics of atmosphere; ~**sche Anzeige** *f* audio presentation; ~**sche Energie** *f* acoustic energy; ~**sche Isolation** *f* acoustic insulation; ~**sche** *od* **Schallsignalisation** *f* audible *or* audio warning; ~**sche Welle** *f* acoustic(al) wave; ~**sche Zielsuchlenkung** *f (FK)* acoustic homing; ~**scher Druck** *m* acoustic(al) pressure; ~**scher Höhenmesser** *m (Instr)* acoustic(al) altimeter; ~**scher Mach-Zahl-Anzeiger** *m (Instr)* acoustic machmeter; ~**sches Echolot** *n (Instr)* sonic altimeter ***(Def)***; ~**sches Machmeter** *n (Instr)* acoustic machmeter; ~**sches Minimum** *(Funkpeilung)* (aural) null ***(Def)***; ~**sches Warnsignal** *n* audio warning.

**Alarm** *m* alarm; *(LS)* air-raid warning; *blinder* ~ false alarm; ~ *aus (LS)* all clear; ~**abstellplatz** *m (Bod)* alert plattform; ~**bereit** *(mil)* on the alert; ~**bereitschaft** *f* alarm readiness; alert stand-by; ~**dienst** *m (Flsich)* alerting service ***(Def)***; ~**gerät** *n* **gegen unbefugtes Eindringen** intrusion detection device; **selbsttätiges** ~**gerät** *n* auto-alarm device; ~**ieren** *v* alert ***(Def)***; ~**platz** *m* alarm station; ~**signal** *n* alarm signal; ~**sirene** *f (LS)* (air raid) siren; ~**start** *m (LKr)* scramble; aircraft srambling; ~~ *machen (LKr)* to scramble; ~**startplatz** *m (Bod)* alert platform; ~**stelle** *f (Flsich)* alerting post ***(Def)***; ~**stufe(n)** *f (pl) (Flsich)* emergency phase(s) *(pl)* ***(Def)***; *(mil)* alert phase; ~**stufe 1** *(Ungewissheitsstufe; Flsich)* uncertainty phase, *abbr* INCERFA ***(Def)***; ~**stufe 2** *(Bereitschaftsstufe: Flsich)* alert phase, *abbr* ALERFA ***(Def)***; ~**stufe 3** *(Notstufe: Flsich)* distress phase, *abbr* DETRESFA ***(Def)***; ~**zeichen** *n* alarm signal; *optisches* ~~ visual alarm signal; ~**zentrale** *f (Flsich)* alerting centre.

**Algorithmus** *m*, **programmierender** ~ *(EDV)* programming algorithm.

**Alkladblech** *n* alclad.

**Alkoholtreibstoff** *m* alcohol-blended fuel; spirit propellant.

**allein|fliegen** *v* go *or* fly solo; ~**flieger** *m* solo flyer; ~**flug** *m* solo (flight); *erster* ~~ first solo (flight); ~**flugberechtigung** *f (Zwischenschein)* solo certificate; ~**flugerfahrung** *f* solo experience; ~**flugzeit** *f (ICAO)* solo flight time ***(Def)***.

**allgemeine | ärztliche (Tauglichkeits-)Untersuchung** *f* general medical examination; ~ **Luftfahrt** *f (ICAO)* general aviation; *Internationale* ~~ *(ICAO)* international general aviation, *abbr* IGA; *Flugzeug n der Allgemeinen Luftfahrt* general-aviation aeroplane; ~ **Wetterübersicht** *f* general inference ***(Def)***.

**Alliierte Taktische Luftflotte** *f (LW)* Allied Tactical Air Force, *abbr* ATAF.

**All | radantrieb** *m (Kfz)* all-wheel drive; ~**strom** *m (el)* universal current; ~**stromempfänger** *m (Funk)* AC/DC receiver.

**Allwetter | (flug)betrieb** *m* all-weather operations *pl*; ~**jäger** *m (LW)* allweather fighter, *abbr* AWX ftr; night fighter; *(US)* fighter interceptor; ~**landesystem** *n (Bod)* all-weather landing system; ~**landung** *f (Flbetr)* allweather landing.

**Allzweck-** *(Lfz)* pantobase ***(Def)***; multi-purpose...

**Almukantarat** *m (Azimutalkreis: nav)* almucantar.

**alphanumerische Anzeige** *od* **Darstellung** *f (EDV)* alphanumeric display.

**Alternativstreckenführung** *f (LVerk)* alternative routing.

**Alter | sgrenze** *f* age limit; ~**sgruppe** *f (mil)* age group; ~**ung** *f*, **künstliche** ~~ *(Material)* forced aging; ~**ungsversuch** *m*, **beschleunigter** ~~ accelerated aging test.

**Alto | kumulus** *m (met)* alto-cumulus (cloud) ***(Def)***; ~**stratus** *m (met)* alto-stratus (cloud) ***(Def)***.

**Alu | legierung** *f* aluminium (*US* aluminum) alloy; ~**minium** *n* aluminium; *(US)* aluminum; ~**miniumblech** *n* sheet aluminium.

**Amateurflieger** *m* private flyer; amateur flyer.

**Ambosswolke** *f (met)* anvil cloud.

**Amphibi | enluftfahrzeug** *n (meist ~enflugzeug)* amphibian ***(Def)***; ~**enhubschrauber** *m* amphibian helicopter; ~**en-Schwingenflügler** *m* amphibian ornithopter; ~**entrag-schrauber** *m* amphibian gyroplane; ~**sch** amphibious; ~**sche Zugmaschine** *f* amphibian tractor, *abbr* amtrack; ~**um** *n (Flzg)* amphibian.

**Amplitude** *f (Funk)* amplitude; *komplexe* ~ complex amplitude; *Linie f gleicher* ~ *(Fernm)* equisignal line; *Zone f gleicher* ~ *(Fernm)* equi-signal zone ***(Def)***; ~**nempfindlichkeit** *f* amplitude sensitivity; ~**nmodulation** *f (Funk)* amplitude modulation, *abbr* AM; ~**nmoduliert** *(Funk)* amplitude-modulated; ~**nvergleich** *m (Funk)* amplitude comparison.

**Amts | chef** *m* director *or* chief of an office; ~**eid** *m* oath of office; ~**geheimnis** *n* official secret

**an Masse legen** *v (el)* grounding ***(Def)***.

**AN-Verfahren** *n (nav) (Komplementärtastung von Strahlungsdiagrammen zur Bildung eines Leitstrahles)* AN method *(complementary keying of radiation diagrams forming an equisignal zone)*.

**ana | batischer** Luftstrom *m (met)* anabatic air current; ~**front** *f (met)* anafront (*short for* anabatic front).

**Analog | anzeige** *f (EDV)* analog(ue) display; ~**-Digital-Umsetzer** *m (EDV)* analog-to-digital converter; ~**e Darstellung** *f (EDV)* analog representation; ~**rechner** *m (EDV)* analog(ue) computer.

**Analyse** *f (met)* analysis; *statistische* ~ statistical analysis.

**Anblas | (e)richtung** *f (aerodyn)* direction of air-flow; ~**geschwindigkeit** *f (der Piste durch Abgasstrahl)* blasting speed; ~**winkel** *m (aerodyn)* angle of attack; airflow angle.

**an Bord** aboard; ~ **gehen** *v* embark.

**Anderthalb | decker** *m (Flzg)* sesquiplane ***(Def)***; ~**stieler** *m (Flzg)* one-and-a-half-strutter.

**Änderungs | gruppe** *f (met)* change group; ~**satz** *m (Flzg)* modification kit.

**Andocken** *n (von Lfz)* docking.

**Andreh | klaue** *f (Kurbelwelle)* crankshaft starting jaw; ~**kurbel** *f (Flmot)* starting handle; crank starter.

**Andruck** *m (Schwerkraft)* G-load.

**andrücken** *v (Flzg)* push on the stick; push the nose down; *sl* nose down, push down; put on speed; ~ *n (Flzg)* push-down.

**Anemo | graph** *m (Windschreiber)* anemograph ***(Def)***; ~**meter** *n (Windmesser)* anemometer ***(Def)***.

**anerkannte(r) | luftfahrttechnische(r) Organisation** *f od* **Betrieb** *m (ICAO)* approved maintenance organization ~**Prüfer** *m* **für Luftfahrtgerät** licensed aircraft engineer ***(Def)***.

**Anerkennung** *f* **gegenseitige** ~ *(von Lufttüchtigkeitszeugnissen: ICAO)* rendering *(a certificate of airworthiness)* valid.

**Aneroidbarometer** *n (Luftdruckanzeiger: met)* aneroid barometer ***(Def)***.

**Anfahrwirbel** *m (aerodyn)* cast-off vortex.

**Anfänger** *m (Flugschüler)* beginner; learner; *sl* tyro; novice (pilot); neophyte pilot; ~**schulflugzeug** *n* primary *or* ab initio trainer.

**Anfang** *m* **der Piste** *(Bod)* approach end *or* take-off end of runway;

**Anfangs | anflug** *m* initial approach, *abbr* INA ***(Def)***; ~**anflugbereich** *m (Flsich)* initial approach area ***(Def)***; ~**anflugmindesthöhe** *f (Flsich)* minimum initial approach altitude; ~**anflugweg** *m (Flbetr)* initial approach path; ~**geschwindigkeit** *f (Vo) (eines Geschosses)* muzzle velocity; initial velocity; ~**steigflug** *m (Flbetr)* initial climb; ~~**geschwindigkeit** *f (Flbetr)* (initial) climb-out speed; ~~**leistung** *f (Lfz)* first stage climb performance; ~**wirbel** *m (aerodyn)* cast-off vortex.

**anfliegen** *v* approach; *(ein Ziel ~: LKr)* run up.

**Anflug** *m (Zielflug)* approach; *(Rückflug)* homing; *(auf Angriffszeil: LKr)* run-up; *abgebrochener* ~ *(Flbetr)* discontinued *or* aborted approach; *gekrümmter od kurvender* ~ curved approach; *gleichmäßiger* ~ steady approach; *hindernisfreier* ~ unobstructed approach; ~ *mit Gas (Flzg)* power approach ***(Def)***; ~ *mit horizontaler Radarführung f* plan position *or* PPI approach ***(Def)***; ~ *mit laufendem Triebwerk* power(-on) approach; ~ *mit nichtarbeitendem Triebwerk* unpowered approach; ~ *mittels Bodenradar (nav)* ground controlled approach, *abbr* GCA; *Neunziggrad-~ (nav)* ninety-degree approach; ~ *ohne Verfahrenskurve (Flsich)* straight-in approach; *PAR* ~ precision approach

*(Def)*; *PPI* ~ PPI approach *(Def)*; *stabilisierter* ~ stabilized approach; *steiler* ~ steep approach; *überwachter* ~ monitored approach; **~anzeigegerät** *n (nav)* direction indicator; **~bahn** *f (Bod)* approach path; **~befeuerung** *f (Flugplatz)* approach lighting *or* lights *pl* *(Def)*; **~beginn** *m, voraussichtlicher* ~~ *(Flsich)* expected approach time, *abbr* EAT *(Def)*; **~(bereich)** *m approach (Def)*; **~blitzbefeuerung** *f (Bod)* approach flashlighting system, *abbr* AFLS; **~fläche** *f (Flsich)* approach surface *(Def)*; **~folge** *f (Flsich)* approach sequence *(Def)*; **~funkfeuer** *n (nav)* homing *or* approach *or* locator *(Def)*; **~genehmigung** *f (Flsich)* approach clearance; **~geschwindigkeit** *f* approach speed *(Def)*; **~grundlinie** *f (Flsich)* flight base line; principal course of approach; (extended) centre-(US center) line *(of the runway)*; **~hilfsmittel** *n/pl (nav)* approach aids *pl* *(Def)*; **~höhe** *f*, **Sinken** *n* **auf** ~~ *(Flbetr)* penetration *(Def)*; **~kontrolldienst** *m (Flsich)* approach control service *(Def)*; **~kontrolle** *f (Flsich)* approach control *(Def)*; *Berechtigung f für* ~~ approach control rating; **~kontrollradar(gerät)** *n (Flsich)* approach control radar, *abbr* ACR *(Def)*; **~kontrollstelle** *f (Flsich)* approach control (office) *(Def)*; **-kurs** *m (nav)* approach(ing) course; ~~ *über Grund (nav)* inbound track; **~lärm** *m* approach noise; **~-Leerlaufzustand** *m (Flmot)* approach idling conditions *pl* *(Def)*; **~leitstrahl** *m (Funk)* approach beam; **~leuchtfeuer** *n (Flsich)* approach light beacon *(Def)*; **~lotse** *m (Flsich)* approach controller; **~peilung** *f (nav)* homing; approach bearing; **~punkt** *m (Zielpunkt)* point of destination; **~radar** *n (Flsich)* approach control radar, *abbr* ACR; precision approach radar, *abbr* PAR; *Berechtigung f für* ~~approach radar rating; **~~lotse** *m (Flsich)* approach radar controller; **~richtung** *f* direction of approach; **~schneise** *f* approach lane; **~sektor** *m* approach area *(Def)*; *(Leitstrahl)* on-course zone; *hindernisfreier* ~~ *(Bod)* obstacleless approach(ing) sector; **~bezugsfläche** *f* approach surface; **~simulation** *f (Flbetr)* dummy approach; **~sinkverfahren** *n (Flsich)* let-down *(Def)*; **~steuerkurs** *m*, **missweisender** ~~ *(nav)* inbound magnetic heading; **~system** *n*, *GCA-*~~ ground-controlled approach system, *abr* GCA *(Def)*; **~trichter** *m (Flsich)* approach funnel *(Def)*; - **und Landehilfsmittel** *n/pl (nav)* approach-and-landing aids *pl* *(Def)*; **~verfahren** *n (nav)* approach procedure; *(Durchstoßverfahren)* let-down procedure; *abgekürztes* ~~ abbreviated procedure; *ausgeflogenes* ~~ full procedure; **~weg** *m* approach route *or* path; approachway; **~winkel** *m* approach angle; angle of approach; **~~befeuerung** *f (Bod)* angle-of-approach indicator system *(Def)*; **~zeitpunkt** *m* approach time; *voraussichtlicher* ~~ *(Flsich)* expected approach time, *abbr* EAT *(Def)*.

**Anforderung** *f*, **körperliche** ~ *(Flmed)* physical requirement; **~en** *f/pl* **für die Ausstellung eines Ausweises** *(ICAO)* certification requirements *pl*.

**angeblasene Klappe** *f (Flzg)* down flap *(Def)*.

**angebotene Nutzlast** *f (LVerk)* airlift *(Def)*.

**angefachte aperiodische| Bewegung** *f (Stab)* divergence *(Def)*; ~ **Längsbewegung** *f (Stab)* longitudinal divergence *(Def)*; ~ **Seitenbewegung** *f (Stab)* lateral divergence *(Def)*; ~ **Spiralbewegung** *f (Stab)* spiral divergence *(Def)*.

**Angehöriger** *m* **des** *(fliegertechnischen)* **Bodenpersonals** *(LW)* ground crew member.

**angelenkt|er Massenausgleich** *m (Konstr)* remote mass-balance weight *(Def)*; **~es Blatt** *n (Heli)* articulated blade *(Def)*; **~es Hilfsruder** *n (Lfz)* geared tab *(Def)*.

**angestellt** *(Klappe od Flosse: Flzg)* set.

**angetrieben** powered; **nicht** ~ powerless.

**angezeigte|Abkippgeschwindigkeit** *f (Lfz)* indicated stalling speed *(Def)*; ~ **Fluggeschwindigkeit** *f (Lfz)* indicated airspeed, *abbr* IAS *(Def)*; ~ **Höhe** *f (Instr)* indicated altitude *(Def)*.

**angreifen** *v* attack; *(im Tiefflug mit Bomben, Raketen und Bordwaffen: LKr)* strafe.

**Angriff** *m (mil)* attack; *(auf Erdziele)* ground attack; strafing; *(im Sturzflug)* dive *or* diving attack; *(von hinten)* tail attack; attack from the rear; *(von oben)* attack from above; *(von unten)* attack from below; *(von vorn)* frontal attack; **~sabschnitt** *m (takt)* attack sector; zone of (action in) attack; **~saufstellung** *f (takt)* battle array; **~sanflug** *m (LKr)* strike; **-sbereitstellung** *f (takt)* assembly for attack; **~sbewaffnung** *f* offensive armament; **~sbomber** *m* attack-bomber; **~sbreite** *f (takt)* frontage in attack;attack frontage; **~sflugzeug** *n* attack *or* strike aircraft; *(für Tiefangriffe)* strafer plane; **~shöhe** *f (LKr)* air-attack *or* bombing altitude; **~skraft** *f (takt)* striking potential; **~sraum** *m (takt)* zone of attack; **~swaffe** *f* weapon of attack; offensive weapon; **~szeit** *f (takt)* time of attack; zero hour; **~sziel** *n (LKr)* target; objective; *erstes* ~~ *(takt)* immediate objective; *erstrangiges* ~~ *(LKr)* panaceea target; **~szwischenziel** *n (takt)* intermediate objective.

**anhaftender Wirbel** *m (aerodyn)* adjacent vortex.

**Anhänger** *m (Kfz)* trailer; tender; **~kupplung** *f (Kfz)* trailer coupling.

**anheben** *v (Wolken: met)* lift; ~ *n* **der Wolken** cloud lift.

**Anheizzeit** *f (Funk)* heating-up period; heating-time.

**Anker** *m* anchor; (Zündmagnet) armature; *vor* ~ *liegen (Flugboot)* lie at anchor; **~boje** *f* anchor buoy; **~eisen** *n* tie bar; **~grund** *m* anchorage; **~lampe** *f* riding lamp; **~licht** *n od* **~leuchte** *f* anchor(ing) *or* riding light; **~mast** *m (Luftschiff)* mooring mast; anchor tower; **~mine** *f (mil)* anchored mine; moored mine; **~n** *v* anchor; **~platz** *m* anchorage; moorning ground *or* place *or* area; **~seil** *n (Para)* static cable *(Def)*; *(Lfz l)* centre-point pennant *(Def)*; **~stange** *f* tie bar; **~tau** *n (Lfz l)* centre-point pennant *(Def)*.

**ankommend** *(LVerk)* inward; inbound.

**Ankoppeln** *n (Raum-FK)*, **automatisches** ~ automatic docking.

**Ankündigungs|kommando** *n (mil)* preparatory command; **~signal** *n* warning signal.

**Ankunft** *f* arrival; **~skurs** *m (Flsich)* course of arrival; **~sort** *m* place *or* point of arrival; **~szeit** *f* time of arrival; arrival time; *tatsächliche* ~~ actual time of arrival, *abbr* ATA; *voraussichtliche* ~~ estimated time of arrival, *abbr* ETA.

**Anlage** *f*, **elektrische** ~ electrical system *(Def)*; **Flugüberwachungsinstrumenten-** ~ flight instrument system (Def); *pneumatische* ~ *(Lfz)* pneumatic system *(Def)*; **~nausfall** *m* facility failure; **~nliste** *f* **zur Ausrüstungsnachweisung** *(US LW)* equipment component list, *abbr* ECL; **~nstörung** *f* facility failure; **~nverfügbarkeit** *f (Bod)* facility availability; **~nzuverlässigkeit** *f (Bod)* facility reliability.

**Anlandung** *f (takt)* landing.

**anlass|en** *v (Turbo)* light up; buzz up; *(Flmot)* start (up); ~**en** *n (Flmot)* starting (-up); ~~ **in der Luft** *(Turbo, Flmot)* air start; ~**einspritzanlage** *f (Flmot)* priming system; ~**einspritzpumpe** *f (Flmot)* primer ***(Def)***; ~**einspritzung** *f (Flmot)* priming.

**Anlasser** *m (Flmot)* (self-)starter, *elektrischer* ~ *(Flmot)* electric starter ***(Def)***; *Gas*~ gas-starter; combustion-type starter; *Kabinen*~ cockpit starter, *mechanischer* ~ mechanical *or* hand starter; *Patronen*~ cartridge *or* breech starter; *Pressluft*~ compressed-air starter; *Schwungkraft*~ inertia starter, *Summer*~ buzzer-type starter.

**Anlass|gasturbine** *f (Turbo)* turbine *or* turbo-starter ***(Def)***; ~**gerät** *n (Batteriewagen)* ground starter unit; ~**knopf** *m (Flzg)* starter button; ~**kraftstoff** *m* priming fuel; ~**kraftstoffschalter** *m (Turbo)* starting fuel switch *(fälschlicherweise auch:* auto sequence *or* fuel sequence switch) ***(Def)*** ~**magnet** *m (Zündnalage)* starting magneto; ~**motor** *m* starter *or* starting motor; starter *or* starting booster; ~**pumpe** *f* starting pump; ~**spule** *f (Zündanlage)* booster coil ***(Def)***; ~**verbrennungsmotor** *m (Flmot)* internal-combustion starter ***(Def)***; ~**verneblerpumpe** *f* priming pump; ~**vorgang** *m* starting-up procedure; ~**wagen** *m (für Düsenjäger usw)* starting truck; battery cart; auxiliary power unit, *abbr* APU ***(Def)***; ~**zündkerze** *f (Turbo)* igniter plug ***(Def);*** ~ **(zünd)spule** *f (Flmot)* booster coil ***(Def)***; ~**zündung** *f* starting ignition.

**Anlauf** *m (Flzg)* take-off run; starting run; *(Prop)* shank; ~**steuerung** *f (FK)* launch control.

**Anlege|n** *n (von Lfz)* docking; ~**stelle** *f (von See-Flzgn)* mooring area.

**Anleitungsmaterial** *n* guidance material.

**Anlenkbolzen** *m (Flmot)* wrist pin ***(Def)***; ~**ende** *n (Flmot)* wrist-pin end ***(Def)***.

**Anmarsch** *m (takt)* approach (march); advance to attack; *entfalteter* ~ *(takt)* advance in developed formation.

**Anmeldung** *f* notification.

**annäher|n** *v (Feind-Flzg im Anflug: LKr)* bear down; ~**ung** *f (Flbetr)* closing-in; ~~ *an den überzogenen Flugzustand (Flbetr)* approach to stall; ~~**sgeschwindigkeit** *f (Flsich, LKr)* rate of closure; closing rate *or* speed; ~~**smarsch** *m (takt)* approach march; ~~**swarnanzeiger** *m (Bord-Radar)* proximity warning indicator, *abbr* PWI; ~~**swinkel** *m (Flbetr)* convergence angle; ~~**szünder** *m* proximity fuse.

**Annahme|organisation** *f (mil)* recruitment organization; ~**rate** f *(Flsich)* acceptance rate; ~**stelle** *f (mil)* recruiting office; acceptance centre; *(US)*center; ~**urkunde** *f od* ~**dokument** *n (eines Abkommens)* instrument of acceptance.

**Anoxie** *f (Flmed)* anoxia ***(Def)***.

**Anpass|en** *n (Tel)* alignment; ~**ungsfähigkeit** *f (Flmed)* adaptability; ~**verstärker** *m (Fernm)* buffer amplifier.

**anpeilen** *v (Funk & nav)* take bearings; ~ *n (Funk & nav)* taking of bearings; radio direction finding, *abbr* DF.

**Anrechnung** *f* **von Flugzeit** *(Flbetr)* crediting of flight time.
**Anregung** *f*, **elektronische** ~ electron(ic) exitation.

**Anreicherungsdüse** *f (Flmot)* enrichment jet *or* nozzle.

**Anriss** *m* fissure.

**Anrollrampe** *f (für See-Flzg)* seaplane (landing) ramp.

**Anruf** *m (Funk)*, **erster** ~ initial call(up); ~**ordner** *or* ~**verteiler** *m (Fernm)* connection allotter.

**Ansatz** *m (an Steuerfläche usw)* extension; *(Tragflächen~)* wing root; *(Preis)* rate; ~**tragfläche** *f (Flzg)* stub wing *or* plane ***(Def)***.

**ansaug|en** *v (Flmot)* aspirate; suck in; draw in; ~**en** *n (Flmot)* aspiration; suction stroke; ~~ *von Fremdkörpern (Turbo)* foreign object *or* debris ingestion; ~**hub** *m (Flmot)* intake stroke; suction stroke; ~**kammer** *f (Flmot)* surge chamber; ~**leitung** *f (Flmot)* intake *or* induced *or* induction manifold ***(Def)***; ~**luftheizung** *f (Flmot)* intake air heater ***(Def)***; ~**luftöffnung** *f* (air) intake; -**luftsammler** *m (Flmot, Turbo)* plenum chamber ***(Def)***; ~**luftverteiler** *m (Flmot)* induction manifold ***(Def)***; ~**stutzen** *m (Flmot)* air scoop; ~**takt** *m (Flmot)* intake stroke; suction stroke; ~**ventil** *n (Turbo)*, **selbsttätiges** ~~ air compressor intake throttle ***(Def)***.

**Anschlag|** *m* **für kleine Steigung** *od* **Flacheinstellung** *(Prop)* fine pitch stop; ~ **für Steilstellung** *od* **große Steigung** *(Prop)* coarse pitch stop; ~**zünder** *m* percussion fuse.

**Anschluss** *m (LVerk)* connection; ~**blatt** *n (Kart)* adjacent sheet; ~**flug** *m (LVerk)* connecting flight; ~**klemme** *f (el)* connector block ***(Def)***; ~**knotenstück** *n (Flzg)* attachment fitting; ~**kupplung** *f (Luftbetankung)* reception coupling ***(Def)***.

**anschnall|en** *v (auf Flzg-Sitz)* strap (in); *sich* ~~ strap oneself in; ~**gurt** *m (Flzg-Sitz)* safety belt; safety band; securing *or* seat belt; ~**gurtschnalle** *f* safety-belt buckle, .~**vorrichtung** *(Flzg)* safety-belt assembly.

**Anschriften|kenngruppe** *f (Ferm)* addressee indicator; ~**zeile** *f (Fernm)*, **verkürzte** ~~ shortened address.

**Anschuss** *m (einer Waffe)* sighting shot.

**anschweben** *v (Flzg zur Landung)* glide for a landing; come in for a landing; ~ *n (Flzg zur Landung)* gliding for a landing; approach for a landing; ~ *mit Gas* powered approach..

**ansetzen**, **zur Landung** ~ *v* come in to land.

**anspannen** *(Spannkabel) v* tighten up.

**ansprech|*en*** *v (Flzg auf Steuerausschläge)* respond (to); ~**en** *n (Flzg usw)* response to control; control response; controllability; responsiveness; ~**geschwindigkeit** *(Flzg usw)* operating speed; speed of response.

**anspringen** *v (Flmot)* start; *(Turbo)* light; ~ *n (Flmot)* starting.

**Anstellwinkel** *m (Tragfläche; Höhenflosse)* angle of incidence ***(Def)***; *(Luftschraube)* angle of pitch; blade angle; ~ *für Nullauftrieb* angle of zero lift; *kritischer* ~ *(aerodyn)* angle of stall ***(Def)***; *Flügel m mit großem* ~ high-incidence wing; *überkritischer* ~ supercritical angle of attack; ~**anzeiger** *m (Instr)* incidence indicator ***(Def)***; ~**bereich** *m & n (Tragfläche; Höhenflosse)* incidence range; *(Luftschraube)* pitch range; ~**steuerung** *f (Lfz, FK)* pitchcontrol ***(Def)***; ~**verstellung** *f (Heli)* feathering ***(Def)***.

**ansteuer|n** v steer towards; head *or* make for; set the course for; ~**ungsfeuer** *n (Flsich)* homing beacon; homing light;

directional beacon; ~**ungsfunksteuer** *n (Funk)* homing radio beacon; location radio beacon; localization radio beacon; localizer.

**Anstiegszeit** *f (Überschallknall)* rise time; ~ *bis zur Spitze (Überschallknall)* time-to-peak.

**Anströmwinkelmesser** *m (Instr)* yawmeter ***(Def)***.

**antarktische Luft** *f (met)* antarctic air.

**Antenne** *f (Funk)* aerial ***(Def)***; antenna (*US nur: antenna)*; *belastete* ~ loaded antenna; *dachförmige* ~ canopy-type antenna; *geknickte* ~ arrow antenna; *gleichphasige* ~ cophasal antenna; *künstliche* ~ dummy antenna; *L-*~ arrow antenna; ~ *mit Rundwirkung* omnidirectional antenna, *offene* ~ open antenna; *phasengleiche* ~ cophasal antenna: *schirmförmige* ~ canopy-type antenna, *versenkte* ~ *(Funk)* suppressed aerial ***(Def)***; ~**nabstimmgerät** *n* antenna tuner; ~**nabstimmung** *f* antenna *or* aerial tuning; ~**nanlage** *f* antenna assembly: ~**nanordnung** *f (Funk)* antenna array; ~**nantrieb** *m* antenna drive; ~**nanpassgerät** *n* antenna tuner; **-napertur** *f* aerial aperture; ~**ndiagramm** *n* antenna pattern; ~**ndraht** *m* antenna wire; ~**nei** *n* aerial *or* antenna weight; ~**neinführung** *f* antenna lead-in; ~**neingang** *m* aerial lead-in; ~**n(ein)speisung** *f* antenna feed; ~**nfehler** *m (bei Schleppantennen)* vertical error; antenna effect; ~**ngewinn** *m* antenna gain; ~**ngruppe** *f* antenna array; ~**nhalterung** *f* antenna socket; ~**nkoppler** *m* antenna coupler; ~**nkuppel** *f (am Lfz)* radome ***(Def)***; ~**nleistung** *f* antenna power; ~**nlitze** *f* antenna strand; ~**nnachführung** *f* antenna tracking *or* following; ~**nnachlauf** *m (Radar)* aerial following; ~~ **steuerung** *f (Radar)* aerial following control; ~**nöffnung** *f* aerial aperture; ~**nrahmen** *m* aerial loop; ~**nreflektor** *m* antenna reflector; ~**nrichtcharakteristik** *f* aerial directivity; ~**n(richt)diagramm** *n* aerial directional (radiation) pattern; ~**nrichtdiagramm** *n* antenna directivity diagramm *or* pattern; ~**nrichtwirkung** *f* aerial directivity; ~**nschleife** *f* aerial loop; ~**nspeisung** *f* antenna feed; ~**nstrahl** *m* aerial beam; ~**n(strom)kreis** *m* antenna loop; ~**nsystem** *f* **für Mehrfachempfang** diversity (antenna) system; ~**nverluste** *(m/pl)* aerial losses *pl*; ~**nverstärker** *m* aerial amplifier; ~**nzuleitung** *f* aerial lead-in.

**Anti|-G-Anzug** *m* anti-g suit ***(Def)***; water suit ***(Def)***; ~**kapillarschicht** *f (Bod)* impervious membrane; ~**klopfkraftstoff** *m* antiknock (fuel); ~**klopfmittel** *n* antiknock agent; antiknock compound; fuel dope; ~**passat** *m (met)* antitrade winds *pl* ***(Def)***; antitrades; counter-trades; westerlies; brave west winds; *sl* roaring forties; ~**rakete(n-Rakete)** *f (LKr)* antimissile (missile); ~**rollkabel** *n(Lfz)* anti-rolling wire ***(Def)***; ~**rotation** *f* reverse rotation; counterrotation; ~**stalleinrichtung** *f (Flzg)* antistall device; ~-**Stoßwellenventil** *n (Flmot)* anti-surge valve ***(Def)***; ~**symmetrisches Flattern** *n (aerodyn)* anti-symmetrical flutter ***(Def)***; ~**trudeleinrichtung** *f (Flzg)* antispin (device); ~**zyklone** *f (met)* anticyclone ***(Def)***; area of high pressure; high (pressure area).

**Anschlusskupplung** *f (Luftbetankung)* reception coupling ***(Def)***.

**Antragsteller** *m (ICAO)* applicant.

**antreiben** *v (Geräte usw)* drive; *(Flzg)* propel.

**antreten** *v (mil)* fall in; *Militärdienst* ~ enter the service.

**Antrieb** *m (Geräte usw)* drive; *(Flzg)* propulsion; ~ *des Propellers durch den Fahrtwind (Flbetr)* windmilling ***(Def)***; *elektrischer* ~ electric engine; *elektrostatischer* ~ electrostatic engine; *ölhydraulischer* ~ oleo-hydraulic drive; ~**sfrei** *(Flug)* powerless; ~**skraft** *f (Flmot)* motive power *or* force; ~**sloser Flug** *m* engine-inoperative flight; ~**srichtung** *f* direction of drive; ~**steil** *m (Rak & FK)* propulsion portion; propulsion unit; ~**sstrahl** *m (Turbo)* propulsive jet; ~**ssystem** *n* propulsion system; ~**swelle** *f (Flmot)* clutch shaft; drive-shaft; *verlängerte* ~~ extension drive-shaft.

**Antwort** *f* response; reply; *Störungen f/pl durch nichtsynchrone -en (Radar)* fruit *sl*; *unerwünschte* ~*en f/pl (SSR-Radar)* spurious responses *pl*; ~**gerät** *n (Funk)*, **automatisches** ~~ transponder ***(Def)***; ~**(kenn)gerät** *n (Funk)* radio responder; ~**sender** *m (Funk)* responder; ~**sendebake** *f (Funk)* responder beacon, *abbr RSP*; ~**verschlüsselung** *f (Fernm)* reply coding; ~**verzögerung** *(SSR-Radar)* transponder time delay.

**anvisieren** *v* take aim; sight on.

**anwärmen** *v (Flmot)* warm up; *(Röhre: Funk)* preheat.

**anwassern** *v (Landen von See-Flzg)* alight on water; land on water.

**anwerfen** *v (Flmot)* turn *(the engine)*; rotate *(the engine)*; *(Luftschraube)* swing; ~ *n (Anreißen schwacher Flmot von Hand)* hand-swinging.

**Anzeige** *f (Instrument usw)* indication; display; reading; *(Radar)* (re)presentation; *(Meldung)* notification; *akustische* ~ audio presentation; *„Fliege höher"-*~ *(ILS)* fly-up indication; „Fliege tiefer"-~ *(ILS)* flydown indication; *in Augenhöhe projizierte* ~ optical combiner; ~**empfindlichkeit** *f (Instr)* indication sensitivity; ~**gerät** *n* indicator; ~~ *n* **für Flugplatz-Bodenverkehr** *(Radar)* aerodrome surface movement indicator, *abbr* ASMI ***(Def)***; ~**lampe** *f* indicator lamp; ~**n** v indicate; show.

**anzieh|en** *v (Bremsen)* put on *(brakes)*; ~**ungskraft** *f (Magnetismus)* force of attraction *or* magnetism; *örtlich magnetische* ~~ *(nav)* local magnetic attraction.

**Anzünder** *m/pl (Pfadfinder; LKr)* marker force.

**Anzugsmoment** *n (Flmot & Luftschraube)* acceleration; pick-up.

**anzuwendende Lufttüchtigkeitsvorschrift(en)** *f(/pl) (ICAO)* appropriate airworthiness requirement(s) *(pl)* ***(Def)***.

**aperiodische|Bewegung** *f*, **abklingende** ~~ *(Stab)* subsidence ***(Def)***; **angefachte** ~~ *(Stab)* divergence ***(Def)***; **angefachte** ~ **Längsbewegung** *f (Stab)* longitudinal divergence ***(Def)***; **angefachte** ~ **Seitenbewegung** *f (Stab)* lateral divergence ***(Def)***; **angefachte** ~ **Spiralbewegung** *f (Stab)* spiral divergence ***(Def)***; **aeroelastisches** ~**s Auskippen** *n (Stab)* aeroelastic divergence ***(Def)***.

**Apogäum** *n (FK)* apogee ***(Def)***; ~ *der Umlaufbahn* apogee of orbit; ~ *einer Mondumlaufbahn* apolune; ~**shöhe** *f* **der Umlaufbahn** apogee altitude of orbit.

**Apparate|fehler** *m* device error; ~**teil** *m (von der Luftschraube abgewandte Seite des Flmot)* anti-propeller end.

**Appell** *m (mil)* roll call; inspection; muster.

**Appleton-Schicht** *f* F-Layer; Appleton-Layer.

**Apside** *f* apsis.

**Äquator** *m* equator; ~**iale Anbringung** *or* **Aufstellung** *f* equatorial mounting; ~**ialluft(masse)** *f (met)* equatorial air.

**Äquisignal...** *(Fernm)* equisignal.

**äquivalent|e Echofläche** *f (Radar)* echoing area; radar cross section; ~**e Einzelradlast** *f (Lfz)* equivalent single wheel load, **abbr** ESWL; ~**e Fluggeschwindigkeit** *f (Lfz)* equivalent airspeed, *abbr* EAS ***(Def)***; **gesamte** ~**e Bremsleistung** *f (TurboProp)* total equivalent brake horsepower ***(Def)***; ~**e Strahlungsleistung** *f (Funk)* effective isotropically-radiated power, *abbr* EIRP; ~**e vertikale Böengeschwindigkeit** *f* equivalent vertical gust speed; ~**e Wellenleistung** *f (Turbo)* equivalent shaft horsepower ***(Def)***; ~**er empfundener Dauerlärmpegel** *m* equivalent continuous perceived noise level; ~**er Rückenwind** *m (Flbetr)* equivalent tail wind; ~**er Tragflügel** *m (Flzg)* equivalent wing.

**Aräographie** *f (Dichtemessung)* aerography.

**Arbeits|aufnahme** *f (Federbein usw)* energy absorption; ~**diagramm** *n* working diagramm; ~**flüge** *m/pl* aerial work; ~**(flug)platz** *m* satellite airfield; *(E)* relief landing ground; *abbr* RLG; ~**flugzeug** *n (allg)* general-aviation aeroplane; general service plane; ~**flüssigkeit** *f* working fluid; ~**folgeventil** *n (Lfz)* sequence valve ***(Def)***; ~**frequenz** *f (Funk)* utility *or* working frequency; ~**fuge** *f (Konstr)* construction joint; ~**gang** *m (Flmot)* cycle; *nichtschreibender* ~~ *(Fernschreiber)* non-typing mechanical function; ~**höhe** *f (Flbetr)* operating altitude;~**luftfahrt** *f* aerial work; ~**luftfahrzeug** *n* general-purpose aircraft; ~**platz** *m (Flsich)* position of operation; ~**verfahren** *n* method; technique; ~**zyklus** *m* duty *or* operational cycle; ~**zylinder** *m (Fahrwerk usw)* operating cylinder *or* jack.

**Argus-Rohr** *n (Turbo)* pulse motor.

**Ark|tis** *f* arctic; ~**tisch** arctic; ~*tische Kaltluft (met)* polar air.

**arm** *(Kraftstoff-Luftgemisch)* lean; weak; ~**bandkompass** *m* wrist compass; bracelet compass; ~-**reich-Schaltung** *f (Flmot)* mixture control.

**Armee** *f (mil)* army; ~**gebiet** *n (mil)* army area; ~**hauptquartier** *n* army headquarters; ~**korps** *n* army corps.

**Arrest** *m (mil)* detention; confinement; ~**anstalt** *f (mil)* military prison; ~**ant** *m* person under arrest; ~**lokal** *n* detention room; guardhouse cell; *sl* cooler.

**Art|** *f* **des Fluges** *(Flbetr)* type of flight; ~**berechtigung** *f (z.B. Flugs: ICAO)* category rating.

**Artillerie** *f (mil)* artillery; *leichte* ~ light artillery; *schwere* ~ medium artillery; *schwerste* ~ heavy artillery; ~**bekämpfung** *f (takt)* counterbattery fire; ~**beobachter** *m (takt)* artillery observer, artillery spotter; ~**beobachtungsstelle** *f (takt)* artillery observation post; ~**beschuss** *m* artillery fire; ~**erkundung** *(takt)* artillery reconnaissance; artillery spotting; ~**flugzeug** *n* artillery observation plane; artillery spotting aircraft; spotter; ~-**Kommandogerät** *n* predictor; ~**verbindungsflugzeug** *n* artillery liasion aircraft.

**Asbest** *m* asbestos.

**Asphaltbeton** *m*, **heiß aufgebrachter** ~ *(Pistenbau)* hot-mix asphalt concrete.

**Aspirationspsychrometer** *n (met)* aspiration psychrometer; wet-and-dry bulb hygrometer.

**Ast** *m (ballist), absteigender (ansteigender)* ~ descending *(ascending)* branch *(of a trajectory)*.

**astatisch** *(Kreisel)* astatic.

**Asteroid** *m (kleiner Planet)* asteroid.

**Astro|dom** *m* astrodome ***(Def)***; ~**kompass** *m (navInstr)* astrocompass ***(Def)***; celestial compass; ~**kuppel** *f* astrodome ***(Def)***; *Strahlenbrechung od Refraktion f durch* ~~ *(nav)* dome refraction ***(Def)***; ~**naut** *m* astronaut; spaceman; ~**nautenmannschaft** *f* spacecraft crew; ~**nautin** astronette; ~**navigation** *f* astronomical *or* celestial navigation; ~**nomische Bahn** *f (Raumflug)* astronomic(al) orbit; ~**nomische Dämmerung** *f* astronomical twilight ***(Def)***; ~**nomische Deklination** celestial declination; ~**nomischer Standort** *m (nav)* astronomical *or* celestial fix; ~***peiler*** *m (Funk)* radio telescope; ~**physik** *f* astrophysics; ~-**Selbststeuerung** *f (FK)* celestial guidance ***(Def)***; ~**standort** *m (nav)* celestial *or* astronomical fix; celestial position.

**asymmetrisches|Ablösen** *n (der Strömung; aerodyn)* asymmetric(al) separation; ~ **Flattern** *n (Konstr)* asymmetrical flutter ***(Def)***.

**asynchrone Arbeitsweise** *f (Fernm)* asynchronous working mode.

**Aszension** *f*, **wahre** ~ *(Astronav)* true ascension.

**Atem|gasgemisch** *n* respiratory mixture; ~**gerät** *n* oxygen apparatus; respirator; ~**luft** *f* breathing air; ~**maske** *f* oxygen mask; breathing mask; ~**mundstück** *n* mouthpiece; ~**sauerstoff** *m* breathing oxygen; ~**schlauch** *m* breathing pipe; breathing hose; breathing tube; oxygen hose; ~**sperre** *f (Flmed)* chokes ***(Def)***; ~**ventil** *n* breathing valve.

**ATFM-Gebiet** *n (Flsich)* air traffic flow management area.

**Athodyd** *m (Staustrahltriebwerk: Turbo)* athodyd; ramjet; ~**enflug** *m* ram-jet flight.

**Atlantik|flug** *m* Atlantic flight; ~**überquerung** *f* Transatlantic crossing.

**Atmosphär|e** *f (met)* atmosphere ***(Def)***; *äußere* ~*e* outer atmosphere; *isotherme* ~*e* isothermal atmosphere; ~*e konstanter Temperatur* isothermal atmosphere; *sauerstoffarme* ~*e* oxygen-poor atmosphere; *Trübung f der -e* air dimness; ~**enakustik** *f* acoustics of atmosphere; ~**enbereich** *m*, **aerodynamisch wirksamer** ~~ aerosphere; ~**isch** atmospheric; *-ische Interferenz f* atmospheric interference; ~*isch-elektrische Erscheinungen f/pl* sferics; ~*ische Refraktion od Lichtbrechung f (Astronav)* atmospheric refraction ***(Def)***; ~*ische Störungen f/pl (Funk)* atmospherics *pl*; statics *pl*; atmospheric noise; *-ische Turbulenz f* atmosheric turbulence ***(Def)***; ~*ische Wechselwirkung f* atmospheric interference; ~*ischer Absorptionskoeffizient m* atmospheric absorption coefficient; ~*ischer Druck m (met)* atmospheric pressure.

**Atom** *n* atom; ~**ar** atomic; ~**ares Strahltriebwerk** *n (Turbo)* nuclear turbojet ***(Def)***; ~**bombe** *f (LKr)* atom bomb; A-bomb; ~**energieausschuss** *m (US)* Atomic Energy Committee; ~**gewicht** *n* atomic weight; ~**kernspaltung** *f* fission; ~**kraftgetrieben** atomic powered; ~**zahl** *f* atomic number; ~**zertrümmerung** *f* atom smashing.

**Attrappe** *f (Flzg-Schaumodell)* mock-up; dummy.

**auf|dem Luftweg transportieren** *v (LVerk)* airlift *(Def)*; ~ **Station** *(Flsich)* on station *(Def)*; ~ **Strahl gehen** *v (Flbetr)* bracketing of beam; ~**Zusammenarbeit angewiesen** *(mil)* assigned for *(tactical or mutual)* support.

**Auf|bauschablone** *f* assembly template; ~**blasbare (Rettungs-) Schwimmweste** *f* inflatable life jacket *or* vest.

**aufblasen** *v (Ball)* inflate; ~ *n (Ball)* inflation.

**aufbocken** *v (Flzg)* jack up; *sl* prop up.

**Auf|brechstelle** *f (am Lfz)* break-in area *or* point; ~**bringen** *v (Oberflächenschicht beim Pistenbau)* surface; surfacing.

**Aufenthaltsgenehmigung** *f* **für Ausländer** alien resident permit.

**auffallend** conspicuous.

**Auffang|düse** *f (aerodyn)* collector *(Def)*; ~**menge** *f (met)* rate catch *(Def)*; ~**netz** *n (Bod)* net barrier *or* device; ~**stellung** *f (takt)* rear position; prepared position in the rear; ~**trichter** *m (aerodyn)* collector *(Def)*; ~**verhältnis** *n (met)* efficiency of catch *(Def)*; ~**vorrichtung** *f (Bod)* arrester barrier.

**auffass|en** *v (Luftziel durch Radar)* detect *or* catch *(a target or an object producing a radar echo)*; *„Ziel nicht aufgefasst!" (Sprechfunkverkehr: Pilot an Jägerleithoffizier: LKr)* "No joy!"; ~**en** *n (eines Radarzieles)* capture; ~**ung** *(Radar)* detection.

**auffliegen** *v (Ball)* rise; ascend.

**auffrischen** *v (Wind)* freshen (up).

**auffüllen** *v (Ball)* inflate; *(Tiefdruckgebiet: met)* fill; ~ *n (Ball)* inflation; ~ *n* **eines Tiefdruckgebietes** (met) filling-up of a depression.

**Aufgabe|nbereich** *m* terms of reference; ~**ngebundene Ausrüstung** *f* **für Einheiten** *(US LW)* unit mission equipment, *abbr* UME; ~**nstellung** *f* terms of reference; ~**stelle** *f (Fernm)* originating station; station of origin; ~**teil** *m (Ferm)* origin.

**aufgeb|en** *v* originate; hand in *(Meldung)*; file *(Fernschr)*; *(Höhe~~: Flzg)* lose height; ~**er** *(Fernm)* originator; ~~**kenngruppe** *f (Fernm)* originator indicator.

**aufgehen** *v (Sonne)* rise.

**aufgerissene Bewölkung** *f (met)* broken cloud.

**aufgleit|en** *v (Warmluftmassen: met)* over-run; rise obliquely; ~**en** *n (met)* over-running; ~**front** *f (met)* (rising) warm front; ~**wolke** *f (met)* ascending *or* anabatic cloud; rising cloud.

**aufhänge|n** *v* suspend; *kardanisch ~n (Kompass; Bildgerät usw)* mount in gimbals; ~**punkt** *m (Tragfläche)* attachment point; *(Flmot)* pick-up point; *(Steuerruder)* hinge point.

**aufheiter|n** *v (met)* clear up; ~**ung** *(met)* clearing.

**Aufheiz|geschwindigkeit** *f* heating rate; **kinetische** ~**ung** *f (met)* kinetic heating.

**aufholen** *v (Fahrt-: Flzg)* pick up *(speed)*.

**aufklaren** *v (met)* clear (up).

**aufklär|en** *v (takt)* reconnoitre; scout; observe; patrol; ~**er** *m (Flzg)* reconnaissance *or* observation aircraft; *sl* recce plane; *sl* searcher; ~**ung** *f (takt)* reconnaissance; *bewaffnete* ~ ~ armed reconnaissance; *elektronische* ~~ electronic intelligence, *abbr* ELINT; *strategische* ~~ *(früher: operative~)* strategic(al) reconnaissance; *taktische* ~~ tactical reconnaissance; ~**ungsergebnis** *n (takt)* results *pl* of reconnaissance; reconnaissance intelligence; ~**ungsflieger** *m* reconnaissance pilot; ~**ungsflugzeug** *n* reconnaissance aircraft; observation aircraft; *sl* recce plane; *sl* searcher; ~**ungsluftunterstützung** *f (takt)* reconnaissance air support; ~**ungsraum** *m (takt)* reconnaissance area; ~ **ungsstreifen** *m (takt)* reconnaissance, *abbr* recce sector; ~**ungstiefe** *f (takt)* reconnaissance depth.

**Aufkurssignal** *n (nav)* on course signal.

**Auflade|druck** *m (Flmot)* boost pressure; ~**n** *v (Batterie)* charge; *(Höhen-Flmot)* boost; supercharge *(Def)*; *(Lasten)* load (up).

**Aufladungsfrei** *(el)* static-free.

**Auflagerungspunkt** *m (Tragfläche)* point of support.

**Auflegeblatt** *n (Kart)* overlay.

**Auflockerung** *f (auseinandergezogene Flzg-Abstellplätze)* dispersal (area); ~**s(flug)platz** *m (NATO)* redeployment airfield.

**auflösen** *v (Verbandsflug)* break formation; *sl* peel off; ~ *n (Verbandsflug) sl* peeling-off.

**Auflösung|***f* **des Motors** engine disintegration; ~**svermögen** *n* discrimination *(Radar)*; resolution *(Lphot, Radar)*.

**Aufmarsch** *m (takt)* concentration *or* assembly of troops *(for action)*; strategic concentration; ~**gebiet** *n (takt)* concentration *or* assembly area; deployment zone; ~**ieren** *(takt) v* assemble *(in concentration areas)*; ~**plan** *m (takt)* operational plan; plan of deployment *or* concentration; order of assembly.

**Aufnahmestellung** *f (takt)* covering *or* rallying position.

**aufnehmen** *v (Fahrt)* gain speed; *(Verbindung)* make contact; establish communication; *(Belastungen)* take on.

**aufprotzen** *v (Art)* couple; limber up; place a gun in travelling position.

**aufreiben** *v (den Feind)* wipe out; destroy by attrition.

**aufricht|en** *v (Flzg)* straighten out; right the path of flight; *(vor dem Aufsetzen)* level (off); *(Flzg beim Start)* rotate; ~**en** *n* **der Rakete** rocket erection; ~**geschwindigkeit** *f (Flzg beim Start)* rotation speed; ~**ungsvermögen** *n (Flzg)* static stability.

**Aufrollen** *n* roll(ing)-up.

**Aufruf** *m (einer Reserveleitung: Fernm)* activation *(of a reserved circuit)*; **erster** (*od* **letzter**) ~ *(für Flug Nr. x: LVerk)* initial (*or* last) call-up.

**aufrüst|en** *v (Flzg)* rig; assemble; *(mil)* rearm; ~**en** *n (Flzg)* rigging *(Def)*; *(mil)* rearmament; ~**position** f *(Flzg)* rigging position *(Def)*.

**Aufschaltmotor** *m (FK)* signal mixing motor.

**Aufschaukeln** *n (einer Schwingung)* self-reinforcing *(of a vibration)*; amplitude increase *(of a vibration)*; amplification *(of a vibration)*.

**Aufschlag** *m (Flzg auf Boden)* crash; *(Bombe)* impact; ~**brand** *m (Flzg-Unfall)* fire on crash; crash-fire; ~**eis** *n (met)* impact ice ***(Def)***; ~**en** *v (unfreiwillige Bodenberührung eines Flzgs)* strike *or* hit ground; ~**schalter** *m* impact switch; ~**winkel** *m* impact angle; ~**zünder** *m* percussion fuse; contact fuse; impact fuse *or* fuze; *empfindlicher* ~~ superquick impact fuse; graze fuse *or* fuze.

**aufschrumpfen** *v (Zylinderkopf usw)* shrink (on).

**aufsetz|en** *v (Flzg bei Landung)* (make) contact; touch down ***(Def)***; *in Dreipunktlage* ~~ touch down threepoint; ~**en** *n (Flzg)* touch-down; ground contact; ~**geschwindigkeit** *f* touch-down speed; ~**punkt** *m (Flzg auf Landebahn)* contact point; touch-down (point) ***(Def)***; *Landung f am* ~~ *(Flbetr)* accuracy landing ***(Def)***; ~**zone** *f (Flbetr)* touch-down zone, abbr TDZ; ~~**nbefeuerung** *f (Bod)* (runway) touch-down zone lighting; ~~**nmarken** *f/pl (Bod)* (runway) touch-down zone markings *pl*.

**aufsteig|en** *v (Luftfahrzeuge)* ascend; take off; get off; take the air; *~ende Wolke f (met)* anabatic cloud; *~ender Ast m (ballist)* ascending branch *(of a trajectory)*; *~ender Luftstrom m* upcurrent of air; ~**ung** *f*, **gerade** ~~ *(nav)* right ascension, *abbr* RA ***(Def)***.

**aufstell|en** *v (Flzg zum Start)* line up; *(mil Einheiten)* set up; activate; ~**ungsbefehl** *m (mil)* initial organization order; ~**ungsdatum** *n (mil)* activation date; ~**ungszeitplan** *m (mil)* activation schedule.

**Aufstieg** *m* ascent; ascension; ~**bahn** *f (Rak)* climbing path *(of a rocket)*; ~**stelle** *f (Ball usw)* ascension site; take-off-field; ~**winkel** *m* climbing angle.

**Aufstrom** *m (met)* anabatic air current.

**Aufstufgeschwindigkeit** *f (Wasser-Flzg)* hump speed ***(Def)***.

**auftank|en** *v (Flzg usw)* refuel; ~**en** *n* refuelling; ~**en** n *od* ~**ung** *f* **im Flug** (in-)flight refuelling; ~**geschwindigkeit** *f* refuelling (*US* refueling) speed.

**Auftrag** *m (mil)* mission; task; ~ *auf Abruf (takt)* call mission; *„~ durchgeführt!“ (Meldung)* „Mission accomplished“; *geplanter* ~ *(takt)* preplanned mission; ~**serteilung** *f* assignment of a mission *or* task.

**auftreff|en** *v (Bombe)* strike; hit; *(Luftstrom)* ram; ~**geschwindigkeit** *f (Bombe)* striking velocity; ~**punkt** *m* point of impact; ~**winkel** *m* angle of impact; ~**wucht** *f (Luftstrom)* ram effect.

**Auftrieb** *m (aerodyn)* buoyancy; lift ***(Def)***; lifting power; *(Lfz l)* aerostatic lift; *aerodynamischer* ~ aerodynamic lift ***(Def)***; ~ *des Rumpfes (Lfz)* body lift; *durch Gebläse erhöhter* ~ fan-augmented lift; *dynamischer* ~ dynamic lift ***(Def)***; *falscher* ~ *(Lfz l)* false lift ***(Def)***; *freier* ~ *(Lfz l)* net lift ***(Def)***; *hydrostatischer* ~ *(Wasser-Lfz)* buoyancy ***(Def)***; ~ *Null (aerodyn)* zero lift; *Auftriebsverteilung f bei* ~~ *(aerodyn)* basic lift ***(Def)***;, *nützlicher* ~ useful lift; *statischer* ~ *(Lfz l)* static lift ***(Def)***; *thermischer* ~ thermal lift; *verfügbarer* ~ *(Lfz l)* disposable lift ***(Def)***; *zusätzlicher* ~ *infolge der Rotation (Heli)* additional lift from rotation *or* due to rotation; ~**sachse** *f* lift axis ***(Def)***; ~**sbeiwert** *m* lift coefficient; *Quotient m aus Widerstands- und* ~~ drag-to-lift ratio; ~**scharakteristik** *f* lift curve; ~**seigenschaft** *f* lift curve; ~**serhöhung** *f* augmentation of (the) lift; lift augmentation; *~serhöhende Vorrichtungen f/pl* highlift devices; ~**sfaktor** *m (Konstr)* manoeuvring load factor ***(Def)***; ~**sfläche** *f (Lfz)* lifting surface; ~**sgas** *n (Lfz l)* lifting gas; *nicht brennbares* ~~ non-infammable lifting gas; ~**shilfe** *f (am Lfz)* high-lift *or* lift-increasing device; ~**sklappe** *f (Flzg)* lift flap; ~**skomponente** *f (aerodyn)* lift component ***(Def)***; ~**skörper** *m* lifting body; ~**skraft** f lift component; lift force; ~**skurve** *f*, **Neigung der** ~~ *(aerodyn)* slope of the lift curve ***(Def)***; ~**smittel** *n* lifting medium *or* device; ~**smittelpunkt** *m* centre (*US* center) of lift; *(Lfz l)* centre of gross lift ***(Def)***; ~**sreserve** *f (Wasser-Flzg)* reserve buoyancy ***(Def)***; ~**sschwerpunkt** *m (Wasser-Flzg)* centre of buoyancy ***(Def)***; ~**sseile** *n/pl (Lfz l)* lift wires *pl* ***(Def)***; ~**ssteuerung** *f*, **direkte** ~~ direct lift control; ~**sverlust** *m* loss of lift; lift decrement; ~**svermehrung** *f* increase *or* augmentation of lift; ~**sverminderung** *f* decrease of lift; ~**sverteilung** *f* lift distribution; ~~ *bei Auftrieb Null (aerodyn)* basic lift ***(Def)***. ~**swirbel** *m* lift vortex; ~**szahl** coefficient of lift.

**aufwärm|en** *v (Flmot)* warm up; heat; ~**ung** f (Lfz l) superheat ***(Def)***.

**Aufwickeln** *n* roll(ing)-up.

**Aufwind** *m (met)* upwind; upslope wind; anabatic wind; upwash; upcurrent; ascending current; upward current; *thermischer* ~ thermal lift; ~**blase** *(Segelflug)* thermal bubble; ~**bö** *f* bump; ~**feld** *n (met)* up-currents field; ~**gebiet** *n* up-wind region; ~**kamin** *m od* ~**schlauch** *m* rising airbubble stream; -~**segelflug** *m* up-wind soaring.

**aufzeich|nen** *v (Barograph usw)* record; register; *(punktweise auf Karte)* plot ***(Def)***; ~**nung** *f* recording; ~~ *von Kurs und Entfernung (nav)* air plot ***(Def)***; *fortlaufende od kontinuierliche* ~~ continuous record(ing); *graphische* ~~ graphic record; *photographische* ~~ photographic record; ~**nungen** *f/pl* records *pl*; *laufende* ~~ current records; ~**nungsvorrichtung** recording device.

**Aufzieh|en** *n (der Luftschraube)* mounting *or* fastening *(the airscrew)*; ~**griff** *m (Para)* control handle; ~**kabel** *n (Para)* rip cord ***(Def)***; ~**leine** *f (Para)* extraction *or* release cord; *selbsttätige* ~~ *(am Lfz)* static line; ~~**nstropp** *m (Para)* strop ***(Def)***; ~**schirm** *m (Para)* extractor parachute ***(Def)***.

**Aufzugsleine** *f (Para)* extraction cord.

**aufzutankendes Flugzeug** *n (Luftbetankung)* receiver aircraft ***(Def)***.

**Auge|n der Führung** *sl (LW)* reconnaissance aircraft; ~ *n* **des Sturmes** *(met)* eye of storm ***(Def)***; ~**naufklärung** *f (takt)* visual reconnaissance; ~**nbeobachtung** *f* visual observation; ~**nblickliche Beanspruchung** *f od* **Spannung** *f* momentary stress; ~**nmuskelgleichgewicht** *n (Flmed)* ocular muscle balance.

**„Aus!“** *(Zündmagnet ausschalten: Flmot)* “Switch off!“.

**ausbild|en** *v* train; instruct; ~**er** *m* instructor; ~**ung** *f* training; instruction; drill; ~~ *am Arbeitsplatz, abbr AAP* on--the-job training, *abbr* OJT; *Fernmelde*~~ communication and electronics training, *abbr* C & E tng; *fliegerische* ~~ flight *or* flying training: *fliegertechnische* ~~ aircraft (and engine) maintenance training, *abbr* A & E tng; *genehmigte* ~~ (ICAO) approved training; ~~ *im Bombenwurf* bombing instruction; ~~ *im Einsatz* on-the-job training; *abbr* OJT; ~~ *im Simulator* simulator training; *theoretische* ~~ *(Lfz-Führer)* academic *or* theoretical training; academics;

~**ungsanflug** *m (Flbetr)* training approach; ~**ungsanweisung** *f* training directive; ~**ungsberater** *m* training advisor; ~**ungsdauer** *f* period of instruction; ~**ungsflug** *m* training flight; ~**ungsgerät** n training instrument; training equipment; ~**ungskursus** *m* course of instruction: ~**ungslager** *n* training camp; ~**ungslehrgang** *m* course of instruction; ~**ungspersonal** *n* training personnel; instructors pl; ~**ungsplan** *m* training schedule; ~**ungsstand** *m* state of training; ~**ungsstelle** *f* training centre, *(US)* center; ~**ungsstufe** *f* training phase; ~**ungsvorschrift** *f* training manual; training instructions *pl*; ~**ungszeit** *f* period of instruction.

**Ausblasegeschwindigkeit** *f (Lfz l)* blow-out speed.

**ausbrechen** *v (Flzg bei Start/Landung)* run-off; swing off the runway; ~ *n (Flzg bei Start/Landung)* ground loop(ing) ***(Def)***; swing ***(Def)***; *(See-Flzg auf Wasser)* water loop.

**Ausbreitungs|bereich** *m*, **wirksamer** ~~ *(Funk)* effective coverage; ~**diagramm** *n (Funk)* radiated field pattern; ~**sgrenze** *f (Überschallknall)* cut-off line.

**Ausdehnungs|hub** *m (Viertaktmotor)* expansion stroke; power stroke; ~**koeffizient** *m* coefficient of expansion; coefficient of dilation ; ~**kraft** *f (Gase usw)* expansive energy; expansive force; ~**raum** *m (Tankleerraum)* ullage (space) ***(Def)***.

**auseinandernehmen** *v (Flmot & Flzg)* take apart; disassemble; take to pieces; ~ *n (Flzg usw)* disassembly.

**ausfahr|en** *v (Fahrwerk; Landeklappen)* extend; lower; *(Betankungsschlauch)* trail ***(Def)***; ~**en** *n (Fahrwerk) usw)* extension; lowering; ~**mechanismus** *m (Flzg-Fahrwerk)* extending mechanism.

**Ausfall** *m* outage; stoppage; failure; ~ *der Triebwerkeinheit* power unit failure; *verdeckter* ~ *(automatisches System)* passive failure;~**abstand** *m (Geräte)*, **mittlerer** ~~ mean time between failures, *abbr* MTBF; ~**empfindlich** *(Gerät usw)* fail hard, ~**en** *v* fail; get out of commission; ~**erkennung** *f* failure recognition; ~**häufigkeit** *f* failure rate; ~**quote** *f* failure rate; ~**schwelle** *f (Konstr)* failure threshold; ~**sicher** fail safe; ~**sicherheit** *f* fatigue reliability; operational reliability; ~~**smerkmal** *n* fail-safe feature; ~~**sprinzip** *n* fail-safe principle; ~~**svorrichtung** *f* fail-safe feature; ~**unempfindlich** fail passive *or* soft; ~**zeit** *f (Flbetr)* down-time.

**ausfliegen** *v (Verwundete usw: LKr)* fly out; evacuate; *(aus einem Gebiet)* fly out; ~ *n (LKr)* air evacuation.

**ausfließen** *v & n* outflow.

**Ausflug|fixpunkt** *m (Flsich)* exit fix, ~**ort** *m*, **festgelegter** ~~ exit fix; ~**punkt** *m (Flsich)* point of exit; leaving point; ~**schneise** departure corridor.

**Ausflussrohr** *n (aerodyn)* effuser ***(Def)***.

**Ausfuhrbewilligung** *f (Lverk)* export licence.

**Ausführungs|bestimmung** *f* executive instruction; regulatory statute; ~**kommando** *n (mil)* command of execution.

**Ausfüllungsgrad** *m (Prop)* solidity (ratio) ***(Def)***.

**Ausgabe|beleg** *m* issue voucher, ~**stelle** *f* issuing point; issuing station.

**Ausgang** *m (Fernm)* output; ~**sbaumuster** *n (Flzg)* prototype; ~**shöhe** datum level; ~**sleistung** *f (Ferm)* output power; ~**sort** *m* point of origin; ~**signal** *n (Ferm)* output; ~**stellung** *(takt)* initial *or* jumping-off position; line departure; ~**swert** *m* datum, *pl* data.

**Ausgeben** *n (Fernschr)* feed out.

**ausgebeulter Rand** *m (Para)* blown periphery ***(Def)***.

**ausgeblasener Strahl** *m (Turbo)* blowing-off jet.

**ausgefallener Motor** *m (Flzg)* dead engine.

**ausgeglichenes Ruder** *n (Leitwerk)* balanced (control) surface ***(Def)***.

**ausgekreuzt** *(Flzg-Rumpf)* cross-braced.

**Ausgereiftheit** *f*, **aerodynamische** ~ aerodynamic efficiency.

**ausgeübte Kraft** *f* acting force.

**Ausgleich** *m*, **aerodynamischer** ~ *(Prop)* aerodynamic balance ***(Def)***; **dynamischer** ~ *m (Prop)* dynamic balance ***(Def)***; **statischer** ~ *m (Prop)* static balance ***(Def)***; ~**sdüse** *f (Vergaser)* enriching *or* compensating jet; ~**sfläche** *f* compensation surface; ~**sgetriebe** *n* differential gear; ~**sgewicht** *n (Flzg-Steuerung)* (mass-)balance weight; bob-weight; ~**shilfen** *f/pl* blance aids *pl*; ~**shorn** *n (Flzg)* balancing horn; ~**sklappe** *f (Flzg)* balance tab; ~**smoment** *n* balancing moment; ~**sruder** *n (Lfz)* balance tab ~**stank** *m* compensation *or* levelling *or* surge tank; ~**sventil** *n (Flmot)* transfer valve ***(Def)***.

**aushungern** *v sl (Flzg vor dem Aufsetzen)* flare out; ~ *n sl (Flzg)* flare-out; (*US auch*] flairout.

**Auskipp|en** *n*, **aeroelastisches (aperiodisches)** ~~ aeroelastic divergence ***(Def)***; ~**geschwindigkeit** *f*, **kritische** ~~ *(Konst)* divergence speed ***(Def)***.

**ausklink|en** *v (Segel-Flzg)* release; ~**vorrichtung** *f (Segel-Flzg)* glider (tow-cable) release (mechanism).

**auskuppeln** *v* declutch; disengage the clutch.

**Ausladen** *n (LVerk)* unlading ***(Def)***; unloading.

**Auslagerung** *f (mil)* removing of stocks *(from vulnerable places)*.

**Auslands|flug** *m* air trip abroad; ~**luftlinie** *f* foreign air line; ~**luftverkehr** *m* extraterritorial air service; foreign air service.

**Auslass|hub** *m (Viertaktmotor)* exhaust stroke; ~**öffnung** *f* outlet orifice; ~**ventil** *n* escape valve; outlet valve; exhaust valve.

**Auslastungsgrad** *m (LVerk)* load factor; *kostendeckender* ~ break-even load factor; ~ *zahlender Fluggäste* revenue passenger load factor.

**Auslauf** *m (Flzg bei Landung)* landing run; *gebremster* ~ *(Flbetr)* braked run; ~**en** *v (Fertigungsserie)* pass *or* go out of production; ~**länge** *f (Flzg bei Landung)* length of landing run.

**Ausleger** *m (bei Fowlerflügel usw)* flap track *or* guide; boom.

**Auslegung|für Notbetrieb** contingency rating; ~**sdaten** *n/pl* design data *pl*; ~**skriterium** *n (Konstr)* design criterion; ~**s-Mach-Zahl** *f* design Mach number.

**Ausleit|en** *n* **aus dem Trudeln** *(Flbetr)* spin recovery; ~**manöver** *n (Flbetr)* recovery manoeuvre; ~~ *aus dem starken Überziehen od Superstall(zustand)* superstall recovery manoeuvre.

**Auslieferungsflug** *m (vom Werk zum Halter)* delivery flight.

**auslenkendes Moment** *n (Stab)* destabilizing moment.

**Auslöse|einrichtung** *f (Segel-Flzg usw)* release gear; release mechanism; ~**hebel** *m* release lever; ~**impuls** *m (Radar)* trigger impulse; ~~**verstärker** *m (Radar)* trigger amplifier; ~**knopf** *m (für Notabwurf, Schnellablass)* jettison *or* release button; ~**n** *v* release; ~**punkt** *m (Bomben)* (bomb-)release point; ~**schaltung** *f (Radar)* trigger circuit; ~**vorrichtung** *f (Bomben)* (bomb-)release control; (bomb-)-release mechanism; ~**zeitpunkt** *m (Bomben)* (bomb-)-release moment; moment for release (of bombs).

**Auslösung** *f (Segel-Flzg)* glider release; *(Bomben)* bomb-release.

**Ausnahme|gebiet** *n (Gesundheitsregelung)* excepted area; ~**zustand** *m (mil)* state of emergency.

**Auspendeln** *n (Hubschrauber-Rotorblätter)* weighing and balancing.

**Auspuff** *m (Flmot)* exhaust (system); ~**flammendämpfer** *m* exhaust-flame damper; ~**ring** *m (Sternmotor)* exhaust (collector) ring; ~**rohr** n exhaust (branch-)pipe; ~**sammler** *m* exhaust collector; exhaust manifold; ~**stutzen** *m* exhaust stub; exhaust stack ***(Def)***; ~**topf** *m* muffler; exhaust collector; box silencer; ~**turbine** f exhaust turbine; ~**ventil** *n* exhaust valve; outlet valve.

**Ausreisesichtvermerk** *m* exit visa.

**Ausrichtung** *f (eines Kurses)* alignment; ~**sfehler** *m (Funk)* alignment error.

**ausroll|en** *v (Flzg bei Landung)* roll to a stop;~**en** *n (Flzg)* landing run; rollout; ~**strecke** *f (Flbetr)* landing run (length); ~**zeit** landing roll time; ~**zeremonie** *f (erster Flzg-Prototyp aus Hangar)* rollout (ceremony).

**Ausrundung** *f (Tragfläche)* smoothing-out; *(Rollbahn)* fillet ***(Def)***.

**Ausrüstung** *f (Flzg)* accessories *pl*; equipment; *bewegliche* ~ loose equipment, *einheitseigene* ~ *(mil)* organizational equipment; ~ *für Einheiten (mil), aufgabengebundene* ~~ unit mission equipment, *abbr* UME; *standortgebundene* ~~ unit support equipment, *abbr* USE; *elektrische* ~ *(Flzg-el)* electrical equipment ***(Def)***; *ständige* ~ fixed equipment; *zusätzliche* ~ accessories *pl*; ~**snachweisung** *f, abbr* AN *(mil)* table of equipment; *Anlagenliste f zur* ~~ equipment component list, *abbr* ECL; ~~ *für Einheiten* unit authorization list, *abbr* UAL; ~~ *für Fliegerhorste (US LW)* base authorization list, *abbr* BAL; ~~ *für Sondereinheiten* table of allowances; *abbr* T/A; ~~**sschlüsselliste** *f* master equipment authorization list, *abbr* MEAL; ~**ssonderliste** *f* special list of equipment, *abbr* SLOE; ~**sverzeichnis** *n* equipment list; inventory.

**Ausschalter** *m (el)* breaker; cut-out *or* trip switch.

**ausscheren** *v (Flzg aus Verband)* separate *(from formation)*; leave station *(in a formation)*; leave *(formation)*; *sl* peel off.

**ausschlacht|en** *(Flzg auf Ersatzteile)* cannibalize; ~**ung** *f* cannibalization.

**Ausschlag** *m*, **kurzer** ~ flicker; ~**en** *v (Steuerruder)* deflect; *(Klappen)* extend; ~**en** *n (Steuerruder)* extension; ~**bereich** *m & n* range of deflection *(of control surface)*.

**Ausschnitt** *m (Seitenruder)* (rudder) cut-out; *(zur Aufnahme der Laufräder)* recess; well.

**Ausschuss|** *m* **zur Frequenzregistrierung, Internationaler** ~ International Frequency Registration Board, *abbr* IFRB; ~**zeichen** *n (Lufttüchtigkeit)* unserviceability marking.

**ausschwärmen** *v (takt)* deploy.

**ausschwebe|n** *v (Flzg)* flatten out; flare; *(vor dem Aufsetzen)* float ***(Def)***; flare (out) ***(Def)***; ~**n** *n (Flzg vor Landung)* levelling(-off); flattening out; *(vor dem Aufsetzen)* rounding-out; ~**rechner** *m (Flzg)* flare computer; ~**strecke** *f (Flzg beim Landen)* float(ing distance).

**Ausschwingen** *n (Stab)* oscillation damping.

**Aussendung** *f (Funk)* emission.

**außen** *(Flmot)* outboard; ~**antenne** *f (Funk)* outside antenna; outdoor antenna; ~**aufhängung** *f (Bomben usw)* external suspension; ~**ausgleich** *m (Steuerruder)* horn balance ***(Def)***; ~**behälter** *m (Flzg)* external *or* outboard *or* pylon *or* underslung tank; ~**beplankung** *f (Lfz)* external skin; ~**bordantenne** *f (Lfz)* external aerial *or* antenna; ~**bordmessung** *f (Lfz)* outboard measurement; ~**dienst** *m (mil)* field duties; outside duties *pl*; ~**dienststelle** *f* branch office; ~**flügel** *m (Tragfläche)* extensions of the wing; outer wing section; ~**haut** *f* outer skin; aircraft (external) skin; *(Lfz l)* outer cover ***(Def)***; *tragende* ~~ *(Flzg)* stressed skin; stressed covering; ~~**feld** *n (Lfz)* skin panel *or* plate; ~**kettenfeuer** *n (Bod)* wingbar (light) ***(Def)***; ~**landung** *f (Flzg außerhalb Flugplatz)* landing outside an airfiel; off-field landing; outside landing; ~**lastträger** *m (Lfz)* external store device *or* carrier; ~**luftdruck** *m* atmospheric pressure; barometric pressure; ~**lufttemperatur** *f* outside air *or* free-air temperature; ~**motor** *m (Flmot)* outboard engine; ~**stelle** *f* outlying station; outlying post; subsidiary *or* branch office; ~~ *f* **des Verteidigungsministeriums** ministry of defence field office; ~**stromaggregat** *n (el, Bod)* auxsiliary power unit, *abbr* APU ***(Def)***; ~**stück** *n (Tragfläche)* outer wing (section) ***(Def)***; ~**träger** *m (Flzg)* pylon ***(Def)***: ~**triebwerk** *n (vier~ & mehrmot Flzg)* outer *or* outside engine; ~**wache** *f (mil)* exterior guard; outlying picket.

**außer|Betrieb** *(Flmot usw)* out of commission *or* of order, not running *or* working; not in use; ~ **Dienst** *(mil)* retired; ~ **Gefecht** *(mil)* out of action; ~ *Gefecht setzen v (mil)* put out of action; ~**terrestrische Station** *f* space station; ~ **Wettbewerb** hors de concours, non-competitive.

**äußere|Atmosphäre** *f* outer atmosphere; ~ **Horizontalfläche** *f (Bod)* outer horizontal surface ***(Def)***; ~**r Firstträger** *m (Lfz l)* outer ridge-girder ***(Def)***; ~**r Verpackungssack** *m (Para)* outer pack ***(Def)***; ~**s Triebwerk** *n (vier & mehrmot Flzg)* outer *or* outside engine.

**Aussparungen** *f/pl (für Einziehfahrwerk)* recesses *pl*; wells *pl*; accommodations *pl*.

**Ausstattung** *f* equipment; outfit; equipping; *serienmäßige* ~ off-the-shelf equipment.

**aussteif|en** *v* stiffen; ~**ung** stiffener ***(Def)***; reinforcement.

**Aussteige|karte** *f*, **Ein- und** ~~ *(LVerk)* embarkation/disembarkation card, *abbr* E/D card; ~**luke** *f (Lfz)* egress hatch; ~**n** *v (aus abgestelltem Flzg)* disembark; deplane; *(mit Fallschirm abspringen)* bail *or* bale out; *sl* hit the silk; ~**n** *n (Fluggäste usw am Bestimmungsflughafen)* disembarkation ***(Def)***; *(mit Schleudersitz abspringen)* ejection ***(Def)***.

**Ausstellung** *f*, **Anforderungen für die ~ eines Ausweises** *(ICAO)* certification requirements *pl*; **~ eines Wartungsabnahmescheins** *(ICAO)* issuing a maintenance release ***(Def)***.

**Aussteuerbereich** *m* dynamic range.

**Ausstoßrate** *f (Feuerlöscher)* discharge rate.

**ausstrahl|en** *(Funk)* radiate; emit, transmit; ~**ung** *f (Funk)* radiation; emission; transmission, *quasi-optische* ~~ *(Fernm)* line-of-sight transmission; *unerwünschte* ~~ *(Funk)* spurious emission.

**ausström|en** *v* outflow; ~**en** *n* outflow; ~**geschwindigkeit** *f (Abgase)* discharge speed *or* velocity.

**Austastsignal** *n (Funk)* blanking signal.

**Austausch|***m* **von Luftfahrzeugen** interchange of aircraft; ~**stoff** *m* substitute material; ersatz.

**austrimmen** *v (Flzg usw)* trim ***(Def)***.

**Austritts|düse** *f (Turbo)* jet *or* exit nozzle; ~**kante** *f (Lfz)* trailing edge ***(Def)***; ~**querschnitt** *m*, **Düse** f **mit verstellbarem** ~~ *(Turbo)* adjustable exit nozzle; ~**temperatur** *f (Flmot)* outlet *or* exit temperature.

**Auswahl|meldung** *(met)* selected special meteorological report; ~**stichprobe(nkontrolle)** *f (Zoll)* quota sampling.

**Auswanderungs|geschwindigkeit** *f* wander rate; ~**strecke** *f (Flak)* target course *or* leg between present und future positions; linear travel of target~**zeit** *f (Flak)* angular rate; lead rate; angular time; lead time.

**Auswechselbarkeit** *f (genormter Flzg-Teile)* interchangeability.

**Ausweich|bewegung** *f (Luftkampf)* avoiding action *or* movement; evading *or* evasive action; *sl* jinking; ~**en** *v (Luftkampf)* take evasive action; evade; avoid; *sl* jink; *(Flbetr)* give way; ~**(fernmelde)verbindungsart** *f (ICAO)* alternative means of communications ***(Def)***; ~**flugplatz** *m (Flbetr)* alternate aerodrome, *abbr* ALT ***(Def)***; *(NATO)* alternative airfield; *(LKr)* dispersal landing field ***(Def)***; ~**flugstrecke** f diversionary route; ~**frequenz** *f (Funk)* alternative (radio) frequency ***(Def)***; ~**landung** *f (Flbetr)* diversionary landing; ~**manöver** *n (LKr)* evasive action *or* manoeuvre; ~**stelle** *f (Bod)* holding bay; ~**stellung** *f (takt)* alternate position; ~**ziel** *n (Lkr)* alternative target; alternate target; secondary target.

**Auswert|ebereitschaft** *f (Flmelde)* operational readiness *(of plotters)*; ~**en** *v (Flmelde)* plot; *(Intell)* evaluate; *(Lphot)* interpret; ~**er** *m (Flmelde)* plotter; *(Lphot)*photo inerpreter; ~**estelle** *f (Flmelde)* computing station; plotting station; ~**etisch** *m (Flmelde)* plotting table; ~**ung** *f (Intell)* evaluation; *(Lphot)* (photo) interpretation.

**auswiegen** *v (Ball; Luftschiff)* trim; weigh out; ~ *n (Lfz l)* ballasting-up ***(Def)***.

**auswuchten** *v (Luftschraube)* counterbalance; balance; ~ *n (Luftschraube)* (counter)balancing.

**Auszeichnung** *f (mil)* decoration; medal; hono(u)r.

**auszieh|en** *v (Gummiseil beim Segel-Flzg)* stretch; **„~en – laufen – los!"** *(Segel-Flzg-Start)* „Pull – run – release!" ~**fallschirm** *m* auxiliary parachute; pilot parachute.

**Authenti|kator** *m (Fernm)* authenticator; ~**sierung** *f (Fernm)* authentication.

**Auto|flugzeug** *n* air car; road-going airplane; roadable airplane; ~**giro** *n (Tragschrauber-Art)* autogiro, autogyro gyroplane; *sl* egg-whisk; ~**kartograph** *m* autocartograph; stereoscopic plotting machine; ~**matikfallschirm** *m* automatic parachute; ~**mation** *f* automation; ~**matisch korrigierend** self correcting; ~**matische Erdung** *f (el)* static ground ***(Def)***; ~**matische Fernmeldeaufzeichnung** *f* automatic telecommunication log; ~**matische Flugregelung** *f (Flbetr)* automatic control ***(Def)***; ~**matische Gemischanreicherung** *f (Flmot)* auto-rich ***(Def)***; ~**matische Gemischverarmung** *f (Flmot)* auto-lean ***(Def)***; ~**matische Kurssteuerung** *f* auto(matic) pilot; mechanical pilot; ~**matische Lochstreifenweitergabe** *f (Fernm)* automatic tape; ~**matische Sauerstoffanlage** *f (Lfz)* pressure-demand oxygen system ***(Def)***; ~**matische Schalt- und Wähleinrichtung** *f (Fernm)* switching director; ~**matische Vermittlung** *f (Fernschr)* automatic switching; ~**matische Verstellschraube** *f (Prop)* automatic propeller ***(Def)***; ~**matische Weitergabeeinrichtung** *f (Fernm)* automatic relay station ***(Def)***; ~**matischer Beobachter** *m (Instr)* automatic observer ***(Def)*** ~**matischer Fallschirm** *m* automatic parachute ***(Def)***; ~**matischer Funkpeiler** *m* automatic direction finder, *abbr* ADF ***(Def)***; ~**matischer Messdatenschreiber** *m (Instr)* automatic observer ***(Def)***; ~**matischer Rausch-** *od* **Störbegrenzer** *m (Funk)* automatic noise limiter, *abbr* ANL; ~**matischer Speicher** *m (Funk)* automatic relay; ~**matisches Ankoppeln** *n (Raum-FK)* automatic docking; ~**matisches Antwortgerät** *n (Radar)* transponder ***(Def)***; ~**matisches Fernmeldelog** *n* automatic telecommunication log ***(Def)***; ~**matisches Horizontalsicht-Messgerät** *n (met)* transmissometer; ~**matisches Peilgerät** *n (Funk)* automatic direction finder, *abbr* ADF ***(Def)***; ~**pilot** *m (Flugregler)* autopilot; *eingeschalteter* ~~ engaged autopilot; *nicht eingeschalteter* ~~ disengaged autopilot; *programmierter* ~~ pre-programmed autopilot; ~~**en-system** *n*, **digitales** ~~ digital autopilot system; ~**rotation** *f (aerodyn & Heli)* autorotation ***(Def)***; ~**rotationsflug** *m (Heli)* autorotating flight; ~**rotationsgeschwindigkeit** *f (Heli)* windmilling speed; ~**rotationssinkflug** *m (Heli)* descent in autorotation; ~**schlepp** *m (Segel-Flzg-Startart)* car launching; auto pulley launching; ~**windenstart** *m (Segel-Flzg)* take-off *or* launch by (automobile) winch.

**Avcat** *m (Turbo-Flugkraftstoff)* avcat ***(Def)***.

**Avgas** ***n*** *(Otto-Flmot-Kraftstoff)* avgas ***(Def)***.

**Avionik(ausrüstung)** *f (Lfz)* avionics ***(Def)***.

**Avtur** *m (Turbo-Flugkraftstoff)* avtur ***(Def)***.

**Axial|deck** *n (Flzg-Träger)* axial deck ***(Def)***; ~**er Durchfluss** *m (Heli)* axial flow ***(Def)***; ~**es Kolbentriebwerk** *n (Flmot)* barrel engine ***(Def)***; ~**kompressor** *m (Turbo)* axial compressor; ~**lader** *m (Flmot)* axial-flow supercharger ***(Def)***; ~**schub** *m (Turbo)* axial thrust; ~**seil** *n (Lfz l)* axial wire ***(Def)***; ~**strömung** *f (Heli)* axial flow ***(Def)***; ~**symmetrisch** axisymmetrical; ~**träger** *m (Lfz)* axial girder ***(Def)***; ~**turbine** *f (Turbo)* axial flow turbine ***(Def)***;~**verdichter** *m* axial (flow) compressor ***(Def)***; ~~**TL-Triebwerk** *n (Turbo)* through-flow turbojet; *Strahltriebwerk mit* ~~ axial-flow engine ***(Def)***; ~**zylindermotor** *m (Flmot)* axial engine ***(Def)***.

**Azetylenanlasser** *m (Flmot)* acetylene starter.

**Azimut** *m & n (nav)* azimuth *(Def)*; true bearing; ~**ale Zielverfolgung** *f (Radar)* azimuth tracking; ~**alprojektion** *f* azimuthal projection; ~**anzeiger** *m (VOR)* omnibearing indicator; bearing indicator; ~**auflösungsvermögen** *n (Radar) (E)* azimuth discrimination; *(US)* azimuth resolution; ~**fehler** *m* azimuth error; ~**führung** *f (Radar)* azimuth guidance; ~**gleiche** *f (nav)* curve of equal bearing *(Def)*; ~**kompass** *m* azimuth compass; ~**korrektur** *f (Radar)* azimuthal correction; ~**kreisel** *m* azimuth gyro *(Def)*; ~**richtung** direction of azimuth; ~**skala** *f* azimuth dial; azimuth scale; ~**tafel** f azimuth table; ~**teil** *n* **des GCA** *(Radar)* azimuth element of GCA; ~**wähler** *m (VOR)* omni-bearing selector; ~**wert** *m (Radar)* azimuth value; ~**winkel** *m (nav)* azimuth angle.

# B

**B** *(ICAO- & NATO-Buchstabieralphabet)* Bravo; ~*(altes, internationales Buchstabieralphabet)* Baker; ~-**Schirm** *m (Radar)* B-scope *(Def)*.

**backbord** *(links)* port (side); ~**außenflügel** *m (Flzg)* port main plane; left outer section of wing; ~**licht** *n (Flzg)* port light; ~**lichtzeichen** *n (Lfz)* port signal; ~**mittelflügel** *m (Flzg)* centre (*US* center) left wing; centre (*US* center) port wing; ~**motor** *m* port *or* left-side (aero) emgine; ~**motorgondel** *f* left *or* port engine nacelle.

**Backenbremse** *f* shoe brake.

**Bahn** *f (allg)* course; *(ballist)* trajectory; *(Tuchbahn: Ball usw)* fabric gore *(Def)*; fabric panel; *astronomische ~ (FK)* astronomic(al) orbit; ~**achse** *f* axis parallel to the path; path-parallel axis; ~**beschleunigung** *f* acceleration along the path; path acceleration; *(FK)* trajectory acceleration; ~**ebene** *f (ballist)* trajectory plane; path level; ~**führung** *f (FK)* trajectory guidance; ~**geschwindigkeit** *f (ballist)* velocity in trajectory; *(Kreisel)* velocity along the path; path speed; ~**größen** *f/pl (ballist)* ballistic values *pl*; ~**kraft** *f* force along the path; ~**kurve** *f*, **ballistische** ~~ ballistic curve; ~(**länge**) *f (Para & Lfz l)* gore *(Def)*; ~**neigung** *f* path angle; ~**neigungswinkel** *m (Flzg)* angle of inclination of the flight path; ~**perigäum** *n (FK)* perigee of orbit; ~**richtungskraft** *f* force along flight path; ~**verfolgungsradar**(**gerät**) *n* path tracking radar. ~**werte** *m/pl (ballist)* ballistic variables *pl.*

**Bajonettverschluss** *m* bayonet lock; bayonet joint; bayonet fixing.

**Bake** *(nav)* beacon *(Def)*; marker: ~**nantenne** *f (Funk)* beacon antenna *(Def)*; beacon aerial; ~**nkurs** *m (nav)* beacon course.

**Bakterienkrieg** *m* bacterial warfare.

**Baldachin** *m (Flzg)* (wing) canopy.

**Balken**|**holm** *m (Flzg)* (straight) spar; ~**träger** *m (stat)* (straight) girder: (straight) beam; *freitragender* ~~ cantilever beam.

**Ballast** *m (Frei-Ball usw)* ballast *(Def)*; *festeingebauter od fester* ~ fixed ballast; ~**abgabe** *f* ballast discharge; ballast release; ~**anlage** *f* ballast arrangement; ballast installation; ~**behälter** *m* ballast tank; ballast container; ~**plan** *m* ballast plan; ~**verteilung** *f* ballast distribution; ~**wassergewinnung** *f (Lfz l)* water recovery *(Def)*.

**ballenförmige Wolke** *f (met)* ball cloud.

**Ballist**|**ik** *f* ballistics: ~~ *der Fliegerbombe* aerial bomb ballistics; ~~ *fester Raketentreibstoffe (FK)* ballistics of solid rocket propellant; ~~ *sehr hoher Geschwindigkeiten* hyperballistics, ~**isch** ballistic; ~~*e Bahnkurve f* ballistic curve; ~~*e Einflüsse m/pl* ballistic conditions *pl*; ~~*e Grenze f* ballistic boundary; ~~*e Interkontinentalrakete f (LKr)* intercontinental ballistic missile, *abbr* ICBM; ~~*er Eintritt m (in die Atmosphäre)* ballistic entry. ~~*er Flugkörper m* ballistic missile *(Def)*.

**Ballon** *m (Lfz)* balloon *(Def)*; *im Gleichgewicht befindlicher* ~ balanced ballon; *sphärischer* ~ spherical aerostat (balloon); ~**abweiser** *m (an Flzg)* balloon cable fender; antiballoon device; ~**anker** *m* balloon anchor; ~**aufstieg** *m* balloon ascent; balloon ascension; ~**aufstiegplatz** *m* balloon (take-off) site; balloon park; ~**beobachter** *m* balloon observer; ~**bespannstoff** *m* balloon fabric; ~**ett** *n* ballonet *(Def)*; ~**ett**(**ballon**) *(m) (Lfz l)* ballonet *(Def)*; ~**ettluftschiff** *n (Prallluftschiff)* non-rigid airship; ~**ettzwischenwand** *f (Lfz l)* diaphragm *(Def)*; ~**fahren** *n* ballooning; ~**fahrer** *m* balloonist; ~**führer** *m* balloon pilot; ~**gondel** *f* balloon nacelle; ~**halle** *f* balloon shed; ~**hülle** *f* balloon envelope *or* cover; ~**hüpfen** *n* balloon jumping; ~**korb** *m* balloon basket; balloon car; balloon nacelle; ~**mannschaft** *f* balloon crew; ~**radiosonde** *f (met)* radiosounding balloon; ~**sonde** *f (met)* sounding balloon; registering balloon; (balloon)sonde; ~**sperre** *f (LKr)* balloon barrage; ~**start** *m* balloon start; ~~**platz** *m* balloon release area; ~**verfolgung** *f* balloon chasing; ~**wettfahrt** *f* balloon race; ~**winde** f balloon winch.

**Balsaholz** *n* balsa wood; corkwood.

**Band** *n (Fernm)*, **gesperrtes** ~ rejected band; ~**antenne** *f (Funk)* band aerial; *(US)* tape antenna; ~**aufnahme** *f (Funk)* tape-recording; ~~ **machen** *od auf* ~ *aufnehmen* to record on tape; ~**aufnahmegerät** *n (Fernm)* tape recorder; ~**blitz** *(met)* ribbon *or* band lightning; ~**breite** *f (Funk)* band-width; *belegte* ~~ occupied bandwidth; *erforderliche* ~~ necessary bandwidth; *gesamte benutzbare* ~~ total usable bandwidth; ~**breitenfilter** *m (Funk)* bandwidth filter; ~**breitenregler** *m* band-width control; ~**breitenschalter** *m* band-selector switch; ~**feder** *f* band spring; flat spring; ~**filter** *m (Funk)* pass band filter; ~**kompressionsgrad** *m (Funk)* band pressure level; ~**mikrophon** *n (Funk)* ribbon microphone; band microphone; ~**spreizung** *f (Funk)* band spread(ing).

**Bänder**|**bremsschirm** *m* ribbon brake-parachute; ~**fallschirm** *m* ribbon parachute *(Def)*.

**Bank** *f (Wolken~: met)* cloud bank; bank of clouds.

**Bar** *n (met)* bar *(Def)*; ~**isch** *(met)* baric.

**Barackenlager** *n (mil)* hut camp; hutments *pl*; cantonment.

**Bárány-Stuhl** *m (Flmed)* Barany chair *(Def)*.

**Barkasse** *f* launch.

**Baro**|**gramm** *n* barogram; ~**grammstreifen** *m* barogram *or* barograph chart; ~**graph** *m (Höhenschreiber)* barograph *(Def)*; recording barometer; altigraph *(Def)*; ~**klinalität** *f (met)* baroclinality; ~**kline** *f (met)* barocline; ~**meter** *n (met)* barometer *(Def)*; (weather) glass; *das* ~ *steigt* the glass is going up; *das ~ fällt* the barometer *or* the glass is falling; ~**meterdose** *f* pressure capsule; pressure box; barometric cell; ~**meterdruck** *m (met)* barometer pressure; barometric pressure; ~**meterstand** *m* height of barometer; barometric pressure; ~**metertendenz** *f (met)* barometric tendency ***(Def)***; ~**metrisch** barometric; ~**metrische Höhe** *f* barometric altitude; ~**metrische Navigation** *f* pressure-pattern flying ***(Def)***; barometric navigation; ~**metrischer Höhenmesser** *m (Instr)* barometric altimeter; pressure altimeter ***(Def)***; ~**metrischer Kraftstoffregler** *m (Turbo)* barometric fuel control ***(Def)***; ~**metrisches Druckausgleichsventil** *n (Flmot)* barostatic relief valve ***(Def)***; ~**skop** *n* baroscope; ~**stat** *m* barostat; ~**thermograph** *m (met)* barothermograph ***(Def)***; ~**trop** barotropic, *~~e Massenverteilung f (met)* barotropy; ~**tropie** *f (met)* barotropy.

**Barrette** *f/pl (Kurzbalken: Bod)* barrete ***(Def)***.

**Barriere** *f (Bod)* (arrester) barrier ***(Def)***; *kosmische ~* space barrier.

**Basis** *f (Art)* base (line); basis; *(Wolken~: met)* base of the cloud; ~**durchmesser** *m (Para)* mouth diameter ***(Def)***; ~**teil** *m (der Platzrunde: vergl/cf)* **Queranflugteil**.

**Bataillon** *n (mil)* battalion; ~**sabschnitt** *m(takt)* battalion sector; ~**sadjutant** *m (US)* battalion executive officer; aide to battalion commander; ~**sführer** *m* acting battalion commander; ~**sgefechtsstand** *m (takt)* battalion command post; ~**skommandeur** *m* battalion commander; ~**sstab** *m* battalion staff; battalion headquarters.

**Batterie** *f (el)* (storage) battery; *(Art)* battery; ~**chef** *m (mil)* battery commander; ~**führer** *m* acting battery commander; ~**gespeist** *(el)* batteryfed; battery-operated; ~**spannung** *f (el)* battery voltage; ~**stellung** *f (Art)* battery position; ~**strom** *m (el)* battery current; ~**wagen** *m (Boden)* battery cart; ~**widerstand** *m (el)* battery resistance; ~**zündung** *f (Kfz)* battery ignition.

**Bau|anforderungen** *f/pl (Konstr)*, **grundlegende** ~~ design basic requirements *pl*; ~**ausführung** *f* **und Gestaltung** *f* design and construction; ~**bagger** *m* (building) excavator; ~**bataillon** *n (mil)* construction battalion; ~**beschränkungsplan** *m (Bod)* zoning plan; ~**element** *n (Flzg)* (construction) member, structural element; ~**festigkeit** *f (Flzg)* structural strength; ~**formel** *f* design formula; ~**gruppe** *f (Flzg)* assembly; ~~**nlehre** *f* aggregate template *or* templet; ~~**nschablone** *f* aggregate template *or* templet; ~**kastensystem** *n*, **elektronisches** ~~ electronic building blocks *pl*; ~**kompanie** *f (mil)* construction company; ~**merkmale** *n/pl* design features *pl*; ~**muster** *f (Flzg)* type; mark; version; ~**offizier** *m (US LW)* (base) installation officer; ~**reihe** *(Flzg)* construction series; model; lot; ~**schutzbereichsplan** *m (Bod)* zoning plan; ~**sicherheit** *f* structural safety; ~**soldat** *m* engineer soldier *(in construction unit)*; ~**stufe** *f* construction stage; ~**teil** *m & n (Flzg)* structural member; structural part; *tragender ~~ (Flzg)* primary structure ***(Def)***; *zusätzlicher ~~ (Flzg)* auxiliary member; ~**trupp** *m (mil)* construction detail *or* squad; ~**unterlagen** *f/pl* type design; ~**vorrichtung** *f (Flzg-Bau)* former; jig; ~**vorschrift** *f* construction regulations *pl*; strength specification; ~**weise** *f*, **geodätische** ~~ *(Konstr)* geodetic construction; ~**werk** *n* structure.

**Bauch|behälter** *m (Lfz l)* ventral tank ***(Def)***; ~**gurt** *m (Flzg)* belly band*(of safety belt)*; ~**kühler** *m (Flmot)* underslung radiator; belly radiator; ~**landung** *f (Flzg)* belly landing; *sl* belly flop; wheels-up landing; *eine ~~ machen v* land on the belly.

**Baud** *n (Einheit der Schrittgeschwindigkeit: Fernm)* baud(s) *(pl)*.

**Baumlandung** *f (Flzg)* landing on a tree; tree-landing.

**beanspruch|en** *v (Flzg-Bauteil)* stress *(a member)*; *den Motor voll ~~* run the engine all out; ~**ung** *f (Flzg)* stressing of *or* strain on the aeroplane; *(aerodyn) stress; (auf Biegung)* bending stress; *augenblickliche od kurzzeitige ~~* momentary stress.

**Beanstandung** *f* objection; complaint; *(am Flzg) sl* snag; ~**sliste** *f (Flzg) sl* snag list.

**bearbeiten** *v (Flzg-Bauteile)* machine; dress; work; finish.

**Beatmungsgerät** *n* respiratory equipment.

**Beaufort|-Bezeichnung** *f (met)* Beaufort notation ***(Def)***; ~**skala** *f (met)* Beaufort scale (of wind force) ***(Def)***.

**bebau|t** *(Felder)* cultivated *(fields)*; *(Gelände)* built-up *(area)* ~**ung** *f* culture ***(Def)***; ~**ungsplanung** *f* land use planning.

**Bedarf** *m* requirements *pl*; ~**sflug** *m (LVerk)* flight on demand; non-scheduled flight; ~**sluftverkehr** *m* non-scheduled air transport; ~**sluftverkehrsunternehmen** *n* irregular *or* non-scheduled *or* supplemental air carrier; ~**snotbefeuerung** *f (Bod)* temporary emergency lighting.

**bedeck|en** *(Himmel)* cover; cloud; ~**t** *(met)* overcast; cloudy; clouded; ~**ter Himmel** *m* overcast (sky); ~**ung** *f (met)* overcast; ~**ungsbereich** *m (Radar)* cover(ing) range; ~**ungsgrad** *m (met)* cloud amount ***(Def)***; sky conditions *pl*; nebulosity; cloud coverage; ~**ungssymbole** *n/pl (met)* sky *or* cloud symbols *pl*.

**Bedien|bank** *f (Lfz)* console; ~**brett** *n (Lfz)* console (panel); *zentrales ~~* central console (panel).

**bedien|en** *v* operate; attend; ~**gerät** *n* control unit; ~**hebel** *m* control lever; ~**mann** operator; attendant: ~**ungsanleitung** *f* technical manual; ~**ungsanweisung** *f* operating directions *pl*; service instructions *pl*; ~**ungsfehler** *m (durch Pilot)* pilot's error, ~**ungsfeld** *n (Lfz)* control panel; ~**ungshebel** *m* operating lever; operating handle; ~**ungspersonal** *n* operative personnel; ~**ungsvorschrift** *f* operating instructions *pl*; working *or* service instructions *pl*.

**Bedingung** *f*, **eine ~ fliegen** *v (Flugausbildung)* pass a test; fly a condition.

**bedroh|en** *v* threaten; ~**lich** threatening; ~**ung** *f* threat.

**Beeinträchtigung** *f*, **gesundheitliche ~ im Flug** *(Flmed)* incapacitation in flight.

**beend|en** *(eine Kurve ~: Flzg)* complete *(a turn)*; ~**igung** *f (des Fliegeralarms: LS)* all clear.

**befähig|en** *v* enable; ~**t** capable of; ~**ung** *f* aptitude; *~~ ein Luftfahrzeug zu führen* apititude for piloting an aircraft; ~**ungsnachweis** *m* certificate of competency; qualification *or* qualifying reference; ~**ungsprüfung** *f* qualification test; aptitude test; ~**ungszeugnis** *n* certificate of competency.

**Befehl** *m* order; command; ~**en** *v* order; command; ~**sausgabe** *f (mil)* briefing; issuance of orders; ~**sbefugnis** *f (mil)* authority; ~**sbereich** *m & n* extent *or* area of command; ~**sbestätigung** *f* confirmatory order; ~**serteilung** *f* issuance of orders; ~**sgemäß** according to instructions; as ordered; ~**sgewalt** *f (mil)*, **der ~~ unterstellt** placed under the authority; ~**shaber** *m* commander; ~**skopf** *m* *(takt)* command centre *(US)* center); ~**snetz** *n (takt & Funk)* command *or* control net; ~**spanzer** *m* command tank; ~**ssprache** *f* terminology of orders; ~**sstand** *m (takt)* command post; headquarters; ~**sturm** m *(Flugplatz)* control tower, ~**sübermittlung** *f (takt)* transmission of orders; ~**sweg** *m (mil)* chain of command; command channel(s).

**befestig|en** *(mil)* fortify; *(Flzg-Teile usw)* attach; fasten ~**ter Abstellplatz** ~ *(Bod)* hardstand(ing) ***(Def)***; ~**ung** *f (mil)* fortification; *(Flzg-Teile)* attachment; installation; fixing; ~**ungsleinenwerk** *n (Lfz l)* flying rigging ***(Def)***; ~**ungspflaster** *n (Lfz l)*, **fächerförmiges** ~~ eta patch ***(Def)***; **kreisförmiges** ~~ *(Ball)* alldirectional patch ***(Def)***; **röhrenförmiges** ~~ *(Lfz l)* channel patch ***(Def)***; ~**ungspunkt** *m (Leitwerk)* attachment point; *(Lfz l)* point of attachment ***(Def)***; strengthening point; ~**ungswerk** *n (mil)* (permanent) fortification (work).

**befeuer|n** *(Flugplatz usw)* light; mark with lights; ~**ung** *f (Flugplatz)* (aerodrome) lighting; ~**ungsanlage** *f (Bod)* lighting facility; ~**ungsgebühren** *f/pl (Bod)* lighting charges *pl.*

**befliegen, den Atlantik** ~ *v* fly the Atlantic; **eine Flugstrecke** ~ *v (LVerk)* operate *or* run an air route.

**beförder|n** *v* promote; *(Funk)* transmit; pass; ~**ung** *f (mil)* promotion; *(Funk)* transmission; *(LVerk)* transportation; carriage; ~**ungsangebot** *n (LVerk)* (transport) capacity offered; ~**ungsliste** *f (mil)* promotion list; ~**ungsnachfrage** *f (LVerk)* traffic demand; ~**ungspapier** *n (LVerk)* traffic document; document of carriage; ~**ungssatz** *m (LVerk)* conveyance rate; ~**ungstarif** *m (LVerk)* transport tariff; ~**ungsvertrag** *m (LVerk)* contract of carriage.

**Befugnis** *f* authority; power; right.

**Befund** *m* findings *pl*; result; ~**aufnahme** *f* analysis test; *(Flzg)* tear-down inspection.

**Begegnung** *f*, **gefährliche** ~ **zwischen Luftfahrzeugen** *(Flbetr)* air miss; *Meldung f über* ~~ air miss report; ~**sgefecht** *n (takt)* meeting engagement *or* encounter.

**Beginn** *m* **der Einflugschneise** *f (Flsich)* gate ***(Def)***.

**beglaubigt,** ~**er Vertreter** *(ICAO),* ~ *(für Flzg-Unfalluntersuchungen)* accredited representative.

**Begleit|artillerie** *f* accompanying artillery; ~**flugzeug** *n (LKr)* escort plane; ~**jäger** *m (LKr)* escort flighter; *sl* nursemaid; ~**schiff** *n* escort vessel; ~**schutz** *m (LKr)* (fighter) escort; *(Flzge für Schiffe)* shadowing duties; ~**schutz fliegen** *v (Jäger für Bomber)* escort; *(Flzge für Schiffe)* shadow.

**Begrenz|er** *m (Fernm)* limiter; ~**ung** *f*, **seitliche** ~~ lateral limits *pl*; ~**ungsbake** *f (Flugplatz)* boundary-marker beacon; ~**ungsfeuer** *n (Bod)* boundary *or* marker light; ~**ungsmeridian** *m (Kart)* limiting meridian; ~**ungsparallele** *f (Kart)* limiting parallel.

**Begriffsbestimmung** *f* definition.

**Behälter** *m* container; tank; reservoir, *abwerfbarer* ~ jettisonable tank ***(Def)***; *flexibler* ~ flexible *or* bag-type tank; *selbstabdichtender* ~ *(Flzg)* self-sealing tank; ~**entlüftung** *f* tank vent(ilation); tank vent-pipe; ~**entlüftungsrohr** *n (Ölbehälter)* tank vent pipe ***(Def)***; ~**ölkühler** *m (Flmot)* tank oil cooler ***(Def)***.

**Behandlung** *f* handling.

**Beharrungsvermögen** *n (Kreiselachse)* inertia *(of the gyro axis)*; ~ *der Masse* mass inertia.

**beheben** *v (Beanstandung)* repair; cure.

**Behelfs|flugplatz** *m* auxiliary *or* temporary airfield; ~(-**Start- und Lande)platz** *m* auxiliary take-off and landing facility *or* ground.

**Behinderungsschießen** *n (Art)* interdiction fire.

**Behm|lot** *n (Echolot)* Behm echo depth sounder; Behm sound-ranging altimeter; sonic altimeter ***(Def)***; ~**zeitmesser** *m* Behm period meter.

**Behörde** *f* agency; office; public authority ***(Def)***; ~ *für die Eintragung internationaler Kennzeichen (ICAO)* common mark registering authority; *zuständige* ~ *(ICAO)* competent *or* appropriate authority; competent licensing authority ***(Def)***.

**beibringen** *v (Verluste)* inflict *(losses).*

**beiklappen** *v (Tragflächen bei Träger-Flzg)* fold *(wings).*

**Bein|gurte** *m/pl (Schleudersitz)* leg straps *pl*; ~**rückholgurt** *m (Schleudersitz)* toe strap.

**Beitrittsurkunde** *f (zu einem Abkommen)* instrument of adherence.

**Beiwert** *m* coefficient; factor; *flugdynamischer* ~ aerodynamic coefficient.

**bekämpfen** *v* battle; combat; fight.

**Bekleidungs|kammer** *f (mil)* clothing store; ~**nachweis** *m* clothing account.

**belad|en** *v* load; ~**en** *n* lading ***(Def)***; ~**eplan** *m* loading chart *or* diagramm; ~**ung** *f (LVerk)* lading; ~**ungsbeschränkungen** *f/pl (Lfz)* load limitations *pl*; ~**ungsgrenze** *f* load limit; ~**ungskarte** *f (Bomben-Flzg)* bomb-load chart; ~**ungsplan** *m (Lfz)* stowing plan; ~**ungszustände** *mpl (Lfz)* loading conditions *pl.*

**Belag** *m (Piste)* surface course; ~ *aufbringen v (Pistenbau)* surfacing; *tragender* ~ *(Bod)* loading-bearing pavement.

**belager|n** *v* besiege; ~**ung** *f* siege; ~**ungszustand** *m* state of siege.

**Belastbarkeit** *f (Stat)* allowable load.

**Belastung** *f* load(ing); charge; *asymmetrische* ~ asymmetric(al) loading; ~ *aus gesteuerten Flugbewegungen (Flbetr)* manouvring loads *pl*; *(durch Eigengewicht)* dead load; ~ *durch Luftkräfte* aerodynamic load(ing); ~ *durch Wasserkräfte (See-Lfz)* water loads *pl*; *künstliche* ~ dummy load; *(pro Flächeneinheit)* unit stress; unit load; *(pro kW bezw. PS)* power loading; *statische* ~ *(Konstr)* static load ***(Def)***; *zulässige* ~ *(Flzg)* safe load; *(Flugbootboden)* hull loading; ~**sannahme** *f (Stat)* assumed load; ~**sausgleich** *m* load equalization; ~**seinrichtung** *f*, **elektrische** ~~ electric(al) artificial feel; ~**sfähigkeit** f loading capacity; ~**sfaktor** *m (Konstr)* proof factor ***(Def)***; ~**sfall** *m (Flzg)* case of load; ~**sgrenze** *f* load limit ; critical load; ~~**n** *f/pl* load limitations *pl*; ~**smaß** *n (Fernm)* loading factor; ~**smechanismus** *m*, **hybrider** *od* **kombinierter** ~~ combined artificial feel (unit); ~**sspitze** *f* load(ing) peak; ~**sversuch** *m*, **statischer** ~~ static test; ~**sverteilung** *f*,

**unsymmetrische** ~~ *(Konstr)* unsymmetrical loading *(Def)*; ~**szustand** *m (Flzg)* load(ing) condition.

**Belebungsmittel** *n* restorative.

**Beleg** *m* voucher; ~**en** *v (Geräteverwaltung)* vouch; *(mit Bomben ~: LKr)* bomb; ~**ter Platz** *m (LVerk)* reserved seat; booked seat; ~**ung** *f*, **gemeinsame** ~~ *(Flugplatz durch mehrere Nationen)* joint occupancy.

**Beleucht|er** *m (bei Nachtangriffen: LKr)* marker (aircraft); illuminator; pathfinder; ~**erverband** *m (LKr)* marker force: ~**ung** *f (Flzg)* lighting; illumination; ~**ungsanlage** *f* lighting system; ~**ungsradar** *n (FK)* lamp set *(Def)*; ~**ungsstärke** *f* light intensity.

**Belichtung** *f (Lphot)* exposure; ~**sdauer** *f* length of exposure; duration of exposure; ~**stabelle** *f* exposure table.

**Belüftung** *f (Flzg-Kabine)* airing; aeration; ventilation; ~**sanlage** *f (Flzg)* ventilation system; ~**sleitung** *f* aeration line; vent line; vent.

**bemann|en** *v (mil)* man: ~**ter Flug** *m* manned flight; ~**ung** *f (mil)* crew; complement.

**Bemessungs|daten** *n/pl* design criteria *or* data *pl;* ~**flügelfläche** *f (Konstr)* design wing area *(Def)*; ~**geschwindigkeit** *f* design airspeed; ~~ *für böige Luft* design rough airspeed; ~~ *für höchste Böenstärke* design speed for maximum gust intensity; ~~ *für Ruderbetätigung (Lfz)* design manoeuvring speed; ~~ *mit ausgefahrenen Flügelklappen* design flap speed; ~**gipfelhöhe** *f (Lfz)* design ceiling; ~**grundmasse** *f (Konstr)* design gross weight *(Def);* ~**höchstmasse** *f (Lfz)* design maximum weight *(Def)*; ~**höhe** *f* computed altitude; ~**kleinstmasse** *f* design minimum weight; ~**kriterium** *n* design criterion; ~**landemasse** *f (Lfz)* design landing weight *(Def)*; ~**parameter** *m* design parameter; ~**radlast** *f (Lfz)* design wheel load; ~**reisegeschwindigkeit** *f (Lfz)* design cruising speed; ~**rollmasse** *f (Lfz)* design taxying weight *(Def)*; ~**startmasse** *f (Lfz)* design take-off weight *(Def)*; ~**stechflug-** *od* ~**sturzfluggeschwindigkeit** *f (Flzg)* design diving speed.

**benachrichtigen** *v* inform.

**Benutz|barkeitsfaktor** *m (Gerät)* usability factor; ~**gebühr** *f (LVerk)* user charge; ~**erstaat** *m (von NATO-Einrichtungen)* user state; ~**ung** *f*, **gemeinsame** ~~ **von Frequenzen** *(Funk)* sharing of frequencies.

**Benzin** *n* petrol; *sl* gravy; *sl* juice; *(US)* gas(oline); ~ **ablassen** *v* dump petrol (*US* gasoline); *synthetisches* ~ benzine; ~**kanister** *m (E)* petrol *or* (US) gasoline container, *sl* "jerry can"; ~**leck** *n* petrol leakage; ~**motor** *m* petrol *or* (*US*) gas(oline) engine.

**Beobacht|barkeit** *f* observability; ~**en** *v* observe; ~**er** *m* (*LW*) (air) observer; spotter; *(Flzg-Orter)* navigator(-observer); *automatischer* ~~ *(Instr)* automatic observer *(Def);* ~**erabzeichen** *n* observer's badge; ~**erkompass** *m (Flzg)* navigator's compass; ~**erschein** *m* navigator's licence (*US* license); ~**ung** *f* observation; spotting; *eine* ~~ *nehmen (Astronav)* take a sight; *synoptische* ~~ *(met)* synoptic observation; ~**ungsballon** *m (Lfz)* observation balloon *(Def)*; ~**ungsdeck** *n (Luftschiff)* observation platform; ~**ungsfehler** *m (nav)* error in observation; observation error; ~**ungskuppel** *f (Flzg)* observation blister; ~**ungsmethode** *f (Radar)* scanning method; ~**ungsstand** *m (takt)* observation post; *abbr* OP; ~**ungsstation** *f (met)* observatory; ~**ungsturm** *m* observation *or* watch tower.

**beplank|en** *v (Tragfläche usw)* cover; ~**ung** *(Flzg)* covering; (wing) skin; plating; aircraft skin; *geschichtete* ~~ *(Lfz)* sandwich skin; lamina covering; *mittragende* ~~ stressed skin.

**berat|en** *v* advise; ~~*de Mitteilung f (Flsich)* advisory information; ~~*der Meteorologe m (met)* forecaster; ~**ung** *f*, *mündliche* ~~ *(Flugs)* briefing *(Def)*; ~**ungsbezirk** *m (Flugverkehrs-~~)* advisory area, *abbr* ADA *(Def)*; ~**ungsdienst** *m (Flugverkehrs-~~)* air-traffic advisory service *(Def)*; ~**ungsluftraum** *m (Flugverkehrs-~~)* advisory airspace *(Def)*.

**Berechnungs|modell** *n* calculation model; ~**verfahren** *n* calculation procedure.

**Berechtigung** *f (amtliche Eintragung in Erlaubnisschein: ICAO)* rating *(Def)*; ~ *für Anflugkontrolle (Flsich)* approach control rating; ~ *für Anflugradar (Flsich)* approach radar rating; ~ *für Bezirkskontrolle (Flsich)* area control rating; ~ *für IFR-Flüge (für Piloten)* instrument rating *(Def);* ~ *für Platzkontrolle (Flsich)* aerodrome control rating; *zusätzliche* ~ *(Flsich usw)* additional rating; ~*en f/pl für Flugverkehrslotsen* air traffic controller ratings *pl.*

**Bereich** *m*, **allgemein zugänglicher** ~ *(Flughafen)* land side; **sicherheitskontrollierter** ~ *(Bod)* sterile area; ~**sfernmeldezentrale** *f* area communication centre.

**bereif|en** *(met)* frost (over); cover with hoar frost; ~**ung** *f (Kfz)* tyres (*US* tires) *pl*; *(met)* hoar frost.

**Bereit|schaft** *f* readiness; preparedness; alert; *Abruf~~ (30-Minuten-~~: LKr)* on call; *Ersatz~~ (60-Minuten-LKr)* back-up; *Fünf-Minuten-~~ (LKr)* readiness; *15-Minuten-~schaft (LKr)* fifteen-minute notice *or* alert; ~*schaft herstellen v (Flsich)* alert; *kurzfristige* ~*schaft (LKr)* short-notice alert; Sitz-~~*(Zwei-Minuten-~~: LKr)* standby; *Verfügungs~~ (10-Minuten-~~ LKr)* available; ~~**sauftrag** *m (takt: Flzgbereitschaft in der Luft)* air alert mission; ~**schaftsdienst** *m (mil)* stand-by duty; ~**schaftsende** *n (LKr)* released; ~**schaftsflugzeug** *n* **im Warteraum** *(takt)* air alert, ~**schafts(funk)stelle** *f* stand-by (radio) station; ~**schaftsnotbefeuerung** *f (Bod)* stand-by emergency lighting; ~**schaftsraum** *f (für fliegendes Personal)* ready-room; ~**schaftsreserve** *f (Drei-Stunden-~~; LKr)* reserve; ~**schaftsstellung** *f (takt)* prepared position; position of readiness; ~**schaftsstufe** *f (mil)* state of alert; readiness state; *(Flsich: Allarmstufe 2)* alert phase, *abbr* ALERFA *(Def);* ~**schaftssystem** *n* back-up system; ~**schaftszustand** *m* condition of readiness; readiness state; ~**stehen** *v* stand by; be available; ~**stellen** *(takt)* prepare for action; keep ready; ~**stellung** *f (takt)* assembly position; ~**stellungsbefehl** *m (takt)* assembly order; ~**stellungsfläche** *f (für Gepäck, Fracht usw: LVerk)* make-up area; ~**stellungsraum** *m (takt)* assembly area.

**Berg|rettungsdienst** *m* mountain rescue service; ~**wind** *m (met)* mountain wind *or* breeze *(Def)*.

**Berge|dienst** *m* recovery service; salvage service; ~**kommando** *n* salvage party; ~**n** *v* salvage; ~**n** *n* recovery; salvage.

**Bergung** *f* **eines bewegungsunfähigen Luftfahrzeugs** *(SAR)* disabled aircraft removal; ~**sausrüstung** *f* crash (rescue) equipment; ~**sgerät** *n* crash equipment; ~**swagen** *m* crash tender *or* vehicle.

**berichtig|te angezeigte (Flug-)Höhe** *f* calibrated altitude, *abbr* CA; ~**te Fahrtmesseranzeige** *f (Lfz)* calibrated airspeed; ~**te Fluggeschwindigkeit** *f (Flbetr)* calibrated airspeed *(Def)*; ~**ung** *f* corrective action.

**Berichtswesen** *n*, **maschinelles** ~, *abbr* MB electrical accounting machine reporting; mechanical recording.

**Bernoullische Gleichung** *f (aerodyn)* Bernoulli's equation.

**Berstdruck** *m* collapsing pressure.

**Berufs|flugzeugführer** *m* professional *or* commercial pilot; ~**luftfahrzeugführer** *m* commercial pilot; ~~ **1. Klasse** *(ICAO)* senior commercial pilot; ~**pilot** *m* commercial pilot; ~**tauglichkeit** *f (Luftfahrtpersonal)* professional fitness.

**Berührungsfläche** *f (Laufräder)* surface of contact.

**Besatzung** *f (flgds. Personal)* aircrew: (flight) crew; flying crew; aircrew *(Def)*, ~**sabteil** *n (im Flzg)* crew compartment; ~**saufenthaltsraum** *m* crew room; ~**sausbildung** *f* crew training: ~**s(betriebs)raum** *m (Flzg)* flight deck *(Def)*; ~**sheer** *n (mil)* army of occupation; ~**sliste** *f* **verlesen** *v (vorm Einsatz: LKr)* read out roll-call; ~**smitglied** *n* crew member *(Def)*; *überzähliges* ~~ supernumerary crew member; ~~**sausweis** *m* crew member certificate; ~**sverzeichnis** *n* crew manifest.

**Beschaffungswesen** *n* procurement (service).

**Beschaufelung** *f (Turbo)* blading; blades *pl*; buckets *pl (of a turbine)*.

**Beschäumungsfahrzeug** *n* foaming vehicle.

**Beschichtung** *f* coating.

**beschieß|en** *v (mil)* fire (at); shell; bombard; ~**ung** *f (mil)* bombardment; shelling.

**beschirmen** *v (takt)* screen; protect; shelter.

**Beschlag** *m (allg)* condensation; *(Flzg)* fitting; ferrule; ~**en** *v (Windschutzscheibe)* mist; ~**en** *n (Windschutzscheibe)* misting; getting misted.

**beschleunig|en** *v* accelerate; speed up; ~**er** *m* accelerator ~**ter Alterungsversuch** *m (Material)* accelerated aging test; ~**ter Ermüdungsversuch** *m (Material)* accelerated fatigue test; ~**ung** *f* acceleration *(Def)*; ~~ *auf Überschallgeschwindigkeit (Flbetr)* transonic acceleration; *geradlinige* ~~ linear acceleration; *gleichförmige* ~~ uniform acceleration; ~~ *im freien Fall* free-fall acceleration; ~~ *in Richtung Rücken → Brust* back-to-chest acceleration; *negative* ~~ deceleration; negative G *(Def)*; *plötzliche negative* ~~ abrupt decceleration; *seitliche* ~~ transverse acceleration: ~**ungen** *f/pl (Flmed)* accelerations *pl* *(Def)*; ~**ungs|anzeiger** *m (Instr)* accelaration indicator; indicating accelerometer *(Def)*; ~~**belastung** *f* acceleration load; ~~**charakteristik** *f (Triebwerk)* engine response; ~~**fehler** *m (Kompass)* acceleration error *(Def)*; ~~**flug** *m (Flbetr)* accelerated flight; ~~**kammer** *f (Vergaser)* accelerating well; ~~**kraft** *f* accelerating force; ~~**messer** *m (G-Messer)* accelerometer *(Def)*; *Landestoß-*~~~ impact accelerometer *(Def)*; *registrierender* ~~~ recording accelerometer; ~~**pumpe** *f (Flmot)* accelerator *or* acceleration pump; ~~**schreiber** *m (Instr)* recording accelerometer *(Def)*; ~~**(schutz)anzug** *m* anti-G-suit *(Def)*; ~~**strecke** *f* distance of acceleration; ~~**triebwerk** *n (Rak)* booster engine; ~~**verhalten** *n (Triebwerk)* engine response; *sl* spool-up; ~~**zähler** *m* counting accelerometer *(Def)*.

**Beschreibung** *f* **der Ausweise für Luftfahrtpersonal** specifications *pl* for personell licences.

**Beschriftung** *f (Kart)* lettering.

**Beschuss** *m* fire; shooting, shelling, bombardment; ~**bild** *n (Anschießen von Waffen)* pattern of proof shooting: ~**sicher** bullet-proof; *(Kraftstoffbehälter)* self-sealing.

**Beschwerde** *f* complaint; ~**ordnung** *f (mil)* regulations pertaining to complaints.

**beseitig|en** *v (Ladehemmung)* free *or* remedy *(the jam)*; ~**ung** *f (techn. Störungen)* trouble-shooting.

**besetzen** *v (mil)* occupy.

**besichtig|en** *v (mil)* inspect; review; ~**ung** *f (mil)* inspection; review.

**besinnungslos** *(sl Mattscheibe haben)* unconscious; blackout.

**Besitzzeugnis** *n* certificate of possession.

**Besoldung** *f* payment; pay; salary; ~**sdiensthalter** *n* seniority for computation of pay; ~**seinbehaltung** detention of pay; ~**sordnung** *f* pay regulations *pl*; ~**swesen** *n* pay and allowance administration; ~**szulage** *f* additional pay.

**besonders|gefährdeter Flug** *m* special risk flight; ~ **gefährdetes Gebiet** *n* special risk area.

**bespann|en** *v (Tragflächen usw)* cover *(the wing with fabric)*; ~**stoff** *m (Flzg)* (airplane *or* glider) fabric.

**Besprechung** *f* conference; discussion; ~**sniederschrift** *f* minutes *pl*.

**Bestallung** *f (mil)* appointment; ~**surkunde** *f (mil)* certificate of appointment.

**Bestand** *m* stock *(of supplies or equipment)*; ~**saufnahme** *f* stock-taking; physical inventory; ~**sbuch** *n* stock book; ~**snachweisung** *f* stock inventory *or* report; ~**teil** *m*, *organisatorisch zugehöriger* ~*teil (mil)* integral component.

**Bestätigung** *f (Fernm)* acknowledgment.

**Besteck** *n (nav)* position; fix; ~**fehler** *m (nav)* error in fix; ~**ort** *(nav)* position of fix.

**bestehen** *v (Prüfung)* pass *(an examination)*.

**besteigen** *v (Flzg)* enplane; board; embark; ~ *n (Flzg durch Fluggäste)* embarkation.

**Bestell|nummer** *f (mil)* requisition number; ~**schein** *m (mil)* requisition form *or* ticket; ~**ung** *f (mil)* requisition; ~**zettel** *m (mil)* requisition blank *or* form.

**bester Gleitwinkel** *m (Flbetr)* minimum gliding angle *(Def)*.

**bestimm|en** *v (Standort: nav)* determine *or* fix *(the position)*; ~**ung** *f* **der Lage im Raum** spatial attitude determination; ~~ **des Nordwertes** *(nav)* northing *(Def)*; ~~ **des Ostwertes** *(nav)* easting *(Def)*; ~**ungsflughafen** *m (LVerk)* airport of destination; terminal airport; arrival aerodrome; ~**ungsort** *m (nav)* (place of) destination.

**Bestrafung** *f* punishment.

**bestreichen** *v (takt)* graze *or* sweep *or* rake (with fire).

**Bestückung** *f (mil)* armament; guns *pl*; ordnance.

**Best-Wirkungsgrad** *m (Luftschraube usw)* optimum efficiency.

**Besucher** *m* visitor; *zeitweiliger ~ (LVerk)* temporary visitor *(Def)*.

**Betank|en** *n*, **offenes ~~** *(Lfz)* open line refuelling *(Def)*; **~ung** *f* **in der Luft** aerial *or* in-flight refuelling; **~ungsanzeiger** *m (Lfz)*, refuelling indicator *(Def)*; **~ungsausleger** *m (Bod)* refuelling boom *(Def)*; *(Luftbetankung)* fuel-transfer *or* fuelling boom *or* probe; **~ungsmagnetventil** *n (Lfz)* solenoid refuelling valve *(Def)*; **~ungsschlauch** *m* trailed *or* filling hose; **~ungsschwimmerventil** *n (Lfz)* float refuelling valve *(Def)*; **~ungssonde** *f (Luftbetankung)* probe *(Def)*; **~ungsventil** *n (Lfz)* refuelling valve *(Def)*.

**betätig|en** *v* actuate; operate; put into operation; set to work; **~ungshebel** *m* control lever; **~ungsknopf** *m* control knob; **~ungsorgan** *n (allg)* actuator; **~ungsschalter** *m* control switch; **~ungsvorrichtung** *f* operating gear; **~ungszylinder** *m (Fahrwerk usw)* operating cylinder.

**betauen** *v (met)* (be)dew.

**Beton** *m* (reinforced) concrete; **~abstellplatz** *m (für Flzg)* (concrete) hardstand(ing); **~mischmaschine** *f* concrete mixer; **~platte** *f* concrete slab; **~startbahn** *f* concrete runway; **~unterstand** *m (mil)* concrete shelter; concrete dugout.

**Betrieb** *m (als Betätigung)* operation; service; *außer ~* out of order; not in use; *in ~* in operation; operating; *in ~ sein v* be in operation; *in ~ setzen v* put into operation; *rechnerabhängiger ~ (EDV)* on-line working; *schrittweiser ~ (Datenaustausch: EDV)* step-by-step mode; *~liche Begrenzungen f/pl (Lfz)* operating limitations *pl*; *~liche Lebensdauer f (Gerät)* operating life; *~liche Mindestanforderungen f/pl (LVerk)* basic operational requirements *pl*; *~liche Vorplanung f* advance operational planning; **~sanleitung** *f* technical manual; **~sanweisung** *f* instructions *pl* to the operator; instructions pl for use; operating instructions *pl*; **~sart** *f* regime; **~sausfall** *m* operational failure; **~sbedingungen** *f/pl*, **zu erwartende ~~** *(Flbetr)* anticipated operating conditions *pl (Def)*; **~sbegrenzungen** *f/pl, flugleistungsabhängige ~~* aeroplane performance operating limitations *pl*; **~sbehälter** *m (Kraftstoff)* feed *or* collector tank; **~sbereit** in working order; in running order; **~sbereitschaft** *f* working *or* running order; **~sbewilligung** *f (LVerk)* operating authorization *or* permit; **~sdaten** *n/pl* operating data; **~sdrehzahl** *f* operational rate of revolutions *pl*; operating speed; **~sdruck** *m* working pressure; operating pressure; **~seigenschaften** *f/pl* **auf dem Wasser** *(See-Lfz)* water handling characteristics; **~sfähigkeit** *f (Triebwerk)* engine serviceability; **~sfestigkeit** *f* operational strength; **~sfläche** *f (Bod)* operational area *(Def)*; **~sflüssigkeit** *f* working fluid; **~sfrequenz** *f (Funk)* operating frequency; **~sfunker** *m (Funk)* radio operator; **~sfunkspruch** *m* routine radio message; **~sgeschwindigkeit** *f*, **höchstzulässige** – *(Lfz)* maximum permissible operating speed; **~sgewinn** *m (LVerk)* operating profit; **~sgipfelhöhe** *f (Flzg)* service ceiling; **~shöhe** *f (Flbetr)* operating altitude; *festgelegte ~~ (Fernm)* designated operational height; **~skanal** *m (Funk)* operating channel; **~sklar** ready for operation; **~skompanie** *f (mil)* operating company, **~skosten** *pl*, **summarische ~~** total operational costs *pl*; **~slandepiste** *f (Flbetr)* duty landing runway; **~slebensdauer** *f (Gerät)* operational life; **~sleermasse** *f (Lfz)* operating weight *(Def)*; **~sleistung** *f* operating efficiency; **~skategorie** *f* (ILS) operational performance category; **~sleitung** *f* (work)shop management *(Flsich)* operational control *(Def)*; **~smasse** *f (Lfz)* allowable operating weight; **~spersonal** operating personnel; **~sphase** *f* phase of operation; **~spiste** *f (Flbetr)* runway in use; **~sprüfung** *f (Gerät)* operation test; **~sreichweite** *f*, **festgelegte ~~** *(Fernm)* designated operational range; **~ssicher** reliable; *(auch bei Teilausfall eines Systems)* fail operational; **~ssicherheit** *f* reliability *or* safety of operation; operational safety; **~sspruch** *m (Funk)* procedure message; **~sstartpiste** *f (Felbetr)* duty take-off runway; **~sstoff** *m* fuel; **~sstoffkesselkraftwagen** *m* fuel tank truck; **~sstofflager** *n* fuel (bulk) storage; *(E)* petrol dump; **~sstunde** *f (Flmot)* flying-hour; **~~n** *f/pl (Gerät)* hours pl of operation; **~stemperatur** *f (Flmot)* working *or* running *or* operating temperature; **~sunklar** unserviceable; **~sunkosten** *pl* running costs *or* expenses *pl*; operating costs *or* expenses; **~sunsicherheit** *f* unreliability of service; **~sverfahren** *n*, **lärmminderndes ~~** *(Flbetr)* noise abatement operating procedure; **~sverlässlichkeit** *f* operational *or* fatigue reliability; **~svorschrift** *f* working *or* service instructions *pl*; **~swelle** *f (Funk)* operating wave; assigned frequency; **~swichtig** *(für Flugbetrieb:)* operationally significant; **~szeit** *f* service period: *festgelegte ~~ (Fernm)* scheduled operation; **~szug** *m (LW)* servicing platoon; **~szustand** m regime; **~~sanzeigelampe** *f* tell-tale lamp *or* light; **~szuverlässigkeit** *f* operational *or* fatigue reliablitiy.

**Bett** *n (im Flzg)* berth; **~ungsziffer** *f (K-Wert: Bod)* modulus of reaction of the soil.

**Beul|en** *n* buckling; **~festigkeit** *f (Flzg-Beplankung usw)* buckling-strength; buckling-resistance; **~spannung** *f* denting stress; local buckling stress; **~steifigkeit** *f* blister resistance.

**Be- und Enttankungsventil** *n (Lfz)* refuel/defuel valve *(Def)*.

**Beunruhigungsfeuer** *n (Art)* harassing fire.

**Beurteil|ender** *m (mil)* rater; **~ter** *m (mil)* ratee; **~ung** *f (mil)* rating: **Jahres-~~** *f (mil)* annual rating: **Leistungs-~~** *f (über mil Personal)* efficiency report.

**Beute|flugzeug** *n* captured airplane; **~gerät** *n* captured enemy equipment; **~sammelstelle** *f (mil)* salvage depot *or* dump for enemy matériel.

**Bevöllmächtigter** *m (LVerk)* authorized agent *(Def)*.

**Bevorratungshöhe** *f (Logistik)* stock level.

**bewachen** *v* guard.

**bewaffn|en** *v* arm; **~et** armed; **~ete Aufklärung** *f (takt)* armed reconnaissance; **~ung** *f* armament.

**beweglich** *(Waffe)* flexible; (Funkstelle) portable; mobile; *(Ziel)* moving; *(Luft)* in motion; moving; *(Bordausrüstung usw)* removable; **~ aufhängen** *v (Kompassnadel)* suspend freely; **~e Bodenfunkstelle** *f (Funk)* mobile surface station *(Def)* **~er Flugfunkdienst** *m* aeronautical mobile (radio) service *(Def)*.

**Bewegung** *f* movement; motion; *abklingende aperiodische ~ (Stab)* subsidence *(Def)*; *angefachte aperiodische ~ (Stab)* divergence *(Def)*; *fortschreitende ~*translational *or* translatory motion *or* movement; *geradlinige ~* rectilinear motion; **~santrieb** *m* motive power; motion drive; **~sfläche** *f (Bod)* movement area *(Def)*; **~sfreiheit** *f* freedom of motion; ~**sgleichung** *f*, **Newtonsche** ~~ second law of motion; ~**skontrolle** *f (Flsich)* flight control, ~**skontrolle** *f* **am Boden** *(Lfz usw)* ground movement control; ~**skrankheit** *f (Kinetose: Flmed)* motion sickness; ~**skrieg** *m (takt)* war of movement; mobile warfare; ~**slehre** *f* kinetics *pl*; mechanics *pl*; kinematics *pl*; ~**sreibung** *f* motion friction; ~**sstabilität** *f* stability of motion; ~**sunfähig** incable of moving; immobilized; stuck; ~**szustand** *m* state of motion.

**bewehr | en** *(Stromkabel)* screen; shield; ~**ung** *f* screening; shielding.

**bewerb | en** *v* (*sich um etwas ~en*) apply for; ~**er** m applicant; ~**ung** *f* application.

**Bewilligung** *f* permission.

**bewölk | en** *(met)* cloud, become overcast *or* cloudy; *~ter Himmel* cloudy sky; ~**ung** *f (met)* cloudiness; cloud(ing); *aufgebrochene* ~~ broken cloud; *frontale* ~~ frontal cloudiness; *geschlossene* ~~ continuous cloud; *leichte* ~~ slight cloudiness; *stark aufgelockerte* ~~ scattered clouds *pl*; ~**ungsgrad** *m* degree of cloudiness; sky condition; ~**ungshöhe** *f* (cloud) ceiling; ~**ungskarte** *f* cloud chart *or* map; ~**ungsmesser** *m (met)* nephoscope; ~**ungsverhältnisse** *n/pl* cloud conditions *pl*; ~**ungszunahme** *f* thickening (of clouds).

**bezahlt** paid; revenue.

**bezeichn | ete Feuergefahrzone** *f (Bod)* designated fire zone; ~**ung** *f (vom Flzg-Bauelementen mit Kennziffern)* stationing; ~~ **des Ausweises** *od* **der Lizenz** title of licence.

**Bezirks | kontrolldienst** *m (Flsich)* area control service ***(Def)***; ~**kontrollstelle** *f (Flsich)* area control centre ***(Def)***; ~~ *für den oberen Luftraum* upper area control centre, *abbr* UAC; ~**lotse** *m (Flsich)* area controller; ~**radarlotse** *m (Flsich)* area radar controller.

**Bezugs | breitenkreis** *m (Kart)* standard parallel; ~**druck** *m (aerodyn)* reference pressure ***(Def)***; ~**ebene** *f* reference plane; *(Kart)* datum level ***(Def)***, ~**einheit** *f* **der Lärmbelästigung, internationale** ~~ international noise exposure reference unit, *abbr* INERU; ~**feuchtigkeit** *f (met)* reference humidity ***(Def)***; ~**fläche** *f (Kart)* datum level ***(Def)***; ~**flügelfläche** *f (Flzg)* design wing area ***(Def)***; ~**frequenz** *f (Funk)* reference frequency; ~**kompass** *m (nav)* landing compass ***(Def)***; ~**kraftstoff** *m (zur Oktanzahl-Bestimmung)* reference fuel; ~**leistung** *f (Lfz)* datum performance; ~**linie** *f (Instr)* lubber line ***(Def)***; ~**ordnung** *f (Flugplatz)* reference code; ~**parallele** *f (Kart)* standard parallel; ~**pegel** *m*, **akustischer** ~~ acoustic reference level; ~**punkt** *m (Lphot)* reference mark; reference point; *(nav)* check point; ~**radius** *m (Prop)* standard radius ***(Def)***; ~**schnitt** *m (Konstr)* reference section ***(Def)***; ~**spannung** *f (el)* reference voltage; ~**steigung** *f (Prop)* standard pitch; ~**wert** *m (ILS)* reference datum.

**Bieg | ebeanspruchung** *f* bending stress; ~**efestigkeit** *f* bending strength; transverse strength; ~**emoment** *n* bending moment; ~**eschwingung** *f* flexural vibration; ~**espannung** *f* bending stress; ~**esteifheit** *f od* ~**esteifigkeit** *f* bending rigidity *or* stiffness; flexural stiffness; bending resistance; ~**ezugspannung** *f (Pistenbau)* flexional stress; ~**sam** flexible; ~**same Welle** *(Flmot usw)* flexible shaft.

**Biegung** *f*, **anomale** ~ anomalous flexure; ~**sanomalie** *f* anomalous flexure.

**Bi | ergol** *n (FK)* bipropellant ***(Def)***; ~**filar** bifilar; ~**filarantenne** *f (Funk)* bifilar antenna; ~**furkationspunkt** *m (aerodyn)* bifurcation point.

**Bild | abteilung** *f (Lphot)* air photographic section; photosection; ~**(anzeige)gerät** *n (Instr)* display unit; ~**aufklärung** *f (takt)* photographic reconnaissance; *abbr* PR: ~~**ssatellit** *m* photo reconnaissance satellite; ~**aufnahme** *f (Lphot)* photograph; (*Belichtung*) exposure; ~**aufzeichnung** *f* photographic record; ~**auswerter** *m (Lphot)* photo interpreter; ~**auswertung** *f* interpretation of photographs; ~**bezugspunkt** *m (Lphot)* picture control point; reference mark; ~**darstellung** *f* pictorial representation; ~**dezentrierung** *f (Radar)* off- *or* de-centering; ~**ebene** *f (Lphot)* image plane; ~**fehler** *m (Lphot)* image distortion; ~**feld** *n (Lphot)* angle view *(of the lens)*; ~**flieger** *m (Lphot)* photo (graphic) flyer; aerial photographer; ~**flug** *m* photographic flight *or* mission; ~**flugzeug** *n* photographic plane; ~**folge** *f (Lphot)* time *or* inteval between exposures; interval setting; ~**folgeregler** *m (LPhot)* picture interval regulator; intervalometer; ~**funk** *m (Funk)* facsimile; radio photography; radiophoto transmission; ~**funkgerät** *n* phototelegraphic apparatus; ~**gerät** *n (LPhot)* aerial camera; ~**hauptpunkt** *m (LPhot)* principal point; optical centre (*US* center); ~**helligkeit** image brightness; ~**horizont** *m (LPhot)* principal *or* main horizon; ~**karte** *f (LPhot)* photographic map; ~**koordinaten** *f/pl* coordinates *pl* of the image; ~**maßstab** *m (LPhot)* scale of (corrected) print; ~**meldung** *f (LKr)* photographic report; ~**messtheodolit** *m* photogrammetric theodolite; photogoniometer, ~**messverfahren** *n* photographic recorder system; ~**messwesen** *n* photogrammetry; ~**mittelpunkt** *m (LPhot)* principal point, ~**neigung** *f (Senkrechtbild: LPhot)* tilt (*of the vertical* photograph); ~**ordinate** *f (LPhot)* ordinate of the image; ~**parallele** *f (LPhot)* photoparallel; ~**plan** *m (LPhot)* controlled mosaic; photomap; basic cover; ~**planskizze** *f (LPhot)* partially controlled mosaic; ~**punkt** *m (LPhot)* image point; ~**reihe** *f (LPhot)* strip mosaic; ~**röhre** *f (Radar)* cathode-ray tube, *abbr* CRT; ~**satz** *m (LPhot)* (progressive) set of photographs; ~**schärfe** *f* sharpness *or* clearness of photograph; ~**signal** *n* picture signal; ~**stelle** *f* photographic post *or* shop; ~**telegramm** *n* phototelegram; facsimile; ~**verzerrung** *f* image distortion; ~**waagerechte** *f (LPhot)* principal *or* main horizon; ~**weite** *f (LPhot)* principal distance; ~**zentrierung** *f (Radar)* shift control.

**Billigrakete** *f* cheap rocket.

**Bi | metall-Thermometer** *n* bimetal thermometer; ~**när** *(zweikomponentig)* binary; ~**närziffer** *f (EDV)* binary digit, *abbr* bit; bit.

**bind | en** *v (Haushaltsmittel)* obligate *(funds)*; incur obligations, ~**ung** *f (von Haushaltsmitteln)* obligation *(of funds)*.

**Binnen | gewässermerkmale** *n/pl* inland water features *pl*; ~**klima** *n (met)* continental climate.

**Bio | batterie** *f (el)* biobattery; ~**klimatologie** *f (met)* bioclimatology; ~**medizinisch** biomedical; ~**physik** *f* biophysics; ~**physisch** biophysic(al); ~**technik** *f* biotechnology; ~**treibstoff** *m* biologic(al) fuel.

**Birke** *f* birch(-tree); ~**nholz** *n* birch wood.

**Blas | ensextant** *m (nav)* bubble sextant; ~**hutze** *f (Lfz l)* blower pipe ***(Def)***.

**Bläsernebenstromverhältnis** *n (Turbo)* fan by-pass ratio.

**Blatt** *n (Prop & Heli)* blade; *angelenktes ~ (Heli)* articulated blade ***(Def)***; *fallendes ~ (Kunstflugfigur)* falling leaf ***(Def)***; *starrverbundenes ~ (Heli)* regidly-mounted blade ***(Def)***; **~ausgleich** *m (Prop)* blade balancing: **~befestigung** *f* blade attachment; **~belastung** *f (Heli)* blade loading ***(Def)***; **~breite** *f (Flügeltiefe: Prop)* blade width: **~~nverhältnis** *n* blade-width ratio; **~dämpfer** *m (Heli)* blade damper ***(Def)***; **~druckseite** *f (Prop)* pressure face ***(Def)***; **~einstellung** *f* blade setting: **~(einstell)winkel** *m (Prop)* blade angle ***(Def)***; **~feder** *f* leaf- *or* grasshopper-type spring; laminated spring: **~federsporn** *m (Flzg)* leaf--spring tail skid; **~fehleinstellung** *f (Prop)* out-of-pitch ***(Def)***; **~(fern)schreiber** *m (Fernm)* page teleprinter; **~fläche** *f (Vorderriss des Luftschraubenflügels)* (airscrew) blade area; *wirksame ~~ (Prop)* effective blade area; *wirksame(r) Blattfläche(ngrad) f(m)* blade activity factor ***(Def)***; **~flächenbelastung** *f* load per unit of airscrew blade: **~fußmanschette** *f* blade shank cuff; **~hinterkante** *f* trailing edge; **~kantenbeschlag** *m* sheathing (for edge) of blade; blade-edge tipping; **~lagerung** *f* blade attachment; **~nase** *f (Rotor)* leading edge; **~pfeilung** *f (Prop)* blade sweep ***(Def)***; **~profil** *n* blade profile; **~querschnitt** *m* aircrew *or* blade section; airscrew *or* blade profile; **~schlagwinkel** *m (Heli)* blade flapping ange; **~schnitt** *m (Kart)* sheet line; **~schreiber** *m (Fernm)* page printer; **~spitze** *f* propeller tip; **~spitzenbeschlag** *m* blade-tip metal sheathing *or* clip; blade tipping; **~spitzenebene** *f (Heli)* tip-path plane ***(Def)***; **~spitzengeschwindigkeit** *f (propeller)* tip speed ***(Def)***; **~spitzenwirbel** *m* blade tip vortex *or* eddy; **~stärke** *f (Flügeldichte)* blade thickness; **~steigung** *f* pitch; *geometrische ~~ (Prop)* geometric pitch ***(Def)***; **~steigungseinstellung** *f* pitch setting; **~stellung** *f* blade position; **~tiefe** *f (Flügelbreite)* width of blade; blade width; **~trimmung** *f (Prop)* blade trimming; **~übersicht** *f (Kart)* index chart or map; **~(umfangs)-geschwindigkeit** *f* blade (peripheral) speed; **~verdrehung** *f* blade twist *or* wrench; **~vereisungsschutz** *m (Turbo)* blade ice protection; **~verstellhebel** *m (Heli)* bladepitch lever; **~verstellung** *f*, **zyklische ~~** *(Heli)* cyclic pitch control; **~verwindung** *f* blade twist *or* wrench; **~vorderkante** *f* blade leading-edge; **~vorschubfolge** *f (Fernschr)* page feed sequence; **~-V-Stellung** *f (Prop)* blade tilt ***(Def)***; **~winkel** *m* blade angle ***(Def)***; **~winkelverstellvorrichtung** *f* pitch control mechanism; **~wurzel** *f* blade root *or* shank; **~wurzelverkleidung** *f* blade shank cuff.

**Blech|beplankung** *f* sheet metal skin *or* covering **~verkleidung** *f* sheeting.

**bleiben|der Magnetismus** *m* permanent magnetism; **~de Verformung** *f (von Flzg-Bauelementen)* permanent distortion.

**Blei|akkumulator** *m (el)* leadplate battery; **~en** *v (Flugkraftstoff)* lead; **~kraftstoff** *m* (tetra-ethyl) lead fuel; **~tetraäthyl** *n* tetra-ethyl lead.

**Blend|anstrich** *m* dazzle paint; **~en** *v (Sonne; Scheinwerfer)* dazzle; glare; blind; **~schutz** *m (Flmot)* glare shield ***(Def)***; **~schutzbrille** *f* antiglare *or* anti-dazzle goggles *pl*; **~schutzfarbe** *f (Flzg)* anti-glare paint; **~schutzscheibe** *f* anti-dazzling screen; **~ung** *f (Sonne; Scheinwerfer)* dazzling; glare.

**Blick|feld** *n* field of vision; **~~darstellung** *f (Lfz)* head-up display, *abbr* HUD; **~verbindung** f visual contact.

**Blind|abwurf** *m (Bomben)* blind bombing; dropping bombs "safe"; **~anflug** *m (nav)* instrument approach; blind approach; **~anflug-Funkfeuersystem** blind approach beacon system, *abbr* BABS ***(Def)***; **~anflughilfsmittel** *n (nav)* blind-approach aid; **~anflugverfahren** *n (nav)* blind-approach system; **~deckel** *m* blank cover; **~er Alarm** *m* false alarm; **~es Absetzen** *(von Sprüchen: Funk)* broadcast procedure; **~flansch** *m* blank flange; **~ fliegen** *n* blindflying; instrument flying; **~flug** *m* blindflying; blind *or* instrument flight; **~flughaube** *f (Flzg)* blind- *or* instrument-flying hood; **~fluginstrument** *n* blindflying instrument ***(Def)***; **~fluginstrumentenbrett** *n (Flzg)* blind-flying panel; **~flugkurve** *f* blind-flying bank *or* curve; *(im Anflugverfahren)* procedure turn; *(3°/sec Drehgeschwindigkeit)* standard rate (I) turn; *Standard- ~~ (Flbetr)* standard rate turn ***(Def)***; **~fluglehrer** *m* blind-flying instructor; **~flugprüfung** *f* instrument-rating test; **~flugschein** *m* instrument rating: **~flugschulung** *f* blind-flying instruction; **~flugübungsgerät** *n* instrument flight trainer; Link trainer; **~flugschulflugzeug** *n* instrument flight trainer; **~flugvorhang** *m (Flzg)* instrument-flying (training) screen; **~flugzeit** *f* instrument flight time; **~funk** *m* broadcasting; **~gänger** *m (Bombe)* dud *or* blind bomb; **~geschwindigkeit** *f (Radar)* blind velocity; **~kappe** *f* false *or* blind cap; **~landegerät** *n* blind-landing equipment; **~landeverfahren** *n (nav)* blind-landing system *or* procedure; instrument-landing system; *abbr* ILS; **~landung** blind *or* instrument landing; **~schreiben** *n (Fernschr)* touch typing; **~stopfen** *m* dummy plug; **~übermittlung** *f (Funk)* blind transmission ***(Def)***; **~verschluss** blind *or* blank cover; **~widerstand** *m (Funk)* reactance.

**Blink|apparat** *m* lamp signal apparatus; **~bake** *f (Flsich)* flash beacon; **~en** *v* flash; signal *(with lamp)*; **~feuer** *n* blinking light; flicker beacon; flashing light ***(Def)***; **~folge** *f* flash period; **~gerät** *n* flash *or* signal lamp; flasher; **~kennfeuer** *n* group flashing light; **~kennung** *f* light *or* lamp signal identification; **~lampe** *f* signal lamp; **~licht** *n* intermittent light; **~spruch** *m* signal lamp message; **~zeichen** *n* flash *or* lamp signal; **~~ geben** *v* flash.

**Blitz** *(met)* lightning: *der ~ schlägt ein* the lightning strikes; *vom ~ getroffen* struck by lightning; **~ableiter** *m* lightning conductor; lightning arrester; **~bahn** *f* track *or* path of lightning; **~en** *v* lighten; **~entladung** *f* discharge by lightning; **~feuer** *n (Bod)* strobe beacon; flashlight; flashing light ***(Def)***; **~folgefeuer** *n (Bod)* sequence flashing light *or* flasher; **~krieg** *m (mil)* lightning war; blitzkrieg; **~licht** *n* flashlight; **~lichtbombe** *f* (photo) flashbomb; **~periode** *f* flashing period; **~regler** *m* flashing unit; **~schlag** *m* stroke of lightning; lightning stroke; **~strahl** *m* flash.

**Blizzard** *m (met)* bliizzard ***(Def)***.

**Block|geschwindigkeit** *f (LVerk)* block speed; **~ieren** *n* **der Laufräder** *(Flzg)* tyre skidding; **~ierte Ruder** *n/pl (Flzg)* jammed controls *pl*; **~ierung** *f*, **hydraulische ~~** hydraulic (inter)lock; **~motor** *m* engine with one-piece cylinder; **~schaltbild** *n (el)* block diagramm; **~zeit** *f (LVerk)* chock-to-chock *or* block time.

**bockig** *(Luft)* bumpy; **~keit** *f (met)* bumpiness.

**Boden** *m (Erdoberfläche)* ground; earth; *(Flzg)* floor; *verstärkter ~ (Flzg)* strengthened floor; *vom ~ geführt od geleitet od gelenkt od kontrolliert (Lfz FK)* groundcontrolled; **~abfragegerät** *n (IFF)* ground interrogator; **~abwehr** *f (LKr)* ground *or* anti-aircraft (artillery) defences *pl* (*US* defenses); **~aggregat** *n (el)* ground power unit; **~angriff ausführen** *v (LKr)* (ground-)strafe; **~anker** *m (Erdanker)* ground anchor; **~anlage** *f* ground facility; **~anlassgerät** *n* ground starter ***(Def)***; **~anschlüsse** *m/pl (Lfz)* ground test couplings *pl* ***(Def)***; **~ausrüstung** *f* ground equipment ***(Def)***; **~belag** *m*, **fester ~~ ohne Deckenschluss**

unsurfaced pavement; ~**belastung** *f (durch Lfz)* ground load; ~**beschaffenheit** *f* condition *or* state of the ground; ~**betrieb** *m (Flbetr)* ground handling; ~**bewachsung** *f* vegetation; ~**bewegungskontrolle** *f (Flsich),* **Radar** *n* **für** ~~ ground *or* surface movement radar, *abbr* SMR; ~**bezugspunkt** *m* ground reference point; *(LPhot)* ground control point; ~**bö** *f (met)* ground squall: ~/**Boden-** ... ground-ground; ~-**Boden-Flugkörper** *m (LKr)* ground-to-ground *or* surface-to-surface missile, *abbr* SSM; ~-**Bord-** ... ground-to-air; ~/**Bord-Fernlenkkörper** *m* surface-to-air guided missile; ~/**Bord-(Funk-)Verkehr** *m (Fernm)* ground-to-air communication ***(Def)***; ~/**Bord-Zeichen** *n (Bod),* **optisches** ~~ ground-air visual sign; ~**dienstabfertigung** *f (LVerk)* ground handling; ~**dienste** *m/pf* base *or* ground services *pl*: ~**dienststaffel** *f (LW)* ground services *or* support squadron; ~**druck** *m (met)* ground pressure; ~**druckwelle** *(Überschallknall) f* ground shock wave; ~**dunst** *m (met)* ground haze *or* mist; ~**echo** *n (Radar)* ground return ***(Def)***; *Störflecke m/pl durch* ~~ *(Radar)* ground clutter; ~**effekt** *m (Flbetr)* cushion *or* ground effect; *aerodynamischer* ~~ aerodynamical ground effect; *thermischer* ~~ thermal ground effect; ~**effektfahrzeug** *od* ~**gerät** *n* ground-effect machine *or* vehicle, *abbr* GEV; ~**einfluss** *m (Flbetr)* ground *or* cushion effect; ~**(einstieg)luke** *f (Flgz)* ventral hatch; ~**erosion** *f* ground erosion; ~**fernlenkkörper** *m* ground-ground guided missile; ~**feuchtigkeit** *f (met)* ground humidity; ~**freiheit** *f (Luftschrauben)* ground *or* propeller clearance; vertical clearance; *(Flbetr)* terrain clearance; ~**frost** *m* ground frost; ~**funkdienst** *m* ground radio service; ~**funker** *m* aeronautical (radio) station operator; ~**funkfeuer** *n,* **TACAN**-~~ TACAN ground beacon; ~**funkstelle** *f* ground radio station; *(Flsich)* aeronautical station ***(Def)***; *bewegliche* ~~ mobile aeronautical (radio) station; *(Flsich)* mobile surface station ***(Def)***; ~**gefühl** *n (Pilot)* ground consciousness; ~**geleitetes Abfangen** *n (eines Luftzieles)* ground-controlled intercept(ion), *abbr* GCI; ~**gerät** *n* ground equipment; ~**hilfen** *f/pl* ground aids *pl*; *optische* ~~ visual ground aids *pl*; ~**hindernis** *n (nav)* ground obstacle *or* obstruction; obstruction on the ground; ~**inversion** *f (met)* surface *or* ground inversion; ~**kraft** *f* ground load; ~**kräfte** *f/pl* ground reactions *pl*, ~**lader** *m (Flmot)* low (level) blower; ~**lafette** *f (Bomben-Flzg)* floor gun-mounting; ventral gun-mount; ~**lauf** *m (Flmot)* ground running: ~**laufzeit** *f (Flbetr)* ground-running time ***(Def)***; ~**leerlaufzustand** *m (Turbo)* ground idling conditions *pl* ***(Def)***; ~**leistung** *f (Flmot)*; ground(-level) power *or* output; ~**leitsystem** *n* ground guidance system; ~/**Luft-**... ground-to-air (*vgl auch* **Boden/Bord-**...); ~**Luft-Flugkörper** *m (LW)* ground-to-air *or* surface-to-air missile, *abbr* SAM; ~**luftdruck** *m (QFE: met)* air pressure at ground level; surface pressure; ~**luftkissen** *n (Flbetr)* ground cushion; ~**markierung** *f (LKr)* ground marking; ~**motor** *m (Flmot für niedrige Nennhöhe)* sea-level rated engine; ground (boost[ed]) engine; ~**nähe** *f* zero altitude; ground proximity; *in* ~~ at ground level; *Mach-Zahl f in* ~~ ground Mach number; ~**navigation** *f* terrestrial navigation; piloting navigation; pilotage; ~**nebel** *m (met)* ground fog: *flacher* ~~ shallow fog; ~**organisation** *f* ground organization; ground services *pl*; *(mil)* territorial organization; ~**panoramaradar**(**gerät**) *n* ground panoramic radar; ~**peilstelle** *f (Funk)* ground direction-finding station, *abbr* ground D/F station: ~**peilung** f (Funk) (on-)ground direction-finding, *abbr* ground DF; ~**personal** *n (LW)* ground crew *or* staff; maintenance *or* service personnel; *Angehöriger des (fliegertechnischen)* ~~*s (LW)* ground crew member; ~**prüfgerät** *n* ground test instrument; ~**radar(gerät)** *n* ground radar; ~**reißer** *m (Granate)* bottom tearer; ~**rundsichtradar**(**gerät**) *n* ground panoramic radar; ~**schicht** *f (met)* layer; stratum; ~**schub** *m (Turbo)* ground(-level) thrust; ~**sicht** *f (met)* surface *or* ground visibility ***(Def)***; *Flug m mit* ~~ ground visual flight; ~**sichtnavigation** *f* ground-contact *or* landmark navigation; ~**signal** *n* ground signal; *ausgelegtes* ~~ ground signal panel; ~**stand** *m (Bomben-Flzg)* belly gun position; ~**ständige Luftverteidigung** *f (LW)* static air defence (system); ~**ständige Luftwaffe** *f* air force territorial elements *pl*; ~**ständige Verteidigung** *f* internal defence; ~~**s(streit)kräfte** *f/pl (mil)* internal defence forces *pl*; ~**stelle** *f (Flsich)* ground station; ~**strahlung** *f (met)* ground radiation; ~**temperatur** *f* ground temperatur; ~**thermik** *f (met)* thermic upwash near ground; ~**tief** *n (met)* ground low; ~**unabhängigkeit** *f (Nav-System)* ground independence; ~**unebenheit** *f* unevennes *or* irregularity of the ground; ~**unfall** *m (Flbetr)* ground accident; ~**verkehr** *m,* **Signalfeuer** *n* **für den** ~~ ground-traffic signal light ***(Def)***; ~**versetzung** *f (nav & LPhot)* ground displacement; ~**wanne** *f (Bomben-Flzg)* ventral bola; bottom gondala; *sl* dustbin; ~**wärme** *f (met)* ground temperature; ~**welle** *f (Rollfeld)* bump in the ground; *(Funk)* surface *or* ground wave; direct wave; ~**wellen|verbindung** *f od* ~~**verkehr** *m (Funk)* ground wave communication; ~**wetterkarte** *f (met)* ground-weather *or* surface weather map *or* chart; ~**wettervorhersagekarte** *f* prognostic surface chart; ~**wind** *m (met)* ground *or* surface wind; ~**windanzeiger** *m* ground wind indicator; ~**zeit** *f (Flbetr)* downtime; *(LVerk)* ground-stop time; ~**zyklone** *f (met)* ground low.

**Bö(e)** *f (met)* gust; squall; bump; air bump ***(Def)***, *(Bodenbö)* ground gust *or* squall; *(Fallbö)* down gust; *(Gewitterbö)* thunder squall; *(Steigbö)* vertical *or* rising gust; bump; *Entwicklungszeit f einer* ~ gust formation time; *harte* ~ sharp-edged gust; ~ *in wolkenfreier Luft* clear air gust; *scharf begrenzte* ~ sharp-edged gust, *sichere* ~ *(Flbetr)* limit gust; *stärkste* ~ *(met, Konstr)* ultimate gust; ~**enabklingzeit** *f* gust decay time; ~**enabminderungszahl** *f* gust alleviating factor; ~**enamplitude** *f* gust amplitude; ~**enbeanspruchung** *f (Flzg)* gust load; ~**eneinfluss** *m* effect of gusts; ~**enempfindlichkeit** *f (Lfz)* gust sensitivity; ~**enfaktor** *m* gust (alleviating) factor; ~**enfront** *f (met)* (secondary) squall front; ~**engeschwindigkeit** *f,* **äquivalente vertikale** ~~ equivalent vertical gust speed; ~**enkragen** *m (met)* roll cloud; ~**enlinie** *f* squall line; ~**enmesser** *m* gust meter; ~**enperiode** *f* gust wave length; ~**en(schwell)tiefe** *f* gust gradient distance ***(Def)***; ~**enschreiber** *m* gust recorder; ~**enspitzen** *f/pl,* **Zeitintervall** *n* **zwischen** ~~ gust frequency interval; ~**en(spitzen)geschwindigkeit** *f* gust peak speed; ~**enstörung** *f (met)* gust perturpation *or* disturbance; ~**enwarnung** *f (met)* squall warning; ~**enwind** *m* squall wind; ~**ig** squally; gusty; bumby; ~**iger Wind** choppy *or* squall wind; ~**igkeit** *f (met)* turbulence; gusting; gustiness; gusty conditions *pl*; squalliness; *starke* ~~ heavy turbulence; ~**igkeitsfreie Luft** *f (met)* smooth air.

**Bogen|holm** *m (Flzg)* bent *or* camberend sqar; ~**träger** *m* curved girder.

**Bogiefahrwerk** *m (Flzg)* bogie undercarriage ***(Def)***.

**Boje** *f,* **meteorologische** ~ meteorological buoy.

**bombardier|en** *v (mit Bomben belegen; LKr)* bomb; drop bombs; ~**ung** *f (LKr)* bombing; bombardment.

**Bombe** *f (LKr)* bomb; *sl* egg: *sl* cabbage; *blinde* ~ safe bomb; *fliegende* ~ *(V-Waffe)* flying bomb; *herkömmliche* ~ iron bomb; *mit* ~*n belegen v (LKr)* bomb; ~ *schärfen v* fuse *or* fuze a bomb; *ungelenkte* ~ iron bomb; ~**nabwurf** *m* bomb dropping *or* release; bombing; *(Flächenbombenabwurf)* area bombing; ~**nabwurfautomat** *m* automatic bomb release; ~**nabwurfgerät** *n* bomb release gear; ~**nab-**

**wurfhebel** *m* bomb release lever; ~**nabwurfplatz** *m* bombing practice ground; bomb proving area; bombing range; ~**nabwurfzone** *f* bomb release zone; ~**nangriff** *m* bombing raid *or* attack; ~**naufhängevorrichtung** *f* bomb rack *or* carrier or gear; ~**naufhängung** *f* bomb suspension; ~**naufschlag** *m* bomb impact; ~**nauftrag** *m (LKr)* bombing mission; ~**nauftreffraum** *m* impact area; ~**nauslösehebel** *m* bomb release lever *or* handle; ~**nauslösepunkt** *m* bomb release point; ~**nauslösung** *f* bomb release; ~**nauslösungssicherheitslinie** *f (takt)* line of safe bomb release; bombline; ~**nballistik** f ballistics of bombs; ~**neinschlag** *m* bomb hit *or* burst; ~**nfallkurve** *f* bomb trajectory; bomb flight path; *(im luftleeren Raum)* vacuum flight path; ~**nfallwinkel** *m* dropping angle; ~**nfallzeit** *f* time of fall; ~**nfest** bombproof; bomb resistant; ~**nflächenwurf** *m* area bombing; ~**nflug** *(LKr) m* bombing mission; ~**flugzeug** *n* bombing *or* bombardment plane; bomber; ~**ngeschädigter** *m* air raid victim; ~**ngeschwader** *n (E)* bomber group; *(US)* bomber wing; ~**nhochwurf** *m* high-level bombing; ~**nkasten** *m* bomb container; ~**klappe** *f* bomb(-bay) door; ~**nkrater** *m* bomb crater; *sl* crump hole ~**nlast** *f* bomb load; ~**nnotabwurfplatz** *m* emergency bomb-jettison field; ~**nnotabwurfhebel** *m* emergency bomb-jettisoning lever; ~**npunktzielwurf** *m* precision bombing; pin-point bombing; ~**nreihe** *f* stick of bombs; ~**nreihenwurf** m stick-bombing; pattern bombing; ~**nschacht** *m* bomb bay; bomb recesses *pl*; ~**nschaden** *m (LKr)* air raid damage; ~**nschüttkasten** *m* bomb chute *or* trough; ~**nschütze** *m* bomb aimer; (air-)bomber; bombardier; ~**nsicherheitslinie** *f (takt)* bomb (safety) line; ~**nsplitter** *m* bomb splinter; ~**nteppich** *m* bomb carpet; ~**nteppichwurf** *m* carpet bombing; ~**ntiefangriff** *m* low-level bombing (attack); ~**ntiefwurf** *m* low-flying bombing; low-level bombing; ~**ntiefstwurf** *m* minimum altitude bombing; ~**nträger** *m* bomb carrier; ~**ntragfähigkeit** *f (Flzg)* bomb capacity; ~**ntreffer** *m* bomb hit; ~**nvisier** *n* bomb sight; ~**nvolltreffer** *m* direct bomb hit; ~**nwurf** *m* bomb-dropping; bombing; *gezielter* ~~ target bombing; precision bombing; ~~ *im Sturzflug* dive bombing; *ungezielter* ~~ random bombing; ~**nwurfsicherheitslinie** *f (takt)* bombline; ~**nwurfübung** *f* bombing exercises *pl*; practice bombing; ~**nzielanflug** *m* bombing run; ~**nzielfernrohr** *n (Lotfe)* telescopic bomb sight; ~**nzielgerät** *n* bomb sight, ~**nzuladung** *f* bomb-load; ~**nzünder** *m* bomb detonator; bomb fuse *or* fuze; ~**r** *m/sl für* **Bombenflugzeug** bomber; *mittlerer* ~~ medium Bomber, *abbr* MB; ~**rgruppe** *f (E)* bomber wing; *(US)* bomber group; ~**rstaffel** *f* bomber squadron; ~**rstrom** *m (LKr)* bomber stream.

**Booster | phase** *f (Rak)* booster phase; ~**stufe** *f (Rak)* booster stage; ~**triebwerk** *n (Rak)* rocket booster; booster engine.

**Boots | breite** *f (Flugboot)* beam; ~**breitenbelastung** *f* beam loading; ~**körper** *m (Flugboot)* hull; body; boat ***(Def)***; ~**rumpf** *m* hull; body; boat; ~**stummel** *m (Flugboot)* sponson ***(Def)***.

**Bord-...** *(Lfz)* airborne; (on-)board; *an ~gehen v* embark; *von ~ gehen v* disembark; ~**abfragegerät** *n (Lfz)* aircraft radio interrogator; ~**avionik** *f (Lfz)* aboard *or* on-board avionics; ~/**Boden-...** air-to-ground...; ~/**Boden-Funkverkehr** *m (Fernm)* air-to-ground communication ***(Def)***; ~-**Boden/Boden-Bord-Verbindung** *f (Flsich)* air-ground communication; ~/**Boden-Verkehr** *m (Funk)* air--to-ground communication ***(Def)***; ~/**Bord-...** *(Lfz)* air-to-air...: ~~-**Lenkflugkörper** *m* air-to-air guided missile, ~ **zu Bord-Verbindung** *f, abbr B. z. B.* air-to-air (radio) communication; ~**anlasser** *m (Flmot)* cockpit starter; ~**batterie** *f* aircraft battery; ~**buch** *n* journey log book; flight log (book); (journey) flight log; ~**elektronik** *f* board electronics; ~**empfänger** *m (Funk)* board receiver; ~**feuerlöscher** *m* board fire extinguisher; ~**flugzeug** *n* shipborne *or* ship(board) aircraft; shipplane ***(Def)***; ~**frequenz** *f (Funk)* airborne frequency); ~**funkanlage** *f* aircraft wireless installation; aircraft radio installation; ~**funkausrüstung** *f* aircraft radio equipment; aircraft wireless equipment; on-board *or* aircraft radio equipment; ~**funkempfänger** *m (Lfz)* aircraft radio receiver; ~**funker** *m* aircraft wireless *(E) or* radio *(US)* operator; *(E)* air signaller; ~**funkerschein** *m* radio operator's licence (*US* license); ~**funkstelle** *(Lfz)* board *or* aircraft radio station; ~**funkgerät** *n* aircraft radio set; ~**gerät** *n (Flzg)* airborne equipment; ~**gestütztes Luftfahrzeug** *n (auf Flzg-Träger)* carrier aircraft ***(Def)***; ~**ingenieur** *m* flight engineer ***(Def)***; ~**instrument** *n (Flzg)* air-craft-type instrument; flying *or* airborne *or* board instrument; ~**jäger** *m* carrier fighter; ~**kanone** *f* air(craft) cannon; ~(**kennungs**)**abfragegerät** *n (Funk)* on-board *or* airborne interrogator; ~(**kennungs**)**antwortgerät** *n (Funk)* on-board *or* airborne responder; ~**küche** *f (Flzg)* galley; ~**landescheinwerfer** *m (Lfz)* board landing lamp; ~**luke** *f (Lfz)* board hatch; ~**mechaniker** *m* flight engineer; flight mechanic; (*E*) air engineer, ~**navigationsgerät** *n* board navigation equipment *or* instrument; ~**netz** *n (Flzg)* aircraft electrical (wiring) system; ~**notsender** *m (Funk)* emergency transmitter; emergency location beacon-aircraft; *abbr* ELBA; ~**peiler** *m*, ~**peilgerät** *n (Funk)* airborne DF equipment; on-board *or* aircraft direction-finder; ~**radar**(**gerät**) *n (Lfz)* on-board *or* aircraft radar; *Abfangen n mittels ~~ (LKr)* airborne intercept(ion); ~**rakete** *f (Lfz)* board rocket; ~**rechner** *m od* ~**rechenanlage** *f (LFz)* on-board computer; ~**scheinwerfer** *m (Flzg)* landing lamp; ~**schütze** *m* air *or* aerial gunner; ~**sextant** *m (navInstr)* flight *or* air sextant ***(Def)***; ~**sprechanlage** *f (Lfz)* aviaphone; aircraft intercommunication system; aircraft interphone system; intercom; ~**sprechfunker** *m* flight radio telephony operator ~**station** *f (Funk)* aircraft station ***(Def)***; ~**suchgerät** *n (Radar)* airborne search radar; ~**telephonist** *m (Lfz)* flight radio telephony operator; ~**transponder** *m (Funk)* airborne transponder; ~**uhr** *f* instrument board watch; (board) clock; ~**verpflegung** *f* flight rations *pl*; ~**verständigungsanlage** *f (Lfz)* intercommunication, *abbr* intercom ***(Def)***; interphone/intercom ***(Def)***; ~**vorräte** *m/pl (Lfz)* stores *pl* ***(Def)***; ~**waffen** *f/pl* aircraft armament; ~**waffenschießplatz** *m (Bod)* air-to-ground range; ~**wart** *m* flight mechanic; flight engineer. ~-**Wetterradar**(**gerät**) *n* weather radar (airborne) ***(Def)***.

**Bowdenzug** *m* bowden (control) cable.

**Boxe** *f (Flzg-Abstellplatz)* aircraft revetment; *(für Strahl-Flzge)* blast bay; ~**rmotor** *m (Flmot)* boxer engine; opposed-cylinder engine ***(Def)***; opposed-piston engine.

**Brand** *m*, **in** ~ **werfen** *(LKr)* to set on fire (with bombs): ~**bekämpfung** *f* fire-fighting; ~**bereich** *m*, **kritischer** ~~critical fire area; ~**bombe** *f* incendiary *or* fire bomb; *sl* incy; ~**bombenschüttkasten** *m* incendiary bomb container *or* chute; (*US*) sl Molotov breadbasket; ~**gefährdete Zone** *f* designated fire zone; ~**geschoss** *n* incendiary bullet *or* shell *or* projectile *or* missile; ~**hahn** *m (Flzg)* fire *or* fuel cock; ~**herd** *m* location of origin of fire; ~**kanister** *m* incendiary canister; ~**meldung** *f* fire warning; ~**munition** *f* incendiary ammunition; ~**plättchen** *n (LKr)* fire leaf; ~**rakete** *f* incendiary rocket; ~**satz** *m* incendiary device; *(Bombe)* incendiary composition *or* filling; ~**schott** *n (Flzg)* fireproof bulkhead *or* wall ***(Def)***; firewall; ~**schutz** *m* fire protection; ~**sicherheit** *f* fire safety; ~**träge** flash-resistant; ~**warnlampe** *f (Lfz)* fire warning light; ~**warnung** *f* fire warning.

**Braunsche Röhre** *f (Radar)* cathode-ray tube; oscilloscope.

**Brechung** *f (Strahlen)* refraction; ~**svermögen** *n* refractivity; ~**swinkel** *m* angle of refraction; ~**szahl** *f* index of refraction.

**Breit|band** *n (Funk)* wideband; ~**bandantenne** *f (Funk)* multi-band antenna; ~**bandgeräusch** *n (Funk)* broad band noise; ~**blattluftschraube** *f* wide-blade(d) aircrew *or* propeller; ~**e** *f (Kart)* latitude; *geographische* ~*e f* (geographical) latitude; *magnetische* ~*e f* magnetic latitude; *nördliche* ~~ *(Kart)* north(ern) latitude; *südliche* ~~ *(Kart)* south(ern) latidute; ~**en- und Tiefenfeuer** *n (Art)* traversing and searching fire; ~**enberichtigung** *f (nav)* correction of latitude; ~**enentfernung** *f (nav)* parallel distance; departure ***(Def)***; ~**enfehler** *m (nav)* error in latitude; ~**engrad** *m* (degree of) latitude; parallel; ~**engradzähler** *(Instr)* latitude counter; ~**enkreis** *m* parallel of latitude; ~**enminute** *f* minute of latitude; ~**enunterschied** *m* difference in latitude.

**Brems|anlage** *f (Lfz)* braking system; ~**backe** *f* brake shoe *or* cheek; ~**belag** *m (Laufrad)* (brake) lining; ~**betätigung** *f* braking action; ~**dauer** *f* deceleration time; ~**drehmoment** *n* brake torque; ~**druck** *m* brake pressure; *mittlerer wirksamer* ~~ brake mean effective pressure; ~**e** *f* brake; ~~ *mit Blockierschutz (Flzg-Laufrad)* anti-skid brake; *reaktive* ~~ *(Turbo)* jet brake; ~**en** *v* brake; apply brakes; ~*en nachstellen v* put on *or* adjust brakes; ~**en** *n*, **aerodynamisches** ~~ *(Flbetr)* aerodynamic braking; ~**flüssigkeit** *f (hydr. Bremsen)* brake fluid; ~**fußpedal** *n (Lfz)* toe brake pedal; ~**klappe** *f (Flzg)* brake flap; air *or* dive brake ***(Def)***; ~**klotz** *m* wheel block *or* chock; ~**klötze wegnehmen** *v* pull away the chocks; remove the blocks; ~**leistung** *f (Flmot)* brake horsepower; *abbr* BHP ***(Def)***; *gesamte äquivalente* ~~ *(TurboProp)* total equivalent brake horsepower ***(Def)***; ~**luftschraube** *f* brake *or* braking propeller; dummy propeller; *(Luftschraube mit umkehrbarer Steigung)* reverse(-thrust) propeller; ~**-PS** *n/pl (Flmot)* brake horsepower, *abbr* BHP; ~**rakete** *f (Lfz & Rak)* braking rocket; retro-rocket ***(Def)***; ~**schirm** *m (Flzg)* tail *or* brake *or* drag parachute; retarder parachute; *sl* slow-down chute; *Landeanflug*~~ *(Flzg)* approach parachute ***(Def)***; *Landung mit* ~~ *(Flbetr)* drag-chute landing; ~**schub** *m (Turbo)* brake *or* braking thrust; reverse thrust; ~**sporn** *m (Flzg)* brake skid *or* shoe; ~**stand** *m (für Flmot)* (brake) test stand *or* bench; ~**steigung** *f (Prop)* braking *or* reverse pitch ***(Def)***; *Luftschraube f mit* ~~ reversible-pitch propeller ***(Def)***; ~**steigungseinstellung** *f (Prop)* reverse pitch setting; ~**stellung** *f (Prop)* braking pitch ***(Def)***; *in* ~~ *bringen v (Prop)* pitch reversing; *Verstellung n des Propellers auf* ~~ propeller pitch reversing; ~**system** *n (Lfz)* braking system; ~**test** *m (Lfz)* deceleration test; ~**triebwerk** *n (Turbo)*, **Schub des** ~~**es** brake *or* braking thrust ~**triebwerk(sanlage)** *f (Rak)* retropack; retrorocket; ~**trommel** *f (Laufrad)* brake drum; ~**(ungs)manöver** *n* slow-down *or* deceleration manoeuvre; ~**verzögerungsmesser** *m* decelerometer; ~**vorrichtung** *f* braking device *or* mechanism; ~**wärme** *f* braking heating; ~**weg** *m* braking *or* stopping distance; ~**wertmesser** *m* skiddometer; ~**wirkung** *f* braking effect *or* action; ~**zeit** *f* deceleration time; ~**zylinder** *m* brake cylinder.

**Brenn|barkeit** *f* bombustibility; ~**er** *m (Turbo)* burner ***(Def)***; ~**erdüse** *f* burner nozzle; ~**kammer** *f (Turbo)* combustion chamber; combustor ***(Def)***; *Gegenstrom-*~~ *(Turbo)* return-flow system ***(Def)***; *Gleichstrom-*~~ straight-flow system ***(Def)***; *zusätzliche* ~~ *(Turbo)* additional combustion chamber; ~**kammerschub** *m (Turbo)* combuster thrust; ~**kammerzwischenstück** *n (Turbo)* interconnector ***(Def)***; ~**kraftmaschine** *f* internal combustion engine; *abbr* IC engine; ~**kraftturbine** *f* combustion turbine; ~**punkt** *m (Neutralpunkt: aerodyn)* focus of the profile; aerodynamic centre (*US* center), *abbr* AC; ~**schluss** *m (Rak)* all-burnt ***(Def)***; (propellant) cut-off; burnout ***(Def)***; ~**schlussentfernung** *f (FK)* all-burnt range ***(Def)***; ~**schlussgeschwindigkeit** *f (FK)* burnout velocity ***(Def)***; ~**stoff** *m* fuel ***(Def)***; (combustible) fuel; *wasserstoffreicher* ~~ hydrogen(-rich) fuel; ~~**gemisch** *n* combustible (fuel) mixture; ~**stopp** *m (Turbo & FK)* cut-off ***(Def)***; ~**stoppgeschwindigkeit** *f (FK)* cutoff velocity ***(Def)***; ~**versuch** *m* firing test; ~**weite** *f (LPhot)* focal distance *or* length; ~**zünder** *m* powder-train fuse *or* fuze; incendiary fuse *or* fuze.

**Briefing** *n (Flbetr)* briefing ***(Def)***.

**Brigadegeneral** *m (US LW)* brigadier general; (*RAF*) air commodore.

**bringen, zum Absturz** ~ *v (LKr)* (shoot *or* bring) down; *zum Ansprechen* ~ *v (Relais)* cause to operate *or* respond; *zum Schweigen* ~ *v (Flak: LKr)* silence.

**Brise** *f (met)* breeze; *leichte* ~ *(Beaufort-Stärke 2*)* light breeze ***(Def)***; *schwache* ~ *(Beaufort-Stärke 3)* gentle breeze ***(Def)***; *mäßige* ~ *(Beaufort-Stärke 4)* moderate breeze ***(Def)***; *frische* ~ *(Beaufort-Stärke 5)* fresh breeze ***(Def)***; *starke* ~ strong breeze; *steife* ~ stiff breeze.

*) *Nach Windstärke geordnet.*

**Bronto|graph** *m (metInstr)* brontograph; ~**meter** *n (met)* brontometer.

**Bruch** *m (Flzg)* crash; smash-up; *sl* crack-up; (*Material*) failure; (*mechanischer*) fracture; ~ *machen v (Flzg)* crash; smash; *sl* crack-up; *restloser* ~ *(„Kleinholz")* *sl* matchwood; ~**belastung** *f* rupturing *or* breaking load; ~**bergung** *f* salvage; crash rescue; ~**bö(e)** *f (met & Konstr)* ultimate gust; ~**faktor** *m (Konstr)* ultimate factor ***(Def)***; ~**grenze** *f* breaking point; ~**kriterium** *n* damage criterion; ~**kupplung** *f (EiV-Anschluss)* frangible coupling; ~**landeeignung** *f (Lfz)* crash ability; ~**landen** *v (Flzg)* make a crashlanding; crashland; ~**lande(schalt)automatik** *f (Lfz)* crash switch; ~**landesicherheit** *f (Lfz)* crashworthiness; ~**landung** *f (Flzg)* crash landing; ~**last** *f (Konstr)* ultimate load ***(Def)***; ~**lastvielfaches** *n* breaking load factor; rupture load factor; ~**mechanik** *f* destruction mechanics; ~**modul** *n* modulus of rupture; ~**pilot** *m sl* hard-luck pilot; ~**spannung** *f* ultimate *or* breaking stress.

**Brücken|schaltung** *f (Fernm)* bridge circuit; ~**verstärker** *m* bridge(-type) amplifier.

**Brummen** *n (Luftschraube)* hum *or* roar (of the propeller).

**Brust|fallschirm** *m* chest-pack parachute; ~**gurt** *m (Fallschirm)* breast *or* chest strap.

**Buch|e** *f* beech(-tree); ~**enholz** *n* beech wood; ~**stabenkodierung** *f (Fernm)* letter encoding; ~**stabensymbol** *n (met)* symbolic letter; ~**stabenumschaltung** *f (Fernm)* letter shift; ~**stabenumschaltzeichen** *n (Fernm)* letter shift signal; ~**stabiertafel** *f* phonetic alphabet; spelling table *or* list.

**Buffeting** *n (Konstr)* (aerodynamic) buffet(ing) ***(Def)***.

**Bug** *m (Flzg)* nose; *(Luftschiff; Flugboot)* bow, ~ *hochnehmen v (Flzg beim Start)* rotate; *ogivaler* ~ *(Flzg)* ogival *or* ogive nose (section); ~**bewaffnung** *f (Flzg)* front armament; ~**einwärts** *(Flzg)* nose-in; ~**höhenruder** *n (Luftschiff)* bow *or* forward elevator; ~**kappe** *f (Lfz)* bow cap ***(Def)***; ~kühler *m (Flmot)* nose radiator ***(Def)***; ~**landung** *f (See-Flzg)* bow landing; ~**lastig** *(Flugboot; Luftschiff)* bowheavy; trim(med) by the bow(s);

**~lastigkeit** *f (Flzg)* nose-heavy condition; nose heaviness, nose-down tendency; **~licht** *n* head *or* front-light; **~rad** *n (Flzg)* nosewheel; front wheel; *nicht steuerbares od ungesteuertes* ~~ non-steerable nosewheel; *schwenkbares* ~~ castering nosewheel; *steuerbares* ~~ steerable nose-wheel; **~radfahrwerk** *n (Flzg)* tricycle *or* three-wheeled *or* nose-wheel landing gear ***(Def)***; **~radflattern** *n (Flzg)* nosewheel shimmy; **~ruder** *n (Flzg)* nose control (surface) **~schütze** *m (Flzg)* front gunner; **~seitenleinen** *f/pl (Lfz l)* yaw-guy wires ***(Def)***; **~stand** *m (Flzg)* nose-gun position; forward gunner's station; **~(stoß)welle** *f* body bow wave; **~tanksonde** *f (Luftbetankung: Flzg)* nose probe; **~verdichtungsstoß** *m* bow shock (wave); **~versteifung** *f (Lfz l)* bow stiffener ***(Def)***; **~welle** *f (Flugboot)* bow wave; *kegelförmige od konische* ~ conical bow wave.

**Bügelblech** *n (Trimmkante: Flzg)* trim-(ming) tab.

**Bumslandung** *f (Flzg)* bumpy *or* heavy landing; pancake landing; pancaking ***(Def)***; *(mit mehrfachem Aufsetzen des Flzgs)* ballooning.

**bündel | n** *v* focus; concentrate; **~n** *n (Überschallknall)* focusing; **~ung** *f* focusing; *(Radar)* directivity; beaming; *scharfe* ~~ *(Radar)* great directivity; **~ungselektrode** *f (Radar)* focusing electrode.

**Bunker** *m (mil)* concrete shelter; pillbox; bunker; *(für Flzg)* blast pen; shelter; **~stellung** *f (mil)* position fortified with concrete emplacements and shelters.

**Bürger | krieg** *m* civil war; **~liche Abenddämmerung** *f (met)* evening civil twilight; **~liche Dämmerung** *f (met)* civil twilight ***(Def)***.

**Bursche** *m (mil)* orderly; batman.

**Business-Jet** *m (Flzg)* business jet (aeroplane).

**Buys Ballots Gesetz** *n (met)* Buys Ballot's law ***(Def)***.

**Bypass | -Triebwerk** *n (Turbo)* bypass engine ***(Def)***; ducted--fan turbine engine ***(Def)***; **~-Verhältnis** *n (Turbo)* bypass ratio.

# C

**C** *(ICAO- & NATO-Buchstabieralphabet)* Coca; ~*(altes, internationales Buchstabieralphabet)* Charlie; **~-Schirm** *m* (Radar) C-scope ***(Def)***.

**Celsius | grad** *m* Celsius; centigrade; degree Celsius, *abbr* °C; **~skala** *f* Celsius scale.

**Cetanzahl** *f (Selbstzündungstemperatur-Bestimmung von Dieselkraftstoff)* cetane number ***(Def)***; cetane rating.

**Chandelle** *f (Kunstflug)* chandelle; zoom.

**Charakter** *m (mil)* honorary rank *(carrying specific seniority but not the pay)*; **~isierung** *(mil)* conferment of honorary rank; **~istischer Parameter** *m* characteristic parameter.

**Charter** *m (LVerk)* charter; ~ *für besondere Veranstaltungen (LVerk)* special event charter; ~ *für den Eigengebrauch (LVerk)* own use charter; **~dienst** *m (LVerk)* (air) charter service; **~er** *m (LVerk)* charterer; **~flug** *m (LVerk)* charter flight; ~~ *außerhalb des Liniennetzes (LVerk)* off-line charter flight; ~~ *innerhalb des Liniennetzes (LVerk)* on-line charter flight; **~n** *n (Flzg)* charter; hire; **~vertrag** *m (LVerk)* charter contract; **~zulässigkeit** *f (LVerk)* charter-worthiness.

**Chef** *m* chief; ~ *des Generalstabes (mil)* chief of (general) staff; ~ *des Stabes (mil)* chief of staff; **~gruppe** *f (Generalstab)* policy section; **~pilot** *m* chief (test) pilot; **~steward** *m (Chef der Kabinenbesatzung: LVerk)* purser.

**Chiffr | e** *f* cipher; code; **~ieren** *v* encipher; encode; **~iermaschine** *f* cipher device; converter; **~ierung** *f* encipherment.

**Chinookwind** *m (met)* chinook.

**Chrono | graph** *m (Zeitschreiber)* chronograph; **~isotherme** *f (met)* chrono-isotherm; **~meter** *m (Beobachtungsuhr)* chronometer; **~meterzeit** *f* chronometer *or* clock time.

**Chuffing** *n (Rak)* chuffing ***(Def)***.

**CINA-Normalatmosphäre** *f (Luftdichtenhöhe) (met)* density altitude.

**Cirren** *f /pl (mil)*, **dünne** ~ fine cirrus;

**Cirro | cumulus** *m (Schäfchenwolke)* cirrocumulus ***(Def)***; fleecy clouds *pl*; mackerel sky; **~stratus** *m (federige Schichtwolke)* cirrostatus ***(Def)***; feathery stratus; veil cloud;

**Cirrus** *m (Federwolke)* cirrus (cloud) ***(Def)***; **~faden** *m (met)* cirrus thread; **~feder** *(met)* cirrus feather; **~schirm** *m (met)* cirrus screen; **~streifen** *m (met)* cirrus band; **~wolke** *f (met)* cirrus (cloud); *sl* cat's claw; *sl* cat's whisker; *sl* goat's hair.

**Cockpit** *m (Flzg)* cockpit ***(Def)***; *hinterer* ~ rear cockpit; ~ *mit hintereinander angeordneten Sitzen (Flzg)* tandem cockpit; *Sicht f aus dem* ~ cockpit visibility *or* view; *vorderer* ~ front cockpit; **~anlasser** *m (Flmot)* cockpit starter; **~auslegung** *f (Flzg)* cockpit lay-out; **~kontrolle** *f (Flbetr)* cockpit check.

**Cod | e** *m (Fernm)* code; *auf zwei Zuständen aufgebauter* ~*e (Fernm)* two-condition code; **~ebezeichnungsschema** *m (Fernm)* code nomenclature; **~ebuchstabe** *m* code letter; **~er** *m* coder; **~eform** *f (met)* code form; **~eumformer** *m (Fernm)* code converter; **~ezahl** *f* code number; **~ieren** *n (Fernm)* (en)coding; **~iergerät** *n (Fernm)* coder.

**cislunar** *(zwischen Erde und Mond befindlich)* cislunar.

**CNR-Lärmbewertung** *f (Fluglärm)* composite noise rating, *abbr* CNR.

**Coleopter** *m (Lfz)* circular wing aircraft; coleopter.

**Computer** *m* (electronic) computer.

**Consol-Funkfeuer** *n (nav)* consol station.

**Co-Pilot** *m (LVerk)* copilot ***(Def)***.

**Coriolis-Effekt** *m (met & nav)* Coriolis effect ***(Def)***.

**Countdown** *m (Rak)* countdown ***(Def)***.

**Crabpot-Ventil** *n (Lfz l)* crabpot valve ***(Def)***.

**Cumul | onimbus** *m (Gewitterwolke)* cumulonimbus ***(Def)***; thunder cloud; **~us** *m (Haufenwolke)* cumulus (cloud) ***(Def)***; piled cloud; *sl* woolpack; *sl* cu; **~usbildung** *f (met)* cumulus formation; **~uskappe** *f (met)* cumulus cap; **~usturm** *m (met)* cumulus tower; **~uswolke** *f* cumulus (cloud).

# D

**D** *(ICAO- & NATO-Buchstabieralphabet)* Delta; ~ *(altes, internationales Buchstabieralphabet)* Dog; **~-Wert** *m (Instr)* D-value (*abbr for* difference value ***(Def)***.

**Dach | flugplatz** *m* roof aerodrome; roof landing field; **~förmiger Tragflügel** *m (Flzg)* caret wing; **~landeplatz** *m* **für Hubschrauber** roof-top heliport; **~landung** *f (Hubschrauber)* roof-top landing; **~tragflügel** *m (Flzg)* caret wing.

**Dämmerung** *f* (*Abend~*) evening twilight; dusk; *astronomische* ~ astronomical twilight ***(Def)***; *bürgerliche* ~ civil twilight ***(Def)***; *Gegen~* anti- *or* counter-twilight; *Morgen~* dawn; *nautische* ~ nautical twilight ***(Def)***; **~sangriff** *m (takt)* twilight attack; **~seffekt** *m (Funk)* night error; night *or* sunset *or* twilight effect.

**Dämmschicht** *f (Pistenbau)* insulating course.

**Dampf | (blasen)sperre** *f (Flmot)* vapour (*US* vapor) lock ***(Def)***; **~druck** *m (met)* vapour pressure; **~katapult** *n (auf Flzg-Träger)* (steam-powered) catapult; steam slingshot; **~maschinenflugzeug** *n* steam-engine aircraft; **~sack** *m (verdampfter Kraftstoff in Kraftstoffleitung)* vapour (*US* vapor) lock ***(Def)***.

**Dämpfung** *f* attenuation; damping; stabilization; *aerodynamische* ~ aerodynamic damping ***(Def)***; *aperiodische* ~ *(Funk)* dead-beat; *innere* ~ *(Konstr)* internal damping ***(Def)***; *künstliche* ~ artificial attenuation; *strukturelle* ~ *(Konstr)* structural damping ***(Def)***; **~sdekrement** *n* damping decrement; **~sderivierte** *f* damping derivative; **~selement** *n* buffer; **~sfaktor** *m (Stab)* damping factor ***(Def)***; **~sfläche** *f (Leitwerk)* damping surface; **~sflosse** *f (Leitwerk)* stabilizing surface *or* fin; tail-plane; stabilizer; **~sglied** *n (Funk)* attenuator; **~skabel** *n* lossy cable; **~skreisel** *m* damping gyro: **~smoment** *n (aerodyn)* damping moment ***(Def)***; **~srelais** *n (Funk)* muting relay; **~sventil** *n (Hydr)* damping valve ***(Def)***; **~sverhältnis** *n* damping decrement; **~svorrichtung** *f* damping device.

**Darstellung** *f* display; representation; description; *rechnergesteuerte synthetische* ~ *(Radar)* synthetic dynamic display, *abbr* SDD; *synthetische* ~ *(Radar)* synthetic display.

**Daten** *n/pl (EDV)* data; **~-Eingabe-Ausgabe-Einheit** *f (EDV)* data input-output unit *or* device; **~bank** *f (EDV)* data bank *or* base; *zentrale* ~~ central data bank, *abbr* CDB; **~konvention** *f (Fernm)* data convention; **~schreiber** *m* **für Wartung** maintenande recorder; **~speicher** *m (EDV)* data storage; memory; **~speicherung** *f (EDV)* data storage; **~transferantenne** *f (Fernm)* data link antenna; **~transferzeit** *f (EDV)* swap time; **~verarbeitung** *f (EDV)* data processing; *automatische* ~~ automatic data processing; *abbr* ADP; **~~sanlage** *f (EDV)* data handling *or* processing system; *elektronische* ~~, *abbr* EDV electronic data processing installation, *abbr* EDP installation; **~~ssystem** *n (EDV)* data handling *or* processing system; data processor.

**Datum | punkt** *m (nav)* datum point ***(Def)***; **~sgrenze** *f* date limit line; *internationale* ~ international date line.

**Dauer | beanspruchung** *f* continuous load *or* stress; fatigue loading; **~beleg** *m* permanent voucher; **~betrieb** *m* continuous working *or* operation; **~erprobung** *f* endurance test; **~festigkeit** *f (Material)* fatigue life; **~feuer** *n (Bod & nav)* fixed light; *(takt)* continuous *or* sustained fire; **~flug** *m* endurance *or* duration flight; **~fluggeschwindigkeit** *f (Flbetr)* endurance (flight) speed; **~flugplan** *m (Flsich)* repetitive flight plan; **~flugwettbewerb** *m* endurance competition; **~fluss-Sauerstoffanlage** *f (Flmed &Lfz)* continuous-flow oxygen system ***(Def)***; **~höchstleistung** *f* **und/oder Schub** *m (Turbo & Flmot)* maximum continuous power and/or thrust; **~lärmpegel** *m*, **äquivalenter empfundener** ~~ equivalent continuous perceived noise level; **~leistung** *f (Flmot)* normal *or* sustained *or* continuous power (outpout); *erhöhte* ~~ *(Flmot)* continuous emergency power; *höchste* ~~ *(Flmot)* maximum continuous power; *höchstzulässige* ~~ *(Flmot)* METO (*short for* maximum except take-off) power; maximum continuous power ***(Def)***; **~(nenn)leistung** *f (Flmot)* maximum continuous rating; **~probe** *f* durability test; **~prüfung** *f* endurance *or* durability test; **~regen** *m (met)* incessant rain; **~schub** *m (Turbo)*, **höchstzulässiger** ~~ maximum continuous thrust ***(Def)***; **~schwingfestigkeit** *f (Konstr)* vibration fatigue life; **~signal** *n (Funk)* continuous signal; **~strich** *m (Leitstrahlverfahren: Funk)* continuous dash signal; equisignal zone; on-course signal; **~strichradargerät** *n* continuous wave radar, *abbr* CW radar; **~ton** *m (Funk)* continuous signal; steady hum; monotone; **~tonsektor** *m (Funk)* equisignal zone; **~tonzone** *f (Funk)* equisignal zone ***(Def)***; **~trennstrom** *m (Fernm)* continuous space; **~wechselfestigkeit** *f (Konstr)* vibration fatigue life.

**Daumensprung** *m (Entfernungsschätzen)* thumb jump.

**dechiffrieren** *v* decipher; decode.

**Deck | abstand** *m (Doppeldecker)* distance between wings; **~e** *f (Startbahn)* surface course; ~~ *aufbringen v (Startbahnbau)* surfacing; *starre* ~~ *(Piste)* rigid pavement; **~en** *v (mil)* cover; support; **~landeflugzeug** *n* carrier (-borne) *or* deck-landing aircraft; **~lande-Spiegelvisier** *n (Flzg-Träger)* deck landing mirror sight ***(Def)***; **~landung** *f (Lfz auf Schiff)* ship-deck landing; **~pause** *f (Kart)* overlay; **~peilung** *f (nav)* alignment bearing; **~platte** *f* cap plate; cover plate; **~ung** *f (mil)* cover; shelter; protection; mask; concealment; *(gegen Fliegersicht)* cover from air; *in ~ gehen v (mil)* take cover; **~ungsfeuer** *n (takt)* covering fire; **~ungslinie** *f* sight(ing) line; **~ungsloch** *n* foxhole; **~wort** *n* code word.

**deflagrieren** *v (Treibstoff)* deflagrate.

**Deflektor** *m* deflector (baffle).

**Deformation** *f*, **mechanische** ~ mechanical deformation; **~sgeschwindigkeit** *f* strain rate.

**Degrad | ation** *f (mil)* demotion; **~ieren** *v* reduce in rank; (*US*) demote; **~ierung** *f* demotion.

**Dehn | barkeit** *f (Werkstoff)* ductility; extensibility; **~ung** *f* lengthening; elongation; *räumliche* ~~ dilatational strain; **~ungsballon** *m (Lfz l)* dilatable balloon ***(Def)***; **~ungsfuge** *f* expansion joint; **~ungsgesetz** *n* law of elongation; **~ungslinie** *f* elongation line; **~ungszahl** *f* coefficient of elongation.

**Deichselschlepp** *m (Flzg)* pole tow.

**Deionisierung** *f* de-ionization; ~**sgitter** *n* de-ionization screen *or* grid.

**Dekameterwelle** *f (Funk)* high frequency, *abbr* HF.

**Deklaration** *f (Zoll)* declaration.

**Deklination** *f (Kompassmissweisung)* declination; *(nav)* variation ***(Def)***; *astronomische* ~ celestial declination; ~ *eines Gestirns (nav)* declination ***(Def)***; ~**skarte** *f (nav)* declination chart; ~**swinkel** *m* angle of declination.

**Dekod(ier)|er** *m (Fernm)* decoder; ~**gerät** *n (Fernm)* decoder.

**Dekompression** *f*, **explosive** ~ *(Flmed)* explosive decompression ***(Def)***; ~**serkrankung** *f (Flmed)* compressed-air-disease; ~**shebel** *m (Flmot)* decompression *or* decompressor lever; compression relief lever; pressure reduction lever.

**Dekrement** *n (kleine Abnahme)* decrement.

**Delta|-drei-Winkel** *m (Heli)* delta-three angle ***(Def)***, ~**flügel** *m (Flzg)*, **dachförmiger** *od* **geknickter** ~~ caret delta wing; ~**tragfläche** *f (Flzg)* delta wing ***(Def)***.

**demobilmach|en** *v (mil)* demobilize; ~**ung** *f (mil)* demobilization.

**Demodulat|ion** *f (Funk)* demodulation; *quadratische* ~~ *(Funk)* square-law detection; ~**or** *m (Fernm)* demodulator.

**Demont|age** *f* disassembly; dismantling ~**ieren** *v* dismount; dismantle; disassemble.

**demoralisier|en** *v* demoralize; ~**ung** *f* demoralization.

**Depeschenflugzeug** *n* dispatch carrier (aircraft).

**Depot** *n (mil)* depot; ~**instandsetzung(sdienst)** *f(m) (LW)* depot maintenance.

**Depression** *f (met)* depression ***(Def)***; low; ~**sbahn** *f (met)* path *or* track of the depression; ~**sfront** *f (met)* front of the depression; ~**skern** *m* core of the depression; ~**szentrum** *n* centre (*US* center) of the low *or* depression; ~**szone** *f (aerodyn)* suction zone; zone of negative pressure *(on the wing covering)*; ~**szugrichtung** *f (met)* direction *or* trajectory of the depression; ~**szugstraße** *f* (met) path *or* track of the depression.

**Derivierte** *f* derivative.

**Destabili|sator** *m (Flzg)* strake; ~**sierendes Moment** *n (Stab)* destabilizing moment; ~**sierung** *f* destabilization.

**Detektor** *m* detector.

**Deton|ation** *f* detonation; explosion; ~**ationsdruck** *m* detonation pressure; *(Bombe)* blast pressure; ~**ationsstoß** *m* detonation shock; ~**ationswelle** *f* detonating wave; ~**ieren** *v* detonate; explode; *o.V. (ohne Verzögerung)* ~~ *v (Bombe)* explode instantaneously.

**DETRESFA** *(Alarmstufe 3 = Notstufe: Flsich)* DETREFSA *(distress phase)* ***(Def)***.

**Deutsche Industrienorm** *f*, *abbr* DIN German industrial standard.

**Deviation** *f (Kompassablenkung)* (compass) deviation ***(Def)***; deflection; ~**sbestimmung** *f* determination of deviation; ~**skoeffizient** *m (Ablenkungszahl)* coefficient of deviation *or* deflection; ~**slehre** *f* theory of compass deviation; ~**stabelle** *f* deviation card *or* table; ~**swert** *m* amount of deviation; deviation figure.

**Devisenerklärung** *f (Zoll)* currency declaration.

**Dezi|metergerät** *n (Radar)* decimeter apparatus; microwave radio set; ~**(meter)welle** *f (Radar)* ultra high frequency, *abbr* UHF.

**Diagonal|seilverspannung** *f (Tragflächen)* diagonal wire bracing; ~**stab** *m* diagonal member; ~**steifigkeit** *od* ~**steifheit** *f (Konstr)* diagonal stiffness; ~**stoff** *m (Lfz l)* biassed fabric ***(Def)***; ~**strebe** *f* diagonal strut; ~**verband** *m* diagonal tie *or* bracing; ~**verdichter** *m (Flmot)* mixed flow compressor; ~**verspannung** *f* diagonal wiring *or* bracing; (wire) cross bracing; ~**versteifung** *f* diagonal web (members *pl*).

**Diagramm** *n* diagram; (*Arbeits*~)working diagram; (*Polar*~) polar diagram.

**Diapositiv** *n* diapositive; lantern slide.

**dicht** *sl (Flugplatz bei Nebel)* clamped; ~ *überfliegen v* skim (over); *sl* cut grass; hedge-hop; ~**e** *f* concentration; density; specific mass; *optische* ~~ *der Luft* optical air density; ~**ebestimmung** *f* determination of density; ~**ediskontinuität** *f (met)* density discontinuity; ~**egradient** *m (met)* density gradient; ~**emesser** *m* densimeter; aerometer; ~**emessung** *f (met)* aerography; ~**en** *v (Gaszellen)* make gastight *or* gasproof; ~**en** *n (Lfz l)* proofing ***(Def)***; ~**esprung** *m (met)* density discontinuity; ~**everhältnis** *n* density ratio; ~**ung** *f (Flmot)* packing; jointing; gasket; ~**ungsanstrich** *m (Pistenbau)* seal coat; ~**ungsmanschette** *f* sealing cuff; ~**ungsring** *m* gasket *or* sealing *or* washer *or* packing ring; *(Flmot)* gas ring ***(Def)***; ~**ungsschicht** *f (Pistenbau)* seal course.

**Dick|blatt** *n (Luftschraube)* thick (propeller) blade; ~**e** *f (Luftschraubenprofil)* thickness *(of the profile)*; ~~ *des Wurzelprofils (Flzg)* root section thickness; *relative* ~~ *(Profil)* relative thickness; ~**enverhältnis** *n (Tragfläche)* thicknes/chord ratio ***(Def)***; ~**schichtig** thicklayered; ~**schiff** *n sl* für battleship; heavy cruiser; ~**wandig** thick-walled; ~**te** *(dünne Holzlage)* layer *or* lamina of wood.

**Dienst** *m (mil)* duty; service; detail; *aus dem* ~ *entlassen v* dismiss from the service; *außer* ~ *(mil)*, *abbr* a.D. retired, *abbr* rtd; ~ *bei der Truppe* service with troops; field duty; *in Ausübung des* ~*es* in the line of duty; *Offizier vom* ~ duty officer; officer on duty; ~**alter** *n (mil)* seniority; (*US*) time in grade; promotion service; ~**altersgrenze** *f* age limit; ~**ältester** *m* senior officer; ~**anweisung** *f* service regulation; ~**anzug** *m* service uniform; ~**aufsicht** *f* command supervision; ~**ausrüstung** *f* service equipment; ~**bereich** *m & n* sphere *or* area of responsibiity; ~**bereitschaft** *f* operational readiness; ~**bezeichnung** *f* service designation; ~**bezüge** *m/pl* service pay and allowance; ~**einteilung** *f* duty roster; ~**fähig** fit for active service *or* duty; ~**frei** off duty; ~**gebrauch** *m* service *or* official use; *nur für den* ~~ *(Verschlusssache)* restricted (matter); ~**gespräch** *n (Tel)* official call; ~**gipfelhöhe** *f (Flzg)* service *or* operational ceiling ***(Def)***; ~~ *mit nur einem Triebwerk* one-engine service ceiling; ~**grad** *m* rank; grade; rating; ~~ *mit Patent* permanent rank; ~**gradabzeichen** *n/pl* insignia of rank; ~**gradherabsetzung** *f* demotion; ~**handbuch** *n* field manual; ~**pflicht** *f* liability for service; obligation to serve; ~**pflichtig** subject *or* liable to military service; ~**plan** *m* duty roster; ~**reise** *(mil) (US: bis zu 60 Tagen)* temporary duty, *abbr* TDY; *auf* ~~ *(mil)* on TDY; ~**siegel** *n* official seal; ~**stelle** *f* office; duty station; (command) headquarters;

~**stellung** *f* appointment; ~**stempel** *m* official stamp; ~**stunden** *f/pl (Personal)* hours *pl* of operation; ~**tuend** acting; on duty; ~**vorschrift** *f* service regulation; ~**weg** *m* military *or* official channel; *auf dem* ~~ through (official) channels; *fachlicher* ~~ technical channel; ~**zweig** *m (mil)* branch of the service; *besondere* ~*e pl* special services *pl.*

**Diergol** *m (Rak)* bipropellant ***(Def)***; ~-**Rakententreibstoff** *m* two-component propellant; ~-**Triebwerk** *n (Rak)* binary-fuel *or* diergol engine.

**Diesel | kraftstoff** *m* Diesel fuel; ~**motor** *m* diesel (engine); compression-ignition engine; *abbr* CI engine ***(Def)***; ~**öl** *n* Diesel oil; ~**treibstoff** *m* Diesel fuel.

**diesig** *(met)* misty; hazy.

**Differential | antrieb** *m* differential drive; ~**bremse** *f* differential brake; ~**fallschirm** *f* differential parachute; ~**getriebe** *n* differential *or* compensation gear; ~**querruder** *n (Flzg)* differential aileron; ~**steuerung** *f* differential control; ~**ventil** *n (Hydr)* differential control valve ***(Def)***; ~**verstärker** *m (Funk)* balanced amplifier.

**Differenz |** *f* **der Modulationsgrade** *(Fernm)* differences *pl* in depth of modulation ***(Def)***; ~**ierkreis** *m (Radar)* differentiating circuit; ~**wert** *m, abbr* **D-Wert** *(instr)* difference value, *abbr* D-value.

**diffus | e Strahlung** *f (Radar)* diffuse radiation; ~**ion** *f (Lfz l & Konstr)* diffusion ***(Def)***; ~**ionsgrad** *m* diffusivity; ~**or** *m (aerodyn & Turbo)* diffuser ***(Def)***; ~**ordüse** *f (Turbo)* divergent nozzle; ~**orgehäuse** *n (Turbo)* diffuser cow(ling); ~**orleitschaufel** *f* diffuser (deflection) vane; ~**ormantel** *m (Turbo)* diffuser cow(ling); ~**orwinkel** *m (erodyn)* diffuser cone-angle ***(Def)***.

**Digital | darstellung** *f (EDV)* digital display *or* presentation; ~**e Leitung** *f* **eines Jagdflugzeugs** *(LKr)* digital fighter control; ~ **des Autopilotensystem** *n (Flzg)* digital autopilot system; ~**es Regel(ungs)-** *od* **Steuer(ungs)**system *n (Lfz)* digital control system; ~**rechner** *m*, **elektronischer** ~~ digital (electronic) computer.

**Diodenmischer** *m (el)* diode mixer.

**Dipol** *m (Funk)* dipole; ~**antenne** *f* dipole antenna.

**Diopter** *n* diopter.

**dipp | en** *v (Vergaser)* tickle *or* flood *(the carburet(t)or)*; ~**er** *m (Vergaser)* tickler; flusher.

**Direkt | anflug** *m (Flsich)* direct approach; ~**anzeigegerät** *n* direct-reading indicator; ~**auftrieb** *m (Heli)* direct lift; ~**betätigtes Ruder** *n (Lfz)* directly-operated control surface; ~**einspritzung** *f (Flmot)* direct injection; ~**flug** *m (LVerk)* non-stop *or* direct flight; ~**or** *m (in parasitären Richtantennen: Funk)* director; ~**wellenausbreitung** *f (Funk)* direct wave propagation; ~**wirkendes Triebwerk** *n (Flmot)* gearless engine.

**Diskoplan** *(Lfz)* discoplane.

**dislozier | en** *v (mil)* deploy; station; ~**ung** *f (mil)* deployment; stationing; *friedensmäßige* ~~ *(mil)* peacetime deployment.

**Dispersionsindex** *m* dispersion index.

**Distanzring** *m (Radar)* range ring.

**Disziplin** *f* discipline; ~**arstrafe** *f (mil)* punishment for breach of discipline; ~**armaßnahme** *f* disciplinary action.

**Divergenz** *f*, **dynamische** ~ dynamic divergence; ~**linie** *f (met)* divergence line.

**Division** *f (mil)* division; ~**sgefechtsstand** *m* division command post; ~**sstab** *m* division headquarters (personnel).

**Docking | manöver** *n (Raum-FK)* docking manoeuvre; ~**stutzen** *m (Raum-FK)* docking probe.

**Doldrum | s** *f (met)* doldrums ***(Def)***; calm belt; ~**gebiet** *n (met)* region *or* zone of doldrums; belt of calms.

**Dom** *m (Lfz)*, **halbkugelförmiger** ~ hemisphercial dome.

**Donner** *m (met)* thunder; ~ *v* thunder; ~**schlag** *m* burst of thunder; thunderclap; thunderstroke.

**Doppel | bereifung** *f (Laufrad)* double *or* dual tyres (*US* tires) *pl*; ~**decker** *m (Flzg)* biplane ***(Def)***; *einstieliger* ~~ single-bay biplane; *freitragender* ~~ cantilever bi-plane; *nicht gestaffelter* ~~ orthogonal *or* unstaggered biplane; *zweistieliger* ~~ two-bay biplane; ~**düsenvergaser** *m* double jet carburetter (*US* carburetor); ~**fallschirm** *m* double parachute; ~**fernrohr** *n* binoculars *pl*; double telescope; ~**flügel** *m (Hilfsflügel)* external aerofoil flap; ~**flugzeug** *n (sl Huckepack od „Vater und Sohn")* composite aircraft; parent-child arragement; ~**flutiger Verdichter** *m (Turbo)* double-entry compressor ***(Def)***; ~**hubschrauber** *m* double helicopter; ~**keil** *m (Überschallprofil: Flzg)* double wedge; ~**kolbenmotor** *m* twin-piston *or* opposed-piston engine ***(Def)***; ~**konusdüse** *f (Turbo)* biconical nozzle; ~**kreisstrahlungsfeld** *n (Funk)* figure-of-eight radiation pattern; ~**lafette** *f* dual *or* double mount(ing); ~**leitung** *f (el)* twin lead; ~**leitwerk** *n (Flzg)* twin tail; ~**leitwerksträger** *m (Flzg)* twin tail boom; ~**luftschraube** *f* tandem *or* coaxial propellers *pl*; ~**modulation** *f (Fernm)* dual modulation; ~**peilung(sstandort)** *f(m) (Funknav)* running fix ***(Def)***; ~**posten** *m (mil)* double sentry; ~**räder** *n/pl (Flzg-Fahrwerk)* dual wheels pl; ~**radfahrwerk** *n (Flzg)* dual wheel landing gear; ~**rahmenantenne** *f (Funk)* double-loop antenna; ~**rumpf** *m (Flzg)* double body fuselage; ~**rumpfflugzeug** *n* twin-boom aircraft; ~**schiebermotor** *m (Flmot)* double sleeve-valve engine; ~**seitenruder** *n (Flzg)* twin rudders *pl*; ~**sitz** *m (Lfz)* double seat; ~**sitzer** *m (Flzg)* two-seater; ~**spaltlandeklappe** *f (Flzg)* double-slotted landing flap; ~**spaltquerruder** *n (Flzg)* double-slotted aileron; ~**sternmotor** *m* twinrow *or* double-row radial (engine) ~**steuer** *n (Flzg)* dual control(s) *or* sticks *pl*; *Schulungszeit f am* ~~ (*ICAO*) dual instruction time ***(Def)***; ~**steuerflugzeug** *n* duo- *or* dual-control airplane; ~**steuerschulung** *f (Pilotenausbildung)* dual instruction ***(Def)***; ~**steuerung** *f* dual control(s); ~**stiel** *m* double strut; ~**strebe** *f* double strut; ~**stromtastung** *f (Funk)* double keying; ~**stromturbodüsentriebwerk** *n (Zweikreiser- od ZTL-Triebwerk)* two-circuit turbine jet unit; (*US*) turbojet fan; ~-**T-Profil** *n (Flzg-Spant)* channel *or* I-section; ~**ter V-Flügel** *m (Flzg)* carpet wing; ~**tes Seitenleitwerk** *n (Flzg)* twin *or* double fins and rudders *pl*; ~**tes Seitenruder** *n (Flzg)* biplane rudder ***(Def)***; ~**tontastung** *f (Funkfernschr)* frequency shift keying; ~**triebwerk** *n (Flmot)* double-engine power unit ***(Def)***; ~**verdichterprinzip** *n (Axialturbine)* twospool system; ~**verdichter-TL-Triebwerk** *n (Turbo)* two-spool turbojet (engine); ~**vergaser** *m* duplex carburettor (*US* carburetor); ~**verkehr** *m (Funk)* twoway communication *or* traffic; duplex operation; ~**zeichen** *n (Radar)* split response; double blip; ~**zeichner** *m (Radar)* double blip; ~**zeigerinstrument** *n* two-pointer instrument; ~**zündung** *f (Flmot)* dual ignition.

**Doppler|-DME** *n (Funk)* Doppler ranging system, *abbr* DORAN; **~effekt** *m (Funk)* Doppler effect; **~-Entfernungsmesssystem** *n (Funk)* Doppler ranging system, *abbr* DORAN; **~frequenzverschiebung** *f (Funk)* Doppler frequency shift; **~-Geschwindigkeitsmessung** *f* Doppler speed measurement; **~-Navigationsverfahren** *n* Doppler navigation system ***(Def)***; **~radar** *n* Doppler radar.

**Dose** *f* box; can; capsule; *barometrische ~* barometric diaphragm *or* capsule; **~nbarometer** n aneroid barometer ***(Def)***; **~nkammer** *f* diaphragm chamber; **~nstatoskop** *n (Steiggeschwindigkeitsmesser)* diaphragm *or* capsule statoscope.

**Dosierdüse** *f* metering nozzle.

**Drachen** *m* kite ***(Def)***; **~antenne** *f (Funk)* kite(-lifted) antenna *or* aerial; **~aufstieg** *m* kite ascent; **~ballon** *m* kite balloon ***(Def)***; **~flugzeug** *n* fixed-wing aircraft; **~holm** *m* kite spar; **~meterograph** *m (met)* kite meteorograph; **~theorie** *f* kite theory.

**Draht** *m* wire; *blanker ~* bare wire; **~anschrift** *f* cable address; **~einlage** *f (Flzg-Bereifung)* wire reinforcement; wires *pl*; **~(fern)gelenkt** *(FK)* by-wire controlled; *(Flzg)* fly-by-wire; **~(fern)lenkung** *f (FK)* by-wire guidance; *(Flzg)* fly-by-wire control; **~fernmeldemittel** *n (Tel)* means *pl* of wire communication; **~fernmeldenetz** *n (Tel)* wire net *or* system; **~fernmeldeverbindung** *f* telephone communication; **~fernschreibmaschine** *f (Fernm)* landline teletypewriter, *abbr* LTT; **~fernschreibverbindung** *f (Fernm)* landline teletype circuit; **~funk** *m* line radio; *(E)* wired wireless; **~hindernis** *n (mil)* wire entanglement; **~kommandolenkung** *f (FK)* wire control *or* guidance; **~leitung** *f (Tel)* wire line; **~los** *(Funk)* wireless; **~lose Telefonie** *f* radio telephony, *abbr* R/T; **~lose Telegraphie** *f* radio *or* wireless telegraphy, *abbr* W/T, **~meldung** *f (Tel)* wire report; **~speichenlaufrad** *n (Flzg)* wire spoke landing wheel; **~steuerung** *f (FK)* wire control; *(Flzg)* fly-by-wire control; **~verbindung** *f (Tel)* wire *or* landline circuit; **~verhau** *n (mil)* wire entanglement; **~verspannt** *(Flzg)* wire-braced; **~verspannung** *f (Flzg)* wire bracing.

**Drain|ageschicht** *f (Bod)* drainage course; **~ieren** *v (Rollfeld)* drain.

**Drall** *m (Luftschraubenstrahl)* spiral movement *or* twist *(of the slipstream); (Bombe)* spin; *(Geschoss)* rotation; **~düse** *f (Turbo)* swirl burner; **~frei** irrotational; **~stabilisierung** *f* flywheel stabilization; **~wirkung** *f (Luftschraubenstrahl)* twist effect *(of slipstream)*.

**Draufsicht** *f* plan view.

**Dreck** *m sl für* fog; muddy weather, thick cloud.

**Dreh|achse** *f* axis of rotation; *(beim Trudeln)* spin axis; **~bar** rotatable; *~~e Rahmenantenne (Funk)* rotatable loop antenna ***(Def)***; *um einen Zapfen ~~* pivoted; **~beanspruchung** *f* torsional stress; **~bewegung** *f* rotation; angular *or* rotary motion; **~bewegungsderivativa** *n/pl (Stab)* rotary derivatives *pl* ***(Def)***; **~en** *v* turn; rotate; swivel; *(Wind)* veer; shift; *um x Grad ~~ v (Flzg auf Kompensierscheibe)* swivel through x degress; *eine Kurve ~~ v (Flzg)* (describe a *or* fly a) curve; bank; turn; *einen Looping ~~ v (Kunstflug)* loop (the loop); *im Uhrzeigersinne ~~ v* turn *or* rotate clockwise; *im entgegengesetzten Uhrzeigersinne ~~ v* rotate counterclockwise *or* anticlockwise; *(Nummernscheibe: Tel)* dial; **~en** *n (in Abtriftrichtung: Para)* turning ***(Def)***; **~fehler** *m (Magnetkompass)* turning error; **~(feld)geber** *m (Funk)* selsyn pick-off *or* pick-up; **~feuer** *n (Bod)* comni-directional light ***(Def)***; rotating beacon; **~flügel** *m (Hubschrauber)* rotating airfoil; rotary wing; rotor ***(Def)***; **~flügelflugzeug** *n* rotorplane; rotary-wing aircraft; **~flügler** *m (Heli)* rotorcraft ***(Def)***; *Verbund- ~~ (Heli)* compound rotorcraft ***(Def)***; **~funkfeuer** *n (Bod)* omnidirectional (radio) beacon ***(Def)***; omnidirectional radio range station; omnirange; *~~ für Sprechverkehr (Fernm)* VHF rotating talking beacon ***(Def)***; *UKW- ~~ (Fernm)* VHF omnirange; *abbr* VOR ***(Def)***; **~funkfeuerpeilung** *f (Funknav)* omni-bearing; **~geschwindigkeit** *f (Kompass usw)* velocity *or* speed of rotation; *(Flzg um Hochachse)* rate of yaw; *(Flzg um Längsachse)* rate of roll; **~kolbenlader** *m (Flmot)* displacement supercharger; **~kopplung** *f (Radar)* rotary joint; **~körper** *m* body of revolution; **~kraft** *f* rotary *or* turning force; **~kranz** *m (Bordwaffenstand)* rotating gun ring; **~kuppel** *f (Flzg)* revolving turret; **~leistung** *f (Luftschraube)* torque horsepower; **~manöver** *n (Flbetr)* turning manoeuvre; **~moment** *n* turning moment; *(Prop)* torque ***(Def)***; *aerodynamisches ~~ (aerodyn)* aerodynamic twist ***(Def)***; *ausgeglichenes ~~* equalized torque; *extremes ~~* acrotorque; **~moment-Ausgleichspropeller** *m (Heli)* anti--torque propeller; **~momentenausgleich** *m (Hubschrauber)* torque compensation *or* balancing; **~moment(en)messer** *m (Flmot)* torquemeter ***(Def)***; **~momentenstückegabel** *f (Fahrwerk)* torque links *pl* ***(Def)***; **~momentenwaage** *f* torque balance *or* dynamometer ***(Def)***; **~punkt** *m* centre (*US* center) of rotation *or* gyration; **~schieber** *m (Schieber-Flmot)* rotary valve; **~sinn** *m (Luftschraube)* sense *or* direction of rotation; **~strahl-Wolkenhöhenmesser** *m (met)* rotating-beam ceilometer; **~strom** *m (el)* three-phase (alternating) current; **~stuhl** *m (Flmed)* barany chair ***(Def)***; **~turm** *m (Bordwaffenstand)* revolving turret; **~(ungs)geschwindigkeit** *f* rotation(al) speed; **~ungsmoment** *n (Verdrehung)* torisional *or* twisting moment; **~ungswindmesser** *m (met)* rotating anemometer; **~zahl** *f (Flmot)* rotational speed; number of rotations *or* revolutions; *~~ pro Minute* rotations *or* revolutions per minute, *abbr* RPM: *Verstellpropeller m mit konstanter ~~* constant-speed propeller ***(Def)***; **~zahlbereich** *m & n* speed range; range of revolutions; **~zahlmesser** *m* revolution indicator *or* counter, *abbr* revindicator *or* revounter; revolution-meter; *abbr* revmeter; tachometer; *sl* tac; **~zahlmesserantrieb** *m* tachometer drive; **~zahlregler** *m* constant-speed governor; speed control; **~zahlschwankung** *f* RPM fluctuation; *sl* hunting; **~zahlverstellhebel** *m* speed control lever; **~zapfen** *m* pivot.

**Drei|achsenkurssteuerung** *f (Lfz)* three-axes autopilot; **~achsenlagebestimmung** *f* spatial attitude determination; **~achsenlenkung** *f (FK)* three-axes guidance; **~achsenstabilisiert** *(Lfz & FK)* three-axes stabilized; **~achsensteuerung** *f (Flzg)* three-dimensional *or* threeplane autopilot; **~anzeigegerät** *n (Instr)* three-pointer indicator; **~beinfahrwerk** *n (Flzg)* tricycle *or* three-leg landing gear; **~beinmarker** *m (Bod)* tripod marker; **~blattluftschraube** *f* three-blade(d) airscrew *or* propeller; **~decker** *m (Flzg)* triplane ***(Def)***; **~eck** *n* triangle; **~eckfallschirm** *m* triangular parachute ***(Def)***; **~eckflug** *m* flight in triangular course; **~eckflügel** *m* triangular *or* delta wing; *(Trapezflügel)* tapered wing; **~eckkurs** *m (nav)* triangular course; **~eckrechner** *m (Rechengerät: nav)* air navigation computer, course-and-speed calculator; time, distance, speed scale computer, *abbr* „T.D.S.“-scale computer; wind triangle computer; **~eckverband** *m (stat)* triangulated rod *pl*; **~fachautopilot** *m (Lfz)* triplexed *or* triplicated autopilot; **~faches Leitwerk** *n (Flzg)* triplane tail ***(Def)***; **~faches Seitenleitwerk** *n (Flzg)* triple rudder; **~fachflugregler** *m (Lfz)* triplexed *or* triplicated autopilot; **~fachfrei** three-of-freedom; **~fachsteuerung** *f (Flzg)* triplicated *or* three-control system;

~**gang(s)getriebe** *n* three-speed transmission *or* gear; ~**kanalautopilot** *m (Lfz)* three-axes autopilot; ~**kanalregler** *m (Lfz)* three-axes autopilot; ~**komponenten-Treibstoff(gemisch)** *m(n) (FK)* three-component propellant; tripropellant; ~**komponentenwaage** *f (aerodyn)* three ~component balance or scale *(Def)*; ~**köpfige Besatzung** *f (Lfz)* three-man crew; ~**-Mann-Crew** *f (Lfz)* three-man-crew; ~**motorenanordnung** *f (Flzg)* three-engine layout; ~**motorenflugzeug** *n* three-engined aircraft; ~**motorig** *(Flzg)* three- *or* tri(ple)-engined; ~**punktaufhängung** *f (Flmot)* three-point (engine) suspension; ~**punktlandung** *f (Flzg)* three-point *or* normal landing; *sl* three-pointer; ~**radfahrwerk** *n (Flzg)* tricycle landing gear; nose-wheel landing gear; ~**seitenriss** *m* three-view drawing; ~**seitenzeichnung** *f* three-view drawing; ~**sitzer** *m (Flzg)* three-seater; ~**stieler** *m (dreistieliger Doppeldecker)* three-strutter; three-bay biplane; *~stielig (Doppeldecker)* three-strutted; ~**stofftreibstoff** *m (Rak)* tripropellant; ~**stufenlader** *m (Flmot)* three-stage compressor *or* blower *or* supercharger; ~**stufenrakete** *f* three-stage rocket; ~**stufige Rakete** *f* three-stage rocket; ~**wegehahn** *m* three-way cock; ~**welliges Mantelstromtriebwerk** *n (Turbo)* three-spool by-pass engine; ~**welliges Zweistrom-TL-Triebwerk** *n (Turbo)* three-shaft by-pass turbojet; ~**zeigergerät** *n (Instr)* three-pointer indicator.

**Driftfehler** *m (nav)* drift error.

**Drill | ichanzug** *m (mil)* fatigue *or* work dress; ~**ing** *m (Flak)* three-barrelled (*US* barreled) gun; ~**ingsfallschirm** *m* trefoil *(Def)*; ~**steifigkeit** *f (Verdrehsteifigkeit)* torsional rigidity *or* stiffness; ~**verformung** f torsional deformation *or* deflection.

**Dringlichkeits | alarm** *m (Fernschr)* priority alarm; ~**grad** *m* (degree of) priority; ~**liste** *f* priority list; ~**meldung** *f (Funk)* urgency message; ~**signal** *n (Funk: PAN usw.)* urgency signal.

**Drohne** *f (unbemanntes Lfz)* drone *(Def)*.

**Drossel** *f (Vergaser)* throttle; ~**hebel** *m (Flmot)* power control lever; ~**klappe** *f* throttle(plate); ~**n** *v (Flmot)* throttle back *or* down *(the engine)*; ~**regler** *m (Flmot)* throttle governor; ~**schieber** *m* sliding throttle valve; ~**stellung** *f (Gashebelstellung)* throttle position.

**Druck** *m (stat)* pressure; stress; *Druck-... (met)* baric; *~ ablassen v (Druckkabine)* depressurize; *absoluter ~* absolute pressure; *akustischer ~* acoustic(al) pressure; *Karte f konstanten ~s (met)* constant pressure chart *(Def)*; *kinetischer ~ (aerodyn)* kinetic pressure *(Def)*; *mittlerer indizierter ~ (Flmot)* mean indicated pressure; *abbr* MIP; *Pitot-~ (aerodyn)* pitot pressure *(Def)*; *statischer ~* static pressure *(Def)*; ~**abfall** *m* pressure drop; fall *or* decrease of pressure; *plötzlicher ~~ (Druckkabine)* explosive decompression; ~**(ab)fallkrankheit** *f (Flmed)* decompression sickness *(Def)*; ~**anstieg** *m* increase of pressure; *(Überschallknall)* pressure rise; ~**anzug** *m (Höhenflugschutzanzug)* pressure suit *(Def)*; G-suit *(Def)*; *Teil-~~* partial pressure suit *(Def)*; *Voll-~~* full pressure suit *(Def)*; ~**auftankung** *f* pressure refuelling (*US* refueling); ~**ausgleich** *m* pressure balance; ~**ausgleichsöffnung** *f* vent; breather; ~**ausgleichsventil** *n (Turbo)* barostatic relief valve *(Def)*; ~**beanspruchung** *f (Stat)* compressive *or* compression stress; pressure load(ing); ~**(be)atmung** *f (Flmed)* pressure breathing *(Def)*; ~**behälter** *m* pressure tank *or* reservoir; ~**belüftung** *f (Druckkabine)* pressurization; ~**betankung** *f* pressure refuelling *(Def)*; ~**dose** *f (Öl) (oil)* pressure box *or* capsule; *(Luft)* barometric cell; ~**enttankung** pressure defuelling *(Def)*; ~**er** *m (EDV)* printer; ~**(erzeugungs)system** *n* boost system; ~**fallkrankheit** *f (Flmed)* decompression sickness *(Def)*; ~**feder** *f* pressure *or* compression spring; ~**feld** *n (met)* pressure field *or* pattern; ~**feldnavigation** *f* pressure pattern navigation; ~**fest** *(Druckkabine)* pressurized; *~~ machen v* pressurize; ~**festigkeit** *f (Werkstoffe)* compressive *or* compression strength; *(Druckkabine)* pressurization; ~**fläche** *f (met)* isobaric surface; pressure level; ~**flächennavigation** *f* barometric navigation *(Def)*; ~**gas** *n* compressed gas; ~**(gas)förderung** *f* pressure feed(ing); ~**gebläse** *n (Flmot)* blower; *statisches ~~* static head; ~**gefälle** *n (met)* drop in pressure; pressure gradient; isobaric slope; ~**gradient** *m* gradient of pressure; pressure gradient *(Def)*; ~**höhe** *f (bei Normalluftzustand: Lfz l)* pressure height *(Def)*; *(met)* pressure altitude *(Def)*; *simulierte ~~ (Flmed)* simulated altitude *(Def)*; *statische ~~* static head; ~**höhenmesser** *m (Lfz)* pressure *or* barometric altimeter; ~**kabine** *f (Höhen-Flzg)* pressure *or* pressurized cabin *(Def)*; ~**kammer** *f* pressure *or* compressive chamber; ~**kapsel** *f (Lfz & FK)* capsule *(Def)*; ~**knopfschalter** *m* push-button switch; ~**knopfsteuerung** push-button control; ~**kolben** *m (Presskolben im Flmot-Schmiersystem)* plunger; ~**lager** *n (Luftschraube)* thrust bearing; ~**leitung** *f* delivery *or* pressure pipe; delivery *or* pressure line; ~**luft** *f* compressed -air; ~**luftanlage** *f* compressed-air plant; pneumatic system *(Def)*; ~**luftanlasser** *m (Flmot)* air starter *(Def)*; air-injection starter *(Def)*; compressed-air starter; pneumatic starting device; ~**luftbetätigt** pneumatic; ~**luftbremse** *f* compressed-air brake; ~**luftenteiser** *m (Flzg)* pneumatic de-icer; ~**lufterzeuger** *m* air compressor; ~**luftkühlung** *f* compressed-air cooling; ~**luftschraube** *f* pusher airscrew *or* propeller; ~**luftsystem** *n* pressure air system; ~**messrohr, statisches** *~~ (Instr)* static-pressure tube *(Def)*; ~**minderung** *f* pressure decrease *or* drop *or* reduction *or* loss; ~**minderventil** *n* pressure relief valve; pressure reducing valve; ~**(mittel)punkt** *m (aerodyn)* centre (*US* center) of pressure, *abbr* c.p. *(Def)*; ~**(mittel)punktlage** *f* c. p. position; ~**(mittel)punktwanderung** *f* travel *or* shift *or* dispacement *or* movement of c.p.; ~**propeller** *m* thrust *or* pusher propeller *(Def)*; ~**propellerflugzeug** *n* pusher aeroplane *(Def)*; ~**punktwanderung** *f (aerodyn)* centr-of-pressure travel *(Def)*; ~**regler** *m (Kraftstoff-)* pressure controller *(Def)*; ~**reservoir** *n* pressure reservoir; ~**schmierung** *f* forced *or* pressure (feed) lubrication; ~**schott** *n (Flzg)* pressure bulkhead; ~**schraube** *f (Luftschraube)* pusher airscrew *or* propeller; ~**schraubenmotor** *m (Flmot)* pusher engine; ~**schrauber** *m (Flzg)* pusher (airplane); ~**seite** *f (Lader & Luftschraube)* pressure side *(Def)*; ~**spannung** *f* compression *or* compressive stress; ~**störung** *f (met)* pressure disturbance; ~**sturz** *m (Druckkabine)* explosive decompression *(Def)*; ~**tank** *m* pressure tank; ~**umlaufschmierung** *f* circulating forced lubrication; ~**- und Belüftungsanlage** *f (Flzg)* pressurization and ventilation system; ~**vergaser** *m (Flmot)* pressure-type carburet(t)or; ~**verlauf** *m*, **zeitlicher** *~~ (Überschallknall)* pressure signature; ~**verlust** *m (Druckkabine)* decompression; loss of pressurization; ~**(ver)minderungsventil** *n*, **selbsttätiges** ~~ (*Hydr*) automatic cut-out valve *(Def)*; ~**vorschrift** *f (mil)* field *or* official regulations *pl*; (official service) publication; ~**welle** *f* pressure wave; *(Explosion)* blast wave; ~**widerstand** *m (aerodyn)* pressure drag *(Def)*; ~**zeitverlauf** *m*, **impulshaltiger** *~~ (Überschallknall)* spiky signature; ~**zone** *f* pressure zone; ~**zünder** *m (Bombe)* pressure fuse.

**drücken** *v (Flzg im Fluge)* push the aircraft down; push the nose down; *sl* nose down; ~**d** *(Hitze)* oppressive.

**Drücker** *m* latch.

**dublierte Steuerung** *f* two-hand control.

**Dunkel|anpassungsfähigkeit** *f* visional adaptability to darkness; **~heit** *f* darkness; **~kammer** *(LPhot)* darkroom; **~nachtjagd** *f (LKr)* night fighting without searchlights; dark night fighting; **~steuersignal** *n (Funk)* blanking signal; **~tastsignal** *n (Funk)* blanking signal.

**Dünn|blatt** *n (Luftschraube)* thin propeller blade; **~flügelige Tragfläche** *f (Flzg)* thin(-section) wing; **~geschichtet** thin-layered; **~schicht-...** thin-layered; **~~ig** thin-layered; **~wandig** thin-walled.

**Dunst** *m (met)*: *(trocken)* haze ***(Def)***; *(feucht)* mist ***(Def)***; *leichter ~ (met)* slight haze; **~grenze** *f* haze limit; *obere ~grenze* haze top; **~ig** hazy; misty; **~schicht** *f* mist layer; **~wolke** *f* cloud of haze; vapour (*US* vapor) mist.

**Dünung** *f (ground)* swell ***(Def)***; hollow sea; *~ in freier See* (state of) swell open sea.

**Duplex|betrieb** *m (Fernm)* duplex (operation) ***(Def)***; **~brenner** *m (Turbo)* duplex burner ***(Def)***; **~er** *m (Funk)* duplexer; **~verkehr** *m (Fernschreiber usw: Flsich)* duplex (communication); duplexing.

**Düppel(streifen)** *m (/pl) sl (Radar-Störfolien)* window; chaff.

**Dural** *n* duraluminimum (*US* duraluminum); dural; **~blech** *n* sheet duraluminium; *plattiertes ~~* alclad (*short for* clad with aluminium); **~holm** *m* duraluminium spar; **~profil** *n* dural former); **~rohr** *n* duraluminium tube; **~spant** *m* dural frame; **~uminium** *n* duraluminium (*US* duraluminum).

**durch|biegen** *v* bend; **~biegung** *f (Holm)* bending *or* flexure *or* deflection *(of spar)*; **~biegungsmessung** *f* bending test; deflection measurement; **~blasen** *v (Kolbenringe)* blow by; **~bruch** *m (takt)* break-through; **~drehen** *v (Luftschraube)* turn *or* swing *(the airscrew)*; pull through; *von Hand ~drehen v (Luftschraube)* turn *or* swing *(the airscrew)* by hand; **~fahren** *v (Jäger durch feindlichen Flzg-Verband: LKr)* make a pass; **~flug** *m (LVerk)* transit flight; *landungsloser ~~* non-stop transit flight; **~flugrecht** *n (LVerk)* right *or* freedom of air transit; **~flugstrecke** *f (LVerk)* transit route; **~fluss** *m (Kraftstoff)* flow; *axialer ~~ (Heli)* axial flow ***(Def)***; **~flussgeschwindigkeit** *f* rate of flow; **~flussmenge** *f* flow rate; **~flussmesser** *m* flowmeter; inferential meter; **~fluss(mess)geber** *m* flow sensor; **~gang** *m (im Flzg)* gangway; aisle; *(Jäger durch feindlichen Flzg-Verband: LKr)* pass; **~gangsbereich** *m (LVerk)* (direct) transit area ***(Def)***; **~gangseinrichtungen** *f/pl (LVerk)* direct transit arrangements *pl* ***(Def)***; **~gangsfernamt** *n (Tel)* vergl. **Zentralamt** *n*; **~gangsflughafen** *m (LVerk)* intermediate *or* transit airport; **~gangsfluglinienbetrieb** *m (LVerk)* through-airline operation; **~gangslager** *n (mil) (prisoner of war)* transit camp; **~gangsverkehr** *m (LVerk)* transit (traffic); **~gangszeit** *f (Fernm)* transfer time; **~gehende Tragfläche** *f* one-piece *or* continuous wing; **~gehender Flug** *m (LVerk)* through-flight ***(Def)***; direct flight; **~gezogene Linie** *f (Kart)* continuous line; **~ladeeinrichtung** *f (Bordwaffen)* cocking apparatus; **~laden** *v (Bordwaffen)* cock; load; charge; **~ladehebel** *m* cocking lever; **~lässigkeit** *f (von Gas: Lfz l)* permeability ***(Def)***; **~lässigkeit(sfaktor)** *f (m) (Fernm)* transmission factor; **~lässigkeitsmessgerät** *n (Lfz l)* porosity meter ***(Def)***; **~lassöffnung** *f (Federbein)* leak hole; **~leuchtung** *f (Fluggäste; Gepäck)* screening; **~messer** *m* diameter; *maximaler ~~ in gefülltem Zustand (Para)* maximum inflated diameter ***(Def)***; **~reisesichtvermerk** *m (Pass)* transit *or* stop-over visa; **~sacken** *v (Flzg bei Landung)* to pancake; **~sacken** *n* pancaking ***(Def)***; *(Flzg beim Einfahren der Landeklappen)* sink; *(plötzliches) ~~ einer Tragfläche* wing dropping; *schwaches ~~ (Flbetr)* weak stall; **~sackflugzustand** *m (Flbetr)*; pancaking regime; **~sackgeschwindigkeit** *f (Flzg)* critical *or* stalling speed; **~sackwarngerät** *n (Flzg)* stall warning device; **~satz** *m (Luft)* flow rate; **~schnittsgeschwindigkeit** *f* average speed; **~schnittskrümmung** *f (Tragfläche)* mean camber; **~schnittstemperatur** *f* mean temperature; **~sichtigkeit** *f (der Luft: met)* transparency *(of the air)*; **~starten** *v (Flzg)* go round again; take it around *or* through; **~starten** *n (Flzg)* go-around; going round again; balked landing; **~startfläche** *f (Bod)* balked landing surface; **~starthöhe** *f (Flbetr)* missed-approach altitude ***(Def)***; **~startverfahren** *n (Flbetr)* go-around procedure; **~stoßen** *v (Flzg durch Wolkendecke)* come down *or* break through the overcast; **~stoßen** *n* break-out *or* -through; **~stoßverfahren** *n (nav)* let-down procedure; descent-through-cloud; cloud-breaking procedure; **~strömte Düse** *f* flow-through nozzle; **~suchung** *f (Fluggäste, Gepäck)* (physical) search; *(von Lfz)* aircraft search; *(von Personen)* body search; **~ziehen** *v (Flzg durch Wolkendecke)* break cloud.

**Düse** *f (aerodyn)* nozzle ***(Def)***; jet; *durchströmte ~* flow-through nozzle; *gebohrte ~* bored nozzle; *divergente ~* divergent nozzle; *gefächerte ~* notched nozzle; *mit verstellbarem Austrittsquerschnitt (Turbo)* adjustable exit nozzle; **~nantrieb** *m (Flzg)* jet propulsion; **~naustrittsfläche** *f (Turbo)* jet orifice; **~neinengung** *f (aerodyn)* nozzle contraction; **~neinschnürung** *f (aerodyn)* nozzle contraction; **~neinstellung** *f (Vergaser)* jet seting; **~nfächer** *m* ducted fan; *Senkrechtstarter m mit ~~* fan-engine VTOL aeroplane; **~nflugzeug** *n* jet-propelled *or* jet (propulsion) airplane; *abbr* "J.P." airplane; **~ngeometrie** *f (aerodyn)* nozzle geometry; **~njäger** *m* jet-propelled fighter aircraft; jet fighter; *(Flzg-Führer)* jet fighter pilot; *sl* (*US*) firecan jockey; **~nkühler** *m* duct(ed) cooler; (divergent) nozzle radiator; ducted radiator ***(Def)***; *Kühlung f durch ~~* ducted cooling ***(Def)***; **~nkühlung** *f* ducted cooling system; **~nleitschaufel** *f (Turbo)* nozzle guide-vane ***(Def)***; **~nmündungsdurchmesser** *m (Turbo)* diameter of jet mouth; **~nöffnung** *f (Turbo)* jet orifice; **~nölkühler** *m (Flmot)* ducted oil cooler ***(Def)***; **~nstrahl** *m (Turbo)* jet *or* hot air blast; **~ntriebwerk** *n vergl/cf* **Strahltriebwerk** *n* jet power plant; **~nvergaser** *m* jet *or* spray (atomizing) carburettor (*US* carburetor).

**Dynami|k** *(Bewegungslehre)* dynamics; kinetics; *kosmische ~~* cosmic dynamics; **~sch ähnliches Modell** *n (aerodyn)* dynamic model ***(Def)***; **~sch ausgeglichen** *(Steuerruder)* dynamically balanced; **~sch stabiles Flugzeug** *n* dynamically stable aeroplane; **~sche Abkühlung** *f (met)* dynamic cooling (of the air); **~sche Auswuchtung** *f (Prop)* running *or* dynamic balance; **~sche Divergenz** f dynamic divergence; **~sche Erwärmung** *f (met)* dynamic heating *(of the air)*; *(Lfz)* dynamic heating ***(Def)***; **~sche Stabilität** f dynamic stability ***(Def)***; **~sche Untersuchung** *f* fatigue test; **~sche Verformung** *f* dynamic strain; **~scher Auftrieb** *m (Lfz l)* dynamic lift ***(Def)***; **~scher Aufwind** *m (met)* dynamic ascending current; ascending current due to topography; **~scher Ausgleich** *m (Prop)* dynamic balance ***(Def)***; **~scher Segelflug** *m* dynamic *or* gust soaring.

**Dynamo** *m (Generator od Stromerzeuger)* dynamo; generator; **~bürste** collecting brush; **~meter** *n (Kraftmesser)* dynamometer; **~metrie** *f* dynamometry.

# E

**E** *(ICAO-& NATO-Buchstabieralphabet)* Echo; ~ *(altes internationales Buchstabieralphabet)* Easy; ~-**Messer** *m (Flak)* range-finder (operator); ~-**Messgerät** *n (Flak)* range-finder; ~-**Schicht** *f (Heaviside- od Kennelly-Heaviside-Schicht)* E-layer; ~-**Schirm** *m (Radar)* E-scope ***(Def)***.

**Ebbe** *f* ebb *or* low tide.

**Eben|e** *f* plane; level; ~~ *des nominalen ILS-Gleitweges* plane of the nominal ILS glide path; ~**enverspannung** *f (Tragfläche)* plane bracing; ~**flächigkeit** *f* evenness; smoothness; ~**heit** *f* evenness; smoothness.

**Echo|anzeige** *f (Radar)* blip ***(Def)***; pip; ~**box** *f* echo box; ~**empfänger** *m (Radar)* echo receiver; ~**fläche** *f (Radar)*, **äquivalente** ~~ echoing area; radar cross section; ~**laufzeit** *f (Radar)* transmission time; ~**lot** *n („Höhe über Grund"-Messungen)* terrain clearance indicator; height indicator; *akustisches* ~~ sound-ranging *or* sonic altimeter ***(Def)***; echo sounder; acoustic(al) altimeter; ~**lotung** *f* echo-sounding; ~**lot-Warngerät n (Funk)** terrain clearance warning indicator ***(Def)***; ~(**signal**) *n (Radar)* echo signal; ~**sperre** *f (Radar)* echo suppressor; ~**zeichen** *n (Radar)* blip ***(Def)***; radar return.

**Echtzeit** *f* real time; ~*datenverarbeitung f (EDV)* real-time data processing.

**Ecosphäre** *f (Lebenssphäre)* ecosphere.

**Edelgas** *n* gas; inert gas.

**Effekt** *m* effect; *Coriolis*~ *m (nav)* Coriolis effect ***(Def)***; ~**iver Verbrauch** *m (Kraftstoff)* actual consumption; ~**iver Verzerrungsgrad** *m (Fernm)* effective margin ***(Def)***; ~**ivleistung** *l (Flmot)* effective *or* actual power; ~**ivwert** *m* effective value; root mean square value.

**Effus|ion** *f (Lfz l)* effusion ***(Def)***; ~**ionskühlung** *f (Flmot)* effusion cooling; ~**or** *m (aerodyn)* effuser; **Überschall**-~~ *(aerodyn)* supersonic effuser ***(Def)***.

**Ehren|bezeigung** *f (mil)* salute; saluting; military compliments *pl*; ~**wache** *f* guard of honour (*US* honor); ~**zeichen** n decoration.

**Ei** *n (sl für Bombe)* bomb; *sl* egg.

**Eich|düse** *f (Vergaser)* calibrating nozzle; ~**en** calibrate; ~**frequenz** *f (Funk)* standard frequency; ~**gerät** *n* calibrator; *Höhenmesser*-~~ *(Instr)* altimeter calibrator ***(Def)***; ~**instrument** *n* calibration tester; ~**kraftstoff** *m* calibration fuel; ~**kurve** *f* calibration curve; ~-**Mach-Zahl** *f (aerodyn)* calibrated Mach number; ~**schub** *m (Turbo)* calibrated thrust; ~**stabilität** *f* calibration stability; ~**ung** *f* calibration; ~(**wind**)**kanal** *m (aerodyn)* calibration tunnel.

**Eier|handgranate** *f* egg-shaped hand-grenade; *sl* pineapple; ~**landung** *f sl (Flzg)* smooth *or* gentle three-point landing.

**Eigen|drehung** *f* autorotation; ~**geschwindigkeit** *f (Flzg, nav)* true airspeed ***(Def)***; *angezeigte* ~~ *(nicht berichtigte)* indicated airspeed, *abbr* IAS; *berichtigte angezeigte* ~~ calibrated airspeed, *abbr* CAS, *bezogene* ~~ equivalent airspeed, *abbr* EAS, *wahre* ~~ true airspeed, *abbr* TAS; ~**gewicht** *n (Flzg)* empty weight; net weight ***(Def)***; ~**peilung** *f (nav)* direction finding on board; bearings determined from the plane; aircraft-to-station bearing; ~**schaft** *f* quality; characteristic; property; *aerodynamische* ~~ aerodynamical quality *or* characteristic; *fliegerische* ~~ *(Flzg)* flying *or* handling quality; flying *or* handling characteristic; ~**schwingung** *f* natural *or* characteristic vibration; ~**stabil** *(Flzg, besonders Hubschrauber)* inherently stable; with inherent stability; ~**stabilität** *f (Flzg)* inherent *or* aerodynamic stability ***(Def)***; ~**verständigung** *f (Flzg)*, *abbr* Ei. V. interphone; intercommunication; *abbr* intercom; ~**verständigungsanlage** *f (Ei. V. im Flzg)* (installation for) intercommunication on airplane; interphone (system); interphone/intercom ***(Def)***.

**Eignungsprüfung** *f (für flgds. Personal)* aptitude *or* fitness test; suitability test; ~ *auf Höhentauglichkeit* pressure test; ~ *auf Orientierungssinn* orientation test; ~ *auf räumliches Sehen* depth perception test; *medizinische* ~ medical test; *psychotechnische* ~ psychotechnic adaptability test; psychotechnic fitness test.

**ein** *(Schalterbeschriftung)* on; *(Flzg-Zündung einschalten bzw. eingeschaltet)* "contact"; ~**bauen** *v (einpassen)* fit (in); *(Flmot)* mount; install; ~**baufehler** *m (Instr)* position error ***(Def)***; ~**bauplatte** *f (Stern-Flmot)* mounting flange *or* plate; ~**bauring** *m (Stern-Flmot)* mount(ing) ring; ~**bauten** *pl* mountings *pl*; ~**bautriebwerk** *n* built-in engine; ~**bauzeichnung** *f* installation drawing; ~**beinfahrwerk** *n (Flzg)* single-strut *or* cantilever undercarriage; ~**berufen** *(mil)* induct *(into the armed forces)*; call up; ~**bruch** *m (takt)* penetration; *(met)* influx; ~**bruchsfeuer** *n (takt)* assault fire; ~**bruchsfront** *f (takt)* frontage of penetration; *(met)* cold front; ~**bruchstelle** *f (takt)* breach; point of penetration; ~**buchtung** *f (takt)* dent *or* salient *(in the front line)*.

**Ein|decker** *m (Flzg)* monoplane ***(Def)***; *freitragender* ~~ cantilever monoplane; *halbfreitragender* ~~ semitcantilever monoplane: *verstrebter* ~~ braced monoplane; ~**drehen** *v (Flzg auf neuen Kurs)* swing on to a new course; *(auf Sollstandlinie: nav)* intercept; *(Jäger zum Angriff auf Feind-Flzg: LKr)* close in; ~**drehen** *n (LKr)* closing-in; ~**drehkurve** *f (Flbetr)* joining turn; ~**dringen** *(takt)* penetrate; ~**dringetiefe** *f (takt)* penetration (depth); *tiefste* ~~ *(Feindflug: LKr)* deepest penetration; ~**dringfähigkeit** *f od* -**vermögen** *n (LKr)* penetration capability.

**ein|ebnen** *v (Rollfeld)* level; grade; ~**einhalbdecker** *m (Flzg)* sesquiplane.

**Ein|fachstromturbine** *f (TL-Triebwerk)* turbinejet unit; turbojet; ~**fachtreibstoff** *m (FK)* monopropellant ***(Def)***; ~**fahren** *v (Fahrwerk)* raise; retract; fold up; *(Landeklappen)* raise; retract; ~**fahren** *n (Landeklappen & Fahrwerk)* raising; retraction; ~**fahrzylinder** *m* retraction cylinder; jack; ~**fallwinkel** *m (Wind)* angle of incidence *(of the wind)*; ~**fanggeschwindigkeit** *f (TrägerFlzg)* engaging speed ***(Def)***; ~**federung** *f (Fahrwerk-Federung)* travel; stroke; ~**fliegen** *v (ein Flzg)* flighttest; *(in ein Gebiet)* fly into; enter by air; *(LKr)* penetrate; ~**fliegen** *n* test *or* trial flight; *sl* shakedown flight; ~**flieger** *m* test pilot; ~**flug** *m (LVerk)* entry *or* entrance by air; inward flight; *(LKr)* (hostile air) penetration; intrusion; ~**flugerlaubnis** *f (Flsich)* entry clearance; ~**flugfixpunkt** *m (Flsich)* entry fix; ~**flugfreigabe** *f (Flsich)* entry clearance; ~**fluggenehmigung** *f (LVerk)* permit for entry by air; entry permit; *(Flsich)* clearance; ~**flugort** *m (Flsich)*, **festgelegter** ~~ entry fix; ~**flugpunkt** *m (Flsich)* joining point; point of entry; entry point ***(Def)***; ~**flugschneise** *f (Flsich)* air corridor; lane of approach; flying lane: entry corridor; *Beginn m der* ~~ *(Flsich)* gate ***(Def)***; ~**flugzeichen** *n (ILS)* ILS marker ***(Def)***; *äußeres* ~~ *(ILS)* outer marker; *inneres* ~~ *(ILS)* inner marker; *mittleres* ~~ *(ILS)* middle marker;

~**flugzeichensender** *m/pl (ILS-Verfahren)* position markers *pl*; ~**flutiger Verdichter** *m (Turbo)* single-entry compressor ***(Def)***; ~**fühlungsvermögen** *n (Pilot für Flzg)* feel (of the stick); ~**fuhrbewilligung** *f (LVerk)* import licence *or* permit; ~**füllen** *v* fill; ~**füllstutzen** *m* filler neck.

**Ein|gangsafertigung** *f (LVerk)* formalities *pl* on arrival; entry declaration; ~**gangsflughafen** *m* aerodrome of arrival; airport of entry; ~**gangsgröße** *f (EDV)* input parameter *or* value; ~**gangsleistung** *f* input power; ~**gangsparameter** *m* input parameter *or* value; ~**gangswerte** *m/pl (Flak)* incoming data *pl*; initial data *pl*; ~**gebaute Reserve** *f (Konstr)* built-in margin; ~**gebauter Grenzwert** *m* built-in margin; ~**gebautes Triebwerk** *n* built-in engine; ~**graben** *v (takt)* dig in; entrench; ~**greifdivision** *f (takt)* reserve division; ~**greifen** *n* **in den Erdkampf** *(takt)* ground strafing; air-to-ground fighting; ~**griff** *m* infringement; interference; *widerrechtlicher* ~~ (act of) unlawful interference.

**ein|hallen** *v (Luftschiff)* dock *or* berth the airship; ~**hallen** *n* docking; berthing; ~**hebelbedienung** *f (Flmot)* single-lever (power) control; ~**heit** *f (mil)* unit; *kleinste taktische* ~~ *(mil)* basic tactical unit; ~**heitsblindfluggerätebrett** *n (Flzg)* standard blind-flying panel; ~**heiteigene Ausrüstung** *f (mil)* organizational equipment; ~ **heitsführer** *m (mil)* commander (of a unit); unit commander; ~**heitsgewicht** *n (Leistungsgewicht: Flmot)* specific weight of the engine; weight per brake horse power *or* per unit power; ~**heitsluftdichte** *f (met)* standard density of air; ~**heitszeit** *f* standard time; ~**holmbauart** *f (Tragfläche)* single-spar construction; ~**holmig** *(Tragfläche)* monospar; single-spar.

**ein|igeln** *v (takt)* take up a position of all-round defence (*US* defense).

**Ein|kanalbetrieb** *m (Funk)* uniplex (operation); ~**kanal-Simplexbetrieb** *m (Fernm)* single channel simplex ***(Def)***; ~**kesseln** *v (takt)* encircle; ~**kesselung** *f (takt)* encirclement; ~**kleidungsbeihilfe** *f (mil)* clothing allowance; ~**klinkfallschirm** *m* quickconnector parachute; ~**knicken** *v (Fahrwerk)* collapse; ~**knopfbedienung** *f* one-knob operation; *(Funk)* one-knob tuning; ~**kommen** *n* income; revenue; *ohne* ~~ non-revenue; ~**kreiselanordnung** *f* mono-gyro *or* single-gyro system; ~**kreisen** *v (takt)* encircle; ~**kreisung** *f (takt)* encirclement; ~**kufenfahrgestell** *n (Flzg)* single-skid chassis *or* undercarriage; monoski(d) gear; ~**kurven** *v (Flzg in den Landeplatz)* circle *or* curve *(into the landing field); (Flbetr)* turn in.

**Ein|laden** *n (LVerk)* lading ***(Def)***; ~**ladungsmarschbefehl** *m (US LW)* invitational travel order, *abbr* ITO; ~**lass** *m (Kraftstoff in Zylinder)* admission; *(Luft)* intake; ~~ *mit vollveränderlicher Geometrie (Turbo)* intake with fully variable geometry; ~**lassdruck** *m* intake *or* admission pressure; ~**lasshub** *m (Viertaktmotor)* induction *or* intake stroke; ~**lasskanal** *m (Flmot)* inlet throat; ~**lassleitschaufel** *f (Turbo)* air intake guide vane; ~**lassleitung** *f* induction system; intake *or* inlet manifold; ~**lassstutzen** *m (Turbo)* air intake casing; ~**lassventil** *n (Flmot)* inlet *or* intake *or* suction *or* admission valve; ~**lauf** *m (Lader)* lead; ~**laufdiffusor** *m (Turbo)* air-intake casing ***(Def)***; ~**laufen** *v (neuer Flmot)* run-in; ~**laufen** *n (Flmot)* running-in *(the engine)*; green run; ~**laufgeometrie** *f (Turbo)*, **veränderliche** ~~ air-intake variable geometry; ~**läufig** *(Waffe)* singe-barrelled (US barreled); ~**lenkrechner** *m (FK)* computer for guidance *(to line of sight)*; ~**lenkung** *f (FK)* guidance of the missile *(to [the] line of sight)*.

**Ein|mannschlauchboot** *n* one-man rubber raft; one-man dinghy; ~**mannzelt** *n* one-man tent; pup-tent; ~**motorenflug** *m (Zweimot-Flzg)* flying on one engine; single-engine flight; ~**motorenflugzeug** *n* single-engined *or* one-engined aircraft; ~**motorig** *(Flzg)* single- *or* one-engined; ~**motten** *v (Flzg usw konservieren und einlagern)* cocoon; mothball; ~**mündung** *f (Luftstraße)* junction.

**Ein|nahme** *f* revenue; ~~ *pro Verkehrsleistungseinheit (LVerk)* revenue per traffic unit; ~**nahmeschein** *m* receipt; ~**nebeln** *v* shroud; fog: *(takt)* blanket; lay a smoke screen; ~**norden** *n (Landkarte)* orienting a map.

**Ein|punktbetankung** *f (Flzg)* one-point fuelling.

**Ein|radfahrgestell** *n (Flzg)* single-wheel *or* mono-wheel landing gear; ~**rasten** *v* engage; lock; ~**rastknopf** *m* lock knob; ~**reichen** *v (Flugplan)* submit; file; ~**reise** *f (LVerk)* immigration; ~**reisesichtvermerk** *m (Pass)* entrance visa; ~**richten** *n (Landkarte)* orientation *(of map)*; *(Stellung: takt)* improvement *or* preparation of a position; ~**riss** *m* fissure; ~**rollen** *n* roll(ing)-up; ~**rotorig** *(Hubschrauber)* single-rotor; ~**rückhebel** *m* clutch lever; ~**rückkolben** *m (Turbo)* engaging piston.

**Einsatz** *m (Einzel-Flzg: LKr)* sortie: *Ausbildung im* ~ *(LW)* on-the-job training, *abbr* OJT; ~ *fliegen v* (LKr) fly a sortie *or* a mission; *taktischer* ~ tactical employment *or* use; ~**ausbildungseinheit** *f (Waffenschule: LW)* operational training unit, *abbr* OTU; ~**befehl** *m (mil)* operational order; ~**bereit** *(Gerät)* ready for service; *(takt)* ready for action; ~**bereitschaft** *f (Gerät)* serviceableness; *(takt)* readiness for action; operational readiness; ~**bericht** *m (mil)* mission (intelligence) report; ~**besprechung** orders conference; (operational) briefing; *fernmündliche* ~~ *(LW)* telebriefing; ~**entfernung** *f (FK)* operating range ***(Def)***; operational range; ~**erfahrung** *f (flgds. Personal)* operational experience: ~**fähigkeit** *f (Personal)* operational efficiency, *(Gerät)* serviceability, ~**flug** *m (LKr)* operation; sortie; mission; ~**flugplatz** *m (LKr)* operational base; base airfield; ~**flugzeug** *n* operational aircraft; warplane; ~**gebiet** *n (takt)* operational area; *(FK)* launching area; ~**höhe** *f (Flbetr)* operating altitude; ~**leiter** *m (SAR)* search master; ~**mäßige Unterstellung** *f (mil)* (attachment for) operational control; ~**nachbesprechung** *f (mil)* de-briefing; ~**planung** *f* **vor dem Flug** *(Flbetr)* pre-flight operational planning; ~**profil** *n (Flbetr)* profile ***(Def)***; ~**radius** *m (LKr)* operational radius; ~**raum** *m (takt)* operational area; ~**reife** *f (flgds. Personal)* operational maturity; ~**stärke** *f (LW)* operational strength; ~**übersicht(stafel)** *f (LKr)* (air) mission board; ~**verband** *m (LW)* operational unit.

**Ein|schiebermotor** *m (Flmot)* single-sleeve valve engine; ~**schießen** *v (Art)* range a gun; *(anschießen)* try out *(a gun)*; ~**schießen** *n (Art)* adjustment *or* trial fire; *grobes* ~~ approximate fire; ~~ *mit hohen Sprengpunkten* high-burst ranging; ~~ *nach der Länge* range adjustment ~**schießgeschütz** *n (Art)* ranging gun; ~**schießpunkt** *m (Art)* adjusting point; ~**schießziel** *n* adjustment *or* ranging *or* check target; ~**schlagpunkt** *m (Bombe usw)* point of impact; striking point; ~**schlagstelle** *f (am Lfz)* break-in area *or* point; ~**schneidefotogrammetrie** *f* plane table photogrammetry; ~**schneien** *v* snow in *or* under; ~**schnürung** *f (Luftschraubenstrahl)* contraction *(of the slipstream)*; ~**schränkung** *f (Flbetr)*, **durch Überschallknall bedingte** ~~ sonic-boom restriction; ~**schwimmerflugzeug** *n* single-float plane; single-pontoon plane; monofloat aeroplane.

**ein|seitiger Verkehr** *m (Funk)* one-way traffic; unidirectional traffic; ~**sitzer** *m (Flzg)* single-seater airplane; ~**sitzig** *(Flzg usw)* single-seat; ~**sparen** *v* reduce cost; economize; save; ~**sparung** *f* cost reduction; ~**spritzdauer** *f (Flmot)* time of injection; ~**spritzdüse** *f* fuel injection; fuel injector jet; *(vom Wirbeltyp: Turbo)* swirl burner; ~**spritzen** *v (Kraftstoff in Zylinder)* inject; spray; *(Anlasskraftstoff)* prime; ~**spritzmotor** *m (Flmot)* fuel-injection engine; ~**spritzpumpe** *f (Einspritz-Flmot)* fuel *or* bulk-injection pump ***(Def)***; *(Anlasskraftstoff)* primer (atomizer); ~**spritzung** *f (Flmot)* injection ***(Def)***; ~**spritzvergaser** *m (Flmot)* bulk-injection carburettor ***(Def)***; ~**spritzvorrichtung** *f (Einspritz-Flmot)* injection system; *(Anlasskraftstoff)* primer (system).

**ein | steigen** *v (in Lfz)* enplane; embark; ~**steigen** *n (in Lfz) (LVerk)* embarkation ***(Def)***; ~**stellbar** *(Luftschraube usw)* adjustable; *~~e Gitterspannung f (Funk)* regulatory grid voltage; *~~e Luftschraube f* variable pitch airscrew; *~~e Steigung f (Prop)* adjustable pitch; *~~er Kraftnullpunkt m (Flzg-Steuerung)* adjustable zero-feel *or* zero-force point; ~**stellen** *v* adjust; time; regulate; set; *(den Betrieb)* suspend operations; *(den Zünder)* set the fuse or fuze; *(Arbeit)* stop work; strike; *(Feuer: takt)* cease fire; ~**stellfehler** *m (Funk)* alignment error; ~**stellknopf** *m* setting *or* adjusting knob; *(für Vorauseinstellung)* pre-set-knob; ~**stell-Leinenwerk** *n (Lfz l)* running rigging ***(Def)***; ~**stell-luftschraube** adjustable-pitch propeller; ~**stellmarke** *f* adjustment *or* timing *or* index mark; ~**stellpropeller** *m (Flzg)* adjustable-pitch propeller ***(Def)***; ~**stellskala** *f* **des Höhenmessers** *(Flzg)* sub-scale of the altimeter, ~**stellung** *f* adjustment; setting; regulation; timing; ~**stellungsquote** *f (Lehrgang)* intake; ~**stellvorrichtung** *f* adjustment *or* setting device; adjustment *or* setting mechanism; ~**stellwinkel** *m (Höhenflosse od Tragflächen)* rigging angle of incidence ***(Def)***; angle of wing setting; *Blatt-~~ (Prop)* blade angle ***(Def)***; Höhenflossen-~~ *(Flzg)* tail-setting angle ***(Def)***; ~**steuerung** *f (Zielfindung: Radar)* picking up the target; ~**stiegleiter** *f (Flzg)* entrance ladder; ~**stiegluke** *f (Flzg)* entrance *or* access hatch; ~**stieler** *m (Flzg)* one- *or* single-strutter; ~**stielig** *(Flzg)* single-bay; one-strutter; ~**strahlrohr** *n (Radar)* single-beam tube; ~**strahlung** *f*, **reflektierte** ~~ reflected irradiation; ~**stromhubtriebwerk n (Turbo)** lift turbojet; ~**strom(strahl-)** *od* **TL-Triebwerk** *n (Turbo)* one-flow turbojet (engine); ~**stufenlader** *m (Flmot)* single-stage blower *or* supercharger; ~**stufenturbine** *f (Turbo)* single-stage turbine ***(Def)***; ~**stufig** *(Lader)* single-stage; single-step; ~**stufiger Verdichter** *m (Turbo)* single-stage compressor ***(Def)***.

**ein | teilige Kabinenhaube** *f (Flzg)* one-piece canopy; ~**tragen** *v (Kurs usw in Karte)* enter; plot; ~**tragung** *f* entry; *(Luftfahrzeug in Luftfahrzeugrolle)* registration; *(in Karte)* plotting; ~**tragungsstaat** *m (Flzg in Luftfahrzeugrolle)* state of registry ***(Def)***; ~**tragungszeichen** *n (Lfz)* registration mark; ~**treffen** *v* arrive; ~**treffzeit** *f* arrival time; *voraussichtliche ~~ (Flsich)* estimated time of arrival, *abbr* ETA; ~**tritt** *m*, **ballistischer** ~~ *(FK in die Erdatmosphäre)* ballistic entry (*or* re-entry); ~**trittskante** *f (Tragfläche)* leading edge ***(Def)***; ~**trittsleitschaufel** *f (Turbo)* inlet guide vane ***(Def)***; *Laufrad- ~~ (Turbo)* rotating guide-vane ***(Def)***; *toroidale ~~ (Turbo)* toroidal guide vane ***(Def)***; ~**trittsöffnung** *f (Flmot)* inlet port; ~**trittstemperatur** *f* intake *or* inlet temperature *(Ladeluft)* induction temperature.

**Ein | - und Ausgangszeichen** *n (Bod)* entrance-exit sign; ~ **-und Aussteigekarte** *f (LVerk)* embarkation/disembarkation card; *abbr* E/D card.

**ein | wandfrei** *(Motorlauf)* faultless; ~**wärtswinkel** *m (von Pistenfeuern: Bod)* toe-in angle; ~**weg-Boden-Bord-Verkehr** *m (Flsich)* ground-to-air-communication; ~**weg-Bord-Boden-Verkehr** *m (Flsich)* air-to-ground communication; ~**wegehahn** *m* oneway cock; ~**weisen** train; familiarize; instruct; *(Flzg auf Ziel mittels Radar: LKr)* vector; ~**weisung** *f* instruction; direction; *(Flzg auf Ziel mittels Radar: LKr) (aircraft)* vectoring; *(Flbetr)* briefing ***(Def)***; ~**weisungsflug** *m* instruction *or* familiarization flight; ~**wellenstrahlturbine** *f od* ~**TL-Triebwerk** *n* **mit Axialverdichter** single-shaft axial-flow turbojet (engine) ~**winken** *v (Flzg beim Rollen)* signal *(in and out)*; marshal; ~**winker** *m (Bod)* signalman; marshaller; ~**wink-personal** *n (Rollhilfen)* marshalllers *pl*; ~**winkzeichen** *(Bod)* marshalling signal.

**Ein | zäunung** *f* enclosure; fencing ~**zeichen** *v (in Karte)* enter *or* mark *or* plot *(on a map)*; ~**zeichnen** *n* plotting.

**Einzel | aufhängung** *f* indepedent suspension; ~**ausbildung** *f (mil)* individual training; ~**beobachtung** *f (nav)* single observation; ~**deviation** *f (Kompass)* single component of deviation; individual deviation *or* deflection; ~**feuer** *n (takt)* single fire; single-shot action; ~**flug** *(Flbetr)* single flight; *(Flsich)* isolated flight; ~**flugzeug** *n (eines Flzg-Verbandes)* flight element; ~**haft** *f (mil)* solitary confinement; ~**kampf** *m (takt)* individual *or* single fight; ~**radlast** *f (lfz)* equivalent single wheel load, *abbr* ESWL; *(vergleichbare) ~~ (Lfz)* single isolated wheel load, *abbr* SIWL; ~**schütze** *m (takt)* unattached infantry-man; ~**schuss** *m* one shot; single round; single shot; ~**teil** *m* component part; ~**teilbau** *m* manufacture of parts; ~**tonkorrektur** *f (Funk)* tone correction; ~**wurf** *m (Bomben)* individual *or* single release; dropping of single bombs; ~**ziel** *n (LKr)* point target.

**ein | ziehbar** *(Fahrwerk usw)* retractable; *–es Fahrgestell n (Flzg)* retractable undercarriage ***(Def)***; *–es Querruder n (Flzg)* retractable aileron ***(Def)***; ~**ziehen** *v (Fahrwerk)* retract; pull up; ~**ziehen** *n nach vorn, hinten, seitwärts (Fahrwerk)* forward, rearward, sideways retraction; ~**ziehfahrwerk** *n (Flzg)* retractable *or* retractile *or* folding landing gear; ~**ziehkühler** *m (Flmot)* retractable radiator; ~**ziehleine** *f (Fallschirm)* lazy leg; ~**ziehschwimmer** *m (Wasser-Flzg)* retractable float; ~**ziehstrebe** *f (Fahrwerk)* retracting *or* retractor strut; radius road; ~**ziehvorrichtung** *f* retracting gear mechanism; ~**ziehzylinder** *m (Fahrwerk)* retraction cylinder; *sl* jack.

**Eis** *n* ice; *trübes ~ (met)* opaque ice; ~**ablagerung** *f* ice deposit; ~**ansatz** *m* ice accumulation *or* deposit; ice-accretion; ~**berg** *m* iceberg; ~**bildung** *f* ice formation; ice (build)-up; ~**decke** *f* ice coating *or* sheet; ~**enbahnartillerie** *f* railway (*US* railroad) artillery; ~**enbahnaufmarsch** *m (takt)* strategic concentration by rail; ~**enbahnbatterie** *f (mil)* railway artillery battery; ~**enbahnflak** *f* railway anti-aircraft artillery; ~**enbahngeschütz** *n* railway gun; ~**enbahnpanzerzug** *m* armoured (*US* armored) train; ~**enkern** *m* iron core; ~**erne Ration** *f (mil)* emergency ration; ~**ernes Kreuz** *n (Orden)* iron cross; ~**flugplatz** *m* ice airfield; ~**frei** ice-free; ~**kappe** *f (met)* ice cap; ~**keim** *m (met)* ice mucleus; ~**klumpen** *m* lump of ice; ~**körner** *n/pl (met)* ice pellets *pl*; ~**mantel** *m* ice coating; ~**nadel** *f* ice needle; ~**nebel** *m* ice fog; ~**punkt** *m (met)* ice point; ~**regen** *m (met)* frozen *or* glazed *or* ice rain; *körniger ~~* sleet ***(Def)***; ~**schicht** *f* coating of ice; ice layer; ~**überzug** *m* ice coating; ~**wolke** *f (met)* ice cloud.

**Ekliptik** *f (scheinbare Sonnenbahn)* ecliptic.

**Elast | ikbänder** *n/PL (Para)* pack-elastics ***(Def)***; ~**isch ähnliches Modell** *n (aerodyn)* elastic model ***(Def)***; ~**tische Rückstellkraft** *f (Stab)* elastic recovering force; ~**ische Verformung** *f (Stab)* elastic deformation; ~**ischer Werkstoff** *m (Konstr)* resilient material; ~**ischer Tragflügel** *m (Flzg)* elastic wing; ~**izität** *f* elasticity; *(takt)* flexibility; ~**izitätsgrenze** elastic limit; yield point; ~**izi-**

**tätszahl** coefficient *or* modulus of elasticity; ~**omechanik** *f* elastomechanics; ~**ostatik** *f* elastostatics.

**Elektr|iker** *m* electrician; ~**ische Anlage** *f* electrical system *(Def)*; ~**ische Ausrüstung** *f* electrical equipment *(Def)*; ~**ische Energieversorgung** *f* electrical (power) supply; ~**ische Handlampe** *f* electric torch; ~**ische Fernbedienung** *f (Radar)* electrical remote control; ~**ische Segelstellung** *f (Prop)* electric feathering; ~**ische Störungen** *f/pl* electrical interference *(Def)*; ~**ische Stromversorgung** *f* electrical (power) supply; ~**ischer Anlasser** *m (Flmot)* electric starter *(Def)*; starting magneto *or* booster; ~**ischer Antrieb** *m* electric(al) motor *or* drive; ~**isches Instrument** *n* electrical instrument *(Def)*; ~**isches Triebwerk** *n* electric engine; ~**izität** *f* electricity; ~**o-Heizbekleidung** *f* electrically-heated clothing; ~**ode** *f (Zündkerze usw)* electrode; ~**odynamik** *f* electrodynamics; ~**odynamisch** electrodynamic(al); ~**ohydraulisches Kraftsteuerungs-** *od* **Servosystem** *n (Lfz)* electrohydraulic booster; ~**omagnet** *m* electromagnet; ~**omagnetische Kraft** *f* electromagnetic(al) force; ~**omagnetismus** *m* electromagnetism; ~**omechanische(s) Steuerung(ssystem)** *f(n) (Lfz)* electromechanic(al) control (system); ~**omotor** *m* eletric motor; electromotor; ~**on** *n* electron; ~**onblech** *n* sheet electron; ~**onbrandbombe** *f* electron incendiary bomb; ~**onenleitung** *f* electron conductance; ~**onenrechner** *m* electronic computer; ~**onenröhre** *f (Funk)* electron *or* radio *or* thermionic *or* vacuum tube; ~**onenspektrograph** *m* electron spectrograph; ~**onensteuerung** *f* electronic control; ~**onenstrahlerzeuger** *m* electron gun; ~**onenstrahlmagnetron** *n* electron-wave *or* ~-beam magnetron; ~**onenstrahlrohr** *n (Radar)* cathode ray tube, *abbr* CRT; ~**onik** *f* electronics; ~**ikausrüstung** *f* electronic equipment; ~**onikraum** *m (Lfz)* electronics bay *or* compartment; ~**onische Anregung** *f* (electron(ic) excitation; ~**onische Aufklärung** *f (mil)* electronic intelligence, *abbr* ELINT; ~**onische Datenverarbeitung** *f*, *abbr* **EDV** electronic data processing, *abbr* EDP; ~**onische Erregung** *f* electron(ic) excitation; ~**onische Luftfahrzeugsteuerung** *f* fly-by-wire (control); ~**onische Messlinie** *f (Radar)* electronic cursor; ~**onische Rechenmaschine** *f (EDV)* electronic computer; ~**onischer Digitalrechner** *m* digital (electronic) computer; ~**onisches Baukastensystem** *n* electronic building blocks *pl*; ~**onisches Luftfahrtzubehör** *n* avionics; ~**oschweißen** *n* electric welding; ~**ostatischer Antrieb** *m* electrostatic engine; ~**ostatisches Triebwerk** *n* elctrostatic engine.

**Elevation** *f (nav)* elevation, *abbr* ELEV *(Def)*; ~**swinkel** *m (Radar)* elevation angle.

**Ellip|senflügel** *m (Flzg)* elliptical wing; ~**tische Tragfläche** *f (Flzg)* elliptical wing.

**Elmsfeuer** *n* St. Elmo's fire; corposant.

**Elongation** *f*, **östliche** ~ *(Kart)* eastern elongation.

**Emission** *f (Flmot)* emission.

**Empfang** *m (Funk)* (wireless *or* radio) reception; *auf ~ stehen v* stand by; ~**ende Stelle** *f (Fernm)* receiving unit.

**Empfänger** *m (Funk)* apparatus *or* set; receiver; *(Fernm)* addressee; ~**antenne** *f* receiver aerial *or* antenna; ~**dipol** *m (Funk)* reception dipole; ~**sperröhre** *f (Funk)* transmit-receive tube; ~**verstärker** *m (Funk)* receiving amplifier.

**Empfangs|bandbreite** *f (Funk)*, **wirksame** ~~ effective acceptance bandwidth; ~**bereich** *m & n (Funk)* range of reception; ~**bereitschaft** *n (Funk)* listening watch; *dauernde* ~~ continuous watch; ~**gerät** *n (Funk)* receiving set; radio receiver; *Sende- und* ~~ transceiver; ~**lautstärke** *f (Funk)* loudness *or* volume of reception; ~**locher** *m (Fernschr)* receiving perforator; *druckender* ~~ typing perforator; ~**schein** *m (Beleg)* receipt (form).

**Empfehlung** *f (allg)* recommandation; (*ICAO*) recommended paractice.

**empfindlich|er Aufschlagzünder** *m* superquick impact fuse; ~**er Punkt** *m (LKr)* vulnerable point; ~**keit** *f (Funk)* sensitivity; ~**keitsregler** *m (Kurssteuerung)* stiffness control; ~**keitsschwankung** *f (Radar)* fluctuation of sensitivity.

**emporschrauben** *v*, *sich senkrecht ~ (Flzg usw)* spiral up; rise vertically; *sich in einem Wolkenloch ~* climb through a cloud gap.

**emulgierter Kraft-** *od* **Treibstoff** *m* emulsifield fuel.

**End|amt** *n (Tel)*, *abbr* EA local exchange; ~**anflug** *m (Flsich)* final approach *(Def)*; ~**anflughöhe** *f (Flsich)* final approach altitude *(Def)*; ~**anflugkontrolle** *f (Flbetr)* final check; ~**anflugkurs** *m (über Grund)* final approach track; ~**anflugkurve** *f (Flbetr)* final (procedure) turn; ~**anflugsektor** *m (Flsich)* final approach area; ~**anflugteil** *m (Flbetr)* final leg; ~**anflugverfahren** *n (Flsich)* final approach procedure *(Def)*; ~**anflugweg** *m (Flbetr) f*inal approach path; ~**auswerter** *m (Intel)* intelligence collator; ~**auswertung** *f (Intel)* final analysis *or* sifting (of intelligence); ~**balistik** *f (FK)* terminal ballistics; ~**brand** *m (Rak)* end burning; ~**düse** *(Turbo)* exit nozzle; ~**e** *n (Sprechfunkverkehr)* out; ~**fernamt** *n (Tel)*, *abbr* EF *vergl/cf* **Knotenamt**; ~**flügel** *m (Flzg)* outer wing; ~**flughafen** *m (LVerk)* terminal airport; ~**geschwindigkeit** *f* final *or* terminal speed; final *or* terminal velocity *(Def)*; *Katapult-~~ (Flugträger)* end speed *(Def)*; ~**kappe** *f (Luftschiff; Flzg)* end cap; ~**kufe** *f (Tragfläche)* wing (tip) skid; ~**leitung** *f (Tel)* terminal *or* tie-in line; ~**liche Störung** *f (aerodyn)* finite disturbance; ~**liche Streckung** *f (Konstr)* finite aspect ratio; ~**liste** *f* final list; ~**montage** *f (Flzg)* final (stage of) assembly; ~**montageband** *n od* ~**straße** *f (Flzg-Herstellung)* (final) assembly line; ~**phasenlenkung** *f (FK)* terminal guidance; ~**rippe** *f (Tragfläche)* end rib; ~**scheibe** *f (Tragfläche; Leitwerk)* endplate *(Def)*; outboard fin; ~**sinkflug** *m (Flbetr)* final descent; ~**stelle** *f (Fernm)* terminal station; ~**stufe** *f (Rak)* last stage; *(Fernm)* output stage; ~**sturzflug** *m* terminal nose-dive *(Def)*; ~**träger** *m* keel beam; ~**vakuum** *n* ultimate vacuum; ~**verstärker** *m (Tel)* terminal amplifter; ~~*(stufe) f (Tel)* final amplifying stage; ~**zusammenbau** *m (Flzg)* final (stage of) assembly.

**Energie** *f* energy; *abgestrahlte ~* radiated energy; *absorbierte ~* absorbed energy; *akustische ~* acoustic energy; *freigesetzte ~* released energy; *gebundene ~* bound energy; *kinetische ~* kinetic energy; vis viva; *mechanische ~* mechanical energy; ~**dichte** *f* energy density; *spektrale ~~* energy spectral density, *abbr* ESD; ~**leitung** *f (Fernm)* transmission line; ~**quelle** source of energy; power source; ~**(um)wandlung** transformation of energy; ~**verlust** *m* loss of energy.

**Engelecho** *n (Funk)* angle echo.

**enger Verbandsflug** m (Flbetr) close(d) formation.

**Ent|artung** degeneracy; ~**artungstemperatur** *f* degeneracy *or* degeneration temperature; ~**e** *f (Flzg)* canard (airplane); canardtype airplane; tail-first plane; ~**eisen** *v*

*(Flzg)* de-ice; ~**eiserschlauch** *m (Lfz)* de-icer boot ***(Def)***; ~**eisung** *f (Tragflächen usw)* de-icing ***(Def)***; ~**eisungsanlage** *f (Flzg)* de-icer system; ~**eisungsausrüstung** *f (Flzg)* anti-icing *or* de-icing equipment; ~**eisungsflüssigkeit** *f (Luftschraubenenteisung)* de-icing fluid; ~**eisungsring** *m (Prop)* slinger ring ***(Def)***; ~**eisungsschlauch** *m (Lfz)* de-icer boot ***(Def)***; ~**eisungsvorrichtung** *f (Tragfläche)* de-icer boot ***(Def)***; ~**enbauart** *od* ~**weise** *f (Flzg)* canard configuration *or* layout; ~**enflügel** *m (Flzg)* canard wing; *voll beweglicher* ~~ all-moving canard wing; ~**enflugzeug** *n* tail-first plane; canard (-type airplane) ***(Def)***; ~**enruder** *n (Flzg)* nose control (surface); ~**ensteuerungssystem** *n (Flzg)* canard controls *pl* ***(Def)***.

**ent|falten** *v (takt)* develop; *(Fallschirm)* unfold; open; ~*falteter Anmarsch m (takt)* advance in developed formation; ~**faltung** *(takt)* development; *(Fallschirm)* unfolding; deployment ***(Def)***; *stufenweise* ~~ *(Fallschirm)* unfolding by stages; *(aus dem Marsch: takt)* development from march column; *Verzögerung f der* ~~ *(Para)* parachute delay; ~**faltungsgeschwindigkeit** *f (Para)* opening speed; *kritische* ~~ critical opening speed ***(Def)***; ~**faltungsregelung** *f (Para)* weak tie ***(Def)***; ~**faltungsstoß** *m (Para)* opening shock; ~**faltungszeit** *f (Para)* parachute opening (-out) time; ~**feinerung** *f (Flzg)* simplification; ~**fernung** *f (nav)* distance; *(Lfz & FK)* range ***(Def)***; *Aufzeichnung f von Kurs und* ~~ *(nav)* air plot ***(Def)***; *unerlaubte* ~~ *(mil)* absence without leave, *abbr* AWOL; *wirksame* ~~ effective range; ~**fernungsangabe** *f* range reading; ~**fernungsanzeigegerät** *n* range indicator unit; ranging unit; ~**fernungsauflösevermögen** *n (US)* range *or* distance resolution; *(E)* range *or* distance discrimination; ~**fernungsbereichswähler** *m (Radar)* range selector; ~**fernungsbestimmung** *f* ranging; ~**fernungskennzeichnungsfeuer** *n (Bod)* distance-marking light ***(Def)***; ~**fernungskreis** *m (Radar)* distance circle; ~**fernungs(markierungs)feuer** *n (Bod)* distance-marking light; ~**fernungsmessgenauigkeit** *f* range accuracy; ~**fernungsmessgerät** *n* range-finder; *(Flsich)* distance measuring equipment, *abbr* DME ***(Def)***; ~**fernungsmesspersonal** *n* range-taking personnel; ~**fernungsmessung** *f* range measurement; *automatische* ~~ automatic range measurement; ~**fernungsring** *m (Radar)* range ring; ~**fernungsschätzen** *n* range estimation; ~**fernungsstaffelung** *f (Flsich)* distance separation; ~**flammbar** inflammable; *schwer* ~~ flame-resistant; ~*flammbare Flüssigkeiten f/pl oder Gase n/pl* inflammable fluids *or* gases *pl*; ~**flammbarkeit** *f* inflammability; ~**flammen** *v* inflame; ~**flammung** *f* inflammation; ~**flammungspunkt** *m* flash(ing) *or* fire point; ~**gelt** *n* remuneration; revenue; *ohne* ~~ nonrevenue; ~**ionisierung** *f* de-ionization; ~**ionisierungsgitter** *n* de-ionization grid *or* screen; ~**koppeln** *v (Raum-FK)* undock; ~~ *n* undocking.

**Ent|ladehub** *m (Viertaktmotor)* exhaust stroke; ~**laden** *v (Flzg)* deplane; unlade; *(Geschütz)* unload; *sich* ~*laden (Gewitter)* burst; break; ~**ladung** *f (Flzg)* deplaning; *(LVerk)* unloading; unlading ***(Def)***; *elektrische* ~~ electrical discharge; ~**lassen** *v* dismiss; discharge; release; demob(ilize); *auf Ehrenwort* ~~ *(mil)* parole; *aus dem mil-Dienst* ~~ dismiss from the service; ~**lassungsschein** *m (mil)* certificate of discharge; ~**lassungsstelle** *f (mil)* demobilization *or* discharge centre (*US* center); ~**lasten** *v (Bauteil)* discharge (a construction member); *(takt)* relieve; ~**lastung** *f (takt)* relief; ~**lastungsangriff** *m (takt)* relief attack; ~**lastungsecke** *f (Steuerruder)* balancing horn; ~**lastungsruder** *n (Lfz)* balance tab; ~**lastungsvorrichtung** *f (Lfz)* bungee ***(Def)***; ~**leeren** *v (Kraftstoffbehälter usw)* drain off; empty; *(Ball)* deflate; ~**lüften** *v (Hydr)* bleed ***(Def)***; ~**lüfterleitung** *f (Flmot)* vent pipe; ~**lüftung** *f (Lfz)* vent; ~**lüftungseinrichtung** *f* ventilation system; breather; ~**lüftungshutzen** *m (Lfz l)* gas hood ***(Def)***; ~**lüftungsöffnung** *f* breather; ~**lüftungsrohr** *n* vent pipe; *Kraftstoffbehälter-*~~ fuel tank vent pipe ***(Def)***; *Ölbehälter-*~~ oil tank vent pipe.

**ent|magnetisieren** *v* demagnetize; ~**magnetisierung** *f* demagnetization; degaussing; ~**motten** *v (konserviertes, eingelagertes Flzg usw einsatzklar machen)* demothball; decocoon.

**Ent|nahmebehälter** *m (Kraftstoff)* feed tank; ~**nahmeschein** *m (Beleg)* withdrawal form; ~**nebelung** *f* mist *or* fog dispersion; defogging.

**entplomben** *v (Höhenschreiber usw)* unseal.

**ent|riegeln** *v (Fahrwerk; Waffen)* unlock; release (the catch); ~**riegelung** *f* unlocking (device); ~**ropiefläche** *od* ~**schicht** entropy layer; ~**rümpeln** *v (LS)* clean up; delumber *(for prevention of incendiary bomb damage)*.

**ent|schärfen** *v (Bombe usw)* disarm; unprime; render safe; ~**scheiden** decide; determine; ~**scheidung** *f* decision; ~**scheidungsgeschwindigkeit** *f (Flbetr)* decision speed; ~**scheidungshöhe** *f (Flbetr)* decision height ***(Def)***; ~**schluss** *m* decision; determination; resolution; ~**schlüsseln** *v (Fernm)* de-code; decipher; ~**schlüsselung** *f (Fernm)* decoding; ~**schlussfassung** *f* formulation of decision; ~**schlusskraft** *f* power of decision.

**ent|sichern** *v (Waffe)* disengage *or* release *or* unlock (the safety mechanism); cock; prepare for firing; ~**sicherungsflügel** *m (Bombe)* arming vane; ~**sicherungszeit** *f* arming time; ~**stören** *v (Funk)* clear *(interference)*; shield; dejam; ~**störgerät** *n (el)* suppressor ***(Def)***; ~**stört** *(Funk)* dejammed; shielded; ~**störung** *f* interference elimination, shielding; ~**tanken** *n (Lfz)* defuelling; ~**trübungskreis** *m (Radar)* differentiating circuit; ~**trübung(sschaltung)** *f (Radar) (US)* fast time constant; *(E)* short-time constant.

**ent|waffnen** *v* disarm; ~**waffnung** *f* disarmament; ~**warnung** *f (LS)* all-clear; ~**warnungssignal** *n (LS)* all-clear signal; ~**wässern** *v (Rollfeld)* drain; ~**wässerung** *f* drainage; ~**wässerungsgraben** *m* drainage ditch; ~**wesung** *f* disinsecting; ~**wickeln** *v (takt)* deploy; *(LPhot)* develop; ~**wicklungsfliegen** *n* development flying; ~**wirrung** *f (Funk)* de-garbling; ~**wurf** *m (Konstr)* design; *(Schreiben)* draft; ~**wurfsdaten** *n/pl* design data *pl*; ~**wurfsgipfelhöhe** *f (Lfz)* design *or* calculated ceiling; ~**wurfskriterium** *n* design criterion.

**ent|zerren** *v (Lphot)* re-establish; rectify; ~**zerrer** *m (Fernm)* compensator; ~**zerrung** *f (LPhot)* rectification; ~**zerrungsgerät** *n (LPhot)* rectifying apparatus; restitutional printer; ~**zifferer** *m* decoder; ~**ziffern** *v* decipher; decode; ~**zündbarkeit** *f* inflammability; ~**zünden** *v (Kraftstoff-Luftgemisch)* ignite; ~**zündungstemperatur** *f* flash point.

**Erd|abwehr** *f (LKr)* ground defence (*US* defense); ~**anker** *m* ground anchor; ~**anziehungskraft** *f* earth gravitational force; earth's attraction force; ~**atmosphäre** *f (met)* earth's *or* terrestrial atmosphere; ~**aufklärung** *f (takt)* ground reconnaissance; ~**beobachtungstrupp** *m (takt)* ground observer team, *abbr* GO; ~**beschleunigung** *f* acceleration of gravity; ~**boden** *m*, **Fluglage zum** ~~ *(Flbetr)* attitude relative to ground ***(Def)***; ~**e** *f (el)* earth system ***(Def)***; ~**einfang** *m (Raum-FK)* earth capture; ~**en** *v (El)* earth ***(Def)***; ~**festes Achsenkreuz** *n* earth-fixed axis system; ~**gravitation** *f* earth *or* terrestrial gravitation *or* attraction; ~**gravitationsfeld** *n* earth's gravitational field; ~**induktion** *f* earth induction; ~**induktions-**

**kompass** *m* fluxgate compass *(Def)*; ~**kabel** *n* underground *or* buried cable; ~**kampf-Lenkflugkörper** *m* ground-ground guided missile; ~**krümmung** *f* curvature of (the) earth; ~**kunde** *f* geography; ~**lagekarte** *f (takt)* ground situation map; ~**leitung** *f (el)* earth return *(Def)*; ~**leitungssystem** *n (el)* earth return system *(Def)*; ~**magnetisch** geomagnetic; ~**magnetismus** *m* terrestrial magnetism; ~**mittelpunkt** *m* centre (*US* center) of the earth; earth centre (*US* center); geocentre (*US* geocenter); ~**nähe** *f (Perigäum)* perigee *(Def)*; ~**schwere** *f* gravity; gravitation; ~**sicht** *f (Flbetr)* visual contact; *Fliegen mit ~~ (Flbetr)* contact flying *(Def)*; ~**sichtnavigation** *f* ground-contact *or* landmark navigation; ~**strahlung** *f (met)* terrestrial radiation; ~**truppen** *f (pl (mil)* ground forces *pl*; *Unterstützung der ~ (LKr)* ground support; ~**ung** *f* grounding *(Def)*; *(Zündanlage; Flmot)* bonding; *automatische ~~ (el)* static ground *(Def)*; ~**ungsanlage** *f (el)* earth system *(Def)*; ~**verbindung** *f (el)* bonding *(Def)*; ~**vermessung** *f* topographic survey; geodesy; ~**ziel** *n (LKr)* ground target; ~**zielbeschluss** *m (LKr)* firing against ground targets; strafing.

**Erfahrung** *f* experience; knowledge; ~**swert** *m* experimental *or* empirical value.

**erfass|en** *v (Radar)* pick up; detect; ~**ung** *f (Radar)* detection; ~**ungsbereich** *m (Radar)* coverage; cover(ing) range; ~**ungsradar** *n* acquisition radar; ~**ungsreichweite** *f (Radar)* acquisition range.

**Erfliegen** *n* **eines Leitstahls** *(Flbetr)* bracketing a beam.

**erforderliche Bandbreite** *f (Funk)* necessay band-width.

**Ergänzungs|staffel** *f (LW)* replacement training squadron; ~**verfahren** *n (ICAO)* supplementary procedure; *regionale ~~ pl (ICAO)* regional supplementary procedures *pl*, *abbr* SUPPS.

**ergeben**, *sich ~ v* surrender; capitulate.

**Ergonom|ie** *f* ergonomy; ~**ik** *f* ergonomy; ~**isch** ergonomic(al).

**ergreifen**, *die Flucht ~ v* take (to) flight.

**Erhalten** *n der laminaren Umströmung (aerodyn)* keeping laminar.

**Erhebungswinkel** *m* elevation angle.

**Erholungszeit** *f (Fernm)* recovery time.

**Erinnerungsmedaille** *f (mil)* campaign medal.

**erkenn|bar** conspicuous; ~**barkeit** *f* conspicuity; *Verbesserung f der ~~ (z.B. bei Zusammenstoßgefahr)* conspicuity enhancement.

**Erkennungs|bereich** *m* sighting range; ~**entfernung** *f* sighting distance; ~**leuchte** *f (Flzg-E-L.)* idendification light; ~**marke** *f (mil)* identification tag *or* disk; *sl* dog tag; ~**munition** *f* signal ammunition; ~**signal** *n (Flzg-E.S.)* recognition signal; ~**tuch** *n (Fliegertuch)* ground *or* identification panel; ~**zeichen** *n* recognition signal; identification sign *(Def)*; *(Flzg)* aircraft marking.

**Erklärung** *f (Zoll)* declaration.

**erkund|en** *v* scout; reconnoitre; *(Radarstellung)* site; ~**ungsflug** *m (LKr)* exploratory *or* reconnaissance flight; ~**ungsflugzeug** *n* scout or reconnaissance airplane.

**Erleichterungsloch** *n (in Spalten usw)* lightening hole.

**ermittelter Standort** *m (nav)* fix *(Def)*.

**Ermüdungs|bruch** *m* fatigue fracture *or* crack; ~**festigkeit** *f* fatigue life; ~**kurzversuch** *m* accelerated fatigue test; ~**riss** *m* fatigue crack; ~**versuch** *m*, **beschleunigter ~~** accelerated fatigue test.

**ernenn|en** *v (mil)* appoint; ~**ung** *f (mil)* appointment.
**erober|n** *v* conquer; ~**ung** *f* conquest.

**eröffnen** *v*, *Feuer ~ (takt)* open fire.

**erprob|en** *v* test; try (out) ~**ung** *f* trial; test; experiment; ~**ungsflug** *m* test flight; ~**ungsgelände** *n (LW)* air proving ground; testing ground; ~**ungsluftfahrzeugführer** *m* test pilot; ~**ungspilot** *m* test pilot; ~**ungsstation** *f* test(ing) station; ~**ungsstelle** *f* test range; experimental *or* test(ing) station; proving ground.

**Erreger|bürste** *f (Generator; el)* exciter brush; ~**kraft** *f* disturbing force; ~**spule** *f (Generator)* field *or* magnetic coil.

**Erregung** *f*, **elektronische** ~ electron(ic) excitation.

**errett|en** *v* save; rescue; ~**ung** *t* saving; rescue.

**Ersatz|bereitschaft** *f (LKr: 60-Minuten-Bereitschaft)* back-up; ~**dienststelle** *f (mil)* recruiting centre (*US* center); ~**einheit** *f (mil)* replacement training unit; ~**flügeltiefe** *f (aerodyn)* mean (aerodynamic) chord; ~**heer** *n (mil)* replacement training army; ~**mann** *m* replacement; substitute; ~**mannschaften** *f/pl* replacements *pl*; ~**motor** *m (Flmot)* replacement engine; ~**system** *n (Lfz)* back-up system; ~**teil** *m & n (Flzg usw)* spare (part) *(Def)*; replacement *or* repair part; reserve piece; ~**triebwerk** *n* spare engine.

**Erscheinungen** *f/pl*, atmosphärisch-elektrische ~ *(Funk)* sferics.

**Erschütterung** *f* shock; ~**sfest** shock-proof; shock-absorbing; ~**sfrei** shock-proof; vibration proof; ~**szünder** *m (Bombe)* concussion fuse *or* fuze.

**Erst|ausbildung** *f*, **fliegerische** ~~ *(LW)* primary flying training; ~**ausführung** *f (Flzg)* prototype (aircraft); ~**e Ausfertigung** *f (Schriftstück)* original copy; ~**e Hilfe** *f* first aid; ~**er Flugzeugführer** *m* pilot-in-command; first pilot *(Def)*; ~**es Angriffsziel** *n (LKr)* immediate objective *or* target; ~**flug** *m (Jungfernflug: Flzg)* maiden flight; ~**markierer** *m (LKr)* initial target marker *(for night bombing)*.

**Erwärmung** *f* heating; *adiabatische ~ (met)* adiabatic heating; adiabatic lapse rate; *dynamische* ~dynamic heating; *laminare* ~ laminar heating; *tägliche ~ (met)* diurnal heating; *turbulente* ~ turbulent heating.

**erwartet** *(Leistungswerte)* expected *(Def)*.

**Ess|geschirr** *n* mess-tin; ~**karte** *f* meal ticket.

**Etappe** *f (mil)* communications zone; support area *(behind the front)*.

**Etat** *m* budget; ~**posten** *m* budget item.

**Etikett** *n (Radar)* label.

**Europa|-Mittelmeer-Region** *f (ICAO)* European-Mediterranean Region, *abbr* EUM; ~**rundflug** *m* Circuit of Europe.

**evakuier|en** *v* evacuate; ~**ung** *f* evacuation.

**Exerzier|ausbildung** *f (mil)* drill training; ~**bombe** *f* drill *or* practice bomb; ~**en** *v* drill; ~**en** *n* drill; practice; ~**halle** *f* drill hall; ~**marsch** *m* goose step; ~**ordnung** *f* drill formation; *(Vorschrift)* drill regulations *pl*; ~**patrone** *f* dummy round *or* cartridge; ~**platz** *m* drill *or* parade ground; ~**vorschrift** *f* drill regulations *pl*.

**Exosphäre** *f (äußere Atmosphäre)* exosphere ***(Def)***.

**Expansions|druck** *m* expansion pressure; ~**hub** *m (Viertaktmotor)* expansion stroke; ~**kühlung** *f* expansion cooling.

**experimentelle Strömungslehre** *f (aerodyn)* experimental aerodynamics.

**explo|dieren** *v* explode; ~**sion** *f* explosion; detonation; burst; ~**sionsdruck** *m* explosion pressure; ~**sions(druck)welle** *f* burst wave; ~**sionsgasturbine** *f* explosion gas turbine; ~**sionsmotor** *m* internal combustion engine; internal explosion engine; ~**sionsraum** *m* combustion chamber; explosion space; ~**sive Dekompression** *f (Druckkabine)* explosive decompression ***(Def)***; ~**sivgeschoss** *n* explosive (bullet).

**extrem|er Langsamflug** *m* extreme-low-speed flight; ~**er Tiefflug** *m* extreme-low-altitude *or* -low-level flight; ~**es Flugmanöver** *n* extreme *(flight)* manoeuvre; ~**es Flugregime** *n (Flbetr)* extreme flight regime.

# F

**F** *(ICAO- & NATO-Buchstabieralphabet)* Foxtrot; ~*(altes internationales Buchstabieralphabet)* Fox; ~**-Schicht** *f (Appleton-Schicht)* F-layer.

**Fabrikflugplatz** *m* factory flying field.

**Fach|ausdruck** *m* technical term; *(Luftfahrt-~~)* aeronautical specialized *or* technical expression; ~**liche Unterstellung** *f (mil)* technical control; ~**licher Dienstweg** *m (mil)* technical channels pl.

**Fächer|antenne** *f (Funk)* umbrella aerial; fan antenna; ~**förmiges Befestigungspflaster** *n (Lfz l)* eta patch ***(Def)***; ~**funkfeuer** *n (Funk)* fan marker beacon ***(Def)***; ~**motor** *m (Flmot)* fan (-type) engine ***(Def)***.

**Fach|norm** *f* technical standard; ~**sprache** *f* technical terminology; ~**werk** *n (Flzg-Bau)* truss; lattice work; ~werkholm *m (Flzg)* truss *or* girder spar; trussed beam; ~**werkrippe** *f (Flzg)* lattice *or* truss rib; ~**werkrumpf** *m (Flzg)* girder *or* framework fuselage; ~**werkstrebe** *f (Flzg)* lattice tie; diagonal member; ~**werkträger** *m (Flzg)* lattice(d) longeron; ~**werktragfläche** *f (Flzg)* trussed wing; ~**wort** *n* technical term.

**Fackel** *f* flare; *(Sonne)* facula; ~**zünder** *m (Turbo)* torch igniter ***(Def)***.

**Fadenkreuz** *n (Bombenzielgerät; Visier)* reticule; reticle, graticule; spider.

**Fading** *n (Funk)* fading; ~**ausgleich** *m (Funk)* automatic volume control.

**Fähigkeit**|*f zum Führen eines Luftfahrzeuges* aptitude for piloting an aircraft; ~**snachweis** *m* qualifying reference.

**Fahnen|eid** *m (mil)* oath of allegiance *or* enlistment; ~**flucht** *f* desertion; ~**junker** *m (mil)* officer candidate; ~**stellung** *f (Prop)* feathered pitch ***(Def)***; ~**wolke** *f (met)* banner cloud.

**Fahr|befehl** *m (mil)* transportation order; ~**eigenschaft** *f (Luftschiff)* flying characteristic; ~**gastgondel** *f (Luftschiff)* passenger car; ~**gestell** *n (Flzg)* undercarriage; *einziehbares* ~retactable undercarriage ***(Def)***; ~~ *mit durchgehender Achse (Flzg)* cross-axle undercarriage; ~**gestellabfederung** *f* undercarriage springing *or* cushioning; ~**gestellachse** *f* undercarriage axle; *durchgehende* ~~ throughtype undercarriage axle; *geteilte* ~~ divided *or* split undercarriage axle; ~**gestellauskreuzung** *f* undercarriage bracing; ~**gestellbein** *n* undercarriage leg; ~**gestell-Einziehsperre** *f (Lfz)* retraction lock ***(Def)***; ~**gestell-Ölfederbein** *n* undercarriage oleo-strut; ~**gestellstrebe** *f* undercarriage strut; ~**gestellverriegelung** *f (Lfz)* up-and-down lock ***(Def)***; ~**lässigkeit** *f* negligence; ~**leistung** *f (Luftschiff)* flying performance; ~**personal** *n (Luftschiff)* flying *or* flight *or* airship personnel; ~**radflugzeug** *n* cycleplane; "flying bicycle"; ~**stuhllandung** *f (Flzg)* pancake landing; ~**treppe** *f (Bod)* self-propelled stairs *pl*.

**Fahrenheitsgrade** *m/pl (met) degrees pl Fahrenheit, abbr* °F.

**Fahrt** *f (Eigengeschwindigkeit: Flzg)* airspeed; ~ *aufholen v (Flzg)* build up speed; ~ *aufnehmen v (Lfz)* pick up *or* gain speed; ~ *bei Fahrwerkbetätigung (Flbetr)* landing gear operating speed; ~ *herausnehmen v (Flzg)* slow down; ~ *machen v (Flugboot usw auf Wasser)* make way; ~ *über Grund (Flzg)* ground speed; *auch* relative airspeed; ~ *wegnehmen v (Flzg)* slow down; ~**bereich** *m & n (Luftschiff) (flying)* range; radius of operation; ~**dauer** *f (Ball & Luftschiff)* time *or* duration of flight; ~**messer** *m (Flzg)* speedometer; airspeed indicator, *abbr* ASI ***(Def)***; ~~ *(mit Staurohr)* pitot-static air-speed indicator; ~**messerablesung** *f* ASI reading; ~**messeranzeige** *f* indicated airspeed, *abbr* IAS; airspeed indicator reading; *berichtigte* ~~ *(nav)* calibrated airspeed, *abbr* CAS ***(Def)***; rectified airspeed ***(Def)***; ~**messereichflug** *m* ASI calibration (test) flight; ~**schreiber** *m* recording speedometer; speed recorder; ~**wind** *m* relative wind; ~**windgetriebene Luftschraube** *f* windmilling propeller ***(Def)***.

**Fahrwerk** *n (Land-Flzge)* landing gear ***(Def)***; *(Luftfahrzeuge außer Flugboot)* alighting gear ***(Def)***; *abwerfbares* ~ *(Segel-Flzg usw)* detachable landing gear; ~ *„aus(ge)fahren!" (Befehl bzw. Ausführung: Flbetr)* "wheels *or* gear down!" *ausgefahrenes* ~ extended landing gear; wheels down; *breites* ~ wide landing gear; *„~ ein(ge)fahren!" (Befehl bzw. Ausführung: Flbetr)* "wheels *or* gear up!" *eingefahrenes* ~ *(Flzg)* retracted landing gear; *einziehbares* ~ retractable landing gear; *festes* ~ fixed *or* non-retractable landing gear; ~ *mit durchgehender Achse* cross-axle landing gear; ~ *mit geteilter Achse* split-axle landing gear; *nicht einziehbares* ~ *(Flzg)* non-retractable landing gear; ~**(abdeck)klappe** *f (Flzg)* wheel well door; ~**achse** *f* landing-gear axle; ~**anzeige** *f* landing-gear indicator; ~**arbeitszylinder** *m* landing-gear (operating) jack; ~**ausfahren** *n (Flzg)* landig gear extension *or* lowering; ~**(ausfahr)verriegelung** *f* down lock ***(Def)***; ~**bein** *n* landing gear leg; *nach vorn angestelltes* ~~ forward-raked landing gear leg; ~**belastung** *f (Lfz)* landing-gear load; ~**betätigung** *f (Lfz)* (landing) gear operation; *Fahrt f bei* ~~ landing-gear operating speed; ~**betätigungshebel** *m (Lfz)* landing-gear control handle; ~**bremse** *f* landing *or* wheel brake; ~**einfahren** *n (Flzg)* landing gear retraction; ~**ein-**

**fahrzeit** *f* landing-gear retraction time; **~einziehdauer** *f* landing-gear retraction time; **~einziehen** *n (Flzg)* landing gear retraction; **~einziehverriegelung** *f (Flzg)* landing-gear retraction lock; **~(elektro)motor** *m* landing gear motor; **~federbein** *n* shock absorber strut; landing-gear strut; landing gear leg; **~federung** *f* landing gear springing; **~hebel** *m* landing gear lever; **~-Hydraulikkreis** *m* undercarriage (hydraulic) circuit *(Def)*; **~klappe** *f* landing-gear door *or* well flap; **~kontrolllampe** *f od* **~licht** *n* landing gear (tell-tale) light; **~last** *f (Lfz)* landing-gear load; **~notausfahren** *n (Flbetr)* landing-gear emergency lowering; **~schacht** *m (Lfz)* wheel well *(Def)*; **~(stellungs)anzeiger** *m* landing-gear position indicator; **~stoßdämpfung** *f* landing-gear shock-absorption; **~strebe** *f* landing-gear strut; **~tür** *f (Lfz)* landing-gear door; **~verkleidung** *f* landing-gear fairing; **~verriegelung** *f* landing gear lock (operating mechanism); gear (-up-and-down) lock; **~warnlampe** *f* landing gear warning light; **~widerstand** *m* landing-gear drag.

**Fail-safe-Prinzip** *n (Ausfallsicherheit)* fail-safe principle.

**Faksimile|(übertragungssystem)** *n (Fernm)* facsimile *(Def)*; **~karte** *f (met)* facsimile chart; **~-Rundsendestation** *f (Fernm)* facsimile broadcasting station.

**Fall** *m* fall; *(juristisch)* case; *Beschleunigung f im freien ~ (z.B. Bombe)* free-fall acceleration; *freier ~ (Fk & Para)* free fall *(Def)*; **~bahn** *f (Bombe)* trajectory; **~behälter** *m (Kraftstoff)* gravity *or* header *or* top tank *(Def)*; **~benzin** *n (E)* petrol by gratity; (*US*) gravity feed gasoline; **~beschleunigung** *f* downward acceleration; graviational constant; free-fall acceleration; **~bö** *f (met)* downdraft; down gust; **~endes Blatt** *n (Kunstflugfigur)* falling leaf *(Def)*; **~förderanlage** *f (Kraftstoff)* gravity feed system; **~geschwindigkeit** *f* falling speed; *(Niederschläge)* velocity *or* speed of fall; *(Fallschirm)* rate of descent; **~höhe** height of fall *or* of drop; **~kurve** *f (Bombe)* trajectory; **~out** *m (radioaktiver Niederschlag)* (radioactive) fall-out.

**Fallschirm** *m* parachute *(Def)*; *sl* chute; *sl* bag; *sl* brolly; *gefüllter ~* developed parachute; *~ mit angelenkten Fangleinen* hem-rigged parachute *(Def)*; *Parasheet-~* parasheet *(Def)*; *~~ mit verstärkter Basis* gathered parasheet *(Def)*; *~~ ohne verstärkte Basis* ungathered parasheet *(Def)*; *selbständiger ~* automatic parachute *(Def)*; *voll gefüllter ~* fully developed parachute; *vollständig geöffneter ~* fully developed parachute; *von Hand betätigter ~* free parachute *(Def)*; **~ablage** *f (im Lfz)* parachute bay; **~absprung** *m* parachute jump *or* leap *or* descent; **~achse** *f* (parachute) axis *(Def)*; **~-Anschnallgurt** *m* parachute strap; **~anzug** *m* parasuit; **~auslösung** *f* parachute release; **~ausrüstung** *f* parachute assembly *(Def)*; **~ausstoß** *m* parachute ejection; **~bahn** *f* gore *(Def)*; **~behälter** *m* parachute bucket; *(im Lastenfallschirm)* parachute container *(Def)*; **~bombe** *f* parachute bomb; **~bündel** *n* multi-chute cluster; **~entfaltung** *f* parachute deployment; **~fangleine** *f* parachute shroud line; **~feld** *n* panel *(Def)*; **~gurt(zeug)** *m (n)* harness *(Def)*; **~jäger** *m (mil)* parachutist; **~kappe** *f* (parachute) canopy *(Def)*; **~landung** *f* parachute landing; **~leger** *m* parachute packer *or* rigger; **~leine** *f* parachute cord; rigging line; **~leistung** *f* parachute capacity; **~leuchtbombe** *f* parachute flare bomb; **~leuchtkugel** *f* parachute flare; **~mine** *f* parachute mine; **~öffnung** *f* parachute deployment; **~öffnungsstoß** *m* parachute shock; **~packbehälter** *m* parachute tray *(Def)*; **~pack(hülle)** *n(f)* pack; **~raum** *m (im Lfz)* parachute bay; **~retter** *m (SAR)* para-rescuer; **~sack** *m* parachute container *or* bag; **~springer** *m* parachute jumper; parachutist *(Def)*; **~sprungturm** *m* parachute tower; **~stoff** *m* parachute fabric; **~tragfähigkeit** *f* parachute capacity; **~tragleine** *f* parachute shroud line; **~traube** *f* (parachute) cluster *(Def)*; **~truppe** *f (mil)* parachute(ry) troops *pl*; paratroops *pl*; **~truppentransportflugzeug** n paratrooper; **~-Verpackungssack** *m* (parachute) pack *(Def)*; **~wart** *m* parachute rigger.

**Fall|stromvergaser** *m* downdraft carburettor (*US* carburetor); **~tafel** *f (Bomben)* bomb trajectory table; bomb dropping table; bomb ballistic table; **~tank** *m (Kraftstoff)* gravity tank; **~wind** *m (met)* down *or* katabatic wind *(Def)*; **~winkel** *m (Bombe)* angle of descent *or* fall; **~zeit** *f (Bombe)* time of fall.

**falsch|er Auftrieb** *m (Lfz l)* false lift *(Def)*; **~er Gleitpfad** *m (ILS)* false glide path; **~trimmung** *f (Lfz)* mistrim.

**Falten|bildung** *f (Tragflächen usw)* wrinkling; **~schlauch** *m (Atemmaske)* corrugated *or* concertina hose.

**Fanliner** *m (Flzg)* fan (air)liner; **~-Triebwerk** *n* thrust fan.

**Fang|einrichtung** *f (Flugträger/Bod)* arresting gear *(Def)*; **~haken** *m (Träger-Flzg)* catch *or* arrester hook; tail hook *(Def)*; **~kabel** *n (Bod & Flzg-Träger)* arresting cable; barrier cable wire; **~leine** *f (Fallschirm)* rigging line; parachute cord *(Def)*; *(Flzg-Träger)* arrester wire; *Fallschirm m mit angelenkten ~~ n* hem rigged parachute *(Def)*; *überschlagene ~~ (Para)* thrown line *(Def)*; **~netz** *n (Bod)* arresting net *(Def)*; **~schaltung** *f (Tel)* (telephone) line seizure; **~schnur** *f*; *(Dienstschnur: mil)* aiguilette; **~seil** *n* barrier *or* catching cable *or* wire; **~trichter** *m (Luftbetankung)* refuelling cone; drogue *(Def)*; **~vorrichtung** *f (Bod)* arrester barrier *(Def)*.

**farben|blind** colour (*US* color) blind; **~blindheit** *f* colour (*US* color) blindness; **~festlegung** *f* colour (*US* color) specification; **~spezifikation** *f* colour specification; **~tafel** *f* colour guide; **~tüchtigkeit** *f* true colour (*US* color) perception.

**Farb|messgerät** *n* colorimter; **~messung** *f* colorimetry; **~stoffbeutel** *m* dye marker bag; **~stoffmarkierung** *f (SAR)* dye marking; **~unterscheidungsvermögen** *n (Flmed)* colour perception; *verlangtes ~~* colour perception requirements pl; **~werte** *m/pl* chromaticities *pl*; **~wertetafel** *f (Flmed)* chromaticity diagram *or* table.

**faser|artige Wolke** *f (met)* fibre *or* fibrous cloud; **~verstärkter Werkstoff** *m* fibre-reinforced material.

**Fass|kühler** *m (Flmot)* drum *or* barrel radiator; **~rolle** *f (Kunstflugfigur)* barrel roll.

**Fassungsvermögen** *n* capacity; *(Tankraum)* tankage; *(Flzg)* load capacity.

**fast|bedeckt** *(Himmel: met)* broken; **~zusammenstoß** *m (Flbetr)* near collision; air miss; **~zusammenstoßmeldung** *f (Flsich)* air miss report.

**Faust|regel** *f* rule of thumb; rough formula; **~skizze** *f* rough sketch.

**Feder|aufhängung** *f* spring suspension; **~ausgleich** *m (Steuerung)* spring compensation *or* balance; **~balgmanometer** *n (Instr)* bellows (pressure) gauge (*US* gage); **~bein** *n (Fahrwerk)* shock (absorber) leg; oleo leg *or* strut; compression leg; telescopic leg; *Luft-Öl-~~* air-oil shock strut; *Schneekufen-~~* pedestal *(Def)*; **~beinfüllventil** *n* oleo strut valve; oleo leg filling valve; **~beinkufe** *f (Kufenfahrgestell)* spring skid; **~beinschere** *f (Flzg-Fahrwerk)* torque links *pl* *(Def)*; **~belastungsmechanismus** *m (Flzg-Steuerung)* spring-feel unit; **~führende**

**Stelle** *f (mil)* custodian; ~**gesteuertes Hilfsruder** *n (Flzg)* spring tab ***(Def)***; ~**härte** *n* spring stiffness; ~**paketkupplung** *f (Flmot)* laminated spring coupling; ~**sporn** *m (Flzg)* shockabsorbing tail skid; ~**sprung** tail skid; ~-**Steuerdrucksimulator** *m (Lfz)* spring feel system ***(Def)***; ~**steuerung** *f (Lfz)* spring tab ***(Def)***; ~**weg** *m* travel; ~**wolke** *f (met)* cirrus (cloud) ***(Def)***.

**Fehl | abgleich(ung)** *m (f) (Funk)* misalignment; ~**anflug** *m (Flbetr)* aborted *or* balked *or* missed approach; ~**anflughöhe** *f (Durchstarthöhe: Flbetr)* missed-approach altitude ***(Def)***; ~**anflugkurs** *m (über Grund: Flbetr)* missed-approach track; ~**anflugsektor** *m (Bod)* missed-approach area; ~**anflugverfahren** *n (Flbetr)* missed-approach procedure ***(Def)***; ~**anpassung** *f (Funk)* mismatch; ~**anzeige** *f (Instrument)* mistake indication; instrument error; *(Meldung)* negative answer; nil report; ~**ausrichtung** *f (Funk)* misalignment; ~**bahnfallschirm** *m* blank gore parachute ***(Def)***; ~**er** *m* mistake; *(Irrtum)* error; ~~ *des Luftfahrzeugführers (Unfallursache)* pilot('s) error; *durchschnittlicher* ~~ average error; *mittlerer* ~~ *(nav usw)* mean *or* average error; *mittlerer quadratischer* ~~ root mean square deviation; *wahrscheinlicher* ~~ probable error; ~**eraufrechnung** *f (nav)* error budgeting; ~**erdreieck** *n (nav)* triangle of error; *(bei Standortbestimmung: nav)* position triangle; *sl* cocked hat ***(Def)***; ~**ererkennung** *f* error detection; ~**ergrenze** *f (nav)* limit of error; ~**erhafte Anzeige** *f (Kompass)* error in (compass) indication; ~**erkorrekturgerät** *n* error correction device; ~**erstreuung** *f* error scatter; ~**geleitete Meldung** *f (Fernm)* mistrouted message; ~**landung** *f (Flbetr)* unsuccesful landing; ~**menge** *f (Kraftstoff)* ullage (space) ***(Def)***; ~**peilung** *f (nav)* false bearing; ~**schätzung** *f* wrong estimate; misestimate; ~**start** *m (Flbetr)* rejected take-off; false *or* wrong *or* unsuccessful take-off; ~**stelle** *f (Material)* flaw; *(mil)* vacancy; ~**weisung** *f (Kompassdeviation)* incorrect indication; deviation; ~**wurf** *m (Bombe)* miss; ~**zündung** *f (Flmot)* misfiring; backflash; misfire; *Motor mit* ~~ balky engine.

**Fein | abstimmung** *f (Funk)* fine *or* vernier tuning; ~**anzeige** *f* microindication; ~**einstellung** *f* microadjustment.

**Feind** *m* enemy; ~**berührung** *f (takt)* contact with the enemy; ~**beschuss** *m* enemy fire; ~**druck** *m (takt)* enemy pressure; ~**einbruch** *m* enemy penetration; ~**einwirkung** *f* enemy action; ~**esland** *n* enemy *or* hostile territory; ~**flug** *m (LKr)* (operational) sortie; operational flight; action; ~**flugzeug** *n* enemy aircraft; *sl* bogey; ~**frei** clear of the enemy; ~**nachricht** *f (Intell)* information about the enemy; ~**seligkeit** *f* hostility; ~**tätigkeit** *f* enemy activity; ~**verband** *m (LKr)* enemy formation.

**fein | er Regen** *m (met)* drizzle; ~**fahrtmesser** *m (Flzg)* sensitive air speed indicator, *abbr* ASI; ~**führungsradar** *n* precision approach radar; *abbr* PAR; ~**geschichtet** thin-layered; ~**höhenmesser** *m (Flzg)* high-accurate *or* precision altimeter; sensitive altimeter; statoscope ***(Def)***; ~**mechaniker** *m* precision mechanic; ~**planung** *f (Pistenbau)* formation; ~**stellmotor** *m (Rak)* vernier engine; ~**st-Höhenmesser** *m (Flzg)* supersensitive altimeter; ~**stufige Regelung** *f* sensitive control.

**Feld** *n (für Auslegezeichen: Flughafen)* signal area; *(Lfz l)* panel ***(Def)***; *(Para)* panel ***(Def)***; ~**armee** *f* field army; ~**ausbildung** *f* field training; ~**ausrüstung** *f* field equipment; ~**befestigung** *f* field fortification; ~**bischof** *m (mil)* chief of chaplains; ~**bluse** *f (mil)* service jacket; battle dress; ~**detektor** *m (el)* detector; ~**dienst** *m* field duty; ~**dienstfähig** *(mil)* fit for active duty; ~**dienstordung** *f* field service regulations; ~**dienstübung** *f* field exercise; ~**fernkabel** *n (Tel), abbr* FFK, field cable; ~**fernsprecher** *m (Tel)* field telephone; *(Personal)* field telephone operator; ~**flasche** *f* canteen; water bottle; ~**flugplatz** *m* combat *or* emergency *or* advance(d) airfield; unpaved *or* natural ground airfield; ~**geistlicher** *m (mil)* chaplain; ~**gendarm** *m* military policeman; ~**gendarmerie** *f* military police; ~**geschütz** *n* field gun; ~**heer** *n* field forces *pl*; ~**instandsetzung** *f (mil)* field maintenance; ~**intensität** *f (Kompass)* strength *or* intensity of field; ~**kabel** *n (Tel)* field cable; ~**klappenschrank** *m* portable switchboard; ~**küche** *f* field *or* rolling kitchen; ~**landeplatz** *m (LKr)* satellite landing ground; ~**marschall** *m (mil)* Field Marshal; ~**moment** *n (stat)* field moment; moment of field; ~**mütze** *f (mil)* field *or* forage cap; ~**post** *f* army postal service; ~**postamt** *n* army post-office; ~**posteinheit** *f* army postal unit; ~**postwesen** *n* army postal service; ~**spule** *f (Generator)* field *or* magnet coil; ~**stärke** *f (Magnet)* field strength; ~**(stärke)diagramm** *n* field pattern; ~**stecher** *m* field glass; ~**wache** *f (takt)* piicket *or* picquet *or* piquet, outgard; ~**webel** *m* Sergeant; *(US LW)* Airman 1st class; ~**wicklung** *f* field winding; ~**zeugamt** *n (mil)* ordance depot.

**Fern | ablesung** *f* remote reading; ~**abstimmung** *f (Funk)* remote tuning; ~**antrieb** *m* remote drive; ~**anzeige** *f (Instr)* remote indication; ~**aufklärer** *m (Flzg)* long-range reconnaissance aircraft; ~**aufklärung** *f (LKr)* long-range reconnaissance; ~**aufklärungsflugzeug** *n* long-range reconnaissance aircraft; ~**aufklärungsstaffel** *f (LW)* long-range reconnaissance squadron; ~**bediengerät** *n* remote control apparatus; ~**bedienung** *f* distant *or* remote control; ~**betätigen** *v* operate by remote control; ~**drehzahlmesser** *m* distantreading tachometer; teletachometer; ~**fahrtmesser** *m (Flzg)* telespeedometer; distant-reading ASI; tele-ASI; ~**feld** *n (akustisches~~)* far field; ~**flugsicherung** *f* long-distance (air traffic) control; ~**funkfeuer** *n (Flsich)* long-range radio beacon; ~**geber** *m* remote sensor; ~**gelenkt** remote-controlled; ~**gelenkter Flugkörper** *m* guided missile; ~**gelenkter Körper** *m, abbr* FK guided missile; ~**gelenktes (Zieldarstellungs-)-Flugzeug** *n* drone ***(Def)***; ~**gewitter** *n (met)* distant thunderstorm; ~**glas** *n* binoculars *pl*; field glass; ~**höhenmessradar** *n* longrange height finder; ~**kabel** *n (Fernm)* trunk *or* (*US*) toll cable; long-distance cable; ~**kampfartillerie** *f* long-range artillery; ~**kampfgeschütz** *n* long-range gun; ~**kompass** *m* telecompass; distant-reading compass; remote(indicating) compass; ~**leitung** *f (Fernm)* trunk circuit; ~**leitungsnetz** *n (Fernm)* trunk *or* (*US*) toll network; ~**lenkbarer Flugkörper** *m* telecontrolled missile; ~**lenkflugkörper** *m* telecontrolled missile; ~**lenkflugzeug** *n* remote-controlled aircraft; drone; ~**lenkkörper** *m (FK)* guided missile; *Boden-*~~ ground-ground guided missile; *Boden-Luft-*~~ surface-to-air guidet missile; *Luft-Luft-* ~~ air-to-air guided missile; *Erdkampf-* ~~ ground-ground guided missile; ~**lenkung** *f (FK)* external *or* remote guidance.

**Fernmelde | achse** *f* axis of signal communications *pl*; ~**anlage** *f* communication facility; ~**aufzeichnung** *f (automatische* ~~*)* (automatic) telecommunication log; ~**ausrüstung** *f* communication equipment; ~**dienst** *m* (tele)communication service; *internationaler* ~~ international telecommunication service ***(Def)***; ~**einrichtung** *f* communication facility; ~**gerät** *n* communication equipment; ~**kanal** *m* communication channel; ~**log** *n* telecommunication log; *automatisches* ~~ automatic telecommunication log ***(Def)***; ~**nebenstelle** *f* tributary station ***(Def)***; ~**netz** *n* telecommunication network; *allgemeines od öffentliches* ~~ common-carrier network; ~**r** *m (Personal)* communicator; ~**regiment** *n (mil)* signal regiment; ~**satellit** *m* communication satellite; ~**schule** *f (mil)* signal school; ~**stelle** *f* communication station; *feste* ~~

fixed station; ~**union** *f (Internationale ~~)* International Telecommunication Union, *abbr* ITU; ~**verbindung** *f* circuit; *~~en pl für die Flugbetriebsleitung* operational control communications *pl* ***(Def)***; *~~ innerhalb eines Kontrollbezirks (Flsich)* intra-area communications; *~~en pl mit gedrucktem Beleg* printed communications *pl* ***(Def)***; *netzfreie ~~* non-network communication ***(Def)***; ~**verbindungsart** *f* means of communication; *Ausweich- ~~* alternative means of communication ***(Def)***; ~**verkehr** *m* telecommunication (traffic) ***(Def)***; *~~ im Nahkontrollbezirk od Nahverkehrsbereich (Flsich)* terminal area communication; ~**verkehrsbelastung** *f* communication load; ~**-Weitverbindungen** *f/pl* long lines pl; ~**-Weitverbindungsnetz** *n* long lines network; ~**wesen** *n* telecommunications *pl.*

**Fern|messapparatur** *f* telemetry equipment; ~**messgerät** *n* telemetry equipment; telemeter ***(Def)***; ~**messsystem** *n* telemetering *or* telemeasuring system; ~**mündliche Einsatzbesprechung** *f (LW)* telebriefing; ~**nachtjäger** *m (LW)* long-range nightfighter; ~**nachtjagd** *(Kr)* long-range night interception; ~**rohr** *n* telescope.

**Fernschreib|ausrüstung** *f* teletypewriter equipment; ~**betrieb** *m (Fernm)* teletypewriter operation; *halbautomatischer ~~* semi-automatic teletype(writer) operation; ~**betriebsstelle** *f* teleprinter *or* teletype exchange; ~**elochstreifen** *m (Fernm)* teletypewriter tape ***(Def)***; ~**en** *n* teletype message; ~**eprüflochstreifen** *(Fernm)* teletypewriter test tape; ~**er** *m* teleprinter; teletyper; *(Personal)* teletypist; teletype(writer) *or* teleprinter operator; ~**gerät** *n* teletypewriter (equipment); ~**leitung** *f* teletype(writer) circuit; ~**maschine** *f* teletypewriter, *abbr* TT; ~**maschinentaste** *f* teletype key; ~**meldung** *f* teletype message; ~**netz** *n* teleprinter network; *~~ für Lochstreifenweitergabe* tape relay network; ~**rundsendung** *f* teletype broackcast; ~**verbindung** *f* teletype(writer) circuit; ~**vermittlung** *f* teletype *or* teleprint exchange; ~**wählnetz** *n* telex network; ~**zeichen** *n/pl* (teletype) markings *pl*; ~**zentrale** *f* teletype communication centre.

**Fernseh|antenne** *f* television, *abbr* TV antenna; ~**beobachtung** *f (LKr)* TV observation; ~**en** television, *abbr* TV; ~**kopf** *m (FK)* TV head; ~**sonde** *f* television probe; ~**(such)kopf** *m (FK)* television head.

**Fern|sensor** *m* remote sensor.

**Fern|sprechanschluss** *m* telephone connection; ~**sprechbaukompanie** *f* telephone-construction company; ~**sprechbauwagen** *m* telephone-construction truck; ~**sprechbetriebszug** *m* telephone operating platoon; ~**sprechbuch** *n* telephone directory; ~**sprecher** *m* telephone; *(Personal)* telephone operator; *optischer ~~* optophone; ~**sprechleitung** *f* telephone line *or* wire; ~**sprechnetz** *n* wire net; telephone system *or* network; ~**sprechschlüssel** *m* telephone code; ~**sprechverbindung** *f* telephone communication; ~**sprechverkehr** *m* telephone traffic; ~**sprechvermittlung** *f* telephone exchange *or* central; (*US*) switchboard; ~**sprechverstärker** *m* telephone repeater; ~**sprechwesen** *n* telephony.

**Fern|spruch** *m (Tel)* telephone message; ~**steuerung** *f* distant *or* remote control; ~**tastgerät** *n (Funk)* remote control key; ~**tastung** *f (Funk)* remote keying; ~**trennschalter** *m (Flzg)* (remote-controlled) master-switch; circuit breaker; ~**überwachung** *f* remote monitoring; ~**verbindung** *f (Fernm)* trunk circuit; ~**zähler** *m* distant counter; ~**zündung** *f (Mine usw)* remote ignition.

**Ferritantenne** *f (Funk)* ferrite antenna.

**„fertig – ausziehen!"** *(Kommando beim Segel-Flzg-Start)* "Ready-walk!"

**Fertigungsverfahren** *n* manufacture; production; *rechnergestütztes ~* computer-aided manufacture, *abbr* CAM.

**Fessel|ballon** *m* captive baloon ***(Def)***; tethered balloon; *sl* sausage; ~**ballonführer** *m* pilot of a captive balloon; ~**ballonsperre** *f (LKr)* balloon barrage; ~**flug** *m* tethered flight, ~**flugzeug** *n* captive plane; ~**lauf** *m (Hubschrauber am Boden)* anchored whirl test; ~**punkt** *m (Luftschiff)* mooring *or* anchoring point.

**Fest|abstand** *m* fixed distance; ~**abstandsmarken** *f/pl (Bod)* fixed-distance markings *pl*; ~**antenne** *f (Flzg)* fixed aerial *or* antenna; ~**e Flugfernmeldestelle** *f* aeronautical fixed station ***(Def)***; ~**e Flugfernmeldeverbindung** *f* aeronautical fixed circuit ***(Def)***; ~**e Rahmenantenne** *f (Funk)* fixed loop aerial ***(Def)***; ~**er Flugfernmeldedienst** *m* aeronautical fixed service, *abbr* AFS ***(Def)***; ~**es Fahrwerk** *n (Flzg)* fixed landing gear; ~**es Flugfernmeldenetz** *n* aeronautical fixed telecommunication network, *abbr* AFTN ***(Def)***; ~**feuer** *n (Bod)* fixed light ***(Def)***; *~~ mit periodisch veränderlicher Lichterscheinung* undulating light ***(Def)***; ~**fressen** *v (Kolben)* seize; freeze; jam; ~**gelegter Mittelpunkt** *m (Flsich)* designated station ***(Def)***; ~**gelegter Standort** *m (nav)* fix ***(Def)***; ~**igkeit** *f* strength; stability; *dynamische –* fatigue strength; ~**igkeitsbegrenzung** *f (Konstr)* structural limitation; ~**igkeitsberechnung** *f (stat)* stress *or* strength calculation; ~**igkeitsgrenze** *f (Konstr)* structural limitation; ~**igkeitskoeffizient** *m (Werkstoff)* coefficient *or* modulus of resistance; ~**igkeitsnachweis** *m* stress analysis; ~**igkeitsprüfung** *f* resistance test; ~**igkeitsversuch** *m* static test; ~**land** *n* mainland; continent; ~**landluftverkehr** *m* continental air traffic *or* air service; ~**legung** *f* **der Flugreihenfolge** *(Flsich)* sequencing of flights; ~**masse** *f (Lfz l)* fixed weight ***(Def)***; ~**nahme** *f* arrest; ~**propeller** *m* fixed-pitch propeller ***(Def)***; ~**schnallen** *v (im Flzg)* strap (in); ~**schnallvorrichtung** *f (Flzg)* safety belt (assembly); ~**sitzen** *n* **der Ventile** *(Flmot)* valve sticking; ~**stellen** *v (Ruder)* clamp; lock; ~**stellhebel** *m* locking lever; ~**stellvorrichtung** *f (Flzg)* aircraft clamping device; (surface) control lock; *(Kreisel)* caging device; ~**stoffrakete** *f* solid propellant rocket; ~**(treib)stoff** *m (FK)* solid propellant ***(Def)***; *Composite- od heterogener ~~* solid composite propellant; ~**treibstoffladung** *f* **aus einem Stück** *(FK)* block of solid propellant; ~**ung** *f* fort(ress); ~**ungsgürtel** *m* cordon of forts; ~**ungshaft** *f* confinement in a fortress; ~**ungspionier** *m* fortress engineer; ~**wert** *m* constant; ~**zeichen** *n (Radar)* permanent echo; ~**zeichenlöscher** *m (Radar)* moving target indicator, *abbr* MTI ***(Def)***; ~**zeichenlöschung** *f od* ~**zielunterdrückung** *f (Radar)* moving target(s) indication, *abbr* MTI ***(Def)***; permanent echo cancellation; ~**ziellöschung** *f (Radar)* moving target(s) indicator, *abbr* MTI ***(Def)***; ~**zurren** *v (Abdeckplane usw)* lash.

**fett** *(Kraftstoffluftgemisch: Flmot)* rich; ~**presse** *f* grease gun.

**Feucht|adiabate** *f (met)* wet adiabat; ~**adiabatischer Temperaturgradient** *m (met)* saturated adiabatic lapse rate ***(Def)***; ~**e** *f* humidity ***(Def)***; *absolute ~~* vapour (*US* vapor) concentration ***(Def)***; *spezifische ~~* specific humidity; ~**er Dunst** *m (met)* mist ***(Def)***; ~**temperatur** *f (met)* wet bulb temperature; ~**thermomenter** *n* wet bulb thermometer; ~**warm** *(met)* muggy.

**Feuchtigkeit** *f (met)* humidity ***(Def)***; moisture; dampness; *absolute ~ (met)* absolute humidity ***(Def)***; *relative ~ (met)* relative humidity ***(Def)***; ~**sabnahme** *f (met)* decrease of humidity; ~**sgehalt** *m (met)* moisture content; humidity mixing ratio ***(Def)***; ~**smesser** *m* hygrometer ***(Def)***; psychrometer; ~**sschreiber** *m (met)* hygrograph ***(Def)***.

**Feuer** *n (nav & Bod)* light; *(takt)* fire; *bestreichendes ~ (takt)* grazing fire; *~ einstellen v (takt)* cease fire; *~ eröffnen v (takt)* open fire; *~ geringer Leistung (nav)* low intensity light; *~ mit periodisch veränderlicher Lichterscheinung* unduldation light; *unter ~ nehmen v* shell; *(Erdziele durch Flzg)* strafe; *unterbrochenes ~ (Bod)* occulting light ***(Def)***; ***(Def)***; *vereinigtes ~ (takt)* collective fire; *~ vorverlegen v (takt)* lift *or* advance fire; *~ zusammenfassen v (takt)* concentrate fire; **~abriegelung** *f (takt)* box barrage; **~ausfall** *m (el)* light failure; **~befehl** *m (takt)* fire order *or* command: **~bekämpfung** *f (Brand)* fire-fighting; *Rettungs- und -s- dienst m* rescue and fire-fighting service; **~dämpfer** *m (Art)* flash hider; **~detektor** *m* fire detector; **~einheit** *f (Platzbefeuerung: Bod)* light unit; *hintere ~~en pl* upwind light units *pl*; *vordere ~~en pl (Anflugbefeuerung; Bod)* downwind light units *pl*; **~einstellung** *f (takt)* cessation of fire; **~erlaubnis** *f (takt)* permission to fire; **~eröffnung** *f (takt)* opening *or* commencement of fire; **~fest** fireproof; *~~er Werkstoff m* fireproof material ***(Def)***; **~fühler** *m* fire detector; **~gefahrzone** *f (Bod)* fire zone; *bezeichnete ~~* designated fire zone; **~gefecht** *n* fire fight *or* duel; **~geschwindigkeit** *f (Schusswaffe)* rapidity of fire; **~hemmend** *(Werkstoff)* fire-resistant; **~kraft** *f (takt)* fire power; **~leitgerät** *n (Art)* fire-control equipment; gun director; **~leitung** *f (takt)* fire control; **~löscheinrichtung** *f (Flzg)* (aircraft) fire fighting equipment; fire extinguishing equipment; **~löscher** m fire extinguisher; **~löschmittel** *n/pl* fire-extinguishing agents *pl*; **~löschzeit** *f* extinguish time of fire; **~melder** *m* fire detector; **~meldung** *f* fire warning; **~n** *v (takt)* fire; **~patsche** *f (LS)* fire swatter; **~pause** *f (takt)* pause *or* break in firing; **~plan** *m (takt)* coordinated fire plan; **~ring** *m (Flmot)* obturator ring ***(Def)***; **~schiff** *n (nav)* lightship; **~schutz** *m (takt)* covering *or* protective fire; fire support; artillery protection; (*~verhütung*) fire prevention *or* protection; **~schutzmittel** *n*, **aufschäumendes ~~** intumescent agent; **~sicher** *(Werkstoff)* fireproof; *~~er Werkstoff m* fireproof material; **~sicherheit** *f* fire safety; **~stellung** *f (takt)* firing position; **~stoß** *m (Schusswaffe)* burst of fire; **~taufe** *f (LKr)* baptism of fire; **~vereinigung** *f (takt)* concentration of fire; **~verhütung** *f* fire prevention *or* protection; **~verlegung** *f (takt)* shift of fire; **~waffe** *f* firearm; **~walze** *f (takt)* rolling barrage; **~wehr** *f* fire-bridade; fire service; fire-fighting facility; **~wehr-Anfahrtsweg** *m (Bod)* fire rescue path; **~wehrmann** *m* fireman; (*US auch:*) firefighter; **~(wehr)wache** *f (Bod)* fire station; **~zucht** *f (takt)* fire discipline.

**Fiber|rumpf** *m (Flzg)* fibre body; (*US*) fiber(-constructed) fuselage; **~verschalung** *f (Flzg)* fibre (*US* fiber) shell *or* covering.

**Fibratuswolke** *f (met)* fibre *or* fibrous cloud.

**FIDO** *(Bod)* FIDO (*short for* fog, intense, dispersal of..) ***(Def)***.

**Film|bolometer** *n* band bolometer; **~-MG** *n (Flzg)* camera gun; *(E)* cine-gun; **~transport** *m (LPhot)* film transport; **~vorschub** *m (LPhot)* film transport.

**Filter|element** *n (Flmot)* filter element ***(Def)***; **~schicht** *f (Pistenbau)* filter course; **~sperrbereich** *m (Fernm)* rejection band; **~vorsatz** *m (Gasmaske)* airfilter.

**Filzstiefel** *m* felt boot.

**Fingerflugsteig** *m (Bod)* finger.

**finite Störung** *f (aerodyn)* finite disturbance.

**Finnen|hütte** *f*, **~zelt** *n* plywood shelter *(for winter operations)*.

**FIR-Grenze** *f (Flsich)* flight information region boundary, *abbr* FIRB.

**Firmament** *n* celestial dome.

**firnissen** *v* varnish.

**Firn(schnee)** *m (met)* firn.

**Firstträger** *m (Lfz l)* ridge girder; *äußerer ~* outer ridgegirder ***(Def)***; *innerer ~* inner ridge-girder ***(Def)***.

**Fixstern** *m* fixed star; **~standlinie** *f (nav)* base line *or* bearing from fixed star.

**Fla|-Lenkrakete** *f (Flugabwehr: LW)* guided air defence rocket; **~-M.G.** *n* AA machine-gun.

**Flach|bahngeschütz** *n* flat-trajectory gun; **~bettfelge** *f* flat-base rim; **~e Kurve** *f (Flbetr)* wings-level turn; **~einstellung** *f (Prop)* fine adjustment of pitch; *Anschlag m für ~~* fine pitch stop; **~er Gleitflug** *m (Flzg)* flat *or* shallow glide.

**Fläche** *f (allg)* level; surface; aera, *tragende ~ (Flzg)* supporting *or* carrying *or* lifting surface ***(Def)***; wing area; **~nantenne** *f (Flzg)* flat-top aerial; plane aerial; **~nausgleich** *m (Flzg)* aerodynamic balance; **~nbehälter** *m (Flzg)* wing tank; **~nbelastung** *f (Flzg)* wing loading ***(Def)***; **~nblitz** *m (met)* sheet lightning; **~neinheitsbelastung** *f (Flzg)* loading per unit area; unit load; **~ngestützter Flug** *m* winged flight; **~nholm** *m (Flzg)* wing spar; **~ninhalt** *m (Flzg)* wing area; **~nleistung** *f* $(kW/m^2)$ wing power; **~nnasenkühler** *m (Flmot)* leading-edge radiator ***(Def)***; **~nnavigation** *f* area navigation, *abbr* RNAV; **~nregel** *f (Konstr)* area rule; **~regelrumpf** *m (Flzg)* area-ruled fuselage; **~ntreue Projektion** *f (Kart)* equal area projection; **~nverhältnis** *n (Doppeldecker)* ratio between area of top and bottom wings; **~nwagen** *m* wing truck; **~nwölbung** *f* wing camber *or* curvature; **~nziel** *n (LKr)* area target.

**Flach|feder** *f* flat spring; **~land** *n (Kart)* plain *or* level country; **~motor** *m (Flmot)* flat-(-type) engine; **~trudeln** *n (Flzg)* flat spin ***(Def)***.

**Flackern** *n (Warnlampe)* flickering.

**Flagg|enscheibe** *f (Luftzielbeschuss: Flak)* flag target; **~ensignal** *n* flag signal; **~offizier** *m (Marine)* flag officer; **~schiff** ***n*** flagship.

**Flak** *f (LKr)* flak; anti-aircraft, *abbr* AA; *sl* ack-ack, *leichte ~* ligth AA; *ortsfeste ~* static *or* stationary AA; *schwere ~* heavy AA; *schwimmende ~* sea-borne AA; **~abwehr** *f* AA defence (*US* defense); **~artillerie** *f* anti-aircraft artillery, *abbr* AAA; **~batterie** *f* AA battery; **~bedienung** *f* AA gun crew; **~beschuss** *m* AA fire; **~einsatz** *m* employment of AAA; AAA operations *pl*; **~feuer** *n* AA fire; *sl* dirt; *sl* fireworks *pl*; **~führungsstand** *m* anti-aircraft artillery operations room, *abbr* AAOR; **~geschoss** *n* AA shell; *sl* „Archie"; **~geschütz** *n* AA gun; **~granate** *f* AA shell; **~helfer** *m* AA auxiliary; **~helferin** *f* AA woman auxiliary; **~hochstand** *m* AA tower *or* platform; **~kampfgruppe** *f (takt)* AA combat group; **~kommandeur** *m* AA commander; **~kommandogerät** *n AA* director; **~kreuzer** *m* AA cruiser; **~lagekarte** *f (takt)* flak analysis map; **~posten** *m* AA spotter; **~rakete** *f* AA rocket; **~raketenwerfer** *m* AA rocket projector; **~scheinwerfer** *m* AA searchlight; *sl* flicks *pl*; **~schießen** *n* AA fire; **~schutz** *m* AA protection; **~sperre** *f (LKr)* AA barrage; curtain of AA fire; **~stellung** *f* AA gun emplacement; **~treffer** *m hit* by AA fire; AA hit; **~verbindungsoffizier** *m (takt)* anti-aircraft artillery liaison officer, *abbr* AALO; **~vierling** *m* four-barrelled (*US* barreled) AA gun; ~**zwilling** *m* double-barrelled (*US* barreled) AA gun.

**Flamm|abriss** *m (Turbo)* (engine) flame-out; N*otverfahren n bei* ~~ *(Turbo)* flame-out procedure; ~**bombe** *f* oil bomb; ~**enabweiser** *m (Flmot)* flame deflector; ~**endämpfer** *m (Art)* flash hider; *(Flmot)* (exhaust) flame damper ***(Def)***; ~**enlose Verbrennung** *f* flameless combustion; ~**enloses Brennen** *n* flameless burning; ~**enrückschlag** *m (Flmot)* flame kickback; ~**enrückschlagsicherung** *f (Flmot)* flame-trap ***(Def)***; ~**enverzehrer** *m (Flmot)* flame damper; ~**enwerfer** *m* flame thrower; ~**punkt** *m (Kraftstoff usw)* fire *or* flash point ***(Def)***; ~**rohr** *n (Turbo)* flame tube ***(Def)***; ~**rohrwandung** *f (Turbo)* flame tube wall.

**Flanke** *f*, **offene** ~ (takt) open flank; ~**nangriff** *m (takt)* flank attack; ~**nbewegung** *f* flanking movement; ~**nfeuer** *n* flanking *or* enfilade fire; ~**nschutz** *m* flank protection; ~**nsicherung** *f* flank security; ~**nstellung** *f* flanking position.

**flankieren** *v (takt)* flank.

**Flansch|befestigung** *f (Luftschraube)* flange(d) coupling; ~**nabe** *f (Luftschraube)* combined nosepiece and airscrew *or* propeller hub.

**Flaperon** *n (Flzg)* flaperon (*short for* flap-aileron).

**Flatter|bereichsgrenze** *f (Flbetr)* buffet boundary ***(Def)***; ~**dämpfer** *m (Bug- od Spornrad; Lfz)* shimmy damper ***(Def)***; ~**effekt** *m (Leitwerk)* flutter effect; ~**geschwindigkeit** *f (Flbetr)* flutter speed ***(Def)***; *kritische* ~~ (critical) flutter speed; ~**mine** *f* land *or* contact mine; booby trap; ~**n** *v (Leitwerk)* flutter; wobble; ~**n** *n (Leitwerk usw)* flutter(ing); buffeting; *(Bug- od Spornrad)* shimmy(ing) ***(Def)***; *aeroelastisches* ~~ aeroelastic flutter ***(Def)***; *antisymmetrisches* ~~ anti sysmmetrical flutter ***(Def)***; *asymmetrisches* ~~ asymmetrical flutter ***(Def)***; ~~ *in abgerissener Strömung (aerodyn)* stalling flutter ***(Def)***; *klassisches* ~~ classical flutter ***(Def)***; *symmetrisches* ~~ symmetrical flutter ***(Def)***.

**Flaute** *f (met)* (wind) lull; (dead) calm.

**Fleckschuss** *m* point-blank shot.

**Flettner|-Hilfsruder** *n (Flzg)* Flettner balance *or* servotab; ~**-Ruder** *n (Flzg)* Flettner (control surface); servortab ***(Def)***; ~**-Seitenruder** *n* servo rudder.

**flexib|le Fuge** *f (Pistenbau)* flexion joint; ~**ler Behälter** *m (Lfz)* bag-type *or* flexible tank.

**fliegen** *v* fly; go by air; ~ *n* flying; aeroplane handling; *auf dem Rücken* ~ v fly inverted *or* upside-down; *dicht über dem Boden* ~ *v* hedgehop; *sl* cut grass; *eine Kurve* ~ *v* (describe *or* fly a) curve; turn; bank; *eine Platzrunde* ~ *v* fly a circuit; *einen Angriff* ~ *v* strike; *Einsatz* ~ *v* fly a sortie, *hin und her* ~ *v* fly back and forth; ~ *n im Verband* flying in formation; formation flying; ~ *lernen v* train as a pilot; *n mit Erdsicht (Flbetr)* contact flying ***(Def)***; ~ *n mit Sicht (Flbetr)* visual flight *or* flying ***(Def)***; ~ *n nach Druckfeld (nav)* pressure-pattern flying ***(Def)***; *nach Instrumenten* ~ *v* fly on instruments, *risikoreiches* ~ *n* high-risk(y) flying; *über den Wolken* ~ fly over top; ~**de Bombe** *f (V-Waffe)* flying bomb; ~**er Flügel** *m (Flzg)* flying wing ***(Def)***; ~**des Personal** *n* flying personnell; aircrew; ~~ *mit gültiger Lizenz* rated personnel; *nichttechnisches* ~~ non-technical flight personnel.

**Flieger** *m (allg)* aviator; flyer; *(LW E)* Aircraftman 2nd class; *(LW US)* Basic Airman; ~**alarm** *m (LKr)* air alert; air warning; air raid warning; air raid alarm; ~**angriff** *m (LKr)* air raid; air attack; ~**anzug** *m*, **Anti-G-**~~ water suit ***(Def)***; ~**arzt** *m (Flmed)* flight surgeon ***(Def)***; *amtlich anerkannter* ~~ designated aviation medical examiner; ~**ärztlich** aero-medical; ~~**e Beurteilung** *f* (aero-)medical assessment; ~~**es Tauglichkeitszeugnis** *n* (aero)medical certification; ~**ausbildung** *f* flying training *or* tuition; ~**ausdruck** *m* aviation *or* aeronautical expression; ~**bekleidung** *f* flyer's *or* airman's clothing; ~**brille** *f* flying goggles; ~**deckung** *f (takt)* cover from air observation *or* from air attack; ~**division** *f (takt)* air division; ~**ei** *f* flying; aviation; ~**führer** *m (LW)* air brigade commander; ~**führungsnetz** *n*, **taktisches** ~~ *(LW)* tactical air direction net, *abbr* TAD; ~**führungsposten** *m*, *taktischer* ~~ *(LW)* tactical air direction post, *abbr* TADP; *vorgeschobener* ~~ forward direction post, *abbr* FDP; ~**führungsstand** *m*, *taktischer* ~~ *(LW)* tactial air direction centre, *abbr* TADC; ~**geschädigter** *m (LKr)* air raid victim; ~**handkamera** *f (LPhot)* aerial hand camera; ~**handschuh** *m* flying glove; ~**haube** flying helmet; ~**helm** *m* flight *or* flying helmet; ~**horst** *m* service aerodrome; air station; (E) RAF station; *(US)* air base; ~**horstgruppe** *f (LW)* air base group, *abbr* AB gp; ~**horstkommandant** *m (E)* station commander; (*US*) air base commander; ~**in** *f* woman pilot; airwoman; aviatrix; ~**isch** aeronautical; aerial; flying; ~**ische Ausbildung** *f* flight *or* flying training; ~**ische Eigenschaft** *f (Flzg)* flying quality *or* characteristics; ~**ische Erstausbildung** *f* primary flying training; ~**ische Fortgeschrittenenausbildung** *f (US)* basic flying training; (E & Kanada) advanced flying training; ~**ische Inübunghaltung** *f* proficiency flying; ~**ische Laufbahn** *f* flying career; ~**ische Überprüfung** *f (US)* light plane *or* flight screening; *(E)* grading (duities *pl*) ~**isches Gefühl** *n (Pilot)* feel ***(Def)***; ~**isches Können** *n* pilot *or* flying skill; ~**karte** aerial *or* air map; pilot chart; ~**kommodore** *m (E LW-Dienstgrad zwischen Oberst und Generalmajor)* Air Commodore; ~**kopfhaube** *f* flying helmet; ~**korps** *n (takt)* air corps; ~**krankheit** *f* airsickness; ~**leitgruppe** *f*, **taktische** ~~ *(LW)* tactical air control group, abbr TACG; ~**leitnetz** *n*, **taktisches** ~~ *(LW)* tactical air control net, *abbr* TAC; ~**leitoffizier** *m*, **taktischer** ~~ tactical air controller; *vorgeschobener* ~~ forward air controller, *abbr* FAC; ~**leitstaffel** *f*, **taktische** ~ ~ tactical air control squadron, *abbr* TACRON; ~**leitstand** *m (LW)* air control centre, *abbr* ACC; *taktischer* ~~ tactical air control centre, *abbr* TACC; ~**leittrupp** *m*, **taktischer** ~~ *(LW)* tactical air control party, *abbr* TACP; ~**leit- und Flugmeldedienst** *m (LW)* aircraft control and warning (service), *abbr* AC & W; ~**marschbreite** *f (takt)*, dispersed formation in width; ~**marschtiefe** *f (takt)* dispersed formation in depth; ~**schaft** *f* airmanship; ~**schirm** *m (LKr)* air umbrella; ~**schule** *f* flying *or* aviation school; ~**schutzanzug** *m* flying suit; flying *or* flight clothing; ~**schutzbrille** *f* flying goggles; *(mit Sonnenschutzgläsern)* tinted goggles; ~**schütze** *m (LW)* air gunner; ~**schutzgraben** *m (LS)* slit trench; ~**sichtzeichen** *n/pl (Flugplatz)* shapes; ~**sonderbekleidung** *f* airman's or flyer's special clothing; ~**sprache** *f* pilot's jargon; aviation slang; ~**stiefel** *m/pl* flying boots *pl*; ~**tauglich** fit for flying duties; ~**tauglichkeit** *f (Flmed)* flight fitness; fitness for flying (duties); ~**technische Ausbildung** *f* aircraft (and engine) maintenance training, *abbr* A & E tng; ~**technisches Personal** *n* air technicians; ground crew; ~**truppe** *f* flying corps; ~**tuch** *n (takt)* ground panel *or* strip; ~**untersuchung** *f (ärztliche)* medical examination for *or* of aviators; ~**verbindungsoffizier** *m (takt)* air liaison officer, *abbr* ALO; ~**verdienstkreuz** *n (Orden in E)* distinguished flying cross, *abbr* DFC; ~**waffenpersonal** *n aircraft* armament personnel; ~**waffenschule** *f* air armament school; ~**wetter** *n* bad flying weather, *sl* dud weather, ~**zulage** *f* flying allowance *or* pay.

**Flieglack** *m* dope.

**Fliehkraft** *f* centrifugal force; ~**kupplung** *f (Hubschrauber)* centrifugal clutch (shoes) ~**zünder** *m (Bombe usw)* centrifugal fuse.

**Fließ | band** *n* production *or* assembly line; ~**bandfertigung** *f* (conveyor)line production; ~**fähig** flowable; ~**fähigkeit** *f* flowability; ~**geschwindigkeit** *f* flow rate; ~**vermögen** *n* flowability.

**Flimmer | frequenz** *f (Funk)* flicker frequency, ~**n** *n* flickering.

**Flip-Flop-Schaltung** *f (Fernm)* flip-flop switching.

**Floccus-Wolke** *f (met)* flo(ccus cloud).

**Floß** *n* raft; float; *aufblasbares* ~ inflatable raft; ~**brücke** *f* floating bridge; ~**enantenne** *f (Flzg)* fin antenna; ~**sack** *m* pneumatic pontoon.

**Flosse** *f (Flzg-Leitwerk)* fin ***(Def)***; fixed *or* stabilizing surface; ~**nantenne** *f (Flzg)* fin aerial; ~**nendkappe** *f* cover strip of tailplane tip; ~**nhinterkante** *f (Flzg)* fin trailing edge; ~**nnase** *f* fin leading edge; ~**nrippe** *f* fin rib; ~**nrücken** *m (Flzg)* fin trailing edge; ~**nstummel** *m (Flugboot)* stub plane ***(Def)***; hydrostabilizer; ~**nträger** *m (Lfz l) fin* carrier ***(Def)***; ~**nverstellung** *f* fin adjustment *or* trimming.

**Flott | enfliegerverbände** *m/pl* fleet air arm; ~**ille** *f* flotilla; ~**e** *f* fleet; ~**enchef** *m* commander-in-chief of a fleet; ~**eneinheit** *f* naval unit; ~**nstützpunkt** *m* naval base.

**Flucht** *f* flight; escape; ~**versuch** *m* attempt to escape; ~**weg** *m (Bod)* escape route.

**flüchten** *v* flee; escape.

**Flug** *m* flight; *abgebrochener* ~ interrupted flight; *antriebsloser* ~ powerless *or* coasting *or* engine-inoperative flight; ~ *auf dem Strahl* on-beam flight; ~ *auf erdnaher Umlaufbahn (Sat)* earth-orbital flight; *(aus)-getrimmter* ~ trimmed(-out) flight; *autonomer* ~ autonomous flight; *bemannter* ~ manned flight; *beschleunigungsfreier* ~ unaccelerated *or* non-accelerated flight; *durchgehender* ~ *(LVerk)* through-flight; direct flight; *erdumkreisender* ~ world flight; *flächengestützter* ~ winged ~; *flugplanmäßiger* ~ *(LVerk)* scheduled flight; *flugsicherungsmäßig nicht kontrollierter* ~ disorderly flight; *Frei*~ non-revenue flight; ~ *gegen Entgelt* revenue flight; *gleichmäßiger* ~ steady flight; *gradliniger* ~ rectilinear flight; *Hin- und Rück*~ return flight; IFR- ~ *(Flsich)* IFR flight ***(Def)***; ~ *im schwerefreien Raum (Sat)* agravic flight; ~ *im Strahl* on-beam flight; ~ *in (aus)getrimmtem Zustand* trimmed(out) flight; ~ *in geschlossenem Kreis* (flight in) closed circuit; ~ *in großen Höhen* high-level flight; *kontrollierter* ~ *(Flsich)* controlled flight ***(Def)***; *kostenoptimaler* ~ *(LVerk)* cost-optimal flight; ~ *mit Bodensicht* (ground) contact *or* (ground) visual flight; ~ *mit nichtarbeitendem Triebwerk* coasting flight; ~ *mit Unterschallgeschwindigkeit* subsonic flight; ~ *mit Vollgas* flight with full throttle; flight with engine all out *or* full open; *nach dem* ~ post-flight; ~ *nach den Instrumentenflugregeln (ICAO)* instrument flight rules, *abbr* IFR flight; *nach den Sichtflugregeln (ICAO)* visual flight rules, *abbr* VFR flight; *nichtbeschleunigter* ~ nonaccelerated *or* unaccelerated flight; *nichtplanmäßiger* ~ non-scheduled flight; *nichtstationärer* ~ transient flight; ~ *oberhalb der Wetterzone* overweather flight; ~ *oberhalb der Wolken* on-top flight; ~ *ohne Entgelt* non-revenue flight; *schubfreier* ~ engine-inoperative flight; *schwereloser* ~ agravic flight; *Sonder-VFR-* ~ *(Flsich)* special VFR flight ***(Def)***; *stationärer* ~ unaccelerated flight; *steuerbarer* ~ controllable flight; ~ *über den Wolken* over-the-top flight; ~ *über der Wasseroberfläche* water flight; *Überwolken*~ over-the-top flight; *überzogener* ~ stall (ed flight); *umgeleiteter* ~ diverted flight; *unkontrollierter* ~ *(Flsich)* uncontrolled flight; ~ *unter Instrumentenflug-Wetterbedingungen* IMC flight; *VFR-* ~ *(Flsich)* VFR flight ***(Def)***; *vor dem* ~ pre-flight; *während des* ~*es* in-flight; *zeitoptimaler* ~ time-optimal flight; ~ *zu einem bestimmten Einsatzort* positioning flight.

**Flug | abfertigungsdienst** *m* air dispatch service; ~**abwehr** *f (LKr)* air defence (US defense); ~**abwehrartillerie** *f* AA artillery, *abbr* AAA; ~**abwehrbewaffnung** *f* AA armament; ~**abwehrkörper** *m* interceptor missile; ~**abwehrrakete** *f* AA rocket; ~**alarmdienst** *m (Flsich)* alerting service ***(Def)***; ~**ansage** f announcement *or* notice of flight; ~**anschluss** *m (LVerk)* airway connection; ~**ansicht** *f (Flzg)* flying view; ~**anzeiger** *m (Instr)* flight indicator ***(Def)***; ~**auftankung** *f* flight *or* mid-air fuelling (*US* refueling); ~**auftrag** *m* flight authorization; flight order; flight mission; ~**ausbildung** *f* flight training.

**Flug | bahn** *f (Flzg)* line *or* path of flight; flight path ***(Def)***; *(Geschoss)* trajectory; *aeroballistische* ~~ aeroballistic trajectory; *ballistische* ~~ ballistic trajectory; *die* ~~ *halten v (Rak)* keep the trajectory; *parabelförmige od parabolische* ~~ parabolic trajectory; *schlechteste* ~~ *(Flsich)* worst flight path; sichere ~~ *(Flsich)* safe clearance path; ~~ *um die Erde* circumterrestrial trajectory; *vorgegebene* ~~ given flight path; *zirkumterrestrische* ~~ circumterrestrical trajectory; ~**bahnabschnitt** *m* air leg; *absteigender* ~~ downward leg of trajectory; ~**bahnast** *m* leg of trajectory; *absteigender* ~~ downward leg of trajectory; ~**bahnbeschleunigung** *f* acceleration along the flight path; path *or* trajectory acceleration; ~**bahnfestes Achsenkreuz** *n* flight-path axis system; ~**bahngeschwindigkeit** *f* flight path speed; ~**bahnhöhe** *f (Art)* ordinate (of artillery gun-fire); ~**bahnkorrektur** *f* correction of flight trajectory; ~**bahnkrümmung** *f (ballist)* path curvature; ~**bahnkurve** *f* ballistic curve; ~**bahnlinie** *f* curve of flight path; ~**bahnneigung** *f* inclination of flight path; ~**bahnverfolgung** *f (Radar)* flight (path) *or* path tracking; ~**bahnwinkelschreiber** *m (Instr)* flight path recorder ***(Def)***; ~**basis** *f (Bod)* flight *or* air base.

**Flug | beanspruchung** *f (Flzg)* flight load; ~**bedingung** *f (Ausbildung)* flight condition; *(Wettbewerb)* condition of contest; ~**befehl** *m* flying order; ~**begeistert** airminded; ~**begeisterung** *f* airmindedness; ~**begleiter** *m (LVerk)* steward ***(Def)***; ~**begleiterin** *f (LVerk)* stewardess ***(Def)***; ~**belastungszustände** *m/pl* flight loading condition *pl*; ~**benzin** ~ aviation gasoline ***(Def)***; ~**berater** *m (Flsich)* aueronautical information clerk; ~**beratung** *f* briefing ***(Def)***; flight information; ~**beratungsdienst** *m (Flsich)* aeronautical information service, *abbr* AIS; ~**beratungsdienststelle** *f* aeronautical information services unit; ~**beratungsstelle** *f* briefing office; ~**bereich** *m & n* range; radius of action *or* of operation; *(Flbetr)* flight envelope; *erlaubter* ~~ *(des Lfz)* flight envelope; *aerodynamischer* ~~ *(Lfz)* aerodynamic flight envelope; *Beschränkung f des* ~~*s (Lfz)* flight regime envelope; ~**bereit** *(Lfz)* flight-ready; ~**bereitschaft** *f* readiness for flying; special air service; ~**bericht** *m (LVerk)* de-briefing; *mündlicher* ~~ *(met)* meteorological de-briefing; ~**besatzung** *f* aircrew ***(Def)***; flight crew ***(Def)***; ~**besatzungsmitglied** *n* flight crew member ***(Def)***; ~**beschränkung** *f* flight restriction; *durch den Überschallknall bedingte* ~~ boom restriction; *Gebiet mit* ~~ *(Flsich)* restricted area; *temporäre od zeitweilige* ~~ temporary flight limitation *(Lfz) or* restriction *(Flsich)*; ~**beschränkungsgebiet** *n (Flsich)* restricted area ***(Def)***; ~**besprechung** *f* briefing *(of crews)*; ~**betrieb** *m* flying *or* flight operations *pl*; air activity *or* traffic; ~~ *in großen Höhen* high-altitude operation; ~**betriebliche Vorplanung** *f* advance operational planning; ~**betriebs-Abstellplatz** *m (Bod)* flight line ***(Def)***; ~**betriebsbereich** *m (eines Flughafens)* air side (*of airport*); ~**betriebshandbuch** *n* flight operations manual; ~**betriebsleitung** *f (Lverk & Flsich)* operational control ***(Def)***; *Fernmeldeverbindungen f/pl für die* ~~ operational control communications *pl* ***(Def)***; ~**betriebsmeldung** *f* flight regularity message; ~**betriebspersonal** *n* flight operations personnel; ~**betriebsunternehmen** *n (LVerk)* operator ***(Def)***; ~**betriebszustand** *m (Lfz)* configuration; ~**bewegung** *f (Flzg)* manoeuver; *parierte* ~~ *(Flzg)* checked manoeuvre; ~**bewegungen** *f/pl (Starts und Landungen)* (air) movements *pl*; ~**bewegungsdarstellung** *f (Flsich)* flight progress display; ~**bewegungskontrollbrett** *n od* ~**pult** *n (Flsich)* flight progress board; ~**boot** *n* flying boat ***(Def)***; boat seaplane; ~**bootrumpf** *m* flying-boat hull *or* body; ~**buch** *n* flight log; ~**daten** *n/pl (Flbetr)* flight data *pl*; ~**datenschreiber** *m (im Lfz)* flight data recorder, *abbr* FDR ***(Def)***; ~**datenspeicher(einheit)** *m (f)* flight data storage unit, *abbr* FDSU; ~**dauer** *f* endurance *or* duration *or* time of flight; flight endurance; *geschätzte* ~~ estimated flight time; *sichere* ~~ *(Flbetr)* prudent limit of endurance, *abbr* PLE ***(Def)***; *voraussichtliche* ~~ estimated elapsed time, *abbr* EET *(of flight)*; ~**deck** *n (Flzg-Träger)* flight *or* flying deck ***(Def)***; ~**dienst** *m* fyling duty; air service; *planmäßiger internationaler* ~~ schedule(d) international air service; ~**dienstberater** *m (Flsich)* dispatcher; flight operations officer; flight dispatch officer; ~**diensttauglichkeit** *f* fitness for flying (duties); ~**dienstzeit** *f (Flbetr)* duty time; flight duty period ***(Def)***; ~**disziplin** *f* flight *or* flying discipline; ~**durchführungsplan** *m (Flsich)* operational flight plan; ~**dynamik** *f* flight dynamics; ~**dynamischer Beiwert** *m* aerodynamic coefficient; ~**eigenschaft** *f (Flzg)* flight characteristic ***(Def)*** *or* quality; aerodynamical properties *pl*; ~**eignung** *f (Lfz)* flightworthiness; ~**eilfunkdienst** *m, abbr* FEF *(Flsich)* aeronautical broadcasting service.

**Flügel** *m (Flzg-Tragfläche)* wing ***(Def)***; plane; airfoil; *(Luftschraube)* (propeller) blade; *fliegender* ~ *(Flzg)* flying wing (aeroplane) ***(Def)***; *gepfeilter* ~ *(Flzg)* swept(-back) wing; ~ *großer Streckung* high-aspect(-ratio) wing; ~ *mit großem Anstellwinkel* high-incidence wing; ~ *mit schwenkbarer Hinterkante* clasp-knife wing; ~ *mit S-förmiger Vorderkante* ogee(-planform) wing; *überkritischer* ~ supercritical aerofoil *or* wing; *ungepfeilter* ~ *(Flzg)* wing without sweep.

**Flügel|abstand** *m (Doppeldecker)* wing clearance *or* gap; ~**abstrom** *od* ~**abwind** *m (aerodyn)* downwash behind wing; ~**achse** *f (Flzg)* wing axis; ~**anlenkung** *f (Flzg)* wing pivot; ~**anordnung** *f (Flzg)* wing arrangement; ~**ansatz** *m (Flzg)* wing root; ~**anschluss** *m (Flzg)* wing attachment; ~**antenne** *f (Flzg)* wing antenna, ~**aufbau** *m (Flzg)* wing structure; ~**befestigung** *f (Flzg)* wing fixing; ~**belastung** *f (Konstr)* surface loading ***(Def)***; ~**beplankung** *f (Flzg)* wing covering *or* skin; ~**dicke** *f (Flzg)* wing thickness; ~**einstellung** *f (Flzg)* wing setting; ~**eintrittskante** *f (Flzg)* leading edge; ~**endfreiheit** *f (Flzg)* wing tip clearance; ~**endlampe** *od* ~**leuchte** *f od* ~**licht** *n (Flzg)* wing (tip) clearance light; ~**end(stütz)schwimmer** *m (See-Flzg)* wing tip float; ~**enteiser** *m (Flzg)* wing de-icer; ~**fachwerk** *n (Flzg)* wing truss; ~**feld** *n (Flzg)* wing panel; ~**fläche** *f (Flzg)* wing area; ~**form** *f (Flzg)* wing design; ~**gerippe** *n (Flzg)* wing skeleton; ~**gleitschirm** *m* para(chute) glider; ~**grundriss** *m* wing planform *or* contour; *vorgegebener* ~~ planned *or* designated *or* design wing shape; ~**hinterkante** *f (Flzg)* trailing edge; ~**hinterkantenruder** *n (Flzg)* elevon; ~**holm** *m (Flzg)* wing spar; ~**inhalt** *m (Flzg)* wing area; ~**kanone** *f (Jagd-Flzg)* wing cannon; ~**kante** *f (Flzg)* wing edge; ~**klappe** *f (Flzg)* wing flap; *einfache* ~~ plain flap; ~**kühler** *m (Flzg)* wing *or* surface radiator; ~**kufe** *f (Flzg)* wing skid; ~**mann** *m (mil)* flank man; ~**mittelholm** *m (Flzg)* middle spar; ~**mittelkasten** *m (Flzg)* centre-wing box; ~**mittelstück** *n (Flzg)* wing centre (*US* center) section; centre wing section; ~**nase** *f (Flzg)* wing-nose; leading edge; ~**neutralpunkt** *m (aerodyn)* wing aerodynamic centre; ~**pfeilung** *f (Flzg)* wing sweep; *Flugzeug mit variabler* ~~ aeroplane with variable sweep; swing-wing aeroplane; ~**profil** *n (Flzg)* wing *or* airfoil profile; ~**profilsehnenlänge** *f (Konstr)* chord length; ~**querschnitt** *m (Flzg)* wing *or* airfoil section; ~**radflugzeug** *n* paddle-wheel airplane; ~**radverdichter** *m (Flmot)* vane supercharger ***(Def)***; ~**rakete** *f* winged rocket; ~**rand** *m (Flzg)* wing edge; ~**randbogen** *m (Flzg)* wing tip; ~**rippe** *f (Flzg)* wing rib; ~**schlitz** *m (Flzg)* wing slot; ~**schränkung** *f (Flzg)* decalage; *negative* ~~ wash-in; *positive* ~~ wash-out; ~**schwimmer** *m (Flzg)* wing float; ~**sehne** *f* wing chord; ~**spalt** *m (Flzg)* wing slot; ~**spant** *m (Flzg)* wing rib; ~**spitze** *f (Flzg)* wing tip; ~**stiel** *m (Mehrdecker-Flzg)* interplane strut ***(Def)***; ~**streckung** *f (Flzg)* aspect ratio ***(Def)***; *mittlere* ~~ mean aspect ratio; *Tragfläche f großer* ~~ high aspect (-ratio) wing; *aerodynamische (mittlere)* ~~ *(Flzg)* aerodynamic mean chord ***(Def)***; *mittlere geometrische* ~~ mean geometric chord ***(Def)***; *mittlere* ~~ *(Flzg)* standard mean chord ***(Def)***; ~**stützkufe** *f (Flzg)* wing tip skid; ~**stützschwimmer** *m (Flzg)* wing tip float; ~**tank** *m (Flzg)* wing tank; ~**tiefe** *f (Flzg)* wing chord; chord length ***(Def)***; ~**übergang** *m (Flzg)* wing fillet; ~**umriss** *m (Flzg)* wing contour; ~**verdrehung** *f* wing distortion; ~**verjüngung** *f (Flzg)* wing taper; ~**verspannung** *f* wing bracing; ~**verwindung** *f (Flzg)* wing twist *or* warping; ~~ *nach oben* wash-in; ~~ *nach unten* wash-out; ~**widerstand** *m (Flzg)* wing drag; ~**wölbung** *f (Flzg)* wing camber *or* curvature; ~**wurzel** *f (Flzg)* wing root; ~**zuspitzung** *f (Flzg)* wing taper.

**Flug|entfernung** *f* distance (to be) flown; air distance *or* range; ~**erfahrung** *f* flying experience; ~**erprobung** *f* flight trial *or* test(ing) ***(Def)***; airborne *or* in-flight test(ing); ~**erprobungsstelle** *f od* ~**zentrum** *n* flight-test centre; ~**fähig** *(Flzg)* airworthy; ~~*er Prototyp (Lfz)* flying model *or* prototype; ~**fall** *m für das Abfangen (Flzg)* low-speed case; ~**feld** *n* airfield ***(Def)***; ~**feldtankfahrzeug** *n od* ~**wagen** *m (Bod)* airfield fuelling (*US* fueling) vehicle; *(E)* bowser ***(Def)***; ~**feldumfang** *m* airfield perimeter; ~**fernmeldedienst** *m* aeronautical telecommunication service, *abbr* TEL ***(Def)***; *fester* ~~ aeronautical fixed (telecommunication) service, *abbr* AFS ***(Def)***; ~**fernmeldelog** *n* aeronautical telecommmunication log ***(Def)***; ~**fernmeldenetz** *n*, **festes** ~~ aeronautical fixed telecommunication network, *abbr* AFTN ***(Def)***; ~**fernmeldeorganisation** *f* aeronautical telecommunication agency ***(Def)***; ~**fernmeldestelle** *f* aeronautical telecommunication station ***(Def)***; **feste** ~~ aeronautical fixed station ***(Def)***; ~**fernmeldetagebuch** *n* aeronautical telecommunication log ***(Def)***; ~**fernmeldeverbindung** *f*, **feste** ~~ aeronautical fixed cicuit ***(Def)***; ~**fernmeldeverkehr** *m* aeronautical telecommunications *pl*; ~**fernmeldewesen** *n* aeronautical telecommunications *pl*; ~**figur** *f (Kunstflug)* manouvre (*US* maneuver); flight figure; ~**fläche** *f (Flsich)* flight level, *abbr* FL ***(Def)***; *metrische* ~~ *(Flsich)* standard metric (flight) level; *niedrigst benutzbare* ~~ *(Flsich)* lowest usable level; *niedrigste verfügbare* ~~ *(Flsich)* lowest vacant flight level; ~**form** *f (Flbetr)* flight *or* flying formation; ~**forschung** *f* flight research; ~**frequenz** *f (Lverk)* frequency of flights; ~~*en pl im Linienverkehr* scheduled frequencies *pl*, ~**funk** *m* air radio; ~**funkausstrahlungsdienst** *m* aeronautical broadcasting service; ~**funkdienst** *m* aeronautical radio service; *beweglicher* ~~ aeronautical mobile service ***(Def)***; ~**funker** *m (Boden & Bord)* aeronautical radio operator;

~**funkleitstelle** *f* air-ground control radio station ***(Def)***; ~**funknavigationsdienst** *m* aeronautical radio navigation service; ~**funkortung** *f (nav)* aircraft radiolocation; ~**funkverbindung** *f od* ~**verkehr** *m* air-ground communication *or* traffic ***(Def)***.

**Flug|gast** *m* air(craft) passenger; ~**gastabfertigung** *f (allg)* passenger processing; *(behördliche)* ~~ passenger clearance; *(nichtbehördliche)* ~~ passenger handling; ~**gastabfertigung(sgebäude)** *f (n) (Bod)* passenger terminal (building); ~**gastabteil** *n (im Lfz)* passenger compartment *or* cabin; ~**gastauslastungsgrad** *m (Lverk)* passenger load factor; ~**gastbereich** *m (Bod)* passenger area; ~**gastbrücke** *f (Bod)* passenger *or* boarding *or* air bridge; passenger gangway; pier; *ausziehbare* ~~ telescoping bridge *or* passage-way; ~**gastgebühr** *f (LVerk)* passenger service charge; ~**gast-Hauptliste** *f* main passenger list; ~**gastkilometer** *m/pl* passenger kilometers *pl*; *bezahlte* ~~ revenue passenger-kilometers; *geleistete* ~*gast-Tonnen-Kilometer pl* passenger ton-kilometers performed; ~**gasttreppe** *f* passenger loading steps *pl*; air stairs *pl*; ~**gastverzeichnis** *n (LVerk)* passenger manifest; ~**gerät** *n (Instr)* aircraft instrument; *(Lfz)* flight *or* flying vehicle; *aerodynamisches* ~~ aerial vehicle: ~**geschwindigkeit** *f (Flzg)* flying speed; airspeed ***(Def)***; *angezeigte* ~~ *(Lfz)* indicated airspeed, *abbr* IAS ***(Def)***; *äquivalente* ~ equivalent airspeed, *abbr* EAS ***(Def)***; *berichtigte* ~~ rectified *or* calibrated airspeed, *abbr* CAS ***(Def)***; *wahre* ~~ *(nav)* true airspeed, abbr TAS ***(Def)***; ~**geschwindigkeitsmesser** *m (Instr)* airspeed meter ***(Def)***; ~**gewicht** *n (Flzg)* gross *or* all-up *or* total (loaded) *or* flying weight.

**Flughafen** *m* aerodrome; airport ***(Def)***; ~ *des allgemeinen Verkehrs (LVerk)* regular aerodrome; *internationaler* ~ international airport ***(Def)***; ~ *mit Verkehrs-Kontrolle (Flsich)* controlled aerodrome; *zollfreier* ~ customsfree airport ***(Def)***; ~**abfertigung(sgebäude)** *f (n)* airport terminal; ~**alarmzentrale** *f* airport emergency control centre; ~**betriebsordnung** *f* airport regulations *pl*; ~**bezugspunkt** *m (Flsich)* aerodrome reference point; ~**direktor** *m* airport manager *or* director; ~**erkennungszeichen** *n* aerodrome identification sign; ~**feuer** *n (Bod)* airport beacon ***(Def)***; ~**funkbetriebsstelle** *f* aerodrome control radio station; ~**grenze** *f* boundary *or* perimeter of the airport; ~**gebühr** *f (LVerk)* airport charge; ~**gebührenordnung** *f* airport tariffs *pl* ***(Def)***; ~**höhe** *f* **über NN** *(Kart)* aerodrome elevation; ~**leuchtfeuer** *n (Bod)* aerodrome beacon; ~-**Notfallplan** *m* airport emergency plan; ~**unternehmer** *m* aerodrome contractor; ~**verkehr** *m (Flsich)* aerodrome traffic; ~**verwaltung** *f* airport administration *or* management *or* authorities *pl*; ~**wetterwarte** *f* airport meteorological station *or* office; ~**zone** *f* airport zone.

**Flug|handbuch** *n* (aeroplane) flight manual ***(Def)*** *or* handbook; ~**höchstmasse** *f (Lfz)* maximum weight ***(Def)***; ~**hof** *m (Bod)* passenger terminal (builing); ~**höhe** *f* operational height *or* level; (flight) altitude, *abbr* Alt; (*allg & über Grund*) height; *berichtigte angezeigte* ~~ calibrated altitude, *abbr* CA; *metrische* ~~ *(Flsich)* metric altitude; ~**informationsdienst** *m (Flsich)* flight information service, *abbr* FIS ***(Def)***; *Flugplatz*-~~ aerodrome flight information service, *abbr* AFIS; ~**informationsgebiet** *n (Flsich)* flight information region ***(Def)***; *oberes* ~~ *(Flsich)* upper flight information region, *abbr* UIR; ~**informationszentrale** *f (Flsich)* flight information centre ***(Def)***; ~**ingenieur** *m* flight engineer ***(Def)***; ~**inspektor** *m (Prüfer)* flight inspector; ~**instrument** *n* flying instrument; ~**kapitän** *m* aircraft captain; ~**(kenn)nummer** *f (LVerk)* flight (identification) number; ~**kilometer** *m/pl* kilometres *pl (US)* kilometers) flown; ~**klar** *(Flzg)* ready to fly; clear(ed) for take-off; ~**klarheit** *f* readiness to take-off; ~**klimatologie** *f (met)* aeronautical climatology; ~**kommandoanlage** *f (Lfz)* flight director; ~**kontrollstreifen** *m (Flsich)* flight progress strip.

**Flugkörper** *m, abbr* FK missile; *aeroballistischer* ~ aeroballistic missile, *ballistischer* ~ ballistic flight vehicle *or* missile ***(Def)***; *Boden-Luft-* ~~ *(LW)* surface-to-air missile, *abbr* SAM; *flossenstabilisierter* ~ finstabilized missile; *ferngelenkter* ~ guided missile; ~ *für den Luft- und Weltraum* aerospace vehicle; *interplanetarischer od kosmischer* ~ astroplane; astro-vehicle; ~ *mit mehreren getrennt lenkbaren Wiedereintrittskörpern* multiple indenpendently *or* individually targetable (*or* targeted) re-entry vehicle, *abbr* MIRV; *schiffs- od seegestützer ballistischer* ~ sea launched ballistic missile, *abbr* SLBM; ~ *mit Zielsuch(lenk)kopf* boming missile; *selbstzielsuchender* ~ homing missile; *ungelenkter* ~ unguided missile; *weitreichender* ~ longrange missile; ~**abschussvorrichtung** *f* missile launcher, *abbr* ML; ~**geometrie** *f (Konstr)* geometry of flying vehicle; ~**startvorrichtung** *f* missile launcher, *abbr* ML.

**Flug|kraftstoff** *m* aviation fuel *or* spirit; ~**kunststück** n stunt; flying trick ~**kursbuch** *n (LVerk)* air guide; ~**lage** *f (Flzg)* attitude *or* position of flight ***(Def)***; (flying) attitude; *ungewöhnliche* ~*n pl* unusual positions *pl (Flbetr)*; ~ *zum Erdboden* attitude relative to ground ***(Def)***; ~**lage(n)anzeiger** *m (Instr)* attitude *or* flight indicator ***(Def)***; ~**lagehaltung** *f (Flugregler)* attitude hold; ~**lageregelsystem** *n (Lfz)* attitude hold(ing) system; ~**lageregelung** *f (Lfz)* flight-attitude hold(ing); attitude control; ~**lageregler** *m (Lfz)* attitude control ***(Def)***; *automatischer* ~~ attitude stabilizier; ~**lagestabilisierung** *f (Flugregler)* attitude (stabilization) lock; ~**lagesteuerung** *f* attitude control; ~**lärm** *m* aircraft *or* flight noise; ~**lärmpegel** *m* flight-noise level; ~**lärmreduzierung** *f* flight-noise reduction; ~**lärmüberwachung** *f* aircraft noise monitoring; ~**lärmverminderung** *f* flight-noise abatement; ~**lastbedingungen** *f/pl od* ~**fälle** *m/pl (stat)* flight load(ing) conditions *pl*; ~**lastvielfaches** *n* manoeuvring load factor; ~**lehrberechtigung** *f* flight instructor rating; ~**lehrer** *m* flying instructor; ~**lehrerberechtigung** *f* instructor rating; ~**leistung** *f (Flzg)* airplane (flying) performance ***(Def)***; ~**leistungsabhängige Betriebsbegrenzungen** *f/pl (Flzg)* aeroplane performance operating limitations *pl*; ~**leiter** *m (LVerk)* traffic director; flight manager; *(Flsich E)* air traffic officer; *(Flsich US)* air traffic controller; *(mil)* fyling control officer; ~**leitung** *f* flight operational control; flying *or* aerodrome control; *(LW E)* flying control; *(LW US)* (air)base operations, *abbr* base ops; ~**leitungspersonal** (air traffic) control personnel; ~**leitungssturm** *m* control tower; ~**linie** *f (LVerk)* (scheduled) air service ***(Def)***; *durchgehende* ~~ *(LVerk)* through air service; *internationale* ~~ scheduled international air service; ~**linie(ngesellschaft)** *f (LVerk)* airline; ~**liniennetz** *n (LVerk)* airline system; ~**linienunternehmen** *n* airline operating agency ***(Def)***; airline; *bezeichnetes od namhaft gemachtes* ~~ designated airline; ~**linienverkehr** *m* air service ***(Def)***; *Inland*-~~ domestic air service ***(Def)***; *internationaler* ~~ international air service ***(Def)***;; *zwischenstädtischer* ~~ inter-city air service.

**Flug|-Mach-zahl** *f (aerodyn)* flight Mach number ***(Def)***; ~**manöver** *n (Flbetr)* flight manoeuvre; ~**masse** *f (Lfz)* gross weight ***(Def)***; all-up weight, *abbr* AUW; *höchstzulässige* ~~ *(Lfz)* maximum weight ***(Def)***; ~**mechanik** *f* flight mechanics; mechanics of flight; ~**medizin** *f* aviation medicine ***(Def)***; ~**medizinisches Institut** *n* institute for aviation medicine; aviation medical institute; ~**meldebereich** *m & n (LVerk)* aircraft reporting area; ~**meldedienst** *m (LVerk)* aircraft reporting service; *(mil)* air(-raid) *or* aircraft warning service; *Auge-Ohr*-~~ *(mil)* ground observer corps, *abbr* GOC; ~**meldekommando** *n (mil)* air warning *or* air observation command; ~**meldeorganisation** *f* aircraft warning service, *abbr* AW service; ~**meldeposten** *m* ground observation post; ~**meldung** *f (Flsich)* air report, *abbr* ARP or AIREP ***(Def)***; ~~ *in offener Sprache od im Klartext* plain language form of air report; ~**meteorologie** *f* aeronautical *or* air meteorology; ~**modell** *n* flying *or* airplane model; ~**modellbau** *m* airplane model construction; ~**modellsport** *m* model airplane flying; ~**motor** *m* aircraft *or* aero engine ***(Def)***; *kritischer* ~~ critical engine; ~**motorenbau** *m* aircraft engine construction; aeronautical engineering; ~**motorenmechaniker** *m* aircraft engine mechanic; ~**motorenschlosser** *m* aircraft engine mechanic *or* fitter; ~**motorenwerk** *n* aircraft engine *or* aero-engine factory.

**Flug|nachbesprechung** *f (mil)* de-briefing; ~**nachrichter** *m* aeronautical communicator; ~**navigation** *f* flight *or* air navigation ***(Def)***; (*US auch:*) avigation; *taktische* ~~ tactical air navigation, *abbr* TACAN; ~**navigationsdienste** *m/pl* air navigation services *pl*; ~**navigationseinrichtungen** *f/pl* air navigation aids *pl or* facilities *pl*; ~**navigationsfunkdienst** *m (Flsich)* aeronautical radionavigation service ***(Def)***; ~**navigationseinrichtung** *f* air navigation aid; ~**navigationshilfe** *f* air navigation aid; *taktische* ~~ tactical air navigation aid; ~**(navigations)karte** *f (Kart)* flight map; ~**neigungswinkel** ***(Def)*** *m (Flbetr)* angle of dive; ~**not** *(Flsich)* distress ***(Def)***; ~**nummer** *f (LVerk)* flight number.

**Flugobjekt** *n*, **unbekanntes** *od* **nichtidentifiziertes** ~, *abbr* UFO unidentified flying object, *abbr* UFO.

**Flug|physiologie** *f (Flmed)* flight physiology; ~**pionier** *m* aviation pioneer; ~**plan** *m (LVerk)* flight *or* air service *or* flying schedule; *(vorgeschriebene Flugvorbereitung: (Flsich)* flight plan ***(Def)***; *durchgehender* ~~ *(Flsich)* flight plan through intermediate stops, *abbr* TRUPLAN; *geltender* ~~ *(Flsich)* current flight plan; *während des Fluges aufgegebener* – *(Flsich)* air-filed flight plan, *abbr* AFIL; ~**plandaten** *n/pl* flight plan data *pl*; ~**planformat** *n* flight plan format; ~**plankoordinator** *m (Flsich)* flight scheduling coordinator; ~**planmäßig eintreffen** *v (LVerk)* arrive on schedule; ~**planmäßiger Flug** *m* scheduled flight; ~**planmeldung** *f (Flsich)* flight plan message; ~**plan/Startmeldung** *f (Flsich)* flight plan/departure message; ~**planvordruck** *m od* -**formular** *n* flight plan form.

**Flugplatz** *m* airfield; aerodrome ***(Def)***; *sl* drome; *einen* ~ *anfliegen v* make *or* head for an airfield; ~ *mit Verkehrskontrolle (Flsich)* controlled aerodrome ***(Def)***; *STOL-* ~ *(Bod)* STOL port; unbefestigter ~ natural ground airfield; ~**ansteuerungsfeuer** *n (Bod)* aerodrome proximity light; ~**ausrüstung** *f* aerodrome equipment; ~**befeuerung** *f* aerodrome lighting; ~**betrieb** *m* aerodrome operation; ~-**Betriebsmindestbedingungen** *f/pl* aerodrome operating minima *pl;* ~**betriebsstraße** *f* aerodrome service road; ~**(bezugs)-höhe** *f* aerodrome elevation ***(Def)***; ~**bezugspunkt** *m (Kart)* aerodrome reference point ***(Def)***; ~-**Bodenverkehr** *m* aerodrome surface traffic; *Radar(-anzeige)gerät n für* ~~ aerodrome surface movement indicator, *abbr* ASMI; ~**erkennungszeichen** *n (Bod)* aerodrome identification sign ***(Def)***; ~**grenze** *f* aerodrome boundary; ~**halter** *m* aerodrome operator; ~**hinderniskarte** *f (Kart)* aerodrome obstruction chart, *abbr* AOC; ~**höhe** *f* aerodrome elevation ***(Def)***; ~**höhenmarke** *f* aerodrome height mark; ~-**Kennfeuer** *n (Bod)* (aerodrome) identification beacon ***(Def)***; ~-**Kontrolldienst** *m (Flsich)* aerodrome control service ***(Def)***; ~**kontrolle** *f (Flsich)* aerodrome control ***(Def)***; *Funkstelle für die* ~~ aerodrome control radio station ***(Def)***; ~-**Kontrollstelle** *f (Kontrollturm: Flsich)* aerodrome control tower, *abbr* TWR ***(Def)***; ~**lageplan** *m* aerodrome diagram; ~**leuchtfeuer** *n (Bod)* aerodrome location beacon ***(Def)***; ~**lotse** *m (Flsich)* aerodrome controller; ~-**Rollplan** *m od* ~**Rollroute** *f (Flbetr)* aerodrome taxi circuit ***(Def)***; ~**runde** *f (Flbetr)* airfield-traffic circuit; ~-**Rundsichtradar(gerät)** *n* terminal area surveillance radar, *abbr* TAR; ~**sicherheit** *f* aerodrome security; ~**tarif(ordnung)** *m/(f)* aerodrome tariff(s) *(pl)*; ~**umgebungskarte** *f* aerodrome environment chart; ~**verkehr** *m* aerodrome traffic ***(Def)***, ~**verkehrszone** *f* aerodrome traffic zone, *abbr* ATZ ***(Def)***; ~**verzeichnis** *n* list of aerodromes; aerodromes book; aerodrome directory; ~**wettervorhersage** *f* aerodrome forecast; ~~ *des Zielflugplatzes* terminal aerodrome forecast; ~-**Wettermindestbedingungen** *f/pl* aerodrome meterological minima *pl* ***(Def)***; ~**zone** *f* aerodrome (control) zone; aerodrome-controlled zone.

**Flug|praxis** *f* flight *or* flying experience *or* practice; ~**preis** *m (LVerk)* fare *or* price of flight; air (passenger) fare; *einfacher* ~~ single (air) fare; *Vor-/Nachsaison-* ~~ off-season (air) fare; *Zwischensaison-* ~~ shoulder season (air) fare; ~**profil** *n (Flbetr)* flight profile ***(Def)***; *beabsichtigtes* ~~ intended flight profile; ~**prüfer** *m* flight inspector; ~**prüfung** *f (Flzg)* flight test(ing); ~**psychologie** *f (Flmed)* flight psychology.

**Flug|rechner** *m* flight computer; ~**regel** *f* flight rule; ~**regelmäßigkeitsmeldung** *f (LVerk)* flight regularity message; ~**regeln** *f/pl (Flbetr)* flight rules *pl*; ~**regelung** *f*, **automatische** ~~ *(Lfz-Führung)* automatic control ***(Def)***; ~**regler** *m (Lfz)* automatic pilot; ~**regime** *n (Flbetr)* flight regime; *extremes* ~~ extreme flight regime; ~**reichweite** *f* flying *or* flight range; ~**reihenfolge** *f (Flsich)* sequence of flights; *Festlegung f der* ~~ sequencing of flights; ~**reisebuch** *n (LVerk)* journey flight book; ~**richtung** *f* course *or* direction of flight; ~**risiko** *n (Versicherungswesen)* flying risk; ~**routennetz** *n (LVerk)* network of air routes; ~**rundfunkdienst** *m* aeronautical broadcasting service ***(Def)***.

**Flug|saison** *f* flying season; ~**schein** *m (LVerk)* plane *or* flight ticket; passenger ticket; *einfacher -schein (Hinflug)* single (journey) *or* one-way-ticket; ~*schein für Hin-und Rückflug* return *or* double journey *or* round trip ticket; ~**scheinabschnitt** *m (LVerk)* (flight) coupon; ~**scheinverkaufsstelle** *f* flight ticket office; booking office; ~**schlepp** *m (Flbetr)* flight towing; ~**schneise** *f* (aerial) corridor; flight *or* flying lane; ~**schrauber** *m (Flzg)* gyrodyne; ~**schule** *f* flying *or* aviation school; ~**schüler** *m* flying student *or* pupil; student *or* novice pilot; pilot trainee, *sl* quirk; ~**schülersitz** *m (im Flzg)* student's seat; ~**sicherheit** *f* safety in flight; air *or* flying safety; ~**sicherheitsoffizier** *m*, *abbr* FSO *(LW)* flying safety officer, *abbr* FSO; ~**sicherung** *f*, *vergl* **Flugverkehr** *m* air traffic (control); ~**sicherungsdienste** *m/pl* air navigation services *pl*; ~**sicherungstechnischer Angestellter** *m* technician in aeronautical service; ~**sicht** *f (met)* flight visibility ***(Def)***; ~**simulation** *f (flieg. Ausbildung)* flight simulation; ~**simulator** *m* (flight *or* aircraft) simulator ***(Def)***; ~**sport** *m* sporting aviation; flying sport; ~**sport treiben** *v* flying for sport; ~**statistik** *f* flight statistics *pl*; ~**steig** *m (Flugplatz)* passenger ramp *or* gate; ~**steigköpfe** *m/pl (Bod)* satellites *pl*; ~**strecke** f route of flight; air flight route; *(Entfernung)* flying distance, *abbr* Dist; ~~ *auf der Kursgleichen (nav)* rhumb line route; *eine* ~~ *befliegen v (LVerk)* operate a route; ~~ *geringster Lärmstörung (Flbetr)* minimum noise route; *lärmgünstigste* ~~ noise preferential route; ~**streckenbefeuerung** *f (Bod)* airway *or* route lighting; ~**streckeneinrichtungen** *f/pl (Bod)* air route facilities *pl*; ~**streckenführung** *f*

*(Flbetr)* flight routing; ~**streckenkarte** *f* aeronautical route chart; ~**streckenleuchtfeuer** *m (Bod)* airway beacon *or* light; ~***streckennetz*** *n (LVerk)* network of air routes; ~**streckenplan** *m* route schedule; ~**stunde** *f* flying hour; *geleistete ~~ n pl (Flbetr)* hours *pl* flown.

**Flug|tag** *m* air *or* flying day; ~**tagebuch** *n* flight (log) book; ~**tätigkeit** *f* air *or* flying activity; ~**tauglich** fit for flying (duties); *(Lfz)* flightworthy; airworthy; ~**tauglichkeit** *f* fitness for flying (duties); *(Lfz)* flight-worthiness; aircraft airworthiness; ~**technik** *f* flying *or* flight technique; flying procedure; ~**technisch** aeronautical; airtechnical; ~**test** *m (Lfz)* airborne test(ing); ~**tüchtig** *(Flzg)* airworthy.

**Flug|überprüfung** *(Flzg) f* flying check; ~**überprüfungssystem** *n (Flbetr)* flight check system; ~**überwachung** *f* supersvision of air navigation; flight supervision; ~**überwachungsgerät** *n (Lfz)* flight instrument; ~**überwachungsinstrument** *n (Lfz) f*light instrument; ~**überwachungsinstrumenten-Anlage** *f (Lfz)* flight instrument system ***(Def)***; ~**überwachungspult** *n (Flsich)* flight progress board; ~**überwachungszone** *f (LVerk)* air defence identification zone, *abbr* ADIZ; ~**übung** *f* in-flight practice; ~- **und Raumfahrtindustrie** *f* aerospace industry; ~- **und Raumfahrtmedizin** *f* aerospace medicine; ~**unfall** *m* aircraft *or* flying *or* in-flight accident ***(Def)***; *Voruntersuchung f eines ~~s* aircraft accident investigation; ~**unfallmeldung** *f* aircraft accident notification; ~**unfallverhütung** *f* flight accident prevention; ~**untauglichkeit** *f* unfitness *or* inaptitude for flying; ~**unterbrechung** *f* break in the flight; interruption of flight.

**Flug|veranstaltung** *f* flying *or* aviation meeting; air show *or* display or meet; ~**verbot** *n* flight interdiction *or* prohibition; prohobition against flying; ban on flying; *~~ haben v* be prohibited *or* banned from flying; be grounded; ~**verfahren** *n (Flbetr)* flight procedure; ~**verhalten** *n (Lfz)* flying qualities pl.

**Flugverkehr** *m (Flbetr)* air traffic ***(Def)***; *grenzüberschreitender ~* border-crossing air traffic; *störender ~* conflicting air traffic; ~**s-Beratungsbezirk** *m (air traffic)* advisory aera ***(Def)***; ~**s-Beratungsdienst** *m* air traffic advisory service ***(Def)***; ~**s-Beratungsluftraum** *m (air traffic)* advisory airspace ***(Def)***; ~**s-Beratungsstrecke** *f* advisory route ***(Def)***; ~**sdienst(e)** *m(pl)* air traffic service(s) *(pl)*, *abbr* ATS ***(Def)***; ~**sdienstmeldung** *f* air-traffic services message; ~**sdienstpersonal** *n* air traffic services personnel; ~**sdienststelle** *f* air-traffic services unit ***(Def)***; ~**sfreigabe** *f (Flsich)* air traffic control clearance ***(Def)***; *~~ einer Flugfläche oberhalb der Wolkendecke* on-top cruising level clearance ***(Def)***; ~**skontrolldienst** *m* air traffic control service ***(Def)***; ~**skontrolle** *f* air traffic control, *abbr* ATC; *~~ für alle Luftfahrzeuge* positive control; *~~ ohne Radar* procedural contral; *Verfahren n für die ~~* air traffic control procedure; ~**skontroller** *m* air traffic controller; ~**skontrollmeldung** *f* air traffic control message; ~**skontrollstelle** *f* air traffic control unit ***(Def)***; *übergebende ~~* transferring control unit; ~**skontrollzentrale** *f* air traffic control centre ***(Def)***; ~**sleitung** *f* air traffic control, *abbr* ATC ~**slotse** *m* air traffic controller ***(Def)***; *Berechtigung f für ~~n* air traffic controller rating; *~~ für Start- und Landebahn* runway controller ***(Def)***; *~smanagement n* air traffic management; ~**sstrecke** *f* air traffic services route, *abbr* ATS route ***(Def)***.

**Flug|verlaufsmeldung** *f (Flbetr)* flight progress message; ~**vermessung** *f (von Bodenanlagen)* flight test *or* inspection; ~**versuch** *m* flight test(ing); ~**vorbereitung** *f* preparation for flight; flight preperation; pre-flight action *or* planning; ~**vorbereitungsformular** *n od* ~**vordruck** *m* flight preparation form; ~**vorbesprechung** *f* (preflight) briefing ***(Def)***; ~**vorführung** *f* air display.

**Flug|warngebiet** *n (Flsich)* navigational warning area; ~**warnung** *f* navigational warning; ~**weg** *m* flight path ***(Def)***; course (of flight); air route; *angezeigter ~~* indicated flight path; *ausgestrahlter ~~ (Funk)* radiated flight path; *beabsichtigter ~~ (nav)* intended flight path; *~~ für kürzeste Flugzeit* minimum time track, *abbr* MTT; *Ist-~~* actual flight path; *~~ mit geringstem od kürzesten Zeitbedarf* minimal flight path ***(Def)***; minimum time track, *abbr* MTT; *tatsächlicher ~~* actual flight path; *~weg über Grund* true line of flight; track (over ground), *abbr* Tr.; *zugewiesener ~~ (Flsich)* assigned flight path; ~**wegaufzeichnung** *f (Radar)* radar plot ***(Def)***; ~**wegbestimmung** *f* course determination; ~**wegdatenextraktor** *m (Radar)* plot extractor; ~**wegkarte** *f* air route (strip) map; ~**wegschreiber** *m (Instr)* track recorder; ~**wegverfolgung** *f* flight following *or* tracking; *~~ mit Radar* radar tracking; ~**weite** *f* range (of flight); ~**werk** *n (Flzg)* structure; airframe ***(Def)***; airplane without engines; *(Flugboot)* aerostructure; ~**werkschaden** *m (Lfz)* airframe failure; ~**wesen** *n* aviation ***(Def)***; ~**wettbewerb** *m* flying contest; ~**wetter** *n* flying *or* flyable weather, *~~ das (normalerweise) keine Landung gestattet (QBI QGO)* unlandable weather; ~**wetterberater** *m* aeronautical meteorological forecaster; ~**wetterdienst** *m* aeronautical *or* aviation meteorological service; aivation weather service; ~**wetterdiensttechniker** *m* aeronautical meteological assistant; ~**wetterdokumentation** *f* flight (weather) documentation; ~**wettermeldung** *f, planmäßige ~~* meteorological aviation routine report, *abbr* METAR; ~**wetternebenstelle** *f* supplementary meteorological office, *abbr* SMO; ~**wetterstation** *f* aeronautical meteorological station ***(Def)***; ~**wetterüberwachung** *f* meteorological watch; ~**wettervorhersage** *f* flight (weather) forecast, *abbr* FIFOR; ~**wetterwarte** *f* aeronautical meteorolgical office ***(Def)***; ~**wind** *m* flying *or* relative wind; ~**windachsen** *f/pl (aerodyn)* wind axes *pl* ***(Def)***; ~**windrichtung** *f* direction of relative wind; ~**windstärke** *f* strength of relative wind; ~**winkel** *m* angle of approach; ~**wissenschaft** *f* science of flight; aeronautical science; ~**wissenschaftlich** aeroscientific; ~**zeit** *f* flying time; time *or* duration of flight; flight time ***(Def)***; *Anrechnung f von ~* crediting of flight time; *geschätzte ~~* estimated flight time; *~~ in einem Segelflugzeug* flight time in a glider ***(Def)***; *~~ mit Lehrer* dual flight time; *voraussichtliche ~~ (Flsich)* estimated time en route, *abbr* ETE; ~**zeitbeschränkungen** *f/pl* flight time limitations *pl.*

**Flugzeug** *n* aeroplane ***(Def)***; *(US)* airplane; *(allg)* plane; aircraft; craft; ship; *sl* bus; *sl* crate; *siehe auch Erläuterungen Ziffer 10; ~ abfangen v* flatten out; level off; *(Sturzflug)* pull out; *(LKr)* intercept; *~ abheben v* unstick; *sl* hoick off; *sl* get "her" away; *sl* pull "her" up; *~ abnehmen v* accept *or* take over an airplane; *aerodynamisch instabiles ~* aerodynamically unstable aeroplane; *aerodynamisch stabiles ~*aerodynamically stable aeroplane; *~ auf Kurs halten v* keep the plane on its course; *~ aufsetzen v* set the airplane down; touch down; *~ ausschweben lassen v* let the plane flatten out; *bordgestütztes ~* ship-borne *or* ship-based *or* carrier aeroplane ***(Def)***; *~ der Allgemeinen Luftfahrt* general aviation aeroplane; *~ dreht in den Wind* the airplane weathercocks; *dreistrahliges ~* three-jet aeroplane; trijet (aeroplane); *~ drücken v* nose-down; push the (control) stick forward; *~ durchsacken lassen v* pancake the plane; let the plane pancake; stall the plane down; *(Landung)* make a squash landing; *~ einfliegen v* test-fly an aircraft; test a plane in flight; flight-test a plane; *ferngelenktes ~ (Zieldarstellung-)* drone ***(Def)***; *~ führen v* pilot; *v* captain; fly; *führerloses ~* pilotless aircraft; ~ *für hohe Überschallgeschwindigkeit* hypersonic aeroplane; ~ *für schallnahe Geschwindigkeiten* transonic aeroplane; *geschlepptes* ~ towed aeroplane; ~ *gleitet* the aircraft glides; ~ *hängt* the plane hangs (laterally); *~(e pl) im Staffelflug* echoloned aeroplane(*s pl*); ~ *in natürlicher Größe* full-scale aeroplane; *landgestütztes* ~ land-based aeroplane; *längsstabiles* ~ longitudinally stable aeroplane: ~ *mit abgestelltem Motor* airplane with power off; ~ *mit Doppelsteuerung* airplane with dual control(s); ~ *mit Drehflügeln* rotary-wing aircraft; ~ *mit drei Strahltriebwerken* three-jet aeroplane; trijet (aeroplane); ~ *mit Druckschraube* pusher aircraft *(Def)*; ~ *mit feststehenden Tragflächen* fixed-wing aircraft; ~ *mit Kolbenmotor* aeroplane with reciprocating engine; conventional aeroplane; ~ *mit laufendem Motor* airplane with power on; ~ *mit Mischantrieb (z.B. Turbo & Flmot)* composite aircraft *(Def)*; ~ *mit Raketenantrieb* rocket aircraft; rocket-driven aeroplane; ~ *mit Reihenmotor* airplane with in-line engine; ~ *mit schwenkbarem Schubvektor* deflected-jet aeroplane; ~ *mit Sternmotor* aircraft with radial engine; ~ *mit Strahlantrieb* jet (-propelled) aircraft; ~ *mit variabler od veränderlicher Flügelpfeilung* swing-wing aeroplane; aeroplane with variable sweep; ~ *mit Verbrennungsmotor* aircraft with internal combustion engine; ~ *mit Vorderschwanz* tail-first plane; ~ *mit Zugschraube* tractor *or* puller aircraft; *motorloses* ~ glider *(Def)*; *(positiv) stabiles* ~ stable aeroplane; *reglergestütztes* ~ control configured vehicle, *abbr* CCV; ~ *rollt aus* the airplane runs out; ~ *sackt durch* the aircraft pancakes; ~ *schiebt in der Kurve* the airplane skids on the turn; ~ *schmiert ab* the airplane falls out of control *or* crashes; *schnelles* ~ fast-flying aircraft; *schwanzloses* ~ tailles airplane; flying wing (aeroplane) *(Def)*; ~ *schwebt aus* the airplane flattens out; ~ *setzt auf* the aircraft touches down; ~ *springt (bei der Lanung)* the plane bounces; *statisch instabiles* ~ statically unstable aeroplane; *statisch stabiles* ~ statically stable aeroplane; ~ *stürzt ab* the airplane crashes *or* falls out of control; *superleichtes* ~ superlight *or* ultralight aeroplane; ~ *überziehen v* overzoom; overclimb; stall; *unbemanntes* ~ pilotless aircraft; *VTO-* ~ vertical take-off *or* VTO aeroplane; *zum Straßentransport geeignetes* ~ roadable airplane; *Zustände m/pl am* ~ aeroplane configurations *pl.*

**Flugzeug|abmessung** *f* airplane dimension; **~abstellplatz** *m* aircraft parking aera; *(betoniert)* hardstanding; **~abwehrrakete** *f (Flak)* AA rocket; **~abwehrscheinwerfer** *m (Flak)* AA searchlight; **~achse** *f* axis of the aircraft; **~antenne** *f* airplane antenna; **~attrappe** *f* aeroplane mock-up; **~(auf)fangvorrichtung** *f (Bod)* aeroplane arresting device; **~aufhalter** *m (Flzg-Träger)* airplane arrester; **~auftriebshilfen** *f/pl* aeroplane high-lift devices *pl*; **~bau** *m* aircraft building *or* contruction; **~baumuster** *n* type of aircraft; **~bauer** *m* aircraft manfacturer *or* constructor; **~bergetrupp** *m* aircraft salvage unit; **~besatzung** *f* air *or* flight crew *(Def)*; **~besatzungsmitglied** *n* flight crew member; **~betriebshandbuch** n aeroplane operations manual; **~bewaffnung** *f* aircraft armament; **~charakteristiken** *f/pl* aeroplane characteristics; **~elektriker** *m* aircraft electromechanic; **~entführung** f abduction of aircraft; **~entwurf** *m (Konstr)* aeroplane design; **~erkennungsdienst** *m (LKr)* aircraft recognition (service) **~ersatzteil** *m & n* aircraft spare (part); replacement part; **~fabrik** *f* aircraft factory *or* plant; **~fahrwerk** *n* aeroplane alighting gear; landing gear; **~fanganlage** *f (Bod)* aircraft arresting gear *or* unit; **~fangvorrichtung** *f (Bod)* aircraft arresting grear *or* unit; **~feinmechaniker** *m* aircraft precision mechanic; aircraft instrument mechanic; **~feste Achsen** *f/pl (aerodyn)* body axes *pl* *(Def)*; **~feuerlöscher** *m* aircraft fire extinguisher; **~flotte** *f (LVerk)* air(craft) fleet; ~**-Flughandbuch** *n* aeroplane flight manual *(Def)*; **~führer** *m* pilot (of an aeroplane) *(Def)*; aviator, *sl* „peelo"; *sl* driver; *erster* ~~ chief pilot; pilot-in-command; *zweiter* ~~ co-pilot; **~führerabzeichen** *n* pilot's badge *or* insignia; wings; **~führerin** *v* woman *or* lady pilot; **~führerschein** *m* pilot's certificate *or* licence (*US* license); **~führerschule** *f* pilots'school **~führersitz** *m (Flzg)* pilot cockpit; **~funkhöhenmesser** *m (Instr)* aircraft radio altimeter; **~funkmechaniker** *m* aircraft radio mechanic; **~funkpersonal** *n* aircraft radio serving personel; **~funkstelle** *f* aircraft station; **~funkwart** *m* aircraft radio mechanic; **~gestütztes Warn- und Leitsystem** *n (LKr)* airborne warning and control system, *abbr* AWACS; **~halle** *f* hangar *(Def)*; **~halter** *m* airplane operator; **~ingenieur** *m* aircraft engineer; **~kanone** *f* aircraft cannon; air-cannon; **~kennungsgeber** *m (Funk)* on-board responder; **~klempner** *m* aircraft tinsmith; aircraft sheet-metal worker; **~kommandant** *m* commander of the aircraft; pilot-in-command; **~konstruktion** *f* aeroplane design *or* structure; *aeroelastische* ~~ aeroelastic aeroplane structure; **~kunde** *f* aircraft theory; **~lärmzeugnis** *n* aeroplane noise certificate; **~lebensdauer** *f* aeroplane lifetime; **~lehre** *f* aircraft theory; **~leistungen** *f/pl* aeroplane performance(s) *(pl)*; **~maler** *m* aircraft painter; **~masse** *f (Gewicht)* aeroplane mass; **~mechanik** *f* airplane mechanics; **~mechaniker** *m* aircraft *or* ground mechanic; **~metaller** *m* aircraft metal-worker; aircraft metalsmith; **~modell** *n* aeroplane mock-up *or* model; **~modellbauer** *m* aeromodeller; **~motor** *m* aircraft *or* aero engine; **~muster** *n* type of aircraft; **~mutterschiff** *n* aircraft depot ship; **~nase** *f* (aircraft) nose; **~orter** *m* navigator; *(US auch:)* avigator; **~park** *m* aircraft park; **~reifen** *m* aircraft *or* aero tyre (*US* tire); **~rumpf** *m* aircraft fuselage *or* body; **~rüstpersonal** *n* aircraft riggers *pl*; (Bewaffnung) aircraft armourers (*US* armorers) *pl*; **~sattler** *m* aircraft leatherworker; **~schlepp** *m* aircraft towing; **~schleppantenne** *f* trailing antenna *or* aerial; **~schleuder** *f* catapult; **~schleuse** *f (Nachschub: LKr)* aircraft routeing centre (*US* center); **~schlosser** *m* aircraft fitter; **~schuppen** *m* aircraft shed; **~schutzbau** *m (mil-Flugplatz)* (aircraft) shelter; **~schwerpunkt** *m* centre (*US* center) of gravity, *abbr* c.g. of the plane; **~selbststeuerung** *f* automatic flight controL; **~sextant** *m (navInstr)* flight *or* air sextant *(Def)*; ~steuerung *f* airplane controls *pl*; **~steuer(ungs)system** *n* aeroplane control system; **~struktur** *f* aeroplane structure; *aero-elastische* ~~ aeroelastic structure; **~techniker** *m* aircraft technician; **~tischler** *m* aircraft carpenter; *sl* chippy; **~torpedo** *m (LKr)* aerial torpedo; *sl* tin fish; **~träger** *m* aircraft carrier *(Def)*; *sl* flattie; *sl* banana boat; *atomar angetriebener* ~~ nuclear(-powered) aircraft carrier; **~transportwagen** *m* aircraft truck *or* lorry; **~treppe** *f* (*eingebaute* ~~) built-in air-stairs *pl*; ~typ *m* type of aircraft; **~unfall** *m* aeroplane accident; **~waffenpersonal** *n* aircraft armament personnel; **~wägung** *f* aeroplane weighing; **~wart** *m* airplane (ground) mechanic; **~wartung** *f* aircraft maintenance *or* servicing; **~wartungspersonal** *n* aircraft maintenance personnel; **~werk** *n* aircraft factory *or* plant or works; **~zelle** *f* airframe; **~zubehör** *m & n* aircraft accessories *pl*; **~zulassung** *f* airworthiness certificate; certificate of airworthiness, *abbr* C. of A.; **~zustandsformen** *f/pl* aeroplane configurations *pl* *(Def)*.

**Flug|ziel** *n (Flak)* air *or* flying target; **~zielbeschuss** *m (Flak)* firing at air target; **~zustand** *m (Flzg)* attitude (of flight); flight condition *or* attitude; *Annäherung f an den überzogenen* ~~ *(Flbetr)* approach to stall; *halbüberzogener* ~~ semi-stalled condition; *Lande*~~ landing attitude; ~~ *„Schnauze hoch" sl (Flzg)* nose-up attitude; *(stark) überzogener* ~~ *(mit Leitwerk in abgelöster Strömung: Flzg)* superstall; *überzogener* ~~ (over)stalled attitude; stall; *weit überzogener* ~~ *(Flbetr)* deep stall.

**Fluidodynamik** *f* fluid dynamics.

**flukturierende Strömung** *f (aerodyn)* fluctuating *or* fluctuation flow.

**flüssig | e Luft** *f* liquid air; ~**er Raketentreibstoff** *m* liquid propellant ***(Def)***; ~**gas** *n* liquified gas; ~**keit** *f* liquid; fluid; *inkompressible* ~~ *(Hydr)* incompressible fluid; ~**keitsantrieb** *m* fluid drive; ~**keitsbarometer** *n* liquid barometer; ~**keitsbrandbombe** *f* liquid incendiary bomb; ~**keitsbremse** *f* hydraulic brake; ~**keitsdämpfung** *f* liquid damping; ~**keitseinspritzung** *f (Kühl- ~~' Flmot)* refrigerant injection ***(Def)***; ~**keitsenteisung** *f (Luftschraube)* fluid de-icing; ~**keitsgekühlt** *(Flmot)* liquid-cooled; ~**keitskompass** *m* fluid *or* spirit *or* immersed compass; ~**keitsstoßdämpfer** *m* hydraulic shock absorber; ~**kraftstoffrakete** *f* liquid-fuel rocket; ~**luft** f liquid *or* liquified air; ~**sauerstoff** *m (für Höhenatmer)* liquid oxygen.

**Fluss | röhre** *f* flux tube; ~**umkehr** *f* flow reversing.

**Föhn** *m (met)* foehn ***(Def)***; *(US)* chinook (wind); *antizyklonaler* ~ anticyclonic foehn; ~ *der freien Atmosphäre* anticyclonic foehn; ~**luft** *f (met)* foehn air; ~**mauer** *f (met)* foehn wall; ~**wolke** *f (met)* foehn cloud ***(Def)***.

**Fokussierung** *f (Überschall)* focussing.

**Folgekurve** *f (Flbetr)* following curve.

**Folien** *f/pl (Düppelstreifen: Radar)* "window(s)" *(pl)*; chaff; ~**geräusch** *n (Radar)* window noise; ~**störung** *f (Radar)* window jamming.

**Förder | anlage** *f* feed system; ~**band** *n* conveyer belt; ~**druck** *m* feed *or* delivery pressure; *maximaler* ~~ *(Hydr)* maximum delivery pressure ***(Def)***; ~**leistung** *f (Pumpe)* output; ~**leitung** *f* delivery *or* pressure *or* feed pipe ***(Def)***; ~**pumpe** *f* (fuel) booster pump ***(Def)***.

**Forderung** *f* request; requirement; *technisch taktische* ~ *(an das Gerät: mil)* qualitative military requirement.

**Form** *f* shape; form; *geometrische* ~ geometric shape; ~**änderung** *f (stat)* deformation; *(am Gerät)* constructional modification; ~**änderungsgeschwindigkeit** f (stat) strain rate; ~**änderungskraft** *f (stat)* deformation force; ~**ation** *f (mil)* formation; unit; ~**ationsfliegen** *n od* ~**ationsflug** *m (Verbandsflug)* formation flying; ~**ationskunstflug** *m* formation aerobatic flight *or* aerobatics; ~(**gebung**) *f*; **aerodynamische** ~~ aerodynamic form; ~**leiste** *f (Flzg-Rumpf)* former; longitudinal stiffener; ~**linie** *f (Konstr)* (approximate) contour line; *(Kart)* form line; ~**rippe** *f (Tragfläche)* form *or* fern *or* false rib ***(Def)***; ~**stabilität** *f* inherent stability; ~**wert** *m (ballist)* coefficient of form; form factor; ~**widerstand** *m (aerodyn)* form drag ***(Def)***.

**Forschung** *f* research; ~**sbericht** *m* research paper *or* report; ~**sflug** *m* exploratory *or* research flight; ~**sflugzeug** *n* research aircraft; ~**singenieur** *m* research engineer; ~**sobjekt** *n* research object; ~**sprogramm** *n* research program; ~**sstelle** *f* research centre (*US* center) *or* institute.

**Fort | bewegung** *f* propulsion; movement; ~**bildung** *f* advanced *or* vocational training; ~**geschritten** advanced; ~**geschrittenenausbildung** *f* advanced training; *fliegerische* ~~ *(US)* basic flying training; *(E & Kanada)* advanced flying training; ~**geschrittenenschulung** *f* advanced training; ~**pflanzung** *f (von Wellen)* propagation; ~**pflanzungsgeschwindigkeit** f speed of propagation; ~**schrittsgrad** *m (Prop)* advance-diameter ratio.

**Foto | elektronenröhre** *f* phototube; ~**graph** *m* photographer; ~**gramm** *n* photogram, ~**grammetisch** photogrammetric; ~**grammetrie** *f* photogrammetry; production of maps from aerial photos; ~**planzeichner** *m* photoplanigraph; ~**theodolit** *m* phototheodolite.

**Fowler-Klappe** *f (Flzg)* extension flap ***(Def)***; fowler wing flap.

**Fracht** *f* freight; cargo ***(Def)***; *zahlende* ~ *(LVerk)* pay(ing) freight; ~**agent** *m* freight forwarder; ~**beförderung** *f* freight transport *or* forwarding; ~**brief** *m* consignment note; ~**flug** *m* goods transport; freight flight; ~**flugzeug** *n (US)* cargo (-transport) plane; *(E)* freight carrier; freighter; *sl (US)* flying boxcar; ~**gondel** *f od* ~**pod** *m (Lfz)* freight pod; ~**raum** *m (Flzg)* goods *or* freight compartment; (freight) hold; ~**satz** *m* freight rate; *allgemeiner* ~~ *(LVerk)* general commodity rate; ~-**Tonnenkilometer** *m (LVerk)* freight ton-kilometre; *geleistete* ~~ *pl* freight ton-kilometers performed.

**Fracksausen** *n*, ~ *haben sl* have "cold feet".

**Frakto | kumulus** *m (met)* fractocumulus ***(Def)***; ~**nimbus** *m (met)* fractonimbus ***(Def)***; ~**stratus** *m (met)* fractostratus ***(Def)***.

**Franz** *m sl (Beobachter)* observer; navigator; ~**en** *(Flsich) sl (nav)* navigate; fix a position; ~**en** *n (nav)* pilotage; landmark navigation; ground mapping; ~-**Standort** *m (nav)* pinpoint ***(Def)***.

**frei** *(Flzg vom Boden)* off (ground); *(unverankertes Wasserflzg)* under way; ~**antenne** *f (Funk)* outside *or* outdoor antenna; external aerial *or* antenna; ~**ballon** *m (Lfz l)* free balloon ***(Def)***; ~**ballonfahren** *n* free ballooning; ~**ballonfahrer** *m (free)* balloonist ***(Def)***; ~**ballonführer** *m* pilot of a free balloon; aeronaut ***(Def)***; ~**ballonführerschein** *m* free balloon pilot's certificate; ~**ballonluftfahrt** *f* free balloon navigation; free ballooning; ~**ballonnetz** *n* free balloon net ***(Def)***; ~**ballonwettbewerb** *m* free balloon competition; ~**e Jagd** *f (LKr)* fighter sweep; free-lance fighter patrol; ~**er Auftrieb** *m (Lfz l)* net lift ***(Def)***; ~**er Fall** *m (FK & Para)* free fall ***(Def)***; ~**er Kreisel** *m (Instr)* free gyro ***(Def)***; ~**er Wirbel** *m (aerodyn)* trailing vortex ***(Def)***; ~**fallschirm** *m* free(-type or drop-type) parachute ***(Def)***; parachute without release cord; ~**fläche** *f (Startbahnverlängerung: Bod)* clearway ***(Def)***; ~**flug** *m* free flight; ~**flughafen** *m* (customs-)free airport ***(Def)***; ~**flugkanal** *m (aerodyn)* free-flight wind tunnel ***(Def)***; ~**flugmodell** *n (Lfz)* free model; ~**flugschein** *m* free flight ticket; ~**fracht** *f (LVerk)* non-revenue cargo; ~**gabe** *f (von techn. Daten usw)* release; *(Flsich)* clearance; *erste* ~~ *(Flsich)* initial clearance; *Erteilung f einer* ~~ *(Flsich)* issuance of a clearance; *flugsicherungsmäßige* ~~ air traffic clearance; ~**gabeablauf** *m (Flsich)* (claerance) time of expiry; –**gabeablauf(zeit)** *m(f) (Flsich)* clearance void time; ~**gabegrenze** *f (Flsich)* clearance limit ***(Def)***; ~**gabezeit** *f (Flbetr)* release time; ~**geben** *(den Start) v* give the start; *(Flzg zum Anflug: Flsich)* clear (for approach); ~**gegeben nach** *od* **zu** *(Flsich)* cleared for *or* to; ~**gepäckgrenze** *f (LVerk)* free baggage allowance; ~**handelszone** *f (Bod)*; customs-free trade zone ***(Def)***; ~**hängend** *(untergehangene (Turbo-) Triebwerke)* suspended; ~**heiten** *f/pl* **der Luft** freedoms *pl* of the air; ~**heitsgrad** *m* **eines Körpers** body(-degree of) freedom; *mit drei* ~~*en pl* three-degree-of-freedom; ~**heitsstrafe** *f* sentence of confinement; ~**lauf** *m* freewheel(ing); ~**laufkupplung** *f* freewheel clutch; ~**laufring** *m (Heli)* freewheeling gear; ~**laufrotor** *m (Tragschrauber)* freely rotating rotor; ~**leitung** *f (Tel)* open wire line; landline; ~**luftanlage** *f (Bod)* open-air installation; ~**machen** *v* vacate; ~**schärler** *m (Kr)* irregular; guerilla; ~**schwebe(flug)** *f(m) (Heli)* free(-)hovering (flight); ~**stelle** *f* scholarship; ~**strahl** *m (Turbo)* free jet stream; -**strahlkanal** *m (Turbo)* free jet tunnel; ~**strahlturbine** *f (Turbo)* free jet turbine; ~**tragend** *(Tragfläche usw)* cantilever; ~~*er Balken m (Flzg)* cantilever beam; ~~*er Doppeldecker m (Flzg)* cannilever bigplane; ~*er Flügel m (Flzg)* cantilever wing; ~**willig**, *sich* ~~ *melden v* volunteer; enlist; enroll; ~**williger** *m* volunteer; ~**zeichen** *n (Tel)* dial tone; ~**zone** *f (Bod)* free zone ***(Def)***.

**Fremd|erregung** *f (el)* separate excitation; ~**induktion** *f (el)* external induction; ~**körper** *m* foreign matter *or* object; *angesaugter* ~~ *(Turbo)* sucted foreign body; *Ansaugen n von* ~~*n (Turbo)* debris ingestion; ~**körperschaden** *m (Turbo)* foreign object damage, *abbr* FOD; ~**modulation** *f (Funk)* separate modulation; ~**peilung** *f (nav)* direction-finding from ground D/F station; ground-to-air D/F; ~**stoff** *m* foreign matter.

**Frequenz** *f (Funk & Radar)* frequency; wave lenght; *abgesetzte* ~ *(Funk)* offset frequency; *bestimmte* ~ *(Funk)* discrete frequency; *redúzierte* ~ *(Konstr)* frequency parameter ***(Def)***; ~**abgesetzter Simplexbetrieb** *m (Fernm)* offset frequency simplex ***(Def)***; ~**abstand** *m (Funk)* frequency interval; ~**abstimmung** *f* frequency tuning; ~**abwanderung** frequency drift; ~**auswanderung** *f* frequency drift; ~**band** *n (Funk)* frequency band(width); *zugeteiltes* ~~ total usable bandwidth; ~**bereich** *m & n* frequency range; ~**bereichsplan** *m (Fernm)* table of frequency allocation; frequency allotment plan; ~**empfindlich** frequency-sensitive; ~**familie** *f (Funk)* family of frequencies; ~**gang** *m (Funk)* frequency response; ~**gruppe** *f (Funk)* family of frequencies; ~**kanal** *m (Flsich)* frequency channel ***(Def)***; ~**kritisch** frequency-critical; ~**modulation** f frequency modulation; *Schmalband*-~~ *(Funk)* narrow-band frequency modulation, *abbr* NBFM; ~**modulierte ungedämpfte Welle** *f (Funk* )frequency-modulated continuous wave; ~**multiplex** *m (Funk)* frequency division multiplex; ~**paarung** *f (Funk)* frequency pairing; ~**prüfgerät** *n* frequency tester; ~**registrierung** *f (Funk)* frequency registration; *Internationaler Ausschuss für* ~ International Frequency Registration Board, *abbr* IFRB; ~**toleranz** *f (Funk)* frequency tolerance; ~**umsetzer** *m (Funk)* frequency changer; ~**umtastung** *f (Funk)* frequency shift modulation; *(Funkfernschr)* frequency shift keying; ~**(unter)teilung** *f (Funk)* frequency sharing; ~**verdoppler** *m (Funk)* frequency doubler, *abbr* FD; ~**verschiebung** *f (Funk)* frequency shift; ~**versetzungsmodulation** *f (Funk)* frequency shift modulation; ~**verteilung** *f (Funk)* frequency assignment; *geographische* ~~ frequency deployment; ~**wandler** *m (Funk)* frequency changer; ~**wechsel** *m* change of frequency; ~**zuteilung** *f (an Funkstellen)* assignment of frequencies; ~**zuweisung** *f (an Flugverkehrsdienste)* allotment of frequencies.

**Freund/Feind|-Kenngerät** *n (Flsich & LW)* identification friend or foe, *abbr* IFF; friend-or-foe interrogator; ~-**Kennungssystem** *n (Flsich & LW)* friend-or-foe identification feature; *selektives* ~ selective idenfification feature, *abbr* SIF.

**Friedensstärke** *f (mil)* peace strenght; ~**nachweisung** *f (mil)* peacetime table of organization.

**Friktionskupplung** *f* friction clutch *or* coupling.

**frisch**,~**e Brise** *f (Beaufort-Stärke 5: met)* fresh breeze ***(Def)***; ~**geschlagen** *(Holz)* green; ~**lufteintritt** *m* fresh air entrance; ~**luftkanal** *m* fresh air duct *or* channel; ~**luftzufuhr** *f* admission of fresh air; ~**öl** *n* fresh oil; ~**ölschmierung** *f* fresh oil lubrication.

**Front** *f (mil & met)* front ***(Def)***; *ortsfeste* ~ *(met)* stationary front; *sekundäre* ~ *(met)* secondary front; *stationäre* ~ *(met)* stationary front; ~**abschnitt** *m (takt)* front sector; ~**alangriff** *m (takt)* frontal attack; head-on-attack; ~**ale Bewölkung** *f (met)* frontal cloudiness; ~**ale Bö(e)** *f (met)* front(al) squall; ~**alnebel** *m (met)* frontal fog; ~**antrieb** *m (Kfz)* front-wheel drive; ~**aufwind** *m (met)* up-wash; ~**bildüberwachung** *f (takt & LPhot)* front line cover; ~***bö*** *f (met)* (cold) frontal squall; ~**einsatz** *m (mil)* commitment to *or* employment at the front; ~**enauflösung** *f (met)* frontolysis ***(Def)***; ~**enbildung** *f (met)* frontogenesis ***(Def)***; ~**enflug** *m (Segelflug)* front(al) soaring; ~**ensegeln** *n* front(al) soaring; ~**ensystem** *n (met)* frontal system; ~**fläche** *f (Prop)* face; ~**flieger** *m* combat *or* front flyer; ~**flugspange** *f* war flight badge; *(E)* combat aviation clasp; ~**flugzeug** *n* combat plane; first-line aeroplane; ~**gewitter** *n (met)* front thunderstorm; ~**offizier** *m* line officer; ~**ogenese** *f (met)* frontogenesis ***(Def)***; ~**olyse** *f (met)* frontolysis ***(Def)***; ~**reife** *f (flgds. Personal)* squadron standard; ~**scheibenanzeige** *f od* ~**darstellung** *f (Flzg)* head-up display, *abbr HUD*; ~**seitiger Kurs** *m (ILS)* front course; ~**seitiger Kurssektor** *m (ILS)* front course sector ***(Def)***; ~**seitiger Leitstrahl** *m (ILS)* front beam; ~**soldat** *m* soldier at the front; combatant; ~**verband** *m (LW)* combat unit; ~**verlauf** *m* position of the battle front; ~**vorsprung** *m (takt)* salient; ~**wolken** *f/pl (met)* frontal cloudiness; ~**zulage** *f* combat *or* front-line pay.

**Frost** *m (met)* frost ***(Def)***; ~**graupel** *m (met)* soft hail; ~**nebel** *m (met)* front fog; ~**rauch** *m (über Wasser)* frost smoke; ~**riss** *m (im Holz)* frost shake *or* cleft; ~**schutzmittel** *n (im Kühlwasser)* anti-freezing agent; antifreeze, freezing point depressant; ~**schutzsalbe** *f* antifrostbite ointment; ~**warnung** *f (met)* frost warning; ~**wetter** *n* frosty weather.

**Früh|lingspunkt** *m (nav)* first point of Aries ***(Def)***; ~**warn(-Flugmelde)dienst** *m (LKr)* early warning service *or* system; ~**warnflugzeug** *n (LW)* early warning aeroplane; ~**warnradar** *n* early warning radar; ~**warn- und Bordradar** *n (Flzg)* airborne early warning and control radar; ~**zündung** *f (Flmot)* advanced *or* premature ignition; pre-ignition; ignition advance.

**FT-|Gerät** *n* radio (apparatus), wireless (telegraphy) set, *abbr* W/T set; ~**Kurzmeldung** *f (takt)* spot report; ~**Rufzeichen** *n (Funkverkehr)* (W/T or radio) call sign.

**Fuge** *f (Startbahnbau)* joint; *flexible* ~ flexion joint.

**fühl|bar** tactile; ~**bares Ausgangssignal** *n* tactile output (signal); ~**erelement** *n* sensing element; ~**ung** *f (takt)* contact; ~~ *aufnehmen (takt)* to make contact; ~**unghalten** *n (LKr)* contact mission; ~**unghalter** *m (LKr)* contact plane; shadower.

**führ|en** *v (Flzg)* pilot ***(Def)***; captain; control; ~**er** *m (Flzg)* pilot; captain (of an aircraft); *(mil)* commander; leader; ~~ *eines Segelflugzeugs* pilot of a glider; ~~ *eines Hubschraubers* pilot of a helicopter; ~~ *eines Schwingenflüglers* pilot of an ornithopter; ~~ *eines Tragschraubers* pilot of a gyroplane; *stellvertretender* ~~ *(mil)* second-in-command; deputy; *zweiter* ~~ *(Flzg)* co-pilot; *sl* second dickey; ~**erflugzeug** *n (LKr)* commander's *or* leading airplane; flight leader; ~**ergondel** *f (Lfz)* control car ***(Def)***; ~**erkompass** *(Flzg)* pilot compass; ~**erlos** *(Flzg)* pilotless;

~**erraum** *m (Flzg)* pilot's compartment *or* cockpit ***(Def)***; *sl* conservatory; (aircraft) flight deck; ~**ersitz** *m (Flzg)* (pilot's) cockpit *or* seat; *hinterer* ~~ rear cockpit; *vorderer* ~~ front cockpit; *geschlossener* ~~ enclosed cockpit; ~**ersitzhaube** *f (Flzg)* cockpit enclosure *or* canopy *or* hood; ~**ersitzleuchte** *f (Flzg)* cockpit lamp; ~**ersitzschiebehaube** *f (Flzg)* sliding cockpit enclosure; ~**ersitzverkleidung** *f (Flzg)* cockpit enclosure *or* hood *or* canopy; ~**erstand** *m (Luftschiff)* pilot's stand *or* post; ~**ung** *f (Flzg)* piloting (of an aircraft); *(Flsich)* monitoring; guidance; *(mil)* command; ~~ *auf einer (vorgegebenen) Bahn (FK)* trajectory guidance; *obere* ~~ *(mil)* higher command; *optische* ~~ *(Flsich)* visual guidance; *untere* ~~ *(mil)* lower command; ~**ungsabteilung** *f (mil)* operations section; ~**ungsfehler** *m (als Unfallursache; Lfz)* error of (pilot's) judgement; pilot(ing) error; ~**ungsflugzeug** *n (Verbandsflug)* lead(ing) aircraft; ~**ungsgebiet** *n (Flsich)* region of guidance; ~**ungskabel** *n (Para)* static cable ***(Def)***; ~**ungsnetz** *n (Tel)* command (telephone) net; ~**ungsradar(gerät)** *n* guidance radar; ~**ungsrolle** *f (Flzg-Steuerung)* guide roller *or* pulley; roller guide; ~**ungsschiene** *f (im Lfz für Para)* static rail ***(Def)***; ~**ungsstab** *m (mil)* operations staff; ~**ungsstand** *m für verbundene Operationen (takt)* joint operations centre (*US* center), *abbr* JOC; ~**ungszeugnis** *n* certificate of conduct.

**Füll | anlage** *f (Ball)* balloon filling plant; ~**ansatz** *m (Ball)* filling *or* inflation sleeve; neck ***(Def)***; appendix; ~**funkspruch** *m (Funk)* dummy radio message; ~**netz** *n (Lfz l)* inflation net ***(Def)***; ~**stück** *n (Flzg-Rumpf/Tragfläche)* fillet; ~**ung** *f (Para)* development ***(Def)***; ~**ungsdruck** *m (Ball)* filling *or* inflation pressure; ~**ungsgewicht** *n (Ball)* weight of balloon gas; inflation weight; ~**verkehr** *m (LVerk)* fill-up traffic; ~**zeit** *f (Para)* inflation time ***(Def)***.

**Fünf-Minuten-Bereitschaft** *f (LKr)* readiness.

**Funk** *m (US & E)* radio, *(E)* wireless; ~**anflug** *m (Flbetr)* radio(-controlled) approach; ~**anflughilfen** *f/pl (Fernm)* radio approach aids *pl* ***(Def)***; ~**anlage** *f* radio installation; ~**astronavigation** *f* radioastronavigation; ~**aufklärung** *f* radio intelligence *or* intereption; ~**aufklärungs- und Auswerteoffizier** *m* radio intelligence evaluation officer; ~**ausrüstung** *f* radio *or* wireless (communication) equipment; ~**auswertestelle** *f* radio evaluation station; ~**azimut** *m* radioazimuth; ~**bake** *f (nav)* radio beacon ***(Def)***; ~**bereitschaft** *f* radio alert; ~**beschickung** *f* direction-finder deviation; ~**beschickungskurve** *f* deviation curve; ~**betrieb** *m* radio operations; ~**betriebsstelle** *f* radio operations station; ~**boje** *f* radio buoy; ~**dienst** *m* radio (communication) service; *beweglicher* ~~ mobile (radio) service; ~**disziplin** *f* radio discipline; ~**echolot** *n (Höhenmesser)* radio altimeter; ground-clearance indicator; ~**einrichtungen** *f/pl* radio aids *or* facilities; ~**empfänger** *m* radio receiver; ~**en** *v (Funk)* (send by) radio; wireless; ~**enbildung** *f* formation of sparks; ~**eninduktor** *m* induction coil; spark-coil; ~**ensperre** *f*, **Rückschlag**~~*(el)* isolating spark gap ***(Def)***; ~**enstrecke** *f* spark gap; ~**entfernungsmessung** *f* radio range finding ***(Def)***; ~**entstörung** *f* shielding; interference elimination; ~**enttrübung** *f (Radar)* antijamming device; ~**er** *m* radio *or* wireless (telegraphy) operator, *abbr* W/T operator *or* W/Op; *sl* wop; *sl* sparks; ~**fehlweisung** *f* quadrantal error ***(Def)***; *viertelkreisige* ~~ quadrantal error; ~**fernmessung** *f* radiotelemetry; ~**fernschreiben** *n* radio teletype message; ~**fernschreiber** *m* radio teleprinter, *abbr* RTT; ~**fernschreibverbindung** *f* radio teletype circuit.

**Funkfeuer** *n* radio beacon (station) ***(Def)***; *Gleitweg-* ~ glide-path beacon ***(Def)***; *Konsol-* ~ consol (beacon) ***(Def)***; ~ *mit Fächerstrahlung* fan marker beacon; radio fan marker; *Nullkegel-* ~ Z-marker beacon ***(Def)***; *Rundstrahl-* ~ omnidirectional beacon ***(Def)***; *ungerichtetes* ~ non-directional beacon, *abbr* NDB ***(Def)***; *(Vierkurs-)* ~ *mit Sicht- und Höranzeige* visual/aural range, *abbr* VAR ***(Def)***; *Z-* ~Z-marker (beacon) ***(Def)***; ~**antenne** *f* beacon antenna; ~**kennung** *f* radio beacon identification ***(Def)***; ~**system** *n*, **Leitstrahlanflug**-~~ beam-approach beacon system ***(Def)***; ~**täuschung** *f (Fernm)* meaconing ***(Def)***.

**Funk | frequenz** *f* radio frequency; ~**führung** *f (Flsich)* radio guidance; ~**gerät** *n (US)* radio *or (E)* wireless set; ~**gerätemechaniker** *m* radio repairman; ~**gespräch** *n* wireless telephony *or* conversation; ~**gitter** *n* radio mesh; ~**hilfe** *f od* **-hilfsmittel** *n* radio aid; ~**höhenmesser** *m (Flzg)* radio altimeter ***(Def)***; ~**hörbereitschaft** *f* radio listening watch; ~**horchdienst** *m* radio intercept *or* monitoring *or* listening service; ~**horchempfänger** *m* radio listening receiver; ~**horchstelle** *f* radio intercept *or* radio monitoring station; ~**horizont** *m* radio horizon; ~**kennungsgeber** *m* radio responder; ~**kompass** *m* automatic direction finder, *abbr* ADF; radio compass ***(Def)***; ~**kontakt** *m* radio contact; ~**landegerät** *(Flzg) n* radio landing *or* blind-landing equipment; ~**leitstrahl** *m* radio beam *or* leg; ~**mast** *m* antenna mast; ~**mechaniker** *m* radio mechanic; ~**meldung** *f* radio *or* wireless message; *(im Sprechverkehr) R/T* report *or* message; ~**mess** *m (Radar)* radar; ~**messtechnik** *f od* ~**messverfahren** *n* radio detection and ranging, *abbr* RADAR; ~**navigation** *f* radio navigation ***(Def)***; ~**navigationsdienst** *m* radio navigation service; ~**navigationshilfsmittel** *n (Fernm)* radio navigational aids *pl* ***(Def)***; ~**navigationsstelle** *f* radio navigation station; ~**netz** *n* radio network; ~**netzbetrieb** *m* (radio) network operation; ~**ortung** *f (nav)* radio location *or* orientation; radiodetermination; ~~ *von (Gewitter-) Stürmen* radioelectric storm detection; ~**ortungsstelle** *f* radiolocation station; ~**peilen** *n* radio direction finding ***(Def)***; ~**peiler** *m* radio direction finder; ~**peilgerät** *n* radio direction-finding apparatus; radio direction-finder ***(Def)***; ~**peilstandort** *m (nav)* position by radio bearings; ~**peilstelle** *f (Flsich)* radio direction-finding station ***(Def)***; ~**peilung** *f (Flsich)* radio bearing ***(Def)***; ~**peilwesen** *n* radio direction finding, *abbr* D/F ***(Def)***; ~**seitenpeilung** *f (nav)* relative bearing; ~**sendeempfänger** *m* transmitter-receiver, *abbr* transceiver; ~**sendezentrale** *f* radio transmitting centre (*US* center); ~**signal** *n* radio signal; ~**sonde** *f (met)* radiosonde ***(Def)***; ~**sprechen** voice transmission; R/T communication; ~**sprecher** *m* radio telephony operator; ~**spruch** *m* radio *or* wireless message; radio (tele)-gram; *geschüsselter* ~~ radio code message; coded radio message; ~~ *mit verschlüsselter Anschrift* codress message; ~**standort** *m (nav)* radio fix; ~**stelle** *f* radio *or* wireless station; *bewegliche* – mobile (radio) station; ~~ *für die (Flug)Platzkontrolle* aerodrome control radio station ***(Def)***; *ortsfeste* ~~ land station; *reguläre* ~~ regular (radio) station ***(Def)***; ~**stille** *f* radio *or* wireless silence; ~**stördienst** *m* radio jamming service; ~**störsender** *m* jammer; ~**störung** *f* radio interference *or* jamming; *sl* sturbs *pl*; *aktive* ~~ active radio interference; *atmosphärische* ~~ spherics; ~**täuschung** *f* radio deception; ~**täuschungsgerät** *n* decoy set; ~**tafel** *f* radio code table; ~**tagebuch** *n* radio log; ~**tastverkehr** *m* keying; ~**techniker** *m* radio technician; ~**telefonie** *f* radio telephony, *abbr* R/T; ~**telegramm** *n* radiogram; ~**telegraph** *m* radio telegraph; ~**telegraphie** *f* radio *or* wireless (telegraphy), *abbr* W/T; ~**telegraphieempfänger** *m* radio telegraph receiver; ~**telegraphiesender** *m* radio telegraph transmitter; ~**telegraphist** *m* radio *or* wireless telegraphy operator; ~**telephonie** *f* radio telephony, *abbr* RTF ***(Def)***; ~**telephonist** *m* radio telephony operator; ~**tion** *f* function ~**tionsprüfung** *f (Flzg)* operation(al)test; functioning check *or test*; ~**trägerfrequenz** *f* radio carrier frequency; ~**trupp** *m* radio section; ~**turm** *m* radio tower; ~**überwachung** *f* radio censorship *or* monitoring; *internationale* ~~ international frequency monitoring; ~-**und Radarbeobachtung** *f (Intel)* radio interception and passive detection; ~ -**und Radar-Stördienst** *m (LKr)* electronic countermeasures *pl*, *abbr* ECM; ~**verbindung** *f* radio *or* wireless communication; radio contact *or* circuit; ~**verfahren** *n* radio procedure; ~**verkehr** *m* radio *or* wireless traffic *or* communication; *Boden/Bord-~~* ground-to-air communication ***(Def)***; *Bord/Boden-~~* air-to-ground communication ***(Def)***; ~**wagen** *m* radio car *or* truck; ~**wart** *m* radio mechanic *or* technician: ~**welle** *f* radio wave; ~**wesen** *n* radio; wireless; ~**zentrale** *f* central radio station; ~**zucht** *f* radio *or* wireless discipline.

**Fuß | (druck)bremse** *f (Flzg)* toe brake; ~**kraft** *f (Flzg-Seitensteuerung)* foot pressure *(on rudder bar)*; ~**steuerung** *f (Flzg)* foot control; control by foot; ~**stütze** *f* footrest.

# G

**G** *(ICAO- & NATO-Buchstabieralphabet)* Golf; *(altes, internationales Buchstabieralphabet)* George; ~-**Anzug** *m (Schutzanzug für Piloten gegen Erdbeschleunigung)* G-suit; (Anti-~~) anti-G-suit ***(Def)***; ~-**Messer** *m (Instr)* gravity meter, *abbr* G-meter; ~-**Wert** *m (Lfz)* G-load; G-value.

**Gabel | flug** *m (LVerk)* open jaw trip; ~**gelenk** *n* forked pivot; ~**n** *v (art)* bracket; (Leitung) bifurcate; fork; ~**pleuel** *n (Flmot)* forked assembly ***(Def)***; ~**rohr** *n (Flmot)* branch pipe ***(Def)***; ~**schießen** *n (Art)* bracket fire; ~**spannschloss** *n (Flzg)* clevis end *or* forked turnbuckle; ~**stapler** *m* fork lift (truck); ~**stiel** *m (Tragflächenverstrebung)* forked strut.

**Gallone** *f (US 3,79 l, E 4,55 l)* gallon.

**Gang** *m (Kfz)* gear; *(Spiel)* play; *(Durchgang)* passage; *(Gewinde)* thread; ~ *der Luftschraube* path of the airscrew; propeller path; helix; *toter ~ (Steuerung)* steering *or* backlash play; ~**höhe** *f (Luftschraubensteigung)* airscrew *or* propeller pitch; ~**schaltung** *(Kfz)* gearshift.

**Ganz | holzbauweise** *f (Tragfläche usw)* all-wood construction; ~**metallflugzeug** *n* all-metal airplane; ~**metall-Halbschalenbauweise** *f (Flzg)* all-metal semi-monocoque structure.

**Garnison** *f (mil)* garrison; *(US)* military post.

**Gas** *n* gas; ~ *ablassen v (Ball)* valve the gas; *das einen Stern umgebende* ~ circumstellar gas; ~ *ganz wegnehmen v (Flmot)* close the throttle; ~ *geben v (Flmot)* open the throttle; *sl* give "her" gas; *sl* give her the gun; ~ *nachfüllen v (Ball)* top up; nurse; gas; *reagierendes* ~ reacting *or* reactive gas; ~ *wegnehmen v (Flmot)* throttle down *or* back; cut off *or* shut off the engine; ~**abführung** *f (Luftschiffe)* gas outlet *or* exhaust *or* escape; ~**ablassventil** *n (Ball)* gas-release valve; ~**abteil** *n (Lfz l)* gas compartment; ~**anlasser** *m (Flmot)* gas starter; ~**atmosphäre** *f (met)* gaseous atmosphere; ~**ausdehnung** *f* gas expansion; ~**austauscher** *m* gas(eous) exchanger; ~**bombe** *f (LKr)* gas *or* chemical bomb; ~**dicht** gas-tight; ~**dichte** *f* density of the gas; ~**drossel** *f (Vergaser)* butterfly throttle *or* valve; ~**(drossel)gestänge** *n (Flmot)* throttle quadrant; ~**druck** *m* gas pressure; ~**drucklader** *m (Feuerwaffe)* blowback-operated *or* gas-operated weapon; ~**dynamik** *f* gas dynamics; ~**entladung** *f* gas discharge; ~**entladungslampe** *od* ~**leuchte** *f (Teil der Anflugbefeuerung: Bod)* condenser discharge light ***(Def)***; ~**expansion** *f* gas expansion; ~**fassungsvermögen** *n (Luftschiff)* gas capacity; gas volume; ~**förmige Abbrand-** *od* **Verbrennungsprodukte** *n/pl* gaseous combustion products *pl*; ~**förmiger Brennstoff** *m* gaseous fuel; ~**förmiger Sauerstoff** *m (Höhenatmer)* gaseous oxygen; ~**förmiger Treibstoff** *m* gaseous fuel; ~**füllung** *f (Luftschiff)* gas inflation; ~**gemisch** *n* gas mixture; ~**gemischhebel** *m (Vergaser)* gas *or* mixture control lever; ~**gestänge** *n (Flmot)* gas levers *pl*; carburettor (*US* carburetor) throttle controls *pl*; ~**hebel** *m (Flmot)* power *or* gas control lever; throttle control (lever); ~**krieg** *m* chemical warfare; ~**landung** *f (Flzg)* landing with engine on; engine-on *or* power landing ***(Def)***; ~**leitung** *f (Lfz l)* gas main ***(Def)***; ~**konstante** *f* gas constant; ~**maske** *f* gas mask; respirator; ~**reibung** *f* gas friction; ~**schacht** *m (Lfz l)* gas trunk ***(Def)***; lock; ~**schutzraum** *m (LS)* gas-proof shelter; ~**starter** *m (Flmot)* gas starter; ~**turbine** *f (Turbo)* gas turbine engine, *abbr* GTE ***(Def)***; ~**turbinentriebwerk** *n*, **Gegenstrom-~** contra-flow turbine engine ***(Def)***; ~**undurchlässig** gas-tight; ~**ventil** *n (Ball)* gas escape valve; ~**verlust** *m* loss of gas; ~**volumen** *n (Lfz l)* gas volume ***(Def)***; ~**waage** *f* gas balance; gas scale; ~**wolke** *f* gas cloud; ~**zelle** *f (Luftschiff)* gas bag; gas cell ***(Def)***; ~**zellennetz** *n (Lfz l)* gas-bag net *or* wiring ***(Def)***; ~**zellen-Umfangseile** *n/pl (Lfz l)* circumferential gasbag wires *pl* ***(Def)***; ~**zentrifuge** *f* gas centrifuge.

**Gast | arbeiterflug** *m (LVerk)* migrant workers' flight; ~**geberstaat** *m* host nation.

**GCA | -Anflug** *m (Flsich)* ground-controlled approach, *abbr* GCA ***(Def)***; *Präzisions-~* precission *or* PAR approach ***(Def)***; ~-**Anflugsystem** *n (Flsich)* ground-controlled approach system ***(Def)***; ~**(-Schlechtwetterlande)-Verfahren** *n* ground-controlled approach procedure, *abbr* GCA procedure ***(Def)***.

**Gebe | r** *m (Funk)* transmitter; sender; *(Tastfunk)* keyer; ~*r fühlbarer od taktiler Signale* tactile warning unit; ~**tempo** *n (Funk)* rate of sending; ~**vorrichtung** *f (Funk)* transmitter arrangment.

**Gebiet** *n* area; *dichtbesiedeltes* ~ congested area; *bebautes od überbautes od verbautes* ~ built-up area; ~ *fallenden Luftdrucks (met)* area *or* region of falling barometer *or* of decreasing air pressure; ~ *hohen Luftdrucks (met)* area of high pressure; high; anticyclone; ~ *mit Aufgleitbewölkung (met)* area *or* region of ascending *or* rising clouds; ~ *mit Flugbeschränkung (Flsich)* restricted area; ~ *niedrigen Luftdrucks (met)* area of low pressure; low; minimum; cyclonic area; cyclone; ~ *steigenden Luftdrucks (met)* area of rising pressure.

**Gebirgs | effekt** *od* ~**einfluss** *m (met)* mountain effect; influence of mountains; ~**flugplatz** *m* high-elevation aerodrome; ~**wellen** *f/pl (met)* mountain waves pl.

**Gebläse** *n (Turbo)* blower; *(Flmot)* supercharger; compressor; blower; *(Lfz l)* booster ***(Def)***; *mehrstufiges* ~ *(Lader & Flmot)* multi-stage blower; ~**gleichrichter** *m (aerodyn)* fan straighteners *pl* ***(Def)***; ~**laufrad** *n (Flmot)* supercharger impeller; ~**nebenstromverhältnis** *n (Turbo)* fan by-pass ratio; ~**rad** *n* blower impeller; fan wheel.

**gebleit** *(Flugkraftstoff)* leaded.

**Gebotszeichen** *n (Bod)* mandatory instruction sign.

**Gebrauchsflugzeug** *n* general-purpose airplane.

**Gebrechen** *n* physical disability.

**gebremster Sinkflug** *od* **Vertikaabstieg** *m (Flbetr)* braked vertical descent.

**Gebühr** *f* fee; charge(s) *pl*; ~**n(ordnung)** *f* tariff(s) *pl*.

**gebundener Wirbel** *m (aerodyn)* bound vortex.

**Geburtsjahrgang** *m (mil)* age class.

**gedämpfte Welle** *f (Funk)* damped wave; *(aerodyn)* attenuating wave.

**gedruckt**, ~**e Nachrichten** *f/pl (Flsich)* printed communications *pl*.

**gedrückt** *(Flugzustand: Flzg)* nose-down (attitude).

**Gee | H-Radarnavigationsverfahren** *n* Gee H ***(Def)***; ~-**Hyperbel-Funknavigationsverfahren** *n* Gee (*short for* ground-environment equipment) ***(Def)***; ~-**Navigationskarte** *f* Gee navigation chart; ~-**Verfahren** *n (nav)* Gee-method.

**geeicht** *(Fahrtmesser usw)* calibrated.

**Gefahr** *f* hazard; danger; ~**enfeuer** *n (Bod)* hazard beacon ***(Def)***; ~**engebiet** *n* dangerous area; *(Flsich)* danger area ***(Def)***; ~**enklasse** *f (brennbare Materialien)* dangerous material class; ~**enmeldung** *f (met)* danger warning *or* report; ~**enzulage** *f (flgds. Personal)* flying pay.

**gefähr | dende Lichtquellen** *f/pl* dangerous lights *pl*; ~**liche Begegnung** *f* **zwischen Luftfahrzeugen** *(Flbetr)* air *or* near miss.

**Gefälle** *n (Druck: met)* (pressure) gradient; isobaric slope; *(Temperatur: met)* (temperature) gradient; *(Startbahn)* slope; grade; *vertikales ~ (Luftdruck usw)* lapse rate; ~**druck** *m* pressure head; ~**schmierung** *f* gravity-feed lubrication.

**gefallen**, *im Felde ~ (Kr)* killed in action; ~**er** *m* killed *or* dead (soldier).

**Gefangen | enabschub** *m* evacuation of prisonners; ~**enaussage** f prisoner's statement; ~**enaustausch** *m* exchange of prisonners; ~**enlager** *n* prisoner-of-war camp, *abbr* POW camp; ~**enverhör** *n* interrogation of prisoners; ~**er** *m (Krg)* prisoner of war, *abbr* POW; ~**nahme** *f* capture; ~**schaft** *f* captivity.

**Gefäß** *n* vessel; receptacle; ~**barometer** *n (met)* cistern barometer.

**Gefecht** *n (takt)* battle; combat; fight; engagement; action; ~ *abbrechen v* withdraw from action; *einleitendes ~* preliminary action *or* engagement; *hinhaltendes ~* delaying action; ~**sabschnitt** *m* combat sector; ~**saufklärung** *f* battle *or* combat *or* tactical reconnaissance; ~**sausbildung** *f* combat practice *or* training; tactical training; ~**sbefehl** *m* combat order; ~**sbereitschaft** *f* readiness for action; ~**sbericht** *m* combat report; ~**sberührung** *f* contact with the enemy; ~**sbreite** *f* combat frontage; ~**sfahrzeug** *n* combat vehicle; ~**sgliederung** *f* tactial grouping; order of battle; ~**slage** *f* combat situation; ~**slandeplatz** *m* combat *or* advance(d) landing field; ~**slehre** *f* tactics; ~**slinie** *f* line of battle; ~**sluftaufklärung** *f* combat air reconnaissance; ~**smeldung** *f* combat message *or* report; ~**snachrichtennetz** *n* (Intell) combat information net, *abbr* CI; ~**spause** *f* lull in combat; ~**sraum** *m* zone of action; combat area; ~**sstab** *m* tactical operations staff; ~**sstand** *m* operations room; operational headquarters; command post; *vorgeschobener ~~* advance(d) command post; advanced echelon, *abbr* advon; ~**sübung** *f* combat practice *or* exercise; ~**verbandsführer** *m (Jagdverband: LKr)* fighter leader; ~**svorposten** *m* combat outpost.

**gefesselter Kreisel** *m* blocked *or* caged gyro.

**Gefreiter** *m (LW E)* Aircraftman Ist class; *(LW US)* Airman 3d class.

**gefrier | en** *v* freeze; ~**ender Regen** *m (met)* glazed *or* freezing rain; ~**endes Nieseln** *n (met)* freezing drizzle; ~**punkt** *m (met)* freezing *or* ice point; ~**temperatur** *f (met)* freezing temperature.

**Gefühl** *n*, *fliegerisches ~* flying sense; *sl (control)* touch; *sl* feel (of the stick) ***(Def)***; ~**ssinn** *m (fliegerischer)* sense of touch.

**Gegen | anflugteil** *(Platzrunde: Flbetr, früher: Rückenwindteil)* down-wind leg; ~**angriff** *m (takt)* counterattack; ~**ausgleich** *m (Steuerruder)* counterbalance; ~**befehl** *m (mil)* counterorder; *einen ~~ geben v* countermand; ~**dämmerung** *f* anti- *or* counter-twilight; ~**drehmoment** *n* anti-twisting *or* anti-torque moment; ~**druckturbine** *f (Turbo)* backpressure *or* counterpressure turbine; ~ **Entgeld** *(LVerk)* revenue; ~**flussturbine** *f (Turbo)* contra-flow turbine; ~**funkstelle** *f (Funk)* called answering station; ~**gewicht** *n (Kurbelwelle)* balance weight; counterbalance; counterweight; *(Antenne)* counterpoise; ~**kabel** *n (Tragfläche)* anti-lift *or* counter wire ***(Def)***; ~**kolbenmotor** *m* opposed-piston engine ***(Def)***; ~**kraft** *f (stat)* support reaction; opposing force; counterforce; *(aerodyn)* back force; ~**kurs** *m* **über Grund** *(Flsich)* reciprocal track; ~**kursteil** *m (Flsich)* reciprocal leg ***(Def)***; ~**läufig** *(Prop)* contra-rotating; ~**läufige Luftschrauben** *f/pl od* **Propeller** *m/pl* opposed airscrews *pl*; contra *or* counter-rotating propellers *pl* ***(Def)***; contra-props *pl*; ~**läufige Turbine** differential *or* birotary turbine; ~**laufrotor** *m (Hubschrauber)* contra-rotating rotor; ~**laufschraube** *f (Hubschrauber)* contra-rotating screws *pl*; ~**losung** *f (mil)* contersign; ~**offensive** *f (takt)* counter-offensive; ~**passat** *m (met)* counter-trade; antitrade (winds *pl*) ***(Def)***; ~**peilung** *f (Funknav)* reciprocal bearing; ~**pol** *m (el)* opposite pole; ~**rakete** *f* antimissile (missile); ~**rotation** *f (Luftschraube)* counter-rotation; reverse rotation; ~**ruder** *n (Flzg)* opposite contros *pl*; ~**schaltung** *f (Funk & Tel)* duplex *or* counter connection; ~**schreibbetrieb** *m (Fernschreiber)* duplex working; ~**sonne** *f (met)* antisun; anthelion; *sl* mock-sun; ~**spionage** *f (Intell)* counter-espionage; ~**sprechanlage** *f (Lfz)* intercommunication, *abbr* intercom ***(Def)***; interphone/intercom ***(Def)***; ~**sprecheinrichtung** *f (Tel)* duplex installation; ~**sprechfunkgerät** *n* two-way radio; ~**sprechverkehr** *m* duplex *or* two-way (R/T) communication; intercommunication; ~**stelle** *f (Funk)* called *or* counter station; ~**steuer geben** *v (Flzg)* give opposing control; use opposite controls; ~**strom-Brennkammer-(system)** *f(n) (Turbo)* return-flow system ***(Def)***; ~**strom-Gasturbinentriebwerk** *n* contra-flow turbine engine ***(Def)***; ~**taktverstärker** *m (Funk)* push-pull or balanced amplifter; ~**verkehr** *m (Funk usw)* duplex *or* two-way traffic; *(Flbetr)* opposite direction *or* head-on traffic; ~**wehr** *f (takt)* resistance; ~**wind** *m* headwind; ~**windlandung** *f (Flzg)* landing into *or* against the wind; head-wind landing; ~**windteil** *m (der Platzrunde: Flbetr)* upwind leg.

**Gegner** *m* opponent; enemy; ~**punkt** *m (Flak)* future position of target *(at moment of burst)*.

**Gehäuse** *n* box; (housing) case; casing; ~**block** *m (Flmot)* cylinder block; ~**deckel** *m (Kurbelgehäuse)* crank-case cover; ~**flansch** *m (Kurbelgehäuse)* crank-case flange *or* casing.
**geheim** *(Verschlusssache)* secret; ~**e Kommandosache** *f (Verschlusssache)* top secret; ~**fernschreiber** *m (G-Schreiber)* secret teleprinter *or* teletyper; ~**haltung** *f* secrecy; security consideration; ~**schrift** *f* cryptography; ~**schriftanalyse** *f* cryptanalysis; ~**text** *m* cipher text.

**geheizter Schutzanzug** *m* heated suit.

**gehorchen** *v (Steuerausschlägen: Flzg)* react *or* respond *or* be susceptible (to the controls).

**Geister|bild** *n (Radar)* ghost image; ~**echo** *n (Radar)* ghost echo.

**Geistesgegenwart** *f* presence of mind; quickmindedness.

**geknickte Antenne** *f (Funk)* arrow antenna.

**gekrümmt** *(z.B. Tragfläche)* cambered; *doppelt* ~ double cambered.

**gekuppeltes Triebwerk** *n (Flmot)* coupled-engine power unit ***(Def)***.

**Gelände|aufnahme** *f (Kart)* topographical survey; *(LPhot)* terrain *or* terrestrial photography; ~**ausbildung** *f (mil)* field training; ~**ausnutzung** *f (takt)* utilization of terrain; ~**ausschnitt** *m (LPhot)* coverage; *(allg)* section; ~**beurteilung** *f (takt)* terrain appreciation; estimate of terrain; ~**darstellung** *f (Kart)* terrain representation; *plastische* ~~ relief; ~**erkundung** *f (takt)* terrain reconnaissance; ~**folgeflug** *m (Flbetr)* terrain-following flight; *automatischer* ~~ automatic terrain-following flight; ~**folgeradar** *n (Flzg)* terrain-following radar; ~**gängig** *(Kfz)* (suitable for) cross-country (work); capable of cross-country travel; ~**gängigkeit** *f (Kfz)* cross-country capacity *or* mobility; ~**gestaltung** *f* configuration of terrain; terrain features *pl*; ~**hindernis** *n* natural *or* terrain obstacle; ~**punkt** *m* terrain point; landmark; ground object; *markanter* ~~ prominent landmark; ~**übung** *f (mil)* field exercise; ~**vermessung** *f (Kart)* terrain survey.

**Gelb|filter** *m (LPhot)* yellow screen.

**Gelegenheitsziel** *n (takt)* target of opportunity.

**Geleit|dienst** *m (takt)* convoy *or* escort service; ~**flugzeug** *n (LKr)* escort fighter; ~**flugzeugträger** *m* escort aircraft carrier; ~**schiff** *n* convoy *or* escort vessel; ~**schutz** *m* convoy guard; ~**zug** *m* convoy.

**Gelenk** *n* hinge; joint; ~**anschluss** *m* hinge fitting; ~**bolzen** *m* joint pin; link *or* clevis pin; ~**gabel** *f* fork joint; yoke; clevis; ~**kupplung** *f* articulated *or* link coupling; ~**lager** *n* ball-socket joint; ~**stiel** *m od* ~**strebe** *f* articulated *or* jointed strut.

**geltender Flugplan** *m (Flsich)* current flight plan ***(Def)***.

**gemäßigtes Klima** *n* temperate climate.

**gemein|sam** *(mehrere Teilstreitkräfte: mil)* joint; ~**same Belegung** *f (Flugplatz durch mehrere Nationen)* joint occupancy; ~**same Benutzung** *f von Frequenzen (Funk)* sharing of frequencies; ~**schaftsdienste** *m/pl* joint services *pl*; ~**schaftskanal** *m (Fernm)* omnibus channel.

**Gemengetreibstoff** *m (Rak)* composite fuel *or* propellant.

**Gemisch** *n (Kraftstoff/Luft)* mixture; ~ *anreichern v (Flmot)* enrich the mixture, *armes* ~ lean *or* weak mixture; *automatisch armes* ~ auto lean (mixture); *automatisch reiches* ~ auto rich (mixture); *Klopffestigkeit f bei armem* ~ *(Kraftstoff)* weak-mixture knock rating ***(Def)***; *Klopffestigkeit bei reichem* ~ *(Kraftstoff)* rich-mixture knock rating ***(Def)***; *reiches* ~ rich mixture; *stöchiometrisches* ~ stoichiometric mixture; *wirtschaftliches* ~ best-economy mixture; ~**anreicherung** *f*, **automatische** ~~ *(Flmot)* auto rich (mixture) ***(Def)***; ~**kraftstoff** *m* heterogeneous fuel; ~**regler** *m (Flmot)* mixture control ***(Def)***; *selbsttätiger* ~~ *(Flmot)* automatic mixture control ***(Def)***; ~**tbauweise** *f (Flzg-Bau)* composite *or* mixed construction; ~**tbilder** *n/pl (Senkrecht- u. Schrägluftbilder)* composite aerial photographs *pl*; ~**ter Kühler** *m (Flmot)* mixed-matrix radiator ***(Def)***; ~**ter Verband** *m (takt)* combined arms unit; ~**tflughafen** *m (Zivil/Militär; ICAO)* joint airport; ~**treibstoff** *m* composite *or* heterogeneous propellant; ~**verarmung** *f*, **automatische** ~~ *(Flmot)* auto lean (mixture) ***(Def)***; ~**verhältnis** n (Flmot) mixture ratio; ~**verteilung** *f (Flmot)* mixture distribution ***(Def)***; ~**(wahl)hebel** *m (Flmot)* mixture control; ~**zuführung** *f (Flmot)* mixture admission *or* supply.

**genäherte Höhenlinie** *f (Kart)* approximate contour line.

**genaues Einschießen** *n (Art)* precision fire adjustment.

**genehmig|t** *(anerkanntes Fluggerät usw)* approved ***(Def)***; *(Flughafen)* authorized; ~**te Ausbildung** *f (ICAO)* approved training ***(Def)***; ~**ung** approval; permission.

**General** *m (mil)* General; ~ **der Flieger** *(früher) (LW E)* Air Marshal; *(LW US)* Lieutnant General; ~**ausbauplan** *m* **eines Flughafens** aerodrome master plan; ~**feldmarschall** *m (früher) (LW E)* Marshal of the RAF; *(LW US)* General of the Air Force; ~**inspekteur** *m (mil)* inspector general; ~**kommando** *n (mil)* corps headquarters; ~**leutnant** *m (früher) (LW E)* Air Vice Marshal; *(LW US)* Major General; *(NATO)* Lieutnant General; ~**major** *m (früher) (LW E)* Air Commodore; *sl* Air Commode: *(LW US)* Brigadier General; *(NATO)* Major General; ~**oberst** *m (früher) (LW E)* Air Chief Marshal; *(LW US)* General; ~**quartiermeister** *m* quartermaster-general; ~**stab** *m* general staff; ~~ *der Luftwaffe* air staff; ~**stabschef** *m* chief of staff; ~**stabskorps** *n* general staff corps; ~**stabsoffizier** *m* general staff officer; *(LW)* air staff officer.

**Generator** *m (el)* generator; dynamo.

**Genesungs|kompanie** *f* convalescent *or* rehabilitation company; ~**urlaub** *m* sick leave.

**Genfer|Konvention** *f* Geneva Convention; ~ **Rotes Kreuz** *n* Geneva (Red) Cross.

**Geniewesen** *n (Pionierwesen: mil)* engineering.

**genormt** *(Bauteile usw)* standardized.

**geodätische|Bauweise** *(Netzwerk m Flzg-Bau)* geodetic construction ***(Def)***; ~ **Präzession** *f* geodetic *or* geodesic precession.

**geöffnete Ordnung** *f (Verbandsflug)* extended order.

**Geograph|ie** *f* geography; ~**isch** geographical; ~~ *Nord n (nav)* true north ***(Def)***; ~**ische Breite** *f* (geographical) latitude; ~**ische Koordinaten** *f/pl (Kart)* geographic(al) coordinates *pl*; ~**ische Länge** *f* (geographical) longitude; ~**ische Staffelung** *f (Flsich)* geographical separation; ~**ischer Pol** *m* geographical pole; ~**ischer Punkt** *m (Kart)* geographical point; *markanter od signifikanter* ~~

significant (geographical) point; ~**isches Melde- und Gittersystem** *n (Kart)* geographical reference system, *abbr* GEOREFS.

**geo | magnetisch** geomagnetic; ~**magnetisches Gewitter** *n* geomagnetic storm; ~**magnetische Störung** *f* geomagnetic disturbance; ~**metrie** *f* geometry; ~~ *des Lufteintritts(gehäuses) (Turbo)* air-intake geometry; *veränderliche* ~~~ air-intake variable geometry; *Lufteinlauf m mit veränderlicher*~~ *(Turbo)* variable geometry intake ***(Def)***; *variable* ~~ *(Konstr)* variable geometry, *abbr* VG; ~**metrische Ähnlichkeit** *f* geometric similarity; ~**metrische Blattsteigung** *f (Prop)* geometric pitch ***(Def)***; ~**metrische Form** *od* **Gestalt** *f* geometric shape; ~**metrische Simulation** *f* geometric simulation; ~**metrische Streckung** *f* geometrical aspect ratio; ~**metrische Verwindung** *f (Tragfläche: Flzg)* geometric twist ***(Def)***; ~**metrischer Mittelpunkt** *m (eines Flughafens)* geometric centre; ~**physikalische Rakete** *f* geophysical rocket; ~**politik** *f* geopolitics; ~**REF-Karte** *f* GEOREF (*short for* geographic reference) chart; ~**REF-Standort** *m (nav)* GEOREF location; ~**stationär** *(Sat)* geostationary; ~**strophische Beschleunigung** *f* geostrophic force; ~**strophische Komponente** *f* geostrophic component; ~**strophische Windgeschwindigkeit** *f (met)* geostrophic wind speed ***(Def)***; ~**zyklisch** geocyclic.

**gepaartes Triebwerk** *n (Flmot)* paired engines *pl* ***(Def)***;.

**Gepäck** *n (LVerk)* baggage ***(Def)***; luggage; *aufgegebenes* ~ *(LVerk)* checked *or* registered baggage; *begleitetes* ~ *(LVerk)* accompanied baggage; *unbegleitetes* ~ *(LVerk)* unaccompanied baggage ***(Def)***; ~**abholbereich** *m (Bod)* baggage claim area; ~**anhänger** *m (LVerk)* baggage label; ~**erklärung** *od* ~**deklaration** *f (LVerk)* baggage declaration; ~**karusell** *n (Bod)* baggage carrousel *or* turntable; ~**kontrolle** *f (LVerk)* baggage inspection; ~**laderaum** *m (Flzg)* luggage hold; ~**lager(ungs)bereich** *m (Bod)* baggage storage area; ~**raum** *m (Flzg)* baggage *or* luggage compartment; ~**schein** *m (LVerk)* baggage ticket; ~**sortierbereich** *m (Bod)* baggage sorting area; ~**zettel** *m (LVerk)* baggage label.

**gepanzert** armoured (*US* armored).

**gepfeilter Tragflügel** *m (Flzg)* swept-back *or* back-swept wing.

**gepresster Kontakt** *m (el)* crimped joint ***(Def)***.

**gerad | e Aufsteigung** *f (nav)* right ascension, *abbr* RA ***(Def)***; ~**eausanflug** *m (Flbetr)* straight-in-approach, *abbr* STA ***(Def)***; ~**eausflug** *m* rectilinear flight; *horizontaler* ~~ *(Flbetr)* straight-and-level flight; *stationärer* ~~ *(Flbetr)* steady straight flight; ~**eausgeschwindigkeit** *f (Flzg)* forward speed; ~**er Gleitflug** *m* straight glide; ~**er Kurs** *m (nav)* straight course; ~**linige Beschleunigung** *f* linear acceleration.

**Gerät** *n* equipment; instrument; device; apparatus; *optisches* ~ optical instrument; ~ *zur Überwachung der Leistungsdaten* performance monitor; ~**eausgabestelle** *f (mil)* equipment issuing point; ~**ebau** *m* apparatus construction ~**ebeleuchtung** *f (Flzg)* instrument lighting *or* illumination; ~**eberichtigung** *f* instrument calibration; ~**ebrett** *n (Flzg)* instrumend panel *or* board; ~**edurchsicht** *f (mil)* inspection of equipment; ~**efehler** *m* device error; ~**ekategorie** *f (z.B. ILS: Flsich)* facility performance category ***(Def)***; ~**eklasse** *f (mil)* class of equipment; property class; ~**eklassen-Kennziffer** *f (Logistik)* class code; ~**enachweis** *m (mil)* property account; ~**ewart** *m (LW)* instrument mechanic.

**geräusch | dämpfend** anti-noise; ~**dämpfung** *f* sound-proofing; silencing; noise suppression; ~**freiheit** *f* zero noise; ~**isolierung** *f* sound insulation; ~**los** noiseless; silent; quiet; ~**losigkeit** *f* zero noise; silence; noiselessness; ~**messer** *m (Instr)* noise meter ***(Def)***; *absoluter* ~~ objective noise-meter ***(Def)***; ~**spektrum** *n* noise spectrum; ~**sperre** *f (Funk)* squelch; muting; ~**voll** noisy.

**gerichtete | Antenne** *f (Funk)* directional antenna; ~**r Landekurssender** *m (Fernm)* directional localizer.

**Geringstwert** *m* minimum.

**Geripp | e** *n (Flzg-Bau)* skeleton; framework; *(Luftschiff)* hull ***(Def)***; *tragendes* ~ *(Lfz)* carcass; ~**eunterteilung** *f* subdivision of framework *or* of hull structure; ~**t** finned.

**gerissene Rolle** *f (Kunstflug)* snap *or* flick *or* sudden *or* abrupt roll ***(Def)***.

**Gerüst** *n* frame; stand; rack; cradle; *tragendes* ~ *(Lfz)* carcass; *(Lfz l)* hull ***(Def)***;.

**Gesamt | ablenkung** *f (Kompass)* total *or* resultant deviation; ~**abweichung** *f (nav)* total departure *or* declination; ~**auftrieb** *m (aerodyn)* total lift ***(Def)***; *(Lfz l)* gross lift ***(Def)***; ~**betriebsdauer** *f (des Triebwerkes)* engine service life; ~**betriebskosten** *pl* total operational costs *pl*; ~**bewölkung** *f (met)* total cloudiness; ~**druck** *m (aerodyn)* total head ***(Def)***; ~**e äquivalente Bremsleistung** *f (Turboprop)* total equivalent brake horsepower ***(Def)***; ~**entwurf** *m (Lfz-Bau)* layout; ~**fläche** *f* total area; ~**flugdauer** *f (Flbetr)* total flight *or* flying time; ~**flügelfläche** *f (Tragfläche)* gross wing area ***(Def)***; ~**(flug)gewicht** *n* all-up (flying) weight; gross weight; full load ***(Def)***; ~**(flug)masse** *f (Lfz)* gross weight; all-up weight, *abbr* AUW; ~**flugzeit** *f* total time of flight; duration of flight; total flying time; overall flight time, flying time ***(Def)***; ~**kraft** *f* resultant *or* total force; ~**lärmbelastungswert** *m* total noise exposure level, *abbr* TNEL; ~**last** *f (Gesamtmasse abzügl. Leermasse: Lfz)* (total) useful load; ~**modellierung** *f* complete simulation; ~**schub** *m (Prop)* shaft thrust ***(Def)***: ~**simulation** *f* complete simulation; ~**streitkräfte** *f/pl (mil)* armed forces *pl*; ~**verbesserung** *f (nav)* total correction; ~**widerstand** *m (aerodyn)* total drag; ~**wirkung** *f* combined effect; ~**wirkungsgrad** *m* over-all efficiency.

**Geschäfts | flugwesen** *n* business flying; ~**flugzeug** *n* executive aircraft ***(Def)***; ~**luftfahrzeug** *n* business aircraft; ~**strahlflugzeug** *n* business jet.

**geschätzte Flugdauer** *od* **-zeit** *f (Flbetr)* estimated flight time.

**geschichtete Haufenwolke** *f (met)* straot-cumulus cloud.

**Geschicklichkeits | flug** *m* virtuosity *or* skill *or* proficiency flight; ~**(flug)prüfung** *f* test of skill; ~**(flug)wettbewerb** *m* skill competition.

**geschlepptes Gleit-** *od* **Segelflugzeug** *n* towed glider ***(Def)***.

**geschlossene | Mess-Strecke** *f (aerodyn)* closed working section ***(Def)***; ~ **Motorhaube** *f (Flmot)* non-pressure cowling ***(Def)***; ~ **Ordnung** *f (Verbandsflug)* close order; close(d) formation; ~**r Wasserkanal** *m (aerodyn)* water tunnel ***(Def)***; ~**r Windkanal** *m* closed (-jet) wind tunnel: ~**s Flugzeug** *n* enclosed *or* cabin airplane; ~**s Vereisungsnetz** *n (Flmot)* gapless-type ice guard ***(Def)***.

**geschlüsselt** *(Funk)* (en)coded; ~**er Funkspruch** *m* radio code message.

**Geschoss** *n (Art)* projectile; shell; missile; bullet; ~**bahn** *f* (ballist) trajectory; ballistic curve.

**Geschütz** *n (Art)* gun; piece; ~**bedienung** *f* gun crew; ~**führer** *m* gun commander; ~**stellung** *f* gun position *or* emplacement; ~**ter Behälter** *m (Kraftstofftank)* selfsealing tank.

**Geschwader** *n (LW E)* group; *(LW US)* wing; *(Marine)* squadron; ~**(flug)platz** *m (LW)* wing airfield; ~**keil** *m (Verbandsflug)* wing wedge formation; ~**kolonne** *f (Verbandsflug)* wing column; ~**kommodore** *m (LW E)* Air Officer Commanding, *abbr* A.O.C. (No. x Group); *(LW US)* wing commander.

**geschweißt** welded.

**Geschwindigkeit** *f* speed; velocity; rate; ~ *für Ruderbetätigung (Flzg)* manoeuvring speed; *höchste, zulässige* ~ *(ICAO)* never exceed speed, *abbr* $V_{NE}$; *im Normalbetrieb zulässige* ~ *(ICAO)* normal operating limit speed, *abbr* $V_{NO}$; ~ *im Steigflug (Flbetr)* climb speed; ~ *in Gipfelhöhe (Flzg)* speed at ceiling; *kleinste* ~ *mit beibehaltener Steuerfähigkeit (ICAO)* minimum control speed, *abbr* $V_{MC}$; *komplexe* ~ complex velocity; *kritische* ~ *(Flbetr)* critical speed; *(Wasser-Flzg)* hump speed *(Def)*; *mittlere* ~ mean velocity; *optimale* ~ best speed; *relative* ~ relative speed; *resultierende* ~ resultant velocity; *schallnahe* ~ near-sonic *or* transonic speed *(Def)*; *sichere* ~ *(Lfz)* safety speed *(Def)*; *transsonische* ~ near-sonic *or* transonic speed *(Def)*; ~ *über Grund* speed over ground; *(nav)* ground speed; *untere kritische* ~ *(Para)* critical speed *(Def)*; *zunehmende* ~ gathering speed; ~**sänderung** *f* variation *or* change of (the) speed; ~**sanzeiger** *m* speed indicator; ~**sbereich** *m & n (Spanne zwischen Höchst- und Landegeschwindigkeit: Flzg)* speed range; *schallnaher* ~~ *(aerodyn)* transonic speed range; ~**sbestimmung** *f (nav)* speed check; *Standlinie f zur* ~~ *(nav)* speed line (of position) ~**sdreieck** *n (Geschwindigkeitsmessung)* trangle of velocities; speed triangle; ~**sflug** *m* (high-)speed flight; ~**sgefühl** *n* speed sense; ~**smesser** *m* speedometer; ~**smessung** *f* measurement of speed; ~**smessverfahren** *n* speed meassurement methol; ~**sregelung** *f (Lfz)* speed control; ~**sreserve** *f (Flbetr)* speed margin; ~**sschreiber** *m (Instr)* recording speedometer; speed recorder; ~**süberwachung** *f* speed control; ~**swahlhebel** *m* speed selector lever; ~**sweltrekord** *m* world's speed record.

**Gesellschaftsanzug** *m (mil)* dress uniform.

**Gesichtsfeld** *n* field of vision *or* of view; ~**einengung** *f (Flmed)* visual field narrowing.

**Gespräch| anmelden** *v (Tel)* book a acall; ~**saufzeichnungsanlage** *f* **im Cockpit** *(Flzg)* cockpit voice recorder, *abbr* CVR.

**gestaffelte Tragflächen** *f/pl (Doppeldecker)* staggered wings *pl.*

**Gestalt** *f* shape; *geometrische* ~ geometric shape; ~**ung** *f (Pistenbau)* formation; ~**ung und Bauausführung** *f* design and construction; ~**smerkmale** *(n/pl)* design features *pl.*

**Gestängesteuerung** *f (Flzg)* rod *or* push-pull control.

**Gestehungskosten** *pl* cost of construction *or* manufacture.

**Gestellungsbefehl** *m (mil)* induction order.

**gesteuerte| langsame Rolle** *f (Kunstflugfigur)* slow roll *(Def)*; ~ **Rakete** *f* controlled rocket; ~ **Rolle** *f (Kunstflug)* aileron roll *(Def)*; ~**r Kreis** *m (el)* interlocking circuit *(Def)*; ~**r Kurs** *m (Flzg)* compass *or* steered course; *(nav)* heading; ~**s Hilfsruder** *n (Lfz)* controlled tab *(Def)*; ~**s Ventil** *n (Flmod)* mechanically operated valve.

**gestielter| Hochdecker** *m (Flzg)* parasol monoplane *(Def)*; ~ **Tragflügel** *m (Flzg)* parasol wing.

**Gestirn** *n* star; celestial body; planet; ~ **anpeilen** *v (nav)* take a bearing of a star; bear to the star; ~**bahn** *f* path *or* orbit of a planet; ~**höhe** *f* astronomical *or* celestial altitude *(Def)*; ~**höhenunterschied** *m (nav)* intercept *(Def)*; ~**peilung** *f (nav)* bearing by stars.

**gestörte Strömung** *f (aerodyn)* disturbed flow.

**gestreckte| Flugbahn** *(ballist)* flat trajectory; ~ **Version** *f* **eines Luftfahrzeugs** stretched aircraft.

**gestürzte Achse** *f (Flzg-Fahrwerk)* cambered axle.

**gestutzte Tragfläche** *f (Flzg)* stub *or* clipped wing *(Def)*.

**Gesundheits|erklärung** *f (LVerk)* declaration of health; ~**kontrolle** *f* sanitary control; ~**maßnahmen** *f/pl* sanitation; ~**papiere** *n/pl* health documents *pl*; ~**vorschriften** *f/pl* health regulations *pl*; ~**wesen** *n* public health; ~**zeugnis** *n* sanitary certificate; ~**zustand** *m* physical condition.

**Getriebe** *n (Flmot)* gear(ing); drive; transmission; ~ *mit Vorgelege* three-axle gear; triple gear; ~**bremse** *f (Kfz)* transmission brake; ~**gehäuse** *n* gear box *or* case *or* casing *or* housing; ~**gehäusedeckel** *m* transmission case cover; ~**lader** *m (Flmot)* direct-drive *or* geardriven *or* engine-driven supercharger; ~**loses Triebwerk** *n (Flmot)* gearless engine; ~**motor** *m* geared engine; ~**übersetzung** *f* gearing; ~**übersetzungsverhältnis** *n* gear ratio.

**Gewalt|akt** *m* **gegen die Zivilluftfahrt** act of violance against civil aviation; ~**marsch** *m (mil)* forced march; ~**same Erkundung** *f (takt)* reconnaissance in force.

**Gewässermerkmal** *n* hydrographic feature.

**Gewehr** *n* rifle; ~**appell** *m (mil)* rifle inspection; ~**auflage** *f* fire crest; ~**feuer** *n* rifle fire; ~**granate** *f* rifle grenade; ~**kolben** *m* rifle butt; ~**munition** *f* rifle ammunition; ~**schaft** *m* rifle stock; ~**stock** *m* cleaning rod; ~**übung** *f* rifle exercise.

**gewerbliche| Luftfahrt** *f* commercial aviation; ~**r Lufttransport** *od* **Luftverkehr** *m* commercial air transport(ation); ~**s Luftverkehrsunternehmen** *n* commercial air transport operator.

**Gewicht** *n (allg)* weight; *(Lfz)* mass; *abwerfbares* ~ *(Lfz l)* dischargeable weight *(Def)*; ~ *der Luft* air weight; *festes* ~ *(Lfz l)* fixed weight *(Def)*; *spezifisches* ~ specific gravity; *verfügbares* ~ *(Lfz l)* disposable weight *(Def)*; ~~**sausgleich** *m (Leitwerk)* mass *or* weight balance; weight compensation; ~**seinsparung** *f* saving of weight; ~**serhöhung** *f* weight increase; ~**serparnis** *f* saving in weight; ~**sklasse** *f (Lfz)* weight category; ~**sladefaktor** *m (LVerk)* (revenue) weight load factor; ~**slos** weightless; agravic; ~**sverteilung** *f* weight distribution.

**gewinnen** *v (Höhe: Flzg)* gain altitude; get height.

**Gewitter** *n (met)* thunderstorm; *(geo)magnetisches* ~ geomagnetic storm; *präfrontales* ~ pre-frontal thunderstorm; ~**anzeichen** *n* sign of a thunderstorm; ~**bildung** *f* formation of a thunderstorm; ~**bö** thunder squall; ~**flug** *m* thunderstorm flight *or* flying; ~**front** *f* front of thunderstorms; thunderstorm front *or* line; ~**herd** *m* centre (*US* center) of the thunderstorm; ~**kopf** *m* thunderhead; ~**luft** *f* thundery air; ~**meldung** *f* thunderstorm warning; ~**neigung** *f* tendency to thunderstorm; ~**regen** *m* thundershower ; ~**schreiber** *m (Instr)* brontograph; ~**störung** *f (met)* thunderstorm disturbance; ~**turm** *m (met)* thunder cloud tower; ~**warnung** *f* thunderstorm warning; ~**wolke** *f* thunder cloud; cumulo-nimbus (cloud); ~**zone** *f (met)* thunderstorm area; *aktive* ~~ active thunderstorm area.

**gewölbte | Schaufel** *f (Turbo)* cambered blade *or* vane; ~ **Tragfläche** *f (Flzg)* cambered wing; ~**s Profil** *n (Tragfläche)* cambered profile.

**Gewölk** *n (met)* gathering *or* group *or* body *or* masses of clouds.

**Gezeiten** *pl* tides *pl*; ~**tafel** *f* tide table; ~**unterschied** *m* range of tide; tidal range.

**gezielter Bombenwurf** *m (LKr)* precision bombing.

**gezogen** *(Flugzustand)* nose-up (attitude).

**Gier | achse** *f (Flzg)* yaw(ing) axis; ~**bedingungen** *f/pl (Flzg)* yawing conditions *pl*; ~**bewegung** *f* yawing; motion in yaw; ~**dämpfer** *m (Flzg)* yaw(ing) damper; ~**en** *v (Flzg um Hochachse)* yaw; ~**en** *n* yawing ***(Def)***; *ohne* ~~ zero yaw; ~**geschwindigkeit** *f (Flzg um Hochachse)* rate of yaw; ~**instabilität** *f (Flzg)* directional instability; ~**kanal** *m (Autopilot)* yaw channel; ~**moment** *n* yawing moment ***(Def)***; *Querruder-* ~~ *(aerodyn)* aileron yaw; ~**schwingung** *f (Stab)* yaw(ing) oscillation; ~~ *mit annähernd gleicher Amplitude (Flzg)* snaking; ~**ungsmesser** *m* yawmeter ***(Def)***; ~**winkel** *m (Flbetr)* yaw(ing) angle; ~~ *Null (Lfz)* zero yaw.

**Gift | stoff** *m* toxic agent; ~**wirkung** *f* toxic effect.

**Gipfel | entfernung** *f (ballist)* abscissa for maximum ordinate (of trajectory); ~**höhe** *f (Flzg)* (absolute) ceiling ***(Def)***; *(Gestirn)* altitude *or* height at culmination; *absolute* ~~ *(Flbetr)* absolute ceiling ***(Def)***; ~~ *im Einmotorenflug (zweimot-Flzg)* single-engine (emergency) ceiling; *Reiseflug-* ~~ cruising ceiling ***(Def)***; *Schwebe(flug)-* ~~ *(Heli)* hovering ceiling ***(Def)***; ~**punkt** *m (ballist)* culmination.

**Gitter** *n* grid; lattice; *(im Windkanal: aerodyn)* cascades *pl* ***(Def)***; ~**fachwerk** *n (Flzg-Rumpf)* grid *or* lattice *or* girder construction; ~**geometrie** *f* lattice geometry; ~**gesteuert** *(Funk)* grid-controlled; ~**kondensator** *m (Funk)* grid capacitor; ~**kreis** *m* grid (resonant) circuit; ~**linie** *f (Kart)* grid line; ~**navigation** *f* grid navigation ***(Def)***; ~**netz** *n (Kart)* coordinate *or* map *or* military grid; grid ***(Def)***; ~**netzkarte** *f* gridded map; ~**-Nord** *n (nav)* grid north ***(Def)***; ~**punktdaten** *n/pl (met)* grid point data *pl*; ~**rippe** *f (Tragfläche)* lattice *or* truss rib; ~**rumpf** *m (Flzg)* girder (type) *or* lattice fuselage; ~**schießplan** *m (Art)* fire-control grid; ~**schwanz** *m (Flzg)* outrigger *or* open tail; ~**schwanzflugzeug** *n* outrigger *or* open tail airplane; ~**schwanzträger** *m (Flzg)* open tail girder *or* boom; ~**spannung** *f (el)* grid voltage; ~**steuerung** *f (Funk)* grid control; ~**strom** *(el) m* grid current; ~**system** *n (Kart)*, **geographisches** ~~ geographical reference system, *abbr* GEOREFS; ~**träger** *m (Flzg)* lattice(d) longeron; ~**vorspannung** *f (Funk)* bias; ~**werk** *n (Windkanal)* cascades *pl* ~**windkanal** *m (aerodyn)* grid wind tunnel; cascade (grid) wind tunnel.

**Glas** *n* glass; *schusssicheres* ~ bulletproof glass; ~**artige Vereisung** *f (Flzg)* clear ice; glaze; ~**fasermaterial** *n* glass-fibre material; ~**faserverstärkte Sandwichbauweise** *f* glass-fibre sandwich construction.

**Glatt | blechbeplanung** *f (Flzg)* flat sheet covering; ~**e Landung** *f* smooth landing; sl daisy cutter; ~**e Strömung** *f (aerodyn)* laminar flow; ~**eis** *n* rain ice; glazed *or* slippery ice; *(met)* glazed frost ***(Def)***; ~**er Abfluss** *m (der Strömung, aerodyn)* wash; ~**hautnietung** *f* flush riveting; ~ **landen** *v (Flzg)* make a good *or* a smooth *or* a safe landing; *sl* "drop her down like a gentleman"; ~**wasser** *n* smooth sea.

**gleich | bleibende Ablenkung** *f (Kompass)* constant deflection; ~**bleibende Windgeschwindigkeit** *f* constant *or* steady wind velocity; ~**druckanlage** *f (Flmot)* constant pressure system; ~**druckflächenkarte** *f (met)* constant level chart; ~**druckgasturbine** *f (Turbo)* constant-pressure gas turbine; ~**druckhöhe** *f (Flmot)* rated altitude; ~**druckturbine** *f* impulse *or* constant-pressure turbine; ~**förmig** *(Bewegung)* accelerationless; ~**förmigkeit** *f (Strömung)* uniformity of flow; ~**gewicht** *n (stat & mech)* equilibrium; *aerodynamisches* ~~ aerodynamic balance; *im* ~~ *befindlicher Ballon* balanced balloon; *labiles* ~~ labile equilibrium, *stabiles* ~~ stable equilibrium; ~**gewichtsdruck** *m* equilibrium pressure; ~**gewichtsflugzustand** *m* balanced attitude of airplane; ~**gewichtsgefühl** *n* sense of equilibrium *or* balance; ~**gewichtshöhe** *f (Lfz l)* equilibrium height ***(Def)***; ~**gewichtskraft** *f* balancing force; *(Flzg)* restoring moment; ~**gewichtslage** *f* condition *or* state *or* point of equilibrium; ~**gewichtssinn** *m* sense of balance; ~**gewichtsstörung** *f (Lfz)* balance disturbance; ~**gewichtszustand** *m* state *or* condition of equilibrium; ~**lauf(richtung)** *m (f)* autosyn; ~**mäßige Strömung** *f (aerodyn)* laminar flow; ~**namige Pole** *m/pl (Magnetismus usw)* poles *pl* of similar sign; like poles *pl*; ~**phasige Antenne** *f (Funk)* cophasal antenna; ~**richten** *(Funk) v* rectify; ~**richter** *m (Funk)* rectifyer; ~**richterröhre** *f* rectifyer tube *or* valve; ~**richtung** *f*, **quadratische** ~~ *(Funk)* square-law detection; ~**strom** *m (el)* direct current, *abbr* DC; ~**strom-Brennkammer(system)** *f (n) (Turbo)* straight-flow system ***(Def)***; ~**strommotor** *m (el)* direct current motor, *abbr* DC motor; ~**stromumformer** *m (el)* convertor ***(Def)***; ~**ung** *f*, **kanonische** ~~ canonical equation.

**Gleiskette** *f (Flzg)* caterpillar track; ~**nfahrzeug** *n* tracklaying vehicle; ~**nschlepper** *m* caterpillar tractor; ~**nzugmaschine** *f* caterpillar prime mover.

**Gleit | angriff** *m* gliding attack; ~**bahn** *f (Flzg)* gliding path; ~**boden** *m (Flugboot)* planing bottom ***(Def)***; ~**bombe** *f* glide(r) bomb; ~**bruch** *m (mech)* creep(ing) failure; ~**en** *v (Flzg)* glide; ~**en** *n* planing; gliding; ~**er** *m (Flzg)* gliding plane; glider ***(Def)***; ~**flächen** *f/pl*, **Pleuelanordnung mit** ~~ *(Flmot)* slipper-type assembly ***(Def)***; ~**flosse** *f (Flugboot)* planing fin; *(US)* chine; ~**flug** *m* gliding (flight); glide ***(Def)***; *im* ~~ *niedergehen v* plane down; glide (down); *Landung f aus dem* ~~ *(Flbetr)* glide landing; ~~ *machen v* make a glide *or* a gliding descent; *motorloser* ~~ *(Flbetr)* power-off glide; ~~ *strecken v (Flzg bei Landung)* flattern out the glide; *zum* ~~ *übergehen v* go into a glide; ~**fluggeschwindigkeit** *f* gliding speed; ~**flugkurve** *f* gliding turn; ~**(flug)landung** *f (Flbetr)* glide landing; ~**fluglastfall** *m* high-speed case; ~**(flug)-strecke** *f (Flbetr)* gliding distance; ~**flugzeug** *n* gliding plane; glider ***(Def)***; *geschlepptes* ~~ towed glider ***(Def)***; ~**geschwindigkeit** *f* gliding speed; ~**kufe** *f (Kufenfahrwerk)* landing ski(d); ~**lager** *n (Kurbelwelle usw)* plain *or* journal bearing; journal; ~**rolle** *f* pulley; ~**schirm** *m (Para)* gliding(-type) parachute; paraglider;

~**schutzkette** *f (Flzg)* nonskid chain; ~**spiralflug** *m* spiral glide ***(Def)***; ~**strahl** *m (ILS-Verfahren)* glide path; ~**strahlbake** *f (ILS: Bod)* glide path beacon; ~**strecke** *f (Flzg)* gliding distance; ~**stufe** *f (See-Lfz)* planing step; ~**vermögen** *n (Flzg)* gliding quality; ~**vorgang** *m* planing; ~**weg** *m (nav)* glide path ***(Def)***; *falscher ~~ (ILS)* false glide path; ~**wegabweichung** *f* glide-path deviation; ~**weganzeiger** *m*, **optischer** ~~ *(Flzg)* visual glide slope indicator; ~**wegbiegung** *f* glide-path bend *or* curvature; ~**weg-Einflughöhe** *f (Flbetr)* glide-path intercept altitude; ~**weg-Funkfeuer** *n (ILS: Bod)* glide-path beacon ***(Def)***; ~**wegkrümmung** *f* glide-path bend *or* curvature; *angezeigte ~~* indicated glide-path curvature; ~**(wegleit)strahl** *m* glide-path (beacon) beam; ~**wegradar** *n* glide-path radar; ~**wegsektor** *m (Flbetr)* glide-path sector ***(Def)***; ~**wegstrahl** *m* glide path (beam); ~**wegwinkel** *m (Flbetr)* glide-path angle; ***(Def)***; ~**wegsystem** *n*, **Zweifrequenz-~~** *(Flsich)* two-frequency glide-path system; ~**wegtoleranz** *f* glide-path tolerance; ~**wegüberwachungsgerät** *n (Flsich)* glide-path monitor; ~**weg-Winkelfehler** *m* glide-path angular error; ~**widerstand** *m* skidding resistance; ~**winkel** *m* gliding angle ***(Def)***; approach slope (angle); *bester ~~ (Flbetr)* minimum gliding angle ***(Def)***; ~**winkelbefeuerungssystem** *n (Bod)* visual approach-slope indicator system, *abbr* VASIS; ~**zahl** *f (Flzg)* gliding *or* glide ratio ***(Def)***; lift/drag ratio, abbr L/D (ratio); drag-(to-)lift ratio.

**Gletscher** *m* glacier; ~**wind** *m (met)* glacier breeze ***(Def)***.

**Gliederungsübersicht** *f (mil)* organizational chart.

**Glimmer** *m* mica; ~**kondensator** *m (Funk)* mica capacitor.

**Glissade** *f (Flbetr)* sideslip.

**globales Navigationssystem** *n (Satnav)* global positioning system, *abbr* GPS.

**Glocke** *f (Para)* skirt ***(Def)***; ~**nkompass** *m* bell compass.

**„Glück ab!“** *(Fliegergruß)* “Happy landing!“

**Glüh|drahtzündung** *f (Diesel)* electric firing; ~**kathode** *f (Funk)* hot cathode; ~**kerze** *f* glow plug; ~**kopfmotor** *m* semi-diesel *or* mixed-cycle engine; ~**kopfzündung** *f* hot ignition; ~**zünden** *n (Flmot)* afterfiring ***(Def)***.

**gnomonische Polarprojektion** *f (Kart)* polar gnomonic projection.

**Gondel** *f (Luftschiff & Ball)* car ***(Def)***; *(Motor~)* (engine) nacelle ***(Def)***; *abnehmbare ~* (Lfz) pod ***(Def)***; ~**aufhängung** *f (Luftschiff)* car suspension.

**Goniometerantenne** *f (Funk)* goniometer antenna.

**Gotik-Tragfläche** *f (Flzg)* ogival wing.

**Gouge-Klappe** *f (Flzg)* Gouge flap ***(Def)***.

**Gräberoffizier** *m (mil)* graves registration officer.

**Grad|einteilung** *f (Kompass usw)* division into degrees; gradation; graduation; scale; ~**feld** *n (Kart)* map square; ~**ient** *m* gradient; ~**ientwind** *m (met)* gradient wind; ~**ientwindgeschwindigkeit** *f (met)* gradient wind speed ***(Def)***; ~**ientwindscherung** *f (met)* gradient wind shear; ~**linig** straight-line; rectilinear; ~**netz** *n (Kart)* (map) grid ***(Def)***; *(nav)* graticule ***(Def)***; ~**netzmeldeverfahren** *n (Kart)* grid referencing; ~**netznavigation** *f* grid navigation ***(Def)***.

**Granat|e** *f* shell; ~**trichter** *m* shell crater; ~**werfer** *m* trench mortar; ~**werfergeschoss** *n* mortar shell.

**graphisch** graphic(al); ~**e Darstellung** *f* graph.

**Gras|flugplatz** *m* grass airfield; ~**landung** *f (Flbetr)* grass landing; ~**piste** *f (Bod)* sod runway; grass strip.

**Graupel** *f (met)* sleet; soft hail; snow pellets *pl* ***(Def)***; graupel; ~**bö** *f* sleet squall; ~**korn** *n* grain of sleet; ~**n** *v* sleet; graupel; ~**regen** *m* sleety rain; ~**schauer** *m* sleet shower; ~**schlag** *m* sleeting; ~**wetter** *n* sleety weather.

**Gravitation** *f* gravity; ~**sbeschleunigung** *f* acceleration of gravity; gravitational acceleration; ~**sfeld** *n* gravitational *or* gravity field; ~**sgesetz** *n (Newtonsches ~~)* law of gravitation; ~**skraft** *f* gravitational force; *Simulation f der ~~* gravitational force simulation.

**Greenwich|-Sternzeit** *f* Greenwich siderial time, *abbr* GST; *Stundenwinkel m von ~* Greenwich hour angle, *abbr* GHA; ~**(er) Zeit** universal time; *mittlere ~~* zebra time; Greenwich mean time, *abbr* GMT ***(Def)***; universal time, *abbr* UT.

**Grenadier** *m (mil)* rifleman; ~**kompanie** *f* rifle company.

**Grenz|belastung** *f (Flzg)* limit load; ~**e** *f* boundary; *(Staats~~)* border; frontier; *ballistische ~~* ballistic boundary; ~**fall** *m* limiting case; border-line case; ~**flughafen** *m* frontier *or* border airport; ~**frequenz** *f (Fernm)* cut-off frequency; ~**gebiet** *n* fringe area; border region; ~**geschwindigkeit** *f* limiting speed *or* velocity ***(Def)***; ~**lastvielfaches** *n* marginal g-load; ~**leistung** *f* peak performance; ~**-Machzahl** *f (aerodyn)* critical *or* boundary Mach number.

**Grenzschicht** *f (met & aerodyn)* boundary layer ***(Def)***; *~ am Körper (aerodyn)* body boundary layer; *anliegende ~ (aerodyn)* attached boundary layer; *~ des Gegenstroms od der Umkehrströmung* backflow boundary layer; *dreidimensionale ~* three-dimensional boundary layer; *kompressible ~* compressible boundary layer; *laminare ~ (aerodyn)* laminar boundary layer ***(Def)***; *Luft in der ~* boundary-layer air; *magnetohydrodynamische od MHD- ~* magnetohydrodynamical (*abbr* MHD) boundary layer; *Rand m der ~* boundary-layer threshold; *Theorie f der ~*boundary-layer theory; *turbulente ~* (aerodyn) turbulent boundary layer ***(Def)***; ~**ablass** *m od* ~**ableitung** *f (aerodyn)* boundary-layer bleed; ~**ablösung** *f (aerodyn)* boundary-layer separation ***(Def)*** *or* break-away; *sl* burble; ~**ablösungspunkt** *m (aerodyn)* burble *or* separation point; ~**abmessung** *f* boundary-layer dimension; *charakteristische –* characteristic boundary-layer dimension: ~**absaugklappe** *f (Lfz)* suction flap ***(Def)***; ~**absaugschlitz** *m (Flzg)* boundary-layer slot; ~**absaugung** *f* boundary-layer suction ***(Def)***; sucking-away of boundary-layer; ~**abspaltung** *f* boundary-layer separation; ~**an-** *or* ~**ausblasung** *f* boundary-layer blowing; ~**beeinflussung** *f* boundary layer control ***(Def)***; ~**belüftung** *f* precompression in the boundary layer; ~**effekt** *m od* ~**einfluss** *m* boundary-layer effect *or* influence; ~**lehre** *f* theory of the boundary layer; ~**lehrsatz** *m*, **Karmanscher** ~~ Karman boundary-layer theorem; ~**luft** boundary-layer air; ~**profil** *n* boundary-layer profile; ~**rand** m boundary-layer threshold; ~**reibung** *f* boundary-layer friction; ~**steuerung** *f (aerodyn)* boundary-layer control ***(Def)***; ~**störung** *f* boundary-layer disturbance; ~**theorie** *f* boundary-layer theory; ~**turbulenz** *f* boundary-layer turbulence; ~**übergang** *m (aerodyn)* boundary-layer transition ***(Def)***; ~**umschlag** *m*, **laminar-turbulenter** ~~ boundary-layer transition to turbulence; ~**verdichtung** *f (aerodyn)* boundary-layer blowing *(Def)*; ~**zaun** *m (Flzg)* (boundary-layer *or* wing) fence *(Def)*.

**Grenz | überflug** *m* frontier *or* border crossing; ~**überschreitender Flugverkehr** *m* border-crossing air traffic; ~**vakuum** *n* ultimate vacuum; ~**wert** *m* limiting *or* cut-off boundary value; *eingebauter* ~~ built-in margin; ~**wetterlage** *f (met)* marginal weather conditions pl.

**Greyout** *m (Minderung des Sehvermögens: Flmed)* greyout.

**Griesel** *m (met)* granular snow.

**Griff** *m (allg)* handle; *(Fallschirm)* pull ring.

**Grivation** *f (nav)* grivation (*short for* grid navigation) *(Def)*.

**Grob | abstimmung** *f (Luftschrauben)* coarse adjustment; *(Funk)* coarse tuning; ~**azimut** *m (TACAN)* coarse bearing; ~**einstellung** *f* coarse adjustment; ~**fahrtmesser** *m (Flzg)* non-sensitive airspeeed indictor; ~**höhenmesser** *m* non-sensitive *or* coarse altimeter; ~**verstellung** *f* slewing (motion).

**Groß | angriff** *m (mil)* large-scale *or* major attack; ~**batterie** *f (Flak)* component batteries *pl*; ~**e Höhe** *f (Flbetr über 10 000 m bzw. 33 000 Fuß)* high altitude *(Def)*.

**Größe** *f (Kraft)* magnitude; *(Gestirn)* size; *(allg)* value; ~ *des Lastvielfachen* G-value; ~**nklasse** *f* size group; ~**nordnung** *f* order of magnitude.

**Groß | flugboot** *n* super *or* large flying-boat; ~**flugzeug** *n* large aircraft; ~**hubschrauber** *m* super-helicopter; ~**kampfschiff** *n* capital ship; *(veraltet)* supercreadnought; ~**kreis** *m (nav)* great circle *(Def)*; ~**kreisabweichung** *f* gread-circle deviation; ~**kreisbeschickung** *f (nav)* conversion angle *(Def)*; ~**kreisentfernung** *f* greatcircle distance; ~**kreisfliegen** *n* great-circle flying; ~**kreiskarte** *f* great-circle map *or* chart; ~**kreiskurs** *m (nav)* great-circle course; ~**kreispeilung** *f (nav)* great-circle bearing; ~**kreisprojektion** *f (Kart)* gnomonic projection; ~**kreisstrecke** *f* great-circle route; ~**mutterlandung** *f sl* soft *or* gentle landing; ~**orientierung** *f(nav)* orientation by large landmarks; ~**raumflugzeug** *n* large *or* high capacity aeroplane; wide-body *or* giant aeroplane; *(Familie f der ~~e)* wide-body (aircraft) family; ~**raumluftlage** *f (LKr)* overall tactical air situation ~**raumradar** *n* long range radar; ~**raumrumpf** *m (Flzg)* large-volume *or* wide-body fuselage; ~**serienbau** *m* large-scale serial production; ~**wetterlage** *f* general weather conditions *pl or* situation.

**Grund** *m (Boden)* ground; *auf ~ laufen v* run aground; *Kurs m über ~ (nav)* track *(Def)*; *Standort m über ~ (nav)* ground position *(Def)*; ~**anker** *m* ground anchor; ~**ausbildung** *f* basic training; *(mil)* basic military training; (*US* mil) indoctrination; *fliegerische* ~~ basic flying training; ~**brennstoff** *m (Rak)* basic fuel; ~**einheit** *f* fundamental; (mil) basic unit; ~**eis** *n* ground ice; ~**geschwindigkeit** *f (nav)* ground speed, *abbr* G/S *(Def)*; ~**geschwindigkeitsmesser** *m* ground speed indicator; ~**gurt** *m (Luftschiff)* inner fabric strip *or* band: ~**karte** *f (Kart)* chart base; ~**lage** *f* basis; base; *topographische* ~~ *(Kart)* topographic base; ~**masse** *f (Lfz)* basic weight *(Def)*; ~**modus** *m (Wellenleiter; Funk)* dominant mode; ~**richtung** *f (Art)* zero line; base line *or* direction; ~**richtungslinie** *f (Art)* base line; ~**richtungspunkt** *m* base point; ~**richtungswinkel** *m* base angle; ~**steigung** *f (Luftschraube)* basic pitch; ~**stellung** *f (mil)* position of attention; ~**überholung** *f (Flzg)* complete overhaul; certificate of airworthiness overhaul, *abbr* C. of A. overhaul; ~**wasser** *n* subsoil *or* ground water.

**Gruppe** *f (Bau-)* assembly; *(mil)* squad; group; *(fliegender Verband: LW E)* wing; *(LW US)* group; ~*im festen Flugfernmeldenetz* AFTN (*short for* aeronautical fixed telecommunication network) group *(Def)*; ~**nantenne** *f (Funk)* group antenna; ~**nfeuer** *n (Art)* volley fire; ~**ngefechtsstand** *m (LW)* group command post; ~**nkeil** *m (Verbandsflug)* group wedge; ~**nkommandeur** *m (LW E)* Officer Commanding No. x Wing, *abbr* O.C. No. x Wing; *(LW US)* group commander; ~**nleitstelle** *f (Fernm)* group control station; ~**npauschalreise** *f (LVerk)* group inclusive tour, *abbr* GIT; ~**nschaltung** *f (Tel)* series *or* parallel *or* serial connection; ~**nschießen** *n (Art)* volley fire.

**Grußpflicht** *f* obligation to salute.

**Guerilla | kämpfer** *m* guerilla; ~**krieg** *m* guerilla warfare.

**Gulaschkanone** *f sl* field kitchen.

**gültig** valid; ~**keitsanerkennung** *f (ICAO)* recognition; ~**keitsdauer** *f (Pass usw)* time *or* date of expiry; ~**keitserklärung** *f (Lufttüchtigkeitsbescheinigung, Erlaubnisschein usw: ICAO)* rendering (a certificate of airworthiness *or* a licence) (*US* license) valid; validation *(Def)*.

**Gumbildung** *f (Kleben der Kolbenringe) (Flmot)* gumming.

**Gummi | abfederung** *f (Fahrwerk)* rubber shock absorber; ~**boot** *n* rubber boat *or* raft; ~**floß** *n* rubber raft; ~**motor** *m (Modell-Flzg)* rubber motor; ~**motormodell** *n* rubber-driven model; ~**motorstab** *m (Modell-Flzg)* rubber motor rod *or* stick, ~**paketfederbein** *n (Flzg)* rubber-disc shock (absorber) strut; ~**schlauchenteiser** *m (Flzg)* de-icer boot *(Def)*; ~**seil** *n (Segel-Flzg)* (india) rubber *or* elastic cable; rubber *or* shock cord *(Def)*; ~**seilstart** *(Segel-Flzg) m* rubber cord start; launch by an elastic cable; ~**startseil** *n* launching *or* elastic cable.

**Gurt** *m (Anschnall-)* belt; *(am Holmsteg)* flange (member); sparboom; ~**blech** *n (am Holmsteg)* strip flange; cap-strip; ~**füller** *m (Bordwaffen)* belt-filling *or* beltloading machine; ~**werk** *n (Fallschirm)* parachute harness; ~**zuführung** *f (Bordwaffen)* belt feed.

**Güte | kriterium** *n* quality criterion; ~**r** *n/pl* goods pl.

# H

H *(ICAO- & NATO-Buchstabieralphabet)* Hotel; (altes, internationales Buchstabenalphabet) How; ~-**Motor** *m (Flmot)* H(-type) engine *(Def)*; ~-**Staffel** *f (LW)* tactical reconnaissance squadron (attached to army units).

**Haager Abkommen** *n* Hague Convention.

**Haar | hygrometer** *m (met)* hair hygrometer; ~**röhrchen** *n* capillary (tube).

**Hackenbremse** *f (Flzg)* heelbrake.

**Hafen | kommandant** *m (mil)* port senior officer; ~**sperre** *f (takt)* habour (*US* harbor) barrier.

**Haft | hohlladung** *f (Art)* magnetic antitank hollow charge; ~**lokal** *n (mil)* detention room; ~**pflicht** *f* liability; *unbeschränkte* ~~ absolute liability; ~**pflichtver-**

**sicherung** *f* liability insurance; ~**ung** liability.

**Hagel** *m (met)* hail ***(Def)***; ~**bildung** *f* hail formation; ~**bö** *f* hail squall; hailstorm; ~**korn** *n* hail stone; ~**n** *v* hail; ~**schauer** *m* hail shower; ~**schlag** *m* hailfall; hailstorm; ~**wolke** *f (met)* hail cloud.

**halb|aktive Zielsuchlenkung** *f (FK)* semi-active homing guidance ***(Def)***; ~**automatische Schaltung** *f od* **Vermittlung** *f (Fernm)* semi-automatic switching; ~**automatische Weitergabeeinrichtung** *f (Fernm)* semi-automatic relay station ***(Def)***; ~**bedeckter Himmel** *m (met)* half-covered sky; ~**(durch)messer** *m (Atstronav)* semidiameter ***(Def)***; ~**e Rolle** *f (Kunstflugfigur)* half-roll ***(Def)***; ~**er Looping** *od* **Überschlag** *m (Kunstflugfigur)* half loop ***(Def)***; ~**fabrikat** *n* semi-finished product; ~**(flügel)spannweite** *f (Flzg)* wing semispan; ~**freitragend** *(Tragfläche usw)* semi-cantilever; ~**gas** *n (Flmot)* half throttle; *mit ~~ fliegen v* fly at half throttle; ~**hochdecker** *m (Flzg)* midwing *or* semi-high wing monoplane; ~**Integralbehälter** *m (Lfz)* semiintegral tank ***(Def)***; ~**kettenantrieb** *m (Kfz)* half-track drive; ~**kettenfahrzeug** *n (Kfz)* semi-tracked *or* halftracked vehicle; ~**körpersatz** *m od* ~**regel** *f (aerodyn)* half-body rule; ~**kreis** *m* semi-circle; ~**kreisflugflächen** *f/pl (Flsich)* semi-circular cruising levels *pl*; ~**kugel** *f* hemisphere; ~**kugelförmige(r) Haube** *f od* **Dom** *m* hemispherical dome; ~**leiter** *m (el)* semicontuctor; ~**leiterbau** *od* ~**schaltelement** *n (el)* solid-state element; semiconductor device; ~**leiterverstärker** *n (el)* semiconductor amplifier; ~**leiterwiderstand** *m (el)* semiconductor resistance; ~**luftreifen** *m* cushion type tyre (*US* tire); ~**messer** *m (Astronav)* semidiameter ***(Def)***; ~**schalenrumpf** *m (Flzg)* semi-monocoque fuelage; ~**schalenstruktur** *f (Flzg)* semi-monocoque structure; ~**schott** *n (Flzg)* partial bulkhead; ~**spannweite** *f (Flzg)* semispan; ~**staffel** *f (US LW: 2 Schwärme = 8 Flzge)* section; ~**starr** *(Luftschiff)* semirigid; ~**starre Theorie** *f (Konstr)* semi-rigid theory ***(Def)***; ~**starrer Rotor** *m (Heli)* semi-rigid rotor; ~**starres Luftschiff** *n (Lfz l)* pressure-rigid airship ***(Def)***; semi-rigid airship ***(Def)***; ~**stieler** *m (Doppeldecker)* half-strutter *or* semistrut (type) biplane; ~**überzogener Flug** *m* semistall; ~**wertpunkt** *m (Leistung)* half-power point; ~**wertwinkel** *m (Leistung)* half-power angle; ~**zeug** *n* semi-finished material.

**Halle** *f (Flzg)* hangar; *(Luftschiff)* airship shed *or* dock; ~**nvorfeld** *n (Flugplatz)* apron; tarmac.

**Halo** *m (Kranzerscheinung: met)* halo.

**Halon-Löschmittel** *n/pl (Brandbekämpfung)* halocarbons *pl.*

**„Hals- und Beinbruch!"** *(Fliegergruß) sl* "Happy landing!"

**Halt** *m* stop; *planmäßiger ~ (LVerk)* scheduled stop; *~ zum Auftanken (LVerk)* refuelling stop; ~**ebalkenfeuer** *n (Bod)* stop bar light; ~**egrenze** *f* **für Flugzeuge** *(Bod)* aeroplane holding limit; ~**ekabel** *n (Lfz l)* balloon flying cable ***(Def)***; ~**ekabelrolle** *f (Lfz l)* cross-over attachment ***(Def)***; ~**eleine** *f (Luftschiff & Ball)* handling *or* mooring line; ~**emannschaft** *f (Luftschiff & Ball)* ground handling crew; *(Segel-Flzg)* landing crew; tail men *pl*; ~**en** *v (Flzg unmittelbar vor Aufsetzen)* hold off; ~**eposition** *f (Bod)* holding position; ~**epunkt** *m (für rollende Flzge: Flsich)* taxiholding position; *(Lfz l)* metallic vee ***(Def)***; ~**er** *m (Eigner)* operator ***(Def)***.

**Hand|abfeuerung** *f (Bordwaffe)* hand-operated firing mechanism; ~**andrehkurbel** *f (Flmot)* starting handle; hand starting crank; ~**anlasser** *m (Flmod)* hand *or* crank starter ***(Def)***; ~**bedienungs(sorgan)** *f(n)* manual control; ~**betrieben** manual; hand-operated; ~**bildkamera** *f (LPhot)* hand camera; ~**buch** *f* **für Such- und Rettungsdienst** *(SAR)* search and rescue manual; ~**elsflugwesen** *n* commercial aviation; ~**elsflugzeug** *n* commercial airplane; ~**elsluftfahrt** *f* commercial aviation; ~**elsluftlinie** *f* commercial airline; ~**elsluftverkehr** *m* commercial air transportation *or* traffic; ~**elsrechnung** *f* commercial invoice; ~**feuerwaffe** *f* small arm; ~**gepäck** *n (LVerk)* hand *or* carry-on baggage; *ungeleitetes ~~* unaccompanied baggage; ~**granate** *f* hand grenade; ~**granatenwurfstand** *m* grenade court; ~**habung** *f* handling; ~**kamera** *f (LPhot)* hand (aerial) camera; ~**kraft** *f (des Piloten)* hand force; ~**lampe** *f* electric torch; ~**loch** *n (Motorhaube usw)* inspection hole; ~**nachführung** *f (FK)* hand *or* manual guiding; ~**radsteuerung** *f (Flzg)* wheel controls; ~**regelung** *f* manual *or* hand control; ~-Simplexbetrieb *m (Funk)* manual simplex (operation); ~**sonde** *f* handheld detector; ~**steuerung** *f* manual control; ~ ~-**Tastfunkverfahren** *n* manual radio telegraph procedure; ~**tastgeschwindigkeit** *f (Funk)* manual speed; ~**übermittlung** *f (Fernm)* keyboard transmission; ~**vermittlung** *f (Tel)* manual exchange; *(Fernschreib-; Flsich)* manual switching; ~**waffe** *f* hand weapon *or* arm; small arm.

**Hang** *m* slope; *vor dem ~ kreuzen oder kreisen v (Segelflug)* circle above *or* in front of the slope; ~**ar** *m (Flzg-Halle)* hangar ***(Def)***; ~**argebühr** *f* hangar fee; ~**aufwind** *m* upcurrent *(due to a slope)*; hill *or* slope lift.

**Hänge|behälter** *m (Lfz)* underslung tank; ~**gleiter** *m (Segel-Flzg)* hanging glider; ~**kühler** *m (Flmot)* underslung radiator; ~**n** *(Flzg an den Propeller ~~ v sl)* zoom; ~**nd** *(Kühler: Flmot)* underslung; *(Tragfläche im Flug)* wingheavy; *~~e Zylinder m/pl, Motor mit ~~en Zylindern (Flmot)* inverted engine ***(Def)***; *~~er Tragflächenkühler m (Flmot)* under-wing radiator ***(Def)***; *~~es Ventil n (Flmot)* inverted *or* drop valve.

**Hang|nebel** *m (met)* upslope fog; ~**segelflug** *m* slope-lift soaring; ridge *or* slope soaring; ~**start** *m (Segelflug)* takeoff from a slope; rubber-cord start; ~**stellung** *f (takt)* slope position; ~**wind** *m* upward air current *(due to a slope)*; hill-side up-current; anabatic wind.

**Hantelzeichen** *n (Flbetr am Bod)* dumb-bell signal.

**Harfenantenne** *f (Funk)* spider-web *or* harp antenna.

**hart** *(Pilot im Führen eines Flzgs) sl* iron-handed; *(Lauf eines Flmots)* rough; *(Landung)* heavy; rough.

**Haube** *f (Flzg)* hood; *(Flmot)* cowl(ing); halbkugelförmige ~ hemispherical dome; ~**nverkleidung** *f (Flmot)* engine cowl(ing); *abnehmbare ~~* removable cowl.

**Haufenwolke** *f (met)* cumulus (cloud) ***(Def)***; piled *or* heap cloud; *sl* woolpack; *geschichtete ~* strato-cumulus cloud.

**Haupt|amt** *(Tel), abbr HA* group exchange; ~**anflugkurs** *m (ILS)* front course; ~**angriff** *m (takt)* main attack *or* effort; ~**ankertau** *n (Lfz l)* main mooring wire ***(Def)***; ~**bake** *f (ILS-Verfahren: Flsich)* localizer; *(SBA-Verfahren: Flsich)* main beacon; ~**behälter** *m (Flzg-Tank)* main tank; ~**belastungsfall** *m (Flzg)* principal *or* main load case; ~**brennkammer** *f (Turbo)* basic combustion chamber; ~**brennstoff** *m (Rak)* basic fuel; ~**düse** *f (Vergaser)* main jet; ~**drehflügel** *m (Heli)* main rotor; ~**einbruchstelle** *f (takt)* main point of penetration; ~**einflugschneise** *f (Flsich)* (main) approach sector; ~**einflugzeichen** *n (ILS-Verfahren: Flsich)* middle marker beacon ***(Def)***; ~**fahrwerk** *n (Flzg)* main undercarriage; ~**fahrwerksschwinge** *f (Flzg)* main gear beam; ~**feldwebel** *m (mil E)* Sergeant Major; *(US)* First Sergeant; ~**(fernmelde)verbindungs-**

**art** *f* primary means of communication ***(Def)***; ~*(flug)platz m (NATO)* main airfield; ~**flugstrecke** *f (LVerk)* main (air) route; ~**flugwetterwarte** *f (met)* main meteorological office; ~**frequenz** *f (Funk)* primary frequency ***(Def)***; ~**himmelsrichtungen** *f/pl (nav)* cardinal points pl ***(Def)***; ~**holm** *m (Flzg)* main spar; ~**holmgurt** *m* main spar flange; ~**instandsetzungs(flug)platz** *m (LW)* wing maintenance airfield; ~**kampflinie** *f, abbr* HKL *(takt)* main line of resistance; main defensive line; ~**keule** *f (Radar)* principal lobe; ~**kurs** *m (ILS)* main course; ~*landepiste f (Bod)* duty landing runway; ~**landestufe** *f (FK)* basic lander stage; ~**längsträger** *m (Lfz l)* main longitudinal ***(Def)***; ~**lastfall** *m (stat)* principal *or* main load case; ~**leitstrahl** *m (ILS)* front beam; ~**linie** *f (LVerk)* main *or* trunk (air) route; ~**mann** *m (LW E)* Flight Lieutenant, *abbr* F.L; *(LW US)* Captain; ~**netz** *n (el)* main circuit ***(Def)***; ~**piste** *f (Bod)* main runway ***(Def)***; ~**pleuel** *n (Stern-Flmot)* master (connecting) rod; ~**pleuellager** *n (Flmot)* master rod bearing; ~**querschnitt** *m* main cross section; ~**radialstrebe** *f (Lfz l)* main radial strut ***(Def)***; ~**rinne** *f (Seeflughafen)* main channel; ~**rippe** *f (Tragfläche)* main *or* principal wing rib; ~**rotor** *m (Heli)* main rotor *(system); (Turbo)* main rotor ***(Def)***; *tragender* ~~ *(Heli)* lifting main rotor; ~**rumpfbehälter** *m (Flzg)* main fuselage tank; ~**sauerstoffversorgung** *f (Flzg)* main supply of oxygen; ~**schalter** *m (el)* main switch; ~**schaltpult** *n (Flzg)* central console *or* control panel; ~**schalttafel** *f* main switch panel; ~**schwimmer** *m (Wasser-Flzg)* main float; ~**spant** *m (Flzg)* main panel *or* bulkhead; ~**startpiste** *f (Bod)* duty take-off runway; ~**start(- und lande)bahn** *f (Flsich)* main runway; *Grundlänge der* ~~ main runway selected basic length; ~**stellung** *f (takt)* main position; ~**(strahlungs)keule** *f (Radar)* main lobe; ~**strebe** *f* main strut; ~**streckengebiet** *n* **des Weltflugverkehrs** major world air route area, *abbr* MWARA; ~**striche** *m/pl (nav)* cardinal points *pl* ***(Def)***; ~**stufe** *f (Schwimmer & Flugboot)* main step; ~**tragfläche** *f* main plane ***(Def)***; ~**trennschalter** *m (el im Flzg)* master switch; ~**verbindungsart** *f (Fernm)* primary means of communication ***(Def)***; ~**vorgelege** *n (Flmot)* main reduction gear; ~**wasserlandebahn** *f (Seeflughafen)* main channel; *Grundlänge der* ~~ main channel selected basic length; ~***windrichtung*** *f* prevailing direction of wind; main wind direction; ~**wolkenuntergrenze** *f (met)* ceiling ***(Def)***; *aufliegende* ~~ ceiling zero; *keine* ~~ ceiling unlimited; *niedrige* ~~ low ceiling; ~**(verdichtungs)stoß** *m (aerodyn)* basic (pressure) shock; ~**ziel** *n (LKr)* primary target.

**Haushalts | jahr** *n* fiscal year; ~**plan** *m* budget.

**Haut** *f (Tragfläche usw)* skin ***(Def)***; wing covering; *tragende* ~ stressed skin; ~**feld** *n (Flzg)* skin panel *or* plate.

**Heaviside-Schicht** *f (Funk)* Heaviside *or* E-layer.

**Hebel** *m* lever; ~**anlasser** *m (Flmot)* lever starter; ~**arm** *m (einer Kraft)* lever arm *(of a force)*; ~**gesetz** *n* equation of moments; ~**steuerung** *f (Flzg)* lever control.

**Hebezug** *n* hoisting gear; hoist.

**Hebungswolke** *f (met)* anabatic cloud.

**Heck** *n* stern; tail; ~**antenne** *f (Flzg)* tail aerial; ~**düse** *f (Turbo-Flzg)* tail nozzle; ~**effekt** *m (aerodyn)* bottom effect; ~**enschütze** *m (Kr)* sniper; ~**enspringen** *n sl (Tiefflug)* hedge hopping; *sl* crabbing along; ~**(fall)-schirm** *m (Flzg-Bremsschirm)* tail (para)chute; ~**klappe** *f (Flzg)* afterbody flap; ~**konus** *m (Flzg)* tail conus ***(Def)***; ~**lampe** *f (Flzg)* (a)stern light; ~**lander** *m*, **VTOL-** ~~ *(Senkrechtstarter: Flzg)* tail-sitting VTOL (aeroplane); ~**landung** *f (Flbetr: See-Flzg)* stern landing; ~**lastig** *(Luftschiff)* stern heavy; ~**lastigkeit** *f (Flbetr)* tail heaviness ***(Def)***; nose-up tendency; ~**leitwerk** *n (Flzg)* tail unit ***(Def)***; *kreuzförmiges* ~~ cruciform tail (unit); ~**(leitwerk)last** *f (Flzg)* tail load; ~**licht** *n (Flzg usw)* tail *or* rear *or* stern *or* astern light; ~**lichtzeichen** *n* astern signal; ~**luftschraube** *f (Prop)* tail propeller; ~**propeller** *m* tail propeller; ~**rotor** *m (Heli)* tail rotor (system) ***(Def)***; *(zum Drehmomentenausgleich: Heli)* anti-torque rotor *or* propeller; ~**schirm** *m (Bremsschirm)* tail (para)chute; *durch* ~~ *(bei Landung) abbremsen v (Flbetr)* parabrake; ~**schütze** *m (Flzg)* rear *or* tail *or* aft gunner; *sl* tail-end Charlie; ~**schwimmer** *m (See-Flzg)* tail float; ~**sektion** *f (Flzg-Rumpf)* aft fuselage (section); ~**sporn** *m (Flzg)* tail skid ***(Def)***; ~**stand** *m (Flzg)* rear (gunner's) station *or* turret; tail-gun position; tail turret; *sl* dustbin; ~**starter** *m*, **VTOL-** ~~ *(Senkrechtstarter-Flzg)* tail-starting VTOL (aeroplane); ~**stroppverankerung** *f (Lfz l)* tail-guy mooring ***(Def)***; ~**teil** *m & n (Flzg)* aft fuselage (section); ~**triebwerk** *n (Flzg)* afterbody *or* tail engine; ~**triebwerksanordnung** *f (Flzg)* tail-engine layout; ~**umströmung** *f (aerodyn)*, **Effekt** *m* **infolge der** ~~ bottom effect; ~**waffe** *f (Flzg)* tail gun; ~**wärts** sternward; ~**welle** *f (aerodyn)* tail wave; ~~ *des Überschallknalls* tail wave of sonic boom; ~**widerstand** *m (Flzg)* afterbody drag; ~**wirbel** *m (aerodyn)* tail vortex; ~**-Zweistromstrahlturbine** *f* aft-fan turbojet (engine).

**Heer** *n (mil)* army; land forces *pl*; *stehendes* ~ *(mil)* standing *or* regular army; ~**esdruckvorschrift** *f* army publication; ~**esfachschule** *f* army technical school; ~**esflieger** *m* army flyer *or* aviator; ~**esfliegerei** *f* army aviation; ~**esflugzeug** *n* army(cooperation) aircraft; ~**esgruppe** *f (takt)* army group; ~**esteil** *m* part of the army; ~**esverbindungsoffizier** *m (takt)* ground liaison officer, *abbr* GLO; ~**esverbindungstrupp** *m (takt)* ground liaison party.

**Heimat | flak** *f (LKr)* home (guard) AAA; ~**flughafen** *m* base *or* home airport; ~**flugplatz** *m* home airfield *or* point of operations; ~**front** *f (LKr)* home front; ~**horst** *m (LW)* home station; *(US)* home base; ~**luftverteidigung** f home air defence (*US* defense); *Geschwader n (LW) der* ~~ home air defence wing.

**Heiß | anlassen** *n (Turbo)* hot start ***(Def)***; ~**kühlung** *f (Flmot)* glycol cooling; ~**laufen** *v (Flmot)* overheat; ~**luftballon** *m* Montgolfier *or* heated-air *or* fire balloon ***(Def)***; ~**lufteinteiser** *m (Flzg)* hot air de-icer; ~**strahltriebwerk** *n (Turbo)* thermal jet engine.

**heiter** *(Wetter: met)* clear; ~*er Himmel m (met)* clear sky.

**Heiz | bekleidung** *f* heated clothing; ~**er** *m sl (Bordmechaniker)* flight engineer; ~**gesichtsmaske** *f* heated face mask; ~**handschuh** *m* heated glove; ~**kombi(nation)** *f* heated suit; ~**mantel** *m (Flmot)* heating muff ***(Def)***; ~**stiefel** *m* heated boot; ~**vorrichtung** *f* heating installation *or* device; *(Scheibe)* defroster; ~**wert** *m* calorific *or* heat value.

**Hektometerwelle** *f (Funk)* medium frequency, *abbr* MF.

**Helden | friedhof** *m* military cemetery; ~**keller** *m sl (LS)* air-raid shelter.

**Helikopter** *m (Hubschrauber)* helicopter ***(Def)***; ~**landeplatz** *m (Bod)* helicopter base; helidrome; heliport; ~**plattform** *f (Bod)* helipad; *(Schiff)* heliport deck; ~**station** *f (Bod)* helistop.

**Helium** *n* helium.

**hell | e Nachtjagd** *f (LKr)* illuminated night fighting; ~**igkeit**

*f* brightness; ~**igkeitsregler** *m (el)* dimmer; ~**ing** *f (Flzg-Bau)* building cradle; ~**marke** *f (Radar)* (range marker) pip *or* blip; ~**raumdarstellung** *od* ~**sichtanzeige** *f* daylight *or* bright display.

**Hemisphäre** *(Halbkugel)* hemisphere.

**heranfühlen**, *sich an den Boden* ~ *v (Flzg)* feel one's way to the ground.

**heraus|fallen** *v (Flzg aus überzogener Kurve)* stall out *(of a turn)*; ~**holen** *v (Flzg aus ungewöhnlichem Flugzustand)* recover; ~**kommen** *v (wie vor)* recover; ~**manövrieren** *v (Luftkampf)* manoevre (*US* maneuver) the enemy out of position; ~**nehmen** *v (Flzg aus Kurve)* bring the aircraft out of the turn; *(Flzg aus dem Trudeln od Sturzflug)* pull out; recover; *(Entfernung mit Zirkel aus Karte)* measure with compasses; ~**nehmen** *n (Flbetr)* recovery ***(Def)***.

**herein|bringen** *f (Flzg zur Landung)* bring *(an aircraft)* in; ~**kommen** *n (Flzg bei Landung)* run-in; ~**lotsen** *n (Flzg zur Landung durch Bodenstelle)* piloting-in.

**Herkunftsort** *m* point *or* place of origin.

**Herstell|erstaat** *m* state of manufacture; ~**ungsreife** *f (eines Flzg-Musters)* production stage; ~**ungsverantwortlichkeit** *f* **für Karten** production responsibility for charts.

**her|umziehen** *v (Flzg in Kurve)* swing the plane; ~**untergehen** *v (Höhe aufgeben; Flzg)* descend; come down; sink; ~**unterholen** *f (Flzg durch Erdbeschluss)* (shoot) down; ~**untersprechen** *v (GCA: Flsich)* talk down; ~**untertrudeln** *(Flzg)* corkscrew down; spin.

**Heterogener Kraft**- *od* **Treibstoff** *m* heterogeneous fuel *or* propellant.

**Heulboje** *f* whistling buoy.

**hieven** *f (Flzg an Bord)* heave *or* hoist the plane aboard.

**Hilf|e** *f* help; assistance; *erste* ~~ first aid; ~~ *gegen werterstattung (mil)* reimbursable aid; ~~ *ohne Werterstattung (mil)* grant aid; ~**e(leistung)** *f*, **technische** ~~ technical assistance; ~**en** *f/pl*, **nichtoptische** ~~ non-visual aids *pl*; ~**sansatz** *m (Lfz l)* petticoat ***(Def)***; ~~ *für Ventilaustausch (Lfz l)* valve petticoat ***(Def)***; ~**santenne** *f* auxiliary antenna; *(bei Peilgeräten)* sensing *or* sense antenna; ~**santrieb** *m* auxiliary drive; ~**sausrüstung** *f* ancillary equipment; ~**sbehälter** *m (Kraftstoff)* reserve *or* auxiliary *or* emergency (fuel) tank ***(Def)***; ~**sbeobachter** *m* assistant observer; ~**sbrennkammer** *f (Turbo)* additional combustion chamber; ~**sdruckluft** *f (Lfz)* emergency air ***(Def)***; ~**senergieaggregat** *n (el)* auxiliary power unit, *abbr* APU ***(Def)***; accesory power unit; ~**sfallschirm** *m* pilot *or* auxiliary (para)chute; ~**sflügel** *m* auxiliary airfoil *or* wing; aileron *or* wing flap; external airfoil flap ***(Def)***; ~**sflugplatz** *m* supplementary aerodrome ***(Def)***; (~**s)Flugwetterwarte** *f (met)* dependent meteorological office; ~**sgerät** *n (Flmot)* accessories *pl*; *rechtsdrehendes* ~~ *(Flmot)* right-hand accessory ***(Def)***; ~**sgeräteantrieb** *m (Flmot)* accessory drive *or* gear box ***(Def)***; ~**sgerätegehäuse** *n (Flmot)* accessory housing; ~**sgerätegetriebe** *n (Flmot)* accessory gear train; ~**sholm** *m (Flzg)* auxiliary *or* false spar; ~**sklappe** *f* wing flap; tab ***(Def)***; ~**skompass** *m* stand-by compass; ~**skreuzer** *m (See-Kr)* auxiliary cruiser; ~**slandeplatz** *m* auxiliary landing ground; ~**smittel** *n* expedient; (auxiliary) means; *Zielflug*-~~ homing aids *pl*: ~~ *zur Standortbestimmung (Funk)* fixing aids *pl* ***(Def)***; ~**snetz** *n (el)* feeder circuit ***(Def)***; *f (Lfz)* emergency cartridge ***(Def)***; ~**sradialstrebe** *f (Lfz l)* intermediate radial strut ***(Def)***; ~**sring** *m (Lfz l)* intermediate transverse frame ***(Def)***; ~**srippe** *f (Konstr)* false rib ***(Def)***; ~**srotor** *m (Heli)* auxiliary rotor ***(Def)***; ~**sruder** *n (Flzg)* auxiliary control surface; (servo) tab ***(Def)***; *federgesteuertes* ~~ spring tab ***(Def)***; *gesteuertes od verstellbares* ~~ controlled tab ***(Def)***; *(zwangsläufig) angelenktes* ~~ geared tab ***(Def)***; ~**sschirm** *m (Para)* auxiliary *or* pilot parachute ***(Def)***; ~**sschwimmer** *m (Wasser-Flzg)* auxiliary *or* support float; ~**ssporn** *m (Flzg)* auxiliary skid; ~**sstrebe** *f (Lfz l)* intermediate base-strute ***(Def)***; ~**sträger** *m (Fernm)* subcarrier; ~**striebwerk(seinheit)** *m(f) (im Lfz)* auxiliary power unit ***(Def)***; *(FK)* booster ***(Def)***; ~**struppen** *f/pl (mil)* auxiliary troops; *pl*; ~**sziel** *n (LKr)* auxiliary target; *(nav & LPhot)* reference point; check point.

**Himmel** *m* sky; *bedeckter* ~ overcast (sky); *der* ~~ *klärt sich auf* the sky clears; *heiterer* ~ clear sky; *trüber* ~ dull sky; *wolkenfreier* ~ clear sky; ~**sachse** *f* celestial axis; ~**säquator** *m* celestial equator; ~**sballistik** *f* celestial ballistics; ~**sgewölbe** f celestial dome; ~**skoodinaten** *f/pl* celestial coordinates *pl*; ~**skörper** *m* celestial body; ~**skugel** *f* celestial sphere; ~**skunde** *f* atronomy; ~**spol** *m* celestial pole; ~**srichtung** *f* compass *or* cardinal point; *die vier* ~~*en pl* the cardinal points pl; ~**sschreiben** *n* sky *or* smoke writing; ~**sschrift** *f* sky writing.

**Hindernis** *n* obstacle; obstruction; screen ***(Def)***; impediment; ~**befeuerung** *f (Flugplatz)* obstruction lighting ***(Def)*** *or* lights *pl*; ~**begrenzungsfläche** *f (Bod)* obstacle limiation surface; ~**beseitigung** *f (Bod)* removal of constructions; ~**feuer** *n (Flsich)* obstruction light ***(Def)***; ~**frei** *(Anflugsektor)* free of obstacles; ~**freier Abstand** *m (Bod)* obstacle clearance distance; ~**freier Anflugsektor** *m (Bod)* obstacleless approach(ing) sector; ~**freifläche** *f (Bod)* obstacle clearance surface, *abbr* OCS ***(Def)***; ~**freigrenze** *f (Flbetr)* obstacle clearance linit, *abbr* OCL ***(Def)***; ~**freiheit** *f (Bod)* obstacle clearance; absence of obstacles; ~**höhe** *(Bod)* obstacle height; ~**kennzeichnung** *f* obstruction marking; ~**marker** *m/pl od* ~**sichtzeichen** *n/pl (Bod)* obstruction markers *pl* ***(Def)***; ~**welle** *f (met)* orographic wave.

**Hin|flug** *m* outbound *or* outward flight; ~**haltender Widerstand** *m (takt)* delaying resistance; ~**haltendes Gefecht** *n (takt)* delaying; ~**rotzen** *v sl (Flzg bruchlanden)* crash *or* smash *or* crack up the plane; *(auf den Bauch)* make a belly landing.

**Hinter|achsenantrieb** *m (Kfz)* rear-axle drive; ~**einander eingebauter Kühler** *m (Flmot)* series radiator ***(Def)***; ~**einander eingebauter Ölkühler** *m* series oil cooler ***(Def)***; ~**einander liegend** *(Sitze od Motore)* (in) tadem (arrangement); ~**er Rumpfteil** *m (Flzg)* aft fueselage (section); ~**flanke** *f (Puls: Funk)* trailing edge; ~**flügel** *m* after *or* rear wing; ~**grundgeräusch** *n od* ~**lärm** *m (Fernm)* background noise, ~**grundrauschen** *n (Radar)* snow; ~**halt** *m (takt)* ambush; trap; ~**hangstellung** *f (takt)* reverse-slope position; ~**holm** *m (Flzg)* rear spar; ~**kante** *f (Tragfläche usw)* trailing edge ***(Def)***; ~**kantenklappe** *f (Flzg)* trailing-edge flap; ~**lader** *m (Art)* breech-loading weapon; ~**land** *n* back areas; hinterland; ~**radantrieb** *m (Kfz)* rear-wheel drive; ~**schiff** *n (Luftschiff)* stern *(of airship)*; ~**steven** *m (Lfz)* stern post ***(Def)***.

**hin- und|hergehen** *v (Kolben)* reciprocate; ~ **Rückflug** *m (LVerk)* round *or* return trip; ~**Rückflugpreis** *m (LVerk)* return fare; ~ **Rückflugschein** *m* return ticket.

**Hinweiszeichen** *n (Bod)* information sign.

**Hirsch** *m*, *alter* ~ *sl* experienced pilot; seasoned fighter; crack flyer.

**Hitze|barriere** *f (Flbetr)* heat barrier; *aerodynamische* ~~ aerodynamic heat barrier; ~**beständig** heat-resistant; heat-stable; ~**schutzanzug** *m* heat-protecting *or* ~protection suit; ~**(schutz)schild** *n (FK)* heat shield; ~**schwelle** *f (Flbetr)* heat barrier; ~**welle** *f (met)* heat *or* hot wave.

**Hoch** *n (met)* high(-pressure) area; anticyclone *f* ~**achse** *f (Flzg)* vertical *or* normal *(Def) or* yaw axis; *Instabilität um die* ~~ *(Flzg)* directional instability; *Steuerbarkeit um die* ~~ *(Flzg)* directional controllability; ~**anflug** *m (Flbetr)* high-level approach; ~**angestellte Tragfläche** *f (Flzg)* high-incidence wing; ~**angriff** *m (LKr)* high-altitude *or* high-level bombing; ~**antenne** *f (Funk)* overhead aerial *or* antenna; ~**atmosphäre** *f* outer atmosphere; ~**aufnahme** *f (LPhot)* vertical picture; ~**auftriebseinrichtung** *f (aerodyn)* high-lift device; ~**auftriebsprofil** *n (Tragfläche)* high-lift profile; ~**bekommen**, d*en Schwanz* ~~ *v (Flzg beim Start)* get the tail up; *sl* get the hump; ~**bombenwurf** *m* high-altidute bombing; ~**bunker** *m (LS)* tower shelter; ~**decker** *m (Flzg)* high-wing monoplane *or* aeroplane; *gestielter* ~~ *(Flzg)* parasol monoplane *(Def)*; ~**druckgebiet** *n (met)* high-pressure *or* anticyclonic area; anticyclone *(Def)*; ~**druckgürtel** *m (met)* belt of high pressure; ~**druckkeil** *m (met)* wedge (of high pressure) *(Def)*; ~**druckreifen** *m* high-pressure tyre (*US* tire); ~**druckrücken** *m (met)* ridge (of high pressure) *(Def)*; ~**druckturbine** *f* high-pressure turbine; ~**druckverdichter** *m* high-pressure compressor; ~**druckwetter** *n (met)* high-pressure weather; ~**druckzentrum** *n (met)* centre (*US* center) of high (barometric) pressure *or* of high *or* of anticyclone; ~**energietreibstoff** *m (Rak)* high energy fuel; ~**fahren** *v (Flmot)* run up; ~**fahren** *n (Flmot)* run-up; ~***frequenz*** *f (Funk)* high *or* radio frequency; ~**frequenzkabel** *n (Tel)* high frequency cable, *abbr* HF cable; ~**frequenzkrieg(führung)** *m (f)* electronic war(fare); ~**frequenzspektrum** *n (Funk)* radio high frequency spectrum; ~**frequenzstrahlung** *(Zündanlage)* high-frequency radiation; ~**frequenzträger** *m (Funk)* radio frequency carrier; ~**geschwinddigkeitsflugzeug** *n* fast *or* high-speed aeroplane; ~**geschwindigkeitskanal** *m (aerodyn)* high-speed wind tunnel *(Def)*; ~**gewitter** *n (met)* high-altitude thunderstorm; ~**gezogene Kehrtkurve** *f (Luftkampf)* Immelmann turn; ~**leistungsluftfahrzeug** *n* high-performance aircraft; ~**leistungsmotor** *n (Flmot)* heavy-duty *or* high-powered *or* high output (aircraft) engine; ~**leistungssegelflugzeug** *n* high-performance sailplane; ~**manövrierfähig** (Lfz) highty manoeuvrable; ~**nebel** *m (met)* high fog; ~**nehmen** *v (Schwanz beim Start: Flzg)* get up the tail; *(Bug beim Start: Flzg)* rotate; ~**reißen** *v (Flzg)* zoom; hoick; ~**reißen** *n (Flzg)* zooming *(Def)*; ~**seeflugboot** *n* sea- *or* ocean-going flying-boat; ~**spannung** *f (el)* high voltage *or* tension, *abbr* H.T. ~~**zündmagnet** *m (Flot)* H.T. magneto; ~~**zündung** *f* H.T. ignition; ~**stand** *m (Flak)* elevated (gun) position on scaffold *or* on building; high lookout post; ~**start** *m (Flugmodell)* airplane model start *(with elastic chord)*; ~**wasser** *n* high water; *mittleres* ~~ mean high water, *abbr* MHW.

**Höchst|auftrieb** *m (aerodyn)* maximum lift; ~**auftriebswinkel** *m (aerodyn)* angle of stall *(Def)*; ~**belastung** *f (Flzg im Flug)* maximum load (in flight); ~**beschleunigungsanzeiger** *m (Instr)* maximum-reading accelerometer *(Def)*; ~**drehzahl** *f (lmo)* maximum revolutions *pl*; ~**e Dauerleistung** *f (Flmot)* maximum continuous power *(Def)*; *(Turbo)* maximum continuous thrust *(Def)*; ~**e Motorüberdrehzahl** *f (Flmot)* maximum engine overspeed *(Def)*; ~**e Propellerüberdrehzahl** *f* maximum propeller overspeed *(Def)*; ~**e Sparleistung** *f (Flmot)* maximum weak-mixture power *(Def)*; ~**e Startleistung** *f (Flmot)* maximum take-off power *(Def)*; ~**er Dauerschub** *m (Turbo)* maximum continuous thrust *(Def)*; ~**fahrtmesser** *m*, **Sicherheits-** ~~ *(Flzg)* maximum safe airspeed indicator *(Def)*; ~**flugdauer** *f* maximum flight endurance *or* time; endurance *(Def)*; ~**geschwindigkeit** f max(imum) *or* top speed; maximum flying speed *(Def)*; *für Fahrwerkbetätigung (Flbetr)* maximum landing-gear operating speed; ~~ *mit ausgefahrenem Fahrwerk (Flbetr)* maximum landing-gear extended speed; ~~ *mit ausgefahrenen Landeklappen (Flbetr)* maximum flap extended speed; ~**geschwindigkeitsflugzeug** *n* ultra high speed airplane; ~**gewicht** *n (Flzg)* maximum all-up weight; maximum certifired weight; maximum permissable weight, *abbr* MPW; ~**kurzleistung** *f (nur im Fluge: Flmot)* maximum all-out level power; ~**lastvielfaches** *n (Lfz)* marginal g-load; ~**leistung** *f (Flmot)* maximum (horse) power (rating) *or* output; ~~ *außer Startleistung (Flmot)* maximum except take-off power, *abbr* METO power; ~**leistungsinhaber** *m (Flugrekord)* record holder, ~**leistungssender** *m* superpower transmitter; ~**spannung** *f (el)* extremely-high tension *or* voltage; ~**wert** *m* maximum value; ~**zuladung** *f (LVerk)* maximum usabel *or* disposable load *(Def)*; ~**zulässige Dauerleistung** f (Flmot) maximum continuous power *(Def)*; ~**zulässige Flugmasse** *f (Lfz)* maximum weight *(Def)*; ~**zulässige Ladung** *f (Lfz)* maximum disposable load *(Def)*; ~**zulässige Landemasse** *f (Flbetr)* maximum landing weight *(Def)*; ~**zulässige** (**Lizenz-**)**Startmasse** *f (Lfz)* maximum licensed take-off weight *(Def)*; ~**zulässige Startmasse** *f (Flbetr)* maximum take-off weight *(Def)*; ~**zulässiger Dauerschub** *m (Turbo)* maximum continuous thrust *(Def)*.

**hochziehen** *v (Flzg)* zoom (up); pull up; ~ *n (Flzg)* zoom(ing); steep climb.

**hohe| Überschallgeschwindigkeit** *f (min. fünffache Schallgeschwindigkeit)* hypersonic speed *(Def)*; ~ **Wolken** *f/pl (3000–6000 m bzw. 10 000–20 000 ft: met)* high clouds *pl (Def)*.

**Höhe** *f (über NN od Meer)* altitude; elevation; *(vertikaler Abstand eines Gegenstandes von einem Bezugspunkt)* height, *abbr* HGT *(Def)*; *(vertikale Abmessung eines Gegenstandes)* height; *absolute* ~ absolute altitude *(Def)*; *(an)* ~ *gewinnen v (Flbetr)* gain altitude; *angezeigte* ~ *(Instr)* indicated altitude *(Def)*; *äquivalente* ~ *(eines Flugplatzes)* equivalent altitude (of an aerodrome); ~ *eines Punktes (Kart)* spot height *(Def)*; ~ *über Meer (Kart)* spot elevation; ~ *entsprechend der Luftdichte* density altitude; *große* ~ *(über 10 000 m bzw. 33 000 ft: Flbetr)* high altitude *(Def)*; *kritische* ~ *(Lfz & FK)* critical altitude; *(Flmot)* critical height *(Def)*; *künstliche* ~ *(Höhen(prüf)kammer)* artificial altitude; *Netto-* ~ *(Flbetr)* net height *(Def)*; *nutzbare* ~ *(Fernm)* usable height; *rechnerische* ~ computed altitude; *sichere* ~ *(Flbetr)* net height *(Def)*; *statische* ~ *(Lfz l)* static ceiling *(Def)*; ~ *über einer Bezugsgröße* height *(Def)*; ~ *über Grund* QNH altitude; height above ground *(Def)*; ~ *über NN (Normal Null = mittlere Seehöhe) od über Meer* elevation *(Def)*; QFF altitude; altitude *(Def)*; *wahre* ~ *(über Meer)* absolute *or* true altitude *(Def)*.

**Hoheitszeichen** *n (Lfz)* national markings.

**Höhen|abstand** *m (Verbandsflug)* vertical interval *or* separation; *(Flzg von Bodenhindernissen)* (vertical)clearance; ~**akklimatisierung** *f (Flmed)* altitude acclimatization *(Def)*; ~**änderung** *f (Gestirn)* variation of the star's altitude; ~**angabe** *f (Kart)* spot height *(Def)*; ~**atmer** *m (Flzg)* (high-altitude) oxygen apparatus; ~**atmeranlage** *f (Flzg)* oxygen breathing installation; ~**auflösungsvermögen** *n (Radar) (E)* elevation discrimination; *(US)* elevation resolution; ~**aufstieg** *m (met-Sonde)* upper air ascent; ~**berichtigung** *f (Gestirn)* correction of the star's altitude (line); ~**bezugswert** *m (Kart)* height datum; ~**bildgerät** *n (Lphot)* altitude camera; ~**bomber** *m (Flzg)* high-altitude bomber; ~**embolie** *f (Flmed)* aeroembolism ***(Def)***; ~**farbskala** *f (Kart)* hypsometric tints *pl* ***(Def)***; ~**fehler** *m (Astronav)* altitude error; ~**festigkeit** *f (flgds. Personal* )physical ability to stand high altitude; altitude tolerance *or* fitness; ~**flosse** *f (Leitwerk)* (horizontal) stabilizer; (fixed) taiplane ***(Def)***; elevator fin; *anstellbare od verstellbare* ~~ adjustable tailplane *or* stabilizer; ~**flosseneinstellung** *f* stabilizer adjustment; ~**flosseneinstellwinkel** *m* tail-setting angle ***(Def)***; angle of stabilizer setting; ~**flossen-Kraftsteuergerät** *od* ~**servogerät** *n (Flzg)* tailplane servo (unit); ~**flossentiefe** *f* tail *or* stabilizer chord; ~**flug** *m* (high-)altitude flight; ~**fluganzug** *m* high-altitude flying *or* full-pressure suit; ~**flugrekord** *m* altitude record; ~**flugzeug** *n* high-altitude aircraft; (sub)stratoplane; ~**führung** *f (Lfz mittels Radar)* vertical guidance; ~**gas** *n (Flmot)* high-altitude gas; ~**gemischregler** *m (Flmot)* altitude (mixture) control; ~**gewinn** *m (im Flug)* gain in altitude; ~**gewitter** n (met) high-altitude *or* high-level thunderstorm; ~**inversion** *f (met)* upper inversion; ~**jäger** *m (LW)* high-altitude fighter; ~**kabine** *f (Flzg)* sealed *or* pressurized *or* pressure *or* altitude cabin; ~**kammer** *f* altitude (test)chamber ***(Def)***; ~**kammeraufstieg** *m (Flmed)* chamber ascent ***(Def)***; ~**kombi(nation)** *f (Schutzanzug)* high-altitude flying suit; ~**korrektur** *f (Instr)* altitude correction; ~**krankheit** *f (Flmed)* air sickness; high-altitude nausea; altitude sickness ***(Def)***; ~**lader** *m (Flmot)* (high-altitude) supercharger *or* compressor; altitude booster; ~**lage** *f* vertical position; ~**leistung** *f (Flmot)* altitude performance; ~**leistungszahl** *f (Flmot)* height power factor ***(Def)***; ~**leitwerk** *n (Flzg)* elevator unit *or* assembly; horizontal tail surfaces *pl*; *bewegliches* ~~ movable elevator unit; ~**linie** *f (Kart & met)* contour line; *genäherte* ~~ *(Kart)* form line; approximate contour line; ~~ *gleichen Drucks (met)* pressure contour; *Luftdruck-* ~~ *(met)* pressure contour ***(Def)***; ~**linienabstand** *m (Kart)* contour interval; ~**linienkarte** *f (met)* contour chart; ~**linienwert** *m* contour value; ~**linienzahl** *f* contour height of value; ~**magnet** *m (Flmot)* high-altitude magneto; ~**messer** *m (Flzg)* altimeter ***(Def)***; height indicator; *akustischer* ~~ acoustic(al) altimeter; *barometrischer* ~~ barometric *or* pressure *or* aneroid altimeter; ~~ *mit Wärmeausgleich* altimeter with temperature compensation; ~**(messer)anzeige** *f (Instr)* altimeter reading; ~**messer-Eichgerät** *n (Instr)* altimeter calibrator ***(Def)***; ~**messereinstellung** *f* altimeter setting; ~**messer-Kontrollort** *m* altimeter check location; ~**messer-Kontrollpunkt** *m* altimeter check point, abbr ACP; ~**messer-Prüfgerät** *n* altimeter control equipment, *abbr* ACE; ~**messerträgheit** *f* altimeter fatigue *or* lag; hysteresis; ~**messradar(gerät)** *n* height finder (radar); ~**messung** *f* measurement of altitude; altimetry; ~**motor** *m (Flmot)* (high-)altitude *or* supercharged engine ***(Def)***; ~**parallaxe** *f (nav)* parallax in altitude ***(Def)***; ~**parallele** *f (Kart)* parallel of (equal) altitude; ~**prüfkammer** *f* low-pressure *or* altitude test chamber; ~**querruder** *n (Flzg)* ailavator; ailevator ***(Def)***; elevons *pl* ***(Def)***; tailerons *pl* ***(Def)***; ~**regler** *m (Flmot)* altitude control; ~**richtgeschwindigkeit** *f (Flak)* rate of elevation; ~**richtkanonier** *m (Flak)* elevation setter; ~**richtmotor** *m (Flak)* elevating motor; ~**ruder** *n (Lfz)* elevator ***(Def)***; *sl* flipper; *ausgeglichenes* ~~ balanced elevator; ~~ *mit Ausgleichsfläche* compensated *or* compensating *or* balanced elevator; ~~ *mit Kraftsteuerung* boosted elevator; ~**ruderausgleich** *m* compensation of the elevator; ~**ruderausschlag** *m* elevator deflection *or* displacement; elevator angle ***(Def)***; ~*ruderausschlagwinkel* *m* elevator (deflection) angle; ~**rudergelenk** *od* ~**scharnier** *n* elevator hinge; ~**rudermaschine** *f* elevator servo motor; elevator booster; ~**rudersteuerung** *f* elevator control; ~**ruderstoßstange** *f* elevator push and pull rod; ~**rudertrimmklappe** *f* elevator trim tab; *(mit Kraftsteuerung)* elevator booster tab; ~**rudertrimmung** *f* elevator trimming; ~**ruderwirksamkeit** *f* elevator effectivness *or* power; ~**rücken** *m (Kart)* ridge; ~**schichtfarben** *f/pl (Kart)* hypsometric tints *pl* ***(Def)***; ~**schichtfarbskala** *f (Kart)* scale of hypsometric tints; ~**schichtfärbung** *f (met)* gradient tint; ~**schichtlinie** *f (Kart)* contour line; ~**schreiber** *m* altitude recorder; altigraph; recording altimeter ***(Def)***; ~**seitenruder** *n (Flzg)* clever; ~**sonde** *f (met)* aerometeorograph ***(Def)***; ~**stabilisierung** *f (Flugregler)* altitude hold (stabilization) ~**staffelung** *f (Verbandsflug)* upward stepping; stepped-up flying; *(Flsich)* vertical separation ***(Def)***; altitude separation; ~~ *in (vier) Quadranten (Flbetr)* quadrantal hieght seperation; ~**steuer** *n* elevator (control); *sl* flipper; *(Ruderausschlag) sl* high *or* top rudder; ~**steuerung** *f* elevator control; longitudinal controls *pl*; ~**stufung** *f (in Warteräumen; Flsich)* pancake formation; vertical stacking; *sl* stack-up; *(Flsich)* vertical separation; ~**tauglichkeit** *f (Flmed)* altitude fitness; ~**temperatur** *f (met)* upper air temperature; ~**thermik** *f (met)* high-altitude heat phenomenon; ~**trimmrad** *n (Flzg)* for-and-aft trimmer (wheel); ~**trimmung** *f* elevator trimmer; pitch trim; ~**umschaltung** *f (Radar)* height change-over switch; ~ ~- **und Querruder** *n (kombiniert: Flzg)* elevon ***(Def)***; ~*vergaser* *m (Flmot)* high-altitude carburet(t)or; ~**verlust** *m (im Flug)* loss of altitude; ~**verriegelung** *f (Autopilot)* height lock mode; ~**warmfront** *(met)* upper warm front; ~**wetteranalyse** *f (met)* upper air analysis; ~**wetterbeobachtung** *f (met)* upper air aobservation; ~**wetterkarte** *f (met)* height weather chart *or* map; upper air chart; ~**wetterkunde** *f* aerology; ~**wetter-Vorhersagekarte** *f (met)* prognostic upper air chart; ~**wind** *m (met)* high-altitude wind; upper wind; ~**winde** *m/pl (met)* winds *pl* aloft ***(Def)***; ~**windmessung** *f (met)* upper wind observation; *elektronische* ~~ upper wind electronic observation; *optische* ~~ upper wind visual observation; ~**windvorhersage** *f (met)* high-level wind forecast; altitude wind forecast; ~**winkel** *m (Flak)* angle of height; elevation angle; ~**(winkel)einstellung** *f* elevation (angle) setting; ~**winkelmesser** *m* clinometer; ~**zug** *m (kart)* range *or* chain of hills; ~**zündkerze** *f (Flmot)* high-altitude spark(ing) plug; ~**zuweisung** *f (Flsich)* altitude assignment.

**Hohl|körper** *m* hollow body; ~**ladung** *f (Art)* hollow charge; ~**leiterabschnitt** *m (Radar)* waveguide section; ~**leitergrenzfrequenz** *f (Radar)* waveguide cut-off frequency; ~**maß** *n* measure of capacity; ~**raumpanzerung** *f* spaced armour (*US* amor); ~**schaufel** *f (Turbo)* hollow blade; ~**spiegel** *m* reflector.

**Holländische Rolle** *f (Flbetr)* Dutch roll ***(Def)***.

**Hollerithsystem** *n* perforated card *or* punch-card system.

**Holm** *m (Tragfläche)* spar ***(Def)***; beam; *durchgehender* ~ through-spar; *gelochter* ~ *(Flzg)* perforated spar; ~**anschluss** *m* spar attachment; ~**auskreuzungen** *f/pl* anti-drag wires *pl* ***(Def)***; ~**beschlag** *m* spar fitting; ~**breite** *f* width of (the) spar; ~**durchbiegung** *f* deflection of spar; ~**gurt** *m* spar flange; ~**höhe** *f* spar depth; ~**kasten** *m* box spar; ~**querschnitt** *m* spar section; ~**rahmen** *m (Lfz)* spar frame ***(Def)***; ~**steg** *m* web of spar; ~**tiefe** spar width; ~**untergurt** *m (Lfz)* bottom cap of spar.

**Holographie** *f* holographics; holography.

**Holz|auge** *n sl* last aircraft in a formation; *sl* tail-end Charlie; „~~ *sei wach(-sam)*" *sl* "Look out!"; ~**bauweise** *f* wood(en) construction; ~**flugzeug** *n* wood(en) aircraft;

~**holm** *m* wooden spar; ~**luftschraube** *f* wooden airscrew *or* propeller; ~**rumpf** m wooden *or* timber body; ~**schalenrumpf** *m* wooden shell *or* monocoque fuelage; ~**schicht** *f (Luftschraube)* lamina *or* lamiation *or* layer of the airsrew.

**Hör|anzeige** *f* audio presentation; ~**aufnahme** *f (Funk)* sound *or* audio reception; ~**bares Signal** *n* audible signal; ~**bereitschaft** *f (Funk)* (listening) watch; ~**empfang** *m (Funk)* aural *or* audio reception; ~**en** *v (Sprechfunkverkehr)* read; ~**minimum** *n (Funk)* aural null; ~**muschel** *f (Tel)* earpiece *pl*; ~**saalflugzeug** *n* flying classroom; ~**schwelle** *f*, **untere** ~~ threshold of audibility *or* hearing; ~**vermögen** *n*, **verlangtes** ~~ *(Flmed)* hearing requirements *pl.*

**Horch|auswertungsstelle** *f (Intell)* radio interception post; radio intelligence analysis post; ~**dienst** *m (Intell)* radio listening *or* monitoring *or* interception service; ~**empfänger** *m (Funk)* intercept set receiver; ~**funk** *m (Intell)* radio listening *or* monotoring *or* interception; signals intelligence; ~**gerät** *n (Flak)* sonic detector; ~**kompanie** *f (Intell)* intercept company; ~**posten** *m (takt)* listening post.

**Horizont** *m* horizon; skyline; *künstlicher* ~ *(Blindfluginstrument)* artificial horizon ***(Def)***; gyro horizon (indicator); ~**tal(bezugs)fläche** *f (Flughafen)* horizontal surface; ~**albombenwurf** *m (LKr)* horizontal bombing; ~**alentfernung** *f* horizontal distance *or* range; ~**alfläche** *f (Bod)* horizontal surface; *äußere* ~~ *(Bod)* outer horizontal surface ***(Def)***; *innere* ~~ *(Bod)* inner horizontal surface ***(Def)***; ~**alflug** *m* horizontal *or* level flight; *in* ~~ *übergehen v* level-off; level (up); *stationärer* ~~ steady straight flight; ~**al(flug)geschwindigkeit** *f (Flbetr)* level-flying speed; ~**algeschwindigkeit** *f* horizontal velocity *or* speed; ~**alkomponente** *f (stat)* horizontal component; ~**alsicht** *f (met)* horizontal visibility; ~**alsicht-Messgerät** *n (met)* transmissometer; ~**alstaffelung** *f (Flsich)* horizontal seperation; ~**alstrahlungsdiagramm** *n (Funk)* horizontal pattern; ~**al- und Vertikalebenen** *f/pl (Lfz)* horizontal and vertical planes *pl* ***(Def)***; ~**balken** *m (Instr)* horizon bar ***(Def)***; ~**feuer** *n (Bod)* horizon light ***(Def)***; ~**ieren** *v (Flbetr)* level (up); ~**ierung** *f* levelling; ~~ *der Kreiselachse (Instr)* gyro(scope)-axis levelling.

**Horn|ausgleich** *m (an Steuerflächen)* (projecting) horn ***(Def)*** *or* aerodynamic balance *(of control surface)*; ~**strahler** *m (Funk)* horn(-type) antenna.

**Horst** *m (kurz für Fliegerhorst) (LW E)* air station; *(LW US)* air base; ~**kompanie** *f (LW)* station company.

**Hub** *m (Kolbenweg: Flmot)* (piston) stroke: ~**gebläse** *n (Turbo)* lift fan; ~**krafthebel** *m (Heli)* collective (rotor) pitch lever (and throttle); ~**raum** *m (Kolbenzylinder)* (piston) displacement ***(Def)***; cubic capacity; ~**schraube** *f (Heli)* lifting airscrew *or* propeller *or* rotor; ~**schrauber** *m (Lfz)* helicopter ***(Def)***; *sl* copter; *sl* egg-beater; *im* ~~ *transportieren v* helicopter; ~~ *mit Strahlantrieb* jet-driven helicopter; ~**schraubenantrieb** *m* helicopter power plant; *getriebeloser* ~~ reductorless helicopter power plant; *nichtuntersetzter* ~~ reductorless helicopter power plant; ~**schrauberlandeplatz** *m* heliport; *(im Stadtzentrum)* down-town heliport; helidrome; helicopter base; ~~ *auf dem Dach* roof-top heliport; ~**schrauberpilot** *m* (heli)copter pilot; helicopterist; ~**schrauberplattform** *f* helipad; ~~ *auf Schiff* heliport deck; ~**schrauberstation** *f (Bod)* helistop; ~**schrauberträger** *m (Schiff)* helicopter (carrier *or* ~carrying) ship; ~**schrauberzustand** *m (Heli)* normal propeller state ***(Def)***; ~**strahlkappe** *f (Senkrechtstarter)* lift jet door; ~**strahlschub** *m (Turbo)* lift jet thrust; ~**strahltor** *n (Senkrechtstarter)* lift jet door; ~**TL-Triebwerk** *n (Turbo)* lift(ing) turbojet (engine); ~**triebwerk** *n (Senkrechtstarter)* direct lift engine; *reines* ~~ pure lift(ing) engine; ~**vektor** *m (Senkrechtstarter)* lift vector.

**Huckepackflugzeug** *n (sl „Vater und Sohn")* composite *or* parentchild *or* pickaback airplane.

**Hügel** *m (Kart)* hill; ~**kette** *f* range *or* chain of hills.

**Hufeisenmagnet** *m (el)* horse-shoe magnet.

**Hülle** *f (Ball & Luftschiff)* envelope ***(Def)***.

**Hund|ekurve** *f sl (nav)* dog-curve; pursuit curve; ~**estern** *m* sirius.

**Hunting** *n (Flbetr)* hunting ***(Def)***.

**Hurrikan** *m (met)* hurricane ***(Def)***.

**Hüttenthermometer** *n (met)* screen thermometer.

**Hybridtreibstoff** *m (flüssig & fest: Rak)* hybrid propellant.

**Hydrauli|kanlage** *f (Flzg)* hydraulic system ***(Def)***; ~**k-(arbeits)zylinder** *m* hydraulic cylinder; ~**kbehälter** *m* reservoir ***(Def)***; ~**k-Booster** *m (Kraftverstärker)* hydraulic booster; ~**kkreis** *m* hydraulic circuit ***(Def)***; *Fahrwerk-*~~ undercarrige circuit; *Landeklappen-*~~ flap circuit; ~**kspeicher** *m* hydraulic accumulator ***(Def)***; hydraulic reservoir; ~**sch** hydraulic; ~~ *verstellbar (Luftschraube usw)* hydro-adjustable; ~~*e Blockierung od Verriegelung f* hydraulic (inter)lock ***(Def)***; ~~*er Kraftverstärker m* hydraulic booster.

**Hydrazintriebwerk** *n*, **katalytisches** ~ catalytic hydrazine engine.

**Hydro|dynamik** *f (Bewegungslehre der Flüssigkeiten)* hydrodynamics ***(Def)***; ~**dynamischer Widerstand** *m* water drag; ~**graphie** *f (Gewässerkunde)* hydrography; ~**graphische Merkmale** *n/pl* hydrographic features *pl*; ~**meteor** *m* hydrometeor; ~**statik** *f* hydrostatics ***(Def)***; ~**statischer Auftrieb** *m (Lfz)* buoyancy ***(Def)***.

**Hygro|graph** *m (Feuchtigkeitsschreiber): met)* hygrograph ***(Def)***; ~**meter** *m (met)* hygrometer ***(Def)***; ~**skopisch** *(Feuchtigkeit aufnehmend)* hygrosopic.

**Hyper|aerodynamik** *f* hyperaerodynamics; ~**bel(navigations)verfahren** *n* hyperbolic system ***(Def)***; ~**belnetzkarte** *f (nav)* hyperbolic lattice chart; ~**belschar** *f (Funknav)* family of byperbels; ~**schall...** hypersonic; ~**schallaerodynamik** *f* hypersonics ***(Def)***; aerodynamics of hypersonic flight; ~**schallflugzeug** *n* hypersonic aeroplane; ~**schallgeschwindigkeit** *f (min. Mach 5)* hypersonic speed ***(Def)***; ~**schallkanal** *m (aerodyn)* gun tunnel; ~**schallufteinlauf** *od* ~**einlass** *m (Turbo)* hypersonic (air) intake; ~**schallstoßwelle** *f* hypersonic (-flow) shock wave; ~**schalltheorie** *f* hypersonics; ~**sonik** *f* hypersonics.

**Hypoxi|a** *f (Flmed)* hypoxia ***(Def)***; ~**e** *f (Sauerstoffuntersättigung: Flmed)* hypoxia.

**hypsometrische Karte** *f (Kart)* hypsometric chart.

**Hystere|se** *f (Nacheilung)* hysteresis; backlash; ~**sis** *f* hysteresis; *aerodynamische* ~~ aerodynamic hysteresis; ~**sisfehler** *m (Höhenmesser)* hysteresis error.

**H2S** *n (Bord-Radar)* H2S ***(Def)***.

# I

**I** *(ICAO- & NATO-Buchstabieralphabet)* India; *(altes, internationales Buchstabieralphabet)* Item.

**IATA-Grundflugpreis** *m (LVerk)* IATA basic fare.

**Identi|fizierung** *f* identification; ~~ *der Radarechoanzeige* radar blip identification, *abbr* RBI; ~**fizierungssonderimpuls** *m (Funk)* special position identification pulse; *abbr* SPI; ~**tät** *f* **eines Radarzieles** radar identification; *Übergabe f der* ~~ transfer of radar identification; ~**tätsdokument** *n* document of identity; ~**tätskarte** *f* registration *or* identification card, *abbr* ID card.

**IFR** (*kurz für* **Instrumentenflugregeln** *f/pl*) IFR (*short for* instrument flight rules pl) ***(Def)***; ~-**Anflug** *m (Flsich)* IFR approach; ~-**Flug** *m (Flsich)* IFR flight ***(Def)***; *Berechtigung f für ~-Flüge (Pilot)* instrument rating; ~-**Flugwetter** *n (Flsich)* IFR conditions *pl*; ~-**Freigabe** *f (Flsich)* IFR clearance; ~-**Wetterbedingungen** *f/pl* IFR meteorological *or* weather conditions *pl* ***(Def)***.

**Igelstellung** *f (takt)* hedgehog defence position; position of all-around defence (*US* defense).

**ILS** *(kurz für Instrumentenlandesystem n: Flsich)* ILS (*short for* instrument landing system) ***(Def)***; ~-**Anflug** *m (Flbetr)* ILS approach; *handgesteuerter* ~~ manual ILS approach; *überwachter* ~~ ILS-monitored approach; ~-**Anlagenzuverlässigkeit** *f* ILS facility reliability; ~-**Ansteuerungsfunkfeuer** *n (Fernm)*; locator (beacon) ~-**Anzeiger** *m* ILS indicator; ~-**Bezugspunkt** *m (Bod)* ILS reference datum *or* point; ~-**Einflugzeichen** *n (Fernm)* ILS marker (beacon) ***(Def)***; *mittleres* ~~ *(Fernm)* middle beacon; ~-**Gerätekategorie** *f* ILS facility performance category ***(Def)***; ~-**Gleitweg** *m* ILS glide path; *angezeigter* ~~ indicated ILS glide path; ~-**Gleitwegkrümmung** *f* ILS glide path bend; ~-**Gleitwegsektor** *m (Bod)* ILS glide path sector; ~-**Gleitwegwinkel** *m* ILS glide path angle; ~-**Haupteinflugzeichen** *n (Fernm)* boundary beacon; ~-**Kreuzzeiger(gerät)** *m (Flzg)* cross pointer instrument *or* indicator; ~-**Landekurssender** *m (Fernm)* localizer, *abbr* LLZ; ~-**Landung** *f (Flbetr)* ILS landing; ~-**Rohdaten** *n/pl* raw ILS; ~-**Schlechtwetterlandeverfahren** *n (Flsich)* instrument landing system, *abbr* ILS; ~-**Signalgüte** *f (Fernm)* ILS integrity; ~-**Signalqualität** *f* ILS intergrity; ~-**Signalverlässlichkeit** *f (Fernm)* ILS integrity; ~-**Signalzuverlässigkeit** *f (Fernm)* ILS signal reliability; ~-**System** *n (Fernm)* instrument landing system, *abbr* ILS; ~-**Voreinflugzeichen** *n (Fernm)* outer beacon.

**IMC** *(kurz für Instrumenten-Wetterbedingungen f/pl)* IMC (*short for* instrument meteorological conditions *pl*) ***(Def)***; ~-**Flug** *m (Flbetr)* IMC flight; ~-**Landung** *f (Flbetr)* IMC landing; ~-**Start** *m (Flbetr)* IMC take-off.

**Immelmann(-Kurve** *f od* **-Turn)** *m (hochgezogene Kehrkurve)* Immelmann (turn) ***(Def)***.

**Impedanz** *f (el)* impedance; ~**anpassung** *f (el)* impedance matching.

**Impeller** *m (Flmot & Turbo)* impeller ***(Def)***.

**Impf|ung** *f (Wolken, Nebel; met)* seeding; ~**zeugnis** *n*, **internationales** ~~ international certificate of vaccination *or* revaccination.

**Impuls|abklingzeit** f (Radar) pulse decay time; ~**anstiegzeit** *f* pulse rise time; ~**amplitude** *f* pulse amplitude; ~**codemodulation** *f* pulse code modulation, *abbr* PCM; ~**dauer** *f* pulse duration *or* length *or* width; ~**dauermodulation** *f* pulse duration modulation, *abbr* PDM; ~**dauerverkürzung** *f (Radar)* short-time constant; *(US)* fast time constant; ~**folge** *f* pulse train; ~**form** *f* pulse envelope; ~**folgefrequenz** *f* pulse repetition frequency; *abbr* PRF; ~**folgeperiode** *f* pulse repetition period, *abbr* PRP; ~**folgezahl** *f* pulse repetition rate; ~**frequenzmodulation** *f* pulse fequency modulation; ~**gerät** *n (Radar)* pulse-generator; ~**lagemodulation** *f* pulse position modulation, *abbr* PPM, ~**modulation** *f* pulse modulation; ~**modulierte Wellen** *f/pl (Funk)* pulse-modulated waves *pl*; ~**raketentriebwerk** *n* kick motor; ~**serie** *f*, **statistisch verteilte** ~~ *f* random pulse; ~**vergleichsstufe** *f* comparator; ~**wiederholer** *m* pulse repeater; ~**zeitmodulation** *f* pulse time modulation; *abbr* PTM.

**in den Wind drehen** *v (Lfz Rak usw)* weathercock ***(Def)***.

**Inausgabegenehmigung** *f (mil)* authorized permission to delete from stock record *or* to write off.

**INCERFA** *(Alarmstufe 1 = Ungewissheitsstufe: Flsich)* INCERFA ***(Def)***.

**Index|fehler** *m (nav-Instrumente usw)* index error; ~**marke** *f* marking.

**Indianer** *m sl (LKr)* enemy aircraft; *sl (US)* bogey.

**indizierte Leistung** *f (Flmot)* indicated horse power, *abbr* IHP.

**Induktion** *f (aerodyn)* induction; *magnetische* ~ magnetic flux; ~**skompass** *m* earth inductor *or* earth induction compass; ~**sstrom** *m (el)* induced current; ~**swicklung** *f (el)* inductive winding; ~**szünder** *m (Bombe)* induction fuse *or* fuze.

**Indukt|ive Messsonde** *f (Instr)* fluxgate ***(Def)***; ~**ivität** *f (Funk)* inductance; ~**or** *m (el)* inductor.

**Industriedunst** *m (met)* industrial haze.

**induzierter| Leistungsverlust** *m (Prop)* induced power loss ***(Def)***; ~ **Widerstand** *m (aerodyn)* induced resistance *or* drag.

**Ineinnahmeverfügung** *f (mil)* intake order.

**Infanterie** *f (mil)* infantry; ~**flieger** *m* infantry flyer; ~**flugzeug** *n* army cooperation plane; ~**geschütz** *n* infantry gun *or* howitzer; ~**spitze** *f (takt)* ifantry point.

**Infanterist** *m* infantryman.

**Information** *f* information; ~**simpuls** *m (Radar)* information pulse; ~**stafel** *f* information board *or* sign.

**Infrarot|kamera** *f (LPhot)* infrared camera; ~**lenkung** *f (FK)* infrared guidance; ~**strahlung** *f* infrared radiation, *abbr* IR.

**Infrastruktur** *f (mil)* infrastructure.

**Ingangsetzen** *m (Flmot)* starting *(of the engine)*.

**Inhaber** *m* **eines Ausweises** *(ICAO)* licence holder.

**Inhaltsverzeichnis** *n* table of contents.

**Initialzünder** *m (Bombe)* primer; initiator.

**Inklination** *f (Kompassnadel)* inclination; dip; ~**snadel** *f (Kompass)* inclination *or* dipping needle; ~**swinkel** *m* angle of inclination; angle of dip.

**inkompressible Strömung** *f (aerodyn)* incompressible flow ***(Def)***.

**Inkubationszeit** *f* incubation period.

**Inland|flug** *m* inland flight; ~-**Fluglinie(nverkehr)** *f(m)* domestic; air service ***(Def)***; ~**flugverkehr** *m* cabotage; ~**luftlinie** *f* domestic airline; ~**luftverkehr** *m* internal *or* inland *or* domestic *or* home air traffic; ~**strecken** *f/pl (LVerk)* internal *or* domestic routes.

**Innen|**- *(Flmot usw)* inboard; ~**antenne** *f (Funk)* internal antenna; ~**ausgleich** *m (aerodyn)* aerodynamic balance ***(Def)***; ~**auskreuzung** *f (Tragfläche)* interior *or* internal diagonal bracing; ~**ballistik** *f* interior ballistics; ~**dienst** *m (mil)* interior *or* inside *or* barracks duty; ~**haube** *f (Stern-Flmot)* inner cowl; ~**kiel** *m (Lfz)* keelson ***(Def)***; ~**leistung** *f (kW im Zylinder; Flmot)* indicated horse power, *abbr* IHP; ~**stiel** *m*, ~**strebe** *f (Tragfläche)* compression strut *or* member; ~**stück** *n*, **Tragflächen**-~~ inner wing ***(Def)***; ~**verspannung** *od* ~**verstrebung** *f (Tragfläche)* interior *or* internal strutting; interior *or* internal bracing; ~**wache** *f (mil)* interior guard; ~**zünder** *m (Bombe)* internal fuse *or* fuze.

**innere|Dämpfung** *f (Flz-Bau)* internal damping ***(Def)***; ~ **Horizontalfläche** *f (Bod)* inner horizontal surface ***(Def)***; ~**r Firstträger** *m (Lfz l)* inner ridgegirder ***(Def)***.

**ins Trudeln geraten** *v (Flbetr)* enter a spin.

**Insekt|enbekämpfungsmittel** *n* insecticide; ~**izid** *n* insecticide.

**Inspekt|eur** *m (mil)* inspector; ~~ *der Luftwaffe (Bundeswehr) (E)* Chief of the Air Staff, Royal Air Force, *abbr* CAS RAF; *(US)* Chief of Staff, United States Air Force, *abbr* CofS USAF; ~**ion** *(Tätigkeit)* inspection; *(Behörde usw)* inspectorate; ~~ **und notwendige Reparatur** *f (Lfz-Wartung)* inspection and repair as necessary, *abbr* IRAN; ~**ionsfenster** *m (Lfz l)* inspection port ***(Def)***; ~**ionsgrube** *f (Kfz)* inspection pit; ~**orat** *n* inspectorate.

**instabil**, *seitlich* ~ *(Flzg)* laterally unstable; *um Längsachse* ~ *(Flzg)* longitudinally unstable; ~**e Schwingung** *f (Stab)* unstable oscillation ***(Def)***; ~**ität** *f* instability ***(Def)***; *aerodynamische* ~~ aerodynamic instability; *aperiodische* ~~ aperiodic instability; *konvektive* ~~ *(met)* convective instability; *thermische* ~~ *(met)* thermal instability; ~~ *um die Hochachse f (Flzg)* directional instability; ~**itätsfront** *f (met)* instability front; ~**itätslinie** *f (met)* instability line; ~**itätsschauer** *m (met)* instability shower.

**instandhalt|en** *v* maintain; ~**ung** *f* maintenence; ~**ungsarbeit** *f* conditioning *or* maintenance work; ~**ungsvorschrift** *f* maintenance instructions *or* regulations *pl.*

**instandsetz|en** *v* repair; ~**ung** *f* repair; reconditioning; ~~ **und Unterhaltung** *f* repair and maintenance; ~**ungswerkstatt** *f* repair shop.

**Instanzenweg** *m* official channels *pl.*

**in Stellung| bringen** *n (Art)* emplacing; ~ **gehen** *n (takt)* moving into position.

**Instrument** *n* instrument; *elektrisches* ~ electrical instrument ***(Def)***; *optisches* ~ optical instrument; ~**enablesung** *f* instrument reading; ~**enanflug** *m (Flbetr)* instrument approach ***(Def)***; ~**enanflugeinrichtung** *od* ~**hilfe** *f (Flbetr)* instrument approach aid; ~**enanflugkarte** *f (Flbetr)* instrument approach chart; ~**enanflugpiste** *f (Bod)* instrument approach runway ***(Def)***; ~**enanflugsektor** *m (Bod)* instrument approach area ***(Def)***; ~**enanflug- und und** ~**landekarte** *f (Flbetr)* instrument-approach and landing chart; *abbr* IAL; ~**enanflugverfahren** *n (Flbetr)* instrument approach procedure ***(Def)***; ~**enanordnung** *f (Lfz)* instrument (panel) layout; ~**enanzeige** *f* meter display *or reading*; ~**enbank** *f (Flzg)* console; ~**enbeleuchtung** *f* instrument illumination *or* lighting; ~**enberichtigung** *f* index correction; ~**en-Bodenzeit** *f (Flbetr)* instrument ground time ***(Def)***; ~**enbrett** *n* instrument panel *or* board; dashboard; console (of instruments); ~**enbrettauslegung** *f (Lfz)* instrument panel layout; ~**enbrettkompass** *m (Flzg)* panelmounted compass; ~**enfehler** *m* instrument error; ~**enflug** *m* instrument flying *or* flight ***(Def)***; flight on instruments; *simulierter* ~~ simulated instrument flight; ~**enflugbedingungen** *f/pl (Flbetr)* instrument flight conditions *pl*; ~**enflugberechtigung** *f (Pilot)* instrument rating ***(Def)***; ~**enflugkurve** *f (Blindflugkurve)* instrument turn; ~**enflugkurve I** *f (Flbetr)* rate I turn; ~**enflugregeln**, *abbr* IFR *f/pl (Flsich)* instrument flight rules *pl*, *abbr* IFR; *Flug m nach* ~~ IFR flight ***(Def)***; ~**nflugsimulator** *m* instrument flight simulator; ~**nflugübungsgerät** *n* synthetic (instrument) flight trainer; ~**enflugzeit** *f (Flbetr)* instrument flight time ***(Def)***; ~**enkonsole** *f (Lfz)* console (of instruments); ~**enlandesystem** *n (Flbetr)* instrument landing system, *abbr* ILS ***(Def)***; ~**enpiste** *f (Bod)* instrument runway ***(Def)***; ~**enrinne** *f (Seeflughafen)* instrument (alighting) channel ***(Def)***; ~**en(skalen)scheibe** *f* instrument dial; ~**envergleich** *m (Instr-Flug)* instrument cross check; ~**enwasserpiste** *f (Seeflughafen)* instrument alighting channel ***(Def)***; ~**enwetterbedingungen** *f/pl* instrument meteorological conditions *pl*, *abbr* IMC ***(Def)***; ~**enzeit** *f (Flbetr)* instrument time ***(Def)***; ~**iert** instrumented; ~**ierung** *f* instrumentation.

**Integr|albedingung** *od* ~**bezeichnung** *f (Karmansche* ~~*)* (Karman) integral relation; ~**albehälter** *m (Lfz)* integral tank ***(Def)***; ~**ation** *f* integration; ~**ieren** *v* integrate.

**Intensität** *f* intensity; *niedrige* ~ low intensity.

**Inter|cept** *m (nav)* intercept ***(Def)***.

**Interferenz** *f (aerodyn)* interference ***(Def)***; *atmosphärische* ~ atmospheric interference ***(Def)***; ~**widerstand** *m (aerodyn)* interference drag.

**interferometrische Selbstansteuerung** *od* **Zielsuchlenkung** *f (FK)* interferometric homing.

**Interlockschaltung** *f (el)* interlocking circuit.

**intermittierendes (Luft-)Strahltriebwerk**, *abbr* **IL-Triebwerk** *n (Schmidt-Argusrohr: Turbo)* intermittent jet engine; intermittent impulse duct; pulsating jet; pulsojet; pulse-jet.

**Internationale| Allgemeine Luftfahrt** *f* international general aviation; *abbr* IGA; ~ **Bezugseinheit** *f* **der Lärmbelastung** international noise exposure reference unit, *abbr* INERU; ~ **Datumsgrenze** *f* international date line; ~ **Fernmeldeunion** *f* International Telecommunication Union, *abbr* ITU; ~ **Funküberwachung** *f* international frequency monitoring; ~ **Fluglinie** *f (LVerk)* international air service ***(Def)***; ~ **Gesundheitsvorschriften** *f/pl* international health regulations *pl*; ~ **Norm(al)atmosphäre** *f (met)*, *abbr* INA international standard atmosphere, *abbr* ISA ***(Def)***; ~ **Zivilluftfahrt** *n* international civil aviation; *Abkommen n über die ~~* Convention on International Civil Aviation; ~ **Zivilluftfahrtorganisation** f International Civil Aviation Organization, *abbr* ICAO; ~**r Ausschuss** *m* **zur Frequenzregistrierung** International Frequency Registration Board, *abbr* IFRB; ~**r Fernmeldedienst** *m (ICAO)* international telecommunication service ***(Def)***; ~**r Flughafen** *m (ICAO)* international airport ***(Def)***; ~**r Fluglinienverkehr** *m* international air service ***(Def)***; ~**r Luftverkehrsverband** *m* International Air Transport Association, *abbr* IATA; ~**s Impfzeugnis** *n* international certificate of vaccination *or* revaccination; ~**s NOTAM-Büro** *n (ICAO)* international NOTAM office, *abbr* NOF ***(Def)***; ~**s Rufzeichen** *n (Fernm)* international call sign ***(Def)***; ~**s Telegraphenalphabet** *n* international telegraph alphabet.

**Internier|en** *v* intern; ~**tenlager** *n* internment camp; ~**ter** *m* internee; ~**ung** *f* internment; ~**ungslager** *n* internment camp.

**interplanetarischer Flugkörper** *m* astroplane; astrovehicle.

**Interzeptor** *m (Spaltflügel: Flzg)* interceptor.

**Inübunghaltung** *f*, **fliegerische** ~~ *(Pilot)* proficiency flying.

**Invasion** *f* invasion.

**Inversion** *f (met) (*temperature) inversion ***(Def)***; *obere ~ (met)* upper inversion; ~**snebel** *m (met)* inversion fog; ~**sschicht** *f (met)* layer of temperature inversion; inversion layer; ~**swolke** *f (met)* inversion cloud.

**Ion** *n* ion; ~**enraketenantrieb** *m od* ~**triebwerk** *n* ion rocket engine; ~**ensonde** *f* ionization sonde; ~**enstrahlung** *f* ion radiation; ~**enwolke** *f* ionized cloud; ~**o-sphäre** f ionosphere; ~**osphärische Steuerung** *f (Funk)* ionospheric scatter; ~**osphärische Welle** *f* ionospheric wave.

**irisierende Wolke** *f (met)* nacreus cloud.

**Irrungszeichen** *n (Fernm)* error signal.

**Isallo|bare** *f (met)* isallobar; ~**bar(isch)er Wind** *m (met)* isallobaric wind; ~**therme** *f (met)* isallotherm.

**Isentrop|enfläche** *f (met)* isentropic surface; ~**isch** *(met)* isentropic ***(Def)***.

**Island-Tief** *n (met)* Icelandic low.

**Iso|bare** *f (Linie gleichen Luftdrucks)* isobar ***(Def)***; ~**barenkarte** *f (met)* isobaric chart; *vorhergesagte ~~ (met)* prebaratic chart ***(Def)***; ~**bathe** *f (Kart)* depth or fathom line; ~**bronte** *f (Linie gleichzeitiger Gewitter)* isochrone of thunderstorms; synoptic line of simultaneous thunderstorms; ~**brontenkarte** *f (met)* isobrontal chart; ~**chrone Wettervorhersagekarte** *f* fixed-time prognostic weather chart; ~**gonalantenne** *f (Funk)* isogonal antenna; ~**gone** *f (Linie gleicher Ortsmissweisung)* isogonic line; isogonal ***(Def)***; ~**gonenkarte** *f (nav)* isogonic chart *or* map; ~**gramm** *n* isogram; ~**grive** *f (nav)* isogriv ***(Def)***; ~**hypse** *f (met)* pressure contour ***(Def)***; ~**hypsenkarte** *f (Karte mit Verbindungslinien von Punkten gleicher Höhe)* isohypsal chart *or* map ***(Def)***; ~**kline** *f (Linie gleicher Inklination)* isocline; line of equal inclination; ~**lation** *f (el)* insulation; *akustische ~~ (Flzg-Zelle)* acoustic insulation; ~**lationslack** *m (el)* insulating paint; ~**lationsprüfung** *f (el)* high-voltage test ***(Def)***; ~**lationsstärke** *f (el)* insulating *or* dielectric strength; ~**lator** *m (el)* insulator; ~**lierband** *n* insulating tape; ~**liermittel** *n* insulating medium; ~**lierschicht** *f (Pistenbau)* insulating course; ~**oktan** *n (Kohlenwasserstoff sehr hoher Klopffestigkeit)* isooctane; ~**plethe** *f* isopleth; ~**tache** *f (met)* isotach ***(Def)***; ~**therme** *f (Linie gleicher Temperatur)* isotherm; *~~ Atmosphäre f (met)* isothermal atmosphere; *Nullgrad-Celsius- ~~* zero centigrade isotherm; ~**thermenkarte** *f (met)* map of isotherm; isothermal chart.

**Ist|bestand** *m (mil)* actual state *(of equipment)*; equipment at hand; actual inventory; ~**-Flugweg** *m (Flbetr)* actual flight path; ~**stärke** *f (mil)* actual *or* effective strength *(of a unit)*; ~**stärkenmeldung** *f (mil)* (daily) strength report; ~**wert** *m* actual value.

# J

**J** *(ICAO- & NATO-Buchstabieralphabet)* Juliet; *(altes, internationales Buchstabieralphabet)* Jig.

**Jabo** *m (LKr)* fighter(-)bomber; ~**angriff** *m (LKr)* fighter-bomer attack.

**Jagd** *(LKr)* fight; chase; pursuit; *freie ~ (LKr) (US)* fighter sweep; *(E)* free-lancing; ~**abschirmung** *f (Schiffsverband; Landekopf usw)* fighter screen; ~**abwehr** *f (LKr)* fighter defence (*US* defense); ~**aufklärer** *m (LW)* reconnaissance fighter, *abbr* RF *(US)*; ~**aufklärung** *f (LKr)* fighter reconnaissance; ~**begleitschutz** *m (LKr)* fighter protection *or* escort; ~**bomber** *m (LKr)* fighter(-)bomber; ~**division** *f (takt)* fighter division; ~**einsitzer** *m (Flzg)* single-seat(er) fighter; ~**flieger** *m* fighter pilot ~**fliegerei** *f od* ~**fliegerkräfte** *f/pl (LKr)* fighter aviation, *abbr* FA; ~**fliegerschule** *f* fighter training schoool; ~**flugzeug** *n* fighter *or* fighting *or* pursuit airplane; fighter; *(Verteidigungsjäger)* interceptor; ~**geschwader** *n (LW E)* fighter group; *(LW US)* fighter wing; ~**gruppe** *f (LW E)* fighter wing; *(LW US)* fighter group; ~**mehrsitzer** *m (Flzg)* multi-seat(er) fighter (airplane); ~**raum** *m (takt)* fighter patrol area *or* sector; ~**schulflugzeug** *n* fighter trainer; ~**schutz** *m (LKr)* fighter escort *or* protection; ~**sicherung** *f (LKr)* fighter cover; ~**sperre** *f (LKr)* fighter screen; ~**staffel** *f (LW E & US)* fighter squadron; ~**streife** *f (LKr)* fighter sweep; ~**verband** *m (LW)* fighter formation; ~**zweisitzer** *m* two-seat(er) fighter.

**Jäger** *m (Flzg)* fighter (plane); *(Pilot)* fighter pilot; ~**führung** *f (LKr)* fighter vectoring; *Übergabe f der ~~* fighter(s) handover; ~**leitdienst** *m (LKr)* fighter control service; ~**leitoffizier** *m (LKr)* fighter controller; ~**leitstand** *m (LKr)* fighter control centre (*US* center); ~**leitverfahren** *n (LKr)* fighter control method *or* procedure; ~**platz** *m (Flugplatz) (E)* fighter airfield; *(US)* fighter base; ~**weitführung** *f (LKr)* long-range fighter control.

**Jahres|beurteilung** *f (mil Personal)* annual rating; ~**durchschnittstemperatur** *f (met)* average annual temperature; ~**zeit** *f* season; *nebelreiche ~~* foggy season.

**Jahrgang** *m (mil)* age-group *or* ~class.

**jährlich** annual(ly); yearly; *~e Niederschlagsmenge f (met)* annual precipitation; ~er Gang der Bewölkung *(met)* annual variation *or* annual range of cloudiness; *~er Gang der Feuchtigkeit (met)* annual variation *or* annual range of humidity; *~er Gang des Niederschlages (met)* annual course *or* annual range of precipitation; yearly precipitation; ~*er Gang der Wärme (met)* annual variation of heat; annual heat range.

**Jalousieruder** *n (mehrflächiges Ruder am Luftschiff)* slatted multi-surface control surface.

**Japanpapier** *n* rice paper.

**Jato = Start** *m* **mit Starthilfe** *f (Flbetr)* (jet-)assisted take-off, *abbr* JATO ***(Def)***; ~**-Rakete** *f (Starthilfe; Startrakete)* JATO-jet; ~~**nstart** *m (Flbetr)* JATO (*short for* jet-assissted take-off) ***(Def)***.

**Jaulen** *n (niederfrequente Schwankungen: Funk usw)* wow.

**Jet|-Pilot** *m* jet(-aeroplane) pilot; ~**-Strahl** *m (Turbo)* jet backwash.

**Jungfernflug** *m (Flzg)* maiden flight.

**Jungflieger** *m* cadet *or* junior pilot.

**Justier|einrichtung** adjusting device; ~**en** adjust; ~**schraube** *f* adjusting screw; ~**ung** *f (mech)* adjustment; *(optisch)* collimation.

**Juteband** jute tape.

# K

**K** *(ICAO- & NATO-Buchstabieralphabet)* Kilo; *(altes, internationales Buchstabieralphabet)* King.

**Kabel** cable; *mit Verstärkern bestücktes ~ (Fernm)* repeatered cable; ~**ader** *f* strand; conductor; ~**aufführungspunkt** *m (Tel)* wire lead-in point; change-over point *(from buried to overhead cable line)*; ~**baum** *m (el)* loom ***(Def)***; ~**bautrupp** *m (Tel)* cable-laying detachment; ~**endverzweiger** *m* terminal block; cable terminal; ~**führung** *f (el)* cable duct ***(Def)***; ~**halter** *m* cable grip; *(Flzg-Spanndraht)* acorn; ~**kasten** *m* junction box; ~**kern** *m* cable core; ~**klemme** *f* cable terminal; binding screw; ~**litze** *f* strand; ~**löttrupp** *m* cable jointing detachment; ~**mast** *m (Flzg)* cable mast; ~**netz** *n (el)* cable system; ~**schacht** *m (Flzg)* cable duct ***(Def)***; ~**schloss** *n* cable shackle; ~**schoner** *m (Flzg-Spanndraht)* acorn; ~**schuh** *m* cable terminal plug *or* shoe; cable socket; looptip terminal; ~**spannung** *f* cable tension; ~**system** *n (el)* cable system; ~**turm** *m (Flzg)* cable mast; ~**winde** *f (Ball)* cable winch.

**Kabine** *f (Flzg)* (passenger) compartment *or* cabin ***(Def)***; cockpit; *abgedichtete ~ (Lfz)* sealed cabin ***(Def)***; *absprengbare ~ (Lfz)* ejection capsule; *druckfeste ~ (Flzg)* pressure *or* pressurized cabin; ~**natmosphäre** *f (Flzg)* cabin air; ~**nbeglasung** *f (Flzg)* cabin glazing; ~**nbeheizung** *f* cabin heating; ~**nbesatzung** *f (LVerk)* cabin crew ***(Def)***; non-technical flight personnel; ~**ndach** *n (Flzg)* cabin roof; *(Flzg-Baldachin)* canopy; *abwerfbares od absprengbares ~~ (Flzg)* jettisonable canopy *or* hood; ~**ndachabwurf** *m od* ~**absprengung** *f (Flbetr)* canopy jettisoning; ~**dachbrecher** *m (Flzg)* canopy piercer; ~**ndachdurchbrechen** *n od* ~**zerstörung** *f (bei Schleudersitzbetätigung: Flzg)* canopy piercing; ~**ndruckabfall** *od* ~**verlust** *m (Flzg)* cabin depressurization; ~**ndruckbelüftung** *f (Flzg)* cabin pressurization; ~**n(druck)höhe** *f (Flzg)* cabin (pressure) altitude ***(Def)***; ~**nfallschirm** *m* cabin parachute; ~**flugzeug** *n* cabin (air)plane; ~**nhaube** *f* cockpit enclosure *or* hood *or* canopy ***(Def)***; *einteilige ~~ (Flzg)* one-piece-canopy; ~**nhaubenabwurf** *m (Flzg)* hood-jettisoning; ~**nheizung** *f (Flzg)* cabin heating; ~**nkonstruktion** *f (Flzg)* cabin layout; ~**nluft** *f (Flzg)* cabin air; ~**nluftverdichter** *m (Flzg)* cabin supercharger ***(Def)*** *or* blower; ~**npersonal** *n* cabin attendants *pl*; non-technical flight personeel; ~**nverglasung** *f (Lfz)* cabin glazing; ~**nverkleidung** *f (Flzg)* cockpit enclosure.

**Kabotage** *f (Inlandflugverkehr)* cabotage.

**Kader** *m (mil)* cadre.

**Kadett** *m (mil)* cadet.

**Kalibrier|en** *n* calibration; ~**ter Schub** *m (Turbo)* calibrated thrust.

**Kalifornische Tragfähigkeitszahl** *f (Boden-Mech)* California bearing ratio, *abbr* CBR.

**Kalme** *f (met)* (wind) calm; ~**ngürtel** *m (met)* calm belt; doldrums *pl* ***(Def)***; ~**nzone** *f (met)* (zone of) doldrums *pl*; *tropische ~~ (met)* tropical calm (zone).

**kalorimetrisch|e Prüfung** *f od* ~**er Test** *m* calorimetric test.

**Kalt|behandlung** *f (Metall)* cold treatment; ~**blütigkeit** *f* cool(headed)ness.

**Kälte** *f* cold(ness); ~**beständig** low-temperature *or* cold resisting; antifreezing; non-freezing; cold-resistant; ~**beständigkeit** *od* ~**festigkeit** *f* resistance to cold; ~**kammer** *f* freezing chamber; ~**rückfall** *m (met)* return of cold weather, recurrent cold snap; ~**schutz** *m* protection against cold; ~**schutzanzug** *m* cold-protection suit; ~**schutzhaube** *f (Flmot)* heat retaining cover; ~**welle** *f (met)* cold wave.

**Kalt|fahren** *n (Flmot)* cool running; ~**front** *f (met)* cold front ***(Def)***; ~**frontgewitter** *n (met)* cold-front thunderstorm; ~**gasantrieb** *m* cold-gas power plant; ~**leim** *m* cold glue; ~**luft** *f (met)* cold air; ~**luftmasse** *f (met)* mass of cold air; cold-air mass; ~**luftstaffel** *f (met)* (secondary) squall front; ~**lufttropfen** *m (met)* cold-air pool; ~**start** *m (Flmot)* cold start(ing); ~**startanlage** *f (Flmot)* oil-dilution system ***(Def)***; ~**strahl-Raketentriebwerk** *n* cold-jet (rocket) engine; ~**stromtriebwerk** *n* cold-flow engine.

**Kamera** *f (Lphot)* camera.

**Kammer|aufstieg** *m (Flmed)* chamber ascent ***(Def)***; ~druck *m* chamber pressure; ~**höhe** *f (Flmed)* simulated altitude ***(Def)***.

**Kampf** *m* battle; combat; fight; action; engagement; ~**abschnitt** *m (takt)* combat section; ~**anweisung** *f (takt)* battle directive; ~**aufgabe** *f (takt)* combat task; ~**auftrag** *m* combat mission; ~**einheit** *f (takt)* combat *or* tactical unit; ~**erprobt** *(mil)* seasoned; battle-tried; having combat experience; ~**feld** *n (takt)* field of combat; ~**flieger** *m (Bombenflieger)* bomber pilot; ~**flugzeug** *n (allg)* warplane; combat (aero)plane; *(Bomben-Flzg)* bombing airplane; bomber (aircraft); *mittleres ~~ (LW)* medium bomber, *abbr* MB; ~**führung** *f (mil)* battle command; *(takt)* conduct of battle; ~**gebiet** *n (takt)* combat zone; forward *or* combat area; ~**gelände** *n (takt)* battle terrain; ~**handlung** *f (mil)* action; engagement; ~**höchstleistung** *f (Flmot: US)* military power; ~**hubschrauber** *m (mil)* assault helicopter, ~**hubschrauberträger** *m (Schiff)* assault helicopter carrier; **~kraft** *f* fighting power; **~lage** *f (takt)* tactical situation; **~linie** *f (takt)* line of battle; **~platz** *m* site of battle; **~raum** *m (takt)* combat zone; forward *or* combat area; **~tätigkeit** *f (mil)* combat activity; active combat; action; **~transporter** *m (LKr: US)* combat cargo; **~truppe** *f* combat element; **~- und Steigleistung** *f (Flmot)* maximum except take-off power, *abbr* METO-power; **~wagen** *m (mil)* tank; combat car; **~wert** *m* fighting quality; **~ziel** *n (takt)* objective; **~zone** battle zone.

**Kanal** *m (Wasserflugplatz & Fernm)* channel; *gemeinsamer ~ (Fernm)* co-channel; **~feuer** *n (Seeflughafen)* channel light; **~kapazität** *f (Fernm)* channel capacity; **~wähler** *od* **~wahlschalter** *m (Funk)* channel selector.

**Kanone** *f* gun; *(Flzg)* cannon; *starre ~ (Bordwaffe)* fixed gun; **~njagdflugzeug** *n* cannon-fighter; **~nmotor** *m (Flmot)* cannon engine; *drehbarer* **~nstand** *m (Bomben-Flzg)* gun turret; **~nzielkamera** *f (Lichtbild-M.G.)* gun camera; camera gun.

**Kanonier** *m (Art)* gunner.

**kanonische Koordination** *f/pl (Kart)* canonical coordinates *pl.*

**Kante** *f* edge; *gebrochene ~* broken edge; *stumpfe ~* abrupt *or* blunt edge; **~nriss** *m* edge crack.

**Kantine** *f* canteen; *(US)* post exchange, *abbr* PX.

**Kanzel** *f (Flzg-Bug)* nose; *(sonst)* cockpit; **~einstiegklappe** *f (Flzg)* nose-opening door.

**Kapazit|ät** *f (el)* capacity ***(Def)***; **~ätsbeschränkung** *f (LVerk)* capacity restriction; **~ive Kühlung** *f (Flmot)* expansion cooling.

**Kapillar|e** *f* capillary (tube); **~schicht** *f*, **undurchlässige ~~** *(Bod)* impervious membrane; **~welle** *f* capillary wave.

**Kapitän** *m (Flzg) (aircraft)* captain; *(Luftschiff)* (airship) commander.

**Kapitul|ant** *m (mil)* reenlisted man; **~antenhandgeld** *n (mil)* reenlistment bonus; **~ation** *f* capitulation; surrender; **~ieren** *v* capitulate; surrender.

**Kapok(schwimm)weste** *f* kapok-lined waist-coat; kapok life vest.

**Kapp|enbasis** *f (Para)* peripheral hem ***(Def)***; **~enwolke** *f (met)* cap cloud; **~messer** *n* jack-knife; **~schaltung** *f (Fernm)* clipper circuit.

**Kapsel|abtrennung** *f (Raum-FK)* cabin capsule separation; **~barometer** *n* aneroid barometer; capsule aneroid; **~bergung** *f (Flbetr)* capsule recovery; **~lader** *m (Flmot)* roots supercharger ***(Def)***; **~separation** *f (Raum-FK)* cabin *or* capsule separation.

**Karabiner** *m (Waffe)* carbine; *(Haken)* spring *or* snap hoock; **~spannschloss** *n* snap hook(-type) turnbuckle.

**Karburieren** *n (Flmot)* carbur(iz)ation; carburetting.

**Kardan|antrieb** *m* shaft-drive; **~aufhängung** *f* gimbal suspension *or* mounting; universal-joint suspension; **~gelenk** *n* universal *or* cardan joint; **~isch** cardanic; gimbal; *~~ aufhängen v* suspend on *or* hang from gimbals; *~ gelagerter Kreisel m* cardanic-suspension gyro; **~ring** *m* gimbal ring.

**Kármánsche| Integralbedingung** *od* **~bezeichnung** *f* Karman integral relation; **~ Widerstandsformel** *f (aerodyn)* Kármán('s) drag formula; **~r Lehrsatz** *m* **der Grenzschicht** *or* **Grenzschichtlehrsatz** *m (aerodyn)* Kármán boundary-layer theorem.

**Karte** *f (Kart)* chart; map; *(Seekarte im besonderen)* chart; *~ des Nahkontrollbezirks (Flsich)* terminal area chart; *Einrichten einer ~ (nav)* orientation of a map; *in ~ eintragen v (nav)* plot; *~ kontanten Drucks (met)* constant pressure chart ***(Def)***; *~ konstanten Niveaus (met)* constant level chart ***(Def)***; *~ mit Höhenschichtendarstellung* contour map; *~ mit Höhen(schicht)-linien (Kart)* hypsometric map; *zusammengesetzte ~ (met)* composite map ***(Def)***.

**Karten|abdeckung** *f (Kart)* chart coverage; **~abteilung** *f (mil)* mapping unit; *Vermessungs- und ~~* survey and mapping unit; **~auflage** *f (transparente ~~: Radar)* map overlay; *(photographische)* **~aufnahme** *f* photographic mapping: **~ausschnitt** *m* map section; sectional chart; **~beispiel** *n* sample chart; **~bildanzeiger** *m (Radar: Flsich)* plan position indicator, *abbr* PPI; **~-bildbegrenzung(slinie)** *f (Radar)* neat line, **~blatt** *n* map *or* chart sheet; **~brett** *n* chart board; **~einblendung** *f*, **elektronische ~~** *(Radar)* video mapping; **~eintragung** *f* entry *or* notation *or* plot on the map; **~entfernung** *f* map range *or* distance; *~~ zum Abschusspunkt (Flak)* horizontal range to present position; *~~ zum Messpunkt (Flak)* horizontal range to present position; *~~ zum Treffpunkt (Flak)* horizontal range to future position; *~~ zum Wechselpunkt (Flak)* horizontal range to midpoint; **~gitternetz** *n* map grid; **~kurs** *m (nav)* map course; true course; **~lesen** *v* map-read; **~lesen** *n* map reading; **~netz** *n* map grid; **~maßstab** *m* scale of the map; scale; **~projektion** *f* map projection; **~randeintragungen** *f/pl (Kart)* margin information; **~randlinie** *f*, **äußere ~~** *(Kart)* border line; **~roller** *m* map roller; **~symbol** *n* conventional sign; **~tasche** *f* map case; **~überdeckung** *f (Kart)* chart *or* map coverage; **~winkelmesser** *m* map protractor; **~zeichen** *n* conventional sign; **~zeichner** *m* cartographer.

**kart|esische Achsen** *f/pl (Kart)* Cartesian axes *pl*; **~esisches Koordinatensystem** *n (Kart)* Cartesian (coordinate) system; **~orgraphie** *f* Kartographie *f.*

**Kasern|e** *f (mil)* (permanent) barracks *pl*; **~enarrest** *m* confinement to barracks, *abbr* CB; **~iert** quartered in barracks.

**Kasino** *n (mil)* officer's mess *or* club.

**Kaskade** *f (Höhenmarkierung bei Bombenangriff: LKr)* sky marker; **~nbombe** *f (LKr)* cascade bomb.

**Kasten|bauweise** *f (Flzg-Bau)* box construction; **~drachen** *m* box kite; **~holm** *m (Tragfläche)* box spar *or* beam; **~holmbauart** *f* box-spar type construction; **~leitwerk** *n (Flzg)* box tail-unit; **~rippe** *f (Tragfläche)* box rib; **~ruder** *n (Flzg)* box *or* kite control surface; **~träger** *m* box girder.

**kata|batischer Luftstrom** *m (met)* catabatic airflow; **~front** *f (met)* catabatic front; catafront; **~lytisches Hydrazintriebwerk** *n* catalytic hydrazine engine.

**Katapult** *n (Flzg-Starthilfe)* catapult ***(Def)***; *(US auch)* launching rail; **~endgeschwindigkeit** *f (Flzg-Träger)* (catapult) end speed ***(Def)***; **~flugzeug** *n* catapult aircraft; **~gestartete Rakete** *f* catapult-launched rocket; **~ieren** *v* catapult off; eject; **~ieren** *n* **aus dem Stand** *(Flughöhe = 0, Fahrt = 0:* Flzg-*Schleudersitz)* zero-zero-ejection; **~iermindesthöhe** *f (Flzg-Schleudersitz)* minimum ejection altitude; ~**schiff** *n* catapult ship; ~**sitz** *m (in Strahl-Flzg usw)* ejector *or* ejection seat; ~**start** *m (Flzg)* catapult take-off; launch(ing) from a catapult; catapult launch(ing).

**Kathode** *f (el)* cathode; ~**nfolger** *od* ~**verstärker** *m (Radar)* cathode follower; ~**nstrahlröhre** *f (Radar)* cathode ray tube, *abbr* CRT; ~**nstrom** *m (el)* cathode current.

**Katschmarek** *m sl (Rottenflieger od sl Kettenhund)* wing man.

**Kaurit|leim** *m* kaurit glue; ~**verleimung** *f* kaurit gluing.

**Kavalierstart** *m (Flzg)* climbing take-off; *einen ~ machen v* zoom off; make a climbing take-off.

**Kegel** *m* cone; *toter ~ (über einem Funkfeuer)* cone of silence; ~**fallschirm** *m* conical parachute; ~**fläche** *f (Bod)* conical surface *(Def)*; ~**förmig** cone-shaped; ~**getriebe** *n* bevel gear(ing); ~**projektion** *f (Kart)* conic projection; *flächentreue ~~ (Kart)* conic orthomorphic projection; *Lamberts winkeltreue ~~ (Kart)* Lambert conformal conic projection; ~**(rad)getriebe** *n* bevel drive grear; ~**radvorgelege** *n (Flmot)* bevel gear (countershaft); ~**stumpf** *m* truncated cone.

**Kehl|blech** *n* fillet; ~**kopfmikrophon** *n* throat(-type) *or* necklace microphone; ~**stück** *n* fillet.

**Kehr|bild** *n (in opt. Messgerät)* inverted *or* divided image; back-to-back display; ~**tkurve** *f (Flbetr)* oneeighty (turn); *hochgezogene ~~ (Flzg)* Immelmann turn.

**Keil** *m* wedge; *~ hohen Luftdrucks (met)* high-pressure) wedge *(Def)*; ~**flosse** *f (Leitwerk)* vertical tail fin; ~**form** *n (Verbandsflug)* wedge *or* V-formation; ~**förmiger Lufteinlauf** *m (Turbo)* wedge intake *(Def)*.

**Kelvin-Temperatur** *f (met)* absolute *or* Kelvin temperature.

**Kenn|blatt** *n (met)* data sheet; ~**buchstabe** *m (Flzg)* distinguishing *or* recognition *or* call identification *or* code letter; *~~ der Empfangsstelle (Fernm)* receiving terminal letter; *~~ der Sendestelle (Fernm)* transmitting terminal letter; ~**feuer** *n (Bod)* identification beacon *(Def)*; *Flugplatz-~~ (Bod) (aerodrome)* identification beacon *(Def)*; ~**gerät** *n (Radar)* identification apparatus; recognition radar set; transponder *(Def)*; *Freund/Feind ~~ (Radar)* identification friend/foe equipment, *abbr* IFF equipment; ~**größe** *f* (characteristic) parameter; ~**gruppe** *f (Funkfeuer usw)* identification signal; ~**licht** *n (Flzg)* recognition *or* identification *or* navigation light; ~**linie** *f* characteristic (curve) ~**ung** *f (Freund/Feind)* identification friend/foe; *(Funk & Radar)* code; *(Funk)* identification *or* beacon signal; *(Luftstraßen)* airway *or* route marking; ~**ungsgerät** *n (Flsich)* identification facility; transponder *(Def)*; ~**ungssignal** *n* identification signal; ~**ungssystem** *n (Flsich)* identification system; ~**ungszeichen** *n* identification signal; ~**wert** *m* charateristic value; parameter; ~**wort** *n (mil)* password ~**zahl** code number; ~**zeichen** *n (Flzg)* aircraft (identification) mark(ing); *(Bezugspunkt)* identification sign; *(allg)* feature; characteristic, *internationales ~~ (Lfz)* common mark; ~**zeichnungs-Leuchtfeuer** *n (Bod)* landmark beacon; ~**ziffer** *f* characteristic digit.

**kentern** *v (Seeflzg)* capsize.

**keramische Werkstoffe** *m/pl* ceramels.

**Kern** *m (Lfz)* core *(Def)*; ~**eis** *n (met)* grained ice; ~**energetisches Turbostrahltriebwerk** *n* nuclear turbojet (engine) *(Def)*; ~**garbe** *f (ballist)* effective part of cone; ~**geschoss** *n* armour-(*US* armor)-piercing bullet; ~**kraftwerk** *n* nuclear power plan; ~**physik** *f* nuclear physics; ~**schussweite** *f (ballist)* point-blank range; ~**spaltung** *f* (nuclear) fission; ~**strahlung** *f* nuclear radiation; ~**strömung** *f* core flow; ~**theorie** *f* nuclear theory; ~**truppen** *f/pl (mil)* crack *or* picked *or* elite troops; ~**waffen** *f/pl* nuclear weapons *pl*; ~**waffenschutz** *m* nuclear shielding, *abbr* NSh.

**Kerze** *f (Zünd~)* spark(ing) plug; ~**nstärke** *f (Leuchtkraft)* candle power.

**Kessel** *m (takt)* pocket; encircled area ~**schlacht** *f (takt)* battle of encirclement; ~**(tank)wagen** *m* tank car *or* truck.

**Kette** *f (LW)* flight; ~**nfahrzeug** *n (Kfz)* tracked *or (US)* track-laying vehicle; ~**nführer** *m (Flbetr)* flight leader; ~**nkeil** *m (Verbandsflug)* wedge formation; flight wedge; ~**nseile** *n/pl (Lfz l)* catenary wires pl *(Def)*.

**Keule** *f (Radar)* lobe; ~**nbreite** *f (Radar)* lobe width.

**Kickstarter** *m (Tretanlasser)* kick-starter.

**Kiel** *m (Luftschiff)* keel *(Def)*; ~**drachen** *m* glider kite; ~**flosse** *f (Luftschiff)* keel fin; tail fin; vertical stabilizer; ~**linie** *f* keel line; line astern; ~**schwein** *n (Innenkiel Flugboot)* keelson *(Def)*; ~**wasser** *n* wake.

**Kilohertz** *n (Funk)* kilocycles *pl* (per second).

**Kilometer** *m* kilometre; *(US)* kilometer; ~**gelder** *n/pl (km-Prämie)* bonus premium per kilometre.

**Kimm** *f (sichbarer Horizont)* visible horizon; *(Berührungslinie zwischen Boden und Seitenbeplankung beim Flugboot)* chine *(Def)*; ~**e** *f (Visiereinrichtung)* rear sight (on gun); sight notch; *~~ und Korn* notch and bead (sight); ~**ung** *f (Luftspiegelung)* mirage.

**Kine|matik** *f (Getriebe- od Zwanglauflehre)* kinematics *pl*; *~~ von Luftströmungen* aerokinematics; ~**matische Kopplung** *f od* **Wechselwirkung** *f* kinematic coupling; ~**matogramm** *n (Bewegungsschaubild)* kinematogram; ~**tik** *f (Lehre von der Bewegung durch Kräfte)* kinetics *pl*; ~**tisch** kinetic; ~**tische Aufheizung** *f* kinetic heating; ~**tische Energie** *f* kinetic energy; energy of motion; vis viva; ~**tischer Druck** *m (aerodyn)* kinetic pressure *(Def)*; ~**tose** *f (Flmed)* motion sickness.

**Kinotheodolit** *m* cine-theodolite; ~**-Messanlage** *f* cinetheodolite station.

**Kipp|bestreben** *n (Kompassnadel)* dipping tendency (of the needle); ~**bewegung** *f (Flzg)* pitching (motion); ~**drehpunkt** *m (Lager)* rocker fulcrum; ~**en** *n (Flzg)* pitching *(Def)*; ~**er** *m (Kfz)* tipper; ~**flügelluftfahrzeug** *n od* **Kippflügler** *m* tilt-wing aircraft; ~**frequenz** *f (Funk)* sweep frequency; ~**hebel** *m (Flmot)* valve rocker; rocking lever; ~**lore** *f* dump car; ~**luftschraube** *f od* ~**propeller** *m* (tilt(ing) propeller; ~**moment** *n (Längsmoment; aerodyn)* pitching moment *(Def)*; ~**rotor** *m (Heli)* tilt rotor; ~**schalter** *m (el)* lever *or* key switch; ~**sicherheit** *f* tilt-resistance; ~**tragflügel** *m* tiltable wing; ~**wagen** *m (Kfz)* dump truck; ~**winkel** *m (Kompass)* angle of tilt *or* of inclination; *(Senkrechtstarter)* tilt angle.

**Kiste** *f (sl für Flzg)* crate *sl*; *die ~ montiert ab* the crate flies asunder.

**Klamotte** *f (sl für veraltetes Flzg)* Jennie *sl.*

**Klampe** *f* cleat; *die ~ belegen v* belay the cleat.

**Klapp|antenne** *f (Funk)* collapsible antenna; ~**e** *f (Flzg)* flap

*(Def)*; *angeblasene ~~ (Lfz)* blown flap *(Def)*; *angesetzte ~~ (Flzg)* external (aerofoil) flap; *ausgefahrene ~~ (Flzg)* drooped flap; *Fowler- ~~ (Flzg)* Fowler-Klappe *f (Def)*; *gewöhnliche ~~ (Flzg)* plain flap; *Gouge- ~~ (Flzg)* Gouge flap *(Def)*; *Luftstrahl~~ (Flzg)* jet flap *(Def)*; *~~n ausfahren v (Flzg)* extend flaps; *~en ausfahren n (Flbetr)* flap lowering; *~en einfahren v (Flzg)* retract flaps; *~en über die ganze Spannweite (der Tragfläche: Flzg)* full-span flaps; *~en über einen Teil der Spannweite (Flzg)* partial span *or* part-span flaps; **~enausschlag** *m (Flzg)* flap displacement *or* deflection *or* travel; flap angle *(Def)*; **~enbetätigung** *f (Flzg)* control *or* actuation; **~eneinfahren** *n (Flbetr)* retraction; **~enführung** *f (Ausleger bei Fowler-Klappe: Flzg)* flap track *or* guide; **~enkühler** *m (Flmot)* shutter radiator; **~enruder** *n (Lfz)* control flap; **~enschrank** *m (Tel)* (portable) switchboard; **~entiefe** *f (Verhältnis zwischen Tragfläche und angeschlossener Klappe: (Flzg)* flap chord; **~ern** *v (Kolbenringe)* chatter; **~flügel** *m (Träger-Flzg)* folding wing; **~rotor** *m (Heli)* folding rotor.

**klar** *(Luft: met)* clear; **~eis** *n (met)* clear *or* glaze ice *(Def)*; **~eisansatz** *m od* **~bildung** *f* clear (type of) ice formation; **~liste** *f (Flbetr)* check list; **~luftturbulenz** *f (met)* clear air turbulence, *abbr* CAT *(Def)*; **~meldung** *f (mil)* allclear report *or* signal; **~scheibe** *f (Gasmaske)* antidim (eye)glass; antidimming disk; **~sichtsalbe** *f* antidim compound; **~text** *m (Funk)* clear text; plain language *(Def) or* text; in the clear; **~textfunken** *n* transmitting in clear.

**Klass|e** *f (eines Erlaubnisscheines für flgds. Personal usw: ICAO)* rating; **~ifizierungszahl** *f* für befestigte Flächen *(Bod)* pavement classification number, *abbr* PCN; **~isches Flattern** *n (Konstr)* classical flutter *(Def)*.

**Klauenkupplung** *f* claw *or* jaw coupling; dog clutch *or* coupling.

**Klebe|flugzeug** *n (LKr)* shadowing aircraft; **~streifen** *m* adhesive tape.

**Klein|bildfilm** *m (LPhot)* miniature film; **~flugzeug** *n* small airplane; **~holz** *n (sl für restlosen Bruch)* matchwood; kindling; total wreck; *(Flmot)* engine disintegration; ~~ machen *sl (Flzg)* smash to match-wood; make kindling out of it; crack her up completely; **~kaliber** *n* subcaliber; **~kaliberschießen** *n* subcaliber target practice; small-bore rifle shooting; **~kampfwagen** *m (mil)* tankette; **~kreis** *m (nav)* small circle; **~krieg** *m* guerilla warfare; **~luftschiff** *n* small airship; *unstarres ~~* blimp; *sl* rubber cow; **~ste taktische Einheit** *f (mil)* basic military unit; **~stflugzeug** *n* ultralight aircraft; *sl* ultralights *pl*; **~stgeschwindigkeit** *f* minimum (flying) speed; **~stgleitzahl** *f* minimum gliding ratio; best lift/drag ratio; **~stmöglicher** Kurvenradius *m (Flbetr)* minimum radius of turn; **~stwert** *m* minimum value; **~teil** *m & n* small part.

**Klemmschaltung** *f (Fernm)* clamping circuit.

**Klempner** *m* plumber; tinsmith.

**Kletter|eisen** *n/pl (Tel)* climbing-irons *pl*; climbers *pl*; **~gang** *m (Lfz l)* climbing shaft *(Def)*; **~netz** *n* scrambling net.

**Klima** *n* climate; **~anlage** *f* air-conditioning plant *(Def)*; **~gerät** *n (Lfz am Bod)* air conditioner *(Def)*; **~kabine** *f (Flzg)* air-conditioned cabin; **~lehre** *f* climatology; **~regelung** *f* air conditioning; **~tabelle** *f (met)* climatological data sheet; **~tische Beanspruchung** *f* climatic strain; **~tische** *od* **klimatisierte Kabine** *f (Lfz)* air-conditioned *or* climatic cabin; **~tologie** *f (Klimalehre)* climatology; **~tologische Untersuchung** *f (met)* climatic study; **~tologische Zusammenstellung** *f (met)* climatological summary; **~zone** *f* climatic zone.

**Klinke** *f* latch.

**Klopf|eigenschaft** *f (Kraftstoff)* detonating characteristic; knock property; **~en** *(Flmot) v* knock; *v* hammer; **~fest** *(Kraftstoff)* antiknock; antidetonant; knockproof; **~festigkeit** *f* (anti)knock rating *or* value; *~~ bei armem Gemisch (Flmot)* weak-mixture knock rating *(Def)*; *~~ bei reichem Gemisch (Flmot)* rich-mixture knock rating *(Def)*; **~neigung** knocking tendency; **~stärke** *f* knock(ing) intensity; **~verhalten** *n*, **Prüfung des ~~s** *(Flmot)* detonation test.

**Knall** *m* boom; **~en** *n (Flmot)* detonation; **~gas** *n* oxyhydrogen *or* detonating gas; **~(geräusch)** *m (n)* (acoustic) bang; boom; **~patrone** *f (Behmlot)* Behm detonating cartridge; **~schleppe** *f od* **~teppich** *m (Überschallknall)* shock carpet.

**Knick** *m (Fahrwerk)* collapse; **~en** *n (stat)* buckling *(Def)*; **~flügel** *m (Flzg)* gull *or* cranked wing *(Def)*; *negativer ~~* inverted gull wing; **~last** *f* buckling load; **~spannung** *f* buckling *or* bending stress.

**Knie|hebel** *m* toggle lever; **~stellung** *f (takt)* salient.

**Knopf|auslösung** *f* push-button release; **~steuerung** *f* push-button control.

**Knoten** *m (Seemeile od nautische Meile pro Stunde)* knot *(Def)*; **~amt** *n (Tel), abbr KA* main exchange; **~blech** *n* gusset; fish-plate; **~punkt** *m (von Trägern usw: stat)* node; knot; **~punktbelastung** *f (stat)* knot load; load at a nodal point; **~punktbeschlag** *m* nodal point fitting; **~stück** *n* fitting.

**Knüppel** *m (Flzg)* (control) stick; *sl* joystick; **~ausschlag** *m* deflection of the control stick; **~(betätigungs)kraft** *f (Flzg)* stick force *(Def)*; **~griff** *m* grip of the stick; **~kraft** *f* control *or* stick force; **~n** *v sl* pilot; **~nachdrückvorrichtung** *f (Flzg)* stick pusher; **~schüttler** *m (Flzg)* stick shaker; **~steuerung** *f (Flzg)* column *or* stick control; Dep control *(Def)*; **~weg** *m (Steuer~)* stick travel; *(Behelfsstraße)* corduroy road.

**koaxial** *(mit gleicher Achsenrichtung)* coaxial; **~düse** *f (Turbo)* coaxial nozzle; **~e Propeller** *m/pl* coaxial propellers *pl (Def)*.

**Kod|e** *m* code; **~ewort** *n* code word; **~ier(ungs)höhenmesser** *m (Instr)* coding altimeter.

**Koeffizient** *m* coefficient; *aerodynamischer ~* aerodynamic coefficient.

**Koerzitivkraft** *f* coercive force.

**Koffergerät** *n (Funk)* portable set.

**kohärent|er Oszillator** *m (Funk)* coherent oscillator; **~impulsradar(gerät)** *n* coherent-pulse radar.

**Kohlen|faser-Verbundbauweise** *f (Lfz)* carbon-fibre composite structure; **~säureanlasser** *m (Flzg)* carbonic acid starter; **~säuremotor** *m (Modell-Flzg)* carbon dioxide *or* carbonic acid motor; **~staubmotor** *m* coal dust engine.

**Kokarde** *f* cockade.

**Kolben** *m (Flmot)* piston; *der ~ frisst* the piston seizes; **~boden** *m* piston head *or* crown or top; **~bolzen** *m* piston *or* gudgeon pin ***(Def)***; *schwimmender ~~ (Flmot)* floating gudgeon pin ***(Def)***; **~bolzenauge** *n* gudgeon pin bearing; **~bolzenbuchse** *f* gudgeon *or* piston pin bush(ing); **~bolzenende** *n (Pleuelstange)* small-end ***(Def)***; **~bolzenlager** *n* gudgeon *or* piston pin boss; gudgeon bearing **~führung** *f* piston guide **~gasdurchlass** *m* ring blow-by; **~geschwindigkeit** *f* piston speed; **~hub** *m* piston stroke; **~lader** *m* piston supercharger ***(Def)***; **~mantel** *m* piston skirt; **~motor** *m (Flmot)* piston engine ***(Def)***; reciproating engine; **~pumpe** *f* piston *or* plunger pump; **~ring** *m* piston ring; **~ringdurchblasen** *n* ring blow-by; **~ringnut** *f* piston ring groove; **~ringstoß** *m* piston ring gap; **~schieber** *m* piston valve *or* throttle; **~schiebersteuerung** *f* piston valve control; **~spiel** *n* piston clearance; **~triebwerk** *n (Flmot)*, **axiales** ~~ barrel engine ***(Def)***; **~verdichter** *m* reciprocating compressor; **~verdrängung** *f* piston displacement.

**Koleopter** *m (Ringflügel-Flzg)* coleopter.

**Kolli | mationsfehler** *m* collimation error; **~niarantenne** *f (Funk)* collinear antenna; **~sionsgefahr** *f (Flbetr)* danger *or* risk of collision; **~sionskurs** *m (Flbetr)* collision course ***(Def)***; *Abfangen n nach ~~verfahren (Feind-Flzg: LKr)* collision-course intercept(ion); **~sionswahrscheinlichkeit** *f (Flbetr)* collision probability; **~sionswarnradar(gerät)** *n* anticollision radar.

**kolloid | aler Treibstoff** *m (Rak)* colloidal fuel; **~ionentriebwerk** ***n*** colloid-ion engine; **~raketenantrieb** *m od* **~triebwerk** *n* colloid rocket engine; **~triebwerk** *n (Rak)* colloid engine.

**Kolonne** *f (mil)* convoy; (supply) column; **~nverband** *m (Verbandsflug)* column formation; **~nverkehr** *m (takt)* column traffic.

**Kolori | meter** *n (Farbmessgerät)* colorimeter; **~metrie** *f* colometry.

**Kolozierung** *f (mil Hauptquartier)* co-location.

**Kombi | (nationsanzug)** *f (m) (Fliegerschutzanzug)* combination; overalls; flying suit; *sl* monkey suit; **~nierte Aufstellung** *f (Fernm)* co-location; **~nierter Stab** *m (mehrere Nationen: mil)* combined staff; **~nierter Verband** *m (Streitkräfte mehrerer Aliierter; mil)* combined force; **~niertes Höhen- und Querruder** *n/pl (Flzg)* elevons *pl* ***(Def)***.

**Komet** *m* comet.

**Kommand | ant** *m (Luftfahrzeug)* pilot-in-command ***(Def)***; aircraft commander ***(Def)***; *(einer Besatzung)* captain of a crew; *(eines Lagers usw)* commandant; **~antur** *f (mil)* garrison headquaters; commander's office; **~eur** *m* commander; **~ieren** *v (befehlen)* command; *(abstellen)* detail; **~iert** *(abgestellt)* detailed; attached; **~o** *n (Befehl)* order; command; signal; *(Einheit)* detachment; *(Stab)* command; headquarters; *~~ der LW-Bodenorganisation* territorial air command; *~~ der Schulen (LW), abbr KdS* air training command; **~obrücke** *f (Luftschiff)* control compartment; **~ogerät** *n (Flak)* AA computer *or* director; predictor; *(Flmot)* automatic (engine) control; **~obhilfsgerät** *n (Flak)* auxiliary director *or* predictor; **~olenkung** *f (FK)* command guidance ***(Def)*** *or* control; **~orechengerät** *n (Flak)* AA computer; predictor.

**kommen** *v, „Bitte ~!" (Sprechfunkverkehr)* "Over!"

**kommerzieller Satellit** *m* commercial satellite.

**Kommissariat** *n* commissariat.

**Kompanie** *f (mil)* company.

**Kompass** *m* compass; *nach ~ fliegen v* fly by compass; *~ mit ~rose* card compass; **~ablenkung** *f* (compass) deviation ***(Def)***; **~abweichung** *f (Missweisung)* compass declination; **~anlage** *f (Flzg)* compass system; **~beschickung** *f* compass calibration; **~büchse** *f* compass bowl; kettle of the compass; **~fehler** *m* compass error; **~flüssigkeit** *f* compass liquid **~kessel** *m* compass bowl; kettle of the compass; **~kompensierung** *f* compass compensation; **~kurs** *m (nav)* compass course *or* heading; **~missweisung** *f* (compass) variation ***(Def)***; **~nadel** *f* compass *or* magnetic needle; **~peilung** *f (nav)* compass bearing; **~rose** *f* compass rose; compass *or* rhumb card: **~(steuer)kurs** *m (nav)* compass heading; **~strich** *m* point of the compass; **~teilring** *m* compass rose.

**Kompens | ation** *f (Kompass)* compensation; compass adjustment; **~ationseinrichtung** *f* compensating device; **~ationsmagnet** *m* compensating magnet; **~ieren** *v (Kompass)* compensate; **~ieren** *n* compensation; compass swinging ***(Def)***; **~ierfläche** *f (Bod)* compass-swinging base; compass compensating *or* testing base; **~ierscheibe** *f* compensating *or* swinging base; compass base ***(Def)***; deviation clock; **~ierstift** *m (Magnet)* corrector magnet; **~ierung** *f (Kompass)* compensation; compass adjustment *or* swinging.

**Komponente** *f* component *(of a force)*; **~ngleichung** *f* component equation; **~nwaage** *f* component scales *pl or* balance; *Drei-~~ (aerodyn)* three-component balance ***(Def)***; *Sechs-~~ (aerodyn)* six-component balance ***(Def)***.

**Kompress | ibilität** *f* compressibility; *~~ der Luft* air compressibility; **~ibilitätseffekt** *od* **~einfluss** *m od* **~einwirkung** *f* compressibility effect; **~ibilitätswiderstand** *m (aerodyn)* compressibility drag ***(Def)***; **~ion** *f* compression; **~ionsdruck** *m (Flmot)* compression *or* compressive pressure; **~ionshub** *m (Flmot)* compression stroke; **~ionskolbenring** *m (Flmot)* compression piston ring; **~ionsraum** *m (Flmot)* compression chamber *or* space; **~ionsstoß(welle)** *m(f) (Überschallknall)* compression shock (wave) **~ionswärme** *f* heat of compression; compression heat; **~ionswelle** *f* compression *or* drift wave; **~or** *m* compressor; supercharger; **~orgitter** *n (aerodyn)* compressor cascade.

**Komprimierbarkeit** *f (Gas)* coercibility.

**Kondens** *m (hinter Flzg in großer Höhe)* contrail; **~at** *n* condensation product; **~ation** *f* condensation; *adiabatische ~~ (met)* adiabatic condensation; *~~ durch adiabatische Abkühlung (met)* adiabatic condensation; **~ationshygrometer** *m (met)* condensation hygrometer; **~ationskeim** *m (met)* nucleus of condensation.; **~ationskern** *m (met)* condensation nucleus, *pl* nuclei; *hygroskopischer ~~ (met)* hygroscpic nucleus; **~ationsmikrophon** *n* condenser microphone; **~ationsniveau** *n (met)* condensation level; **~ationspunkt** *m* condensation level; **~(ations)streifen** *m (Flbetr)* condensation trail; *abbr* contrail ***(Def)***; **~ationswärme** *f* latent heat of condensation; **~ator** *m (el)* condenser; capacitor; **~atorentladungsfeuer** *n od* **~lampe** *f (Teil der Anflugbefeuerung: Bod)* capacitor *or* condenser discharge light ***(Def)***; **~atormikrophon** *n* condenser microphone; **~atorröhre** *f (Funk)* condenser tube; **~atorzünder** *m* capacitor fuse *or* fuze; **~fahne** *f (hinter Flgz in großer Höhe)* vapour (*US* vapor) condensation trail; *abbr* contrail; *~~ an Flächenspitzen bilden v* form wing-tip vapour (*US* vapor) trails; ~**ierte Partikel** *f od* ~**iertes Teilchen** *n* condensed particle; ~**streifen** *m* vapour (*US* vapor) trail; condensation trail, *abbr* contrail ***(Def)***; ~**wasser** *n (Flmot)* condensed water.

**Konferenz|schaltung** *f (Tel: Flsich)* conference communication *or* circuit; ~**verbindungen** *f/pl (Ferm)* conference communications *pl* ***(Def)***.

**Konflikt** *m* conflict; ~**erkennung** *f* conflict detection; ~**lösung** *f* conflict resolution; ~**suche** *f* conflict search.

**konforme (winkeltreue) Abbildung** *f (Kart)* conformal mapping (projection).

**konisch abgeschrägt** *(Federringe des Ringfederbeins)* bevelled.

**Konsol|-Funkfeuer** *n (nav)* consol beacon *or* station ***(Def)***; ~**e** *f* control pedestal; console; ~**träger** *m* cantilever beam.

**konstru|ieren** *v* design; construct; ~**kteur** *m* (technical) designer; design engineer; ~**ktion** design; construction; ~**ktionsblattschnitt** *m (Luftschraubenblatt)* station; ~**ktionsfehler** *m* faulty design; structural defect; ~**ktionsflügelfläche** *f* design wing area; ~**ktionsgewicht** *n* structural weight; ~**ktionsmasse** *f (FK)* construction weight ***(Def)***; ~**ktionsmerkmal** *n* contructional *or* design feature; ~**ktionssicherheit** *f* design reliability; ~**ktionsverfahren** *n*, **rechnergestütztes** ~~ computer-aided design, *abbr* CAD; ~**ktionsverformung** *f* structural distortion; ~**ktiver Parameter** *m* design parameter.

**Kontakt** *m* contact; *gepresster* ~ *(el)* crimped joint ***(Def)***; ~**abdruck** *m (LPhot)* contact print; ~**fläche** *f (Laufräder)* surface of contact; ~**flug** *m (Flug mit Bodensicht)* contact flight; ~**höhenmesser** *m* contact(ing) altimeter ***(Def)***; ~**mikrophon** *n* contact microphone; ~**mine** *f* contact mine; ~**trennung** *f (el)* contact separation.

**Kontaminierung** *f (Verschmutzung)* contamination.

**Konter|admiral** *m* Rear Admiral; ~**bande** *f* contraband.

**Kontinental|hoch** *n (met)* continental high; ~**luft** *f (met)* continental air (mass).

**Kontingent** *n* quota; contingent.

**Kontraktion** *f (Luftschraubenstrahl)* contraction.

**Kontroll|bezirk** *m (Flsich)* control area ***(Def)***; *(Fernmeldeverbindungen) f/pl innerhalb eines* ~~*s* intra-area communication; *oberer* ~~ *(Flsich)* upper control area; *abbr* UCA; ~**bezirksgrenze** *f (Flsich)* control area boundary; ~**e** *f (Flzg-Wartung)* (periodical) inspection; ~~ *der Bewegungen (von Flzg usw) am Boden (Flsich)* surface movement control, *abbr* SMC; ~~ *durch Radar (Flsich)* radar control ***(Def)***; ~~ *im Flug (Flbetr)* flight check; *positive* ~~ *(Jägerleitung: LKr)* positive control; *unter* ~ *(Luftfahrzeug: Flsich)* under control; ~**ierte Sichtflüge** *m/pl (Flsich)*, **Regeln für** ~~ controlled visual flight rules *pl*; ~**ierter Flug** *m (Flsich)* controlled flight ***(Def)***; ~**ierter Luftraum** *m (Flsich)* controlled airspace ***(Def)***; ~**ierter Sicht-** *od* **VFR-Flug** *m (Flsich)* controlled VFR flight; ~**lampe** *f (Flzg)* check lamp; tell-tale lamp; ~**liste** *f (Flzg)* check list; ~**peilung** *f (nav)* check bearing; ~**punkt** *m* control point; ~**sektor** *m (Flsich)* control sector; ~**tafel** *f* inspection plate; ~**turm** *m (Flugleitungsturm)* (aerodrome) control tower, *abbr* TWR, ~**übergabemeldung** *f (Flsich)* transfer-of-control message; *abbr* TFR; ~**übergabepunkt** *m (Flsich)* transfer-of-control point; ~**zone** *f (Flsich)* control zone ***(Def)***; ~**zonengrenze** *f (Flsich)* control zone boundary.

**Konturkarte** *(Kart)* contour map.

**konus|förmig** cone-shaped; ~**winkel** *m (Rotor: Heli)* coning angle ***(Def)***.

**Konvektion** *f (met)* convection ***(Def)***; ~**sgleichgewicht** *n (met)* convective equilibrium; ~**sströmung** *f (met)* convection current; ~**swolke** *f (met)* convection cloud; ~**szelle** *f (met)* convective cell.

**konvektive| Instabilität** *f (met)* convective instability; ~ **Turbulenz** *f (met)* convectional turbulence ***(Def)***.

**konventionelle| Staffelung** *f (Flsich)* non-radar separation ***(Def)***; ~**s Flugzeug** *n (mit Kolbentriebwerk)* conventional aeroplane.

**Konvergenz** *f (nav)* convergence *or* convergency ***(Def)***; ~**linie** *f (met)* convergence line.

**konvexes Profil** *n (Tragfläche)* convex profile.

**konzentr|iert** concentrated; ~~**er Angriff** *m (takt)* concentrated attack; ~**isch** concentric; converging; ~~**er Angriff** *m (takt)* simultaneous attack from all sides; concentric attack; ~~**es Feuer** *n (takt)* concentric *or* converging fire.

**Koordinate** *f* coordinate; *baryzentrische* ~*n f/pl* barycentric coordinates *pl*; *geographische* ~*n pl (Kart)* geographic(al) coordinates *pl*; ~**nkreuz** *n (aerodyn)* coordinate frame *or* cross; ~**nnetz** *n (Kart)* map grid; coordinate grid system; ~**nnullpunkt** *m*, *verschobener* ~~ *(nav)* false origin ***(Def)***; ~**nsystem** *n (Kart)* coordinate system; system of coordinates *pl*; *kartesisches* ~~ *(Kart)* Cartesian (coordinate) system.

**Kopf** *m* head; *auf den* ~ *gehen v (Flzg)* tip over; pitch down by the nose; go into a nose-dive; ~**bahnhof** *m* terminal; railhead; ~**gesteuert** *(Flzg)* canard-controlled; ~*gesteuertes Flugzeug n* canard (airplane); ~**haube** *f* (flying) helmet; ~**hörer** *m* headphone; headset; earphone; ~**lastig** *(Flzg)* top-heavy; nose-heavy; ~**lastigkeit** *f (Flzg)* nose-heaviness ***(Def)***; nose-down tendency; *plötzliche* ~~ *(Stab)* pitch-under ***(Def)***; ~**last(igkeits)moment** *n* moment of nose-heaviness; ~**lehne** *f (Flzg)* head-rest; ~**leitwerk** *n (Flzg)* front controls *pl*; forward tail group; canard controls *or* surfaces *pl*; *mit* ~~ *(Flzg)* canard-controlled; ~**stand** *m (Flzg bei Landung)* nosing over; nose-over; landing on nose; *einen* ~~ *machen v (Flzg bei Landung)* nose over; stand the plane on its nose; ~**stärke** *f (mil)* strenght *(of a unit)*; ~**steuerung** *f (Flzg)* front *or* forward controls *pl*; ~**stoßwelle** *f* body wave; ~**stütze** *f* head-rest; ~**welle** *f (ballist)* shell *or* ballistic *or* bow *or* head wave; ~**zünder** *m (Bombe)* nose fuse *or* fuze.

**Kopilot** *m* assistant pilot; co-pilot ***(Def)***.

**Koppel|kurs** *m (nav)* compound course; ~**moment** *n* coupling moment; ~**n** *v (nav)* determine the course *(by dead reckoning)*; ~**navigation** *f (navigation by)* dead reckoning, *abbr* DR ***(Def)***; compound navigation; ~**ort** *m (nav)* DR position; ~**punkt** *m (nav)* DR point; ~**rechner** *m (nav)* dead-reckoning computer; ~**schleife** *f* coupling loop; ~**(stand)ort** *m (nav)* dead reckoning position, *abbr* DR position; ~**standortanzeiger** *m (nav)* ground-position indicator ***(Def)***.

**Koppl|er** *m* coupler; ~**ung** *f* coupling; *kinematische* ~~ kinematic coupling; ~**ungsmoment** *n* coupling moment; ~**ungsmanöver** *n (Raum-FK)* docking manoeuvre; ~**ungsschleife** *f* coupling loop; ~**ungsstutzen** *m (Raum-FK)* docking probe.

**Korb** *m (Ball)* basket ***(Def)***; ~**ring** *m (Lfz l)* load ring ***(Def)***.

**Korkenzieher** *m (Kunstflugfigur)* corkscrew; (~-)**Rolle** *f (Kunstflugfigur)* barrel roll ***(Def)***.

**Korn** *n (Waffenvisier)* front sight; bead; muzzle sight; ~**eis** *n (met)* grained ice.

**körnig|er Eisregen** *m (met)* sleet ***(Def)***; ~**es Eis** *n (met)* grained ice.

**Körper** *m (Flzg)* body; *(FK)* missile; *ferngelenkter ~*, *abbr* FK guided missile; *sehr schlanker ~ (Konstr)* high-fineness-ratio body; *stumpfer ~* blunt body; *zusammengesetzter ~* compound body; ~**feste Achsen** *f/pl (aerodyn)* body axes ***(Def)***; ~**form** *od* ~**kontur** *f* body shape; ~**liche Tauglichkeit** *f (Flmed)* physical fitness; ~**oberfläche** *f* body surface; ~**querschnitt** *m* body contour section.

**Korps** *n (mil)* corps.

**Korrekt|ion** *f* corrective action; ~**urantenne** *f (Funk)* sense *or* sensing antenna; ~**urvorrichtung** *f* trimming adjustment; ~**urwinkel** *m (nav)* angle of correction.

**Korridor** *m (Flsich)* corridor; lane.

**korro|dieren** *v (Metall)* corrode; ~**sion** *f* corrosion; ~**sionsbeständig** *(Metall)* resistant to corrosion; ~**sionsbeständigkeit** *f* resistance to corrosion; ~**sionsfrei** *(Metall)* non-corroding, non-corrosive; ~**sionsschutz** *m* anti-corrosion.

**Korvettenkapitän** *m (mil)* Lieutenant Commander.

**kosm|ische Barriere** *f* space barrier; ~**ische Dynamik** *f* cosmic dynamics; ~**ischer Flugkörper** *m* astroplane; astro-vehicle; spacecraft; ~**odrom** *n* cosmodrome; ~**onaut** *m* spaceman; cosmonaut; ~**onautenmannschaft** *f* spacecraft crew; ~**onautik** *f* cosmonautics; interplanetary *or* space *or* interstellar aviation; ~**os** *m* cosmos.

**Kosten** *f* charge(s) *(pl)*; expenses *pl*; *~ pro Verkehrsleistungseinheit (LVerk)* expenses per traffic unit; ~**deckender Auslastungsgrad** *m (LVerk)* break-even load factor; ~**deckungspunkt** *m (LVerk)* break-even point.

**kotzen** *v sl (Flmot)* splutter.

**Krad** *n (Kraftrad)* motorcycle; ~**fahrer** *m* motorcyclist; ~**schütze** *m (mil)* motorcycle rifleman; ~**späher** *m (mil)* motorcycle scout.

**Kraft** *f* force, energy; power; strength; *abstoßende ~* repulsive force; *aerostatische ~* aerostatic lift; *~ am Steuerhebel* control (lever) force; *ausgeübte ~* acting force; *~ durch Zusatzfeder (Flzg-Steuerung)* springfeel force; *elektromagnetische ~* electromagnetic(al) force; *lebendige ~* kinetic energy; *resultierende ~* resultant force; *stabilisierende ~* recovering force; ~**angetrieben** power-driven; ~**anlage** power plant; ~**antrieb** *m* power (drive); *mit (eigenem) ~~* power-driven; *ohne (eigenen) ~~* non-power driven; ~**ausgleich** *m (Lfz)* bungee ***(Def)***; ~**betätigt** power-operated.

**Kräfte|feld** *n* force field; ~**frei** *(Kreisel)* astatic; ~**gleichgewicht** *n* equilibrium of forces; ~**paar** *n* couple (of forces) ~**verteilung** *f od* ~**verlauf** *m* force distribution; ~**zuweisung** *f (LKr)* allotment of forces.

**Kraft|ei** *n sl (Startrakete)* starting *or* JATO (= jet-assisted take-off) rocket; ~**fahrer** *m* driver; ~**fahrkampftruppen** *f/pl (mil)* armoured (*US* armored) troops *pl*; ~**fahrtechnisch** automotive; ~**fahrtruppen** *f/pl (mil)* motor transport troops *pl*; ~**fahrwesen** *n* motor transport; ~**fahrzeug** *n* motor vehicle; ~**feld** *n* field of force; force field; ~**gesteuert** *(Steuerruder)* power-assisted; servo-controlled; boosted; ~**komponente** *f* force component; ~**linie** line of action *or* force; ~**messung** *f* dynamometry; ~**nullpunkt** *m (Flzg-Steuerung)* adjustable zero-feel *or* zero-force point; ~**quelle** *f* energy *or* power source; ~**rad** *m* motorcycle; ~**reserve** *f (Flmot)* reserve power; ~**steueranlage** *f (Flzg)* boosted control system ***(Def)***; ~**steuerung** *f (Steuerruder)* power-operated control; powered control system ***(Def)***; power-boosted control; assisted control; *mechanische ~~* balance *or* servo tab; ~**steuerungssystem** *n* powered control system; *elektrohydraulisches ~~* electrohydraulic booster system.

**Kraftstoff** *m* fuel ***(Def)***; propellant; *(US)* gasoline; *(E)* petrol; *~ ablassen v* run off *or* dump (petrol *or* gasoline); *emulgierter ~* emulsified fuel; *gebleiter ~* leadet fuel; *klopffester ~* anitknock gasoline *or* petrol; *synthetischer ~* synthetic fuel; *Überlaufen von ~* fuel spillage; ~**ablass** *m* defueling point; ~**ablassventil** *n (Turbo)* dump valve ***(Def)***; ~**anlage** *f* fuel system; ~**behälter** *m* fuel tank *or* cell; *selbstabdichtender ~~* self-sealing tank *or* cell; ~**behälterentlüftung** *f* fuel tank vent; ~**(behälter)-Entlüftungsrohr** *n* tank vent pipe ***(Def)***; ~**(behälter)-Fassungsvermögen** *n* fuel tankage; ~**behälterschalter** *m (Turbo)* fuel tank switch; *auch*: fuel (boost) switch; ~**druck** *m* fuel pressure; *(FK)* head of fuel; ~**druckmesser** *m* fuel pressure gauge (*US* gage); ~**druckschalter** *f (Turbo)* fuel-pressure switch ***(Def)***; ~**durchflussmenge** *f or* ~**durchsatz** *m* fuel flowrate; ~**durchflussmesser** *m* fuel flowmeter; ~**düse** *f* fuel(-metering) nozzle *or* jet; ~**einspritzpumpe** *f (Einspritz- Flmot)* fuel injector (pump); ~**einspritzung** *f* fuel injection; ~**entlüftung** *f* fuel venting; ~**entnahmebehälter** *m* service tank; ~**fassungsvermögen** *n* fuel capacity; ~**filter** *m* fuel filter *or* strainer; ~**förderpumpe** *f (Flmot)* booster pump ***(Def)***; ~**gemisch** *n* fuel mixture; ~**handpumpe** *f* manually-operated fuel pump; ~**hilfsbehälter** *m* fuel reserve tank; auxiliary fuel tank; ~**kapazität** *f (Lfz)* fuel capacity; *maximale ~~* peak fuel filling; ~**lager** *n* fuel dump; ~**leistungszahl** *f* fuel grade ***(Def)***; ~**leitung** *f* fuel line *or* pipe; ~**luftgemisch** *n* (fuel-air) mixture; ~**menge** *f* fuel quantity; *nicht ausfliegbare od tote ~~* unusable fuel supply; ~**-Oktanzahl** *f* fuel grade *or* octane rating; ~**pumpe** *f* fuel pump; ~**regler** *m (Turbo)* fuel control unit ***(Def)***; *barometrischer ~~ (Turbo)* barometric fuel control; ~**regelung** *f* fuel control; ~**reiniger** *m* fuel filter *or* strainer; ~**sammelleitung** *f (Turbo)* fuel manifold ***(Def)***; ~**schnellablass** *m (Flzg)* fuel jettisoning; *(Vorrichtung)* fuel jettison(ing) gear ***(Def)***; ~**schnellablassen** *n* fuel dumping *or* jettisoning; ~**-Schnellstopp** *m* fuel cut off; ~**sieb** *n* fuel filter *or* strainer; ~**speicher** *m (Turbo)* fuel accumulator ***(Def)***; ~**spiegel** *m* fuel level; ~**system** *n* fuel system; ~**-Tankfahrzeug** *n* fuel truck; ~**überlauf** *m* fuel overflow *or* venting; ~**uhr** *f* fuel gauge (*US* gage); ~**verbrauch** *m* fuel consumption; *durchschnittlicher ~~* average fuel consumption; ~**verbrauchsmesser** *n* fuel consumption gauge (*US* gage) *or* meter *or* counter; ~**verlust** *m (über Entlüftung: Turbo)* syphoning; ~**versorgung** *f* fuel supply; ~**vorrat** *m* fuel tankage *or* supply; ~**vorratsanzeiger** *od* ~**messer** *m* fuel quantity indicator; fuel level gauge (*US* gage); fuel-contents gauge (*US* gage); ~**zelle** *f (Lfz)* fuel cell; ~**zufluss** *m* fuel feed; ~**zufuhrunterbrecher** *m (Flmot)* slow-running cut-off ***(Def)***; ~**zusatz** *m* additive ***(Def)***; ~**zusatzbehälter** *m* extra fuel tank.

**Kraft|überschuss** *m* excess energy; reserve power; ~**übertragung** *f* power transmission; ~**verkehr** *m* motor traffic; ~**verstärker** *m (Flzg-Steuerung)* servomotor; booster;

*(Funk)* power tube amplifter; *hydraulischer ~~* hydraulic booster; *Zylinder m des ~~s* servo cylinder; **~verstärkte Steuerung** *f (Lfz)* assisted control; **~verstärktes Seitenruder** *n (Flzg)* boosted rudder; **~wagen** *m (Kfz)* motor car *or* vehicle; **~wagenanhänger** *m (Kfz)* trailer; **~winde** *f* power winch.

**Krag|moment** *n* overhung moment; **~weite** *f (Flzg)* overhang ***(Def)***.

**Krallensonde** *f* claw probe.

**Kran-Hubschrauber** *m* crane helicopter.

**Kranken|blatt** *n* clinical record; **~buch** *n* sick report book; **~flugzeug** *n (Sanitäts-Flzg)* ambulance (plane); **~kraftwagen** *m* motor ambulance; **~raum** *m* sick room; **~revier** *n* sick quarters *pl*; infirmary; **~träger** *m* stretcher *or* litter bearer; **~urlaub** *m* sick leave.

**Krater** crater; **~wirkung** *f (Bombe)* cratering (effect).

**Kreis** *m* circle; *(el)* circuit; *gesteuerter ~ (el)* interlocking circuit ***(Def)***; *~ gleicher Höhe (Astronav)* circle of equal altitude; *pneumatischer ~ (Lfz)* pneumatic circuit ***(Def)***; **~antenne** *f (Funk)* circular antenna; **~bahn** *f (Sat)* orbit; **~bahngeschwindigkeit** *f (Sat)* circular *or* orbital velocity; **~bewegung** *f* gyration; **~bogenskelettlinie** *f (Konstr)* arched skeleton line.

**Kreisel** *m* gyro(scope) ***(Def)***; *frei aufgehängter ~* free-suspension gyro; *freier ~ (Instr)* (axis-)free gyro(scope) ***(Def)***; *kardanisch gelagerter ~* cardanic-suspension gyro; *kräftefreier ~* free gyro(scope); *lagerfreier ~* free-suspension gyro; *magnetisch aufgehängter od gelagerter ~* magnetic-suspension gyro; *~ mit zwei Freiheitsgraden* one-axis gyro(scope); **~achse** *f* gyro axis; **~arretierung** *f (Instr)* caging device ***(Def)***; **~bewegung** *f* movement of gyro; gyration; **~drehmoment** *n* gyroscopic torque; **~ebene** *f* gyro-axis level; *Horizontierung f der ~~* gyro(scope)axis leveling; **~gehäuse** *n* gyro box; housing of the gyro; **~gerät** *n* gyroscopic device *or* instrument; **~gesteuert** gyro-controlled; **~gestützt** gyroscopic; **~horizont** *m (Instr)* gyro(scopic) *or* artificial horizon ***(Def)***; gyrosopic bank-and-pitch indicator; **~instrument** *n* gyroscopic instrument; **~kompass** *m* gyro(scopic) compass; **~kursanzeiger** *m (Instr)* gyro heading indicator; **~lader** *m (Flmot)* centrifugal supercharger; **~magnetkompass** *m* gyro-magnetic compass ***(Def)***; **~moment** *n* gyroscopic *or* turning moment; **~plattform** *f (für Trägheitsnavsystem)* gyrostabilized platform; **~pumpe** *f* centrifugal *or* rotary pump; **~rotationsachse** *f* gyro(scope) spin axis; **~schwingung** *f* gyro oscillation; **~sextant** *m (nav)* gyro(scopic) sextant ***(Def)***; **~stabilisator** *m* gyrostabilizer; **~stabilisiert** *(FK)* spin-stabilized ***(Def)***; **~stabilisierung** *f* gyro stabilisation; **~stabilität** *f* gyroscopic stability; **~stator** *m* gyro(scope) stator; **~steuerung** *f* gyro control; **~störmoment** *n* gyroscopic disturbing moment; **~theorie** *f* gyro theory; **~visier** *n (für starre Bordwaffen)* gyro (gun)sight; **~wendezeiger** *m* gyro(scopic) turn indicator; **~wirkung** *f* gyro(scopic) effect.

**kreis|en** *v (mit Flzg)* circle; orbit; **~flächenbelastung** *f (Rotor: Heli)* disk loading ***(Def)***; **~flug** *m (Flbetr)* orbit *or* circling flight; **~förmige Bewegung** *f* gyration; **~förmige Umlaufbahn** *f (Sat)* circular orbit; **~förmiges Befestigungspflaster** *n (Lfz l)* all-directional patch ***(Def)***; **~funkfeuer** *n (Fernm)* non-directional beacon, *abbr* NDB ***(Def)***; **~kimme** *f (Fliegervisier)* rear ring sight; **~korn** *n* front ring sight; cartwheel; **~minute** *f (nav)* circle minute; **~standlinie** *f (nav)* circle of position; **~verkehr** *m (Funk)* open net radio communication; circular radio traffic; **~visier** *n* ring sight.

**krepieren** *v (Granate)* explode.

**Kreuz** *n* cross; *Deutsches ~ (Orden)* German Cross; *Eisernes ~ (Orden)* Iron Cross; *Rotes ~* Red Cross; **~er** *m (Marine)* cruiser; **~feuer** *n (takt)* cross fire; **~flügel** *m (Flzg)* cruciform *or* X-wing; **~flügelsteuerung** *f (FK)* cartesian control ***(Def)***; **~förmiges Heckleitwerk** *n (Lfz)* cruciform tail (unit); **~lafette** *f (Flak)* outrigger-type gun-mount; **~modulation** *f (Funk)* cross modulation; **~peilung** *f (nav)* bearing; **~rahmenantenne** *f (Funk)* cross-coil antenna; crossed-loop aerial; **~schraffur** *f (Kart)* cross ruling; **~träger** *m (Lfz l)* cruciform girder ***(Def)***; **~ungszeichen** *n (Bod)* intersection sign; **~verhör** *n* cross-examination; **~verspannung** *f (Tragwerk)* diagonal *or* cross bracing; **~zeigerinstrument** *n (ILS-Verfahren: Flzg)* crosspointer (instrument).

**Kriech|kollaps** *m (Konstr)* creep(ing) failure; **~strom** *m (el)* surface leakage current; sneak current; **~weg** *m (Strom in schadhafter Zündkerze)* leakage path.

**Krieg** *m* war; *chemischer ~* chemical war; *totaler ~* total war; **~führung** *f* warfare; **~sakademie** *f* war college; **~sausrüstungsnachweisung** *f (mil)* war-time table of equipment; **~sbericht** *m* war communiqué; **~berichter** *m* war correspondent; **~sbeschädigt** disabled (on active duty); **~sbeschädigter** *m* wounded veteran; war invalid; **~sdauer** *f* duration of the war; *auf ~~, abbr a. Kr.* for the duration; **~sdienstverweigerer** *m* conscientious objector; **~sgefangener** *m* prisoner of war, *abbr* POW; **~sgericht** *n* court martial; **~sminister** *m* minister for war; *(E)* Secretary of State for War; **~sministerium** *n* war ministry; *(E)* war office; **~srecht** *n* material law; **~sschauplatz** *m* theatre (*US* theater) of war; **~sschiff** *n* warship; **~sschule** *f* officer candidate school; cadet school; **~sspiel** *n* war game; map manoeuvre (*US* maneuver); **~sstärke** *f* war strength; *~~- und Ausrüstungsnachweisung f, abbr KStAN* war-time table of organization and equipment, *abbr* T/O & E; **~sstärkennachweisung** *f* war-time table of organization; war establishment; **~stagebuch** *n* war diary; **~sverdienstkreuz** *n (Orden)* meritorious service cross; war service cross; **~sverwendungsfähig** fit for active service; **~szustand** *m* state of war.

**Kristall|steuerung** *f (Funk)* crystal control; **~wolke** *f (met)* crytal cloud.

**kritisch|e Auskippgeschwindigkeit** *f (Konstr)* divergence speed ***(Def)***; **~e Entfaltungsgeschwindigkeit** *f (Para)* critical opening speed ***(Def)***; **~e Flattergeschwindigkeit** *f (Konstr)* (critical) flutter speed ***(Def)***; **~e Geschwindigkeit** *f (Flzg-Durchsackgeschwindigkeit)* critical *or* stalling speed; *(Wasser-Flzg)* hump speed ***(Def)***; **~e Höhe** *f (Lfz & FK)* critical altitude ***(Def)***; *(Flmot)* critical height ***(Def)***; **~e Steuerungsumkehrgeschwindigkeit** *f (Flzg)* reversal speed ***(Def)***; **~e Triebwerkeinheit(en)** *f(p) (Flmot)* critical power unit(s) *(pl)* ***(Def)***; **~er Anstellwinkel** *m (für größten Auftrieb)* critical angle of incidence; angle of stall ***(Def)***; stalling angle; **~er Motor** *m (mehrmot. Flzg)* critical engine; **~er Punkt** *m (Flbetr)* critical point ***(Def)***.

**Krone** *f (Para)* crown ***(Def)***.

**Krüger-Klappe** *f (Flzg)* Krueger flap.

**Kubikinhalt** *m (Flmot)* cubic or volumetric capacity.

**Kufe** *f* skid; runner ***(Def)***; **~nfahrgestell** *(Flzg)* ski(d) landing-gear; **~nflugzeug** *n* sled *or* ski plane.

**Kugel|ballon** *m* spherical aerostat *or* balloon; ~**blitz** *m (met)* ball lightning; ~**fallschirm** *m* spherical (-shaped) parachute; ~**fang** *m (Schießstand)* target *or* range butt; ~**fesselballon** *m* spherical captive balloon; ~**förmige Struktur** *f (Konstr)* globular structure; ~**förmige Wolke** *f (met)* cloud; ~**freiballon** *m* spherical free balloon; ~**gelenk** *n* universal *or* swivel *or* ball joint; ~**kappenfallschirm** *m* bell(-shaped) parachute; shaped parachute ***(Def)***; circular(-shaped) parachute; ~**lafette** *f (Art)* ball mount; ~**lager** *n* ball bearing; ~**(pfannen)gelenk** *n* ball(-socket) joint; ~**strahlen** *n* shot peening.

**Kühl|er** *m (Öl)* (oil) cooler; *(Wasser)* radiator; *einziehbarer ~~* retractable radiator; *gemischter ~~ (Flmot)* mixed-matrix radiator ***(Def)***; *hintereinandereingebauter ~~ (Flmot)* series radiator ***(Def)***; ~**erentlüftung** *f* radiator vent-pipe; ~**ergehäuse** *n* radiator box *or* frame; ~**erklappe** *f* radiator shutter; gills *pl* ***(Def)***; ~**erklappenhebel** *m* lever for operating radiator shutter; ~**erschutzhaube** *f* radiator guard; ~**es Wetter** *n* cool weather; ~**flüssigkeit** *f* cooling fluid *or* liquid; ~**flüssigkeitseinspritzung** *f (Flmot)* refrigerant injection ***(Def)***; ~**luft** cooling air; ~**luftklappe** *f (Flmot)* cooling *or* cowl flap *or* gill; ~**luftleitblech** *f* cooling baffle; cooling guide vane; ~**mantel** *m (um Zylinder)* water *or* cooling jacket; ~**mittel** *n* cooling means *or* agent; coolant ***(Def)***; refrigerant; ~**rippe** *f* cooling fin *or* rib; raditor *or* cooling gill; ~**stoff** *m* coolant; ~**stoffbehälter** *m* coolant *or* glycol tank; ~**stoffpumpe** *f* coolant pump; ~**stofftemperaturmesser** *m* coolant temperature gauge (*US* gage); ~**system** *n (Flmot)* cooling system; ~**ung** *f* cooling (system); *~~ durch Düsenkühler (Flmot)* ducted cooling ***(Def)***; *kapazitive ~~* expansion cooling; *~~ mit selbsttätigem Umlauf* thermosiphon cooling; ~**ungssystem** *n* cooling system; ~**wasser** *n* cooling water; ~**wasserpumpe** *f* (cooling) water pump; water-circulating pump; ~**wasser(temperatur)regler** *m* thermostat; ~**widerstand** *m (aerodyn)* cooling drag ***(Def)***; ~**wirkung** *f* cooling effect.

**Kulissen|kühler** *m* shutter radiator; ~**schaltung** *f* gatetype gear shift.

**Kulminations|höhe** altitude *or* height at culmination; ~**punkt** *m* culmination point.

**Kumul|onimbus** *m (met)* cumulo-nimbus (cloud) ***(Def)***; ~**onimbusturbulenz** *f (met)* cumulonimbus turbulence ***(Def)***; ~**us** *m (met)* cumulus (cloud) ***(Def)***; ~**usförmig** cumuliform; ~**uswolke** *f (met)* cumulus cloud.

**Kunst|bauten** *m/pl (Bebauung)* culture; ~**fliegen** *n* aerobatics; acrobatics; ~**flieger** *m* aerobat; exhibition *or* stunt flyer; acrobatic *or* aerobatic pilot; ~**fliegerei** *f* acrobatics; ~**flug** *m* acrobatics; aerobatics ***(Def)***; stunt flying; stunts; acrobatic flight ***(Def)***; *~~ vorführen v* fly aerobatics; *sl* wring it out; ~**flugfigur** *f* acrobatic figure *or* manoeuvre (*US* maneuver); ~**fluglage** *f* aerobatic attidude; ~**flugmaschine** *f (Flzg)* aerobatic aircraft; ~**flugraum** *m (Flsich)* aerobatic flying area; ~**flugtauglich** *(Flzg)* aerobatic; *voll ~~ (Flzg)* fully aerobatic; ~**flugtauglichkeit** *f* fitness for acrobatics.

**künstlich|e Antenne** *f (Funk)* dummy antenna; ~**e Belastung** *f* dummy load; ~**e Nebelauflösung** *f* FIDO (*short for* fog, intense, dispersal of -) ***(Def)***; ~**er Horizont** *m (Blindfluginstrument)* artifical horizon ***(Def)***; ~**er Nebel** *m (takt)* screening smoke; ~**es Mondlicht** *n* artifical moonlight ***(Def)***; ~**es Tageslicht** *n* artificial daylight ***(Def)***.

**Kuppel** *f* cupola; blister; *~ für Astronavigation (Flzg)* astrodome; ~**kompass** *m* bell compass; ~**lafette** *f (Art)* cupola-type gun mount.

**Kupplung** *f* clutch; coupling; *~ für lenkbares Spornrad (Flzg)* steerable tail wheel clutch; ~**shebel** *m* coupling *or* clutch lever; –~**sscheibe** *f* clutch plate; ~**sschlupf** *m* slip in the clutch.

**Kurbel|anlasser** *m (Flmot)* crank starter; ~**gehäuse** *n (Flmot)* crankcase; ~**gehäuseentlüftung** *f* crankcase breather; ~**induktor** *m (el)* hand-crank generator; ~**lager** *n* crankshaft bearing; ~**trieb** *m* crank *or* connecting rod assembly ***(Def)***; ~**wange** *f (Seitenteil der Kröpfung)* crankweb; ~**wanne** *f* crank coop; ~**welle** *f* crankshaft; ~**wellenanlasser** *m* crank starter; ~**wellenende** *n (Flmot)* big-end ***(Def)***; ~**wellenflansch** *m* crankshaft flange; ~**wellenkopf** *m (Pleuelstange)* bigend; ~**wellenkröpfung** crank(shaft) throw; ~**wellenlager** *n* crankshaft bearing; ~**wellenzapfen** *m* crankpin; journal; ~**zapfen** *m (Flmot)* maneton ***(Def)***.

**Kurier** *m* courier; special messenger; ~**dienst** *m* messenger *or* courier service; ~**flugzeug** *n* courier *or* messenger airplane; ~**post** *f* courier mail; ~**sack** *m (LVerk)* diplomatic bag.

**Kurs** *m (nav)* heading *(Steuer~: Flzg)*; track *(über Grund)*, *abbr* TR ***(Def)***; *(allg)* course, *abbr* Co.; *~ absetzen v (nav)* set course; *auf ~ gehen v* get on course; *auf ~ sein v* be on course; *Aufzeichnung f von ~ und Entfernung* air plot ***(Def)***; *~ berechnen v* work out a course; *eingedrehter ~ (Kurssteuerung)* pre-selected heading; *festgelegter ~ über Grund (nav)* predetermined track; *frontseitiger ~ (ILS)* front course; *geflogener ~ über Grund (Flbetr)* track made good; *gemittelter ~ über Grund (nav)* average track; *gerader ~* straight course; *missweisender ~*, *abbr* mwK magnetic course ***(Def)***; magnetic track; *(Funknav)* QDM; *nicht auf ~ sein v* be off course; *rechtweisender ~*, *abbr* rwK true course ***(Def)*** *or* heading ***(Def)***;, *rückseitiger ~ (ILS)* back course; *seitlich versetzter ~ (nav)* offset course; *seitliche Abweichung* f *vom ~ über Grund (nav)* across--track error; *~ über Grund m (nav)* track, *abbr* TR ***(Def)***; *~ (über Grund) für kürzeste Flugzeit (Flbetr)* least *or* minimum time track, *abbr* MTT; *~ (über Grund) mit geringstem Zeitbedarf (Flbetr)* minimum time track, *abbr* MTT; *Verschiebung f eines ~es (nav)* shift of a course; *zusammengesetzter ~ über Grund (nav)* composite track.

**Kurs|ablesung** *f (im Lfz)* course readout; ~**abweichung** *f* heading displacement; course deviation; ~**abweich(ungs)anzeiger** *m* flight path deviation indicator; ~**abweichungsanzeigegerät** *n* pictorial deviation indicator, *abbr* PDI; ~**abweichungssignal** *n (Leitstrahlverfahren)* off-course signal; ~**änderung** *f* change *or* alteration of course; ~**änderungspunkt** *m (Flbetr)* turning point; ~**anweisungen** *f/pl* **geben** *v* aircraft vectoring ***(Def)***; **Kursanzeige** *f*, **nummerische** ~~ course counter; *optische ~~* visual course indication; ~**anzeiger** *m (Kurssteuerung)* direction indicator; ~**berechnung** *f (Anbringen von Wind usw an Kompassanzeige)* rectifying the compass; ~**berichtigung** *f* course correction; ~**biegung** *f (ILS)* course bend; ~**breite** *f*, **halbe** *~~ (ILS)* half course sector; ~**detektor** *m (ILS)* course detector; ~**dreieck** *n* course triangle; ~**ebene** *f (ILS)* course surface; ~**einstellung** *f* course alignment; ~**empfindlichkeit** *f (ILS)* course sensitivity; ~**flugplan** *m (LVerk)* time table; ~**führung** *f* **über Grund** *(Radar)* track guidance; ~**führung** *f*, **Übergabe der** *~~ (Radar)* tracks handover; ~**führungsanlage** *f (nav)* track guide ***(Def)***; ~**funkfeuer** radio range (station) ***(Def)***; *~~ mit Sicht- und Höranzeige (Fernm)* visual/aural range, *abbr* VAR ***(Def)***; ~**geber** *m (Kurssteuerung)* course-setting device; auto-pilot control; ~**gleiche** *f* rhumb line ***(Def)***; loxodrome; *Flugstrecke f auf der ~~n (LVerk)* rhumb-line route; ~**koppler** *m (Kursrechengerät)* automatic navigator;

~**kreisel** *m (Kurssteuerung)* heading *or* directional gyro(scope) ***(Def)***; gyroscopic direction indicator; ~**kreiselüberprüfung** *f (Flbetr)* gyro check; ~**krümmung** *f (ILS)* course bend; *angezeigte* ~~ *(ILS)* indicated course curvature; ~**linie** *f (nav)* course line ***(Def)***; trace of the course; *angezeigte* ~~ *(ILS)* indicated course line; ~**markierungszeichen** *n (Bod)* course marker; ~**meldung** *f* track signal; ~**modulation** *f (ILS)* course modulation; ~**motor** *m (Kurssteuerung)* course motor; ~**nummer** *f (LVerk)* flight number; ~**rechengerät** *n (nav)* aircraft computer; course and distance calculator; course and speed computer, *abbr* CSC; aircraft or course-line computer; ~**richtungsfehler** *m (ILS)* course directional *or* on-course heading error; *angezeigter* ~~ *(ILS)* indicated course directional error; ~**schreiber** *m* course recorder; navigraph; ~**schwingung(en)** *f (pl)* course scalloping; ~**sektor** *m (ILS)* course sector ***(Def)***; *angezeigter* ~~ *(ILS)* indicated course sector; *frontseitiger* ~~ *(ILS)* front course sector; *rückseitiger* ~~ *(ILS)* back course sector; ~**sichtzeichen** *n (Bod)* course marker; ~**signal** *n (Leitstrahlverfahren)* on-course signal; ~**stabilität** *f (Flzg)* course *or* directional stability; ~**staffelung** *f* **über Grund** *(Flsich)* track separation; ~**standlinie** *f (nav)* course line of position, *abbr* course LOP; ~**steueranlage** *f* automatic flight control; automatic course steering apparatus; ~**steuerkurve** *f (Flzg)* automatic turn; ~**steuerung** *f (Flzg)* auto(matic) *or* gyro *or* robot *or* mechanical pilot; automatic flight control; *sl* iron man; *sl* iron Mike; *sl* George; ~**struktur** *f (Flbetr)* course structure; ~**unregelmäßigkeit(en)** *f(pl) (ILS)* course roughness; ~**verbesserung** *f (nav)* (off-)course correction; ~**versetzung** *f (nav)* heading displacement; ~**wechsel** *m (nav)* change *or* alteration of course; ~**winkel** *m* **über Grund** *(nav)* track angle ***(Def)***; *missweisender* ~~ magnetic track angle; *rechtweisender* ~~ true track angle; ~**zählwerk** *n (im Lfz)* course counter *or* readout; ~**zeiger** *m* (gyroscopic) course *or* direction indicator ***(Def)***.

**Kurve** *f (Flzg im Flug)* turn; curve; *(graphische Darstellung)* graph(ic) representation; graph; *enge* ~ *(Flbetr)* close *or* tight turn; *flache* ~ *(Flzg)* gentle *or* shallow turn; *in die* ~ *legen v (Flzg)* bank a plane; ~ *machen v (Flzg)* turn; *mit Querneigung (Flbetr)* banked turn; *steile* ~ *(Flzg)* steep turn; ~**ndarstellung** *f* graphic representation; ~**nflug** *m* curving *or* curvilinear flight; turn; ~~ *mit einer Pinselbreite (Instr-Flug)* single needle turn; ~**n(flug)radius** *m* radius of (banked) turn; ~**ngleitflug** *m* spiral gliding; ~**nhalbmesser** *m (Flzg)* turning radius; ~**nkampf** *m (LKr)* turning combat; *sl* dogfight; ~**nlineal** *n* French curve; ~**nmanöver** *n (Flbetr)* turning manoeuvre; ~**nradius** *m (Flzg)* radius of turn; turning radius ***(Def)***; ~**nschräglage** *f (Flzg)* bank(ing); ~**nwinkel** *m (Flzg)* angle of bank; ~**nzeiger** *m (Flzg)* turn indicator.

**kurz, zu** ~ **kommen** *v (Flzg bei Landung)* undershoot ***(Def)***; ~**adresse** *f (Fernm)* shortened address; ~**balken** *m (Anflugbefeuerung: Bod)* barrette; ~**beschreibung** *f* precis; ~**es Hochziehen** *n (Flbetr)* zooming ***(Def)***; ~**flächig** *(Flzg)* short-span; ~**flug** *m* short-distance flight; *sl* hop; *zahlender* ~~ *(LVerk)* pay-hop; ~**hubig** *(Flmot)* short-stroke; ~**lande-** *(Lfz)* STOL (*short for* short take-off and landing) ***(Def)***; ~**landeeigenschaften** *f/pl (Lfz)* short-landing characteristics *pl*; ~**leistung** *f (Flmot)* short-duration power *or* output; military rating; ~**meldung** *f* **im Flug** *(Luftaufklärung: LW)* in-flight report; ~**schließen** *v (el)* short-circuit; ~**schließer** *m (el)* short-circuit switch; ~**schluss** *m (el)* short(-circuit); ~**schlussbügel** *m (el)* shorting bar; ~**schlussknopf** *m* short-circuit button; ~**signal** *n (Funk)* code group; ~**start** *m (Flbetr)* short take-off; ~**start- und Landeleistung** *f (Lfz)* short-field performance; ~**starteigenschaften** *f/pl (Lfz)* short take-off characteristics; ~**starter** *m (Lfz)* STOL aircraft; ~**startflugzeug** *n* STOL aircraft ***(Def)***; ~**startverfahren** *n (Flbetr)* short take-off procedure; ~**strecken-Radarnavigation** *f* short range electronic navigation (system), *abbr* SHORAN, ~**streckenfluglinie** *f (LVerk)* short haul (air) service; ~**strecken(lenk)flugkörper** *m (mil)* short-range guided missile; ~**streckenluftverkehr** *m* short-range air traffic; ~**strecken-Navigationshilfe** *f* short-distance navigational aid ***(Def)***; ~**strecken-Suchluftfahrzeug** *n (SAR)* short-range search aircraft; ~**-und Senkrechtstarter** *m (Lfz)* vertical/short take-off and landing aircraft, *abbr* V/STOL (aircraft); ~**welle** *f (Funk)* short wave; ~**wellenempfänger** *m* short-wave receiver; ~**wellensender** *m* short-wave transmitter; ~**zeitige Beanspruchung** *f (Konstr)* momentary stress; ~**zeitige Spannung** *f (Konstr)* momentary stress.

**Küsten|artillerie** coast artillery; ~**aufklärer** *m (mil)* coast reconnaissance plane; ~**aufklärung** *f* coast(al) reconnaissance; ~**aufklärungsflugzeug** *n* coastal reconnaissance plane; ~**batterie** *f* coast *or* shore battery; ~**funkstelle** *f* coastal *or* shore radio station; ~**geschütz** *n* coast artillery gun; ~**gestaltung** *f* configuration *or* outline of the coast; ~**karte** *f* coastal chart; ~**linie** *f* shoreline ***(Def)***; ~**segelflug** *m* coast(al) soaring flight; coast(al) sailing flight; ~**vorfeld** *n* coastal zone.

**Kutonase** *f (Flzg)* balloon cable cutter; aircraft-wing cable cutter.

**Kutscher** *m sl (Flzg-Führer) sl* chauffeur.

# L

**L** *(ICAO- & NATO-Buchstabieralphabet)* Lima; *(altes, internationales Buchstabieralphabet)* Love; ~**-Antenne** *f (Funk)* arrow antenna.

**labil** *(Atmosphäre: met)* unstable: *(Stab)* labile; ~**er Zustand** *m (Stab)* labile state; ~**es Gleichgewicht** *n (der Luft; met)* unstable equilibrium *(of the air)*; ~**ität** *f* instability; ~**itätszustand** *m* labile state.

**Labor|(atoriums)-** *od* **Saalflugmodell** *n* laboratory flying model; ~**erprobung** *f od* ~**test** *od* ~**versuch** *m* laboratory test.

**Lack** *m (Flieglack)* (airplane) dope; varnish: ~**draht** *m (el)* lacquered *or* enamelled wire; ~**ieren** *v (Bespannstoff usw)* dope; ~**ieren** *n (mit Spannlack: Lfz)* doping ***(Def)***; ~**ierung** *f* finish; ~**überzug** *m (Luftschraube)* lacquer sheathing; coat of varnish.

**Lade|bereich** *m (Bod)* loading area; ~**bezugsebene** *f (Flzg)* reference datum ***(Def)***; ~**druck** *m (Flmot)* (*vgl. auch:* **Absolutladedruck**) boost pressure ***(Def)***; boost (ratio); (engine) manifold pressure ***(Def)***; ~~ *für Sparflug* economical cruising boost; ~**druckmesser** *m (Flmot)* boost (pressure) gauge (*US* gage) ***(Def)***; manifold pressure gauge (*US* gage) ***(Def)***; ~**druckregelung** *f* boost (pressure) control; ~**druckregler** *m (Flmot)* boost (pressure control ***(Def)*** *or* regulator; ~~ *mit veränderlicher Ausgangsstellung der Regeldose* variable-datum boost control ***(Def)***; *variabler* ~~ variable-datum boost control ***(Def)***; ~**druckreglerübersteuerung** *f (Flmot)* boost control override ***(Def)***; ~**druckverhältnis** *n (Flmot)* blower ratio; ~**gewicht** *n (Flzg)* load capacity; weight of load; ~**gurt** *m (Bordwaffen)* cartridge belt; ~**hemmung** *f*

*(Bordwaffen)* jam(ming); stoppage; ~**hub** *m (Flmot)* intake *or* suction *or* induction stroke; ~**kanonier** *m (Flak)* (gun) loader; assistant gunner; ~**laufrad** *n (Flmot)* compressor *or* supercharger rotor; impeller; ~**leitrad** *n (Flmot)* diffuser; supercharger stator; ~**linie** *f (Flugboot)* load water line; ~**liste** *f (LVerk)* load manifest *(Def)*; ~**luftkühler** *m (Flmot)* compressor *or* supercharger intercooler; ~**luftkühlung** *f* boost intercooling; ~**luftleitung** *f* intake manifold; pressure pipe; ~**lufttemperatur** *f* blower air temperature; boost temperature; ~**luft-Zwischenkühler** *m (Flmot)* intercooler *(Def)*; ~**luke** *f (Flzg)* loading hatch; ~**meldung** *f (LVerk)* load message; ~**n** *v (Batterie)* charge; *(Waffe)* load; (Flmot) supercharge; ~**n** *n (Zylinder)* induction; ~**plan** *m (LVerk)* weight document; load sheet; ~**rampe** *f (Flugplatz)* loading ramp; ~**raum** *m (Flzg)* cargo space; stowage compartment; hold; *(Fassungsvermögen)* load capacity; *verfügbarer* ~~ *(LVerk)* disposable load capacity; ~**rohr** *n (Flmot)* induction pipe; ~**schein** *m (LVerk)* bill of loading; ~**station** *f (el)* (battery-) charging station; ~**störung** *f (Bordwaffen)* jam(ming); stoppage *(in loading mechanism)* ~**streifen** *m (Bordwaffen)* cartridge *or* ammunition clip; ~**strom** *m (el)* charging current; ~**stromstoß** *m (el)* charging-current impulse; ~ **und Trimmplan** *m (Lfz)* load and trim sheet; ~**verzugszeit** *f (Flak)* loading lag; dead time.

**Lader** *m (Flmot)* supercharger *(Def)*; blower; compressor; booster; ~ *der Verdrängerbauart (Flmot)* positive displacement supercharger *(Def)*; ~ *für große Nennhöhe* high-level blower *or* compressor; *mehrstufiger* ~ *(Flmot)* multistage supercharger *(Def)*; ~ *mit positiver Förderung (Flmot)* positive-displacement supercharger *(Def)*; *Roots-~ (Kapsellader: Flmot)* Roots supercharger *(Def)*; *umschaltbarer* ~ *(Flmot)* multi-speed supercharger *(Def)*; ~**antriebsleistung** *f* supercharger drive power; ~**antriebsritzel** *n* supercharger drive gear; ~**bedienhebel** *m* supercharger control lever; ~**drehzahl** *f* supercharger speed; ~**gangwechsel** *m (Flmot)* supercharger gear change; ~**gehäuse** *n* supercharger housing *or* casing; ~**getriebe** *n* blower drive; ~**laufrad** *n* (supercharger) impeller *(Def)*; (blower) rotor (wheel); ~**laufradantrieb** *m* impeller drive; ~**loser Motor** *m (Flmot)* self-aspirating engine; ~**motor** *m (Flmot)* supercharged engine *(Def)*; ~blowerfed engine; ~**ringkanal** *m (Stern-Flmot)* blower rim; ~**schnecke** *f (Flmot)* supercharger volute; ~**stufe** *f* supercharger gear; *erste* ~~ medium supercharger gear, *abbr* M-gear; *zweite* ~~ supercharger gear, *abbr* S-gear; ~**übersetzung** *f* blower ratio.

**Ladung** *f (allg)* load; *(Kraftstoff/Luftgemisch)* charge; *höchstzulässige* ~ *(Lfz)* maximum disposable load *(Def)*; *zulässige* ~ *(LVerk)* allowable load; ~**sdichte** *f (el)* charge density; ~**s- und Gewichtsverteilung** *f (Lfz)* loading and weight distribution; ~**sverteilung** *f (Lfz)* load distribution.

**Lafette** *f (Bordwaffen)* gun mount(ing); ~**nfahrzeug** *n (Art)* trailer mount; ~**nholm** *m (Art)* gun-mount outrigger; gun-trail crosspiece; ~**nkreuz** *n (Art)* outriggers *pl*; ~**nrücklauf** *m (Art)* recoil.

**Lage** *f (des Druckmittelpunktes: stat)* position *(of the centre (US center) of pressure)*; ~ *der Sehne (aerodyn)* chord position *(Def)*; ~ *im Raum (Flzg)* position in space; *Bestimmung f der* ~~ spatial attitude determination; ~**änderung** *f (des Schwerpunktes: stat)* change *(in the position of the centre (US center) of gravity)*; *travel (of the centre (US center) of gravity)*; ~**bericht** *m (mil)* position *or* situation report, *abbr* sitrep; ~**beurteilung** *f (takt)* estimate of the situation; ~**karte** *f (takt)* situation map; *große* ~~ *(bei Flzg-Leitstellen: Flmelde)* filter board; ~**meldung** *f (mil)* situation report, *abbr* sitrep.

**Lager** *n (mil)* camp; (*Vorrats-*) stock; store; warehouse; storehouse; depot; dump; *(Flmot)* bearing; ~ *abbrechen v (mil)* break *or* strike camp; ~ *aufschlagen v (mil)* pitch camp; *das* ~ *ist ausgelaufen (Flmot)* the bearing has run out; ~**bestand** *m* stock(age); ~**bolzen** *m (Flmot)* bearing bolt; ~**buchse** *f (Flmot)* bushing; ~**halter** *m (mil)* storekeeper; warehouseman; ~**haus** *n* warehouse; ~**hausstaffel** *f (US LW)* warehouse squadron; ~**kontrollstaffel** *f (US LW)* stock control squadron; ~**metall** *n* bearing *or* anti-friction *or* babbit(t) metal; ~**n** *v* store; ~**n** *n* storage; ~**raum** *m* storeroom; ~**reibung** *f (Flmot)* bearing friction; ~**schale** *f (Flmot)* bearing shell; *ausgegossene* ~~ babbitted bearing; bush with cast-in-liner; ~**spiel** *n (Flmot)* bearing clearance.

**Lambdaviertelantenne** *f (Funk)* quarter-wave antenna.

**Lamberts winkeltreue (Kegel-)Projektion** *f (Kart)* Lambert conformal conic projection.

**Lamellen|kühler** *m* sheet metal *or* ribbed *or* finned radiator; ~**kupplung** *f* multiple disc clutch.

**Laminar|auftriebskörper** *m* laminarized lifting body; ~**e Grenzschicht** *f (aerodyn)* laminar boundary layer *(Def)*; ~**e Strömung** *f (aerodyn)* laminar flow *(Def)*; ~**e Umströmung** *f (aerodyn)* laminar flow; *Erhalten n der* ~*en* ~ keeping laminar; ~**e Unterschicht** *f (aerodyn)* laminar sublayer *(Def)*; ~**e Viskosität** *od* **Zähigkeit** *f (aerodyn)* laminar viscosity; ~**es Ablösen** *n (aerodyn)* laminar separation *(Def)*; ~**es Profil** *n (Lfz)* laminar profile; ~**haltung** *f (aerodyn)* laminar control; laminarization; keeping laminar; *künstliche* ~~ artificial laminarization; ~**isierte Tragfläche** *f (Flzg)* laminarized wing; ~**isierung** *f (aerodyn)* laminarization; ~**strömung** *f (aerodyn)* laminar flow; ~**(strömungs)profil** *m (Lfz)* laminar profile; ~**tragfläche** *f (Flzg)* laminarized wing; ~**windkanal** *m (aerodyn)* laminar wind tunnel.

**Lande|abschnitt** *(Flbetr)* landing stage; ~**abstand** *m (Flsich)* landing interval; ~**anflug** *m (Flbetr)* approach (to land); ~~ *abbrechen v* abort the landing (approach); *abgebrochener* ~~ *(Flbetr)* balked landing; *über Funk geleiteter* ~~ radio (-controlled) approach; ~**anflug-Bremsschirm** *m (Flzg)* approach parachute *(Def)*; ~**anflugverfahren** *n (Flsich)* approach-to-land procedure; ~**anzeige** *f (Bod)* landing display; ~**aufforderung** *f (Flsich)* summons to land; ~**bahn** *f* (landing) runway; landing path; ~**bahnbefeuerung** *f (Bod)* runway lighting; ~**bahnfeuer** *n* contact light; runway light; ~**bahnscheinwerfer** *m* (landing) floodlight; ~**beanspruchung** *f (Fahrwerk)* landing load; ~**beleuchtung** *f* landing illumination *or* lighting; ~**bereich** *m (Flugplatz)* landing area *(Def)*; *(vorwiegend Seeflughafen)* alighting area; ~**bereitschaft** *f (Pilot)* clear to land; *Steigleistung f in der* ~~ landing climb performance; ~**bremsung** *f* landing deceleration; ~**bremsvorrichtung** *f (Lfz)* landing brake *(Def)*; *(Flzg-Träger)* arresting device *or* gear *(Def)*; ~**deck** *n (Flzg-Träger)* landing *or* flight deck; ~**eigenschaften** *f/pl (Lfz)* landing characteristics *pl*; ~**einrichtungen** *f/pl (Flugplatz)* landing facilities *pl*; ~**fackel** *f (Flzg)* wingtip flare; ~**feld** *n (Flugplatz)* landing ground *or* field; ~**fläche** *f (Flugplatz)* landing surface *(Def)*; ~**folge** *f (bei mehreren Flzgn am Platz)* landing sequence; ~**freigabe** *od* ~**genehmigung** *f (Flsich)* clearance for landing; landing clearance; ~**frequenz** *f (Flbetr)* rate of landing; ~**funkfeuer** *n (nav)* landing (approach) radio beacon; ~**funkfeuersystem** *n (SBA: Fernm)* standard beam approach, *abbr* SBA *(Def)*; ~**gebühr** *f (Flzg)* landing fee; ~**geschwindigkeit** *f (Flzg)* landing speed *(Def)*; *Reduktion od Verminderung f der* ~~ *(Flbetr)* landing speed reduction; ~**gewicht** *n (Lfz)* landing weight; ~**hilfe** *f (am Flzg)* high-lift (landing) device:

**~hilfen** *f/pl (Bod)* landing aids *pl* ***(Def)***; **~hilfsmittel** *n/pl* landing aids *or* facilities *pl*; *Anflug- und ~~ (Bod)* approach-and-landing aids *pl* ***(Def)***; *optische ~~* visual aids *pl*; **~höchstmasse** *f (Lfz)* maximum landing weight ***(Def)***; **~karte** *f (LVerk)* landing chart; **~kategorie** *f (der ICAO)* landing category; **~klappe** *f* (landing *or* wing) flap ***(Def)***; trailing-edge flap; *ausgefahrene ~~n pl* flaps down; extended flaps *pl*; *Landestellung f der ~~n (Flzg)* landing setting of flaps; *voll ausgefahrene ~~n pl* full flap (position) **~klappenanstellwinkel** *m* flap angle; **~klappenanzeiger** *m* (landing) flap (position) indicator; **~klappenausschlag** *m* flap deflection; **~klappenbetätigungshebel** *m* flap lever; **~klappen-Hydraulikkreis** *m (Flzg)* flap circuit ***(Def)***; **~klappenkreis** *m (der Druckluftanlage: Flzg)* flap circuit ***(Def)***; **~klappenquerruder** *n (Flzg)* flaperon (*short for* flap-aileron); **~klappenstellung** *f (Flzg)* landing flap position; **~klappenwahlhebel** *m* flap selector; **~konfiguration** *f (Lfz)* landing configuration; **~kontrolldienst** *m (Flsich)* runway control (service); **~kopf** *m (takt)* beachhead; **~kreuz** *n (Flugplatz)* landing "T" ***(Def)*** *or* cross; **~kufe** *f (Segel-Flzg usw)* landing skid; (central) runner; **~kurs** *m (Fernm)* localizer course ***(Def)***; **~kursanzeige** *f (ILS)* localizer indicator; **~kursempfänger** *m (Bordfunk)* localizer receiver; **~kurskrümmung** *f (ILS)* localizer course bend; **~kurssektor** *m* localizer sector; **~kurssender** *m (ILS)* localizer ***(Def)***; *gerichteter ~~* directional localizer; **~kurssystem** *n* localizer system; *Zweifrequenz-~~* two-frequency localizer system; **~länge** *f (Flzg)* landing distance; **~laufstrecke** *f* landing *or* ground run; *(See-Flzg)* alighting *or* water run; **~leuchte** *f (Leuchtpfad)* contact light; **~(luft)kissen** *od* **~luftpolster** *n* landing cushion; **~masse** *f (Lfz)* landing weight; *höchstzulässige ~~* maximum landing weight ***(Def)***; **~matte** *f (Bod)* landing mat; **~meldung** *f (Flsich)* report of arrival; **~n** *v (Flzg)* land; make a landing; alight; *aus dem Geradeanflug ~~ v (Flbetr)* land straight ahead *or* straight-in; **~n** *n (Flzg)* landing; alighting ***(Def)***; *(mit viel Fahrt)* hot landing; **~ort** *m* landing place; *erster ~~* point of first landing; **~pfad** *m* landing lane; *(Leuchtpfad)* flare path; **~pfadbefeuerung** *f* landing flares *pl*; **~platz** *m* airfield; **~puffer** *m (Lfz l)* bumping bag ***(Def)***; **~radarlotse** *m (Flsich)* final controller ***(Def)***; **~richtungsanzeiger** *m (Bod)* landing direction indicator, *abbr* LDI ***(Def)***; **~richtungsfeuer** *n/pl (Bod)* range lights *pl*; **~rollstrecke** *f (Flbetr)* (aeroplane) alighting run; **~scheinwerfer** *m (am Flzg)* landing light; (head-)lamp; *(auf Flugplatz)* landing (area) floodlight; **~simulation** *f (Flbetr)* landing simulation; **~simulator** *od* **~trainer** *m (Übungsgerät)* landing simulator; **~stoß** *m (Flzg beim Aufsetzen)* landing impact; shock on alighting *or* upon landing; **~stoßbeschleunigungsmesser** *m (Instr)* impact accelerometer ***(Def)***; **~stoßkräfte** *f/pl (Lfz)* landing loads *pl*; **~strahl** *m (Landebake)* landing beam; **~strecke** *f* landing *or* alighting run ***(Def)***; landing distance; *nutzbare ~~ einer Landebahn (Bod)* effective landing lenght of a runway; *verfügbare ~~ (Flbetr)* landing distance available, *abbr* LDA ***(Def)***; **~streifen** *m* landing *or* air strip ***(Def)***; **~stufe** *f (Flbetr)* landing stage; **~sverrat** *m* treason; **~sverteidigung** *f (mil)* national *or* home defence (*US* defence); **~system** *n (Flbetr)* landing system; *automatisches ~~* automatic landing system; *Instrumenten-~~* instrument landing system, *abbr* ILS ***(Def)***; **~-T** *n (Bod)* wind tee ***(Def)***; landing "T"; **~-Tetraeder** *n (Bod)* landing tetrahedron; **~verbot** *n (Flbetr)* landing prohibition; **~verbotszeichen** *n* "landing prophibited" signal; **~verfahren** *n (nav)* landing procedure ***(Def)***; *~~ mittels Bodenradargerät (GCA-Schlechtwetter- ~~* ground controlled approach, *abbr* GCA; **~vorrecht** *n* right-of way; **~weiser** *m (Bod)* landing direction indicator; **~wettervorhersage** *f (met)* landing forecast; **~zeichen** *n (Bod)* landing signal *or* mark(er); **~zeit** *f* time of landing; arrival *or* landing *or* stick time; time of arrival ***(Def)***; **~zone** *f (Rollfeld)* landing zone; **~zustandsform** *f (Flbetr: Lfz)* landing configuration; *Steigleistung f in der ~~ (Flbetr)* landing climb performance.

**Land|farbton** *m (Kart)* land tint; **~flugplatz** *m* land airfield; **~flugzeug** *n* landplane ***(Def)***; **~funkstelle** *f*, land-based radio station; *feste ~~* base (radio) station; **~gestütztes Flugzeug** *n (mil)* land-based aircraft; **~gleiter** *m (Segel-Flzg)* land glider; **~hubschrauber** *m (Heli)* land helicopter; **~karte** *f* map; **~klima** *n (met)* continental *or* land-controlled climate; **~krieg** *m* war on land; land warfare; **~kriegsordnung** *f* rules *pl* of land warfare; **~marke** *f* landmark; *künstliche ~~* artifical landmark; **~markierung** *f (Bod)* air marker ***(Def)***; **~mine** *f (Kr)* land mine; **~nebel** *m (met)* land *or* country fog; **~regen** *m (met)* general rain *(throughout the country)*; heavy *or* incessant rain; **~schaftsmerkmal** *n* landmark; *künstliches ~~* artificial landmark; **~schwingenflügler** *m (Lfz)* land ornithopter; **~tragschrauber** *m (Heli)* land gyroplane; **~truppen** *f/pl (mil)* ground troops *pl.*

**Landung** *f (Flbetr)* landing ***(Def)***; alighting; *abgebrochene ~ (Flbetr)* balked *or* aborted *or* unseccessful landing; *Abschluss~ (bei Übungslandungen: Flbetr)* full-stop landing, abbr FSL; *~ am Aufsetzpunkt (Flbetr)* accuray landing ***(Def)***; *antrieblose ~* power-out *or* power-off landing; *~ auf Rasen* grass landing; *~ aus technischen Gründen* technical stop; *~ bei Bedarf (LVerk)* optional landing; *~ bei geringer Sicht* low-visibility landing; *Durchsacken n bei der ~ (Flbetr)* pancaking ***(Def)***; *Durchstart~* touch-and-go landing; *abbr* TGL; *eine ~ machen od bauen v* make a landing; *eine ~ einleiten v (Flzg)* prepare for the landing; *flugplanmäßig nicht vorgesehene ~ (LVerk)* stop for nontraffic purposes; *~ gegen den Wind* upwind landing; *gelungene ~* successful landing; *gewerbliche ~ (LVerk)* revenue *or* traffic stop; *harte ~* hard *or* rough landing; *misslungene ~* mislanding; refused landing; *~ mit arbeitendem Triebwerk* engine-on landing; *~ mit Bodenberührung einer Tragfläche* wing tip landing; *~ mit Bodensicht* contact landing; *~ mit Bremsschirm* dragchute landing; *~ mit dem Wind* downwind landing; *~ mit Gas* landing with engine on; power landing ***(Def)***; engine-on landing; *~ mit großem Anstellwinkel* tail-down landing; *~ mit kurzer Ausrollstrecke* short-stop landing; *mit Leerlauf* landing with engine cut off *or* with gas shut off; *~ mit mehrfachem Aufsetzen* bounced landing; *~ mit nicht arbeitendem Triebwerk* dead-engine *or* engine-off *or* unpowered landing; *~ mit Seitenwind* crosswind landing; *~ mit stehendem Motor* deadstick landing; *~ mit stehender Latte sl* switchbacking; *~ mit viel Fahrt* hot (speed) landing; *motorlose ~* power-out *or* power-off landing; *~ nach Sicht* (ground) contact landing; *nichtgewerbliche ~* stop for non-traffic purposes; non-traffic stop; *technische ~* technical stop; *verweigerte ~ (Flsich)* refused landing; *vorsorgliche ~* precautionary landing; *zur ~ abfangen v* flatten out ***(Def)***; *zur ~ anfliegen v* approach to land.

**Landungs|angriff** *m (takt)* landing attack; **~boot** *n* landing barge *or* boat; **~freigabe** *f (Flsich)* landing clearance; **~loser Durchflug** *m (LVerk)* non-stop transit flight; **~manöver** *n (takt)* landing monouvre; **~simulation** *f (Flbetr)* landing simulation; **~stelle** *f (takt)* landing point; **~trupp** *m (takt)* landing party; **~unternehmen** *n (takt)* landing operation.

**Landwind** *m* land *or* off-shore breeze ***(Def)***.

**Langbasis** *f (Art)* horizontal base.

**Länge** *f* length; longitude; *der ~ nach beschießen v (Art)* enfilade; *Einschießen n nach der ~ (Art)* range adjustment; *geographische ~* (geographical) longitude; *östliche ~*

*(Kart)* east(ern) longitude; ~ *über alles* overall length; *westliche* ~ *(Kart)* west(ern) longitude; ~**nbestimmung** *f* determination of longitude; *(geographischer)* ~**ngrad** *m* degree of longitude; ~ **nkreis** *m* (geographicel) meridian; circle of longitude; ~**nunterschied** *m* difference in longitude; ~**nverhältnis** *n (aerodyn)* aspect ratio.

**lang | fristige (Wetter-)Vorhersage** *f (met)* long-range forecast; ~**gondel** *f (Lfz)* long car *or* nacelle; ~**hubmotor** *m (Flmot)* long-stroke engine; ~**periodische Störung** *f (met)* long-period(ic) disturbance; ~**rumpfflugzeug** *n* long-bodied aeroplane.

**Längs | abweichung** *f* **auf dem Kurs über Grund** *(nav)* along-track error; ~**achse** *f (Flzg)* longitudinal ***(Def)*** *or* roll axis ***(Def)***; *instabil um die* ~~ *(Flzg)* laterally instable; *Stabilität f um die* ~~ *(Stab)* lateral stability ***(Def)***; rolling stability; *Trimmung um die* ~~ *(Flzg)* lateral trim.

**lang | same Acht** *f (Kunstflug)* lazy eight; ~**samflug** *m* low-speed flight; *extremer* ~~ extreme-low-speed flight; ~**samflugeigenschaften** *f/pl (Flzg)* low-speed *or* slow-flying qualities *pl*; ~**samlauf** *m (Flmot)* idling *or* slow running of the engine; ~**samstflug** *m* stalling flight.

**Längs | balken** *m (Landekreuz: Bod)* down-strip; ~**beschleunigung** *f (Lfz)* longitudinal acceleration; *negative* ~~ *(Flmed)* back-to-chest acceleration; ~**bewegung** *f (Stab)* longitudinal motion ***(Def)***; *angefachte aperiodische* ~~ *(Stab)* logitudinal divergence ***(Def)***; ~**dämpfung** *f (Flzg)* longitudinal damping; ~**feldträger** *m (Lfz)* bay longitudinal ***(Def)***; ~**geschwindigkeit** *f (Lfz)* longitudinal velocity ***(Def)***; ~**holm** *m (Flzg)* longeron; ~**instabilität** *f (Stab)* longitudinal instability ***(Def)***; ~**kraft** *f (aerodyn)* longitudinal force ***(Def)***; ~**moment** *n (Flzg)* pitching *or* longitudinal moment ***(Def)***; ~**neigung** *(Flzg)* pitch (attitude); longitudinal inclination; *(Startbahn)* longitudinal slope; ~**neigungsanzeiger** *m*, **Quer- und** ~~ *(Instr)* bank-and-pitch indicator; ~**neigungsmesser** *m (Lfz)* pitch indicator ***(Def)***; ~**neigungswinkel** *m (aerodyn)* angle of pitch ***(Def)***; ~**profil** *n* longitudinal member; ~**rahmen** *m (Lfz l)* frame longitudinal ***(Def)***; ~**rippe** *f* longitudinal rib; ~**schnittbauart** *f (Para)* block construction ***(Def)***; ~**schwingung** *f (Stab)* longitudinal oscillation ***(Def)***; ~**seil** *n (Lfz l)* axial wire ***(Def)***; ~**spiel** *n* end clearance; ~**stabiles Flugzeug** *n* longitudinally stable aeroplane; ~**stabilität** *f* longitudinal *or* horizontal *or* pitching stability ***(Def)***; ~**staffelung** *f (Flsich)* longitudinal separation ***(Def)***; ~**steife** *f (Flzg-Beplankung)* stringer; stiffener; longitudinals *pl*; ~**steuerbarkeit** *f (Flzg)* longitudinal *or* pitching controllability; ~**träger** *m (Flzg)* longeron ***(Def)***; *(Lfz l)* longitudinal ***(Def)***.

**Langstrecken | bomber** *m* long-range bomber; ~**flug** *m* long-distance flight; ~**flugkörper** *m* long-range missile; ~**Flugnavigationssystem** *m* long-range air navigation (system), *abbr* LORAN; ~**flugzeug** *n* long-range aircraft; clipper; ~**jäger** *m (LW)* long-range fighter; ~**luftverkehr** *m* long-distance air transportation; ~**radar** *n (unter 1200 km)* long-range radar; *(über 1200 km)* very long-range radar.

**Längs | trimmung** *f* longitudinal *or* pitch trim; ~**twelle** *f (Funk)* (long wave of) very low frequency, *abbr* VLF *(unter 30 kHz)*; ~**versteifung** *f* longitudinal stiffening *or* bracing; stringer ***(Def)***; ~**wind** *m (Flzg-Träger)* wind down ***(Def)***; *(in Richtung Flzg-Längsachse)* trailing wind; ~**windkomponente** *f* longitudinal wind component.

**Längung** *f* elongation; ~**smesser** *m* extensometer.

**Langwelle** *f (Funk)* long wave; low frequency, *abbr* LF (30-300 kHz); ~**nbereich** *m (Funk)* long-wave band; ~**npeiler** *m (Funk)* long-wave direction finder.

**Lärm** *m (Flmot)* noise *or* roar *(of the engine)*; power roar; ~**ausbreitungsweg** *m* noise propagation path; ~**belästigung** *f* noise disturbance; ~**belastung** *f* noise exposure; *internationale Bezugseinheit f der* ~~ international noise exposure reference unit, abbr INERU; *Linien f/pl gleicher* ~~ (equal) noise contour; ~**belastungskennziffer** *f* noise exposure index; ~**bewertung** *f* noise evaluation; ~**dämpfung** *f* noise suppression; ~**empfindlicher Bereich** *m* noise-critical *or* noise-sensitive area; ~**gedämpft** *od* ~**gemindert** muffled-noise; ~**grenzwert** *m* noise limit; ~**günstigste Flugstrecke** *f (Flbetr)* noise preferential route; ~**herabsetzung** *f* noise abatement; ~**igkeit** *f* noiseness; ~**intensität** *f* noise level *or* intensity; ~**messer** *m (Instr)* noise meter ***(Def)***; ~**messpunkt** *m* noise measurement point; *seitlicher* ~~ lateral *or* sideline noise measuring point; ~**messstelle** *f* noise-measuring station; ~**messung** *f* noise measurement; ~**minderndes Betriebsverfahren** *n (Flbetr)* noise abatement operating procedure; ~**minderung** *f* noise abatement; ~**pegel** *m* noise level; *effektiv empfundener* ~~ effective perceived noise level, abbr EPNL; *empfundener* ~~ perceived noise level, *abbr* PNL; *tonkorrigierter empfundener* ~~ tone-corrected perceived noise level, *abbr* PNLT; ~**reduzierendes** *od* ~**reduziertes Landeverfahren** *n (Flbetr)* reduced-noise landing procedure *or* method; ~**schleppe** *f* noise carpet; ~**schutzbereich** *m* noise protection zone; ~**schutzhalle** *f (Bod)* hush house; ~**schutzschirm** *m* noise screen; ~**schutzzone** *f* noise protection zone; ~**störung** *f* noise disturbance; *Flugstrecke f geringster* ~~ minimum noise route; *Verfahren n mit geringster* ~~ minimum noise procedure; ~**teppich** *m* noise carpet; ~**(ver)minderung** *f* noise reduction; ~**weg** *m* noise path; ~**zeugnis** *n (für Lfz)* noise certificate; ~**zulassung** *f (für Lfz)* noise certification; ~**zulassungs-** *od* **zulässigkeitsprüfung** *f* noise certification test; ~**zulassungs-** *od* ~**zulässigkeitsstandard** *m* noise certification standard.

**Laser | -Doppler-Geschwindigkeitsmessverfahren** *n* laser Doppler method of velocity measurement; ~**-Doppler-Kreuzstrahlverfahren** *n* laser Doppler cross-beam method; ~**entfernungsmesser** *m* laser range finder; ~**entfernungsmessgerät** *n* ranging laser; ~**gelenkte Rakete** *f* laser-guided rocket; ~**höhenmesser** *m* laser altimeter; ~**(licht)strahl** *m* laser (light) beam.

**Last** *f* load; *sichere* ~ *(stat)* maximum safe load; limit load ***(Def)***; *verfügbare* ~ *(Lfz)* disposable load ***(Def)***; ~**dreieck** *n (stat)* load triangle; ~**enfallschirm** *m* freight parachute; ~**enflugzeug** *n* cargo *or* goods *or* freight airplane; freighter; ~**ensegler** *m* freight-carrying *or* transport glider; ~**enseglerschlepp** *m* freight glider tow; ~**faktor** *m* load factor ***(Def)***; ~**fall** *m* case of load; loading condition; ~~ *für das Abfangen (A*~~*; Flzg)* low speed case; load case A; ~~ *für das Abfangen in den Rückenflug (E*~~*)* high incidence condition; load case E; *Gleitflug-*~~ *(B-*~~*)* high speed case; load case B; *im* ~~ when loaded; *Rückenflug-*~~ *(D-*~~*)* inverted flight condition; load case D; *Sturzflug-*~~ *(C-*~~*)* diving condition; load case C; ~**fallschirm** *m* cargo parachute; ~**flugzeug** *n* freight-carrying *or* cargo aircraft; ~**igkeit** *f (Flzg)* heaviness; ~**igkeitsänderung** *f (Flzg)* trim change; change in load distribution; ~**igkeitsregelung** *f* trimming; ~**übertragung** *f (stat)* load transmission; ~**verteilung** *f* distribution of load; *unsymmetrische* ~~ (Konstr) unsymmetrical loading ***(Def)***; ~**vielfachen | begrenzung** *f* G-limitation; *Größe des* ~~ G value; ~**vielfaches** *n (stat)* load factor ***(Def)***; G-load; ~**vielfaches Null** zero G load; ~**wagen** *m (Kfz) (US)* truck; *(E)* lorry.

**latente | Verdampfungswärme** *f (Verdampfungskühlung; Flmot)* latent heat of evaporation; ~ **Wärme** *f (gebundene Wärme: met)* latent heat.

**Latte** *f sl (Luftschraube)* airscrew; propeller; *sl* prop.

**Lauf** *m (Waffe)* barrel; *(Flmot)* running; **~bahn** *f (mil)* specialty; career; **~bahnabzeichen** *n (mil)* specialist's insignia *or* badge; **~brücke** *f* gangplank; **~büchse** *f (im Zylinderblock: Flmot)* (steel) liner; **~decke** *f (Flzg-Laufrad)* tyre (*US* tire) outer casing *or* cover; **„-en – los!"** *(Segelflugkommando)* "Run – let go!"; **~end(er Motor)** *m* power-on.

**Läufer** *m (Turbo)* rotor; compressor; turbine; (el) rotor; armature; *(des Verteilers)* distributor rotor; *(mil)* runner; messenger; **~kühlung** *f (Turbo)* rotor cooling.

**Lauf|fläche** *f (Flzg-Laufrad)* tread; *(Kolben: Flmot)* rubbing *or* guide surface *(of piston)*; **~gang** *m (Luftschiff)* walk(ing) way; gangway; catwalk; **~geschwindigkeit** *f* migration rate *or* speed velocity; **~graben** *m (Stellungs-Kr)* approach *or* communication trench; **~leiste** *f (auf Tragfläche: Flzg)* foot pad *or* plate; side walk *(on the wing)*; **~mantel** *m (Flzg-Laufrad)* tyre (*US* tire) cover; outer cover; **~rad** *n (Flzg-Fahrwerk)* landing *or* main wheel; *(Lader: Flmot)* impeller, *beiderseits offenes* **~~** *(Flmot)* star-type impeller; *geschlossenes* **~~** *(Flmot)* closed box-type impeller; *halboffenes* **~~** *(Flmot)* web-type impeller; **~radachse** *f (Fahrwerk)* landing gear axis; **~radbeschaufelung** *f (Turbo)* rotor blading; **~radbremse** *f (Fahrwerk)* (undercarriage) wheel brake; **~raddecke** *f (Fahrwerk)* tyre (*US* tire) cover; **~raddrehzahl** *f (Lader)* impeller speed; **~rad-Eintrittleitschaufel** *f (Turbo)* impeller intake guide vane; nozzle *or* rotating guide-vane ***(Def)***; **~radkanal** *m (Turbo)* impeller passage *or* channel; **~radklappen** *f/pl (Fahrwerk)* wheel doors *pl;* **~radschaufel** *f (Lader)* impeller vane; *(Turbo)* turbine *or* rotor blade; **~radschlauch** *m* tyre (*US* tire) inner tube; **~radverkleidung** *f (Fahrwerk)* wheel fairing *or* side cover; **~radwelle** *f (Turbo)* impeller shaft *or* spindle; **~rolle** *f (Flzg-Steuerung)* rope pulley; **~schaufel** *f (Turbo)* rotor vane; **~schritt** *m* double time; **~schützer** *m (Waffe)* barrel protector; **~steg** *m (Luftschiff)* (airship) gangplank; gangway; **~werk** *n (Panzer)* tracks and suspensions *pl*; running gear; **~werkpanzerung** *f* track shield; armoured (*US* armored) skirting; **~zeit** *(Radar)* pulse timing; *(Fernm)* transit time; *(Material)* longevity; **~zeitkette** *f (Fernm)* pulseforming network; **~zettel** *(mil)* clearance chit; interoffice slip *or* tag.

**Laut|fernsprecher** *m (Tel)* loud-speaking telephone; **~heit** *f* loudness; **~heitskennziffer** *f* loudness index; **~sprecher** *m (Funk)* loudspeaker; **~stärke** *f (Funk)* (signal) strength; sound intensity *or* volume; **~stärkebegrenzer** *m (Funk)* audio peak limiter; **~stärkeregelung** *f (Funk)* volume regulator; **~verstärker** *m (Funk)* volume *or* sound amplifier.

**Lazarett** *n* hospital; **~aufnahme** *f* hospitalization; **~behandlung** *f* hospital treatment; **~schiff** *n* hospital ship.

**LCN-Zahl** *f (Startbahnbelastbarkeit)* load classification number, *abbr* LCN ***(Def)***.

**Lebens|dauer** *f (Flmot usw)* life *(of the engine)*; longevity; *aktive* **~~** *(Gerät usw)* safe fatigue life; *betriebliche* **~~** operating life; *sichere* **~~** *(Gerät usw)* safe life; **~laufakte** *f (Flmot)* engine log book; *(Flzg ohne Flmot)* aircraft log book; **~rettungsausrüstung** *f* life-saving equipment; **~sphäre** *f* ecosphere; **~versicherung** *f* life insurance; *(E auch:)* life assurance.

**Leck** *n (Lfz l)* leakage ***(Def)***; **~en** *v (undicht sein)* leak; **~en** *n* leakage; **~ölabfluss** *m* leak oil discharge; **~rohr** *n* drain pipe; **~sicher** *(Kraftstofftank)* self-sealing; **~sucher** *m (Lfz)* leak detector ***(Def)***.

**Ledigenoffiziersunterkunft** *f* bachelor officer's quarters, *abbr* BOQ.

**Leer|gewicht** *n (Flzg)* empty *or* net weight; weight empty; **~gut** *n* empties *pl*; **~lauf** *m (Flmot)* idling; power-off; *(Luftschraube im Fahrtwind)* windmilling; **~laufbetriebszustand** *m* **am Boden** *(Turbo)* ground idling conditions *pl*; **~laufbremsschub** *m (Turbo)* idle reverse thrust; **~laufdüse** *f (Vergaser)* slow-running *or* idling jet; **~laufen** *v (Flmot)* idle; **~laufend(er) Motor** *m* power-off engine; **~laufgeschwindigkeit** *f* idling speed; **~laufleistung** *f (Flmot & Turbo)* idle *or* idling power; **~laufprüfung** *f (Flmot)* no-load *or* idling test; dry running; **~laufschub** *m (Turbo)* idle *or* idling thrust; **~laufstellung** *f (Vergaser)* idling position; **~laufventil** *n (Turbo)* minimum pressure valve ***(Def)***; **~masse** *f (Lfz)* weight empty ***(Def)***; *(Rüstgewicht)* tare weight ***(Def)***; empty mass; **~tankhöchstgewicht** *n (Lfz)* maximum zero fuel weight; **~tankmasse** *f (Lfz & Flmot)* dry weight ***(Def)***; zero fuel weight.

**Lee(seite)** wind-opposite *or* leeward side; lee-side; **~** *eines Hanges* leeward slope; **~wellen** *f/pl (met)* mountain *or* lee waves pl ***(Def)***.

**Legende** *f (Kart)* legend.

**legier|en** *v* alloy; **~ung** *f* alloy; **~ungsbestandteil** *m* alloying element; **~ungsstahl** *m* alloy steel.

**Lehr|buch** *n* manual; text-book; **~e** *f* theory; doctrine; *(working or workshop)* template; **~~** *vom Schall* acoustics; **~einheit** *f (mil)* instruction *or* demonstration unit; **~enbezugslinie** *f (Konstr)* rigging datum line; **~er** *m (mil)* instructor; **~film** *m* training film; **~gang** *m* course *(of instruction)*; **~geld** *n* apprentice fee; **~gruppe** *f* instruction group or class; **~ling** *m* apprentice; **~plan** *m* curriculum.

**Leibes|erzeihung** *f* physical training, *abbr* P.T.; gymnastics; **~übung** *f* physical exercise.

**Leicht|brennstoff** *m* light fuel; **~e Brise** *f (Beaufort-Stärke 2: met)* light breeze ***(Def)***; **~bauweise** *f* light-weight construction; **~benzin** *n* light petrol (*US* gasoline); **~er als Luft** lighter-than-air; **~es Flakgeschütz** *n* light AA gun; **~flugzeug** *n* light plane; *sl* air flivver; **~formbau** *m (Flzg-Bau)* light form construction; **~kranker** *m* ambulatory *or* minor case; **~legierung** *f (Alulegierung)* light aluminium (*US* aluminum) alloy; **~metall** *n* light metal; **~schaum** *m (Brandbekämpfung)* high-expansion foam, *abbr* Hi-EX foam; **~stoffbau** *m* light material construction; **~verwundeter** *m* minor casualty; **~wasser** *n (Brandbekämpfung)* light water.

**Leinenwerk** *n (Lfz l)* rigging ***(Def)***; *Einstell-***~** *(Lfz l)* running rigging ***(Def)***; **~pflaster** *n (Lfz l)* rigging patch ***(Def)***.

**leiser Zug** *m (Beaufort-Stärke 1: met)* light air ***(Def)***.

**Leistung** *f (Flmot)* power; output; *(Flzg)* perfomance; **~** *am Boden (Flmot)* ground level output *or* power; *angezeigte* **~** *(Flmot)* indicated horsepower; *höchstzulässige* **~** *mit armem Gemisch (Flmot)* maximum weak-mixture power; **~** *in der Höhe (Flmot)* altitude output *or* power; *indizierte* **~** *(Flmot)* indicated horse-power; **~** *je Flächeninhalt (Flächenleistung: kW/m²)* power per unit surface *or* per unit area; wing power; *mit* **~** *(Flmot)* power-on; **~** *mit Vollgas (Flmot)* full power output; *mittlere* **~** *(Flmot)* mean power; *ohne* **~** *(Flmot)* power-off; *spezifische* **~** *(Flmot)* power/mass ratio; *zusätzliche* **~** *(Flmot)* surplus power.

**Leistungs|abfall** *m (Flmot)* power drop; loss of power; ~**abgabe** *f (Flmot)* power output; *60%ige ~~ (Flmot)* 60% power; ~**anforderungen** *f/pl (an Lfz)* performance requirements *pl*; ~**angabe** *f* performance characteristic; ~**anpassung** *f* **an die Reisegeschwindigkeit** *(Flbetr)* cruise control; ~**aufnahme** *f* power absorption; ~**ausfallpunkt** *m* power failure point; ~**bedarf** *m* required output; power consumption; ~**belastung** *f (kg/kW)* power loading ***(Def)***; performance load; ~**beurteilung** *f (über Personal)* efficiency report; ~**daten** *(n/pl)* performance specification *pl*; ~**diagramm** *n (Flzg)* performance chart; *(Flmot)* power diagram; ~**einstellung** *f (Flmot & Prop)* power setting ***(Def)***; ~**fähigkeit** *f* capability; (operational) efficiency; performance ***(Def)***; *Prüfung der ~~* performance check; ~**gewicht** *n (Flzg)* weight per horsepower ***(Def)***; power/-weight ratio; ~**grenze** *f* limit *or* performance; ~**grenzwert** *m (Flmot)* power rating ***(Def)***; ~**hebel** *m (Flmot)* throttle control (lever); ~**hebelgestänge** *n (Flmot)* throttle quadrant; ~**kurve** f power *or* performance curve; ~**-Masse-Verhältnis** *n (Flmot)* power/-mass ratio; ~**masse** *f (Flmot)* mass-(to-)power ratio; ~**prüfung** *f* performance testing; *(Flmot & Turbo)* calibration test; ~**prüf(ungs)flug** *m* performance test flight; ~**schaubild** *n (Flzg)* performance chart; *(Flmot)* power diagramm; ~**segler** *m (Segel-Flzg)* performance-type *or* secondary-type glider; *sl* "intermediate"; ~**soll** *n* rating; ~**stufe** *f* power stage; performance level; ~**überschuss** *m (Flmot)* margin of power; reserve power; power margin *or* reserve; excess *or* surplus power; ~**verlust** *m (Flzg)* loss of performance; *(Flmot)* power loss; *induzierter ~~ (Prop)* induced power loss ***(Def)***; *Profilwiderstands-~~ (Prop)* profile-drag power loss ***(Def)***; ~**vorschriften** *f/pl* code of performance; ~**wahlhebel** *m (Flmot)* speed regulator lever; output selector lever; power control lever; ~**zunahme** *f* step-up *or* increase in performance; ~**zusatz** *m (Flmot)* power boost ***(Def)***.

**Leit|apparat** *m (Lader)* inlet vanes *pl*; ~**batterie** *f (Flak)* primary *or* master *or* lead battery ~**befeuerungsanlage** *f od* ~**system** *n (Bod)* lead-in lighting system; ~**blech** *n (Flmot)* baffle; guide plate; ~**en** *v (Flzge: LKr)* control; vector; *(durch Leitstrahl: FK)* guide-beam; ~**en** *n (Flzge: LKr)* control; (aircraft) vectoring; ~**ende Verbindung** *f (el)* bonding ***(Def)***; ~**ender Ingenieur** *m* chief engineer; ~**er** *m (Personal)* manager; director; chief; *~~ einer Voruntersuchung (Flugunfall)* investigator-in-charge ***(Def)***; *elektrischer ~~* electrical conductor; *Technischer ~~* technical manager *or* director; ~**faden** *m* textbook; ~**fähigkeit** *f (el)* conductivity; ~**feuer** *n/pl (Bod)* lead-in lights *pl*; ~**funkstelle** *f (Funk)* net control station; ~**konus** *m*, **verstellbarer** *~~ (im Lufteinlauf: Turbo)* extend plug; ~**kranz** *m (Turbo)* nozzle *or* stator *or* guide-vane ring; ~**linie** *f (Anleitung)* guideline; ~**lochstreifen** *m (Fernschreiber)* pilot tape; ~**rad** *n* guide wheel; stator; rotor; ~**radar(gerät)** *n* guidance radar; ~**radbeschaufelung** *f* stator blading; ~**schaufel** *f* guide vane *or* blade; stator vane *or* blade ***(Def)***; ~**schaufelkranz** *m* vane ring; ~**scheinwerfer** *m (Flak)* master *or* pick-up searchlight; ~**stand** *m (takt)* direction centre (*US* center); command post; *(Art)* fire-direction centre; ~**stelle** *f* **des Such- und Rettungsdienstes** *(SAR)* rescue coordination centre ***(Def)***; *SAR-~~* SAR rescue coordination centre ***(Def)***.

**Leitstrahl** *m (Funk)* guide *or* guidance *or* guiding beam; (localizer) beam; *(eines Vierkursfunkfeuers)* radio range leg; *durch ~ leiten (FK)* guide-beam; *Erfliegen n eines ~s (Flbetr)* bracketing of beam; *frontseitiger ~ (ILS)* front beam; *QMS-~ (ILS-Verfahren: nav)* localzier (beam); *rückseitiger ~ (ILS)* back beam; ~**anflug** *m* beam approach ***(Def)***; ~**-Funkfeuersystem** *n (Fernm)* beam-approach beacon system ***(Def)***; ~**bake** *f (SBA-Verfahren)* main beacon; ~**führung** *f (FK)* beam guidance; ~**(funk)anlage** *f* beam facility; ~**gelenkt** *(FK)* beam riding; *~~e Rakete* f beam-guided rocket; ~**lenktechnik** *f (Funk)* beam-guidance procedure; ~**lenkung** *f (FK)* beam *or* beam-rider *or* beam-riding guidance ***(Def)***; ~**reiter** *m (FK/Funk)* beam rider ***(Def)***; ~**sektor** *m (nav)* equisignal zone; ~**tracking** *n (Funk)* beam following; ~**verfahren** *n (nav)* loocalizer-beam method.

**Leitung** *f (el)* circuit; *(Fernm)* line; *(Flsich)* control; *abgestimmte ~ (Fernm)* tuned line; *digitale ~ eines Jagdflugzeuges (LKr)* digital fighter control; *verdrillte zweiadrige ~ (el)* twisted pair; ~**sbau** *m (Tel)* line construction; ~**s(eingangs)verstärker** *m (Fernm)* line driver; ~**sentzerrer** *m (Fernm)* line compensator; ~**sgeräusche** *n/pl (Fernm)* circuit noise; ~**skennung** *f(el)* circuit identification; ~**sklemme** *f (Tel)* line terminal; ~**smast** *m (Tel)* telephone pole; ~**splan** *m (Tel)* wiring diagram; ~**sprobe** *f (Tel)* line test; ~**sverlust** *m (Fernm)* line loss; ~**sverstärker** *m* line amplifier; ~**swiderstand** *m (Tel)* line resistance.

**Leit|verfahren** *n (von Lfz)* control procedure; *Abfangen n nach ~~ (Feind-Flzg: LKr)* controlled intercept(ion); ~**vorrichtung** *f (Turbo)* guide arrangement; ~**weg** *m (Fernm)* route; ~**wegkenngruppe** *f (Fernm)* routing indicator; ~**wegkennung** *f (Fernm)* routing indicator; ~**weglenkung** *f (Fernm)* routing; ~**wegliste** *f (Fernm)* routing list; ~**wegplan** *m (Fernm)* routing directory; ~**wegwahl** *f*, **automatische** *~~ (Fernm)* self-routing.

**Leitwerk** *n (Flzg)* tail plane ***(Def)***; *(Lfz)* stabilizer ***(Def)***; tail unit *or* group; tail assembly; (aircraft) tail; control(ing) surfaces *pl*; empennage; *abgestrebtes ~* braced tail unit; *dreifaches ~ (Flzg)* triplane tail ***(Def)***; *freifahrendes ~* isolated tailplane; *freitragendes ~* cantilever tail unit; *gepfeiltes ~*swept tail; *(Heck-)~(Flzg)* tail unit ***(Def)***; *isoliertes ~ (Flzg)* isolated tailplane; *T-~(Flzg)* T-(shaped) tail; ~**sauftrieb** *m* lift of tail unit; ~**sbelastung** *f* tail unit loads *pl;* ~**sfläche** *f* tail *or* control surface; area of tail unit; ~**sflosse** *f* fixed tail surface; ~**skraft** *f* tail(plane) force; ~**slast** *f (Flzg)* tail unit load; ~**werkslos** *(Lfz)* tail-off; ~**sschütteln** *n* tail buffeting; ~**sträger** *m* tail boom ***(Def)***.

**Leitwert** *m (el)* conductance.

**Lenk|anlage** *f (FK)* guidance system ***(Def)***; ~**bar** manoeuvrable (*US* maneuverable); ~**empfänger** *m (FK)* guidance receiver ***(Def)***; ~**flugkörper** *m* guided missile; *abbr* GM ***(Def)***; ~**kraft** *f (Lfz)* control (lever) force; ~**luftschiff** *n* dirigible; ~**rad** *n (Lfz)* control wheel; ~**rakete** *f* guided rocket; *Fla-~~* guided air defence (*US* defense) rocket; ~**ruder** *n (Lfz)* control surface *or* rudder; ~**system** *n (FK)* guidance system ***(Def)***; *aktives ~~ (Rak)* active control system; ~**ung** *f* guidance; steering; control; *aktive ~~ (FK)* active guidance; *magnetische ~~ (FK)* magnetic guidance ***(Def)***; *terrestrische ~~ (FK)* terrestrial guidance ***(Def)***; ~**verfahren** *n (FK)* guidance method; ~**vorrichtung** *f* guiding *or* steering device; steering control *or* mechanism; ~**waffe** *f* guided weapon, *abbr* GW.

**Lentikular|iswolke** *f (met)* lenticular *or* wave cloud ***(Def)***; ~ ~**-Wolke** *f (met)* lenticular cloud.

**Lenzpumpe** *f* bilge pump.

**lesen** *v (Karte)* map-read.

**Letzt|anflugteil** *m (Flsich)* final approach leg; ~**e Verfahrenskurve** *f (vor Landung; Flsich)* final procedure turn ***(Def)***.

**Leucht|bake** *f* light beacon; ~**bereit** *(Scheinwerfer: LKr)* ready for action; ~**blatt** *n* luminous dial; ~**boje** *f* light buoy; ~**bombe** *f (LKr)* (illuminating) flare; ~**dichte** *f* luminance; ~**dichtefaktor** *m* luminance factor; ~**fallschirm** *m* parachute flare; ~**farbe** *f* luminous paint; ~**feuer** *n (Bod)* (light) beacon ***(Def)***; ~**fleck** *m (Radar)* spot; dot; blip; pip; ~**flecküberstrahlung** *f (durch Bildschirmübersteuerung: Radar)* bloomer; ~**granate** *f* flare shell; ~**horizont** *m (Bod)* horizon lights *pl*; ~**kompass** *m* illuminated *or* luminous compass; ~**kraft** *f* luminous compass; ~**kraft** *f* luminosity; ~**kugel** *f* flare; Ver(e)y light; ~**munition** *f* tracer ammunition; ~**patrone** *f* signal *or* Ver(e)y cartridge; ~**pfad** *m (Flugplatz)* flare path; ~**pistole** *f* signal *or* Ver(e)y *or* light *or* flare pistol; ~**rakete** *f* landing *or* signal rocket; rocket flare; ~**satz** *m (Leuchtspurmunition)* tracer composition *or* mixture; ~**schiff** *n* lightship; ~**schirm** *m* fluorescent screen; ~**spurgeschoss** *n* tracer bullet; ~**spurmunition** *f* tracer ammunition; ~**stärke** *f* brightness; ~**turm** *m* lighthouse; ~**visier** *n* luminous sight; ~**zeichen** *n* flare *or* light signal.

**Leutnant** *m (LW US)* Second Lieutenant; *(LW E)* Pilot Officer, *abbr* PO.

**Libelle** *f (Instr)* bank indicator ***(Def)***; ~**nsextant** *m (navInstr)* spirit-level *or* bubble sextant ***(Def)***.

**Licht** *n* light; *absorbiertes* ~absorbed light; *gestreutes* ~ stray light; *unbehindert sichtbares* ~ unobstructed light; ~**ausfall** *m* light failure; ~**bild-MG** *n (Luftschießausbildung)* gun camera; camera gun; ~**bogensender** *m* radio arc transmitter; ~**bogenzündung** *f* arc ignition; ~**brechung** *f* refraction; ~**erscheinung** *f* light intensity; *Festfeuer n mit periodisch veränderlicher* ~~ *(Bod)* undulating light ***(Def)***; ~**intensität** *f* light intensitiy; *wirksame* ~~ effective intensity ***(Def)***; ~**jahr** *n, abbr Lj* light year, *abbr* LY; ~**kegel** *m* searchlight beam; cone of light; ~**maschine** *f (Kfz)* light(ing) dynamo *or* generator; ~**messen** *n (Art)* flash ranging; ~**messtheodolit** *m* flash-ranging theodolite; ~**messtrupp** *m (Art)* flash-ranging team; ~**messung** *f* photometry; ~**quelle** *f* light source; *einfarbige* ~~ monochromatic light source; *gefährdende* ~~ *(Flbetr)* dangerous light; *verwirrende* ~~ confusing light; ~**schallmessen** *n (Art)* sound and flash ranging; ~**signal** *n* light signal; ~**sprechen** *v* optophone; ~**sprechgerät** *n* infra-red (ray) telephone; ~**sprechstelle** *f* optophone terminal; ~**spucker** *m (Bod)* starshell *or* marker gun; ~**stark** *(Optik: LPhot)* high-aperture; ~**stärke** *f* luminous intensity; intensity of light; ~**stärkeregelung** *f (Befeuerungsanlage)* light intensity control; *(LPhot)* aperture control; ~**strahl** *m* light beam *or* ray; ~**strom** *m* luminous flux.

**liege|nd** *(Stellung des Flugzeugführers)* lying; prone; ~**nschaft** *f* real estate; landed *or* fixed property; ~**platz** *m (Flzg)* parking *or* dispersal area; *(für See-Flzge)* mooring area; ~**platzeinrichtung** *f (Bod: speziell für Lfz l)* mooring facility; ~**sitz** *m (Lfz)* lying-position seat; ~**zeit** *f (LVerk)* lay-over; *(bis zum nächsten Einsatz)* turnaround (time) ***(Def)***.

**Linear|beschleunigung** *f* linear acceleration; ~**demodulator** *m (Fernm)* linear detector; ~**feuer** *n (Bod)* linear light ***(Def)***; ~**gleichrichter** *m (Fernm)* linear detector; ~**maßstab** *m (Kart)* linear scale; ~**verstärker** *m (Fernm)* linear amplifier; ~**wirbel** *m (aerodyn)* line vortex.

**Linie** *f* line; ~ *des Datumwechsels* international date line; ~ *des Nullauftriebs (aerodyn)* line of no-lift; zero-lift line; *durchgezogene* ~ *(Kart)* continuous line; ~~ *mit Richtungspfeil(en)* arrowed continuous line; *gestrichelte* ~ *(Kart)* broken line; ~~ *mit Richtungspfeil(en)* arrowed broken line; ~ *gleichen Luftdrucks (met)* line of equal barometric pressure; isobar; ~*gleicher Amplitude (Fernm)* equisignal line; ~ *gleicher Inklination (nav)* line of equal inclination *or* dip; isocline; ~ *gleicher Ortsmissweisung (nav)* isogonic line; isogonal; ~ *gleicher Peilung (nav)* curve of equal bearing ***(Def)***; constant bearing line; ~ *gleicher Schichtdicke (met)* thickness line ***(Def)***; ~ *gleicher Zeiten* isochrome; *punktierte* ~ *(Kart)* dotted line; ~~ *mit Richtungspfeil(en)* arrowed dotted line; ~*n gleicher Lärmbelästigung od* ~*stärke* (equal) noise contour; ~**nbö** *f (met)* cold front *or* line squall ***(Def)***; ~**nflug** *m (LVerk)* (scheduled) air service (Flight); ~◦**luftverkehr** *m* (scheduled) air service; *Unternehmen n des* ~~*s* airline ***(Def)***; ~**nnetz** *n (LVerk)* air-route network; *weitverzweigtes* ~~ wide-branched air-route network; ~**npilot** *m (LVerk)* airline (transport) pilot; ~**nschraffur** *f (Kart)* single ruling; ~**nwirbel** *m (aerodyn)* line vortex ***(Def)***.

**Likelihood-Verfahren** *n (SAR)* likelihood method.

**Link-Trainer** *m (Blindflugübungsgerät)* Link trainer.

**links** *(allg)* left; *(Lfz)* port; ~**drehender Propeller** *m* lefthandet propeller ***(Def)***; *nach* ~ *drehen v (Rückdrehen des Windes)* back; ~**drall** *m* left-hand twist; ~**gängige Luftschraube** left-hand airscrew *or* propeller; ~**laufender Motor** *m* left-hand engine; ~**läufer** *m (Flmot)* left-hand engine; ~**läufig** left-handed; counterclockwise; ~**platzrunde** *f (Flbetr)* left-hand circuit; ~**trudeln** *n (Flbetr)* left spin.

**Lippe** *f (Para)* lip ***(Def)***.

**Liter|inhalt** *m (Flmot)* capacity of an engine; ~**leistung** *f (Flmot)* power output per unit of displacement; specific power output.

**Lizenz|bau** *m* construction *or* manufacture under licence (*US* license); ~**(bau)triebwerk** *n* licence-built engine; ~**geber** *m* licenser; ~**nehmer** *m* lincensee; ~**pflichtig** subject to licence (*US* license) arrangement; ~**startmasse** *f (Lfz)* licensed take-off weight; *höchstzulässige* ~~ (Lfz) maximum licensed take-off weight ***(Def)***.

**Loch|absaugung** *f (Turbo)* hole-syphoning; ~**streifen** *m (Fernm)* perforated tape; *endloser* ~~ *(Fernm)* continuous tape; ~**streifenbetrieb** *m (Fernm)* tape relay operation; ~**streifenempfänger** *m (Fernm)* receiving perforator; ~**streifenmeldung** *f (Flsich)* tape relay message; ~**streifenschreiber** *m* tape transmitter; ~**streifensender** *m (Fernm)* perforator transmitter; ~**streifenvervielfältiger** *m (Fernm)* tape multiplier; ~**streifenvorschub** *m* tape feed; ~**streifenvorsatz** *m (Fernm)* tape relay heading; ~**streifenweitergabe** *f (Fernm)* tape relay; *Fernschreibnetz n für* ~~ tape relay network; ~**streifen-Weitergabeeinrichtung** *f (Fernm)* “torn-tape“ relay installation ***(Def)***; ~**streifen(weitergabe)stelle** *f (Fernm)* tape relay station; ~**visier** *n* peep sight.

**Löffel|bagger** *m* (crane-)navvy; *(US)* steam- *or* power-shovel; shovel dredger; ~**bohrer** *m* auger.

**Log|buch** *n* log book; *ins* ~~ *eintragen v* log; ~**bucheintragung** *f* log (entry); ~**gen** *v* log.

**Logist|ik** f *(mil Oberbegriff für Versorgung)* logistics; ~**isch** *(mil)* logistic(al).

**Lohn|liste** *f* pay-roll; ~**stunde** *f* man-hour.

**Lokal|oszillator** *m (Fernm)* local oscillator; ~**wetter** *n* local weather.

**Look-down-Radar(gerät)** *n (Jagd-Flzg)* look-down radar.

**Looping** *m (Kunstflug)* loop(ing) ***(Def)***; ~ *aus der Rückenlage nach oben* inverted outside loop; upside-down loop; ~ *aus der Rückenlage nach unten* inverted normal loop; *halber* ~ half loop ***(Def)***; ~*rückwärts* normal loop ***(Def)***; inside loop ***(Def)***; ~ *vorwärts* outside *or* inverted loop ***(Def)***.

**Loran** *n (Fernbereichs-System)* loran (*short for* long-range aid to air navigation) ***(Def)***; *SS-~-System n (nav)* skywave synchronizing long-range aid to air navigation; *Standard-~* standard LORAN; ~**-Funkstelle** *f* loran station; ~**-Kette** *f (nav)* loran chain; ~**-Navigationskarte** *f* loran chart; ~**-Paar** *n (Funknav)* loran pair.

**Lorin-Triebwerk** *n, abbr* **L-Triebwerk** *(Staustrahltriebwerk: Turbo)* aerothermo-dynamic duct, abbr athodyd; *(US)* ramjet (power plant); ramjet engine ***(Def)***.

**„Los!“** *(Segelflugkommando)* "(Let) go!"; ~**brechmoment** *n (Flmot)* break-away torque; *das ~~ überwinden v (Flmot)* break the oil seal *(of an engine)*.

**lösbares Verbindungstück** *n (el)* connector ***(Def)***.

**Lösch|funkensender** *m (Funk)* quenched spark transmitter; ~**gerät** *n* fire extinguisher; ~**vorstufe** *f (Fernm)* precanceller.

**los|gelassene Ruder** *n/pl (Flzg)* free controls *pl*; ~**ungswort** *n (mil)* pass word; countersign.

**Lot|achse** *f* vertical axis; ~**ballon** *m* sounding balloon; ~**fernrohr**, *abbr* **Lotfe** *(Bombenvisier)* telescopic bomb sight.

**löt|en** *v* solder; ~**metall** *n* solder.

**Lot|punkt** *m (LPhot)* plate nadir *or* plate plumb point; (in *Aufnahmeobjektebene: LPhot)* ground plumb *or* ground nadir point; ~**recht** vertical; perpendicular; ~**rechte** *f* perpendicular; ~**richtung** *f* plumb line; vertical direction.

**Lotse** *m (Flsich)* controller; *empfangender ~ (Flsich)* receiving controller; *sendender ~ (Flsich)* sending controller; *übergebender ~ (Flsich)* transferring controller; *übernehmender ~ (Flsich)* accepting controller.

**Lötzinn** *n* solder.

**Loxodrom|beschickung** *f (nav)* loxodrome reduction; ~**e** *f (nav)* loxodrome; rhumb line ***(Def)***; ~**e-Flugstrecke** *f (nav)* rhumb-line route; ~**isch** loxodromic.

**Lücke** *f (zwischen Reihenbild-Luftaufnahmen: LPhot)* hiatus.

**Luft** *f* air; *Abfließen n von ~ (Para)* spilling ***(Def)***; *arktische ~ (met)* artic air; *dünne ~* light air; *in der ~ bleiben v (Flzg)* remain aloft; *in der ~ befindlich (Flzg)* to be airborne; *sl* upstairs; ~ *in der Grenzschicht (aerodyn)* boundary-layer air; *obere ~* upper air; *ruhende od ruhige ~ (met)* still air; ~ *schlucken v (Para)* squid ***(Def)***; *umgebende ~* environmental air; *unbewegte ~ (met)* calm air; ~**- und Raumfahrt** *f* aerospace ***(Def)***; ~**- und Weltraum** *m* aerospace *(Def)*.

**Luft|abfluss** *m (Para)* spilling ***(Def)***; ~**abhängig** *(Flmot: Marsch-FK)* air-breathing ***(Def)***; ~**abkommen** *n* air treaty *or* convention *or* agreement; ~**ablass** *m* air escape; ~**ablassventil** *n (Lfz)* spill valve ***(Def)***; ~**ableitung** *f (aus dem Triebwerk)* engine air bleed(-off); ~**abscheider** *m* deaerator; ~**abschirmung** *f (takt)* air umbrella; ~**abwehr** *f* aerial *or* air defence (*US* defense); ~**abwehrrakete** *f* anti-aircraft missile; ~**abzapfung** *f (Turbo)* air bleed; ~**alarm** *m (LS)* air-raid alarm; ~**angriff** *m* air-raid; air attack; aerial offence; ~**angriffsziel** *n (LKr)* air objective *or* target; ~**anlassverfahren** *n (Flmot & Turbo)* air start procedure; ~**ansaugstutzen** *m (Flmot)* air intake *or* scoop ***(Def)***; ~**ansicht** *f* aerial *or* air view; ~**atmend** *(Flmot; Marsch-FK)* air breathing ***(Def)***; ~**attaché** *m (mil)* air attaché; ~**aufklärung** *f (takt)* aerial reconnaissance; *strategische ~~* strategic air reconnaissance; *taktische ~~* tactical air reconnaissance; ~**aufklärungsraum** *m (takt)* air reconnaissance area; ~**aufnahme** *f (LPhot)* aerial photograph ***(Def)***; ~**auftankung** *f* aerial *or* inflight refuelling (*US* refueling); ~**auftrieb** *m (aerodyn)* air *or* aerodynamic lift; ~**ausgleicher** *m* air compensator; ~**auslassöffnung** *f* air outlet; ~**austauscher** *m (aerodyn)* air interchanger ***(Def)***.

**Luft|ballonet** *n (Lfz l)* air ballonet; ~**behälter** *m* air container; ~**belastungen** *f/pl (stat)* flight loads *pl*; ~**beobachtungsstelle** *f (takt)* air observation post, *abbr* AOP; ~**beschreibung** *f* aerography; ~**betankung** *f (Flbetr)* air refuelling (*US* refueling) ***(Def)***; ~**betankungsausleger** *m (Flzg)* aircraft refuelling boom; ~**betankungsbaum** *m* aircraft refuelling boom; ~**bild** *n (LPhot)* aerial *or* air photo(graph) ***(Def)***; *nicht entzerrtes ~~ (LPhot)* uncontrolled mosaic ***(Def)***; *zusammengesetztes ~~ (LPhot)* mosaic ***(Def)***; ~**bildabteilung** *f (LW)* photographic unit; ~**bildaufklärung** *f* photo(graphic) reconnaissance, *abbr* P.R.; ~**bildauswertung** *f* interpretation of aerial photographs; ~**bildentzerrung** *f* rectification of aerial photographs; ~**bildgerät** *n* aerial *or* aircraft camera; ~**bildkarte** *f* air survey *or* aerial *or* photographic map; aerial mosaic; ~**bildmesswesen** *n* aerial photogrammetry; ~**bildplan** *m* photomap; ~**bildreihe** *f* photographic strip; ~**bildvermessung** *f* aerial *or* photographic surveying; aerophotogrammetry; ~**bildwesen** *n* aerial *or* air photography; ~**-Boden-Lenkflugkörper** *m (LW)* air-to-ground guided missile; ~**bremse** *f (Flzg)* air *or* speed brake ***(Def)***; ~**brücke** *f (Luft-Großtransportoperation)* airlift ***(Def)***.

**Luft|charterbetrieb** *m* (air) charter service; aerial work.

**Luft|dämpfung** *f* aerodynamic damping; ~**datenrechner** *m (Lfz)* air data computer; ~**dicht** airtight; hermetically sealed; *~~ verschlossen* sealed; ~**dichte** *f* air density; ~**dichtemesser** *m* densimeter; aerometer; ~**dichtemessung** *f* aerometry; ~**dichtenhöhe** *f (met)* density altitude ***(Def)***; ~**dichtenschreiber** *m* recording densimeter; ~**dichtenverhältnis** *n* density ratio; ~**dienst** *n* air work; ~**druck** *m (met allg)* atmospheric *or* barometric *or* air pressure ***(Def)***; *(met QFE)* ground-level pressure; *(met QFF)* sea-level (atmospheric) pressure; *Keil m hohen ~~s (met)* wedge ***(Def)***; ~**druckabstand** *m (met)* pressure interval; ~**druckänderung** *f (met)* pressure change *or* variation; ~**druckauffüllung** *f (met)* filling; ~**druckbremse** *f* compressed-air brake; ~**druckgradient** *m (met)* (horizontal) gradient of pressure; baric *or* pressure gradient ***(Def)***; barometric slope; ~**druck-Höhenlinie** *f (met)* pressure contour ***(Def)***; ~**druckhöhenmesser** *m (Instr)* barometric altimeter; ~**druckkarte** *f (met)* barometric *or* isobaric *or* baric chart; ~**druckmesser** *m* barometer; ~**druckmessung** *f* barometry; ~**druckschreiber** *m* barograph; self-recording barometer; ~**druckstand** *m* height of barometer; barometric reading; ~**drucktendenz** *f (met)* barometric tendency ***(Def)***; ~**druckverteilung** *f (met)* pressure distribution; ~**druck-Vorhersagekarte** *f (met)* prebaratic chart ***(Def)***; ~**druckwelle** *f* pressure surge; ~**druckwerte** *m/pl (met)* pressure data *pl*; ~**druckflussmesser** *m (Instr)* airflow meter ***(Def)***, ~**durchlass** *m (bei Schlitzflügeln)* air passage; ~**durch-**

**lässigkeit** *f (Para)* porosity *(Def)*; ~**durchsatz** *m* air throughput; ~**düse** *f* air nozzle *or* jet.

**Luft|einlass** *m (Flmot)* air intake *or* inlet; ~~ *auf Rumpfheck-Oberseite (Flzg)* dorsal air intake; *Staudruck-~~ (Flmot)* ramming intake *(Def)*; *staufreier ~~* non-ramming (air) intake *(Def)*; *keilförmiger ~~ (Turbo)* wedge intake *(Def)*; ~~ *mit veränderlicher Geometrie (Turbo)* variable geometry intake *(Def)*; *verstellbarer ~~* adjustable air intakte; ~**einlassrohr(leitung)** *n (f) (Turbo)* air inlet duct; ~**einlauf** *m (Flmot)* air inducer; *keilförmiger ~~ (Turbo)* wedge intake *(Def)*; ~~ *mit veränderlicher Geometrie (Turbo)* variable geometry intake *(Def)*; ~~ *unveränderlicher od konstanter Geometrie (Turbo)* fixed-geometry air intake; ~**einlaufschacht** *m (Turbo)* air inlet duct; ~**einströmung** *f (Flmot)* air inflow; ~**eintritt** *m* air intake *or* inlet; *Ölkühler m im ~~* air-intake oil cooler *(Def)*; ~**eintrittsgehäuse** *n (Turbo)* air intake casing *(Def)*; ~**elastizität** *f* aeroelasticity; ~**embolie** *f (Flmed)* aeroembolism *(Def)*; *koronare ~~* coronary embolism; ~**entnahme** *f* **aus dem Strahltriebwerk** jet-engine (air) bleed; ~~ *aus dem Triebwerk* (engine) air bleed(-off).

**Lüft|errad** *n* cooling fan (wheel); ~**erverkleidung** *f* fan shroud; ~**ungsanlage** *f (Lfz)* ventilating system.

**Luft|erkundung** *f (takt)* air reconnaissance; ~**exerzieren** *n* air drill; ~**expressgut** *n* air express.

**Luft|fähre** *f* air ferry; ~**fahrer** *m* aviator; airman; ~**fahrerschein** *m* air licence; *Gültigkeitserklärung eines ~~s (ICAO)* rendering (a licence) valid *(Def)*.

**Luftfahrt** *f* aeronautics pl *(Def)*; *(Lfz schwerer als Luft)* aviation *(Def)*; *Allgemeine ~* general aviation; *Flugzeug n der Allgemeinen ~* general-aviation aeroplane; *internationale ~* international general aviation, *abbr* IGA; *~ mit Aerostaten* aerostation *(Def)*; ~**angaben** *f/pl (Kart)* aeronautical data; ~**ausstellung** *f* air show; aeronautical exhibition; ~**bedarf** *m* aero-accessories *pl*; ~**behörden** *f/pl* aeronautical authorities *pl*; ~-**Blau**, -**Gelb**, -**Grün**, -**Rot** *n (ICAO)* aviation blue, yellow, green, red; ~**bodenfeuer** *n* aeronautical ground light *(Def)*; ~**dienst** *m* air navigation services *pl*; ~**elektronik** *f* avionics *(Def)*; ~**feuer** *n (Bod)* aeronautical (ground) light *(Def)*; air navigation light; ~**forschung** *f* aeronautical research; ~**forschungsanstalt** *f* aeronautical research institute; ~**gesetzgebung** *f* air legislation; ~**handbuch** *n* aeronautical information publication, *abbr* AIP *(Def)*; ~**hindernis** *n* (airway) obstruction; obstruction (to air navigation); *sl (US)* hump; ~**industrie** *f* aero *or* aviation *or* aircraft industry; ~**information** *f* aeronautical information; *Dienststelle der ~~* aeronautical information service unit; ~**informationsblatt** *n* aeronautical information circular, *abbr* AIC; ~**informationsdienst** *m* aeronautical information service, *abbr* AIS; ~**informations-Rundschreiben** *n* aeronautical information circular, *abbr* AIC; ~**jahrbuch** *n* aeronautical *or* air almanac; ~**karte** *f* aeronautical chart *(Def)*; ~**kartenaufdruck** *m (Kart)* aeronautical overprint; ~**kartographie** *f* aviation cartography; ~**leuchtfeuer** *n (Bod)* aeronautical beacon *(Def)*; ~**literatur** *f* aeronautical literature; ~**medizin** *f* aviation medicine *(Def)*; aero-medicine; ~**medizinisch** aero-medical; ~**meteorologie** *f* air meteorology; ~**minister** *m* air minister; ~**ministerium** *n* air ministry; *(E)* Ministry of Civil Aviation; ~**norm** *f* aeronautical standard; ~**notfrequenz** *f (Funk)* aeronautical emergency frequency; ~**personal** *n* aeronautical personnell; *Ausweise m/pl für ~~* personnel licenses *pl*; ~**recht** *n* air law; ~**regionalplan** *m* regional air navigation plan; ~**register** *n* aeronautical register; ~-**Rundsendedienst** *m (Funk)* aeronautical broadcasting service *(Def)*; ~**sachverständiger** *m* air expert; ~**standard** *m* aeronautical standard; ~**technik** *f* technical aeronautics *pl*; aeronautical engineering; aerotechnics *pl*; ~**techniker** *m* aeronautical engineer *or* technician; ~**versicherungsgesellschaft** *f* air insurance company; ~**weltkarte** *f (Kart)* world aeronautical chart; ~**zeitalter** *n* air age; ~**zeitschrift** *f* aeronautical magazine *or* periodical *or* journal; ~**zubehör** *n* aero(nautical) accessories *pl*; *elektronisches ~~* avionics.

**Luftfahrzeug** *n* aircraft *(Def)*; flying **or** aerial *or* flight vehicle; *(leichter als Luft: ICAO)* lighter-than-air air-craft, aerostat *(Def)*; *(schwerer als Luft: ICAO)* heavier-than-air aircraft *(Def)*; aerodyne; *aufzutankendes ~ (Luftbetankung)* receiver aircraft *(Def)*; *bekanntes ~ (Flmelde)* known aircraft; *bordgestütztes ~* carrier aircraft *(Def)*; *~ für verkürzte Startbahn* RTOL (*short for* reduced take-off and landing) aircraft; *gemeldetes ~ (Flmelde)* known aircraft, *~ herkömmlicher Bauart* conventional *or* classic(al) aircraft; *~ in Not* aircraft in distress; *lärmarm startendes und landendes ~* QTOL (*short for* quiet take-off and landing) aircraft; *~ mit Strahlantrieb* jet(-propelled) aircraft; *~ nichtherkömmlicher Bauart* non-conventional aircraft; *staatliche ~ n/pl (ICAO)* state aircraft *pl*; *unbemanntes ~* pilotless aircraft *(Def)*; *vermisstes ~* missing aircraft, *vom Kurs signifikant abgewichenes ~ (Flsich)* strayed aircraft; ~**abstellplatz** *m (Bod)* aircraft parking position; *abgesetzter ~~* isolated aircraft parking position; ~**(auf)fangvorrichtung** *f (Bod)* aircraft arrester gear; aircraft snare; ~**ausrüstung** *f* aircraft equipment *(Def)*; ~**(bau)muster** *n* aircraft type *or* model; ~**bemessung** *(Konstr)* aircraft design; ~**berechnung** *f (konstr)* aircraft design; ~**berechtigung** *f* aircraft rating; ~**bergungsgerät** *n (SAR)* aircraft recovery equipment; ~**besatzung** *f* aircrew *(Def)*; ~**bewegungen** *f/pl (Starts und Landungen: Flbetr)* aircraft movements *pl*; ~**charakteristiken** *f/pl* aircraft characteristics; ~**eigner** *m* aircraft owner; ~**eintragungsschein** *m* aircraft certificate; ~**elektronik** *f* aircraft avionics; ~**entführung** *f* hijacking *or* abduction of aircraft; ~**entwurf** *m (Konstr)* aircraft design; ~**erdung** *f (el)* aircraft grounding; ~**flotte** *f (LVerk)* air fleet; ~**flugleistung** *f* aircraft performance; ~**führer** *m (ICAO)* pilot (of an aircraft) *(Def)*; *Erster ~~* first pilot *(Def)*; ~~ *im Regelkreis (LVerk)* pilot in the loop; *Sicherheits-~~* safety pilot *(Def)*; *verantwortlicher ~~ (ICAO)* pilot-in-command *(Def)*; *Zweiter ~~* co-pilot *(Def)*; second *or* assistant pilot; ~-**Handbuch** *n* pilot's handbook; ~-**Funkingenieur** *m (LVerk)* aircraft radio engineer; ~-**Funkmechaniker** *m* aircraft radio mechanic; ~**funkstelle** *f* aircraft (radio) station *(Def)*; ~**führung** *f (Flbetr)* aircraft control *or* handling; *nachlässige ~~* negligent flying; *rücksichtslose ~~* reckless flying; ~**halter** *m (ICAO)* aircraft operation agency *(Def)*; *(ICAO)* operator; *örtlicher Vertreter m des ~s* operator's local representative *(Def)*; ~**kategorie** *f* aircraft category *(Def)*; ~**kennzeichen** *n* aircraft marking(s); aircraft identification (mark *or* insignia); ~**klasse** *f* class of aircraft; ~**kommandant** *m* pilot-in-command *(Def)*; ~**konfiguration** *f (Flbetr)* aircraft configuration; ~**leermasse** *f* aircraft empty mass; ~**leistung** *f* aircraft performance *or* characteristics; ~**mechaniker** *m* aircraft mechanic; ~**muster** *n* type of aircraft *(Def)*; ~**muster-Kennzeichnung** *f* aircraft type designator; ~-**Prüf(ungs)ingenieur** *m* licensed aircraft engineer *(Def)*; ~**register** *n* aircraft register; ~**rolle** *f* aircraft register; ~-**Seriennummer** *f* aircraft serial number; ~**standort** *m (Bod)* aircraft position; ~**steuerung** *f* aircraft control; *elektronische ~~* fly-by-wire (control); ~**struktur** aircraft structure, *tragende ~~* aircraft primary structure; ~**treppe** *f (LVerk)* aircraft step *or* stairs *pl*; ~**unfall** *m* aircraft accident *(Def)*; ~~ *mit Überlebensmöglichkeit* survivable aircraft accident; ~-**Werknummer** *f* aircraft serial number; ~**zustandsform** *f (Flbetr)* aircraft configuration.

**Luft|fänger** *m (Flmot)* air scoop; scoop-type air intake; ~**federbein** *n (Flzg-Fahrwerk)* pneumatic shock absorber; compressed-air landing leg; ~**feuchte** *od* ~**feuchtigkeit** *f (met)* (air) humidity ***(Def)***; air moisture; ~**filter** *m (Flmot)* air filter ***(Def)*** *or* strainer; ~**flimmern** *n (met)* air sintillation; ~**flotte** *f (takt)* air force; *Taktische ~flotte (LW)* Tactical Air Force, *abbr* TAF; *Alliierte Taktische ~~* Allied Tactical Air Force, *abbr* ATAF; ~**flottenbefehlshaber** *m (LW)* air force commander; ~**fracht** *f (ICAO)* cargo; air freight ~**frachtbrief** *m (LVerk)* air waybill; ~**frachtdienste** *m/pl (LVerk)* air freight services *pl*; ~**frachtführer** *m* air carrier ***(Def)***; *öffentlicher ~~* common air carrier; ~**frachtsätze** *m/pl (LVerk)* air cargo rates *pl*; ~**frachttarif** *m (Verk)* air cargo tariffs *pl*; ~**frachtverkehr** *m (LVerk)* air freight services *pl or* traffic; ~**freihafen** *m (LVerk)* customs-free airport; ~**funkstelle** *f (Lfz)* aircraft (radio) station ***(Def)***.

**Luft|gang** *m (Turbo)* air duct; ~**gefahr** *f (LS)* air danger; ~**gegner** *m (LKr)* hostile aircraft; ~**gekühlt** *(Flnot)* air-cooled; ~**gelandet** *(LVerk)* air landed ***(Def)***; ~**gestartet** *(FK)* air-launched; ~**gewicht** *n* weight of air; air weight; ~**großangriff** *m (LKr)* blitz; ~**gut** *n (LVerk)* air freight *or* goods *pl*.

**Luft|handel** air commerce; ~**haushalt** *m* air budget; ~**herrschaft** *f (LKr)* air supremacy; control *or* mastery of the air; ~**hoheit** *f* air sovereignty; ~**hülle** *f (met)* atmosphere; air envelope; ~~ **der Erde** earth('s) air envelope; ~**hutze** *f (Lfz l)* air scoop ***(Def)***.

**Luft|kabel** *n (Tel)* aerial cable; ~**kampf** *m (LKr)* aerial *or* air combat; air battle; air fight; ~**kampfhandlung** *f* air operation; ~**kampfrakete** *f (Jagd-Flzg)* air-to-air rocket; ~**kampftaktik** *f* aerial combat tactics; ~**kampfübung** *f (takt)* air fighting *or* air attack exercise; ~**kanal** *m (Turbo)* air duct; ~**kissen** *n* air cushion; ~**kissendruck** *m* ground-cushion pressure; ~**kissenfahrzeug** *n* air cushion vehicle; ground-effect vehicle, *abbr* GEV; hovercraft; ~**kissenflugboot** *n* air-cushion *or* surface-effect flying boat; ~**kraft** *f (aerodyn)* air load *or* force; aerodynamic force; air pressure ***(Def)***; *resultierende ~~* resultant air force; ~**kraftmoment** *n (aerodyn)* aerodynamic moment; ~**kraftwaage** *f (aerodyn)* aerodynamic balance ***(Def)***; ~**krank sein** to be airsick; *~krankheit (Flmed)* air sickness ***(Def)***; ~**krieg** *m* air war; ~**kriegführung** *f* aerial warfare; ~**kriegsakademie** *f (LW)* air college; air force academy; ~**kriegsschule** *f (LW)* air force cadet school; ~**kühler** *m* air cooler *or* radiator; ~**kühlerspreizklappe** *f (Flmot)* gill; ~**kühlung** *f* air cooling; ~**kunde** *f* aerology.

**Luft|lage** *f (takt)* (tactical) air situation; ~**lagekarte** *f (takt)* air situation map; ~**lagetisch** *m (Flmelde)* air surveillance plotting board; ~**landetruppen** *f/pl* airborne troops *pl*; ~**landeunternehmen** *n (LKr)* airborne operation; ~**landvermessung** *f* air *or* aerial survey(ing); ~**leer**, *im ~~en Raum* in vacuo; ~**leitblech** *n (Flmot)* cooling *or* air baffle; ~**leitkanal** *m (Turbo)* air duct; ~**leitschaufel** *f (Turbo)* air-guide vane; ~**linie** *f (kürzeste Verbindungslinie)* straight-line distance (in the air), airline; beeline; ~**loch** *n sl* bump in the air; *statisches ~~ (Instr)* static vent ***(Def)***; ~**log** *n (Instr)* air log ***(Def)***; ~**logge** *f (Lfz)* air mileage unit; ~-**Luft-Lenkflugkörper** *m (LW)* air-to-air guided missile.

**Luft|macht** *f* air power; ~**mangel** *m* deficiency of air; ~**manöver** *n (LW)* air manoeuvre (*US* maneuver); air exercise; ~**mantel** *m (met)* air envelope; ~**masse** *f (met)* air mass ***(Def)***; *mitbewegte od mitgeführte ~~ (Para)* associated air mass ***(Def)***; ~**massengewitter** *n (met)* air mass thunderstorm; ~**massengrenze** *f (met)* air mass boundary; ~**massennebel** *m (met)* air mass fog; ~**meer** *n* atmosphere; ~-**Meilenanzeiger** *m (Lfz)* air-mileage indicator ***(Def)***; ~-**Meilenzählwerk** *n (Lfz)* air mileage unit; ~**mine** *f (LKr)* high-capacity *or* blast bomb; *sl* blockbuster; ~**munitionsanstalt** *f* air ammunition depot.

**Luft|navigation** *f* aerial *or* air navigation; (*US auch:*) avigation; ~**navigationsfunkdienst** *m* aeronautical navigational radio service; ~**navigationskarte** *f* air navigation chart; ~**navigationsschule** *f* air navigation school; ~**not** *f (Flsich)* distress ***(Def)***; ~**notausrüstung** *f* air rescue equipment; ~**notfall** *m (Flbetr)* distress incident; ~**notnetz** *n (Funk)* search and rescure net, *abbr* SAR (net).

**Luft|-Ölfederbein** *n (Fahrwerk)* oleo-pneumatic shock-absorber (strut); air-oil strut ***(Def)***; ~**offensive** *f (LKr)* air offensive; ~**operation** *f (takt)* aerial operation; ~**ortung** *f (nav)* aerial position-fixing.

**Luft|pakt** *m* air pact; ~**parade** *f* fly-past; aerial review; ~**park** *m (LW)* air stores park; aircraft park; air depot; ~**pendelverkehr** *m* air shuttle service; ~**piraterie** *f* air piracy; ~**politik** air politics *pl*; ~**polizei** *f* air (traffic) police; ~**polster** *n* air cushion; ~**post** *f* air mail; *zuschlagpflichtige ~~* surchaged air mail; ~**postbrief** *m* air-mail letter; ~**postdienst** *m* air-mail service; ~**postmarke** *f* air-mail stamp; ~**poststrecke** *f (LVerk)* airmail route; ~**postverkehr** *m* air-mail traffic.

**Luft|rat** *m* air council; ~**raum** *m* airspace ***(Def)***; sky; *in den ~~ eindringendes Flugzeug n (LKr)* intruder (aeroplane); *kontrollierter ~~ (Flsich)* controlled airspace ***(Def)***; *~~ mit Verkehrs(zusammen)ballung* congested airspace; *oberer ~~ (Flsich)* upper airspace; *unkontrollierter ~~ (Flsich)* uncontrolled airspace; ~**raum(be)nutzung** *f* airspace utilization; ~**raumbeschränkungen** *f/pl (Flsich)* airspace restrictions *pl*; ~**raumblock** *n (Flsich)* block of airspace; ~**raummanagement** *n* airspace management; ~**raumordnung** *f (Flsich)* airspace control; ~**raumreservierung** *f (Flsich)* airspace reservation; ~**raumverletzer** *m (LKr)* intruder aeroplane; ~**reibung** *f* air friction; ~**reifen** *m* pneumatic tyre (*US* tire); ~**reiniger** *m* air filter; ~**reise** *f* air travel; trip *or* voyage by air; ~**reisender** *m* air passenger *or* traveller (*US* traveler) *or* tourist; ~**reiseverkehr** *m* air passenger service *or* traffic; ~**reklame** *f* sky writing *or* aerial advertisment; ~**rennen** *n* air race; ~**röhrenkühler** *m (Flmot)* air tube radiator; ~**rüstung** *f* air armament.

**Luftsack** *m (Luftzielbeschuss: Flak)* sleeve target.

**Luft|schicht** *f (met)* air layer *or* stratum, *pl* strata; *(zwischen zwei Körpern)* air cushion; ~**schichtung** *f (met)* atmospheric stratification; *stabile ~~ (met)* stable air; ~**schießen** *n (takt)* air firing *or* gunnery; ~**schießlehre** *f* aeroballistics; ~**schießplatz** *m* air-to-air range, *abbr* A/A range; ~**schießübung** *f* air firing practice.

**Luftschiff** *n* airship ***(Def)***; *halbstarres ~* semirigid airship ***(Def)***; pressure-rigid aiship ***(Def)***; *lenkbares ~* dirigible (airship); *nicht starres ~* non-rigid airship; *Prall- ~* non-rigid airship ***(Def)***; taut airship; *starres ~* rigid airship; *unstarres ~* non-rigid airship; *(kleines)* blimp; ~**basis** *f* airship station; ~**bauhalle** *f* airship construction hangar; ~**er** *m* aeronaut ***(Def)***; ~**fahrt** *f* aerostaion ***(Def)***; ~**flosse** *f* aerostat stabilizer; ~**führer** *m* pilot of an airship; ~**gondel** *f* airship car *or* cabin *or* gondola; ~**halle** *f* dock; ~**hülle** *f* envelope; ~**körper** *m* airship hull *or* body; ~**kommandant** *m* airship commander; ~**skelett** *n* airship framework; ~**stützpunkt** *m* airship base.

**Luft|schirm** *m (LKr)* air umbrella; ~**schlacht** *f (LKr)* air battle; ~**schlauch** *m (in Laufradbremse)* air bag; ~**schlitz**

*m (Motorhaube)* louver; *(Schlitzflügel)* air passage; **~schnittig** drag-reducing.

**Luftschraube** *f (vergl/cf auch Propeller)* propeller *(Def)*; *(vorwiegend in E:)* airscrew; sl prop; fan; *abgeänderte ~* modified propeller, *am Boden einstellbare ~* adjustable(-pitch) propeller; *~ auf Segelstellung fahren v* feather the propeller; *auf Segelstellung gefahrene ~* feathered airscrew; *auf Segelstellung verstellbare ~* feathering propeller; *fahrtwindgetriebene ~* dead stick *(Def)*; *gegenläufige ~n pl* oppositely *or* contra-rotating airscrews *pl*; counter propellers *pl*; *sl* contraprops; handed propellers *pl*; *~ gleichbleibender Drehzahl* constant-speed propeller; *hintereinanderliegende ~n pl* tandem airscrews *pl*; *hydraulisch verstellbare ~* hydro-adjustable propeller; *~ im Leerlauf* idling *or* windmilling propeller; *kippbare ~* tilt(ing) propeller; *linksläufige ~* left-hand(ed) airsrew; *~ mit Bremssteigung* reversible-pitch propeller *(Def)*; *~ mit Windradverstellung* anemometrically variable-pitch airscrew; *nicht verstellbare ~* fixed-pitch propeller, *rechtsläufige ~*right-hand(ed) airscrew; *Saugseite f der ~* blade back *(Def)*; *Schnellsegelstellungs-~* fast-feathering propeller; *schwenkbare ~* tilt(ing) propeller; *stehende ~*dead stick *(Def)*; *stufenlos verstellbare ~* continuously variable-pitch airscrew; *~ umkehrbarer Steigung* reversible-pitch *or* reverse propeller; *umsteuerbare ~* reversible-pitch propeller *(Def)*; *untersetzte ~* geared propeller; *unverstellbare ~* fixed-(pitch) airscrew; *verstellbare ~* variable *or* controllable(-pitch) propeller; *~ von Hand durchdrehen v* swing *or* rotate the airscrew by hand; *~ von Segel- auf Reisestellung fahren v* unfeather; *zweiblättrige ~* two-blade airscrew; *zweifach verstellbare ~* two-pitch airscrew.

**Luftschrauben|achse** *f* propeller axis *or* shaft; **~anbauflansch** *m* airscrew hub attachment flange; **~antrieb** *m* airscrew drive; **~ausgleich** *m* propeller balancing; **~auswuchten** *n* propeller balancing; **~bahn** *f* track of the airscrew; propeller track; **~beschlag** *m* tipping of the propeller; **~blatt** *n* propeller blade; **~blattflächeninhalt** *m* propeller blade area; **~blattschaft** *m* propeller blade shank; **~blattspitze** *f* blade tip; **~blattspitzenschaden** *m* propeller tip failure; **~bremse** *f* propeller brake; **~drehmoment** *n* propeller torque; **~drehsinn** *m* (sense of) rotation of propeller; **~drehzahl** *f* propeller speed *or* RPM; *höchste geregelte ~~* maximum propeller governed speed; **~drehzahlmesser** *m (Instr)* propeller revindicator *or* revolution counter; **~drehzahlregler** *m* airscrew controller *or* governor; propeller speed control; constant speed unit; **~durchmesser** *m* (airscrew) diameter *(Def)*; **~ebene** *f* plane of propeller rotation; **~enteisung** *f (Gerät)* propeller anti-icer; de-icing device for airscrews; **~enteisungsring** *m* slinger ring *(Def)*; **~flattern** *n* propeller flutter; **~flügel** *m* propeller blade; **~flügelschaft** *m* blade shank; **~gang** *m* propeller path; path of the blade element; **~geräusch** *n* propeller noise; **~halbmesser** *m* propeller *or* tip radius **~haube** *f* (airscrew *or* nose) spinner; **~hilfsgeräte** *n/pl* propeller accessories *pl*; **~kennlinie** *f* propeller characteristic curve; **~kreis** *m* propeller disk *or* arc *or* circle; **~kreisfläche** *f* disk area *(Def)*; **~lagerung** *f* propeller bearing; **~lärm** *m* propeller noise; **~leistung** *f* propeller performance; **~nabe** *f* propeller hub; **~nabenflansch** *m* hub flange; **~nabenhaube** *f* spinner; **~nabenkonus** *m* propeller hub cone; **~nabenstück** *n* propeller boss; **~nachlauf** *m* propeller wash *(Def)*; **~profil** *n* propeller section; **~prüfstand** *m* propeller test stand; **~radius** *m* propeller radius; **~regler** *m* airscrew controller *or* governor; propeller speed control; constant speed unit; **~regelung** *f* propeller pitch control; **~schlupf** *m* slip; **~schnitt** *m* airscrew section; **~schub** *m* propeller thrust; **~schwingung** *f* airsrew vibration; **~segelstellung** *f* feathered propeller position; propeller feathering; **~steigung** *f* propeller pitch; *Verstellbereich der ~~* pitch changing range; **~steigungsmesser** *m* propeller pitch indicator; **~stellungsanzeiger** *m* propeller pitch indicator; **~strahl** *m* slipstream *(Def)*; wake; backwash; *sl* prop blast *or* wash; **Tandem-~** tandem propellers *pl (Def)*; **~turbine** *f (Turbo)* airscrew turbine; turboprop; propjet; **~überdrehzahl** *f* overspeed; *zulässige ~~* maximum propeller overspeed; **~untersetzungsgetriebe** *n* airscrew reduction gear (drive); **~verstellmotor** *m* pitch setting mechanism; **~verstellung** *f* change of pitch; propeller pitch change; **~welle** *f* propeller shaft; **~wind** *m* propeller slipstream; **~wirkungsgrad** *m* (airscrew) efficiency *(Def)*; ~propulsive efficiency of the propeller; **~wurzel** *f* propeller root; **~zubehör** *n* propeller accessories *pl.*

**Luftschutz** *m* passive civilian air defence (*US* defense); air raid protection, *abbr* ARP; **~bunker** *m* air raid shelter, *abbr* ARP shelter; **~keller** *m* ARP shelter; **~leiter** *m* ARP controller; **~maßnahme** *f* air raid precautionary measure; **~polizei** *f* civil air defence (*US* defense) police; **~raum** *m* air raid shelter; **~turm** *m* air raid tower; **~warndienst** *m* passive air defense (*US* defense); (air raid) warning service; **~warnzentrale** *f* air raid control centre (*US* center); **~wart** *m* ARP-shelter *or* air-raid warden.

**Luft|sicherheit** *f* (air traffic) security; **~sicherung** *f (takt)* aerial *or* air cover(age); **~spähdienst** *m (Flmelde)* anti-aircraft observer service; **~sperre** *f (LKr)* balloon barrage; **~sperrgebiet** *n (Flsich)* prohibited aerea *(Def)*; prohibited flying zone; **~sperrmittel** *n/pl* air barrage means; **~sperrverband** *m (LKr)* AA barrage unit; **~spiegelung** *f* mirage; fata morgana; **~sprengpunkt** *m (Flak)* point of air burst; **~-Standortanzeigegerät** *n (nav)* air-position indicator *(Def)*; **~starten** *n (Flmot & Turbo)* air start; **~staudruck** *m (aerodyn)* air-flow ram; **~stewardess** *f (LVerk)* air hostess; air(line) stewardess; **~störung** *f (met)* atmospheric disturbance; **~strahl** *m* air jet; *gebundener od begrenzter ~~* bounded air jet; **~strahlklappe** *f (Lfz)* jet flap *(Def)*; **~strahltriebwerk** *n* jet (propulsion) unit; airbreathing jet engine; **Propellerturbinen-~~**, *abbr* PTL turboprop (engine) *(Def)*; **Turbinen-~~** *abbr* TL turbojet (engine) *(Def)*; **~straße** *f (Flsich)* airway *(Def)*; **~straßenfeuer** *n* airway beacon *(Def)*; **~strategie** *f* air strategy; **~streitkräfte** *f/pl (allg)* air force(s); *(takt)* air (striking) forces; *strategische (früher operative) ~~* strategic (bombing) force; **~streitmacht** *f* air armada; **~strom** *m (aerodyn)* airflow; ram air; airstream *(Def)*; *(met)* air current; *anabatischer ~~ (met)* anabatic air current; *aufsteigender ~ (Thermik: met)* thermal up-current; *gebundener od begrenzter ~~* bounded airflow; *katabatischer ~~ (met)* catabatic airlflow; **~strömung** *f (met)* air current; *(aerodyn)* airflow; *Ablösen n od Ablösung f der ~~* airflow separation; *advektive ~~ (met)* advection current; *Kinematik f von ~~en* aerokinematics; **~stützpunkt** *m* air base; **~suchplan** *m (SAR)* aerial search pattern.

**Luft|taktik** *f* air(-fighting) tactics; **~taxi** *n (LVerk)* air taxi; **~temperatur** *f (met)* air temperature; *angezeigte ~~* indicated air temperature; *~~ über der Piste* runway air temperature; **~torpedo** *m (LKr)* air *or* aerial torpedo; *sl* tin fish; *sl* mouldy; **~transport** *m* aerial *or air* transport *(Def)*; air lift; **~transportmasse** *f (LVerk)* air lift *(Def)*; **~transportverkehr** *m* air transport operations *pl*; **~transportwesen** *n* air transportation; **~treffbild** *n (Flak)* air-burst pattern; **~trichter** *m (Vergaser)* choke tube; **~trübung** *f (met)* turbidity *or* murkiness of the air; air dimness; **~tüchtig** *(Lfz)* airworth *(Def)*; **~tüchtigkeit** *f (Lfz)* airworthiness; *bedingte od beschränkte ~~ (Lfz)* limited airworthiness; *die ~~ bescheinigen v (ICAO)* certify as airworth *(Def)*; **~tüchtigkeitsausweis** *m od* **~zeugnis** *n (Lfz)* certificate of airworthiness, *abbr* C. (of)

A.; *Gültigkeitserklärung f eines* ~es *(ICAO)* rendering (a certificate of airworthiness) valid ***(Def)***; ~**tüchtigkeitsgrad** *m (Lfz)* level of airworthiness; ~**tüchtigkeitskategorie** *f (Lfz)* airworthiness category; ~**tüchtigkeitsvorschriften** *f/pl (Lfz)* airworthiness code; *anzuwendende* ~~ *(Lfz: ICAO)* appropriate airworthiness requipments *pl* ***(Def)***; ~**turbulenz** *f (met)* air *or* atmospheric turbulence ***(Def)***.

**Luft|überlegenheit** *f (LKr)* superiority in the air; air superiority; ~- **und Raumfahrt** *f* aerospace ***(Def)***; ~- **und Raumfahrtindustrie** *f* aerospace industry; ~- **und Raumfahrt-** *od* **-Weltraumrecht** *n* aerospace law; ~**undurchlässigkeit** *f* air impermeability; ~**unterlegenheit** *f (LKr)* air inferiority; ~**unterstützung** *f (LKr)* air support; *allgemeine* ~~ general air support; *Anforderung f von* ~~ air (support) request; *Aufklärungs-*~~ *(LKr)* reconnaissance (*abbr* recce) air support; *offensive* ~~ *(Lkr)* offensive air support, *abbr* OAS; *Transport-*~~ transport air support; *unmittelbare* ~~ *(der Bodentruppen: Kr)* close air support, *abbr* CAS; ~**untüchtigkeit** *f* unairworthiness.

**Luft|verbindung** *f (takt)* air connection *or* contact; ~**verdichter** *m* air compressor; ~**verdrängung** *f* aerodynamic *or* air volume; (air) displacement; ~**verdünnter Raum** *m (Luftraum)* rarefied airspace; ~**verdünnung** *f* rarification of air.

**Luftverkehr** *m* air service *or* traffic; air transport; ~ *auf kurzen Strecken* short-haul service; *nichtplanmäßiger* ~ non-scheduled air transport; *planmäßiger* ~ scheduled air-service; air services *pl*; *Stauung od Zusammenballung f des* ~*s* congestion of air traffic; ~**sabkommen** *n (ICAO)* air transport agreement; ~**sanschluss** *m* air connection; ~**sflugzeug** *n* airliner; ~**sgenehmigung** *f* air traffic concession; ~**sgesellschaft** *f* airline company; aviation company; *(US)* carrier; *inländische* ~~ domestic airline; ~**shindernis** *n (Bod)* air traffic obstacle; ~**snetz** *m* airline network; ~**splan** *m* air service *or* flight *or* flying schedule; ~**sschema** *n* air traffic pattern; ~**s-Signalscheinwerfer** *m (Flsich)* air-traffic signal light ***(Def)***; ~**sstewardess** *f* air(line) stewardess; air hostess; ~**sstraße** *f (Flsich)* airway; ~**sstrecke** *f* airway; air route; *befeuerte* ~~ lighted airway; ~**sunternehmen** *n* air traffic undertaking; airline; air transport undertaking; air carrier ***(Def)***; *gewerbliches* ~~ commercial air transport operator; *regionales* ~~ commuter air service; ~**sverband** *m*, **Internationaler** ~~ (ICAO) International Air Transport Association, *abbr* IATA; ~**sverbindung** *f* flight connection; *planmäßige* ~~ air service; ~**svorschrift** *f* air traffic regulation *or* rule; ~**swesen** *n* air traffic.

**Luft|vermessung** *f* air *or* aerial survey(ing); air mapping; ~**verschmutzung** *f* air pollution; ~**versicherung** *f* aviation insurance; ~**versorgung** *f* aerial supply; supply by air; ~**verteidigung** *f* aerial *or* air defence (*US* defense); *bodenständige* ~~ static air defence (system); ~~**sdivision** *f (LW)* air defence division; ~~**sgebiet** *n* air defence (*US* defense) zone; ~~**skommando** *n (LW)* air defence (*US* defense) command; ~~**skräfte** *f/pl* air defences (*US* defenses); air defence forces *pl*; ~~**ssektor** *m* air defence sector; ~~**szone** *f* air defence zone; ~**(ver)wirbelung** *f* air eddying; ~**volumen** *n* air volume; *~verdrängtes* ~~ *(Lfz l)* air volume ***(Def)***; ~**vorherrschaft** *f (LKr)* air predominance; ~**vorwärmer** *m (Flmot)* air (pre-)heater; ~**waage** *f* aerometer.

**Luftwaffe** *f* air force; air arm; *bodenständige* ~ air force territorial elements *pl*; *Kommando n der Strategischen* ~ *(US)* Strategic Air Command, *abbr* SAC; *Kommando der Taktischen* ~ *(US)* Tactical Air Command, *abbr* TAC; *Oberkommando der* ~ High Command of the Air Forces *pl*; ~**ndienstvorschrift** *f* air force publication; air publication, *abbr* AP; ~**nhelfer** *m* air force auxiliary; ~**nhelferin** *f* air force women auxiliary; *(E)* Waaf; *(US)* woman in the Air Force, *abbr* WAF; ~**nkommando** *n* air (force) command; *höheres* ~~ *(US)* major air command; ~**nminister** *m (E)* Secretary of State for Air; *(US)* Secretary of the Air Force; ~**nschule** *f* airforce school; ~**nübungsplatz** *m (NATO)* air weapons training installation, *abbr* AWTI; ~**nverbindungsoffizier** *m (takt)* air liaison officer, *abbr* ALO; ~**nverbindungstrupp** *m (takt)* air liaison party.

**Luft|warn- und Flugzeug-Leitdienst** *m (LW)* air(-raid) warning and aircraft control service; ~**warnung** *f (LS)* air-raid warning; *öffentliche* ~~ preliminary air-raid warning; ~**weg** *m (Flsich)* advisory route, *abbr* ADR ***(Def)***; *Abtransport m auf dem* ~ *(mil)* air evacuation; *auf dem* ~~ *(LVerk)* by air; *auf dem* ~~ *transportieren v* airlift ***(Def)***; ~**wehr** *f* air defence (*US* defense); ~**werbung** *f* air propaganda; aerial advertisement; ~**werterechner** *m (Lfz)* air data computer; ~**widerstand** *m (aerodyn)* (aerodynamic *or* air) drag; air resistance; *induzierter* ~~ induced drag; *schädlicher* ~~ parasite drag; *zusätzlicher* ~~ additional drag; ~**widerstandsbeiwert** *m (aerodyn)* drag coefficient *or* factor; ~(**widerstands**)**bremse** *f (Flzg)* aerodynamic brake; ~**widerstandskraft** *f (aerodyn)* drag force; ~**widerstandsverminderung** *f* reduction in drag; ~**wirbel** *m (air)* eddy *or* swirl; whirl; (air) vortex.

**Luft|ziel** *n (LKr)* aerial target; ~**zielbeschuss** *m (Luftkampf)* air-to-air gunnery; *(Flak)* AA fire; ~**zirkulation** *f* air circulation; ~**zufluss** *od* ~**zustrom** *m (Flmot)* air inflow; ~**zufuhr** *f* air supply; ~**zug** *m* draft; ~**zusammensetzung** *f* composition of the air *or* of the atmosphere; ~**zusatz** *m* additional air; ~**zustand** *m (met)* atmospheric condition; ~**zutritt** *m (Flmot)* air access *or* admission *or* inlet *or* supply; ~**zwischenkühler** *m (Flmot)* air-intercooler; ~**zwischenraum** *m* air gap; ~**zylinder** *m* air *or* pneumatic cylinder.

**Luke** *f (Flzg)* hatch; ~ *für Astronavigation* astro-hatch.

**lungenautomatische Sauerstoffanlage** *f (Flmed: Lfz)* demand-oxygen system ***(Def)***.

**Luv** *f* luff; windward *or* weather side; ~**seite** *f* exposed *or* windward *or* weather side; ~**winkel** *m (nav)* (angle of) crab; wind correction angle; *(drift)* correction; drift correction angle ***(Def)***.

# M

**M** *(ICAO- & NATO-Buchstabieralphabet)* Mike; *(altes internationales Buchstabieralphabet)* Mike.

**Mach|meter** *n* machmeter ***(Def)***; *akustisches* ~~ acoustic machmeter; ~**-Nicken** *n (Flbetr)* Mach tuck; ~**sche Welle** *f (aerodyn)* Mach line; ~**sche Zahl** *od* **Machzahl** *f (aerodyn)* Mach number ***(Def)***; *Flug-*~~ *(aerodyn)* flight Mach number ***(Def)***; *Flug m nach* ~~ *(Flbetr)* Mach(-number) control; ~~ *in Bodennähe* ground Mach number; ~**zahlanzeiger** *m (Instr)* machmeter; *akustischer* ~~ acoustic machmeter; ~**zahlsteuerung** *f* Mach(-number) control.

**Mächtigkeit** *f (Wolkendecke)* thickness.

**mager** *(Kraftstoff-Luftgemisch)* weak; lean; ~**beton** *m* lean-mix concrete; ~**es Gemisch** *n (Flmot)* lean mixture.

**Magnet** *m (allg)* magnet; *(Flmot)* magneto; ~**anlasser** *m (Flmot)* magneto starter; ~**band** *n* magnetic tape; ~**bandaufzeichnung** *f* magnetic tape recording; ~**feld** *n* magnetic field; *bipolares* ~~ bipolar magnetic field; *planetarisches* ~~ planetary magnetic field; ~**feldkompass** *m* fluxgate compass; ~**feldmesser** *m* fluxgate ***(Def)***; ~**isch** magnetic; ~~ *machen v* magnetize; *~~e Lenkung f (FK)* magnetic guidance ***(Def)***; *~~e Störung f (el)* magnetic interference ***(Def)***; *~~er Kurs m (nav)* magnetic course; *~~es Gewitter n* geomagnetic storm; *~~es Kraftfeld n* magnetic (-force) field; ~**isierung** *f* magnetization; ~**ismus** *m* magnetism; ~**kernantenne** *f (Funk)* ferrite antenna; ~**kompass** *m* magnetic compass ***(Def)***; ~**kraft** *f* magnetic force; ~~ *der Erde* terrestrial magnetism; ~**kupplung** *f* magnetic clutch *or* coupling; ~**nadel** *f* magnetic *or* compass needle; ~**odynamik** *f* magnetodynamics; ~**oelastizität** *f* magnetoelasticity; ~**ograph** *m* magnetograph; ~**ohydrodynamik** *f, abbr* MHD magnetohydrodynamics, *abbr* MHD; ~**ophoneinrichtung** *f* tape recorder (equipment); ~**osphäre** *f* magnetosphere; ~**pol** *m* magnetic pole; ~**probe** *f (Flmot)* magneto check; ~**schalter** *m (Flmot)* ignition switch; ~**sturm** *m* geomagnetic storm; *ionosphärischer* ~~ magneto-ionospheric storm; ~**system** *n (Flmot)* magneto system; ~**trommel** *f (el)* magnetic drum; ~**ventil** *n* solenoid valve; *Betankungs-~~ (Lfz)* solenoid refuelling valve ***(Def)***; ~**zündung** *f (Flmot)* ignition by magnetos.

**mahlen** *v (Luftschraube im Fahrtwind)* windmill; ~ *n (Luftschraube)* windmilling.

**Major** *m (LW E)* Squadron Leader, *abbr* SL; *(LW US)* Major.

**Makrometeorologie** *f* marcrometeorology.

**Malerwerkstatt** *f* painters *or* paint *or* varnish shop.

**Männchen** *n (Kunstflug)* vertical stall; whipstall; tail slide.

**Mann|loch** *n (Flzg)* manhole; ~**schaft** *f* crew; *Unteroffiziere und ~en (mil E)* other ranks, abbr Ors; (mil US) enlisted personnel.

**Manometer** *n* gauge; (*US* gage); manometer.

**Manöv|er** *n* manoeuvre; *(US)* maneuver; ~~ d*er verbundenen Waffen (mil)* combined arms exercise; ~**ermaß** *n* **bei festem Steuerknüppel** *m (Flzg)* manoeuvre margin with stick fixed ***(Def)***; ~~ **bei losem Steuerknüppel** manoeuvre margin with stick free ***(Def)***; ~**rierfähig** *(Lfz)* under command; manoeuvrable; ~**rierfähigkeit** *f (Flzg)* manoeuvrability; *(US)* maneuverability.

**Mantel|gebläse** *n (Flmot)* ducted fan; ~**geschoss** *n* metal-cased *or* metal-covered bullet; ~**kühlung** *f* jacket cooling; ~**propeller** *m (Flzg)* shrouded propeller; ~**(ring)** *m (Turbo)* shroud ring; ~**riss** *m* surface crack; ~**stromführung** *f (Turbo)* by-pass duct; ~**stromkanal** *m (Turbo)* bypass channel; ~**stromtriebwerk** *n (Turbo)* bypass turbojet; (turbo) fan engine; ducted-fan turbine engine ***(Def)***; *dreiwelliges* ~~ *(Turbo)* threespool by-pass engine; ~**stromverhältnis** *n (Turbo)* by-pass ratio; ~**triebwerk** *n (Turbo)* ducted-fan engine ***(Def)***.

**manuell** *(Bedienung)* manually operated; *~e Nachführung f (FK)* hand guiding; ~**e Steuerung** *f* manual control; *~er Simplexbetrieb m (Funk)* manual simplex (operation); *~es Tastfunkverfahren n* manual radio telegraph procedure.

**Marine** *f* navy; ~**beobachter** *m (mil)* naval aviation observer; ~**flak** *f* navy *or* naval AA artillery; ~**flieger** *m* naval flyer; ~**flugwesen** *n* naval aviation; ~**flugzeug** *n* naval *or* navy aircraft; ~**hubschrauber** *m* maritime helicopter; ~**landflieger** *m* marine flyer; ~**luftfahrt** *f* naval aeronautics; ~**luftschiff** *n* naval airship; ~**luftstreitkräfte** *f/pl* naval air forces *pl*; *(US)* fleet air arm; ~**seeflugzeug** *n* naval seaplane.

**maritime Tropikluft** *f (met)* tropical maritime air.

**markanter Geländepunkt** *m* prominent landmark.

**Mark|en** *f/pl (Bod)* markings *pl* ***(Def)***; ~**er** *m/pl (Bod)* markers *pl* ***(Def)***; ~**ieren** *v* mark; ~**ierung** *f (Einstellmarke)* index mark; *(Flugplatz)* markers *pl*; *winkelförmige* ~~ *(Bod)* chevron marking; ~**ierungsboje** *f (Wasserflugplatz)* channel marker; ~**ierungsbombe** *f (LKr)* marker bomb; ~**ierungsfunkfeuer** *n (Funk)* marker beacon, *abbr* MKR ***(Def)***; *Z-~~(Fernm)* Z marker beacon; ~**ierungszeichen** *n* marker.

**Marsch|abstand** *m* marching interval; ~**befehl** *m (mil)* march order; (official) travel order; ~**bereitschaft** *f (mil)* march preparedness; ~**breite** *f* width of march column; ~**flugkörper** *m (FK)* cruise missile; *gelenkter* ~~ cruise guided missile; ~**folge** *f* order of march; ~**formation** *f (Verbandsflug)* route formation; ~**geschwindigkeit** *f* rate of march; *(Flzg)* cruising speed; ~**gliederung** *f* march formation; organization of march; ~**kolonne** *f* march column; ~**kompass** *m* prismatic compass; ~**pause** *f* march halt; ~**richtung** *f* direction of motion; ~**sicherung** *f* march security; ~**tiefe** *f* road space *(for marching)*; ~**triebwerk** *n (FK)* sustainer ***(Def)***; ~**weg** *m* route of march; ~**ziel** *n* objective *or* distination.

**Maschine** *f (sl für Flzg)* machine; ~**lles Berichtswesen** *n, abbr* MB machine *or* mechanical recording; ~**nflak** *f* quick-firing AA gun; AA automatic weapons *pl*; ~**ngewehr** *n* machine gun; ~**nkanone** automatic cannon; ~**npistole** *f* sub-machine *or* Tommy gun; ~**nsender** *m (Funk)* automatic transmitter; ~**nwaffe** *f* automatic weapon.

**Masse** *f* mass; *(el)* earth; *(Lfz)* weight; ~ **bei Abschalten des (Rak-)Triebwerkes** engine cut-off mass; *feste* ~ *(Lfz l)* fixed weight ***(Def)***; *spezifische* ~ specific mass; *verfügbare* ~ *(Lfz)* disposable load ***(Def)***; *(Lfz l)* disposable weight ***(Def)***.

**Maß** *n* **für die statische Stabilität** *f* **bei festem Knüppel** *m (Stab)* static margin with stick fixed ***(Def)***; ~~ **bei losem Knüppel** static margin with stick free ***(Def)***; ~**einheit** *f* unit of measurement.

**Masse|kabel** *n (el)* earthing wire; ground cable; ~**-Leistungs-Verhältnis** *n (Lfz)* mass-(to-)power ratio; ~**nabwurf** *m (LKr)* salvo bombing; ~**nangriff** *m (LKr)* mass attack; massive raid; ~**nausgleich** *m (Flzg-Leitwerk)* mass-balance weight ***(Def)***; *angelenkter* ~~ *(Konstr)* remote mass-balance weight ***(Def)***; *statischer* ~~ *(Konstr)* static balance ***(Def)***; *verteilter* ~~ *(Konstr)* distributed mass-balance weight ***(Def)***; ~**nbelegung** *f (Konstr)* mass distribution; ~**nflug** *m* mass flight; ~**nherstellung** *f (Flzg-Produktion)* mass *or* quantity *or* volume production; ~**nkraft** *f* force of inertia; inertia(l) force; ~**nmittel-** *od* ~**nschwerpunkt** *m* centre of mass(es) *(pl)*, *abbr* c.m.; ~**nträgheit** *f* inertia; ~**nträgheitsmoment** *n* moment of inertia; ~**nverteilung** *f* mass distribution; ~**schlussprüfung** *f (el)* grounding check.

**massier|***en v (takt)* mass; concentrate; ~**ung** *f* mass(ing); concentration.

**mäßige Brise** *f (Beaufort-Stärke 4: met)* moderate breeze ***(Def)***.

**Maßnahme** *f* measure; *zu ergreifende ~~(n) (pl)* course of action.

**Maßstab** *m (Kart)* scale; *(nav)* graphic scale ***(Def)***; *im ~ von* to a scale of; *kleiner ~~ (Kart)* small scale; *verkleinerter ~~* reduced scale; **~seinfluss** *m (aerodyn)* scale *or* size effect ***(Def)***; **~sentzerrt** *(LPhot)* scale-rectified; **~sgerecht** according to scale; true to scale; **~sleiste** *f (Kart)* scale bar.

**Mast|antenne** *f (Funk)* mast antenna; **~landung** *f (Luftschiff)* mast landing; **~leine** *f* mast line; **~verankerung** *f (Luftschiff)* mast mooring.

**Material** *n* material; *(Waffen & Gerät: mil)* materiel; *feuersicheres ~* fireproof material; **~beanspruchung** *f* material stress; **~ermüdung** *f* fatigue of material; **~fehler** *m* material defect; **~kommando** *n* **der Luftwaffe** air materiel command, *abbr* AMC; **~schlacht** *f (Kr)* battle of material; **~steifheit** *od* **~steifigkeit** *f* material stiffness; **~übernahme** *f (mil)* materiel reception; **~übernahmekommando** *n (mil)* materiel receiving *or* reception detachment; **~untersuchung** *f* material testing.

**Matrose** *m (allg)* sailor; *(mil)* apprentice seaman.

**Matsch** *m (met)* slush.

**Mattscheibe** *f (sl für Bewusstlosigkeit bei hohen Flugbeschleunigungen)* blackout; *leichte ~ sl* greyout.

**Maulschlüssel** *m* spanner.

**maximal|er Durchmesser** *m* **im gefüllten Zustand** *(Para)* maximum inflated diameter ***(Def)***; **~er Förderdruck** *m (Hydraulik)* maximum delivery pressure ***(Def)***; **~geschwindigkeit** *f* top *or* maximum speed.

**Maximum-Minimum-Thermometer** *n (met)* maximum-minimum thermometer.

**Meacon-Funkfeuertäuschung** *f* meaconing ***(Def)***.

**Mechani|k** *f (Lehre von den Bewegungen)* mechanics *pl*; *~k der Flüssigkeiten und Gase* aerohydrodynamics; *~k der Luft* aeromechanics; **~ker** *m* mechanic **~sch** mechanical; **~sche Entlastungsvorrichtung** *f (Lfz)* bungee ***(Def)***; **~sche Verformung** *od* **Deformation** *f* mechanical deformation; **~sieren** *v* mechanize; **~sierung** *f* mechanization; **~smus** *m* mechanism.

**Medaille** *f* medal.

**Meer** *n* sea; ocean; *Höhe f über ~* elevation ***(Def)***; altitude ***(Def)***; *Ortshöhe f über ~* elevation ***(Def)***; **~busen** *m* firth; gulf; **~enge** *f* strait; **~esforschung** *f* oceanography; **~eshöhe** *f* sea-level (altitude); *in ~~* at sea level; **~esluft** *f (met)* maritime air; **~esspiegel** *m* sea level.

**Megahertz** *(Funk)*, *abbr* MHz megacycles *pl* (per second), *abbr* Mc/s.

**Mehr|belastung** *f (Flzg usw)* overload; **~bestand** *m* surplus stock; **~decker** *m (Flzg)* multiplane ***(Def)***; **~draht-** *od* **~drähtige Antenne** *f (Funk)* multiple wire antenna; **~düsenvergaser** *m* multiple jet carburet(t)or.

**mehrfach** manifold; multiple; *~ abgestimmt (Funk)* multiple-tuned; *~ verwendbar* reusable; **~abtriftverfahren** *n (Windbestimmung: nav)* multiple drift method; **~adresse** *od* **~anschrift** *f (Fernm)* multiple address; **~anruf** *m (Fernm)* multiple call; **~betrieb** *m (Fernm)* multiplex operation; **~empfang** *m (Fernm)* diversity reception; *Antennensystem n für ~~ (Funk)* diversity antenna system; **~fallschirm** *m* cluster ***(Def)***; multi-chute cluster; multiple parachute (system); **~kabel** *n (Tel)* multistrand cable; **~schall** ... hypersonic; **~seitenleitwerk** *n (Flzg)* multivertical tail surfaces pl; **~sternmotor** *m (Flmot)* multi-row radial engine ***(Def)***; **~stropp** *m (Para)* bridle ***(Def)***; **~telefonie** *f* multiplex telephony; **~telegraphie** *f* multiplex *or* multichannel telegraphy; **~übermittlung** *f (Fernm)* multiple transmission; **~verbindung** *f (Fernm)* multipoint circuit; **~verkehr** *m (Funk usw)* multiplex operation *or* traffic; **~zünder** *m (Bombe)* combination fuse *or* fuze.

**mehr|farbige Wetterkarte** *f* polychromatic weather chart; **~flügelig** multiblade; *(Flzg)* multiwing(ed); **~ganggetriebe** *n* multi-speed transmission; **~gewicht** *n (Flzg)* added *or* additional weight; excess weight; **~holmbauart** *f (Tragfläche)* multi-spar type construction; **~holmig** multi-spar; **~holmtragfläche** *f* multispar wing; **~läufig** *(Waffe)* multi-barrel(led) (*US* barreled); **~motorenflugzeug** *n* multi-engined aircraft; **~motorig** *(Flzg)* multi-engined; **~radfahrwerk** *n (Flzg)* multiple-wheel *or* multi-ple-bogie landing gear; **~rotor-** *od* **~rotoriger Hubschrauber** *m* multi-rotor helicopter; **~schichtiger Stoff** *m (Lfz l)* multi-ply fabric ***(Def)***; **~sitzer** *m (Flzg)* multiseater; **~stellungs-Verstellungspropeller** *m (Flzg)* controllable-pitch propeller ***(Def)***; **~stieler** *m (Doppeldecker)* multi-bay *or* multistrut biplane; **~stielig** *(Doppeldecker)* multistrut; **~stoff-Treibstoff** *m (Rak)* multi-propellant; **~stufig** *(Lader)* multi-stage; **~~er Verdichter** *m (Turbo)* multi-stage compressor ***(Def)***; **~wegehahn** *m (Lfz-Hydraulik)* selector cock *or* valve ***(Def)***; **~zweckflugzeug** *n* utility *or* multi-purpose *or* general-purpose *or* combined aeroplane; **~zweckluftfahrzeug** *n* general-purpose aircraft; **~zwecksystem** *n (Lfz)* general purpose system, *abbr* GP system.

**Meile** *f* mile; *nautische od See~ (1853,2 m)* nautical mile ***(Def)***; **~nanzeiger** *m (Lfz)* air-mileage indicator; **~nzählwerk** *n (Lfz)* air-mileage unit ***(Def)***.

**Meinungs|austausch** *m* discussion; exchange of opinions; **~verschiedenheit** *f* difference of opinion.

**Melde|abwurf** *m* message dropping; **~dienst** *m (LS)* warning service; **~fahrer** *m (mil)* mounted messenger; dispatch driver *or* rider, *abbr* D.R.; **~formular** *n* message form; *(US)* message blank; **~gänger** *m (mil)* runner; messenger; orderly; **~hund** *m* messenger dog; **~kapsel** *f* message-dropping container; **~kopf** *m (mil)* message centre (*US* center); **~n** *v* report; *(Sprechfunkverkehr)* call; *sich freiwillig ~ (mil)* volunteer; enlist; **~netz** *n (LS)* warning net; **~punkt** *m (für Luftfahrzeuge im LVerk: Flugs)* reporting point, *abbr* REP ***(Def)***; *~~ auf Anforderung (Flsich)* reporting point on request; **~quadrat** *n (Kart)* grid square; **~r** *m* runner; mesenger; orderly; **~schlusszeit** *f (für Fluggäste: LVerk)* (check-in) deadline; **~system** *n* reporting system; *geographisches ~~ (Kart)* geographical reference system, *abbr* GEOREFS; **~wesen** *n* reporting (channels *pl*); **~zeit** *f (für Fluggäste: LVerk)* check-in time.

**Meldung** *f* report; message; notification; *~ mit Einzeladresse od -anschrift (Fernm)* single-address message; *planmäßige ~ (Fernm)* routine message; *~ über gefährliche Begegnung zwischen Luftfahrzeugen* air miss report; *SIGMET-~* SIGMET information ***(Def)***; *verstümmelte ~ (Fernm)* mutilated message; **~sart** *f (Fernm)* message category; **~saufgabeteil** *m (Fernm-Formular)* origin; **~sformat** *n* message format; **~skopf** *od* **~–svorsatz** *m (Fernm)* message heading; heading of a message; **~sschluss(teil)** *m (Fernm)* message ending; **~sschlusszeichen** *n (Fernm)* end-of message signal; ~**sstartzeichen** *n (Fernm)* start-of-message signal; ~**stext** *m* message text; ~**svorrang** *m (Fernm)* message precedence.

**Membran|dose** *f* diaphragm capsule; ~**kraftstoffpumpe** *f* diaphragm fuel pump; ~**pumpe** *f* diaphragm pump.

**Mengen|fertigung** *f* mass production; ~**messer** *m* volumeter.

**Mensch|enflug** *m* human ***or*** manned flight; ~**engipfelhöhe** *f* human ceiling; ~**liches Reaktionsvermögen** *n* human response; ~**liches Versagen** *n* human failure.

**Meridian** *m (Kart)* meridian; *magnetischer ~ (nav)* magnetic meridian; *~ von Greenwich (Kart)* universal *or* zero meridian; ~**abstand** *m (Kart)* meridian distance; ~**bogen** *m* arc of the meridian.

**Meridionalteile** *m/pl (nav)* meridional parts *pl* ***(Def)***.

**Merkator|karte** *f* Mercator map *or* chart; ~**projektion** *f (kart)* Mercator projection; *inverse ~~ (Kart)* inverse Mercator projection; *schiefachsige ~~ (Kart)* oblique Mercator projection; *universale transversale ~~* universal transverse Mercator projektion, *abbr* UTM projection.

**Merk|blatt** *n* bulletin; instructional pamphlet; ~**mal** *n* characteristic; feature; *äußere ~e pl (Flugplatz)* physical characteristics; *topographische ~e pl (Kart)* topographical features *pl*; ~**zettel** *m* data card; memo.

**Mess|apparatur** *od* ~**ausrüstung** *f* measuring equipment; ~**bereich** *m & n* measuring capacity; (test) range; ~**düse** *f* metering orifice; Venturi tube; measuring nozzle; ~**en** *v* measure; *Zeit ~ v* time; ~**entfernung** *f (Radar)* slant range (to present position); ~**erantenne** *f (Funk)* blade antenna; ~**erflug** *m* steep-bank *or* 90°-bank flight; vertical bank ***(Def)***; ~**fehler** *m* error in measurement; measurement error; ~**flug** *m* calibration *or* test flight; ~**fühler** *m* pick-off; pick-up; sensor; ~**geber** *m (Fernm)* transducer; ~**gebernachhinken** *n od* ~**geberträgheit** *f* sensor (time) lag; ~**gefäß** *n* graduated vessel; ~**genauigkeit** *f* accuracy of measurement; measurement accuracy; ~**gerät** *m* measuring instrument *or* equipment; *~~ für Mach'sche Zahl* machmeter; ~**gerüst** *n* test rig *or* jig; ~**instrument** *n* measuring instrument; *thermoelektrisches ~~* thermocouple (instrument) ~**kamera** *f* recording camera; ~**koffer** *m (Funk)* checking case; ~**kolben** *m* measuring flask; ~**kurve** *f* calibration curve; ~**lauf** *m (Fmot)* test run; ~**linie** *f (Radar)* cursor; strobe line; *elektronische ~~ (Radar)* electronic cursor; ~**linienanzeige** *f (Radar)* strobe line indication; ~**punkt** *m* test point; ~**sender** *m (Funk)* calibrating transmitter; ~**sonde** *f* measuring *or* test probe; *induktive ~~* (el) fluxgate ***(Def)***; ~**strecke** *f (Lfz)* speed course ***(Def)***; *(aerodyn)* working section ***(Def)***; *geschlossene ~~ (aerodyn)* closed working section ***(Def)***; *offene ~~ (aerodyn)* open working section ***(Def)***; ~**tisch** *m (Kart)* chart table; *(Radar)* presentation screen; ~**tischaufnahme** *f (Kart)* plane table survey; ~**tischblatt** *n (1: 25000 : Kart)* plane table map; *(E)* ordnance (survey) map; ~**tischphotogrammetrie** *f* plane table photogrammetry; ~**umformer** *m (Fernm)* transducer; ~**ung** *f* measurement; ~**verfahren** *n*; **akustisches** *~~ (Art)* sound ranging; ~**wert** *m* datum, *pl* data; measured *or* observed value; *erflogene* ~~**e** *m/pl* data obtained during flight; ~**wertfernübertragung** *f* telemetry; ~**wertgeber** *m* pick-off; pick-up; sensor.

**Metall|bauweise** *f (Flzg)* metal-construction; ~**beplankt** *(Flzg)* metal-skinned; metal-covered; ~**beplankung** *f (Flzg)* metal covering *or* sheeting; ~**beschlag** *m (Luftschraube)* metal sheathing *or* clip *or* tipping; ~**flugzeug** *n* metal plane; ~**kraftstoffbehälter** *m (Flzg)* metal (fuel) tank; ~**kunde** *f* metallography; ~**luftschraube** *f* metal airscrew; ~**rohrholm** *m (Flzg)* spar of metal tubing; ~**spürgerät** *n* metal-detecting device; ~**spür-Torsonde** *f (Fluggastkontrolle)* metal-detecting doorway; ~**streifen** *m (Radarstörung)* metal foil; window; chaff; ~**tank** *m (Lfz)* metal tank; ~**ummantelung** *f (Zündkabel)* metal sheathing; ~**umspinnung** *f (Zündkabel)* metal braiding.

**Meteoro|graph** *m (selbstregistrierendes met Messgerät)* meteorograph ***(Def)***; ~**loge** *m* meteorologist; *beratender ~~* forecaster; ~**logie** *f (Wetterkunde)* meteorology; *synoptische ~~* synoptic meteorology ***(Def)***; ~**logisch** meteorological; *~~e Auskunft f* meteorological information; *~~e Boje f* meteorological buoy; *~~e Planung f vor dem Flug (met)* pre-flight operational planing; *~~e Vorplanung f* preliminary operational planning; *~~e Zone f* meteorological zone; *~~e Zusammenfassung od ~stellung f* meteorological summary; *~~er Beobachter m* meteorological observer; *~~er Dienst m (Dienstverrichtung)* meteorological service; *(Organisation)* Meteorological Service.

**Methanol-Wasser-Einspritzung** *f (Flmo)* methanol-water injection.

**Methoden-** *od* **methodischer Fehler** *m* methodic(al) error.

**metrische Maßeinheit** *f* metric unit.

**MG** *n (Maschinengewehr)* machine gun; *bewegliches ~* flexible machine gun; *leichtes ~* light machine gun; rifle-calibre gun; *schweres ~* heavy machine gun; large-bore gun; *starres ~* fixed (machine) gun; ~-**Drehkranz** *m* (machine) gun-mount; ~-**Kamera** *f* camera gun; gun camera; ~-**Schütze** *m* (MG-) gunner; ~-**Steuerung** *f (Flzg)* synchronizing gear; synchronizer.

**miet|en** *v* **mit Kraftstoff und Besatzung** *(LVerk)* wet-lease; ~**en** *v* **ohne Kraftstoff und Besatzung** *(LVerk)* dry-lease; ~**flugzeug** *n* taxi plane; hired aircraft; charter airplane; ~**luftdienst** *m* air taxi *or* charter service.

**Mikro|elektronik** *f* microeletronics; ~**meter** *n* micrometer; ~**phon** *n* microphone; ~**skop** *n* microscope; ~**welle** *f (Zentimeterwelle: Funk)* microwave; ~**wellenlandesystem** *n (Flsich)* microwave landing system, *abbr* MLS; ~**wellen-Suchradar(gerät)** *n* microwave search radar; ~**wellen(übertragungs)strecke** *od* ~**verbindung** *f* microwave link.

**Milchsuppe** *f (sl für Nebel od Wolken) sl* pea soup.

**Militär|dienst** *m* military service; ~**flieger** *m* military flyer *or* aviator; ~**fliegerei** *f* military aviation; ~**flugplatz** *m* military airfield; ~**flugwesen** *n* military *or* service aviation; ~**flugzeug** *n* military aircraft; ~**flugzeugführer** *m* military *or* service pilot; ~**gerichtsbarkeit** *f* military jurisdiction; ~**isch** military; ~**ische Last** *f (Flzg)* service load; ~**isches Amt** *n* **für Standardisierung** *abbr* MAS *(NATO)* Military Agency for Standardization, *abbr* MAS; ~**luftfahrt** *f* military aeronautics *pl or* aviation; ~**pilot** *m* military *or* service pilot; ~**regierung** *f* military government; ~**verwaltung** *f* military administration.

**Millibar** *n, abbr* MB *(met)* millibar ***(Def)***.

**Minderungskurve** *f (Flbetr)* significant turn ***(Def)***.

**Mindest|abstand** *m (Flbetr)* minimum clearance; *vertikaler ~~ (über Hindernissen: Flbetr)* minimum vertical clearance; ~**anforderung** *f* basic requirement(s) *(pl)*; *betriebliche* ~~*en pl* basic operational requirements *pl*; ~**aufenthaltsdauer** *f (LVerk)* minimum stay; ~**bandbreite** *f (Funk)* neccessary bandwidth; ~**druck** *m* minimum pressure; ~**fluggeschwindigkeit** *f* minimum flying speed ***(Def)***; ~~ *bei Triebwerkausfall (Flbetr)* minimum control speed ***(Def)***; ~~ *mit gewahrter od noch ausreichender Steuerbarkeit (Flbetr)* minimum control speed; ~**flughöhe** *f (Flsich)* minimum flight altitude ***(Def)***; *sichere* ~~ *(Flsich)* minimum safe altitude; ~**geschwindigkeit** *f* minimum speed; ~~ *für konstanten Flug (Flbetr)* minimum steady flight speed; ~~ *für sicheres Abheben (Flbetr)* minimum unstick speed; ~~ *über der Schwelle (Flbetr)* minimum threshold speed; ~**höhe** *f* minimum height; ~**maß** *n* minimum ~**reisehöhe** *f (Flbetr)* minimum en-route altitude; *IFR*-~~ *über Meer* minimum IFR en-route altitude; ~**sicht(weite)** *f (met)* minimum *or* minimal visibility; ~**sinkgeschwindigkeit** *f (Flzg)* minimum speed of (vertical) descent; ~**wert** *m* minimum figure.

**Mine** *f (LKr)* mine; ~**nbombe** *f (LKr)* high-explosive bomb; mine-bomb; ~**nräumboot** *n* (coastal) mine sweeper.

**Miniaturisierung** *f* miniaturization.

**Minim|algeschwindigkeit** *f* minimum speed; – *bei ausgefahrenen Landeklappen (Flbetr)* flap(s)-down minimum speed; ~**um** *n (Funk)* minimum; *akustisches* ~~ *(Funk)* (aural) null ***(Def)***; ~**umpeilung** *f* audio *or* aural null bearing; ~**umschärfer** *m (Funk)* minimum fine-tuning device.

**Misch|antrieb** *m (Flmot + Turbo)* composite propulsion ***(Def)***; *Lfz mit* ~~ composite aircraft ***(Def)***; ~**bauweise** *f (Flzg)* mixed composite contruction; ~**düse** *f* mixing tube *or* nozzle *or* jet; ~**en** *n (von Charterkategorien: LVerk)* commingling (of charter categories); ~*n (von Chartergruppen derselben Kategorie: LVerk)* commingling (of charter groups); ~**kammer** *f* mixing chamber; ~**luft** *f* secondary air; ~**röhre** *f (Funk)* mixer valve; ~**stufe** *f (Funk)* mixer; ~**ungskondensation** *f (met)* mixing condensation; ~**ungsnebel** *m (met)* advection *or* mixing fog; fog of mixing; ~**ungsverhältnis** *n (Kraftstoff/Luft)* mixture strength *or* ratio; *(met)* mixing ratio; ~**wolke** *f (met)* mixed cloud; ~**zone** *f (Funk)* twilight zone.

**Miss|peilung** *f (Prop)* out-of-alignment ***(Def)***; ~**weisend** *(Kart & nav)* magnetic; ~~ **Nord** *n (nav)* magnetic north ***(Def)***; ~~**er Kurs** *m (nav)* magnetic course *or* heading ***(Def)***; ~~**er Meridian** *m (nav)* magnetic meridian ***(Def)***; ~**weisungsangaben** *f/pl (Kart & nav)* isogonic information; ~**weisungskarte** *f (Kart)* magnetic variation chart.

**Mistelschleppkombination** *f („Vater & Sohn", Huckepack-Flzge)* composite aircraft ***(Def)***.

**Mistral** *m (met)* mistral.

**mit| den Tragflächen wackeln** *v (Flzg)* rock wings; *(E sl)* gink wings; ~ **der Wahrnehmung der Geschäfte beauftragt**, *abbr* m. d. W. d. G. b. *(mil)* acting (for); ~ **Leistung** *(Flmot)* power-on; ~**bewegte Luftmasse** *f (Para)* associated air mass ***(Def)***; ~**glied** |*n* **der fliegenden Besatzung** flight crew member; *förderndes* ~~ sponsor; contributing member; ~**gliedschaft** *f* membership; ~**hördienst** *m (Funk)* monitoring service; ~**höreinrichtung** *f* monitoring installation; ~**hören** *v (Funk)* monitor; listen in; ~**koppeln** *n (nav)* air plot ***(Def)***; ~**laufen** *v (Luftschraube im Fahrtwind)* windmill; ~**laufen** *n (Luftschraube)* windmilling ***(Def)***.

**Mittel** *n* means; funds *(pl)*; ~ *binden v (Haushaltswesen)* incur obligations; obligate funds; *gewogenes* ~ *(LVerk)* weighted mean; *im* ~ on an average; ~**bindung** *f (Haushalt)* obligation of funds; ~**decker** *m (Flzg)* midwing (mono)plane ***(Def)***; *abgestrebter* ~~ *(Flzg)* strutbraced mid-wing monoplane; *verspannter* ~~ *(Flzg)* wire-braced mid-wing monoplane; ~**druck** *m (mittlerer Nutzdruck: Flmot)* brake mean effective pressure, *abbr* BMEP; ~**druckreifen** *m (Laufrad)* mean-pressure *or* intermediate-pressure tyre (*US* tire); ~**elektrode** *f (Zündkerze)* central *or* centre (*US* center) electrode; ~**flügel** *m (Tragfläche)* centre (*US* center) section *or* main wing; ~**hohe Wolken** *f/pl (met) (2000–7000 m in gemäßigten Bereichen)* medium clouds *pl* ***(Def)***; ~**holm** *m (Flzg)* central spar; ~**konsole** *f (Flzg)* central console; control pedestal; ~**körper** *m* centre body; ~**kufe** *f (Flzg)* central skid; ~**kufenlandegestell** *n (Flzg)* middle-ski *or* runner landing gear; ~**leine** *f (Para)* axial cord ***(Def)***; ~**motor** *m (Flzg)* central *or* centre (*US* center) engine; ~**punkt** *m* centre (*US* center) (point); *aerodynamischer* ~~ aerodynamic centre (*US* center) (of a wing section); *festgelegter* ~~ *(Flsich)* designated station ***(Def)***; *geometrischer* ~~ *(eines Flughafens)* geometric centre; ~**quadrat** *n (Flsich)* centre square ***(Def)***; ~**schwimmer** *m (See-Flzg)* central float; ~**strecken(flug)betrieb** *m (LVerk)* medium range operation; ~**streckenfluglinie** *f (LVerk)* medium haul (air) service; ~**streckenflugzeug** *n* intermediate-range *or* medium-range aeroplane; ~**strecken(lenk)rakete** *f* intermediate-range guided missile, *abbr* IRGM; ~**stück** *n (Tragfläche)* centre section ***(Def)***; ~**wasser** *n (met)* mean tide level; *abbr* MTL; ~**welle** *f (Funk)* medium wave *or* frequency, *abbr* MF *(300–3000 kHz)*; ~**wellenbereich** *m & n (Funk)* medium wave range; ~**wert** *m* average *or* mean value; *quadratischer* ~~ root mean square value.

**Mitten|frequenz** *f (Funk)* centre frequency; ~**verschiebung** *f (Radar)* off-centering; de-centering.

**mittler** middle; medium; mean; *aerodynamische* ~*e Flügeltiefe f* aerodynamic mean chord ***(Def)***; ~*e Entfernung f* medium range; ~*e Flügelstreckung f* mean aspect ratio; ~*e Flügeltiefe f* standard mean chord ***(Def)***; ~*e geometrische Flügel- od Profiltiefe f (Lfz)* mean geometric chord ***(Def)***; ~*e Geschwindigkeit f* mean velocity; ~*e Greenwich-Zeit, abbr MGZ* zulu time; Greenwich mean time, *abbr* GMT ***(Def)***; universal time, *abbr* UT; ~*e Ortszeit f, abbr MOZ* local mean time, *abbr* LMT ***(Def)***; ~*er Ausfallabstand m zwischen Störungen* mean time between failures, *abbr* MTBF; ~*er Bomber m (Kampfflzg)* medium bomber, *abbr* MB; ~*er indizierter Druck m (Flmot)* mean indicated pressure, *abbr* MIP; ~*er Meeresspiegel m* mean sea level, *abbr* MSL; ~*er wirksamer Bremsdruck m* brake mean effective pressure; ~*es Flakgechütz n* medium AA gun; ~*es Kampfflugzeug n (Bomber)* medium bomber, *abbr* MB; ~*es Seitenverhältnis n (Tragfläche)* mean aspect ratio; ~*es TL-Triebwerk n (Turbo)* centre turbojet (engine).

**Mit|schreiben** *n (Fernschr)*, **teilweises** ~~ first line monitoring; ~**tragende Beplankung** *f (Flzg)* stressed skin; ~**verantwortung** *f* joint responsibility; ~**wind** *m (Rückenwind)* tail wind; ~**windlandung** *f (Flbetr)* tailwind landing.

**Mobilmachung** *f* mobilization; ~**splan** *m (mil)* mobilization plan.

**Modell** *f* model; *(Lfz)* mock-up; *dynamisch ähnliches* ~ dynamic model ***(Def)***; *elastisch ähnliches* ~ *(aerodyn)* elastic model ***(Def)***; *verkleinertes* ~ *(Lfz usw)* scaled-down model; ~**arm** *m (aerodyn)* sting ***(Def)***; ~**ausführung** *f* scaled form; ~**flügel** *m* wing *or* airfoil model; ~**flugzeug** *n* airplane model; model aircraft; ~~ *mit Gummimotor* rubber-powered model aircraft; ~**flugzeugbauer** *m* aeromodeller; ~**halter** *od* ~**träger** *m (aerodyn)* model sting.

**Modul|ation** *f (Funk)* modulation; **~ationsgrad** *m (Fernm)* depth of modulation; *Differenz f der ~e (Fernm)* differences *pl* in depth of modulation ***(Def)***; **~ator** *m (Funk)* modulator; **~bauweise** *f (Lfz usw)* modular *or* module design; **~ieren** *f (Funk)* modulate; *~ierte ungedämpfte Welle f (Funk)* modulated continuous wave, *abbr* MCW.

**Modus** *m* mode.

**molek|ulare Reibung** *f* molecular friction; **~ulare Theorie** *f* molecular theory; **~ulargewicht** *n* molecular weight; **~ulartheorie** *f* molecular theory; **~ül** *n* molecule; **~ülreibung** *f* molecular friction.

**Moment** *n* moment; *aerodynamisches ~* aerodynamic moment; *aufrichtendes ~ (Flzg)* righting *or* restoring moment; *auslenkendes ~* destabilizing moment; *~ der Bewegungsgröße* angular momentum; moment of momentum; *destabilisierendes ~* destabilizing moment; **~ane Reaktion** *f* momentary reaction; **~enausgleich** *m* equilibrium moments; **~enbeiwert** *m (aerodyn)* moment coefficient; **~endiagramm** *m* moment diagram; **~enfrei** momentfree; **~engleichung** *f* equation of moments; **~enlinie** *f* moment curve; **~enschaubild** *n* moment diagram; **~enwaage** *f* moment balance.

**Mond** *m* moon; *abnehmender ~* waning moon; *zunehmender ~* waxing moon; **~aufgang** *m* moonrise; **~finsternis** *f* eclipse of moon; lunar eclipse; **~halo** *m* lunar halo; **~licht** *n* moonlight; *künstliches ~~* artificial moonlight ***(Def)***; **~phase** *f* phase of the moon; **~satellit** *m* lunar satellite; **~sichel** crescent; **~tabelle** *f (Astronav)* lunar table; **~umrundender Satellit** *m* circumlunar satellite; **~untergang** *m* moonset.

**mono|lithischer Treibstoffkörper** *m (FK)* block of solid propellant; **~propergol** *n (FK)* monopropellant ***(Def)***.

**Monsun** *m (met)* monsoon ***(Def)***.

**Montage** *f (Flzg)* assembly; *(Zusammenbau US auch:)* erection; **~gestell** *n* assembly stand; **~halle** *f* assembly hangar; **~schablone** *f* assembly template; **~straße** *f* assembly line; **~werk** *n* assembly plant; **~zeichnung** *f* erection drawing.

**Monteur** *m* fitter, erector, rigger.

**Morgen|dämmerung** *f* dawn; morning twilight; *bürgerliche ~~* morning civil twilight; **~nebel** *m (met)* morning fog; **~rot** *n* purple light.

**Morse|alphabet** *n* morse code *or* alphabet; **~feuer** *n (Bod)* code light ***(Def)***; **~leuchtfeuer** *n (Bod)* code beacon; **~n** *n* morse code transmission; **~schreiber** *m* morse printer; **~spruch** *m* telegraph message; **~taste** *f* morse *or* telegraph key; **~zeichen** *n* morse signal.

**Mosaik** *n (LPHot)* mosaic ***(Def)***; *maßstäbliches ~ (LPhot)* controlled mosaic; *unmaßstäbliches ~ (LPhot)* uncontrolled mosaic.

**Motor** *m (Flmot)* engine; *(el)* motor; *abgeänderter ~ (Flmot)* modified engine; *~ abgestellt* engine inoperative; *~ abstellen v* cut the engine; *~ ausgefallen* engine inoperative; *ausgefallener ~* dead engine; *~ außer Betrieb* engine inoperative; *H- ~ (Flmot)* H-engine ***(Def)***; *hängender ~* inverted engine; *~ in Gondel* podded engine; *kritischer ~ (bei Motorausfall: Flbetr)* critical engine; *luftgekühlter ~* air-cooled engine; *~ mit Aufladung* supercharged engine; *~ mit hängenden Zylindern* inverted engine ***(Def)***; *~ mit stehenden Zylindern* vertical engine ***(Def)***; *~ mit Verdichtungszündung* compression-ignition engine, *abbr* CI engine ***(Def)***; *normal ansaugender ~* normally aspirated engine; *raketenangetriebener ~* rocket power plant; *rechtsdrehender ~* right-handed engine ***(Def)***; *rechtslaufender ~* right-handed engine; *überholter ~ (Flmot)* overhauled engine; *V- ~ (Flmot)* V-engine ***(Def)***; *W- ~ (Flmot)* arrow engine ***(Def)***; *X- ~ (Flmot)* X-engine ***(Def)***.

**Motor|anlasszeit(punkt)** *f (m) (Flbetr)* start-up time; **~antrieb** *m* engine drive; **~attrappe** *f* dummy engine; **~aufhängung** *f* engine suspension *or* mount; **~ausfall** *m* engine failure; **~ausfallpunkt** *m* power failure point; **~baumuster** *n* engine type; **~bediengerät** *n* engine controls *pl*; **~betriebsstunde** *f* engine hour; **~block** *m* cylinder block; **~bock** *m* engine mount(ing) *or* bed; **~drehmoment** *n* engine torque; **~drehzahl** *f (min⁻¹)* engine speed *or* revolutions *or* revolutions *pl* per minute, *abbr* RPM; **~druckverhältnis** *n* engine pressure ratio, *abbr* EPR; **~fliegerei** *f* powered flying; **~flug** *m* power *or* propelled flight; **~flugmodell** *n* power-driven model; **~flugsport** *m* amateur flying with powered aircraft; **~flugzeug** *n* power(ed) plane; **~fresser** *m sl* engine seizure; **~gehäuse** *n* crankcase; **~geräusch** *n* engine noise; **~gleiter** *n (Flzg)* powered glider; **~gondel** *f (Flzg)* (engine) nacelle *or* pod; *(Lfz l)* engine car ***(Def)***; **~haube** *f* engine hood *or* cow(ing) ***(Def)***; *geschlossene ~~ (Flmot)* non-pressure cowling ***(Def)***; *~~ mit verstellbaren Spreizklappen* controllable gill cowl; *offene ~~ (Flmot)* pressure cowling ***(Def)***; *~~ ohne Spreizklappen* fixed cowl; **~instandsetzung** *f* engine repair; **~instrument** n engine instrument; **~kanone** *f* motor cannon; **~kühlmittel** *n (Flmot)* engine coolant; **~kühlung** engine cooling; **~lagerung** *f* engine mount(ing); ***~lärm*** *m* engine noise *or* roar; **~lebenslaufakte** *f* engine log book; **~leistung** *f (allg)* engine performance; *(kW)* engine (horse)power; *abgegebene ~~* engine *or* power output; *zulässige ~~ (Flmot & Turbo)* power rating ***(Def)***; **~loser Gleitflug** *m (Flbetr)* power-off glide; **~loses Flugzeug** *n* glider ***(Def)***; **~luftfahrzeug** *n* powered aircraft; **~luftstrahltriebwerk** *n* combination reciprocating engine and jet; **~prüfschein** *m* engine test certificate; **~prüfstand** *m* engine bench; **~schaden** *m* engine failure *or* trouble *or* damage; **~schnauze** *f sl (Flzg)* nacelle; **~schürfwagen** *m (Flugplatzbau)* motor scraper; **~schutzhaube** *f* engine hood; **~segler** *m (Flzg)* powered glider; **~störung** *f* engine failure *or* trouble; **~teil** *m* engine part; **~träger** *m* engine bearer; **~tragplatte** *(Stern-Flmot)* engine plate; **~tragring** *m (Stern-Flmot)* engine mount(ing) ring; **~überdrehzahl** *f* engine overspeed; *höchstzulässige ~~ (Flmot)* maximum engine overspeed ***(Def)***; **~verkleidung** *f* (engine) cowl(ing); **~vorbau** *m* engine mount(ing) **~wechsel** *m* engine replacement *or* change; **~wirkungsgrad** *m* engine efficiency.

**Möven-Tragfläche** *f (Flzg)* gull wing.

**Multiplexieren** *n (Fernm)* multiplexing.

**mündlich** oral; verbal; **~e Beratung** *f (Flugs)* briefing; **~e Prüfung** *f* oral examination; **~e (Vorflug-) Wetterberatung** *f* pre-flight (meterological) briefing ***(Def)***.

**Mündung** *f (Schusswaffe)* muzzle; **~sfeuer** *n* gun flash; **~sgeschwindigkeit** *f (Geschoss)* muzzle *or* initial velocity; **~sknall** *m* muzzle blast *or* report; **~sschoner** *m* muzzle cover.

**Munition** *f* ammunition; **~saufzug** *m* ammunition hoist; **~sausgabestelle** *f* ammunition issuing station; **~sbehälter** *m* ammunition container; **~sbestand** *m* stock of ammunition; **~skolonne** *f* ammunition supply column; **~slager** *n* ammunition dump *or* depot.

**Musikkorps** *n* **der Luftwaffe** air force band.

**Muskel | flug** *m* muscle-power flight; ~**kraftflugzeug** *n* muscle-power plane.

**Muster** *n (Flzg)* type (of aircraft); ~**auslegung** *f* type design; ~**bezeichnung** *f* type designation; ~**entwurf** *m* type design; ~**flugzeug** *n (Erstausführung)* prototype (aircraft); ~**karte** *f (Kart)* sample chart; ~**luftschraube** *f* prototype propeller; ~**motor** *m* prototype engine ***(Def)***; ~**propeller** *m* prototype propeller ***(Def)***; ~**prüfung** *f (Flzg)* type test; ~**ung** *f (mil)* registration for the draft; ~**ungsbezirk** *m* draft (sub)district; ~**unterlagen** *f/pl* type design; ~**zulassung** *f (Flzg)* type approval *or* certification; ~**zulassungsschein** *m (Lfz)* type certificate.

**Mutter | flugzeug** *n* parent *or* mother aeroplane; ~**gewinde** *f* female thread; ~**kompass** *m* master compass (unit); ~**nsicherung** *f* nut-locking device; ~**schiff** *n* tender; carrier; depot ship.

# N

**N** *(ICAO- & NATO-Buchstabieralphabet)* November; *(altes, internationales Buchstabieralphabet)* Nan; ~**-Stiel** *m od* ~**-Strebe** *f (Flzg)* N-strut ***(Def)***.

**Nabe** *f (allg)* hub; *(Luftschraube)* airscrew hub; ~**lschnuranschluss(stecker)** *m (FK)* umbilical connector ***(Def)***; ~**ndynamometer** *n (Prop)* hub dynamomenter; ~**nhaube** *f (nose)* spinner; ~**nkraftmesser** *m (Prop)* hub dynamometer; ~**nleistungsmesser** *m (Prop)* hub dynamometer; ~**nschaft** *m* propeller hub barrel; ~**nwulst** *f* hub boss ***(Def)***.

**NACA-Haube** *f (Flmot)* ring cowling ***(Def)***.

**Nach | barkanal** *m (Funk)* adjacent channel; ~**barkanalunterdrückung** *f (Funk)* adjacent channel rejection; ~**bartruppen** *f/pl (takt)* adjacent troops *pl*; ~**bau** *m (Flzg)* licensed construction; ~**bleiben** *n* **der Steuerung** *(träge Ruderwirkung beim Flzg)* lag of control; ~**brenneinrichtung** *f (Turbo)* chamber afterburner (unit); ~**brennen** *n (Turbo)* afterburning; ~**brenner** *m (Turbo)* afterburner; exhaust reheater; ~**brenner-Mantelstromtriebwerk** *n (Turbo)* afterburning turbofan engine; ~**drängen** *n (takt)* direct pressure (in pursuit); ~**drücken** *n (Flbetr)* push-over; ~**echodämpfung** *f (Radar)* swept gain; ~**eichen** *v* recalibrate; ~**eichung** *f* recalibration; ~**eilen** *n (Instr)* lag; *aerodynamisches* ~~ aerodynamic lag; ~**eilend** *(Instr)* lagging; ~**eilung** *f (Instr)* hysteresis; ~**erhitzer** *m (Turbo)* after-heater; ~**fliegen** *v (Flzg)* flight-test; test-fly; ~**fliegen** *n* final test flight; ~**fluginspektion** *f (Lfz)* post-flight (inspection); ~**führbetrieb** *m (Signalempfang: Radar)* locked-on signal reception; ~**führen** *n (Radar)* (target) following; *selbsttätiges* ~~ automatic following; ~**führung** *f (FK)* guidance; *manuelle* ~~ hand guiding; ~**füllen** *n (Lfz l)* topping-up ***(Def)***; ~**glühen** *n (Brand, Abendrot)* afterglow; ~**hängen** *n (Höhenmesser)* (altimeter) lag; hysteresis (error); ~**hinken** *n (Höhenmesser)* backlash error; ~**hinkend** *(Instr-Anzeige)* lagging behind; ~**hut** *f (takt)* rear-guard; ~**kriegsluftverkehr** *m* post-war air transport; ~**kühler** *m (Flmot)* aftercooler; ~**lässige Luftfahrzeugführung** *f (Flbetr)* negligent flying; ~**lauf** *m (Sporn)* castor (length) ***(Def)***; *(aerodyn)* wake ***(Def)***; ~**laufbetrieb** *m (Signalempfang: Radar)* locked-on signal reception; ~**laufgeschwindigkeit** *f (aerodyn)* wake speed; ~**laufrechen** *m (Instr)* pilot comb ***(Def)***; ~**laufsteuerung** *f (Regler)* follow-up control; ~**laufturbulenz** *f (aerodyn)* wake turbulence; ~**leuchten** *n (Radar)* afterglow; persistance; ~**mittags** postmeridian, *abbr* PM *or* p.m.; ~**prüflauf** *m (Lufttüchtigkeit)* penalty run; ~**regeln** *v* readjust.

**Nachricht** *f* information; news; message; notice; *(Intel)* intelligence; ~*en pl für Luftfahrer, abbr NfL (Flsich)* notice to airmen, *abbr* Notam ***(Def)***; ~**enbeschaffung** *f (Intel)* procurement of information *or* intelligence; ~**enbeurteilung** *f (Intel)* evaluation of intelligence *or* information; ~**endienst** *m (mil)* (military) intelligence; ~**enhelferin** *f (mil)* signal (-communication) woman auxiliary; ~**enweg** *m (Fernm)* route; ~**enwesen** *n (Fernmeldewesen)* communications *pl*; *(Intel: mil)* intelligence.

**Nachrüstsatz** *m (Lfz)* retrofit kit.

**Nachschub** *m* supply; *(vom Flzg aus)* airborne supply; ~**abwurf** *m* supply droping; ~**ausgabestelle** *f* supply point; ~**dienst** *m* supply service; ~**führung** *f* logistics *pl*; ~**gut** *n* supplies *pl*; ~**kolonne** *f* supply column *or* train; ~**lage** supply situation; ~**park** *m* supply dump *or* depot; ~**staffel** *f (LW)* supply squadron; ~**weg** *m* supply route; line of supply; ~**wesen** *n* supply services *pl*.

**Nach | spitze** *f (takt)* rear point; ~**stellbar** adjustable; ~~**es Spiel** *n* adjustable clearance; ~**stellschraube** *f* adjusting screw; ~**steuern** *v (Regler)* follow up; ~**stimmen** *v (Funk)* tune finely; ~**stimmung** *f (Funk)* fine tuning; ~**strom** *m (aerodyn)* wake; slipstream; ~**strömgeschwindigkeit** *f (aerodyn)* wake speed; ~**strömung** *f*, **turbulente** ~~ *(aerodyn)* wake turbulence; ~**tanken** *v* refuel; ~**tanken** *n* **in der Luft** refuelling in flight; flight refuelling (*US* refueling).

**Nacht** *f* night ***(Def)***; ~**angriff** *m (takt)* night attack *or* raid; ~**aufklärung** *f (takt)* night reconnaissance; ~**blindheit** *f* night blindness; nyctalopia; ~**bomber** *m (LW)* night bomber; ~**effekt** *m (Funk)* night effect; ~**erkundung** *f (takt)* night reconnaissance; ~**flug** *m (Flbetr)* night flight *or* flying; ~**flugausrüstung** *f (Flzg)* night-flying equipment; ~**flugpreis** *m (LVerk)* night fare; ~**glas** *n* night glasses *pl*; ~**jagd** *f (LKr)* night fitghting *or* interception; ~**jagdgebiet** *n (LKr)* night-fighter area; ~**jäger** *m (Lw)* night figther; ~**jägerwarngerät** *n (Flzg)* night-fighter detector; *(Rückwärtswarngerät)* tailwarning device; ~**landung** *f (Flbetr)* night landing; ~**luftaufnahme** *f od* ~**luftbild** *n (Lphot)* night aerial photo(-graph) ~**luftverkehrslinie** *f* night airline; ~**markierung** *f (LKr)* night markers *pl*; ~**schießen** *n* night firing; ~**sehvermögen** *n* vision by night; ~**start** *m (Flbetr)* night take-off.

**Nach | trimmen** *n (Lfz)* retrimming; ~ **unten abgelenkte Strömung** *f (aerodyn)* flow downwash; ~**verbrennung** *f (Turbo)* (exhaust-) reheat ***(Def)***; *(FK)* afterburning ***(Def)***; ~**wirkung** *f* after-effect; hang-over effect; *aerodynamische* ~~ aerodynamic hysteresis; ~**zünden** *n (Flmot)* after-firing ***(Def)***.

**Nadel | abweichung** *f (Kompass)* magnetic declination; ~**induktion** *f* needle induction; ~**lager** *n* needle bearing; ~**verfahren** *n (Art)* compass method *(of laying guns)*; ~**zahl** *f (Kompass)* magnetic azmuth; azimuth reading.

**Nadir** *m (nav)* nadir; ~**punkt** *m (LPhot)* photographic nadir (point).

**Nah | ablesekompass** *m* direct-reading compass; ~**abwehr** *f (takt)* close defence (*US* defense); ~**aufklärer** *m (Flzg)* close-reconnaissance airplane; ~**aufklärung** *f (takt)* close local reconnaissance; ~**drehzahlmesser** *m (Flmot)* direct-revolution counter; direct-reading tachometer;

~**echodämpfung** *f (Radar)* sensitivity time control; anticlutter gain control; *(Bordradar über Wasser)* anticlutter sea; ~**feld** *n (Akustik)* near field; ~**grenze** *f (Radar)* minimum range; ~**kampf** *m (takt)* close combat; ~**kampfartillerie** *f* close-support artillery; ~**kompass** *m* direct-reading compass; ~**kontrollbezirk** *m (Flsich)* terminal control area, *abbr* TMA ***(Def)***; *Fernmeldeverkehr m im* ~ terminal area communication; *Karte f des* ~~*s (Flsich)* terminal (control) area chart; *Streckenführung f im* ~~ terminal area routing; ~**kontrollbezirksradar**(**gerät**) *n (Flsich)* terminal area surveilance radar, *abbr* TAR; ~**luftverkehr** *m* short-range air traffic; ~**treffer** *m (LKr)* near miss; ~**unterstützung** *f (takt)* close support; ~**verkehrsbereich** *m (Flsich)* terminal control area ***(Def)***; *Fernmeldeverkehr m im* ~~ teminal area communication; *Streckenführung f im* ~~ *(Flsich)* terminal area routing; ~**verteidigung** *f (takt)* close defence (*US* defense); ~**warnring** *m (LS)* close warning ring.

**Napalmbombe** *f (LKr)* napalm bomb.

**narrensicher** *(Flzg)* foolproof.

**Nasen|ausgleich** *m (Flzg)* forward balancing *(i.e. forward of hinge point)*; *abgeschirmter* ~~ *(Lfz)* shrouded balance ***(Def)***; ~**bluten** *n* nose-bleeding; ~**fläche** *f (Lfz)* nose plane ***(Def)***; ~**kappe** *f (Prop)* nose cap ***(Def)***; ~**klappe** *f (Flzg)* leading-edge flap; droop flap ***(Def)***; ~**kühler** *m* leading-edge radiator; ~**leiste** *f (Tragfläche)* leading edge; ~**pfeilung** *f (Flzg)* leading-edge sweep; ~**rippe** *f (Tragflächen-Formrippe)* nose *or* false rib ***(Def)***; ~**spaltschlitzhaube** *f (Flmot)* nose-slot cowling; ~**spreizklappe** *f* nose split flap.

**Nass|filterelement** *n (Flmot)* wet-type filter element ***(Def)***; ~**leistung** *f (Flmot mit Wasser-Methanol-Einspritzung)* wet power; ~**schnee** *m (met)* wet snow; ~**schub** *m (Turbo)* wet thrust; ~**thermometer** *n (met)* wet-bulb thermometer.

**NATO** *f (Nordatlantikvertragsorganisation)* North Atlantic Treaty Organization, *abbr* NATO; ~-**Flugplatz** *m* NATO airfield.

**Natriumfeuer** *n od* ~**licht** *n (Bod)* sodium light.

**Natur** *f, Verpflegung in* ~ rations *pl* in kind; ~**erscheinung** *f* phenomenon; ~**wissenschaft** *f* science; ~**wissenschaftler** *m* scientist.

**Nauti|ker** *m* navigator; ~**sch** nautical; ~**sche Dämmerung** *f* nautical twilight ***(Def)***; ~**sche Meile** *f (nav = 1853, 2115 m)* nautical mile, *abbr* NM ***(Def)***.

**Navigation** *f* navigation; position fixing; *astronomische* ~ celestial *or* astronomical navigation; *barometrische* ~pressure-pattern flying; barometric navigation ***(Def)***; baronavigation; *meteorologische* ~ meteorological navigation; *terrestrische* ~ terrestrial navigation.

**Navigations|arbeitskarte** *f* plotting chart; ~**ausrüstung** *f* navigation(al) equipment; ~**besteck** *n* navigational plotting equipment; ~**fehler** *m* error of navigation; ~**festpunkt** *m* fix ***(Def)***; ~**funkfeuer** *n* (navigational) radio beacon; ~**funkhilfsmittel** *n/pl* radio aids *pl* to navigation; ~**funkstelle** *f* radio navigation station; *mobile* ~~ radio navigation mobile station; *feste* ~~ radio navigation land station; ~**gebühren** *f (LVerk)* navigation charges *pl*; ~**gerät** *n* navigational *or* navigating instrument *or* device; ~**gitter** *n (Kart)* navigational grid; ~**hilfe** *f* navigational aid, *abbr* NAVAID; *bodenunabhängige* ~~ self-contained (navigational) aid; *Kurzstrecken-*~~ short distance navigational aid ***(Def)***; ~**instrument** *n* navigational instrument; ~**karte** *f* navigation chart *or* map; ~**kennfeuer** *n* code beacon; ~**licht** *n (lfz)* navigation light ***(Def)***; ~**logbuch** *n* navigation log; ~**offizier** *m (LW)* navigation officer; ~**rechengerät** *n* (aircraft) course computor; ~**rechner** *m* navigation computer; ~**satellit** *m* navigation(al) satellite; ~**system** *n* navigation system; *globales od universales* ~~ *(Satnav)* global positioning system, *abbr* PGS; ~**tafel** *f* plotting board; ~**tisch** *m* plotting table; ~**unterricht** *m* instruction in navigation; ~**verfahren** *n* navigation system; *Doppler-* ~~ Doppler navigation system ***(Def)***; Strecken~~ en route navigation system.

**Navig|ator** *m (air)* navigator; ~**ieren** *n* navigate.

**Nebel** *m (met)* fog ***(Def)***; *adiabatischer* ~adiabatic fog; *dichter* ~ thick fog; *diffuser* ~ diffuse nebula; *driftender* ~ drift(ing) fog; *gefrierender* ~ freezing fog; *kalter* ~ cold fog; *künstlicher* ~ *(takt)* screening smoke; *leichter* ~ mist; *nässender* ~ damp *or* wet fog; *orographischer* ~orographic fog; *trockener* ~ dry fog; callina; *vereisender* ~ freezing fog; *warmer* ~warm fog; ~**abblasen** *n (takt)* release of smoke; ~**auflösung** *f (natürliche* ~~*)* fog dissipation; *künstliche* ~~ FIDO, *abbr for* fog, intense, dispersal of ~ ***(Def)***; *Mittel zur* ~~ fog-dispersal agent; *thermische* ~~ thermal fog dissipation; ~**bekämpfung** *f,* **thermische** ~~ thermal fog dissipation; ~**beseitigung** *f* fog dispersal; ~**bildung** *f* formation of fog; fogging; fog formation; ~**bombe** *f (LKr)* smoke bomb; ~**dunst** *m (met)* slight haze; ~**einbruch** *m (met)* fogging-in; ~**einsatz** *m (takt)* employment *or* use of smoke (screen) ~**gebiet** *n (met)* fog area; ~**gerät** *n (takt)* smoke-laying apparatus; smoke generator; ~**gürtel** *m (met)* fog belt; ~**ig** foggy; misty; ~**munition** *f (Art)* smoke ammunition; ~**nest** *n (met)* fog patch; ~**schicht** *f* fog layer; ~**schießen** *n (Art)* smoke-shell firing; ~**schwaden** *m/pl* drift(ing) fog; ~**wand legen** *v (takt)* lay a smoke screen; ~**warnung** f (met) fog warning; ~**werfer** *m (Art)* smoke-shell mortar; rocket launcher; ~**wolke** *f (met)* damp fog; fog cloud.

**Neben|angriff** *m (takt)* secondary attack *or* effort; ~**anschluss** *m (Tel)* extension (line); ~**bauteil** *m (Flzg)* auxiliary member; ~**echo** *n (Radar)* side echo; ~**einander gelagerte Pleuel** *n/pl (Flmot)* side-by-side (connecting rod) assembly ***(Def)***; ~**einander liegend** *(Flzg-Sitze)* side-by-side; ~**frequenz** *f (Funk)* secondary frequency ***(Def)***; ~**keule** *f (Radar)* side *or* monitor lobe; ~**keulen**(**-Abfrage**)**unterdrückung** *f (Radar)* side lobe suppression; ~**luft** *f* secondary air; ~**mond** *m* mock moon; paraselene; ~**netz** *n (el)* feeder circuit ***(Def)***; ~**piste** *f (Bod)* subsidiary runway; ~**pleuel** *n (Stern-Flmot)* mating *or* articulated *or* auxiliary *or* secondary connecting rod; ~**pleuelzapfen** *m* link *or* wrist *or* knuckle pin; ~**pleuelzapfenkopf** *m* link-pin *or* wrist-pin (rod) end; ~**rippe** *f (Tragfläche)* form(er) *or* false *or* camber *or* intermediate rib; ~**schlussmotor** *m (el)* shunt motor; ~**schluss**(**schaltung**) *m (f) (el)* shunting; ~**sonne** *f* mock sun; parhalion; *sl* sundog; ~**sprechen** *n (Sprechfunk)* babble; ~**stelle** *f (Tel)* (subscriber's) extension (line); tributary station; *abhängige* ~~ *(Fernm)* slave station; ~**stufe** *f (Flzg-Schwimmer)* rear step; ~**stromkanal** *m (Turbo)* secondary duct; bypass channel; ~**stromtriebwerk** *n (Turbo)* bypass engine ***(Def)***; ~**stromverhältnis** *n (Turbo)* bypass ratio; *großes* ~~ high bypass ratio; *regelbares* ~~ adjustable bypass ratio; ~**tief** *n (met)* secondary cyclone *or* depression *or* low; ~**verbindung** *f (Fernm)* tributary circuit; ~**ziel** *n (takt)* secondary target.

**negativ** *(Verneinung im Sprechfunkverkehr)* "negative"; ~*e Beschleunigung f* decleration; negative G ***(Def)***; retardation; ~*e Flügelschränkung f* wash-in; ~*e Längsbeschleunigung f (Flmed)* back-to-chest acceleration; ~*e Pfeil-*

*stellung f (Tragfläche)* sweep-forward ***(Def)***; *~e Pfeilung f der Tragflächen (Flzg)* wing sweep-forward; *~e Steigung f (Luftschraube)* reverse pitch ***(Def)***; *~e Verwindung (Tragfläche) f* wash-out ***(Def)***; *~e V-Stellung f (Tragfläche)* negative dihedral ***(Def)***.

**neig|en** *v* **um die Querachse** *(Flzg)* pitch; ~**ung**|*f* **der Auftriebskurve** *(aerodyn)* slope of the lift curve ***(Def)***; *seitliche ~~ (Lfz)* lateral inclination; *~~ zum Hängen (Ladedruckregler)* susceptibility to binding; ~**ungsfläche** *f*, **seitliche** *~~ (Bod)* side slope surface; ~**ungskompass** *m* inclination compass; ~**ungsmesser** *m (Flzg)* (flight) (in)clinometer; tiltometer; ~**ungswaage** *f* inclination balance.

**Nenn|belastung** *f* rated load; ~**drehzahl** *f (Flmot)* rated speed *or* RPM; ~**frequenz** *f (Funk)* rated frequency; ~**höhe** *f* rated *or* nominal altitude; ~**ladedruck** *m* rated boost-pressure; ~**last** *f* rated load; ~**leistung** *f (Flmot)* rated *or* nominal power; power rating ***(Def)***; engine rating; *Start-~~ (Flmot)* take-off power rating ***(Def)***; ~**leistungshöhe** *f (Flmot)* rated altitude *or* height; ~-**Mach-Zahl** *f (aerodyn)* design Mach number; ~**schub** *m (Turbo)* rated thrust; thrust rating; *Start-~~ (Turbo)* take-off thrust rating ***(Def)***; ~**steigung** *f (Prop)* standard pitch.

**Netto|flügelfläche** *f (Lfz)* net wing area ***(Def)***; ~**höhe** *f (Flbetr)* net height ***(Def)***; ~**steigwinkel** *m (Flbetr)* net gradient (of climb) ***(Def)***; ~-**Tragflächenbelastung** *f (Konstr)* net wing loading.

**Netz|anschluss** *m (el)* mains conection; ~**bereich** *m (Fernm)* network area; ~**eigene Fernmeldestelle** *f* on-net station; ~**empfänger** *m (Funk)* mains-connected receiver; ~**freie Fernmeldeverbindung** *f* non-network communication ***(Def)***; ~**funkstelle** *f* network station ***(Def)***; ~**gerät** *n (Fernm)* power unit; ~(**haupt**)**leitung** *f (el)* supply mains ***(Def)***; ~**koordinaten** *f/pl (Kart)* grid coordinates *pl*; ~**linie** *f (Kart)* grid line; ~**spannung** *f (el)* mains voltage; ~**werkbauweise** *f (Flzg)* geodetic construction.

**Neu|ausgabe** *f (von Vorschriften)* republication; ~**baubeschränkung** *f (Bod)* restriction of new constructions; ~**schnee** *m (met)* new fresh(-fallen) snow.

**neutral** neutral; ~**isieren** *n* neutralize; ~**ität** *f* neutrality; ~**punkt** *m (aerodyn)* aerodynamic centre (*US* center), *abbr AC* quarter-chord point; neutral point ***(Def)***; *~~ mit festem Knüppel m (Stab)* neutral point with stick fixed ***(Def)***; *~~ mit losem Knüppel* neutral point with stick free ***(Def)***; ~**punktverschiebung** *od* ~**wanderung** *f* aerodynamic-centre shift.

**Newtonsche| Bewegungsgleichung** *f* second law of motion; *Zweites ~s Gesetz n* second law of motion.

**nicht| ablassbarer Schmierstoff** *m (Flmot)* undrainable lubricating oil; ~ **angetrieben** *(Lfz)* powerless; ~**angriffspakt** *m* non-agression pact; ~ **anliegende Stoßwelle** *f (aerodyn)* detached shock wave; ~ **auf Station** *(Flsich)* off station ***(Def)***; ~**automatische Weitergabeeinrichtung** *f (Fernm)* "torn-tape“ relay installation ***(Def)***; ~**behördliche Abfertigung** *f (LVerk)* handling; ~**eisenmetall** *n* noon-ferrous metal; ~ **entzerrtes Luftbild** *n (LPhot)* uncontrolled mosaic ***(Def)***; ~**freikommen** *n (Flzg vom Boden nach Abheben)* ground *or* cushioning *or* floating effect; ~**gebrauch** *m* disuse; ~ **gebuchter Zusteigeverkehr** *m (LVerk)* fill-up traffic; ~**geostrophisch** *(met)* ageostrophic; *~~er Wind m (met)* ageostrophic wind; ~**igkeitserklärung** *f* nullification; ~**kämpfer** *m (Kr)* noncombatant; ~**kugelförmiger Fesselballon** *m* non-spherical captive balloon; ~**kugelförmiger Freiballon** *m* non-spherical free balloon; ~**metallisch** non-metallic; ~ **periodische Steigungssteuerung** *f (Heli)* collective pitch control ***(Def)***; ~**planmäßiger Flug** *m (LVerk)* non-scheduled flight; ~ **planmäßiger Luftverkehr** *m* non-scheduled air transport; ~**rostend** stainless; non-corroding; ~ **sichtbare Seite** *f* far side; ~ **synchrone Antworten** *f/pl (Radarstörungen) sl* fruit; ~**technisches fliegendes Personal** *n (LVerk)* non-technical flight personnel; ~ **vereist** ice-free; ~ **verkauft** *(LVerk)* non-revenue: ~ **verstellbarer Propeller** *m* fixed-pitch propeller ***(Def)***; ~ **zahlend** *(LVerk)* non-revenue.

**Nick|achse** *f (Flzg)* pitch axis; ~**en** *v (um die Querachse: Flzg)* pitch; ~**en** *n (Flzg)* pitch(ing) ***(Def)***; *~~ im Transschallbereich* Mach tuck; *Mach-~~* Mach tuck; ~**kanal** *m (Autopilot)* pitch channel; ~**moment** *n (aerodyn)* pitching moment ***(Def)***; ~**steuerbarkeit** *f (Flzg)* pitching *or* longitudinal controllability; ~**trimmung** *f (Flzg)* pitch trim; ~**winkel** *m (aerodyn)* angle of pitch ***(Def)***.

**Nieder|druckbereifung** *f (Lfz)* low-pressure tyres *pl*; ~**druckgebläse** *n* low-pressure blower; ~**druckreifen** *m* low-pressure tyre (*US* tire); ~**frequenzkabel** *n (Tel)* audio frequency cable, *abbr* AF cable; ~**frequenzmodulation** *f (Funk)* audio frequency modulation; ~**frequenz-Spitzenwertzerhacker** *m (Funk)* audio peak chopper; ~**frequenzstufe** *f od* ~**teil** *m (Funk)* audio frequency stage; ~**gehen** *v (Flzg)* let down; sink; descend; ~**gehen** *n (Flzg)* descent; let-down; *steiles ~~* steep descent *or* let-down; ~**leistungsbefeuerung** *f (Bod)* low intensity lighting; ~**schlag** *m (met)* precipitation ***(Def)***; *anhaltender ~~ (met)* prolonged precipitation; *gefrierender ~~ (met)* freezing precipitation; *radioaktiver ~~* radioactive fall-out; *vereisender ~~ (met)* freezing precipitation; ~**schlagarm** *(met)* of *or* with light precipitation; dry; ~**schlagdiagramm** *n (met)* ombrogram; ~**schlagform** *f (met)* form of precipitation ~**schlagfrei** *(met)* precipitation-free; ~**schlagsmenge** *f (met)* amount of precipitation; ~**schlags(mengen)messung** *f (met)* ombrometry; ~**schlagsreich** *(met)* of *or* with heavy precipitation; ~**schlagstärke** *f* intensity of precipitation; ~**schlagsverteilung** *f* distribution of precipitation; ~**schrift** *f* minutes *pl*; report of session; ~**spannung** *f (el)* low voltage *or* tension.

**Niedrigwasser** *n (met)* low water; *mittleres ~~* mean low water; *abbr* MLW; ~**stand** *m* low water level.

**nieseln** *v (met)* drizzle; ~ *n* drizzle ***(Def)***; *gefrierendes ~ (met)* freezing drizzle.

**Niet** *m* rivet; *geschlagener ~* driven rivet; *versenkter ~* countersunk *or* flush rivet; ~**en** v rivet; ~**kopf** *m* rivet head; ~**loch** *n* rivet hole; ~**ung** *f* riveting; ~**verbindung** *f* riveted joint.

**Nimb|ostratus** *m (met)* nimbostratus ***(Def)***; ~**us**(**wolke**) *m (f) (met)* nimbus (cloud); rain cloud.

**Nipp|hochwasser** *n* high water neaps *pl*; *mittleres ~~* high water ordinary neap tides *pl*; mean high water neaps *pl*, *abbr* MHWN; ~**niedrigwasser** *n* low water neaps *pl;* ~**tide** *od* ~**zeit** *f* neap tide.

**Niveau** n level; *Karte f konstanten ~s (met)* constant level chart ***(Def)***; *mittleres ~ (met)* mean level, *abbr* ML.

**NN** *(Normal Null)* SL *(sea level)*.

**Nocken** *m (Flmot)* cam; ~**antrieb** *m* cam drive; ~**scheibe** *f* cam plate *or* disk or ring; ~**stange** *f* cam stick; ~**steuerung** *f* cam control (gear); ~**system** *n, synchronisierendes* ~~ *(Hubschrauber)* synchronizing cam mechanism; ~**trommel** *f* cam drum; ~**welle** *f* cam shaft; *obenliegende* ~~ overhead camshaft; ~**wellenlager** *n* camshaft bearing.

**No-Course-Signal-Zone** *f (Funknav)* zone of no-course signal.

**Nomogramm** *n* nomograph.

**Nord|en** *m* north; *geographisch* ~ geographic *or* true north; *missweisend (magnetisch)* ~ compass *or* magnetic north ***(Def)***; *rechtweisend* ~ true north ***(Def)***; ~**drehfehler** *m (Kompass)* (northerly) turning error; ~**licht** *n* northern lights *pl*; aurora borealis; ~**pol** *m* north pole; *magnetischer* ~~ magnetic north pole; ~**stern** *m* North Star; Polaris; ~**sternberichtigung** *f (Astronav)* Q-correction ***(Def)***; ~**wert** *m (nav)* degree north; *Bestimmung f des* ~~*es (nav)* northing ***(Def)***.

**Norm** *f* standard.

**Normal|auftrieb** *m (aerodyn)* normal lift; ~**ausrüstung** *f (Flzg)* standard equipment; ~**belastung** normal *or* standard load; ~**beschleunigung** *f* centrepetal acceleration; ~**betrieb** *m (Flzg)* normal operation; ~**drehzahl** f (Flmot) normal RPM; ~**druck** *m* normal *or* standard pressure; ~**flug** *m* normal flight ***(Def)***; ~**frequenz** *f (Funk)* standard frequency; ~**geschwindigkeit** *f (Lfz)* normal velocity ***(Def)***; ~**kraft** *f **(aerodyn)*** normal force ***(Def)***; ~**lage** *f (Flzg)* normal flying position *or* attitude; ~**landung** *f (Flzg)* three-point *or* normal landing; ~**luftdruck** *m* standard atmospheric pressure; ~**luftzustand** *m* standard air *or* atmosphere; ~**null**, *abbr NN* (mean) sea level, *abbr* MSL; ~**wert** *m* standard value; ~**zeit** *f* standard time ***(Def)***.

**Norm|atmosphäre** *f (met)*, **Internationale** ~~, *abbr INA* international standard atmosphere, *abbr* ISA ***(Def)***; ~**enausschuss** *m* standards committee; ~**druckfläche** *f (met)* standard isobaric surface; ~**druckhöhe** *f* standard pressure altitude; ~**en** *f/pl* **und Empfehlungen** *f/pl (für die Luftfahrt; ICAO)* standards *pl* and recommended practices *pl, abbr* SARPS; ~**leistung** *f* standard performance; ~**teil** *m & n* standard part; ~**ung** *f* standardization.

**Not|absprung** *m* emergency parachute descent; forced parachute jump; bail out ***(Def)***; ~**abstieg** *m (Flbetr)* emergency descent; ~**abwurf** *m (Bomben)* emergency release *or* dropping; emergency (salvo) jettisoning; ~**abwurfhebel** *m* emergency jettisoning lever; ~**abwurfplatz** *m (für Bomben)* emergency bomb-release area; ~**aggregat** *n* stand-by unit.

**NOTAM** (*short for* **notice to arimen**) NOTAM ***(Def)***; ~-**Büro** *n, internationales* ~~ international NOTAM office, *abbr* NOF ***(Def)***; ~-**Kurzfassung** *f (Flsich)* pre-flight information bulletin; ~-**Schlüssel** *m (Flsich)* NOTAM code.

**Not|antenne** *f (Funk)* emergency antenna *or* aerial; ~**ausfahren** *n (Fahrwerk)* emergency lowering; ~**ausgang** *m (Bod)* emergency exit; ~**auslöseknopf** *m (Kraftstoff-Schnellablass, Bombennotwurf)* jettison button; ~**ausrüstung** *f (im Lfz)* survival equipment; *Wasser- und Verpflegung-*~~ water-and-ration kit; ~**ausstieg** *m (Flzg)* escape *or* emergency hatch; emergency exit; ~**ausstiegsrutsche** *f (Flzg)* (escape) chute; ~**batterie** *f (Flzg)* emergency battery; ~**befeuerung** *f (Bod)* emergency lighting; *vorläufige* ~~ *(Bod)* temporary emergency lighting; ~**behälter** *m* reserve *or* emergency tank; ~**betrieb** *m* emergency operation; *Auslegung f für* ~~ contingency rating; ~**einsatz** *m* emergency operation; *Mannschaft f für* ~~ *(Bod)* emergency crew; ~**evakuierung** *f* emergency evacuation; ~**fahrgestell** *n (Flzg)* emergency landing gear; ~**fall** *m* emergency; *Verlassen n (des Flzgs) im* ~~ emergency escape; ~**fallfahrzeug** *n (Bod)* emergency vehicle; ~**falllage** *f* emergency situation; *nur für* ~*fälle (Hinweis)* emergency use only; ~**fallsituation** *f* emergency situation; ~**flugmanöver** *n (Flbetr)* emergency flight menoeuvre; ~**höchstleistung** *f (Flmot)* maximum emergency power; ~**kompass** *m* emergency *or* stand-by compass; ~**lage** *f (Flsich)* distress; ~**(lage)stufe** *f (Flsich)* emergency phase; ~**landegelände** *n* emergency landing ground; ~**landen** *v* force-land; make an emergency landing; ~**landeplatz** *m* emergency *or* forced landing field; ~**landeübung** *f* simulated forced landing; ~**landung** *f* emergency *or* forced landing; ~~ *auf (dem) Wasser* ditching ***(Def)***; emergency alighting on water; *simulierte* ~~ *(Flbetr)* simulated forced landing; ~**leistung** *f (Flmot)* emergency power; emergency (power) rating; *erhöhte* ~~ *(Flmot)* contigency power; ~**meldung** *f (SOS: Flsich)* distress message; ~**proviant** *m* emergency rations *pl*; ~**ruf** *m (Flbetr: z.B. PAN, SOS)* emergency signal; ~**rutsche** *f (Flzg)* escape slide; ~**schalter** *m (Lfz)* emergency *or* crash switch; ~**sender** *m (Funk)* emergency transmitter; ~**signal** *n (Flbetr: z.B. PAN, SOS)* emergency signal; ~**sinkflug** *m (Flbetr)* emergency descent; ~**strom** *m (el)* emergency power (supply), ~**stromaggregat** *n (el)* stand-by unit; ~**stromversorgung** *f (el)* secondary power supply; ~**stufe** *f (Alarmstufe 3: Flsich)* distress phase ***(Def)***; ~- **und Rettungsausrüstung** *f (Bod)* emergency and rescue equipment; ~- **und Rettungsfunkgerät** *n* survival radio equipment; ~**verfahren** *n (Flbetr)* emergency procedure; ~~ *bei Flammabriss (Turbo)* flame-out procedure; ~**verlassen** *n (des Lfz)* emergency escape; ~**verpflegung** *f* emergency rations *pl*; ~**wassern** *v (Flzg)* go down in the sea; ditch; ~**wasserung** *f (Flzg)* emergency landing on water; ditching ***(Def)***; forced water landing; ~**wasserungsausrüstung** *f (Lfz)* flotation gear ***(Def)***; ~**wehr** *f* self-defence (*US* defense); ~**wurf** *m (Bomben)* emergency-salvo release; *Bomben im* ~~ *(aus)lösen v* jettison bombs; ~**wurfhebel** *m* emergency bomb-release lever; ~**zeichen** *n* distress signal; *optisches* ~~ visual distress signal; ~**zufahrtweg** *m (Bod)* emergency access; ~**zug** *m* jettison(ing) lever; emergency handle *or* lever.

**Noy** *n (akustische Einheit)* noy; ~-**Kurve** *f* noy contour; ~-**Tabelle** *f* noy table.

**nuklear** *(Kernphysik)* nuclear; ~**treibstoff** *m* nuclear propellant; ~**waffen** *f/pl* nuclear weapons *pl*.

**Null|age** *f (Flzg)* neutral position; ~**anstellwinkel** *m (aerodyn)* zero angle of attack; ~**anstellung** *f (Tragfläche od Flossen)* zero incidence *or* setting; ~**auftrieb** *m (aerodyn)* zero lift; *Anstellwinkel für* ~~ angle of zero lift; ~**auftriebsrichtung** *f (aerodyn)* no-lift direction ***(Def)***; ~**auftriebswinkel** *m (aerodyn)* zerolift angle; ~**ebene** *f* reference datum; ~**fehlerpunkt** *m (nav)* zero error point; ~**förderdruck** *m (Hydraulik)* zero delivery pressure ***(Def)***; ~-**G** *n* zero-g (load); ~**grad-Celsius-Isotherme** *f (met)* zero centigrade isotherm; ~**kegel** *m (über Funkfeuer)* cone of silence ***(Def)***; ~**kegelbereich** *m (Funkfeuer)* cone effect area; ~**kegel-Funkfeuer** *n* Z marker beacon ***(Def)***; zone of silence marker ***(Def)***; ~**meridian** *m* initial *or* prime *or* zero meridian; universal meridian; ~**methode** *f (Funk)* null method; ~**niveau** *n* reference datum; ~**schubpolare** *f* zero-thrust polar; ~**schubsteigung** *f (Prop)* zero thrust pitch; ~**spannung** *f (el)* no *or* zero voltage; ~**stellung** *f (Steuerruder: Trimmung)* neutral position; ~**stellungsfehler** *m (Instr)* zero setting error;

~**zacke** *f (Radar)* null signal; ~**zählen** *n (FK)* countdown ***(Def)***; ~**zeit** *f* zero hour.

**Nummernscheibe** *f (Tel)* dial(-plate); ~ *drehen v (Tel)* dial.

**Nurflügelflugzeug** *n* all-wing *or* tailles airplane; flying wing ***(Def)***.
**Nut(e)** rabbet; groove; keyway; ~**nwelle** *f* splined shaft.

**Nutz|anwendung** *f* practical application; ~**auftrieb** *m (aerodyn)* useful lift; ~**druck** *m*, **mittlerer** ~~ (Prop) brake mean effective pressure, *abbr* BMEP; ~**ladefaktor** *m (LVerk)* (revenue) weight load factor; load factor ***(Def)***; ~**last** *f (Flzg)* useful *or* service load; pay load ***(Def)***; *angebotene ~~ (LVerk)* airlift ***(Def)***; *zahlende ~~ (LVerk)* pay load; ~**leistung** *f (Brems-PS: Flmot)* brake horsepower, *abbr* BHP; brake power ***(Def)***; ~**leistungswirkungsgrad** *m (Prop)* net efficiency ***(Def)***; ~**luftfahrzeug** *n* utility aircraft; ~**schub** *m (Prop)* effective *or* net thrust ***(Def)***; ~**ungsbereich** *m (Nutzungsentfernung plus ~höhe der Funkdienste)* service volume; ~**ungsdauer** *f (Gerät usw)* longevity; sichere ~~ *(bis zum Unbrauchbarwerden)* safe fatigue life; ~**ungsentfernung** *f (Funkdienste)* service range; ~**ungsgebiet** *n (Funkdienste)* service coverage; ~**ungshöhe** *f (Funk)* service height; ~**ungsreichweite** *f (Funk)* service range; ~**widerstand** *m (aerodyn)* useful resistance; effective drag.

# O

**O** *(ICAO- & NATO-Buchstabieralphabet)* Oscar; ~ *(altes, internationales Buchstabieralphabet)* Oboe.

**Ober|befehlshaber** *m (mil)* commander-in-chief, *abbr* C.i.C.; ~**feldwebel** *m (LW E)* Flight Sergant; *(LW US)* Master Sergant; ~**feldwebel** *(Flzg) m (LW US)* Technical Sergant; ~**flächenbehandlung** *f* surface treatment; ~**flächenbelastbarkeit** *f* surface load-carrying capacity; ~**flächengüte** *f* surface quality; *hohe ~~* fine finish; ~**flächenkühler** *m (Flmot)* surface radiator ***(Def)***; ~**flächenmarkierung** *f (auf Piste: Bod)* surface marking; ~**flächenölkühler** *m* skintype *or* surface (oil) cooler ***(Def)***; ~**flächenrauigkeit** *f* surface roughness; ~**flächenreibung** surface *or* skin friction ***(Def)***; ~**flächenschicht** *f (Startbahnbau)* surface course; ~~ *aufbringen v* surfacing; ~**flächenschutz** *m* protective coating; ~**flächentemperatur** *f* surface temperature; ~**flächenwiderstand** *m* skin (friction) drag; ~**flügel** *m (Doppeldecker)* upper wing; top plane; ~**flügelquerruder** *n (Doppeldecker)* top aileron; ~**flugzeug** *n (Vater u. Sohn)* upper component *(of a composite aircraft)*; ~**grenze** *f* upper limit; ~**gurt** *m (Flzg)* top chord; top *or* upper flange; ~**kommando** *n (mil)* high *or* supreme command; ~**leitung** *f (Tel)* overhead line; ~**leutnant** *m (LW E)* Flying Officer, *abbr* FO; *(LW US)* First Lieutnant; ~**seite** *f (Tragfläche)* upper surface; ~**st** *m (LW E)* Group Captain, *abbr* GC; *(LW US)* Colonel; ~**stabsfeldwebel** *m (E)* Warrant Officer; *(LW US)* Master Sergeant; ~**stleutnant** *m (LW E)* Wing Commander, *abbr* WC; *(LW US)* Lieutenant Colonel.

**Objekt|iv** *n (LPhot)* objective; lens (system); ~**ivdeckel** *m* lens cap; ~**ivöffnung** *f (LPhot)* lens aperture; ~**nachtjagd** f *(LKr)* nicht fighter operation against an objective; ~**schutz** *m (LKr)* air defence (*US* defence) of fixed installations.

**Obervatorium** *n* observatory.

**offen** open; ~*e Flanke f (takt)* open flank; ~*e Messstrecke f (aerodyn)* open working section ***(Def)***; ~*e Motorhaube f (Flmot)* pressure cowling ***(Def)***; ~*e Sprache f (Klartext: Fernm)* plain language ***(Def)***; ~*er Flügel m (takt)* exposed wing; ~*er Funkspruch m (Funk)* radio message in clear; ~*er Wasserkanal m (aerodyn)* water channel ***(Def)***; ~*er Windkanal m (aerodyn)* open (jet) tunnel; nonreturn-flow wind tunnel; ***(Def)***; ~*es Betanken n (Lfz)* open line refuelling ***(Def)***; ~*es Vereisungsnetz n (Flmot)* gapped-type ice guard ***(Def)***; ~**siv** *(takt)* offensive; ~**sive** *f* offensive; ~*sive Luftunterstützung f (takt)* offensive air support, *abbr* OAS.

**Offizier** *m* (commissioned) officer; ~ *(fliegendes Personal)* flying officer; officer on flying status; ~ *vom Dienst* duty officer; ~ *vom Tagesdienst* officer of the day; ~**sanwärter** *m* officer cadet *or* candidate; ~**sbursche** *m (E)* batman; *(US)* officer's orderly; ~**schule** *f* **der Luftwaffe**, *abbr OSLw* Air Force officers school; ~**sheim** *n (Kasino)* officer's mess *or* club; ~**slaufbahn** *f* officer's career; ~-**Ledigenunterkunft** *f* single *or* bachelor officers'quarters, *abbr* BOQ; ~**spatent** *n* commission; ~**srang** *m* officer's rank; *den ~~ verleihen v* commission an officer.

**Off-Line-Betrieb** *m (EDV)* off-line working.

**öffnen,** *sich ~ v (Para)* open (out); unfold.

**Öffnung** *f (Para)* opening; *Absprung m mit verzögerter ~ (Para)* delayed drop ***(Def)***; *verzögerte ~ (Para)* delayed opening ***(Def)***; ~**sgeschwindigkeit** *f (Para)* opening speed; ~**sgriff** *m (Para)* control handle; ~**shöhe** *f (Para)* deployment altitude; *vorgegebene ~~* assigned deployment altitude; ~**ssicherung** *f (Para)* mouth lock ***(Def)***; ~**sstoß** *m (Para)* opening shock; ~**sverzögerung** *f (Para)* parachute delay; ~**swinkel** *m/pl (Lfz-Positionslampen)* dihedral angles *pl* ***(Def)***; ~**szeit** *f (Para)* opening time ***(Def)***.

**Og|ee-Tragfläche** *f (Flzg)* ogee(-planform) wing; ~**ival** *(z.B. Tragfläche)* ogival; ~~*e Tragfläche f (Flzg)* ogival wing.

**ohne|Einkommen** *od* **Entgelt** *n (LVerk)* non-revenue; ~**haltflug** *m* non-stop flight; ~ **Leistung** f *(Flmot)* power-off.
**okklu|dierte Front** *f (met)* occluded front; ~**sion** *f (met)* occlusion ***(Def)***; ~~ *mit Kaltfrontcharakter (met)* cold occlusion; ~~ *mit Warmfrontcharakter* warm occlusion; ~~**sfront** *f (met)* occluded front.

**ökologisches System** *n* ecological system.

**Oktant** *m (nav-Gerät)* octant.

**Oktanzahl** *f*, *abbr* O.Z. *(Flugkraftstoff)* octane number *or* rating: knock rating; fuel grade ***(Def)***.

**Okularspektroskop** *n* ocular spectroscope.

**Öl** *n* oil; ~**abfluss** *m* oil outlet; ~**ablass** *m* oil drain; ~**ablauföffnung** *f* oil drainage hole; ~**absaugpumpe** *f* scavenger pump; ~**abscheider** *m* oil separator; ~**abstreifer** *m* oil wiper *or* scraper; ~**abstreifring** *m* oil scraper *or* oil control ring; scraper ring ***(Def)***; ~**behälter** *m* oil tank; ~**behälter-Entlüftungsrohr** *n* tank vent pipe ***(Def)***; ~**betätigt** *(Bremsen usw)* oil- *or* fluid-operated; ~**dichtungsring** *m* oil seal ring; ~**druck** *m* oil pressure; ~**druckbremse** *f* oil-pressure brake; hydraulic brake; ~**druckfederung** *f (Fahrwerk)* oil shock absorption; ~**druckmesser** *m* oil pressure gauge (*US* gage); ~**druckpumpe** *f* (oil) pump; pressure(-feed) pump ***(Def)***; ~**einlass** *m* oil inlet *or* feed; ~**fänger** *m* oil catcher *or* cup; ~**federbein** *n* oleo-(leg) ***(Def)***; oleo-strut; hydraulic strut;

~**film** *m* oil film; ~**filter** *m* oil filter; ~**gekühlt** oil-cooled; ~**hydraulik** *f* oil hydraulics; ~**hydraulischer Antrieb** *m* oleo-hydraulic drive; ~**kohle** *f* oil carbon; ~**kohleablagerung** *f* oil carbon deposit; ~**kohleentferner** *m* decarbonizer; ~**kohleentfernung** *f* carbon removal; ~**kühler** *m* oil cooler; *hintereinander eingebauter* ~~ series oil cooler ***(Def)***; ~~ *im Lufteintritt (Flmo)* air-intake oil cooler ***(Def)***; *vielzelliger* ~~ multi-element oil cooler ***(Def)***; ~**luftfederbein** *n* air-oil *or* oleopneumatic shock absorber (strut); ~**manometer** *n* oil pressure gauge (*US* gage); ~**motor** *m (Turbo)* servo-motor; ~**pneumatisch** oil-pneumatic; ~**pumpe** *f* oil pump; ~**regelventil** *n (Flmot)* oil control valve ***(Def)***; ~**(rohr)leitung** *f* oil (pipe) line; ~**rückförderpumpe** *f* scavenge pump ***(Def)***; ~**rücklauf** *m* oil return line; ~**saugpumpe** *f* scavenger pump; ~**schmierung** *f* oil lubrication; ~**stand** *m* oil level; ~**standsanzeiger** *m* oil level gauge (*US* gage); ~**stoßdämpfer** *m* oleo shock-absorber; ~**stoßdämpfung** *f* oil shock-absorption; ~**strebe** *f* oleo strut; ~**sumpf** *m* (crankcase) sump ***(Def)***; ~**tank** *m* oil reservoir *or* tank; ~**tankentlüftung** f oil-tank vent; ~**thermostat** *m* oil temperature regulator; ~**trichter** *m* oil funnel; ~**überdruckventil** *n* oil relief-valve; ~**überlauf** *m* oil overflow; ~**umlauf** *m* oil circulation; ~**verdünnungsanlage** *f (Flmot)* oil-dilution system ***(Def)***; ~**verschmutzung** *od* ~**verunreinigung** *f* oil contamination; ~**wanne** *f* oil well *or* pan; ~**wärmemesser** *m* oil temperature gauge (*US* gage); ~**zuführung** *f* oil feed; ~**zuleitung** *f* oil supply pipe *or* line.

**Ombogramm** *n (met)* ombogram.

**Omnibusleitung** *f (Fernm)* omnibus channel.

**On-Line-Betrieb** *m (EDV)* on-line working.

**Operation** *f (mil)* operation; *gemeinsame ~ mehrerer Nationen (mil)* combined operation; *gemeinsame ~ mehrerer Teilstreitkräfte (mil)* joint operation; *~ verbundener Waffen (mil)* combined arms operation; ~**sabteilung** *f (mil)* operations section *or* branch; ~**sbefehl** *m* operations order; ~**sgebiet** *n (takt)* zone *or* theatre (*US* theater) of operations; ~**skarte** *f (takt)* operations map; ~**slinie** *f (takt)* line of operations; ~**sradius** *m (LKr)* operational radius; ~**sraum** *m (takt)* zone *or* theatre (*US* theater) of operations.

**operativ** operational; strategic; ~**e Aufklärung** *f (jetzt: strategische Aufklärung)* strategic reconnaissance; ~**e Unterstützung** *f (takt)* indirect support; ~**es Ziel** *n (jetzt: strategisches Ziel)* strategic objective.

**Opti|k** *f (LPhot)* lens *or* optical system; ~**sch** optical; *~~e Täuschung f* optical illusion; *~~e Zeichengebung f* visual communication; *~~er Abtriftmesser m (nav)* drift sight ***(Def)***; *~~es Alarmzeichen n* visual alarm signal; *~~es Gerät od Instrument n* optical instrument; *~~es Rufzeichen n* visual call sign ***(Def)***; *~~es Zeichen n* visual signal; *~~es Zielgerät n* optical sight.

**Opto|elektronik** *f* opt(oelect)ronics; ~**meter** *n (Flmed)* optotype (table).

**Orbit** *m* astronomic(al) orbit; ~**alrakete** *f* orbital rocket *or* missile.

**Orden** *m* decoration; *einen ~ verleihen v* confer *or* award a decoration; ~**sband** *n* ribbon of a decoration.

**Ordinate** *f* ordinate.

**Ordnung** *f, geöffnete ~ (Verbandsflug)* extended order; *geschlossene ~* close order; ~**sdienst** *m (mil)* provost service; military police service.

**Ordonnanz** *f (mil)* orderly; ~**offizier** *m* orderly officer; assistant adjutant.

**Organi|gramm** *n* organizational chart; ~**sationsplan** *m* **des Such- und Rettungsdienstes** search and rescure plan.

**Orientierung** *f* orientation; *räumliche ~ (Flmed)* spatial orientation ***(Def)***; ~**sfehler** *m* orientation error; ~**spunkt** *m (nav)* control point; check point; ~**sverlust** *m (nav)* loss of orientation.

**Orkan** m (Beaufort-Stärke 12: met) hurricane ***(Def)***; ~**artiger Sturm** *m (Beaufort-Stärke 11: met)* violant storm ***(Def)***; ~**mitte** *f* centre (*US* center) of the hurricane.

**Ornithopter** *m (Schwingenflügler: Flzg)* ornithopter ***(Def)***.

**orographisch|e Wolken** *f/pl (met)* orographic clouds *pl* ***(Def)***; ~**er Nebel** *m (met)* orographic fog; ~**er Wind** *m (met)* orographic wind.

**orte|n** *v (nav)* locate; take bearings; ~**r** *m* navigator; observer; ~**rkompass** *m* navigator's compass; ~**rraum** *m (Flzg)* navigator's compartment.

**Ortho|drome** *f (Großkreis: nav)* great circle; orthodrome; ~**metrische Projektion** *f (Kart)* orthometric projection.

**örtliche| Schallgeschwindigkeit** *f (aerodyn)* sonic speed ***(Def)***; ~**r Stundenwinkel** *m (nav)* local hour angle, *abbr* L.H.A.; ~**r Vertreter** *m* **des (Luftfahrzeug-)Halters** operator's local represenative ***(Def)***.

**Orts|bestimmung** *f (nav)* fixing *or* determination of position; *~~ durch Theodoliten (Kart)* theodolite triangulation; ~**fest** fixed; permanent; stationary; ~**feste Funkstelle** *f* land (radio) station; ~**gespräch** *n (Tel)* local call; ~**höhe** *f* **über Meer** elevation, *abbr* ELEV ***(Def)***; ~**kennung** *f (Fernm)* location indicator ***(Def)***; ~**missweisung** *f, abbr* OM *(nav)* variation; local magnetic declination; magnetic variation ***(Def)***; *Änderung der ~~ (Kart)* change of magnetic variation; *Linie gleicher ~~* isogonic line; isogonal; *periodische Änderung der ~~* (Kart) periodical variation; ~**missweisungskarte** *f* magnetic variation chart; ~**name** *m* place name; ~**stundenwinkel** *m (nav)* local hour angle, *abbr* LHA; ~**verkehr** *m (Tel)* local traffic; ~**zeit** f local *or* A time; *mittlere ~~*, *abbr* MOZ local mean time, *abbr* LMT ***(Def)***; *siderische ~~* local siderial time, *abbr* LST ***(Def)***.

**Ortung** *f*, **astronomische** ~ *(nav)* astronomical orientation *or* navigation; ~**sfunkdienst** *m* radio location service; ~**sgerät** *(nav)* locating equipment; position finder; ~**slehre** f art of navigation; ~**sleuchtkugel** *f* navigation flare.

**Ost|en** east; ~**wert** *m*, **Bestimmung** *f* **des ~~es** *(nav)* easting ***(Def)***; ~**wind** *m (met)* easterly wind; ~**windwetterstörung** *f (met), tropische ~~* easterly wave.

**östlich** eastern; ~**e Elongation** *f* eastern elongation; ~**e Länge** *f (Kart)* east(ern) longitude.

**Oszillat|ion** *f (Schwingung)* oscillation; ~**or** *m* oscillator; *kohärenter ~~ (Funk)* coherent oscillator; ~**orröhre** *f (Funk)* oscillator tube.

**Otto|kraftstoff** *m* Otto-type fuel; ~**-Motor** *m (Flmot)* Otto engine; spark-ignition engine.

**Oxidator** *m (FK)* oxidant ***(Def)***; ~**behälter** *m* oxidizer tank.

**oxydieren** *v (chem)* oxidize.

**Ozean|flug** ocean flight; **~isch** *(met)* oceanic; marine; **~luftverkehr** *m* transoceanic air traffic; **~station** *f (Flsich)* ocean station ***(Def)***; *Rufzeichen n einer ~~* ocean station call sign ***(Def)***; **~stationsschiff** *n (Flsich)* ocean station vessel ***(Def)***;**~-Such- und Rettungsstation** *f (SAR)* ocean search and rescue station; **~überfliegung** *f* transoceanic flight.

**ozon|haltig** ozoniferous; **~osphäre** *f* ozonsphere; **~schicht** *f* ozone layer.

# P

**P** *(ICAO- & NATO-Buchstabieralaphabet)* Papa: ~ *(altes, internationales Buchstabieralphabet)* Peter.

**paarweise** *(Flzge in Rotte)* in pairs; *(allg)* in couples; by pairs.

**Pack|behälter** *m* (*Fallschirm-~~*) parachute tray ***(Def)***; **~eis** *n* pack ice; **~en** *n (Para)* packing ***(Def)***; **~schlauch** *m (Para)* sleeve ***(Def)***; **~schlaufe** *f (Para)* stowage loop ***(Def)***; **~schnee** *m* packed snow; **~stück** *n (Luftpost)* package.

**Pakgeschütz** *n* antitank gun.

**Palette** *f* pallet.

**Panne** *f (Flmot)* engine failure; *(Kfz)* breakdown; *(Reifen)* flat (tyre [*US* tire]); puncture.

**Panoramagerät** *n (Radar-Bordgerät)* airborne all-round search radar; radar landscape scanner; *(Radar-Bodengerät)* surveillance radar; **~anzeiger** *m* plan position indicator, *abbr* PPI.

**Panzer** *m* armour (*US* armor); tank; **~abwehr** *f (takt)* antitank defence (*US* defense); **~abwehrgraben** *m* antitank ditch; **~abwehrkanone** *f* antitank gun; **~abwehrrakete** *f* antitank rocket; **~befehlsfahrzeug** *n* armoured (*US* armored) command car; **~bombe** *f (LKr)* armour- (*US* armor-)piercing bomb; **~brechend** *(Waffe)* armour (*US* armor)-piercing; **~division** *f* armoured (*US* armored) division; **~drehturm** *m* armoured (*US* armored) turret; **~fahrzeug** *n* armoured (*US* armored) vehicle; **~falle** *f* tank trap; **~geschoss** *n* armour- (*US* armor)-piercing shell; **~hindernis** *n* antitank obstacle; **~jäger** *m (LW)* flying tank fighter; **~kabel** *n (Tel)* armoured (*US* armored) cable; **~kampfwagen** *m* tank; **~kette** *f* track; **~knacker** *m* tank buster; **~kopf** *m (Bombe)* armour (*US* armor)-piercing head *or* nose; **~kuppel** *f* tank cupola; *(gepanzerte)* armoured (*US* armored) cupola; **~platte** *f* armour (*US* armor) plate; **~selbstfahrlafette** *f* self-propelled armoured (*US* armered) gun mount(ing); **~spähwagen** *m* armoured (*US* armored) patrol *or* reconnaissance *or* scout car; **~sperre** *f* antitank obstacle; **~spitze** *f (takt)* armoured (*US* armored) point; **~sprenggeschoss** *n* armour- (*US* armor)-piercing projectile; **~truppen** *f/pl* armoured (*US* armored) troops *pl*; **~ung** *f* armour (*US* armor) (plating); **~waffe** *f* armoured (*US* armored) force; **~weste** *f* body armour (*US* armor).

**Papierstreifen** *m (Fernschreiber)* (paper) tape *or* strip.

**Pappschnee** *m* tacky snow.

**PAR-Anflug** *m (Flsich)* precision approach; PAR approach ***(Def)***.

**Parab|elflügel** *m (Flzg)* parabolic wing; **~elflugzeug** *n* aircraft with parabolic contour; **~olisch** parabolic; **~oloidheck** *n (Flzg)* paraboloid afterbody; **~olreflektor** *m (Radar)* radar dish; **~olspiegel** *m (Scheinwerfer)* parabolic reflector.

**Parade** *f (mil)* parade; review; **~anzug** *m* full-dress uniform; **~platz** *m* parade ground.

**Para|gleiter** *m* parachute glider; paraglider.

**parall|aktische Anbringung** *od* **Aufstellung** *f* parallactic mounting; **~axbewegung** *f* parallactic movement; **~axe** *f (nav)* parallax; **~elbahnflugplatz** *m* parallel runway aerodrome; **~elflug** *m* parallel flight; **~elpiste** *f (Bod)* parallel runway; *Abstand zwischen ~~n* separation of runways; **~elprojektion** *f (Kart)* orthographic projection; **~elrollbahn** *f (Bod)* parallel taxiway; **~elstoff** *m (Lfz l)* parallel fabric ***(Def)***; **~elsuchverfahren** *n (mit mehreren Suchflzgn: SAR)* parallel sweep search; **~elsuchverfahren** *n (mit einem Suchflz)* parallel track search.

**Para|meter** *m* parameter; *charakeristischer ~~* characteristic parameter; *konstruktiver ~~* design parameter; **~plan** *m (Lfz)* paraplane; **~sheet-Fallschirm** *m* parasheet ***(Def)***; *~~ mit verstärkter Basis* gathered parasheet ***(Def)***; *~~ ohne verstärkte Basis* ungathered parasheet ***(Def)***; **~sol** *m (Flzg)* parasol monoplane ***(Def)***; **~soltragflügel** *m (Flzg)* parasol wing.

**Paritätsfehler** *m* parity error.

**Park** *m (mil)* park; depot; **~bremse** *f (Flzg)* parking brake; **~gebühr** *f (LVerk)* parking charge *or* fee.

**Parole** *f (mil)* password.

**Passagier|flug** *m (LVerk)* passenger flight; *kurzer ~~ sl* passenger hop; **~flugzeug** *n* passenger aircraft; airliner; **~gondel** *f (Luftschiff)* passenger car.

**Passat** *m (met)* tradewind(s) ***(Def)***; geostrophic wind; *sl* easterlies *pl*; trades *pl*; **~gebiet** *n (met)* zone of tradewinds; **~wind** *m* tradewind(s) *(pl)*; geostrophic wind; *sl* easterlies *pl*; trades *pl*; **~windgürtel** *m* trade wind belt; **~zirkulation** *f (met)* trade wind circulation.

**Pass|genauigkeit** *f* accuracy of fit; **~karte** *f (LVerk)* passport card; **~toleranz** *f* fitting tolerance; **~ung** *f (von zwei aneinanderstoßenden Beuteilen)* fit.

**Passierschein** *m (LVerk)* laisser-passer.

**passive| Zielsuchlenkung** *f (FK)* passive homing guidance ***(Def)***; **~s Zielsuchverfahren** *(FK)* passive homing ***(Def)***.

**Patent** *n (allg Technik)* (letters) patent; *(mil) (Offiziers-)* commission.

**Patrone** *f* cartridge; **~nanlasser** *m (Flmot)* cartridge *or* combustion starter ***(Def)***; chuck starter; **~nauswerfer** *m* ejector; **~ngurt** *m* ammunition belt; **~ngurtzuführung** *f* cartrigde belt-feed; **~nhülse** *f* cartridge case; **~nmunition** *f* fixed ammunition; **~nrahmen** *m* clip; **~ntasche** *f* cartridge pouch *or* pocket.

**Patrouillenflugzeug** *n* patrol aeroplane.

**Pauschal|flugreise** *f* air inclusive tour; **~reise-Charterflug** *m* inclusive tour charter flight, *abbr ITC.*

**Paus|enstrom** *m (Tastfunk)* spacing current; ~**papier** *n* tracing paper.

**Pedal|e** *f/pl (Seitenruder: Flzg)* foot pedals *pl*; ~**kraft** *f (Flzg)* pedal force; ~**steuerung** *f (Seitensteuer: Flzg)* pedal control.

**Peil|anflugverfahren** *n (Funknav)* direction-finder approach procedure, *abbr* DF approach procedure; ~**anlage** *f* direction-finding installation, *abbr* DF installation; ~**antenne** *f* coil antenna; DF antenna; *(bei Bordrahmenantennen auch:)* homing loop; ~**ausrüstung** *f* DF equipment; ~**automat** *m* automatic direction finder; ~**drehrahmen** *m* DF revolving loop aerial; ~**empfänger** *m* DF receiver (set); homing receiver ***(Def)***; ~**en** *v* take bearing; *sich ~~ lassen v* obtain bearings; ~**en** *n* direction finding, *abbr* DF; ~**er** *m sl* homer; ~**fehler** *m* bearing error; ~**funk** *m* directional radio; ~**funkbetriebsstelle** *f (Flsich)* radio direction-finding station, *abbr* DF (station); *sl* homer; ~**funker** *m* DF operator; ~**funkgerät** *n* direction-finding appatatus; radio direction finder; ~**funkstelle** *f* DF station; ~**genauigkeit** *f* bearing accuracy; ~**gerät** *n, automatisches ~~ (Funk)* automatic direction finder, *abbr* ADF ***(Def)***; *~~ mit Kathodenstrahlanzeiger* cathode-ray direction-finder; ~**kompass** *m* radio (bearing) compass; ~**leitstelle** *f (Flsich)* main DF station; ~**linie** *d (nav)* bearing line; ~**maximum** *n* position of maximum signal; ~**minimum** *n* position of minimum signal; ~**nebenstelle** *f (Flsich)* DF sub-station; ~**rahmen** *m* direction-finding loop; loop aerial ***(Def)***; ~**reichweite** *f* DF range; ~**rose** *f (Funk)* azimuth dial; ~**scheibe** *f* bearing plate; ~**sender** *m* directional transmitter; ~**stabablesung** *f (Kraftstoffvorrat)* dipstick reading; ~**standort** *m (nav)* fix ***(Def)***; *durch Standlinien-Parallelverschiebung f ermittelter ~~ (nav)* running fix ***(Def)***; ~**station** *f* DF station; ~**stelle** *f* DF station; ~**strahl** *m* (radio) beam; ~**ung** *f (nav)* bearing ***(Def)***; *(im Anflug)* homing; *Ablesen n der ~~* bearing readout; *Linie f gleicher ~~ (nav)* curve of equal bearing ***(Def)***; *missweisende ~~* magnetic bearing; QDR; *rechtsweisende ~~* true bearing; azimuth ***(Def)***; *rückwärtige ~~* back bearing; ~**(ungs)anzeiger** *m (Funk)* bearing indicator; ~**(wert)empfänger** *m (Funk)* bearing reciever; ~**(wert)geber** *m (Funk)* bearing transmitter; ~**zeichen** *n* DF signal.

**Pelz|kombination** *f* fur-lined flying-suit; ~**stiefel** *m/pl* furlined (flying) boots *pl*.

**Pendel|entlüfter** *m* pendulum-type (barrel) valve; ~**feuer** *n (Bod)* oscillating beacon; ~**horizont** *m* pendulum horizon; ~**lager** *n* self-aligning bearing; swing bearing; ~**n** *n (Fallschirm)* parachute oscillation; *(Leitstrahl: Funk)* beam swinging; *~nde Aufhängung f* rocking suspension; ~**rückkopplungsempfänger** *m (Funk)* periodic triggertype receiver; ~**sextant** *m (nav)* pendulum sextant; ~**ventil** *n (Hydraulik)* shuttle valve ***(Def)***; ~**verfahren** *n (LVerk)* shuttle procedure; ~**verkehr** *m (LVerk)* shuttle service *or* traffic; shuttling; ~**windmesser** *m (met)* pendulum anemometer.

**Penetrieren** *n (Flbetr)* penetration ***(Def)***.

**Perigäum** *n (Sat)* perigee ***(Def)***.

**Periode** *f (Stab)* period ***(Def)***; ~**ische Steigungssteuerung** *f (Heli)* cyclic pitch control ***(Def)***.

**Perlmutterwolke** *f (met)* mother-of-perl *or* nacreus cloud.

**perpendikular** *(lotrecht)* perpendicular.

**Persenning** *f* tarpaulin.

**Personal** *n* personnel; staff; ~**abteilung** *f* personnel section; ~**amt** *n (mil)* personnel office; ~**ausweis** *m* registration *or* identification card, *abbr* ID card; ~**daten** *n/pl* personnel data *pl*; ~**veränderung** *f (mil)* change of personnel.

**Personenfallschirm** *m* man(-carrying) parachute.

**Petroleum** *n* petroleum; (mineral) oil; kerosene.

**Pfadfinderflugzeug** *n (Lkr)* pathfinder aircraft.

**Pfahl|hindernis** *n (Kr)* post obstacle; ~**sperre** *(Kr) f* post obstacle.

**Pfeif|en** *n (Wind in Flzg-Spanndrähten)* wind tresh; ~**signal** *n* whistle signal.

**pfeil|en** *v (Tragflächen)* sweepback; ~**flügel** *m (Flzg)* swept-back wing; arrow-type wing; (back-)swept wing ***(Def)***; ~**form** *f (vergl.) ~*~**stellung**; ~**formtragfläche** *f (Flzg)* swept-back wing; ~**leitwerk** *n (Flzg)* swept tail; ~**stellung** *f (Flzg)* sweep; *ausgeprägte ~~* high sweep; *negative ~~* sweep-forward; *positive ~~* sweep-back; ~**(stellungs)winkel** *m (Tragfläche)* angle of sweep; ~**ung** *f (Tragfläche)* sweep (angle) ***(Def)***; *starke ~~* high sweep; *veränderliche ~~* variable sweep; ~**ungseffekt** *od* ~**einfluss** *m* sweep effect; ~**(ungs)winkel** *m* sweep (angle); angle of sweep; ~**ungswirkung** *f* sweep effect.

**Pferde|kraft** *f*, ~**stärke** *f (Flmot allg)* horse-power, *abbr* HP; *(metrische PS)* cheval-vapeur, *abbr* C.V.; *Wellenvergleichsleistung f in ~~ (Turbo)* equivalent shaft horsepower ***(Def)***.

**Pflicht|enheft** *n (Konstr)* performance specifications *pl*; ~**landung** *f (LVerk)* compulsary landing; ~**meldepunkt** *od* ~**ort** *m (Flisch)* mandatory reporting point; ~**streckenführung** *f (LVerk)* compulsary routing; ~**wache** *f (Funk)* primary guard.

**Pfosten** *m (Tragflächen-Fachwerkgerippe)* soldier; *(allg)* post.

**Phase** *f* phase; *in ~* co-phase; ~**neinstellung** *f* phasing control; ~**nfehler** *m* phase error; ~**ngeschwindigkeit** *f* phase velocity; ~**ngleiche Antenne** *f (Funk)* cophasal antenna; ~**nmodulation** *f* phase modulation; ~**nschieber** *m* phase shifter; ~**nregelung** *f* phasing control; ~**numtastung** *f* phase shift keying, *abbr* PSK; ~**nvergleich** *m* phase comparison; ~**nverschiebung** *f* phase shift; ~**nwinkel** *m* phase angle.

**Phosphor|bombe** *f (LKr)* phosphorous bomb; ~**geschoss** *n* phosphorous bullet; incendiary bullet.

**Photo|aufklärungssastellit** *m* photo reconnaissance satellite; ~**elektrische Leiteinrichtung** *f (FK)* photoelectric guiding device; ~**elektrischer Geber** *od* **Sensor** *m* photoelectrical sensor; ~**grammetrie** *f (Luftbildvermessung)* photogrammetry; ~**graphische Abstandsermittlung** *f* photographic scaling technique; ~**graphische Aufzeichnung** *f* photographic record; ~**karte** *f (LPhot)* photomap; ~**metrie** *f (Lichtmessung)* photometry; *absolute ~~* absolute photometry; ~ ~**-M.-G.** *n* camera gun; gun camera; ~**zelle** *f* photocell.

**Photonen(strahl)triebwerk** *n* photon engine.

**Phugoid-Schwingung** *f (Stab)* Phugoid oscillation ***(Def)***.

**Physi|k** *f* physics *pl*; *~~ der Atmosphäre* atmospheric physics; *~~ der Himmelskörper* physics of celestial bodies; ~**kalisch** physical; ~**ologische Ausbildung** *f (flgds.*

*Personal)* physiological training; ~**ologische Belastbarkeit** *f (Flmed)* physiological stress capability; ~**sch** physical; bodily.

**Piezoelektrizität** *f* piezoelectricity.

**Piktogramm** *n (Bildzeichen auf Flughäfen)* pictograph.

**Pilot** *m* pilot ***(Def)***; ~ *am Steuer* pilot at the controls; *automatischer* ~ *(Kurssteuerung, Flugregler)* automatic *or* robot pilot; *Co-*~ co-pilot ***(Def)***; ~ *im Regelkreis (LVerk)* pilot in the loop; *verantwortlicher* ~ pilot-in-command; *zweiter* ~ second pilot; co-pilot ***(Def)***; ~**ballon** *m (met)* pilot *or* meteorological balloon ***(Def)***; ~**ballonaufstiegsgerät** *n (met)* pilot balloon equipment, *abbr* pibal equipment; ~**enhandbuch** *n (Flbetr)* pilot's handbook; ~**enraum** *m (Flzg)* pilot's compartment; cockpit; aircraft flight deck; ~**ensitz** *m* pilot's seat; ~**enumschulung** *f* pilot conversion (training).

**Pilzstößel** *m (Flmot)* mushroom tappet; follower.

**Pinselbreite** *f (Instrumentenflug)* single needle width; *Kurve f mit einer* ~ single needle turn.

**Pionier** *m (mil)* engineer; ~**dienst** *m (mil)* engineer service; ~**gerät** *n* engineer equipment; ~**kampfmittel** *n (Kr)* engineer combat equipment; ~**park** *m (mil)* engineer park *or* depot; ~**truppe** *f (mil)* corps of engineers; ~**truppen** *f/pl* engineer troops *pl.*

**Pirouette** *f (Kunstflugfigur)* pirouette; vertical *or* upward (slow) roll.

**Piste** *f (Start- und Landebahn)* runway ***(Def)***; *Anfang m der* ~ take-off *or* approach end of runway; *außer Gebrauch stehende* ~ disused runway; *befestigte* ~ paved runway; *feuchte* ~ wet runway; *gesperrte* ~ closed runway; *glatte* ~ slippery runway; ~ *in Betrieb (Flbetr)* runway in use; ~ *mit festem Belag* hard(-surfaced) runway; *Richtung der* ~ *(Bod)* orientation of runway; *unbefestigte* ~ unpaved runway; ~**nabstand** *m (Bod)* separation of runways; ~**nanordnung** *f* runway pattern; ~**nausmaße** *n/pl* runway dimensions *pl*; ~**nbefeuerung** *f (Bod)* runway lighting; ~**nbegrenzungsfeuer** *n (Bod)* runway edge light ***(Def)***; ~**nbelegung** *f (Flbetr)* runway occupancy; ~**nbezeichnung** *f* runway designation; ~**nbezeichnungsbuchstabe** *m (Bod)* runway designation letter; ~**nbezeichnungsmarken** *f /pl* runway designation markings *pl*; ~**nbezeichnungszahlen** *f/pl* runway designation numbers *pl*; ~**nendbefeuerung** *f (Bod)* runway end lighting; ~**nendmarkierung** *f (Bod)* runway end marking; ~**nfeuer** *n/pl (Bod)* runway lights pl ***(Def)***; ~**ngefälle** *n* runway slope; ~**ngrundlänge** *f (Bod)* runway selected basic length ***(Def)***; ~**nkennbuchstabe** *m* runway code letter; ~**nlänge** *f* length of runway; *tatsächliche* ~~ actual length of runway; ~**nmarken** *f/pl* runway markings *pl*; ~**nmittellinienmarken** *f/pl* runway centre line markings *pl*; ~**nneigung** *f* runway slope; ~**n(oberflächen)feuer** *n (Bod)* runway surface light ***(Def)***; ~**nrand** *m* runway edge; ~**nrandfeuer** *n* runway edge light ***(Def)***; ~**nrandmarken** *f/pl* runway edge markings *pl*; ~**nrichtungsanzeiger** *m (Bod)* runway alignment indicator, *abbr* RAI ***(Def)***; ~**nrichtungsfeuer** *n (Bod)* runway alignment beacon ***(Def)***; ~**nschulter** *f (Bod)* runway shoulder; ~**nseitenbalken** *m (Bod)* wingbar ***(Def)***; ~**nsichtweite** *f (Flbetr)* runway visual range, *abbr* RVR ***(Def)***; ~**ntragfähigkeit** *f* runway strength; ~**nwagen** *m (Bod)* aerodrome control van.

**Pistole** *f* pistol; ~**ngriff** *m* pistol grip; ~**ntasche** *f* pistol holster.

**Pitot|druck** *m (aerodyn)* pitot pressure ***(Def)***; ~**rohr** *n (Staurohr)* pitot tube ***(Def)***; *statisches* ~~ pitot static tube; ~**rohrträger** *m (Flzg)* pitot(tube) sting; ~**-Venturi-Rohr** *n (Fahrtmesser: Lfz)* Pitot-Venturi tube.

**Pivotlafette** *f (bewegliche Bordwaffe)* pivot mounting.

**Planet** *m* planet; *kleiner* ~ asteroid; ~**arisches Magnetfeld** *n* planetary magnetic field; ~**engetriebe** *n (Flmot)* planetary *or* epicyclic gear; ~**enuntersetzungsgetriebe** *n (Flmot)* planetary reduction gear.

**Plan|feuer** *n (Art)* plotted fire; ~**kappendurchmesser** *m (Para)* flat diameter *(Para)*; ~**kappenfallschirm** *m* flat parachute ***(Def)***; ~**mäßig** *(LVerk)* on schedule; ~**mäßige Luftverkehrsverbindung** *f* air service; ~**mäßiger Luftverkehr** *m* air services *pl*; ~**pause** *f* traced map *or* chart; ~**quadrat** *n (Kart)* map *or* grid square; ~**schießen** *n (Art)* map fire; predicted *or* unobserved fire; ~**stärke** *f (mil)* authorized strength; ~**stelle** *f (mil)* authorized position; (*US auch:*) slot; *freie* ~~ vacancy; ~**übung** *f (mil)* map exercise; map monoeuvre (*US* maneuver); ~**um** *n (Pistenbau)* subgrade; ~**ung** *f* planning; ~**ungsabteilung** *f (mil)* planning branch; ~**zeichnen** *v* plot.

**Plasma|-Strahltriebwerk** *n* plasma (jet) engine; ~**physik** *f* plasma physics.

**plastisch** plastic; ~**e Darstelung** *f (Kart)* relief.

**Platt|e** *f (Lfz-Beplankung)* sheet ***(Def)***; ~**enantenne** *f (Funk)* blade antenna; ~**nfeld** *n (Lfz)* panel ***(Def)***; ~**enwiderstand** *m (aerodyn)* plate drag; ~**form** *f (für Hubschrauber)* (heli-)pad.

**Platz** *m (Flugplatz)* field; *über* ~ *(Flsich)* overhead; ~**anflugfunkfeuer** *n (Fernm)* locator (beacon) ***(Def)***; ~**anflughöhe** *f (Flsich)* initial approach altitude; ~**befeuerung** *f* airfield lighting; ~**belegung** *f (LVerk)* seat reservation *or* booking; ~**einflugzeichen** *n*, *abbr* PEZ *(ILS- & SBA-Verfahren)* inner marker beacon ***(Def)***; ~**feuer** *n* airfield light; ~**feuerwehr** *f* airfield fire-fighting unit; ~**flug** *m* local flight; ~**funkfeuer** *n (Fernm: ILS)* locator beacon; ~**grenze** *f* airfield boundary; ~**kontrolldienst** *m (Flsich)* aerodrome control service ***(Def)***; ~**kontrolle** *f (Flsich)* aerodrome control ***(Def)***; *Berechtigung f für* ~~ aerodrome control rating; *Funkstelle f für die* ~~ aerodrome control radio station ***(Def)***; ~**kontrollstelle** *f (Flsich)* aerodrome control tower, *abbr* TWR ***(Def)***; ~**lotse** *m (Flsich)* aerodrome controller; ~**patrone** *f* blank cartridge; ~**radar** *n* aerodrome radar; *Lotse m für* ~~ *(Flsich)* final controller ~**randbefeuerung** *f* boundary lights *pl or* lighting ***(Def)***; ~**randfeuer** *n* boundary light; ~**regen** *m (met)* down-pour; ~**rollplan** *m od* ~**route** *f (Bod)* aerodrome taxi circuit ***(Def)***; ~**runde** *f (aerodome traffic)* circuit ***(Def)***; aerodrome circling; *eine* ~~ *fliegen v* fly *or* make *or* do a circuit, circle the aerodrome; *geschlossene* ~~ closed circuit; ~~ *mit Bodensicht (Flbetr)* visual circling *or* orbiting; ~**rundenanflug** *m (Flbetr)* circling approach; ~~ *mit Sicht* visual circling approach; ~**runden(anflug)minimum** *f (Flsich)* circling minimum; ~**rundenfeuer** *n (Bod)* circling guidance light ***(Def)***; ~**rundenführung** *f (Flsich)* circling guidance; ~**runden(führungs)feuer** *n (Bod)* circling guidance light ***(Def)***; ~**rundenschema** *n (Flbetr)* air traffic pattern; ~**rundenverfahren** *n (Flbetr)* aerodrome circling procedure; ~**wetter** *n (met)* local weather; ~**wettervorhersage** *f (met)* local forecast.

**Plenumkam**mer *f (Turbo)* plenum chamber ***(Def)***.

**Pleuel** *n (Flmot)* connecting rod, *abbr* conrod; *nebeneinander gelagerte* ~ *n/pl (Flmot)* side-by-side (conrod) assembly

***(Def)***; ~**anordnung** *f* **mit Gleitflächen** *(Flmot)* slipper-type (conrod) assembly ***(Def)***; ~**lager** *n (Flmot)* big-end bearing; ~**stange** *f (Flmot)* push *or* piston rod; connecting rod, *abbr* conrod; ~**stern** *m (Flmot)* master and articulated (conrod) assembly ***(Def)***.

**Plexiglas** *n* safety glass; perspex; plexiglass.

**plötzliche | Kopflastigkeit** *f (Stab)* pitch-under ***(Def)***; ~ **negative Beschleunigung** *f* abrupt deceleration; ~ **Schwanzlastigkeit** *f (Stab)* pitch-up ***(Def)***.

**plump** *(Bauart)* bluff.

**pneumatische | Anlage** *f (Lfz)* pneumatic system ***(Def)***; ~**r Kreis** *m (Lfz)* pneumatic circuit ***(Def)***.

**Pod** *m (abnehmbare Gondel: Lfz)* pod ***(Def)***.

**Polar | diagramm** *n (aerodyn)* polar diagram *or* curve; ~**e** *f* polar; ~**e Koordinaten** *f/pl* polar coordinates *pl*; ~**fliegerei** *f* polar aviation; ~**front** *f (met)* polar front; ~**fronttheorie** *f (met)* polar theory; ~**isation** *f* polarization; ~**isationseffekt** *m* polarization effect; ~**isationsfehler** *m* polarization error; ~**koordinaten-Navigationssystem** *n* polar coordinate navigation system; rhotheta system; ~**kreis** *m* polar circle; *nördlicher* ~~ arctic *or* north-polar circle; *südlicher* ~~ antarctic *or* south-polar circle; ~**kurve** *f (aerodyn)* polar curve *or* diagram; ~**licht** *n* aurora (borealis); northern lights *pl*; ~**luft** *f (met)* polar air; *kontinentale* ~~ *(met)* polar continental air; ~**luftmasse** *f (met)* polar air mass; ~**navigation** *f* polar navigation; ~**projektion** *f (Kart)* polar projection; *gnomonische* ~~ *(Kart)* polar gnomonic projection; *stereographische* ~ *(Kart)* polar stereographic projection; ~**route** *f (LVerk)* polar route; ~**schaubild** *n (aerodyn)* polar diagram; ~**stern** *m* lodestar; north star; Polaris; ~**steuerung** *f (FK)* polar control ***(Def)***.

**Pol | distanz** *od* ~**höhe** *f (nav)* polar distance ***(Def)***; ~**schuh** *m (el)* pole shoe; pole piece.

**Polstereffekt** *m (beim Landen: Flbetr)* ground-cushion effect.

**Poly | ederprojektion** *f (Kart)* polyhedral projection; ~**konische Projektion** *f (Kart)* polyconic projection.

**Ponton** *m* pontoon; ~**brücke** *f* pontoon bridge.

**Pool | abkommen** *n (LVerk)* pooling agreement; ~**vereinbarung** *f (Verk)* pool arrangement; ~**verkehr** *m (LVerk)* reciprocal inter-state traffic; pooled (air) traffic.

**Porenschluss** *m (Startbahnbau)* seal coat.

**Porosität** *f (Para)* porosity ***(Def)***.

**Porpoising** *n (Tauchstampfen von See-Flzg)* porpoising ***(Def)***.

**Position** *f (Flzg-Standort: nav)* position; fix ***(Def)***; ~**halten** *n (Flzg beim Verbandsflug)* station-keeping; ~**slampe** *f (Flzg) (E)* navigation light; *(US)* position light; ~**slicht** *n (Flzg) (E)* navigation light ***(Def)***; *(US)* position light; ~**smeldung** *f (Flsich)* position message; position report, *abbr* PX ***(Def)***.

**positiv | e Pfeil(stell)ung** *f (Tragflächen)* backward sweep ***(Def)***; ~**e Pfeilung** *f* **der Tragflächen** *(Flzg)* wing sweepback; ~**e Verwindung** *f (Tragflügel)* wash-in ***(Def)***; ~-**stabiles Flugzeug** *n* stable aeroplane.

**Post** *f (Postgut: ICAO)* mail ***(Def)***; ~ *erster Klasse* first class mail; ~**abteil** *n (Flzg)* mail compartment; ~**(beförderungs)rakete** *f* mail(-carrying) rocket; ~**dienst** *m* postal service; ~**en** *m (mil)* post; guard; sentry; picket; ~**enanweisung** *f (mil)* guard orders *pl*; ~**enkette** *f (mil)* line of sentries; ~**flieger** *m* air mail pilot; ~**flug** *m* mail flight; ~**flugzeug** *n* mail(-carrying) *or* postal plane; mail carrier; ~**frontalnebel** *m (met)* post-frontal fog; ~-**Tonnenkilometer** *m* mail ton-kilometre; *geleistete* ~~ *pl (LVerk)* mail ton-kilometers performed.

**Potenti | alströmung** *f (aerodyn)* streamline motion ***(Def)***; ~**altheorie** *f* potential theory; ~**ometer** *n (Funk)* potentiometer.

**pottendicht** *sl (dichter Nebel) sl* zero-zero.

**PPI | -Abflug** *m (Flsich)* PPI departure ***(Def)***; ~-**Ablenkverstärker** *m (Radar)* PPI driver; ~-**Anflug** *m (Flsich)* PPI approach ***(Def)***; ~-**Kartenbildanzeiger** *m (Radar)* plan position indicator, *abbr* PPI.

**Prägestreifen** *m (Fernm)* chadless tape.

**praktische Übung** *f (Flbetr, GCA)* practice run.

**Prall | luftschiff** *n* non-rigid airship ***(Def)***; taut airship; ~**melder** *m (Lfz l)* gas-bag alarm ***(Def)***; ~**wand** *f (Turbo-Abgasstrahl: Bod)* deflector baffle.

**Prandtl | sche Theorie** *f* Prandtl('s) theory; ~ **Zahl** *f (aerodyn)* Prandtl('s) number.

**Prasselgeräusch** *n (Funk)* crackling noise.

**Praxis** *f* practice; experience.

**Präzession** *f* precession; *geodätische* ~ geodetic *or* geodesic precession.

**Präzisions | anflugpiste** *f (Bod)* precision approach runway ***(Def)***; ~**(anflug)radargerät** *n* presision approach radar, *abbr* PAR ***(Def)***; *Radarlotse m für* ~~ *(Flsich)* precision controller; ~-**GCA-Anflug** *m (Flsich)* PAR or precision approach ***(Def)***; ~**höhenmesser** *m (Lfz)* precision altimeter; ~**schallpegelmesser** *m* precision sound level meter.

**Preis** *m* rate; charge(s) *(pl)*.

**Presseoffizier** *n (mil)* public relations offic; (public) information officer.

**Pressgas** *n* compressed gas.

**Pressluft** *f* compressed air; ~**anlage** *f* compressed-air *or* plant; ~**anlasser** *m (Flmot)* compressed-air starter; pneumatic starting device; ~**behälter** *m* compressed-air *or* pressure tank; ~**motor** *m* compressed-air-engine.

**Press | schichtholz** *n* compregnated laminated wood; ~**schnee** *m* packed snow.

**Primär | luft** *f* main *or* primary air; ~**luftlöcher** *n/pl (Turbo)* primary holes *pl* ***(Def)***; ~**radar(gerät)** *n* primary radar ***(Def)***; ~**radarecho** *n* primary return; ~**spule** *f (el)* primary coil.

**Priorität** *f (im Fernm-Verkehr)* precedence; priority.

**Privat | flieger** *m* private pilot; ~**fliegerei** *f od* ~**flugbetrieb** *m* private *or* personal flying; ~**flugplatz** *m* private flying-field; ~**flugzeug** *n* privately owned *or* private owner's *or* private aircraft; ~**pilotenlizenz** *f* private pilot licence, *abbr* PPL.

**Probe | anflug** *m (Flbetr)* dummy approach; ~**beschuss** *m* trial *or* sighting shooting; ~**flug** *m* test *or* trial *or* check *or* proving flight; flight test; ~**lauf** *m (Flmot)* power test run; ~**schießen** *n* test firing; ~**start** *m (FK)* test launch(ing); ~**zeit** *f* probation.

**Produktion** *f* production; ~**sfähigkeit** *od* ~**skapazität** *f* production capacity.

**Profil** *n (Tragfläche)* shape; section; profile; airfoil section ***(Def)***; *(Einsatz-)*profile ***(Def)***; *geknicktes* ~ *(Flzg)* cranked *or* kneed profile; *gewölbtes* ~ cambered profile; *konvexes* ~ convex profile; *nicht gewölbtes* ~ symmetrical profile; *spiegelgleiches* ~ symmetrical profile; *stumpfes* ~ bluff profile; *symmetrisches* ~ symmetrical profile; *unsymmetrisches* ~ *(mit scharfer Vorderkante)* beak profile; ~**achse** *f* streamline *or* profile axle; ~**beiwert** *m* profile coefficient; ~**dicke** *f* profile *or* section *or* wing thickness ***(Def)***; ~~ *innen* root section thickness; *relative* ~~ thickness/chord ratio ***(Def)***; ~**draht** *m (Lfz)* streamline wire ***(Def)***; ~**durchmesser** *m* profile *or* section *or* wing thickness; ~**gitter** *n* profile grid; ~**hinterkante** *f* (profile) trailing edge; ~**iert** *(Laufradreifen)* non-skid; ~**linie** *f* mean *or* centre (*US* center) line; *Wölbung f der ~(mittel)~* profile camber; ~**mittelpunkt** *m* centre (*US* center) of the profile; ~**(quer)schnitt** *m* profile (cross)-section; ~**sehne** *f* aerofoil section *or* wing chord; ***(Def)***; ~**stärke** *f* profile thickness; ~**strebe** *f* special section strut; streamline strut; ~**tiefe** *f* chord length; depth of profile; aerofoil-section *or* wing chord; *mittlere geometrische* ~~ *(Tragfläche)* mean geometric chord ***(Def)***; ~**verjüngung** *f* tapering in section; ~**vorderkante** *f* profile leading edge; ~**widerstand** *m* profile drag ***(Def)***; ~**widerstands-Leistungsverlust** *m (Prop)* profile-drag power loss ***(Def)***; ~**wölbung** *f* profile camber.

**Programm|gestaltung** *f* programming; ~**ierung** *f* programming; ~**lenkung** *f (FK)* memory guidance ***(Def)***; ~**steuerung** *f (FK)* preset guidance ***(Def)***.

**Projektdaten** *n/pl (Konstr)* design data *pl.*

**Projektion** *f (Kart)* projection; *flächentreue* ~ *(Kart)* equal-area projection; *gnomonische* ~ *(Kart)* gnomonic projection; *orthometrische* ~ *(Kart)* orthometric projection; *rechtwinklige* ~ *(Kart)* orthogonal projection; *stereographische* ~ stereographic projection; *transversale* ~ transverse projection; *winkeltreue* ~ conformal *or* orthomorphic projection; ~**sapparat** *m* projector.

**Proj|ektor** projector; ~**izieren** *v* project.

**Propeller** *m (vgl. auch Luftschraube)*; propeller ***(Def)***; airscrew; *sl* prop; *Abstand m des ~s vom Flzg-Teilen* propeller structural clearance; *Antrieb m des ~s durch den Fahrtwind* windmilling ***(Def)***; *gegenläufige* ~ *(pl)* contra-rotating propellers *(pl)* ***(Def)***; ~ *in Segelstellung* feathered propeller, *koaxiale* ~ *(pl)* coaxial propellers *(pl)* ***(Def)***; *linksdrehender* ~ left-hand(ed) propeller ***(Def)***; ~ *mit Direktantrieb* direct drive propeller; ~ *mit einstellbarer Bremssteigung od ~stellung* reversible-pitch propeller ***(Def)***; *nicht verstellbarer* ~ fixed-pitch propeller ***(Def)***; *rechtsdrehender* ~ right-hand(ed) propeller ***(Def)***; *vom Luftstrom angetriebener od „windmühlender"* ~ windmilling propeller.

**Propeller|blatt** *n* propeller blade; ~**blattspitzenfreiheit** *f* propeller clearance; ~**blattverstellung** *f* propeller blade pitch control; ~**haube** *f* spinner ***(Def)***; ~**kippflügel** *m (Flzg)* propeller tilting wing; ~**leistung** *f* propeller efficiency; *effektive* ~~ thrust horsepower; ~**nabe** *f* hub ***(Def)***; ~**steuerung** *f* propeller pitch controls *pl*; ~**strahl** *m* propeller wash ***(Def)***; propeller blast *or* backwash; ~**turbine** *f (Flmot)* propeller-turbine; turbo-prop; ~~ *mit Axialverdichter* axial-flow turboprop; ~**turbinen(-Luftstrahl)-Triebwerk** *n, abbr* **PTL-Triebwerk** propeller turbine engine; turboprop ***(Def)***; ~**turbotriebwerk** *n* propeller turbine (engine); turboprop; propjet (engine) ***(Def)***; ~**überdrehzahl** *f* propeller overspeed; *höchste* ~~ maximum propeller overspeed ***(Def)***; ~**verstelleinrichtung** *f* propeller pitch controls *pl*; ~**wind** *m* propeller blast.

**Proportionalsteuerung** *f (FK)* proportional guidance *or* control ***(Def)***.

**Proteinschaum** *m (Brandbekämpfung)* protein foam.

**Prototyp** *m (Erstausführung: Null-Serie)* prototype ***(Def)***.

**Protuberanz** *f* protuberance.

**Protze** *f (art)* limber.

**Proviant** *m (mil)* provisions *pl*; rations *pl.*

**Prozent** *m* percent; ~**satz** *m* percentage.

**Prozess** *m* process; *adiabatischer* ~ *(met)* adiabatic process.

**Prüf|abzug** *m (LPhot)* proof (print); ~**ausführungsbestimmungen** *f/pl* test specifications *pl*; ~**beanspruchung** *f* proof stress; ~**bereich** *m* test range; ~**bericht** *m* test bulletin; ~**bestimmung** *f* test instruction; ~**en** *v (Gerät)* test; check; *(Personal)* examine; test; ~**er** *m* examiner; *(Wartungsdienst)* inspector; *zugelassener* ~~ *für Lfz (ICAO)* certified aircraft maintenance engineer *or* mechanic; ~**faktor** *m (Konstr)* proof factor ***(Def)***; ~**flug** *m* flight test; test flight; ~**gerät** *n* test(ing) device *or* equipment *or* apparatus; ~**gerüst** *n* test rig *or* jig; *(Flmot)* test bed ***(Def)***; ~**knopf** *m* testing button; push-to-test button; ~**lampe** *f* test lamp; ~**last** *f (Konstr)* proof load ***(Def)***; ~**lauf** *m (Flmot)* test run; ~**liste** *f* check list; ~**messung** *f* control test; ~**modulation** *f (Funk)* test modulation; ~**ordnung** *f* test instructions *pl*; ~**pilot** *m* check pilot; ~**protokoll** *n* test sheet *or* report; ~**punkt** *m* test point; ~**signal** *n* test signal; ~**spannung** *f* proof stress; ~**stand** *m* test stand ***(Def)*** *or (Flmot)* bed ***(Def)***; testing bench; *ballistischer* ~~ ballistic test rig; *fliegender* ~~ flying test bed; *hydraulischer* ~~ hydraulic rig; *statischer* ~~ static test rig; ~**standanlage** test plant; ~**standerprobung** *f (z.B. Senkrechtstarter)* captive test; ~**standlauf** *m (Flmot)* bench running; *erster* ~~ *(Flmot)* green run; ~**standtriebwerk** *n* bench engine; ~**standversuch** *m* bench test; ~**stück** *n* specimen; ~**taste** *f* push-to-test button *or* key; ~**ung** *f* test; trial; examination; inspection; ~~ *an Ort und Stelle* spot check; ~~ *auf Flugklarheit (Flzg)* pre-flight (inspection); ~~ *der Leistungsfähigkeit* performance check; ~~ *des Klopfverhaltens (Flmot)* detonation test; *kalorimetrische* ~~ calorimetric test; ~~ *vor Ort* spot check; ~~ *zum Nachweis* substantiating test; ~**ungsbescheinigung** *f* test certificate; ~**ungsingenieur** *m* test engineer; ~**ungsschießen** *n* verification fire; ~**ungsvorschrift** *f* test specification *or* instruction; ~**ungszeugnis** *n* test certificate.

**Psych|ologische Eignungsprüfung** *f (Flmed)* psychological test; ~**rometer** *n (Feuchtigkeitsmesser: met)* psychrometer ***(Def)***.

**PTL-Triebwerk** *n (Turbo)* turboprop ***(Def)***; ~propjet ***(Def)***.

**Puffer|bereich** *m (Flsich)* buffer zone; ~**feder** *f* buffer (counter) spring; ~**verstärker** *m (Fernm)* buffer amplifier; ~**vorrichtung** *f (Dämpfungselement)* buffer; ~**zone** *f (Flsich)* buffer zone ***(Def)***.

**Pulle|rausnehmen** *v sl (Flmot drosseln) sl* cut the gun; ~ **reinschieben** *v sl (Flmot Gas geben) sl* give her the gun *or* the needle.

**Puls|amplitude** *f (Radar usw)* pulse amplitude; ~**amplitudenmodulation** *f* pulse amplitude modulation; *abbr* PAM; ~**anstiegzeit** *f* pulse rise time; ~**codemodulation** *f* pulse code modulation, *abbr* PCM; ~**dauermodulation** f pulse width modulation, *abbr* PWM; ~**folgezahl** *f (Radar)* pulse repetition rate; ~**form** *f* pulse envelope; ~**frequenz** *f* pulse repetition frequency, *abbr* PRF; ~**frequenzmodulation** *f* pulse frequency modulation; ~**lagemodulation** *f* pulse position modulation, *abbr* PPM; ~**modulation** *f* pulse modulation; ~**phasenmodulation** *f* pulse phase modulation; ~**wiederholer** *m* pulse repeater.

**Pulso|düse** *f (Strahltriebwerk)* pulse-jet; intermittent impulse duct; ~**raketentriebwerk** *n* intermittent(-burning) rocket; ~**strahltriebwerk** *n* pulse jet (engine) ***(Def)***; pulsating jet engine.

**Pulver** *n* powder; ~**förmig** powdery; ~**kammer** *f* powder chamber; ~**korn** *n od* ~**körper** *m* powder grain; ~**ladung** *f* powder charge; ~**rakete** *f* powder rocket; ~**schnee** *m (met)* powdery snow; ~**triebladung** *f* propellent charge.

**Pumpe** *f* pump; ~**n** *v* pump; ~**n** *n (Flzg um Querachse)* pitching: *(Flzg im Flug)* porpoising; *(Ladedruckregler & Turbo)* surge; surging; ~**nantrieb** *m* pump drive; ~**ngehäuse** *n* pump casing; ~**nhaus** *n* pump(ing) station; ~**nsatz** *m* pump assembly.

**Punkt** *m* point; dot; ~ *gleicher Zeit* point of equal time; equal time point; *(nav)* critical point; *trigonometrischer ~ (Kart)* triangulation point; bench mark; ~**e und Striche** *pl (Tastverkehr: Funk)* dots and dashes *pl*; *(Leitstrahlverfahren)* offcourse signal; ~**feuer** *n (Bod)* point light ***(Def)***; *(takt)* point *or* fixed fire; ~**ieren** *v (Kart)* stipple; ~**ierte Linie** *f* **(Kart)** dotted line; ~**ierung** *f (Kart)* stipple; ~**landung** *f (Flzg)* spot *or* precision *or* point *or* pinpoint landing ***(Def)***; ~**/Punkt-Verbindung** *f (Fernm)* point-to-point communication; ~**rastern** *v (Kart)* stipple; ~**schweißen** *n*, ~**schweißung** *f* spot welding; ~**start** *m (Rak)* point launch; ~**startgerät** *n (FK)* zero-length launcher ***(Def)***; ~**strahlantenne** *f (Funk)* spot beam antenna; ~**ziel** *n (LKr)* (pin-)point target; ~**zielbombenwurf** *m (LKr)* precision *or* pinpoint bombing.

**Purpurlicht** *n* purple light.

**Purser** *m (Chef der Kabinenbesatzung: LVerk)* purser.

**Putz|lappen** *m* cleaning rag; ~**werg** *n* tow *or* oakum *(for cleaning)*; ~**wolle** *f* cotton waste.

**Pylon** *m (Lfz)* pylon ***(Def)***; ~**behälter** *m (Lfz)* pylon tank; ~**triebwerksaufhängung** *f (Flzg)* engine pylon mounting.

**Pyramiden|stiel** *m*, ~**strebe** *f (Flzg)* pyramidal strut.

**Pyrometer** *n* pyrometer.

# Q

**Q** *(ICAO- & NATO-Buchstabieralphabet)* Quebec; ~ *(altes, internationales Buchstabieralphabet)* Queen; ~(-**Gruppen**)-**code** *m* Q code; ~-**Kennziffer** *f (Flzg-Lärmmaß)* Q index; ~-**Steuerdrucksimulator** *m (Lfz)* q feel system ***(Def)***.

**QDM-Anflug** *m (Flsich)* QDM approach.

**Quadrant** *m (Leitstrahlverfahren)* quadrant; *Höhenstaffelung f in (vier) ~en (Flsich)* quadrantal height separation; ~**enflugregel** *f (Flbetr)* quadrantal rule ***(Def)***; ~**en Reiseflughöhe** *f (Flsich)* quadrantal cruising level; ~**signal** *n (Flsich)* quadrant signal.

**Quadrat** *n (Kart)* (grid) square; ~**ische Demodulation** *od* **Gleichrichtung** *f (Funk)* square-law detection; ~**ischer Mittelwert** *m* root mean square valve; ~**karte** *f* grid *or* squared map; ~**suchverfahren** *n (SAR)* square search; ~**wurzel** *f* square root.

**Qualifi|kation** *f (Eignung)* qualification; ~**zieren** *v* qualify.

**Qualität** quality; ~**skontrolle** *f* quality control.

**Quant|entheorie** *f* quantum theory; ~**ität** *f* quantity.

**Quarantäne** *f* quarantine; ~**pflichtige Krankheit** *f* quarantinable disease.

**Quartier** *n (mil)* quarters *pl*; billets *pl*; ~**amt** *n (mil)* billeting *or* quartering office; ~**amtsoffizier** *m (mil)* quartering *or* billeting officer; ~**arrest** *m (mil)* restriction *or (E)* confinement to quarters; ~**meister** *m (mil)* quartermaster; ~**zettel** *m* billeting slip.

**Quarz** *m* quartz; *(Funk)* crystal; ~**filter** *m* quartz filter; ~**gesteuert** *(Funk)* crystal-controlled; ~**gesteuerter Sender** *m (Funk)* crystal-controlled transmitter; ~**halterung** *f* crystal suspension; ~**kristall** *m* quartz crystal; ~**kristall-Beschleunigungsgeber** *m* quartz g-sensor; ~**spektrograph** *m* quartz spectrograph; ~**steuerung** *f (Funk)* crystal control.

**quasi|lineare Gleichung** *f* quasi-linear equation; ~**optische Ausstrahlung** *f (Fernm)* line-of-sight transmission; ~**optische Reichweite** *f (Fernm)* line-of-sight range; radio line of sight; ~**schwerelosigkeit** *f (Flmed)* subgravity ***(Def)***; ~**stationäre (Wetter-)Front** *f (met)* quasi-stationary front.

**Quecksilber** *n* mercury; quicksilver; ~**barometer** *n (met)* mercurial barometer; ~**licht** *n* mercury light; ~**salbe** *f* mercurial ointment; ~**säule** *f (Thermometer)* column of mercury.

**Quell|en** *n (der Wolken: met)* building-up (of clouds); ~**wolke** *f (met)* towering cloud.

**quer|ab** *(nav)* abeam***(Def)***; ~**achse** *f (Flzg)* lateral *or* transverse *or* pitch axis ***(Def)***; *Stabilität f um die ~ ~ (Flzg)* pitching *or* longitudinal stability ***(Def)***; ~**anflugkurve** *f (Platzrunde: Flbetr)* base turn; ~**anflugteil** *m (Platzrunde: Flbetr, früher Basisteil)* base leg ***(Def)***; ~**balken** *m (Landekreuz: Bod)* cross-piece; *(Anflugbefeuerung: Bod)* crossbar ***(Def)***; ~**beschleunigung** *f (Lfz FK)* lateral acceleration ***(Def)***; ~**bewegung** *f (Stab)* lateral motion ***(Def)***; ~(**durch**)**schnitt** *m* diameter; cross-section; ~**ebene** *f* lateral plane; ~**feldein** crosscountry; ~**geschwindigkeit** *f (Lfz)* lateral velocity ***(Def)***; transversal speed; ~**holm** *m (Flzg)* transverse *or* cross spar; ~**instabilität** *f (Flzg)* lateral *or* rolling instability ***(Def)***; ~**kraft** *f (Stab)* cross force; *(aerodyn)* cross-wind force; *(in körperfestem Koordinatensystem)* transverse force ***(Def)***; ~**kraftachse** *f (aerodyn)* crosswind axis ***(Def)***; ~**lage** *f (Flzg)* bank; *(Lfz, Rak)* lateral attitude ***(Def)***; *flache ~~* level-banked attitude; *leichte ~~ (bis zu 25°)* gentle bank; *mittlere ~~ (25–45°)* medium bank; *starke ~~ (45–75°)* steep bank; steep-banked attitude; ~~**nrelais** *n (Kurssteuerung)* aileron positioning relay; ~**lastig** *(Flzg)* wing-heavy; lop-sided; ~**lastigkeit** *f (Flzg)* asymmetrical loading; ~**moment** *n* rolling moment *(Def)*; ~**naht** *f (Para)* cross seam *(Def)*; ~**neigung** *f (Flzg)* bank; lateral inclination; *(Bod)* transverse slope; ~~ *einnehmen v (Lfz)* bank *(Def)*; ~**neigungs(an)zeiger** *m* bank(ing) indicator *(Def)*; cross level; ~**neigungs- und Wendezeiger** *m (Instr)* bank-and-slip indicator; turn-and-bank indicator *(Def)*; ~**neigungsgrad** *m* degree of bank; ~**neigungsmesser** *m (Flzg)* (ball) bank(ing) indicator; ~**neigungswert** *m* amount of bank; ~**neigungswinkel** *m* angle of bank *or* roll; bank angle; ~**profil** *n* cross section.

**Querruder** *n (Flzg)* aileron *(Def)*; *sl (US)* holy moms; *angesetztes* ~ external aileron; *ausgeglichenes* ~ balanced aileron; *Ausschnitt für* ~ aileron cut-out; *breites* ~ wide aileron; *einziehbares* ~ retractable aileron *(Def)*; park bench aileron; ~ *geben v* apply bank; *kombiniertes Höhen- und* ~ elevon *(Def)*; *schmales* ~ narrow aileron; *schräg angesetztes* ~ skewed *or* skew(-hinge) aileron; *schwimmendes* ~ floating aileron; *Störklappen-*~ *(Lfz)* spoiler aileron *(Def)*; *zugespitzes* ~ tapered aileron.

**Querruder|anschlüsse** *m/pl* aileron linkage (arrangement); ~**antrieb** *m (Flzg)* aileron servo motor; ~**ausgleich** *m* aileron compensation *or* balance; ~**ausgleichsklappe** *f* aileron tab; ~**ausschlag** *m* aileron displacement *or* deflection; movement of the aileron *(Def)*; ~**ausschlagwinkel** *m* aileron (deflection) angle *(Def)*; ~**behäutung** *f (Flzg)* aileron skin; ~**dröhnen** *n* aileron buzz *(Def)*; ~**fläche** *f* aileron area; ~**flattern** *n (Flzg)* aileron flutter *or* buzz *(Def)*; ~**gelenk** *n* aileron hinge; ~**giermoment** *n (aerodyn)* aileron yaw *(Def)*; ~**haut** *f* aileron skin; ~**hinterkante** *f* aileron trailing edge; ~**holm** *m* aileron spar; ~**kraftsteuerung** *f* aileron boost control; ~**kreuzgelenk** *n* aileron T-crank; ~**maschine** *f (Kraftsteuerung)* aileron servomotor; aileron booster; ~**rippe** *f* aileron rib; ~**scharnier** *n* aileron hinge; ~**schubstange** *f* aileron rod; ~**schütteln** *n (im Flug)* aileron buffet(ing); ~**(servo)antrieb** *m* aileron actuator; ~**steuerseil** *n* aileron control-cable *or* control-wire; ~**steuerung** *f* aileron control; ~**stoßstange** *f* aileron push rod; aileron operating tube; ~**tiefe** *f* depth of aileron; aileron chord; ~**trimmklappe** *f* aileron trim tab; ~**trimmung** *f* aileron trimming; ~**vorderkante** *f* aileron leading edge; ~**(wirkungs)umkehr** *f (im Flug)* aileron reversal *(Def)*.

**Quer|schläger** *m (Art)* ricochet; ~**schnittbelastung** *f (ballist)* ballistic coefficient; ~**schott** *n (Flzg)* (transverse) bulkhead; ~**schwingung** *f* transverse *or* lateral oscillation *(Def)*; ~**seile** *n/pl (Lfz l)* chord wiring *(Def)*; ~**spant** *m (Flzg)* transverse frame *or* bulkhead; ~**stabil** *(Flzg)* laterally stable; ~**stabilität** *f (Flzg)* lateral stability; rolling *or* transverse stability *(Def)*; ~**steuer** *n (~ruder)* aileron; ~**steuerbarkeit** *f* lateral control(lability); ~**steuerung** *f (Flzg)* roll *or* aileron *or* lateral control. ~**stiel** *m od* ~**strebe** *f (Flzg)* lateral drag strut; ~**träger** *m (Konstr)* transversal beam; ~**trimmung** *f (Flzg)* lateral trim; ~**verkehr** *m (Tel & Funk)* cross-connection traffic; internet traffic; ~**verspannung** *f (Flzg)* transverse *or* cross bracing; ~**verstrebung** *f (Flzg)* cross bracing; ~**wind** *m (Flzg-Träger)* wind across *(Def)*; cross wind; ~**windkomponente** *f* crosswind component.

**quitt|ieren** *v* receipt; ~**ung** receipt.

**Quo|te** *f* quota; ~**ient** *m* quotient; ~**ient** *m* **aus Widerstands- und Auftriebsbeiwert** *(aerodyn)* drag-(to-) lift ratio.

# R

**R** *(ICAO- & NATO-Buchstabieralphabet)* Romeo; ~ *(altes internationales Buchstabieralphabet)* Roger; ~**-Antrieb** *(Raketenantrieb)* rocket drive; reaction propulsion; ~**-Gespräch** *n (Tel)* reverse-charge *or* transferred-charge call; ~**-Rüstsatz** *m* rocket rigging (kit).

**Radar** *n (Funkmess)* radar (= radio detecting and ranging) *(Def)*; *durch* ~ *ermittelter Standort (nav)* radar fix; *Flugwegverfolgung f mit* ~ radar tracking; ~ *für Bodenbewegungskontrolle* ground *or* surface movement radar, *abbr* SMR; *Kontrolle durch* ~ *(Flsich)* radar control *(Def)*; *mit* ~ *führen v (Flzg-Leitdienst)* vector; *mit* ~ *geführt (Flzg)* radar-directed; *Staffelung f ohne* ~ *(Flsich)* non-radar separation *(Def)*.

**Radar|abfragegerät** *n* interrogating radar; ~**anflug** *m (Flsich)* radar approach *(Def)*; ~**anlage** *f (Flsich)* radar unit; ~**antwort** *f* radar response *(Def)*; ~**anzeigegerät** *n* **für Flugplatz-Bodenverkehr** aerodrome surface movement indicator, *abbr* ASMI *(Def)*; ~**auflösungsvermögen** *n* radar resolution; ~**ausrüstung** *f* radar equipment; *Flugzeug n mit* ~ ~ radar(-equipped) aeroplane; ~**bake** *f* radar beacon *(Def)*; ~**beobachtung** *f (met)* radar observation; *Funk- und* ~~ *(LW)* radio interception and passive detection; ~**berechtigung** *f (Flsich)* radar rating; ~**bildschirm** *m* radar scope *or* screen; ~**bug** *m (Flzg)* radar nose; ~**dienst** *m (Flsich)* radar service *(Def)*; ~**echo** *n (Flsich & Flmelde)* radar echo; blip *(Def)*; echo signal; radar return; ~**echoanzeige** *f* radar blip *(Def)*; *Identifizierung f der* ~~ radar blip identification, *abbr* RBI; ~**erfassung** *f* radar contact *(Def)*; ~**erfassungsbereich** *m* radar coverage *(Def)*; ~**-Flugmeldedienst** *m (LW)* radar aircraft warning service, *abbr* AW service; ~**-Flugmelderegiment** *n (LW)* aircraft control and warning regiment, *abbr* AC & W regt; ~**flugzeug** *n* radar(-equipped) aeroplane; ~**früherkennung** *f* early radar identification; ~**führung** *f (Flsich)* radar vectoring *(Def)*; ~~ *zum Anflug* positioning for approach; ~**gegenmaßnahme** *f (LKr)* radar jamming; ~**gerät** *n* radar; *Look-down-*~~ *(in Jagd-Flzg)* look-down radar; ~~ *mit hoher Auflösung* fine grain radar; *Präzisionsanflug-*~~ precision-approach radar, *abbr* PAR; *Rundsicht-*~~ surveillance radar; *Rundsicht-*~~*eelement n* surveillance radar element, *abbr* SRE; ~**grammetrie** *f* radar grammetry; ~**hilfe** f radar aid; ~**höhenmesser** *m (Flzg)* radar altimeter *(Def)*; ~**höhenwindmessung** *f (met)* upper wind radar observation; ~**horizont** *m* radar horizon *(Def)*; ~**identifizierung** *f* radar identification *(Def)*; ~**karte** *f* radar map *(Def)*; ~**kontakt** *m* radar contact *(Def)*; ~**kontrolle** *f (Flsich)* radar control *(Def)*; *Übergabe der* ~~ radar hand-off; transfer of radar control, *abbr* TRA; ~**kurs** *m (Flzg)* radar heading; ~**landeverfahren** *n (Flsich)* ground-controlled approach, *abbr* GCA; ~**leitdienst** *m* radar surveillance *(Def)*; ~**lotse** *m (Flsich)* radar controller *(Def)*; ~~ *für Präzisions-Radargerät* precision controller *(Def)*; ~~ *für Suchradar* traffic director *(Def)*; ~~ *für Rundsicht-Radargerät* surveillance controller *(Def)*; ~**meteorologie** *f* radar meteorology; ~**nase** *f (Flzg)* radar nose; radome; nose radar cone; ~**navigation** *f* radar navigation; ~**reflektorboje** *f* radar reflector buoy; ~**schirm** *m* radar scope *or* screen; ~**schirmbild** *n* radar display *(Def)*; ~**schirmbilddarstellung** *f* radar disply; *synthetische* ~~ synthetic radar disply; ~**sichtgerät** *n* radar indicator; ~**staffelung** *f (Flsich)* radar separation *(Def)*; ~**standort** *m (Bod)* radar site; *(nav)* radar fix; ~**station** *f* radar station; *mobile* ~~ mobile radar station; ~**stelle** *f* radar unit *(Def)*; ~**stellung** *f (LW)* radar site; ~**störflecke** *m/pl* radar clutter *(Def)*; ~**störung** *f* radar jamming; ~**strahl** *m* radar beam; ~**topf** *m (ausfahrbar im Flzg)* radar bin;

~**überwachung** *f (Flsich)* radar monitoring ***(Def)***; ~**verfahren** *n (Flsich)* radar procedure; *Sekundär~~, abbr SSR-Verfahren* radar beacon procedure; ~**vorhersage** *f* radar prediction; ~**warnstation** *f (Flmelde)* warning radar; ~**windmessung** *f (met)* radar wind observation; ~**ziel** *n* radar target; *Sekundär~~, abbr SSR-Ziel* radar beacon target; ~**zielerkennung** *f* radar blip identification, *abbr* RBI; ~**zielgerät** *n* radar (gun) sight; ~**zielidentifizierung** *f* radar identification ***(Def)***; ~**zielstandort** *m* radar position; *extrapolierter ~~ (Flsich)* radar track position; ~**zielstandortsymbol** *n* radar position symbol, *abbr* RPS; ~**zielverfolgung** *f* radar tracking.

**Rad** *n* wheel; ~ *mit Innenfederung (Flzg-Laufrad)* internally sprung wheel; ~**(ab)stand** *m (Flzg)* wheel base ***(Def)***; ~**bremse** *f (Flzg-Laufrad)* wheel brake; ~**druck** *m* wheel load.

**Räder|antrieb** *m (Lader usw)* gear *or* wheel drive; ~**blockierung** *f* tyre (*US* tire) skidding; ~**fahrzeug** *n* wheeled vehicle.

**Rad|fahrwerk** *n (Flzg)* wheel-type landing gear; ~**fahrzeug** *n* wheeled vehicle; ~**flattern** *n* wheel shimmy ***(Def)***; ~**flügelflugzeug** *n* cyclogyro ***(Def)***; ~**gabel** *f* wheel fork.

**Radial** *n (Funk)* radial; ~**beschleunigung** *f* radial acceleration; ~**er Schub** *m (Prop)* radial thrust; ~**flug** *m* radial flight; ~**kompressor** *m (Turbo)* radial-flow compressor; ~**naht** *f (Para)* main seam ***(Def)***; ~**ringkühler** *m (Flmot)* ring radiator ***(Def)***; ~**rotor** *m (Heli)* radial rotor ***(Def)***; ~**seile** *n/pl (Lfz l)* radial wiring ***(Def)***; ~**spiel** *n* diametrical clearance; radial play; ~**turbine** *f* radial-flow turbine ***(Def)***; centrifugal turbine; ~**verdichter** *m (Flmot)* radial-flow compressor ***(Def)***; ~**wirbel** *m (aerodyn)* radial vortex.

**Radieschen** *n sl (Leuchtkugel: Flsich)* navigation flare.

**Radio** *n (Funkgerät)* radio; wireless (set); ~**aktiv** radioactive; *~~e Wolke f od ~~er Schwaden m* radioactive cloud; *~er Niederschlag m (Fallout)* radioactive fallout; ~**astronavigation** *f* radioastronavigation; ~**(frequenz)-scheibe** *f* radio (frequency) disk; ~**(frequenz)sondierung** *f* radio sounding; ~**galaxie** *od* ~**galaxis** *f* radio galaxy; ~**kompass** *m (Bord-Funkpeilgerät)* radio compass ***(Def)***; ~**meteorologie** *f* radiometeorology; ~**metrie** *f (Strahlungsmessung)* radiometry; ~**phon** *n* radiotelephone; radiophone; ~**sonde** *f (met)* radiosonde ***(Def)***; radio meteorograph ***(Def)***; ~**sondenmessung** *f (met)* radiosonde observation; ~**sondenstation** *f (met)* radiosonde station; ~**sternsystem** *n* radio nebula; ~**strahlung** *f (der Atmosphäre)* atmospheric radiation; ~**telemetrie** *f (Funkfernmessung)* radiotelemetry; ~**teleskop** *n* radio telescope; ~**theodolit** *m* radiotheodolit; ~**windmessung** *f (met)* radio wind observation; ~**windstation** *f (met)* radio wind station; ~**zeitzeichen** *n* time radio signal.

**Radius** *m* radius; semidiameter.

**Rad|kappe** *f* hub cap; ~**kufenfahrwerk** *n (Flzg)* wheel-ski landing gear; ~**landung** *f (Flbetr)* two-point *or* level *or* wheel landing; *sl* two-pointer; *sl* French landing ***(Def)***; ~**last** *f (Lfz)* wheel load; ~**messfühler** *m* wheel pick-off.

**Radom** *m (Flzg)* radome ***(Def)***.

**Rad|schlepper** *m (Kfz)* wheeled tractor; ~**schwinge** *f (Flzg-Fahrwerk)* bogie; ~**sporn** *m (Flzg)* tail wheel; ~**stand** *m (Fahrwerk)* wheel base ***(Def)***; ~**steuerung** *f (Flzg)* wheel steering *or* control; ~**sturz** *m* camber; ~**träger** *m (Flzg-Fahrwerk)* wheel strut; ~**verkleidung** f wheel spats *pl* ***(Def)***; wheel fairing; *tropfenförmige ~~* pants *pl* ***(Def)***; ~**widerstand** *m* wheel drag.

**Raffin|erie** *f* refinery; ~**ieren** *v* refine.

**Rahmen** *m (Lfz)* frame ***(Def)***; *geschweißter ~* welded frame; ~**antenne** *f (Flzg)* frame antenna *or* aerial; loop antenna *or* aerial ***(Def)***; *drehbare ~~* rotable loop aerial ***(Def)***; *feste ~~* fixed aerial ***(Def)***; *stromlinienförmige ~~* streamline loop aerial ***(Def)***; ~**impuls** *m (Radar)* framing impulse; ~**truppe** *f (mil)* (enlisted) cadre.

**Rakete** *f* rocket ***(Def)***; *ausgebrannte ~* burnt-out rocket; *ballistische ~* ballistic rocket; *Bord-Boden-~* air-to-ground rocket; *in die Erdatmosphäre wiedereintretende od wiedereintauchende ~* re-entry rocket; *JATO-~ (Startrakete)* JATO-jet (JATO = jet assisted take-off;) ~ *mit chemischem Antrieb* chemical rocket; *ungelenkte ~* free rocket; ~**nabschluss** *m* rocket launch(ing) *or* firing; ~**n(an)getrieben** rocket-propelled; ~**antrieb** *m* rocket propulsion *or* power; *Flugzeug n mit ~~* rocket-driven aeroplane; ~**nballistik** *f* rocket ballistics; ~**nbatterie** *f (Flak)* rocket battery; ~**nbeschleuniger** *m* rocket booster; ~**nbombe** *f (LKr)* rocket bomb; ~**nbrennkammer(block)** *f(m)* rocket combustion chamber *or* section; ~**nbrennstoff** *m* rocket fuel; ~**ndezelerator** *m* brake *or* braking rocket; ~**ndüse** *f* rocket nozzle; ~**nflug** *m* rocket flight; ~**nflugbahn** *f* rocket trajectory; ~**nflugzeug** *n* rocket-driven aeroplane; rocket plane; ~**ngefechtsschießplatz** *m* rocket live range; ~**ngeschoss** *n (Kr)* rocket projectile, *abbr* RP; ~**ngleiter** *m* rocket glider; *ballistischer ~~* ballistic-rocket glider; ~**nhilfe** *f (Flzg-Start)* rocket assistance; *Start m (Flzg) mit ~~* rocket-assisted take-off, *abbr* RATO; ~**njäger** *m (LW)* rocket fighter; ~**nmotor** *m* rocket engine ***(Def)*** *or* motor ***(Def)***; chemical-fuel motor; ~**nofen** *m* rocket combustion chamber; ~**nschleudersitz** *m (Flzg)* rocket ejection seat; ~**nschub** *m* rocket thrust; ~**nschuh** *m* launching shoe ***(Def)***: ~**nsonde** *f (FK)* sounding rocket ***(Def)***; ~**sondierung** *f (der Atmosphöre)* rocket sounding; ~**nstart** *m (Flzg)* rocket-assisted take-off, *abbr* RATO; *(FK)* rocket launch(ing) *or* firing; ~**nstarthilfe** *f, Start n mit ~~ (Flzg)* rocket-assistend take-off, *abbr* RATO; ~**nstufe** *f* rocket stage; ~**ntechnik** *f* rocket technology; ~**n-TL-Triebwerk** *n* turbo-rocket engine; ~**ntreibstoff** *m* rocket fuel *or* propellant ***(Def)***; *flüssiger ~~* liquid propellant ***(Def)***; ~**n(treib)strahl** *m* rocket blast; ~**ntriebwerk** *n, abbr R-Trieb* rocket power plant; rocket engine *or* motor ***(Def)***; rocketjet; *(im Lfz)* aircraft rocket engine; *chemisches ~~* chemical rocket engine; *~~ mit pulsierendem Abbrand* intermittent(-burning) rocket engine; ~**nturbinenluftstrahltriebwerk** *n* rocket-turbojet engine; ~**nübungsschießplatz** *m* rocket practice range.

**Rammflugzeug** *n (LKr)* ramming airplane.

**Rampe** *f (Flugplatz)* ramp.

**Rand** *m* edge; boundary; *ausgebeulter ~ (Para)* blown periphery ***(Def)***; ~ *der Grenzschicht (aerodyn)* boundary-layer threshold; ~**angabe** *f (Kart)* marginal note; ~**befeuerung** *f (Flugplatz)* boundary lighting; ~**bogen** *m (Tragfläche)* (curved) wing-tip former *or* strip; tip strip; wing bow; ~**bogenstück** *n (Tragfläche)* wing tip section ***(Def)***; ~**feuer** *n (Flugplatz)* boundary light; ~**gebiet** *n* fringe area; ~**kappe** *f (Tragfläche)* wing-tip edge; ~**kennzeichnung** *f (Flugplatz)* boundary marking ***(Def)***; ~**marker** *m (Bod)* edge marker; ~**polsterung** *f* rim padding; ~**schicht** *f* outer layer; ~**tief** *n (met)* secondary depression ***(Def)*** *or* low; ~**wetterbedingungen** *f/pl (met)* marginal weather conditions *pl*; ~**wirbel** *m (aerodyn)* tip *or* rim *or* marginal *or* wing tip vortex ***(Def)***; ~**zone** *f* **der Abstellfläche** *(Bod)* apron margin.

**Rang** *m (mil)* rank; status; ~**abzeichen** *n/pl* insignia *pl* of rank; ~**ältester** *m (mil)* senior officer; ~**dienstalter** *n (mil)* seniority; *(US)* age-in-grade; time in grade; promotion service; ~**folge** *f (Fernm)* order of priority; ~**stufe** *f* rank; ~**vermerk** *m (Fernm)* priority indicator *or* perfix.

**rasan|t** *(Art)* flat; grazing; ~**z** *f (Art)* flatness; *(der Flugbahn)* flatness *(of trajectory).*

**Rasen** *m* lawn; grass; *Landung f auf dem ~ (Flbetr)* grass landing; ~**flugfeld** *n* grass airfield; ~**flugplatz** *m* natural ground *or* grass *or* unpaved airfield; ~**piste** f (Bod) sod runway.

**Rast|er** *m (Kart)* screen; *(Zeit~~: Flsich)* slot; ~~**bezugspunkt** *m (Flsich)* slot reference point; ~**hebel** *m* bolt *or* click lock; ~**stellung** *f* rest position; ~**vorrichtung** *f* click-stop device *or* arrangement; ~**zahn** *m* notch.

**Ratifizierung** *f (Vertrag usw)* ratification; ~**surkunde** *f (eines Abkommens)* instrument of ratification.

**Ration** *f (mil)* ration; *eiserne ~ (mil)* emergency ration; ~**ell** rational.

**Rauch|bombe** *f (LKr)* smoke bomb; ~**dicht** smoketight; ~**erzeuger** *m* smoke generator *or* producer; ~**granate** *f (Art)* smoke shell; ~**markierung** *f (See)* flame float; ~**ofen** *m (als Windrichtungsanzeiger)* smoke generator; smudge fire; ~**patrone** *f* smoke-signal cartridge; ~(**schutz**)**maske** *f* smoke hood; ~**schwach** *(Pulver)* ~(semi)-smokeless; ~**signal** *n* smoke signal; ~**zeichen** *n* smoke sign(al); *schwimmendes ~~* smoke float.

**Rau|eis** *n (met)* rime; *dichtes ~~* compact rime; ~**eisbildung** *f* white type of ice formation; ~**frost** *m (met)* hoarfrost; white frost; hard rime; ~**igkeit** *f (eines Fluges od Kurses: ILS)* roughness; ~**reif** *m (met)* hoar frost ***(Def)***; white frost; rime ***(Def)***; soft rime; ~**reifpunkt** *m (met)* hoar-frost point ***(Def)***; ~**reifvereisung** *f* rime ice ***(Def)***.

**Raum** *m* space; area; *bestrichener ~ (takt)* beaten zone; *gedeckter ~ (takt)* dead space; safety zone; ~**barriere** *f* space barrier; ~**bild** *n* stereoscopic *or* relief picture; ~**bildvermessung** *f* stereo-photogrammetry.

**Räumboot** *n (Marine)* mine-sweeper.

**Raum|fahrer** *m* cosmonaut; astronaut; spaceman; ~**fahrerin** f spacewoman; astronette; ~**fahrt** *f* interplanetary *or* interstellar *or* space aviation; astronautics; ~**fahrtmedizin** *f* space medicin; ~**fahrtmeteorologie** *f* cosmic meteorology; ~**fahrtrecht** *n* aerospace law ~**fahrtsimulator** *m* space simulator; ~**fahrt(wissenschaft)** *f* cosmonautics; ~**fahrzeug** *n* spaceship; spacecraft; *wiederverwendbares ~~* space shuttle; *zirkumsolares ~~* circumsolar spacecraft; ~**fahrzeugantrieb(sanlage)** *m/pf* spacecraft propulsion (system); ~**fahrzeugbesatzung** *f* spacecraft crew; ~**fahrzeugsimulator** *m* space simulator; ~**flieger** *m* astronaut; ~**flug** *m* spaceflight; ~**flughafen** *m* cosmodrome; ~**flugkörper** *m* (aero)spacecraft *or* vehicle; *ballistischer ~~* ballistic space vehicle; ~**flugzentrum** *n* space flight centre (*US* center) ~**höhe** *f* headroom; ~**kabine** *f* space cabin; ~**kapsel** *f* space capsule; ~**labor(atorium)** *n* spacelab(oratory).

**räum|liche Dehnung** *f (Stab)* dilational strain; ~**liche Orientierung** *f* spatial orientation ***(Def)***; ~**liches Sehvermögen** *n (Flmed)* depth perception.

**Raum|messbild** *n* stereogram; ~**peilstation** *f (Funk)* three-dimensional DF station; ~**peilung** *f* three-dimensional direction-finding; ~**schiff** *n* spaceship; interstellar *or* astronautical craft; ~**schifffahrt** f interplanetary aviation; ~**schiffflug** *m* spaceship flight; ~(**schiff**)**pilot** *m* space(craft) pilot; ~(**schutz**)**anzug** *m* spacesuit; ~**sparend** space-saving; ~**station** *f* space station ~**strahlung** *f* space radiation; ~**temperatur** *f* ambient *or* room temperature.

**Räumung** *f (mil)* evacuation.

**Raum|welle** *f (Funk)* sky *or* ionospheric wave; ~**wellenverbindung** *f od* ~**verkehr** *m (Fernm)* skywave communication; ~**winkel** *m (nav)* solid angle; ~**winkeleinheit** *f* steradian.

**Raupen|antrieb** *m (Kfz)* caterpillar drive; ~**fahrwerk** *n (Flzg)* tractor-type undercarriage; ~**fahrzeug** *n (Kfz)* track-laying vehicle; ~**kette** *f (Kfz)* caterpillar track; ~**schlepper** *m (Kfz)* caterpillar tractor.

**Rausch|begrenzer** *m (Funk)* noise *or* sound suppressor; *automatischer ~~* automatic noise limiter, *abbr* ANL; ~**en** *n (Funk)* noise; statics *pl*; *statistisch verteiltes od weißes ~~ (Funk)* white *or* random noise; ~**faktor** *m (Funk)* noise factor; ~**pegel** *m (Funk)* noise grade; ~**sender** *m (Funk & Radar)* noise transmitter; ~**sperre** *f (Funk)* squelch: muting; ~**zahl** *f (Funk)* noise figure.

**Rautenschwarm** *m (Vierer-Verbandsflug)* four-ship diamond.

**Rawin-Sonde** *f (met)* rawinsonde (*short for* radio *or* radar wind sonde).

**Reaktion** *f* reaction; response; *träge od verzögerte* ~lagged reaction; ~**sfähigkeit** *f* capacity reaction; ~**sfront** *f (met)* reaction front; ~**sprinzip** *n* reactive principle; ~**srotor** *m (Heli)* tip-driven rotor; ~**sturbine** *f* reaction *or* pressure turbine; ~**svermögen** *n* capability to respond; *menschliches ~~* man *or* human response; ~**szeit** *f (Zeitraum zwischen Alarm und Eintreffen am Unfallort: SAR)* response time.

**reaktivieren** *v (mil)* reactivate.

**Rebecca-Eureka-Verfahren** *n (Radar)* Rebecca-Eureka system ***(Def)***.

**Rechen** *m* rake; ~**fehler** *m* calculation error; miscalculation; ~**gerät** *n* computer; ~**maschine** *f* computer; *elektronische ~~* electronic computer; ~**modell** *n* calculation model; ~**programm** *n* computer programm; ~**schieber** *m* slide rule.

**rechn|en** *v* compute; count; ~**er** *m* computer; *Entfernungs-Azimuth~~* Rho-Theta computer; *programmierbarer ~~* programmed computer; ~**erabhängiger Betrieb** *m (EDV)* on-line working; ~**ergesteuerte synthetische Darstellung** *f (Radar)* synthetic dynamic display, *abbr* SDD; ~**ergestütztes Konstruktions- und Fertigungsprogramm** *n* computer-aided design and computer-aided manufacture; *abbr* CAD/CAM; ~**ergestütztes Schubregelsystem** *n (Turbo)* computer-controlled thrust system; ~**erisch** by calculation *or* computation; ~**erische Höhe** *f* computed altitude; ~**erprogramm** *n* computer program; ~**nerunabhängiger Betrieb** *m (EDV)* off-line working; ~**ungsflügelfläche** *f (ICAO)* design wing area; ~**ungsführer** *m (mil: E)* NCO accounts; *(US)* accountant and pay NCO; ~**ungsgeschwindigkeit** *f* design speed; *~~ bei ausgefahrener Landeklappe (ICAO)* design flap speed, *abbr* $V_F$; *~~ beim Abfangen (ICAO)* design manoeuvring speed, *abbr* $V_A$; ~~ *für höchste Böenwirkung (ICAO)* design speed for maximum gust intensity, *abbr* $V_B$; ~**ungsgipfelhöhe** *f (Lfz)* calculated ceiling; ~**ungshöchstgewicht** *n od* ~**masse** *(ICAO)* design maximum weight; ~**ungsjahr** *n* fiscal year, *abbr* FY; ~**ungskleinstgewicht** *n od* ~**masse** *f (ICAO)* design minimum weight; ~**ungslandegewicht** *n od* ~**masse** *f (ICAO)* design landing weight; ~**ungslegung** *f* rendering of accounts; ~**ungs-Mach-Zahl** *f (aerodyn)* design Mach number; ~**ungsparameter** *m* design parameter; ~**ungsprüfung** *f* audit; ~**ungsreisegeschwindigkeit** *f (ICAO)* design cruising speed, *abbr* $V_C$; ~**ungsstartgewicht** *n od* ~**masse** *f (ICAO)* design take-off weight; ~**ungssturzfluggeschwindigkeit** *f (ICAO)* design diving speed, *abbr* $V_D$; ~**ungswesen** *n* accounting.

**Recht|eckflug** *m (Flbetr)* box-pattern flight; ~**eckflügel** *m (Tragfläche)* rectangular wing; ~**eckig** rectangular; ~**eckverstärker** *m (Funk)* squaring amplifier; ~**s** right (-hand); starboard; ~**sabteilung** *f (mil)* legal branch *or* section; ~**santrieb** *m (Flmot)* right-hand drive ***(Def)***; ~**sdrall** *m* right-hand lay or twist; ~**sdrehen** *v (Wind)* veer; ~~ *n (des Windes)* veering ***(Def)***; ~**sdrehend** *(Gerät usw)* right-hand rotating; ~**sdrehende Luftschraube** *f od* ~**sdrehender Propeller** *m* right-handed propeller ***(Def)***; ~**sdrehender Motor** *m* right-hand(ed) engine ***(Def)***; ~**sdrehendes Hilfsgerät** *n (Flmot)* right-hand *or* clockwise accessory ***(Def)***; ~**sgewinde** *n* right-hand thread; ~**skurve** *f (Flzg)* right-hand turn; ~**släufer** *m (Flmot)* right-hand engine; ~**släufig** right-hand(ed); clockwise; ~**splatzrunde** *f (Flbetr)* right(-hand) traffic circuit; ~**sstaffelung** *f (Flsich)* right side separation; *(Verbandsflug)* right echeloning; ~**sstellung** *f* legal status; ~**strudeln** *n (Flbetr)* right spin; ~**sverkehr** *m* right-hand traffic; ~**weisend** *(nav)* true; ~*weisend Nord n (nav)* true north ***(Def)***; ~*weisende Peilung f (nav)* true bearing; azimuth ***(Def)***; ~*weisender Kurs m (nav), abbr rwK* true course ***(Def)***; ~*weisender Steuerkurs m (nav)* true heading ***(Def)***.

**Red-out** *n (Flmed)* red-out ***(Def)***.

**Redewendungen** *f/pl (Sprechfunk)* phraseology.

**Reduzier|antrieb** *m* step-down gear; ~**te Frequenz** *f (Konstr)* frequency parameter ***(Def)***; ~**ter Schub** *m (Turbo)* decreased thrust; ~**ventil** *n* reduction *or* reducing valve ***(Def)***.

**Reffleine** *f* reefing cord.

**reflekt|ierende Oberfläche** *f* reflecting *or* reflective surface; ~**orfläche** *f* reflecting *or* reflective surface.

**Reflex|bewegung** *f* reflex movement *or* motion; ~**ion** *f (Radar)* re-radiation; echo; ~**ionsfläche** *f (Radar)* reflecting area; ~**ionsvermögen** *n* reflectivity; ~**reflektor** *m (Radar)* reflex reflector; ~**visier** *n, abbr Revi (Bordwaffenvisier)* mirror reflex sight; reflex *or* reflector sight.

**Refrakt|ion** *f (Astronav)* refraction ***(Def)***; *atmosphärische* ~~ atmospheric refraction ***(Def)***; ~~ *durch Astrokuppel* dome refracion ***(Def)***; ~**or** *m* refractor.

**regel|bar** adjustable; controllable; ~*e Überschalldüse f (Turbo)* adjustable supersonic nozzle; ~*es Nebenstromverhältnis n (Turbo)* adjustable by-pass ratio; ~**drehzahl** *f, höchste* ~~ *(Prop)* maximum (propeller) governed speed; ~**gestänge** *n* control *or* governor rods *pl*; ~**impuls** *m (Radar)* control pulse; ~**klappe** *f (Motorhaube)* controllable gill; ~**kompass** *m* adjustment compass; ~**kreis** *m (Flsich)* loop; *Pilot m od Luftfahrzeugführer im* ~~ *(LVerk)* pilot in the loop; ~**mässige Strömung** *f (aerodyn)* laminar flow; ~**mäßiger Fehler** *m* systematic error; ~**mäßigkeit** *f* regularity; ~**n** *v* control; govern; regulate; ~ **n** *f/pl* **für kontrollierte Sichtflüge** *(Flsich)* controlled visual flight rules *pl*, *abbr* controlled VFR; ~**system** *n* control system; *komplexes od kompliziertes* ~~ complex control system; ~**ung** *f* control; governing; regulation; ~**(ungs)system** *n* regulation *or* control system; *digitales* ~~ digital control system; ~**ventil** *n* control valve; ~**vorrichtung** *f (Flzg)* governing *or* adjusting *or* control device; *(Prop)* governor; ~**widerstand** *m (el)* variable resistance.

**Regen** *m (met)* rain ***(Def)***; *anhaltender* ~ wide-spread rain; *feiner* ~ drizzle, *gefrierender* ~ freezing *or* glazed rain; *klatschender* ~ pouring rain; *unterkühlter* ~ freezing rain; *vereisender* ~ freezing rain; ~**arm** rainless; dry; ~**band** *n (met)* rainband; ~**bö** *f* rainsquall; ~**bogen** *m* rainbow; ~**fall** *m* rainfall; *verbreitete* ~*fälle pl* wide-spread rain; ~**gebiet** *n* precipitation area; ~**guss** *m* downpour; ~**häufigkeit** *f* frequency *or* rain; ~**intensität** *f* rainfall intensity; ~**menge** *f* amount of rain; ~**messer** *m* rain gauge (*US* gage) ***(Def)***, pluviometer; hyetometer; ~**messung** *f* rain measurement; pluviometry; ~**reich** rainy; (areas) having a heavy rainfall; ~**schatten** *m* rainless side; ~**schauer** *m* rain shower; ~**schreiber** *m* rainfall recorder; pluviograph; hyetograph; ~**seite** *f* rainy side; ~**traufe** *f (Lfz l)* drip flap ***(Def)***; ~**tropfen** *m* raindrop; ~**wolke** *f* rain cloud; nimbus (cloud), ~**wolkenfetzen** *m/pl* fractonimbus; ~**zeit** *f* rainy season *or* period.

**Regenerativkühlung** *f (geschlossenes Kühlsystem)* regenerative cooling.

**Regiment** *n (mil)* regiment; ~**sbefehl** *m* regimental order; ~**sgefechtsstand** *m* regimental command post; ~**skommandeur** *m* regimental commander; ~**sstab** *m* regimental headquarters *pl or* staff.

**regional|e Ergänzungsverfahren** *n/pl (Flsich usw)* regional supplementary procedures *pl*, *abbr* SUPPS; ~**e Sammelzentrale** *f (met)* regional collecting centre; ~**es Luftverkehrsunternehmen** *n* commuter *or* regional air carrier; ~**fluglinienunternehmen** *n* commuter *or* regional air carier; ~**rundsendung** *f (Fernm)* area broadcast.

**Registr|atur** *f* registry; ~**ieranemometer** *n (Böenschreiber)* (recording) anemometer; gust recorder; anemograph; ~**ierballon** *m (met)* registering ***(Def)*** *or* sounding balloon ***(Def)***; balloon sonde; ~**ieren** *v* record; ~**iergerät** *n* recording instrument; *automatisches* ~~ self-recording instrument; ~**ierpilotballon** *m (met)* recording pilot balloon; ~**iertheodolit** *m* recording theodolite.

**Regler** *m (Flmot usw)* regulator; *(Prop)* governor; constant speed (control) unit, *abbr* conspeed unit; ~**dose** *f* control aneroid; ~**gestütztes Flugzeug** *n* control configured aeroplane *or* vehicle, *abbr* CCV; ~**getriebe** *n (Luftschraube)* governor gear(ing).

**regnerisch** *(met)* rainy.

**regul|äre Funkstelle** *f* regular (radio) station ***(Def)***; ~**ärer Flughafen** *m (ICAO)* regular aerodrome ***(Def)***; ~**ieren** *v* regulate; ~**iergestänge** *n* regulating controls *pl.*

**Rehlederlappen** *m* deer-skin rag; chamois.

**Reib|getriebe** *f* friction drive; ~**kupplung** *f* friction clutch *or* coupling; ~**ung** *f* friction; *laminare* ~~ laminar friction; ~**ungsaufwind** *m (met)* dynamic ascending current; ascending current due to topography; ~**ungsbremse** *f* friction brake; ~**ungsdrehzahlmesser** *m* friction revolution-counter *or* tachometer; ~**ungsgesetz** *n* law of friction; ~**ungskoeffizient** *m* coefficient of friction; ~**ungskupplung** *f* friction clutch *or* coupling; ~**ungsschicht** *f (aerodyn)* friction layer; ~**ungsstoßdämpfer** *m* friction-type shock absorber; ~**ungsturbulenz** *f (met)* frictional turbulence *(Def)*; ~**ungsverluste** *m/pl (aerodyn)* friction(al) losses *pl*; ~**ungswiderstand** *m* frictional resistance *or* drag; surface-friction drag *(Def)*.

**reich** *(Kraftstoff-Luftgemisch)* rich; ~**schaltung** *f (Flmot)* rich setting; ~**es Gemisch** *n (Flmot)* rich mixture; ~**weite** *f (Flzg)* (operational) range *(Def)*; ~~ *bei Windstille f (Flzg)* still-air range; *erweiterte* ~~ *(Fernm)* extended range; *größte* ~~ *(Flzg)* maximum range; *kleine* ~~ *(Funk)* short range, abbr SRG; *maximale* ~~ *(Flbetr)* maximum range; *mittlere* ~~ *(LVerk)* medium range; *nutzbare* ~~ *(Fernm)* usable range; *quasi-optische* ~~ *(Fernm)* line-of-sight range; *sehr große* ~~ *(Funk)* very long range, *abbr* VLR; *wirtschaftlichste* ~~ *(Flbetr)* most economical range *(Def)*.

**Reif** *m (met)* rime; frost *(Def)*; ~**en** *m (Laufrad)* tyre (*US* tire); *glatter* ~ smooth tyre (*US* tire); *profilierter* ~ non-skid tyre (*US* tire); ~**endecke** *f (Laufrad)* cover; ~**endruck** *m* inflation *or* tyre (*US* tire) pressure; ~**endruckprüfer** *m* tyre gauge (*US* tire gage); ~**enpanne** *f* puncture; blowout; ~**enprofil** *n* tread; tyre (*US* tire) profile; ~**enschlauch** *m* (inner) tube; air tube; ~**graupel** *m (met)* small hail; snow pellets *pl (Def)*.

**Reihe** | *f* **links** *(Verbandsflug)* left(-hand) echelon; ~ **rechts** *(Verbandsflug)* right(-hand) echelon.

**Reihen** | **abwurf** *m (Bomben)* salvo *or* stick bombing; ~**abwurfautomat** *m (Bomben-Flzg)* automatic (series) bomb-release gear; ~**bild** *n (LPhot)* serial *or* successive *or* overlapping photographs *pl*; aerial mosaic; ~**bildgerät** *n* automatic aerial camera; ~**bildkamera** *f (LPhot)* automatic aerial camera; ~**bildüberlappung** *f (LPhot)* forward *or* end lap; ~**bombenwurf** *m (LKr)* salvo *or* stick bombing; ~**fertigung** *f* mass production; ~**folge** *f* sequence; ~**motor** *m (Flmot)* in-line *(Def) or* straight engine; ~**wurf** *m (Bomben)* salvo *or* stick bombing; ~**wurflänge** *f (Bomben)* stick length; ~**wurfvorlage** *f (Bomben)* stick-bombing correction.

**Reinheit** *f (von Gas: Lfz l)* purity *(Def)*; ~**smessgerät** *n (Lfz l)* purity meter *(Def)*.

**Reise** *f* journey; travel; *(kurze ~)* trip; *(See-)* voyage; passage; *einfache* ~ *(LVerk)* single journey; ~**antritt** *m (LVerk)* embarkation; ~**antrittsflugplatz** *m* embarkation aerodrome; ~**dauerleistung** *f (Flmot)* economy cruising power, *höchstzulässige* ~~ maximum economy cruising power; ~**ende** *n (LVerk)* disembarkation; ~**fertig** ready to start; travel-ready; ~**flug** *m* cruise; cruising (flight); ~~ *mit armem Gemisch* weak mixture cruising; *wirtschaftlicher* ~~ economical cruising; ~**flugfläche** *f (Flsich)* cruising level *(Def)*; ~**fluggeschwindigkeit** *f* cruising speed; *Leistungsanpassung f an die* ~~ cruise control; *sichere* ~~ *(Flbetr)* cruising threshold *(Def)*; ~**fluggipfelhöhe** *f (Lfz)* cruising ceiling *(Def)*; ~**flughöhe** *f* **über Meer** cruising altitude *(Def)*; ~**flugkontrolle** *f* cruise control *(Def)*; ~**flugleistung** *f (Flmot)* cruising power *or* output; *(Flzg)* cruising performance; ~**flugregelung** *f* cruise control *(Def)*; ~**flugweite** *f (LVerk)* cruising (flight) range; ~**flugzeug** *n* touring aeroplane; ~**flugzustand(sform)** *m(f)* route configuration; ~**geschwindigkeit** *f (Flzg)* cruising speed; ~**gruppencharter** *m (LVerk)* travel group charter, *abbr* TGC; ~**kosten** *pl* travel(ing) expenses *pl*; ~**leistung** *f (Flmot)* cruising power; *empfohlene* ~~ *(Flmot)* recommended cruising output; *höchste empfohlene* ~~ *(Flmot)* maximum recommended cruising power; ~**pass** *m* passport; *abgelaufener* ~~ expired passport; *gültiger* ~~ valid passport; ~**sinkflug** *m (Flbetr)* cruise descent; ~**steigflug** *m (Flbetr)* cruise climb; ~**unterbrechung** *f (LVerk)* stopover; ~**veranstalter** *m (LVerk)* tour organizer *or* operator.

**Reiß** | **bahn** *f (Ball)* rip(ping) panel *(Def)*; ~**festigkeit** *f (Konstr)* tear resistance; ~**kappe** *f (Para)* tear-off cap *(Def)*; ~**leine** *f (Ball)* rip cord; *(Fallschirm)* breaking cord; parachute rip cord *or* line; extraction cord *(Def)*; ~**schnur** *f (Ball)* quick-release cord.

**Reizschwelle** *f* **des Ohres** *(Flmed)* threshold of audibility *or* hearing.

**Reklame** | **flug** *m* advertisement *or* advertising flight; ~**flugzeug** *n* advertising airplane; advertiser; ~**schleppflug** *m* sign-towing flight.

**Rekord** | **flug** *m* record(-breaking) flight; ~**flugzeug** *n* record(-holding) aeroplane; ~**inhaber** *m* holder of a record; ~**versuch** *m* record attempt; ~**zeit** *f, in* ~~ in record time.

**Rekrut** *m (mil)* recruit; ~**ieren** *v* recruit.

**Rektaszension** *f (nav)* right ascension, *abbr* RA *(Def)*.

**Relais** *n (el)* relay; ~**funkstelle** *f* relay; station; ~**kette** *f (Funk)* chain *or* group of relays; ~**verstärker** *m (Funk)* relay repeater.

**Relativ** | **bewegung** *f* relative motion; ~**e Feuchtigkeit** *f* relative humidity *(Def)*; ~**e Profildicke** *f (Tragfläche)* thickness/chord ratio *(Def)*; ~**itätstheorie** *f* theory of relativity; relativity theory.

**Relaxations** | **effekt** *m* relaxation effect; ~**frei** relaxation-free.

**Relief** *n (Kart)* relief *(Def)*; ~**bild** *n (LPhot)* relief picture; ~**karte** *f (Kart)* relief *or* embossed map.

**Rendezvous** *n (Treffpunktaufgabe: nav)* rendezvous.

**Rennflugzeug** *n* racing airplane; *sl* racer.

**Rentabilitätsschwelle** *f (LVerk usw)* break-even point.

**Repar** | **atur** *f* repair; ~**aturbedürftig** in need of repair; ~**aturfähig** repairable; ~**aturwerkstatt** *f* repair shop; ~**ieren** *v* repair.

**Reportageverfahren** *n (LKr)* running commentary *or* reporting (on the tactical air situation); broadcast control.

**Repuls** | **ionsmotor** *m (Rak)* repulsion motor; ~**ivkraft** *f* repulsive force.

**Reserve** *f* reserve; margin; *eingebaute* ~ *(Konstr)* built-in margin; ~**behälter** *m (Flzg)* reserve *or* emergency tank; ~**faktor** *m (Konstr)* reserve factor *(Def)*; ~**fallschirm** *m* back-up *or* reserve parachute *(Def)*; ~**offizier** *m (mil)* reserve officer; ~**system** *n (Lfz)* back-up system; ~**tank** *m (Flzg)* reserve *or* emergency tank; ~**teil** *m & n* spare (part); ~*triebwerk n* spare engine.

**Resonanz** | **beschleuniger** *m* resonance accelerator; ~**schwingungen** *f/pl (Stab)* resonance *or* resonant vibrations *pl*; ~**versuch** *m (Konstr)* resonance test *(Def)*.

**Rest** | **kraftstoff** *m* remaining fuel; ~**rollstrecke** *f (Flbetr)* distance-to-go; *Anzeige f der* ~~ *(Bod)* distance-to-go information; ~**schub** *m (Turbo)* residual thrust; ~**widerstand** *m (aerodyn)* residual drag.

**Result|ante** *f* resultant; ~**ieren** *v* result; ~**ierend** resulting; resultant; ~**ierende** *f* resultant (force); ~~ *Luftkraft f (aerodyn)* resultant air force.

**Retardationsschirm** *m (Para)* retarder parachute.

**Retroschub** *m (Turbo)* brake *or* braking thrust.

**Rettung** *f* (crash) rescue; ~**sausrüstung** *f* (crash) rescue equipment; ~**sboje** *f* rescue buoy; ~**sboot** *n* rescue *or* life-boat; crash boat *or* launch; rescue launch; *abwerfbares* ~~ airborne lifeboat; ~**sdienst** *m* life-saving *or* (emergency and) rescue service; *Leitstelle f des Such- und* ~~~ *(SAR)* rescue coordination centre (*US* center), *abbr* RCC; ~**seinheit** *f (SAR)* rescue unit *(Def)*; ~**seinrichtung** *f* rescue facility; ~**seinsatz** *m* rescue operation; ~~ *auf See* off-shore rescue; ~**sfahrzeug** *n (SAR)* survival craft; rescue vehicle *or* craft; emergency vehicle; ~**sfallschirm** *m* emergency parachute *(Def)*; back-up parachute; ~**sfloß** *n* emergenca raft; *abwerfbares* ~~ pararaft *(Def)*; ~**sfunkgerät** *n* survival radio equipment; ~**sgerät** *n* crash *or* rescue equipment; life-saving device; ~**sgürtel** *m* life-belt; ~**sluftfahrzeug** *n* rescue aircraft; ~**smannschaft** *f* rescue party *or* crew; ~**sring** *m* life-belt; ~**sschlauch** *m (Flzg)* (escape) chute; ~**sschwimmweste** *f* life jacket *or* vest; *aufblasbare* ~~ inflatable life jacket *or* vest; ~**sstelle** *f (SAR)* rescue unit; ~**s- und Feuerbekämpfungsdienst** *m* rescue and fire-fighting service.

**Revolver** *m* revolver.

**Reynold'sche| Schubspannung** *f (Konstr)* Reynolds shearing stress; ~ **Zahl** *f (aerodyn)* Reynolds number *(Def)*.

**reziproke Schubbelastung** *f (Konstr)* thrust/weight ratio *(Def)*.

**Rhombus|antenne** *f (Funk)* rhombic antenna; diamond-shaped antenna; ~**drachen** *m* rhomboid *or* rhombic kite.

**Rho-Theta-Verfahren** *n (Funknav)* Rho-Theta system *(Def)*.

**Richt|antenne** *f (Funk)* directional *or* beam antenna; ~**antennenanordnung** *f (Funk)* beam array; ~**bake** *f (Funk)* radio direction beacon; ~**empfang** *m (Funk)* directional reception; ~**empfänger** *m (Funk)* direction receiving set; DF receiver; ~**en** *v (Art)* lay; train; ~**funkverbindung** *od* ~**strecke** *f* radio link; ~**kanonier** *m (Art)* gun layer; ~**koppler** *m* directional coupler; ~**kraft** *f (Kompass)* directional *or* directive *or* directing force; ~**kreis** *m (Art)* director; aiming *or* azimuth circle; ~**kreisel** *m (Kurssteuerung)* directional gyro; ~**linie** *f (allg)* direction; guideline; guiding principle; *(ICAO)* standard; ~~*n pl und Empfehlungen f/pl (der ICAO)* standards *pl* and recommended practices *pl*, *abbr* SARPS; ~**mikrophon** *n* directional microphone; ~**schnur** *f* guideline; guidance; ~**strahl** *m (Funk)* directional *or* radio beam; ~**strahlantenne** *f* beam antenna *or* aerial.

**Richtung** *f* course; direction; *(nav)* (navigational) bearing; ~ *der Piste (Bod)* orientation *or* runway; *magnetische* ~ *(nav)* magnetic bearing; bearing of the track; track bearing; ~**sänderung** *f* change in direction; ~~ *um 180° (Flbetr)* one-eighty (turn); ~**sangabe** *f* indication of direction; ~**sbestimmung** *f* determination of direction; orientation; ~**sfehler** *m (ILS)* directional error; ~**sfinder** *m* direction finder, *abbr* DF; ~**sgeber** *m (Kurssteuerung)* turn control; ~**sinstabilität** *f (Stab)* directional instability *(Def)*; ~**skontrolle** *f (Kurssteuerung)* directional control; ~**sstabilität** *f (Flzg)* directional stability *(Def)*; ~**swechsel (-Flugmanöver)** *m(n) (Flbetr)* reversement *(Def)*.

**Richt|verbindung** *f (Funk)* radio relay *or* radiolink (system); ~**verfahren** *n (Art)* gun-laying; ~**werte** *m/pl (Art)* data *pl*.

**Riedelanlasser** *m (Turbo)* Riedel starter; internal-combustion starter *(Def)*.

**Riegelstellung** *f (takt)* switch position.

**Riemen|antrieb** *m* belt drive; *mit* ~~ belt-driven; ~**scheibe** *f (belt)* pulley.

**Rigging** *n (Leinenwerk: Lfz l)* rigging *(Def)*; ~**pflaster** *n (Lfz l)* rigging patch *(Def)*.

**Ring|antenne** *f (Funk)* circular antenna; ~**brennkammer** *f (Turbo)* annular combustion chamber, ~**elpietz** *m sl (Ausbrechen des Flzgs bei Start/Landung)* ground loop(ing) *(Def)*; ~**feder** *f* annular spring; ~**federbein** *n (Fahrwerk)* annular ring strut; annular spring shock-absorber; ~**flügelflugzeug** *n od* ~**flügler** *m* circular wing aircraft; coleopter; ~**förmig** annular; circular; ~~*er Auspuffsammler m* exhaust collector ring; ~~*er Lufteinlass m* annular air intake; ~**haube** *f (Flmot)* ring *or* circular *or* annular cowl(ing) *(Def)*; ~**kammer** *f (Turbo)* ring chamber; ~**kühler** *m (Flmot)* annular(-type) radiator *(Def)*; ~**leitung** *f (Fernm)* loop; ~**rohrbrennkammer** *f (Turbo)* cannular combustion chamber; ~**spant** *m (Lfz)* ring frame; ~**trichterrichtungshörer** *m (Flak)* (trumpet-type) sound locator; ~**verkleidung** *f (Flmot)* engine ring cowling; ~**visier** *n* ring *or* tubular sight.

**Rinne** *f (zwischen zwei Tiefdruckgebieten: met)* trough; *(Wasserpiste: Seeflughafen)* channel *(Def)*; ~**nfeuer** *n (Seeflughafen)* channel light *(Def)*.

**Rippe** *f (Tragfläche)* (wing) rib *(Def)*; *(Flmot)* (cooling) fin; *mit* ~*n versehen* ribbed; ~**nabstand** *m (Kühlrippen)* fin pitch; spacing of fins; ~**nbreite** *f (Flmot)* fin depth; ~**nkühler** *m* ribbed cooler; secondary-surface radiator *(Def)*; ~**nnaht** *f (Tragfläche)* rib stitching; ~**nobergurt** *m (Tragfläche)* top rib flange; ~**nsteg** *m* rib web; ~**nteilung** *f (Flmot)* fin pitch; ~**nuntergurt** *m (Tragfläche)* bottom rib flange; ~**nzwischenraum** *m (Tragfläche)* interfin space; ~**nzylinder** *m (Flmot)* finned cylinder.

**Riss** *m* crack; ~**bildung** *f* cracking; ~**detektor** *m* crack detector.

**Ritterkreuz** *n (Orden)* Knight's Cross.

**Ritzel** *n* pinion.

**Rizinusöl** *n* caster oil.

**Robotertechnik** *f* robotics.

**Rogallo-Gleiter** *m (Para)* parachute glider; paraglider.

**Roh|daten** *n/pl* raw data *pl*; *ILS*-~~ raw ILS; ~**öl** *n* crude oil; ~**ölmotor** *m* heavy-oil *or* crude oil engine.

**Rohr** *n* tube; pipe; *Pitot*-~ pitot tube *(Def)*; *Venturi*-~ Venturi tube *(Def)*; ~**balken** *m (Flzg)* tubular boom; ~**brennkammer** *f (Turbo)* can-type *or* tubular combustion chamber; ~**förmig** tubular; ~***holm*** *m (Flzg)* tubular spar; ~**leitung** *f* pipeline; piping; ~**mündung** *f (Art)* muzzle; ~**postanlage** *f (Bod)* pneumatic tube (system); ~**rücklauf** *m (Art)* gun recoil; ~**rücklaufbremse** *f (Art)* recoil buffer; ~**strebe** *f* tubular strut; ~**weite** *f (Art)* calibre (*US* caliber) (of guns); ~**wiege** *f (Art)* gun cradle; ~**windkanal** *m (aerodyn)* tube wind tunnel.

**Röhr | chenkühler** *m (Flmot)* tubular radiator; **~e** *f (Funk) (E)* valve; *(US)* tube; *Braun'sche* ~~ *(Radar)* cathode-ray tube, *abbr* CRT; oscilloscope; **~enbauweise** *f (Flzg)* tubular structure; **~enförmiges Befestigungspflaster** *n (Lfz l)* channel patch ***(Def)***; **~engleichrichter** *m (Funk)* tube rectifier; **~enholm** *m (Flzg)* tubular spar; **~enkabel** *n (Tel)* coaxial cable; **~enkühler** *m (Flmot)* tubular radiator; **~ensockel** *m (Funk)* tube base *or* socket.

**Rohstoff** *m* raw material.

**Roll | achse** *f (Stab)* roll axis ***(Def)***; **~anweisung** *f (Flsich)* taxying instruction; **~bahn** *f (Flugplatz)* taxiway; *unbefestigte* ~~ unpaved taxiway; **~bahnausrundung** *f (Bod)* taxiway fillet *n*; **~bahnbelastungswert** *m (Bod)* load classification number, *abbr* LCN ***(Def)***; **~bahnfeuer** *n (Bod)* taxiway light ***(Def)***; **~bahnneigung** f taxiway slope; **~bahnrandzone** *f* taxiway margin; **~bewegung** *f (Flzg)* rolling (motion); **~e** *f (Kunstflug)* roll ***(Def)***; *gerissene* ~~ *(Kunstflug)* flip *or* snap *or* flick roll ***(Def)***; *gesteuerte* ~~ aileron roll ***(Def)***; *gesteuerte langsame* ~~ slow roll ***(Def)***; *halbe* ~~ half-roll ***(Def)***; *holländische* ~~ Dutch roll ***(Def)***; *Korkenzieher*~~ barrel roll ***(Def)***; *ungesteuerte schnelle* ~~ flick *or* snap roll; **~eigenschaften** *f/pl (Lfz)* taxying characteristics *or* qualities *pl*; **~landung** *f (Flbetr)* rolling *or* roll-on landing; **~leitlinie** *f (Flsich)* taxying guide line; **~leitsystem** *n (Bod)* taxying guidance system; **~en** *v (Flzg am Boden)* taxi; **~en** *v (Flzg am Boden)* taxiing; taxying ***(Def)***; *(Flugboot in Dünung)* ploughing (*US* plowing); *(Flzg um Längsachse: Flbetr)* rolling ***(Def)***; *Start m aus dem* ~~ *(Flbetr)* running(-type) take-off; rolling take off; **~enacht** *f (Kunstflug)* flying the figure 8 while rolling; **~ende Landung** *f (Flbetr)* roll-on *or* rolling landing; **~ende Reibung** *f* rolling friction; **~enkreis** *m (Kunstflug)* gyro-roll; **~enlager** *n (Flmot)* roller bearing; **~feld** *n (Flugplatz)* manoeuvring (*US* maneuvring) area ***(Def)***; *asphaltierter Teil des* ~~*es* tarmac; **~feldbeleuchtung** *f* field lighting; **~feldscheinwerfer** *m* landing floodlight; **~feldringstraße** *f* perimeter (track) ***(Def)***; **~fläche** *f* movement area; **~freigabe** *f (Flsich)* taxi clearance; **~frequenz** *f (Funk)* taxi frequency; **~geber** *m* roll gyro(scope); **~geschwindigkeit** *f (Flzg um Längsachse: Flbetr)* rate of roll; rolling rate; *(Flzg am Bod)* taxi *or* taxying speed; **~halt(eort)** *m (Flbetr am Bod)* taxi-holding position ***(Def)***; **~haltmarken** *f/pl (Bod)* taxiway holding position markings *pl*; **~haltmarkierung** *f (Bod)* holding position marking; **~halttafel** *f od* **~zeichen** *n (Bod)* holding position sign; **~hilfe** *f (Flzg)* aid to taxying; man-handling; taxying aid(s) *(pl)*; **~höchstmasse** *f (zulässige* ~~*: Lfz)* maximum taxying weight; **~instabil** *(Flzg)* laterally instable; **~instabilität** *f (Flzg)* lateral *or* rolling instability ***(Def)***; **~kanal** *m (Autopilot)* roll channel; *(Seeflughafen)* (taxi) channel; **~kanalleuchten** *f/pl (taxi)* channel markers *pl*; **~kanalmarkierung(en)** *f/(pl) (Seeflughafen)* (taxi) channel markers *pl*; **~kreisel** *m* roll gyro(scope) **~moment** *n* rolling moment ***(Def)***; **~neigung** *f (Flzg)* lateral inclination; **~ordnung** *f (auf Flugplatz)* tarmac control; **~plan** *m od* **~route** *f (Bod)* taxi circuit; **~stabil** *(Flzg)* laterally stable; **~stabilität** *f (Flzg)* rolling stability; **~start** *m (Flbetr)* running(-type) *or* rolling take-off; **~straße** *f (Flugplatz)* taxi track; taxiway; **~strecke** *f (Flzg bei Start/Landung)* rolling distance; run; **~streifen** *m (Flugplatz)* taxi-strip; **~verhalten** *n (Lfz am Bod)* taxying characteristic *or* qualities *pl*; **~versuch** *m (Flzg)* taxi test; taxi-ing trial; **~waage** *f (aerodyn)* rolling balance ***(Def)***; **~weg** *m (vgl auch* **~bahn**) taxiway ***(Def)***; taxying route; **~wegausrundung** *f (Bod)* taxiway fillet; **~wegfeuer** *n* taxiway light ***(Def)***; **~wegneigung** *f* taxiway slope; **~wegrandzone** *f (Bod)* taxiway margin; **~widerstand** *m* (road) rolling resistance; **~winkel** *m* (aerodyn) angle of roll ***(Def)***; **~(winkel)geschwindigkeit** *f* rolling angular velocity.

**Röntgenaufnahme** *f* radiograph; radiogram; *(Flmed)* X-ray.

**Roots-Lader** *(Kapsellader: Flmot)* Roots supercharger ***(Def)***.

**Rose** (*Kompass*) compass rose *or* card; **~neinteilung** *f* division of the compass card *or* rose; **~n(unter)teilung** *f* compass-card points *pl*.

**Rossbreiten** *f/pl (met)* horse latitudes *pl* ***(Def)***.

**Rost** *m (Gitter: aerodyn)* cascade; **~beständig** rust-resistant; **~en** *v* rust; become rusty; corrode; **~frei** stainless; rustless; anticorrosive; **~ig** rusty; **~schutzöl** *n* slushing oil; **~sicher** rust-proof.

**Rotation** *f (der Lfz-Flotte: LVerk)* turnover; **~sachse** *f* axis of rotation; **~sfreiheitsgrad** *m* degree of rotational freedom; **~skörper** *m* body of rotation; **~smotor** *m (Flmot)* rotary engine; **~spumpe** *f* rotary pump.

**Rot | -Blau-Stereobild** *n (LPhot)* anaglyph; **~glühend** red-hot; **~glut** *f* red heat; **~-Grün-Zweikanalsystem** *n (Zollabfertigung: LVerk)* dual-channel *or* red-green channel system.

**rotieren** *v* rotary; **~der Umformer** *m (el)* rotary transformer ***(Def)***.

**Rotor** *m (Heli)* rotor ***(Def)***; *gelenkloser* ~ *(Heli)* hingeless rotor; ~ *mit Blattspitzenantrieb (Heli)* tip-driven rotor; *starrer* ~ *(Heli)* rigid rotor; *ineinanderkämmende* ~*en pl (Hubschrauber)* intermeshing rotors *pl*; **~-abwind** *m (Heli)* rotor downwash; **~antriebswelle** *f* rotor mast ***(Def)***; **~auftrieb** *m (Heli)* rotor lift ***(Def)***; **~ausgleich** *m (Heli)* rotor balancing; **~blatt** *n* rotor blade; **~blattenteisungsanlage** *f (Heli)* rotor blade anti-icing system; **~bock** *m (Heli)* rotor mast *or* pylon ***(Def)***; **~bremse** *f (Heli)* rotor brake; **~flattern** *n (Heli-Flbetr)* rotor flutter; **~flügel** *m* rotor blade; **~flugzeug** *n* rotor airplane; **~halbmesser** *m (Heli)* rotor radius ***(Def)***; **~kopf** *m* rotor head ***(Def)***; **~kreisfläche** *f (Heli)* disk area ***(Def)***; **~mast** *m (Heli)* rotor mast *or* pylon ***(Def)***; **~nabe** *f* rotor hub ***(Def)***; **~schaufel** *f (Turbo)* rotor vane; **~spitzenkreisebene** *f* rotor-disk plane; **~strahl** *m (Heli)* rotor downwash; **~welle** *f (Heli)* rotor shaft.

**Rotte** *f (Verbandsflug)* two aircraft together; in pairs; **~nflieger** *m (sl Katschmarek)* wingman; **~nhund** *m sl (Verbandsflug)* wingman.

**Routine | flug** *m* routine flight; **~meldung** *f (Fernm)*, *abbr* R-~~; routine message.

**Rück | drehen** *n des Windes (met)* (wind) backing ***(Def)***; **~drehmoment** *n* righting *or* restoring moment; **~en** *m (zwischen zwei Hochdruckgebieten: met)* ridge ***(Def)***; **~enangriff** *m (takt)* rear attack; **~enansicht** *f* rear view; **~enbelastung** *f (Flzg)* inverted load; **~enfallschirm** *m* back-pack *or* back-type parachute; **~enflosse** *f (Flzg)* dorsal fin; **~enflug** *m* inverted flight; upside down flying; *mit einem Flzg in den* ~~ *übergehen v* roll an aircraft on to ist back; **~enfluglastfall** *m* inverted flight condition; **~enflugvergaser** *m (Flzg)* upside-down flight carburet(t)or; **~enfluglage** *f (Flzg)* upside-down position; **~engurt** *m (Para)* back strap; **~enkissen** *n (Fallschirm)* crupper pad; **~enlast** f *(Flzg)* inverted load; **~enlehne** *f (Flzgsitz)* back rest; **~enpeilung** *f (Funknav)* reverse *or* reciprocal *or* tail *or* back bearing, *abbr* BB; **~entrudeln** *n (Flzg)* inverted *or* upsidedown spin(ning) ***(Def)***; **~enwind** *m* tail *or* following *or* down wind; *äquivalenter* ~~ *(Flbetr)* equivalent tail wind; *starker* ~~ stiff tail wind; **~enwindlandung** *f (Flbetr)* tail-wind *or* down-wind landing; *sl* one-wing-low *or* Chinese landing; ~**enwindteil** *m (Platzrunde: vergl.* **Gegenanflugteil***)*; ~**enwirbel** *m (aerodyn)* tail vortex; ~**flug** *m* return *or* homing flight; ~**flugschein** *m (LVerk)* return *or* roundtrip ticket; ~**förderleitung** *f (Öl: Flmot)* scavenge pipe ***(Def)***; ~**förderpumpe** *f (Turbo)* scavenger or return pump; ~**führkraft** *f (Flbetr)* recovering *or* righting force; ~**führmoment** *n (aerodyn)* restoring moment ***(Def)***; ~**führung** *f (Funk)* feedback; *(Lfz in den normalen Flugzustand)* recovery ***(Def)***; ~**gewinnung** *f* reclamation; ~**holfeder** return spring; ~**holmoment** *n* righting *or* restoring moment; ~**kehrmanöver** *n (Flbetr)* recovery manoeuvre; ~**keulenecho** *n (Radar)* back echo; ~**kopplung** *f (Funk)* feed-back (reaction); ~**kopplungsregelung** *f (Funk)* feed-back *or* reaction control; ~**lauf** *m (Art)* recoil; ~**laufbehälter** *m* reclaiming tank; ~**laufbrenner** *m (Turbo)* spill burner ***(Def)***; ~**läufige Bewegung** *f* retrograde motion; ~**marsch** *m (takt)* retrograde march; ~**marschbewegung** *f (takt)* retreat movement; ~**meldung** *f (Funk)* reply; ~**pfeilungswinkel** *m (Flzg-Tragflächen)* angle of sweep-back; ~**prall** *m (Flzg bei Landung)* rebound; ~**schlag** *m (Flmot)* backflash; ~**schlag-Funkensperre** *f (el)* isolating spark gap ***(Def)***; ~**schlagsicherung** *f (Vergaser)* flame-trap; ~**schlagventil** *n* non-return valve; ~**seite** *f* far side; ~**seitiger Kurssektor** *m (ILS)* back course sector ***(Def)***; ~**stellkraft** *f (Flbetr)* restoring *or* righting *or* recovering force; *elastische ~~* elastic recovering force; ~**stellmoment** *n (aerodyn)* restoring moment ***(Def)***; *(Prop)* restoring moment; ~**steuerungssystem** *n (Lfz)* reversible control system; ~**stoß** *m (Art)* recoil; *(Turbo)* jet propulsion; ~**stoßantrieb** *m (Turbo)* reaction drive; ~**stoßdämpfer** *m (Art)* recoil buffer; ~**stoßdüse** *f (Turbo)* propelling *or* thrust nozzle; reaction-propulsion jet; ~**stoßkraft** *f (Turbo)* jet reaction; reaction force; ~**stoßlader** *m (Art)* recoil-operated gun; ~**stoßmotor** *m (Turbo)* jet-propulsion engine; ~**stoßprinzip** *n* reactive principle; ~**stoßtriebwerk** *n (Turbo)* jet-propulsion *or* reaction engine ***(Def)***; ~**stoßturbine** *f* pressure turbine; ~**stoßverstärker** *m (Art)* recoil booster or stiffener; ~**strahlecho** *n (Radar)* back echo; ~**strahlgerät** *n (Radar)* radar reflector; ~**strahlquerschnitt** *m (Radar)* echoing area; radar cross section; ~**strahlung** *f* reflection; ~**strahlungsvermögen** *n* reflecting ability; reflectivity; ~**steuerung** *f (Radar)* back-scatter(ing); ~**trift** *f (Bombenwurf)* trail (distance); lag; *räumliche ~~* ground lag *or* trail; *zeitliche ~~* time lag; ~**triftlinie** *f* trail line; ~**triftstrecke** *f (Bombenwurf)* trail distance; ground lag; *(in der Luft)* air lag; ~**triftwinkel** *m (Bombenwurf)* trail angle; ~**triftzielgerät** *n (Bombenwurf)* trail drift sight; ~**verlegung** *f (Zündzeitpunkt: Flmot)* retardation (of the spark); ~**wärtsbewegung** *f* retrograde motion; ~**wärtsneigung** *f (Prop)* backward tilt ***(Def)***; ~**wärtspfeilung** *f (Prop)* trailing sweep ***(Def)***; *(Tragflächen)* backward sweep ***(Def)***; wing sweepback; ~**wirkungsfreies Ruder** *n (Flzg)* reversal-free control; ~**zug** *m (takt)* retreat; withdrawal; retirement; ~**zugslinie** *f (takt)* line of retirement *or* retreat.

**Ruder** *n (Flzg)* control surface ***(Def)***; controls *pl*; *aerodynamisch ausgeglichenes ~* aerodynamically balanced control surface; *~ auf Null stellen v (Flzg)* neutralize controls; *ausgeglichenes ~* balanced (control) surface ***(Def)***; *direkt betätigte ~ pl (Flzg)* directly-operated control surfaces *pl*; *festgehaltenes od festgelegtes ~ (Flzg)* fixed control (surface); *gelöste ~ (Flzg)* disconnected controls *pl*; *losgelassene ~ n/pl* free controls *pl*; *~ mit Gewichtsausgleich* weight- *or* mass-balanced controls *pl*; *~ mit Kraftsteuerung* power-assisted *or* boosted controls *pl*; ~**anlenkung** *f* attachment of the control surface; ~**ansprechen** *n (Flzg)* control(-surface) response; ~**(antriebs)maschine** *f (Flzg)* control(-surface) actuator; ~**ausgleich** *m* (control surface) balance ***(Def)***; *~aerodynamischer ~~ (Flzg)* aerodynamic balance ***(Def)***; *Störung f des ~~s (Flzg)* balance disturbance; ~**ausschlag** *m* angular displacement *or* movement *or* deflection of control surfaces *pl*; *entgegengesetzter ~~* cross controls *pl*; *maximaler ~~* maximal control(-surface) deflection; ~**ausschlagwinkel** *m* control surface angle; ~**belastung** *f* control surface load; ~**bewegung** *f* control motion; ~**empfindlichkeit** *f* control (-surface) sensitivity; ~**fläche** *f* control surface; ~**horn-(ausgleich)** *n(m) (Flzg)* balancing *or* rudder horn; ~**kraft** *f* force on control surface; control force ***(Def)***; ~**lage** *f* position of control surface; ~**last** *f* control surface load; ~**maschine** *f* servo unit; (servo)motor; booster; ~**massenausgleich** *m (Flzg)* control-surface mass balance; ~**moment** *n* hinge moment ***(Def)***; control(ling) moment; control surface torque; ~**rad** *n (Flzg)* control wheel; ~**tiefe** *f* chord depth (of control surface); ~**trimmklappe** *f (Flzg)* control trim(mer) *or* trimming tab; ~**verriegelung** *f (Lfz)* control lock ***(Def)***; gust lock; ~**widerstand** *m (aerodyn)* control(-surface) drag; ~**wirkung** *f* control function.

**ruf|en** *v (Funk)* call; ~**frequenz** *f (Funk)* calling frequency; ~**name** *m (Flzg)* call name; ~**zeichen** *n (Funk)* call signal; station call; *(Flzg)* call name *or* sign; *~~ einer Ozeanstation (Flsich)* ocean station call sign ***(Def)***; *internationales ~~ (Funk)* international call sign ***(Def)***; *optisches ~~ (Flsich)* visual call sign ***(Def)***.

**Ruh|ezeit** *f (Flbetr)* rest period ***(Def)***; ~**ezustand** *m* state of rest; ~**eluft** *f (aerodyn)* static air; ~**ig** *(Luft)* calm; *(Motorlauf)* smooth; soft; *sl* sweet; *~~e Luft f (met)* smooth air.

**Rumpf** *m (Land-Flzg)* fuselage ***(Def)***; *(Flugboot)* hull; body; *langgestreckter ~ (Flzg)* elongated fuselage; *~ mit kreisförmigem Querschnitt (Flzg)* body of circular cross section; *~ mit spitzem Bug (Flzg)* pointed-nose fuselage; *schlanker ~ (Flzg)* elongated *or* slender fuselage; *spindelförmiger ~ (Flzg)* waisted fuselage; *verlängerter ~ (Flzg)* elongated fuselage; ~**abwurfbehälter** *m* ventral drop tank; ~**anschluss** *m* fuselage attachment; attachment of wings to body; ~**anschlusspunkt** *m* **der Tragfläche** *(Flzg)* wing mounting attachment (point); ~**auftrieb** *m (aerodyn)* fuselage lift; ~**außenbehälter** *m (Flzg)* belly tank ***(Def)***; ~**außenhaut** *f (Flzg)* fuselage outer skin; ~**bauch** *m (Flzg)* fuselage belly; ~**behälter** *m (Flzg)* fuselage tank; ~**behäutung** *f (Flzg)* body skin; ~**beplankung** *f* fuselage cover(ing) *or* skin; body skin; ~**beschlag** *m* body or fuselage fitting; ~**bespannung** *f (Stoffbespannung)* fuselage skin *or* fabric; ~**breite** *f* width of the fuselage; body *or* fuselage width; ~**bug** *m (Flzg)* nose; ~**decke** *f (Flzg)* fuselage top; ~**einflussziffer** *f (aerodyn)* fuselage-effect coefficient; ~**ende** *n (Flzg)* tail (of aircraft); ~**-Flügelanschluss** *m od* ~**verbindung** *f (Flzg)* fuselage-wing joint; ~**gerippe** *n (Flzg)* fuselage primary structure; fuselage framework; ~**haut** *f* fuselage skin; ~**heck** *n (Flzg)* aft fuselage (section); rear fuselage; *Triebwerk n im ~~ (Flzg)* afterbody engine; *Lufteinlass m od ~hutze auf ~~ (oberseite)* dorsal air intake; ~**holm** *m* longeron ***(Def)***; *mittlerer ~~* stringer; *oberer ~~* top longeron; *unterer ~~* lower or bottom longeron; ~**kühler** m body *or* fuselage radiator; ~**längsachse** *f* longitudinal axis (of fuselage); ~**längsholm** *m* longeron; ~**-Leitwerk-Kombination** *f* body-tail combination; ~**montageschablone** *f* body assembly template; ~**nase** *f* nose; ~**oberholm** *m* top *or* upper longeron; ~**querschnitt** *m* fuselage *or* body section; body contour; ~**rohrholm** *m* tubular longeron; ~**rücken** *m (Flzg)* fuselage top; ~**skelett** *n (Flzg)* fuselage primary structure; body skeleton; ~**spant** *m* bulkhead; transverse fuselage frame *or* panel; ~**strebe** *f* body *or* fuselage strut; ~**tank** *m* fuselage *or* body tank; ~**teil** *m* fuselage section; *hinterer ~~ (Flzg)* rear *or* aft fuselage; ~**tragwerk** *n (Flzg)* fuselage primary structure; ~**um-**

**strömung** *f (aerodyn)* flow around fuselage; ~**unterholm** *m* botton *or* lower longeron; ~**unterseite** *f (Flzg)* fuselage belly *or* underside; ~**verkleidung** *f* fuselage covering; ~**vorderteil** *m (Flzg)* fuselage fore-body; ~**werk** *n (Flzg)* fuselage; body; ~**wirbel** *m (aerodyn)* body vortex.

**Rund|antenne** *f (Funk)* omnidirectional antenna; ~**flug** *m* sightseeing *or* local flight; air tour; ~**flugreise** *f (LVerk)* circle trip; ~**funk** *m* radio; broadcast ***(Def)***; VOLMET-~~ *(met)* VOLMET broadcast; ~**funkdienst** *m* **der Luftfahrt** *(meist* **Luftfahrtrundfunkdienst***)* aeronautical broadcasting service; ~**funksender** *m* broadcasting transmitter; commercial broadcasting station; ~**funkstation** *f* broadcasting station; ~**holm** *m (Flzg)* cylindrical *or* round spar; ~**kappenfallschirm** *m (Para)* circular(-shaped) parachute; ~**lauf** *m (aerodyn)* whirling arm ***(Def)***; ~**schreiben** *n* cicular; *amtliches* ~~ *(ICAO)* state letter; ~**sendebetrieb** *m (Fernm)* network operation; ~**sendemodus** *m (Fernm)* broadcast mode; ~**sendestation** *f (Fernm)* broadcasting station; *Faksimile*-~~facsimile broadcasting station; ~**sendung** *f (Fernm)* broadcast; ~**sichtanzeigegerät** *n (Radar)* plan position indicator, *abbr* PPI ***(Def)***; ~**sichtradar(gerät)** *n* search *or* surveillance radar ***(Def)***; ~**sichtradar(geräte)teil** *m* surveillance radar element, *abbr* SRE ***(Def)***; ~**sichtradarlotse** *m (Flsich)* surveillance controller ***(Def)***; ~**sicht-Sekundärradar** *n* secondary surveillance radar, *abbr* SSR; ~**strahlfeuer** *n (Bod)* omni-directional light ***(Def)***; ~**strahl-Funkfeuer** *n (Fernm)* omni-directional (radio) beacon *or* radio range station ***(Def)***; ~**umbeobachtung** *f od* ~**blick** *m* panoramic view; ~**umsuchgerät** *n (Radar)* panorama radar; all-around search radar; ~**weisend** omni-bearing; omni-directional.

**Ruß** *m* soot; ~**ablagerung** *f* deposit of soot; ~**flocke** *f* soot flake.

**Rüst|bezugslinie** *f (Konstr)* rigging datum line; ~**en** *v (Flzg)* rig; *(mil)* arm; ~**gewicht** *n (Flzg)* (gross) tare weight ***(Def)***; empty weight plus accessories; structural weight plus equipment; ~**masse** *f (Konstr)* construction mass; ~**meister** *m (Flzg-Bau)* foreman of an assembly line; ~**satz** *m (Flzg)* standard equipment; ~**zeug** *n (Flzg)* equipment; implements *pl*; ~**zustand** *m (Flzg)* equipment condition.

**Rutsch|en** *n (Anfänger-Segelflugschulung)* (air) tobogganing; *(Flzg am Boden)* skidding; *(Flzg in der Kurrve)* (side)slipping; ~**gefahr** *f (beim Rollen)* danger of skidding; ~**kupplung** *f* sliding *or* slipper *or* slipping clutch.

**Rüttel|erscheinung** *f (Flzg-Leitwerk)* flutter; ~**tisch** *m* shake table.

# S

**S** *(ICAO- & NATO-Buchstabieralphabet)* Sierra; *(altes, internationales Buchstabieralphabet)* Sugar.

**Saalflugmodell** *n* laboratory flying model.

**Saatenschutz** *m (Landwirtschaft: vom Flzg abgestäubt)* crop-dusting.

**Sabotage** *f* sabotage; ~**verdacht** *m* suspected sabotage.

**Sach|schaden** *m* damage; ~**verständiger** *m* expert.

**Sack|behälter** *(Lfz)* cell-type *or* flexible *or* bag-type tank; ~**flug** *m* stalled flight; ~**geschwindigkeit** *f* stalling speed; ~**landung** *f* stall *or* pancake landing; ~**zustand** *m* stalled condition; stalling.

**Saisonflugpreis** *m (LVerk)* on-season (air) fare.

**Salve** *f (Art)* volley; salvo.

**Salzwasser** *n* brine; salt water.

**Sammel|adressgruppe** *f (Fernm)* collective address group; ~**behälter** *m (Lfz)* collector tank; ~**flugauftrag** *m* collective flight order; ~**leitung** *f* manifold; *Kraftstoff*-~~ fuel manifold ***(Def)***; ~**meldung** *f (med)* consolidated *or* collective report; ~**punkt** *m* assembly point; *(Sternflug)* rally; ~**rufzeichen** *n (Funk)* general *or* collective call sign; ~**schaltung** *f (Fernm)* conference circuit; ~**schiene** *f (el)* busbar ***(Def)***; ~**spruch** *m (Funk)* general call; ~**verlader** *m (LVerk)* freight consolidator; ~**zentrale** *f (met)* collecting centre; *regionale* ~~ *(met)* regional collecting centre.

**Sammler** *m (Flmot)* exhaust manifold (collector); *(el)* accumulator; *sl* ac; (storage) battery; ~**batterie** *f (el)* storage battery; accumulator; *sl* ac.

**Sand|ansaugung** *f (in Triebwerk)* sand ingestion; ~**dunst** *m (met)* sand haze; ~**einsaugung** *f (in Triebwerk)* sand ingestion; ~**en** *n (Bod)* sand spreading; sanding; ~**fegen** *n (met)* drifting sand; ~**hose** *f (met)* sand spout; *sl* dust devil ***(Def)***; ~**kastenübung** *f (mil)* sand-table exercise; ~**sack** *m (Ballast)* sandbag; ~**strahlbehandlung** *f* sandblasting; ~**streuen** *n (Bod)* sand spreading; sanding; ~**sturm** *m (met)* sandstorm ***(Def)***; ~**teufel** *m (met)* sand devil; ~**treiben** *n (met)* blowing sand; rising sand *or* dust; ~**trombe** *f (met)* sand devil; ~**wich** *m (Lfz-Bauelement)* sandwich ***(Def)***; ~**wichbauweise** *f* sandwich construction; *glasfaserverstärkte* ~~ glass-fibre sandwich construction; ~**wichbeplankung** *f (Lfz)* sandwich skin; ~**wirbel** *m (met)* sand whirl.

**Sanitäts|ausrüstung(ssatz)** *f(m)* medical kit; ~**dienst** *m (mil)* medical service; ~**flugplatz** *m (LVerk)* sanitary aerodrome; ~**flugzeug** n hospital airplane; airborne ambulance; ambulance aircraft; ~**korps** *n (mil)* medical corps; ~**kraftwagen** *m* ambulance; ~**material** *n* medical supplies *pl*; ~**offizier** *m (mil)* medical officer; ~**pack** *n* first-aid kit; ~**wesen** *m* medical service.

**SAR|-Dienststelle** *f* search and rescue services unit, *abbr* SAR unit; ~**-Einrichtung** *f* SAR facility; ~~*en f/pl zweiten Grades* secondary SAR facilities *pl*; ~**-Einsatzleiter** *m* rescue master; ~**-Frequenz** *f (Funk)* SAR frequency; ~**-Leitstelle** *f* rescue coordination centre ***(Def)***; *Leiter m der* ~~ resue coordinator; ~**-Unterleitstelle** *f* rescue subcentre ***(Def)***.

**Satellit** *m* satellite; *die Erde umrundender* ~ circumterrestrial satellite; *kommerzieller* ~ commercial satellite; ~**enkamera** *f (LPhot)* satellite camera; ~**ennavigationssystem** *n* global positioning system, *abbr* GPS.

**Sattel** *m (met)* col ***(Def)***; ~**behälter** *m (Flzg)* saddle-type tank; ~**schlepper** *m (Kfz)* semitrailer; ~**tank** *m (Flzg)* saddle-type tank.

**Sättigung** *f (Atmosphäre: met)* saturation; ~**sadiabate** *f (met)* wet *or* saturation adiabat; ~**sdampfdruck** *m (met)* saturation vapour (*US* vapor) pressure ***(Def)***; ~**sgrad** *m* degree of saturation.

**Satz** *m (Zündkerzen usw)* set.

**sauber** *(aerodynamisch ~)* clean.

**Sauerstoff** *m* oxygen; *gasförmiger ~* gaseous oxygen; *flüssiger ~* liquid oxygen, *abbr* LOX; *trockener ~* dry oxygen; **~anlage** *f (Flzg)* oxygen system ***(Def)***; *automatische ~~ (Lfz)* pressure-demand oxygen system ***(Def)***; *Dauerfluss~~* continuous flow oxygen system ***(Def)***; *lungenautomatische ~~* demand oxygen system ***(Def)***; **~anschluss** *m (im Flzg)* oxygen point; **~arme Atmosphäre** *f* oxygen-poor atmosphere; **~atmungsanlage** *(Flzg)* oxygen breathing installation; **~ausrüstung** *f (Flzg)* oxygen equipment; **~bordanlage** *f (Flzg)* board oxygen installation *or* set; **~durchsatz** *m (Flmed)* oxygen flow rate; **~flasche** *f (Höhenatmer)* oxygen cylinder *or* bottle; **~gas** *n* gasous oxygen; **~gerät** *n* oxygen apparatus; **~höhenatmer** *m (Lfz)* oxygen (breathing) unit; *Überdruck~~* overpressure oxygen unit; **~mangel** *m (Flmed)* oxygen shortage *or* insufficiency; anoxia ***(Def)***; hypoxia ***(Def)***; *(im Blut)* anox(a)emia; **~maske** *f (Höhenatmer)* oxygen mask; *schnell aufsetzbare ~~* quick-donning oxygen mask; **~messgerät** *n (Lfz l)* oxygen meter ***(Def)***; **~partialdruck** *m* oxygen partial pressure; **~regler** *m (Höhenatmer)* oxygen economizer; **~reservebehälter** *m od* **~flasche** *f* reserve oxygen bottle; **~schlauch** *m* oxygen hose; **~-Sparregler** *m* economizer ***(Def)***; **~träger** *m (FK)* oxidant ***(Def)***; *(im Treibstoff: Rak)* comburent; **~umfüllwagen** *m* oxygen charging truck; **~untersättigung** *f (Flmed)* oxygen insufficiency; hypoxia ***(Def)***; **~vorrat** *m* oxygen supply.

**Saug|druck** *m* suction pressure; **~düse** *f* venturi *or* suction tube; **~hub** *m (Flmot)* intake *or* inlet stroke; **~leitung** *f (Flmot)* suction pipe; intake duct; **~luft** *f* indraft; inflow; **~pumpe** *f* suction pump; **~seite** *f (Luftschraube)* camber *or* suction side; suction face; blade back ***(Def)***; **~seitenwölbung** *f (Tragfläche)* upper camber ***(Def)***; **~vergaser** *m* suction carburet(t)or; **~wirkung** *f* suction effect.

**Sausen** *n (Wind- od Fluggeräusch)* buzz(ing).

**SBA-Landefunkfeuersystem** *m (Fernm)* standard beam approach system, *abbr* SBA***(Def)***.

**Schaden** *m* damage; **~ersatz** *m* damages *pl* compensation; **~ersatzanspruch** *m* damage claim; claim for damages *or* compensation; **~ersatzklage** *f* action for damages; **~ersatzpflicht** *f* liability to pay damages; **~sakkumulation** *f* damage accumulation; **~sfall** *m* case of damage; **~sschätzung** *f* damage assessment; **~sschwelle** *f (Kontr)* damage threshold.

**schadhaft** defective; damaged; faulty.

**schädl|iche Störung(en)** *f(pl) (Fernm)* harmful interference; **~icher Widerstand** *m (aerodyn)* residual drag; parasite drag; **~ingsbekämpfung** *f (Landwirtschaft)* parasite *or* pest control; pest destruction; *(durch Abstäuben vom Flzg)* crop-dusting; **~lingsbekämpfungsflug** *m* crop and insect spraying flight; **~ingsbekämpfungsmittel** *n* pesticide.

**Schadstoffausstoß** *m (Flmot)* emission.

**Schäfchen|wolke** *f (met)* circus cloud; **~himmel** *m* mackerel sky.

**Schaft** *m (Luftschraube)* blade shank.

**Schale** *f (tragender Zellenbauteil; Flz)* shell ***(Def)***; **~nbauweise** *f (Flzg)* monocoque ***(Def)*** *or* shell construction; *(selbsttragende Haut)* stressed-skin construction ***(Def)***; **~nkreuzwindmesser** *m (met)* cup anemometer; **~nrumpf** *m* monocoque fuselage; **~n(trag)flügel** *m (Flzg)* sparless wing.

**Schall** *m* sound; *Lehre f vom ~* acoustics; **~absorption** *f* sound absorption; **~abstrahlung** acoustic emission; **~aufzeichnung** *f* sound recording; **~ausbreitung** *f* propagation of sound; sound propagation; **~dämpfung** *f* acoustic insulation; **~dämpfer** *m (Flmot)* silencer; muffler; *(allg)* noise *or* sound suppressor; *(Turbo)* jet silencer ***(Def)***; *(Fernm)* detuner; **~dämpfung** *f (Flzg-Kabine)* soundproofing; sound attenuation; *(Flmot)* silencing; *mit ~~* soundproofed; **~dicht** (Kabine usw) soundproof; **~druck** *m* acoustic (al) *or* sound pressure; **~(druck)pegel** *m* sound pressure level, *abbr* SPL; **~durchgang** *m (Flbetr)* sonic transition; **~emission** *f* acoustic emission; **~empfindlichkeitsschwelle** *f (des Ohres; Flmed)* threshold of audibility *or* hearing; **~energie** *f* acoustic energy; **~feld** *n* sound *or* noise field; *diffuses ~~* diffuse (sound) field; *freies ~~* free (sound) field; **~fortpflanzung** *f* propagation of sound; sound propagation; **~geber** *od* **~generator** *m (Fernm)* audio oscillator; **~geschwindigkeit** *f* speed of sound; sound velocity; sonic velocity *or* speed ***(Def)***; *örtliche ~~* sonic speed ***(Def)***; **~höhenmesser** *m (Instr)* acoustic(al) *or* sonic altimeter ***(Def)***; **~isolator** *m (~dämmstoff)* sound insulator; **~isolierte Kammer** *f* anechoic chamber; **~isolierung** *f* sound insulation; **~isolierung** *f* acoustic insulation; **~knall** *m* sonic boom; **~(leistungs)pegel** *m* sound power level; **~mauer** *f* transonic *or* sonic barrier ***(Def)***; **~mauerdurchbrechen** *n (Flbetr)* sound-barrier penetration; **~melder** *m* audible *or* audio annunciator; **~messbatterie** *f (Art)* soundranging battery; **~messung** *f (Art)* sound ranging; **~nahe Geschwindigkeit** *f* near-sonic speed; transonic speed ***(Def)***; **~naher Geschwindigkeitsbereich** *m* transonic speed range ***(Def)***; **~ortung** *f* sound location; **~pegel** *m* noise level; **~pegelmesser** *m (Instr)* sound *or* noise level meter; **~peillenkung** *f (FK)* acoustic homing; **~quelle** *f* acoustic(al) source; **~rückstrahlung** *f* reverberation (of sound); **~schluckend** sound-absorbing; **~signalgeber** *m* audible *or* audio annunciator; **~signalisation** *f* audible *or* audio warning; **~speicher** *m* sound-storing device; **~stärke** *f* intensity of sound; **~welle** f sound wave.

**Schalt|bild** *n (el)* cicuit *or* wiring diagram; **~brett** *n* control panel; switchboard; **~er** *m (el)* (trip) switch; *Kraftstoffdruck~~ (Turbo)* fuel-pressure switch ***(Def)***; **~getriebe** *n* gearshift transmission; **~hebel** *m* gearshift lever; switch lever; **~kasten** *m* switch control box; **~klinke** *f (Tel)* switching jack; **~plan** *m (el)* wiring or circuit diagram; **~skizze** *f (el)* circuit diagram; diagram of connections; **~tafel** *f* control panel; switchboard; **~ ~- und Wähleinrichtung** *f (Fernm)* switching director; **~ung** *f (Fernm)* circuit; switching; *halbautomatische ~~* semi-automatic switching; **~ungsrauschen** *n (Fernm)* circuit noise; **~verzögerung** *f (Elektronik)* backlash; **~vorgang** *m* switching function *or* operation; **~vorrichtung** *f* gear mechanism; switch mechanism.

**Schalung** *f (Startbahnbau)* form.

**Schanz|arbeiten** *f/pl* entrenchment; **~en** *v* dig in; entrench; **~zeug** *n* entrenching tools.

**scharf** *(schneidend)* keen; sharp; *(zugespitzt)* acute; pointed; *(Bombe usw)* live; *(Abstimmung: Funk)* sharp; **~einstellung** *f (LPhot)* focusing; *(auf Resonanz: Funk)* sharpness (of resonance); **~es Abbremsen** *n* abrupt deceleration; **~gebündelte Strahlung** *f (Funk)* sharp-directional radiation; **~schütze** *m (mil)* sharp-shooter; sniper; marksman.

**schärfen** *f (Bomben)* arm; prime; *(Mine)* activate.

**Scharmützel** *n (mil)* skirmish.

**Scharnier** *n* hinge; joint.

**Schattenzone** *f (Funk)* shadow region.

**Schätz | fehler** *m* error in (human) judgement; **~ung** *f* estimate; estimation.

**Schau | bild** *n* diagram; **~bildlich** graphic(al); **~er** *m (met)* shower ***(Def)***; **~fel** *f (Turbo)* blade; bucket; *gewölbte od überkrümmte ~~ (Turbo)* cambered blade *or* vane; **~felabstand** *m od* **-teilung** *f (Turbo)* blade spacing; **~elflammenhalter** *m (Turbo)* swirl-vane: **~felflügler** *m (Flzg)* cyclogyro ***(Def)***; paddle-wheel aircraft; **~felgitter** *n (Turbo)* bucket grid ***(Def)***; **~felkranz** *m (Turbo)* blade *or* bucket *or* vane ring; **~fel(rad)flügler** *m (Lfz)* cyclogyro ***(Def)***; **~felrotor** *m (Heli)* paddle-wheel rotor ***(Def)***; **~felstern** *m (Lader)* star-type impeller; **~felteilung** *f* pitch *or* spacing of blades; **~flug** *m* exhibition *or* demonstration flight; **~klappe** *f (Flzg)* inspection flap *or* cover *or* door; **~loch** *n* inspection hole; **~lochdeckel** *m* inspection plate *or* cover; *durchsichtiger ~~* inspection-plate window.

**Schaum** *m* foam; *mechanisch erzeugter ~ (Brandbekämpfung)* mechanical foam; *wässriger, filmbildender ~ (Brandbekämpfung)* aqueous film-forming foam, *abbr* AFFF; **~bildendes Mittel** *n* foam compound; **~decke** *f (für Bruchlandung)* foam blanket; **~feuerlöscher** *m* foam extinguisher; **~kissen** *n od* **~polster** *n* foam pad; **~konzentrat** *n* foam concentrate; *flüssiges ~* liquid-foam concentrate; **~schläger** *m (sl für Hubschrauber) sl* egg-beater; **~teppich** *m* foam carpet; **~verteiler** *m (Brandbekämpfung)* foam dispenser.

**Schau | springen** *n (Fallschirm)* exhibition jumping; **~tafel** *f* inspection panel; **~zeichen** ***n*** tell-tale sign; visual signal *or* indicator.

**Scheiben | flügler** *m (Lfz)* discoplane; **~kupplung** *f* disk *or* disc clutch; **~laufrad** *n (Flzg)* disk landing wheel; **~schlepp** *m (Flzg)* target towing; **~schleppflüge** *m/pl* target-towing duties *pl*; **~wischer** *m (Kfz) (E)* windscreen (*US* windshield) wiper.

**Scheidenkühler** *m (Flmot)* partitioned radiator.

**Schein | angriff** *m (takt)* feigned *or* mock attack; feint; **~anlage** *f (Kr)* dummy installation; **~bare Sonnenbahn** *f* ecliptic; **~bare Trägheit** *f (Konstr)* virtual inertia ***(Def)***; **~brand** *m (LKr)* dummy fire; **~flugplatz** *m (LKr)* dummy *or* decoy airfield; **~fuge** *f (Piste)* dummy joint; **~gefecht** *n (takt)* mock *or* sham fight; **~instrumentenflug** *m* simulated instrument flight; **~kraft** *f* inertia(l) force; **~lot** *n* false vertical; **~luftkampf** *m* sham *or* mock air battle; **~stellung** *f (takt)* dummy position; **~werfer** *m* (allg) searchlight; spotlight; *(Flughafen)* floodlight ***(Def)***; *(Lampe f mit eingebautem ~~)* sealed-beam light; **~widerstand** *m (el)* impedance.

**Scheitel** *m (Para)* apex ***(Def)***; **~abdeckung** *f (Para)* vent cap ***(Def)***; **~bogen** *m* azimuth; **~kreis** *m* azimuth; **~loch** *n (Para)* vent ***(Def)***; **~punkt** *m (ballist)* apex *or* vertex *or* zenith (of trajectory); *(Profilwölbung)* crown; **~rand** *m (Para)* vent hem ***(Def)***; **~wert** *m* crest value.

**Schema** *n* model; plan; schedule; scheme; *(Flsich)* pattern; **~tische Darstellung** *f* diagram; diagrammatic layout; schematic representation.

**Schenkelgurte** *m/pl (Schleudersitz)* leg straps *pl.*

**Scher | beanspruchung** *f (Fahrwerk usw)* shear(ing) stress; **~belastung** *f* shear load; **~bolzen** *m* shear pin; **~festigkeit** *f* shearing strength; resistance to shearing; **~fläche** *f (aerodyn)* shear area; **~modul** *m* modulus (*pl* moduli) of shearing; **~moment** *n* shearing moment; **~seile** *n/pl (Lfz l)* shear wires *pl* ***(Def)***; **~spannung** *f* shear stress; **~ungsversuch** *m* shear test; **~ungswind** *m (met)* shear *or* thermal wind ***(Def)***.

**Schicht** *f* layer; stratum, *pl* strata; lamina, *pl* laminae; *Appleton-~ (Funk)* F-layer; *E-~ (Funk)* E-layer; *F-~(Funk)* F-layer; *Heaviside-~ (Funk)* E-layer; **~(bild)ung** *f* lamination; **~dicke** *f (met), Linien f/pl gleicher ~~* thickness lines *pl* ***(Def)***; **~dickenkarte** *f (met)* thickness chart; **~(en)strömung** *f* lamellar *or* laminar flow; **~förmig** *(met)* stratiform; **~haufenwolke** *f (met)* strato-cumulus (cloud); **~linie** *f (Kart)* contour line; **~struktur** *f* lamellar structure; **~ung** *f (met)* stratification; *adiabatische ~~* adiabatic stratification; *~~ des Luftraums* stratification of airspace; **~werkstoff** *m* laminated material ***(Def)***; **~wolke** *f (met)* stratus (cloud); *hohe ~~* altostratus (cloud) **~wolkendecke** *f (met)* stratus, *pl* strati.

**Schiebe | dach** *n (Flzg)* sliding roof; **~fahrwerk** *n (Flzg)* drift landing gear; **~fenster** *n (Flzg)* sliding window; **~flug** *m* skidding; side-slipping ***(Def)***; **~fluganzeiger** *m (Instr)* sideslip display ***(Def)***; *Wende- und ~~ (Instr)* turn-and-slip indicator ***(Def)***; **~flugzustände** *m/pl* yawing conditions *pl*; **~geschwindigkeit** *f (Flzg)* lateral *or* drift velocity ***(Def)***; **~haube** f (Flzg) sliding hood; **~klappe** *f (Flmot usw)* sliding cowl; **~kraftmesser** *m (Instr)* side-force meter ***(Def)***; **~kurve** *f (Flzg)* flat *or* skid(ding) turn; wings-level turn; **~landung** *f (Flbetr)* (lateral) drift *or* sideslip *or* yawing landing; **~luke** *f* sliding hatch; **~en** *v (Flzg)* skid; drift; slip; **~en** *n (Flzg in Kurve)* skidding; *(Flzg bei Seitenwind)* crab; *(Flzg ohne Schräglage)* skidding (movement) (without banking); **~r** *m (Schieber-Flmot)* (sleeve-)valve; **~rantrieb** *m (Flmot)* sleeve drive; **~rgesteuert** *(Flmot)* sleeve-valved; **~rmotor** *m (Flmot)* sleeve valve engine; **~rzylinder** *m (Flmot)* sleeve valve cylinder; **~tor** *n* sliding door; **~wind** *m* following *or* side *or* back *or* tail wind; **~winkel** *m (Flzg)* angle of side-slip ***(Def)***; skidding angle; *(Flbetr)* angle of crab ***(Def)***; sideslip *or* yawing angle; *~~ Null* zero yaw; **~winkelanzeiger** *m (Instr)* sideslip meter ***(Def)***; **~winkelgeber** *od* **~sensor** *m* sideslip sensor.

**Schiedsrichter** *m (mil)* umpire; **~gehilfe** *m* umpire's aid(e).

**Schiefstellung** *f* skew(ness).

**Schieß | auftrag** *m (takt)* fire mission; **~ausbildung** *f (mil)* training in firing; **~befehl** m firing order; **~en** *v* fire; shoot; **~en** *n* shooting; firing; *beobachtetes ~~* observed fire; *(Feuerabriegelung)* box barrage; *gefechtsmäßiges ~~* combat practice firing; *~~ ohne Beobachtung* unobserved fire; **~grundlagen** *f/pl* firing data *pl*; **~lehre** ballistics; theory of gunnery; **~plan** *m (Art)* fire-control map; **~platz** *m* firing range; *Bordwaffen-~~ (mil)* air-to-ground range; **~stand** *m* shooting range; **~technik** *f* firing technique; **~übung** *f* firing practice; **~- und Bomben(wurf)platz** *m (mil)* bomb and gunnery range; **~unterlagen** *f/pl (Art)* firing *or* basic data *pl*; **~verfahren** *n* firing method; type of fire-control; **~vorschrift** *f* gunnery *or* ballistics manual; firing regulations *pl*; **~wesen** *n* ballistics; gunnery.

**Schiffstart** *m (Lfz von Schiff)* shipboard launch *or* take-off.

**Schirm** *m (Radarbild)* screen; scope; *B-~ (Radar)* B-scope ***(Def)***; *C-~*(Radar) C-scope ***(Def)***; *E-~ (Radar)* E-scope ***(Def)***; **~antenna** *f (Funk)* umbrella (-shaped) antenna; **~bild** *n (Radar)* PPI (representation); **~bilddarstellung** *f (Radar)* display; **~eindecker** *m (Flzg)* parasol(-wing) monoplane; **~gitter** *n (Funk)* screen-grid; **~gitterröhre** *f (Funk)* screen-grid tube; **~ung** *f (el)* shielding *(US)*; screening *(E)*.

**Schirokko** *m (warmer Mittelmeerwind: met)* sirocco.

**Schlacht|flieger** *m* ground-attack *or* strafer pilot; ~**flotte** *f (Marine)* battle fleet; ~**flugzeug** *n* ground attack *or* strafing aircraft; *(US) sl* strafer; ~**geschwader** *n (LW)* ground-attack *or* fighter-bomber group *(E)* (*US* wing); ~**kreuzer** *m (Marine)* battle cruiser; ~**schiff** *n (Marine)* battleship.

**Schlaffheit** *f (Bespannstoff)* slackness (of the fabric).

**Schlaf|koje** *f (Flzg)* berth; bunk; ~**sack** *m* sleeping-bag.

**Schlag|bewegung** *f (Heli)* flapping *(Def)*; ~**bolzen** *m (Schusswaffe)* firing pin; striker; ~**en** *n (Leitwerk)* buffeting; *(Rotor)* flapping; ~**flügel** *m* beating *or* flapping wing; ~**flügelflugzeug** *n* ornithopter; ~**gelenk** *n (Rotor)* flapping hinge *(Def)*; ~**hebel** *m* ram lever; ~**kraft** *f (LKr)* striking power; ~**regen** *m (met)* oblique rain.

**Schlankheits|grad** *m od* ~**verhältnis** *n (aerodyn)* fineness ratio; *(Tragfläche)* taper ratio:

**Schlauch** *m (Laufrad)* air *or* inner tube; ~**binder** *m* hose coupling *or* clip; ~**boot** *n* rubber dinghy; life raft; *(Bordnotausrüstung)* aircraft dinghy *(Def)*; ~**verbinder** *m* hose clip; ~**verbindung** *f* hose coupling.

**schlecht** *(Wetter)* bad; poor; adverse; *sl* thick; ~ *umströmbar (Konstr)* bluff; ~**wetter** *n* bad *or* adverse weather; ~**wetterausweichplatz** *m* alternative bad-weather aerodrome; ~**wetterfliegerei** *f* bad-weather flying; ~**wetterflugzeug** *n* all-weather aircraft; ~**wetterjäger** *m (LW)* allweather fighter, *abbr* AWX ftr; ~**wetterlandung** *f (Flbetr)* foul-weather *or* bad-weather landing; ~**wetterverhältnisse** *n/pl* QBI conditions *pl*; IFR (*short for* instrument flight rules) conditions *pl*; ~**wetterzone** *f (met)* bad-weather zone.

**Schleichflug** *m* power-off glide.

**Schleier** *m* veil; haze; ~**wolke** *f (met)* cirrostratus cloud *(Def)*; feathery stratus; veil *or* scarf cloud.

**Schleif|enflug** *m* loop; ~**enschaltfrequenz** *f* loop switching frequency; ~**kontakt** *m (el)* sliding *or* brush contact; ~**ring** *m* slip ring; ~**sporn** *m (Flzg)* tail skid *(Def)*; ~**wirkung** *f (Material)* abrasive effect.

**Schlepp|antenne** *f (Flzg)* trailing *or* drag *or* reel antenna; ~**antennenfehler** *m (Boden-Bordpeilungen: Funk)* aeroplane error; ~**drehmoment** *n (Prop)* windmilling torque; ~**en** *v (Flzg am Boden)* haul; *(Flzg in der Luft)* tow; ~**en** *n (Flzg am Boden)* hauling; aircraft ground movement; ~**flug** *m* towed *or* towing flight; flight towing; aero-tow-flight *(Def)*; ~(**flug**)**zeit** *f* **im Segel-Flzg** aero-tow flight time in a glider *(Def)*; ~**flugzeug** *n* tractor *or* tow(ing) airplane; glider tug; ~**kanal** *m* **für Wasserflugzeuge** *(aerodyn)* seaplane tank *(Def)*; ~**kurs** *m (Luftschießplatz)* towing track; ~**sack** *m (Luftschießen)* towed (sleeve) target; drogue; ~**scheibe** *f (Luftschießen)* tow(ed sleeve) target; ~**seil** *n (beim Schleppflug)* tow rope; towing cable; *(am Ballon usw)* trail rope *(Def)*; ~**seilauslösung** *f (Flzg)* glider tow release; ~**seilkupplung** *f (Flzg)* glider tow attachment *or* coupling; ~**seilwinde** *f (Segelflug)* launching *or* tow winch; ~**seil-Winkelanzeiger** *m (Instr)* cable-angle indicator *(Def)*; ~**start** *m* towed start; ~**tau** *n (Ball)* drag *or* trail *or* guide rope; ~**trichter** *m (Flugauftankung)* (funnel-shaped) drogue; ~**widerstand** *m (Prop)* wind-milling *or* drag resistance; ~**ziel** *n (Luftschießen)* towed (sleeve) target.

**Schleuder|kraft** *f* centrifugal force; ~**lader** *m (Flmot)* centrifugal supercharger *(Def)*; ~**prüfstand** *m* whirling test stand; ~**prüfung** *f (Prop)* centrifugal load test; propeller whirling test; dynamic balance test; ~**psychrometer** *n (Verdunstungsfeuchtigkeitsmesser: met)* sling psychometer; ~**schmierung** *f (Flmot)* centrifugal lubrication; ~**sitz** *m (Flzg)* catapult *or* ejector *or* ejection seat *(Def)*; jettisonable seat; *Aussteigen n mit* ~~ *(Flbetr)* ejection; ~**sitzkanone** *f* ejection gun *(Def)*; ~**start** *m (Flzg)* catapult take-off; *(Flzg-Träger)* catapult lauch(ing) ~**turbine** *f* centrifugal turbine.

**Schliere** *f (aerodyn)* streak; schliere; ~**nanordnung** *f (aerodyn)* schlieren arrangement; ~**naufnahme** *f (aerodyn)* schlieren picture *or* photograph, ~~ *des Strömungsbildes (aerodyn)* flow-pattern schlieren photography; ~**ninterferenz** *f (aerodyn)* schlieren interference.

**Schlingerwand** *f (im Kraftstofftank)* baffle plate.

**Schlittenkufe** *f* sled(ge) runner.

**Schlitz** *m* slot; ~**antenne** *f (Funk)* slot aerial *(Def)*; ~**flügel** *m (Flzg)* slotted wing *(Def)*; ~**hilfsflügel** *m (Flzg)* slotted wing-flap; ~**klappe** *f (Flzg)* slotted flap; ~**klappenquerruder** *n (Flzg)* slot-lip aileron; ~**querruder** *n* slotted aileron.

**Schloße** *f (Hagelkorn: met)* sleet; hailstone.

**schluck|en** *v*, **Luft**~~ *(Para)* squid *(Def)*; ~**form** *f (Para)* squid *(Def)*.

**Schlupf** *m (Luftschraube)* slip; ~**verlust** *m (Luftschraube)* slip loss.

**Schluss|bericht** *m (Unfalluntersuchung)* final report; ~**besprechung** *f* final conference; ~**folgerung** *f* conclusion; ~**licht** *n (Flzg)* tail light.

**Schlüssel** *m (Fernm)* key; code; ~**auswertung** *f (Funk)* cryptanalysis; ~**form** *f (met)* code form; ~~ *in Symbolen (met)* symbolic code form; ~**maschine** *f (Fernm)* (code) converter; cipher device; ~**n** *v* encode; ~**offizier** *m (Funk)* cryptographic officer; ~**personal** *n (Spitzenpersonal)* key personnel; ~**stellung** *f (takt)* key position; ~**text** *m (Funk)* cipher *or* coded text; ~**trupp** *m (Funk)* code section; ~**verwirrung** *f* **durch synchrone Antworten** *(SSR)* synchronous garbling.

**Schmal|band-Frequenzmodulation** *f (Funk)* narrowband frequency modulation, *abbr* NBFM; ~**blattluftschraube** *f* narrow-blade propeller.

**Schmelzpunkt** *m* melting *or* fusion point.

**Schmetterlingsleitwerk** *n (Flzg)* butterfly *or* V-tail (unit).

**Schmidt-Argusrohr** *n (I. L.-(Strahl-) Triebwerk)* intermittent impulse duct; pulsojet; pulsejet.

**Schmiedestück** *n* forging.

**schmier|en** *v* lubricate; grease; *sl (Flzg in Kurve)* sideslip; ~**en** *n sl (Flzg in Kurve)* sideslipping; ~**fähigkeit** *f* lubricating quality *or* property; ~**fett** *n* lubricating grease; ~**mittel** *n* lubricant; *festes* ~~ hard *or* solid lubricant; ~**öl** *n* lubricating oil; ~**plan** *m* lubrication chart *or* diagram; ~**presse** *f* grease gun; ~**stelle** *f* lubrication point; ~**stoff** *m* lubricant; oil; *nicht ablassbarer* ~~ *(Flmot)* undrainable lubricating oil; ~**stoffabstreifring** *m (Flmot)* oil (scraper) ring; ~**stoffanlage** *f* lubricating system; ~**stoffbehälter** *m* oil tank; ~**stoffleitung** *f* oil (pipe)line; ~**stoffsystem** *n* lubricating system; ~**stoff-**

**verbrauch** *m* oil consumption; ~**stoffzusatz** *m* additive *(Def)*; ~**ung** *f* lubrication; oiling.

**Schnapp|er** *m* latch; *(Anlassmagnet: Flmot)* impulse starter *(Def)*; ~**schloss** *n* spring-bolt lock; ~**verschluss** *m* snap fastener.

**Schnauze** *f sl (Flzg-Bug)* nose.

**Schnee** *m (met)* snow *(Def)*; *festgestampfter* ~ packed snow; *gewalzter* ~ *(auf Piste usw)* rolled snow; *verfestigter* ~ compacted snow; ~**bedeckt** snow-covered; ~**blindheit** *f* snow blindness; ~**brille** *f* snow goggles *or* glasses *pl*; ~**decke** *f* snow cover; layer of snow; *mit einer* ~~ *überzogen* snow-covered; ~**fall** *m* snowfall; ~**fegen** *n (in unmittelbarer Bodennähe: met)* drifting snow; *niedriges* ~~ low drifting snow; ~**flocke** *f* snowflake; ~**fräse** *f* rotary snow-plough (*US* plow); ~**gestöber** *n* driving snow; ~**grenze** *f* snow line; ~**(höhen)messer** *m* snow gauge (*US* gage); ~**ig** snowy; ~**kette** *f (Kfz)* snow chain; ~**kufe** *f (Fahrwerk)* ski; ~**kufenfahrwerk** *n (Flzg)* ski landing gear *(Def)*; ~**kufenfederbein** *n (Flzg)* pedestal *(Def)*; ~**kufenflugzeug** *n* skiplane; ~**matsch** *m* melting *or* tacky snow; ~**pflug** *m* snow plough (*US* plow); ~**räumdienst** *m* snow removal service; ~**regen** *m* sleet *(Def)*; ~**reifen** *m* snowshoe; ~**schauer** *m (met)* snow shower; ~**schicht** *f* layer *or* sheet *or* cover(ing) of snow; ~**schleuder** *f* rotary snow plough (*US* plow); ~**sturm** *m* snowstorm; blizzard *(Def)*; ~**treiben** *n* driving *or* blowing *or* drifting snow; ~**wehe** *f* snow drift; ~**wolke** *f* snow cloud.

**Schneidbrenner** *m* cutting torch.

**schneien** *v (met)* snow.

**Schneise** *f (LVerk & Flsich)* flying lane *or* corridor.

**Schnell|ablass** *m (für Kraftstoff: Flzg)* fuel jettison(ing) gear *(Def) or* valve *or* arrangement; emergency dumping; ~**ablassventil** *n (Flzg)* jettison valve *(Def)*; ~**abrollbahn** *f (Bod)* high-speed exit taxiway; ~**abrollen** *n (Flzg von Landepiste)* speed taxi-off *or* ~out; ~**abschaltung** *f* **der Treibstoffzufuhr** *(Rak)* propellant cut-off; ~**abstieg** *m (Flbetr)* emergenxy descent; ~**e Rolle** *f (Kunstflug)* flick roll; ~**e Truppen** *f/pl (takt)* mobile troops *pl*; ~**eingreifverband** *m (mil)* rapid-intervention force; ~**entleerung** *f (Kraftstoff aus Lfz)* emergency dumping; ~**feuer** *n (takt)* rapid fire; ~**flug** *m* high-speed flight; ~**flugprofil** *n (Flzg)* high-velocity profile; ~**flugzeug** *n* high-speed aircraft; fast aeroplane; ~**laufend** fast-running; ~**rotierend** fast-running; ~**segelstellungspropeller** *m* fast-feathering propeller; ~**startvorrichtung** *f (Flmot)* quick-starting device; ~**stopp** *m (Flmot)* quick-action stopping device; power cut-off; ~**stoppstellung** *f (Gas- od Leistungswahlhebel)* stopcock position; ~**stoppvorrichtung** *f (Flmot & Turbo)* rapid-stopping *or* fast-stopping device; ~**trennkupplung** *f (Funk)* quick disconnect(ing) plug; ~**trennverbindung** *f* quick disconnect; ~**verkehrsflugzeug** *n* high-speed commercial airplane; express airliner; ~**verschluss** *m* quick-release *or* snap fastener; ~**verstellung** *f* quick-action adjustment.

**Schnitt|ebene** *f* sectional plane; ~**punkt** *m (Verspannungsdrähte; Funkleitstrahlen)* intersection (point).

**Schnorchel** *m (U-Boot)* schnorchel; *sl (Atemmaskenschlauch)* oxygen tube.

**Schockschalter** *m (Lfz)* crash switch.

**Schönwetter** *n (met)* fair *or* calm weather; ~**bewölkung** *f (met)* good-weather cloudiness; ~**flieger** *m* fair-weather flyer; ~**flug** *m* good-weather flight; ~**kumulus** *m* fair-weather cumulus; ~**landebahn** *f (Bod)* contact runway; ~**wolken** *f/pl* fair-weather *or* wind *or* fine-weather clouds *pl*.

**Schoß(kissen)fallschirm** *m* lap-pack *or* lap-type parachute.

**Schott** *n (Flzg)* water-tight compartment *or* partition; bulkhead *(Def)*; ~**verspannung** *f (Lfz l)* bulkhead wiring *(Def)*; ~**wand** *f (Flzg)* bulkhead; (cabin) wall; dividing wall.

**Schraff|endarstellung** *f (Kart)* hachuring; ~**ierung** *f (Kart)* hachure; hatching; ~**ur** *f (Kart)* hatching; ruling.

**Schräg|ansicht** *f (LPhot)* oblique view; ~**bild** *n (LPhot)* oblique (aerial) photograph; ~**bildüberlappung** *f (LPhot)* oblique obverlap; ~**e** *f* chamfer; ~**entfernung** *f (FK)* slant range *(Def)*; ~**flug** *m (Hubschrauber)* oblique flight; ~**kurslinie** *f* slant course line; ~**kursrichtungsfehler** *m (ILS)* slant course directional error; ~**lage** *f (Flzg)* bank(ing); *Flzg in* ~~ *bringen v* bank the aircraft; ~**schnittbauart** *f (Para)* bias construction *(Def)*; ~**sicht** *f (Flbetr)* slant visibility; ~**sichtweite** *f (Flbetr)* slant visual range; ~**ung** *f* bevel.

**Schränkung** *f (Doppeldecker-Tragflächen)* decalage *(Def)*; *aerodynamische* ~ aerodynamic twist.

**Schrapper** *m (Flugplatzbau)* scraper.

**Schreckreaktion** *f* startle(d) reaction.

**Schraub|e** *f (allg)* screw; *(mit Mutter)* bolt; *(Luftschraube)* airscrew; propeller; ~**engewinde** *n* screw-thread; ~**enschlüssel** *m* spanner; (screw) wrench; ~**enzieher** *m* screwdriver; ~**verschluss** *m (Tankklopf usw)* screw cap.

**schreib|endes Messgerät** *n* recording mechanism; ~**er** *m (Instr)* recorder; ~**stube** *f (mil)* orderly room; office; ~**tischflieger** *m sl* armchair pilot.

**Schrift|enreihe** *f* series of publications; ~**lich** in writing; written; ~**umformer** *m (Fernm)* code converter; ~**verkehr** *m* correspondence.

**Schrittgeschwindigkeit** *f (in Baud: Fernm)* modulation rate *(Def)*; *hohe* ~~ *(Fernschr)* high modulation rate.

**Schrott** *m* scrap; ~**wert** *m* scrap value.

**Schub** *m (Turbo & Luftschraube)* thrust *(Def)*; ~ *am Boden (Turbo)* ground(-level) thrust; *berechneter* ~ *(Turbo)* theoretical thrust; *bezogener* ~ *(Turbo)* relative thrust; ~ *des Bremstriebwerks (Rak)* brake engine thrust; ~ *des Nachbrenners (Turbo)* afterburning thrust; *dynamischer* ~ dynamic thrust; *exzentrischer* ~ *(Turbo)* eccentric thrust; ~ *im Nachbrennerregime (Turbo)* afterburning thrust; *kalibrierter* ~ *(Turbo)* calibrated thrust; *radialer* ~ *(Prop)* radial thrust; *reduzierter* ~ *(Turbo)* decreased thrust; *relativer* ~ *(Turbo)* relative thrust; *statischer* ~ static thrust; *theoretischer* ~ *(Turbo)* theoretical thrust; *trockener* ~ *(Turbo)* dry thrust; *verringerter* ~ *(Turbo)* decreased *or* partial thrust; *wahrer* ~ *(Turbo)* actual thrust.

**Schub|abfall** *m (Turbo)* thrust decay; ~**abschaltung** *f (Turbo)* thrust cut-off; ~**aufbau** *m (Turbo)* thrust build-up; ~**belastung** *f (Konstr)* shear load; *reziproke* ~~ *(Konstr)* thrust/weight ratio *(Def)*; ~**bremse** *f (Turbo)* thrust reverser; ~**drosselung** *f (Turbo)* thrust cutback; ~**düse** *f (Turbo)* propelling *(Def) or* thrust *or* exhaust *(Def) or* discharge nozzle; jet nozzle; *verstellbare* ~~ (Turbo) variable-area propelling nozzle *(Def)*; ~**düsenkörper** *m (Turbo)* nozzle cone; ~~ **und Abgasleitung** *(Turbo)* jet nozzle and exhaust pipe; ~**fluss** *m (Konstr)* shear lag *(Def)*; ~**frei** powerless; ~~**er Flug** *m* engine-inoperative flight; ~**gebläse** *n (Fan-Triebwerk)* thrust fan; ~**gewicht** *n (Turbo)* weight per unit of thrust *(Def)*; ~**gewinn** *m (Turbo)* thrust gain *or* increment; ~**kabel** *n (Lfz l)* thrust wire *(Def)*; ~**kraft** *f (am Flzg-Rumpf)* shear (force); *(Turbo)* (rearward) thrust *(Def)*; ~**kraftverstärker** *m (Turbo)* thrust augmenter; ~**leistung** *f (Turbo)* thrust (performance); *(Luftschraube)* thrust horsepower, *abbr* thrust HP; ~**(leistungs)hebel** *m (Turbo)* thrust lever; ~**/Masse-Verhältnis** *n (Konstr)* thrust/-weight ratio *(Def)*; ~**mittelpunkt** *m (Konstr)* shear centre *(Def)*; ~**modul** *n* modulus (*pl* moduli) of rigidity; ~**moment** *n (Konstr)* moment of thrust; ~**propeller** *m* thrust propeller; .~**prüfung** *f (Turbo)* calibration test; ~**reglersystem** *n (Turbo)* thrust control system; *rechnergestütztes* ~~ computer-controlled thrust system; ~**richtungsänderung** *f (Turbo)* thrust vectoring; ~**rücknahme** *(Turbo)* thrust cutback; ~**seite** *f (Luftschraube)* thrust face; ~**spannung** *f (am Rumpf)* shear(ing) stress; ~**stärke** *f* thrust strength; ~**umkehr** *f (Turbo)* thrust reversal; ~**umkehrer** *m (Turbo)* thrust reverser *(Def)*; ~**umlenkung** *f (Turbo)* thrust reverser *(Def)*; ~- **und Planiergerät** *n od* ~**raupe** *f (Flugplatzbau)* tournadozer; ~**vektorregelung** *od* ~**steuerung** *f (Turbo-Senkrechtstarter)* thrust-vector control; ~**verlust** *m (Turbo)* loss of thrust; ~**verstärker** *m (Turbo)* thrust augmenter; ~**verstärkung** *f (Turbo)* thrust augmentation; ~**versuch** *m (Konstr)* shear test; ~**waage** *f (Turbo & Rak)* reaction balance *(Def)*; ~**zunahme** *f (Turbo)* thrust build-up.

**schulen** *v* train; ~ *n (Flugschüler)* flight *or* flying instruction.

**Schüler** *m (Flug~)* pupil; student (pilot); ~**sitz** *m (Flzg)* student's *or* pupil's seat; ~**staffel** *f (LW)* student squadron, *abbr* STURON.

**Schul|flug** *m* training flight; ~**flugzeug** *n* school *or* instruction *or* training airplane; trainer; *(für Anfangsschulung)* ab inito *or* basic *or* elementary *or* primary trainer; *(für Fortgeschrittenenschulung)* advanced trainer; ~**gleiter** *m (Segel-Flzg)* (elementary) training *or* primary(-type) glider *(Def)*; ~**ter** *f (Bod)* shoulder *(Def)*; ~terdecker m (Flzg) high-wing (mono)plane *(Def)*; ~**tergurt** *m* shoulder strap; ~**terstück** *n (Uniform)* shoulder strap; ~**terwehr** *f (Stellungs-Kr)* traverse; ~**ung** *f (Ausbildung)* training; *(Unterricht)* instruction; schooling: (*US* auch:) indoctrination; ~**ungskursus** *m* training course; ~**ungszeit** *f* **am Doppelsteuer** *(Flzg)* dual instruction time *(Def)*.

**Schummerung** *f (Kart)* (hill) shading; hatching; hachures *pl*.

**Schuss** *m* shot; *(Anzahl)* round; ~**bahn** *f (ballist)* trajectory; ~**bereich** *m & n* range (of gun); *im* ~~ in range; ~**feld** *n* field *or* area of fire; ~**folge** *f (Bordwaffe)* cyclic rate; ~**folgeregler** *m (für Bordwaffen, die durch Luftschraubenkreis feuern)* synchronizing *or* interrupter gear; ~**tafel** *f (Art)* ballistic *or* range *or* firing table; ~**vorratszähler** *m (Flzg)* ammunition round counter; ~**waffe** *f* firearm; ~**weite** *f* firing range; ~**wert** *m (art)* firing datum, *pl* data; ~**winkel** *m*, **toter** ~~ blind spot; ~**wirkung** *f* effect of fire.

**Schürfkübel** *m (Flugplatzbau)* motor scraper.

**Schütt|elfestigkeitsversuch** *m (Flzg)* static-vibration test; ~**eln** *n (Leitwerk usw)* buffeting *(Def)*; *aerodynamisches* ~~ aerodynamic buffet(ing); *leichtes* ~~ *(Flbetr)* slight shaking; ~~ *vor Strömungsabriss (Flbetr)* pre-stall buffeting; ~**elschwingungen** *f/pl (Flbetr)* buffet(ing) oscillations *pl*; ~**elversuch** *m (Stab)* vibration test; ~**kasten** *m (Bomben)* multibomb container; *sl* Molotov breadbasket.

**Schütz** *n (Relais: el)* relay; contactor.

**Schutz|anstrich** *m* protective coating; ~**anzug** *m* protective clothing; *(Kälteschutz)* exposure suit *(Def)*; *(Brandbekämpfung)* proximity suit; *geheizter* ~~ heated suit; ~**ausmaß** *n (Feuerschutz)* scale of protection; ~**bekleidung** *f* protective clothing; ~**beschlag** *m (Luftschraube usw)* protective fitting *or* sheathing; ~**brille** *f* goggles *pl*.

**Schützen|feuer** *n (takt)* rifle fire; ~**graben** *m (Kr)* trench; ~**kompanie** *f* rifle company; ~**linie** *f* line of riflemen; ~**loch** *n (Kr)* foxhole; rifle pit; ~**panzerwagen** *m* armoured (*US* armored) personnel carrier; ~**reihe** *f* column *or* file of riflemen; ~**stand** *m (Flzg)* turret; ~**zug** *m* rifle platoon.

**Schutz|haube** *f* protective cover; ~**hülle** *f* protective cover; ~**objekt** *n (takt)* defended objective; ~**raum** *m (LS)* air raid (protection) shelter; ~**skala** *f (Feruerschutz)* scale of protection; ~**überzug** *m* protective coating *or* cover; ~**zone** *f (ILS)* critical area; *erweiterte* ~~ *(ILS)* sensitive area.

**schwach|e Brise** *f (Beaufort-Stärke 3: met)* gentle breeze *(Def)*; ~**motorig** *(Flzg)* low-powered; ~**strom** *m (el)* light *or* feeble current; low voltage; ~**wandig** thin-walled.

**Schwaden** *m*, *radioaktiver* ~ radioactive cloud.

**schwanken** *v (periodisch bewegen; Frequenzen ~:Funk)* wobble.

**Schwanz** *m sl (Flzg-Heck)* tail (unit); *Abrutschen n über den ~ (Flbetr)* tail slide *(Def)*; *den ~ hochbekommen v (Flzg im Start)* get the tail up; ~**gesteuert** tail-controlled; ~**landung** *f (Flzg)* tail landing; ~**lastig** *(Flzg)* tailheavy; ~**lastiges Moment** *n* nose-up moment; tailload moment; ~**lastigkeit** *f (Flzg)* tail heaviness *(Def)*; nose-up tendency; *plötzliche* ~~ *(Flbetr)* pitch-up *(Def)*; ~**leitwerk** *n (Flzg)* tail (unit *or* group); ~**loses Flugzeug** *n* tail-less aeroplane *(Def)*; flying wing *(Def)*; ~***rotor*** *m (Hubschrauber)* tail rotor *(Def)*; ~**schwimmer** *m (See-Flzg)* tail float; ~**sporn** *m (Flzg)* tail skid *(Def)*.

**schwänzeln** *v (Bug- od Spornrad: Flzg)* shimmy; flutter; ~ *n* shimmy; (wheel) flutter.

**Schwarm** *m (4 Flzge im Verband)* flight.

**Schweb|efähigkeit** *f (Flzg)* soaring quality; ability to hover; ~**eflug** *m (Hubschrauber)* hovering flight; *(Segel-Flzg)* soaring flight; ~**en** *v (Hubschrauber)* hover; ~**evermögen** *n (Flzg)* soaring quality; ability to hover; ~**gipfelhöhe** *f (Hubschrauber)* hovering ceiling *(Def)*; ~**ung** *f (Funk)* beat; ~**ungsfeuer** *n (Bod)* strobe *or* oscillating beacom *(Def)*; ~**ungslücke** *f (Funk)* dead space; zero beat; *Empfang auf* ~~ *(Funk)* homodyne reception; zero beat reception; ~**ungston** *m (Funk)* beat note.

**Schweige|kegel** *m (Funk)* cone of silence; ~**kegelbereich** *m (Funk)* cone effect area; ~**zone** *f (Funk)* null *(Def)*.

**Schweiß|brenner** *m* welding torch; ~**er** *m* welder; welding operator; ~**erei** *f (Werkstatt)* welding shop; ~**gerät** *n* welding apparatus; ~**ung** *f* weld(ing); *elektrische* ~~ arc weld(ing).

**Schwelle** *f (Pistenanfang)* threshold, *abbr* THR *(Def)*; *versetzte* ~ displaced threshold; ~**nbefeuerung** *f (Bod)* runway threshold lighting; ~**nfeuer** *n (Startbahn)* threshold light ***(Def)***; *seitliches ~~* wing threshold light; ~**nkennzeichnung** *f (Startbahn)* runway threshold marking; ~**nkontrastbalken** *m (Bod)* threshold contrast bar; ~**nmarken** *f/pl* runway threshold markings *pl.*

**Schwenk|achse** *f* axis of rotation; swivel axis; ~**arm** *m* swinging lever; pivot arm; ~**bewegung** *f (Heli)* hunting ***(Def)***; ~**düse** *f (Turbo)* deflector nozzle; ~**en** *n (Bug- u. Spornräder)* castering; castoring; swivelling; ~**flügel** *m (Falttragfläche)* folding wing; ~**flügler** *m (Flzg)* aeroplane with variable sweep; ~**gelenk** *n (Rotor)* drag *or* lag hinge ***(Def)***; alpha hinge; ~**lafette** *f (bewegliche Bordwaffe)* flexible gun-mount; ~**propeller** *m (Flzg)* tilt(ing) propeller; ~**rad** *n* swivel(ling) *or* castering wheel; ~**strahltriebwerk** *n (Turbo)* diverted-jet engine; ~**strebe** *f (Fahrwerk)* radius rod; ~**tragflügel** *m (Flzg)* tiltable wing.

**Schwer|benzin** *n* heavy petrol (*US* gasoline); ~**e** *f* gravity; ~**eachse** *f* central axis; ~**ebeschleunigung** *f* gravitational acceleration; accelaration of gravity; ~**efeld** *n* gravity *or* gravitational field; *künstliches ~~* artifical gravity field; *schwaches ~~* weak gravity field; ~**efrei** gravity-free; ~**elos** agravic; weightless; *~~er Flug m* agravic flight; *~~er Zustand m* gravity-free state; ~**elosigkeit** *f* null gravity; absence of gravity; *Simulation der ~~* zero-gravity *or* weightlessness simulation; ~**elosigkeitsauswirkung** *f* weightlessness effect; ~**emesser** *m (Instr)* gravi(to)meter; gravity meter, *abbr* G-meter; ~**eminderung** *f (Flmed)* subgravity ***(Def)***; ~**er als Luft** *(Luftfahrzeuge)* heavier-than-air; *Luftfahrzeug n ~~* heavier-than-air aircraft ***(Def)***; ~**er** *Sturm m (Beaufort-Stärke 10: met)* storm ***(Def)***; ~**er Unfall** *m* major accident; ~**es Geschütz** *n* heavy gun; ~**flüssig** viscid; viscous; ~**es Öl** *n heavy* oil; ~**fühlig sein** *f (Flzg-Führer)* have slow reactions; be sluggish; be lethargic; ~**händig** *(Flzg-Führer) sl* iron-handed; ~**kraft** *f* gravitational force; (force of) gravitiy; *Abwesenheit f der ~~* absence of gravity; ~**kraft-Förderanlage** *f* gravity feed system; ~**kraftmoment** *n* moment of gravitational force; ~**kraftsimulation** *f* gravitational force simulation; ~**kraftwirkung** *f* gravitational *or* gravity effect; ~**öl** *n* heavy *or* crude oil; ~**ölflugmotor** *m* diesel(-type) aircraft engine; ~**punkt** *m (takt)* point of main effort; *(aerodyn)* centre (*US* center) of gravity; *abbr* CG; ~**punktbezugspunkt** *m (Luftfracht)* CG datum point ***(Def)***; ~**punktbildung** *f (Takt)* (massed) concentration *(of weapons)*; ~**punktlage** *f (aerodyn)* location of the CG; centre-gravity position, *abbr* CG position; *Grenzen f/pl für ~~ (Lfz)* CG limitations *pl*; *hinterste ~~ (Lfz)* aft CG imit; *tiefe ~~ (Lfz)* low CG position; ~**punktrücklage** *f* aft CG location *or* position; ~**punkttieflage** *f* low CG position; ~**punktverlagerung** *f (aerodyn)* displacement *or* shift of the CG; ~**punktwanderung** *f (aerodyn)* CG travel; ~**verwundeter** *m (Kr)* serious casualty.

**Schwester** *f (Krankenpflegerin)* nurse; ~**nhelferin** *f* junior nurse; nurse's aid.

**Schwimm|auftrieb** *m (Flugboot usw)* buoyancy; ~**ender Kolbenbolzen** *m (Flmot)* floating gudgeon pin ***(Def)***; ~**ender Stützpunkt** *m* depot ship; ~**endes Signalfeuer** *n (See-Flughafen)* flame float; ~**er** *m (See-Flzg)* float ***(Def)***; ~**erbreite** *f* beam of float; ~**erflugzeug** *n* float (sea)plane ***(Def)***; *~~ am Strand abstellen v* beach (a float plane); ~**ergehäuse** *n (Vergaser)* float chamber; ~**ernadel** *f (Vergaser)* carburet(t)or needle; ~**erstufe** *f* float step; ~**erstummel** *m (Flugboot)* sponson ***(Def)***; ~**erventil** *f* float valve; *Betankungs-~~ (Lfz)* float refuelling valve; ~**ervergaser** *m (Flmot)* float-type carburettor ***(Def)***; ~**erwagen** *m (für See-Flzge)* beaching gear ***(Def)***; seaplane dolly; ~**fähiges Seil** *n* buoyant rope; ~**gleichgewicht** *n* buoyant equilibrium; ~**kampfwagen** *m* amphibious tank; ~**kraft** *f (Auftrieb)* buoyancy; ~**kran** *m* floating crane; ~**werk** *n (See-Flzg)* water landing *or* float(ation) gear ***(Def)***; ~**weste** *f* life (-preserving *or* ~saving) vest *or* jacket *or* belt; *sl* Mae West.

**Schwindelgefühl** *n* dizziness; giddiness; feeling of faintness.

**Schwing|enflieger** *m (Flzg)* ornithopter; ~**enflug** *m* flapping flight; ~**enflügler** *m (Flzg)* ornithopter ***(Def)***; ~**enflugmodell** *n* flapping-wing model; ~**enflugzeug** *n* flapping-wing machine; ornithopter; ~**enmuskelflug** *m* flapping flight by manpower; ~**hebel** *m (Ventil)* valve rocker; rocking lever; rocker; ~**kreis** *m (Funk)* oscillating circuit; ~**tisch** *m* shake table; ~**ung** *f* oscillation; vibration; *abklingende ~~* decaying oscillation; *~aero-elastische ~~en pl (Konstr)* flutter ***(Def)***; *erzwungene ~~* constrained vibration; *instabile ~~ (Stab)* unstable oscillation ***(Def)***; *Phugoid-~~ (Stab)* phugoid oscillation ***(Def)***; *stabile ~ (Stab)* stable oscillation ***(Def)***; ~**ungsanzeiger** *m (mech)* vibration indicator; *(el)* oscillation indicator; ~**ungsbeanspruchung** *f* vibration stress; ~**ungsdämpfer** *m* vibration damper; ~**ungsdämpfung** *f (Stab)* oscillation damping; ~**ungsfrei** vibration-free; ~**ungsfrequenz** *f (Stab)* oscillation frequency; ~**ungslasten** *f/pl (Konstr)* vibrational loads *pl*; ~**ungsschreiber** *m* recording oscillometer; vibrograph; ~**ungstrudeln** *n (Flbetr)* oscillatory spin ***(Def)***; ~**ungsverfahren** *n* vibrational behaviour (*US* behavior); ~**ungszahl** *f (Stab)* oscillation frequency.

**Schwitzkühlung** *f (Flmot)* transpiration cooling.

**Schwund** *m (Funk)* fading; ~**ausgleich** *m (Funk)* automatic volume control, *abbr* AVC; anti-fading device; automatic gain control; ~**erscheinung** *f (Funk)* (phenomenon of) fading; ~**regelung** *f (Funk) vergl* **Schwundausgleich**.

**Schwung** *m, in ~ bringen v (Schwungkraftanlasser)* energize; ~**kraft** *f* centrifugal force; ~**kraftanlasser** *m (Flmot)* inertia *or* momentum starter ***(Def)***; ~**rad** *n* flyheel; ~**radanlasser** *m (Flmot)* flywheel starter; ~**radmagnet** *m (el)* flywheel magneto; ~**radstabilisierung** *f* flywheel stabilization.

**Screen** *m (Bod)* screen ***(Def)***.

**Sechs|kantmutter** *f* hexagon(al) nut; *sl* hex nut; ~**komponentenwaage** *f (aerodyn)* six-component balance ***(Def)***; ~**motorig** *(Flzg)* six-engined.

**See** *f* sea; *aufgewühlte ~* confuse sea; ~**anker** *m* sea achor; drogue; ~**aufklärer** *m (Flzg)* naval patrol *or* naval reconnaissance aircraft; *sl* fleet-spotter; ~**brise** *f (met)* sea breeze; ~**-Einsatzflugzeug** *n (mil)* maritime aircraft; ~**fähigkeit** *f (Flugboot)* seaworthiness; ~**fahrtfeuer** *n* marine light; ~**flieger** *m* naval pilot *or* flyer; water(-flying) pilot; ~**fliegerei** *f* maritime *or* naval aviation; ~**fliegerhorst** *m (mil)* seaplane station; naval air base; ~**flughafen** *m* hydroport; ~**flugplatz** *m* seadrome; ~**flugwesen** *n* maritime *or* marine *or* naval aviation; ~**flugzeug** *n* hydroplane; seaplane ***(Def)***; ~**flugzeugmutterschiff** *n* seaplane tender; ~**funkfeuer** *n* marine radio beacon; ~**funkstelle** *f* naval radio station; *bewegliche ~~* mobile ship station; ~**gang** *m* sea rating *or* disturbance ***(Def)***; state of sea; sea cycle; ~**gangsreflexe** *m/pl (Radar)* sea returns *pl or* clutter; ~**höhe** *f* (mean) sea level; ~**jäger** *m (Flzg)* naval fighter; ~**karte** *f* marine *or* sea chart; hydrographic map; ~**klima** *n (met)* marine *or* ocean(-controlled) climate; ~**le** *f (Waffenlauf)* bore; ~**lenachse** *f* axis of the bore; ~**lenweite** *f* calibre (*US* caliber); ~**luftmasse** *f (met)* maritime air; ~**luftstreitkräfte** *f/pl* naval air force; fleet air arm; ~**meile** *f* nautical mile *(Def)*; *abbr* NM (= 1,853 km) *(Def)*; ~~*n pl pro Stunde* knot, *abbr* KT; ~**nebel** *m (met)* sea fog *(Def)*; ~**notausrüstung** *f (Flzg)* air-sea rescue equipment; ~**notbezirk** *m* sea distress area; ~**notboot** n air-sea rescue launch; ~**notdienst** *m* (air)sea rescue service; ~**notfloß** *n* life-preserving raft; ~**notflugzeug** *n* sea rescue aircraft; ~**notmeldedienst** *m* reporting service for distress at sea; ~**notrettungsdienst** *m* sea search and rescue service; water rescue service; ~**notschlauchboot** *n* emergency dinghy; ~**notsender** *m (Funk)* emergency wireless; ~**rauch** *m (met)* frost smoke; steam fog; ~**schlange** *f sl (Radar)* sea clutter; ~**streitkräfte** *f/pl* naval forces *pl*; ~**tüchtig** *(Flugboot)* seaworthy; ~**tüchtigkeit** *f* sea-worthiness; ~**wasser** *n* brine; seawater; ~**wind** *m (met)* sea breeze *(Def)*; (on)shore wind; ~**zeichen** *n* sea mark(er).

**Segel|fliegen** *n* gliding; soaring; sailplaning; ~**flieger** *m* glider *or* sailplane *or* soaring pilot; ~**fliegerei** *f* gliding; glider flying; soaring; ~**fliegerschein** *m* gliding *or* soaring certificate; ~**fliegerschule** *f* glider *or* gliding school; ~**flug** *m* gliding; sailplaning; sailing *or* soaring flight; sail flying; *dynamischer* ~~ dynamic soaring; *reiner* ~~ only-gliding flight; *statischer* ~~ static soaring; ~**flugbetrieb** *m* glider activity *or* flying; ~**fluggelände** *n* gliding *or* soaring site; ~**flugmeisterschaft** *f* gliding championship; ~**flugmodell** *n* sailplane model; model glider; ~**flugschein** *m* gliding certificate *or* licence (*US* license); ~**flugschleppzug** *m* aerial *or* glider train; ~**flugsport** *m* sport(ing) gliding; ~**flugwettbewerb** *m* gliding competition *or* contest; ~**flugzeit** *f* flight time in a glider; ~**flugzeug** n glider *(Def)*; sailplane *(Def)*; soaring plane; *(mit Hilfsmotor)* power-assisted glider; *Flugzeit in einem* ~~ flight time in a glider *(Def)*; *Schleppflugzeit f in einem* ~~ aero-two flight time in a glider *(Def)*; ~**flugzeugführer** *m* sailplane *or* glider pilot; ~**n** *v (Segel-Flzg)* soar *(Def)*; sail; ~**n** *n* soaring; sailing; ~**stellung** *f (Luftschraube)* feathered *or* feathering position; feathered *or* feathering pitch *(Def)*; *auf* ~~ *fahren v (Luftschraube)* feather (a propeller); *auf* ~~ *gefahrene Luftschraube* feathered airscrew; *automatische* ~~ *(Prop)* automatic feathering; *elektrische* ~~ *(Prop)* electric feathering; *in* ~~ *bringen v (Prop)* feather; *Propeller m in* ~~ feathered propeller; *selbständige* ~~(Prop) automatic feathering; autofeathering; *Verstellen n des Propellers auf* ~~ propeller feathering; ~**stell(ungs)motor** *m (el)* feathering motor; ~**stellungspumpe** *f (Hydraulik)* feathering pump; ~**tuch** *n* canvas; duck; ~**tuchplane** *f* tarpaulin.

**Seh|fehler** *m* defect of vision; ~**kraft** *f* eyesight; (power of) vision; ~**ne** *f* chord line *(Def)*; *Lage der* ~~ *(Lfz)* chord position *(Def)*; ~**schärfe** *f* visual acuity; ~**störung** *f (Flmed)* red-out *(Def)*; ~**testtafel** *f (Flmed)* optotype (table); ~**vermögen** *n* (faculty of) sight; *räumliches* ~~ depth perception; *verlangtes* ~~ *(Flmed)* visual requirements *pl*.

**Seidenfallschirm** *m* silk parachute.

**Seil|auskreuzung** *f* cross-wire *or* diagonal bracing; ~**kausche** *f* thimble; ~**rolle** *f* (rope) pulley; ~**spannung** *f* cable tension; ~**start** *m (Segel-Flzg)* towed take-off; rope start; ~**steuerung** *f (Flzg)* cable control; ~**winde** *f (Segel-Flzg)* cable winch; ~**züge** *m/pl (Flzg)* control wires *or* cables *pl*.

**Seite** *f (allg)* side; *(bei Peilungen: Funk)* sense; *abgewandte od nicht sichtbare* ~ far side; ~**nabdeckblech** *n (Flzg)* side panel; ~**nabgangsfehler** *m (Art)* lateral jump; ~**nabstrebung** *f (Flzg)* side stay; ~**nabweichung** *f (vom Kurs: nav)* lateral drift; ~**nansicht** *f* side elevation *or* view; profile; ~**nantenne** *f (Funk)* side aerial; ~**nbalken** *m (Pistenbefeuerung)* wingbar *(Def)*; ~**nband** *n (Funk)* sideband; *oberes* ~~ *(Funk)* upper sideband; *Ein*~~ *(Funk)* single sideband, *abbr* SSB; ~**nbanddämpfung** *f (Funk)* sideband attenuation; ~**n(band)frequenz** *f (Funk)* side frequency; ~**nbestimmung** *f (Bei Peilungen: Funk)* sense finding *or* determination; determination of sense; ~**nbewegung** *f*, **angefachte aperiodische** ~~ *(Stab)* lateral divergence *(Def)*; ~**ndrift** *f (vom Kurs: nav)* lateral drift; ~**nflosse** *f (Flzg)* (dorsal *or* vertical) fin *(Def)*; vertical stabilizer *or* tail plane; *verstellbare* ~~ adjustable fin; ~**nflossenholm** *m (Flzg)* fin spar *or* post *(Def)*; ~**nflossenverkleidung** *f (Flzg)* dorsal fin *or* over-fuselage strake; ~**ngeschwindigkeit** *f* transversal speed; ~**ngewehr** *n* bayonet; side-arm; ~**ngewehrtasche** *f* bayonet scabbard; ~**ngondel** *f (Luftschiff)* side *or* lateral *or* wing car *(Def)*; ~**ngrenze** *f* lateral limit; ~**ninstabil** *(Flzg)* laterally unstable; ~**ninstabilität** *f (Stab)* snaking *(Def)*; lateral *or* directional instability; ~**nkraft** *f (aerodyn)* side force *(Def)*; *(FK)* lateral force *(Def)*; *(im körperfesten Koordinatensystem)* transverse force; ~**nleitwerk** *n (Flzg)* rudder unit; vertical tail surfaces *pl*; *doppeltes* ~~ twin *or* dual vertical control surfaces *pl*; *geteiltes* ~~ divided vertical control surfaces *pl*; ~**n(leitwerks)flosse** *f (Flzg)* fin *(Def)*; ~**nleitwerkskräfte** *f/pl* rudder loads *pl*; ~**nlinienmarkierung** *f (Bod)* side stripe marking; ~**npositionslicht** *n (Lfz)* tip navigation light; ~**nreihenfeuer** *n (Bod)* side row light; ~**nrichtantrieb** *m (art)* traversing gear; ~**nrichtfeld** *n (Art)* field of traverse; *(von 360°)* allround traverse; ~**nrichtgeschwindigkeit** *f (Art)* rate of travers; ~**nrichtmaschine** *f (Art)* traversing gear *or* mechanism.

**Seitenruder** *n (Flzg)* rudder *(Def)*; *doppeltes* ~ biplane rudder *(Def)*; *dreifaches* ~ triplane ruddr *(Def)*; ~ *mit Spornradsteuerung (Flzg)* tail wheel to rudder control; *Schlagen des* ~*s* rudder kicking; *kraftverstärktes* ~ *(Flzg)* boosted rudder; ~**aufhängung** *f* rudder hinge; ~**ausgleich** *m* rudder balance ~**ausschlag** *m* rudder movement *or* deflection *or* angle *(Def)*; *voller* ~~ full rudder; ~**anlenkung** *f (Flzg)* rudder fixing; ~**befestiggung** *f (Flzg)* rudder fixing; ~**betätigung** *f* rudder actuation; ~**fläche** *f* rudder surface; ~**fußhebel** *m* rudder bar; ~**gelenk** *n* rudder hinge; ~**hebel** *m* rudder lever; ~**holm** *m* rudder post *(Def)*; ~**kabel** *n* rudder cable; ~**kraftsteuerung** *f* rudder servo control; ~**pedalen** *f/pl (Flzg)* rudder pedals *pl (Def)*; ~**(pedal)kraft** *f (Flzg)* pedal force; ~**scharnier** *n* rudder hinge; ~**schütteln** *n (Flzg)* rudder vibration; ~**(seiten)kraft** *f (Flzg)* rudder side force; ~**steuerelemente** *n/pl* rudder controls *pl*; ~**steuerung** *f (Flzg)* rudder control; ~**trimmklappe** *f* rudder trim tab; ~**trimmung** *f* rudder trim(ming).

**Seiten|rutsch** *m (Flzg)* sideslip; ~**sicht-Bordradar(gerät)** *n* side-looking airborne radar, *abbr* SLAR; ~**stabiles Flugzeug** *n* laterally stable aeroplane; ~**stabilität** *f (Flzg)* directional *or* lateral stability *(Def)*; ~**staffelung** *f (Flsich)* lateral separation *(Def)*; ~**steuer** *n (Flzg)* rudder pedal *or* bar; ~~ *geben v* put on rudder; ~**steuerbarkeit** *f (Flzg)* directional controllability; ~**steuerfußhebel** *m* rudder bar; ~**steuerpedal** *n* rudder pedal; ~**steuerung** *f* rudder *or* directional controls; ~**streuung** *f (Schusswaffe)* lateral *or* horizontal dispersion; lateral error *or* spread; ~**teilkreis** *m (Art)* azimuth circle; ~**trimmung** *f (Flzg)* directional trim; ~**verhältnis** *n (Tragfläche)* aspect ratio; span-chord ratio; *Flügel m mit kleinem* ~~ low-aspect-ratio wing; *mittleres* ~~ mean aspect ratio; ~**wagen** *m (Kfz)* side-car; ~**wand** *f* cheek; ~**wind** *m* side *or* cross-wind; ~**windbö** *f* lateral squall; ~**windempfindlichkeit** *f (Lfz)* crosswind sensitivity; ~**windfahrwerk** *n (Flzg)* drift undercarriage *or* landing gear; ~**windkomponente** *f (Flbetr)* cross-wind component; ~**windlandung** *f (Flzg)* cross-wind landing; ~**winkel** *n (Art)* azimuth angle; *(Radar)* azimuth (bearing), ~**winkelkorrektur** *f* azimuthal correction.

**seitliche | Abweichung** *f* **vom Kurs** *(nav)* across-track error; ~ **Begrenzung** *f* lateral limit; ~ **Neigung** *f (Flzg)* lateral inclination.

**Sektor** *m* sector; *linearer* ~ *(ILS)* linearitiy sector; ~**(en)-mindesthöhe** *f (über Meer: Flbetr)* minimum sector altitude ***(Def)***; ~**staffelung** *f (Flsich)* sector separation.

**Sekund | ärdepression** *f (met)* secondary depression ***(Def)***; ~**ärkreis** *m (el)* secondary circuit; ~**ärluftlöcher** *n/pl (Turbo)* secondary holes pl ***(Def)***, ~**ärradar** *n* secondary radar; radar beacon ***(Def)***; ~**engeschwindigkeit** *f* speed per second.

**selbst | abdichtend** *(Kraftstoffbehälter)* self-sealing; ~**ansaugend** *(Flmot)* naturally aspirated; unsupercharged; ~**ansteuerung** *f (FK)* homing; *interferometrische* ~~ *(FK)* interferometric homing; ~**aufladung** *f (el)* self-charge; ~**ausschalter** *m (el)* automatic circuit breaker; ~**dichtend** *(Kraftstoffbehälter)* self-sealing; ~**fahrlafette** *f* self-propelled gun mount *or* carriage; ~**hemmendes Steuerwerk** *n (Lfz)* irreversible control system ***(Def)***; ~**induktion** *f (el)* self-inductance *or* ~induction; ~**korrigierend** self-correcting; ~**ladewaffe** *f* self-loading *or* (semi) automatic weapon; ~**steueranlage** *f (Lfz)* automatic control (system), *abbr* ACS; autopilot ***(Def)***; ~**steuergerät** *n (Kurssteuerung)* automatic pilot; *sl* robot pilot; ~**steuerung** *f (Flz)* automatic flight control; *(allg)* automatic control; *Astro*~~ *(FK)* celestial guidance ***(Def)***; ~**synchronisiervorrichtung** *f (automatische Nachsteuerung)* self-synchronous unit; synchro; autosyn; selsyn; ~**tätig** automatic; self-acting; ~**tätige Aufziehleine** *f (Para)* static line ***(Def)***; ~**tätiger Fallschirm** *m* automatic parachute ***(Def)***; ~**tätiger Gemischregler** *m (Flmot)* automatic mixture control ***(Def)***; ~**tätiger Luftfahrzeug-Notsender** *m (Funk)* emergency location beacon - aircraft, *abbr* ELBA; ~**tätiges Ansaugventil** *n (Turbo)* air-compressor intake throttle ***(Def)***; ~**tätiges Druck(ver)-minderungsventil** *n (Hydraulik)* automatic cut-out valve ***(Def)***; ~**tätiges Nachführen** *n (Radar)* automatic following; ~**tätiges Ventil** *n (Lfz l)* automatic valve ***(Def)***; ~**versicherung** *f (LVerk)* self-insurance ~**zündung** *f (Dieselmotor)* self- or autoignition; *(Munition usw)* spontanous ignition.

**SELCAL-System** *n (Fernm)* SELCAL system ***(Def)***.

**Selektivrufsystem** *n (Fernm)* selctive calling system, *abbr* SELCAL ***(Def)***.

**Selen | oid** *m* selenoid; ~**ologie** *f* selenology; ~**zelle** *f* selenium cell; selenoid cell.

**Selsyngeber** *m (Funk)* selsyn pick-off *or* pick-up.

**Sende | anlage** *f (Funk)* transmitter installation; ~**antenne** *f* transmitting antenna; ~**art** *f (Fernm)* class of emission; ~**aufruf** *m (Fernm)* polling; ~**bereich** *m & n* range of transmission; ~**bereitschaft** *f* stand-by *or* readiness to transmit; ~**dauer** *f (Fernm)* transmission time; ~-**Empfangsgerät** *n (Funk)* transmitter-receiver, *abbr* transceiver; ~**/Empfangsweiche** *f (Funk)* duplexer; ~**gerät** *n (Funk)* transmitter; ~**geschwindigkeit** *f (Fernm)* transmission speed; ~**impuls** *m (Funk)* transmitting pulse; *(Radar)* main bang; ~**kanal** *m (Fernm)* transmission channel; ~**n** *v (Funk)* transmit; *„Ich sende" (Sprechfunkverkehr: Flsich)* "Transmitting"; ~**n** *n (Funk)* transmission; ~**nde Stelle** *f (Fernm)* sending unit; ~**pult** *n* sending console; ~**r** *m (Funk)* transmission apparatus; transmitter; ~**er/Empfänger** *m (Funk)* transmitter-receiver, *abbr* transceiver; ~- **und Empfangsgerät** *f (Funk)* transmitting and receiving equipment; transceiver.

**Sendung** *f (LVerk)* consignment; *(Funk)* transmission; broadcast.

**Senk | kopfniet** *m* sunk head rivet; ~**niet** *m* sunk rivet; ~**nietung** *f* flush riveting; ~**rechtaufstieg** *m (FK)* vertical lauch(ing) *or* ascent; ~**rechtbild** *n (LPhot)* vertical aerial photograph; ~**rechter Abschuss** *m (FK & Rak)* vertical launch(ing); ~**recht-Kurzstartflugzeug** ~ *V/STOL* aircraft ***(Def)***; ~**rechtstart** *m (FK)* vertical launch(ing); *(Lfz)* vertical take-off, *abbr* VTO ***(Def)***; *rollender* ~~ *(Lfz)* rolling vertical take-off, *abbr* RVTO; ~**rechtstart-** *m* **und -landung** *f (Flbetr)* vertical take-off and landing, *abbr* VTOL ***(Def)***; ~**rechtstarter** *m (Lfz)* vertical take-off (and landing) aircraft, *abbr* VTOL aircraft; ~~ *mit Turbogebläse od Düsenfächer* fan-engine VTOL aeroplane.

**Sens | ibilität** *f (Ansprechen auf Steuerbetätigung: (Lfz)* responsiveness; ~**or** *m* sensor; *(Fernm)* pick-off; pick-up.

**Serie** *f* series; *in* ~ *herstellen* *v* mass-produce; ~**nbau** *m* mass production; quantity production; *rentabler* ~~ paying quantity production; ~**nflüge** *m/pl (Flbetr)* series of flights; ~**nflugzeug** *n* (mass-)production aircraft; serial aircraft; ~**nherstellung** *f* mass production; quantity production; ~**nluftfahrzeug** *n* series aircraft; ~**nluftschraube** *f* series propeller; ~**nmäßig** in series; ~**nmotor** *m* series engine ***(Def)***; ~**nmuster** *n (Flzg)* production model; ~**npropeller** *m* series propeller ***(Def)***.

**Servo | (an)trieb** *m* servo actuator; ~**höhenmesser** *m* servo altimeter; ~**klappe** *f (Lfz)* servo tab ***(Def)***; ~**motor** *m (Flzg-Steuerung)* servomotor; ~**ruder** *n (Flzg)* servo tab ***(Def)***; servo flap; ~**steueranlage** *f od* ~**system** *n (Lfz)* boosted control system; power-assisted control system ***(Def)***; assisted control system; *elektrohydraulisches ~system n* electrohydraulic booster; ~**steuerung** *f (Flzg)* servo control ~**verstärker** *m* servo amplifier; ~**wirkung** *f* servo action; ~**zylinder** *m (Hydraulik)* servo cylinder.

**Sextant** *m (nav)* sextant ***(Def)***.

**Shelter** *m (Flzg-Schutzbau)* shelter.

**Shunten** *n (el)* shunting.

**Sicheltragfläche** *f (Flzg)* crescent wing; scimitar wing.

**sicher** safe; secure; prudent; ~**e Flugdauer** *f (Flbetr)* prudent limit of endurance, *abbr* PLE ***(Def)***; ~**e Geschwindigkeit** *f (Flbetr)* safety speed ***(Def)***; ~**e Höhe** *f (Flbetr)* net height ***(Def)***; ~**e Last** *f (Flzg)* maximum safe load; limit load ***(Def)***; ~**e Reisegeschwindigkeit** *f (Flbetr)* cruising threshold ***(Def)***; ~**e Startgeschwindigkeit** *f (Flbetr)* take-off safety speed ***(Def)***; ~**er Steigwinkel** *m (Flbetr)* net gradient of climb ***(Def)***.

**Sicherheits | ausschusshöhe** *f (Schleudersitzausstieg: Flbetr)* safety ejection altitude; ~**band** *n (zwischen Notruffrequenzen: Funk)* guard band; ~**beauftragter** *m (LVerk)* security officer; *(bewaffneter)* ~~ *an Bord (LVerk)* sky marshal; ~**begleiter** *m*, **bewaffneter** ~~ *(LVerk)* armed escort; ~**begutachtung** *f* security survey; ~**beleuchtung** *f (Bod)* security lighting; ~**bescheinigung** *f (Intel)* security clearance; ~**bestimmung** *f* safety regulation; ~**empfehlung** *f* safety recommendation; ~**empfindlicher Bereich** *m (Bod)* vulnerable area; ~**faktor** *m (Festigkeitsfaktor)* factor of safety ***(Def)***; reserve factor ***(Def)***; ~~ *der konstruktiven Auslegung (Konstr)* strength factor of safety; ~**fangnetz** *n (Flzg-Träger)* safety barrier ***(Def)***; ~**fläche** *f* **am Pistenende** *(Bod)* runway end safety area; ~**gefühl** *n* sense of safety; ~**gurt** *m (im Flzg)* securing *or* safety belt; ~**handbuch** *n* security manual; ~-**Höchstfahrtmesser** *m*

*(Instr)* maximum safe airspeed indicator ***(Def)***; ~**höhe** *f (Flbetr)* (minimum) safe altitude; safety height ***(Def)***; ~**kontrolle** *f* security check; ~**kontrollpunkt** *m (Bod)* security check-point; ~**leistung** *f* financial guarantee; ~~ *für den Zoll (LVerk)* security for customs duty; ~**luftfahrzeugführer** *m (ICAO)* safety pilot ***(Def)***; ~**mindesthöhe** *f (Flbetr)* minimum safety altitude ***(Def)***; minimum safe height; ~~ *(über Meer) für Instrumentenflug (Flbetr)* minimum safe instrument altitude; ~**mindeststartgeschwindigkeit** *f (Flbetr)* minimum take-off safety seed; ~**pilot** *m (ICAO)* safety pilot ***(Def)***; ~**plan** *m (für Flughafen)* security plan; ~**programm** *n (für Flughafen)* security programme; ~**reißleine** *f (Lfz l)* rip link ***(Def)***; ~**schloss** *n* safety-lock; ~**signal** *n* safety signal; ~**streife** *f (Bod)* security patrol; ~**überprüfung** *f (Intel)* security screening; ~**ventil** *n (Lfz l)* automatic valve ***(Def)***; ~**heitszahl** *f (Konstr)* factor of safety ***(Def)***; ~**zone** *f (Bod)* obstacle clearance area.

**sicher|n** *v (Flzg-Bauteile usw)* safety; ~**n** *n* safetying; locking; securing; ~**stellung** *f* **eines Luftfahrzeugs** custody of (an) aircraft; ~**ungsdraht** *m* locking wire; safetying wire; ~**ungsdrahtstift** *m (Para)* static pin ***(Def)***; ~**ungsfaden** *m (Para)* safety thread ***(Def)***; ~**ungsflügel** *m (Zünder)* arming vane; ~**ungslinie** *f (takt)* line of security; *vorderste* ~~ outpost line; ~**ungsmaßnahme** *f* security measure; ~**ungsschraube** *f* anchor screw; ~**ungsverbindung** *f (Para)* safety tie ***(Def)***; ~**ungs(vor)stecker** *m (Bombe usw)* safety pin; arming pin.

**Sicht** *f (met)* visibility ***(Def)***; vision; sight; view; ~ *aus dem Cockpit (Flbetr)* cockpit view *or* visibility; *Fliegen n mit ~ (Flbetr)* visual flight *or* flying ***(Def)***; *gute* ~ good visibility; *keine* ~ *(met)* zero visibility; ~ *nach hinten* rearward view *or* vision; ~ *Null (met)* zero visibility; *rückwärtige* ~ rearward view *or* vision; *schlechte* ~ poor visibility.

**Sicht|abstand** *m* interval permitting visual contact; ~**anflug** *m (Flbetr)* visual (contact) approach ***(Def)***; contact approach; ~~ *und -landung (Flsich)* visual approach and landing, *abbr* VAL; ~**anflugpiste** *f (Bod)* non-instrument runway ***(Def)***; ~**anzeige** *f* visual indication; visual signal; ~**anzeigegerät** *n* visual indicator; display (unit); ~**aufklärung** *f (mil)* visual reconnaissance; ~**aufklärungsmeldung** *f (Luftaufklärung: LW)* visual report, *abbr* visrep; ~**bar** conspicuous; visible; ~**beobachtung** *f* visual observation; ~**bereich** *m* sighting *or* visual range; ~**darstellung** *f* display; ~**feld** *n* field of vision; ~~ *aus dem Cockpit* cockpit view; *verdeckter ~~-winkel (aus dem Cockpit)* cockpit cut-off angle; ~**flug** *m (Flsich)* contact flight *or* flying ***(Def)***; (ground) visual flight; *kontrollierter* ~~ *(Flsich)* controlled VFR flight; ~**flugregeln** *f/pl (Flsich)* visual flight rules *pl, abbr* VFR ***(Def)***; *Flug nach den ~~ (Flbetr)* VFR flight ***(Def)***; ~**messgerät** *n (met)* visibility-measuring instrument; ~**navigation** *f* contact (-flight) navigation; terrestrial navigation; piloting navigation; ground mapping; visual navigation; ~**peilung** *f (nav)* optical direction-finding; ~**platzrunde** *f (Flbetr)* visual orbiting *or* circling; ~**schutzanstrich** *m (Flzg)* camouflage paint(ing); ~**verhältnisse** *n/pl (met)* visibility conditions *pl*; ~**weite** *f (met)* visibility; range of vision; optical range; *quasi-optische ~~ (Funk)* radio line of sight; ~**wetterbedingungen** *f/pl (met)* visual meterological conditions *pl, abbr* VMC ***(Def)***; ~**zeichen** *n (für Flzg)* ground *or* visual signal; markers *pl* ***(Def)***; markings *pl* ***(Def)***; *Wasserrollbahn-~~* taxi-channel light ***(Def)***; ~**zeichenverbindung** *f* visual communication.

**siderisch** *(auf Sterne bezogen: nav)* sidereal ***(Def)***; ~**e Ortszeit** *f (nav)* local sidereal time, *abbr* LST ***(Def)***; ~**er Stundenwinkel** *m (nav)* sidereal hour angle, *abbr* SHA ***(Def)***.

**Siebener-** *od* **Siebenschrittalphabet** *n (Fernm)* seven unit code.

**Siedepunkt** *m* boiling point.

**SIGMET-Meldung** *f (met)* SIGMET information ***(Def)***.

**Signal** *n (Fernm)* signal ***(Def)***; *akustisches od hörbares* ~ audible signal; *kleinstes wahrnehmbares* ~ minimum discernible signal, *abbr* MDS; *statistisch verteiltes ~ (Fernm)* random signal; ~**anlage** *f* signalling installation; ~**ballon** *m* signal balloon; ~**buch** *n* code book; ~**feld** *n (Bod)* signal area ***(Def)***; ~**feuer** | *n* **für den Bodenverkehr** *(Bod)* ground-traffic signal light ***(Def)***; *schwimmendes ~~ (Seeflughafen)* flame float; ~**flagge** *f* morse flag; ~**geber** *m* warning device *or* unit; *akustischer* ~~ acoustic warning unit; *optischer* ~~ optical warning device; ~**gerät** *n (Bod)* signalling device; ~**isation** *f*, **akustische** ~~ audible *or* audio warning; ~**isator** *m*, **taktiler** ~~ tactile warning unit; ~**isierverfahren** *n* signalling procedure; ~**kelle** *f (Einwinkpersonal)* bat; ~**leuchtkugel** *f* signal flare; ~**mittelsatz** *m* signalling kit; ~**munition** *f* signal cartridges *pl*; ~**patrone** *f* signal cartridge; ~**pistole** *f* signal pistol; ~**platz** *m (Bod)* signal area ***(Def)***; ~**rakete** *f* signal rocket; ~**scheinwerfer** *m (Kontrollturm)* light gun; signal(ling) gun *or* lamp; *Luftverkehrs-~~* air-traffic signal light ***(Def)***; ~**schlüssel** *m* signal code; ~**schwingung** *f (Fernm)* signal wave; ~**spiegel** *m* signalling *or* heliograph mirror; ~**stärke** *f (Fernm)* signal strength; ~**/Störverhältnis** *n (Fernm)* signal-to-interfernce ratio; ~**umformer** *m (Funk)* transducer; ~**zone** *f (Leitstrahlverfahren: Funk)* zone of no-course signal; ~**zuverlässigkeit** *f (ILS)* signal reliability.

**Signatur** *f (Aufklärungssensor)* signature.

**Silberne „C"** *f (sl für: Leistungsabzeichen in Silber für Segelflieger)* Silver "C" certificate.

**Silizium(sonnen)batterie** *f (el)* silicon solar battery.

**Silo** *m (Startschacht: Rak)* silo; ~**rakete** *f* silo-launched rocket.

**Simmerring** *m (Flmot)* oil seal (ring).

**Simplex|betrieb** *m (Fernm)* simplex, *abbr* SX ***(Def)***; *Einkanal-~~* single channel simplex ***(Def)***; *frequenzabgesetzter* ~~ offset frequency simplex ***(Def)***; *manueller ~~ (Funk)* manual simplex (operation); *Zweikanal-~~* double channel simplex ***(Def)***; ~**brenner** *m (Turbo)* simplex burner ***(Def)***; *f (Tel)* simplex circuit; ~**verkehr** *m (Fernm)* simplex (communication); simplex operation; *Zweikanal-~~* cross-band operation.

**Simul|ation** *f* **der Gravitationskraft** gravitational force simulation; ~**ation** *f* **der Schwerelosigkeit** *(Flmed)*; zero-gravity *or* weightlessness simulation; ~**ation** *f*, **geometrische** ~~ geometric simulation; ~**ator** *m* simulator ***(Def)***; *Ausbildung f im* ~~ simulator training; ~**atortraining** *n* simulator training; ~**ierte Druckhöhe** *f (Flmed)* simulated altitude ***(Def)***; ~**ierte Steuerkraft** *f (Lfz)* artificial feel ***(Def)***; ~**tanbetrieb** *m (Datenaustausch: Fernm)* simultaneous mode.

**sink|en** *v (Flzg)* sink; ~**en** *n (auf Anflughöhe: Flbetr)* penetration ***(Def)***; *(Absinken)* diminution; ~**flug** m descent; let-down ***(Def)***; *gebremster ~~ (Rak)* braked (vertical) descent; ~**flugabschnitt** *m (FK)* descent stage; ~**flugbeginn** *m (Flbetr)* top of descent; ~**flugstufe** *f* descent stage; ~**flugverfahren** *n* **bei Triebwerkausfall** *(mit bestem Gleitwinkel)* drift-down procedure; ~**flugweg** *m* let-down path; ~**geschwindigkeit** *f (Flbetr)* sink rate; sinking speed; rate of descent; ~**verfahren** *n (im Anflug)* letting down; let-down (procedure) ***(Def)***.

**SINPFEMO-Empfangsgüteschlüssel** *m (Fernm)* SINP-(FEM)O code.

**sinusförmig** sinusoidal.

**Sirene** *f* siren.

**Sitz | anordnung** *f (Flzg)* seating (arrangement); seating configuration; ~**bereitschaft** *f (2-Minuten-Bereitschaft: LKr)* standby; ~**fallschirm** *m* seat-type parachute; seat-pack parachute; *sl* chair chute; ~**gurt** *m (Flzg)* seat belt; ~**kilometer** *m/pl (LVerk)* seat kilometers *pl*; ~**ladefaktor** *m (LVerk)* passenger load factor; ~**platz** *m (Flzg)* seat; *angebotene ~plätze m/pl (LVerk)* seats *pl* available; ~**platzkilometer** *m/pl* seat kilometers *pl*; *angebotene ~~ (LVerk)* seat-kilometers avaiable; ~**platzschema** *n (Flzg)* seating configuration *or* version; ~**platzversion** *f (Flzg)* seating version; *dichte ~~* high density version; ~**verstellung** *f* seat adjustment; ~**wanne** *f (Pilotensitz)* seat bucket; ~**zahl** *f (Flzg)* seating capacity.

**Skal | a** *f* scale; dial; *Abac-~~ (nav)* abac scale ***(Def)***; ~**enbeleuchtung** *f (Instr)* dial lighting; ~**enscheibe** *f* graduated dial; scale dial; ~**enteil** *m* scale division; ~**enteilung** *f* dial graduation.

**Skelett** *n (Konstr)* skeleton; ~ *des Körpers (Konstr)* body skeleton; ~**linie** *(Konstr)* skeleton *or* centre line; mean (camber) line ***(Def)***; *~~ eines Tragflügels* median line (of an aerofoil) ***(Def)***.

**Skipzone** *f (Nullkegel: Funkfeuer)* skip zone.

**Slip(pen)** *m (n) (Flzg zur Höhenverminderung)* sideslipping ***(Def)***; sideslip; *sl* slip; ~ *v* side-slip; slip.

**Slot** *m (Zeitraster: Flsich)* slot; ~**bezugspunkt** *m (Flsich)* slot reference point.

**Smog** *m (Industriedunst und Nebel)* smog (*short for* smoke and fog).

**Snaking** *n (Seiteninstabilität: Flzg)* snaking ***(Def)***.

**Soforthilfe** *f* immediate *or* on-the-spot aid.

**Sog | pumpe** *f* vacuum pump; suction pump; rotating-piston pump; ~**seite** *f (Prop)* suction face; ~**wirkung** *f* suction effect.

**Solar(energie)batterie** *f (el)* solar battery.

**Sold** *m (mil)* pay.

**Soldat** *m* soldier.

**Soll | anflugweg** *m (Flsich)* nominal approach path; ~**bruchstelle** *f (Flzg)* pre-determinded breaking point; preset breaking point; ~**flugweg** *m (Flbetr)* given flight path; ~**frequenz** *f (Funk)* assigned frequency; ~**gipfelhöhe** *f (Lfz)* calculated *or* design ceiling; ~**schub** *m (Turbo)* theoretical thrust; ~**stärke** *f (mil)* authorized strength; ~**wert** *m* calculated value; ideal value; rated value; desired value; theoretical value.

**Soloflug** *m* solo flight.

**Sommerzeit** *f* daylight saving time.

**Sonden | ballon** *m (met)* registering *or* sounding balloon ***(Def)***; ~**beobachtung** *f* **mit Radar** *(met)* radarsonde observation.

**Sonder | anhänger** *m (Kfz)* special trailer; ~**auftrag** *m (takt)* special mission; ~**einheit** *f (mil)* special unit; *Ausrüstungsnachweisung f für ~~ (US LW)* table of distribution, *abbr* T/D; ~**fahrzeug** *n (Kfz)* special-purpose vehicle; ~**flug** *m (LVerk)* extra *or* special flight; ~**flugpreis** *m (LVerk)* special (air) fare; ~**flugzeug** *n* special-purpose aircraft; ~**gerät** *n (mil)* special equipment; ~**laufbahn** *f (mil)* (specialist's) career; *(US)* speciality; ~**munition** *f* special-purpose ammunition; ~**verfügung** *f (mil)* special order; ~**verpflegung** *f* special rations *pl*; ~**-VFR-Flug** *m (Flugs)* special VFR flight ***(Def)***; ~**waffe** *f* special weapon; ~**zweck** *m* special purpose; *Flzg für ~~e* special-purpose aircraft.

**Sonne** *f* sun; *(Funkfeuer)* consol beacon ***(Def)***; *gestörte ~* bursty sun; *wahre ~ (Astronav)* true sun.

**Sonnen | aufgang** *m* sunrise; ~**azimut** *m & n (nav)* sun's azimuth; ~**bahn** *f (scheinbare ~~)* ecliptic; ~**blende** *f* sun blind *or* shield; sund shade; ~**bö** *f (met)* heat eddy; ~**energie** *f* solar energy; ~**fackel** *f* solar flare; ~**fleck** *m* sunspot; ~**fleckenzahl** f sunspot number; ~**höhe** *f (nav)* altitude of the sun; height of the sun; ~**kompass** *m* sun compass ***(Def)***; solar compass; ~**peilung** *f (Astronav)* sun direction finding; ~**ring** *m* solar halo; ~**schutzsalbe** *f* sun cream; sun lotion; ~**stand** *m* position of the sun; altitude of the sun; height of the sun; ~**standlinie** *f (nav)* base-line from the sun; bearing from the sun; ~**strahlung** *f* solar radiation; insolation; ~**stunde** *f* solar hour; ~**tag** *m* solar day; ~**untergang** *m* sunset; sundown; ~**wärme** *f* solar heat; ~**zeit** *f* solar time; *mittlere ~~* mean solar time.

**Space Shuttle** *n (Raumfähre)* space shuttle.

**Späh | trupp** *m (takt)* patrol; ~**truppführer** *m* patrol leader; ~**trupptätigkeit** *f* patrol activity; ~**wagen** *m* scout *or* patrol car.

**Spake** *f (Handradsteuerung: Flzg)* wheel grip.

**Spalt** *m (Tragfläche)* slot; ~**absaugung** *f (Turbo)* slot-syphoning; ~**filter** *m* centrifugal filter; multidisk filter; ~**flügel** *m (Flzg)* slotted wing *or* aerofoil ***(Def)***; ~**hilfsflügel** *m (Flzg)* split flap; ~**klappe** *f (Flzg)* slotted flap ***(Def)***; ~**kühler** *m* slotted cooler; ~**querruder** *n (Flzg)* slotted aileron ***(Def)***; ~**ungspunkt** *m (aerodyn)* point of separation; burble point; branching point; bifurcation point; ~**verkleidung** *f (Klappen; Schlitze)* slot covering *or* sealing.

**Spann | beton** *m* pre-stressed concrete; ~**bolzen** *m span* bolt; ~**draht** *m (Flzg)* span *or* guy *or* tension wire; ~**en** *v (Spanndrähte)* tighten; *(Waffe)* cock; ~**feder** *f (allg)* tension spring; (M.G.) cocking spring; ~**kabel** *n (Flzg)* brace *or* bracing wire *or* cable; ~**lack** *m* stiffening dope *or* varnish; ~**schloss** *n (Flzg)* turnbuckle; ~**ung** *f (von Werkstoffen)* stress; *(el)* voltage; *(Bespannstoff)* tautness; *augenblickliche od kurzzeitige ~~ (stat)* momentary stress; *unter ~~ (el)* alive; energized; ~**ungsabfall** *m (el)* voltage *or* potential drop; ~**ungsanzeiger** *m (el)* voltmeter; *(allg)* tension indicator; ~**ungsknoten** *m (el)* voltage mode; ~**ungslos** (el) dead; ~**ungsmesser** *m (el)* voltmeter; ~**ungsregler** *m (el)* voltage regulator; ~**ungsverhältnis** *n (Konstr)* stress ratio ***(Def)***; ~**ungsverlauf** *m (Konstr)* diffusion ***(Def)***; ~**weite** *f (Flzg)* span ***(Def)***; *gesamte ~~ (Full)* span; *halbe ~~* semispan; *in Richtung der ~~* span-wise; *unendliche ~~* infinite span; ~**weitenbelastung** *f (Konstr)* span loading ***(Def)***.

**Spant** *m (Flzg)* frame; former; bulkhead ***(Def)***; *verstärkter* ~ reinforced frame; ~**ring** *m (Flzg)* frame; former.

**Spar|flug** *m* economical cruising; ~**fluggeschwindigkeit** *f* economical speed; ~**gemisch** *n (Flmot)* economical *or* weak *or* lean mixture; ~**leistung** *f (Flmot), höchste* ~~ maximum weak mixture power; ~**regler** *m (Sauerstoff-~~)* economizer ***(Def)***; ~**reiseflug** *m* economical cruising.

**Spätzündung** *f (Flmot)* retard(ed) *or* delayed *or* late ignition.

**Spediteur** *m* freight forwarder.

**Speicher** *m (EDV)* memory; *automatischer* ~ *(Tel)* automatic relay; ~**element** *n (EDV)* storage unit; ~**programmiert** *(EDV)* memory-programmed.

**Speise|anlage** *f* feed system; ~**leitung** *f (Flmot)* feed pipe; *(Fernm)* feeder; ~**pumpe** *f* feed pump; ~**raum** *m (mil)* dining hall *or* room; mess.

**Spektr|alanalyse** *f* spectral analysis; ~**um** *n* spectrum.

**Sperr|ballon** *m (LKr)* barrage balloon ***(Def)***; *sl* pig; *sl* Belinda; ~**bereich** *m (zwischen Notruffrequenzen: Funk)* guard band; *(Fernm)* rejection band; ~**drachen** *m (LKr)* barrage kite; ~**e** *f (mech)* latch; *(Jagd: LKr)* fighter patrol; ~**e fliegen** *v (takt)* loiter; fly on (defensive) patrol; ~**efliegen** *n od* ~**flug** *m (takt)* loitering (flight); air loitering; ~**en** *v (Flzge od Besatzungen vom Fliegen)* ground ***(Def)***; *(mech)* lock; block; bind; ~**feuer** *n (Kr)* barrage fire; ~**gebiet** *n (Flsich)* prophibited *or* restricted area ***(Def)***; ~**holz** *n* plywood; ~**holzhaut** *f (Flzg)* plywood covering; ~**holzverkleidung** *f* plywood fairing; ~**klinke** *f* (lock) pawl; ratchet; safety-catch; ~**schritt** *m (Fernschr)* stop element; ~**ungsfeuer** *n (Bod)* unserviceability light; ~**ungsmarken** *f/pl (Bod)* unserviceability markings *pl*; ~**vorspannung** *f (Fernm)* cut-off bias.

**Spezialfrachtsatz** *m (LVerk)* specific commodity rate.

**spezifisch|e Masse** *f* specific mass; ~**e Wärme** *f (met)* specific heat; ~**er Verbrauch** *m (Flmot)* specific consumption ***(Def)***; ~**es Gewicht** *n* specific gravity.

**Sphäroid** *n* spheroid.

**Spiegel|eis** *n (met)* frost; glaze; ~**kompass** *m* mirror *or* reflecting compass; ~**symmetrisch** mirror-symmetric; ~**teleskop** *n* mirror telescope; ~**visier** *n* mirror sight ***(Def)***.

**Spiel** *n (der Steuerung)* slack *or* backlash *(of the controls)*; ~**raum** *m* margin; *stiller od versteckter* ~~ *(Reserve: Konstr)* hidden margin.

**Spinachse** *f (Flbetr)* spin axis.

**Spindel** *f* spindle; ~ *des Verankerungskonus (Lfz l)* mooring spindle ***(Def)***; ~**bock** *m (Flzg-Wartung)* trestle; ~**förmiger Körper** *m (Konstr)* waisted body; ~**förmiger Rumpf** *m (Flzg)* waisted fuselage.

**Spion** *m* spy; ~**age** *f* espionage; ~**ageabwehr** *f* counter-espionage.

**Spiral|abtastung** *f (Radar)* spiral scanning; ~**bewegung** *f (Stab) (angefachte aperiodische* ~~*)* spiral divergence ***(Def)***; ~**e** *f* spiral; ~**(en)flug** *m* spiral flight; ~**gleitflug** *m* spiral glide ***(Def)***; ~**stabilität** *f (Flzg)* spiral stability ***(Def)***; ~**stechflug** *od* ~**sturzflug** *m (Flbetr)* spiral dive.

**spitzbogenförmig** *(Tragflügel)* ogival.

**Spitzen|begrenzung** *f (Fernm)* peak clipping; ~**belastung** *f (el)* peak load; *(Fernm)* load(ing) peak; ~**bö** *f (met)* peak gust; ~**feuer** *n (Bod)* top light; ~**geschwindigkeit** *f (Flzg)* top *or* terminal speed; ~**gruppe** *f (takt)* advanced element *or* squad; ~**kreisfläche** *f (Prop)* disk area ***(Def)***; ~**umfangsgeschwindigkeit** *f (Luftschraube)* tip speed; ~**wert** *m (Fernm)* crest value; ~**wertzerhacker** *m (Niederfrequenz-~~: Fernm)* audio peak chopper; ~**wirbel** *m (Luftschraube)* tip vortex.

**Splint(bolzen)** *m* split pin.

**Splitcharter** *m (LVerk)* split charter.

**Splitter|bombe** *f (LKr)* fragmentation *or* anti-personnel *or* splinter bomb; ~**schutz** *m* splinterproof protection; anti-splinter cover; *(Flzg-Boxe)* revetment; ~**wirkung** *f* fragmentation *or* splinter effect.

**Spoiler** *m (Störklappe: Flzg)* spoiler ***(Def)***; *durchbrochener od perforierter* ~ punched spoiler.

**Sporn** *m (Flzg)* (tail) skid; ~**feder** *f (Flzg)* tailskid spring; ~**federung** *f* tailskid springing; ~**rad** *n (Flzg)* tail wheel; *schwenkbares* ~~ castering *or* castoring tail wheel; *steuerbares* ~~ steerable tail wheel; ~**radfahrwerk** *m (Flzg)* tail-wheel landing gear ***(Def)***; ~**schlepp** *m (Flzg am Boden)* tailskid towing; ~**strebenachse** *f* spindle axis; ~**wagen** *m* towing dolly.

**Sport|flieger** *m* sport flyer; ~**fliegerei** *f* sports flying; sporting flying; flying for sport; ~**flugwesen** *n* sports flying; ~**flugzeug** *n* sport(s) *or* sporting aeroplane.

**Sprache** *f* speech; voice; *offene* ~ *(Sprechfunk)* plain language ***(Def)***.

**Sprech|audiometrie** *f* speech audiometry; ~**frequenz** *f (Funk)* audio frequency; ~**frequenzband** *n (Funk)* voice frequency (bland); ~**funk** *m* radio telephony, *abbr* R/T ***(Def)***; *UKW-~~ auf dem Rollfeld (Flsich)* airport VHF R/T; ~**funker** *m (Flsich)* radio telephony operator; ~**funknetz** *n* radio telephony network ***(Def)***; ~**garnitur** *f (Funk)* headset; ~**geschwindigkeit** *f (Sprechfunk)* rate of speech; ~**gruppen** *f/pl (Sprechfunk)* phraseology; ~**knopf** *m (Flzg-funk)* microphone button, *abbr sl* mike button; press-to-speak *or* press-to-talk button; ~**schalter** *m (Funk)* push-to-talk switch; ~**taste** *f (Flzg)* microphone switch; speaking key; press-to-talk key; ~**übertragung** *f (Fernm)* speech transmission; ~**verbindung** *f* voice communication; speech circuit; ~**verkehr** *m (Funk)* radio telephony traffic, *abbr* R/T traffic; *Drehfunkfeuer n für* ~~ VHF rotating talking beacon ***(Def)***; ~~*„Pilot-Lotse" (Flsich)* "pilot-controller" system.

**Spreiz|klappe** *f (Flzg)* split flap ***(Def)***; *(Flmot)* (controllable) gill; ~**klappenring** *m* frill; ~**lafette** *f (Art)* split-trail gun carriage.

**Spreng|bombe** *f (LKr)* demolition *or* (high) explosive bomb, *abbr* HE bomb; ~**granate** *f (Art)* high-explosive shell; ~**kapsel** *f* detonator; blasting cap; ~**kommando** *n (Pioniere)* demolition party; *(Bomben)* bomb disposal unit; ~**kraft** *f* explosive force; ~**körper** m explosive device; ~**ladung** *f (Bombe)* blasting *or* bursting charge; ~**punkt** *m (Flak)* burst(ing point); ~**ring** *m* snap ring; ~**satz** *m* explosive device; ~**stoff** *m* high explosive, *abbr* HE; ~**stoffprüfgerät** *n* explosive-detecting device; ~**trichter** *m* (bomb *or* mine *or* shell) crater; ~**vorrichtung** *f* explosive device; ~**wirkung** *f* explosive *or* burst effect; ~**wolke** *f* burst smoke *or* cloud; ~**zünder** *m* detonating fuse *or* fuze.

**spring|en** *v (Flzg bei Landung)* bounce; ~**en** *n (Flzg bei Landung)* bouncing; rebound; *(Flugboot beim Wassern)* skipping off; ~**hochwasser** *n* spring tide; *mittleres ~~* high water ordinary spring tides *pl*; mean high water springs *pl, abbr* MHWS; ~**flut** *od* ~**tide** *f* spring tide.

**Spritz|lack** *m* spray lacquer; ~**pistole** *f (Flzg-Maler)* spray gun; ~**wasser** *n* (water) spray; ~**wasserleiste** *f (Flugboot)* spray strip.

**Spruch** *m (Funk)* message; *verschlüsselter ~* cryptogram; *~ aufliefern v* hand in a message; *unerledigter ~* pending message.

**Sprüh|flug** *m* plant-spraying flight; ~**flüge** *m/pl* aerial *or* crop dusting *or* spraying; ~**gerät** *n (chem aus Flzg)* spray apparatus; ~**nebel** *m (met)* spray; ~**regen** *m (met)* drizzle ***(Def)***; *vereisender ~~ (met)* freezing drizzle.

**Sprung** *m* leap; jump; *(Material)* crack; flaw; ~**start** *m (Heli)* jump(ing) take-off ***(Def)***.

**Spule** *f (el)* coil; ~**nantenne** *f (Funk)* coil antenna.

**Spur|fehler** *m (Luftschraube)* out-of-track ***(Def)***; ~**weite** *f (Fahrwerk)* (wheel) track ***(Def)***; width of landing gear; tread ***(Def)***; ~**zwang** *m (Bug- und Spornrad)* self-alignment.

**Squid** *m (Schluckform: Para)* squid ***(Def)***.

**SSR|-Antwort** *f (Radar)* secondary surveillance radar response, *abbr* SSR response; ~**-Modus** *m (Flsich)* SSR mode.

**Staat** *m* state; *beitragender ~ (ICAO)* contributing state; *~, der Dienste und Einrichtungen (bereit)stellt (ICAO)* provider state, *unterstützter ~ (ICAO)* supported state; ~**sbehörden** *f/pl* public authorities *pl*; ~**sgebiet** *n* territory of a state; ~**sgrenze** *f* state boundary; ~**sluftfahrzeug** *n* state aircraft; ~**szugehörigkeits- und Eintragungszeichen** *n/pl (Lfz: ICAO)* nationality and registration marks *pl*.

**Stab** *m (mil)* staff; headquarters (personnel); ~**antenne** *f (Funk)* rod *or* whip antenna; flagpole *or* spike antenna; ~**brandbombe** *f (LKr)* stick-type incendiary bomb; ~**ile Schwingung** *f (Stab)* stable oscillation ***(Def)***; ~**ilisatorkraftsteuergerät** *n (Flzg)* tailplane servo (unit); ~**ilisierungsfallschirm** *m* stabilizing parachute ***(Def)***; ~**ilisierungsfläche** *f (Flzg)* tailplane stabilizer; stabilizing surface; ~**ilisierungsflosse** *f (Flzg)* (stabilizing) fin; ~**isierungskörper-Zwischenwand** *f (Lfz l)* stabilizer diaphragm ***(Def)***; ~**ilisierungswülste** *f/pl (Lfz l)* stabilizer ***(Def)***.

**Stabilität** *f* stability ***(Def)***; *absolute ~ (Lfz)* absolute stability; *aerodynamische ~* aerodynamic stability; *aperiodische ~* aperiodic stability; *ausreichende ~* sufficient stability; *dynamische ~* dynamic stability ***(Def)***; *künstliche f (Flzg)* artifical stability; *sichere ~*reliable stability; *~ um die Längsachse (Flzg)* rolling *or* lateral stability ***(Def)***; *~ um die Längs- und Hochachse (Flzg)* transverse stability; *~ um die Querachse (Flzg)* pitching or longitudinal stability ***(Def)***; ~**sbedingung** *f* condition of stability ; ~**sderivativa** *n/pl* stability qualities *pl* ***(Def)***; ~**sfaktor** *m* stability margin; ~**sgrenze** *f* stability limit; ~**sreserve** *f* stability margin; ~**stheorie** *f* stability theory; ~**sverhalten** *n (Lfz)* stability qualities *pl*.

**Stab|magnet** *m* bar magnet; ~**sbefehl** *m (mil)* staff order; ~**schef** *m (mil)* chief of staff; ~**sfeldwebel** *m (LW E)* Sergeant Major; *(LW US)* Technical Sergeant; ~**shelferin** *f (LW)* woman auxiliary; ~**skompanie** *f* headquarters company; ~**soffizier** *m (Offizier beim Stabe)* staff officer, *(Major bis Oberst)* field officer; ~**squartier** *n (mil)* headquarters *pl*.

**Stachel|bombe** *f (LKr)* nose-spiked bomb; ~**draht** *m* barbet wire; ~**drahthindernis** *n* barbed-wire obstacle *or* entanglement.

**Stack** *m (Höhenstaffelung: Flsich)* stack ***(Def)***.

**Stadt** *f* town; city; ~**flughof** *m (LVerk)* city air terminal.

**Städteflug** *m (LVerk)* city flight.

**Staffel** *f (LW)* squadron; ~**flugplatz** *od* ~**fliegerhorst** *m (LW)* squadron (main) airfield; ~**flugzeugführer** *m (LW)* line pilot; ~**führer** *m (LW)* acting squadron commander; ~**kapitän** *m (LW E)* officer commanding a squadron, *abbr* OC Squadron; *(LW US)* squadron commander; ~**keil** *m (Verbandsflug)* squadron wedge; ~**kolonne** *f (Verbandsflug)* squadron column; ~**n** *v (Flbetr)* stagger; echelon; *(Flsich)* separate; ~**ung** *f (Doppeldeckertragflächen)* stagger ***(Def)***; *(Flbetr)* echeloning; *(Flsich)* separation; *geographische ~~ (Flsich)* geographical separation; *konventionelle ~~ (Flsich)* nonradar *or* procedural separation ***(Def)***; *~~ nach hinten (Tragflächen)* negative stagger; ~~ nach Zeit *(Flsich)* separation in time (units); *~~ ohne Radar (Flsich)* non-radar *or* procedural separation; *~~ von Luftfahrzeugen (Flsich)* separation of aircraft; *zeitliche ~ (Flsich)* separation in time (units); ~**ungsmindestwerte** *m/pl (Flsich)* separation minima *pl*; ~**ungsnormen** *f/pl (Flsich)* separation standards *pl*; ~**verband** *m (Verbandsflug)* squadron formation; ~**wartung(sdienst)** *f(m) (LW)* organizational maintenance.

**Stahl|helm** *m (mil)* helmet; ~**holm** *m (Flzg)* steel spar; ~**kerngeschoss** *n* steel-core *or* amour- (*US* armor-)-piercing bullet; ~**mattenpiste** *f (Bod)* steel mesh runway; ~**platte(nbelag)** *f(m) (Bod)* pierced steel plank(ing), *abbr* PSP; ~**plattenstartbahn** *f* pierced-steel-plate runway, *abbr* PSP runway; ~**röhrenrumpf** *m (Flzg)* steel tube fuselage; ~**rohrfachwerk** *n (Flzg)* steel tube framework; tubular steel frame; ~**rohrrumpf** *m (Flzg)* fuelage of steel-tubing framework.

**Stamm|einheit** *f (mil)* cadre *or* parent unit; ~**personal** *n (mil)* permanent staff; ~**truppenteil** *m (mil)* cadre *or* parent unit.

**Stampf|bewegung** *f (Flzg um Querachse)* pitching; *(Flugboot in Dünung)* porpoising; ~**en** *n (Flzg)* pitching; porpoising.

**Standard** *m* standard; ~**-Blindflugkurve** *f (Flbetr)* standard rate turn ***(Def)***; ~**-Höhenmessereinstellung** *f* standard altimeter setting; ~**-Instrumentenabflug(strecke)** *m(f) (Flbetr)* standard (instrument) departure (route), *abbr* SID; ~**-Instrumentenanflug** *m (Flbetr)* standard instrument approach; ~**-Instrumenteneinflug(strecke)** *m(f) (Flbetr)* standard (instrument) arrival (route); ~**isierung** *f* standardization; *Militärisches Amt für ~~, abbr* MAS Military Agency for Standardization, *abbr* MAS *(NATO)*; ~**isierungsabkommen** *n (NATO)* standardization agreement, *abbr* STANAG; ~**-leitstrahl-Anflug** *m (Flsich)* standard beam approach, *abbr* SBA; ~**-Loran** *n (nav)* standard loran; ~**staffelung** *f (Flsich)* standard separation; ~**wert** *m* standard value; ~**zeit** *f (nav)* standard time, *abbr* ST ***(Def)***.

**Stand|drehzahl** *f (Flmot)* bench *or* stand RPM; ~**festigkeit** *f* durability; survivability; ~**lauf** *m (Rak)* hold-down test; *(Flmot)* ground run; ~**linie** *f (nav)* line of position, *abbr* LOP ***(Def)***; position *or* base line; *~~ zur*

*Geschwindigkeitsbestimmung (nav)* speed line (of position); **~liniendreieck** *n (nav)* cocked hat ***(Def)***; **~motor** *m* stationary engine; **~nennschub** *m (Turbo)* basic dry (thrust) rating ***(Def)***; **~ort** *m (nav)* position; fix ***(Def)***; *(mil)* site; station; garrison; *(US)* post; *abgesetzter ~~* remote site; *~~ bestimmen v (nav)* make a fix; fix a position; *durch Parallelverschiebung ermittelter ~~ (nav)* running fix ***(Def)***; *ermittelter od festgelegter ~~ (nav)* fix ***(Def)***; *Franz-~~ (nav)* pinpoint ***(Def)***; *gekoppelter ~~ (nav)* position according to dead reckoning; DR position; *geographischer ~~* position; *Karten~~* map location; *~~ nach Funkpeilung* radio fix; *~~ ohne Windberücksichtigung (nav)* air position ***(Def)***; *~~ über Grund (nav)* ground position ***(Def)***; *vertikaler ~~ (Flbetr)* vertical position; *wahrscheinlichster ~~ (nav)* most probable position ***(Def)***; **~ortältester** *m (mil)* station *or* garrison commander; *(US)* post commander; **~ortanzeigegerät** *n (Lfz)* air-position indicator ***(Def)***; **~ortbestimmung** *f (nav)* position fixing; *Hilfsmittel n/pl zur ~~* fixing aids *pl* ***(Def)***; **~orteinzeichnung** *f (nav)* position plotting; **~ortfehler** *m (nav)* fix error; **~ortgebundene Ausrüstung** *f (für mil-Einheiten: US LW)* unit support equipment, *abbr* USE; **~ortkommandantur** *f (mil)* station or garrison headquarters *pl*; *(US)* post headquarters *pl*; **~ortmeldung** *f (Flsich)* position report, *abbr* PX ***(Def)***; **~platz** *f (Lfz am Bod)* (operational) stand; loading stand; **~(prüf)lauf** m (Flmot) bed *or* bench test; **~prüfung** *f (Flmot)* bench *or* static test; **~recht** *n (mil)* martial law; **~rechtlich** under martial law; **~schub** *m (Prop)* static thrust ***(Def)***; *(Turbo)* static jet thrust ***(Def)***; **~schubmessung** *f (Turbo)* static thrust test; **~schwingungsversuch** *m* static vibration test; **~visier** *n* fixed sight; **~zeichen** *n (Radar)* permanent echo; **~zeichenlöschung** *f (Radar)* permanent echo cancellation; moving target(s) indicator, *abbr* MTI ***(Def)***; **~zeit** *f (Werkzeug)* edge life (of a tool); *(bis zum nächsten Einsatz: LVerk usw)* turnaround ***(Def)***; *(am Umkehrort)* turnaround time.

**Ständige| Gruppe** *f (NATO)* Standing Group, *abbr* SG; **~r Befehl** *m (mil)* standing order.

**Stan|ge** *f* boom; pole; bar, rod; **~gensteuerung** *f (Flzg)* rod *or* push-pull control; **~iolstreifen** *m (allg)* tinfoil (strip); *(Radar)* "window"; chaff.

**Stanzstreifen** *m (Fernm)* chad tape.

**Stapellauf** *m (Flugboot)* launching.

**Stapeln** *n (Lfz: Flsich)* stacking (of aircraft).

**stark|er Wind** *m (Beaufort-Stärke 6: met)* strong breeze ***(Def)***; **~es Überziehen** *n (Flbetr)* deep stall; **~motorig** *(Flzg)* high-powered; **~strom** *m (el)* heavy *or* power current; **~stromleitung** *f (el)* power line; **~wandig** thick-walled.

**starr** *(Bordwaffe)* fixed(-based); **~e Decke** *f (Piste)* rigid pavement; **~e Kanone** *f (Bordwaffe)* fixed gun; **~es Luftschiff** *n* rigid airship ***(Def)***; **~flügler** *m (Flzg)* (fixed-wing) aeroplane; **~luftschiff** *n* rigid airship; Zeppelin; **~luftschraube** *f* fixed-pitch *or* fixed-blade propeller; **~schmiere** *f* hard *or* solid lubricant; **~verbundenes Blatt** *n (Heli)* rigidly-mounted blade ***(Def)***.

**Start** *m (allg)* start; *(Flzg)* take-off ***(Def)***; *(Flzg-Katapultstart)* launching: *(FK)* launch ***(Def)***; *~ abbrechen v (Flbetr)* abort (take-off); *~ aus dem Rollen (Flbetr)* running(-type) take-off; *~* **mit Raketen(start)hilfe** *(Flbetr)* rocket-assistend take-off, *abbr* RATO; *~ mit Seitenwind* cross-wind take-off; *~* **mit Starthilfe** assisted take-off; jet-assisted take-off, *abbr* JATO ***(Def)***; *~ unter Instrumentenwetterbedingungen (Flbetr)* IMC take-off; **~abbruch** *m (Flbetr)* abandoned *or* interrupted *or* rejected *or* aborted take-off; **~abbruchstrecke** *f (Flbetr)* accelerate-stop distance; *erforderliche ~~* (Flbetr) accelerate-stop distance required; *verfügbare ~~ (Bod)* accelarate-stop distance available, *abbr* ASDA ***(Def)***; **~anlage** *f (FK)* launching installation; **~bahn** *f (Bod)* runway; **~bahnfeuer** *n (Bod)* runway lieght; **~bereich** *m (Bod)* take-off area ***(Def)***; **~bereit** *(Flzg)* ready for *or* to take off; **~beschleunigung** *f* start acceleration; **~dauer** *f (Flbetr)* time to take-off ***(Def)***; **~drehzahl** *f (Flmot)* take-off RPM; **~druck** *m (Lader)* take-off boost; *(Luftschraube)* propeller thrust (at take-off); **~en** *v* take off; launch; start; **~en** *n (Flbetr)* taking-off ***(Def)***; **~er** *m (Flmot)* starter; **~erbatterie** *f* starter battery **~erklappe** *f (Vergaser)* choke; **~erlaubnis** *f (Flsich)* clearance *or* permission to take off; **~fähigkeit** *f (Lfz)* take-off ability; **~fläche** *f (Bod)* take-off surface ***(Def)***; **~flugbahn** *f (Flbetr)* take-off flight path; **~flugbahnbereich** *m (Bod)* take-off flight path area; **~flugbahnfläche** *f* take-off flight path surface; **~flugplatz** *m* aerodrome of departure; **~flugweg** *m (Flbetr)* take-off flight path; **~flugwegbereich** *m (Bod)* take-off flight path area; **~flugwegfläche** *f* take-off flight path surface; **~folge** *f (Flbetr)* take-off sequence; **~gebühren** *f/pl (LVerk)* take-off fees *pl*; **~gerät** *n (FK)* launcher ***(Def)***; **~geschwindigkeit** *f (Flbetr)* take-off speed ***(Def)***; *sichere ~~ (Flbetr)* take-off safety speed ***(Def)***; **~gewicht** *n (Flzg)* take-off weight; **~haken** *m (Träger-Flzg)* release *or* take-off hook; **~hilfe** *(allg)* take-off aid *or* assistance; *Start m mit ~~ (Flbetr)* jet-assisted take-off, *abbr* JATO ***(Def)***; **~höchstmasse** *f (Lfz)* maximum take-off weight ***(Def)***; **~impuls** *m (Fernschr)* start impulse; **~katapult** *n (Flzg-Träger)* start catapult; **~klappenstellung** *f (Flzg)* take-off flap position *or* setting; **~klar** *(Flzg)* ready to *or* for take-off; **~ladedruck** *m (Flmot)* take-off boost *or* manifold pressure; **~länge** *f* take-off distance; **~lauf** *m (Flbetr)* take-off run ***(Def)***; **~laufabbruch** *m (Flbetr)* accelerate stop; aborted take-off; **~laufabbruchstrecke** *f* accelerate-stop distance; *erforderliche ~~* accelerate-stop distance required; *verfügbare ~~* accelerate-stop distance available, *abbr* ASDA ***(Def)***; **~laufstrecke** *f (Flbetr)* take-off run ***(Def)***; *erforderliche ~~ (Flbetr)* take-off run required; *verfügbare ~~ (Bod)* take-off run available ***(Def)***; ~ ~ (*od* **Lande(lauf(strecke)** *m(f) (Land-Lfz)* ground run; (See-Lfz) water run; **~leistung** *f (Flmot)* (maximum) take-off power *or* rating; take-off horsepower ***(Def)***; *(Lfz)* take-off performance; *höchste ~~ (Flmot)* maximum take-off power ***(Def)***; **~mannschaft** *f (Segelflugzeug)* starting *or* launching crew; **~masse** *f (Lfz)* take-off *or* gross weight ***(Def)***; *höchstzulässige Lizenz-~~ (Lfz)* maximum licensed take-off weight ***(Def)***; *höchstzulässige ~~ (Lfz)* maximum take-off weight ***(Def)***; **~nennleistung** *f (Flmot)* take-off power rating ***(Def)***; **~nennleistung** *bzw.* **~schub** *m (Turbo)* take-off power and/or thrust rating ***(Def)***; **~piste** *f (Bod)* take-off *or* departure runway; **~plattform** *f (FK)* launch pad ***(Def)***; **~platz** *m* point of departure; starting point (of flight); .**~punkt** *m (Flbetr)* take-off point ***(Def)***; **~rakete** *f* booster *or* RATO rocket (RATO = rocket-assisted take-off); **~richtung** *f (Flbetr)* take-off direction; **~schacht** *m (Rak)* launch(ing) silo; **~schleuder** *f (Flzg-Träger)* start catapult; **~schritt** *m (Fernschr)* start element; **~schub** *m (Turbo)* take-off thrust; **~schubphase** *f (FK)* booster phase; **~seil** *n (Segelflug)* launching rope; shock cord ***(Def)***; **~silo** *m (Rak)* launch(ing) silo; **~steigfluggeschwinddigkeit** *f (Flbetr)* climb-out speed; **~steigflugleistung** *f (Lfz)* first stage climb performance; **~steiggeschwindigkeit** *f* take-off rate of climb; **~steigleistung** *f (Lfz)* take-off climb performance; **~stellung** *f* **der Klappen** *(Flbetr)* take-off flap position *or* setting; **~steuerung** *f (Rak)* launch control; **~-Stop-Alphabet** *n (Fernschr)* start-stop code; **~strecke** *f (Flzg)* take-off run ***(Def)***; take-off distance; *erforderliche ~~ (Flbetr)* take-off distance required; *verfügbare ~~ (Bod)* take-off distance available, *abbr* TODA ***(Def)***; **~stufe** *f (Rak)* launch(ing) stage; **~triebwerk** *n (Lfz & FK)* booster (unit) *(Def)*; ~**turm** *m (Rak)* launching tower; ~**überwachungsanlage** *f (Flsich)* take-off monitoring system; ~- **und Landebahn** *f (Bod)* runway *(Def)*; ~- **und Landeeigenschaften** *f/pl (Lfz), abbr SLE* take-off and landing characteristics, *abbr* TOLC; ~- **und Landestreifen** *n (Bod)* (landing) strip *(Def)*; ~- **und Landestreifenfeuer** *n (Bod)* strip light; ~**verfahren** *n (Flbetr)* take-off procedure *or* method; *lärmreduziertes od ~reduzierendes ~~* reduced-noise take-off method; ~**vorrichtung** *f (FK)* launching installation; *mobile ~~ (FK)* mobile launcher; ~**wagen** *m (Rak)* launching trolley; ~**weg** *m (Flbetr)* take-off path; ~**zeichen** *n* starting signal; ~**zeit** *f* take-off *or* departure time *(Def)*; *voraussichtliche ~~ (Flsich)* estimated time of departure, *abbr* ETD; *vorgesehene ~~* proposed time of departure; ~**zone** *f* take-off zone; ~**zustand(sform)** *m(f) (Lfz)* take-off configuration.

**Stat|ik** *f (Gleichgewichtslehre)* statics *pl*; *~~ fester Körper* statics of solid bodies *or* of solids *pl*; ~**ikfrei** *(el)* static-free; ~**ion** *f* station; *auf ~~ (Flsich)* on station *(Def)*; *außerterrestrische ~~ (Raumfahrt)* space station; *nicht auf ~~ (Flsich)* off station *(Def)*; ~**ionärer Geradeaus-** *od* **Horizontalflug** *m (Flbetr)* steady straight flight; ~**ionskennziffer** *f (met)* station index number; ~**isch** static; ~**isch instabiles Flugzeug** *n* statically unstable aeroplane; ~**isch stabiles Flugzeug** *n* statically stable aeroplane; ~**ische Belastung** *f (Konstr)* static load *(Def)*; ~**ische Berechnung** *f* stress analysis; ~**ische Höhe** *f (Lfz l)* static ceiling *(Def)*; ~**ische Kontrolle** *f* stress-strain analysis; static strength check; ~**ische Stabilität** *f (Lfz)* static stability *(Def)*; ~**ischer Auftrieb** *m* static lift *(Def)*; ~**ischer Ausgleich** *m (Prop)* static balance *(Def)*; ~**ischer Druck** *m* static pressure *(Def)*; ~**ischer Massenausgleich** *m (Steuerruder: Flzg)* static balance *(Def)*; ~**ischer Segelflug** *m* static soaring; ~**isches Druck(mess)rohr** *n (Instr)* static-pressure tube *(Def)*; ~**isches Luftloch** *n (Instr)* static vent *(Def)*; ~**isches Pitotrohr** *n (Instr)* pitotstatic tube *(Def)*; ~**istik** *f* statistics *pl*; ~**orschaufel** *f (Turbo)* stator vane; ~**oskop** *n* statoscope *(Def)*; rate of climb indicator; climb-and-dive indicator; ~**oskopvariometer** *n* statoscope variometer.

**Staub|bö** *f (met)* dust squall; ~**brennstoff** *m (Rak)* powdered fuel; ~**dunst** *m (met)* dust haze; ~**fegen** *n (met)* drifting dust; ~**förmiger Treibstoff** *f (Rak)* powered propellant; ~**partikel** *f* dust particle; ~**sturm** *m* dust storm *(Def)*; ~**teilchen** *n* dust particle; ~**teufel** *m (Sandhose)* dust devil *(Def)*; ~**treiben** *n (met)* rising *or* blowing dust; ~**trombe** *f (met)* dust devil *(Def)*; ~**wirbel** *m (met)* dust whirl.

**Stau** *m (aerodyn)* ram (pressure); ~**druck** *m (aerodyn)* ram(ming) *or* impact *or* dynamic pressure *(Def)*; ~**druckdüse** *f* pitot tube; ~**druckfahrtmesser** *m* pressure-head *or* velocity-head speed indicator; pitot tube; ~**drucklufteinlass** *m (Turbo)* ram air intake; ramming intake *(Def)*; ~**druckmesser** *m (Flzg)* pressure head *(Def)*; airspeed indicator; *~~ mit Staurohr (Instr)* pitotstatic airspeed indicator; ~**druckmesseranzeige** *f* airspeed indicator readling; indicated airspeed; ~**druckrohr** *n* pitot tube; ~**druckverhältnis** *n* dynamic pressure ratio; ~**düse** *f* piltot *or* static *or* pressure tube; ~**düsenheizung** *f* pitot-head heating; ~**effekt** *m (aerodyn)* ram reffect; ~**freier Lufteinlass** *m (Flmot)* nonramming intake *(Def)*; ~**punkt** *m (aerodyn)* stagnation point *(Def)*; ~**raum** *m (Flmot)* air scoop; ~**regen** *m (met)* orographic rain; ~**rohr** *n* pitot *or* static *or* pressure tube *(Def)*; ~**rohrheizung** *f* pitot-head heater *or* heating; ~**rohrkopf** *m* pitot(-static) head; ~**strahl-Marschtriebwerk** *n (Turbo)* propulsion ramjet; ~**strahltriebwerk** *n (Turbo)* ramjet (engine) *(Def)*, aero-thermo-dynamic duct, *abbr* athodyd; *Turbinen-~~ (Turbo)* turboramjet engine *(Def)*; ~**temperatur** *f* stagnation temperature; ~**ung** *f (Flmed)* blockage; *~~ des Luftverkehrs* congestion of air traffic; ~**wirkung** *f (met)* blocking effect.

**Stechflug** *m (Flbetr)* dive *(Def)*; ~**geschwindigkeit** *f (Flzg)* flight diving speed.

**Steck|dose** *f (el)* socket; ~**er** *m (el)* plug; ~**erleiste** *f (el)* plug board; ~**kontakt** *m* plug contact *or* point; socket; ~**schlüssel** *m* box spanner.

**Steg** *m (Tragfläche)* (spar) web; *(zwischen den Kolbennuten)* lands *pl*; ~**rippe** *f (Tragfläche)* web *or* wall(ed) rib.

**Steh|bolzen** *m* stud; ~**ende Luftschraube** *f* stationary propeller; dead stick *(Def)*; ~**ende Wellen** *f/pl (met)* standing waves *pl (Def)*; ~**wellenverhältnis** *n (met)* standing wave ratio.

**steif|e Brise** *f (met)* stiff breeze; ~**er Wind** *m (Beaufort-Stärke 7: met)* near gale *(Def)*; ~**igkeit** *f* stiffness, rigidity; *aerodynamische ~~* aerodynamic stiffness *(Def)*; ~**igkeitskriterium** *n (Konstr)* stiffness criterion *(Def)*; ~**igkeitsversuch** *m* stiffness test.

**Steig|bö** *f (met)* rising *or* up *or* vertical gust; ~**eisen** *n (Tel)* climbing iron; ~**en** *v (Flzg)* climb; ~**en** *n (Flzg)* climb; *(Ball)* rise; ascent; *(Nebel)* dissipation; ~**fähigkeit** *f (Flzg)* climbing ability *or* quality; ~**flug** *m* climb; climbing flight; *(Ball)* ascent (flight); *~~ bei Ausfall eines Triebwerkes (Flbetr)* one-engine-out climb; *einen ~~ ausführen v* climb the aircraft; *flacher ~~* light climb; *Geschwindigkeit f im ~~ (Flbetr)* climb speed; *steiler ~~* steep climb; *~~ zu Beginn des Streckenfluges (Flbetr)* initial en-route climb; ~**flugbeginn** *m (Flbetr)* climb-out; initial climb; ~**(flug)kurve** *f (Flbetr)* climbing turn; ~**flugleistung** *f (Flmot)* climb power; ~**(flug)leistungsanforderungen** *f/pl od* ~**erfordernisse** *n/pl (an das Lfz)* climb requirements *pl*; ~**(flug)strecke** *f* climbing distance; ~**(flug)winkel** *m* climb(ing) angle; ~**geschwindigkeit** *f* rate of climb *(Def) or* of ascent; *~~ in Bodennähe f* initial rate of climb; ~**geschwindigkeitsmesser** *m (Flzg)* rate-of-climb indicator; ~**höhe** *f (Ball)* ascent height; ~**kurve** *f (Flzg)* climb curve *or* turn; ~**leistung** *f (Lfz)* climb performance; *~~ in der Landezustandsform od ~bereitschaft (Lfz)* landing climb performance; ~**ung** *f (Luftschraube)* pitch; *Anschlag m für große ~~ (Prop)* coarse pitch stop; *Anschlag m für kleine ~~ (Prop)* fine pitch stop; *einstellbare ~~ (Prop)* adjustable pitch; *feste ~~* fixed pitch; *geometrische ~~* geometric pitch; *große ~~* coarse *or* high pitch; *kleine ~~* fine *or* low pitch; *negative ~~ (Bremswirkung der Luftschraube)* reverse pitch *(Def)*; *relative ~~ (Prop)* pitch diamter ratio; *Vergrößerung f der ~~ (Prop)* coarsening; *wirksame ~~ (Prop)* effective pitch; ~**ungsanzeiger** *m (Luftschraube)* pitch indicator; ~**ungseinstellung** *f (Prop)* pitch setting *(Def)*; ~**ungssteuerung** *f (Heli)* pitch control; *nicht-periodische ~~ (Heli)* collective pitch control *(Def)*; *periodische ~~ (Heli)* cyclic pitch control *(Def)*; ~**ungsverhältnis** *n* pitch ratio; ~**ungsverstellbereich** *m & n (Luftschraube)* pitch range; ~**ungswinkel** *m (Luftschraube)* blade *or* pitch angle; ~**vermögen** *n (Flzg)* climbing quality *or* capability; ~**winkel** *m (Flzg)* angle *or* gradient of climb; *„sicherer" ~~ (Flbetr)* net gradient (of climb) *(Def)*; ~**zeit** *f (Flzg)* rate *or* time of climb.

**Steil|anflug** *m (Flbetr)* steep *or* canyon approach; ~**einstellung** *f (Prop)* coarse adjustment or pitch; ~**er Anflug** *m (Flbetr)* steep *or* canyon approach; ~**er Landeanflug** *m (Flbetr)* canyon approach; ~**feuergeschütz** *n (art)* high-angle gun; ~**hang** *m* steep slope; ~**kurve** *f* tight *or* short-radius *or* steep turn; ~**stellung** *f (Prop)* coarse pitch;

*Anschlag m für ~~* coarse pitch stop; **~trudeln** *n (Flzg)* (steep) spin:

**Stell|e** place; stand; position; spot; figure; digit; *übergebende ~ (Flsich)* transferring unit; **~knopf** *m (Instr)* setting knob; **~motor** *m (Hydraulik)* actuator ***(Def)***; **~ring** *m (Zünder)* adjusting *or* setting ring; **~schlüssel** *m (Zünder)* fuse *or* fuze adjusting wrench; **~schraube** *f* adjusting screw; setscrew; **~ung** *f (Flak)* gun emplacement; *(takt)* position; *Blatt-V-~~ (Prop)* blade tilt ***(Def)***; *V-~~ (Tragflächen)* dihedral ***(Def)***; **~ungsnahme** *f (zu Beurteilungen: mil)* indorsement; **~ungskrieg** *m* position warfare.

**Steradiant** *m* steradian.

**Stereo|aufnahme** *f (Lphot)* stereoscopic picture; **~bild** *n (LPhot)* stereo-pair; **~skopisch** stereoscopic(al).

**Stern** *m* star; **auf die~e bezogen** *(nav)* sidereal ***(Def)***; **~bild** *n* constellation; **~e „schießen"** *v (nav)* take bearings (on the stars); **~flug** *m* air rally; **~helligkeit** *f* stellar brightness; **~karte** *f (nav)* celestial *or* star map; **~kunde** *f* astronomy; **~kundiger** *m* astronomer; **~motor** *m (Flmot)* radial (engine) ***(Def)***; *einreihiger ~~* single-row-radial (engine); **~schreiber** *m (Radar)* plan position indicator, *abbr* PPI ***(Def)***; **~stunde** *f (nav)* sidereal hour; **~tafel** *f (nav)* astro *or* star table; **~winkel** *m (nav)* sidereal hour angle; **~zeit** *f* sidereal time.

**Steuer** *n* control; *(Abgabe)* tax; **~anschlag** *m* control stop; **~ausschlag** *m (Flzg)* control deflection; angular displacement *or* movement *(of control surface)*; **~barkeit** *f (Flzg)* controllability; manoeuvrability (*US* maneuverability); *Erprobung f der ~~ (Lfz)* control(lability) test; *~~ um die Hochachse (Flzg)* directional controllability; *Verlust m der ~~ (Flbetr)* loss of control; **~(bedien)organe** *n/pl (Lfz)* flying controls *pl* ***(Def)***; **~betätigung** *f* operation ***or*** actuation of the controls; **~bord** *(rechts)* starboard; **~bordlicht** *n od* **~lampe** *f (Lfz)* starboard light; **~bord(licht)zeichen** *n (Lfz)* starboard signal; **~bordmotor** *m (Flzg)* right-side *or* starboard engine; **~druck** *m (Flzg-Steuerung)* stick force *or* pressure; control pressure; control feel ***(Def)***; feedback ***(Def)***; **~druckgefühl** *n (Flzg)* feel ***(Def)***; **~druckregler** *m (Lfz)* feel system; *künstlicher ~~ (Lfz)* artifical feel system ***(Def)***; **~drucksimulator** *m (Lfz)* artificial feel (system) ***(Def)***; *Feder- ~~ (Lfz)* spring feel system ***(Def)***; *q-~~ (Lfz)* q feel system ***(Def)***; **~effektivität** *f (Lfz)* control(-surface) power; **~fähigkeit** *f (Flzg)* manoeuvrability (*US* maneuverability); **~fehler** *m (Flzg)* pilot's error; **~fläche** *f (Leitwerk)* movable *or* control surface ***(Def)***; **~gerät** *n* control unit; **~geräteschrank** *m (Lfz)* control cabinet; **~gestänge** *n (Flzg)* control rods *pl*; **~gitter** *n (Funk)* control grid; **~(hand)rad** *n (Flzg)* control wheel; **~hebel** *m* control lever; *Kraft f am ~~* control (lever) force; **~horn** *n (Flzg)* control horn; **~impulsverstärker** *m (Radar)* trigger amplifier; **~klappe** *f (Flzg)* control flap; **~knüppel** *m (Flzg)* control lever; (control) stick ***(Def)***; *sl* joystick; *sl* beer-lever; **~knüppelausschlag** *m (Flzg)* stick deflection; **~knüppelauslenkung** *f* stick deflection; **~knüppelrüttler** *m (Überziehwarnung: Flzg)* stick shaker; **~knüppelrütteln** *od* **~schütteln** *n* stick shaking; **~kraft** *f (Flzg)* control *or* stick force ***(Def)***; **~kurs** *m (Flzg)* compass *or* steered course; *(nav)* heading ***(Def)***; *missweisender ~~ (nav)* magnetic heading; *rechtweisender ~~ (nav)* true heading ***(Def)***; **~kursanzeiger** *m (Instr)* heading indicator; **~kursrechner** *m* heading computer; **~kursstaffelung** *f (Flsich)* heading separation; **~kurswinkel** *m (nav)* heading angle; **~leistung** *f (Lfz)* control(-surface) power; **~los** *(Lfz)* out-of-control; **~moment** *n* control(ling) moment; **~motor** *m (Hydraulik)* actuator *m* ***(Def)***; **~n** *v* steer; *(regeln)* control; *(Flzg)* pilot ***(Def)***; **~organ** *n (Flzg)* control element; **~organe** *n/pl (Lfz)* flight *or* flying controls *pl* ***(Def)***; **~quittung** *f (Zoll)* tax clearance certificate; **~ruder** *n (Flzg)* control surface *or* rudder; **~säule** *f (Flzg)* control *or* steering column ***(Def)***; control stick ***(Def)***; **~säulendynamometer** *n od* **~kraftmesser** *m* control column dynamometer; **~schlitz** *m (des Strahlruders)* (jet) control slot; **~schwanz** *m (Bombe)* fin; **~seil** *n* control *or* operating cable; **~seilführung** *f (Flzg)* control-cable guide *or* fairlead; **~spannung** *f (el)* control voltage; **~stange** *f (Flzg)* control *or* push (and pull) rod; pull rod; **~strich** *m (Instr)* lubber line ***(Def)***; **~system** *n (Lfz)* control system; *Servo-~~ (Lfz)* power-assisted control system***(Def)***; **~triebwerk** *n (FK)* control engine.

**Steuerung** *f (Lfz)* steering mechanism; controls *pl*; *(Flmot)* timing gear; *manuelle ~* manual control; *Nachbleiben n der ~ (Flzg)* lag of control; *selbsthemmende ~ (Flzg)* irreversible controls *pl*; *~ um die Längsachse (Flzg)* roll *or* lateral control; **~sanlage** *f (Flmot)* control gear; **~sausfall** *m* control failure; **~sblockierung** *f (Lfz)* control interlock(ing); **~seigenschaft** *f (Flzg)* control *or* handling characteristics *pl*; **~serprobung** *f (Lfz)* control(lability) test; **~ssimulator** *m* control(-system) simulator; **~ssystem** *n (Lfz)* control system; *elektromechanisches ~~* electromechanical control (system); **~sumkehr** *f (Flzg)* reversal of control ***(Def)***; control reversing *or* reversal; *(kritische)* **~sumkehrgeschwindigkeit** *f (Flzg)* (control) reversal speed ***(Def)***; **~sventil** *n (Lfz l)* manoeuvring valve ***(Def)***; **~sversagen** *n (Flbetr)* control failure; **~svorlauf** *m (Heli)* control advance ***(Def)***.

**Steuer|verzug** *m (Lfz)* control lag ***(Def)***; **~wechselkurve** *f (Kunstflug)* curve *or* turn with (apparently) inverted controls; **~welle** *f (Flzg)* control shaft; **~werk** *n (Flzg)* flying controls *pl*; control system; flight control system ***(Def)***; *selbsthemmendes ~~ (Lfz)* irreversible control system ***(Def)***; *Stützmotor-~~ (Lfz)* power-assisted control system ***(Def)***; **~wirkung** *f (Flzg)* control efficiency; **~zug** *m (Flzg)* control *or* operating cable.

**Steward** *m (Flugbegleiter: LVerk)* steward ***(Def)***; **~ess** *f (Flugbegleiterin: LVerk)* stewardess ***(Def)***.

**Stich|flamme** *f* blast flame; **~leitung** *f (Tel)* stub (line); **~probe** *f* spot-check; **~probenkontrolle** *f (Zoll)* selective inspection; sampling; **~wort** *n* code word; password.

**Stick-shaking** *n (Überziehwarnung: Flzg)* stick shaking.

**Stiel** *m (zwischen Tragflächen)* vertical strut; (interplane) strut ***(Def)***; **~auskreuzungen** *f/pl* incidence wires *pl* ***(Def)***; **~handgranate** *f* stick hand-grenade; *sl* potato masher; **~triebwerksaufhängung** *f (Flzg)* engine pylon mounting.

**Stiftbolzen** *m* stud.

**still** *(Windstille: met; Beaufort-Stärke 0)* calm ***(Def)***.

**Stirn|abbrand** *m (Rak)* end burning; **~ansicht** *f* front view; bow-on view; **~fläche** *f* frontal area; face; **~panzer** *m (Flzg)* front armour (*US* armor) **~ringkühler** *m (Flmot)* front radial cooler; **~widerstand** *m* head *or* frontal or air drag ***(Def)***; aerodynamic drag; head *or* frontal resistance; **~wind** *m* head wind.

**stöchiometrisch** *(Flmot)* stoichiometric ***(Def)***; **~es Gemisch** *n (Flmot)* stoichiometric mixture.

**Stockpunkt** *m (Schmierstoff)* freezing *or* solidifying *or* stock *or* setting point; congealing *or* pour point.

**Stoff** *m* fabric; *mehrschichtiger* ~ *(Lfz l)* multi-ply fabric ***(Def)***; ~**bespannt** *(Flzg)* fabric-covered; ~**bespannung** *f (Flzg)* fabric *or* cloth cover(ing); ~**gliederung** *f* classification of subjects; ~**haut** *f (Flzg)* fabric skin; ~**hülle** *f (Ball)* fabric outer cover *or* envelope; ~**zustand** *m* aggregate condition.

**STOL|-Flugplatz** *m* STOL port; ~**-Luftfahrzeug** *n* short take-off and landing aircraft, *abbr* STOL aircraft.

**Stolperdraht** *m* trip wire; ~**mine** *f* trip-wire mine.

**Stopp|bahn** *f (Bod)* stopway ***(Def)***; ~**bahnfeuer** *n (Bod)* stopway light ***(Def)***; ~**bahnmarker** *m (Bod)* stopway (day) marker; ~**en** *n (Gerät usw)* stoppage; ~**ende** *n* **der Piste** *(Bod)* stop end of runway; ~**impuls** *m (Fernschr)* stop impulse; ~**stelle** *f* **für rollende Flugzeuge** *(Bod)* taxi-holding position.

**Stöpselschalter** *m* plug-in switch.

**Stör|angriff** *m (LKr)* nuisance *or* harassing raid; ~**begrenzer** *m (Funk)* noise limiter; *automatischer* ~~ automatic noise limiter, *abbr* ANL; ~**draht** *m (Tragfläche)* disrupter (wire); ~**einsatz** *m (LKr)* nuisance *or* harassing operation; ~**en** *v (Radar & Funk)* jam; interfere; *(takt)* harass; *(aerodyn)* spoil (the flow); *(met)* perturb; ~**fest** *(Funk)* jamproof; ~**flecke** *m/pl* **durch Bodenechos** *(Radar)* ground clutter; ~**flug** *m (LKr)* nuisance mission *or* raid; ~**flugzeug** *n (LKr)* nuisance raider; ~**folie** *f (Radar)* "window"; chaff; ~**frequenz** *f (Radar & Funk)* interfering *or* jamming frequency; ~**funkstelle** *f* jamming station; ~**geräusch** *n (Funk)* interference; static; ~**klappe** *f (Flzg)* spoiler ***(Def)***; disrupter flap; *plattenförmige* ~~ plate spoiler; ~**klappen-Querruder** *n (Flzg)* spoiler aileron ***(Def)***; ~**moment** *n (aerodyn)* disturbing moment ***(Def)***; ~**pegel** *m (Fluglärm)* annoyance level; *mittlerer* ~~ mean annoyance level; ~**sender** *m (Radar & Funk)* jamming transmitter; jammer ; ~**signal** *n (Funk)* interfering signal; ~**ung** *f (allg)* disturbance ***(Def)***; trouble; *(Technik)* failure; fault; trouble; outage; *(Funk)* interference ***(Def)***; *(Radar)* jamming; *(met & Stab)* disturbance; *(Vorfall)* incident; *(beim Betrieb eines Lfz)* (aircraft) incident; *(met)* perturbation; *(Schall)* parasite *or* disturbing noise; *atmosphärische* ~~ *(Funk)* atmospherics *pl*; static(s) static interference; ~~ *des Ruderausgleichs (Lfz)* balance disturbance; ~~ *erzeugen od hervorrufen v* perturb; (~~ *durch) nichtsynchrone Antworten (Radar)* fruit; non-synchronous garbling; *elektrische* ~~*en f/pl)* electrical interference ***(Def)***; *endliche od finite* ~~*en (aerodyn)* finite disturbance; *geomagnetische* ~~ geomagnetic disturbance; *industrielle* ~~ man-made noise; *langperiodische* ~~ long-period(ic) disturbance; *magnetische* ~~*(en) pl* magnetic interference ***(Def)***; *passive* ~~ *(Funk)* passive jamming; *technische* ~~ outage; malfunction; *(Lärm)* man-made noise; *tropische* ~~ *(met)* tropical disturbance; *unbeabsichtigte* ~~ *(Funk)* passive jamming; ~**ungserkennung** *f* error *or* failure recognition; ~**ungsfeuer** *n (Art)* harassing *or* deterrent fire; ~**ungsfrei** *(Funk)* static-free; ~**ungsfreie Strömung** *f (aerodyn)* clean flow; ~**ungsfreiheit** *f* absence of disturbance(s) *(pl)*; ~**ungskraft** *f* disturbing force; ~**ungsquelle** *f (met)* perturbance source; ~**ungssicher** *(Funk)* jamproof; ~**ungssignal** *n (Fernm)* disturbance signal; ~**ungssuche** *f* trouble-shooting; ~**ungssuchtrupp** *m (Tel)* wire patrol; ~**unterdrücker** *m (Fernm)* defruiter.

**Stoß|ablösung** *f (aerodyn)* shock separation; ~**anregung** *f* shock excitation; ~**armee** *f (takt)* main attack army; ~**bedarf** *m* emergency needs *pl*; ~**dämpfer** *m (Fahrwerk)* shock absorber ***(Def)***; *sl* snubber; ~**dämpferfeder** *f (Fahrwerk)* buffer (counter) spring; ~**empfindlichkeit** *f* susceptibility to shocks; ~**erregung** *f* shock excitation; ~**fest** shockproof; ~**festigkeit** *f* shock resistance; ~**keil** *m (takt)* spearhead; ~**kraft** *f (takt)* shock *or* striking power; ~**rohr** *n (aerodyn)* shock tube; ~**stange** *f (Flzg-Steuerwerk)* pull rod; control *or* push rod; *(Ventil)* valve push-rod; *(Kfz)* bumper; ~**stelle** *f* butt; ~**strebe** *f* shock strut; ~**trupp** *m (takt)* combat patrol; assault detachment; ~**truppen** *f/pl (takt)* shock *or* assault troops *pl*; ~**truppenunternehmen** *n (takt)* raid; ~**waffe** *f* thrusting weapon; ~**welle** *f (aerodyn)* shock wave ***(Def)***; *anliegende* ~~ attached chock wave; *durchlaufende od fortschreitende* ~~ travelling shock wave; ~~ *in der Luft* air shock wave; *nichtabgelöste* ~~ attached shock wave; *nichtanliegende* ~~ detached shock wave; *sich ausbreitende* ~~ traveling shock wave; *streifende* ~~ *(Überschall)* grazing shock wave; ~**wellenventil** *n* surge valve; *Anti-*~~ *(Ölkühler)* anti-surge valve ***(Def)***; ~**zünder** *m* percussion fuse *or* fuze.

**Stößel** *m (Flmot)* tarpet; valve lifter; ~**führung** *f (Flmot)* valve-lifter guide; ~**stange** *f* valve push-rod.

**Straf|dienst** *m (mil)* extra duty; ~**e** *f* punishment; *Verhängung von* ~~*n* imposition of punishment; ~**feuer** *n (Art)* retaliation fire; ~**gesetzbuch** *n* penal code; ~**punkt** *m (Wettbewerb od Manöver)* penalty; bad mark *or* point; ~**versetzen** *v (mil)* transfer for disciplinary reasons.

**Strahl** *m (aerodyn)* jet; *(Funk)* beam; *(Wärme)* ray; *auf* ~ *gehen v (Flbetr)* bracket(ing) a beam; *ausgeblasener* ~ *(Turbo)* blowing-off jet; ~**ablösung** *f (aerodyn)* jet separation; ~**abweiser** *m (Bod)* jet (blast) deflector; blast fence; ~**antrieb** *m (Flzg)* jet propulsion; ~**apertur** *f (Funk)* beam aperture; ~**auflösung** *f (aerodyn)* jet decay; ~**auftriebsgestützter Flug** *m* jetlift(ed) flight; ~**austritt** *m (Turbo)* jet efflux *or* exit ***(Def)***; ~**austrittsdruck** *m (Turbo)* jet exit pressure; ~**austrittstemperatur** *f (Turbo)* jet exhaust temperature; ~**begrenzung** *f* jet boundary; ~**bereich** *m (Turbo)* blast area; ~**breite** *f (Funk)* beam spread (angle); beam width; ~**bremse** *f (Turbo)* thrust spoiler ***(Def)***; ~**düse** *f (Staustrahltriebwerk: Turbo)* ramjet; aero-thermodynamic duct, *abbr* athodyd; *(Turbo)* exhaust nozzle ***(Def)***; ~**düsenantrieb** *m (Flzg)* jet propulsion; ~**effekt** *m* jet effect; ~**einschnürung** *f (aerodyn)* jet contraction; ~**en** *v (Funk)* radiate; emit; ~**(en)aerodynamik** *f* jet aerodynamics; ~**enbrechung** *f* refraction ***(Def)***; *atmosphärische* ~~ atmospheric refraction ***(Def)***; ~~ *durch Astrokuppel (nav)* dome refraction ***(Def)***; ~**enquelle** *f* radiation source; ~**enschutz** *m* radiation shielding; ~**er** *m* radiation source; ~**fliegen** *n (nav)* bracketing a beam; ~**flugzeug** *n* jet aeroplane; ~~ *mit drei Triebwerken* tri-jet; ~**flugzeugführer** *m* jet(-aeroplane) pilot; ~**grenze** *f* jet boundary; ~**grenzschicht** *f (aerodyn)* jet-boundary layer; ~**hubschrauber** *m* jet-driven helicopter; ~**induzierter Widerstand** *m (aerodyn)* jet-induced drag; ~**interzeptor** *m (Unterbrecherklappe)* jet interceptor; ~**jäger** *m (LW)* jet fighter; ~**kontraktion** *f (aerodyn)* jet contraction; ~**lärm** *m (Flbetr)* jet noise; ~**lärmdämpfer** *m* jet silencer; ~**lärmdämpfung** *od* ~**unterdrückung** *f* jet noise suppression; ~**luftverkehr** m jet air traffic; ~**motor** *m (Flzg)* jet (propulsion) engine; ~**öffnung** *f (Funk)* beam aperture; ~**querruder** *n (Flzg)* jet aileron; ~**querschnitt** *m (Funk)* beam width; *(Turbo)* jet cross section; ~**rohr** *n (Turbo)* jet pipe ***(Def)***; *schwenkbares* ~~ *(Brandbekämpfung)* turret nozzle; ~**rohranlage** *f (Turbo)* combustor ***(Def)***; ~**rohrtemperatur** *f (Turbo)* tail pipe temperature; ~**ruder(steuerung)** *m(f)* jet control; ~**schub** *m (Turbo)* jet thrust; ~**schubumkehr** *od* ~**umlenkung** *f (Turbo)* jet thrust reversing; ~**schulflugzeug** *n* jet trainer; ~**schutzwand** *f (Bod)* blast fence; ~**steuerung** *f* jet reaction control; ~**störung** *f* jet disturbance; ~**strom** *m (met)* jet stream ***(Def)***; ~**stromachse** *f (met)* jet stream axis; ~**stromkern** *m (met)* jet stream core; ~**trainer** *m (Flzg)* jet trainer; ~**triebwerk** *n* jet (propulsion *or* power unit); reaction engine ***(Def)***; jet engine; *atomares od kernenergetisches* ~~ nuclear turbojet ***(Def)***; ~~ *mit Axialverdichter* axial-flow engine ***(Def)***; through-flow turbojet; ~**triebwerksgondel** *f (Flzg)* jet engine nacelle *or* pod; ~**triebwerks-Lufteinlauf** *od* ~**Lufteinlass** *m* jet(-engine) air intake; ~**triebwerk-Schalldämpfer** *m* jet exhaust silencer; ~**triebwerksschub** *m* jet(-engine) thrust; ~**turbine** *f* turbine jet unit turbojet; ~**turbulenz** *f (aerodyn)* jet turbulence; ~**umkehrbremse** *f (Turbo)* jet brake; ~**ung** *f (Funk & met)* radiation; emission; *diffuse* ~~ diffuse radiation; *energiearme od weiche* ~~ soft radiation; *scharfgebündelte* ~~ *(Funk)* sharp-directional radiation; ~**ungscharakteristik** *f (Funk)* radiation pattern; ~**ungsdiagramm** *n* radiation diagram; radiated field pattern; ~**ungsenergie** *f* radiation energy; ~**ungsgleichgewicht** *n* radiation equilibrium; ~**ungskühlung** *f* radiation *or* radiant cooling; ~**ungsleistung** *f (Funk)* radiated power; *äquivalente* ~~ effective isotropically-radiated power, *abbr* EIRP; *effektive* ~~ effective radiated power; ~**ungsmessteil** *m* radiation counter; ~**ungsmessung** *f* radiometry; ~**ungsnebel** *m (met)* radiation fog; ~**ungsquelle** *f* radiation source; source of emission; *punktartige* ~~ point source; ~**ungsschutz** *m* radiation shielding ***(Def)***; ~**ungsverlust** *m* radiation loss; ~**ungsvermögen** *n* radiating ability; ~**ungswärmeübergang** *m od* ~**übertragung** *f* radiative heat transfer; ~**ungszählrohr** *n* radiation counter; ~**vortrieb** *m (Turbo)* jet propulsion; ~**wirkung** *f* jet effect; ~**zerfall** *m (aerodyn)* jet decay.

**strammsitzend** *(Anschnallgurte)* tight(ly) fitting.

**Strand** *m* beach; *auf* ~ *setzen v (See-Flzg)* beach; beaching.

**Straßen|hobel** *od* ~**planierer** *m (Flugplatzbau)* motor grader; ~**kampf** *m (takt)* street fighting; ~**kehrmaschine** *f* motor sweeper; ~**sperre** *f (Takt)* road block; ~**spinne** *f (Kart)* multiple road junction; ~**walze** *f (Straßenbau usw)* (road) roller.

**Strateg|e** *m* strategist; ~**ie** *f* strategy; ~**isch** strategic(al); ~**ische Aufklärung** *f (LKr)* strategic reconnaissance; ~**isches Ziel** *n* strategic objective.

**Strato|kumulus** *m (met)* stratocumulus ***(Def)***; ~**pause** *f* stratopause ***(Def)***; ~**sphäre** *f (met)* stratosphere ***(Def)***; ~**sphärenballon** *m* stratosphere balloon; ~**sphärenbomber** *m (LW)* stratosphere bomber; ~**sphärenflug** *m* stratosphere flight; ~**spärenflugzeug** *n* stratosphere aircraft.

**Stratus** *m (met)* stratus, *abbr* ST ***(Def)***.

**Strebe** *f (Flzg)* strut ***(Def)***; ~**nabstand** *m (Flzg)* strut spacing; ~**nkühler** *m (Flmot)* strut-type radiator; ~**nverkleidung** *f (Flzg)* trouser-type fairings *pl*; *sl* pants *pl*.

**Strecke** *f* route; distance; *auf* ~ *(LVerk)* while cruising; en route; *erforderliche* ~ *(Flbetr für Start/Landung)* required distance; *überlange* ~ *(LVerk)* extra-long range *or* route; *Verzögerung f auf* ~ *(durch verringerte Reisegeschwindigkeit)* en-route delay; *vorbestimmte* ~ *(LVerk)* predetermined route; ~**nabschnitt** *m (LVerk)* leg; route stage *or* segment ***(Def)***; ~**naufklärung** *f (LKr)* line reconnaissance; ~**nauswahl** *f (LVerk)* route selection *or* option; *Konzept n begrenzter* ~~ *(LVerk)* limited route concept; *Konzept n unbegrenzter* ~~ *(LVerk)* unlimited route concept; ~**nbefeuerung** *f (Bod)* route *or* airway lighting; ~**neinweisungsflug** *m* route familiarization flight; ~**nfeuer** *n (Bod)* route *or* course light; airway beacon; ~**nflug** *m* (en-)route flight; ~**nflugfreigabe** *f (Flsich)* en-route flight clearance; routing clearance; ~**nflugplatz** *n* regular aerodrome ***(Def)***; ~**nfreigabe** *f (Flsich)* routing clearance; ~**nfrequenz** *f (Funk)* en-route frequency; ~**nführung** *f* routing; ~~ *im Nahkontrollbezirk od Nahverkehrsbereich* terminal area routing; ~**nhandbuch** *n (LVerk)* route guide; ~**nkennung** *f (Bod)* airway *or* air route marking; ~**nkilometer** *m/pl* route kilometers *pl*; ~**nleuchtfeuer** *n (Bod)* airway light *or* beacon; ~**nmarkierung** *f (Bod)* route *or* itinerary marking; ~**nnavigationseinrichtung** *f (Bod)* route navigation facility; ~**nnetz** *n (LVerk)* route *or* service pattern; ~**nrundsichtradar** *n* en-route *or* route surveillance radar, *abbr* RSR; ~**nsuchverfahren** *n (SAR)* track crawl search; ~**nteil** *m* route segment ***(Def)***; ~**nwettervorhersage** *f (met)* airway weather *or* route forecast, *abbr* ROFOR.

**Streckung** *f (aerodyn)* aspect ratio; *endliche* ~ *(Konstr)* finite aspect radio; *geometrische* ~ geometrical aspect ratio.

**Streife** *f (mil)* patrol; ~**naufklärung** *f (takt)* strip reconnaissance; ~**ndienst** *m (mil)* patrol service; *(Polizei)* beat duty; ~**nfernschreiber** *m od* ~**Fernschreibmaschine** *f* tape-teleprinter; ~**nkarte** *f (Kart)* strip map; ~**nlocher** *m (Fernschr)* perforator; tape punch pin; ~**nschreiber** *m* tape printer; ~**ntheorie** *f (aerodyn)* strip theory; ~**nvorschubzeichenfolge** *f (Fernschr)* tape feed sequence.

**streng geheim** *(Verschlusssache)* top secret.

**Streu|ausbreitung** *f (Funk)* scatter; *troposphärische* ~~ *(Funk)* tropospheric scatter; troposcatter; ~**bereich** *m & n (Art)* scatter; dispersion; spread; ~**kreisdurchmesser** *m (LKr)* circular error probability, *abbr* CEP; ~**licht** *n* scattered *or* stray light; ~**schießen** *n (Art)* zone fire; ~**strahlung** *f (Funk)* diffuse radiation; ~**ung** *f (Schusswaffe)* dispersion; spread; variation; *(Überschallknall)* defocusing; ~**widerstand** *m (el)* leak(age) resistance.

**Strich** *m (Kompass)* (compass) point; ~ *fliegen v* fly on a straight course; ~**feuer** *n (Bod)* linear light.

**Stringer** *m (Längsversteifung)* stringer ***(Def)***.

**Strom** *m (el)* current; *unter* ~ *(el)* alive; energized; ~**abnehmer** *m (el)* collector; ~**belastung** *f (el)* current loading; ~**erzeuger** *m (el)* generator; ~**erzeugerantrieb** *m* generator drive; ~**erzeugung** *f (el)* generation of current; ~**knoten** *m (el)* current node; ~**kreis** *m (el)* (current) circuit; ~**linie** *f (aerodyn)* streamline***(Def)***; ~~ *der Umkehrströmung* back-flow streamline; *rückläufige* ~~ back-flow streamline; ~**linienbild** *f* flow pattern; ~**linienform** *f* streamline(d) shape *or* form; ~**linienförmig** streamlined; streamline in shape; ~~*e Rahmenantenne f (Funk)* streamline loop antenna ***(Def)***; ~~*e Verkleidung f* fairwater; ~~*es Gestalten od Verkleiden n* stream-lining; ~**linienverkleidung** *f (Flzg)* streamline fairing; ~**messer** *m (el)* amperemeter; ammeter; ~**schritt** *m (Fernschr)* marking signal; ~**spannungsmesser** *m (el)* volt-ammeter; ~**stärke** *f (el)* amperage; current strength *or* intensity; ~**stoß** *m (el)* (current) impulse.

**Strömung** *f* flow; current; stream; *Abreißen n der* ~ *(aerodyn)* flow breakaway; *advektive* ~ *(met)* advective current; *aufsteigende* ~ *(met)* ascending current; ~ *einer kompressiblen Flüssigkeit* compressible stream; *Flattern n in abgerissener* ~ *(aerodyn)* stalling flutter ***(Def)***; *fluktierende* ~ *(aerodyn)* fluctuating *or* fluctuation flow ***(Def)***; *gestörte* ~ *(aerodyn)* dirty flow; *glatte* ~ *(aerodyn)* laminar *or* streamline flow; *gleichförmige* ~ *(aerodyn)* steady flow; uniform flow ***(Def)***; ~

*im Überschallbereich (aerodyn)* supersonic flow ***(Def)***; ~ *im Unterschallbereich (aerodyn)* subsonic flow ***(Def)***; *inkompressible* ~ *(aerodyn)* incompressible flow ***(Def)***; *kompressible* ~ *(aerodyn)* compressible flow; *laminare* ~ laminar flow ***(Def)***; *nach unten abgelenkte* ~ *(aerodyn)* flow downwasch; *reibungsbehaftete* ~ *(aerodyn)* viscous flow; *turbulente* ~ *(aerodyn)* turbulent flow ***(Def)***; *(Windkanal)* eddying wind; *ungleichförmige* ~ *(aerodyn)* irregular flow; *verwirbelte* ~ *(aerodyn)* turbulent flow; *von Tragfläche abgelöste* ~ *(aerodyn)* wing wake; *wiederangelegte* ~ *(aerodyn)* re-attached flow; *wirbelfreie* ~ *(aerodyn)* laminar *or* streamline flow; **~sablenkung** *f (aerodyn)* flow deflection; **~sablösung** *f (aerodyn)* flow separation ***(Def)***; stall; **~sabreißpunkt** *m (aerodyn)* break-off point; **~sabreißwinkel** *m (aerodyn)* angle of stall ***(Def)***; **~sabriss** *m (aerodyn)* flow breakdown; stall ***(Def)***; ~~ *im Verdichter* compressor stall ***(Def)***; **~sart** *f* flow regime; flowage; **~sbild** *n (aerodyn)* flow pattern; flow diagram; configuration of flow; *Schlierenaufnahme f des ~~es* (aerodyn) flow-pattern schlieren photography; **~sdynamik** *f* fluid dynamics; **~senergie** *f* flow energy; **~sfeld** *n* flow pattern; *akustisches* ~~ flow field; *gestörtes* ~~ disturbed flow pattern; **~sforschung** *f* flow research; **~sgeschwindigkeit** *f* velocity of flow; **~sintensität** *f (aerodyn)* flow intensity; **~slehre** *f* **der Luft** aeromechanics; **~smechanik** *f* mechanics (*sing*) of fluids ***(Def)***; fluid mechanics; flow mechanics; **~sphysik** *f* physics of flow; flow mechanics; **~stheorie** *f* flow theory; **~sumkehr** *f (aerodyn)* flow reversing; **~sumlenkung** *f* flow deflection; **~swiderstand** *m* flow drag *or* resistance.

**Strom|versorgung** *f (el)* current *or* power supply; *elektrische* ~~ electrical (power) supply; **~~sanlage** *f* electrical power plant *or* unit; **~zuführung** *f (el)* lead-in wire; supply *or* power leads *pl.*

**Struktur** *f* structure; *kugelförmige* ~ globular structure; **~ell** structural; **~elle Dämpfung** *f (Konstr)* structural damping ***(Def)***; **~ermüdung** *f* structural fatigue; **~sicherheit** *f (Konstr)* design reliability.

**Stubenarrest** *m (mil)* arrest in *or* confinement to quarters.

**Stück|liste** *f* parts list; inventory; **~lohn** *m* payment by piece; piece wages; **~preis** *m* unit cost.

**Studentencharterflug** *m (LVerk)* student charter flight.

**Stufe** *f (Schwimmer & Flugboot)* step ***(Def)***; planing step; *auf ~ rollen v (See-Flzg)* hydroplane; ~ *mit Luftstrahltriebwerk (Rak)* air-breathing stage; **~n** *v* step; **~nfallschirm** *m* lobe parachute; **~nformation** *f (Verband)* step formation; **~nlandung** *f (See-Flzg: Flbetr)* step landing; **~nlos regelbar** continuously variable; infinitely variable; **~nsteigflug** *m (Flbetr)* step climb; **~ntrennung** *f (Rak)* stage separation.

**Stufung** *f (von Flzgn)* step up *or* step-down distance; staggering; stagger (distance); *(Flsich)* staging; *optimale* ~ *(Flsich)* optimal staging.

**Stuka** *m (LW)* dive bomber *or* strafer; stuka; **~angriff** *m (LKr)* dive-bombing attack.

**Stummabstimmung** *f (Funk)* inaudible tuning.

**Stumpfheit** *f* blunting.

**Stunden|geschwindigkeit** *f* speed per hour; **~kontrolle** *f (Flzg & Flmot)* routine *or* periodic inspection; **~winkel** *m (nav)* hour angle, *abbr* HA ***(Def)***; *Greenwicher* ~~ Greenwich hour angle, *abbr* GHA ***(Def)***; örtlicher ~~ *(nav)* local hour angle, *abbr* LHA ***(Def)***; *siderischer* ~~ *(nav)* sideral hour angle, *abbr* SHA ***(Def)***.

**Sturm** *m (met allg)* storm; gale; *(Beaufort-Stärke 9)* strong gale ***(Def)***; *Auge n des ~es (met)* eye of storm ***(Def)***; *orkanartiger* ~ *(Beaufort-Stärke 11)* violent storm ***(Def)***; *schwerer* ~ *(Beaufort-Stärke 10)* storm ***(Def)***; **~artillerie** *f* assault artillery; **~ausgangsstellung** *(takt)* assault *or* jumping-off position; **~boot** *n* assault boat; **~flug** *m* flight in a storm; **~flut** *f* storm tide; **~föhn** *m (met)* storm foehn; **~geschütz** *n* self-propelled (assault) gun.

**stürmisch** *(met)* stormy; **~er Wind** *m (Beaufort-Stärke 8: met)* gale ***(Def)***.

**Sturm|panzer** *m (mil)* assault tank; **~pionier** *m (mil)* combat engineer; **~reifschießen** *n (takt)* softening-up; **~schaden** *m* storm damage; **~signal** *n od* **~warnung** *f* gale signal; storm warning; **~wind** *m (met)* gale; wind storm; **~wirbel** *m* storm vortex; **~zentrum** *n* eye of storm ***(Def)***; storm centre (*US* center).

**Sturz** *m (Fahrwerklaufräder)* toe-in; *negativer* ~ toe-out; ~ *der Spornstrebenachse (Flzg)* spindle angle; **~angriff** *m (LKr)* diving *or* dive-bombing attack; **~bomben** *n (LKr)* dive bombing; **~bombenangriff** *m (LKr)* dive bombing; **~bombenflugzeug** *n* dive bomber; **~bomber** *m (Flzg)* dive bomber; stuka.

**stürzen** *f (Flzg)* dive (the aeroplane).

**Sturzflug** *m* (nose) dive ***(Def)***; diving; ~ *ausführen v* dive; ~ *mit Endgeschwindigkeit* terminal velocity dive, *abbr* TV dive; **~flug(abfang)automatik** *f* automatic dive control; **~flugbremse** *f* dive flap ***(Def)*** *or* brake ***(Def)***; speed brake ***(Def)***; **~fluggeschwindigkeit** *f* diving speed *or* velocity; *im Flug nachgewiesene* ~~ *(ICAO)* demonstrated flight diving speed; *maximale* ~~ *(Flbetr)* maximum dive *or* diving speed; **~flugklappe** *f* dive flap ***(Def)***; **~fluglastfall** *m (aerodyn)* diving condition; high-speed case; **~helm** *m* crash helmet; **~kampfflugzeug** *n* dive bomber; stuka; **~lage** *f (Flzg)* diving position *or* attitude; **~spirale** *f (Flzg)* spinning nose-dive; corkscrew spin; spiral dive; **~winkelanzeiger** *m (Instr)* dive-angle indicator ***(Def)***.

**Stütz|draht** *m (Lfz l)* jackstay ***(Def)***; **~flosse** *f (Flugboot)* water-planing side-fin; **~gurt** *m (Lfz l)* trajectory band ***(Def)***; **~motorsteuerung** *f (Flzg)* power-assisted *or* power-boosted control; **~motor-Steuerwerk** *n (Flzg)* power-assisted control system ***(Def)***; **~punkt** *m (LW)* base; *(takt)* strong point; stronghold; *schwimmender* ~~ depot ship; **~schwimmer** *m (Flugboot)* wing-tip *or* outboard float; *(See-Flzg)* stabilizing float ***(Def)***; support float.

**Subcharter** *m (LVerk)* subcharter.

**Sublimationskern** *m (met)* sublimation nucleus.

**sub|sonisch** *(Unterschall-)* subsonic; **~stratosphäre** *f* substratosphere; **~träger** *m (Fernm)* subcarrier.

**Such|e** *f (SAR)* search; ~~ *durch Luftfahrzeuge (SAR)* aerial search; **~einsatz** *m (SAR)* search operation; **~gebiet** *n (SAR)* search area; **~kursabstand** *m (SAR)* track spacing; **~luftfahrzeug** *n* search aircraft; *Kurzstrecken-~~ (SAR)* short-range search aircraft; **~methode** *f (SAR)* search technique; **~muster** *n od* **~plan** *m (SAR)* search pattern; **~radar(gerät)** *n* search radar; **~streifenbreite** *f (SAR)* sweep width; **~- und Rettungsbereich** *m (SAR)* search and rescue region, *abbr* SRR; *Leitstelle f des ~~es* rescue coordination centre ***(Def)***; **~- und Rettungsdienst** *m (SAR)* search and rescue (service), *abbr* SAR; *Handbuch für ~~* search and rescue manual; **~- und Rettungseinrichtung** *f SAR* facility; **~- und Rettungseinsatz** *m (SAR)* search and rescue *or* SAR operation; **~- und**

**Rettungsluftfahrzeug** *n (SAR)* search and rescue *or* SAR aircraft; ~- **und Rettungsmaßnahmen** *f/pl (SAR)* search and rescue (measures); ~- **und Rettungssignal** *od* ~**zeichen** *n (SAR)* search and rescue *or* SAR signal; ~**scheinwerfer** *m (Flak)* searchlight; ~**sektor** *m* searching sector; ~**zeit** *f (Radar)* searching time.

**Süd|en** *m* south; ~**licht** *n* southern lights *pl*; aurora australis; ~**pol** *m* South Pole; Antarctic (Pole).

**Summ|en** *n (Funk)* hum(ming); buzzing; ~**er** *m* buzzer: audio oscillator.

**super|kritische Tragfläche** *f (Flzg)* supercritical wing; ~**sonik** *f* aerodynamics of supersonic flight; ~**sonisch** *(Überschall-)* supersonic.

**Symbol** *n (Kart)* symbol; conventional sign; ~**einblendung** *f (Radar)* superimposing of symbols.

**Symmetrie|achse** *f* axis of symmetry; ~**ebene** *f* plane of symmetry; symmetry plane.

**symmetrisches Flattern** *n (Stab)* symmetrical flutter ***(Def)***.

**Synchron|betrieb** *m (Fernm)* synchronous operation; ~**getriebe** *n (Flmot)* synchro-mesh transmission; ~**isieren** *v (starre Bordwaffen)* synchronize; ~**isiergerät** *n* sychronizer; ~**isierung** *f* synchronization; ~**isiervorrichtung** *f (starre Bordwaffen)* synchronizing gear *or* device; ~**motor** *m* synchronous motor.

**Synchronoskop** *n (Flmot)* synchronoscope ***(Def)***.

**Synoptik** *f (met)* synoptics.

**synoptisch** *(met)* synoptic(al); ~**e Beobachtung** *f (met)* synoptic observation; ~**e Meterologie** *f* synoptic meteorology ***(Def)***; ~**e Wetterkarte** *f (met)* synoptic (weather) chart ***(Def)***; ~**e Wetterlage** *f* general weather conditions *pl or* situation; ~**er Termin** *m (met)* synoptic hour.

**synthetische| Darstellung** *f (Radar)* synthetic display; *rechnergesteuerte* ~~ *(Radar)* synthetic dynamic display, *abbr* SDD; ~ **dynamische Darstellung** *f (Radar)* synthetic dynamic display, *abbr* SDD; ~ **Radarschirmbilddarstellung** *f* synthetic radar display; ~**r Kraftstoff** *m* synthetic fuel.

**System** *n* system; *ILS-~ (Funk)* instrument landing system ***(Def)***; *SELCAL-~ n (Fernm)* SELCAL system ***(Def)***; *ökologisches* ~ ecological system; ~**planung** *f* systems planning; ~**technik** *f* system(s) enginering.

# T

**T** *(ICAO- & NATO-Buchstabieralphabet)* Tango; ~ *(altes, internationales Buchstabieralphabet)* Tare; ~-**Antenne** *f (Funk)* T-(shaped) antenna; ~-**Leitwerk** *n (Flzg)* T-tail.

**tabellarische Anzeige** *od* **Darstellung** *f* tabular display.

**TACAN|-Azimutbestimmung** *f od* ~**messung** *f (nav)* TACAN azimuth measurement; ~-**Bodenfunkfeuer** *n (Bod)* TACAN ground beacon; ~-**Entfernungsmessausrüstung** *f (nav) od* ~-**DME** *n* TACAN distance measuring equipment, *abbr* TACAN DME; ~-**System** *n (nav)* tactical air navigation system, *abbr* TACAN system.

**Tachometer** *n* tachometer; ~**antrieb** *m* tachometer drive.

**Tafel** *f (Lfz)* plate ***(Def)***.

**Tag** *m* day; *bürgerlicher* ~ civil day; ~**angriff** *m (LKr)* day(light) raid *or* attack; ~**bomber** *m (LW)* day bomber; ~**esanbruch** *m* daybreak; ~**esangriff** *m (LKr)* daylight raid *or* attack; ~**esbefehl** *m (mil)* daily routine order; order of the day; ~**esbetrieb** *m (LVerk)* day operations *pl*; ~**esbombenangriff** *m (LKr)* daytime bombing raid *or* attack; ~**esdienst** *m*, *Offizier vom ~~ (mil)* officer of the day; ~**eseinflüsse** *m/pl (ballist)* (ballistic) density and wind factors; ~**eslicht** *n* daylight; *künstliches ~~* artificial daylight ***(Def)***; ~**eslichtanzeige** *od* ~**darstellung** *f* daylight display; ~**esmarkierung** *f (Bod)* day marking; ~**esmarsch** *m (takt)* day's march; ~**esmeldung** *f (mil)* daily report *or* return; ~**essatz** *m (mil)* daily rate *or* scale; ~**estemperatur** *f*, *mittlere ~~ (met)* mean daily temperature; ~**esziel** *n (takt)* day's objective *or* target *or* destination; ~**jäger** *m (LW)* day fighter (aircraft); ~**jagd** *f (LKr)* day fight(ing); day(light) interception.

**täglich** daily; diurnal; ~**er Gang** *m (met)* diurnal variation.

**Tag| und Nachtgleiche** *f* equinox; ~**undnachtgleichepunkt** *m* equinoctial point.

**Taifun** *m (met)* typhoon ***(Def)***.

**taillierter Körper** *m (Flzg-Konstr)* waisted body.

**Takt|ik** tactics *sing*; ~**iker** *m* tactician; ~**isch** tactical; ~**ische Aufklärung** *f (LKr)* tactical reconnaissance; *(als Nahaufklärung)* close reconnaissance; ~**ische ATFM-Aktivitäten** *f/pl* tactical air traffic flow management activities *pl*, *abbr* tactical ATFM activities; ~**ische Fliegerleitgruppe** *f (LW)* tactical air control group, *abbr* TACG; ~**ische Fliegerleitstaffel** *f (LW)* tactical air control squadron; ~**ische Flugnavigation** *f* tactical air navigation, *abbr* TACAN; ~**ische Flugnavigationshilfe** *f* TACAN aid; ~**ische Luftflotte** *f (LW)* tactical air force, *abbr* TAF; ~**ische Luftunterstützung** *(LKr)* tactical air support; ~**ische Unterstellung** *f (mil)* tactical assignment; ~**ischer Einsatz** *m (Kr)* tactical employment; ~**ischer Fliegerführungsposten** *m (LW)* tactical air direction post, *abbr* TADP; ~**ischer Fliegerführungsstand** *m (LW)* tactical air direction centre, *abbr* TADC; ~**ischer Fliegerleitoffizier** *m (LW)* tactical air controller; ~**ischer Fliegerleitstand** *m (LW)* tactical air control centre, *abbr* TACC; ~**ischer Fliegerleittrupp** *m (LW)* tactical air control party, *abbr* TACP; ~**isches Fliegerführungsnetz** *n (Fernm)* tactical air direction net, *abbr* TAD; ~**isches Luftwaffenkommando** *n (US* LW) tactical air command, *abbr* TAC; ~**straße** *f (Flzg-Bau)* assembly line.

**Tal|kum** *n* talcum (powder); French chalk; ~**nebel** *m (met)* lowland fog; ~**wind** *m (met)* valley breeze *or* wind ***(Def)***.

**Tandem|anordnung** *f* tandem arrangement; ~**cockpit** *m (Flzg: hintereinanderangeordnete Sitze)* tandem cockpit; ~**fahrwerk** *n (Flzg)* tandem-type *or* tandem wheel landing gear *or* undercarriage; tandem wheels *pl*; bicycle landing gear; bogie ***(Def)***; ~**flugzeug** *n* tandem(-wing) aeroplane; ~**luftschraube** *f* tandem propellers ***(Def)*** *or* aircrews *pl*; ~**rotor** *m (Hubschrauber)* tandem rotor.

**Tang|ente** *f* tangent; ~**entialbeschleunigung** *f* tangential acceleration; ~**entialkraft** *f* tangential force; ~**ieren** *v* be tangent to; touch.

**Tank** *m (Kraftstoffbehälter)* tank; basin; ~**anhänger** *m (Kfz)* tank trailer; ~**anlage** *f* fuel *or* tank installation; refuelling *or* fuel installation *or* facility; ~**en** *v* fuel; fill (up); *sl* gas up; ~**en** *n* fuelling (*US* fueling); ~**entlüftung** *f* air vent (to tank); ~**er(flugzeug)** *m(n)* tanker airplane; ~**erluftfahrzeug** *n* tanker aircraft *(Def)*; ~**fahrzeug** *n* fuel truck; *sl* (petrol) bowser; ~**kopf** *m* fuel filler; ~**lager** *n* fuel depot; ~**leerraum** *m (Lfz)* ullage (space) *(Def)*; ~**löschfahrzeug** *n* water tank vehicle; ~**schiff** *n* tanker; ~**schlauch** *m* filling hose; ~**schnorchel** *m* trailed hose; ~**stelle** *f* fuel(l)ing point *or* station; filling station; ~**trichter** *m (Luftbetankung)* refuelling cone; ~**verschluss** *m* cap of tank; filler cap; ~**vorrichtung** *f* refuelling (*US* refueling) unit; ~**wagen** *m* tank car *or* truck; *sl* bowser *(Def)*; ~**wart** *m* refuel(l)er.

**Tarn|anstrich** *m* camouflage painting; ~**en** *v* camouflage; screen; disguise; ~**geflecht** *n* camouflage netting *or* matting; ~**netz** *n* camouflage net(ting); ~**scheinwerfer** *m (Kfz)* blackout driving light; hooded headlight; ~**überwachung** *f* camouflage inspection; ~**ung** *f* camouflage.

**Taschen|gurt** *m (Para)* taschengurt *(Def)*; ~**kompass** *m* pocket compass; ~**lampe** *f* pocket lamp; electric torch; *(US)* flashlight; ~**messerflügel** *m (Flzg)* clasp-knife wing.

**Tast|e** *f (Funk)* key; ~**en** v (Funk) key; transmit by key; ~**funk** *m* telegraphy; keying; ~**funkempfänger** *m* radio telegraph receiver; ~**funker** *m* wireless *or* radio telegraphy operator; ~**funksender** *m* radio telegraph transmitter; ~**funkverfahren** *n* radio telegraph procedure; *manuelles* ~~ manual radio telegraph procedure; ~**gerät** *n (Tastfunk)* keyer; ~**geräusch** *n* key click; ~**geschwindigkeit** *f (Funk)* keying rate *or* speed; telegraph speed; ~**periode** *f (Funk)* keying cycle; ~**relais** *n (Funk)* key relay; relay key; ~**ung** *f (Funk)* keying; ~**verhältnis** *n (Funk)* duty cycle; ~**verkehr** *m (Funk)* (wireless) telegraphy; (radio) telegraphy traffic; keying; ~**zyklus** *m (Funk)* keying cycle.

**Tatbericht** *m (mil)* charge report.

**Tätigkeitsbeschreibung** *f (mil Laufbahn)* job description.

**tatsächliche| Abflugzeit** *f (Flbetr)* actual time of departure, *abbr* ATD; ~ **Ankunftszeit** *f (Flbetr)* actual time of arrival, *abbr* ATA; ~ **Pistenlänge** *f (Bod)* actual length of runway; ~**r Flugweg** m (Flbetr) actual flight path; ~**r Verbrauch** *m (Kraftstoff)* actual consumption.

**Tau** *m (met)* dew; ~**bildung** *f (met)* formation of dew.

**Tauch|bewegung** *f (Flugboot)* porpoising; ~**kolbenpumpe** *f* plunger pump; ~**schmierung** *f* splash *or* dip lubrication; ~**stampfen** *f (Flugboot)* porpoise; ~**stampfen** *n* porposing *(Def)*.

**tauglich** *(mil)* fit (for service) ~**keit** *f* aptitude; *(Flmed)* fitness; *(Gerät)* serviceability; *eingeschränkte* ~~ *(Flmed)* restricted fitness; *geistige* ~~ *(Flmed)* mental fitness; *gesundheitliche* ~~ *(Flmed)* medical fitness; ~**keitsprüfung** *f* aptitude test; ~**keitsuntersuchung** *f (Flmed)* fitness examination; *allgemeine ärztliche* ~~ *(Flmed)* general medical examination.

**Taumel|flug** *m* tumbling flight; ~**scheibenmotor** *m (Flmot)* swash-plate *or* crankless *or* wobble engine; barrel engine *(Def)*; ~**scheibenpumpe** *f* swash-plate pump; ~**scheiben-Steuersystem** *n (Hubschrauber)* swash-plate controls *pl.*

**Tau|punkt** *m (met)* dew point *(Def)*; ~**punktdifferenz** *f (met)* spread; ~**wetter** *n (met)* thaw(ing weather).

**Techn|ik** *f (allg)* technics *pl*; *(Lehre von der ~~)* technology; *(Methode)* technique; *(Ingenieurwissenschaft)* engineering; ~**iker** *m* technician; technologist; ~**isch** engineering; technical; ~**ische Bereitschaft** *f (Flugplatz)* refuelling and maintenance duty squad; ~**ische Störung** *f* outage; ~**ischer Leiter** *m (Werft)* chief engineer; technical manager; ~**isches Handbuch** *n* technical manual, *abbr* TM; ~**nisch-taktische Forderung** *f (an das Gerät: mil)* qualitative military requirement; ~**ische Gruppe** *f (LW)* maintenance and supply group; *abbr* M & S gp; ~**ologie** technology.

**Teil** *m* part; component (of equipment); *(Flzg-Kleinteil)* fitting; *gering beanspruchter* ~ light-duty part; ~**charter** *m (LVerk)* part charter; ~**einheit** *f (STAN: mil)* sub-unit; element; ~**last** *f (Turbo)* partial *or* decreased thrust; ~**montagestraße** *f (Flzg-Bau)* sub-assembly line; ~**motorisiert** *(mil)* semimotorized; partly mechanized; ~**nahmeberechtigung** *f (LVerk)* eligibility; ~**nehmerleistung** *f (Fernm)* subscriber line; ~**schaden** *m* partial damage; ~**strecke** *f (LVerk)* stage; airway section; leg; route leg *or* segment *(Def)*; ~**streitkraft** *f (mil)* service (of the armed forces); ~**strich** *m (Kart)* tick; ~**stückliste** **f** parts list; inventory; ~**tief** *n (mil)* secondary depression *(Def) or* cyclone; ~**überholung** *f (Flzg)* partial overhaul(ing); ~**ung** *(Motorkühlrippen)* pitch; ~**verlust** *m (Flzg)* partial loss; ~**zusammenbau** *m (Flzg-Bau)* sub-assembly.

**Telefon** *n (Fernsprecher)* telephone; ~**ieverkehr** *m (Sprechfunkverkehr)* radio telephony, *abbr* R/T; ~**isch** telephonic; ~**kabel** *n (Luftkabel)* landline.

**Telegraf** *m* telegraph; ~**enalphabet** *n* telegraph alphabet; *internationales* ~~ international telegraph alphabet; ~**enbauamt** *n* telegraph construction office; ~**enleitung** *f* telegraph line; ~**enmast** *m* telegraph post *or* pole; ~**ie** *f* telegraphy; ~**ieren** *v* telegraph; ~**ieverkehr** *m* radio telegraphy traffic; ~**iezeichen** *n/pl* markings *pl*; ~**isch** telegraphic.

**Telegramm** *n* telegram; wire.

**Telegraph** *m vergl* **Telegraf**.

**Tele|kommandoanlage** *f (Fernm)* telecommand set; ~**metrie** *f* telemetry; ~**metrieapparatur** *f od* ~**gerät** *n* telemetry equipment; ~**metriebodenstation** *f* ground telemetry station; ~**metriesystem** *n* telemeasuring *or* telemetering system.

**Telephon** *n vergl* Telefon.

**Teleskopfederung** *f (Fahrwerk)* telescopic shock absorber.

**Telexbetrieb** *m (Fernm)* telex operation.

**Tellerventil** *n (Flmot)* poppet *or* mushroom *or* disk valve.

**Temperatur** *(met)* temperature; *absolute* ~ absolute temperature; *Kelvin-*~ absolute *or* Kelvin temperature; *potentielle* ~ potential temperature; ~ *unter dem Gefrierpunkt* subfreezing temperature; *virtuelle* ~ virtual temperature; ~**abfall** *m* temperature drop; ~**anstieg** *m* temperature rise *or* rising; ~**barriere** *f (Wiedereintritts-FK)* temperature barrier; ~**berichtigung** *f (met)* temperature correction; ~**berücksichtigung** *f (Flbetr)* temperature accountability; ~**differenz** *f (zwischen Trocken- und Feuchtthermometer: met)* wet bulb difference; ~**erhöhung** *f* temperature rise *or* rising; ~**feld** *n (met)* temperature field; ~**fühler** *m* temperature-sensing element; ~**gradient** *m (met)* (vertical) temperature gradient; lapse rate; *feuchtadiabatischer ~~ (met)* saturated adiabatic lapse rate ***(Def)***; *trockenadiabatischer ~~ (met)* dry adiabatic lapse rate ***(Def)***; *vertikaler ~~ (met)* lapse rate ***(Def)***; ~**inversion** *f (met)* temperature inversion ***(Def)***; ~**korrektion** *f* temperature correction; ~**messer** *m* temperature gauge (*US* gage); ~**messung** *f (Flmot)* temperature regulator; thermostat; ~**schreiber** *m* thermograph; (self-) recording thermometer; temperature recorder; ~**schwankung** *f* temperature variation *or* fluctuation; ~**spannung** *f (Konstr)* temperature stress ***(Def)***; ~**sprung** *od* ~**stoß** *m* temperature shock; ~**strahlung** *f* temperature radiation; ~**umkehr** *f (met)* temperature inversion ***(Def)***; ~**zunahme** *f* temperature rise *or* rising.

**Tephigramm** *n (aerologisches Diagramm: met)* tephigram.

**Teppichbombenwurf** *m (LKr)* carpet-bombing.

**Terminalballistik** *f (FK)* terminal ballistics *sing.*

**Terminologie** *f* terminology.

**Terpentin** *n* turpentine.

**terr|estrische Lenkung** *f (FK)* terrestrial guidance ***(Def)***; ~**estrische Navigation** *f* terrestrial navigation; ~**itorialorganisation** *f (mil)* territorial organization.

**Terrorangriff** *m (LKr)* terror attack (on residential areas).

**Tertiärluftlöcher** *n/pl (Turbo)* tertiary holes *pl* ***(Def)***.

**Test** *m* test; *kalorimetrischer ~* calorimetric test; ~-**countdown** *m* test countdown; ~**knopf** *m* press-to-test button; ~**luftfahrzeugführer** *m* test pilot; ~**pilot** *m* test pilot; ~**pilotenschule** *f (LW)* test pilot's school, *abbr* TPS; ~**start** *m (FK)* test launch(ing).

**Tetra|äthylblei-Kraftstoff** *m* tetraethyl-lead fuel; ~**chlorkohlenstoff** *m* carbon tetrachloride.

**Text** *m* text; *verschlüsselter ~ (Funk)* secret *or* coded text; ~**schlusszeichen** *n (Fernm)* end-of-text signal.

**Theodolit** *m* theodolite.

**theor|etischer Unterricht** *m (Pilotenausbildung)* academic *or* ground instruction; ~**ie** *f* theory; *~~ der Grenzschicht (aerodyn)* boundary-layer theory; *dreidimensionale ~~* three-dimensional theory; *halbstarre ~~ (Festigkeitslehre)* semi-rigid theory ***(Def)***; *räumliche ~~* three-dimensional theory; *zweidimensionale ~~* two dimensional theory.

**Therm|ik** *f (thermischer Aufwind)* thermic *or* warm-air current; up-current due to hot air; thermal ***(Def)***; *(aerodyn)* thermal lift; ~**ikblase** *f* thermal bubble; ~**ikflug** *m* thermic flight; soaring on thermal up-currents; ~**ikschlauch** *m (met)* convective cell; ~**iksegeln** *n* thermic soaring *or* gliding; ~**iksegelflug** *m* thermal gliding *or* soaring; ~**ionik** *f* thermionics; ~**isch** thermal; thermic; ~**ischer Aufwind** *m* ascending current due to hot air; thermal lift; ~**ischer Wind** *m (met)* thermal wind ***(Def)***; ~**isches Widerstandsrauschen** *n (Funk)* thermal noise; ~**itbombe** *f (LKr)* thermite bomb; ~**itbrandbombe** *f (LKr)* thermite incendiary bomb; ~**odiffusion** *f* thermal diffusion; ~**odynamik** *f* thermodynamics *sing*; ~**odynamisch** thermodynamic; ~**odynamischer Prozess** *m (met)* thermodynamic process; ~**oelastisch** thermoelastic; ~**oelastizität** *f* thermoelasticity; ~**oelektrischer Strom** *m* thermoelectrical current; ~**oelektrisches Element** *n* thermoelement; ~**oelement** *n* thermoelement; thermocouple; ~**oelektrisches Messinstrument** *n* thermocouple instrument; ~**fühler** *m* temperature-sensing element; ~**ograph** *m* thermograph ***(Def)***; temperature recorder; ~**oinstrument** *n* thermocouple instrument; ~**omagnetismus** *m* thermomagnetism; ~**omechanik** *f (Thermodynamik im engeren Sinn)* thermomechanics; ~**ometer** *n* thermometer ***(Def)***; ~**onukleare Energie** *f* thermonuclear energy; ~**oregler** *m* thermostatic control; ~**ostat** *m* thermostat; ~**ostatik** *f* thermostatic; ~**ostatisches Ventil** *n (Ölkühler)* thermostatic valve ***(Def)***; ~**ostrom** *m (el)* thermoelectrical current.

**Tidenhub** *m* tidal range; range of tide(s).

**Tief** *n (met)* low; cyclone; area of low pressure; (barometric) depression ***(Def)***; ~**anflug** *m (Flbetr)* low pass; low(-level) approach; ~**angriff** *m (LKr)* low-level *or* low-flying attack; (ground) strafing; ~**angriffsflugzeug** *n (LKr)* strafer plane; ~**bettfelge** *f* drop-base rim; ~**decker** *m (Flzg)* low-wing aircraft *or* monoplane ***(Def)***; ~**druckausläufer** *m (met)* secondary depression; ~**druckgebiet** *n (met)* low (-pressure area); cyclone; depression ***(Def)***; ~**druckkern** *m (met)* cyclonic centre; ~**druckrinne** *f (met)* trough (of low pressure) ***(Def)***; ~**drucksystem** *n (met), komplexes ~~* complex low; ~**e Wolken** *f/pl (unter 2000m: met)* low clouds *pl* ***(Def)***; ~**enfeuer** *n (takt)* searching fire; ~**engliederung** *f (takt)* distribution *or* disposition in depth; ~**enlinie** *f (Kart)* depth line, bathymetric contour; *(in Faden)* fathom line; ~**flug** *m* low-level flight; low-flying; *sl* hedge-hopping; *extremer ~~ (Flbetr)* extreme-low-level or low-altitude flight; ~**fluggebiet** *n (Flsich)* low-flying area; ~**flugnavigation** *f* low-altitude (flight) navigation; ~**gestaffelt** *(takt)* depth-echeloned; ~**hängend** *(Wolken)* low; ~**ladeanhänger** *m (Kfz)* flat-bed trailer; ~**passfilter** *m (Fernm)* low-pass filter; ~**stflug** *m (Flbetr)* extreme-low-level *or* low-altitude flight; ~**temperaturtreibstoff** *m (FK)* cryogenic fuel; ~**temeperaturwindkanal** *m* cryogenic wind tunnel.

**Tier- und Pflanzenquarantäne** *f (LVerk)* animal and plant quarantine.

**Timer** *m* timer.

**TL|-Antriebsanlage** *f (Turbo)* turbojet power plant; ~-**Hubschrauber** *m* jet-driven helicopter; ~-**Triebwerk** *n (Turbo)* turbojet (engine) ***(Def)***; *axialverdichter- ~~* through-flow *or* axial turbojet; *dreiwelliges Zweistrom-~~* three-shaft by-pass engine; *~~ mit Axialverdichter* axial turbojet; *~~ mit Radialverdichter* centrifugal turbojet; *~~ mit variabler od veränderlicher Geometrie* turbojet with variable geometry; *mittleres ~~ (bei dreistahligem Flzg)* centre turbojet; *Zweiwellen-Zweistrom-~~* twin-shaft by-pass turbojet.

**TMA-Karte** *f (Flsich)* terminal (control) area chart, *abbr* TMA chart.

**TM-Kasten** *m (Flzg)* centre-wing box.

**Tochterkompass** *m* master-compass indicator; repeater compass; compass repeater.

**Todesfallrate** *f* fatality rate.

**tödliche| Entfernung** *f (LKr)* lethal range; ~**r Unfall** *m* fatal accident.

**Toilette** *f (im Flzg)* lavatory.

**Ton** *m (Akustik)* tone; sound; *~ eines Zeitzeichens (Funk)* tick; *reiner ~* discrete tone; ~**abnehmer** *m (Funk)* sound pick-up; ~**bandgerät** *n* tape recorder; ~**frequenzamplitu-**

**denbegrenzer** *m (Funk)* audio peak limiter; ~**frequenzamplituden-** *od* ~**spitzenbegrenzung** *f (Funk)* audio peak clipping; ~**frequenzmodulation** *f (Funk)* audio frequency modulation; ~**frequenzstufe** *f (Funk)* audio frequency stage; ~**höhe** *f (Akustik)* pitch; ~**kanal** *m (Funk)* sound channel; ~**kennungszeichen** *n (Fernm)* tone identification signal; ~**rad** *n* tone wheel; ~**stärke** *f (Funk)* sound intensity; volume; ~**stärkeabnahme** *f (Funk)* volume fade *or* fading; ~**stärkeregelung** *f (Funk)* volume control; ~**stärkezunahme** *f (Funk)* volume build-up; ~**streifen** *m (auf Tonfilm/Video)* sound track; ~**taubenschießen** *n* clay-pigeon *or* trap shooting; *(US)* skeet shooting; ~**taubenschießstand** *m (US)* skeet range.

**Tonnenkilometer** *m/pl (LVerk)* ton-kilometers *pl*; *angebotene* ~~, *abbr* ATK (LVerk) ton-kilometers *pl* available; *bezahlte* ~~ *(LVerk)* revenue ton-kilometers *pl.*

**Topograph|ie** *f (Ortsbeschreibung)* topography; *Karte f der relativen* ~~ *(met)* thickness chart; *relative* ~~ *(met)* thickness lines *pl* ***(Def)***; ~**ische Grundlage** *f (Kart)* topographic base; ~**ische Karte** *f* topographic(al) map; ~**ische Merkmale** *n/pl (Kart)* topographical features *pl.*

**Topplicht** *n (Hindernisbefeuerung: Bod)* top light.

**Tornado** *m (met)* tornado ***(Def)***.

**Tornisterfunkgerät** *n* pack(type) wireless set; portable radio set.

**toroidale Eintrittsleitschaufel** *f (Turbo)* toroidal guide vane ***(Def)***.

**torped|ieren** *v* torpedo; ~**o** *m* torpedo; ~**obwurf** *m* torpedo release; ~**ofangboot** *n* torpedo recovery boat; ~**oflugzeug** *n* torpedo(-carrying) aircraft *or* carrier *or* bomber; ~**orohr** *n* torpedo tube; ~**otreffer** *m* torpedo hit; ~**owaffenplatz** *m* torpedo establishment.

**Tor|schaltung** *f (el)* gate circuit; ~**sonde** *f (Bod)* walk-through detector.

**Torsion** *f* torsion; twist; *aerodynamische* ~ aerodynamic twist; ~**sfestigkeit** *f* torsional strength *or* rigidity; ~**skasten** *m (Schwenkflügler)* torsion box; ~**skraft** *f* torsional force; ~**snase** *(Tragfläche)* torsion nose; ~**sstab** *m* torsion rod; ~**swinkel** *m* angle of twist.

**total** total; ~**er Krieg** *m* total war; ~**verlust** *m (Flzg)* total loss.

**tot** dead; ~**er Gang** *m* backlash; play; ~**er Winkel** *m (durch Bordwaffen nicht bestreichbarer Raum)* blind spot *or* angle; ~**gang** *m* backlash; ~**kegel** *m (über Funkfeuer)* dead cone; ~**punkt** *m (Flmot)* dead centre; *oberer* ~~ top *or* upper dead centre (*US* center).

**Tour** *f* tour; *auf* ~*en kommen v (Flmot & Flzg)* pick up speed; ~**enzahl** *f (Flmot)* number of revolutions; RPM; speed; ~**istenausweis** *m od* ~**karte** *f (LVerk)* tourist card; ~**istikflüge** *m/pl (LVerk)* tourists' flights *pl.*

**Townend-Ring** *m (Stern-Flmot)* Townend-ring.

**Tracking** *n (Radar)* flight following *or* tracking.

**Trag|bahre** *f* stretcher; litter; ~**barer Windmesser** *m (met)* air meter ***(Def)***; ~**bares Funkgerät** *n* portable radio set; *sl* walkie-talkie; ~**deck** *n (Flzg)* wing; ~**egurt** *m* carrying *or* supporting strap; ~**ende Bauteile** *m/pl (Flzg)* primary structure ***(Def)***; ~**ende Fläche** *f (Flzg)* bearing *or* supporting surface ***(Def)***; lifting *or* lift-producing wing; ~**ende Haut** *f (Flzg)* stressed skin; ~**ende Luftfahrzeugstruktur** *f (Konstr)* aircraft primary structure; ~**endes Element** *n (Konstr)* carrying element; ~**endes Gerippe n des Luftfahrzeugs** *(Konstr)* aircraft primary structure; ~**endes Teil** *n (Konstr)* carrying element.

**Träger** *m (Bauteil)* girder; truss; *(Flzg*~*)* carrier; *versetzter* ~ *(Funk)* offset carrier; ~**achse** *f* girder axis; ~**flugzeug** *n* carrier-based *or* carrier aircraft ***(Def)***; ~**frequenz** *f (Funk)* carrier frequency; ~**frequenzkabel** *n (Tel)* carrier frequency cable; ~**landung** *f (Flzg)* carrier *or* deck-landing; ~**rakete** *f* boost rocket; ~**system** *n (Lfz)* girder system; ~**welle** *f (Funk)* carrier wave.

**Trag|fähigkeit** *f (Flzg)* carrying *or* lifting *or* load (bearing) capacity; *(Startbahn)* bearing capacity; ~**fähigkeitszahl** *f (Piste usw)* load classification number, *abbr* LCN ***(Def)***.

**Tragfläche** *f (Flzg)* (*vergl auch* **Tragflügel**) wing ***(Def)***; main plane (structure); *(aerodyn)* aerofoil; *(US)* airfoil; *abgestrebte* ~ braced wing; *Delta-*~ *(Flzg)* delta wing ***(Def)***; *gepfeilte* ~ (back-)swept wing; *gestutzte* ~ *(Flzg)* clipped wing ***(Def)***; ~ *großer Flügelstreckung* high-aspect (-ratio) wing; *hochangestellte* ~ high-incidence wing; ~ *mit (aktiver) Auftriebserhöhung* augmenter wing; ~ *mit variabler od veränderlicher Pfeilung (Flzg)* variable-sweep wing; *obere* ~ *(Doppeldecker)* top wing; *Ogee-*~ *(Flzg)* ogee(-planform) wing; *ogivale* ~ *(Flzg)* ogival wing; *superkritische* ~ supercritical wing; *untere* ~ *(Doppeldecker)* bottom wing; *verwundene* ~ warped wing; ~**nabstand** *m (Doppeldecker)* wing gap ***(Def)***; ~**nabwurfbehälter** *m* wing drop-tank; ~**nansatz** *m (Flzg)* inner wing; ~**nauftrieb** *m (aerodyn)* wing lift; ~**naußenstück** *n (Flzg)* outer wing section; ~**nbelastung** *f* wing loading ***(Def)***; *Netto-* ~~ *(Konstr)* net wing loading ***(Def)***; ~**nbeplankung** *f* wing covering *or* plating *or* planking *or* skin; ~**nboot** *n* hydroplane ***(Def)***; ~**ngondel** *f (Flzg)* wing (-mounted) pod; wing nacelle; ~**nhinterkante** *f* wing trailing edge; ~**ninhalt** *m* wing area; ~**ninnenstück** *n (Flzg)* inner wing section; ~**nkante** *f (Flzg)* wing edge; ~**nklappmechanismus** *m (Träger-Flzg)* wing folding mechanism; ~**nkühler** *m* wing radiator ***(Def)***; *hängender* ~~ *(Flmot)* under-wing radiator ***(Def)***; ~**nlicht** *n (Flzg)* tip navigation light; ~**nmittelstück** *n, abbr* **TM-Stück** *(Flzg)* (wing) centre section ***(Def)***; ~**npfeilung** *f (Flzg)* wing sweep; ~**npfeilungsform** *f* arrow shape of wing; ~**npod** *m (Flzg)* wing pod; ~**nprofil** *n* airfoil section; ~**nschwerpunkt** *m (Flzg)* wing centre of gravity, *abbr* wing c.g ~**nsehne** *f* wing chord; ~**nstrebe** *f (Flzg)* wing (drag) strut; ~**ntriebwerk** *n* wing (-mounted) engine; ~**nvorderkante** *f* wing leading-edge; ~**nwurzel** *f (Flzg)* inner wing.

**Tragflügel** *m (Flzg)* aerofoil ***(Def)***; *(US)* airfoil; *abnehmbarer* ~ detachable aerofoil; *äquivalenter* ~ equivalent aerofoil; *durchgehender* ~ single-piece wing; *elastischer* ~ elastic wing; *gestielter* ~ parasol wing; *holmloser* ~ sparless wing; ~ *mit variabler od veränderbarer Fläche* variable-area wing; *nicht unterteilter* ~ single-piece wing; *Skelettlinie f eines* ~*s* median line (of an aerofoil) ***(Def)***; *Unterwasser-*~ *(Wasser-Lfz)* hydrofoil ***(Def)***; *V-form des* ~*s (Flzg)* dihedral; *vorgepfeilter* ~ swept-forward wing; *zusammengesetzter* ~ compound wing; ~**aerodynamik** *f* wing aerodynamics; ~**anblasung** *f (aerodyn)* wing flow-over; ~**ende** *n* wing tip; ~**enteisungsvorrichtung** *f (Flzg)* de-Icer boot ***(Def)***; ~**geometrie** *f (Konstr)* wing geometry; ~**grenzschicht** *f (aerodyn)* wing boundary layer; ~**holm** *m* wing spar; ~**kippen** *n* wing tilt(ing); ~**kippsystem** *n (Flzg)* wing-tilt(ing) system; ~**kippvorgang** *m (Flzg)* wing tilting; ~**(positions)licht** *n (Flzg)* wing tip navigation *or* position light; ~**profil** *n* aerofoil section ***(Def)***; ~**pylon** *m* wing pylon; ~**querachse** *f* lateral wing axis; ~**querschnitt** *m* airfoil section ***(Def)***; ~**-Rumpfübergang** *m* *(Flzg)* wing-body *or* wing-fuselage fillet; ~**schwingung** *f* *(Stab)* wing oscillation; ~**seitenverhältnis** *n* wing aspect ratio; ~**sektion** f wing bay *or* section; ~**streckung** *f* wing aspect ratio; ~**theorie** *f* wing theory; *dreidimensionale od räumliche* ~~ three-dimensional wing theory; ~**träger** *m* wing pylon; ~**verkleidung** *f* wing fillet.

**Trag|gas** *n (Lfz l)* lifting gas; ~**gurt** *m (Para)* lift web ***(Def)***; *(Luftschiff)* suspension *or* rigging band ***(Def)***.

**Trägheit** *f* intertia; *scheinbare* ~ *(Konstr)* virtual inertia ***(Def)***: ~**sachse** inertia axis; *zentrale* ~~ (inertia) central axis; ~**sbelastung** *f (Flmed)* inertia load; ~**sbeschleunigung** *f* inertia *or* inertial acceleration; ~**sellipsoid** *n* ellipsoid of inertia; ~**sfrei** inertialess; ~**skraft** *f* inertial *or* mass force; force of inertia; ~**slenkung** *f (FK)* inertial guidance ***(Def)***; ~**slos** inertialess; ~**smodul** *n* modulus of inertia; ~**smoment** *n* moment of inertia; ~**snavigationssystem** *n (Flzg)* inertial navigation system, *abbr* INS; ~**splattform** *f (INS)* inertial platform; ~**szahl** *f* modulus of inertia.

**Trag|kabel** *n (Doppeldecker)* lift wire ***(Def)***; ~**körper** *m (aerodyn)* lifting body; ~**kraft** *f* lifting force; ~**schicht** *f (Startbahnbau)* base course; *obere* ~~ upper base course; *untere* ~~ sub-base course; ~**schraube** *f (Heli)* lifting propeller; helicopter rotor; ~**schrauber** *m* rotorplane; autogyro; gyroplane ***(Def)***; ~**schrauberzustand** *m (Heli)* windmill-brake state ***(Def)***; ~**vermögen** *n (Flzg)* carrying *or* lifting capacity; ~**werk** *n (Flzg)* wing assembly *or* unit; supporting surfaces *pl*; main plane ***(Def)***; ~**werk(sverband)** *n (m) (Flzg)* main plane structure.

**Trans|atlantikflug** *m* transatlantic flight; ~**ferflug** *m* transfer flight; ~**fergeschwindigkeit** *f (Fernm)* data transfer rate; ~**formator** *m (el)* transformer; ~**formieren** *v (el)* transform; ~**formierung** *(el)* transforming; ~**istorrechner** *m (EDV)* transistor computer; ~**itbereich** *m (Bod)* direct transit area ***(Def)***; ~**iteinrichtungen** *f/pl (LVerk)* direct transit arrangements *pl* ***(Def)***; ~**itflug** *m (LVerk)* transit flight; ~**itfluggäste** *m/pl* transit passengers *pl*; ~**itionsflug** *m (Flbetr)* transition(al) flight; ~**itroute** *f (LVerk)* transit route; ~**itverkehr** *m (LVerk)* transit (traffic) ~**itvisum** *n* stop-over *or* transit visa; ~**lationsbewegung** *f* translational *or* translatory motion *or* movement; ~**lationsbeschelunigung** *f* translatory acceleration; ~**latorische Beschleunigung** *f (met)* translatory acceleration; ~**missionswelle** *f* connecting shaft; ~**missometer** *n (Sichtweitenmessgerät: met)* transmissometer; ~**sonisch** *(schallnah)* transonic; ~~**e Geschwindigkeit** *f (Flbetr)* transonic speed ***(Def)***; ~**ozeanflug** *m* transoceanic flight; ~**ozeanluftverkehr** *m* transoceanic air service; ~**piration** *f (Lfz l)* transpiration ***(Def)***; ~**pirationskühlung** *f* transpiration cooling; ~**ponder** *m (Fernm)* transponder ***(Def)***; ~**ponderauslösung** *f (Radar)* triggering; ~**pondertotzeit** *f (Radar)* transponder dead time; ~**portbehälter** *m (Flzg)* carrying case; ~**porter** *m sl (Flzg)* transporter; ~**portflugwesen** *n* transport aviation; ~**portflugzeug** *n* transport *or* cargo airplane; tranporter; freighter; ~**portluftfahrt** *f* transport aviation; ~**portluftunterstützung** *f (LKr)* transport air support; ~**portsystem** *n* transport system; ~**schall...** transonic; ~**schallaerodynamik** *f* transonic aerodynamics; ~**schallbereich** *m* transonic regime; *Nicken n im* ~~ *(Flzg)* Mach tuck; ~**schallgeschwindigkeit** *f (Flbetr)* transonic *or* nearsonic speed; ~**sonik** *f* aerodynamics of transonic flight; ~**sonikflugzeug** *n* transonic aeroplane; ~**sonisch** *(schallnah)* transonic; ~**sonische Aerodynamik** *f* transonic aerodynamics; ~**sonische Geschwindigkeit** *f (Flbetr)* near-sonic *or* transonic speed ***(Def)***; ~**sonisches Querruderflattern** ~ *(Flbetr)* aileron buzz ***(Def)***; ~**versalbeschleunigung** *f* transverse acceleration; ~**versale Projektion** *f (Kart)* transverse projection; ~**versalgeschwindigkeit** *f* transversal speed.

**Trapez|flügel** *m (Flzg)* tapered wing ***(Def)***; ~**träger** *m (Lfz l)* trapez bar ***(Def)***; ~**verhältnis** *n (Flzg-Tragfläche)* taper (ratio).

**Treff|er** *m (LKr)* hit; ~~ *erhalten v* receive *or* suffer hits; ~~ *erzielen v* score hits; ~**ergebnis** *n* score; ~**punkt** *m (Flzghafen & Flbetr)* rendevous (point); *(Jägerführung: LKr)* point of intercept(ion); ~**punktaufgabe** *f (nav)* interception problem; ~**punktverfahren** *n (nav)* collision course procedure; *Abfangen n nach* ~~ *(Feind-Flzg: LKr)* collision course intercept(ion).

**Treib|anker** m (See-Lfz) drift parachute; ~**eis** *n* drift(ing) ice; ~**gas** *n* fuel *or* propellant gas; ~**ladung** *f (Rak)* propellant charge; ~**mine** *f* drifting *or* floating *or* unanchored mine; ~**mittel** *n (FK)* propellant ***(Def)***; ~**satz** *m (Rak)* propelling *or* propulsive charge; ~**stoff** *m* fuel; *(Rak & FK)* propellant ***(Def)***; *Einfach*-~~ *(FK)* monopropellant ***(Def)***; *kohlenstofffreier* ~~ *(Rak)* carbonless fuel; *staubförmiger* ~~ *(Rak)* powdered propellant; *Zweifach*-~~ *(FK)* bipropellant ***(Def)***; ~**stoffkörper** *m (Rak)* solid propellant; *monolithischer* ~~ block of solid propellant; ~**stoffzufuhr** *f (Rak)* propellant supply; *Schnellabschaltung f der* ~~ propellant cut-off; ~**strahl** *m (Turbo)* reactive *or* driving *or* propulsive jet; ~**wirkung** *f (Turbo)* propulsive effect.

**Trend-Landewettervorhersage** *f* trend-type landing forecast.

**Trenn|fuge** *f* butt; ~**impuls** *m (Fernschr)* spacing impulse; ~**schärfe** *f (Funk)* selectivity; ~**schritt** *m (Fernschr)* spacing element; marking signal; ~**spant** *m (Flzg)* bulkhead; ~**strom** *m (Tastfunk)* spacing current; ~**stromüberhang** *m (Fernschr)* space bias; ~**ung** *f (FK)* separation ***(Def)***; *(Fernschr)* spacing; ~**ungslinie** *f (takt)* boundary *or* dividing line; ~**verstärker** *m (Fernm)* buffer *or* isolation amplifier; ~**wand** *f (Schott)* dividing wall; bulkhead.

**Treppe** *f (Bod)* stairway; *selbstfahrende* ~ *(Bod)* selfpropelled stairs *pl.*

**Tret|mine** *f* tread *or* antipersonnel mine; ~**satz** *m (el)* pedal-operated generating unit.

**Trichter** *m (allg)* funnel; *(Anflug- od Abflug-* ~ *Flsich)* funnel; *(Bomben- usw)* crater; *toter* ~ *(über Funkfeuer)* cone of silence; ~**wirkung** *f (Bombenangriff)* cratering effect; ~**wolke** *f (met)* funnel cloud ***(Def)***.

**Triebkraft** *f* motive power.

**Triebwerk** *n (Flmot)* power plant *or* unit ***(Def)***; engine; *abgeschaltetes* ~ dead engine; ~ *anlassen v (Turbo)* buzz up; ~ *auf der Tragflächenoberseite (Flzg)* wingtop (mounted) engine; *ausgefallenes* ~ dead engine; *Bypass*-~ *(Turbo)* ducted-fan turbine engine ***(Def)***; *chemisches* ~ chemical engine; *Diergol*-~ *(Rak)* binary-fuel engine; *direkt wirkendes* ~ *(Flmot)* gearless engine; *eingebautes* ~ built-in engine; *elektrisches* ~ electric engine; *elektrostatisches* ~ electrostatic engine; *gebündeltes* ~ cluster(ed) engine; *gekuppeltes* ~ *(Flmot)* coupled-engine power unit ***(Def)***; *gepaartes* ~ *(Flmot)* paired engines *pl* ***(Def)***; *getriebeloses* ~ gearless engine; ~ *im Rumpfheck (Flzg)* afterbody engine; *Lorin*-~ *(Staustrahl)* ramjet engine ***(Def)***; *Mantelstrom*-~ *(Turbo)* ducted-fan turbine engine ***(Def)***; ~ *mit äußerer Verbrennung (Rak)* external-combustion engine; ~ *mit einstufigem Verdichter (Turbo)* one-spool engine; ~ *mit regelbarem Schub (Turbo)* controllable (thrust) engine; *PTL-~* turboprop (engine) ***(Def)***; *regelbares ~ (Turbo)* controllable (thrust) engine; *„sauberes" ~ (ohne Hilfsgeräte)* clean engine; ~ *(schnell) abstellen v* stopcock (the engine); *TL-~* turbojet (engine) ***(Def)***; ~ *zünden v (Turbo)* buzz up; *Zweikreis-~ (Turbo)* ducted-fan turbine engine ***(Def)***; *Zweistoff-~ (Rak)* binary-fuel engine.

**Triebwerk|anlage** *f (Flmot)* power plant ***(Def)***; **~aufhängung** *f* power-plant mounting; **~ausfall** *m (Flbetr)* engine failure; *plötzlicher ~~* sudden engine failure; *(Turbo)* flameout; *Mindesgeschwindigkeit f bei ~~* minimum control speed ***(Def)***; *teilweiser ~~* partial engine failure; **~(bedien)gestänge** *n* power-plant control system; **~brennschluss** *m (Rak)* engine stoppage; **~bündel** *n* engine bundle; **~drehzahl** *f (Turbo)* engine speed ***(Def)***; **~einbau** *m* power-plant installation; **~einheit** *f (Flmot)* power unit ***(Def)***; *ausgefallene od außer Betrieb befindliche ~~* inoperative power unit; *kritische ~~(en) (pl)* critical power unit(s) *(pl)* ***(Def)***; **~emission** *f (von Schadstoffen)* emission of engine; **~gondel** *f (Flzg)* engine nacelle *or* pod ***(Def)***; *schwenk- od kippbare ~~ (VTOL-Flzg)* tilt(ing) engine pod; **~lebensdauer** *f* engine service life; **~leergewicht** *n* dry weight of the power plant; **~pompage** *f (unregelmäßiges Arbeiten des ~s)* engine surge; **~schub** *m (Turbo)* engine thrust; **~-Startgerät** *n (Bod)* auxiliary power unit, *abbr* APU; *(Lfz)* secondary propulsion system, *abbr* SPS; **~steuerung** *f* power-plant controls *pl*; **~trockenmasse** *f* engine dry mass; **~überwachungsgerät** *n od* **~instrument** *n* power plant *or* engine instrument; **~verkleidung** *f* cowling ***(Def)***.

**Triftballon** *m (in gleichbleibender Höhe fliegend)* constant-level balloon.

**Trigger|impuls** *m (Radar)* trigger impulse; **~schaltung** *f (Radar)* trigger circuit.

**Trijet** *m (Strahl-Flzg mit drei Triebwerken)* trijet.

**Trimm** *m (Flzg)* trim; **~anlage** *f (Flzg)* trimming system; **~ballast** *m* trim(ming) ballast; **~behälter** *m (Flzg)* balance *or* trim(ming) tank; **~blech** *n (Flzg)* (fixed) trim(ming) tab; **~en** *v* trim ***(Def)***; **~fläche** *f (Flzg)* trim(ming) tab; **~kante** *f* (fixed) trim(ming) strip ***(Def)***; **~klappe** *f (Flzg)* trim(ming) flap *or* tab ***(Def)***; **~lage** *f (Flzg)* trim; **~plan** *m (Lfz)* trim sheet; *Lade- und ~~* load and trim sheet; **~rad** *n (Flzg)* trimmer; **~ruder** *n (Flzg)* trim(ming) tab ***(Def)***; **~(ruder)stellung** *f (Lfz)* trim control setting; **~steuer(ung)** *n(f) (Lfz)* trim controls *pl*; **~streifen** *m (Lfz)* trimming strip ***(Def)***; **~tank** *m* balance *or* trim(ming) tank; **~ung** *f* trim(ming) ***(Def)***; *manuelle ~~ (Lfz)* manual trim(ming); *~~ um die Längsachse (Flzg)* lateral trim; **~ungsanzeiger** *m* trim-flap position indicator; **~vorrichtung** *f (Flzg)* trim(ming) device.

**Tripelspiegel** *m* corner reflector.

**tri|phibisch** threephibious; **~sonisch** trisonic.

**Tritt|blech** *n (Flzg)* foot plate; **~brett** *n* running board; **~leiste** *f (auf Tragfläche)* walkway; **~leiter** *f (zum Flzg)* stairway.

**trocken** *(met)* arid; dry; **~adiabate** *f (met)* adiabat; **~adiabatischer Temperaturgradient** *m (met)* dry adiabatic lapse rate ***(Def)***; **~dock** *n* dry dock; **~er Dunst** *m (met)* haze ***(Def)***; **~es Thermometer** *n* dry bulb thermometer; **~filterelement** *n (Flmot)* dry-type filter element ***(Def)***; **~gewicht** *n (Flmot)* dry weight ***(Def)***; **~löschmittel** *n (Brandbekämpfung)* dry chemicals *pl*; **~sumpfschmierung** *f (Flmot)* dry-sump lubrication.

**Trog** *m (Tiefdruckrinne: met)* trough ***(Def)***.

**Trombe** *f (met)* vertical whirlwind; tornado; funnel cloud ***(Def)***.

**Trommel|feuer** *n (Art)* drum fire; heavy barrage; **~kompass** *m* barrel *or* drum compass; **~kühler** *m (Flmot)* drum or barrel radiator; **~läufer** *m (Turbo)* compressor drum ***(Def)***; **~magazin** *n* ammunition drum; drum magazine; **~magazinzuführung** *f* drum feed; **~motor** *m (Flmot)* axial engine ***(Def)***.

**Tropen|einsatz** *m (LVerk)* tropical operation; *Vorbereitung f (eines Lfz) für ~~* tropicalization (of aircraft) **~helm** *m* pith *or* sun helmet; **~kühler** *m (Flmot)* tropical radiator; **~tauglich** *(mil)* fit for tropical service *or* duties *pl*.

**Tropfen|form** *f (aerodyn)* drop shape; **~förmig** *(aerodyn)* drop-shaped; **~schmierung** *f* drop-feed oiling.

**Tropikluft** *f (met)* tropical air.

**tropisch** tropical; **~e Ostwindwetterstörung** *f (met)* easterly wave; **~e Störungen** *f/pl (met)* tropical disturbances *pl*; **~er Orkan** *m (met)* tornado; **~er Wirbelsturm** *m (met)* tropical revolving storm ***(Def)***; hurricane *(Beaufort-Stärke 12: met)* ***(Def)***.

**Tropo|pause** *f* tropopause ***(Def)***; **~pausenkarte** *f (met)* tropopause chart; **~sphäre** *f* troposphere ***(Def)***; **~sphärische Streuausbreitung** *f (Funk)* tropospheric scatter, *abbr* troposcatter; **~sphärische Wellenausbreitung** f *(Funk)* tropospheric propagation.

**Tross** *m (mil)* transport echelon *or* column; train; **~fahrzeug** *n* train vehicle; **~schiff** *n* supply ship.

**trüb|er Himmel** *m (met)* dull sky; **~ung** *f* **der Atmosphäre** *(met)* air dimness.

**Trudel|fallschirm** *m* anti-spin parachute ***(Def)***; **~kanal** *m* vertical wind tunnel ***(Def)***; **~n** *v (Flzg)* spin ***(Def)***; **~n** *v (Flzg)* spin ***(Def)***; *Abfangen n od Ausleiten n aus dem ~~ (Flbetr)* spin recovery; *beabsichtigtes ~~ (Flbetr)* intentional spin; *beherrschtes od gesteuertes ~~ (Flbetr)* controlled spin; *das ~~ einleiten v (Flbetr)* put into a spin; *ins ~~ bringen v (Flbetr)* put into a spin; *ins ~~ geraten v (Flbetr)* spin in; go into *or* enter a spin; *klassisches ~~ (Flbetr)* classical spin; *steiles ~~ (Flbetr)* steep spin; *unbeabsichtigtes od unfreiwilliges ~~ (Flbetr)* unintentional *or* inadvertent spin; **~sicher** *(Flzg)* nonspinnable; nonspinning; **~umdrehung** *f* turn of a spin; **~verhalten** *n (Flzg)* spin characteristics *pl*.

**Trupp** *m (mil)* detachment; section; squad; detail; party; **~e** *f (mil)* unit; personnel; arm of service; *kämpfende ~~* combat element; **~en** *f/pl* troops *pl*; *verlastete ~~* motorized troops *pl*; **~enansammlung** *f (takt)* concentration of troops; **~enbereitstellung** *f (takt)* assembly of troops; **~enbewegung** *f (takt)* troop movement; **~engattung** *f (mil)* arm *or* branch of service; **~enmarketenderei** *f (E)* Navy; Army; Air Force Institution, *abbr* NAAFI; *(US)* post exchange, *abbr* PX; **~enoffizier** *m* regular *or* line *or* regimental officer; **~entransport** *m* troop transport; **~entransportflugzeug** *n* troop-carrier; troop-carrying *or* troop transport aircraft; **~enverschiebung** *f (takt)* troop movement *or* shift; **~enwartung(sdienst)** *m (LW)* organizational maintenance.

**Tuchzeichen** *n (Fliegersichtzeichen)* ground panel *or* strip.

**Turbine** *f* turbine; *Einstufen-~* single-stage turbine ***(Def)***; **~nabgas** *n* turbine effluent *or* exhaust; **~nauslass** *od*

~**auslauf** *od* ~**austritt** *m* turbine exit; ~**nbläser** *m* turboblower; ~**ndeckband** *n* turbine static shroud ***(Def)***; ~**ndüse** *f (Turbo)* turbine nozzle; ~**neinlass** *od* ~**eintritt** *od* ~**einlauf** *m* turbine entry; ~**neintrittskanal** *m (Turbo)* turbine entry duct ***(Def)***; ~**nflugzeug** *n* turbine aircraft; ~**nkammer** *f* turbine chamber; ~**n(läufer-** *od* ~**rotor)schaufel** *f (Turbo)* turbine rotor blade; ~**nlaufrad** *n* turbine wheel ***(Def)***; ~**nleitschaufel** *f (Turbo)* turbine stator blade; ~**nluftstrahltriebwerk** *n, abbr* TL-Triebwerk jet turbine engine; turbojet ***(Def)***; ~~ *mit Nachbrenner* afterburning turbojet (engine); ~**nmotor** *m (Turbo)* jet propulsion engine; turbine engine; ~**nradabschirmung** *f (Turbo)* insulation plate ***(Def)***; ~**nschaufel** *f* turbo blade *or* vane; ~**nscheibe** *f (Turbo)* turbine disk ***(Def)***; ~**n-Staustrahltriebwerk** *n (Turbo)* turboramjet engine ***(Def)***.

**Turbo|bläser** *m od* ~**gebläse** *n* turbo-fan; *Senkrechtstarter m mit* ~~ fan-engine VTOL aeroplane; ~**höhenlader** *m (Flmot)* turbo supercharger; ~**lader** *m (Flmot)* turboblower; turbocharger; ~**strahltriebwerk** *n* turbojet; turbine engine ***(Def)***; *atomares od kernenergetisches* ~~ nuclear turbojet ***(Def)***; *Propeller-*~~ propjet ***(Def)***; *Verbund-*~~ compound turbine engine ***(Def)***; ~**verdichter** *m (Flmot)* turbo compressor.

**turbulent** *(aerodyn & met)* turbulent; ~**e Luft** *f (met)* turbulent air; ~**e Grenzschicht** *f (aerodyn)* turbulent boundary layer ***(Def)***; ~**e Nachströmung** *od* **Wirbelschleppe** *f (aerodyn)* wake turbulence; ~**e Reibung** *f (aerodyn)* turbulent friction; ~**e Strömung** *f (aerodyn)* turbulent flow ***(Def)***; *(Windkanal)* eddying wind.

**Turbulenz** *f (aerodyn & met)* turbulence; ~ *in wolkenfreier Luft (met)* clear air turbulence, *abbr* CAT ***(Def)***; *konvektive* ~ *(met)* convectional turbulence ***(Def)***; *Kumulonimbus* ~ *(met)* cumulonimbus turbulence ***(Def)***; ~**entstehung** *f (aerodyn)* transition to turbulence; ~**erzeuger** *m (Windkanal)* turbulator; ~**feld** *n (aerodyn)* turbulence *or* turbulent field; ~**reibung** *f (aerodyn)* turbulent friction; ~**stärke** *f (met)* intensity of turbulance; ~**wolke** *f (met)* turbulence cloud.

**Turbulisator** *m (Windkanal)* turbulator.

**TV|** *(short for* television)-**antenne** *f (Funk)* television antenna; ~-**Kopf** *m (FK)* TV head.

**Turm** m *(Flsich: kurz für Kontrollturm)* tower; ~**lafette** *f (Flzg)* turret mount.

**Turn** *m (Kunstflug)* turn; *Immelmann-*~ *(Kunstflug)* Immelmann (turn) ***(Def)***.

**Typ** *m (Lfz-Muster)* type; ~**en** *pl (Fernschr)* characters *pl*; ~**enbezeichnung** *f (Lfz)* type *or* model designation; ~**enleistung** *f (Flmot)* rated power; ~**ennummer** *f* model number; ~**enprüfung** *f* type test; ~**enschild** *(Flzg usw) n* name *or* type plate.

**typisier|en** *v* standardize; ~**ung** *f* stanardization.

# U

U *(ICAO- & NATO)-Buchstabieralphabet)* Uniform; *(altes, internationales Buchstabieralphabet)* Uncle; ~-**Boot** *n* submarine; *sl* sub; U-boat; ~-**Jagd** *f (LKr)* anti-submarine patrol *or* warfare, *abbr* ASW; ~-**Stiel** *m od* ~-**Strebe** *f (Flzg)* U-strut.

**üb|en** *v* train; *Vergeltung* ~~ *v (LKr)* retaliate; ~**ung** *f (Manöver)* exercise.

**über|anstrengen** *v* overexert; ~**anstrengung** *f* overexertion; ~**anzug** *m* overall; combination (suit); ~**ausgeglichen** *(Steuerruder)* overbalanced; ~**ausgleich** *m (Steuerruder)* (control) overbalance.

**über|beanspruchen** *v* overstrain; overstress; ~**beanspruchung** *f* overstrain; overstress(ing); ~**belastung** *f* overload; ~**belichtung** *f (LPhot)* overexposure; ~**bestand** *m* surplus stock; ~**brücken** *n (el)* shunting.

**über|decken** *v (Radar)* cover; *(Radarziele)* merge; ~**deckung** *f (Radar)* coverage; *festgelegte* ~~ *(Fernm)* designated operational coverage; *wirksame* ~~ *(Funk)* effective coverage; ~**deckungseffekt** *m* capture effect; ~ **den Schwanz abrutschen** *(Flbetr)* tail slide ***(Def)***; ~**drehen** *v (Flmot)* overspeed; ~**drehen** *n (Flmot)* (engine) overspeeding; ~**drehzahl** *f (Flmot)* overspeed *or* excess RPM; *höchst(zulässige)* ~~ *des Motors* maximum (engine) overspeed; ~**druck** *m (Lfz l)* superpressure ***(Def)***; *(Kart)* overprint; ~**druckanzug** *m* (high-) pressure suit; ~**druckatemmaske** *f* pressure (demand) oxygen mask; ~**druck(höhen)kabine** ***f (Flzg)*** sealed *or* pressurized cabin; ~**druckkabine** *f (Lfz)* sealed cabin ***(Def)***; ~**druckkanal** *m (aerodyn)* compressed-air wind tunnel ***(Def)***; ~**druck-Sauerstoffhöhenatmer** *m* overpressure oxygen unit; ~**druckspitzenwert** *m (Überschallknall)* peak overpressure; ~**druckventil** *n* high-pressure relief valve; high-pressure blow-off valve.

**überetatmäßig** *(mil)* surplus to establishment.

**über|fällig** overdue; ~**fettung** *f (Flmot)* rich setting; *automatische* ~~ rich automatic; ~**fliegen** *v* fly over; cross; *einen Sender* ~~ pass a transmitter; ~**flug** *m (Flbetr)* overflight; *(LVerk)* non-stop transit flight; ~**flughöhe** *f (über Meer: Flbetr)* crossing altitude; ~**fluglärm** *m (Flbetr)* fly-over noise; ~**flugraster** *m (Flsich)* en-route slot; ~**flugverbotsgebiet** *n (Flsich)* prophibited area (for aircraft); ~**flügeln** *v (takt)* outflank; ~**flügelung** *f (takt)* outflanking: ~**flurfeuer** *n (Bod)* elevated light; ~**führen** *f (Flzg)* fly in; ferry; ~**führungsdienst** *m (für Flzg)* ferrying service; ~**führungsflug** *m* fery *or* ferrying flight; ~**führungsflugzeugführer** *m* ferry pilot; ~**führungskommando** *n (LW)* aircraft ferrying detachment.

**Übergabe|** *f* **der Identität eines Radarziels** *(Flsich)* transfer of radar identification; ~~ *der Jägerführung (LKr)* fighters handover; ~~ *der Kursführung (Radar)* tracks *pl* handover; ~~ *der Radarkontrolle (Flsich)* radar hand-off; transfer of radar control; radar transfer of control, *abbr* TRA; ~**linie** *f* transfer line; ~**nachweis** *m* delivery bill; ~**punkt** *m (Flsich)* release *or* transfer point; ~**verzeichnis** *n* delivery bill; ~**zeit** *f (Flsich)* release time.

**Über|gang** *m* transition; ~~ *der laminaren Strömung in eine turbulente (aerodyn)* laminar-turbulent transition; ~~ *laminar/turbulent (aerodyn)* transition to turbulence; ~~ *von Instrumentenflug auf Flug nach Sicht* ocular changeover from instrument to “contact“ indication; ~**sebene** *f (Flbetr)* transition level; ~**gangsfläche** *f (Startbahn auf Rollfeld)* transitional surface; shoulder ***(Def)***; *(Flbetr)* transition level ***(Def)***; *seitliche* ~~ *(Bod)* side slope surface; ~**gangsflug** *m (Flbetr)* transition(al) flight; ~**gangshöhe** *f (Flbetr)* transition altitude ***(Def)***; ~**gangskrümmung** *f* transition curve; ~**gangskurve** *f* compound curve; ~**gangspunkt** *m (von laminarer in turbulente Strömung: aerodyn) (E)* point of separation; *(US)* burble point; ~**gangsschicht** *f (Flbetr)* transition layer ***(Def)***; ~**gangsstrecke** *f* transition distance; ~**gangsstreifen** *m* *(von Startbahn auf Rollfeld)* transition strip; shoulder; ~**gangsstück** *n (Flzg-Rumpf zur Tragfläche)* (wing) fillet; transition piece; ~**geben** *v (Radarführung von Lfz)* hand off; hand over; ~**gebende Flugverkehrskontrollstelle** *f (Flsich)* transferring control unit; ~**gebende Stelle** *f (Flsich)* transferring unit; ~**gebender Lotse** *m (Flsich)* transferring controller; ~**gehen** *v (zum Angriff: takt)* take the offensive; ~**gelaufener Kraftstoff** *m (Flzg)* spilled fuel; ~**gepäck** *n (LVerk)* excess baggage; ~**gepäckgebühr** *f (LVerk)* excess luggage *or* baggage rate; surcharge for luggage; ~**geschlagene Fangleine** *f (Para)* thrown line ***(Def)***.

**Über|hang** *m (Kragweite: Lfz)* overhang ***(Def)***; ~**hitzen** *v* overheat; superheat; ~**holbereich** *m (Bod)* by-pass area; ~**holen** *v (technisch ~~)* overhaul; *(Flzg im Flug)* overtake; ~**holfläche** *f (Bod)* outrun area; ~**holmanöver** *n (Flbetr)* overtaking manoeuvre; ~**holrollweg** *m (Bod)* by-pass taxiway; ~**holspur** *f (Bod)* by-pass line; ~**holstelle** *f (Bod)* bypass area; ~**holung** *f (Lfz)* overhaul(ing); *Zeit f bis zur ~~ (Lfz)* overhaul life; ~**holungszeit** *f (Lfz)* overhaul life *or* period.

**Über|kapazität** *f (LVerk)* excess *or* surplus *or* over capacity; ~**kompressionsverhältnis** *n (Flmot)* overcompression ratio; ~**kritischer Anstellwinkel** *m (Flbetr)* supercritical angle of attack; ~**kritischer Tragflügel** *m (Flzg)* supercritical aerofoil *or* airfoil; ~**krümmte Schaufel** *f (Turbo)* cambered blade *or* vane.

**Über|lagerungsempfänger** *m (Funk)* superheterodyne receiver; ~**lagerungsfrequenz** *f (Funk)* beat *or* heterodyne frequency; ~**lagerungsmodulation** *f (Funk)* beat modulation; ~**lagerungsoszillator** *m (Funk)* beat frequency *or* local oscillator; *stabilisierter ~~ (Funk)* stabilized local oscillator; ~**landflug** *m (Flbetr)* crosscountry flight; *(pl)* cross-countries *sl*; *kurzer ~~* hop *sl*; ~**lange Strecke** *f (LVerk)* extra-long range; ~**lappen** *v (LPhot)* overlap; ~**lappung** *f (LPhot)* overlap; *seitliche ~~* side overlap; ~**last** *f* excessive load; ~**lastung** *f* overloading; *(LVerk & Fernm)* congestion; ~**lastungsschutz** *m* overload protection; ~**last(ungs)versuch** *m* overload test; *(el)* proof test ***(Def)***; ~**lauf** *m (Kraftstoff)* overflow; ~**laufen** *n (von Kraftstoff)* fuel spillage; ~**lebensfähigkeit** *f* survivability; ~**lebenstraining** *n* survival training.

**Über|macht** f (takt) superior strength; superiority; ~**mittlungskennung** *f (Fernm)* transmission identification; ~**mittlungskennungs-Lochstreifen** *m (Fernschr)* transmission identification tape; ~**mittlungszeit** *f (Fernm)* time of transmission.

**Übernahmekommando** *n (Material: Logistik)* receiving *or* reception detachment.

**über|planmäßig** *(mil)* in excess of establishment *or* of authorized strength; surplus to establishment; ~**prüfung** *f* check; test; *~~ **am Boden (Lfz)*** ground check *or* test; *~~ aus der Luft (Vorgänge am Boden)* aerial inspection; *fliegerische ~~ (Auswahl~~: LW) (US)* (flight *or* light-plane) screening; *(E)* grading (duties *pl*) *(gleichzeitige) ~~ der Instrumente (über Kreuz: Instrumentenflug)* cross-check of instruments; *~~ im Flug (Lfz-Funktionen)* flight check; ~**prüfungsflug** *m (Pilotenausbildung)* check ride; *Abschluss- ~~* final check ride; *Zwischen-~~* midtraining check ride; ~**prüfungsflugzeugführer** *m* check pilot; ~**prüfungsknopf** *m* press-to-test button.

**Über|rollfeuer** *n (Bod)* blister light ***(Def)***; ~**rollfläche** *f (Bod)* overrun (area); ~**rollstoppfläche** *f (Bod)* overrun stopway.

**über|sättigen** *v* supersaturate; ~**sättigung** *f* supersaturation; ~**schall-...** supersonic; ~**schallaerodynamik** *f* aerodynamics *pl* of supersonic flight; supersonics *pl*; ~**schallbereich** *m (aerodyn)* supersonic region *or* regime; *schallnaher ~~* low-supersonic region; *Strömung f im ~~ (aerodyn)* supersonic flow ***(Def)***; ~**schalldüse** *f (Turbo)* supersonic nozzle; *regelbare od verstellbare ~~ (Turbo)* adjustable supersonic nozzle; ~**schalleffusor** *m (Windkanal: aerodyn)* supersonic effusor ***(Def)***; ~**schallflug** *m* supersonic flight; ~**schallflugkörper** *m* supersonic missile; ~**schallflugzeug** *n* supersonic aeroplane; ~**schallgeschwindigkeit** *f* supersonic speed ***(Def)***; *Beschleunigung f auf ~~ (Flbetr)* transonic acceleration; *Flugzeug n für hohe ~~ (um min. Mach 5)* hypersonic aeroplane; *hohe ~~* high-supersonic *or* hypersonic speed ***(Def)***; ~**schalljäger** *m (LW)* supersonic fighter; ~**schallkanal** *m (aerodyn)* supersonic wind tunnel ***(Def)***; ~**schallknall** *m* super-sonic *or* sonic bang *or* boom ***(Def)***; *durch ~~ bedingte Einschränkung f (Flbetr)* sonic-boom restriction; *gebündelter ~~* focused boom; *gedämpfter ~~* muffled boom; *fokusierter ~~* focused boom; *Heckwelle f des ~~s* tail wave sonic boom; ~**schallknallausbreitung** *f* supersonic boom propagation; ~**schallknalldruck** *m* sonic boom pressure; ~**schallknallverlauf** *m* sonic boom signature; ~**schallluftfahrzeug** *n* supersonic aircraft; *~schallprofil n (Tragfläche)* supersonic profile; ~**schallreiseflug** *m (Flbetr)* supersonic cruise; ~**schallstaustrahlantrieb** *m od* ~**triebwerk** *n* supersonic ramjet, *abbr* SRJ; scramjet; ~**schallströmung** *f (aerodyn)* supersonic flow ***(Def)***; ~**schalltragfläche** *f (Flzg)* supersonic(-type) wing; ~**schallverkehr** *m (LVerk)* supersonic transport, *abbr* SST; ~**schallverkehrsflugzeug** *n* SST aeroplane; ~**schallverkehrsluftfahrzeug** *n* SST aircraft; ~**schießen** *v (Art)* fire over *or* beyond; ~**schießen** *n (eigener Truppen: Art)* overhead firing; *(von Deckungen: Art)* clearance of masks; ~**schlag** *m (Kunstflug)* loop(ing) ***(Def)***; *(Flzg bei Landung)* nose-over; *(Flzg über die Tragfläche)* wing-over; barrel roll; *halber ~~ (Kunstflug)* half loop ***(Def)***; *~~ vorwärts (Kunstflug)* inverted loop(ing); ~**schlagen** *v (Kunstflug)* loop; *(Flzg bei Landung)* turn over; overturn; nose over; somersault; ~**schlagen** *n (Flzg bei Landung)* nose-over; nosing-over; turning-over; ~**schlaggefahr** *f (Flzg bei Landung)* danger of nosing over; ~**schlagschutzgestänge** *n (Flzg)* crash pylon; ~**schlagspannung** *f (el)* spark-over *or* flash-over voltage; ~**schlagrechnung** *f* approximating *or* rough computation; ~**schlagstrecke** *f (el)* spark-over path; ~**schreitungsausgleich** *m* trade-off; ~**seeflug** *m* oversea(s) flight; ~**seeflugstrecke** *f (LVerk)* overseas route; ~**seeluftdienst** *m* overseas air service; ~**seeluftlinie** *f* overseas airline; ~**seeluftverkehr** *m* overseas air traffic; ~**setzungsverhältnis** *n (Flmot)* gear ratio; *(el)* ratio of transformation; ~**sichtsanzeige** *f (Radar)* plan position indicator, *abbr* PPI; ~**sichtsradar** *n (Flsich)* surveillance radar; ~**spannter Zustand** *m* overstrained state; ~**spannung** *f (el)* excess voltage; ~**steuern** *n (Flbetr)* overcontrol ***(Def)***; ~**steuerung** *f (Flbetr)* over-control; *(Gerät)* override; *Ladedruckregler-~~ (Flmot)* boost control override; *manuelle ~~ (automatischer Systeme)* manual override; ~**strömkanal** *m* bypass; ~**strömventil** *n* overflow *or* bypass valve ***(Def)***.

**Über|tragungsgeschwindigkeit** *f (Fernm)* data signalling rate; ~**tragungsgestänge** *n* transmission rods *pl*; ~**tragungskanal** *m (Fernm)* transmission channel; ~**tragungsladung** *f (Bombe)* primer charge; exploder; ~**tragungsleitung** *f (Fernm & el)* transmission line.

**Über|verdichtungsmotor** *m (Flmot)* supercompression engine ***(Def)***; ~**verdichtungsverhältnis** *n (Flmot)* overcompression ratio.

**Über|wachung** *f* supervision; control; monitoring; *Gerät n zur ~~ der Leistungsdaten* performance monitor; **~wachungsflugzeug** *n* patrol aeroplane; **~wachungsstelle** *f (Fernm)* monitor(ing) station.

**Über|wasserfahrzeug** *n* surface vessel; **~wasserfliegen** *n od* **~fliegerei** *f (Flbetr)* (over-)water flying; **~wasserflug** *m (Flbetr)* (over-)water flight; **~wasserstreitkräfte** *f/pl* surface forces *pl*; **~wolkenflug** *m (Flbetr)* over-the-top flight.

**über|ziehen** *v (Flzg)* stall *(an aircraft)* ***(Def)***; overclimb; overzoom; **~ziehen** *n (Flzg)* stall(ing) ***(Def)***; *~~ des Leitwerks (Flbetr)* tail stall; *~starkes ~~ (Flbetr)* deep stall; *Vorrichtung f zur Verhinderung des ~~s (Flzg)* antistall device; **~zieheigenschaften** *f/pl (Flzg)* stalling characterictics *pl*; **~ziehgeschwindigkeit** *f (Flbetr)* stalling speed ***(Def)***; *abbr* $VS_0$ *(mit ausgefahrenen Klappen)*, $VS_1$ *(Klappen eingefahren)*; **~ziehmanöver** *n (Flbetr)* pull-over maoeuvre; **~ziehmessfühler** *m (Flzg)* stall-vane; **~ziehschutzvorrichtung** *f (Flzg)* stall-prevention device; **~ziehverhalten** *n (Flzg)* stalling characteristics *pl*; **~ziehwarngerät** *n (Flzg)* stall-warning device; **~zirkulation** *f (aerodyn)* supercirculation ***(Def)***; **~zogen** *(Flzg)* stalled; **~zogene Landung** *f (Flzg)* stall landing; **~zogener Flug** *m* stall; **~zogener Flugzustand** *m* stall(ing).

**Übung** *f* exercise; training; skill; practice; *praktische ~ (Flbetr)* practice run; **~sabsprung** *m (Fallschirm)* practice jump; **~sanflug** *m (Bombenwurf)* dummy approach; *(Flbetr)* practice *or* training approach; **~sbombe** *f* practice *or* dummy bomb; **~sflug** *m (Flbetr)* in-flight practice; training *or* practice flight; **~sflugzeug** *n* training airplane; trainer; **~sschießen** *n* practice firing; **~ssegelflugzeug** *n* training glider; **~ssprung** *m (Fallschirm)* training jump; **~sverband** *m (LW)* training unit.

**Uhr|endifferenz** *f (nav)* time difference; **~envergleich** *m* synchronization of watches; time check; **~werkverzugszünder** *m (Bombe)* clock work delay fuze *or* fuse; **~werkzünder** *m (Bombe)* clockwork fuze *or* fuse; **~zeigersinn**, *m im ~~* (in) clockwise (direction); *im entgegengesetzten ~~* anticlockwise *or* counterclockwise (direction).

**UKW** *(abbr for* **Ultrakurzwelle** *f)* **~-Drehfunkfeuer** *n (Fernm)* very high frequency omni-range, *abbr* VHF omnirange *or* VOR ***(Def)***; *~~ für Sprechverkehr (Fernm)* VHF rotating talking beacon ***(Def)***.

**Ultrakurzwelle** *f, abbr* **UKW** very high frequency, *abbr* VHF; ultra short wave; **~-Drehfunkfeuer** *n (Funk)* very high frequency omni-(directional) range (station), *abbr* VOR.

**Ultra|leichtflugzeug** *n* superlight *or* ultralight aeroplane; ultralight; **~rot** infrared; **~schallortung** *f* ultrasonic location; **~strahlung** *f* cosmic radiation; **~violett** ultraviolet.

**um|dislozieren** *v (mil)* redeploy; **~dislozierung** *f (mil)* redeployment.

**Um|drehung** *f (Flzg beim Trudeln)* turn; **~drehungen** *pl* **pro Minute** *(Flmot), abbr* U/Min *(veraltet) od* $min^{-1}$ *(SI-System von 1969)*; revolutions per minute, *abbr* RPM; *~~en in der Sekunde* revolutions *pl* per second, *abbr* RPS; **~drehungsachse** *f* axis of rotation; **~drehungszahl** *f (Flmot)* revolutions per minute, *abbr* RPM; **~fangsaußenseile** *n/pl (Lfz l)* circumferential outer-cover wires *pl* ***(Def)***; **~fangsgeschwindigkeit** *f (Luftschraubenspitzen)* rotational *or* peripheral speed; tip speed ***(Def)***; circumferential speed *or* velocity; **~fangsseile** *n/pl (Lfz l)* circumferential wires *pl*; *Gaszellen- ~~ (Lfz l)* circumferential gas bag wires *pl* ***(Def)***; **~fassen** *v (takt)* envelop; **~fassung** *f (takt)* envelopment; **~feldhelligkeit** *f (Radar)* background luminance; **~feldstrahlung** *f (Radar)* background radiation; **~fliegen** *(Flsich) (Flugplatz usw)* circle; orbit; **~fliegen** *n (Flbetr)* fly-by; **~fließen** *n (aerodyn)* streamlining; **~formen** *f (el)* transform; **~former** *m (el)* transformer; converter ***(Def)***; *rotierender ~~ (el)* rotary transformer ***(Def)***; **~formkraft** *f (mech)* deformation force; **~gebaut** *(Flzg)* converted; **~gebende Luft** *f* ambient *or* environmental *or* surrounding air; **~gebung** *f* environment; **~gebungsluft** *f* ambient *or* environmental *or* surrounding air; **~gebungstemperatur** *f* ambient *or* environmental temperature; **~gehungsventil** *n (Ölkühler)* by-pass valve ***(Def)***; **~gliedern** *v (takt)* reorganize; **~grenzung** *f* boundary; **~grenzungsfeuer** *n (Bod)* boundary light ***(Def)***; **~grenzungskennzeichen** *n od* **~marker** *m (Bod)* boundary marker ***(Def)***; **~gruppierung** *f (takt)* reorganization; regrouping; **~kehr** *f* return; reversal; *~~ der Querruderwirkung (Flzg)* aileron reversal; reversed aileron control; *~~ der Ruderwirkung (extremer Flbetr)* control reversing *or* reversal; **~kehrfläche** *f (Bod)* turn-around area; **~kehrgrenzpunkt** *m (nav)* point of no return, *abbr* PNR ***(Def)***; critical point ***(Def)***; **~kehrluftschraube** *f* reversible propeller ***(Def)***; **~kehrpunkt** *m (Kolbenweg: Flmot)* reversal point; **~kehrschub** *m (Turbo)* reverse thrust; **~kreisen** *f (Flzg einen Punkt usw)* circle (around); orbit; **~ladegepäck** *n (LVerk)* transfer baggage; **~ladung** *f (Luftfracht)* trans-shipment; **~lauf** *m (der Lfz-Flotte: LVerk)* turnover; **~laufbahn** *f (Sat)* orbit; *Flug m auf erdnaher ~~ (Sat)* earth-orbital flight; *auf eine ~~ bringen v (Sat)* boost into an orbit; *stationäre ~~ (Aufklärungs-Sat)* stationary orbit; *~~ um die Erde (Sat)* circumterrestrial orbit; **~laufgetriebe** *n (Flmot)* planetary *or* epicyclic gear; **~laufkühlung** *f (Flmot)* circulation rotation cooling; **~laufmotor** *m (veralteter Stern-Flmot)* rotary engine ***(Def)***; **~laufschicht** *f (met)* circulation *or* circulatory layer; **~laufschmierung** *f* lubrication by contínous oil circulation; circulatory lubrication; **~laufzeit** *f (LVerk usw)* turnaround (cycle) ***(Def)***; **~leiten** *v (Flzg bei Schlechtwetter usw)* divert; **~leithinweis** *m (Flsich)* diversion indicator; **~leitung** *f (Flzg bei Schlechtwetter usw)* diversion; **~leitungsflugplatz** *m* diversion aerodrome; **~leitvermerk** *m (Flsich)* diversion indicator; **~lenkkraft** *f (Steuerwerk)* deflecting force; **~lenkvorrichtung** *f* reverser; **~lenkblech** *n* baffle; **~lenkhebel** *m (Steuerwerk)* cross-shaft lever; **~lenkrolle** *f (Steuerwerk)* pulley; roller; **~lenkscheibe** *f (Steuerwerk)* (control) pulley *or* roller; **~mantelung** *f (Zündkerze)* screen; **~polung** *f (el)* alternation of polarity; pole reversal; polarity change; **~pumpen** *v (Kraftstoff)* pump over; **~randungsfeuer** *n (Flugplatz)* boundary lieght; **~randungszeichen** *n (Flugplatz)* boundary marker; **~rechnungsmaßstab** *m* conversion scale; **~rechnungstabelle** *f* conversion table, **~rechnungswinkel** *m (nav)* conversion angle ***(Def)***; **~risskarte** *f (Kart)* outline chart; **~riss(linie)** *m(f) (Kart)* contour (line); **~rundung** *f* **eines Planeten** *(Sat)* circumplanetary flight; **~schaltbarer Lader** *m (Flmot)* multi-speed supercharger ***(Def)***; **~schalter** *m (el)* commutator; change-over switch; **~schlag** *m (Luftfracht)* trans-shipment; **~schlagen** *v (Wind)* change direction; *(Luftfracht)* transship; **~schlagen** *n (Ruderwechselwirkung: Flzg)* change of control function; **~schlag(flug)basis** *f (US LW)* staging base; **~schlagpunkt** *m (aerodyn)* transition point ***(Def)***; **~schulen** *v (auf anderes Flzg-Muster)* convert; retrain; **~schulung** *f (auf anderes Flzg-Muster)* conversion (training); retraining; transition (training) **~spannen** *v (el)* transform; **~spanner** *m (el)* transformer; **~steigverbindung** *f (LVerk)* transfer connection; **~steuerbare Luftschraube** *f* reversible-pitch propeller ***(Def)***; **~strömbar** *(aerodyn)* streamline(d);

*schlecht* ~~ bluff; ~**strömbarkeit** *f*, **aerodynamisch gute** ~~ aerodynamic(al) cleanliness *or* cleanness; ~**strömen** *v* circumflow; flow around; ~**strömungsungünstig** *(Bauart)* bluff; ~**weg** *m* detour; ~**welt** *f* environment; ~**zingeln** *v (takt)* close around; hem in.

**un|angelehnt** *(takt)* exposed; ~**angestellt** *(aerodyn)* (with) zero incidence; ~**befestigt** *(Startbahn)* unpaved; ~**befestigter Flugplatz** *m* natural ground *or* unpaved airfield; ~**begleitetes Gepäck** *n (LVerk)* unaccompanied baggage *(Def)*; ~**begrenzte Sicht** *f (met)* unlimited visibility; ~**belichtet** *(LPhot)* unexposed; ~**bemannt** *(Flzg)* unmanned; pilotless; ~**bemanntes Luftfahrzeug** *n* pilotless aircraft *(Def)*; ~**benutzbare Fläche** *f (Bod)* unserviceable area; ~**beschleunigt** *(Bewegung)* accelerationless; ~**bewaffnet** unarmed; ~**bewaffnetes Auge** *n* unaided *or* naked eye; ~**bezahlt** *(LVerk)* non-revenue; ~**brauchbarkeit** *f (Gerät)* unserviceability; *Kennzeichnung f der* ~~ *(Lufttüchtigkeit Lfz)* unserviceability marking; ~**dicht** *(Kraftstoffbehälter)* leaking; ~**dulatus(wolken)form** *m(f) (met)* billow cloud; ~**durchlässige Schicht** *f (Bod)* impervious membrane; ~**durchlässigkeit** *f* impermeability; ~**eben** *(Rollfeld)* bumpy; ~**entzündbar** *(Gas)* inert; ~**erwünschte Ausstrahlung** *f (SSR)* spurious radiation; ~**fahrplanmäßig** *(LVerk)* unscheduled.

**Unfall** *m* accident; *leichter* ~ minor accident; *schwerer* ~ major accident; *tödlicher* ~ fatality; fatal accident; ~**datenschreiber** *m (Lfz)* crash data recorder; ~**gebiet** *n* accident area; *mögliches* ~~ *(SAR)* possibility area; *wahrscheinliches* ~~ *(SAR)* probability area; ~**häufigkeit** *f* accident rate; ~**meldung** *f (Flsich)* accident notification; ~**rettungsdienst** *m* (emergency and) rescue service; ~**stelle** *f* accident site; ~**falluntersuchung** *f* accident investigation; *(ICAO)* accident inquiry; ~**falluntersuchungsbeamter** *m (ICAO)* investigator; ~**verhütungsmaßnahme** *f* preventive action; ~**fallverhütungsvorschrift** *f* accident prevention rules *pl*; ~**fallversicherung** *f* accident insurance.

**un|gebleit** *(Kraftstoff)* unleaded; ~**gedämpfte Schwingung** *f (Funk)* continuous *or* undamped oscillation; ~**gefedert** *(Fahrwerk)* unsprung; ~**gehindert** *(Anflug)* unobstructed; ~**gepfeilt** *(Tragfläche: Flzg)* unswept; ~**gerichtet** *(Funk)* non-directional; ~**gerichtetes Funkfeuer** *n* non-directional (radio) beacon, *abbr* NDB *(Def)*; ~**geschützt** unprotected; exposed; ~**gestört** *(Luftströmung)* undisturbed; smooth; ~**gewissheitsstufe** *f (Alarmstufe 1: Flsich)* uncertainty phase *(Def)*; ~**gewollt** incidental; unintentional; ~**geziefervertilgung** *f* disinsecting; ~**geziefervertilgungsmittel** *n* insecticide; ~**gleichförmige Verbrennung** *f (Rak)* chuffing *(Def)*; ~**gleichförmigkeit** *f* irregularity; heterogeneity; ~**günstiges Wetter** *n* adverse weather; ~**iform** *f (mil)* uniform; ~**iplex(betrieb)** *m (Fernm)* uniplex; ~**iversale transversale Mercator-Projektion** *f (Kart)*, *abbr UTM-Projektion* universal transverse Mercator projection, *abbr* UTM projection; ~**iversales Navigationssystem** *n (Satnav)* global positioning system, *abbr* GPS; ~**iversalgelenk** *n* universal joint; ~**klar** *(Flzg)* not clear; unserviceable; ~**magnetisch** nonmagnetic; ~**mittelbare| Luftunterstützung** *f (LKr)* close air support, *abbr* CAS; ~~**s Vortragsrecht** n direct access (to); ~**scharf** *(Bombe)* unarmed; safe; ~**scharf abgestimmt** *(Funk)* flat *or* broadly *or* coarsely tuned; ~**scharfes Bild** *n (LPhot)* fuzzy picture; ~**stabil** *(Flzg)* unstable; ~**stabilität** *f (Flzg)* instability; ~**starr** *(Luftschiff)* nonrigid; ~**starres Luftschiff** *n (Lfz l)* non-rigid airship *(Def)*; ~**steuerbar** *n (Lfz)* out-of-control; ~**symmetrische Belastungs-** *od* **Lastverteilung** *f (Konstr)* unsymmetrical loading *(Def)*; ~**tauglich** unfit; ~**tauglichkeit** *f* unfitness; disqualification; disability; *körperliche* ~~ *(Flmed)* physical deficiency.

**unter|belichtet** *(LPhot)* underexposed; ~**brecher** *m (Zündanlage)* contact *or* cicuit breaker, *(el)* trip *or* cut-out switch; breaker; ~**brecherklappe** *(beim Spaltflügel: Flzg)* interceptor; ~**brecherquerruder** *n (Flzg)* retactable aileron *(Def)*; ~**brechungsstelle** *f (aerodyn)* discontinuity point; ~**brochenes Feuer** *n (Bod)* occulting light *(Def)*; ~**drehzahl** *f* underspeed; ~**druck** *m* low *or* vacuum *or* negative pressure; ~**druckanlage** *f* vacuum system; ~**drücken** *f (Funk)* squelch; ~**druckkammer** *f* low-pressure *or* altitude chamber; rarefied atmosphere simulation chamber; ~**druckprüfung** *f* lowpressure test; ~**druckseite** *f (Prop)* suction face; ~**drucktragfläche** *f* suction aerofoil; ~**drückungsschaltung** *f (Funk)* squelch circuit; ~**e kritische Geschwindigkeit** *f (Para)* critical closing speed *(Def)*; ~**er Totpunkt** *m (Flmot)* bottom (dead) centre (*US* center); ~**flügel** *m (bei Mehrdeckern)* bottom *or* lower wing; ~**flügelbehälter** *m (Flzg)* underwing tank; ~**flügelpylon** *od* ~**träger** *m (Flzg)* underwing pylon; ~**flügeltriebwerk** *n (Flzg)* below-wing *or* underwing engine; ~**flügeltriebwerksgondel** *f (Flzg)* underwing engine nacelle; ~**flugzeug** *n (bei „Vater & Sohn")* lower component *(of a composite aircraft)*; ~**flurfeuer** *f (Bod)* inset *or* surface light; *fladen- od linsenförmiges* ~~ pancake light; ~**flurlichter** *n/pl (Bod)* flush lights *pl;* ~**gangspunkt** *m (Astronav)* set(ting) point; ~**grenze** *f* lower limit; ~**grund** *m (Startbahn)* subgrade; ~**haltung** *f (Wartung & Instandsetzung)* maintenance; ~**haltungskosten** *pl* maintenance costs *pl*; cost of upkeep; ~**haltungs- und Betriebskosten** *pl* maintenance and operation costs *pl*, *abbr* M & O costs; ~**kühlt** *(met)* supercooled; ~**kühlung** *f (Flmot)* supercooling; undercooling; ~**kunftsbereich** *f (mil)* accomodation *or* billeting area; ~**lagen** *f/pl (technische Daten)* data *pl*; ~**legscheibe** *f* washer; ~**leitstelle** *f (SAR)* rescue sub-centre *(Def)*; ~**nehmen** *n* **des Linienluftverkehrs** airline *(Def)*; ~**offizier** *m (mil Dienstgrad)* Corporal; (*US* LW) Airman 2nd class; *(Rangklasse)* noncommissioned officer, *abbr* NCO; ~**offiziere und Mannschaften** *pl (LW)* airmen; *(US)* enlisted men *pl*; *(E)* other ranks pl, *abbr* Ors; ~**rumpfbehälter** *m (Lfz)* underbody tank.

**Unterschall-...** subsonic; ~**aerodynamik** *f* subsonics *pl*; ~**auslegung** *f (Flzg)* subsonic configuration; ~**bereich** *m* subsonic region; *niedriger* ~~ low-subsonic region; *Strömung f im* ~~ *(aerodyn)* subsonic flow *(Def)*; ~**flächenregel** *f od* ~**satz** *m (Konstr)* subsonic area rule; ~**flug** *m (Flbetr)* subsonic flight; ~**flugzeug** *n* subsonic aeroplane; ~**geschwindigkeit** *f* subsonic speed *(Def)*; *hohe* ~~ high-subsonic speed; ~**konfiguration** *f (Flzg)* subsonic configuration; ~**(trag)flügel** *m (Flzg)* subsonic wing.

**Unter|schicht** *f (aerodyn)* sublayer; *laminare* ~~ laminar sublayer *(Def)*; ~**schriftsgruppe** *f (Fernm)* signature group; ~**seeboot** *n*, *abbr* **U-Boot** submarine; *sl* sub; U-boat; ~**seite** *f (Tragfläche)* lower surface; ~**setzung** *f (Flmot)* reduction gearing; ~**setzungsgetriebe** *n (Flmot)* reduction gear; ~**setzungsverhältnis** *n (Flmot)* reduction ratio; ~**stellen** *v (zeitweilig ~~: mil)* attach; ~**stellgebühr** *f (Flzg-Halle)* hangar fee; ~**stellung** *f (mil)* control; *einsatzmäßige* ~~ *(mil)* (attachment for) operational control; *fachliche* ~~ technical control; *wirtschaftliche* ~~ *(mil)* attachment for logistical support; *zeitweilige* ~~ *(mil)* attachment; ~**stellungsbefehl** *m (mil)* attachment order; ~**stützung** *f (takt)* support; *indirekte* ~~ *(takt)* indirect support; *unmittelbare* ~~ *(takt)* close *or* direct support; ~**stützungsartillerie** *f* supporting artillery; ~**stützungsfeuer** *(Art)* supporting fire; ~**suchungsausschuss** *m* board of inquirly; ~**suchung(sverfahren)** *f(n)* inquiry *(Def)*; ~**tasse** *f*, **fliegende** ~~ *(UFO)* flying saucer; ~**teilung** *f (Kart)* graduation; ~**wasserbombe** *f (LKr)* depth bomb; ~**wassertragflügel** *m (Wasser-Lfz)* hydrofoil *(Def)*; ~**weisung** *f* instruction; indoctrination.

**Un|tiefe** f shoal; **~übersetzt** *(Flmot)* ungeared; **~verkleidet** unfaired; **~verriegelt** *(Fahrwerk)* unlocked; **~verständliches Gemurmel** *n (Sprechfunk)* babble; **~verstellbar** fixed; unchangeable; unadjustable; **~verzerrt** *(LPhot)* distortion-free; **~wetter** *n (met)* bad *or* rough weather; storm; *tropisches ~~* tropical storm; **~wirtschaftlich** uneconomical; inefficient; **~wucht** *f (Luftschraube)* unbalance; unsteadiness; **~wuchtkraft** *f* out-of-balance force; unbalance force; **~zerreißbar** untearable; **~zugänglich** inaccessible; **~zulässig** inadmissible; **~zustellbarkeitsmeldung** *f (Fernm)* advice of non-delivery.

**Urlaub** *m* leave (of absence); furlough; **~sschein** *m* leave pass; furlough certificate.

**Ursprungs|land** *n (LVerk)* country of origin; **~ort** *m* point of origin; **~zeugnis** *n* certificate of origin.

# V

**V** *(ICAO- & NATO-Buchstabieralphabet)* Victor; *~ (altes, internationales Buchstabieralphabet)* Victor; **~-Form** *f (der Tragflächen)* (wing) dihedral ***(Def)***; *negative ~ od ~-Stellung* anhedral ***(Def)***; negative dihedral ***(Def)***; *positive ~* positive dihedral; **~-Leitwerk** *n (Flzg)* butterfly tail; V-tail ***(Def)***; **~-Motor** *m (Flmot)* V-engine ***(Def)***; **~-Null** *f (Geschoss-Anfangsgeschwindigkeit)* muzzle velocity; **~-Stellung** *f* **des (Heck-)Leitwerks** *(Flzg)* tail dihedral; **~-tragfläche** *f*, **doppelte** *~~ (Flzg)* carpet wing.

**Vakuum** *n* vacuum; *absolutes od vollständiges ~* perfect vacuum; **~pumpe** *f* vacuum pump.

**Vanadiumstahl** *m* vanadium steel.

**vari|able** Geometrie *f (Konstr)* variable geometry, *abbr* VG; ~abler Ladedruckregler *m (Flmot)* variable-datum boost control ***(Def)***; **~ometer** *n (Steig-/Sinkgeschwindigkeitsanzeiger)* variometer ***(Def)***; rate-of-climb indicator; vertical speed indicator.

**Vektor** *m (Radarführung)* vector; **~steuerungsschubdüse** f *(Senkrechtstarter)* thrust vectoring nozzle.

**Ventil** *n (Flmot)* valve; *Crabpot-~ (Lfz l)* crabpot valve ***(Def)***; *selbsttätiges ~ (Lfz l)* automatic valve ***(Def)***; *thermostatisches ~ (Flmot)* thermostatic valve ***(Def)***; **~abdeckung** *f (Lfz l)* valve hood ***(Def)***; **~ation** *f* ventilation: aeration; **~ator** *m* ventilator; (electric) fan; blower; **~austausch** *m (Lfz l)* valve change; *Hilfsansatz m für ~* valve petticoat ***(Def)***; **~einstellung** *f* valve adjustment; **~führung** *f* valve guide; **~hebel** *m* valve rocker *or* arm; **~leine** *f (Lfz l)* valve line ***(Def)***; *~~n f/pl (Lfz l)* valve rigging ***(Def)***; **~öffnung** *f* valve port; **~öffnungsdauer** *f* valve-opening time; **~schaft** *m* valve stem *or* shaft *or* spindle;**~sitz** *m* valve seat(ing); **~spiel** *n* valve clearance; **~steuerung** *f* valve gear *or* valve timing system; **~stößel** *m* valve tappet; **~teller** *m* valve face *or* head.

**Venturi|düse** *f* Venturi nozzle *or* orifice; **~-Pitot-Rohr** *n* Venturi-pitot-tube; **~rohr** *n* Venturi tube ***(Def)***.

**veränderliche| Einlaufgeometrie** *f od* **Geometrie des Lufteintritts(gehäuses)** *(Turbo)* air-intake variable geometry.

**veranker|n** *v (Flzg am Boden)* peg down; *(Luftschiff)* moor; **~n** *n (Flzg am Boden)* pegging down; *(Luftschiff)* moor(ing); **~ungseisen** *n* tie bar; **~ungsgerät** *n* tie-downs *pl*; **~ungskabel** *n (Luftschiff)* guy *or* mooring cable; **~ungskonus** *m (Lfz l)* mooring cone ***(Def)***; *Spindel f des ~ (Lfz l)* mooring spindle ***(Def)***; **~ungsleuchte** *f (See-Flzg)* riding lamp; **~ungsmast** *m (Luftschiff)* mooring mast; **~ungspunkt** *m (Lfz l)* mooring point ***(Def)***; **~ungsstange** *f* tie bar; **~ungsturm** *m (Luftschiff)* mooring tower.

**Veranstalt|er** *m* organizer; **~ung** *f* event; meeting; display.

**verantwortlicher Luftfahrzeugführer** *od* **Pilot** *m* pilot-in-command ***(Def)***.

**Verband** *m (LW)* formation; *enger ~ (Flzg-Verband)* tight formation; *fliegender ~ (Einheit: LW)* flying unit; *(Verbandsflug)* flight formation; *gemischter ~ (takt)* combined arms unit; **~sbombenwurf** *m (LKr)* formation bombing *or* (bomb) release; **~sfliegen** *n* formation flying; **~sflug** *m* formation flying *or* flight; *enger ~* close(d) *or* tight formation; *~~ im Keilverband* wedge formation; *~~ mit Höhenstufung* stepped-up formation; *~~ mit Tiefenstufung* stepped-down formation; **~skasten** *m* first-aid box; **~skunstflug** *m (Flbetr)* formation aerobatic flight *or* aerobatics; **~smittel** *n* dressing equipment; **~späckchen** *n* first-aid pack(et); **~splatz** *m* aid *or* dressing station; **~sstart** *m* formation take-off.

**Verbesserung** *f (nav)* correction; *~ der Erkennbarkeit (Lfz-Kollisionsverhütung)* conspicuity enhancement.

**Verbinden** *n (Bauteile)* mating.

**Verbindung** *f* liaison; *(takt)* contact; *(Fernm)* circuit; communication; *feste ~ (Fernm)* fixed circuit; *~ im festen Flugfernmeldenetz* aeronautical fixed telecommuniction network circuit, *abbr* AFTN circuit ***(Def)***; *leitende ~ (el)* bonding ***(Def)***; **~sart** *f (Fernm)*, **Haupt~~** primary means of communication ***(Def)***; **~saufnahme** *f (takt)* establishment of contact *or* liaison *or* communication; **~saufnahmepunkt** *m (Flsich)* contact point; **~sdienst** *m (mil)* liaison service; **~sflugzeug** *n* liaison *or* communication aircraft; **~soffizier** *m (mil)* liaison officer; **~srollbahn** *f (Bod)* connecting taxiway; **~sschicht** *f (Pistenbau)* tack coat; **~sstaffel** *f (LW)* liaison squadron; **~sstück** *n (lösbares ~~: el)* connector ***(Def)***; ***~szentrale*** *f (SAR)* rescue coordination centre (*US* center).

**Verblutung** *f* fatal bleeding: bleeding to death.

**Verbrauch** *m (Kraftstoff)* consumption; *effektiver od tatsächlicher ~* actual consumption; *spezifischer ~ (Flmot & Turbo)* specific consumption ***(Def)***; **~smaterial** *n* expendable supplies *pl*; **~sprüfung** *f (Flmot)* consumption test; **~ssatz** *m*, *abbr* VS *(Kfz)* consumption per 100 kilometers.

**Verbrennung** *f (Flmot)* combustion; *ungleichmäßige ~ (Rak)* chuffing ***(Def)***; **~sdruck** *m* explosive thrust; **~sdüse** *f (Turbo)* combustion nozzle; **~skammer** *f (Turbo)* combustion chamber; **~skraftmaschine** *f* internal combustion engine, *abbr* IC engine; **~smotor** *m* internal combustion engine; **~sprodukt** *n* combustion product; *gasförmiges ~* gaseous combustion product; **~sraum** *m (Flmot)* combustion chamber; **~srückstand** *n* combustion residue; **~steilchen** *n* combustion nucleus; **~sturbine** *f (Turbo)* combustion turbine; **~swärme** *f* heat of combustion.

**Verbund|antrieb** *m (Lfz)* compound propulsion; **~drehflügler** *m* compound rotorcraft ***(Def)***; **~en** *(mehrere Truppengattungen: mil)* combined; *Manöver n der ~~en Waffen* combined arms exercise; **~ene Operationen** *f/pl (takt)* combined or joint operations *pl*; *Führungsstand für*

~~ *(takt)* joint operations centre (*US* center), *abbr* JOC; ~-**Höhenmotor** *m (Flmot)* high-altitude composite engine; ~**hubschrauber** *m (Heli)* compound helicopter; ~**motor** *m (Flzg)* composite engine; ~**plattenbauweise** *f* layered *or* laminated structure; ~-**Turbotriebwerk** *n* compound turbine engine ***(Def)***; ~**werkstoff** *m* laminated *or* composite material.

**verchromt** chromium-plated.

**verdampf|en** *v* vaporize; ~**ungskühlung** *f* evaporative cooling ***(Def)***; ~**ungsnebel** *m (met)* steam *or* evaporation fog; ~**ungswärme** *f* heat of evapor(iz)ation.

**Verdeck** n (Flzg) hood; *(vom Flzg-Schwimmer)* float deck; ~**ung** *f (von Flughindernissen)* shielding.

**Verdicht|er** *m* compressor; *doppelflutiger* ~ *(Turbo)* double-entry compressor ***(Def)***; *einflutiger* ~ *(Turbo)* single-entry compressor ***(Def)***; *einstufiger* ~ *(Turbo)* single-stage compressor ***(Def)***; *mehrstufiger* ~ *(Turbo)* multi-stage compressor ***(Def)***; ~**erabreißen** *n (Turbo)* compressor stall ***(Def)***; ~**erabriss** *m (Turbo)* compressor stall ***(Def)***; ~**eraerodynamik** *f* compressor aerodynamics; ~**erausrittskanäle** *m/pl (Turbo)* compressor delivery ducts *pl* ***(Def)***; ~**erförderung** *f (Turbo)*, **gestörte** ~ surge; surging; ~**ergehäuse** *n (Turbo)* compressor casing ***(Def)*** *or* housing; ~**ergitter** *n* compressor cascade; ~**erlaufrad** *n* compressor rotor (wheel) ~**errotor** *m (Turbo)* compressor rotor; ~**erschaufel** *f (Turbo)* compressor blade; ~**erstufe** *f (Turbo)* compressor stage ***(Def)***; ~**ung** *f (Flmot)* compression; *(Unterboden: Pistenbau)* compaction; ~**ungsdruck** *m (Flmot)* compression (pressure); ~**ungsfeuer** *n/pl (Bod)* range lights *pl*; ~**ungsgrad** *m* compression ratio; ~**ungshub** *m* compression stroke; ~**ungskurs** *m (LVerk)* supplementary flight; ~**ungsraum** *m* compression *or* clearance volume; ~**ungsstoß** *m (aerodyn)* shock (wave) ***(Def)***; *gegabelter* ~~ *(aerodyn)* bifurcated shock; ~~ *in der Luft* air shock wave; *sich ausbreitender* ~~ travelling shock wave; ~**ungsstoß/(welle)** *m(f) (aerodyn)* compression shock (wave); ~**ungswärme** *f* compression heat; ~**ungsverhältnis** *n* compression ratio; ~**ungszündung** *f (Diesel)* compression ignition; *Motor m mit* ~~ compression-ignition engine, *abbr* CI engine ***(Def)***.

**Verdopplerstufe** *f (Funk)* doubler stage.

**Verdrahtungsplan** *m (el)* wiring diagram.

**Verdräng|erbauart** *f*, **Lader der** ~~ *(Flmot)* positive-displacement supercharger ***(Def)***; ~**tes Luftvolumen** *n (Lfz l)* air volume ***(Def)***; ~**ung** *f (Windkanal)* blockage; (*Wasser*~~) displacement; ~**ungseffekt** *m* capture effect; ~**ungskorrektur** *f (Windkanal)* blockage correction.

**Verdreh|belastung** *f* torque loading; torsion load; ~**festigkeit** *f* torsional strenght; ~**kraft** *f* torsional force; ~**stab** *m* torque shaft; ~**steifigkeit** *f* torsional rigidity *or* stiffness *or* resistance; ~**ung** *f* torsion(al deflection); twist; warping; ~**ungsbeanspruchung** *f* torsion(al) stress; ~**ungsbelastung** *f* torsional force; ~**(ungs)festigkeit** *f* twist *or* twisting resistance; ~**ungsmoment** *n* twisting moment; ~**ungswinkel** *m* warp angle.

**verdreifachter Flugregler** *m (Lfz)* triplexed *or* triplicated autopilot.

**verdunkel|n** *v (LS)* black out; ~**ung** *f (LS)* black-out; ~**ungsmaßnahmen** *f/pl (LS)* black-out measures; ~**ungsstreife** *f (LS)* black-out piquet.

**Verdunstung** *f* evaporation; ~**seis** *n (met)* evaporative ice ***(Def)***; ~**snebel** *m (met)* vaporization fog.

**Verdüppelung** *f (Radar)* foil-jamming; (use of) "window" *or* chaff(-chaff).

**Vereinte Nationen** *f/pl*, *abbr VN* United Nations *pl*, *abbr* UN.

**vereis|en** *v (Flzg)* freeze up; ice up; ~**en** *v* **des Lufteinlaufs** *(Flmot)* air inlet *or* intake icing; ~**ender Sprühregen** *m (met)* freezing drizzle; ~**t** iced(-up); *nicht* ~~ ice-free; ~**ung** *f (Flzg)* icing ***(Def)***; ~**ungsanzeigegerät** *n (Lfz)* aircraft icing indicator; ~**ungsfrei** *(met)* free from icing; ~**ungsgefahr** *f (met)* danger of icing; icing hazard; ~**ungsgeschwindigkeit** *f (met)* rate of icing ***(Def)***; ~**ungsgrad** *od* ~**index** *m (met)* icing index ***(Def)***; ~**ungshöhe** *f (met)* icing level; ~**ungsintensität** *f (met)* icing rate; ~**ungsnetz** *n (Flmot)* ice guard; *geschlossenes* ~~ gapless-type ice guard; *offenes* ~~ gapped-type ice guard ***(Def)***; ~**ungsschutz** *m (Lfz)* anti-icing ***(Def)***; ~**ungsschutzgerät** *n (Flzg)* anit-icer; ~**ungsschutzgitter** *n (Flmot)* ice guard ***(Def)***; ~**ungsstärke** *f (met)* icing rate; ~**ungsverhältnisse** *n/pl (met)* icing(-up) conditions *pl*.

**Verengungsverhältnis** *n (aerodyn)* contraction ratio ***(Def)***.

**Verfahren** *n* procedure, technique; ~ *für die Flugverkehrskontrolle* air traffic control procedure; ~ *für die Zuweisung von Zeitrastern (Flsich)* slot allocation procedure, *abbr* SLAP; *GCA-*~ *(Flsich)* ground-controlled approach procedure, *abbr* GCA procedure ***(Def)***; ~ *mit geringster Lärmstörung (Flbetr)* minimum noise procedure; *Rebecca-Eureka-*~ *(Radar)* Rebecca-Eureka system ***(Def)***; *Rho-Theta-*~ *(nav)* Rho-Theta system ***(Def)***; ~**skurve** *f (Flbetr)* procedure turn ***(Def)***; *letzte* ~~ *(Flbetr)* final procedure turn; *tropfenförmige* ~~ *(Flbetr)* teardrop turn.

**verflüssigte Luft** *f* liquified air.

**verfolg|en** *v (takt)* pursure; ~**ung** *f* chasing; pursuit; ~**ungsjäger** *m (LKr)* pursuit airplane; ~**ungskurve** *f (Luftkampf)* pursuit curve; ~**ungsnachtjagd** *f (LKr)* night-fighter pursuit; ~**ungsradar** *n* (*Flugziel*~~) following radar.

**Verformung** *f* deformation; strain; *dynamische* ~ dynamic strain; *elastische* ~ elastic deformation; *mechanische* ~ mechanical deformation; *thermische* ~ thermal deformation; ~**sbruch** *m (Konstr)* creep(ing) failure; ~**sgeschwindigkeit** *f* strain rate; ~**skraft** *f* deformation force.

**verfranzen** *f sl (nav)* get lost; wander of course; lose one's way; ~ *n sl (nav)* loss of orientation.

**verfüg|bare Landesstrecke** *f (Bod)* landing distance available, *abbr* LDA ***(Def)***; ~**bare Last** *f (Lfz)* disposable load ***(Def)***; ~**bare Start(lauf)abbruchstrecke** *f (Flbetr)* accelerate-stop distance available, *abbr* ASDA ***(Def)***; ~**bare Startlaufstrecke** *f (Bod)* take-off run available ***(Def)***; ~**bare Startstrecke** *f (Bod)* take-off distance available ***(Def)***; ~**barer Auftrieb** *m (Lfz l)* disposable lift ***(Def)***; ~**ung** *f* order, decree; enactment; *zur* ~~ *stellen v (Streitkräfte)* assign; *zur* ~~ *gestellte Streitkräfte (NATO)* assigned forces *pl*; ~**ungsbereitschaft** *f (10 Minuten-Bereitschaft: LKr)* available; ~**ungsfrequenz** *f (Funk)* assigned frequency.

**Vergaser** *n (E)* carburettor; *(US)* carburetor; ~**düse** *f (Flmot)* metering nozzle; ~**enteisung** *f* de-icing of carburet(t)tor; ~**motor** *m (Flmot)* carbure(t)tor engine; ~**vereisung** *f* carbure(t)tor *or* throttle icing *or* ice ***(Def)***: ~**vorwärmung** *f* carburet(t)or heating.

**Vergasung** *f (Flmot)* carbureting; carbur(iz)ation.

**Vergeltungs|angriff** *m (LKr)* retaliation *or* reprisal raid; ~**waffe** *f (LKr)* V-weapon; flying *or* buzz bomb.

**Vergleichs|flug** *m* comparative flight; ~**geräuschmesser** *m (Instr)* subjective noise-meter ***(Def)***; ~**messung** *f* comperative measurement; ~**schießen** *n* calibration firing.

**Vergnügungsflug** *m* joy *or* pleasure flight.

**vergrößerter** *(Karten- od Zeichnungs-)* Ausschnitt *m* blow-up.

**vergütet** *(optische Gläser)* coated.

**Verhältnis** *n* ratio; *Schub/Masse-~ (Konstr)* thrust/-weight ratio ***(Def)***.

**Verhütungsmaßnahme** *f* preventive action.

**verjüng|en** *v, sich ~~ (Tragfläche)* taper; ~**t** *(zugespitzt)* tapered (off); ~**ung** *f (Tragfläche)* taper; ~**ungsverhältnis** *n (Flzg-Tragfläche)* taper (ratio).

**Verkabelung** *f (el)* cable system.

**verkant|en** *v (LPhot)* tilt; ~**ung** *f (LPhot)* tilt; *(Schiefstellung)* skew (ness).

**verkauft** *(LVerk)* revenue; sold.

**Verkehr** *m* traffic; *abgehender ~ (LVerk)* outgoing traffic; *ankommender ~ (LVerk)* arrival *or* incoming traffic; *Boden/-Bord-~ (Funk)* ground-to-air communication ***(Def)***; *Bord/-Boden-~ (Funk)* air-to-ground communication ***(Def)***; *einseitiger ~ (Funk)* undirectional *or* one-way traffic; broadcast method; *überholter ~ (Fernm)* dead traffic; ~**sandrang** *m* traffic jam; ~**sangebot** *n (LVerk)* (transport) capacity offered; traffic offering; ~**saufkommen** *n (LVerk)* traffic volume; ~**sbedarf** *m (LVerk)* traffic demand; ~**sdichte** *f* traffic density; *Bereich m großer ~~* hard-core area; ~**sergebnis** *n (LVerk)* traffic summary; ~**sflieger** *m* commercial *or* transport flyer; ~**sfliegerei** *f* commercial aviation; ~**sfliegerschule** *f* commercial flying school; ~**sflugbetrieb** *m* airline work *or* operation; ~**sflughafen** *m* airport ***(Def)***; ~**sflugzeug** *n* transport *or* commercial *or* passenger plane; airliner; *~~ für Hauptstrecken* mainliner; *~~ für Zubringerstrecken* feeder-line *or* feeder service aircraft; *~~ mit ummantelten Propellern* fan airliner; fanliner; ~**sfluss** *m* traffic flow; ~**sflussbeschränkung** *f* traffic flow restriction; ~**sflussregelung** f (Flsich) air traffic flow management; *abbr* ATFM; ~**sflusssteuerung** *f (Flsich)* flow control; ~**sgebiet** *n* traffic area; ~**skontrolle** *f (Flsich)* air traffic control (service); *Flugplatz m mit ~~* controlled aerodrome ***(Def)***; ~**sleistungseinheit** *f (LVerk)* traffic unit; *Kosten pl pro ~~* expenses *pl* per traffic unit; ~**sluftfahrt** *f* commercial aviation; commercial air transportation; ~**snachfrage** *f (LVerk)* traffic demand *or* requirement; ~**spilot** *m* commercial pilot; ~**srechte** *n/pl* traffic rights *pl*; ~**srichtungs(an)zeiger** *m (Bod)* traffic direction indicator; ~**sschema** *n (LVerk)* traffic pattern; ~**sstrom** *m* traffic flow; ~**ssystem** *n* transport system; ~**sumfang** *m (LVerk)* traffic volume.

**Verkleidung** *f (Flzg)* fairing ***(Def)***; *~ des Tragflügel-Rumpfüberganges od ~anschlusses (Flzg)* wing-body *or* wing-fuselage fillet; *stromlinienförmige ~* fairwater; ~**sblech** *n (abnehmbares ~~: Lfz)* access panel; ~**sübergang** *m (Rumpf/Tragfläche)* fillet ***(Def)***.

**verlad|en** *v (Truppen in Flzg)* emplane; ~**en** *n (LVerk)* lading; ~**ekosten** *pl* handling costs *pl*; ~**eplan** *m* loading table; ~**ung** *f (Truppen im Flzg)* emplaning; emplanement.

**Verlagerungsgeschwindigkeit** *f (Wetterfront: met)* speed of (frontal) motion.

**Verlängerung** *f* extension; *(Antenne)* loading.

**verlast|en** *v* load *or* pack on vehicles; ~**ete Truppen** *f/pl (mil)* motorized troops *pl*.

**verleg|efähig** *(mil)* mobile; *(Funkstelle)* portable; ~**en** *v (Feuer: Art)* shift fire; *(Leitung: Tel)* run a wire; ~**ung** *f (mil)* move; *(auf dem Luftwege)* air move; ~**ungsbefehl** *m (mil)* movement order.

**verleihen** *v (Offiziersrang)* commission; *(Orden)* award; confer.

**verletzbar** *(gegen Luftangriffe)* vulnerable; ~**keit** *f* vulnerability.

**verlöten** *v* solder.

**Verlust** *m (allg)* loss; *(Kr)* casuality; *~ der Steuerbarkeit (Lfz)* loss of control; ~**liste** *f (Kr)* casualty list.

**vermess|en** *v (Kart)* survey; ~**ung** *f (Kart)* survey; surveying: *(Gerät usw)* calibration; ~**ungsflugzeug** *n* survey aircraft; ~**ungskunde** *f* surveying; ~**ungs- und Kartenabteilung** *f (mil)* survey and mapping unit.

**vermieten** *v (od* **mieten***)* **mit Kraftstoff und Besatzung** *(Lfz)* wet-lease; *~~ ohne Kraftstoff und Besatzung (Lfz)* dry-lease.

**verminen** *v (LKr)* mine; lay mines.

**Vermittlung** *f (Tel)* (telephone) exchange; *(US)* switch-board; *automatische ~* automatic exchange *or (US)* switchboard; *halbautomatische ~ (Fernm)* semi-automatic switching (centre), *interne ~ (Tel)* cross-office switching (centre); *~ mit Handbetrieb (Tel)* manual exchange; ~**sfunkstelle** *f (Funk)* radio-relay (switching) station; ~**sstelle** *f (Tel), vergl/cf.* **Endamt** *n*; ~**szeit** *f (Fernm)* relay time; ~**szentrale** *f (Fernm)* switching centre.

**Vermögen** *n, (bei Motorausfall)* **die Höhe zu halten** *(Flbetr)* stay-up ability.

**verneb|eln** *v (Flmot)* atomize; *(LKr)* (lay an artifical) screen; ~**elung** *f (Flmot)* atomizing; *(LKr)* screening *or* concealment by smoke; ~**elungsdüse** *f (Flmot)* primer pump.

**Vernehmungsoffizier** *m (mil)* interrogation officer.

**Vernichtungsfeuer** *n (Art)* destructive fire.

**Vernier-Triebwerk** *n (Rak)* vernier engine.

**veröffentlich|en** *v* publish; ~**ung** *f* publication.

**veröl|en** *v (Zündkerzen)* oil; foul; ~**en** *n (Zündkerzen)* oiling (up); fouling.

**Verpackungssack** *m (Para)* pack; *äußerer ~ (Para)* outer pack ***(Def)***; *Fallschirm-~* pack ***(Def)***.

**Verpflegung** *f* rations *pl*; food; *~ in Natur* rations *pl* in kind; *~ und Unterkunft (mil)* rations and quarters *pl*; ~**sdienst** *m* ration supply *or* food service; ~**slager** *n* ration supply depot; ~**soffizier** *m* mess officer; ~**ssatz** *m* ration scale; ~**sstärke**

*f* ration strength; ~**sunteroffizier** *m* mess sergeant; ~**svorräte** *f/pl (an Bord: LVerk)* commissary supplies *pl.*

**verriegel|n** *v (Fahrwerk)* lock; ~**n** *n* locking; ~**ung** *f (Fahrwerk)* lock(ing device *or* mechanism); *hydraulische* ~~ hydraulic lock ***(Def)***; ~**ungsschaltung** *f (el)* interlocking circuit ***(Def)***.

**verringerter Schub** *n (Turbo)* decreased *or* partial thrust.

**Verrippung** *f (Flmot)* finning.

**verrost|en** *v* rust; corrode; ~**et** rusty; corroded; ~**ung** *f* corrosion.

**Versager** *m (Bombe usw)* dud bomb *or* shell *or* torpedo; dud.

**Versammlung** *f (Flzge nach Start zum Verbandsflug)* forming-up.

**Versand** *m (Luftfracht)* consignment; ~**anzeige** *f* consignment note.

**Verschiebeschlitten** *m (Bod)* side-tracking skate ***(Def)***.

**Verschleiß** *m (natürliche Abnutzung)* wear and tear; *(durch Schleifwirkung)* abrasion; ~**fest** wear-resistant; ~**festigkeit** *f* abrasion resistance; ~**flugzeug** *n* short-life aircraft; ~**prüfung** *f* attrition *or* wearing test; ~**schicht** *f (Pisten-/Rollbahnbelag)* wearing course.

**verschlüssel|n** *v (Funk)* encipher; code; ~**t** *(Wettermeldungen)* in code; coded; ~**ter Spruch** *m (Funk)* cryptogram; code message; ~**ung** *f* (en)coding; enciphering.

**Verschluss|kappe** *f (Para)* petal cap ***(Def)***; ~**kegel** *m (Para)* pack-cone ***(Def)***; ~**sache** *f (mil)* classified document *or* matter ***(Def)***; ~**stift** *m (Para)* rip pin ***(Def)***.

**verschmelzen** *v (Radarziele)* merge; ~ *n (Para)* searing ***(Def)***.

**verschmutz|en** *v (Zündkerze)* foul; ~~ *n (Zündkerze)* fouling; ~**ung** *f* contamination; pollution; ~**ungsgrad** *m* contamination index.

**verschobener Kooridnatennullpunkt** *m (nav)* false origin ***(Def)***.

**verschweißen** *v* weld together.

**Verschwenkung** *f (Lphot)* tilt.

**Verseilung** *f (Lfz)* mesh wiring ***(Def)***.

**Versendung** *f (Luftfracht)* consignment.

**Versenk|niet** *m* countersunk of flush rivet; ~**nietung** *f* flush *or* countersunk riveting; ~**t eingebauter Motor** *m (Flmot)* buried engine; ~**t genietet** flush-riveted; ~**te Antenne** *f (Funk)* suppressed antenna ***(Def)***.

**Versiegelung** *f (Pistenbau)* seal coat.

**versorg|en** *v (Zylinder mit Kraftstoff/Luftgemsich)* feed; *(allg)* supply; ~**ung** *f (mil)* supply; ~**ung** *f (mil)* supply; logistics *pl*; ~**ungsabwurf** *m (aus Flzg)* supply dropping; ~**ungsabwurfbehälter** *m* supply-dropping container; ~**sbefehl** *m (mil-Logistik)* administrative order; ~**ungsbombe** *f* supply bomb; ~**ungsdienst** *m (mil)* supply service; ~**sgebiet** *n (Funkdienste)* service coverage; ~**sgüter** *n/pl* supplies *pl*; *Abwerfen n von* ~~*n (aus Flzg)* supply dropping.

**verspann|en** *v (Tragfläche)* brace; ~**ung** *f* bracing; brace; ~**ungskabel** *n* bracing wire *or* cable.

**Verspätungsmeldung** *f (Flbetr)* delay message.

**Verständlichkeit** *f (Funk)* readability.

**Verstärk|er** *m (Fernm)* amplifier; repeater; ~**eramt** *n (Fernm)* repeater *or* amplifier station; ~**ter Spant** *m (Flzg)* reinforced frame; ~**ungscharakterisitk** *f (Funk)* gain characteristic; ~**ungspflaster** *n (Lfz l)* split patch ***(Def)***; ~**ungsregelung** *f (Funk)* gain control; *entfernungsabhängige* ~~ *(Funk)* range gain control; *zeitabhängige* ~~ *(Funk)* gain time control, *abbr* GTC; ~**ungsring** *m (Flzg)* reincorced frame.

**Versteifung** *f (Lfz)* stiffener; brace ***(Def)***.

**Verstell|anzeiger** *m (Luftschraube)* pitch-change indicator; ~**bare Schubdüse** *f (Turbo)* variable-area propelling nozzle ***(Def)***; ~**bare Überschalldüse** *f (Turbo)* adjustable supersonic nozzle; ~**barer Lufteinlass** *m (Turbo)* adjustable air intake; ~**bereich** *m & n (Luftschraube)* pitch range; ~**en** *n* **des Propellers auf| Bremsstellung** *(Flbetr)* propeller pitch reversing; ~~ **Segelstellung** *(Flbetr)* propeller feathering; ~**flosse** *f (Leitwerk)* adjustable tail surface; slab stabilizer; ~**flügel** *m (Flzg)* variable-incidence wing; ~**gelenk** *n (Drehflügler)* feathering hinge ***(Def)***; ~**geschwindigkeit** *f (Luftschraube)* pitch-change rate; ~**luftschraube** *f* variable-pitch propeller ***(Def)***; *abbr* VP propeller; ~~ *mit konstanter Drehzahl* constant-speed propeller ***(Def)***; ~~ *für Segelstellung* full-feathering airscrew; ~**propeller** *m* variable-pitch propeller ***(Def)***; (*vergl cf* ~**luftschraube**); *automatischer* ~~ automatic propeller ***(Def)***, *handbetätigter* ~~ manually-controllable propeller; *Zwei- bzw. Mehrstellungs-*~~ controllable-pitch propeller ***(Def)***; ~**ung** *f auf Segelstellung (Luftschraube)* feathering; ~**vorrichtung** *f (Flossen usw)* adjusting mechanism.

**Verstimmer** *m (Funk)* detuner.

**Verstopfung** *f (eines Rohres)* blockage.

**verstreb|en** *v (Flzg-Bau)* strut; brace; ~**ter Eindecker** *m (Flzg)* braced monoplane; ~**ung** *f* strut(ting); bracing.

**Verstümmelung** *f (Funk)* garbling.

**Versuch** m test; trial; experiment; *statischer* ~ static test; ~**sanflug** *m (nav)* trial approach; ~**sanlage** *f*, **aeroballistische** ~~ gun tunnel; ~**sanstalt** f testing station *or* establishment; ~**sfliegen** *n* test flying; ~**sflieger** *m* test pilot; ~**sflug** *m* experimental *or* test *or* shake-down flight; ~**sflugzeug** *n* experimental *or* test airplane; ~**sfunkstelle** *f* experimental radio station; ~**sgelände** *n* testing *or* proving ground; ~**shöhenkammer** *f* test altitude chamber; ~**skanal** *m (aerodyn)* test tunnel; ~**slauf** *m (Flmot)* first *or* test run; *sl* green run; ~**smuster** *n (Lfz)* prototype ***(Def)***; ~**spilot** *m* test pilot; ~**sstart** *m (FK)* test launch(ing); ~**sträger** *m* test vehicle, *abbr* TV; ~**sverdichter** *m* rig compressor.

**Verteidigung** *f* defence; *(US)* defense; defensive; *bodenständige* ~ *(mil)* internal defence; *zivile* ~ civil defence; ~**sabschnitt** *m (takt)* defence (*US* defence) area *or* sector; ~**sjagdflugzeug** *n (LW)* interceptor (aircraft) ~**sjäger** *m (Flzg: LW)* interceptor (fighter); ~**slinie** *f (takt)* line defence (*US* defense); ~**sministerium** *n* Ministery of Defence, abbr MOD; *Außenstellen f/pl des* ~~*s* Ministry of Defence field offices *pl*; ~**sstreitkräfte** *f/pl* defence forces *pl*; *bodenständige* ~~ internal defence forces *pl.*

**Verteiler** *m (Zündanlage)* distributor; *(auf Schriftstücken)* distribution; ~**fernamt** *n (Tel) vergl/cf* **Hauptamt**; ~**kasten**

*m (el)* distributor box; ~**leitung** *f (Kraftstoff in Zylinder)* (induction) manifold; ~**(schalt)tafel** *f (el)* switch panel.

**verteilter Massenausgleich** *m (Konstr)* distributed mass-balance weight ***(Def)***.

**Vertiefung** *f (eines Drucksystems: met)* deepening.

**Vertikal|abstand** *m* vertical height; *Auge/Rad-~~ (Flzg)* eye-to-wheel height; ~**abstieg** *m (Raumkapsel)* vertical descent; *gebremster ~* braked vertical descent; ~**achse** *f (Flzg)* vertical axis; ~**bewegung** *f (Lfz)* plunging motion; ~**bö** *f (met)* vertical gust; ~**ebene** *f* vertical plane; *Horizontal- und ~~n pl (AMC-Positionslichter)* horizontal and vertical planes *pl (AMC navigation lights)* ***(Def)***; ~**er Temperaturgradient** *m (met)* lapse rate ***(Def)***; ~**er Windkanal** *m (aerodyn)* vertical wind tunnel ***(Def)***; ~**es Gefälle** *n (Luftdruck usw: met)* lapse rate; ~**führung** *f (Lfz mittels Radar)* vertical guidance; ~**geschwindigkeit** *f (Flzg)* normal velocity ***(Def)***; ~**kraft** *f (aerodyn)* normal force ***(Def)***; ~**kreis** *m (nav)* vertical circle ***(Def)***; ~**kreisel** *m (Instr)* vertical gyro ***(Def)***; ~**kurve** *f (Flbetr)* vertical turn; ~**(strahlungs)diagramm** *n (Fernm)* vertical pattern; ~**triebwerk** *n (Senkrechtstarter)* lift engine.

**Vertragsstaat** *m* contracting state.

**vertraulich** *(Schriftverkehr)* confidential.

**vertrimmt** *(Flzg)* out of trim.

**Verunreinigung** *f* pollution; contamination.

**Verwaltungs|dienst** *m (mil)* administrative service; ~**truppenteil** *m* administrative unit; ~**wesen** *n* administration.

**Verwandlungs|flugzeug** *n* conversion aeroplane; convertiplane; ~**luftfahrzeug** *n* convertible aircraft.

**Verwindung** *f* twist; warp; *aerodynamische ~* aerodynamic twist ***(Def)***; *geometrische ~ (Flzg)* geometric twist ***(Def)***; *negative ~ (Tragfläche)* wash-out ***(Def)***; *positive ~ (Tragfläche)* wash-in ***(Def)***; ~**sklappe** *f (Flzg)* aileron; ~**ssteuerung** *f* twist control; *mehrzyklische ~~* multicyclic twist control; ~**swinkel** *m* warp control (angle).

**Verwirb|elung** *f (aerodyn)* vorticity ***(Def)***; *(met)* turbulence; ~**ler(leit)schaufel** *f (Windkanal)* turbulator guide vane.

**Verwitterungsbeständigkeit** *f* weather *or* corrosion resistance.

**verwundene Tragfläche** *f (Flzg)* warped wing.

**Verzerrung** *f (LPhot)* distortion; *(Funk)* bias; *nichtlineare ~ (LPhot)* non-linear distortion; ~**en** *pl od* ~**sgrad** *m* **bei genormten Prüfbedingungen** *(Fernm)* degree of standardized test distortion ***(Def)***; ~**sfrei** *(LPhot)* distortion-free; ~**sgrad** *m* degree of distortion; *effektiver ~~ (Fernm)* effective margin ***(Def)***; *zulässiger ~~ (Fernm)* margin ***(Def)***.

**verzögerte| Öffnung** *f (Para)* delayed opening ***(Def)***; *Absprung mit ~r Öffnung (Para)* delayed drop ***(Def)***.

**Verzögerung** *f* delay; *(einer Bewegung)* deceleration; *(negative Beschleunigung)* negative G ***(Def)***; *~ auf Strecke (durch verringerte Reisegeschwindigkeit: Flbetr)* en-route delay; *~ der Entfaltung (Para)* parachute delay; *~ durch Meldungsstau (Fernm)* congestion delay; *~ durch Verringern der Reisegeschwindigkeit: (Flbetr)* linear delay; *lineare ~ (Flbetr)* linear delay; *mit ~, abbr* m.V. *(Bombenzünder)* with delay; *ohne ~, abbr* o.V. *(Bombenzünder)* instantaneous; without delay(ed action); *starke ~* strong deceleration; ~**smesser** *m (Instr)* decelerometer; ~**sschalter** *m* delay switch; ~**sschaltung** *f (Fernm)* time delay circuit; ~**sschirm** *m (Para)* retarder parachute ***(Def)***; ~**stest** *m* decleration test; ~**szeit** *f, abbr* V.Z. *(Bomben)* safety *or* delay time; ~**szünder** *m (Bombe)* delayed-action fuze *or* fuse.

**Verzugszeit** *f, abbr* V.Z. *(Bombenzünder)* safety *or* delay time.

**Verzweigungspunkt** *m (aerodyn)* bifuration point.

$V_F$ *(Bemessungsgeschwindigkeit f mit ausgefahrenen Klappen: Flzg)* $V_F$ ***(Def)***.

**VFR-|Bewegungsmeldung** *f (Flsich)* VFR movement message; ~**Flug** *m (Flug nach den Sichtflugregeln: Flbetr)* VFR flight ***(Def)***; *kontrollierter ~~ (Flsich)* controlled VFR flight, *abbr* CVFR flight; *Sonder-~~ (Flbetr)* special VFR flight ***(Def)***.

**Vg-Flugschreiber** *m (Instr)* Vg recorder ***(Def)***.

**VH-Flugschreiber** *m (Instr)* VH recorder ***(Def)***.

**Vibration** *f* vibration; ~**sdämpfung** *f* vibration absorption.

**Video-...** video; ~**frequenz** *f (Fernm)* video frequency; ~**signal** *n* picture signal; video; ~**übertragung** *od* ~**verbindung** *f (Fernm)* video link.

**viel|adrig** *(Tel-Kabel)* multicore; multiple; ~**blätterig** *(Prop)* multiwing(ed); ~**decker** *m (Flzg)* multiplane; ~**flügelig** multiblade; ~**holmflügel** *m (Flzg)* multi-spar wing; ~**radfahrwerk** *n (Flzg)* multi-bogie landing gear; ~**stufig** *(Lader)* multi-stage; ~**zelliger Ölkühler** m (Flmot) multi-element oil cooler ***(Def)***.

**Vier|blattluftschraube** *f* four-blade(d) airscrew *or* propeller; ~**draht-Fernleitung** *f (Tel)* four wire trunk circuit; ~**drahtleitung** *f (Tel)* four wire circuit; ~**eckfallschirm** *m* square parachute ***(Def)***; ~**er(leitung)** *m(f) (Tel)* phantom circuit; ~**erverband(sflug)** *m* **in Rhombusform** *(Flbetr)* four-ship diamond (formation flight); ~**komponentenwaage** *f (aerodyn)* four-component balance; ~**kursfunkfeuer** *n* (*vergl./cf.* **Kursfunkfeuer**) four-course radio beacon *or* range; radio range (station) ***(Def)***; *~~ mit Sicht- und Höranzeige* visual/aural range, *abbr* VAR ***(Def)***; ~**ling** *m (Waffe)* four-barrelled (*US* barreled) gun; ~**linksflak** *f (E)* 4-barrelled pom-pom *sl*; ~**motorig** *(Flzg)* four-engined; ~**radantrieb** *m (Kfz)* four-wheel drive; ~**radbremse** *f* four-wheel brake; ~**radfahrwerk** *n (Flzg)* quadricycle landing gear ***(Def)***; ~**radlenkung** *f* four-whell steering; ~**taktmotor** *m* four-cyycle *or* four-stroke engine; ~**telkreis** *m (nav)* quadrant; ~**telkreisige Funkfehlweisung** *f (nav)* quadrantal error *pl* ***(Def)***; ~**telpunkt = 1/4-Punkt** *m (Konstr)* quarter-chord point ***(Def)***; ~**telpunktlinie** *f (Konstr) (auch: 1/4-Punktlinie)* quarter-chord line ***(Def)***.

**Visier** *n (Bordwaffen)* gun sight; *starres ~* fixed sight; ~**kreisel** *m (FK)* sight-line gyro ***(Def)***; ~**linie** *f (ballist)* line of sight; sight(ing) line; ~**vorrichtung** *f* sighting device *or* mechanism.

**Viskosi|meter** *n* viscosimeter; ~**tät** *f* viscosity; *laminare ~~* laminar viscosity; ~**tätsbeiwert** *m* coefficient of viscosity; ~**tätsgrad** *m* degree of viscosity; ~**tätsventil** *n (Flmot)* viscosity valve ***(Def)***.

**VMC** *(Sichtwetterbedingungen)* visual meteorological conditions *pl, abbr* VMC ***(Def)***.

**Vogel** *m, müder* ~ *sl (Flzg)* lame duck; ~**(auf)schlag** *m (Flbetr)* bird impact; ~**flug** *m* bird flight; flight of birds; ~**perspektive** *od* ~**schau** *f* bird's eye view; ~**schlag** *m (Flbetr)* bird strike.

**Völkerrecht** *n* international law.

**Voll|auslenkung** *f (Steuerruder)* full deflection; ~**ausschlag** *m (Steuerruder)* full deflection; ~**automatisch** entirely *or* fully automatic; ~**automatische Weitergabeeinrichtung** *f (Fernm)* fully-automatic relay installation ***(Def)***; ~**charter** *m (LVerk)* planeload charter; ~~ *für den Eigengebrauch* (LVerk) single entity charter; ~**-Druckanzug** *m (Flmed)* full-pressure suit ***(Def)***; ~**druckhöhe** *f (Flmot)* rated *or* critical altitude ***(Def)***; ~**entstört** *(Funk)* shielded; ~**gas** *n (Flmot)* full power; full *or* open throttle; *mit* ~~ at full throttle; with throttle wide open; *Sturzflug mit* ~~ power dive; ~**gasflug** *m* open-throttle flight; flight with full throttle; ~**kettenfahrzeug** *n (Kfz)* full-track vehicle; ~**kommenheit** *f,* **aerodynamische** ~~ aerodynamic efficiency; ~**kurve** *f (Flbetr)* full turn; *gleichförmige od stationäre* ~~ steady-banked turn; ~**leistung** *f (Flmot)* maximum (horse-)power; ~**leistungshöhe** *f (Flmot)* maximum-power *or* full-throttle altitude; ~**mond** *m* full moon; ~**motorisiert** *(mil)* fully mechanized; ~**sichtbaldachin** *m (Flzg)* clear-vision canopy; ~**sichtkanzel** *f (Flzg)* clear-vision *or* full-view *or* full vision cockpit; ~**tanken** *n* topping-up; ~**treffer** *m (Kr)* direct hit; ~**verstellschraube** *f* fully controlled propeller; ~**wandrippe** *f (Tragfläche)* solid *or* flanged-blank rib; girder rib.

**Völligkeit** *f (Prop & Heli)* solidity ***(Def)***.

**Volt** *n (el)* volt; ~**meter** *n (el)* voltmeter.

**Volumen** *n (Lautstärke: Funk)* volume; ~**abnahme** *f (Funk)* decrease *or* fade *or* fading in volume; ~**änderung** *f (Funk)* change of volume; ~**dilatation** *f* dilatational strain; ~**zunahme** *f (Funk)* increase *or* build-up in volume.

**von| Bord gehen** *v* disembark ***(Def)***; ~ **Hand** manual; by hand; ~ **Hand betätigter Fallschirm** *m* free parachute ***(Def)***.

**VOR** *(UKW-Drehfunkfeuer)* very high frequency omnidirectional radio range, ***abbr*** VOR ***(Def)***; ~**-Bordgerätefehler** *m* VOR airborne equipment error; ~**-Empfängerprüfeinrichtung** *f od* ~**-gerät** *n* VOR receiver test facility *or* device; ~**-Radial** *n* VOR radial; *Gesamtfehler des* ~*s* VOR radial signal error; *konstanter Teil m des Gesamtfehlers des* ~*s* VOR radial displacement error; *nichtkonstanter Teil des Gesamtfehlers des* ~*s* VOR radial variability error; ~**-Systemfehler** *m* VOR aggregate error; ~**-Systemnutzungsfehler** *m* VOR system use error; *Anteil m der Lfz-Führung am* ~~ VOR pilotage element (error).

**Vor|alarm** *m (LS)* early warning; ~**ausabteilung** *f (takt)* advance detachment; ~**ausbestimmung** *f* predetermination; ~**ausbuchungscharter** *m (LVerk)* advance booking charter, *abbr* ABC; ~**ausfahrzeug** *n (bei Flugunfall od Brandbekämpfung)* rapid-intervention vehicle; ~**aussage** *f (met)* forecast; ~**aussetzungen** *f/pl (für Ausbildung usw)* perequisite qualifications *pl*; ~**aussichtliche Abflugzeit** *f (LVerk)* proposed time of departure; estimated time of departure, *abbr* ETD; ~**aussichtliche Ankunftszeit** *f (LVerk)* estimated time of arrival, *abbr* ETA; ~**aussichtliche Flugdauer** *f (Flbetr)* estimated elapset time, *abbr* EET; ~**aussichtliche Startzeit** *f (Flbetr)* estimated time of departure, *abbr* ETD; ~**aussichtlicher Anflugzeitpunkt** *m (Flsich)* expected approach time, *abbr* EAT ***(Def)***; ~**befehl** *m (mil)* warning order; ~**beifliegen** *n* fly-by; ~**beiflug** *m (am Sender)* passing flight; *(Luftparade)* fly-past; fly-by; *(ballist)* passing flight; ~~ *auf einer Kreisbahn (Sat)* circling fly-off; ~**beiflugbahn** *f (Sat)* circum orbit; ~**bereitungsflug** *m* preparatory flight; ~**derachsantrieb** *m (Kfz)* front-axle drive; ~**derflügel** *m (Flzg)* fore *or* forward *or* canard wing; ~**derhang** *m (takt)* forward slope; ~**derhangstellung** *f (takt)* forward slope position; ~**derholm** *m (Tragfläche)* front spar; ~**derkante** *f (Tragfläche & Luftschraube)* leading-edge ***(Def)***; ~**derkantenpfeilung** *f (Flzg)* leading-edge sweep; ~**derkantenverdichtungsstoß** *m (aerodyn)* leading-edge shock wave; ~**derlastigkeit** *f (Flzg)* nose-heaviness; ~**derradantrieb** *m (Kfz)* front-wheel drive; ~**derschwanzflugzeug** *n* canard; ~**dringen** *v (takt)* push *or* press forward; ~**düse** *f* pilot jet; ~**einflugzeichen** *n (Flsich), abbr* VEZ *(ILS- & SBA-Systeme)* outer marker beacon ***(Def)***; ~**entwarnung** *f (LS)* immediate danger past; ~**fall** *m (Flbetr)* incident; ~**feld** *n (Hallen~~)* apron ***(Def)***; ramp; *(Luftverteidigung)* approaches *pl*; ~**feldbereich** *m (Bod)* apron area; ~**felddienste** *m/pl* ramp services *pl*; ~**feldfahrzeuge** *n/pl für Fluggäste* apron passenger vehicles *pl*; ~**feldrandzone** *f (Bod)* apron margin; ~**flug-Außeninspektion** *f (Flbetr)* exterior preflight inspection; *sl* outside visual; 360° (visual) inspection; ~**flügel** *m* slat ***(Def)***; auxiliary airfoil; leading-edge slat; *ausfahrbarer* ~~ *(Flzg)* movable slat; *fester* ~~ *(Flzg)* fixed slat; ~**flügelführung** *f* slat track; ~**fluginspektion** *f (Flbetr)* pre-flight inspection; ~**flug-Wetterberatung** *f (mündliche* ~~*)* pre-flight (weather) briefing; ~**führungsflug** *m* demonstration flight; ~**gebirge** *n* foothills *pl*; ~**gegebener Flügelgrundriss** *m (Konstr)* design wing shape; ~**gepfeilter Tragflügel** *m* forward swept wing; ~**geschobene Beobachtungsstelle** *f (takt)* forward observation post; ~**geschobener Fliegerführungsposten** *m (LKr)* forward direction post, *abbr* FDP; ~**geschobener Gefechtsstand** *m* advance command post; advance(d) echelon, *abbr* advon; ~**gesehen für** *(Streitkräfte)* earmarked for; ~**gesetzter** *m* superior; *sl* boss; ~**halt** *m (nav)* correction (angle); crab(bing); *(Art)* lead, *(Flak)* aiming-off allowance; ~**halterechnung** *f (FK)* lead prediction ***(Def)***; ~**haltewinkel** *m (nav)* crab *or* drift correction angle ***(Def)***; *(Art)* lead (angle); *(LPhot)* angle of crab; *(Bombenwurf)* dropping *or* bombing angle; ~**hergesagte Isobarenkarte** *f (met)* prebaratic chart ***(Def)***; ~**hersage** *f (met)* forecast; *kurzfristige* ~~ *(met)* short range forecast; *mittelfristige* ~~ *(met)* medium range forecast; *langfristige* ~~ long-range forecast; ~~ *von Luftdruckisohypsen (met)* prognostic contours *pl, abbr* prontour; ~**hersagekarte** *f (met)* prognostic chart; *Luftdruck-*~~ *(met)* prebaratic chart; *zusammengesetzte* ~~ *(met)* composite forecast *or* prognostic chart; ~**hersagen** *v (met)* forecast; ~**hersageverfahren** *n (met)* forecast technique; ~**holer** *m (Art)* recuperator; counterrecoil mechanism; ~**hut** *f (takt)* advance guard; ~**kühlen** *v* precool; ~**magnetisierung** *f (el)* bias; ~**marsch** *m (takt)* advance; ~**marschlinie** *f (takt)* line *or* axis of advance; ~**militärisch** pre-military; ~**mittags** antemeridian, *abbr* AM *or* a.m.; ~**-/Nachsaison-Flugpreis** *m (LVerk)* off-season (air) fare; ~**pfeilung** *f (Tragflächen)* negative sweep; ~**planung** *f* preplanning; *(flug)betriebliche* ~~ advance operational planning; *meteorologische* ~~ preliminary operational planning; ~**posten** *m (takt)* outpost; ~**rang** *m (Fernm)* precedence; priority; ~**rangvermerk** *m (Fernm)* priority prefix; ~**ratsanzeiger** *m (Kraftstoff usw)* contents indicator; ~**räte** *m/pl (an Bord von Flzgn)* stores *pl*; ~**ratshaltung** *f* maintenance of stocks *or* supplies; ~**ratstank** *m* storage *or* stock tank; ~**richtung** *f (allg)* device; gear; *(Flzg-Bau)* jig; former; *(Flzg-Sonderzubehör)* gadget; ~~ *zur Verhinderung des Überziehens (Flzg)* antistall device; ~**richtungsbau** *m (Flzg-Bau)* contruction of formers *or* jigs; ~**richtungslehre** *f (Flzg-Bau)* master gauge (*US* gage); ~**schrift** *f (mil)* publication; ~**serienflugzeug** *n* pre-series aeroplane; ~**stecker** *m (Zünder & Bombe)* safety pin *(Def)*; ~**temperatur** *f (Flmot)* inlet *or* intake temperature; ~**tragsrecht** *n (unmittelbares ~~)* direct access (to); ~**trieb** *m* propulsion; forward thrust; ~**triebsgeschwindigkeit** *f* forward speed; ~**triebskraft** *f (Prop)* propulsive *or* propelling force; propulsive thrust *(Def)*; ~**triebsregler** *m (Turbo)* throttle; *automatischer ~~ (Turbo)* auto throttle; ~**triebswirkungsgrad** *m (Prop)* propulsive efficiency *(Def)*; ~**unterrichtung** *f* briefing; ~**untersuchung** *f (ICAO)* investigation *(Def)*; *~~ eines Flugunfalls* aircraft accident investigation; *Leiter m einer ~~* investigator-in-charge *(Def)*; ~**verdichten** *v (Flmot)* supercharge *(Def)*; ~**verdichter** *m (Flmot)* blower; supercharger; ~**verlegen** *(Feuer ~~ v: Art)* lift *or* advance fire; ~**verlegter Zündzeitpunkt** *m (Flmot)* advanced ignition; ~**verstärker** *m (Fernm)* pre-amplifier; ~**warnung** *f (LS)* preliminary *or* early warning; ~**wärtsneigung** *f (Prop)* forward tilt *(Def)*; ~**wärtspfeilung** *f (Tragflächen)* wing sweep-forward; forward sweep; *(Prop)* leading sweep *(Def)*; ~**wärtsstaffelung** *f (Doppeldecker)* positive stagger; ~**wärtsstreuausbreitung** *f (Funk)* forward scatter propagation; ~**wärtsstreusystem** *n (Funk)* forward scatter system; ~**zündung** *f (Flmot)* premature *or* advanced ignition; pre-ignition; spark *or* ignition advance.

**$V_{S0}$-Überziehgeschwindigkeit** *f (mit voll ausgefahrenen Landeklappen: Flbetr)* $V_{S0}$ stalling speed *(Def)*.

**$V_{S1}$-Überziehgeschwindigkeit** *f (ohne Klappenhilfe: Flbetr)* $V_{S1}$ stalling speed *(Def)*.

**VTO-Flugzeug** *n* vertical take-off *or* VTO aeroplane.

**VTOL|-Hecklander** *m (Flzg)* tail-sitting vertical take-off and landing *or* VTOL aeroplane; ~**-Heckstarter** *m (Flzg)* tail-starting vertical take-off and landing *or* VTOL aeroplane.

# W

**W** *(ICAO- & NATO-Buchstabieralphabet)* Whisk(e)y; *~ (altes, internationales Buchstabieralphabet)* William; ~**-Motor** *m (Flmot)* arrow engine *(Def)*.

**Waage** *f* balance; scales *pl*; *~ zur Bestimmung der Ableitungen* derivative (measuring) balance; ~**rechtflug** *m (Flbetr)* level *or* horizontal flight; *in ~~ übergehen v* level-off.

**Waben|gleichrichter** *m (Windtunnel)* honeycomb (straightener) *(Def)*; ~**kühler** *m (Flmot)* honeycomb radiator *(Def)*.

**Wach|boot** *n* patrol boat; ~**dienst** *m (mil)* guard duty; ~**e** *f* guard; ~**frequenz** *f (Funk)* guard *or* watch frequency; ~**gebäude** *n* guardhouse; ~**gruppe** *f (Tel- & Funkbetrieb)* watch; ~**habender** *m (mil)* commander of the guard; guard commander; ~**lokal** *n* guardroom; ~**posten** *m* sentry; ~**welle** *f (Funk)* stand-by *or* guard frequency; ~**zeit** *f (Fernm)* watch time *or* period; *festgelegte ~~* scheduled watch.

**Wackel|kontakt** *m (el)* loose *or* tottering contact; ~**n** *v* wobble; *(mit den Tragflächen ~~)* rock *or (E sl)* gink wings.

**Waffe** *f* arm; weapon; *bewegliche ~* flexible gun; *starre ~* fixed gun; ~**namt** *n (mil)* ordnance office; ~**nausbildung** *f (LW)* operational training: *(US)* advanced *or* crew training; *(fälschlicherweise auch:)* OTU training; ~**ndrehstand** *m (Flzg)* gun-turret; ~**nfernbedienung** *f (Flzg)* remote control (of armament); ~**ngattung** *f (mil)* arm *or* branch of (the) service; ~**nmeisterei** *f* ordnance shop; armoury (*US* amory); ~**noffizier** *m* ordnance *or* weapons officer; ~**nschule** *f (LW)* operational training unit, *abbr* OTU; ~**nstand** *m (Flzg)* firing station; (machine-)gun blister; *sl* conservatory; ~**nunteroffizier** *m* ordnance sergeant; ~**nwart** *m* armourer (*US* armorer).

**Wagen** *m (Fernschr)* carriage; ~**fahrwerk** *n (Flzg)* bogie landing gear.

**Wähl|amt** *n (Tel)* automatic exchange; ~**en** *v (Tel)* dial; ~**erscheibe** *f (Tel)* (selector) dial.

**Wahl|schalter** *m* selector (switch); ~**ventil** *n* selector cock *or* valve *(Def)*.

**wahr** true; ~**e Fluggeschwindigkeit** *f (= Eigengeschwindigkeit: nav)* true airspeed, *abbr* TAS *(Def)*; ~**e Höhe** *f (Flbetr)* absolute altitude *(Def)*; ~**er Schub** *m (Turbo)* actual thrust; ~**nehmung** *f, mit der ~~ der Geschäfte beauftragt, abbr* m.d.W.d.G.b. *(mil)* acting (for); ~**scheinliche Abweichung** *f (nav)* probable error. ~**scheinlicher Fehler** *m (nav)* probable error; ~**scheinlichkeitsrechnung** *f* theory of probability; ~**scheinlichkeitstheoretisches Gesetz** *n* probabilistic law; ~**scheinlichkeitsverfahren** *n* likelihood method; ~**scheinlichster Standort** *m (nav)* most probable position *(Def)*.

**walzenförmige Wolke** *f (met)* roller cumulus.

**Wälzlager** *n (Flmot)* anti-friction bearing.

**Wandel|flugzeug** *n* convertiplane; ~**rotor** *m (Heli)* convertible rotor.

**Wand|erungsgeschwindigkeit** *f* migration rate *or* speed *or* velocity; ~**grenzschicht** *f (aerodyn)* wall (boundary) layer; ~**ler** *m (Funk)* transducer; ~**rauhigkeit** *f* wall roughness; ~**reibung** *f (aerodyn)* wall friction *(Def)*; ~**schubspannungswaage** *f (Konstr)* wall shear-stress balance.

**Wanne** *f (Flmot)* sump pan; *(Flzg-Waffenstand)* ventral turret; *(Radar~ im Flzg)* ventral radar dome; radome.

**Waren** *f/pl* goods *pl*; ~**muster** *n* trade sample.

**Wärme** *f* heat; *latente ~* latent heat; ~**abfuhr** *f* heat emission; ~**abführung** *f* emission *or* removal of heat; heat transmission; ~**abgabe** *f* heat emission; ~**abnahme** *f (met)* temperature drop *or* decrease; ~**abschirmung** *f* thermal shielding; ~**aufwind** *m (met)* thermal upcurrent; ascending convection current; ~**ausstrahlung** *f* heat radiation; ~**austausch** *m* heat exchange; ~**(aus)tauscher** *m* heat exchanger; ~**dämmung** *f* thermal insulation; ~**dicht** heat-proof; ~**dichte** *f* heat density; ~**diffusion** *f* thermal diffusion; ~**einheit** *f* unit of heat; thermal unit; calorie; ~**emission** *f* heat emission; ~**flächenbelastung** *f* heat density; ~**gewitter** *n (met)* heat thunderstorm; ~**inversion** *f (met)* heat inversion; ~**isolator** *m* heat insulator; ~**isolierend** heat-insulating; ~**isolierte** Wand *f* heat-insulated wall; ~**isolierung** *f* thermal insulation; ~**kraftmaschine** *f* thermal engine; ~**leitende Wand** *f* heat-conducting wall; ~**leiter** *m* heat conductor; ~**leitfähigkeit** *f* heat *or* thermal conductivity; ~**leitung** *f* thermal conduction; ~**mauer** *f (aerodyn)* heat *or* thermal barrier *(Def)*; ~**quelle** *f* source of heat; ~**rauschen** *n (Funk)* thermal noise; ~**schutz** *m* thermal shielding; ~**schutzanzug** *m (Brandbekämpfung)* heat protecting *or* ~protection suit; ~**schutzmaterial** *n* thermal-protective material; ~**schutzstoff** *m* thermal-protective fabric; ~**stauung** *f* accumulation of heat; ~**strahlung** *f* heat radiation; ~**umkehr** *f (met)* inversion; ~**umsatz** *m* heat exchange; ~**undurchlässig** heat-proof; ~**welle** *f (met)* thermal *or* heat wave.

**warm** warm; ~**fahren** *v (Flmot)* run up (the engine); ~**fahren** *n (Flmot)* warm-up run; engine warm-up; ~**festigkeit** *f (von Material)* high-temperature stability; ~**front** *f (met)* warm front *f (Def)*; ~**frontcharakter** *m*, **Okklusion** *f* **mit** ~~ *(met)* warm occlusion; ~**frontgewitter** *n (met)* warm front thunderstorm; ~**laufen** *n (Flmot)* warm up; run-up; ~**laufen lassen** *v (Flmot)* warm up; run up; ~**luft** *f (met)* warm air; ~**luftenteisung** *f (Flzg)* thermo de-icing; ~**luftfront** *f (met)* warm front; ~(**luft**)**sektor** *m (met)* warm sector *(Def)*.

**Warn | anlage** *f* warning system; *Wolken- und Zusammenstoß-* ~~ *(Bord-Radar)* cloud and collision warning system *(Def)*; ~**blinker** *m/pl (Lfz)* anti-collision lights *pl*; ~**dienst** *m (LS)* air-raid warning service; ~**flagge** *f* danger flag; ~**gerät** *n* warning device *or* indicator; clearance warning indicator *(Def)*; ~**horn** *n (Lfz)* warning horn; ~**lampe** *f (Fahrwerk usw)* warning lamp; tell-tale lamp; ~**licht** *n* warning light; ~**radar** *n* warning radar; ~**schauzeichen** *n* alarm indicator *or* flag; ~**schauzeichenstrom** *m (el)* flag alarm current; ~**signal** *n* warning *or* alarm signal; *akustisches* ~~ audio warning; ~- **und Leitsystem** *n (LW)* warning and control system; *luftgestütztes* ~~ *(LW)* airborne warning and control system, *abbr* AWACS; ~**ungsschild** *n* warning plate.

**Wart** *m (LW)* ground mechanic *or* engineer; *erster* ~ *(LW US)* crew chief; ~**barkeit** *f* serviceability; ~**ebucht** *f (Bod)* holding bay; ~**eflug** *m (Flbetr)* holding flight; loitering (flight) ~**e**(**flug**)**geschwindigkeit** *f (Flbetr)* holding *or* loitering speed; ~**e**(**flug**)**höhe** *f (über Meer: Flbetr)* holding altitude; ~**e**(**flug**)**schleife** *f (Flbetr)* holding pattern *(Def)*; ~**eflugweg** *m (Flsich)* holding path; ~**efreigabe** *f (Flsich)* holding clearance; ~**efunkfeuer** *n (Bod)* holding (radio) beacon; ~**ekurs** *m* **über Grund** *(Flsich)* holding track; ~**eliste** *f (LVerk)* waiting list; ~**en** *v (Flsich)* stand-off; hold; *(ein Flzg technisch* ~~*)* service *(an aircraft)*; ~**epunkt** *m (Flbetr)* holding *or* orbit point *(Def) or* fix; ~**eraum** *m (Flsich)* circling *or* holding area; stack; *(Nachtjäger)* stand-by area; ~**e**(**reihen**)**folge** *f (Flsich)* holding sequence; ~**erunde** *f od* ~**eschleife** *f (Flsich)* holding pattern *(Def)*; *rennbahnförmige* ~~ race track holding pattern; ~**estapel** *m (Flsich)* (holding) stack *(Def)*; ~**e- und Landeanflugverfahren** *n (Flsich)* holding and approach-to-land procedure, *abbr* HAL; ~**everfahren** *n (Flsich)* holding procedure *(Def)*; ~~ *durch Verringern der Reisegeschwindigkeit (Flsich)* linear holding; *lineares* ~~ *(Flsich)* linear holding (procedure).

**Wartung** *f (Flzg)* aircraft maintenance *or* servicing; *Datenschreiber m für* ~ maintenance recorder; *laufende* ~ *(Lfz)* field maintencance; ~**sabnahme**(**schein**) *f(m) (Lfz)* maintenance release; *Ausstellung f eines* ~~*s* issuing a maintenance release *(Def)*; ~**saufzeichnungen** *f/pl* maintenance records *pl*; ~**sbuch** *n* maintenance log book; ~**shandbuch** *n* maintenance *or* servicing manual, *abbr* SM; ~**skontrolle** *f* mainenance check; ~**snachweise** *m/pl* maintenance records *pl*; ~**spersonal** *m* servicing *or* maintenance personnel; maintenance staff; ~**splan** *m (Flzg)* maintenance schedule; ~**süberprüfung** *f* maintenance check; ~**svorschrift** *f* maintenance instructions *pl*.

**Waschküche** *f sl (dicker Nebel)* (fog of the) pea-soup (order) *sl*.

**Wasser** *n* water; *Notlandung auf* ~ *(Flbetr)* ditching *(Def)*; ~**abscheider** *m* water separator; ~**anker** *m (See-Flzg)* drogue; ~**aufsetzpunkt** *m (See-Flbetr)* water touch-down point; ~**bombe** *f (LKr)* (aerial) depth charge *or* bomb; ~**dicht** waterproof; watertight; ~**einspritzung** *f (Flmot)* water injection *(Def)*; ~**flugzeug** *n* seaplane *(Def)*; hydroplane; ~**flugzeug-Schleppkanal** *m (aerodyn)* seaplane tank *(Def)*; ~**flug**(**zeug**)**stützpunkt** *m (US)* seaplane base; ~**gekühlt** *(Flmot)* water-cooled; ~**gleiten** *n* hydroplaning; *(Laufräder: Flbetr am Bod)* aquaplaning; ~**gleiter** *m (Wasser-Segelflzg)* sea glider; ~**hose** *f (met)* waterspout *(Def)*; ~**hubschrauber** *m* sea helicopter; ~**kälteschutzanzug** *m* immersion suit; ~**kanal** *m (aerodyn)* water channel; *geschlossener* ~~ water tunnel *(Def)*; *offener* ~~ water channel *(Def)*; ~**kräfte** *f/pl (Belastung f durch* ~~*)* water loads *pl*; ~**kühler** *m (Flmot)* water radiator; ~**kühlung** *f (Flmot)* water cooling; ~**landebahn** *f (landing)* channel; alighting channel *(Def)*; ~**landebahnfeuer** *n (Seeflughafen)* channel light *(Def)*; ~**landflugzeug** *n* amphibious aircraft; amphibian; ~**landung** *f* water landing; ~**-Methanol-Einspritzung** *f (Flmot)* water/-methanol injection; ~**n** *v (Flzg)* alight *or* land (up)on water; ~(**ober**)**fläche** *f* water surface; *Beschaffenheit f der* ~~ water surface conditions *pl*; ~**piste** *f* channel *(Def)*; *Instrumenten-*~~ instrument alighting channel *(Def)*; ~**pistenfeuer** *n/pl* channel lights *pl (Def)*; ~**rollbahn** *f* taxi channel *(Def)*; ~**rollbahnfeuer** *n* taxi-channel light *(Def)*; ~**rollbahn-Sichtzeichen** *n/pl* taxi-channel markers *pl (Def)*; ~**säule** *f* water column; ~**Schwingenflügler** *m (Lfz)* sea ornithopter; ~**segelflugzeug** *n* hydrosailplane; sea glider; ~**seitenruder** *n* water rudder; ~**stand** *m* water level, *mittlerer* ~~ mean water level; ~**start** *m (Flzg)* water take-off; ~**stoffbombe** *f* hydrogen *or* H-bomb; ~**stofftriebwerk** *n* hydrogen engine; ~**tragfläche** *f* hydroplane *(Def)*; ~**-Tragschrauber** *n (Heli)* sea gyroplane; ~- **und Verpflegungsnotausrüstung** *f (Lfz)* water-and-ration kit; ~**ung** *f (Flzg)* alighting *or* landing on water; ~**ungsauslauf** *m* alighting run on water; ~**ungsfläche** *f (Seeflughafen)* alighting surface; ~**ungspunkt** *m (See-Flbetr)* water-down point; ~(**versuchs**)**kanal** *m* hydrodynamic tank; ~**widerstand** *m* water drag.

**Watfähigkeit** *f (Panzer)* fording ability.

**Watt** *n (el)* watt; *(Küstenvorfeld)* tidal flat; ~**messer** *m (el)* wattmeter; ~**stunde** *f (el)* watt-hour.

**Wechsel | amplitude** *f (Funk)* change amplitude; ~**feuer** *n (nav)* alternating light *(Def)*; ~**punkt** *m (Flak)* midpoint; crossing point; ~**richter** *m (el)* inverter; invertor *(Def)*; ~**sprechanlage** *f (Tel)* teletalk system; ~**strom** *m (el)* alternating current, *abbr* AC; ~**stromgenerator** *m* AC generator; alternator; ~**stromumformer** *m (el)* inverter; invertor *(Def)*; ~**stromwiderstand** *m (el)* impedance; ~**verkehr** *m (Funk)* alternate *or* two-way traffic; ~**wirkung** *f* reciprocal action *or* effect; interaction; *atmosphärische* ~~ *(met)* atmospheric interference; *kinematische* ~~ kinematic coupling.

**Weg** *m* **über Grund** *(nav)* track; ~**ablenkung** *f (Funk)* (coast) refraction; ~**esuche** *f (Fernm)* routing; *automatische* ~~ *(Fernm)* automatic routing; ~**laufen** *n (Trimmung)* runaway; ~**punkt** *m (nav)* way-point, *abbr* WP; ~**weiser** *m (Bod)* destination board *or* panel *or* sign; ~**-Zeit-Diagramm** *n (nav)* way-time diagram; ~**ziehen** *v (Flzg beim Start)* pull off; *(Flzg beim Verbandsflug)* peel off; ~**ziehen** *n (Flzg beim Start)* pulling-off; *(beim Verbandsflug)* peeling-off.

**Wehr|ausschuss** *m* defence (*US* defense) committee; **~bereich** *m (mil)* military district; **~bezirk** *m* recruting district; **~dienst** *m* military service; service with the armed forces; **~dienstverhältnis** *n* service status; **~ersatzdienststelle** *f* recruiting office; **~ersatzwesen** *n* armed forces recruiting and replacement administration; **~ertüchtigung** *f* military training; **~erziehung** *f* military education; **~fähig** fit for military service; **~gesetz** *n (US)* national defense act; *(E)* compulsory service law; **~hoheit** *f* military sovereignty; **~macht** *f* armed forces *pl*; **~machtführungsstab** *m* armed forces operations staff; **~machtgeistlicher** *m* chaplain; **~machseelsorgedienst** *m* chaplains' service of the armed forces; **~machtsstandort** *m* military garrison; *(US)* military post; **~machtsteil** m branch of the armed forces; **~meldeamt** *s (US)* draft board; *(E)* local recruiting office; **~meldebezirk** *n* draft district; **~pflicht** *f* obligation to serve (in the armed forces); **~tauglich** fit for military service; **~unwürdig** unworthy to bear arms; **~versammlung** *f* annual assembly *or* convention of reservists; **~wirtschaft** *f* war economy; military economics *pl*.

**weich** *(Flzg im Ruder)* sloppy; *(Flmot)* smooth.

**Weisung** *f (mil)* directive.

**weit** far; *~ überzogener Flugzustand m* deep stall; *zu ~ kommen v (Flzg bei Landung)* overshoot; **~erfliegen** *v* continue the flight; **~ergabeeinrichtung** *f (Fernm)* relay installation; *automatische ~~ (Fernm)* automatic relay ***(Def)***; *halbautomatische ~~* (Fernm) semi-automatic relay installation ***(Def)***; *Lochstreifen- od nichtautomatische ~~ (Fernm)* "torn-tape" relay station ***(Def)***; *vollautomatische ~~ (Fernm)* fully-automatic relay station ***(Def)***; **~ergabe-Kennungsstreifen** *m (Fernm)* transmission identification tape; **~ergabezeit** *f (Fernm)* relay time; **~reichender Flugkörper** *m* long-range missile; **~schuss** *m (Art)* over; long shot; **~sichtig** farsighted; **~winkelaufnahme** *f (LPhot)* wide-angle photograph; **~winkel-Blickfeld-darstellung** *f od* **~winkel-Head-up-Display** *n (Flzg)* wideangle head-up display.

**welkes Blatt** *n (Kunstflug)* falling leaf.

**Well|blechbeplankung** *f (Flzg)* corrugated sheet-metal covering; **~e** *f (Flmot)* shaft; *(Funk)* frequency; wave; *abklingende ~~* attenuating wave; *akustische ~~* acoustic(al) wave; *biegsame ~~* flexible shaft; *gedämpfte ~~* attenuating *or* damped wave; *ionosphärische ~~* ionospheric wave; *stehende ~~n (met)* standing waves *pl* ***(Def)***; *ungedämpfte ~~ (Funk)* continuous wave, *abbr* CW; **~enausbreitung** *f (Funk)* wave propagation; *indirekte ~~* indirect wave propagation; *troposphärische ~~* tropospheric propagation; **~enband** *n (Funk)* wave *or* frequency band; **~enbereich** *m & n (Funk)* wave range; **~enbewegung** *f* wavelike motion; **~enförmige Bewegung** *f* wavelike motion; **~enlänge** *f (Funk)* wavelength; **~enleistung** *f*, **äquivalente ~~** *(Turbo)* equivalent shaft horse power ***(Def)***; **~enleiter** *m (Funk)* waveguide; **~enleiterabschnitt** *m (Funk)* waveguide section; **~enleitergrenzfrequenz** *f (Funk)* waveguide cut-off frequency; **~enreflexion** *f (Radar)* wave reflection; sea clutter; **~ensegelflug** *m* soaring on standing wave; **~envergleichsleistung** *f* **in Pferdestärke** *(Turbo)* equivalent shaft horsepower; **~enwechsel** *m (Funk)* change of frequency; **~enzug** *m (met)* wave train.

**Welt|(en)raum** *m* (interstellar) space; **~flug** *m* (round-the-) world flight; **~gesundheitsorganisation** *f* World Health Organization, *abbr* WHO; **~höchstleistung** *f* world record; **~organisation** *f* **für Meteorologie** World Meteorological Organization, *abbr* WMO; **~postverein** *m* Universal Postal Union, *abbr* UPU; **~postvertrag** *m* Universal Postal Convention; **~raum** *m* cosmic space; **~raumflug** *m* space flight; **~raumlabor(atorium)** *n* spacelab(oratory); **~raum(luft)fahrt** *f* astronautics *pl*; **~raumrecht** *n* (aero)space law; **~raumschiff** *n* interstellar craft; **~rekord** *m* world record; **~zeit** *f (Greenwicher Zeit)* universal time.

**Wende|becken** *n (Seeflughafen)* turning basin; **~fläche** *f (Bod)* turn-around area; **~kurve** *f (im Anflugverfahren: Flbetr)* base turn ***(Def)***; **~manöver** *n (Flbetr)* turning manoeuvre; **~marke** *f (Luftrennen)* turning point; **~moment** *n (Giermoment)* yawing moment; **~(- und Querneigungsan)zeiger** *m (Flzg)* turn-and-bank indicator ***(Def)***; **~~ und Schiebefluganzeiger** *m (Instr)* turn-and-slip indicator ***(Def)***; **~zeiger** *m (Instr)* bank-and-turn indicator; turn indicator ***(Def)***; ***~zeiger*** *m (mit Kugel) (Flzg)* turn (and bank *or* slip) indicator; needle (and ball); **~zeigerkreisel** *m* turn-indicator gyro.

**wendig** *(Flzg)* manoeuvrable (*US* maneuverable); **~keit** *f (Flzg)* manoeuvrability (*US* maneuverability).

**Werft|halle** *f (Flugplatz)* repair hangar; **~instandsetzung-(sdienst)** *f(m) (LW)* field maintenance.

**Werk|flugplatz** *m* factory airfield; **~nummer** *f (Flzg usw)* factory *or* serial number; **~pilot** *m* test pilot; **~(s)erprobung** *f (Lfz)* factory testing; **~stattflug** m (factory *or* workshop) test flight; commissioning test (flight); **~statt-Lehre** *f* working *or* workshop template; **~stoff** *m* (construction) material; *elastischer ~~* resilient material; *faserverstärkter ~~* fibre-reinforced material; *feuerfester ~~* fireproof material ***(Def)***; *keramische ~~e pl* ceramals *pl*; **~zeug** *n* tool; **~zeugmaschine** *f* machine-tool.

**Wert** *m* value; *D-~ (Instr)* D-value ***(Def)***; *stationärer ~* steady state value; **~bestätigung** *f (Zoll)* certificate of value; **~epaar** *n* coefficient couple; **~erstattung** *f* reimbursement; *Hilfe gegen ~~ (MDAP)* reimbursable aid; *Hilfe f ohne ~~ (MDAP)* grant aid; **~erstattungspflichtig** reimbursable.

**Wespentaillen|körper** *m (Konstr)* waisted body; **~rumpf** *m (Flzg)* waisted fuselage.

**West|en** *m* west; **~lich** western; *~~ von* in the west of; **~ergaardsche Formel** *f (zur Berechnung von Startbahn-Deckenstärken: Bod)* Westergaard formula.

**Wettbewerb** *m* contest; competition; **~sbedingung** *f* condition of contest; **~sflugzeug** *n* competition aeroplane; **~snennung** *f* entry in the competition; **~steilnehmer** *m* competitor.

**Wetter** *n* weather, *abbr* WX; *dickes ~ (sl)* thick weather *sl*; *einwandfreies ~* perfect weather; *gegenwärtiges ~* current weather; *haariges ~* (sl) hairy weather *sl*; *instabiles ~* changeable westher; *lausiges ~ (sl)* hairy weather *sl*; *schlechtes ~* bad *or* adverse *or (sl)* dirty *or* dud weather; *unbeständiges ~* changeable weather; *ungünstiges ~* adverse weather; *vergangenes ~* past weather; *vorherrschendes ~* (pre)dominant *or* prevailing weather; *winterliches ~* wintry weather.

**Wetter|analyse** *f* weather analysis; **~änderung** *f* weather change; *ausgeprägte ~~* marked change in weather; **~auskunft** *f* meteorological information ***(Def)***; **~ausstrahlung** *f (Funk)* weather *or* meteorological broadcast; **~ballon** *m* registering balloon ***(Def)***; **~bedingungen** *f/pl* weather *or* meteorological conditions *pl* ***(Def)***; **~beobachter** *m* weather observer; **~beobachtung** *f* weather *or* meteorological observation ***(Def)***; ~~ *aus einem Lfz* aircraft weather observation; *planmäßige* ~~ routine weather observation; *zusätzliche* ~~ supplementary (weather) observation; ~**beobachtungsdienst** *m* weather observing service; ~**beobachtungsnetz** *n* observation network; ~(**beobachtungs)satellit** *m* weather satellite; ~**beobachtungsstation** *f* meteorological observation station; ~**berater** *m* (weather) forecaster; ~**beratung** *f* weather information *or* briefing *or* consultation; *mündliche* ~~ meteorological briefing; *schriftliche* ~~ meteorological documentation; ~**beratungsmappe** *f* (weather) forecast folder; ~**bericht** *m* weather *or* meteorological report ***(Def)*** *or* bulletin; *(vom Pilotballon) sl* pibal; ~**besprechung** *f* meteorological briefing, *abbr* met briefing; ~**dienst** *m (ICAO)* meteorological service, *abbr* met service; weather service; ~**dienstassistent** *m* meteorological assistant; ~**dienstbehörde** *f* meterological authority ***(Def)***; ~**dienststelle** *f* meteorological office; ~**element** *n* weather factor; ~**erkundung** *f* weather reconnaissance; ~**erkundungsflug** *m* meteorological reconnaissance flight; ~**erkundungs(flug)strecke** *f* weather track; ~**erkundungsluftfahrzeug** *n* meteorological reconnaissance aircraft; ~**erscheinung** *f* meteorological phenomenon; *bedeutsame* ~~*en pl* significant weather; *gefährliche* ~~*en pl* hazardous weather phenomina *pl*; ~**fahne** *f (Wetterkarteneinzeichnung)* weather *or* wind vane; ~**fernmeldenetz** *n* meteorological telecommunication network; *festes* ~~ meteorological fixed telecommunication network; ~**fernmeldewesen** *n* meteorological telecommunications *pl*; ~**flugzeug** *n* meteorological (aero)plane; ~**front** *f* weather front; *Art f der* ~~ character of weather front; *Wirkungsbereich m einer* ~~ frontal activity area; ~**frontverlagerung** *f* movement of weather front; ~**frosch** *m sl* meteorologist; weather expert; ~**funktelegramm** *n* meteorological radiogram; ~**hauptstelle** *f* main meteorological office; ~**hütte** *f* shelter; screen; ~**information(en)** *f(pl)* meteorological informationen ***(Def)***; ~~ *für den Flugbetrieb* operational meteorological information; ~~ *für Luftfahrzeuge im Fluge* meteorological information for aircraft in flight, *abbr* VOLMET; ~**karte** *f* weather map *or chart*; *einfarbige* ~~ monochromatic weather chart; *mehrfarbige* ~~ polychromatic weather chart; *synoptische* ~~ synoptic weather chart; ~**kunde** *f* meteorology; ~**lage** *f* meteorological *or* weather *or* atmospheric conditions *pl or* situation; *allgemeine* ~~ general weather situation *or* conditions *pl*; *labile* ~~ unstable weather; *synoptische* ~~ general weather situation *or* conditions *pl*; ~**leuchten** *n* summer *or* heat lightning; ~**meldung** *f* meteorological message *or* report ***(Def)***; weather bulletin; weather report ***(Def)***; ~~ *aus einem Lfz* aircraft meteorological report; ~~ *im Flug* in-flight (weather) report; ~**mindestbedingungen** *f/pl (Flbetr)* weather *or* meteorological minima *pl*; *Flugplatz-~~ (Flsich)* aerodrome meteorological minima ***(Def)***; .~**nebenstelle** *f* dependent meteorological office; ~**radarbeobachtung** *f* weather radar observation; ~**radar(gerät)** *n* meteorological *or* weather radar ***(Def)***; ~**satellit** *m* meteorological satellite; ~**schlüssel** *m* meteorological *or* weather coede; *(ICAO)* standard form; ~**schutz** *m* weather cover; ~**sendung** *f* weather *or* meteorological broadcast; *(Fernm)* meteorological transmission; ~**sonde** *f* radiosonde ***(Def)***; ~**sondermeldung** *f* special meteorological report; *ausgewählte* ~~ selected special meteorological report; ~**station** weather station; ~**stelle** *f* weather station; ~**symbol** *n (Wetterkarteneinzeichnung)* weather symbol; ~**typ** *m* weather type; type of weather; ~**übermittlung** *f (Fernm)* meteorological transmission; ~**übersicht** *f*, **allgemeine** ~~ general inference ***(Def)***; ~**überwachung** *f* **eines Fluges** flight meteorological watch; ~**verhältnisse** *n/pl* meteorological *or* atmospheric *or* weather conditions *pl*; *gefährliche* ~~ meteorological hazardous conditions *pl*; ~**verlauf** *m* past weather; ~**verschlechterung** *f* weather deterioration; ~**voraussage** *f* weather forecast; ~**vorhersage** *f* weather *or* meteorological forecast, *abbr* FCST ***(Def)***; ~~ *für Lfz im Flug* in-flight forecast; *langfristige* ~~ long-range forecast; *nummerische* ~~ numerical forecast; *vorläufige* ~~ provisional forecast; *~-Isohypsenkarte f* forecast contour chart; ~**vorhersagekarte** *f* forecast *or* prognostic chart; *isochrone* ~~ fixed-time prognostic weather chart; ~**vorhersagetopographie** *f* forecast contour (chart); ~**vorhersagezentrale** *f* forecast centre; ~**warnung** *f* warning message; (weather *or* meteorological) warning ***(Def)***; ~**warte** *f* meteorological *or* weather (forecasting) station; meteorological office; ~**zentrale** *f* meteorological centre (*US* center).

**Wett|fliegen** *n*, ~**flug** *m* air race.

**Widderpunkt** *m (nav)* first point of Aries ***(Def)***.

**Widebody** *m (Flzg-Rumpf)* large-volume fuselage; ~**-Familie** *f (Großraum-Flzge)* wide-body (aircraft) familiy.

**wider|rechtliche Handlung** *f* unlawful act; ~~ *gegen die Zivilluftfahrt* unlawful act against civil aviation; ~**rechtliche Inbesitznahme** *f* **von Luftfahrzeugen** unlawful seizure of aircraft; ~**rechtlicher Eingriff** *m* (act of) unlawful interference; ~**spiegeln** *v* reflect; mirror.

**Widerstand** *m (aerodyn)* drag ***(Def)***; *(el)* resistance, *aerodynamischer* ~ aerodynamic drag; *dynamischer* ~ dynamic resistance *or* drag; *geringster* ~ least drag; *hinhaltender* ~ *(takt)* delaying action *or* defence (*US* defense); *kleinster* ~ least drag; *Ohmscher* ~ *(el)* ohmic resistance; *reduzierter* ~ reduc(t)ed drag; *schädlicher* ~ *(aerodyn)* parasite drag; deadhead resistance; *strahlinduzierter* ~ jet-induced drag; *verringerter* ~ reduc(t)ed drag; *wirksamer* ~ effective drag; ~**sachse** *f (aerodyn)* drag axis ***(Def)***; ~**sbeiwert** *m (aerodyn)* drag coefficient ***(Def)*** *or* factor; *Quotient m aus* ~~ *und Auftriebsbeiwert* drag-(to-)lift ratio; *~serhöhung f (aerodyn)* increase of drag; ~**sformel** *f (aerodyn)* drag formula; *Karmansche* ~~ Karman('s) drag formula; ~**skabel** *n (Lfz)* drag wire ***(Def)***; ~**slinie** *f (takt)* line of resistance; ~**smesser** *m (el)* ohmmeter; ~**smittelpunkt** *m (aerodyn)* centre (*US* center) of drag; ~**srauschen** *n (Funk)* thermal noise; ~**sschweißung** *f* resistance welding; ~**sthermometer** *n* resistance-type thermometer; ~**svermehrung** *f* drag increase; ~**sverteilung** *f* drag distribution.

**Wieder|anlassen** *v (Flmot im Flug)* restart; *(Turbo)* relight; ~~ *n (Flmot im Flug)* restart(ing); *(Turbo)* relighting; ~~ *durch Windmühleneffekt (Prop-Flzg)* windmilling restart; ~**aufflammen** *n (Brand)* afterflame; ~**beleben** *v* revive; ~**einbauen** *f* reinstal(l); ~**einlegen** *n* **des Lochstreifens** *(Fernschr)* tape re-set; ~**eintauchaufheizung** *f (FK in Erdatmosphäre)* reentry heating; ~**eintritt** *m (FK usw)* re-entry ***(Def)***; ~**eintritts(flug)körper** *m* re-entry vehicle ***(Def)***; ~**gabecharakteristik** *f (Fernm)* response; ~**gabegerät** *n (Fernm)* play-back equipment; ~**geben** *(Lphot) v* render; respresent; ~**herstellen** *n* **der laminaren Umströmung** *(aerodyn)* laminar-flow re-attachment; ~**holen** *n (Fernm)* readback ***(Def)***; ~**holer** *m (Fernm)* repeater; ~**verwendbar** reusable; ~**verwendbares Raumfahrzeug** *n* space shuttle.

**Wiesennebel** *m (met)* shallow fog.

**Willy-Willy** *m (sl für tropischer Wirbelsturm in Australien)* Willy-Willy.

**Wind** *m* wind; *ablandiger* ~ offshore wind; land breeze; ~ *an einem bestimmten Punkt* spot wind; *aufkommender* ~

springing-up wind; *ballistischer* ~ ballistic wind; *böiger* ~ choppy *or* gusty wind; *gegen den* ~ into the wind; *günstiger* ~ *(Flbetr)* helping wind; *in den* ~ *drehen v (Lfz)* weathercock ***(Def)***; *mit dem* ~ down wind; mittlerer ~ mean wind; ~ *nach Richtung und Stärke* wind speed and direction, *abbr* WSD; *ohne* ~ in still air; conditions of no wind; *orographischer* ~ orographic wind; *quer zum* ~ across wind; *Rechtsdrehen n des ~es* veering ***(Def)***; *Rückdrehen n des ~es* backing ***(Def)***; *Seite f unter dem* ~ wind-opposite side; *starker* ~ *(Beaufort-Stärke 6: met)* strong breeze ***(Def)***; *steifer* ~ *(Beaufort-Stärke 7: met)* near gale ***(Def)***; *stürmischer* ~ *(Beaufort-Stärke 8: met)* gale ***(Def)***; *thermischer* ~ thermal wind ***(Def)***; *umlaufender od umspringender* ~ baffling *or* shifting wind; *übergeostrophischer* ~ supergeostrophic wind; *untergeostrophischer* ~ subgeostrophic wind; *vorherrrschende ~e pl* prevailing winds *pl*; ~ *wechselnder Richtung und/oder Stärke* baffling wind; *zunehmender* ~ rising wind; *zyklostrophischer* ~ cyclostrophic wind.

**Wind|änderung** *f* change of wind; **~anzeiger** *m (Flugplatz)* wind indicator; **~berechnung** *f (nav)* wind calculation *or* computation; **~berücksichtigung** *f (Flbetr)* wind accountability; *Standort m ohne ~~ (nav)* air position ***(Def)***; no-wind position; **~bestimmung** *f (nav)* wind finding; **~böigkeit** *f* wind gustiness; **~diagramm** *n (der am Flugplatz vorherrschenden~e)* wind rose; **~dicht** windproof; **~drehung** *f (allg)* wind shift; *(im Uhrzeigersinn)* veer(ing); *(im entgegengesetzen Uhrzeigersinn)* backing; **~dreieck** *n (nav)* wind triangle *or* diagram *or* star; velocity triangle; **~e** *f (Seilwinde)* winch; **~einfallswinkel** *m (nav)* wind angle; **~einfluss** *m* effect of wind; wind influence; **~enschlepp** *m (Segel-Flzg)* towing with a winch; mechanical towing; **~enstart** *m (Segel-Flzg)* winch launching; **~fahne** *f (Wetterkarte)* wind vane; **~fahnenstabilität** *f (Stab)* weathercock stability ***(Def)***; **~fahnenvisier** *n (Waffe)* vane foresight; **~fänger** *m (Flmot)* air scoop; **~feld** *n (Met)* wind field; **~geschwindigkeit** *f* wind speed *or* velocity; *geostrophische ~~* geostrophic wind speed ***(Def)***; **~geschwindigkeitsmesser** *m* wind velocity indicator; anemometer; wind gauge (*US* gage); **~geschwindigkeitsschreiber** *m* self-registering anemometer; **~gradient** *m* wind gradient; **~gürtel** *m* belt of wind; **~hauch** *m sl* cat's paw; **~häufigkeit** *f* wind frequency; *mittlere* ~ mean wind frequency; **~hose** *f* (vertical) whirlwind ***(Def)***; twister; *sl* dust devil.

**Windkanal** *m (aerodyn)* wind tunnel ***(Def)***; *aerodynamischer* ~ aerodynamic tunnel; *Blowdown-~* blowdown *or* blow-off wind tunnel; ~ *für die Erprobung von Profilgittern* cascade (grid) wind tunnel; ~ *geschlossener Bauart* return-flow wind tunnel ***(Def)***; *intermittierender* ~ blowdown *or* blow-off wind tunnel; ~ *mit Drosselstelle od Verengung* choked *or* blocked wind tunnel; ~ *mit elliptischem Querschnitt (der Messstäbe)* elliptic wind tunnel; ~ *mit kreisförmigen Querschnitt* circular wind tunnel; ~ *mit veränderlicher Dichte* compressed-air wind tunnel ***(Def)***; *offener* ~ open-jet wind tunnel ***(Def)***; ~ *offener Bauart*; non-return-flow wind tunnel ***(Def)***; *vertikaler* ~ vertical wind tunnel ***(Def)***; **~eichung** *f* wind tunnel calibration; **~einfluss** *m (aerodyn)* tunnel effect; **~modell** *n* wind tunnel model; **~simulation** *f* wind tunnel simulation; **~versuchsdaten** *n/pl* wind tunnel *(test)* data *pl*; *Auswertung od Bearbeitung f der ~~* wind tunnel (test) data processing; **~waage** *f (Instr)* wind tunnel balance.

**Wind|karte** *f* wind chart; **~kegel** *m (~richtungsanzeiger: Bod)* wind cone; **~komponente** *f* wind component; **~korrektur** *f (nav)* wind correction; **~messer** *m* anemometer; *tragbarer ~~* air meter ***(Def)***;**~messgerät** *n* wind-measuring instrument ***(Def)***; **~messradar** *n* wind-finding radar; **~mühleneffekt** *m* windmilling effect; *Wiederanlassen n durch ~~ (Flmot)* windmilling restart; **~mühlenflugzeug** *n* windmill plane; autogiro; **~mühlenrad** *n (Prop)* windmill ***(Def)***; **~pfeil** *(Wetterkarte)* wind arrow; **~pfeilende** *n* wind arrow tail; **~pfeilspitze** *f* wind arrow head; **~richtung** *f* wind direction; **~richtungsanzeiger** *m (Bod)* wind direction indicator ***(Def)***; wind tee ***(Def)***; **~rose** *f* wind rose ***(Def)***; **~sack** *m* wind cone ***(Def)*** *or* sleeve; *sl* sausage; **~schatten** *m* wind shadow; lee; **~scherung** *f* wind shear ***(Def)***; *seitliche ~~* laterial wind shear; **~schreiber** *m (Instr)* anemograph ***(Def)***; **~schutzscheibe** *f (US)* windshield: *(E)* windscreen; **~schutzscheibenenteiser** *m* windshield de-icer; **~schwankung** *f* wind variation; **~seitig** windward; **~sprung** *m* (sudden) shift of wind; *(über 90°)* reversal; **~stärke** *f* wind force *or* intensity *or* strength; **~stärkeeinteilung** *f* **nach Beaufort** Beaufort scale of wind force; **~stärkemesser** *m* anemometer; wind gauge (*US* gage); **~stärken** *pl* **nach der Beaufort-Skala** Beaufort scale of wind force(s) ***(Def)***; **~stärkeskala** *f* scale of wind force(s); *(Beaufort)* Beaufort scale; **~still** calm; **~stille** *f* (dead *or* wind) calm ***(Def)***; lull; still air; *(Beaufort-Stärke 0)* calm; **~stillepunkt** *m (nav)* air position ***(Def)***; no-wind position; **~stillepunktanzeiger** *m (nav)* air-position indicator ***(Def)***; **~stoß** *m* gust (of wind); **~strich** *m (Kompass)* point of the compass; **~strömung** *f* air current; airflow; **~struktur** *f* wind structure; **~tunnel** *m (aerodyn)* wind tunnel (*vergl cf* **~kanal**); **~vektor** *m* wind vector; **~verbesserung** *f (nav)* wind(age) correction; **~versetzung** *f (Lfz)* wind drift ***(Def)***; **~verteilung** *f* wind distribution; **~wärts** windward; upwind; **~winkel** *m (nav)* wind angle; **~ziffer** *f (Kompass)* point of the compass.

**Winkel** *m* angle; *Delta-drei-~ (Heli)* delta-three angle ***(Def)***; *toter* ~ *(ballist)* dead space; **~änderung** *f* angular variation; **~anzeiger** *m* angle indicator; *Schleppseil-~~ (Segelschleppflug)* cable-angle indicator ***(Def)***; **~beschleunigung** *f* angular acceleration ***(Def)***; **~deck** *n (Flzg-Träger)* angled deck ***(Def)***; **~förmige Markierung** *f (Kart)* chevron marking; **~genauigkeit** *f* angular accuracy; **~geschwindigkeit** *f* angular velocity; **~messer** *m* protractor; *(nav auch:)* goniometer; *(Neigungswinkel)* clinometer; **~messgerät** *n* protractor; **~reflektor** *m* corner reflector; **~staurohr** *n (Flzg)* angular pilot tube; **~versteifung** *f* angular reinforcement; **~vorgabe** *f* angular advance *or* lead.

**winter|fest machen** *v* winterize; **~festigkeitserprobung** *f* winterization trials *pl*; **~flugbetrieb** *m* winter (flying) operations *pl*; *Vorbereitung f eines Lfz für ~~* winterization of an aircraft; **~gewitter** *n (met)* winter thunderstorm; **~lich** wintry.

**Wirbel** *m (met & aerodyn)* eddy ***(Def)***; burble; vortex ***(Def)***, *pl* vortices; *anhaftender* ~ *(aerodyn)* adjacent vortex; ~ *bilden v (met)* create eddies; *freier* ~ *(aerodyn)* trailing vortex ***(Def)***; *gerad(linig)er* ~ linear vortex; *geschlossener* ~ closed vortex; *konzentrischer* ~ concentric vortex; *tragender* ~ lifting vortex; *zellularer* ~ cellular vortex; *zirkumpolarer* ~ circumpolar vortex; *zweidimensionaler* ~ point vortex ***(Def)***; **~ablösung** *f (aerodyn)* shedding of vortices; vortex separation; **~aufplatzen** *n (aerodyn)* vortex separation: **~ausbreitung** *f (aerodyn)* vortex propagation; **~bildung** *f* eddying; burbling; eddy formation; **~blech** *n (Turbo)* swirl-vane ***(Def)***; **~erweiterung** *f* vortex propagation; **~erzeuger** *m (Windkanal)* turbulator; **~fläche** *f (aerodyn)* vortex sheet ***(Def)***; **~freie Strömung** *f (aerodyn)* laminar flow; **~freiheit** *f* absence of vortices; **~gewitter** *n (met)* cyclonic thunderstorm; **~losigkeit** *f* absence of vortices; **~iger Nachlauf** *m (aerodyn)* vortex wake; **~linie** *f (aerodyn)* vortex line ***(Def)***; **~nachlauf** *m (aerodyn)* vortex wake; **~ring** ***m*** vortex ring; *laminarer ~~* laminar vortex ring; **~ringzustand** *m (Heli)* vortex-ring state;

~**schleppe** *f (Nachstrom: aerodyn)* wake ***(Def)***; (aerodynamic) trail; *sich auflösende* ~~ dissipation trail, *abbr* distrail; *turbulente* ~~ turbulent wake; ~**schleppenkategorie** *f (aerodyn)* wake turbulence category; ~**schleppenturbulenz** *f* wake turbulence; ~**stärke** *f (aerodyn)* vorticity ***(Def)***; ~**straße** *f (aerodyn)* vortex street ***(Def)***; ~**strom** *m (el)* eddy current; ~**strombremse** *f* eddy current brake; ~**stromsonde** *f (el)* eddy current probe; ~**sturm** *m (met)* cyclone; tornado ***(Def)***; whirling storm; *tropischer* ~~ tropical revolving storm ***(Def)***; hurricane ***(Def)***; typhoon; ~**thermometer** *n* vortex thermometer; ~**turbulenz** *f (aerodyn)* vortex turbulance; ~**vektor** *m (aerodyn)* component vorticity; ~**wind** *m (met)* whirlwind ***(Def)***; eddying wind.

**Wirk|kraft** *f* acting force; ~**leitwert** *m (el)* conductance; ~**same Blattfläche** *f (Prop)* blade acitivity factor ***(Def)***; effective blade area; ~**same Empfangsbandbreite** *f (Funk)* effective acceptance bandwidth; ~**same Entfernung** *f* effective range; ~**same Lichtintensität** *f (Bod)* effective intensity ***(Def)***; ~**same Nachbarkanalunterdrückung** *f (Funk)* effective adjacent channel rejection; ~**same Überdeckung** *f (Funk)* effective coverage; ~**samer Ausbreitungsbereich** *m (Funk)* effective coverage; ~**samer Widerstand** *m (aerodyn)* effective drag; ~**samkeit** *f* efficiency; efficacy; effectivness; ~**ung** *f* effect; ~**ungsbereich** *m & n* effective *or* operational range; ~~ *einer Wetterfront* frontal activity area; ~**ungsfeuer** *n (Art)* fire for effect; ~**ungsweise** *f* mode of operation *or* of action.

**wirtschaftlich** economical; ~ **unterstellter Standort** *m (mil)* satellite base; ~**e Unterstellung** *f (mil)* attachment for logistical support; ~**keit** *f* (operational) economy; ~**ste Reichweite** *f (Flzg)* most economical range ***(Def)***.

**Wirtschaftstruppenteil** *m (mil)* support base *or* unit.

**Witterungs|einflüsse** *m/pl (ballist)* exterior ballistic factors *pl*; weather factors *pl*; ~**erscheinung** *f (met)* weather phenomenon (*pl* phenomena); ~**umschlag** *m (met)* sudden change of weather; ~**unbilden** *f/pl* inclemency of weather.

**wobbeln** *v (periodisch bewegen: Funkfrequenzen)* wobble.

**Wogenwolke** *f (met)* wave cloud ***(Def)***.

**Wölbung** *f (Tragflächenprofil)* camber ***(Def)***; ~ *der Profilmittellinie (Tragfläche)* profile camber; *relative* ~ camber ratio; ~**shöhe** *f* centre-line camber; camber height; ~**sklappe** *f (Flzg)* plain flap ***(Def)***; ~**sverhältnis** *n* camber ratio.

**Wolke** *f (med)* cloud; ~ *an einem Bergkamm* crest cloud; *aufsteigende* ~ anabatic cloud; *ballenförmige* ~ ball cloud; *bandförmige* ~ band cloud; *hohe* ~*n pl (ca. 3 000 m im Polarbereich, ca. 5000 m im gemäßigten und ca. 6 000 m im Äquatorialbereich)* high clouds *pl (20 000 ft in polar; 16 500 ft in temperate and 20 000 ft in equiátorial regions)* ***(Def)***; *in die* ~*n ziehen (Flbetr)* enter cloud; *irisierende* ~ nacreus cloud; *kugelförmige* ~ ball cloud; *Lentikularis* wave cloud ***(Def)***; *mittelhohe* ~*n pl (2 000–4 000 m im Polarbereich, 2 000 – 7 000 m in gemäßigten und 2 000–7 000 m in Äquatorialbereichen)* medium clouds *(6 500– 13 000 ft in polar, 6 500 – 23 000 ft in temperate and 6 500–25 000 ft in equatorial regions)* ***(Def)***; *orographische* ~ orographic cloud ***(Def)***; *radioaktive* ~ radioactive cloud; *tiefe* ~*n (unter 2 000 m)* low cloud *pl (below 6 500 ft)* ***(Def)***; *zerissene* ~*n pl* broken *or* ragged clouds *pl*; ~**nadiabate** *f (met)* cloud adiabat; ~**nanalyse** *f (mittels Wettersatellit)* nephanalysis; ~**nart** *f* genus *or* type of cloud; ~**nballen** *m* ball cloud; ~**nbank** *f* cloud bank; ~**nbildung** *f* cloud formation; ~**nbruch** *m* cloudburst; ~**ndecke** *f* cloud thickness; ~**necho** *n (Radar)* cloud return; ~**nfahne** *f (an Berggipfeln)* cloud banner; banner cloud; ~**nfetzen** *m* cloud shred; ragged clouds *pl*; ~**nflug** *m* cloud flight; flight in clouds; ~**nfrei** cloudless; clear air; ~**ngattung** *f (met)* class *or* species of cloud; ~**nhöhe** *f (über Grund)* cloud height ***(Def)***; *unbegrenzte* ~~ ceiling unlimited; *unbegrenzte* ~~ *und Sicht (met)* ceiling and visibility unlimited, *abbr* CAVU; ~**nhöhenmessballon** *m* ceiling balloon; ~**nhöhenmesser** *m* cloud ceilometer ***(Def)***; ceiling height indicator; *Drehstrahl*-~~ rotating-beam ceilometer; ~**nloch** *n* cloud gap; ~**nlos** (sky) clear; cloudless; ~**nloses Wetter** *n* clear weather; ~**nlosigkeit** *f* cloudless sky; unlimited ceiling; ~**nmächtigkeit** *f* cloud thickness; ~**nphysik** *f* cloud physics; ~**nscheinwerfer** *m* cloud searchlight ***(Def)***; ceiling projector *or* light; ~**nschlauch** *m* funnel cloud ***(Def)***; ~**nschleier** *m* cloud veil; ~**nsegelflug** *m od* ~**segeln** *n* cloud soaring; ~**nsonde** *f* cloud sounding balloon; ~**nspiegel** *m* cloud reflector *or* mirror; nephoscope ***(Def)***; Hill's mirror; ~**n und Zusammenstoß-Warnanlage** *f (Bord-Radar)* cloud and collision warning system ***(Def)***; ~**nuntergrenze** *f* base of cloud; ceiling; ~**nzugmesser** *m (Instr)* nephoscope ***(Def)***.

**wolkig** *(met)* cloudy; overcast; clouded.

**Wrack|rutschstrecke** *f (Flugunfalluntersuchung)* wreckage trail; ~**(teile)** *m(pl)* wrecklage; ~**untersuchung** *f* wreckage analysis.

**Wulst|flosse** *f (Sperr-Ball)* inflatable fin; ~**wolke** *f (met)* bulb cloud.

**Wurf|anker** *m* kedge; ~**bahn** *f (Bombe)* (bomb) trajectory; (bomb) flight parth; ~**geschoss** *n* missile; ~**parabel** *f (Bombe)* (bomb) trajectory; ~**weite** *f (Bombe)* forward travel.

**Wurzel** *f (Math)* root.

# X

**X** *(ICAO- & NATO-Buchstabieralphabet)* X-Ray; ~ *(altes, internationales Buchstabieralphabet)* X-Ray; ~**-Achse** *f (Flzg)* longitudinal axis; ~**-Motor** *m (Flmot)* x-(type) engine ***(Def)***; "4-in-line" engine.

# Y

**Y** *(ICAO- & NATO-Buchstabieralphabet)* Yankee; ~ *(altes, internationales Buchstabieralphabet)* Yoke; ~**-Achse** *f (Flzg)* lateral *or* transverse axis; ~**-Strebe** *f (Flzg-Bau)* Y-strut; forked strut.

# Z

**Z** *(ICAO)- & NATO-Buchstabieralphabet)* Zulu; ~ *(altes, internationales Buchstabieralphabet)* Zebra; ~**-Achse** *f (Flzg)* normal *or* vertical axis; ~**-Funkfeuer** *n (Fernm)* Z-marker (beacon) ***(Def)***; ~**-Markierungsfunkfeuer** *n (Fernm)* Z-marker beacon ***(Def)***; ~**-Zeit** *f (mittlere Greenwich-Zeit)* zebra time; zulu time, *abbr* Z.

**Zacke** *f (Radar)* blip; pip; *feste* ~ *(Radar)* permanent echo.

**Zähigkeit** *f (Öl usw)* viscosity; *laminare* ~ *(aerodyn)* laminar viscosity; ~**sgrad** *m* degree of viscosity; ~**szahl** *f* viscosity index.

**Zahl** *m* number; figure; digit; *Cetan-~* cetane-number *(Diesel-Flmot)*; *LCN-~ (Tragfähigkeitszahl: Bod)* load classification number, *abbr* LCN ***(Def)***; *Reynoldssche ~ (aerodyn)* Reynolds number ***(Def)***.

**zahlen** *v* pay; **~d** revenue; **~de Last** *f (LVerk)* commercial *or* pay load; **~der Kurzflug** *m (LVerk) sl* pay-hop; **~mäßig** numercial; **~mäßige Aufstellung** *f* tabulation; **~verhältnis** *n* numerical ratio.

**Zahl | fracht** *f (LVerk)* revenue cargo; **~meister** *m (mil)* paymaster.

**Zählwerk** *n* counter (mechanism).

**Zahn | rad** *n* gear (wheel); toothed *or* cog(ged) wheel; **~radpumpe** *f* gear pump; **~segment** *n* tooth segment *or* sector; **~stange** *f* rack; **~stangentrieb** *m* rack(-)and(-)pinion (drive).

**Zange** *f* pliers *pl*; pincers *pl*; nippers *pl*; **~nangriff** *n (takt)* pincer attack; double envelopment; **~nbewegung** *f (takt)* pincer movement.

**Zapfen** *m* pin.

**Zapklappe** *f (Spreizklappenart: Flzg)* zap flap.

**Zaun** *m (aerodyn & Konstr)* rake; fence ***(Def)***.

**Zehendruckbremse** *f (Lfz)* toe brake.

**zehn | zehntel** *(Wolkenbedeckungsgrad: met)* ten-ten (cloud) **~erringscheibe** *f* decimal (practice) target.

**Zeich | en** *n/pl (Fernschr)* characters *pl*; *sing (Fernm)* signal ***(Def)***; **~enabstand** *m (Tastfunk)* spacing; **~enaufsatz** *m* reflection plotter; **~enerklärung** *f (Kart)* legend; *(allg)* key; **~engebung** *f* signalization; communication; *optische ~~* visual communication; **~enlautstärke** *f (Funk)* signal strength; volume; **~enpapier** *n* drawing paper; **~enstromüberhang** *m (Fernschr)* mark bias; **~entrennung** *f (Fernschr)* spacing; **~nen** *v* draw; **~ner** m draughtsman (*US* draftsman); **~nerisch** graphic(al); **~nerische Lösung** *f* graphical solution; **~nung** *f* drawing.

**Zeiger** *m* pointer; hand; needle; arm; **~ausschlag** *m* deflection of pointer; **~gerät** *n (Instr)* pointer-type instrument.

**Zeilen | frequenz** *f* line frequency; **~vorschub** *m (Fernschr)* line feed.

**Zeit** *f* time; **~ abstoppen** *v* time; *Linie gleicher ~* isochrone; *mittlere Greenwich-~, abbr MGZ* Greenwich mean time, *abbr GMT* ***(Def)***; *Punkt m gleicher ~ (nav)* equal time point; *verkehrsreiche ~ (Fernm)* busy hours; *verkehrsschwache ~ (Fernm)* slack hours; **~ablenkung** *f (Radar)* time sweep; **~abschnitt** *m* interval of time; time interval *or* period; **~abstand** *m* time interval; *mittlerer ~~ zwischen Störungen* mean time between failures, *abbr* MTBF; **~angabe** *f* time date; **~aufnahme** *f (LPhot)* time exposure; **~aufteilung** *f (Fernm)* time sharing; **~bedarf** *m* time required; *Flugweg m mit kürzestem ~~ (Flbetr)* minimal flight path ***(Def)***; **~bombe** *f* time bomb; **~dauer** *f* period; duration; **~differenz** *f* time difference; **~ersparnis** *f* time saving; **~geber** *m* timer; **~gleichung** *f* equation of time; **~intervall** *m* time interval; **~liche Rücktrift** *f (Bomben-ballist)* time lag; **~liche Verzögerung** *f (Fernm)* time delay; **~licher Verlauf** *m (Überschallknall)* signature; **~linie** *f (Radar)* sweep; **~maßstab** *m* time scale; **~messer** *m* chronometer; **~messung** *f* timing; time measurement; **~multiplex** *m (Fernm)* time division multiplex, *abbr* TDM; **~nehmer** *m* timekeeper; **~punkt** *m* moment; instant; **~raum** *m* **zwischen Alarm und Eintreffen am Unfallort** *(SAR)* response time; **~raster** *m (Flsich)* (time) slot; *Verfahren n für die Zuweisung von ~n (Flsich)* slot allocation procedure, *abbr* SLAP; **~rasterzuweisung** *f (Flsisch)* time slot allocation; **~schaltwerk** *n* time-switch mechanism; **~schreiber** *m* time recorder; chronograph; **~schütz** *n (el)* time relay; **~unterschied** *m* time difference; **~verbesserung** *f* time correction; **~verlust** *m* loss of time; **~verzug** *m* lag; *aerodynamischer ~~* aerodynamic lag; **~weiliger Besucher** *m (LVerk)* temporary visitor ***(Def)***; **~zählen** *n (FK)* countdown; **~zählung** *f (FK)* (time) countdown; **~zeichen** *n (Funk)* time (radio) signal; **~zone** *f* time zone; **~zünder** *m (Bombe)* time fuse *or* fuze; **~zünderbombe** *f* time bomb.

**Zelle** *f (Flugwerk: Flzg)* structure; airframe ***(Def)***; **~nbau** *m (allg)* cellular structure; *(Flzg)* airframe construction; **~nkühler** *m (Flmot)* cellular radiator.

**Zelt** *n* tent; **~ausrüstung** *f* tent equipment; **~bahn** *f* shelter half; groundsheet; **~bau** *m* tent pitching; **~lager** *n* tent camp; **~leinwand** *f* canvas; tent cloth.

**Zenit** *m (Scheitelpunkt: Astro-nav)* zenith ***(Def)***; **~entfernung** *f* zenith distance ***(Def)***.

**Zentimeter** *m* centimeter; **~welle** *f (Funk & Radar)* super high frequency (3 000 – 30 000 MHz).

**Zentral | amt** *n (Tel), abbr ZA* zone centre (*US* center); **~e** *f (Tel)* telephone exchange; *(US)* switchboard; **~e Trägheitsachse** *f* central axis (of inertia); **~es Bedienbrett** *n (Lfz)* central control panel; **~heizung** *f* central heating; **~körper** *m* centre body; **~kufengestell** *n (Flzg)* single-skid undercarriage; **~schmierung** *f (Flmot)* central(ized) lubrication; **~schwimmer** *m (See-Flzg)* central float; **~verankerung** *f (Lfz)* centre-point mooring ***(Def)***; **~verschluss** *m (Para)* quick release box ***(Def)***; **~verschlussgurtzeug** *n (Para)* central release harness; **~verseilung** *f (Lfz)* centre-point rigging.

**zentri | eren** *v* centre; *(US)* center; **~erung** *f* centring; *(US)* centering; **~erzapfen** *m* spigot (shaft); **~fugalbeschleunigung** *f* centrifugal acceleration; **~fugaldüse** *f (Turbo)* swirl burner; **~fugalkraft** *f* centrifugal force; **~fugallader** *m (Flmot)* centrifugal supercharger ***(Def)***; **~fugalladerrad** *n (Flmot)* impeller; **~fugalpumpe** *f* centrifugal pump; **~fugalturbine** *f* centrifugal turbine; **~fugalverdichter** *m (Flmot)* centrifugal compressor ***(Def)***; **~fugalsimulator** *m (Flmed)* centrifugal simulator; **~petalbeschleunigung** *f* centripetal acceleration; **~petalkraft** *f* centripetal force; **~petalturbine** *f* inward-flow turbine ***(Def)***.

**Zerbrechlichkeit** *f* frangibility.

**zerebrale Luftembolie** *f (Flmed)* cerebral aeroembolism.

**„Zeremonienmeister"** *m (Bomben-Kr)* master bomber.

**Zer | fallgurt** *m (Gurt-Munitionszuführung Bordwaffen)* disintegrating belt; **~hacker** *m (Tel)* vibrator; *sl* chopper; **~hackerdemulator** *m (Fernm)* chopper demodulator; **~hackerumformer** *m (Tel)* vibrator converter; **~leger** *m (Granate)* self-destroying shell; **~legerzünder** *m* self-destroying fuse *or* fuze; **~mürbungskrieg** *m* war of attrition; **~mürbungsstrategie** *f* strategy of attrition; **~platzen** *v* burst; explode; *(Flzg in der Luft: sl)* disintegrate; **~reißprobe** *f* tensile test; **~reißfestigkeit** *f* breaking *or* tensile strength; tear resistance; **~splittern** *v (auf-*

*spalten: takt)* split up; *(Feuer & Kräfte: takt)* dissipate; **~splitterung** *f (takt)* dissipation (of forces *or* fire; **~stäuben** *v (Anlasskraftstoff)* spray; atomize; **~stäuberdüse** *f* spray *or* atomizer nozzle; **~stäubungsflüge** *n/pl* aerial *or* crop dusting; aerial spraying; **~stäubungsvergaser** *m (Flmot)* spray *or* jet atomizing carburt(t)or; **~störer** *m (LW)* twin-engined heavy fighter; pursuit interceptor; destroyer.

**Zeug** *n* material; *sl* stuff; **~amt** *n (mil)* ordnance office *or* depot; **~nis** *n* certificate.

**zieh|en** *v (Flzg im Fluge)* pull up; nose-up; zoom; **~en** *n* pull-up; zoom(ing); *~~ des Steuerknüppels (Flbetr)* pulling (of) the stick; **~profil** *n (Flzg-Bau)* extrusion; extruded shape.

**Ziel** *n (Ausbildung)* objective; *(takt)* target; *(Radar)* target; *bewegliches ~ (takt)* moving target; *festes ~* stationar target; *strategisches ~* strategic objective; **~achsenfehler** *m (Bordwaffen)* collimation error; **~anflug** *m (nav)* approach flight; *~(Senderanflug)* homing; *(zur Ziellandung)* precision approach; *(zum Bombenwurf)* run-up *or* approach to the target; bombing run; **~anfluggerät** *n (Senderanflug)* homing set; **~ansprache** *f (takt)* target designation; **~auffassung** *f (Radar)* target pick-up; **~auffindung** *f (Bomben-Kr)* target finding; **~auswanderung** *f* target travel *or* displacement; **~darstellung** *f* target representation *or* simulation; **~darstellungsflug** *m* target-simulating flight; **~darstellungsflugzeug** *n* target aeroplane; *ferngelenktes (unbemanntes) ~~* drone ***(Def)***; **~einrichtung** *f* sighting mechanism; **~en** *v* sight; (take) aim; **~erfassung** *f (Radar)* target pick-up; *(Bord-Radar)* lock-on; **~erkennbarkeit** *f (gegenüber Bodenechos: Radar)* subclutter visibility; **~erkundung** *f (takt)* target reconnaissance; **~flug** *m (Flbetr)* homing ***(Def)***; **~flugempfänger** *m (Fernm)* homing reciever ***(Def)***; **~flugfunkfeuer** *n (Fernm)* homing beacon; **~flughafen** *m* terminal airport; *Flugplatzwettervorhersage f des ~~s* terminal aerodrome forecast; **~flughilfsmittel** *n/pl (Fernm)* homing aids *pl* ***(Def)***; **~flugplatz** *m* terminal *or* arrival aerodrome; aerodrome of intended landing; *erster ~~* aerodrome of first intended landing; **~flugverfahren** *n (Flbetr)* homing ***(Def)***; **~flugzeug** *n (Luftschießen: LW)* target aeroplane; **~gerät** *n (Bomben)* bomb sight; *(allg)* aiming device; **~geschwindigkeit** *f* target speed; **~gevierttafel** *f (Art)* target-designation grid; **~höhe** *f (Flak)* altitude *or* height of target; **~karte** *f (LKr)* target map; **~landung** *f (Flbetr)* precision *or* accuracy *or* spot landing ***(Def)***; (pin)point landing; **~markierung** *f (LKr)* target marking; target markers *or* indicators *pl*; **~ortungsgerät** *n (Radar)* target locating set; **~peilung** *f (Funk)* homing; inbound bearing; **~punkt** *m (Bomben-ballist)* aiming point; **~raum** *m (takt)* target area; **~scheibe** *f* (practice) target; *geschleppte ~~* towed target; **~seitenwinkel** *m (Art)* azimuth of target; **~suchend** *(Flak-Rak)* target-seeking; **~suchkopf** *m (FK)* homing head ***(Def)***; **~suchlenkung** *f (FK)* homing guidance ***(Def)***; active homing; *aktive ~~* active homing guidance ***(Def)***; *akustische ~~* acoustic homing; *halbaktive ~~* semi-active homing guidance ***(Def)***; *interferometrische ~~* interferometric homing; *passive ~~* passive (homing) guidance ***(Def)***; **~suchkopf** *m (FK)* seeking *or* homing head ***(Def)***; **~suchlenkeinrichtung** *f (FK)* homing (guidance) system; **~suchlenksystem** *n (FK)* homing (guidance) system; **~suchverfahren** *n (FK)* homing (procedure); *passives ~~* passive homing ***(Def)***; **~unterlagen** *f/pl (takt)* target information; (target) data *pl*; **~unterlagenmappe** *f (LKr)* target folder; **~verfolgung** *f (Radar)* target tracking; *automatische ~~ (Radar)* automatic (target) tracking: *(Bord-Radar)* lock-on (mode); *azimutale ~~* (Radar) azimuth tracking; **~vorrichtung** *f* aiming *or* sighting device; **~wurf** *m (Bomben-Kr)* precision bombing; **~zeichen** *n (Radar)* target blip *or* pip.

**Ziffer** *f* figure; digit; **~nschlüssel** *m (Fernm)* figure code; **~numschaltung** *f (Fernschr)* figure shift; **~numschalt(ungs)taste** *f (Fernschr)* figure shift key.

**zigarrenförmig** cigar-shaped.

**Zimmerflugmodell** *n* indoor flyer *or* model.

**Zirk|el** *m* compasses *pl*; dividers *pl*; **~elspitze** *f* point of the compass *pl*; **~ulation** *f (aerodyn)* circulation ***(Def)***; *atmosphärische ~~ (met)* atmospheric circulation; **~ulationsbewegung** *f (met)* circulatory *or* circulation flow; **~ulationspumpe** *f* circulating pump; **~ulationsschicht** *f* circulation *or* circulatory layer; **~ulationsströmung** *f* circulatory *or* circulation flow; **~umpolarer Wirbel** *m (met)* circumpolar vortex; **~umsolares Raumfahrzeug** *n* circumsolar spacecraft; **~umstellar** circumstellar; **~umzenital** circumzenithal.

**Zirr|okumulus** *m (met)* cirrocumulus ***(Def)***; **~stratus** *m* cirrostratus ***(Def)***; **~us** *m* cirrus ***(Def)***.

**Zivil|fliegerei** *f* civil aviation; **~flugzeug** *n* civil *or* private airplane; **~flugzeugführerschein** *m* civil pilot's licence (*US* lisense); **~luftfahrt** *f* cicil *or* commercial aviation; *Abkommen n über die Internationale ~~* Convention on International Civil Aviation; *Gewaltakte m/pl gegen die ~~* acts *pl* of violance against civil aviation; *Internationale ~~-Organisation f* International Civil Aviation Organization, *abbr* ICAO; **~luftfahrtbehörde** *f* civil aviation authority; **~verteidigung** *f* civil defense (*US* defense).

**Zoll** *m (Behörde)* customs; *(Gebühr)* (customs) duty; **~abfertigung** *f* customs clearance; *Anmeldung f zur ~~* customs entry; **~amt** *n* customs office; **~anmeldung** *f* customs entry; **~beschau** *m* customs inspection *or* examination; **~flughafen** *m* customs airport; **~frei** duty-free; **~freier Flughafen** *m (LVerk)* customs-free airport; **~freilager** *n* bonded store; **~-Freizone** *f* customs-free trade zone; **~kontrolle** *f* customs examination *or* inspection; **~pflichtig** dutiable; **~satz** *m* (customs) tariff rate; **~sicherheit** *f* customs bond; **~verschluss** *m* bond; *unter ~~* in bond.

**Zone** *f* zone; *brandgefährdete ~ (Bod)* designated fire zone; *~ des Schweigens (Funk)* dead zone; zone of silence; *~* **gleicher Amplitude** *(Leistrahlverfahren: Funk)* equi-signal zone ***(Def)***; **~nberechtigung** *f (Flsich)* zone rating; **~nrundsendung** *f (Funk)* area broadcast; **~nzeit** *f* zone time ***(Def)***.

**zu| ergreifende Maßnahme(n)** *f(pl)* course of action; *~* **erwartende Betriebsbedingungen** *f/pl (Flbetr)* anticipated operating conditions pl ***(Def)***; *~* **kurz kommen** *v (Flbetr)* undershoot ***(Def)***; *~* **weit kommen** *v (Flbetr)* overshoot ***(Def)***.

**Zubehör** *m & n (Flzg)* accessories *pl*; **~teil** *m* accessory; component; part.

**Zubringer** *m (LVerk)* feeder; **~dienst** *m (LVerk)* feeder(-line) work *or* service; **~flug** *m* feeder flight; **~flugzeug** *n* feeder(-line) aircraft; **~luftverkehr** *m* feeder air service; **~luftverkehrslinie** *f* feeder line.

**Zufahrt|rinne** *f (Wasserflughafen)* taxi channel ***(Def)***; **~rinnenfeuer** *n/pl* taxi-channel lights *pl* ***(Def)***; **~rinnenmarker** *m/pl* taxi-channel markers *pl* ***(Def)***.

**zufälliger Fehler** *m* random error.

**Zufalls|fehler** *m* accidental *or* random error; ~**stichproben(kontrolle)** *f/pl (f) (Flughafenzoll)* random sampling; ~**treffer** *m (Art)* chance hit; ~**variable** *f* statistical *or* random variable.

**Zufuhr** *f* supply; supplies *pl*; input; ~**unterbrecher** *m (Kraftstoff: Flmot)* slow-running (fuel) cut-off ***(Def)***.

**Zug** *m (mil)* platoon; *leiser ~ (Beaufort-Stärke 1: met)* light air ***(Def)***; ~**änglich** accessible; ~**beanspruchung** *f* tensile stress; ~**festigkeit** *f* breaking strenght; tension stiffness.

**zugelassen** *(Fluggerät: ICAO)* approved; ~**e Ausbildung** *f (ICAO)* approved training ***(Def)***.

**zugeteilt** assigned; allotted; ~**e Frequenz** f (Funk) assigned frequency.

**Zug|führer** *m (mil)* platoon leader *or* commander; ~**kraft** *f* tensile force; ~**luftschraube** *f* tractor propeler; ~**propeller** *m* tractor propeller ***(Def)***; ~**propellerflugzeug** *n* tractor aeroplane ***(Def)***; ~**schraubenmotor** *m* tractor engine; ~**schrauber** *m (Flzg)* tractor aeroplane.

**Zulad|en** *n (LVerk)* lading ***(Def)***; ~**ung** *f (Flzg)* useful *or* disposable load ***(Def)***; ~**ladungsfaktor** *m (LVerk)* load factor ***(Def)***.

**zulässig** admissible; permissible; safe; ~**e Belastung** *f (Lfz)* allowable operating weight; ~**e Betriebsmasse** *f (Lfz)* allowable operating weight; ~**e Ladung** *f (LVerk)* allowable (cargo) load ***(Def)***; ~**e Flughöchstmasse** f (Flz) maximum weight ***(Def)***; ~**e Landehöchstmasse** *f (Flbetr)* maximum landing weight; ~**e Motorleistung** *f (Flmot)* power rating ***(Def)***; *(Flmot & Turbo)* engine rating ***(Def)***; ~**e Starthöchstmasse** *f (Flbetr)* maximum take-off weight ***(Def)***; ~**er Verzerrungsgrad** *m (Fernm)* margin ***(Def)***.

**Zulassung** *f (Flzg)* registration; admission ***(Def)***; *befristete ~ (LVerk)* temporary admission; ~**sbehörde** *f (ICAO)* certificating *or* certification authority; ~**snummer** *f (Lfz)* registration number; ~**sprüfung** *f* suitability *or* certification *or* acceptance test; ~**szeichen** *n (Flzg)* aircraft identification.

**Zünd|anlage** *f (Flmot)* ignition system; *abgeschirmte ~~ (el)* screened ignition system ***(Def)***; ~**en** *v* ignite; detonate; *(Bombe)* fire *or* explode (a bomb); *(Turbo)* light *or* buzz up (the engine); ~**einstellung** *f (Flmot)* ignition timing; adjustment *or* timing of ignition; ~**er** *m (Bombe & Rak)* fuse of fuze; exploder; igniter; ~~ einstellen *v* set the fuse; *empfindlicher ~~* sensitive *or* superquick fuse; ~**erempfindlichkeit** *f* sensitivity of a fuse; ~**erlaufzeit** *f* fuse setting *or* time; ~**ermotor** *m (Otto-Motor: Flmot)* spark-ignition or Otto engine; ~**erstellmaschine** *f (Flak)* fuse setting machine; automatic fuse setter; ~**folge** *f (Flmot)* ignition sequence; firing order; ~**funke** *m* ignition spark; ~**geschirr** *n (Flmot)* ignition harness ***(Def)***; ~**kapsel** *f* detonator; ~**kabel** *n (Flmot)* ignition cable; *abgeschirmtes ~~* screened ignition cable; ~**kerze** *f (Flmot)* spark(ing) plug; ~**ladung** *f* primer charge; ~**magnet** *m (Flmot)* magneto; ~**punkt** *m (Kraftstoff)* flash point ***(Def)***; ~**reihenfolge** *f* ignition sequence; firing order; ~**schalter** *m (Flzg)* ignition switch; ~**schlüssel** *m* ignition key; ~**spannung** *f* ignition *or* firing *or* sparking voltage; ~**spule** *f* ignition coil; ~**stromkreis** *m* ignition circuit; ~**ung** *f (Flmot)* ignition; *abgeschirmte ~~ (Flmot)* shielded ignition; „~~ ein!" *(Flmot)* "Contact!"; ~**verstellbereich** *m & n (Flmot)* ignition-timing range; ~**verstellhebel** *m (Flmot)* timing control lever; ~**verteiler** *m* distributor; ~**verzugszeit** *f* ignition-lag period; ~**zeitpunktverstellung** *f (Flmot)* ignition timing adjustment; spark control.

**Zurollbahn** *f (Bod)* connecting taxiway.

**Zurrpunkt** *m (im Fracht-Flzg)* hard *or* strong point.

**zurück|bleiben** *v (Geräteanzeige)* lag (behind); ~**drehen** *v (Wind)* back; ~**drehen** *n (Wind)* back(ing) of the wind; ~**klappen** *v (Tragflächen)* fold back; ~**nehmen** *v (Gas)* throttle back; *(Fahrt)* reduce speed.

**Zusammen|arbeit** *f* cooperation; *auf ~~ angewiesen (takt)* assigned for mutual support; ~**ballung** *f* **des Luftverkehrs** congestion of air traffic; ~**brechen** *v (Fahrwerk)* collapse; ~**drückung** *f (Druckbeanspruchung)* strain; ~**falten** *v (Tragflächen)* fold (up); ~**fassung** *f* summary; *meteorologische ~~* meteorological summary; ~**fügen** *n (Bauteile)* mating; ~**gesetzte Beanspruchung** *f* composed stress; ~**gesetzte Karte** *f (met)* composite chart ***(Def)***; ~**gesetzter Körper** *m* compound body; ~**gesetztes Luftbild** *n* mosaic ***(Def)***; ~**passen** *v (Luftbilder)* piece together; ~**stellung** *f* summary; compilation; ~**stoß** *m* collision; ~~ *m im Flug od in der Luft* mid-air *or* in-flight *or* aerial collision; ~**stoßen** *v* collide; ~**stoßgefahr** *f* danger *or* risk of collision; ~**stoßwarnanlage** *f*, **Wolken- und** ~~ *(Bordradar)* cloud and collision warning unit *or* system ***(Def)***; ~**stoßwarngerät** *n* collision warning device; ~**stoßwarnlichter** *n/pl* anti-collision lights *pl*; ~**stoßwarnsystem** *n (Lfz)* collision avoidance system, *abbr* CAS; ~**stoßwarnung** *f (Flsich)* (anti-)collision warning; ~**treffen** *n* rendevous; ~**wirken** *n* combined action.

**Zusatz** *m (im Kraft-/Schierstoff)* additive ***(Def)***; ~**ausstattung** *od* ~**ausrüstung** *f* additional *or* extra equipment; ~**behälter** *m (Flzg)* auxiliary (fuel) tank ***(Def)***; ~**faktor** *m (Konstr)* reserve factor ***(Def)***; ~**fallschirm** *m* back-up *or* auxiliary parachute; ~**feder** *f* **am Steuerknüppel** *(Flzg)* spring-feel unit; *Kraft f durch ~~* spring-feel force; ~**flug** *m (LVerk)* supplementary flight; ~**gerät** *n* auxiliary equipment; ~**kurs** *m (LVerk)* special flight; ~**ladung** *f (Kraftstoff durch Beschleunigerpumpe)* extra charge; ~**prüflauf** *m* supplementray run; ~**prüfung** *f (Lufttüchtigkeit)* penalty test; ~**rakete** *f (Lfz & FK)* booster rocket ***(Def)***; ~**raketentriebwerk** *n (FK)* boost rocket motor ***(Def)***.

**zusätzliche| Berechtigung** *f (Flsich usw)* additional rating; ~ **Brennkammer** *f (Turbo)* additional combustion chamber; ~**r Auftrieb** *m* **infolge der Rotation** *(Heli)* additional lift from *or* due to rotation; ~**r Luftwiderstand** *m (aerodyn)* additional drag.

**Zuschlag|faktor** *m* **für Beschläge** *(Konstr)* fitting factor; ~**gebühr** *f (LVerk)* surcharge.

**Zuspitzung** *f (Tragfläche)* taper(ing); ~**sverhältnis** *n (Tragfläche)* taper (ratio).

**Zustand** *m* state; condition; configuration; *maximaler Durchmesser m in gefülltem ~ (Para)* maximum inflated diameter ***(Def)***; *überspannter ~* overstrained state; ~**sänderung** *f* change; *adiabatische ~~ (met)* adiabatic change; *~~ des Gases (Lfz l)* change of gas state; ~**sdiagramm** *n* phase diagram; ~**sform** *f (Lfz)* configuration ***(Def)***; *(aerodynamisch) unsaubere ~~ (Lfz)* dirty configuration; *glatte ~~ (Flzg ohne Außenlasten)* clean configuration.

**Zuständ|e** *m/pl am Flugzeug (Flbetr)* aeroplane configurations *pl*; ~**ige Zulassungs-Behörde** *f (ICAO)* appropriate *or* competent (licensing) authority ***(Def)***.

**zusteige|n** *v (LVerk)* embark; ~**n** *n (LVerk)* embarkation ***(Def)***; ~**verkehr** *m (LVerk)*, **gebuchter** ~~ pick-up traffic; **nichtgebuchter** ~~ fill-up traffic.

**Zustellung** *f (Fernm)* delivery.

**zuverlässig** reliable; **~keit** *f* reliability; *geforderte ~~* required reliability; **~keitsgrad** *m* confidence figure.

**zwangs|läufig angelenktes Hilfsruder** *n (Flzg)* geared tab ***(Def)***; **~schmierung** *f* forced-feed lubrication.

**Zwei|achsenautopilot** *m (Kurssteuerung: Lfz)* two-axis autopilot; **~achsig** biaxial; **~beinfahrwerk** *n (Flzg)* split(-axle) undercarriage; **~blattluftschraube** *f* twoblade(d) airscrew *or* propeller; **~blattrotor** *m od* **-tragschraube** *f (Heli)* two-blade(d) rotor; **~decker** *m (Flzg)* biplane; **~deutigkeit** *f (Seite bei Peilungen: Funk)* ambiguity; **~dimensionale Theorie** *f* two-dimensional theory; **~dimensionaler Wirbel** *m (aerodyn)* point vortex ***(Def)***; **~drahtleitung** *f (Tel)* two wire circuit; **~fachmodulation** *f (Fernm)* dual modulation; **~fachsteuerung** *f* two-hand control; **~fachtreibstoff** *m (Rak)* bipropellant ***(Def)***; **~frequenz-Gleitwegsystem** *n (Flsich)* two-frequency glide path system; **~frequenz-Landekurssystem** *n (Flsich)* two-frequency localizer system; **~ganglader** *m (Flmot)* two-speed blower; **~holmbauart** *f (Flzg)* two-spar construction; **~kanalautopilot** *m (Kurssteuerung: Lfz)* two-axis autopilot; **~kanal-Duplexsystem** *n (Fernm)* double-channel duplex; **~kanal-Simplexsystem** *n (Fernm)* double-channel simplex ***(Def)***; **~kanal-Simplexverkehr** *m (Fernm)* cross-band operation; **~kanalsystem** *n (Fluggast-Zollabfertigung)* dual-channel *or* redgreen channel system; **~komponentengemisch** *n (Rak)* binary mixture; **~komponententreibstoff** *m (Rak)* two-component *or* diergol propellant; bipropellant ***(Def)***; **~komponentig** *(Treibstoff: Rak)* binary; **~köpfige Besatzung** *f (Lfz)* two-man-crew; **~körper-...** twin-body; **~kraftstoffverfahren** *n (Flmot)* bi-fuel system; **~kreiselanordnung** *f* two-gyro system; **~kreisstrahlantrieb** *m (Turbo)* dual-cycle jet propulsion; **~kreis-TL-Triebwerk** *n (Turbo)* turbo-jet engine with regeneration; **~kreistriebwerk** *n (Turbo)* ductedfan turbine engine ***(Def)***; **~mannbesatzung** *f (Flzg)* two-man crew; **~mann-Cockpit** *n (Lfz)* two-man cockpit, **~motorig** *(Flzg)* twin- *or* two- *or* double-engined: *(US Flmelde)* bi-motor; **~punktlandung** *f (Flbetr)* level *or* two-point landing; **~punktsteuerung** *f (FK)* bang bang control ***(Def)***; **~radfahrwerk** *n (Flzg)* bicycle *or* two-wheel landing gear; **~schwimmerflugzeug** *n* twin-float plane; **~seitenband** *n (Funk)* double sideband, *abbr* DSB; **~sitzer** *m (Flzg)* two-place aircraft; two-seater; **~sitziges Cockpit** *n (Lfz)* two-man cockpit; **~stellungsluftschraube** *f* two-position propeller; **~stellungs-Verstellpropeller** *m* controllable-pitch propeller ***(Def)***; **~stieler** *m (Doppeldecker)* double-bay *or* two-bay biplane; two-strutter; **~stoffgemisch** *n (Rak)* binary mixture; **~stofftriebwerk** *n (Rak)* binary-fuel *or* diergol engine; **~strahlig** *(Flzg)* twin-jet; **~strom-Hubtriebwerk** *n (Turbo)* lift turbofan (engine); **~strom-TL-Triebwerk** *n* by-pass turbojet engine; *dreiwelliges ~~* three-shaft by-pass engine; *~~ in Zweistrombauweise* two spool by-pass turbojet (engine); **~stromtriebwerk** *n (Turbo)* (turbo) fan engine; **~strom-Turbinenluftstrahltriebwerk**, *abbr* ZTL bypass turbojet; **~stufenlader** *m* two-speed *or* two-stage blower; **~stufenrakete** *f* two-stage rocket; **~taktmotor** *m* two-stroke *or* two-cycle engine; **~ter Luftfahrzeugführer** *od* **Pilot** *m* second *or* assisant pilot; co-pilot ***(Def)***; **~tes Newtonsches Gesetz** *n* second law of motion; **~tschrift** *f* duplicate; **~wegverbindung** *f od* **~verkehr** *m (Fernm)* two-way communication; **~wellen-Doppelverdichterpropellerturbine** *f* two-spool turboprop (engine); **~wellen-PTL-Triebwerk** *n (Turbo)* twin shaft turboprop (engine); **~wellen-TL-Triebwerk** *n (Turbo)* twinshaft turbojet (engine); **~wellentriebwerk** *n (Turbo)* twin-shaft gas-turbine engine; **~wellen-Zweistrom-TL-Triebwerk** *n* twin-shaft by-pass turbojet; **~zeigerinstrument** n two-pointer instrument; **~zustandscode** *m* two-condition code.

**Zwielicht** *n* twilight; dusk; dawn.

**Zwilling** *m (Flak)* two-barrelled (*US* barreled) gun; **~sbugrad** *n (Fahrwerk)* twin nose-wheel; **~sflugzeug** *n* pick-aback *or* composite aircraft; **~slaufräder** *n/pl (Flzg)* twin-wheel units *pl*; twin wheels *pl*; **~striebwerk** *n (Flzg)* twin engine ***(Def)***.

**Zwinge** *f* ferrule.

**Zwischen|anflug** *m (Flsich)* intermediate approach ***(Def)***; **~anflugbereich** *m (Flsich)* intermediate approach area; **~anflugweg** *m (Flbetr)* intermediate approach path; **~beobachtung** *f (met)* intermediate observation; *synoptische ~~* intermediate synoptic observation; **~erhitzer** *m (Turbo)* interheater ***(Def)***; **~feuer** *n (Bod)* intermediate light; **~halt** *m (LVerk)* intermediate stop ***(Def)***; en-route stop; **~holm** *m (Tragfläche)* false spar; **~kühler** *m* intercooler ***(Def)***; *Ladeluft-~~* intercooler ***(Def)***; **~kühlung** *f* intercooling; **~lage** *f* interlayer streak; **~lagerstätte** *f*, **gesicherte** *~~ (Bod)* secure storage area; **~landen** *f (Flbetr)* call at; make calls at; **~landeplatz** *m* intermediate landing field; **~landung** *f (LVerk)* intermediate stop ***(Def)***; enroute *or* transit landing; stopover; stop; *technische ~~* operational stop; **~längsträger** *m (Lfz l)* intermediate longitudinal ***(Def)***; **~raum** *m* clearance; (intermediate) space; *~~ zwischen den Tragflächenspitzen (im Verbandsflug)* tip clearance; **~raumtaste** *f (Fernschr)* space bar *or* key; **~raumzeichen** *f (Fernschr)* spacing *or* seperative signal; **~rippe** *f (Tragfläche)* intermediate rib; **~saison-Flugpreis** *m (LVerk)* shoulder season (air)fare; **~schicht** *f* interlayer streak; **~staatlich** interstate; international **~stück** *n (Turbo-Brennkammern)* interconnector ***(Def)***; **~träger** *m (Fernm)* subcarrier; **~verfahren** *n (Flsich)* intermediate procedure; **~wand** *f* dividing wall; partition; diaphragm ***(Def)***; *Ballonet-~~ (Lfz l)* ballonnet diaphragm ***(Def)***; *Stabilisierungskörper-~~ (Lfz l)* stabilizer diaphragm ***(Def)***; **~zeichenstrom** *m (Tastfunk)* spacing current; **~zeit** *f* interval.

**zyklische Blattverstellung** *f (Heli)* cyclic pitch control.

**Zyklon** *m (tropischer Wirbelsturm: met)* cyclone ***(Def)***; **~e** *f (Tiefdruckgebiet: met)* low-pressure area.

**Zylinder** *m (Flmot)* cylinder, *hängender ~* inverted cylinder; *stehender ~* vertical *or* upright cylinder; **~block** *m (Flmot)* cylinder block; **~bohrung** *f (Flmot)* cylinder bore *or* diameter; **~buchse** *f (Flmot)* cylinder sleeve; **~dichtung** *f (Flmot)* cylinder packing; **~einspritzpumpe** *f (Flmot)* direct-injection pump ***(Def)***; **~flansch** *m (Flmot)* cylinder flange; **~hubraum** *m (Flmot)* piston displacement; cubic capacity; cylinder volume; **~inhalt** *m (Flmot)* cylinder volume; **~kopf** *m (Flmot)* cylinder head; **~kopfring** *m (Schieber-Flmot)* junk ring ***(Def)***; **~laufbuchse** *f (Flmot)* cylinder liner *or* barrel; **~wandung** ***f*** *(Flmot)* cylinder wall.

**zylindrischer Tragflügel** *m (Flzg)* cylindrical wing.

TEIL 2

# ENGLISCH –DEUTSCH

PART 2

# ENGLISH – GERMAN

# A

**A** *(ICAO- & NATO-Buchstabieralphabet)* Alfa; *(altes, internationales Buchstabieralphabet)* Able; ~**-bomb** Atombombe *f (LKr)*.

**AA** (*short for* **anti-aircraft**) Flugabwehr-; Flak *f*, ~**artillery** Flugabwehrartillerie *f*; Flak *f*; ~**automatic** weapons *pl* Maschinenflak *f*; ~ **auxiliary** Flakhelfer *m;* ~ **barrage** Flak- *or* Luftsperre *f (LKr);* ~ **barrage unit** Luftsperrverband *m (Flak)*; ~ **battery** Flakbatterie *f (LKr)*; ~ **combat group** Flakkampfgruppe *f (takt)*; ~ **commander** Flakkommandeur *m*; ~ **computer** Kommando(rechen)gerät *n (Flak)*; ~ **cruiser** Flakkreuzer *m*; ~ **defence** (*US* **defense**) Flakverteidigung *f (LKr)*; ~ **director** Kommandogerät *n (Flak)*; ~ **fire** Flakfeuer *od* ~schießen *n*; Flak- *od* Luftzielbeschluss *m*; ~ **gun** Flakgeschütz *n*; ~ **gun crew** Flakbedienung *f*, ~ **gun emplacement** Flakstellung *f (LKr)*; ~ **hit** Flaktreffer *m;* ~ **machine-gun** Fla(k)-M.G. *n*; ~ **platform** Flak-Hochstand *m*; ~ **rocket** Flug(zeug)abwehr- *od* Flakrakete *f*, ~ **rocket projector** Flakraketenwerfer *m*; ~ **search light** Flugabwehr- *od* Flakscheinwerfer *m*; ~ **shell** Flakgeschoss *n*; Flakgranate *f*, ~ **spotter** Flakposten *m*; ~ **tower** Flakhochstand *m*; ~ **woman auxiliary** Flakhelferin *f*.

**AAA** (*short for* **anti-aircraft artillery**) Flugabwehrartillerie *f*; Flak *f*; ~ **operations** *pl* Flakeinsatz *m*.

**ab initio trainer** Flugzeug *n* für Anfängerschulung; Anfängerschulflugzeug *n*.

**Abac scale** Abac-Skala *f (nav)* ***(Def)***.

**abandoned take-off** Startabbruch *m (Flbetr)*.

**abbreviated procedure** abgekürztes (Anflug-)Verfahren *n (Flsich)*.

**abduction of aircraft** Luftfahrzeug- *od* Flugzeugentführung *f (LVerk)*.

**abeam** querab *(nav)* ***(Def)***.

**aberration of light** Aberration *f* des Lichtes.

**ability to hover** Schwebefähigkeit *f od* ~vermögen *n (Heli)*.

**ablat|ion** Abschmelzung *f*; Ablation *f*; ~**ive coating** Ablationsschicht *f od* ~überzug *m*; ~**ive cooling** Ablations- *od* Abschmelzkühlung *f*; ~**ive material** Ablationswerkstoff *m*; Abschmelz(wirk)stoff *m*; ~**ive-protection layer** Ablations- *od* Abschmelzschutzschicht *f*; ~**or** *vgl* ~**ive material** *(RaumFK)*.

**aboard** an Bord; ~ **avionics** Bordavionik *f (Lfz)*.

**abort** Startabbruch *m (Flbetr)*; Einsatzabbruch *m (LKr)*; abbrechen *v (Start, Flug, Einsatz)*; ~ **the landing** den Landeanflug abbrechen; ~**ed approach** Fehlanflug *m*; ~**ed landing** abgebrochene Landung *f (Flbetr)*.

**abrasi|on** Verschleiß *m;* ~**on resistance** Verschleißfestigkeit *f*; ~**on test** Abriebprüfung *f*; Abrasionstest *m*; ~**ve effect** Schleifwirkung *f*.

**abrupt| deceleration** scharfes Abbremsen *n*; plötzliche negative Beschleunigung *f*; ~ **edge** stumpfe Kante *f*; ~ **roll** gerissene Rolle *f (Kunstflugfigur)*.

**abscissa** Abszisse *f*; ~ **for maximum ordinate** Gipfelentfernung *f (ballist)*.

**absence| of disturbance(s)** *(pl)* Stör(ungs)freiheit *f*, ~ **of gravity** Schwerelosigkeit *f*; Abwesenheit *f* der Schwerkraft; ~ **of obstacles** Hindernisfreiheit *f (Bod)*; ~ **of vortices** Wirbellosigkeit *od* ~freiheit *f (aerodyn)*; ~ **without leave**, *abbr* **AWOL** unerlaubte Entfernung *f (von der Truppe: mil)*.

**absolute| altimeter** Abtast- *od* Absoluthöhenmesser *m (für „Höhe-über-Grund"-Messungen)* ***(Def)***; ~ **altitude** Flughöhe *f* über Grund; absolute *od* wahre Höhe *f* ***(Def)***; ~ **ceiling** (absolute) Gipfelhöhe *f (Flzg)* ***(Def)***; ~ **humidity** absolute Feuchtigkeit *f (met)*; ~ **liability** unbeschränkte Haftung *od* Haftpflicht *f (LVerk)*; ~ **photometry** absolute Photometrie *f*; Absolutlichtmessung *f*; ~ **pressure** Absolutdruck *m*; ~ **stability** absolute Stabilität *f (Stab)*; ~ **temperature** absolute *od* Kelvin-Temperatur *f (met)*.

**absor|bed energy** absorbierte Energie *f*; ~**bed light** absorbiertes Licht *n*; ~**bing layer** Absorptionsschicht *f (met)*; ~**ption** Aufnahme *f*; Absorption *f*; Aufsaugung *f* **energy** ~~ Arbeitsaufnahme *f (Federbein)*; **shock** ~~ Abfederung *f (Fahrwerk)*.

**ac** *sl* Akku(mulator) *m (el)*.

**academic| instruction** theoretischer Unterricht *m*; ~**s** theoretische Ausbildung *f (Flugschüler)*; ~ **training** theoretische Ausbildung *f*; ~ **week** Ausbildungswoche *f*.

**acceler|ate** beschleunigen; ~**ate stop** Startlaufabbruch *m (Flbetr)* ~~ **distance** Start(lauf)abbruchstrecke *f*; ~~ **distance available**; *abbr* ASDA verfügbare Start(lauf)abbruchstrecke *f* ***(Def)***; ~~ **distance required** erforderliche Start(lauf)abbruchstrecke *f*; ~**ated fatigue test** Ermüdungskurzversuch *m*; beschleunigter Ermüdungsversuch *m*; ~**ated flight** Beschleunigungsflug *m*; ~**ating force** Beschleunigungskraft *f*; ~**ating well** Beschleunigungskammer *f (Vergaser)*; ~**ation** Anzugsmoment *n (Flmot; Prop)*; Beschleunigung *f*; ~**ation along the flight path** Flugbahnbeschleunigung *f*; ~**ation along the path** (Geschoss-)Bahnbeschleunigung *f (ballist)*; **distance of** ~**ation** Beschleunigungsstrecke *f*; ~**ation error** Beschleunigungsfehler *m (Kompass)* ***(Def)***; ~**ation indicator** Beschleunigungsanzeiger *m*; ~**ation load** Beschleunigungsbelastung *f*; ~**ation of gravity** Gravitations- *od* Schwerebeschleunigung *f*; Erdbeschleunigung *f*; ~**ation pump** Beschleunigungs- *od* Beschleunigerpumpe *f* ***(Def)***; ~**ations** *pl* Beschleunigen *f/pl (Flmed)* ***(Def)***; ~**ationsless** unbeschleunigt *od* gleichförmig *(Bewegung)*; ~**ator** Beschleuniger *m*; Gashebel *m (Kfz)*; ~**ator pump** Beschleunigerpumpe *f* ***(Def)***; ~**ometer** G- *od* Beschleunigungsmesser *m (Flzg)* ***(Def)***.

**accept** abnehmen *(Fluggerät)*; ~**ance** Abnahme *f (Fluggerät)*; ~**ance centre** (*US* **center**) Annahmestelle *f (mil)*; ~**ance engine test** Abnahmeprobelauf *m (Flmot)*; ~**ance flight** Abnahmeflug *m*; ~**ance rate** Annahmerate *f (Flsich);* ~**ance report** Abnahmericht *m*; ~**ance run** Abnahmeprobelauf *m (Flmot);* ~**ance test** Abnahmeprüfung *f*; Zulassungsprüfung *f (Fluggerät)*; ~**ing controller** übernehmender Lotse *m (Flsich)*.

**access, direct** ~ (**to**) unmittelbares Vortragsrecht *n* (bei); ~**-door** Einstiegtür *f (Flzg)*; ~**-hatch** Einstiegluke *f (Flzg)* ~**ible** zugänglich; ~**ories** *pl* (zusätzliche) Ausrüstung *f*; Zubehör(teile) *n m/pl (Flzg)*; ~**ory** Zubehörteil *m*; Ausrüstungsstück *n (Flzg)*; ~**ory drive** Hilfsgeräteantrieb *m (Flmot)*; ~**ory gearbox** Hilfsgerätenantrieb *m (Flmot)* ***(Def)***; ~**ory gear train** Hilfsgerätegetriebe *n (Flmot)* ~**ory housing** Hilfsgerätegehäuse *n (Flmot)*; ~**ory power unit** Hilfsenergieaggregat *n (Flzg)*; ~ **panel** (abnehmbares) Verkleidungsblech n; ~ **plate** Abdeckplatte *f (Flzg)*.

**accident** Unfall *m*; ~**al error** Zufallsfehler *m*; ~**al hit** Zufalltreffer *m (Art usw)*; **fatal** ~ tödlicher Unfall *m*; ~ **inquiry** Unfallprüfung *f (ICAO)*; ~ **insurance** Unfallversicherung *f*; ~ **investigation** Unfalluntersuchung *f (ICAO)*; ~ **notification** Unfallmeldung *f*; ~ **prevention rules** *pl* Unfallverhütungsvorschrift(en) *f(pl)*; ~ **rate** Unfallhäufigkeit *f*; ~ **site** Unfallstelle *f*.

**acclimatization, altitude** ~ Höhenakklimatisierung *f (Flmed)* ***(Def)***.

**accommodation** | **area** Unterkunfts- *od* Kasernenbereich *m (LW)*; ~**s** *pl* Fahrwerkaussparungen *f/pl*; Aussparungen *f/pl (für Einziehfahrwerk: Flzg)*.

**accompan** | **ied baggage** begleitetes Gepäck *n (LVerk)*; ~**ying artillery** Begleitartillerie *f*.

**accomplished, "Mission ~!"** „Auftrag durchgeführt!" *(Meldung)*.

**according to** | **instructions** befehlsgemäß *(mil)*; ~ **scale** maßstabsgerecht *(Kart)*.

**account** Rechnung *f*, Konto *n*; ~**ability** Buchungspflicht *f*; Rechnungslegung *f*; Verantwortlichkeit *f (allg)*; ~**ant** (**and pay NCO**) Rechnungsführer *m (mil)*; **clothing** ~ Bekleidungsnachweis *m (mil)*; ~**ing** Rechnungswesen *n*.

**accredited representative** beglaubigter Vertreter *m (für Flugunfalluntersuchungen)*.

**accumulat** | **ion of heat** Wärmestauung *f*; ~**or** Akku(mulator) *m*; Sammler(batterie) *m(f) (el)*; **hydraulic** ~~ Hydraulikspeicher *m (FlzgHydrauliksystem)*.

**accuracy landing** Landung *f* am Aufsetzpunkt *(Flbetr)* ***(Def)***; Ziellandung *f (Flzg)*; ~ *of aim* Abkommengenauigkeit *f (Art usw)*; ~ *of fit* Passgenauigkeit *f*; ~ *of measurement* Maßgenauigkeit *f*; ~ *of reading* Ablesegenauigkeit *f*.

**acetylene starter** Azetylenanlasser *m (Flmot)*.

**AC** | **generator** (AC = *short for* **alternating current**) Wechselstromerzeuger *od* ~generator *m (el)*; ~**/DC receiver** Allstromempfänger *m*.

**ack ack** *sl* für **anti-aircraft**, *vgl* AA.

**acknowledgement** Bestätigung *f (Fernm)*.

**acorn** Kabelhalter *od* ~schoner *m (Flzg)*.

**acoustic** | (**al**) **altimeter** akustischer *od* Schallhöhenmesser *m*; Echolot *n*; ~ **bang** Knall(geräusch) *m(n)*; ~ **homing** akustische *od* Schallpeil-Zielsuchlenkung *f (FK)*; ~ **emission** Schallemission *od* ~strahlung *f*; ~ **energy** akustische *od* Schallenergie *f*; ~ **installation** Schallisolierung *od* ~dämmung *f*; ~ **insulation** Schalldämmung *f*, akustische Isolation *f*; ~ **machmeter** akustisches Machmeter *n*; akustischer Mach-Zahl-Anzeiger *m (FlzgInstr)*; ~ **pressure** akustischer *od* Schalldruck *m*; ~ **reference level** akustischer Bezugspegel *m*; ~**s** Akustik *f*; Lehre *f* vom Schall; ~**s of atmosphere** Akustik *f* der Atmosphäre; Atmosphärenakustik *f*; ~ **source** Schallquelle *f*; ~ **speed** *or* **velocity** Schallgeschwindigkeit *f*; ~ **warning unit** akustischer Signalgeber *m*; ~ **wave** akustische *od* Schallwelle *f*.

**acquisition** | **radar** Erfassungsradar(gerät) *n*; ~ **range** Erfassungsreichweite *f (Radar)*.

**acrobatic** | **figure** Kunstflugfigur *f*; ~ **flight** Kunstflug *m* ***(Def)***; ~ **manouvre** (*US* **maneuver**) Kunstflugfigur *f*; ~ **pilot** Kunstflieger *m*; ~**s** Kunstflug *m od* ~fliegerei *f*.

**across** | **-track error** seitliche Abweichung *f* vom Kurs über Grund *(nav)*; ~ **wind** quer zum Wind *(Start, Landung)*.

**acrotorque** externes Drehmoment *n*.

**act** | **of unlawful interference** widerrechtlicher Eingriff *m (LVerk)*; ~**ing** diensttuend *(mil)*; ~~ (**for**) mit der Wahrnehmung *f* der Geschäfte beauftragt, *abbr* m. d. W. d. G. b.; ~~ **force** ausgeübte *od* Wirkkraft *f*; ~~ **squadron commander** Staffelführer *m (LW)*.

**action** Kampf(handlung) *m(f)*; Kampftätigkeit *f*; Gefecht *n (takt)*; Feindflug *m (LKr)*; **disiplinary** ~ Disziplinarmaßnahme *f (mil)*; **evasive** ~ Abwehrbewegung *f (Luftkampf)*; ~ **for damages** Schadenersatzklage *f*; **killed in** ~ gefallen im Felde *(LKr)*; **prepare for** ~ bereitstellen *(takt)*; **put out of** ~ außer Dienst setzen *(mil)*; erledigen *(takt)*; kampfunfähig machen *(takt)*; **radius of** ~ Aktionsradius *m (Flzg)*.

**activat** | **e** aktivieren; aufstellen *(eine Einheit: mil)*; schärfen *(Mine)*; ~**ion energy** Aktivierungsenergie *f*; ~**ion** (**of a reserved circuit**) Aufruf *m* (einer Reserveleitung) *(Fernm)*; ~**ion schedule** Aufstellungszeitplan *m (mil)*.

**active** | **control system** aktives Lenksystem *n (Rak)*; ~ **duty** aktiver Dienst *m (mil)*; ~ **guidance** aktive Lenkung *f (FK)*; ~ **homing** (**guidance**) aktive Zielsuchlenkung *f (FK)* ***(Def)***; ~ **radio interference** aktive Funkstörung *f*; ~ **service** aktiver Wehrdienst *m (mil)*; **fit for** ~~ wehrdiensttauglich *(mil)*; ~ **thunderstorm area** aktive Gewitterzone *f (met)*.

**activity** Tätigkeit *f*; **combat** ~ Kampf- *od* Gefechtstätigkeit *f (Kr)*.

**acts of violance against civil aviation** Gewaltakte *m/pl* gegen die Zivilluftfahrt *(ICAO)*.

**actual** | **consumption** tatsächlicher *od* effektiver Verbrauch *m (Kraftstoff)*; ~ **flight path** tatsächlicher *od* Ist-Flugweg *m (Flbetr)*; ~ **inventory** Istbestand *m*; ~ **lead** Istvorhalt *m (ballist)*; ~ **length of runway** tatsächliche Pistenlänge *f (Bod)*; ~ **output** effektive *od* Effektivleistung *f (Flmot)*; ~ **power** effektive *od* Effektivleistung *f (Flmot)*; ~ **state of equipment** Geräte-Istbestand *m (mil)*; ~ **strength** *(of a unit)* Iststärke *f (mil)*; ~ **thrust** wahrer Schub *m (Turbo)*; ~ **time of arrival**, *abbr* ATA tatsächliche Ankunftszeit *f (Flbetr)*; ~ **time of departure**, *abbr* ATD tatsächliche Abflugzeit *f (Flbetr)*; ~ **value** Istwert *m*.

**actuat** | **e** betätigen; ~**ion of the controls** Steuerbetätigung *f (Flzg)*; ~**or** Steuer- *od* Stellmotor *m* ***(Def)***; Betätigungsorgan *n*.

**acute** scharf *(zugespitzt)*; spitz *(Winkel)*.

**adapt** | **ability** Anpassungsfähigkeit *f*, Adaptiervermögen *n (Flmed)* ~**er** Adapter *m (el)*; Zwischenstück *n*.

**Adcock** | **antenna** Adcock-Antenne *f (Funk)*; ~ **direction-finder** Adcock-Peilanlage *f (Flsich)*.

**additional** | **air** Luftzusatz *m (Flmot)*; ~ **combustion chamber** zusätzliche *od* Hilfsbrennkammer *f (Turbo)*; ~ **drag** Zusatzwiderstand *m*; zusätzlicher Luftwiderstand *m*; ~ **equipment** Zusatzausrüstung *od* ~ausstattung *f*; ~ **lift** Zusatzauftrieb *m (aerodyn)*; ~~ **from** *or* **due to rotation** zusätzlicher Auftrieb *m* infolge der Rotation *(Heli)*; ~ **pay** Besoldungszulage *f (mil)*; ~ **rating** zusätzliche Berechtigung *f*.

**additive** Kraftstoff- *od* Schmierstoffzusatz *m (Flmot)* ***(Def)***.

**address** Adresse *f*; Anschrift *f*; ~ **designation** Adressbezeichnung *f (Fernm)*; ~**ee** Adressat *m*; Empfänger *m (Fernm)*; ~**ee indicator** Anschriften- *od* Adresskenngruppe *f (Fernm)*; ~ **indicating group**, *abbr* AIG adressanzeigende Gruppe *f (Fernm)*.

**adhesive tape** Klebestreifen *m*; Isolierband *n (el)*.

**adiabat** Adiabate *f (met)*; ~**ic** adiabatisch *(met)* ***(Def)***; ~**ic change** adiabatische Zustandsänderung *f (met)*; ~**ic chart** Adiabatendiagramm *n (met)*; ~**ic condensation** Kondensation *f* durch adiabatische Abkühlung; adiabatische Kondensation *f (met)*; ~**ic cooling** adiabatische Abkühlung *f (met)*; ~**ic diagramm** Adiabatendiagramm *n (met)*; ~**ic fog** adiabatischer Nebel *m (met)*; ~**ic heating** adiabatische Erwärmung *f*; ~**ic lapse rate** dynamische Erwärmung und Abkühlung *f*; adiabatisches Temperaturgefälle *n (met)*; ~**ic process** adiabatischer Prozess *m (Met)*; ~**ic stratification** adiabatische Schichtung *f (met)*.

**adjacent** | **channel** Nachbarkanal *m (Funk)*; ~ **sheet** Anschlussblatt *n (Kart)*; ~ **troop** Nachbargruppe *f (takt)*; ~ **vortex** anhaftender Wirbel *m (aerodyn)*.

**adje** *sl* Adjutant *m (mil)*.

**adjust** einstellen; regulieren; einschießen *(Art)*; ~**able** verstellbar; nachstellbar; einstellbar *(Luftschraube)*; regelbar; ~**able air intake** verstellbarer Lufteinlass *m (Turbo)* ~**able by-pass ratio** regelbares Nebenstromverhältnis *n (Turbo)*; ~**able clearance** nachstellbares Spiel *n*; ~**able exit nozzle** Düse *f* mit verstellbarem Austrittsquerschnitt *m (Turbo)* ~**able fin** verstellbare Seitenflosse *f (Flzg)*; ~**able pitch** einstellbare Steigung *f (Prop)* ~**able-pitch propeller** Einstellpropeller *m* ***(Def)***; *f* ~**able stabilizer** Verstellflosse *f (Flzg)*; ~**able supersonic nozzle** verstell- *od* regelbare Überschalldüse *f (Turbo)* ~**able tail-plane** verstellbare Höhenflosse *f (Flzg)*; ~**able tail surface** Verstellflosse *f (Flzg)*; ~**able zero-feel** *or* **zero-force point** einstellbarer Kraftnullpunkt *m (Flzg)*; ~**ing compass card** Stellrose *f (Kompass)*; ~**ing device** Justiereinrichtung *f*; Regelvorrichtung *f*; ~**ing knob** Einstellknopf *m*; ~**ing mechanism** Verstellvorrichtung *f (Flossen usw)*; ~**ing point** Einschießpunkt *m (Art)*; ~**ing ring** Stellring *m (Zünder)*; ~**ing screw** Justier- *od* Nachstellschraube *f*; Stellschraube *f*; ~**ing wrench** Stellschllüssel *m (Zünder)*; ~**ment** Einstellung; Justierung *f (mech)*; Verstellung *f*; ~**ment compass** Regel- *od* Einstellkompass *m*; ~**ment fire** Anschießen *n (Schusswaffe)*; Einschießen *n (Art)*; ~**ment mark** Einstellmarke *f*; ~**ment mechanism** Einstellvorrichtung *f*; ~**ment of ignition** Zündeinstellung *f (Flmot)*; ~**ment target** Einschießziel *n (Art)*.

**adjutant** Adjutant *m (mil)*; *(US)* Bürooffizier *m*.

**administrati** | **on** Verwaltung(swesen) f(n), ~**ve order** Versorgungsbefehl *m (Logistik)*; ~**ve service** Verwaltungsdienst *m (mil)*; ~**ve unit** Verwaltungstruppenteil m (mil).

**admiral** Admiral *m (mil)*.

**admissi** | **ble** zulässig; ~**on** Zulassung *f*; Einlass *m (Kraftstoff in Zylinder: Flmot)* ~**on of fresh air** Frischluftzufuhr *f*; ~**on valve** Einlassventil *n (Flmot)*.

**advance** Vormarsch *m (takt)*; Vorgehen *n*; ~-**booking charter**, *abbr* **ABC** Vorausbuchungscharter *m (LVerk)*; ~ **command echelon**, *abbr* ADVON *(US)* vorgeschobener Gefechtsstab *m (takt)*; ~ **command post** vorgeschobener Gefechtsstand *m (takt)*; ~ **detachment** Vorausabteilung *f (takt)*; ~ **diameter ratio** Fortschrittsgrad *m (Prop)*; ~ **operational planning** (flug)-betriebliche Vorplanung *f*; ~ **fire** Feuer vorverlegen *(takt)*; ~ **guard** Vorhut *f (takt)*; ~ **in developed formation** entfaltener Anmarsch *m (takt)*; ~**d** forgeschritten; vorgeschoben; ~**d airfield** vorgeschobener Flugplatz *m*; Feldflugplatz *m*; ~**d element** Spitzengruppe *f (takt)*; ~**d flying training** *(E & Kanada)* fliegerische Fortgeschrittenenausbildung *f*; *(US LW auch:)* Waffenausbildung *f*; ~**d ignition** Früh- *od* Vorzündung *f (Flmot)*; ~**d landing-ground** vorgeschobener Landeplatz *m*; ~**d squad** Spitzengruppe *f (takt)*; ~**d trainer** Fortgeschrittenen-Schulflugzeug *n*; Flugzeug *n* für Fortgeschrittenenschulung; ~**d training** Fortgeschrittenenausbildung *od* ~schulung *f*.

**advection** Advektion *f*; Lufthorizontalbewegung *f (met)* ***(Def)***; ~ **current** advektive (Luft)Strömung *f (met)*; ~ **fog** Advektions- *od* Mischungsnebel *m (met)*.

**adverse weather** ungünstiges *od* Schlechtwetter *n (met)*.

**advertis** | **ement flight** Reklameflug *m*; ~**er** *sl* Reklameflugzeug *n*; ~**ing aircraft** Reklameflugzeug *n*; ~**ing flight** Reklameflug *m*.

**advi** | **ce of non-delivery** Unzustellbarkeitsmeldung *f (Fernm)*; ~**sory airspace** (Flugverkehrs-)Beratungsluftraum *m (Flugs)* ***(Def)***; ~**sory area**, *abbr* ADA (Flugverkehrs-)Beratungsbezirk *m (Flugs)* ***(Def)***; ~**sory information** beratende Mitteilung *f (Flugs)*; ~**sory route**, *abbr* ADR Luftweg *m (Flugs)* ***(Def)***.

**aeration** Belüftung; Ventilation *f*; ~ **line** Belüftungsleitung *f*.

**aerial** Antenne *f (Funk)* fliegerisch; luft-; (*vgl auch* **antenna**); ~ **advertisement** Luftreklame *od* ~ werbung *f*, ~ **amplifier** Antennenverstärker *m*; ~ **aperture** Antennenapertur *od* ~öffnung *f*; **band** ~ Bandantenne *f (Funk)*; ~ **beam** Antennenstrahl *m*; ~ **bomb ballitistics** Ballitistik *f* der Fliegerbombe; Bombenballistik *f (ballist)*; ~ **cable** Luftkabel *n (Tel)*; ~ **camera** Luftbildgerät *n (LPhot)* ~ **collision** Zusammenstoß *m* in der Luift *od* im Flug; ~ **combat** Luftkampf *m (LKr)*; ~ **combat tactics** Luftkampftaktik *f (LKr)*; ~ **corridor** *m* Flugschneise *f (Flsich)*; ~ **cover(age)** Luftsicherung *f (takt)*; ~ **defence** (*US* **defense**) Luftverteidigung *od* ~abwehr *f (Kr)*; ~ **delivery** Abwurf *m* (aus der Luft); ~~ **container** Abwurfbehälter *m (für Versorgung aus der Luft)*, ~ **depth bomb** *or* **depth charge** Wasserbombe *f (LKr)* ~ **directional (radiation) pattern** Antennen(richt)diagramm *n*; ~ **directivity** Antennenrichtcharakteristik *od* ~wirkung *f*; ~ **drive** Antennenantrieb *m*; ~ **dusting** Zerstäubungs- *od* Sprühflüge *m/pl*; ~ **fairlead** Antennendurchführung *f (Flzg)*; **fixed** ~ Festantenne *f (Flzg)*; ~ **following** Antennennachlauf *m (Radar)*; ~ **following control** Antennennachlaufsteuerung *f (Radar)*; ~ **gunner** Bordschütze *m*; ~ **hand camera** Fliegerkamera *f (LPhot)*; ~ **inspection** Überprüfung *f* aus *od* in der Luft; **kite** ~ Drachenantenne *f (Funk)*; ~ **lead-in** Antenneneingang *m od* ~zuleitung *f*; ~ **loop** Antennenschleife *f od* ~rahmen *m*; ~ **losses** *pl* Antennenverluste *m/pl*; ~ **map** Fliegerkarte *f (nav)*; ~ **mapping camera** Reihenbildgerät *n (LPhot);* ~ **mast** Antennenmast *m (Flzg);* ~ **mosaic** Reihenbild *n;* Luftbildkarte *f (LPhot);* ~ **navigation** Luftnavigation *f;* ~ **operation** Luftoperation *f (takt);* ~ **photogrammetry** Luftbild-Messwesen *n;* ~ **photo(graph)** Luftbild *n od* ~aufnahme *f (LPhot) (Def);* ~ **photography** Luftbildwesen *n;* **radio-range** ~ Vierkurs-Funkfeuerantenne *f (Funk);* ~ **reel** Antennenhaspel *f;* ~ **refuelling** Luftauftankung *f;* Betankung *f* in der Luft; ~ **review** Luftparade *f (mil);* ~ **search** Suche *f* durch Luftfahrzeuge; ~~ **pattern** Luftsuchplan *m;* ~ **spraying** Abregnen *n (von Chemikalien aus Flzg);* Sprüh- *od* Zerstäubungsflüge *m/pl;* ~ **supply** Luftversorgung *f (takt);* ~ **survey(ing)** Luft(bild)vermessung *f;* ~ **target** Luftziel *n (takt);* ~ **torpedo** Lufttorpedo *m;* ~ **train** Flugzeugschleppzug *m;* ~ **transport** Lufttransport(wesen) *m(n);* ~ **tuning** Antennenabstimmung *f;* ~ **vehicle** Luftfahrzeug *n;* aerodynamisches Fluggerät *n;* ~ **view** Luftansicht *f;* Luftbild *n;* ~ **warfare** Luftkriegsführung *f;* ~ **weight** Antennenei *n (Schleppantenne: Flzg);* ~ **work** Arbeitsflüge *m/pl od* ~luftfahrt *f.*

**aero|-accessories** Luftfahrtbedarf *m;* ~**ballistic missile** aeroballistischer Flugkörper *m;* ~**ballistics** Aeroballistik *f;* Luftschießlehre *f;* ~**ballistic trajectory** aeroballistische Flugbahn *f (FK);* ~**bat** Kunstflieger *m;* ~**batic** kunstflugtauglich *(Flzg);* ~**batic aircraft** Kunstflugmaschine *f (Flzg);* ~**batic attitude** Kunstfluglage *f (Flzg);* ~**batic flying area** Kunstflugraum *m (Flbetr);* ~**batic pilot** Kunstflieger *m;* ~**batics** Kunstflug *m (Lfz) (Def);* Kunstfliegen *n;* ~**biology** Aerobiologie *f;* ~-**cartographer** Aerokartograph *m;* ~**climatology** Aeroklimatologie *f (met);* ~ **Club** Aero-Club *m.*

**aerodrome** Flugplatz *m (Bod) (Def);* ~ **administration** Flugplatzverwaltung *f;* **alternate** ~ Ausweichflugplatz *m;* **alternative bad-weather** ~ Schlechtwetter-Ausweichplatz *m (Flsich);* ~ **authorities** *pl* Flugplatzverwaltung *f;* ~ **beacon** Flugplatzleuchtfeuer *n (Bod) (Def);* ~ **boundary** Flugplatzgrenze *f;* ~ **circling** Platzrunde *f (Flbetr);* ~~ **procedure** Platzrundenverfahren *n;* ~ **circuit** Platzrunde *f;* ~ **conditions** *pl* Flugplatzzustand *m (Flsich);* ~ **contractor** Flugplatzunternehmer *m;* ~ **control** Flugplatz- *od* Platzkontrolle *f (Flsich) (Def);* ~~ **area** Flugplatzkontrollbezirk *m (Flsich) (Def);* ~ **controlled zone** Flugplatzkontrollzone *f (Flsich);* ~ **controller** Flugplatz- *od* Platzlotse *m;* Platzverkehrslotse *m (Flsich);* ~ **control radio station** Funkstelle *f* für die (Flug)Platzkontrolle *(Fernm) (Def);* ~ **control rating** Berechtigung *f* für Platzkontrolle *(Flsich)* ~ **control service** (Flug)Platzkontrolldienst *m (Flsich) (Def);* ~ **control tower**, *abbr* **TWR** Flugplatz- *od* Platzkontrolle *f (Flsich) (Def);* Kontrollturm *m;* ~ **control van** Pistenwagen *m;* ~ **diagram** Flugplatzlageplan *m;* ~ **directory** Flugplatzverzeichnis *n;* ~ **elevation** Flugplatz(bezugs)höhe *f (über Meer) (Def);* ~ **environment chart** Flugplatzumgebungskarte *f;* ~ **equipment** Flugplatzausrüstung *f;* ~ **flight information service**, *abbr* **AFIS** Flugplatz-Fluginformationsdienst *m;* ~ **forecast** Flugplatzwettervorhersage *f;* ~ **hazard beacon** Flugplatzgefahrenfeuer *n;* ~ **height mark** Flugplatzhöhenmarke *f;* ~ **identification sign** Flugplatzkennungszeichen *n (Bod) (Def);* ~ **lighting** Flugplatzbefeuerung *f;* ~ **location beacon** Flugplatzleuchtfeuer *n (Bod) (Def);* ~ **management** Flugplatzverwaltung *od* ~geschäftsleitung *f;* ~ **master plan** Generalausbauplan *m* eines Flugplatzes; ~ **meteorological minima** *pl* Flugplatz-Wettermindestbedingungen *f/pl (Def);* ~ **meteorological office** Flugplatz-Wetterwarte *f;* ~ **obstruction chart**, *abbr* **AOC** Flugplatzhinderniskarte *f;* ~ **of arrival** Eingangsflugplatz *m (Lverk);* ~ **of departure** Abgangs- *od* Startflugplatz *m (LVerk);* ~ **of destination** Bestimmungsflugplatz *m;* ~ **of entry** Eingangsflugplatz *m (LVerk);* ~ **of first intended landing** erster Zielflugplatz *m (LVerk);* ~ **of intended landing** Zielflugplatz *m;* ~ **operating minima** *pl;* Flugplatz-Betriebsmindestbedingungen *f(pl);* ~ **operation** Flugplatzbetrieb *m;* ~ **operator** Flugplatzhalter *m;* ~ **proximity light** Flugplatz-Ansteuerungs-(leucht)feuer *n;* ~ **reference point** Flugplatzbezugspunkt *m (Def);* **roof** ~ Dachflugplatz *m (für Hubschrauber)* ~ **security** Flugplatzsicherheit *f;* ~ **service road** Flugplatzbetriebsstraße *f;* ~ **surface movement indicator**, *abbr* **ASMI** (Radar-) Anzeigegerät *n* für Flugplatz-Bodenverkehr *(Def);* ~ **tariff(s)** Flugplatztarif(ordnung) *m(f); (Def);* ~ **taxi circuit** Flugplatz- *od* Platzrollplan *m;* Platzrollroute *f (Def);* **terminal** ~ Bestimmungsflugplatz *m (LVerk);* ~ **traffic** Flugplatzverkehr *m (Def);* ~ **circuit** Platzrunde *f (Flbetr) (Def);* ~~ **zone**, *abbr* **ATZ** Flugplatzverkehrszone *f (Def);* ~ **weather office** *or* **station** Flug(platz)wetterwarte *f;* ~ **zone** Flugplatzzone *f (Flsich).*

**aerodynamic|(al)** aerodynamisch; ~**al characteristic** *or* **quality** aerodynamische Eigenschaft *f;* ~ **balance** Flächen- *od* Innen- *od* Hornausgleich *m (an Steuerfläche);* aerodynamischer Ausgleich *m (Luftschraube);* Luftkraftwaage *f (Def);* ~ **brake** Luft(widerstands)-bremse *f (Flzg)* ~ **braking** aerodynamisches Bremsen *n (Flbetr);* ~ **buffet(ing)** aerodynamisches Schütteln *n (Leitwerk);* Buffetung *n (Flzg);* ~ **centre** (*US* **center**), *abbr* **AC** Neutralpunkt *m (Def);* aerodynamischer Mittelpunkt *m (Tragfläche);* ~~ **shift** Neutralpunktwanderung *f od* ~verschiebung *f;* ~ **cleanliness** *or* **cleanness** aerodynamisch gute Umströmbarkeit *f;* ~ **coefficient** aerodynamischer Koeffizient *m;* flugdynamischer Beiwert *m;* ~ **damping** aerodynamische Dämpfung *f;* Luftdämpfung *m (Def);* ~ **efficiency** aerodynamische Ausgereiftheit *od* Vollkommenheit *f;* ~ **flight envelope** aerdynamischer Flugbereich *m;* ~ **force** Luftkraft *f (aerodyn)* ~ **form** aerodynamische Form(gebung) *f;* ~ **heat barrier** aerodynamische Hitzebarriere f; ~ **heating** aerodynamische Aufheizung *f;* ~ **hysteresis** aerodynamische Hysteresis *od* Nachwirkung *f;* ~ **instability** aerodynamische Instabilität *f;* ~ **lag** aerodynamisches Nacheilen *n;* aerodynamischer Zeitverzug *m;* ~ **lift** aerodynamischer *od* Luftauftrieb *m (Def);* ~ **load(ing)** Belastung *f* durch Luftkräfte; ~ **mean chord** aerodynamische (mittlere) Flügeltiefe *f (Lfz) (Def);* ~ **moment** aerodynamisches *od* Luftkraftmoment *n;* ~ **stability** aerodynamische *od* Eigenstabilität *f (Def);* ~ **stiffness** aerodynamische Steifigkeit *f (Def);* ~ **torque** (aerodynamisches) Drehmoment *n (Def);* ~ **trail** Wirbelschleppe *f (aerodyn);* ~ **tunnel** (aerodynamischer) Windkanal *m;* ~ **twist** aerodynamische Schränkung *od* Torsion *od* Verwindung *f (Def);* ~**al ground effect** aerodynamischer Bodeneffekt *m;* ~**ally balanced control surface** aerodynamisch ausgeglichenes Ruder *n (Flzg);* ~**ally stable aeroplane** aerodynamisch stabiles Flugzeug *n;* ~**ally unstable aeroplane** aerodynamisch instabiles Flugzeug *n;* ~**s** Aerodynamik *f (Def);* **experimental** ~**s** experimentelle Strömungslehre *f;* ~**s of hypersonic flight** Hyperschallsonik *od* ~aerodynamik *f;* ~**s of supersonic flight** Supersonik *f;* Überschallaerodynamik *f;* ~**s of transonic flight** Aerodynamik *f* des schallnahen Bereichs; Transsonik *f;* ~ **volume** Luftverdrängung *f (aerodyn).*

**aero|dyne** Aerodyn *n;* Luftfahrzeug *n* schwerer als Luft; ~**elastic** aeroelastich *(Stab);* ~~ **aeroplane structure** aeroelastische Flugzeugkonstruktion *od* ~struktur *f;* ~~ **divergence** aeroelastisches (aperiodisches) Auskippen *n (Konstr) (Def);* ~~ **flutter** aeroelastisches Flattern *n (Flzg);* ~~**ity** Aero- *od* Luftelastizität *f;* Aerolastik *f (Def);* ~**embolism** Höhen- *od* Luftembolie *f (Flmed) (Def);* ~**engine** Flugmotor *m (Def);* ~**engine coupled with turbo-supercharger** Verbundmotor *m (Flmot);* ~**engine factory** Flugmotorenwerk *n;* ~**foil** Tragflügel *m (aerodyn) (Def);* ~~ **section** Tragflügel- *od* Tragflächenprofil *n (Lfz) (Def);* ~~ **section chord** Profilsehne *od* ~tiefe *f;* ~**gram** Aerogramm *n;* ~**graphy** Luftbeschreibung *f;* ~**hydrodynamics** Aerohydrodynamik *f;* Mechanik *f* der Flüssigkeiten und Gase;

~ **industry** Luftfahrtindustrie *f*; ~**kinematic** Kinematik *f* von Luftströmungen; ~**kinetics** Aerokinetik *f*; ~**lastics** Aerolastik *f*; Aeroelastizität *f*; ~**logical** aerologisch; ~**logist** Aerologe *m*; ~**logy** Aerologie *f*; Höhenwetterkunde *f*; ~**mechnics** Aeromechanik *f*; Mechanik od Strömungslehre *f* der Luft; ~**medical** luftfahrtmedizinisch; ~**medicine** Luftfahrtmedizin *f*; ~**meteorograph** Höhensonde *f* *(met)* ***(Def)***; ~**meter** Aerometer *n*; Luftdichtemesser *m*; Luftwaage *f*; ~**metry** Aerometrie *f*; Luftdichtemessung *f*; ~**modeller** Flug(zeug)modellbauer *m*; ~**naut** Luftfahrer *od* ~schiffer *m*; Freiballonfahrer *m* ***(Def)***.

**aeronautical** aeronautisch; flugtechnisch; fliegerisch; Luftfahrt-; die Luftfahrt betreffend; ~ **almanach** Luftfahrtjahrbuch *n*; ~ **authority** Luftfahrtbehörde *f*; ~ **beacon** Luftfahrtleuchtfeuer *n (Bod)* ***(Def)***; ~ **broadcasting service** Luftfahrt-Rundsendedienst *m*; Flug-Rundfunkdienst *m* ***(Def)***; ~ **chart** Luftfahrtkarte *f* ***(Def)***; Fliegerkarte *f*; ~ **climatology** Flugklimatologie *f (met)*; ~ **data** *pl* Luftfahrtangaben *f/pl (Kart)*; ~ **emergency frequency** Luftfahrtnotfrequenz *f (Funk)*; ~ **engineering** Luftfahrttechnik *f*; *speziell* Flugmotorenbau *m*; ~ **expression** Fliegerausdruck *m*; ~ **fixed broadcasting service** fester Luftfahrt-Rundsendedienst *m*; ~ **fixed circuit** feste Flugfernmeldeverbindung *f* ***(Def)***; ~ **fixed service** fester Flugfernmeldedienst *m* ***(Def)***; ~ **fixed station** feste Flugfernmeldestelle *f* ***(Def)***; ~ **fixed telecommunication network** festes Flugfernmeldenetz *n* ***(Def)***; ~ **fixed telecommunication network circuit** Verbindung *f* im festen Flugfernmeldenetz ***(Def)***; ~ **fixed telecommunication service** fester Flugfernmeldedienst *m*; ~ **ground light** Luftfahrtbodenfeuer *n (Bod)* ***(Def)***; ~ **information circular**, *abb* **AIC** Luftfahrtinformationsblatt *od* ~rundschreiben *n*; ~ **information publication**, *abbr* **AIP** Luftfahrthandbuch *n* ***(Def)***; ~ **information service**, *abbr* **AIS** Flugberatungs- *od* Luftfahrtinformationsdienst *m*; ~ **information services unit** Flugberatungsdienststelle *f*; Dienststelle *f* der Luftfahrtinformation; ~ **journal** Luftfahrtzeitschrift *f*; ~ **land radio station** Landflugfunkstelle *f*; ~ **light** Luftfahrtfeuer *n* ***(Def)***; ~ **literature** Luftfahrtliteratur *f*; ~ **magazine** Luftfahrtzeitschrift *f*; ~ **maps and charts** *pl* Luftfahrtkarten *f/pl*; ~ **meteorological assistant** Flugwetterdiensttechniker *m*; ~ **meteorological forecaster** Flugwetterberater *m*; ~ **meteorological office** Flugwetterwarte *f* ***(Def)***; ~ **meteorological service** Flugwetterdienst *m*; ~ **meteorological station** Flugwetterstation *f* ***(Def)***, ~ **meteorology** Flugmeteorologie *f*; ~ **mobile broadcasting service** beweglicher Luftfahrt-Rundsendedienst *m*; ~ **mobile service** beweglicher Flugfunkdienst *m* ***(Def)***; ~**mobile telecommunication service** beweglicher Flugfernmeldedienst *m*; ~ **overprint** Luftfahrtkartenaufdruck *m*; ~ **periodical** Luftfahrtzeitschrift *f*; ~ **radio navigation service** Flugnavigationsfunkdienst *m* ***(Def)***; ~ **radio operator** Flugfunker *m (Boden & Bord)*; ~ **radio service** Flugfunkdienst *m*; ~ **(radio) station operator** Bodenfunker *m*; ~ **register** Luftfahrtregister *n*; ~ **research** Luftfahrtforschung *f*; ~ **research institute** Luftfahrtforschungsanstalt *f*; ~ **science** Flugwissenschaft *f*; ~ **specialized expression** Luftfahrtfachausdruck *m*; ~ **standard** Luftfahrtnorm *f od* ~standard *m*; ~ **station** Bodenfunkstelle *f* ***(Def)***; ~ **technical expression** Luftfahrtfachausdruck *m*; ~ **telecommunication agency** Flugfernmeldeorganisation *f* ***(Def)***; ~ **telecommunication log** Flugfernmeldelog *od* ~tagebuch *n* ***(Def)***; ~ **telecommunication service** Flug-Fernmeldedienst *m* ***(Def)***; ~ **telecommunication station** Flugfernmeldestelle *f* ***(Def)***.

**aero|nautics** Aeronautik *f*; Luftschiffahrt *f*; Luftfahrt(wesen) *f(n)*; Flugwissenschaft *f* ***(Def)***; ~**nomy** Aeronomie *f*; Atmosphärenforschung *f (über 30 km Höhe)*; ~**pause** Aeropause *f* ***(Def)***; ~**photogrammetry** Aerophotogrammetrie *f*; Luftbildvermessung *f*; ~**physical** aerophysikalisch; ~**physics** Aerophysik *f*.

**aeroplane** (*vgl auch* **airplane**) Flugzeug *n* ***(Def)***; ~ **accident** Flugzeugunfall *m*; ~ **airworthiness** Lufttüchtigkeit *od* Flugtauglichkeit *f* des Flugzeugs; ~ **alighting gear** Flugzeugfahrwerk *n*; ~ **alighting run** Landerollstrecke *f (Flbetr)* ~ **arresting device** Flugzeug(auf)fangvorrichtung *f (Bod)*; ~ **characteristics** *pl* Flugzeugcharakteristiken *f(pl)*; Flugeigenschaften *f/pl (Flzg)*; **combat** ~ Frontflugzeug *n*; ~ **configuration** Flugzeugzustands- *od* ausstattungsform *f*; Flugzeugbauart *f* ***(Def)***; ~ **control system** Flugzeugsteuer(ungs)- *od* ~führungssystem *n*; ~ **design** Flugzeugentwurf *m*; ~ **error** Schleppantennenfehler *m (Funk)*; ~ **flight manual** Flughandbuch *n* für Flugzeuge; Flugzeug-Flughandbuch *n* ***(Def)***; ~ **handling** Führen *od* Fliegen *n (Flzg durch den Piloten)*; ~ **high-lift devices** *pl* Flugzeugauftriebshilfen *f/pl*; ~ **holding limit** Haltegrenze *f* für Flugzeuge *(Flbetr am Bod)*; ~ **lifetime** Flugzeuglebensdauer *f*; ~ **maintenance** Flugzeugwartung *f*; ~ **mass** Flugzeugmasse *f*; ~ **mock-up** Flugzeugattrappe *f od* ~modell *n*; ~ **noise certificate** Flugzeuglärmzeugnis *n*; ~ **performance operating limitations** *pl* flugleistungsabhängige Betriebsbegrenzungen *f/pl*; ~ **performances** *pl* Flug(zeug)leistungen *f/pl*; **strain on the** ~ Beanspruchung *f (Flzg)*; **stressing of** ~ Beanspruchung *f (Flzg)*; ~ **towing** Flugzeugschlepp *m (am Bod)*; ~ **weighing** Flugzeugwägung *f*; ~ **with variable sweep** Flugzeug *n* mit variabler Flügelpfeilung; Schwenkflügler *m*.

**aero|-scientifical** flugwissenschaftlich; ~**space** Luft- und Raumfahrt *f* ***(Def)***; ~~ **industry** Luft- und Raumfahrtindustrie *f*; ~~ **law** Luft- und Raumfahrt- *od* Weltraumrecht *n*; ~~ **medicine** Flug- und Raumflugmedizin *f*, ~**spacecraft** *or* **vehicle** Flugkörper *m* für den Luft- und Weltraum; ~**sphere** Atmosphäre *f*; (aerodynamisch) wirksamer Atmosphärenbereich *m*; ~**stat** Aerostat *m*; Luftfahrzeug *n* leichter als Luft ***(Def)***; ~**stat stabilizer** Luftschiffflosse *f*; ~**static lift** aerostatische Kraft *f*; Auftrieb *m (Lfz l)*; ~ **statics** Aerostatik *f* ***(Def)***; ~**station** Luftfahrt *f* mit Aerostaten; Luftschifffahrt *f* ***(Def)***; ~**structure** Flugwerk *n* (Flugboot); ~**technical** flugtechnisch; ~**thermodynamic duct** *abbr* **ATHODYD** Staustrahltriebwerk *n*; Strahldüse *f*; Lorin-Triebwerk, *abbr* L-Triebwerk *n*; ~**thermodynamics** Aerothermodynamik *f*; ~**tire** (*E* tyre) Flugzeugreifen *m*; ~**tow flight** Schleppflug *m (Flbetr)* ***(Def)***; ~**tow-flight time in a glider** Schleppzeit *f* im Segelflugzeug ***(Def)***.

**aft** achtern; achteraus; ~ **centre-of-gravity** (*abbr* **c.g.**) **location** *or* **position** Schwerpunktrücklage *f (Flzg)*; ~ **c.g. limit** hinterste Schwerpunktlage *f*; ~**erbody aerodynamics** Aerodynamic *f* des Rumpfhecks *(Flzg)*; ~**erbody drag** Heckwiderstand *m (Flzg)*; ~**erbody engine** Hecktriebwerk *n*; Triebwerk *n* im Rumpfheck *(Flzg)*; ~**erbody flap** Heckklappe *f (Flzg)* ~**erburner** Nachbrenner *m (Turbo)*; ~**erburning** Nachverbrennung *f*, Nachbrennen *f (Turbo)* ***(Def)***; ~**erburning thrust** Schub *m* des Nachbrenners *od* im Nachbrennerregime; ~**erburning turbofan engine** Nachbrenner-Mantelstromtriebwerk *n (Turbo)*; ~**fterburning turbojet (engine)** Turbinenluftstrahl- *od* TL-Triebwerk *n* mit Nachbrenner; ~**ercooler** Nachkühler *m (Flmot)* ***(Def)***; ~**ereffect** Nachwirkung *f*; ~**erfiring** Glüh- *od* Nachzünden *n (Flmot)* ***(Def)***; ~**erflame** Wiederaufflammen *n (Brand)*; ~**erglow** Nachleuchten *n (Radar)*; Nachglühen *n (Brand, Abendrot)*; ~**erheater** Nacherhitzer *m*; ~**erwing** Hinterflügel *m (Flzg)*; ~**-fan turbojet** Heck-Zweistromstrahlturbine *f*; ~**fuselage (section)** Rumpfheck *n*; hinterer Rumpfteil *m*; Hecksektion *f od* ~teil *m (Flzg)*; ~**gunner** Heckschütze *m (KampfFlzg)*.

**age|-class** (Geburts-)Jahrgang *m (mil)*; ~**group** Altersgruppe *f (mil)*; ~**-in-grade** Rangdienstalter *n*; Dienstzeit *f* im Dienstgrad *(mil)*; ~ **limit** Altersgrenze *f (mil)*.

**agency** Behörde *f*; Dienststelle *f*.

**ageostrophic** nicht- *od* ageostrophisch *(met)*; ~ **wind** nichtgeostrophischer Wind *m (met)*.

**aggregate**| **condition** *or* **state** Aggregat- *od* Stoffzustand *m*; ~ **template** *or* **templet** Baugruppenlehre *od* ~schablone *f*.

**agravic** schwere- *od* gewichtslos; ~ **flight** schwereloser Flug *m*; Flug *m* im schwerefreien Raum.

**agricultural aviation** Agrarfliegerei *od* ~luftfahrt *f*.

**aground, to run** ~ auf Grund laufen *v (Flugboot usw)*.

**aid** Hilfe *f*; helfen; ~**e (-de-camp)** Adjutant *m (mil)*; **first** ~ erste Hilfe *f*; ~ ~ **station** Verbandsplatz *m*; ~ **to air navigation** *(Flsich)* Flugnavigationseinrichtung *f*; ~ **to landing** Landehilfe *f*; *(Flsich)* Landeeinrichtung *f*; ~ **to location** Ortungshilfe *f*; ~ **to taxying** *(Flsich)* Rollhilfe *f*; Rolleinrichtung *f*.

**aiguilette** Fang- *od* Dienstschnur *f (mil)*.

**ailavator** Höhenquerruder *n (Flzg)* ***(Def)***; kombiniertes Höhen- und Querruder *n*.

**aileron** Querruder *od* ~steuer *n*; Verwindungsklappe *f (Flzg)*; ~ **actuator** Querruder(servo)antrieb *m (Flzg)*; ~ **area** Querruderfläche *f (Flzg)*; ~ **balance** Querruderausgleich *m (Flzg)*; ~ **boost control** Querruderkraftsteuerung *f*; ~ **buffet(ing)** Querruderschütteln *n (Flbetr)* ~ **buzz** Querruderdröhnen *od* ~flattern *n (Flbetr)* ***(Def)***; ~ **chord** Querrudertiefe *f (Flzg)*; ~ **compensation** Querruderausgleich *m*; ~ **control** Quer(ruder)steuerung *f (Flzg)*; ~ **control-cable** Querrudersteuerseil *n*; ~ **control-wire** Querrudersteuerseil *n*; ~ **cut-out** Ausschnitt *m* für Querruder *(Flzg)* ~ **deflection** Querruderausschlag *m*; ~ **(deflection) angle** Querruderausschlagwinkel *m* ***(Def)***; **differential** ~ Differentialquerruder *n*; ~ **displacement** Querruderausschlag *m*; **double-slotted** ~ Doppelspaltquerruder *n*; ~ **drive** Querruderantrieb *m*; ~~ **force coefficient** Querruderkraftbeiwert *m*; ~ **flutter** Querruderflattern *n (Flbetr)*: ~ **fulcrum** Querruderdrehpunkt *m*; ~ **hinge** Querrudergelenk *od* ~scharnier *n (Flzg)*; ~ **leading edge** Querrudernase *od* ~vorderkante *f*; ~ **linkage (arrangement)** Querruderanschluss *m*; ~ **operating tube** Querruderstoßstange *f*; ~ **positioning relay** Querlagenrelais *n (Kurssteuerung)*; ~ **reversal** Umkehr *f* der Querruderwirkung ***(Def)***; ~ **rib** Querruderrippe *f*; ~ **rod** Querruderschub- *od* ~stoßstange *f*; ~ **roll** gesteuerte, langsame Rolle *f (Kunstflug)* ***(Def)***; ~ **servor motor** Querruderantrieb *m od* ~maschine *f* (Servorsteuerung); ~ **skin** Querruderbehäutung *od* ~haut *f*; ~ **spar** Querruderholm *m*; ~ **tab** Querruder(ausgleichs)klappe *f*; ~ **trailing edge** Querruderhinterkante *f*; ~ **trim tab** Querrudertrimmklappe *f*; ~ **trim(ming)** Querrudertrimmung *f*; ~ **vibration** Querruderschwingung *f*; ~ **yaw** Querruder-Giermoment *n (Flbetr)* ***(Def)***.

**ailevator** *vgl* **ailavator** *(Flzg)* ***(Def)***.

**aim** *(Art)* Ziel *n*; zielen; richten; *to take* ~ anvisieren; ~**ing circle** *(Art)* Richtkreis *m*; ~**ing device** Zielgerät *n*; Zielvorrichtung *f*; Zielspiegel *m*; ~**ing error** Zielfehler *m*; ~**ing-off allowance** *(Flak)* Vorhalt *m*; ~**ing point** *(Art)* Haltepunkt; *(Bomben-ballist)* Zielpunkt *m*; ~**ing target** Zielscheibe *f*.

**air** Luft *f*; ~ **access** *(Flmot)* Luftzutritt *m*; ~ **accident** Flugunfall *m*; ~ **activity** Flugtätigkeit *f*; ~ **admission** *(Flmot)* Luftzutritt *m*; ~ **age** Luftfahrtzeitalter *n*; ~ **alert** Fliegeralarm *m (LS)*; Jagdstreife *f* in Kampfbereitschaft; Bereitschaftsflugzeug *n (im Warteraum: LKr)* ~ **alert mission** Bereitschaftseinsatz *m (Flzg bereits in der Luft: LKr)* ~ **almanac** Luftfahrtjahrbuch *n*; ~ **ammunition depot** Luftmunitionsanstalt *f (LW)*; ~ **arm** Luftwaffe *f*; ~ **armada** Luftstreitmacht *f*; ~ **armament** Luftrüstung *f*; ~ **armament school** Fliegerwaffenschule *f*; ~ **attaché** Luftattaché *m*; ~ **attack** Fliegerangriff *m*; Luftangriff *m (LKr)*; ~ **attack altitude** Angriffshöhe *f (LKr)*; ~ **attack exercise** Luftkampfübung *f (takt)*; ~ **baffle** Luftleitblech *n*; ~ **bag** Luftschlauch *m (Laufradbremse)*; ~ **ballonet** Luftballonet *n*; ~ **barrage means** Luftsperrmittel *n (LKr)*; ~ **base** Luftstützpunkt; *(US)* Fliegerhorst *m*; ~ **base commander** *(US)* Fliegerhorstkommandant *m*; ~ **base group**, *abbr* **AB gp** Fliegerhorstgruppe *f (LW)*; ~ **battle** Luftkampf *m*; Luftschlacht *f (LKr)*; ~ **belt** Luftgürtel *od* ~ring *m (met)*; ~ **bleed** Luftströmung *f*; Luftabzapfung *od* ~entnahme *f (Turbo)*; ~ **bomber** *sl* Bombenschütze *m (LW)*.

**airborne** von der Luft getragen; abgehoben (sein) *(Flzg vom Boden)*; in der Luft befindlich; Bord- *(in Zusammensetzungen)*; ~ *all-round search radar* Panoramagerät *n (Radar)* ~ **ambulance** Sanitätsflugzeug *n*; ~ **DF equipment** Bordpeilgerät *n (Flzg)*; ~ **early warning and control radar** Frühwarn- und Leit-Bordradar *n (LW)*; ~ **equipment** Bordausrüstung *f (Flzg)*; ~ **frequency** Bordfrequenz *f (Funk)*; ~ **instrument** Bordinstrument *n*; ~ **interception** Abfangen *n (von Feind-Flzg)* mittels Bordradar *(LKr)*; ~ **interrogator** Bord(kennungs)-abfragegerät *n*; ~ **lifeboat** abwerfbares Rettungsboot *n*; ~ **operation** Luftlandeoperation *f od* ~unternehmen *n (takt)*; ~ **radar** Bordradar *n (Flzg)*; ~ **receiver** Bordempfänger *m (Funk)*; ~ **responder** Bord(kennungs)antwortgerät *n*; ~ **search apparatus** Bordsuchgerät *n (Radar: Flzg)* ~ **search radar** Bord-Radar-Suchgerät *n*; ~ **supplies** *pl* Nachschub *m* auf dem Luftwege *(takt)*; ~ **testing** Flugtest *m od* ~erprobung *f*; ~ **time** Abhebezeit *f (LVerk)*; *to be* ~ in der Luft befindlich; *to become* ~ abheben *(Flzg vom Boden)*; ~ **transmitter** Bordsender *m (Funk)*; ~ **transponder** Bordtransponder *m (Funk)*; ~ **troops** *pl* Luftlandetruppen *f/pl*; ~ **warning and control system**, *abbr* **AWACS** flugzeuggestütztes Warn- und Leitsystem *n (LW)*.

**air**| **brake** Luftbremse *f*; Bremsklappe *f (Flzg)* ***(Def)***; ~ **-breathing** luftatmend *od*- abhängig *(Flmot, Marsch FK)* ***(Def)***; ~~ **jet engine** Luftstrahltriebwerk *n*; ~~ **stage** Stufe *f* mit Luftstrahltriebwerk *(Rak)*; ~ **bridge** Fluggastbrücke *f (LVerk)*; Luftbrücke *f (Luftversorgungsoperation)*; ~ **brigade** Fliegerbrigade *f (takt)*; ~ **brigade commander** Fliegerführer *m (LW)*; ~ **budget** Lufthaushalt *m*; ~ **bump** Bö *f (met)* ***(Def)***; ~**-burst pattern** Lufttreffbild *n (Flak)*.

**air**| **cannon** Flugzeugkanone *f*; ~ **car** Autoflugzeug *n*; ~ **cargo rates** *pl* Luftfrachtsätze *m/pl od* -tarif *m*; ~ **carrier** Luftverkehrsunternehmen *n*; Luftfrachtführer *m* ***(Def)***; Verkehrsflugzeug *n*; ~**charter service** Charterdienst *m (LVerk)*; ~ **Chief Marshal** *(E LW)* Generaloberst *m*; ~ **circulation** Luftzirkulation *f*; **cold** ~ Kaltluft *f (met)*; ~ **college** Luftkriegsakademie *f*; ~ **combat** Luftkampf *m (LKr)*; ~ **commerce** Lufthandel *m*; ~ **Commode** *sl (E für* **Air Commodore**) Brigadegeneral *m*; ~ **Commodore** *(E LW)* Brigadegeneral *m*; ~ **communication** Luftverbindung *f (Funk)*; ~ **compensator** Luftausgleicher *m*; **compressed** ~ Druckluft *f*; ~ **compressibility** Kompressibilität *f* der Luft; **compressor** Luftverdichter *m*; ~**-compressor intake throttle** selbsttätiges Ansaugventil *n (Turbo)* ***(Def)***; ~ **conditioned cabin** klimatisierte *od* Klimakabine *f*; ~ **conditioner** Klimagerät *n (Lfz)* ***(Def)***; ~ **conditioning** Klimaregelung *f*; ~**-conditioning plant** Klimaanlage *f*; ~ **connection** Luftverbindung *f (LVerk)*; ~ **container** Luftbehälter *m*; ~ control centre, *abbr* **ACC** Fliegerleitstand *m (LW)*; ~ **control service** Luftaufsichtsdienst *m*; ~ **controller** Fliegerleitoffizier *m (takt)*; ~**-cooled engine** luftgekühlter Motor *m*; ~ **cooler** Luftkühler *m*; ~ **cooling** Luftkühlung *f*; ~ **corps** Fliegerkorps *n (takt)*; ~ **corridor**

*(ICAO)* Luftkorridor *m*; Einflugschneise *f*; Flugschneise *f*; ~ **council** Luftrat *m*; ~ **cover(age)** Luftsicherung *f (takt)*; **cover from** ~ Deckung *f (gegen Fliegersicht)*.

**aircraft** *(vergl auch* **aeroplane** *und* **airplane***) sing & pl* Luftfahrzeug(e) *n(pl)* ***(Def)***; Flugzeug(e) *n(pl) (allg)*; ~ **accessories** Flugzeugzubehör *m & n*; ~ **accident** Luftfahrzeug- *od* Flugunfall *m* ***(Def)***; ~~ **investigation** Voruntersuchung *f* eines Flugunfalls; ~~ **notification** Flugunfallmeldung *f*; **amphibian** ~ Amphibiumflugzeug *n*; **aptitude for piloting an** ~ Befähigung *f* ein Flugzeug zu führen; ~ **armament** Flugzeugbewaffnung *f*; Bordwaffen *f/pl*; ~ **armament personnel** Flugzeugwaffenpersonal n; ~ **armourers** *pl* Flugzeugrüstpersonal *n*; **army (cooperation)** ~ Heeresflugzeug *n*; ~ **arresting unit** Flugzeugfanganlage *od* ~vorrichtung *f (Bod)*; **artillery liaison** ~ Artillerie(-Verbindungs)-flugzeug *n*; **artillery observation** ~ Artillerie(beobachtungs)flugzeug *n*; **artillery spotting** ~ Artillerie(beobachtungs)flugzeug *n*; **attack** ~ Angriffsflugzeug *n*; ~ **avionics** *s & pl* Luftfahrzeugelektronik *f*, Avionik *f*; ~ **battery** *(el)* Bordbatterie *f (Flzg)*; ~ **board instrument** Bordinstrument *n (Flzg)*; ~ **body** Flugzeugrumpf *m*; ~ **call sign** Luftfahrzeug-Rufzeichen *n (Funk)*; ~ **camera** Luftbildgerät *n (LPhot)*; ~ **cannon** Flugzeug- *od* Bordkanone *f*; ~ **captain** Flugkapitän *m*; 1. Flugzeugführer *m*; **cargo** ~ Fracht- *od* Lastflugzeug *n*; ~ **carpenter** Flugzeugtischler *m*; ~ **carrier** Flugzeugträger *m (mil)* ***(Def)***; **carrier-based** *or* **carrier-borne** ~ Trägerflugzeug *n*; ~ **catapult** Flugzeugschleuder *f*; Flugzeugkatapult *n*; **catapult** ~ Katapultflugzeug *n*; ~ **category** Luftfahrzeugkategorie *f* ***(Def)***; ~ **certificate** Luftfahrzeug-Eintragungsschein *m*; ~ **characteristics** *pl* Luftfahrzeugleistung *f od* ~charakteristiken *f/pl*; **civil** ~ Zivil- *od* Privatflugzeug *n*; ~ **clamping device** Feststellvorrichtung *f (Flzg)*; ~ **commander** Luftfahrzeug-Kommandant *m*; **composite** ~ Doppelflugzeug *n*; *sl* Vater und Sohn; „Huckepack"; ~ **computer** Kurs- *od* Navigationsrechengerät *n*; Bordrechner *m (Flzg Avionik)*; ~ **configuration** Luftfahrzeugzustandsform *od* ~konfiguration *f*; ~ **construction** Flugzeugbau *m*; ~ **constructor** Flugzeugbauer *m*; ~ **control and warning (service)**, *abbr* **AC & W** Fliegerleit- und Flugmeldedienst *m (LW)*; **conventional** ~ Flugzeug *n* mit Kolbenmotor; **convertible** ~ Verwandlungsflugzeug n; ~ **depot ship** Flugzeugmutterschiff *n*; ~ **design** Luftfahrzeugentwurf *m od* -berechnung *od* -bemessung *f*; ~ **dinghy** Schlauchboot *n* ***(Def)***; ~ **direction-finder** Bordpeilgerät *n (Funk)*; ~ **electrical wiring system** Bordnetz *n (Flzg)*; ~ **electrician** Flugzeugelektriker *m*; ~ **electromechanic** Flugzeugelektriker *m*; ~ **empty mass** Luftfahrzeugleermasse *f*; **enemy** ~ Feindflugzeug *n*; *sl* Indianer *m*; ~ **engine** Flug(zeug)motor *m*; ~ **engine factory** Flugmotorenwerk *n*; ~ **engineer** Flugzeugingenieur *m*; ~ **engine mechanic** Flugmotorenmechaniker *od* ~schlosser *m*; ~ **equipment** Luftfahrzeugausrüstung *f* ***(Def)***; ~ **extinguishing equipment** Bordfeuerlöscheinrichtung *od* ~ausrüstung *f (Flzg)*; ~ **factory** Flugzeugwerk *m*; Flugzeugfabrik *f*; **feeder(-line)** ~ Zubringerflugzeug *n (Lverk)*; ~ **ferrying detachment** Überführungs- *od* Abholkommando *n (LW)*; ~ **fire extinguisher** Flugzeug- *od* Bordfeuerlöscher *m*; ~ **fire fighting equipment** Bordfeuerlöscheinrichtung *od* -ausrüstung *f (Flzg)*; ~ **fitter** Flugzeugschlosser *m*; **fixed-wing** ~ Drachenflugzeug *n*; Starrflügler *m (Flzg)*; ~ **flight deck** Piloten- *od* Besatzungs- *od* Führerraum *m (Lfz)*; ~ **flying instrument** Bord ~ *od* Fluginstrument *n (Flzg)*; **freight-carrying** ~ Fracht- *od* Lastflugzeug *n*; ~ **fuel** Flugkraftstoff *m*; ~ **fuselage** Flugzeugrumpf m; ~ **ground movement** Schleppen *n*; Rollen *n (Flzg am Boden)*; ~ **grounding** Erdung *f* des Luftfahrzeugs; Flugzeugerdung *f (el)*; **high-speed** ~ Hochgeschwindigkeitsflugzeug *n*; ~ **icing indicator** Vereisungsanzeigegerät *n (Lfz)*; ~ **identification** Luftfahrzeug-Kennzeichen *n*; Luftfahrzeugkennung *f od* ~erkennung *f (Radar)*; ~**(identification) mark(ing)** Flugzeugkennzeichen *n*; ~ **incident** Störung *f (beim Betrieb eines Lfz)*; ~ **in distress** Luftfahrzeug *n* in Not; ~ **industry** Luftfahrtindustrie *f*; ~ **instrument** Fluginstrument *od* ~gerät *n*; Bordinstrument *n*; ~ **instrument mechanic** Flugzeugfeinmechaniker *m*; **interceptor** ~ Verteidigungsjäger *m (Flzg)*; ~ **intercom** Bordgespräch *n*; Eigenverständigung(sanlage) *f (Flzg)*; ~ **intercommunication system** Bordsprechanlage *f (Flzg)*; ~ **interphone system** Bordsprechanlage *f (Flzg)*; **land-based** ~ von Land eingesetztes *od* landgestütztes Luftfahrzeug *n*; **leading** ~ Führungsflugzeug *n (LKr)*; ~ **leatherworker** Flugzeugsattler *m*; ~ **log-book** Flug(tage)-buch *n*; Bordbuch *n*; Lebenslaufakte *f (Flzg ohne Flmot)*; ~ **lorry** Flugzeugtransportwagen *m*; ~ **mechanic** Flugzeugmechaniker *m*; ~ **maintenance** Luftfahrzeug- *od* Flugzeugwartung *f*; ~ **maintenance personnel** Flugzeugwartungspersonal *n*; ~ **maintenance training** fliegertechnische Ausbildung *f*; ~ **manufacturer** Flugzeughersteller *m*; **maritime** ~ See(-Einsatz)flugzeug *n (mil)*; **marker** ~ Beleuchter *m (bei Nachtangriffen: LKr)*; ~ **marking** Flugzeugkennzeichen *n*; ~ **mechanic** Luftfahrzeug- *od* Flugzeugmechaniker *m*; ~ **metal worker** Flugzeugmetaller *m*; ~ **meteorological report** Wettermeldung *f* aus der Luft; ~ **model** Luftfahrzeug(bau)muster *n*; ~ **movements** *pl* Luftfahrzeugbewegung *f/pl (Starts und Landungen: Flbetr)*; ~ **noise** Fluglärm *m*; ~~ **monitoring** Fluglärmüberwachung *f*; **observation** ~ Aufklärer *m*; Aufklärungsflugzeug *n (LW)*; ~ **observer** (Flugzeug-)Beobachter *m (LW)*; ~ **operating agency** Luftfahrzeughalter *m* ***(Def)***; ~ **ordnance** Bordwaffen *f/pl*; ~ **owner** Luftfahrzeugeigner *m*; **paddle-wheel** ~ Schaufelradflugzeug n; ~ **park** Flugzeugpark *m*; Luftpark *m (LW)*; ~ **parking area** Flugzeugabstellplatz *m*; ~ **passenger** Fluggast *m*; ~ **performance** Luftfahrzeugleistung *f*; ~ **pilot** Luftfahrzeugführer *m*; Pilot *m*; **pilotage** *or* **piloting of an** ~ Führung *f* eines Luftfahrzeuges; ~ **plant** Flugzeugwerk *n*; Flugzeugfabrik *f*; ~ **position** Luftfahrzeugstandort *m (nav)*; ~ **precision mechanic** Flugzeugfeinmechaniker *m*; ~ **primary structure** tragende Luftfahrzeugstruktur *f*; tragendes Gerippe *n* des Flugzeugs; ~ **radar** Bordradar(gerät) *n (Lfz)*; ~ **radio altimeter** Flugzeugfunkhöhenmesser *m*; ~ **radio engineer** Luftfahrzeug-Funkingenieur *m*; ~ **radio equipment** Bordfunkausrüstung *f (Flzg)*; ~ **radio installation** Bordfunkanlage *f (Flzg)*; ~ **radio interrogator** Bordabfragegerät *n (Lfz)*; ~ **radiolocation** Flugfunkortung *f (nav)*; ~ **radio mechanic** Luftfahrzeug-Funkmechaniker *m*; Flugzeugfunkmechaniker *od* ~wart *m*; ~ **radio operator** Bordfunker *m (Flzg)*; ~ **radio receiver** Bordfunkempfänger *m*; ~ **radio service** Flugfunkdienst *m (Flsich)*; ~ **radio servicing personnel** Flugzeugfunkpersonal *n*; ~ **radio-set** Bordfunkgerät *n (Flzg)*; ~ **radio station** Luftfunkstelle *f (Flzg)*; ~ **rating** Luftfahrzeugberechtigung *f*; ~ **recovery equipment** Luftfahrzeug-Bergungsgerät *n*; ~ **recognition (service)** Flugzeugerkennungsdienst *m (LKr)*; **reconnaissance** ~ Aufklärungsflugzeug *n*; Aufklärer *m*; *sl* Auge *n* der Führung; ~ **refuelling boom** Luftbetankungsausleger *od* ~baum *m*; ~ **register** Luftfahrzeugregister *n od* ~rolle *f*; ~ **reporting service** Flugmeldedienst *m (LVerk)*; **research** ~ Forschungsflugzeug *n*; ~ **revetment** Flugzeug(abstell)boxe *f*; ~ **riggers** *pl* Flugzeugrüstpersonal *n*; **road-going** ~ Autoflugzeug *n*; ~ **rocket engine** Raketenmotor *m od* ~triebwerk *n (Lfz)*; ~ **route** Flugstrecke *f (LVerk)*; ~ **routing centre** (*US* **center**) Flugzeugschleuse *f (LKr)*; ~ **salvage unit** Flugzeugbergeeinheit f; ~ **scrambling** Alarmstart *m (LKr)*; **sea rescue** ~ Seenotflugzeug *n*; ~ **search** Durchsuchung *f* von Luftfahrzeugen; ~ **serial number** Luftfahrzeug-Serien- *od* Werknummer *f*; ~ **servicing** Flugzeugwartung *f*, **shadowing** ~ Klebeflugzeug *n (LKr)* ~ **shed** Flugzeugschuppen *m*; ~ **sheet metal worker** Flugzeugklempner *m*; **ship(-board)** *or* **ship-borne** ~ Bordflugzeug *n*; **short-life** ~ Verschleißflugzeug *n*; ~ **simulator** Flugsimulator *m*; ~ **skin** Beplankung *f*; Außenhaut *f* (Lfz); ~ **snare** Luftfahrzeug(auf)fangvorrichtung *f*; ~ **spare (part)** Flugzeugersatzteil *m od n*; ~ **station** Luftfahrzeug- *od* Luftfunkstelle f *(Def)*; ~ **step** Luftfahrzeugtreppe *f (LVerk)*; ~**-to-station bearing** Eigenpeilung *f (Funk)*; **stratosphere** ~ Stratosphärenflugzeug *n*; **strike** ~ Angriffsflugzeug *n (LKr)*; ~ **tail (unit)** Leitwerk *n (Flzg)*; ~ **technician** Flugzeugtechniker *m*; ~ **tender** Flugzeugtender *m*; ~ **tinsmith(worker)** Flugzeugklempner *m*; ~ **theory** Flugzeugkunde *od* ~lehre *f*; ~ **type** Luftfahrzeug(bau)muster *n*; ~~ **designator** Luftfahrzeugmuster-Kennzeichnung *f*; ~ **tyre** (*US* **tire**) Flugzeugreifen *m*; ~ **towing** Flugzeugschlepp *m*; ~ **traffic** Luftverkehr *m*; ~ **truck** *(US)* Flugzeugtransportwagen *m*; **twinboom** ~ Doppelrumpfflugzeug *n*; ~**(-type) instrument** Bordinstrument *n (Flzg)*; ~ **vectoring** Leitung *n (von Flzgn: Lkr mittels Radar)*; Kursanweisungen *f/pl* geben *(Flsich)* **(Def)**; ~ **warning service**, *abbr* **AW service** Flugmeldedienst *m (LW)*; ~ **weather observation** Wetterbeobachtung *f* aus einem Luftfahrzeug; ~ **wing cable-cutter** Kutonase *f (Flzg)*; ~ **wireless equipment** Bordfunkausrüstung *f*; ~ **wireless installation** Bordfunkanlage *f*; ~ **wireless operator** Bordfunker *m (Flzg)*; ~ **wiring system** Bordnetz *n (Flzg)*; ~ **with parabolic contour** Parabelflugzeug *n*; ~ **works** *sing* Flugzeugwerk *n*.

**Aircraftman | 1st class** *(LW E)* Gefreiter *m*; ~**2nd class** *(LW E)* Flieger *m (Dienstgrad)*.

**aircrew** fliegendes Personal *n*; Flugzeugbesatzung *f*; Besatzung *f (Flzg)* **(Def)**.

**air | current** Luftströmung *f*; Windströmung *f (met)*; ~ **cushion** Luftkissen *od* ~polster *n*; Luftschicht *f (zwischen zwei Körpern/Flächen)*; ~~ **flying boat** Luftkissenflugboot *n*; ~~ **vehicle** Luftkissenfahrzeug *n*; ~ **cylinder** Luftzylinder *m*; ~ **danger** Luftgefahr *f (LS)*; ~ **data computer** Luftdaten- *od* Luftwerterechner *m*; ~ **day** Flugtag *m*; ~ **defence** (*US* **defense**) Flugabwehr *f*; Luft(ab)wehr *f*; Luftverteidigung *f (LKr)*; ~ **defence command** Luftverteidigungskommando *n (LW)*; ~ **defence division** Luftverteidigungsdivision *f (LW)*; ~ **defence of fixed installations** Objektschutz *m (LKr)*; ~ **defences** *pl* Luftverteidigungskräfte *f/pl (LKr)*; ~ **defence sector** Luftverteidigungssektor *od* ~abschnitt *m (LW)*; **static** ~ **defence (system)** bodenständige Luftverteidigung *f (mil)*; ~ **defence identification zone**, *abbr* **ADIZ** Luftverteidigungs-Identifizierungs- *od* Flugüberwachungszone *f*; ~ **defence zone** Luftverteidigungszone *f*; ~ **density** Luftdichte *f*; **optical** ~ **density** optische Dichte *f* der Luft; ~ **depot** LW-Depot *n*; Luftpark *m (LW)*; ~ **displacement** Luftverdrängung *f*; ~ **display** Flugveranstaltung *od* ~vorführung *f*; ~ **distance** Flugentfernung *f*; ~ **distance in** Anflugstrecke *f (Entfernung)*; ~ **distance out** Abflugstrecke *f (Entfernung)*; ~ **division** Flieger-Division *f (takt)*; ~ **drill** Luftexerzieren *n (LW)*; ~ **drome** *vergl* **aerodrome**; ~ **dimness** Lufttrübung *f*, Trübung *f* der Atmosphäre; ~ **distance** Flugentfernung *f*; ~ **drag** Luft- *od* Stirnwiderstand *m (aerodyn)*; ~ **duct** Luft(leit)kanal *m*; Luftgang *od* -lauf *m*; ~ **eddy** Luftwirbel *m (aerodyn)*; ~~**ing** Luft(ver)wirbelung *f*; Wirbelbildung *f*; ~ **engineer** Bordmechaniker *m (Flzg)*; ~ **envelope** Lufthülle *f od* ~mantel *m*; **equatorial** ~ Äquatorialluftmasse *f (met)*; ~ **escape** Luftablass m; ~ **evacuation** Evakuierung *f* auf dem Luftweg; *(eingeschlossene Truppen usw: takt)*; Abschub *m* auf dem Luftweg **(Def)**; ~ **expert** Luftfahrtsachverständiger *m*; ~ **express** Luftexpressgut *n (LVerk)*; ~ **ferry** Luftfähre *f*.

**airfield** Flugfeld *n*; Flugplatz *m*; Landeplatz *m* (*vgl auch* **aerodrome**) **(Def)**; **advanced** ~ vorgeschobener *od* Feldflugplatz *m (mil)*; **alternative** ~ Ausweich(flug)platz *m (mil)*; ~ **boundary** Platzgrenze *f*; **combat** ~ Einsatzplatz *m*; **fighter** ~ Jägerplatz *m (LW)*; ~ **fuelling vehicle** Flugfeldtankwagen *m od* ~fahrzeug *n*; ~ **ground staff** Bodenpersonal *n* ; ~ **fire-fighting unit** Platzfeuerwehr *f*; **jump-ing-off** ~ Absprung(flug)platz *m*; ~ **light** Platzfeuer *n*; ~ **lighting** Platzbefeuerung *f*; **main** ~ Haupt(flug)platz *m (mil)*; ~ **perimeter** Flugfeldumfang *m*; ~~ **track** Rollfeldringstraße *f (Bod)*; **redeployment** ~ Auflockerungsplatz *m (mil)*; **squadron (main)** ~ Staffel(flug)platz *m (mil)*; ~ **surface movement indicator** (Radar-)Anzeigegerät *n* für Bodenverkehr; **temporary** ~ Behelfs(flug)platz *m (mil)*; ~ **traffic** Flugbetrieb *m* am Platz; ~**-traffic circuit** Flugplatz- *od* Platzrunde *f (Flbetr)*; **wing** ~ Geschwader(flug)platz *m (mil)*; **wing maintenance** ~ Hauptinstandsetzungs(flug)platz *m (mil)*.

**air | fight** Luftkampf *m (LKr)*; ~ **fighting exercise** Luftkampfübung *f (takt)*; ~ **fighting tactics** Lufttaktik *f*; ~**-filed flight plan**, *abbr* **AFIL** während des Fluges aufgegebener Flugplan *m (Fslich)*; ~ **filter** Filtervorsatz *m (Rauchmaske usw)*; Luftfilter *od* -reiniger *m (Flmot)* **(Def)**; **- firing** Luftschießen *n (LW)*; ~ **practice** Luftschießübung *f*; ~ **flap** Luftklappe *f*; ~ **fleet** Luftfahrzeug- *od* Flugzeugflotte *f*; ~ **flivver** *sl* Leichtflugzeug *n*.

**airflow** Luftstrom *m*; Windströmung *f (met)*; Luftströmung *f (aerodyn)*; ~ **angle** Anblasewinkel *m (aerodyn)*; **breakdown of the** ~ Abreißen *n (Luftströmung vom Profil)*; **direction of** ~ Anblaserichtung *f (aerodyn)*; ~ **meter** Luftdurchflussmesser *m (Instr)* **(Def)**; ~ **ram** Luftstaudruck *m*; ~ **separation** Ablösung *f* der Luftströmung *(aerodyn)*.

**airfoil** Tragfläche *f*; Flügel *m (Flzg)*; ~ **profile** Flügelprofil *n (Flzg)*; ~ **model** Modellflügel *m*; **rotating** ~ Drehflügel *m (Autogiro)*; ~ **section** Tragflächenprofil *n*; Flügelquerschnitt *m (erodyn)* **(Def)**.

**air force** Luftwaffe *f (allg)*; Luftflotte *f (takt)*; Luftkraft *f (aerodyn)*; ~ **academy** Luftkriegsakademie *f (LW)*; **allied tactical** ~, *abbr* **ATAF** alliierte taktische Luftflotte *f (LW)*; ~ **band** Musikkorps *n* der Luftwaffe; ~ **cadet school** Luftkriegsschule *f (LW)*; ~ **command** Luftwaffenkommando *n*; ~ **commander** Luftflottenbefehlshaber *m (takt)*; ~ **ground elements** *pl* bodenständige Luftwaffe *f*; ~ **manual** LW-Handbuch *n*; ~ **officers school** Offizierschule *f* der Luftwaffe; ~ **school** Lw-Schule *f*; **tactical** ~, *abbr* **TAF** taktische Luftflotte *f*.

**airframe** Flugwerk *n*; Zelle *f (Flzg)* **(Def)**; ~ **construction** Zellenbau *m (Flzg)*; ~ **faillure** Flugwerkschaden *m (Lfz)*.

**air |, freedom of the** ~ Freiheit *f* der Luft; ~ **freight** Luftfracht *f*, Luftgut *n*; ~ **freight services** *pl* Luftfrachtdienste *od* -verkehr *m/pl*; ~ **freight traffic** Luftfrachtverkehr *m (LVerk)*; ~ **friction** Luftreibung *f*; ~ **gap** Luftzwischenraum *m*; ~ **goods** Luftgut *n (LVerk)*; ~**-ground** Bord-Boden-*(Funk)*; ~ **ground communication(s)** Flugfunkverkehr *m* **(Def)**; Flugfunkverbindung(en) *f(pl)*; ~**-ground control radio station** Flugfunkleitstelle *f* **(Def)**; ~**-ground traffic** Flugfunkverkehr *m*; ~ **guide** Flugkursbuch *n (LVerk)*; ~ **guide vane** Luftleitschaufel *f (Turbo)*; ~ **gunner** Bord- *od* Fliegerschütze *m (LW)*; ~ **gunnery** Luftschießen *n (takt)*; ~ **hostess** Luft(verkehrs)stewardess *f*; ~ **humidity** Luftfeuchte *od* ~feuchtigkeit *f (met)*; ~ **impermeability** Luftundurchlässigkeit *f*; ~ **inclusive tour** Pauschalflugreise *f (LVerk)*; ~ **inducer** Lufteinlauf *m (Flmot)*; ~ **inferiority** Luftunterlegenheit *f (LKr)*; ~ **inflow** Luftstrom *od* ~zufluss *m od* ~einströmung *f (Flmot)*; ~ **information service** Luftinformationsdienst *m (LVerk)*.

**airing** Belüftung *f (Flzg-Kabine)*.

**air|-injection starter** Druckluftanlasser *m (Flmot) (Def)*; ~ **inlet** Lufteintritt *od* ~einlass *od* ~zutritt *m (Flmot)*; ~ **inlet duct** Lufteinlaufschacht *m*; Lufteinlassrohr(leitung) *m(f) (Flmot; Turbo)*; ~ **inlet** *or* **intake icing** Vereisen *n* des Lufteinlaufs *(Flmot)*; ~ **insurance company** Luftfahrt-Versicherungsgesellschaft *f*; ~ **intake** Lufteintritt *m (Flmot)*; ~ **intake casing** Einlaufdiffusor *m*; Lufteintrittsgehäuse *n (Turbo) (Def)*; ~ **intake guide vane** Einlassleitschaufel *f (Turbo) (Def)*; ~**-intake oil cooler** Ölkühler *m* im Lufteintritt (Flmot) *(Def)*; ~**-intake variable geometry** veränderliche Einlaufgeometrie *f*; veränderliche Geometrie *f* des Lufteintritts(gehäuses) *(Turbo)*; ~ **-intercooler** Luftzwischenkühler *m (Flmot)*; ~ **intercept(ion)** Abfangen *n (Luftziel durch anderes Flzg) (Def)*; ~ **intercharger** Lufteintauscher *od* -mischer *m (aerodyn) (Def)*; ~ **jet** Luftdüse *f*; ~ **landed** luftgelandet *(LVerk) (Def)*; ~**-launched** luftgestartet; in der Luft gestartet *(FK)*; ~ **law** Luft(fahrt)recht *n*; ~ **layer** Luftschicht *f (met)*; ~ **leg** Flug(bahn)abschnitt *m*; ~ **legislation** Luftfahrtgesetzgebung *f*; ~ **liaison officer**, *abbr* **ALO** Fliegerverbindungsoffizier *m*; Lw-Verbindungsoffizier *m (takt)*; ~ **liaison party** Fliegerverbindungstrupp *m*; Lw.-Verbindungstrupp *m (takt)*; ~ **licence** (*US* **license**) Luftfahrerschein *m*; ~ **lift** Luftbrücke *f (Luft-Großtransportoperation) (Def)*; Lufttransport *m (allg)*; Luftauftrieb *m (aerodyn)*; Lufttransportmasse *f*; angebotene Nutzlast *f (LVerk)*; *v* auf dem Luftweg transportieren *(Def)*.

**airline** Fluglinienunternehmen *n*; Unternehmen *n* des Linienluftverkehrs *(Def)*; Luftlinie *f (kürzeste Verbindung)*; **domestic** ~ Inland-Fluglinie *f*; **foreign** ~ Auslands-Fluglinie *f*; ~ **network** Luftverkehrsnetz *n*; ~ **operating agency** Fluglinienunternehmen *n (LVerk) (Def)*; ~**r** Verkehrsflugzeug *n*; ~ **service** Luftverkehr *m*; ~ **stewardess** Luftverkehrsstewardess *f*; ~ **system** Flugliniennetz *n (LVerk)*; ~ **transport pilot** Linienpilot *m (LVerk)*; ~ **work** Verkehrsflugbetrieb *m*.

**air| load** Luftkraft *f (aerodyn)*; ~ **lock** Luftschleuse *f*; Gasschleuse *f (LS)*; ~ **log** Luftlog *n (Instr) (Def)*; ~ **loitering** Warteflug *m*; Sperrflug *m (LKr)*; ~ **mail** Luftpost *f*; ~ **mail letter** Luftpostbrief *m*; ~ **mail pilot** Postflieger *m*; ~ **mail service** Luftpostdienst *m*; ~ **mail stamp** Luftpostmarke *f*; ~ **mail traffic** Luftpostverkehr *m*; ~ **mail route** Luftpoststrecke *f*.

**airman** Luftfahrer *m*; Flieger *m*; ~ **1st class** *(LW US)* Feldwebel; ~ **2nd class** *(LW US)* Unteroffizier *m*; ~ **3rd class** *(LW US)* Gefreiter *m*; **Basic** ~ *(LW US)* Flieger *m (Dienstgrad)*; ~**'s clothing** Fliegerbekleidung *f*; ~**'s fitness** Fliegertauglichkeit *f*; ~**'s special clothing** Fliegersonderbekleidung *f*.

**air manoeuvre** (*US* **maneuver**) Luftmanöver *n (LW) f*.

**airmanship** Fliegerschaft *f*.

**air| map** Fliegerkarte *f (nav)*; ~ **mapping** Luftvermessung *f*; ~ **marker** Landmarkierung *f (für Lfz: Bod) (Def)*; ~ **Marshal** *(LW E)* Generalleutnant *m*; ~ **mass** Luftmasse *f (met) (Def)*; ~~ **boundary** Luftmassengrenze *f (met)*; ~~ **fog** Luftmassennebel *m*; ~~ **thunderstorm** Luftmassengewitter *n (met)*; ~ **materiel command**, *abbr* **AMC** Materialkommando *n (der Luftwaffe)*; ~ **mechanic** Bordmechaniker *od* -wart *m (Flzg)*.

**airmen** *pl* Unteroffiziere und Mannschaften *pl (LW)*.

**air|meteorology** Luftfahrt- *od* Flugmeteorologie *f*; ~ **meter** (tragbarer) Windmesser *m (met) (Def)*; ~**-mileage indicator** (Luft-)Meilenanzeiger *m (Def)*; ~**-mileage unit** Luftlogge *f od* ~meilenzählwerk *n (Def)*.

**airminded** flugbegeistert; ~**ness** Flugbegeisterung *f*.

**air|minister** Luftfahrtminister *m*; ~ **ministry** Luftfahrtministerium *n*; ~ **miss** Fastzusammenstoß *m*; gefährliche Begegnung *f* zwischen Luftfahrzeugen; ~~ **report** Fastzusammenstoßmeldung *f*; Meldung *f* über gefährliche Begegnung zwischen Luftfahrzeugen *(Flbetr)*; ~ **mission board** Einsatzübersicht(stafel) *f (LKr)*; ~ **moisture** Luftfeuchte *od* ~feuchtigkeit *f (met)*; ~ **move** Luftverlegung *f (takt)*; ~**-move** *v* auf dem Luftwege verlegen *(takt)*; ~ **munitions** *pl* Abwurfmunition *f (US LW)*; ~ **navigation** Flugnavigation *f (Def)*; Luftfahrt *f*; ~ **navigation aid** Flugnavigationshilfsmittel *n/pl*; ~ **navigation computer** Navigationsrechengerät *n (nav)*; ~ **navigation facilities** *pl (Flsich)* Flugnavigationseinrichtungen *f(pl)*; ~ **navigation light** Luftfahrtfeuer *n (Bod)*; ~ **navigation school** Flugnavigationsschule *f*; ~ **navigation services** *pl* Luftfahrtdienste *m/pl (allg)*; Flugnavigationsdienste *m/pl*; ~ **navigation strip map** Flugstreckenkarte *f*; ~ **navigator** Navigator *m*; ~ **nozzle** Luftdüse *f*; ~ **object(ive)** Luftangriffsziel *n (LKr)*; ~ **observation command** Flugmeldekommando *n (Flmelde)*; ~ **observation post**, *abbr* **AOP** Luftbeobachtungsstelle *f (Artillerieflieger: takt)*; ~ **offensive** Luftoffensive *f (LKr)*; ~ **Officer Commanding**, *abbr* **AOC** Geschwaderkommodore *m (LW E)*; ~**oil shock absorber (strut)** Öl-Luftfederbein *n (Flzg-Fahrwerk) (Def)*; ~ **operation** Luftkampfhandlung *f (takt)*; ~ **outlet** Luftablass *m*; Luftauslassöffnung *f*; ~ **pact** Luftpakt *m*; ~ **passage** Luftschlitz *m (Schlitzflügel)*; ~ **passenger** Luftreisender *m*; Fluggast *m*; ~ **(passenger) fare** Flugpreis *m (LVerk)*; ~ **passenger service** Luftreisedienst *m*; ~ **passenger traffic** Luftreiseverkehr *m*; ~ **photo(graph)** Luftbild *n (LPhot)*; ~ **photographic section** Luftbildabteilung *f (LPhot)*; ~ **photography** Luftbildwesen *n*; ~ **pilot** Flugzeugführer *m*; ~ **piracy** Luftpiraterie *f*.

**airplane** (*vgl auch* **aircraft** & **aeroplane**) Flugzeug *n (vorwiegend US)*; **ambulance** ~ Sanitätsflugzeug *n*; ~ **antenna** Flugzeugantenne *f (Funk)*; ~ **arrester** Flugzeugfangvorrichtung *f (Flzg-Träger)*; ~ **arrester hook** Flugzeugfanghaken *m (Träger-Flzg)*; **cabin** ~ Kabinenflugzeug *n*; **captured** ~ Beuteflugzeug *n (Kr)*; **cargo** ~ Frachtflugzeug *n*; **courier** ~ Kurierflugzeug *n*; ~ **controls** *pl* Flugzeugsteuerung *f*; ~ **dimension** Flugzeugabmessung *f*; **dual-control** od **duo-control** ~ Doppelsteuerflugzeug *n*; **enclosed** ~ Kabinenflugzeug *n*; **experimental** ~ Versuchsflugzeug *n*; ~ **fabric** Bespannstoff *m (Flzg)*; ~ **flying performance** Flugleistung *f (Flzg)*; **freight** ~ Frachtflugzeug *n*; **goods** ~ Frachtflugzeug *n*; ~ **ground mechanic** Flugzeugwart *od* ~mechaniker *m*; **messenger** ~ Kurierflugzeug *n*; ~ **model** Modellflugzeug *n*; ~ **operator** Flugzeughalter *m*; ~ **performance** Flugleistung *f*; **rotary** *or* **rotating-wing** ~ Drehflügelflugzeug *n*; **rotor** ~ Rotorflugzeug *n*; **small** ~ Kleinflugzeug *n*; **tanker** ~ Tanker(flugzeug) *m(n)*; **test** ~ Versuchsflugzeug *n*; **tow(ing)** *or* **tractor** ~ Schleppflugzeug *n*; ~ **with dual controls** Flugzeug *n* mit Doppelsteuerung; ~ **with power off** Flugzeug *n* mit abgestelltem Motor; ~ **with power on** Flugzeug *n* mit laufendem Motor.

**air| plot** Aufzeichnung *f* von Kurs und Entfernung; Mitkoppeln *n (nav) (Def)*; ~ **pocket** Abwärtsbö *f*; Fallbö f *(met)*; **polar** ~ arktische Kaltluft *f (met)*; ~ **police** *(LW US)* Lw-Polizei *f*; ~ **police service** *(LW US)* Lw-Polizeidienst *m*; ~ **politics** Luftpolitik *f*; ~ **pollution** Luftverschmutzung *f*.

**airport** Flughafen m; Verkehrsflughafen *m (Def)*; ~ **administration** Flughafenverwaltung *f*; ~ **authorities** *pl* Flughafenverwaltung *f*; ~ **beacon** Flughafenfeuer *n (Def)*; ~ **charge** Flughafengebühr *f*; ~ **director** Flughafendirektor *m*; ~ **emergency control centre** Flughafenalarmzentrale *f*; ~ **emergency plan** Flughafen-Notfallplan *m*; **interme-**

diate transit ~ Durchgangs-Zwischenlande(flug)hafen *m*; ~ manager Flughafen(betriebs-)direktor *m*; ~ management Flughafenbetriebsführung *f*; ~ **meteorological office** *or* **station** Flughafenwetterwarte *f*; ~ **of destination** Bestimmungsflughafen *m (LVerk)*; ~ **regulations** *pl* Flughafenbetriebsordnung *f*; ~ **tariffs** *pl* Flughafengebühren(ordnung) *f/pl(f)* ~ **terminal** Flughafenabfertigungsgebäude *n*; ~ **VHF R/T** (**VHF** = *very high frequency*): **R/T** = *radio telephony*) UKW-Sprechfunk *m* auf dem Flughafen *(Flsich)*; ~ **zone** Flughafenzone f.

**air| position** Windstillepunkt *m*; Standort *m* ohne Windberücksichtigung *(nav)* *(Def)*; ~~ **indicator** Windstillepunkt-Anzeiger *m*; Luft-Standortanzeigegerät *n (nav)* *(Def)*; ~ **power** Luftmacht *f*; ~ **pre-heater** Luftvorwärmer *m (Flmot)*; ~ **predominance** Luftvorherrschaft *f (LKr)*; ~ **pressure** Luftdruck *m (met)*; Luftkraft *f (aerodyn)* *(Def)*; ~ **pressure at ground level** Bodenluftdruck *m (QFE: met)*; ~ **pressure tank** Druckluftbehälter *m*; ~ **propaganda** Luftwerbung *f*; ~ **proving ground** Erprobungsgelände *n (LW)*; ~ **publication** *abbr* **AP** *(E)* Luftwaffendienstvorschrift *f*; ~ **race** Luftrennen *n*; Wettflug *m*; Wettfliegen *n*; ~ **radiator** Luftkühler *m (Flmot)*; ~ **radio** Flugfunk *m*; ~ **raid** Flieger- *od* Luftangriff *m (LKr)*; ~ **raid alarm** Flieger- *od* Luftalarm *m (LS)*; ~ **raid control centre** (*US* **center**) Luftschutzwarnzentrale *f (LS)*; ~ **raid damage** Bombenschaden *m (LKr)*; ~ **raid precautionary measure** Luftschutzmaßnahme *f (LS)*; ~ **raid protection**, *abbr* **ARP** Luftschutz *m*; ~ **raid protection shelter**, *abbr* **ARP shelter** Luftschutzraum *m*; ~ **raid siren** Luftschutzsirene *f*; ~ **raid victim** Bomben- *od* Fliegergeschädigter *m*; ~ **raid warden** Luftschutzwart *m*; ~ **raid warning** Luftwarnung *f (LS)*; ~ **raid warning district** Luftwarnbezirk *m*; ~ **raid warning and control service** *(US)* Luftwarn- und Flugzeugleitdienst *m (LKr)*; ~ **raid warning service** Luft(schutz)warn- *od* Flugmeldedienst *m (LKr)*; ~ **rally** Sternflug *m*; Flugtag *m*; ~ **range** Flugentfernung *f*; ~ **reconnaissance** Luftaufklärung *f (takt)*; ~ **reconnaissance area** Luftaufklärungsraum *m (takt)*; ~ **refuel(l)ing** Luftbetankung *f (Def)*; ~~ **boom** Luftbetankungsausleger *od* ~baum *m*; ~ **report**, *abbr* **ARP** *or* **AIREP** Flugmeldung *f (Def)*; ~ **rescue service** *(Flsich)* Luftrettungsdienst *m*; ~ **resistance** Luftwiderstand *m (ballist)*; ~ **route** Flugstrecke *f (LVerk)*; ~ **route** facilities *pl* Flugstreckeneinrichtungen *f/pl (Bod)*; ~ **route map** Flugwegkarte *f*; ~ **route marking** Streckenkennung *f (LVerk)*; ~ **safety** Flugsicherheit *f*; ~ **scintillation** Luftflimmern *n*; ~ **scoop** Luft(ansaug)-stutzen *m*; Luftfänger *m*; Lufthutze *f (Flmot)* *(Def)*.

**airscrew** *(vgl auch* **propeller**) Luftschraube *f (Def)*; Propeller *m*; *sl* Latte *f (Flzg)*; ~ **bearing** Luftschraubenlager *n*; ~ **blade** Luftschraubenblatt *n*; **brake** *or* **braking** ~ Bremsluftschraube *f*; ~ **controller** Luftschraubenregler *m*; ~ **drive** Luftschraubenantrieb *m*; **dummy** ~ Bremsluftschraube *f*; ~ **efficiency** Luftschraubenwirkungsgrad *m*; ~ **gas turbine** Propellerturbinen-Triebwerk *n*, *abbr* **PTL**-Triebwerk; ~ **governor** Luftschrauben(drehzahl)-regler *m*; ~ **hub** Luftschraubennabe *f*; ~ **hub attachment flange** Luftschraubenbauflansch *m*; ~ **pitch** Luftschraubensteigung *od* ~ganghöhe *f*; ~ **profile** Blattquerschnitt *m*; Luftschraubenschnitt *m*; **pusher** ~ Druck(luft)schraube *f*; ~ **reduction gear** Luftschraubenuntersetzungsgetriebe *n*; ~ **section** Luftschraubenschnitt *m*; Blattquerschnitt *m*; ~ **spinner** Luftschrauben-(naben)haube *f*; **static** ~ Bremsluftschraube *f*; **thick-blade** ~ Dickblattluftschraube f; **three-blade** ~ Dreiblattluftschraube *f*; ~ **thrust** Luftschraubenschub *m*; ~~ **block** Luftschraubenlager *n*; ~ **tip** Luftschrauben-(blatt)spitze *f*; ~ **tip speed** Blattspitzengeschwindigkeit *f*; **tractor** ~ Zugluftschraube *f*; ~ **turbine** Luftschraubenturbine(ntriebwerk) *f(n)*; ~ **vibration** Luftschraubenschwingung *f*; **wide-blade** ~ Breitblattluftschraube *f*.

**air| seal** Luftabschluss *m*; hermetischer Verschluss *m*; ~-**sea rescue equipment** Seenotausrüstung *f (Flzg)*; ~-**sea rescue launch** Seenotboot *n*; ~-**sea rescue service** Seenotdienst *m*; ~ **search radar** *(Flsich)* Radar-Suchgerät *n*; ~ **service** Fluglinie(nverkehr) *f(m)*; planmäßige Luftverkehrsverbindung *f (Def)*; **extraterritorial** *or* **foreign** ~~ Auslandsluftverkehr *m*; ~~**s** *pl* Fluglinienverkehr *m*; planmäßiger Luftverkehr *m*; ~~ **schedule** Luftverkehrs- *od* Flugplan *m (LVerk)*; ~ **sextant** Flugzeug- *od* Bordsextant *m (nav)* *(Def)*.

**airship** Luftschiff *n (Def)*; ~ **base** Luftschiffstützpunkt *m*; ~ **body** Luftschiffkörper *m*; ~ **cabin** Luftschiffgondel *f*; ~ **commander** Luftschiffkommandant *m*; ~ **construction hangar** Luftschiffbauhalle *f*; ~ **dock** Luftschiffhalle *f*; ~ **framework** Luftschiffskelett *n*; ~ **gangplank** Laufsteg *m (Luftschiff)*; ~ **gondola** Luftschiffgondel *f*; ~ **hangar** Luftschiffhalle *f*; ~ **hull** Luftschiffkörper *m*; **non-rigid** ~ unstarres Luftschiff *n*; ~ **personnel** Fahrpersonal *n (Luftschiff)*; ~ **pilot** Luftschiffführer *m*; **rigid** ~ starres Luftschiff *n*; ~ **shed** Luftschiffhalle *f*; ~ **station** Luftschiffbasis *f*.

**air| shock wave** Stoßwelle *f od* Verdichtungsstoß *m* in der Luft *(aerodyn)*; ~ **show** Flugveranstaltung *f*; ~ **shuttle service** Luftpendelverkehr *m (LVerk)*.

**airsick** luftkrank; ~**ness** Luftkrankheit *f (Flmed)* *(Def)*.

**air| side** *(of airport)* Flugbetriebsbereich *m (eines Flughafens)*; ~ **signal company** Fernmeldekompanie *f* der Luftwaffe; ~**signal corps** Fernmeldetruppe *f* der Luftwaffe (*früher* Luftnachrichtentruppe); ~ **signaller** Bordfunker *m (LW E)*; ~ **situation map** Luftlagekarte *f (takt)*; ~ **sounding** aerologische Messung *f (met)*; ~ **sovereignty** Lufthoheit *f*.

**airspace** Luftraum *m (Flsich)* *(Def)*; ~ **control** Luftraumordnung *f (Flsich & mil)*; ~~ **authorithy**, *abbr* **ACA** Luftraumkoordinator *m (mil)*; ~ **management** Luftraummanagement *n (Flsich)*; ~ **reservation** Luftraumreservierung *f (Flsich)*; ~ **restrictions** *pl* Luftraumbeschränkungen *f/pl (Flsich)*; ~ **utilization** Luftraum(be)nutzung *f (Flsich)*.

**airspeed** (*or* **air speed**) Flug- *od* Eigengeschwindigkeit *f (Def)*; Fahrt *f (Flzg & nav)*; **calibrated** ~, *abbr* **CAS** berichtigte Fluggeschwindigkeit *f (Def)*; **equivalent** ~, *abbr* **EAS** äquivalente Fluggeschwindigkeit *f (Def)*; **indicated** ~, *abbr* **IAS** (nicht berichtigte) angezeigte Fluggeschwindigkeit f *(Def)*; *(allg)* Fahrtmesseranzeige *f*; ~ **indicator**, *abbr* **ASI** Fahrtmesser *m (Flzg)* *(Def)*; ~ **indicator calibration (test) flight** Fahrtmessereichflug *m (Flzg)*; **distant-reading** ~ **indicator** Fernfahrtmesser *m (Flzg)*; ~ **indicator reading** Fahrtmesseranzeige *od* ~ablesung *f*; **sensitive** ~ **indicator** Feinfahrtmesser *m (Flzg)*; ~ **meter** Fluggeschwindigkeitsmesser *m (Instr)* *(Def)*; **true** ~, *abbr* **TAS** wahre Fluggeschwindigkeit *f*; Eigengeschwindigkeit *f (Flbetr)* *(Def)*.

**air| spotter** Flugmelder *m (Flmelde)*; ~ **staff** Luftwaffenführungsstab *m*; Generalstab der Luftwaffe; ~ **stairs** *pl* Fluggasttreppe *f (LVerk)*; ~ **start** Anlassen *n* in der Luft; Luftstarten *n (Flmot, Turbo)*; ~~**er** Druckluftanlasser *m (Flmot)*; ~~ ***procedure*** Luftanlassverfahren *n (Flmot, Turbo)*; ~ **station** *(E)* Fliegerhorst *m (LW)*; ~ **stores park** *(E)* Luftpark *m (LW)*; ~ **strategy** Luftstrategie *f (LKr)*; ~ **strainer** Luftfilter *m (Flmot)*; ~ **stratum**, *pl* **strata** Luftschicht *f (met)*; ~ **stream** Luftstrom *m (Def)*; ~ **striking forces** *pl* Angriffsluftstreitkräfte *f/pl (takt)*; ~ **strip** (Start- und) Landestreifen *m (Def)*; ~ **superiority** Luftüberlegenheit *f (takt)*; **supply by** ~ Luftversorgung *f (takt)*; ~ **support**

Luftunterstützung *f (takt)*; **close** ~~ unmittelbare Luftunterstützung *f (takt)*; **general** ~~ allgemeine Luftunterstützung *f (takt)*; **reconnaissance** ~~ Aufklärungsluftunterstützung *f (takt)*; ~(~) **request** Anforderung *f* von Luftunterstützung *(LKr)*; **transport** ~~ Transportluftunterstützung *f (takt)*; ~ **supremacy** Luftherrschaft *f (LKr)*; ~ **survey(ing)** Luft(land)vermessung *f*; ~ **survey map** luftvermessene Karte *f*; Luftbildkarte *f*; ~ **swirl** Luftwirbel *m*.

**air| target** Luftziel *n (Lkr & Flak)*; ~ **taxi** Lufttaxi *n (LVerk)*; ~~ **service** Mietluftdienst *m*; ~ **technician** Flugzeugtechniker *m*; ~ **technicians** *pl* fliegertechnisches Personal *n (LW)*; ~ **temperature** Lufttemperatur *f (met)*; **outside** ~~ Außenlufttemperatur *f*; ~ **terminal** Abfertigungsgebäude *n (LVerk)*; ~ **throughput** Luftdurchsatz *m (Flmot)*.

**airtight** luftdicht.

**air|-to-air** Bord/Bord; ~~ **guided missile** Luft-Luft-Lenkflugkörper *m (LW)*; ~~ **gunnery** Luftzielbeschluss *m (Luftkampf)*; ~~ **radio commumnication** Bord-zu-Bord-Funkverbindung, *abbr* B. z. B.-Verbindung *f*; ~~ **range** Luftschießplatz *m (LW)*; ~~ **rocket** Luftkampfrakete *f (LW)*; ~ **tobogganing** Rutschen *n (Anfängersegelflug)*; ~**-to-ground** Bord/Boden; ~~ **communication** Bord/Boden-Verkehr *m (Funk)* ***(Def)***; ~~ **fighting** Eingreifen *n* in den Erdkampf *(takt)*; ~~ **guided missile** Luft-Boden-Lenkflugkörper *m (LW)*; ~~ **range** Bordwaffen-Schießplatz *m (LW)*; ~~ **rocket** Luft-Boden-Rakete *f (LW)*; ~~ **trajectory** Abwurfbahn *f (Bombenballist)*; ~ **torpedo** Lufttorpedo *n (LKr)*; ~ **tour** Luftreise *f*; Rundflug *m*; ~ **tourist** Luftreisender *m*.

**air traffic** Flugverkehr *m* ***(Def)***; ~ **advisory service** Flugverkehrs-Beratungsdienst *m* ***(Def)***; ~ **concession** Luftverkehrsgenehmigung *f*; ~ **control**, *abbr* **ATC** Flugverkehrskontrolle *od* ~leitung *f*, Flugsicherung *f*; ~~ **centre** Flugverkehrskontrollzentrale *f* ***(Def)***; ~ **(control) clearance** Flugverkehrsfreigabe *f (Flsich)* ***(Def)***; ~ **control instruction** Flugsicherungsanweisung *f*; ~ **controller** Flugverkehrslotse *m (Flsich)*; ~ **rating** Berechtigung *f* für Flugverkehrslotsen; ~ **control message** Flugverkehrs-Kontrollmeldung *f*, ~ **control personnel** Flugsicherungspersonal *n*; ~ **control procedure** Verfahren *n* für die Flugverkehrskontrolle; ~ **control service** Flugverkehrs-Kontrolldienst m ***(Def)***; ~ **control unit** Flugverkehrs-Kontrollstelle *f (Flsich)* ***(Def)***; **domestic** ~ Inlandluftverkehr *m*; ~ **flow management**, *abbr* **ATFM** Verkehrsflussregelung *f (Flsich)*; ~ **flow management area** ATFM-Gebiet *n (Flsich)*; **inland** *or* **internal** ~ Inlandluftverkehr *m*; ~ **management** Flugverkehrsmanagement *n*; ~ **obstacle** Luftverkehrshindernis *n (Bod)*; ~ **pattern** Luftverkehrsschema *n*; ~ **police** Luftpolizei *f*; ~ **regulation** Flugverkehrsbestimmung *f*; ~ **rules** *pl* Flugverkehrsbestimmungen *f/pl*; ~ **services** *pl*, *abbr* **ATS** Flugverkehrsdienste *m/pl* ***(Def)***; ~ **personnel** Flugverkehrsdienstpersonal *n*; ~ **units** *pl* Flugverkehrsdienststellen *f/pl* ***(Def)***; ~**signal light** Luftverkehrs-Signalscheinwerfer *m (Bod)* ***(Def)***; ~ **undertaking** Luftverkehrsunternehmen n.

**air| training command** Luftwaffenausbildungskommando; Kommando *n* der Schulen *(der Luftwaffe)*; ~ **transit, freedom of** ~ Durchflugsrecht *n*; ~ **transport** Lufttransport *m*; Luftbeförderung *f*, Luftverkehr *m*; Transportflugzeug *n*; ~~ **agreement** Luftverkehrsabkommen *n*; ~~ **company** Luftverkehrsgesellschaft *f*; ~~ **enterprise** Luftverkehrsunternehmen; ~~ **operation** Luftverkehrsbetrieb *m*; ~ **travel** Luftreise *f*; ~ **traveller** (*US* ~ **traveler**) Luftreisender *m*; ~ **treaty** Luftvertrag *m*; ~ **agreement** Luftabkommen *n*; ~ **convention** Luftabkommen *n*; ~ **trip** Luftreise *f*; ~ **trip abroad** Auslandsflug *m*; ~ **tube** Reifenschlauch *m*; ~ **tube radiator** Luftröhrenkühler *m (Flmot)*; ~ **turbulance** Luftturbulenz *f*.

**air| umbrella** Luft(ab)schirm(ung) *(takt)*; **up-current of** ~ aufsteigender Luftstrom *m*; ~ **vent** Entlüftung *f (Kraftstoffbehälter)*; ~ **Vice Marshal** (E LW) Generalmajor *m*; ~ **view** Luftansicht *f*; ~ **volume** verdrängtes Luftvolumen *n (Lfz l)* ***(Def)***; ~ **vortex** Luftwirbel *m*; ~ **war** Luftkrieg *m*; ~ **warfare** Luftkriegführung *f*; ~ **warning** Luftwarnung *f (LS)*; ~~ **command** Flugmeldekommando *n (LKr)*; ~~ **net** Flugmeldenetz *n (LKr)*.

**airway** Luftstraße *f (Flsich)* ***(Def)***; ~ **beacon** Luftstraßenfeuer *n (Bod)* ***(Def)***; ~**bill** Luftfrachtbrief *m (LVerk)*; ~ **connection** Fluganschluss *m (LVerk)*; ~ **light** Streckenfeuer *n (Bod)*; ~ **lighting** Streckenbefeuerung *f (Bod)*; ~ **map** Luftverkehrskarte *f*; ~ **marking** Streckenkennung *f (Flsich)*; ~ **obstruction** Luftverkehrshindernis *n*; ~ **section** Teilstrecke *f (Luftstraße)*; ~ **weather forecast** Streckenwettervorhersage *f (met)*.

**air| weapons training installation**, *abbr* **AWTI** Luftwaffenübungsplatz *m*; ~ **weight** Luftgewicht *n*; ~ **woman** Fliegerin *f*; ~ **work** Luft- *od* Flugdienst *m*.

**airworth|iness** Lufttüchtigkeit *f (Lfz)*; ~**iness category** Lufttüchtigkeitskategorie *f*; **certificate of** ~**iness**, *abbr* **C. of A.** Lufttüchtigkeitsschein *m*; Flugzeugzulassung *f*; ~**iness code** Lufttüchtigkeitsvorschriften *f/pl*; ~**y** lufttüchtig *(Lfz)* ***(Def)***.

**aisle** Durchgang *m (im Flzg)*.

**alarm** Alarm *m*; **false** ~ blinder Alarm *m*; ~ **readiness** Alarmbereitschaft *f (mil)*;~ **signal** Alarmzeichen *od* ~signal *n*; ~ **station** Alarmplatz *m (mil)*.

**alclad** (*short for* **clad with aluminium**) mit Aluminium plattiertes Duralblech *n*; Alkladblech *n*.

**alcohol(-blended) fuel** Alkoholkraftstoff *m*.

**ALERFA** Alerfa (Alarmstufe 2) *(Flsich)* ***(Def)***.

**alert** Start- *od* Alarmbereitschaft *f (LKr)*; Bereitschaft herstellen; alarmieren *(Flsich)* ***(Def)***; **air** ~ Luftbereitschaft; Bereitschaftsflugzeug *(im Warteraum) n (LKr US)*; **air** ~ **mission** Bereitschaftseinsatz *m (Lkr Flzg bereits in der Luft)*; **fifteen-minute** ~ 15-Minuten-Bereitschaft *f (Jäger: LKr)*; ~**ing post** Alarmstelle *f (Flsich)* ***(Def)***; ~**ing service** (Flug)Alarmdienst *m (Flsich)* ***(Def)***; **on the** ~ alarm- *od* startbereit *(Flzg)*; ~ **phase**, *abbr* **ALERFA** Alarmstufe 2 *(Bereitschaftsstufe: Flsich)* ***(Def)***; ~ **platform** Alarmabstell- *od* ~ startplatz *m (LW-Flugplatz)*; **radio** ~ Funkbereitschaft *f*, **short-notice** ~ kurzfristige Bereitschaft(sstufe) *f (LKr)*; ~ **stand-by** Alarmbereitschaft *f (mil)*; **state of** ~ Bereitschaftsstufe *f (LKr)*.

**alidade** Diopter *n*.

**alien resident permit** Aufenthaltsgenehmigung *f* für Ausländer.

**alight** landen *(Flzg)*; aussteigen *(allg)*; ~ **(on water)** *(auf dem Wasser)* landen; (an)wassern *(See-Flzg)*; ~**ing** Landung *f (Flzg, auch auf Wasser)* ***(Def)***; ~**ing area** Landebereich *m (Flbetr)*; ~**ing channel** Wasserlandebahn *od* ~rinne *f*; ~**ing-gear** Fahrwerk *n (Lfz)* ***(Def)***; Wasserschlitten *m (See-Flzg)*; ~**ing ground** Landefläche *f (Flugplatz)*; ~**ing on water** Landung auf dem Wasser; Wasserung *f (See-Flzg)*;

~**ing run** Landestrecke *f (Flbetr) (Def)*; ~**ing run on water** Wasserungsauslauf *m (Flbetr)*; ~**ing surface** Wasserungsfläche *f*.

**alignment** (*US auch* **alinement**) Nachstellung *f (Radstand)*; Ausfluchtung *f*; Abgleichung *f (Funk)*; Anpassen *n (Fernm)*; Ausrichtung *f (eines Kurses: nav)*; ~ **bearing** Deckpeilung *f (nav)*; ~ **error** Einstell- *od* Abgleich- *od* Ausrichtungsfehler *m*; ~ **jig** Einstellschablone *f*.

**alive** unter Spannung *od* Strom (stehend) *(el)*.

**all|-burnt** Brennschluss *m (Rak) (Def)*; ~~ **range** Brennschlussentfernung *f (FK) (Def)*; ~ **clear** Entwarnung *f (LS)*; ~~ **report** Klarmeldung *f (mil)*; ~~ **signal** Entwarnungssignal *n (LS)*; ~ **directional patch** kreisförmiges Befestigungspflaster *n (Lfz l) (Def)*; ~**mains receiver** Allstromempfänger *m (Funk)*; ~**metal airplane** Ganzmetallflugzeug *n*; ~**-metal semi-monocoque structure** Ganzmetall-Halbschalenbauweise *f (Flzg)*; ~**-moving canard wing** voll beweglicher Entenflügel *m (Flzg)*; ~ ~**round search radar** Rundumsuchgerät *f (Radar)*; ~ ~**round traverse** Seitenrichtfeld *n* von 360° *(Art)*; ~**-up (flying) weight**, *abbr* **AUW** Flugmasse *f*; Gesamt(flug)masse *f (Lfz)*; ~**-wheel drive** Allradantrieb *m (Kfz)*; ~-**wing airplane** Nurflügelflugzeug *n*; ~**-wood construction** Ganzholzbauweise *f (Tragfläche usw)*.

**allied tactical air force**, *abbr* **ATAF** alliierte taktische Luftflotte *f (LW)*.

**allocation** *(of frequencies)* Zuweisung *f (von Frequenzen)*.

**allotment| of forces** Kräftezuweisung *f (LKr)*, ~ **of frequencies** Frequenzzuweisung *f (z.B. an Flugverkehrsdienste)*.

**allow|able cargo load** zulässige Ladung *f (LVerk) (Def)*; ~**able load** zulässige Belastung *f (stat)*; Belastbarkeit *f (stat)*; zulässige Ladung *f (LVerk)*; ~**able operating weight** zulässige Betriebsmasse *f (Lfz)*; ~**ance** Zulage *f*; Toleranz *f (technisch)*; **clothing** ~~ Einkleidungshilfe *f (mil)*; **pay and** ~~ **administration** Besoldungswesen *n (mil)*.

**alloy** Legierung *f*; legieren; **aluminium** ~ Alu(minium)-legierung *f*; ~ **steel** legierter Stahl *m*; ~**ing element** Legierungsbestandteil *m*.

**allweather| aircraft** Schlechtwetter- *od* Allwetterflugzeug *n*; ~ **fighter**, *abbr* **AWX ftr** Allwetterjäger *m (LW)*; ~ **landing** Allwetterlandung *f (Flbetr)*; ~~ **system** Allwetter- *od* Schlechtwetterlandesystem *n (Flsich)*; ~ **operations** *pl* Allwetter(flug)betrieb *m*.

**almucantar** Almukantarat *m*; Azimutalkreis *m (nav)*.

**along-track error** Längsabweichung *f* auf dem Kurs über Grund *(nav)*.

**alpha| hinge** Schwenkgelenk *n*; ~**bet, spelling** ~~ Buchstabieralphabet *n*; ~**numeric display** alphanumerische Anzeige *f od* Darstellung *f (EDV)*.

**altazimuth circle** Höhenseitenkreis *m (Flak usw)*.

**alter** ändern *(Kurs: nav)* ~**ation of course** Kursänderung *f*; Kurswechsel *m (nav)*; ~**nate aerodrome**, *abbr* **ALT** Ausweichflugplatz *m (Def)*; ~**nate frequency** Ausweichfrequenz *f*; ~**nate route** Ausweich(flug)strecke *f*; ~**nate traffic** Wechselverkehr *m (Funk)*; ~**nating current**, *abbr* **AC** Wechselstrom *m (el)*; ~**nating light** Wechselfeuer *n (Bod) (Def)*; ~**nation of polarity** Umpolung *f (el)*; ~**native aerodrome** Ausweichflugplatz *m (Def)*; ~**native airfield** Ausweich(flug)platz *m (mil)*; ~**native bad-weather aerodrome** Schlechtwetterausweichflugplatz *m*; ~**native frequency** Ausweichfrequenz *f (Funk) (Def)*; ~**native means of communication** Ausweich(fernmelde)verbindungsart *f (Def)*; ~**native position** Ausweichstellung *f (takt)*; ~**native routing** Alternativstreckenführung *f (Flsich)*; ~**native target** Ausweichziel *n (LKr)*; ~**nator** Wechselstromgenerator *m (el)*.

**alti|graph** Höhenschreiber *m*; Barograph *m (Instr) (Def)*; ~**meter** Höhenmesser *m (Def)*; **absolute** ~**meter** Echolot *n*; Abstands- *od* Abtasthöhenmesser *m („Höhe über Grund"-Messung)*; **Behm sound-ranging** ~~ Behm-Echolot n; ~**meter calibrator** Höhenmesser-Eichgerät *n (Def)*; ~**meter check location** Höhenmesser-Kontrollort *m*; ~**meter check point**, *abbr* **ACP** Höhenmesser-Kontrollpunkt *m*; ~**meter control equipment**, *abbr* **ACE** Höhenmesser-Prüfgerät *n*; ~**meter fatigue** Höhenmesserträgheit *f*; ~**meter lag** Nachhängen *n* des Höhenmessers; Höhenmesserträgheit *f*; **radio** ~**meter** Funkecholot *n*; Funkhöhenmesser *m*; ~**meter reading** Höhen(messer)-anzeige *f (Lfz)*; **sensitive** ~**meter** Feinhöhenmesser *m*; ~**meter setting** Höhenmessereinstellung *f*; **sonic** ~**meter** akustisches Echolot *n*; **sound-ranging** ~**meter** (elektro-)akustisches Echolot *n*; **supersenitive** ~**meter** Feinsthöhenmesser *m*; ~**meter with temperature compensation** Höhenmesser *m* mit Wärmeausgleich; ~**metry** Höhenmessung *f*.

**altitude**, *abbr* **ALT** Höhe *f* über Meer *(Def)*; ~ **above ground** Höhe *f* über Grund; ~ **above (mean) sea-level** Seehöhe *f*; Höhe *f* über NN *(NN = Normal Null = mittlere Seehöhe)* ~ **acclimatization** Höhenakklimatisierung *f (Flmed) (Def)*; **air attack** ~ Angriffshöhe *f (LKr)*; ~ **assignment** Höhenzuweisung *f (über NN)*; ~ **at culmination** Gipfel- *od* Kulminationshöhe *f (Gestirn)*; **bombing** ~ Bombenwurfhöhe *f (LKr)*; ~ **boost** Höhenaufladung *f*; Ladedruck *m (Flmot)*; ~ **cabin** Höhenkabine *f (Flzg)*; ~ **camera** Höhenbildgerät *n (LPhot)*; ~ **chamber** Unterdruck- *od* Höhenkammer *f (Flmed) (Def)*; ~ **control** Höhen(gemisch)regler *m (Flmot)*; ~ **correction** Höhenkorrektur *f (Fahrtmesseranzeige)*; ~ **engine** Höhenmotor *m (Flmot) (Def)*; ~ **error** Höhenfehler *m (Astro-nav)*; **final approach** ~ Endanflughöhe *f (Flsich)*; ~ **fitness** Höhenfestigkeit *od* ~tauglichkeit *f (Flmed)*; ~ **flight** Höhenflug *m (Flbetr)*; ~ **hold (stabilization)** Höhenstabilisierung *f (Flugregler)*; **missed-approach** ~ Fehlanflug- *od* Durchstarthöhe *f (Flbetr)*; ~ **mixture control** Höhengemischregler *m (Flmot)*; ~ **of flight** Flughöhe *f*; ~ **of target** Zielhöhe *f (Flak)*; ~ **of the sun** Sonnenhöhe *f*; Sonnenstand *m (nav)*; ~ **output** Höhenleistung *f (Flmot)*; ~ **performance** *or* **power** Höhenleistung *f (Flmot)*; **pressure** ~ Druckhöhe *f (bei Normalluftzustand)*; ~ **record** Höhenflugrekord *m*; ~ **recorder** Höhenschreiber *m*; ~ **separation** Höhenstaffelung *f (Flsich)*; ~ **sickness** Höhenkrankheit *f (Flmed) (Def)*; ~ **test chamber** Höhenprüfkammer *f*; ~ **tolerance** Höhenfestigkeit *f (fliegendes Personal)*; ~ **wind forecast** Höhenwindvorhersage *f (met)*; **zero** ~ Bodennähe *f (Flzg)*.

**alto|-cumulus** Altokumulus *m*; hohe Haufenwolke *f (met) (Def)*; ~**-stratus** Altostratus *m*; hohe Schichtwolke *f (met) (Def)*.

**aluminium** (*US* **aluminum**) Aluminium *n*; ~ **alloy** Alulegierung *f*; **sheet** ~ Aluminiumblech *n*.

**amateur| flyer** Armateurflieger *m*; ~ **flying** Amateurfliegerei *f*; ~ **flying with powered aircraft** Motorflugsport *m*.

**ambient| air** umgehende *od* Umgebungsluft *f*; ~ **temperature** Umgebungs- *od* Raum- *od* Außentemperatur *f*.

**ambiguity** Zwei- *od* Vieldeutigkeit *f;* Unbestimmtheit *f (bei Leitstrahlanzeige usw: Funk).*

**ambul|ance** Sanitätskraftwagen *m;* ~**ance (aircraft)** Sanitäts- *od* Krankenluftfahrzeug *n;* ~**atory case** Leichtkranker *m (mil).*

**ammeter** Strommesser *m;* Amperemeter *n (el).*

**ammo** *sl* Munition *f (mil).*

**ammunition** Munition *f;* ~ **belt** Patronengurt *m;* ~ **clip** Ladestreifen *m (Bordwaffen);* ~ **container** Munitionsbehälter *m;* ~ **depot** Munitionslager *n;* Munitionsanstalt; ~ **drum** Trommelmagazin *n;* Munitionstrommel *f;* ~ **dump** Munitionslager *n;* ~ **hoist** Munitionsaufzug *m;* ~ **supply column** Munitionskolonne *f;* ~ **rounds counter** Schussvorratszähler *m (Bordwaffen: Flzg);* **smoke** ~ Nebelmunition *f (Kr).*

**amount| of bank** Querneigungswert *m (Flzg);* **cloud** ~ Bedeckungsgrad *m (met);* ~ **of deviation** Deviationsgröße *f (Kompass);* ~ **of precipiation** Niederschlagsmenge *f (met);* ~ **of rain** Regenmenge *f (met).*

**amper|age** Stromstärke *f (el);* ~**emeter** Strommesser ***m;*** Amperemeter *n (el).*

**amphibi|an** Amphibium *n;* Amphibienluftfahrzeug *n;* ***(Def);*** *(meist)* Amphibienflugzeug *n;* Wasser-Landflugzeug *n;* ~**an gyroplane** Amphibien-Flugschrauber *m (Flzg);* ~**an helicopter** Amphibien-Hubschrauber *m (Flzg);* ~**an ornithopter** Amphibien-Schwingenflügler *m (Flzg);* ~**ous** amphibisch; ~**os operation** amphibische Operation *f* (takt); ~**ous tank** Schwimmkampfwagen *m.*

**ampli|fication** Verstärkung *f (Funk);* ~**fier** Verstärker *m (Funk & Tel);* ~ **fier station** Verstärkeramt *n (Tel);* ~**fier tube** Verstärkerröhre *f (Radio);* ~**fying stage** Verstärkerstufe *f.*

**amplitude** Amplitude *f (Funk);* Schwingungsweite *f;* ~ **balance ratio** Amplitudenvergleich *m (Funk);* ~ **comparison** Amplitudenvergleich *m (Funk);* ~ **increase** *(of vibration)* Aufschaukeln *n (einer Schwingung);* ~**-modulated** amplitudenmoduliert *(Funk);* ~ **modulation**, *abbr* **AM** Amplitudenmodulation *f (Radar);* ~ **sensitivity** Amplitudenempfindlichkeit *f (Funk).*

**ana|batic air current** anabatischer Luftstrom *m;* Aufstrom *m (met);* ~**batic cloud** Aufgleit- *od* Hebungswolke *f;* aufsteigende Wolke *f (met);* ~**batic wind** Hang- od Aufwind *n (met);* ~**front** (*short for* **anabatic front**) Aufgleit- *od* Anafront *f (met);* ~**glyph** Anaglyphe *f;* Rot-Blau-Stereobild *n (LPhot).*

**analog(ue)| computer** Analogrechner *m (EDV);* ~ **display** Analoganzeige *f,* ~ **representation** analoge Darstellung *f (EDV);* ~**-to-digital converter** Analog-Digital-Umsetzer *m (EDV).*

**analysis** Analyse *f (met);* ~ **test** Befundaufnahme *f.*

**anchor** Anker *m;* ankern; ~**age** Ankergrund *od* ~platz *m;* **at** ~ vor Anker; **balloon** ~ Ballonanker *m;* ~ **buoy** Ankerboje *f;* ~**ed mine** Ankermine *f (mil);* ~**ed whirl test** Fessellauf *m (Hubschrauber am Boden);* ~**(ing) light** Ankerlicht *n;* ~**ing point** Fesselpunkt *m (Luftschiff);* **to lie at** ~ vor Anker liegen *(Flugboot);* ~ **tower** Ankermast *m (Luftschiff).*

**ancillary equipment** Hilfsausrüstung *f od* -eräte *n/pl.*

**anechoic chamber** schallisolierte Kammer *f.*

**anemo|graph** Registrieranemometer *n;* Böen- *od* Windschreiber *m;* Anemograph *m (met)* ***(Def);*** ~**meter** Windgeschwindigkeitsmesser *m;* Anemometer *m (met)* ***(Def);*** **rotating** ~**meter** Drehungswindmesser *m;* Rotationsanemometer *n (met);* ~**metrically variable pitch airscrew** Luftschraube *f* mit Windradverstellung.

**aneroid| altimeter** barometrischer Höhenmesser *m;* ~ **(barometer)** Aneroid- *od* Dosenbarometer *n (met)* ***(Def);*** **capsule** ~ Kapselbarometer *n;* ~ **thermometer** Expansionsthermometer *n.*

**angle** Winkel *m;* **airflow** ~ Anblaswinkel *m (aerodyn);* **approach** ~ Flugwinkel *(Flak);* Anflugwinkel *m (Flsich);* **blade** ~ Blatt(anstell)winkel *m (Luftschraube);* **bombing** ~ Vorhaltewinkel *m (Bombenwurf);* **correction** ~ Vorhaltewinkel *m (nav);* **crab** ~ Vorhaltewinkel *m;* **critical** ~ kritischer Anstellwinkel *m (Flzg);* **downwash** ~ Abwindwinkel *m (aerodyn);* **drift** ~ Abtriftwinkel *m (nav);* **dropping** ~ Vorhaltewinkel *m (Bombenwurf);* ~ **echo** Engelecho *n (Funk);* ~**d deck** Winkeldeck *n (FlzgTräger)* ***(Def);*** **lead** ~ Vorhaltewinkel *m (nav & ballist);* ~ **of approach** Flugwinkel *(Flak);* Anflugwinkel *m;* ~**-of-approach indicator system** Anflugwinkelanzeige *f* ***(Def);*** ~**-of-approach lights** *pl* Anflugwinkelfeuer *n/pl* ***(Def);*** ~ **of attack** Anstellwinkel *m (Tragfläche; Höhenflosse)* ***(Def);*** Anblasewinkel *m (aerodyn);* ~ **of bank** Querneigungswinkel *m (Flzg);* ~ **of climb** Steigwinkel *m (Flzg);* ~ **of correction** Korrektur- *od* Verbesserungswinkel *m (nav);* ~ **of crab** Vorhaltewinkel *m (LPhot);* Schiebewinkel *m (Flbetr)* ***(Def);*** ~ **of declination** Deklinationswinkel *m;* ~ **of departure** Abgangswinkel *m (ballist);* ~ **of descent** Fall- *od* Sinkwinkel *m (Flzg);* Fallwinkel *m (Bombe);* ~ **of dip** Inklinationswinkel *m (Kompass);* ~ **of dive** Flugneigungs- *od* Sturzflugwinkel *m (Flzg);* ~ **of drift** Abtriftwinkel *m (nav);* ~ **of fall** Fallwinkel *m (ballist);* ~ **of glide** Gleitwinkel *m (Flzg);* ~ **of impact** Auftreff- *od* Aufschlagwinkel *m (ballist);* ~ **of incidence** Anstellwinkel *m (Tragfläche)* ***(Def);*** **rigging** ~ **of incidence** Einstellwinkel *m;* ~ **of inclination** Inklinations- *od* Kippwinkel *m (Kompass);* ~ **of inclination of the flight path** Bahnneigungswinkel *m (Flzg);* ~ **of jump** Abgangsfehlerwinkel *m (Art);* ~ **of lead** Voreilwinkel *m;* Vorhaltewinkel *m (ballist & nav);* ~ **of pitch** Anstell- *od* Steigungswinkel *m (Luftschraube);* Längsneigungswinkel *m (Flzg);* Nickwinkel *m (aerodyn)* ***(Def);*** ~ **of radiation** Abstrahlwinkel *m (Fernm);* ~ **of refraction** Brechungswinkel *m (Strahlen);* ~ **of ricochet** Abprallwinkel *m (Art);* ~ **of roll** Querneigungs- *od* Rollwinkel *m (aerodyn)* ***(Def);*** ~ **of side-slip** Schiebewinkel *m (aerodyn)* ***(Def);*** ~ **of sight** Höhenwinkel *m (Flak);* ~ **of site** Geländewinkel *m (Art);* ~ **of slope** Böschungswinkel *m;* ~ **of stabilizer setting** Höhenflosseneinstellwinkel *m (Flzg);* ~ **of stall** Höchstauftriebs- *od* Strömungsabreißwinkel *m;* kritischer Anstellwinkel *m (aerodyn)* ***(Def);*** ~ **of sweep** Pfeil(stellungs)winkel *m (Tragfläche);* ~ **of sweep-back** Rückpfeilungswinkel *m (Flzg);* ~ **of tilt** Kippwinkel *m (Kompass);* ~ **of twist** Torsionswinkel *m;* ~ **of view** Sehwinkel *m;* ~ **of wing setting** Einstellwinkel *(Tragfläche);* ~ **of yaw** Gier- *od* Scherwinkel *m (Flzg);* ~ **of zero lift** Nullauftriebswinkel *m;* Anstellwinkel *m* für Nullauftrieb *(aerodyn);* **path** ~ Bahnneigung(swinkel) *f (m) (ballist);* **stalling** ~ kritischer Anstellwinkel *m;* Abkippwinkel *m (Flzg);* **tail setting** ~ Einstellwinkel *m (Höhenflosse);* ~ **view** *(of the lens)* Bildfeld *n (LPhot).*

**angular** winkelig; auf einen Winkel bezüglich; ~ **acceleration** Winkelbeschleunigung *f* ***(Def);*** ~ **accuracy** Winkelgenauigkeit *f;* ~ **advance** Winkelvorgabe *f;* ~ **displacement** *(of control surfaces)* Ruderausschlag *m (Flzg);* ~ **field** Blickwinkel *m;* ~ **height** *(of target)* Zielwinkelhöhe *f*; Gipfelabszisse *f (Flak)*; ~ **load** Winkelvorgabe *f*; ~ **motion** Drehbewegung *f*; ~ **movement** Winkelauswanderung *f*; ~ **pitot tube** Winkelstaurohr *n (Flzg)*; ~ **reinforcement** Winkelversteifung *f (Flzg)*; ~ **set-back** Pfeilstellung *f (Tragfläche)*; ~ **time** Auswanderungszeit *f (Flak)*; ~ **variation** Winkeländerung *f*; ~ **velocity** Winkelgeschwindigkeit *f*; ~ **wrench** Winkel(schrauben)-schlüssel *m*.

**anhedral** negative V-Form *od* V-Stellung *f (der Tragflächen) (Def)*.

**animal and plant quarantine** Tier- und Pflanzenquarantäne *f (LVerk)*.

**AN method** AN-Verfahren *n (Komplementärtastung von Strahlungsdiagrammen zur Bildung eines Leitstrahls)*.

**announcement of flight** Flugansage *f*.

**anual** jährlich; ~ **assembly of reservists** Wehrversammlung *f (mil)*; ~ **course of precpitation** jährlicher Gang *m* des Niederschlages (met); ~ **heat range** jährlicher Gang *m* der Wärme *(met)*; ~ **precipitation** jährliche Niederschlagsmenge *f (met)*; ~ **rating** Jahresbeurteilung *f (über mil Personal)*; ~ **variation of humidity** jährlicher Gang der Feuchtigkeit (met); ~**ly** *(Adv)* jährlich.

**annular** ringförmig; ~ **air intake** ringförmiger Lufteinlass *m (Turbo)*; ~ **ball bearing** Ringkugellager *n*; ~ **combustion chamber** Ringbrennkammer *f (Turbo)*; ~ **cowl(ing)** Ringhaube *f (Flmot)*; ~ **radiator** Ringkühler *m (Flmot) (Def)*; ~ **ring strut** Ringfederbein *n (Fahrwerk)*; ~ **spring** Ringfeder *f*; ~ **spring shock-absorber** Ringfederbein *n (Fahrwerk)*; ~**(-type) radiator** Ringkühler *m (Flmot)*.

**anox|emia** Sauerstoffmangel *m (im Blut: Flmed)*; ~**ia** Anoxie *f*; Sauerstoffmangel *m (im Gewebe) (Def)*.

**anomalous flexure** Biegungsanomalie *f*; anomale Biegung *f (stat)*.

**answering station** Gegenfunkstelle *f*.

**antarctic| air** antarktische Luft *f (met)*; ~ **circle** südlicher Polarkreis *m*; ~ **continent** Südpolarland *n*.

**antemeridian**, *abbr* **AM** *or a.m.* vormittags.

**antenna** (*vgl auch* **aerial**) Antenne *f (Funk, Radar) (Def)*; ~ **array** Antennenanordnung *od* ~gruppe *f (Funk)*; ~ **assembly** Antennenanlage *f*; **beam** ~ Richtantenne *f (Funk)*; ~ **coupler** Antennenkoppler *m*; **dipole** ~ Dipolarantenne *f*; **direction-finding** ~ Peilantenne *f*; ~ **directivity diagram** Antennenrichtdiagramm *n*; ~ **drive** Antennenantrieb *m*; ~ **effect** Antennenfehler *m (bei Flzg-Schleppantennen: Funk)*; Antenneneffekt *m (bei Rahmenantennen: Funk)*; ~ **feed** Antennen(ein)speisung; ~ **following** Antennennachführung *f*; ~ **gain** Antennengewinn *m*; ~ **lead-in** Antenneneinführung *f*; ~ **loop** Antennen(strom)kreis *m*; ~ **mast** Antennenmast *m*; ~ **matching unit** Antennenanpassungsgerät *n (Funk)*; **omnidirectional** ~ Rundstrahlantenne *f*; **outdoor** *or* **outside** ~ Außen- *od* Freiantenne *f (Funk)*; ~ **pattern** Antennen(richt)diagramm *n*; ~ **power** Antennenleistung *f (Funk)*; ~ **reel** Antennenhaspel *f*; ~ **reflector** Antennenreflektor *m*; ~ **scan rate** Abtastgeschwindigkeit *f (Radar)*; **shielded** ~ abgeschirmte Antenne *f (Flzg)*; ~ **socket** Antennenhalterung *f*; ~ **strand** Antennenlitze *f*; **tape** ~ Bandantenne *f*; ~ **tracking** Antennennachführung *f*; **trailing** ~ Schleppantenne *f (Flzg)*; ~ **tuner** Antennenabstimm- *od* ~anpassgerät *n*; ~ **tuning** Antennenabstimmung *f*; ~ **weight** Antennenei *n (Schleppantenne)*; ~ **wire** Antennendraht *m*.

**anthelion** Gegensonne *f (met)*.

**anti|-aircraft**, *abbr* **AA** (*vergl auch* **AA**) Bodenabwehr *f*; Flak(-Artillerie) *f (LKr)*; ~~ **artillery**, *abbr* **AAA** Flak-Artillerie *f*; ~~ **gun** Flakgeschütz *n*; ~~ **liaison officer** *abbr* **AALO** Flak-Verbindungsoffizier *m*; ~~ **missile** Luftabwehrrakete *f*; ~~ **operations room**, *abbr* **AAOR** Flak-Führungsstand *m*; ~ **balloon device** Ballonabweiser *m (am Flzg)*; ~**cer** Enteisungsvorrichtung *f*; Enteiser *m (Flzg)*; ~**clockwise** im entgegengesetzten Uhrzeigersinn; ~**clutter gain control** Nahechodämpfung *f (Radar)*; ~**clutter sea** Nahechodämpfung *f (Schiffs-Radar)*; ~**-collision lights** *pl* Zusammenstoßwarnlichter *n/pl*; Warnblinker *m/pl (Lfz)*; ~**collision radar** Kollisionswarnradar-(gerät) *n*; ~**collision warning** Zusammenstoßwarnung *f (Flsich)*; ~**corrosion (agent)** Korrosionsschutz *m*; ~**cyclone** Antizyklone *f*; Hoch(druckgebiet) *n (met) (Def)*; ~**cyclonic area** *or* **region** Hochdruckgebiet *n*; Antizyklone *f (met)*; ~**cyclonic foehn** antizyklonaler Föhn *m*; Föhn *m* der freien Amtosphäre *(met)*; ~**dazzle goggles** *pl* Blendschutzbrille *f*; ~**dazzling screen** Blendschutzscheibe *f*; ~ **detonant** klopffest *(Kraftstoff)*; ~**dim compound** Klarsichtsalbe *f (Gasmaske)*; ~**dim (eye) glass** Klarscheibe *f (Gasmaske)*; ~**-drag wires** *pl* Holmauskreuzungen *f/pl (Def)*; ~**-freeze** Frostschutzmittel *n*; ~**freezing** kältebeständig; ~**-friction bearing** Wälzlager *n (Flmot usw)*; ~**-friction metal** Lagermetall *n*; ~**frostbite ointment** Frostschutzsalbe *f*; ~**-g-suit** Anti-g-Anzug *m*; Beschleunigungs(schutz)anzug *m (Def)*; ~**-glare goggles** Blendschutzbrille *f*; ~**-glare paint** Blendschutzfarbe *f (Flzg)*; ~**-icer** Enteisungsvorrichtung *f*; Enteiser *m*; Vereisungsschutzgerät *n (Flzg)*; ~**-icer fluid** Enteisungsflüssigkeit *f*; ~**-icing** Vereisungsschutz *m (Lfz) (Def)*; ~~ **equipment** Enteisungsausrüstung *f (Flzg)*; ~**jamming** Entstörung *f (allg)*; Entdüppelung *f (Radar)*; ~**jamming attachment** Entstörzusatz *m*; ~ **jamming device** Funkenttrübung *f (Radar)*; ~**knock** klopffest *(Kraftstoff)*; ~**knock agent** Antiklopfmittel *n*; ~**knock fuel** klopffester Kraftstoff *m*; ~**knock rating** Klopffestigkeit(sgrad) *f(m) (Kraftstoff)*; ~**knock value** Klopffestigkeit *f (Kraftstoff)*; ~**-lift wire** Gegenkabel *n* (Tragfläche) *(Def)*; ~**missile (missile)** Gegen- *od* Antirakete *f*; Antiraketen-Rakete *f (LKr)*; ~**noise** geräuschdämpfend; ~**-personnel bomb** Splitterbombe *f (LKr)*; ~**propeller end** Apparateteil *m (Flmot)*;~**-rolling wire** Antirollkabel *n (Lfz l) (Def)*;~**-skid brake** Bremse *f* mit Blockierschutz; ~**spin (device)** Antitrudeleinrichtung *f (Lfz)*; ~**-spin parachute** Trudelfallschirm *m (Flzg) (Def)*; ~**-splinter cover** Splitterschutz *m (Lkr)*; ~**stall device** Vorrichtung *f* zur Verhinderung des Überziehens; Antistalleinrichtung *f (Flzg)*; ~**-submarine patrol** U-Boot-Jagd *f (LKr)*; ~**sun** Gegensonne *f*; ~**-symmetrical flutter** antisymmetrisches Flattern *n (aerodyn) (Def)*; ~**tank defence** (*US* **defense**) Panzerabwehr *f (takt)*; ~**tank ditch** Panzerabwehrgraben *m*; ~**tank gun** Pak-Geschütz *n*; ~**tank obstacle** Panzersperre *f*; Panzerhindernis *m*; ~**tank rocket** Panzerabwehrrakete *f (LKr)*; ~**torque moment** Gegendrehmoment *n*; ~**-torque propeller** Drehmomentausgleichspropeller *m*; Heckrotor *m (Heli)*; ~**-torque rotor** Hilfs- *od* Heckrotor *m (zum Drehmomentausgleich: Heli)*; ~**trade(s)** Antipassat *m*; Gegenpassat *m (Def)*; ~**-twilight** Gegendämmerung *f*; ~**twisting moment** Gegendrehmoment *n*.

**anticipated operating conditions** *pl* zu erwartende Betriebsbedingungen *f/pl (Flbetr) (Def)*.

**anvil cloud** Ambosswolke *f (met)*.

**appart, to take** ~ auseinandernehmen *(Flmot & Flzg)*.

**aperiodic| instability** aperiodische Instabilität *f (Flzg)*; ~ **stability** aperiodische Stabilität *f (Lfz)*.

**aperture** Öffnung *f*; ~ **ratio** Öffnungsverhältnis *n (LPhot)*.

**apex** Scheitel *m (Fallschirm)* ***(Def)***; ~ **of trajectory** Scheitelpunkt *m (ballist)*.

**apogee** Apogäum *n (FK)* ***(Def)***; ~ **altitude of orbit** Apogäumshöhe *f* der Umlaufbahn *(AufklSat)*; ~ **of orbit** Apogäum *n* der Umlaufbahn.

**apolune** Apogäum *n* einer Mondumlaufbahn.

**apparatus** Gerät *n*; **breathing** ~ Atemgerät n; **cocking** ~ Durchladeeinrichtung *f (Bordwaffen)*; ~ **construction** Gerätebau *m*; **decimetre** (*US* **decimeter**) ~ Dezimetergerät *n (Funk)*; **identification** ~ Kenngerät *n* (Radar); **oxygen** ~ Sauerstoff- *od* Atemgerät *n (Flzg)*.

**appendix** Füllansatz *m (Ball)*; Anlage *f (Schriftverkehr)*; *(ICAO)* Ergänzung *f*.

**appl|icant** Bewerber *m*; Antragsteller *m (Zulassung eines Luftfahrzeuges)*; ~**ication** Bewerbung *f*; ~**ication blank** Antragsformular *n*; ~**ied aerodynamics** angewandte Aerodynamik *f*; Strömungstechnik *f*; ~**ied load factor** Lastvielfaches *n (stat)*; ~**y**, *to ~y bank* Querruder geben; *to ~y brakes* bremsen; *to ~y for* sich um etwas bewerben.

**appoint** ernennen *(mil)*; ~**ment** Ernennung *f*; Bestallung *f (mil)*; **certificate of** ~**ment** Bestallungsurkunde *f (mil)*.

**apprentice** Lehrling *m*; ~ **fee** Lehrgeld *n*; ~ **seaman** Matrose *m (mil)*; ~**ship** Lehre; Lehrzeit *f*.

**approach** anfliegen ***(Def)***; Anflug(bereich) *m (Flsich)* ***(Def)***; Anflugraum *m*; Anflug *m (zur Landung) (Flbetr)* ***(Def)***; Anmarsch *m (takt)*; ~ **aids** *pl* Anflughilfsmittel *n/pl (nav)* ***(Def)***; ~ **and holding aids** *pl* Anflug- und Warteeinrichtungen *f/pl*; ~ **and landing aids** *pl* Anflug- und Landehilfsmittel *n/pl* ***(Def)***; ~ **altitude, final** ~ Endanflughöhe *f (Flsich)*; ~ **angle** Anflugwinkel; **angle of** ~ Anflugwinkel *m*; ~ **area** Anflugsektor *m (Flsich)* ***(Def)***; ~ **beam** Anflugleitstrahl *m (Funk)*; ~ **bearing** Anflugpeilung *f (Funk)*; **blind** ~ Blindanflug *m (nav)*; ~ **chart** Anflugkarte *f*; ~ **clearance** Anflugfreigabe *f*; ~ **control** Anflugkontrolle *f (Flsich)* ***(Def)***; ~ **control office** Anflugkontrollstelle *f (Flsich)* ***(Def)***; ~ **control procedure** Anflugkontrollverfahren *n (Flsich)*; ~ **control radar**, *abbr* **ACR** Anflug-Kontrollradar(gerät) *n* ***(Def)***; ~ **control rating** Berechtigung *f* für Anflugkontrolle *(Flsich)*; ~ **control service** Anflugkontrolldienst *m (Flsich)* ***(Def)***; ~ **controller** Anfluglotse *m (Flsich)*; ~ **corridor** Anflugschneise *f (Flsich)*; **direction of** ~ Anflugrichtung *f*; ~ **end of runway** Anfang *m* der Piste *(Bod)*; ~**es** *pl* Vorfeld *n (LKr)*; ~ **flashlighting system**, *abbr* **AFLS** Anflugblitzbefeuerung *f (Bod)*, **expected** ~ **time**, *abbr* **EAT** voraussichtlicher Anflugzeitpunkt *m* ***(Def)***; ~ **flight** Zielanflug *m (nav)*; ~ **for landing** Anschweben *n (Flzg zur Landung)*; ~ **funnel** Anflugtrichter *m (Flsich)* ***(Def)***; ground controlled ~, *abbr* **GCA** GCA-Anflug *m (vom Boden geleiteter Radaranflug)* ***(Def)***; ~ **idling conditions** *pl* Anflugleerlaufzustand *m (Flbetr)* ***(Def)***; **initial** ~ Anfangsanflug *m (Flsich)*; **lane of** ~ Anflugschneise *f*; ~ **light** (**beacon**) Anflug(leucht)feuer *n* ***(Def)***; ~ **lighting** *or* **lights** *pl* Anflugbefeuerung *f (Bod)* ***(Def)***; ~ **lighting system** Anflug-Befeuerungssystem *n*; ~ **march** Annäherungsmarsch *m (takt)*; **missed** ~ **altitude** Fehlanflug- *od* Durchstarthöhe *f (Flbetr)*; **missed** ~ **procedure** Fehlanflugverfahren *n (Flbetr)*; **ninety-degree** ~ Neunziggrad-Anflug *m (nav)*; ~ **noise** Anfluglärm *m*; ~ **parachute** Landeanflug-Bremsschirm *m*; ~ **path** Anflugbahn *f od* ~weg *m (Bod)*; ~ **portal** Anflugtor *n (Flsich)*; **power(ed)** ~ Anflug *m od* Anschweben *n* mit Gas; **principial course of** ~ Anfluggrundlinie *f (Flsich)*; ~ **procedure** Anflugverfahren *n (Flsich)*; ~ **radar** Anflugradar(gerät) *n*; ~~ **controller** Anflugradarlotse *m*; ~~ **rating** Berechtigung *f* für Anflugradar *(Flsich)*; ~ **route** Anflugweg *m*; ~ **sector** Anflugsektor *m (Flsich)*; ~ **sequence** Anflugfolge *f (Flsich)* ***(Def)***; ~ **slope** (**angle**) Anflug- *od* Gleitwinkel *m (Flbetr)*; ~ **speed** Anfluggeschwindigkeit *f (Flbetr)* ***(Def)***; ~ **surface** Anflugfläche *f (Flsich)* ***(Def)***; ~ **time** Anflugzeitpunkt *m (Flsich)* ***(Def)***; **to clear for** ~ freigeben *(Flzg zum Anflug: Flsich)*; ~ **to land** zur Landung anfliegen *(Flbetr)*; ~**-to-land procedure** Landeanflugverfahren *n (Flsich)*; ~ **to stall** Annäherung *f* an den überzogenen Flugzustand *(Flbetr)*; ~ **to the target** Zielanflug *m (zum Bombenwurf)*; ~ **trench** Laufgraben *m (Stellungs-Kr)*; **unobstructed** ~ hindernisfreier Anflug *m*; ~**-way** Anflugweg *m*; ~ **zone** Anflugsektor *m (Flsich)*.

**appropriate| airworthiness requirement**(*s*) *(pl)* anzuwendende Lufttüchtigkeitsvorschrift(en) *f(pl)* ***(Def)***; ~ **authority** zuständige Behörde *f (ICAO)*.

**approved** genehmigt; abgenommen *(Fluggerät usw als geeignet abgenommen)*; zugelassen ***(Def)***; ~ **maintenance organization** anerkannte(r) luftfahrttechnische(r) Organisation *f od* Betrieb *m (ICAO)*; ~ **training** zugelassene *od* genehmigte Ausbildung *f (ICAO)* ***(Def)***.

**approximat|e adjustment fire** grobes Einschießen *n (Art)*; ~**e contour line** genäherte Höhenlinie *f*; Formlinie *f (Kart)*; ~**ing computation** Überschlagsrechnung *f*.

**apron** Hallenvorfeld *n*; Abstellfläche *f (Flugplatz)*; Vorfeld *n* ***(Def)***; ~ **area** Vorfeldbereich *m*; Bereich *m* der Abstellfläche *(Bod)*; ~ **margin(s)** *(pl)* Vorfeldrandzone(n) *f(pl)*; Randzone(n) *f(pl)* der Abstellfläche *(Bod)*; ~ **passenger vehicle** Vorfeldfahrzeug *n* für Fluggäste *(LVerk)*.

**apsis** Apside *f (Astronav)*.

**apt|itude** Befähigung *f*; Eignung *f*; Tauglichkeit *f*; ~**itude for flying** Fliegertauglichkeit *f*; ~**itude for piloting an aircraft** Befähigung *f* zum Führen eines Luftfahrzeuges; ~**itude test** Eignungsprüfung *f (fliegendes Personal)*; ~**ness** Tauglichkeit *f*; ~~ **for flying** Fliegertauglichkeit *f*.

**aqu|aplaning** Wassergleiten *n (FlzgLaufrad)*; Aquaplaning *n*; ~**eous film-forming foam**, *abbr* **AFFF** wässriger filmbildender (Lösch)Schaum *m (Brandbekämpfung)*.

**arc|ignition** Lichtbogenzündung *f*; ~ **of the meridian** Meridianbogen *m*; ~ **weld(ing)** elektrische Schweißung *f*; Lichtbogenschweißung *f*.

**arched skeleton line** Kreisbogenskelettlinie *f (Konstr)*.

**archie** *sl* Flakgeschütz *n*.

**arctic** arktisch; Arktis *f*; ~ **air** arktische Luft *f (met)*; ~ **circle** nördlicher Polarkreis *m*; ~ **front** Kalt(luft)front *f (met)*.

**area** Raum *m*; Bereich *m*; Bezirk *m*; Gebiet *n*; Fläche *f*; **accommodation** ~ Unterkunftsbereich *m (Flugplatz)*; **army** ~ Armeegebiet *n (takt)*; **assembly** ~ Aufmarschgebiet *n*; Bereitstellungsraum *m (takt)*; **bearing** ~ tragende Fläche *f (Flzg)*; **billeting** ~ Kasernenbereich *m (Fliegerhorst)*; ~ **bombing** Bombenflächenwurf *m*; Flächenbomben(ab)wurf *m (LKr)*; ~ **broadcast** Regional- *od* Zonenrundsendung *f (Funk)*; **built-up** ~ bebautes Gebiet *n*; **combat** ~ Kampfraum *m (takt)*; ~ **communication**

centre Bereichsfernmeldezentrale *f*; **concentration** ~ Aufmarschgebiet *n (takt)*; ~ **control** Bezirkskontrolle *f (Flsich)*; ~ **control centre** (*US* **center**), *abbr* **ACC** Bezirkskontrollstelle *f (Flsich) (Def)*; ~ **control rating** Berechtigung *f* für Bezirkskontrolle *(Flsich)*; ~ **control service** Bezirkskontrolldienst *m (Def)*; ~ **controller** Bezirkslotse *m (Flsich)*; **encircled** ~ Kessel *m (takt)*; ~ **forecast** Gebietswettervorhersage *f*; **forward** ~ Kampfraum *m od* ~gebiet *n (takt)*; **landing** ~ Landefeld *n (Flugplatz)*; Absetzraum *m (Fallschirmtruppen)*; ~ **navigation**, *abbr* **RNAV** Flächennavigation *f*; ~ **of ascending clouds** Gebiet *n* mit Aufgleitbewölkung; ~ **of command** Befehlsbereich *m & n (mil)*; ~ **of decreasing** *or* **of falling pressure** Gebiet *n* fallenden Luftdrucks *(met)*; ~ **of fire** Schussfeld *n (takt)*; ~ **of high pressure** Hochdruckgebiet *n (met)*; ~ **of low pressure** Tiefdruckgebiet *n (met)*; ~ **of responsibility** Dienstbereich *m & n (mil)*; ~ **of rising pressure** Gebiet *n* steigenden Luftdrucks *(met)*; ~ **of separation** Abreißgebiet *n*; Ablösungszone *f (aerodyn)*; ~ **of tail unit** Leitwerksfläche *f (Flzg)*; **parking** ~ Abstellplatz *m (für Flzge)*; ~ **radar controller** Bezirksradarlotse *m (Flsich)*; **reconnaissance** ~ Aufklärungsraum *m (takt)*; ~ **rule** Flächenregel *f (Konstr)*; ~**-ruled fuselage** Flächenregelrumpf *m (Flzg)*; **supporting** ~ tragende Fläche *f (Flzg)*; ~ **target** Flächenziel *n (LKr)*.

**aerography** Aräographie *f*; Dichtemessung *f (met)*.

**arid** trocken *(met)*.

**Aries** Widder *m (Sternbild)*.

**arm** Waffe *f*, Waffengattung *f (mil)*; Zeiger *m*; bewaffnen; schärfen *(Bombe)*; entsichern *(Munition: Mine)*; ~ **of service** Waffengattung *f (mil)*; **offensive** ~ Angriffswaffe *f*; **small** ~ Handfeuerwaffe *f*; ~**ament** Bestückung *f*; Bewaffnung *f*; **defensive** ~**ament** Abwehrbewaffnung *f*; **front** ~**ament** Bugbewaffnung *f (Flzg)*; **offensive** ~**ament** Angriffsbewaffnung *f*; ~**ature** Anker *m (Zündmagnet)*; Läufer *m (el)*; ~**chair pilot** *sl* Schreibtischflieger *m sl*; ~**ed** bewaffnet; ~**ed escort** bewaffneter Sicherheitsbegleiter *m (LVerk)*; ~**ed forces** *pl* Wehrmacht *f*; Streitkräfte *f/pl (mil)*; Gesamtstreitkräfte *f/pl (Bw)*; ~**ed forces operations staff** Wehrmachtführungsstab *m (mil)*; ~**ed forces recruiting and replacement administration** Wehrersatzwesen *n (mil)*; ~**ed reconnaissance** bewaffnete Aufklärung *f (LKr)*; ~**ing pin** Sicherungsvorstecker *m (Bombe)*; ~**ing time** Entsicherungszeit *f (Zünder)*; ~**ing vane** Entsicherungsflügel *m (Waffe)*.

**armour** (*US* **armor**) Panzer *m*; Panzerung *f*; ~ **bomb** Panzerbombe *f (LKr)*; ~ **bullet** Stahlkerngeschoss *f*; ~**ed** gepanzert; ~**ed cable** Panzerkabel *n (Tel)*; ~**ed concrete** (Eisen-)Beton *m*; ~**ed cupola** Panzerkuppel *f*; ~**ed command car** Panzerbefehlsfahrzeug *n*; ~**ed division** Panzerdivision *f*; ~**ed force** Panzerverband *m*; ~**ed forces** *pl* Panzertruppe *f*; ~**ed patrol car** Panzerspähwagen *m*; ~**ed personnel carrier** Schützenpanzerwagen *m*; ~**ed point** Panzerspitze *f (takt)*; ~**ed reconnaissance car** Panzerspähwagen *m*; ~**ed scout car** Panzerspähwagen *m*; ~**ed skirting** Laufwerkpanzerung *f (Panzer)*; ~**ed train** Eisenbahnpanzerzug *m*; ~**ed troops** *pl* Panzertruppe *f*; Kraftfahrkampftruppe *f*; ~**ed turret** Panzerdrehturm *m*; ~**ed vehicle** Panzerfahrzeug *n*; ~**er** Waffenwart *m (mil)*; ~**-piercing** panzerbrechend *(Geschoss usw)*; ~**-piercing bomb** Panzerbombe *f (LKr)*; ~**-piercing bullet** Stahlkerngeschoss *n*; ~**-piercing head** Panzerkopf *m (Bombe)*; ~**-piercing shell** Panzergeschoss *n*; ~ **plate** Panzerplatte *f*; ~ **plating** Panzerung *f*; ~**y** Waffenmeisterei *f*.

**army** Heer *n*; Armee *f (takt)*; ~ air force, *abbr* **AAF** (*US frühere*) Heeresluftwaffe *f*; ~ **area** Armeegebiet *n (takt)*; ~ **aviation** Heeresfliegerei *f*; ~ **aviator** Heeresflieger *m*; ~ **command** Heeresleitung *f*; ~ **corps** Armeekorps *n*; **engineer** Heerespionier *m*; ~ **flyer** Heeresflieger *m*; ~ **group** Heeresgruppe *f (takt)*; ~ **headquarters** Armee-Hauptquartier; Armee-Oberkommando *n*, *abbr* **AOK**; ~ **High Command** Oberkommando *n* des Heeres; ~ **manual** Heeresdruckvorschrift *f*; ~ **matériel** Heeresgerät *n*; ~ **of occupation** Besatzungsheer *n (mil)*; ~ **post** (*US*) Heeresstandort *m*; Garnison *f*; ~ **post-office** Feldpostamt *n*; ~ **postal service** Feldpostwesen *n*; ~ **postal unit** Feldposteinheit *f (mil)*; **regular** ~ stehendes Heer *n*; ~ **serial number** Wehrnummer *f (mil)*; **standing** ~ stehendes Heer *n*; ~ **technical school** Heeresfachschule *f*; ~ **troops** *pl* Armeetruppen *f/pl (takt)*; ~ **war college** Heeres-Kriegsakademie *f (mil)*.

**array** Schlachtordnung *f (takt)*.

**arrest** festnehmen; abbremsen; hemmen; Festnahme *f*; Arrest *m*; ~ **in quarters** Stubenarrest *m (mil)*; **person under** ~ Arrestant *m*; ~**er** Blitzableiter *m*; ~**er barrier** Auffang- *od* Fangvorrichtung *f*; Barriere *f (Bod) (Def)*; ~**er hook** Fanghaken *m (Träger-Flzg) (Def)*; ~**er wire** Fangseil *n (Flzg-Träger)*; ~**ing cable** Fangkabel *n (Bod & Flzg-Träger)* ~**ing device** *or* **gear** Auffangvorrichtung *f (Bod)*; Landebremsvorrichtung *f (FlzgTräger) (Def)*; ~**ing hook** Fanghaken *m (Lfz)*; ~**ing net** Fangnetz *n (Bod)*; ~**or hook** Fanghaken *m (Lfz)*.

**arriv|al** Ankunft f; Landung *f*; *sl* für schlechte Landung *f*; ~**al aerodrome** Ziel- *od* Bestimmungsflugplatz *m (LVerk)*; **course of** ~**al** Ankunftskurs *m (Flsich)*; **estimated time of** ~**al**, *abbr* **ETA** geschätzte Ankunftszeit *f*; ~**al message** Landemeldung *f*; **place of** ~**al** Ankunftsort *m*; **point of** ~**al** Ankunftsort *m*; ~**al time** Landezeit *f (Def)*; Ankunftszeit *f*; **time of** ~**al** Landezeit *f (Lfz)*; ~**e** eintreffen; ~**e on schedule** (flug)planmäßig eintreffen.

**arrow| antenna** geknickte *od* L-Antenne *f (Funk)*; ~**ed broken line** gestrichelte Linie *f* mit Richtungspfeil(en) *(Kart)*; ~**ed continuous line** durchgezogene Linie *f* mit Richtungspfeil(en) *(Kart)*; ~**ed dotted line** punktierte Linie *f* mit Richtungspfeil(en) *(Kart)*; ~ **engine** W-Motor *m (Flmot) (Def)*; ~ **shape of wing** Tragflächenpfeilungsform *f (Flzg)*; ~**-type wing** Pfeiltragfläche *f (Flzg)*.

**articulate** anlenken; ~**d blade** angelenktes Blatt *n (Rotor: Heli) (Def)*; ~**d connecting rod**, *abbr* **conrod** Nebenpleuel *m (Stern-Flmot)*; ~**d coupling** Gelenkkupplung *f*; ~**d strut** Gelenkstrebe *f*; Gelenkstiel *m*.

**artifical| altitude** künstliche Höhe *f (Höhenprüfkammer)*; ~ **daylight** künstliches Tageslicht *n (Def)*; ~ **feel (system)** künstlicher Steuerdruckregler *m (Lfz)*; *(Def)*; ~ **gravity field** künstliches Schwerefeld *n*; ~ **horizon** künstlicher *od* Kreiselhorizont *m (Blindfluglnstr)*; ~ **laminarization** künstliche Laminarhaltung *f*; Laminarisierung *f (aerodyn)* ~ **landmark** künstliche(s) Landmarke *f od* Landschaftsmerkmal *n*; ~ **moonlight** künstliches Mondlicht *n (Def)*; ~ **resin** Kunstharz *n*; ~ **respiration** künstliche Atmung *f*; ~ **stability** künstliche Stabilität *f (Flzg)*.

**artillery** Artillerie *f (mil)*; **accompanying** ~ Begleitartillerie *f*; ~ **barrage** Artilleriesperrfeuer *n*; ~ **commander** Artillerieführer *m (takt)*; ~ **fire** Artilleriebeschuss *m*; Artilleriefeuer *n*; **heavy** ~ schwerste Artillerie *f*; ~ **liason aircraft** Artillerie-Verbindungsflugzeug *n*; **light** ~ leichte Artillerie *f*; **medium** ~ schwere Artillerie *f*; ~ **observation aircraft** Artillerie(beobachtungs)flugzeug *n*; ~ **observation post**, *abbr* **AOP** Artillerie-Beobachtungsstelle *f (takt)*; ~ **observer** Artilleriebeobachter *m*; ~ **protection** Feuerschutz *m (takt)*; ~ **reconnaissance** Artillerieaufklärung *f (takt)*; ~ **spotter** Artilleriebeobachter *m*; ~ **spotting** Artillerieerkundung *f*.

**asbestos** Asbest *m*; ~ **lining** Asbestauskleidung *f*.

**ascen|d** aufsteigen *(Luftfahrzeug)*; auffliegen *(Ball)*; ~**ding branch** *(of a trajectory)* aufsteigender Ast *m (ballist)*; ~**ding cloud** Aufgleitwolke *f (met)*; ~**ding convection current** Wärmeaufwind *m (met)*; ~**ding current** aufsteigende Strömung *f (met)*; Aufwind *m (met)*; ~**ding current due to hot air** thermischer Aufwind *m*; ~**ding current due to topography** dynamischer Aufwind *m*; ~**ding gust** Steigbö *f (met)*; ~**sion** Aufstieg *m (Ball)*; **balloon** ~**sion** Ballonaufstieg *m*; ~**sion site** Aufstiegstelle *f (Ball)*; ~**t** Aufstieg *m (Ball & met)*; Steigen *n (Flzg)*; **balloon** ~**t** Ballonaufstieg *m*; ~**t flight** Steigflug *m*; ~**t height** Steighöhe *f (ballist FK)*; **vertical** ~**t** senkrechter Abschuss *m (FK)*.

**ashore** an Land.

**aspect ratio** Längen- *od* Seitenverhältnis *n (Flzg)*; (Flügel-) Streckung *f (aerodyn)* ***(Def)***.

**aspirat|e** ansaugen *(Flmot)*; ~**ion** Ansaugen *n (Flmot)*; ~**ion psychrometer** Aspirations-Psychrometer *n (met)*.

**assault** Sturmangriff *m (takt)*; erstürmen; stürmen *(takt)*; ~ **artillery** Sturmartillerie *f*; ~ **boat** Sturmboot *n (takt)*; ~ **detachment** Stoßtrupp *m (takt)*; ~ **fire** Einbruchsfeuer *n (takt)*; ~ **gun** Sturmgeschütz *n (takt)*; ~ **helicopter carrier** Kampfhubschrauberträger *m*; ~ **position** Sturmausgangsstellung *f (takt)*; ~ **tank** Sturmpanzer *m (takt)*; ~ **troops** *pl* Stoßtruppen *f/pl*.

**assembl|e** aufrüsten *(Flzg)*; bereitstellen; aufmarschieren *(takt)*; ~**y** Bereitstellung *f*; Versammlung *f (takt)*; Montage *f*; Zusammenbau *m (Flzg)*; Baugruppe *f (Flzg)*; ~**y area** Bereitstellungsraum *m (takt)*; Aufmarschgebiet *n (takt)*; **final stage of** ~**y** Endmontage *f*; Endzusammenbau *m (Flzg)*; ~**y for attack** Angriffsbereitstellung *f (takt)*; ~**y hangar** Montagehalle *f (Flzg)*; ~**y line** (End-)Montagestraße *f*; Fließband *n*; Taktstraße *f (Flzg)*; ~**y of troops** Truppenbereitstellung *f*; Aufmarsch *m (takt)*; **order of** ~**y** Bereitstellungsbefehl *m (takt)*; ~**y plant** Montagewerk *n (Flzg)*; ~**y point** Bereitstellungsplatz *m*; Sammelpunkt *m (takt)*; **safety belt** ~**y** Anschnallvorrichtung *f (Flzg)*; ~**y shop** Montagehalle *f*; ~**y stand** Montagegestell *n (Flzg)*; ~**y template** Aufbau- *od* Montageschablone *f (Konstr)*.

**assign** eingliedern; unterstellen *(mil)*; zuteilen *(Frequenzen usw)*; ~**ed deployment altitude** vorgegebene Öffnungshöhe *f (Fallschirm)*; ~**ed flight path** zugewiesener Flugweg *m (Flsich)*; ~**ed for (tactical** *or* **mutual) support** auf Zusammenarbeit angewiesen *(mil)*; ~**ed frequency** zugeteilte Frequenz *f*; Sollfrequenz *f (Funk)*; ~**ed (to)** zur Verfügung gestellt; assigniert *(Streitkräfte)*; ~**ment** Zurverfügungstellung *f*; Unterstellung *f*; Assignierung *f (von Streitkräften: mil)*; ~**ment of a mission** *or* **task** Auftragserteilung *od* ~zuweisung *f (mil)*; ~**ment of frequencies** Frequenzzuteilung *f (an Funkstellen)*; **operational** ~**ment** einsatzmäßige Unterstellung *f (mil)*; **tactical** ~**ment** taktische Unterstellung *f (mil)*.

**assistant| adjutant** Ordonnanzoffizier *m (mil)*; ~ **chief of staff**, *abbr* **ACS** *(US)* Abteilungschef *m* im Generalstab *(mil)*; ~ **gunner** Ladekanonier *m (Flak)*; ~ **observer** Hilfsbeobachter *m (LW)*; ~ **pilot** zweiter Luftfahrzeugführer *m*; Kopilot *m*.

**assisted| control** kraftverstärkte *od* Kraftsteuerung *f*; ~ **control system** Servosteuersystem *n (Lfz)*; ~ **take-off** Start *m* mit Starthilfe *(Flzg)*.

**associated air mass** mitbewegte *od* mitgeführte Luftmasse *f (Fallschirm)* ***(Def)***.

**assumed load** Belastungsannahme *f (stat)*.

**astatic** astatisch; kräftefrei *(Kreisel)*.

**astern** achtern; **be** ~ achteraus sein; ~ **light** Hecklicht *n od* -leuchte *od* -lampe *f (Flzg)*; **line** ~ Kiellinie *f (Schiffsverband)*; ~ **signal** Hecklichtzeichen *n (Flzg)*.

**asteroid** Asteroid *m*; kleiner Planet *m*.

**astro| compass** Astrokompass *m (nav)*; ***(Def)***; ~**dome** Astrodom *m*; Astrokuppel *f (für Astronav)* ***(Def)***; ~**-hatch** Luke *f* für Astronavigation *(Flzg)*; ~**naut** Astronaut *m*; Raumfahrer *od* ~flieger *m*; ~**nautical craft** Raumschiff *n*; ~**nautics** Raumluftschifffahrt *f*; Weltraumluftfahrt *f*; Raumfahrt *f*; ~ **navigation** Astronavigation *f*; ~**nette** Astronautin *f*; Raumfahrerin *f*; ~**nomer** Sternkundiger *m*; Astronom *m*; ~**nomical altitude** Gestirnhöhe *f (Astronav)* ***(Def)***; ~**nomical chart** Sterntafel *f (Astro-nav)*; ~**nomical fix** astronomischer *od* Astrostandort *m*; Astrofix *m (nav)*; ~**nomical navigation** astronomische Navigation *f*; Astronavigation *f*; ~**nomic(al) orbit** astronomische Bahn *f*; Orbit *m*; ~**nomical twilight** astronomische Dämmerung *f*; ~**nomy** Stern- *od* Himmelskunde *f*; ~**physics** Astrophysik *f*; ~**plane** interplanetarischer *od* kosmischer Flugkörper *m*; ~**scopy** Sternbeobachtung *f*; ~ **table** Sterntafel *f (Astro-nav)*; ~**-vehicle** interplanetarischer *od* kosmischer Flugkörper *m*.

**asymmetrical| flutter** asymmetrisches Flattern *n (Stab)* ***(Def)***; ~ **loading** Querlastigkeit *f*; asymmetrische Belastung *f (Flzg)*; ~ ***power*** ungleichförmige Motorleistung *f (bei mehrmot Flzgn; bei zweimot = Einmotorenflug)*; ~ **separation** asymmetrisches Ablösen *n (der Strömung: aerodyn)*.

**asynchronous working mode** asynchrone Arbeitsweise *f (Fernm)*.

**at anchor** vor Anker.

**athodyd** (*short for* **aero-thermodynamic duct**) Staustrahltriebwerk *n*; Lorin-Triebwerk *n*; L-Triebwerk *n*; Strahldüse *f*; Athodyd *m (Turbo)*.

**at| full throttle** mit Vollgas; ~ **ground level** in Bodennähe; ~ **rest** ruhig; in Ruhestellung; ~ **sea level** in Meereshöhe.

**Atlantic| flight** Atlantikflug *m*; **fly the** ~ den Atlantik befliegen.

**atmospher|e** Atmosphäre *f (Druckeinheit)*; Luftmeer *n*; Lufthülle *f*; Atmosphäre *f (met)* ***(Def)***; ~**ic(al)** atmosphärisch; ~**ic absorption coefficient** atmosphärischer Absorptionskoeffizient *m (met)*; ~**ic circulation** atmosphärische Zirkulation *f (met)*; ~**ical condition** Wetterlage *f (met)*; ~**ical conditions** *pl* Wetterverhältnisse *n/pl (met)*; ~**ic disturbance** Luftströmung *f (met)*; ~**ic interference** atmosphärische Interferenz *od* Wechselwirkung *f (met)*; ~**ic moisture** Luftfeuchtigkeit *f*; ~**ic noise** atmosphärische (Funk-) Störungen *f/pl*; ~**ic physics** Physik *f* der Atmosphäre; ~**ic pressure** (Außen)Luft-druck *m (met)*; atmosphärischer Druck *m (met)* ***(Def)***; ~**ic radiation** Radiostrahlung *f* der Atmosphäre; ~**ic refraction** atmosphärische Refraktion *od* Strahlenbrechung *f (Astronav)* ***(Def)***; ~**ics** (gepeilte) atmosphärische (Funk-)Störungen *f/pl*; Gewitterstörung *f (Funk)*; ~**ic sounding** aerologische Messung *f (met)*; ~**ic turbulence** Luftturbulenz *f (met)* ***(Def)***.

**atom** Atom *n*; ~ **bomb**, *abbr* **A-bomb** Atombombe *f (LKr)*; ~**ic** atomar; Atom-; ~**ic number** Atomzahl *f*; ~**ic pow-**

**ered** atomkraftgetrieben; **~ic weight** Atomgewicht *n*; **~ization jet** Vernebelungsdüse *f (Flmot)*; **~ize** vernebeln; zerstäuben *(Anlasskraftstoff: Flmot)*; **~izer nozzle** Zerstäuberdüse *f (Flmot)*; **~izing** Verneblung *f (Flmot)*; **~ smashing** Atomzertrümmerung *f*.

**ATS route** Flugverkehrsstrecke *f (ICAO) (Def)*.

**attach** befestigen *(Flzg-Bauteil)*; zuteilen; kommandieren *(zu einer Einheit)*; unterstellen *(mil)*; **~é** Attaché *m (mil)*; **~ed boundary layer** anliegende Grenzschicht *f (aerodyn)* **~ed shock wave** anliegende *od* nicht abgelöste Stoßwelle *f (aerodyn)*; **~ment** Befestigung *f*, Anlage *f (ICAO)* **~ment fitting** Anschlußknotenstück *n (Flzg)*; **~ment for logistical support** wirtschaftliche Unterstellung *f (mil)*; **~ment for operational control** einsatzmäßige Unterstellung *f (mil)*; **~ment of the control surface** Ruderanlenkung *f (Flzg)*; **~ment of wings (to body)** Rumpfanschluss *m (Flzg)*; **~ment order** Unterstellungsbefehl *m (mil)*; **~ment point** Aufhängepunkt *m*; Befestigungspunkt *m (Leitwerk; Tragfläche)*.

**attack** angreifen; Angriff *m*; **advance to ~** Anmarsch *m (takt)*; **~ aircraft** Angriffsflugzeug *n*; **angle of ~** Anstellwinkel *(Tragfläche; Höhenflosse)*; Anblasewinkel *m (aerodyn)*; **assembly for ~** Angriffsbereitstellung *f (takt)*; **~ bomber** Angriffsbomber *m (Flzg)*; **dive** *or* **diving ~** Angriff *m* im Sturzflug *m*; **diversionary ~** Ablenkungsangriff *m (takt)*; **feint ~** Ablenkungsangriff *m (takt)*; **fighter-bomber ~** Jabo-Angriff *m (takt)*; **~ from above** Angriff *m* von oben *(LKr)*; **~ from below** Angriff *m* von unten *(LKr)*; **~ from the rear** Angriff *m* von hinten *(LKr)*; **~ frontage** Angriffsbreite *f*; *(takt)*; **frontal ~** Frontalangriff *m (takt)*; Angriff *m* von vorn; **ground ~** Angriff *m* auf Erdziele *(LKr)*; **head-on ~** Frontalangriff *m (takt)*; **~ sector** Angriffsabschnitt *m (takt)*; **tail ~** Angriff *m* von hinten *(LKr)*; **time of ~** Angriffszeit(punkt) ***f (m)*** *(takt)*; **weapon of ~** Angriffswaffe *f*; **zone of ~** Angriffsraum *m (takt)*.

**atten|tion signal** Achtungssignal *n (Flsich)*; **~uating wave** abklingende *od* gedämpfte Welle *f (aerodyn)*; **~uation** Dämpfung *f (Funk)*; **~uator** Dämpfungsglied *n (Funk)*.

**attitude| control** Fluglagerregelung *od* ~steuerung *f*; Fluglageregler *m (Lfz)*; **~ hold** Fluglagehaltung *f (Fluglageregler)*; **~ hold(ing) system** Fluglageregelsystem *(Lfz)*; **~ indicator** Fluglageanzeiger *m (Instr)*; **~ (of flight)** Flugzustand *m*; Fluglage *f (Lfz) (Def)*; **~ relative to ground** Fluglage *f* zum Erdboden *(Lfz) (Def)*; **~ (stabilization) lock** Fluglagestabilisierung *f*; **~ stabilizer** (automatischer) Fluglageregler *m (Lfz)*; **stalled ~** überzogener Flugzustand *m (Flzg)*.

**attraction** Anziehung *f*; **force of ~** Anziehungskraft *f (Magnetismus)*; **local magnetic ~** örtliche magnetische Anziehungskraft *f (nav)*.

**attrition** Zermürbung *f*; Abnutzung *f (Kr)*; **battle of ~** Ausblutungsschlacht *f*; Abnutzungskampf *m (Kr)*; **destroy by ~** aufreiben *(den Feind)*; **~ test** Verschleißprüfung *f (Material)*; **war of ~** Abnutzungs- *od* Zermürbungskrieg *m*.

**audible** hörbar; **~ signal** hörbares *od* akustisches Signal *n*; **~ (*or* audio) warning** akustisches Warnsignal *n*; Schallsignalisation *f*; **~** *or* **audio annunciator** Schallmelder *od* Signalgeber *m*.

**audio| frequency** Nieder- *od* Sprech- *od* Tonfrequenz *f (Funk)*; **~~ cable**, *abbr* **AF cable** Niederfrequenzkabel *n (tel)*; **~~ modulation** Ton- *od* Niederfrequenzmodulation *f (Fernm)*; **~~ stage** Ton- *od* Niederfrequenzstufe *f*; Niederfrequenzteil *m (Fernm)*; **~ oscillator** Schallgeber *od* -generator *m*; Tonsummer *m (Funk)*; **~ peak chopper** Niederfrequenz-Spitzenwertzerhacker *m*; **~ peak clipping** Tonfrequenzamplituden- *od* -spitzenbegrenzung *f (Fernm)*; **~ peak limiter** Tonfrequenzamplituden- *od* Schallbegrenzer *m*; **~ presentation** akustische *od* Höranzeige *f*; **~ reception** Hör- *od* Tonempfang *m (Funk)*; **~-tone** Ton- *od* Hörfrequenz *f (Funk)*; **~-tone amplitude modulation** Tonfrequenz-Amplitudenmodulation *f (Funk)*; **~ warning** akkustisches Warnsignal *n*; Schallsignalisation *f*.

**audit** Rechnungen prüfen; buchprüfen; Rechnungs- *od* Buchprüfung *f*; **~or** Rechnungsprüfer *m*; **~ory acuity** Hörschärfe *f*.

**auger** Löffel- *od* Loch- *od* Holzbohrer *m*.

**augment|ation of the lift** Auftriebserhöhung *f (aerodyn)*; **~ation of thrust** Schuberhöhung *f (Turbo)*; **~er wing** Tragfläche *f* mit (aktiver) Auftriebserhöhung *(Flzg)*.

**aural** hörbar, akustisch; **~ null** akustisches *od* Hörminimum *n (Funk)*; **~ reception** Hörempfang *m (Funk)*.

**aurora** Polarlicht *n*; **~ australis** Südlicht *n*; **~ borealis** Nordlicht *n*.

**authenticat|ion** Authensisierung *f (FernmSicherheit)*; **~or** Authentikator *m (Fernm)*.

**authori|ty** Behörde *f*; Dienststelle *f*; (Befehls-)Befugnis *f*; **competent ~** zuständige Behörde *f*; **~zed agent** Bevollmächtigter *m (eines Luftfahrzeughalters; Def)*; **~zed permission to delete from stock record** Inausgabegenehmigung *f (mil)*; **~zed strength** Plan- *od* Sollstärke *f (mil)*.

**auto|-alarm device** selbsttätiges Alarmgerät *n*; **~ cartograph** Autokartograph *m*; **~ feathering** selbttätige Segelstellung *f (Prop)*; **~genous welding** Autogenschweißung *f*; **~giro** *or* **~gyro** Autogiro *n (Flzg)*; Tragschrauber *m*; Drehflügelflugzeug *n*; **~-ignition** Selbst(ent)zündung *f (Dieselmotor)*; **~ lean (mixture)** automatisch armes Gemisch *n*; automatische Gemischverarmung *f (Flmot) (Def)*.

**automatic** automatisch; selbsttätig; **~ aerial camera** Reihenbildgerät *n (LPhot)*; **~ bomb release** Bombenabwurfautomat *m*; **~ cannon** Maschinenkanone *f (Flzg)*; **~ circuit breaker** Selbstausschalter *m (el)*; **~ control (system)**, *abbr* **ACS** Selbststeuerungssystem *n*; Selbststeueranlage *f*; automatische Flugregelung *f (Flbetr) (Def)*; **~ cut-out valve** selbsttätiges Druck(ver)minderungsventil *n (Hydr) (Def)*; **~ data processing**, *abbr* **ADP** automatische Datenverarbeitung *f*; **~ direction-finder**, *abbr* **ADF** automatisches Peilgerät *n*; Funkkompass *m (Fernm) (Def)*; **~ dive control** Sturzflug(abfang)automatik *f (Flzg)*; **~ docking** automatisches Ankoppeln *n*; **~ engine control** Kommandogerät *n (Flmot)*; **~ exchange** Wählamt *n (Tel)*; **~ feathering** automatische Segelstellung *f (Prop)*; **~ flight control** Flugzeugselbststeuerung; Kurssteuerung *f (Flzg)*; **~ following** selbsttätiges Nachführen *n (Radar)*; **~ fuse** *or* **fuze setter** Zünderstellmaschine *f (Flak)*; **~ gain control** selbsttätige Verstärkungsregelung *f (Funk)*; **~ landing system** automatisches Landesystem *n (Flsich)*; **~ mixture control** selbsttätiger Gemischregler *m (Flmot) (Def)*; **~ navigator** Kurskoppler *m (nav)*; **~ noise limiter**, *abbr* **ANL** automatischer Rausch- *od* Störbegrenzer *m (Funk)*; **~ observer** automatischer Beobachter *m (Instr) (Def)*; **~ parachute** selbsttätiger *od* Automatikfallschirm *m (Def)*; **~ pilot** Selbststeuerungsgerät *n*; Kurssteuerung *f*; Flugregler *m*; Autopilot *m*; *(Flzg)*; **~ propeller** automatische Verstell(luft)schraube *f (Prop) (Def)*; **~ range measurement** automatische Entfernungsmessung *f (Radar)*; **~ relay installation** automatische Weitergabeeinrichtung *f (Fernm)* ***(Def)***; ~ **routing** automatische Wegesuche *f (Fernm)*; ~(**series**) **bomb-release gear** Reihenabwurfautomat *m (Bomben-Flzg)*; ~ **switching** automatische Vermittlung *f (Fernschreibbetrieb)*; automatische Schaltung *od* Umschaltung *f*; ~ **tape relay** automatische Lochstreifenweitergabe *f (Fernschreibbetrieb)*; ~ **target tracking** automatische Zielverfolgung *f (Radar)*; ~ **telecommunication log** automatisches Fernmeldelog *n* ***(Def)***; ~ **terrain-following flight** automatischer Geländefolgeflug *m*; ~ **turn** Kurssteuerkurve *f (Flzg)*; ~ **unshift** *(Flsich)* selbsttätiges Zurückbewegen *n (Fernschreibmaschine)*; ~ **valve** selbsttätiges *od* Sicherheitsventil *n (Lfz l)* ***(Def)***; ~ **volume control** Schwundausgleich *m (Funk)*; selbsttätige Lautstärkeregelung *f*; ~ **weapon** Maschinenwaffe *f*.

**auto|mation** Automation *f*; ~**mobile** Kraftwagen *m*; Kraftfahrzeug *n*; ~**mobile winch** Autowinde *f (Segelflug)*; *launch(ing) by ~mobile winch* Autowindenstart *m (Segel-Flzg)*; ~**motive** kraftfahrtechnisch; ~**nomous flight** autonomer Flug *m*; ~-**pilot** Selbststeueranlage *f*; Flugregler *m*; Autopilot *m (Lfz)* ***(Def)***; Kurssteuerung *f (Flzg)*; *three-dimensional ~-pilot* Dreiachsen(kurs)-steuerung *f (Flzg)*; ~-**pulley launching** Autoschleppstart *m (Segel-Flzg)*;~-**rich** (**mixture**) automatisch reiches Gemisch; automatische Gemischanreicherung *f (Flmot)* ***(Def)***; ~**rotating flight** Autorotationsflug *m (Heli)*; ~**rotation** Autorotation *f (Heli)* ***(Def)***; Eigendrehung *f*; ~**sequence switch** Anlass(kraftstoff)schalter *m (Turbo)*; ~**syn** Gleichlaufeinrichtung *f*; selbstsynchronisierend; ~**syn unit** Selbstsynchronisiervorrichtung *f*; automatische Nachsteuerung; ~ **throttle** automatischer Vortriebsregler *m (Turbo)*.

**auxiliary** Hilfs-, Neben-, Behelfs-; ~ **airfield** Behelfsflugplatz *m*; ~ **airfoil** Hilfsflügel *m (Flzg)*; ~ **antenna** Hilfsantenne *f (Funk)*; ~ **beam** Hilfsträger *od* -holm *m (Flzg)*; ~ **connecting rod** Nebenpleuel *n (Stern-Flmot)* ~ **control surface** Hilfsruder *n (Flzg)*; ~ **cruiser** Hilfskreuzer *(Kr)*; ~ **drive** Hilfsantrieb *m (Flmot)*; ~ **equipment** Zusatzgerät *n*; ~ **float** Hilfsschwimmer *m (Wasser-Flzg)*; ~ **fuel tank** Kraftstoffzusatzbehälter *m (Flzg)*; ~ **landing ground** Behelfslandeplatz *m*; ~ **member** Neben- *od* Zusatzbauteil *m (Flzg)*; ~ **parachute** Hilfs- *od* Zusatzfallschirm *m* ***(Def)***; ~ **power plant** Hilfstriebwerk *n (Lfz)* ***(Def)***; ~ **power unit**, *abbr* **APU** Hilfsenergie- *od* Außenstromaggregat *n*; Anlasswagen *m (Bod)*; ~ **rotor** Hilfsrotor *m (Heli)* ***(Def)***; ~ **skid** Hilfssporn *m (Flzg)*; ~ **spar** Hilfsholm *m (Flzg)*; ~ **take-off and landing facility** Behelfs(start- und Lande)platz *m (mil)*; ~ **tank** Hilfs- *od* Zusatzbehälter *m (Kraftstoff)* ***(Def)***; ~ **target** Hilfsziel *n (Lkr)*; ~ **troops** *pl* Hilfstruppen *f/pl (mil)*; ~ **wing** Hilfsflügel *m (Flzg)*.

**available** Verfügungsbereitschaft *f (10-Minuten-Bereitschaft: LKr)*.

**av|cat** Avcat *(Turbo-Flugkraftstoff)* ***(Def)***; ~**gas** Avgas *(Flmot-Flugkraftstoff)* ***(Def)***; ~**tur** Avtur *(Turbo-Flugkraftstoff)* ***(Def)***.

**average| annual temperature** Jahresdurchschnittstemperatur *f (met)*; ~ **error** mittlerer *od* durchschnittlicher Fehler *m*; ~ **fuel consumption** durchschnittlicher Kraftstoffverbrauch *m*; ~ **speed** Durchschnittsgeschwindigkeit *f*; ~ **track** gemittelter Kurs *m* über Grund *(nav)*; ~ **value** Mittelwert m.

**aviaphone** Bordsprechanalge *f (Lfz)*.

**aviation** Flugwesen *n*; Luftfahrt *f (speziell Luftfahrzeuge schwerer als Luft)* ***(Def)***; Fliegerei *f*; (*US auch*:) Flugzeuge *n/pl* ~ **blue, yellow, green, red** Luftfahrt-Blau, -Gelb, -Grün, -Rot *n (ICAO)*; ~ **cartography** Luftfahrtkartographie *f*; ~ **company** Luftverkehrsgesellschaft *f*; ~ **engineer** *(US)* Luftwaffenpionier *m (LW)*; ~ **engineers** *pl (US)* LW-Pioniertruppe *f*; LW-Genietruppe *f (LW)*; ~ **expression** Fliegerausdruck *m*; ~ **fuel** Flugkraftstoff *m*; ~ **gasoline** *(US)* Fliegerbenzin *n*; ~ **industry** Luftfahrtindustrie *f*; ~ **insurance** Luftversicherung *f*; ~ **medicine** Luftfahrtmedizin *f* ***(Def)***; *auch*: Flugmedizin *f*; ~ **meeting** Flugveranstaltung *f*; ~ **meteorological service** Flugwetterdienst *m*; ~ **pioneer** Luftfahrtpionier *m*; ~ **school** Fliegerschule *f*; ~ **slang** Fliegersprache *f*; ~ **spirit** Flugkraftstoff *m*.

**avi|ator** Luftfahrer *m*; Flieger *m (allg)*; ~**atrix** Fliegerin *f*; ~**gation** *(US sl)* Luftnavigation *f*; ~**gator** *(US sl)* Navigator *m (Flzg)*; ~**onics** elektronisches Luftfahrtzubehör *n*; Luftfahrtelektronik *f*; Avionik(ausrüstung) *f (Lfz)* ***(Def)***.

**avoid** ausweichen *(Luftkampf)*; ~**ing movement** Ausweichbewegung *f (Luftkampf)*.

**award** verleihen *(Orden)*; Auszeichnung *f*; Ehrenzeichen *n*; Belohnung *f*.

**axes** *pl*, **body** ~ flugzeug- *od* körperfeste Achsen *f/pl (aerodyn)*; **wind** ~ Flugwindachsen *f/pl*.

**axial| compressor** Axialverdichter *m (Flmot)*; ~ **cord** Mittelleine *f (Fallsch.)* ***(Def)***; ~ **deck** Axialdeck *n (Flzg-Träger)* ***(Def)***; ~ **engine** Trommelmotor *m (Flmot)* ***(Def)***; ~ **flow** axialer Durchfluss *m (Heli)* ***(Def)***; ~ **flow compressor** Axialverdichter *od* ~kompressor *m (Turbo)* ***(Def)***;~-**flow engine** Strahl- *od* TL-Triebwerk *n* mit Axialverdichter *(Turbo)* ***(Def)***; ~-**flow supercharger** Axiallader *m (Flmot)* ***(Def)***; ~-**flow turbine** Axialturbine *f (Turbo)* ***(Def)***; ~-**flow turboprop** Propellerturbine *f* mit Axialverdichter *(Turbo)*; ~ **girder** Axialträger *m (Lfz l)* ***(Def)***.

**axis**, *pl* **axes** Mittellinie *f*; Achse *f*; Koordinatenachse *f*; Fallschirmachse *f* ***(Def)***; **inertia of the gyro** ~ Beharrungsvermögen *n* der Kreiselachse; **lateral** ~ Quer- *od* Y-Achse *f (Flzg)*; **lift** ~ Auftriebsachse *f (Flzg)*; **longitudinal** ~ Längs- *od* X-Achse *f (Flzg)*; ~ **of advance** Vormarschlinie *f (takt)*; ~ **of rotation** Dreh- *od* Rotationsachse *f*; ~ **of signal communications** Fernmeldeachse *f*; ~ **of symmetry** Symmetrieachse *f*; ~ **of the aircraft** Flugzeugachse *f*; ~ **of the bore** Seelenachse *f (Waffenlauf)*; **roll** ~ Längs- *od* Rollachse *f (Flzg)*; ~ **thrust** Axialschub *m (Turbo)*; ~ **turbojet** TL-Triebwerk *n* mit Axialverdichter *m (Turbo)*; **vertical** ~ Hoch- *od* Z-Achse *f (Flzg)*; ~ **wire** Axial- *od* Längsseil *n (Lfz l)* ***(Def)***; ~**ymmetrical** axial- *od* achsensymmetrisch.

**axle** Radachse *f*; ~ **bar** Achsschenkel *m*; ~ **bearing** Achslager *n*; ~ **journal** Achsstummel *m*; ~ **load** Achsdruck *m (Flzg-Fahrwerk)*; ~ **spring** Achsfeder *f*; **cambered** ~ gestützte Achse *f*; **cross** ~ durchgehende Achse *f (Festfahrwerk)*; **dropped** ~ gekröpfte Achse *f*; **(semi)-floating** ~ (halb)fliegende Achse *f*; ~ **offset** Achsversetzung *f (Lfz)* ***(Def)***; **split** ~ geteilte Achse *f (Festfahrwerk)*; **stub** ~ Achsschenkel *or* -stummel *m*.

**azimuth** Azimut *m*; Richtungswinkel *m*; Seite(nrichtung) *f*; Richtung *f*; Kurs *m*; Scheitelkreis *m*; rechtweisende Peilung *f* ***(Def)***; ~**al projection** Azimutalprojektion *f (Kart)*; ~ **angle** Seitenwinkel *m (Art)*; Azimutwinkel *m*; ~ **bearing** Seitenwinkel *m (Radar)*; ~ **circle** Richtkreis *m (Art)*; ~ **compass** Azimutkompass *m*; ~ **correction** Seitenwinkel- *od* Azimutkorrektur *f*; **direction of** ~ Azimutrichtung *f*; ~ **discrimination** Azimutauflösung(svermögen) *f(n) (E)*; ~ **element of GCA** Azimutteil des GCA *(Radar)*; ~ **error** Azimutfehler *m*; ~ **guidance** Azimutführung *f (Radar)*; ~ **gyro** Azimutkreisel *m (Def)*; ~ **of a celestical body** Azimut *m* eines Himmelskörpers *(Astronav)*; ~ **of target** Zielseitenwinkel *m (Art)*; ~ **reading** Nadelzahl *f (Kompass)*; ~ **resolution** Azimutauflösungs(vermögen) *f(n) (US)*; ~ **table** Azimuttafel *f*; ~ **tracking** azimutale Zielverfolgung *f (Radar)*; ~ **value** Azimutwert *m (Radar)*.

# B

**B** (ICAO- & NATO-Buchstabieralphabet) Bravo; *(altes, internationales Buchstabieralphabet)* Baker; ~**-scope** B-Schirm *m (Radar) (Def)*.

**babbit| metal** Lagermetall *n*; ~**ted bearing** ausgegossene Lagerschale *f (Flmot)*.

**babble** Nebensprechen *n*; unverständliches Gemurmel *n (Sprechfunk)*.

**bachelor officer's quarters**, *abbr* **BOQ** Offiziersledigenunterkunft *f (mil)*.

**back** zurückdrehen; nach links drehen *(Wind)*; ~ **areas** Hinterland *n (takt)*; ~ **beam** *(Flsich)* rückwärtiger Leitstrahl *m*; ~ **bearing**, *abbr* **BB** Rückenpeilung *f (Funk)*; rückwärtige Peilung *f (Funk)*; ~ **course** rückseitiger Kurs *m (ILS-Verfahren: Flsich)*; ~~ **sector** rückseitiger Kurssektor *m (Flsich) (Def)*; ~ **echo** Rückkeulen- *od* Rückstrahlecho *n (Radar)*; ~**firing** Fehlzündung *f (Flmot)*; ~**flash** Fehlzündung *f*; Rückschlag *m (Flmot)*; ~**flow boundary layer** Grenzschicht *f* des Gegenstroms *od* der Umkehrströmung *(aerodyn)*; ~**flow streamline** rückläufige Stromlinie *f*; Stromlinie *f* der Umkehrströmung *(aerodyn)*; ~**force** Gegenkraft *f (aerodyn)*; ~**ground** Rauschen *n (Funk)*; ~**ground luminance** Umfeldhelligkeit *f (Radar)*; ~**ground noise** Hintergrundgeräusch *n od* ~lärm *m (Funk)*; ~**ground radiation** Umfeldstrahlung *f (Radar)*; ~**ing** Zurückdrehen *od* nach links Drehen *n (des Windes) (Def)*; ~**lash** Schaltverzögerung *f (el)*; Hysterese *f (verzögerte Anzeige; Instr)*; Totgang *m*; ~~ **error** Nachhinken *n (Höhenmesseranzeige)*; ~~ **of the controls** Spiel *n* der Steuerung *(Flzg)*; ~~ **play** toter Gang *m (Flzg-Steuerung)*; ~**-pack parachute** Rückenfallschirm *m*; ~ **pressure turbine** Gegen(druck)turbine *f (Turbo)*; ~ **pressure valve** Rückschlagventil *n*; ~**-scatter(ing)** Rückstreuung *f (Radar)*; ~**side** Saugseite *f (Luftschraube)*; ~ **strap** Rückengurt *m (Fallsch)*; ~**-to-back display** Kehrbild *n (in optischem Messgerät)*; ~**-to-chest acceleration** Beschleunigung *f* in Richtung Rücken/Brust; negative Längsbeschleunigung *f (Flmed)*; ~**-swept wing** gepfeilter *od* Pfeilflügel *m (Flzg)*; ~**-type parachute** Rückenfallschirm *m*; ~**-up** Ersatzbereitschaft *f (60-Minuten-Bereitschaft: LKr)*; ~~ **parachute** Reserve- *od* Hilfs- *od* Zusatz- *od* Rettungsfallschirm *m*; ~~**system** Reserve- *od* Ersatz- *od* Bereitschaftssystem *n*; ~**ward sweep** Rück(wärts)pfeilung *f*; positive Pfeil(stell)ung *f (FlzgTragflächen)*; ~**wash** Luftschraubenstrahl *m*; ~**wind** Schiebewind *m*.

**bacteriological| warfare** bakteriologische Kriegführung *f*; ~ **weapons** *pl* bakteriologische Waffen *f/pl*.

**bad** schlecht *(Wetter)*; ~ **flying weather** Fliegerwetter *n*; ~ **mark** *or* **point** Strafpunkt *m (Wettbewerb; Manöver)*; ~ **weather** Schlechtwetter *n*; ~**-weather flying** Schlechtwetterfliegen *n od* ~fliegerei *f*; ~**-weather landing** Schlechtwetterlandung *f (Flbetr)*; ~ **weather zone** Schlechtwettergebiet *n*.

**badge** Abzeichen *n*; ~ **of rank** Dienstgradabzeichen *n (mil)*.

**baffl|e** Leitblech *n (Flmot)*; ~**e plate** Schlingerwand *f (im Kraftstoffbehälter)*; ~**ing wind** umlaufender Wind *m*; Wind *m* wechselnder Richtung und/oder Stärke *(met)*.

**bag** *sl* Fallschirm *m*; *sl* abschießen *(Luftziele)*; **bumping** ~ Landepuffer *m (Lfz l) (Def)*; ~**-type tank** flexibler *od* Sackbehälter *m (Flzg)*.

**baggage** Gepäck *n (LVerk) (Def)*; ~ **caroussel** Gepäckkarussel *n (Bod)*; ~ **claim area** Gepäckabholbereich *m*; ~ **compartment** Gepäckteil *n od* ~**raum** *m (Flzg)*; ~ **declaration** Gepäckerklärung *od* ~deklaration *f (LVerk)*; ~ **inspection** Gepäckkontrolle *f (LVerk)*; ~ **label** Gepäckzettel *od* ~anhänger *m*; ~ **sorting area** Gepäcksortierbereich *m (Bod)*; ~ **storage area** Gepäcklager(ungs)bereich *m (Bod)*; ~ **ticket** Gepäckschein *m (LVerk)*; ~ **turntable** Gepäckkarussell *n (Bod)*.

**bail** *v* aussteigen *(Fallschirmabsprung) (US) (Def)*; ~ **out** *(E)* abspringen; *sl* aussteigen *(mit Fallschirm aus Flzg)*; Notabsprung *m (Def)*; ~~ **velocity** Absprung- *od* Absetzgeschwindigkeit *f (Flbetr)*.

**balance** ausgleichen; auswuchten *(Luftschraube)*; Ruderausgleich *m (Flzg)*; **aerodynamic** ~ Luftkraftwaage *f (aerodyn)*; ~ **aids** *pl* Ausgleichshilfen *f/pl (Stab)*; ~ **by spring** Federausgleich *m (Steuerung)*; ~**d aileron** ausgeglichenes Querruder *n (Flzg)*; ~**d amplifier** Differential- *od* Gegentaktverstärker *m (Fernm)* ~**d attitude of aircraft** Gleichgeschwindigkeitsflugzustand *m (Lfz)*; ~**d ballloon** im Gleichgewicht befindlicher Ballon *m (Lfz l)*; ~**d control surface** ausgeglichenes Ruder *n (Flzg)*; ~**d elevator** Höhenruder *n* mit Ausgleichsfläche *(Flzg)*; ausgeglichenes Höhenruder *n (Flzg)*; ~**d rudder** ausgeglichenes Seitenruder *n (Flzg)*; ~**d surface** ausgeglichenes Ruder *n (Lfz) (Def)*; ~ **disturbance** Gleichgewichtsstörung *f (Flmed)*; Störung *f* des Ruderausgleichs *(Lfz)*; **horn** ~ Außenausgleich *m (Steuerruder)*; ~ **mass** Ausgleichsmasse *f (LfzRuder)*; ~ **tab** Ausgleichsruder *n (Lfz) (Def)*; Entlastungsruder *n (Lfz)*; ~ **tank** Trimmtank *od* -behälter *m (Lfz l)*; ~ **weight** Gegengewicht *n (Kurbelwelle)*; Ausgleichsgewicht *n (Flzg-Steuerung)*.

**balancing** Auswuchten *n (Luftschraube)*; Auspendeln *n (Hubschrauber-Rotorblätter)*; ~ **force** Gleichgewichts- *od* Ausgleichskraft *f*; ~ **forward of hinge point** Nasenausgleich *m (Steuerruder)*; ~ **mass** Ausgleichsmasse *f*; ~ **moment** Ausgleichsmoment *n*.

**bale out** abspringen; aussteigen *(mit Fallschirm aus Flzg, vgl.* **bail**).

**balked| approach** abgebrochener Landeanflug *m*; Fehlanflug *m (Flbetr)*; ~ **landing** abgebrochene *od* Fehllandung *f*; Durchstarten *n (Flbetr)*; ~~ **surface** Durchstartfläche *f (Bod)*.

**balky engine** Motor *m* mit Fehlzündung *(Flmot)*.

**ball| bank(ing) indicator** Querneigungsmesser *m (Flzg)*; ~ **bearing** Kugellager *n*; ~ **cloud** Wolkenballen *m*; ballen- *od* kugelförmige Wolke *f (met)*; ~ **joint** Kugelgelenk *n*; ~ **lightning** Kugelblitz *m (met)*; ~ **mount** Kugellafette *f*; ~(-**socket**) **joint** Kugel(pfannen)gelenk *n*; Gelenklager *n*; ~**ast** Ballast *m (Lfz) (Def)*; ~**ast arrangement** Ballastanlage *f*; ~**ast container** Ballastbehälter *m*; ~**ast discharge** Ballastablassen *n (Luftschiff)*; ~**ast distribution** Ballastverteilung *f*; ~**ast installation** Ballastanlage *f*; ~**ast plan** Ballastplan *m*; ~**ast release** Ballastablassen *n (Luftschiff)*; ~**ast tank** Ballastbehälter *m*; ~**asting-up** Auswiegen *f (Lfz l) (Def)*.

**ballistic** ballistisch; ~ **boundary** ballistische Grenze *f*; ~ **coefficient** ballistischer Beiwert *m*; Querschnittbelastung *f (ballist)*; ~ **conditions** *pl* ballistische Einflüsse *m(pl)* ~ **curve** Geschossbahn *f*; ballistische *od* Flugbahnkurve *f*; ~ **density and wind factors** *pl* Tageseinflüsse *m/pl (ballist)*; ~ **entry** ballistischer Eintritt *m (FK in die Atmosphäre)*; ~ **flight vehicle** ballistischer Flugkörper *m*; ~ **missile** ballistischer Flugkörper *m* ***(Def)***; ~ **rocket** ballistische Rakete *f*; ~~ **glider** ballistischer Raketengleiter *m*; ~**s** Schießlehre *f*; Ballistik *f*; ~**s manual** Schießvorschrift *f*; ~**s of bombs** Bombenballistik *f*; ~**s of solid rocket propellant** Ballistik *f* fester Raketentreibstoffe; ~ **space vehicle** ballistischer Raumflugkörper *m*; ~ **table** Schusstafel *f (Art)*; ~ **test rig** ballistischer Prüfstand *m*; ~ **trajectory** (ballistische) Flugbahn *f (FK)*; ~ **values** *pl* Bahnwerte *m/pl (ballist)*; ~ **variables** *pl* Bahngrößen *f/pl (ballist)*; ~ **wave** Kopfwelle *f (ballist)*; ~ **wind** ballistischer Wind *m (met)*.

**ballonnet** Ballonet *n (Lfz l)* ***(Def)***; ~ **balloon** Ballonetballon *m (Lfz l)* ***(Def)***.

**balloon** Ballon *m* ***(Def)***; ~ **anchor** Ballonanker *m*; ~ **ascension** Ballonaufstieg *m*; ~ **ascent** Ballonaufstieg *m*; ~ **basket** Ballonkorb *m*; ~ **barrage** Ballonsperre *f (LKr)*; ~ **cable cutter** Kutonase *f (Flzg)*; ~ **cable fender** Ballonabweiser *m (Flzg)*; ~ **car** Ballonkorb *m*; ~ **chasing** Ballonverfolgung *f*; ~ **cover** Ballonhülle *f*; ~ **crew** Ballonmannschaft *f*; ~ **envelope** Ballonhülle *f*; ~ **fabric** Ballonbespannstoff *m*; ~ **filling plant** Füllanlage *f (Ball)*; ~ **flying cable** Haltekabel *n (Lfz l)* ***(Def)***; ~**ing** Ballonfahren *n*; *sl* für Bumslandung *f (mit mehrfachem Aufsetzen des Flzgs)*; *sl* für „Herunterpumpen“ *n* des Flugzeuges; **free** ~**ing** Freiballonfahren *n*; ~**ist** Ballonfahrer *m*; ~ **jumping** Ballonhüpfen *n*; **kite** ~ Drachenballon *m*; **Montgolfier** ~ Heißluftballon *m*; ~ **nacelle** Ballonkorb *m od* ~gondel *f*; ~ **observer** Ballonbeobachter *m*; ~ **park** Ballonaufstiegstelle *f*; ~ **pilot** Ballonführer *m*; ~ **race** Ballonrennen *n*; Ballonwettfahrt *f*; **registering** ~ Ballonsonde *f (met)*; ~ **release area** Ballonstartplatz *m*; ~ **shed** Ballonhalle *f*; ~ **sonde** Registrierballon *m*; Ballonsonde *f (met)*; **sounding** ~ Ballonsonde *f (met)*; ~ **start** Ballonstart *m*; ~ **station** Ballonaufstiegplatz *m*; ~ **(take-off) site** Ballonaufstiegplatz *m*; ~ **valve** Gasventil *n (Ball)*; ~ **winch** Ballonwinde *f*.

**balsa wood** Balsabholz *n*.

**Baltic (Sea)** Ostsee *f*.

**ban** | **from flying** Flugverbot verhängen; ~ **on flying** Flugverbot *n*; **be** ~**ned from flying** Flugverbot haben.

**banana** | **boat** sl für Flugzeugträger *m*; ~ **plug** Bananenstecker *m (el)*.

**band** | **aerial** Bandantenne *f (Funk)*; **belly** ~ Bauchgurt *m (Flzg-Anschnallvorrichtung)*; ~ **bolometer** Filmbolometer *n*; ~ **cloud** bandförmige Wolke *f (met)*; ~ **lightning** Bandblitz *m*; ~ **microphone** Bandmikrophon *n (Funk)*; ~**-pass filter** Bandfilter *m (Funk)*; ~ **pressure level** Bandkompressionsgrad *m (Funk)*; **safety** ~ Anschnallgurt *m (Flzg-Sitz)*; ~**-selector switch** Bandbreitenschalter *m (Funk)*; ~ **spread(ing)** Bandspreizung *f (Funk)*; ~ **spring** Bandfeder *f*; ~ **width** Bandbreite *f (Funk)*; ~ **width control** Bandbreitenregler *m (Funk)*; ~**width filter** Bandbreitenfilter *m (Funk)*.
**bang** *sl* für Überschallknall *m (ausgelöst durch Schockwelle)*; ~ **bang control** Zweipunktsteuerung *f (FK)* ***(Def)***.

**bank** in die Kurve legen *(Flzg)*; Kurve fliegen; kurven *(Flzg)*; Querneigung einnehmen *(Flbetr)* ***(Def)***; Querneigung *f od* ~lage *f (Flzg)*; Hang *m*; Böschung *f*; ~**-and-pitch indicator** Quer- und Längsneigungsanzeiger *m od* ~messer *m (Instr)*; ~**-and-slip indicator** Querneigungs- und Wendeanzeiger *m (Instr)*; ~**-and-turn indicator** Wendezeiger *m (Flzg-Instr)*; ~ **angle** Querneigungswinkel *m (Flzg)*; ~**ed turn** Kurve *f* mit Querneigung *(Flbetr)*; ~ **of clouds** Wolkenbank *f (met)*; ~**ing** Schräglage *od* Querneigung *f* (einnehmen) *(Flzg)*; ~**(ing) indicator** Querneigungsanzeiger *m*; Libelle *f (Flzg-Instr)* ***(Def)***.

**banned from flying, to be** ~ Flugverbot haben.

**banner cloud** Fahnenwolke *f*; Wolkenfahne *f (met)*.

**bar** Bar *n (Luftdruck)* ***(Def)***; Stab *m*; Ordensspange *f (mil)*; **axle** ~ Achsschenkel *m*; ~**bed wire** Stacheldraht *m*; ~**bed-wire entanglement** *or* **obstacle** Stacheldrahthindernis *n*; ~**e wire** blanker Draht *m (Tel)*; ~**ic** barisch; Druck- *(met)*; ~~ **chart** Luftdruckkarte *f (met)*; ~~ **gradient** Luftdruckgradient *m (met)*; ~ **magnet** Stabmagnet *m*.

**Barany chair** Bárány-Stuhl *m*; Drehstuhl *m (Flmed)* ***(Def)***.

**baro** | **clinality** Baroklinalität *f*; ~**cline** Barokline *f (met)*; ~**gram** Barogramm *n*; ~**gram chart** Barogrammstreifen *m*; ~**graph** Barograph *m* ***(Def)***; Höhenschreiber *m*; ~**meter** Barometer *n* ***(Def)***; Luftdruckmesser *m (met)*; **aneroid** ~**meter** Aneroid- *od* Kapselbarometer *n (met)*; **height of** ~**meter** Baromaterstand *m (met)*; ~**meter pressure** Luftdruck *m*; **recording** ~**meter** Barograph *m*; ~**metric** barometrisch; ~**metric altimeter** barometrischer *od* Luftdruckhöhenmesser *m* ***(Def)***; ~**metric altitude** barometrische *od* Barometerhöhe *f*; ~**metric capsule** barometrische Dose *f*; ~**metric cell** Druck- *od* Barometerdose *f*; ~**metric chart** Luftdruckkarte *f (met)*; ~**metric diaphragm** barometrische Dose *f*; ~**metric fuel control** barometrischer Kraftstoffregler *m (Turbo)* ***(Def)***; ~**metric navigation** barometrische *od* Druckflächennavigation *f*; ~**metric pressure** Luftdruck *m (met)*; ~ **metric reading** Luftdruckstand *m*; Luftdruckanzeige *f*; ~**metric slope** Luftdruckgradient *m*; ~**metric tendency** Luftdrucktendenz *f (met)*; ~**metry** Luftdruckmessung *f (met)*; ~**navigation** *vgl* **barometric navigation**; ~**scope** Baroskop *n*; ~**stat** Barostat *m* ***(Def)***; ~~**ic relief valve** barometrisches Druckausgleichsventil *n (Turbo)* ***(Def)***; ~**thermograph** Barothermograph *m (met)* ***(Def)***; ~**tropic** barotrop; ~**tropy** Barotropie *f*; barotrope Massenverteilung *f (met)*.

**barracks** *sing* Kaserne *f*; **confinement to** ~, *abbr* **CB** Kasernenarrest *m (mil)*; ~ **duty** Innendienst *m (mil)*; **quartered in** ~ kaserniert *(mil)*; ~ **yard** Kasernenhof *m*.

**barrage** Sperre *f*; Feuersperre *f (takt)*; ~ **balloon** Sperrballon *m (LKr)* ***(Def)***; **balloon** ~ Ballonsperre *f (LKr)*; **box** ~ Abriegelungsfeuer *n (Art)*; ~ **fire** Sperrfeuer *n (Art)*; ~ **kite** Sperrdrachen *m (LKr)*.

**barrel** Lauf *m (Waffe)*; Trommel *f*; Fass *n*; ~ **buoy** Fassboje *f*; ~ **burst** Rohrkrepierer *m (Art)*; ~ **compass** Trommelkompass *m*; ~ **engine** Taumelscheibenmotor *m*; axiales Kolbentriebwerk *n (Flmot)* ***(Def)***; ~ **length** Seelenlänge *f*; ~ **protector** Laufschützer *m (Waffe)*; ~ **radiator** Fasskühler *m (Flmot)*; ~ **roll** (Korkenzieher- *od* Fass-)Rolle *f (Kunstflug)* ***(Def)***; ~**shaped roller bearing** Tonnenlager *n*; ~**-type engine** Trommelmotor *m (Flmot)*; **four-**~**led pom-pom** *sl* Vierlingsflak *f*.

**barrette** Barrette *f*; Kurzbalken *m/pl (in Anflugbefeuerung: Bod)* ***(Def)***.

**barrier** Barriere *f*; Auffangvorrichtung *(Bod)*; ~ **cable** *or* **wire** Fangkabel *od* ~seil *n (Bod)*.

**barycentric coordinates** *pl* baryzentrische Koordinaten *f/pl.*

**base** Stützpunkt *m (takt)*; Untergrenze *f (Wolken)*; **air** ~ *(US)* Fliegerhorst *m*; ~ **airport** Heimatflughafen *m (LVerk)*; ~ **angle** Grundrichtungswinkel *m (Art)*; ~ **authorization list**, *abbr* **BAL** *(US LW)* Ausrüstungsnachweisung *f* für Fliegerhorste; ~**-detonating fuse** *or* **fuze** Boden- *od* Aufschlagzünder *m (Bombe usw)*; ~ **direction** Grundrichtung *f (Art)*; **fighter** ~ Jägerplatz *m (LW)*; **flight** ~ Flugbasis *f (mil)*; **home** ~ Heimat(flug)platz; ~ **installation officer** Fliegerhorst-Bauoffizier *m (LW)*; **jump-off** ~ Absprungplatz *m*; ~**-leg** Queranflugteil *m (der Platzrunde, früher: Basisteil)* ***(Def)***; ~ **line** Grund(richtungs)linie *f*; Basis *f (Art)*; **flight** ~ **line** Anfluggrundlinie *f (Flsich)*; ~ **line from star** Fixsternstandlinie *f (Astro-nav)*; ~ **line from the sun** Sonnenstandlinie *f (Astronav)*; ~ **of cloud** Wolkenuntergrenze *f (met)*; ~ **point** Grundrichtungspunkt *m (Art)*; ~ **radio station** feste Landfunkstelle *f*; **satellite** ~ *(US LW)* wirtschaftlich unterstellter Standort *m*; ~ **services** *pl* Bodendienste *m/pl (Flugplatz)*; support ~ *(US LW)* Wirtschaftstruppenteil *m*; **time** ~ Abtastperiode *f (Radar)*; ~ **turn** Queranflugkurve *f (Flbetr)*; Wendekurve *f (Flsich)* ***(Def)***; **wheel** ~ Achsstand *m (Kfz)*.

**basic**| **combustion chamber** Hauptbrennkammer *f (Turbo)*; ~ **cover** Bildplan *m (LPhot)*; ~ **data** *pl* Schießunterlagen *f/pl (Art)*; ~ **dry rating** Standnennschub *m (Turbo)* ***(Def)***; ~ **flying training** fliegerische Grundausbildung *f (E)*; fliegerische Fortgeschrittenenausbildung *f (US)*; ~ **fuel** Ausgangskraftstoff *m (bei Mischungen)*; Haupt- *od* Grundbrennstoff *m (Rak)*; ~ **lander stage** Hauptlandestufe *f (FK)*; ~ **lift** Auftriebsverteilung *f* bei Auftrieb Null *(aerodyn)* ***(Def)***; ~ **line** Grundrichtung *f (Art)*; ~ **operational requirements** *pl* betriebliche Mindestanforderungen *f/pl (LVerk)*; ~ **pitch** Grundsteigung *f (Luftschraube)*; ~ **(pressure) shock** Haupt(verdichtungs)stoß *m (aerodyn)*; ~ **tactical unit** kleinste taktische Einheit *f (takt)*; ~ **trainer** (Schul-)flugzeug *n* für fliegerische Grundausbildung; ~ **training** Grundausbildung *f (mil)*; ~ **unit** Grundeinheit *f (mil)*; ~ **weight** Grundmasse *f (Lfz)* ***(Def)***.

**basket** Korb *m (Lfz l)* ***(Def)***; **balloon** ~ Ballonkorb *m*; **Molotov bread** ~ *sl* für Brandbombenschüttkasten *m (LKr)*.

**bat** Signalkelle *f (Flbetr am Bod)*; ~**man** *(E)* Offiziersbursche *m (mil)*.

**bathymetric contour** Tiefenlinie *f (kart)*.

**battalion** Bataillon *n (mil)*; **acting** ~ **commander** Bataillonsführer *m*; ~ **commander** Bataillonskommandeur *m*; ~ **command post** Bataillonsgefechtsstand *m (takt)*; **construction** ~ Baubataillon *n (mil)*; ~ **executive officer** Bataillonsadjutant *m*; ~ **sector** Bataillonsabschnitt *m (takt)*; ~ **staff** Bataillonsstab *m*.

**battery** Batterie *f (el)*; Sammler *m (el)*; Batterie *f (mil)*; ~ **acid** Akkumulatorensäure *f (el)*; **acting** ~ **commander** Batterieführer *m (mil)*; ~ **cart** Batterie- *od* Anlasswagen *m*; ~ **charging station** Ladestation *f (el)*; ~ **commander** Batteriechef *m (mil)*; ~ **compartment** Batterierraum *m*; ~ **current** Batteriestrom m; ~**-fed** batteriegespeist *(el)*; ~ **ignition** Batteriezündung *f (el)*; ~**-operated** batteriegespeist *(el)*; ~ **position** Batteriestellung *f (Art)*; ~ **resistance** Batteriewiderstand *m (el)*; **storage** ~ Sammlerbatterie *f*; Akkumulator *m (el)*; ~ **voltage** Batteriespannung *f (el)*.

**baud(s)** *(pl)* Baud *n (Einheit der Schrittgeschwindigkeit: Fernm)*.

**battle** Kampf *m*; Gefecht *n*; kämpfen; ~ **array** Kampfaufstellung *f (takt)*; ~ **command** Kampfführung *f (takt)*; **conduct of** ~ Kampfführung *f (takt)*; ~ **cruiser** Schlachtkreuzer *m*; ~ **directive** Kampfanweisung *f (takt)*; ~ **dress** Feldbluse *f (mil)*; ~ **fleet** Schlachtflotte *f*; **line of** ~ Kampflinie *f (takt)*; ~ **of attrition** Ausblutungs- *od* Abnutzungskampf *m (mil)*; ~ **of encirclement** Einkreisungs- *od* Kesselschlacht *f (takt)*; ~ **of material** Materialschlacht *f (Kr)*; ~ **reconnaissance** Gefechtsaufklärung *f (takt)*; **sham** ~ Scheinkampf *m (takt)*; ~ **ship** Schlachtschiff *n*; **site of** ~ Kampfplatz *m*; ~ **terrain** Kampfgelände *n (takt)*; ~**-tried** kampferprobt; ~ **zone** Kampfzone *f (takt)*.

**bay**| **longitudinal** Längsfeldträger *m (Lfz l)* ***(Def)***; ~ **moment** Feldmoment *n (stat)*; ~**onet** Seitengewehr *n*; Bajonett *n*; ~**onet fixing** Bajonettverschluss *m*; ~**onet joint** Bajonettverschluss *m*; ~**onet lock** Bajonettverschluss *m*; ~**onet scabbard** Seitengewehrtasche *f*.

**be**| **off-course** nicht auf Kurs sein *(Flzg)*; ~ **on-course** auf Kurs sein *(Flzg)*; ~ **prohibited from flying** Flugverbot haben; ~ **sluggish** schwerfühlig sein *(Flzg-Führer)*; ~ **susceptible to control** Steuerausschlägen gehorchen *(Flzg)*.

**beach** Strand *m*; abstellen *(Schwimmer-Flzg am Strand)*; ~**head** Landekopf *m (takt)*; ~**ing** auf Strand setzen *(See-Flzg)*; ~**ing gear** Schwimmerwagen *m (für SeeFlzg)* ***(Def)***.

**beacon** Bake *f*; Leuchtfeuer *n* ***(Def)***; **airway** ~ Luftstraßen(leucht)feuer *n*; ~ **antenna** Funkfeuer- *od* Bakenantenne *f*; **boundary** ~ ILS-Haupteinflugzeichen *n (nav)*; **boundary-marker** ~ Randfeuer *n (Flugplatz)*; ~ **course** Baken- *od* Funkfeuer(anflug)kurs *m (Flbetr)*; **directional radio** ~ Richtfunkfeuer *n (Flsich)*; ~ **fan marker** ~ Fächerfunkfeuer *n*; **homing** ~ Anflugfunkfeuer *n (Flsich)*; **homing radio** ~ Anflugfunkfeuer *n (Flsich)*; **identification** ~ Kennfeuer *n (Flsich)*; **inner marker** ~, *abbr* **IM** Platzeinflugzeichen *n*, *abbr PEZ (ILS-Verfahren: nav)* **location** ~ Ansteuerungsfeuer *n (Flsich)*; **location radio** ~ Ansteuerungsfeuer *n (Flsich)*; **locator** ~ Platzfunkfeuer *n (ILS-Verfahren)*; **middle** ~ mittleres ILS-Einflugzeichen *n (nav)*; **oscillating** ~ Schwebungsfeuer *n*; **outer** ~ ILS-Voreinflugzeichen *n (nav)*; **radio** ~ Funkfeuer *n*; Funkbake *f (nav)*; **revolving radio** ~ Drehfunkfeuer *n (nav)*; **rotating** ~ *(Flsich)* Drehfeuer *n (nav)*; **very high frequency omnirange-**~, *abbr* **VOR** UKW-Drehfunkfeuer (VOR) *n (nav)*.

**beak profile** unsymmetrisches Profil *n (mit scharfer Vorderkante: Flzg)*.

**beam** Strahl *m*; Richtstrahl *m*; Leitstrahl *m (Funk, Radar)*; Holm *m (Tragfläche)*; Bootsbreite *f (Flugboot)*; ~ **aerial** Richtantenne *f (Funk)*; ~ **antenna** Richtantenne *f (Funk)*; ~ **aperture** Strahlöffnung *od* ~apertur *f (Funk)*; ~ **approach** Leitstrahlanflug *m (Flsich)* ***(Def)***; ~ **approach beacon system**, *abbr* **BABS** Leistrahl-Anflugfeuersystem *n* ***(Def)***; ~ **array** Richtantennenanordnung *f*; **direction of** ~ Abstrahlrichtung *f (Radar)*; ~ **facility** Leitstrahl(funk)-anlage *f*; **flying on** ~ Strahlfliegen *n (AN-Verfahren: nav)*; ~ **following** Leitstrahlfliegen *od* ~tracking *n*; ~ **guidance** Leitstrahllenkung *od* ~führung *f*; ~**-guidance procedure** Leitstrahltechnik *f od* ~verfahren *n*; ~**-guided rocket** leitstrahlgelenkte Rakete *f*; ~**ing** Bündelung *f (Radar)*; ~ **loading** Bootsbreitenbelastung *f (Flugboot)*; ~ **of float** Schwimmerbreite *f (Schwimmer-Flzg)*; ~ **procedure** Leit(strahl)anflugverfahren *n (nav)*; ~**-rider** *or* **riding guidance** Leitstrahllenkung *f (FK)* ***(Def)***; ~ **riding** leitstrahlgelenkt *(FK)*; ~ **spread (angle)** Strahlbreite *f od* Abstrahlungs(öffnungs)winkel *m*; **straight** ~ Balkenträger *m (stat)*; ~ **width** Strahlbreite *f od* ~querschnitt *m*.

**bear** tragen; ~ **down** sich annähern *(Feind-Flzg im Anflug: LKr)*; ~ **to a star** Gestirn anpeilen *(nav)*.

**bearing** Lager *n (Flmot)*; Peilrichtung *f*; Peilung *f (nav)* ***(Def)***; ~ **accuray** Peilgenauigkeit *f*; **alignment** ~ Deckpeilung *f (nav)*; ~ **area** tragende Fläche *f (Flzg)*; ~ **bolt** Lagerbolzen *m (Flmot)*; ~ **by stars** Gestirnstandlinie *f (Astro-nav)*; ~ **capacity** Tragfähigkeit *f (z. B. Landebahn)*; ~ **clearance** Lagerspiel *n (Flmot)*; **cross** ~ Kreuzpeilung *f (nav)*; ~ **discrimination** *(E)* Azimutauflösung(svermögen) *f(n) (Radar)*; ~ **error** Peilfehler *m (Funk)*; ~ **friction** Lagerreibung *f (Flmot)*; ~ **from fixed star** Fixsternstandlinie *f (Astro-nav)*; ~ **indicator** Azimut- *od* Peil(ungs)anzeiger *m (Funk)*; ~ **line** Peillinie *f (Funk)*; ~ **of the track** rechtweisende Peilung *f (nav)*; ~ **metal** Lagermetall *n (Flmot)*; ~ **plate** Peilscheibe *f (nav)*; Lagerplatte *f*; ~ **pressure** Gegenkraft *f (stat)*; ~ **receiver** Peil(wert)empfänger *m (Funk)*; ~ **readout** Ablesen *n* der Peilung; ~ **resolution** *(US)* Azimutauflösung(svermögen) *f(n) (Radar)*; ~ **surface** tragende Fläche *f (Flzg)*; **thrust** ~ Drucklager *n (Luftschraube)*; ~ **transmitter** Peilwertgeber *od* Peilsender *m (Funk)*; ~ **wing area** tragende Fläche *f (Flzg)*; ~**s determinded from the plane** Eigenpeilung *f (nav)*; **take** ~**s** anpeilen; peilen; orten *(nav)*; **taking of** ~**s** Peilen *n*; Anpeilen *n*; Orten *n (nav)*.

**beat** Schwebung *f (Funk)*; ~ **frequency** Überlagerungsfrequenz *f (Funk)*; ~ **frequency oscillator** Überlagerungsoszillator *m (Funk)*; ~ **modulation** Überlagerungsmodulation *f (Funk)*; ~ **note** Schwebungston *m (Funk)*; ~**en zone** bestrichener Raum *m (takt)*; ~**ing wing** Schlagflügel *m (Schlagflügel-Flzg)*; ~ **up** *sl für* mit Bordwaffen beschießen *(LKr)*.

**Beaufort | notation** Beaufort-Bezeichnung *f (met)* ***(Def)***; ~ **scale** Beaufort- *od* Windstärkeskala *f (met)*; ~~ **of wind force** Windstärkeskala *f (nach Beaufort: met)* ***(Def)***.

**become** werden; ~ **air-borne** abheben *(Flzg vom Boden)*; ~ **cloudy** *or* **overcast** sich bewölken *(met)*; ~ **rusty** rosten.

**bed test** Stand(prüf)lauf *m (Flmot usw)*.

**bee | hive** *sl* für Bomberverband *m* unter Jagdschutz *(LKr)*; ~ **line** Luftlinie *f*.

**beer-lever** *sl für* Steuerknüppel *m (Flzg)*.

**beginner** Anfänger *m (Flugschüler)*.

**Behm | echo depth sounder** Behm-Echolot *n (Instr)*; ~ **period meter** Behm-Zeitmesser *m (Instr)*; ~ **sound-ranging altimeter** Behmlot *n*; Behm-Echolot *n (Instr)*.

**belay** belegen; befestigen; ~ **the cleat** die Klampe belegen.

**belinda** *sl für* Sperrballon *m (LKr)*.

**bell | compass** Glocken- *od* Kuppelkompass *m*; ~**(-shaped) parachute** Kugelkappenfallschirm ; ~ **signal** Klingelzeichen *n*.

**bellows (pressure) gauge** Federbalgmanometer *n (Instr)*.

**belly** *sl für* Fahrwerk *n (Flzg)*; Rumpfunterseite *f (Flzg)*; ~ **band** Bauchgurt *m (Anschallgurt; Flzg)*; ~ **flop** *sl für* Bauchlandung *f (Flzg)*; ~**-land** Bauchlandung machen *(Flzg)*; ~ **landing** Bauchlandung *f (Flzg)*; **land on the** ~ Bauchlandung machen *(Flzg)*; ~ **radiator** Bauchkühler *m (Flmot)*; ~ **tank** Rumpfabwurfbehälter *m*; (abwerfbarer) Rumpfaußenbehälter *m (Lfz)* ***(Def)***.

**below-wing engine** Unterflügeltriebwerk *n (Flzg)*.

**belt** Gurt *(Anschnallgurt: Flzg & Zuführungsgurt: MG)*; Koppel *n (mil)*; ~ **buckle** Koppelschloss *n (mil)*; **calm** ~ Kalmengürtel *m*; Doldrum *n (met)*; ~ **conveyer** Gurtförderer *m*, ~ **drive** Riemenantrieb *m*; ~**-driven** mit Riemenantrieb; ~**ed ammunition** gegurtete Munition *f (MG)*; ~ **feed** Gurtzuführung *f (Bordwaffen)*; ~**-filling machine** Gurtfüller *m (Bordwaffen)*; ~ **of high pressure** Hochdruckgürtel *m (met)*; ~ **pulley** Riemenscheibe *f*; **safety** ~ Anschnallgurt *m (Flzg)*.

**bench** Prüfstand *m*; ~ **engine** Prüfstandtriebwerk *m*; ~ **mark** trigonometrischer Punkt *m (Kart)*; ~ **RPM** *(revolutions per minute)* Standdrehzahl *f (Flmot)*; ~ **running** Prüfstandlauf *m (Flmot)*; ~ **test** Prüfstandversuch *m (Flmot)*.

**bend** (durch)biegen *(stat)*; krümmen; Krümmung *f*; ~**ing moment** Biegemoment *n (stat)*; ~**ing resistance** Biegesteifigkeit *od* ~steifheit *f*; ~**ing stiffness** Biegesteifigkeit *od* ~steifheit *f*; ~**ing strength** Biegefestigkeit *f (stat)*; ~**ing stress** Knick- *od* Biegespannung *f (stat)*; ~**ing test** Durchbiegungsmessung *f*; ~**s** *(in the course)* Leitstrahlkrümmung *f (fliegbare Leitstrahlkrümmung)*.

**bent spar** Bogenholm *n (Flzg)*.

**benz | ene** Benzol *n (chem)*; ~**ine** (synthetisches) Benzin *n*.

**Bernoulli's equation** Bernoulli'sche Gleichung *f (aerodyn)*.

**berth** Schlafkoje *f*; Bett *n (im Flzg)*; einhallen *(Luftschiff)*; ~**ing** Einhallen *n (Luftschiff)*.

**besiege** belagern.

**best | -economy mixture** wirtschaftlichstes Gemisch *n (Flmot)*; ~ **lift/drag ratio** Kleinstgleitzahl *f (aerodyn)*; ~ **speed** optimale Geschwindigkeit *f (Flbetr)*.

**bevel** Abschrägung *f*; Schrägung; Schräge *f*; ~ **drive gear** Kegel(zahn)rad *n*; ~ **gear(ing)** Kegel(rad)getriebe *n*; ~**led** konisch abgeschrägt.

**bias** Vormagnetisierung *f*; (Gitter-)Vorspannung *f*; Verzerrung *f (Funk)*; ~ **construction** Schrägschnittbauart *f (Fallschirm)* ***(Def)***; ~**ed fabric** Diagonalstoff *m (Lfz)* ***(Def)***.

**bi | axial** zweiachsig; ~**conical nozzle** Doppelkonusdüse *f (Turbo)*; ~**cycle landing gear** Tandem- *od* Zweibeinfahrwerk *n (Flzg)*; ~**filar** bifilar; zweifädrig; ~~ **antenna** Bifilarantenne *f (Funk)*; ~**-fuel system** Zweikraftstoffverfahren *n (Flmot)*; ~**furcate** gabeln *(Flmot) (Leitung usw)*; ~**furcated shock** gegabelter Verdichtungsstoß *m (aerodyn)*; ~**furcation** Gabelung *f (Leitung)*; Straßengabel(ung) *f*; ~**furcation point** Gabelungs- *od* Verzweigungs- *od* Spaltungs- *od* Bifurkationspunkt *m (aerodyn)*.

**Big | Dipper** „Großer Bär" *m (Sternbild)*; ~ **end** Kurbelwellenkopf *m od* ~ende *n (Pleuelstange: Flmot)* ***(Def)***; ~**-end bearing** Pleuellager *n (Flmot)*.

**bilge pump** Lenzpumpe *f*.

**bill | of lading** Ladeschein *m (LVerk)*; ~**eting area** Unterkunftsbereich *m & n (mil)*; ~**eting equipment** Unterkunftsgerät *n (mil)*; ~**eting office** Quartieramt *n (mil)*; ~**eting officer** Quartiermacher *m*; Leiter *m* des Quartieramtes; ~**eting party** Quartiermacher-Trupp *m (mil)*; ~**eting slip** Quartierzettel *m*; ~**ets** *pl* Quartier *n*; Ortsunterkunft *f*.

**billow cloud** Undulatus(wolken)form *f*; Undulatus *m (met)*.

**bimetal thermometer** Bimetallthermometer *n*.

**binary** binär; zweikomponentig; ~ **digit,** *abbr* **bit** Binärziffer *f (EDV)*; ~**-fuel engine** Zweistoff- *od* Diergol-Triebwerk *n (FK)*; ~ **mixture** Zweikomponenten- *od* Zweistoffgemisch *n (FK)*.

**bind** sperren *(mech)*; ~**ers** *pl sl für* Bremsen *f/pl (Flzg)*; ~**ing post** Anschluss- *od* Pol- od Kabelklemme *f (el)*; ~**ing screw** Kabelklemme *f (el)*.

**binocular** *or (meistens)* ~**s** Doppelfernrohr *n*; Feldstecher *m*.

**bio|battery** Biobatterie *f*; ~**climatology** Bioklimatologie *f*; ~**logic(al) fuel** Biotreibstoff *m*; ~**logical warfare** biologische *od* Bakterienkriegführung *f*; ~**medical** biomedizinisch; ~**physic(al)** biophysisch; ~**physics** Biophysik *f*; ~**technology** Biotechnik *f*.

**biplane** Doppeldecker *m (Flzg) (Def)*; **orthogonal** ~ ungestaffelter Doppeldecker *m*; **single-bay** ~ einstieliger Doppeldecker *m*; **three-bay** ~ Dreistieler *m (Flzg)*; **twobay** ~ zweistieliger Doppeldecker *m*; **unstaggered** ~ ungestaffelter Doppeldecker *m*.

**bi|polar magnetic field** bipolares Magnetfeld *n*; ~**propellant** Zweikomponenten- *od* Zweifachtreibstoff *m*; Biergol *n*; Diegol *n (FK, Rak) (Def)*.

**bird| dog** *sl (US LW)* Funkkompass *m* auf automatischer Peilstellung *f (nav)*; ~ ***flight*** Vogelflug *m*; ~ **impact** Vogel(auf)schlag *m (im Flbetr)*; ~**'s eye view** Vogelschau *od* ~perspektive *f*; ~ **strike** Vogelschlag *m (Flbetr)*.

**birotary turbine** gegenläufige Turbine *f (Turbo)*.

**bit** (*short for* **binary digit**) Binärziffer *f*; Bit *n* (EDV).

**blackout** verdunkeln *(LS)*, *sl* für besinnungslos werden; Mattscheibe bekommen *sl (bei hohen Flugbeanspruchungen)*; Verdunklung *f (LS)*; Mattscheibe *f sl*; Vorhang *m sl (bei hohen Flugbeanspruchungen)*; ~ **driving light** Tarnscheinwerfer *m (Kfz)*; ~ **marker** Dunkelpunkt *m (Radar)*; ~ **measures** *pl* Verdunklungsmaßnahmen *f/pl (LS)*; ~ **piquet** Verdunklungsstreife *f (LS)*.

**blade** Blatt *n*; Flügel *m (Luftschraube)*; ~ **activity factor** wirksame(r) Blattfläche(ngrad) *f(m) (Prop) (Def)*; ~ **angle** Blatt(einstell)- *od* Steigungswinkel *m (Luftschraube) (Def)*; ~ **antenna** Platten- *od* Messerantenne *f (Funk)*; ~ **area** Blattfläche *f*; Vorderriss *m (Luftschraube)*; ~ **attachment** Blattbefestigung *od* ~lagerung *f*; ~ **back** Saugseite *f* der Luftschraube *(Def)*; ~ **balancing** Blattausgleich *m od* ~trimmung *f (Prop)*; ~ **damper** Blattdämpfer *m (Heli) (Def)*; ~ **decalage** Blattschränkung *f (Luftschraube)*; ~ **face** Druckseite *f (Luftschraube)*; ~ **flapping angle** Blattschlagwinkel *m (Heli)*; ~ **ice protection** Blattvereisungsschutz *m (Turbo)*; ~ **leading edge** Blattvorderkante *f*; **load per unit of airscrew** ~ Blattflächenbelastung *f (Luftschraube)*; ~ **loading** Blattbelastung *f (Heli) (Def)*; ~ **(peripheral) speed** Blatt(umfangs)geschwindigkeit *f*; ~**-pitch lever** Blattverstellhebel *m*; ~ **position** Blattstellung *f (Luftschraube)*; ~ **pressure side** Druckseite *f* des ~Blattes; ~ **profile (section)** Blattquerschnitt *m od* -profil *n*; Querschnitt *m*; ~ **root** Blattwurzel *f (Luftschraube)*; ~ **section** Blattquerschnitt *m (Luftschraube)*; ~ **setting** Blatteinstellung *f*; ~ **shank** Blattwurzel *f*; Schaft *m (Luftschraube)*; ~ **shank cuff** Blattwurzelmanschette *od* -verkleidung *f (Luftschraube)*; **sheathing of** ~ Blattkantenbeschlag *m (Luftschraube)*; ~ **spacing** Schaufelabstand *m od* -teilung *f (Turbo)*; ~ **sweep** Blattpfeilung *f (Prop) (Def) f*; ~ **thickness** Blattstärke *f*; Flügeldicke *f*; **thick propeller** ~ Dickblatt *n (Luftschraube)*; **thin propeller** ~ Dünnblatt *n (Luftschraube)*; ~ **tilt** Blatt-V-Stellung *f (Prop) (Def)*; ~ **tip** Blattspitze *f (Luftschraube)*; ~ **tip eddy** Blattspitzenwirbel *m*; ~ **tip metal clip** Blattspitzenbeschlag *m (Luftschraube)*; ~ **tip metal sheathing** Blattspitzenbeschlag *m (Luftschraube)*; ~ **tip vortex** Blattspitzenwirbel *m (Luftschraube)*; ~ **tipping** Blattspitzenbeschlag *m*; ~ **twist** Blattverdrehung *od* ~ verwindung *f (Luftschraube)*; ~ **width** Blatttiefe *f*; Flügelbreite *f (Luftschraube)*; ~**-width ratio** Blattbreitenverhältnis *n*; ~**s** *(of a turbine)* Beschaufelung *f (Turbo)*.

**blading** Beschaufelung *f (Turbo)*.

**blank| cartridge** Platzpatrone *f*; ~ **cover** Blinddeckel *od* ~**verschluss** *m*; ~**et** Wolldecke *f*; künstlicher Nebel *m (chem Kr)*; einnebeln; ~**eting** Abschirmen *n (z.B. Leitwerk)*; ~ **flange** Blindflansch *m*; ~ **gore parachute** Fehlbahnfallschirm *m*; ~**ing signal** Austast- *od* Dunkeltast- *od* Dunkelsteuersignal *n (Funk)*.

**blast** Luftdruck *m*; Explosion *f*; sprengen; ~ **area** Strahlbereich *m*; ~ **bay** Boxe *f (für Strahl-Flzg)*; ~ **bomb** Luftmine *f*; ~ **concussion** Luftstoß *od* ~druck *m (Art)*; ~ **fence** Strahlabweiser *m od* ~schutzwand *f (Bod)*; ~ **flame** Stichflamme *f*; ~**ing cap** Sprengkapsel *f*; ~**ing speed** Anblasgeschwindigkeit *f (der Piste durch Abgasstrahl)*; ~ **pen** Bunker *m*; ~ **pressure** Detonationsdruck *m*; ~ **wave** Druckwelle *f*.

**bleed** entlüften *(Hydraulikleitungen usw) (Def)*.

**blimpf** unstarres Kleinluftschiff *n*.

**blind** blenden *(Sonne; Scheinwerfer)*; ~ **angle** toter Winkel *m (Flzg: durch Bordwaffen nicht bestreichbarer Raum)*; ~ **approach** Blindanflug *m (nav)*; ~ **approach aid** Blindanflughilfsmittel *n (nav)*; ~ **approach procedure** *or* **system** Blindanflugverfahren *n (nav)*; ~ **bombing** Blindbombenwurf *m (LKr)*; ~ **cap** Blindkappe *f*; ~ **cover** Blindverschluss *m*; ~ **flight** Blindflug *m*; ~ **flying** Blindflug *m*; ~**-flying bank** Blindflugkurve *f*; ~**-flying curve** Blindflugkurve *f*; ~**-flying hood** Blindflughaube *f (Flzg)*; ~**-flying instruction** Blindflugschulung *f*; ~**-flying instructor** Blindfluglehrer *m*; ~**-flying instrument** Blindfluginstrument *n (Flzg) (Def)*; ~**-flying panel** Blindfluginstrumentenbrett *n (Flzg)*; **standard** ~**-flying panel** Einheits-Blindfluginstrumentenbrett *n (Flzg)*; ~**-flying turn** Blindflugkurve *f*; ~ **landing** Blindlandung *f (Flzg)*; ~**-landing equipment** Blindlandegerät *n (nav)*; ~**-landing procedure** *od* **system** Blindlandeverfahren *n (nav)*; ~ **spot** toter Winkel *m (durch Bordwaffen nicht bestreichbarer Raum: Flzg)*; ~ **transmission** Blindübermittlung *f (Funk) (Def)*; ~ **velocity** Blindgeschwindigkeit *f (Radar)*.

**blinker| lamp** Warnlampe; ~ *or* **blinking light** Blinklicht *od* ~feuer *n (Bod)*.

**blip** Leuchtfleck *m*; Echoanzeige *f od* ~zeichen *n (auf Radarschirm)*; Radarecho *n (Def)*.

**blister** (blasenförmiger) Waffenstand *m (Flzg)*; Kuppel *f*; ~ **light** Überrollfeuer *n (Bod) (Def)*; ~ **resistance** Beulsteifigkeit *f (Flzg)*.

**blitz** Luftgroßangriff *m (LKr)*; Großangriff fliegen *(LKr)*; ~ **buggy** *(E) sl für* Krankenwagen *m*.

**blizzard** Blizzard; Schneesturm *m (met) (Def)*.

**block** Bremsklotz *m (Flzg)*; Sperre *f (takt)*; abriegeln *(takt)*; sperren *(mech)*; ~**ade** Blockade *f (Kr)*; ~**age** Stauung *f*; Verdrängung *f (Windkanal)*; Verstopfung *f (eines Rohres)*; ~**age correction** Verdrängungskorrektur *(Windkanal)*;

**~buster** *sl für* schwere Sprengbombe *f*; Luftmine *f (LKr)*; **~ construction** Längsschnittbauart *f (Fallsch)* ***(Def)***; **~ diagram** Blockschaltbild *n (el)*; **~ed gyro** gefesselter Kreisel *m*; **~ed wind tunnel** Windkanal *m* mit Drosselstelle *od* Verengung; **~ing effect** Stauwirkung *f (met)*; **~ of airspace** Luftraumblock *m (Flsich)*; **~ of solid propellant** monolithischer Treibstoffkörper *m*; Festtreibstoffladung *f* aus einem Stück *(FK)*; **remove the ~s** Bremsklötze *m/pl* wegziehen *(Flzg)*; **~ speed** Blockgeschwindigkeit *f (LVerk)*; **~(-to-block) time** Blockzeit *f (LVerk)* ***(Def)***.

**blood-waggon** *sl für* Krankenwagen *m*.

**bloomer** Leuchtfleküberstrahlung *f (durch Bildschirmübersteuerung: Radar)*.

**blow|back** Rückschlag *m (Waffe)*; **~back-operated weapon** Gasdrucklader *m (Waffe)*; **~-by** Durchblasen *n (Kolbenringe: Flmot)*; **~down turbine** Abgasturbine *f (Flmot)* ***(Def)***; **~down** (*or* **blow-off**) **wind tunnel** intermittierender *od* Blow-down-Windkanal *m (erodyn)*; **~er** Gebläse *n (Turbo)*; Lader *m (Flmot)*; Vorverdichter *m*; Druckgebläse *n*; **~er air** Ladeluft *f (Flmot)*; **~er air temperature** Ladelufttemperatur *f*; **~er-cooled** gebläsegekühlt; **~er drive** Ladergetriebe *n (Flmot)*; **~er-fed engine** Ladermotor *m (Flmot)*; **high ~er** Höhenlader *m (Flmot)*; **~er impeller** Gebläserad *n*; **low ~er** Bodenlader *m (Flmot)*; **~er pipe** Blashutze *f (Lfz l)* ***(Def)***; **~er ratio** Laderübersetzung *f*; Ladedruckverhältnis *n*; **~er rim** Laderringkanal *m (Stern-Flmot)*; **~er rotor (wheel)** Laderlaufrad *n*; **~ing dust** Staubtreiben *n (met)*; **~ing-off jet** ausgeblasener Strahl *m (Turbo)*; **~ing-off pressure** Abblasedruck *m*; **~ing past piston rings** Durchblasen *n (Kolbenringe)*; **~ing sand** Sandtreiben *n (met)*; **~ing snow** Schneetreiben *n (met)*; **~n flap** angeblasene Klappe *f (Lfz)* ***(Def)***; **~n periphery** ausgebeulter Rand *m* (Fallsch) ***(Def)***; **~ off** absprengen *(Bombenträger usw)*; abblasen *(Gas vom Ballon)*; **~-off valve** Abblaseventil *n*; **~ out** Reifenpanne *f (Kfz & Flzg)*; **~-out speed** Ausblasegeschwindigkeit *f*; **~ torch** *sl für* Strahlflugzeug *n*.

**blueprint** Lichtpause *f*.

**bluff** umströmungsungünstig; schlecht umströmbar; plump *(Bauart)*; **~ profile** stumpfes Profil *n*.

**blunt| body** stumpfer Körper *m*; **~ edge** stumpfe Kante *f*; **~ing** Abstumpfung *f*; Stumpfheit *f*; Abrundung *f*.

**blur** Unklarheit *f*; **~red** verschwommen *(LPhot)*; **~ring** Verwacklung *f (LPhot)*.

**board** besteigen *(Flzg)* (*vgl auch* **airborne** & **on-board**); **chart ~** Kartenbrett *n*; **~ clock** Borduhr *f*; **~ electronics** Bordelektronik *f*; Avionik *f*; **~ fire extinguisher** Bordfeuerlöscher *m (Flzg)*; **~ hatch** Bordluke *f (Flzg)*; **~ instrument** Bordinstrument *od* ~gerät *n*; **~ landing lamp** Bord-Landescheinwerfer *m (Flzg)*; **~ navigation instrument** Bordnavigationsgerät *n (Lfz)*; **~ oxygen installation** *od* **set** Sauerstoffbordanlage *f (Flzg)*; **~ radio station** Bordfunkstelle *f (Lfz)*; **~ receiver** Bordempfänger *m (Funk)*; **~ rocket** Bordrakete *f*; **~-to-board** *vgl* **air-to-air**; **~-to-ground**; *vgl* **air-to-ground**; **~ing bridge** Fluggastbrücke *f (LVerk)*.

**boat** Boot *n*; Bootskörper *m (Flugboot)*; **~ seaplane** Flugboot *n* ***(Def)***.

**bob|-mass** Ausgleichsmasse *f*; **~-weight** Ausgleichsgewicht *n (Flzg-Steuerung)*.

**body** Rumpf *m (Flzg)*; Bootskörper *m (Flugboot)*; **~ aerodynamics** Aerodynamik *f* des Rumpfes *(Flzg)*; **~ armour** (*US* **armor**) Panzerweste *f*; **~ assembly template** Rumpfmontageschablone *f (Flzgbau)*; **~ axes** *pl* flugzeugfeste *od* körperfeste Achsen *f/pl (aerodyn)* ***(Def)***; **boat ~** Bootsrumpf *m (Flugboot)*; **~ boundary layer** Grenzschicht *f* am Körper *(aerodyn)*; **~ bow wave** Bug- *od* Kopfstoßwelle *f*; **~ contour** Körper- *od* Rumpfquerschnitt *m*; **~ (degree of) freedom** Freiheitsgrad *m* eines Körpers; **~ fitting** Rumpfbeschlag *m (Flzg)*; **~ lift** Auftrieb des Rumpfes *(Flzg)*; **~ of circular cross-section** Rumpf *m* mit kreisförmigem Querschnitt *(Flzg)*; **~ of clouds** Gewölk *n (met)*; **~ of revolution** Rotations- *od* Drehkörper *m*; **~ radiator** Rumpfkühler *m (Flzg)*; **~ search** Durchsuchung *f* von Personen *(LVerk)*; **~ section** Rumpfquerschnitt *m (Flzg)*; **~ shape** Körperform *od* ~kontur *f*; **~ skeleton** Skelett *n* des Körpers; Rumpfskelett *n*; **~ skin** Rumpfbeplankung *od* ~behäutung *f (Flzg)*; **~ strut** Rumpfstrebe *f (Flzg)*; **~ surface** Körperoberfläche *f*; **~-tail combination** Rumpf-Leitwerk-Kombination *f (Flzg)*; **~ tank** Rumpfbehälter *m (Flzg)*; **~ vortex** vom Rumpf hervorgerufener *od* Rumpfwirbel *n (aerodyn)*; **~ width** Rumpfbreite *f (Flzg)*.

**bogey** *sl für* unbekanntes Flugzeug *n*; Feindflugzeug *n (Flmelde)*.

**bogie** Radschwinge *f*; Wagenfahrwerk *n*; Tandemfahrgestell *n (Flzg)* ***(Def)***.

**boiling point** Siedepunkt *m*.

**bolt** Schraube *f (mit Mutter)*; Verschluss *m (Feuerwaffe)*; Bolzen *m*; **~ lock** Rasthebel *m*; **~ position** Abriegelungs- *od* Riegelstellung *f (takt)*.

**bomb** Bombe *f*; bombardieren; mit Bomben belegen; **A-~** Atombombe *f*; **~ aimer** Bombenschütze *m*; **~ and gunnery range** Schieß- und Bombenplatz *m*; **anti-personnel ~** Splitterbombe *f*; **~ard** bombardieren; beschießen; **~ardier** Bombenschütze *m*; **~ardment** Bombardierung *f*; Beschießung *f*; **~ardment airplane** Bombenflugzeug *n*; **~ardment aviation** Bombenfliegerei *f*; *(US auch)* Bombenflugzeuge *n/pl*; **atom ~** Atombombe *f*; **~ ballistic table** Bombenfalltafel *f*; **~ bay** Bombenschacht *m (Flzg)*; **~-bay door** Bombenklappe *f (Flzg)*; **~ burst** Bombeneinschlag *m*; **~ capacity** Bombentragfähigkeit *f (Flzg)*; **~ carpet** Bombenteppich *m (LKr)*; **~ carrier** Bombenaufhängevorrichtung *f (Flzg)*; Bombenträger *m (Flzg)*; Bombenflugzeug *n*; **cascade ~** Kaskadenbombe *f*; **chemical ~** Kampfstoffbombe *f*; **~ chute** Bombenschüttkasten *m*; **~ container** Bombenkasten *m*; **~ crater** Bombenkrater *m*; Bombenloch *n (LKr)*; **~ detonator** Bombenzünder *m*; **~ disposal unit** Bombenräum- *od* Bombensprengkommando *n*; **~ dropping** Bombenabwurf *m*; **~ dropping table** Bombenfalltafel *f*; **~ed area** Luftnotstandsgebiet *n (LKr)*; **~er** Bombenflugzeug *n*; *sl* Bomber *m (Flzg)*; *(früher)* Kampfflugzeug *n*; **~er aircraft** Bombenflugzeug n; **fighter ~er** Jagdbomber *m*, *abbr* Jabo *(Flzg)*; **~er group** *(E)* Bombergeschwader *n*; *(US)* Bombergruppe *f*; **~er pilot** Bombenflieger *m*; **~er squadron** Bomberstaffel *f*; **~er stream** Bomberstrom *m (Lkr)*; **~ er wing** *(E)* Bombergruppe; *(US)* Bombergeschwader *n*; **~ flight path** Bombenwurfbahn *f*; Bombenfallkurve *f*; **fragmentation ~** Splitterbombe *f*; **~ fuse** *or* **fuze** Bombenzünder *m*; **gas ~** Gasbombe *f*; **~ gear** Bombenaufhängevorrichtung *f*; **H~** Wasserstoffbombe *f*; **~ hit** Bombeneinschlag *m*; Bombentreffer *m*; **hydrogen ~** Wasserstoffbombe *f*; **~ impact** Bombenaufschlag *m*; **incendiary ~** Brandbombe *f*; **~ing** Bombardierung *f*, Bombenwurf *m*; **~ing airplane** Bombenflugzeug *n*; **~ing altitude** Angriffshöhe *f (von Bomben-Flzg)*; **~ing angle** Bombenwurfvorhaltewinkel *m*; **~ing attack** Bombenangriff *m (LKr)*; **~ing calculator** Abwurfrechengerät *n (LKr)*; **~ing exercise** Bomben(wurf)übung *f*, **horizontal ~ing** Horizontalbombenwurf *m*;

~**ing instruction** Ausbildung *f* im Bombenwurf; ~**ing mission** Bomben(einsatz)flug *m (LKr)*; **pattern** ~**ing** (versetzter) Reihenbombenwurf *m*; ~**ing practice ground** Bombenübungsplatz *m*; **precision** ~**ing** gezielter Bombenwurf *m*; ~**ing raid** Bombenangriff *m*; ~**ing run** Bombenzielanflug *m*; **skip** ~**ing** Abprallerbombenwurf *m*; ~**ing through overcast**, *abbr* **BTO** Bombenwurf *m* durch Wolken *(LKr)*; ~**line** Bombenauslösungs-Sicherheitslinie *f (takt)*; **liquid incendiary** ~ Flüssigkeitsbrandbombe *f*; ~ **load** Bombenlast *od* -zuladung *f (Flzg)*; ~**-load chart** Bombenbeladungskarte *f (Bomben-Flzg)*; **napalm** ~ Napalm- *od* Feuerbombe *f*; ~ **proof** bombenfest; bombensicher *(LKr)*; ~ **proving area** Bombenerprobungsplatz *m*; ~ **rack** Bombenaufhängevorrichtung *f*; ~ **recess** Bombenschacht *m (Flzg)*; ~ **release** Bombenabwurf *m*; Bombenauslösung *f*; ~ **release control** Bombenauslösevorrichtung *f*; ~ **release gear** Bombenabwurfgerät *n*; ~ **release handle** *or* **lever** Bombenwurfhebel *m*; Bombenauslösehebel *m*; ~ **release mechanism** Bombenauslösevorrichtung *f*; ~ **release moment** Auslösezeitpunkt *m (Bomben)*; ~ **release point** Auslösepunkt *m (Bomben)*; ~ **release slip** Bombenschloss *n*; ~ **release zone** Bombenabwurfraum *m*; ~ **resistant** bombenfest; bombensicher *(LKr)*; ~**s** *pl* Abwurfmunition *f*; ~ **sight** Bombenzielgerät *n*; **splinter** ~ Splitterbombe *f*; ~ **splinter** Bombensplitter *m*; ~ **suspension** Bombenaufhängung *f (Flzg)*; **thermite** ~ Thermitbombe *f*; **thermite incendiary** ~ Thermitbrandbombe *f*; **time** ~ Zeit(zünder)bombe *f*; ~ **trajectory** Bombenfallkurve *f*; Wurfparabel *f (ballist)*; ~ **trajectory path** Bombenwurfbahn *f*; ~ **trajectory table** Bombenfalltafel *f*; ~ **trough** Bombenschüttkasten *m*; ~ **up** mit Bomben beladen *(Flzg)*.

**bond** abbinden *(Zündanlage mit Flzg-Erdung leitend verbinden)*; ~**ed store** Zollfreilager *n (Bod)*; **in** ~ unter Zollverschluss; ~**ing** Abbinden *n (Zündanlage)*; Erdung *f*; leitende *od* Erdverbindung *f (el)* ***(Def)***.

**bonus| per kilometre** (*US* **kilometer**) Kilometergeld *n (LVerk)*; **reenlistment** ~ Kapitulantenhandgeld *n (mil)*.

**booby trap** Schreckmine *f*; Minenfalle *f*.

**boom** Knall *m*; Ausleger *m*; Stange *f*; ~ **restriction** durch den Überschallknall bedingte Flugbeschränkung *f (Flbetr)*; **sonic** ~ Schall- *od* Überschallknall *m (Flbetr)*.

**boost** aufladen *(Höhen-Flmot)*; vorverdichten; Ladedruck *m (Flmot)*; ~ **air** Ladeluft *f (Flmot)*; ~ **control** Ladedruckregler *m (Flmot)* ***(Def)***; ~ **control override** Ladedruckregler-Übersteuerung *f (Flmot)* ***(Def)***; ~**ed control system** Kraft- *od* Servosteueranlage *f*; ~**ed rudder** kraftverstärktes Seitenruder ***n (Flzg)***; ~**er** Lader *m (Flmot)*; Gebläse *n (Lfz l)* ***(Def)***; Hilfs- *od* Starttriebwerk *n (Lfz, FK)* ***(Def)***; Anlassmotor *m (Flmot)*; Servomotor *m (Flzg-Steuerung)*; ~**er coil** Anlassspule *f (Zündanlage)* ***(Def)***; ~**er engine** Booster- *od* Beschleunigungstriebwerk *n (Rak)*; ~**er magneto** Anlassmagnetzünder *m (Flmot)*; ~**er oil pump** Öldruckverstärkerpumpe *f*; ~**er phase** Startschub- *od* Boosterphase *f (FK)*; ~**er pump** (Kraftstoff-)Förderpumpe *f (Flmot)* ***(Def)***; ~**er rocket** Zusatzrakete *f (Lfz, FK)* ***(Def)***; Startrakete *f (Flmot)*; ~**er stage** Boosterstufe *f (Rak)*; **starting** ~**er** Anlassmagnet *m (Zündanlage)*; ~ **gauge** (*US* **gage**) Ladedruckmesser *m (Flmot)* ***(Def)***; ~ **intercooling** Ladeluftkühlung *f (Flmot)*; ~ **pressure** Ladedruck *m (Flmot)* ***(Def)***; ~ **pressure control** Ladedruckregelung *f (Flmot)*; ~ **(pressure) gauge** (*US* **gage**) Ladedruckmesser *m (Flmot)*; ~ **ratio** Ladedruck(verhältnis) *m(n) (Flmot)*; ~ **regulator** Ladedruckregler *m (Flmot)*; ~ **rocket** Trägerrakete *f*; ~ **rocket motor** Zusatzraketentriebwerk *n (FK)* ***(Def)***; ~ **system** Druck(erzeugungs)system *n*; ~ **temperature** Ladelufttemperatur *f (Flmot)*; **to** ~ **into orbit** auf eine Umlaufbahn bringen *(AufklSat)*.

**border| airport** Grenzflughafen *m (LVerk)*; ~**-crossing air traffic** grenzüberschreitender Flugverkehr *m*; ~ **layer**, *vgl* **boundary layer**; ~ **line** (äußere) Kartenrandlinie *f (Kart)*; ~ **line case** Grenzfall *m*; ~ **violation** Grenzverletzung *f (durch Lfz)*.

**bore** Seele *f (Waffenlauf)*; Bohrung *f (Zylinder: Flmot)*; ~**d nozzle** gebohrte Düse *f*.

**boss** Nebenwulst *f (Luftschraube)* ***(Def)***; *sl* Vorgesetzter; Chef *m*.

**bottom| boom** Untergurt *m*; ~ **cap of spar** Untergurt *m*; ~ **chord** Untergurt *m (Flzg)*; ~ **(dead) centre** unterer Totpunkt *m (Flmot)*; ~ **effect** Effekt *m* infolge der Heckumströmung; Heckeffekt *m (aerodyn)*; ~ **gondola** Bodenwanne *f (Bomben-Flzg)*; ~ **longeron** Rumpfunterholm *m (Flzg)*; ~ **side** *or* **surface** Druckseite *f (Tragfläche)*; ~ **tearer** Bodenreißer *m (Granate)*; ~ **wing** Unterflügel *m (bei Mehrdeckern)*.

**bounc|e** springen *(Flzg bei Landung)*; ~**ed landing** Landung *f* mit mehrfachem Aufsetzen *(Flbetr)*; ~**ing** Springen *n (Flzg bei Landung)*.

**bound| energy** gebundene Energie *f*; ~ **vortex** gebundener Wirbel *m (aerodyn)*.

**boundary** Grenze *f*; Nahtstelle *f*; Trennungslinie *f (takt)*; Umgrenzung *f (Flugplatz)*; ~ **beacon** ILS-Haupteinflugzeichen *n (nav)*; **buffet** ~ Flatterbereichsgrenze *f (Lfz)* ***(Def)***; ~ **layer** Grenzschicht *f (aerodyn & met)* ***(Def)***; ~**-layer air** Luft *f* in der Grenzschicht; Grenzschichtluft *f*; ~**-layer bleed** Grenzschichtablass *m od* ~ableitung *f (aerodyn)*; ~**-layer blowing** Grenzschichtverdichtung *f (aerodyn)* ***(Def)***; Grenzschichtan- *od* ~ausblasung *f*; ~**-layer break-away** Grenzschichtablösung *f (aerodyn)*; ~**-layer control** Grenzschichtkontrolle *od* ~steuerung *od* ~beeinflussung *f (aerodyn)* ***(Def)***; ~**-layer disturbance** Grenzschichtablösung *f (aerodyn)*; ~**-layer effect** Grenzschichteffekt m; ~**-layer fence** Grenzschichtzaun *m*; ~**-layer friction** Grenzschichtreibung *f*; ~**-layer influence** Grenzschichteinfluss *m*; ~**-layer profile** Grenzschichtprofil *n*; ~**-layer separation** Grenzschichtabspaltung *f (met) od* ~ablösung *f (aerodyn)* ***(Def)***; ~**-layer suction** Grenzschichtabsaugung *f* ***(Def)***; ~**-layer suction slot** Grenzschichtabsaugschlitz *m*; ~**-layer theory** Theorie *f* der Grenzschicht; Grenzschichttheorie *f*; ~**-layer threshold** Rand *m* der Grenzschicht; Grenzschichtrand *m*; ~**-layer transition (to turbulence)** laminarer-turbulenter Grenzschichtumschlag *m*; Grenzschichtübergang *m* ***(Def)***; ~**-layer turbulence** Grenzschichtturbulenz *f*; ~ **light** Rand- *od* Umgrenzungsfeuer *n (Flugplatz)* ***(Def)***; ~ **lighting** *od* **lights** *pl* Platzrandbefeuerung *f*; ~ **line** Trennungslinie *f (takt)*; ~ **marker** ILS-Haupteinflugzeichen *n (nav)*; Umgrenzungsmarker *m od* -kennzeichen *n (Bod)* ***(Def)***; ~ **Mach number** Grenz-Mach-Zahl *f (aerodyn)*; ~ **of the airport** Flughafengrenze *f*; **sector** ~ Abschnittsgrenze *f (takt)*; ~ **value** Grenzwert *m*.

**bounded| airflow** gebundener *od* begrenzter Luftstrom *m (aerodyn)*; ~ **air jet** gebundener *od* begrenzter Luftstrahl *m (aerodyn)*.

**bow** Bug *m (Luftschiff; Flugboot)* ***(Def)***; ~ **cap** Bugkappe *f (Lfz l)* ***(Def)***; ~ **elevator** Bughöhenruder *n*; ~ **gunner** Bugschütze *m (Flzg)*; ~ **landing** Buglandung *f (See-Flzg)*; ~**-on (view)** Stirnansicht *f*; ~ **shock (wave)** Bugverdichtungsstoß *m*; ~ **stiffener** Bugversteifung *f (Lfz l)* ***(Def)***; ~ **wave** Bugwelle *f (Flugboot)*; Kopfwelle *f (ballist)* ~**den cable** Bowdenzug *m*; ~ **heavy** buglastig *(Flugboot; Luftschiff)*.

**bowser** (Flugfeld-)Tankwagen *m (Bod)* ***(Def)***.

**box** Kasten *m*; Gehäuse *n (von Instrumenten)*; **barometric ~** Barometerdose *f (met)*; **~ barrage** Feuerabriegelung *f (takt)*; **~ beam** Kastenholm *m (Tragfläche)*; **~ car** *(US)* Güterwagen *m*; Bombenflugzeug *n (US-Sprechfunkverkehr)*; **flying ~~** *sl (US)* Transportflugzeug *n*; **~ construction** Kastenbauweise *f (Flzg)*; **~ control surface** Kastenruder *n (Flzg)*; **~ girder** Kastenträger *m*; **~ horizon** Dosenhorizont *m (Flzg)*; **~ in** abriegeln *(mittels Art-Feuer: takt)*; **~kite** Kastendrachen *m*; **~-pattern flight** Rechteckflug *m (Flbetr)*; **~ rib** Kastenrippe *f (Tragfläche)*; **~ silencer** Auspufftopf *m (Flmot)*; **~ spanner** Steckschlüssel *m*; **~ spar** Kastenholm *m (Flzg)*; **~ spar-type construction** Kastenholmbauart *f (Flzg)*; **~ tail unit** Kastenleitwerk *n (Flzg)*.

**brace** Strebe *f*; Gurt *m*; Versteifung *f*; Verspannung *f (Flzg)*; verstreben; **~ cable** Spann- *od* Verspannungskabel *n*; **~d** abgestrebt *(Flzg-Bau)*; **~d monoplane** verstrebter Eindecker *m (Flzg)*; **~d tail unit** abgestrebtes Leitwerk *n*; **~d wing** abgestrebte Tragfläche *f (Flzg)*; **~ wire** Spann- *od* Verspannungskabel *n*.

**bracing| cable** Spannkabel *n (Flzg)*; **cross ~** Diagonalverspannung *f*; Diagonalverband *m (Flzg)*; **diagonal ~** Diagonalverspannung *f*; Diagonalverband *m (Flzg)*; **diagonal wire ~** Diagonalseilverspannung *f (Tragfläche)*; **~ strut** Abfang- *od* Abstützstrebe *f (Flzg)*; **wire ~** Drahtverspannung *f (Flzg)*; **~ wire** Spannseil *n (Flzg)*.

**bracket** Träger *m*; Ausleger *m*; gabeln *(Leitung)*; eingabeln *(Art)*; **~ fire** Gabelschießen *n (Art)*; **~ing** Erfliegen *n* eines Kurses; auf Strahl gegen *sl (Leistrahlverfahren)*; **~~ a beam** Erfliegen *n* eines Leistrahls; auf Strahl gehen *(Flbetr)*.

**brake** Bremse *f*; bremsen; **air ~** Luftbremse *f*; Bremsklappe *f (Flzg)*; **~ airscrew** Bremsluftschraube *f*; **apply ~s** bremsen; Bremsen betätigen; **~ block** Bremsklotz *m*; **~ cheek** Bremsbacke *f*; **~ chock** Bremsklotz *m*; **~ chute** Bremsschirm *m (Flzg)*; **~ cylinder** Bremszylinder *m*; **differential ~** Differentialbremse *f*; **dive ~** Sturzflugbremse *f (Flzg)*; **~ drum** Bremstrommel *f*; **~ed run** gebremster Auslauf *m (Flzg bei Landung)*; **~ed vertical descent** gebremster Sinkflug *m od* Vertikalabstieg *m (Flbetr)*; **~ engine thrust** Schub *m* des Bremstriebwerks *(Rak)*; Nutzleistung *f (Flmot)* ***(Def)***; **fan ~** Bremsluftschraube *f*; **~ flap** Bremsklappe *f (Flzg)*; **~ fluid** Bremsflüssigkeit *f*; **~ horsepower**, *abbr* **BHP** Nutz- *od* Bremsleistung *f (Flmot)* ***(Def)***; **hydraulic ~** Hydraulik- *od* Flüssigkeitsbremse *f*; **landing ~** Fahrwerkbremse *f (Flzg)*; **~ lining** Bremsbelag *m*; **~ load** Bremsbelastung *f*; **~ mean effective pressure**, *abbr* **BMEP** mittlerer effektiver *od* wirksamer Nutzdruck *m (Flmot)*; **~ parachute** Bremsschirm *m (Flzg)* ***(Def)***; **parking ~** Parkbremse *f (Flzg)*; **~ pressure** Bremsdruck *m*; **~ propeller** Bremsluftschraube *f*; **~ rocket** Bremsrakete *f*; Raketendezelerator *m*; **~ shoe** Bremssporn *m (Flzg)*; Bremsbacke *f (Laufrad)*; **~ skid** Bremssporn *m (Flzg)*; **~ test bench** *or* ***stand*** Bremsstand *m (für Flmot)*; **~ thrust** Brems- *od* Retroschub *m*; Schub *m* des Bremstriebwerks ; **~ torque** Bremsdrehmoment *n*.

**braking| action** Bremsbetätigung *od* ~wirkung *f*; **~ airscrew** Bremsluftschraube *f*; **~ device** Bremsvorrichtung *f*; **~ distance** Bremsweg *m*; **~ effect** Bremswirkung *f*; **~ heating** Bremswärme *od* ~erhitzung *f*; **~ mechanism** Bremsvorrichtung *f*; **~ pitch** Bremsstellung *f (Prop)* ***(Def)***; **~ rocket** Bremsrakete *f (Lfz FK)* ***(Def)***; **~ system** Bremssystem *n od* ~anlage *f*.

**branch** Zweig *m*; Abzweigung *f*; **ascending ~** *(of a trajectory)* aufsteigender Ast *m (ballist)*; **descending ~** *(of a trajectory)* absteigender Ast *m (ballist)*; **~ of the armed forces** Wehrmachtsteil *m*; Teilstreitkraft *f (BW: mil)*; **~ of the service** Waffengattung *f*; Dienstzweig *m (mil)*; **~ office** Außenstelle *f*; **~ pipe** Gabelrohr *n (Auspuff: Flmot)* ***(Def)***; **pull-out ~** Abfangbahn *f (FK)*; **~ed pipe** Rohr *n* mit Abzweigung.

**braze** *(hart)* löten.

**breach** Einbruchstelle *f (takt)*; **~ of discipline** Disziplinarübertretung *f (mil)*.

**break** Bruch *m*; Unterbrechung *f*; entladen *(Gewitter)*; brechen; **~ away** Abreißen *n (Luftströmung vom Profil: aerodyn)*; Abdrehen *n (Luftkampf)*; **~ away** abdrehen *(Luftkampf)*; ablösen; abreißen *(Luftströmung vom Profil: aerodyn)*; **~ away torque** Losbrechmoment *m (Flmot)*; **~ camp** Lager abbrechen *(mil)*; **~ cloud** durchziehen *(Flzg durch Wolkendecke)*; **~down** Abreißen *n (Luftströmung vom Profil)*; Panne *f (Kfz)*; **~ down** eine Panne erleiden; **~er** Ausschalter *m*; Unterbrecher *m (el)*; **~-even load factor** kostendeckender Auslastungsgrad *m (LVerk)*; **~-even point** Kostendeckungspunkt *m*; Rentabilitätsschwelle *f*; **~ formation** auflösen *(Verbandsflug)*; **~ ground** abheben *(Flzg vom Boden)*; **~-in area** Einschlag- *od* Aufbruchstelle *f (am Lfz)*; **~ in firing** Feuerpause *f (Art)*; **~ in flight** Flugunterbrechung *f*; **~ing away** Abreißen *n (Luftströmung vom Profil)*; **~ing cord** Reißleine *f (Fallschirm)*; **~ing factor** Bruchlastvielfaches *n*; **~ing load** Bruchbelastung *f (stat)*; **~ing load factor** Bruchlastvielfaches *n*; **~ing point** Bruchgrenze *f (Konstr)*; **~ing strength** Zug- *od* Zerreißfestigkeit *f*; **~ing stress** Bruchbeanspruchung *od* ~spannung *f (stat)*; **~-in point** Einschlag- *od* Aufbruchstelle *f (am Lfz)*; **~ off** abreißen *(Luftströmung vom Profil)*; **~-off height**, *abbr* **BOH** Abbruchhöhe *f (vorgeschriebene Mindesthöhe für Sichtaufnahme bei Landeverfahren)*; **~-off point** Strömungsabrisspunkt *m (aerodyn)*; **~ through** durchbrechen *(takt)*; *(the overcast)* durchstoßen *(Flzg durch Wolkendecke)*; **~-through** Durchbruch *m (takt)*; Durchstoßen *n (Flzg durch Wolkendecke)*; **~ up** abwracken *(Flzg usw)*; **~ up in the air** in der Luft auseinanderfallen *(Flzg)*; *sl* abmontieren *(Flzg)*.

**breast|(-pack) parachute** Brustfallschirm *m*; **~ strap** Brustgurt *m (Fallschirm)*.

**breather** Druckausgleichs- *od* Entlüftungsöffnung *f*.

**breathing| air** Atemluft *f*; **~-apparatus** Atemgerät *n (im Flzg)*; **~-hose** Atemschlauch *m*; **~-mask** Atemmaske *f*; **~ oxygen** Atemsauerstoff *m*; **~-pipe** Atemschlauch *m (Atemmaske)*; Luftmast *m (U-Boot)*; *sl* Schnorchel *m (U-Boot)*; **~-tube** Atemschlauch *m*; **~ valve** Atemventil *n*.

**breech** Bodenstück *n (Geschütz)*; **~-loading weapon** Hinterlader *m (Art)*; **~ starter** Patronenanlasser *m (Flmot)*.

**breeze** Brise *f (met)*; **fresh ~** frische Brise *f (Beaufort-Stärke 5: met)*; **gentle ~** schwache Brise *f (Beaufort-Stärke 3: met)*; **light ~** leichte Brise *f (Beaufort-Stärke 2: met)*; **moderate ~** mäßige Brise *f (Beaufort-Stärke 4: met)*; **stiff ~** steife Brise *f (met)*; **strong ~** starke Brise *f (Beaufort-Stärke 6: met)*.

**bridge| circuit** Brückenschaltung *f*; **~(-type) amplifier** Brückenverstärker *m (Fernm)*.

**bridle** Mehrfachstropp *m (Para)* ***(Def)***.

**brief** einweisen; instruieren; beraten; unterrichten; **~ing** Flug(vor)besprechung *f*; Briefing *n*; Einweisung *f (Flbetr)* ***(Def)***; Flugbesprechung *od* ~beratung *f (LVerk)*; Einsatzbesprechung *f (LKr)*; Befehlsausgabe *f (mil)*, Vorunterrichtung *f*; **meteorological ~ing** mündliche Wetterberatung *f (Flsich)*; ~**ing office** Flugberatungsstelle *f (Flsich)*; **pre-flight** ~**ing** Flugvorbesprechung f.

**Brigadier General** Brigadegeneral *m*.

**bright| display** Hellraumsichtanzeige *od* ~darstellung *f*, ~**ness** Helligkeit *f*; Leuchtdichte *f (Scheinwerfer)*; Grundhelligkeit *f (Braunsche Röhre)*.

**brine** Salzwasser *n*.

**bring| down** abschießen *(LKr)*; ~ **(an aircraft) in** hereinbringen *(Flzg zur Landung)*; ~**ing-down** Abschuss *m (Luftziel: LKr)*; ~ **(an aircraft) out of the turn** herausnehmen *(Flzg aus Kurve)*.

**broad| band antenna** Breitbandantenne *f (Funk)*; ~ **band noise** Breitbandgeräusch *n (Funk)*; ~**cast** senden; ausstrahlen *(Funk)*; Rundfunk *m*; Rundsendung *f (Funk)* ***(Def)***; ~**cast control** Reportageleitverfahren *n (LKr)* ~**cast(ing) station** Rundfunksendestelle *f (Funk)*; ~**cast mode** Rundsendemodus *m (Funk)*; ~**cast procedure** blindes Absetzen *n* von Sprüchen; einseitiger Verkehr *m (Funk)*; ~**cast transmitter** Rundfunksender *m (Funk)*; ~**ly tuned** unscharf *od* grob abgestimmt *(Funk)*.

**broken** wolkig; fast bedeckt *(Himmel: met)*; ~ **cloud** zerrissene *od* aufgerissene *od* aufgebrochene Bewölkung *f (met)*; ~ **edge** gebrochene Kante *f*; ~ **line** gestrichelte Linie *f (Kart)*.

**brolly** *sl* für Fallschirm *m*.

**bronto|graph** Brontograph *m*; Gewitterschreiber *m (met)*; ~**meter** Brontometer *n (met)*.

**brush| contact** Schleifkontakt *m (el)*; ~ **discharge** Bürstenentladung *f (el)*.

**bubble| sextant** Blasen- *od* Libellensextant *m (nav)* ***(Def)***; **thermal** ~ Aufwindblase *f (Segelflug)*.

**bucket** Schaufel *f (Turbo)*; ~**s** *pl* Beschaufelung *f (Turbo)*.

**buckl|e** Koppelschloss *n*; einknicken; **safety-belt** ~**e** Anschnallgurtschloss *n (Flzg)*; ~**ing** Beulen *n*; Knicken *n (Konstr)* ***(Def)***; Faltenbildung *f (Tragflächen)*; ~**ing load** Knicklast *f*; ~**ing resistance** *or* **strength** Beulfestigkeit *f (Flzg-Beplankung)*; ~**ing stress** Knickspannung *od* ~beanspruchung *f*.

**budget** Etat *m*; Haushaltsplan *m*; ~ **item** Etatposten.

**buffer** Puffer(vorrichtung) *m(f)*; Dämpfungselement *n (Konstr)*; ~ **amplifier** Puffer- *od* Anpass- *od* Trennverstärker m (Fernm); ~ **(counter) spring** Stoßdämpfer- *od* Pufferfeder *f*; ~ **zone** Pufferzone *f od* ~bereich *m (Flsich)* ***(Def)***.

**buffet| boundary** Flatterbereichsgrenze *f (Flbetr)* ***(Def)***; ~**ing** Schlagen *n*; Schütteln *n*; Buffeting *n (z.B. Flzg-Leitwerk)* ***(Def)***; ~**(ing) oscillations** *pl* Schüttelschwingungen *f/pl*.
**buggy-whip** *sl (US)* Stabantenne *f (Funk)*.

**build|ing blocks** *pl*, **electronic** ~~ elektronisches Baukastensystem *n*; ~**ing cradle** Helling *f (Flzgbau)*; ~**ing up (of clouds)** Quellen *n (von Wolken)*;~**-up in volume** Volumen- *od* Lautstärkezunahme *f (Funk)*; ~ **up speed** Fahrt aufholen *(Flzg)*; ~**-up time** Aufschaukelzeit *f*.

**built|-in** eingebaut; ~**-in air-stairs** *pl (eingebaute)* Flugzeugtreppe *f*; ~**-in engine** eingebautes *od* Einbautriebwerk *n (Flzg)*; ~**-in margin** eingebaute(r) Reserve *f od* Grenzwert *m (Konstr)*; ~**-up area** bebautes *od* überbautes Gebiet *od* Gelände *n*; ~**-up wing** Fachwerktragfläche *f (Flzg)*.

**bulb** Glühbirne *f (el)*; ~ **cloud** Wulstwolke *f (met)*.

**bulkhead** Rumpfspant *m*; Schott *n (Lfz)* ***(Def)***; Spant *m (Flzg)*; Schottwand *f (Flugboot)*; **divide** or **partition into** ~**s** abschotten *(Flugboot)*; ~ **wiring** Schottverspannung *f (Lfz l)* ***(Def)***.

**bulk-injection| carburettor** Einspritzvergaser *m (Flmot)* ***(Def)***; ~ **pump** Einspritzpumpe *f (Flmot)* ***(Def)***.

**bull|dozer** Planierraupenschlepper *m*; Planiermaschine *(Flugplatzbau)*; ~**'s eye** Bullauge *n*; rundes Fenster *n*; Sturmzentrum *n (met)*.

**bullet** Geschoss *n*; Kugel *f (Schusswaffe)*; **armour-** (*US* **armor-**)**piercing** ~ Stahlkerngeschoss n; **dumdum** ~ Dumdumgeschoss *n*; ~**in** Bekanntmachung *f*, Mitteilungsblatt *n*; ~**in board** Anschlagtafel *f*; ~**-proof** kugel- *od* beschusssicher; ~**-proof glass** schusssicheres Glas *n*; Panzerglas *n*.

**bump** Steig- *od* Aufwindbö *f*; Windstoß *m*; ~**er** Stoßstange *f (Kfz)*; ~**iness** Bockigkeit *f (met)*; ~**ing bag** Landepuffer *m (Lfz l)* ***(Def)***; ~**y** böig; bockig (*Luft*); uneben *(Rollfeld)*; ~**y landing** Bumslandung *f sl (Flzg)*.

**bungee** (mechanische) Entlastungsvorrichtung *f*; Kraftausgleich *m (Lfz)* ***(Def)***.

**bunk** Schlafkoje *f*; ~**er** Bunker *m*; ~**er position** Bunkerstellung *f (takt)*.

**bunt** Abschwung *m (Kunstflugfigur)* ***(Def)***.

**buoy** Boje *f*; **anchor** ~ Ankerboje *f*; ~**ancy** (statischer) Auftrieb *m*; *insbesondere* hydrostatischer Auftrieb *m (Flugboot usw)* ***(Def)***; ~**ant equilibrium** Schwimmgleichgewicht n; ~**ant lift** statischer Auftrieb *m*; ~**ant rope** schwimmfähiges Seil *n*.

**burbl|e** Wirbel *m*; Grenzschichtablösung *f (aerodyn)*; verwirbeln; abreißen *(Luftströmung am Profil)*; ~**e branching point** Spaltungspunkt *m (aerodyn)*; ~**e point** Grenzschichtablösungspunkt *m*; Abreißpunkt *m* ***(Def)***; Übergangspunkt *m (von laminarer in turbulente* Strömung; *aerodyn)*; ~**ing** Verwirbelung *f*; Wirbelbildung *f (aerodyn)*; **zone of** ~**ing** Abreißgebiet *n (aerodyn)*.

**buried| cable** Erdkabel *n (Tel)*; ~ **engine** versenkt eingebauter Motor *m (Flmot)*.

**burn|er** Brenner *m (Turbo)* ***(Def)***; **duplex** ~~ Duplexbrenner *m (Turbo)*; ~~ **nozzle** Brenndüse *f (Turbo)*; **spill** ~~ Rücklaufbrenner *m (Turbo)*; ~**out** Brennschluss *m (FK)* ***(Def)***; ~**out velocity** Brennschlussgeschwindigkeit *f (FK)* ***(Def)***; ~**t-out rocket** ausgebrannte Rakete *f*.

**burst** krepieren *(Bombe)*; sich entladen *(Gewitter)*; Explosion *f*, Detonation *f (Bombe)*; ~ **cloud** Sprengwolke *f*; ~ **effect** Sprengwirkung *f*; ~**ing charge** Sprengladung *f (Bombe)*; ~**ing point** Sprengpunkt *m (Flak)*; ~ **of fire** Feuerstoß *m (takt)*; ~ **of thunder** Donnerschlag *m*; ~ **pattern** Treff(er)bild *n*; ~ **smoke** Sprengwolke *f*; ~ **wave** Explosions(druck)welle *f*; ~**y sun** gestörte Sonne *f*.

**bus** Omnibus *m (Kfz)*; *sl für* Flugzeug *n*; ~ **bar** Sammelschiene *f (el)* ***(Def)***; ~ **driver** *sl für* Bomberpilot *m*.

**bush** Lagerschale *f (Flmot usw)*; ~**ing** Lagerbuchse *f*; ~ **-sniper** Heckenschütze *m (Kr)*; ~ **with cast-in liner** ausgegossene Lagerschale *f*.

**bus|iness aircraft** Geschäftsluftfahrzeug *n*; ~**iness flying** Geschäftsflugwesen *n*; ~**iness jet** Geschäftsstrahlflugzeug *n*; Business-Jet *m*; ~**y** besetzt *(Tel)*; ~**y hours** verkehrsreiche Zeit *f (Fernm)*; ~**y signal** Besetztzeichen *n (Tel)*.

**buster** *sl (US)* höchste Dauerleistung *f (Turbo)*.

**butt** Kugelfang *m (Schießstand)*; Stoßstelle *f*; Trennfuge *f*; ~ **joint** Stoßverbindung *f*; stumpfer Stoß *m (Flzg-Bau)*; ~**on** Knopf *m*; **release** ~**on** Auslöseknopf *m*; **starter** ~**on** Anlassknopf *m (Flzg)*; ~ **welding** Stumpfschweißen *n*.

**butterfly|-nut** Flügelmutter *f*; ~ **tail** V-Leitwerk *n (Flzg) **(Def)***; *auch* Schmetterlingsleitwerk *n (Flzg)*; ~**-throttle** Gasdrossel *f (Vergaser)*; ~**-valve** Gasdrossel *f*; Drosselklappe *f (Vergaser)*.

**Buys Ballot's law** Buys Ballots Gesetz *n (met) **(Def)***.

**buzz| bomb** V-Bombe *f (LKr)*; ~**er** Summer *m*; Wecker *m (Tel)*; ~**er-type starter** Summeranlasser *(Flmot)*; ~**ing** Summen *n (Funk)*; Sausen *n*; Dröhnen *n*; *sl* Tiefangriff simulieren; ~**up** *(the engine)* Triebwerk zünden *od* anlassen *(Turbo)*.

**by| air** auf dem Luftwege *(LVerk)*; ~ **calculation** rechnerisch; ~**pass** Überströmkanal *m (Flmot)*; ~**pass area** Überholstelle *f od* ~bereich *m (Flugplatz)*; ~**pass channel** Nebenstrom- *od* Mantelstromkanal *m (Turbo)*; ~**pass duct** Mantelstromführung *f (Turbo)*; ~**pass engine** Bypass- *od* Nebenstromtriebwerk *n (Turbo) **(Def)***; Mantelstrom(turbinen)triebwerk *n*; ~**pass line** Überholspur *f (Flugplatz)*; ~**pass ratio** Nebenstrom- *od* Bypass- *od* Mantelstromverhältnis *n (Turbo)*; ~**pass taxiway** Überholrollweg *m (Flugplatz)*; ~**pass turbojet** Mantelstromtriebwerk *n (Turbo)*; Zweistrom-Turbinenluftstrahltriebwerk *n*, *abbr* ZTL; ~**pass valve** Umgehungs- *od* Umlauf- *od* Entlastungsventil *n **(Def)***; ~ **sectors** abschnittsweise *(takt)*; ~**-wire-controlled** draht(fern)gelenkt *od* ~gesteuert *(Rak)*; ~**-wire guidance** Draht(fern)lenkung *od* ~steuerung *f (Rak)*.

# C

**C** *(ICAO- und NATO-Buchstabieralphabet)* Charlie; *(altes, internationales Buchstabieralphabet)* Charly; ~**-of-g**, *short for* **centre of gravity** (mittlerer) Schwerpunkt *m (Lfz)*; ~**-scope** C-Schirm *m (Radar) **(Def)***.

**cabbage** *sl* Bombe *f (LKr)*.

**cabin** Kabine *f (Lfz) **(Def)***; Fluggastraum *m (Flzg)*; ~ **air** Kabinenluft *od* -atmosphäre *f (Lfz)*; ~ **airplane** Kabinenflugzeug *n*; geschlossenes Flugzeug *n*; ~ **altitude** Kabinen(druck)höhe *f (Lfz) **(Def)***; ~ **atmosphere** Kabinenluft *f*; ~ **attendants** *pl* Kabinenpersonal *n (LVerk)*; ~ **blower** Kabinenluftmotor *m (Flzg)*; ~ **crew** Kabinenbesatzung *f (LVerk) **(Def)***; ~ **depressurization** Kabinendruckabfall *od* ~verlust *m (Lfz)*; **full-view** ~ All- *od* Vollsichtkabine *f (Flzg)*; ~ **glazing** Kabinenverglasung *od* ~beglasung *f (Lfz)*; ~ **heating** Kabinen(be)heizung *f*; ~ **layout** Kabinenauslegung *od* ~konstruktion *f (Lfz)*; ~ **parachute** Kabinenfallschirm *m*; **pressure** *or* **pressurized** ~ Druckkabine *f*; druckfeste Kabine *f (Höhen-Flzg)*; ~ **pressure altitude** Kabinendruckhöhe *f*; ~ **pressurization** Kabinendruckbelüftung *f (Flzg)*; ~ **roof** Kabinendach *n (Flzg)*; ~ **separation** Kapselabtrennung *od* -separation *f (bemannter FK usw)*; ~ **supercharger** Kabinenluftverdichter *m (Flzg) **(Def)***; ~ **wall** Kabinenschott(wand) *m(f)*.

**cable** Kabel *n*; **aerial** ~ Luftkabel *n (Tel)*; ~**-angle indicator** Schleppseil-Winkelanzeiger *m (Segelschlepp) **(Def)***; **audio frequency**, *abbr* **AF** ~ Niederfrequenzkabel *n (Tel)*; **carrier** ~ Trägerfrequenzkabel *n*; **coaxial** ~ Koaxial- *od* Röhrenkabel *n (Tel)*; ~ **control** Seilsteuerung *f (Flzg)*; ~ **core** Kabelkern *m*; ~ **duct** Kabelführung *f od* ~schacht *m (el) **(Def)***; ~ **grip** Kabelhalter *m*; **high frequency**, *abbr* **HF** ~ Hochfrequenzkabel *n (Tel)*; ~**-jointing party** Kabellöttrup *m (Tel)*; ~**-laying party** Kabelbautrupp *m (Tel)*; ~ **mast** Kabelmast *od* ~turm *m*; ~ **pulley** Seilführungsrolle *f*; ~ **shackle** Kabelschloss *n*; ~ **shoe** Kabelschuh *m (el)*; ~ **socket** Kabelschuh *m*; ~ **splice** Kabelverbindung *f*; Kabelspleiß *m*; ~ **system** Verkabelung *f*; Kabelnetz *od* ~system *n (el)*; ~ **tension** Kabel- *od* Seilspannung *f*; ~ **terminal** Kabel(end)klemme *f*; **troll** ~ *(US)* Fernkabel *n (Tel)*; **trunk** ~ Fernkabel *n (Tel)*; **underground** ~ Erdkabel *n (Tel)*; ~ **winch** Kabel- *od* Seilwinde *f (Segel-Flzg-Start)*.

**cabotage** Kabotage *f*; Inlandflugverkehr *m*.

**cadet** Kadett *m*; Offizieranwärter *m*; Fahnenjunker *m (mil)*; ~ **pilot** Flugschüler *m*; Jungflieger *m*; ~ **school** Kriegsschule *f (mil)*.

**cadmium-plating** Kadmierung *f*.

**cadre** Kader *m*; Stamm *m (mil)*; ~ **unit** Stammeinheit *f*; Kadereinheit *f (mil)*.

**cag|e** fesseln *(Kreisel)*; ~**e antenna** Käfigantenne *f (Funk)*; ~**ed gyro** gefesselter Kreisel *m*; ~**ing device** Feststellvorrichtung *f*; Kreiselarretierung *f (Instr) **(Def)***.

**calculat|e** (be)rechnen; ~**ed ceiling** Rechnungs- *od* Entwurfs- *od* Sollgipfelhöhe *f (Lfz)*; ~**ed value** Sollwert *m*; ~**ion error** Rechenfehler *m*; ~**ion model** Berechnungs- *od* Rechenmodell *n*; ~**ion procedure** Berechnungsverfahren *n*; ~**or** Rechengerät *n*; **bombing** ~**or** Abwurfrechengerät *n (LKr)*; **course and speed** ~**or** Dreiecksrechner *m (nav)*.

**caliber** *(US)* Kaliber *n*; Seelenweite *f (Schusswaffe)*; ~ **of gun** Geschützrohrdurchmesser *m*; Rohrweite *f*.

**calibrat|e** eichen *(Instrumente usw)*; ~**ed airspeed**, *abbr* **CAS** berichtigte Fluggeschwindigkeit *f (Flbetr) **(Def)***; berichtigte Fahrtmesseranzeige *f*; ~**ed altitude**, *abbr* **CA** berichtigte angezeigte Flughöhe *f (Flbetr)*; ~**ed Mach number** Eich-Mach-Zahl *f*; ~**ed thrust** kalibrierter *od* Eichschub *m (Turbo)*; ~**ing nozzle** Eichdüse *f*; ~**ion** Vermessung *f*, Eichung *f*; ~**ion chart** Eichtafel *f (Radar)*; ~**ion curve** Eichkurve *od* ~linie *f*; Messkurve *f*; ~**ion firing** Vergleichsschießen *n (Art)*; ~**ion flight** Messflug *m*; ~**ion fuel** Eichkraftstoff *m*; ~**ion stability** Eichstabilität *f*; ~**ion test** Eichung *f*; Eichen *n*; Kalibriern *n*; Schub- *od* Leistungsprüfung *f (Turbo, Flmot)*; ~**ion tester** Eichinstrument *n*; ~**ion transmitter** Eichsender *m (Funk)*; ~**ion tunnel** Eich(wind)kanal *m (aerodyn)*.

**calibre** *(E) vergl* **caliber**.

**California bearing ratio**, *abbr* **CBR** Kalifornische Tragfähigkeitszahl *f (Boden-mech)*.

**caliper scale** Schublehre *f*.

**call** Anruf *m (Tel)*; anrufen *(Tel)*; rufen *(Funk)*; melden *(Sprechfunk)*; ~ **at** zwischenlanden in *(Flzg)*; **book a ~** Gespräch anmelden *(Tel)*; **~ed station** Gegen(funk)stelle *f (Funk)*; ~ **for active duty** Einberufungsbefehl *m (mil)*; **~ing frequency** Ruffrequenz *f (Funk)*; ~ **letter** Kennbuchstabe *m (Flzg)*; Rufzeichen *n (Funk)*; ~ **mission** Auftrag *m* auf Abruf *(takt)*; ~ **name** Rufname *m (Flzg)*; **on ~** auf Abruf; **official ~** Dienstgespräch *n (Tel)*; **roll ~** Appell *m (mil)*; ~ **sign** Rufzeichen *n (Funk)*; ~ **signal** Rufzeichen *n (Funk)*; ~ **up** einberufen *(mil)*.

**callina** trockener Nebel *m (met)*.

**calm** windstill; ruhig *(Luft)*; Kalme *f*; Flaute *f*; Windstille *f (Beaufort-Stärke 0: met)* ***(Def)***; ~ **air** unbewegte Luft *f (met)*; ~ **belt** Kalmengürtel *m (met)*; **belt of ~s** Kalmengürtel *m (met)*; **dead ~** Flaute *f*; Windstille *f (met)*; ~ **down** abflauen *(Wind)*; ~ **weather** Schönwetter *n*; ruhiges Wetter *n (met)*.

**calori|e** Kalorie *f*; Wärmeeinheit *f*; **~fic value** Heizwert *m*; **~metric test** kalorimetrische Prüfung *f od* ~r Test *m*.

**Calvert approach lighting system** Calvert-Anflugbefeuerungssystem *n*.

**cam** Nocken *m (Flmot)*; **~-control (gear)** Nockensteuerung *f (Flmot)*; **~-disk** Nockenscheibe *f*; **~-drive** Nockenantrieb *m*; ***~-drum*** Nockentrommel *f*; **~-follower** Ventil- *od* Nockenstößel *m*; **~-plate** Nockenscheibe *f*; **~-shaft** Nockenwelle *f*; **~-shaft casing** Steuerwellengehäuse *n*; **~-stick** Nockenstange *f*.

**camber** Wölbung *f (Tragflächenprofil)* ***(Def)***; Radsturz *m (Fahrwerk)*; **~ed axle** gestürzte Achse *f (Flzg-Fahrwerk)*; **~ed blade** überkrümmte *od* gewölbte Schaufel *f (Turbo)*; **~ed profile** gewölbtes Profil *n (Tragfläche)*; **~ed spar** Bogenholm *m (Flzg)*; **~ed vane** gewölbte *od* überkrümmte Schaufel *f (Turbo)*; **~ed wing** gewölbte Tragfläche *f (Flzg)*; ~ **height** Wölbungshöhe *f (Profil)*; **mean ~** Durchschnittskrümmung *f (Tragfläche)*; ~ **ratio** relative Wölbung *f*; Wölbungsverhältnis *n (Konstr)*; ~ **rib** Nebenrippe *f (Tragfläche)*; ~ **side** Saugseite *f (Luftschraube)*.

**camera** Kamera *f*; ~ **gun** Lichtbild- *od* Photo-M.G. *n*; Kanonenzielkamera *f (Flzg)*.

**camouflage** tarnen; Tarnung *f (mil)*; ~ **inspection** Tarnüberwachung *f (mil)*; ~ **matting** Tarnmatten *f/pl*; Tarngefecht *n*; ~ **net** Tarnnetz *n*; ~ **netting** Tarn(netz)geflecht *n*; ~ **paint** Sichtschutzfarbe *f (Flzg)*; ~ **painting** Sichtschutzanstrich *m*.

**camp** Lager *n (mil)*; **~aign** Feldzug *m (mil)*; **~aign medal** Erinnerungsmedaille *f (mil)*.

**canard** Vorderschwanzflugzeug *n*; Entenflugzeug *n* ***(Def)***; *sl* Ente *f (Flzg)*; ~ **aeroplane** Entenflugzeug *n* ***(Def)***; ~ **configuration** Entenbauart *od* -bauweise *f (Flzg)*; ~ **controlled** kopfgesteuert; mit Kopfleitwerk *(Flzg)*; ~ **controls** Entensteuerungssystem *n (Flzg FK)* ***(Def)***; ~ **layout** Entenbauart *od* ~weise *f (Flzg)*; ~ **surfaces** *pl* Kopfleitwerk *n (Flzg. FK)*; **~-type airplane** Entenflugzeug *n*; ~ **wing** Vorder- *od* Entenflügel *m (Flzg)*.

**cancellation message** Streichungsmeldung *f (Flsich)*.

**candle power** Kerzenstärke *f*.

**cannibalize** ausschlachten *(Wrack od Flzg auf Ersatzteile)*.

**cannon** Kanone *f (Flzg)*; ~ **engine** Kanonenmotor *m (Flmot)*; ~ **fighter** Kanonenjagdflugzeug *n*.

**can|nular combustion chamber** Ringrohrbrennkammer *f (Turbo)*; **~onical coordinates** *pl* kanonische Koordinaten *f/pl*; **~onical equation** kanonische Gleichung *f*; **~-type combustion chamber** Rohrbrennkammer *f (Turbo)*.

**canopy** Baldachin *n (Flzg)*; Kabinendach *n (Flzg)*; (Fallschirm-)Kappe *f* ***(Def)***; ~ **jettisoning** Kabinendachabwurf *m od* -absprengung *f (Flzg)*; ~ **piercer** Kabinendachbrecher *m (Flzg)*; ~ **piercing** Kabinendachzerstörung *f od* ~durchbrechen *n (Flzg)*; **~-type antenna** schirm- *od* dachförmige Antenne *f (Funk)*.

**canteen** Kantine *f*; Feldflasche *f*.

**cantilever** freitragend; ~ **beam** freitragender Balken *m*; Konsolträger *m*; ~ **biplane** freitragender Doppeldecker *m (Flzg)*; ~ **landing gear** Einbeinfahrwerk *n (Flzg)*; ~ **monoplane** freitragender Eindecker *m (Flzg)*; ~ **wing** freitragender Flügel *m (Flzg)*.

**cantonment** Barackenlager *n*; Unterkünfte *f/pl (mil)*.

**canvas** Segeltuch *n*; Zeltleinwand *f*.

**canyon approach** steiler Landeanflug *m*; Steilanflug *m (Flbetr)*.

**cap** Kappe *f*; Deckel *m*; ~ **cloud** Kappenwolke *f (met)*; ~ **of tank** Tankverschluss *m*; ~ **plate** Deckplatte *f*; ~ **strip** Gurtblech *n (am Holmsteg: Flzg)*.

**capable** befähigt; ~ **of crosscountry travel** geländegängig *(Kfz)*.

**capacit|or** Kondensator *m (el)*; **~or discharge light** Kondensatorenentladungsfeuer *n (Bod)*; **~or fuse** *od* **fuze** Kondensatorzünder *m (Bombe)*; **~y** Fassungsvermögen *n*; Befähigung *f*; Eigenschaft *f*; Kapazität *f (el)* ***(Def)***; **~y for reaction** Reaktionsfähigkeit *f (Flzg-Führer)*; **~y (of an engine)** Kubik- *od* Literinhalt *m (eines Motors)*; **~y restriction** Kapazitätsbeschränkung *f (LVerk)*.

**capillary| (tube)** Kapillare *f*; Haarröhrchen *n*; ~ **wave** Kapillarwelle *f*.

**capital ship** Großkampfschiff *n*.

**capitulat|e** kapitulieren; **~ion** Kapitulation *f*.

**capsize** kentern *(See-Flzg)*.

**capsule** Kapsel *f*; Dose *f*; Druckkapsel *f (Lfz)* ***(Def)***; ~ **aneroid** Kapselbarometer *n*; ~ **recovery** Kapselbergung *f*; ~ **statoscope** Dosenstatoskop *n (Steig- & Sinkgeschwindigkeitsmesser)*.

**captain** *(of an aircraft)* 1. Führer *m (Flzg)*; Kommandant *m (Flzg)*; führen *(Flzg)*; **Captain** Hauptmann *m (US LW)*.

**captiv|e balloon** Fesselballon *m* ***(Def)***; **~e plane** Fesselflugzeug *n*; **~e run** Fessellauf *m (Hubschrauber)*; **~e test** Prüfstanderprobung *f od* -lauf *m*; **~ity** Gefangenschaft *f (mil)*.

**capture** Gefangennahme *f (mil)*; Auffassen *n (eines Radarzieles)*; **~d airplane** Beuteflugzeug *n*; **~d enemy equipment** Beutegerät *n (mil)*; ~ **effect** Überdeckungs- *od* Verdrängungseffekt *m*.

**car** Personenkraftwagen *m (Kfz)*; Gondel *f (Luftschiff)* ***(Def)***; Korb *m (Ball)*; ~ **launching** Autoschleppstart *m (Segel-Flzg)*; ~ **suspension** Gondelaufhängung *f (Luftschiff)*.

**carbine** Karabiner *m (Schusswaffe).*

**carbon** *(reine)* Kohle *f*; Kohlenstoff *m;* ~ **deposit** Ölkohleablagerung *f (Flmot)*; ~ **dioxide motor** Kohlensäuremotor *m (Modell-Flzg)*; ~**-fibre composite structure** Kohlenfaser-Verbundbauweise *f (Flzg-Bau)*; ~**less fuel** kohlenstoffreier Treibstoff *m (Rak)*; ~ **removal** Ölkohleentfernung *f (Flmot)*; ~**ic-acid motor** Kohlensäuremotor *m (Modell-Flzg)*; ~**ic-acid starter** Kohlensäureanlasser *m (Flmot)*; ~ **tetrachloride** Tetrachlorkohlenstoff *m.*

**carburetor** *(US) or* **carburettor** *(E)* Vergaser *m (Flmot)*; ~ **engine** Vergasermotor *m (Flmot)*; ~ **float** Vergaserschwimmer *m*; ~ **freezing** *or* **icing** Vergaservereisung *f*; ~ **heating** Vergaservorwärmung *f*; ~ **needle** Schwimmernadel *f (Vergaser)*; ~ **throttle controls** *pl* Gasgestänge *n (Flmot).*

**carburetting** Karburieren *n*; Vergasung *f (Kraftstoff).*

**carbur(iz)ation** Karburieren *n*; Vergasung *f (Kraftstoff).*

**carcass** tragendes Gerüst *od* Gerippe *n (Lfz).*

**cardan| joint** Kardangelenk *n*; ~**ic** kardanisch; ~**ic-suspension gyro** kardanisch gelagerter Kreisel *m.*

**cardinal| point** Himmelsrichtung *f*; **the** ~**s** die 4 Himmelsrichtungen *f/pl*; Hauptstriche *m/pl od* ~himmelsrichtungen f/pl (nav) ***(Def).***

**career** Laufbahn *f (mil).*

**caret| delta wing** geknickter *od* dachförmiger Deltaflügel *m*; ~ **wing** Dach- *od* dachförmiger Tragflügel *m (Flzg).*

**cargo** Fracht *f (LVerk)* ***(Def)***; ~ **airplane** Frachtflugzeug *n*; ~ **attendant** Frachtbegleiter *m (LVerk)*; ~ **clearance** (behördliche) Frachtabfertigung *f (LVerk)*; ~ **handling** (nichtbehördliche) Frachtabfertigung *f (LVerk)*; ~ **hold** Frachtraum *m od* ~abteil *n (Lfz)*; ~ **label** Frachtzettel *m (LVerk)*; ~ **manifest** Frachtverzeichnis *n (LVerk)*; ~**-parachute** Lastenfallschirm *m*; ~**-passenger convertiplane** umrüstbares Fracht-/Passagierflugzeug *n*; ~ **space** Laderaum *m*; ~ **terminal (building)** Luftfrachthof *m (Bod).*

**carpet| bombing** Teppichbombenwurf *m (LKr)*; ~ **wing** doppelter V-Flügel *m (Flzg).*

**carriage** Beförderung *f (LVerk)*; Wagen *m (Fernschreiber).*

**carrier** Flugzeugträger *m*; Luftfrachtführer *m*; Träger *m (Funk)*; ~ **aircraft** bordgestütztes Luftfahrzeug *n*; Trägerluftfahrzeug *od* -flugzeug *n* ***(Def)***; ~**-based** *or* ~ **-borne aircraft** bordgestütztes *od* Trägerflugzeug *n*; ~ **frequency** Trägerfrequenz *f (Funk)*; ~ **frequency cable** Trägerfrequenzkabel *n (Fernm)*; ~ **landing** Trägerlandung *f (Flbetr)*; ~ **transmission** Drahtfunk *m (Funk)*; ~ **wave** Trägerwelle *f (Funk).*

**carry** tragen; befördern; mitführen *(Flzg)*; ~**ing capacity** Tragfähigkeit *f (Flzg)*; ~**ing case** Transportbehälter *m (Flzg)*; ~**ing element** tragendes Teil *od* Element *n*; ~**ing strap** Tragegurt *m*; ~**ing surface** tragende Fläche *f (Flzg)*; ~**ing wing area** tragende Fläche *f (Flzg)*; ~**-on baggage** Handgepäck *n (LVerk).*

**cartesian| axes** *pl* kartesische Achsen *f/pl*; ~ **control** Kreuzflügelsteuerung *f (FK)* ***(Def)***; ~ **(co-ordinate) system** rechtwinkliges *od* kartesisches Koordinatensystem *n.*

**cartograph|er** Kartograph *m*; Kartenzeichner *m*; ~**y** Kartographie *f*; Kartenwesen *n.*

**cartridge** Kartusche *f*; Patrone *f*; ~ **belt** Ladegurt *m (Bordwaffen)*; ~ **belt-feed** Patronengurtzuführung *f (Bordwaffen)*; ~ **case** Patronenhülse *f*; ~ **clip** Ladestreifen *m*; ~ **pocket** Patronentasche *f*; ~ **pouch** Patronentasche *f*; ~ **starter** Patronenanlasser *m (Flmot)* ***(Def).***

**cart-wheel** Kreiskorn *n (altes Fliegervisier).*

**cascade** Gitter *n*; Rost *m*; ~ **bomb** Kaskadenbombe *f (Markierungsbombe: LKr)*; ~ **(grid) wind tunnel** Gitterwindkanal *m (aerodyn)*; Windkanal *m* für die Erprobung von Profilgittern; ~**s** *pl* Gitter(werk) *n (im Windkanal)* ***(Def).***

**cas|e** Fall *m*; Gehäuse *n (Flmot)*; ~**e of damage** Schadensfall *m*; ~**e of load** Lastfall *m*; Belastungsfall *m (Flzg)*; ~**ing** Gehäuse *n*; Hülle *f*; Mantel *m*; Verkleidung *f.*

**caster** *or* **castor** Nachlauf *m (Sporn)*; ~**ing** Schwenken *n (Bug- & Spornräder)*; ~**ing nose-wheel** schwenkbares Bugrad *n (Flzg)*; ~**ing tail-wheel** schwenkbares Spornrad *n (Flzg)*; ~**ing wheel** Schwenkrad *n*; ~ **length** Nachlauf *m (Schwenkräder: Lfz)* ***(Def).***

**cast-off vortex** Anfahr- *od* Anfangswirbel *m (aerodyn).*

**castle nut** Kronenmutter *f.*

**castor oil** Rizinusöl *n.*

**casualty** Verlust *m (mil)*; *(E auch:)* Personalveränderung *f (mil)*; ~ **list** Verlustliste *f (Kr).*

**cat's| claw** *sl* Federwolke *f (met)*; ~ **paw** *sl* Windhauch *m*; ~ **walk** *sl* Laufgang *m (Luftschiff)*; ~ **whiskers** *sl* Federwolke *f (met).*

**cata|batic airflow** katabatischer Luftstrom *m*; Abwind *m (met)*; ~ **batic front** *or* **catafront** Katafront *f*; ~**lytic hydrazine engine** katalytisches Hydrazintriebwerk *n (Rak).*

**catapult** Katapult *n (Flzg-Träger)* ***(Def)***; Schleuderstarthilfe *f*; ~ **aircraft** Katapultflugzeug *n*; ~**-launched rocket** katapultgestartete Rakete *f*; ~ **launching** Katapult- *od* Schleuderstart *m*; ~**(-off)** katapultieren *(Flzg)*; ~ **seat** Schleuder- *od* Katapultsitz *m (Flzg)*; ~ **ship** Katapultschiff *n*; ~ **take-off** Katapult- *od* Schleuderstart *m (Flzg).*

**catch** auffassen *(Luftziel durch Radar)*; ~ **hook** Fanghaken *m (am Träger-Flzg)*; ~**ing cable** Fangseil *n (Flzg-Fanganlage).*

**category rating** Artberechtigung *f (ICAO).*

**catenary wires** *pl* Kettenseile *n/pl (Lfz l)* ***(Def).***

**caterpillar** Geländekette *f*; Raupe *f (Kfz)*; ~ **drive** Raupen- *od* Gleiskettenantrieb *m (Kfz)*; ~ **prime mover** Gleiskettenzugmaschine *f*; ~ **track** Raupen- *od* Gleiskette *f*; ~ **(tractor)** Raupenschlepper *m (Kfz).*

**cathode** Kathode *f (el)*; ~ **beam** Kathodenstrahl *m*; ~ **current** Kathodenstrom *m (el)*; ~ **follower** Kathodenverstärker *od* ~folger *m*; ~ **ray** Kathodenstrahl *m*; ~**-ray direction-finder** Sichtpeilgerät *n*; Peilgerät *n* mit Kathodenstrahlanzeige; ~**-ray tube,** *abbr* **CRT** Braunsche *od* Bildröhre *f*; Kathoden- *od* Elektronenstrahlröhre *f (Radar).*

**cause to respond** zum Ansprechen bringen *(ein Relais).*

**caution zone** Warnzone *f (Flsich).*

**cease| combat** Gefecht abbrechen *(Kr)*; ~ **fire** Feuer einstellen *(takt)*.

**ceil|ing** Bewölkungshöhe *f*; Wolkenuntergrenze *f (met)*; Hauptwolkenuntergrenze *f (met) (Def)*; (Dienst-)Gipfelhöhe *f (Lfz) (Def)*; ~**ing and visibility unlimited**, *abbr* **CAVU** unbegrenzte Wolkenhöhe und Sicht(weite) *f (met)*; ~**ing balloon** Wolkenhöhenmessballon *m (met)*; ~**ing height indicator** Wolkenhöhenmesser *m (met)*; ~**ing (light) projector** Wolkenscheinwerfer *m (met)*; **operational ~ing** Dienstgipfelhöhe *f (Flzg)*; ~**ing projector** Wolkenscheinwerfer *m (met)*; **service ~ing** Dienstgipfelhöhe *f (Flzg)*; ~**ing unlimited** unbegrenzte Wolkenhöhe *f*; keine Hauptwolkenuntergrenze vorhanden; ~**ing zero** aufliegende Hauptwolkenuntergrenze *f (met)*; ~**ometer** Wolkenhöhenmesser *m (met) (Def)*; **rotating-beam ~ometer** Drehstrahl-Wolkenhöhenmesser *m (met)*.

**celestial| altitude** Gestirnhöhe *f (Astro-nav)*; ~ **axis** Himmelsachse *f*; ~ **ballistics** Himmelsballistik *f*; ~ **body** Gestirn *n*; ~ **compass** Astrokompass *m*; ~ **coordinates** *pl* Himmelskoordinaten *f/pl*; ~ **declination** astronomische Deklination *f*; ~ **dome** Himmelsgewölbe *n*; Firmament *n*; ~ **equator** Himmelsäquator *m*; ~ **fix** astronautischer *od* Astrostandort *od* ~fix *m (Astronav)*; ~ **guidance** Astro-Selbststeuerung *f (FK) (Def)*; ~ **map** Stern- *od* Himmelskarte *f (nav)*; ~ **navigation** astronomische Navigation *f*; Astronavigation *f*; ~ **pole** Himmelspol *m*; ~ **position** astronomischer *od* Astrostandort *od* ~fix *m*; ~**sphere** Himmelskugel *f*.

**cell, barometric** ~ Druckdose *f*; ~**ular radiator** Zellenkühler *m (Flmot)*; ~**-type tank** Sackbehälter *m (Kraftstoff)*; ~**ular structure** Zellenbau *m (allg)*; ~**ular vortex** zellularer Wirbel m.

**center|** *(US) vergl* **centre**; ~**ing** *(US)* Zentrierung *f*.

**centi|grade** Celsiusgrad *m*; ~**metre** (*US* ~**meter**) Zentimeter *m*; ~**metric wave** Zentimeterwelle *f (3 – 30 GHz: Radar)*.

**central** zentral; Mittel-; ~ **axis** Schwereachse *f*; zentrale Trägheitsachse *f*; ~ **console** *or* **control panel** Hauptschaltpult *n*; zentrales Bedienbrett *n*; ~ **data bank**; *abbr* **CDB** zentrale Datenbank *f (EDV)*; ~ **electrode** Mittelelektrode *f (Zündkerze)*; ~ **engine** Mittelmotor *(dreimot Flzg)*; ~ **float** Zentral- *od* Mittelschwimmer *m (See-Flzg)*; ~ **heating** Zentralheizung *f*; ~**ized lubrication** Zentralschmierung *f (Flmot)*; ~**ized maintenance** zentralisierte Wartungstechnik *f (LW)*; ~ **radio station** Funkzentrale *f*; ~ **release harness** Zentralverschlussgurtzeug *n (Fallsch)*; ~ **runner** Landekufe *f (Segel-Flzg usw)*; ~ **skid** Mittelkufe *f (Flzg)*;~~ **spar** Mittelholm *m (Flzg)*.

**centre** (*US* **center**) zentrieren; Schwerpunkt *m*; Mittelpunkt *m*; Zentrale *f*; ~ **body** Zentral- *od* Mittelkörper *m*; ~ **electrode** Mittelelektrode *f (Zündkerze)*; ~ **engine** Mittelmotor *m (dreimot Flzg)*; ~ **frequency** Mittelfrequenz *f (Funk)*; ~ **line** Skelettlinie *f (aerodyn)*; Mittellinie *f (Startbahn)*; Anfluggrundlinie *f (QMS)*; ~ **of buoyancy** Auftriebsschwerpunkt *m (Schwimmkörper) (Def)*; ~ **of drag** Widerstandsmittelpunkt *m (aerodyn)*; ~ **of gravity**, *abbr* **c.g.** *or* **c-of-g** (mittlerer) Schwerpunkt *m*; ~~ **(c-of-g) displacement** Schwerpunktverlagerung *f*; ~**-of-gravity limitations** *pl* Grenzen *f/pl* für Schwerpunktlage; ~**-of-gravity position** Schwerpunktlage *f (Lfz)*; ~~ **(c-of-g) shift** Schwerpunktverschiebung *f*; ~~ **(c-of-g) travel** Schwerpunktwanderung *f*; ~ **of gross lift** Auftriebsmittelpunkt *m (Lfz l) (Def)*; ~ **of gyration** Drehpunkt *m*; ~ **of lift** Auftriebsmittelpunkt *m (aerodyn)*; ~ **of pressure**, *abbr* **c.p.** Druck(mittel)punkt *m (aerodyn) (Def)*; ~**-of-pressure travel** Druckpunktwanderung *f (aerodyn)*; ~ **of mass(es)** *(pl)*, *abbr* **c.m.** Massenschwer- *od* ~mittelpunkt *m*; ~ **of rotation** Drehpunkt *m*; ~ **of the earth** Erdmittelpunkt *m*; ~ **of the high** Hochdruckkern *m (met)*; ~ **of the hurricane** Orkanmitte; ~ **of the low** Tiefdruckkern *m (met)*; ~ **of the plane** Flugzeugschwerpunkt *m*; ~ **of the profile** Profilmittelpunkt *m*; ~ **of the thunderstorm** Gewitterherd *m*; ~**-point mooring** Zentralverankerung *f (Lfz l) (Def)*; ~**-point pennant** Ankerseil *od* ~tau *n (Lfz l) (Def)*; ~**-point rigging** Zentralverseilung *f (Lfz l) (Def)*; ~ **section(wing)** Mittelflügel *m*; Tragflächenmittelstück *n (Flzg) (Def)*; ~**s of action of disturbance** Aktionszentrum *n/pl* der Atmosphäre *(met)*; ~ **square** Mittelquadrat *n (Flsich) (Def)*; ~ **turbojet** mittleres TL-Triebwerk *n (dreistrahliges Flzg)*; ~ **wing** Mittelflügel *m (Flzg)*; ~**-wing box** Flügelmittelkasten *m*; TM-Kasten *m (Flzg)*; ~**-wing section** Tragflächen- *od* Flügelmittelstück *n*; TM-Stück *n (Flzg)*.

**centrifugal| acceleration** Zentrifugalbeschleunigung *f*; ~ **blower** Schleudergebläse *n*; ~ **clutch** Fliehkraftkupplung *f (Hubschrauber)*; ~ **compressor** Schleuderlader *m*; Zentrifugalverdichter *m (Flmot) (Def)*; ~**-flow turbojet** TL-Triebwerk *n* mit Radialverdichter; ~ **force** Flieh- *od* Schleuder- *od* Zentrifugalkraft *f*; ~ **fuse** *or* **fuze** Fliehkraftzünder *m (Bombe)*; ~ **load test** Schleuderprüfung *f*; ~ **lubrication** Schleuderschmierung *f (Flmot)*; ~ **pump** Zentrifugal- *od* Kreiselpumpe *f*; ~ **simulator** Zentrifugensimulator *m (Flmed)*; ~ **supercharger** Schleuder- *od* Zentrifugallader *m (Flmot) (Def)*; ~ **turbine** Zentrifugal- *od* Radial- *od* Schleuderturbine *f*.

**centrepetal| acceleration** Zentripetal- *od* Normalbeschleunigung *f*; ~ **force** Zentripetalkraft *f*.

**centring** *(E)* Zentrierung *f*.

**ceramals** *pl* keramische Werkstoffe *m/pl*.

**cerebral aeroembolism** zerebrale Luftembolie *f (Flmed)*.

**certificate** Zeugnis *n*; Ausweis *m*; Schein m; ~ **of airworthiness**, *abbr* **C (of) A** Lufttüchtigkeitszeugnis *n od* ~schein *m (ICAO)*; ~ **of airwothiness overhaul**, *abbr* **C of A overhaul** Grundüberholung *f (zur Erneuerung des "C of A" erforderlich)*; ~ **of appointment** Bestallungsurkunde *f (mil)*; ~ **of competency** Befähigungszeugnis *n*; ~ **of conduct** Führungszeugnis *n*; ~ **of dismissal** Entlassungsschein *m*; ~ **of medical fitness** ärztliches Tauglichkeitszeugnis *n*; ~ **of origin** Ursprungszeugnis *n*; ~ **of possession** Besitzzeugnis *n*; ~ **of qualification** Befähigungsnachweis *m*; ~ **of registration** Eintragungsschein *m (Lfz: ICAO)*; ~ **of value** Wertbestätigung *f*.

**certif|icating** *or* ~ **ication authority** Zulassungsbehörde *f (ICAO)*; ~**ication requirements** *pl* Anforderungen *f/pl* für die Ausstellung eines Scheines *or* Ausweises; ~**ication test** Zulassungsprüfung *f (Lfz: ICAO)*; ~**ied aircraft maintenance engineer** *or* **mechanic** zugelassener Prüfer *m* für Luftfahrzeuge *(ICAO)*; ~**y as airworthy** die Lufttüchtigkeit bescheinigen *(Lfz) (Def)*.

**cessation| of fire** Feuereinstellung *f (takt)*; ~ **of hostilities** Einstellung *f* der Feindseligkeiten *(Kr)*.

**cetane number** *or* **rating** Cetanzahl *f (zur Bestimmung der Selbstentzündungstemperatur von Dieselkraftstoff) (Def)*.

**CG** *vgl* **centre of gravity**; ~ **datum point** Schwerpunktbezugspunkt *m (LVerk) (Def)*.

**chad|less tape** Prägestreifen *m*; ~ **tape** Stanzstreifen *m (Fernschr)*.

**chaff** Staniolstreifen *m/pl*; Düppel(streifen) *m/pl (für Radarstörung)*; ~**eur** *sl* für Kutscher *m (sl für Flzg-Führer)*.

**chain** Kette *f (Loran; Decca; nav)*; ~ **drive** Kettenantrieb *m*; ~ **of command** Befehlsweg *m (mil)*; ~ **of hills** Hügelkette *f*; Höhenzug *m*; ~ **of relays** Relaiskette *f (Funk)*.

**chamber| afterburner (unit)** Nachbrennereinrichtung *f (Turbo)*; ~ **ascent** (Höhen-)Kammeraufstieg *m (Flmed) (Def)*; ~ **pressure** Kammerdruck *m*.

**chamfer** Abschrägung *f*; Schräge *f*.

**chamois** (Reh-)Lederlappen *m*.

**chance hit** Zufallstreffer *m (Art)*.

**chandelle** Chandelle *f (Kunstflug)*.

**change** Veränderung *f*; Änderung *f*; *(US)* Deckblatt *n (zu Vorschriften)*; ändern; (aus)wechseln *(Flmot)*; ~**able weather** unbeständiges *od* instabiles Wetter *n*; ~ **amplitude** Wechselamplitude *f (Funk)*; ~ **direction** Richtung ändern; umschlagen *(Wind)*; ~ **group** Änderungsgruppe *f (met)*; ~ **in direction** Richtungsänderung *f*; ~ **in load distribution** Lastigkeitsänderung *f (Flzg)*; ~ **(in the position) of the centre of gravity** Lageänderung *f* des Schwerpunktes; ~ **of control function** Umschlagen *n (Ruder)*; Ruderwechselwirkung *f (Flzg)*; ~ **of course** Kurswechsel *m*; Kursänderung *f (nav)*; ~ **of frequency** Wellen- *od* Frequenzwechsel *m (Funk)*; ~ **of gas state** Zustandsänderung *f* des Gases *(Lfz l)*; ~ **of magnetic variation** Änderung *f* der Ortsmissweisung *(Kart)*; ~ **of personnel** Personalveränderung *f (mil)*; ~ **of pitch** Luftschraubenverstellung *f*; ~ **of volume** Lautstärken- *od* Volumenänderung *f (Funk)*; ~ **of wind** Windänderung *f (met)*; ~**-over point** *(from buried to over-head cable line)* Kabelaufführungspunkt *m (Tel)*; ~**-over switch** Umschalter *m (el)*; ~**-speed gear** Schaltgetriebe *n*.

**channel** (Frequenz-) Kanal *m (Funk)*; Wasserpiste *f*; Rinne *f (Wasserflughafen) (Def)*; ~ **capacity** Kanalkapzität *f (Fernm)*; ~ **lights** *pl* Wasserpisten- *od* Rinnenfeuer *n/pl*; ~ **marker** Sichtzeichen *n* für Wasserpiste; ~ **patch** röhrenförmiges Befestigungspflaster *n (Lfz l) (Def)*; ~**s** Dienstweg *m (mil)*; *through* ~~ auf dem Dienstweg; ~ **section** Doppel-T-Profil *n (Flzg-Bau)*; ~ **selector** Kanalwähler *od* ~wahlschalter *m (Fernm)*; ~ **spacing** Kanalabstand *m (Funk)*; **technical** ~ fachlicher Dienstweg *m (mil)*, **water** ~ offener Wasserkanal *m (Hydrodyn)*.

**chaplain** Feldgeistlicher *m (mil)*; Militärseelsorger *m*; ~**'s service** Militärseelsorgedienst m.

**character| of weather front** Art *f* der Wetterfront; ~**s** Typen *f/pl*; Zeichen *n/pl (Fernschr)*.

**characteristic** Kennzeichen *n*; Merkmal *n*; charakteristisch; kennzeichnend; ~ **boundary-layer dimension** charakteristische Grenzschichtabmessung *f (aerodyn)*; ~ **curve** Kennlinie *f (Funk usw)*, ~ **digit** Kennziffer *f*; ~ **parameter** charakteristischer Parameter *m*; Kenngröße *f*; ~**s**, *aerodynamical* ~*s* aerodynamische Eigenschaften *f/pl (Flzg)*; *flying* ~*s* fliegerische Eigenschaften *f/pl (Flzg)*; ~ **value** Kennwert *m*; ~ **vibration** Eigenschwingung *f*.

**charg|e** (auf)laden *(Batterie: el)*; Aufladung *f (Batterie: el)*; Ladung *f (Kraftstoff-Luftgemisch: Flmot)*; Belastung *f (mech)*; ~**e density** Ladungsdichte *f (el)*; ~**e report** Tatbericht *m (mil)*; ~**e(s)** *(pl)* Preis *m*; Gebühr *f*; Kosten *f*; ~**ing current** Ladestrom *m (el)*; ~**ing-current impulse** Ladestromstoß *m (el)*.

**charred (through)** durchgeschmort; verkohlt *(Kabel: el)*.

**chart** Karte *f (im besonderen:)* See- *od* Navigationskarte *f*; Tabelle *f*; Übersicht *f*; ~ **base** Grundkarte *f (Kart)*; ~ **board** Kartenbrett *n*; ~ **coverage** Kartenüber- *od* ~ abdeckung *f*; ~**er** chartern; Charter *m (von Flzgn: LVerk)*; ~**er airplane** Charter- *od* Mietflugzeug *n*; ~**er contract** Chartervertrag *m (LVerk)*; ~**erer** Charterer *m*; ~**er flight** Charterflug *m*; ~**er service** Charterdienst *m (LVerk)* Mietluftdienst *m*; Luftcharterbetrieb *m*; ~**er-worthiness** Charterzulässigkeit *f*; ~ **sheet** Kartenblatt *n (Kart)*; ~ **table** Messtisch *m (Kart)*.

**chase** jagen; verfolgen; Jagd *(LKr)*.

**chassis** Fahrgestell *n (Kfz)*; ~ **construction** Chassiskonstruktion *f od* ~aufbau *m*; **single-skid** ~ Einkufenfahrgestell *n*.

**chatter** klappern *(Kolbenringe: Flmot)* ~**box** *sl für* M.G. *n*.

**cheap rocket** Billigrakete *f*.

**check** (über)prüfen; kontrollieren; Überprüfung *f*; Kontrolle *f*; ~ **bearing** Kontrollpeilung *f (nav)*; ~**ed baggage** aufgegebenes Gepäck *n (LVerk)*; ~**ed manoeuvre** parierte Flugbewegung *f (Flbetr)*; ~ **flight** Probe- *od* Prüfflug *m*; ~**-in deadline** Meldeschlusszeit *f (für Fluggäste)*; ~**ing case** Messkoffer *m (Funk usw)*; ~**-in time** Meldezeit *f (für Fluggäste)*; ~ **lamp** Kontrollampe *f (Flzg)*; ~ **list** Kontrollliste *f*; Klar- *od* Prüfliste *f (Flzg)*; ~ **pilot** Prüfpilot *m*; Prüfluftfahrzeugführer *m (ICAO)*; ~ **point** Anhalts- *od* Bezugspunkt *m*; Koppel- *od* Orientierungspunkt *m (nav)*; Kontrollpunkt *m (Flsich)*; ~ **ride** Überprüfungsflug *m (von Flugschüler & Piloten)*; **final** ~~ Abschlussüberprüfungsflug *m*; **mid-training** ~~ Zwischenüberprüfungsflug *m*; ~ **target** Einschließziel *n (Art)*; Hilfsziel *n (Bomben-Kr)*; ~ **valve** Reglerventil *n*; Rückschlagventil *n*.

**cheek** Seitenwand *f*.

**chemical** chemisch; ~ **agent** Kampfstoff *m (chem Kr)*; ~ **barrier** Kampfstoffsperre *f (takt)*; ~ **bomb** Kampfstoff- *od* Gasbombe *f (LKr)*; ~ **cooling** Heißluftkühlung *f*; ~ **defence** (*US* **defense**) Gasschutz *m (chem Kr)*; ~ **engine** chemisches Triebwerk *n (Rak)*; ~ **fuel motor** Raketenmotor *m*; ~ **grenade** Gasgranate *f*; ~ **obstacle** Kampfstoffsperre *f (takt)*; ~ **projectile** Gasgeschoss *n*; ~ **projector** Gas- *od* Nebelwerfer *m (chem Kr)*; ~ **rocket** Rakete *f* mit chemischem Antrieb; ~~ **engine** chemisches Raketentriebwerk *n*; ~ **shell** Gasgranate *f*; ~ **shell fire** Kampfstoffbeschuss *m*; ~ **troops** *pl* Nebeltruppen *f/pl (chem Kr)*; ~ **war** chemischer Krieg *m*; ~ **warfare** chemische Kriegsführung *f*.

**chest** Brust *f*; Kasten *m*; Kiste *f*; ~**-pack parachute** Brustfallschirm *m*; ~ ***strap*** Brustgurt *m (Fallschirm)*; ~**-type microphone** Brustmikrophon *n (Funk)*.

**cheval vapeur**, *abbr* **cv** *(metrische)* Pferdestärke *f (75 m/kg pro sec od 0,736 kW)*.

**chevron** Dienstgradwinkel *m (mil)*; ~ **marking** winkelförmige Markierung *f (Kart)*.

**chief** Chef *m*; ~ **designer** Chefkonstrukteur *m*; ~ **engineer** leitender Ingenieur *m*; technischer Leiter *m*; ~ **nurse** Oberschwester; ~ **of air staff** Chef des LW-Generalstabes; (E) Oberbefehlshaber *bzw* Inspekteur *m* der Luftwaffe *(Royal Air Force)*; ~ **of an office** Amtschef *m (mil)*; ~ **of chaplains** Feldbischof *m*; ~ **of general staff** Chef *m* des Generalstabes; ~ **of naval staff** Chef *m* des Admiralstabes; ~ **of staff** Chef *m* des Stabes *(mil)*; *(US)* (Ober)-Befehlshaber *m*; ~ **petty officer** Portepee-Unteroffizier *m* *(Marine)*; ~ **pilot** erster Flugzeugführer *m*; ~ **test pilot** Chefpilot *m*; ~**y** (*sl für* **Flight Sergeant**: E) Oberfeldwebel *m (LW)*.

**chin** Kinn *n*; ~ **strap** Kinnriemen *(mil)*; ~ **support** Kinnstütze *f*; ~ **turret** Kinn-Waffenstand *m (im FlzgBug)*.

**chine** Kimm *f (Berührungslinie zwischen Boden- und Seitenbeplankung beim Flugboot)*; ~**se landing** *sl für* Rückenwindlandung *f (Flzg)*.

**chinook** Chinook-Wind *m*; Föhn *m (US met)*.

**chippy** *sl für* Flugzeugtischler *m*.

**chock**| (**block**) Bremsklotz *m (Flzg)*; ~**s** *pl* Bremsklötze *m/pl (Flzg)*; **pull away the** ~**s** Bremsklötze *m/pl* wegziehen *(Flzg)*; ~**-to-chock time** (*vgl* **flight time**) Blockzeit *f (LVerk)* ***(Def)***.

**choke** Starterklappe *f (Kfz)*; ~ *(an engine)* abwürgen *sl (Flmot)*; ~ **coil** Drosselspule *f (el)*; ~**d wind tunnel** Windkanal *m* mit Drosselstelle *od* Verengung; ~**s** *pl* Atemsperre *f (Flmed)* ***(Def)***; ~ **tube** Luftrichter *m (Vergaser)*; ~ **valve** Luftklappenventil *n (Vergaser)*.

**chopper** Zerhacker *m (el)*; *sl für* Hubschrauber *m*; ~ **demodulator** Zerhackerdemulator *m*.

**choppy wind** böiger Wind *m (met)*.

**chord** Flügeltiefe *f*; Profilsehne *f* (Lfz) ***(Def)***; ~ **length** Flügeltiefe *f (aerodyn)*; Flügelprofilsehnenlänge *f (Flzg)* ***(Def)***; ~ **line** Profilsehne *f (aerodyn)*; **mean** (**aerodynamic**) ~ Ersatzflügeltiefe *f (Tragfläche)*; ~ **pitch** Sehnensteigung *f*; ~ **position** Lage *f* der Sehne *(Lfz)* ***(Def)***; ~ **ratio** Tiefenverhältnis *n*; ~ **wiring** Querseile *n/pl (Lfz l)* ***(Def)***.

**chromaticit**|**ies** *pl* Farbwerte *m/pl*; ~**y diagram** Farbwerttafel *f*.

**chromium-plat**|**ed** verchromt; ~**ing** Verchromung *f*.

**chrono**|**graph** chronograph *m*; Zeitschreiber *m*; ~**isotherm** Chronoisotherme *f (met)*; ~**logy of battle** Gefechtszeitangabe *f (takt)*; ~**meter** Chronometer *m*; Zeitmesser *m*; ~**meter time** Chronometerzeit *f*.

**chuck starter** Patronenanlasser *m (Flmot, Turbo)*.

**chuffing** ungleichmäßige Verbrennung *f (FK)* ***(Def)***.

**chute** Fallrinne *f*; Lufthutze *f*; Notausstiegsrutsche *f (Flzg)*; *kurz für* Fallschirm *m*; **bomb** ~ Bombenschüttkasten *m*; **escape** ~ Rettungsschlauch *m (Flzg)*.

**cigar-shaped** zigarrenförmig.

**cine**|**-gun** Film-MG *n*; MG-Kamera *f (JagdFlzg)*; ~**-theodolite** Kinotheodolit *m*; ~~ **station** Kinotheodolit-Messstation *f*.

**cipher** Ziffer *f*; Chiffre *f*; ~ **device** Chiffrier- *od* Schlüsselmaschine *f*; ~ **text** Geheim- *od* Schlüsseltext *m (Funk usw)*.

**circle** Kreis *m*; kreisen; umfliegen *(Flzg)*; ~ *above the slope* über dem Hang kreuzen *(Segelflug)*; ~ *around* umkreisen; ~ *in front of the slope* vor dem Hang kreuzen; ~ *into the landing field* in den Landeplatz einkurven; ~ **minute** Kreisminute *f (Kart)*; ~ **of equal altitude** Kreis *m* gleicher Höhe *(astronav)*; ~ **of longitude** Längenkreis *m (Kart)*; ~ **of position** Positionskreis *m*; Kreisstandlinie *f (nav)*; ~ **the aerodrome** Platzrunde fliegen; ~ **trip** Rund-(flug)reise *f (LVerk)*.

**circling**| **approach** Platzrundenanflug *m (Flbetr)*; ~ **area** Warteraum *m (Flsich)*; ~ **fly-off** Vorbeiflug *m* auf einer Kreisbahn *(AufklSat)*; ~ **guidance** Platzrundenführung *f (Flsich)*; ~~ **light** Platzrunden(führungs)feuer *n (Bod)* ***(Def)***; ~ **minimum** Platzrunden(anflug)minimum *n (Flsich)*.

**circuit** Rundflug *m*; Platzrunde *f (Flugbetr)*; Stromkreis *m (el)*; Schaltung *f*; Leitung *f*; *(Fernmelde)* Verbindung *f*; ~ **breaker** Unterbrecher *m (Zündanlage usw: el)*; **closed** ~ Flug *m* in geschlossenem Kreis; ~ **diagram** Schaltbild *n*; Schaltskizze *f*; Schaltplan *m (el)*; **fourwire** ~ Vierdrahtleitung *f (tel)*; **four-wire trunk** ~ Vierdraht-Fernleitung *f (Tel)*; ~ **identification** Leitungskennung *f (Fernm)*; ~ **noise** Schaltungsrauschen *n*; Leitungsgeräusche *n/pl (Fernm)*; ~ **of Europe** Europarundflug *m*; **phantom** ~ Vierer(leitung) *m(f) (tel)*; **squelch** ~ Unterdrückungsschaltung *f (Funk)*; **twowire** ~ Zweidrahtleitung *f (tel)*.

**circular** Rundschreiben *n*; Umlauf *m*; ringförmig; ~ **antenna** Kreis- *od* Ringantenne *f* (Funk); ~ **cowl(ing)** Ringhaube *f (Flmot)*; ~ **error probability**, *abbr* **CEP** Streukreisdurchmesser *m (Treffwahrscheinlichkeit: LKr)*; ~ **orbit** kreisförmige Umlaufbahn *f*; Kreisorbit *m (Sat)*; ~ **radio traffic** Kreisverkehr *m (Funk)*; ~(**-shaped**) **parachute** Kugel- *od* Rundkappenfallschirm *m*; ~ **slide rule** Kreisrechenschieber *m*; Dreiecksrechner *m (nav)*; ~ **trajectory** Kreisbahn *f*; ~ **velocity** Kreisbahngeschwindigkeit *f (Sat)*; ~ **wind tunnel** Windkanal *m* mit kreisförmigem Querschnitt; ~ **wing aircraft** Ringflügelflugzeug *n*; Coleopter *m*.

**circulat**|**e** umlaufen; in Umlauf setzen; ~**ing forced lubrication** Druckumlaufschmierung *f*; ~**ing pump** Zirkulationspumpe *f*; ~**ion** Kreislauf *m*; Umlauf *m*; Zirkulation *f (aerodyn)* ***(Def)***; ~**ion cooling** Umlaufkühlung *f (Flmot)*; ~**ion** *or* ~**ory layer** Zirkulations- *od* Umlaufschicht *f (aerodyn)*; ~**ory** *or* ~**ion flow** Zirkulationsströmung *od* ~bewegung *f (aerodyn)*; ~**ory lubrication** Umlaufschmierung *f*; ~**ory velocity** Kreisgeschwindigkeit *f*.

**circum**|**ferential gas bag wires** *pl* Gaszellen-Umfangsseile *n/pl (Lfz l)* ***(Def)***; ~**ferential outer-cover wires** *pl* Umfangsaußenseile *n/pl (Lfz l)* ***(Def)***; ~**ferential speed** *or* **velocity** Umfangsgeschwindigkeit *f*; ~**flow** umströmen; ~**lunar satellite** mondumrundender *od* Mondsatellit *m*; ~**orbit** Vorbeiflugbahn *f (Sat)*; ~**planetary flight** Umrundung *f* eines Planeten; ~**polar vortex** zirkumpolarer Wirbel *m*; ~**solar spacecraft** zirkumsolares Raumfahrzeug *n*; ~**stellar** zirkumstellar; ~~ **gas** das einen Stern umgebende Gas; ~**terrestrial orbit** Umlaufbahn *f* um die Erde *(Sat)*; ~**terrestrial satellite** die Erde umrundender Satellit *m*; ~**terrestrial trajectory** Flugbahn *f* um die Erde; zirkumterrestrische Flugbahn *f (Sat)*; ~**zenithal** zirkumzenital.

**cirr**|**ocumulus**, *abbr* **CC** Zirrokumulus *m* ***(Def)***; Schäfchenwolke *f (met)*; ~**ostratus** *abbr* **CS** Zirrostatus *m* ***(Def)***; federige Schichtwolke *f (met)*; Schleierwolke *f (met)*; ~**us**, *abbr* **CI** Zirrus *m od* Zirren *pl* ***(Def)***; ~**us cloud** Zirrus *m*; Federwolke *f (met)*; ~**us feather** Zirrusfeder *f (met)*; ~**us screen** Zirrusschleier *m*; Federwolkenschleier *m (met)*; ~**us thread** Zirrusfaden *m (met)*.

**cislunar** cislunar; zwischen Erde und Mond befindlich.

**cistern barometer** Gefäßbarometer *m (met)*.

**city| air terminal** Stadtflughof *m (LVerk)*; ~ **flight** Städteflug *m (LVerk)*.

**civil|aircraft** Zivilluftfahrzeug *n*; ~ **air defence** (*US* **defense**) Luftschutz *m*; ~ **air defence** (*US* **defense**) **police** Luftschutzpolizei *f*; ~ **airplane** Zivilflugzeug *n*; ~ **aviation** Zivilluftfahrt *f*; ~~ **authority** Zivilluftfahrtbehörde *f*; ~ **day** bürgerlicher Tag *m*; ~ **defence** Zivilverteidigung f; ~**ian air defence** (*US* **defense**) Luftschutz m; ~**ian clothes** bürgerliche Kleidung *f*; Zivilkleidung *f*; ~**ian flying** Privatfliegerei *f*; ~**ian population** Zivilbevölkerung *f*; ~ **pilot's licence** (*US* **license**) Zivilflugzeugführerschein *m*; ~ **twilight** bürgerliche Dämmerung *f (met) (Def)*; ~ **war** Bürgerkrieg *m*.

**claim for damages** Schadenersatzanspruch *m*.

**clamp** feststellen *(Ruder: Flzg)*; Klammer *f*; ~ **coupling** Klemmkupplung *f*; ~**ed** *sl für* dicht *(sl: Flugplatz bei Nebel)*; ~**ing circuit** Klemmschaltung *f (Fernm)*; ~**ing device** Feststellvorrichtung *f (Flzg-Ruder)*.

**clasp-knife wing** Taschenmesserflügel *m*; Tragflügel *m* mit schwenkbarer Hinterkante *(Flzg)*.

**class| code** Geräteklassen-Kennziffer *f (Logistik)*; ~**ic-(al) aircraft** Luftfahrzeug *n* herkömmlicher Bauart; ~**ical flutter** klassisches Flattern *n (Konstr) (Def)*; ~**ical spin** klassisches Trudeln *n (Flbetr)*; ~ **ification** Klassifizierung *f*; Einteilung *f*; ~ **ification of equipment** Geräte- *od* Stoffgliederung *f*; ~**ified matter** *or* **document** *or* **material** Verschlusssache *f (Def)*; ~ **of aircraft** Luftfahrzeugklasse *f*; ~ **of cloud** Wolkengattung *f (met)*; ~ **of emission** Sendeart *f* (Fernm); ~ **of equipment** Geräteklasse *f*; **property** ~ Geräteklasse *f (Logistik)*; ~ **rating** Klassenberechtigung *f (ICAO)*.

**claw| coupling** Klauenkupplung *f*; ~ **probe** Krallensonde *f (met)*.

**clay-pigeon shooting** Tontaubenschießen *n*.

**clean** sauber *(aerodyn)*; ~ **configuration** glatte Zustandsform *f (Flzg ohne Außenlasten)*; ~ **engine** „sauberes" Triebwerk *n (ohne Hilfsgeräte)*; ~ **flow** störungsfreie Strömung *f (aerodyn)*; ~**ing rag** Putzlappen *m*; ~**ing rod** Gewehrstock *m*; ~ **up** entrümpeln *(LS)*; ~ **wing** glatte Tragfläche *f (aerodyn)*.

**clear** heiter; wolkenlos *od* -frei; ~ **air** wolkenfrei *(met)*; ~ ~ **gust** Bö *f* in wolkenfreier Luft; ~~ **turbulence**, *abbr* **CAT** Klarluftturbulenz *f (met) (Def)*; Turbulenz *f* in wolkenfreier Luft; ~**ance** Freigabe *f*; Abfertigung *f (Flsich)*; ~**ance chit** Laufzettel *m (mil)*; ~**ance for landing** Landefreigabe *od* ~genehmigung *f (Flsich)*; ~**ance limit** Freigabegrenze *f (Flsich) (Def)*; ~**ance of masks** Überschießen *n* von Deckungen; ~**ance points** *pl* Abfertigungsstellen *f/pl (LVerk)*; **security** ~**ance** Sicherheitsbescheinigung *f*; ~**ance to take off** Startfreigabe *f*; Starterlaubnis *f (Flsich)*; ~**ance-void time** Freigabeablauf(zeit) *m(f)*; ~ **a stoppage** Hemmung beseitigen *(Bordwaffe)*; ~**ed for take-off** für den Start freigegeben *(Flzg)*; ~**ed for approach** *(Flzg)* für den Anflug freigegeben *(Flsich)*; ~**ed to** freigegeben zu *od* nach *(Flsich)*; ~ **ice** Klareis *n*; glasartige Vereisung *f*; ~**ing** Aufklaren *n*; Aufheiterung *f (met)*; Abschwächung *f (LPhot)*; **in the** ~ im Klartext *(Funk)*; ~ **interferences** entstören *(Funk)*; ~**ness of photograph** Bildschärfe *f (LPhot)*; ~ **of the enemy** feindfrei (takt); ~ **sky** heiterer *od* wolkenfreier Himmel m; ~ **text** Klartext *m (Funk)*; ~ **(type of) ice formation** Klareisansatz *m od* ~bildung *f (am Flzg)*; ~ **up** aufheitern; aufklaren *(met)*; ~**-vision cockpit** Vollsichtkanzel *f (Flzg)*; ~**way** hindernisfreie, unbefestigte Startbahnverlängerung *f (Verlängerung des* **stopway***)*; Freifläche *f (Def)*; ~ **weather** wolkenloses Wetter *n*.

**cleat** Klampe *f*.

**clevis** Schäkel *m*; Gelenkgabel *f*; ~ **bolt** Schäkelbolzen *m*; ~**-end turnbuckle** Gabelspannschloss *n (Flzg)*; ~ **pin** Gelenkbolzen *m*.

**click** Rast *f*; ~ **lock** Rasthebel *m*; ~**-stop device** Rastvorrichtung *f*.

**climat|e** Klima *n*; *continental* ~~ Binnenklima *n*; *temperate* ~~ gemäßigtes Klima *n (met)*; ~**ic cabin** klimatische *od* klimatisierte Kabine *f (Flzg)*; ~**ic strain** klimatische Beanspruchung *f*; ~**ic study** klimatologische Untersuchung *f*; ~**ic zone** Klimazone *f*; ~**ological summary** klimatologische Zusammenstellung *f (met)*; ~**ological data sheet** Klimatabelle *f (met)*; ~**ology** Klimatologie *f*; Klimalehre *f (met)*.

**climb** Steigen *n*; Steigflug *m (Flzg)*; steigen *(Flzg)*; ~ **(and dive) indicator** Steig- (und Sink)geschwindigkeitsanzeiger *m*; Statoskop *n (Flzg)*; ~ **curve** Steig(flug)kurve *f (Flzg)*; ~**ers** *pl* Klettereisen *n/pl (Tel)*; ~**ing** Steigflug *m (Flzg)*; ~**ing ability** *or* **capability** Steigfähigkeit *f*; Steigvermögen *n (Flzg)*; ~**(ing) angle** Steig(flug)winkel *m (Flbetr)*; ~**ing distance** Steig(flug)strecke *f (Flbetr)*; ~**ing flight** Steigflug *m (Flbetr)*; ~**ing iron** Steigeisen *n (Tel)*; ~**ing path of a rocket** Aufstiegbahn *f (Rak)*; ~**ing quality** Steigfähigkeit *f*; Steigvermögen *n (Flzg)*; ~**ing shaft** Klettergang *m (Lfz l) (Def)*; ~**ing speed** Steiggeschwindigkeit *f (Flzg)*; ~**ing take-off** Kavalierstart *m (Flzg)*; ~**ing turn** Steigflugkurve *f (Flzg)*; ~**-out** Steigflugbeginn *m*; ~~ **speed** Start- *od* Anfangssteigfluggeschwindigkeit *f*; ~ **performance** Steigleistung *f (Flzg)*; ~ **power** Steig(flug)leistung *f (Flmot)*; **rate of** ~ Steiggeschwindigkeit *f (Flzg)*; ~ **requirements** *pl* Steig(flug)leistungsanforderungen *f/pl od* -erfordernisse *n/pl*; ~ **speed** Geschwindigkeit *f* im Steigflug *(Flbetr)*; ~ **the aircraft** steigen; Steigflug ausführen *(Flzg)*; ~ **turn** Steig(flug)kurve *f (Flzg)*.

**clinical report** Krankenblatt ***n***.

**clinometer** Winkelmesser *m (bei Neigungen)*; Höhenwinkelmesser *m*.

**clip** Patronenrahmen *m*; ~**ped wing** gestutzte Tragfläche *f (Flzg) (Def)*; ~**per** Langstreckenflugzeug *n*; ~~ **circuit** Kappschaltung *f (Fernm)*.

**clock| time** Chronometerzeit *f*; ~**wise (direction)** rechtsläufig; im Uhrzeigersinn; ~**work delay fuse** *or* **fuze** Uhrwerkverzugszünder *m (Bombe)*; ~ **work fuse** *or* **fuze** Uhrwerkzünder *m (Bombe)*.

**close| air support** unmittelbare Luftunterstützung *f (takt)*; ~ **around** umzingeln *(takt)*; ~ **combat** Nahkampf *m (takt)*; ~ **combat weapon** Nahkampfwaffe *f*; ~ **defence** (*US* **defense**) Nahverteidigung *od* ~abwehr *f (takt)*; ~**d box-type impeller** geschlossenes Laufrad *n (Turbo)*; ~**d circuit** geschlossene Platzrunde *f (Flbetr)*; Flug *m* im geschlossenen Kreis; geschlossener (Strom-)Kreis *m (el)*; Ruhestrom *m (el)*; ~**(d) formation** geschlossene Ordnung *f*; enger Verbandsflug *m*; ~**d runway** gesperrte Piste *f (Flbetr)*; ~**d vortex** geschlossener Wirbel *m (aerodyn)*; ~**d working section** geschlossene Mess-Strecke *f (aerodyn)* ***(Def)***; ~ **in** eindrehen *(Jäger zum Angriff auf Feind-Flzg: LKr)*; ~ **order** geschlossene Ordnung *f (Verbandsflug)*; ~ **reconnaissance** taktische *od* Nahaufklärung *f (takt)*; ~**-reconnaissance airplane** Nahaufklärer *m (Flzg)*; ~

**support** unmittelbare Unterstützung *f*; Nahunterstützung *f (takt)*; ~**-support artillery** Nahkampfartillerie *f*; ~ **the throttle** Gas ganz wegnehmen *(Flmot)*; ~ **turn** enge Kurve *f (Flbetr)*; ~ **warning ring** Nahwarning *m (LS)*; ~**ing-in** Annäherung *f*; Eindrehen *n (Flbetr)*; ~**ing rate** *or* **speed** Annäherungsgeschwindigkeit *f (LKr)*.

**cloth covering** Stoffbespannung *f (bei Leicht-Flzgn)*.

**clothing** Bekleidung *f*; ~ **account** Bekleidungsnachweis *m (mil)*; ~ **allowance** Bekleidungsbeihilfe *f (mil)*; ~ **store** Bekleidungskammer *f (mil)*.

**cloud** Wolke *f (met)*; bedecken; bewölken *(Himmel: met)*; **high** ~**s** *pl (above 20.000 ft)* hohe Wolken *f/pl (über 6000 m)*; **low** ~**s** *pl (less than 800 ft)* tiefe Wolken *f/pl (unter 2500 m)*; **medium** ~**s** *pl (8000 to 20000 ft)* mittelhohe Wolken *f/pl (2500 bis 6000 m: met)*; ~ **adiabat** Wolkenadiabate *f (met)*; ~ **amount** Bedeckungsgrad *m (met)* ***(Def)***; ~ **and collision warning system** Wolken- und Zusammenstoß-Warnanlage *f (Bord-Radar)* ***(Def)***; **ascending** ~ Aufgleitwolke *f (met)*; ~ **bank** Wolkenbank *f (met)*; ~ **banner** Wolkenfahne *f (an Berggipfeln)*; ~ **base** Wolkenuntergrenze *f*, ~**-breaking procedure** Durchstoßverfahren *n (Flsich)*; **broken** ~ aufgebrochene Bewölkung *f (met)*; ~ **burst** Wolkenbruch *m*; ~ **ceiling** Wolkenhöhe *f*; ~ **ceilometer** Wolkenhöhenmesser *m (met)*; ~ **chart** Bewölkungskarte *f (met)*; ~ **conditions** *pl* Bewölkungsverhältnisse *n/pl (met)*; ~ **cover** Wolkendecke *f (met)*; ~ **coverage** Bedeckungsgrad *m (met)*; ~ **deck** Wolkendecke *f (met)*; ~**ed** bedeckt; bewölkt; ~ **flight** Wolkenflug *m*; ~ **formation** Wolkenbildung *f*; ~ **gap** Wolkenloch *n*; ~ **height** Wolkenhöhe *f (über Grund: met)* ***(Def)***; ~**iness** Bewölkung *f*; **degree of** ~**iness** Bewölkungsgrad *m (met)*; ~**ing** Bewölkung *f (met)*; ~ **layer** Wolkenschicht *f (met)*; ~**less** wolkenfrei *od* ~los; ~**less sky** Wolkenlosigkeit *f (met)*; ~ **lift** Anheben *n* der Wolken *(met)*; ~ **map** Wolkenkarte *f (met)*; ~ **mirror** Wolkenspiegel *m (met)*; ~ **of haze** Dunstwolke *f (met)*; ~ **physics** Wolkenphysik *f (met)*; **piled** ~ Haufenwolke *f*; Kumulus *m (met)*; ~ **reflector** Wolkenspiegel *m (met)*; ~ **return** Wolkenecho *n (Radar)*; **rising** ~ Aufgleitwolke *f*; ~ **searchlight** Wolkenscheinwerfer *m (met)* ***(Def)***; ~ **shred** Wolkenfetzen *m (met)*; ~ **soaring** Wolkensegeln *n od* ~segelflug *m*; ~ **sounding balloon** Wolkensonde *f (met)*; ~ **symbol** Bedeckungssymbol *n (met)*; **thick** ~ Dreck *m (sl für* dichte Bewölkung *f)*; ~ **thickness** Wolkenmächtigkeit *od* -dicke *f (met)*; ~ **top** Wolkenobergrenze *f (met)*; ~ **veil** Wolkenschleier *m (met)*; ~**y** wolkig; bedeckt; **become** ~**y** bewölken *(Himmel)*; ~**y sky** bewölkter Himmel *m (met)*.

**club** *sl für* Propeller *m*.

**cluster** Mehrfachfallschirm *m*; Fallschirmtraube *f* ***(Def)***; ~**(ed) engine** gebündeltes Triebwerk *n*.

**clutch** Kupplung *f*; ~ **lever** Kupplungs- *od* Einrückhebel *m*; ~ **plate** Kupplungsscheibe *f*; ~ **shaft** Antriebswelle *f (Flmot)*; **sliding** *or* **slipper** *or* **slipping** ~ Rutschkupplung *f*.

**clutter** Störflecke *m/pl*; Festzeichenfeder *n/pl (Braunsche Röhre: Radar)*.

**coal** Kohle *f*; ~ **dust engine** Kohlenstaubmotor *m*.

**coarse** grob; ~ **adjustment** Grobeinstellung *od* ~abstimmung *f*; Steileinstellung *f*; große Steigung *f (Luftschraube)*; ~ **altimeter** Grobhöhenmesser *m (Flzg)*; ~ **bearing** Grobazimut *m (TACAN)*; ~**ly tuned** unscharf *od* grob abgestimmt *(Funk)*; ~**ning** Vergrößerung *f* der Steigung *(Prop)*; ~ **pitch** große Steigung *f*; Steileinstellung *f (Prop)*; ~ **stop** Anschlag *m* für Steilstellung *od* große Steigung *(Prop)*; ~ **tuning** Grobabstimmung *f (Funk)*.

**coast** Küste *f*; ~**al area** Küstengebiet *n*; ~**al chart** Küstenkarte *f (Kart)*; ~**al radio station** Küstenfunkstelle *f*; ~**al reconnaissance plane** Küstenaufklärungsflugzeug *n (LW)*; ~**(al) sailing** *or* **soaring** Küstensegelflug *m*; ~**al zone** Küstenvorfeld *n*; ~ **artillery** Küstenartillerie *f (mil)*; ~ **artillery gun** Küstengeschütz *n*; ~ **battery** Küstenbatterie *f (Art)*; ~**ing flight** antriebsloser Flug *m*; Flug *m* mit nichtarbeitendem Triebwerk; ~ **reconnaissance plane** Küstenaufklärer *m (LW)*; ~ **refraction** Küstenbrechung *f*; Wegablenkung *f (der Funkwelle beim Übergang vom Land zur See oder umgekehrt)*; ~ **station** Küstenfunkstelle *f*.

**coat** Schicht *f*; ~**ed** vergütet *(opt. Gläser)*; ~**ing** Beschichtung *f*; ~**ing of ice** Eisschicht *f*; ~ **of varnish** Lacküberzug *m (Holzluftschraube)*.

**coaxial** koaxial; gleichachsig; mit gemeinschaftlicher Achse; Doppel-; ~ **cable** Koaxial- *od* Röhrenkabel *n (Tel)*; ~ **nozzle** Koaxialdüse *f (Turbo)*; ~ **propellers** *pl* koaxiale Luftschrauben *f/pl od* Propeller *m/pl* ***(Def)***.

**co-channel** gemeinsamer Kanal *m (Fernm)*.

**cock** spannen; durchladen *(Bordwaffen)*; ~**ade** Kokarde *f (mil)*; ~**ed hat** Standlinien- *od* Fehlerdreieck *n (nav)* ***(Def)***; ~**ing apparatus** Durchladeeinrichtung *f (Bordwaffen)*; ~**ing lever** Durchlade- od Spannhebel *f*; ~**ing spring** Spannfeder *f (Feuerwaffe)*.

**cockpit** Führerraum *m*; Cockpit *m*; Pilotenraum *m*; Kabine *f*; Kanzel *f (Flzg)* ***(Def)***; ~ **canopy** Führerraumverkleidung *f*; ~ **check** Führerraumüberprüfung *od* -kontrolle *f (Flzg)*; ~ **cut-off angle** verdeckter Sichtfeldwinkel *m (aus dem Cockpit)*; ~ **cowling** Führerraumverkleidung *f*; **enclosed** ~ geschlossener Führerraum *m*; ~ **enclosure** Führerraumverkleidung *f*; **front** ~ vorderer Führersitz *m*; ~ **hood** Führerraumhaube *f*; ~ **lamp** Führerraumlampe *f*; ~ **layout** Cockpitauslegung *f (Lfz)*; **rear** ~ hinterer Führersitz *m*; ~ **starter** Bord- *od* Cockpitanlasser *m*; im Führerraum angebrachter Anlasser *m (Flmot)*; ~ **view** Sicht- *od* Blickfeld *n* aus dem Cockpit *(Flzg)*; ~ **visibility** Sicht *f* aus dem Cockpit *(Lfz)*; ~ **voice recorder**, *abbr* **CVR** Gesprächsaufzeichnungsanlage *f* im Cockpit *(Lfz)*.

**cocoon** einmotten *(Flzg usw)*; ~**ing** Einmotten *n*; Einmottung *f*.

**code** Kode *m*; Schlüssel *m (Funk)*; Kennung *f (Freund-Feind-: Funk & Radar)*; ~ **beacon** Morseleuchtfeuer *n (Flsich)*; ~ **chart** Signaltafel *f (Funk)*; **class** ~ Geräteklassen-Kennziffer *f (Logistik)*; ~ **converter** Code- *od* Schriftumformer *m*; Schlüsselmaschine *f*; ~**d** verschlüsselt *(Wettermeldung)*; ~**d radio message** geschlüsselter Funkspruch *m*; ~**d text** verschlüsselter Text *m (Funk)*; ~ **figure** Schlüsselzahl *f*; ~ **form** Code- *od* Schlüsselform *f (met)*; ~ **group** Kurzsignal *n*; Schlüsselgruppe *f (Funk)*; ~ **letter** Code- *od* Kennbuchstabe *m*; ~ **light** Morsefeuer *n (Bod)* ***(Def)***; ~ **name** Deckname *m*; ~ **nomenclature** Code-Bezeichnungsschema *n*; ~ **number** Code- *od* Kennzahl *f*; ~ **of performance** Leistungsvorschriften *f/pl*; ~**r** Coder *m*; Codier- *od* Schlüsselgerät *n (Fernm)*; ~ **section** Schlüsseltrupp *m (Funk)*; ~ **table** Schlüsseltafel *f (Funk)*; ~ **word** Deckwort *n*.

**coding** Verschlüsselung *f*; Schlüsseln *n*; Codieren *n (Fernm)*; ~ **altimeter** Kodier(ungs)höhenmesser *m (Instr)*.

**codress message** Funkspruch *m* mit verschlüsselter Anschrift.

**coefficient** Beiwert *m*; Koeffizient *m*; ~ **couple** Wertepaar *n*; ~ **of deflection** *or* **of deviation** Ablenkungszahl *f*;

Deviationskoeffizient *m*; ~ **of dilation** *or* **of dilatation** Ausdehnungskoeffizient *m*; ~ **of directivity of an antenna** *(Flsich)* Antennen-Richtfaktor *m (Funk)*; ~ **of elasticity** Elastizitätszahl *f*; ~ **of elongation** Dehnungszahl *f*; ~ **of expansion** Ausdehnungskoeffizient *m*; ~ **of form** Formwert *m (ballist)*; ~ **of friction** Reibungskoeffizient *m*; ~ **of resistance** Festigkeitskoeffizient *m (Werkstoff)*; ~ **of viscosity** Viskositätsbeiwert *m*.

**coerci|bility** Komprimierbarkeit *f*; ~**ve force** Koerzitivkraft *f*.

**cog(ged) wheel** Zahnrad *n*.

**coherent| oscillator** kohärenter Oszillator *m (Funk)*; ~**-pulse radar** Kohärentimpulsradar n.

**coil** Spule *f (el)*; ~ **antenna** Spulen- *od* Peilantenne *f (Funk)*; ~ **ignition** Abreißzündung *f*; ~ **spring** Schraubenfeder *f*.

**col** Tiefdruckrinne *f (met)*; Sattel *m (met)* ***(Def)***.

**cold| air** Kaltluft *f (met)*; ~ **air mass** Kaltluftmasse *f (met)*; ~ **air pool** Kaltlufttropfen *m (met)*; ~ **flow engine** Kaltstromtriebwerk *n (Turbo)*; ~ **fog** kalter Nebel *m (met)*; ~ **front** Kaltfront *f* ***(Def)***; Einbruchsfront *f (met)*; ~ **front squall** Frontbö *f (met)*; ~ **front thunderstorm** Kaltfrontgewitter *n (met)*; ~**-gas power plant** Kaltgasantrieb(ssystem) *m(n)*; ~ **glue** Kaltleim *m*; ~**-jet (rocket) engine** Kaltstrahl-Raketentriebwerk *n*; ~ **junction** Kaltlötstelle *f (el)*; ~**(ness)** Kälte *f*; ~ **occlusion** Okklusion *f* mit Kaltfrontcharakter *(met)*; ~**-protection suit** Kälteschutzanzug *m*; ~**-resistant** kältebeständig; ~ **starting** Kaltstart *m (Flmot)*; ~ **treatment** Kaltbehandlung *f (Metall)*; ~ **wave** Kältewelle *f (met)*.

**coleopter** Ringflügler *m*; Koleopter *m (Lfz)*.

**collaps|e** (ein)knicken; zusammenbrechen *(z.B. Fahrwerk)*; ~**ible antenna** Klappantenne *f (Funk)*; ~**ing pressure** Berstdruck *m*.

**collar patch** Kragenspiegel *m (mil)*.

**collat|ion of information** Nachrichtensichtung *f (Intel)*; ~**or, intelligence** ~~ Endauswerter *m (Intel)*.

**collecting| brush** Dynamobürste *f (el)*; ~ **centre** Sammelzentrale *f (met)*; ~ **depot** Sammelplatz *m (Altmaterialverwertung)*; ~ **turnbuckle** Mutterspannschloss *n (Flzg)*.

**collective| address group** Sammeladressgruppe *f (Fernm)*; ~ **call sign** Sammelrufzeichen *n (Funk)*; ~ **fire** zusammengefasstes Feuer *n (takt)*; ~ **flight order** Sammelflugauftrag *m*; ~ **message** Sammelmeldung *f*; ~ **pitch control** nichtperiodische Steigerungssteuerung *f (Heli)* ***(Def)***; ~ **report** Sammelmeldung *f (met)*; ~ **(rotor) pitch lever and throttle** Hubkrafthebel *m (Hubschrauber)*.

**collector** Stromabnehmer *m (el)*; Auffangdüse *f od* ~trichter *m (aerodyn)* ***(Def)***; ~ **ring** Schleifring *m (el)*; Sammelring *m (Auspuff)* ***(Def)***; ~ **tank** Betriebs- *od* Sammelbehälter *m*.

**colli|de** zusammenstoßen; ~**mation** Justierung *f (optisch)*; ~**mation error** Zielachsen- *od* Kollimationsfehler *m*; ~**near antenna** Kollinearantenne *f (Funk)*; ~**sion** Zusammenstoß *m*; ~~ **avoidance system**, *abbr* **CAS** Zusammenstoßwarnsystem *n (Lfz)*; ~~ **course** Kollisionskurs *m (Flbetr)* ***(Def)***; ~~~ **interception** Abfangen *n* nach Kollisionskurs- *od* Treffpunktverfahren *(LKr)*; ~~ **probability** Kollisionswahrscheinlichkeit *f (Flsich)*; ~~ **warning** Zusammenstoßwarnung *f (Flsich)*; ~~ **device** Zusammenstoß- *od* Kollisionswarngerät *n (Lfz)*.

**colloid|al fuel** kolloidaler Treibstoff *m (Rak)*; ~ **engine** Kolloidtriebwerk *n (Rak)*; Triebwerk *n* mit kollodialem Treibstoff *(Rak)*; ~**-ion engine** Kolloidionentriebwerk *n*; ~ **rocket engine** Kolloidraketentriebwerk *n od* ~ antrieb *m*.

**co-location** kombinierte Aufstellung *f (Fernm)*; Kolozierung *f (mil Einrichtungen)*.

**Colonel** Oberst *m (LW US)*.

**colour** (*US* **color**) Farbe *f*; ~ **bearer** Fahnenträger *m (mil)*; ~**-blind** farbenblind; ~**-blindness** Farbenblindheit *f*; ~ **guide** Farbentafel; ~**imeter** Farbmessgerät *n*; Kolorimeter *n*; ~**imetry** Farbmessung *f*; Kolometrie *f*; ~ **perception requirements** *pl* verlangtes Farbunterscheidungsvermögen *n (Flmed)*; ~ **specification** Farbenfestlegung *od* ~spezifikation *f*; ~ **vision** Farbentüchtigkeit *f*.

**column** Kolonne *f (takt)*; Säule *f*; Reihe *f (mil)*; ~ **commander** Kolonnenchef *m (mil)*; ~ **control** Knüppelsteuerung *f (Flzg)*; ~ **formation** Kolonnenverband *m (Verbandsflug)*; ~ **of mercury** Quecksilbersäule *f (met)*; ~ **traffic** Kolonnenverkehr *m (takt)*.

**combat** Kampf *m*; Gefecht *n*; kämpfen *(Kr)*; ~ **activity** Kampftätigkeit *f (takt)*; ~ **advanced landing ground** Gefechtslandeplatz *m (LKr)*; ~ **aeroplane** Front- *od* Kampfflugzeug *n*; ~ **airfield** Feldflugplatz *m (LKr)*; ~ **air reconnaissance** Gefechtsluftaufklärung *f (takt)*; ~ **and climb rating** Kampf- und Steigleistung *f (Flmot)*; ~**ant** Kämpfer *m*; Kampfteilnehmer *m*; ~ **area** Kampf- *od* Gefechtsraum *m (takt)*; ~ **aviation clasp** Frontflugspange *f (Orden)*; ~ **car** Gefechtswagen *m (mil)*; ~ **cargo** *(US)* Kampftransporter *m (Flzg: LKr)* **defensive** ~ Abwehrkampf *m*; ~ **element** Kampftruppe *f*; kämpfende Truppe *f*; ~ **engineer** Sturmpointer *m*; ~ **exercise** Gefechtsübung *f*; ~ **flyer** Frontflieger *m*; ~ **frontage** Gefechtsbreite *f*; ~ **information** Gefechtsnachrichten *f/pl (Intell)*; ~ **information net**, *abbr* **CI** Gefechtsnachrichtennetz *n*; ~ **message** Gefechtsmeldung *f*; ~ **mission** Kampfauftrag *m*; ~ **order** Gefechtsbefehl *m*; ~ **outpost** Gefechtsvorposten *m*; ~ **patrol** Stroßstrupp *m (takt)*; ~ **pay** Frontzulage *f (Kr)*; ~ **pilot** Frontflieger *m*; Einsatzflugzeugführer *m*; ~ **practice** Gefechtsausbildung *f*; Gefechtsübung *f*; ~ ~**practice firing** gefechtsmäßiges Schießen *n*; Schulgefechtsschießen *n*; ~ **reconnaissance** Gefechtsmeldung *f*; Gefechtsbericht *m*; ~ **section** *or* **sector** Kampf- *od* Gefechtsabschnitt *m*; ~ **situation** Gefechtslage *f*; ~ **task** Kampfaufgabe *f (takt)*; ~ **training** Gefechtsausbildung *f*; ~ **unit** Kampfeinheit *f*; Fronteinheit *f od* ~verband *m (takt)*; ~ **vehicle** Gefechtsfahrzeug *n*; ~ **zone** Kampfgebiet *n*; Kampfzone *f (takt)*.

**combination** Zusammenschluss *m*; Verbindung *f*; ~ **fuse** *or* **fuze** Mehrfachzünder *m (Bombe usw)*; ~ **reciprocating engine and jet** Motor-Luftstrahltriebwerk *n (Flmot)*; ~ **(-suit)** Überanzug *m*; Kombination *f*; *abbr* Kombi *(Schutzanzug)*; ~ **wheel-track drive** Räder-Gleiskettenantrieb *m (Kfz)*.

**combine** verbinden; vereinigen; ~**d** verbunden (*mehrere Truppengattungen: mil)*; kombiniert; interalliiert *(mehrere Alliierte)*; ~**d action** Zusammenwirken *n*; ~**d aeroplane** Mehrzweckflugzeug *n*; ~**d arms** verbundene Waffen *f/pl (takt)*; ~ **d arms exercise** Manöver *n* der verbundenen Waffen *(mil)*; ~**d arms operation** Operation *f* der verbundenen Waffen *(mil)*; ~**d arms unit** gemischter Verband *m (takt)*; ~**d artifical feel (unit)** hybrider *od* kombinierter Belastungsmechanismus *m (Lfz)*; ~**d effect** Gesamtwirkung *f*; ~**d force** Kampfgruppe *f (takt)*; kombinierter Verband *m (Streitkräfte mehrerer Aliierter)*; ~**d operations** *pl* verbundene Operationen *f/pl*; Operationen *f/pl* der verbundenen Waffen *(takt)*; gemeinsame Operationen *f/pl (mehrerer Aliierter)*; ~**d staff** kombinierter Stab *m (mehrerer Aliierter; mil)*.

**comburent** Sauerstoff(träger) *m (im Kraftstoff)*.

**combust|ibility** Abbrenn- *od* Brennbarkeit *f*; ~**ible fuel** Brennstoff *m*; ~**ible (fuel) mixture** Brennstoffgemisch *n*.

**combustion** Verbrennung *f (Flmot)*; ~ **chamber** Verbrennungsraum *m (Flmot)*; Brennkammer *f (Turbo) (Def)*; ~ **nucleus** Verbrennungsteilchen *n*; ~ **residue** Verbrennungsrückstand *m*; ~ **turbine** Brennkraftturbine *f*; ~ **(type) starter** Patronen- *od* Gasanlasser *m (Flmot) (Def)*.

**combustor** Strahlrohr- *od* Brennkammeranlage *f (Turbo) (Def)*; ~ **thrust** Brennkammerschub *m (Turbo)*.

**come** kommen; ~ **down** heruntergehen *(Höhe aufgeben: Flzg)*; ~ **down in a spin** abtrudeln *(Flzg)*; ~ **down through the overcast** durchstoßen *(Flzg durch Wolkendecke)*; ~ **in for a landing** zur Landung ansetzen *od* anschweben; ~ **-in signal** Einflugzeichen *n (Flsich)*.

**coming flight** Anflug *m (Flak)*.

**command** Kommando *n (Stab, Befehl)*; Führung *f (mil)*; Befehlsgewalt *f*; Befehl *m*; befehlen; kommandieren; **air defence** (*US* **defence**) ~ Luftverteidigungskommando *n*; **air matériel** ~ Materialkommando *n (der Luftwaffe)*; ~ **airplane** Führerflugzeug *n (LKr)*; **air training** ~ Luftwaffenausbildungskommando *n*; Kommando *n* der Schulen *(LW)*; **tactical air** ~ taktisches Luftwaffenkommando *n*; **territorial air** ~ Kommando *n* der Luftwaffenbodenorganisation; ~**ant** Kommandant *m (Lager; Schule)*; **area of** ~ Befehlsbereich *m & n*; ~ **car** Befehlswagen *m (takt)*; ~ **centre** (*US* **center**) Befehlskopf *m (takt)*; ~ **channel** Befehlsweg *m*; ~ **control** Kommandolenkung *f (FK)*; ~**eer** requirieren; beschlagnahmen; ~**er** Kommandant *m (Lfz) (Def)*; Kommandeur; Befehlshaber; Truppenführer *m*; Fregattenkapitän *m (Marinedienstgrad)*; ~**er-in-chief**, *abbr* **C-i-C** Oberbefehlshaber *m*; ~**er-in-chief of a fleet** Flottenchef *m (Marine)*; ~**er of an aircraft** Flugzeugkommandant *m*; ~**er of a unit** Einheitsführer *m*; ~**er of the guard** Wachhabender *m (mil)*; ~**er's airplane** Führerflugzeug *n (LKr)*; **extent of** ~ Befehlsbereich *m & n*; ~ **guidance** Kommandolenkung *f (FK) (Def)*; ~ **headquarters** Dienststelle *f (mil)*; Führungsstab(squartier) *m (n) (mil)*; **higher** ~ obere Führung *f (mil)*; ~**ing general** Kommandierender General *m*; ~**ing ground** beherrschendes Gelände *f (takt)*; ~**ing position** beherrschende Stellung *f (takt)*; **lower** ~ untere Führung *f (mil)*; ~ **net** Befehlsnetz *n (takt; Funk)*; ~**o (E)** Kommandotrupp *m (für Sonder-, meist Sabotageaufträge)*; ~ **of execution** Ausführungsbefehl *m (takt)*; Ausführungskommando *n (Drill)*; ~ **post** Befehlsstelle *f*; Gefechtsstand *m*; Leitstand *m*; ~ **post exercise** Rahmenübung *f (takt)*; **preparatory** ~ Ankündigungskommando *n (Drill)*; ~ **tank** Befehlspanzer *m*; ~ **(telephone) net** Führungsnetz *n (takt; Tel)*; ~ **supervision** Dienstaufsicht *f (mil)*.

**commencement** Anfang *m*; ~ **of firing** Feueröffnung *f (takt)*; ~ **of hostilities** Ausbruch *m* der Feindseligkeiten *(Kr)*.

**commercial** handelsüblich; kaufmännisch; kommerziell; ~ **aeronautics** Handels- *od* Verkehrsluftfahrt *f*; ~ **airplane** Handels- *od* Verkehrsflugzeug *n*; ~ **air tranportation** gewerblicher *od* Handelsluftverkehr *m*; ~ **air transport operator** gewerbliches Luftverkehrsunternehmen *n*; ~ **aviation** Handels- *od* Verkehrs- *od* Zivilluftfahrt *f*; gewerbliche Luftfahrt *f*; Verkehrsfliegerei *f*; ~ **broadcasting station** Rundfunksender *m*; ~ **flyer** Verkehrsflieger *m*; ~ **flying school** Verkehrsfliegerschule *f*; ~ **invoice** Handelsrechnung *f*; ~ **load** zahlende Last *f (LVerk) (Def)*; ~ **pilot** Verkehrsflugzeugführer *m*; Verkehrsluftfahrzeugführer *m*; Berufspilot *m*; ~ **satellite** kommerzieller Satellit *m*; ~ **vehicle** Nutzfahrzeug *n*.

**commingling** Mischen *n (von Charterkategorien: LVerk)*.

**commiss|ariat** Kommissariat *n (mil)*; ~**ary officer** *(US)* Verpflegungsoffizier *m*; ~**ary supplies** *pl* Verpflegungsvorräte *m/pl*; ~**ion** Offizierspatent *n (mil)*; *(Offiziersrang)* verleihen; ~**ioned officer** *(patentierter)* Offizier *m*; ~**ioning test (flight)** Werkstatt- od Abnahmeflug *m*; **out of** ~ **ion** außer Betrieb *(Flmot usw)*; **resign one's** ~**ion** den Abschied nehmen *(Offizier)*.

**commitment** Einsatz *m (takt)*; ~ **order** Einsatzbefehl *m (takt)*.

**common| air carrier** öffentlicher Luftfrachtführer *m*; ~**-carrier network** öffentliches *od* allgemeines Fernmeldenetz *n*; ~ **infrastructure** gemeinsame Infrastruktur *f (NATO)*; ~ **mark** internationales Kennzeichen *n (Lfz)*; ~~ **registering authority** Behörde *f* für die Eintragung internationaler Kennzeichen *(ICAO)*.

**communication** Verbindung *f*; Nachricht *f*; Mitteilung *f*; ~ **and electronics** *(abbr* **C & E***)* **training** Fernmeldeausbildung *f (LW)*; ~ **airplane** Verbindungsflugzeug *n*; ~ **centre** (*US* **center**) Fernmeldezentrale *f (Def)*; ~ **channel** Fernmeldekanal *m*; ~ **equipment** Fernmeldegerät *n od* ~ausrüstung *f*; ~ **facility** Fernmeldeanlage *f od* ~einrichtung *f*; ~ **load** Fernmeldeverkehrsbelastung *f*; ~**s** Fernmeldewesen *n*; ~**s zone** rückwärtiges Gebiet *n*; Etappe *f (mil)*; ~ **satellite** Fernmeldesatellit *m*; ~ **service** Fernmeldedienst *m*; ~ **training and development unit** Fernmelde-Lehr- und Versuchseinheit *f (LW)*; ~ **trench** Verbindungs- *od* Laufgraben *m (Stellungs-Kr)*.

**communicator** Fernmelder *m*.

**commutator** Umschalter *m (el)*.

**commuter| air carrier** regionales Luftverkehrsunternehmen *n*; ~ **airline** Regionalflugunternehmen *n (LVerk)*.

**compact|ed snow** verfestigter Schnee *m*; ~**ion** Verdichtung *f*; ~ **rime** dichtes Raueis *n (met)*.

**company** Kompanie *f (mil)*; ~ **commander** Kompaniechef *m (mil)*; ~ **command post** Kompanie-Befehlsstelle *f (takt)*.

**comparat|ive flight** Vergleichsflug *m*; ~**ive measurement** Vergleichsmessung *f*; ~**or** Impulsvergleichsstufe *f (Funk)*.

**compartment** Kabine *f (Flzg)*; ~**alization** Abschottung *f (Flugboot)*; ~ **of terrain** Geländeabschnitt *m (takt)*.

**compass** Kompass *m*; ~ **adjustment** Kompensierung *f*; Kompensation *f (Magnetkompass)*; **astro** ~ Astrokompass *m (nav)*; ~ **azimuth** Kompass-Azimut *m*; Kompass-Kurswinkel *m*; ~ **base** Kompensierscheibe *f (Def)*; ~. **bearing** Kompass-Peilung *f (Funk)*; Kompasszahl *f*; ~ **bowl** Kompasskessel *m*; ~ **calibration** Kompassbeschickung *f*; ~ **card** Kompassrose *f*; ~**-card points** *pl* Rosen(unter)teilung *f*; ~ **compensating base** Kompensierfläche *f (Bod)*; ~ **compensation** Kompasskompensierung *f*; ~ **course** Kompasskurs *m*, *abbr* **KK** *(nav)*; ~ **declination** Kompassmissweisung *f*; ~ **deviation** Kompassablenkung *f*; Deviation *f (nav) (Def)*; ~ **error** Kompassfehler *m*; ~**es** Zirkel *m*; *measure with* ~ *es* Entfernung mit Zirkel *(aus Karte)* herausnehmen *(nav)*; ~ **heading** Kompass(steuer)kurs *m (nav)*; ~ **liquid** Kompassflüssigkeit *f*; ~ **locator**

(**beacon**) Platzfunkfeuer *n*; ~ **method** *(of laying guns)* Nadelverfahren *n (Art)*; ~ **needle** Kompass- *od* Magnetnadel *f*; ~ **north** misseisend *od* magnetisch Nord *m (nav)*; ~ **point** Strich *m (Kompass)*; Himmelsrichtung *f (Kompass)*; ~ **repeater** Tochterkompass *m*; ~ **rhumb** Kompassrose *f*; ~ **rose** Komapssteilring *m*; ~ **swinging** Kompensieren *n*; Kompensierung *f (Lfz-Kompass)* ***(Def)***; ~ **-swinging base** Kompensierfläche *f*; ~ **system** Kompassanlage *f (Flzg)*; ~ (**testing**) **base** Kompensierscheibe *od* ~fläche *f (Bod)*.

**compensat|e** kompensieren *(Kompass)*; ausschalten *(Fehler)*; ~**ed elevator** Höhenruder *n* mit Ausgleichsfläche *(Flzg)*; ~**ing device** Kompensations- *od* Ausgleichsvorrichtung *f*; ~**ing jet** Ausgleichsdüse *f (Vergaser)*; ~**ing** (**testing**) **base** Kompensierscheibe *f*; ~**ion** Ausgleich *m (allg)*; Kompensierung *f (Kompass)*; Ruderausgleich *m (Flzg)*; ~**ion magnet** Kompensationsmagnet *m (Kompass)*; ~**ion of the elevator** Höhenruderausgleich *m (Flzg)*; ~**ion surface** Ausgleichsfläche *f od* ~ruder *n (Lfz)*; ~**or** Entzerrer *m (Fernm)*.

**competent licensing authority** zuständige Zulassungsbehörde *f*; *(die für die Erteilung der Erlaubnis)* zuständige Behörde *f (ICAO)* ***(Def)***.

**competit|ion** wettbeweb *m*; ~~ **aeroplane** Wettbewerbsflugzeug *n*; ~**or** Wettbewerbsteilnehmer *m*.

**complaint** Beschwerde *f*.

**complement** Bemannung *f*; Besatzung *f (mil)*.

**complete** vollzählig; vollständig; ganz; vervollständigen; vollenden; ~ **a turn** eine Kurve beenden; ~ **overhaul** Grundüberholung *f (Flzg)*; ~ **simulation** Gesamtsimulation *od* ~modellierung *f*; ~ **term of service** *(Dienstzeit)* abdienen *(mil)*.

**complex| amplitude** komplexe Amplitude *f (Funk)*; ~ **control system** kompliziertes *od* komplexes Regelsystem *n (Lfz)*; ~ **low** komplexes Tiefdrucksystem *n (met)*; ~ **velocity** komplexe Geschwindigkeit *f*.

**component** Bestandteil *m*; ~ **balance** Komponentenwaage *f (aerodyn)*; ~ **equation** Komponentengleichung *f*; *(of a force)* Komponente *f*; ~ **part** Einzelteil *m & n*; ~ **scales** Komponentenwaage *f (aerodyn)*.

**compos|e** zusammensetzen; ~**ed stress** zusammengesetzte Beanspruchung *f*; ~**ite** zusammengesetzt; ~**ite aerial photograph** Gemischtbild *n (Senkrecht- und Schrägluftbilder: LPHot)*; ~**ite aircraft** Zwillingsflugzeug *n*; *sl* Vater und Sohn; Mistel(schlepp)kombination *f* ***(Def)***; Flugzeug *n* mit Mischantrieb *(z.B. Turbo & Flmot)* ***(Def)***; ~**ite chart** zusammengesetzte Karte *f (met)* ***(Def)***; ~**ite construction** Gemischtbauweise *f (Flzg-Bau)*; ~**ite forecast chart** zusammengesetzte Vorhersagekarte *f (met)*; ~**ite fuel** Gemisch- *od* Gemengetreibstoff *m (Rak)*; ~**ite material** Verbundwerkstoff(e) *m (pl)*; ~**ite noise rating**, *abbr* **CNR** CNR-Lärmbewertung *f*; ~**ite prognostic chart** zusammengesetzte Vorhersagekarte *f (met)*; ~**ite propellant** Gemisch- *od* Gemengetreibstoff *m (Rak)*; ~**ite track** zusammengesetzter Kurs *m* über Grund *f (nav)*; ~**ition** Zusammensetzung *f*; ~**ition of the air** *or* **atmosphere** Luftzusammensetzung *f (met)*.

**compound** Verbindung *f*; Mischung *f*; ~ **body** zusammengesetzter Körper *m*; ~ **course** Koppelkurs *m (nav)*; ~ **curve** Übergangskurve *f (met)*; ~ **engine** Verbundmotor *m (Flmot)*; ~ **helicopter** Verbundhubschrauber *m*; ~ **motor** Verbundmotor *m (el)*; ~ **navigation** Koppelnavigation *f*; ~ **oscillation** Koppelschwingung *f*; ~ **propulsion** Verbundantrieb *m*; ~ **rotorcraft** Verbund-Drehflügler *m (Lfz)* ***(Def)***; ~ **turbine engine** Verbundturbotriebwerk *n (Turbo)* ***(Def)***; ~ **wing** zusammengesetzter Tragflügel *m (Flzg)*.

**compressed air** Druck- *od* Pressluft *f*; ~ **brake** Druckluftbremse *f*; ~ **container** Druckluftbehälter *m*; ~ **cooling** Druckluftkühlung *f*; ~ **disease** Dekompressionserkrankung *f (Flmed)*; ~ **engine** Pressluftmotor *m*; ~ **landing leg** Luftfederbein *n (Flzg-Fahrwerk)*; ~ **plant** Pressluftanlage *f*; ~ **starter** Druckluftanlasser *m (Flmot)* ***(Def)***; ~ **tank** Pressluftbehälter *m*; ~ **wind tunnel** Überdruckwindkanal *m*; Windkanal *m* mit veränderlicher Dichte *(aerodyn)* ***(Def)***.

**compressed gas** Druck- *od* Pressgas *n*.

**compress|ibility** Kompressibilität *f*; ~~ **drag** Kompressibilitätswiderstand *m (aerodyn)* ***(Def)***; ~~ **effect** Kompressibilitätseffekt *od* ~einfluss *m od* ~einwirkung *f*; ~**ible aerodynamics** Aerodynamik *f* kompressibler Strömungen; ~**ible boundary layer** kompressible Grenzschicht *f*; ~**ible flow** kompressible Strömung *f (aerodyn)* ~**ible stream** Strömung *f* einer kompressiblen Flüssigkeit *f*; ~**ion** Kompression *f*; Verdichtung *f (Flmot)*; ~**ion chamber** Kompressionsraum *m (Flmot)*; ~**ion heat** Verdichtungs- *od* Kompressionswärme *f*; ~**ion ignition** Verdichtungszündung *f (Dieselmotor)*; ~**ion-ignition engine**, *abbr* **CI engine** Dieselmotor *m*; Motor *m* mit Verdichtungszündung (Flmot) ***(Def)***; ~**ion leg** Federbein *n (Fahrwerk)*; ~**ion member** Innenstrebe *f (Tragfläche)*; ~**ion piston ring** Kompressionskolbenring *m (Flmot)*; ~**ion pressure** Kompressions- *od* Verdichtungsdruck *m (Flmot)*; ~**ion ratio** Verdichtungsverhältnis *n (Flmot)*; ~**ion relief lever** Dekompressionshebel *m (Flmot)*; ~**ion ring** Dichtungsring *m* ***(Def)***; ~ **shock** (**wave**) Kompressions- *od* Verdichtungsstoß(welle) *m(f)*; ~**ion space** Kompressionsraum *m (Flmot)*; ~**ion spring** Druckfeder *f*; ~**ion strength** Druckfestigkeit *f (Werkstoff)*; ~**ion stress** Druckspannung *od* ~beanspruchung *f*; ~**ion stroke** Kompressions- *od* Verdichtungshub *m (Flmot)*; ~**ion strut** Innenstrebe *f (Tragfläche)*; ~**ion volume** Verdichtungsraum *m (Flmot)*; ~**ion wave** Kompressionswelle *f (aerodyn)*; ~**ive chamber** Druckkammer *f*; ~**ive pressure** Kompressions- *od* Verdichtungsdruck *m*; ~**ive strength** Druckfestigkeit *f (Werkstoff)*; ~**ive stress** Druckbeanspruchung *od* ~spannung *f*; ~**or** Kompressor *m*; Drucklufterzeuger *m*; Lader *m (Flmot)*; Läufer *m (Turbo)*; Verdichter *m (Flmot)*; ~**or aerodynamics** Verdichteraerodynamik *f*; Aerodynamik *f* der Verdichterströmung; ~**or blade** Verdichterschaufel *f (Turbo)*; ~**or cascade** Kompressor- *od* Verdichtergitter *n*; ~**or casing** Verdichtergehäuse *n (Turbo)* ***(Def)***; **double-entry** ~**or** doppelflutiger Verdichter *m*; ~**or drum** Trommelläufer *m (Turbo)* ***(Def)***; ~**or intercooler** Ladeluftkühler *m*; **radial-flow** ~**or** Radialverdichter *m (Turbo)*; ~**or rotor** (**wheel**) Verdichterrotor *m od* ~laufrad *n*; Laderlaufrad *n (Flmot)*; **single-entry** ~**or** einflutiger Verdichter *m*; ~**or stage** Verdichterstufe *f (Turbo)* ***(Def)***; ~**or stall** Verdichterabriss *od* ~abreißen *n*; Strömungsabriss *m* im Verdichter *(Turbo)* ***(Def)***.

**compulsory| landing** Pflichtlandung *f (Flsich)*; ~ **reporting point** Pflichtmeldepunkt *m (Flsich)*; ~ **routing** Pflichtstreckenführung *f (Flsich)*; ~ **service** Dienstpflicht *f (mil)*; ~ ~ **service law** Wehrgesetz *n (mil)*.

**comput|ation** Berechnung *f*; ~**e** (be)rechnen; ~**ed altitude** Bemessungshöhe *f*; rechnerische Höhe *f*; ~**er** Rechner *m*; Rechengerät *n*; Dreiecksrechner *m (nav)*; ~**er-aided design and computer-aided manufacture**, *abbr* **CAD/CAM** rechnergestütztes Konstruktions- und Fertigungsverfahren *n (Flzg-Bau)*; ~**er-controlled thrust system** rechnergestütztes Schubregelsystem *n (Turbo)*; ~**er pro-**

**gram** Rechen- *od* Rechnerprogramm *n*; ~**ing station** Auswertestelle *f (Flmelde)*.

**con course** *sl für* Umschulungskurs *m*.

**conceal** tarnen; verschleiern *(takt)*; ~**ment** Deckung *f*; Tarnung *f*; Verschleierung *f (takt)*; ~*ment by smoke* Vernebelung *f (LKr)*.

**concentrat|e** massieren; zusammenziehen *(takt)*; ~**e fire** Feuer zusammenfassen *(takt)*; ~**ed charge** geballte Ladung *f (mil)*; ~**ed fire** Massenbeschuss *m*; zusammengefasstes Feuer *n (takt)*; ~**ion** Zusammenfassung *f*; Massierung *f*; Ansammlung *f (takt)*; Anreicherung *f (Flmot)*; ~**ion area** Aufmarschgebiet *n (takt)*; ~**ion camp** Konzentrationslager *n*; ~**ion of fire** Feuervereinigung *f*; Feuerzusammenfassung *f (takt)*; ~**ion of troops** Truppenansammlung *f (takt)*.

**concentric** konzentrisch; ~ **vortex** konzentrischer Wirbel *m (aerodyn)*.

**concertine hose** Faltenschlauch *m (Atemmaske)*.

**conclusion** Schlussfolgerung *f (takt)*.

**concrete** Beton *m*; ~ **dugout** Betonunterstand *m (mil)*; ~ **hardstand(ing)** Betonabstellplatz *m (für Flzg & Kfz)*; ~ **mixer** Betonmischmaschine *f*; ~ **pillbox** Betonbunker *m (mil)*; **reinforced** ~ Eisen- *od* Stahlbeton *m*; ~ **runway** Betonstartbahn *f*; ~ **shelter** Betonbunker *od* -unterstand *m*; ~ **slab** Betonplatte *f*; ~ **tank obstacle** Höckerhindernis *n (Kr)*.

**concussion fuse** *or* **fuze** Erschütterungszünder *m (Bombe usw)*.

**condens|ation** Kondensation *f*; ~**ation hygrometer** Kondensationshygrometer *n (met)*; ~**ation level** Kondensationspunkt *m od* ~niveau *n (met)*; ~**ation nucleus**, *pl* **nuclei** Kondensationskern *m (met)*; ~**ation produce** Kondensat *n*; ~**ation trail**, *abbr* **contrail** Kondens(ations)streifen *m (Flbetr)* ***(Def)***; ~**ed particle** kondensiertes Teilchen *n od* Partikel *n*; ~**ed water** Kondenswasser *n (Flmot)*; ~**er** Kondensator *m (el)*; ~**er discharge light** Gas- *od* Kondensatorenentladungslampe *f (Teil der Anflugbefeuerung: Bod)* ***(Def)***; ~**er microphone** Kondensator- *od* Kondensationsmikrophon *n (el)*.

**condition** Zustand *m*; Beschaffenheit *f*; Bedingung *f (Flugausbildung)*; **fly a** ~ eine Bedingung fliegen *(Flugausbildung)*; ~**ing work** Instandhaltungsarbeit *f*; ~ **of contest** Wettbewerbsbedingung *f*; ~ **of equilibrium** Gleichgewichtszustand *m*; ~ **of readiness** Bereitschaftszustand *m (Gerät)*; ~ **of stability** Stabilitätsbedingung *f*; ~ **of the ground** Bodenbeschaffenheit *f*; **physical** ~ Gesundheitszustand *m*; **ballistic** ~**s** *pl* ballistische Einflüsse *m/pl (ballist)*.

**conduct** Benehmen *n*; Führung *f*; Leitung *f*; leiten *(el)*; führen *(allg)*; ~**ance** Leit- *od* Wirkleitwert *m (el)*; **certificate of** ~ Führungszeugnis *n*; ~**ing deposits** *pl* stromleitende Ablagerungen *f/pl (Zündkerze)*; ~**ing** *or* ~**ive jet** leitender Strahl *m*; ~**ivity** Leitfähigkeit *f (el)*; ~ **of battle** Kampfführung *f (takt)*; ~ **of fire** Feuerregelung *f (takt)*; ~**or** Leiter *m (el)*; Kabelader *f (el)*; **semi**-~~ Halbleiter *m (el)*.

**cone** Kegel *m*; Garbe *f (ballist)*; ~ **effect area** Null- *od* Schweigekegelbereich *m (über Funkfeuer)*; ~ **of dispersion** Streukegel *m (ballist)*; ~ **of light** Lichtkegel *m*; ~ **of silence** toter Kegel *od* Trichter *m*; Nullkegel *m*; Schweigekegel *m (über Funkfeuer)* ***(Def)***; ~**-of-silence marker beacon** Markierungsfunkfeuer *n* im Nullkegel *(Funk)*; ~-**shaped** kegel- od konusförmig; ~ **speaker** Trichterlautsprecher *m (Funk)*.

**confer** erteilen; verleihen *(einen Orden)*; ~**ence** Besprechung *f*; ~**ence call** Sammelgespräch *n (Tel)*; ~**ence circuit** Konferenz- *od* Sammelschaltung *f (Fernm)*; ~**ence communications** *pl* Konferenzverbindungen *f/pl (Fernm)* ***(Def)***.

**confiden|ce figure** Zuverlässigkeitsgrad *m*; ~**tial** vertraulich *(Schriftverk)*; ~~ **person** Vertrauensperson *f*.

**configuration** Gestaltung *f*; Struktur *f*; Flugbetriebszustand *m*; Zustandsform *f (Lfz)* ***(Def)***; ~ **of flow** Strömungsbild *n (aerodyn)*; ~ **of terrain** Geländegestaltung *f*; ~ **of the coast** Küstengestaltung f.

**confinement** Beschränkung *f*; Haft *f*; Arrest(strafe) *m(f)*; ~ **in a fortress** Festungshaft *f (mil)*; ~ **to baracks**, *abbr* **CB** Kasernenarrest *m (mil)*; ~ **to quarters** Stubenarrest *m (mil)*.

**confirm** bestätigen; ~**atory order** Befehlsbestätigung *f (mil)*.

**conflict** Konflikt *m*; ~ **detection** Konflikterkennung *f*; ~**ing air traffic** störender Flugverkehr *m*; ~ **resolution** Konfliktlösung *f*; ~ **search** Konfliktsuche *f*.

**conformal| mapping (projection)** konforme *od* winkletreue Abbildung *f (Kart)*; ~ **projection** winkeltreue Abbildung *od* Projektion *f (Kart)*.

**confus|e sea** aufgewühlte See *f*; ~**ing light** verwirrende Lichtquelle *f*.

**congealing point** Stockpunkt *m (Schmiermittel)*.

**congest|ed airspace** Luftraum *m* mit Verkehrs(zusammen)ballung; ~**ed area** dichtbesiedeltes Gebiet *n*; ~**ion** Überlastung *f (Fernm)*; ~**ion delay** Verzögerung *f* durch Meldungsstau *(Fernm)*; ~**ion of air traffic** Stauung *od* Zusammenballung *f* des Luftverkehrs.

**conical| bow wave** konische *od* kegelförmige Bugwelle *f*; ~ **orthomorphic projection** flächentreue Kegelprojektion *f (Kart)*; ~ **parachute** Kegelfallschirm *m*; ~ **projection** Kegelprojektion *f (Kart)*; ~ **scanning** kegelförmige Abtastung *f (Radar)*; ~ **section** Kegelschnitt *m*; ~ **surface** Kegelfläche *f* ***(Def)***.

**coning angle** Konuswinkel *m (Heli)* ***(Def)***.

**conk** *sl für* abwürgen *sl (Flmot)*.

**connect** verbinden *(Tel)*; anschließen; ~**ing flight** Anschlussflug *m (LVerk)*; ~**ing rod**, *abbr* **conrod** Pleuel(stange) *m(f) (Flmot)*; ~**ing rod assembly** Kurbeltrieb *m (Flmot)* ***(Def)***; ~**ing taxiway** Verbindungs- *od* Zurollbahn *f (Bod)*; ~**ion** Anschluss *m (LVerk)*; ~**ion allotter** Anrufordner *od* ~verteiler *m (Fernm)*; ~**or** (lösbares) Verbindungsstück *n (el)* ***(Def)***; ~**or block** Anschlussklemme *f (el)* ***(Def)***.

**conqu|er** erobern; ~**est** Eroberung *f*.

**conscientious objector** Kriegsdienstverweigerer *m*.

**conscript** ausheben *(mil)*; Wehrpflichtiger *m*; ~**ion** Aushebung *f (mil)*.

**conservatory** *sl für* Waffenstand *m (Flzg)*; *sl für* Flugzeugführerraum *m (Flzg)*.

**consignment** Versand *m*; Sendung *f*; Versendung *f*; ~ **note** Versandanzeige *f*; Frachtbrief *m (LVerk)*.

**consol| beacon** *or* **station** Konsol-Funkfeuer *n*; „Sonne" *f (Funk)* ***(Def)***; ~**e** Bedienbank *f*; Instrumentenbank *f (Flzg)*; Instrumentenbrett *n od* ~konsole *f*; ~**idated report** Sammelmeldung *f (met)*.

**conspicu|ity enhancement** Verbesserung *f* der Erkennbarkeit *(z.B. Zusammenstoßgefahr: Flsich)*; ~**ous** sichtbar; auffallend; erkennbar.

**constant** Konstante *f*; Festwert *m*; fortwährend; gleichbleibend; ~**-bearing line** Linie *f* gleicher Peilung(en) *(Funk)*; ~ **deflection** gleichbleibende Ablenkung *f (Kompass)*; ~ **level balloon** Triftballon *m (in gleichbleibender Höhe)*; ~ **level chart** Gleichdruckflächenkarte *f (met)*; Karte *f* konstanten Drucks *(met)* ***(Def)***; ~**-pressure gas turbine** Gleichdruckgasturbine *f (Turbo)*; ~**-pressure system** Gleichdruckanlage *f (Flmot)*; ~**-pressure turbine** Gleichdruckturbine *f (Turbo)*; ~**-speed control unit** Drehzahlregler *m (Luftschraube)*;~**-speed governor** Drehzahlregler *m*; ~**-speed propeller** Verstellluftschraube *f* mit konstanter Drehzahl ***(Def)***; ~**- unit**, *abbr* **conspeed unit** Drehzahlregler *m (Luftschraube)*; ~ **wind velocity** gleichbleibende Windgeschwindigkeit *f*.

**constellation** Sternbild *n*.

**constrained vibrations** *pl* erzwungene Schwingungen *f/pl*.

**construct** (er)bauen; konstruieren; ~**ion** Bau(ausführung) *m(f)* Konstruktion *f*; ~**ional feature** Konstruktionsmerkmal *n*; ~**ional modification** Formänderung *f (an Gerät)*; ~**ion joint** Arbeitsfuge *f*; ~**ion mass** Konstruktions- *od* Rüstmasse *f (Flzg-Bau)*; ~**ion material** Werkstoff *m*; ~**ion member** Bauelement *n (Flzg)*; ~**ion of formers** Vorrichtungsbau *m (Flzg-Bau)*; ~**ion of jigs** Vorrichtungsbau *m (Flzg-Bau)*; ~**ion regulation** Bauvorschrift *f*; ~**ion stage** Baustufe *f*; ~**ion troops** *pl* Bautruppe *f (mil)*; ~**ion under licence** (*US* **license**) Lizenzbau *m*; ~**ion weight** Konstruktionsmasse *f (Rak)* ***(Def)***.

**consultation** Wetterberatung *f*.

**consumption** Verbrauch *m (Kraftstoff usw)* ***(Def)***; Abbrand *m (el)*; ~ *per 100 kilometers (US kilometers)* Verbrauchssatz *m, abbr* VS *(Kfz: mil)*; ~ **test** Verbrauchsprüfung *f (Flmot)*.

**contact** Fühlung *f (takt)*; Anschluss *m (takt)*; Kontaktstück *n (el)*; aufsetzen *(Flzg)*; "-!" „Ein!" *(Zündung eingeschaltet bzw. einschalten: Flmot)*; ~ **altimeter** Kontakthöhenmesser *m*; ~ **approach** Sichtanflug *m (Flbetr)*; ~ **area** Berührungsfläche *f (Laufrad)*; ~ **breaker** Unterbrecher *m (Zündanlage)*; ~ **flight** Flug *m* mit Bodensicht; ~ **flying** Fliegen *n* mit Erdsicht; Sichtflug *m (Flbetr)* ***(Def)***; ~ **fuse** *or* **fuze** Aufschlagzünder *m* (Bombe); ~**ing altimeter** Kontakthöhenmesser *m (Instr)* ***(Def)***; ~ **landing** Landung *f* mit Bodensicht; ~ **light** Landebahnfeuer *n*; **make** ~ Verbindung aufnehmen *(takt)*; ~ **microphone** Kontaktmikrophon *n*; ~ **mine** Kontakt- *od* Stoßmine *f*; ~ **mission** Fühlunghalten *n (LKr)*; ~ **navigation** Sichtnavigation *f*; ~ **plane** Fühlungshalter *m (LKr)*; ~ **point** Verbindungsaufnahme- *od* Kontaktpunkt *m (Flsich)*; ~ **print** Kontaktabzug *m (LPhot)*; ~ **runway** Schönwetterlandebahn *f*; ~ **separation** Kontakttrennung *f (el)*; ~ **with the enemy** Feindberührung *f (takt)*.

**container** Behälter *m*.

**contamination** Verschmutzung *f*; Kontaminierung *f*; ~ **index** Verschmutzungsgrad *m*.

**contents indicator** Vorratsanzeiger *m (Kraftstoff usw)*.

**contest** Wettbewerb m.

**continent** Kontinent *m*; Festland *n*; ~**al air** (**mass**) Kontinentalluft *f (met)*; ~**al air service** Festlandluftverkehr *m*; ~**al air traffic** Festlandluftverkehr *m*; ~**al climate** Binnen- *od* Landklima *n (met)*; ~**al high** Kontinentalhoch *n (met)*.

**contingen|cy power** (erhöhte) Notleistung *f (Flmot)*; ~**cy rating** Auslegung *f* für Notbetrieb; ~**t** (Truppen-)-Kontigent *n (mil)*.

**continu|e the flight** weiterfliegen; ~**ous cloud** geschlossene Bewölkung *f (met)*; ~**ous current**, *abbr* **CC** Gleichstrom *m (El)*; ~**ous current motor** Gleichstrommotor *m (el)*; ~**ous dash signal** Dauerstrich(zeichen) *m(n) (Funk)*; ~**ous emergency power** erhöhte Dauerleistung *f (Flmot)*; ~**ous fire** Dauerfeuer *n (MG; Flak)*; ~**ous flow oxygen system** Dauerfluss-Sauerstoffanlage *f (Flmed, Lfz)* ***(Def)***; ~**ous landing-gear axle** durchgehende Fahrwerkachse *f (Festfahrwerk)*; ~**ous line** durchgezogene Linie *f (Kart)*; ~**ously variable** stufenlos verstellbar *(Luftschraube)*; ~**ous mark** Dauerzeichen *n*; Zeichenstrom *m (Funk usw)*; ~**ous operation** Dauerbetrieb *m*; ~**ous oscillation** ungedämpfte Schwingung *f (Funk)*; ~**ous power** (**output**) Dauerleistung *f (Flmot)*; ~**ous recording** kontinuierliche *od* forlaufende Aufzeichnung *f*; ~**ous signal** Dauerton *m (Funk)*; ~**ous space** Dauertrennstrom *m (Fernschr)*; ~**ous stress** Dauerbeanspruchung *f*; ~**ous tape** endloser Lochstreifen *m (Fernschr)*; ~**ous watch** Dauerbesetzung *f (eines Arbeitsplatzes)*; dauernde Empfangsbereitschaft *f (Funk)*; ~**ous wave**, *abbr* **CW** ungedämpfte Welle *f (Funk)*; ~**ous-wave jammer** Dauerstrichstörer *m (Funk)*; ~**ous wave radar**, *abbr* **CW-radar** Dauerstrich- *od* CW-Radar-(gerät) *n*; ~**ous wing** durchgehende Tragfläche *f (Flzg)*; ~**ous working** Dauerbetrieb *m*.

**contour|** (**line**) Umriss(linie) *m(f) (allg)*; Höhenlinie *f (met)*; Höhenschichtlinie *f (Kart)*; ~ **height** Höhenlinienzahl *f (met)*; ~ **interval** Höhenlinienabstand *m (met)*; ~ **map** Höhenlinienkarte *f (Kart)*; ~ **value** Höhenlinienzahl *f od* ~wert *m (met)*.

**contra|band** Konterbande *f*; ~**cting state** Vertragsstaat *m*; ~**ction** Kontraktion *f*; Einschnürung *f (Luftschraubenstrahl)*; ~**ction ratio** Verengungsverhältnis *n (aerodyn)* ***(Def)***; ~**ct of carriage** Beförderungsvertrag *m (LVerk)*; ~**-flow turbine** (**engine**) Gegenstrom-Gasturbinentriebwerk *n* ***(Def)***; ~**il** Kondens *m sl*; Kondensfahne *f (hinter Flzg in großer Höhe)* ***(Def)***; ~**prop** *sl* gegenläufige Luftschraube *f*; ~**-rotating propellers** *pl* gegenläufige Propeller *m/pl* ***(Def)***; ~**-rotating rotor** Gegenlaufrotor *m (Heli)*.

**contribut|ing state** beitragender Staat *m (ICAO)*; ~**ion member** förderndes Mitglied *n*.

**control** führen *(Flzg)*; regeln *(Luftschraube: Flmot)*; steuern *(Flmot)*; leiten *(Flsich; LKr)*; Führung *f*; Regelung *f*; Kontrolle *f*; Steuerung *f*; Leitung *f*; Leiten *n*; ~ **advance** Steuerungsvorlauf *m (Heli)* ***(Def)***; ~ **aneroid** Reglerdose *f*; ~ **area**, *abbr* **CTA** Kontrollbezirk *m (Flsich)* ***(Def)***; ~ **area boundary** Kontrollbezirksgrenze *f (Flsich)*; *(**attachment for**)* **operational** ~ einsatzmäßige Unterstellung *f (mil)*; **broadcast** ~ Reportageleitverfahren *n (LKr)*; ~ **button** Bedien(ungs)knopf *m*; ~ **by foot** Fußsteuerung *f (Flzg)*; ~ **cabinet** Steuergeräteschrank *m*; ~ **cable** Steuerseil *n*; Steuerzug *m (Flzg)*; ~ **cable fairlead** Steuerseilführung *f (Flzg)*; ~ **cable guide** Steuerseilführung *f (Flzg)*; ~ **cables** *pl* Seilzüge *m/pl (Flzg)*; ~ **car** Führergondel *f (Lfz l)* ***(Def)***; ~ **characteristics** *pl* Steuerungseigenschaft *f (Flzg)*; ~

column Steuersäule *f (Flzg)* ***(Def)***; ~ **column dynamometer** Steuersäulendynamometer *n od* -kraftmesser *m (Flzg)*; ~ **compartment** Kommandobrücke *f (Luftschiff)*; ~ **configured vehicle**, *abbr* **CCV** reglergestütztes Flugzeug *n*; ~ **deflection** Steuerausschlag *m (Flzg)*; ~ **device** Regelvorrichtung *f (Flzg)*; ~ **displacement** Steuer- *od* Ruderausschlag *m (Flzg)*; ~ **efficiency** Steuerwirkung *f (Flzg)*; ~ **element** Steuerorgan *n (Flzg)*; ~ **engine** Steuertriebwerk *n (FK)*; ~ **failure** Steuer(ungs)ausfall *m od* -versagen *n*; ~ **feel** Steuerdruck *m (Lfz)* ***(Def)***; ~ **flap** Steuerklappe *f*; Klappenruder *n (Lfz)*; ~ **force** Steuer- *od* Knüppelkraft *f (Flzg)*; Ruderkraft *f (Lfz)* ***(Def)***; ~ **function** Ruderfunktion *od* ~ wirkung *f (Flzg)*; ~ **gear** Steuer(ungs)anlage *f*; ~ **grid** Steuergitter *n (Funk)*; ~ **handle** Aufzieh- *od* Öffnungsgriff *m (Fallsch)*; ~ **horn** Steuerhorn *n (Flzg)*; ~ **interlock(ing)** Steuerungsblockierung *f (Flzg)*; ~ **knob** Betätigungsknopf *m*; ~**lability** Steuerbarkeit *f (Flzg)*; Ansprechen *n (Flzg auf Steuerausschläge)*; ~~ **test** Erprobung *f* der Steuerbarkeit; Steuerungserprobung *f (Lfz)*; ~**lable** regelbar; verstellbar; ~**lable flight** steuerbarer Flug *m*; ~**lable-pitch propeller** (Zwei- *bzw* Mehrstellungs-)Verstellpropeller *m* ***(Def)***; ~**lable (thrust) engine** Triebwerk *n* mit regelbarem Schub; regelbares Schubtriebwerk *n (Rak)*; ~ **lag** Steuerverzug *m (Lfz)* ***(Def)***; ~**led aerodrome** Flugplatz *m* mit Verkehrskontrolle ***(Def)***; ~**led airspace** kontrollierter Luftraum *m (Flsich)* ***(Def)***; ~**led flight** kontrollierter Flug *m (Flsich)* ***(Def)***; ~**led mosaic** Bildplan *m*; maßstäbliches Mosaik *n (LPhot)*; ~**led spin** beherrschtes *od* gesteuertes Trudeln *n (Flbetr)*; ~**led interception** Abfangen *n* nach Leitverfahren *(LKr)*; ~**led tab** gesteuertes Hilfsruder *n (Lfz)* ***(Def)***; ~**ed VFR flight** kontrollierter VFR- *od* Sichtflug *m (Flsich)*; ~**led visual flight rules** *pl* Regeln *f/pl* für kontrollierte Sichtflüge *(Flsich)*; ~**ler** Lotse *m (Flsich)*; **final** ~**ler** Landeradarlotse *m (Flsich)*; **surveillance radar** ~**ler** Rundsichtradarlotse *m (Flsich)*; **tactical air** ~**ler** Fliegerleitoffizier *m (LW)*; ~ **lever** Schalt- *od* Bedienungs- *od* Betätigungshebel *m*; Steuerknüppel *m (Flzg)*; ~ **(lever) force** Lenkkraft *f*; Kraft *f* am Steuerhebel; ~**(ling) moment** Steuer- *od* Rudermoment *n (Lfz)*; ~ **lock** Ruderverriegelung *f (Lfz)* ***(Def)***; ~ **mechanism** Regel- *od* Lenk- *od* Steuervorrichtung; ~ **motion** Ruderbewegung *f*; ~ **net** Befehlsnetz *n (takt Funk)*; ~ **of the air** Luftherrschaft *f (LKr)*; **operational** ~ einsatzmäßige Unterstellung *od* Führung *f (mil)*; ~ **overbalance** Überausgleich *m* der Steuerung *(Lfz)*; ~ **panel** Schaltbrett *n*; Schalttafel *f*; Bedienungsfeld *n (Lfz)*; ~ **pedestal** Bedienpodest *m od n*; Mittelkonsole *f (Flzg)*; ~ **point** Orientierungs- *od* Kontrollpunkt *m (nav)*; ~ **pressure** Steuerdruck *m (Flzg-Steuerung)*; ~ **pulley** Umlenkscheibe *f (Flzg-Steuerung)*; ~ **pulse** Regelimpuls *m (Radar)*; ~ **response** Ansprechen *n (Flzg auf Steuerausschläge)*; ~ **reversal** *or* **reversing** Umkehr *f* der Ruderwirkung; Steuerungsumkehr *f (Flzg)*; ~~ **speed** Steuerungsumkehrgeschwindigkeit *f (Flzg)*; ~ **rod** Stoß- *od* Steuerstange *f (Flzg)*; ~ **rods** *pl* Steuergestänge *n (Flzg)*; ~ **roller** Umlenkscheibe *f (Flzg-Steuerung)*; ~ **rudder** Lenk- *od* Steuerruder *n*; ~**s** *pl* (Flugzeug-)Steuerung *f*; Ruder *n/pl (Flzg)*; **dual** ~**s** Doppelsteuerung *f (Flzg)*; **jammed** ~**s** blockierte Ruder *n/pl (Flzg)*; ~ **sector** Kontrollsektor *m (Flsich)*; ~ **shaft** Steuerwelle *od* ~stange *f (Flzg)*; ~ **stick** Steuerknüppel *m od* ~säule *f (Flzg)* ***(Def)***; ~ **stop** Steueranschlag *m*; ~ **surface** Steuerruder *n*; Steuerfläche *f (Flzg)* ***(Def)***; ~**(-surface) actuator** Ruder(antriebs)-maschine *f (Lfz)*; ~ **surface angle** Ruder(ausschlag)winkel *m (Flzg)*; ~ **surface balance** Ruderausgleich *m (Lfz)*; ~ **surface deflection** Ruderausschlag *m (Lfz)*; ~**(-surface) drag** Ruderwiderstand *m*; ~**-surface load** Ruderbelastung *od* ~last *f*; ~**-surface mass balance** Rudermassenausgleich *m*; ~**(-surface) power** Steuereffektivität *od* ~leistung *f (Lfz)*; ~**(-surface) response** Ruderansprechen *n (Lfz)*; ~ **surfaces** *pl* Leitwerk *n (Lfz)*; ~**(-surface) sensitivity** Ruderempfindlichkeit *f (Lfz)*; ~**-surface torque** Rudermoment *n*; ~ **switch** Betätigungsschalter *m*; ~ **system** Steuerung(-sanlage) *f (Flzg)*; ~**(-system) simulator** Steuerungssimulator *m*; ~ **test** Prüfmessung *f*; ~ **touch** *sl für* fliegerisches Gefühl *n*; ~ **tower** Kontrollturm *m*; Flugleitungsturm *m (Flsich)*; ~ **trim(mer)** *or* **trimming tab** Rudertrimmklappe *f (Lfz)* ~ **unit** Bedien(ungs)gerät *n*; Steuergerät *n*; ~ **valve** Regelventil *n*; ~ **voltage** Steuerspannung *f (el)*; ~ **wheel** Steuer(hand)rad *n*; Ruder- *od* Lenkrad *n (Lfz)*; ~ **wires** *pl* Seilzüge *m/pl (Flzg)*; ~ **zone**, *abbr* **CTR** Kontrollzone *f (Flsich)* ***(Def)***; ~ **zone boundary** Kontrollzonengrenze *f (Flsich)*.

**convecti|on** Konvektion *f (met)* ***(Def)***; ~**onal turbulence** konvektive Turbulenz *(met)* ***(Def)***; ~**on cloud** Konvektionswolke *f (met)* ***(Def)***; ~**on current** Konvektionsströmung *f (met)*; ~**on fog** Strahlungsnebel *m (met)*; ~**ve cell** Kovektionszelle *f (met)*; Thermikschlauch *m*; ~**ve equilibrium** Konvektionsgleichgewicht *n*; ~**ve instability** konvektive Instabilität *f (met)*.

**Convention on International Civil Aviation** Abkommen *n* über die internationale Zivilluftfahrt *(ICAO)*.

**conventional** herkömmlich; ~ **aerodynamics** allgemeine *od* konventionelle Aerodynamik *f*; ~ **aircraft** Luftfahrzeug *n* herkömmlicher Bauart; *(allg)* Flugzeug *n* mit Kolbenmotor(en); ~ **sign** Kartenzeichen *od* ~ symbol *n (Kart)*.

**convergence** (*or* **convergency**) Konvergenz *f (nav)* ***(Def)***; ~ **angle** Annäherungswinkel *m (nav)*; ~ **line** Konvergenzlinie *f (met)*.

**converging| attack** konzentrischer Angriff *m (takt)*; ~ **fire** konzentrisches Feuer *n (Art)*; ~ **lens** Sammellinse *f*.

**conversion** Umrechnung *f*; Umschulung *f (auf anderen Flzg-Typ)*; ~ **angle** Umrechnungswinkel *m*; Großkreisbeschickung *f (nav)* ***(Def)***; ~ **scale** Umrechnungsmaßstab *m*; ~ **table** Umrechnungstabelle *f*.

**convert** umrechnen; verwandeln; umschulen *(auf anderes Flzg-Muster)*; umbauen (Flzg); ~**er** Umformer *m (rotierender* ~*: el)*; Schlüssel- *od* Chiffriermaschine *f (Fernm)*; ~**ible aircraft** Verwandlungsluftfahrzeug *n*; ~**ible rotor** Wandelrotor *m (Heli)*; ~**iplane** Verwandlungs- *od* Wandelflugzeug *n*; ~**or**, *vgl* **converter** (Gleichstrom-) Umformer *m (el)* ***(Def)***.

**convex profile** konvexes Profil *n (Tragflügel)*.

**convey|ance rate** Beförderungssatz *m (LVerk)*; ~**er belt** Förderband *n*; ~**erline production** Fließbandfertigung *f (Flzg-Bau)*.

**convoy** Kolonne *f (Kfz mil)*; Geleitzug *m (Marine)*; ~ **guard** Geleitschutz *m*; ~ **service** Geleitdienst *m (takt)*; ~ **vessel** Geleitschiff *n*.

**cookie** *sl für* schwere Bombe *f (LKr)*.

**cool|ant** Kühlmittel *n*; Kühlstoff *m (Flmot)* ***(Def)***; ~**ant pump** Kühlstoffpumpe *f (Flmot)*; ~**ant tank** Kühlstoffbehälter *m*; ~**ant temperature** Kühlstofftemperatur *f*; ~**ant temperature gauge** (*US* **gage**) Kühlstofftemperaturmesser *m*; ~**er** Kühler (*Öl-*); *sl für* Arrestlokal *n (mil)*; ~ **headness** Kaltblütigkeit *f*; ~**ing** Abkühlung *f*; ~**ing agent** Kühlmittel *n*; ~**ing air** Kühlluft *f*; ~**ing baffle** Kühlluftleitblech *n (Flmot)*; ~**ing drag** Kühlwiderstand *m (aerodyn)* ***(Def)***; ~**ing effect** Kühlwirkung *f*; ~**ing fan (wheel)** Lüfterrad *n*; ~**ing fin** Kühlrippe *f (Flmot)*; ~**ing flap** *or* **gill** Kühlluft- *od* Kühlerklappe *f*; ~**ing fluid** Kühlflüssigkeit *f*; ~**ing guide**

vane Kühlluftleitblech *n*; ~ing jacket Kühlmantel *m (um Zylinder: Flmot)*; ~ing liquid Kühlflüssigkeit *f*; ~ing means *pl* Kühlmittel *n*; ~ing rate Abkühlungsgeschwindigkeit *f*; ~ing rib Kühlrippe *f (Flmot)*; ~ing speed Abkühlgeschwindigkeit *f*; ~ing system Kühlanlage *f od* -system *n (Flmot)*; ~ing water Kühlwasser *n*; ~ off abkühlen; ~ running Kaltfahren *n (Flmot vor dem Abstellen)*; ~ weather kühles Wetter *n*.

**coordinate** Koordinate *f*; ~ **cross** Koordinatenkreuz *n (aerodyn)*; ~**d fire plan** (einheitlicher) Feuerplan *m (Art)*; ~ **grid** Gitternetz *n (Kart)*; ~**s** *pl* **of the image** Bildkoordinaten *f/pl (LPhot)*; ~ **system** Koordinatensystem *n (Kart)*.

**co|phasal antenna** gleichphasige *od* phasengleiche Antenne *f (Funk)*; ~**-phase** phasengleich; in Phase.

**co-pilot** zweiter Luftfahrzeugführer *od* Pilot *m*; Co-Pilot *m (Def)*.

**copter** *sl für* Hubschrauber *m*.

**cordon** Gürtel *m (takt)*.

**corduroy road** Knüppelweg *od* ~damm *m*.

**core** Kern *m* ***(Def)***; ~ **flow** Kernströmung *f (aerodyn)*; ~ **of bullet** Geschosskern *m*; ~ **of the high** *or* **of the low** Hochdruck- *od* Tiefdruckkern *m (met)*.

**Coriolis effect** Coriolis-Effekt *m (nav & met)* ***(Def)***.

**cork| screw** Korkenzieher *m (Kunstflugfigur)*; ~**screw down** heruntertrudeln *(Flzg)*; ~**screw spin** Sturztrudeln *n (Flzg)*; ~ **wood** Balsaholz *n*.

**corner reflector** Winkelreflektor *m*; Tripelspiegel *m*.

**coronary aeroembolism** koroane Luftembolie *f (Flmet)*.

**corporal** Unteroffizier *m (mil)*.

**corposant** Elmsfeuer *n*.

**corps**, *pl* **corps** Korps *n (mil)*; ~ **headquarters** Generalkommando *n*; Korpskommando *n (mil)*; ~ **of engineers** Pioniertruppe *f*; Genietruppe *f (mil)*.

**correct|ion** Verbesserung *f*; Berichtigung *f*; ~**ion angle** Verbesserungswinkel *m (Art)*; Vorhaltewinkel *m (nay)*; ~**ion of flight trajectory** Flugbahnkorrektur *f (FK)*; ~**ion of latitude** Breitenberichtigung *f (nav)*; ~**ion of star altitude** Höhenberichtigung *f (Gestirn)*; ~ **ive action** Korrektion *f*; Berichtigung *f*; Abhilfemaßnahme *f*; ~**or magnet** Korrekturmagnet *m*; Kompensierstift *m (Kompasskompensierung)*.

**correspondence** Schriftverkehr *m*.

**corridor** Geländestreifen *m (takt)*; Schneise *f*; Korridor *m (Flsich)*.

**corro|de** (ver)rosten; korrodieren *(Metalle)*; ~**sion** Korrosion *f*; Verrostung *f*; ~**sion resistance** Verwitterungsbeständigkeit *f*; Korrosionsbeständigkeit *f*.

**corrugated| hose** Faltenschlauch *m (Sauerstoffmaske)*; ~ **sheet metal** Wellblech *n*; ~ **covering** Wellblechbeplankung *f (Flzg)*.

**cosmic| dynamics** kosmische Dynamik *f*; ~ **meterology** Raumfahrtmeteorologie *f*; ~ **radiation** Ultrastrahlung *f*; kosmische Strahlung *f*; ~ **space** Weltraum *m*.

**cosmo|drome** Raumflughafen *m*; Kosmodrom *n*; ~**naut** Raumfahrer; Kosmonaut *m*; ~**nautics** Raumfahrt(wissenschaft) *f*; Kosmonautik *f*; ~**s** Kosmos *m*; Weltraum *m*.

**cost|, maintenance and operations** ~**s** *pl abbr* **M & O** ~**s** Unterhaltungs- und Betriebskosten *f (s & pl)*; ~ **of construction** Bau- od Gestehungskosten *pl*; ~ **of manufacture** Herstellungs- *od* Gestehungskosten *pl*; ~ **of upkeep** Unterhaltungskosten *pl*; ~**-optimal flight** kostenoptimaler Flug *m (LVerk)*; ~ **reduction** Einsparung *f*; **unit** ~ Stückpreis *m*.

**cotton waste** Putzwolle *f*.

**count** zählen; rechnen; ~ **down** Prozentsatz *m* der Fehlanfragen *(DME)*; Nullzählen *n (FK)* ***(Def)***; Zeitzählung *f*, Countdown *m*; ~**ing accelerometer** Beschleunigungszähler *m (Instr)* ***(Def)***.

**counter|act** entgegenwirken; ~ **attack** Gegenangriff *m (takt)*; ~ **balance** Gegenausgleich *m (Steuerruder)*; ~**-battery fire** Artilleriebekämpfung *f (takt)*; ~**clockwise** im entgegengesetzten Uhrzeigersinn; linksläufig; ~ **connection** Gegenschaltung *f (Funk & Tel)*; ~ **espionage** Gegenspionage *f*; Spionageabwehr *f*; Abwehr *f (Intell)*; ~ **force** Gegenkraft *f*; ~**-intelligence** Abwehrdienst *m (mil)*; ~**mand** einen Gegenbefehl geben (mil); **electronic** ~**measures** *pl*, *abbr* **ECM** elektronische Gegenmaßnahmen *f/pl (LKr)*; ~(**mechanism**) Zählwerk *n*; ~**offensive** Gegenoffensive *f (takt)*; ~**order** Gegenbefehl *m (mil)*; ~**poise** Gegengewicht *n (Antenne)*; ~**pressure turbine** Gegendruckturbine *f*; ~**propeller** gegenläufige Luftschraube *f*; ~**recoil** Vorlauf *m (Art)*; ~**recoil gun** Rohrvorlaufwaffe *f*; ~**recoil mechanism** Verholer *m (Art)*; ~**-rotating propellers** *pl* gegenläufige Luftschrauben *f/pl* ***(Def)***; ~**rotation** Gegenrotation *f (Luftschraube)*; ~**sign** Gegenlosung *f*; Kenn- *od* Losungswort *n (mil)*; ~**station** Gegenstelle *f (Funk)*; ~**sunk rivet** Versenkniet *m (Flzg-Bau)*; ~**sunk riveting** Versenknietung *f (Flzg-Bau)*; ~**thrust** Gegenstoß *m (takt)*; ~**trades** Anti- *od* Gegenpassat *m (met)*; ~**-twilight** Gegendämmerung *f*; ~**-weight** Gegengewicht *n (Kurbelwelle)*; Massenausgleich *m*; ~**wire** Gegenkabel *n (Tragfläche)*.

**country| fog** Landnebel *m (met)*; ~ **of destination** Bestimmungsland *n*; ~ **of origin** Heimatstaat *m*; Ursprungs- *od* Herkunftsland *n*.

**coupl|e** Drall *m*; aufprotzen *(Art)*; ~**ed-engine power unit** gekuppeltes Triebwerk *n (Flmot)* ***(Def)***; ~**e of forces** Kräftepaar *n*; ~**er Koppler** *m*; ~**ing** Kopplung *f (el)*; Kupplung *f (mech)*; ~**ing lever** Kupplungshebel *m*; ~**ing loop** Kopplungs- *od* Koppelschleife *f (el)*; ~**ing moment** Koppel- *od* Kopplungsmoment *n*; ~**ing nut** Überwurfmutter *f*.

**coupon** Flugscheinabschnitt *od* -coupon *m (LVerk)*.

**courier** Kurier *m*; ~ **airplane** Kurierflugzeug *n*; ~ **mall** Kurierpost *f*; ~ **service** Kurierdienst *m*.

**course**, *abbr* **Co** Kurs *m (nav)* ***(Def)***; Lehrgang *m*; Abflug *m (Flak)*; Richtung *f*; Bahn *f (mech)*; ~ **alignment** Kurseinstellung *f*; ~ **alteration** Kursänderung *f (nav)*; ~ **and distance calculator** Kursrechengerät *n (nav)*; ~ **and speed calculator** *or* **computer**, *abbr* **CSC** Dreiecksrechner *m*; Kursrechengerät *n (nav)*; ~ **bend** Kursbiegung *od* -krümmung *f (ILS)*; ~ **correction** Kursverbesserung *f (nav)*; ~ **counter** nummerische Kursanzeige *f*; Kurszählwerk *n (Instr)*; ~ **detector** Kursdetektor *m (ILS)*; ~ **determination** Flugweg- *od* Kursbestimmung *f (nav)*; ~ **deviation** Kursabweichung *f (nav)*; ~ **directional error** Kursrichtungsfehler *m (ILS)*; ~ **error** Kursfehler *m (nav)*; ~ **in** Anflugkurs *m (nav)*; ~ **light** Kursfeuer *n*; ~ **line** Kurslinie *f (nav) (Def)*; ~ **line-computer**, *abbr* **CLC** Kursrechner *m od* ~rechengerät *n (nav)*; ~ **line of position** Kursstandlinie *f (nav)*; ~ **marker** Kursmarkierungs- *od* sichtzeichen *n (Bod)*; ~ **modulation** Leitstrahl- *od* Kursmodulation *f (Funk-nav)*; ~ **motor** Kursmotor *m (Kurssteuerung)*; ~ **of action** zu ergreifende Maßnahme(n) *f (pl)*; ~ **of approach** Anflugkurs *m (Flsich)*; ~ **of arrival** Ankunftskurs *m (Flsich)*; ~ **of flight** Flugrichtung *f*, Flugweg *m*; ~ **of instruction** Ausbildungskurs(us) *m*; Lehrgang *m*; ~ **of target** Zielweg *m (Flak)*; ~ **out** Abflugkurs *m (Flsich)*; ~ **readout** Kursablesung *f od* ~zählwerk *n*; ~ **recorder** Kursschreiber *m (nav)*; ~ **roughness** Kursuntegelmäßigkeit(en) *f(pl)*; ~ **scalloping** Kursschwingung(en) *f(pl)*; ~ **sector** Kurssektor *m (ILS) (Def)*; ~ **sensitivity** Kursempfindlichkeit *f*; ~ **setting device** Kursgeber *m (Kurssteuerung)*; ~ **sharpness** Kursschärfe *f*; ~ **softening** Dämpfung *f* der Kursanzeige; ~ **stability** Kursstabilität *f (Flzg)*; ~ **steering apparatus** Kurssteueranlage *f*; ~ **structure** Kursstruktur *f*; ~ **surface** Kursebene *f (ILS)*; **to plot a** ~ Kurs absetzen *od* einzeichnen *(nav)*; **to wander off** ~ vom Kurs abkommen *(Flzg nav)*; ~ **triangle** Kursdreieck *n (nav)*.

**court martial** Kriegsgericht *n*.

**cover** Reifendecke *f (Laufrad)*; Deckung *f (takt)*; Schutzüberzug *m*; Abdeckplane *f (Flzg)*; beplanken *(Tragfläche)*; bespannen *(Tragfläche)*; bedecken (Himmel); decken *(takt)*; ~**age** Überdeckung *f*; Erfassungsbereich *m (Radar)*; Feuerschutz *m (takt)*; Geländeausschnitt *m (LPhot)*; **radar** ~**age** Radarerfassungsbereich *m*; ~ **from air** Deckung *f (gegen Fliegersicht: takt)*; ~ **from air observation** Fliegerdeckung *f (takt)*; ~**ing** Beplankung *f (Flzg)*; ~**ing fire** Deckungsfeuer *n*; Feuerschutz *m (takt)*; ~**ing of snow** Schneedecke *od* ~schicht *f*; ~**ing position** Aufnahmestellung *f (takt)*; ~(**ing**) **range** Erfassungs- *od* Bedeckungsbereich *m (Radar)*; ~ **of snow** Schneedecke *od* -schicht *f*; ~ **plate** Deckplatte *f*; Abdeckplatte *f*; ~ **sheet** Abdeckblech *n*; ~ **strip of wing tip** Flächenendkappe *f*; Randbogen *m (Tragfläche)*; **tailord** ~ *(der Flzg-Form angepasste)* Abdeckplane *f*; **take** ~ in Deckung gehen *(takt)*; ~ **trench** Deckungsgraben *m (takt)*; ~ **with hoar frost** bereifen *(met)*.

**cowl** Haubenverkleidung *f (Flmot)*; ~ **flap** *or* **gill** Kühlluftklappe *f*; Haubenspreizklappe *f (Stern-Flmot)*; ~**ing** Verkleidung; Haube *f (Flmot) (Def)*; **inner** ~ Innenhaube *f (Stern-Flmot)*.

**crab** Schieben *f (Flzg bei Seitenwind)*; schieben *(Flzg)*; ~ **angle** Vorhaltewinkel *m*; Luvwinkel *m (nav)*; ~**bing** Schieben *n (Flzg)*; windschiefer Flug *m*; ~**bing along** *sl für* Heckenspringen *n sl (Tiefstflug)*; ~**pot valve** Crabpot-Ventil *n (Lfz l) (Def)*.

**crack** Riss *m*; ~ **detector** Rissdetektor *m*; ~ **down** *sl für* Flugzeug abschießen; ~ **flyer** *sl* alter Hirsch *m sl*; ~ **her up completely** *sl* für Kleinholz machen *sl (Flzg)*; ~**ing** Rissbildung *f*; ~**ling (noise)** Prasselgeräusch *n (Funk)*; **supersonic** ~ Überschallknall *m (ausgelöst durch Schockwelle)*; ~ **troops** *pl* Kerntruppen *f/pl (mil)*; ~-**up** *sl für* Bruch *m (Flzg)*; *sl* Bruch machen *(Flzg)*; *sl für* hinrotzen *sl (Flzg)*.

**craft** Wasserflugzeug *n*; Flugzeug *n*.

**crane| helicopter** Kranhubschrauber *m*; ~-**navvy** Löffelbagger *m*.

**crank** Kurbel *f*; andrehen; ankurbeln; anwerfen *(Flmot)*; ~**case** Kurbelgehäuse *n (Flmot)*; ~**case breather** Kurbelgehäuseentlüftung *f (Flmot)*; ~**case cover** Gehäusedeckel *m (Kurbelgehäuse)*; ~**case flange** Gehäuseflansch *m (Flmot)*; ~**case sump** Ölsumpf *m (Flmot) (Def)*; ~**ed profile** geknicktes Profil *n (Tragflügel)*; ~**ed wing** Knickflügel *m (Flzg)*; ~**less engine** Taumelscheibenmotor *m (Flmot)*; ~**pin** Kurbel(wellen)zapfen *m (Flmot)*; ~ **rod assembly** Kurbeltrieb *m (Flmot)*; ~**shaft** Kurbelwelle *f (Flmot)*; ~**shaft bearing** Kurbel(wellen)lager *n (Flmot)*; ~**shaft flange** Kurbelwellenflansch *m (Flmot)*; ~**shaft starting jaw** Andrehklaue *f (Flmot)*; ~**shaft throw** Kurbelwellenkröpfung *f*; ~ **starter** Handanlasser *m*; Kurbelanlasser *m (Flmot)*; ~ **web** Kurbelwange *f (Seitenteil der Kröpfung: Flmot)*.

**crash** Absturz *m*; Bruch *m (Flzg)*; Aufschlag *m (Flzg auf Boden)*; abstürzen, Bruch machen *(Flzg)*; *sl* abschmieren *(Flzg)*; ~**ability** Brucheignung *f (Lfz)*; ~ **boat** Rettungsboot *n*; ~ **data recorder** Unfalldatenschreiber *m*; ~ **equipment** Rettungs- *od* Bergungsgerät *n*; ~ **fire** Aufschlagbrand *m (bei Flzg-Absturz)*; ~ **helmet** Sturzhelm *m*; ~-**land** bruchlanden; Bruchlandung machen *(Flzg)*; ~ **landing** Bruchlandung *f (Flzg)*; ~ **launch** Rettungsboot *n*; ~ **pylon** Überschlagschutzgestänge *n (Flzg)*; ~ **rescure** Bruchbergung *f*; Rettung *f*; ~ **rescue equipment** Bergungs- *od* Rettungsausrüstung *f*; ~ **switch** Not- *od* Schockschalter *m (el)*; Bruchlande(schalt)automatik *f (Lfz)*; ~ **tender** Bruchbergungswagen *m*; ~ **the plane** Flugzeug bruchlanden; *sl* hinrotzen *(Flzg)*; ~ **vehicle** (Bruch-)Bergungsfahrzeug *n*; Rettungsfahrzeug *n*; ~**worthiness** Bruchlandesicherheit *f*.

**crate** *sl für* Flugzeug *n*; Verschlag *m*; Kiste *f (sl für Flzg)*; **the** ~ **flies asunder** *sl* die Kiste montiert ab; ~**r** Krater *m*; Trichter *m*; **bomb** ~**r** Bombentrichter *m (LKr)*; ~**ring (effect)** Kraterwirkung *f (Bombe: LKr)*.

**create** erzeugen; ~ **eddies** Wirbel bilden *(met)*.

**crediting of flight time** Anrechnung *f* von Flugzeit *(Flbetr)*.

**creep** kriechen; ~**ing current** Kriechstrom *m (el)*; ~(**ing**) **failure** Gleit- *od* Verformungsbruch *m*; Kriechkollaps *m (Strukt)*.

**crescent** Mondsichel *f*; ~ **wing** Sichelflügel *m (Flzg)*.

**crest| clearance** Spitzenspiel *n (Zahnrad)*; ~ **cloud** Wolke *f* an einem Bergkamm *(met)*; ~ **factor** Spitzen- *od* Scheitelfaktor *m*; ~ **value** Scheitel- *od* Spitzenwert *m*.

**crew** Besatzung *f (Def)*; Mannschaft *f (allg)*; Bemannung *f (mil)*; ~ **chief** erster Wart *m (US LW)*; ~ **compartment** Besatzungsabteil *n (Flzg)*; ~ **manifest** Besatzungsverzeichnis *n (LVerk)*; ~ **member** Besatzungsmitglied *n (Def)*; ~ **member certificate** Besatzungs(mitglieds)-ausweis *m*; ~ **room** Besatzungsaufenthaltsraum *m*; ~ **training** Besatzungsausbildung *f (flgds. Personal)*; Waffenausbildung *f (US LW)*.

**crimped joint** gepresster Kontakt *m (el) (Def)*.

**critical| altitude** kritische Höhe *f (Lfz, FK) (Def)*; Volldruckhöhe *f (Flmot) (Def)*; ~ **angle (of attack)** kritischer Anstellwinkel *m (für größten Auftrieb)*; ~ **angle of incidence** kritischer Anstellwinkel *m (für größten Auftrieb)*; ~ **area** Schutzzone *f (ILS: Flsich)*; ~ **closing speed** untere kritische Geschwindigkeit *f (Fallsch) (Def)*; ~ **engine** kritischer Motor *m (Flmot)*; ~ **fire area** kritischer Brandbereich *m*; ~ **flutter speed** kritische Flattergeschwindigkeit *f (aerodyn)*; ~ **height** kritische Höhe; Abbruchhöhe *f (Flugs) (Def)*; Volldruckhöhe *f (Flmot) (Def)*; ~ **load** Belastungsgrenze *f*; ~ **Mach number** Grenzmachzahl *f (aerodyn)*; ~ **opening speed** kritische Entfaltungsgeschwindigkeit *f (Fallsch)* ***(Def)***; ~ **point** kritischer Punkt *m*; Punkt *m* gleicher Zeit; Umkehrgrenzpunkt *m (nav)* ***(Def)***; ~ **power unit(s)** *(pl)* kritische Triebwerkeinheit(en) *f(pl) (Flmot)* ***(Def)***; ~ **speed** kritische Geschwindigkeit *f*; Durchsackgeschwindigkeit *f (Flzg)*.

**crop| and insect spraying flight** Schädlingsbekämpfungsflug *m*; ~ **dusting** Sprüh- und Zerstäubungsflüge *m/pl*.

**cross** Kreuz *n*; überqueren; überfliegen; ~**-axle** durchgehende Achse *f (Flzg-Festfahrwerk)*; ~**-axle undercarriage** *or* **landing gear** Fahrwerk *n* mit durchgehender Achse *(Flzg)*; ~**-band operation** Zweikanal-Simplexverkehr *m (Fernm)*; ~**bar** Querbalken *m (Anflugbefeuerung)* ***(Def)***; ~ **bearing** Kreuzpeilung *f (nav)*; ~ **braced** ausgekreuzt *(drahtverspannter Flzg-Rumpf)*; ~ **bracing** Quer- *od* Kreuz- *od* Diagonalverspannung *f (Flzg)*; Querverstrebung *f*; ~ **-check of instruments** (gleichzeitige) Überprüfung *f* der Instrumente *(über Kreuz) (Flbetr)*; ~ **coil antenna** Kreuzrahmenantenne *f (Funk)*; ~ **controls** *pl* entgegengesetzt wirkende Ruderausschläge *m/pl (Flzg)*; ~**-countries** *pl* Überlandflüge *m/pl*; ~**-country** querfeldein; geländegängig; Überland; ~**-country capacity** Geländegängigkeit *f (Kfz)*; ~**-country flight** Überlandflug *m*; ~**-country mobility** Geländegängigkeit *f (Kfz)*; ~**ed loop aerial** Kreuzrahmenantenne *f (Funk)*; ~**ed threads** *pl* Fadenkreuz *n (Bombenzielgerät)*; ~ **examination** Kreuzverhör *n*; ~ **fire** Kreuzfeuer *n (takt)*; ~ **force** Querkraft *f od* -trieb *m*; **German** ~ Deutsches Kreuz *n (Orden)*; ~**ing altitude** Überflughöhe *f (über Meer: Flsich)*; ~**ing point** Wechselpunkt *m (Flak)*; **Iron** ~ Eisernes Kreuz *n (Orden)*; ~ **landing-gear axle** durchgehende Fahrwerksachse *f (Flzg)*; ~ **modulation** Kreuzmodulation *f (Funk)*; ~**-office switching** (interne) Vermittlung *f (Fernm)*; ~**-over attachment** Haltekabelrolle *f (Lfz l)* ***(Def)***; ~**-piece** Querbalken *m (Landekreuz)*; ~ **pointer (instrument)** (ILS-)Kreuzzeigerinstrument *n (nav)*; **Red** ~ Rotes Kreuz *n*; ~**roads** *pl* Straßen- *od* Wegekreuzung *f*; ~ **ruling** Kreuzschraffur *f (Kart)*; ~ **seam** Quernaht *f (Fallsch)* ***(Def)***; ~**-section** Querschnitt *m*; Profil *n*; Vertikalschnitt *m (met)*; ~**-shaft lever** Umlenkhebel *m (Steuerwerk: Flzg)*; ~ **spar** Querholm *m (Flzg)*; ~**talk** Übersprechen *n (Tel & Funk)*; ~**-wind** Seiten- *od* Querwind *m*; ~**-wind accountability** Seitenwindberücksichtigung *f (Flbetr)*; ~**-wind axis** Querkraftachse *f (aerodyn)* ***(Def)***; ~**-wind component** Seiten- *od* Querwindkomponente *f*; ~**-wind force** Querkraft *f (aerodyn)* ***(Def)***; ~**-wind landing** Landung *f* mit Seitenwind; Seitenwindlandung *f (Flzg)*; ~**-wind leg** Querabflugteil *m (der Platzrunde, früher: Seitenwindteil)*; ~**-wind sensitivity** Seitenwindempfindlichkeit *f (Flzg)*; —~**-wind take-off** Start *m* mit Seitenwind *(Flzg)*; ~ **wire** *(s pl)* Fadenkreuz *n (Visier)*; ~**-wire bracing** Seilauskreuzung *f (Flzg)*.

**crown** Scheitelpunkt *f (Profilwölbung)*; Krone *f (Fallsch)* ***(Def)***.

**cruciform| girder** Kreuzträger *m (Lfz l)* ***(Def)***; ~ **tail (unit)** kreuzförmiges Heckleitwerk *n (Flzg)*; ~ **wing** Kreuzflügel *m (Flzg)*.

**crude| oil** Roböl *n*; ~**-oil engine** Rohölmotor *m*.

**cruis|e** Reiseflug *m*; fliegen *(Flzg)*; kreuzen *(Schiff)*; fahren *(Kfz)*; ~**e climb** Reisesteigflug *m (Flbetr)*; ~**e control** Reiseflugkontrolle *od* ~regelung *f*; Leistungsanpassung *f* an die Reisegeschwindigkeit *(Flbetr)* ***(Def)***; ~**e descent** Reisesinkflug *m (Flbetr)*; ~**er** Kreuzer *m (Kriegsschiff)*; ~**e guided missile** gelenkter Marschflugkörper *m (LW)*; ~**ing altitude** Reiseflughöhe *f (über Meer)*; ~**ing ceiling** Reiseflug-Gipfelhöhe *f (Lfz)* ***(Def)***; ~**ing flight** Reiseflug *m*; ~**ing (flight) range** Reiseflugweite *f (Flbetr)*; ~**ing level** Reiseflugfläche *f (Flsich)* ***(Def)***; Reiseflughöhe *f (Flzg)*; ~**ing performance** Reiseflugleistung *f (Flzg)*; ~**ing power** Reiseflugleistung *f (Flmot)*; ~**ing radius** Fahrbereich *m (Kfz)*; ~**ing range** Aktionsradius *m (Flzg)*; ~**ing speed** Reisegeschwindigkeit *f (Flzg)*; Marschgeschwindigkeit *f (Kfz)*; ~**ing threshold** sichere Reisegeschwindigkeit *f (Flbetr)* ***(Def)***.

**crump|er** *sl für* schwerer Bruch *m (Flzg)*; ~ **hole** *sl für* Bombenkrater *m*.

**cryogenic| fuel** Tieftemperaturtreibstoff *m (Rak)*; ~ **wind tunnel** Tieftemperaturwindkanal *m (aerodyn)*.

**crypt|analysis** Geheimschriftanalyse *f*; Entschlüsselung *f (Funk & Intell)*; ~**ogram** Kryptogramm *n*; verschlüsselter Spruch *m (Funk)*; ~ **ographic officer** Schlüsseloffizier *m (Funk)*; ~**ography** Geheimschrift *f*.

**crystal** Kristall *m*; Quarz *m (Funk)*; ~ **cloud** Kristallwolke *f*; ~ **control** Quarzsteuerung *f (Funk)*; ~**-controlled** quarzgesteuert *(Funk)*; ~ **suspension** Quarzhalterung *f (Funk)*.

**cu** *sl für* Kumulus *m*; Haufenwolke *f (met)*.

**cubic capacity** Zylinderhubraum *m*; Kubikinhalt *m*; Hubraum *m (Flmot)*.

**culmination (point)** Kulminations- *od* Gipfelpunkt *m (ballist)*.

**culture** Anbau *m*; Bebauung *f*.

**cumul|iform** kummulusförmig *(met)*; ~**o-nimbus (cloud)** Kumulonimbus *m* ***(Def)***: Gewitterwolke *f (met)*; ~**onimbus turbulence** Kumulonimbusturbulenz *f (met)* ***(Def)***; ~**us** Kumulus *m* ***(Def)*** Haufenwolke *f (met)*; ~**us cloud** Kumulus *m*; Haufenwolke *f*; ~**us formation** Kumulus- *od* Haufenwolkenbildung *(met)*; ~**us tower** Kumulus- *od* Haufenwolkenturm *m (met)*.

**cup|anemometer** Schalenkreuzwindmesser *m (met)*; ~**ola** Kuppel *f (Flzg-Waffenstand)*; ~**ola(-type) gunmount** Kuppellafette *f (Flzg)*.

**cure** beheben *(Beanstandung)*.

**curfew** Ausgehverbot *n (mil)*.

**currency declaration** Devisenerklärung *f (LVerk)*.

**current** Strom *m (el)*; Strömung *f (met)*; gegenwärtig; **ascending** ~ Aufwind *m (met)*; **battery** ~ Batteriestrom *m (el)*; ~ **circuit** Stromkreis *m (el)*; **descending** ~ Abwind *m (met)*; **down(ward air)** ~ Abwind *m (met)*; ~ **flight plan** geltender Flugplan *m (Flsich)* ***(Def)***; **induced** ~ Induktionsstrom *m (el)*; ~ **intensity** Stromstärke *f (el)*; ~ **loading** Strombelastung *f (el)*; ~ **node** Stromknoten *m (el)*; ~ **records** *pl* laufende Aufzeichnungen *f/pl*; ~ **strength** Stromstärke *f (el)*; ~ **supply** Stromzufuhr *f*; Stromversorgung *f (el)*; *up(ward)* ~ Aufwind *m (met)*; ~ **weather** gegenwärtiges Wetter *n*.

**cursor** Messlinie *f (Radar usw)*.

**curriculum** Lehrplan *m*.

**curtain| door** Gasschutzvorhang *m (LS)*; ~ **of AA fire** Flaksperre *f (LKr)*; ~ **of fire** Feuerwand *f*; Feuervorhang *m (Art)*.

**curv|ature** Krümmung *f*; Biegung *f*; ~**ature of (the) earth** Erdkrümmung *f*; ~**e** Straßenbiegung *f*; Kurve *f (Flzg im Flug)*; eine Kurve fliegen; *charakteristic* ~*e* Kennlinie *f*; ~**ed approach** gekrümmter *od* kurvender Anflug *m*

*(Flbetr)*; ~**ed girder** Bogenträger *m (Flzg)*; ~**ed wing tip** Abschlußbogen *m (Tragfläche)*; ~**ed wing tip former** *or* **strip** Randbogen *m (Tragfläche)*; ~*e into the landing field* in den Landeplatz einkurven *(Flzg)*; ~ **of equal bearing** Azimutgleiche *f*; Linie *f* gleicher Peilung *f (nav)* ***(Def)***; ~**e of flight path** Flugbahnlinie *f (ballist)*; ~*e with inverted controls* Steuerwechselkurve *f (Kunstflug)*; ~**ilinar flight** Kurvenflug *m (Flzg)*; ~**ing flight** Kurvenflug *m (Flzg)*.

**cushion** Polster *n*; abfedern; ~ **tyre** (*US* **tire**) Halbluftreifen *m*; ~**ing effect** Nichtfreikommen *n (Flzg vom Boden nach Abheben)*; Bodeneffekt *m*.

**custod|ian** federführende Stelle *f (mil)*; ~**y of aircraft** Sicherstellung *f* eines Luftfahrzeugs.

**customs** Zoll *m*; ~ **airport** Zollflughafen *m*; ~ **bond** Zollsicherheit *f*; ~ **clearance** Zollabfertigung *od* ~freigabe *f*; ~ **duty** Zoll *m*; ~ **entry** Zollanmeldung *f*; Anmeldung *f* zur Zollabfertigung; ~ **examination** Zollkontrolle *f od* ~beschau *m*; ~**-free airport** Frei-Flughafen *m*; zollfreier Flughafen *m (LVerk)* ***(Def)***; ~**-free trade** Freihandelszone *f (auf Flughafen)* ***(Def)***; ~ **office** Zollamt *n*.

**cut** (ab)schneiden; Abbau *m (Personal)*; ~ **grass** *sl für* dicht über dem Boden fliegen *(Flzg)*; ~**off** Brennstopp *m (Turbo, FK)* ***(Def)***; ~~ **bias** Sperrvorspannung *f (Fernm)*; ~~ **frequency** Grenzfrequenz *f (Fernm)*; ~~ **line** Ausbreitungsgrenze *f (Überschallknall)*; ~**(off) the engine** Motor abstellen *(Flmot)*; ~~ **value** Grenzwert *m*; ~~ **velocity** Brennstoppgeschwindigkeit *f (FK)* ***(Def)***; ~**-out** Ausschnitt *m (z.B. für Seitenruder: Flzg)*; (Schmelz-)Sicherung *f (el)*; ~**-out switch** Unterbrecher *m*; Ausschalter *m (el)*; ~ **the gun** *sl für* Pulle 'rausnehmen *sl (Flmot drosseln)*; ~**ting torch** Schneidbrenner *m*.

**cycl|e** Arbeitsgang *m (Flmot)*; Hertz *n (el)*; ~**eplane** Fahrradflugzeug *n*; ~**ic pitch control** zyklische Blattverstellung *f*; periodische Steigungssteuerung *f (Heli)* ***(Def)***; ~**ic rate** Schussfolge *f (Bordwaffe: Flzg)*; ~**ogyro** Schaufel(rad)flügler *m od* -flugzeug *n* ***(Def)***; ~**one** Tief(druckgebiet) *n (met)*; Gebiet *n* niedrigen Luftdrucks *(met)*; Zyklone *f (met)*; tropischer Wirbelsturm *m*; Zyklon *m (met)* ***(Def)***; ~**onic area** Gebiet *n* niedrigen Luftdrucks; Tiefdruckgebiet *n (met)*; ~**onic centre** Tiefdruckkern *m (met)*; ~**onic thunderstorm** Wirbelgewitter *n (met)*; ~**ostrophic wind** zyklostrophischer Wind *m (met)*.

**cylinder** Zylinder *m (Flmot)*; ~ **block** Zylinder- *od* Motorblock *m (Flmot)*; ~ **bore** Zylinderbohrung *f (Flmot)*; ~ **capacity** Zylinderinhalt *m (Flmot)*; ~ **diameter** Zylinderbohrung *f (Flmot)*; ~ **flange** Zylinderflansch *m*; ~ **head** Zylinderkopf *m (Flmot)*; ~ **liner** Zylinderlaufbuchse *f (Flmot)*; **operating** ~ Arbeits- *od* Betätigungszylinder *m (Fahrwerk)*; ~ **packing** Zylinderdichtung *f (Flmot)*; ~ **volume** Zylinderinhalt *m (Flmot)*; ~ **wall** Zylinderwand(ung) *f (Flmot)*.

**cylindrical** zylindrisch; walzenförmig; ~ **projection** zylindrische Projektion *f (Kart)*; ~ **spar** Rundholm *m (Flzg)*; ~ **wing** zylindrische Tragfläche *f (Flzg)*.

# D

**D** *(ICAO- & NATO-Buchstabieralphabet)* Delta; *(altes, internationales Buchstabieralphabet)* Dog; ~**-value** (*abbr for* **difference value**) D-Wert *m (Instr)* ***(Def)***.

**daily** täglich; ~ **rate** Tagessatz *m (mil)*; ~ **report** Tagesmeldung *f (mil)*; ~ **return** Tagesmeldung *f (mil)*; ~ **routine order** Tagesbefehl *m (mil)*; ~ **scale** Tagessatz *m (mil)*.

**daisy-cutter** *sl für* glatte Landung *f (Flzg)*.

**damage** Schaden *m*; Sachschaden *m*; Beschädigung *f*; ~ **accumulation** Schadensakkummulation *f*; ~ **assessment** Schadenfestsetzung *f*; Schadenschätzung *f*; ~ **claim** Schadenersatzanspruch *m*; ~ **criterion** Bruchkriterium *n (Lfz)*; ~**d** schadhaft; beschädigt; ~ **threshold** Schadensschwelle *f (Konstr)*.

**damp| fog** Nebelwolke *f*; nässender Nebel *m (met)*; ~**ed wave** gedämpfte Welle *f (Funk)*; ~**er** Dämpfer *m (Fahrwerk)*; ~**ing** Dämpfung *f (Fahrwerk usw)*; ~**ing decrement** Dämpfungsdekrement *od* ~verhältnis *n*; ~**ing derivative** Dämpfungsderivierte *f*; ~**ing device** Dämpfungsvorrichtung *f (Leitwerk)*; ~**ing factor** Dämpfungsfaktor *m (Stab)* ***(Def)***; ~ **ing gyro** Dämpfungskreisel *m*; ~**ing moment** Dämpfungsmoment *n (aerodyn)* ***(Def)***; ~**ing surface** Dämpfungsfläche *f (Leitwerk: Flzg)*; ~**ing valve** Dämpfungsventil *n (Hydr)* ***(Def)***; ~**ness** Feuchtigkeit *f (met)*.

**danger** Gefahr *f*; ~ **area** Gefahrengebiet *n (Flsich)* ***(Def)***; Schießgebiet *n (Art)*; ~ **flag** Warnflagge *f*; ~ **of collision** Zusammenstoßgefahr *f (Flsich)*; ~ **of ice-formation** Vereisungsgefahr *f*; ~ **of icing** Vereisungsgefahr *f*; ~**of interception** Abhörgefahr *f (Funk & Tel)*; ~ **of nosing-over** Überschlaggefahr *f (Flzg bei Landung)*; ~ **of skidding** Rutschgefahr *f (Flzg beim Rollen)*; ~**ous area** Gefahrengebiet *n (Flsich)*; ~**ous lights** *pl* gefährdende Lichtquellen *f/pl (Flbetr)*; ~**ous material class** Gefahrenklasse *f (brennbare Materialien)*; ~ **report** Gefahrenmeldung *f (met)*; ~ **warning** Gefahrenwarnung *f (met)*.

**dark** dunkel; ~**ness** Dunkelheit *f*; ~**ness adaptability** Dunkelanpassungsvermögen *n (des Auges)*; ~ **night fighting** Dunkelnachtjagd *f (LKr)*; ~**room** Dunkelkammer *f (LPhot)*.

**dash|board** Instrumentenbrett *n*; ~**-dot** strichpunktiert; ~**ed line** gestrichelte Linie *f*.

**dat|a** *pl* Unterlagen *f/pl*; Richtwerte *m/pl (Art)*; Zielunterlagen *f/pl (takt)*; ~**a convention** Datenkonvention *f*; Formatvereinbarung *od* ~absprache *f (EDV)*; ~**a handling system** Datenverarbeitungsanlage *f od* ~system *n (EDV)*; ~**a input-output device** *or* **unit** Daten-Eingabe-Ausgabe-Einheit *f (EDV)*; ~**a link antenna** Datentransferantenne *f (Funk)*; ~**a obtained during flight** erflogene Messwerte *m/pl*; ~**a processing** Datenverarbeitung *f (EDV)*; ~~ **machine** Datenverarbeitungsmaschine *f (EDV)*; ~**a sheet** Kennblatt *n (met)*; ~**a signalling rate** Übertragungsgeschwindigkeit *f (Fernm)*; ~**a storage** Datenspeicherung *f (E)*; ~**a transfer rate** Transfergeschwindigkeit *f (Fernm)*; ~**e limit line** Datumsgrenze *f*; ~**e-time group** Datum-Zeitgruppe *f (Flsich)*; ~**um**, *pl* **data** Ausgangswert *m*; Messwert *m*; Unterlage *f*; Angabe *f*; ~**um level** Bezugsebene *od* ~fläche *f (Kart)* ***(Def)***; ~**um performance** Bezugsleistung *f (Lfz)*; ~**um plane** Bezugsfläche *f (Kart)*; ~**um point** Datumpunkt *m (nav)* ***(Def)***.

**dawn** Morgendämmerung *f*.

**day** Tag *m*; ~ **bomber** Tagbomber *m (Flzg)*; ~**break** Tagesanbruch *m*; ~**-fighter (aircraft)** Tagjäger *m (Flzg)*; ~**-fighting** Tagjagd *f (LKr)*; ~**light** Tageslicht *n*; ~**light attack** Tagangriff *m (LKr)*; ~**light display** Tageslichtdarstellung *od* ~anzeige *f*; Hellraumsichtdarstellung *od* -anzeige *f*; ~**light interception** Tagjagd(angriff) *f (m) (LKr)*; ~**light**

**raid** Tagangriff *m (LKr)*; ~**light saving time** Sommerzeit *f*; ~**(light) vision** Tagsicht *f*; ~ **marking** Tagesmarkierung *f (Bod)*; ~ **operations** *pl* Tagesbetrieb *m (LVerk)*; ~'**s destination** Tagesziel *n (takt)*; ~'**s march** Tagesmarsch *m (takt)*; ~'**s objective** Tagesziel *n (takt)*; ~**time bombing attack** Tag(es)bombenangriff *m (LKr)*.

**dazzle** blenden *(Sonne; Scheinwerfer)*; ~-**paint** Blendschutzfarbe *f*; ~-**painting** Blendschutzanstrich *m*.

**dead** spannungslos *(el)*; ~ **calm** Flaute *f*; Windstille *f (met)*; ~ **centre** (*US* **center**) Totpunkt *m (Flmot)*; ~ **cone** Totkegel *m (über Funkfeuer)*; ~ **engine** ausgefallener *od* abgestellter Flugmotor *m*; ausgefallenes *od* abgeschaltetes Triebwerk *n (Lfz)*; ~~ **landing** Landung *f* mit nichtarbeitendem Triebwerk *(Flbetr)*; ~**head resistance** schädlicher Widerstand *m (aerodyn)*; ~**line** Meldeschlusszeit *f*; Termin *m*; ~ **load** Belastung *f* durch Eigengewicht; ~ **reckoning**, *abbr* **DR** Koppeln *n (nav)* ***(Def)***; ~-**reckoning computer** Koppelrechner *m (nav)*; ~ **reckoning navigation** Koppelnavigation f ***(Def)***; ~ **reckoning point** Koppelpunkt *m (nav)*; ~ **reckoning position** Koppel(stand)ort *m (nav)*; ~ **space** toter Winkel *m (ballist)*; gedeckter Raum *m (takt)*; ~ **stick** stehende *od* fahrtwindgetriebene Luftschraube *f* ***(Def)***; ~ **stick landing** Landung *f* mit stehendem Motor *(Flzg)*; ~ **time** Ladeverzugszeit *f (Flak)*; ~ **traffic** überholter Verkehr *m (Fernm)*; ~ **zone** Zone *f* des Schweigens *(Funk)*.

**de-aerat|e** entlüften; ~**or** Luftabscheider *m*.

**de-briefing** Flugbericht *m (LVerk)*; Flug- *od* Einsatznachbesprechung *f (mil)*.

**debris ingestion** Ansaugen *n* von Fremdkörpern *(Turbo)*.

**decalage** Schränkung *f (Tragflächen des Doppeldeckers: Flzg)* ***(Def)***; Verstellwinkel *m*.

**decametric waves** *pl* Dekameterwellen *f/pl (3–30 MHz; Funk)*.

**decarbonize** von Ölkohle befreien *(Zündkerze)*; ~**r** Ölkohleentferner *m (Zündkerze)*.

**decay** Abfallen *n (Kurve)*; Abklingen *n (Impuls)*; ~**ing oscillation** abklingende Schwingung *f*; ~ **time** Abklingdauer *od* ~zeit *f*; Ausschwingdauer *od* ~zeit *f*.

**Decca| chain** Decca-Kette *f (nav)*; ~ **flight log** Decca-Flugwegschreiber *m (nav)*.

**decelerat|e** verlangsamen; verzögern; ~**ion** Abnehmen *n (Geschwindigkeit)*; negative Beschleunigung *f*; Verzögerung *f (einer Bewegung)*; ~~ **manoeuvre** Brems(ungs)-manöver *n*; ~~ **test** Verzögerungs- *od* Bremstest *m*; ~~ **time** Bremsdauer *od* ~zeit *f*.

**decelerometer** (Brems-)Verzögerungsmesser *m (Instr)*.

**de-centring** Mittenverschiebung *f*; Bildzentrierung *f (Radar)*.

**decibel** Phon *n*; Dezibel *n (Lautstärkemessung)*.

**decide** entscheiden; bestimmen.

**decim|al** Dezimal-; Dezimalstelle *f*; ~**al fraction** Dezimalbruch *m*; ~**al target** Zehnerringscheibe *f (mil)*; ~**eter apparatus** Dezimetergerät *n (Funk)*; ~**eter wave (-length)** Dezimeterwelle *f (300–3000 MHz)*; Funk); ~**etric landing system** Dezimeter-Landeanlage *f*.

**decipher** entschlüsseln; entziffern; dechiffrieren.

**decisi|on** Entscheidung *f*; Entschluss *m (takt)*; ~**on height** Entscheidungshöhe *f (Flbetr)* ***(Def)***; ~**on speed** Entscheidungsgeschwindigkeit *f (Flbetr)*; ~**ve battle** Entscheidungskampf ***m (takt)***.

**deck| landing** Trägerlandung *f (Flzg)*; ~-**landing aircraft** Decklandeflugzeug *n*; Trägerflugzeug *n*; ~-**landing projection sight** Decklande-Spiegelvisier *n (Flzg-Träger)* ***(Def)***.

**declaration** Erklärung *f*; Deklaration *f (Zoll)*; ~ **of health** Gesundheitserklärung *f*.

**declination** Deklination *f (eines Gestirns: nav)* Kompass- *od* Ortsmissweisung *f*; Abweichung *f (nav)* ***(Def)***; ~ **chart** Deklinationskarte *f*; ~ **needle** Deklinationsnadel *f (Kompass)*.

**declutch** auskuppeln.

**decocoon** entmotten *(Flzg usw)*; ~**ing** Entmotten *n*.

**decode** entschlüsseln; entziffern; dechiffrieren; ~**r** Entzifferer *m*; Dekodiergerät *n*; Dekod(ier)er *m (Fernm)*.

**decoding** Entschlüsselung *f (Fernm)*.

**decometer** Decometer *n (Decca-Phasenmessinstrument: nav)*.

**decompression** Druckverlust *m (Druckkabine: Lfz)*; **explosive** ~ explosive Dekompression *f (Flmed)*; ~ **(relief) lever** Dekompressionshebel *m (Flmot)*; ~ **sickness** Druck(ab)fallkrankheit *f (Flmed)* ***(Def)***.

**decoration** Orden *m*; Ehrenzeichen *n*; Auszeichnung *f (mil)*.

**decoy| airfield** Scheinflugplatz *m (LKr)*; ~ **set** Funktäuschungsgerät *n (Funk)*.

**decrease** Abnahme *f*; abnehmen *(Geschwindigkeit usw)*; ~**d thrust** reduzierter *od* verringerter Schub *m*; Teillast *f (Turbo)*; ~ **in volume** Lautstärkeabnahme *f*; Volumenabnahme *f (Funk)*; ~ **of humidity** Feuchtigkeitsabnahme *f (met)*; ~ **of lift** Auftriebsverminderung *f (aerodyn)*; ~ **of pressure** Druckabnahme *f*; Druckabfall *m (met)*; ~ **of temperature** Temperaturabnahme *f*; Temperaturabfall *m (met)*.

**decrement** Dekrement *n*; *(kleine)* Abnahme *f*.

**deep|ening** Vertiefung *f (eines Drucksystems: met)*; ~**est penetration** größte Eindringtiefe *f (eines Einfluges: LKr)*; ~ **stall** weitüberzogener Flugzustand *m*; starkes Überziehen *n (Flbetr)*.

**deer-skin rag** Rehlederlappen *m (Kraftstofffilter)*.

**defect** Fehler *m*; ~**ive** schadhaft; ~ **of vision** Sehfehler *m*.

**defence** (*US* **defense**) Abwehr *f*; Verteidigung *f*; ~ **area** Verteidigungsraum *m (takt)*; ~ **committee** *(US)* Wehrausschuss *m*; **department of** ~, *abbr* **DOD** Verteidigungsministerium *n (US)*; **internal** ~ bodenständige Verteidigung *f (mil)*; ~ **means** *pl* Abwehrmittel *n/pl*; **ministry of** ~, *abbr* **MOD** Verteidigungsministerium *n (E)*; ~ **position** Verteidigungsstellung *f (takt)*; ~ **sector** Verteidigungsabschnitt *m (takt)*.

**defen|ded objective** Schutzobjekt *n (takt)*; ~**sive agent** Abwehrmittel *n*; ~**sive armament** Abwehrbewaffnung *f*; ~**sive combat** Abwehrkampf *m (takt)*; ~**sive fighter**

Abwehrjäger *m (LKr)*; ~**sive forces** *pl* Abwehrstreitkräfte *f/pl (mil)*; ~**sive movement** Abwehrbewegung *f (takt)*; ~**sive patrol** Sperrefliegen *n (LKr)*; ~**sive preparedness** Abwehrbereitschaft *f (mil)*; ~**sive results** *pl* Abwehrergebnis *n (takt)*; ~**sive stand-by** Abwehrbereitschaft *f*; ~**sive success** Abwehrerfolg *m (takt)*; ~**sive weapon** Abwehrwaffe *f*; ~**sive zone** Verteidigungszone *f (takt)*.

**defense** *vergl* **defence**.

**deficiency of air** Luftmangel *m*.

**definition** Begriffsbestimmung *f*.

**deflagrate** abbrennen; deflagrieren *(Treibstoff)*.

**deflate** entleeren; abblasen *(Ball)*.

**deflect** ausschlagen *(Steuerruder)*; ablenken *(Radar)*; durchbiegen *(Bauteil)*; ~**ed-jet aeroplane** Flugzeug *n* mit schwenkbarem Schubvektor; ~**ing force** Ablenk- *od* Umlenkkraft *f*; ~**ion** Ausschlag *m (Steuerruder)*; Ablenkung *f (Radar)*; Kompassablenkung *f*; Durchbiegung *f (Bauteil)*; ~**ion field** Ablenkfeld *n (Radar)*; ~**ion measurement** Durchbiegungsmessung *f*; ~**ion (of a projectile)** Abweichung *f (ballist)*; ~**ion of control surfaces** Ruderausschlag *m (Flzg)*; ~**ion of pointer** Zeigerausschlag *m*; ~**ion of spar** Holmdurchbiegung *f (Flzg)*; ~**ion of the control-stick** Knüppelausschlag *m (Flzg)*; ~**ion setting** Klappenstellung *f*; Klappenausschlag *m (Landeklappen)*; ~**or** Deflektor *m*; Ablenkplatte *f*; ~~ **baffle** Prallwand *f*; Ablenkblech *n*; Deflektor *m*; ~~ **nozzle** Schwenkdüse *f (Turbo)*.

**defocusing** Streuung *f (Überschallknall)*.

**defogging** Entnebelung *f*.

**deformation** Formänderung *f (stat)*; Verformung *f*; ~ **force** Verformungs- *od* Formänderungs- *od* Umformkraft *f*.

**defruiter** Störunterdrücker *m (Fernm)*.

**defroster** (Auftau-)Heizvorrichtung *f*.

**defuelling** (*US* **defueling**) Enttanken *n (Lfz)*; ~ **point** Kraftstoffablass *m (Flzg)*.

**de-garbling** Entwirrung *f (Funk)*.

**de-gaussing** Entmagnetisierung *f (nav)*.

**degeneracy** Entartung f; ~ *or* **degeneration temperature** Entartungstemperatur *f*.

**degree** Grad *m*; ~ **of bank** Querneigungsgrad *m (Flzg)*; ~ **of cloudiness** Bewölkungsgrad *m (met)*; ~ **of freedom** Freiheits- *od* Freigängigkeitsgrad *m*; ~ **of latitude** Breitengrad *m*; ~ **of longitude** Längengrad *m*; ~ **of rotational freedom** Rotationsfreiheitsgrad *m*; ~ **of saturation** Sättigungsgrad *m*; ~ **of standardized test distoration** Verzerrungen *f/pl od* Verzerrungsgrad *m* bei genormten Prüfbedingungen *(Fernm)* ***(Def)***; ~ **of viscosity** Zähigkeits- *od* Viskositätsgrad *m*; ~**s Celsius**, *abbr* **°C** Celsiusgrade *m/pl (met)*; ~**s Fahrenheit**, *abbr* **°F** Fahrenheitgrade *m/pl (met)*.

**de-ice** enteisen; ~**r** Enteisungsvorrichtung *f (Flzg)*; Enteisungsgerät *n (Flzg)*; Enteiser *m (Flzg)*; ~**r boot** Gummischlauchenteiser *m*; Tragflügel-Enteisungsvorrichtung *f*; Enteiserschlauch *m (Flzg)* ***(Def)***; ~**r of carburettor** (*US* **carburetor**) Vergaserenteisungsvorrichtung; ~**r system** Enteisungsanlage *f (Flzg)*.

**de-icing** Enteisung *f (Flzg)* ***(Def)***; ~ **equipment** Enteisungsausrüstung *f (Flzg)*; ~ **fluid** Enteisungsflüssigkeit *f (Flzg)*; ~ **of airscrews** Luftschraubenenteisung *f (Flzg)*.

**de-ionization** De- *od* Entionisierung *f*; ~ **grid** *or* **screen** De- *od* Entionisierungsgitter *n*.

**dejammed** entstört *(Funk)*.

**delamination** Ablösung *f* einer Schicht *(Verbundstoff)*.

**delay** Verzögerung *f*; Verzug *m*; Aufschub *m*; hinhalten *(takt)*; ~**ed-action fuse** *or* **fuze** Verzögerungszünder *m (Bombe)*; ~**ed drop** *or* **jump** Absprung *m* (mit verzögerter Öffnung des Fallschirmes) ***(Def)***; ~**ed ignition** Spätzündung *f (Flmot)*; ~**ed opening** verzögerte Öffnung *f (Fallsch)* ***(Def)***; ~**ing action** hinhaltendes Gefecht *n (takt)*; ~**ing defence** (*US* **defense**) hinhaltende Verteidigung *f*; ~**ing resistance** hinhaltender Widerstand *m (takt)*; ~ **message** Verspätungsmeldung *f (Fernm)*; ~ **of time** Zeitverlust *m*; ~ **switch** Verzögerungsschalter *m (el)*; ~ **time** Verzugszeit *f*, *abbr* VZ *(Bombenzünder)*.

**delivery** Zustellung *f (Fernm)*; ~ **bill** Übergabeverzeichnis *n od* ~nachweis *m*; ~ **container** Abwurfbehälter *m*; ~ **flight** Auslieferungsflug *m (vom Werk zum Halter)*; ~ **line** Druckleitung *f (Flmot)*; ~ **of a message** Zustellung *f* einer Meldung; ~ **pipe** Druckleitung *f (Flmot)*; ~ **pressure** Förderdruck *m (Kraftstoff usw)*.

**delous|e** entlausen; ~**ing station** Entlausungsanstalt *f*.

**delta| connection** Dreieckschaltung *f (el)*; ~**-three angle** Delta-drei-Winkel *m (Heli)* ***(Def)***; ~ **wing** Dreiecks- *od* Deltaflügel *m (Flzg)* ***(Def)***.

**demagnetiz|ation** Entmagnetisierung *f*; ~**e** entmagnetisieren.

**demand oxygen system** lungenautomatische Sauerstoffanlage *f (Flmod, Lfz)* ***(Def)***.

**demobiliz|ation** Demobilmachung *f (mil)*; ~**ation centre** (*US* **center**) Entlassungsstelle *f (mil)*; ~**e**, *sl* **demob** demobilmachen; entlassen *(mil)*.

**demod|ing** Demodulieren *n*; Demodulierung *f (Funk)*; ~**ing circuit** Demodulationskreis *m (Funk)*; ~**ulation** Demodulation *f (Funk)*; ~**ulator** Demodulator *m (Funk)*.

**demoli|sh** sprengen; abreißen; vernichten; ~**tion** Sprengung *f*, Zerstörung *f*, Vernichtung *f*; ~**tion bomb** Sprengbombe *f (LKr)*; ~**tion party** Sprengkommando *n (Pioniere)*.

**demonstration| chart** Unterrichtstafel *f*; ~ **flight** Schau- *od* Vorführungsflug *m*; ~ **material** Anschauungsmaterial *n*.

**demoraliz|ation** Demoralisierung *f*; ~**e** demoralisieren.

**demot|e** degradieren *(mil)*; ~**ion** Dienstgradherabsetzung *f*; Degradation *f*; Degradierung *f (mil)*.

**demothball** entmotten *(Flzg usw)*.

**densi|meter** Dichtemesser *m (met)*; ~**ty** Dichte *f*; ~**ty altitude** Luftdichtenhöhe *f (met)* ***(Def)***; ~**ty discontinuity** Dichtesprung *m od* ~diskontinuität *f (met)*; ~**ty gradient** Dichtegradient *m (met)*; ~**ty of gas** Gasdichte *f*; ~**ty ratio** Dichte- *od* Luftdichtenverhältnis *n*.

**dent** Einbuchtung *f (takt)*; ~**ing stress** Beulspannung *f*; ~**s** *(in the glide path)* Einsattelungen *f/pl (im Gleitweg)*.

**Dep control** Knüppelsteuerung *f (Flzg) (Def).*

**depart** abfliegen; aufbrechen; ~**ure** Abflug *m;* Aufbruch *m;* Breitenentfernung *f (geogr. Breite);* Abweitung *f (nav) (Def);* ~**ure corridor** Abflug- *od* Ausflugschneise *f (Flsich);* ~**ure hall** Abflughalle *f (Flughafen);* ~**ure instructions** *pl* Abfluganweisungen *f/pl (Flsich);* ~**ure message** Start- *od* Abflugmeldung *f (Flsich);* ~**ure point** Abflugpunkt *od* ~ort *m (Flbetr) (Def);* ~**ure route** Abflugweg *m* od ~strecke *f (Flsich);* ~**ure routing** Abflugstreckenführung *f (Flsich);* ~**ure runway** Abflug- *od* Startpiste *f (Flbetr);* ~**ure sequence** Abflugfolge *f (Flsich);* ~**ure slot** Abflugraster *od* ~slot *m (Flsich);* ~**ure time** Abflug- *od* Startzeit *f (Flbetr) (Def):*

**dependent meteorological office** (Hilfs-)Flugwetterwarte *f.*

**deplan|e** *(aus Flzg)* aussteigen; entladen *(Flzg);* ~**ing** Aussteigen *n (aus Flzg);* Entladen *n (Flzg).*

**deploy** ausschwärmen; entwickeln *(takt);* dislozieren *(mil);* ~**ment** Entwicklung *f (takt);* Dislozierung *f (mil);* Entfaltung *f (Fallschirm) (Def);* ~**ment zone** Aufmarschgebiet *n (takt).*

**deposit**, *conducting ~s pl* stromleitende Ablagerungen *f/pl (in der Zündkerze).*

**depot** Park *m (mil);* Lager *n;* Zeugamt *n;* Depot *n;* ~ **maintenance** Depotinstandsetzung(sdienst) *f(m) (LW-Logistik);* ~ **ship** Mutterschiff *n;* schwimmender Stützpunkt *m.*

**depression** Depression *f (met);* Tief(druckgebiet) *n (met) (Def);* ~ **box** Unterdruckkammer *f;* **secondary** ~ Tiefdruckausläufer *m (met).*

**depressurize** Druck ablassen *(Druckkabine).*

**depth** Tiefe *f (takt);* ~ **bomb** Wasserbombe *f;* ~ **charge** Wasserbombe *f;* ~-**echeloned** tiefengestaffelt *(takt);* ~ **line** Tiefenlinie *f;* Isobathe *f (Kart);* ~ **of aileron** Querrudertiefe *f (Flzg);* ~ **of modulation** Modulationsgrad *m (Funk);* ~ **of penetration** Eindringetiefe *f (takt);* ~ **of profile** Profil- *od* Flügeltiefe *f (Flzg);* ~ **perception** räumliches Sehvermögen *n;* ~-**perception test** Eignungsprüfung *f* auf räumliches Sehvermögen.

**deputy** Stellvertreter *m;* stellvertretender Führer *m (mil).*

**deprivative** Derivierte *f;* Ableitung *f;* ~ **(measuring) balance** Waage *f* zur Bestimmung der Ableitungen.

**descend** niedergehen *(Flzg);* Höhe aufgeben *(Flzg); (by parachute)* abspringen *(aus Flzg mit Fallschirm);* absteigen *(Luftströmung: met);* ~**ing branch** *(of trajectory)* absteigender Ast *m (ballist);* ~**ing current** Abwind *m (met).*

**descent** Sinkflug *m (Flzg);* Höhenaufgabe *f (Flzg); (by parachute)* Fallschirmabsprung *m;* ~ **in autorotation** Autorotationssinkflug *m (Heli);* ~ **path** *(ILS: Flsich)* Sinkflugweg *m;* ~ **path angle** *(ILS: Flsich)* Sinkflugwinkel *m;* ~ **path error** *(ILS: Flsich)* Sinkflugabweichung *f;* ~ **stage** Sinkflugstufe *f od* ~abschnitt *m (Flbetr);* ~-**through-cloud** Durchstoßen *n;* (Wolken-)- Durchstoßverfahren *n (Flsich).*

**describe a curve** eine Kurve fliegen.

**desert** desertieren; fahnenflüchtig werden *(mil);* ~**ion** Fahnenflucht *f (mil).*

**design** entwerfen; konstruieren; Konstruktion *f;* Bauart *f;* Entwurf *m;* ~ **airspeed** Bemessungsfluggeschwindigkeit *f (Konstr);* ~ **and construction** Gestaltung *f* und Bauausführung *f (Flzg-Bau);* ~**ated airline** bezeichnetes *od* namhaft gemachtes Fluglinienunternehmen *n;* ~**ated aviation medical examiner** amtlich anerkannter Fliegerarzt *m (Flmed, ICAO);* ~**ated fire zone** bezeichnete Feuergefahrenzone *f;* brandgefährdete Zone *f (Bod);* ~**ated operational coverage** festgelegte Überdeckung *f (Radar);* ~**ated operational height** festgelegte Betriebshöhe *f (Radar);* ~**ated operational range** festgelegte Betriebsreichweite *f (Radar);* ~**ated station** festgelegter Mittelpunkt *m (Flsich) (Def);* ~**ation** Bezeichnung *f;* ~ **basic requirements** *pl* grundlegende Bauanforderungen *f/pl;* ~ **ceiling** Bemessungs- *od* Entwurfs- *od* Sollgipfelhöhe *f (Lfz);* ~ **criterion** Bemessungs- *od* Auslegungs- *od* Entwurfskriterium *n;* ~ **cruising speed** ($V_C$) Rechnungs- *od* Bemessungsreisegeschwindigkeit *f;* ~ **data** *pl* Bemessungs- *od* Auslegungs- *od* Entwurfs- *od* Projektdaten *pl;* ~ **diving speed** ($V_D$) Bemessungsstech- *od* ~sturzfluggeschwindigkeit *f (Flzg);* ~ **effect** Formeinfluss *m;* ~ **engineer** Konstrukteur *m;* ~**er** Konstrukteur *m;* ~ **features** *pl* Bau- *od* Gestaltungs- *od* Konstruktionsmerkmale *n/pl;* ~ **flap speed** ($V_F$) Bemessungsgeschwindigkeit *f* mit ausgefahrenen Flügelklappen *(Flzg);* ~ **formula** Bauformel *f;* ~ **gross weight** Bemessungsgrundmasse *f (Konstr) (Def);* ~ **landing weight** Bemessungslandemasse *f (Lfz) (Def);* ~ **Mach number** Rechnungs- *od* Nenn- *od* Auslegungs-Mach-Zahl *f;* ~ **manoeuvring speed** Rechnungs- *od* Bemessungsgeschwindigkeit *f* für Ruderbetätigung; ~ **maximum weight** Bemessungshöchstmasse *f (Lfz) (Def);* ~ **minimum weight** Bemessungskleinstmasse *f (Lfz);* ~ **parameter** konstruktiver *od* Rechnungs- *od* Bemessungsparameter *m (Konstr);* ~ **reliability** Konstruktions- *od* Struktursicherheit *f;* ~ **rough airspeed** Bemessungsgeschwindigkeit *f* für böige Luft *(Lfz);* ~ **speed for maximum gust intensity** Rechnungs- *od* Bemessungsgeschwindigkeit *f* für höchste Böenwirkung *od* ~stärke; ~ **take-off weight** Bemessungsstartmasse *f (Lfz) (Def);* ~ **taxying weight** Bemessungsrollmasse *f (Lfz) (Def);* ~ **wheel load** Bemessungsradlast *f (Flzg);* ~ **wing area** Bemessungs- *od* Bezugsflügelfläche *f (Flzg) (Def).*

**desired| position** Soll-Lage *f;* ~ **value** Sollwert *m.*

**desized wing shape** vorgegebener Flügelgrundriss *m (Konstr).*

**despatcher** Absetzer *m (Fallsch) (Def).*

**destabiliz|ation** Destabilisierung *f (Stab);* ~**ing moment** auslenkendes *od* destabilisierendes Moment *n (Stab).*

**destination** Ziel *n;* Bestimmungs- *od* Zielort *m (nav);* ~ **bearing** Zielpeilung *f (nav);* ~ **board** *or* **panel** *or* **sign** Wegweiser *m.*

**destroy** zerstören; vernichten; ~ *by attrition* aufreiben *(den Feind: mil);* ~**er** Zerstörer *m (Flzg & Schiff).*

**destruct|ion** Vernichtung *f;* Zerstörung *f;* ~**ion fire** Vernichtungsfeuer *n (Art);* ~**ion mechanics** Bruchmechanik *f;* ~**ive fire** Vernichtungsfeuer *n (Art);* ~**ivity** Zerstörungswirkung *f.*

**detach** (ab)kommandieren *(mil);* ~**able** abnehmbar; abschraubbar *(Flzg-Teil);* ~**able landing-gear** abwerfbares Fahrwerk *n (Segel-Flzg usw);* ~**able wing** abnehmbare Tragfläche *f (Flzg);* ~**ed shock wave** nichtanliegende Stoßwelle *f (aerodyn);* ~**ment** Trupp *m;* Kommando *n (Einheit: mil); (of the airflow)* Ablösung *f (Luftströmung).*

**detail** (ab)kommandieren *(mil);* Trupp *m;* Kommando *n (Einheit: mil);* Dienst *m (mil);* ~**ed** kommandiert *(mil).*

**detect** auffassen; erfassen *(Radar)*; entdecken; ~**ion** Erfassung *f*; Auffassung *f (Radar)*; Entdeckung *f*; ~**or** Detektor *m*.

**detention** Arrest *m*; Haft *f*; ~ **of pay** Soldeinbehaltung *f (mil)*; ~ **room** Arrestlokal *n*.

**determin|ation** Entschließung *f*; Bestimmung *f*; ~**ation of density** Dichtebestimmung *f*; ~**ation of deviation** Deviationsbestimmung *f (Kompass)*; ~**ation of distance** Abstandsbestimmung *f (nav)*; ~**ation of position** Standortbestimmung *f (nav)*; ~**ation of sense** Seitenbestimmung *f (Funknav)*; ~**e** bestimmen; entscheiden.

**deterioration** *(of weather)* (Wetter-) Verschlechterung *f*.

**deterrent fire** Störungsfeuer *n (Art)*.

**detonat|e** detonieren; zünden *(Sprengladung)*; knallen *(Flmot)*; ~**ing characteristics** Klopfeigenschaft *f (Kraftstoff)*; ~**ing fuse** *or* **fuze** Sprengzünder *m*; ~**ion** Detonation *f*; Knallen *n (Flmot)*; Klopfen *n (Flmot)*; ~**ion gas** Knallgas *n*; ~**ion pressure** Detonationsdruck *m*; ~**ion shock** Detonationsstoß m; ~**ion test** Prüfung *f* des Klopfverhaltens *(Flmot)*; ~**ion wave** Detonationswelle *f*; Verdichtungswelle *f (ballist)*; ~**or** Sprengkapsel *f*.

**detour** Umweg *m*.

**DETRESFA** *(Kennwort für)* Alarmstufe 3 *od* Notstufe *f (Flsich) (Def)*.

**detune** verstimmen *(Funk)*; ~**r** Schalldämpfer *m*; Verstimmer *m (Funk)*.

**develop** entfalten *(takt)*; entwickeln *(LPhot)*; ~**ed parachute** gefüllter Fallschirm *m*; ~**ing liquid** Entwickler(lösung) *m (f) (LPhot)*; ~**ment** Entfaltung *f (takt)*; Füllung *f (Fallschirm)* ***(Def)***; ~**ment flying** Entwicklungsfliegen *n*; ~**ment from march column** Entfaltung *f* aus dem Marsch *(takt)*.

**deviat|e** abkommen *(Flzg vom Kurs)*; abweichen *(Kompassnadel)*; ablenken *(Kompassnadel)*; ~**ion** Versetzung *f (Flzg vom Kurs)*; Deviation *f (Kompass)*; Ablenkung *f (Kompass)*; Abweichung *f (Kompass)*; Fehlweisung *f (Kompass)*; ~**ion card** Deviationstabelle *f (Kompass)*; ~**ion clock** Kompensierscheibe *f (Kompasskompensierung)*; ~**ion curve** Funkbeschickungskurve *f*; ~**ion figure** Deviationswert *m*; Ablenkungsgröße *f (Kompass)*; ~**ion sensitivity** Anzeigeempfindlichkeit *f (ILS)*; ~**ion table** Deviationstabelle *f (Kompass)*.

**device** Vorrichtung *f*; Bauteil *m & n*; Gerät *n*; ~ **error** Geräte- *od* Apparatefehler *m*.

**dew** Tau *m (met)*; betauen *(met)*; ~ **point** Taupunkt *m (met)* ***(Def)***.

**DF = direction finding** *(in Zusammensetzungen)* Peil-.

**diagonal** schräg; querlaufend; Schräglinie *f*; ~ **bracing** Kreuzverspannung *f*; Innenauskreuzung *f (Tragfläche usw)*; ~ **bracing wires** *pl* Diagonalseilverspannung *f (Tragfläche)*; ~ **member** Fachwerkstrebe *f (Flzg)*; Diagonalstab *m*; ~ **stiffness** Diagonalsteifigkeit *od* -steifheit *f (Konstr)*; ~ **strut** Diagonalstrebe *f (Flzg)*; ~ **tie** Diagonalverband *m (Flzg)*; ~ **web members** *pl* Diagonalversteifung *f (Flzg)*; ~ **wire bracing** Diagonalseilverspannung *f (Tragfläche)*.

**diagram** Diagramm *n*; Schaubild *n*; schematische Darstellung *f*; Schema *n*; ~**matic sketch** Prinzipskizze *f*; ~ **of connections** Schaltskizze *f (el)*; **wiring** ~ Verdrahtungsplan *m (el)*.

**dial** Wählscheibe *f (Tel)*; Zifferblatt *n (Instrument)*; wählen; Wählscheibe drehen *(Tel)*; ~ **graduation** Skaleneinteilung *f*; ~ **lighting** Skalenbeleuchtung *f (Instr)*; ~ **plate** Wählscheibe *f (Tel)*; Skalenscheibe *f (Funk)*; ~ **system** Wählbetrieb *m (Tel)*; ~ **tone** Freizeichen *n*; Amtszeichen *n (Tel)*.

**diamet|er** Durchmesser *m*; Luftschraubendurchmesser *m* ***(Def)***; Querdurchschnitt *m*; ~**er of jet mouth** Düsenmündungsdurchmesser *m (Turbo)*; ~**rical clearance** Radialspiel *n*.

**diamond -shaped antenna** Rhombusantenne *f (Funk)*.

**diaphragm** Membran *f*; Zwischenwand *f (Lfz l)* ***(Def)***; Blende *f (LPhot)*; ~ **capsule** Membrandose *f*; ~ **chamber** Dosenkammer *f*; ~ **fuel pump** Membrankraftstoffpumpe *f*; ~ **pump** Membranpumpe *f*; ~ **setting** Blendeneinstellung *f (LPhot)*; ~ **statoscope** Dosenstatoskop *n*.

**diapositive** Diapositiv *n*, *abbr* Dia; ~ **film** Umkehrfilm *m*.

**dicing** *sl (US)* Luftbildaufnahmen *f/pl* aus dem Tiefstflug (machen) *(LPhot)*.

**dickey, second** ~ *sl* 2. Flugzeugführer *m*.

**dielectric strength** Isolationsstärke *f*; Durchschlagfestigkeit *f (el)*.

**diergol| engine** Zweistoff- *od* Diergoltriebwerk *n (Rak)*; ~ **propellant** Zweikomponententreibstoff *m (Rak)*.

**Diesel| (engine)** Dieselmotor *m*; ~ **(fuel)** Dieselkraftstoff *m*; ~ **oil** Dieselöl *n*; ~**-type aircraft engine** Schwerölflugmotor *m*.

**difference| in depth of modulation** Differenz *f* der Modulationsgrade *(ILS)* ***(Def)***; ~ **in latitude** Breitenunterschied *m*; ~ **in longitude** Längenunterschied *m*; ~ **of opinion** Meinungsverschiedenheit *f*; ~ **value**, *abbr* **D-value** Differenzwert, *abbr* D-Wert *m (Instr)* ***(Def)***.

**differential| aberration** differentielle Aberration *od* Abweichung *f*; ~ **aileron** Differentialquerruder *n (Flzg)*; ~ **brake** Differentialbremse *f*; ~ **control** Differentialsteuerung *f*; ~ **control valve** Differentialventil *n (Hydr)* ***(Def)***; ~ **drive** Differentialantrieb *m*; ~ **gear** Differential- *od* Ausgleichsgetriebe *n (Flmot)*; ~ **parachute** Differentialfallschirm *m*; ~ **turbine** gegenläufige Turbine *f*.

**differentiating circuit** Differenzier- *od* Enttrübungskries *m (Radar)*.

**diffus|e nebula** diffuser Nebel *m (met)*; ~**e radiation** diffuse *od* Streustrahlung *f*; ~**e (sound) field** diffuses Schallfeld *n*; ~**er** Lade(r)leitrad *n (Flmot)*; Diffusor *m (aerodyn)* ***(Def)***; ~**er cone-angle** Diffusorwinkel *m (aerodyn)* ***(Def)***; ~**er cow(ing)** Diffusormantel *m od* ~gehäuse *n*; ~**er vane** Diffusorleitschaufel *f (Lader; Turbo)*; ~**ing vane** Diffusorleitschaufel *f*; ~**ion** Diffusion *f (Lfz l)* ***(Def)***; Spannungsverlauf *m (Konstr)* ***(Def)***; ~**ion vane** Diffusorleitschaufel; ~**ivity** Diffusionsgrad *m*.

**dig in** eingraben; schanzen *(takt)*.

**digital| autopilot system** digitales Autopilotensystem *n (Lfz)*; ~ **control system** digitales Regel(ungs)- *od* Steuer(ungs)system n; ~ **(electronic) computer** (elektronischer) Digitalrechner; ~ **fighter control** digitale Leitung *f* eines Jagdflugzeugs *(LKr)*; ~ **presentation** Digitaldarstellung *f*.

**dilhedral** zweiseitig; V-Form *f*; V-Stellung *f (der Tragflächen) (Def)*; ~ **angles** *pl* Öffnungswinkel *m/pl (Flzg-Positionslampen) (Def)*.

**dilat|able balloon** Dehnungsballon *m (Lfz l) (Def)*; ~**ation** Ausdehnung *f*; ~**ational strain** Volumendilation *f*; räumliche Dehnung *f*; ~**ion** Ausdehnung *f*.

**dim** abblenden *(Scheinwerfer)*; ~**ension** Ausmaß *n*; Abmessung *f*; ~**esional unit** Maßeinheit *f*; ~**-light** Abblendlicht *n (Kfz)*; ~**med** abgeblendet; ~**med light** Abblendlicht *n (Kfz)*; ~**mer** Abblend- *od* Helligkeitsregler m; Dimmer *m (el)*; ~**out light** Abblendlicht *n (Kfz)*.

**diminution** Sinken n; Absinken *n;* Abklingen *n*.

**dinghy** Dingi *n*; Schlauchboot *n*.

**dining|-hall** Speisesaal *m*; ~**-room** Speiseraum *m*.

**diode mixer** Diodenmischer *m (el)*.

**diopter** Diopter *n (LPhot)*.

**dip** Inklination(swinkel) *f (m) (Kompass)*; Kimmtiefe *f*; ~**lex** *vgl* **duplex**; ~ **lubrication** Tauchschmierung *f (Flmot usw)*; ~**ole** Dipol *m (Funk)*; ~**ole antenna** Dipol- *od* Stabantenne *f (Funk)*; ~**ping needle** Inklinationsnadel *f (Kompass)*; ~**ping tendency** *(of the needle)* Kippbestreben *n (der Kompassnadel)*; ~**stick** Peilstab *m*; ~**stick reading** Peilstabablesung *f (Kraftstoffvorrat usw)*.

**diplomatic| bag** Kuriersack *m (LVerk)*; ~ **clearance** diplomatische Freigabe *f (von Flügen ins Ausland)*.

**direct| access (to)** unmittelbares Vortragsrecht *n* (bei); ~ **approach** Direktanflug *m (Flsich)*; ~ **current**, *abbr* **DC** Gleichstrom *m (el)*; ~**-current motor**; *abbr* **DC motor** Gleichstrommotor *m (el)*; ~**-drive propeller** Propeller *m* mit Direktantrieb; ~ **drive supercharger** Getriebelader *m (Flmot)*; ~ **flight** durchgehender Flug *m (LVerk)*; ~ **flow** Direktstrom *m (aerodyn)*; ~ **hit** direkter *od* Volltreffer *m*; ~**ing force** Richtkraft *f (Kompass)*; ~ **injection** Direkteinsprizung *f (Flmot)*; ~**-injection pump** Zylindereinspritzpumpe *f (Flmot) (Def)*.

**direction** Richtung *f*; Richtlinie *f;* Anordnung *f*; ~**al aerial** *or* **antenna** Richtantenne *f (Funk)*; ~**al beam** Richtstrahl *m (Funk)*; ~**al control** Richtungskontrolle *f (Kurssteuerung)*; ~**al controls** Seitensteuerung *f*; Seitenruder *n (Flzg)*; ~**al controllability** Seitensteuerbarkeit *f*; Steuerbarkeit *f* um die Hochachse *(Flzg)*; ~**al coupler** Richtkoppler *m*; ~**al error** Richtungsfehler *m (ILS)*; ~**al force** Richtkraft *f (Kompass)*; ~**al gyro** Kurkreisel *m (Def)*; Richtkreisel *m (Kurssteuerung)*; ~**al instability** Seiten- *od* Gierinstabilität *f*; Instabilität *f* um die Hochachse *(Flzg) (Def)*; ~**al localizer** gerichteter Landekurssender *m (Funk)*; ~**al loop (antenna)** Peilrahmen *m (Funk)*; ~**al microphone** Richtmikrophon *n*; ~**al radio beacon** Richtfunkfeuer *n*; ~**al reception** Richtempfang *m (Funk)*; ~**al stability** Seiten- *od* Richtungs- *od* Kursstabilität *f (Flzg) (Def)*; ~**al transmitter** Peilsender *m (Funk)*; ~**al trim** Seitentrimmung *f (Flzg)*; ~ **centre** (*US* **center**) Leitstand *m (takt)*; ~ **finder**, *abbr* **DF** (Funk-)Peilgerät *n (Funk)*; ~**-finder approach procedure** Peilanflugverfahren *n (Funknav)*; ~**-finder deviation** Funkablenkung *f*; ~**-finding**, *abbr* **DF** (Funk-)Peilung *f*; Peilwesen *n*; ~**-finding antenna** Peilantenne *f (Funk)*; ~**-finding equipment** Peilgerät n; Peilausrüstung *f (Funk)*; *airborne DF equipment* Bordpeilgerät *n*; ~**-finding from ground station** Fremdpeilung *f (nav)*; ~**-finding installation** Peilanlage *f (Funk)*; ~**-finding loop** Peilrahmen *m (Funk)*; ~**-finding on board** Eigenpeilung *f (Flzg)*; ~**-finding operator** Peilfunker *m*; ~**-finding range** Peilreichweite *f*; ~**-finding receiver** Peilempfänger *m (Funk)*; ~**-finding revolving (loop) aerial** Peildrehrahmen *m (Funk)*; ~**-finding signal** Peilzeichen *n (Funk)*; ~**-finding station** (Funk-)Peilstelle *f*; ~**-finding substation** Peilnebenstelle *f (Funk)*; ~ **indicator** Kurs(an)-zeiger *m (Kurssteuerung) (Def)*; ~ **of air-flow** Anströmrichtung *f*; Anblasrichtung *f (aerodyn)*; ~ **of approach** Anflugrichtung *f*; ~ **of azimuth** Azimutrichtung *f*; ~ **of beam** Abstrahlrichtung *f (Radar)*; ~ **of drive** Antriebsrichtung *f*; ~ **of flight** Flugrichtung *f*; ~ **of motion** Marsch- *od* Bewegungsrichtung *f*; ~ **of relative wind** Flugwindrichtung *f*; ~ **of rotation** Drehsinn *m (Luftschraube usw)*; ~ **of swell** Richtung *f* der Dünung; ~ **of the depression** Depressionsrichtung *f (met)*.

**direct|ive** Weisung *f (mil)*; ~**ive force** Richtkraft *f (Kompass)*; ~**ivity** Bündelung *f (Radar)*; ~**ivity diagram** *(of an antenna)* Richtcharakteristik *f (einer Antenne)*; ~ **lift** Direktauftrieb *m (Heli)*; ~~ **control** direkte Auftriebssteuerung *f*; ~~ **engine** Hubtriebwerk *n (Senkrechtstarter)*, ~**ly-operated control surfaces** pl direkt betätigte Ruder *n/pl (Flzg)*; ~**or** Richtkreis *m (Art)*; Kommandogerät *n (Flak)*; Direktor *m (in parasitären Richtantennen: Funk)*; ~**or (of an office)** Amtschef *m (mil)*; ~ **pressure** Nachdrängen *n (takt)*; ~**-reading compass** Nah(ablese)-kompass *m*; ~**-reading indicator** Direktanzeigegerät *n*; ~**-reading tachometer** Nahdrehzahlmesser *m (Flmot)*; ~**-revolution counter** Nahdrehzahlmesser *m (Flmot)*; ~ **speech circuit** direkte Sprechverbindung *f (Fernm)*; ~ **support** unmittelbare Unterstützung *f (takt)*; ~ **transit area** Transit- *od* Durchgangsbereich *m (LVerk) (Def)*; ~ **transit arrangements** *pl* Transit- *or* Durchgangseinrichtungen *f/pl (LVerk) (Def)*; ~ **wave** Bodenwelle *f (Funk)*; ~~ **propagation** Direktwellenausbreitung *f (Funk)*.

**dirigible (airship)** Lenkluftschiff *n*.

**dirt** *sl für* Flakfeuer *n (LKr)*; ~ **road** unbefestigte Straße *f*; ~**y configuration** *(aerodynamisch)* unsaubere Zustandsform *f (Lfz)*; ~**y flow** gestörte Strömung *f (aerodyn)*.

**disab|ility** Kriegsdienstbeschädigung *f;* Dienstunfähigkeit *f*; ~**ility pension** Kriegsversehrtenrente *f*; ~**led** *(on active duty)* wehrdienstbeschädigt; dienstunfähig; dienstuntauglich; ~**ed-aircraft removal** Bergung *f* eines bewegungsunfähigen Luftfahrzeugs.

**disalignment** Lageänderung *f*.

**disarm** entwaffnen; entschärfen *(Bombe usw.)* abrüsten; ~**ament** Entwaffnung *f*; Abrüstung *f*.

**disassembl|e** auseinandernehmen; zerlegen; ~**y** Auseinandernehmen *n (Flzg)*; Demontage *f*.

**disband** entlassen; auflösen *(mil Einheiten)*; ~**ment** Entlassung *f*; Auflösung *f*.

**discharge** entlassen; entladen *(el)*; abfeuern *(Schuss)*; absetzen *(Ladung usw)*; entlasten *(Bauteil)*; Entlassung *f*; Abschied *m (mil)*; Entladung *f (Blitz; Batterie)*; Abschuss *m (Art)*; ~**able weight** abwerfbares Gewicht *n (Lfz l) (Def)*; ~ **centre** (*US* **center**) Entlassungsstelle *f (mil)*; ~ **nozzle** Schubdüse *f (Turbo)*; ~ **rate** Ausstoßrate *f (Feuerlöschgerät)*; ~ **speed** *or* **velocity** Ausströmgeschwindigkeit *f (Abgase)*; ~ **valve** Abblasventil *n (Ball)*.

**disciplin|ary action** Disziplinarmaßnahme *f (mil)*; ~**e** Disziplin *f*; Manneszucht *f*.

**disconnect|ed rudder** gelöstes Ruder *n (Lfz)*; ~**ing switch** Ausschalter *m*; Trennschalter *m (el)*.

**discontinu|ed approach** abgebrochener Anflug *m (Flbetr)*; ~**ous flow** unstetige Strömung *f*; Helmholtz-Strömung *f (aerodyn)*.

**discoplane** Scheibenflügler *m*; Diskoplan *m (Lfz)*.

**discrete| frequency** bestimmte Frequenz *f (Funk)*; ~ **tone** reiner Ton *m (Hörempfang: Funk)*; ~ **vortex** abgesonderter Wirbel *m (aerodyn)*.

**discrimination** Auflösung(svermögen) *f(n) (Radar)*.

**discussion** Erörterung *f*; Meinungsaustausch *m*; Besprechung *f*.

**disembark** ausschiffen; Reise beenden; aussteigen; von Bord gehen *(LVerk)*; ~**ation** Reiseende *n*; Aussteigen *n (LVerk)* ***(Def)***; Ausschiffung *f*.

**disengaged autopilot** nicht eingeschalteter Autopilot *m (Lfz)*.

**disinsecting** Ungeziefervertilgung *f*; Entwesung *f*.

**disintegrate** zerplatzen *(Flzg in der Luft)*.

**disk| area** Spitzenkreisfläche *f (Luftschraube)*; Luftschraubenkreisfläche f ***(Def)***; Rotorkreisfläche *f (Heli)* ***(Def)***; ~ **loading** Kreisflächenbelastung *f (Heli)* ***(Def)***.

**dismantl|e** abbauen; demontieren; ~**ing** Abbau *m*; Demontage *f*.

**dismount** abmontieren.

**disorder** Störung *f (allg)*; ~**ly flights** *pl* flugsicherungsmäßig nicht kontrollierte Flüge *m/pl*.

**dispatch** absenden; abfertigen *(Flzg)*; Meldung *f*; Abfertigung *f (Flzg)*; ~**er** Abfertigungsbeamter *m (LVerk)*; Flugdienstberater *m (Flsich)*; **time of** ~ Abgangszeit *f (Meldung)*.

**dispensary** Apotheke *f*.

**dispers|al (area)** *(auseinandergezogener)* Abstellplatz *m (für Flzge)*; Auflockerung *f (Flzg-Abstellplätze)*; ~**al landing field** Ausweichlandeplatz *m (LKr)*; ~**ed formation in depth** Fliegermarschtiefe *f (takt)*; ~**ed formation in width** Fliegermarschbreite *f (takt)*; ~**ion** Auseinanderziehen *n (takt)*; Streuung *f (ballist)*; ~**ion index** Dispersionsindex *m*.

**displace|d threshold** versetzte Schwelle *f*; ~**ment** Hubraum *m (Flmot)*; Verdrängung *f*; Verschiebung *f (takt)*; Abweichung *f (nav)*; ~**ment error** Abweichungsfehler *m (ILS)*; ~**ment of centre** (*US* **center**) **of pressure** Druck(mittel)punktwanderung *f*; ~**ment supercharger** Drehkolbenlader *m (Flmot)*.

**display** Veranstaltung *f*; Darstellung *f*; Schirmbilddarstellung *f (Radar)*; Sichtdarstellung *od* ~anzeige *f*; Anzeige *f*; zeigen; zur Schau stellen; ~ **board** Anschlagbrett *n*; schwarzes Brett *n*; ~ **unit** Sicht- *od* Bildgerät *n (Instr)*.

**dispos|able lift** verfügbarer Auftrieb *m (Lfz l)* ***(Def)***; ~**able load** verfügbare Masse *f (Lfz)* ***(Def)***; ~~ **capacity** verfügbarer Laderaum *m (Lfz)*; ~**able weight** verfügbare Masse *f (Lfz l)* ***(Def)***; ~**ition** Aufstellung *f (takt)*; ~~ **in depth** Tiefengliederung *f (takt)*.

**disrupter| flap** Störklappe *f (Flzg)*; ~ **(wire)** Stördraht *m (Tragfläche)*.

**dissemination of information** Verbreitung *f* von Nachrichten *(Intell)*.

**dissipat|e** zersplittern *(takt)*; auflösen *(Nebel)*; ~**ion** Zersplitterung *f (takt)*; Auflösung *f (Nebel)*; Ableitung *f (Hitze)*; ~**ion trail** sich auflösende Wirbelschleppe *f (Flbetr)*.

**distance** Entfernung *f (nav)*; Abstand *m (takt)*; **air ~ in** Anflugstrecke *f (Entfernung)*; **air ~ out** Abflugstrecke *f (Entfernung)*; ~ **between wings** Deckabstand *m (Doppeldecker)*; ~ **circle** Entfernungskreis *m (Radarschirmbild)*; ~ **computer** Rechengerät *n (nav)*; ~ **counter** Fernzähler *m (Instr.)*; ~ **discrimination** Entfernungsauflösung(svermögen) *f(n) (Radar)*; ~ **marking light** Entfernungsmarkierungsfeuer *n (Bod)* ***(Def)***; ~ **measuring equipment**, *abbr* **DME** Entfernungsmessgerät *n (DME)* ***(Def)***; ~ **of acceleration** Beschleunigungsstrecke *f*; *put ~ between* abhängen *sl*; ~ **resolution** Entfernungsauflösung *f (Radar)*; ~ **separation** Entfernungsstaffelung *f (Flsich)*; ~ *(to be) flown* Flugentfernung *f*; ~**-to-go-information** Anzeige *f* der Restrollstrecke *(Bod)*.

**distant| control** Fernbedienung *f*; Fernsteuerung *f*; ~**-reading airspeed indicator** Fernfahrtmesser *m*; ~**-reading compass** Fernkompass *m*; ~**-reading tachometer** Ferndrehzahlmesser *m*; ~ **thunderstorm** Ferngewitter *n (met)*.

**Distinguish|ed Flying Cross** *(US & E)* Fliegerverdienstkreuz *n (Orden)*; ~**ing letter** Kennbuchstabe *m (Flzg)*.

**distortion** Verzerrung *f (Funk & LPhot)*; Verformung *f (Bauteile)*; ~**-free** unverzerrt; verzerrungsfrei.

**distraction** Ablenkung *f (Kompass)*.

**distrail**, *abbr for* **dissipation trail** sich auflösende Wirbelschleppe *f (Flbetr)*.

**distress** Notlage *f*; Luft- *od* Flugnot *f (Flsich)* ***(Def)***; ~ **call** Notruf *m*; ~ **communication** Notverkehr *m*; ~ **frequency** Notfrequenz *f*; ~ **incident** Luftnotfall *m*; ~ **landing** Notlandung *f (Flzg)*; ~ **message** Notmeldung *f (SOS) (Flsich)*; ~ **phase** Alarmstufe 3 (Notstufe) *f (Flsich)* ***(Def)***; ~ **procedure** Notverfahren *n*; ~ **signal** Notsignal *n (Flsich)*.

**distributed mass-balance weight** verteilter Massenausgleich *m (Konstr)* ***(Def)***.

**distribution** Verteilung *f*; Gliederung *f*; Aufstellung *f (takt)*; ~ **in depth** Tiefengliederung *f (takt)*; ~ **in width** Breitengliederung *f (takt)*; ~ **of forces** Kräfteverteilung *f (takt)*; ~ **of load** Lastverteilung *f (Flzg)*; ~ **of precipitation** Niederschlagsverteilung *f (met)*.

**distributor** Verteiler *m (Zündanlage)*; ~ **box** Verteilerkasten *m (el)*; ~ **rotor** Läufer *m (des Verteilers)*.

**district, military** ~ Wehrbereich *m (mil)*.

**disturb|ance** Störung *f (allg & met)* ***(Def)***; ~**ance signal** Stör(ungs)signal *n*; ~**ed flow pattern** gestörtes Strömungsfeld *n (aerodyn)*; ~**ing force** Erreger- *od* Stör(ungs)kraft *f*; ~**ing moment** Störmoment *n (aerodyn)* ***(Def)***; ~**ing noise** Störung *f (akustisch)*; Störgeräusch *n (Funk)*.

**disuse** Nichtgebrauch *m*; ~**d runway** außer Gebrauch stehende Piste *f (Bod)*.

**ditch** Graben *m*; *sl* notlanden *(Flzg)*; notwassern *(Flzg)*; ~**ing** Notwasserung *f (Flzg)*; Notlandung *f* auf Wasser *(Flzg)* ***(Def)***.

**diurnal** täglich; ~ **heating** tägliche Erwärmung *f (met)*; ~ **variation** täglicher Gang *m (met)*.

**dive** stürzen *(mit Flzg)*; einen Sturzflug ausführen; Sturzflug *m*; Stechflug *m (Flbetr)* ***(Def)***; ~**-angle indicator** Sturzwinkelanzeiger *m (Instr)* ***(Def)***; ~ **attack** Angriff *m* im Sturz(flug) *(LKr)*; ~ **board**, *sl für* ~ **brake** *or* ~ **flap**; ~**-bomb** im Sturz mit Bomben angreifen *(LKr)*; ~ **bomber** Sturzkampfflugzeug *n*, *abbr* **Stuka**; Sturzbomber *m (Flzg)*; ~ **bombing** Sturzbombenangriff *m*; Bombenwurf *m* im Sturz(flug) *(LKr)*; ~**-bombing attack** Sturzangriff *m (LKr)*; ~**-bombing sight** Sturzkampfvisier *n (LKr)*; ~ **brake** *or* **flap** Sturzflugbremse *od* -klappe *f (Lfz)* ***(Def)***; ~ **strafer** Sturz- und Tiefangriffsflugzeug *n*.

**diver|gence** angefachte aperiodische Bewegung *f (Stab)* ***(Def)***; ~**gence line** Divergenzlinie *f (met)*; ~**gence speed** kritische Auskippgeschwindigkeit *f (Flbetr)* ***(Def)***; ~**gent nozzle** divergente *od* Diffusordüse *f*; ~**sion** Umleitung *f (Flzg bei QBI: Flsich)* Ablenkungsangriff *m (takt)*; ~**sion aerodrome** Umleitungsflugplatz *m (Flsich)*; ~**sionary attack** Ablenkungsangriff *m (takt)*; ~**sionary landing** Ausweichlandung *f (Flbetr)*; ~**sionary route** Ausweich(flug)strecke *f*; ~**sion indicator** Umleitvermerk *m od* -hinweis *m (Flsich)*; ~**sion of traffic** Verkehrsumleitung *f (Flsich)*; ~**sity (antenna) system** Antennensystem *n* für Mehrfachempfang *(Funk)*; ~**sity reception** Mehrfachempfang *m (Funk)*; ~**t** umleiten *(Flzg bei QBI: Flsich)*; ~**ted flight** umgeleiteter Flug *m (Flsich)*; ~**ted-jet engine** Schwenkstrahltriebwerk *n*.

**divid|e** teilen; trennen; ~**ed undercarriage axle** geteilte Fahrwerkachse *f*; ~**e into bulkheads** abschotten *(Flugboot)*; ~**ers** *pl* Stechzirkel *m*; ~**ing line** Trennungslinie *f (takt)*; ~**ing wall** Trenn- *od* Zwischenwand *f*; Schott *n*.

**diving** Sturzflug *m*; ~ **attack** Sturzangriff *m (LKr)*; ~ **angle** Sturzwinkel *m (Flzg)*; ~ **attitude** Sturzlage *f (Flzg)*; ~ **brake** Sturzflugbremse *f (Flzg)*; ~ **condition** Sturzfluglastfall *m (aerodyn)*; ~ **position** Sturzlage *f (Flzg)*; ~ **qualities** *pl* Sturzflugeigenschaften *f/pl (Flzg)*; ~ **speed** Sturzfluggeschwindigkeit *f (Flzg)*; ~ **velocity** Sturzfluggeschwindigkeit *f (Flzg)*.

**division** Abteilung *f*; Teilung *f*; Division *f (mil)*; ~ **artillery** Divisionsartillerie *f*; ~ **commander** Divisionskommandeur *m*; ~ **command post** Divisionsgefechtsstand *m*; ~ **headquarters** *pl* Divisionsstab *m*; ~ **into degrees** Gradeinteilung *f*; ~ **of sectors** Abschnittseinteilung *f (takt)*; ~ **of the compass-card** Roseneinteilung *f (Kompass)*.

**dizziness** Schwindel(gefühl) *m (n)*.

**DME**, *vgl* **distance measuring equipment**.

**dock** Dock *n*; Luftschiffhalle *f*; einhallen *(Luftschiff)*; ~**ing** Einhallen *n (Luftschiff)*; Anlegen *n*; Andocken *n (von Lfz)*; ~**ing manoeuvre** Docking- *od* Kopplungsmanöver *n (Raum-FK)*; ~**ing probe** Docking- *od* Kopplungsstutzen *m*; ~**yard** Werft *f (Schiffs~)*.

**doctrine** Lehre *f*; Lehrsatz *m*.

**document** Urkunde *f*; Dokument *n*; (ICAO-)Veröffentlichung *f*; ~ **of carriage** Beförderungspapier *n (LVerk)*; ~ **of identity** Identitätsdokument *n*.

**dog| clutch** Klauenkupplung *f*; ~ **curve** *sl für* Hundekurve *f (nav)*; ~ **fight** Kurvenkampf *m (LKr)*; ~**-tag** *sl für* Erkennungsmarke *f (mil)*.

**doldrums** *pl* Kalmengürtel *m*; Doldrums *f (met)* ***(Def)***.

**dome** Kuppel *f*; Wanne *f (Flzg)*; ~ **refraction** Strahlenbrechung *od* Refraktion *f* durch Astrokuppel *(Astronav)* ***(Def)***.

**domestic| airline** Inland-Luftverkehrslinie *f (LVerk)*; ~ **air service** Inland-Fluglinie(nverkehr) *f(m)* ***(Def)***; ~ **air traffic** Inlandluftverkehr *m*; ~ **route** Inlandstrecke *f (LVerk)*.

**dominant| mode** Grundmodus *m (Wellenleiter: Funk)*; ~ **weather** vorherrschendes Wetter *n*.

**dop|e** Spannlack *m*; Flieglack *m*; lackieren *(Flzg-Bespannstoff usw)*; ~**ed petrol** Bleibenzin; ~**ing** Lackieren *n (mit Spannlack: Lfz)* ***(Def)***.

**Doppler| effect** Dopplereffekt *m (Funk)*; ~ **frequency shift** Dopplerfrequenzverschiebung *f*; ~ **navigation system** Doppler-Navigationsverfahren *n* ***(Def)***; ~ **radar** Doppelradar(gerät) *n*; ~ **ranging system**, *abbr* **DORAN** Doppler-Entfernungsmesssystem *n*; Doppler-DME *n*.

**dorsal|air intake** Lufteinlass *m od* -hutze *f* auf Rumpfheckoberseite *(Flzg; Turbo)*; ~ **fin** Seitenflosse *f (in Rumpfrücken des Flzgs übergehend)*; Rückenflosse *f (Flzg)*; ~~ **strake** Seitenflossenverkleidung *f*.

**dot** Punkt *m*; Leuchtfleck *m (Radar)*; ~**-dash** strichpunktiert; ~**s and dashes** Punkte und Striche *m/pl (Tastverkehr: Funk)*; ~**ted line** punktierte Linie *f (Kart)*.

**double|-bank radial engine** Doppelsternmotor *m (Flmot)*; ~**-barrelled** (*US* **barreled**) **AA gun** Flakzwilling *m*; ~ **bay biplane** Zweistieler *m (Doppeldecker)*; ~ **blip** Doppelzeichen *n (Radar)*; ~ **body** Doppelrumpf *m (Flzg)*; ~ **cambered** doppelt gekrümmt *(Tragflügel)*; ~**-channel duplex** Zweikanal-Duplexbetrieb *m (Fernm)*; ~**-channel simplex** Zweikanal-Simplexbetrieb *m (Fernm)* ***(Def)***; ~ **-dot display** Zweipunktdarstellung *f (Radar)*; ~**-engined** zweimotorig *(Flzg)*; ~**-engine power unit** Doppeltriebwerk *n (Flmot)* ***(Def)***; ~**-entry compressor** doppelflutiger Verdichter *m (Turbo)* ***(Def)***; ~ **envelopment** Doppelumfassung *f*; Zangenangriff *m (takt)*; ~ **exposure** Doppelbelichtung *f (LPhot)*; ~ **fins and rudders** *pl* doppeltes Seitenleitwerk *n (Flzg)*; ~ **fuselage** Doppelrumpf *m (Flzg)*; ~ **helicopter** Doppelhubschrauber *m*; ~ **jet carburettor** (*US* **carburetor**) Doppeldüsenvergaser *m (Flmot)*; ~ **journey ticket** Flugschein *m* für Hin- und Rückflug; ~ **keying** Doppelstromtastung *f (Funk)*; ~**-loop antenna** Doppelrahmenantenne *f (Funk)*; ~ **parachute** Doppelfallschirm *m*; ~**-row radial engine** Doppelsternmotor *m (Flmot)*; ~**r stage** Verdopplerstufe *f (Funk)*; ~ **rudder** doppeltes (Seiten-)Leitwerk *n (Flzg)*; ~ **seat** Doppelsitz *m*; ~ **sentry** Doppelposten *m (mil)*; ~ **sideband**, *abbr* **DSB** Zweiseitenband *n (Funk)*; ~ **sleeve-valve engine** Doppelschiebermotor *m (Flmot)*; ~**-slotted aileron** Doppelspaltquerruder *n (Flzg)*; ~**-slotted (landing-)flap** Doppelspaltlandeklappe *f (Flzg)*; ~ **strut** Doppelstiel *m*; Doppelstrebe *f (Flzg)*; ~ **telescope** Doppelfernrohr *n*; ~ **time** Laufschritt *m*; ~ **tyres** (*US* **tires**) *pl* Doppelbereifung *f (Laufrad)*; ~ **wedge** Doppelkeil *m (Überschallprofil: Flzg)*.

**down** abschießen *(LKr)*; zum Absturz bringen *(Flzg LKr)*; ~ **-current** Abwind *m (met)*; ~**draft** Abwind *m (met)*; ~**draft carburettor** (*US* **carburetor**) Fallstromvergaser *m*; ~**ed enemy airplane** abgeschlossenes Feindflugzeug *n (LKr)*; **"~ gear!"** „Fahrwerk ausgefahren!" *(Meldung Bordmecha-*

*niker an Pilot);* ~**gust** Fallbö *f (met);* ~ **lock** Fahrwerk(ausfahr)verriegelung *f (Flzg)* ***(Def)***; ~**pour** Regenguss *m;* Platzregen *m;* ~-**strip** Längsbalken *m (Landekreuz);* ~-**time** Ausfall- *od* Bodenzeit *f (Flbetr);* ~-**town heliport** Hubschrauberlandeplatz *m* im Stadtzentrum; ~**ward acceleration** Fallbeschleunigung *f;* ~**ward gust** Fallbö *f (met);* ~**ward leg of trajectory** absteigender Flugbahnabschnitt *od* -ast *m (FK);* ~**wash** Abwind(winkel) *m (met & aerodyn)* ***(Def)***; ~**wash angle** Abwindwinkel *m (met & aerodyn);* ~**wash behind wing** Flügelabstrom *od* -wind *m (aerodyn);* ~**wash field** Abwindzone *f (aerodyn);* ~-**wind** Fallwind *m (met);* ~-**wind** leewärts; windabwärts; ~**wind landing** Rückenwindlandung *f (Flzg);* Landung *f* mit dem Wind *(Flzg);* ~ **wind leg** Gegenanflugteil *m (der Platzrunde, früher: Rückenwindteil);* ~**wind light units** *pl* vordere Feuereinheiten *f/pl (Anflugbefeuerung: Bod).*

**draft** Aushebung *f (mil);* Skizze *f;* Entwurf *m (Schriftverkehr);* Luftzug *m;* Tiefgang *m (Schiff);* ~ **board** *(US)* Rekrutierungsbehörde *f (Wehrmeldeamt);* ~ **district** *(US)* Rekrutierungsbezirk *m (Wehrmeldebezirk);* ~**ee** Ausgehobener *m;* Gezogener *m (mil);* ~**sman** Zeichner *m;* Detailkonstrukteur *m.*

**drag** Widerstand *m;* Luftwiderstand *m (aerodyn)* ***(Def)***; schleppen; hinter sich herziehen; ~ **antenna** Schleppantenne *f (Flzg-Funk);* ~ **axis** Widerstandsachse *f (aerodyn)* ***(Def)***; ~ **brake,** *cf/vergl* **speed brake** ***(Def)***; ~ **-chute landing** Landung *f* mit Bremsschirm *(Flbetr);* ~ **coefficient** Luftwiderstandskoeffizient *m;* Widerstandsbeiwert *m (aerodyn)* ***(Def)***; ~ **component** Widerstandsanteil *m;* **compressibility** ~ Kompressibilitätswiderstand *m (aerodyn);* ~ **distribution** Widerstandsverteilung *f;* ~ **factor** Luftwiderstandsbeiwert *m (aerodyn);* ~ **force** Luftwiderstandskraft *f;* ~-**in** *(niedriges)* Heranziehen *n* mit Gas *(Flzg zur Landung);* ~ **increase** Widerstandsvermehrung *f;* ~**on's teeth** (**obstruction**) Höckerhindernis *n (für Panzerfahrzeuge: Kr);* ~ (**para**)**chute** Bremsschirm *m (Flzg);* ~ **reducing** luftschnittig; ~ **resistance** Stirnwiderstand *m;* Schleppwiderstand *m;* ~ **rope** Schlepptau *n (Ball);* ~ **strut** Abstandstrebe *f (innere Tragflächenverstrebung: Flzg)* ***(Def)***; ~ **surface** Widerstandsfläche *f;* ~-(**to**-) **lift ratio** Gleitzahl *m;* Quotient *m* aus Widerstands- und Auftriebsbeiwert *(aerodyn);* ~ **wire** Widerstandskabel *n (Lfz)* ***(Def)***.

**drain** ablassen *(Öl usw);* drainieren; entwässern *(Rollfeld);* ~**age** Entwässerung *f (Rollfeld);* ~~ **course** Drainageschicht *f (Bod);* ~~ **cock** Ablass(hahn) *m;* ~~ **ditch** Entwässerungsgraben *m;* ~ **off** entleeren; ablassen *(Kraftstoffbehälter);* ~ **pipe** Entwässerungsrohr *n;* Leckrohr *n;* ~ **plug** Ablassstopfen *m;* ~ **tube** Leckleitung *f.*

**draught** *vergl* **draft**.

**draw** ziehen; zeichnen; ~ **in** ansaugen *(Flmot);* ~ **bar** Zugstange *f (Kfz);* ~**ing** Zeichnung *f;* ~**ing paper** Zeichenpapier *n.*

**dredge** Bagger *m;* baggern.

**dress** bearbeiten; *(technisch)* zurichten; ~**ing equipment** Verbandszeug *n;* ~**ing station** Verbandsplatz *m (Kr);* ~ **uniform** Ausgehanzug *m;* Paradeanzug *m (mil).*

**drift** Abtrift *f (nav)* ***(Def)***; Versetzung *f (seitliche ~ durch Wind);* schieben *(Flzg);* ~ **angle** Abtriftwinkel *m (nav)* ***(Def)***; ~ **compass** Abtriftkompass *m;* ~ **computer** Abtriftrechner *m (nav-Gerät);* (~) **correction** (Ermittlung *f* des) Luvwinkel(s) *m (nav);* ~ **correction angle** Vorhalte- *od* Luvwinkel *m (nav)* ***(Def)***; ~-**down procedure** Sinkflugverfahren *n* bei Triebwerksausfall *(mit günstigem Gleitwinkel: Flbetr);* ~ **error** Abtrift- *od* Driftfehler *m (nav);* ~ **gauge** (*US gage*) Abtriftmesser *m (nav);* ~ **indicator** Abtriftanzeiger *m (nav);* Abtriftmesser *m (nav);* ~**ing dust** Staubfegen *n (met);* ~(**ing**) **fog** driftender Nebel *m;* Nebelschwaden *m/pl (met);* ~(**ing**) **ice** Treibeis *n;* ~**ing mine** Treibmine *f (Kr);* ~**ing sand** Sandfegen *n (met);* ~**ing snow** Schneetreiben *n;* Schneefegen *n (unmittelbar am Boden: met);* ~ **landing** Schiebelandung *f (Flbetr);* ~ **landing-gear** Schiebe- *od* Seitenwindfahrwerk *n (Flzg);* ~**meter** Abtriftmesser *m (nav);* ~ **parachute** Treibanker *m;* ~ **recorder** Abtriftschreiber *m (Instr);* ~ **set** Abtriftkurs *m (nav);* ~ **sight** *(optischer)* Abtriftmesser *m (nav)* ***(Def)***; ~ **table** Abtrifttabelle *f;* ~ **undercarriage** Seitenwind- *od* Schiebefahrwerk *n (Flzg);* ~ **velocity** Abtriftgeschwindigkeit *f;* Schiebegeschwindigkeit *f (Flzg);* ~ **wave** Kompressionswelle *f.*

**drill** Bohrer *m;* bohren; Ausbildung *f (mil);* Exerzieren *n;* exerzieren; ~ **ammunition** Exerziermunition *f;* ~ **bomb** Exerzierbombe *f;* ~ **formation** Exerzierordnung *f;* ~ **ground** Exerzierplatz *m;* ~ **gun** Handbohrmaschine *f;* ~ **hall** Exerzierhalle *f;* ~ **jig** Bohrvorrichtung *f;* ~ **regulation** Exerzierordnung *f (Vorschrift);* ~ **training** Exerzierausbildung *f.*

**drip**| **collector** Tropfenfänger *m;* ~ **flap** Regentraufe *f (Lfzl)* ***(Def)***; ~ **oiler** Tropföler *m.*

**driv**|**e** Antrieb *m;* antreiben *(Flmot);* fahren *(Kfz);* ~**en rivet** geschlagener Niet *m;* ~**er** Kraftfahrer *m sl für* Flugzeugführer *m;* ~**e-shaft** Antriebswelle *f (Flmot);* ~**e-wheel** Antriebsrad *n;* ~**ing face** Druckseite *f (Luftschraube);* ~**ing jet** Treibstrahl *m (Turbo);* ~**ing shaft** Antriebswelle *f;* ~**ing snow** Schneegestöber *n;* Schneetreiben *n (met).*

**drizzl**|**e** Sprühregen *m;* Nieseln *n (met)* ***(Def)***; feiner Regen *m;* nieseln; fein regnen; ~**ing fog** Sprühnebel *m (met).*

**drogue** Treib- *od* Wasseranker *m (See-Flzg);* Schleppscheibe *f (Luftschießen);* Fangtrichter *m (Flugauftankung)* ***(Def)***; **funnel-shaped** ~ Schlepptrichter *m (Flugauftankung).*

**drome** *sl für* Flugplatz *m.*

**drone** ferngelenktes (Zieldarstellungs)flugzeug *n;* Drohne *f (unbemanntes Lfz)* ***(Def)***; *sl für* Bordschütze *m (Flzg).*

**droop**|**able** absenkbar; ~**ed flap** ausgefahrene Klappe *f (Flzg);* ~ **flap** Nasenklappe *f (Flzg)* ***(Def)***.

**drop** abwerfen *(vom Flzg);* fallen; Abnahme *f;* Abfall *m (Temperatur);* ~ *bombs* bombardieren; Bomben abwerfen *(LKr);* ~-**feed oiling** Tropfenschmierung f; ~ *her down like a gentleman sl für* ein Flugzeug glatt landen; ~ **in pressure** Druckabfall *m;* ~ **message** Abwurfmeldung *f;* ~ **off** abmontieren *(Tragflächen im Flzg);* ~**pable** abwerfbar *(Kraftstoffbehälter usw);* ~**ped axle** gekröpfte Achse *f;* ~**ping** Abwurf *m;* ~**p(ing) altitude** *or* **height** Absetz- *od* Abwurfhöhe *f (aus Flzg);* ~**ping angle** Bombenfallwinkel *m;* Vorhaltewinkel *m (Bombenwurf);* ~**ping bombs "safe"** Blindabwurf *m (Bomben);* ~**ping of single bombs** Einzelwurf *m (Bomben);* ~**ping range** Abwurfplatz *m (Versorgungsabwurf);* ~**ping speed** Absetzgeschwindigkeit *f;* ~**ping station** Abwurfplatz *m (Versorgungsabwurf);* ~ **shape** Tropfenform *f (aerodyn);* ~-**shaped** tropfenförmig *(aerodyn);* ~**sonde** Abwurfsonde *f;* ~ **sounding** Abwurfsondenmessung *f (met);* ~ **tank** Abwurfbehälter *m (Kraftstoff)* ***(Def)***; ~-**type parachute** Freifallschirm *m;* ~ **valve** hängendes Ventil *n (Flmot);* ~ **zone** Abwurf- *od* Absprungzone *f.*

**drum** Trommel *f (Munitions-);* Fass *n (Kraftstoff; Öl);* ~ **compass** Trommelkompass *m;* ~ **feed** Trommelmagazinführung *f (Bordwaffen)*; ~ **fire** Trommelfeuer *n (Art)*; ~ **magazine** Trommelmagazin *n*; ~ **radiator** Trommelkühler *m*; Fasskühler *m (Flmot)*.

**dry** trocken; niederschlagsarm *(met)*; regenarm; ~ **adiabat** Trockendiabate *f (met)*; ~~**ic lapse rate** trockenadiabatischer Temperaturgradient *m (net)* ***(Def)***; ~ **bulb thermometer** trockenes Thermometer *n*; ~ **chemicals** *pl* Trockenlöschmittel *n/pl (Feuerbekämpfung)*; ~**-dock** Trockendock *n*; ~ **fog** trockener Nebel *n (met)*; ~**-lease** *v (Lfz)* mieten *oder* vermieten ohne Kraftstoff und Besatzung (LVerk); ~ **oxygen** trockener Sauerstoff *m*; ~ **running** Leerlaufprüfung *f (Flmot)*; ~**-sump lubrication** Trockensumpfschmierung *f (Flmot)*; ~ **thrust** trockener Schub *m (Turbo)*; ~**-type filter element** Trockenfilterelement *n (Flmot)* ***(Def)***; ~ **weight** Leertankmasse *f (Lfz)* ***(Def)***; Trockengewicht *n (Flmot)* ***(Def)***; ~ **weight of power plant** Triebwerktrockengewicht *n (Flmot)*.

**dual|-channel system** Rot/Grün- *od* Zweikanalsystem *n (Zollabfertigung: LVerk)*; ~**control airplane** Doppelsteuerflugzeug *n*; ~**control(s)** Doppelsteuerung *f (Flzg)*; ~**-cycle jet propulsion** Zweikreisstrahlantrieb *m (Turbo)*; ~ **flight time** Flugzeit *f* am Doppelsteuer; ~ **ignition** Doppelzündung *f (Flmot)*; ~ **instruction** Doppelsteuerschulung *f (flieg. Ausb.)* ***(Def)***; ~ **instruction time** Schulungszeit *f* am Doppelsteuer; ~ **modulation** Zweifach- *od* Doppelmodulation *f (Funk)*; ~ **mount(ing)** Doppellafette *f*; ~ **sticks** *pl* Doppelsteuer *n (Flzg)*; ~ **tyres** (*US* **tires**) *pl* Doppelbereifung *f*; ~ **vertical control surfaces** *pl* doppeltes Seitenleitwerk *n (Flzg)*; ~ **wheels** *pl* Doppelräder *n/pl (Flzg-Fahrwerk)*; ~ **wheel undercarriage** Doppelrad-Fahrwerk *n (Flzg)*.

**duck** Segeltuch *n*.

**duct** Leitung *f*; Rohr *n*; ~ **cooler** Düsenkühler *m (Flmot)*; ~ **cooling (system)** Düsenkühlung *f (Flmot)*; ~**ed cooling** Kühlung *f* durch Düsenkühler *(Flmot)* ***(Def)***; ~**ed fan** Mantelgebläse *n (Flmot)*; ~~ **turbine engine** Bypass- *od* Mantelstrom- *od* Zweikreistriebwerk *n (Turbo)* ***(Def)***; ~**ed oil cooler** Düsenölkühler *m (Flmot)* ***(Def)***; ~**ed radiator** Düsenkühler *m*; ummantelter Kühler *m (Flmot)* ***(Def)***; ~**ility** Dehnbarkeit *f (Werkstoff)*; Elastizität *f*; Geschmeidigkeit *f*.

**dud** Blindgänger *m (Bombe; Granate; Torpedo usw)*; ~ **weather** *sl* für Bombenangriffe ungeeignetes Wetter *n (LKr)*; Fliegerwetter *n*.

**due(s)** Abgabe *f (Zoll)*.

**dull sky** trüber Himmel *m*.

**dumb-bell signal** Hantelzeichen *n (Flbetr am Bod)*.

**dummy** Attrappe *f (Flzg-Schaumodell)*; ~ **airfield** Scheinflugplatz *m (LKr)*; ~ **airscrew** Bremsluftschraube *f*; ~ **antenna** künstliche Antenne *f*; ~ **approach** Übungsanflug *m (Bomben)*; Anflugsimulation *f*; Probeanflug *m (Flbetr)*; ~ **bomb** Übungsbombe *f*; ~ **cartridge** Exerzierpatrone *f*; ~ **engine** Motorattrappe *f*; ~ **fire** Scheinbrand *m (LKr)*; ~ **installation** *f* Scheinanlage *f (Kr)*; ~ **joint** Scheinfuge *f*; ~ **load** künstliche Belastung *f*; ~ **plug** Blindstopfen *m*; ~ **position** Scheinstellung *f (takt)*; ~ **radio message** Füllfunkspruch *m (Funk)*; ~ **round** Exerzierpatrone *f*.

**dump** Lager *n*; Depot *n*; *(schnell)* ablassen *(Kraftstoff von Flzg)*; ~ **car** Kipplore *f (Feldbahn)*; ~**er** Kipper *m (Kfz)*; ~ **for enemy material** Beutesammelstelle *f (mil)*; ~ **gasoline** Benzin *(schnell)* ablassen *(Flzg)*; ~ **truck** Kippwagen *m (Kfz)*; ~ **valve** Kraftstoff-Ablassventil *n (Turbo)* ***(Def)***.

**duo-control airplane** Doppelsteuerflugzeug *n*.

**duplex** Duplexbetrieb *m (Funk usw)* ***(Def)***; ~ **burner** Duplexbrenner *m (Turbo)* ***(Def)***; ~ **carburettor** (*US* **carburetor**) Doppelvergaser *m (Flmot)*; ~ **communication** Gegen(sprech)verkehr *m (Tel usw)*; ~ **connection** Gegenschaltung *f (Funk & Tel)*; ~**er** Sende/Empfangsweiche *f*; Duplexer *m (Funk)*; ~**ing** Duplexverkehr *m (z.B. Doppelsprech- od Gegenschreibverkehr: Fernm)*; ~ **installation** Gegensprecheinrichtung *f (Tel)*; ~ **operation** Duplexbetrieb *m (Fernm)*; ~ **traffic** Gegenverkehr *m*; Duplexverkehr *m (Funk usw)*; ~ **working** Gegenschreibverkehr *m*; Gegenschreibbetrieb *m (Fernschreiber)*.

**duplicate** Zweitschrift *f*; vervielfältigen; **in** ~ in zweifacher Ausfertigung.

**durability test** Dauerprobe *od* ~prüfung *f*.

**dural** Dural *n*; ~ **former** Duralprofil *n (Flzg)*; ~ **frame** Duralrahmen *m*; Duralspant *m (Flzg)*; ~**umin** Duralumin *n*; ~**umin spar** Duralholm *m (Flzg)*.

**duration** (Zeit-)Dauer *f*; ~ **flight** Dauerflug *m*; *for the* ~ auf Kriegsdauer, *abbr* a Kr; ~ **of exposure** Belichtungsdauer *f (LPhot)*; ~ **of flight** Flugdauer *f*; ~ **of the war** Kriegsdauer *f*.

**dusk** Abenddämmerung *f*; Zwielicht *n*.

**dust** abblasen; abstäuben *(chem usw aus Flzg)*; Staub *m*; ~**bin** *sl für* Heckstand *m*; Bodenwanne *f (Flzg)*; ~ **devil** Sandhose *f*; Staubteufel *m od* ~trombe *f (met)* ***(Def)***; ~ **haze** Staubdunst *m (met)*; ~**ing** Abstäuben *n*; Abblasen *n (chem usw aus Flzg)*; ~ **particle** Staubpartikel *f od* -teilchen *n*; ~**proof** staubdicht; ~ **squall** Staubbö *f (met)*; ~ **storm** Staubsturm *m (met)* ***(Def)***; ~ **whirl** Staubwirbel *m (met)*.

**Dutch roll** holländische Rolle *f (Kunstflug: Flbetr)* ***(Def)***.

**dutiable** zollpflichtig.

**duty** Dienst *m (mil)*; Pflicht *f*; Steuer *f*; Zoll *m*; ~ **cycle** Arbeitszeitzyklus *m*; Tastverhältnis *n (Fernm)*; ~**-exempt** zollfrei; ~**-free** zollfrei; ~ **landing runway** Betriebs- *od* Hauptlandepiste *f (Flbetr)*; **off** ~ dienstfrei; außer Dienst; ~ **off** unverzollt; ~ **officer** Offizier *m* vom Dienst *(mil)*; **on** ~ diensttuend; im Dienst; ~ **roster** Diensteinteilung *f*; Dienstplan *m (mil)*; ~ **station** Dienststelle *f (mil)*; ~ **take-off runway** Betriebs- *od* Hauptstartpiste *f (Flbetr)*; ~ **time** Flugdienstzeit *f*.

**dye| marker bag** Farbstoffbeutel *m*; ~ **marking** Farbstoffmarkierung *f*.

**dynamic** dynamisch; ~ **air speed indicator** Staudruckmesser *m (Flzg)*; ~**al** dynamisch; ~**ally balanced** dynamisch ausgeglichen *(Steuerruder: Flzg)*; ~**ally stable aeroplane** dynamisch stabiles Flugzeug *n*; ~ **ascending current** dynamischer Aufwind *m (met)*; Reibungsaufwind *m (met)*; ~ **balance** dynamischer Ausgleich *m (Luftschraube)* ***(Def)***; ~ **balance test** Schleuderprüfung *f (Luftschraube)*; ~ **cooling** dynamische Abkühlung *f (met)*; ~ **divergence** dynamische Divergenz *f*; ~ **heating** (*of the air*) dynamische Erwärmung *f (der Luft: met)*; ~ **lift** dynamischer Auftrieb *m (Lfz l)* ***(Def)***; ~ **model** dynamisch ähnliches Modell *n (aerodyn)* ***(Def)***; ~ **pressure** Staudruck *m (aerodyn)* ***(Def)***; ~ **pressure ratio** Staudruckverhältnis *n*; ~ **range** Aussteuerbereich *m*; ~ **resistance** dynamischer Widerstand *m*; ~**s** Dynamik *f*; Bewegungslehre *f*; ~ **soaring** dynamischer Segelflug *m*; ~ **stability** dynamische

Stabilität *f (Def)*; ~ **strain** dynamische Verformung *f*; ~ **thrust** dynamischer Schub *m*.

**dynamo** Dynamo *m*; Stromerzeuger *m (el)*; ~**meter** Dynamometer *m*; Kraft- *od* Leistungsmesser *m*; ~**metry** Dynamometrie *f*; Kraftmessung *f*; ~**tor** Einankerumformer *m (el)*; *cf/vergl auch* **rotary transformer**.

# E

**E** *(ICAO- & NATO-Buchstabieralphabet)* Echo; *(altes, internationales Buchstabieralphabet)* Easy; ~ **layer** E- *od* Heaviside-Schicht *f*; ~**-scope** E-Schirm *m (Radar) (Def)*.

**early | radar identification** Radarfrüherkennung *f*; ~ **warning** Frühwarnung *f (Flmelde)*; Vorwarnung *f od* -alarm *m (LS)*; ~~ **aeroplane** Frühwarnflugzeug *n (LW)*; ~~ **and control radar** Frühwarn- und Leitradar *n (LW)*; ~~ **radar** Frühwarnradar *n*; ~~ **system** Frühwarn(-Flugmelde)dienst *m*.

**ear | drum** Trommelfell *n (Ohr)*; ~**marked for** vorgesehen für *(Streitkräfte: mil)*; ~**phone** Kopfhörer *m (Funk)*; ~**piece** Hörmuschel *f (Funk & Tel)*.

**earth** Erde *f (auch el)*; Masse; Erdung *f (el)*; Boden *m (Erdoberfläche)*; erden *(el) (Def)*; ~ **atmosphere** Erdatmosphäre *f*; ~ **attraction** Erdgravitation *f*; ~ **capture** Erdeinfang *m*; Einfang *m* durch das Gravitationsfeld der Erde *(FK)*; ~ **centre** (*US* **center**) Erdmittelpunkt *m*; ~ **connection** Erdleitung *f (el)*; ~**-fixed axis system** erdfestes Achsenkreuz *n*; ~ **gravitation** Erdgravitation *f*; ~~**al force** Erdanziehungskraft *f*; ~ **induction** Erdinduktion *f*; ~ **induction compass** Erdinduktionskompass *m*; ~**inductor compass** Erdinduktionskompass *m*; ~**ing** Erden *n*; Erdung *f*; Erdleitung *f (el)*; ~**ing wire** Massekabel *n (el)*; ~**-magnetic** erdmagnetisch; ~**-orbital flight** Flug *m* auf erdnaher Umlaufbahn *(Aufkl.Sat)*; ~ **return** Erdleitung *f (el) (Def)*; ~~ **system** Erdleitungssystem *n (el) (Def)*; ~**-satellite flight** Erdsatellitenflug *m* ~**('s) air envelope** Lufthülle *f* der Erde; ~**('s) atmosphere** Erdatmosphäre *f*; ~**'s attraction force** Erdanziehungskraft *f*; ~**'s gravitational field** Erdgravitationsfeld *n*; ~**'s gravity** Erdschwere *f od* ~-schwerkraft *f*; ~**'s magnetic field** erdmagnetisches *od* Erdmagnetfeld *n*; ~ **system** Erdunganlage *f*; Erde *f (el) (Def)*.

**east** Osten *m*; ~**erlies** Ostwinde *m/pl*; Passat(winde) *m (m/pl)*; ~**erly wave** (tropische) Ostwindwetterstörung *f (met)*; ~**erly wind** Ostwind *m*; ~**ern** ostwärts; östlich; ~**ern elongation** östliche Elongation *f*; ~**(ern) longitude** östliche Länge *f (Kart)*; ~**ing** Bestimmung *f* des Ostwertes *(nav) (Def)*.

**ebb(-tide)** Ebbe *f*.

**eccentric thrust** exzentrischer Schub *m (Turbo)*.

**echelon** Staffel *f (takt)*; (Befehls-)Bereich *m & n*; Ebene *f (mil)*; staffeln; ~**ed aeroplanes** *pl* Flugzeuge *n/pl* im Staffelflug;~**ment** Staffelung *f (takt)*.

**echo** Echo *n*; reflektierendes Zeichen *n (Radar)*; ~ **box** Echobox *f*; ~**ing area** Rückstrahlquerschnitt *m*; äquivalente Echofläche *f (Radar)*; ~ **signal** Echo(signal) *n*; Radarecho *n*; ~ **sounder** Echolot *n (nav)*; ~ **sounding** Echolotung *f*; ~ **suppressor** Echosperre *f (Radar)*.

**eclip | se of moon** Mondfinsternis *f*; ~**tic** Ekliptik *f*; scheinbare Sonnenbahn *f*.

**ecological system** ökologisches System *n*.

**econom | ic(al)** wirtschaftlich; ~~ **cruising** Sparflug *m*; wirtschaftlicher Reiseflug *m*; ~~ **cruising-boost** Ladedruck *m* für Sparflug; ~~ **mixture** Spar(flug)gemisch *n (Flmot)*; ~~ **speed** Sparfluggeschwindigkeit *f (Flzg)*; ~**ize** (ein)sparen; ~**izer** Spardüse *f*; Spareinrichtung *f*; Sauerstoff-Sparregler *m (Flmed, Lfz) (Def)*; ~**y** Wirtschaftlichkeit *f*.

**ecosphere** Eco- *od* Lebenssphäre *f*.

**eddy** Wirbel *m (met & aerodyn) (Def)*; ~ **current** Wirbelstrom *m (el)*; ~~ **brake** Wirbelstrombremse *f*; ~~ **probe** Wirbelstromsonde *f*; ~ **formation** Wirbelbildung *f*; ~**ing** Wirbelbildung *f*; ~~ **wind** Wirbelwind *m (met)*; turbulente Strömung *f (Windkanal)*.

**edge** Schneide *f*; Kante *f*; ~ **crack** Kantenriss *m*; ~ **life** *(of a tool)* Standzeit *f (Werkzeug)*; ~ **marker** Randmarker *m (Bod)*.

**effect** Wirkung *f*; bewirken; ~**ive** wirksam; gültig; ~**ive acceptance bandwidth** wirksame Empfangsbandbreite *f (Funk)*; ~**ive adjacent channel rejection** wirksame Nachbarkanalunterdrückung *f (Funk)*; ~**ive blade area** wirksame Blattfläche *f (Prop)*; ~**ive coverage** wirksame Überdeckung *f*; wirksamer Ausbreitungsbereich *m (Funk)*; ~**ive drag** wirksamer *od* Nutzwiderstand *m*; ~**ive intensity** wirksame Lichtintensität *f (Bod) (Def)*; ~**ive isotropically-radiated power**, *abbr* **EIRP** äquivalente Strahlungsleistung *f (Funk)*; ~**ive landing lenght of a runway** nutzbare Landestrecke *f* einer Landebahn; ~**ive margin** effektiver Verzerrungsgrad *m (Fernm) (Def)*; ~**iveness** Wirksamkeit *f*; ~**ive part of cone** Kerngarbe *f (ballist)*; ~**ive perceived noise level**, *abbr* **EPNL** effektiv empfundener Lärmpegel *m*; ~**ive pitch** wirksame Steigung *f (Prop)*; ~**ive power** Nutzleistung *f*; effektive Leistung *f (Flmot)*; ~**ive radiated power** effektive Strahlungsleistung *f (Funk)*; ~**ive range** Wirkungsbereich *m & n (Art)*; wirksame Entfernung *f*; Aktionsradius *m (Lfz)*; ~**ive strength** Iststärke *f (mil)*; ~**ive thrust** Nutzschub *m (Turbo & Prop)*; ~ **of fire** Schusswirkung *f*; ~ **of gusts** Böeneinfluss *m*; ~ **of wind** Windeinfluss *m*.

**efficiency** Wirkungsgrad *m*; Leistungsfähigkeit *f*; Luftschraubenwirkungsgrad *m (Def)*; ~ **of catch** Auffangverhältnis *n (met) (Def)*; ~ **report** Leistungsbeurteilung *f (über mil Personal)*.

**efflux** Ausfluss *m*; ~ **velocity** Ausflussgeschwindigkeit *f*.

**effus | er** Effusor *m*; Ausflussrohr *n (aerodyn) (Def)*; ~**ion** Effusion *f (Lfz l) (Def)*; ~~ **cooling** Effusionskühlung *f*.

**egg** sl für Bombe *f*; Mine *f*; Ei *n (sl für Bombe)*; ~**-beater** *sl für* Hubschrauber *m*; Schaumschläger *m (sl für Hubschrauber)*; **lay** ~**s** *(sl für)* Bomben *f/pl* abwerfen; Eier *n/pl* legen *(sl für Bomben abwerfen)*; ~**-shaped hand grenade** Eierhandgranate *f*; ~**-whisk** *sl für* Hubschrauber *m (Flzg)*.

**egress hatch** Aussteige- *od* Ausstieg(s)luke *f*.

**eight** Acht *f (Kunstflugfigur)*.

**eject | ion** aussteigen *n* mit Schleudersitz *(Flbetr) (Def)*; ~~ **capsule** absprengbare Kabine *f (Flzg)*; ~~ **gun** Schleudersitz- *od* Absprengkanone *f (Lfz) (Def)*; ~~ **seat** Schleudersitz *m (Lfz) (Def)*; ~**or** Auswerfer *m (Patronen-)*; ~**or pipe** Abgasschubrohr *n (Flmot) (Def)*; ~**or seat** Schleuder- *od* Katapultsitz *m (Def)*.

**elastic** Gummiband *n*; elastisch; ~ **cable** Gummiseil *n* *(Segelflug)*; ~ **deformation** elastische Verformung *f*; ~**ity** Elastizität *f*; Federungskraft *f*; ~ **limit** Elastizitätsgrenze *f*; ~ **model** elastisch ähnliches Modell *n (aerodyn)* ***(Def)***; ~ **recovering force** elastische Rückstellkraft *f*; ~ **wing** elastischer Tragflügel *m (Flzg)*.

**elasto|dynamics** Elastodynamik *f*; ~**mechanics** Elastomechanik *f*; ~**statics** Elastostatik *f*.

**elbow** Ellbogen *m*; Kniestück *n*.

**electric(al)** elektrisch; ~**ally heated clothing** Elektro-Heizbekleidung *f*; ~ **artificial feel** elektrische Belastungseinrichtung *f*; ~ **conductor** elektrischer Leiter *m*; ~ **discharge** elektrische Entladung *f*; ~ **engine** elektrisches Triebwerk *n*; elektrischer Antrieb *m*; ~ **equipment** elektrische Ausrüstung *f (Lfz)* ***(Def)***; ~ **feathering** elektrische Segelstellung *f (Prop)*; ~ **instrument** elektrisches Instrument *n* ***(Def)***; ~ **interference** elektrische Störungen *f/pl* ***(Def)***; ~ **motor** Elektromotor *m*; ~ **(power) supply** elektrische Energie- *od* Stromversorgung *f*; ~ **power unit** Stromversorgungsanlage *f (el)*; ~ **remote control** elektrische Fernbedienung *f*; ~ **starter** elektrischer Anlasser *n (Flzg)*; ~ **system** elektrische Anlage *f* ***(Def)***; ~ **torch** Taschenlampe *f*; elektrische Handlampe *f*; ~ **welding** Elektroschweißen *n*.

**electr|ician** Elektriker *m*; ~ **icity** Elektrizität *f*.

**electro|de** Elektrode *f*; ~**de gap** Elektrodenabstand *m*; *negative* ~*de* Kathode *f (el)*; ~**dynamic(al)** elektrodynamisch; ~**dynamics** Elektrodynamik *f*; ~**hydraulic booster** elektrohydraulisches Kraftsteuerungs- *od* Servosystem *n (Lfz)*; ~**magnet** Elektromagnet *m*; ~**magnetic(al) force** elektromagnetische Kraft *f*; ~**magnetism** Elektromagnetismus *m*; ~**mechanical control (system)** elektromechanische(s) Steuerung(ssystem) *f(n)*; ~**motor** Elektromotor *m*.

**electron** Elektron *n*; ~**-beam magnetron** Elektronenstrahlmagnetron *n*; ~ **conductance** Elektronenleitung *f*; ~ **gun** Elektronenstrahlerzeuger *m*; ~ **(incendiary) bomb** Elektronenbrandbombe *f (LKr)*; ~ **(radio) tube** Elektronenröhre *f*; ~ **spectograph** Elektronenspektograph *m*; ~**-wave magnetron** Elektronenstrahlmagnetron *n*.

**electronic** elektronisch; Elektron-; ~ **computer** Elektronenrechner *m*; Computer *m*; elektronische Rechenmaschine *f*; ~**nic control** Elektronensteuerung *f (el)*; ~ **counter-counter measures** *pl, abbr* **ECCM** elektronische Schutzmaßnahmen *f/pl, abbr* ESM *(LKr)*; ~ **countermeasures** *pl, abbr* **ECM** elektronische Gegenmaßnahmen *f/pl*; *abbr* EGM *(LKr)*; ~ **cursor** elektronische Messlinie *f (Radar usw)*; ~ **data processing**, *abbr* **EDP** elektronische Datenverarbeitung *f, abbr* EDV; ~ **equipment** Elektronikausrüstung *f*; ~ **excitation** elektronische Anregung *od* Erregung *f*; ~ **intelligence**, *abbr* **ELINT** elektronische Aufklärung *f (mil)*; ~**s** Elektronik *f*; Elektronenwissenschaft; ~**s bay** *or* **compartment** Elektronikraum *m (Lfz)*; ~ **theory** Elektronik *f*; Elektronentheorie *f*; ~ **warfare**, *abbr* **EW** elektronische Kampfführung *f (mil)*.

**electrostatic engine** elektrostatischer Antrieb *m*; elektrostatisches Triebwerk *n*.

**element** Element *n*; Zelle *f (el)*; Einheit *f*; Teileinheit *f (mil)*; Truppenteil *m (takt)*; ~**ary trainer** Anfängerschulflugzeug *n*.

**elevat|ed light** Überflurfeuer *n (Bod)*; ~**ion**, *abbr* **ELEV** Ortshöhe *f* über Meer; Seehöhe *f*; Elevation *f (nav)* ***(Def)***; Erhöhung *f (ballist)*; ~~ **angle** Höhenwinkel *m*; Erhöhungswinkel *m*; Erhebungs- *od* Elevationswinkel *m*; ~~ **setting** Höhenwinkel(ein)stellung *f*; ~~ **discrimination** *(E)* Höhenauflösungsvermögen *n (Radar)*; ~~**motor** Höhenrichtmotor *m (Flak)*; ~~ **resolution** *(US)* Höhenauflösungsvermögen *n (Radar)*; ~~ **setter** Höhenrichtkanonier *m (Flak)*.

**elevator** Höhenruder *n (Flzg)* ***(Def)***; ~ **angle** Höhenruderausschlag *m (Flzg)* ***(Def)***; ~ **assembly** Höhenleitwerk *n* *(Flzg)*; ~ **boost ratio** Kraftverstärkungsverhältnis *n* *(Höhenruder)*; ~ **booster tab** kraftgesteuerte Höhenruderklappe *f (Flzg)*; ~ **control** Höhensteuer(ung) *n (f) (Flzg)*; Höhenrudersteuerung *f (Flzg)*; ~ **deflection** Höhenruderausschlag *m*; ~ **deflection angle** Höhenruder-Ausschlagwinkel *m*; ~ **displacement** Höhenruderausschlag *m*; ~ **effectiveness** Höhenruderwirksamkeit *f (Flzg)*; ~ **fin** Höhenflosse *f (Flzg)*; ~ **hinge** Höhenrudergelenk *od* -scharnier *n*; ~ **power** Höhenruderwirksamkeit *f (Flzg)*; ~ **push and pull rod** Höhenruderstoßstange *f (Flzg)*; ~ **servo motor** Höhenrudermaschine *f*; Höhenruderservomotor *m*; ~ **trimmer** Höhentrimmung *f*; Höhentrimmrad *n*; ~ **trimming** Höhen(ruder)trimmung *f (Flzg)*; ~ **trim tab** Höhenrudertrimmklappe *f*; ~ **unit** Höhenleitwerk *n (Flzg)*.

**elever** Höhenseitenruder *n (Flzg)*.

**elenons** kombiniertes Höhen- und Querruder *n (Nurflügel-Flzg)*; Flügelhinterkantenruder *n/pl*; Höhenquerruder *n/pl (Lfz)* ***(Def)***.

**eligibility** Teilnahmeberechtigung *f (LVerk)*.

**elint**, *cf/vergl* **electronic intelligence**.

**ellip|soid inertia** Trägheitsellipsoid *n*; ~**tical wing** elliptische Tragfläche *f*; Ellipsenflügel *m (Flzg)*; ~**tic wind tunnel** Windkanal *m* mit elliptischem Querschnitt *(der Messstrecke)*.

**elongat|ed fuselage** verlängerter *od* langgestreckter *od* schlanker Rumpf *m (Flzg)*; ~**ion** Längung *f*; Dehnung *f*, ~~ line Dehnungslinie *f*.

**embark** einschiffen; Reise antreten; zu- *od* einsteigen; an Bord gehen *(Fluggäste usw) (LVerk)*; ~**ation** Reiseantritt *m* *(LVerk)*; Einschiffung *f*; Zu- *od* Einsteigen *n (LVerk)* ***(Def)***; ~**ation aerodrome** Reiseantrittsflugplatz *m*; ~**ation/disembaration** (*abbr* **E/D**) **card** Ein- und Aussteigekarte *f* *(LVerk)*.

**embossed map** Reliefkarte *f (Kart)*.

**emergency** Notlage *f*; Notfall *m*; ~ **access** Notzufahrtsweg *m* *(Bod)*; ~ **aerial** Notantenne *f (Funk)*; ~ **air** Hilfsdruckluft *f (Lfz)* ***(Def)***; ~ **airfield** Behelfsflugplatz *m*; ~ **alighting on water** Notwasserung *f*; Notlandung *f* auf Wasser *(Flbetr)*; ~ **and rescue equipment** Not- und Rettungsausrüstung *f*; (~ **and**) **rescue service** Unfallrettungs- *od* Rettungsdienst *m*; ~ **antenna** Not- *od* Behelfsantenne *f* *(Funk)*; ~ **battery** Notbatterie *f (el)*; ~ **bomb-release area** Notabwurfplatz *m (für Bomben)*; ~ **bomb-release lever** Bombennotwurfhebel *m*; ~ **bomb-jettison field** Bombennot(ab)wurfplatz m; ~ **call** Notruf *m*; ~ **cartridge** Hilfspatrone *f (Lfz)* ***(Def)***; ~ **ceiling** Gipfelhöhe *f* im Einmotorenflug *(bei zweimot Flzg)*; ~ **compass** Notkompass *m*; ~ **crew** Mannschaft *f* für Noteinsatz *(Bod)*; ~ **cruising output** erhöhte Dauerleistung *(Flmot)*; ~ **descent** Notsinkflug *m*; Schnell- *od* Notabstieg *m (Flbetr)*; ~ **dinghy** Seenotschlauchboot n; ~ **dropping** Not(ab)wurf *m*; ~ **dumping** Schnellablass *m od* -entleerung *f*

*(Kraftstoff aus Lfz)*; ~ **equipment** Notausrüstung *f (Flzg)*; ~ **escape** Notverlassen *n*; Verlassen *n (des Flzgs)* im Notfall; ~ **evacuation** Notevakuierung *f*; ~ **exit** Notausgang *m*; Notausstieg *m (Flzg)*; ~ **facilities** *pl* Noteinrichtungen *f/pl m*; ~ **field** Notlandeplatz *m*; ~ **flight manoeuvre** Notflugmanöver *n (Lfz)*; ~ **frequency** Notfrequenz *f*; ~ **fuel tank** Notkraftstoffbehälter *m*; ~ **handle** Notzug *m*; ~ **hatch** Notausstieg *m*; ~ **jettisoning** Not(ab)wurf *m (aus Lfz)*; ~ **jettison lever** Notabwurfhebel m; ~ **landing** Notlandung *f (Flzg)*; ~ **landing field** Notlandeplatz *m*; ~ **landing gear** Notfahrwerk *n (Flzg)*; ~ **landing ground** Notlandegelände *n od* ~platz *m*; ~ **landing on water** Notwasserung *f*; Notlandung *f* auf Wasser; ~ **lever** Nothebel *m*; ~ **lighting** Notbeleuchtung *f*; Notbefeuerung *f (Flugplatz)*; ~ **location beacon - aircraft**; *abbr* **ELBA** selbsttätiger Luftfahrzeug-Notsender *m*; Bordnotsender *m (Funk)*; ~ **lowering** Notausfahren *n (des Fahrwerks: Flzg)*; ~ **needs** Stoßbedarf *m (takt)*; ~ **parachute** Rettungsfallschirm *m* ***(Def)***; ~ **parachute descent** Notabsprung *m*; ~ **phase(s)** *pl* Alarmstufe(n) *f(pl)* ***(Def)***; ~ **power** Notleistung *f (Flmot)*; ~ **power plant** Notstromanlage *f (el)*; ~ **(power) rating** Notleistung *f (Flmot)*; ~ **power supply** Notstromversorgung *f (el)*; ~ **procedure** Notverfahren *n*; ~ **ration** eiserne Ration *f (mil)*; ~ **rations** *pl* Notverpflegung *f*; ~ **(salvo) release** Bombennotwurf *m*; ~ **signal** Notsignal *m od* -ruf *m (z.B. PAN, SOS)*; ~ **(situation)** Not(fall)situation *f*; Notfall *m od* -lage *f*; **state of** ~ Ausnahmezustand *m (mil)*; ~ **switch** Notschalter *m (el)*; ~ **tank** Reserve- *od* Notbehälter *m (Kraftstoff)*; ~ **transmitter** Notsender *m (Funk)*; ~ **use only** nur für Notfälle *m/pl (Hinweis)*; ~ **vehicle** Notfall- *od* Rettungsfahrzeug *n*.

**emission** Ausstrahlung *f*; Aussendung *f (Funk)*; Abgas *n*; Emission *f*; Strahlung *f (met)*; ~ **monitoring** *(Flsich)* Überwachung *f* der Ausstrahlung *(Funk)*; ~ **of engine** Triebwerksemission *f (von Schadstoffen)*; ~ **of heat** Wärmeabführung *f*; ~ **of rays** Abstrahlung *f*.

**emit** (aus)strahlen *(Funk)*; ~ **beams** or **rays** ausstrahlen *(Funk)*.

**empennage** Leitwerk *n (Flzg)*.

**empirical value** Erfahrungswert *m*.

**emplac|e** in (Feuer-)Stellung bringen *(takt)*; ~**ement** Stellung *f*; Feuerstellung *f (takt)*; ~**ing** Instellungbringen *n (Art)*.

**emplan|e** verladen *(in Flzg)*; besteigen *(Flzg)*; ~**ement** Verladung *f (in Flzg)*; Besteigen *n (Flzg)*; ~**ing** Verladung *f (in Flzg)*; Besteigen *n (Flzg)*; ~**ing officer** Ablaufoffizier *m (Lastensegler)*.

**employment** Einsatz *m*; Verwendung *f (takt)*; ~ **of AA** Flakeinsatz *m (Kr)*; ~ **of smoke screen** Nebeleinsatz *m (takt)*; ~ **reconnaissance** Einsatzaufklärung *f (takt)*.

**empt|ies** *pl* Leergut *n*; ~**y** leer; entleeren *(Kraftstoffbehälter usw)*; ~**y mass** Leermasse *f (Lfz)*; ~**y weight** Leermasse *f (Lfz)* ***(Def)***; ~**y weight plus accessories** Rüstmasse *f (Flzg)*.

**emulsi|fied fuel** emulgierter Kraft- *od* Treibstoff *m*; ~**on base** Schichtträger *m (LPhot)*.

**enable** befähigen; in den Stand (ver)setzen.

**enameled wire** Lackdraht *m (el)*.

**encipher** verschlüsseln; chiffrieren *(Funk)*; ~**ing** Verschlüsselung *f*; Chiffrierung *f (Funk)*; ~**ment** Verschlüsselung *f*; Chiffrierung *f (Funk)*.

**encircle** einkesseln; einkreisen *(takt)*; ~**d area** Kessel *m (takt)*; ~**ment** Einkesselung *f*; Einkreisung *f (takt)*.

**enclos|ed cockpit** geschlossener Cockpit; Führersitz *m*; ~**ure** Einzäunung *f*; Ummantelung *f*; Anlage *f (Brief)*.

**encod|e** (ver)schlüsseln; chiffrieren *(Funk)*; ~**ed** verschlüsselt *(Funk)*; ~**ing** Verschlüsselung *f*; Codieren *n (Funk)*.

**end| burning** Endbrand *m*; Stirnabbrand *m (Rak)*; ~ **cap** Endkappe *f (Flzg: Luftschiff)*; ~ **clearance** Längsspiel *n*; ~ **lap** Reihenbildüberlappung *f (LPhot)*; ~**-of-message signal** Meldungsschlusszeichen *n (Fernm)*; ~**-of-text signal** Textschlusszeichen *n (Fernm)*; ~ **plate** Endscheibe *f (Flzg)* ***(Def)***; ~ **rib** Endrippe *f (Tragfläche)*; ~ **speed** Katapult-Endgeschwindigkeit *f (Flzg-Träger)* ***(Def)***; ~ **thrust** Axialschub *m (Turbo)*.

**endorsement** *(on a licence etc)* Eintragung *f (in einen Schein usw)*.

**endurance** (Höchstflug-)Dauer *f* ***(Def)***; Ausdauer *f*; *auch* Flugzeit *f*; ~ **competition** Dauerflugwettbewerb *m*; ~ **flight** Dauerflug *m*; ~ **(flight) speed** Dauerfluggeschwindigkeit *f (Flbetr)*; ~ **test** Dauerprobung *od* ~prüfung *f*.

**enemy** Feind *m*; Gegner *m*; ~ **action** Feindeinwirkung *f (takt)*; ~ **activity** Feindtätigkeit *f*; ~ **aircraft** Feindflugzeug *n*; Indianer *sl m*; ~ **fire** Feindbeschuss *m*; ~ **formation** Feindverband *m (LKr)*; ~ **movement** Feindbewegung *f (takt)*; ~ **penetration** Feindeinbruch *m (takt)*; ~ **pressure** Feinddruck *m (takt)*; ~ **terrain** Feindgelände *n*; ~ **territory** Feindesland *n*.

**energ|ize** in Schwung bringen *(Schwungkraftanlasser)*; unter Spannung setzen *(el)*; ~**y** Kraft *f*; Energie *f*; Arbeit *f*; ~**y absorption** Arbeitsaufnahme *f (eines Federbeines)*; ~**y of motion** kinetische Energie *f*; ~**y source** Kraftquelle *f*; ~**y spectral density**, *abbr* **ESD** spektrale Energiedichte *f*.

**engag|e** einkuppeln; einrasten; in ein Gefecht verwickeln *(takt)*; ~**ed autopilot** eingeschalteter Autopilot *m*; ~**ement** Eingriff *m (Zahnräder)*; Kampf(handlung) *m (f) (takt)*; Gefecht *n (takt)*; ~**ing piston** Einrückkolben *m (Turbo)*; ~**ing speed** Einfanggeschwindigkeit *f (Flzg-Träger)* ***(Def)***.

**engine** (Flug-)Motor *m*; ~ **air bleed(-off)** Luftentnahme *od* ~ableitung *f (aus dem Triebwerk)*; ~ **bearer** Motorträger *m (Flzg)*; ~ **bed** Motorbock *m*; ~ **bundle** Triebwerksbündel *n*; ~ **car** Motorgondel *f (Lfz l)* ***(Def)***; ~ **change** Motorwechsel *m*; **compression-ignition** ~, *abbr* **CI engine** Dieselmotor *m*; ~ **controls** *pl* Motorbediengerät *n*; ~ **coolant** Motorkühlmittel *n (Flmot)*; ~ **cooling** Motorkühlung *f*; ~ **cowl(ing)** Motorhaube *f*; Motorverkleidung *f*; ~ **cut-off mass** Masse *f* bei Abschalten des Triebwerks *(Rak)*; ~ **damage** Motorschaden *m*; **dead** ~ ausgefallener *od* abgestellter Motor *m (Flzg)*; **Diesel** ~ Dieselmotor *m*; ~ **disintegration** Auflösung *f (od sl* Kleinbolz *n)* des Motors; ~ **drive** Motorantrieb *m*; ~**-driven supercharger** Getriebelader *m (Flmot)*; ~ **dry mass** Triebwerkstrockenmasse *f*; ~ **efficiency** Motorwirkungsgrad *m*; ~**er** Ingenieur *m*; Techniker *m*; Mechaniker *m*; Pionier *m (mil)*; ~**ering** technisch; Ingenieurwesen *n*; Pionierwesen *n (mil)*; ~**er troops** *pl* Pioniertruppen *f/pl*; Genietruppen *f/pl (mil)*; ~ **failure** Motorstörung *f*; Motorausfall *m*; **fan** ~ Fächermotor *m (Flmot)*; ~ **flame-out** Flammabriss *m (Turbo)*; ~ **fuel** Motorkraftstoff *m*; **fuel-injection** ~ Einspritzmotor *m*; **gas(oline)** ~ *(US)* Benzinmotor *m*; ~ **governor** Motorregler *m (Flmot)*; **ground(-boosted)** ~ Bodenmotor *m (Flmot für niedrige Nennhöhe)*; ~ **hood**

Motor(schutz)haube *f*; ~ **horse-power** Motorleistung *f*; ~ **hour** Motorbetriebsstunde *f*; ~ **inoperative** Motor *m* außer Betrieb *od* abgestellt *od* ausgefallen; ~**-inoperative flight** antriebsloser *od* schubfreier Flug *m*; ~ **instrument** Motoreninstrument *n*; **internal combustion** ~, *abbr* **IC engine** Verbrennungsmotor *m*; Brennkraftmaschine *f*; ~ **log book** Motorlebenslaufakte *f*; ~ **manifold pressure** Ladedruck *m (Flmot)*; ~ **mount(ing)** Motorvorbau *m*; Motoraufhängung *f od* -bock *m (Flzg)*; ~ **mount ring** Motortragring *m (Stern-Flmot)*; ~ **nacelle** Motorgondel *f*; ~ **noise** Motorlärm *m*; Motorgeräusch *n*; ~**-off landing** Landung *f* mit nichtarbeitendem Triebwerk *(Flbetr)*; ~**-on landing** Landung *f* mit arbeitendem Triebwerk *od* mit Gas; Gaslandung *f (Flzg)*; **opposed-cylinder** ~ Boxermotor *m*; ~ **output** *(abgegebene)* Motorleistung *f*; ~ **overspeed** Motorüberdrehzahl *f*; ~ **overspeeding** Überdrehen *n (Flmot)*; ~ **part** Motorteil *m & n*; ~ **performance** Motorleistung *f*; ~ **plate** Motortragplatte *f (Stern-Flmot)*; Motorschild *n (allg)*; ~ **pod** Triebwerksgondel *f (Turbo) (Def)*; ~ **power** Motorleistung *f*; ~ **pressure ratio**, *abbr* **EPR** Motordruckverhältnis *n*; ~ **pylon mounting** Pylon- *od* Stieltriebwerksaufhängung *f (Flzg)*; ~ **rating** Nennleistung *f*; zulässige Motorleistung *f (Flmot/Turbo) (Def)*; ~ **repair** Motorinstandsetzung *f*; ~ **replacement** Motorwechsel *m*; ~ **response** Beschleunigungsverhalten *n od* -charakteristik *(des Triebwerks)*; ~ **revolutions** *pl* Motordrehzahl *f*; ~ **ring cowl(ing)** Motorringverkleidung *f*; ~ **roar** Motorlärm *m*; ~ **RPM** Motordrehzahl *f*; ~ **seizure** Motorstillegung *f*; *sl* Motorfresser m; ~ **serviceability** Betriebsfähigkeit *od* Wartbarkeit *f (des Triebwerks)*; ~ **service life** Triebwerkslebensdauer *f*; Gesamtbetriebsdauer *f (des Triebswerks)*; ~ **speed** Motordrehzahl *f*; Triebwerkdrehzahl *f (Turbo) (Def)*; ~ **stoppage** Triebwerkbrennschluss *m (Rak)*; ~ **surge** Triebwerkspompage *f (unregelmäßiges Arbeiten des Triebwerks)*; **supercompression** ~ Überverdichtungsmotor *m (Flmot)*; ~ **suspension** Motoraufhängung *f*; ~ **test bed** Motorprüfstand *m*; ~ **test certificate** Motorprüfschein *m*; ~ **teststand** Motorprüfstand *m*; **thermal jet** ~ Heißstrahltriebwerk *n (Turbo)*; ~ **thrust** Triebwerksschub *m (Turbo)*; ~ **torque** Motordrehmoment *n (Flmot)*; ~ **trouble** Motorstörung *f*; ~ **type** Motor(bau)muster *n*; ~ **warm-up** Warmlaufen *od* ~fahren *n (des Triebwerks)*.

**enlist** sich freiwillig melden *(mil)*; ~**ed cadre** Rahmentruppe *f (mil)*; Freiwilligenkader *m (mil)*; ~**ed man** *(US)* Freiwilliger *m*; ~**ed men** *(US)* Unteroffiziere und Mannschaften *pl (mil)*; ~**ed personnel** *(US)* Unteroffiziere und Mannschaften *pl (mil)*; ~**ment** Eintreten *n (als Freiwilliger: mil)*.

**enplane** besteigen; einsteigen *od* ~laden *(Flzg)*; ~**ment** Besteigen *n (Flzg)*.

**enrich** anreichern *(Kraftstoff/Luftgemisch: Flmot)*; ~**ing** *or* ~**ment jet** Anreicherungsdüse *f (Flmot)*; ~**ment nozzle** Anreicherungsdüse *f (Flmot)*.
**enroll** sich freiwillig melden *(mil)*.

**en route** unterwegs; auf Strecke *(LVerk)*.

**en-route** | **delay** Verzögerung *n* auf Strecke *(durch verringerte Reisegeschwindigkeit: Flbetr)*; ~ **flight** Streckenflug *m*; ~~ **clearance** Strecken(flug)freigabe *f (Flsich)*; ~ **frequency** Streckenfrequenz *f (Funk)*; ~ **marker beacon** (Flug-)Strecken-Markierungsfunkfeuer *n*; ~ **navigation** Streckennavigation *f*; ~ **navigational aid** (Flug-)Strecken-Navigationseinrichtung *f*; ~ **navigation transponder** (Flug-)Streckennavigations-Antwortgerät *n (DME)*; ~ **slot** Überflugraster *m (Flsich)*; ~ **stop** Zwischenhalt *m od* -landung *f (Flbetr)*; ~ **surveillance radar**, *abbr RSR* Streckenrundsichtradar n.

**entanglement** (Draht-)Verhau *n (Kr)*.

**enter** eintragen *(in Karte)*; einzeichnen *(in Karte)*; melden *(zum Wettbewerb)*; ~ **a spin** ins Trudeln geraten; abtrudeln *(Flzg)*; ~ **by air** einfliegen *(in ein Gebiet)*; ~ **cloud** in die Wolken ziehen *(Flzg)*; ~**ing edge** Flügeleintrittskarte *f (Flzg)*; ~ **in the army** in das Heer eintreten.

**entirely automatic** vollautomatisch.

**entrance** | **by air** Einflug *m*; ~ **hatch** Einstieglunke *f (Flzg)*; ~ **ladder** Einstiegleiter *f (Flzg)*; ~ **visa** Einreisesichtvermerk *m (LVerk)*.

**entrench** eingraben; schanzen; ~**ing tools** *pl* Schanzzeug *n*; ~**ment** Verschanzung *f*; Schanzarbeit *f*.

**entrophy layer** Entropiefläche *od* -schicht *f*.

**entry** Eintragung *f (Kurs usw in Karte)*; Einflug *m*; Einreise *f*; Einfuhr *f*; ~ **and clearance regulations** *pl* Einreise- und Abfertigungsvorschriften *f/pl (LVerk)*; ~ **by air** Einflug *m*; ~ **clearance** Einflugfreigabe *od* ~-erlaubnis *f (LVerk)*; ~ **corridor** Einflugschneise *f od* -korridor *(Flsich)*; ~ **declaration** Eingangsabfertigung *f (Zoll)*; ~**-exit sign** Ein- und Ausgangszeichen *f (Bod)*; ~ **fix** festgelegter Einflugort *m*; Einflugfixpunkt *m*; ~ **in a competition** Wettbewerbsnennung *f*; ~ **permit** Einflugerlaubnis *f*; ~ **point** Einflugpunkt *m (Flsich) (Def)*.

**environment** Umwelt *od* ~gebung *f*; ~**al air** umgebende Luft *f*; ~**al temperature** Umgebungstemperatur *f*.

**envelop** umfassen *(takt)*; ~**e** Ballonhülle *f*; Hülle *f (Luftschiff) (Def)*; ~**ing attack** umfassender Angriff *m (takt)*; ~**ment** Umfassung *f*; Umklammerung *f (takt)*.

**epicyclic gear** Umlauf- *od* Planetengetriebe *n (Flmot)*.

**equal** | **area projection** flächentreue Projektion *f (Kart)*; ~**ized torque** ausgeglichenes Drehmoment *n*; ~**izing force** Ausgleichskraft *f*; ~**izing pulse** Ausgleichsimpuls *m (Radar)*; (~) **noise contour** Linien *f/pl* gleicher Lautstärke *od* -belastung *f*; ~ **time points** *pl* Punkte *m/pl* gleicher Zeit *(nav)*.

**equation** Gleichung *f*; ~ **of time** Zeitgleichung *f*.

**equator** Äquator *m*; ~**ial air** Äquatorialluft(massen) *f (f/pl) (met)*.

**equi** | **distant** abstandsgleich; äquidistant; ~**librium** Gleichgewicht *n*; ~~ **height** Gleichgewichtshöhe *f (Lfz l) (Def)*; ~~ **of forces** Kräftegleichgewicht *n*; ~~ **pressure** Gleichgewichtsdruck *m*; ~**noctial point** Tagundnachtgleiche *f*; ~**nox** Tagundnachtgleiche *f*.

**equipment** Ausrüstung *f*; Gerät *n*; Ausstattung *f*; Rüstzeug *n (Flzg)*; ~ **alignment** Geräteeinstellung *f*; Abgleichung *f (Radar usw)*; ~ **at hand** Istbestand *m*; ~ **component list**, *abbr* **ECL** *(US LW)* Anlagenliste *f* zur Ausrüstungsnachweisung; ~ **condition** Rüstzustand *m (Flzg)*; **fixed** ~ ständige *od* feste Ausrüstung *f (Flzg)*; ~ **issuing point** Geräteausgabestelle *f (mil)*; **loose** ~ bewegliche Ausrüstung *f (Flzg)*; **table of** ~, *abbr* **T/E** Ausrüstungsnachweisung, *abbr* AN *f (mil)*.

**equi** | **signal** Amplitudengleichheit *f*; Dauerton *m (Leitstrahlanlagen)*; Dauerstrich *m*; Äquisignal-; ~**signal line** Linie *f* gleicher Amplitude; ~**signal sector** Leit(strahl)sektor *m (Funk)*; ~**signal zone** Dauertonzone *f (nav)*; Leistrahlsektor *m (nav)*; Dauerstrich *m (Funknav)*; Zone *f* gleicher

Amplitude *(Funknav)* ***(Def)***; ~**valent airspeed**, *abbr* **EAS** äquivalente Fluggeschwindigkeit *f (LFz)* ***(Def)***; ~**valent altitude** *(of an aerodrome)* äquivalente Höhe *f (eines Flughafens)*; ~**valent continuous perceived noise level** äquivalenter empfundener Dauerlärmpegel *m*; ~**valent shaft horsepower** Wellenvergleichsleistung *f* in Pferdestärken; äquivalente Wellenleistung *(Turbo)* ***(Def)***; ~**valent single wheel load**, *abbr* **ESWL** äquivalente Einzelradlast *f (Lfz)*; ~**valent tail wind** äquivalenter Rückenwind *m (Flbetr)*; ~**valent vertical gust speed** äquivalente vertikale Böengeschwindigkeit *f (met)*; ~**valent wing** äquivalenter Tragflügel.

**erect** zusammenbauen; montieren *(Flzg)*; ~**ion** Montage *f (Flzg)*; ~**ion drawing** Montagezeichnung *f*; ~**or** Monteur *m*.

**ergonom|ic(al)** ergonomisch; ~**y** Ergonomie f; Ergonomik *f*.

**erk** *(E) sl für* Luftwaffenrekrut *m*.

**error** Fehler *m*; ~ **budgeting** Fehleraufrechnung *f (nav)*; ~ **correction device** Fehlerkorrekturgerät *n*; ~ **detection** Fehler- *od* Störungserkennung *f*; ~ **in compass indication** fehlerhafte Kompassanzeige *f*; ~ **in fix** Besteckfehler *m (nav)*; ~ **in (human) judgement** Schätzfehler *m*; ~ **in measurement** Messfehler *m*; ~ **in observation** Beobachtungsfehler *m (nav)*; ~ **(in) reading** Ablesefehler *m*; ~ **in setting up** Einbaufehler *m (Kompass)*; ~ **of navigation** Navigationsfehler *m*; ~ **of (pilot's) judgement** Führungsfehler *m (als Unfallursache)*; ~ **scatter** Fehlerstreuung *f (nav)*; ~ **signal** Irrungszeichen *n (Funk usw)*.

**escape** Entweichen *n*; Flucht *f (takt)*; flüchten; entweichen; ~ **chute** Rettungsschlauch *m (Flzg)*; ~ **hatch** Notausstieg *m (Flzg)*; ~ **route** Fluchtweg *m (Bod)*; ~ **slide** Notrutsche *f (Flzg)*.

**escort** Begleitschutz *m (LKr)*; Begleitschutz fliegen *(LKr)*; ~ **aeroplane** Begleitflugzeug *n*; ~ **aircraft carrier** Geleitflugzeugträger *m*; ~ **fighter** Begleitjäger *m (LKr)*; ~ **plane** Begleitflugzeug *n*; ~ **service** Geleitdienst *m (takt)*; ~ **vessel** Begleitschiff *n*; Geleitschiff *n*.

**espionage** Spionage *f*.

**establish** aufnehmen *(Verbindung)*; einrichten; ~**ment** Einrichtung *f (mil)*; Anstalt *f (mil)*; ~**ment of contact** *or* **communication** *or* **liaison** Verbindungsaufnahme *f*.

**estimate** Schätzung *f*; Beurteilung *f*; Abschätzung *f*; schätzen; beurteilen; ~**ed elapsed time**, *abbr* **EET** voraussichtliche Flugdauer *f*; ~**ed flight time** geschätzte *od* voraussichtliche Flugzeit *od* ~-dauer *f*; ~**d time of arrival**, *abbr* **ETA** geschätzte *od* voraussichtliche Ankunftszeit *f (Flsich)*; ~**d time of departure**, *abbr* **ETD** voraussichtliche Abflug- *od* Startzeit *f (Flsich)*; ~ **of terrain** Geländebeurteilung *f (takt)*; ~ **of the situation** Lagebeurteilung *f (takt)*.

**estimation** Schätzung *f*; Abschätzung *f*.

**eta patch** fächerförmiges Befestigungspflaster *n (Lfz l)* ***(Def)***.

**evacuat|e** abbefördern; ausfliegen *(Verwundete usw)*; evakuieren; ~**ion** Abbeförderung *f*; Räumung *f (mil)*; **air** ~**ion** Ausfliegen *n*; ~**ion of prisoners** Gefangenenabschub *m*.

**evad|e** ausweichen *(im Luftkampf)*; ~**ing movement** Ausweichbewegung *f (Luftkampf)*.

**evaluat|e** auswerten *(Intell)*; beurteilen *(Intell)*; ~**ion** Auswertung *f (Intell)*; Beurteilung *f (Intell)*; ~**ion of information** Nachrichtenbeurteilung *f (Intell)*; ~**ion of intelligence** Nachrichtenbeurteilung *f (Intell)*; ~**ion of terrain** Geländebeurteilung *f (takt)*.

**evaporati|on** Verdunstung; ~~ **fog** Verdampfungsnebel *m (met)*; ~**ve cooling** Verdampfungskühlung *f* ***(Def)***; **heat** Verdampfungswärme *f*; ~**ve ice** Verdunstungseis *n (met)* ***(Def)***.

**evasive action** Ausweich- *od* Abwehrbewegung *f (Luftkampf)*; Ausweichmanöver *n (bei Kollisionsgefahr)*.

**evening| civil twilight** bürgerliche Abenddämmerung *f*; ~ **twilight** Abenddämmerung *f*; ~ **upwind** Abendthermik *f (Segelflug)*.

**evennes** Ebenheit f; Ebenfähigkeit *f*.

**event** Veranstaltung *f (Flugtag usw)*; Ereignis *n*; Zwischenfall *m*; Vorfall *m*.

**exaggerate** übertreiben; überhöhen *(Kart)*.

**examin|ation** Prüfung *f*; **pass an** ~**ation** eine Prüfung bestehen; ~**e** prüfen *(Personal)*; untersuchen; vernehmen; ~**er** Prüfer *m*; Prüfender *m*.

**excavator** Baubagger *m*; Erdarbeiter *m*.

**excepted area** Ausnahmegebiet *n (Gesundheitsregelung)*.

**excess| air coefficient** Luftüberschusszahl *f*; ~ **baggage** Übergepäck *n (LVerk)*; ~ **baggage rate** Übergepäckgebühr *f (LVerk)*; ~ **capacity** Überkapazität *f (LVerk)*; ~ **energy** Kraftüberschuss *m*; ~**ive load** Überlast *od* ~ belastung *f*; ~ **luggage rate** Übergepäckgebühr *f (LVerk)*; ~ **power** Leistungsüberschuss *m (Triebwerk)*; ~ **RPM** Überdrehzahl *f (Flmot)*; ~ **voltage** Überspannung *f (el)*; ~ **weight** Mehrgewicht *n*; Übergewicht *n (Flzg)*.

**exchange** Austausch *m*; *(E)* Vermittlung *f (Tel)*; *(US)* Marketenderei *f (PX)*; ~ **correlation** Austauschwechselwirkung *f*; **group** ~ Hauptampt *n (tel)*, *abbr* HA *(früher: Verteilerfernamt)*; **local** ~ Endamt *n (tel)*, *abbr* EA *(früher: Vermittlungsstelle)*; **main** ~ Knotenamt *n*, *abbr* KA *(früher: Endfernnamt, abbr EF)*; ~ **of air** Luftaustausch *m*; ~ **of opinion** Meinungsaustausch *m*; ~ **of prisoners** Gefangenenaustausch *m*.

**excit|ation** Erregung *f (el)*; ~**ation current** Erregerstrom *m (el)*; *separate* ~*ation* Fremderregung *f (el)*; ~**e** erregen *(el)*; ~**er** Erreger *m (el)*; ~**er brush** Erregerbürste *f (Generator)*; ~**ing brush** Erregerbürste *f (Generator)*.

**execut|e** durchführen; ausführen; ~**ion** Durchführung *f*; Ausführung *f*; *command of* ~*ion* Ausführungskommando *n (mil)*; ~**ive aircraft** Geschäftsflugzeug *f*; ***(Def)***; ~**ive instruction** Ausführungsbestimmung *f*; ~**ive officer** Adjutant *m (mil)*.

**exercise** Übung *f (Manöver: mil)*; **combined arms** ~ Manöver *n* der verbundenen Waffen *(mil)*; **field** ~ Felddienstübung *f (mil)*; Geländeübung *f (mil)*.

**exhaust** Entladen *n (Viertakt-Flmot)*; Auspuff *m*; Abgas *n (Flmot)*; aufbrauchen; erschöpfen; ~ **back pressure** Abgasgegendruck *m (Flmot)*; ~ **balance line** Abgasausgleichsleitung *f (Flmot)*; ~ **branch pipe** Abgasrohr *n (von Zylinder zu Abgassammler)*; ~ **collector (manifold)** Auspuffsammler *m*; Auspufftopf *m*; ~ **collector ring** Abgassammelring *m (Stern-Flmot)* ***(Def)***; ~ **conduit** Abgasleitung *f (Flmot)*; ~ **cone** Abgaskonus *m (Turbo)* ***(Def)***; ~-

**driven supercharger** Abgaslader *m (Flmot)*; ~**-driven turbo supercharger** Abgasturbolader *m (Flmot)*; ~ **flame damper** Flammendämpfer *m (Flmot)*; ~ **gas-driven compressor** Abgasgebläse *n*; ~ **gas** Abgas *n*; ~ **gas stream** Abgasstrahl *m*; ~ **gas temperature**, *abbr* **EGT** Abgastemperatur *f (Turbo)* ***(Def)***; ~ **(gas) turbine** Abgasturbine *f*; ~ ~**heat de-icer** Abgasenteisung *f (Tragflächen usw)*; ~ **heat exchanger** Abgaswärme(aus)tauscher *m (Flmot)*; ~ **manifold** Abgas- *od* Auspuffsammler *m (Flmot)* ***(Def)***; ~ **nozzle** Strahl- *od* Schubdüse *f (Turbo & FK)* ***(Def)***; ~ **passage** Abgaskanal *m*; ~ **pipe** Abgasleitung *f (von Abgassammler zu Schalldämpfer)*; ~**-reheat** Nachverbrennung *f (Turbo)*; ~ **ring** Abgas(sammel)ring *m (Stern-Flmot)*; ~ **stack** Abgasstutzen *m (Flmot)* ***(Def)***; ~ **stator blades** *pl* Abgasleitschaufeln *f/pl (Turbo)* ***(Def)***; ~ **stroke** Entlade- *od* Auslasshub *m (Viertakt-Flmot)*; ~ **stub** Abgas- *od* Auspuffstutzen *m*; ~ **system** Abgasanlage *f (Flmot)* ***(Def)***; Auspuffsystem *n*; ~ **trail** Abgasschleppe *f*; ~ **turbine** Abgasturbine ***f***; ~ **valve** Auslass- *od* Auspuffventil *n*.

**exhibition** Ausstellung *f*; ~ **flight** Schauflug *m*; ~ **flyer** Vorführungs- *od* Kunstflieger *m*; ~ **jumping** Schauspringen *n (Fallschirm)*.

**exit** Ausgang *m*; Austritt *m*; Abgang *m*; ~ **curve** Abrollkurve *(Bod)*; ~ **fix** festgelegter Ausflugort *m*; Ausflugfixpunkt *m (Flsich)*; ~ **nozzle** End- *od* Austrittsdüse *f*; ~ **slot** Auslassschlitz *m*; ~ **taxiway** Abrollweg *m (Bod)*; ~ **temperature** Austrittstemperatur *f*; ~ **visa** Ausreisevermerk *m*.

**exosphere** Exosphäre *f* ***(Def)***.

**expansi|on** Ausdehnung *f*; Expansion *f*; ~**on cooling** kapazitive *od* Expansionskühlung *f*; ~**on joint** Dehnungsfuge *f (Startbahn)*; ~**on link** Dehnungsverbindung *f*, ~**on pressure** Expansionsdruck *m*; ~**on stroke** Ausdehnungs- *od* Expansionshub *m (Viertakt-Flmot)*; ~**ive cooling** *cf/ vergl* **expansion cooling**; ~**ve energy** *or* **force** Ausdehnungskraft *f (Gase usw)*.

**expected** erwartet *(Leistungswerte)* ***(Def)***; ~ **approach time**, *abbr* **EAT** voraussichtlicher Anflugzeitpunkt *m (Flsich)* ***(Def)***.

**expen|dable supplies** *pl* Verbrauchsmaterial *n*; ~**dable tank** Abwurfbehälter *m*; ~**diture of ammunition** Munitionsverbrauch *m*; ~**ses** *pl* (Betriebs-)Unkosten *pl*; ~**ses** *pl* **per traffic unit** Kosten *pl* pro Verkehrsleistungseinheit *f (LVerk)*.

**experience** Erfahrung *f*; **operational** ~ Einsatzerfahrung *f (flgd. Personal)*; **solo** ~ Alleinflugerfahrung *f (Pilot)*.

**experiment** Versuch *m*; ~**al aerodynamics** experimentelle Strömungslehre *f*; ~**al airplane** Versuchsflugzeug *n*; ~**al department** Versuchabteilung *f (Flzg-Werk)*; ~**al flight** Versuchsflug *m (Flzg)*; ~**al radio station** Versuchsfunkstelle *f*; ~**al station** Versuchs(funk)stelle *f*; ~**al test(ing) station** Erprobungsstelle *f*; ~**al value** Erfahrungswert *m*.

**expert** Sachverständiger *m*; Fachmann *m*; erfahren.

**expir|ation time** Ablaufzeit *f*; ~**ed passport** abgelaufener Reisepass *m*.

**explo|de** explodieren; krepieren *(Granate)*; zünden *(Bombe)*; ~**de instantaneously** ohne Verzögerung, *abbr* o.V. explodieren *(Bombe)*; ~**der** Übertragungsladung *f (Bombe)*; ~**ratory flight** Forschungs- *od* Erkundungsflug *m*; ~**sion** Explosion *f*; ~**sion gas turbine** Explosionsgasturbine *f*; ~**sion pressure** Explosionsdruck *m*; ~**sion space** Explosionsraum *m*; ~**sive(s)** Sprengstoff *m*; ~**sive bullet** Sprenggeschoss *n*; ~**sive bomb** Sprengbombe *f*; ~**sive charge** Sprengladung *f*; ~**sive decompression** Drucksturz *m*; plötzlicher Druckabfall *m*; explosive Dekompression *f (Druckkabine)* ***(Def)***; ~**ive-detecting device** Sprengstoffspürgerät n; ~**ive device** Sprengkörper *od* -satz *od* -vorrichtung *f*; ~**sive effect** Sprengwirkung *f*; ~**sive force** Sprengkraft *f*; ~**sive rivet** Sprengniet *m*; ~**sive thrust** Verbrennungsdruck *m*.

**export licence** Ausfuhrbewilligung *f*.

**expos|ed** offen; unangelehnt *(takt)*; ungeschützt; belichtet *(Film: LPhot)*; ~**ed flank** ungeschützte Flanke *f (takt)*; ~**ed weather side** Luvseite *f*; ~**ed wing** offener Flügel *m (takt)*; ~**ometer** Belichtungsmesser *m (LPhot)*.

**exposure** Belichtung *f (LPhot)*; Bildaufnahme *f (Belichtung)*; ~**-meter** Belichtungsmesser *m (LPhot)*; ~ **suit** Schutzanzug *m* ***(Def)***; ~ **table** Belichtungstabelle *f (LPhot)*; ~ **time** Belichtungszeit *f (LPhot)*.

**express airliner** Schnellverkehrsflugzeug *n*.

**extend** auseinanderziehen *(takt)*; ausschlagen *(Klappen)*; ausfahren *(Fahrwerk; Landeklappen)*; ~**ed centre line of the runway** Anfluggrundlinie *f*; ~**ed landing gear** ausgefahrenes Fahrwerk *n (Flzg)*; ~**ed order** geöffnete Ordnung *f (Verbandsflug)*; ~**ed range** erweiterte Reichweite *f (Fernm)*; ~**ing mechanism** Ausfahrmechanismus *m (Flzg-Fahrwerk)*; ~ **plug** verstellbarer Leitkonus *m (im Lufteinlass: Turbo)*.

**extensibility** Dehnbarkeit *f (Werkstoff)*.

**extension** Ausschlag *m (Klappen)*; Ausfahren *n (Fahrwerk; Landeklappen)*; Ansatz(fläche) *m (f) (am Steuerruder)*; Nebenanschluss *m (Tel)*; ~ **drive-shaft** verlängerte Antriebswelle *f*; ~ **flap** Fowler-Klappe *f (Flzg)* ***(Def)***; ~**s of the wing** Außenflügel *m (Tragfläche)*.

**extensometer** Dehnungs- *od* Längungsmesser *m*.

**extent** Ausdehnung *f*; Umfang *m*; Ausmaß *n*; ~ **of command** Befehlsbereich *m & n (mil)*.

**exterior| aerial** *or* **antenna** Außen(bord)- *od* Freiantenne *f (Funk)*; ~ **ballistic factors** *pl* Witterungseinflüsse *m/pl (ballist)*; ~ **guard** Außenwache *f (mil)*; ~ **preflight (inspection)** Vorflug-Außeninspektion *f (Flbetr)*.

**external| (aerofoil) flap** Doppelfügel *m (Hilfsflügel; Flzg)*; angesetzte Klappe *f (Flzg)*; Hilfsflügel *m (Lfz)* ***(Def)***; ~ **aileron** angesetztes Querruder *n*; ~ **combustion engine** Triebwerk *n* mit äußerer Verbrennung *f (Rak)*; ~ **drag** Außenwiderstand *m (aerodyn)*; ~ **guidance** Fernlenkung *f (FK)*; ~ **induction** Fremderregung *f (el)*; ~ **pressure** Außendruck *m*; ~ **skin** Außenhaut *od* ~ beplankung *f (Lfz)*; ~ **store** Außenlast *f (Flzg)*; ~~ **device** Außenträger *m*; Außenlast-Aufhängevorrichtung *f (Lfz)*; ~ **suspension** Außenaufhängung *f (Bomben usw: Flzg)*; ~ **tank** Außenbehälter m (Flzg).

**extinguish|er** Feuerlöscher *m*; ~**ing equipment** Feuerlöschausrüstung *f (Flzg)*; ~ **time of fire** Feuerlöschzeit *f*.

**extra| charge** Zusatzladung *f (Kraftstoff durch Beschleunigungspumpe)*; ~ **duty** Strafdienst *m (mil)*; ~ **flight** Sonderflug *f (LVerk)*; ~ **fuel tank** Kraftstoffzusatzbehälter *m (Flzg)*; ~**-long range** überlange Strecke *f*; ~**territorial air service** Auslandsluftverkehr *m*.

**extract | ion cord** Aufzieh- *od* Aufzugs- od Reißleine *f (Fallsch)*; ~**or parachute** Aufziehschirm *m (Fallsch) (Def)*.

**extreme | flight regime** extremes Flugregime *n (Flbetr)*; ~ **-low-altititude** *or* **-level flight** Tiefstflug *m*; extremer Tiefflug *m (Flbetr)*; ~**-low-speed flight** extremer Langsamflug *m (Flbetr)*; ~**ly high frequency**, *abbr* **EHF** extrem hohe Frequenzen *f/pl*, *abbr* EHF; Millimeterwellen *f/pl (30–300 GHz: Funk)*; ~**ly-high tension** Höchstspannung *f (el)*; ~ **manoeuvre** extremes Flugmanöver *n (Flbetr)*.

**extru | ded shape** Ziehprofil n; ~**sion** Strangpress- *od* Ziehprofil *n (Flzg-Bau)*.

**eye | of storm** Sturmzentrum *n*; Auge n des Sturmes *(met) (Def)*; ~**piece** Okular *n (Optik)*; ~**sight** Sehkraft *f*; ~**-to-wheel height** Auge/Rad-Vertikalabstand *m (Flzg)*.

# F

**F** *(ICAO- & NATO-Buchstabieralphabet)* Foxtrot; *(altes, internationales Buchstabieralphabet)* Fox; ~**-layer** F-Schicht *f*; Appleton-Schicht *f*.

**fabric** Stoff *m*; Gewebe *n*; ~ **cover(ing)** Stoffbespannung *f (Flzg)*; ~**-covered** stoffbespannt *(Flzg)*; ~ **envelope** Stoffhülle *f (Ball)*; ~ **gore** Bahn *f (Ball)*; ~ **lining** Stoffauskleidung *f (Flzg.-Kabine)*; ~ **outer cover** Außenhülle *f (Ball)*; ~ **panel** Bahn *f*; ~ **skin** Stoffhaut *f (Flzg)*.

**face** Stirn- *od* Frontfläche *f*.

**facilit | ation** Verkehrserleichterung *f (LVerk)*; ~**ies** Einrichtungen *f/pl (Anlagen & Dienste: Bod)*; ~**y availability** Anlagenverfügbarkeit *f (Flsich)*; ~**y failure** Anlagenausfall *m od* ~störung *f*; ~**y performance category** Gerätekategorie *f (z.B. ILS; Flsich) (Def)*; ~**y reliability** Anlagenzuverlässigkeit *f (Bod)*.

**facsimile** Faksmile *n*; Nachbildung *f*; *(in Zusammensetzungen mit Funkgeräten:)* Bildfunk *m*; Bildübertragung *f*; Faksimile(übertragungssystem) *n (Fernm) (Def)*; ~ **broadcasting station** Faksimile-Rundsendestation *f (Funk)*; ~ **chart** Faksimilekarte *f (met)*.

**factor** Faktor *m*; Beiwert *m*; Koeffizient *m*; ~ **of safety** Sicherheitsfaktor *m od* ~zahl *f (Konstr) (Def)*.

**factory | airfield** Werk- *od* Fabrikflugplatz *m*; ~ **(serial) number** Werknummer *f*; ~ **testing** Werk(s)erprobung *f (Lfz)*.

**facula** Fackel *f (Sonnenfackel)*.

**fade** schwinden; abnehmen; abklingen *(Funk)*; ~ **in volume** Volumenabnahme *f (Funk)*.

**fading** Schwund *m (Funk)*; ~ **control** Schwundregelung *f (Funk)*; ~ **effect** Schwundwirkung *f (Funk)*; ~ **in volume** Volumenabnahme *f (Funk)*; ~ **rectifier** Schwundausgleich *m (Funk)*.

**fail** versagen; ausfallen *(Flmot, Gerät)*; ~ **hard** ausfallempfindlich *(Gerät usw)*; ~ **operational** betriebssicher; ~ **passive** ausfallunempfindlich; ~ **safe** ausfallsicher *(Gerät usw)*; ~~ **feature** Ausfallsicherheitsvorrichtung *f od* -merkmal *n*; ~~ **principle** Fail-safe-Prinzip *n*; Ausfallsicherheitsprinzip *n*; ~ **soft** ausfallunempflindlich; ~**ure** Versagen *n*; Ausfall *m*; Störung *f (Flmot, Gerät)*; ~**ure rate** Ausfallhäufigkeit *od* ~quote *f*; ~**ure recognition** Ausfall- *od* Störungserkennung *f*; ~**ure threshold** Ausfallschwelle *f (Konstr)*.

**fair | ing** Verkleidung(sübergang) *f (m) (Rumpf/Tragfläche) (Def)*; Verschalung *f*; ~**lead** Durchführung *f (Antenne)*; ~**water** *(stromlinienförmige)* Verkleidung *f (Konstr)*; ~ **weather** Schönwetter *n*; ~**-weather clouds** *pl* Schönwetterwolken *f/pl*; ~**-weather cumulus** Schönwetterkumulus *m (met)*; ~**-weather flyer** Schönwetterflieger *m*.

**fall** Abfall(en) *m (n)*; Sturz *m*; Sinken *n*; *(US)* Herbst *m*; fallen; sinken; abflauen *(Wind)*; ~**-breaking** fallbremsend *od* -mindernd; ~ **in** antreten *(mil)*; ~**ing leaf** fallendes Blatt *n (Kunstflugfigur) (Def)*; ~ **off** *(on one wing)* abkippen; abrutschen *(Flzg über eine Tragfläche)*; ~ **of pressure** Druckabfall *m*; ~**ing speed** Fallgeschwindigkeit *f*; ~**-out** Fallout *m*; radioaktiver Niederschlag *m*; ~ **wind** Fallwind *m (met)*.

**false | alarm** blinder Alarm *m*; ~ **attack** Scheinangriff *m (takt)*; ~ **bearing** Fehlpeilung *f (nav)*; ~ **cap** Blindkappe *f*; ~ **glide path** falscher Gleitweg *m (ILS)*; ~ **lift** falscher Auftrieb *m (Lfz l) (Def)*; ~ **origin** verschobener Koordinatenpunkt *m (Kart) (Def)*; ~ **rib** Hilfs- *od* Form- *od* Nasenrippe *f (Lfz) (Def)*; ~ **spar** Zwischenholm *m (Tragfläche)*; ~ **take-off** Fehlstart *m (Flzg)*; ~ **vertical** Scheinlot *n*.

**falter** stottern *(Flmot)*.

**familiariz | ation flight** Einweisungsflug *m*; ~**e** einweisen; vertraut machen.

**family | of frequencis** Frequenzgruppe *od* ~familie *f (Funk)*; ~ **of hyperbels** Hyperbelschar *f*.

**fan** Fächer m; Lüfter *m*; Gebläse *n (Flmot)*; Bremsluftschraube *f*; *sl* Luftschraube *f*; ~ **antenna** Fächerantenne *f (Funk)*; ~**-augmented lift** durch Gebläse erhöhter Auftrieb *m (aerodyn)*; ~ **blower** Flügelgebläse *n*; ~ **brake** Bremsluftschraube *f*; ~ **by-pass ratio** Bläser- *od* Gebläsenebenstromverhältnis *n (Turbo)*; ~ **engine** Fächermotor *m (Flmot)*; Manteltriebwerk *m (Turbo) (Def)*; ~ ~ **VTOL aeroplane** Senkrechtstarter *m* mit Turbogebläse *od* Düsenfächer *(Lfz)*; ~ **liner** (*or* ~ **air-liner**) Verkehrsflugzeug *n* mit ummantelten Luftschrauben; Fanliner *m (Flzg)*; ~ **marker** Fächer-Markierungssender *m*; ~ **marker beacon** Fächerfunkfeuer *n (Def)*; ~ **shroud** Lüfterverkleidung *f*; ~ **straighteners** *pl* Gebläsegleichrichter *m/pl (aerodyn) (Def)*; ~**-type engine** Fächermotor *m (Flmot)*; ~ **wheel** Gebläserad *n*.

**far | field** (akustisches) Fernfeld *n*; ~ **side** abgewandte *od* nicht sichtbare Seite *f*; Rückseite *f*.

**fare of flight** Flugpreis *m (LVerk)*.

**farsighted** weitsichtig.

**fast | aeroplane** Höchstgeschwindigkeits- *od* Schnellflugzeug *n*; ~**-feathering propeller** Schnellsegelstellungspropeller *m*; ~ **running** schnelllaufend; schnell rotierend; ~**-stoppage** *or* **-stopping device** Schnellstoppvorrichtung *f (Flmot)*; ~ **time constant** Enttrübung(sschaltung) *f*; Impulsdauerverkürzung *f (Radar)*.

**fasten** befestigen; aufziehen *(Luftschraube)*; ~**ing** Aufziehen *n (Luftschraube)*.

**fata morgana** Fata Morgana *f*; Luftspiegelung *f*.

**fatal | accident** tödlicher Unfall *m*; ~ **bleeding** Verblutung *f*; ~**ity** tödlicher Unfall *m*; Verlust *m (an Menschenleben)*; ~ **rate** Todesfallrate *f*.

**fathom line** Isobathe *f*; Tiefenlinie *f (in Faden: Kart).*

**fatigue** Ermüdung *f*; Arbeitsdienst *m (mil)*; ~ **bending test** Dauerbiegeversuch *m*; ~ **crack** Ermüdungsbruch *od* -riss *m*; ~ **failure** Ermüdungsbruch *m (Werkstoff)*; ~ **fracture** Ermüdungsbruch *m (Werkstoff)*; ~ **impact test** Dauerschlagversuch *m*; ~ **life** Dauer- *od* Ermüdungsfestigkeit *f*; ~ **limit** Ermüdungsfestigkeit *f (Werkstoff)*; ~ **loading** Dauerbeanspruchung *f*; ~ **of material** Materialermüdung *f*; ~ **reliability** Ausfallsicherheit *f*; Betriebsverlässlichkeit *od* -zuverlässigkeit *f*; ~ **strength** Ermüdungsfestigkeit *f*; dynamische Festigkeit *f*; ~ **test** dynamische Untersuchung *f*; ~ **uniform** Arbeits- *od* Drillichanzug *m (mil).*

**fault** Rehler *m; (technische)* Strömung *f*; ~**less** einwandfrei *(Motorenlauf)*; ~**y** schadhaft; ~**y design** Konstruktionsfehler *m*; Fehlkonstruktion *f*.

**feather** auf Segelstellung fahren; in Segelstellung bringen *(Luftschraube)*; ~**ed airscrew** auf Segelstellung gefahrene Luftschraube *f*; ~**ed pitch** Segel- *od* Fahnenstellung *f (Prop)* ***(Def)***; ~**ed position** Segelstellung *f (Luftschraube)*; ~**ed propeller** Propeller *m* in Segelstellung *(Flzg)*; ~**ing** Verstellung *f* auf Segelstellung *(Luftschraube)*; Anstellwinkelverstellung *f (Heli)* ***(Def)***; ~**ing hinge** Verstellgelenk *n (Heli)* ***(Def)***; ~**ing motor** *(elektrischer)* Segelstell(ungs)motor *m (Prop)*; ~**ing pitch** Segelstellung *f (Prop)* ***(Def)***; ~**ing position** Segelstellung *f (Luftschraube)*; ~**ing propeller** auf Segelstellung verstellbare Luftschraube *f*; ~**ing pump** Segelstellungspumpe *f*; ~**y stratus** fedrige Schichtwolke *f*; Schleierwolke *f*; Cirrostatus *m (met).*

**fed-back** rückgekoppelt *(Funk).*

**fee** Gebühr *f*.

**feeble current** Schwachstrom *m (el).*

**feed** zuführen *(Munition)*; versorgen *(Zylinder mit Kraftstoff)*; ~**back** Rückmeldung *f (allg)*; Rückführung *f (Funk)*; Rückkopplung *f (Funk)*; Steuerdruck *m (Flzg)* ***(Def)***; ~**er** Zubringer *m (LVerk)*; Speiseleitung *f*; ~**er air service** Zubringerluftverkehr *m*; ~**er circuit** Neben- *od* Hilfsnetz *n (el)* ***(Def)***; ~**er flight** Zubringerflug *m*; ~**er line** Zubringerluftverkehrslinie *f*; ~**er-line aircraft** Zubringerflugzeug *n*; Flugzeug *n* für Zubringerstrecken; ~**er service** Zubringerdienst *m (LVerk)*; ~**er-service aircraft** Zubringerflugzeug *n*; Flugzeug *n* für Zubringerstrecken *(LVerk)*; ~**er work** Zubringerdienst *m (LVerk)*; ~**ing-back control** Rückkopplungsregelung *f (Funk)*; ~ **out** Ausgeben *od* -speisen *n*; ~ **pipe** Förderleitung *f* ***(Def)***; ~ **pressure** Förderdruck *m (Kraftstoff usw)*; ~ **pump** Speise- *od* Förderpumpe *f*; ~ **system** Speise- *od* Förderanlage *f*; ~ **tank** Betriebs- *od* Entnahmebehälter *m*.

**feel** Bodengefühl *n (Pilot)*; fliegerisches (*od* Steuerdruck-) Gefühl *n (Pilot/Lfz)* ***(Def)***; ~**ing of faintness** Schwindelgefühl *n*; ~ **of the stick** *sl für* fliegerisches Gefühl *n (Pilot)*; Einfühlungsvermögen *n (Pilot für ein Flzg)*; ~ *one's way to the ground* sich an den Boden herantasten *(Flzg).*

**feint** Täuschungsmanöver *n (takt)*; Scheingefecht *n (takt)*; vortäuschen; ~ **attack** Scheinangriff *m (takt).*

**felt** Filz(tuch) *m (n)*; ~ **boot** Filzstiefel *m*; ~ **ring** Filzring *m*.

**female thread** Muttergewinde *n*; Innengewinde *n*.

**fence** (Grenzschicht-)Zaun *m (Konstr)* ***(Def)***.

**fender** Abweiser *m (von Ballonseilen: Flzg)*; *(US)* Kotflügel *m (Kfz).*

**ferr|ite antenna** Ferrit- *od* Magnetkernantenne *f (Funk)*; ~**ule** Beschlag *m (Bauteil)*; Zwinge *f*.

**ferry** überführen *(Flzg)*; ~ **command** Abholkommando *n (mil)*; ~ **flight** Überführungsflug *m*; ~**ing detachment** Abholkommando *n (mil)*; ~**ing flight** Überführungsflug *m* ~**ing service** Überführungsdienst *m (Flzg)*; ~ **pilot** Überführungsflugzeugführer *m*.

**festoon cloud** *sl für* Schäfchenwolke *f (met).*

**fibre** (*US* **fiber**) Faser *f*, ~ **body** Fiberrumpf *m (Flzg)*; ~ **cloud** faserartige Wolke *f*; Fibratur-Wolkenform *f (met)*; ~ **-constructed fuselage** Fiberrumpf *m (Flzg)*; ~ **covering** *or* **shell** Fiberverschalung *f (Flzg)*; ~**-reinforced material** faserverstärkter Werkstoff *m*; ~ **structure** Faserstruktur *f*.

**fibrous cloud** faserartige Wolke; Fibratus-Wolkenform *f (met).*

**FIDO**, *abbr for* **fog, intense, disperal of** ~; künstliche Nebelauflösung *f (Bod)* ***(Def)***.

**field | army** Feldarmee *f (takt)*; ~ **bag** Brotbeutel *m (mil)*; ~ cable Feldkabel *n (Tel)*; ~ **cap** Feldmütze *f (mil)*; ~ **coil** Feld- *od* Erregerspule *f (Generator: el)*; ~ **detector** Felddetektor *m (el)*; ~ **duties** *pl* Außendienst *m (mil)*; ~ **duty** Dienst *m* bei der Truppe; Felddienst *m (mil)*; ~ **equipment** Feldausrüstung *f (mil)*; ~ **exercise** Felddienstübung *f (mil)*; Geländeübung *f (mil)*; ~ **forces** *pl* Feldheer *n (mil)*; ~ **fortification** Feldbefestigung *f*; ~**glass** Feldstecher *m*; Fernglas *n*; ~ **gun** Feldgeschütz *n (Art)*; ~ **intensity** Feldstärke *f (el & Funk)*; ~ **kitchen** Feldküche *f*; Gulaschkanone *f sl*; ~ **lighting** Rollfeldbefeuerung *f (Flugplatz)*; ~ **maintencance** laufende Wartung *f (Lfz)*; Feld- *od* Werftinstandsetzung(sdienst) *f(m) (LW)*; ~ **manual** Diensthandbuch *n*; ~ **Marshal** (General-)Feldmarschall *m (mil)*; ~ **moment** Feldmoment *n (stat)*; ~ **of combat** Kampffeld *n*; ~ **of departure** Abflughafen *m (LVerk)*; ~ **of fire** Schussfeld *n (takt)*; ~ **of force** Kraftfeld *m (el)*; ~ **of traverse** Seitenrichtfeld *n (Art)*; ~ **of view** Gesichtsfeld *n*; Blickfeld *n*; ~ **of vision** Blickfeld *n*; Gesichtsfeld *n*; ~ **officer** Stabsoffizier *m (Major bis Oberst)*; ~ **pattern** Feld(stärke)diagramm *n*; Feldcharakteristik *f (Funk)*; ~ **publication** Dienstvorschrift *f (mil)*; ~ **service regulation** Felddienstordnung *f (mil)*; ~ **strength** Feldstärke *f (Magnet)*; ~ **telephone** Feldfernsprecher *m (Tel)*; ~ **training** Geländeausbildung *f (mil)*; ~ **trunk cable** Feldfernkabel *n (Tel)*; ~ **winding** Feldwicklung *f (el)*; ~ **wire** Feldkabel *n (Tel).*

**fifteen-minute alert** *or* **notice** 15-Minuten-Bereitschaft *f (Jagd-Flzge: LKr).*

**fight** Gefecht *n*; Kampf *m*; fechten; kämpfen; ~**er** Jäger *m (Flzg)*; Jagdflugzeug *n*; ~**er airfield** *(E)* Jägerplatz *m (Flugplatz)*; ~**er airplane** Jagdflugzeug *n*; **allweather** ~**er**, *abbr* **AWX ftr** Allwetterjäger *m (LW)*; ~**er aviation**, *abbr* **FA** Jagdfliegerei *f*, Jagdwaffe *f (LW)*; ~**er base** *(US)* Jägerplatz *m (Flugplatz)*; ~**er-bomber** Jagdbomber *m (Flzg), abbr* Jabo; ~**er-bomber attack** Jaboangriff *m (LKr)*; ~**er-bomber group** *(E)* Jabo-Geschwader *n (LW)*; *(US)* Jabo-Gruppe *f (LW)*; ~**er-bomber wing** *(US)* Jabo-Geschwader *n (LW)*; *(E)* Jabo-Gruppe *f (LW)*; ~**er control centre** (*US* **center**) Jägerleitstand *m (LKr)*; ~**er controller** Jägerleitoffizier *m (Lkr)*; ~ **er control method** *or* **procedure** Jägerleitverfahren *n (LKr)*; ~**er control service** Jägerleitdienst *m (LKr)*; ~**er cover** Jagdschutz *m*; Jagdsicherung *f (LKr)*; ~**er defence** (*US* **defence**) Jagdabwehr *f (LKr)*; ~**er division** Jagddivision *f (takt)*; ~**er escort** Jagd(begleit)schutz *m (LKr)*; ~**er formation** Jagdverband *m (LW)*; ~**er group** *(US)* Jagdgruppe *f (LW)*; *(E)* Jagdgeschwader *n (LW)*; ~**er interceptor**, *abbr* **FI** Abfangjäger *m od* -jagdflugzeug *n*; ~**er leader** Gefechtsverbandsführer *m (LKr)*; **~er patrol** Jagdsperre *f*; Jagdstreife *f (LKr)*; **~er patrol area** Jagdraum *m (takt)*; **~er pilot** Jagdflieger *m*; Jäger *m (Pilot)*; Jagdflugzeugführer *m*; Jagdpilot *m*; **~er plane** Jäger *m (Flzg)*; Jagdflugzeug *n*; **~er protection** Jagdschutz *m (LKr)*; **~er reconnaissance** Jagdaufklärung *f (takt)*; **~er(s) handover** Übergabe *f* der Jägerführung *(LKr)*; **~er screen** Jagd(ab)schirm(ung) *m (f) (über Landekopf; an Schiffsverband)*; **~er aquadron** Jagdstaffel *f (E & US LW)*; **~er sweep** Jagdstreife *f (LKr)*; „freie Jagd" *f (LKr)*; **~er trainer** Jagdschulflugzeug *n*; **~er training school** Jagdfliegerschule *f*; **~er umbrella** Jagdschirm *m (über Landekopf usw: LKr)*; **~er wing** *(US)* Jagdgeschwader *n (LW)*; *(E)* Jagdgruppe *f (LW)*; **~ing airplane** Jagdflugzeug *n*; **~ing power** Kampfkraft *f*; **~ing quality** Kampfwert *m*; **~ing spirit** Kampfgeist *m*.

**figure | code** Ziffernschlüssel *m (Fernm)*; **~ shift** Ziffernumschaltung *f (Fernschr)*; **~ ~ key** Ziffernumschalt(ungs)-taste *f (Fernschr)*.

**filament** Heizfaden *m (einer Röhre: Funk)*.

**file** einreichen *(Flugplan)*; aufgeben *(Fernschreiben)*.

**filing | cabinet** Aktenschrank *m*; **~ number** Aufgabenummer *f (einer Meldung)*; **~ time** Aufgabezeit *f (einer Meldung)*.

**fill** auffüllen *(Tiefdruckgebiet: met)*; füllen; einfüllen; **~er cap** Tankverschluss *m*; **~er neck** Einfüllstutzen *m*; **~et** Verkleidungsübergang *m (Rumpf/Tragfläche: Flzg)* ***(Def)***; Ausrundung *f (Rollbahn)*; Kehlblech *od* ~stück *n*; Füllstück *n*; **~ing** Auffüllen *n (Tiefdruckgebiet: met)*; **~ing hose** Tank- *od* Betankungsschlauch *m*; **~ing pressure** Füllungsdruck *m (Ball)*; **~ing sleeve** Füllansatz *m (Ball)*; **~ing station** Tankstelle *f*; **~ing-up of a depression** Auffüllen *n* eines Tiefdruckgebietes *(met)*; **~ up** (auf)tanken *(Flzg & Kfz)*; **~-up traffic** nicht gebuchter Zusteigeverkehr *m*; Füllverkehr *m (LVerk)*.

**fillister-head screw** Linsenkopfschraube *f*.

**film |-feed mechanism** Filmtransport *m (LPhot)*; **~ transport** Filmtransport *od* -vorschub *m (LPhot)*.

**filter | board** Fluglagetisch *m (Flzg-Leitstand: LKr)*; **~ centre** (*US* **center**) Flugwachzentrale *f (Flmelde)*; **~ choke** Siebdrossel *f (el)*; **~ course** Filterschicht *f (Pistenbau)*; **~ element** Filterelement *n (Flmot)* ***(Def)***; **~ing** Sammeln; Auswerten und Weitergeben *n* eingehender Flugmeldungen *(Flmelde)*.

**fin** Seitenflosse *f (Leitwerk: Flzg)* ***(Def)***; Steuerschwanz *m (Bombe)*; Kühlrippe *f (Flmot)*; Flosse *f (Lfz l)* ***(Def)***; **~ adjustment** Flossenverstellung *f (Flzg)*; **~ aerial** Flossenantenne *f (Flzg)*; **~ antenna** Flossenantenne *f (Flzg & Funk)*; **~ carrier** Flossenträger *m (Lfz l)* ***(Def)***; **~depth** Rippenbreite *f (Flmot)*; **~ leading edge** Flossennase *f (Flzg)*; **~ pitch** Rippenabstand *m (Flmot)*; **~ post** Seitenflossenholm *m (Lfz)* ***(Def)***; **~ rib** Flossenrippe *f (Flzg)*; **~ spar** Seitenflossenholm *m (Flzg)*; **~-stabilized missile** flossenstabilisierter Flugkörper *m (FK)*; **~ trailing edge** Flossenrücken *m od* -hinterkante *f (Lfz)*; **~trimming** Flossenverstellung *f (Flzg)*.

**final** Endteil *m (Platzrunde)*; **~ amplifying stage** Endverstörker(stufe) *m(f) (Funk)*; **~ analysis** Endauswertung *f (Intell)*; **~ approach** Endanflug *m (Flsich)* ***(Def)***; **~ approach altitude** Endanflughöhe *f (Flsich)*; **~ approach area** Endanflugsektor *m (Flsich)*; **~ approach leg** Endanflugteil *m (Landekreis: Flsich)*; **~ approach level** Endanflughöhe *f (Flsich)*; **~approach path** Endanflugweg *m (Flbetr)*; **~ approach procedure** Endanflugverfahren *n (Flsich)* ***(Def)***; **~ approach track** Endanflugkurs *m (über Grund: Flbetr)*; **~ assembly** Endmontage *f od* -zusammenbau *m (Flzg)*; **~ assembly line** Endmontageband *n od* ~straße *f (Flzg-Bau)*; **~ check** abschließende Überprüfung *f (allg)*; Endanflugkontrolle *f (Flsich)*; **~ conference** Schlussbesprechung *f*; **~ controller** Landeradarlotse *m (Flsich)* ***(Def)***; **~ descent** (End-)Anschweben *n (ILS)*; Endsinkflug *m (Flsich)*; **~ leg** Endanflugteil *m (Flbetr)*; **~ list** Endliste f; **~ procedure turn** Endanflugkurve *f (vor Landung: Flsich)*; letzte Verfahrenskurve *f (Flsich)* ***(Def)***; **~ report** Abschlussmeldung *f*; Abschluss- *od* Schlußbericht m; **~ sifting of inteligence** Endauswertung *f (Intell)*; **~ stage** Endstufe *f (Funk)*; **~ (stage of) assembly** Endmontage *f*; Endzusammenbau *m (Flzg-Bau)*; **~ test** Abschlussprüfung *f*; **~ test flight** Nachfliegen *n*; Abnahmeprüfflug *m (Flzg)*; **~ turn** Endanflugkurve *f (Flbetr)*.

**financial guarantee** Sicherheitsleistung *f*.

**finder** Sucher *m (LPhot)*; Peilfunkgerät *n (Funk)*.

**finding** Befund *m*; Untersuchungsergebnis *n*.

**fine | adjustment** Flacheinstellung *f (Prop)*; **~ cirrus** dünne Cirren *f/pl (met)*; **~-finish** hohe Oberflächengüte *f*; **~ grain radar** Radar(gerät) *n* mit hoher Auflösung; **~ness ratio** Schlankheitsverhältnis *n od* -grad *m (aerodyn)*; **~ pitch** kleine Steigung; Flacheinstellung *f (Prop)*; **~ pitch stop** Anschlag *m* für kleine Steigung *od* Flacheinstellung *f (Prop)*; **~ tuning** Feinabstimmung *f (Funk)*; **~-weather cloud** Schönwetterwolke *f*.

**finger** Fingerflugsteig *m (Bod)*.

**finish** Oberflächenzustand *m*; Oberflächengüte *f (Flzg usw)*; bearbeiten.

**finite | aspect ratio** endliche Streckung *f (Konstr)*; **~ disturbance** finite *od* endliche Störung *f (aerodyn)*.

**finned** gerippt; verrippt; **~ cylinder** Rippenzylinder *m (Flmot)*; **~ radiator** Lamellenkühler *m (Flmot)*; **~ spark(ing) plug** mit Kühlrippen versehene Zündkerze *f*.

**finning** Verrippung *f (Flmot)*.

**fire** Feuer *n*; Brand m; Beschuss *m*; Schießen *n*; zünden *(Flmot & Turbo)*; feuern *(Art)*; (be)schießen; **~ arm** Schusswaffe *f*; **~ balloon** Heißluftballon *m (Lfz l)* ***(Def)***; **~ beyond** überschießen *(Art)*; **~ bomb** Brandbombe *f (LKr)*; **~ brigade** Feuerwehr *f*; **~can jockey** *sl (US)* für Düsenjäger *m (Pilot)*; **~ cock** Brandhahn *m (Flzg)*; **~ command** Feuerbefehl *m (takt)*; **~ control** Feuerleitung *f (takt)*; **~ control equipment** Feuerleitgerät *n (Art)*; **~ control grid** Gitterschießplan *m (Art)*; **~ control map** Schießplan *m (Art)*; **~ crest** Gewehrauflage *f*; **~ detector** Feuerfühler *od* ~melder *od* ~detektor *m*; **~ direction** Feuerleitung *f (Art)*; **~ direction centre** (*US* **center**) Feuerleitstand *m (Art)*; **~ discipline** Feuerzucht *f (takt)*; **~ director** Kommandogerät *n (Flak)*; **~ duel** Feuergefecht *n*; **~ extinguisher** Feuerlöscher *m*; **~-extinguishing agents** *pl* Feuerlöschmittel *n/pl*; **~ fighter** *(US)* Feuerwehrmann *m*; **~ -fighting** Feuer- *od* Brandbekämpfung *f*; **~ ~ facility** Feuerwehr *f*; **~ for effect** Wirkungsfeuer *n (Art)*; **~ leaf** Brandblättchen *n (LKr)*; **~man** Feuerwehrmann *m*; **~ mission** Schießauftrag *m (takt)*; **~ on crash** Aufschlagbrand *m (bei Flzg-Absturz)*; **~ order** Feuerbefehl *m (takt)*; **~ over** überschießen *(Art)*; **~ point** Brenn- *od* Flammpunkt *m (Ölprüfung)*; **~ power** Feuerkraft *f (takt)*; **~ prevention** Feuerverhütung *f*; **~proof** feuersicher; **~proof bulkhead** Brandschott *n (Flzg)*; **~proof material** feuerfester *od* feuersicherer Werkstoff *m* ***(Def)***; ~**proof wall** Brandschott *n (Flzg)*; ~ **protection** Brand- *od* Feuerschutz *m*; ~ **rescue path** Feuerwehr-Anfahrtsweg *m (Bod)*; ~**resistant** feuerhemmend; ~ **safety** Brand- *od* Feuersicherheit *f*; ~ **service** Feuerwehr *f*; ~ **station** Feuer(wehr)-wache *f (Bod)*; ~ **support** Feuerunterstützung *f*; Feuerschutz *m (takt)*; ~ **swatter** Feuerpatsche *f (LS)*; ~ **tender** Feuerwehrfahrzeug *n*; ~**wall** Brandschott *n (Flzg)* ***(Def)***; ~ **warning** Feuer- *od* Brandmeldung *f*; Brandwarnung *f*; ~ ~ **light** Brandwarnlampe *f (Lfz)*; ~**works** sl für Flakfeuer *n.*

**firing** | **at ground targets** Erdzielbeschuss *m (LKr)*; ~ **azimuth** Schuss-Seitenwinkel *m (Art)*; ~ **chart** Schießtafel *f (Art)*; ~ **data** *pl* Schießunterlagen *f/pl (Art)*; ~ **distance** Abschussentfernung *f (LKr)*; ~ **method** Schießverfahren *n*; ~ **order** Zünd(reihen)folge *f (Flmot)*; Schießbefehl *m (mil)*; ~ **pin** Schlagbolzen *m (Schusswaffe)*; ~ **position** Feuerstellung *f (takt)*; ~ **practice** Schießübung *f*; ~ **range** Schussweite *f*; Schießplatz *m*; ~ **regulations** *pl* Schießvorschrift *f*; ~ **station** Waffenstand *m (Flzg)*; ~ **stroke** Ausdehnungs- *od* Expansionshub *m (Flmot)*; ~ **table** Schusstafel *f (Art)*; ~ **technique** Schießtechnik *f*; ~ **test** Abbrand- *od* Brennversuch *m (Rak)*; ~ **voltage** Zündspannung *f (Flmot).*

**firn** Firn(schnee) *m (met).*

**first** | **aid** erste Hilfe *f*; ~-**aid pouch** Verbandstasche *f*; ~ **class mail** Post *f* erster Klasse *(LVerk)*; ~ **Lieutenant** Oberleutnant *m*; ~-**line aeroplane** Frontflugzeug *n*; ~ **line monitoring** teilweises Mitschreiben *n (Fernschr)*; ~ **mean chord** mittlere Flügeltiefe *f (Bezugstiefe aerodyn)* ***(Def)***; ~ **name** Rufname *m*; ~ **pilot** erster Luftfahrzeugführer *m* ***(Def)***; ~ **point of Aries** Widder- *od* Frühlingspunkt *m (nav)* ***(Def)***; ~ **run** Versuchslauf *m (Flmot)*; ~ **Sergeant** Hauptfeldwebel *m* (*US* Lw); ~ **solo flight** erster Alleinflug *m*; ~ **stage climb performance** Start- *od* Anfangsleistung *f (Lfz, Rak).*

**firth** Meeresarm *m*; Meerbusen *m.*

**fiscal year**, *abbr* **FY** Haushaltsjahr *n*; Rechnungsjahr *n.*

**fish** |-**plate** Lasche *f*; Knotenblech *n*; ~**tail** Abbremsen *n (der Fahrt durch wechselseitige Seitenruderbetätigung: Flzg)*; abbremsen *(der Fahrt usw: Flzg).*

**fiss** |**ion** (Atomkern-)Spaltung *f*; **nuclear** ~**ion** Kernspaltung *f (Kernphysik)*; ~**ure** An- *od* Einriss *m.*

**fit** passen; montieren; aufrüsten *(Flzg)*; Passung *f (von zwei aneinanderstoßenden Bauteilen)*; ~ **for active duty** *or* **service** kriegsverwendungsfähig, *abbr* kv *(mil)*; ~ **for flying (duties)** fliegertauglich; ~ **for military service** wehrdiensttauglich; ~ **for tropical service** tropen(dienst)-tauglich; ~**ting tolerance** Passtoleranz *f*; ~ **in(to)** einpassen; einbauen; einsetzen; ~**ness** Tauglichkeit *f*; ~**ness for acrobatics** Kunstflugtauglichkeit *f (Flzg)*; ~**ness for flying (duties)** Flug(dienst)- od Fliegertauglichkeit *f*; ~**ness test** Eignungsprüfung *f (für fliegendes Personal)*; ~**ted** eingefasst *(Flzg-Bauteil)*; ~**ter** Monteur *m*; ~**ting** Knotenstück *n (Flzg)*; Teil *m & n (Flzg-Kleinteil)*; ~**ting factor** Zuschlagfaktor *m* für Beschläge *(Flzg-Bau)*; ~**tings** *pl* Beschläge *m/pl (Flzg).*

**fix** Standort bestimmen *(nav)*; Peil- *od* Koppelstandort *m (nav)*; (festgelegter *od* ermittelter) Standort *m*; Position *f (nav)* ***(Def)***; ~ **a position** Standort bestimmen *(nav)*, ~**ed** ortsfest; starr *(Bordwaffe)*; unverstellbar; ~**ed aerial** Festantenne *f (Flzg Funk)*; ~**ed ammunition** Patronenmunition *f*; ~**ed antenna** Festantenne *f (Flzg)*; ~**ed axes** *pl* körperfeste Achsen *f/pl (aerodyn)*; ~**ed ballast** festeingebauter *od* fester Ballast *m (Lfz)*; ~ **ed blade propeller** Starrluftschraube *f*; ~**ed circuit** feste Verbindung *f (Fernm)*; ~**ed control (surface)** festgehaltenes *od* festgelegtes Ruder *n (Lfz)*; ~**ed cowl** Motorhaube *f* ohne Spreizklappen *(Flzg)*; ~**ed distance** Festabstand *m*; ~**ed-distance markings** *pl* Festabstandsmarken *f/pl (Bod)*; ~**ed equipment** ständige Ausrüstung *f (Flzg)*; ~**ed fire** Punktfeuer *n (takt)*; ~**ed-geometry air intake** Lufteinlauf *m* unveränderlicher *od* konstanter Geometrie *(Turbo)*; ~**ed gun** starre Kanone *f (Flzg)*; ~**ed landing gear** Festfahrwerk *n (Flzg)*; ~**ed light** Festfeuer *n (nav-Hilfsmittel)*; ~**ed loop aerial** feste Rahmenantenne *f (Funk)* ***(Def)***; ~**ed pitch** feste Steigung *f (Luftschraube)*; ~**ed-pitch propeller** nicht verstellbare Luftschraube *f*; Starrluftschraube *f*; Festpropeller *m* ***(Def)***; ~**ed plane** Flosse *f (Leitwerk)*; ~**ed property** Liegenschaft *f*; ~**ed (radio) service** fester Funkdienst *m*; ~**ed (radio) station** feste Funkstelle *f*; ~**ed siderial day** Fixsterntag *m (Astro-nav)*; ~**ed sight** starres Visier *n*; ~**ed slat** fester Vorflügel *m (Flzg)*; ~**ed star** Fixstern *m*; ~**ed station** feste Fernmeldestelle *f*; ~**ed surface** Flosse *f (Leitwerk)*; ~**ed tailplane** Höhenflosse *f (Leitwerk)*; ~**ed tail surface** Leitwerkflosse *f (Flzg)*; ~**ed-time prognostic weather chart** isochrone Wettervorhersagekarte *f*; ~**ed trim(ming) tab** Trimmkante *f*; Trimmblech *n (Flzg-Leitwerk)*; ~**ed under-carriage** Festfahrwerk *n (Flzg)*; ~**ed weight** Festmasse *f (Lfz l)* ***(Def)***; ~**ed-wing aircraft** Drachenflugzeug *n*; Flugzeug *n* mit feststehenden Tragflächen; Starrflügler *m*; ~**er** Standortpeilstelle *f*; ~ **error** Standortfehler *m (nav)*; ~**ing** Befestigen *n (von Flzg-Teilen)*; ~**ing aids** *pl* Hilfsmittel *n/pl* zur Standortbestimmung *(Funk)* ***(Def)***; ~**ing of a position** Standortbestimmung *f (nav)*; ~**ing salt** Fixiersalz *n (LPhot).*

**flag** Flagge *f*; Fahne *f*; ~ **alarm current** Warnschauzeichenstrom *m (el)*; ~ **alarm system** *(ILS)* Warnschauzeichen *n (im ILS-Kreuzzeigerinstrument)*; ~ **officer** Flaggoffizier *m (Marine)*; ~**pole antenna** Stabantenne *f (Funk)*; ~ **ship** Flaggschiff *n (Marine)*; ~ **signal** Flaggensignal *n*; ~ **target** Flaggenscheibe *f (Luftzielbeschuss: Flak).*

**flak** Flak *f (LKr)*; ~ **analysis map** Flaklagekarte *f (takt)*; ~ **auxiliary director** *or* **predictor** Kommandohilfsgerät *n (Flak).*

**flame** | **damper** Flammendämpfer *m (Flmot)* ***(Def)***; ~ **deflector** Flammenabweiser *m (Flmot)*; ~ **float** schwimmendes Signalfeuer *n*; Rauchmarkierung *f (Seeflughafen)*; ~ **kickback** Flammenrückschlag *m (Flmot)*; ~**less burning** *or* **combustion** flammenlose(s) Verbrennung *f od* Brennen *(n)*; ~-**out** Flammabriss *m (Turbo)*; ~~ **procedure** Notverfahren *n* bei Flammabriss *(Flbetr)*; ~-**resistant** schwer entflammbar; ~-**thrower** Flammenwerfer *m*; ~ **trap** Flammrückschlagsicherung *f (Vergaser: Flmot)* ***(Def)***; ~ **tube** Flammrohr *n (Turbo)* ***(Def)***; ~~ **wall** Flammrohrwandung *f (Turbo).*

**flaming onions** *sl für* Flakleuchtspruchgeschosse *n/pl.*

**flange** Flansch *m*; Gurt *m (am Holmsteg)*; ~**d coupling** Flanschbefestigung *f (Luftschraube).*

**flank** flankieren; Flanke *f (takt)*; ~ **attack** Flankenangriff *m (takt)*; ~**ing fire** flankierendes Feuer *n (takt)*; ~**ing movement** Flankenbewegung *f (takt)*; ~**ing position** Flankenstellung *f (takt)*; ~ **protection** Flankenschutz *m (takt)*; ~ **security** Flankensicherung *f (takt).*

**flap** Klappe *f (Flzg)*; *meist:* Landeklappe *f (Flzg)* ***(Def)***; ~ **actuation** Klappenbetätigung(smechanismus) *f (m) (Flzg)*; ~ **angle** Klappenanstellwinkel *m*; Klappenausschlag *m (Flzg)* ***(Def)***; ~ **chord** Klappentiefe *f (Verhältnis zwischen Tragfläche und angeschlossener Klappe)*; ~ **control** Klappenbetätigung *f*; ~ **deflection** Klappenausschlag *m*; ~ **displacement** Klappenausschlag *m*; ~**eron** *(flap-aileron)* Landeklappenquerruder *n*; Flaperon *n (Flzg)*; ~ **guide** Klappenführung *f (Fowlerflügel)*; Ausleger *m (Fowler)*; ~ **lever** Klappenbetätigungshebel *m*; ~**ping** Schlagbewegung *f (Heli)* ***(Def)***; ~**ping flight** Schwingenflug *m*; ~**ping flight by manpower** Schwingenmuskelflug *m*; ~**ping hinge** Schlaggelenk *n (Heli)* ***(Def)***; ~**ping wing** Schlagflügel *m*; ~**ping machine** Schwingenflugzeug *n*; ~**ping model** Schwingenflugmodell *n*; ~ **lowering** Klappenausfahren *n (Flzg)*; ~ **position** Klappenstellung *f*; ~ **retraction** Klappeneinfahren *n (Flzg)*; ~**s down** Landeklappen ausgefahren *(Flzg)*; ~**(s)-down minimum speed** Minimalgeschwindigkeit *f* bei ausgefahrenen Landeklappen *(Flbetr)*; ~**s up** Landeklappen eingefahren *(Flzg)*; ~ **selector** Klappenwahlhebel *m*; ~ **setting** Klappenstellung *f*; ~ **track** Ausleger *m (Fowlerflügel)*; Klappenführung *f (Fowler)*.

**flare** Leuchtkugel *f*; Fackel *f*; abfangen; ausschweben *(Flbetr)* ***(Def)***; ~ **angle** Öffnungswinkel *m (Antennenstrahlung: Funk)*; ~ **computer** Abfang- *od* Ausschweberechner *m (Flzg)*; ~ **light** Leuchtzeichen *f*; ~ **out** aushungern *sl (Flzg vor dem Aufsetzen)*; ~**-out** Aushungern *n sl (Flzg vor dem Aufsetzen)*; Abfangen *od* Ausschweben *n* vor dem Aufsetzen *(Flbetr)* ***(Def)***; ~ **path** Leuchtpfad *m (Flugplatz)*; ~ **pistol** Leuchtpistole *f*; ~ **shell** Leuchtgarante *f*; ~ **signal** Leuchtsignal *n*.

**flash** Blink *m (nav: Dauer 2 Sek. und mehr)*; Blitz *m (nav: Dauer unter 2 Sek)*; blinken; blitzen; ~**-bomb** Blitzlichtbombe *f (LPhot)*; ~**er** Blinkgerät *n*; ~**-hider** Flammendämpfer *m (Art)*; ~**ing beacon** *or* **light** Blink- *od* Blitz-(leucht)feuer *n (nav)* ***(Def)***; ~**ing period** Blitzperiode *f*; ~**ing point** Flammpunkt *m (Schmierstoff usw)*; ~**ing unit** Blitzregler m; ~-lampf Blinklampe *f*; ~**-light** Blitzlicht *n (LPhot)*; *(US)* Taschenlampe *f*; Blitzfeuer *n (Bod)*; ~**over voltage** Überschlagspannung *f (el)*; ~**-period** Blinkfolge *f (Blinkfeuer)*; ~**-point** Flammpunkt *m (Schmierstoff usw)*; Flamm- *od* Zündpunkt *m* ***(Def)***; ~**-resistent** brandträge; – ~**-signal** Blinkzeichen *n*.

**flat** flach *(Gleitflug)*; rasant *(Art)*; Reifenpanne *f sl*; ~**-band spring** Bandfeder *f*; ~**-base rim** Flachbettfelge *f*; ~**bed trailer** Tiefladeanhänger *m (Kfz)*; ~ **diameter** Plankappendurchmesser *m (Fallsch)* ***(Def)***; ~ **glide** flacher Gleitflug *m (Flzg)*; ~**-ness** Rasanz *f (Art)*; ~ **parachute** Plankappenfallschirm *m* ***(Def)***; ~ **sheet covering** Glattblechbeplankung *f (Flzg)*; ~ **spin** Flachtrudeln *n (Flzg)* ***(Def)***; ~**spring** Blattfeder *f*; ~**ten out** abfangen *(Flzg bei Gleitflug & Landung)*; ~**tening out** Abfangen *n (Flzg bei Gleitflug & Landung)* ***(Def)***; ~**ten out the glide** den Gleitflug strecken *od* abflachen *(Flbetr)*; ~**tie** *sl für* Flugzeugträger *m*; ~**-top aerial** Flächenantenne *f (Funk)*; ~**-trajectory gun** Flachbahngeschütz *n*; ~ **tuned** unscharf abgestimmt *(Funk)*; ~ **turn** flache Kurve *f*; Schiebekurve *f (Flzg)*; ~-**type engine** Flachmotor *m (Flmot)*.

**flaw** Fehlstelle *f*, Sprung *m (im Material)*; ~**less** fehlerfrei.

**fleecy clouds** *pl* Schäfchenwolken *f/pl (met)*.

**fleet** Flotte *f*; ~ **air arm** Seelufwaffe *f*; Flottenfliegerverbände *m/pl*; ~ **fighter** Bordjäger *m (Flzg)*; ~ **spotter** Seeaufklärer *m (Flzg)*.

**Flettner** | **balance** Flettner-Hilfsruder *n (Flzg)*; ~ **(control surface)** Flettner-Ruder *n (Flzg)*; ~ **servo-tab** Flettner-Servoruder *n (Flzg)*.

**flexibility** Biegsamkeit *f*; Elastizität *f*.

**flexible** biegsam; beweglich *(Bordwaffe)*; ~ **gun-mount** Schwenklafette *f (bewegliche Bordwaffe)*; ~ **machine gun** bewegliches Maschinengewehr *n (Flzg)*; ~ **shaft** biegsame Welle *f*; ~ **tank** flexibler *od* Sackbehälter *m (Flzg)*.

**flexion** | **joint** flexible Fuge *f (Pistenbau)*; ~**al stress** Biegezugspannung *f (Pistenbau)*.

**flexural** | **stiffness** Biegefestigkeit *f*; ~ **vibration** Biegeschwingung *f*.

**flick** |**er** kurzer Ausschlag *m*; ~~ **beacon** Blinkfeuer *n od* -bake *f (Bod)*; ~~ **frequency** Flimmerfrequenz *f (Funk)*; ~~**ing** Flimmern *n*; Flackern *n*; ~ **roll** gerissene *od* schnelle ungesteuerte Rolle *f (Kunstflug)* ***(Def)***; ~**s** *sl für* Flakscheinwerfer *m/pl (LKr)*.

**flier** Flieger *m*.

**flight** Flug *m*; Schwarm *m (LW: 4 Flzge)*; *früher auch:* Kette *f (3 Flzge)*; ~ **accident** Flugunfall *m*; ~ **accident prevention** Flugunfallverhütung *f*; ~ **altitude** Flughöhe *f* über Meer *(Flsich)*; ~ **attitude** Fluglage *f (Flzg)*; ~ **attitude hold(ing)** Fluglageregelung *f (Autopilot)*; ~ **authorization** Fluggenehmigung *f*; ~ **base** Flugbasis *f (mil)*; ~ **base line** Anfluggrundlinie *f (Flsich)*; ~ **book** Flugbuch *n*; ~ **characteristics** *pl* Flugeigenschaft *f (Flzg)* ***(Def)***; ~ **check** Überprüfung *od* Kontrolle *f* im Flug; ~~ **system** Flugüberprüfungssystem *n (Lfz)*; ~ **clearance** Flug(verkehrs)-freigabe *f (Flsich)*; ~ **clothing** Flieger(sonder)bekleidung *f*; ~ **commander** Ketten- *od* Schwarmführer *m (Verbandsflug)*; ~ **computer** Flug(daten)rechner *m*; ~ **condition** Flugzustand *m (Flzg)*; Flugbedingung *f (Flugausbildung)*; ~ **conditions** *pl* Flugbedingungen *f/pl (Flsich)*; ~ **control** Bewegungskontrolle *f (Flsich)*; ~ **controls** *pl* Steuerorgane *n/pl (Lfz)*; ~ **control system** Steuerwerk *n (Lfz)* ***(Def)***; ~ **coupon** Flugscheinabschnitt *m (LVerk)*; ~ **crew** fliegende Besatzung *f*; Flug(zeug)besatzung *f* ***(Def)***; ~ **crew member** Mitglied *n* der fliegenden Besatzung; Flugbesatzungsmitglied *n* ***(Def)***; ~ **data** *pl* Flugdaten *n/pl*; ~~ **recorder**, *abbr* **FDR** Flugdatenschreiber *m*; ~~ **storage unit**, *abbr* **FDSU** Flugdatenspeicher(einheit) *m (f)*; ~ **deck** Flugdeck *n (Flzg-Träger)* ***(Def)***; Besatzungs(be-trieb)raum *m (Flzg)* ***(Def)***; ~ **director** Flugkommandoanlage *f (Flzg)*; ~ **discipline** Flugdisziplin *f*; ~ **dispatch** Flugdienstberatung *f*; Flugabfertigung *f*; ~ **dispatcher** Flugleiter *m (bei Luftverkehrsgesellschaften)*; ~ **dispatch officer** Flugdienstberater *m*; ~ **diving speed** Sturz- *od* Stechfluggeschwindigkeit *f (Flzg)*; ~ **documentation** Flugwetterdokumentation *f*; ~ **duty period** Flugdienstzeit *f* ***(Def)***; ~**-dynamic pressure** Flugstau(druck) *m*; ~ **dynamics** Flugdynamik *f*; ~ **element** Einzelflugzeug *n (eines Flzg-Verbandes)*; ~ **elevation** Flughöhe *f*; ~ **endurance** Flugdauer *f*; ~ **engineer** Bordwart *m*; Bordmechaniker *m*; Heizer *m sl*; Bord- *od* Flugingenieur *m* ***(Def)***; ~ **envelope** (erlaubter) Flugbereich *m (Flbetr)*; ~ **figure** Flugfigur *f (Kunstflug)*; ~ **fitness** Flug- *od* Fliegertauglichkeit *f (Flmed)*; ~ **following** Flug(weg)verfolgung *f*; Tracking *n (Radar)*; ~ **formation** Flugform *f*; Flugformation *f*; ~ **forecast** Flug-Wettervorhersage *f (met)*; ~ **handbook** Flughandbuch *n*; ~ **helmet** Fliegerhelm *m*; ~ **identification number** Flug(kenn)nummer *f (Flsich)*; ~ **in a storm** Sturmflug *m*; ~ **inclinometer** Neigungsmesser *m (Flzg)*; ~ *in closed circuit* Flug *m* in geschlossenem Kreis; ~ *in clouds* Wolkenflug *m (Flbetr)*; ~ **indicator** Flug(lagen)anzeiger *m (Instr)* ***(Def)***; ~ **information** Fluginformation *f*; Flugberatung *f*; ~ **information centre** (*US* center), *abbr* **FIC** Fluginformationszentrale *f (Flsich)* ***(Def)***; ~ **information region**, *abbr* **FIR** Fluginformationsgebiet *n (Flsich)* ***(Def)***; ~ **information region boundary,**

*abbr* **FIRB** FIR-Grenze *f (Flsich)*; ~ **information service**, *abbr* **FIS** Fluginformationsdienst *m (Flsich)* ***(Def)***; ~ **inspection** Flugvermessung *f (von Bodenanlagen)*; ~ **inspector** Fluginspektor *od* -prüfer *m*; ~ **instruction** Flugunterricht *m*; Fluganweisung *f*; ~ **instructor** Fluglehrer *m*; ~ **instrument** Flugüberwachungsinstrument *od* -gerät *n (Lfz)*; ~~ **system** Flugüberwachungsinstrumenten-Anlage *f* ***(Def)***; ~ **interdiciton** Flugverbot *n*; ~ *on triangular course* Dreiecksflug *m (Flzg)*; ~ **leader** (Ketten- *od*) Schwarmführer *m (Verbandsflug)*; Führerflugzeug *n (Verband: LKr)*; ~ **Lieutenant** *(E)* Hauptmann *m (LW)*; ~ **level**, *abbr* **FL** Flugfläche *f (Flsich)* ***(Def)***; ~ **line** (Flugbetriebs-)abstellplatz *m (Bod)* ***(Def)***; ~ **load** Flugbeanspruchung *f (Flzg)*; ~ **loading conditions** *pl* Fluglastbedingungen *f/pl od* -fälle *m/pl*; Flugbelastungszustände *m/pl*; ~ **loads** *pl* Luftlasten *od* ~belastungen *f/pl*; ~ **log** Flugwegschreiber *m (Decca)*; Fluglog *n (nav)*; Flugreise- *od* -tagebuch *n*; Flugaufzeichnungen *f/pl*; ~ **log book** Bordbuch *n (Flzg)*; ~ **louie** *sl (E)* Hauptmann *m (LW)*; ~ **Mach number** Flug-Machzahl *f (aerodyn)* ***(Def)***; ~ **manager** Flug(betriebs)leiter *m (LVerk)*; ~ **manual** Flughandbuch n; ~ **map** Flug(navigations)karte *f (Kart)*; ~ **mechanic** Bordmechaniker *m*; Bordwart *m*; Heizer *m sl*; ~ **mechanics** *pl* Flugmechanik *f*; ~ **meterological watch** Wetterüberwachung *f* eines Fluges; ~ **mission** Flugauftrag *m*; ~ **navigation** Flugnavigation; ~ **navigator** Flugnavigator *m*; ~ **noise** Fluglärm *m*; ~**-noise abatement** Fluglärmverminderung *f*; ~**-noise level** Fluglärmpegel *m*; ~**-noise reduction** Fluglärmreduzierung *f*; ~ **notification** Flugankündigung *f*; Fluganmeldung *f (Flugs)*; ~ **number** Flug- *od* Kursnummer *f (LVerk)*; ~ **of birds** Vogelflug *m*; ~ **on demand** Bedarfsflug *m (LVerk)*; ~ **on instruments** Instrumentenflug *m (Flbetr)*; ~ **operating instructions** *pl* Flugbetriebsvorschrift *f (Flzg)*; ~ **operational planning** flugbetriebliche Planung *f (LVerk)*; Flugeinsatzplanung *f (mil)*; ~ **operations** *pl* Flugbetrieb *m*; ~~ **manual** Flugbetriebshandbuch n; ~~ **officer** Flugdienstberater *m (Fluges)*; ~~ **personnel** Flugbetriebspersonal *n*; ~ **order** Flugauftrag *m*; ~ **path** Flugweg *m*; Flugbahn *f (Flbetr)* ***(Def)***; ~ **path angle** Steig- *od* Gleitwinkel *m (Flzg)*; ~ **path axis system** flugbahnfestes Achsenkreuz *n (FK)*; ~ **path curvature** Flugbahnkrümmung *f (ballist)*; ~ **path deviation indicator** Kursabweich(ungs)anzeiger *m (Instr)*; ~ **path recorder** Flugbahnwinkelschreiber *m (Instr)* ***(Def)***; ~ **(path) tracking** Flugbahnverfolgung *f (FK)*; ~ **pay** Fliegerzulage *f (LW)*; ~ **performance** Flugleistung *f (Flzg)*; ~ **physiology** Flugphysiologie *f (Flmed)*; ~ **plan** Flugplan *m (Flugvorbereitung: Flsich)* ***(Def)***; ~ **plan data** *pl* Flugplandaten *n/pl (Flsich)*; ~ **plan/departure message** Flugplan/Startmeldung *f (Flsich)*; ~ **plan form** Flugplanvordruck *m od* -formular *n*; ~ **plan format** Flugplanformat; ~ **plan message** Flugplanmeldung *f*; ~ **plan through** (*US* **thru**) **intermediate stops**, *abbr* **TRUPLAN** durchgehender Flugplan *m*; ~ **practice** Flugpraxis *f (Pilot)*; ~ **preparation** Flugvorbereitung *f*; ~~ **form** Flugvorbereitungsvordruck *m od* -formular *n*; ~ **procedure** Flugverfahren *n*; ~ **profile** Flugprofil *n*; ~ **progress board** Flugüberwachungspult *n (Flugs)*; Flugbewegungskontrollpult *od* ~brett *n*; ~ **progress display** Flugbewegungs- *od* Flugverlaufsdarstellung *f*; ~ **progress message** Flugverlaufsmeldung *f (Flsich)*; ~ **progress strip** Flugkontrollstreifen *m (Flsich)*; ~ **prohibition** Flugverbot *n*; ~ **properties** *pl* Flugeigenschaft(en) *f(pl) (Flzg)*; ~ **psychology** Flugpsychologie *f*; ~ **radio operator** Bordfunker *m*; ~ **radio telephony operator** Bordtelephonist *m*; Bordsprechfunker *m*; ~ **range** Flug(reich)weite *f*; ~ **ration** Bordverpflegung *f*; ~**-ready** flugbereit *(Lfz)*; ~ **recorder** Flug(daten)schreiber *m (Instr)* ***(Def)***; Flugaufzeichner *m*; Flugleistungsschreiber *m*; ~ **refuel(l)ing** Flugauftankung *f*; Nachtanken *n* in der Luft ***(Def)***; ~ **regime** Flugregime *n (Flbetr)*; ~ **regime envelope** Beschränkung *f* des Flugbereichs; ~ **regularity message** Flugregelmäßigkeits- *od* Flugbetriebsmeldung *f*; ~ **research** Flugforschung *f*; ~ **restriction** Flugbeschränkung; ~ **route** Flugstrecke *f*; ~ **routing** Flugstreckenführung *f*; ~ **rules** *pl* Flugregeln *f/pl*; ~**safety** Flugsicherheit *f*; ~ **schedule** Flugplan *m (LVerk)*; Luftverkehrsplan *m*; ~ **scheduling coordinator** Flugplankoordinator *m*; ~ **Sergeant** *(E)* Oberfeldwebel m *(LW)*; ~ **sextant** Bord- *od* Flug(zeug)sextant *m (nav-Instr)*; ~ **simulation** Flugsimulation *f*; ~ **simulator** Flugsimulator *m*; Flugübungsgerät *n*; ~ **statistics** *pl* Flugstatistik *f*; ~ **status** Flugstatus *m (LVerk)*; ~ **stress** Flugbeanspruchung *f (Flzg)*; ~ **strip** Start- und Landestreifen *m*; ~ **supervision** Flugüberwachung *f*; ~ **surgeon** Fliegerarzt *m (Flmed)* ***(Def)***; ~ **technique** Flugtechnik *f*; ~**-test** nachfliegen *(Flzg)*; einfliegen *(Flzg)*; erproben *(Flzg im Fluge)*; Prüf- *od* Probeflug m ***(Def)***; Flugvermessung *f (von Bodenanlagen)*; ~**-test centre** Flugerprobungszentrum *n od* -stelle *f*; ~ **test(ing)** Flugerprobung *f (Flzg)* ***(Def)***; Nachfliegen *n (Flzg)*; Einfliegen *n (Flzg)*; **tethered** ~ Fesselflug *m (Senkrechtstartererprobung)*; ~ **ticket** Flugschein *m (LVerk)*; ~ **ticket-office** Flugscheinverkaufsstelle f *(LVerk)*; ~ **time** Flugzeit *f (Flbetr)* ***(Def)***; ~ **time in a glider** Flugzeit *f* in einem Segelflugzeug *(Flbetr)* ***(Def)***; ~ **time limitations** *pl* Flugzeitbeschränkungen *f/pl (LVerk)*; ~ **towing** Flugschlepp *m*; Schleppflug *m*; ~ **tracking** Flug(weg)verfolgung *f*; Tracking *n (Radar)*; ~ **training** fliegerische *od* Flugausbildung *f*; ~ **trial** Flugerprobung *f*; ~ **vehicle** Flugapparat *m od* -gerät *n*; Luftfahrzeug *n*; ~ **visibility** Flugsicht *f (Flbetr)* ***(Def)***; ~ **(weather) forecast**, *abbr* **FIFOR** Flug(wetter)vorhersage *f*; ~ **wedge** Kettenkeil *m (Verbandsflug)*; ~ **with engine all out** *or* **with full throttle** Vollgasflug *m*; ~**worthiness** Flugeignung *od* -tauglichkeit *f (Lfz)*; ~**worthy** flugtauglich.

**flip** *sl für* kurzer Rundflug *m*; ~**-flop switching** Flip-Flop-Schaltung *f (el usw)*; ~**per** *sl für* Höhenruder *n (Flzg)*; ~ **roll** gerissene *od* schnelle ungesteuerte Rolle *f (Kunstflug)*.

**flit commode** *sl (E)* Kettenführer *m*.

**float** Schwimmer *m (Flzg)* ***(Def)***; ausschweben *(Flzg vor Aufsetzen; Flbetr)* ***(Def)***; ~**(ation) gear** Schwimmwerk *n (See-Flzg)*; ~ **chamber** Schwimmergehäuse *n (Vergaser)*; ~ **deck** Verdeck *n (Schwimmer)*; ~**ing aileron** schwimmendes Querruder *n (Flzg)*; ~**ing bridge** Floßbrücke *f*; ~**ing crane** Schwimmkran *m*; ~**ing effect** Nichtfreikommen *n (Flzg vom Boden nach Abheben)*; ~**ing gudgeon pin** schwimmender Kolbenbolzen *m (Flmot)* ***(Def)***; ~**ing mine** Treibmine *f*; ~**ing platform** schwimmender Flugstützpunkt *m*; ~**ing rib** Abstandsrippe *f*; falsche Rippe *f (Flzg-Tragfläche)*; ~ **plane** Schwimmerflugzeug *n*; ~ **refuelling valve** Betankungsschwimmerventil *n (Lfz)* ***(Def)***; ~ **seaplane** Schwimmerflugzeug *n* ***(Def)***; ~ **step** Schwimm(er)stufe *f (See-Flzg)*; ~**-type carburettor** Schwimmervergaser *m (Flmot)* ***(Def)***; ~ **valve** Schwimmerventil *n*.

**flo(ccus cloud)** Floccus-Wolke *f (met)*.

**flood** dippen *(Vergaser)*; *(Vergaser)* überlaufen lassen; ~**ed** ersoffen *sl (Vergaser)*; ~ **light** Schweinwerfer *m (Bod)* ***(Def)***; Flutlicht *n*; beleuchten *(mit Scheinwerfer)*.

**floor** Boden(fläche) *m (f)*; ~ **gun-mount(ing)** Bodenlafette *f (Bomben-Flzg)*.

**flotation gear** Notwasserungsausrüstung *f (Lfz)* ***(Def)***.

**flotilla** Flotille *f (Marine)*; ~ **leader** Flotillenführer *m (Marine)*.

**flow** Durchfluss *m (Kraftstoff usw)*; Strömung *f (aerodyn)*; **~ability** Fließfähigkeit *f od* -vermögen *n*; **~able** fließfähig; **~age** Strömungsart *f*; ~ **around** umströmen; ~ **around fuselage** Rumpfumströmung *f (aerodyn)*; ~ **breakaway** Abreißen *n* der Strömung *(aerodyn)*; ~ **breakdown** Strömungsabriss *m (aerodyn)*; ~ **configuration** Strömungsbild *n (aerodyn)*; ~ **control** Verkehrsflusssteuerung *f (Flsich)*; ~ **cross section** Strömungsquerschnitt *m*; ~ **deflection** Strömungsab- *od* -umlenkung *f (aerodyn)*; ~ **diagram** Strömungsbild *n (aerodyn)*; **disturbed** ~ gestörte Strömung *f (aerodyn)*; ~ **downwash** Abstrom *od* -wind *m*; nach unten abgelenkte Strömung *f*; ~ **drag** Strömungswiderstand *m (aerodyn)*; ~ **energy** Strömungsenergie *f (aerodyn)*; ~ **field** *(akustisches)* Strömungsfeld *n*; ~ **intensity** Strömungsintensität *f*; **laminar** ~ glatte, gleichmäßige *od* laminare Strömung *f (aerodyn)*; ~ **mechanics** Strömungsmechanik *od* -physik *f*; Mechanik *f* der Strömungen *(aerodyn)*; **~meter** Durchflussmesser *m*; ~ **pattern** Strömungsbild *n (aerodyn)*; ~~ **schlieren photography** Schlierenaufnahme *f* des Strömungsbildes *(aerodyn)*; ~ **rate** Durchflussmenge *f*; Durchsatz *m*; Fließgeschwindigkeit *f*; ~ **regime** Strömungsart *f*; ~ **research** Strömungsforschung *f (aerodyn)*; ~ **resistance** Strömungswiderstand *m (aerodyn)*; ~ **reversing** Fluss- *od* Strömungsumkehr *f*; ~ **sensor** Durchfluss(mess)geber *m (Instr)*; ~ **separation** Strömungsablösung *f (aerodyn)* ***(Def)***; ~ **theory** Strömungstheorie *od* -lehre *f*; **~-through** Durchströmung *f*; **~-~ nozzle** durchströmte Düse *f*.

**fluctuat|ing flow** flukturierende Strömung *f*; **~ion** Schwankung *f*; **~ion flow** flukturierende Strömung *f*; **~ion of sensitivity** Empfindlichkeitsschwankung *f (Radar)*.

**fluid** Flüssigkeit *f*; flüssig; ~ **compass** Flüssigkeitskompass *m*; ~ **de-icing** Flüssigkeitsenteisung *f (Luftschraube)*; ~ **dynamics** Fluido- *od* Strömungsdynamik *f*; ~ **lubrication** Vollschmierung *f (Flmot)*; ~ **mechanics** *pl* Strömungslehre *f*; **~-operated** flüssigkeitsbetätigt *(Bremsen usw)*.

**fluorescent screen** Leuchtschirm *m*; Fluoreszenzschirm *m*.

**flush** in gleicher Ebene liegend; **~er** Dipper *m (Vergaser)*; ~ **lights** *pl* Unterflurlichter *n/pl (Bod)*; ~ **rivet** Versenkniet *m*; **~-riveted** versenkt genietet; ~ **riveting** Senknietung *f*; Glatthautnietung *f*.

**flutter** Flattern *n (Leitwerk; Sporn- und Burgrad)*; Rüttelerscheinung *f (Leitwerk)*; aero-elastische Schwingungen *f/pl (Konstr)* ***(Def)***; flattern *(Leitwerksteile)*; schwänzeln *(Bug- und Spornrad)*; ~ **effect** Flatterwirkung *f (Leitwerk usw)*; **~ing** Flattern *n*; Flatterschwingung *f (Leitwerk usw)*; ~ **speed** kritische Flattergeschwindigkeit *f (aerodyn)* ***(Def)***.

**fluxgate** Magnetfeldmesser *m*; induktive Messsonde *f (Instr)* ***(Def)***; ~ **compass** Erdinduktionskompass *m (Instr)* ***(Def)***; ~ **tube** Flussröhre *f*.

**fly** fliegen; befliegen; ~ *a circuit* eine Platzrunde fliegen; ~ *a condition* eine Bedingung fliegen *(Flugausbildung)*; ~ *acrobatics* Kunstflug vorführen; ~ *against the wind* gegen den Wind fliegen; ~ *a mission* Einsatz fliegen *(LKr)*; ~ *a sortie* Einsatz fliegen *(LKr)*; ~*at a straight course* Strich fliegen *sl*; ~ *back and forth* hin- und herfliegen; ~ *by compass* nach Kompass fliegen; ~ *for sport* Flugsport betreiben; ~ *in* überführen *(Flzg)*; ~ *into (in ein Gebiet)* einfliegen; ~ *into the sun* gegen die Sonne fliegen; ~ *inverted* auf dem Rücken fliegen; ~ *(on) a curve* eine Kurve fliegen; ~ *on instruments* nach Instrumenten fliegen *(Flbetr)*; ~ *on one engine* mit einem Motor fliegen *(zweimot Flzg)*; ~ *on patrol* Sperre *od* Streife fliegen *(LKr)*; ~ *out (aus einem Gebiet)* ausfliegen *(Verwundete usw)*; ~ *over* überfliegen; ~ *over-top* über den Wolken fliegen; *~-past* Vorbeiflug *m (Luftparade)*; Luftparade *f*; ~ solo allein fliegen; ~ *the Atlantic* den Atlantik befliegen; ~ *upside-down* auf dem Rücken fliegen.

**fly|able weather** Flugwetter *n*; **~-by** Um- *od* Vorbeifliegen *n*; Vorbeiflug *m*; **~-by-wire** elektronische Luftfahrzeugsteuerung *f*; draht(fern)gelenkt; ~~ **control** Draht(fern)lenkung *f*; **~-down indicator** „Fliege tiefer"-Anzeige *f (ILS)*; **~er** Flieger *m*; **~er's clothing** Fliegerbekleidung *f*; **~er's special clothing** Fliegersonderbekleidung *f*.

**flying** Fliegen *n*; Fliegerei *f*; fliegerisch; ~ **accident** Flugunfall *m*; ~ **activity** Flugtätigkeit *f*; ~ **allowance** Fliegerzulage *f*; ~ **at maximum** *or* **minimum speed** mit Höchst- *od* Kleinstgeschwindigkeit fliegen; ~ **attitude** Fluglage *f (Flzg)*; ~ **bicycle** Fahrradflugzeug *n*; ~ **boat** Flugboot *n* ***(Def)***; **~-boat body** Flugbootrumpf *m*; **~-boat hull** Flugbootrumpf *m*; ~ **bomb** fliegende Bombe *f*; V-Waffe *f (LKr)*; **~-boots** *pl* Fliegerstiefel *m/pl*; ~ **boxcar** *sl (US)* Frachtflugzeug *n (Typ Fairchild Packet)*; ~ **career** fliegerische Laufbahn *f (LW)*; ~ **characteristics** *pl* Flugeigenschaften *f/pl (Flzg)*; Fahreigenschaften *f/pl (Luftschiff)*; ~ **check** Flugüberprüfung *f (Flzg)*; ~ **classroom** Hörsaalflugzeug *n*; ~ **clothing** Flieger(sonder)bekleidung *f*; ~ **contest** Flugwettbeweb *m*; ~ **control** Flugleitung *f (mil E)*; ~ **control officer** Flugleiter *m (mil E)*; ~ **controls** *pl* Steuer(bedien)organe *n/pl (Lfz)* ***(Def)***; ~ **corridor** Flugschneise *f od* -korridor *m (LVerk & Flsich)*; ~ **crew** fliegende Besatzung *f*; ~ **day** Flugtag *m*; ~ **deck** Flugdeck *n (Flzg-Träger)*; ~ **distance**, *abbr* **Dist** Flugstrecke *f*; Entfernung *f (nav)*; ~ **duty** Flugdienst *m*; ~ **experience** Flugerfahrung *f*; ~ **field** Flugplatz m; ~ **formation** Flugform(ation) *f*; ~ **gloves** Fliegerhandschuhe *m/pl*; ~ **goggles** *pl* Flieger(schutz)brille *f*; ~ **helmet** Fliegerhelm *m*; Flieger(kopf)haube *f*; ~ **hour** Flugstunde *f*; Betriebsstunde *f (Flmot)*; ~ **in formation** Verbandsflug *m*; Fliegen *n* im Verband; ~ **instructor** Fluglehrer *m*; ~ **instrument** Flug(überwachungs)instrument *n*; Bordinstrument *n*; ~ **kilometre** (*US* **kilometer**) Flugkilometer *m*; ~ **lane** Flugschneise *f (LVerk & Flsich)*; ~ **log** Flugbuch *n*; ~ **meeting** Flugtag *m*; Flugveranstaltung *f*; ~ **model** Flugmodell *n*; flugfähiger Prototyp *m (Lfz)*; ~ **object, unkown** ~~, *abbr* **UFO** unbekanntes Flugobjekt *n*; ~ **officer** Officer *m* des fliegenden Personals (LW); ~ **Officer**, *abbr* **FO** *(E)* Oberleutnant *m (LW)*; ~ **on beam** Strahlfliegen *n (nav)*; AN-Verfahren *n (nav)*; ~ **on one engine** Einmotorenflug *m (zweimot Flzg)*; ~ **operation** Flugbetrieb *m*; ~ **order** Flugbefehl *m*; ~ **pay** Fliegerzulage *f*; ~ **performance** Flugleistung *f (Flzg)*; Fahrleistung *f (Luftschiff)*; ~ **personnel** fliegendes Personal *n*; ~ **practice** Flugpraxis *f*; ~ **procedure** Flugverfahren *n od* -technik *f*; ~ **properties** *or* **qualities** *pl* fliegerische *od* Flugeigenschaften *f/pl*; Flugverhalten *n*; ~ **range** Aktionsbereich *m & n (Flzg)*; Flugreichweite *f*; Fahrtbereich *m & n (Luftschiff)*; ~ **rigging** Befestigungsleinenwerk *n (Lfz l)* ***(Def)***; ~ **risk** Flugrisiko *n (Versicherungswesen)*; ~ **rule** Flugregel *f*; ~ **safety** Flugsicherheit *f*; ~~ **officer**, *abbr* **FSO** Flugsicherheitsoffizier *m (LW)*; ~ **saucer** fliegende Untertasse *f*; ~ **schedule** Luftverkehrsplan *m*; ~ **school** Fliegerschule *f*; ~ **season** Flugsaison *f*; ~ **sense** fliegerisches Gefühl *n*; ~ **ship** Großflugboot *n*; ~ **speed** Fluggeschwindigkeit *f*; Fahrt *f (Flzg)*; ~ **sport** Flugsport *m*; ~ **student** Flugschüler *m*; ~ **suit** Fliegerschutzanzug *m*; Kombination, *abbr* Kombi *f*; ~ **tail** *(vom Knüppel gesteuerte)* Verstellhöhenflosse *f (mit Kraftverstärkung)*; ~ **tank fighter** Panzerjäger *m (Flzg)*; ~ **target** Luftziel *n (Flak)*; ~ **technique** Flugtechnik *f*; ~ **test bed** fliegender Prüfstand *m*; ~ **the figure 8 while rolling** Rollenacht *f (Kunstflug)*; ~ **time** Flugzeit *f*; Gesamtflugzeit *n (Def)*; ~ **training** Fliegerausbildung *f*; Flugausbildung *f*; fliegerische Ausbildung *f*; *advanced ~~ (E & Kanada)* fliegerische Fortgeschrittenenausbildung *f*; *(US LW auch:)* Waffenausbildung *f*; **basic** ~~ *(E & Kanada)* fliegerische Grundausbildung *f*; *(US)* fliegerische Fortgeschrittenenausbildung *f*; *primary ~~ (US & Kanada)* fliegerische Erstausbildung *f*; ~ **screening** fliegerische Vorauswahl *od* Auswahlschulung *f (LW)*; ~ **stunt** *or* **trick** Flugkunststück *n*; ~ **tuition** Flugunterricht *m*; ~ **unit** fliegender Verband *m (LW)*; ~ **vehicle** Flugapparat *m od* ~gerät *n*; Luftfahrzeug *n*; ~ **view** Fluggansicht *f*; ~ **weather** Flugwetter *n*; ~ **wind** Flugwind *m*; ~ **wing** Nurflügelflugzeug *n*; ~~ **(aeroplane)** fliegender Flügel *m*; schwanzloses Flugzeug *n (Lfz) (Def)*; ~~ **design** Nurflügelbauart *f (Flzg)*; ~ **wire** Tragkabel *n (Doppeldecker) (Def)*; ~ **woman** Fliegerin *f*.

**fly |-off** Abflug *m*; ~**-over noise** Überfluglärm *m*; ~**-up indication** „Fliege höher"-Anzeige *f (ILS)*.

**flywheel** Schwungrad *n*; ~ **magneto** Schwungradmagnet *m*; ~ **stabilization** Drall- *od* Schwungradstabilisierung *f*; ~ **starter** Schwungradanlasser *m (Flmot)*.

**foam | blanket** Schaumdecke *f (auf Piste bei Notlandung)*; ~ **carpet** Schaumteppich *m*; ~ **compound** schaumbildendes Mittel *n*; ~ **dispenser** Schaumverteiler *m*; ~ **extinguisher** Schaumfeuerlöscher *m*; ~**ing vehicle** Beschäumungsfahrzeug *n (Kfz Bod)*; ~ **pad** Schaumkissen *od* -polster *n*.

**focal | distance** Brennweite *f (LPhot)*; ~**-plane shutter** Schlitzverschluss *m (LPhot)*; ~ **point** Brennpunkt *m*.

**focus** Brennpunkt *m*; bündeln; ~**ed boom** gebündelter *od* fokussierter Überschallknall *m*; ~**ing** Bündeln *n*; Fokussierung *f (Überschallknall)*; Bündelung *f*; Scharfeinstellung *f (optisch)*; ~**ing electrode** Bündelungselektrode *f (Radar)*; ~ **of the profile** Brennpunkt *m*; Neutralpunkt *m (aerodyn)*.

**foehn** Föhn *m (met) (Def)*; ~ **air** Föhnluft *f (met)*; ~ **cloud** Föhnwolke *f (met)*; ~ **wall** Föhnmauer *f (met)*.

**fog** (dichter) Nebel *m (met) (Def)*; Dreck *m sl*; ~ **area** Nebelgebiet *n (met)*; ~ **bank** Nebelbank *f (met)*; ~ **belt** Nebelgürtel *m (met)*; ~ **dispersal** Nebelbeseitigung *f*; ~**-dispersal (agent)** Mittel *n* zur Nebelauflösung; ~ **dispersion** Entnebelung *f*; ~ **dissipation** *(natürliche)* Nebelauflösung *f*; ~ **droplet** Nebeltropfen *m*; ~ **formation** Nebelbildung *f (met)*; ~**giness** Nebligkeit *f*; ~**ging** Nebelbildung *f*; ~**-in** Nebeleinbruch *m (met)*; ~**gy** neblig; ~**gy season** nebelreiche Jahreszeit *f*; ~ **layer** Nebelschicht *f (met)*; ~ **of mixing** Mischungsnebel *m (met)*; ~ **of the pea-soup order** *sl* für Waschküche *f (sl für dicker Nebel)*; ~ **patch** Nebelnest *n*; Nebelschwaden *m (met)*; ~ **signal** Nebelsignal *n*; ~ **warning** Nebelwarnung *f (met)*; ~ **wisp** Nebelschwaden *m (met)*.

**fold | back** zurückklappen *(Tragfläche)*; ~**ing rotor** Klapprotor *m (Heli)*; ~**ing undercarriage** Einziehfahrwerk *n (Flzg)*; ~**ing wing** Klappflügel *m (Träger-Flzg)*; ~ **up** einziehen *(Fahrwerk)*; einfahren *(Fahrwerk)*; zusammenfalten *(Tragfläche)*; *sl für* abstürzen *(Flzg)*; ~ **wings** Tragflächen beiklappen *(Träger-Flzg)*.

**follow |er** Zubringer *m (Handfeuerwaffe)*; Nockenstößel *m (Flmot)*; **automatic** ~**ing** selbsttätiges Nachführen *n (Radar)*; ~**ing curve** Folge- *od* Verfolgungskurve *f (Luftkampf)*; ~**ing radar** (Flugziel-)Verfolgungsradar(gerät) *n*; ~**ing wind** Schiebe- *od* Rückenwind *m*; ~ **up** nachsteuern *(Regler usw)*; nachdrängen *(takt)*; ~**-up control** Nachlaufsteuerung *f (Regler usw)*; ~**-up piston** Folgekolben *m (Regeltechnik)*.

**food** Verpflegung *f*; ~ **service** Verpflegungsdienst *m (mil)*.

**foolproof** narrensicher *(Flzg usw)*.

**foot | control** Fußsteuerung *f (Flzg)*; ~ **hills** *pl* Vorgebirge *n*; ~ **lever** Fußhebel *m*; ~ **pad** Laufleiste *f (auf Tragfläche)*; ~ **pedals** *pl* (Seitenruder-)Pedale *n/pl (Flzg)*; ~ **plate** Trittblech *n (Flzg)*; Fußplatte *f (Flak)*; ~ **pressure** Fußkraft *f (Flzg-Seitenruder)*; ~**rest** Fußstütze *f*; ~ **shifter** Fußschaltung *f*.

**forage-cap** Feldmütze *f (mil)*.

**force** Kraft *f*; Kampfeinheit *f (takt)*; ~ **along flight path** Bahnrichtungskraft *f (ballist)*; ~ **along the path** (Geschoss-)Bahnkraft *f (ballist)*; ~ **component** Kraftkomponente *f*; ~**d aging** künstliche Alterung *f*; ~**d descent on water** Notwasserung *f*; Notlandung *f* auf Wasser *(Flzg)*; ~**d-feed lubrication** Zwangsschmierung *f (Flmot usw)*; ~**d fuelling** Druckbetankung *f (Lfz)*; ~ **distribution** Kräfteverteilung *f od* -verlauf *m*; ~**d landing** Notlandung *f (Flzg)*; ~**d landing-field** Notlandeplatz *m (Flzg)*; ~**d landing of a glider** Absaufen *n sl (Segel-Flzg)*; ~**d lubrication** Druckschmierung *f (Flmot)*; ~**d march** Gewaltmarsch *m (mil)*; ~**d parachute jump** Notabsprung *m (mit Fallschirm)*; ~**d water landing** Notwasserung *f (Flbetr)*; ~ **field** Kraft- *od* Kräftefeld *n*; ~**-land** notlanden *(Flzg)*; ~ **of attraction** Anziehungskraft *f (Magnetismus)*; ~ **of gravity** Schwerkraft *f*; Schwere *f*; ~ **of inertia** Trägheits- *od* Massenkraft *f*; ~ **of magnetism** Anziehungskraft *f (Magnetismus)*; ~ **of spring** Feder(ungs)kraft *f*; ~ **of wind** Windstärke *f (met)*; ~ **on control surface** Ruderkraft *f (Flzg)*; ~**s** *pl* Streitkräfte *f/pl (mil)*.

**fording ability** Watfähigkeit *f (Panzer)*.

**fore |-and-aft** längsschiffs; ~**-and-aft inclinometer** Längsneigungsmesser *m (Flzg)*; ~**-and-aft trimmer (wheel)** Höhentrimmrad *n (Flzg)*; ~ **bearing** Voraus- *od* Frontpeilung *f (nav)*.

**forecast**, *abbr* **FCST** Wettervorhersage *f (met) (Def)*; vorhersagen; ~ **centre** (Wetter-)Vorhersagezentrale *f*; ~ **chart** (Wetter-)Vorhersagekarte *f*; ~ **contour chart** (Wetter-)Vorhersage-Topographie *od* -Isohypsenkarte *f*; ~**er** beratender Meteorologe *m*; Wetterberater *m (met)*; ~ **surface chart** Bodenwetter-Vorhersage *f (met)*; ~ **technique** Vorhersageverfahren *n (met)*; ~ **upper level chart** Höhenwetter-Vorhersagekarte *f (met)*.

**fore wing** Vorderflügel *m (Flzg)*.

**foreign | airline** Auslands-Luftlinie *f (Lver)*; ~ **air service** Auslandsluftverkehr *m*; ~ **induction** Fremdinduktion *f (el)*; ~ **matter** Fremdstoff *m*; Fremdkörper *m*; ~ **object damage**, *abbr* **FOD** Fremdkörperschaden *m (vorwiegend am Triebwerk)*; ~ **object ingestion** Ansaugen *n* von Fremdkörpern *(Turbo)*.

**foreman** Vorarbeiter *m*; ~ **of an assembly hall** Rüstmeister *m (Flzg-Bau)*.

**forging** Schmiedestück *n*.

**fork** Gabel *f*; ~**ed assembly** Gabelpleuel *n (Flmot) (Def)*; ~**ed connecting rod** Gabelpleuel *n (Flmot)*; ~**ed pivot** Gabelgelenk *n*; ~**ed strut** Gabelstiel *m*; Y-Strebe *f (Tragflächenverstrebung)*; ~**ed turnbuckle** Gabelspannschloss *n (Flzg)*; ~ **joint** Gelenkgabel f; ~ **lift (truck)** Gabelstapler *m*.

**form** Schalung *f (Pistenbau)*; ~ **drag** Formwiderstand *m (aerodyn) (Def)*; ~ **factor** Formwert *m (ballist)*; ~**ing-up**

Versammlung *f (Flzge nach Start zum Verbandsflug)*; ~ **line** Formlinie *f*; genäherte Höhenlinie *f (Kart)*; ~ **of cloud** Wolkenform *f (met)*; ~ **of precipitation** Niederschlagsform *f (met)*; ~ **rib** Formrippe *f*; Blindrippe *f (Tragfläche)*; ~ **wing-tip vapour** (*US* **vapor**) **trails** Kondens(fahnen) an Flächenspitzen bilden *(Flzg)*.

**formalities on arrival** Eingangsabfertigung *f (LVerk)*;

**formation** Formation *f (mil)*; Verband *m (LW)*; Feinplanung *f*; Gestaltung *f (Pistenbau)*; ~ **aerobatic flight** Formations- *od* Verbandskunstflug *m*; ~ **bombing** Verbandsbombenwurf *m (LKr)*; ~ **flight** Verbandsflug *m (Flbetr)*; ~ **flying** Verbandsflug *m*; ~ **of a thunderstorm** Gewitterbildung *f (met)*; ~ **of ice** Eisansatz *m (am Flzg)*; Eisbildung *f*; ~ **of sparks** Funkenbildung *f*; ~ **release** Verbandsbombenwurf *m (LKr)*; ~ **take-off** Verbandsstart *m (Flzge)*.

**former** Formleiste *f (Flzg-Bau)*; Spant *m (Flzg)*; ~ **rib** Nebenrippe *f (Tragfläche)*.

**formula** Formel *f*; ~**tion of decision** Entschlussfassung *f (takt)*.

**fort** *sl für* „Fliegende Festung" *f (US Bomben-Flzg aus 2. Weltkrieg)*.

**fort |ification** Befestigung *f*; Festung *f*; Fort *n (mil)*; ~**ify** befestigen *(mil)*; ~**(ress)** Fort *n*.

**forward** senden; befördern; vorgeschoben; Bug- *usw*; ~ **air controller**, abbr **FAC** vorgeschobener Fliegerleitoffizier *m (takt)*; ~ **area** Kampfraum *m (takt)*; ~ **control** Kopfsteuerung *f (Flzg)*; ~ **direction post**, *abbr* **FDP** vorgeschobener Fliegerführungsposten *m (LKr)*; ~ **elevator** Bughöhenruder *n (Luftschiff)*; ~ **gunner's position** *or* **station** Bugstand *m (Bomben-Flzg)*; ~ **lap** Reihenbildüberlappung *f (LPhot)*; ~ **observation post** vorgeschobene Beobachtungsstelle *f (takt)*; ~**-raked undercarriage leg** nach vorn angestelltes Fahrwerkbein *n (Flzg)*; ~ **retraction** Einziehen *n* nach vorn *(Fahrwerk usw)*; ~ **scatter propagation** Vorwärtsstreuausbreitung *f (Funk)*; ~ **scatter system** Vorwärtsstreusystem *n (Funk)*; ~ **slope** Vorderhang *m*; ~ **slope position** Vorderhangstellung *f (takt)*; ~ **speed** Vorwärtsgeschwindigkeit *f*; ~ **sweep** Vor(wärts)pfeilung *f (Tragflächen)*; ~**-swept wing** vorgepfeilter Tragflügel *m*; ~ **tail group** Kopfleitwerk *n (Flzg)*; ~ **thrust** Vortrieb *m*; ~ **travel** Wurfweite *f (Bombenballist)*; ~ **wing** Vorderflügel *m (Flzg)*.

**foul** verölen; verschmutzen *(Zündkerzen)*; ~**ing** Verölen *n*; Verschmutzen *n (Zündkerzen)*; ~**-weather landing** Schlechtwetterlandung *f (Flbetr)*.

**four |-barrelled** (*US* **barreled**) **AA gun** Flakvierling *m*; ~ **-blade airscrew** Vieblattluftschraube *f*; ~**-component balance or scale** Vierkomponentenwaage *f (aerodyn)*; ~ **-course radio beacon** *or* **range** Vierkursfunkfeuer *n* ***(Def)***; ~**-cycle engine** Viertaktmotor *m*; ~**-engined** viermotorig *(Flzg)*; ~**-stroke engine** Viertaktmotor *m*; ~**-wheel brake** Vierradbremse *f (Kfz)*; ~**-wheel drive** Vierradantrieb *m (Kfz)*; ~**-wheel steering** Vierradlenkung *f (Kfz)*; ~**-wire circuit** Vierdrahtleitung *f (tel)*; ~ **-wire trunk circuit** Vierdraht-Fernleitung *f (tel)*.

**Fowler wing flap** Fowlerflügel *m*; Fowler- *od* Flügelklappe *f (Flzg)* ***(Def)***.

**foxhole** Deckungs- *od* Schützenloch *n (Kr)*.

**fracto |cumulus** Fraktokumulus *m (met)* ***(Def)***; ~**nimbus** Fraktonimbus *m*; Regenwolkenfetzen *m*; ~**stratus** Fraktostratus *m (met)* ***(Def)***.

**fracture** (mechanischer) Bruch *m*.

**fragmentation | bomb** Splitterbombe *f (LKr)*; ~ **effect** Splitterwirkung *f (LKr)*.

**frame** Rahmen *m (Lfz)* ***(Def)***; Spant *m (Flzg)*; ~ **aerial** *or* **antenna** Rahmenantenne *f (Funk)*; ~ **bulkhead** Rahmenspant *m (Flzg)*; ~ **longitudinal** Längsrahmen *m (Lfz l)* ***(Def)***; ~**work** Gerippe *f (Flzg-Bau)*; ~**work body** *or* **fuselage** Fachwerkrumpf *m (Flzg)*.

**framing pulse** Rahmenimpuls *m (Radar)*.

**frangib |ility** Zerbrechlichkeit *f*; ~**le coupling** Bruchkupplung *f*.

**free | airport** Freiflughafen *m (Bod)* ***(Def)***; ~**-air temperature** Außen(luft)temperatur *f*; ~ **baggage allowance** Freigepäckgrenze *f (LVerk)*; ~ **balloon** Freiballon *m (Lfz l)* ***(Def)***; ~ **balloon competition** Freiballonwettbewerb *m*; ~ **balloon navigation** Freiballonluftfahrt *f*; ~ **balloon net** Freiballonnetz *n (Lfz l)* ***(Def)***; ~ **balloon pilot** Freiballonführer *m*; ~ **ballooning** Freiballonfahren *n*; Freiballonluftfahrt *f*; ~ **controls** *pl* losgelassene Ruder *n/pl (Flzg)*; ~**dom of air transit** Durchflugrecht *n*; ~**dom of motion** Bewegungsfreiheit *f*; ~**doms** *pl* **of the air** Freiheiten *f/pl* der Luft *(internat. LVerk)*; ~ **fall** freier Fall *m (ballist & Flmed)* ***(Def)***; ~**-fall acceleration** Fallbeschleunigung *f*; Beschleunigung *f* im freien Fall; ~ **flight** Freiflug *m (LVerk)*; ~ **flight ticket** Freiflugschein *m (LVerk)*; ~**-flight wind tunnel** Freiflugkanal *m (aerodyn)* ***(Def)***; ~**-flying model** Freiflugmodell *n*; freifliegendes Modell *n (Flzg)*; ~ **from icing** vereisungsfrei *(met)*; ~ **gyro(scope)** freier *od* kräftefreier Kreisel *m (Instr)* ***(Def)***; ~ **hovering (flight)** Freischwebe(flug) *f(m) (Heli)*; ~ **jet stream** Freistrahl *m (Turbo)*; ~ **jet tunnel** Freistrahlkanal *m (Turbo)*; ~ **jet turbine** Freistrahlturbine *f*; ~**-lance fighter patrol** freie Jagd *f (LKr)*; ~**ly rotating rotor** Freilaufrotor *m (Tragschrauber)*; ~ **of obstacles** hindernisfrei *(Anflugsektor: Flsich)*; ~ **the jam** Ladehemmung beseitigen; ~ **type parachute** Freifallschirm *m*; von Hand betätigter Fallschirm *m* ***(Def)***; ~ **rocket** ungelenkte Rakete *f*; ~ **(sound) field** freies Schallfeld *n*; ~**-suspension gyro** frei aufgehängter *od* lagerfreier Kreisel *m*; ~**wheel(ing)** Freilauf *m*; ~ **wheel clutch** Freilaufkupplung *f*; ~**wheeling gear** Freilaufring *m (Hubschrauber)*; ~ **zone** Freizone *f (Bod)* ***(Def)***.

**freez |e** gefrieren; ~**e up** vereisen; ~**ing chamber** Kältekammer *f*; ~**ing drizzle** gefrierendes Nieseln *n*; vereisender Sprühregen *m*; ~**ing fog** gefrierender *od* vereisender Nebel *m*; ~**ing level** Nullgradgrenze *f (met)*; ~**ing point** Gefrierpunkt *m*; Stockpunkt *m (Schmierstoff)*; ~**ing point depressant** Frostschutzmittel *n*; ~**ing precipitation** gefrierender *od* vereisender Niederschlag *m (met)*; ~**ing rain** unterkühlter *od* gefrierender *od* vereisender Regen *m (met)*; ~**ing temperature** Gefriertemperatur *f od* -punkt *m*.

**freight** Fracht *f*; ~ **airplane** Frachtflugzeug *n*; ~ **carrier** Frachtflugzeug *n*; ~**-carrying aircraft** Frachtflugzeug *n*; ~**-carrying glider** Lastensegler *m*; ~ **compartment** Frachtraum *m*; Frachtabteil *n (Flzg)*; ~ **consolidator** Sammelverlader *m (LVerk)*; ~**er** Frachtflugzeug *n*; ~ **flight** Frachtflug *m*; ~ **forwarder** Spediteur *m*; Frachtagent *m (LVerk)*; ~ **glider-tow** Lastenseglerschlepp *m*; ~ **hold** Frachtraum *m (Flzg)*; ~ **parachute** Lastenfallschirm *m*; ~ **pod** Frachtgondel *f od* -pod *m*; ~ **rate** Frachtsatz *m (LVerk)*; ~ **ton-kilometers performed** geleistete Fracht-Tonnenkilometer *m/pl (LVerk)*; ~ **transport** Frachtbeförderung *f*.

**French | chalk** Talkum *n*; ~ **curve** Kurvenlineal *n*; ~ **landing** Radlandung *f (Flzg)* ***(Def)***.

**frequency** Frequenz *f (Funk & Radar)*; Häufigkeit *f (allg)*; ~ **allotment** Frequenzzuweisung *f (Fernm)*; ~~ **plan** Frequenzbereichsplan *m (Fernm)*; ~ **band** Frequenzband *n (Funk)*; ~ **charger** Frequenzwandler *od* -umsetzer *m (Funk)*; ~ **channel** Frequenzkanal *m (Funk)* ***(Def)***; ~ **control** Frequenzangleich *m (Funk)*; ~**-critical** frequenzkritisch; ~ **deployment** geographische Frequenzverteilung *f*; ~ **discriminator** Diskriminator *m (Funk)*; ~ **division multiplex** Frequenzmultiplex *m (Funk)*; ~ **doubler**, *abbr* **FD** Frequenzverdoppler *m*; ~ **drift** Frequenzaus- *od* -abwanderung *f (Funk)*; ~ **interval** Frequenzabstand *m*; ~**-modulated continuous wave** frequenzmodulierte ungedämpfte Welle *f (Funk)*; ~ **modulation** Frequenzmodulation *f (Funk)*; ~ **of flights** Flugfrequenz *od* -häufigkeit *f (LVerk)*; ~ **of rain** Regenhäufigkeit *f (met)*; ~ **pairing** Frequenzpaarung *f (Funk)*; ~ **parameter** reduzierte Frequenz *f (Konstr)* ***(Def)***; ~ **range** Frequenzbereich *m & n (Funk)*; ~ **response** Frequenzgang *m (Funk)*; ~**-sensitive** frequenzempfindlich; ~ **separation** Frequenzabstand *m (Funk)*; ~ **sharing** Frequenz(unter)teilung *f (Funk)*; ~ **shift** Frequenzversetzung *od* -verschiebung *f (Funk)*; ~~ **keying** Doppeltontastung *f*; Frequenzumtastung *f (Funkfernschr)*; ~~ **modulation** Frequenzumtastung *f*; Frequenzversetzungsmodulation *f*; ~ **space** Frequenzabstand *m (Funk)*; ~ **spectrum** Frequenzspektrum *n*; ~ **tester** Frequenzprüfgerät *n (Funk)*; ~ **tolerance** Frequenztoleranz *f*; ~ **tuning** Frequenzabstimmung *f (Funk)*.

**fresh** frisch; neu; ~ **air channel** *or* **duct** Frischluftkanal *m*; ~ **air entrance** Frischlufteintritt *m*; ~ **breeze** frische Brise *f (Beaufort-Stärke 5: met)* ***(Def)***; ~**en** auffrischen *(Wind)*; ~ **gale** stürmischer Wind *m (Beaufort-Stärke 8: met)*; ~ **oil** Frischöl *n*; ~**-oil lubrication** Frischölschmierung *f*; ~ **snow** Neuschnee *m*; ~ **water** Süßwasser *n*.

**friction** Reibung *f*; ~**al drag** *or* **resistance** Reibungswiderstand *m*; ~**al electricity** Reibungselektrizität *f*; ~**al heat** Reibungswärme *f*; ~**(al) losses** *pl* Reibungsverluste *m/pl*; ~**al turbulence** Reibungsturbulenz *f (met)* ***(Def)***; ~ **brake** Reibungsbremse *f*; ~ **clutch** *or* **coupling** Friktionskupplung *f*; Reib(ungs)kupplung *f*; ~ **drive** Reibgetriebe *n (Flak-Kommandogerät)*; ~ **igniter** Abreißzünder *m*; ~ **layer** Reibungsschicht *f*; ~ **revolution counter** Reibungsdrehzahlmesser *m*; ~ **revolution tachometer** Reibungsdrehzahlmesser *m*; ~**-type shock absorber** Reibungsstoßdämpfer *m (Fahrwerk)*.

**friend-or-foe interrogator** Freund-Feind-Kenn- *od* Abfragegerät *n (LW, Flsich)*.

**frill** Spreizklappenring *m (Flmot)*.

**fringe area** Rand- *od* Grenzgebiet *n*.

**front** Front *f (met & mil)* ***(Def)***; Stirnseite *f*; ~**age** Ausdehnung *f*; Gefechtsbreite *f (takt)*; ~**al activity area** Wirkungsbereich *m* einer Wetterfront; ~**al area** Stirnfläche *f*; ~**al attack** Frontalangriff *m (takt)*; ~**al cloudiness** frontale Bewölkung *f*; Frontwolken *f/pl*; ~**al fog** Frontalnebel *m*; ~**al resistance** Stirnwiderstand *m*; ~**al soaring** Frontensegelflug *m*; ~**al squall** frontale Bö *f*; Frontbö *f*; ~**al system** (Wetter-)Frontsystem n; ~ **armament** Bugbewaffnung *f (Flzg)*; ~ **armour** (*US* **armor**) Stirnpanzer(ung) *m (f) (Flzg)*; ~**-axle drive** Vorderachsantrieb *m (Kfz)*; ~ **beam** Anflugleitstrahl *m (SBA-Verfahren: nav)*; Haupt- *od* frontseitiger Leitstrahl *m*; ~ **cockpit** vorderer Cockpit *m*; vorderer Führersitz *m (Flzg)*; ~ **control** Kopfsteuerung *f (Flzg)*; ~ **controls** *pl* Kopfleitwerk *n (Flzg)*; ~ **course** *(Flsich)* Anflug- *od* Hauptkurs *m*; Hauptanflug- *od* frontseitiger Kurs *m (ILS)*; ~~ **sector** frontseitiger Kurssektor *m (ILS)* ***(Def)***; ~ **flyer** Frontflieger *m (Kr)*; ~ **gunner** Bugschütze *m (Bomben-Flzg)*; ~ **gunner's position** A-Stand *m (Bomben-Flzg)*; ~**ier** Grenze *f*; ~**ier airport** Grenzflughafen *m*; ~**ier crossing** Grenzüberflug *m*; ~ **light** Buglicht *n (Flzg)*; ~**-line cover** Frontüberwachung *f (takt & LPhot)*; ~**-line pay** Frontzulage *f (mil)*; ~ **of depression** Depressionsfront *f (met)*; ~**ogenesis** Frontenbildung *f*; Frontogenesis *f (met)* ***(Def)***; ~**olysis** Frontenauflösung *f*; Frontolysis *f (met)* ***(Def)***; ~ **radial cooler** Stirnringkühler *m (Flmot)*; ~ **ring sight** Kreiskorn *n (Fliegervisier)*; ~ **sector** Frontabschnitt *m (takt)*; ~ **sight** Korn *n (Waffenvisier)*; ~ **soaring** Frontensegelflug *m*; ~ **spar** Vorderholm *m (Tragfläche)*; ~ **thunderstorm** Frontengewitter *n (met)*; ~ **of thunderstorms** Gewitterfront *f (met)*; ~ **view** Stirnansicht *f*; ~ **wheel** Bugrad *n (Flzg)*; ~**-wheel drive** Vorderradantrieb *m (Kfz)*.

**frost** Frost *m (met)* ***(Def)***; Reif *m (met)*; ~ **bite** Erfrierung *f*; ~ **cleft** Frostriss *m (im Holz)*; ~ **fog** Frostnebel *m (met)*; ~ **over** bereifen *(met)*; ~ **proof** frostbeständig; ~ **shake** Frostriss *m (im Holz)*; ~ **smoke** Frostrauch *m (über Wasser: met)*; Seerauch *m (met)*; ~ **warning** Frostwarnung *f (met)*; ~**y weather** Frostwetter *n (met)*.

**frozen rain** Eisregen *m (met)*.

**fruit** Störimpulse *m/pl (DME)*; (Störung durch) nichtsynchrone Antworten *f/pl (Radar)*; ~ **salad** *sl für* Auszeichnungen *f/pl*; Lametta *n (sl für Orden & Ehrenzeichen)*.

**fuel** Kraftstoff *m*; Brennstoff *m (FK)* ***(Def)***; tanken; ~ **accumulator** Kraftstoffspeicher *m (Turbo)* ***(Def)***; ~**-air mixture** Kraftstoff-Luftgemisch *n (Flmot)*; ~ **(and oil)** Betriebsstoff *m*; ~ **booster pump** Kraftstoffförderpumpe *f (Flmot)*; ~ **boost switch**, *cf/vergl* **fuel tank switch**; ~ **bulk storage** Kraftstofflager(ung) *n (f)*; ~ **capacity** Kraftstofffassungsvermögen *n (Flzg)*; ~ **cell** Kraftstoffzelle *f od* -behälter *m (Flzg)*; ~ **cock** Kraftstoffhahn *m*; Brandhahn *m (Flzg)*; ~ **consumption** Kraftstoffverbrauch *m*; ~ **consumption gauge** (*US* **gage**) *or* **meter** Kraftstoffverbrauchsmesser *m*; ~ **control** Kraftstoffregulierung *f od* -regler *m (Flmot)*; ~~ **unit** Kraftstoffregler *m (Turbo)* ***(Def)***; ~ **counter** Kraftstoffverbrauchsmesser m; ~ **cut-off** Kraftstoff-Schnellstopp *m (Flmot)* ***(Def)***; ~ **depot** Kraftstoff- *od* Tanklager *n*; ~ **dope** Kraftstoffzusatz *m (Anitklopfmittel usw)*; ~ **dump** Kraftstoff- *od* Tanklager *n*; ~ **dumping** Kraftstoffschnellablass(en) *m (n) (Flzg)*; ~ **feed** Kraftstoffzuführung *f*; ~ **filler** Tankkopf *m*; Tankverschluss *m*; ~ **filter** Kraftstofffilter *m*; Kraftstoffreiniger *m*; ~ **flowmeter** Kraftstoffdurchflussmesser *m*; ~ **flowrate** Kraftstoffdurchsatz *m od* -durchflussmenge *f*; ~ **gauge** (*US* **gage**) Kraftstoffvorratsmesser *m*; Kraftstoffuhr *f*; Kraftstoffstandanzeiger *m*; ~ **gas** Treibgas *n*; ~ **grade** Kraftstoffleistungs- *od* ~oktanzahl *f (Flmot)* ***(Def)***; ~ **injection** Kraftstoffeinspritzung *f*; ~ **injection engine** Einspritzmotor *m*; ~ **injection pump** Einspritzpumpe *f*; ~ **injector** Kraftstoff-Einspritzvorrichtung *f*; ~ **jettisoning** Kraftstoffschnellablass *m (Flzg)*; ~ **jettison(ing) gear** Kraftstoffschnellablass(vorrichtung) *m (f) (Flzg)* ***(Def)***; ~ **jettison(ing) valve** Kraftstoffschnellablass(ventil) *m(n) (Flzg)*; ~ **level** Kraftstoffspiegel *m*; ~ **level gauge** (*US* **gage**) Kraftstoffvorratsanzeiger *m*; ~ **line** Kraftstoffleitung *f*; ~**ling** (*US* ~**ing**) Tanken *n*; ~**ling boom** Betankungsausleger *od* -Boom *m*; ~**ling** (*US* ~**ing**) **point** Tankstelle *f*; ~**ling probe** Betankungsausleger *od* -Boom *m (am Tanker-Flzg)*; ~**ling** (*US* ~**ing**) **station** Tankstelle *f*; ~ **manifold** Kraftstoff-Sammelleitung *f (Turbo)* ***(Def)***; ~ **metering nozzle** Kraftstoffmessdüse *f*; ~ **mixture** Kraftstoffgemisch *n (Flmot)*; ~ **oil** Heizöl *n*; Schweröl *n*; ~ **overflow** Kraftstoffüberlauf *m*; ~ **pipe** Kraftstoffleitung *f*; ~ **pressure** Kraftstoffdruck *m*; ~ **pressure gauge** (*US* **gage**) Kraftstoffdruckmesser *m*; ~**-pressure switch** Kraftstoffdruck-Schalter *m (Turbo)* ***(Def)***; ~ **priming system** Anlasseinspritzvorrichtung *f (Flmot)*; ~ **pump**

Kraftstoffpumpe *f*; ~ **quantiy indicator** Kraftstoffvorratsanzeiger *od* -messer *m*; ~ **reserve tank** Kraftstoffhilfsbehälter *m*; ~ **separator** Kraftstoffabscheider *m*; ~ **sequence switch**, *cf/vergl* **starting fuel switch** *(Turbo)*; ~ **spillage** Überlaufen *n* von Kraftstoff; ~ **storage (depot)** Tankanlage *f*; ~ **strainer** Kraftstoffreiniger *m*; Kraftstofffilter *m*; ~ **supply** Kraftstoffversorgung *f od* -vorrat *m*; ~ **system** Kraftstoffanlage *f od* -system *n*; ~ **tank** Kraftstoffbehälter *m*; ~ **tankage** Kraftstoffvorrat *m*; Kraftstoff(behälter)fassungsvermögen *n (Flzg)*; ~ **tank quantity gauge** (*US* **gage**) Kraftstoff(behälter)-Vorratsmesser *m (Flzg)*; ~ **tank switch** Kraftstoffbehälterschalter *m (Flzg)*; ~ **tank truck** Kraftstoff-Kesselkraftwagen *m*; ~ **tank vent** Kraftstoffbehälterentlüftung *f*; ~**-transfer boom** Betankungsausleger *od* -Boom *m*; ~ **trap** Kraftstoffabscheider *m*; ~ **truck** (Kraftstoff-)Tankfahrzeug *n*; ~ **vapour** (*US* **vapor**) **lock** Dampfblasenbildung *f (in Kraftstoffleitung)*; ~ **venting** Kraftstoffüberlauf *m od* -entlüftung *f*.

**full | deflection** Vollausschlag *m od* -auslenkung *f (der Steuerruder: Flzg)*; ~**-dress uniform** Paradeanzug *m (mil)*; ~ **feathering airsrew** Luftschraube *f*, die auf volle Segelstellung verstellbar ist; ~ **load** Gesamtfluggewicht *n (Flzg)*; ~ **moon** Vollmond *m*; ~ **power** Vollgas *n*; Volllast *f (Flmot)*; ~ **power output** Vollgasleistung *f (Flmot)*; ~**-pressure suit** Volldruck- *od* Höhen(flug)anzug *m*; ~ **procedure** ausgeflogenes (Anflug-)Verfahren *n (Flsich)*; ~ **rudder** voller Seitenruderausschlag *m (Flzg)*; ~**-scale aeroplane** Flugzeug *n* in natürlicher Größe; ~ **sight** Vollkorn *(Visier)*; ~ **span** gesamte Spannweite *f (Flzg)*; ~**-span flaps** Klappen *f/pl* über die gesamte Spannweite *(der Tragfläche)*; ~ **stop landing**, *abbr* **FSL** Abschlusslandung *f (Flbetr)*; ~ **throttle** Vollgas *n (Flmot)*; ~ **throttle altitude** Vollleistungshöhe *f (Flmot)*; ~**-track vehicle** Vollkettenfahrzeug *n (Kfz)*; ~**-view cabin** Allsichtkabine *f (Flzg)*; ~**-view cockpit** Vollsichtcockpit *m*; Vollsichtkanzel *f (Flzg)*; ~**-vision cockpit** Vollsichtcockpit *m*; Vollsichtkanzel *f (Flzg)*; ~**y acrobatic** voll kunstflugtauglich *(Flzg)*; ~**y automatic** vollautomatisch; ~**y automatic relay installation** vollautomatische Weitergabeeinrichtung *f (Fernm)* ***(Def)***; ~**y controlled propeller** Voll-Verstellluftschraube *f*; ~**y developed parachute** vollständig geöffneter *od* voll gefüllter Fallschirm *m*; ~**y mechanized** vollmotorisiert; ~**y shielded** vollentstört *(Funk)*.

**fume** Dunst *m*; Rauch *m*; ~ **dispersion** Entnebelung *f*.

**function** Funktion *f*; Tätigkeit *f*; ~**ing check** Funktionsprüfung *f (Flzg)*.

**funnel** Trichter *m*; (Anflug- *od* Abflug-)Trichter *m (Flsich)*; ~ **cloud** Trichterwolke *f*; Trombe *f*; Wolkenschlauch *m (met)* ***(Def)***; ~**-shaped drogue** Schlepptrichter *m (Flugauftankung)*.

**fur-lined** pelzgefüttert *(Kombi usw)*.

**furlough** Urlaub *m*; ~ **certificate** Urlaubsschein *m*.

**further outlook** weitere (Wetter-)Aussichten *f/pl*.

**fuse** *or* **fuze** Zünder *m (Bombe usw)*; Sicherung *f (el)*; ~ **a bomb** eine Bombe schärfen; ~ **cord** Abreißschnur *f (Handgranate)*; ~ **setting** Zünder(ein)stellung *f*; ~ **setting machine** Zünderstellmaschine *f (Flak)*; ~ **time** Zünderlaufzeit *f*; ~ **wrench** Zünderstellschlüssel *m*.

**fuselage** Rumpf *m (Flzg)* ***(Def)***; Rumpfwerk *n (Flzg)*; ~ **attachment** Rumpfanschluss *m (Flzg)*; ~ **axis** Rumpfachse *f (Flzg)*; ~ **cover(ing)** Rumpfbeplankung *f*; Rumpfverkleidung *f*; ~ **drag** Rumpfwiderstand *m*; ~**-effect coefficient** Rumpfeinflussziffer *f (aerodyn)*; ~ **fabric (cover)** Rumpfbespannung *f (Flzg)*; ~ **fitting** Rumpfbeschläge *m (Flzg)*; ~ **forebody** Rumpfvorderteil *m (Flzg)*; ~ **framework** Rumpfgerippe *n*; Rumpfgerüst *n (Flzg)*; ~ **lift** Rumpfauftrieb *m (aerodyn)*; ~ **longitudinal axis** Rumpf(längs)achse *f (Flzg)*; ~ **nose** Rumpfbug *m (Flzg)*; ~ **of steel-tubing framework** Stahlrohrrumpf *m (Flzg)*; ~ **outer skin** Rumpfaußenhaut *f (Flzg)*; ~ **primary structure** Rumpfgerippe *od* -skelett *od* -tragwerk n; ~ **radiator** Rumpfkühler *m*; ~ **section** Rumpfquerschnitt *m (Flzg)*; ~ **skin** Rumpfhaut *f (Flzg)*; Rumpfbespannung *f (Flzg)*; Rumpfbeplankung *f (Flzg)*; ~ **strut** Rumpfstrebe *f (Flzg)*; ~ **tank** Rumpfbehälter *f (Flzg)*; ~ **top** Rumpfdecke *od* -oberseite *f od* -rücken *m (Flzg)*; ~ **underside** Rumpfunterseite *f (Flzg)*; ~ **width** Rumpfbreite *f (Flzg)*; ~ **wing joint** Rumpf-Flügel-Anschluss *m od* ~ Verbindung *f (Flzg)*.

**fusion point** Schmelzpunkt *m*.

**fature position** Vorhaltepunkt *f (Flak)*; Gegnerpunkt *m (Flak)*.

**fuze** *vgl* **fuse**.

**fuzzy picture** unscharfes Bild *n (LPhot)*.

# G

**G** *(ICAO- & NATO-Buchstabieralphabet)* Golf; *(altes, internationales Buchstabieralphabet)* George; Symbol *n* für die einfache Erdbeschleunigung; ~**-limitation** Lastvielfachenbegrenzung *f*; ~**-load** G-Wert *m*; Lastvielfaches *n*; Andruck *m*; **-meter** Beschleunigungsmesser *m (Flzg)*; ~ **-suit** G-Anzug *m*; Druckanzug *m (für Piloten)* ***(Def)***; ~ **-value** G-Wert *m*; Größe *f* des Lastvielfachen.

**gadget** technische Vorrichtung *f (Flzg-Sonderzubehör)*; Klimbim *m sl*.

**gage** (*US*; *E* = **gauge**) Lehre *f*; Manometer *n*; Messgerät *n*; ~ **propeller** Eichluftschraube *f*.

**gain** Gewinn *m (allg)*; gewinnen; Gewinn *m (von Richtantennen)*; Verstärkungsgrad *m (Funk)*; ~ **adjustment** Verstärkungseinstellung *f (Funk)*; ~ **altitude** Höhe gewinnen *(Flzg)*; ~ **charakteristic** Verstärkungscharakteristik *f (Funk)*; ~ **in altitude** Höhengewinn *f (Flzg)*; ~ **reduction** Verstärkungsminderung *f (Funk)*; ~ **speed** Fahrt aufnehmen *(Flzg)*; ~ **time control**, *abbr* **GTC** zeitabhängige Verstärkungsregelung *f (Funk)*; ~ **turn-down** Verstärkungsherabsetzung *f (Funk)*.

**gale** Sturm(wind) *m (met)*; stürmischer Wind *m (Beaufort-Stärke 8: met)* ***(Def)***; ~ **force** Sturmwindstärke *f (met)*; ~ **signal** Sturmsignal *n od* -warnung *f (met)*; ~ **warning** Sturmwarnung *f (met)*.

**galley** Bordküche *f (Flzg)*.

**gallon** Gallone *f (imperial gallon = 4,5459 l; US gallon = 3,7853 l)*.

**galvanized wire** verzinkter Draht *m*.

**gamma antenna** *or* **aerial** L-Antenne *f (Funk)*.

**gang | load** Einschalten *n od* Sammelschaltung *f (aller Kraftstoffbehälterschalter: Turbo)*; ~**plank** Laufbrücke *f (Luftschiff)*; ~**way** Durchgang *m (Flzg)*; Laufgang *m (Flzg)*; Laufsteg *m (Luftschiff)*.

**gap** Lücke *f*; Abstand *m (zwischen den Tragflächen eines Doppeldeckers)* ***(Def)***; ~ **less-type ice guard** geschlossenes Vereisungsnetz *n (Flmot)* ***(Def)***; ~**ped ice guard** offenes Vereisungsnetz *n (Flmot)* ***(Def)***.

**garbl|ed message** verstümmelte Meldung *f (Flsich usw)*; ~**ing** (Schlüssel-)Verwirrung *f*; Verstümmelung *f (Funk)*.

**garrison** Garnison *f (mil)*; Standort *m (mil)*; ~ **commander** Standortältester *m (mil)*; ~ **headquarters** *pl* Standortkommandantur *f (mil)*.

**gas** Gas *n*; *sl (US)* Benzin *n*; Gas nachfüllen *(Ball)*; ~ **bag** Gaszelle *f (Luftschiff)* ***(Def)***; ~-**bag alarm** Prallmelder *m (Lfz l)* ***(Def)***; ~-**bag net** *or* **wiring** Gaszellennetz *n (Lfz l)* ***(Def)***; ~ **balance** Gaswaage *f*; ~ **capacity** Gasfassungsvermögen *n (Luftschiff)*; ~ **cell** Gaszelle *f (Luftschiff)* ***(Def)***; ~ **centrifuge** Gaszentrifuge *f*; ~ **cloud** Gaswolke *f*; ~ **compartment** Gasabteil *n (Lfz l)*; ~ **constant** Gaskonstante *f*; ~ **control lever** Gashebel *m (Flmot)*; ~ **discharge** Gasentladung *f*; Gasablassen *n (Lfz l)*; ~ **dynamics** Gasdynamik *f*; ~**eous atmosphere** Gasatmosphäre *f*; ~**eous combustion products** *pl* gasförmige Verbrennungs- *od* Abbrandprodukte *n/pl*; ~**(eous) exchanger** Gasaustauscher *m*; ~**eous fuel** gasförmiger Treib- *od* Brennstoff *m*; ~**eous oxygen** gasförmiger Sauerstoff *m*; Sauerstoffgas *n*; ~ **escape** Gasabführung *f (Luftschiff)*; ~ **escape valve** Gasventil *n (Ball)*; ~ **exhaust** Gasabführung *f (Luftschiff)*; ~ **expansion** Gasexpansion *od* -ausdehnung *f*; ~ **friction** Gasreibung *f*; ~ **hood** Entlüftungshutzen *m (Lfz l)* ***(Def)***; ~ **inflation** Gasfüllung *f (Luftschiff)*; ~**ket** Dichtung(smanschette) *f (Flmot)*; ~**ket ring** Dichtungsring *m (Flmot)*; ~ **levers** *pl* Gasgestänge *n (Flmot)*; ~ **main** Gasleitung *f (Lfz l)* ***(Def)***; ~ **mask** Gasmaske f; ~**oline** *(US)* Benzin *n*; ~**oline container** *(US)* Benzinbehälter *m*; ~**oline engine** *(US)* Benzinmotor *m*; ~-**operated gun** Gasdurchlader *m (Geschütz)*; ~ **outlet** Gasabführung *f (Luftschiff)*; ~**pirator** *sl für* Gasmaske *f*; ~ **pressure** Gasdruck *m*; ~-**release valve** Gasablassventil *n (Ball)*; ~ **ring** Dichtungsring *m (Flmot)* ***(Def)***; ~ **scale** Gaswaage *f*; ~ **starter** Gasanlasser *m (Flmot)*; ~-**tight** gasdicht *od* -undurchlässig; ~ **trap** Gasschleuse *f (LS)*; ~ **trunk** Gasschacht *m (Lfz l)* ***(Def)***; ~ **turbine (engine)**, *abbr* **GTE** Gasturbine(ntriebwerk) *f (n)* ***(Def)***; ~ **up** *sl (US)* tanken; ~ **volume** Gasvolumen *n (Luftschiff)* ***(Def)***; ~ **welding** *(autogenes)* Gasschweißen *n*.

**gate** Beginn *m* der Einflugschneise *f (Flsich)*; Ablaufpunkt *m (Flsich)* ***(Def)***; Bildfenster *n (LPhot)*; ~ **circuit** Torschaltung *f (el)*; ~-**type gear shift** Kulissenschaltung *f (Kfz)*.

**gather|ed parasheet** Parasheet-Fallschirm *m* mit verstärkter Basis ***(Def)***; ~**ing speed** zunehmende Geschwindigkeit *f*.

**gauge** (*US* **gage**) Lehre *f*; Manometer *n*; Messgerät *n*.

**GCA**, *vergl/cf* **ground controlled approach**.

**gear** Getriebe *n*; Zahnrad *n*; Mechanismus *m*; Vorrichtung *f*; Gang *m (Kfz)*; ~ **box** Getriebegehäuse *n*; ~ **case** *or* **casing** Getriebegehäuse *n*; "~ **down!**" „Fahrwerk ausgefahren!" *(Meldung des Bordmechanikers an den Piloten)*; ~ **drive** Räderantrieb *m (Lader usw)*; ~-**driven suppercharger** Getriebelader *m (Flmot)*; ~**ed engine** Getriebemotor *m (Flmot)*; ~**ed propeller** untersetzte Luftschraube *f*; ~**ed tab** *(zwangsläufig)* angelenktes Hilfsruder *n (Lfz)* ***(Def)***; ~ **grease** Getriebefett *n*; ~ **housing** Getriebegehäuse *n*; ~**ing** Getriebe(übersetzung) *n (f)*; ~**less engine** getriebeloses *od* direktwirkendes Triebwerk *n*; ~ **pump** Zahnradpumpe *f*; ~ **ratio** (Getriebe-)Übersetzungsverhältnis *n*; ~**shift** Getriebeumschaltung *f*; Gangschaltung *f (Kfz)*; ~**shift lever** Schalthebel *m (Kfz)*; ~ **transmission** Schaltgetriebe *n (Kfz)*; "-**up!**" Fahrwerk einfahren!" *od* „Fahrwerk (ist) eingefahren!"; ~-**up-and-down lock** Fahrwerkverriegelung *f (Flzg)*; ~ **wheel** Zahnrad *n*.

**Gee** (*short for* **ground-environment equipment**) Gee-Hyperbel-Funknavigationsverfahren *n* ***(Def)***; ~ **H** Gee H-Radar-Navigationsverfahren *n* ***(Def)***; ~-**method** Gee-Verfahren *n (nav)*; ~ **navigation chart** Gee-Navigationskarte *f*.

**gen** *sl* Nachrichten *f/pl*; Information *f*.

**General** *(US & E)* Generaloberst *m (früher; jetzt:)* General *m*; *(= 4-Sterne-General)*; ~ **of the Army** *(US)* Feldmarschall *m (5-Sterne-General)*.

**general** allgemein; ~ **air support** allgemeine Luftunterstützung *f (takt)*; ~ **aviation** Allgemeine Luftfahrt *f*; ~-**aviation aeroplane** Flugzeug *n* der Allgemeinen Luftfahrt; Arbeitsflugzeug *n (allg)*; ~ **call** Sammelspruch *m (Funk)*; ~ **call sign** Sammelrufzeichen *n (Funk)*; ~ **commodity rate** allgemeiner Frachtsatz *m (LVerk)*; ~ **inference** allgemeine Wetterübersicht *f* ***(Def)***; ~ **medical examination** allgemeine ärztliche (Tauglichkeits-)Untersuchung *f (Flmed)*; ~ **military service** allgemeiner Wehrdienst *m*; ~-**purpose aircraft** Arbeits- *od* Mehrzweckluftfahrzeug *n*; ~-**purpose bomb** Mehrzweckbombe *f (LKr)*; ~-**purpose** (*abbr* **GP**) **system** Mehrzwecksystem *n*; ~-**service plane** Arbeitsflugzeug *n*; Mehrzweckflugzeug *n*; ~ **staff** Generalstab *m (mil)*; ~-**staff officer** Generalstabsoffizier *m*; ~ **weather conditions** *pl or* **situation** Großwetterlage *f*; allgemeine *od* synoptische Wetterlage *f*.

**generat|ion of current** Stromerzeugung *f (el)*; ~**or** Generator *m (el)*; Stromerzeuger *m (el)*; ~**or drive** Generatorantrieb *m (el)*.

**Geneva| Convention** Genfer Konvention *f*; ~ **Red Cross** Genfer Rotes Kreuz *n*.

**gentle| bank** leichte Querlage *f (bis zu 25°: Flzg)*; ~ **breeze** schwache Brise *f (Beaufort-Stärke 3: met)* ***(Def)***; ~ **landing** weiche Landung *f (Flzg)*; ~ **turn** flache Kurve *f*.

**genus of cloud** Wolkenart *f (met)*.

**geo|centre** (*US* **geocenter**) Erdmittelpunkt *m*; ~**cyclic** geozyklisch; ~**detic construction** geodätische Bauweise *f (Flzg-Bau)* ***(Def)***; Netzbauweise *f (Flzg-Bau)*; ~**detic** (*or* **geodesic**) **precession** geodätische Präzession *f*.

**geographic(al)** geographisch; ~ **co-ordinates** *pl* geographische Koordinaten *f/pl (Kart)*; ~ **latitude** geographische Breite *f*; ~ **longitude** geographische Länge *f*; ~ **meridian** Längenkreis *m*; ~ **north** geographisch Nord *n*; ~ **pole** geographischer Pol *m*; ~ **reference system**, *abbr* **GEOREF(S)** geographisches Melde- und Gittersystem *n (Kart)*; ~ **separation** geographische Staffelung *f (Flsich)*.

**geography** Geographie *f*; Erdkunde *f*.

**geo|magnetic** geo- *od* erdmagnetisch; ~~ **disturbance** geomagnetische Störung *f*; ~~ **storm** Magnetsturm *m* (geo)-magnetisches Gewitter *n*; ~**metrical aspect ratio** geometrische Streckung *f (Tragflügel)*; ~**metric(al) pitch** geometrische Steigung *f (Luftschraube)* ***(Def)***; ~**metric centre** geometrischer Mittelpunkt *m (eines Flughafens)*; ~**metric projection** geometrische *od* perspektivische Projektion *f (Kart)*; ~**metric shape** geometrische Gestalt *od* Form *f*; ~**metric similarity** geometrische Ähnlichkeit *f*; ~**metric simulation** geometrische Simulation *f*; ~**metric twist** geometrische Verwindung *f (Lfz)* ***(Def)***; ~**metry of flying**

**vehicle** Flugkörpergeometrie *f*; ~**physical rocket** geophysikalische Rakete *f*; ~**politics** Geopolitik *f*; ~**REF** (*short for* **geographic reference**) **chart** GEOREF-Karte *f*; ~**REF location** GEOREF-Standort *m (nav)*; ~**stationary** geostationär *(Sat)*; ~**strophic component** *or* **force** geostrophische Komponente *od* Beschleunigung *f*; ~**strophic wind speed** geostrophische Windgeschwindigkeit *f (met) (Def)*.

**George** *sl für* Kurssteuerung *f (Flzg)*.

**German industrial standard** Deutsche Industrienorm *f*, *abbr* DIN.

**get | airborne** abheben *(Flzg vom Boden: Flbetr)*; ~**-away** Abheben *f (Flzg vom Boden)*; ~**-away speed** Abhebegeschwindigkeit *f (Flzg vom Boden)*; ~ **height** Höhe gewinnen *(Flzg)*; ~ **"her" away** Flugzeug abheben; ~ **lost** sich verfranzen *sl (Flzg)*; ~ **off** aufsteigen *(Luftfahrzeug)*; ~ **on course** auf Kurs gehen; ~ **out of commission** ausfallen *(Flmot)*; ~ **the tail up** *sl für* den (Flzg-)Schwanz hochbekommen *(Flzg beim Start)*; ~**ting misted** Beschlagen *n (Kabinenverglasung: Flzg)*.

**ghost | echo** Geisterecho *(Radar)*; ~ **image** Geisterbild *n (Radar)*.

**giant aeroplane** Riesen- *od* Großraumflugzeug *n*.

**giddiness** Schwindelgefühl *n*.

**gill** (Luftkühler-)Spreizklappe *f (Flmot) (Def)*; ~**ed radiator** Klappenkühler *m (Flmot)*.

**gimbal | ring** Kardanring m; ~ **suspension** kardanische Aufhängung *f (Kompass usw)*.

**gink wings** *sl (E)* mit den Tragflächen wackeln *(Flzg)*.

**girder** Träger *m (Bauteil)*; ~ **axis** Trägerachse *f*; ~ **body** Fachwerkrumpf *m (Flzg)*; ~ **construction** Träger- *od* Gitterkonstruktion *f (Flzg-Bau)*; ~ **fuselage** Fachwerk- *od* Gitterrumpf *m (Flzg)*; ~ **rib** Vollwandrippe *f (Flzg)*; ~ **spar** Fachwerkholm *m (Flzg-Bau)*; ~ **system** Trägersystem.

**give | "her" (the) gas** Gas geben *(Flzg)*; ~ **"her" the gun** *or* **the needle** *sl* Pulle 'reinschieben *(sl für Flmot Gas geben)*; ~**n flight path** vorgegebene Flugbahn *f*, Sollflugweg *m (FK)*; ~ **opposing control** Gegensteuer geben *(Flzg)*; ~ **the gun** *sl* Gas geben *(Flmot)*; ~ **the start** den Start freigeben *(Flzg)*; ~ **way** ausweichen *(Flbetr)*.

**glacier** Gletscher *m*; ~ **breeze** Gletscherwind *m (met) (Def)*.

**glare** Blendung *f (Sonne; Scheinwerfer)*; blenden *(Sonne; Scheinwerfer)*; ~ **shield** Blendschutz *m (Flmot) (Def)*.

**glass** Objektiv *n (LPhot)*; Barometer *n (met)*; ~ **aperture** Objektivöffnung *f (LPhot)*; ~**-fibre material** Glasfasermaterial *n*; ~**-fibre sandwich construction** glasfaserverstärkte Sandwichbauweise *f (Flzg)*; ~ **paper** Schleif- *od* Glaspapier *n*; *the* ~ *is going up* das Barometer steigt *(met)*.

**glaze** glasartige Vereisung *f (am Flzg)*; Spiegeleis *n (met)*; ~**d frost** Spiegel- *od* Glatteis *n (met) (Def)*; ~**(d) ice** Klareis *n (met) (Def)*; ~**d rain** gefrierender *od* Eisregen *m*.

**glide** Gleitflug *m (Flzg) (Def)*; gleiten *(Flzg)*; segeln (Flzg); ~ **angle** Gleitwinkel *m (Flzg)*; ~ **bombing** Bombenwurf *m* aus dem Gleitflug (LKr); ~ *down* im Gleitflug niedergehen *(Flzg)*; flattern out the ~ Gleitflug strecken *(Flbetr)*; ~ *in for a landing* zur Landung anschweben *(Flzg)*; ~ **landing** Landung *f* aus dem Gleitflug; Gleit(flug)landung *f (Flbetr)*; ~ **path**, *abbr* GP Gleitweg *m (ILS-Verfahren: nav) (Def)*; ~ **path angle** Gleitwinkel *m (Flbetr) (Def)*; ~ **path angular error** Gleitweg-Winkelfehler *m*; ~ **path beacon** Gleitwegfunkfeuer *n (ILS) (Def)*; ~ **path (beacon) beam** Gleit(wegleit)strahl *m*; ~ **path bend** *or* **curvature** Gleitwegbiegung *od* -krümmung *f*; ~ **path deviation** Gleitwegabweichung *f*; ~ **path equipment** Gleitweggerät *n*; ~ **path intercept altitude** Gleitweg-Einflughöhe *f (Flbetr)*; ~ **path monitor** Gleitwegüberwachungsgerät *n*; ~ **path radar** Gleitwegradar(gerät) *n*; ~ **path receiver** Gleitwegempfänger *m (ILS)*; ~ **path sector** Gleitwegsektor *m (Flbetr) (Def)*; ~ **path tolerance** Gleitwegtoleranz *f*; ~ **path transmitter** Gleitwegsender *m (ILS)*; ~ **ratio** Gleitzahl *f (Flbetr) (Def)*.

**glider** Segelflugzeug *n*; Gleitflugzeug *n*; Gleiter *m*; motorloses Flugzeug *n (Def)*; ~ **activity** Segelflugbetrieb *m*; ~ **bomb** Gleitbombe *f*, Fernlenkbombe *f (FK)*; ~ **fabric** Bespannstoff *m (für Segel-Flzg)*; ~ **flying** Segelfliegerei *f od* -flugbetrieb *m*; ~ **pilot** Führer *m* eines Segelflugzeuges; Segelflugzeugführer *m*; Segelflieger *m (allg)*; ~ **release** Auslösen *n*; Ausklinken *n (Segel-Flzg)*; ~**-release (mechanism)** Ausklinkvorrichtung *f (Segel-Flzg)*; ~ **school** Segelflugschule *f*; ~**-tow** Schleppseil *n (Segelschleppflug)*; ~**-tow attachment** Schleppseilkupplung *f*; ~**-tow release** Schleppseilauslösung *f*; ~ **train** Segelflugschleppzug *m*; ~ **tug** Schleppflugzeug n.

**gliding** Segelfliegen *n*; Segelfliegerei *f*; Segelflug *m*; Gleiten *n*; ~ **angle** Gleitwinkel *m (Flzg) (Def)*; ~ **approach** Gleitanflug *m (Flzg)*; ~ **attack** Gleitangriff *m (LKr)*; ~ **certificate** Segelflugschein *m*; ~ **championship** Segelflugmeisterschaft *f*; ~ **competition** Segelflugwettbewerb *m*; ~ **contest** Segelflugwettbewerb *m*; ~ **distance** Gleit(flug)strecke *f (Flzg)*; ~ **(flight)** Gleitflug *m*; Gleiten *n (Flbetr)*; ~ **for a landing** Anschweben *n (Flzg zur Landung)*; ~ **(for sport)** Segelflugsport *m*; ~ **licence** (*US* **license**) Segelflugschein *m*; ~ **path** Gleitpfad *m (Flzg)*; ~ **plane** Gleitflugzeug *n*; Gleiter *m (Flzg)*; ~ **polar** Gleitflugpolare *f (aerodyn)*; ~ **quality** Gleitvermögen *n (Flzg)*; ~ **ratio** Gleitzahl *f (Flzg)*; ~ **school** Segelflugschule *f*; ~ **site** Segelfluggelände *n*; ~ **speed** Gleit(flug)geschwindigkeit *f (Flzg)*; ~ **turn** Gleitflugkurve *f (Flzg)*; ~ **(-type) parachute** Gleitschrim *m*.

**glob |al positioning system**, *abbr* **GPS** Satellitennavigationssystem *n*; globales od universales Navigationssystem *n (Sat)*; ~**e** Erdball *m*; ~**e lighting** Kugelblitz *m (met)*; ~**e sight** Kugelvisier *n*; ~**ular structure** kugelförmige Struktur *f*.

**glow | lamp** Glimmlampe *f*; ~ **plug** Glühkerze *f (Dieselmotor)*; ~ **screen** Abschirmung *f (Flmot) (Def)*.

**glu |e** Leim *m*; leimen; ~**ing** Verleimung *f*.

**glycol | cooling** Heißkühlung *f (Flmot usw)*; ~ **tank** Kühlstoffbehälter *m (Flzg)*.

**gnomonic projection** gnomonische *od* Großkreisprojektion *f (Kart)*.

**go |-around** Durchstarten *n (Flzg)*; ~ **(a)round (again)** durchstarten *(Flzg)*; ~**-around procedure** Durchstartverfahren *n (Flsich)*; ~ *by air* fliegen; ~ *down* abstürzen *(Flzg)*; ~ *down in the sea* notwassern *(Flzg)*; ~ *into a glide* zum Gleitflug übergehen *(Flzg)*; ~ *into a (nose) dive* in Sturzflug übergehen *(Flzg)*; auf den Kopf gehen *sl (Flzg)*; ~ *into a spin* ins Trudeln geraten; abtrudeln *(Flzg)*; **"(Let) ~!"** „Los!" *(Kommando beim Segel-Flzg-Start)*; ~ *out of production* auslaufen *(Fertigungsserie eines Flzg-Musters usw)*; ~ *round again* durchstarten *(Flzg)*; ~ *solo* allein fliegen *(Flugschüler)*.

**goggle |d goblin** *sl für* Nachtjäger *m*; ~**s** *pl* Schutzbrille *f*.

**gondola** Gondel *f (Luftschiff)*; Bodenwanne *f (Bomben-Flzg)*.

**goniometer** Winkelmesser *m (nav)*; ~ **antenna** Goniometerantenne *f (Funk)*.

**good|s** *pl* Waren *f/pl*; Güter *n/pl*; ~ **visibility** gute Sicht *f*; ~**-weather cloudiness** Schönwetterbewölkung *f*; ~ **-weather flight** Schönwetterflug *m (Flbetr)*.

**gore** Bahn(länge) *f (Flzg l)* ***(Def)***; (Fallschirm-)Bahn *f* ***(Def)***.

**gossage** *sl für* Sperrballon *m (LKr)*.

**govern** steuern; regeln; ~**er** *vergl/cf* **governor**; ~**ing** Regelung *f*; ~**ing action** Regelvorgang *m*; ~**ing device** Regelvorrichtung *f (Flzg)*; ~**ment aircraft** staatliches Flugzeug *n*; ~**or** Regler *m (Flmot usw)*; Regelgerät *n od* -vorrichtung *f*; ~**or drive** Regelantrieb *m (Flmot)*; ~**or gear(ing)** Reglergetriebe *n (Luftschraube usw)*; ~**or rods** *pl* Regelgestänge *n*; ~**or setting** Regler(ein)stellung *f*.

**grade** Grad *m*; Stufe *f*; Dienstgrad *m (mil)*; einebnen *(Rollfeld)*; einstufen *(gehaltsmäßig usw)*; ~**r** Straßenplanierer *od* -hobel *m (Pistenbau)*.

**gradient** Gradient *m*; Steigung *f*; Gefälle *n*; ~ **of climb** Steigwinkel *m*; ~ **of pressure** Druckgradient *m*; ~ **tint** Höhenschichtfärbung *f (Kart)*; ~ **wind** Gradientwind *m*; ~~ **shear** Gradientwindscherung *f*; ~~ **speed** Gradientwindgeschwindigkeit *f (met)* ***(Def)***.

**grading (duties)** *pl (E)* fliegerische Überprüfung *f (Auswahlprüfungen)*.

**graduate** Absolvent *m (eines Lehrganges usw)*; einteilen *(Skala)*; absolvieren *(Lehrgang; Schule)*; ~ **dial** *or* **scale** Skalenscheibe *f*; ~**d vessel** Messgefäß *n*.

**graduation** Gradeinteilung *f (Kompass usw)*; Unterteilung *f*; Abstufung *f (Kart)*; Verleihung *f* eines (akademischen) Grades; Absolvierung *f (Lehrgang usw)*.

**grain** Korn *n*; Körnung *f*; Messung *f (Holz)*; ~**ed ice** Korn- *od* Kerneis *n*; körniges Eis *n (met)*; ~ **of sleet** Graupelkorn *n (met)*; ~ **structure** Gefüge *n (Metallurgie)*.

**grand** *(E) sl für* tausend Fuß = ca. 300 m.

**grant aid** Hilfe *f* ohne Werterstattung *(mil)*.

**granular** körnig; ~ **snow** Griesel *m (met)*.

**graph** Kurvenblatt *n*; Kurvenschaubild *n*; Kurve *f*; graphische Darstellung *f*; ~**ic(al)** graphisch; zeichnerisch; schaubildlich; ~**ic record** graphische Aufzeichnung *f*; ~**ic(al) representation** graphische Darstellung *f*; Kurve(ndarstellung) *f*; ~**ic scale** Maßstab *m (nav)* ***(Def)***; ~**ic(al) solution** zeichnerische Lösung *f*.

**grass| airfield** Rasenflugfeld *n*; Grasflugplatz *m*; ~**hopper(-type) spring** Blatt- *od* Flachfeder *f*; ~ **landing** Graslandung *f*; Landung *f* auf Rasen *(Flbetr)*; ~ **strip** Graspiste *f (Bod)*.

**graticule** Strich *m*; Fadenkreuz *n (Visier; Bombenzielgerät)*; Gradnetz *n (nav)*; Netzwerk *n (Kart)* ***(Def)***.

**graupel shower** Graupelschauer *m (met)*.

**gravitation** Erdschwere *f*; Schwerkraft *f*; ~**al acceleration** Schwere- *od* Erd- *od* Gravitationsbeschleunigung *f*; ~**al constant** Schwere- *od* Fallbeschleunigung *f*; ~**al effect** Schwerkraft- *od* Schwerewirkung *f*; ~**al field** Gravitations- *od* Schwerkraft- *od* Schwerefeld *n*; ~**al force** Schwerkraft *f*; ~~ **simulation** Simulation *f* der Gravitationskraft; Schwerkraftsimulation *f*.

**gravi(to)meter**, *verg/cf* **gravity meter**.

**gravity** Schwerkraft *f*; Erdschwere *f*; Schwere *f*; ~ **effect** Schwerkraft- *od* Schwerewirkung *f*; ~**-feed gasoline** *(US)* Fallbenzin *n*; ~**-feed lubrication** Gefälleschmierung *f*; ~ **feed system** Schwerkraft- *od* Fall-Förderanlage *f*; ~ **field** Schwerkraft- *od* Schwere- *od* Gravitationsfeld *n*; ~**-free** schwerefrei; ~~ **state** schwereloser Zustand *m*; ~ **meter**, *abbr* **G-meter** Schwerkraft- *od* Schweremesser *m*; G-Messer *m (FlzgInstr)*; ~**(petrol) tank** Kraftstoff-Fallbehälter *m (Lfz)* ***(Def)***; **specific** ~ spezifisches Gewicht *n*; ~ **wind** Fallwind *m*.

**gravy** *sl für* Benzin *n*; *sl für* Atlantischer Ozean *m*.

**grayout** leichte Bewusstlosigkeit *f (bei hohen Flugbeschleunigungen)*; Grausehen *n (Flmed)*; *sl* leichte Mattscheibe *f*.

**graz|e** bestreichen *(Art & takt)*; ~**e fuse** *or* **fuze** empfindlicher Aufschlagzünder *m (Bombe usw)*; ~**ing fire** bestreichendes Feuer *n (takt)*; ~**ing shock wave** streifende Stoßwelle *f (Überschallknall)*.

**grease** Fett *n*; Schmiere *f*; einfetten; schmieren; ~**-cutting** fettlösend; ~ **fitting** Schmiernippel *m*; ~ **gun** Fettpresse *f*; ~ **trap** Fettschleuse *f*; Fettabscheider *m*.

**great circle**, *abbr* **GC** Großkreis *m (nav)* ***(Def)***; ~ **bearing** Großkreispeilung *f (nav)*; ~ **chart** Großkreiskarte *f (nav)*; ~ **course** Großkreiskurs *m (nav)*; ~ **deviation** Großkreisabweichung *f (nav)*; ~ **distance** Großkreisentfernung *f (nav)*; ~ **flying** Großkreisfliegen *n*; ~ **map** Großkreiskarte *f (nav)*; ~ **navigation** Großkreisnavigation *f*; ~ **route** Großkreis(flug)strecke *f*; ~ **route chart** Großkreis-Streckenkarte *f*.

**great directivity** scharfe Bündelung *f (Radar)*.

**green** grün; (fabrik)neu; frisch geschlagen *(Holz)*; ~ **assembly** Erstmontage *f (Flzg)*; ~ **run** erster Prüflauf *m*; Neubaueinlauf *m (Flmot)*.

**Greenwich| hour angle**, *abbr* **GHA** Stundenwinkel *m* von Greenwich ***(Def)***; ~ **mean time**, *abbr* **GMT** mittlere Grennwich-Zeit ***(Def)***; ~ **meridian**, *abbr* **GM** Meridian *m* von Greenwich; ~ **siderial time**, *abbr* **GST** Greenwich-Sternzeit *f*.

**grenade** (Hand-)Granate *f*; Gewehrgranate *f*; ~ **court** Handgranatenwurfstand *m*; ~ **launcher** Schießbecher *m*; Abschussgerät *n*.

**greyout** leichte Bewusstlosigkeit *f (bei hohen Flugbeschleunigungen)*; *sl* leichte Mattscheibe *f*; Minderung *f* des Sehvermögens; Greyout *m*; Grausehen *n (Flmed)*.

**grid** Gitter *n (Kart & Funk)*; Grad.- *od* Gitternetz *n (Kart)* ***(Def)***; ~ **capacitor** Gitterkondensator *m (Funk)*; ~ **circuit** Gitterkreis *m (Funk)*; ~ **condenser** Gitterkondensator *m (Funk)*; ~ **construction** Gitterbauweise *f (Flzg)*; ~ **control** Gittersteuerung *f (Funk)*; ~**-controlled** gittergesteuert *(Funk)*; ~ **coordinates** *pl* Netz- *od* Gitterkoordinaten *f/pl (Kart)*; ~ **current** Gitterstrom *m (Funk)*; ~**ded map** Gitternetzkarte *f (Kart)*; ~ **electrode** Gitterelektrode *f (Funk)*; ~ **line** Gitter(netz)linie *f (Kart)*; ~ **navigation** Gradnetz- *od* Gitternavigation *f* ***(Def)***; ~ **north** Gitter-Nord *n (nav)* ***(Def)***; ~ **point data** *pl* Gitterpunktdaten *n/pl (met)*; ~ **referencing** Gradnetzmeldeverfahren *n (Kart & takt)*; ~ **square** Planquadrat *n (Kart & takt)*; Meldequadrat *n (Kart*

*& takt)*; ~ **valve** Gitterröhre *f (Funk)*; ~ **voltage** Gitterspannung *f (Funk)*; ~ **wind tunnel** Gitterwindkanal *m (aerodyn)*.

**grip of the stick** Knüppelgriff *m (Flzg)*.

**grivation** (*short for* **grid navigation**) Grivation *f (nav)* ***(Def)***.

**groceries** *pl sl für* Bomben *f/pl*.

**groove** Nut *f*; Zug *m (Gewehrlauf)*; ~**ed bearing** Rillenlager *n (Flmot usw)*.

**gross** Brutto-; grob; ~ **(flying) weight** Start- *od* Flugmasse *f (Lfz)* ***(Def)***; Gesamt(flug)masse *f (Lfz)*; *(Flzg)*; ~ **lift** Gesamtauftrieb *m (aerodyn)* ***(Def)***; ~ **tare weight** Gesamtrüstmasse *f (Flzg)*; ~ **weight** Gesamt(flug)masse *f (Flzg)* ***(Def)***; ~ **wing area** Gesamtflügelfläche *f (Flzg)* ***(Def)***.

**ground** Boden *m (Erdoberfläche)*; Erde *f (el)*; erden *(el)*; kurzschließen *(el)*; sperren *(Flzge od Besatzungen vom Fliegen)* ***(Def)***; ~ **accident** Bodenunfall *m*; ~ **aids** *pl* Bodeneinrichtungen *od* -hilfen *f/pl*; ~**-air** Boden/Bord-*(Funk)*; ~**-air visual sign(al)** optisches Boden/Bord-Zeichen *n*; ~ **anchor** Erdanker *m (zum Verankern abgestellter Flzge)*; ~ **attack** Angriff *m* auf Erdziele *(LKr)*; ~**-attack aircraft** Schlachtflugzeug *n (LW)*; ~**(-boosted) engine** Bodenmotor *m (Flmot für niedrige Nennhöhe)*; ~ **cable** Verankerungstau *n (Fessel-Ball)*; Massekabel *n (El)*; ~ **check** Überprüfung *f* am Boden *(Flbetr)*; ~ **clearance** Bodenfreiheit *f (Luftschrauben usw)*; ~**-clearance indicator** Funkecholot *n (Höhenmesser)*; ~ **clutter** Störflecke *m/pl* durch Bodenechos *(Radar)*; ~ **consciousness** Bodengefühl *n (Pilot)*; ~ **contact** Erdung *f (el)*; Aufsetzen *n (Flzg bei Landung)*; ~ **contact flight** Flug *m* mit Bodensicht; ~ **contact landing** Landung *f* nach Sicht *(Flbetr)*; ~**-contact navigation** Erd- *od* Bodensichtnavigation *f*; ~**-controlled** bodengeführt *od* -geleitet; vom Boden kontrolliert *od* gelenkt *(Lfz, FK)*; ~ **controlled approach procedure**, *abbr* **GCA (procedure)** GCA-Verfahren *n (Radar-Schlechtwetter-Landeverfahren)* ***(Def)***; ~ **controlled approach system** GCA-Anflugsystem *n* ***(Def)***; ~**-controlled intercept(ion)**, *abbr* **GCI** bodengeleitetes Abfangen *n (eines Luftzieles)*; ~ **control point** Bodenbezugspunkt *m (LPhot)*; ~ **crew** fliegertechnisches Personal *n*; Bodenpersonal *n (LW)*; Haltemannschaft *f (Luftschiff; Ball)*; ~ **crew member** Angehöriger *m* des (fliegertechnischen) Bodenpersonals *(LW)*; ~ **cushion** Bodenpolster *od* -luftkissen *n*; ~~ **effect** Polstereffekt *m*; ~~ **pressure** Luftkissendruck *m*; ~ **defence** (*US* **defense**) Erdabwehr *f (LKr)*; ~ **direction-finding**, *abbr* **ground DF** Bodenpeilung *f (nav)*; ~ **direction-finding station** Bodenpeilstelle *f (nav)*; ~ **displacement** Bodenversetzung *f (nav & LPhot)*; ~**ed** Flugverbot haben; ~ **effect** Bodeneffekt *od* -einfluss *m (Flzg gewinnt nach Abheben keine Höhe)*; ~~ **machine** *or* **vehicle**, *abbr* **GEV** Luftkissen- *od* Bodeneffektfahrzeug *od* -gerät *n*; **air force** ~ **elements** *pl* bodenbeständige Luftwaffe(nteile) *f (m/pl)*; ~ **elevation** Bodenerhebung *f*; ~ **engine** Bodenmotor *m (Flmot)*; ~ **engineer** Wart *m (LW)*; ~ **equipment** Bodenausrüstung *f* ***(Def)***; ~ **erosion** Bodenerosion *f*; ~ **facility** Bodenanlage *f*; ~ **feel** Bodengefühl *n (Pilot)*; ~ **fog** Bodennebel *m (met)*; ~ **forces** *pl* Erdtruppen *f/pl*; Landstreitkräte *f/pl (mil)*; ~ **frost** Bodenfrost *m (met)*; ~**-ground ...** Boden/Boden ...; ~~ **(guided) missile** Boden-Fernlenkwaffe *f*; Erdkampf-Fernlenkkörper *m*; ~ **guidance system** Bodenleitsystem *n*; bodengestütztes Lenk- *od* Führungssystem *n*; ~ **gust** Bodenbö *f (met)*; ~ **handling** Bodenbetrieb *m (Flbetr)*; Bodendienstabfertigung *f (LVerk)*; ~ **haze** Bodendunst *m (met)*; ~ **humidity** Bodenfeuchtigkeit *f (met)*; ~ **ice** Grundeis *n*; ~ **idling conditions** *pl* Bodenleerlaufzustand *m (Flmot, Turbo)* ***(Def)***; ~ **independence** Bodenunabhängigkeit *f*; ~**ing** Erdung *f (el)* ***(Def)***; ~**ing checkup** Massenschlusspunkt *f (el)*; ~ **instruction** theoretischer Unterricht *m (Flugausbildung)*; Unterricht *m* am Boden; ~ **interrogator** Bodenabfragegerät *n (IFF)*; ~ **inversion** Bodeninversion *f (met)*; ~ **lag** Rücktrift *f* am Boden *(Bomben-ballist)*; ~ **level** Erdgleiche *f*; Bodenhöhe *f*; *at* ~ *level* in Bodennähe; ~ **level output** *or* **power** Bodenleistung *f (Flmot)*; ~ **level pressure** Luftdruck *m* am Boden *(QFE: met)*; ~**(-level) thrust** Bodenschub *m*; Schub *m* am Boden *(Turbo)*; ~ **liaison officer**, *abbr* **GLO** Heeresverbindungsoffizier *m (takt)*; ~ **liaison party** Heeresverbindungstrupp *m (takt)*; ~ **load** Bodenkraft *od* -belastung *f*; ~**-loop** ausbrechen *(Flzg)*; ~ **loop(ing)** Ausbrechen *n (Flzg bei Landung)*; *sl* Ringelpietz *m (Flbetr)* ***(Def)***; ~ **low** Bodenzyklone *f od* ~tief *n (met)*; ~ **Mach number** Mach-Zahl *f* in Bodennähe; ~**-magnetic** erdmagnetisch; ~ **mapping** Sichtnavigation *f*; *sl* Franzen *n*; ~ **marking** Bodenmarkierung *f (LKr)*; ~ **mechanic** Wart *m (LW)*; ~ **mine** Boden- *od* Tretmine *f (LKr)*; ~ **mist** Bodendunst *m (met)*; ~ **movement control** Kontrolle *f* der Bewegungen *m* Boden *(Lfz)*; ~ **movement radar** Radar(gerät) *n* für Bodenbewegungskontrolle; ~ **observation post** Flugmeldeposten *m*; ~ **observer corps**, *abbr* **GOC** Auge/Ohr-Flugmeldedienst *m*; ~ **observer team** Bodenbeobachtungstrupp *m (takt)*; ~ **obstacle** *or* **obstruction** Bodenhindernis *n (nav)*; ~ **organization** Bodenorganisation *f (LW)*; ~ **panel** Fliegertuch *n*; Fliegersichtzeichen *n (takt)*; ~ **panoramic radar** Bodenpanorama- *od* -rundsichtradar(gerät) *n*; ~ **personnel** Bodenpersonal *n (LW)*; ~ **plumb point** Lotpunkt *m (in Aufnahmeobjektebene: LPhot)*; ~ **position** Standort *m* über Grund *(nav)* ***(Def)***; ~~ **indicator** Koppelstandortanzeiger *m (nav)* ***(Def)***; ~ **power** Bodenleistung *f (Flmot)*; ~ **power unit** Bodenaggregat *n (el)*; ~ **pressure** Bodendruck *m (met)*; ~ **proximity** Bodennähe *f*; ~ **radar** Bodenradar(gerät) *n*; ~ **radiation** Bodenstrahlung *f (met & Funk)*; ~ **radio operator** Bodenfunker *m*; ~ **radio service** Bodenfunkdienst m; ~ **radio station** Bodenfunkstelle *f*; ~ **reactions** *pl* Bodenkräfte *f/pl*; ~ **reconnaissance** Erdaufklärung *f*; Geländeerkundung *f (takt)*; ~ **reference point** Bodenorientierungs- *od* -bezugspunkt *m (nav)*; ~ **return** Bodenecho *n (Radar)*; ~ **run** Start- *od* Landelauf(strecke) *m (f) (Flbetr)*; ~ **running** Bodenlauf *m (Flmot)*; ~**-running time** Bodenlaufzeit *f (Flbetr)* ***(Def)***; ~ **(or sea) returns** *pl* Bodenecho *n (BordRadar)* ***(Def)***; ~ **services** *pl* Bodendienste *m/pl*; ~ **services squadron** Bodendienststaffel *f (LW)*; ~ **servicing** Bodenwartungsdienst *m*; ~ **shock wave** Bodendruck- *od* -stoßwelle *f*; ~ **signal** Bodensignal *n (für Flzg)*; ~~ **panel** ausgelegtes Bodensignal *n*; ~ **situation map** Erdlagekarte *f (takt)*; ~ **speed**, *abbr* **G/S** Grundgeschwindigkeit *f (Flzg über Grund; nav)* ***(Def)***; ~ **squall** Bodenbö *f (met)*; ~ **staff** Bodenpersonal *n (LW)*; ~ **starter** Bodenanlassgerät *n* ***(Def)***; ~~**(unit)** Anlassgerät *n (Batteriewagen)*; ~ **starting** Anlassen *n* am Boden *(Flmot)*; ~ **station** Bodenstation *f (Funk)*; ~**-stop time** Bodenzeit *f (LVerk)*; ~**-strafe** in den Erdkampf eingreifen (LKr); ~ **strafing** Eingreifen *n* in den Erdkampf *(LKr)*; Tiefangriffe *m/pl (LKr)*; ~ **strip** Fliegertuch *n*; Fliegersichtzeichen *n (takt)*; ~ **support** Unterstützung *f* der Erdtruppen *(takt)*; ~ **target** Erdziel *n (LKr)*; ~ **telemetry station** Telemetriebodenstation *f*; ~ **temperature** Bodentemperatur *f (met)*; ~ **test(ing)** Prüfung *od* Überprüfung *f* am Boden; ~ **test couplings** *pl* Bodenanschlüsse *m/pl (Lfz)* ***(Def)***; ~ **test instrument** Bodenprüfgerät *n*; ~ **thrust** Bodenschub *m*; Schub *m* am Boden *(Turbo)*; ~**-to-air** Boden/Bord- *od* Boden/Luft-; ~**-to-air communication** (Einweg-)Boden/-Bord-Verkehr *m (Flsich)* ***(Def)***; ~**-to-air direction-finding** Fremdpeilung *f (Flsich)*; ~**-to-air missile** Boden/Luft-Flugkörper *m*; ~**-to-air voice channel** (Einweg-)Boden/Bord-Sprechkanal *m (Funk)*; ~**-to-ground missile** (Boden/)Boden- *od* Erdkampf-Flugkörper *m*; ~**-traffic signal light** Signalfeuer *n* für den Bodenverkehr *(Bod)* ***(Def)***; ~ **training** Bodenausbildung *f (flgds. Personal)*; ~ **transmit-**

**ter** Bodensender *m (Funk)*; ~ **travel** räumliche Rücktrift *f (Bombenballist)*; ~**-troops** Erdtruppen *f/pl (mil)*; ~ **visibility** Bodensicht *f(et) (Def)*; ~ **visual flight** Sichtflug *m*; Flug *m* mit Bodensicht; ~ **water** Grundwasser *n*; ~**/water clearance** Bodenfreiheit *f (Luftschraubenspitzen vom Boden od Wasser)*; ~ **wave** Bodenwelle *f (Funk)*; ~ **wave communication** Bodenwellenverbindung *f od* -verkehr *m (Funk)*; ~**-weather chart** *or* **map** Bodenwetterkarte *f*; ~ **wind** Bodenwind *m (met)*; ~ **wind indicator** Bodenwindanzeiger *m (Flugplatz)*; ~ **wire** Gegenkabel *n (Tragfläche)*; Erdleitung(sdraht) *f (m) (el)*; ~ **wireless service** Bodenfunkdienst *m*; ~ **wireless station** Bodenfunkstelle *f*.

**group** Gruppe *f (allg)*; Gruppe *f (LW US)*; Geschwader *n (LW E)*; ~ **antenna** Gruppenantenne *f (Funk)*; ~ **Captain**, *abbr* **GC** Oberst *m (LW E)*; ~ **commander** Gruppenkommandeur *m (LW US)*; ~ **command post** Gruppengefechtsstand *m (LW US)*; ~ **control station** Gruppenleitstelle *f (Fernm)*; ~ **exchange** Hauptamt *(tel)*, *abbr* HA *(früher Verteilerfernamt)*; ~ **flashing light** Blinkkennfeuer *n (nav)*; ~ **formation** Gruppenverband *m (Verbandsflug)*; ~ **inclusive tour**, *abbr* **GIT** Gruppenpauschalreise *f (LVerk)*; ~ **of relays** Relaiskette *f (Funk)*; ~ **wedge** Gruppenkeil *m (Verbandsflug)*.

**groupy** *sl für* Oberst *m (LW E)*.

**G-suit** G-Anzug *m (Schutzanzeug für Piloten gegen Erdbeschleunigungskräfte)*.

**guard** Wache *f (mil)*; Schutzvorrichtung *f*; Abdeckung *f*; bewachen; ~ **band** Sicherheitsband *n*; Sperrbereich *m (zwischen Notruffrequenzen: Funk)*; ~ **channel** Wachkanal; Wachwelle *f (Funk)*; ~ **commander** Wachhabender *m (mil)*; ~ **duty** Wachdienst *m (mil)*; ~ **frequency** Wachfrequenz *f (Funk)*; ~**house** Wachgebäude *n*; Wache *f (Gebäude)*; ~ **mount** Aufziehen *n* der Wache; Wachvergatterung *f (mil)*; ~ **orders** *pl* Wachvorschrift *f (mil)*; ~**room** Wachlokal *n (mil)*.

**gudgeon** Drehzapfen *m*; eingelassener Zapfen *m*; ~ **bearing** Kolbenbolzenlager *n (Flmot)*; ~ **bush(ing)** Kolbenbolzenbuchse *f*; ~ **pin** Kolbenbolzen *m (Flmot) (Def)*; ~ **pin boss** Kolbenbolzenauge *n (Flmot)*.

**guerilla** Partisane *m*; Heckenschütze *m*; Freischärler *m (Kr)*; ~ **warfare** Partisanenkrieg *m*.

**guidance** Anleitung *f*; Richtschnur *f*; ~ **beam** Leitstrahl *m (Funk)*; ~ **material** Anleitungsmaterial *n*; ~ **method** Lenk- *od* Leitverfahren *n (FK)*; ~ **radar** Führungs- *od* Leitradar(gerät) *n*; ~ **receiver** Lenkempfänger *m (FK) (Def)*; ~ **system** Lenksystem *n od* -anlage *(FK) (Def)*.

**guide** Anhalt *m*; schriftliche Anleitung *f*; Führung(svorrichtung) *f*; ~ **arrangement** Leitungsvorrichtung *f (Turbo)*; ~**-beam** durch Leistrahl leiten *(FK)*; Leitstrahl *m (Funk)*; ~ **blade** Leitschaufel *f (Turbo)*; ~**d aircraft rocket**, *abbr* **GAR** ferngelenkte Flugzeugrakete *f*; Jagdrakete *f (takt)*; ~**d air defence rocket** Fla-Lenkrakete *f (LW)*; ~**d missile** ferngelenkter Körper *m*, *abbr* FK; Lenkflugkörper *m (Def)*; **air-to-air** ~~ Luftlenkflugkörper *m*; **ground-ground** ~~ Boden- *od* Erdkampf-Lenkflugkörper *m*; **surface-to-air** ~~ Boden/-Luft-Lenkflugkörper *m*; ~**d weapon**, *abbr* **GW** Lenkwaffe *f (mil)*; ~**line** Richt- *od* Leitlinie *f*; ~ **plate** Leitblech *n*; ~ **pulley** Führungsrolle *f (Flzg-Steuerung)*; ~ **rail** Führungsschiene *f*; ~ **rope** Schlepptau *n (Ball)*; ~ **roller** Führungs- *od* Umlenkrolle *f (Flzg-Steuerung)*; ~ **surface** Lauffläche *f (Flmot-Kolben)*; ~ **vane** Leitschaufel *f (Turbo)*; ~**-vane ring** Leitkranz *m (Turbo)*; ~ **wheel** Leitrad *n*.

**guiding | beam** Leitstrahl *m (Funk)*; ~ **mechanism** Lenk- *od* Leitvorrichtung *f*; ~ **principle** Richtlinie *f*.

**gulf** Meerbusen *m*; Golf *m*.

**gull wing** Knickflügel *m (Flzg) (Def)*; Mövenflügel *m (Flzg)*.

**gumming** Gumbildung *f (Kleben der Kolbenringe: Flmot)*.

**gun** Geschütz *n (Art)*; Gewehr *n*; ~ **barrel** Gewehrlauf *m*; ~ **camera** Lichtbild-M.G. *(Flzg)*; M.G.-Kamera *f (Luftschießausbildung)*; ~ **commander** Geschützführer *m (Art)*; ~**-cotton** Schießbaumwolle *f*; ~ **cradle** Rohrwiege *f (Art)*; ~ **crew** Geschützbedienung *f*; ~ **director** Feuerleitgerät *n*; ~ **down** *sl* herunterrasen *(Flzg auf Startbahn beim Starten)*; ~ **emplacement** Geschützstellung *f (Flak)*; ~**-flash** Mündungsfeuer *n (Art)*; ~ **grease** Waffenfett *n*; ~**-layer** Richtkanonier *m (Art)*; ~**-laying** Richtverfahren *n (Art)*; ~**-loader** Ladekanonier *m (Art)*; ~ **mount(ing)** Lafette *(Bordwaffe)*; ~**ner** Kanonier *m (Art)*; Bordschütze *m (LW)*; ~**nery** Schießwesen *n*; ~**nery manual** Schießvorschrift *f*; ~ **interrupter gear** Bordwaffensteuerung *f (Flzg)*; ~ **position** Geschützstellung *f (Art)*; ~ **recoil** Rohrrücklauf *m (Art)*; ~ **sight** Visier *n (Bordwaffen)*; ~ **synchronizer** Synchronisiervorrichtung *f (Bordwaffen)*; ~ **tunnel** aeroballistische Versuchsanlage *f*; Hyperschallkanal *m*; ~ **turret** Waffendrehstand *m (Flzg)*; drehbarer Waffenstand *m (Flzg)*.

**gusset (plate)** Anschluss- *od* (Drei-)Eck- *od* Knotenblech *n (Flzg-Bau)*.

**gussie** *sl für* Offizier *m*.

**gust** Bö(e) *(met) (Def)*; ~ **alleviating factor** Böenfaktor *m od* -abminderungszahl *f (met)*; ~ **amplitude** Böenamplitude *f (met)*; ~ **decay time** Böenabklingzeit *f (met)*; ~ **disturbance** Böenstörung *f (met)*; ~ **formation time** Entwicklungszeit *f* einer Bö *(met)*; ~ **frequency interval** Zeitintervall *n* zwischen Böenspitzen *(met)*; ~ **gradient distance** Böen(schwell)tiefe *f (met) (Def)*; ~**iness** Böigkeit *f (met)*; ~**ing** Böigkeit *f*; ~ **load** Böenbeanspruchung *f (Flzg)*; ~ **lock** Ruderverriegelung *f (Lfz)*; ~ **meter** Böenmesser *m (met)*; ~ **of wind** Windstoß *m (met)*; ~ **peak speed** Böen(spitzen)geschwindigkeit *f (met)*; ~ **perturbation** Böenstörung *f (met)*; ~ **recorder** Böenschreiber *m*; Registrieranemometer *n*; ~ **sensitivity** Böenempfindlichkeit *f (Lfz)*; ~ **soaring** dynamischer Segelflug *m*; ~ **wave length** Böenperiode *f*; ~**y** böig *(met)*; ~**y conditions** *pl* Böigkeit *f (met)*.

**guy | cable** Verankerungsseil *n (Luftschiff)*; ~ **rope** Haltetau *n*; Zeltleine *f*; ~ **wire** Spanndraht *m (Flzg)*.

**gymnastics** *pl* Leibesübungen *f/pl*; Leibeserziehung *f*; Turnen *n*.

**gyration** kreisförmige *od* Kreisbewegung *f*.

**gyro** Kreisel *m (Instr) (Def)*; ~ **axis** Kreiselachse *f*; *blocked* ~ gefesselter Kreisel *m*; ~ **box** Kreiselgehäuse *n*; *caged* ~ gefesselter Kreisel *m*; ~ **check** Kurskreiselüberprüfung *f (Flbetr)*; ~ **compass** Kreiselkompass *m*; ~ **control** Kreiselsteuerung *f*; ~**-controlled** kreiselgesteuert; ~**dyne** Flugschrauber *m (Flzg)*; ~ **gun-sight** Kreiselvisier *n (für starre Bordwaffen)*; ~ **heading indicator** Kreiselkursanzeiger *m (Instr)*; ~ **horizon (indicator)** künstlicher Horizont *m (Blindfluginstrument: Flzg) (Def)*; ~ **instrument** Kreiselgerät *n*; ~**-magnetic compass** Kreiselmagnetkompass *m (Def)*; ~ **oscillation** Kreiselschwingung *f*; ~ **pilot** Kurssteuerung *f*; Selbststeuergerät *n (Flzg)*; ~**plane** Tragschrauber *m (Flzg) (Def)*; ~**-roll** Rollenkreis *m (Kunstflugfigur)*; ~**(scope)** Kreisel *m (Def)*; ~**(scope)-axis levelling** Horizontierung *f* der Kreisebene; ~**(scope) spin axis** Kreiselrotationsachse *f*; ~**(scope)**

**stator** Kreiselstator *m od* -leitrad *n*; ~**scopic** kreiselgestützt; Kreisel-; ~~ **bank-and-pitch indicator** künstlicher *od* Kreiselhorizont *m (Instr)*; ~~ **compass** Kreiselkompass *m*; ~~ **course indicator** Kursanzeiger *m*; ~~ **device** Kreiselgerät *n*; ~~ **direction indicator** Kurskreisel *m (Instr)*; ~~ **disturbing moment** Kreiselstörmoment *n*; ~~ **effect** Kreiselwirkung *f*; ~~ **horizon** künstlicher *od* Kreiselhorizont *m (Instr)*; ~~ **instrument** Kreiselinstrument *od* -gerät *n*; ~~ **moment** Kreiselmoment *n*; ~~ **sextant** Kreiselsextant *m (nav)*; ~~ stability Kreisel- *od* Gyrostabilität *f*; ~~ **torque** Kreiseldrehmoment *n*; ~~ **turn indicator** Kreiselwendezeiger *m*; ~-**stabilization** Kreiselstabilisierung *f*; ~**stabilized platform** Kreiselplattform *f (TrägheitsnavSystem)*; ~-**stabilizer** Kreiselstabilisierung *f*; Lagekreisel *m*; Kreiselstabilisator *m*; ~ **theory** Kreiseltheorie *f*.

# H

**H** *(ICAO- & NATO-Buchstabieralphabet)* Hotel; *(altes, internationales Buchstabieralphabet)* How; ~-**bomb** Wasserstoffbombe *f (LKr)*; ~-**engine** H-Motor *m (Flmot)* ***(Def)***.

**hachur|es** *pl* Schraffierung *f*; Schummerung *f*; ~**ing** Schraffendarstellung *f (Kart)*.

**Hague Convention** Haager Abkommen *n*.

**hail** Hagel *m (met)* ***(Def)***; hageln; ~ **cloud** Hagelwolke *f (met)*; ~**fall** Hagelschlag *m (met)*; ~ **formation** Hagelbildung *f (met)*; ~ **shower** Hagelschauer *m (met)*; ~ **squall** Hagelbö *f (met)*; ~**stone** Hagelkorn *n*; Schloße *f (met)*; ~ **storm** Hagelschlag *m*; Hagelwetter *n (met)*.

**hair| hygrometer** Haarhygrometer *n (met)*; ~**y weather** unsichtiges *od sl* haariges Wetter *n*.

**half** halb; Hälfte *f*; ~-**body rule** Halbkörpersatz *m od* -regel *f (aerodyn)*; ~ **course sector** halbe Kursbreite *f*; halber Kurssektor *m (ILS)*; ~-**covered sky** halbbedeckter Himmel *m (met)*; ~-**hourly observation** halbstündliche Beobachtung *f (met)*; ~ **loop** halber Looping *m (Kunstflug)* ***(Def)***; ~-**power angle** Halbwertwinkel *m (Leistung)*; ~-**power point** Halbwertpunkt *m (Leistung)*; ~ **roll** halbe Rolle *f (Kunstflug)* ***(Def)***; ~-**strutter biplane** Halbstieler *m (Doppeldecker: Flzg)*; ~-**track drive** Halbkettenantrieb *m (Flzg)*; ~-**track(ed) vehicle** Halbketten- *od* Zwitterfahrzeug *n (Kfz)*; ~-**wave dipole** Halbwellendipol *m (Funk)*; ~ **wing** Tragflächenhälfte *f (Flzg)*.

**halo** Halo *m (Kranzerscheinung: Hof um Sonne oder Mond: met)*; ~**carbons** *pl* Halon-Löschmittel *n/pl (Brandbekämpfung)*.

**hammer** klopfen *(Flmot)*.

**hand** Hand *f*; Zeiger *m (Instrument; Uhr)*; ~ **aerial camera** Handbildkamera *f (LPhot)*; ~ **arm** Handwaffe; ~ **baggage** Handgepäck *n (LVerk)*; *by* ~ von Hand; ~ **camera** Handkamera *f (LPhot)*; ~ **control** Handbedienungs- *od* -steuerorgan *n*; Handsteuerung *od* -regelung *f*; ~**crank** Handkurbel *f*; ~-**crank generator** Kurbelinduktor *n (el)*; ~**ed propellers** *pl* gegenläufige Luftschrauben *f/pl*; ~ **force** Handkraft *f (des Piloten)*; ~ **grenade** Handgranate *f*; ~ **guiding** manuelle *od* Handnachführung *f (Lenksystem)*; ~-**held detector** Handsonde *f*; ~ **in** aufgeben *(Meldung: Fernm)*; ~**le** Griff *m*; Handgriff *m*; Stiel *m*; abwickeln *(Verkehr)*; befördern *(Meldungen)*; ~**ling** Behandlung *f*; nichtbehördliche Abfertigung *f (LVerk)*; ~**ling characteristics** *pl* Steuerungseigenschaften *f/pl od* -merkmale *n/pl (Flzg)*; ~**ling costs** *pl* Verladekosten *pl (LVerk)*; ~**ling crew** Haltemannschaft *f (Ball)*; ~**ling line** Halteleine *f (Ball)*; ~**ling qualities** *pl* Steuerungseigenschaften *f/pl (Flzg)*; ~ **off** übergeben *(Radarführung von Lfz)*; ~-**operated** handbetrieben; ~-**operated firing mechanism** Handabfeuerung *f (Bordwaffen)*; ~**over** übergeben; **fighters** ~~ Übergabe *f* der Jägerführung *(LKr)*; **tracks** ~~ Übergabe *f* der Kursführung *(Radar)*; ~ **starter** mechanischer Anlasser *m*; Handanlasser *m (Flmot)* ***(Def)***; ~-**starting crank** Handandrehkurbel *f (Flmot)*; ~-**swinging** Anwerfen *n*; Anreißen *n (leichter Flmot von Hand)*; ~ **weapon** Handwaffe *f*; ~**wheel** Handrad *n*.

**hang** hängen; aufhängen; ~**ar** Hangar *m*; Flugzeughalle *f (Bod)* ***(Def)***; ~**arage** Abstellen *n (Flzg in Flzg-Halle)*; ~**ar fee** Hangar- *od* Unterstellgebühr *f (Flugplatz)*; ~ **from gimbals** kardanisch aufhängen; ~**ing glider** Hängegleiter *m (Segel-Flzg)*; ~-**over effect** Nachwirkung *f*.

**"happy landing!"** „Glück ab!" *(Fliegergruß)*; *sl* „Hals- und Beinbruch!" *(Fliegergruß)*.

**harass** stören; beunruhigen: ~**ing fire** Störfeuer *n (Art)*; ~**ing operation** Störeinsatz *m (LKr)*; ~**ing raid** Störangriff *m (LKr)*; ~**ing tactics** Ermüdungstaktik *f (Kr)*.

**hard|-core area** Bereich *m* großer Verkehrsdichte *(LVerk)*; ~ **landing** harte Landung *f (Flbetr)*; ~ **lubricant** festes Schmiermittel *n*; fester Schmierstoff *m*; Starrschmiere *f*; ~-**luck pilot** Bruchpilot *m*; ~ **point** Zurrpunkt *m (im FrachtFlzg)*; ~ **rime** Raufrost *m (met)*; ~**stand(ing)** Betonabstellplatz *m (Bod)* ***(Def)***; Flugzeugabstellplatz *m (betoniert)*; ~**(-surfaced) runway** Piste *f* mit festem Belag *(Bod)*.

**harm|ful interference** schädliche Störung(en) *f (pl) (Fernm)*; ~**onization** Anschießen *n (der Bordwaffen)*.

**harness** Gurtzeug *n (Fallschirm)* ***(Def)***.

**harp antenna** Harfenantenne *f (Funk)*.

**hatch** Luke *f*; Einstiegluke *f (Flzg)*; ~**ing** Strichelung *f*; Schummerung *f*; Schraffierung *f*; Schraffur *f (Kart)*.

**haul** ziehen; schleppen *(Flzg am Boden)*; ~**age** Schleppen *n (Flzg am Boden)*.

**haversack** Brotbeutel *m (E mil)*.

**hazard** Gefahr *f*; ~ **beacon** Gefahrenfeuer *n (Flsich)* ***(Def)***; ~**ous weather phenomena** *pl* gefährliche Wettererscheinungen *f/pl*.

**haz|e** *(trockener)* Dunst *m (met)* ***(Def)***; Schleier *m (met)*; ~**e limit** Dunstgrenze *f (met)*; ~**e top** obere Dunstgrenze *f (met)*; ~**y** dunstig; diesig *(met)*.

**head** Spitze *f*; Gefällehöhe *f*; oberer Teil *m*; ~ **assembly** Brennkopf *m (Rak)*; ~**er tank** Fallbehälter *m (Kraftstoff)*; ~ **for** Kurs nehmen auf *(Flzg & nav)*; ~**ing**, *abbr* **Hdg** Steuerkurs *m (nav)* ***(Def)***; ~**ing angle** Steuerkurswinkel *m (nav)*; ~**ing computer** Steuerkursrechner *m*; ~**ing displacement** Kursversetzung *f (nav)*; ~**ing gyroscope** Kurskreisel *m (Instr)*; ~**ing indicator** Steuerkursanzeiger *m (Instr)*; ~**ing (of a message)** Übermittlungsvorsatz *m (einer Meldung)*; Meldungsvorsatz *od* -kopf *m (Fernm)*; ~**ing separation** Steuerkursstaffelung *f (Flsich)*; ~**light** Buglicht *n (Flzg)*; Scheinwerfer *m (Kfz)*; ~ **of fuel** Kraftstoffsäule *f*; ~-**on attack** Frontalangriff *m (takt)*; ~-**on traffic** Gegenverkehr *m (Flsich)*; ~**phone** Kopfhörer *m (Funk & Tel)*; ~**quarters** Stab *m*; Hauptquartier *n*; Gefechtsstand *m (mil)*; ~**quarters company** Stabskompanie *f (mil)*; ~**quarters personnel** Stab(spersonal) *m (n) (mil)*; ~ **resistance** Stirnwiderstand *m (aerodyn)* ***(Def)***; ~ **rest** Kopflehne *od* -stütze *f*; ~**room** Raumhöhe *f*; ~**set** Kopfhörer *m/pl (Funk)*; Sprechgarnitur *f*; ~**-up display**, *abbr* **HUD** Frontscheibenanzeige *od* -darstellung *f*; Blickfelddarstellung *f (Flzg)*; ~ **wave** Kopfwelle *f (ballist)*; ~ **wind** Gegenwind *m*; Stirnwind *m (nav)*; ~**-wind landing** Gegenwindlandung *f (Flbetr)*.

**health documents** *pl* Gesundheitspapiere *n/pl (LVerk)*.

**heap clouds** *pl* Haufenwolken *f/pl (met)* ***(Def)***.

**hearing requirements** *pl* verlangtes Hörvermögen *n (Flmed)*.

**heat** Hitze *f*; Wärme *f*; ~ **barrier** Hitzebarriere *od* -schwelle *f*; Wärmemauer *f (aerodyn)* ***(Def)***; ~ **compensation** Wärmeausgleich *m*; ~**-conditioned** temperiert; ~**-conducting wall** wärmeleitende Wand *f*; ~ **conductor** Wärmeleiter *m*; ~ **density** Wärmedichte *od* -flächenbelastung *f*; ~**ed-air-balloon** Heißluftballon *m (Lfz l)*; ~**ed boots** *pl* Heizstiefel *m/pl*; ~**ed clothing** Heizbekleidung *f*; ~**ed face-mask** Heizgesichtsmaske *f*; ~**ed gloves** *pl* Heizhandschuhe *m/pl*; ~**ed suit** geheizter Schutzanzug *m* Heizkombi(nation) *f*; ~ **dissipation** Wärmeabfuhr *f od* -verteilung *f*; ~ **eddy** Sonnenbö *f (met)*; ~ **emission** Wärmeabfuhr *od* -emission *f*; Wärmeabgabe *f (an Umgebung)*; ~ **exchange** Wärmeaustausch *od* -umsatz *m*; ~~**r** Wärme(aus)tauscher *m*; ~ **expansion** Wärmeausdehnung *f*; ~**ing device** *or* **installation** Heizvorrichtung *f*; ~**ing muff** Heizmantel *m (Flmot)* ***(Def)***; ~**ing rate** Aufheizgeschwindigkeit *f*; ~**ing time** Anheizzeit *f (Funkgerät usw)*; ~**ing-up period** Anheizzeit *f (Funkgerät usw)*; ~**-insulated wall** wärmeisolierte Wand *f*; ~**-insulating** wärmeisolierend; ~ **insulator** Wärmeisolator *m*; ~ **inversion** Wärmeinversion *f (met)*; ~ **lightning** Wetterleuchten *n (met)*; ~ **of combustion** Verbrennungswärme *f*; ~ **of compression** Kompressionswärme *f*; ~ **of friction** Reibungswärme *f*; ~**-proof** wärmedicht *od* -undurchlässig; ~**-protecting** *or* **protection suit** Wärme- *od* Hitzeschutzanzug *m*; ~ **radiation** Wärmestrahlung *f*; ~**-resistant** *or* ~**-resisting** hitze- *od* wärmebeständig; ~**-retaining cover** Kälteschutzhaube *f (Flmot)*; ~ **run** Warmlauf *m (Flmot)*; ~ **shield** Hitze(schutz)schild *m*; ~**stable** hitze- *od* wärmebeständig; ~ **thunderstorm** Wärmegewitter *n (met)*; ~ **transmission** Wärmeabführung *f (Flmot usw)*; ~ **value** Heizwert *m*; ~ **wave** Hitzewelle *f (met)*.

**heave** hieven; hochziehen *(Flzg an Bord)*.

**heaven** Himmel *m*; ~**ly body** Himmelskörper *m*; Gestirn *n (Astronav)*.

**heavier-than-air aircraft** Luftfahrzeug *n* schwerer als Luft; Aerodyn *m* ***(Def)***.

**heavi|ness** Lastigkeit *f (Flzg)*; ~**side layer** Heavisideschicht *f (Funk)*.

**heavy** schwer; hart *(Landung: Flzg)*; stark *(Flmot)*; ~ **artillery** schwer(st)e Artillerie *f*; ~ **cruiser** schwerer Kreuzer *m (Marine)*; ~ **current** Starkstrom *m (el)*; ~**-duty engine** Hochleistungsmotor *m (Flmot)*; ~ **gun** schweres Geschütz *n*; ~ **landing** harte Landung *f*; *sl* Bumslandung *f (Flzg)*; ~ **oil** Schweröl *n*; schweres Öl *n*; ~**-oil engine** Rohölmotor *m (Flmot)*; ~ **petrol** *(E)* Schwerbenzin *n*; ~ **rain** Landregen *m (met)*; ~ **turbulence** starke Böigkeit *f (met)*; ~ **water** Schwerwasser *n*.

**hectometric waves** *pl* Hektometerwellen *f/pl (Funk: 300 – 3000 kHz)*.

**hedge| hog** sich einigeln *(takt)*; ~**hog defence** (*US* **defense**) Igelstellung *f (takt)*; ~**-hop** tief fliegen; ~**-hopping** Tiefflug *m*; *sl* Heckenspringen *n (Flzg)*.

**heelbrake** Hackenbremse *f (Flzg)*.

**height**, *abbr* **HGT** Höhe *f (über einer Bezugsgröße)* ***(Def)***; Höhe *f (als vertikale Abmessung eines Gegenstandes)*; ~ *above ground level* Höhe *f* über Grund; ~ *at culmination* Gipfelhöhe *f (Gestirn)*; ~ **datum** Höhenbezugswert *m*; ~ **finder** Boden-Radargerät *n* zur Höhenbestimmung; Höhenmessradar(gerät) *n*; **longrange** ~~ Fernhöhenmessradar *n*; ~ **indicator** Echolot *n (Flzg)* ***(Def)***; ~ **lock mode** Höhenverriegelung *f (Autopilot)*; ~ *of drop or of fall* Fallhöhe *f*; ~ **of target** Zielhöhe *f (Flak)*; ~ **of (the) barometer** Barometerstand *m (met)*; ~ **of the sun** Sonnenstand *m*; ~ **power factor** Höhenleistungszahl *f (Flmot)* ***(Def)***; ~ **weather chart** *or* **map** Höhenwetterkarte *f*.

**helicopter** Hubschrauber *m*; Helikopter *m (Lfz)* ***(Def)***; im Hubschrauber fliegen *od* transportieren; ~ **base** Hubschrauber- *od* Helikopterlandeplatz *m (Bod)*; ~ **(carrier or carrying) ship** Hubschrauberträger *m (mil)*; ~ **evacuate** per Hubschrauber ausfliegen *(tak)*; ~ **pilot** Hubschrauberführer *m*; ~ **rotor** Hubschraube *f (Hubschrauber)*; ~**ist** Hubschrauberpilot *m*; ~ **terminal** Hubschrauberlandeplatz *m (LVerk)*.

**heli|drome** Hubschrauber- *od* Helikopterlandeplatz *m (Bod)*; ~**ograph** Signalspiegel *m*; ~**pad** Hubschrauber- *od* Helikopterplattform *f*; ~**port** Hubschrauber- *od* Helikopterlandeplatz *m (Bod)*; ~~ **deck** Hubschrauber- *od* Helikopterplattform *f*; ~**stop** Hubschrauber- *od* Helikopterstation *f (bod)*.

**helium** Helium *n*.

**helix** Schraubenlinie *f (Luftschraube)*; Gang *m* der Luftschraube.

**hell for leather flying** *sl* Affenfahrt *f sl (Flzg)*; Karacho *n sl*.

**Helmholtz flow** Helmholtzströmung *f*; unstetige Strömung *f (aerodyn)*.

**helping wind** günstiger Wind *m (Flbetr)*.

**hem in** umzingeln *(takt)*.

**hemispher|e** Halbkugel *f*; Hemisphäre *f*; ~**ical dome** halbkugelförmige(r) Haube *f od* Dom *(m)*.

**hem-rigged parachute** Fallschirm *m* mit angelenkten Fangleinen ***(Def)***.

**hen-coop** *(E) sl für* Glaskanzel *f (Flzg)*.

**hermetically sealed** luftdicht *(Flzg-Kabine usw)*.

**hesitation roll** gesteuerte langsame Rolle *f (Kunstflug)*.

**hetero|dyne frequency** Überlagerungsfrequenz *f (Funk)*; ~**dyne receiver** Überlagerungsempfänger *m (Funk)*; ~**geneity** Ungleichförmigkeit *f*; ~**geneous fuel** *or* **propellant** heterogener Kraft- *od* Treibstoff *m*; Gemischkraftstoff *m*.

**hexagon(al) nut**, *sl* **hex nut** Sechskantmutter *f*.

**hiatus** Lücke *f (zwischen Reihenbild-Luftaufnahmen: LPhot).*

**hidden margin** versteckter *od* stiller Spielraum *m (Reserve: Konstr).*

**high** Hoch(druckgebiet) *n*; Antizyklone *f (met)* ***(Def)***; hoch; stark *(Wind)*; ~-**accurate altimeter** Feinhöhenmesser *m (Instr)*; ~ **altitude** große Höhe *f (über 10 000 m bzw 33 000 ft) (Flbetr)* ***(Def)***; ~-**altitude aircraft** Höhenflugzeug *n*; ~-**altitude bomber** Höhenbomber *m (Flzg)*; ~-**altitude bombing** Bombenhochwurf *m (takt)*; ~-**altitude carburettor** (*US* **carburetor**) Höhenvergaser *m (Flmot)*; ~-**altitude compound engine** Verbundhöhenmotor *m (Flmot)*; ~-**altitude compressor** Höhenlader *m (Flmot)*; ~-**altitude engine** Höhenmotor *m (Flmot)*; ~-**altitude fighter** Höhenjäger *m (LW-Flzg)*; ~-**altitude flight** Höhenflug *m (Flzg)*; ~-**altitude flying suit** Höhenschutzanzug *m (Pilot)*; ~-**altitude gas** Höhengas *n (Flmot)*; ~-**altitude heat phenomenon** Höhenthermik *f (met)*; ~-**altitude magneto** Höhenmagnet *m (Flmot)*; ~-**altitude mixture control** Höhengemischregelung *f (Flmot)*; ~-**altitude nausea** Höhenkrankheit *f*; ~ **altitude operation** Flugbetrieb *m* in großen Höhen; ~-**altitude oxygen apparatus** Höhenatmer *m (Flzg)*; ~-**altitude spark(ing) plug** Höhenzündkerze *f (Flmot)*; ~-**altitude supercharger** Höhenlader *m (Flmot)*; ~-**altitude thunderstorm** Höhengewitter *n (met)*; ~-**altitude wind** Höhenwind *m (met)*; ~-**angle gun** Steilfeuergeschütz *n (Art)*; ~-**aperture** lichtstark *(Optik: LPhot)*; ~-**aspect(-ratio) wing** Tragfläche *f* großer Flügelstreckung; Flügel *m* großer Streckung *(Flzg)*; ~ **blower** Höhenlader *m (Flmot)*; ~-**burst ranging** Einschießen *n* mit hohen Sprengpunkten *(Art)*; ~ **by-pass ratio** großes Nebenstromverhältnis *n (Turbo)*; ~ **capacity aeroplane** Großraumflugzeug *n*;~-**capacity bomb** Luftmine *f (LKr)*; ~ **clouds** *pl* hohe Wolken *f/pl (über 6000 m, genauer: ca. 3000 m im Polarbereich ca. 5000 m im gemäßigten und ca, 6000 m im Äquatorialbereich: met)* ***(Def)***; ~ **command** Oberkommando *n (mil)*; ~ **density version** dichte Sitzplatzversion *f (VerkehrsFlzg)*; ~-**elevation airdrome** Gebirgsflugplatz *m*; ~ **energy fuel** Hochenergietreibstoff *m*; ~-**expansion foam**, *abbr* **HI-EX foam** Leichtschaum *m (Brandbekämpfung)*; ~ **explosive**, *abbr* **HE** Sprengstoff *m (hochbrisanter ~)*; ~-**explosive bomb**, *abbr* **HE bomb** Sprengbombe *f (LKr)*; ~-**explosive shell**, *abbr* **HE shell** Sprenggranate *f (Art)*; ~-**fineness-ratio body** sehr schlanker Körper *m*; ~ **fog** Hochnebel *m (met)*; ~ **frequency**, *abbr* **HF** hohe Frequenz *f (allg)*; Dekameterwelle *f*; Kurzwelle *f (3–30 MHz): Funk)*; ~ **frequency cable**, *abbr* **HF cable** Hochfrequenzkabel *n (tel)*; ~-**frequency direction finder**, *abbr* **HF/DF** Kurzwellen-(Funk-)-Peilgerät *n*; ~-**frequency direction-finding station** Kurzwellen-(Funk-)Peilstelle *f*; ~-**grade steel** Vergütungsstahl *m*; ~-**incidence wing** hochangestellte Tragfläche *f*; Flügel *m* mit großem Anstellwinkel *(Flzg)*; ~ **intensity light** Hochleistungsfeuer *n (Platzbefeuerung)*; ~-**level approach** Hochanflug *m (Flbetr)*; ~-**level blower** Lader *m* für große Nennleistungshöhe *(Flmot)*; ~-**level bombing** Bombenhochwurf *m (LKr)*; ~-**level flight** Flug *m* in großen Höhen *(Flbetr)*; ~-**level thunderstorm** Höhengewitter *n (met)*; ~-**level wind forecast** Höhenwindvorhersage *f (met)*; ~-**lift device** auftrieberhöhende Vorrichtung *f*; Lande- *od* Auftriebshilfe *f (am Flzg: aerodyn)*; ~-**lift profile** Hochauftriebsprofil *n (Flzg)*; ~ **modulation rate** hohe Schrittgeschwindigkeit *f (Fernschr)*; ~-**output engine** Hochleistungsflugmotor m; ~-**performance aircraft** Hochleistungsluftfahrzeug *n*; ~-**performance sailplane** Hochleistungssegelflugzeug *n*; ~ **pitch** große Steigung *f (Luftschraube)*; ~-**powered** starkmotorig *(Flzg)*; ~-**powered line** Überlandleitung *f (el)*; ~-**pressure area** Hochdruckgebiet *n*, Antizyklone *f*; Hoch *n (met)*; ~-**pressure blow-off valve** Überdruckventil *n*; ~-**pressure centre** (*US* **center**) Hochdruckkern *m (met)*; ~-**pressure compressor** Hochdruckverdichter *m*; ~-**pressure region** Hochdruckgebiet *n (met)*; ~-**pressure relief valve** Überdruckventil n; ~-**pressure suit** Druckanzug *m (Pilot)*; ~-**pressure turbine** Hochdruckturbine *f*; ~-**pressure tyre** (*US* **tire**) Hochdruckreifen *m (Flzg-Laufrad: Kfz)*; ~-**pressure weather** Hochdruckwetter *n (met)*; ~ **risk**(**y**) **flying** risikoreiches Fliegen *n (Flbetr)*; ~ **rudder** Höhensteuer *n (Ruderausschlag: Flzg)*; ~-**speed aircraft** Hochgeschwindigkeits- *od* Schnellflugzeug *n*; ~-**speed case** Gleitfluglastfall *m*; ~-**speed commercial airplane** Schnellverkehrsflugzeug *n*; ~ **speed exit taxiway** Schnellabrollbahn *f od* -weg *m (Bod)*; ~-**speed flight** Schnellflug *m (Flzg)*; ~-**speed wind tunnel** Hochgeschwindigkeitskanal *m (aerodyn)* ***(Def)***; ~-**subsonic speed** hohe Unterschallgeschwindigkeit *f*; ~-**supersonic speed** hohe Überschallgeschwindigkeit *f*; ~ **sweep** starke Pfeilung *f*; ausgeprägte Pfeilstellung *f (der Flzg-Tragflächen)*; ~-**temperature stability** Warmfestigkeit *f (Werkstoff)*; ~ **tension**, *abbr* **HT** Hochspannung *f (el)*; –~-**velocity profile** Schnellflugprofil *n (Flzg)*; ~-**viscosity** dickflüssig; ~ **voltage** Hochspannung *f (el)*; ~-**voltage test** Isolationsprüfung *f (el)* ***(Def)***; ~ **water** Hochwasser *n*; ~~ **neaps** *pl* Nipphochwasser *n*; ~~ **ordinary neap tides** *pl* mittleres Nipphochwasser *n*; ~~ **ordinary spring tides** *pl* mittleres Springhochwasser *n*; ~ **wind** starker Wind *m*; ~~ **wing monoplane** Schulter- *od* Hochdecker *m (Flzg)* ***(Def)***.

**hijacking of aircraft** Luftfahrzeugentführung *f*.

**hill** Hügel *m*; ~ **hachures** *pl* Bergschraffen *f/pl (Kart)*; ~ **lift** Hangaufwind *m (Segelflug)*; ~ **shading** Schummerung *f (Kart)*; ~-**side up-current** Hangaufwind *m (Segelflug)*.

**hinge** Scharnier *n*; Gelenk *n*; ~ **bearing** Gelenklager *n*; ~ **fitting** Gelenkanschluss *m*; ~**less rotor** gelenkloser *od* Starr-Rotor *m (Heli)*; ~ **moment** Rudermoment *n (aerodyn)* ***(Def)***; ~ **point** Aufhängepunkt *m (Steuerruder: Flzg)*.

**hire** mieten; chartern *(Flzg)*; ~**d aircraft** Miet- *od* Charterflugzeug *n (LVerk)*.

**hit** Treffer *m (LKr)*; auftreffen *(Bomben)*; treffen; ~ **by AA fire** Flaktreffer *m (LKr)*; ~ **ground** aufschlagen *(unfreiwillige Bodenberührung eines Flzgs)*; ~ **the silk** *sl für* aussteigen *(mit Fallschirm abspringen)*.

**hoar frost** Raureif *m (met)*; ***(Def)***; ~ **point** Raureifpunkt *m (met)* ***(Def)***.

**hoick** hochreißen *(Flzg)*; ~ **off** *(Flzg)* vom Boden wegnehmen *(beim Start)*.

**hoist** Winde *f*; Hebezeug *n*; ~**ing gear** Hebezeug *n*; ~ **the plane aboard** *(Flzg)* an Bord hieven *(Bord-Flzg)*.

**hold** halten; standhalten *(takt)*; innehaben; warten *(Flzg im Warteraum: Flsich)*; Fracht- *od* Laderaum *m (Flzg)*; ~-**down test** Standlauf *m (Rak)*; ~**er of a licence** (*US* **license**) Inhaber *m* eines Scheines *od* einer Erlaubnis; ~**er of a record** Rekordhalter *m*; Rekordinhaber *m*; ~**ing altitude** Warte(flug)höhe *f (über Meer: Flsich)*; ~**ing and approach-to-land procedure**, *abbr* **HAL** Warte- und Landeanflugverfahren *n (Flsich)*; ~**ing area** Warteraum *m (Flsich)*; ~**ing bay** Wartebucht *f*; Ausweichstelle *f (Bod)*; ~**ing clearance** Wartefreigabe *f (Flsich)*; ~**ing fix** Wartepunkt *m (Flsich)*; ~**ing flight** Warteflug *m*; ~**ing path** Warteflugweg *m (Flsich)*; ~**ing pattern** Warteschleife *od* ~runde *f (Flsich)* ***(Def)***; ~**ing point** Wartepunkt *m (Flsich)* ***(Def)***; ~**ing position** Halteposition *f (Flbetr am Bod)*; ~~ **marking** Rollhaltmarkierung *f (Bod)*; ~~ **sign** Rollhaltzeichen *n od* ~tafel *f (Bod)*; ~**ing (radio)** beacon Wartefunkfeuer *n*; ~**ing procedure** Warteverfahren *n (Flsich)* ***(Def)***; ~**ing sequence** Warte(reihen)folge *f (Flsich)*; ~**ing speed** Warte(flug)geschwindigkeit *f (Flbetr)*; ~**ing**

**stack** Wartestapel *m (Flsich)*; ~**ing track** Wartekurs *m* über Grund *(Flsich)* ***(Def)***; ~ **off** abfangen *(Flzg vor dem Ausetzen)*; ~**-off** Abfangen *n (Flzg)*.

**hole** Loch *n;* Bohrung *f*; ~ **in the air** *sl* Luftloch *n sl*; Abwärtsbö *f (Fallbö: met)*.

**hollow | blade** Hohlschaufel *f (Turbo)*; ~ **body** Hohlkörper *m*; ~ **charge** Hohlladung *f (Art)*.

**holograph | ics** *od* ~**y** Holographie *f*.

**holy moms** *sl* (*US*) Querruder *n (Flzg)*.

**home | air defence** (*US* **defense**) Heimatluftverteidigung *f (LKr)*; ~~ **wing** Heimatluftverteidigungsgeschwader *n (LW)*; ~ **air traffic** Inlandluftverkehr *m*; ~ **base** Heimatflughafen *m*; ~ **defence** (*US* **defense**) Landesverteidigung *f (mil)*; ~(**-guard**) **anti-aircraft artilery**, *abbr* ~ (**-guard**) **AAA** Heimatflak *f (Lkr)*; ~ **point of operations** Heimatflugplatz *m (LVerk)*; ~**r** Peiler *m sl*; Platzpeilstelle *f*; ~ **station** Heimatflugplatz *m*.

**homing** Zielflug *m (Senderanflug: nav)* ***(Def)***; Zielpeilung *f (nav)*; Rückflug *m*; zielsuchend *(Fla-Rak)*; ~ **aids** *pl* Zielflug-Hilfsmittel *n/pl* ***(Def)***; ~**-apparatus** Zielfluggerät *n (Funk)*; ~ **beacon** Anflug- *od* Zielflugfunkfeuer *n*; ~ **equipment** Zielflugausrüstung *f (Flzg)*; ~ **flight** Rückflug *m*; ~ **guidance** Zielsuchlenkung *f (FK)* ***(Def)***; ~ (**guidance**) **system** Zielsuchlenksystem *n od* -einrichtung *f*; ~ **head** Zielsuchkopf *m (FK)* ***(Def)***; ~ **light** Zielflugfeuer *n (Flsich)*; ~ **loop** Peilrahmen *m*; Peilantenne *f (Funk)*; ~ **missile** selbstzielsuchender Flugkörper *m*; Flugkörper *m* mit Zielsuch(lenk)kopf; ~ **radio beacon** Anflug-Funkfeuer *n*; ~ **receiver** Zielflug- *od* Peilempfänger *m (Fernm)* ***(Def)***; ~ **set** Zielfluggerät *n (Senderanflug)*.

**homodyne reception** Empfang *m* auf Schwebungslücke *(Funk)*.

**honeycomb | radiator** Wabenkühler *m (Flmot)* ***(Def)***; ~ (**straightener**) Wabengleichrichter *m (Windtunnel)* ***(Def)***.

**hood** Kabinenhaube *f (Flzg)*; Motorhaube *f*; abdecken *(abgestelltes Flzg)*; ~**ed headlight** Tarnscheinwerfer *m (Kfz)*; ~ **-jettisoning** Haubenabwurf *m (Flzg)*.

**hook** Haken *m*.

**hoosh** *sl für* mit großer Geschwindigkeit landen *(Flzg)*.

**hop** *sl für* kurzer Überlandflug *m (Flzg)*.

**horizon** Horizont *m*; ~ **bar** Horizontbalken *m (Instr)* ***(Def)***; ~ **lights** *pl* Horizonfeuer *n/pl (Bod)* ***(Def)***; Leuchthorizont *m*; ~**tal base** Langbasis *f (Art)*; ~**tal bombing** Horizontalbombenwurf *m (LKr)*; ~**tal component** Horizontalkompnente *f (stat)*; ~**tal dispersion** Seitenstreuung *f (Schusswaffe)*; ~**tal distance** Horizontalentfernung *f*; ~**tal fin** Höhenflosse *f (Leitwerk)*; ~**tal flight** Horizontalflug *m*; Waagerechtflug *m (Flzg)*; ~**tal pattern** Horizontalstrahlungsdiagramm *n (Funk)*; ~**al range** Horizontalentfernung *f*; ~**tal separation** Horizontalstaffelung *f (Flsich)*; ~**tal speed** Horizontalgeschwindigkeit *f (Flzg)*; ~**tal stabilizer** Höhenflosse *f (Leitwerk)*; ~**tal surface** Horizontal(bezugs)fläche *f*; ~**tal tail surfaces** Höhenleitwerk *n (Flzg)*; ~**tal velocity** Horizontalgeschwindigkeit *f (Flzg)*; ~**tal visibility** Horizontalsicht *f (met)*.

**horn** Horn *n*; horn- *od* nasenförmiger Teil *m*; ~ **balance** Horn- *od* Außenausgleich *m (Steuerruder: Flzg)*; ~(**-type**) **antenna** Trichterantenne *f*; Hornstrahler *m (Funk)*.

**horse | latitudes** *pl* Rossbreiten *f/pl (met)* ***(Def)***; ~**-power**, *abbr* **HP** Pferdekraft *od* -stärke *f*, *abbr* PS *(Flmot)*; ~**-shoe magnet** Hufeisenmagnet *m (el)*.

**hose** Schlauch *m*; Atemschlauch *m (Atemmaske)*; ~ **clamp** *or* **clip** *or* **coupling** Schlauchbinder *m*; Schlauchverbindung *f*.

**hospital** Krankenhaus *n*; Lazarett *n*; ~ **airplane** Sanitätsflugzeug *n*; ~**ization** Lazarettaufnahme *f (mil)*; ~ **ship** Lazarettschiff *n*; ~ **treatment** Lazarett- *od* Krankenhausbehandlung *f*.

**host nation** Gastgeberstaat *m (mil)*.

**hostile | aircraft** Feindflugzeug *n (LKr)*; ~ **territory** Feindesland *n;* Feindgebiet *n*.

**hot | air blast** Düsenstrahl *m (Turbo)*; ~ **air de-icer** Heißluftenteiser *m*; Heißluftenteisungs(anlage) *f (Flzg)*; ~**-bulb ignition** Glühkopfzündung *f*; ~ **cathode** Glühkathode *f (Funk)*; ~**-mix asphalt concrete** heiß aufgebrachter Asphalbeton *m (Pistenbau)*; ~(**-speed**) **landing** Landung *f* mit viel Fahrt *(Flzg)*; ~ **start** Heißstart *m od* -anlassen *n (Turbo)* ***(Def)***; ~ **wave** Hitzewelle *f (met)*.

**hour | angle**, *abbr* **HA** Stundenwinkel *m (nav)* ***(Def)***; ~ **circle** Stundenkreis *m (Astronav)*; ~**ly broadcast** stündliche (Wetter-)Ausstrahlung *f (met)*; ~**ly observation** stündliche Beobachtung *f (met)*; ~**s** *pl* **flown** geleistete Flugstunden *f/pl (Flbetr)*; ~**s** *pl* **of operation** Dienststunden *f/pl (Personal)*; Betriebsstunden *f/pl (Gerät)*.

**housing** Gehäuse *n (Flmot)*; ~ **of the gyro** Kreiselgehäuse *n*.

**hover** schweben *(Hubschrauber)*; ~**craft** Luftkissenfahrzeug *n*; ~**ing ceiling** Schwebgipfelhöhe *f (Hubschrauber)* ***(Def)***; ~**ing flight** Schwebeflug *m (Hubschrauber)*.

**H2S** H2S *n (Bord-Radar)* ***(Def)***.

**H-type | engine** H-Motor *m (Flmot)*; ~ **rotary Adcock** drehbarer H-Adcock(-Peiler) *m (Funk)*.

**hub** Nabe *f (Kfz; Luftschraube)* ***(Def)***; ~ **cap** Radkappe *f (Kfz)*; ~ **dynamometer** Nabendynamometer *n od* -kraftmesser *od* -leistungsmesser *m*; ~ **fairing** Nabenverkleidung *f (Luftschraube)*; ~ **flange** Nabenflansch *m (Luftschraube)*; ~ **vortex** Nabenwirbel *m*.

**hull** Boot(skörper) *n (m) (Flugboot)*; Gerippe *n (Luftschiff)* ***(Def)***; ~ **loading** Belastung *f (Flugbootboden)*.

**hum** Brummen *n (Luftschraube)*; Summen *f (Funk)*.

**human | ceiling** menschliche Gipfelhöhe *f (im Flug)*; ~ **flight** Menschenflug *m*; ~ **response** menschliches Reaktionsvermögen.

**humidity** (Luft-)Feuchtigkeit *f (met)* ***(Def)***; ~ **mixing ratio** Luftfeuchtigkeitsgehalt *m* ***(Def)***; *(met)* ~ (**of the air**) Luftfeuchtigkeit *f (met)*.

**hump** *sl* (*US*) Luftfahrthindernis *n*; ~ **speed** kritische *od* Aufstufgeschwindigkeit *f (eines Wasser-Flzgs)* ***(Def)***.

**hunting** Hunting *n (Flbetr)* ***(Def)***; Schwenkbewegung *f (Heli)* ***(Def)***.

**hurricane** Orkan *m (Beaufort-Stärke 12: met)*; tropischer Wirbelsturm *m*; Hurrikan *m (met)* ***(Def)***.

**hush house** *sl* Lärmschutzhalle *f (Bod)*.

**hut|-camp** Barackenlager *n*; ~**ments** Barackenlager *n*.

**hybrid propellant** Hybridtreibstoff *m (flüssig & fest: Rak)*.

**hydraulic** hydraulisch; ~ **accumulator** Hydraulikspeicher *m (Lfz)* ***(Def)***; ~ **booster** hydraulischer Kraftverstärker *m*; Hydraulik-Booster *m*; ~ **brake** Öldruckbremse *f (Kfz)*; ~ **circuit** Hydraulikkreis *m* ***(Def)***; ~ **cylinder** Hydraulik(arbeits)zylinder *m*; ~ **interlock** hydraulische Verriegelung *od* Blockierung *f*; ~ **lock** hydraulische Verriegelung *f* ***(Def)***; ~ **reservoir** Hydraulikspreicher *m*; ~ **rig** hydralischer Prüfstand *m*; ~ **shock-absorber** Flüssigkeitsstoßdämpfer *m*; ~ **strut** Ölfederbein *n (Flzg)*; ~ **system** Hydraulikanlage *f (Flzg)* ***(Def)***.

**hydro|-adjustable** hydraulisch verstellbar *(Luftschraube)*; ~**dynamics** Hydrodynamik *f (Lehre von der Bewegung der Flüssigkeiten)* ***(Def)***; ~**dynamik tank** Wasser(versuchs)kanal *m*; ~**foil** Unterwasser-Tragflügel *m (Lfz)* ***(Def)***; ~**gen bomb** Wasserstoffbombe *f (LKr)*; ~**gen engine** Wasserstofftriebwerk; ~**gen(-rich) fuel** wasserstoffreicher Brennstoff *m*; ~**graphic features** *pl* hydrographische *od* Gewässermerkmale *n/pl*; ~**graphic map** Seekarte *f (nav)*; ~**graphy** Hydrographie *f*; Gewässerkunde *f*; ~**matic propeller** ölhydraulische Verstellluftschraube *f* gleichbleibender Drehzahl; ~**plane** Wasser- *od* Seeflugzeug *n (allg)*; Tragflächen- *od* Gleitboot *n (mit Luftschraubenantrieb)* ***(Def)***; auf Stufe rollen *(Wasser-Flzg beim Start)*; ~**planing** Wassergleiten *n*; ~**port** Seeflughafen *m*; ~-**sailplane** Wassersegelflugzeug *n*; ~**stabilizer** Flossenstummel *m (Flugboot)*.

**hygro|graph** Hygrograph *m*; Feuchtigkeitsschreiber *m (met)* ***(Def)***; ~**meter** Hygrometer *n*; Feuchtigkeitsmesser *m (met)* ***(Def)***; ~**scopic** hygroskopisch; Feuchtigkeit aufnehmend; ~~ **nucleus** hygroskopischer Kondensationskern *m (met)*.

**hyper|acoustic** Überschall-; ~**aerodynamics** Hyperaerodynamik *f*; ~**ballistics** Ballitisk *f* sehr hoher Geschwindigkeiten; ~**bolic lattice chart** Hyperbelnetzkarte *f (nav)*; ~**bolic navigation system** Hyperbel-Navigationssystem *n* ***(Def)***; ~**sonic** Überschall-; Hyperschall-; Mehrfachschall-; ~~ **aeroplane** Hyperschallflugzeug *n*; Flugzeug *n* für hohe Überschallgeschwindigkeiten; ~~ **(air) intake** Hyperschallllufteinlauf *od* -eintritt *m (Turbo)*; ~~ **(-flow) shock wave** Hyperschallstoßwelle *f*; ~~**s** Hypersonik *f*; Hyperschalltheorie *f* ***(Def)***; ~~ **speed** Hyperschallgeschwindigkeit *f (um min. Mach 5)* ***(Def)***.

**hypoxia** *f* Hypoxia *f*; Hypoxie *f*; Sauerstoffuntersättigung *f (Flmed)* ***(Def)***.

**hypsometr|ic map** hypsometrische Karte *f*; Karte *f* mit Höhen(schicht)linien; ~**ic tints** *pl* Höhenschichtfarben *f/pl (Kart)* ***(Def)***; ~**y** Höhenmessung *f (Kart)*.

**hysteresis** Höhenmessertätigkeit *f*; Nachhängen *n* des Höhenmessers *(Flzg)*; Hysterese *f*; Nacheilung *f*; ~ **error** Hysteresisfehler *m*; Nachhängen *n (Höhenmesser)*.

# I

**I** *(ICAO- & NATO-Buchstabieralphabet)* India; *(altes, internationales Buchstabieralphabet)* Item ~-**section** Doppel-T-Profil *n (Spant usw)*.

**IATA basic fare** IATA-Grundflugpreis *m (LVerk)*.

**ice** Eis *n*; vereisen; ~-**accretion** Eisansatz *m (am Flzg)*; ~ **accumulation** Eisansatz *m (am Flzg)*; ~ **airfield** Eisflugplatz *m*; ~**berg** Eisberg *m*; ~ **build-up** Eisansatz *m (am Flzg)*; ~ **cap** Eiskappe *f (met)*; ~ **cloud** Eiswolke *f (met)*; ~ **coating** Eismantel *od* -überzug *m*; Eisschicht *f*; ~ **crystal** Eiskristall *m*; ~ **deposit** Eisablagerung *f od* -**ansatz** *m (am Lfz)*; ~ **fog** Eisnebel *m (met)*; ~ **formation** Eisbildung *f*; ~-**free** eisfrei; nicht vereist; ~-**guard** Vereisungsschutzgitter *n (Flmot)* ***(Def)***; ~**landic low** Island-Tief *n (met)*; ~ **layer** Eisschicht *f*; ~ **needles** *pl* Eisnadeln *f/pl*; ~ **nucleus** Eiskeim *m (met)*, ~ **pellets** *pl* Eiskörner *n/pl (met)*; ~ **point** Eis- *od* Gefrierpunkt *m*; ~ **rain** Eisregen *m*; ~ **sheet** Eisdecke *f*; ~-**up** vereisen *(Flzg)*.

**icing** Vereisung *f (Flzg)* ***(Def)***; ~ **hazard** Vereisungsgefahr *f*; ~ **index** Vereisungsgrad *od* -index *m (met)* ***(Def)***; ~ **level** Vereisungshöhe *f*; ~ **rate** Vereisungsstärke *od* -intensität *f*; ~**(-up) conditions** *pl* Vereisungsverhältnisse *n/pl od* -bedingungen *f/pl (met)*.

**ideal value** Sollwert *m*.

**identification** Kennzeichnung *f (Funk)*; Feststellung *f (allg)*; Identifizierung *f*; ~ **apparatus** Kenngerät *n (Radar)*; ~ **beacon** Kennfeuer *n (Flsich)* ***(Def)***; ~ **beacon signal** Kennung *f (Kennfeuer)*; ~ **card**, *abbr* **ID card** Personalausweis *m*; Identitätskarte *f*; ~ **disc** *od* **disk** Erkennungsmarke *f (mil)*; ~ **facility** Kennungsgerät *n (Flsich)*; ~ **friend or foe**, *abbr* **IFF** Freund-Feind-Kennung *f (Flmelde & Radar)*; ~ **friend or foe equipment**, *abbr* **IFF equipment** Freund-Feind-Kenngerät *n (Flzg-Radar)*; ~ **group** Kenngruppe *f (Funk)*; ~ **letter** Kennbuchstabe *m (Flzg)*; ~ **light** Kennlicht *od* -feuer *n (bod)*; Erkennungsleuchte, *abbr* EL *f (Flzg)*; ~ **mark (on aircraft)** Luftfahrzeugkennzeichen *n*; ~ **panel** Erkennungs- *od* Fliegertuch *n (takt)*; ~ **sign** Erkennungszeichen *n (eines Bezugspunktes: Bod)* ***(Def)***; ~ **signal** Kennungszeichen *od* -signal *n (Funkfeuer usw)*; ~ **system** Kennungssystem *n od* -anlage *f*; ~ **tag** Erkennungsmarke *f (mil)*.

**idle** leerlaufen *(Flmot)*; ~ **power** Leerlaufleistung *f (Flmot/-Turbo)*; ~ **reverse thrust** Leerlaufbremsschub *m (Turbo)*; ~ **thrust** Leerlaufschub *m (Turbo)*.

**idling** Leerlauf *m (Flmot)*; ~ **adjustment** Leerlaufeinstellung *f (Vergaser: Flmot)*; ~ **jet** Leerlaufdüse *f (Vergaser)*; ~ **position** Leerlaufstellung *f (Vergaser)*; ~ **power** Leerlaufleistung *f (Flmot/Turbo)*; ~ **propeller** Luftschraube *f* im Leerlauf; ~ **speed** Leerlauf(drehzahl) *m (f) (Flmot)*; ~ **stop** Leerlaufanschlag *m (Gashebel)*; ~ **test** Leerlaufprüfung *f (Flmot)*; ~ **thrust** Leerlaufschub *m (Turbo)*.

**IFR**, *short for* **instrument flight rules**; ~ **approach** IFR-Anflug *m (Flsich)*; ~ **clearance** IFR-Freigabe *f (Flsich)*; ~ **conditions** *pl* IFR-Flugwetter *n*; Schlechtwetterverhältnisse *n/pl*; ~ **flight** Flug *m* nach Instrumentenflugregeln; IFR-Flug *m (Flsich)* ***(Def)***.

**igloo** Schneehütte *f*; ~ **magazine** Munitionsbunker.

**ignite** zünden *(Flmot)*; entzünden *(Kraftstoff-Luftgemisch)*; ~**r plug** Anlasszündkerze *f (Turbo)* ***(Def)***.

**ignition** Zündung *f (Flmot)*; ~ **advance** Vor- *od* Frühzündung *f (Flmot)*; ~ **by magnetos** Magnetzündung *f (Flmot)*; ~ **cable** Zündkabel *n (Flmot)*; ~ **circuit** Zündstromkreis *m (el)*; ~ **coil** Zündspule *f (el)*; ~ **harness** Zündgeschirr *n (Flmot)* ***(Def)***; ~ **key** Zündschlüssel *m (Kfz)*; ~ **lag** Zündverzug *m*; ~ **sequence** Zündfolge *f (Flmot)*; ~ **spark** Zündfunke *m*; ~ **switch** Magnet- *od* Zündschalter *m (Flmot)*; ~ **system** Zündanlage *f (Flmot)*; ~ **timing** Zündeinstellung *f (Flmot)*; ~ **timing adjustment** Zündzeitpunktverstellung *f (Flmot)*; ~ **timing range** Zündverstellbereich *m & n (Flmot)*; ~ **voltage** Zündspannung *f (Flmot)*.

**illuminat|ed compass** Leuchtkompass *m*; ~**ed night-fighting** helle Nachtjagd *f (LKr)*; ~**ing flare** Leuchtbombe *f (LKr)*; ~**ing shell** Leuchtgranate *f*; ~**ion** Beleuchtung(sstärke) *f (Instrumente usw)*; ~**or** Beleuchter *m (bei Nachtangriffen: LKr)*.

**illustration** Abbildung *f (allg)*; Erläuterung *f*.

**ILS**, *short for* **instrument landing system**; ~ **approach** ILS-Anflug *m*; ~ **crosspointer (indicator)** ILS-Kreuzzeigergerät *n*; ~ **facility reliability** ILS-Anlagenzuverlässigkeit *f (Bod)*; ~ **glide path** ILS-Gleitweg *m*; ~~ **angle** ILS-Gleitwegwinkel *m*; ~~ **bend** ILS-Gleitwegkrümmung *f*; ~~ **sector** ILS-Gleitwegsektor *m (Bod)*; ~ **indicator** ILS-Anzeiger *m*; Kreuzzeigerinstrument *n*; ~ **integrity** ILS-Verlässlichkeit *f*; ILS-Signalgüte *od* -qualität *f*; ~ **landing** ILS-Landung *f (Flbetr)*; ~ **marker** ILS-Einflugzeichen *n (Fernm)* ***(Def)***; ~-**monitored approach** überwachter ILS-Anflug *m (Flsich)*; ~ **reference datum** *or* **point** ILS-Bezugspunkt *m*; ~ **signal reliability** ILS-Signalzuverlässigkeit *f*.

**image| brightness** Bildhelligkeit *f (LPhot)*; ~ **distortion** Bildfehler *m*; Bildverzerrung *f (LPhot)*; ~ **frequency** Spiegelfrequenz *f (Funk)*; ~ **on screen** Schirmbild *n (Radar)*; ~ **plane** Bildebene *f (LPhot)*; ~ **point** Bildpunkt *m (LPhot)*.

**IMC**, *short for* **instrument meteorological conditions** *pl* Instrumenten(flug)-Wetterbedingungen *f/pl (met)* ***(Def)***; ~ **flight** IMC-Flug *m*; Flug *m* unter Instrumentenflug-Wetterbedingungen; ~ **landing** IMC-Landung *f (Flbetr)*; ~ **take-off** IMC-Start *m*; Start *m* unter Instrumentenflug-Wetterbedingungen *(Flbetr)*.

**immediate** verzögerungsfrei *(Zünder)*; ~ **action** Sofortmaßnahme *f (mil)*; ~ **object(ive)** *or* **target** erstes Angriffsziel *n (LKr)*.

**Immelmann turn** hochgezogene Kehrtkurve *f*; Immelmann-Turn *m (Luftkampf)* ***(Def)***.

**immers|ed compass** Flüssigkeitskompass *m*; ~**ion suit** Wasserkälteschutzanzug *m*.

**immigration** Einwanderung *f (allg)*; Einreise *f (LVerk)*, ~ **authority** Einwanderungsbehörde *f*.

**immobilize** Motor stillsetzen *(Kfz)*; niederhalten *(takt)*.

**impact** Aufschlag *m (Bombe)*; ~ **accelerometer** Landestoß-Beschleunigungsmesser *m (Instr)* ***(Def)***; ~ **angle** Aufschlagwinkel *m*; ~ **area** Bombenaufschlaggelände *n (takt)*; ~ **fuse** *or* **fuze** Aufschlagzünder *m (Bombe)*; ~ **ice** Aufschlageis *n (met)* ***(Def)***; ~ **pressure** Staudruck *m (aerodyn)*; ~ **switch** Aufschlagschalter *m (el)*; ~ **tube** dynamisches Pitotrohr *n*; Staurohr *n (Flzg)*; ~ **velocity** Aufschlaggeschwindigkeit *f*.

**impedance** Impedanz *f*; Wechselstrom- *od* Scheinwiderstand *m (el)*; ~ **matching** Impedanzanpassung *f (el)*.

**impediment** Hindernis *n*; ~**a** *pl* Gepäck *n*; Tross *m (mil)*.

**impeller** Lader(lauf)rad *n (Flmot)*; Impeller *m (Turbo)* ***(Def)***; Zentrifugalladerrad n (Flmot); Turbo-Laufrad *n*; ~ **drive** Laderradantrieb *m* (Flmot); ~ **passage** Laufradkanal *m (Turbo)*; ~ **shaft** Laufradwelle *f (Turbo)*; ~ **speed** Laufraddrehzahl *f (Lader)*; ~ **vane** Laufradschaufel *f (Lader)*.

**imper|meability** Undurchlässigkeit *f*; ~**vious membrane** undurchlässige *od* Antikapillarschicht *f (Bod)*.

**implement** Gerät(schaft) *n (f)*; Untensil *n*; einführen; zur Einführung gelangen; ~**ation** Einführung *f*.

**import licence** Einfuhrbewilligung *f (LVerk)*.

**impulse** Stromstoß *m (el)*; Impuls *m*; ~ **starter** Abschnappkupplung *f*; Schnapper *m (eines Anlassmagneten: Flmot)* ***(Def)***.

**inaccessible** unzugänglich.

**inadmissible** unzulässig.

**inadvertent spin** unfreiwilliges Trudeln *n (Flbetr)*.

**inaptitude for flying** Flug(dienst)untauglichkeit *f*.

**inaudible tuning** Stummabstimmung *f (Funk)*.

**inboard** innen *(Flmot usw)*.

**inbound** ankommend; ~ **magnetic heading** missweisender Anflugsteuerkurs *m (nav)*; ~ **track** Anflugkurs *m* über Grund *(nav)*, ~ **traffic** ankommender Verkehr *m (LVerk)*.

**incapable of moving** bewegungsunfähig.

**incapacitation in flight** gesundheitliche Beeinträchtigung *f* im Flug *(Flmed)*.

**incendiary| ammunition** Brandmunition *f*; ~ **bomb** Brandbombe *f*; ~ **bomb chute** Brandbombenschüttkasten *m*; ~ **bomb container** Brandbombenschüttkasten *m*; ~ **bullet** Brandgeschoss *n*; ~ **canister** Brandkanister *m (Lkr)*; ~ **charge** Brandsatz *m*; ~ **composition** *or* **device** *or* **filling** Brandsatz *m (Bombe)*; ~ **fuse** *or* **fuze** Brennzünder *m*; ~ **missile** Brandgeschoss *n*; ~ **projectile** Brandgeschoss *n*; ~ **rocket** Brandrakete *f*; ~ **shell** Brandgranate *f*.

**incentive pay** *(for hazardous duty)* Gefahrenzulage *f (mil)*.

**INCERFA** INCERFA *(Alarmstufe 1 = Ungewissheitsstufe: Flsich)* ***(Def)***.

**incessant rain** Dauer- *od* Landregen *m*.

**inch** Zoll *m* (= 2,54 cm).

**inciden|ce** Einfallen *n (Strahl usw)*; *angle of* ~*ce* Anstellwinkel *m (Tragfläche; Höhenflosse: Flzg)*; ~**ce indicator** Anstellwinkelanzeiger *m (Instr)* ***(Def)***; ~**ce range** Anstellwinkelbereich *m & n (Flzg)*; ~**ce wires** *pl* Stielauskreuzungen *f/pl (Flzg)* ***(Def)***; ~**t** Störung *f*; Vorfall *m (allg)*; ~**tal** ungewollt.

**inclemency of weather** Witterungsunbilden *pl*.

**inclination** Neigung *f*; Schräglage *f*; Inklination *f (Kompassnadel)*; ~ **angle** Neigungswinkel *m*; ~ **balance** Neigungswaage *f*; ~ **compass** Neigungskompass *m*; ~ **needle** Inklinationsnadel *f (Kompass)*; ~ **of flight path** Flugbahnneigung *f*.

**inclusive tour charter flight**, *abbr* **ITC** Pauschalreise-Charterflug *m (LVerk)*.

**in code** verschlüsselt *(Wettermeldung usw)*.

**incoming traffic** ankommender Verkehr *m (LVerk)*.

**incompressible| flow** inkompressible Strömung *f (aerodyn)* ***(Def)***; ~ **fluid** inkompressible Flüssigkeit *f (Hydraulik)*.

**incorrect indication** Fehlweisung *f (Kompass).*

**increase | in performance** Leistungszunahme *f*; ~ **in volume** Volumen- *od* Lautstärkezunahme *f (Funk)*; ~ **of a vibration** Aufschaukeln *n (einer Schwingung)*; ~ **of drag** Widerstandserhöhung *f (aerodyn)*; ~ **of lift** Auftriebsvermehrung *f (aerodyn)*; ~ **of pressure** Druckanstieg *m (met).*

**incubation period** Inkubationszeit *f.*

**incur obligations** Mittel *n/pl* binden *(Haushaltswesen).*

**incy** *sl für* Brandbombe *f.*

**independent | suspension** Einzelaufhängung *f (Räder: Kfz)*; ~ **units** *pl* selbstständige Verbände *m/pl (takt).*

**index | chart** Blattübersicht *f*; ~ **correction** Instrumentenberichtigung *f*; ~ **error** Anzeigefehler *m (nav-Instrumente usw)*; ~ **line** Ableselinie *f*; ~ **map** Blattübersicht *f*; ~ **mark** Ablese- *od* Einstellmarke *f*; ~ **number** Kennziffer *f (met)*; ~ **of refraction** Brechungszahl *f.*

**india-rubber cable** Gummiseil *n (Segelflug).*

**indicate** anzeigen; ~**d airspeed**, *abbr* **IAS** (nicht berichtigte) angezeigte Flug- *od* Eigengeschwindigkeit *f* ***(Def)***; Fahrtmesseranzeige *f (Lfz)*; ~**d air temperature** angezeigte Lufttemperatur *f*; ~**d altitude** angezeigte Höhe *f (Instr)* ***(Def)***; ~**d course curvature** angezeigte Kurskrümmung *f (ILS)*; ~**d course directional error** angezeigter Kursrichtungsfehler *m (ILS)*; ~**d course line** angezeigte Kurslinie *f (ILS)*; ~**d course sector** angezeigter Kurssektor *m (ILS)*; ~**d displacement error** angezeigter Abweichungsfehler *m (ILS)*; ~**d flight path** angezeigter Flugweg *m*; ~~ **curvature** angezeigte Gleitwegkrümmung *f (ILS)*; ~**d horsepower**, *abbr* **IHP** indizierte *od* angezeigte *(engl)* Pferdestärke *f od* Leistung *f (Flmot)*; ~**d ILS glide path** angezeigter ILS-Gleitweg *m*; ~**d stalling speed** angezeigte Abkippgeschwindigkeit *f (Lfz)* ***(Def).***

**indication** Anzeige *f (Instrument usw)*; Anzeichen *n (für)*; ~ **of direction** Richtungsangabe *f*; ~ **sensitivity** Anzeigeempfindlichkeit *f.*

**indicator** Anzeigegerät *n*; Anzeiger *m*; ~ **lag** Anzeigeträgheit *f (Instrument)*; ~ **lamp** Anzeigelampe *f.*

**indirect | support** indirekte *od* strategische Unterstützung *f (LKr)*; ~ **wave propagation** indirekte Wellenausbreitung *f (Funk).*

**individual | deviation** Einzeldeviation *f (Kompass)*; ~ **release** Einzelauslösung *f*; Einzelwurf *m (Bomben)*; ~ **training** Einzelausbildung *f (mil).*

**indoctrination** Schulung *f*; Unterweisung *f*; *(US)* militärische Grundausbildung *f.*

**indoor | antenna** Zimmerantenne *f (Funk)*; ~ **model** Zimmerflugmodell *n.*

**indorsement** *(by unit commander)* Stellungnahme *f (des Einheitsführers zu mil Beurteilungen).*

**indraft** Saugluft *f (Flmot)*; Vorstrom *m (aerodyn).*

**induced | current** Induktionsstrom *m (el)*; ~ **drag** induzierter Widerstand *m (aerodyn)*; ~ **manifold** Ansaugleitung *f (Flmot)*; ~ **power loss** induzierter Leistungsverlust *m (Prop)* ***(Def)***; ~ **resistance** induzierter Widerstand *m (aerodyn).*

**induct** einberufen *(mil)*; ~**ance** Induktivität *f (Funk)*; ~**ion** Induktion *f (el)*; Einberufung *f (mil)*; Laden *n (Zylinder)*; ~**ion coil** Sprechspule *f (Tel)*; Induktionsspule *f (el)*; Funkeninduktor *m (el)*; ~**ion fuse** *or* **fuze** Induktionszünder *m (Bombe)*; ~**ion manifold** Ansaugleitung *f od* -luftverteiler *m (Luft od Gemisch in Zylinder: Flmot)* ***(Def)***; ~**ion order** Gestellungsbefehl *m (mil)*; ~**ion pipe** Laderohr *n (Flmot)*; ~**ion stroke** Ladehub *m (Flmot)*; ~**ion system** Einströmleitungen *f/pl (Flmot)*; Ansauganalge *f*; ~**ion temperature** Eintrittstemperatur *f (Ladeluft: Flmot)*; ~**ive** induktiv; ~**ive winding** Induktionswicklung *f (el)*; ~**or** Induktor *m (Funk).*

**industrial haze** Industriedunst *m (met).*

**inefficient** unwirtschaftlich; unfähig *(Personal).*

**inert** unentzündbar *(Gas)*; träge; ~ **gas** Edelgas *n*; ~**ia** Massenträgheit *f*; Trägheitsmoment *n*; ~**ia** *or* ~**ial acceleration** Trägheitsbeschleunigung *f*; ~**ialess** trägheitsfrei *od* -los; ~**ia(l) force** Trägheitskraft *f od* -widerstand *m*; Massen- *od* Scheinkraft *f*; ~**ial guidance** Trägheitslenkung *f (FK)* ***(Def)***; ~**ial load** Trägheitsbelastung *f*; ~**ial navigation system**, *abbr* **INS** Trägheitsnavigationssystem *n*; ~**ial platform** Trägheitsplattform *f*; ~*ia of the gyro* Beharrungsvermögen *n* des Kreisels; ~**ia starter** Schwungkraftanlasser *m (Flmot)* ***(Def).***

**in excess** *(of authorized strength)* überplanmäßig *(mil).*

**infantry** Infanterie *f (mil)*; ~ **flyer** Infantrieflieger *m*; ~ **gun** *or* **howitzer** Infanteriegeschütz *n*; ~**man** Infanterist *m*; ~ **point** Infanteriespitze *f (takt)*; ~ **rear point** Infanterienachspitze *f (takt).*

**infeed side** Zufluss- *od* Einlaufseite *f.*

**inferential meter** Durchflussmesser *m (Kraftstoff).*

**infiltrat | e** einsickern *(takt)*; ~**ion** Einsickern *n*; Eindringen *n (takt).*

**infinite | ly-variable** stufenlos regelbar; ~ **span** unendliche Flügelstreckung *f (aerodyn).*

**inflam | e** entflammen; entzünden; ~**mability** Entflammbarkeit *f*; Entzündbarkeit *f*; ~**mable fluids** *or* **gases** *pl* entflammbare Flüssigkeiten *f/pl* oder Gase *n/pl*; ~**mation** Entflammung *f*; Entzündung *f.*

**inflat | able fin** Wulstflosse *f (Sperr-Ball)*; ~**able life jacket** aufblasbare (Rettungs-)Schwimmweste *f*; ~**able life raft** aufblasbares (Rettungs-)Floß *n*; ~**e** aufblasen; auffüllen *(Ball)*; ~**ion** Auffüllen *n*; Aufblasen *n (Ball)*; ~**ion net** Füllnetz *n (Lfz l)* ***(Def)***; ~**ion pressure** Fülldruck *m (Ball)*; Reifendruck *m (Laufrad)*; ~**ion sleeve** Füllansatz *m* (Ball); ~**ion time** Füllzeit *f (Fallsch)* ***(Def)***; ~**ion weight** Füllungsgewicht *n (Ball).*

**in-flight** während des Fluges; ~ **accident** Flugunfall *m*; ~ **collision** Zusammenstoß *m* im Fluge *od* in der Luft; ~ **forecast** Vorhersage *f* für Luftfahrzeuge im Fluge *(met)*; ~ **practice** Flugübung *f*; Übungsflug *m*; ~ **refuelling** Luftauftankung *f*; Auftanken *n* im Fluge ***(Def)***; ~ **report** Wettermeldung *f* im Fluge; Kurzmeldung *f* im Fluge *(Luftaufklärung: LW)*; ~ **testing** Flugerprobung *f.*

**inflow** Einströmung *f*; Vorstrom *m*; Saugluft *f.*

**influence of mountains** Gebirgseinfluss *m (met).*

**influx of cold air** Kaltlufteinbruch *m (met).*

**inform** benachrichtigen; in Kenntnis setzen; ~**ation** Nachricht(en) *f (pl) (Intell)*; Benachrichtigung *f*; Mitteilung *f*; ~**ation about the enemy** Feindnachrichten *f/pl (Intell)*; ~**ation pulse** Informationsimpuls *m (Radar)*; ~**ation service** Nachrichtendienst *m (Intell)*; ~**ation sign** Hinweiszeichen *n*; Informationstafel *f (Bod)*.

**infra|red** ultra- *od* infrarot; ~**red camera** Infrarotkamera *f (LPhot)*; ~**red guidance** Infrarotlenkung *f (FK)*; ~**red radiation**, *abbr* **IR** Infrarot- *od* IR-Strahlung *f*; ~-**red (ray) telephone** Lichtsprechgerät n; ~**structure** Infrastruktur *f (Kasernierung, Nachschub- und Bodenorganisation: mil)*; **common** ~~ gemeinsame Infrastruktur *f (NATO)*; **national** ~~ nationale Infrastruktur *f*.

**inherent| stability** Eigenstabilität *f (Flzg)* ***(Def)***; *with ~ stability* eigenstabil *(Flzg, insbesondere Hubschrauber)*; ~ **vibration** Eigenschwingung *f*.

**initial** anfänglich; Anfangsbuchstabe *m*; abzeichnen *(Schriftstück)*; paraphieren *(Vertrag)*; ~ **approach**, *abbr* **INA** Anfangsanflug *m* ***(Def)***; ~ **approach area** Anfangsanflugbereich *m (Flsich)* ***(Def)***; ~ **approach path** Anfangsanflugweg *m (Flbetr)*; ~ **call-up** erster Anruf *m (Funk)*; erster Aufruf *m (für Flug Nr. ...: LVerk)*; ~ **clearance** erste Freigabe *f (Flsich)*; ~ **climb** Anfangssteigflug *m (Flbetr)*; ~~-**out speed** Anfangssteigfluggeschwindigkeit *f (Lfz)*; ~ **data** Eingangswerte *m/pl (Flak)*; ~ **en-route climb** Steigflug *m* zu Beginn des Streckenfluges *(Flbetr)*; ~ **issue** Erstausstattung *f (mil)*; ~ **meridian** Nullmeridian *m*; ~ **organization order** Aufstellungsbefehl *m (mil)*; ~ **point** Ablaufpunkt *m (nav & takt)*; ~ **position** Ausgangsstellung *f (takt)*; ~ **rate of climb** Steiggeschwindigkeit *f* in Bodennähe *(Flzg)*; ~ **target marker** *(for night bombing)* Erstmarkierer *m (LKr)*; ~ **velocity** Anfangs- *od* Mündungsgeschwindigkeit *f (Ballist)*.

**initiat|e** einleiten; beginnen; ~**ive** Initiative *f (takt usw)*; ~**or** Initialzünder *m*.

**inject** einspritzen *(Kraftstoff in Zylinder: Flmot)*; ~**ion** Einspritzung *f (Flmot)* ***(Def)***; ~**ion pump** Einspritzpumpe *f (Flmot)*; ~**ion system** Einspritzvorrichtung *f (Flmot)*; Einspritzverfahren *n*; ~**ion-type engine** Einspritzmotor *m*; ~**ion valve** Einspritzdüse *f (Flmot)*; ~**or** Einspritzgerät *n*; ~**or nozzle** Einspritzdüse *f (Flmot)*; ~**or (pump)** Einspritzpumpe *f (Flmot)*.

**inland| air traffic** Inlandluftverkehr *m*; ~ **flight** Inlandflug *m (LVerk)*; ~ **water features** *pl* Binnengewässermerkmale *n/pl*; ~ **waters** *pl* Binnengewässer *n/pl*.

**inlet** Einlass *m*; ~ **fan** Vorsatzläufer *m (Lader)*; ~ **guide vanes** *pl* Eintrittsleitschaufeln *f/pl (Turbo)* ***(Def)***; ~ **manifold** Einlassleitung(en) *(pl) (Flmot)*; ~ **port** Eintritts- *od* Eingangsöffnung *f*; ~ **stroke** Saughub *m (Flmot)*; ~ **temperature** Eintritts- *od* Vortemperatur *f (Kühlstoff usw)*; ~ **throat** Einlasskanal *m (Flmot)*; ~ **valve** Einlassventil *n (Flmot)*; Einatemventil *n (Höhenatmer)*.

**in-line engine** Reihenmotor *m (Flmot)* ***(Def)***.

**in motion** beweglich *(Luft)*; in Bewegung *(Fahrzeug)*.

**in need of repair** reparaturbedürftig.

**inner| cowl(ing)** Innenhaube *f (Stern-Flmot)*; ~ **diameter** Innendurchmesser *m*; ~ **fabric band** *or* **strip** Grundgurt *m (Luftschiff)*; ~ **horizontal surface** innere Horizontalfläche *f (Flugplatz)* ***(Def)***; ~ **marker**, *abbr* **IM** Platzeinflugzeichen *n* ***(Def)***; ~ **ridge-girder** innerer Firstträger *m (Lfz)* ***(Def)***; ~ **tube** Reifen(schlauch) *m (Laufrad)*; ~ **wing** Tragflächenansatz *m od* -wurzel *f (Flzg)*.

**in operation** in Betrieb.

**inoperative power unit** ausgefallene *od* außer Betrieb befindliche Triebwerkeinheit.

**in pairs** rottenweise *(Verbandsflug)*.

**input** Eingang *m*; Eingangs- *(el)*; Eingabe *f (EDV)*; ~ **parameter** Eingangsparameter *m*; ~ **value** Eingangsgröße *f od* -wert *m*; ~ **power** Eingangsleistung *f*.

**inquiry** Untersuchung(sverfahren) *f (n)* ***(Def)***; **board of** ~ Untersuchungsausschuss *m*.

**in| range** in Reich- *od* Schussweite; ~ **record time** in Rekordzeit; ~ **running order** betriebsbereit *(Flmot usw)*.

**insecticide** Ungeziefervertilgungs- *od* Insektenbekämpfungsmittel *n*; Insektizid *n*.

**in series** serienmäßig; in Reihe *(el)*.

**inset light** Unterflurfeuer *n (Bod)*.

**inside| duty** Innendienst *m (mil)*; ~ **diameter** lichter Durchmesser *m*; ~ **loop** Looping *m* rückwärts *(Kunstflug)* ***(Def)***.

**insignia| (of rank)** Dienstgradabzeichen *n/pl (mil)*; ~ **on aircraft** Luftfahrzeugkennzeichen *n/pl*.

**insolation** Sonnenstrahlung *f*.

**inspect** untersuchen; prüfen; besichtigen *(mil)*; ~**ion** Prüfung *f*; Kontrolle *f*; Inspektion *f (Fluggerät)*; Besichtigung *f*; Appell *m (mil)*; ~**ion cover** *or* **door** *or* **flap** Schaulochdeckel *m (Flzg)*; ~**ion hole** Schauloch *n*; Handloch *n (Motorhaube usw)*; ~**ion of equipment** Gerätedurchsicht *f (mil)*; ~**ion panel** Schau- *od* Kontrolltafel *f*; ~**ion pit** Inspektionsgrube *f (Kfz)*; ~**ion plate** Schaulochdeckel *m*; ~**ion plate window** durchsichtiger Schaulochdeckel *m*; ~**ion port** Insepktionsfenster *n (Lfz l)* ***(Def)***; ~**or** Inspekteur *m (mil)*; Inspektor *m*; Prüfer *m (LW)*; ~**orate** Inspektorat *n*; Inspektion *(Behörde od Einrichtung) f*; ~**or general** Generalinspekteur *m (mil US)*.

**instability** Instabilität *f* ***(Def)***; Unstabilität *f*; Labilität *f*; ~ **front** Instabilitätsfront *f (met)*; ~ **line** Instabilitätslinie *f (met)*; ~ **shower** Instabilitätsschauer *m (met)*.

**install** einbauen *(Flmot)*; aufstellen; ~**ation** Einbau *m (Flmot in Flzg)*; Anlage *f*; Einrichtung *f*; ~**ation drawing** Einbauzeichnung *f*; ~**ation error** Einbaufehler *m (Instr)* ***(Def)***; ~**ations** *pl* Bauwesen *n (mil US)*; ~**ations officer** Bauoffizier *m (US)*.

**instant** Zeitpunkt *m*; ~**aneous** unverzüglich; ohne Verzögerung, *abbr* o.V. *(Bombenzünder)*; ~**aneous shutter** Momentverschluss *m (LPhot)*.

**instruct** unterrichten; anweisen; einweisen; ausbilden; ~**ion** Unterricht *m*; Einweisung *f*; Ausbildung *f*; Anweisung *f*; Schulung *f*; *according to ~ions* befehlsgemäß; ~**ional aid** Ausbildungshilfsmittel *n*; ~**ional pamphlet** Merkblatt *n*; ~**ion class** Lehrgruppe *f*; Lehrgang *m*; Hörsaal(gruppe) *m (f)*; ~**ion flight** Schul- *od* Einweisungsflug *m*; ~**ion group** Lehrgruppe *f*; ~**ion in navigation** Navigationsunterricht *m*; ~**ions** *pl* **for use** Gebrauchsanweisung *f*; ~**ions** *pl* **to the operator** Betriebsanweisung *f*; ~**ion unit** Lehreinheit *f (mil)*; ~**or** Ausbilder *m*; Lehrer *m (mil)*, ~**or rating** Lehrerschein *m (Fluglehrer)*; ~**ors** *pl* Ausbildungspersonal *n*; Lehrpersonal *n (mil)*.

**instrument** Instrument *n*; (Mess-)Gerät *n*; ~ **approach** Instrumentenanflug *m (Def)*; ~ **approach aid** Instrumentenanflughilfe *od* -einrichtung *f*; ~ **approach and landing chart**, *abbr* **IAL** Instrumentenanflug- und -landekarte *f*; ~ **approach area** Instrumentenanflugsektor *m (Bod) (Def)*; ~ **approach chart** Instrumentenanflugkarte *f*; ~ **approach procedure** Instrumentenanflugverfahren *n (Def)*; ~ **approach runway** Instrumentenanflugpiste *f (Bod)*; ~**ated** instrumentiert; ~**ation** Instrumentierung *f*; ~ **board** Instrumentenbrett *n (Flzg)*; ~ **board watch** Borduhr *f (Flzg)*; ~ **calibration** Geräteberichtigung *f (Flzg)*; ~ **channel** Instrumenten-Wasserlandebahn *f*; Instrumentenrinne *f (Seeflughafen)*; ~ **cross check** Instrumentenvergleich *m (beim Instrumentenflug)*; ~ **dial** Instrumenten(skalen)scheibe *f*; ~ **error** Instrumentenfehler *m*; Fehlanzeige *f (Instr)*; ~ **flight** Instrumentenflug *m (Flbetr) (Def)*; ~ **flight rules** *pl*, *abbr* **IFR** Instrumentenflugregeln *f/pl (Flsich)*; ~ **flight rules flight**, *abbr* **IFR flight** IFR-Flug *m (nach den Instrumentenflugregeln durchgeführter Flug: Flsich)*; ~ **flight rules weather conditions**, *abbr* **IFR weather conditions** *pl* IFR-Wetterbedingungen *f/pl (Flsich)*; ~ **flight simulator** Instrumentenflugsimulator *m*; ~ **flight time** Instrumentenflugzeit *f (Def)*; ~ **flight trainer** Instrumentenflug-Übungsgerät *n (Linktrainer usw)*; ~ **flying** Instrumentenflug *m*; ~ **flying hood** Instrumentenflughaube *f (Flzg)*; ~**-flying training screen** Instrumentenflugvorhang *m (Flzg)*; ~ **ground time** Instrumentenbodenzeit *f (Def)*; ~ **illumination** Geräte- *od* Instrumentenbeleuchtung *f (Flzg)*; ~ **landing** Instrumentenlandung *f (Flzg)*; ~ **landing system**, *abbr* **ILS** ILS-(Schlechtwetter-)Landeverfahren *n*; Instrumentenlandesystem *n (Def)*; ~ **lighting** Geräte- *od* Instrumentenbeleuchtung *f (Flzg)*, ~ **mechanic** Gerätewart *m*; ~ **meteorological conditions** *pl*, *abbr* **IMC** Instrumentenwetterbedingungen *f/pl (met) (Def)*; ~ **of acceptance** Annahmeurkunde *f od* -dokument *n (eines Abkommens)*; ~ **of adherence** Beitrittsurkunde *f (zu einem Abkommen)*; ~ **of ratification** Ratifizierungsurkunde *f (eines Abkommens)*; ~ **panel** Geräte- *od* Instrumentenbrett *n (Flzg)*; ~ **panel layout** Instrumentenbrettauslegung *f*; Instrumentenanordnung *f*; ~ **rating** Instrumentenflugberechtigung *f*; Berechtigung *f* für IFR-Flüge *(Def)*; ~ **rating test** Instrumentenflugprüfung *f*; ~ **reading** Instrumentenablesung *od* -anzeige *f*; ~ **runway** Instrumentenpiste *f (Bod) (Def)*; ~ **time** Instrumentenzeit *f (Def)*; ~ **turn** Instrumentenflugkurve *f (Flsich)*.

**insulat|e** isolieren *(el usw)*; ~**ing course** Isolier- *od* Dämmschicht *f (Pistenbau)*; ~**ing medium** Isoliermittel *n*; ~**ing paint** Isolierlack *m (el)*; ~**ing strength** Isolationsstärke *f (el)*; ~**ing tape** Isolierband *n (el)*; ~**ion** Isolation *f (el)*; Isolierschutz *m (el)*; ~**ion plate** Turbinenradabschirmung *f (Turbo) (Def)*; ~**or** Isolator *m*; Isolierstoff *m (el)*.

**insurance** Versicherung *f (Versicherungswesen)*.

**in-swept** eingezogen *(Kolbenseitenwände für Kolbenbolzenlager)*.

**insy** *sl für* Brandbombe *f*.

**intake** Einlass *m*; Ansaugleitung *od* -öffnung *f (Flmot)*; Einstellungsquote *f (in Lehrgänge)*; *to ~ courses at 4-weekly intervals* Lehrgänge *m/pl* in vierwöchigem Rhythmus anlaufen lassen; ~ **air heater** Ansaugluftheizung *f (Flmot) (Def)*; ~ **air scoop** Luftansaughutze *f*; ~ **duct** Ansaugleitung *f (Flmot)*; ~ **loss** Einströmverlust *m*; ~ **manifold** Ladeluft- *od* Einlass- *od* Ansaugleitung *f (Flmot)*; ~ **order** Ineinnahmeverfügung *f (mil)*; ~ **stroke** Lade- *od* Saughub *m (Flmot)*; Ansaughub *m*; Ansaugtakt *m (Flmot)*; ~ **temperature** Eintritts- *od* Vortemperatur *f*; ~ **valve** Einlassventil *n (Flmot)*; ~ **with fully variable geometry** Einlauf *od* Einlass *m* mit vollveränderlicher Geometrie *(Turbo)*.

**in tandem** hintereinanderliegend *(Sitze; Motore: Flzg)*.

**integr|al component** organisatorisch zugehöriger Bestandteil *m (mil)*; ~**al tank** Integralbehälter *m (Lfz) (Def)*; ~**ate** integrieren; ~**ation** Integrierung *f (mil)*.

**intelligence** Nachrichtenwesen *n (früher 1c: mil)*; Nachricht *f*; ~ **analysis** Nachrichtenauswertung *f (Intell)*; ~ **collator** Endauswerter *m (Intell)*; ~ **officer** Nachrichtendienstoffizier *m (Intell)*; ~ **service** Nachrichtendienst *m (Intell)*; Intelligenzdienst *m*; Aufklärungsdienst *m (mil)*.

**intended| flight path** beabsichtigter Flugweg *m (Flbetr)*; ~ **flight profile** beabsichtigtes Flugprofil *n (Flbetr)*.

**intensity** Intensität *f*; Stärke *f*; ~ *of field* Feldstärke *f (Kompass)*; ~ *of light* Lichtstärke *f*; ~ *of precipitation* Niederschlagsstärke *f (met)*; ~ *of sound* Schallstärke *f*; ~ *of turbulence* Turbulenzstärke *f*.

**intentional spin** beabsichtigtes Trudeln *n (Üben von Gefahrenzuständen)*.

**intercept** abschneiden; stellen; abfangen *(Feind-Flzg; Feindverband: LKr)* abfangen *(Meldung)*; abhören *(Tel)*; ansteuern; eindrehen *(auf Sollstandlinie: nav)*; Intercept *m*; Gestirnhöhenunterschied *m (nav) f (Def)*; ~**ing company** Horchkompanie *f (mil)*; ~**ing station** Abhörstelle *f*; ~**ion** Abschneiden *n*; Stellen *n*; Abfangen *n (Feind-Flzg; Feindverband: LKr)*; Abfangen *n (Meldung)*; Abhören *n (Tel)*; **airborne** ~**ion** Abfangen *n* mittels Bordradar *(LKr)*; **collision course** ~**ion** Abfangen *n* nach Kollisionskurs- *od* Treffpunktverfahren *(LKr)*; **controlled** ~**ion** Abfangen *n* nach Leitverfahren *(LKr)*; ~**ion flight** Sperrflug *m (LKr)*; ~**(ion) mission** Abfangauftrag *od* -einsatz *m (Lkr)*; ~**ion problem** Treffpunktaufgabe *f (nav)*; ~**ion service** Abhördienst *m*; ~**ion tactics** Abfangtaktik *f (LKr)*; ~**or** Abfang- *od* Luftverteidigungsjäger *m (LW)*; Interzeptor *m (Spaltflügel)*; Unterbrecherklappe *f (am Spaltflügel: Flzg)*; ~**or missile** Abfangflugkörper *m*; ~ **receiver** Horchempfänger *m (Funk)*; ~ **set** Horchgerät *n (Funk)*; ~ **station** Abhörstelle *f*.

**interchange|ability** Auswechselbarkeit *f (genormter Flzg-Teile)*; ~ **of air** Luftaustausch *m*; ~ **of aircraft** Austausch *m* von Luftfahrzeugen *(LVerk)*.

**inter-city air services** *pl* zwischenstädtischer Flugverkehr *m*.

**intercom** *sl* Eigenverständigungsanlage *f*, *abbr* Ei. V. *(Flzg) (Def)*; ~**munication**, *abbr* **intercom** Gegensprechanlage *f (Fernm)*; Bord- *od* Eigenverständigungsanlage *f*, *abbr* Ei. V. *(Flzg) (Def)*; Wechsel-Zwischenverkehr *m*; Querverbindung *f (Fernm)*.

**interconnector** Brennkammerzwischenstück *n (Turbo) (Def)*.

**intercontinental ballistic missile**, *abbr* **ICBM** ballistische Interkontinentalrakete *f (Lkr)*.

**intercool|er** Zwischenkühler *m*; Ladeluftkühler *m (Flmot) (Def)*; ~**ing** Zwischenkühlung *f (Ladeluft usw)*.

**interdict** abriegeln; abschnüren *(takt)*, ~**ion** Abriegelung *f*; Abschnürung *f (takt)*; ~**ion fire** Abriegelungsfeuer *n*; Feuerriegel *m*; Behinderungsschießen *n (Art)*.

**interfer|e** stören *(Funk & Radar)*; ~**ence** (gegenseitige) Störung *f (Funk) (Def)*; Interferenz *f (aerodyn) (Def)*;

~**ence drag** Interferenzwiderstand *m (aerodyn)*; ~**ence elimination** Entstörung *f (Funk)*; ~**ing frequency** Störfrequenz *f (Funk & Radar)*; ~**ing signal** Störzeichen *od* -signal *n (Funk)*; ~**ometric homing** interferometrische Selbstansteuerung *od* Zielfindung *f (FK)*.

**interfin space** Rippenzwischenraum *m (Kühlrippen: Flmot)*.

**interheater** Zwischenerhitzer *m (Turbo)* ***(Def)***.

**interior** Innenraum *m*; ~ **ballistics** innere Ballistik *f*; ~ **bracing** Innenauskreuzung *f (Tragfläche)*; ~ **duty** Innendienst *m (mil)*; ~ **guard** Innenwache *f (mil)*; ~ **strutting** Innenverstrebung *f (Tragfläche)*.

**interlayer streak** Zwischenschicht *od* -lage *f*.

**interlocking circuit** gesteuerter Kreis *m*; Interlock- *od* Verriegelungsschaltung *f (el)* ***(Def)***.

**intermediate** *sl für* Leistungssegler *m (Segel-Flzg)*; ~ **airport** Zwischenlandehafen *m (LVerk)*; ~ **approach** Zwischenanflug *m (Flbetr)* ***(Def)***; ~~ **area** Zwischenanflugbereich *m (Bod)*; ~~ **path** Zwischenanflugweg *m*; ~ **base-struts** *pl* Hilfsstreben *f/pl (Lfz l)* ***(Def)***; ~ **frequency**, *abbr* **IF** Zwischenfrequenz *f*, *abbr* ZF *(Funk)*; ~ **landing** Zwischenlandung *f (Flzg)*; ~ **landing-field** Zwischenlandeplatz *m*; ~ **light** Zwischenfeuer *n (Bod)*; ~ **longitudinal** Zwischenlängsträger *m (Lfz l)* ***(Def)***; ~ **objective** Angriffszwischenziel *n (takt)*; ~**-pressure tyre** (*US* **tire**) Mitteldruckreifen *m (Laufrad)*; ~ **radial strut** Hilfsradialstrebe *f (Lfz l)* ***(Def)***; ~**-range aeroplane** Mittelstreckenflugzeug *n*; ~**-range guided missile**, *abbr* **IRGM** Mittelstrecken-Lenkflugkörper *m*; ~ **rib** Zwischenrippe *f (Tragfläche)*; ~ **space** Zwischenraum *m*; ~ **stop** Zwischenlandung *f od* -halt *m (LVerk)* ***(Def)***; ~ **synoptic observation** synoptische Zwischenbeobachtung *f (met)*; ~ **transverse frame** Hilfsring *m (Lfz l)* ***(Def)***.

**intermeshing rotors** *pl* ineinanderkämmende Rotoren *m/pl (Hubschrauber)*.

**intermingling** Mischen *n (von Chartergruppen: LVerk)*.

**intermittent | (-burning) rocket engine** Pulsoraketentriebwerk *n*; Raketentriebwerk *n* mit pulsierendem Abbrand; ~ **impulse duct** Pulsodüse *(Turbo)*; Schmidt-Argusrohr *n (Turbo)*; ~ **jet (engine)** intermittierendes Luftstrahltriebwerk, *abbr* IL-Triebwerk *n (Turbo)* ***(Def)***; ~ **light** Blinkfeuer *f (nav)*.

**intern** internieren; ~**al air traffic** Inlandluftverkehr *m*; ~**al antenna** Innenantenne *f (Funk)*; ~**al combustion engine**, *abbr* **IC engine** Verbrennungsmotor *m*; Brennkraftmaschine *f*; ~**al-combustion starter** Anlass(verbrennungs)motor *m*; Riedelanlasser *m (Flmot)* ***(Def)***; ~**al damping** innere Dämpfung *f (Konstr)* ***(Def)***; ~**al defence** bodenständige Verteidigung *f (mil)*; ~~ **forces** *pl* bodenständige Verteidigungs(streit)kräfte *f/pl (mil)*; ~**al expanding brake** Innenbackenbremse *f (Laufrad)*; ~**ally-sprung wheel** Laufrad *n* mit Innenfederung; ~**al resistance** innerer Widerstand *m (el)*; ~**al route** Inlandstrecke *f (LVerk)*; ~**al strutting** Innenverstrebung *f (Tragfläche)*; ~**ational** international; zwischenstaatlich; ~~ **airport** internationaler Flughafen *m* ***(Def)***; ~~ **air service** internationaler Fluglinie(nverkehr) *f (m) (LVerk)* ***(Def)***; ~~ **Air Transport Association**, *abbr* **IATA** Internationaler Luftverkehrsverband *m*; ~~ **call sign** internationales Rufzeichen *n (Fernm)* ***(Def)***; ~~ **certificate of vaccination** *or* **revaccination** internationales Impfzeugnis *n*; ~~ **Civil Aviation Organization**, *abbr* **ICAO** Internationale Zivilluftfahrt-Organisation *f*; ~~ **date line** Linie *f* des Datumswechsels; internationale Datumsgrenze *f*; ~~ **frequency monitoring** internationale Funküberwachung *f*; ~~ **Frequency Registration Board**, *abbr* **IFRB** Internationaler Ausschuss *m* zur Frequenzregistrierung *(Funk)*; ~~ **general aviation**, *abbr* **IGA** internationale Allgemeine Luftfahrt *f*; ~~ **health regulations** *pl* internationale Gesundheitsvorschriften *f/pl*; ~~ **law** Völkerrecht *n*; ~~ **morse code** internationales Morsealphabet *n*; ~~ **noise exposure reference unit**, *abbr* **INERU** internationale Bezugseinheit *f* der Lärmbelastung; ~~ **NOTAM office**, *abbr* **NOF** internationales NOTAM-Büro *n (ICAO)* ***(Def)***; ~~ **Red Cross** Internationales Rotes Kreuz *n*; ~~ **standard atmosphere**, *abbr* **ISA** internationale Normatmosphäre *f*, *abbr* INA *(met)* ***(Def)***; ~~ **telecommunication service** internationaler Fernmeldedienst *m* ***(Def)***; ~~ **Telecommunication Union**, *abbr* **ITU** Internationale Fernmeldeunion *f*; ~~ **telegraph alphabet** internationales Telegraphenalphabet *n*; ~**ee** Internierter *m*; ~**et traffic** Querverkehr *m (Tel & Funk)*; ~**ment** Internierung *f*; ~**ment camp** Internierungslager *n*.

**interoffice slip** *or* **tag** Laufzettel *m (mil)*.

**interphone/intercom** Bord- *od* Eigenverständigungsanlage *f*, *abbr* EiV; Gegensprechanlage *f (Flzg)* ***(Def)***; unmittelbare Dienstleitung *f (tel)*.

**interplane | strut** Flügelstiel *m (Doppeldecker)* ***(Def)***; ~**tary aviation** Raumfahrt *f*; Kosmonautik *f*; Weltraum(schiff)fahrt *f*.

**interpret** auswerten *(LPhot)*; (ver)dolmetschen; ~**ation of aerial photographs** Luftbildauswertung *f (LPhot)*; ~**er** Dometscher *m*; Auswerter *m (LPhot)*.

**interrogat | e** ausfragen; vernehmen; verhören; ~**ing radar** Radarabfragegerät *n*; ~**ion** Befragung *f*; Vernehmung *f*; Verhör *n*; ~**ion coding** Abfrageverschlüsselung *f (Funk)*; ~**ion frequency** Abfragefrequenz *f (Funk)*; ~**ion officer** Vernehmungsoffizier *m*; ~**ion of prisoners** Gefangenenvernehmung *f*; ~**or** Abfragegerät *n od* -sender *m (Funk)*; ~**or-responder**, *abbr* **IR** Abfragegerät *n (Funk)*.

**interrupt** unterbrechen; ~**ed continuous wave**, *abbr* **ICW** unterbrochene ungedämpfte Welle *f (Funk)*; ~**ed flight** abge- *od* unterbrochener Flug *m*; ~**ed take-off** Startabbruch *m*; abgebrochener Start *m (Flbetr)*; ~**er** Schalter *m (el)*; ~**er gear** Schussfolgeregler *m (für Bordwaffen, die durch Luftschraubenkreis schießen)*; ~**ion of flight** Flugunterbrechung *f*.

**intersection** Schnittpunkt *m (von Leistrahlen: Funk)*; Kreuzung *f*; Abzweigung *f (Start-, Rollbahn)*; ~ **sign** Kreuzungszeichen *n (Bod)*.

**interstate** zwischenstaatlich.

**interstellar | aviation** Raumfahrt *f*; Kosmonautik *f*; Weltraumschifffahrt *f*; ~ **craft** Weltraumschiff *n*; ~ **space** Welt(en)raum *m*.

**interstrut** Zwischenstrebe *f*.

**interval** Zwischenzeit *f*; Zwischenraum *m*; Abstand *m*; ~ *between exposures* Bildfolge *f (LPhot)*; ~ *permitting visual contact* Sichtabstand *m*.

**in | the line of duty** in Ausübung des Dienstes *(mil)*; ~ **the north, west** *etc* **of** nördlich, westlich *usw* von; ~**to the wind** gegen den Wind *(starten; landen: Flzg)*.

**intra-area communication** Fernmeldeverbindung *f* innerhalb eines Kontrollbezirks *(Flsich)*.

**intrude** eindringen; *(Luftraum)* verletzen; **~r aeroplane** Luftraumverletzer *m*; in den *(gesperrten)* Luftraum eindringendes Flugzeug *n*.

**intrusion** Einflug *m (LKr)*; **~ detection device** Alarmgerät *n* gegen unbefugtes Eindringen.

**intumescent agent** aufschäumende Feuerschutzschicht *f (zur Brandverhütung)*.

**in vacuo** im luftleeren Raum *(Bomben-ballist)*.

**inventory** Bestand *m*; Stückliste *f*; Ausrüstungsverzeichnis *n*; Bestandsaufnahme *f*; Inventur *f*.

**invers|ely proportional** umgekehrt proportional; **~e Mercator projection** inverse Mercator-Projektion *f (Kart)*; **~ion** Inversion *f (met) **(Def)***; Wärmeumkehr *f*; **~ion cloud** Inversionswolke *f (met)*; **~ion fog** Inversionsnebel *m (met)*; **~ion layer** Inversionsschicht *f (met)*.

**inverted| cylinder** hängender Zylinder *m (Flmot)*; **~ engine** hängender Motor *m (Flmot)*; Motor *m* mit hängenden Zylindern *(Flmot) **(Def)***; **~ flight** Rückenflug *m*; **~ flight condition** Rückenfluglastfall *m*; **~ gull wing** negativer Knickflügel *m (Flzg)*; **~ image** Kehrbild *n (im optischen Messgerät)*; **~ load** Rückenflugbelastung *f (Flzg)*; **~ loop(ing)** Looping *m* vorwärts *(Kunstflug) **(Def)***; **~ normal loop** Looping *m* aus der Rückenlage nach unten *(Kunstflug)*; **~ outside loop** Looping *m* aus der Rückenlage nach oben *(Kunstflug)*; **~ spin(ning)** Rückentrudeln *n (Flzg) **(Def)***; **~ valve** hängendes Ventil *n (Flmot)*.

**inverter** *or* **invertor** Wechselstromumformer *m*; Wechselrichter *m (el) **(Def)***.

**investigat|e** untersuchen; **~ion** Untersuchung *f*; Voruntersuchung *f (eines Flugunfalls) **(Def)***; **~or** Unfalluntersuchungsbeamter *m*; **~or-in-charge** Leiter *m* einer Voruntersuchung ***(Def)***.

**invitational travel order**, *abbr* **ITO** Einladungsmarschbefehl *m (US LW)*.

**inward** ankommend *(Flug)*; **~ flight** Anflug *m*; ankommender Flug *m (LVerk)*; **~-flow turbine** Zentripetalturbine *f (Turbo) **(Def)***.

**in| working order** betriebsbereit *(Flmot usw)*; **~ writing** schriftlich.

**ion** Ion *n (el)*; **~ization** Ionisierung *f*; **~ize** ionisieren; **~ized cloud** Ionenwolke *f*; **~osphere** Ionosphäre *f*; Heaviside-Schicht *f*; **~ospheric scatter** ionosphärische Streuung *f (Funk)*; **~ospheric wave** ionosphärische *od* Raumwelle *f (Funk)*; **~ radiation** Ionenstrahlung *f*; **~ rocket engine** Ionenraketenantrieb *m od* -triebwerk *n*.

**iron| core** Eisenkern *m (el)*; **~ bomb** herkömmliche *(ungelenkte)* Bombe *f (LKr)*; **~ Cross** Eisernes Kreuz *n (Orden: mil)*; **~-handed** *sl* schwerhändig; hart *(Pilot im Führen eines Flzgs)*; **~ man** *sl* Kurssteuerung *f (Flzg)*; **~-matted runway** Stahlplatten-Startbahn *f*; **~ Mike** *sl* Kurssteuerung *f (Flzg)*; **~ ration** eiserne Ration *f (mil)*.

**irregular** unregelmäßig; **~ air carrier** Bedarfs(luftverkehrs)unternehmen *n*; **~ flow** ungleichförmige Strömung *f (aerodyn)*; **~ity** Ungleichförmigkeit *f*; **~ity of the ground** *or* **surface** Bodenunebenheit *f*.

**irreversible control system** selbsthemmendes Steuerwerk *n (Lfz) **(Def)***.

**irrotational flow** drallfreie Strömung *f (aerodyn)*.

**isallobar** Gleichdrucklinie *f (met)*; Isallobare *f (met)*; **~ic wind** isallobar(isch)er Wind *m (met)*.

**isallotherm** Isallotherme *f (met)*.

**isentropic** isentropisch *(met) **(Def)***; **~ surface** Isentropenfläche *f (met)*.

**isobar** Isobare *f*; Linie *f* gleichen Luftdrucks *(met) **(Def)***; **~ic chart** Isobarenkarte *f*; Luftdruckkarte *f (met)*; **~ic slope** Druckgefälle *n (met)*; **~ic surface** Druckfläche *f (met)*.

**isobrontal chart** Isobrontenkarte *f (met)*.

**isochrone** Isochrone *f*; Linie gleicher Zeit; **~ of thunderstorms** Linie *f* gleichzeitiger Gewitter.

**isocline** Isokline *f*; Linie *f* gleicher Inklination.

**isogon|(al)** Abweichungslinie *f (Kart)*; Isogone *f (nav) **(Def)***; Linie *f* gleicher Ortsmissweisung; **~al antenna** Isogonalantenne *f (Funk)*; **~ality** Winkeltreue *f*; **~ic chart** Isogonenkarte *f (nav)*; **~ic information** Missweisungsangaben *f/pl (Kart & nav)*; **~ic line** Abweichungslinie *f (Kart)*; Isogone *f*; Linie *f* gleicher Ortsmissweisung; **~ic map** Isogonenkarte *f (nav)*.

**isogram** Isogramm *n (met)*.

**isogriv** Isogrive *f (nav) **(Def)***.

**isohyps(al) chart** *or* **map** Isophypsenkarte *f*; Karte *f* mit Verbindungslinien von Punkten gleicher Höhe *(Kart)*.

**isolat| e** isolieren; abschneiden *(takt)*; **~ed aircraft parking position** abgesetzter Luftfahrzeugabstellplatz *m (Bod)*; **~ed flight** Einzelflug *m (Flsich)*; **~ed tailplane** isoliertes *od* freifahrendes (Heck-)Leitwerk *n (Flzg)*; **~ing spark gap** Rückschlag-Funksperre *f (el) **(Def)***; **~ion** Isolierung *f*; Abschneiden *n (takt)*; **~ion amplifier** Trennverstärker *m (Funk)*.

**iso-octane** Isooktan *n (Kohlenwasserstoff sehr hoher Klopffestigkeit)*.

**isopleth** Isoplethe *f*.

**isotach** Isotache *f (met) **(Def)***.

**isotherm** Isotherme *f*; Linie *f* gleicher Temperatur *(met)*; **~al atmosphere** isotherme Atmosphäre *f*; Atmosphäre *f* konstanter Temperatur *(met)*; **~al chart** Isothermenkarte *f (met)*.

**issu|ance of a clearance** Erteilung *f* einer Freigabe *(Flsich)*; **~ance of orders** Befehlserteilung *f*; Befehlsausgabe *f (mil)*; **~e voucher** Ausgabebeleg *m*; **~ing a maintenance release** Ausstellung *f* eines Wartungsabnahmescheins *(Flzg) **(Def)***; **~ing point** *od* **station** Ausgabestelle *f (mil)*.

**item** Gegenstand *m*; Posten *m*; Artikel *m*; **~ize** aufführen; *(listenmäßig)* angeben; spezifizieren.

**itinerary marking** Streckenmarkierung *f (auf Karte)*.

# J

**J** *(ICAO- & NATO-Buchstabieralphabet)* Juliet; *(altes, internationales Buchstabieralphabet)* Jig.

**jack** Arbeitszylinder *m (Fahrwerk)*; Hebebock *m (Flzg)*; Wagenheber *m (Kfz)*; ~**et** Rohrmantel *m*; Umhüllung *f*; ~**et cooling** Mantelkühlung *f*; ~**ing** Aufbocken *n (Flzg)*; ~~ **up** aufbocken *(Flzg)*; ~**knife** Klappmesser *n*; Kappmesser *n*; ~**stay** Längsstrebe *f*; Stützdraht *m (Lfz l)* ***(Def)***.

**jam** Störung *f (Funk & Radar)*; Hemmung *f (Bordwaffe)*; Verkehrsstockung *f*; stören *(Funk & Radar)*; blockieren *(Steuerruder: Flzg)*; fressen *(Kolben: Flmot)*; hemmen; verklemmen *(Bordwaffen)*; ~**med controls** *pl* blockierte Ruder *n/pl (Flzg)*; ~**mer** Störsender *m (Funk & Radar)*; ~(**ming**) Störung *f (Funk & Radar)*; Ladehemmung *f (Bordwaffe)*; ~**ming frequency** Störfrequenz *f (Funk & Radar)*; ~**ming station** Störfunkstelle *f*; ~**ming transmitter** Störsender *m (Funk & Radar)*; ~ **nut** Gegenmutter *f*; ~**proof** störfest; stör(ungs)sicher *(Fernm)*.

**JATO**, *short for* **jet-assisted take-off** JATO(-Verfahren) *(n)*; Start *m* mit Starthilfe *(Flbetr)* ***(Def)***.

**jaw coupling** Klauenkuppflung *f*.

**jeep** Kübelwagen *m (Kfz)*; Geländewagen *m (Kfz)*; *sl* Jeep *m*.

**Jenni** *sl für* Klamotte *f (sl für veraltetes Flzg)*.

**Jerry** *sl für* deutsches Flugzeug *n (LKr)*; ~**can** *sl für* Benzinkanister *m (ca. 20 l)*.

**jet** Düse *f*; Strahl *m (Flüssigkeit)*; mit Strahlflugzeug fliegen; ~ **aerodynamics** Strahlaerodynamik *f*; ~ **aeroplane** Strahlflugzeug *n*; ~(**aeroplane**) **pilot** Strahlflugzeugführer *od* -pilot *m*; Jet-Pilot *m*; ~ **aileron** Strahlquerruder *n (Flzg)*; ~ **air traffic** Strahlflugverkehr *m*; ~-**assisted take-off**, *abbr* **JATO** Start *m* mit Düsenstarthilfe *od* Hilfs-Strahlantrieb *(Flbetr)* ***(Def)***;~-**assisted take-off unit**, *abbr* **JATO-unit** Startrakete *f (Flzg)*; ~ (**atomizing**) **carburettor** (*US* **carburetor**) Düsenvergaser *m (Flmot)*; ~ **backwash** Jet-Strahl *m (Turbo)*; ~ **blast** Düsenstrahl *m (Turbo)*; ~ (**blast**) **deflector** Strahlablenker *od* -abweiser *m (Bod)*; ~ **boundary** Strahlbegrenzung *od* -grenze *f*; ~-**boundary layer** Strahlgrenzschicht *f*; ~ **brake** Strahl(umkehr)bremse *f*; reaktive Bremse *f (Turbo)*; ~ **combustion chamber** Brennkammer *f (Turbo)*; ~ **contraction** Strahlkontraktion *od* -einschnürung *f*; ~ **control** Strahlruder(steuerung) *n (f)*; (Steuer-)Düsensteuerung *f*; ~~ **slot** Steuerschlitz *m* des Strahlruders; ~ **cross section** Strahlquerschnitt *m*; ~ **decay** Strahlauflösung *f od* -zerfall *m*; ~ **disturbance** Strahlstörung *f*; ~-**driven helicopter** Strahl- *od* TL-Hubschrauber *m*; ~ **effect** Strahlwirkung *f od* -effekt *m*; ~ **efflux** Strahlaustritt *m*; austretender Strahl *m*; ~ **engine** Strahlmotor *m*; Rückstoßmotor *m*; Strahltriebwerk *n*; ~-**engine** (**air**) **bleed** Luftentnahme *f* aus dem Strahltriebwerk; ~-**engine air intake** Strahltriebwerks-Lufteinlauf *od* -einlass *m*; ~ **engine nacelle** *or* **pod** Strahltriebwerksgondel *f*; ~(-**engine**) **thrust** Strahltriebwerkschub *m*; ~ **exhaust silencer** Strahltriebwerk-Schalldämpfer *m*; ~ **exhaust temperature** Strahlaustrittstemperatur *f (Turbo)*; ~ **exit** Strahlaustritt *m (Flzg)*; ~ **fighter** Düsenjäger *m*; Strahljäger *m (LW)*; ~ **fighter pilot** Düsenjäger *m (Pilot)*; Jet-Pilot *m (LW)*; ~ **flap** Luftstrahl-Klappe *f (Lfz)* ***(Def)***; ~-**induced drag** strahlinduzierter Widerstand *m (aerodyn)*; ~ **interceptor** Strahlinterzeptor *m od* -unterbrecherklappe *f (Turbo)*; ~-**lift**(**ed**) **flight** strahlauftriebsgestützter Flug *m*; Flug *m* mit Strahlauftrieb *(Senkrechtstarter)*; ~**liner** Strahl- *od* Düsenverkehrsflugzeug *n*; ~ **noise** Strahllärm *m*; ~~ **suppression** Strahllärmdämpfung *od* -unterdrückung *f (Flbetr)*; ~ **nozzle** Austritts- *od* Schubdüse *f (Turbo)*; ~~ **and exhaust pipe** Schubdüse *f* und Abgasleitung *f (Turbo)*; ~ **orifice** Düsenöffnung *od* -austrittsfläche *f (Turbo)*; ~ **pilot** Strahlflugzeugführer *m*; Jet-Pilot *m*; ~ **pipe** Strahlrohr *n (Turbo)* ***(Def)***; ~~ **temperature** Abgastemperatur *n (Turbo)*; ~ **power plant** Strahltriebwerk *n (Turbo)*; ~-**propelled** strahl(an)getrieben *(Flzg)*; ~-**propelled aircraft** Luftfahrzeug *n* mit Strahlantrieb; *meist* Düsen- *od* Strahlflugzeug *n*; ~-**propelled fighter** Düsenjäger *m*; Strahljäger *m*; Rückstoßjäger *m (Flzg): LW)*; ~ **propulsion** Düsenantrieb *m*; Strahlantrieb *m*; Rückstoßantrieb *m (Flzg: Turbo)*; ~-**propulsion aircraft**, *abbr* **JP aircraft** Strahlflugzeug *n*; ~-**propulsion engine** Strahlmotor *m*; Rückstoßmotor *m (Turbo)*; ~-**propulsion unit** Luftstrahltriebwerk *n (Turbo)*; ~ **reaction** Rückstoßkraft *f (Turbo)*; ~ **reaction control** Strahlsteuerung *f*; ~ **separation** Strahlablösung *f*; Abreißen *od* Ablösen *n* des Strahles *(aerodyn)*; ~ **setting** Düseneinstellung *f (Vergaser)*; ~ **silencer** Schalldämpfer *m (Turbo)* ***(Def)***; Strahllärmdämpfer *m*; ~ **stream** Strahlstrom *m (met)*; ***(Def)***; ~~ **axis** Strahlstromachse *f (met)*; ~~ **core** Strahlstromkern *m (met)*; ~ **thrust** Strahlschub *m (Turbo)*; ~~ **reversing** Strahlschubumkehr *od* -umkehrung *f (Turbo)*; ~**tison** abwerfen; absprengen *(Kabinendach; Bombenaußenträger)*; schnellablassen *(Kraftstoff)*; ~**tisonable** abwerfbar; ~**tisonable canopy** *or* **hood** abwerf- *od* absprengbares Kabinendach *n (Flzg)*; ~**tisonable seat** Schleudersitz *m (Flzg)*; ~-**tisonable tank** abwerfbarer Behälter *m (Flzg)* ***(Def)***; ~**tison bombs** Bomben *(im Notwurf)* abwerfen; ~**tison button** (Not-)Auslöseknopf *m (Kraftstoffschnellablass, Bombennotwurf)*; ~**tisoning** Abwerfen *n*; (Not-)Abwurf *m*; Schnellablassen *n*; ~-**tison**(**ing**) **lever** *(Bomben-)*Notwurfhebel *m (Flzg)*; ~**tison valve** Schnellablassventil *n (Lfz) f (Def)*; ~ **trainer** Strahltrainer *m od* -schulflugzeug *n*; ~ **turbine engine** Turbinen-Luftstrahltriebwerk *n*, *abbr* TL-Triebwerk ***(Def)***; ~ **turbulence** Strahlturbulenz *f (aerodyn)*.

**jig** (Bau-)Vorrichtung *f*; Montagegestell *n (Flzg-Bau)*.

**jink** *sl für* ausweichen *(Luftkampf)*; ~**ing** *sl für* Ausweichbewegung *f (Luftkampf)*.

**job description** Tätigkeitsbeschreibung *f (mil Laufbahn)*.

**joining| point** Einflugpunkt *m (Flsich)*; ~ **turn** Eindrehkurve *f (Flsich & Verbandsflug)*.

**joint** Gelenk *n*; Verbindung *f*; Scharnier *n*; Trennfuge *f*; gemeinsam *(mehrere Teilstreitkräfte: mil)*; ~ **airport** Gemischtflughafen *m (Zivil/Militär)*; ~**ing** Dichtung *f*; ~**ing compound** Dichtmasse *f*; ~**ing solution** Dichtmittel *n*; ~**less** fugenlos; ~ **occupancy** gemeinsame Belegung *f (eines Flugplatzes durch mehrere Nationen: mil)*; ~ **operations** ***pl*** Operationen *f/pl* der verbundenen Waffen *(takt)*; gemeinsame Operationen *f/pl (mehrerer Teilstreitkräfte: mil)*; ~ **operations centre** (*US* **center**), *abbr* **JOC** Führungsstand *m* für verbundene Operationen *(takt)*; ~ **pin** Gelenkbolzen *m*; ~ **responsibility** Mitverantwortung *f*; ~ **services** *pl* Gemeinschaftsdienste *m/pl*; ~ **strut** Gelenkstrebe *f (Flzg)*.

**journal** Wellen- *od* Lagerzapfen *m (Flmot)*; (Kriegs-)Tagebuch *n (mil)*; ~ **bearing** Gleitlager *n*; Kurbelwellenlager *n (Flmot)*; ~ **friction** Zapfenreibung *f*.

**journey| flight log** Flugreise- *od* Bordbuch *n*; ~ **log book** Bordbuch *n*.

**joy| flight** Vergnügungsflug *m*; **"no ~"** „Ziel nicht aufgefasst" *(Pilot an Jägerleitoffizier – Nachtjagd-Sprechfunkverkehr: LKr)*; ~**stick** *sl für* Steuerknüppel *m (Flzg)*.

**"judy"** „Habe Ziel aufgefasst" *(Pilot an Jägerleitoffizier – Nachtjagd-Sprechfunkverkehr: LKr).*

**juice** Saft *m*; *sl für* Benzin *n*; *sl für* Nordsee *f*.

**jump** Absprung *m (Fallschirm)*; Abgangsfehlerwinkel *m (Art)*; abspringen *(Fallschirm)*; ~**ing** Hüpfen *n (Ball)*; ~**ing-off** Abspringen *n (Fallschirm)*; ~**ing-off airfield** Absprung(flug)platz *m*; ~**ing-off position** Ausgangsstellung *f (takt)*; ~**(ing)take-off** Sprungstart *m (Hubschrauber) (Def)*; ~**master** Absetzer *m (Fallschirmtruppen)*; ~**-off** Absprung *m (Fallschirm)*; ~**-off base** *(US)* Absprung(flug)platz *m*.

**junct|ion** Knotenpunkt *m*; Wegkreuzung *f*; Abzweigung *f*; Einmündung *f (Bod)*; ~**ion box** Kabel- *od* Verteilerkasten *m (el)*; ~**ure** Verbindungsstelle *f*; Fuge *f*; Naht *f*; Stoß *m*; Passstelle *f*.

**junior| officers** *pl* Hauptleute und Leutnants *pl (mil)*; ~ **pilot** Jungflieger *m*.

**junk** Altmaterial *n*; Schrott *m*; ~ **ring** Zylinderkopfring *m (Schieber-Flmot) (Def)*.

# K

**K** *(ICAO- & NATO-Buchstabieralphabet)* Kilo; *(altes, internationales Buchstabieralphabet)* King.

**kapok|-lined waistcoat** Kapok(schwimm)weste *f*; ~ **vest** Kapo(schwimm)weste *f*.

**Karman| boundary-layer theorem** Karmanscher Lehrsatz *m* der Grenzschicht *od* Grenzschichtlehrsatz *m (aerodyn)*; ~ **fillet** aerodynamischer Übergang *m (nach Karman) (Flzg)*; ~ **integral relation** Karmansche Integralbeziehung *od* -bedingung *f*; ~**('s) drag formula** Karmansche Widerstandsformel *f*; ~ **vortex** Karmanwirbel *m (aerodyn)*.

**kata|batic wind** Fallwind *m (met) (Def)*; ~**front** Katafront *f (met)*.

**kaurit glu|e** Kauritleim *m*; ~**ing** Kauritverleimung *f (Segel-Flzg-Bau)*.

**kedge** Wurfanker *m*.

**keel** Kiel *m (Flugboot & Lfz l) (Def)*; ~ **beam** Endträger *m*; ~ **fin** Kielflosse *f (Flugboot)*; ~**son** Kielschwein *n (Innenkiel bei Flugbooten) (Def)*.

**keen** scharf *(schneidend)*.

**keep|er pin** Mitnehmerbolzen *m*; ~**ing laminar** Erhalten *n* der laminaren Umströmung; Laminarerhaltung *f (aerodyn)*; ~ **on course** auf Kurs halten *(Flzg)*; ~ **the trajectory** die Flugbahn einhalten *(Rak)*.

**kerosene** *(US)* Petroleum *n*; Kerosin *n*; Strahleröl *n (Turbo-Kraftstoff)*.

**kettle of the compass** Kompasskessel *m*; Kompassbüchse *f*.

**key** Schlüssel *m (allg & Funk)*; Zeichenerklärung *f (allg)*; Taste *f (Funk)*; Kippschalter *m*; Hebelschalter *m*; tasten *(Funk)*; ~**board** Tastatur *f*; ~**board perforator** Lochstreifenstanzer *m (Fernschr)*; ~**board transmission** Handübermittlung *f (Fernm)*; ~ **click** Tastgeräusch *n (Funk)*; ~**er** Geber *m*; Tastgerät *n (TastFunk)*; ~**ing** Tasten *n (Funk)*; Tastfunk *m*; Tastverkehr *m (Funk)*; Tastung *f (Funk)*; ~**ing cycle** Tastperiode *f od* -zyklus *m*; ~**ing head** Tastkopf *m*; ~**ing rate** Tastgeschwindigkeit *f (Funk)*; ~**ing speed** Tastgeschwindigkeit *f*; ~ **personnel** Schlüssel- *od* Spitzenpersonal *n*; ~ **position** Schlüsselstellung *f (takt)*; ~ **relay** Tastrelais *n (Funk)*; ~ **switch** Kippschalter *m (el)*; ~**way** Nut *f*.

**kick| motor** Impulsraketentriebwerk *n*; ~**-starter** Kickstarter *m*; Tretanlasser *m (Kfz usw)*.

**kill** *sl für* Abschuss *m (Luftziel: LKr)*, *be in at the* ~ in Abschussposition sein *(LKr)*.

**kilo|cycles** *pl* **(per second)**, *abbr* **kc** Kilohertz *n*, *abbr* kHz *(Funk)*; ~**metre** (*US* ~**meter**) Kilometer *m*; ~**metre by air** Flugkilometer *m*; ~**metre flown** (geleisteter) Flugkilometer *m*; ~**metric waves** *pl* Kilometerwellen *f/pl (Funk: 30–300 kHz)*.

**kindling** Spaltholz *n*; *sl für* Kleinholz *n (sl für restlosen Flzg-Bruch)*.

**kinematic** kinematisch; ~ **coupling** kinematische Kopplung *od* Wechselwirkung *f*; ~**s** *pl* Kinematik *f*; Getriebelehre *f*; Zwangslauflehre *f*.

**kinematogram** Kinematogramm *n*; Bewegungsschaubild *n*.

**kinetic** kinetisch; ~ **energy** kinetische Energie *f*; Bewegungsenergie *f*; ~ **heating** kinetische Aufheizung *f*; ~ **pressure** kinetischer Druck *m (aerodyn)*; ~**s** *pl* Kinetik *f*; Lehre *f* von der Bewegung durch Kräfte.

**kingpin** Achszapfen *m*; ~ **inclination** Achssturz *m (Fahrwerk usw)*.

**kit** Ausrüstung *f*; Zeug *n*; Kasten *m*; Werkzeugsatz *m od* -ausstattung *f*; **modification** ~ Änderungssatz *m (Flzg)*; **retrofit** ~ Nachrüstsatz *m (Flzg)*.

**kite** Drachen *m (Lfz) (Def)*; Kiste *f (sl für Flzg)*; ~ **aerial** *or* **antenna** Drachenantenne *f (Funk)*; ~ **ascent** Drachenaufstieg *m*; ~ **balloon** Drachenballon *m (Flzg) (Def)*; ~ **control surface** Kastenruder *n (Flzg)*; ~ **flight** Drachenaufstieg *m*; ~**(-lifted) aerial** *or* **antenna** Drachenantenne *f (Funk)*; ~ **meteorograph** Drachenmeteorograph *m*; ~ **spar** Drachenholm *m*; ~ **theory** Drachentheorie *f*.

**knapsack transmitter** Tornisterfunkgerät *n*.

**kneed profile** geknicktes Profil *n (Tragflügel)*.

**knife plug** Messerstecker *m (el)*.

**Knight's Cross** Ritterkreuz *n (Orden: mil)*.

**knob** Knopf *m*; Griff *m*.

**knock** klopfen *(Flmot)*; ~**(ing) intensity** Klopfstärke *f (Kraftstoff)*; ~**ing out** *sl für* Abschuss *m (Luftziel: LKr)*; ~**ing tendency** Klopfneigung *f (Flmot)*; ~ **out** *sl für* abschießen *(Flzg)*; ~**proof** klopffest *(Kraftstoff)*; ~ **properties** *pl* Klopfeigenschaften *f/pl (Kraftstoff)*; ~ **rating** Oktanzahl *f*; Klopfwert *m (Kraftstoff)*.

**knot**, *abbr* **kt** *or* **kn** Knoten *m (nav) (Def)*; 1 Seemeile pro Stunde *(= 1,85318 km/h) (nav)*; ~ **load** Knotenpunktbelastung *f (stat)*.

**known aircraft** gemeldetes *od* bekanntes Luftfahrzeug *n (Flsich)*.

**knuckle pin** Anlenkbolzen *m*; Nebenpleuelzapfen *m (Flmot) (Def)*.

**knurled screw** Rändelschraube *f*.

**K-ration** *(US)* eiserne Ration *f (mil)*.

**Krueger flap** Krüger-Klappe *f (Flzg)*.

# L

L *(ICAO- & NATO-Buchstabieralphabet)* Lima; *(altes, internationales Buchstabieralphabet)* Love.

**label** Etikett *n (Radar)*; Gepäckaufkleber *od* -anhänger *m (LVerk)*.

**labile** unstabil; labil *(Atmosphäre: met)*; ~ **equilibrium** labiles Gleichgewicht *n*; ~ **state** labiler *od* Labilitätszustand *m*.

**laboratory | flying model** Labor(atoriums)- *od* Saalflugmodell *n*; ~ **test** Labortest *od* -versuch *m od* -erprobung *f*.

**lac** Lack *m*.

**lack** Mangel *m*; ~ **of oxygen** Sauerstoffmangel *m (Höhenflug)*.

**lacquer** Lack *m*; ~**ed wire** Lackdraht *m (el)*; ~ **sheathing** Lacküberzug *m (Holzluftschraube)*.

**lad | e** be- *od* verladen *(Flzg)*; ~**ing** Beladung *f*; Be- *od* Zuladen *n (LVerk) (Def)*.

**lady pilot** Pilotin *f*.

**lag** Nacheilung *f (Funk)*; Rücktrift *f (Bomben-ballist)*; Nachbleiben *n (Geräte; Steuerung usw)*; zurückbleiben *(Geräteanzeige usw)*; ~**ged reaction** träge *od* verzögerte Reaktion *f*; ~**ging behind** nacheilend *od* -hinkend *(Instr-Anzeige)*; ~ **hinge** Schwenkgelenk *n (Heli) (Def)*; ~ **of control** Nachbleiben *n* der Steuerung; Steuerungs(ansprech)verzug *m (Lfz)*.

**laisser-passer** Passierschein *m (LVerk)*.

**Lambert conformal conic projection** Lamberts winkeltreue (Kegel-)Projektion *f (Kart)*.

**lame duck** *sl* müder Vogel *m (sl für wenig leistungsfähiges Flzg)*.

**lamellar | flow** Schicht(en)strömung *f (aerodyn)*; ~ **structure** lamelle *od* laminare *od* Schichtstruktur *f (Konstr)*.

**lamina | (of wood)** (dünne Holz-)Schicht *f (bei Holzluftschraube)*; ~**r** geschichtet; aus dünnen Schichten bestehend; laminar; ~**r boundary layer** laminare Grenzschicht *f (aerodyn) (Def)*; ~**r control** Laminar(er)haltung *f (aerodyn)*; ~**r flow** wirbelfreie *od* glatte Strömung *f*; Laminarströmung *f (am Profil; aerodyn) (Def)*; ~~ **re-attachment** laminares Wiederanlegen *n (der Strömung)*; Wiederherstellen *n* der laminaren Umströmung; ~**r friction** laminare Reibung *f*; ~**r heating** laminare Erwärmung *f*; ~**rization** Laminarhaltung *f*; ~**rized lifting body** Laminarauftriebskörper *m*; ~**rized wing** laminarisierte *od* Laminartragfläche *f (Flzg)*; ~**r layer** wirbelfreie Grenzschicht *f (aerodyn)*; ~**r profile** Laminar(strömungs)- *od* laminares Profil *n (aeroddyn)*; ~**r separation** laminares Ablösen *n (aerodyn) (Def)*; ~~ **bubble** laminare Ablösungsblase *f*; Ablöseblase *f* der laminaren Strömung: ~**r sublayer** laminare Unterschicht *f (aerodyn) (Def)*; ~**r-turbulent transition** laminar-turbulenter Umschlag *m*; Übergang *m* der laminaren Strömung in eine turbulente; ~**r viscosity** laminare Zähigkeit *od* Viskosität *f*; ~**r vortex ring** laminarer Wirbelring *m*; ~**r wind tunnel** Laminarwindkanal *m*; Windkanal *m* mit laminarer Strömung; ~**ted** geschichtet; ~**ted covering** geschichtete Beplankung *f (Flzg)*; ~**ted material** Schicht- *od* Verbundwerkstoff *m*; ~**ted spring** Blattfeder *f*; ~**ted spring coupling** Federpaketkupplung *f (Flmot)*; ~**ted structure** Verbundplattenbauweise *f*; ~**tion** Schicht(bild)ung *f*.

**lamp** Lampe *f*; Laterne *f*; ~ **signal** Blinkzeichen *n*; Lichtzeichen *n*; ~ **set** Beleuchtungsradar(gerät) *n (FK) (Def)*; ~ **signal apparatus** Blinkgerät *n*.

**land** Land *n*; Feld *n (in gezogenem Waffenlauf)*; landen *(Flzg)*; (an)wassern *(Flzg)*; ~ **aerodrome** Landflughafen *m*; ~ **airfield** Landflugplatz *m*; ~**-based** von Land operierend; auf Land stationiert; von Land eingesetzt; landgestützt *(Flzg)*; ~ **breeze** ablandiger Wind *m (met)*; Landwind *m (met) (Def)*; ~**-controlled climate** Landklima *n (met)*; ~**ed property** Liegenschaft *f*; ~ **fighting** Erdkampf *m (takt)*; ~ **fog** Landnebel *m (met)*; ~ **force** Erdtruppe *f (mil)*; ~ **glider** Land-Segelflugzeug *n*; ~ **gyroplane** Land-Tragschrauber *m (Lfz)*; ~ **helicopter** Land-Hubschrauber *m (Lfz)*.

**landing** Landen *n (Flzg)*; Landung *f (Flzg) (Def)*; Anlandung *f (takt)*; ~ **against the wind** Gegenwindlandung *f (Flzg)*; ~ **aids** *pl* Landehilfsmittel *n/pl*; Landehilfen *f/pl (Bod) (Def)*; ~ **area** Landebereich *m (Flugplatz) (Def)*; Absetzraum *m (Luftlandetruppen: takt)*; ~ **area floodlight** Landebereichsscheinwerfer *m (Flugplatz)*; ~ **attack** Landungsangriff *m (takt)*; ~ **attitude** Landeflugzustand *m (Flzg)*; Landefluglage *f (Flzg)*; ~ **barge** Landungsboot *n (Kr)*; ~ **beam** Gleit- *od* Landestrahl *m (Funk)*; **belly** ~ Bauchlandung *f (Flzg)*; **blind** ~ Blindlandung *f (Flzg)*; ~ **boat** Landungsboot *n (Kr)*; ~ **brake** Fahrwerkbremse *f (Flzg)*; Landebremsvorrichtung *f (Lfz) (Def)*; **bumpy** ~ Bumslandung *f sl (Flzg)*; ~ **category** Landekategorie *f (der ICAO)*; ~ **channel** Wasserlandebahn *f*; ~ **characteristics** *pl* Landeeigenschaften *f/pl (Lfz)*; ~ **chart** Landekarte *f (LVerk)*; ~ **clearance** Landegenehmigung *od* -freigabe *f (Flsich)*; ~ **charges** *pl* Landegebühren *f/pl*; ~ **climb performance** Steigleistung *f* in der Landezustandsform *od* -bereitschaft *(Flzg)*; ~ **compass** Bezugskompass *m (nav) (Def)*; ~ **configuration** Landekonfiguration *od* -zustandsform *f (Lfz)*; **crash** ~ Bruchlandung *f (Flzg)*; ~ **crew** *(nichttechnisches)* Bodenpersonal *n*; Haltemannschaft *f (Segel-Flzg & Luftschiff)*; ~ **cushion** Lande(luft)kissen *n (Flbetr)*; ~ **deceleration** Landebremsung *f (Lfz)*; ~ **deck** Landedeck *n*; Flugdeck *n (Flzg-Träger)*; **deck** ~ Trägerlandung *f (Flzg)*; ~ **direction** Landerichtung *f (auf Flugplatz)*; ~ **direction indicator**, *abbr* **LDI** Landerichtungsanzeiger *m (Bod) (Def)*; ~ **display** Landeanzeige *f (Bod)*; ~ **distance** Landelänge *f*; Landestrecke *f*; ~~ **available**, *abbr* **LDA** verfügbare Landestrecke *f (Bod) (Def)*; **emergency** ~ Notlandung *f (Flzg)*; ~ **facilities** *pl* Landeeinrichtungen *f/pl (Flugplatz)*; ~ **fee** Landegebühr *f (LVerk)*; ~ **field** Landefeld *n (Flugplatz)*; ~ **flap** Landeklappe *f (Flzg) (Def)*; ~~ **deflection** Landeklappenausschlag *m (Flzg)*; ~~ **position** Landeklappenstellung *f (Flzg)*; ~~ **position indicator** Landeklappenanzeiger *m (Flzg)*; ~ **flares** *pl* Landebahnbefeuerung *f*; ~ **floodlight** Landebahnscheinwerfer *m*; Landebereichsscheinwerfer *m (Flugplatz)*; **forced** ~ Notlandung *f (Flzg)*; *forced* ~ *of a glider* Absaufen *n sl (Segel-Flzg)*; ~ **forecast** Landewettervorhersage *f*; ~ **gear** *(vorwiegend US, vergl auch Komposita unter* **undercarrage**) Fahrwerk *n (Flzg) (Def)*; ~~ **axle** Fahrwerkachse *f (Flzg)*; ~~ **bracing** Fahrwerkauskreuzung *f (Festfahrwerk: Flzg)*; ~~ **brake** Fahrwerkbremse *f*; ~~ **control handle** Fahrwerkbetätigungshebel *m (Flzg)*; ~~ **cushioning** Fahrwerkabfederung *f (Flzg)*; ~~ **door** Fahrwerkklappe *od* -tür *f (Flzg)*; ~~ **drag** Fahrwerkwiderstand *m*; ~~ **emergency lowering** Fahrwerknotausfahren *n (Flzg)*; ~~ **extension** Fahrwerksausfahren *n (Flzg)*; ~~ **fairing** Fahrwerksverkleidung *f*; ~~ **leg** Fahrwerk(feder)bein *n (Flzg)*; ~~ **load** Fahrwerkslast *od* -belastung *f (Flzg)*; ~~ **lowering** Fahrwerksausfahren *n (Flzg)*; ~~ **motor** Fahrwerk(elektro)motor *m (Flzg)*; ~~ **oleostrut** Fahrwerk-Ölstrebe *f*; ~~ **operating speed** Fahrt *f (des Flzgs)* bei Fahrwerkbetätigung *(Flbetr)*; ~~ **position indicator** Fahrwerk(lage)anzeiger *m (Instr)*; ~~ **retraction** Fahrwerkeinfahren *od* -einziehen *n (Flzg)*; ~~ **lock** Fahrwerkeinziehverriegelung *f*; ~~ **time** Fahrwerkeinfahrzeit *od* -einziehdauer; ~~ **shock absorption** Fahrwerksstoßdämpfung *f (Flzg)*; ~~ **springing** Fahrwerkabfederung *f (Flzg)*; ~~ **strut** Fahrwerkstrebe *f (Flzg)*; ~~ **(tell-tale) lights** *pl* Fahrwerkkontrollichter *n/pl od* -lampen *f/pl (Flzg)*; ~~ **well-flap** Fahrwerkklappe *f (Flzg)*; ~~ **wells** *pl* Aussparungen *f/pl* zur Aufnahme des Einziehfahrwerkes *(Flzg)*; *gentle* ~ weiche Landung *f (Flzg)*; ~ **ground** Landeplatz *m*; Landefläche *f (Flugplatz)*; **relief** ~~, *abbr* **RLG** *(E)* Arbeits(flug)platz *m*; ~**(head-)lamp** Landescheinwerfer *m (am Flzg)*; ~ **(head)light** Landescheinwerfer *m (Flzg)*; ~ **illumination** Landebefeuerung *f (Flugplatz)*; ~ **impact** Landestoß *m (Flzg)*; **instrument** ~ Instrumenten- *od* Blindlandung *f (Flzg)*; ~ **interval** Landeabstand *m (Flsich)*; ~ *into the wind* Gegenwindlandung *f (Flzg)*; ~ **lamp** *or* **light** Lande- *od* Bordscheinwerfer *m (Flzg)*; ~ **leg** Fahrwerkbein *n (Flzg)*; ~ **lighting** Landebefeuerung *f (Flugplatz)*; ~ **load** Landebeanspruchung *f (Fahrwerk)*; ~ **loads** *pl* Landestoßkräfte *f/pl (Lfz)*; ~ **manoeuvre** (*US* **maneuver**) Absetz- *od* Landungsmanöver *n (Luftlandetruppen: takt)*; ~ **mark(er)** Landezeichen *n*; ~ **mat** (Behelfs-)Landematte *f (Bod)*; *normal* ~ Dreipunktlandung *f*; **off-field** ~ Außenlandung *f (außerhalb Flugplatz)*; ~ *on nose* Kopfstand *m (Flzg bei Landung)*; ~ *on (a) tree* Baumlandung *f (Flzg)*; ~ *on water* Wasserung *f*; Wassern *n*; Landung *f* auf Wasser (Flzg); ~ **operation** Landungsunternehmen *n (takt)*; **outside** ~ Außenlandung *f (außerhalb Flugplatz)*; ~ *outside an aerodrome* Außenlandung *f (Flzg)*; **pancake** ~ Bumslandung *f*; Sacklandung *f (Flzg)*; ~ **party** Landungstrupp *m (takt)*; ~ **path** Landeweg *m od* -bahn *f (Bod)*; ~ **point** Landungsstelle *f (takt)*; **precision** ~ Ziellandung *f (Flzg)*; ~ **procedure** Landeverfahren *n* (nav) ***(Def)***; "~ **prohibited" signal** Landeverbotszeichen *n (Flsich)*; ~ **prohibition** Landeverbot *n (Flsich)*; ~ **radio beacon** Landefunkfeuer *n (nav)*; ~ **ramp** Ablaufbahn *f (für See-Flzge)*; ~ **right** Landeberechtigung *f (LVerk)*; ~ **rocket** Leuchtrakete *f (als Landehilfe)*; **rocking-chair** ~ *sl für* Fahrstuhllandung *f sl (Flzg)*; ~ **roll time** Ausrollzeit *f (Flbetr)*; **roof(-top)** ~ Dachlandung *f (Hubschrauber)*; ~ **run** Ausroll- *od* Lande(lauf)strecke *f (Flbetr)*; ~~ **length** Ausrollstrecke *f (Flbetr)*; ~ **runway** Landebahn *od* -piste *f*; ~ **sequence** Landefolge *f (bei mehreren Flzgn am Platz: Flsich)*; ~ **setting of flaps** Landestellung *f* der Landeklappen *(Flzg)*; ~ **signal** Landesignal *n*; ~ **simulation** Landungs- *od* Landesimulation *f*; ~ **simulator** Landesimulator *od* -trainer *m*; ~ **site** Landeplatz *m*; ~ **ski** Gleitkufe *f (Flzg)*; ~ **skid** Gleitkufe *f (Kufenfahrwerk: Flzg)*; Landekufe *f (Segel-Flzg usw)*; ~ **speed** Landegeschwindigkeit *f (Flzg)* ***(Def)***; ~~ **reduction** Reduktion *od* Verminderung *f* der Landegeschwindigkeit *(Flbetr)*; ~ **stage** Landestufe *f od* -abschnitt *m*; ~ **strip** Landestreifen *m (Flugplatz)*; ~ **surface** Landefläche *f (Bod)* ***(Def)***; ~-T *or* **tee** Landekreuz *od* -T *n (Flugplatz)* ***(Def)***; ~ **tetrahedron** Lande-Tetraeder *n*; ~ **time** Landezeit *f (Flsich)*; **tree** ~ Baumlandung *f (Flzg)*; ~ **weight** Landemasse *f od* -gewicht *n (Lfz)*; ~ **wheel** Laufrad *(Flzg-Fahrwerk)*; ~ **wire** Gegenkabel *n (Tragfläche)* ***(Def)***; ~ *with engine on* Gaslandung *f (Flzg)*; ~ *with engine cut or shut off* Landung *f* ohne Gas; ~ **zone** Landezone *f (Rollfeld)*.

**land|line** Freileitung *f*; (Telefon-)Kabel *n (Fernm)*; ~~ **circuit** Drahtverbindung *f (Fernm)*; ~~ **teletype circuit** Drahtfernschreibverbindung *f (Fernm)*; ~~ **teletypewriter**, *abbr* **LTT** Drahtfernschreibmaschine *f (Fernm)*; ~**mark** Geländepunkt *m*; Landmarke *f*; ~~ **beacon** Kennzeichnungsleuchtfeuer *n*; ~~ **navigation** Boden- *od* Erdsichtnavigation *f*; *sl* Franzen *n*; **prominent** ~~ markanter Geländepunkt *f (nav)*; ~**mine** Landmine *f (Kr)*; ~ *on the belly* eine Bauchlandung machen *(Flzg)*; ~ *on water* (an)wassern; auf dem Wasser landen *(See-Flzg)*; ~ **ornithopter** Land-Schwingenflügler *m (Flzg)*; ~ **para(chute)troops** Fallschirmtruppen landen *od* absetzen *(takt)*; ~**plane** Landflugzeug *n* ***(Def)***; ~**s** *pl* Steg *m (zwischen den Kolbennuten: Flmot)*; ~ **side** allgemein zugänglicher Bereich *m (Flughafen)*; ~ **station** ortsfeste Funkstelle *f*; ~ **straight ahead** aus dem Geradeflug landen *(Flbetr)*; ~ **straight-in** aus dem Geradeanflug landen *(Flbetr)*; ~ **tint** Landfarbton *m (Kart)*; ~ **use planning** Bebauungsplanung *f*; ~ **warfare** Landkriegführung *f*; ~ **wind** Landwind *m*; ablandiger Wind *m (met)*.

**lane of approach** Anflug- *od* Einflugschneise *f (Flsich)*.

**language text** Klartext *m (Funk)*.

**lantern-slide** Diapositiv *n*, *abbr* Dia.

**lap|-pack parachute** Schoß(kissen)fallschirm *m*; ~ **riveting** Überlappungsnietung *f*.

**lapse rate** (vertikaler) Temperaturgradient *m (met)* ***(Def)***; vertikales Gefälle *n (Luftdruck usw)*.

**large| aircraft** Großflugzeug *n*; ~ **capacity aeroplane** Großraumflugzeug *n*; ~ **flying boat** Großflugboot *n*; ~ **-scale attack** Großangriff *m (takt)*; ~**-scale serial production** Großserienbau *m*; ~**-volume fuselage** Großraumrumpf *m (Flzg)*; Widebody *m (Flzg)*.

**laser| altimeter** Laserhöhenmesser *m (Instr)*; ~ **Doppler cross-beam method** Laser-Doppler-Kreuzstrahlverfahren *n (FK)*; ~ **Doppler method of velocity measurement** Laser-Doppler-Geschwindigkeitsmessverfahren *n (nav)*; ~**-guidance rocket** lasergelenkte Rakete *f*; ~ **(light) beam** Laser(licht)strahl *m*.

**lash** feststellen; festzurren *(Steuerruder; Abdeckplanen; Flzg)*.

**last stage** Endstufe *f (Rak)*.

**latch** Klinke *f*; Drücker *m*; Schnapper *m*; Sperre *f*.

**late ignition** Spätzündung *f*.

**latent heat** latente Wärme *f*.

**lateral** seitlich; ~ **acceleration** Querbeschleunigung *f (Lfz; Rak)* ***(Def)***; ~ **attitude** Querlage *f (Flzg; Rak)* ***(Def)***; ~ **axis** Querachse *f (Flzg)* ***(Def)***; ~ **car** Seitengondel *f (Luftschiff)*; ~ **control** Quersteuerung *f (Flzg)* ***(Def)***; ~ **controllability** Quersteuerbarkeit *f (Flzg)*; ~ **dispersion** Seitenstreuung *f (Schusswaffe)*; ~ **divergence** angefachte aperiodische Seitenbewegung *f (Stab)* ***(Def)***; ~ **drag strut** Querstrebe *f od* -stiel *m (Flzg)*; ~ **drift** Seitendrift *od* -abweichung *f*; ~ **landing** Schiebelandung *f (Flbetr)*; ~ **error** Seitenstreuung *f (Schusswaffe)*; ~ **extent** Breitenausdehnung *f*; ~ **force** Seiten- *od* Querkraft *f (aerodyn)* ***(Def)***; ~ **inclination** Quer- *od* Rollneigung *f*; seitliche Neigung *f (Flzg)*; ~ **instability** Roll- *od* Querinstabilität *f (Flzg)* ***(Def)***; ~ **jump** Seitenabgangsfehler *m (Art)*; ~ **lead** Seitenvorbehalt *m (Art)*; ~ **limits** *pl* seitliche Begrenzung *f*; Seitengrenze *f*; ~**ly stable** roll- *od* querstabil *(Flzg)*; ~~ **aeroplane** seitenstabiles Flugzeug *n*; ~**ly unstable** roll- *od* seiteninstabil; instabil um die Längsachse *(Flzg)*; ~ **motion** Querbewegung *f (Stab)* ***(Def)***; ~ **noise measurement point** seitlicher Lärmmesspunkt *m (Bod)*; ~ **oscillation** Querschwingung *f* ***(Def)***; ~ **plane** Querebene *f*; ~ **separation** Seitenstaffelung *f (Flisch)* ***(Def)***; ~ **spread** Seitenstreuung *f (Schusswaffe)*; ~ **squall** Seitenwindbö *f*; ~ **stability** Quer- *od* Seitenstabilität *f*; Stabilität *f* um die Längsachse *(Stab)* ***(Def)***; ~ **support** seitliche Abstützung *f (am Flugboot mittels Stützschwimmer)*; ~ **traffic** Querverkehr *m (Tel & Funk)*; ~ **trim** Quertrimmung *f*; Trimmung *f* um die Längsachse *(Flzg)*; ~ **velocity** Quer- *od* Schiebegeschwindigkeit *f (Lfz)* ***(Def)***; ~ **wind shear** seitliche Windscherung *od* -versetzung *f*; ~ **axis** Tragflügelquerachse *f (Flzg)*.

**latitude**, *abbr* **L** *or* **LAT** geographische Breite *f*; ~ **counter** Breitengradzähler *m (nav)*.

**lattice** Gitter *n*; ~ **chart** Netzkarte *f (Kart)*; ~ **construction** Gitterbauweise *f (Flzg)*; ~**(d) longeron** Gitter- *od* Fachwerkträger *m (Flzg)*; ~ **geometry** Gittergeometrie *f*; ~ **rib** Fachwerkrippe *f (Tragfläche)*; ~ **structure** aufgelöstes *od* gegliedertes Bauwerk *n*; ~ **tie** Fachwerkstrebe *f (Tragfläche)*; ~ **work** Fachwerk *n (Flzg-Bau)*.

**launch** starten *(Segel-Flzg)*; katapultieren *(Flzg)*; abschießen *(FK)*; Start *m (FK)* ***(Def)***;: Barkasse *f*; Beiboot *n*; ~ *by an elastic cable* Gummiseilstart *m (Segel-Flzg)*; ~ **control** Anlauf- *od* Startsteuerung *f (Rak)*; ~**er** Startgerät *n (FK)* ***(Def)***; ~**ing** Start *m (Flzg-Katapult)*; Stapellauf *m (Flugboot)*; ~**ing crew** Startmannschaft *f (Segel-Flzg)*; ~ *(-ing) from a catapult* Katapultstart *m (Flzg)*; ~**ing installation** Startanlage *od* ~-vorrichtung *f (Rak)*; ~**ing platform** Abschussplattform *f (Rak)*; ~**ing rope** Startseil *n* (Segelflug); ~**ing shoe** Raketenschuh *m (Lfz)* ***(Def)***; ~**(ing) silo** Startsilo *n od* -schacht *m (Rak)*; ~**(ing) stage** Startstufe *f (Rak)*; ~**ing tower** Startturm *m (Rak)*; ~**ing trolly** Startwagen *m (Rak)*; ~**ing winch** Schlepp(seil)-winde *f (Segelflug)*; ~ **pad** Startplattform *f (FK)* ***(Def)***.

**lavatory** Toilette *f (im Flzg)*.

**law| of aerodynamics** aerodynamisches Gesetz *n*; aerodynamischer Ansatz *m*; ~ **of elasticity** Elastizitätsgesetz *n*; ~ **of elongation** Dehnungsgesetz *n*; ~ **of friction** Reibungsgesetz *n*; ~ **of gravitation** (Newtonsches) Gravitationsgesetz *n*; ~ **of probability** Wahrscheinlichkeitsgesetz *n*.

**lay** richten *(Art)*; setzen; stellen; legen; ~ *a smoke screen* einnebeln *(Takt)*; ~ **eggs** *sl für* Bomben abwerfen *(LKr)*; ~**er** Schicht *f*; ~*er of clouds* Wolkenschicht *f (met)*; ~*er of snow* Schneeschicht *f*; ~*er of temperature inversion* Inversionsschicht *f (met)*; ~*er of wood* Dickte *f (dünne Holzlage)*; **transition** ~**er** Übergangsschicht *f (Flsich)*; ~**ered structure** Verbundplattenbauweise *f*; ~ **mines** verminen *(LKr)*; ~**out** Gesamtordnung *f od* -entwurf *m*; ~-**over** Liegezeit *f (LVerk)*.

**lazy eight** *(US)* langsame Acht *f (Kunstflugfigur)*.

**lead** leiten; führen; Einlauf *m (Lader: Flmot)*; Vorhalt *m (nav)*; bleien *(Kraftstoff)*; Blei *n*; ~ **angle** Vorhaltewinkel *m (nav)*; ~**ed** gebleit; ~**ed fuel** gebleiter Kraftstoff *m*; ~**er** Führer *m*; ~-**in** Einführung *f (Antenne in Flzg: Funk)*; ~**(ing) aircraft** Führungsflugzeug *n (eines Verbandes)*; ~**ing edge** Vorderkante *f* eines Tragflügelprofils *(Flzg)*; Flügeleintrittskante *f (Flzg)* ***(Def)***; Blattnase *f (Rotor)*; Blattvorderkante *f (Luftschraube)*; ~**ing-edge flap** Nasenklappe *f (Flzg)*; ~**ing-edge radiator** Nasenkühler *m (Flzg)* ***(Def)***; ~**ing-edge shock wave** Vorderkantenverdichtungsstoß *m (aerodyn)*; ~**ing-edge** Vorflügel *m (Flzg)*; ~**ing-edge sweep** Vorderkanten- *od* Nasenpfeilung *f (Tragflächen)*; ~**ing-edge tank** Flügelnasenbehälter *m (Kraftstoff: Flzg)*; ~**ing flight** Führungsschwarm *m (LW)*; ~**ing sweep** Vorwärtspfeilung *f (Prop)* ***(Def)***; ~**ing lighting system** (Anflug-)Leitbefeuerungsanlage *f od* -system *n (Bod)*; ~-**in lights** *pl* (Anflug-)Leitfeuer *n/pl (Bod)*; ~-**plate battery** Bleisammler *m*; Bleiakkumulator *m (el)*; ~ **prediction** Vorhalterechnung *f (FK)* ***(Def)***; ~ **time** Auswanderungszeit *f (Flak)*.

**leaf| spring** Blattfeder *f*; ~-**spring tail skid** Blattfedersporn *m (Flzg)*; ~-**type spring** Blattfeder *f*.

**leak** lecken *(undicht sein)*; ~**age** Leck(en) *n (Lfz l)* ***(Def)***; Undichtigkeit *f*; ~**age path** Kriechweg *m (Strom in schadhafter Zündkerze: el)*; ~**(age) resistance** Ableit(ungs)- *od* Streuwiderstand *m (el)*; ~ **detector** Lecksucher *m (Lfz l)* ***(Def)***; ~ **hole** Durchlass- *od* Lecköffnung *f (Federbein)*; ~**ing** undicht; ~-**oil discharge** Leckölabfluss *m*.

**lean** mager; arm *(Kraftstoff-Luftgemisch: Flmot)*; ~-**mix concrete** Magerbeton *m*, ~ **mixture** armes *od* mageres Gemisch *n*; Spargemisch *n (Flmot)*.

**least| drag** geringster *od* kleinster Widerstand *m (aerodyn)*; ~ **time track** Kurs *(über Grund) m* für kürzeste Flugzeit.

**leave** Urlaub *m*; verlassen; ~ **a formation** aus einem Verband ausscheren *(Flzg)*; ~ **(of absence)** Urlaub *m*; ~ **pass** Urlaubsschein *m (mil)*; ~ **station** *(in a formation)* ausscheren *(Flzg aus Verband)*.

**leaving point** Ausflugpunkt *m (Flsich)*.

**lee** Windschatten *m*; ~-**side** Leeseite *f (met)*; ~**ward eddy** Leewirbel *m*; ~**ward side** Leeseite *f*; ~**ward slope** Leeseite *f* eines Hanges; ~ **waves** *pl* Leewellen *f/pl (met)* ***(Def)***; ~**way** Abtrift *f (nav)*.

**left| engine nacelle** Backbordmotorgondel *f (Flzg)*; ~-**hand circuit** Linksplatzrunde *f (Flsich)*; ~-**hand echelon** Reihe *f* links *(Verbandsflug)*; ~-**hand(ed)** links-; linksläufig *(Luftschraube; Motor)*; ~-**hand(ed) propeller** linksdrehender Propeller *m* ***(Def)***; ~ **outer section of wing** Backbordaußenflügel *m (Flzg)*; ~-**side engine** Backbordmotor *m (Flzg)*; ~ **spin** Linkstrudeln *n (Flbetr)*.

**leg** Teilstrecke *f*; Streckenabschnitt *m (LVerk)*; Schenkel *m (Funkfeuer)*; Federbein *n (Flzg)*; ~-**filling valve** Federbeinfüllventil *n (Flzg)*; ~ **straps** *pl* Schenkel- *od* Beingurte *m/pl (Schleudersitz)*.

**legal** gesetzlich; gesetzmäßig; rechtsgültig; ~ **branch** *or* **section** Rechtsabteilung *f (mil)*, ~ **status** Rechtsstellung *f*; rechtliche Stellung *f*; ~ **time** gesetzliche Zeit *f*.

**legend** Zeichenerklärung *f (Kart)*; Legende *f (Kart)*.

**length** Länge *f*; ~ *of exposure* Belichtungsdauer *f (LPhot)*; ~ *of landing run* Auslauflänge *f (Flzg bei Landung)*; ~**wise** in Längsrichtung.

**lens** Linse *f*; Objektiv *n (LPhot)*; ~ **aperture** Objektivöffnung *f (LPhot)*; ~ **cap** Objektivdeckel *m (LPhot)*; ~ **(system)** Objektiv *n (LPhot)*.

**lenticular cloud** Lenticular-Wolke *f (met)*.

**let|-down** Sinkflug *m (Flbetr)* ***(Def)***; ~-**down path** Sinkflugweg *m*; ~-**down (procedure)** (Anflug-)Sinkverfahren *n (Flsich)* ***(Def)***; ~ *the airplane flatten out* Flugzeug ausschweben lassen; ~ *the airplane pancake* Flugzeug durchsacken lassen; ~**ting-down (procedure)** (Anflug-)Sinkverfahren *n (Flsich)*.

**lethal range** tödliche Entfernung *f (LKr).*

**letter| encoding** Buchstabenkodierung *f (Fernm)*; ~**ing** Beschriftung *f (Kart)*; ~ **shift** Buchstabenumschaltung *f (Fernschr)*; ~~ **signal** Buchstabenumschaltzeichen *n (Fernschr).*

**level** eben; einebnen *(Rollfeld)*; Libelle *f*; Ebene *f*; Niveau *n*; Höhe *f*; Fläche *f*; Flughöhe *f (allg)*; Pegel *m (el)*; ~**-banked attitude** flache Querlage *f (Flzg)*; ~ **bombing** Horizontalbombenwurf *m (LKr)*; ~ **country** Flachland *n (Kart)*; ~ **flight** Horizontal- *od* Waagerechtflug *m (Flzg)*; ~ **flying speed** Horizontalfluggeschwindigkeit *f (Flzg)*; ~ **landing** Zweipunkt- *od* Radlandung *f (Flbetr)*; ~**ling** Horizontierung *f*; ~~**(-off)** Ausschweben *n (Flzg bei Landung)*; ~ **of airworthiness** Lufttüchtigkeitsgrad *m (Lfz)*; ~**-off** abfangen *(Flzg vor dem Aufsetzen)*; in Waagrecht- *od* Horizontalflug übergehen *(Flzg aus Steigflug)*; **transition** ~ Übergangsebene *od* -flugfläche *f (Flsich)*; ~ **(up)** horizontieren; in den Horizontalflug übergehen *(Flzg aus Gleitflug).*

**lever** Hebel *m*; ~ **arm** *(of a force)* Hebelarm *m (einer Kraft)*; ~ **control** Hebelsteuerung *f (Flzg)*; ~ **release** Hebelauslösung *f*; ~ **starter** Hebelanlasser *m (Flmot)*; ~ **switch** Kippschalter *m (el).*

**liability| for service** Dienstpflicht *f (mil)*; ~ **insurance** Haftpflichtversicherung *f*; ~ **to pay damage** Schadenersatzpflicht *f.*

**liable to military service** militärdienstpflichtig.

**liaison** Verbindung *f*; Verbindungsdienst *m (takt)*; ~ **agent** Verbindungsmann *m*; V-Mann *m (Intell)*; ~ **aircraft** Verbindungsflugzeug *n*; ~ **officer** Verbindungsoffizier *m (mil)*; ~ **service** Verbindungsdienst *m (mil)*; ~ **squadron** Verbindungsstaffel *f (LW).*

**licence** (*US* **license**) Lizenz *f*; amtliche Genehmigung *f*; Erlaubnisschein *m*; Erlaubnis *f*; Schein *m*; **license** gestatten; erlauben; konzessionieren; Nachbaurecht vergeben; ~**-built engine** Lizenz(bau)triebwerk *n*; ~**d aircraft engineer** Luftfahrzeugprüfingenieur *m (ICAO) (Def)*; ~**d construction** Nachbau *m (in Lizenz)*; ~**e** Lizenznehmer *m*; ~ **holder** Inhaber *m* eines Ausweises *(Flsich-Personal)*; ~**r** Lizenzgeber *m.*

**lie at anchor** vor Anker liegen *(Flugboot).*

**Lieutenant| Colonel** Oberstleutnant *m (LW US)*; **First** ~ Oberleutnant *m (LW US)*; ~ **General** Generalleutnant *m (Dreisterne-General) (LW US)*; **Second** ~ Leutnant *m (LW US).*

**life| assurance** *(E)* Lebensversicherung *f*; ~ **belt** Rettungsgürtel *m*; Rettungsring *m*; ~ **boat** Rettungsboot *n*; ~ **insurance** Lebensversicherung *f*; ~ **(of the engine)** Lebensdauer *f (Flmot)*; ~**(-preserving) belt** Schwimmgürtel *m*; ~**(-preserving) jacket** Schwimmweste *f*; ~**(-preserving) vest** Schwimmweste *f*; ~**(-saving) belt** Schwimmgürtel *m*; ~**-saving device** Rettungsgerät *n*; ~**-saving equipment** Lebensrettungsausrüstung *f*; ~**(-saving) jacket** Schwimmweste *f*; ~**-saving raft** Rettungsfloß *n*; Schlauchboot *n*; ~**-saving service** Rettungsdienst *m*; ~**(-saving) vest** Schwimmweste *f.*

**lift** Auftrieb *m (aerodyn) (Def)*; heben; anheben; *(Wolken)*; ~ **augmentation** Auftriebserhöhung *od* -verbesserung *f (Lfz)*; ~ **axis** Auftriebsachse *f (aerodyn) (Def)*; ~ **centre** (*US* **center**) Auftriebsmittelpunkt *m*; ~ **coefficient** Auftriebsbeiwert *m*; ~ **component** Auftriebskraft *or* -komponente *f (aerodyn) (Def)*; ~ **curve** Auftriebseigenschaft *od* -charakteristik *f (Lfz)*; ~ **distribution** Auftriebsverteilung *f*; ~**/drag ratio**, *abbr* **L/D ratio** Gleitverhältnis *n od* -zahl *f*; ~ **engine** Vertikal- *od* Hubtriebwerk *n (Senkrechtstarter)*; ~ **fan** Hubgebläse *f (Lfz)*; ~ **fire** Feuer vorverlegen *(takt)*; ~ **flap** Auftriebsklappe *f*; ~ **force** Auftriebskraft *f*; **fork** ~ Gabelstapler *m*; ~**-increasing device** Auftriebshilfe *f (Lfz)*; ~**ing airscrew** Hubschraube *f (Hubschrauber)*; ~**ing body** Auftriebs- *od* Tragkörper *m*; ~**ing capacity** Tragfähigkeit *f (Flzg)*; ~**ing force** Tragfähigkeit *f*; ~**ing gas** Auftriebs- *od* Traggas *n (Lfz l)*; ~**ing power** Auftriebskraft *f*; ~**ing propeller** Tragschraube *f (Hubschrauber)*; ~**(ing) rotor** Hub- *od* Hauptrotor *m (Heli)*; ~**ing surface** tragende *od* Auftriebsfläche *f (Lfz)*; ~**(ing) turbojet** Hub-TL-Triebwerk *n (Turbo)*; ~**ing vortex** tragender Wirbel *m (aerodyn)*; ~**ing wing** tragende Fläche *f (Flzg)*; ~ **jet door** Hubstrahlklappe *f od* -tor *n (Lfz)*; ~ **jet thrust** Hubstrahlschub *m (Turbo)*; ~ **off** abheben *(Lfz vom Boden)*; ~~ **point** Abhebepunkt *m*; ~~ **speed** Abhebegeschwindigkeit *f (Lfz)*; ~ **of tail unit** Leitwerksauftrieb *m*; ~**-producing wing** tragende Fläche *f (Flzg)*; ~ **turbofan** Zweistromhubtriebwerk *n (Turbo)*; ~ **turbo-jet** Einstromhubtriebwerk *n (Turbo)*; ~ **vector** Hubvektor *m*; ~ **vortex** Auftriebswirbel *m*; ~ **web** Traggurt *m (Fallsch) (Def)*; ~ **wire** Tragkabel *n (Doppeldecker: Flzg) (Def)*; Auftriebsseil *n (Lfz l) (Def).*

**light** Licht *n (allg)*; Feuer *n (nav)*; befeuern *(Flugplatz)*; leicht; **aeronautical (ground)** ~ Luftfahrtfeuer *n (Bod)*; ~ **air** leiser Zug *m (Beaufort-Stärke 1: met) (Def)*; dünne Luft *f (allg)*; ~ **aircraft** Leichtflugzeug *n*; **airway** ~ Flugstrecken(leucht)feuer *n*; ~ **alloy** Leichtlegierung *f*; **approach** ~ Anflug(leucht)feuer *n (Flsich)*; ~ **artillery** leichte Artillerie *f (mil)*; ~ **beacon** Leuchtbake *f od* -feuer *n (Bod) (Def)*; ~ **beam** Lichtstrahl *m*; ~ **bomber** leichtes Bombenflugzeug *n (LW)*; **boundary** ~ Begrenzungsfeuer *n*; Platzrandfeuer *n*; ~ **breeze** leichte Brise *f (Beaufort-Stärke 2: met) (Def)*; ~ **buoy** Leuchtboje *f*; **channel** ~ Wasserlandebahnfeuer *n*; **contact** ~ Landebahnfeuer *n*; ~ **climb** flacher Steigflug *m (Flzg)*; ~ **current** Schwachstrom *m (el)*; **distance-marking** ~ Entfernungskennzeichnungsfeuer *n*; ~**-duty part** gering beanspruchter Teil *m*; ~**ed airway** befeuerte Strecke *f (LVerk)*; ~**en** blitzen; ~**ening hole** Erleichterungsloch *n (in Spanten usw)*; ~**er-than-air aircraft** Luftfahrzeug *n* leichter als Luft; Aerostat *m (Def)*; ~ **failure** Feuer- *od* Lichtausfall *m*; ~ **filter** Lichtfilter *m (LPhot)*; **fixed** ~ Festfeuer *n*; **flashing** ~ Blink- *od* Blitzfeuer *n*; ~**-form construction** Leichtformbau *m (Flzg-Bau)*; ~ **fuel** Leichtbrennstoff *m*; **group flashing** ~ Blinkkennfeuer *n*; ~ **gun** Signalscheinwerfer *m*; **homing** ~ Ansteuerungsfeuer *n*; ~**house** Leuchtturm *m*; ~**ing** Beleuchtung *f (Flzg)*; Befeuerung *f (Flugplatz usw)*; ~**ing charges** *pl* Befeuerungsgebühren *f/pl (Bod)*; ~**ing facility** Befeuerungsanlage *f (Bod)*; ~**ing system** Befeuerungsanlage *f*; ~ **intensity** Beleuchtungs- *od* Lichtstärke *f*; ~ **intensity control** Lichtstärkeregelung *f (Befeuerungsanlage)*; **linear** ~ Linearfeuer *n (Bod)*; **low-intensity** ~ Feuer *n* geringer Leistung; ~ **machine-gun** leichtes Maschinengewehr *n*; **marker** ~ Abstandsfeuer *n*; *mark with ~s* befeuern *(Flugplatz usw)*; ~ **material construction** Leichtstoffbau *m*; ~ **metal** Leichtmetall *n*; ~**ning** Blitz *m (met)*; ~**ning conductor** Blitzableiter *m*; ~**ning stroke** Blitzschlag *m*; ~**ning war** Blitzkrieg *m*; **occulting** ~ unterbrochenes Feuer n; ~ **petrol** Leichtbenzin *n*; ~ **plane** Leichtflugzeug *n*; **port** ~ Backbordlicht *n (Flzg)*; **purple** ~ Abendrot *n*; ~ **ray** Lichtstrahl *m*; **recognition** ~ Kennlicht *n (Flzg)*; ~ **ship** Leucht- *od* Feuerschiff *n*; ~ **signal** Lichtsignal *n*; ~ **spot** Lichtpunkt *m (Radar)*; **tail** ~ Heck- *od* Schlusslicht *n (Flzg)*; **undulating** ~ Feuer *n* mit periodisch veränderlicher Leuchtstärke; ~ **unit** Feuereinheit *f (Platzbefeuerung: Bod)*; ~ **up** zünden; anlassen *(Turbo)*; ~ **water** Leichtwasser *n (zur Brandbekämpfung)*; ~**weight construction** Leichtbauweise *f (Flzg-Bau)*; ~ **year**, *abbr* **LY** Lichtjahr *n*, *abbr* Lj.

**likelihood method** Warscheinlichkeits- *od* Likelihood-Verfahren *n (Suchverfahren).*

**limber** Protze *f (Art)*; ~ **(up)** aufprotzen *(Art).*

**limit** Grenze *f*; ~**ation** Beschränkung *f*; ~**ed airworthiness** beschränkte *od* bedingte Lufttüchtigkeit *f (Lfz)*; ~**ed route concept** Konzept *n* begrenzter Streckenauswahl *(LVerk)*; ~**ed vision** begrenzte Sicht *f*; ~**er** Begrenzer *m*; ~ **gust** sichere Bö *f (Flbetr)*; ~**ing case** Grenzfall *m*; ~**ing meridian** Begrenzungsmeridian *m (Kart)*; ~**ing parallel** Begrenzungsparallele *f (Kart)*; ~**ing speed** Grenzgeschwindigkeit *f*; ~**ing stress** höchstzulässige Beanspruchung *od* Spannung *f (Festigkeit)*; ~**ing value** Grenzwert *m*; ~**ing velocity** Grenzgeschwindigkeit *f (Lfz) **(Def)***; ~ **load** sichere Last *f (Lfz) **(Def)***; ~ **of error** Fehlergrenze *f (nav)*; ~ **of performance** Leistungsgrenze *f*.

**line** Leitung *f*; Trasse *f*; Linie *f*; Strecke *f*; ~ **amplifier** Leitungs- *od* Linearverstärker *m (Tel)*; ~**ar acceleration** geradlinige *od* Linearbeschleunigung *f*; ~**ar delay** lineare Verzögerung *f*; Verzögerung *f* durch Verringern der Reisegeschwindigkeit *(Flsich)*; ~**ar detector** Lineargleichrichter *od* -demodulator *m (Fernm)*; ~**ar holding** lineares Warteverfahren *n*; Warteverfahren *n* durch Verringern der Reisegeschwindigkeit *(Flsich)*; ~**arity sector** linearer Sektor *m (ILS)*; ~**ar(ized) aerodynamics** linear(isiert)e Aerodynamik *f*; ~**ar law of elongation** lineares Dehnungsgesetz *n*; ~**ar light** Linearfeuer *n (Bod) **(Def)***; ~**ar travel of target** Auswanderungsstrecke *f (Flak)*; ~**ar scale** Linearmaßstab *m (Kart)*; ~**ar vortex** gerad(linig)er Wirbel *m (aerodyn)*; ~ **astern** Kiellinie *f (Schiffsverband)*; ~ **compensator** Leitungsentzerrer *m (Fernm)*; ~ **construction** Leitungsbau *m (Tel)*; ~**d** ausgekleidet *(Zylinderlaufbüchse)*; ~ **driver** Leitungs(eingangs)verstärker *m (Fernm)*; ~ **feed** Zeilenvorschub *m (Fernschr)*; ~ **frequency** Zeilenfrequenz *f*; *in ~ with* in einer Ebene mit; ~ **loss** Leitungsverlust *m (Fernm)*; ~ **maintenance** Truppenwartung(sdienst) *f (m) (mil)*; ~ *of action* Kraftlinie *f*; ~ *of advance* Vorhutlinie *f (takt)*; ~ *of battle* Kampflinie *f (takt)*; ~ *of communication* Nachschubstraße *f (mil)*; ~ *of defense* (*US defense*) Verteidigungslinie *f (takt)*; ~ *of departure* Ausgangslinie *f (takt)*; Abgangsrichtung *f*; ~ *of equal barometric presure* Linie *f* gleichen Luftdrucks; Isobare *f (met)*; ~ *of equal dip or inclination* Linie *f* gleicher Inklination; Isokline *f (nav)*; ~ *of equal time* Zeitlinie *f*; ~ *of flight* Flugbahn *f (Flzg)*; ~ *of force* Kraftlinie *f*; ~ *of no-lift* Linie *f* des Nullauftriebes *(aerodyn)*; ~ *of operations* Operationslinie *f (takt)*; ~ *of position, abbr LOP* Standlinie *f (nav) **(Def)***; ~ *of resistance* Widerstandslinie *f*; ~ *of retirement or retreat* Rückzugslinie *f (takt)*; ~ *of safe bomb-release* Bombenauslösungs-Sicherheitslinie *f (takt)*; ~ *of security* Sicherungslinie *f (takt)*; ~ *of sentries* Postenkette *f (mil)*; ~ *of sight* Visierlinie *f (ballist)*; ~*-of-sight range* quasi-optische Reichweite *f (Fernm)*; ~*-of-sight transmission* quasi-optische Ausstrahlung *f (Fernm)*; ~ *of supply* Nachschubweg *m*; ~ *of the course* Kurslinie *f (nav)*; ~ **pilot** Linienpilot *od* -Flugzeugführer *m (LVerk)*; Staffelflugzeugführer *m (LW)*; ~ **radio** Drahtfunk *m*; ~ **resistance** Leitungswiderstand *m (Tel)*; ~*s pl of communication* Nachschubwege *m/pl*; Verkehrslinien *f/pl (takt)*; ~*s of communication area* rückwärtiges (Armee-)Gebiet *n*; Etappe *f (mil)*; ~ **squall** Linienbö *f (met) **(Def)***; ~ **terminal** Leitungsklemme *f (Tel)*; ~ **test** Leitungsprobe *f (Tel)*; ~**-up** aufstellen *(Flzg zum Start)*; abstellen *(Flzg am Abstellplatz)*; ~ **vortex** Linienwirbel *m (aerodyn) **(Def)***.

**lining** Fütterung *f*; Futter *n*; Bremsbelag *m (Laufrad).*

**link | coupling** Gelenkkupplung *f*; ~ **pin** Gelenkbolzen *m*; ~ **trainer** Link-Trainer *m (Instrumentenflug-Übungsgerät).*

**lip** Lippe *(Fallsch) **(Def)***.

**liquid** Flüssigkeit *f*; flüssig; ~ **air** Flüssigluft *f*; flüssige *od* verflüssigte Luft *f*; ~ **barometer** Flüssigkeitsbarometer *n*; ~**-cooled** flüssigkeitsgekühlt *(Flmot)*; ~ **cooling** Flüssigkeitskühlung *f*; ~ **damping** Flüssigkeitsdämpfung *f*; ~**-foam concentrate** flüssiges Schaumkonzentrat *n (Brandbekämpfung)*; ~**-fuel rocket** Flüssigkeits(kraftstoff)rakete *f*; ~**-incendiary bomb** Flüssigkeitsbrandbombe *f*; ~**ometer**, *verg/cf.* **fuel tank quantity gauge** Kraftstoff(behälter)-Vorratsmesser *m (Flzg)*; ~ **oxygen** flüssige Luft *f*; Sprengluft *f*; A-Stoff *m (Rak)*; Flüssigsauerstoff *m (für Höhenatmer)*; ~ **propellant** flüssiger (Raketen-)Treibstoff *m **(Def)***.

**liquified | air** Flüssigluft *f*; verflüssigte *od* flüssige Luft; ~ **gas** Flüssiggas *n*.

**list | en** abhören; ~**en in** mithören *(Funk)*; ~**ening frequency** Hör- *od* Wachfrequenz *f (Flsich)*; ~**ening post** Horchposten *m*; Horchstelle *f*; ~**ening service** Funkhorchdienst *m*; ~**ening watch** Hör- *od* Empfangsbereitschaft *f (Funk)*; ~ **of aerodromes** Flugplatzverzeichnis *n (Flsich).*

**litter** Tragbahre *f*; ~**-bearer** Krankenträger *m*.

**live** scharf *(Bombe usw)*; (scharf) geladen; stromführend *(el)*; ~ **bomb** scharfe Bombe *f*; ~ **wire** elektrisch geladener Draht *m*.

**load** (be)laden *(Flzg)*; (durch)laden *(Bordwaffen)*; Last *f*; Ladung *f*; Beanspruchung *f*; Belastung *f*; ~ **and trim sheet** Lade- und Trimmplan *m (Lfz)*; ~ *at a nodal point* Knotenpunktbelastung *f (stat)*, ~ **bearing capacity** Tragfähigkeit *f (Flzg)*; ~**-bearing pavement** tragender Belag *m (Bod)*; ~ **capacity** Laderaum *m*; Fassungsvermögen *n (Flzg)*; ~ **case** Belastungsfall *m (Flzg)*; ~ **classification number**, *abbr* **LCN** Rollbahnbelastungswert *m*; Tragfähigkeits- *od* LCN-Zahl *f (Bod) **(Def)***; ~ **condition** Belastungszustand *m (Flzg)*; *critical* ~ Belastungsgrenze *f*; ~ **distribution** Ladungs- *od* Lastverteilung *f (im Flzg)*; ~**ed antenna** belastete Antenne *f (Funk)*; ~ **equalization** Belastungsausgleich *m*; ~ **factor** Lastfaktor *m*; Lastvielfaches *n (Konstr) **(Def)***; Zuladungs- *od* Nutzladefaktor *m (LVerk) **(Def)***; Auslastungsgrad *m (LVerk)*; ~**ing** Verlängerung *f (Antenne)*; ~**ing and weight distribution** Ladungs- und Gewichtverteilung *f (im Flzg)*; ~**ing area** Ladebereich *m (Bod)*; ~**ing capacity** Belastungsfähigkeit *f (Flzg)*; ~**ing chart** *or* **diagram** Beladeplan *m (Flzg)*; ~**ing conditions** *pl* Beladungs- *od* Belastungszustände *m/pl*; Lastfälle *m/pl*; ~**ing factor** Belastungsmaß *n (Fernm)*; ~**ing hatch** Ladeluke *f (Flzg)*; ~**ing lag** Ladeverzugszeit *f (Flak)*; ~**(ing) peak** Belastungsspitze *f*; Spitzenbelastung *f (Fernm)*; ~**ing-ramp** Lade- *od* Verladerampe *f*; ~**ing stand** Abfertigungsposition *f*; Standplatz *m (Flzg)*; ~**ing table** Verladeplan *m*; ~ **limit** Beladungs- *od* Belastungsgrenze *f*; ~ **limitations** *pl* Beladungsbeschränkungen *f/pl*; Belastungsgrenzen *f/pl (Flzg)*; ~ **manifest** Ladeliste *f (LVerk) **(Def)***; ~ **message** Lademeldung *f (LVerk)*; ~ *per unit of airscrew blade* Blattflächenbelastung *f*; ~ **ring** Korbring *m (Lfz l) **(Def)***; ~ **sheet** Ladeplan *m (Flzg)*; ~ **transmission** Lastübertragung *f (stat)*; ~ **triangle** Lastdreieck *n (stat)*; ~ **water line** Ladelinie *f (Flugboot).*

**lobe** Keule *f*; Finger *m*; Zipfel *m (Strahlcharakteristik einer Antenne: Funk & Radar)*; ~ **parachute** Stufenfallschirm *m*; ~ **width** Keulenbreite *f (Radar).*

**local** örtlich; Orts; ~ **call** Ortsgespräch *n (Tel)*; ~ **declination** Ortsmissweisung *f*, *abbr* OM *(nav)*; ~ **exchange** Endamt *n (tel), abbr* EA *(früher: Vermittlung(sstelle))*; ~ **flight** Platzflug *m*; örtlicher Flug *m*; ~ **forecast** Platzwettervorhersage *f*; ~

**hour angle,** abbr **LHA** Ortsstundenwind *m (nav)*; ~**izer (beacon)** ILS-Hauptbake *f*; Landekurssender *m (ILS)* ***(Def)***; ~**izer beam** QMS-Leitstrahl *m (ILS-Verfahren)*; ~**izer course** Landekurs *m (ILS)* ***(Def)***; ~~ **bend** Landekurskrümmung *f (ILS)*; ~**izer indicator** Landekursanzeiger *m (Flzg)*; ~**izer receiver** Landekursempfänger *m (Funk)*; ~**izer sector** Landekurssektor *m (Bod)*; ~ **magnetic attraction** örtliche magnetische Anziehungskraft *f*; ~ **mean time,** *abbr* **LMT** mittlere Ortszeit *f*, *abbr* MOZ *(nav)* ***(Def)***; ~ **oscillator** Überlagerungs- *od* Lokaloszillator *m (Fernm)*; ~ **reconnaissance** Nahaufklärung *f (takt)*; ~ **reserve** Abschnittsreserve *f (takt)*; ~ **security** Nahsicherung *f*; örtliche Sicherung *f (takt)*; ~ **sideral time,** *abbr* **LST** siderische Ortszeit *f (nav)* ***(Def)***; ~ **time** Ortszeit *f*; ~ **traffic** Ortsverkehr *m (Tel)*; ~ **weather** Platz- *od* Lokalwetter *n*.

**locat**|e orten; auffinden; feststellen; ~**ing equipment** Ortungsgerät *n (nav)*; ~**ion of the centre** (*US* **center**) **of gravity** Schwerpunktlage *f*; ~**ion indicator** Ortskennung *f (Fernm)* ***(Def)***; ~**ion of origin of fire** Brandherd *m*; ~**ion (radio) beacon** Ansteuerungs(funk)feuer *n*; ~**or (beacon)** (Platz-)Anflugfunkfeuer *n (Fernm)* ***(Def)***.

**lock** Schloss *n*; Schleuse *f (Kanal)*; schließen; sperren *(mech)*; einrasten; verriegeln *(Fahrwerk)*; ~**ed-on signal reception** Nachführ- *od* Nachlaufbetrieb *m (Signalempfang: Radar)*; ~**er** Spind *m*; ~**ing** Verriegeln *n*; Sichern *n*; ~**(ing) device** *or* **mechanism** Verriegelung *f (Fahrwerk)*; ~**ing lever** Feststellhebel *m*; ~**ing spring** Sicherungsfeder *f*; ~**ing wire** Sicherungsdraht *m*; ~ **knob** Einratsknopf *m*; ~**-on** Zielerfassung *od (automatische)* -verfolgung *f (Bord-Radar)*; ~ **pawl** Sperrklinke *f*.

**lodestar** Polarstern *m*.

**log** eintragen *(in Logbuch od Flugtagebuch)*; loggen; Log *n*; (Betriebs-)Tagebuch *n*; Logbucheintragung *f*; ~ **book** Logbuch *n*; Bordbuch *n (Flzg)*; Flug(tage)buch *n (des fliegenden Personals)*; ~ **entry** Logbucheintragung *f*.

**logistic**|**(al)** logistisch; ~**s** Logistik *f*; Versorgung(swesen) *f (n) (mil Oberbegriff)*.

**loiter** Sperre fliegen *(takt)*; Warteschleife fliegen *(Flsich)*; ~**ing (flight)** Sperrefliegen *n od* -flug *m (takt)*; Warteflug *m (Flsich)*.

**long**|**-bodied aeroplane** Langrumpf-Flugzeug *n*; ~ **car** Langgondel *f (Luftschiff)*; ~ **distance (air traffic) control** Fernflugsicherung *f*; ~**-distance air transportation** Langstreckenluftverkehr *m*; ~**-distance cable** Fernkabel *n (Tel)*; ~**-distance flight** Langstreckenflug *m*; ~**eron** Rumpfholm *m*; Längsholm *od* -träger *m (Lfz)* ***(Def)***; ~**evity** Lebens- *od* Nutzungsdauer *f*; Laufzeit *f*; ~**-haul service** *(US)* Langstreckenflugdienst *m (LVerk)*; *(US)* (Funk-)Weitverkehr *m*; ~**itude** geographische Länge *f*; Längenkreis *m*.

**longitudinal** Längsträger *m (Lfz l)* ***(Def)***; ~ **axis** Längsachse *f (Flzg)* ***(Def)***; ~ **bracing** Längsversteifung *f (Flzg)*; ~ **controllability** Längs- *od* Nicksteuerbarkeit *f (Flzg)*; ~ **controls** *pl* Höhensteuerung *f (Flzg)*; ~ **damping** Längsdämpfung *f*; ~ **divergence** angefachte aperiodische Längsbewegung *f (Stab)* ***(Def)***; ~ **force** Längskraft *f (aerodyn)* ***(Def)***; ~ **inclination** Längsneigung *f*; ~ **instability** Längsinstabilität *f* ***(Def)***; ~**ly stable aeroplane** längsstabiles Flugzeug *n*; ~**ly unstable** in der Längsachse instabil *(Flzg)*; ~ **member** Längsprofil *n (Flzg)*; ~ **moment** Längsmoment *n*; ~ **motion** Längsbewegung *f (Stab)* ***(Def)***; ~ **oscillation** Längsschwingung *f (Stab)* ***(Def)***; ~ **rib** Längsrippe *f (Flzg)*; ~**s** *pl* Längssteife *f (Flzg-Beplankung)*; ~ **separation** Längsstaffelung *f (Flsich)* ***(Def)***; ~ **slope** Längsneigung *f*; ~ **stability** Längsstabilität *f (Flzg)*; Stabilität *f* um die Querachse *(Stab)* ***(Def)***; ~ **stiffener** Längsversteifung *f (Flzg)*; ~ **trim** Höhentrimmung *f (Flzg)*; ~ **velocity** Längsgeschwindigkeit *f (Lfz)* ***(Def)***; ~ **wind component** Längswindkomponente *f (Flbetr)*.

**long**| **lines** *pl* Fernmelde-Weitverbindungen *f/pl (tel)*; ~~ **network** Fernmelde-Weitverkehrsnetz *n (tel)*; ~**-period(ic) disturbance** langperiodische Störung *f (met)*; ~**-range (aid to) air navigation (system),** *abbr* **LORAN** Langstrecken-Flugnavigationseinrichtung *f od* -system *n*; ~**-range aircraft** Langstreckenflugzeug *n*; ~**-range artillery** Fernkampfartillerie *f*; ~**-range bomber** Langstreckenbomber *m (LW)*; ~**-range fighter** Langstreckenjäger *m (Flzg LW)*; ~**-range figther control** Jägerweitführung *f (LKr)*; ~**-range forecast** langfristige (Wetter-)Vorhersage *f*; ~**-range gun** Fernkampfgeschütz *n (Art)*; ~**-range height finder** Fern-Höhenmessradar(gerät) *n*; ~**-range missile** weitreichender *od* Langstrecken-Flugkörper *m*; ~**-range night fighter** Fernnachtjäger *m (Flzg LW)*; ~**-range night interception** Fernnachtjagd *f (LKr)*; ~**-range radar** Langstreckenradar(gerät) *n (bis zu 1200 km)*; Großraumradar(gerät) *n*; ~**-range radio beacon** Fernfunkfeuer *n*; ~**-range reconnaissance** Fernaufklärung *f (LKr)*; ~**-range reconnaissance aircraft** Fernaufklärer *m (Flzg LW)*; ~**-stroke engine** Langhubmotor *m (Flmot)*; ~**-wave band** Langwellenbereich *m (Funk)*; ~**-wave direction-finder** Langwellenpeiler *m (Funk)*.

**look**|**-down radar** Look-down-(Bord-)Radar(gerät) *n*; ~**-out** Späher *m*; Ausguckposten *m*; Luftraumbeobachtung *f*; *sl* „Holzauge sei wach!" *(LW)*.

**loom** Kabelbaum *m (el)* ***(Def)***.

**loop** überschlagen *(Kunstflug)*; Überschlag *m (Kunstflug)*; Looping *m (Flzg)* ***(Def)***; Schleifenflug *m*; Regelkreis *m (Flsich)*; Ringleitung *f (Fernm)*; ~ **aerial** *or* **antenna** Rahmenantenne *f*; Peilrahmen *m (Funk)* ***(Def)***; ~**(ing)** Looping *m*; Überschlag *m (Kunstflug)*; ~ **on the ground** Ausbrechen *n*; *sl* Ringelpietz *m (Flzg bei Start od Landung)*; ~ **switching frequency** Rahmenumschalt- *od* Schleifenschaltfrequenz *f (Funk)*; ~ **(the loop)** einen Looping drehen *(Kunstflug)*; ~**-type range** Vierkursfunkfeuer *n* mit Schleifenantenne.

**loose**| **contact** Wackelkontakt *m (el)*; ~ **equipment** bewegliche Ausrüstung *f (Flzg)*; ~ **formation** lockerer Verband *m (Flzge)*.

**lopsided** quer- *od* flügellastig *(Flzg)*.

**LORAN (= long-range air navigation)** Loran *n (Fernbereichs-Navigation nach Impuls-Hyperbelverfahren)* ***(Def)***; ~ **chain** Loran-Kette *f (nav)*; ~ **chart** Loran-Navigationskarte *f*; ~ **pair** Loran-Paar *n (nav)*; ~ **station** Loran-Funkstelle *f*.

**lorry** *(E)* Lastwagen *m (Kfz)*; ~**-borne** verlastet *(Truppen)*.

**lose**| **heat** abkühlen; ~ **height** Höhe *(im Flug)* aufgeben; ~ **one's way** sich verfranzen *sl (Flzg)*.

**loss**|**es** *pl* Verluste *m/pl (mil)*; ~ *of control* Verlust *m* der Steuerbarkeit *(Lfz)*; ~ *of energy* Energieverlust *m*; ~ *of flying speed* Fahrtverlust *m (Flzg)*; ~ *of gas* Gasverlust *m (Ball)*; ~ *of lift* Auftriebsverlust *m (aerodyn)*; ~ *of orientation* Orientierungsverlust *m*; *sl* Verfranzen *n*; ~ *of performance* Leistungsverlust *m (Flzg)*; ~ *of power* Leistungsabfall *m (Flmot)*; ~ *of pressurization* Druckverlust *m (Flzg-Druckkabine)*; ~ *of thrust* Schubverlust *m (Turbo)*; ~ *of time* Zeitverlust *m*; ~**y cable** Dämpfungskabel *n*.

**lot** Lieferung *f*; Baulos *m*; Bauserie *f (Flzg)*; ~ **number** laufende Nummer *f (einer Lieferung)*.

**loud|ness** Lautheit *f*; ~~ **index** Lautheitskennziffer *f*; ~-**speaker** Lautsprecher *m (Funk)*; ~-**speaking telephone** Lautfernsprecher *m (Tel)*.

**louvre** (*US* **louver**) Luftschlitz *m (Motorhaube)*.

**low** Tief *n (met)*; niedrig; tief(hängend) *(Wolken)*; ~ **altitude flight** Tiefflug *m*; ~-**altitude (flight) navigation** Tiefflugnavigation *f*; ~-**aspect-ratio wing** Tragflügel *m* mit kleinem Seitenverhältnis *(Flzg)*; ~ **ceiling** niedrige Hauptwolkenuntergrenze *f (met)*; ~ **centre-of-gravity** (*abbr* **c. g.**) **position** Scherpunkttieflage *f*; tiefe(r) Scherpunkt(lage) *m (f) (Flzg)*; ~ **clouds** *pl* tiefe Wolken *f/pl (unter 6500 ft = ca. 2000 m: met)* **(Def)**; ~-**drag** aerodynamisch günstig; widerstandsarm; ~**er** ausfahren *(Fahrwerk; Landeklappen; Flzg)*; ~ **drifting snow** niedriges Schneefegen *n (met)*; ~**er command** untere Führung *f (mil)*; ~**er component of a composite aircraft** Unterflugzeug *n („Vater und Sohn")*; ~**er dead centre** (*US* **center**) unterer Totpunkt *m (Flmot)*; ~**ering** Ausfahren *n (Fahrwerk; Landeklappen)*; Absinken *n (Bewölkung: met)* ~**er limit** Untergrenze *f*; ~**er longeron** Rumpfunterholm *m (Flzg)*; ~**er side** Druckseite *f (Tragfläche)*; ~**er surface** Unterseite *f (Tragfläche)*; ~**er wing** Unterflügel *m (bei Mehrdeckern; Flzg)*; ~**est usable flight level** niedrigste benutzbare Flugfläche *f (Flsich)*; ~**est vacant flight level** niedrigste verfügbare Flugfläche *f (Flsich)*; ~-**explosive** schwerexplosiv; nichtbrisant; ~ **flying** Tiefflug *m*; ~-**flying area** Tieffluggebiet *n (mil)*; ~-**flying attack** Tiefangriff *m (LKr)*; ~-**flying bombing** Bombentiefwurf *m (LKr)*; ~ **frequency**, *abbr* **LF** niedrigste Frequenz *f*; Langwelle *f (30 bis 300 kHz: Funk)*; ~ **intensity** niedrigste Intensität *f*; ~~ **light** Niederleistungsfeuer *n (nav)*; ~~ **lighting** Niederleistungsbefeuerung *f (Bod)*; ~**land fog** Talnebel *m (Met)*; ~(-**level)approach** Tiefanflug *m*; ~-**level attack** Tiefangriff *m (LKr)*; ~ (-**level)blower** Bodenlader *m (Flmot)*; ~-**level bombing** Bombentiefwurf *m (LKr)*; ~ -**level bombing attack** Bombentiefangriff *m (LKr)*; ~ -**level flight** Tiefflug *m*; ~ **pass** niedriger Vorbeiflug *m*; Tiefflug *m (Flbetr)*; ~~ **filter** Tiefpassfilter *m*; ~ **pitch** kleine Steigung *f (Luftschraube)*; ~-**powered** schwachmotorig *(Flzg)*; ~-**pressure** Niederdruck; ~-**pressure area** Tiefdruckgebiet *n*; Zyklone *f (met)*; ~-**pressure blower** Niederdruckgebläse *n*; ~-**pressure chamber** Unterdruckkammer *f*; ~-**pressure test** Unterdruckprüfung *f*; ~-**pressure test chamber** Höhenprüfkammer *f*; ~-**pressure tyre** (*US* **tire**) Niederdruckreifen *m*; ~ **release height** niedrige Absetzhöhe *f (Lastenabwurf)*; ~-**speed buck** Bocken *n (des Flmot)* bei niedrigen Drehzahlen; ~ -**speed flight** Langsamflug *m*; ~-**speed qualities** *pl* Langsamflugeigenschaften *f/pl (Flzg)*; ~-**subsonic region** niedriger Unterschallbereich *m*; ~-**supersonic region** schallnaher Überschallbereich *m*; ~-**temperature resisting** kältebeständig *(Werkstoff)*; ~ **tension** Niederspannung *f (el)*; ~ **tide** Ebbe *f*; ~ **visibility landing** Landung *f* bei geringer Sicht *(Flbetr)*; ~ **voltage** Niederspannung *f (el)*; ~ **water level** Niedrig-Wasserstand *m*; ~ **water neaps** *pl* Nippniedrigwasser *n*; ~-**wing aircraft** Tiefdecker *m (Flzg)*; ~-**wing monoplane** Tiefdecker *m (Flzg)* **(Def)**.

**losodrom|e** Loxodrome *f*; Kursgleiche *f (nav)*; ~**e reduction** Loxodrombeschickung *f (nav)*; ~**ic** loxodromisch.

**lubber line** Steuerstrich *m (Kompass)*; Bezugslinie *f (Instr)* **(Def)**.

**lube** *sl für* Schmierstoff *m*.

**lubric|ant** Schmierstoff *m*; ~**ant oil** Schmieröl *n*; ~**ate** (ab)schmieren *(Flmot usw)*; ~**ating grease** Schmierfett *n*; ~**ating oil** Schmieröl *n*; ~**ating property** *or* **quality** Schmierfähigkeit *f*; ~**ating system** Schmier(stoff)system *n (Flzg)*; ~**ation** Schmierung *f*; Ölversorgung *f (Flmot)*; ~**ation by continous oil-circulation** Umlaufschmierung *f (Flmot)*; ~**ation chart** *or* **diagram** Schmierplan *m*; ~**ation point** Schmierstelle *f*; ~**ity** Schmierfähigkeit *f*.

**luff** Luv(seite) *f*.

**luggage| compartment** Gepäckraum *m (Flzg)*; ~ **hold** Gepäckladeraum *m (Flzg)*.

**lull** Flaute *f*; Windstille *f*; abflauen *(Wind)*; ~ *in combat* Gefechtspause *f (takt)*.

**lumin|ance** Leuchtdichte *f*; ~~ **factor** Leuchtdichtefaktor *m*; ~**escent screen** Leuchtschirm *m (Radar)*; ~**ous compass** Leuchtkompass *m*; ~**ous dial** Leuchtblatt *n*; ~**ous flux** Lichtstrom *m*; ~**ous intensity** Lichtstärke *f*; ~**ous paint** Leuchtfarbe *f*; ~**ous sight** Leuchtvisier *n*; ~**ous signal** Leuchtsignal *n*.

**lump** Klumpen *m*; Haufen *m*; ~ *in the ground* Bodenwelle *f (Rollfeld)*; ~ **of ice** Eisklumpen *m*.

**lunar| eclipse** Mondfinsternis *f*; ~ **halo** Mondhalo *m*.

**lute** Kitt *m*.

**lying-position seat** Liegesitz *m (Flzg)*.

# M

**M** *(altes, internationales & ICAO- & NATO-Buchstabieralphabet)* Mike.

**Mach| line** Machsche Welle *f (aerodyn)*; ~**meter** Messgerät *n* für Machsche Zahl; Machmeter *n*; ~ **number** Machsche Zahl *f*; Machzahl *f (aerodyn)* **(Def)** *critical* ~ *number* Grenzmachzahl *f (aerodyn)*; ~(-**number) control** Mach-Zahl-Steuerung *f*; Flug *m* nach Mach-Zahl *(Flbetr)*; **on the** ~ *sl* Geschwindigkeit *f* kurz vor kritischer Machzahl; ~ **tuck** Mach-Nicken *n*; Nicken *n* im Transschallbereich *(Flzg)*.

**machin|e** Maschine *f (sl für Flzg)*; bearbeiten *(Flzg-Bauteile)*; ~**e gun** Maschinengewehr *n*; ~**ing allowance** Bearbeitungszugabe *f*.

**mackerel sky** Schäfchenwolken *f/pl*; Schäfchenhimmel *m*; Zirrokumuli *m/pl (met)*.

**macrometeorology** Maktrometeorologie *f*.

**"Mae West"** *sl für* Schwimmweste *f*.

**magazine| lock** Kassettenriegel *m (LPhot)*; ~-**rifle** Mehrladegewehr *n (mil)*.

**magnet** Magnet *m (allg)*; ~ **coil** Magnet- *od* Feldspule *f*; ~ **coupling** Magnetkupplung *f*; ~**ic** magnetisch; missweisend *(nav)*; ~**ic amplifier** Magnetverstärker *m (Kurssteuerung)*; ~**ic azimuth** missweisende Richtung *f*; Nadelzahl *f (Kompass)*; ~**ic bearing** missweisende Peilung *f (nav)*; ~**ic clutch** Magnetkupplung *f*; ~**ic coil** Magnet- *od* Erregerspule *f*; ~**ic compass** Magnetkompass *m (nav)*; ~**ic course** missweisender Kurs *m (nav)* ***(Def)***; ~**ic declination** Nadelabweichung *f (Kompass)*; Ortsmissweisung *f*, *abbr* OM *(nav)*; ~**ic deviation** Deviation *f (Kompass)*; Ablenkung *f* der Magnetnadel; ~**ic dip** magnetischer Inklinationswinkel *m*; ~**ic drum** Magnettrommel *f*; ~**ic field** Magnetfeld *n*; ~**ic flux** Kraftlinienfluss *m*; magnetische Induktion *f*; ~**ic force** Magnetkraft *f*; ~**ic(-force) field** magnetisches Kraftfeld *n*; ~**ic guidance** magnetische Lenkung *f (FK)* ***(Def)***; ~**ic heading** missweisender Steuerkurs *m (Flzg)*; ~**ic hollow charge** Hafthohlladung *f (Panzerbekämpfung Kr)*; ~**ic inclination** magnetische Inklination *f*; ~**ic interference** magnetische Störung(en) *(pl) (el)* ***(Def)***; ~**ic meridian** misswiesender Meridian *m (nav)* ***(Def)***; ~**ic mine** Magnetmine *f (Kr)*; ~**ic needle** Magnetnadel *f (Kompass)*; Kompassnadel *f*; ~**ic north** missweisend Nord *n (nav)* ***(Def)***; ~**ic north pole** magnetischer Nordpol *m*; ~**ic pole** Magnetpol *m*; ~**ic screening** magnetische Abschirmung *f*; ~**ic storm** magnetischer Sturm *m*; ~**ic striction** Magnetstriktion *f*; ~**ic-suspension gyro** magnetisch aufgehängter *od* gelagerter Kreisel *m*; ~**ic switch** magnetisch betätigter Schalter *m*; Schütz *n (el)*; ~**ic tape** Magnetband *n*; ~~ **recording** Magnetbandaufzeichnung *f*; ~**ic track** missweisender Kurs *m (über Grund: nav)*; ~**ic track angle** missweisender Kurswinkel *m* über Grund *(nav)*; ~**ic variation** Ortsmissweisung *f (Kompass)* ***(Def)***; ~**ic variation chart** (Orts-)Missweisungskarte *f (nav)*; ~**ization** Magnetisierung *f*; ~**ism** Magnetismus *m*; ~**ize** magnetisch machen; magnetisieren; ~**o** Zündmagnet *m (Flmot)*; ~**o check** Magnetprobe *f (Flmot)*; ~**odynamics** Magnetodynamik *f*; ~**oelasticity** Magnetoelastizität *f*; ~**ograph** Magnetograph *m*; ~**ohydrodynamical** (*abbr* **MHD**) **boundary layer** MHD-*od* magnethydrodynamische Grenzschicht *f*; ~**ohxydrodynamics**, *abbr* **MHD** Magnethydrodynamik *f*; MHD *f*; ~**o ignition** Magnetzündung *f*; ~**o-ionosheric storm** ionosphärischer Magnetsturm *m;* ~**osphere** Magnetosphäre *f;* ~**o starter** Magnetanlasser *m (Flmot)*; ~**o system** Magnetsystem *n (Flmot)*; ~**o timing** Zündpunkteinstellung *f (Flmot)*; ~**ron** Magnetfeldröhre *f*; Magnetron *n (Radar)*.

**magni|fying lens** Vergrößerungslinse *f*; ~**tude** Größe *f*; Größenordnung *f (einer Kraft)*; ~**tude of current** Stromstärke *f (el)*; ~**ude of oscillations** Schwingungsgröße *f (Funk)*; ~**tudinal order** Größenordnung *f*.

**maiden flight** Erstflug *m*; Jungfernflug *m (Flzg)*.

**mail** Post *f (LVerk)* ***(Def)***; *(Post)* aufgeben; ~-**bag** Postsack *m*; ~ **carrier** Postflugzeug *n*; ~**(-carrying) rocket** Post(beförderungs)rakete *f*; ~ **compartment** Postabteil *n (Flzg)*; ~ **flight** Postflug *m*; ~ **plane** Postflugzeug *n*; ~ **pouch** Postsack *m*; ~ **ton-kilometers performed** geleistete Post-Tonnenkilometer *m/pl (LVerk)*.

**main | air** Primärluft *f*; ~ **airfield** Haupt(flug)platz *m (mil)*; ~ **(air) route** Hauptlinie *od* -flugstrecke *f (LVerk)*; ~ **approach sector** Hauptanflugsektor *m (Flsich)*; ~ **attack** Hauptangriff *m (takt)*; ~ **attack army** Stoßarmee *f (takt)*; ~ **bang** Sendeimpuls *m (Radar)*; ~ **beacon** Hauptbake *f (SBA-Verfahren: Flsich)*; ~ **bearing** Hauptlager *n (Flmot)*; ~ **bracing** Hauptverspannung *f (Flzg)*; ~ **bulkhead** Hauptspant *m (Flzg)*; ~ **channel** Hauptrinne *od* -Wasserlandebahn *f*; ~ *channel selected basic length* Grundlänge *f* der Hauptwasserlandebahn *od* Hauptrinne; ~ **circuit** Hauptnetz *n (el)* ***(Def)***; ~ **course** Hauptkurs *m (ILS)*; ~ **cross section** Hauptquerschnitt *m*; ~ (**defensive**) **line** Hauptkampflinie *f (takt)*; ~ **direction-finding station**, *abbr* ~ **DF station** Peilleitstelle *f (Flsich)*; ~ **effort** Hauptangriff *m*; Schwerpunkt *m (takt)*; ~ **exchange** Knotenamt *n (tel)*, *abbr* KA (*früher: Endfernamt, abbr* EF); ~ **float** Hauptschwimmer *m (See-Flzg)*; ~ **fuselage tank** Hauptrumpfbehälter *m (Flzg)*; ~ **gear** Hauptfahrwerk *n (Flzg)*; ~ **horizon** Bildhorizont m; Bildwaagerechte *f (LPhot)*; ~ **jet** Hauptdüse *f (Vergaser)*; ~**land** Festland *n*; ~ **line of resistance** Hauptkampflinie *f (takt)*; ~-**liner** Verkehrsflugzeug *n* für Hauptstrecken; ~ **load case** Hauptlastfall *m (stat)*; ~ **lobe** Haupt(strahlungs)keule *f (Radar)*; ~ **longitudinal** Hauptlängsträger *m (Luftschiff)* ***(Def)***; ~ **meteorological office** Hauptflugwetterwarte *f*; ~ **mooring wire** Hauptankertau *n (Lfz l)* ***(Def)***; ~ **passenger list** Fluggast-Hauptliste *f (LVerk)*; ~ **plane** Haupttragfläche *f*; Tragwerk *n (Lfz)* ***(Def)***; ~~ **structure** Tragwerk(sverband) *n (m) (Flzg)*; ~ **position** Hauptstellung *f (takt)*; ~ **radial strut** Hauptradialstrebe *f (Lfz l)* ***(Def)***; ~ **reduction gear** Hauptvorgelege *n (Flmot)*; ~ **rotor** Hauptdrehflügel *m*; Hauptrotor *m (Heli & Turbo)* ***(Def)***; ~ **runway** Hauptstart- und Landebahn *f*; Hauptpiste *f (Bod)* ***(Def)***; ~ *runway selected basic length* Grundlänge *f* der Hauptstart- und Landebahn; ~**s** Stromnetz *n (el)*; ~**s-connected receiver** Netzempfänger *m (Funk)*; ~**s connection** Netzanschluss *m (el)*; ~**s voltage** Netzspannung *f (el)*; ~ **spar** Hauptholm *m (Flzg)*; ~ **spar flange** Hauptholmgurt *m (Flzg)*; ~ **step** Hauptstufe *f (Schwimmer beim See-Flzg od Flugboot)*; ~ **strut** Hauptstrebe *f*; ~ **supply of oxygen** Hauptsauerstoffversorgung *f*; ~ **switch** Hauptschalter *m*; ~ **switch panel** Hauptschalttafel *f*; ~**tain** instandhalten; warten; unterhalten; ~ **tank** Hauptbehälter *m (Flzg)*.

**maintenance** Instandhaltung *f*; Wartung *f*; Instandsetzung *f*; *depot* ~ *(US)* Depoinstandsetzung(sdienst) *f (m)*; *field* ~ *(US)* Feldinstandsetzung(sdienst) *f (m)*; *(LW)* Werftinstandsetzung(sdienst) *f (m)*; *organizational* ~ *(US)* Truppen- *od (LW)* Staffelwartung(sdienst) *f (m)*; ~ **and operations costs** *pl*, *abbr* **M & O costs** Unterhaltungs- und Betriebskosten *pl (mil)*; ~ **and repair** Wartung *f* und Instandsetzung *f*; ~ **and supply group**, *abbr* **M & S gp** Technische Gruppe *f (LW)*; ~ **check** Wartungskontrolle *od* -überprüfung *f*; ~ **costs** Unterhaltungs- *od* Wartungskosten *pl*; ~ **instructions** Wartungsvorschriften *f/pl*; ~ **log book** Wartungsbuch n; ~ **manual** Wartungshandbuch *n*; ~ **of stocks** *or* **supplies** Vorratshaltung *f*; ~ **personnel** Wartungspersonal *n*; ~ **recorder** Datenschreiber *m* für Wartung; ~ **records** *pl* Wartungsaufzeichnungen *f/pl od* -nachweise *m/pl*; ~ **release** Wartungsabnahme(schein) *f (m)*; ~ **regulations** Wartungsvorschriften *f/pl*; ~ **schedule** Wartungsplan *m (Flzg)*; ~ **staff** Wartungspersonal *n*; ~ **work** Wartungsarbeit *f*.

**main | undercarriage** Hauptfahrwerk *n (Flzg)*; ~ **wheel** Laufrad *n (Flzg)*; ~ **wind direction** Hauptwindrichtung *f (Flbetr)*; ~ **wing** Haupttragfläche *f*, Mittelflügel *m (Flzg)*.

**Major** Major *m (LW)*; ~ **accident** schwerer Unfall *m*; ~ **attack** Großangriff *m (takt)*; ~ **General** Generalmajor *m (Zweisternegeneral: LW)*; ~ **overhaul** Grundüberholung *f (Flzg)*; ~ **world air route area**, *abbr* **NWARA** Hauptstreckengebiet *n* des Weltflugverkehrs.

**make** Herstellung *f*; Erzeugnis *n*; Marke *f*; herstellen; machen; bewirken; ~ *a belly landing* Bauchlandung machen *(Flzg)*; ~ *a circuit* Platzrunde fliegen *(Flzg)*; ~ *a climbing take-off* Kavalierstart machen *(Flzg)*; ~ *a crash-landing* bruchlanden *(Flzg)*; ~ *an emergency landing* notlanden *(Flzg)*; ~ *a fix* Standort bestimmen *(nav)*; ~ *a gliding descent* Gleitflug machen *(Flzg)*; ~ *a good or safe or smooth landing* glatte Landung machen; glatt landen *(Flzg)*; ~ *a landing* landen *(Flzg)*; ~ *a pass* Vorbeiflug machen *(Flzg)*; durchfahren; einen Durchgang machen *(Jäger durch feindlichen Bomberverband: LKr)*; ~ *a squash landing* Bumslandung machen *(Flzg)*; ~ *calls at* zwischenlanden (in) *(Flzg)*; ~ *contact* Verbindung *od* Fühlung aufnahmen *(takt)*; Kontakt schließen *(el)*; ~ *for* ansteuern *(Flzg)*; ~ *gasproof or gastight* dichten *(Gaszellen im Luftschiff)*; ~ *kin-*

*dling of her sl* Kleinholz machen *sl (restloser Bruch: Flzg)*; ~**r** Hersteller *m*; ~**shift** behelfsmäßig; provisorisch; Notbehelf *m*; ~**-up area** Bereitstellungsfläche *f (für Frachtgut, Gepäck usw) (LVerk)*; ~ *way* Fahrt machen *(Flugboot usw auf Wasser)*.

**mal|e thread** Außengewinde *n*; ~**function** Störung *f (am Gerät usw)*; ~**let** Holzhammer *m*; Schlegel *m*; ~**position** Fehllage *f*.

**man** bemannen *(mil)*; ~**(-carrying) parachute** Personenfallschirm *m*; ~**-handling** Rollhilfe *f (für Flzg durch Bodenpersonal)*; ~**hole** Mannloch *n (Flzg)*; ~**-hour** Lohnstunde *f*; ~**-made noise** industrielle *od* technische Störungen *f/pl (Funk)*; ~**ned flight** bemannter *od* Menschenflug *m*.

**mandatory| instruction sign** Gebotszeichen *n (Bod)*; ~ **reporting point** Pflichtmeldepunkt *od* -ort *m (Flsich)*.

**maneton** Kurbelzapfen *m (Flmot)* ***(Def)***.

**maneuver** *vgl* **manoeuvre**.

**manifold** Verteilerrohr *n*; Ladeleitung *f*; vielfältig; ~**-pressure** (Absolut-)Ladedruck *m (Flmot)* ***(Def)***; ~ **pressure control** Ladedruckregler *m (Flmot)*; ~ **pressure gauge** (*US* **gage**) Absolutladedruckmesser *m (Flmot)* ***(Def)***.

**manipulate** handhaben; betätigen *(Steuerorgane usw)*.

**manoeuvr|ability** Steuerbarkeit *f*; Wendigkeit *f (Flzg)*; Manövrierfähigkeit *f (Flzg)*; ~**able** wendig *(Flzg)*; ~**e** (*US* **maneuver**) Manöver *n (mil)*; Flugfigur *f (Kunstflug)*; Flugbewegung *f*; ~*e for the kill* in Abschussposition gehen *(Luftkampf: LKr)*; ~*e the enemy out of position* herausmanövrieren; auskurven *(Luftkampf: LKr)*; ~**ing area** Rollfeld *n (Bod)* ***(Def)***; ~**ing load factor** Abfanglastvielfaches *n*; Auftriebsfaktor *m (Konstr)* ***(Def)***; ~**ing loads** *pl* Belastung(en) *f (pl)* aus gesteuerten Flugbewegungen *(Flbetr)*; ~**ing speed** Geschwindigkeit *f* für Ruderbetätigung *(Lfz)*; ~**ing valve** Steuerungsventil *n (Lfz l)* ***(Def)***.

**manometer** Manometer *n*; Druckmesser *m*.

**man response** menschliches Reaktionsvermögen *n*.

**manual** Handbuch *n*; Vorschrift *f*; handbetrieben; von Hand; ~ **control** Handsteuer- *od* Bedienungsorgan *n*; manuelle *od* Handsteuerung *f*; Betätigung *f* von Hand; ~ **exchange** Handvermittlung *f (Tel)*; ~ **ILS approach** handgesteuerter ILS-Anflug *m (Flbetr)*; ~**ly-controllable propeller** handbetätigter Verstellpropeller *m*; ~**ly operated** manuell; von Hand bedient; ~**ly-operated fuel pump** Kraftstoffhandpumpe *f*; ~ **radio telegraph procedure** Hand- *od* manuelles Tastfunkverfahren *n*; ~ **simplex** Hand- *od* manueller Simplexbetrieb *m (Funk)*; ~ **speed** Handtastgeschwindigkeit *f (Tastfunk)*; ~ **switching** Handvermittlung *f (Fernschr)*; Hand(um)-schaltung *f*; ~**trim(ming)** manuelle Trimmung *f (Lfz)*.

**manufacture** Herstellung *f*; herstellen; ~ *of parts* Einzelteilbau *m*; ~ *under licence* (*US license*) Lizenzbau *m*; ~**r** Hersteller(werk) *m (n)*; ~*r's number* Werknummer *f*.

**map** Landkarte *f (Kart)*; ~ **case** Kartentasche *f*; ~ **course** Kartenkurs *m (nav)*; ~ **distance** Kartenentfernung *f*; ~ **exercise** Planspiel *n*; Planübung *f (mil)*; ~ **fire** Planschießen *n (Art)*; ~ **grid** Kartengitter(netz) *n*; ~ **location** Kartenstandort *m*; ~ **manoeuvre** (*US* **maneuver**) Planübung *f (mil)*; ~ **of isotherms** Isothermenkarte *f (met)*; ~ **overlay** (transparente) Kartenauflage *f (Radar)*; ~**ping** Kartierung *f*; ~**ping camera** Reihenbildgerät *n (LPhot)*; ~ **projection** Kartenprojektion *f*; ~ **protractor** Kartenwinkelmesser *m*; ~ **range** Kartenentfernung *f (Art)*; ~**-read** Karte lesen; ~ **reading** Kartenlesen *n*; ~ **roller** Kartenroller *m*; ~ **scale** Kartenmaßstab *m*; ~ **section** Kartenausschnitt *m*; ~ **sheet** Kartenblatt *n*; ~ **square** Planquadrat *n (Kart)*; ~**-type presentation** kartenähnliche Darstellung *f (Radar)*.

**march** Marsch *m*; marschieren; ~ **column** Marschkolonne *f*; ~ **destination** Marschziel *n*; ~ **formation** Marschgliederung *f*; ~ **halt** Marschpause *f*; ~**ing interval** Marschabstand *m*; ~ **objective** Marschziel *n*; ~ **order** Marschbefehl *m*; ~ **preparedness** Marschbereitschaft *f*; ~ **security** Marschsicherung *f (takt)*.

**margin** Rand *m*; Spielraum *m*; zulässiger Verzerrungsgrad *m (Fernm)* ***(Def)***; ~**al g-load** Grenz- *od* Höchstlastvielfaches *n (Konstr)*; ~**al note** Randangabe *f (Kart)*; ~**al vortex** Randwirbel *m (aerodyn)*; ~ **al weather conditions** *pl* Randwetterbedingungen *f/pl*; Grenzwetterlage *f*; ~ **information** Kartenrandangaben *f/pl (Kart)*; ~ *of power* Leistungsüberschuss *m (Flmot)*; ~ *of safety* Sicherheitszuschlag *m (Art)*.

**marine** ozeanisch *(met)*; das Seewesen betreffend; *(US)* Seesoldat *m*; *(US)* Marine-Infanterist *m*; ~ **chart** Seekarte *f*; ~ **climate** Seeklima *n (met)*; ~ **light** Seefahrtfeuer *n*; ~ **radio beacon** Seefunkfeuer *n*.

**maritime| air** Seeluftmasse *f*; Meeres- *od* maritime Luft *f (met)*; ~ **aircraft** See-Einsatzflugzeug *n*; ~ **aviation** Seefliegerei *f od* -flugwesen *n*; ~ **helicopter** Marinehubschrauber *m*; ~ **radio service** Seefunkdienst *m*.

**mark** markieren; einzeichnen *(in Karte)*; Marke *f*; Kennzeichen *n*; Bauserie *od* -reihe *f (Flzg)*; ~ **bias** Zeichenstromüberhang *m (Fernschr)*; ~**ed change in weather** ausgeprägte Wetteränderung *f*; ~**er** Markierungs- *od* Sichtzeichen *n*; Marker *m (Bod)* ***(Def)***; ~**er (aircraft)** Beleuchter *m (bei Nachtangriffen: LKr)* ~**er beacon** Markierungsfunkfeuer *n (Funk)* ***(Def)***, ~**er bomb** Markierungsbombe *f (LKr)*; ~**er force** Beleuchtungsverband *m*; *sl* Anzünder *m/pl (LKr)*; ~**er light** Abstandsfeuer *n*; ~**er (radio) beacon** Markierungsfunkfeuer *n (Bod)*; ~**ers** *pl* Marker *m/pl*; Sichtzeichen *n/pl (Bod)* ***(Def)***; ~**ing** Indexmarke *f*, Kennzeichen *n*; ~**ing impulse** Zeichenimpuls *m*; ~**ings** *pl* Marken *f/pl*; Sichtzeichen *n/pl (Bod)* ***(Def)***; Telegraphie- *od* Fernschreibzeichen *n/pl (Fernm)*; Hoheitszeichen *n/pl (Flzg usw)*; ~**ing signal** Strom- *od* Trennschritt *m (Fernschr)*; ~**ing transmission** Abstimmsendung *f (Funk)*; ~**sman** Scharfschütze *m (mil)*; ~**-smanship** Ziel- *od* Treffsicherheit *f*; ~ *with lights* befeuern *(Flugplatz usw)*.

**marmalade** *sl für* Lametta *n (sl für Orden usw)*.

**Marshal| of the RAF** Feldmarschall *m (Fünfsternegeneral) (LW E)*; ~ einwinken *(Flzg beim Rollen)*; ~**lers** *pl* Einwinkpersonal *n (Rollhilfen)*; ~**ling signal** Einwinkzeichen *n (Flbetr am Bod)*.

**martial law** Stand- *od* Kriegsrecht *n (mil)*.

**mask** Maske *f (Höhenatmer usw)*; Deckung *f (mil)*; verdecken.

**mass** Masse *f*; Massierung *f (takt)*; massieren *(takt)*; ~ **attack** Massenangriff *m (takt)*; ~ **balance** Massen- *od* Gewichtsausgleich *m (Leitwerk: Flzg)*; ~*-balanced controls pl* Steuerruder *n/pl* mit Gewichtsausgleich *(Flzg)*; ~**-balance weight** Massenausgleich *m (Flzg-Steuerung)* ***(Def)***; ~ **distribution** Massenverteilung *od* -belegung *f*; ~**ed air attack** rollender *od* massierter Luftangriff *m*; ~**(-ed) concentration of weapons** Schwerpunktbildung *f (takt)*; ~**es**

*pl* **of clouds** Gewölk *n (met)*; ~ **flight** Massenflug *m*; ~ **force** Trägheitskraft *f*; ~ **inertia** Beharrungsvermögen *n* der Masse; ~**(ing)** Massierung *f (takt)*; ~**ive raid** massierter Angriff *m (takt)*; ~ *of cold air* Kaltluftmasse *f (met)*; ~**-produce** in Serie herstellen; ~ **production** Serien- *od* Reihenfertigung *f*; Massenproduktion *f*; ~**-(to-)power ratio** Masse-Leistungs-Verhältnis *n*; Leistungsmasse *f*.

**mast** Mast *m*; ~ **antenna** Mastantenne *f (Funk)*; ~ **landing** Mastlandung *f (Luftschiff)*; ~ **line** Mastleine *f*; ~ **mooring** Mastverankerung *f (Luftschiff)*.

**master | and articulated assembly** Pleuelstern *m (Flmot) (Def)*; ~ **battery** Leitbatterie *f (Flak)*; ~ **bomber** Zeremonienmeister *m sl (Nachtbombenangriff: LKr)*; ~ **compass** Mutterkompass *m*; ~ **compass indicator** Tochterkompass *m*; ~ **(connecting) rod** Hauptpleuel *n (Stern-Flmot)*; ~ **equipment authorization list**, *abbr* **MEAL** (*US LW)* Ausrüstungsnachweisungs-Schlüsselliste *f*; ~ **gauge** (*US* **gage**) Kontrolllehre *f (Flzg-Bau)*; ~ **rod bearing** Hauptpleuellager *n (Flmot)*; ~ **search-light** Leitscheinwerfer *m (Flak)*; ~ **Sergeant** (*US* LW) *entspricht:* Oberstabsfeldwebel *m (mil)*; ~ **station** Hauptstelle *f (nav)*; ~ **switch** Haupttrennschalter *m (el; Flzg)*; ~**y of the air** Luftherrschaft *f (LKr)*.

**match |ing** Anpassung *f (Funk)*; ~**-wood** *sl* Kleinholz *n sl*; restloser Bruch *m (Flzg)*.

**material** Material *n*; Werkstoff *m*; Zeug *n*; ~ **damage** Sachschaden *m*; ~ **defect** Materialfehler *m*; ~ **stiffness** Materialsteifigkeit *od* -steifheit *f*; ~ **stress** Materialbeanspruchung *f*; ~ **testing** Materialuntersuchung *f*.

**matériel** Ausrüstung *f* und Gerät *n (mil)*; ~ **reception** Materialübernahme *f (Logistik)*.

**mating** Zusammenfügen n; Verbinden *n*; ~ **connecting rod**, *abbr* **mating conrod** Nebenpleuel *n (Stern-Flmot)*.

**maximal | control(-surface) deflection** maximaler Ruderausschlag *m (Flzg)*; ~ **flight endurance** *or* **time** Höchstflugdauer *f*.

**maximum** Höchstwert *m*; Höchst-; ~ **all-out-level power** Höchstkurzleistung *f (nur im Fluge: Flmot)*; ~ **all-up weight** Höchstgewicht *n (Flzg)*; ~ **boost** Höchstaufladung *f (Flmot)*; ~ **certified weight** zulässiges Höchstgewicht *n (LVerk)*; ~ **continuous power** höchste Dauerleistung *f (Flmot)*; ~ **continuous power and/or thrust** höchstzulässige Dauerleistung *f* und/oder Dauerschub *m (Flmot & Turbo) (Def)*; ~ **continuous rating** höchste Dauer(nenn)leistung *f (Flmot)*; ~ **delivery pressure** maximaler Förderdruck *m (Hydr) (Def)*; ~ **disposable load** höchstzulässige Ladung *f*; Höchstzuladung *f (Lfz) (Def)*; ~ **dive** *or* **diving speed** maximale Sturzfluggeschwindigkeit *f*; ~ **economy cruising power** höchstzulässige Reisedauergeschwinddigkeit *f (Flmot)*; ~ **emergency power** Nothöchstleistung *f (Flmot)*; ~ **engine overspeed** höchst(zulässig)e Überdrehzahl *f* des Motors *(Flmot) (Def)*; ~ **except take-off power**, *abbr* **METO-power** *(US)* Steig- und Kampfleistung *f (Flmot: LW)*; Höchstleistung *f* außer Startleistung *(Flmot allg)*; ~ **flap extented speed** Höchstgeschwindigkeit *f* mit ausgefahrenen Landeklappen *(Flbetr)*; ~ **flying speed** Höchstfluggeschwindigkeit *f (Lfz) (Def)*; ~ **(horse-)power(rating)** (Nenn-)Höchstleistung *f (Flmot)*; ~ **inflated diameter** maximaler Durchmesser *m* in gefülltem Zustand *(Fallsch) (Def)*; ~ **landing gear extended speed** Höchstgeschwindigkeit *f* bei ausgefahrenem Fahrwerk *(Flbetr)*; ~ **landing gear operating speed** Höchstgeschwindigkeit *f* für Fahrwerkbetätigung *(Flbetr)*; ~ **landing weight** höchstzulässige Landemasse *f*; (zulässige) Landehöchstmasse *f (Lfz) (Def)*; ~ **licensed take-off weight** höchstzulässige (Lizenz-)Startmasse *f (Lfz) (Def)*; ~ **lift** Höchstauftrieb *m (aerodyn)*; ~ **load** *(in flight)* Höchstbelastung *f (Flzg im Flug)*; ~**-minimum thermometer** Maximum-Minimum-Thermometer *n (met)*; ~ **output** Höchstleistung *f (Flmot)*; ~ **overspeed** höchste Überdrehzahl *f (Flmot; Prop)*; ~ **permissible operating speed** höchstzulässige Betriebsgeschwindigkeit *f (Lfz)*; ~ **permissible weight**, *abbr* **MPW** zulässiges Höchstgewicht *n (LVerk)*; ~ **power altitude** Volldruckhöhe *f*; Vollleistungshöhe *f (Flmot)*; ~ **power rating** Nennhöchstleistung *f (Flmot)*; ~ **propeller governed speed** höchste geregelte Drehzahl *f* der Verstellluftschraube; ~ **propeller overspeed** höchstzulässige Luftschrauben-Überdrehzahl *od* höchste Propellerüberdrehzahl *f (Def)*; ~ **range** maximale Reichweite *f (Flbetr)*; ~ **recommended cruising power** höchste empfohlene Reiseleistung *f (Flmot)*; ~ **revolutions** *pl* Höchstdrehzahl *f (Flmot)*; ~ **safe airspeed indicator** Sicherheits-Höchstfahrtmesser *m (Instr) (Def)*; ~ **safe load** sichere Last *f (stat)*; ~ **speed** Höchstgeschwindigkeit *f*; (~) **take-off power** *or* **rating** (höchste) Startleistung *f (Flmot) (Def)*; ~ **take-off- weight** höchstzulässige Startmasse *f*; (zulässige) Starthöchstmasse *f (Lfz) (Def)*; ~ **taxying weight** (zulässige) Rollhöchstmasse *f (Lfz am Bod)*; ~ **usable load** Höchstzuladung *f (LVerk)*; ~ **value** Höchstwert *m*; ~ **weak-mixture power** höchste Sparleistung *f (Flmot) (Def)*; ~ **weight** höchstzulässige Flugmasse *f*; (zulässige) Flughöchstmasse *f (Lfz) (Def)*; ~ **zero fuel weight** Leertankhöchstgewicht *n (Lfz)*.

**meaconing** Meacon-Funkfeuerstörung *f (Def)*.

**mean** mittel; durchschnittlich; ~ **(aerodynamic) chord** Ersatzflügeltiefe *f*; mittlere Flügeltiefe *f (aerodyn)*; ~ **annoyance level** mittlerer Störpegel *m (Fluglärm)*; ~ **aspect ratio** mittlere(s) Flügelstreckung *f od* Seitenverhältnis *n (Konstr)*; ~ **camber** Durchschnittskrümmung *f (Tragfläche)*; ~ **camber line** Skelettlinie *f*; Profilsehne *f (Tragfläche)*; ~ **chord** mittlere Flügeltiefe *f (Flzg)*; ~ **daily temperature** mittlere Tagestemperatur *f (met)*; ~ **error** mittlerer Fehler *m (nav usw)*; ~ **geometric chord** mittlere geometrische Flügel- *od* Profiltiefe *f (Lfz) (Def)*; ~ **high water**, *abbr* **MHW** mittleres Hochwasser *n*; ~~ **neaps** *pl*, *abbr* **MHWN** mittleres Nipphochwasser *n*; ~~ **springs** *pl*, *abbr* **MHWS** mittleres Springhochwasser *n*; ~ **indicated pressure**, *abbr* **MIP** mittlerer indizierter Druck *m (Flmot)*; ~ **level**, *abbr* **ML** mittleres Niveau *n (met)*; ~ **line** Profil- *od* Skelettlinie *f (Konstr)*; *(Def)*; ~ **low water**, *abbr* **MLW** mittleres Niedrigwasser *n*; ~ **polar** gemittelte Polare *f*; Durchschnittspolare *f*; ~ **power** mittlere Leistung *f (Flmot)*; ~**-pressure tyre** Mitteldruckreifen *m (Flzg)*; ~ **sea level**, *abbr* **MSL** mittlere Seehöhe *f*; Normalnull *n*, *abbr* NN, mittlerer Meeresspiegel *m*; ~**s of wire communication** Drahtfernmeldemittel *n/pl (Tel)*; ~ **solar time** mittlere Sonnenzeit *f (nav)*; ~ **temperature** Durchschnittstemperatur *f*; ~ **tide level**, *abbr* **MTL** Mittelwasser *n*; ~ **time between failures**, *abbr* **MTBF** mittlerer Ausfall- *od* Zeitabstand *m* zwischen Störungen *(technischer Art)*; ~ **value** Mittelwert *m*; ~ **velocity** mittlere Geschwindigkeit *f*; ~ **water level** mittlerer Wasserstand *m*; ~ **wind** mittlerer Wind *m (met)*; ~ **frequency** mittlere Windhäufigkeit *f (met)*.

**measur |able** messbar; ~**e** Maß *n*; Maßnahme *f*; messen; ~**ed value** Messwert *m*; ~**ement** Messung *f*; ~~ **accuracy** Messgenauigkeit *f*; ~~ **error** Messfehler *m*; ~~ *of altitude* Höhenmessung *f*; ~~ *of speed* Geschwindigkeitsmessung *f*; ~*e of capacity* Hohlmaß *n*; ~*e with compasses pl* Entfernung *f* mit Zirkel aus Karte herausnehmen *(nav)*; ~**ing capacity** Messbereich *m & n*; ~**ing equipment** Messausrüstung *od* -apparatur *f*; ~**ing flask** Messkolben *m*;

~**ing nozzle** Messdüse *f*; ~**ing range** Messbereich *m & n*; ~**ing tape** Bandmaß *n*.

**mechan|ic** Mechaniker *m*; Monteur *m*; ~**ical** mechanisch; ~**ical deformation** mechanische Verformung *od* Deformation *f*; ~**ical energy** mechanische Energie *f*; ~**ical foam** mechanisch erzeugter Schaum *m (Brandbekämpfung)*; ~**ical pilot** (automatische) Kurssteuerung *f*; Selbststeuergerät *n (Flzg)*; ~**ical starter** mechanischer Anlasser *m (Flmot)*; ~**ical training** technische Ausbildung *f*; ~**ics** Mechanik *f (Wissenschaft)*; Bewegungslehre *f*; ~*ics of flight* Flugmechanik *f*; ~*ics of fluids* Strömungsmechanik *f* ***(Def)***; ~**ism** Mechanismus *m*; Vorrichtung *f*; ~**ization** Motorisierung *f (mil)*; Mechanisierung *f*; ~**ize** mechanisieren; motorisieren; ~**ized** motorisiert *(mil)*; ~**ized troops** *pl* verlastete Truppen *f/pl (mil)*.

**medal** Orden *m (mil)*; Auszeichnung *f*; Medaille *f*.

**median line** *(of an aerofoil)* Skelettlinie *f (eines Tragflügels: Lfz)* ***(Def)***.

**medical| assessment** fliegerärztliche Beurteilung *f*; ~ **certification** fliegerärztliches Tauglichkeitszeugnis *n*; ~ **corps** Sanitätskorps *n (mil)*; ~ **examination** *(for or of aviators)* (flieger)ärztliche Untersuchung *f*; ~ **examiner** untersuchender Arzt *m*; ~ **fitness** gesundheitliche Tauglichkeit *f (Flmed)*; ~ **kit** Sanitätsausrüstung(ssatz) *f (m)*; ~ **officer** Sanitätsoffizier *m (mil)*; Truppenarzt *m (mil)*; ~ **reexamination** ärztliche Nachuntersuchung *f*; ~ **service** Sanitätsdienst *m*; Sanitätswesen *n (mil)*; ~ **supplies** *pl* Sanitätsmaterial *n*; ~ **test** medizinische Eignungsprüfung *f (flgds. Personal)*; ~ **treatment** ärztliche Behandlung *f*.

**medic(o)** *sl für* Arzt *m*.

**Mediterranean** Mittelmeer *n*.

**medium** mittlere(r); Mittel; schwer *(Art)*; ~ **artillery** schwere Artillerie *f*; ~ **bank** mittlere Querlage *f (25 – 45°: Flzg)*; ~ **bomber**, *abbr* **MB** mittleres Kampfflugzeug *n*; mittlerer Bomber *m*; ~ **clouds** *pl* mittelhohe Wolken *f/pl (etwa 2 000 – 7 000 m: met)* ***(Def)***; ~ **frequency**, *abbr* **MF** Mittelfrequenz *od* -welle *f (Funk: 300 – 3 000 kHz)*; Hektometerwelle *f (Funk)*; ~-**haul (air) service** Mittelstreckenfluglinie *f (LVerk)*; ~ **range** mittlere Entfernung *f (bis ca. 800 m)*; Mittelbereich *m & n (Funk)*; mittlere Reichweite *f (LVerk)*; ~-**range aircraft** Mittelstreckenflugzeug *n*; ~ **range forecast** mittelfristige Vorhersage *f (met)*; ~ **range operation** Mittelstrecken(flug)betrieb *m (LVerk)*; ~ **supercharger gear**, *abbr* **M-gear** erste Laderstufe *f (Flmot)*; ~ **wave** Mittelwelle *f (Funk, vergl* ~ **frequency**); ~ **wave range** Mittelwellenbereich *m & n (Funk)*.

**meet** begegnen; treffen; ~**ing** Veranstaltung *f*; Zusammenkunft *f*; Sitzung *f*; Tagung *f*; ~**ing encounter** *or* **engagement** Begegnungsgefecht *n (takt)*; ~**ing point** Treffpunkt *m (takt)*.

**megacycle(s per second)** Megahertz *n*, *abbr* MHz *(= 1 Million Hertz)*.

**melting|** ***point*** Schmelzpunkt *m*; ~ **snow** nasser Schnee *m*; Schneematsch *m*.

**member** Mitglied *n*; Bauelement *n*; Bauteil *m & n*; ~**ship** Mitgliedschaft *f*; ~**s of the forces** *pl* Angehörige *m/pl* der Streitkräfte *(mil)*.

**memo(randum)** Merkblatt *n*; Denkschrift *f*.

**memory** (Daten-)Speicher *m (EDV)*; ~ **guidance** Programmlenkung *f (FK)* ***(Def)***; ~-**programmed** speicherprogrammiert *(EDV)*.

**mental| computation** Kopfrechnen *n*; ~ **dead reckoning navigation**, *abbr* **mental D/R** Koppelnavigation *f* ohne schriftliche Hilfmittel; ~ **fitness** geistige Tauglichkeit *f (Flmed)*.

**Mercator| chart** *or* **map** Merkatorkarte *f (Kart)*; ~ **projection** Merkatorprojektion *f (Kart)*.

**mercur|ial barometer** Quecksilberbarometer *n (met)*; ~**ial ointment** Quecksilbersalbe *f*; ~**y** Quecksilber *n*; ~**y fulminate** Knallquecksilber *n (Sprengstoff)*; ~**y light** Quecksilberlicht *n*; ~**y thermometer** Quecksilberthermometer *n*.

**merge** verschmelzen; sich überdecken *(Radarziele)*.

**meridi|an** Meridian *m (Längengrad)*; ~**an distance** Meridianabstand *m (Kart)*; ~**onal parts** *pl* Meridionalteile *n/pl (nav)* ***(Def)***.

**mesh** Masche *f*; Zahneingriff *m (Zahnräder)*; ~ **wiring** Verseilung *f (Lfz l)* ***(Def)***.

**mess** Speiseraum *m (mil)*; Kasino *n*; Messe *f (mil)*; ~ **council** Kasinovorstand *m*; ~ **officer** Kasinooffizier *m (mil)*; ~-**tin** Essgeschirr *n (mil)*.

**message** Meldung *f (Fernm)*; Mitteilung *f*; Spruch *m (Funk)*; ~ **blank** Meldeformular *n*; ~ **category** Meldungsart *f*; ~ **centre** (*US* **center**) Meldesammelstelle *f*; Meldekopf *m (mil)*; ~ **container** Meldebüchse *f*; ~ **dropping** Meldeabwurf *m*; ~~ **container** Meldekapsel *f*; ~ **ending** Ende *n* der Meldung; Meldungsschluss(teil) *m*; ~ **form** Meldeformular *n*; ~ **format** Meldeformat *n*; ~ **heading** Meldungsvorsatz *od* -kopf *m*; ~ **identification group** Kenngruppe *f* der Meldung; ~ **preference** Meldungsvorgang *m*; ~ **text** Meldungstext *m*.

**messenger** Melder *m*; Läufer *m*; Kurier *m (mil)*; ~ **airplane** Kurierflugzeug *n*; ~ **dog** Meldehund *m (mil)*; ~ **service** Kurierdienst *m (mil)*.

**met** *sl vergl* **meteorological**.

**metal** Metall *n*; ~ **airscrew** Metallluftschraube *f*; ~ **braiding** Metallumspinnung *f (Zündkabel)*; ~ **clip** Metallbeschlag *m (Luftschraube)*; ~ **construction** Metallbauweise *f*; ~ **covered** metallbeplankt *(Flzg)*; ~ **covering** Metallbeplankung *f (Flzg)*; ~-**detecting device** Metallspürgerät *n*; ~-**detecting doorway** Metallspür-Torsonde *f (Fluggastabfertigung)*; ~ **foil** Metallstreifen *m*; ~**led road** Schotterstraße *f*; ~**lic vee** Haltepunkt *m (Lfz l)* ***(Def)***; ~**lography** Metallkunde *f*; ~ **plane** Ganzmetallflugzeug *n*; ~ **propeller** Metallluftschraube *f*; ~ **sheathing** Metallummantelung *f (Zündkabel)*; Metallbeschlag *m (Holzluftschraube)*; ~ **sheeting** Metallbeplankung *f (Flzg)*; ~-**skinned** metallbeplankt *(Flzg)*; ~~ **tank** Metall(kraftstoff)behälter *m*; Metalltank *m*; ~ **tipping** Metallbeschlag *m (Luftschraubenspitze)*.

**meteorograph** Meteorograph *m (met)* ***(Def)***.

**meteorological| assistant** Wetterdienstassistent *m*; ~ **authority** Wetterdienstbehörde *f* ***(Def)***; ~-**aviation routine report**, *abbr* **METAR** planmäßige Flugwettermeldung *f*; ~ **balloon** Pilotballon *m (met)*; ~ **briefing** Wetterbesprechung *f*; *(mündliche)* Wetterberatung *f* ***(Def)***; ~ **broadcast** Wetterfunk *m*; Wettersendung *od* -ausstrahlung *f*; ~ **buoy** meteorologische Boje *f (met)*; ~ **centre** (*US*

**center**) Wetterzentrale *f*; ~ **code** Wetterschlüssel *m*; ~ **conditions** *pl* Wetterlage *f*; Wetterverhältnisse *n/pl*; Wetterbedingungen *f/pl*; ~ **debriefing** mündlicher Flugbericht *m (met)*; ~ **documentation** schriftliche Wetterberatung *f*; ~ **fixed telecommunication network** festes Wetterfernmeldenetz *n*; ~ **forecast** Wettervorhersage *f*; ~ **hazardous conditions** *pl* gefährliche Wetterverhältnisse *n/pl*; ~ **information** meteorologische Auskunft *f*; Wetterauskunft *od* -information(en) *f (pl)* ***(Def)***; ~~ **for aircraft in flight**, *abbr* **VOLMET** Wetterinformationen *f/pl* für Luftfahrzeuge im Fluge; ~ **message** Wettermeldung *f*; ~ **minima** *pl* Wettermindestbedingungen *f/pl (Flsich)*; ~ **navigation** meteorologische Navigation *f*; ~ **observation** Wetterbeobachtung *f* ***(Def)***; ~~ **station** Wetterbeobachtungsstation *f*; ~ **observer** Wetterbeobachter *m*; ~ **office** Wetterwarte *od* -dienststelle *f*; ~ **phenomenon** Wettererscheinung *f*; ~ **radar** Wetterradar(gerät) *n*; ~ **radiogram** Wetterfunktelegramm *n*; ~ **reconnaissance aircraft** Wettererkundungsflugzeug *n*; ~ **reconnaissance flight** Wettererkundungsflug *m (Flbetr)*; ~ **report** Wetterbericht *m od* -meldung *f* ***(Def)***; Barbarameldung *f (Art)*; ~ **satellite** Wettersatellit *m*; ~ **service** meteorologischer Dienst *m (Dienstverrichtung)*; ~ **Service** Wetterdienst *m (Organisation)*; ~ **situation** Wetterlage *f*; ~ **station** Wetterwarte *f*; ~ **summary** meteorologische Zusammenstellung *od* Zusammenfassung *f*; ~ **telecommunications** *pl* Wetterfernmeldewesen *n*; ~ **transmission** Wettersendung *od* -übermittlung *f*; ~ **warning** Wetterwarnung *f*; ~ **watch** Flugwetterüberwachung *f*; ~ **zone** meteorologische Zone *f*.

**meteorolog|ist** Meteorologe *m*; Wetterfrosch *m sl*; ~**y** Wetterkunde *f*; Meteorologie *f*.

**meter**, *vergl/cf.* **metre**; ~ **display** Instrumentenanzeige *f*; ~**ing nozzle** Vergaser- *od* Dosierdüse *f (Flmot)*; ~ **reading** Instrumentenanzeige *f*.

**methanol** Methanol *n*; Methylalkohol *m*; ~-**water injection** Methanol-Wasser-Einspritzung *f (Flmot)*.

**method** Methode *f*; Arbeitsverfahren *n*; ~**ic(al) error** methodischer *od* Methodenfehler *m*; ~ **of execution** Art *f* der Durchführung *(takt)*.

**METO power** höchstzulässige Dauerleistung *f (Flmot)*.

**metre** (US **meter**) Meter *n (Längenmaß)*; Messgerät *n*; messen; ~**ing** Abmessen n; Zumessen *n (Kraftstoff)*; ~**ing orifice** Messdüse *f*; ~ **presentation** Instrumentenanzeige *f*.

**metric** metrisch; ~ **altitude** metrische Flughöhe *f (Flsich)*; ~ **unit** metrische Maßeinheit *f*; ~ **waves** *pl* Meterwellen *f/pl (Funk: 30 – 300 MHz)*.

**metro** *(US)* Wetter-; Witterungs-; ~ **data** Witterungseinflüsse *m/pl (Art)*; ~ **platoon** *(US)* Wetterzug *m (Art)*.

**mica** Glimmer *m*; ~-**control condenser** Glimmerkondensator *m (Funk)*.

**micro | adjustment** Feineinstellung *f*; ~**electronics** Mikroelektronik *f*; ~**film** Mikrofilm *m*; ~**finish** Präzisionsschliff *m*; Hochglanz *m*; ~**indication** Feinanzeige *f*; ~**meter** Mikrometer *n*; ~**phone** Mikrophon *n (Funk & Tel)*; ~**phone switch** Sprechtaste *f (Flzg)*; ~**scope** Mikroskop *n*; ~**structure** Feinstruktur *f*; Feingefüge *n*; ~**wave** Mikrowelle *f*; Zentimeterwelle *f (Funk & Radar: 3 – 30 GHz)*; ~~ **landing system**, *abbr* **MLS** Mikrowellenlandesystem *n (Flsich)*; ~~ **link** Mikrowellenverbindung *od* -(übertragungs)strecke *f (Fernm)*; ~~ **search radar** Mikrowellen-Suchradar(gerät) *n*.

**mid |-air** mitten in der Luft; in freier Luft; ~~ **collision** Zusammenstoß *m* im Fluge *od* in der Luft; ~~ **refuelling** Flugauftankung; ~~ **transfer of fuel** Flugauftankung *f*; ~**dle** Mitte *f*; ~**dle clouds** *pl* mittelhohe Wolken *f/pl (met)*; ~**dle marker (beacon)** Haupteinflugzeichen *n (ILS-Verfahren: Flsich)* ***(Def)***; ~**dle-ski landing gear** Mittelkufenlandegestell *n (Flzg)*; ~-**point** Wechselpunkt *m (Flak)*; ~-**wing plane** Mitteldecker *m (Flzg)* ***(Def)***.

**migra |nt workers' flight** Gastarbeiterflug *m (LVerk)*; ~**tion rate** *or* **speed** *or* **velocity** Wanderungs- *od* Laufgeschwindigkeit *f*.

**mil** *(US)* Teilstrich *m*; Strich *m (Art: Einheit der 6400er Teilung des Vollkreises)*.

**mile**, *abbr* **mi.** Meile *f (= 1,60933 km)*; ~ *flown* Flugmeile *f*; *nautical* ~, *abbr naut. mi.* Seemeile *f (= 1,85318 km)*; *statute* ~, *abbr* **mi.** englische Meile *f (= 1,60933 km)*.

**military** militärisch; Militär *n*; ~ **administration** Militärverwaltung *f*; ~ **aeronautics** Militärluftfahrt *f*; ~ **Agency for Standardization**, *abbr* **MAS** Militärisches Amt *n* für Standardisierung; ~ **aircraft** Militärluftfahrzeug *n*; Militärflugzeug *n*; ~ **airfield** Militärflugplatz *m*; ~ **aviation** Militärflugwesen *n*; ~ **district** Wehrbereich *m*; ~ **economics** Wehrwirtschaft *f*; ~ **education** Wehrerziehung *f*; ~ **garrison** *(E)* Wehrmachtstandort *m*; ~ **government** Militärregierung *f*; ~ **intelligence** (Feind-)-Nachrichtendienst *m (mil)*; Aufklärung; Auswertung und Abwehr *f (mil)*; ~ **jurisdiction** Militärgerichtsbarkeit *f*; ~ **pilot** Militärpilot *m*; Militärflugzeugführer *m*; ~ **police** Feldjäger *m/pl od* ~-gendarmerie *f*; Militärpolizei *f*; ~ **policeman** Feldjäger *od* -gendarm *m (mil)*; Militärpolizist *m*; ~ **post** *(US)* Wehrmachtstandort *m*; ~ **power** Kampfhöchstleistung *f (Flmot)*; ~ **service** Militärdienst *m*; Wehrdienst *m*; ~ **security** Abwehr(dienst) *f (m) (mil)*; ~ **security control office** Abwehrstelle *f*; ~ **sovereignty** Wehrhoheit *f*; ~ **station** Wehrmachtstandort *m*; ~ **training** Wehrausbildung *f*; Wehrertüchtigung *f*.

**Milky Way** Milchstraße *f (Astronav)*.

**milli |bar**, *abbr* **MB** Millibar *n (met)* ***(Def)***; ~**metric waves** *pl* Millimeterwellen *f/pl (Funk: 30 – 300 GHz)*.

**mine** Mine *f (Lkr)*; verminen *(Kr)*; ~ **bomb** Minenbombe *f (LKr)*; ~ **crater** Sprengtrichter *m*; Minentrichter *(Kr)*; ~ -**laying aircraft** Minenflugzeug *n*; ~ **sweeper** Minenräumboot *n (marine)*; ~ **sweeping** Minenräumen *n*.

**miniature | film** Kleinbildfilm *m (LPhot)*; ~ **(rifle) range** Kleinkaliberschießstand *m*.

**miniaturization** Miniaturisierung *f*.

**minimal | flight path** Flugweg *m* mit kürzestem Zeitbedarf *(Flbetr)* ***(Def)***; ~ **radius of turn** kleinstmöglicher Kurvenradius *m (Flzg)*; ~ **visibility** Mindestsicht(weite) *f (met)*.

**minimum** Mindestwert *m*; Mindest-; Mindestmaß *n*; Minimum *n (Funk)*; ~ **altitude bombing** Bombentiefstwurf *m (Lkr)*; ~ **clearance** Mindesabstand *m (Flsich)*; ~ **control speed** Mindesfluggeschwindigkeit *f* bei Triebwerksausfall *(od gewählter od ausreichender Steuerbarkeit: Flbetr)* ***(Def)***; ~ **discernible signal**, *abbr* **MDS** kleinstes wahrnehmbares Signal; ~ **ejection altitude** Katapultiermindesthöhe *f (Schleudersitz: Flzg)*; ~ **figure** Mindestwert *m*; ~ **flight altitude** Mindestflughöhe *f* über Meer *(Flsich)* ***(Def)***; ~ **(flying) speed** Mindestfluggeschwindigkeit *f (Lfz)* ***(Def)***; ~ **fine-tuning device** Minimumschärfer *m (Funk)*; ~ **gliding angle** bester Gleitwinkel *m (Flbetr)* ***(Def)***; ~ **gliding ratio** Kleinstgleitzahl *f*; ~ **height** Mindesthöhe *f*; ~ **IFR en-route altitude** IFR-Mindestreisehöhe *f* über Meer *(Flsich)*; ~ **initial approach altitude** Anfangsanflugmindesthöhe *f (Flbetr)*; ~ **noise procedure** Verfahren *n* mit geringster Lärmstörung *(Flbetr)*; ~ **noise route** Flugstrecke *f* mit geringster Lärmstörung *(Flbetr)*; ~ **pressure** Mindestdruck *m*; ~~ **valve** Leerlaufventil *n (Turbo)* ***(Def)***; ~ **range** Mindestreichweite *f (Flbetr)*; Nahgrenze *f (Radar)*; ~ **safe(ty) altitude** Sicherheitsmindesthöhe *f (über Meer: Flbetr)* ***(Def)***; ~ **safe height** Sicherheitsmindesthöhe *f (über Grund: Flbetr)*; ~ **safe instrument altitude** Sicherheitsmindesthöhe *f (über Meer)* für Instrumentenflug *(Flsich)*; ~ **sector altitude** Sektor(en)mindesthöhe *f (über Meer) (Flbetr)* ***(Def)***; ~ **speed** Mindestgeschwindigkeit *f*; ~ *speed of vertical descent* Mindestsinkgeschwindigkeit *f (Flzg)*; ~ **stay** Mindestaufenthaltsdauer *f (Lverk)*; ~ **steady flight speed** Mindestgeschwindigkeit *f* für konstanten Flug *(Flsich)*; ~ **take-off safety speed** Sicherheitsmindeststartgeschwindigkeit *f (Flbetr)*; ~ **threshold speed** Mindesgeschwindigkeit *f* über der Schwelle *(Flbetr)*; ~ **time track**, *abbr* **MTT** Kurs *m* über Grund *od* Flugweg *m* für kürzeste Flugzeit *od* mit geringstem Zeitbedarf *(Flbetr)*; ~ **unstick speed** Mindestgeschwindigkeit *f* für sicheres Abheben *(Flbetr)*; ~ **value** Mindestwert *m*; ~ **vertical clearance** vertikaler Mindestabstand *m (über Hindernissen: Flbetr)*; ~ **visibility** Mindestsicht(weite) *f (met)*.

**Ministry of Defence**, *abbr* **MOD** Verteidigungsministerium *n*; ~~ **field offices** *pl* Außenstellen *f/pl* des Verteidigungsministeriums.

**minor | accident** leichter Unfall *m*; ~ **case** Leichtkranker *m*; ~ **casualty** Leichtverwundeter *m (Kr)*; ~ **lobe** Nebenkeule *f (Radar)*.

**minute | of latitude** Breitenminute *f*; ~ **of longitude** Längenminute *f*; ~**s** *pl* Besprechungsniederschrift *f*; Protokoll *n*.

**mirage** Luftspiegelung *f*; ~ **landing** Glattwasserlandung *f (See-Flzg)*.

**mirror** wiederspiegeln; Spiegel *m*; ~ **compass** Spiegelkompass *m*; ~ **(reflex) sight** Spiegelvisier *n*; Reflexvisier *n*, *abbr* Revi *(Bordwaffenvisier)*; ~**-symmetric** spiegelsymmetrisch; ~ **telescope** Spiegelteleskop *n*.

**mis |alignment** Fehlabgleich(ung) *m (f) od* -ausrichtung *f (Funk)*.

**mis |calculation** Rechenfehler *m*; ~**estimate** Fehlschätzung *f*; ~**fire** Versager *m*; ~**firing** Fehlzündung *f (Flmot)*; ~**match** Fehlanpassung *f (Funk)*; ~**routed message** fehlgeleitete Meldung *f (Fernm)*; ~**s** Fehlschuss *m*; Fehlwurf *m (Bombe)*; **near** ~**s** Nahtreffer *m*; ~**sed approach** Fehlanflug *m (Flsich)*; ~~ **altitude** Fehlanflug- *od* Durchstarthöhe *f (Flsich)* ***(Def)***; ~~ **area** Fehlanflugsektor *m (Flsich)*; ~~ **procedure** Fehlanflugverfahren *n (Flsich)* ***(Def)***; ~~ **track** Fehlanflugkurs *m* über Grund *(Flbetr)*; ~**sent message** fehlgesendete Meldung *f*; ~**sile** (Wurf-) Geschoss *n*; Körper *m (FK)*; Flugkörper *m*; *guided ~sile* ferngelenkter Körper *m*, *abbr* FK; Fernlenkgeschoss *n*; **interceptor** ~~ Flugabwehrkörper *m (FK)*; ~**sile launcher**, *abbr* **ML** Flugkörperstart- *od* -abschussvorrichtung *f*.

**missing aircraft** vermisstes Luftfahrzeug *n*.

**mission** Auftrag *m (mil)*; Feindflug *m*; Einsatz *m (Lkr)*; "~ **accomplished!"** „Auftrag durchgeführt!“ *(mil)*; ~ **intelligence report** Einsatzbericht *m (Intell)*.

**mist** (feuchter) Dunst *m (met)* ***(Def)***; leichter Nebel *m (met)*; beschlagen *(Windschutzscheibe)*; ~**ing** Beschlagen *n (Windschutzscheibe)*; ~ **layer** Dunstschicht *f (met)*; ~**y** dunstig; diesig *(met)*.

**mistral** Mistral *m*; Nordwind *m (met)*.

**mistrim** Falschtrimmung *f (Lfz)*.

**mix |ed cloud** Mischwolke *f (met)*; ~**ed construction** Gemischtbauweise *f (Holz/Metall: Flzg)*; ~**ed force** gemischter Verband *m (takt)*; ~**ed matrix radiator** gemischter Kühler *m (Flmot)* ***(Def)***; ~**er** Mischstufe *f (Funk)*; ~~ **valve** Mischröhre *f (Funk)*; ~**ing condensation** Mischungskondensation *f (met)*; ~**ing fog** Mischungsnebel *m (met)*; ~**ing point** Aufschaltpunkt *m (Rak)*; ~**ing ratio** Mischungsverhältnis *n (met)*; ~**ing signal** Verteilungskommando *n (Rak)*; ~**ing tube** Mischröhre *f (Funk)*; ~**ture** Gemsich *n (Kraftstoff/Luft: Flmot)*; ~**ture admission** Gemischzuführung *f (Flmot)*; ~**ture control** Gemischregler *m* ***(Def)***; Gemischregelung *f (Flmot)*; ~**ture distribution** Gemischverteilung *f (Flmot)* ***(Def)***; ~**ture ratio** *or* **strength** Mischungs- *od* Gemischverhältnis *n (Kraftstoff/Luft: Flmot)*; ~**ture throttle** Gemisch(wahl)-hebel *m (Flmot)*.

**mobil |e** beweglich *(Funkstelle usw)*; verlegefähig; motorisiert *(mil)*; ~**e aeronautical telecommunication station** bewegliche Flugfernmeldestelle *f*; ~**e launcher** mobile Startvorrichtung *f (FK)*; ~**e radar station** mobile Radarstation *f*; ~**e (radio) service** beweglicher Funkdienst *m*; ~**e (radio) station** bewegliche Funkstelle *f*; ~**e ship station** bewegliche Seefunkstelle *f*; ~**e surface station** bewegliche Bodenfunkstelle *f* ***(Def)***; ~**e troops** *pl* schnelle Truppen *f/pl (mil)*; ~**e warfare** Bewegungskrieg *m (takt)*; ~**ity** Beweglichkeit *f*; Wendigkeit *f*; *(takt)*; ~**ization** Mobilmachung *f*; ~**ization plan** Mobilmachungsplan *m*, *abbr* Mob-Plan *m (mil)*; ~**ize** mobilmachen.

**mock |air battle** Scheinluftkampf *m*; ~ **fight** Scheingefecht *n (takt)*; ~ **moon** Nebenmond *m*; ~ **sun** Nebensonne *f*;~ **-up** Nachbildung *f*; Atrappe *f (Flzg-Schaumodell)*; ~**-up tower** Flugleitungsturm *m* für Übungs- und Ausbildungszwecke *(Flsich)*; Übungsturm *m (Flsich)*.

**mode** Art und Weise *f*; Verfahren *n*; Modus *m*; ~ **of action** *or* **of operation** Wirkungsweise *f*; Art *f* des Vorgehens; ~**l** Modell *n*; Baumuster *n*; ~**l aircraft** Modellflugzeug *n*; ~**l airplane flying** Modellflugsport *m*; ~**l designation** Typenbezeichnung *f*; ~**l glider** Segelflugmodell *n*; ~**l number** Typennummer *f (Flzg)*; ~**l scale** Modellmaßstab *m*; ~**l sting** Modellarm *od* -halter *od* -träger *m (im Windkanal)*; ~**l test** Modellversuch *m*; ~**rate breeze** mäßige Brise *f (Beaufort-Stärke 4: met)* ***(Def)***; ~**rate gale** steifer Wind *m (Beaufort-Stärke 7: met)*.

**mod |ification** Änderung *f (am Gerät)*; ~**ification kit** Änderungssatz *m (Flzg)*; ~**ified** abgeändert *(Motor; Luftschraube)*; ~**ular design** Modulbauweise *f*; ~**ulate** modulieren *(Funk)*; ~**ulated carrier wave**, *abbr* **MCW** modulierte Trägerwelle *f (Funk)*; ~**ulated continuous wave**, *abbr* **MCW** modulierte ungedämpfte Welle *f (Funk)*; ~**ulation** Modulation *f (Funk)*; ~**ulation depth** Modulationsgrad *m*; ~**ulation rate** Schrittgeschwindigkeit *f (in Band: Fernm)* ***(Def)***; ~**ulator** Modulator *m (Funk)*; ~**ule design** Modulbauweise *f*; ~**ulus of elasticity** Elastizitätsmodul *m*; ~**ulus of intertia** Trägheitsmodul *m od* -zahl *f*; ~**ulus of reaction of the soil** Bettungsziffer *f (K-Wert: Bod)*; ~**ulus of resistance** Festigkeitskoeffizient *m (Werkstoff)*; ~**ulus of rigidity** Schubmodul *m*; ~**ulus of rupture** Bruchmodul *m*; ~**ulus of shearing** Schermodul *m*.

**moisture** Feuchtigkeit *f (met)*; ~ **contents** Feuchtigkeitsgehalt *m (met)*; ~**-resistant** feuchtigkeitsfest.

**molecular** | **friction** molekulare *od* Molekülreibung *f*; ~ **weight** Molekulargewicht *n*.

**moment** Moment *n*; Zeitpunkt *m*; ~**ary reaction** momentane Reaktion *f*; ~**ary stress** augenblickliche *od* kurzzeitige Spannung *od* Beanspruchung *f*; ~ **balance** Momentenwaage *f (aerodyn)*; ~ **coefficient** Momentenbeiwert *m (aerodyn)*; ~ **curve** Momentenlinie *f*; ~ **diagram** Momentenschaubild *n*; Momentendiagramm *n*; **field** ~ Feldmoment *n (stat)*; ~ *for release of bombs* Auslösezeitpunkt *m (Bomben)*; ~**-free** momentenfrei; ~ *of force* Kraftmoment *n*; ~ *of gravitational force* Schwerkraftmoment *n*; ~ *of inertia* Trägheitsmoment *n*; ~ *of momentum* Moment *n* der Bewegungsgröße; ~ *of nose-heaviness* Kopflastigkeitsmoment *n (Flzg)*; ~ *of thrust* Schubmoment *n (Turbo)*; **restoring** ~ Rückführmoment *n (aerodyn)*; ~**um** Bewegungsgröße *f*; Impuls *m*; ~**um starter** Schwungkraftanlasser *m (Flmot)*.

**monitor** Warngerät *n*; Überwachungsgerät *n*; überwachen; abhören; mithören *(Funk & Tel)*; ~**ed approach** überwachter Anflug *m (Flbetr)*; ~**ed frequency** überwachte Frequenz *f (Funk)*; ~**ing installation** Mithöreinrichtung *f*; **radar** ~**ing** Radarüberwachung *f (Flbetr)*; ~**ing service** Abhördienst *m (Funk)*; ~**ing station** Abhör- *od* Überwachungsstelle *f (Funk)*; ~ **line** Überwachungsleitung *f*.

**monkey** | **suit** *sl* Kombi(nationsanzug) *f (m)*; ~ **wrench** *(verstellbarer)* Schraubenschlüssel *m*; „Engländer" *m*.

**monocoque** | **construction** Schalenbauweise *f (Flzg)* ***(Def)***; ~ **fuselage** Schalenrumpf *m (Flzg)*.

**mono** |**chromatic light source** einfarbige Lichtquelle *f*; ~**chromatic weather chart** einfarbige Wetterkarte *f*; ~**-float aeroplane** Einschwimmerflugzeug *n*; ~**gyro system** Einkreiselanordnung *f*; ~**plane** Eindecker *m (Flzg)* ***(Def)***; ~**propellant** Einfachtreibstoff *m*; Monopropergol *n (FK)* ***(Def)***; ~**-ski(d) gear** Einkufenfahrgestell *n (Flzg)*; ~**spar** einholmig; ~**spar wing** Einholmtragfläche *f (Flzg)*; ~**tone** Dauerton *m (Leitstrahl-Funk)*; ~**tone signal** *n*; Dauerton *m (Leitstrahlverfahren: Funk)*; ~**-wheel landing gear** Einradfahrwerk *n (Flzg)*.

**monsoon** Monsun *m (met)* ***(Def)***.

**Montgolfier balloon** Heißluftballon *m*.

**moon** Mond *m*; ~**rise** Mondaufgang *m*; ~**set** Monduntergang *m*; *waning* ~ abnehmender Mond *m*; *waxing* ~ zunehmender Mond *m*.

**moor** verankern *(Luftschiff; Flugboot)*; ~**ed mine** Ankermine *f (Kr)*; ~**ing** Verankern *n*; ~**ing area** Anlegestelle *f*; Liegeplatz *m (für See-Lfz)*; ~**ing cable** Verankerungskabel *n (Luftschiff)*; ~**ing cone** Verankerungskonus *m (Lfz l)* ***(Def)***; ~**ing facility** Liegeplatzeinrichtung *f (Seeflughafen)*; ~**ing ground** Ankerplatz *m*; ~**ing line** Verankerungsleine *f (Luftschiff)*; ~**ing mast** Verankerungs- *od* Ankermast *m (Luftschiff)*; ~**ing place** Ankerplatz *m*; ~**ing point** Verankerungspunkt *m (am Luftschiff)* ***(Def)***; ~**ing spindle** Spindel *f* des Verankerungskonus *(Lfz l)* ***(Def)***; ~**ing tower** Ankermast *m (Luftschiff)*.

**mop up** säubern *(takt)*.

**morning** | **civil twilight** bürgerliche Morgendämmerung *f*; ~ **fog** Morgennebel *m*; Frühnebel *m (met)*; ~ **twilight** Morgendämmerung *f*.

**Morse** | **alphabet** Morsealphabet *n (Funk)*; ~ **character** Morsezeichen *n*; ~ **code** Morsealphabet *n*; ~ **code transmission** Morsen *n (Funk)*; ~ **flap** Signalflagge *f*; ~ **key** Morsetaste *f (Funk)*; ~ **printer** Morseschreiber *m*; ~ **signal** Morsezeichen *n*.

**mortar** Granatwerfer *m (mil)*; ~ **shell** Granatwerfergeschoss *n*; Wurfgranate *f*.

**mosaic** Reihenbild *n*; Mosaik *n*; zusammengesetztes Luftbild *n (LPhot)* ***(Def)***; ~ **assembly** Zusammensetzen *n* eines Mosaiks *(LPhot)*.

**most** | **economical range** wirtschaftlichste Reichweite *f (Flbetr)* ***(Def)***; ~ **probable position** wahrscheinlichster Standort *m (nav)* ***(Def)***.

**mother** | **aeroplane** Mutterflugzeug *n*; ~**-of-pearl cloud** Perlumutt(er)wolke *f (met)*.

**motion** Bewegung *f*; ~ **drive** Bewegungsantrieb *m*; ~ **friction** Bewegungsreibung *f*; ~ **in pitch** Bewegung *f* um die Querachse *(Flzg)*; ~ **in yaw** Gierbewegung *f (Flzg)*; ~**-picture camera** Filmkamera *f (LPHot)*; ~ **shaft** Vorgelegewelle *f (Flzg)*; ~ **sickness** Bewegungskrankheit *f*; Kinetose *f (Flmed)*.

**motive** bewegend; ~ **fluid** Treibstoff *m od* -mittel *n*; ~ **force** Antriebskraft *f (Flmot)*; ~ **power** (Vor-)Triebkraft *f*; Bewegungsantrieb *m*; Antriebskraft *f (Flmot)*.

**motor** Motor *m (el)*; *(US auch:)* Motor *m* in Flzg und Kfz; ~ **ambulance** Krankenkraftwagen *m*; ~ **cannon** Motorkanone *f (Flzg)*; ~**-car** Kraftwagen *m*; ~ **converter** Motorumformer *m (Drehstrom-Gleichstrom: el)*; ~**-cycle** Motorrad *n*; Kraftrad *n*, *abbr* Krad; ~**-cycle tractor** Kettenkrad *n*; ~**-cyclist** Motorradfahrer *m*; Kradfahrer *m*; ~ **drive** Motorantrieb *m*; ~ **glider** Motorsegler *m (Flzg)*; ~ **grader** Straßenplanierer *od* -hobel *m (Flugplatzbau)*; ~**ization** Motorisierung *f*; ~**ize** motorisieren; ~**ized troops** *pl* verlastete *od* schnelle Truppen *f/pl (mil)*; ~**launch** Motorbarkasse *f*; ~ **lorry** *(E)* Lastkraftwagen *m*; ~ **scraper** Motorschürfwagen *m*; Schürfkübel *m (Flugplatzbau)*; ~ **sweeper** Straßenkehrmaschine *f*; ~ **torpedo-boat**, *abbr* **MTB** Schnellboot *n (Marine)*; ~ **traffic** Kraftverkehr *m*; ~ **transport**, *abbr* **MT** Kraftwagentransport *m*; Kraftfahrwesen *n*, ~ **transport column** Kraftwagenkolonne *f*; ~ **truck** *(US)* Lastkraftwagen *m*; ~ **vehicle** Kraftfahrzeug *n*.

**mouldy** *sl für* Lufttorpedo *m (LKr)*.

**mount** Aufhängevorrichtung *f*; Einbauvorrichtung *f (Flmot in Zelle)*; aufstellen; montieren; einbauen *(Flmot in Zelle)*; ~**ain** Berg *m*; ~**ain breeze** *or* **wind** Bergwind *m (met))* ***(Def)***; ~**ain effect** Gebirgseffekt *m (met)*; ~**ain rescue unit** Bergrettungseinheit *f*; ~**ain troops** *pl* Gebirgstruppen *f/pl (mil)*; ~**ain waves** *p*l Gebirgs- *od* Leewellen *f/pl (met)*, ~**ed** montiert; gefasst; beritten *(mil)*; aufgesessen *(mil)*; ~*ed messenger* Meldefahrer *m*; ~**ing flange** Anbauflansch *m*; Einbauplatte *f (Stern-Flmot)*; ~ *in gimbals* kardisch aufhängen *(Kompass; Bildgerät)*; ~**ing plate** Einbauplatte *f (Stern-Flmot)*; ~**ing ring** Einbauring *m (Stern-Flmot)*; ~**ings** Einbauten *m/pl*; ~**ing the airscrew** Aufziehen *n* der Luftschraube.

**mouth** | **diameter** Basisdurchmesser *m (Fallsch)* ***(Def)***; ~ **lock** Öffnungssicherung *f (Fallsch)* ***(Def)***.

**mov** |**able** beweglich; ~**able surface** *pl* Steuerflächen *f/pl (Leitwerk)*; ~**able elevator unit** bewegliches Höhenleitwerk *n (Flzg)*; ~**able slat** ausfahrbarer Vorflügel *m (Flzg)*; ~**e** Verlegung *f (mil)*; Bewegung *f*; bewegen; ~**ement** Bewegung *f*; Fortbewegung *f*; ~**ement area** Roll- *od* Bewegungsfläche *f (Bod)* ***(Def)***; ~*ement by air* Lufttransport *m*; ~*ement of centre (US center) of pressure, abbr* ~*ement of c.p.* Druckmittelpunktwanderung *f*; ~*ement of control surface* Ruderausschlag *m (Flzg)*; ~*ement of weather front* Wetterfrontverlagerung *f*; ~**ement order** Verlegungsbefehl *m*; Marschbefehl *m (mil)*; ~**ing coil** Drehspule *f (el)*; ~**ing iron** Weicheisen *n (el)*; ~**ing into position** Instellunggehen *n (takt)*; ~**ing target** bewegliches Ziel *n (takt)*; ~**ing targets indication**, *abbr* **MTI** Festzeichenlöschung *f (Radar)*; ~**ing target(s) indicator**, *abbr* **MTI** *(Vorrichtung zur)* Festzeichenunterdrückung *f*; Festziel- *od* Standzeichenlöschung *f (Radar) (Def)*.

**muddy weather** *sl für* Dreck(wetter) *m (n) sl (met)*.

**muffle|d boom** gedämpfter Überschallknall *m*; ~**d-noise** lärmgemindert *od* -gedämpft; ~**r** Schalldämpfer *m*; Auspufftopf *m (Flmot & Motorprüfstand)*.

**muggy** feuchtwarm.

**multi|-axle drive** Mehrachsantrieb *m (Kfz)*; ~**-band antenna** Breitbandantenne *f (Funk)*; ~**-barrel(led)** mehrläufig *(Schusswaffe)*; ~**-bay biplane** mehrstieliger Doppeldecker *m (Flzg)*; ~**-blade(d) propeller** Vielblatt(luft)schraube *f*; ~**-bomb container** Bombenschüttkasten *m (LKr)*; ~**-channel operation** Mehrkanalbetrieb *m*; ~**-channel telegraphy** Mehrfachtelegraphie *f*; ~**-chute cluster** Fallschirmbündel *n*; Mehrfachfallschirm *m*; ~**-core** vieladrig *(Tel-Kabel)*; ~**-cyclic twist control** mehrzyklische Verwindungssteuerung *f*; ~**-disk filter** Spaltfilter *m*; ~**-element oil cooler** vielzelliger Ölkühler *m (Flmot) (Def)*; ~**-engined aircraft** mehrmotoriges Flugzeug *n*; ~ **place** mehrsitzig *(Flzg)*; ~**plane** Mehrdecker *m (Flzg) (Def)*; ~**ple** vielfach; ~**ple address** Mehrfachadresse *od* -anschrift *f (Fernm)*; ~**ple-bogie landing gear** Mehr- *od* Vielradfahrwerk *n (Flzg)*; ~**ple call** Mehrfachanruf *m (Fernm)*; ~**ple disc** *or* **disk clutch** Lamellenkupplung *f*; ~**ple drift method** Mehrfachabtriftverfahren *n (zur Windbestimmung: nav)*; ~**ple independently** *or* **individually targetable** *or* **targeted re-entry vehicle**, *abbr* **MIRV** Flugkörper *m* mit mehreren getrennt lenkbaren Wiedereintrittskörpern; unabhängig lenkbare Mehrfachwiedereintrittskörper *m/pl (FK)*; ~**ple jet carburettor** (*US* **carburetor**) Mehrdüsenvergaser *m*; ~**ple parachute system** Mehr(kuppel)fallschirmsystem *n*; ~**ple road junction** Straßenspinne *f (Kart)*; ~**ple telegraphy** Mehrfachtelegraphie *f*; ~**ple transmission** Mehrfachübermittlung *f (Fernschr)*; ~**ple-tuned** mehrfach abgestimmt *(Funk)*; ~**ple turnbuckle** Mutterspannschloss *n (Flzg)*; ~**ple-wheel landing gear** Mehrradfahrwerk *n (Flzg)*; ~**ple wire antenna** Mehrdrahtantenne *f (Funk)*; ~**plex** Mehrfach- *od* Multiplexbetrieb *m (Funk usw)*; ~**plexing** Multiplexieren *n (Fernm)*; ~**plex operating traffic** Mehrfach- *od* Multiplexverkehr *m (Funk usw)*; ~**plex telephony** Mehrfach- *od* Multiplextelefonie *f*; ~**-ply fabric** mehrschichtiger Stoff *m (Lfz l) (Def)*; ~**point circuit** Mehrfachverbindung *f (Fernm)*; ~**-purpose plane** Mehrzweckflugzeug *n*; ~**-propellant** Mehrfachtreibstoff *m (Rak)*; ~**-rotor helicopter** mehrrotoriger *od* Mehrrotorhubschrauber *m*; ~**-row radial engine** Mehrfachsternmotor *m (Flmot) (Def)*; ~**-seater aircraft** mehrsitziges Flugzeug *n*; ~**-spar wing** Mehrholmtragfläche *f (Flzg)*; ~**-spar (type) construction** Mehrholmbauweise *f (Tragfläche)*; ~**-speed supercharger** umschaltbarer Lader *m (Flmot) (Def)*; ~**-stage blower** *or* **supercharger** mehrstufiger Lader *m (Flmot) (Def)*; ~**-strand cable** Mehrfachkabel *n*; ~**-strut biplane** mehrstieliger Doppeldecker *m (Flzg)*; ~**-track pulse range** Leitlinien-Impulsverfahren *n*; ~**vertical tail surfaces** *pl* Mehrfachseitenleitwerk *n (Flzg)*; ~**wing(ed)** mehrflügelig; vielblättrig.

**municipal airport** städtischer Flughafen *m*.

**murkiness of the air** Lufttrübung *f (met)*.

**muscle|-power flight** Muskelflug *m*; ~**-power plane** Muskelkraftflugzeug *n*.

**mushroom tappet** Pilzstößel *m (Flmot)*; ~**(type) valve** Pilz- *od* Tellerventil *n (Flmot)*.

**muster** Apell *m*; Musterung *f (mil)*.

**mut|ilated message** verstümmelte Meldung *f (Fernm)*; ~**ing** Rausch- *od* Geräuschsperre *f (Funk)*; ~**ing relay** Dämpfungsrelais *n (Funk)*.

**muzzle** Mündung *f (Schusswaffe)*; ~ **cover** Mündungsschoner *m (Schusswaffe)*; ~ **flash** Mündungsfeuer *n*; ~ **report** Mündungsknall *m*; ~ **sight** Korn *n (Waffenvisier)*; ~ **velocity** Mündungsgeschwindigkeit *f*; Anfangsgeschwindigkeit *f ($V_0$ eines Geschosses)*; ~ **wave** Schallwelle *f (des Mündungsknalles: Art)*.

**myriametric waves** *pl* Myriameterwellen *f/pl (Funk: unter 300 kHz)*.

# N

**N** (ICAO- & NATO-Buchstabieralphabet) November; *(altes, internationales Buchstabieralphabet)* Nan.

**nacelle** Motorgondel *f (Flzg)*; Ballonkorb *m*; Gondel *f (Lfz) (Def)*.

**nacreus cloud** Perlmutt(er)- *od* irisierende Wolke *f (met)*.

**nadir** Nadir *m (nav)*; ~ **point** Fußpunkt *m*.

**naked| eye** bloßes *od* unbewaffnetes Auge *n*; ~ **wire** blanker Draht *m (Tel)*.

**name-plate** Typenschild *n (Flzg & Flmot)*; Namensschild *n (mil)*.

**napalm bomb** Napalmbombe *f (LKr)*.

**narrow** eng; schmal; ~ **aileron** schmales Querruder *n (Flzg)*; ~**-band frequency modulation**, *abbr* **NBFM** Schmalband-Frequenzmodulation *f (Funk)*; ~**-blade(d) propeller** Schmalblattluftschraube *f*.

**national| defence** (*US* **defence**) Landesverteidigung *f (mil)*; ~ **Defense Act** *(US)* Wehrgesetz *n*; ~ **infrastructure** nationale Infrastruktur *f (mil)*; ~**ity and registration marks** *pl* Staatszugehörigkeits- und Eintragungszeichen *n/pl (Lfz)*; ~**ity mark** Staatszugehörigkeitszeichen *n (Flzg)*; ~ **markings** *pl* Hoheitszeichen *n/pl (Flzg usw)*.

**natural** natürlich; ~ **ground airfield** unbefestigter *od* Rasen- *od* Feldflugplatz *m*; ~**ly aspirated** selbstansaugend *f (Flmot)*; ~ **obstacle** Geländehindernis *n*; natürliches Hindernis *n*; ~ **oscillation** Eigenschwingung *f (Funk)*; ~ **rubber** Naturkautschuk *m*; ~ **vibration** Eigenschwingung *f*.

**nausea** Brechreiz *m*; Übelkeit *f*.

**nautical** nautisch; seemännisch; ~ **mile**, *abbr* **NM** Seemeile *f (= 1,852 km); (internationale)* nautische Meile *f (= 1,8532 km) (nav) (Def)*; ~ **twilight** nautische Dämmerung *f (Def)*.

**naval| aeronautics** Seeluftfahrt *f*; ~ **air base** Seefliegerhorst *m (LW)*; ~ **aircraft** Marineflugzeug *n*; ~ **air force** Seeluftwaffe *f*; ~ **air forces** *pl* Seeluftstreitkräfte *f/pl*; ~ **airship** Marineluftschiff *n*; ~ **anti-aircraft artillery**, *abbr*

~AAA Marineflak *f*; ~ **aviation** Seeflugwesen *n*; Seeflieger *m/pl (takt)*; ~ **base** Flottenstützpunkt *m (Marine)*; ~ **fighter** Seejäger *m (Flzg)*; ~ **forces** Seestreitkräfte *f/pl*; ~ **flyer** Seeflieger *m*; ~ **manning depot** Schiffsstammabteilung *f (Marine)*; ~ **radio station** Seefunkstelle *f (Funk)*; ~ **reconnaissance aircraft** Seeaufklärer *m (Flzg)*; ~ **seaplane** Marine-Seeflugzeug *n*; ~ **staff** Admiralstab *m (Marine)*; ~ **tender** Flottenbegleitschiff *n*; ~ **unit** Flotteneinheit *f*; Marineeinheit *f*; ~ **patrol aircraft** Seeaufklärer *m (Flzg)*; ~ **pilot** See- *od* Marineflieger *m (mil)*.

**navigat|e** navigieren; orten; *sl* franzen *(nav)*; ~**ing device** *od* **instrument** Navigationsgerät *n*; ~**ion** Navigation *f*; ~**ional aid**, *abbr* **NAVAID** Navigationshilfe *f od* -hilfsmittel *n*; ~**ion(al) chart** Navigationskarte *f*; ~**ional equipment** Navigationsausrüstung *f (Flzg)*; ~**ional grid** Navigationsgitter *n (Kart)*; ~**ional instrument** Navigationsgerät *od* -instrument *n*; ~**ional plotting equipment** Navigationsbesteck *n*; ~**ion(al) satellite** Navigationssatellit *m*; ~**ional warning** Flugwarnung *f*; ~~ **area** Flugwarngebiet *n*; *astronomical ~ion* Astronavigation *f*; *~(-ion by) dead reckoning, abbr DR* Koppelnavigation; *f*; *celestial ~ion* Astronavigation *f*; ~**ion charges** *pl* Navigationsgebühren *f/pl (LVerk)*; ~**ion computer** Navigationsrechner *m (Lfz)*; ~**ion flare** Ortungsleuchtkugel *f*; *sl* Radieschen *n (Flsich)*; *inertial ~ion* Trägheitsnavigation *f*; ~**ion light** Positions- *od* Navigationslicht *n (Lfz)* ***(Def)***; ~**ion log** Navigationslogbuch *n*; ~**ion map** Navigationskarte *f*; ~**ion officer** Navigationsoffizier *m (LW)*; ~**ion system** Navigationssystem *n*; *terrestrial ~ion* Bodennavigation *f*; ~**or** Navigator *m*; (Flugzeug-)Orter *m*; Nautiker *m*; Beobachter *m (LW)*; ~**or's compartment** Orterraum *m (Flzg)*; ~**or's compass** Orter- *od* Beobachterkompass *m (Flzg)*; ~**or's licence** Orter- *od* Beobachterschein *m*.

**navigraph** Kursschreiber *m*.

**navy** Marine *f*; Kriegsmarine *f*; ~ **anti-aircraft artillery**, *abbr* ~ **AAA** Marineflak *f*; ~, **army, air force institutes** *pl, abbr* **NAAFI** *(E)* Truppenmarketenderei *f (mil)*; ~ **yard** Marinewerft *f*.

**navy** *sl für* **navigator**.

**neap tide** Nipptide *od* -zeit *f*.

**near | collision** Fast- *od* Beinahmezusammenstoß *m*; ~ **field** *(akustisches)* Nahfeld *n*; ~ **gale** steifer Wind *m (Beaufort-Zahl 7: met)* ***(Def)***; ~ **hit** Nahtreffer *m (Bombe usw)*; ~ **miss** gefährliche Begegnung *f* zwischen Luftfahrzeugen *(Flbetr)*; Nahtreffer *m*; ~**sighted** kurzsichtig; ~**-sonic speed** Transschall- *od* schallnahe *od* transsonische Geschwindigkeit *f*.

**neat line** Kartenbildbegrenzungslinie *f (Kart)*.

**nebulosity** Bedeckungsgrad *m (met)*.

**necessary bandwidth** erforderliche *od* Mindestbandbreite *f (Funk)*.

**neck** Füllansatz *m (Lfz l)* ***(Def)***; ~**lace microphone** Kehlkopfmikrophon *n*.

**needle** Zeiger *m (Instrument)*; Nadel *f (Kompass)*; ~ **(and ball)** Wendezeiger *m* (und Kugel) *(Flzg)*; ~ **bearing** Nadellager *n*; ~ **induction** Nadelinduktion *f (Kompass)*; ~ **valve** Nadelventil *n (Vergaser usw)*.

**negative** verneinend; negativ; ~ **acceleration** Verzögerung ***(Def)***; ~ **answer** Fehlanzeige *f (Meldung)*; ~ **dihedral** negative V-Stellung *f (Flzg)* ***(Def)***; ~ **electrode** Kathode *f (el)*; ~ **feedbak** Gegenkopplung *f (el)*; ~ **G** negative Beschleunigung *f*; Verzögerung *f* ***(Def)***; ~ **pressure** Unterdruck *m*; ~ **stagger** Staffelung *f* nach hinten *(Tragflächen)*; ~ **sweep** Vorpfeilung *f (Tragflächen)*.

**negligen|ce** Fahrlässigkeit *f*; ~**t flying** nachlässige Luftfahrzeugführung *f (durch Pilot)*.

**neon light** Neonlicht *n*.

**neophyte pilot** Anfängerpilot *m*.

**neph|analysis** Wolkenanalyse *f (mittels Satellit: met)*; ~**oscope** Wolkenzug- *od* Bewölkungsmesser *m (met)* ***(Def)***; Wolkenspiegel *m (met)*.

**net** netto; Netz *n (Funk usw)*; ~ **barrier** Auffangnetz *n (Bod)*; ~ **brake horsepower** Nutz-Wellenleistung *f (Flmot)*; ~ **control station** Leitfunkstelle *f (Funk)*; ~ **device** Auffangnetz *n (Bod)*; ~ **efficiency** Nutzleistungswirkungsgrad *m (Prop)* ***(Def)***; ~ **gradient of climb** Netto- *od* „sicherer" Steigwinkel *m (Flbetr)* ***(Def)***; ~ **height** Netto- *od* „sichere" Flughöhe *f (Flbetr)* ***(Def)***; ~ **lift** freier Auftrieb *m (Lfz l)* ***(Def)***; ~ **thrust** Nutzschub *m (Prop & Turbo)* ***(Def)***; ~ **weight** Leermasse *f od* -gewicht *n (Flzg)*; ~ **wing area** Nettoflügelfläche *f (Lfz)* ***(Def)***; ~ **wing loading** Netto-Tragflächenbelastung *f (Konstr)* ***(Def)***.

**network** Leitungs- *od* Fernmeldenetz *n*; ~ **area** Netzbereich *m (Fernm)*; **long-lines** ~ Fernmelde-Weitverkehrsnetz *n*; ~ **of air routes** Flugrouten- *od* -streckennetz *n (LVerk)*; ~ **operation** Funknetz- *od* Rundsendebetrieb *m (Fernm)*; ~ **station** Netzfunkstelle *f* ***(Def)***; **telex** ~ Fernschreibwählnetz *n*; **toll** ~ *(US)* Fernleitungsnetz *n (tel)*; **trunk** ~ Fernleitungsnetz *n (tel)*.

**neutral** neutral; Leerlauf *m*; ~**ity** Neutralität *f*, ~**ization** Neutralisierung *f*; Niederkämpfung *f*; Lahmlegung *f (takt)*; ~**ize** neutralisieren; niederkämpfen; lahmlegen *(takt)*; *~ize controls* Ruder *n/pl* auf Null stellen *(Flzg)*; ~ **pitch** Grundsteigung *f (Luftschraube)*; ~ **point with stick fixed** Neutralpunkt *m* mit festem Knüppel *(Stab)* ***(Def)***; ~ **point with stick free** Neutralpunkt *m* mit losem Knüppel *(Stab)* ***(Def)***; ~ **position** Nulllage *f*; Null- *od* Mittelstellung *f (Flzg-Steuerung; Trimmung)*.

**new | boy** Anfänger *m (Flugschüler)*; ~ **snow** Neuschnee *m (met)*.

**ni|chrome** Nickel-Chrom *n*; ~**ckel-iron cell** Nickel-Eisen-Akkumulator *m*; Edisonzelle *f (el)*.

**night** Nacht *f* ***(Def)***; ~ **aerial photograph** Nachtluftaufnahme *f od* -bild *n (LPhot)*; ~ **attack** Nachtangriff *m (takt)*; ~ **blindness** Nachtblindheit *f*; ~ **bomber** Nachtbomber *m (Flzg LW)*; ~ **effect** *or* **error** Dämmerungseffekt *m (Funk)*; Nachteffekt *m*; ~ **exposure** Nachtaufnahme *f (LPhot)*; ~**fall** Dunkelwerden *n*; Abenddämmerung *f*; Nachtanbruch *m*; ~ **fare** Nachtflugpreis *m (LVerk)*; ~ **fighter** Nachtjäger *m (Flzg LW)*; ~**-fighter area** Nachtjagdraum *m (LKr)*; ~**-fighter pursuit** Verfolgungsnachtjagd *f (LKr)*; ~ **fighting** Nachtjagd *f (LKr)*; ~ *fighting without searchlights* Dunkelnachtjagd *f (LKr)*; ~ **flight** Nachtflug *m*; ~ **flying equipment** Nachtflugausrüstung *f (Flzg)*; ~ **glasses** *pl* Nachtglas *n*; ~ **indication** Nachtmarkierung *f (LKr)*; ~ **interception** Nachtjagd *f (LKr)*; ~ **landing** Nachtlandung *f (Flzg)*; ~ **raid** Nachtangriff *m (LKr)*; ~ **reconnaissance** Nachtaufklärung *f (takt)*; ~ **take-off** Nachtstart *m (Flbetr)*; ~ **vision** Nachtsehvermögen *n*; Nachtsicht *f*.

**nil report** *(E)* Fehlanzeige *f (Meldung)*.

**nimb|ostratus** Nimbostratus(wolke) *m (f) (met)* ***(Def)***; ~**us (cloud)** Regenwolke *f*; Nimbus(wolke) *(m (f)) (met)*.

**ninety-degree approach** Neunziggrad-Anflug *m (Anflug im rechten Winkel zur Anfluggrundlinie: Flsich)*.

**noble gas** Edelgas *n*.

**nocturnal** nächtlich; ~ **cooling** nächtliche Abkühlung *f (met)*.

**nodal| fitting** Knotenpunktbeschlag *m (Flzg)*; ~ **point** Knotenpunkt *m*.

**noise** Lärm *m*; Geräusch *n*; Schall *m*; Rauschen *n (Funk)*; ~ **abatement** Lärmminderung *od* -herabsetzung *f*; ~~ **operating procedure** lärmminderndes Betriebsverfahren *n (Flbetr)*; ~ **carpet** Lärmschleppe *f od* -teppich *m*; ~ **certificate** Lärmzeugnis *n*; ~**-certified aircraft** Luftfahrzeug *n* mit Lärmzulassung; ~ **certification** Lärmzulassung *f (für Lfz)*; ~~ **standard** Lärmzulassungs- *od* -zulässigkeitsstandard *m*; ~~ **test** Lärmzulassungs- *od* -zulässigkeitsprüfung *f*; ~**-critical area** lärmempfindlicher Bereich *m*; ~ **disturbance** Lärmbelästigung *f*; ~ **evaluation** Lärmbewertung *f*; ~ **exposure** Lärmbelästigung *f*; ~~ **index** Lärmbelastungskennziffer *f*; ~ **factor** Rauschfaktor *m (Funk)*; ~ **field** Schallfeld *n*; ~ **figure** Rauschzahl *f (Funk)*; ~ **grade** Geräuschpegel *m (Funk)*; ~ **intensity** Lärmintensität *f (Flmot usw)*; ~**less** geräuschlos; ~**lessness** Geräuschlosigkeit *f*; ~ **level** Lärmintensität *f (Flmot usw)*; Geräusch- *od* Rauschpegel *m (Funk)*; Lärm- *od* Schallpegel *m*; ~ **limit** Lärmgrenzwert *m*; ~ **measurement** Lärmmessung *f*; ~~ **station** Lärmmessstelle *f*; ~ **meter** Geräusch- *od* Lärmmesser *m (Instr)* ***(Def)***; ~ *of the engine* Motorlärm *m (Flmot)*; ~ **path** Lärmweg *m*; ~ **preferential route** lärmgünstigste Flugstrecke *f (Flbetr)*; ~ **propagation path** Lärmausbreitungsweg; ~ **protection zone** Lärmschutzbereich *m od* -zone *f*; ~ **ratio** Rauschverhältnis *n*; Rauschfaktor *m (Funk)*; ~ **reduction** Lärm(ver)minderung *f*; ~ **screen** Lärmschutzschirm; ~**-sensitive area** lärmempfindlicher Bereich *m*; ~ **spectrum** Geräuschspektrum *n*; ~ **suppression** Lärm- *od* Geräuschdämpfung *f*; ~ **suppressor** Schalldämpfer *m (Akustik)*; Rauschbegrenzer *m (Flak)*; ~ **transmitter** Rauschsender *m (Funk & Radar)*.

**nois|iness** Lärmigkeit *f*; ~**y** geräuschvoll; laut.

**"no| joy!"** „Ziel nicht aufgefasst!" *(Pilot an Jägerleitoffizier: LKr)*; ~**-lift** auftriebslos; ~**-lift direction** Nullauftriebsrichtung *f (aerodyn)* ***(Def)***; ~**-load** Leerlauf *m (Flmot)*; ~**-load(ing) test** Leerlaufprüfung *f (Flmot)*; ~**-man's land** Niemandsland *n (takt)*.

**nominal| altitude** Nennhöhe *f*; ~ **approach path** Sollanflugweg *m (Flsich)*; ~ **frequency** Nennfrequenz *f (Funk)*; ~ **power** Nennleistung *f (Flmot)*.

**nomograph** Nomogramm *n*.

**non|-accelerated flight** nichtbeschleunigter *od* beschleunigungsfreier Flug *m*; ~**-aggression pact** Nichtanggriffspakt *m*; ~**combatant** Nichtkämpfer *m (Kr)*; ~**commissioned officer**, *abbr* **NCO** Unteroffizier *m (als Rangklasse: mil)*; ~**-conventional aircraft** Luftfahrzeug *n* nichtherkömmlicher Bauart; ~**-corroding** nichtrostend; korrosionsfest *(Werkstoff)*; ~**-corrosive** korrosionsfest; nichtätzend; ~**-directional** ungerichtet *(Funk)*; ~**-directional radio beacon**, *abbr* **NDB** ungerichtetes Funkfeuer *n (Funk)*; Kreisfunkfeuer *n* ***(Def)***; ~**-ferrous metal** Nichteisenmetall *n*; ~**-freezing** kältebeständig; ~**-inflammable lifting gas** nichtbrennbares Auftriebsgas *n (Lfz l)*; ~**-instrument runway** Sichtanflugliste *f (Bod)*; ~**-linear distortion** nichtlineare Verzerrung *f (LPhot)*; ~**-magnetic** unmagnetisch; ~**-metallic** nichtmetallisch; ~**-network communication** netzfreie Fernmeldeverbindung *f* ***(Def)***; ~**-power driven** ohne (eigenen) Kraftantrieb *m (Lfz)*; ~**-pressure cowling** geschlossene Motorhaube *f (Flmot)* ***(Def)***; ~**-radar separation** konventionelle Staffelung *f*; Staffelung *f* ohne Radar *(Flsich)* ***(Def)***; ~**-ramming intake** staufreier Lufteinlass *m (Flmot)* ***(Def)***; ~**-retractable undercarriage** nichteinziehbares *od* Festfahrwerk *n (Flzg)*; ~**-return valve** Rückschlagventil *n*; ~**-return-flow wind tunnel** offener Windkanal *m*; Windkanal *m* offener Bauart *(aerodyn)* ***(Def)***; ~**-revenue** nicht zahlend *od* verkauft; unbezahlt; ohne Einkommen *od* Entgelt; ~~ **cargo** Freifracht *f (LVerk)*; ~~ **flight** Flug *m* ohne Entgelt; Freiflug *m (LVerk)*; ~**-rigid airship** unstarres Luftschiff *n*; Prallluftschiff *n* ***(Def)***; ~**-scheduled air carrier** Bedarfs(luftverkehrs)unternehmen *n*; ~**-scheduled air transport** nichtplanmäßiger *od* Bedarfsluftverkehr *m*; ~**-scheduled flight** nichtplanmäßiger *od* Bedarfsflug *m (LVerk)*; ~**-sensitive airspeed indicator** Grobfahrtmesser *m (Flzg)*; ~**-sensitive altimeter** Grobhöhenmesser *m (Flzg)*; ~**-skid** profiliert *(Laufradreifen)*; ~**-skid chain** Gleitschutzkette *f (Kfz)*; ~**-skid tyre** (*US* **tire**) profilierter Reifen *m*; ~**-spherical captive balloon** nicht-kugelförmiger Fesselballon *m*; ~**-spherical free balloon** nicht-kugelförmiger Freiballon *m*; ~**spinnable** trudelsicher *(Flzg)*; ~**spinning** trudelsicher *(Flzg)*; ~**steerable nose wheel** ungesteuertes *od* nichtsteuerbares Bugrad *n (Flzg)*; ~**-stop flight** Ohnehaltflug *m*; Nonstop- *od* Direktflug *m*; ~**-stop transit flight** landungsloser Über- *od* Durchflug *m*; ~**-surcharged airmail** zuschlagfreie Luftpost *f*; ~**-synchronous garbling** *(beim SSR)* Störung *od* Schlüsselverwirrung *f* durch nichtsynchrone Antworten *(Radar)*; ~**-technical flight personnel** Kabinenpersonal *n od* -besatzung *f*; nichttechnisches fliegendes Personal *n*; ~**-traffic stop** nichtgewerbliche Landung *f (LVerk)*; ~**-typing mechanical functions** *pl* nichtschreibende Arbeitsgänge *m/pl (Fernschreiber)*; ~**-visual aids** *pl* nichtoptische Hilfen *f/pl*.

**normal| axis** Hochachse *f (Flzg)* ***(Def)***; ~ **flight** Normalflug *m* ***(Def)***; ~ **flying position** Normalfluglage *f (Flzg)*; ~ **force** Normal- *od* Vertikalkraft *f (aerodyn)* ***(Def)***; ~ **landing** Dreipunktplandung *f (Flzg)*; Normallandung *f (Flzg)*; ~ **lift** Normalauftrieb *m (aerodyn)*; ~ **load** Normalbelastung *f (Flzg)*; ~ **loop** Looping *(rückwärts) m (Flbetr)* ***(Def)***; ~**ly aspirated engine** normal ansaugender Motor *m (Flmot)*; ~ **operation** Normalbetrieb *m (Flzg)*; ~ **output** *or* **power** Dauerleistung *f (Flmot)*; ~ **pressure** Normaldruck *m*; ~ **propeller state** Hubschrauberzustand *m (Heli)* ***(Def)***; ~ **revolutions per minute**, *abbr* ~ **RPM** Normaldrehzahl *f (Flmot)*; *f* ***(Def)***.

**north** Norden *m (Himmelsrichtung)*; Nordrichtung *f*; ~**erly turning error** Norddrehfehler *m (Kompass)*; ~**(ern) altitude** nördliche Breite *f (Kart)*; ~**ern lights** *pl* Nordlicht *n*; ~**ing** Bestimmung *f* des Nordwertes *(nav)* ***(Def)***; ~**-polar circle** nördlicher Polarkreis *m*; ~ **pole** Nordpol *m*; ~ **star** Polarstern *m*.

**nose** Rumpfbug *m*; Bug *m*; Kanzel *f*; Nase *f (Flzg)*; *sl* Schnauze *f (Flzg)*; ~**-bleeding** Nasenbluten *n*; ~ **cap** Nasenkappe *f (Prop)* ***(Def)***; ~ **control (surface)** Bug- *od* Entenruder *n (Flzg)*; ~**-dive** Sturzflug *m (Flzg)*; ~ **down** *(Flzg)* andrücken; ~~ **(attitude)** gedrückt(er Flugzustand *m*) *(Flzg)*; ~~ **tendency** Kopf- *od* Buglastigkeit *f (Flzg)*; ~ **fuse** *or* **fuze** Kopfzünder *m (Bombe)*; ~ **gunner** Bugschütze *m (Flzg)*; ~**-gun station** Bugstand *m (Waffenstand im Flzg)*; ~**-heaviness** Kopflastigkeit *f (Flzg)* ***(Def)***; ~**heavy** kopflastig *(Flzg)*; ~**-in** bugeinwärts ***(Flzg)***; ~ **landing gear** Bug(rad)fahrwerk *n (Flzg)*; ~**-opening door** Kanzeleinstiegklappe *f (Flzg)*; ~**over** Kopfstand *m*; Überschlag *m (Flzg bei Landung)*; ~ **over** überschlagen; auf den Kopf gehen *(Flzg bei Landung)*; ~ **plane** Nasenfläche *f (Lfz)* ***(Def)***; ~ **probe** Bugtanksonde *f (Flugauftankung)*; ~ **radar cone** Radarnase *f*; Verkleidung *f* der Radarbugantenne; ~ **radiator** Bugkühler *m (Flzg)* ***(Def)***; ~ **rib** Nasenrippe *f (Tragflächenformrippe)* ***(Def)***; ~**-slot cowl(ing)** Nasenspaltschlitzhaube *f (Flmot)*; ~**-spiked bomb** Stachelbombe *f (LKr)*; ~ **spinner** Luftschraubenhaube *f*; Nabenhaube *f (Luftschraube)*; ~ **split flap** Nasenspreizklappe *f (Flzg)*; ~ **up** ziehen *(Flzg* im Flug); ~~ **(attitude)** gezogen(er Flugzustand *m*); ~~ **attitude** Fluglage *f* mit hochgenommener „Schnauze" *sl (Flzg)*; ~~ **moment** schwanzlastiges Moment *n (Flzg)*; ~~ **tendency** Schwanz- *od* Hecklastigkeit *f (Flzg)*; ~ **wheel** Bugrad *n (Flzg)*; *castering or steerable* ~*wheel* schwenkbares *od* steuerbares Bugrad *n (Flzg)*; ~ **wheel landing gear** Bug- *od* Dreiradfahrwerk *n (Lfz)* ***(Def)***; ~**-wheel shimmy** Bugradflattern *n (Flzg)*.

**nosing-over** Überschlag *m*; Kopfstand *m (Flzg bei Landung)*.

**Notam** Notam *f*; Nachrichten *f/pl für* Luftfahrer, abbr NfL *(Flsich)* ***(Def)***; ~ **code** Notam-Schlüssel *m (Flsich)*.

**notation on the map** Karteneintragung *f*.

**notch** Rastzahn *m*; Kimme *f (auf Waffenlauf)*; ~ **and bead (sight)** Kimme *f* und Korn *n (Waffenvisier)*; ~**ed nozzle** gefächerte Düse *f*.

**not clear** unklar *(Flzg)*.

**notice | of flight** Fluganasage *f (Flsich)*; ~ **to airmen**, *abbr* **NOTAM** Notam *f*; Nachrichten *f/pl* für Luftfahrer, *abbr* NfL *(Flsich)* ***(Def)***.

**notification** Anmeldung *f*; Anzeige *f*.

**not | in use** außer Betrieb; ~ **running** *or* **working** außer Betrieb.

**novice (pilot)** Anfänger *m (Flugschüler)*.

**no | voltage** Nullspannung *f (el)*; ~**-wind position** Windstillepunkt *m (nav)*.

**noy** Noy *n (akustische Einheit)*; ~ **contour** Noy-Kurve *f*; ~ **table** Noy-Tabelle *f*.

**nozzle** Düse *f* ***(Def)***; ~ **cone** Schubdüsenkörper *m (Turbo)*; ~ **contraction** Düseneinschnürung *od* -einengung *f*; ~ **geometry** Düsengeometrie *f (Turbo)*; ~ **guide-vane** Eintritts- *od* Düsenleitschaufel *f (Turbo)* ***(Def)***; ~ **radiator** Düsenkühler *m (Flmot)*; ~ **ring** Leitkranz *m (Turbo)*; ~ **-shaped** düsenförmig.

**N-strut** N-Stiel *m od* -Strebe *f (Flzg)* ***(Def)***.

**nuclear** nuklear; ~ **fission** Kernspaltung *f*; ~ **forces** *pl* atomare Kräfte *f/pl*; ~ **physics** Kernphysik *f*; ~**(-powered) aircraft carrier** atomar angetriebener Flugzeugträger *m*; ~ **power plant** Kernkraftwerk *n*; ~ **propellant** Nukleartreibstoff *m*; ~ **radiation** Kernstrahlung *f*; ~ **shielding**, *abbr* **NSh** Kernwaffenschutz *m*; ~ **theory** Kerntheorie *f*; ~ **turbojet** atomares *od* kernenergetisches (Turbo-) Strahltriebwerk *n* ***(Def)***.

**nucleus of condensation** Kondenstionskern *od* -keim *m (met)*.

**nuisance | operation** Störeinsatz *m (LKr)*; ~ **raid** Störangriff *m (LKr)*; ~ **raider** Störflugzeug *n (LKr)*.

**null** (akustisches) Minimum *n*; Schweigezone *f (Funk)* ***(Def)***, ~ **gravity** Schwerelosigkeit *f*; ~**ification** Nichtigkeitserklärung *f*; ~ **method** Nullmethode *f (Funk)*; ~ **signal** Nullzacke *f (Radar)*.

**numerical | forecast** nummerische Wettervorhersage *f*; ~ **ratio** Zahlenverhältnis *n*.

**nurse** Krankenschwester *f*; *sl* Gas nachfüllen *(Ball)*; ~**maid** *sl* Begleitjäger *m (Lkr)*.

**nut** Mutter *f (Schraube)*; ~ **lock** Muttersicherung *f*; ~~**ing device** Muttersicherung *f*.

**nyctalopia** Nachtblindheit *f*.

# O

**O** *(ICAO- & NATO-Buchstabieralphabet)* Oscar; *(altes, internationales Buchstabieralphabet)* Oboe.
**oakum** Putzwerg *n*.

**oath | of enlistment** Diensteid *m*; Fahneneid *m (mil)*; ~ **of office** Amtseid *m*.

**objective** Ziel *n (Ausbildung & takt)*; Objektiv *n (LPhot)*; *immediate* ~ erstes Angriffsziel *n (takt)*; *intermediate* ~ Angriffszwischenziel *n (takt)*; ~ **noise-meter** absoluter Geräuschmesser *m (Instr)* ***(Def)***.

**obligat | e funds** *pl* Mittel *n/pl* binden *(Haushaltswesen)*; ~**ion of funds** Mittelbindung *f*; **incur** ~**ions** Mittel binden; ~**ion to salute** Grußpflicht *f (mil)*; ~**ion to serve** Dienstpflicht *f (mil)*.

**oblique** schräg; schief; ~ **aerial photograph** Schrägluftbild *n*; ~**(-angled) axes** *pl* schiefwinklige Achsen *f/pl*; ~ **flight** Schrägflug *m (Hubschrauber)*; ~ **flow** Schrägströmung *f (aerodyn)*; ~ **(mapping) camera** Schrägbildkamera *f (LPhot)*; ~ **Mercator projection** schiefachsige Merkatorprojektion *f (Kart)*; ~ **overlap** Schrägbildüberlappung *f (LPhot)*; ~ **photograph** Schrägbild *n (Lphot)*; ~ **rain** Schlagregen *m (met)*; ~ **view** Schräganasicht *f (LPhot)*; ~ **visibility** Schrägsicht *f (met)*.

**obscure radiation** unsichtbare Strahlung *f*; Dunkelstrahlung *f*.

**observ | ability** Beobachtbarkeit *f*; ~**ation** Beobachtung *f*; ~**ation aircraft** (Nah-)Aufklärungsflugzeug *n (LW)*; ~**tion balloon** Beobachtungsballon *m* ***(Def)***; ~**ation blister** Beobachtungskuppel *f (Bod)*; ~**ation error** Beobachtungsfehler *m*; ~**ation network** Wetterbeobachtungsnetz *n*; ~**ation platform** Beobachtungsdeck *n (Luftschiff)*; ~**ation post**, *abbr* **OP** Beobachtungsstelle *f*, *abbr* B-Stelle *f (Art)*; ~**ation tower** Beobachtungsturm *m*; ~**atory** Beobachtungsstation *f (met)*; Observatorium *n (met)*; ~**e** beobachten; ~**ed fire** beobachtetes Schießen *n (Art)*; ~**ed value** Messwert *m*; ~**er** Beobachter *m (LW)*; Luftspäher *m (Flmelde)*; ~**er's badge** Beobachterabzeichen *n (LW)*.

**obsolete** veraltet.

**obstacle** Hindernis *n*; Sperre *f*; ~ **clearance** Hindernisfreiheit *f (Bod)*; ~~ **area** Sicherheitszone *f (Bod)*; ~~ **distance** hindernisfreier Abstand *m*; ~~ **limit**, *abbr* **OCL** Hindernisfreigrenze *f (Flbetr)* ***(Def)***; ~~ **surface**, *abbr* **OCS** Hindernisfreifläche *f (Bod)* ***(Def)***; ~ **height** Hindernishöhe *f*; ~**less approach sector** hindernisfreier Anflugsektor *m (Bod)*; ~ **lighting** Hindernisbefeuerung *f (Bod)*; ~ **limitation surface** Hindernisbegrenzungsfläche *f (Bod)*; ~ **line** Sperrlinie *f (takt)*.

**obstruction** Hindernis *n*; Verstopfung *f (Rohr)*; ~ **light** Hindernisfeuer *n (Bod)* ***(Def)***; ~ **lighting** Hindernisbefeuerung *f (Flugplatz)*; ~ **markers** *pl* Hindernissichtzeichen *n/pl (Bod)* ***(Def)***, ~ **marking** Hindernismarkierung *f*; Hinderniskennzeichnung *f*; ~ *on the ground* Bodenhindernis *n*; ~ *to air navigation* Luftfahrthindernis *n*.

**obtain bearings** sich Peilungen geben lassen *(Flzg)*; peilen *(Flzg-Funk)*.

**obturator ring** Feuering *m (Flmot)* ***(Def)***.

**obtuse-angled** stumpfwinklig.

**occlu|ded front** Okklusion(sfront) *f*; akkludierte Front *f (met)*, ~**sion** Okklusion *f (met)* ***(Def)***.

**occult(ing) light** unterbrochenes Feuer *n (Bod)* ***(Def)***.

**occup|ancy, joint** ~ gemeinsame Belegung *f (mil Flugplatz durch mehrere Nationen)*; ~**ation** Besetzung *f*; Einnahme *f (takt)*; ~~ **troops** *pl* Besatzungstruppen *f/pl (mil)*; ~**ied bandwidth** belegte Bandbreite *f (Funk)*; ~**ied territory** besetztes Gebiet *n (mil)*; ~**y** besetzen; einnehmen *(mil)*.

**ocean** Ozean *m*; Meer *n*; ~**(-controlled) climate** Seeklima *n (met)*; ~ **flight** Ozeanflug *m*; ~**-going flying-boat** Hochseeflugboot *n*; ~**ic** ozeanisch *(met)*; ~**ography** Meeresforschung *f*; ~ **search and rescue station** Ozean-Such- und Rettungsstation *f (Flsich)*; ~ **station** Ozeanstation *f (Flsich)* ***(Def)***; ~~ **call sign** Rufzeichen *n* einer Ozeanstation (Flsich) ***(Def)***, ~~ **vessel** Ozeanstationsschiff *n (Flsich)* ***(Def)***; ~ **weather station**, *abbr* **OWS** Ozeanwetterstation *f*.

**octane number** *or* **rating** Oktanzahl *f*, *abbr* OZ *(Flugkraftstoff)*.

**octant** Oktant *m (nav)*; Libellensextant *m (nav)*.

**ocular| muscle balance** Augenmuskelgleichgewicht *n (Flmed)*; ~ **spectroscope** Okularspektroskop *n*.

**of equal area** flächentreu *(Kart)*.

**off** aus *(Schalterstellung)*; ~**-airport processing facilities** *pl* Abfertigungseinrichtungen *f/pl* außerhalb des Flughafens; ~**-centering** Mittenverschiebung *f*; Bilddezentrierung *f (Radar)*; ~**-course correction** Kursverbesserung *f (mav)*; ~**-course signal** Kursabweichungssignal *n (Leitstrahlverfahren: nav)*; ~ **duty** dienstfrei; ~**-field landing** Außenlandung *f (Flzg)*; ~ **ground** frei *(Flzg vom Boden)*; ~**-line charter flight** Charterflug *m* außerhalb des Liniennetzes *(LVerk)*; ~**-line working** (rechner)-unabhängiger *od* Off-line-Betrieb *m (EDV)*; ~**-net-station** netzfreie Fernmeldestelle *f*; ~**-season (air) fare** Vor-/-Nachsaison-Flugpreis *m (LVerk)*; ~**set carrier** versetzter Träger *m (Funk)*; ~**set course** seitlich versetzter Kurs *m (nav)*; ~**set frequency** abgesetzte Frequenz *f (Funk)*; ~~ **simplex** frequenzabgesetzter Simplexbetrieb *m (Fernm)* ***(Def)***; ~**-shore rescue** Rettungseinsatz *m* auf See; ~ **-shore wind** ablandiger Wind *m (met)*; ~ **station** nicht auf Staion *(Flsich)* ***(Def)***; ~**-the-shelf equipment** serienmäßige Ausstattung *od* Ausrüstung *f*.

**offens|e** Übertretung *f*; Vergehen *n*; Verstoß *m*; ~**ive** Offensive *f*; Angriff *m (takt)*; offensiv; ~**ive air support** offensive Luftunterstützung *f (takt)*; ~**ive arm** Angriffswaffe *f*; ~**ive armament** Angriffsbewaffnung *f*; ~**ive weapon** Angriffswaffe *f*.

**office** Behörde *f*; Dienststelle *f*; Amt *n*; Schreibstube *f (mil)*; ~**r** Offizier *m*; ~**r cadet** Fahnenjunker *m*; ~**r cadet school** Kriegsschule *f*; ~**r candidate** Offiziersanwärter *m*; ~*r Commanding a squadron, abbr OC squadron (E LW)* Staffelkapitän *m*; ~*r Commanding No. x Wing, abbr OC Nr. x Wing* Gruppenkommandeur *m* der x. Gruppe *(LW E)*; ~*r of the day* Offizier *m* vom Tagesdienst; ~ *on duty* Offizier *m* vom Dienst; ~ *on flying status* Offizier *m* des fliegenden Personals; ~**rs' career** Offizierslaufbahn *f*; ~**rs' club** Offiziersheim *n*; ~**rs' mess** Offizierskasino *n*; Offiziersmesse *f*; ~**rs' orderly** Offiziersbursche *m*; ~**rs' rank** Offiziersrang *m*; ~**rs' quarters** *pl* Offiziersunterkunft *f*; ~**rs' school, air force** ~~ Offiziersschule *f* der Luftwaffe.

**official** Beamter *m*; amtlich; dienstlich; ~ **business** Dienstsache *od* -angelegenheit *f*; ~ **call** Dienstgespräch *n (tel)*; ~ **channels** *pl* Dienstweg *m*; *through* ~ *channels* auf dem Dienstweg; ~ **gazette** Amtsblatt *n*; ~ **publication** *or* **regulation** Dienstvorschrift *f (mil)*; ~ **seal** Dienstsiegel *n*; ~ **secret** Amtsgeheimnis *n*; ~ **stamp** Dienststempel *m*; ~ **travel order** Marschbefehl *m (mil)*; ~ **use** Dienstgebrauch *m*.

**ogee(-planform) wing** Flügel *m* mit S-förmiger Vorderkante; Ogee-Tragfläche *f (Flzg)*.

**ogival** spitzbogenförmig; ogival; ~ **nose section** ogivaler Bug *m (Flzg)*; ~ **wing** Gotik-Flügel *m*; ogivale Tragfläche *f (Flzg)*.

**ogive**, *vergl/cf* **ogival**.

**Ohm|ic resistance** Ohmscher Widerstand *m (el)*; ~**meter** Ohmmeter *n*; Widerstandsmesser *m (el)*; ~**'s law** Ohmsches Gesetz *n (el)*.

**oil** Öl *n*; Schmierstoff *m*; ölen; verölen *(Zündkerzen)*; ~ **bomb** Flammbombe *f (LKr)*; ~ **carbon** Ölkohle *f*; ~ **catcher** Ölfänger *m*; ~ **circulation** Ölumlauf *m*; ~ **consumption** Schmierstoffverbrauch *m*; ~ **contamination** Ölverschmutzung *od* -verunreinigung *f*; ~ **control ring** Ölabstreifring *m*; ~ **control valve** Ölregelventil *n (Flmot)* ***(Def)***; ~**-cooled** ölgekühlt; ~ **cooler** Ölkühler *m*; ~ **cup** Ölfänger *m*; ~ **damping** Öldämpfung *f*; ~ **dilution system** Ölverdünnungs- *od* Kaltstartanlage *f (Flmot)* ***(Def)***; ~ **drain** Ölablass *m*; ~ **drainage hole** Ölablassöffnung *f*; ~ **engine** Schwerölmotor *m*; ~ **feed** Ölzuführung *f*; ~ **film** Ölfilm *m*; ~ **filter** Ölfilter *m*; ~ **funnel** Öltrichter *m*; ~ **gauge** (*US* **gage**) Ölstandsanzeiger *m*; ~ **hydraulics** Ölhydraulik *f*; ~**ing** Schmierung *f*; ~**ing (up)** Verölen *n (Zündkerzen)*; ~ **inlet** Öleintritt *m*; ~ **level** Ölstand *m*; ~ **level gauge** (*US* **gage**) Ölstandsanzeige(r) *f (m)*; ~ **lubrication** Ölschmierung *f*; ~ **outlet** Ölabfluss *m*; ~ **overflow** Ölüberlauf *m*; ~ **pan** Ölwanne *f*; ~ **(pipe) line** Öl(rohr)-leitung *f*; Schmierstoffleitung *f*; ~**-pneumatic** ölpneumatisch; ~ **pressure** Schmierstoffdruck *m*; ~ **pressure brake** Öldruckbremse *f*; ~ **pressure gauge** (*US* **gage**) Schmierstoffdruckmesser *m*; ~ **pump** Schmierstoffpumpe *f*; ~ **relief-valve** Ölüberdruckventil *n*; ~ **reservoir** Schmierstoffbehälter *m*; ~ **residue** Ölrückstand *m*; ~-**return line** Ölrücklauf *m*; ~ **scraper** Ölabstreifer *m*; ~ **scraper ring** Ölabstreifring *m*; ~ **screen** Ölsieb *n*; Ölfilter *m*; ~ **seal** Ölabdichtung *f*; ~**seal ring** Öldicht(ungs)ring *m*; ~ **separator** Ölabscheider *m*; ~ **shock absorption** Ölstoßdämpfung *f*; ~ **sump** Ölwanne *f*; Ölsumpf *m*; ~ **supply pipe** Ölzuleitung *f*; ~ **tank** Schmierstoffbehälter *m*; ~ **tank vent** Schmierstoffbehälterlüftung *f*; ~ **temperature** Schmierstofftemperatur *f*; ~ **temperature gauge** (*US* **gage**) Schmierstofftemperaturmesser *m*; ~ **temperature**

**regulation** Ölthermostat *m*; ~ **thermostat** Ölthermostat *m*; ~ **(up)** verölen *(Zündkerzen)*; ~ **well** Ölwanne *f*; ~ **wiper** Ölabstreifer *m*; ~**y** ölig.

**okta** Achtel *n (met)* ***(Def)***.

**oleo|-hydraulic drive** ölhydraulischer Antrieb *m*; ~ **(-leg)** Ölfederbein *n (Lfz)* ***(Def)***; ~**-pneumatic shock-absorber (strut)** Öl-Luftfederbein *n*; ~ **shock absorber** Ölstoßdämpfer *m*; ~**-strut** Ölfederbein *n* ***(Def)***; ~**-strut valve** Federbeinfüllventil *n*.

**ombro|gram** Niederschlagsdiagramm *n*; Ombrogramm *n* ***(met)***; ~**metry** Niederschlags(mengen)messung *f (met)*.

**omni|bearing** rundwiesend; Drehfunkfeuerpeilung *f*; ~~ **indicator** Azimutanzeiger *m (VOR)*; ~~ **selector** Azimutwähler *m (VOR)*; ~**bus channel** Gemeinschaftskanal *m*; Omnibusleitung *f (Fernm)*; ~**-directional** rundstrahlend *(Funk)*; ~**-directional antenna** Antenne *f* mit Rundwirkung; rundstrahlende Antenne *f (Funk)*; ~**-directional (radio) beacon** *or* **radio range station** Rundstrahl- *od* Drehfunkfeuer *n (Fernm)* ***(Def)***; ~**-directional light** Rundstrahl- *od* Drehfeuer *n (Bod)* ***(Def)***; ~ **range** Drehfunkfeuer *n*.

**on** ein *(Schalterstellung)*; ~ **beam flight** Flug *m* im *od* auf dem Strahl *(Funknav)*; ~**-board** bordeigen *od* -fest; Bord- *(Flzg)*; ~~ **avionics** Bordavionik *f (Lfz)*; ~~ **computer** Bordrechner *m od* -rechenanlage *f (Lfz)*; ~~ **direction finder** Bordpeilgerät *n (Funk)*; ~~ **fire extinguisher** Bordfeuerlöscher *m (Lfz)*; ~~ **interrogator** Bord(kennungs)abfragegerät *n (Lfz)*; ~~ **radar** Bordradar(gerät) *n (Lfz)*; ~~ **radio equipment** Bordfunkausrüstung *f (Lfz)*; ~~ **responder** Bord(kennungs)antwortgerät *n*; Flugzeugerkennungsgeber *m (Lfz)*; ~ **call** Abrufbereitschaft *f (30-Minuten-Bereitschaft: LKr)*; ~**-course heading error** Kursrichtungsfehler *m (ILS)*; ~**-course line** *(of a localizer)* Kurslinie *f*; Leitstrahlrichtung *f (ILS-Landekurssender)*; ~**-course signal** Kurszeichen *n*; Dauerton *m (Leitstrahlverfahren: nav)*; ~**-course zone** Dauertonsektor *m (Leitstrahl: Funk)*; ~ **duty** im Dienst.

**one|-and-a-half strutter** Anderthalbstieler *m (Doppeldecker)*; ~**-axis gyro(scope)** Kreisel *m* mit zwei Freiheitsgraden; ~**-blade** Einblatt; einflügelig; ~**-eighty** Kehrtkurve *f*; Richtungsänderung *f* um 180° *(Flbetr)*; ~**-engined aircraft** einmotoriges Flugzeug *n*; ~**-engine-out climb** Steigflug *m* bei Ausfall eines Triebwerkes *(Flbetr)*; ~**-engine service ceiling** Dienstgipfelhöhe *f* mit nur einem Triebwerk *(zweimot Flzg)*; ~**-flow turbojet (engine)** Einstrom(strahl-) *od* TL-Triebwerk *n (turbo)*; ~**-knob tuning** Einknopfabstimmung *f (Funk)*; ~**-man dinghy** Einmannschlauchboot *n*; ~**-man tent** Einmannzelt *n*; ~**-piece canopy** einteilige Kabinenhaube *f (Flzg)*; ~**-piece wing** durchgehende Tragfläche *f (Flzg)*; ~**-point fuelling** Einpunktbetankung *f (Flzg)*; ~ **shot** Einzelschuss *m (takt)*; ~**-spool engine** Triebwerk *n* mit einspuligem Verdichter *(Turbo)*; ~**-strutter** Einstieler *m (Flzg)*; ~**-way cock** Einwegehahn *m*; ~**-way radio traffic** einseitiger Funkverkehr *m*; ~**-way street** Einbahnstraße *f*; ~**-way ticket** einfacher Flugschein *m*; ~**-way traffic** einseitiger Verkehr *m (LVerk)*; Einbahnverkehr *m (Straßenverkehr)*.

**on|-ground direction finding** Bodenpeilung *f (Funknav)*; ~**-ground interrogator** Bodenabfrage- *od* -kennungsgerät *n (Funk)*; ~**-line charter flight** Charterflug *m* innerhalb des Liniennetzes *(LVerk)*; ~**-line working** (rechner)-abhängiger *od* On-line-Betrieb *m (EDV)*; ~**ly-gliding flight** reiner Segelflug *m*.

**on|-net station** netzangeschlossene *od* netzeigene Fernmeldestelle *f*; ~**-off keying** Trägertastung *f*; Ein-Aus-Tastung *f (Funkfeuer)*; ~**-off switch** Ein- und Ausschalter *m*; ~**-path indication** Gleitweganzeige *f (ILS)*; ~**-season (air) fare** Saisonflugpreis *m (LVerk)*; ~**shore wind** Seewind *m (met)*; ~ **speed** auf Touren *(Flmot usw)*; ~ **station** auf Station *(Flsich)* ***(Def)***; ~ **the average** Mittel; ~**-the-job training**, *abbr* **OJT** Ausbildung *f* am Arbeitsplatz *od* im Einsatz; ~ **the Mach** *sl* Geschwindigkeit *f* kurz vor kritischer Machzahl *(Flbetr)*; ~**-the-spot aid** Soforthilfe *f*; ~**-top cruising level clearance** Flugverkehrsfreigabe *f* einer Flugfläche oberhalb der Wolken(decke) *(Flsich)* ***(Def)***; ~**-top flight** Flug *m* oberhalb der Wolken(decke) *(Flbetr)*.

**op** *sl für* operator.

**opaque ice** trübes Eis *n (met)*.

**open** öffnen; entfalten *(Fallschirm)*; eröffnen *(Feuer)*; offen; ~**-air installation** Freiluftanlage *f (Bod)*; ~ **antenna** offene Antenne *f (Funk)*; ~ **flank** offene Flanke *f (takt)*; ~ **formation** geöffnete Ordnung *f (Verbandsflug)*; ~**ing** Durchlass *m*; Öffnung *f*; Entfaltung *f (Fallschirm)*; Eröffnung *f (Feuer: takt)*; ~**ing shock** Entfaltungsstoß *m (Fallschirm)*; ~**ing shockfree** stoßfreie Entfaltung *f (Fallschirm)*; ~**ing speed** Öffnungs- *od* Entfaltungsgeschwindigkeit *f (Fallsch)*; ~**ing time** Öffnungszeit *f (Fallsch)* ***(Def)***; ~ **jaw trip** Gabelflug *m (LVerk)*; ~**-jet wind tunnel** offener Windkanal *m (aerodyn)* ***(Def)***; ~ **line refuelling** offenes Betanken *n (Lfz)* ***(Def)***; ~ **net radio communication** Kreisverkehr *m (Funk)*; ~ **tail** Gitterschwanz *m (Flzg)*; ~ **tail boom** Gitterschwanzträger *m (Flzg)*; ~ *the engine or the throttle* Gas geben *(Flmot)*; ~ **throttle** Vollgas *n (Flmot)*; ~**-throttle flight** Vollgasflug *m (Flzg)*; ~ **up** sich öffnen *(Fallschirm)*; ~ **wind tunnel** Freistrahlwindkanal *m (aerodyn)*; ~ **wire line** Freileitung *f (Tel)*; ~ **working section** offene Messstrecke *f (aerodyn)* ***(Def)***.

**operat|e** betätigen; bedienen; betreiben; ~*e a route* eine Flugstrecke befliegen *(LVerk)*; ~*e by remote control* fernbetätigen; ~**ing** in Betrieb; ~**ing altitude** Einsatz- *od* Arbeits- *od* Betriebshöhe *f (Flbetr)*; ~**ing authorization** Betriebsbewilligung *f (LVerk)*; ~**ing cable** Steuerseil *n*; Steuerzug *m (Flzg)*; ~**ing channel** Betriebskanal *m (Funk)*; ~**ing company** Betriebskompanie *f (mil)*; ~**ing conditions** *pl* Betriebsbedingungen *f/pl*; ~**ing costs** *pl* Betriebsunkosten *pl*; ~**ing cylinder** Betätigungszylinder *m*; Arbeitszylinder *m (Fahrwerk; Bremse)*; ~**ing data** *pl* Betriebsdaten *n/pl*; ~**ing directions** *pl* Bedienungsanweisung *f*; ~**ing efficiency** Betriebsleistung *f*; ~**ing frequency** Betriebsfrequenz *f (Funk)*; ~**ing gear** Betätigungsvorrichtung *f*; ~**ing handle** Bedienungshebel *m*; ~**ing instructions** *pl* Bedienungsvorschrift *f od* -anweisungen *f/pl*; ~**ing life** betriebliche Lebensdauer *f*; ~**ing limitations** *pl* betriebliche Begrenzungen *f/pl (Lfz)*; ~**ing permit** Betriebsbewilligung *f (Lverk)*; ~**ing personnel** Betriebspersonal *n*; ~**ing pressure** Betriebsdruck *m*; ~**ing profit** Betriebsgewinn *m*; ~**ing range** Einsatzentfernung *f (FK)* ***(Def)***; ~**ing revenue** Verkehrseinnahme *f (LVerk)*; ~**ing speed** Ansprechgeschwindigkeit *f (Flzg auf Steuerausschläge)*; ~**ing temperature** Betriebstemperatur *f*; ~**ing wave** Betriebswelle *f (Funk)*; ~**ing weight** Betriebsleermasse *f (Lfz)* ***(Def)***; ~**ion** Betrieb *m*; Operation *f (ärztliche)*; Start *m* oder Landung *f (Flsich)*; Einsatz *m (takt)*; Feindflug *m (LKr)*; *be in ~ion* in Betrieb sein; *combined ~ion* gemeinsame Operation *f (mehrerer Alliierter: mil)*; *combined arms ~ion* Operation *f* der verbundenen Waffen *(takt)*; *~ion of the controls* Steuerbetätigung *f (Flzg)*; ~**ional** operativ *(mil)*; ~**ional airfield** Einsatzflugplatz *m (LKr)*; ~**ional aircraft** Einsatzflugzeug *n*;

~**ional area** Einsatzgebiet *n*; Operationsgebiet *n (takt)*; Betriebsfläche *f (Bod)*; ~**ional base** Einsatzflugplatz *m (LKr)*; ~**ional ceiling** Dienstgipfelhöhe *f (Flzg)*; ~**ional control** Flugbetriebslenkung *od* -leitung *f (Flsich) (Def)*; Einsatzführung *f (mil)*; **attachment for** ~~ einsatzmäßige Unterstellung *f (mil)*; ~~ **communications** *pl* Fernmeldeverbindungen *f/pl* für die Flugbetriebsleitung *(Def)*; ~**ional cycle** Arbeitszyklus *m*; ~**ional economy** Wirtschaftlichkeit *f*; ~**ional efficiency** Einsatzfähigkeit *f od* -vermögen *n*; ~**ional experience** Einsatzerfahrung *f (flgds Personal)*; ~**ional failure** Betriebsstörung *f od* -ausfall *m*; ~**ional flight** Einsatzflug *m*; Feindflug *m (Lkr)*; ~~ **plan** Flugdurchführungsplan *m (Flsich)*; ~**ional headquarters** *pl* Gefechtsstand *m (takt)*; ~**ional height** Einsatzflughöhe *f (Flzg)*; ~**ional instructions** *pl* Bedienungsvorschrift *f*; ~**ional life** Betriebslebensdauer *f*; ~**ionally significant** einsatzwichtig *(für Flugbetrieb: met)*; ~**ional maturity** Einsatzreife *f (flgds. Personal)*; ~**ional meteorological information** Wetterinformationen *f/pl* für den Flugbetrieb; ~**ional order** Einsatzbefehl *m (takt)*; ~**ional performance category** Betriebsleistungskategorie *f (ILS)*; ~**ional plan** Aufmarschplan *m (takt)*; ~**ional radius** Einsatz- *od* Operationsradius *m (Lkr)*; ~**ional range** Einsatzentfernung *f*; Reichweite *f*; Wirkungsbereich *m*; ~**ional rate of revolution** Betriebsdrehzahl *f*; ~**ional readiness** *(of plotters)* Auswertebereitschaft *f (Flmelde)*; Einsatzbereitschaft *f (LW)*; Dienstbereitschaft *f*; ~**ional reliability** Ausfallsicherheit *f*; Betriebsverlässlichkeit *od* -zuverlässigkeit *f*; ~**ional safety** Betriebssicherheit *f*; (~**ional**) **sortie** Feindflug *m (LKr)*; ~**ional stand** Abfertigungsposition *f*; Standplatz *m (Lfz: Bod)*; ~**ional stop** technische Zwischenlandung *f (LVerk)*; ~**ional strength** Betriebsfestigkeit *f*; Einsatzstärke *f (mil)*; ~**ional test** Funktionsprüfung *f (Flzg)*; ~**ional training** Waffenausbildung *f (LW)*; ~~ **unit**, *abbr* **OTU** Waffenausbildungseinheit *f*; Waffenschule *f (LW)*; ~**ional unit** Einsatzverband *m (LW)*; ~**ions branch** Operationsabteilung *f (mil)*; ~**ions manual** Betriebshandbuch *n*; ~**ions map** Operationskarte *f (takt)*; ~**ions order** Operationsbefehl *m (takt)*; ~**ions range** Aktionsradius *m (Flzg)*; ~**ions room** Gefechtsstand *m (takt)*; ~**ions section** Operationsabteilung *f (takt)*; ~**ions staff** Führungsstab *m (Generalstab)*; ~**ions test** Betriebs- *od* Funktionsprüfung *f*; ~**ive** operativ; in Betrieb befindlich; ~**ive personnel** Bedienungspersonal *n*; ~**or** Bedienungsmann *m*; Bewirtschafter *m*; *(kurz für)* Fernsprecher *m*; Luftfahrzeughalter *m*; Flugbetriebsunternehmer *m (Def)*; ~**'s local representative** örtlicher Vertreter *m* des Luftfahrzeug-Halters *(Def)*.

**oppo|nent** Gegner *m*; ~**se** Widerstand leisten; ~**sed airscrews** *pl* gegenläufige Luftschrauben *f/pl (Flzg)*; ~**sed-cylinder engine** Boxermotor *m (Flmot) (Def)*; ~**sed-piston engine** Gegen- *od* Doppelkolbenmotor *m (Flmot) (Def)*; ~**sing force** Gegenkraft *f*; ~**site controls** *pl* Gegenruder *n (Flzg)*; ~**site direction traffic** Gegenverkehr *m (Flbetr)*; ~**site pole** Gegenpol *m (el)*; ~**sition** Widerstand *m (takt)*.

**oppressive** drückend *(Hitze: Lufttemperatur)*.

**optical** optisch; ~ **air density** optische Dichte *f* der Luft; ~ **centre** (*US* **center**) Bildhauptpunkt *m (LPhot)*; ~ **combiner** in Augenhöhe projizierte Anzeige *f*; ~ **direction-finding** Sichtpeilung *f (nav)*; ~ **illusion** optische Täuschung *f*; ~ **instrument** optisches Gerät *od* Instrument *n*; ~ **limitation** Sichtbegrenzung *f*; ~ **range** Sichtweite *f*; ~ **sight** optisches Zielgerät *n*; ~(**al**) **warning device** optischer Signalgeber *m*.

**option** Option *f (für Flzg-Beschaffung)*; ~**al landing** Landung *f* bei Bedarf *(LVerk)*.

**optim|al staging** optimale Stufung *f (Flsich)*; ~**um** Bestwert *m*; ~**um efficiency** Bestwirkungsgrad *m (Luftschraube usw)*; ~**um range** Hauptkampfentfernung *f (takt)*.

**opt(oelect)ronics** Optoelektronik *f*.

**opto|phone** optischer Fernsprecher *m*; lichtsprechen; ~~ **terminal** Lichtsprechstelle *f*; ~**type** (**table**) Sehtesttafel *f*; Optometer *n (Flmed)*.

**oral** mündlich; ~ **message** mündliche Meldung *f*; ~ **order** mündlicher Befehl *m*.

**orbit** Kreisbahn *f*; Gestirnbahn *f*; umfliegen; (um)kreisen *(Flzg)*; ~**al rocket** *or* **missile** Orbitalrakete *f*; ~ **flight** Kreisflug *m (Flbetr)*; ~ **point** Wartepunkt *m (Flbetr) (Def)*.

**order** Befehl *m*; Anordnung *f*; Reihenfolge *f*; befehlen; anordnen; *administrative* ~ Versorgungsbefehl *m (Logistik: mil)*; *attachment* ~ Unterstellungsbefehl *m (mil)*; *standing* ~ ständiger *od* Dauerbefehl *m (mil)*; ~**ly** Ordonanz *f (mil)*; Melder *m*; ordentlich; ~**ly officer** Ordonnanzoffizier *m*, ~**ly room** Schreibstube *f (mil)*; ~ *of assembly* Aufmarschplan *m (takt)*; ~ *of battle* Gefechtsgliederung *f*; Kriegsgliederung *f*; ~ *of magnitude* Größenordnung *f*; ~ *of merit* Reihenfolge *f* der Wichtigkeit; ~ *of priority* Dringlichkeits(reihen)folge *f*; Rangfolge *f (Fernm)*; ~ *of the day* Tagesbefehl *m (mil)*; ~**s conference** Einsatzbesprechung *f (takt)*; ~ *to report for active duty* Einberufung *f (mil)*.

**ordinate** Ordinate *f*; ~ **axis** Ordinatenachse *f*; ~ **of image** Bildordinate *f (LPhot)*; ~ **of trajectory** Flug(bahn)höhe *f (ballist)*.

**ordnance** Waffen *f/pl* und Gerät *n (mil)*; Bestückung *f*; ~ **department** Waffenamt *n*; ~ **depot** Feldzeugamt *n*; ~ **officer** Waffenoffizier *m*; ~ **shop** Waffenmeisterei *f (mil)*.

**organi|c** organisch; Stamm-; ~**zational chart** Gliederungsübersicht *f*; Organigramm *n*; ~**zational equipment** einheitseigene Ausrüstung *f (mil)*; ~**zational maintenance** Truppen- *od* Staffelwartungsdienst *m (LW)*; ~**zation chart** Gliederungsübersicht *f*; ~**zation of march** Marschgliederung *f (takt)*; ~**zation order** Aufstellungsbefehl *m (mil)*; ~**ze** organisieren; einrichten; ~**zer** Veranstalter *m*.

**orient** orientieren; zurechtfinden; einstellen *(Instrument)*; einrichten *(Karte)*; ~**ation** Orientierung *f*; Richtungsbestimmung *f*; ~**ation by large landmarks** Großorientierung *f (nav)*; ~**ation of a map** Einrichten *od* Einordnen *n* einer Karte; ~**ation error** Orientierungsfehler *m*; ~**ation of runways** Richtung *f* der Pisten *(Bod)*; ~**ation test** Eignungsprüfung *f* auf Orientierungssinn *(flgds Personal)*; ~**ing a map** Einordnen *od* Einrichten *n* einer Karte.

**origin** Ursprung *m*; Herkunft *f*; Ausgangspunkt *m*; ~**al copy** Erstausfertigung *f*; Original *n (Schriftstück)*; ~**ate** *(a message) (eine Meldung)* abfassen *od* aufliefern *od* aufgeben; ~**ating station** Aufgabestelle *f (Fernm)*; ~**ator** *(of a message)* Auflieferer *od* Aufgeber *od* Absender *m (einer Meldung)*; ~~ **indicator** Aufgeberkenngruppe *f (Fernm)*.

**ornithopter** Schwingenflügler *m*; Ornithopter *m (Lfz) (Def)*.

**orographic** orographisch; gebirgsbeschreibend; ~ **clouds** *pl* orographische Wolken *f/pl (met) (Def)*; ~ **fog** orographischer Nebel *m (met)*; ~ **rain** Stauregen *m (met)*; ~ **wave** Hinderniswelle *f (met)*; ~ **wind** orographischer Wind *m*.

**ortho|chromatic rendition** Farbenwiedergabe *f*; ~**dox design** herkömmliche *od* übliche Bauart *f*; ~**drome** Orthodrome *f*; Großkreis *m (nav)*; ~**gonal projection**

rechtwinklige Projektion *f (Kart)*; ~**graphic projection** Parallelprojektion *f (Kart)*; ~**metric projection** orthometrische Projektion *f (Kart)*; ~**morphic projection** winkeltreue Projektion *f (Kart)*.

**oscill|ate** schwingen; pendeln; ~**ating beacon** Schwebungsfeuer *n (Bod)*; ~**ating circuit** Schwing(ungs)-kreis *m (Funk)*; ~**ation** Schwingung *f (Funk)*; Schwankung *f (Kompassnadel)*; *longitudinal* ~~ Längsschwingung *f (Stab)*; ~**ation damping** Schwingungsdämpfung *f*; Ausschwingen *n*; ~**ation frequency** Schwingungsfrequenz *od* -zahl *f*; ~**ation indicator** Schwingungsanzeiger *m*; ~**ator** Oszillator *m*; ~**ator tube** Oszillatorröhre *f (Funk)*; ~**atory spin** Schwingungstrudeln *n (Flbetr)* ***(Def)***; ~**oscope** Oszilloskop *n*; Braunsche Röhre *f (Radar)*.

**other ranks** *pl*, *abbr* **ORs** *(E)* Unteroffiziere *m/pl* und Mannschaften *f/pl (mil)*.

**Otto|(-cycle) engine** Otto-Motor *m*; Viertaktmotor *m*; ~ **-type fuel** Otto-Kraftstoff *m*.

**out** „Ende" *(Sprechfunkverkehr)*; ~**age** *(technische)* Störung *f*; Ausfall *m*; ~**board** außenbords; ~*board engine* Außenmotor *m (viermot Flzg)*; ~*board fin* Endscheibe *f (am Flzg-Leitwerk)*; ~*board float* Stützschwimmer *m (Flugboot)*; ~*board measurement* Außenbordmessung *f*; ~*board tank (Kraftstoff-)*Außenbehälter *m (Flzg)*; ~**bound** abgehend *od* -fliegend; ~**bound bearing** Abflugpeilung *f*; ~**bound flight** Hinflug *m*; abgehender Flug *m (LVerk)*; ~**bound leg** Abflugteil *m (Warteverfahren: Flsich)*; ~**bound track** Abflugkurs *m* über Grund *(nav)*; ~**door antenna** Außen- *od* Freiantenne *f (Funk)*; ~**er atmosphere** äußere *od* Hochatmosphäre *f*; ~**er beacon** äußeres Einflugzeichen *n (ILS-verfahren: nav)*; Voreinflugzeichen *n*; ~**er casing** Laufraddecke *f*; ~**er cover** Laufraddecke *f*; Außenhaut *f (Flzg & Ball)* ***(Def)***; ~**er diameter** Außendurchmesser *m*; ~**er engine** äußeres *od* Außentriebwerk *n (viermot Flzg)*; ~**er horizontal surface** äußere Horizontalfläche *f (Bod)* ***(Def)***; ~**er layer** Randschicht *f (aerodyn)*; ~**er marker**, *abbr* **OM** Voreinflugzeichen *n (ILS-Verfahren: nav)* ***(Def)***; ~**er pack** äußerer Verpackungssack *m (Fallsch)* ***(Def)***; ~**er ridge-girder** äußerer Firstträger *m (Lfz l)* ***(Def)***; ~**er skin** Außenhaut *f*; Ballonhülle *f*; ~**er wing (section)** Außenflügel *m (Flzg)*; ~**fit** Ausrüstung *f*; Ausstattung *f*; Mannschaft *f (Besatzung)*; ~**flank** überflügeln; umgehen *(takt)*; ~**flanking manoeuvre** (*US* **maneuver**) Überflügelung *f (takt)*; Umfassung *f (takt)*; ~**flow** ausfließen *od* -strömen; Ausfließen *od* -strömen *n*; ~**going traffic** abgehender Verkehr *m (LVerk)*; ~**guard** Feldwache *f (takt)*; ~**let** Auslass(öffnung) *m (f)*; ~**let temperature** Austrittstemperatur *f (Flmot)*; ~**let valve** Auslass- *od* Auspuffventil *n (Flmot)*; ~**line** Umriss *m*; Profil *n*; umreißen; darstellen *(in großen Zügen)*; ~**line of the coast** Küstenumriss *m*; ~**line chart** Umrisskarte *f (Kart)*; ~**lying picket** Außenwache *f (mil)*; ~**lying post** *or* **station** Außenstelle *f*; ~**number** zahlenmäßig überlegen sein; ~ **of action** außer Betrieb; außer Gefecht *(takt)*; ~ **of adjustment** verstellt; ~**-off-alignment** Misspfeilung *f (Prop)* ***(Def)***; ~ **of balance** aus dem Gleichgewicht; ~ *-of balance force* Umwuchtkraft *f*; ~ **of commission** außer Betrieb *(ausgefallener Flmot)*; ~**-of-control** steuerlos; unsteuerbar *(Lfz)*; ~**-of-date** veraltet; ~**-of-focus** unscharf; verschwommen *(LPhot)*; ~ **of order** nicht in Ordnung; außer Betrieb; ~**-of-pitch** Blattfehleinstellung *f (Prop)* ***(Def)***; ~ **of round** unrund *(Welle)*; ~ **of track** Spurfehler *m (Luftschraubenblätter)* ***(Def)***; ~ **of trim** vertrimmt *(Flzg)*; ~**post** Vorposten *m (takt)*; ~**post line** vorderste Sicherungslinie *f (takt)*; ~**put** Leistung *f (Flmot & Funk)*; Ausbringung *f (Produktion & Ausbildung)*; (Förder-)Leistung *f (Pumpe)*; Ausgang(ssignal) *m (n) (Fernm)*; ~**put power** Ausgangsleistung *f (Fernm)*; ~**put selector lever** Leistungswahlhebel *m (Flmot)*; ~**put stage** Ausgangs- *od* Endstufe *f (Funk)*; ~**range** größere Reichweite haben *(Art)*; ~**rigger** Ausleger *m*; ~*rigger airplane* Gitterschwanz(flugzeug) *m (n)*; ~*rigger(-type) gun-mount* Kreuzlafette *f (Art)*; ~**run surface** Überholfläche *f (Bod)*; ~**side air temperature** Außenlufttemperatur *f*; ~**side antenna** Frei- *od* Außenantenne *f (Funk)*; ~**side duties** *pl* Außendienst *m (mil)*; ~**side engine** äußeres *od* Außentriebwerk *n (viermot Flzg)*; ~**side induction** Fremdinduktion *f (el)*; ~**side landing** Außenlandung *f (Flzg)*; ~**side loop(ing)** Looping *m* vorwärts *(Kunstflug)* ***(Def)***; ~**side visual**, *sl für* **exterior preflight inspection** Vorflug-Außeninspektion *f (Lfz)*; ~**ward** abgehend *od* -fliegend; ~**ward flight** Hinflug *m*; abgehender Flug *m (LVerk)*; ~**ward leg** Abflugteil *m (Flsich)*.

**over** über; „Bitte kommen" *(Sprechfunkverkehr)*; Weitschuss *m (Art)*; ~**all** Überanzug *m*; Kombi(nationsanzug) *f (m)*; ~ **all efficiency** Gesamtwirkungsgrad *m*; ~**all flight time** Gesamtflugzeit *f*; ~**all length** Gesamtlänge *f*; Länge *f* über alles; ~**all tactical air situation** Großraumluftlage *f (LKr)*; ~**-balance** Überausgleich *m (Steuerruder)*; ~**-balanced** überausgeglichen *(Steuerruder)*; ~ **capacity** Überkapazität *f (LVerk)*; ~**cast** Bedeckung *f*; Wolkendecke *f*; bedeckt *(met)*; ~**cast (sky)** bedeckter Himmel *m (met)*; ~**climb** überziehen *(Flzg)*; ~**compression ratio** Überverdichtungs- *od* Überkompressionsverhältnis *n (Flmot)*; ~**control** Übersteuern *n (Flbetr)* ***(Def)***; ~**due** überfällig *(Flzg)*; ~**exposure** Überbelichtung *f (LPhot)*; ~**flight** Überflug *m*; ~**flow** Überlauf *m*; überlaufen *(Kraftstoffbehälter)*; ~**flow valve** Überströmventil *n*; ~**-fuselage strake** Seitenflossenverkleidung *f (Flzg)*; ~**hang** Überhang *m*; Kragweite *f (Lfz)* ***(Def)***; ~**haul** Überholung *f (Lfz)*; ~**hauled engine** überholter Motor *m (Flmot)*; ~**haul(ing)** Überholung *f (Flzg)*; überholen *(instandsetzen)*; ~**haul instructions** *pl* Überholungsvorschrift *f (Flzg)*; ~**haul life** Überholungszeit *f*; Zeit *f* bis zur Überholung; ~**haul period** Überholungszeit *f (Flzg)*; ~**head** „über Platz" *(Flzg: Flsich)*; ~**head antenna** *or* **aerial** Hochantenne *f (Funk)*; ~**head camshaft** obenliegende Nockenwelle *f (Flmot)*; ~**head construction** Hochbau *m (Tel)*; ~**head expenses** *pl* allgemeine Unkosten *pl*; ~**head firing** Überschießen *n* eigener Truppen *(Art)*; ~**head line** Frei- *od* Oberleitung *f (Tel)*; ~**heat** überhitzen; heißlaufen *(Flmot)*; ~**hung moment** Kragmoment *n*; ~**laid frequency** Überlagerungsfrequenz *f (Funk)*; ~**lap** Überlappung *f*; Überdeckung *f (LPhot)*; überlappen *(LPhot)*; ~**lapping photography** Reihenbild(aufnahme) *n (f) (LPhot)*; ~**lay** Auflegeblatt *n*; Deckpause *f (Kart)*; ~**load** Überlast *f*; Überbelastung *f*; ~**loading** Überbelastung *f*; Mehrbelastung *f*; Übersteuerung *f (el & Funk)*; ~**load protection** Überlastungsschutz *m*; ~**load test** Überlastungsversuch *od* -test *m*; ~**pressure oxygen unit** Überdruck-Sauerstoffhöhenatmer *m*; ~**print** Auf- *od* Überdruck *m (Kart)*; ~**ride** übersteuern *(Regler)*; ~**run** aufgleiten *(Warmluftmassen: met)*; überrollen *n (Flzg)*; ~**run (area)** Überrollfläche *f (Bod)*; ~~**running** Aufgleiten *n (Warmluftmassen: met)*; ~**run stopway** Überrollstoppfläche *f (Bod)*; ~**seas airline** *or* **air service** Überseeluft(verkehrs)linie *f*; ~**seas air traffic** Überseeluftverkehr *m*; ~**seas flight** Überseeflug *m*; ~**seas route** Überseestrecke *f (LVerk)*; ~**shoes** *pl* Überschuhe *m/pl*; ~**shoot** zu weit kommen *(Flzg bei Landung)* ***(Def)***; ~**speed** Überdrehzahl *f (Flmot)*; überdrehen *(Flmot)*; ~(~)**stalled attitude** überzogener Flugzustand *m (Flzg)*; ~**strained state** überspannter Zustand *m*, ~**stressing** Überbeanspruchung *f*; ~**take** überholen *(Flzg im Fluge)*; *sl* abhängen; ~**taking manoeuvre** Überholmanöver *n*; ~**-the-top flight** Flug *m* über den Wolken; Überwolkenflug *m (Flbetr)*; ~**time** Überstunden *f/pl*; ~**travel** übersteuern *(Regler)*; zu große Steuerwege ausführen; ~**-water flight** Überwasserflug *m (Flbetr)*; ~**weather flight** Flug *m* oberhalb der Wetterzone; ~**weight** Übergewicht *n*; ~**zoom** überziehen *(Flzg)*.

**own use charter** Charter *m* für den Eigengebrauch *(LVerk).*

**oxid|ant** Sauerstoffträger *m*; Oxidator *m (FK)* ***(Def)***; **~ize** oxydieren; **~izer tank** Oxidatorbehälter *m (Rak).*

**oxygen** Sauerstoff *m*; **~ apparatus** Atemgerät *n*; Höhenatmer *m (Flzg)*; **~ bottle** Sauerstoffflasche *f*; **~ breathing installation** Sauerstoffatmungs- *od* Höhenatmeranlage *f (Flzg)*; **~-charging truck** Sauerstoffumfüllwagen *m*; **~ cylinder** Sauerstoffflasche *f*; **~ deficiency** Sauerstoffmangel *m*; **~ economizer** Sauerstoffregler *m (Höhenatmer)*; **~ equipment** Sauerstoffausrüstung *f (Flzg)*; **~ flow rate** Sauerstoffdurchsatz *m (Höhenatmer)*; **~ gas** Sauerstoffgas *n*; **~ hose** Sauerstoff- *od* Atemschlauch *m*; **~ insufficiency** Sauerstoffmangel *m od* -untersättigung *f (Flmed)*; **~ mask** Atem- *od* Sauerstoffmaske *f (Höhenatmer)*; **~ meter** Sauerstoffmessgerät *n (Lfz l)* ***(Def)***; **~ partial pressure** Sauerstoffpartialdruck *m*; **~ point** Sauerstoffanschluss *m (im Flzg)*; **~-poor atmosphere** sauerstoffarme Atmosphäre *f*; **~ respirator** Sauerstoff-Atemgerät *n*; **~ shortage** Sauerstoffmangel *m*; **~ starvation** Sauerstoffhunger *m*; **~ supply** Sauerstoffvorrat *m*; **~ system** Sauerstoffanlage *f (Flzg)* ***(Def)***; **~ tube** Atemschlauch *m*; *sl* Schnorchel *m (Höhenatmer).*

**oxyhydrogen welding** Knallgasschweißung *f.*

**ozalid paper** Lichtpaus- *od* Ozalidpapier *n.*

**ozon|e layer** Ozonschicht *f*; **~iferous** ozonhaltig; **~ize** ozonisieren; mit Ozon behandeln; **~osphere** Ozonosphäre *f.*

# P

**P** *(ICAO- & NATO-Buchstabieralphabet)* Papa; *(altes, internationales Buchstabieralphabet)* Peter.

**Pacific** Pazifik *m*; Stiller Ozean *m.*

**pack** Packen *m*; Rückengepäck *n*; Tornister *m*; Fallschirmpackhülle *f od* -verpackungssack *m* ***(Def)***; packen *(Gepäck)*; (ab)dichten; **~age** Packstück *n (LVerk)*; **~ cone** Verschlusskegel *m (Fallsch)* ***(Def)***; **~ed snow** Pack- *od* Pressschnee *m*; festgestampfter *od* verdichteter Schnee *m*; **~-elastics** *pl* Elastikbänder *n/pl (Fallsch)* ***(Def)***; **~-ice** Packeis *n*; **~ing** (Dicht-)Packung *f (Flmot)*; Packen *n (Fallsch)* ***(Def)***; **~ing case** Versandkiste *f*; **~ing cuff** Dichtungsmanschette *f*; **~ing gland** Stopfbuchsenpackung *f*; **~ reel** Rückentrage *f* für Feldkabel *(Tel)*; **~(-type) radio-set** Tornisterfunkgerät *n*; **~ up** *sl für* nicht mehr funktionieren.

**pad** *(Heli-)*Plattform *f (LVerk).*

**paddle-wheel| aircraft** Schaufelradflugzeug *n*; **~ rotor** Schaufelrotor *m (Heli)* ***(Def).***

**padre** Feldgeistlicher *m (mil).*

**page| feed sequence** Blattvorschubfolge *f (Fernschr)*; **~ printer** Blattschreiber *m (Fernschr)*; **~ teleprinter** Blatt(fern)schreiber *m (Fernm).*

**paint** Farbe *f*; anstreichen; **~ brush** Pinsel *m*; **~er** Maler *m*; **~er's shop** Malerwerkstatt *f.*

**pair|ed engines** *pl* gepaartes Triebwerk *n (Flmot)* ***(Def)***; **~ing frequencies** *pl* Frequenzpaarung *f (Funk).*

**pallet** Palette *f.*

**panacea target** erstrangiges Angriffsziel *n (LKr).*

**pancak|e** durchsacken *(Flzg bei Landung)*; **~e formation** Höhenstufung *f (Flzge im Warteraum: Flsich)*; **~e landing** Bumslandung *f*; Sacklandung *f (Flzg)*; *~e light (linsen- od fladenförmiges)* Unterflugfeuer *n (Bod)*; *~e the plane* Flugzeug durchsacken lassen; **~ing** durchsacken *n (Flzg bei Landung)*; Bumslandung *f (Flbetr)* ***(Def)***; **~ing regime** Durchsackflugzustand *m (Flbetr).*

**panel** Feld *n (Lfz l)* ***(Def)***; Plattenfeld *n (Lfz)* ***(Def)***; Verkleidungsblech *n*; Instrumentenbrett *n*; Hüllenbahn *f (Ball)*; Feld *n (Fallschirm)*; Signaltuch *n (takt)*; **~-mounted compass** Instrumentenbrettkompass *m (Flzg).*

**panoram|a equipment** Rundsuchgerät *n (Radar)*; **~a sight** Rundblick(ziel)fernrohr *n*; **~a radar** Rundsuchradar(gerät) *n*; **~ic telescope** Rundblickfernrohr *n*; **~ic view** Rundumblick *m od* -beobachtung *f.*

**pantobase** Allzweck- *(Lfz)* ***(Def).***

**pants** *pl* Radverkleidungen *f/pl (Lfz)* ***(Def).***

**parabol|a** Parabel *f*; **~ic** parabolisch; parabelförmig; **~ic mirror** *or* **reflector** Parabol(spiegel) *m (Scheinwerfer & Funk)*; **~ic trajectory** parabolische *od* parabelförmige Flugbahn *f*; **~ic wing** Parabolflügel *m (Flzg)*; **~oid afterbody** Paraboloidheck *n (Flzg).*

**para-brake** *(Flzg)* durch Heckschirm *(bei Landung)* abbremsen *(Flbetr).*

**PAR approach** PAR-Anflug *m (Flsich).*

**parachute**, *abbr* **chute** Fallschirm *m* ***(Def)***; abspringen *(aus Flzg mit Fallschirm)*; **~ assembly** Fallschirmausrüstung *f* ***(Def)***; **~ bag** Fallschirmsack *m*; **~ bay** Fallschirmraum *m od* -ablage *f (Flzg)*; **~ bomb** Fallschirmbombe *f*; **~ brake** Bremsschirm *m (Flzg)*; **~ bucket** Fallschirmbehälter *m*; **~ canopy** Fallschirmkappe *f* ***(Def)***; **~ capacity** Fallschirmleistung *od* -tragfähigkeit *f*; **~ cluster** Fallschirmtraube *f*; **~ container** Fallschirm(abwurf)behälter *m* ***(Def)***; **~ cord** Fallschirmleine *f*; **~ delay** Öffnungsverzug *m*; Verzögerung *f* der Entfaltung *(Fallsch)*; **~ deployment** Fallschirmentfaltung *od* -öffnung *f*; **~ descent** Fallschirmabsprung *m*; **~ drop** Absetzen *n* mit Fallschirm; **~ ejection** Fallschirmausstoß *m*; **~ fabric** Fallschirmstoff *m*; **~ flare** Fallschirmleuchtkugel *f*; **~ flare bomb** Fallschirmleuchtbombe *f*; **~ glider** Flügelgleitschirm *m*; Rogallo- *od* Paragleiter *m*; **~ gore** Fallschirmbahn *f*; **~ harness** Fallschirmgurtwerk *od* -zeug *n* ***(Def)***; **~ helicopter** Fallschirmhubschrauber *m (Flzg)*; **~ jump** Fallschirmabsprung *m*; **~ jumper** Fallschirmspringer *m*; **~ landing** Fallschirmlandung *f*; **~ leap** Fallschirmabsprung *m*; **~ mine** Fallschirmmine *f (LKr)*; **~ opening(-out) time** Entfaltungszeit *f (Fallschirm)*; **~ oscillation** Pendeln *n (des Fallschirmes)*; **~ pack** Fallschirmsack *m*; **~ packer** Fallschirmleger *m*; **~ release** Fallschirmauslösung *f*; **~ rigger** Fallschirmwart *m*; **~ rip cord** *or* **rip line** Fallschirmreißleine *f*; **~ shock** Fallschirmöffnungsstoß *m*; **~ shroud line** Fallschirmtrag- *od* fangleine *f*; **~ strap** (Fallschirm-)Anschnallgurt *m*; **~ tray** Fallschirmpackbehälter *m* ***(Def)***; **~(ry) troops** *pl* Fallschirmtruppe *f (mil)*; **~ tower** Fallschirmsprungturm *m*; **~ troops** *pl* Fallschirmtruppe *f (mil)*; *~ without release cord* Freifallschirm *m.*

**para|chutist** Fallschirmspringer *m* ***(Def)***; Fallschirmjäger *m (mil)*; **~drop** mit Fallschirm abwerfen; **~glider** Paragleiter *m*; **~suit** Fallschirm(jäger)kombi(nation) *f*; **~trooper** Fallschirmjäger *m (mil)*; Fallschirmtruppentransportflugzeug *n*; **~-troops** *pl* Fallschirmtruppe *f (mil).*

**parade** Parade *f*; ~ **ground** Parade- *od* Exerzierplatz *m (mil)*.

**parall|actic mounting** parallaktische *od* äquatoriale Aufstellung *od* Anbringung *f*; ~**actic movement** Parallaxbewegung *f*; ~**ax** Parallaxe *f (nav)*; ~**ax in altitude** Höhenparallaxe *f (nav)* ***(Def)***; ~**el** Parallele *f*; parallel; Breitengrad *m*, ~**el connection** Parallelschaltung *f (el)*; Gruppenschaltung *f (Tel)*; ~**el distance** Breitenentfernung *f*; ~**el fabric** Parallelstoff *m (Lfz l)* ***(Def)***; ~**el flight** Parallelflug *m (nav)*; *~el of (equal) altitude* Höhenparallele *f*; Breitenkreis *m*; *~el of latitude* Breitenkreis *m*; ~-**runway aerodrome** Parallelbahnflugplatz *m*; ~**el sweep search** Parallelsuchverfahren *n (mit mehreren Such-Lfz)*; ~**el taxiway** Parallelrollbahn *f (Flugplatz)*; ~**el track search** Parallelsuchverfahren *n (mit einem Such-Lfz)*.

**para|meter** Parameter *m*; Kenngröße *f od* -wert *m*; ~**plane** Paraplan *m (Lfz)*; ~**raft** abwerfbares Rettungsfloß *n* ***(Def)***; ~-**rescuer** Fallschirmretter *m*; ~**sheet** Parasheet-Fallschirm *m* ***(Def)***.

**parasite| drag** schädlicher Widerstand *m*; Restwiderstand *m*; *(aerodyn)*; ~ **noise** Stör- *od* Fremdgeräusch *n (Funk)*; Störung *f (akustische: Funk)*.

**parasol| wing** gestielter *od* Parasoltragflügel *m (Flzg)*; ~**(wing) monoplane** gestielter Hochdecker *m (Flzg)*; Schirmeindecker *m*; Parasol *m (Flzg)* ***(Def)***.

**parent| airplane** Mutterflugzeug *n*; ~-**child airplane** Doppelflugzeug *n*; *sl* Huckepackflugzeug *n*; sl „Vater und Sohn"; ~ **projectile** Muttergeschoss *n (FK)*; ~ **unit** Stammeinheit *f*; Stammtruppenteil *m (mil)*.
**parity error** Paritätsfehler *m*.

**park** Park *m (mil)*; parken; abstellen *(Flzg)*; ~**ing area** Liegeplatz *m*; Abstellplatz *m (Flzg)*; ~**ing brake** Parkbremse *f (Flzg)*; ~**ing charge** Park- *od* Abstellgebühr *f (LVerk)*; ~**ing fees** *pl* Park- *od* Abstellgebühren *f/pl*; ~**ing place** Abstell- *od* Liegeplatz *m (Flzg)*.

**parole** Parole *f*; Kennwort *n*; Ehrenwort *n*; auf Ehrenwort freilassen.

**part** Teil *m & n*; Zubehörteil *m & n*; Bauteil *m & n*; ~ **charter** Teilcharter *m (LVerk)*; ~**ial** teilweise; ~**ial bulkhead** Halbschott *n (Flzg)*; ~**ial damage** Teilschaden *m*; ~**ial engine failure** teilweiser Triebwerkausfall *m*; ~**ial load** Teillast *f*; ~**ial loss** Teilverlust *m (Flzg)*; ~**ial overhaul** Teilüberholung *f (Flzg)*; ~**ial-span flaps** *pl* Klappen *f/pl* über einen Teil der Tragfläche *(Flzg)*; ~**ial thrust** verringerter Schub *m*; Teillast *f (Turbo)*; ~**ition** Zwischenwand *f*; ~**itioned radiator** Scheidenkühler *m (Flmot)*; ~**ition into bulkheads** abschotten *(Flugboot)*; ~**ly mechanized** teilmotorisiert *(mil)*; ~ *of army* Heeresteil *m (takt)*; ~**s catalog** (*E* **catalogue**) Ersatzteilliste *f*; ~**s list** (Teil-)Stückliste *f*; ~-**span flaps** *pl* Klappen *f/pl* über einen Teil der Tragfläche *(Flzg)*.

**party** Trupp *m*; Kommando *n (takt)*; *sl* Luftkampf *m*; *sl* Bombenangriff *m*.

**pass** Pass *m*; Erlaubnisschein *m*; Vorbeiflug *m*; Durchgang *m (Jäger durch fdl. Bomberverband: LKr)*; ~**age** Überflug *m*; Durchtrittsöffnung *f*; ~ **an examination** Prüfung bestehen; ~ **a test** Bedingung fliegen *od* erfüllen *(Flugausbildung)*; ~ **a transmitter** Sender überfliegen; ~ **band** Durchlassbereich *m & N (Funk)*; ~ **band filter** Bandfilter *od* -pass *m (Funk)*.

**passenger** Fluggast *m*; Fahrgast *m*; ~ **aircraft** Passagierflugzeug *n*; Flugzeug *n* zur Personenbeförderung; ~ **area** Fluggastbereich *m (Bod)*; ~ **bridge** Fluggastbrücke *f (Bod)*; ~ **cabin** Fluggastkabine *f (Flzg)*; ~ **car** Fluggastgondel *f (Luftschiff)*; ~ **clearance** *(behördliche)* Fluggastabfertigung *f*; ~ **compartment** Fluggastabteil *n (Flzg)*; ~ **flight** Passagierflug *m*; ~ **gangway** Fluggastbrücke *f (Bod)*; ~ **gate** Flugsteig *n (Bod)*; ~ **handling** *(nichtbehördliche)* Fluggastabfertigung *f*; ~ **hop** *sl* kurzer Passagierflug *m*; ~ **kilometers** *pl* Fluggastkilometer *m/pl (LVerk)*; ~ **load factor** Sitzladefaktor *m*; Fluggastauslastungsgrad *m (LVerk)*; ~ **loading steps** Fluggasttreppe *f*; ~ **manifest** Fluggastverzeichnis *n (LVerk)*; ~ **processing** Fluggastabfertigung *f*; ~ **ramp** Flugsteig *m (Flughafen)*; ~ **rate** Personentarif *m (LVerk)*; ~ **service charge** Fluggastgebühr *f*; ~ **terminal (building)** Fluggastabfertigung(sgebäude) *f (n)*; Flughof *m (Bod)*; ~ **ticket** Flugschein *m (LVerk)*; ~ **ton-kilometers performed** geleistete Fluggast-Tonnenkilometer *m/pl (Lverk)*.

**pass|ing flight** Vorbeiflug *m (Flak)*; ~**ive air defence** (*US* **defense**) Luftschutz *m*; ~**ive detection, radio interception and** ~~ Funk- und Radarbeobachtung *f (Intel)*; ~**ive failure** verdeckter Ausfall *m (automatischer Systeme)*; ~**ive homing** passives Zielsuchverfahren *n (FK)* ***(Def)***; ~**ive (homing) guidance** passive Zielsuchlenkung *f (FK)* ***(Def)***; ~**ive jamming** passive *od* unbeabsichtigte Störung *f (Funk)*; ~ *out of production* auslaufen *(Fertigungsserie)*; ~ *over* überfliegen; ~**port** Reisepass *m*; ~**port card** Passkarte *f (LVerk)*; ~**word** Kennwort *n*; Losung *f*.

**past weather** Wetterverlauf *m*; vergangenes Wetter *n (met)*.

**path** Weg *m*; Bahn *f*; ~ **acceleration** Bahnbeschleunigung *f (Kreisel)*; Flugbahnbeschleunigung *f*; ~ **angle** Flugbahnwinkel *m*; Bahnneigung *f (Geschoss: ballist)*; ~ **curvature** Bahnkrümmung *f (Leitstrahl & ballist)*; ~**finder** Zielbeleuchter *m (bei Nacht-Bombenangriffen: LKr)*; ~**finder aircraft** Pfadfinderflugzeug *n (Lkr)*; ~ **level** Bahnebene *f*; ~ *of flight* Flugbahn *f (Flzg)*; ~ *of a rocket* Raketenflugbahn *f*; ~ *of lightning* Blitzbahn *f*; ~ *of the airscrew* Gang *m* der Luftschraube; ~ *of the depression* Depressionszugstraße *f (met)*; ~ *of the planet* Gestirnbahn *f*; ~**(-parallel) axis** Bahnachse *f*; ~ **speed** Bahngeschwindigkeit *f*; ~ **tracking** Flugbahnverfolgung *f (Radar)*; ~ **radar** Bahnverfolgungsradar *n*.

**patrol** Spähtrupp *m*; Luftstreife *f (Lkr)*; (ab)patrouillieren *(takt)*; Sperre fliegen *(LKr)*; ~ **activity** Spähtrupptätigkeit *f (takt)*; ~ **aeroplane** Patrouillen- *od* Überwachungsflugzeug *m*; ~ *an area* einen Raum abfliegen *(Lkr)*; ~ **boat** Wachboot *n (Marine)*; ~ **car** Spähwagen *m (takt)*; ~ **leader** Spähtruppführer *m*; ~ **service** Streifendienst *m (mil)*.

**pattern** Diagramm *n (allg)*; Muster *n (allg)*; Schleife *f (Flsich)*; Schema *n (Flsich)*; ~ **bombing** Bombenreihenwurf *m (Lkr)*; ~ *of proof-shooting* Beschussbild *n (Anschießen von Waffen)*.

**pave|d runway** befestigte Piste *od* Start- und Landebahn *f (Flugplatz)*; ~**ment** Belag *m*; Decke *f (Start- & Landebahn, Rollbahnen, Vorfelder)*; ~**ment classification number**, *abbr* **PCN** Klassifizierungszahl *f* für befestigte Flächen *(Bod)*.

**pawl** Sperrklinke *f*.

**pay** Besoldung *f*; ~ **grade** Besoldungsgruppe *f*; ~-**hop** *sl* zahlender Kurzflug *m (LVerk)*; ~**(ing) freight** zahlende Fracht *f (LVerk)*; ~**ing quantity production** rentabler Serienbau *m (Flzge usw)*; ~-**load** (zahlende) Nutzlast *f (LVerk)* ***(Def)***; ~**master** Zahlmeister *m (mil)*; ~**ment** Bezahlung *f*; Zahlung *f*; Besoldung *f*; ~ **regulations** *pl* Besoldungsordnung *f*; ~ **roll** Lohnliste *f*; Soldliste *f*.

**peace| organization** Friedensgliederung *f (mil)*, ~ **strength** Friedensstärke *f (mil)*; ~ **training** Friedensausbildung *f (mil)*.

**peak| load** Spitzenbelastung *f (el)*; ~ **clipping** Spitzenbegrenzung *f (Fernm)*; ~ **fuel filling** maximale Kraftstoffkapazität *f (Lfz)*; ~ **gust** Spitzenbö *f* ***(met)***; ~ *of traffic* Verkehrsspitze *f*; ~ **overpressure** Überdruckspitzenwert *m (Überschallknall)*; ~ **period** Spitzenzeit *f*, Hauptbetriebszeit *f*; ~ **power** Spitzenleistung *f*; Oberstrichleistung *f (Funk)*; ~ **value** Höchstwert *m*.

**peasoup** Erbsensuppe *f*; *sl* (Milch-)Suppe *f (sl für dichten Nebel und Wolken)*.

**peck** *sl für* Überraschungsangriff *m (takt)*.

**pedal| control** Pedalsteuerung *f (Seitensteuer: Flzg)*; ~ **force** Seitenruder- *od* Pedalkraft *f (Flzg)*; ~**-operated generator** Tretsatz *m (el)*; ~ **pad** Fußhebelbelag *m*.

**pedestal** Schneekufen-Federbein *n*; Sockel *m (Lfz)* ***(Def)***.

**peel|ing off** Ausscheren *n (aus Flzg-Verband)*; Auflösen *n (Flzg-Verband)*; ~ **off** ausscheren; auflösen; wegziehen; abdrehen *(Flzge beim Verbandsflug)*.

**peele** *sl für* Flugzeugführer *m*; Pilot *m*.

**peep| sight** Lochvisier *n (Schusswaffe)*; ~ **slit** Sehschlitz *m (Panzer)*.

**peg| down** verankern *(Flzg am Boden)*; niederhalten *(fdl. Luftstreitkräfte: LKr)*; ~**ging down** Verankern *n*.

**penal| code** Strafgesetzbuch *n*; ~**ty** Strafe *f*; Strafpunkt *m (Wettbewerb & Manöver)*; ~**ty run** Nachprüflauf *m (Lufttüchtigkeit)*; ~**ty test** Zusatzprüfung *f (Lufttüchtigkeit)*.

**pending message** unerledigter Spruch *m (Funk)*.

**pendulum| anemometer** Pendelwindmesser *m (met)*; ~ **sextant** Pendelsextant *m (nav)*; ~**(-type barrel) valve** Pendelentlüfter *m*.

**penetrat|e** einfliegen *(LKr)*; eindringen; durchstoßen *(takt)*; durchschlagen *(Panzerung)*; ~**ing power** Durchschlagskraft *f (Geschoss)*; ~**ion** Einflug *m (Lkr)*; Einbruch *m (takt)*; Sinken *n* auf Anflughöhe; Penetrieren *n (Flbetr)* ***(Def)***; ~**ion capability** Eindringfähigkeit *f od* -vermögen *n (LKr)*; ~**ion effect** Durchschlagseffekt *m (ballist)*; ~**ion flight** Einflug *m (LKr)*; ~**ion power** Durchschlagskraft *f (Geschoss)*.

**penguin** *sl für* Angehöriger *m* des Bodenpersonals *(LW)*.

**pentode** Pentode *f*; Fünfpolröhre *f (Funk)*.

**perceived noise level**, *abbr* **PNL** empfundener Lärmpegel *m*.

**percent** Prozent *n*; ~**age** Hundertsatz *m*; ~**age of modulation** Modulationsgrad *m (Funk)*.

**perception of sound** Schallempfindung *f*.

**percussion| fuse** *or* **fuze** Aufschlag- *od* Stoßzünder *m*; ~ **wave** Stoßwelle *f*.

**perfect| vacuum** absolutes *od* vollständiges Vakuum *n*; ~ **weather** einwandfreies Wetter *n (met)*.

**perforated|-card system** Lochkartensystem *n*; Hollerithverfahren *n*; ~ **powder** Röhrchenpulver *n*; ~ **spar** gelochter Holm *m (Flzg)*; ~ **tape** Lochstreifen *m*.

**perforator** Streifenlocher *m (Fernm)*; ~ **transmitter** Lochstreifensender *m (Fernm)*.

**performance** Leistung *f*; Flugleistungen *f/pl (Lfz)* ***(Def)***; ~ **chart** Leistungsdiagramm *n*; Leistungsschaubild *n*; ~ **characteristics** *pl* Leistungskennwerte *m/pl*; ~ **check** Prüfung *f* der Leistungsfähigkeit; ~ **curve** Leistungskurve *f*; ~ *in flight* Flugleistung *f (Flzg)*; ~**load** Leistungsbelastung *f (E & US: lb/HP; metrisch: kg/kW: Flzg)*; ~ **monitor** Gerät *n* zur Überwachung der Leistungsdaten; ~ **requirements** *pl* Leistungsanforderungen *f/pl (an Lfz)*; ~ **specifications** *pl* Leistungsdaten *n/pl*; Pflichtenheft *n*; ~ **test flight** Leistungsprüfung *m (Flzg)*; ~ **testing** Leistungsprüfung *f*; ~**-type glider** Leistungssegler *m (Segel-Flzg)*.

**perigee** Perigäum *n*; Erdnähe *f* ***(Def)***; ~ **of orbit** Bahnperigäum *n (Sat)*.

**perim** *sl für* Rollfeldringstraße *f (Flugplatz)*.

**perimeter** Umkreis *m*; Umfang *m*; Rollfeldringstraße *f (Flugplatz)*; ~ *of the airport* Flughafengrenze *f*; ~ **positions** *pl* Randstellungen *f/pl (takt)*; ~ **track** Rollfeldringstraße *f (Flugplatz)* ***(Def)***.

**period** Periode *f*; *(el & stab)* ***(Def)***; Zeitabschnitt *m*; Zeitdauer *f*; ~**ical variation** periodische Änderung *f* der Ortsmissweisung *(nav)*; ~**ic inspection** Stundenkontrolle *f (Flzg & Flmot)*; ~**ic trigger-type receiver** Pendelrückkopplungsempfänger *m (Funk)*; ~ **light** periodisches Feuer *n*; Wechselfeuer *n (nav)*; ~ *of forecast* (Wetter-)Vorhersagezeitraum *m (met)*; ~ *of instruction* Ausbildungszeitraum *m*.

**peripher|al hem** Kappenbasis *f (Fallsch)* ***(Def)***; ~**al speed** Umfangsgeschwindigkeit *f (Luftschraubenspitzen)*; ~**y** Umkreis *m*; Peripherie *f*.

**permanent** ständig; andauernd; ortsfest; (~) **barracks** *sing* Kaserne *f (mil)*; ~ **distortion** bleibende Verformung *f (von Flzg-Teilen)*; ~ **echo** Stand- *od* Festzeichen *n (Radar)*; ~~ **cancellation** Festzeichenunterdrückung *f*; Standzeichenlöschung *f (Radar)*; ~**ly unfit** dauernd untauglich; ~ **magnetism** bleibender Magnetismus *m*; Remanenz *f*; ~ **rank** Dienstgrad *m* mit Patent *(mil)*; ~ **staff** Stammpersonal *n (mil)*; ~ **voucher** Dauerbeleg *m*.

**permeability** Durchlässigkeit *f (von Gas) (Lfz l)* ***(Def)***.

**permi|ssible** zulässig; ~**ssion** Erlaubnis *f*; Bewilligung *f*; Genehmigung *f*; ~*ssion to fire* Feuererlaubnis *f (takt)*; ~*ssion to take* off Starterlaubnis *f (Flzg)*; ~**t** Erlaubnis- *od* Passierschein *m*; ~*t for entry by air* Einflugerlaubnis *f*.

**perpendicular** Senkrechte *f*; Lotrechte *f*; senkrecht; lotrecht.

**persistance** Nachleuchten *n (Radarschirm)*.

**person|al** persönlich; ~**al data** *pl* Personaldaten *n/pl*; ~**al error** persönlicher Fehler *m*; Menschlichkeitsfehler *m*; ~**al flying** Privatfliegerei *f*; ~**nel** Personal *m*; Mannschaften *f/pl (mil)*, ~**nel carrier** Mannschaftstransportwagen m (mil); ~**nel licensing** Zulassung *f (von Luftfahrtpersonal)*; ~**nel licences** *pl* Ausweise *m/pl* für Luftfahrtpersonal; ~**nel office** Personalamt *n (mil)*; ~ **nel parachute** Personenfallschirm *m*; **rated** ~**nel** *(US LW)* fliegendes Personal *n* mit gültiger Lizenz; ~**nel section** Personalabteilung *f (mil)*, ~ **under arrest** Arrestant *m*.

**perspex** Plexiglas *n*.

**perturb** stören; Störung *f* hervorrufen; ~**ance source** Stör(ungs)quelle *f*; ~**ation** Störung *f (met)*.

**pest| control** *or* **destruction** Schädlingsbekämpfung *f (Landwirtschaft)*; ~**icide** Schädlingsbekämpfungsmittel *n*; Pestizid *n*.

**petal cap** Verschlusskappe *f (Fallsch) (Def)*.

**petrol** *(E)* Benzin *n*; ~ **by gravity** Fallbenzin *n*; ~ **bowser** *(E)* Tankwagen *m*; ~ **dump** *(E)* Betriebsstofflager *n*; ~ **engine** Benzinmotor *m*, ~ **jettisoning system** Kraftstoffschnellablass *m (Flzg)*; ~ **leakage** Benzinleck *n*; ~**eum** Erdöl *n*; Mineralöl *n*; Petroleum *n*.

**petticoat** Hilfsansatz *m (Lfz l) (Def)*.

**petty officer** Unteroffizier *m* ohne Portepee; Maat *m*.

**phantom| circuit** Phantomkries *m*; Vierer(leitung) *m (f) (Tel)*; ~ **connection** Phantomschaltung *f (Tel)*; ~ **signal** Irr- *od* Falschzeichen *n (Radar)*.

**phas|e** Phase *f (el)*; Abschnitt *m (takt)*; Ausbildungsstufe *f*; Entwicklungsstufe *f*; ~**e angle** Phasenwinkel *m*; ~**e comparison** Phasenvergleich *m*; ~**e comparison localizer** Landekurssender *m* mit Phasenvergleich; ~**e diagram** Zustandsdiagramm *n*; ~ **error** Phasenfehler *m*; ~**e modulation** Phasenmodulation *f*; ~**e of moon** Mondphase *f*; ~**e of operation** Betriebsphase *f*; ~**e shift** Phasenverschiebung *f*; ~~**er** Phasenschieber m; ~~ **keying**, *abbr* **PSK** Phasenumtastung *f*; ~**e velocity** Phasengeschwindigkeit *f*; ~**ing** Phaseneinstellung *f*; ~**ing control** Phasenregelung od -einstellung *f*.

**phenomenon** Naturerscheinung *f*; ~ *of fading* Schwunderscheinung *f (Funk)*.

**phone** (*kurz für* **telephone**) Telephon *n*; Fernsprecher *m*; ~**tic alphabet** Buchstabieralphabet *n*.

**phosphorus** Phosphor *m*; ~ **bomb** Phosphorbombe *f (Lkr)*; ~ **incendiary bullet** Phosphor(brand)geschoss *n*.

**photo|-charting** photographische Kartenaufnahme *f*; ~**electric cell** lichtelektrische Zelle *f*; Photozelle *f*; ~**electrical sensor** photoelektrischer Geber *od* Sensor *m*; ~**electric guiding device** photoelektrische Leiteinrichtung *f*; ~**flash bomb** Blitzlichtbombe *f (LPhot)*; ~**goniometer** Bildmesstheodolit *m*; ~**graphic record** photographische *od* Bildaufzeichnung *f*; ~**graphic scalling technique** photographische Abstandsermittlung *f*; ~ **grammetry** Photogrammetrie *f*; Bildmesswesen *n*; ~**graph** Lichtbild *n*; aufnehmen *(LPhot)*; ~**grapher** Photograph *m*; Lichtbildner *m*; ~**graphic airplane** Bildflugzeug *n*; ~**graphic flight** Bildflug *m*; ~(**graphic**) **flyer** Bildflieger *m*; ~**graphic interpretation** Luftbildauswertung *f*; ~**graphic map** Luftbildkarte *f*; ~**graphic mapping** photographische Kartenaufnahme *f*; ~**graphic mission** Bildflug *m*; ~**graphic nadir** (**point**) Nadirpunkt *m (LPhot)*; ~**graphic personnel** Bildpersonal *n (LW)*; ~**graphic plane** Bildflugzeug *n*; ~**graphic post** Bildstelle *f*; ~(**graphic**) **reconnaissance**, *abbr* **PR** Bildaufklärung *f (takt)*; ~**graphic recorder system** Bildmessverfahren *n*; ~**graphic report** Bildmeldung *f (takt)*; ~**graphic shop** Bildstelle *f*; ~**graphic strip** Luftbildreihe *f*; ~**graphic surveying** Luftbildvermessung *f*; ~**graphic unit** Luftbildabteilung *f*; ~ **interpreter** Bildauswerter *m (Lbw)*; ~**map** Luftbildplan m; Photokarte *f*; ~**metry** Photometrie *f*; Lichtmessung *f*; ~**n engine** Photonen(strahl)triebwerk *n*; ~ **observer** Bildbeobachter *m (LW)*; ~ **parallel** Bildparallele *f (LPhot)*; ~**planigraph** Photoplanzeichner *m*; ~**print** Abzug *m (LPhot)*; ~-**reconnaissance mission** Luftbildauftrag *m (takt)*; ~ **reconnaissance satellite** Bild- *od* Photoaufklärungssatellit *m*; ~ **reporter** Bildberichter *m*; ~**stat** Lichtpause *f*; Photokopie *f*; ~**telegram** Bildtelegramm *n*; ~**telegraphic apparatus** Bildfunkgerät *n*; ~**theodolite** Phototheodolit *m*; ~**tube** Photozelle *f*.

**phraseology** Redewendungen *f/pl*; Sprechgruppen *f/pl (Sprechfunk)*.

**Phugoid oscillation** Phugoid-Schwingung *f (Lfz, Stab) (Def)*.

**physical** physisch; körperlich; physikalisch; ~ **characteristics** *pl* äußere Merkmale *n/pl (Flugplatz)*; ~ **condition** Gesundheitszustand *m*; ~ **deficiency** körperliche Untauglichkeit *f (Flmed)*; ~ **disability** Gebrechen *n*; ~ **examination** ärztliche Untersuchung *f*; ~ **exercise** Leibesübung *f*; ~ **fitness** körperliche Tauglichkeit *f*; ~ **requirement** körperliche Anforderung *f (Flmed)*; ~ **search** Durchsuchung *f*; ~ **training**, *abbr* **PT** Leibeserziehung *f*.

**physics** Physik *f*; **nuclear** ~ Kernphysik; ~ **of celestial bodies** Physik *f* der Himmelskörper; ~ **of flow** Strömungsphysik *f*.

**physiological| stress capability** physiologische Belastbarkeit *f (Flmed)*; ~ **training** (flug)physiologische Ausbildung *f (flgds. Personal)*.

**pibal** (Wetterbericht *m* vom) Pilotballon *m (met)*; ~ **equipment** Pilotballonaufstiegsgerät *n (met)*.

**pick| aback airplane** Huckepack- *od* Zwillingsflug *n*; *sl* Vater und Sohn *(Flzg)*; ~**ed troops** *pl* Kerntruppen *f/pl (mil)*; ~**et** Feldwache *f*; Vorposten *m (mil)*; Streikposten *m*; ~**ing up the target** Einsteuerung *f*; Zielfindung *f*; Zielerfassung *f (Radar)*; ~ **off** abtasten *(Radar)*; ~-**off** Messfühler *od* -wertgeber *m*; Sensor *m (Fernm)*; ~**up** Anzugsmoment *n (Luftschraube) (Flmot)*; Abtastgerät *n (Radar)*; ~ **up** erfassen; auffassen *(Luftziel: Radar)*; abhören *(Funk)*; ~-**up** Messfühler *od* -wertgeber *m*; Sensor *m (Fernm)*; ~-**up point** Aufhängepunkt *m (Flmot)* ~-**up searchlight** Leitscheinwerfer m (Flak); ~ **up speed** Fahrt aufholen *(Flzg)*; auf Touren kommen *(Flmot)*; ~-**up traffic** gebuchter Zusteigeverkehr *m (LVerk)*.

**pictograph** Piktogramm *n (Bildzeichen auf Flughäfen)*.

**pictorial| computer** Rechengerät *n* mit Kartenbilddarstellung; Bildrechner *m*; ~ **deviation indicator**, *abbr* **PDI** Kursabweichungsanzeige(gerät) *f (n)*; *(Instr)*; ~ **representation** Bilddarstellung *f*; ~ **signal** Bild- *od* Videosignal *n*.

**picture** Bild *n*; ~ **control point** Bildbezugspunkt *m (LPhot)*; ~ **point** Bildpunkt *m (LPhot)*; ~ **size** Bildgröße *f*; Bildformat *n (LPhot)*.

**piece** Stück *n*; Geschütz *n*; Gewehr *n*; ~ **of equipment** Ausrüstungsstück *n*; ~ **together** zusammenpassen *(Luftbilder)*; ~-**work** Akkord *m*; Leistungslohn *m*.

**pier** Fluggastbrücke *f (Bod)*.

**pierce** durchschlagen *(Art)*; ~**d steel plank(ing)**, *abbr* **PSP** Stahlrostplatte(nbelag) *f (m)*; ~**dsteelplate runway**, *abbr* **PSP runway** Stahlplattenstartbahn *f*.

**piezoelectricity** Piezoelektrizität *f*.

**pig** *sl für* Sperrballon *m (LKr)*.

**pile** Stapel *m*; Anodenbatterie *f (el)*; ~**d cloud** Haufenwolke *f*; Kumulus(wolke) *m (f) (met)*; ~ **in** *or* **up** *sl für* Bruch machen *(Flzg)*.

**pillbox** Bunker *m (mil)*.

**pilot** Pilot *m*; Flugzeugführer *m*; Luftfahrzeugführer *m* ***(Def)***; führen; steuern *(Flzg)* ***(Def)***; *sl* knüppeln *(Flzg)*; ~**age** Sichtnavigation *f*; Ortung *f* mit Erdsicht; *sl* Franzen *n*; Führen *n (eines Flzgs)*; ~ *at the controls* Pilot *m* am Steuer *(Flzg)*; ~ **balloon**, *abbr* **pibal** Pilotballon *m (met)* ***(Def)***; ~ **balloon equipment**, *abbr* **pibal equipment** Pilotballonaufstiegsgerät *n (met)*; ~ **chart** Fliegerkarte *f*; ~ **cockpit** Pilotencockpit *m*; Flugzeugführersitz *m*; Führerraum *m (Flzg)*; ~ **compass** Führerkompass *m (Flzg)*; "~**-controller" system** Sprechfunkverbindung *f* „Pilot-Flugverkehrslotse" *(Flsich)*; ~ **conversion (training)** Pilotenumschulung *f (auf anderes Flzg-Muster)*; ~ **error** Pilotenfehler *m*; Fehler *m* des Luftfahrzeugführers *(Unfallursache)*; ~**-in-command** erster Pilot *od* Flugzeugführer *m*; Kommandant *m (Flzg)*; verantwortlicher Luftfahrzeugführer *od* Pilot *m* ***(Def)***; ~**ing** Führen *n (eines Flzgs)*; ~**ing error** Führungsfehler *m (Unfallursache)*; ~**ing-in** Hereinlotsen *n (Flzg zur* Landung *durch Bodenstelle)*; ~ **in the loop** Pilot *od* Luftfahrzeugführer *m* im Regelkreis *(LVerk)*; ~ **jet** Vordüse *f*; ~**less** führerlos; unbemannt *(Fernlenk-Flzge: FK)*; ~~ **aircraft** unbemanntes Luftfahrzeug *n* ***(Def)***; ~ **navigation** Sichtnavigation *f*; ~ *of a captive balloon* Fesselballonführer *m*; ~ *of a free balloon* Freiballonführer *m*; ~ *of a glider* Führer *m* eines Segelflugzeuges; ~ *of a gyroplane* Tragschrauberführer *m*; ~*of a helicopter* Hubschrauberführer *m*; ~ *of an aeroplane* Flugzeugführer *m*; ~ *of an aircraft* Luftfahrzeugführer *m*; ~ *of an airship* Luftschiffführer *m*; ~ *of an ornithopter* Führer *m* eines Schwingenflüglers; ~ **Officer**, *abbr* **PO** *(LW E)* Leutnant *m*; ~ **(para)chute** Auszieh- *od* Hilfsfallschirm *m* ***(Def)***; ~**'s badge** Flugzeugführerabzeichen *n*; Pilotenabzeichen *n*; ~**'s certificate** Piloten- *od* Flugzeugführerschein m; ~**'s school** Pilotenschule *f*; Flugzeugführerschule *f*; ~**'s cockpit** *or* **compartment** Pilotenraum *m*; Führerraum *m (Flzg)*; ~**'s compass** Führerkompass *m (Flzg)*; ~**'s error** Bedienungs- *od* Steuerfehler *m (als Unfallursache)*; ~**'s handbook** Luftfahrzeugführer- *od* Pilotenhandbuch *n*; ~**'s insignia** Pilotenabzeichen *n*; Flugzeugführerabzeichen *n*; ~**'s jargon** Fliegersprache *f*; ~ **skill** fliegerisches Können *n*; ~**'s licence** (*US* **license**) Piloten- *od* Flugzeugführerschein *m*; ~**'s post** *or* **stand** Führerstand *m (Luftschiff)*; ~**'s seat** Piloten- *od* Führersitz *m (Lfz)*; ~**'s wings** *pl* Piloten- *od* Flugzeugführerabzeichen *n*; ~ **tape** Leitlochstreifen *m (Fernm)*; ~ **trainee** Flugschüler m; ~ **training** Piloten- *od* Flugzeugführerausbildung *f*; ~ **tube** Staurohr *n (Flzg)*.

**pin** Zapfen *m*.

**pincer| attack** Zangenangriff *m (takt)*; ~ **movement** Zangenbewegung *f (takt)*.

**pinion** Ritzel *n*; Zahnrad *n*; ~ **shaft** Ritzelwelle *f*.

**pinpoint** *(a target) (ein Ziel)* genau ausmachen *(LKr)*; Franz-Standort *m (nav)* ***(Def)***; ~ **bombing** Bombenpunktzielwurf *m (LKr)*; ~ **landing** Ziel- *od* Punktlandung *f (Flbetr)*; ~ **photograph** Senkrecht-Einzelaufnahme *f (LPhot)*; ~ **target** Punktziel *n (LKr)*.

**pioneer flyer** Flugpionier *m*.

**pip** Überlagerung *f* der Feinortung durch die Grobortung *(Decca)*; Strom- *od* Spannungsimpuls *m (Radar)*; Echoanzeige *f (Radar)*.

**pipe** Rohr *n*; Leitung *f*; ~ **burst** Rohrbruch *m*; **ejector** ~ Abgasschubrohr *n (Flmot)*; ~**line** Rohr(fern)leitung *f*; **tail** ~ Strahlrohr *n (Turbo)*; Abgasführungsrohr *n (Flmot)*.

**piping** Rohrleitungssystem *n*.

**pip-squeak** *sl für* Bordsprechfunkgerät *n*.

**piquet** Feldwache *f (mil)*.

**pirouette** Pirouette *f (Kunstflugfigur)*.

**pistol** Pistole *f*; Schlagbolzen *m*; ~ **grip** Pistolengriff *m*; ~ **holster** Pistolentasche *f*.

**piston** Kolben *m (Flmot)*; ~ **clearance** Kolbenspiel *n*; ~ **connection** Pleuelstange *f*; ~ **crown** Kolbenboden *m*; ~ **displacement** Hubraum *m (Flmot)* ***(Def)***; Hubvolumen *n*; Kolbenverdrängung *f*; ~ **engine** Kolbenmotor *m (Flmot)* ***(Def)***; ~ **gudgeon** Kolbenbolzen *m*; ~ **guide** Kolbenführung *f*; ~ **head** Kolbenboden *m*; ~ **pin** Kolbenbolzen *f* ***(Def)***; ~ **pump** Kolbenpumpe *f*; ~ **ring** Kolbenring *m*; ~ **rod** Kolben- *od* Pleuelstange *f*; ~ **skirt** Kolbenmantel *m*; ~ **speed** Kolbengeschwindigkeit *f*; ~ **stroke** Kolbenhub *m*; ~ **supercharger** Kolbenlader *m (Flmot)* ***(Def)***; ~ **throttle** Kolbenschieber *m*; ~ **top** Kolbenboden *m*; ~ **travel** Kolbenweg *m*; ~ **valve** Kolbenschieber *m*, ~ **valve control** Kolbenschiebersteuerung *f*.

**pit** Grube *f (für Kfz-Inspektionen)*.

**pitch** Steigung *f (Luftschraube; Gewinde)*; Teilung *f (Kühlrippen)*; Längsneigung *f (Flzg)*; Nicken *n (Flzg)*; Tonhöhe *f (Akkustik)*; neigen *od* nicken um die Querachse *(Flzg)*; ~ **angle** Steigungswinkel *m (Luftschraube)*; ~ **attitude** Längsneigung *f (Flzg)*; ~ **axis** Nick- *od* Querachse *f (Flzg)*; **braking** ~ Bremsstellung *f (Prop)*;~**-change indicator** Verstellanzeiger *m (Luftschraube)*; ~**-change rate** Verstellgeschwindigkeit *f (Luftschraube)*; ~ **changing range** Luftschraubenverstellbereich *m*; ~ **channel** Nickkanal *m (Autopilot)*; ~ **control (mechanism)** Luftschraubenverstellvorrichtung *f*; Anstellwinkelsteuerung *f (Lfz, FK)* ***(Def)***; ~ **diameter ratio** relative Steigung *f*; Steigungsdurchmesserverhältnis *n (Prop)*; ~ **down** *(by the nose)* abkippen *(Flzg nach vorn)*; ~~ (by the tail) abkippen *(Flzg über den Schwanz)*; ~ **indicator** Steigungsanzeiger *m (Luftschraube)*; Längsneigungsmesser *m (Lfz)* ***(Def)***; ~**ing** Pumpen *n*; Kippen *n*; Nicken *n (Flzg um Querachse)* ***(Def)***; Stampfen *n (Flugboot um Querachse)*; ~**ing controllability** Längs- *od* Nicksteuerbarkeit *f (Flzg)*; ~**ing moment** Längsmoment *n*; Kipp- *od* Nickmoment *n (Flzg)* ***(Def)***; ~**ing stability** Längsstabilität *f*; Stabilität *f* um die Querachse *(Flzg)*; ~ *of blades* Schaufelteilung *f (Turbo)*; ~ **range** Verstellbereich *m*; Steigungsverstellbereich *m (Luftschraube)*; ~ **ratio** Steigungsverhältnis *n (Luftschraube)*; ~ **reversing** in Bremsstellung *f* bringen *(Prop)*; ~ **setting** Steigungseinstellung *f (Luftschraube)* ***(Def)***; ~ **setting mechanism** Luftschraubenverstellvorrichtung *f*; ~ **trim** Längs- *od* Höhen- *od* Nicktrimmung *f (Flzg)*; ~**-under** (plötzliche) Kopflastigkeit *f* ***(Def)***; ~**-up** (plötzliche) Schwanzlastigkeit *f (FlzgStab)* ***(Def)***.

**pith helmet** Tropenhelm *m*.

**pitot|comb** Nachlaufrechen *m (Instr)* ***(Def)***; ~ **head** Staurohr *n od* -düse *f*; ~~ **heater** *or* **heating** Staurohrheizung *f (Flzg)*; ~ **pressure** Pitot-Druck *m (aerodyn)* ***(Def)***; ~**-static airspeed indicator** Staudruck- *od* Fahrtmesser *m (mit Staurohr: Flzg)*; ~**-static tube** Staudruckmesser *m (Flzg)* ***(Def)***; ~ **tube** Pitotrohr *n*; Staurohr *n (Flzg)* ***(Def)***; ~ **(-tube) sting** Pitotrohrträger *m*; ~**-Venturi tube** Pitot-Venturi-Rohr *n (Fahrtmesser: Flzg)*.

**pivot** Drehzapfen *m*; Schwenkungspunkt *m (takt)*; ~ **bearing** Kipplager *n*; ~**ed** um einen Zapfen drehbar; ~ **inclination** Achssturz *(Kfz)*; ~ **mounting** Drehlafette *f*.

**place** Ort *m*; Punkt *m (takt)*; ~ **authorized by establishment** *(US: by table of organization)* Planstelle *f (mil)*; ~**d under the authority** der Befehlsgewalt *f* unterstellt *(mil)*; ~ **name** Ortsname *m (Kart)*; ~ *of arrival* Ankunftsort *m (LVerk)*; ~ *of departure* Abflugsort *m (LVerk)*; ~ *of destination* Bestimmungsort *m (LVerk)*; ~ *of origin* Aufgabeort *m (einer Meldung)*.

**plain| bearing** Gleitlager *n (Flmot)*; ~ **clothes** *pl* Zivilkleidung *f*; ~ **country** Flachland *n (Kart)*; ~ **fit** Schlichtpassung *f*; ~ **flap** Wölbungsklappe *f (Lfz)* ***(Def)***; einfache Flügelklappe *f (Flzg)*; ~ **language** *or* **text** Klartext *m*; offene Sprache *f (Sprechfunk)* ***(Def)***; ~~ **form** *or* **air report** Flugmeldung *f* in offener Sprache *od* im Klartext *(Flbetr)*.

**plan** Plan *m*; Zeichnung *f*; ~**ing** Gleiten *n*; Gleitvorgang *m (Flugboot)*; ~~ **bottom** Gleitboden *m (Lfz)* ***(Def)***; ~~ **fin** (*US* **chine**) Gleitflosse *f (Flugboot)*; ~~ **step** Stufe *f*, Gleitstufe *f (Flugboot)*; ~**ning** Planung *f*; Vorbereitung *f*; ~**ning branch** Planungsabteilung *f (mil)*; ~ **of deployment** Aufmarschplan *m (takt)*; ~ **of operations** Operationsplan *m (takt)*; ~ **position indicator**, *abbr* **PPI** Rundsichtanzeigegerät *n (Radar)* ***(Def)***; Kartenbildanzeiger *m* (PPI); ~ **position indicator approach**, *abbr* **PPI approach** PPI-Anflug *m (Flsich)* ***(Def)***; ~ **position indicator departure**, *abbr* **PPI departure** PPI-Abflug *m (Flsich)*; ~ **view** Draufsicht *f*.

**plane** Ebene *f*; Hobel *m*; *(Kurzform für)* Flugzeug *n*; Tragfläche *f*; ~ **bracing** Ebenenverspannung *f (Tragflächen usw)*; ~ **disaster** Flugunfall *m*; ~ **down** im Gleitflug niedergehen *(Flzg)*; ~ **load charter** Vollcharter *m (LVerk)*; ~ **of propeller rotation** Luftschraubenebene *f*; ~ **of symmetry** Symmetrieebene *f*; ~ *of (the) nominal ILS glide path* Ebene *f* des nominalen ILS-Gleitweges; ~ **spotter** Luftspäher *m (Flmelde)*; ~ **spotting post** Luftwache *f (Flmelde)*; ~ **table** Messtisch *m (Kart)*; ~ **table sheet** Messtischblatt *n (Kart)*; ~ **table survey** Messtischaufnahme *f (Kart)*; ~ **ticket** Flugschein *m (LVerk)*.

**planet** Planet *m*; Gestirn *n*; ~**ary gear** Planetengetriebe *n*; Umlaufgetriebe *n (Flmot)*; ~**tary magnetic field** planetarisches Magnetfeld *n*; ~**ary reduction gear** Planetenuntersetzungsgetriebe *n (Flmot)*.

**plant-spraying flight** Sprühflug *m*.

**plasma| (jet) engine** Plasma-(Strahl-)Antrieb *m od* ~ Strahltriebwerk n; ~ **physics** Plasmaphysik *f*.

**plaster** *sl (mit Bomben)* bepflastern *sl (LKr)*.

**plastic** plastisch; ~ **aircraft** Kunststoffflugzeug *n*; ~**s** Kunststoff *m*; Pressstoff *m*.

**plate** Tafel *f* ***(Def)***; Anode *f (el)*; ~ **battery** Anodenbatterie *f (el)*; ~ **current** Anodenstrom *m (el)*; ~ **clutch** Scheibenkupplung *f*; ~ **drag** Plattenwiderstand *m*; ~ **nadir point** Lotpunkt *m (LPhot)*; ~ **plumb point** Lotpunkt *m (LPhot)*; ~ **spoiler** plattenförmige(r) Störklappe *f* (*od* Spoiler *m*).

**plating** Beplankung *f (Metall-Flzg)*.

**platoon** Zug *m (mil)*; ~ **commander** *or* **leader** Zugführer *m (mil)*.

**play** Spiel *n*; toter Gang *m*; Spielraum *m*; ~-**back equipment** Wiedergabegerät *n (Fernm)*; ~ **the piano** *sl für* Bomben einzeln abwerfen *(LKr)*.

**pleasure flight** Vergnügungsflug *m*.

**plenum chamber** Ansaugluftsammler *m*; Plenumkammer *f (Turbo)* ***(Def)***.

**plexiglass** Plexiglas *n*.

**plot** Kurs absetzen *(nav)*; eintragen; einzeichnen *(in Karte)*; auswerten *(Flmelde)*; Karteneintragung *f*; ~ **extractor** Flugwegdaten-Extraktor *m*; ~**ted fire** Planfeuer *n (Art)*; ~**ter** Auswerter *m (Flmelde)*; ~**ting** Einzeichnung *f*; Eintragung *f (in Karte)*; Auswertung *f (Flmelde)*; ~**ting board** Navigationstafel *f*; ~**ting chart** Navigationsarbeitskarte *f*, ~**ting station** Auswertestelle *f (Flmelde)*; ~**ting table** Auswertetisch *m (Flmelde)*; Navigationstisch *m*.

**plough** (*US* **plow**) rollen *(Flugboot in Dünung)*; ~**ing** Rollen *n (Flugboot)*.

**plug** Stecker *m (el)*; *(Kurzform für)* Zündkerze *f*; ~ **contact** Steckkontakt *m (el)*; ~-**in antenna** Aufsteckantenne *f (Funk)*; ~-**in connection** *or* **switch** Stöpselschalter *m (el)*; ~ **point** Steckkontakt *m (el)*; ~ **tester** Zündkerzenprüfgerät *n*.

**plumb|er** Klempner *m*; ~ **line** Lotrichtung *f*; Lotschnur *f*; ~ **point** Lotpunkt *m (LPhot)*.

**plung|er** Druck- *od* Tauchkolben *m*; Regelergestänge *n (Flmot)*; ~**er(-type) pump** Tauchkolbenpumpe *f*; ~**ing motion** Vertikalbewegung *f (Lfz)*.

**pluvio|graph** Regenschreiber *m (met)*; ~-**meter** Regenmesser *m*; ~**metry** Regenmessung *f (met)*.

**plywood** Sperrholz *n*; ~ **covering** Sperrholzbeplankung *f (Flzg)*; ~ **fairing** Sperrholzverkleidung *f (Flzg)*; ~ **shelter** *(for winter operations)* Finnenzelt *n*.

**pneu|draulic shock absorbing strut** Luft-Öl-Federbein *n (Flzg)*; ~**matic** druckluftbetätigt; ~**matic boat** Schlauchboot *n*; ~**matic circuit** pneumatischer Kreis *m (Lfz)* ***(Def)***; ~**matic cylinder** Luftzylinder *m*; ~**matic de-icer** Druckluftenteiser *m (Flzg)*; ~**matic float** Floßsack *m*; ~**matic raft** Schlauchboot *n*; ~**matic shock absorber** Luftfederbein *n (Flzg)*; ~**matic starter** Druckluftanlasser *m (Flmot)*; ~**matic system** pneumatische *od* Druckluftanlage *f (Lfz)* ***(Def)***; ~**matic tube** Rohrpostanlage *f*; ~**matic tyre** (*US* **tire**) Luftreifen *m*.

**pocket** Kessel *m (takt)*; einkesseln *(takt)*; ~ **compass** Taschenkompass *m*; ~ **knife** Taschenmesser *n*; ~ **lamp** Taschenlampe *f*; ~ **of resistance** Widerstandsnest *n (takt)*; ~ **submarine** Klein-U-Boot *n (Marine)*.

**pod** abnehmbare Gondel *f*; Pod *m (Lfz)* ***(Def)***; ~**ed engine** Motor *m* in Gondel *(Flzg)*.

**point** Punkt *m*; Spitze *f*; Himmelsrichtung *f (Kompass)*;~ -**blank range** Kernschussweite *f*; ~-**blank (shot)** Fleckschuss *m*; ~**ed** scharf *(zugespitzt)*; ~**ed-nose fuselage** Rumpf *m* mit spitzem Bug *(Flzg)*; ~**er** Zeiger *m*; ~**er deflection** Zeigerausschlag *m*; ~**er-type instrument** Zeigergerät *od* -instrument *n*; ~ **fire** Punktfeuer *n (takt)*; ~ **landing** Ziel- *od* Punktlandung *f (Flbetr)*; ~ **launch** Punktstart *m (Rak)*; ~ **light** Punktfeuer *n (Bod)* ***(Def)***; ~ *of air burst* Luftsprengpunkt *m (Art)*; ~ *of arrival* Ankunftspunkt *m*; Ankunftsort *m*; ~ *of attachment* Befestigungspunkt *m (Lfz l)* ***(Def)***; ~ *of departure* Abflugort *m*; Ausgangsstellung *f (takt)*; ~ *of destination* Bestimmungsort *m*; ~ *of entry* Einflugpunkt *m*; ~ *of equal time* Punkt *m* gleicher Zeit ~ *of exit* Ausflugpunkt *m*; ~ *of fall* Fallpunkt *m (ballist)*; ~ *of first intended landing* erster Landeort *m*

*(Flbetr)*; ~ *of impact* Auftreffpunkt *m*; Einschlagstelle *f (Bombe)*; ~ *of main effort* Schwerpunkt *m (takt)*; ~ *of no return, abbr* **PNR** Umkehrgrenzpunkt *m (Flbetr)* ***(Def)***; ~ *of orientation* Orientierungspunkt *m*; Ablaufpunkt *m (nav)*; ~ *of origin* Abgangs- *od* Ausgangs- *od* Herkunfts- *od* Ursprungsort *m*; ~ *of penetration* Einbruchstelle *f (takt)*; ~ *of separation* Spaltungspunkt *m*; Übergangspunkt *m (von laminarer in turbulente Strömung: aerodyn)*; ~ *of support* Auflagerungspunkt *m (Tragfläche)*; ~ *of the compass* Kompassstrich *m*; Windstrich *m od* -ziffer *f (Kompass)*; ~ **source** punktartige Strahlungsquelle *f*; ~ **target** Einzel- *od* Punktziel *n (takt)*; ~**-to-point communication** fester *od* Strecken-Fernmeldeverkehr *m*; Punkt/Punkt-Verbindung *f (Fernm)*; ~ **vortex** zweidimensionaler Wirbel *m (aerodyn)* ***(Def)***.

**polar** Polare *f*; polar; ~ **air** arktische Kaltluft *f*; Polarluft *f (met)*; ~ **air mass** Polarluftmasse *f (met)*; ~ **aviation** Pol(ar)fliegerei *f*; ~ **circle** Polarkreis *m*; ~ **continental air** kontinentale Kaltluft *f (met)*; ~ **control** Polarsteuerung *f (FK)* ***(Def)***; ~ **coordinate navigation** *or* **rhotheta system** Polarkoordinaten-Navigationssystem *n*; ~ **coordinates** *pl* polare Koordinaten *f/pl*; ~ **curve** *or* **diagram** Polardiagramm *n (aerodyn)*; ~ **distance** Polhöhe *od* -distanz *f (nav)* ***(Def)***; ~ **front** Polarfront *f (met)*; ~ **front theory** Polarfronttheorie *f (met)*; ~ **gnomonic projection** gnomonische Polarprojektion *f (Kart)*; ~**is** Polarstern *m*; Nordstern *m*; ~**ity change** Umpolung *f (el)*; ~**ization** Polarisation *f*; ~~ **effect** Polarisationseffekt *m*; ~~ **error** Polarisationsabweichung *f od* -fehler *m*; ~ **light** Polarlicht *n*; ~ **maritime air** polare Meeresluft *f (met)*; ~ **navigation** Polarnavigation *f*; ~ **projection** Polarprojektion *f (Kart)*; ~ **route** Polarroute *f (LVerk)*; ~ **star** Polarstern *m*; Nordstern *m*; ~ **stereographic projection** stereographische Polarprojektion *f (Kart)*.

**pole** Stange *f*; Mast *m*; Deichsel *f*; Pol *m (el)*; ~ **piece** Polschuh *m*; ~ **reversal** Umpolung *f (el)*; ~*s of similar sign* gleichnamige Pole *m/pl (el)*; ~ **tow** Deichselschlepp *m (Flzg-Schleppflug)*.

**policy section** Chefabteilung *f (Generalstab: mil)*.

**polling** Sendeaufruf *m (Fernm)*.

**pollution** Verschmutzung *od* -unreinigung *f*.

**poly|chromatic weather chart** mehrfarbige Wetterkarte *f*; ~**conic projection** polykonische Projektion *f (Kart)*; ~**hedral projection** Polyederprojektion *f (Kart)*.

**pom-pom** *sl* Vierlingsflak(geschütz) *f (n) (mittleres Kaliber)*.

**ponton** Ponton *m*.

**pontoon** Ponton *m*; ~ **bridge** Pontonbrücke *f*.

**pool** Pool *m*; ~ **arrangement** Poolvereinbarung *f (LVerk)*; ~**ed (air) traffic** Poolverkehr *n (LVerk)*; ~**ing agreement** Poolabkommen *n (LVerk)*.

**poor** schlecht *(Werkstoffgüte; Wetter, Sicht)*.

**pop|-eye** *sl für* Beobachter *m (LW)*; ~ **rivet** Knallniet *m*; ~**pet valve** Tellerventil *n (Flmot)*.

**porosity** Luftdurchlässigkeit *f*; Porosität *f (Fallsch)* ***(Def)***; ~ **meter** Durchlässigkeitsmessgerät *n (Lfz l)* ***(Def)***.

**porpois|e** tauchstampfen *(See-Flzg: Flugboot)*; ~**ing** Porpoising *n*; Tauchstampfen *n (Flugboot usw in Dünung)* ***(Def)***; Pumpen *n (Flzg im Flug)*.

**port** Hafen *m*; Öffnung *f*; backbord *(links)*; ~**able** tragbar; beweglich *(Funkstelle)*; verlegefähig *(Funkstelle)*; ~*able radio set* tragbares Funkgerät *n*; Tornisterfunkgerät *n*; ~*able switchboard* Feldklappenschrank *m (Tel)*; ~ **engine** Backbordmotor *m (zweimot Flzg)*; ~ **light** Backbordlicht *n (Flzg)*; ~ *of call* Zwischenlandeplatz *m (LVerk)*; ~ *of departure* Abflughafen *m (LVerk)*; ~ *of destination* Bestimmungsflughafen *m (LVerk)*; ~ **signal** Backbordlichtzeichen *n (Lfz)*; ~ **wing** Backbordtragfläche *f (Flzg)*.

**position** Lage *f (allg)*; Standort *m (nav)*; Position *f (nav)*; Stellung *f (takt)*; Planstelle *f (Stärkenachweisung: mil)*; ~ *according to dead reckoning* Koppelstandort *m (nav)*; ~ *by radio bearings* Funkpeilstandort *m (nav)*; ~ **change** Lageänderung *f*; ~ **determination** Standortbestimmung *f (nav)*; ~ **error** Einbaufehler *m (Instr)* ***(Def)***; ~ **finder** Ortungsgerät *n*; ~ **fix** Standort *m (nach Peilungen)*; ~ **fixing** Standortbestimmung *f (nav)*; ~**ing flight** Flug *m* zu einem bestimmten Einsatzort *(LVerk)*; ~**ing for approach** Radarführung *f* zum Anflug *(Flsich)*; ~ *in readiness* Bereitstellung *f (takt)*; ~ *in space* Lage *f* im Raum *(Flzg)*; ~ **light** *(US)* Positionslampe *f od* -licht *n*; ~ **lights** *pl* Positionslichter *n/pl (Flzg)*; ~ **line** Standlinie *f (nav)* ***(Def)***; ~ **marker** Standort-Markierungssender *m (Funk)*; ~ **message** Positionsmeldung *f*; Standortmeldung *f (Flsich)*; ~ *of all-round defence (US defense)* Igelstellung *f (takt)*; ~ *of attention* Grundstellung *f (mil)*; ~ *of control surface* Ruderstellung *f (Flzg)*; ~ *of flight* Fluglage *f (Flzg)*; ~ *of maximum signal* Peilmaximum *n (Funk)*; ~ *of minimum signal* Peilminimum *n (Funk)*; ~ *of readiness* Bereitstellung *f (takt)*; ~ *of the battle front* Frontverlauf *m (takt)*; ~ *of the centre (US center) of pressure, abbr* ~ *of the c. p.* Lage *f* des Druckmittelpunktes *(stat)*; ~ *of the sun* Sonnenstand *m*; ~ **plotting** Standorteinzeichnung *f (Flsich)*; ~ **report**, *abbr* **PX** Positions- *od* Standortmeldung *f (Flsich)* ***(Def)***; ~ **triangle** Fehlerdreieck *n (bei Standortbestimmung: nav)*; ~ **warfare** Stellungskrieg *m*.

**positive| control** Flugverkehrskontrolle *f* für alle Luftfahrzeuge *(Flugs)*; positive Kontrolle *f (Radarführungs- od Jägerleitdienst)*; ~ **dihedral** positive V-Stellung *f*; aufwärtsgestellte V-Form *f (Tragflächen: Flzg)*; ~**-displacement supercharger** Lader *m* mit positiver Förderung *od* der Verdrängerbauart *(Flmot)* ***(Def)***; ~ **stagger** Vorwärtsstaffelung *f (Doppeldecker)*; ~ **sweepback** Rückpfeilung *f (Tragflächen: aerodyn)*.

**possibility area** mögliches Unfallgebiet *n (Such- & Rettungsdienst)*.

**post** Pfosten *m*; Pfahl *m*; Post *f*; Posten *m (mil)*; *(US)* Standort *m (mil)*; ~**al service** Postdienst *m*; ~ **commander** *(US)* Standortältester *m*; ~ **exchange**, *abbr* **PX** *(US)* Truppenmarketenderei *f*; ~**-flight** nach dem Flug; ~ ~ **inspection** Nachfluginspektion *f (Lfz)*; ~**-frontal fog** Postfrontalnebel *m (met)*; ~ **headquarters** *pl (US)* Standortkommandantur *f (mil)*; ~ **meridiem**, *abbr* **PM** *or* **p.m.** nachmittags; ~ **obstacle** Pfahlsperre *f*; ~**-war** Nachkriegs-.

**potato-masher** *sl für* Stielhandgranate *f*.

**potenti|al** Potential *n*; Spannung *f (el)*; ~**al difference** Spannungsunterschied *m (el)*; ~**al drop** Spannungsabfall *m (el)*; ~**al temperature** potentielle Temperatur *f (met)*; ~**al theory** Potentialtheorie *f*; ~**ometer** Potentiometer *n (Funk)*.

**pour|ing rain** klatschender Regen *m (met)*; ~ **off** abgießen *(chem LKr)*; ~ **point** Stockpunkt *m (Öl usw)*.

**powder** Pulver *n*; ~ **charge** Pulverladung *f*; ~**ed fuel** Staubbrennstoff *m*; ~**ed propellant** staubförmiger Treibstoff *m*

*(Rak)*; ~ **grain** Pulverkörper *m od* -korn *n*; ~ **pattern** Pulverdiagramm *n (ballist)*; ~**y** pulverförmig; ~**y snow** Pulverschnee *m (met)*.

**power** Energie *f*; Kraft *f*; Befugnis *f*; (Motor-)Leistung *f*; Potenz *f*; Sendestärke *f (Funk)*; ~ **absorption** Leistungsaufnahme *f*; ~ **airplane** Motorflugzeug *n*; ~ **amplifier** Kraft- *od* Leistungsverstärker *m (el & Funk)*; ~ **approach** Anflug *m* mit Gas *(Flbetr)* ***(Def)***; ~**-assisted** mit Stützmotor *(Flzg-Steuerung)*; ~**-assisted control** Stützmotorsteuerung *f (Flzg)*; ~**-assisted control(s system)** Servosteueranlage *f od* ~-system *n* ***(Def)***; ~**-assisted glider** Segelflugzeug *n* mit Hilfsmotor; Motorsegler *m (Flzg)*; ~ **boost** Leistungszusatz *m (Flmot)* ***(Def)***; ~**-ed control** Stützmotor- *od* Kraftsteuerung *f*; ~ **consumption** Leistungsbedarf *m*; ~ **control** Leistungsregler *m (Funk)*; ~ **control lever** Leistungswahl- *od* Drossel- *od* Gashebel *m (Flmot)*; ~ **current** Starkstrom *m (el)*; ~ **curve** *or* **diagram** Leistungskurve *f*; Leistungsdiagramm *n*; ~ **cut-off** schnelles *od* Schnellabschalten *n* des Triebwerks; Schnellstopp *m (Flmot)*; ~ **dive** Sturzflug *m* mit Vollgas *(Flzg)*; ~**-driven** mit (eigenem) Kraftantrieb *(Lfz)*; ~**-dri-ven model** Motorflugmodell *n*; ~ **drop** Leistungsabfall *m (Flmot)*; ~**ed aircraft** Motorluftfahrzeug *n*; ~**ed approach** Anflug *m* mit Gas *od* mit Triebwerksleistung *(Flzg)*; ~**ed control system** Kraftsteuerung *f (Lfz)* ***(Def)***; ~**ed flying** Motorfliegerei *f*; ~**ed glider** Motorsegler *m (Flzg)*; ~ **failure point** Motor- *od* Leistungsausfallpunkt *m*; ~ **feed** Stromzuführung *f (el)*; ~ **flight** Motorflug *m*; ~ **gain** Leistungszunahme *f*; ~ **gas** Treibgas *n*; ~ **landing** Gaslandung *f (Flzg)*; Landung *f* mit Gas *(Flbetr)* ***(Def)***; ~**less** antriebs- *od* schubfrei; nicht angetrieben *(Lfz)*; ~~ **flight** antriebsloser Flug *m (Sat)*; ~**loading** Leistungsbelastung *f (Konstr)* ***(Def)***; ~ **loss** Leistungsverlust *m (Flmot)*; ~ **margin** Leistungsüberschuss *m*; ~**/mass ratio** Leistungs-Masse-Verhältnis *n*; spezifische Leistung *f (Flmot)*; ~ **of decision** Entschlusskraft *f*; ~**-off** Leerlauf; ohne Leistung *f (Flmot)*; leerlaufender Motor *m*; ~~ **glide** motorloser Gleitflug *m*; Schleichflug *m*; ~ **of ten** Zehnerpotenz *f*; ~**-on** laufender Motor; mit Leistung *(Flmot)*; ~~ **approach** Anflug *m* mit laufendem Triebwerk *(Flbetr)*; ~**-operated** kraftbetätigt; ~**-out landing** antriebs- *od* motorlose Landung *f (Flbetr)*; ~ **output** *(abgegebene)* Leistung *f (Flmot)*; ~ *per unit of displacement* Literleistung *f (Flmot)*; ~ *per unit area* Leistung *f* je Flächeneinheit *(Flzg)*; ~ **plane** Motorflugzeug *n*; ~ **plant** Triebwerk(sanlage) *n (f) (Flmot)*; Kraftwerk *n (el)*; ~ **plant controls** *pl* Triebwerk-Bedienungsanlage *f*; ~ **plant control system** Triebwerks(bedien)gestänge *n*; ~ **plant installation** Triebwerkeinbau *m (Flzg)*; ~ **plant instrument** Triebwerküberwachungsgerät *od* -instrument *n*; ~ **plant mounting** Triebwerkaufhängung *f*; ~ **rating** Nennleistung *f*; Leistungsgrenzwert *m*; zulässige Motorleistung *f (Flmot)* ***(Def)***; ~ **reserve** Leistungsüberschuss *m (Flmot)*; ~ **roar** Motorenlärm *m*; ~ **setting** Leistungseinstellung *f (Flmot, Prop)* ***(Def)***; ~ **shovel** Löffelbagger *m*; ~ **source** Kraft- *od* Energiequelle *f*; ~ **stage** Leistungsstufe *f*; ~ **stroke** Ausdehnungs- *od* Expansionshub *m*; Arbeitshub *m (Viertakt-Flmot)*; ~ **stage** Leistungsstufe *f (el)*; ~ **supply** Stromzuführung *od* -versorgung *f (el)*; ~ **sweeper** Motorkehrmaschine *f*; ~ **test run** Probelauf *m*; Abbremsen *n (Flmot)*; ~**-test** *(the engine) (Flmot)* abbremsen; ~ **train** *or* **transmission** Kraftübertragung *f*; ~ **unit** Triebwerks(einheit) *f (Flmot, Turbo)* ***(Def)***; Maschinensatz *m (el)*; Netzgerät *n (Fernm)*; **auxiliary** ~~, *abbr* **APU** Triebwerkstartgerät *n (Turbo)*; ~ **unit failure** Ausfall *m* der Triebwerkseinheit; ~**(weight) ratio** Leistungsgewicht *n (Flzg)*; ~ **winch** Kraftwinde *f (Segelflug)*.

**PPI**, *vergl/cf* **plan position indictor**; ~ **approach** PPI-Anflug *m (Flsich)* ***(Def)***; ~ **departure** PPI-Abflug *m (Flsich)* ***(Def)***; ~ **driver** PPI-Ablenkverstärker *m (Radar)*.

**practic|al application** Nutzanwendung *f*; ~**e** Übung *f*; Praxis *f*; ~**e approach** Übungsanflug *m (Flbetr)*; ~**e bomb** Übungsbombe *f*; ~**e bombing** Bombenübungswerfen *n*; ~**e firing** Übungsschießen *n*; ~**e flight** Übungsflug *m*; ~**e jump** Übungsabsprung *m (mit Fallschirm)*; ~**e run** praktische (Flug-)Übung *f*; Übungsanflug *m*; ~**e target** Zielscheibe *f*.

**practise** (aus)üben; ausbilden.

**Prandtl('s)| number** Prandtl-Zahl *f (aerodyn)* ***(Def)***; ~ **theory** Prandtlsche Theorie *f*.

**prang** *sl für* Bruchlandung *f (Flzg)*.

**pre|amble** *(of a message)* Kopf *m (einer Meldung)*; ~**-amplifier** Vorverstärker *m (Fernm)*; ~**baratic chart** Luftdruck-Vorhersagekarte *f*; vorhergesagte Isobarenkarte *f (met)* ***(Def)***; ~**-canceller** Löschvorstufe *f (Fernm)*; ~**cautionary landing** vorsorgliche Landung *f (Flbetr)*.

**precedence** Vorrang *m*; Priorität *f (Fernm-Verkehr)*.

**precession** Vorrücken *n (Astro-nav)*; Präzession *f*; Voreilung *f (Kreisel)*.

**prechamber** Vorkammer *f (Dieselmotor usw)*.

**precipitation** Niederschlag *m (met)* ***(Def)***; ~ **area** Niederschlagsgebiet *n*; Regengebiet *n (met)*; ~**-free** niederschlagsfrei *(met)*; *of heavy* ~ niederschlagsreich *(met)*; *of light* ~ niederschlagsarm *(met)*.

**precis** Kurzbeschreibung *f*; ~**ion** Genauigkeit *f*; Präzision *f*; ~**ion altimeter** Präzisions- *od* Feinhöhenmesser *m*; ~**ion approach** Präzisionsanflug(-Radarverfahren) *m (n) (GCA-Radar)* ***(Def)***; ~**ion approach radar**, *abbr* **PAR** Präzisions-Anflugradar(gerät) *n (Flsich)* ***(Def)***; ~**ion approach runway** Präzisionsanflugpiste *f (Bod)* ***(Def)***; ~**ion bombing** gezielter Bombenwurf *m*; Punktzielbombenwurf *m (Lkr)*; ~**ion controller** Radarlotse *m* für Präzisionsradar(gerät) *(Flsich)* ***(Def)***; ~**ion fire adjustment** Präzisionsschießen *n (Art)*; ~**ion landing** Ziellandung *f (Flbetr)*; ~**ion mechanic** Feinmechaniker *m*; ~**ion of hit** Treffgenauigkeit *f*; ~**ion sound level meter** Präzisionsschallpegelmesser *m*.

**pre|compression** Vorverdichtung *f (Flmot)*; ~~ **in the boundary layer** Grenzschichtbelüftung *f (aerodyn)*; ~**cooler** Vorkühler *m*; ~**determination** Vorausbestimmung *f*; ~**-determined breaking point** Sollbruchstelle *f (Flzg)*; ~**determined route** vorbestimmte Strecke *f (LVerk)*; ~**determined track** festgelegter Kurs *m* über Grund *(nav)*; ~**dicted fire** Planschießen *n (Art)*; ~**dictor** Kommando(rechen)gerät *n (Flak)*; (~)**dominant weather** vorherrschendes Wetter *m*; ~**-flight** vor dem Flug; ~**-flight action** Flugvorbereitung *f*; ~**-flight briefing** Flugvorbesprechung *f*; mündliche (Vorflug-)Wetterberatung *f (met)*; ~**-flight information bulletin** NOTAM-Kurzfassung *f (Flsich)*; ~**-flight inspection** Prüfung *f* auf Flugklarheit *(Flzg)*; Vorflugionspektion *f*; ~**-flight operational planning** Einsatzplanung *f* vor dem Flug *(Flbetr)*; meteorologische Planung *f* vor dem Flug *(met)*; ~**-flight planning** Flugvorbereitung *od* ~-planung *f*; ~**-flight training** vorfliegerische theoretische Ausbildung *f*; ~**-frontal thunderstorm** präfrontales Gewitter *n (met)*; ~ **ignition** Frühzündung *f*; Vorzündung *f (Flmot)*; ~ **liminary action** einleitendes Gefecht *n (takt)*; ~**liminary (air-raid) warning** Vorwarnung *f (LS)*; ~**liminary engagement** einleitendes Gefecht *n (takt)*; ~**liminary operational planning** meteorologische Vorplanung *f*; ~**liminary warning** Vorwarnung *f (LS)*; ~**mature ignition** Vor- *od* Frühzündung *f (Flmot)*; ~**-military** vormilitärisch; ~**mium per kilometre** (*US* **kilometer**) Kilometergeld *n*; Kilometerprämie *f (LVerk)*.

**prepar|ation for flight** Flugvorbereitung *f*; **~ation of a position** Einrichten *n* einer Stellung *(takt)*; **~atory command** Ankündigungskommando *n (mil)*; **~atory flight** Vorbereitungsflug *m*; **~edness** Bereitschaft *f*; **~ed position in ther rear** Auffangstellung *f (takt)*; **~e for action** bereitstellen *(takt)*; **~e for the landing** Landung *f* einleiten *(Flzg)*.

**pre|planned mission** (vor)geplanter Einsatz *m (takt)*; **~-programmed autopilot** vorprogrammierter Autopilot *m*.

**prerequisite qualification** Voraussetzung *f (für Ausbildung usw)*.

**pre selected heading** eingedrehter *od* vorgewählter Kurs *m (Kurssteuerung)*.

**presen|ce of mind** Geistesgegenwart *f*; **~tation screen** Messschirm *m (Radar)*; **~t position of target** Messpunkt *m*; Abschusspunkt *m (Flak)*.

**pre-series aeroplane** Vorserienflugzeug *n*.

**preset| breaking point** Sollbruchstelle *f (Flzg)*; **~ guidance** Programmsteuerung *f (FK) (Def)*; **~ knob** Einstellknopf *m*.

**press** drücken; pressen; **~-button control** Druckknopfsteuerung *f*; **~** *forward* vordringen *(takt)*; **~-to-talk button** *or* **key** Sprechknopf *m od* -taste *f*; **~-to-test button** Überprüfungs- *od* Testknopf *m*.

**pressure** Druck *m*; Luftdruck *m*; **~ air system** Druckluftsystem *n (Flzg)*; **~ altimeter** barometrischer *od* Druckhöhenmesser *m (Def)*; **~ altitude** Druckhöhe *f (über Meer) (bei Normalluftzustand: met) (Def)*; **~** *at the jet exit* Strahlaustrittsdruck *m (Turbo)*; **~ balance** Druckausgleich *m*, **~ box** Druckdose *f*; **~ breathing** Druck(be)atmung *f (Flmed) (Def)*; **~ bulhead** Druckschott *n (Flzg)*; **~ cabin** Höhen- *od* Druckkabine *f (Flzg) (Def)*; **~-capsule** Barometerdose *f*; **~ chamber** Druckkammer *f*; **~ change** Luftdruckänderung *f (met)*; **~ change chart** Druckänderungskarte *f (met)*; **~ compensation** Druckausgleich *m*; **~ contour** Höhenlinie *f* gleichen Drucks; Luftdruck-Höhenlinie *f*; Isohypse *f (met) (Def)*; **~ controller** Druckregler *m (Lfz) (Def)*; **~ cowling** offene Motorhaube *f (Flmot) (Def)*; **~ data** *pl* Luftdruckwerte *m/pl (met)*; **~ decrease** Druckabnahme *f*; **~ defuelling** Druckenttankung *f (Lfz) (Def)*; **~ (demand) oxygen mask** Überdruckatemmaske *f*; **~-demand oxygen system** automatische Sauerstoffanlage *f (Lfz) (Def)*; **~ distribution** Luftdruckverteilung *f (met)*; **~ disturbance** Druckstörung *f*; **~ drag** Druckwiderstand *m (aerodyn) (Def)*; **~ drop** Druckabfall *m*; **~ face** Blattdruckseite *f (Prop) (Def)*; **~ feed(ing)** Druck(gas)förderung *f*; **~ feed lubrication** Druckschmierung *f*; **~-feed pump** Öldruckpumpe *f*; **~ field** Druckfeld *n*; **~ float** Druckschwimmer *m (Kraftstoffvorratsmesser)*; **~ fuse** *or* **fuze** Druckzünder *m (Bombe)*; **~ gauge** (*US* **gage**) Druckmesser *m*; **~ gradient** Luftdruckgradient *m (met) (Def)*; **~ head** Staudruck(messer) *m (Instr) (Def)*; **~-head indicator** Staudruckfahrtmesser *m (Flzg)*; **~ height** Druckhöhe *f (Lfz l) (Def)*; **~ interval** Luftdruckabstand *m (met)*; **~ level** Druckniveau *n od* -fläche *f*; **~ loading** Druckbeanspruchung *f*; **~ loss** Druckverlust *m*; **~ lubrication** Druck(umlauf)schmierung *f (Flmot)*; **~ pattern** Druckfeld *n (met)*; **~~ flying** Fliegen *n* nach Druckfeld; barometrische Navigation *f*; Aerologation *f (nav) (Def)*; **~~ navigation** Druckfeldnavigation *f*; **~ pipe** Druckleitung *f*; Ladeluftleitung *f (Flmot)*; **~ proof** druckfest; drucksicher; **~ pump** Öldruckpumpe *f (Flmot) (Def)*; **~ rake** Staurechen *m (aerodyn)*; **~ reduction** Druckminderung *f*; **~ reduction valve** Druckminderventil *n*; **~ reduction lever** Dekompressionshebel *m (Flmot)*; **~ refuel(l)ing** Druckbetankung *f (Flzg) (Def)*; **~ relief valve** Überdruckventil n; **~ reservoir** Druckbehälter *m od* -reservoir *n*; **~ resistance** Druckfestigkeit *f*; **~-rigid airship** halbstarres Luftschiff *(Lfz l) (Def)*; **~ rise** Druckanstieg *m (Überschallknall)*; **~ side** Druckseite *f (Lader; Tragfläche; Luftschraube)*; **~ signature** zeitlicher Druckverlauf *m (Überschallknall)*; **~ spring** Druckfeder *f*; **~ suit** Druckanzug *m (Def)*; Höhenschutzanzug *m (Pilot)*; **~ surface** Druckseite *f (Tragfläche)*; **~ surge** Luftdruckwelle *f (met)*; **~ tank** Druckbehälter *m*; Pressluftbehälter *m*; **~ test** Eignungsprüfung *f* auf Höhentauglichkeit *(flgds. Personal)*; **~ tube** Staurohr *n*; **~ turbine** Reaktions- *od* Rückstoßturbine *f*; **~-type carburet(t)or** Druckvergaser *m*; **~ variation** Luftdruckänderung *f (met)*; **~ wave** Druckwelle *f*; **~ zone** Druckzone *f*.

**pressur|ization** Druckfestigkeit *f*; Druckbelüftung *f (Druckkabine; Flzg)*; **~ization and ventilation system** Druck- und Belüftungsanlage *f (Flzg)*; **~ize** druckfest machen *(Druckkabine: Flzg)*; **~ized** druckfest *(Druckkabine: Flzg)*; **~ized cabin** Druckkabine *f (Lfz) (Def)*; Höhenkabine *f (Flzg)*.

**pre|-stall buffeting** Schüttlen *n (vor Strömungsabriss: Flzg)*; **~-stressed concrete** Spannbeton *m*.

**prevailing| direction of wind** Hauptwindrichtung *f (met)*; **~ winds** *pl* vorherrschende Winde *m/pl (met)*.

**preventive| action** (Unfall-)Verhütungsmaßnahme *f*; **~ maintenance** vorbeugende Wartung(sarbeit) *f (am Lfz)*.

**price of flight** Flugpreis *m (LVerk)*.

**primary| air** Primärluft *f*; **~ battery** Leitbatterie *f (Flak)*; **~ circuit** Primärstromkreis *m (el)*; **~ coil** Primärspule *f (el)*; **~ controls** *pl* Hauptsteuerorgane *n/pl (Flzg: Höhen-, Quer- & Seitenruder)*; **~ flying training** *(US & Kanada)* fliegerische Erstausbildung *f*; **~ frequency** Hauptfrequenz *f (Def)*; primäre Frequenz *f (Funk)*; **~ glider** Schulgleiter *m (Segel-Flzg) (Def)*; **~ guard** Pflichtwache *f (Funk)*; **~ holes** *pl* Primärluftlöcher *n/pl (Turbo) (Def)*; **~ means of communication** Haupt-Fernmeldemittel *n od* Verbindungsart *f (Fernm) (Def)*; **~ radar** primäres Radargerät *n*; Primärradar *n (Def)*; **~ return** Primär(radar)echo *n*; **~ station** Hauptfunkstelle *f*; **~ structure** tragender Bauteil *m (Flzg) (Def)*; **~ target** Hauptziel *n (LKr)*; **~ trainer** Anfängerschulflugzeug *n*.

**prim|e** Anlasskraftstoff einspritzen *(Flmot)*; schärfen *(Bombe usw)*; grundieren *(Anstrich)*; **~e meridian** Nullmeridian *m*; **~e mover** Zugmaschine *f*; **~er** Vorrichtung *f* zum Einspritzen von Anlasskraftstoff *(Flmot)*; Anlasseinspritzpumpe *f (Flmot) (Def)*; Initialzünder *m*, Zündhütchen *n (Bombe usw)*; **~er atomizer** Anlasskraftstoffverneblerpumpe *f (Flmot)*; **~er charge** Zündladung *f*; Übertragungsladung *f (Bombe)*; **~er fuel** Anlasskraftstoff *m (Flmot)*; **~er pump** Anlasseinspritzpumpe *f*; Verneblerpumpe *f (Flmot)*; **~ing** Anlasseinspritzung *f (Flmot)*; **~ing fuel** Anlasskraftstoff *m*; **~ing paint** Grundieranstrich *m*; **~ing pump** Anlasseinspritzpumpe *f*; Verneblerpumpe *f (Flmot)*; **~ing system** Anlasseinspritzanlage *f (Flmot)*.

**principal| axis** Hauptachse *f*; **~ case** Hauptlastfall *m (stat)*; **~ course of approach** Anfluggrundlinie *f (Flsich)*; **~ distance** Bildweite *f (LPhot)*; **~ horizon** Bildhorizont *m*; Bildwaagerechte *f (LPhot)*; **~ lobe** Hauptkeule *f (Radar)*; **~ point** Bildhauptpunkt *m*; Bildmittelpunkt *m (LPhot)*; **~ wing rib** Hauptrippe *f (Tragfläche)*.

**print** Abzug *m (LPhot)*; Abdruck *m*; Lichtpause *f*; kopieren; abziehen *(LPhot)*; (be)drucken; **~ed communications** *pl* Fernmeldeverkehr *m* mit Schriftbeleg *(Def)*; **~ed form** Vordruck *m*; **~ed matter** Drucksache *f (Post)*; **~er** Drucker *m (EDV)*; **~ing keyboard perforator** druckender

Streifenlocher *m (Fernm)*; ~**ing reperforator** druckender Empfangslocher *m*.

**priority** Dringlichkeit(sgrad) *f (m)*; Priorität *f*; Vorrang *m*; ~ **alarm** Dringlichkeitsalarm *m (Fernschr)*; ~ **indicator** Rangvermerk *m (Fernschr)*; ~ **list** Dringlichkeitsliste *f*; ~ **message** Dringlichkeitsmeldung *f*; ~ **prefix** Dringlichkeitsvorsatz *m (Meldung)*; Rang- *od* Vorrangvermerk *m (Fernm)*.

**prismatic compass** Marschkompass *m*.

**prisoner | of war**, *abbr* **POW** Kriegsgefangener *m*; ~**-of-war camp**, *abbr* **POW camp** Kriegsgefangenenlager *n*; ~**-of-war transit camp**, *abbr* **POW transit camp** Kriegsgefangenendurchgangslager *n*, *abbr* Dulag *(mil)*; ~**'s statement** Gefangenenaussage *f*.

**private** Schütze *m usw (unterster Dienstgrad: E & US mil)*; privat; ~ **aircraft** Privatflugzeug n; ~ **aviation** Privat- *od* Amateurfliegerei *f*; ~ **first class**, *abbr* **Pfc** Oberschütze *m (mil US)*; ~ **flyer** Amateurflieger *m*; ~ **flying** Privatfliegerei *f od* -flugbetrieb *m*; ~ **flying-field** Priavatflugplatz *m*; ~**ly owned aircraft** *or* ~ **owner's aircraft** Privatflugzeug *n*; ~ **pilot** Privatluftfahrzeugführer *m*; ~**-pilot licence**, *abbr* **PPL** Privatpilotenlizenz *f od* -schein *m*.

**probab | ilistic law** wahrscheinlichkeitstheoretisches Gesetz *n*; ~**ility area** wahrscheinliches Unfallgebiet *n (SAR)*; ~**ility calculus** Wahrscheinlichkeitsrechnung *f*; ~**ility of hit** Treffwahrscheinlichkeit *f (Bombenwurf usw)*; ~**le error** wahrscheinliche(r Fehler *m od*) Abweichung *f*.

**probation** Probezeit *f*.

**probe** Betankungssonde *f (Lfz)* ***(Def)***; **nose** ~ Bugtanksonde *f (Flugauftankung)*.

**procedur | al control** Flugverkehrskontrolle *f* ohne Radar *(Flsich)*; ~**al separation** Staffelung *f* ohne Radar *(Flsich)*; ~**e** Verfahren *n*; ~**e message** Betriebsspruch *m (Funk)*; ~**es** *pl* **for air navigation services**, *abbr* **PANS** Verfahren *n/pl* für Luftfahrtdienste; ~**e track** Verfahrenskurs *m* über Grund; ~**e turn** Verfahrenskurve *f (Flzg: Flsich* ***(Def)****)*; **final** ~~ Endflugkurve *f (Flsich)*.

**procure** beschaffen; ~**ment of information** *or* **intelligence** Nachrichtenbeschaffung *f (mil Intell)*; ~**ment service** Beschaffungswesen *n (mil)*.

**production** Produktion *f*; Fertigung *f*; ~ **aircraft** Serienflugzeug *n*; ~ **capacity** Produktionsfähigkeit *f*; Produktionsvermögen *n*; ~ **model** Serienmuster *n (Flzg)*; ~ **responsibility for charts** Herstellungsverantwortlichkeit *f* für Karten; ~ **stage** Herstellungsreife *f (eines Flzg-Musters)*; ~ **stretch-out** Produktionsstreckung *f (Hinausschieben von Lieferfristen seitens Auftraggeber)*.

**professional | fitness** Berufstauglichkeit *f (Luftfahrtpers)*; ~ **pilot** Berufspilot *m*; Berufsflugzeugführer *m*; ~ **soldier** Berufssoldat *m*.

**proficiency | flight** Geschicklichkeitsflug *m (Flugausbildung)*; Flug *m* zur fliegerischen Inübunghaltung; ~ **flying** fliegerische Inübunghaltung *f*.

**profile** Profil *n*; Seitenansicht *f*; Umriss *m*; (Einsatz-)Profil *n (Flbetr)* ***(Def)***; ~ **axle** Profilachse *f*; ~ **camber** Profilwölbung *f*; Wölbung *f* der Profilmittellinie *f*; ~ **chord** Profilsehne *f (aerodyn)*; ~ **coefficient** Profilbeiwert *m (aerodyn)*; ~ **(cross-)section** Profil(quer)schnitt *m*; ~ **drag** Profilwiderstand *m (Tragfläche)* ***(Def)***; ~**-drag power loss** Profilwiderstands-Leistungsverlust *m (Prop)* ***(Def)***; ~ **grid** Profilgitter *n*; ~ **leading edge** Profilvorderkante *f (Flzg)*; ~ **periphery** Profilumfang *m*; ~ **thickness** Profildicke *f*; Profilstärke *f (Tragfläche)* ***(Def)***; ~ **trailing edge** Profilhinterkante *f (Flzg)*.

**prognostic** Prognose *f*; Vorhersage *f (met)*; ~ **chart** Vorhersagekarte *f (met)*; ~ **surface chart** Bodenwetter-Vorhersagekarte *f (met)*; ~ **upper air chart** Höhenwetter-Vorhersagekarte *f (met)*.

**programm | ed computer** programmierter *od* -barer Rechner *m*; ~**ing** Programmierung *f*; Programmgestaltung *f*; ~~ **algorithm** programmierender Algorithmus *(EDV)*.

**prohibit** verbieten; untersagen; ~**ed area** Luftsperrgebiet *n (Flsich)* ***(Def)***; ~**ed area for aircraft** Überflugverbotsgebiet *n*; ~**ed flying zone** Luftsperrzone *f (Flsich)*; ~**ed from flying** Flugverbot haben; ~**ion against flying** Flugverbot *n*.

**project** Entwurf *m*; Plan *m*; Projekt *n*; projizieren; entwerfen; planen; ~**ed area** projizierte Fläche *f*; Projektionsfläche *f*; ~**ile** Geschoss *n*, Projektil *n*; ~**ion** Projektion *f (Kart)*; Entwurf *m*; Vorsprung *m*; Filmvorführung *f*, Bildwurf *m*; ~~ *without distortion of angle* winkeltreue Projektion *f (Kart)*; ~**or** Projektor *m*; Bildwerfer *m*; Abschussrohr *n (Rak)*.

**prolonged precipitation** anhaltender Niederschlag *m (met)*.

**prominent** hervorragend; ~ **ground object** markanter Geländepunkt *m*; ~ **landmark** markante Landmarke *f (nav)*.

**promot | e** befördern *(mil)*; ~**ion** Beförderung *f (mil)*; ~**ion list** Beförderungsliste *f (mil)*, ~**ion service** *(US LW)* Rangdienstalter *n*.

**prone** liegend; ~ **position** liegende Stellung *f (Pilot)*; liegender Anschlag *m (Schießen)*.

**prontour** (*abbr für* **prognostic contours**) Vorhersage *f* von Luftdruck-Isohypsen *(met)*.

**proof** Probe- *od* Kontaktabzug *m (LPhot)*; Beweis(mittel) *m (n)*; (ab)dichten *(Gaszellen im Luftschiff usw)*; ~ **factor** Prüf- *od* Belastungsfaktor *m (Konstr)* ***(Def)***; ~**-firing (test** *or* **trials** *pl*) Abnahmebeschuss *m*; ~**ing** dichten *n (Lfz l)* ***(Def)***; ~ **load** Prüflast *f (Konstr)* ***(Def)*** *od* -spannung *f*; ~ **stress** Prüfbeanspruchung *f*; ~ **test** Überlastversuch *m (el)* ***(Def)***.

**prop** *sl für* Propeller *m*; Luftschraube *f*; *sl* Latte *f*; ~**agation** Ausbreitung *f (Wellen: Funk)*; ~*agation of sound* Schallfortpflanzung *f*; ~ **blast** *sl für* Luftschraubenstrahl *m*; ~**el** antreiben; vorwärtstreiben *(Flzg)*; ~**ellant** Treibmittel *n od* -stoff *m (FK)* ***(Def)***; ~**ellant charge** Treibladung *f (Rak)*; ~**ellant cut-off** Schnellabschaltung *f* der Treibstoffzufuhr; Brennschluss *m (Rak)*; ~**ellant gas** Treibgas *n*; ~**elled flight** Motorflug *m*; ~**ellent** (an)treibend.

**propeller** (*vergl auch* **airscrew**) Propeller *m* ***(Def)***; Luftschraube *f*; *sl* Latte *f*; ~ **accessories** *pl* Luftschraubenzubehör *n*; ~ **anti-icer** Luftschraubenenteisung *f*; ~ **arc** Luftschraubenkreis *m*; ~ **axis** Luftschraubenachse *f*; ~ **backwash** Luftschrauben- *od* Propellerstrahl *m*; ~ **balancing** Luftschraubenausgleich *m od* -auswuchten *n*; ~ **bearing** Luftschraubenlager(ung) *n (f)*; ~ **blade** Luftschraubenblatt *n*; ~ **blade area** Luftschraubenflächeninhalt *m*; ~ **blade pitch control** Propellerblattverstellung *f*; ~ **blade shank** Luftschraubenblattschaft *m*; ~ **blast** Propellerstrahl *od* -wind *m*; ~ **boss** Luftschraubennabenstück *n*; ~ **brake** Luftschraubenbremse *f*; ~ **characteristic curve** Luftschraubenkennlinie *f*; ~ **circle** Luftschraubenkreis *m*; ~ **clearance** Bodenfreiheit *f (Luftschraube)*; Propellerblattspitzenfreiheit *f*; ~ **control** Luftschraubenregelung *f*; ~ **disc** *or* **disk** Luftschraubenkreis *m*; ~ **feathering** Verstellung *f* der Luftschraube auf Segelstellung; Luftschraubensegelstellung *f*; ~ **flutter** Luftschraubenflattern *n*; ~ **go-vernor** Luftschraubendrehzahlmesser *m*; ~ **hub** Luftschraubennabe *f*; ~ **hub cone** Luftschraubennabenkonus *m*; ~ **hum** Propellerbrummen *n*; ~ **noise** Luftschraubengeräusch *n od* -lärm *m*; ~ **performance** Luftschraubenleistung *f*; ~ **pitch** Luftschraubensteigung *f*; Ganghöhe *f (Luftschraube)*; ~ **pitch change** Luftschraubenverstellung *f*; ~ **pitch control** Luftschraubensteigungsregelung *f*; ~ **pitch controls** *pl* Propellersteuerung *od* -verstelleinrichtung *f*; ~ **pitch indicator** Luftschraubensteigungsanzeiger *m*; ~ **pitch indexing** Einstellen *n* der Luftschraubensteigung; ~ **pitch reversing** Verstellen *f* des Propellers auf Bremsstellung *(Flbetr)*; ~ **radius** Luftschraubenradius *m*; ~ **revindicator** *m* Luftschraubendrehzahlmesser; ~ **revolutions per minute**, *abbr* ~ **RPM** Luftschraubendrehzahl *f*; ~ **root** Luftschraubenwurzel *f*; ~ **section** Luftschraubenprofil *n*; ~ **shaft** Luftschraubenwelle *f*; ~ **slipstream** Luftschraubenstrahl *m*; ~ **speed** Luftschraubendrehzahl *f*; ~ **speed control** Luftschrauben(drehzahl)regler *m*; ~ **structural clearance** Abstand *m* des Propellers von Luftfahrzeugteilen; ~ **test stand** Luftschraubenprüfstand *m*; ~ **thrust** Luftschraubenschub *m*; ~ *thrust at take-off* Luftschrauben-Startschub *m*; ~ **tilting wing** Propellerkippflügel *m (Lfz)*; ~ **tip** Blattspitze *f (Luftschraube)*; ~ **tip failure** Blattspitzenschaden *m (Luftschraube)*; ~ **tip speed** Balttspitzengeschwindigkeit *f (Luftschraube)*; ~ **torque** Luftschraubendrehmoment *n*; ~ **track** Luftschraubenbahn *f*; ~ **turbine engine** Propellerturbinen-Luftstrahltriebwerk *n*, *abbr* PTL-Triebwerk *(Turbo)*; ~ **wash** Luftschraubennachlauf *m*; Propellerstrahl *m (Flbetr)* ***(Def)***; ~ **whirling test** Schleuderprüfung *f (Luftschraube)*.

**prop|elling charge** Treibsatz *m (Rak)*; ~**elling force** Vortriebskraft *f*; ~**elling nozzle** Schubdüse *f (Turbo)* ***(Def)***; ~**jet** *sl* Luftschraubenturbine *f*; Propeller-Turbotriebwerk *n* ***(Def)***; ~**ortional control** Proportionalsteuerung *f (FK)* ***(Def)***; ~**ortional guidance** Proportionallenkung *f (FK)*; ~**osed time of departure** voraussichtliche Abflug- *od* Startzeit *f (LVerk)*; ~**ulsion** Antrieb *m*; Vortrieb *m*; Fortbewegung *f*; ~ **ulsion portion** *or* **unit** Antriebsteil *m (Rak & FK)*; ~**ulsion ramjet** Staustrahlmarschtriebwerk *n*; ~**ulsion system** Antriebssystem *n od* -anlage *f*; ~**pulsive charge** Treibsatz *m (Rak)*; ~**pulsive effect** Treibwirkung *f (Turbo)*; ~**pulsive efficiency** Vortriebwirkungsgrad *m (Luftschraube)* ***(Def)***; ~**ulsive force** Vortriebskraft *f*; ~**ulsive jet** Antriebs- *od* Abgas- *od* Treibstrahl *m*; ~**ulsive thrust** Vortriebskraft *f (Prop)* ***(Def)***; ~ **up** aufbocken *(Flzg)*; ~ **wash** *sl* Luftschraubenstrahl *m*.

**protect** (be)schützen; ~**ion** Schutz(mittel) *m (n)*; ~**ion against cold** Kälteschutz *m*; ~**ive clothing** Schutzbekleidung *f*; ~**ive coating** Schutzüberzug *od* -anstrich *m*; Oberflächenschutz *m*; ~**ive cover** Schutzhülle *od* ~ -haube *f od* -überzug *m*, ~**ive fire** Feuerschutz *m (takt)*; ~**ive fitting** Schutzbeschlag *m (Luftschraube usw)*; ~**ive sheathing** Schutzbeschlag *m (Holzluftschraube)*.

**protein foam** Proteinschaum *m (Brandbekämpfung)*.

**prototype** Ausgangsbau- *od* Versuchsmuster *n*; Prototyp *m (Lfz)* ***(Def)***; Erstausführung *f*; ~ **aircraft** Musterflugzeug *n (Erstausführung)*; ~ **engine** Mustermotor *m (Flmot)* ***(Def)***; ~ **propeller** Musterluftschraube *f* ***(Def)***.

**protract** *(zeitlich)* in die Länge ziehen; ~**ed defence** *(E)* hinhaltende Verteidigung *f (takt)*; ~**or** Winkelmesser *m*; Transporteur *m*.

**protrude** hervorstehen; herausragen *(Flzg-Bauteil)*.

**protuberance** Protuberanz *f (Sonne: Astronav)*.

**prov|e** beweisen; sich erweisen; prüfen; erproben; ~**ider state** Staat *m*, der Dienste und Einrichtungen (bereit-)stellt *(LVerk), Flsich)*; ~**ing flight** Erprobungsflug *m (Flzg)*; ~**ing ground** *(US)* Erprobungsstelle *f*.

**provision** Vorkehrung *f*; Vorsorge *f*; ~**al** behelfsmäßig; Behelfs-; ~**al forecast** vorläufige Wettervorhersage *f*; ~**s** Proviant *m*; Verpflegung *f*.

**provost| court** Feldgericht *n (mil)*; ~ **marshal** Chef *m* der Feldgendamerie *(mil)*.

**proximity|fuse** *or* **fuze** Annäherungs- *od* Abstandszünder *m (Flak)*; ~ **suit** (Feuer-)Schutzanzug *m (Brandbekämpfung)*; ~ **warning indicator**, *abbr* **PWI** Annäherungswarnanzeiger *m (Bord-radar)*.

**prudent limit of endurance**, *abbr* **PLE** sichere Flugdauer *f (Flbetr)* ***(Def)***.

**psycho|logical test** psyhcologische(r Test *m od*) Eignungsprüfung *f (Flmed)*; ~**technic adaptability test** psychotechnische Eignungsprüfung *f (flgds. Personal)*.

**psychrometer** Feuchtigkeitsmesser *m*; Psychrometer *n (met)* ***(Def)***.

**publi|c authorities** *pl* Behörden *f/pl* ***(Def)***; ~**c health** Gesundheitswesen *n*; ~**c relations**, *abbr* **PR** Öffentlichkeitsarbeit *f*; ~~ **officer** Presseoffizier *m (mil)*; ~**c utilities** *pl* Versorgungsbetriebe *m/pl (Gas, Wasser, Strom usw)*; Elt & Masch *(gebräuchliche Kurzform)*; ~**cation** Veröffentlichung *f*; (Dienst-)Vorschrift *f (mil)*; ~**sh** veröffentlichen.

**pull** (ab)ziehen; schleppen; ~ *away the chocks* Bremsklötze wegziehen; ~**er aircraft** Flugzeug *n* mit Zugschraube; ~**ey** Umlenk- *od* Gleitrolle *f (Flzg-Steuerung)*; ~ **"her" up** *(Flzg)* beim Start vom Boden wegnehmen; ~**ing off** Wegnehmen *f (Flzg beim Start vom Boden)*; Abziehen *n (der Luftschraube)*; ~**ing of the stick** Ziehen *n* des Steuerknüppels *(Flzg)*; ~ **off** wegnehmen *(Flzg beim Start)*; abziehen *(Luftschraube)*; abmontieren *(Tragflächen bei Überbeanspruchung im Fluge)*; ~ **out** herausnehmen *(Flzg aus Trudeln od Sturzflug usw)*; abfangen *(aus Sturzflug: Flzg)*; ~**-out** Abfangen *n*; Herausnehmen *n (Flzg)* ***(Def)***; ~**-out branch** Abfangbahn *f (FK)*; ~**-out distance** Abfangweg *m (Flzg-Träger)* ***(Def)***; ~**-out radius** Abfangradius *m (Flzg)*; ~**-over manoeurvre** Überziehmanöver *n (Flbetr)*; ~ **ring** Griff *m (Fallschirmreißleine)*; ~ **rod** Steuer- *od* Stoßstange *f (Flzg)*; **"~ – run – release!" „Ausziehen - laufen - los!"** *(Segel-Flzg-Start)*; ~ **through** durchdrehen *(Luftschraube)*; ~ **up** abheben *(Flzg beim Start)*; hochziehen *(Flzg im Flug)*; abfangen *(Flzg im Ausrollen)*; einziehen *(Fahrwerk)*; ~**-up** abheben *n (Flzg)*; Hochziehen *n (Flzg)*; Abfangen *n (Flzg im Ausrollen)*.

**pulpit** *sl für* Führerkabine *f (Flzg)*.

**puls|ating jet** (**engine**) intermittierendes Luftstrahltriebwerk *n*, *abbr* IL-Triebwerk; Schmidt-Argusrohr *n (Turbo)*; Puls(o)strahltriebwerk *n (Turbo)*; ~**e amplitude** Impuls- *od* Pulsamplitude *f (Radar)*; ~~ **modulation**, *abbr* **PAM** Pulsamplitudenmodulation *f*; ~**e code modulation**, *abbr*

**PCM** Impuls- *od* Pulscodemodulation *f*; ~**e decay time** Impulsabklingzeit *f*; ~**e direction finder**, *abbr* ~**e DF** Impulspeilanlage *f (Funk)*; ~**e duration** Impulsdauer *f*; ~~ modulation, *abbr* **PDM** Impulsdauermodulation *f*; ~**e envelope** Impuls- *od* Pulsform *f*; ~**e-forming network** Laufzeitkette *f*; ~**e frequency modulation** Impuls- *od* Pulsfrequenzmodulation *f*; ~**e-generator** Impulsgerät *n (Radar)*; ~**e impulsion** Impulserregung *f (Funk)*; ~**e jet (engine)** intermittierendes Luftstrahltriebwerk, *abbr* IL-Triebwerk *n*; Schmidt-Argusrohr *n*; Pulsdüse *f (Turbo)*; Pulsostrahltriebwerk *n (Turbo)* ***(Def)***; ~**e length** Impulsdauer *f*; ~**e-modulated waves** *pl* impulsmodulierte Wellen *f/pl (Funk)*; ~**e modulation** Impuls- *od* Pulsmodulation *f*; ~**e-modulator** Impulsgerät *n (Radar)*; ~**e phase modulation** Pulsphasenmodulation *f*; ~**e position modulation**, *abbr* **PPM** Impuls- *od* Pulslagemodulation *f*; ~**e recurrence frequency** Impuls-Folgefrequenz *f*; ~**e repeater** Impuls- *od* Pulswiederholer *m*; ~**e repetition frequency**, *abbr* **PRF** Impulsfolge- *od* Pulsfrequenz *f*; ~**e repetition period**, *abbr* **PRP** Impulsfolgefrequenz *f*; ~**e repetition rate** Impuls- *od* Pulsfolgezahl *f*; ~**e rise time** Impuls- *od* Pulsanstiegzeit *f*; ~**e time modulation**, *abbr* **PTM** Impulszeitmodulation *f*; ~**e timing** Laufzeit *f (Radar)*; ~**e train** Impulsfolge *f*; ~**e width** Impulsdauer *f*; ~~ **modulation**, *abbr* **PWM** Pulsdauermodulation *f*; ~**ojet** IL-Triebwerk *n*; Schmidt-Argusrohr *n*; Pulsdüse *f (Turbo)*.

**pump** Pumpe *f*; pumpen; ~ **assembly** Pumpensatz *m*; ~ **casing** Pumpengehäuse *n*; ~ **drive** Pumpenantrieb *m*; ~**(ing) station** Pumpenhaus *n*; ~ **over** umpumpen *(Kraftstoff)*.

**punch** „Übernehmen Sie!" *(Jägerleitopffizier an Pilot zur Übernahme des Luftzieles: LKr)*; ~**ed spoiler** perforierter *od* durchbrochener Spoiler *m (Flzg)*.

**punctur|e** Reifenpanne *f*; ~**ing** Durchschlagen *n (ballist)*.

**pup** *sl* Flugschüler *m*; ~ **tent** Einmannzelt *n*.

**pupil pilot** Flugschüler *m*.

**pur|e lift(ing) engine** reines Hubtriebwerk *n (Senkrechtstarter)*; ~**ity** Reinheit *f (von Gas) (Lfz l)* ***(Def)***; ~~ **meter** Reinheitsmessgerät *n (Lfz l)* ***(Def)***.

**purple light** Abendrot *n*; Morgenrot *n*.

**purser** Chefsteward *m*; Purser *m (Chef der Kabinenbesatzung: LVerk)*.

**persu|e** verfolgen; nachsetzen; ~**it** Verfolgung *f (takt)*; ~**it curve** Verfolgungskurve *f (LKr)*; „Hundekurve" *f (nav)*; ~**it interceptor** Verfolgungsjäger *m (LW)*.

**push** schieben; stoßen; ~ **and pull rod** Steuerstange *f (Flzg)*; ~**-button control** Druckknopfsteuerung *f*; ~**-button release** Druckknopfauslösung *f*; ~**-button switch** Druckknopfschalter *m*; ~ *down* andrücken *(Flzg)*; ~*-down* Andrücken *n (Flzg)*; ~**er aircraft** Flugzeug *n* mit Druckluftschraube; Druckschrauber *m (Flzg)*; Druckpropellerflugzeug *n* ***(Def)***; ~**er airscrew** Druck(luft)schraube *f*; ~**er engine** Druckschraubenmotor *m (Flzg)*; ~**er propeller** Druckpropeller *m* ***(Def)***; ~ **forward** vordringen *(takt)*; ~ **on the stick** andrücken *(Flzg)*; ~**-over** Nachdrücken *n (Flzg)*; ~**-pull amplifier** Gegentaktverstärker *m (Fernm)*;~**-pull control** Gestängesteuerung *f (Flzg)*; ~ **rod** Stoßstange *f (Flzg-Steuerung)*; ~ *the aircraft or the nose down* (an)drücken *(Flzg im Fluge)*; ~ *the (control) stick forward (Flzg)* andrücken; ~**-to-talk switch** Sprechschalter *m*; ~**-to-test button** Prüftaste *f od* -knopf *m*.

**put** setzen; stellen; legen; ~ **distance between** abhängen *sl*; ~ **down** *sl für* landen; ~ **into operation** in Betrieb setzen; ~ **into the spin** ins Trudeln bringen; das Trudeln einleiten *(Flbetr)*; ~ **on brakes** Bremsen betätigen; ~ **on rudder** Seitenruder geben *(Flzg)*; ~ **on speed** andrücken *(Flzg)*; Fahrt aufholen *(Flzg)*; ~ **out of action** außer Dienst setzen *(mil)*; *sl* erledigen *(takt)*; ~ **out of operation** stilllegen.

**pylon** Außenträger *m*; Pylon *m (Lfz)* ***(Def)***; ~ **tank** Pylon- *od* Außenbehälter *m*.

**pyro|meter** Pyrometer *n*; ~**technical lights** *pl* Feuerwerks-Leuchtzeichen *n/pl*; ~**technics** Feuerwerkskörper *m/pl*.

# Q

**Q** *(ICAO- & NATO-Buchstabieralphabet)* Quebec; *(altes, internationales Buchstabieralphabet)* Queen; ~ **code** Q(-Gruppen)-Code *m (Tastfunkgruppen)*; ~**-correction** Nordsternberichtigung *f (Astronav)* ***(Def)***; ~ **feel system** q-Steuerdrucksimulator *m (Lfz)* ***(Def)***; ~ **index** Q-Kennziffer *f (Flzg-Lärm)*; ~**BI conditions** *pl* Schlechtwetterverhältnisse *n/pl*; ~**DM** missweisender Kurs *m (Funknav)*; ~**DM approach** QDM-Anflug *m (Flsich)*; ~**DR** missweisende Peilung *f (Funknav)*; ~**FF altitude** Höhe *f* über Meer; ~**NH altitude** Höhe *f* über Grund; ~**TOL aircraft** lärmarm startendes und landendes Luftfahrzeug *n*.

**quadrant** Quadrant *m (Leitstrahlverfahren: Flsich)*; Viertelkreis *m*; ~**al cruising level** Quadrantenreiseflugfläche *f*; ~**al errors** *pl* (viertelkreisige) Funkfehlweisung *f (nav)* ***(Def)***; ~**al height separation** Höhenstaffelung *f* in (vier) Quadranten *(Flsich)*; ~**al rule** Quadrantenflugregel *f (Flbetr)* ***(Def)***; ~ **elevation** Rohrerhöhung *f (Art)*; ~ **signal** Quadrant(en)signal *n (Leitstrahlverfahren)*.

**quadricycle landing gear** Vierradfahrwerk *n (Lfz)* ***(Def)***.

**qualification** Befähigung *f*; Qualifikation *f*; Fähigkeit *f*; Eignung *f*; **prerequisite** ~ Voraussetzung *f (für flieg. Ausbildung usw)*; ~ **test** Eignungsprüfung *f*.

**qualif|ied** geeignet; befähigt; ~**y for** sich für etwas qualifizieren.

**qualitative military requirements** *pl* technisch-taktische Forderungen *f/pl*.

**quality** Eigenschaft *f*; Qualität *f*; Güte *f*; Beschaffenheit *f*; ~ **criterion** Gütekriterium *n*; ~ **of reception** Empfangsgüte *f (Funk)*.

**quantity** Menge *f*; Qualität *f*; *(mathematische)* Größe *f*; ~ **production** Serienfertigung *f*; Massenherstellung *f*.

**quantum** Menge *f*; Quantum *n*; ~ **theory** Quantentheorie *f*.

**quarantin|able disease** quarantänepflichtige Krankheit *f*; ~**e** Quarantäne *f*; Absonderung *f*; unter Quarantäne stellen.

**quarter** Viertel *n*; einquartieren; unterbringen; ~**-chord line** 1/4-Punktlinie *f (Lfz)* ***(Def)***; ~**-chord point** Viertelpunkt *m (aerodyn)* ***(Def)***; ~**ed in barracks** kaserniert *(mil)*; ~**ing** Unterbringung *f*; ~**ing office** Quartieramt *n*; ~**master** *m* Quartiermeister *m (mil)*; ~**s** *pl* Quartier *n (mil)*; Unterkünfte *f/pl (mil)*; ~ **wave antenna** Viertelwellenlängenantenne *f*; Lamdaviertelantenne *f (Funk)*.

**quartz** Quarz *m*; ~ **crystal** Steuerquarz *m (Funk)*; ~ **filter** Quarzfilter *m*; ~ **g-sensor** Quarz(kristall)-Beschleunigungsgeber *m*; ~ **spectrograph** Quarzspektrograph *m*.

**quasi |-linear equation** quasilineare Gleichung *f*; ~**-optical detection** quasioptische Erfassung *f (Radar)*; ~**-stationary front** quasistationäre (Wetter-)Front *f (met)*.

**quick** schnell; ~**-action adjustment** Schnellverstellung *f*; ~**-action stopping device** Schnellstopp(vorrichtung) *m (f) (Flmot)*; ~**-connector parachute** Einklinkfallschirm *m*; ~ **disconnect** Schnelltrennverbindung *f*; ~ **-disconnect(ing) plug** Schnelltrennkupplung *f (Funk)*; ~**-donning oxygen mask** schnellaufsetzbare Sauerstoffmaske *f*; ~**-firing AA gun** Maschinenflak *f*; ~ **release** Schnellablass *m (Kraftstoff aus Flzg)*; ~ **release box** Zentralverschluss *m (Fallsch) (Def)*; ~**-release cord** Reißschnur *f (Ball)*; ~**-release fastener** Schnellverschluss *m*; ~**silver** Quecksilber *n*; ~**-starting device** Schnellstartvorrichtung *f (Flmot)*.

**quirk** *sl für* Flugschüler *m*; Anfänger *m*.

**quota sampling** Auswahlstichprobe(nkontrolle) *f (LVerk)*.

# R

**R** *(ICAO- & NATO-Buchstabieralphabet)* Romeo; *(altes, internationales Buchstabieralphabet)* Roger.

**rabbet** Nut *m*.

**rac |e** Wettrennen *n*; Wettflug *m*; hochjagen *sl (Flmot auf Touren bringen)*; ~**er** *sl* Rennflugzeug *n*; ~**ing airplane** Rennflugzeug *n*; ~**e track holding pattern** *(rennbahnförmige)* Warterunde *f (Flsich)*.

**rack** Zahnstange *f*; Bombenträger *m (Flzg)*; (Steuer-)Gestell *n*; ~ (-)**and** (-)**pinion** (**drive**) Zahnstangenantrieb *m*.

**RACON** *vergl* **radar beacon**.

**radar** (*short for* **radio detecting and ranging**) Funkmess(verfahren) *n*; Radar(gerät) *n (Def)*; ~ **aid** Radarhilfe *f (Flsich)*; **airborne early warning and control** ~ Frühwarn- und Leit-Bordradar *n*; ~ **aircraft warning service**, *abbr* ~ **AW service** Radar-Flugmeldedienst *m*; ~ **altimeter** Radarhöhenmesser *m (Instr)*; ~ **approach** Radaranflug *m (Flsich) (Def)*; ~ **beacon**, *abbr* **RACON** Radarbake *f*; Sekundärradar(gerät) *n (Def)*; ~~ **procedure** Sekundärradar- *od* SSR-Verfahren *n (Flsich)*; ~~ **target** Sekundärradar- *od* SSR-Ziel *n*; ~ **beam** Radarstrahl *m*; ~ **bin** *(ausfahrbarer)* Radartopf *m (Flzg)*; ~ **blip** Radarechoanzeige *f (Def)*; ~~ **identification**, *abbr* **RBI** Radarzielerkennung *f*; Identifizierung *f* der Radarechoanzeige; ~ **clutter** Radarstörflecke *m/pl (Def)*; ~ **contact** Radarerfassung *f od* ~-kontakt *m (Def)*; ~ **control** Radarkontrolle *f*; Kontrolle *f* durch Radar *(Flsich) (Def)*; ~ **controller** Radarlotse *m (Flsich) (Def)*; ~ **countermeasure** Radar-Gegenmaßnahme *f*; ~ **coverage** Radarerfassungsbereich *m (Def)*; ~ **cross section** Rückstrahlquerschnitt *m*; äquivalente Echofläche *f (Radar)*; ~**-directed** radargeführt; mit Radar geführt *(Flsich)*; ~ **dish** Parabolreflektor *m (Radar)*; ~ **display** Radarschirmbild *n (Def)*; **early warning** ~ Frühwarnradar *n (Flmelde)*; ~ **echo** Radarecho n *(Def)*; ~(**-equipped**) **aeroplane** Radarflugzeug *n*; Flugzeug *n* mit Radarausrüstung; ~ **fix** Radarstandort *m*; durch Radar ermittelter Standort *m (nav)*; ~ **grammetry** Radargrammetrie *f*; ~ (**gun**) **sight** Radarzielgerät *n (Flzg)*; ~ **hand-off** Übergabe *f* der Radarkontrolle *(Flsich)*; ~ **heading** Radar(steuer)kurs *m (nav)*; ~ **horizon** Radarhorizont *m (Def)*; ~ **identification** Radar(ziel)identifizierung *f (Def)*; ~ **identification unit** Radar-Kenngerät *n*; ~ **indicator** Radarsichtgerät *n od* -bildschirm *m*; ~ **information** Radaranzeige *f*; Radarmeldung *f*; ~ **jammer** Radarstörer *m*; ~ **jamming** Radargegenmaßnahme *od* -störung *f (LKr)*; ~ **landscape scanner** Panoramagerät *n*; Rundsuchradar *n*; **long-range** ~ Langstreckenradar *n (bis zu 1200 km)*; ~ **map** Radarkarte *f (Def)*; ~ **meteorology** Radarmeteorologie *f*; ~ **monitoring** Radarüberwachung *f (Flsich) (Def)*; ~ **navigation** Radarnavigation *f*; ~ **nose** Radarbug *m od* -nase *f (Flzg)*; ~ **observation** Radarbeobachtung *f (met)*; ~ **plot** Flugwegaufzeichnung *f (Radar)*; ~ **position** Radarzielstandort *m*; ~~ **symbol**, *abbr* **RPS** Radarzielstandortsymbol *n*; ~ **prediction** Radarvorhersage *f*; ~ **pulse repeater** Radarwiederholer *m*; ~ **rating** Radarberechtigung *f (Flsich)*; ~ **reflector** Rückstrahler *m (Radar)*; ~~ **buoy** Radarreflektorboje *f*; ~ **resolution** Radarauflösungsvermögen *n*; ~ **response** Radarantwort *n (Def)*; ~ **return** Radarecho *n*; Echozeichen *n (Radar)*; ~ **scope** Radarbildschirm *m*; ~ **screen** Radarbildschirm *m*; **search** ~ Suchradar *n*; ~ **separation** Radarstaffelung *f (Flsich) (Def)*; ~ **service** Radardienst *m (Def)*; ~ **site** Radarstandort *m (Flsich) od* -stellung *f (LW)*; ~**sonde observation** Sondenbeobachtung *f* mit Radar *(met)*; ~ **station** Radarstation *f*; ~ **surveillance** Radarüberwachungs- *od* -leitdienst *m*; ~ **target** Radarziel *n*; ~ **tracking** Radarzielverfolgung *f*; Flugwegverfolgung *f* mit Radar; **tracking** ~ Kursführungs- *od* Verfolgungsradar(gerät) *n*; ~ **track position** (extrapoliert-er) Zielstandort *m (Flsich)*; ~ **transfer of control**, *abbr* **TRA** *(rechnergesteuerte)* Übergabe *f* der Radarkontrolle *(Flsich)*; ~ **unit** Radaranlage *od* -stelle *f (Def)*; ~ **vectoring** Radarführung *f (Def)*; **very long range** ~ Langstreckenradar(gerät) *n (über 1200 km)*; ~ **wind observation** Radar-Windbeobachtung *od* -Windmessung *f (met)*.

**radial** radial; Bogenmaß *n*; Bogeneinheit *f*; Sternmotor *m (Flmot)*; Radial *n (Funk)*; ~ **acceleration** Radialbeschleunigung *f*; ~ **engine** Sternmotor *m (Flmot) (Def)*; ~ **flight** Radialflug *m*; ~**-flow compressor** Radialverdichter *m (Turbo) (Def)*; ~**-flow turbine** Radialturbine *f (Turbo) (Def)*; ~ **play** Radialspiel *n*; ~ **rotor** Radialrotor *m (Heli) (Def)*; ~ **serration** Stirnverzahnung *f*; ~ **thrust** radialer Schub *m (Turbo)*; ~ **vortex** Radialwirbel *m*; ~ **wiring** Radialseile *n/pl (Lfz l) (Def)*.

**radiant | cooling** Strahlungskühlung *f*; ~ **heat** Strahlungswärme *f*.

**radiat |e** (aus)strahlen *(Funk & met)*; ~**ed energy** abgestrahlte Energie *f (Radar)*; ~**ed field pattern** Strahlungs- *od* Ausbreitungsdiagramm *n (Funk)*; ~**ed flight path** ausgestrahlter Flugweg *m (Funk)*; ~**ing ability** Strahlungsvermögen *n (Funk)*; ~**ion** Strahlung *f*; ~**ion characteristic** *or* **diagram** Strahlungscharakteristik *f*; Strahlungsdiagramm *n (Funk)*; ~**ion cooling** Strahlungskühlung *f*; ~**ion counter** Strahlungsmessteil *m & n od* -zählrohr *n*; ~**ion energy** Strahlungsenergie *f*; ~**ion equilibrium** Strahlungsgleichgewicht *n*; ~**ion fog** Strahlungsnebel *m (met)*; ~**ion frost** Strahlungsfrost *m (met)*; ~**ion loss** Strahlungsverlust *m*; ~**ion pattern** Strahlungscharakteristik *f*; Strahlungsdiagramm *n (Funk)*; ~**ion shielding** Strahlen- *od* Strahlungsschutz *m*; ~**ion source** Strahlen- *od* Strahlungsquelle *f*; Strahler *m*; ~**ive heat transfer** Strahlungswärmeübertragung *f od* -übergang.

**radiator** Heizkörper *m*, Kühler *m*; ~ **box** Kühlergehäuse *n*; ~ **flap** Kühlerklappe *f*; ~ **frame** Kühlerrahmen *m*; ~ **gill** Kühlerklappe *f*; ~ **guard** Kühlerschutzhaube *f*; ~ **shutter** Kühlerklappe *f*; ~ **vent-pipe** Kühlerentlüftung (-srohr) *f (n)*.

**radio** Funk *m*; Funkgerät *n*; funken; senden; ~**-active** radioaktiv; ~~ **cloud** radioaktive(r) Wolke *f od* Schwaden *m*; ~~ **fall-out** radioaktiver Niederschlag *m*; Fallout *m*; ~~ **matter** radioaktive Materie *f*; ~ **aid** Funkhilfe *f od* -hilfsmittel *n*, ~ *aids pl to (air) navigation* Funknavigationshilfsmittel *n/pl*; ~ **alert** Funkbereitschaft *f*; ~ **altimeter** Funkecholot *n*; Funkhöhenmesser *m (Flzg) (Def)*; ~ **apparatus** Funkgerät *n*; ~ **approach aids** *pl* Funkanflughilfen *f/pl (Def)*; ~ **astronavigation** Radio- *od* Funkastronavigation *f*; ~ **azimuth** Funkazimut *m*; ~ **beacon (station)** Funkfeuer *n (Fernm) (Def)*; ~ **beacon identification** Funkfeuererkennung *f (Def)*; ~ **beam** Funkstrahl *m*; Leitstrahl *m*; ~ **bearing** Funkpeilung *f (Def)*; ~ **(bearing) compass** Peilkompass *m*; Funkkompass *m*; ~ **bearing signal** Peilzeichen *n*; ~ **broadcasting station** Rundfunkstation *f*; Rundfunksender *m*; ~ **buoy** Funkboje *f*; ~ **call sign** Funkrufzeichen *n*; ~ **car** Funkwagen *m*, ~ **carrier frequency** Funkträgerfrequenz *f*; ~ **censorship** Funküberwachung *f*; ~ **circuit** Funknetz *n od* -verbindung *f*; ~ **code** Funkschlüssel *m*; ~ **code message** geschlüsselter Funkspruch *m*, ~ **code table** Funk(schlüssel)tafel *f*; ~ **communication** Funkverkehr *m*; Funkverbindung *f*; ~ **communication equipment** Funkausrüstung *f*; ~ **communication service** Funkdienst *m*; ~ **compass** Funk- *od* Radiokompass *m (Def)*; ~ **contact** Funkverbindung *f od* -kontakt *m*; ~**(-controlled) approach** Funkanflug *m*; über Funk geleiteter Landeanflug *m*; ~ **deception** Funktäuschung *f*; ~ **detection and ranging**, *abbr* **RADAR** Radar *n*; Funkmessverfahren *n od* -technik *f*; ~ **determination** Funkortung *f (nav)*; ~ **direction beacon** Richtbake *f*; ~ **direction-finder** Funkpeilgerät *n (Def)*; ~ **direction-finder station** Funkpeilstelle *f*; ~ **direction-finding**, *abbr* **D/F** Funkpeilung *f*; Funkpeilwesen *n (Def)*; ~ **direction-finding apparatus** Funkpeilgerät *n*; ~ **direction-finding station**, *abbr* **D/F station** Funkpeilstelle *f (Def)*; ~ **direction receiver** Richtempfänger *m (Funk)*; ~ **directive device** Leitstrahlanlage *f (Funk)*; ~ **discipline** Funkdisziplin *f*; ~**electric storm detection** Funkortung *f* von (Gewitter-)Stürmen; ~ **engineer** Funktechniker *m*; ~ **evaluation station** Funkauswertestelle *f (Intell)*; ~ **facilities** *pl* Funkeinrichtungen *f/pl*; ~ **facility chart**, *abbr* **RFC** Karte *f* der Funkeinrichtungen; ~ **fan marker** Fächermarkierungsfunkfeuer *n*; ~ **fix** Standort *m* nach Funkpeilungen; Funkstandort *m*; ~ **frequency** Funk- *od* Hochfrequenz *f*; ~ **frequency carrier** Funk- *od* Hochfrequenzträger *m*, ~ **(frequency) disk** Radi(frequenz)scheibe *f*; ~ **frequency spectrum** Funkfrequenzspektrum *n*; ~ **galaxy** Radiogalaxie *od* -galaxis *f*; Radiosternsystem *n*; ~**gram** Funktelegramm *n*; Funkspruch *m*; ~**graph** Röntgenaufnahme *f od* -bild *n*; Röntgenogramm *n*; ~ **guidance** Funkführung *f (Flsich)*; ~ **high frequency spectrum** Funk- *od* Hochfrequenzspektrum *n*; ~ **horizon** Funkhorizont *m*; ~ **installation** Funkanlage *f*; ~ **intelligence** Funkaufklärung *f (Intell)*; ~ **intelligence evaluation officer** Funkauswertungsoffizier *m (Intell)*; ~ **interception** Horchfunk *m (Intell)*; ~ **interception and passive detection** Funk- und Radarbeobachtung *f (Intell)*; ~ **intercept(ion) post** Funkhorchstelle *f (Intell)*; ~ **intercept(ion) service** Funkhorchdienst *m (Intell)*; ~ **interference** Funkstörung(en) *f (pl)*; ~ **jamming** Funkstörung *f*; ~ **jamming service** Funkstördienst *m*; ~ **leg** Funkleitstrahl *m*; ~ **line of sight** quasi-optische Reichweite *f*; Funksichtlinie *f*; ~ **line of sight formula** Formel *f* für quasi-optische Reichweite; Reichweitenformel *f (Funk)*; ~ **link** Richtfunkverbindung *od* -strecke *f*; ~ **listening watch** Funkhörbereitschaft *f*; ~ **location** Funkortung *f*; ~~ **station** Funkortungsstelle *f*; ~**log** Funktagebuch *n*; *sl* Funkkladde *f*; ~ **loop** Peilrahmen *m (Funk)*; ~ **marker beacon** Markierungsfunkfeuer *n*; ~ **mast** Funkmast *m*; ~ **mechanic** Funkwart *od* -mechaniker *m*; ~ **mesh** Funkgitter *n*; ~ **message** Funkspruch *m*; ~ **message in clear** offener Funkspruch *m*; ~ **meteorograph** Radiosonde *f (met) (Def)*; ~**meteorology** Radiometeorologie *f*; ~**metry** Radiometrie *f*; Strahlungsmessung *f*; ~ **monitoring** Funküberwachung *f*; ~ **monitoring service** Funkhorchdienst *m*; ~ **monitoring station** Funkhorchstelle *f*; ~ **navigation** Funknavigation *f (Def)*; ~ **navigation(al) aids** *pl* Funknavigationshilfsmittel *n/pl (Def)*; ~ **navigation land station** feste Navigationsfunkstelle *f*; ~ **navigation mobile station** bewegliche Navigationsfunkstelle *f*; ~ **navigation service** Funknavigationsdienst *m (Flsich)*; ~ **navigation station** Funknavigationsstelle *f*; ~ **nebula** Radiogalaxie *od* -galaxis *f*; Radiosternsystem *n*; ~ **net(work)** Funknetz *n*; ~ **officer** Funkoffizier *m (mil)*; ~ **operations** *pl* Funkbetrieb *m*; ~ **operator** Funker *m*; Bordfunker *m*; ~ **operator's licence** (*US* **license**) (Bord-)Funkerschein *m*; ~ **order** Funkbefehl *m*; ~ **orientation** Funkortung *f*; ~ **photography** Bildfunk *m*; ~ **procedure** Funk(betriebs)verfahren *n*; ~ **range** (Vier-)Kursfunkfeuer *n (Def)*; ~**-range antenna** *or* **aerial** Kursfunkfeuerantenne *f*; ~ **range (beacon)** Kursfunkfeuer *n*; ~ **range finding** Funkentfernungsmessung *f (Def)*; ~ **range leg** Leitstrahl *m* eines Kursfunkfuers *m*; ~ **range receiver** Kursfunkfeuerempfänger *m*; Radio-Range-Empfänger *m*, ~ **range station** (Vier-)Kursfunkfeuer *n (Def)*; ~ **receiver** Empfangsgerät *n (Funk)*; ~ **receiving** *or* **reception amplifier** Empfangsverstärker *m (Funk)*; ~ **relay system** Richtverbindung *f*, *abbr* RV *(Funk)*; ~ **repairman** Funk(geräte)mechaniker *m*; ~ **responder** Antwort(kenn)gerät *n*; Funkkennungsgeber *m (Lfz)*; ~ **section** Funktrupp *m*; ~ **service** Funkdienst *m*; ~ **set** Funkgerät *n*; ~ **signal** Funksignal *n*; ~ **silence** Funkstille *f*, ~**sonde** Radiosonde *f*; Funksonde *f (met)* Wettersonde *f (Def)*; ~~ **observation** Radiosondenmessung *f (met)*; ~~ **station** Radiosondenstation *f (met)*; ~ **sounding** Radio(frequenz)sondierung *f*; ~**-sounding balloon** (Ballon-)Radiosonde *f*; ~ **station** Funkstelle *f*; ~ **technician** Funktechniker *m*; ~ **technology** Funktechnik *f*; ~**(tele)gram** Funktelegramm *n*; ~ **telegraph** Funktelegraph *m*, ~ **telegraph receiver** Funktelegraphie- *od* Tastfunkempfänger *m*; ~ **telegraph transmitter** Funktelegraphie- *od* Tastfunksender *m*, ~ **telegraphy**, *abbr* **RTG** Funktelegraphie *f*; Tastfunk *m*; ~ **telegraphy operator** Funktelegraphist *m*; Tastfunker *m*; ~ **telegraphy traffic** Tastverkehr *m (Funk)*; ~ **telemetry** Radiotelemetrie *f*; Funkentfernungsmessung *f*; ~**telephone** Sprechfunkgerät *n*; ~ **telephony**, *abbr* **RTF** Sprechfunk(verkehr) *m*; Funktelephonie *f (Def)*; ~~ **network** Sprechfunknetz *n (Def)*; ~~ **operator** Funktelephonist *m*; Sprechfunker *m*; ~ **teleprinter**, *abbr* **RTT** Funk-Fernschreibmaschine *f*; ~ **telescope** Radioteleskop *n*; Astropeiler *m*; ~ **teletype circuit** Funkfernschreibverbindung *f*; ~ **teletype message** Funkfernschreiben *n*, ~ **teletypewriter** Funk-Fernschreibmaschine *f*; ~ **theodolite** Radiotheodolit *m*; ~ **tower** Funkturm *m*; ~ **traffic** Funkverkehr *m*, ~ **transmitter** Sendegerät *n*, Sender *m (Funk)*; ~ **transmitting centre** (*US* **center**) Funksendezentrale *f*; ~ **truck** Funk(kraft)wagen *m*; ~ **two-way traffic** Doppelverkehr *m (Funk)*; ~ **voice transmission** Funksprechen *n*; ~ **volume** Lautstärke *f (Funk)*; ~ **wave** Funkwelle *f*; ~ **wave deflection** Strahlungsablenkung *f (Funk)*; ~ **weather station** Funkwetterwarte *f*; ~ **wind observation** Radiowindmessung *f (met)*; ~ **wind station** Radiowindstation *f (met)*.

**radius** Radius *m*; Halbmesser *m*; ~ **of action** Aktionsradius *m (Lfz) (Def)*; Eindringetiefe *f (Lkr)*; ~ *of (banked) turn* Kurven(flug)radius *m (Flbetr)*; ~ *of visibility* Sichtweite *f*; ~ **rod** Einzieh- *od* Schwenkstrebe *f (Fahrwerk)*.

**radome** Antennenkuppel *f*; Radom *n (Funk) (Def)*; Radarantennenverkleidung *f (Lfz)*.

**raff** *sl* die britische Luftwaffe *f (RAF = Royal Air Force)*.

**raft** Floß *n*.

**ragged clouds** *pl* zerrissene Wolken *f/pl*; Wolkenfetzen *m/pl* *(met)*.

**raid** Luftangriff *m (Lkr)*; Feindflug *m*; Stoßtruppenunternehmen *n*; einen Angriff fliegen *od* durchführen; ~**ing party** Stoßtrupp *m (takt)*.

**rail | head** Auslade- *od* Kopfbahnhof *m*; ~**road** *(US) or*~**way** *(E)* Eisenbahn *f*; ~**way artillery** Eisenbahnartillerie *f*; ~**way yard** Abstellbahnhof *m*.

**rain** Regen *m (met) (Def)*; regnen; ~**band** Regenband *n* *(met)*; ~**bow** Regenbogen *m*; ~ **cloud** Regenwolke *f*; Nimbus(wolke) *m (f)*; ~ **drop** Regentropfen *m*; ~**fall** Regenfall *m*; ~**fall intensity** Regenintensität *f*, ~**fall recorder** Regenschreiber *m*; ~ **gauge** (*US* **gage**) Regenmesser *m (met) (Def)*; ~**less** regenlos; regenarm; ~**less side** Regenschatten *m (eines Gebirges usw)*; ~ **measurement** Regenmessung *f*; ~ **shower** Regenschauer *m (met)*; ~ **squall** Regenbö *f*; ~**y** regnerisch; ~**y period** *or* **season** Regenzeit *f*; ~**y side** Regenseite *f (eines Gebirges usw)*.

**rais |e** einfahren *(Fahrwerk; Landeklappen)*; ~**ing** Einfahren *n (Fahrwerk; Landeklappen: Flzg)*.

**rake** bestreichen *(mit Feuer: takt)*; *sl* beharken *(mit Bordwaffen: LKr)*; Rechen *m*; Zaun *m*; ~ **angle** Neigungswinkel *m (aerodyn)*.

**rally** Sammelpunkt *m (für einen Sternflug)*; (wiederver-)sammeln *(takt)*; ~**ing position** Aufnahmestellung *f (takt)*.

**ram** Stau *od* Staudruck *m*; rammen; auftreffen *(Luftstrom)*; ~-**air** Luftstrom *m*; ~~ **intake** Staudrucklufteinlass *m (Turbo)*; ~ **effect** Auftreffwucht *f*; Stauwirkung *f od* -effekt *m (Luftstrom)*; ~**jet** Staustrahltriebwerk *n*; Lorin-Triebwerk *n*, *abbr* L-Triebwerk *(Turbo) (Def)*; Athodyd *m (Turbo)*; ~ **lever** Schlaghebel *m*; ~**ming airplane** Rammflugzeug *n (LKr)*; ~**ming intake** Staudrucklufteinlass *m (Flmot) (Def)*; ~(**ming**) **pressure** Staudruck *m*; ~ **scoop** Stauhutze *f*.

**ramp** Rampe *f*; Flugsteig *m (LVerk)*; Vorfeld *n*; Abstellfläche *f (Bod)*; ~ **services** *pl* Vorfelddienste *m/pl (Bod)*.

**random | bombing** ungezielter Bombenwurf *m (Lkr)*; ~ **error** zufälliger *od* Zufallsfehler *m*; ~ **noise** weißes *od* statistisch verteiltes Rauschen *n (Funk)*; ~ **pulse** statistisch verteilte Impulsserie *f (Funk)*; ~ **sampling** Zufallstichproben(kontrolle) *f/pl (f) (Flughafenzoll: Bod)*; ~ **signal** statistisch verteiltes Signal *n (Fernm)*; ~ **test** Stichprobe *f*; ~ **variable** Zufallsvariable *f*.

**range** Reichweite *f (Lfz) (Def)*; Flugbereich *m (Flzg)*; Schießplatz *m*; Schießstand *m*; Entfernung *f (FK) (Def)*; Wurfweite *f (Bomben)*; (*Kurzform für* **radio range beacon**); ~ **accuracy** Entfernungsmessgenauigkeit *f*; ~ **adjustment** Einschießen *n* nach der Länge *(Art)*; ~ *a gun* einschießen (Art); **air-to-air** ~, *abbr* **A/A** ~ Luftschießplatz *m*; **air-to-ground** ~ *abbr* **A/G** ~ Bordwaffenschießplatz *m*; ~ **angle** Vorhaltewinkel *m (Bomben-ballist)*; **bomb and gunnery** ~ Schieß- und Bombenplatz *m*; ~ **butt** Kugelfang *m (Schießplatz)*; ~ **discrimination** *(E)* Entfernungsauflösung(svermögen) *f (n)*; ~ **estimation** Entfernungsschätzen *n*; ~ **finder** Entfernungsmessgerät *n*, *abbr* E-Messgerät; ~~ **operator** Entfernungsmesser *m*, *abbr* E-Messer *(Personal)*; ~ **finding** Entfernungsmessen *n*; ~ **gain control** entfernungsabhängige Verstärkungsregelung *f (Funk)*; ~ **indicator** Entfernungsanzeigegerät *n*, ~ **lights** *pl* Landerichtungs- *od* Verdichtungsfeuer *n/pl*; ~ **marker** (**blip** *or* **pip**) Helimarke *f*; Entfernungsecho *n (Radar)*; ~ **measurement** Entfernungsmessung *f*; ~ **of deflection** Ausschlagbereich *m & n (Steuerruder: Flzg)*; ~ **of flight** Flugweite *f*; ~ **of gun** Schußbereich *m & n (Art)*; ~ **of hills** Hügelkette *f*; Höhenzug *m (Kart)*; ~ **of reception** Empfangsbereich *m (Funk)*; ~ **of tide** Tidenhub *m*; Gezeitenunterschied *m*; ~ **of transmission** Sendebereich *m & n (Funk)*; ~ **of vision** Sichtweite *f*; ~ **reading** Entfernungsangabe *f*; Entfernungsablesung *f*; ~ **resolution** *(US)* Entfernungsauflösung(svermögen) *f (n)*; ~ **ring** Entfernungs- *od* Distanzring *m (Radar)*; **rocket live** ~ Raketen-Gefechtsschießplatz *m*; **rocket practice** ~ Raketen-Übungsschießplatz *m*, ~ **selector** Entfernungsbereichswähler *m*, ~ **table** Schusstafel *f (für Erhöhung: Art)*; ~-**taking personnel** E-Messpersonal *n (Flak)*; ~ **to target** Zielentfernung *f*; ~ **unit** Entfernungsanzeigegerät *n*.

**ranging** Entfernungsbestimmung *f*; ~ **fire** Einschießen *n* nach der Länge *(Art)*; ~ **gun** Einschießgeschütz *n (Art)*; ~ **laser** Laserentfernungsmessgerät *n*; ~ **station** Messstelle *f (art)*.

**rank** Dienstgrad *m (mil)*; Glied *n (mil)*; ~**s** Unteroffiziere und Mannschaften *pl (mil)*.

**rapid** schnell; ~ **fire** Schnellfeuer *n (takt)*; ~-**intervention force** Schnelleingreifverband *m (mil)*, ~-**intervention vehicle** Vorausfahrzeug *n (bei Flugunfall, Brandbekämpfung usw)*; ~**ity of fire** Feuergeschwindigkeit *f (Schusswaffe)*; ~-**stopping device** Schnellstoppvorrichtung *f (Flmot)*.

**rare |fied aerodynamics** Aerodynamik *f* verdünnter Gase *od* geringer Gasdichte; ~**fied airspace** luftverdünnter Raum *m*; ~**fied atmosphere simulation chamber** Unterdruckkammer *f (Flmed)*; ~**faction** *or* ~**fication of air** Luftverdünnung *f*; ~ **gas** Edelgas *n*.

**raster scanning** rasterförmige Abtastung *f (Radar)*.

**ratchet** Sperrklinke *f*.

**rate** Maßstab *m*; Geschwindigkeit *f*; Grad *m*; Ansatz *m*; Preis *m*; (ein)schätzen; ~**d altitude** Nennleistungshöhe *f*, Volldruckhöhe *f (Flmot)*; ~**d boost** (**pressure**) Nennladedruck *m (Flmot)*; ~**d breaking point** Sollbruchstelle *(Flzg)*; ~**d coverage** Sollüberdeckung *od* -reichweite *f (Radar)*; ~**d frequency** Nennfrequenz *f (Funk)*; ~**d height** Nennleistungshöhe *f (Flmot)*; ~**d** (**horse**) **power** Nennleistung *f (Flmot)*; ~**d load** Nennlast *od* -belastung *f*; ~**d manifold pressure** Nennladedruck *m (Flmot)*; ~**d output** *or* **power** Nennleistung *f*; Typenleistung *f (Flmot)*; ~**d personnel** *(US LW)* fliegendes Personal *n* mit gültiger Lizenz; ~**d speed** Nenndrehzahl *f (Flmot)*; ~**d thrust** Nennschub *m (Turbo)*; ~**d value** Sollwert *m*; ~**e** Beurteilter *m*; ~ **of angular movement** Winkelgeschwindigkeit *f (ballist)*; ~ **of ascent** Steiggeschwindigkeit *f*; ~ **of burning** Brenngeschwindigkeit *f (Zeitzünder)*; ~ **of catch** Auffangmenge *f (met) (Def)*; ~ **of climb** Steiggeschwindigkeit *f (Flzg) (Def)*; ~-**of-climb and descent indicator** Steig-/Sinkgeschwindigkeitsanzeiger *m*; Variometer *n (Flzg)*; ~-**of-climb indicator** Variometer *n (Flzg) (Def)*; ~ **of closure** Annäherungsgeschwindigkeit *f (Flsich, LKr)*; ~ **of descent** Sinkgeschwindigkeit *f (Flzg)*; ~ **of drop** Fall- *od* Sinkgeschwindigkeit *f (Fallschirm)*; ~ **of elevation** Höhenrichtgeschwindigkeit *f (Flak)*; ~ **of fall** Fallgeschwindigkeit *f (Bombe)*; ~ **of fire** Feuergeschwindigkeit *f (Schusswaffe)*; ~ **of flow** Durchflussgeschwindigkeit *f (Kraftstoff)*; ~ **of fuel consumption** Kraftstoffverbrauchssatz *m*; ~ **of icing** Vereisungsgeschwindigkeit *f (met) (Def)*; ~ **of landing** Landefrequenz *f (Anzahl je Zeiteinheit)*; ~ **of march** Marschgeschwindigkeit *f*; ~ **of roll**

Roll- *od* Drehgeschwindigkeit *f (Flzg um Längsachse)*; ~ **of sending** Gebetempo *n (Funk)*; ~ **of speech** Sprechgeschwindigkeit *f (Sprechfunk)*; ~ **of traverse** Seitenrichtgeschwindigkeit *f (Flak)*; ~ **of turn** Drehgeschwindigkeit *f (Flzg in Kurve)*; ~**-of-turn indicator** Wendeanzeiger *m (Flzg)*; ~ **of yaw** Gier- *od* Drehgeschwindigkeit *f (Flzg um Hochachse)*; ~ **I** *(one)* **turn** Blindflugkurve *f*; Instrumentenflugkurve I *f (mit 3°/sec Drehgeschwindigkeit: Flzg)*; ~**r** Beurteilender *m*.

**ratification** Ratifizierung *f (Vertrag usw)*.

**rating** Dienstgrad *m (Marine)*; Leistungssoll *n*; Berechtigung *f* ***(Def)***; amtliche Eintragung *f (in eine Lizenz usw)*; Beurteilung *f (über Personal)*.

**ratio** Verhältnis *n*; ~ **of gearing** Getriebe-Übersetzungsverhältnis *n*; ~**n** Ration *f*; Portion *f*; rationieren; ~**nal** rationell; ~**ning** Bewirtschaftung *f*; Rationierung *f*; ~**ns** *pl* Verpflegung *f*; ~**n scale** Verpflegungssatz *m*; ~*ns pl in kind* Verpflegung *f* in Natur; ~**n strength** Verpflegungsstärke *f*; ~**n supply depot** Verpflegungslager *n*; ~**n supply service** Verpflegungsdienst *m*; ~ **of transformation** Übersetzungsverhältnis *n (Flmot)*.

**RATO** (*short for* **rocket-assisted take-off**) Start *m* mit Raketenstarthilfe *(Flbetr)*.

**raw | ILS** ILS-Rohdaten *n/pl (Bod)*; ~**insonde** (*short for* **radio** *or* **radar wind sonde**) Rawin-Sonde *f (met)*; ~ **material** Rohstoff *m*; Ausgangswerkstoff *m*.

**ray** Strahl *m (Funk)*; Lichtstrahl *m*.

**raze to the ground** dem Erdboden gleichmachen *(LKr)*.

**react** *(to the control)* gehorchen; reagieren *(Flzg auf Steuerungsausschläge)*; ~**ance** Blindwiderstand *m (Funk)*; ~**ing gas** reagierendes Gas *n*; ~**ion** Reaktion *f*; Gegenkraft *f*; Rückstoß *m (Turbo)*; Rückkopplung *f (Funk)*; ~**ion balance** Schubwaage *f (Turbo, Rak)* ***(Def)***; ~**ion control** Rückkopplungsregelung *f (Funk)*; ~**ion drive** Rückstoßantrieb *m (Turbo)*; ~**ion engine** Rückstoß- *od* Strahltriebwerk *n (Turbo)* ***(Def)***; ~**ion force** Rückstoßkraft *f (Turbo)*; ~**ion front** Reaktionsfront *f (met)*; ~**ion pressure** Rückdruck *m (Rak)*; ~**ion propulsion jet** Rückstoßdüse *f (Turbo)*; ~**ion turbine** Rückstoß- *od* Reaktionsturbine *f (Turbo)*; ~**ivate** reaktivieren *(mil)*; ~**ive gas** reagierendes Gas *n*; ~**ive jet** Treibstrahl *m (Turbo)*; ~**ive principle** Reaktions- *od* Rückstoßprinzip *n*; ~**or** Rückstoßofen *m*; Verbrennungsaggregat *n (Rak)*; ~**or head** Ofenkopf *m (Rak)*.

**read** (ab)lesen *(Instrumente)*; hören *(Funkverkehr)*; ~**ability** Verständlichkeit *f (Funk)*; ~**back** Wiederholen *n (Fernm)* ***(Def)***; ~**iness** Bereitschaft *f*; 5-Minuten-Bereitschaft *f (LKr)*; ~*iness for action* Einsatz- *od* Gefechtsbereitschaft *f (takt)*; ~*iness for flying* Flugbereitschaft *f*; ~**iness state** Bereitschaftszustand *m (allg) od* -stufe *f (mil)*; ~*iness to take off* Start- *od* Flugklarheit *f (Flzg)*; ~*iness to transmit* Sendebereitschaft *f (Funk)*; ~**ing** Anzeige *f*; Ablesung *f (Instrument)*; ~**just** nachregeln; wieder in Übereinstimmung bringen; ~ **off** ablesen *(Instrument)*; ~**-out error** Ablesefehler *m*; ~ **out roll-call** Besatzungsliste verlesen *(vor einem Einsatz: LKr)*; ~**y for action** einsatzbereit *(takt)*; ~**y for operation** betriebsbereit; ~**y for service** einsatzbereit *(Gerät)*; ~**y for take-off** startklar *(Flzg)*; ~**y room** Bereitschaftsraum *m (für flgds. Personal: LKr)*; ~**y to fly** flugklar *(Flzg)*; ~**y to start** reisefertig; ~**y to take off** start- *od* flugklar *(Flzg)*; **"-y – walk!"** „Fertig – ausziehen!" *(Segel-Flzg-Start)*.

**real | estate** Grundeigentum *n*; Liegenschaft *f*; Grundstücke *n/pl*; ~ **time** Echtzeit *f*; ~~ **data processing** Echtzeitdatenverarbeitung *f (EDV)*.

**rear** Rücken *m (takt)*; rückseitig; hintere(r); ~ **Admiral** Konteradmiral *m (Marine)*; ~ **area** rückwärtiges Gebiet *n (takt)*; ~ **armour** (*US* **armor**) Heckpanzer(ung) *m (f)*; ~ **-axle drive** Hinterachsantrieb *m (Kfz)*; ~ **cockpit** hinteres Cockpit *n*; hinterer Führersitz *m (Flzg)*; ~ **communications** *pl* rückwärtige Verbindungen *f/pl (takt)*; ~ **cover** Rückendeckung *f (takt)*; ~ **drive** Hinterradantrieb *m (Kfz)*; ~ **fuselage** Rumpfheck *n*; hinterer Rumpfteil *m (Flzg)*; ~ **guard** Nachhut *f (takt)*; ~ **gunner** Heckschütze *m (Flzg)*; ~**(gunner's) position** *or* **station** *or* **turret** Heckstand *m (Flzg)*; ~ **installations** *pl* rückwärtige Einrichtungen *f/pl (takt)*; ~ **light** Hecklicht *n (Flzg)*; ~ **party** Nachkommando *n (mil)*; ~ **point** Nachspitze *f (takt)*; ~ **position** rückwärtige Stellung *f (takt)*; ~ **ring sight** Kreiskimme *f (Fliegervisier)*; ~ **services** *pl* rückwärtige Dienste *m/pl (takt)*; ~ **sight** Kimme *f (Visiereinrichtung)*; ~ **spar** Hinterholm *m (Flzg)*; ~ **stop** Nebenstufe *f (Flzg-Schwimmer; Flugboot)*; ~ **view** Rückansicht *f*; ~ **view mirror** Rück(blick)spiegel *m*; ~ **ward** rückwärtig; ~ **ward position** rückwärtige Stellung *f (takt)*; ~ **ward retraction** Einziehen *n (des Fahrwerkes)* nach hinten *(Flzg)*; ~**ward thrust** Schubkraft *f (Turbo)*; ~**ward view** *or* **vision** Sicht *f* nach hinten; rückwärtige Sicht *f*; ~ **-wheel drive** Hinterradantrieb *m (Kfz)*; ~ **wing** Hinterflügel *m (Flzg)*; ~ **zone** rückwärtiges Gebiet *n (mil)*.

**re-attachend flow** wiederangelegte Strömung *f (aerodyn)*.

**Rebecca-Eureka system** Rebecca-Eureka-Verfahren *n (Radar)* ***(Def)***.

**rebound** Springen *n*; Rückprall *m (Flzg bei Landung)*.

**recalibrat |e** nacheichen *(Instrument)*; ~**ion** Nacheichung *f*.

**recce** (*sl für* **reconnaissance**) Aufklärung *f (takt)*; ~ **plane** Aufklärungsflugzeug *n*; ~ **sector** Aufklärungsstreifen *m (takt)*.

**recei |pt** Empfang *m*; Eingang *m*; Einnahme-, Empfangsschein *m*; quittieren; ~**ve** empfangen; erhalten; aufnehmen *(Funk)*; ~**ve hits** Treffer erhalten *(LKr)*; ~**ver** Empfänger *m (Funk)*; Hörmuschel *f (Tel)*; ~**ver aerial** *or* **antenna** Empfangsantenne *f (Funk)*; ~**ver aircraft** aufzutankendes Luftfahrzeug *n* ***(Def)***; *periodic trigger-type ~ver* Pendel-Rückkopplungsempfänger *m (Funk)*; ~**ving apparatus** Empfänger *m (Funk)*; ~**ving controller** empfangender Lotse *m (Flsich)*; ~**ving detachment** Übernahmekommando *n (Log)*; ~**ving frequency** Empfangsfrequenz *f (Funk)*; ~**ving perforator** Empfangslocher *m*; Lochstreifenempfänger *m (Fernschr)*; ~**ving set** Empfangsgerät *n*; Funkempfänger *m (Funk)*; ~**ving station** Empfangsstelle *f*; ~**ving terminal letter** Kennbuchstabe *m* der Empfangsstelle *(Fernm)*; ~**ving unit** empfangende Stelle *f (Fernm)*.

**reception** Empfang *m (Funk)*; ~ **amplifier** Empfangsverstärker *m (Funk)*; ~ **coupling** Anschlusskupplung *f (Luftbetankung)* ***(Def)***; ~ **detachment** Übernahmekommando *n (Log)*; ~ **dipole** Empfangsdipol *m*; **matériel** ~ Materialübernahme *f (Log)*.

**recesses** *pl* Aussparungen *f/pl (für Einziehfahrwerk: Flzg)*.

**reciproca |l bearing** Rücken- *od* Gegenpeilung *f*; ~**l course** Gegenkurs *m (nav)*; ~**l inter-state traffic** Poolverkehr *m (LVerk)*; ~**l leg** Gegenkursteil *m (Flsich)* ***(Def)***; ~**l track** Gegenkurs *m* über Grund *(Flzgs)*; ~**te** hin und her bewegen; ~**ting compressor** Kolbenverdichter *m*; ~**ting(-type) engine** Kolbenmotor *m (Flmot).*

**reckless flying** rücksichtslose(s) Luftfahrzeugführung *f od* Fliegen *n.*

**recla|im** zurückgewinnen; ~**iming tank** Rücklaufbehälter *n*; ~**mation** Rückgewinnung *f*; Wiedernutzbarmachung *f.*

**recognition** Erkennen *n*; Anerkennung *f*; Gültigkeitsanerkennung *f (von Berechtigungen: Flsich)*; ~ **letter** Kennbuchstabe *m (Flzg)*; ~ **light** Kennlicht *n (Flzg)*; ~ **radar set** Radarkenngerät *n*; ~ **signal** Erkennungssignal *n, abbr* ES *(Flzg: LKr).*

**recoil** Rücklauf *m*; Rückstoß *m (Geschütz)*; ~ **booster** Rückstoßverstärker *m (M.G.)*; ~ **brake** *or* **buffer** Rohrrücklaufbremse *f (Art)*; ~-**operated gun** Rückstoßlader *m (Geschütz).*

**recommended| cruising output** empfohlene Reiseleistung *f (Flmot)*; ~ **practice** empfohlene Verhaltungsmaßregel *f (für LVerk und Flugs)*; Empfehlung *f (in ICAO-Veröffentlichungen).*

**recondition** instandsetzen; überholen; ~**ing** Instandsetzung *f*; Überholung *f.*

**reconnaissance**, *abbr* **recce** Aufklärung *f (takt)*; ~ **aircraft** Aufklärungsflugzeug *n*; Aufklärer *m (Flzg: LW)*; ~ **air support** Aufklärungsluftunterstützung *f (takt)*; ~ **area** Aufklärungsraum *m (takt)*; ~ **aviation** *(US)* Aufklärungsflieger *m/pl (takt)*; **close** ~ taktische Aufklärung *f (als Nahaufklärung: LKr)*; ~ **depth** Aufklärungstiefe *f (takt)*; ~ **fighter** Aufklärungsjäger *m (LW)*; Jagdaufklärer *m (Flzg)*; ~ **flare** Fallschirmleuchtkugel *f*; ~ **flight** Aufklärungsflug *m (takt)*; ~ **in force** gewaltsame Aufklärung *f (takt)*; ~ **information** *or* **intelligence** Aufklärungsmaterial *n (Intell)*; ~ **mission** Aufklärungs(einsatz)flug *m (takt)*; ~ **of route** Streckenaufklärung *f (takt)*; ~ **pilot** Aufklärungspilot *m*; Aufklärungsflieger *m*; ~ **satellite** Aufklärungssatellit *m*; ~ **sector** Aufklärungsstreifen *m (takt)*; ~ **squadron** Aufklärungsstaffel *f (LW)*; **tactical** ~ taktische Aufklärung *f (LKr).*

**reconnoitre** (*US* **reconnoiter**) aufklären *(takt).*

**record** Rekord *m*; Aufzeichnung *f*; aufzeichnen; registrieren; ~ **attempt** Rekordversuch *m*; ~(-**breaking**) **flight** Rekordflug *m*; ~**er** schreibendes Messgerät *n*; Aufzeichnungsgerät *n*; Registriergerät *n*; **tape** ~**er** Tonbandgerät *n*; ~ **holder** Rekordhalter *m*; Höchstleistungsinhaber *m*; ~ (-**holding**) **aeroplane** Rekordflugzeug *n*; ~**ing** Aufzeichnung *f*; Aufzeichnen *n*; ~**ing accelerometer** registrierender Beschleunigungsmesser *(FlzgInstr)* ***(Def)***; ~**ing altimeter** Höhenschreiber *m (Instr)* ***(Def)***; ~**ing anemometer** Registrieranemometer *n*; Böenschreiber *m (met)*; ~**ing barometer** Höhenschreiber *m*; Barograph *m*; ~**ing camera** Messkamera *f*; ~**ing densimeter** Luftdichtenschreiber *m*; ~**ing device** Messwertschreiber *m*; Aufzeichnungsvorrichtung *f*; ~**ing instrument** Registriergerät *n*; ~**ing oscillometer** Schwingungsschreiber *m*; ~**ing pilot balloon** Registrierpilotballon *m*; ~**ing speedometer** Fahrt- *od* Geschwindigkeitsschreiber *m*; ~**ing theodolite** Kinotheodolit *m*; Registriertheodolit *m*; ~**ing thermometer** Temperaturschreiber *m*; ~ **on tape** auf Band aufnehmen; ~**s** *pl* Aufzeichnungen *f/pl.*

**recover** abfangen; herausnehmen *od* -holen *od* -kommen *(Flzg in Normalflugzustand bringen; Flbetr)*; ~ *from a dive* abfangen aus dem Sturz(flug) *(Flbetr)*; ~**ing force** Rückstell- *od* Rückführkraft; stabilisierende Kraft *f*; ~**y** Erholung *f*; Genesung *f*; Bergen *n*; Bergung *f (von Brüchen)*; Abschleppen *(Kfz)*; Herausnehmen *f (Flzg aus Trudeln)*; Abfangen *n*; Rückführung *f (in normalen Flugzustand: Lfz)* ***(Def)***; ~**y flap** Abfangklappe *f (Lfz)* ***(Def)***; ~**y manoeuvre** Rückkehr- *od* Abfang- *od* Ausleitmanöver *n (Flbetr)*; ~**y party** Bergekommando *n*; ~**y service** Bergungs- *od* Abschleppdienst *m*; ~**y time** Erholungszeit *f (Fernm).*

**recruit** Rekrut *m (mil)*; rekrutieren; ~**ing centre** (*US* **center**) Ersatzdienststelle *f (mil)*; ~**ing office** Annahmestelle *f (mil)*; ~**ment organization** Annahmeorganisation *f (mil).*

**rectangular** rechteckig; ~ **wing** Rechtecktragfläche *f (Flzg).*

**rectif|ication** Entzerrung *f (Luftbilder)*; Gleichrichtung *f (Funk)*; ~**ied airspeed** berichtigte Fluggeschwindigkeit *f (allg) od* Fahrtmesseranzeige *f (Lfz)* ***(Def)***; ~**ied print** entzerrter Abzug *m (Luftbild)*; ~**ier** Entzerrungsgerät *n (LPhot)*; Gleichrichter *m (Funk)*; ~**ier tube** *or* **valve** Gleichrichterröhre *f (Funk)*; ~**y** entzerren *(Luftbild)*; gleichrichten *(Funk)*; ~**ying apparatus** *or* **camera** *or* **instrument** Entzerrungsgerät *n (LPhot)*; ~**ying the compass** Kursberechnung *f (Anbringen von Wind usw an Kompassanzeige: nav).*

**rectilinar** geradlinig; ~ **flight** geradliniger Flug *m*; Geradeausflug *m*; ~ **motion** geradlinige Bewegung *f.*

**recuperator** Vorholer *m (Art).*

**recurren|ce frequency** Folgefrequenz *f*; ~**t cold snap** Kälterückfall *m (met).*

**Red| Cross** Rotes Kreuz *n*; ~-**green channel system** Rot/Grün- *od* Zwei-Kanalsystem *n (Fluggastzollabfertigung)*; ~-**hot** rotglühend; ~-**out** Sehstörung *f*; Red-out *n*; Rotsehen *n (Flmed)* ***(Def)***.

**redeploy** umdislozieren *(mil)*; ~**ment** Umdislozierung *f (takt)*; ~~ **airfield** Auflockerungs(flug)platz *m (mil).*

**reduc|e** niederkämpfen *(takt)*; verringern; ~**e cost** einsparen; ~**ed-noise landing method** lärmreduziertes *od* -reduzierendes Landeverfahren *n (Flbetr)*; ~**ed-noise take-off method** lärmreduziertes *od* -reduzierendes Startverfahren *n (Flbetr)*; ~**ing valve** Reduzierventil *n (Hydr)* ***(Def)***; ~**e in rank** degradieren *(mil)*; ~**er** Abschwächer *m (LPhot)*; ~**e speed** Fahrt heraus- *od* zurücknehmen *(Flzg)*; ~**(t)ed drag** reduzierter *od* verringerter Widerstand *m*; ~**e temperature** abkühlen; ~**tion** *(by gearing)* Untersetzung *f (Flmot)*; ~**tion gear** Untersetzungsgetriebe *n (Flmot)*; ~**tion in** *or* **of drag** Luftwiderstandsverminderung *f*; ~**tion ratio** Untersetzungsverhältnis *n (Flmot)*; ~**tion valve** Reduzierventil *n.*

**reductorless helicopter power plant** getriebelose(r) *od* nicht untersetze(r) Hubschrauberantrieb(sanlage) *m (f).*

**reefing cord** Reffleine *f (Fallsch).*

**reel** Kabeltrommel *f (Tel)*; ~ **antenna** Schleppantenne *f (Flzg).*

**reenlist** freiwillig weiterdienen *(mil)*; kapitulieren *(mil)*; ~**ed man** Kapitulant *m*; freiwillig Weiterdienender *m (mil)*; ~**ment** Kapitulation *f*; Verpflichtung *f* auf längere Dienstzeit *(mil)*; ~**ment bonus** Kapitulatenhandgeld *n (mil).*

**re-entry** Wiedereintritt *m (in die Erdatmosphäre: Lfz, Rak)* ***(Def)***; ~ **heating** Wiedereintauchaufheizung *f (Rak usw)*; ~ **rocket** in die Erdatmosphäre wiedereintretende *od* wiedereintauchende Rakete *f*; ~ **vehicle** Wiedereintritts(flug)körper *m* ***(Def)***.

**re-equip** umrüsten *(auf anderes Flzg-Muster usw).*

**re-establish** entzerren *(Luftbilder).*

**reference** Bezug *m*; Hinweis *m*; ~ **airplane** Vergleichsflugzeug *n*; ~ **code** Bezugsordnung *f (Flugplatz)*; ~ **datum** Nullebene *f od* -niveau *n (allg)*; Bezugswert *m (ILS)*; Ladebezugsebene *f (LVerk) (Def)*; ~ **frequency** Bezugsfrequenz *f (Funk)*; ~ **fuel** Bezugskraftstoff *m (zur Oktanzahlbestimmung)*; ~ **humidity** Bezugsfeuchtigkeit *f (met) (Def)*; ~ **mark** Bildbezugspunkt *m (LPhot)*; ~ **plane** Bezugsebene *f*; ~ **point** Festpunkt *m (Kart)*; Bezugspunkt *m (LPhot & Flsich)*; Hilfziel *n (takt)*; ~ **pressure** Bezugsdruck *m (aerodyn) (Def)*; ~ **section** Bezugsschnitt *m (Konstr) (Def)*; ~ **terms of** ~ Aufgabenbereich *m od* -stellung *f*; ~ **voltage** Bezugsspannung *f (el)*; ~ **wing area** Bezugsflügelfläche *f (Flzg).*

**refine** raffinieren *(Erdöl)*; ~**ry** Raffinierie *f.*

**reflect** reflektieren; wiederspiegeln; zurückwerfen; ~**ed irradation** reflektierte Einstrahlung *f*; ~**ed ray** Reflexstrahl *m*; Rückstrahl *m (Radar)*; reflektierte Welle *f (Funk)*; ~**ing area** Rückstrahl- *od* Reflexionsfläche *f (Radar)*; ~**ing compass** Spiegelkompass *m*; ~**ing surface** reflektierende Oberfläche *f*; Reflextions- *od* Reflektorfläche *f (Radar)*; ~**ion** Reflextion *f*; Rückstrahlung *f*; ~**ion ability** Rückstrahlungsvermögen *n*; ~**ion plotter** Zeichenaufsatz *m*; ~**ive surface** reflektierende Oberfläche *f*; Reflexions- *od* Reflektorfläche *f (Radar)*; ~**ivity** Reflexionsvermögen *n*; ~**or** Reflektor *m (Antenne)*; Rückstrahler *m (Kfz)*; Hohlspiegel *m*; ~**or sight** Reflexvisier *n*; *abbr* Revi *(Bordwaffenvisier)*; ~ **reflector** Reflexreflektor *m.*

**reflex | motion** *or* **movement** Reflexbewegung *f*; ~ **sight** Reflexvisier *n*, *abbr* Revi *(Bordwaffenvisier).*

**refracti |on** Lichtbrechung *f*; Brechung *f (Strahlen)*; Refraktion *f (nav) (Def)*; ~**vity** Brechungsvermögen *n.*

**refractor** Refraktor *m.*

**refresher | course** Auffrischungs- *od* Auffrischerlehrgang *m*; ~ **training** Auffrischungs- *od* Auffrischerausbildung *f (mil).*

**refrigerant** Kühlmittel *n*; ~ **injection** (Kühl-)Flüssigkeitseinspritzung *f (Flmot) (Def).*

**refuel** auftanken; nachtanken; ~/**defuel valve** Be- und Enttankungsventil *n (Lfz) (Def)*; ~**ler** (*US* ~**er**) Tankwart *m*; ~**ling** (*US* ~**ing**) Auftanken *n*; ~~ **and maintenance (duty) squad** technische Bereitschaft *f (Flugplatz)*; ~~ **boom** Betankungsausleger *m (Bod) (Def)*; ~~ **cone** Fang- *od* Tankrichter *m (Luftauftankung: Flzg)*; ~~ **facility** Tankanlage *f*; ~~ **indicator** Betankungsanzeiger *m (Lfz) (Def)*; ~~ **in flight** Nachtanken *n* in der Luft; Flugauftankung *f*; **mid-air** ~~ Flugauftankung *f*; ~~ **speed** Auftankungsgeschwindigkeit *f (Flzg usw)*; ~~ **station** Tankstelle *f*; ~~ **stop** Halt *m (Zwischenlandung)* zum Auftanken; ~~ **unit** Tankvorrichtung *f*; ~~ **valve** Betankungsventil *n (Lfz) (Def).*

**refugee** Flüchtling *m*; ~ **evacuation centre** (*US* **center**) Flüchtlingssammelstelle *f.*

**refused landing** verweigerte Landung *f (Flsich)*; misslungene Landung *f (Flbetr).*

**regenerative cooling** Regenerativkühlung *f (geschlossenes Kühlsystem: Flmot).*

**regime** System *n (aerodyn)*; Betrieb(sart *f od* -szustand *m*) *m*; Leistungsstufe *f (Flmot).*

**regiment** Regiment *n (mil)*; ~**al commander** Regimentskommandeur *m*; ~**al command post** Regimentsgefechtsstand *m*; ~**al headquarters** *pl* Regimentsstab *m*; ~**al officer** Truppenoffizier *m (Heer)*; ~**al staff** Regimentsstab *m.*

**region** Gebiet *n*; Bereich *m & n*; Region *f*; ~**al air navigation plan** Luftfahrtregionalplan *m*; ~**al and domestic air route** regionale und nationale Flugstrecke *f*; ~**al collecting centre** regionale Sammelzentrale *f (met)*; ~**al guard frequency** regionale Wachfrequenz *f*; ~**al supplementary procedures** *pl*, *abbr* **SUPPS** regionale Ergänzungsverfahren *n/pl (LVerk, Flugs)*; ~ **of ascending** *or* **rising clouds** Gebiet *n* mit Aufgleitbewölkung *(met)*; ~ **of doldrums** *pl* Doldrumgebiet *n (met)*; ~ **of guidance** Führungsgebiet *n (Flsich).*

**regist |er** aufzeichnen; registrieren; einschießen *(Art)*; Stammrolle *f (mil)*; *auch* Schieber *m*; Anschlag *m*; Raststellung *f*; ~**ered baggage** aufgegebenes Gepäck *n (LVerk)*; ~**ering balloon** Wetterballoon; Registrier- *od* Sondenballon *m (met) (Def)*; ~**ration** Zulassung *f (Flzg)*; Eintragung *f (Luftfahrzeug in Luftfahrzeugrolle)*; Einschießen *n (Art)*; Musterung *f (mil)*; ~**ration card** Personalausweis *m*; Identitätskarte *f*; ~**ration mark** Eintragungszeichen *n (Lfz)*; ~**ration number** Zulassungs- *od* Eintragungsnummer *f (Flzg; Kfz)*; ~**ration target** Einschieß- *od* Hilfsziel *n (Art).*

**regroup** umgruppieren *(takt)*, ~**ing** Umgruppierung *f (takt).*

**regula |r** regelmäßig; normal; ~**r aerodrome** regulärer Flughafen *m (LVerk)*; Flughafen *m* des allgemeinen Verkehrs; Streckenflugplatz *m (Def)*; ~**r army** stehendes Heer *n*; langdienendes Berufsheer *n (mil)*; ~**rity** Regelmäßigkeit *f*; ~**r officer** Truppenoffizier *m*; ~**r station** reguläre Funkstelle *f (Def)*; ~**te** regeln; einstellen; ~**ting controls** *pl* Reguliergestänge *n*; ~**tion** Regelung *f*; Einstellung *f*; Dienstvorschrift *f*; Bestimmung *f*; ~**tion system** Regel(ungs)system *n*; ~**tor** Regler *m*; Regelvorrichtung *f*; ~**tory statute** Ausführungsbestimmung *f.*

**reheat** Nachverbrennung *f (Turbo) (Def).*

**reimbursable** werterstattungspflichtig; ~ **aid** (Militär-)Hilfe *f* gegen Werterstattung.

**reinforce** verstärken *(takt)*; ~**d concrete** Stahl- *od* Eisenbeton *m*; ~**d frame** verstärkter Spant *m*; Verstärkungsring *m (Flzg)*; ~**ment** Aussteifung *f (Flzg-Bau)*; Verstärkung *f (takt).*

**reinstal** wiedereinbauen.

**reject |ed band** gesperrtes Band *n (Fernm)*; ~**ed take-off** Fehlstart *m*; Startabbruch *m (Flbetr)*; ~**ion** Ablehnung *f*; Abnahmeverweigerung *f (flieg. Gerät)*; ~**ion band** Sperr- *od* Filtersperrbereich *m (Fernm)*; ~**ion of heat** Wärmeabfuhr *f.*

**relative | airspeed** Fahrt *f* über Grund *(Flzg)*; ~ **aperture** Öffnungsverhältnis *n (LPhot)*; ~ **bearing** Funkseitenpeilung *f*; ~ **humidity** relative Feuchtigkeit *f (met) (Def)*; ~ **motion** Relativbewegung *f*; ~ **rank** entsprechender Dienstgrad *m (mil)*; ~ **speed** relative Geschwindigkeit *f*; ~ **thickness** relative Dicke *f*; Dickenverhältnis *n (Tragflächenprofil)*; ~ **thrust** bezogener *od* relativer Schub *m (Turbo)*; ~ **wind** Flug- *od* Fahrtwind *m*; Anblasung *f (aerodyn).*

**relativity theory** Relativitätstheorie *f.*

**relaxation | effect** Relaxations- *od* Abklingeffekt *m*; ~**-free** relaxationsfrei.

**relay** Relais *n (el)*; Schütz *n (el)*; Weitergabe *od* Übermittlung *f (Fernschreibbetrieb)*; ~ **attacks** *pl* rollende Angriffe *m/pl (takt)*; ~ **coil** Relaisspule *f (el)*; ~ **key** Tastrelais *n (el)*; ~ **message** weitergegebene Meldung *f*; ~ **repeater** Relaisverstärker *m (Funk)*; ~ **station** Relais(funk)stelle *f*; Weitergabestelle *f (Fernschreibbetrieb)*; ~ **time** Vermittlungs- *od* Weitergabezeit *f (Fernm)*.

**release** Abschuss *(Ballist)*; Abwurf *m (Bomben)*; Auslösung *f (Segel-Flzg)*; Entlassung *f (Kriegsgefangenenschaft)*; Pressefreigabe *f (von techn. Daten usw)*; abwerfen *(Bomben)*; auslösen; ausklinken *(Segel-Flzg)*; entlassen; freigeben; ~ **button** Auslöseknopf *m*; ~ **cord** Reißschnur *f (Fallschirm)*; ~**d** Bereitschaftsende *n (Lkr)*; ~**d energy** freigesetzte Energie *f*; ~ **gas** abblasen *(Ball)*; ~ **gear** Auslösevorrichtung *f (Segel-Flzg usw)*; ~ **hook** Sicherungshaken *m (Segel-Flzg)*; ~ **lever** Auslösehebel *m*; ~ **mechanism** Auslösevorrichtung *f (Segel-Flzg usw)*; ~ **of smoke** Nebelabblasen *n (Lkr)*; ~ **on parole** Freilassung *f* auf Ehrenwort; ~ **point** Auslösepunkt *m (Bomben)*; Übergabepunkt *m (Flsich)*; ~ **time** Übergabe- *od* Freigabezeit *f (Flsich)*.

**reliab |ility** Zuverlässigkeit *f*; ~~ **of operation** Betriebssicherheit *f*; ~**le** zuverlässig; betriebssicher; ~**le stability** sichere Stabilität *f*.

**relief** Ablösung *f (Übernahme)*; Entlastung *f*; Relief *n* **(Def)**; plastische Geländedarstellung *f (Kart)*; Höhenschichtung *f*; ~ **attack** Entlastungsangriff *m (takt)*; ~ **crew member** Ablösungsbesatzungsmitglied *n (LVerk)*; ~ **landing ground**, *abbr* **RLG** *(E)* Arbeits(flug)platz *m*; ~ **map** Reliefkarte *f (Kart)*; ~ **picture** Relief- *od* Raumbild *n (LPhot)*; ~ **valve** Überdruckventil *n*.

**relighting** Wiederanlassen *n (Turbo im Flug)*; ~ **procedure** Wiederanlassverfahren *n (Turbo)*.

**remain | aloft** in der Luft bleiben *(Flzg)*; ~**ing fuel** Restkraftstoff(menge) *m (f)*.

**remedy** Abhilfe; beseitigen *(Störung: Ladehemmung)*.

**remote** entfernt; entlegen; ~ **compass** Fernkompass *m (Lfz)*; ~ **control** Fernbedienung *f*; Fernsteuerung *f*; ~ **control apparatus** Fernbediengerät *n*; ~ **control of armament** Waffenfernbedienung *f*; ~ **control key** Ferntastgerät *n (Funk)*; ~**-controlled** ferngelenkt; ferngesteuert; ~**-controlled aircraft** Fernlenkflugzeug *n*; ~**-controlled master switch** Ferntrennschalter *m (el: Flzg)*; ~ **drive** Fernantrieb *m*; ~ **ignition** Fernzündung *f (Mine usw)*; ~**-indicating compass** Fernkompass *m (Flzg)*; ~ **indication** Fernanzeige *f (Instr)*; ~ **keying** Ferntastung *f (Funk)*; ~ **mass-balance weight** angelenkter Massenausgleich *m (Konstr)* **(Def)**; ~ **monitoring** Fernüberwachung *f*; ~ **reading** Fernablesung *f (Instrument)*; ~ **selection** Fernwahl *f (von Frequenzen usw)*; ~ **sensor** Ferngeber *od* -sensor *m*; ~ **site** abgesetzter Standort *m*; ~ **station** abgesetzte Stelle *f (Fernm)*; ~ **tuning** Fernabstimmung *f (Funk)*.

**remov |able** beweglich *(Bordausrüstung)*; abnehmbar *(Flzg-Teile usw)*; ~**able cowl(ing)** abnehmbare Haubenverkleidung *f (Flmot)*; ~**able lens** Vorsatzlinse *f (LPhot)*; ~**al** Beseitigung *f*; Räumung *f*; ~**al of constructions** Hindernisbeseitigung *f (Bod)*; ~**al of heat** Wärmeabführung *f*; ~**al of obstacles** Beseitigung *f* von Sperren *(takt)*; ~**e** abnehmen; entfernen; abziehen *(Luftschraube)*; *~e the blocks* Bremsklötze wegnehmen; ~**ing** Abziehen *n (Luftschraube)*; *~ing of stocks etc (from vulnerable places)* Auslagerung *f (LKr)*.

**remuneration** Entgelt *n*.

**render** wiedergeben *(LPhot)*; ~**ing** *(a licence or a certificate of airworthiness)* **valid** Gültigkeitserklärung *f (eines Luftfahrscheines od eines Lufttüchtigkeits-Zeugnisses)* **(Def)**; ~ **safe** entschärfen *(Bombe usw)*; ~ **worse** verschlechtern.

**rendezvous** Zusammentreffen *n*; Treffpunkt *m*; Rendezvous *n*.

**reorganiz |ation** Reorganisation *f*; Umgruppierung *f (takt)*; ~**e** reorganisieren; umgruppieren *(takt)*.

**repair** Reparatur *f*; Instandsetzung *f*; reparieren; instandsetzen; beheben *(Beanstandungen)*; ~ **and maintenance** Instandsetzung und Wartung *f (mil)*; ~ **hangar** Werfthalle *f (Flugplatz)*; ~ **shop** Instandsetzungs- *od* Reparaturwerkstatt *f*; ~ **tolerance** Instandsetzungstoleranz *f*.

**reparable** wiederherstellbar; reparaturfähig.

**repeat** wiederholen; ~**er** Wiederholer *m*; Verstärker *m (Fernm)*; ~**er compass** Tochterkompass *m (Flzg)*; ~**ered cable** mit Verstärkern bestücktes Kabel *n (Fernm)*; ~**er station** Verstärkeramt *n (Tel)*.

**repel** abweisen; abschlagen *(Angriff: takt)*; ~**lent force** abstoßende Kraft *f (Physik)*.

**repetitive flight plan** Dauerflugplan *m (Flsich)*.

**replace** ersetzen; ~**ment** Ersatz(lieferung) *m (f)*; Ersatzmann *m (mil)*; ~**ment engine** Ersatzmotor *m*; ~**ment part** Ersatzteil *m*; ~**ments** *pl* Ersatztruppen *f/pl* (takt); ~**ment unit** Ersatzeinheit *f (mil)*.

**reply** Antwort *f*; Rückmeldung *f (Funk)*; antworten; ~ **coding** Antwortverschlüsselung *f (Fernm)*; ~ **frequency** Antwortfrequenz *f (Funk)*.

**report** Bericht *m*; Meldung *f*; Knall *m (Waffe)*; melden; berichten; **charge** ~ Tatbericht *m (mil)*; **efficiency** ~ Leistungsbeurteilung *f (über Personal)*; **electrical accounting machine** ~**ing** maschinelles Berichtswesen *n*, *abbr* MB; ~**ing channels** *pl* Meldewesen *n*; Meldeweg *m*; ~**ing point**, ***abbr*** **REP** Meldepunkt *m (von Luftfahrzeugen im LVerk: Flsich)* **(Def)**; ~~ **on request** Meldepunkt *m* auf Anorderung *(Flsich)*; ~**ing service for distress at sea** Seenotmeldedienst *m*; ~ **of arrival** Landemeldung *f (Flsich)*; ~ **of session** Niederschrift *f (einer Sitzung)*.

**represent** darstellen; vertreten; ~**ation** Darstellung *f*; Abbildung *f*; Vertretung *f*; Anzeige *f (Radar)*; ~**ative** Vertreter *m*; Stellvertreter *m*; ~**ative fuel** Vergleichskraftstoff *m*.

**reprisal** Vergeltung *f*; Vergeltungsmaßnahme *f*; ~ **raid** Vergeltungsangriff *m (LKr)*.

**reproducer** Wiedergabegerät *n*.

**republication** Neuausgabe *f (von Vorschriften)*.

**repuls |e** zurückweisen; abweisen *(takt)*; ~**ive force** Repulsiv- *od* Abstoß(ungs)kraft *f*; abstoßende Kraft *f*.

**requi |re** erfordern; verlangen; ~**red distance** erforderliche Strecke *f (Flbetr für Start/Landung)*; ~**red output** Leistungsbedarf *m (Flmot)*; ~**red reliability** geforderte Zuverlässigkeit *f*; **qualitative military** ~**rement** technisch taktische Forderung *f*; ~**rements** *pl* Bedarf *m*; Erfordernisse *n/pl*; ~**sition** Anforderung *f*; Bestellung *f*; Requirierung *f*; Beschlagnahme *f*; anfordern; bestellen; requirieren; beschlagnahmen; ~**sition form** Bestell- *od*

Anforderungsschein *m*; ~**sition number** Bestellnummer *f*.

**re-radiation** Reflexion *f*; Rückstrahlung *f (Radar)*.

**rescue** Rettung *f*; Errettung *f*; Bergung *f (von Besatzungen)*; (er)retten; ~ **aircraft** Rettungsluftfahrzeug *n*; ~ **and fire-fighting service** Rettungs- und Feuerbekämpfungsdienst *m (Bod)*; ~ **boat** Rettungsboot *n*; ~ **buoy** Rettungsboje *f*; ~ **coordination centre** (*US* **center**), *abbr* **RCC** Leitstelle *f* des Such- und Rettungsdienstes; SAR-Leitstelle *f (Def)*; ~ **coordinator** Leiter *m* der SAR-Leitstelle; ~ **craft** Rettungsfahrzeug *n*; ~ **crew** Rettungsmannschaft *f*; ~ **equipment** Rettungsgerät *n*; ~ **facility** Rettungseinrichtung *f*; ~ **launch** Rettungsboot *n*; ~ **master** SAR-Einsatzleiter *m*; ~ **operation** Rettungseinsatz *m*; ~ **party** Rettungsmannschaft *f*; Rettungstrupp *m*; ~ **service** Rettungsdienst *m*; ~ **subcentre** SAR-Unterleitstelle *f (Def)*; ~ **unit** Rettungsstelle *od* -einheit *f (Def)*; ~ **vehicle** Rettungsfahrzeug *n*; ~ **vessel** Rettungsschiff *n*.

**research** Forschung *f*; ~ **aircraft** Forschungs- *od* Erprobungsflugzeug *n*; ~ **centre** (*US* **center**) Forschungsstelle *f*; ~ **engineer** Forschungsingenieur *m*; ~ **flight** Forschungsflug *m*; ~ **institute** Forschungsanstalt *f*; ~ **object** Forschungsobjekt *n*; ~ **paper** *or* **report** Forschungsbericht *m*; ~ **program** Forschungsprogramm *n*.

**reserv|ation message** Buchungs- *od* Platzbelegungsmeldung *f (LVerk)*; ~**e** Reserve *f*; Vorrat *m*; Vorbehalt *m*; vorbehalten; zurückhalten; Bereitschaftsreserve *f (3-Stunden-Bereitschaft: LKr)*; ~**e army** Ersatzheer *n (mil)*; ~**e bouyancy** Auftriebsreserve *f (Lfz) (Def)*; ~**e division** Eingreifdivision *f (takt)*; ~**ed seat** belegter Platz *m (LVerk)*; ~**e factor** Sicherheits- *od* Zusatz- *od* Reservefaktor *m (Konstr) (Def)*; ~**e officer** Reserveoffizier *m (mil)*; ~**e oxygen bottle** Sauerstoffreservebehälter *m* od -flasche *f*; ~**e parachute** Reservefallschirm *m (Def)*; ~**e piece** Ersatzteil *m & n (Flzg)*; ~**e power** Leistungs- *od* Kraftüberschuss *m*; Kraftreserve *f (Flmot)*; ~**e tank** Reserve- *od* Hilfsbehälter *m (Kraftstoff usw: Flzg)*; ~**e thrust** Restschub *m (Turbo)*; ~**oir** Behälter *m (allg)*; Hydraulikbehälter *m (Def)*.

**residual| drag** Restwiderstand *m (aerodyn)*; ~ **error** verbleibender Fehler *m*; ~ **sound** Nachklang *m*; Nachschwingen *n*.

**resilienc|e** Rückfederung *f*; Federungskraft *f*; ~**y** Elastizität *f*.

**resilient material** elastischer (Konstruktions-)Werkstoff *m*.

**resistance** Widerstand *m (el & takt)*; Gegenwehr *f (takt)*; Festigkeit *f (Werkstoff)*; ~ **coefficient** Festigkeitskoeffizient *m (Werkstoff)*; ~ **test** Festigkeitsprüfung *f (Werkstoff)*; ~ **to buckling** Beulfestigkeit *f (Flzg-Beplankung)*; ~ **to cold** Kältebeständigkeit *od* -festigkeit *f*; ~ **to corrosion** Korrosionsbeständigkeit *f*; ~ **to heat** Warmfestigkeit *f*; ~ **to overstress** Überlastbarkeit *f (Festigkeit)*; ~ **to shearing** Scherfestigkeit *f*; ~ **to weathering** Widerstandsfähigkeit *f* gegen atmosphärische Korrosion; ~**-type thermometer** Widerstandsthermometer *n*; ~ **welding** Widerstandsschweißung *f (el)*.

**resolution** Auflösung(svermögen) *f (n) (Radar, LPhot)*.

**resonance| accelerator** Resonanzbeschleuniger *m*; ~ **test** Resonanzversuch *m (Konstr) (Def)*; ~ (*or* **resonant**) **vibrations** *pl* Resonanzschwingungen *f/pl (Stab)*.

**resource** (Hilfs-)Mittel *n*; Hilfsquelle *f*; Ressource *f*.

**respirat|ion** Atmung *f*; ~**or** Atemgerät *n*; Respirator *m*; Gasmaske *f*; ~**ory equipment** Beatmungsgerät *n*; ~**ory mixture** Atemgasgemisch *n*.

**respon|d** gehorchen; ansprechen *(Steuerausschläge: Flzg)*; ~**der** Responder *m*; automatisches Antwortgerät *n (Funk)*; Antwortsender *m (Funk)*; ~**der beacon**, *abbr* **RSP** Antwortsenderbake *f (Funk)*; ~**se** Antwort *f*, Wiedergabe-(charakteristik) *f*; ~**se time** Zeitraum *m* zwischen Alarmierung und Eintreffen am Unfallort *(SAR)*; Reaktionszeit *f (mil)*; ~**se to control** Ansprechen *n (Flzg auf Steuerausschläge)*; ~**sibility** Verantwortung *f*; Verantwortlichkeit *f*; ~**sible** verantwortlich; ~**siveness** Sensibilität *f*; Ansprechen *n (Flzg auf Steuerbetätigung)*.

**rest** Rest *m*; Ruhe *f*; Auflage *f*; ~ **period** Ruhezeit *f (Flbetr) (Def)*; ~ **position** Rast- *od* Ruhestellung *f (Hebel usw)*.

**restart** wiederanlassen *(Flmot im Flug)*; ~**ing** Wiederanlassen *n (Flmot im Flug)*.

**restor|ative** Belebungsmittel *n*; ~**e** wiederherstellen; ~**ing force** Rückstellkraft *f*; ~**ing moment** Rückführmoment *n (aerodyn)*; Rückdreh- *od* Rückhol- *od* Rückstellmoment *n (Luftschraube & Flzg) (Def)*.

**restricted| area** Gebiet *n* mit Flugbeschränkung; Flugbeschränkungsgebiet *n (Flsich) (Def)*; ~ **fitness** eingeschränkte Tauglichkeit *f (Flmed)*; ~ (**matter**) Nur für den Dienstgebrauch! (*Verschlusssache: mil*).

**restriction of new constructions** Neubaubeschränkung *f (Bod)*.

**result** Ergebnis *n*; Resultat *n*; resultieren; ~**ant** Resultante *f*; Resultierende *f*; sich ergebend; resultierend; ~**ant airforce** resultierende Luftkraft *f (aerodyn)*; ~**ant deviation** Gesamtablenkung *f (Kompass)*; ~**ant force** resultierende Kraft *f*; Resultierende *f*; Gesamtkraft *f*; ~**ant velocity** resultierende(r) Geschwindigkeit(svektor) *f (m) (Flzg)*; ~**ing** resultierend; ~**s** *pl* **of reconnaissance** Aufklärungsergebnis *n (takt)*.

**retaliat|e** vergelten; ~**ion fire** Gegenfeuer *n (Art)*; ~**ion raid** Vergeltungsangriff *m (LKr)*; ~**ory attack** Vergeltungsangriff *m (LKr)*.

**retard** verzögern; verlangsamen; ~**ation** Abnehmen *n (Geschwindigkeit)*; negative Beschleunigung *f*; ~**ation of the spark** Rückverlegung des Zündzeitpunktes *(Flmot)*; ~(**ed**) **ignition** Spätzündung *f (Flmot)*; ~**er parachute** Retardations- *od* Abbrems- *od* Bremsschirm *m (Def)*.

**reticle** Strichplatte *f*; Fadenkreuz *n (opt. Zielgerät)*; ~ **image** Leuchtkreuz *n (Revi)*.

**reticule** Strichplatte *f*; Fadenkreuz *n (opt. Zielgerät)*.

**retire** sich zurückziehen *(takt)*; in den Ruhestand treten; ~**d** außer Dienst, *abbr* a.D.; ~**ment** Rückzug *m (takt)*; Ruhestand *m*; ~**ment route** Rückzugslinie *f (takt)*.

**retract** einzeihen *od* einfahren *(Fahrwerk: Landeklappen: Flzg)*; ~**able** einziehbar; einschwenkbar; ~**able aileron** einziehbares *od* Unterbrecherquerruder *n (Flzg) (Def)*; ~**able float** Einziehschwimmer *m (See-Flzg: Flugboot)*; ~**able landing-gear** Einziehfahrwerk *n (Flzg) (Def)*; ~**able radiator** Einziehkühler *m (Flmot)*; ~**able undercarriage** einziehbares *od* Einziehfahrgestell *n (Flzg) (Def)*; ~**ed landing gear** eingefahrenes Fahrwerk *n (Flzg)*; ~ **flaps** Klappen einfahren *(Flzg)*; ~**ile undercarriage** Einziehfahrwerk *n (Flzg) (Def)*; ~**ing mechanism** Einziehvorrichtung *f*; ~**ing strut** Einziehstrebe *f (Fahrwerk)*; ~**ion** Einziehen *n (Fahrwerk usw)*; ~**ion cylinder** Einzieh- *od* Einfahrzylinder *m (Flzg-Fahrwerk)*; ~**ion lock** Fahrgestell-Einziehsperre *f (Lfz) (Def)*; ~**or strut** Einziehstrebe *f (Fahrwerk)*; ~ **the undercarriage** Fahrwerk einfahren *(Flzg)*.

**retrain** umschulen *(auf ein anderes Flzg-Muster)*; ~**ing** Umschulung *f*.

**retreat** Rückzug *m (takt)*; sich zurückziehen *od* absetzen *(takt)*; ~ **movement** Rückzugsbewegung *f (takt)*.

**retrimming** Nachtrimmen *n (Lfz)*.

**retro|fit kit** Nachrüstsatz *m (Flzg)*; ~**grade** rückläufig; ~**grade march** Rückmarsch *m (takt)*; ~**grade motion** rückläufige *od* Rückwärtsbewegung *f*; ~ **pack** *or* **rocket** Bremstriebwerksanlage *f (Rak)*.

**return** Rückkehr *f*; Bericht *m*; ~ **fare** Hin- und Rückflugpreis *m (LVerk)*; ~ **flight** Hin- und Rückflug *m (LVerk)*; ~-**flow system** Gegenstrom-Brennkammer(system) *f (n) (Turbo) (Def)*; ~-**flow wind tunnel** Windkanal *m* geschlossener Bauart (aerodyn) *(Def)*; ~ **of cold weather** Kälterückfall *m (met)*; ~ **pump** Rückförderpumpe *f*; ~ **spring** Rückholfeder *f*; ~ **stroke** Rückhub *m*; Rücklauf *m*; ~ **ticket** Hin- und Rückflugschein *m (LVerk)*; ~ **trip** Hin- und Rückflug *m (LVerk)*.

**reusable** mehrfach *od* wieder verwendbar.

**revcounter** (*short for* **revolution counter**) Drehzahlmesser *m*.

**revenue** Einnahme *f*; zahlend; bezahlt; verkauft; gegen Entgelt; ~ **cargo** Zahlfracht *f (LVerk)*; ~ **flight** Flug *m* gegen Entgelt; ~ **passenger** zahlender Fluggast *m (LVerk)*; ~-**kilometers** *pl* bezahlte Fluggastkilometer *m/pl (LVerk)*; ~~ **load factor** Auslastungsgrad *m* zahlender Fluggäste *(LVerk)*; ~ **per traffic unit** Einnahme *f* per Verkehrsleistungseinheit *(LVerk)*; ~ **stop** gewerbliche Landung *f (LVerk)*; ~ **ton-kilometers** bezahlte Tonnenkilometer *m/pl (LVerk)*; ~ **weight load factor** Nutz- *od* Gewichtsladefaktor *m (LVerk)*.

**reverberation (of sound)** Schallrückstrahlung *f*.

**revers|al** Richtungsumkehr *f*; Windsprung *m (über 90°)*; ~**al-free control** rückwirkungs- *od* umkehrfreies Ruder *n (Flzg)*; ~**al of control** Steuerungsumkehr *f (Flbetr) (Def)*; ~**al point** Umkehrpunkt *m (Kolbenweg: Flmot)*; ~**al speed** kritische Steuerungsumkehrgeschwindigkeit *f (Lfz) (Def)*; **thrust** ~**al** Schubumkehr *f (Turbo)*; ~**e** umgekehrt; entgegengesetzt; umkehren; umsteuern; Gegenteil *n*; ~**e bearing** Rückenpeilung *f (Funk)*; ~**e-charge call** R-Gespräch *n (Tel)*; ~**ed aileron control** Umkehr *f* der Querruderwirkung *(Flzg)*; ~**ed propeller** Luftschraube *f* umkehrbarer Steigung; ~**e JATO** entgegengesetzt wirkende Startraketen *f/pl (Flzg) (JATO = jet-assisted take-off)*; ~**ement** Richtungswechsel(-Flugmanöver) *m (n) (Flbetr) (Def)*; ~**e pitch** negative *od* Bremssteigung *f (Prop) (Def)*; ~**e pitch setting** Bremssteigungseinstellung *f (Prop)*; ~**er** Umlenk- *od* Umsteuerungsvorrichtung *f*; **thrust** ~**er** Schubbremse *f od* -umkehr *f (Turbo)*; ~**e rotation** Gegenrotation *f*; entgegengestzte Drehung *f*; ~**e slope** Hinterhang *m (takt)*; ~**e-slope position** Hinterhangstellung *f (takt)*; ~**e thrust** Brems- *od* Umkehrschub *m (Turbo)*; ~**e(-thrust) propeller** Luftschraube *f* umkehrbarer Steigung: Umkehrluftschraube *f*; ~**ible control system** Rücksteuerungssystem *n*; ~**ible(-pitch) propeller** umsteuerbare Luftschraube *f*; Propeller *m* mit (einstellbarer) Bremssteigung (*od* -stellung) *(Def)*; ~**ing gear** Umkehrgetriebe *n*.

**revetment** Abstellboxe *f*; Splitterboxe *f (für Flzge)*.

**review** Besichtigung *f*; Parade *f (mil)*; besichtigen *(mil)*.

**revive** wiederbeleben.

**revmeter** (*short for* **revolution-meter**) Drehzahlmesser *m*.

**revolution** Umdrehung *f*; ~ **counter**, *abbr* **revcounter** Drehzahlmesser *m*; ~ **indicator**, *abbr* **revindicator** Drehzahlmesser *m*; Tourenzähler *m*; ~**meter**, *abbr* **revmeter** Drehzahlmesser *m*; ~**s per minute**, *abbr* **RPM** Umdrehungen *f/pl* pro Minute, *abbr* $min^{-1}$ *(Flmot usw)*; ~**s** *pl* **per second**, *abbr* **RPS** Umdrehungen *f/pl* in der Sekunde.

**revolv|e** sich drehen; umlaufen; ~**er** Revolver *m*; ~**ing beacon** Drehfeuer *n (nav)*; ~**ing radio beacon** Drehfunkfeuer *n (Funk)*; ~**ing storm** Wirbelsturm *m (met)*; ~**ing turret** Drehturm *m*; Drehkuppel *f (Bordwaffenstand: Flzg)*.

**rev|s** *sl* Drehzahl *f (Flmot)*; ~ **up** *sl* hochfahren *sl (Flmot-Drehzahl)*.

**Reynolds| number** Reynolds'sche Zahl *f (aerodyn) (Def)*; ~ **shearing stress** Reynolds'sche Schubspannung *f*.

**rheostat** Regelwiderstand *m (el)*.

**rhombic** *or* **rhomboid antenna** Rhombusantenne *f (Funk)*; ~ **kite** Rhombusdrachen *m*.

**rhumb line** Loxodrome *f*; Kursgleiche *f*; Schräglaufende *f (nav) (Def)*; ~ **route** Loxodrome-Flugstrecke *f*; Flugstrecke *f* auf der Kursgleichen.

**rib** Rippe *f (Flzg) (Def)*; ~**bed** mit Rippen versehen; ~**bed cooler** *or* **radiator** Rippen- *od* Lamellenkühler *m (Flmot)*; ~**bon** Band *n*; Ordensband *n*; ~**bon brake-parachute** Bänderbremsschirm *m (Flzg)*; ~**bon lightning** Bandblitz *m (met)*; ~**bon microphone** Bändchenmikrophon *n (Funk)*; ~**bon of a decoration** Ordensband *n (mil)*; ~**bon parachute** Bänderfallschirm *m (Def)*; ~ **stitching** Rippennaht *f (Tragfläche: Flzg)*; ~ **web** Rippensteg *m*.

**rice paper** Reispapier *n*; Japanpapier *n*.

**rich** reich *(Kraftstoff/Luftgemisch)*; ~ **automatic** automatische Überfettung *f (Flmot)*; ~ **mixture** reiches *od* fettes Gemisch *n (Flmot)*; ~~ **knock rating** Klopffestigkeit(szahl) *f* bei reichem Gemisch *(Flmot) (Def)*; ~ **setting** Reichschaltung *f*; Überfettung *f (Flmot)*.

**ricochet** Abpraller *m (Art)*; abprallen *(Art)*; ~ **bomb** Abprallerbombe *f (LKr)*; ~ **fire** Abprallerschießen *n (Art)*.

**ridge** Höhenrücken *m (Kart)*; ~ **(of high pressure)** Hochdruckrücken *m (met) (Def)*; ~ **soaring** Hangsegelflug *m*.

**riding lamp** *or* **light** Ankerlicht *n od* -leuchte *od* -lampe *f (See-Flbetr)*.

**rifle** Gewehr *n*; ~ **fire** Schützenfeuer *n (takt)*; ~**man** Schütze *m (mil)*; ~ **range** (Gewehr-)Schießstand *m*.

**rig** (auf)rüsten *(Flzg)*; ~ **compressor** Versuchsverdichter *m*; ~**ger** (Rüst-)Mechaniker *m (Flzg-Bau)*; ~**ging** Aufrüsten *n (Lfz) (Def)*; Rüsten *(Flzg)*; Leinenwerk *n*; Rigging *n (Lfz l) (Def)*; ~**ging angle of incidence** Einstellwinkel *m (Flzg) (Def)*; ~**ing band** Ballongurt *m (Ball)*; Traggurt *m (Lfz l) (Def)*; ~**ging datum line** Rüst- *od* Lehrenbezugslinie *f (Konstr)*; ~**ging line** Fallschirm(fang)leine *f (Def)*; ~**ging**

patch Leinenwerk- *od* Rigginpflaster *n (Lfz l)* ***(Def)***; ~**ging position** Aufrüstposition *f (Lfz)* ***(Def)***.

**right** recht(s); richtig; ~ **angle** rechter Winkel *m*; ~-**angle turn** Messerflugkurve *f (Flzg)*; ~ **ascension**, *abbr* **RA** Rektaszension *f*; gerade Aufsteigung *f (nav)* ***(Def)***; ~ **bank** Rechtskurve *f (Flzg)*; ~ **echelon** Reihe *f* rechts *(Verbandsflug)*; ~-**hand accessory** rechtsdrehendes Hilfsgerät *n (Flmot)* ***(Def)***; ~-**hand drive** Rechtsantrieb *m (Flmot)* ***(Def)***; Rechtssteuerung *f (Kfz n E)*; ~-**hand(ed)** rechtslaufend; rechtsgängig; ~-**hand(ed) airscrew** rechts-läufige Luftschraube *f*; ~-**hand(ed) engine** rechtsdrehender Motor *m (Flmot)* ***(Def)***; Rechtsläufer *m (Flmot)*; ~-**handed propeller** rechtsdrehender Propeller *m* ***(Def)***; ~-**hand rotating** rechtsläufig *od* -drehend; ~-**hand thread** Rechtsgewinde *n*; ~-**hand traffic** Rechtsverkehr *m*; ~~ **circuit** Rechtsplatzrunde *f (Flbetr)*; ~-**hand turn** Rechtskurve *f (Flzg)*; ~-**hand twist** Rechtsdrall *m (Geschoss)*; ~**ing force** Rückstell- *od* Rückführkraft *f*; ~**ing moment** Rückdreh- *od* Rückholmoment *n (Flzg)*; ~ **of air transit** Durchflugrecht *n (LVerk)*; ~ **of way** Vorflugrecht *n (Flzg)*; Landevorrecht *n (Flzg)*; Vorfahrtrecht *n (Kfz)*; ~-**side engine** Steuerbordmotor *m (zweimot Flzg)*; ~-**side separation** Rechtsstaffelung *f (Flbetr)*; ~ **spin** Rechtstrudeln *n (Flbetr)*; ~ **the aircraft** Flugzeug abfangen *od* aufrichten; ~ **yaw** Rechtsschieben *n*; Rechtsgieren *n (Flzg)*.

**rigid** starr; ~ **airship** starres Luftschiff *n (Lfz l)* ***(Def)***; ~**ity** Steifheit *f*; Steifgkeit *f*; Starrheit *f*; ~**ly-mounted blade** starrverbundenes Blatt *n (Heli)* ***(Def)***; ~ **pavement** Hartbelag *m*; starre Decke *f (Startbahn usw)*; ~ **rotor** gelenkter *od* starrer Rotor *m (Heli)*.

**rim** Felge *f*; Rand *m*; ~ **padding** Randpolsterung *f*; ~ **vortex** Randwirbel *m (aerodyn)*.

**rime** Raureif *m od* -eis *n (met)* ***(Def)***; ~ **ice** Raureifvereisung *f (met)* ***(Def)***.

**ring** Ring *m*; anläuten; anrufen *(Tel)*; ~ **chamber** Ringkammer *f*; ~ **cowl(ing)** (NACA-)Ringhaube *f (Flmot)* ***(Def)***; ~ **frame** Ringspant *m (Flzg)*; ~ **radiator** Radialringkühler *m (Flmot)* ***(Def)***; ~ **sight** Kreisvisier *n*; ~-**spring strut** Ringfederbein *n (Fahrwerk)*.

**rip** Riss *m*; (auf- *od* ab- *od* zer)reißen; ~-**cord** Reißleine *f (Ball)* ***(Def)***; Aufziehkabel *n (Fallschirm)* ***(Def)***; ~-**cord igniter** Abreißzünder *m*; ~ **link** Sicherheitsreißleine *f (Lfz l)* ***(Def)***; ~ **pin** Verschlussstift *m (Fallsch)* ***(Def)***; ~**(ping) panel** Reißbahn *f (Ball)* ***(Def)***.

**ris|e** Anstieg *m*; Bodenerhebung *f*; Steigen *n (Ball)*; aufsteigen *(Ball)*; auffliegen *(Ball)*; abheben *(Flzg)*; aufgehen *(Sonne)*; ~**e obliquely** aufgleiten *(Warmluftmassen: met)*; ~**e time** Anstiegszeit *f (Überschallknall)*; ~**e vertically** senkrecht aufsteigen *(Hubschrauber)*; ~**ing air-bubble stream** Aufwindkamin *m*; Aufwindschlauch *m (Segelflug: met)*; ~**ing cloud** Aufgleitwolke *f (met)*; ~**ing dust** Staubtreiben *n (met)*; ~**ing gust** Steigbö *f (met)*; ~**ing sand** Sandtreiben *n (met)*; **(-ing) warm front** Aufgleitfront *f (met)*; ~**ing wind** zunehmender Wind *m (met)*.

**risk** Risiko *n*; Gefahr *f*; ~ **of collision** Zusammenstoßgefahr *f (Flsich)*.

**rivet** Niet(e) *m (f)*; nieten; ~**er** Niethammer *m*; Nieter *m*; ~ **head** Nietkopf *m*; ~ **hole** Nietloch *n*; ~**ing** (Ver-)Nietung *f*; ~ **joint** Nietverbindung *f*; ~ **pitch** Nietabstand *m*.

**road|able aircraft** Autoflugzeug *n*; zum Straßentransport geeignetes Flugzeug *n*; ~-**going aircraft** Autoflugzeug *n*; ~ **roller** Straßenwalze *f*; ~ **space** Marschtiefe *f (takt)*.

**robot|ics** Robotertechnik *f*; ~ **pilot** Kurssteuerung *f*; Selbststeuergerät *n (Flzg)*; ~ **plane** führerloses Flugzeug *n*; fliegender Sprengkörper *m (FK)*.

**rock wings** mit den Tragflächen wackeln *(Flbetr)*.

**rocker** Kipphebel *m (Ventil)*; ~ **gear** Kipphebelsteuerung *f (Flmot)*.

**rocket** Rakete *f (FK)* ***(Def)***; ~ **aircraft** Raketenflugzeug *n*; **air-to-air** ~ Luftkampfrakete *f*; **air-to-ground** ~ Bord/Boden-Rakete *f*; ~-**assisted take-off**, *abbr* **RATO** Raketenstart *m (Flzg)*; Start *m* mit Raketenhilfe *(Flbetr)*; ~-**assisted take-off gear**, *abbr* **RATOG** Startrakete *f (Flzg)*; ~ **ballistics** Raketenballistik *f*; ~ **battery** Raketenbatterie *f (Flak)*; ~ **blast** Raketen(treib)strahl *m*; ~ **bomb** Raketenbombe *f (LKr)*; ~ **booster** Raketenbeschleuniger *m*; Boostertriebwerk *n (Rak)*; ~ **combustion chamber** Raketenofen *m od* -brennkammer(block) *f (m)*; ~**(-driven air)-plane** Raketenflugzeug *n*; Flugzeug *n* mit Raketenantrieb; ~ **ejection seat** Raketenschleudersitz *m (Flzg)*; ~ **engine** Raketenmotor *m od* -triebwerk *n* ***(Def)***; ~ **erection** Aufrichten *n* der Rakete; ~ **fighter** Raketenjäger *m od* -jagdflugzeug *n (LW)*; ~ **firing** Raketenabschuss *od* -start *m*; ~-**firing aircraft** Flugzeug *n* mit Raketenbewaffnung; ~ **flare** Leuchtrakete *f*; ~ **flight** Raketenflug *m*; ~ **fuel** Raketenbrenn- *od* -treibstoff *m*; ~ **jet** Raketentriebwerk *n*, *abbr* R-Trieb *m (Flzg)*; ~ **launcher** Raketenwerfer *m*; Nebelwerfer *m (Art)*; ~ **launch(ing)** Raketenabschuss *od* -start *m*; ~ **live range** Raketen-Gefechtsschießplatz *m*; ~ **missile** Raketengeschoss *n*; ~ **motor** Raketenmotor *m* ***(Def)***; ~ **nozzle** Raketendüse *f*; ~ **plane** Raketenflugzeug *n*; ~ **power** Raketenantrieb *m*; ~ **power plant** Raketentriebwerk *n*, *abbr* R-Trieb *m*; ~ **practice range** Raketen-Übungsschießplatz *m*; ~ **projectile**, *abbr* **RP** Abwurfraketengeschoss *n (LKr)*; ~ **projector** Raketenwerfer *m*; ~ **propellant** Raketentreibstoff *m* ***(Def)***; ~-**propelled** raketen-(an)getrieben; ~ **propulsion** Raketenantrieb *m*; ~ **rigging** R-Rüstsatz *m*; ~ **sounding** Raketensondierung *f (der Atmosphäre)*; ~ **stage** Raketenstufe *f*; ~ **technology** Raketentechnik *f*; ~ **thrust** Raketenschub *m*; ~ **trajectory** Raketen(flug)bahn *f*; ~-**turbojet engine** Raketenturbinenluftstrahl- *od* Raketen-TL-Triebwerk *n*.

**rocking|-chair landing** *sl* Fahrstuhllandung *f (Flzg)*; ~ **lever** Schwing- *od* Kipphebel *m (Ventil: Flmot)*; ~ **suspension** pendelnde Aufhängung *f*.

**rod** Stab *m*; Stange *f*; *(Kurzform für)* Pleuel *m (Flmot)*; ~ **aerial** *or* **antenna** Stabantenne *f (Funk)*; ~ **control** Stangen- *od* Gestängesteuerung *f (Flzg)*; ~-**like incendiary bomb** Stabbrandbombe *f (LKr)*.

**roger** „Verstanden!" *(Sprechfunkverkehr)*.

**roll** Rolle *f (Kunstflug)* ***(Def)***; Walze *f*; Liste *f*; rollen; walzen; ~ *an aircraft on to its back* mit einem *(Flzg)* in den Rückenflug übergehen; ~ **axis** Längsachse *f (Flzg)*; ~ **back** aufrollen *(takt)*; ~ **call** Appell *m (mil)*; ~ **channel** Rollkanal *m (Autopilot)*; ~ **cloud** Böenkragen *m (met)*; ~ **control** Quersteuerung *f*; Steuerung *f* um die Längsachse *f (Flzg)*; ~**ed snow** gewalzter Schnee *m (auf Piste usw)*; ~**er** Rolle *f*; Walze *f*; ~**er bearing** Rollen- *od* Walzenlager *n (Flmot)*; ~**er cumulus** walzenförmige(r) *od* Wulstkumulus(wolke) *m (f)*; ~**er guide** Führungsrolle *f (Flzg-Steuerung)*; **road** ~**er** Straßenwalze *f*; ~ **gyro(scope)** gyroskopischer Rollgeber *m*; Rollkreisel *m*; ~**ing** Rollen *n (um Flzg-Längsachse)* ***(Def)***; ~~ **angular velocity** Roll(winkel)geschwindigkeit *f (Flzg)*; ~~ **balance** Rollwaage *f (aerodyn)* ***(Def)***; ~~ **barrage** Feuerwalze *f (takt)*; ~~ **distance** Rollstrecke *f (Flzg bei Start/Landung)*; ~~ **friction** Rollreibung *f*; ~~ **instability** Roll- *od* Querinstabilität *f*

*(Stab) (Def)*; ~~ **kitchen** Feldküche *f (mil)*; ~~ **landing** rollende *od* Rollandung *f (Flbetr)*; ~~ **moment** Roll- *od* Quermoment *n (Flzg) (Def)*; ~~ **(motion)** Rollbewegung *f (Flzg)*; ~~ **rate** Rollgeschwindigkeit *f (um Flzg-Längsachse)*; ~~ **stability** Roll- *od* Querstabilität *f*; Stabilität *f* um die Längsachse *(Flzg)*; ~**(ing)-up** Auf- *od* Einrollen *n*; Aufwickeln *n*; ~~ **vertical take-off**, *abbr* **RVTO** rollender Senkrechtstart *m*; ~**-off** Abkippen *n*; Abschmieren *n (beim Überziehen: Flzg) (Def)*; ~**-on landing** rollende *od* Rollandung *f (Flbetr)*; ~ **out** Ausrollen *n (Flzg auf dem Bod)*; ~**out** Ausrollzeremonie *f (Flzg-Prototyp aus Hangar)*; ~ **to a stop** ausrollen *(Flzg bei Landung)*; ~ **up** aufrollen *(takt)*.

**roof** Dach *n (Flzg-Kabine)*; ~ **aerial** *or* **antenna** Dachantenne *f (Funk)*; ~ **aerodrome** Dachflugplatz *m*; ~ **landing field** Dachlandeplatz *m*; ~**-top heliport** Dachlandeplatz *m* für Helikopter; Hubschrauberlandeplatz *m* auf dem Dach; ~**-top landing** Dachlandung *f (Hubschrauber)*.

**room temperature** Zimmer- *od* Innentemperatur *f*.

**root** Wurzel *f (Math)*; ~ **mean square deviation** mittlerer quadratischer Fehler *m*; ~ **mean square value** quadratischer Mittelwert *m*; Effektivwert *m*; ~ **section thickness** Profildicke *f* innen; Dicke *f* des Wurzelprofils *(Flzg)*; ~**s supercharger** Roots- *od* Kapsellader *m (Flmot) (Def)*.

**rope** Seil *n*; ~ **pulley** Seil- *od* Laufrolle *f (Flzg-Steuerung)*; ~ **start** Seilstart *m (Segel-Flzg)*.

**roster** Dienstplan *m (mil)*.

**rota|plane** Drehflügelflugzeug *n*; ~**ry** rotierend; drehend; ~**ry converter** rotierender Umformer *m (el)*; ~**ry derivatives** *pl* Drehbewegungsderivativa *n/pl (Stab) (Def)*; ~**ry engine** Umlaufmotor *m (veralteter Stern-Flmot) (Def)*; ~**ry force** Drehkraft *f*; ~**ry joint** Drehkopplung *f (Radar)*; ~**ry motion** Drehbewegung *f*; ~**ry oscillation** Drehschwingung *f*; ~**ry pump** Rotationspumpe *f*; Kreiselpumpe *f*; ~**ry snowplough** (*US* **plow**) Schneeschleuder *od* -fräse *f*; ~**ry transformer** rotierender Umformer *(el) (Def)*; ~**ry valve** Drehschieber *m (Schieber-Flmot)*; ~**ry wing** Drehflügel *m (Hubschrauber)*; ~**ry-wing aircraft** Drehflügelflugzeug *n*; Hubschrauber *m (Flzg)*; ~**table** drehbar; ~**table loop aerial** drehbare Rahmenantenne *f (Fernm) (Def)*; ~**te** rotieren; drehen; aufrichten; Bug *m* hochnehmen *(bei Start von Strahl-Flzg)*; ~*te clockwise* im Uhrzeigersinn drehen; ~*te counterclockwise* im entgegengesetzten Uhrzeigersinne drehen; ~*te the airscrew by hand* Luftschraube von Hand durchdrehen; ~*te the engine* Motor durchdrehen *od* anwerfen; ~**ting airfoil** Drehflügel *m (Hubschrauber)*; ~**ting anemometer** Rotationsanemometer *m*; Drehungswindmesser *m (met)*; ~**ting beacon** Drehfeuer *n*; ~**ting-beam ceilometer** Drehstrahl-Wolkenhöhenmesser *m (Bod)*; ~**ting guide-vanes** *pl* Laufrad-Eintrittsschaufeln *f/pl (Turbo) (Def)*; ~**ting-wing airplane** Drehflügelflugzeug *n*; ~**tion** Drehung *f*; Drehbewegung *f*; Drehsinn *m*; Drall *m (Geschoss)*; ~**tion(al) speed** Dreh(ungs)- *od* Umdrehungsgeschwindigkeit *f*; Umfangsgeschwindigkeit *f (Luftschraubenspitzen)*; Drehzahl *f*; ~**tion cooling** Umlaufkühlung *f*; ~**tion gun-ring** Drehkranz *m (Bordwaffenstand)*; ~**tion speed** Aufrichtgeschwindigkeit *f (Flzg beim Start)*; ~**tions per minute**, *abbr* **RPM** Umdrehungen *f/pl* in der Minute, *abbr* $min^{-1}$ *(Flmot usw)*.

**rotor** Läufer *m (Turbo & el)*; Rotor *m*; Leitrad *n*; Drehflügel *m (Hubschrauber) (Def)*; ~ **airplane** Drehflügelflugzeug *n*; **auxiliary** ~ Hilfsrotor *m (Heli)*; ~ **balancing** Rotorausgleich *m (Heli)*; ~ **blade** Laufradschaufel *f (Turbo)*; Rotorblatt *n (Heli)*; ~ **blade anti-icing system** Rotorblattenteisungsanlage *f (Heli)*; ~ **blading** Laufradbeschaufelung *f (Turbo)*; ~ **brake** Rotorbremse *f (Heli)*; ~**-chute** Rotor-Drachenflugzeug *n*; ~ **cooling** Läuferkühlung *f (Turbo)*; ~**craft** Drehflügler *m (Heli) (Def)*; ~**-disk** *or* **-disc plane** Rotorspitzenkreisebene *f*; ~ **downwash** Rotorwind *od* -strahl *m (Heli)*; ~ **flutter** Rotorflattern *n (Heli)*; ~ **head** Rotorkopf *m (Heli) (Def)*; ~ **hub** Rotornabe *f (Heli) (Def)*; ~ **lift** Rotorauftrieb *m (Heli) (Def)*; ~ **mast** Rotorbock *m od* -antriebswelle *f (Heli) (Def)*; ~ **plane** Drehflügelflugzeug *n*; ~ **pylon** Rotormast *od* -bock *m (Heli)*; ~ **radius** Rotorhalbmesser *m (Heli) (Def)*; ~ **shaft** Rotorwelle *f*; ~ **vane** Lauf- *od* Rotorschaufel *f (Turbo)*.

**rough** hart *(Lauf eines Flmot; Flzg-Landung)*; uneben *(Gelände)*; ~ **computation** Überschlagsrechnung *f*; ~ **formula** Faustregel *f*; ~ **landing** harte Landung *f (Flbetr)*; ~**ness** Rauheit *f (eines Fluges od Kurses)*; ~~ **of sea** Seegang *m*; ~ **sketch** Faustskizze *f*; ~ **weather** Unwetter *n*; Schlechtwetter *n*.

**round** Runde *f*; Patrone *f*; Schuss *m*; rund; ~ **bar** Rundstab *m*; ~**-head rivet** Rundkopfniet *m*; ~**ing-out** Ausschweben *n (Flzg vor dem Aufsetzen: Flbetr) (Def)*; ~ **spar** Rundholm *m (Flzg)*; (~**-the-)world flight** Weltflug *m*; ~ **trip** Hin- und Rückflug *m*; ~**-trip ticket** Rückflugschein *m (LVerk)*.

**route** Route *f*; Strecke *f*; Leit- *od* Nachrichtenweg *m (Fernm)*; ~ **chart** (Flug-)Streckenkarte *f*; ~ **configuration** Reiseflugzustand(sform) *m (f) (Flzg)*; ~ **familiarization flight** Streckeneinweisungsflug *m (LVerk)*; ~ **forecast**, *abbr* **ROFOR** (Flug-)Strecken(wetter)vorhersage *f*; ~ **formation** Marschformation *f (Verbandsflug)*; ~ **guide** Streckenhandbuch *n (LVerk)*; ~ **kilometres** *pl* Streckenkilometer *m/pl*; ~ **leg** Streckenabschnitt *m*; Teilstrecke *f*; ~ **lighting** Streckenbefeuerung *f (LVerk)*; ~ **marking** Streckenkennung *f*; Streckenmarkierung *f (LVerk)*; ~ **navigation facility** Streckennavigationseinrichtung *f*; ~ **of march** Marschweg *m*; ~ **pattern** Streckennetz *n (LVerk)*; ~ **reconnaissance** Streckenaufklärung *f (takt)*; ~ **schedule** Flugstreckenplan *m*; ~ **segment** Streckenabschnitt *od* -teil *m*; Teilstrecke *f (LVerk) (Def)*; ~ **stage** Streckenabschnitt *m*; ~ **surveillance radar** Streckenrundsichtradar *n*.

**routine| flight** Routineflug *m*; ~ **inspection** Stundenkontrolle *f (Flzg & Flmot)*; ~ **maintenance** laufende Wartung *f*; ~ **message** planmäßige *od* Routinemeldung *f*; R-Meldung *f (Fernschr)*; ~ **order** Dienstbefehl *m (mil)*; ~ **radio message** Betriebsfunkspruch *m (Funk)*; ~ **weather observation** planmäßige Wetterbeobachtung *f (met)*.

**routing** Leitweg *m*; Leitweglenkung *f (Fernschreibdienst)*; ~ **clearance** Streckenfreigabe *f (Flsich)*; ~ **directory** Leitwegplan *m (Fernm)*; ~ **indicator** Leitwegkennung *od* -kenngruppe *f (Fernschreibdienst usw)*; ~ **list** Leitwegliste *f*; Liste *f* der Ausgangsverantwortlichen *(Fernm)*.

**R-Theta| computer** Entfernungs-Azimuth-Rechner *m (nav)*; ~ **system** Rho-Theta-Verfahren *n (nav) (Def)*.

**RTOL** (*short for* **reduced take-off and landing**) **aircraft** Luftfahrzeug *n* für verkürzte Piste.

**rubber** Gummi *m & n*; ~ **boat** Schlauchboot *n*; ~ **cord** Gummiseil *n (Segel-Flzg)*; ~**-cord start** Gummiseilstart *m (Segel-Flzg)*; ~ **cow** *sl* für unstarres Kleinluftschiff *n*; ~ **dinghy** Schlauchboot *n*; ~**-disc** (*or* **disk**) **shock (-absorber) strut** Gummipaketfederbein *n (Flzg)*; ~**-driven model** Gummimotormodell *n (Flzg)*; ~ **insulation** Gummi-Isolation *f (el)*; ~ **motor** Gummimotor *m (Modell-Flzg)*; ~ **motor rod** *or* **stick** Gummimotorstab *m (Modell-Flzg)*; ~**-powered model aircraft** Modellflugzeug *n* mit Gummimotor; ~ **raft** Floßsack *m*; Gummifloß *n*; ~ **shock**

**absorber** Gummiabfederung *f (Fahrwerk: Flzg)*; ~ **tube** Gummischlauch *m*.

**rudder** Seitenruder *n (Lfz)* ***(Def)***; ~ **actuation** Seitenruderbetätigung *f*; ~ **angle** Seitenruderausschlag *m (Flzg)* ***(Def)***; ~ **assembly** Seitenleitwerk *n (Flzg)*; ~ **balance** Seitenruderausgleich *m*; ~ **bar** Seitenruder(fuß)hebel *m (Flzg)* ***(Def)***; ~ **boost control** *(US)* Seitenruderkraftsteuerung *f*; ~ **cable** Seitenruderkabel *n*; ~ **control** Seitenrudersteuerung *f (Flzg)*; ~**-s** Seiten(ruder)steuerelemente *f/pl (Flzg)*; ~ **deflection** Seitenruderausschlag *m*; ~ **fin** Seitenflosse *f (Flzg)*; ~ **fixing** Seitenruderbefestigung *od* -anlenkung *f (Flzg)*; ~ **hinge** Seitenruderscharnier *n*; Seitenrudergelenk *n*; Seitenruderaufhängung *f (Flzg)*; ~ **horn** Ruderhorn(ausgleich) *n (m)*; ~ **kicking** Schlagen *n* des Seitenruders; ~ **lever** Seitenruderhebel *m*; ~ **loads** *pl* Seitenleitwerkskräfte *f/pl*; ~ **movement** Seitenruderausschlag *m*; ~ **pedal** Seitenruderpedal *n (Lfz)* ***(Def)***; ~ **post** Seitenruderholm *m (Flzg)* ***(Def)***; ~ **servo control** Seitenruderkraftsteuerung *f*; ~ **side force** Seitenruder(seiten)kraft *f*; ~ **spar** Seitenruderholm *m*; ~ **surface** Seitenruderfläche *f*; ~ **trim(ming)** Seiten(ruder)strimmung *f*; ~ **trim tab** Seiten(ruder)trimmklappe *f*; ~ **unit** Seitenleitwerk *n*; ~ **vibration** Seitenruderschütteln *n*.

**rule** Regel *f*; Vorschrift *f*; Ordnung *f*; ~ **of thumb** Faustregel *f*; ~**s of land-warfare** Landkriegsordnung *f*; ~**s of the air** Luftverkehrsregeln *f/pl*.

**ruling** Schraffur *f (Kart)*.

**run** Lauf *m*; Gang *m (Flmot)*; Rollstrecke *f (Flzg bei Start/ Landung)*; laufen; betreiben; ~ *an air route* eine Flugstrecke befliegen *(LVerk)*; ~ **away** Weglaufen *n (Trimmung)*; ~**-in** Hereinkommen *n (Flzg zur Landung)*; ~ **-in the engine** *(neuen Flmot)* einlaufen lassen; "~ **- let go!**" „Laufen - los!" *(Segel-Flzg-Start)*; ~**ner** Kufe *f (Flzg)* ***(Def)***; Melder *m*; Läufer *m (mil)*; ~**ning** Lauf *m (Flmot)*; ~**ning balance** dynamische Auswuchtung *f*; ~**ning board** Trittbrett *n (Kfz)*; ~**ning commentary** *(on the tactical air situation)* Reportageverfahren *n (LKr)*; ~**ning costs** *or* **expenses** *pl* Betriebsunkosten *pl*; ~**ning flight** laufendes Gefecht *n (takt)*; ~**ning fix** Doppelpeilung(sstandort) *f (m)*; durch Standlinien-Parallelverschiebung ermittelter Peilstandort *m (Funknav)* ***(Def)***; ~**ning gear** Fahr- *od* Lauf- *od* Räderwerk *n (Kfz)*; ~**ning hour** Betriebsstunde *f (Flmot)*; ~**ning-in** Einlaufen *n (neuer Flmot)*; ~**ning order** Betriebsbereitschaft *f*, ~**ning reporting** *(on the tactical air situation)* Reportageverfahren *n (LKr)*; ~**ning rigging** Einstell-Leinenwerk *n (Lfz l)* ***(Def)***; ~**ning temperature** Betriebstemperatur *f (Flmot)*; ~**ning(-type) take-off** Rollstart *m*; Start *m* aus dem Rollen *(Flbetr)*; ~**ning-up** Abbremsen *n (Flmot)*; ~**-off** ausbrechen; abkommen *(Flzg von der Piste)*; ~ *off petrol (US gasoline)* Kraftstoff ablassen *(Flzg)*; ~ *the engine all out* Motor voll beanspruchen *od* belasten; ~ *the engine on the chocks* abbremsen *(Flmot)*; ~ **up** warmlaufen; warmfahren; hochfahren; abbremsen *(Flmot)*; anfliegen *(Angriffsziel: LKr)*; ~**-up** Hochfahren *n*; Abbremsen n *(Flmot)*; ~**-up area** Abbremsplatz *m (Bod)*; ~**-up position** Abbremsstelle *f (Bod)*; *~-up to the target* Zielanflug *m (zum Bombenwurf)*.

**runway** Startbahn *f*; Landebahn *f*; Start- und Landebahn *f*; Piste *f (Bod)* ***(Def)***; ~ **air temperature** Lufttemperatur *f* über der Piste; ~ **alignment beacon** Pistenrichtungsfeuer *n (Bod)* ***(Def)***; ~ **alignment indicator**, *abbr* **RAI** Pistenrichtungsanzeiger *m (Bod)* ***(Def)***; ~ **centre line markings** *pl* Pistenmittellinienmarken *f/pl*; ~ **code letter** Pistenkennbuchstabe *m*; ~ **control (service)** Landekontrolldienst *m (Flsich)*; ~ **controller** Flugverkehrslotse *m* für Start- und Landebahn; Landekontroll-Lotse *m (Flsich)*; ~ **designation** Pistenbezeichnung *f*; ~~ **letter** Pistenbezeichnungsbuchstabe *m*; ~~ **markings** *pl* Pistenbezeichnungsmarken *f/pl*; ~~ **numbers** *pl* Pistenbezeichnungszahlen *f/pl*; ~ **dimensions** *pl* Pistenausmaße *n/pl (Bod)*; ~ **edge** Pistenrand *m*; ~~ **light** Pistenbegrenzungs- *od* -randfeuer *n (Bod)* ***(Def)***; ~~ **markings** *pl* Pistenrandmarken *f/pl*; ~**end lighting** Pistenendbefeuerung *f (Bod)*; ~**end marking** Pistenendmarkierung *f*; ~**end safety area** Sicherheitsfläche *f* am Pistenende *(Bod)*; ~ **in use** Betriebspiste *f*; Piste *f* in Betrieb *(Flbetr)*; ~ **lighting** Start- und Landebahn- *od* Pistenbefeuerung *f*; ~ **lights** *pl* Start- & Landebahnfeuer *n/pl*; Pistenfeuer *n/pl (Bod)* ***(Def)***; ~ **markings** *pl* Pistenmarken *f/pl*; ~ **occupancy** Pistenbelegung *f (Flbetr)*; ~ **pattern** Pistenanordnung *f (Bod)*; ~ **selected basic length** Pistengrundlänge *f (Bod)* ***(Def)***; ~ **shoulder** Pistenschulter *f*; ~ **slope** Pistenneigung *f od* -gefälle *n*; ~ **strength** Pistentragfähigkeit *f*; ~ **surface light** Pisten(oberflächen)feuer *n (Bod)* ***(Def)***; ~ **threshold light** Schwellenfeuer *n*; ~~**-ing** Schwellenbefeuerung *f (Bod)*; ~ **threshold markings** *pl* Schwellenkennzeichnung *f od* -marken *f/pl (Start- und Landebahn)*; ~ **touchdown zone lighting** Aufsetzzonenbefeuerung *f (Bod)*; ~ **touchdown zone markings** *pl* Aufsetzzonenmarken *f/pl*; ~ **visual range**, *abbr* **RVR** Pistensichtweite *f (Flbetr)* ***(Def)***.

**ruptur|e** Bruch *n*; Riss *m*; ~**e load factor** Bruchlastvielfaches *n*; ~**ing load** Bruchbelastung *f*.

**rust** Rost *m*; (ver)rosten; ~**less** rostfrei; ~ **preventive** Rostschutzmittel *n*; ~**-proof** rostsicher; rostfrei; ~**-proofing grease** Rost- und Korrosionsschutzfett *n*; ~**-resistant** rostbeständig; ~**y** rostig; verrostet.

# S

**S** *(ICAO- & NATO-Buchstabieralphabet)* Sierra; *(altes, internationales Buchstabieralphabet)* Sugar.

**sabot|age** Sabotage *f*; ~**eur** Saboteur *m*.

**saddle-type tank** Sattelbehälter *od* -tank *m (Flzg)*.

**safe** (ge)sicher(t); zulässig; unscharf *od* blind (Bombe); ~ **altitude** Sicherheitshöhe *f (Flsich)*; ~ **bomb** blinde Bombe *f (LKr)*; ~ **clearance path** hindernisfreie Flugbahn *f (Flsich)*; ~ **dropping of bombs** Bombenblind(ab)wurf *m (LKr)*; ~ **fatigue life** sichere Nutzungsdauer *f (bis zum Unbrauchbarwerden: Gerät usw)*; aktive Lebensdauer *f*; ~**guard** Schutzvorrichtung *f*; Schutzwache *f (mil)*; schützen; sichern; ~ **life** sichere Lebensdauer *f (Gerät usw)*; ~ **load** zulässige Belastung *f*; ~**ty** Sicherheit *f*; ~**ty band** *or* **belt** Anschnallgurt *m (Flzg-sitz)*; ~**ty barrier** Sicherheitsfangnetz *n (Flzg-Träger)* ***(Def)***; ~**ty belt (assembly)** Anschnallvorrichtung *f (am Flzg-Sitz)*; ~**ty-belt buckle** Anschnallgurtschloss *n*; ~**ty catch** Sperrklinke *f*; ~**ty communication** Sicherheitsverkehr *m (Flsich)*; ~**ty ejection altitude** Sicherheitskatapultier- *od* -ausschusshöhe *f (Schleudersitz: Flzg)*; ~**ty equipment** Sicherheitsgerät *n*; ~**ty glass** Sicherheits- *od* Plexiglas *n*; ~**ty height** Sicherheitshöhe *f (Flbetr)* ***(Def)***; ~**ty in flight** Flugsicherheit *f*; ~**tying** Sichern *n (Flzg-Bauteile; Schrauben)*; ~**ty lever** Sicherheitshebel *m (Schusswaffe)*; ~**ty limit** Grenze *f* der Sicherheitszone *(Art)*; ~**ty line** Anfluggrundlinie *f (Flsich)*; ~**ty lock** Sicherheitsschloss *n*; Sicherung *f (Zünder)*; ~**ty measure** Sicherheitsmaßnahme *f*; ~**ty message** Sicherheitsmeldung *f (Flsich)*; ~**ty officer** Sicherheitsoffizier *m*; ~**ty of operation** Betriebssicherheit *f*; ~**ty pilot** Sicherheitsluftfahrzeugführer *od* -pilot *m* ***(Def)***; ~**ty pin** (Sicherungs-)Vorstecker *m (Zünder, Bombe)*; ~**ty recommendation** Sicherheitsempfehlung *f (ICAO)* ~**ty regulations** *pl* Sicherheitsbestimmungen *f/pl*; ~**ty service** Sicherheitsdienst *m (Flsich)*; ~**ty signal** Sicherheitszeichen *od* -signal *n*; ~**ty speed** sichere Geschwindigkeit *f (Lfz)* ***(Def)***; ~**ty switch** Sicherheitsschalter *m*; ~**ty thread** Sicherungsfaden *m (Fallsch)* ***(Def)***; ~**ty tie** Sicherungsverbindung *f (Fallsch)* ***(Def)***; ~**ty time** Verzugszeit *f*, *abbr* VZ *(Bombenzünder)*; ~**ty zone** Sicherheitszone *f (Art)*; gedeckter Raum *m (takt)*.

**sail** segeln *(Segel-Flzg)*; ~ **flying** Segelflug *m*; ~**ing** Segeln *n (Segel-Flzg)*; ~**or** Matrose *m*, Seemann *m*; ~**plane** Segelflugzeug *n* ***(Def)***; ~**plane model** Segelflugmodell *n*; ~**plane pilot** Segeflugzeugpilot *m*; Segelflieger *m*; ~**planing** Segelflug *m*; Segelfliegen *n*.

**salary** Gehalt *n*; Besoldung *f*.

**salient** Frontvorsprung *m (takt)*.

**salt water** Salzwasser *n*.

**salut|e** Ehrenbezeigung *f*; Ehrenbezeigung erweisen; ~**ing** Ehrenbezeigung *f (mil)*.

**salvage** Bergung *f*; Bergen *n*; bergen; ~ **dump** Gerätesammelstelle *f*; ~ **party** Bergekommando *n*; ~ **service** Bergungsdienst *m*.

**salvo** Salve *f*; Lage *f (Art)*; ~ **bombing** Reihenbombenwurf *m (LKr)*; ~ **fire** Lagenfeuer *n (Art)*; ~ **release** Massenabwurf *m*; Schüttabwurf *m (Bomben)*.

**SAM** (*short for* **surface-to-air missile**) Boden-Luft-Flugkörper *m*.

**sampl|e chart** Musterkarte *f*; Kartenbeispiel *n (Kart)*; ~**ing** Stichprobenkontrolle *f*.

**sand|bag** Sandsack *m (Ballast: Ball)*; ~**blasting** Sandstrahlbehandlung *f*; ~ **devil** Sandteufel *m od* -trombe *f (met)*; ~ **haze** Sanddunst *m*; ~**ing** Sandan- *od* -einsaugung *f (in Triebwerk)*; ~ **spout** Sandhose *f (met)*; ~ **spreading** Sandstreuen *n*; Sanden *n (Bod)*; ~-**storm** Sandsturm *m (met)* ***(Def)***; ~ **table** Sandkasten *m (mil)*; ~ -**table exercise** Sandkastenübung *f (mil)*; ~ **whirl** Sandwirbel *m (met)*; ~**wich** Sandwich *m (Lfz-Bauteil)* ***(Def)***; ~**wich skin** geschichtete *od* Sandwichbeplankung *f (Flzg)*.

**sanitary| aerodrome** Sanitärflugplatz *m (LVerk)*; ~ **certificate** Gesundheitszeugnis *n*; ~ **control** Gesundheitskontrolle *f*.

**sanitation** Gesundheitsmaßnahmen *f/pl*.

**SAR** (*short for* **search and rescue (service)**) Such- und Rettungsdienst *m*.

**sardine-tin** *sl für* Torpedoflugzeug *n*.

**satellite| base** *(US LW)* wirtschaftlich unterstellter Standort *m*; ~ **camera** Satellitenkamera *f (LPhot)*; ~ **landing ground** Feldflugplatz *m (takt)*; *auch* Arbeits(flug)platz *m (Flugausbildung)*; ~**s** *pl* Flugsteigköpfe *m/pl (Flugplatz)*.

**saturat|e** sättigen *(met)*; neutralisieren *od* ausschalten *(Abwehr: takt)*; ~**ed adiabatic lapse rate** feuchtadiabati-scher Temperaturgradient *m (met)* ***(Def)***; ~**ion** Sätigung *f (Atmosphäre: met)*; ~**ion adiabat** Sättigungsdiabate *f (met)*; ~**ion current** Sättigungsstrom *m (Funk)*; ~**ion raid** Eindeckungsangriff *m*; Sättigungsangriff *m (LKr)*; ~**ion vapour** (*US* **vapor**) **pressure** Sättigungsdampfdruck *m (met)* ***(Def)***.

**sausage** *sl für* Fesselballon *m*; *sl für* Windsack *m*.

**sav|e** (ein)sparen; (er)retten; ~**ing** Errettung *f*; Einsparung *f*; ~**ing of weight** Gewichtseinsparung *f*.

**sawtooth frequency** Kippfrequenz *f (Radar)*.

**scale** Maßstab *m (Kart)*; Gradeinteilung *f (Kompass)*; ~ **bar** Maßstabsleiste *f*; ~ **down** maßstäblich verkleinern; ~**d-down model** verkleinertes Modell *n (Lfz usw)*; ~**d form** Modellausführung *f*; ~ **effect** Maßstabseinfluss *m (aerodyn)* ***(Def)***; ~ **error** Maßstabsfehler *m*; ~ *of (corrected) print* Bildmaßstab *m (LPhot)*; ~ *of hypsometric tints* Höhenschichtfarbskala *f (Kart)*; ~ *of map* Kartenmaßstab *m*; ~ *of protection* Schutzskala *f od* -ausmaß *n (Feuerschutz)*; ~ *of wind forces* Windstärkenskala *f (met)*; ~-**rectified** maßstabsentzerrt *(LPhot)*.

**scan** absuchen *od* abtasten *(Radar)*; ~ **conversion** Abtastumsetzung *f (Radar)*; ~**ning** Abtastung *f*; abtasten *n (Radar)*; ~~ **assembly** Abtastvorrichtung *f (Radar)*; ~~ **device** Abtasteinrichtung *f (Radar)*; ~~ **rate** *or* **speed** Abtastgeschwindigkeit *f (Radar)*; ~~ **spot** Abtastfleck *m (Radar)*; ~~ **technique** Abtast- *od* Beobachtungsmethode *f (Radar)*.

**scaphander** Höhen(schutz)anzug *m (Pilot: Flzg)*.

**scarf cloud** Schleierwolke *f (met)*.

**scatter** Streubereich *m & n (Art)*; ~**ed clouds** *pl* stark aufgelockerte Bewölkung *f (met)*; ~**ed light** Streulicht *n*; ~**ed radiation** Streustrahlung *f (Funk)*; ~**ed raid** Streuangriff *m (LKr)*.

**scaveng|e** reinigen; spülen; ~**e pipe** Rückförderleitung *f (Öl: Flmot)* ***(Def)***; ~**e(r) pump** Rückförderpumpe *f (Turbo)*; Ölabsaugpumpe *f* ***(Def)***; ~**ing** Spülung *f*; ~**ing blower** Spülluftgebläse *n*; ~**ing pump** Spülpumpe *f*.

**schedule** Zeittafel *f*; Flugplan *m (LVerk)*; **activation** ~ Aufstellzeitplan *m (mil)*; ~**d air service** Fluglinie *f*; Linienflug *m*; planmäßige(r) Luftverkehr(sverbindung) *m (f)*; ~**d flight** (flug)planmäßiger Flug *m (LVerk)*; ~**d frequencies** *pl* Flugfrequenzen *f/pl* im Linienverkehr *(Funk)*; ~**d international air service** planmäßiger internationaler Luftverkehr *m*; internationale Fluglinie *f (LVerk)*; ~**d operation** festgelegte Betriebszeit *f (Fernm)*; ~**d stop** planmäßiger Halt *m (LVerk)*; ~**d watch** festgelegte Wachzeit *f (Fernm)*; **training** ~ Ausbildungszeitplan *m (mil)*.

**schematic representation** schematische Darstellung *f*.

**schlieren| arrangement** Schlierenanordnung *f (aerodyn)*; ~ **interference** Schliereninterferenz *f (aerodyn)*; ~ **photograph** Schlierenaufnahme *f (aerodyn)*; ~ **picture** Schlierenbild *n (aerodyn)*.

**schnorchel** Schnorchel *m (U-Boot)*.

**scho|larship** Freistelle *f*; Stipendium *n*; ~**ol** Schule *f*; ~**oling** Schulung *f*.

**scien|ce** (Natur-)Wissenschaft *f*; ~**ce of flight** Flugwissenschaft *f*; ~ **tific** wissenschaftlich; ~**tist** (Natur-)Wissenschaftler *m*.

**scimitar wing** Sicheltragfläche *f (Flzg)*.

**scoop** Lufthutze *f*; ~**-type air intake** Luftfänger *m*.

**scope** Schirmbild *n*; Radarschirm *m*; Bildschirm *m*; *(Braunsches Rohr: Radar)*; Zweck *m*; Anwendungsbereich *m*; **radar** ~ Radarschirm *m*.

**scorch** durchschmoren *(Kabel: el)*.

**score** Trefferergebnis *n*; Punkt *m (Punktwertungssystem)*; Treffer erzielen.

**scout** erkunden; aufklären *(takt)*; ~ **airplane** Erkundungsflugzeug *n*; ~ **car** Spähwagen *m (takt)*; ~**ing party** Spähtrupp *m (takt)*; ~**ing raid** Erkundungsvorstoß *m (takt)*; ~ **vehicle** Erkundungsfahrzeug *n*.

**scrambl|e** Alarmstart *m (LKr)*; Alarmstart durchführen *(LKr)*; ~**ing** Alarmstart *m (LKr)*; ~**ing net** Kletternetz *n*.

**scramjet** Überschallstaustrahlantrieb *m od* -triebwerk *n (Turbo)*.

**scrap value** Schrottwert *m*.

**scraper** Schürfkübel *m*; Motorschürfwagen *m (Bau-Kfz)*; **motor** ~ Motorschürfwagen *m*; Schürfkübel *m*; *sl* Schrapper *m (Flugplatzbau)*; ~**ring** Ölabstreifring *m (Flmot) (Def)*.

**screamer** *sl für* Heulbombe *f*.

**screen** Röntgenschirm *m*; Radarschirm *m*; Schleier *m (takt)*; Ummantelung *f (Zündkerze)*; Raster *m (Kart)*; Wetterhütte *f (met)*; Screen *m (Bod)* ***(Def)***; abschirmen *(takt)*; *(E)* abschirmen *(el)*; bewehren *(Stromkabel)*; verschleiern *(takt)*; ~**ed ignition cable** abgeschirmtes Zündkabel *n (el)* ***(Def)***; ~ **effect** Abschirmungseffekt *m (Fernm)*; ~ **grid** Schirmgitter *n (Funk)*; ~**-grid tube** *or* **valve** Schirmgitterröhre *f (Funk)*; ~**ing** *(US)* fliegerische Überprüfung *f*; Abschirmung *f*; *(E)* Schirmung *f (el)*; Bewehrung *f (Kabel)*; Verschleierung *f (takt)*; Vernebelung *f (takt)*; Abdeckung *f (allg)*; Durchleuchtung *f (Fluggäste, Gepäck)*; **security** ~ Sicherheitsüberprüfung *f (Intel)*; ~**ing smoke** künstlicher Nebel *m (takt)*; ~ **thermometer** Hüttenthermometer *n (met)*; ~ **wiper** Scheibenwischer *m (Kfz)*.

**screw** Schraube *f*; *(Kurzform für)* Luftschraube *f*; ~ **apart** auseinanderschrauben; ~ **cap** Schraubenverschluss *m (Tankkopf usw)*; ~**driver** Schraubenzieher *m*; ~ **nut** Schraubenmutter *f*; ~ **off** abschrauben; ~ **out** herausschrauben; ~ **socket** Einschraubfassung *f*; ~ **thread** Schraub(en)gewinde *n*; (~) **wrench** Schraubenschlüssel *m*.

**scud** Fraktostratus *m (met)* ***(Def)***.

**sea** See *f*; Meer *n*; ~ **anchor** Seeanker *m*; ~**-borne anti-aircraft artillery**, *abbr* **AAA** schwimmende Flak *f*; ~ **breeze** Seewind *m (met)* ***(Def)***; ~ **chart** Seekarte *f*; ~ **clutter** Seegangreflexe *m/pl (Radar)*; *sl* Seeschlange *f (Radar)*; ~ **cycle** Seegang *m*; ~ **distress area** Seenotbezirk *m*; ~ **disturbance** Seegang *m (met)* ***(Def)***; ~**drome** Wasserflughafen *m*; ~ **fog** Seenebel *m (met)* ***(Def)***; ~ **glider** Wassersegelflugzeug *n*; ~**-going flying boat** Hochseeflugboot *n*; ~ **gyroplane** Wassertragschrauber *m*; ~ **helicopter** Wasserhubschrauber *m*; ~**-launched ballistic missile**, *abbr* **SLBM** see- *od* schiffsgestützter ballistischer Flugkörper *m*; ~**-level** Meereshöhe *f od* -spiegel *m*; ~**-level (atmospheric) pressure** Luftdruck *m* in NN oder Meereshöhe *(QFF: met)*; ~**-level rated engine** Bodenmotor *m (Flmot für niedrige Nennhöhe)*; ~**-level supercharger** Bodenlader *m (Flmot)*; ~**man** Matrose *m (Marine)*; Seemann *(allg)*; ~ **mark(er)** Seezeichen *n*; ~ **ornithopter** Wasserschwingenflügler *m*; ~**plane** Wasserflugzeug *n*; Seeflugzeug *n* ***(Def)***; ~**plane base** Wasserflugzeugstützpunkt *m*; *(US)* Seefliegerhorst *m*; ~**plane carrier** Wasserflugzeugmutterschiff *n*; ~**plane dolly** Schwimmerwagen *m (für Wasser-Flzge)*; ~**plane fighter** Seejäger *m (Flzg LW)*; ~**plane (landing) ramp** Anrollrampe *f*; Ablaufbahn *f (für Wasser-Flzge)*; ~**plane station** Seefliegerhorst *m (LW)*; ~**plane tank** Wasserflugzeug-Schleppkanal *m (aerodyn)* ***(Def)***; ~**plane tender** Wasserflugzeugmutterschiff *n*; ~ **rating** Seegang *m*; ~ **rescue aircraft** Seenotflugzeug *n*; ~ **returns** *pl* Seegangreflexe *m/pl (Radar)*; ~ **search and rescue (service)** Seenotrettungsdienst *m*; ~**-water** Seewasser *n*; ~**worthiness** Seefähigkeit *f*; Seetüchtigkeit *f (Flugboot)*; ~**worthy** seetüchtig; seefähig.

**seal** abdichten; plombieren; ~ **coat** Dichtungsantrich *m*; Versiegelung *f*; Porenschluss *m (Startbahnbau: Bod)*; ~ **course** Dichtungsschicht *f (Startbahn)*; ~**ed** luftdicht verschlossen; ~**ed beam light** (Lampe *f* mit eingebautem) Scheinwerfer *m*; ~**ed cabin** Höhenkabine *f*; abgedichtete *od* Überdruckkabine *f (Lfz)* ***(Def)***; ~**(ing)** Abdichtung *f*; ~**ing cuff** Dichtungsmanschette *f*; ~**ing ring** Dichtungsring *m*.

**search** Durchsuchung *f (Fluggäste, Gepäck)*; Suche *f (SAR)*; suchen; absuchen; ~ **and rescue**, *abbr* **SAR** Such- und Rettungs-, SAR-; ~~ **aircraft** Such- und Rettungsluftfahrzeug *n*; ~~ **area** Such- und Rettungsbereich *m (SAR)* ***(Def)***; ~~ **facility** Such- und Rettungseinrichtung *f (SAR)*; ~~ **frequency** Such- und Rettungsfrequenz *f (Funk)*; ~~ **manual** Handbuch *n* für Such- und Rettungsdienst; ~~ **measures** *pl* Such- und Rettungsmaßnahmen *f/pl (Luftnotdienst)*; ~~ **net** Luftnotnetz *n (Funk & Tel)*; ~~ **plan** Organisationsplan *m* des SAR-Dienstes; ~~ **region**, *abbr* **SRR** Such- und Rettungsbereich *m*; ~~ **(service)**, *abbr* **SAR** Such- und Rettungsdienst *m*; SAR-Dienst *m*; ~~ **services unit** SAR-Dienststelle *f*; ~~ **signal** SAR-Zeichen *od* -Signal *n*; ~ **area** Suchgebiet *n (SAR)*; ~**er** *sl für* Aufklärer *m (Flzg)*; ~**ing fire** Tiefenfeuer *n (Art)*; ~**ing sector** Suchsektor *m (Flak)*; ~**light** (Such-)-Scheinwerfer *m (Flak, met)*; ~**light beam** Scheinwerferkegel *od* -strahl *m*; ~ **master** Einsatzleiter *m (SAR)*; ~ **operation** Sucheinsatz *m*; ~ **pattern** Suchmuster *n od* -plan *m (SAR)*; ~ **radar** Radar-Suchgerät *n*, Rundsicht- *od* Suchradar(gerät) *n*; ~ **technique** Suchmethode *f (SAR)*.

**searing** Verschmelzen *n (Fallsch)* ***(Def)***.

**season** Jahreszeit *f*; ~**ed** eingelaufen *(Flmot)*; kampferprobt; ~**ed fighter** erprobter Jagdflieger *m*; „alter Hirsch" *m sl*.

**seat** Sitz *m (im Flzg usw)*; ~ **adjustment** Sitzverstellung *f (Flzg)*; ~ **belt** Anschnall- *od* Bauchgurt *m (Flzg)*; ~ **booking** Platzbelegung *f (LVerk)*; ~ **bucket** Sitzwanne *f (Flzg)*; ~ **catapult** Sitzkatapult *n (Flzg)*; ~**ing (arrangement)** Sitzanordnung *f (Flzg)*; ~**ing capacity** Sitzzahl *f (Flzg)*; ~**ing configuration** Sitzanordnung *f od* -schema *n (Flzg)*; ~ **kilometers** *pl* Sitzkilometer *m/pl (LVerk)*; ~~ **available** angebotene Sitz(platz)kilometer *m/pl*, *abbr* ASK *(LVerk)*; ~ **mounting** Sitzträger *m (Flzg)*; ~**-pack parachute** *or* ~**-type parachute** Sitzfallschirm *m*; ~ **reservation** Platzbelegung *f (LVerk)*; ~**s available** angebotene Sitzplätze *m/pl (LVerk)*.

**second** Sekunde *f*; zweite(r); nächstfolgende(r); ~**ary air** Nebenluft *f (Flmot)*; ~**ary attack** Nebenangriff *m (takt)*; ~**ary circuit** Sekundärkreis *m (Funk)*; ~**ary connecting rod**, *abbr* **conrod** Nebenpleuel *n (Stern-Flmot)*; ~**ary cyclone** *or* **depression** Neben- *od* Teil- *od* Randtief *n*; Sekundärdepression *f (met)* ***(Def)***; Tiefdruckausläufer *m (met)*; ~**ary duct** Nebenstromkanal *m (Turbofan)*; ~**ary effort** Nebenangriff *m (takt)*; ~**ary frequency** Neben- *od*

Ausweichfrequenz *f (Funk)* ***(Def)***; ~**ary front** sekundäre Front *f (met)*; ~**ary holes** *pl* Sekundärluftlöcher *n/pl (Turbo)* ***(Def)***; ~**ary low** Neben- *od* Teiltief *n (met)*; ~**ary phenomenon** Begleiterscheinung *f*; ~**ary power supply** Notstromversorgung *f (el)*; ~**ary propulsion system**, *abbr* **SPS** Triebwerkstartgerät *n*; ~**ary radar** sekundäres Radargerät *n*; ~**ary SAR facilities** *pl* SAR-Einrichtungen *f/pl* zweiten Grades; ~**ary squall front** Böenstaffel *f (met)*; ~**ary-surface radiator** Rippenkühler *m (Flmot)* ***(Def)***; ~**ary surveillance radar**, *abbr* **SSR** Rundsicht-Sekundärradar *n*; ~**ary target** Nebenziel *n (takt)*; Ausweichziel *n (LKr)*; ~**ary-type glider** Leistungsregler *m (Segel-Flzg)*; ~**-in-command** stellvertretender Führer m *(mil)*; ~ **law of motion** zweites Newton'sches Gesetz *n*; Newton'sche Bewegungsgleichung *f*; ~ **Lieutenant** *(US LW)* Leutnant *m*; ~ **pilot** zweiter Pilot *od* Luftfahrzeugführer *m* ***(Def)***.

**secre|cy** Geheimhaltung *f*; Verschwiegenheit *f*; ~**t** geheim *(Verschlusssache: mil)*; ~**t code** Geheimschlüssel *m*; ~**t teleprinter** *od* **teletyper** Geheimfernschreiber *m (G-Schreiber)*; ~**t text** verschlüsselter Text *m*; Geheimtext *m (Funk usw)*; **top** ~**t** streng geheim *(Verschlusssache)*; ~**tary of the Air Force** *(US)* Luftwaffenminister *m*; ~**tary of State for Air** *(E)* Luftfahrtminister *m*.

**section** Querschnitt *m*; Profil *n (Tragfläche)*; Abschnitt *m (takt)*; Geländeausschnitt *m*; Trupp *m (mil)*; Abteilung *f (Verwaltung)*; Halbstaffel *f (LW: = 2 Schwärme = 8 Flzge)*; ~**al chart** Kartenausschnitt *m (Kart)*; ~**al plane** Schnittebene *f*; ~**al view** Schnittansicht *f*; ~ **steel** Form- *od* Profileisen *n*; ~ **thickness** Profilstärke *f*; Profildurchmesser *m*.

**sector** Sektor *m*; Abschnitt *m (takt)*; ~ **boundary** Abschnittsgrenze *f (takt)*; ~ **control** Abschnittsleitung *f (LKr)*; ~ **reserve** Abschnittsreserve *f (takt)*; ~ **separation** Sektorstaffelung *f (Flsich)*.

**secur|e storage area** gesicherte Zwischenlagerstätte *f (Bod)*; ~**ing belt** Sicherheits- *od* Anschnallgurt *m (Flzg)*.

**security** Sicherheit *f (takt)*; (innere) Sicherheit *f (Abwehrdienst)*; Luftsicherheit *f*; ~ **check** (Luft-)Sicherheitskontrolle *f*; ~~ **point** (Luft-)Sicherheitskontrollpunkt *m (Bod)*; ~ **clearance** Sicherheitsbescheinigung *f (Intel)*; ~ **control office** Abwehrstelle *f*; ~ **for customs duty** Sicherheitsleistung *f* für den Zoll *(LVerk)*; ~ **lighting** Sicherheitsbeleuchtung *f (Bod)*; ~ **manual** Sicherheitshandbuch *n*; ~ **matter** Abwehrangelegenheit *f (mil)*; ~ **measure** Sicherungsmaßnahme *f (takt)*; ~ **mission** Sicherheitsauftrag *m (takt)*; ~ **officer** Sicherheitsbeauftragter *m (LVerk)*; Sicherheitsoffizier *m (mil)*; Abwehroffizier *m (mil)*; ~ **patrol** Sicherheitsstreife *f (Bod)*; ~ **programme** Sicherheitsprogramm *n*; (Luft-) Sicherheitsplan *m*; ~ **screening** Sicherheitsüberprüfung *f (von Personal)*; ~ **survey** Sicherheitsbegutachtung *f*.

**seeding** Impfen *n (von Wolken, Nebel)*.

**seeking head** Zielsuchkopf *m (FK, Rak)*.

**seiz|e** fressen *(Kolben; Lager)*; festnehmen; ~**ing** Fressen *n (Kolben usw)*; ~**ure** Festnahme *f*.

**SELCAL system** SELCAL-System *n*; Selektivrufsystem *n (Fernm)* ***(Def)***.

**select|ed special meteorological report** Auswahlmeldung *f (met)*; ausgewählte Wettermeldung *f*; ~**ive calling system**, *abbr* **SELCAL** Selektivrufsystem *n*; SELCAL-System *n (Fernm)*; ~**ive identification feature**, *abbr* **SIF** selektives Freund/Fein-Kennungssystem *n (Flugs, LW)*; ~**ive inspection** Stichprobenkontrolle *f*; ~**ivity** Trennschärfe *f (Funk)*; ~**or** Wähler *m (Tel)*; ~**or cock** Mehrweghahn *m*; Wahlventil *n*; ~**or dial** *or* **disc** Wählscheibe *f (Tel)*; ~**or switch** Wahlschalter *m*; ~**or valve** Wahlventil *n*; Mehrwegehahn *m (Lfz)* ***(Def)***.

**selen|ium cell** Selenzelle *f*; ~**oid** Selenoid *n*; ~**oid cell** Selenzelle *f*; ~**ology** Selenologie *f*.

**self|-acting** selbsttätig: ~**-adjusting** selbsteinstellend; ~**-aligning bearing** Pendellager *n*; ~**-alignment** Spurzwang *m (Bugrad; Spornrad: Flzg)*; ~**-aspirating engine** laderloser *od* selbstansaugender Motor *m (Flmot)*; ~**-charge** Selbstaufladung *f (el)*; ~**-contained bearing** abgeschlossenes Lager *n*; ~**-contained (navigational) aid** bodenunabhängige Navigationshilfe *f*; ~**-correcting** automatisch *od* selbstkorrigierend; ~**-defence** (*US* **defense**) Selbstverteidigung *f*; Notwehr *f*; ~**-destroying fuse** *or* **fuze** Zerlegerzünder *m*; ~**-exiting** selbsterregend *(Funk)*; ~**-ignition** Selbstzündung *f (Diesel-Flmot)*; ~**-induction** Selbstinduktion *f (el)*; ~**-insurance** Selbstversicherung *f (LVerk)*; ~**-loading weapon** Selbstladewaffe *f*; ~**-propelled** auf Selbstfahrlafette; ~**-propelled gun** Selbstfahr- *od* Sturmgeschütz *n*; ~**-propelled gun-carriage** *or* **gun-mount(ing)** Selbstfahrlafette *f*; ~**-propelled stairs** *pl* selbstfahrende *od* Fahrtreppe *f (Bod)*; ~**-propulsion** Eigenantrieb *m*; ~**-recording barometer** Luftdruckschreiber *m (met)*; ~**-recording instrument** automatisches Registriergerät *n*; ~**-recording thermometer** Temperaturschreiber *m (met)*; ~**-registering anemometer** Wind(geschwindigkeits)schreiber *m (met)*; ~**-routing** automatische Leitwegwahl *f (Fernm)*; ~**-sealing** selbstabdichtend; beschusssicher *(Kraftstoffbehälter)*; ~**-seal(ing) tank** geschützter *od* selbstabdichtender Kraftstoffbehälter *m (Flzg)*; ~**-synchronous** selbstsynchronisierend; ~~ **unit** Selbstsynchronisiervorrichtung *f*; automatische Nachsteuerung *f (Fernm)*.

**selsyn** (*short for* **self-synchronizing**) selbstsynchronisierend; *(auch Firmenbezeichnung für Übertragungssysteme)*; ~ **pick-off** *or* **pick-up** Selsyn- *od* Dreh(feld)geber *m (Fernm)*.

**semi|-active homing guidance** halbaktive Zielsuchlenkung *f (FK)* ***(Def)***; ~**-automatic** halbautomatisch; halbselbsttätig; ~~ **relay station** halbautomatische Weitergabeeinrichtung *f (Fernm)* ***(Def)***; ~~ **switching** halbautomatische Schaltung *f od* Vermittlung *f (Fernm)*; ~~ **tape relay** halbautomatische Lochstreifenweitergabe *f*; ~~ **teletypewriter operation** halbautomatischer Fernschreibbetrieb *m*; ~~ **weapon** Selbstladewaffe *f*; ~**bulkhead** Halbschott *n (Flzg)*; ~**-cantilever** halbfreitragend *(Tragfläche usw)*; ~**circle** Halbkreis *m*; ~**-circular cruising levels** *pl* Halbkreisflugflächen *f/pl (Flugs)*; ~**conductor** Halbleiter *m (el)*; ~~ **amplifier** Halbleiterverstärker *m (el)*; ~~ **device** Halbleiterbau- *od* -schaltelement *n (el)*; ~~ **resistance** Halbleiterwiderstand *m (el)*; ~**-diameter** Radius *m*; Halb(durch)messer *m (nav)* ***(Def)***; ~**-finished material** Halbzeug *n*; ~**-finished product** Halbfabrikat *n*; ~**-floating axle** halbfliegende Achse *f*; ~**-high monoplane** Halbhochdecker *m (Flzg)*; ~**-integral tank** Halbintegralbehälter *m (Lfz)* ***(Def)***; ~**-monocoque fuselage** Halbschalenrumpf *m (Flzg)*; ~**-monocoque structure** Halbschalenstruktur *f (Flzg)*; ~**-motorized** teilmotorisiert *(takt)*; ~**-overhaul** Teilüberholung *f*; ~**-rigid** halbstarr *(Luftschiff)*; ~~ **airship** halbstarres Luftschiff *n (Lfz l)* ***(Def)***; ~~ **rotor** halbstarrer Rotor *m (Heli)*; ~~ **theory** halbstarre Theorie *f (Konstr)* ***(Def)***; ~**-smokeless** raucharm; rauchschwach *(Pulver)*; ~**span** Halbspanne *f*; halbe Spannweite *f (Flzg)*; ~**stall** halbüberzogener Flug *m (Flzg)*; ~**-stalled condition** halbüberzogener Flugzustand *m (Flzg)*; ~**-strut (type) biplane** Halbstieler *m (Doppeldecker: Flzg)*; ~**-tracked vehicle** Halbkettenfahrzeug *n (Kfz)*; ~**trailer** Sattelschlepper *m (Kfz)*.

**send** | **a wireless message** funken; ~ **by radio** funken; ~**er** Geber *m (Funk)*; ~**ing** Geben *n (Funk)*; ~~ **console** Sendepult *n*; ~~ **controller** sendender Lotse *m (Flsich)*; ~~ **unit** sendende Stelle *f*.

**senior** | **commercial pilot** Berufspilot od -luftfahrzeugführer *m* 1. Klasse *(LVerk)*; ~**ity** (Rang-)Dienstalter *n (mil)*; ~ **officer** Dienstältester *m (mil)*; ~ **officers** *pl (US)* Offiziere *m/pl* der Rangklasse der Oberstleutnante und Obersten; ~ **pilot** *(US LW)* Senior-Flugzeugführer *m*.

**sens** | **e** festlegen; Seite bestimmen *(Funkpeilung)*; Sinn *m*; Seite *f (bei Peilungen: Funk)*; ~**e antenna** Hilfs- *od* Korrekturantenne *f (Funk)*; ~**e determination** *or* **finding** Seitenbestimmung *f (bei Peilungen: Funk)*; ~**e of balance** Gleichgewichtssinn *m*; Gleichgewichtsgefühl *n*; ~**e of equilibrium** Gleichgewichtsgefühl *n*; ~**e of rotation** Drehsinn *m (Luftschraube usw)*; ~**e of safety** Sicherheitsgefühl *n*; ~**e of touch** fliegerisches Gefühl *n (Pilot)*; ~**ing** Seitenanzeige *f*; Seitenbestimmung *f (bei Peilungen: Funk)*; ~**ing antenna** Hilfsantenne *f (zur Seitenbestimmung)*; ~**ing element** empfindliches *od* Fühlerelement *n*; ~**itive** empfindlich *(Geräte; Zünder)*; ~**itive airspeed indicator** Feinfahrtmesser *m (Flzg)*; ~**itive altimeter** Feinhöhenmesser *m (Flzg)*; ~**itive area** erweiterte Schutzzone *f (ILS)*; ~**itive control** feinstufige Regelung *f*; ~**itive fuse** *or* **fuze** empfindlicher Zünder *m*; ~**itivity** Empfindlichkeit *f (Funkgerät)*; ~**itivity limit** Empfindlichkeitsgrenze *f*; ~**itivity of a fuse** *or* **fuze** Zünderempfindlichkeit *f*; ~**itivity time control** Nahechodämpfung *f (Radar)*; ~**or** Messfühler *od* -wertgeber *m*; Sensor *m*; ~~ **(time) lag** Messgebernachhinken *n od* -trägheit *f*.

**sentry** Posten *m (mil)*; Wachposten *m*; ~ **box** Schilderhaus *n*.

**separat** | **e** trennen; (sich) ablösen *od* abreißen *(Luftströmung vom Profil)*; staffeln *(Flzge)*; ~**e exitation** Fremderregung *f (el)*; ~**e from formation** ausscheren *(Flzg aus Verband)*; ~**e modulation** Fremdmodulation *f (Funk)*; ~**ion** Trennung *f (FK)* ***(Def)***; Abstand *m*; Staffelung *f (Flsich)*; Grenzschichtablösung *f (aerodyn)*; Ablösen *n*; Abreißen *n (Luftströmung)* ***(Def)***; ~~ **in time (unit)** zeitliche Staffelung *f*; Staffelung *f* nach Zeit *(Flsich)*; ~~ **minima** Staffelungsmindestwerte *m/pl (Flsich)*; ~~ **of aircraft** Staffelung *f* von Luftfahrzeugen *(Flsich)*; ~~ **of frequencies** Frequenzabstand *m*; ~~ **of runways** Abstand *m* zwischen Parallelpisten; Pistenabstand *m (Bod)*; ~~ **point** Ablösungspunkt *m (Luftströmung)* ***(Def)***; ~~ **standards** *pl* Staffelungsnormen *f/pl (Flsich)*; ~**ive signal** Zwischenraumzeichen *n (Fernm)*.

**sequence** Reihenfolge *f*; ~ **flasher** Blitzfolgefeuer *n (Bod)*; ~ **flashing light** Blitzfolgefeuer *n (Bod)*; ~ **valve** Arbeitsfolgeventil *n (Lfz)* ***(Def)***.

**sequencing of flights** Festlegung *f* der Flugreihenfolge *(Flsich)*.

**Sergeant** Feldwebel *m (LW)*; ~ **Major** Hauptfeldwebel *m (mil)*; **Master** ~ *(US LW)* Oberstabsfeldwebel *m*; **Staff** ~ *(US LW)* Oberfeldwebel *m*; **Technical** ~ *(US LW)* Stabsfeldwebel *m*.

**seri** | **al connection** Reihenschaltung *f (el)*; ~**al number** laufende Nummer *f*; Werknummer *f*; ~**al photographs** *pl* Reihenbild *n (LPhot)*; ~**es** Serie *f*; Reihe *f*; ~**es aircraft** Serienluftfahrzeug *n*; ~**es connection** Reihenschaltung *f (el)*; Gruppenschaltung *f (Tel)*; ~**es engine** Serienmotor *m (Flmot)* ***(Def)***; ~**es of flights** Serienflüge *m/pl (Flbetr)*; ~**es of publications** *pl* Schriftenreihe *f*; ~**es oil cooler** hintereinander eingebauter Ölkühler *m (Flmot)* ***(Def)***; ~**es propeller** Serienluftschraube *f od* -propeller *m* ***(Def)***; ~**es radiator** hintereinander eingebauter Kühler *m (Flmot)* ***(Def)***; ~**es-wound motor** Reihenschlussmotor *m (el)*.

**serious** | **accident** schwerer Unfall *m*; ~ **casualty** Schwerverwundeter *m (Kr)*; ~**ly injured** schwerverletzt *(Unfall)*; ~**ly wounded** schwerverwundet *(Kr)*.

**serv** | **e in the forces** dienen *(mil)*.

**service** Dienst(leistung) *m (f)*; Truppengattung *f (mil)*; warten *(Flzg)*; ~**ability** Einsatzfähigkeit *f*; Tauglichkeit *f*; ~**able** dienst- *od* gebrauchsfähig; ~**ableness** Tauglichkeit *f*; Gebrauchsfähigkeit *f*; Einsatzbereitschaft *f*; ~ **aerodrome** Fliegerhorst *m (LW)*; ~ **aircraft** Militärflugzeug *n*; ~ **area** Abfertigungsbereich *m (Bod)*; ~ **aviation** Militärluftfahrt *f*; ~ **ceiling** Dienstgipfelhöhe *f (Flzg)* ***(Def)***; ~ **coat** Feldbluse *f (mil)*; ~ **coverage** Nutzungs- *od* Versorgungsgebiet *n (Funk)*; ~ **designation** Dienstbezeichnung *f (mil)*; ~ **equipment** Dienstausrüstung *f (mil)*; ~ **evaluation** Truppenerprobung *f (von Gerät)*; ~ **height** Nutzungshöhe *f (Funk)*; ~ **instruction** Betriebsvorschrift *f*; Bedienungsanweisung *f*; ~ **jacket** Feldbluse *f (mil)*; ~ **life** Lebensdauer *f (Flmot usw)*; ~ **load** Zuladung *f* eines Militärflugzeuges; militärische Last *f (Flzg)*; Nutzlast *f (Flzg)*; ~ **manual** Dienstvorschrift *f*; ~ **message** Dienstmeldung *f*; ~ **(of the armed forces)** Teilstreitkraft *f (mil)*; ~ **pattern** Streckennetz *n (LVerk)*; ~ **pay and allowances** *pl* Dienstbezüge *m/pl*; ~ **period** Betriebszeit *f*; ~ **personnel** Bodenpersonal *n (LW)*; ~ **pilot** Militärpilot *m*; Militärluftfahjrzeugführer *m*; ~ **range** Nutzungsentfernung *od* -reichweite *f (Funkdienste)*; ~ **regulation** militärische Bestimmung *f*; Dienstvorschrift *f*; Dienstanweisung *f (mil)*; ~ **status** Wehrdienstverhältnis *n*; ~ **tank** Entnahmebehälter *m*; ~ **tool-kit** Bordwerkzeug *n (Flzg)*; ~ **uniform** Dienstanzug *m (mil)*; ~ **use** Dienstgebrauch *m*; ~ **volume** Nutzungsbereich *m (Nutzungsentfernung plus ~-höhe der Funkdienste)*; ~ **with the armed forces** Wehrdienst *m*; ~ *with troops* Dienst *m* bei der Truppe *(mil)*.

**servicing** Wartung *f*; Versorgung *f*; Dienstleistung *f*; ~ **manual**, *abbr* **SM** Wartungshandbuch *n*; ~ **personnel** Wartungs- *od* Bodenpersonal *n (LW)*; ~ **platoon** Wartungs- *od* Betriebszug *m (LW)*.

**servo** | **action** Servowirkung *f*; ~ **actuator** Servo(an)trieb *m*; ~ **altimeter** Servohöhenmesser *m*; ~ **amplifier** Servoverstärker *m*; ~**-assisted** mit Servoeinrichtung; ~ **control** Servosteuerung *f (Flzg)* ***(Def)***; ~ **control (surface)** Hilfsruder *n (Flzg)*; ~ **cylinder** Servozylinder *m*; Zylinder *m* des Kraftverstärkers; ~ **effect** Servowirkung *f*; ~ **flap** Servoruder *n od* -klappe *f (Lfz)* ***(Def)***; ~ **motor** Servomotor *m*; Kraftverstärker *m*; Rudermaschine *f (Flzg-Steuerung)*; ~ **rudder** Flettner-Seitenruder *n (Flzg)*; ~ **tab** Servoklappe *f or* -ruder *n (Lfz)* ***(Def)***; Flettnerruder *n (Flzg)*; ~ **unit** Rudermaschine *f (Flzg-Steuerung)*.

**sesquiplane** Anderthalb- *od* Eineinhalbdecker *m (Flzg)* ***(Def)***.

**set** Satz *m (Zündkerzen usw)*; Verformung *f*; setzen; (ein)stellen; ~ **afire** in Brand setzen; ~ **back** Rückstoß *m*; Rückschlag *m (takt)*; ~ **course** Kurs absetzen ***(nav)***; ~ **of photographs** Bildsatz *m (LPhot)*; ~ **profile** angestelltes Profil *n (aerodyn)*; ~ **screw** Stell- *od* Justierschraube *f*; ~ *the airplane down* Flugzeug aufsetzen; ~ *the course for* auf Kurs gehen nach; ansteuern; ~ *the fuse or fuze* Zünder einstellen; ~**ting** Einstellung *f (Luftschraubenregler usw)*; ~**ting device** Einstellvorrichtung *f*; ~**tin knob** Einstell- *od* Stellknopf *m*; ~**ting point** Stockpunkt *m (Schmierstoff)*; ~**(ting) point** Untergangspunkt *m (Astronav)*; ~**ting ring** Stellring *m (Zünder)*; ~ **to work** betätigen.

**seven unit code** Siebener- *od* Siebenschrittalphabet *n (Fernm).*

**sextant** Sextant *m (nav).*

**sferics** atmosphärisch-elektrische Erscheinungen *f/pl (Funk).*

**shad|ing** Schummerung *f (Kart)*; ~**ow** Schatten *m*; Begleitschutz *(für Schiffe)* fliegen *(LKr)*; ~**ower** Fühlungshalter *m (Flzg: LKr)*; ~**ow factory** Schattenwerk *n (Rüstungswerk)*; ~**owing duties** *pl* Begleitschutz *m (Flzg für Schiffe: KLr)*; ~**ow region** Schattenzone *f (Funk).*

**shaft** Welle *f (Flmot)*; Schaft *m;* ~ **drive** Kardanantrieb *m (Kfz)*; ~ **power** Wellenleistung *f (Flmot)*; ~ **thrust** Gesamtschub *m (Prop)* ***(Def).***

**shake|down flight** Abnahme- *od* Versuchsflug *m*; ~ **table** Rüttel- *od* Schwingtisch *m*; ~ **off** *sl für* abhängen *sl (Flzg).*

**shallow** seicht *(Wasser)*; flach *(Behälter)*; ~ **dive** Bahnneigungsflug *m*; ~ **fog** Wiesen- *od* flacher Bodennebel *m (met)*; ~ **glide** flacher Gleitflug *m (Flzg)*; ~**s** Watten *n/pl (Wattenmeer).*

**sham battle** *or* **fight** Schein(luft)kampf *m (takt).*

**shank** Anlauf *m*; Schaft *m (Prop).*

**shape** Form *f*; Verlauf *m (einer Kurve)*; Profil *n (Tragfläche)*; ~**d parachute** Kuppelkappenfallschirm *m* ***(Def)***; ~**s** Fliegersichtzeichen *n/pl*; ~ *the course sl für* Kurs absetzen *(nav).*

**sharing of frequencies** Frequenzunterteilung *f*; gemeinsame Benutzung *f* von Frequenzen *(Funk).*

**sharp** scharf *(schneidend)*; ~ **curve** Steilkurve *f (Flzg)*; ~**-directional radiation** scharfgebündelte Strahlung *f*; ~**-edged gust** scharf begrenzte *od* harte Bö *f (met)*; ~**ness of photograph** Bildschärfe *f (LPhot)*; ~**ness of resonance** Abstimmschärfe *f (Funk)*; Scharfeinstellung *f* auf Resonanz *(Funk)*; ~**shooter** Scharfschütze *m;* ~ **turn** enge Kurve *f*; Steilkurve *f (Flzg).*

**shear** Abscheren *n*; Abscherung *f (Fahrwerk)*; (ab)scheren; ~ **area** Scherfläche *f (aerodyn)*; ~ **centre** Schubmittelpunkt *m (Konstr)* ***(Def)***; ~ **force** Schubkraft *f (am Flzg-Rumpf)*; Scherkraft *f (Fahrwerk: Flzg)*; ~**ing moment** Schermoment *n*; ~**ing off** Abscheren *n (Fahrwerk)*; ~**ing strength** Scher- *od* Abscherfestigkeit *f*; ~**ing stress** Scherbeanspruchung *f (Fahrwerk)*; Schubbeanspruchung *f (am Rumpf)*; ~ **lag** Schubfluss *m (Konstr)* ***(Def)***; ~ **load** Scher- *od* Schubbelastung *f (Konstr)*; ~ **off** abscheren *(Fahrwerk)*; ~ **pin** Scherbolzen *m*; ~**s** *pl (große)* Schere *f*; ~ **strain** Scherspannung *f*; ~ **strength** Scher- *od* Abscherfestigkeit *f*; ~ **stress** Scherspannung *f*; Scherbeanspruchung *f*; ~ **test** Scherungs- *od* Schubversuch *m*; ~ **wind** Scherungswind *m (met)*; ~ **wires** *pl* Scherseile *n/pl (Lfz l)* ***(Def).***

**sheath** Ummantelung *f*; ~**ing (for edge) of blade** Blattkantenbeschlag *m (Luftschraube).*

**sheet** Bogen *m (Blatt)*; Platte *f (Lfz)* ***(Def)***; Tafel *f*; Blech *n*; ~ **aluminium** (*US* **aluminum**) Aluminiumblech *n*; ~ **cover** Abdeckblech *n*; Blechabdeckung *f*; ~**-ice** Glatteis *n*; ~**ing** Blechverkleidung *f*; ~ **lightning** Flächenblitz *m (met)*; ~ **line** Blattschnitt *m (Kart)*; ~ **metal** Blech *n*; ~ **metal covering** Blechbeplankung *f*; ~ **metal radiator** Lamellenkühler *m (Flmot)*; ~ **metal skin** Blechbeplankung *f (Flzg)*; ~ **of snow** Schneeschicht *f*; ~ **steel** Stahlblech *n.*

**shell** (Lager-)Schale *f*; Schale *f (tragender Zellenbauteil)* ***(Def)***; Granate *f*; beschießen; unter Feuer nehmen *(Art)*; ~ **construction** Schalenbauweise *f (Flzg)*; ~ **crater** Granattrichter *m*; ~ **fragment** Granatsplitter *m*; ~**ing** Beschießung *f*; Beschuss *m (Art)*; ~ **wave** Kopfwelle *f (ballist).*

**shelter** Deckung *f (takt)*; Schutzraum *m (LS)*; Flugzeugschutzbau *m*; Shelter *m (LW)*; Wetterhütte *f (met)*; beschirmen *(takt)*; ~**ed ignition** abgeschirmte Zündung *f (Flmot)*; ~**er** Luftschutzrauminsasse *m (LS)*; ~ **half** Zeltbahn *f.*

**shield** (Schutz-)Schild *m; (US)* abschirmen *(Funk)*; bewehren *(Kabel)*; ~**ed** entstört; ~**ed antenna** abgeschirmte Antenne *f*; *(Funk)*; ~**ing** Schirmung *f (allg);* Abschirmung *f*; Funkentstörung *f (Funk)*; Bewehrung *f (Stromkabel)*; Abschattung *f*; Verdeckung *f (von Flughindernissen).*

**shift** Schicht *f*; Drehung *f (Wind)*; drehen *(Wind)*; schalten *(Kfz)*; verlegen *(Art-Feuer)*; ~ **control** Bildzentrierung *f (Radar)*; ~**ing wind** umspringender *od* umlaufender Wind *m (met)*; ~ **of a course** Verschiebung *f* eines Kurses *(nav)*; ~ **of centre** (*US* **center**) **of pressure** Druckmittelpunktwanderung *f*; ~ **of fire** Feuerverlegung *f (takt).*

**shimmy** Schwänzeln *n*; Flattern *n (Bugrad; Spornrad: Flzg)* ***(Def)***; schwänzeln; flattern; ~ **damper** Flatterdämpfer *m (Flzg)* ***(Def)***; ~**ing** Schwänzeln *n*; Flattern *n.*

**ship** *sl für* Flugzeug *n*; Schiff *n sl (für Flzg)*; ~**board airplane** Bordflugzeug *n*; ~**board launch** Schiffsstart *m (Lfz vom Schiff)*; ~**borne aircraft** Bordflugzeug *n*; ~**-deck landing** Decklandung *f (Lfz auf Schiff)*; ~**ment** Lieferung *f*; Versand *m*; Sendung *f*; Verschiffung *f*; ~**ping box** Versandkiste *f*; ~**plane** Bordflugzeug *n* ***(Def)***; ~ **station** Seefunkstelle *f.*

**shit** *sl für* Sauwetter *n sl.*

**shoal** Untiefe *f.*

**shock** Stoß *m*; Erschütterung *f*; Schlag *m (el)*; ~ **absorber** Stoßdämpfer *m (Fahrwerk)* ***(Def)***; ~**-absorbing** *or* **-absorber leg** Federbein *n (Fahrwerk)*; ~**absorber** *or* **-absorbing strut** Federbein *n (Fahrwerk)*; ~**-absorbing skid** Federsporn *m (Flzg)*; ~**-absorbing tailskid** Federsporn *m (Flzg)*; ~**-absorption** Abfederung *f*; Stoßaufnahme *f (Fahrwerk)*; ~ **carpet** Knallschleppe *f od* -teppich *m (Überschallknall)*; ~ **cord** Gummi- *od* Startseil *n (Segel-Flzgstart)* ***(Def)***; ~ **exitation** Stoßanregung *od* -erregung *f*; ~ **on alighting** Landestoß *m (Flzg beim Aufsetzen)*; ~ **power** Stoßkraft *f (takt)*; ~**proof** erschütterungsfest; stoßfest; ~ **resistance** Stoßfestigkeit *f*; ~ **separation** Stoßablösung *f (aerodyn)*; ~ **strut** Stoßstrebe *f*; ~ **troop(s)** *(pl)* Stoßtrupp(en) *m/pl (takt)*; ~ **tube** Stoßrohr *n (aerodyn)*; ~ **upon landing** Landestoß *m (Flbetr)*; ~ **wave** Verdichtungsstoß *m*; Stoßwelle *f (aerodyn)* ***(Def).***

**shoe** Schuh *m*; Polschuh *m (el)*; Bremsbacke *f*; ~ **brake** Backenbremse *f (Laufrad).*

**shoot** schießen; ~ **down** abschießen *(Luftziele: LKr)*; zum Absturz bringen *(LKr)*; *sl* herunterholen *(Flzg durch Erdbeschuss)*; ~**ing** Schießen *n*; Beschuss *m*; ~**ing range** Schießstand *m*; ~**ing star** Sternschnuppe *f*; ~ **landings** *sl für* Landungen üben; Übungslandungen machen *(flieg. Ausbildung)*; **trouble** ~**ing** Beseitigung *f* von *(technischen)* Störungen; ~**ing weapon** Schusswaffe *f.*

**shop** Werkstatt *f*; ~ **foreman** Werkmeister *m.*

**shorac** (*short for* **short range accuracy system**) Nahbereichs-Navigationsverfahren *n* großer Genauigkeit.

**shore** Küste *f*; Strand *m*; Ufer *n*; ~ **battery** Küstenbatterie *f (Art)*; ~**line** Küstenlinie *f* ***(Def)***; ~ **radio station** Küstenfunkstelle *f*.

**shoran** (*short for* **short-range navigation**) elektronische(s) Kurzstrecken-Navigation(sverfahren) *f (n)* höchster Genauigkeit *(nav)*.

**short** kurz; Kurzschluss *m (el)*; Kurzschuss *m (Art)*; ~**age** Knappheit *f*; Fehlbestand *m*; ~ **circuit** Kurzschluss *m (el)*; ~-**circuit button** Kurzschlussknopf *m*; Kurzschließer *m (el)*; ~-**circuit switch** Kurzschlußschalter *m*; ~-**code signal** Kurzsignal *n (Funk)*; ~-**distance navigational aid** Kurzstrecken-Navigationshilfe *f* ***(Def)***; ~-**distance** (**radio**) **aids** *pl* Kurzstrecken(Funk-)einrichtungen *f/pl*; ~-**duration output** *or* **power** Kurzleistung *f (Flmot)*; ~**ened address** Kurzadresse *f*; verkürzte Anschriften- od Adresszeile *f (Fernm)*; ~-**field performance** Kurzstart- und Landeleistung *f (Lfz)*; ~-**haul (air) service** Kurzstreckenfluglinie *f*; Luftverkehr *m* auf kurzen Strecken; ~**ing bar** Kurzschlussbügel *m (el)*; ~-**landing characteristics** *pl* Kurzlandeeigenschaften *f/pl (Lfz)*; ~-**life aircraft** Verschleißflugzeug *n*; ~ **period forecast** kurzfristige (Wetter-)Vorhersage *f*; ~-**radius turn** Steilkurve *f (Flzg)*; ~-**range**, *abbr* **SRG** kleine Reichweite *f (Funk)*; Nahbereich *m*; ~~ **air traffic** Kurzstrecken- *od* Nahluftverkehr *m*; ~~ **forecast** kurzfristige Vorhersage *f (met)*; ~~ **guided missile** Kurzstrecken(lenk)flugkörper *m*; ~~ **navigation**, ***abbr*** **SHORAN** elektronische(s) Kurzstreckennavigation(sverfahren) *f (n) (nav)*; ~~**search aircraft** Kurzstrecken-Suchflugzeug *n (SAR)*; ~-**sighted** kurzsichtig; ~-**span** kurzflächig *(Flzg)*; ~-**stop landing** Landung *f* mit kurzer Ausrollstrecke; ~-**stroke** kurzhubig *(Flmot)*; ~ **take-off characteristics** Kurzstarteigenschaften *f/pl (Lfz)*; ~ **take-off procedure** Kurzstartverfahren *n (Flbetr)*; ~ **time constant** Impulsdauerverkürzung *f*; Enttrübung(sschaltung) *f (Radar)*; ~ **wave** Kurzwelle *f (Radio)*; ~-**wave receiver** *or* **transmitter** Kurzwellenempfänger *od* -sender *m (Funk)*.

**shot** Schuss *m*; ~**gun** Schrotgewehr *n*; ~ **peening** Kugelstrahlen *n*.

**shoulder** *(befestigter)* Sicherheits- *od* Übergangsstreifen *m (beiderseits der Start- und Landebahn)*; Schulter *f (Bod)* ***(Def)***; ~ **harness** Schultergurte *m/pl*; ~ **patch** Schulterstück *n (Uniform)*; ~ **season (air) fare** Zwischensaisonflugpreis *m (LVerk)*; ~ **strap** Schulterstück *n (Uniform)*; Schultergurt *m (Fallschirm; Anschnallgurtwerk: Flzg)*; ~ -**wing airplane** Schulterdecker *m (Flzg)*.

**shovel** Schaufel *f*; ~ **dredger** Löffelbagger.

**shower** Schauer *m (met)* ***(Def)***; ~ **bath** Duschanlage *f*.

**shrapnel** Schrapnell *n (Art)*; ~ **ball** Schrapnellkugel *f (Art)*.

**shrink (on)** aufschrumpfen *(Zylinderkopf usw)*.

**shroud|ed balance** abgeschirmter Nasenausgleich *m (Lfz)* ***(Def)***; ~**ed propeller** Mantelpropeller *m (Flmot)*; ~ **line** Fangleine *f (Fallschirm)* ***(Def)***; ~ **ring** Mantel(ring) *m (Turbo)*.

**shrubbery screen** Strauchmaske *f (Tarnung: takt)*.

**shunt** Nebenschluss *m (el)*; ~**ing** Nebenschluss(schaltung) *m (f)*; Überbrücken *n*; Shunten *n (el)*; ~(-**wound**) **motor** Nebenschlussmotor *m (el)*.

**shut** schließen; ~ *off the engine* Motor abstellen; Gas wegnehmen *(Flmot)*; ~-**off valve** Abstellhahn *m*; ~**ter** Verschluss *m (LPhot)*; ~**ter radiator** Klappen- *od* Kulissenkühler *m (Flmot)*; ~**ting off** Abstellen *n*; ~**tle procedure** Pendelverfahren *n*; ~**tle service** *or* **traffic** Pendelverkehr *m (LVerk)*; **space** ~~ Raumfähre *f (Raumfahrzeug)*; ~**le valve** Pendelventil *n (Hydr)* ***(Def)***; ~**tling** Pendelverkehr *m (Lverk)*.

**sick** krank; ~-**bay** Krankenraum *m*; ~ **leave** Krankenurlaub *m*; ~ **quarters** *pl* Krankenrevier *n*; ~ **report book** Kranken(melde)buch *n*; ~-**room** Krankenraum *m*.

**side** Seite *f*; ~ **aerial** Seitenantenne *f (Funk)*; ~-**arm** Seitengewehr *n (mil)*; ~**band** Seitenband *n (Funk)*; ~**band attenuation** Seitenbanddämpfung *f (Funk)*; ~-**by-side** nebeneinander liegend *(Flzg-Sitze)*; ~-**by-side assembly** nebeneinandergelagerte Pleuel *n/pl (Flmot)* ***(Def)***; ~ -**car** Seitengondel *f (Luftschiff)*; Seitenwagen *m (Kfz)*; ~ **clearance** seitliches Spiel *n*; ~ **echo** Nebenkeulenecho *n (Radar)*; ~ **elevation** Seitenriss *m*; ~ **force** Seitenkraft *f (aerodyn)* ***(Def)***; ~~ **meter** Schiebekraftmesser *m (Instr)* ***(Def)***; ~ **frequency** Seiten(band)-frequenz *f (Funk)*; ~**line noise measurement point** seitlicher Lärmmesspunkt *m*; ~ **lobe** Nebenkeule *f (Radar)*; ~~ **suppression** Nebenkeulen-(Abfrage-)Unterdrückung *f (Radar)*; ~**looking radar**, *abbr* **SLAR** Seitensicht(bord)radar(gerät) *n (Lfz)*; ~ **(over)lap** seitliche Überlappung *f (LPhot)*; ~ **panel** Seitenabdecfkblech *n (Flzg)*; ~ **row light** Seitenreihenfeuer *n (Bod)*; ~-**slip** slippen; seitlich abrutschen *(Flzg)*; Slip *m*; Glissade *f (Flbetr)*; ~~ **angle** Schiebe- *od* Slipwinkel *m (Flbetr)*; ~~ **display** Schiebefluganzeiger *m (Instr)* ***(Def)***; ~~ **landing** Schiebelandung *f (Flbetr)*; ~~ **meter** Schiebewinkelanzeiger *m (Instr)* ***(Def)***; ~~ **sensor** Schiebewinkelgeber *od* -sensor *m*; ~-**slip(ping)** Slippen *n*; Seitengleitflug *m*; Schiebeflug *m (Flzg, Fallsch)* ***(Def)***; ~ **slope surface** seitliche Neigungs- *od* Übergangsfläche *f* ***(Bod)***; ~ **stay** Seitenabstrebung *f (Flzg)*; ~ **stripe marking** Seitenlinienmarkierung *f (Bod)*; ~-**tracking skate** Verschiebeschlitten *m (Bod)* ***(Def)***; ~ **view** Seitenansicht; ~-**view flight** Vorbeiflug *m (Flak)*; ~ **walk** *(on the wing)* Laufleiste *f (auf Flzg-Tragfläche)*; ~ **way retraction** Einziehen *n (des Fahrwerkes)* nach der Seite *(Flzg)*; ~ **wind** Seiten- *od* Schiebewind *m (Flbetr)*.

**sidereal** siderisch; auf Sterne bezogen *(Astronav)* ***(Def)***; ~ **hour** Sternstunde *f*; ~ **hour angle** Sternwinkel *m (nav)*; ~ **time** Sternzeit *f*.

**sift** sichten; durchsehen *(Intell)*.

**sight** Visier *n*; Zielgerät *n*; Gesichtssinn *m*; Sehvermögen *n*; zielen; anvisieren; ~ **angle** Sehwinkel *m*; ~ **axis** Sehachse *f*; ~ **in** anschießen; ~**ing axis** Zielachse *f*; ~**ing device** Zielvorrichtung *f*; ~**ing distance** Erkennungsentfernung *f*; ~**ing level** Nivellierlibelle *f*; ~(**ing**) **line** Visier- *od* Deckungslinie *f*; ~**ing mechanism** Ziel- *od* Visiereinrichtung *f*; ~**ing range** Erkennungs- *od* Sichtbereich *m*; ~**ing shooting** Probebeschuss *m (einer Waffe)*; ~**ing shot** Anschuss *m (einer Waffe)*; ~-**line gyro** Visierkreisel *m (FK)* ***(Def)***; ~ **mount** Richtansatz *m*; ~ **on** anvisieren; ~-**seeing flight** Rundflug *m (LVerk)*; *take a* ~ eine Beobachtung nehmen *(Astro-nav)*.

**SIGMET information** SIGMET-Meldung *f (met)* ***(Def)***.

**sign** Zeichen *n*; Schild *n*; unterschreiben; ~**al** Signal *n*; Zeichen *n (Fernm)* ***(Def)***; Kommando *n*; signalisieren; ~~ **ammunition** Erkennungsmunition *f*; ~~ **area** Feld *n* für Auslegezeichen *(auf Flughäfen)*; Signalfläche *f od* -feld *n od* -platz *m (Bod)* ***(Def)***; ~~ **balloon** Signalballon *m*; ~~ **bat** Signalkelle *f (für Einwinkpersonal)*; ~~ **cartridge** Signal- *od* Leuchtpatrone *f*; ~~ **cartridges** *pl* Signal- *od* Leuchtmunition *f*; ~~ **code** Signalschlüssel *m (Fernm)*;

(~~) **communications** *pl* Fernmeldewesen *n*; ~~ **flare** Signalleuchtkugel *f*; ~~ **(in and out)** einwinken *(Flzg beim Rollen)*; ~~ **lamp** Blinklampe *f*; ~~**-lamp message** Blinkspruch *m*; ~~**ling device** Siganlgerät *n (Bod)*; ~~**ling** (*US* **signaling) installation** Signalanlage *f*; ~~**ling kit** Signalmittelsatz *m*; ~~**ling lamp** Signalscheinwerfer *m*; ~~**ling mirror** Signalspiegel *m*; ~~**ling procedure** Signalisierverfahren *n*; ~~**man** Einwinker *m (bod)*; ~~ **mixing motor** Aufschaltmotor m *(FK)*; ~~ **of distress** Notsignal *n (Flsich)*; ~~ **pistol** Signal- *od* Leuchtpistole *f*; ~~ **regiment** Fernmelderegiment *n*; ~~ **reliability** Signalzuverlässigkeit *f (ILS)*; ~~ **rocket** Leucht- *od* Signalrakete *f*; ~~ **school** Fernmeldeschule *f*; ~~**(s) intelligence** Horchaufklärung/-Horchfunk *m (Intell)*; ~~ **strength** Zeichen- *od* Laut- *od* Signalstärke *f (Fernm)*;~~**-to-interference ratio** Signal/Störverhältnis *n*; Störabstand *m*; ~~**-to-noise ratio** Signal/Rauschverhältnis *n (Funk)*; ~~ **wave** Signalschwingung *f (Fernm)*; ~~ **with lamps** blinken; ~**ature** zeitlicher Verlauf *m (Überschallknall)*; Signatur *f (Aufkl-Sensor)*; Unterschrift *f*; ~~ **group** Unterschriftsgruppe *f (Fernm)*; ~**ificant figure** Dezimalstelle *f*; ~**ificant point** signifikanter *od* markanter (geographischer) Punkt *m (nav)*; ~**ificant turn** Minderungskurve *f (Flbetr) (Def)*; ~**ificant weather** bedeutsame Wettererscheinung(en) *f (pl)*; ~ **post** Wegweiser *m*; ~**-towing flight** Reklameschleppflug *m*.

**silenc|e** Schweigen *n*; Stille *f*; Geräuschlosigkeit *f*; zum Schweigen bringen *(LKr: Flak)*; **cone of** ~**e** Nullkegel *m*; tote Zone *f*; toter Kegel *m (über Funkfeuer)*; ~**er** Schalldämpfer *m (Flmot)*; ~**ing** Schalldämpfung *f*.

**silent** schweigend; geräuschlos.

**silicon solar battery** Silizium(sonnen)batterie *f (el)*.

**silk parachute** Seidenfallschirm *m*.

**silo** Silo *m*; Startschacht *m (für Raketen)*; ~**-launched rocket** Silorakete *f*; aus einem Schacht gestartete Rakete *f*.

**silver** Silber *n*; silbern; ~ **"C" certificate** Silber-„C" *f (amtliche Segelflugprüfung)*; ~ **frost** Eisglätte *f*.

**similarity| ratio** Ähnlichkeitsverhältnis *n*; ~ **theory** Ähnlichkeitstheorie *f*.

**simplex**, *abbr* **SX** Simplex-; Simplexbetrieb *m (Fernm) (Def)*; ~ **burner** Simplexbrenner *m (Turbo) (Def)*; ~ **circuit** Simplexschaltung *f (Tel)*; ~ **(traffic)** Simplexverkehr *m (Tel usw)*.

**simplification** Entfeinerung *f (im Flzg-Bau)*.

**simulat|e** vortäuschen *(takt)*; ~**ed altitude** simulierte Druck- *od* Kammerhöhe *f (Flmed) (Def)*; ~**ed forced landing** Notlandeübung *f*; simulierte Notlandung *f*; *(Pilotenausbildung)*; ~**ed instrument flight** simulierter *od* Scheininstrumentenflug *m (Pilotenausbildung)*; ~**or** Übungsgerät *n (zur Pilotenausbildung)*; Flugsimulator *m (Def)*; ~**or training** Simulatortraining *n*; Ausbildung *f* im Simulator.

**simultaneous mode** Simultanbetrieb *m (Datenaustausch: Fernm)*.

**single|-address message** Meldung *f* einer Einzelanschrift *od* -adresse *(Fernm)*; ~ **(air) fare** einfacher Flugpreis *m (LVerk)*; ~**-barrelled** (*US* **barreled**) einläufig *(Waffe)*; ~**-bay (biplane)** einstielig(er Doppeldecker *m (Flzg)*; ~**-channel operation** Einkanalbetrieb *m (Funk)*; ~ **channel simplex** Einkanal-Simplexbetrieb *m (Fernm) (Def)*; ~**-engine ceiling** Gipfelhöhe *f* im Einmotorenflug *(zweimot Flzg)*; ~**-engined** einmotorig; ~**-engine(d) aircraft** einmotoriges Flugzeug *n*; ~**-engine flight** Einmotorenflug *m (zweimot Flzg)*; ~**-entitiy charter** Vollcharter *m* für den Eigengebrauch *(Lverk)*; ~**-entry compressor** einflutiger Verdichter *m (Turbo) (Def)*; ~ **fight** Einzelkampf *m (takt)*; ~ **flight** Einzelflug *m (Flbetr)*; ~**-float plane** Einschwimmerflugzeug *n*; ~**-gyro system** Einzelkreiselanordnung *f*; ~ **isolated wheel load**, *abbr* **SIWL** (vergleichbare) Einzelradlast *f*; Einzelradbelastung *f (zur Berechnung der Startbahnstärke)*; ~ **journey** einfache Reise *f (LVerk)*; ~ **(journey) ticket** einfacher Flugschein *m (LVerk)*; ~**-lever (power) control** Einhebelbedienung *f (Flmot)*; ~**-needle turn** Kurve *f* mit einer Pinselbreite *(InstrFlbetr)*; ~ **observation** Einzelbeobachtung *f (nav)*; ~**-piece wing** nichtunterteilter *od* durchgehender Tragflügel *m (Flzg)*; ~**-pontoon plane** Einschwimmerflugzeug *n*; ~**-row radial (engine)** einreihiger Sternmotor *m (Flmot)*; ~**-rotor** einrotorig *(Hubschrauber)*; ~ **release** Einzelauslösung *f (Bomben; Raketen; LKr)*; ~ **ruling** Linienschraffur *f (Kart)*; ~**-seat(er) fighter** Jagdeinsitzer *m (Flzg)*; ~**-shaft axial-flow turbojet (engine)** Einwellenstrahlturbine *f od* -TL-Triebwerk *n* mit Axialverdichter; ~**-sideband**, *abbr* **SSB** Einseitenband *n (Funk)*; ~**-skid undercarriage** Zentral- *od* Einkufenfahrgestell *n (Segel-Flzg)*; ~**-sleeve valve engine** Einschiebermotor *m (Flmot)*; ~ **spar** einholmig *(Tragfläche: Flzg)*; ~ **spar construction** Einholmbauart *f (Tragfläche)*; ~**-stage blower** *or* **supercharger** Einstufenlader *m (Flmot)*; ~**-stage compressor** einstufiger Verdichter *m (Turbo) (Def)*; ~**-stage turbine** Einstufenturbine *f (Turbo) (Def)*; ~**-step** einstufig *(Lader: Flmot)*; ~**-strut undercarriage** Einbeinfahrwerk *n (Flzg)*; ~**-strutter** Einstieler *m (Flzg)*; ~**-wheel landing gear** Einradfahrwerk *n (Flzg)*.

**sink** sinken; niedergehen; fallen *(Flzg)*; durchsacken; Durchsacken *n (Flzg beim Einfahren der Landeklappen)*; ~**ing speed** Sinkgeschwindigkeit *f (Flzg)*; ~ **rate** Sinkgeschwindigkeit *f (Flbetr)*.

**SINP(FEM)O code** SINPFEMO-Empfangsgüteschlüssel *m (Fernm)*.

**sinusoidal** sinusförmig.

**siren** Sirene *f*.

**Sirius** Sirius *m*; Hundsstern *m (Astro-nav)*.

**sirocco** Schirokko *m (warmer Mittelmeerwind: met)*.

**sit|e** Stelle *f*; Platz *m*; (Aufstellungs-)Ort *m (einer Anlage)*; erkunden *(Radarstellung)*; ~**e of battle** Kampfplatz *m*; ~**ing** Wahl *f* des Aufstellungsortes; Aufstellung *f*.

**sitrep** *sl (= situation report)* Lagebericht *m*; Lagemeldung *f*; Zustandsbericht *m*.

**situation** Lage *f*; Zustand *m*; ~ **map** Lagekarte *f (takt)*; ~ **report** Lagebericht *m*; Lagemeldung *f*; Zustandsbericht *m*.

**six|-component balance** Sechskomponentenwaage *f (aerodyn) (Def)*; ~**-engine(d)** sechsmotorig *(Flzg)*.

**size** Größe *f (Gestirn usw)*; Nummer *f (Schuhe usw)*; auf Fertigmaß bearbeiten; ~ **effect** Maßstabseinfluss *od* ~ -effekt *m*; ~ **group** Größenklasse *f*.

**skeet| range** *(US)* Tontaubenschießstand *m*; ~ **shooting** *(US)* Tontaubenschießen *n*.

**skeleton** Gerippe *n (Flzg-Bau)*; ~ **chart** Umrisskarte *f*; Schemakarte *f (Kart)*; ~ **line** Skelettlinie *f (Konstr)*.

**sketch** Skizze *f*; skizzieren.

**skew**|**(-hinge)** *or* ~**ed aileron** schräg angesetztes Querruder *n (Flzg)*; ~**(ness)** Verkantung *f*; Schiefstellung *f*.

**ski** Ski *m*; Schi *m*; Kufe *f*; Schneekufe *f (Flzg)*; ~**d** Kufe *f*; Schneekufe *f*, Sporn *m (Flzg)*; schieben; abrutschen *(Flzg in Kurve)*; rutschen *(Flzg auf glatter Startbahn)*; ~**dding** Schiebeflug *m*; Schieben *n (Flzg in Kurve)*; Rutschen *n (Flzg auf glatter Startbahn)*; ~**dding angle** Schiebewinkel *m*; ~**dding drag** Gleit- *od* Bremswiderstand *m*; ~**ddometer** Bremswertmesser *m*; ~**d mark** Bremsspur *f*; ~ **landing-gear** Schneekufenfahrwerk *n (Flzg)*; ~ **plane** Schneekufenflugzeug *n*; ~ **undercarriage** Schneekufenfahrwerk *n (Flzg)*.

**skill**| **competition** Geschicklichkeits(flug)wettbewerb *m*; ~**ed** gelernt; ausgebildet *(mil)*; ~**ed worker** Facharbeiter *m*; ~ **flight** Geschicklichkeitsflug *m*.

**skim (over)** *sl für* dicht überfliegen.

**skin** Haut *f*; Bespannung *f (Tragfläche usw)* ***(Def)***; Beplankung *f*; Außenhaut *f (Lfz)*; ~ **friction** Oberflächenreibung *f* ***(Def)***;~**-(-friction) drag** Oberflächenwiderstand *m*; ~ **panel** *or* **plate** Haut- od Außenhautfeld *n (Lfz)*; ~**-type oil cooler** Oberflächen-Ölkühler *m*.

**skip**| **bomb** Abprallerbombe *f (LKr)*; ~ **bombing** Abprallerbombenwurf *m (LKr)*; ~ **manoeuvre** Skipmanöver *n*; ~**ping off** Springen *n (Flugboot bei Landung)*; ~ **zone** tote Zone *f (Funk)*.

**skirmish** Scharmützel *n*; Geplänkel *n (takt)*.

**skirt** Glocke *f (Fallsch)* ***(Def)***.

**sky** Himmel *m*; Luftraum *m*; ~ **clear** wolkenlos; ~ **condition** Bedeckungs- *od* Bewölkungsgrad *m (met)*; ~**line** Horizont *m*; ~ **marker** Zielbeleuchter *m*; Kaskade *f (Höhenmarkierung bei Bombenangriff: LKr)*; ~ **marshal** *(bewaffneter)* Sicherheitsbeauftragter *m* an Bord *(LVerk)*; ~ **symbols** *pl* Bedeckungssymbole *n/pl (met)*; ~ **wave** Raumwelle *f*; reflektierte Welle *f (Funk)*; ~~ **communication** Raumwellenverbindung *f od* -verkehr *m (Funk)*; ~~ **long range aid to air navigation** SS-LORAN-System *n (nav)*; ~ **writing** Himmelsschreiben *n*; Himmelsschrift *f*; Luftreklame *f*.

**slab stabilizer** Verstellflosse *f (Flzg)*.

**slack**| **hours** *pl* verkehrsschwache Zeit *f (Tel)*; ~**ness** *(of the fabric)* Schlaffheit *f (Bespannstoff)*; ~ **(of the controls)** Spiel *n (der Steuerung: Flzg)*.

**slant**| **course directional error** Schrägkursrichtungsfehler *m (ILS)*; ~ **course line** Schrägkurslinie *f*; ~ **range** Schrägentfernung *f (Flak, FK)* ***(Def)***; ~~ **(to present position)** Messentfernung *f (Radar)*; ~ **visibility** Schrägsicht *f (Flbetr)*; ~ **visual range** Schrägsichtweite *f (Flbetr)*.

**SLAR** (*short for* **side-locking airborne radar**) Seitensicht(bord)radar(gerät) *n*.

**slat** Vorflügel *m (Flzg)* ***(Def)***; ~ **track** Vorflügelführung *f (Flzg)*.

**slave**| **cylinder** Servozylinder *m*; ~ **unit** Servomotor *m*; ~ **station** abhängige Nebenstelle *f (Decca-Anlage)*.

**sled** Schlitten *m*; ~ **plane** Kufenflugzeug *n*; ~ **runner** Kufe *f*; Schlittenkufe *f*.

**sleeping-bag** Schlafsack *m*.

**sleet** *(E)* Schneeregen *m*; *(US)* körniger Eisregen *m (met)* ***(Def)***; Graupel *f*; Schloße *f (met)*, graupeln *(met)*; ~**ing** Graupelschlag *m (met)*; ~ **shower** Graupelschauer *m*; ~ **snow** Schneeregen *m*; nasser Schnee *m*; ~ **squall** Graupelbö *f*; ~**y rain** Graupelregen *m*; ~**y weather** Graupelwetter n.

**sleeve** Packschlauch *m (Fallsch)* ***(Def)***; ~ **drive** Schieberantrieb *m (Flmot)*; ~ **target** Luftsack *m (Luftzielbeschuss)*; ~ **valve** Schieber *m (Flmot)*; ~ **valve cylinder** Schieberzylinder *m (Flmot)*; ~**-valved** schiebergesteuert *(Flmot)*; ~**-valve engine** Schiebermotor *m (Flmot)*.

**slender fuselage** schlanker Rumpf *m (Flzg)*.

**slewing (motion)** Grobverstellung *f od* -einrichten *od* -anvisieren *n*.

**slid**|**e** abrutschen *(Flzg in Kurve)*; schieben; ~**e rule** Rechenschieber *m*; ~**ing clutch** Rutschkupplung *f*; ~**ing cockpit enclosure** Cockpitschiebehaube *f (Flzg)*; ~**ing contact** Schleifkontakt *m (el)*; ~**ing cowl** Schiebeklappe *f (Flmot usw)*; ~**ing door** Schiebetür *f*; ~**ing hatch** Schiebeluke *f*; ~**ing hood** Schiebehaube *f (Flzg)*; ~**ing roof** Schiebedach *n (Flzg)*; ~**ing throttle** Drosselschieber *m*; ~**ing window** Schiebefenster *n (Flzg)*.

**slight**| **cloudiness** leichte Bewölkung *f*; ~ **haze** leichter *od* Nebeldunst *m (met)*; ~ **shaking** leichtes Schütteln *n (Flbetr)*.

**sling**| **around** *sl für* erproben; einfliegen *(Flzg)*; ~**er ring** Luftschraubenenteisungsring *m* ***(Def)***; ~ **psychrometer** Schleuderpsychrometer *n (Verdunstungsfeuchtigkeitsmesser: met)*.

**slip** Schlupf *m (Luftschraube)*; Slip(pen) *m (n) (Flzg zwecks Höhenaufgabe)*; slippen; *(in der Kurve nach innen)* schieben *(Flbetr)*; ~ **in the coupling** Kupplungsschlupf *m*; ~ **loss** Schlupfverlust *m (Luftschraube)*; ~**-on filter** Aufsteckfilter *m (LPhot)*; ~**per tank** Abwurfbehälter *m (Lfz)*; ~**per-type assembly** Pleuelanordnung *f* mit Gleitflächen *(Flmot)* ***(Def)***; ~**pery ice** Glatteis *n*; ~**pery runway** glatte Piste *f (Bod)*; ~**ping clutch** Rutschkupplung *f*; ~ **ring** Schleifring *m*; ~**stream** Luftschraubenstrahl *m* ***(Def)***; Nachstrom *m (aerodyn)*; ~**stream boundary** Strahlbegrenzung *f*; ~ **tank** Abwurfbehälter *m (Kraftstoff: Flzg)* ***(Def)***; ~ **way** Ablaufbahn *f (für See-Flzge)*.

**slit trench** Fliegerschutzgraben *m*; Splittergraben *m (LS)*.

**slope** Hang *m*; Gefälle *n (Startbahn)*; ~ **lift** Hangaufwind *m*; ~~ **soaring** Hangsegelflug *m*; ~ **of the lift curve** Neigung *f* der Auftriebskurve *(aerodyn)* ***(Def)***; ~ **position** Hangstellung *f (takt)*; ~ **soaring** Hangsegelflug *m*; *steep* ~ Steilhang *m*.

**sloppy** weich *(Flzg im Ruder)*.

**slot** Schlitz *m*; Spalt *m*; Zeitraster *m*; Slot *m (Flsich)*; ~ **aerial** Schlitzantenne *f (Fernm)* ***(Def)***; ~ **allocation procedure**, *abbr* **SLAP** Verfahren *n* für die Zuweisung von Zeitrastern *(Flsich)*; ~ **covering** Spaltverkleidung *f*; ~**-lip aileron** Schlitzklappenquerruder *n (Flzg)*; ~ **reference point** Raster- *od* Slotbezugspunkt *m (Flsich)*; ~ **shutter** Schlitzverschluss *m (LPhot)*; ~**-syphoning** Spaltabsaugung *f (Turbo)*; ~**ted aerofoil** Spaltflügel *m (Lfz)* ***(Def)***;

~ted aileron Spaltquerruder *n (Lfz)* ***(Def)***; ~**ted cooler** Spaltkühler *m*; ~**ted flap** Schlitz- *od* Spaltklappe *f (Flzg)* ***(Def)***; ~**ted wing** Schlitz- *od* Spaltflügel *m (Flzg)*; ~**ted wing flap** Schlitzhilfsflügel *m (Flzg)*.

**slow| down** Fahrt herausnehmen *od* wegnehmen *(Flzg)*; ~**-down manoeuvre** Brems(ungs)manöver *n*; ~**-flying qualities** *pl* Langsamflugeigenschaften *f/pl (Flzg)*; ~ **match** Lunte *f*; ~ **roll** gesteuerte; langsame Rolle *f (Kunstflug)* ***(Def)***; ~**-running cut-off** Kraftstoffzufuhrunterbrecher *m (Flmot)* ***(Def)***; ~**-running jet** Leerlaufdüse *f (Vergaser)*; ~ **running of the engine** Langsamlauf *m (Flmot)*.

**sludge** Schneematsch *m*; Ölschlamm *m (Flmot)*.

**sluggish| action** träges Arbeiten *n (Regler)*; ~ **in response** nur langsam ansprechend *(Instrument usw)*; ~**ness** Trägheit *f (eines Messinstrumentes)*.

**slush** Matsch *m*; ~**ing oil** Rostschutzöl *n*.

**small| airplane** Kleinflugzeug *n*; ~ **airship** Kleinluftschiff *n*; ~ **arms** *pl* Handfeuerwaffen *f/pl*; ~~ **bore practice** Kleinkaliberschießen *n*; ~ **circle** Kleinkreis *m (nav)*; ~ **end** Kolbenbolzenende *n (Hauptpleuel: Flmot)* ***(Def)***; ~ **hail** Reifgraupel *m (met)*; ~ **part** Kleinteil *m & n*; ~ **scale** kleiner Maßstab *m (Kart)*.

**smash** Bruch machen *(Flzg)*; ~ **the plane** Flugzeug hinrotzen *sl*; ~ **to matchwood** Kleinholz machen *sl*; ~**-up** Bruch *m (Flzg)*.

**smile-please run** *sl für* Luftbildflug *m*.

**smog** (*short for* **smoke and fog**) Smog *m (Industriedunst und Nebel)*; ~ **producing** rauchbildend *(z.B. Startraketen)*.

**smoke** Rauch *m*; Nebel *m (takt)*; ~ **agent** Nebelstoff *m*; ~ **bomb** Rauch- *od* Nebelbombe *f (Lkr)*; ~ **float** schwimmendes Rauchzeichen *n*; ~ **generator** Rauchofen *m (als Windrichtungsanzeiger)*; Nebelgerät *n od* -erzeuger *m*; ~ **hood** Rauchmaske *f*; ~**-laying apparatus** Nebelgerät *n (takt)*; ~ **release** Nebelablassen *(takt)*; ~ **screen** Nebelschleier *m (takt)*; ~ **shell** Nebelgranate *f (Art)*; ~**-shell firing** Nebelschießen *n (Art)*; ~**-shell mortar** Nebelwerfer *m (Art)*; ~ **signal** Rauchzeichen *n*; ~**-signal cartridge** Rauchpatrone *f*; ~**tight** rauchdicht; ~ **writing** Himmelsschreiben *n*.

**smooth** ungestört *(Luftströmung)*; ruhig *(Motorlauf)*; ~ **air** ruhige *od* böigkeitsfreie Luft *f (met)*; ~**ing-out** Ausrundung *f (Tragflächenanschlüsse usw)*; ~**ness** Ebenheit *od* -flächigkeit *f (von Oberflächen)*; ~ **sea** Glattwasser *n*; ~ **three-point landing** weiche Dreipunktlandung *f*; *sl* Eierlandung *f*; ~ **tyre** (*US* **tire**) glatter Reifen *m*.

**smudge fire** Rauchofen *m (als Windrichtungsanzeiger)*.

**snag** *sl für* Beanstandung *f (am Flzg usw)*; ~ **list** Beanstandungsliste *f (Flzg)*.

**snaking** Snaking *n*; Seiteninstabilität *f (Stab)* ***(Def)***; ungesteuerte Gierschwingung *f (mit annähernd gleicher Amplitude) (Flzg)*.

**snap| catch** Schnappverschluss *m*; ~ **fastener** Schnell- *od* Schnappverschluss *m*; ~ **hook** Karabinerhaken *m*; ~ **hook(-type) turnbuckle** Karabinerspannschloss *n (Flzg)*; ~ **ring** Sprengring *m*; ~ **roll** ungesteuerte schnelle Rolle *f (Kunstflug)*; gerissene Rolle *f (Kunstflug)* ***(Def)***.

**snargasher** *sl für* Schulflugzeug *n*.

**sneak| current** Kriechstrom *m (el)*; ~ **flight** Störflug *m (durch Einzelflugzeuge: LKr)*; ~ **raider** Störflugzeug *n (Lkr)*.

**sniper** Scharfschütze *m*; Heckenschütze *m (Kr)*.

**snoop** *sl für* Luftbilder aufnehmen.

**snow** Schnee(fall) *m (met)* ***(Def)***; Hintergrundrauschen *n (Radar)*; schneien; ~**-blindness** Schneeblindheit *f*; ~ **chain** Schneekette *f (Kfz)*; ~ **cloud** Schneewolke *f (met)*; ~ **cover** Schneedecke *f*; ~**-covered** schneebedeckt; mit einer Schneedecke überzogen; ~ **drift** Schneewehe *f*; ~**fall** Schneefall *m*; ~ **fence** Schneezaun *m*; ~**flake** Schneeflocke *f*; ~ **flurry** Schneegestöber *n*; ~ **gauge** Schnee(höhe)messer *m*; ~ **glasses** *or* **goggles** *pl* Schneebrille *f*; ~ **hail** Graupel *f*; ~ **in** einschneien; ~**line** Schneegrenze *f*; ~ **pellets** *pl* Graupel *m*; Reifgraupel *m (met)* ***(Def)***; ~ **plough** (*US* **plow**) Schneepflug *m*; ~ **removal service** Schneeräumdienst *m*; ~**shoe** Schneereifen *m*; ~**shower** Schneeschauer *m*; ~**storm** Schneesturm *m*; ~ **tyre** (*US* **tire**) Winterreifen *m (Kfz)*; ~ **under** einschneien; ~**y** schneeig.

**snubber** *sl für* Stoßdämpfer *m (Fahrwerk)*.

**soar** segeln *(Segel-Flzg)* ***(Def)***; ~**ing** Segeln *n*; Segelfiegen *n od* -flug *m*; Segelfliegerei *f*; ~~ **certificate** Segelflugschein *m*; ~~ **flight** Segelflug *m*; ~~ *in gusts* dynamischer Segelflug *m*; ~~ *on standing wave* Wellensegelflug *m*; ~~ *on thermal up-currents* Thermiksegelflug *m*; ~~ **pilot** Segelflieger *m*; ~~ **plane** Segelflugzeug *n*; ~~ **quality** Schwebefähigkeit *f*; Schwebevermögen *n*; ~~ **site** Segelfluggelände *n*.

**socket** Steckdose *f*; Steckkontakt *m (el)*; ~ **wrench** Steckschlüssel *m*.

**sod| runway** Gras- *od* Rasenpiste *f (Bod)*; ~**ium light** Natriumfeuer *od* -licht *n*.

**soft** ruhig *(Motorlauf)*; ~**ening up** Sturmreifschießen *n (takt)*; ~**en up** sturmreif machen *(takt)*; ~ **hail** Frostgraupel *m*; Graupel *f (met)* ***(Def)***; ~ **landing** weiche Landung *f*; Großmutterlandung *f sl*; ~ **radiation** weiche *od* energiearme Strahlung *f*; ~ **rime** Raureif *m (met)*.

**soil| test** Bodenanalyse *f (vor Startbahnbau)*; ~ **sample** Bodenprobe *f*.

**solar| battery** Solar(energie)batterie *f (el)*; ~ **compass** Sonnenkompass *m*; ~ **day** Sonnentag *m*; ~ **eclipse** Sonnenfinsternis *f*; ~ **energy** Sonnenenergie *f*; ~ **flare** Sonnenfackel *f*; ~ **halo** Sonnenring *m*; ~ **heat** Sonnenwärme *f*; ~ **hour** Sonnenstunde *f*; ~ **radiation** Sonnenstrahlung *f*; ~ **time** Sonnenzeit *f*.

**solder** Lötmetall *n*; Lötzinn *m*; (ver)löten; ~**ing iron** Lötkolben *m*.

**soldier** Soldat *m (mil)*; Pfosten *m (Tragflächen-Fachwerkgerippe)*.

**solenoid** Magnetspule *f*; Solenoid *n (el)*; ~ **refuelling valve** Betankungsmagnetventil *n (Lfz)* ***(Def)***.

**solid| angle** Raumwinkel *m (nav)*; ~ **composite propellant** heterogener *od* Composite-Fest(treib)stoff *m (Rak)*; ~~ **fuel** Festtreibstoff *m*; ~**ifying point** Stockpunkt *m (Schmierstoff)*; ~**ity (ratio)** Völligkeit *f (Rotor)* ***(Def)***; Ausfüllungsgrad *m*; Völligkeit *f (Prop)* ***(Def)***, ~ **lubricant** fester Schmierstoff *m*; Starrschmiere *f*; ~ **propellant** Fest(treib)stoff *m (FK)* ***(Def)***; ~~ **rocket** Feststoffrakete *f*;

~ **rib** Vollwandrippe *f (Tragfläche)*; ~**-state element** Halbleiterbau- *od* -schaltelement *n (el)*; ~ **tyre** (*US* **tire**) Voll(gummi)reifen *m*.

**solitary confinement** Einzelhaft *f (mil)*.

**solo** Alleinflug *m*; allein fliegen; ~ **certificate** Alleinflugberechtigung *f (Zwischenschein)*; ~ **experience** Alleinflugerfahrung *f*; ~ **flight** Alleinflug *m*; ~ **flight time** Alleinflugzeit *f (Def)*; *fly or go* ~ allein fliegen; ~ **flyer** Alleinflieger *m*.

**somersault** überschlagen *(Flzg bei Landung)*.

**sonde** Ballonsonde *f (met)*.

**son|ic altimeter** Behm- *od* (elektro-)akustisches Echolot *n*; Behm-Lot *n*; Schallhöhenmesser *m (Instr) (Def)*, ~**ic bang** Überschallknall *m (Def)*; ~**ic barrier** Schallmauer *f (aerodyn) (Def)*; ~**ic boom** Überschallknall *m (aerodyn) (Def)*; ~~ **pressure** Überschallknalldruck *m*; ~~ **restriction** durch Überschallknall bedingte Einschränkung *f (Flbetr)*; ~~ **signature** Überschallknallverlauf *m*; ~**ic detector** Horchgerät *n (Flak)*; ~**ic speed** (örtliche) Schallgeschwindigkeit *f (Def)*; ~**ic threshold** Schallwelle *f*; ~**ic transition** Schalldurchgang *m*; ~**ometer** Schallstärkemesser *m*; Gehörmesser *m*.

**soot** Ruß *m*; ~ **flake** Rußflocke *f*; ~**less** rußlos; nicht rußend.

**sortie** Feindflug *m (LKr)*; Einsatz *m (Einzel-Flzg)*.

**sound** Schall *m*; Ton *m*; ~**-absorbing** schallschluckend; ~ **absorption** Schallabsorption *f*; ~ **amplifier** Lautverstärker *m (Funk)*; ~ **and flash ranging** Lichtschallmesser *n (Art)*; ~ **attenuation** Schalldämpfung *f*; ~ **barrier** Schallmauer *f (Def)*; ~~ **penetration** Schallmauerdurchbrechen *n (Flbetr)*; ~ **channel** Tonkanal *m (Funk)*; ~ **detector** Horchgerät *n (Flak)*; ~ **field** Schallfeld *n*; ~**ing balloon** Ballonsonde *f*; Registrier- *od* Sondenballon *m (met) (Def)*; ~**ing rocket** Raketensonde *f (met) (Def)*; ~ **insulation** Schall- *od* Geräuschisolierung *f*; ~ **insulator** Schallisolator *od* -dämmstoff *m*; schalldämmendes Material *n*; ~ **intensity** Laut- *od* Tonstärke *f (Funk)*; ~ **level** Schallpegel *m*; ~~ **meter** Schallpegelmesser *m (Def)*; ~ **location** Schallortung *f*; ~ **pick-up** Tonabnehmer *m (Funk)*; ~ **power level** Schall(leistungs)pegel *m*; ~ **pressure** Schalldruck *m*; ~~ **level**, *abbr* **SPL** Schall(druck)pegel *m*; ~**proof** schalldicht *(Kabine usw)*; ~**proofed** mit Schalldämpfung; ~ **proofing** Schall- *od* Geräuschdämpfung *f*; ~ **propagation** Schallausbreitung *f*; ~ **ranging** Schallmessung *(Art)*; ~**-ranging altimeter** (elektro-)akustisches Echolot *n*; ~**-ranging battery** Schallmessbatterie *f (Art)*; ~**-ranging post** Schallmessstelle *f (Art)*; ~ **reception** Schall- *od* Höraufnahme *f (Funk)*; ~ **recording** Tonaufzeichnung *f*; ~ **speed** Schallgeschwindigkeit *f*; ~**-storing device** Schallspeicher *m*, ~ **suppressor** Schalldämpfer *m (allg)*; Rauschbegrenzer *m (Funk)*; ~ **track** Tonstreifen *m (auf Film)*; ~ **volume** Lautstärke *f*; ~ **wave** Schallwelle *f*.

**soup** *sl für* schlechtes Wetter *n*.

**source| distribution** Quellbelegung *f (aerodyn)*; ~ **of emission** Strahlungs- *od* Strahlungsquelle *f*; ~ **of energy** Energiequelle *f*; ~ **of heat** Wärmequelle *f*; ~ **of power** Kraftquelle *f*.

**south** Süden *m*; ~**ern latitude** südliche Breite *f*; ~**ern lights** *pl* Südlicht *n*; ~**-polar circle** südlicher Polarkreis *m*; ~ **pole** Südpol *m*.

**sovereignty of the air** Lufthoheit *f*.

**spac|e** Raum *m*; Abstand *m*; Zwischenraum *m*; ~**e aviation** Weltraum- *od* Raumschiffahrt *f*; Kosmonautik *f*; ~**e bar** Zwischenraumtaste *f (Fernschr)*; ~**e barrier** kosmische *od* Raumbarriere *f*; ~**e bias** Trennstromüberhang *m (Fernschr)*; ~**e cabin** *or* **capsule** Raumkabine *od* -kapsel *f*; ~**ecraft** Raumfahrzeug *n od* -flugkörper m; ~~ **crew** Raumfahrzeugbesatzung *f*; Kosmonauten- *od* Astronautenmannschaft *f*; ~~ **pilot** Raum(schiff)pilot *m*; ~~ **propulsion (system)** Raumfahrzeugantrieb(sanlage) *m (f)*; ~**ed armour** (*US* **armor**) Hohlraumpanzerung *f*; ~**e flight** Weltraum- *od* Raumflug *m*; ~~ **centre** Raumflug-zentrum *n*; ~**e key** Zwischenraumtaste *f (Fernschr)*; ~**elab(oratory)** Weltraum- *od* Raumlabor(atorium) *n*; ~**e law** Weltraumrecht *n*; ~**eman** Raumfahrer *m*; Astro- *od* Kosmonaut *m*; ~**e map** Weltraumkarte *f (Kart)*; ~**e medicine** Raumfahrtmedizin *f*; ~**e pilot** Raum(schiff)pilot *m*; ~**e radiation** Raumstrahlung *f*; ~**e-saving** raumsparend; ~**e ship** Raumschiff *od* -fahrzeug *n*; ~~ **flight** Raumschiffflug *m*; ~**e shuttle** wiederverwendbares Raumfahrzeug *n*; Space Shuttle *n*; ~**e simulator** Raumfahrt- *od* -fahrzeugsimulator *m*; ~**e station** außerterrestrische *od* Raumstation *f*; ~**e suit** Raum(schutz)anzug *m*; ~**e travel** Raumschifffahrt *f*; ~**ing** Abstand *m*; Zeichenabstand *m (Tastfunk)*; Trennung *f*; Zeichentrennung *f (Fernschr)*; ~~ **current** Zwischenzeichen- *od* Trenn- *od* Pausenstrom *m (Tastfunk)*; ~~ **element** Trennschritt *m (Fernschr)*; ~~ **impulse** Trennimpuls *m (Fernschr)*; ~~ **of blades** Schaufelteilung *f (Turbo)*; ~~ **of fins** Rippenabstand *m (Kühlrippen)*; ~~ **of frequencies** Trennung *f* der Frequenzen; ~~ **signal** Zwischenraumzeichen *n*.

**span** Spannweite *f (Flzg) (Def)*; ~ **bolt** Spannbolzen *m*; ~ **-chord ratio** Seitenverhältnis *n (Tragfläche)*; ~ **loading** Spannweitenbelastung *f (Konstr) (Def)*; ~**ner** Schraubenschlüssel *m*; ~**er clearance** Maulweite *f (Schraubenschlüssel)*; ~ **wire** Abspann- *od* Spanndraht *m (Flzg)*; ~**-wise** in Richtung der Spannweite.

**spar** Holm *m (Tragfläche usw) (Def)*; ~ **attachment** Holmanschluss *m*; ~ **boom** Gurt *m (am Holmsteg)*; ~ **depth** Holmtiefe *f*; ~**e engine** Ersatz- *od* Reservetriebwerk *n*; ~**e (part)** Ersatz- *od* Reserveteil *n & m*; ~**e parts list** Ersatzteilliste *f*; ~**es** *pl* Ersatzteile *n/pl*; ~ **fitting** Holmbeschlag *m*; ~ **flange** Holmgurt *m*; ~ **frame** Holmrahmen *m (Lfz) (Def)*; ~**less wing** holmloser *od* Schalenflügel *m (Flzg)*; ~ **of metal tubing** Metallrohrholm *m*; ~ **section** Holmquerschnitt *m*; ~ **web** Steg *m (Tragfläche)*; ~ **width** Holmtiefe *f*.

**spark** Funke *m*; ~ **advance** Vor- *od* Frühzündung *f (Flmot)*; ~**-coil** Funkeninduktor *m (el)*; ~ **control** Zündzeitpunktverstellung *f (Flmot)*; ~ **discharge** Funkenentladung *f (el)*; ~ **gap** Funkenstrecke *f*; ~**-ignition engine** Zündermotor *m*; Ottomotor *m (Flmot)*; ~**ing instant** Zündzeitpunkt *m (Flmot)*; ~**(ing) plug** Zündkerze *f (Flmot)*; ~**ing voltage** Zündspannung *f*; ~**-over path** Überschlagstrecke *f (el)*; ~**-over voltage** Überschlagspannung *f (el)*; ~**-plug gap** Elektrodenabstand *m (Zündkerze)*; ~**-plug terminal** Zündkerzenklemmschraube *f*; ~**s** *sl für* Funker *m*; ~ **timing** Zündeinstellung *f*.

**spat** Radverkleidung *f (Lfz) (Def)*; ~**ial attitude determination** Bestimmung *f* der Lage im Raum; Dreiachsenlagebestimmung *f (FK)*; ~**ial orientation** räumliche Orientierung *f (Flmed) (Def)*.

**speaking key** Sprechtaste *(Funk: Flzg)*.

**spearhead** Stoßkeil *m (takt)*.

**special| (air) fare** Sonderflugpreis *m (LVerk)*; ~ **event charter** Charter *m* für besondere Veranstaltungen *(LVerk)*; ~ **equipment** Sondergerät *n (mil)*; ~ **flight** Sonderflug *m*; Zusatzkurs *m (LVerk)*; ~**ist** Fachmann *m*; ~**ist's badge**

Laufbahnzeichen *n (mil)*; ~**ist's career** Sonderlaufbahn *f (mil)*; ~**ist's insignia** *pl* Laufbahnabzeichen *n/pl (mil)*; ~ **list of equipment**, *abbr* **SLOE** (*US LW*) Ausrüstungssonderliste *f*; ~ **messenger** Kurier *m*; ~ **mission** Sonderauftrag *m (takt)*; ~ **order** Sonderverfügung *f (mil)*; ~ **position identification pulse**, *abbr* **SPI** Identifizierungssonderimpuls *m (Funk)*; ~ **purpose** Sonderzweck *m*; ~-**purpose aircraft** Flugzeug *n* für Sonderzwecke; ~-**purpose ammunition** Sondermunition *f*; ~-**purpose vehicle** Sonderfahrzeug *n (Kfz)*; ~ **rations** *pl* Sonderverpflegung *f*; ~ **risk area** besonders gefährdetes Gebiet *n*; ~ **risk flight** besonders gefährdeter Flug *m*; ~ **section strut** Profilstrebe *f*; ~ **services** *pl* Sonderdienste *m/pl*; ~ **tools** *pl* Sonderwerkzeuge *n/pl (Flzg usw)*; ~ **trailer** Sonderanhänger *m (Kfz)*; ~**ty** Laufbahn *f (US mil)*; ~ **VFR flight** Sonder-VFR-Flug *m (Flugs) (Def)*; ~ **weapon** Sonderwaffe *f*.

**speci|es of cloud** Wolkengattung *f (met)*; ~**fications** *pl* Angaben *f/pl*; Beschreibung *f*; Normblätter *n/pl*; ~~ *pl* **for personnel licences** Beschreibung *f* der Ausweise für Luftfahrtpersonal *(ICAO)*; ~**fic commodity rate** Spezialfrachtsatz *m (LVerk)*; ~**fic consumption** spezifischer Verbrauch *m (Flmot, Turbo) (Def)*; ~**fic gravity** spezifisches Gewicht *n*; ~**fic heat** spezifische Wärme *f (met)*; ~**fic humidity** spezifische Feuchte *f (met)*; ~**fic mass** spezifische Masse *f (= Dichte f)*; ~**fic power output** Literleistung *f (Flmot)*; ~**fic weight (of the engine)** Einheitsgewicht *n (Flmot)*; ~**men** Probe- *od* Prüfstück *n*.

**spectr|al analysis** Spektralanalyse *f*; ~**um** Spektrum *n*.

**speech| audiometry** Sprechaudiometrie *f*; ~ **channel** Sprechkanal *m (Funk)*; ~ **transmission** Sprech- *od* Sprachübertragung *f (Fernm)*.

**speed** Geschwindigkeit *f*; Getriebegang *m*; rasch befördern; ~ **at ceiling** Geschwindigkeit *f* in Gipfelhöhe *(Flzg)*; ~ **brake** Sturzflug- *od* Luftbremse *f (Lfz) (Def)*; *build up* ~ Fahrt aufholen *(Flzg)*; ~ **control** Drehzahlregler *m (Flmot)*; Geschwindigkeitsüberwachung *od* -regelung *f (allg)*; ~ **control lever** Drehzahlverstellhebel *m*; ~ **counter** Drehzahlmesser *m*; ~ **course** Mess-Strecke *f (Lfz) (Def)*; ~ **Doppler measurement** Doppler-Geschwindigkeitsmessung *f*; *gain* ~ Fahrt aufnehmen *(Flzg)*; ~ **indicator** Geschwindigkeits- *od* Fahrtmesser *m (Flzg)*; ~ **line (of position)** Standlinie *f* zur Geschwindigkeitsbestimmung *(nav)*; ~ **margin** Geschwindigkeitsreserve *f*; ~ **measurement method** Geschwindigkeitsmessverfahren *n*; ~ **of climb** Steiggeschwindigkeit *f (Flzg)*; ~ **of descent** Sinkgeschwindigkeit *f (Flzg)*; ~ **of fall** Fallgeschwindigkeit *(Niederschläge usw)*; ~ **of motion** Verlagerungsgeschwindigkeit *f (Wetterfront: met)*; ~ **of propagation** Fortpflanzungsgeschwindigkeit *f (von Wellen usw)*; ~ **of response** Ansprechgeschwindigkeit *f (Flzg auf Steuerausschläge)*; ~ **of rotation** Drehgeschwindigkeit *f (Kompass)*; ~ **of sound** Schallgeschwindigkeit *f*; ~**ometer** Drehzahl- *od* Geschwindigkeitsmesser *m*; Fahrtmesser *m (Flzg)*; ~ **over ground** Geschwindigkeit *f* über Grund *(nav)*; ~ **per hour** Stundengeschwindigkeit *f*; ~ **per second** Sekundengeschwindigkeit *f*; *pick up* ~ Fahrt aufholen *(Flzg)*; auf Touren kommen *(Flmot)*; ~ **plane** Rennflugzeug *n*; *put on* ~ andrücken *(Flzg)*; Geschwindigkeit erhöhen; ~ **range** Drehzahlbereich *m & n (Flmot)*; Geschwindigkeitsbereich *m & n (Spanne zwischen Höchst- und Landegeschwindigkeit: Flzg)*; ~ **recorder** Fahrt- *od* Geschwindigkeitsschreiber *m*; ~-**reduction gear** Untersetzungsgetriebe *n (Flmot)*; ~ -**regulation lever** Leistungswahlhebel *m (Flmot)*; ~ **sense** Geschwindigkeitsgefühl *n*; ~ **taxi-off** *or* **-out** Schnellabrollen *n (Flzg von Piste)*; ~ **triangle** Geschwindigkeitsdreieck *n (Geschwindigkeitsmessung)*; ~ **up** beschleunigen.

**spelling| list** *or* ~ **table** Buchstabiertafel *f*.

**spher|e** (Erd-)Kugel *f*; Wirkungskreis *m*; ~**e drag** Kugelwiderstand *m (aerodyn)*; ~**e of responsibility** Dienstbereich *m (mil)*; ~**ical** kugelförmig; ~**ical aerostat (balloon)** sphärischer *od* Kugelballon *m*; ~**ical captive balloon** kugelförmiger Fesselballon *m*; ~**ical free balloon** kugelförmiger Freiballon *m*; ~**ical hearing** Kugel(gleit)lager *n*; ~**ical(-shaped) parachute** Kugelfallschirm *m*; ~**ics** atmosphärische Funkstörungen *f/pl*; ~**oid** Sphäroid *n*.

**spider** Fadenkreuz *n (Visier; Bombenzielgerät)*; ~-**web antenna** Harfenantenne *f (Funk)*.

**spigot (shaft)** Zentrierzapfen *m*.

**spik|e** *sl* Flugzeug mit Fahrtüberschuss auf Landepiste drücken *(Flbetr)*; ~**e antenna** Stabantenne *f (Funk)*; ~**y signature** impulshaltiger Druckzeitverlauf *m (Überschallknall)*.

**spill| burner** Rücklaufbrenner *m (Turbo) (Def)*; ~**ed fuel** übergelaufener Kraft- *od* Treibstoff *m*; ~**ing** Abfließen *n* der Luft; Luftabfluss *m (Fallsch) (Def)*; ~ **valve** Luftablassventil *n (Lfz) (Def)*.

**spin** Trudeln *n (Flzg) (Def)*; Drall *m (Bombe)*; (herunter)trudeln *(Flzg)*; ~ **axis** Dreh- *od* Spinachse *f (Flzg)*; ~ **characteristics** Trudelverhalten *n (Flzg)*; ~**dle** Spindel *f*; ~**dle angle** Sturz *m (der Spornstrebenachse: Flzg)*; ~**dle axis** Spornstrebenachse *f (Flzg)*; ~**dled out** ausgefräst; **flat** ~ Flachtrudeln *n (Flzg)*; ~ **in** ins Trudeln geraten *(Flzg)*; *inverted* ~ Rückentrudeln *n (Flzg)*; ~ **model** Trudelmodell *n*; ~**ner** Propeller- *od* Luftschraubenhaube *f (Def)*; Rotor *m (Lader)*; ~**ning nose-dive** Sturzspirale *f (Flzg)*; ~ **recovery** Abfangen *od* Ausleiten *n* aus dem Trudeln *(Flzg)*; ~-**stabilized** kreiselstabilisiert *(FK) (Def)*; ~ **tunnel** Trudelkanal *m (aerodyn)*.

**spiral** Spirale *f*; spiralförmig; ~ **descent** Gleitspiralflug *m (Flzg)*; ~ **dive** Sturzspirale *f*; Korkenzieher *m*; Spiralsturz- *od* -stechflug *m*; ~ **divergence** angefachte aperiodische Spiralbewegung *f (Stab) (Def)*; ~ **flight** Spiral(en)flug *m*; ~ **glide** Spiralgleitflug *m (Flbetr) (Def)*; ~ **gliding** Gleitspiralflug *m (Flzg)*; ~ **movement** (*of the slipstream*) Drall *m (Luftschraubenstrahl)*; ~ **scanning** Spiralabtastung *f (Radar)*; ~ **spring** Spiralfeder *f*; ~ **stability** Spiralstabilität *f (Flzg) (Def)*.

**spirit| compass** Flüssigkeitskompass *m*; ~-**level** Libelle *f*; Wasserwaage *f*; ~-**level sextant** Libellensextant *m (nav)*; ~ **propellant** Alkoholtreibstoff *m*.

**splash lubrication** Tauchschmierung *f*.

**splined shaft** Nutenwelle *f*.

**splinter** Splitter *m*; ~ **effect** Splitterwirkung *f (Bombe)*; ~**proof** splittersicher; ~**proof protection** Splitterschutz *m*.

**split| arse** *sl für* gewagt; kühn; ~ **axle** geteilte Achse *f (Flzg-Festfahrwerk)*; ~-**axle landing-gear** *or* **under-carriage** (Fest-)Fahrwerk *n* mit geteilter Achse; Zweibein(fest)fahrwerk *n (Flzg)*; ~ **charter** Splitcharter *m (LVerk)*; ~ **flap** Spreizklappe *f (Flzg) (Def)*; ~ **patch** Verstärkungspflaster *n (Lfz l) (Def)*; ~ **pin** Splint(bolzen) *m*; ~ **response** Doppelzeichen *n (Radar)*; ~**"S"** *(US)* Abschwung *m (Kunstflug) (Def)*; ~-**trail gun carriage** Spreizlafette *f (Art)*; ~ **up** zersplittern *(takt)*.

**splutter** kotzen *sl (Flmot)*.

**spoil** stören *(aerodyn)*; ~**er** Störklappe *f (Flzg) (Def)*; ~~ **aileron** Störklappen-Querruder *n (Flzg) (Def)*.

**spoke** Speiche *f (Laufrad usw).*

**sponge** Schwamm *m;* ~ **rubber** Schwammgummi *m.*

**sponso|n** Stabilisierungsschwimmer *m;* Boots- *od* Schwimmerstummel *m (Flugboot) **(Def)**;* ~**r** förderndes Mitglied *n;* Sponsor *m.*

**spool-up** Beschleunigungsverhalten *n (Triebwerk).*

**sport| aeroplane** Sportflugzeug *n;* ~ **flyer** Sportflieger *m; fly for* ~ Flugsport betreiben; ~**ing aeroplane** Sportflugzeug *n;* ~**ing aviation** Flugsport *m;* ~**ing flying** Sportfliegerei *f;* ~**(ing) gliding** Segelflugsport *m;* ~**s aeroplane** Sportflugzeug *n (meist so;* ~ **aeroplane** *seltener);* ~**s flying** Sportfliegerei *f od* -flugwesen *n.*

**spot** Leuchtfleck *m (Radar);* sichten; ~ **beam antenna** Punktstrahlantenne *f (Funk);* ~**-check** Stichprobe(nkontrolle) *f;* Prüfung *f* an Ort und Stelle *od* vor Ort; ~ **elevation** Höhe *f* eines Punktes über Meer; ~ **frequency** gerastete Frequenz *f (Funk);* Bildfrequenz *f (Radar);* ~ **height** Höhenangabe *f;* Höhe *f* eines Punktes *(Kart) **(Def)**;* ~ **landing** Ziel- *od* Punktlandung *f (Flzg) **(Def)**;* ~ **light** Scheinwerfer *m (allg);* ~ **report** Kurzmeldung *f (takt);* ~ **target** Punktziel *n (LKr);* ~**ter** Artilleriebeobachter *m;* Artillerieflugzeug *n (takt);* Luftspäher *m (Flmelde);* ~**ting** Beobachtung *f;* ~ **welding** Punktschweißen *n;* Punktschweißung *f;* ~ **wind** Wind *m* an einem bestimmten Punkt *(met).*

**spout** *sl für* Lauf *m (MG; Bordkanone);* ~ **nozzle** Strahlrohrdüse *f.*

**spray** Sprühnebel *m (met);* einspritzen *(Kraftstoff in Zylinder);* zerstäuben *(Anlasskraftstoff);* absprühen *(chem aus der Luft);* ~ **apparatus** *or* **device** Absprühgerät *n (chem aus der Luft zur Schädlingsbekämpfung usw);* ~ **carburet(t)or** Zerstäubungs- *od* Spritzvergaser *m (Flmot);* ~ **gun** Spritzpistole *f (Flzg-Maler);* ~**ing** Absprühen *n (chem aus Flzg);* ~ **jet** Einspritzdüse *f;* ~ **lacquer** Spritzlack *m;* ~ **nozzle** Zerstäuber- *od* Spritzdüse *f (Vergaser);* ~ **strip** Spritzwasserleiste *f (Flugboot);* ~ *with fire* abstreuen *(Art: takt).*

**spread** Streuung *f (Art);* Streulicht *n (Scheinwerfer);* Taupunktdifferenz *f (met);* ~ *of the wing* Spannweite *f (Tragfläche).*

**spring** Feder *f;* abfedern; ~ **balance** Federwaage *f;* ~**-bolt lock** Schnappschloss *n;* ~ **compensation** Federausgleich *m (Steuerwerk: Flzg);* ~**-feel force** Kraft *f* durch Zusatzfeder; ~**-feel system** Feder-Steuerdrucksimulator *m (Lfz) **(Def)**;* ~**-feel unit** Federbelastungsmechanismus *m;* Zusatzfeder *f* am Steuerknüppel *(Flzg);* ~ **hook** Karabinerhaken *m;* ~**ing** Abfederung *f (Fahrwerk);* ~**ing-up wind** aufkommender Wind *m (met);* ~**-loaded** federbelastet; unter Federspannung stehend; ~ **return** Federrückstellung *f;* ~ **ring** Spreng- *od* Federring *m;* ~ **skid** Federsporn *m (Flzg);* ~ **stiffness** Federhärte *f;* ~ **strut** Federstrebe *f;* Federbein *n;* ~ **suspension** Federaufhängung *f (Kraftstoffbehälter usw);* ~ **system** Abfederung *f;* ~ **tab** Federsteuerung *f;* federgesteuertes Hilfsruder *n (Lfz) **(Def)**;* ~ **tide** Springtide *od* -flut *od* -hochwasser *n;* ~ **washer** Federring *m.*

**sprite rocket motor** Sprite-Rakete *f.*

**sprung tail skid** Federsporn *m (Flzg).*

**spun glass** Glaswolle *f.*

**spurious| emission** unerwünschte Ausstrahlung *f;* ~ **radiation** wilde *od* unerwünschte Strahlung *f (Funk);* ~ **responses** *pl* unerwünschte Antworten *f/pl (SSR).*

**spy** Spion *m.*

**squad** Gruppe *f;* Trupp *m (mil);* ~ **leader** Truppführer *m (mil).*

**squadron** Staffel *f (LW);* Geschwader *n (Marine);* ~ **commander** Staffelkapitän *m (LW US);* ~ **formation** Staffelverband *m (Verbandsflug);* **ground services** ~ Bodendienststaffel *f (LW);* ~ **Leader**, *abbr* **SL** Major *m (LW E);* ~ **line-up** Staffelaufstellung *f (zur Besichtigung);* ~ **(main) airfield** Staffel(flug)platz *m;* ~ **standard** Front- *od* Verbandsreife *f (fliegendes Personal: LW);* **stock control** ~ Lagerkontrollstaffel *f (Logistik);* **student** ~, *abbr* **STURON** Schülerstaffel *f (LW);* **supply** ~ Nachschubstaffel *f (LW-Logistik);* **support** ~ Bodendienststaffel *f (LW);* **tactical air control** ~, *abbr* **TACRON** taktische Fliegerleitstaffel *f;* **warehouse** ~ Lagerhausstaffel *f (Logistik);* ~ **wedge** Staffelkeil *m (Verbandsflug).*

**squall** Bö(e) *f (met) **(Def)**;* ~ **front** Böenfront *f (met);* ~**iness** Böigkeit *f (met);* ~ **line** Böenlinie *f (met);* ~ **warning** *f* Böenwarnung *f (met);* ~ **wind** böiger *od* Böenwind *m (met);* ~**y** böig.

**square** Planquadrat *n (Kart);* Quadrat *n; sl für* Exerzierplatz *m;* quadratisch; eckig *(Tragfläche);* ~**(d) map** Quadratkarte *f (Kart);* ~ **inch** Quadratzoll *m;* ~**-law detection** quadratische Demodulation *od* Gleichrichtung *f (Funk);* ~ **parachute** Viereckfallschirm *m **(Def)**;* ~ **root** Quadratwurzel *f;* ~ **search** Quadratsuchverfahren *n (SAR).*

**squaring amplifier** Rechteckverstärker *m (Funk).*

**squash landing** Bums- *od* Fahrstuhllandung *f sl (Flzg); make a* ~ *(Flzg)* bei Landung durchsacken (lassen).

**squelch** unterdrücken *(Funk);* Rausch- *od* Geräuschsperre *f;* ~ **circuit** Unterdrückungsschaltung *f (Funk).*

**squid** Schluckform *f;* Squid *m (Fallsch) **(Def)**.*

**squirt** *sl für* Düsenflugzeug *n.*

**squitter** Selbsterregung *f (DME-Entfernungsmessgerät).*

**SSR** *(short for* **secondary surveillance radar)** **mode** SSR-Modus *m (Flsich);* ~**-response** SSR-Antwort *f (Radar).*

**SST** *(short for* **supersonic transport)** **aircraft** Überschallverkehrsflugzeug *n.*

**stabili|ty** Stabilität *f (Flzg) **(Def)**;* Festigkeit *f;* ~**ty derivatives** *pl* Stabilitätsderivativa *n/pl **(Def)**;* ~**ty limit** Stabilitätsgrenze *f;* ~**ty margin** Stabilitätsfaktor *od* -reserve *f;* ~**ty of motion** Bewegungsstabilität *f;* ~**ty qualities** *pl* Stabilitätsverfahren *n od* -eigenschaften *f/pl;* ~**ty theory** Stabilitätstheorie *f;* ~**zation** Dämpfung *f (Flzg-Steuerruder);* ~**zed approach** stabilisierter Anflug *m (Flbetr);* ~**zed local oscillator** stabilisierter Überlagerungsoszillator *m (Funk);* ~**zer** Dämpfungsflosse- *od* -fläche *f;* Höhenflosse *f (Flzg);* Leitwerk *n (Lfz l);* Stabilisierungswülste *m/pl (Lfz l) **(Def)**;* ~**zer adjustment** Höhenflosseneinstellung *f;* ~**zer chord** Höhenflossentiefe *f;* ~**zing fin** Dämpfungs- *od* Stabilisierungsflosse *f (Flzg);* ~**zing float** Stützschwimmer *m (See-Lfz) **(Def)**;* ~**zing parachute** Stabilisierungsfallschirm *m **(Def)**;* ~**zing surface** Dämpfungs- *od* Stabilisierungsfläche *f.*

**stable** beständig; stabil *(met)*; ~ **aeroplane** (positiv-)stabiles Flugzeug *n*; ~ **air** stabile Luftschichtung *f (met)*; ~ **equilibrium** stabiles Gleichgewicht *n*; ~ **oscillation** stabile Schwingung *f (Stab) (Def)*.

**stack** Auspuffstutzen *m (Flmot)*; Warteraum *m (Flsich)*; Stack *m*; Wartestapel *m (Flsich) (Def)*; ~**ing (of aircraft)** Stapeln *n (Lfz; Flsich)*; ~-**up** Höhenstufung *f (im Warteraum: Flsich)*.

**staff** Stab *m (mil)*; Personal *n*; Mitarbeiterstab *m*; ~ **college** Kriegsakademie *f (mil)*; **combined** ~ kombinierter Stab *m (mehrerer Aliierter; mil)*; ~ **officer** Stabsoffizier *m (Offizier beim bzw. in einem Stab)*; ~ **order** Stabsbefehl *m (mil)*; ~-**Sergeant** *(US LW)* Oberfeldwebel *m (mil)*.

**stage** Stufe *f*; Teilstrecke *f (LVerk)*; ~ **of flight** Flugabschnitt *m*; ~ **separation** Stufentrennung *f (Rak)*.

**stagger** Staffelung *f (Tragflächen) (Def)*; staffeln; ~ **distance** Stufung *f (Verbandsflug)*; ~**ed cylinders** *pl* gegeneinander versetzte Zylinder *m/pl (Doppelstern-Flmot)*; ~**ed wings** *pl* gestaffelte Tragflächen *f/pl (Doppeldecker)*; ~**ing** Stufung *f (Verbandsflug)*.

**staging base** *(US)* Absprung- *od* Umschlag(flug)basis *f (LW)*.

**stagnation | point** Staupunkt *m (aerodyn) (Def)*; ~ **temperature** Stautemperatur *f*.

**stairway** Treppe *f*; Trittleiter *f (Bod)*.

**stall** überzogener Flug(zustand) *m*; Strömungsabriss *m od* -ablösung *f (aerodyn) (Def)*; ablösen; abreißen *(Luftströmung vom Profil)*; überziehen *(Flzg) (Def)*; *sl* abwürgen *(Flmot)*; ~ **dive** Abkippen *n (Flbetr)*; ~**ed** überzogen *(Flzg)*; ~**ed condition** überzogener Flugzustand *m*; Sackflugzustand *m*; ~**ed flight** überzogener Flug *m*; Sackflug *m*; ~**ing** Überziehen *n (Flzg) (Def)*; Abreißen *n (aerodyn)*; überzogener Flugzustand *m*, Sackflugzustand *m*; ~**ing angle** kritischer Anstellwinkel *m (Flzg)*; Abreißanstellwinkel *m (aerodyn) (Def)*; ~**ing characteristics** *pl* Überziehverhalten *n od* -eigenschaften *f/pl (Flzg)*; ~**ing flight** Langsamflug *m (Flzg)*; ~**ing flutter** Flattern *n* in abgerissener Strömung *(Konstr) (Def)*; ~**ing moment** Abkippmoment *n (beim Überziehen des Flzgs)*; ~**ing speed** Überziehgeschwindigkeit *f (Flzg)*; Abreißgeschwindigkeit *f (Strömung)*; Abkipp- *od* Durchsackgeschwindigkeit *f (Flzg)*; ~ **landing** überzogene Landung *f*; Sackfluglandung *f (Flzg)*; ~ **out (of a turn)** herausfallen *(Flzg aus überzogener Kurve)*; abkippen *(Flzg in überzogener Kurve)*; ~-**prevention device** Überziehschutzvorrichtung *f (Flzg)*; ~ **test** Abkippmessung *f*; ~ **the plane down** Flugzeug durchsacken lassen; ~-**vane** Überziehmessfühler *m (Flzg)*; ~ **warning device** Überzieh- *od* Durchsackwarngerät *n (Flzg)*; ~ **zone** Ablösungs- *od* Abreißzone *f (aerodyn)*.

**stand** Stand(platz) *m*; Gestell *n*; stehen; aushalten; ~ **by** Sitzbereitschaft *f (2-Minuten-Bereitschaft: LKr)*; ~ **by** bereitstehen; auf Empfang stehen *(Funk)*; ~-**by** Bereitschaft(seinrichtung) *f*; ~-**by area** Warteraum *m (Nachtjäger: LKr)*; ~-**by compass** Hilfs- *od* Notkompass *m*; ~-**by duty** Bereitschaftsdienst *m (mil)*; ~-**by emergency lighting** Bereitschaftsnotbefeuerung *f (Bod)*; ~-**by frequency** Wachwelle *f (Radio)*; ~-**by (radio) station** Bereitschaftsfunkstelle *f*; ~-**by to transmit** Sendebereitschaft *f (Radio)*; ~-**by unit** Notaggregat *n*.

**standard** Standarte *f (Flagge)*; Maß *n*; Norm *f*; Richtlinie *f*; ~ **aid** Normeinrichtung *f*; ~ **air** Normalluftzustand *m* (met); ~ **altimeter** Grobhöhenmesser *m (Flzg)*; ~~ **setting** Standardhöhenmessereinstellung *f (Flzg)*; ~ **atmosphere** Normatmosphäre *f (met)*; **international** ~~ internationale Normatmosphäre *f*, *abbr* **INA** *(met)*; ~ **atmospheric pressure** Normalluftdruck *m (met)*; ~ **beam approach**, *abbr* **SBA** **(system)** SBA-Landefunkfeuersystem *n (Def)*; ~ **blind-flying panel** Einheits-Blindfluggerätebrett *n (Flzg)*; ~ **density of the air** Normalluftdichte *f (met)*; ~ **equipment** Normalausrüstung *f*; Rüstsatz *m (Flzg)*; ~ **form** (Einheits-)Wetterschlüssel *m (met)*; ~ **frequency** Normal- *od* Eichfrequenz *f (Funk)*; ~ **instrument approach** Standardinstrumentenanflug *m (Flbetr)*; ~ **(instrument) arrival (route)**, *abbr* **STAR** Standardinstrumenteneinflug(strecke) *m (f) (Flugs)*; ~ **(instrument) departure (route)**, *abbr* **SID** Standardinstrumentenabflug(strecke) *m (f) (Flugs)*; ~ **isobaric surface** Normdruckfläche *f (met)*; ~**ization** Standardisierung *f*; Normung *f*; Vereinheitlichung *f*; Typisierung *f*; ~~ **agreement**, *abbr* **STANAG** Standardisierungsabkommen *n*; **Military Agency for** ~~, *abbr* **MAS** Militärisches Amt *n* für Standardisierung *(NATO)*; ~**ize** typisieren; vereinheitlichen; standar-disieren; normen; ~**ized** genormt *(Bauteile usw)*; ~ **load** Normalbelastung *f*; ~ **Loran** Standard-Loran *n (nav)*; ~ **mean chord** mittlere Flügeltiefe *f (Lfz) (Def)*; ~ **metric level** metrische Flugfläche *f (Flsich)*; ~ **parallel** Bezugsparallele *f od* ~-breitenkreis *m (Kart)*; ~ **performance** Normleistung *f*; ~ **part** Normteil *m & n*; ~ **pitch** Bezugs- *od* Normsteigung *f (Prop)*; ~ **pressure** Normaldruck *m*; ~ **pressure altitude** Normdruckhöhe *f*; ~ **radius** Bezugsradius *m (Prop) (Def)*; ~ **rate turn** Standard-Blindflugkurve *f (3°/sec Drehgeschwindigkeit)*; ~**s and recommended practics**, *abbr* **SARPS** Richtlinien und Empfehlungen *f/pl (der ICAO)*; Normen und Empfehlungen *f/pl (für die Luftfahrt)*; ~**s committee** Normenausschuss *m*; ~ **section** Normalprofil *n*; ~ **separation** Standardstaffelung *f (Flugs)*; ~ **time**, *abbr* **ST** Standard- *od* Normalzeit *f (Def)*; ~ **value** Standard- *od* Normalwert *m*.

**stand | ing army** stehendes Heer *n (mil)*; ~**ing Group** Ständige Gruppe *f (früheres NATO-Organ)*; ~**ing wave ratio** Stehwellenverhältnis *n (met)*; ~**ing waves** *pl* stehende Wellen *f/pl (met) (Def)*; ~ **off** warten *(Flzg: Flsich)*; ~-**off weapon** Abstandswaffe *f*; ~-**RPM** Standdrehzahl *f (Flmot)*; ~**still** Stillstand *m*; ~ *the plane on its nose* Kopfstand machen *(Flzg bei Landung)*.

**star** Stern *m*; Gestirn *n*; Leuchtstern *m*; ~**board** steuerbord; rechts; ~**board engine** Steuerbordmotor *m (Flzg)*; ~**board light** Steuerbordlicht *n od* -leuchte *od* ~-lampe *f (Flzg)*; ~**board signal** Steuerbord(licht)zeichen *n (Flzg)*; ~ **map** Sternkarte *f (nav)*; ~ **shell** Sternleuchtkugel *f*; Leuchtgeschoss *n*; ~-**shell marker gun** Lichtspucker *m (Flsich)*; ~ **table** Sterntafel *f (nav)*; ~-**type impeller** Schaufelstern *m (Lader: Flmot)*; beiderseits offenes Laderlaufrad *n*.

**start** Start *m*; Abflug *m (allg)*; starten; abfliegen *(allg)*; anlassen *(Flmot)*; anspringen *(Flmot)*; ~ **acceleration** Startbeschleunigung *f*; ~ **catapult** Startkatapult *n od* -schleuder *f (Flzg-Träger)*; ~ **element** Startschritt *m (Fernschr)*; ~**er** Anlasser *m (Flmot)*; Starter *m (Kfz)*; **acetylene** ~**er** Azetylenanlasser *m (Flmot)*; ~**er battery** Startbatterie *f*; **breech** ~**er** Patronenanlasser *m (Flmot)*; ~**er button** Anlassknopf *m*; **buzzer-type** ~**er** Summeranlasser *m (Flmot)*; **cartridge** ~**er** Patronenanlasser *m (Flmot)*; **cockpit** ~**er** Bordanlasser *m*; Cockpitanlasser *m (Flmot)*; **combustion-type** ~**er** Gasanlasser *m (Flmot)*; **compressed-air** ~**er** Pressluftanlasser *m (Flmot)*; ~**er crank** Andrehkurbel *f*; **electric** ~**er** elektrischer Anlasser *m (Flmot)*; **gas** ~**er** Gasanlasser *m (Flmot)*; **hand** ~**er** mechanischer Anlasser *m (Flmot)*; **inertia** ~**er** Schwungkraftanlasser *m (Flmot)*; **kick** ~**er** Kickstarter *m*; Tretanlasser *m*; **mechanical** ~**er** mechanischer Anlasser *m (Flmot)*; **turbine** ~**er** Anlassgasturbine *f*; ~**er unit** Anlassgerät *n*; **hot** ~ Heißanlassen *n od* -starten *n (Turbo)*; ~ **impulse** Startimpuls *m*

*(Fernschr)*; ~**ing** Anlassen *n*; Anspringen *n (Flmot)*; ~**ing crew** Startmannschaft *f (Segelflug)*; ~**ing fuel** Anlasskraftstoff *m (Flmot)*; ~**ing fuel switch** Anlasskraftstoffschalter *m (Turbo)*; ~**ing handle** Andrehkurbel *f (Flmot)*; ~**ing ignition** Anlasszündung *f (Flmot)*; ~**ing jaw** Anlasserklaue *f*; ~**ing magneto** Anlassmagnet *m*; ~**ing motor** Anlassmotor *m*; ~**ing performance** Abflugleistung *f (Flmot)*; ~**ing pump** Anlasspumpe *f (Flmot)*; ~**ing rocket** Startrakete *f*; *sl* Kraftei *n*; ~**ing run** Anlauf(strecke) *m (f) (Flzg)*; ~**ing signal** Startzeichen *n*; ~**ing-up** anlassen *n (Flmot)*; ~**ing-up procedure** Anlassvorgang *m (Flmot)*; ~**le(d) reaction** Schreckreaktion *f*; ~**-of-message signal** Meldungsstartzeichen *n (Fernm)*; ~**-stop code** Start-Stop-Alphabet *n (Fernschr)*; ~ **up** anlassen; anspringen *(Flmot)*; ~**-up time** Motoranlasszeit(punkt) *f (m)*.

**state** Staat *m*; Zustand *m*; ~ **aircraft** Staatsluftfahrzeug *n*; ~ **boundary** Staatsgrenze *f*; ~ **letter** *(amtliches)* Rundschreiben *n (ICAO)*; ~ **of alert** Bereitschaftsstufe *f (LKr)*; ~ **of emergency** Ausnahmezustand *m (mil)*; ~ **of equilibrium** Gleichgewichtszustand *m*; ~ **of manufacture** Herstellerstaat *m*; ~ **of motion** Bewegungszustand *m*; ~ **of registry** Eintragungsstaat *m (Flzg in Luftfahrzeugrolle ) **(Def)***; ~ **of rest** Ruhezustand *m*; ~ **of sea** Seegang *m*; ~ **of siege** Belagerungszustand *m (mil)*; ~ **of sky** Zustand *m* des Himmels *(met)*; ~ **of swell (in open sea)** Dünung *f (in freier See)*; ~ **of the ground** Bodenbeschaffenheit *f*; ~ **of training** Ausbildungsstand *m*; ~ **of war** Kriegszustand *m (mil)*.

**static** Störgeräusch *n*; atmosphärische Störung *f (Funk)*; statisch; ortsfest; ~ **AA** ortsfeste Flak *f*; ~ **air defence** (*US* **defense**) **system** bodenständige Luftverteidigung *f*; ~ **airscrew** Bremsluftschraube *f*; ~**ally stable aeroplane** statisch stabiles Flugzeug *n*; ~**ally unstable aeroplane** statisch instabiles Flugzeug *n*; ~ **balance** statischer Ausgleich *(Prop)* ***(Def)*** *od* Massenausgleich *m (Konstr)* ***(Def)***; ~ **cable** Führungskabel *n*; Ankerseil *n (Fallsch)* ***(Def)***; ~ **ceiling** statische Höhe *f (Lfz l)* ***(Def)***; ~**-free** statik- *od* aufladungsfrei *(el)*; störungsfrei *(Funk)*; ~ **ground** automatische Erdung *f (el)* ***(Def)***; ~ **head** statische(s) Druckhöhe *f (od Druckgefälle n)*; ~ **interference** atmosphärische Störungen *f/pl (Funk)*; ~ **jet thrust** Standschub *m (Turbo)* ***(Def)***; ~ **lift** statischer Auftrieb *m (Lfz l)* ***(Def)***; ~ **line** selbsttätige Aufziehleine *f (Fallschirm)* ***(Def)***; ~ **load** statische Belastung *f (Konstr)* ***(Def)***; ~ **margin with stick fixed** Maß *n* für die statische Stabilität mit festem Knüppel *(Stab)* ***(Def)***; ~ **margin with stick free** Maß *n* für die statische Stabilität mit losem Knüppel *(Stab)* ***(Def)***; ~ **organization** Teritorialorganisation *f (mil)*; ~ **pin** Sicherheits(draht)stift *m (Fallsch)* ***(Def)***; ~ **pressure** statischer Druck *m (aerodyn)* ***(Def)***; ~**-pressure tube** statisches Druckmessrohr *n (Instr)* ***(Def)***; ~ **rail** Führungsschiene *f (Fallsch)* ***(Def)***; ~**s** *pl* Statik *f (Gleichgewichtslehre)*; Empfangsstörungen *f/pl (Funk)*; *(atmosphärische)* Störung *f (Funk)*; ~**s of solid bodies** *or* **of solids** Statik *f* fester Körper; ~ **soaring** statischer Segelflug *m*; ~ **stability** statische Stabilität *f (Flzg)* ***(Def)***; ~ **strength check** statische Kontrolle *f*; ~ **test** statischer *od* Festigkeitsversuch *m*; Standprüfung *f*; statischer Belastungsversuch *od* Test *m*; ~~ **rig** statischer Prüfstand *m*; ~ **thrust** statischer Schub *m*; Standschub *m (Turbo & Prop)* ***(Def)***; ~ **thrust rating** Soll- *od* Nenn-Standschub *m (Turbo)*; ~ **thrust test** Standschubmessung *f (Turbo)*; ~ **tube** Staurohr *n*, Rohr *n* zur Messung des statischen Druckes *(Pitot-Rohr)*; ~ **vent** statisches Luftloch *n (Instr)* ***(Def)***; ~ **vibration test** Standschwingungsversuch *m*; Schüttelfestigkeitsversuch *m (Flzg)*.

**station** stationieren; dislozieren *(mil)*; Funk- *od* Betriebsstelle *f*; Haltestelle *f*; Konstruktionsblattschnitt *m (Luftschraubenblatt)*; ~**ary** ortsfest; ~**ary AA** ortsfeste Flak *f*; ~**ary engine** Standmotor *m*; ~**ary front** stationäre *od* ortsfeste Front *f (met)*; ~**ary orbit** stationäre Umlaufbahn *f (AufklSat)*; ~**ary propeller** stehende Luftschraube *f*; ~**ary target** festes Ziel *n (takt)*; ~ **commander** Standortältester *m (mil)*; Horstkommandant *m (LW E)*; ~ **company** Horstkompanie *f (LW E)*; ~**ery** Büromaterial *n*; ~**ery office** *(E)* amtliche Druckvorschriften(vertriebs)stelle *f*; ~ **headquarters** Standortkommandantur *f (mil)*; Horstkommandantur *f (LW E)*; ~ **index number** Stationskennziffer *f (met)*; ~**ing** Bezeichnung *f (von Flzg-Bauelementen)*; Stationierung *f*; Dislozierung *f (mil)*; ~**-keeping** Positionshalten *n (Flzg beim Verbandsflug)*; *leave* ~ (*in a formation*) ausscheren *(Flzg aus Verband)*; ~**-master** *(E) sl für* Horst-Kommandant *m (LW)*; ~ **of origin** Aufgabestelle *f (Fernm)*; **RAF** ~ Fliegerhorst *m* der Royal Air Force, *abbr* RAF *(E)*.

**statistic|al analysis** statistische Analyse *f*; ~**al variable** Zufallsvariable *f*; ~**s** *pl* Statistik *f*.

**stator** Stator *m (el)*; Leitrad *n*; ~ **blade** Leitschaufel *f (Turbo)* ***(Def)***; ~ **blading** Leitradbeschaufelung *f (Turbo)*; ~ **ring** Leitkranz *m (Turbo)*; ~ **vane** Leit- *od* Statorschaufel *f (Turbo)*.

**stay-up ability** Vermögen *n* bei Motor(en)ausfall die Höhe zu halten *(Flzg)*.

**statoscope** Statoskop *n*; Feinhöhenmesser *m (Flzg)* ***(Def)***; ~ **variometer** Statoskopvariometer *n*; Höhenschwankungsmesser *m (Flzg)*.

**status** Rechtsstellung *f*; Wehrdienstverhältnis *n (mil)*; Rang *m (mil)*.

**statute** Satzung *f*; Gesetz *n*; ~ **mile** Landmeile *f*; englische Meile *f (1,60933 km)*; *regulatory* ~ Ausführungsbestimmung *f*.

**steady** gleichmäßig *(Motorlauf: Flmot)*; anhaltend; ~ **approach** gleichmäßiger Anflug *m (Flbetr)*; ~**-banked turn** stationäre *od* gleichförmige Vollkurve *f (Flbetr)*; ~ **flight** gleichmäßiger Flug *m*; ~ **flow** gleichförmige Strömung *f (aerodyn)*; ~ **hum** Dauerton *m (Leitstrahlverfahren: nav)*; ~**ing vent-hole** Stabilisierungs- *od* Scheitelöffnung *f (Fallschirm)*; ~ **state value** stationärer Wert *m*; ~ **straight flight** stationärer Geradeaus- *od* Horizontalflug *m*; ~ **wind velocity** gleichbleibende Windgeschwindigkeit *f (met)*.

**stealth bomber** Tarnkappenbomber *m (Flzg)*.

**steam** Dampf *m*; ~**-engine aircraft** Dampfmaschinenflugzeug *n*; ~ **fog** Seerauch *m*; Verdampfungsnebel *m (met)*; ~**(-powered) catapult** Dampfkatapult *n (Flzg-Träger)*; ~ **roller** Dampfwalze *f*; ~ **slingshot** Dampfkatapult *n (auf Flzg-Trägern)*; ~ **turbine** Dampfturbine *f*.

**steel** Stahl *m*; ~ **bottle** Stahlflasche *f*; **-core bullet** Stahlkerngeschoss *n*; ~ **helmet** Stahlhelm *m (mil)*; ~ **liner** Zylinderlaufbuchse *f (Flmot)*; ~ **mesh runway** Stahlmattenpiste *f (Bod)*; ~ **spar** Stahlholm *m (Flzg)*; ~ **tube framework** Stahlrohrfachwerk *n (Flzg)*; ~ **tube fuselage** Stahlröhren- *od* Stahlrohrrumpf *m (Flzg)*.

**steep** steil; ~ **approach** steiler *od* Steilanflug *m (Flbetr)*; ~ **bank** starke Querlage *f (45–75°: Flzg)*; ~**-banked attitude** steile Querlage *f (Flzg)*; ~**-bank flight** steiler Kurvenflug *m (Flzg)*; ~ **climb** steiler Steigflug *m (Flzg)*; ~ **descent** steiler Sinkflug *m (Flzg)*; ~ **slope** Steilhang *m*; ~ **spin** steiles *od* Steiltrudeln *n (Flbetr)*; ~ **turn** Steilkurve *f (Flzg)*.

**steer** steuern; ~**able** steuerbar; lenkbar *(Bug- od Spornrad)*; ~**able tail-wheel clutch** Kupplung *f* für lenkbares Spornrad *(Flzg)*; ~**ed course** Steuerkurs *m (Flzg)*; Kompasskurs *m (Flzg)*; ~**ing column** Steuersäule *f (Lfz)*; ~**ing device** Steuervorrichtung *f*; ~**ing knuckle** Achsschenkel *m (Kfz)*; ~**ing mechanism** Steuerung *f (Flzg)*; ~**ing play** toter Gang *m (Steuerung)*; ~**ing stub** Achsschenkel *m (Kfz)*; ~**ing system** Steuerwerk *n (Flzg)*; ~ **towards** ansteuern.

**stellar| brightness** Sternhelligkeit *f*; ~ **position** Sternstellung *od* -lage *f (Astro-nav)*.

**St. Elmo's fire** Elmsfeuer *n*.

**step** Stufe *f (Schwimmer; Flugboot)* ***(Def)***; stufen; ~-**by-step mode** schrittweiser Betrieb *m (Datenaustausch: Fernm)*; ~ **climb** Stufensteigflug *m (Flbetr)*; ~-**down distance** Tiefenstufung *f (Verbandsflug)*; ~-**down gear** Reduzierantrieb *m*; ~ **formation** Stufenformation *f (Verbandsflug)*; ~ **landing** Stufenlandung *f (See-Flzg)*; ~**ped-down formation** Verbandsflug *m* mit Tiefenstufung; ~**ped-up formation** Verbandsflug *m* mit Höhenstufung; ~-**up distance** Höhenstufung *f (Verbandsflug)*; ~-**up in perfor-mance** Leistungszunahme *f*.

**steradian** Steradiant *m*; Raumwinkeleinheit *f*.

**stereo|gram** Raummessbild *n*; ~**graphic projection** stereographische Projektion *f (Kart)*; ~-**pair** Raumbild- *od* Stereobildpaar *n*; ~-**photogrammetry** Raumbildvermessung *f*; ~**scope** Stereoskop *n*; ~**scopic(al)** stereoskopisch; ~**scopic picture** Raumbild *n*; Stereoaufnahme *f (LPhot)*; ~ **scopic range finder** Raumbildentfernungsmesser *m*; ~ **telescope** Scherenfernrohr *n*.

**sterile area** sicherheitskontrollierter Bereich *m (Bod)*.

**stern** Heck *n*; ~ **heavy** hecklastig *(Luftschiff)*; ~ **landing** Hecklandung *f (See-Flzg)*; ~ **light** Hecklicht *n (Flzg)*; ~ **of airship** Hinterschiff *n (Luftschiff)*; ~ **post** Achter- *od* Hintersteven *m (Lfz)* ***(Def)***; ~ **radiator** Heckkühler *m*; ~**ward** heckwärts.

**steward** Steward *m*; Flugbegleiter *m (LVerk)* ***(Def)***; ~**ess** Stewardess *f*; Flugbegleiterin *f (LVerk)* ***(Def)***.

**stick** Steuerknüppel *m (Flzg)*; ~ **bombing** Bombenreihenwurf *m (LKr)*; ~-**bombing correction** Reihenwurfvorlage *f (Bombenballist)*; ~ **control** Knüppelsteuerung *f (Flzg)*; ~ **deflection** Steuerknüppelausschlag *m od* -auslenkung *f (Flzg)*; ~ **force** Steuerkraft *f (Flzg)*; Knüppel(betätigungs)kraft *f (Flzg)* ***(Def)***; ~ **hand-grenade** Stielhandgranate *f*; ~ **length** Reihenwurflänge *f (Bomben: Lkr)*; ~ **of bombs** Bombenreihe *f (LKr)*; ~ **pressure** Steuerdruck *m (Flzg-Steuerung)*; ~ **pusher** Knüppelnachdrückvorrichtung *f (Flzg)*; ~ **shaker** Steuerknüppelrüttler *m (Überziehwarnung: Flzg)*; ~ **shaking** Steuerknüppelschütteln *od* -rütteln *n*; Stick-Shaking *n (Überziehwarnung: Flzg)*; ~ **time** Landezeit *f (Flzg)*; ~-**type incenciary bomb** Stabbrandbombe *f (Lkr)*.

**stiff** steif; starr; ~ **breeze** steife Brise *f*; steifer Wind *m (met)*; ~**en** aus- *od* versteifen; ~**ening dope** *or* **varnish** Spannlack *m*; ~**ener** Aussteifung *f*; Versteifung *f (Lfz)* ***(Def)***; ~**ness** Steifigkeit *f*; ~**ness control** Empfindlichkeitsregelung *f (Kurssteuerung)*; ~**ness criterion** Steifigkeitskriterium *n (Konstr)* ***(Def)***; ~**ness test** Steifigkeitsversuch *m*; ~ **tail wind** starker Rückenwind *m*.

**still| air** ruhende *od* ruhige Luft *f*; Windstille *f*; ~-**air range** Reichweite *f* bei Windstille *(Flzg)*.

**sting** Modellarm *m (aerodyn)* ***(Def)***.

**stipple** punktrastern; punktieren *(Kart)*; Punktierung *f (Kart)*.

**stoichiometric** stöchiometrisch *(Flmot)* ***(Def)***; ~ **mixture** stöchiometrisches Gemisch *n (Flmot)*.

**stock** Lagerbestand *m*; Lager *n (Vorratslager)*; ~**age** Lagerbestand *m*; ~ **book** Bestandsbuch *n*; ~ **control squadron** Lagerkontrollstaffel *f (Logistik)*; ~ **inventory** Bestandsnachweisung *f*; ~ **level** Bevorratungshöhe *f (Logistik)*; ~ **list** Lagerliste *f*; Bestandsliste *f*; ~ **point** Stockpunkt *m (Schmierstoff)*; ~ **report** Bestandsnachweis *m*; ~-**taking** Bestandsaufnahme *f*; ~ **tank** Vorratstank *m*.

**STOL** (*short for* **short take-off and landing**) STOL; Kurzstart-; Kurzlande- *(Lfz)* ***(Def)***; ~ **aircraft** STOL- *od* Kurzstartluftfahrzeug *n*; Kurzstarter *m (Lfz)*; ~ **port** STOL-Flugplatz *m*.

**stop** Haltestelle *f*; Anschlag *m*; Zwischenlandung *f (LVerk)*; ~ **bar light** Haltebalkenfeuer *n (Bod)*; ~ **clock** Stoppuhr *f*; ~**cock position** Schnellstoppstellung *f (des Gashebels: Flmot & Turbo)*; ~**cock the engine** Triebwerk (schnell) abstellen; ~ **element** Sperrschritt *m (Fernschr)*; ~ **end of the runway** Stoppende *n* der Piste; ~ **for non-traffic purposes** Landung *f* zu nichtgewerblichen Zwecken *(LVerk)*; ~ **impulse** Stoppimpuls *m (Fernschr)*; ~**over** Zwischenlandung *f (Flzg)*; Reiseunterbrechung *f (LVerk)*; ~~ **visa** Durchreisesichtvermerk *m*; Transitvisum *n*; ~**page** Ausfall(en) *m (n)*; Stoppen *n*; Ladehemmung *f (Bordwaffe)*; ~**ping distance** Bremsweg *m (Kfz)*; ~**ping power** Bremsvermögen *n*; *roll to a* ~ ausrollen *(Flzg bei Landung)*; ~**way** Stoppfläche *od* -bahn *f (nur leicht befestigte Startbahnverlängerung)*; ~**way light** Stoppbahnfeuer *n (Bod)* ***(Def)***; ~**way day marker** Stoppbahnmarker *m (Bod)*; ~ **work** Arbeit einstellen.

**stor|age** Lagerung *f*; ~**age battery** Sammlerbatterie *f (el)*; ~**age charges** *pl* Lagergebühren *f/pl (LVerk)*; ~**age tank** Vorratsbehälter *m*; ~**age unit** Speicherelement *n (EDV)*; ~**e** (Vorrats-)Lager *n*; lagern; ~**e-house** Lagerhaus *n*; ~**ekeeper** Lagerverwalter *m*; ~**eroom** Lagerraum *m*; ~**es** *pl* (Bord-)Vorräte *m/pl (an Bord von Flzg)* ***(Def)***.

**storm** Unwetter *n*; Sturm *m (allg)*; schwerer Sturm *m (Beaufort-Stärke 10: met)* ***(Def)***; ~ **damage** Sturmschaden *m*; ~ **foehn** Sturmföhn *m*; Föhnsturm *m (met)*; ~ **tide** Sturmflut *f*; ~ **vortex** Sturmwirbel *m*; ~ **warning** Sturm- *od* Gewitterwarnung *f (met)*; ~**y** stürmisch.

**stow** unterbringen; verstauen; packen; beladen *(Bomben)*; ~**age chart** Beladeplan *m (Flzg)*; ~**age compartment** Laderaum *m (Flzg)*; ~**age loop** Packschlaufe *f (Fallsch)* ***(Def)***; ~**ing plan** Beladungsplan *m*.

**straf|e** mit Bordwaffen angreifen *(Erdziele durch Flzge: LKr)*; ~**er** *(US)* Schlacht- *od* Tiefangriffsflugzeug *n (LW)*; ~**ing** Erdzielbeschluss *m (LKr)*; ~**ing aircraft** *(US)* Schlacht- *od* Tiefangriffflugzeug *n (LW)*.

**straight** gerade; rechtweisend; ~-**ahead** geradeaus; ~ **and level flight** horizontaler Geradeausflug *m (Flbetr)*; ~ **beam** Balkenträger *m (stat)*; ~ **course** gerader Kurs *m (nav)*; ~ **engine** Reihenmotor *m (Flmot)*; ~**en out** geradeaus nehmen; aufrichten *(Flzg)*; ~ **flight** Geradeausflug *m*; ~-**flow system** Gleichstrom-Brennkammer(system) *f (n)* ***(Def)***; ~ **girder** Balkenträger *m (stat)*; ~-**in approach**, *abbr* **STA** Geradeausanflug *m (Flsich)*; ~-**line** geradlinig; ~-**line distance** *(in the air)* Luftlinie *f (kürzeste Verbindungslinie)*; ~ **spar** Balkenholm *m (Flzg)*.

**strain** Dehnung *f*; Beanspruchung *f*; ~**er** Sieb *n*; Filter *m & n*; ~ **gauge** (*US* **gage**) Dehnungsmesser *m*; ~ **rate** Verformungs- *od* Deformations- *od* Formänderungsgeschwindigkeit *f*.

**strait** Meerenge *f*; Sund *m*.

**strake** Destabilisator *m (Flzg)*.

**strand** Kabelader *f*; Kabellitze *f (el)*.

**strap** Gurt *m*; Spannband *n*; anschnallen; ~ **(in)** festschnallen *(auf Flzg-Sitz)*; ~ **oneself in** sich festschnallen *(auf Flzg-Sitz)*.

**stratagem** Kriegslist *f*.

**strategic** strategisch; operativ; ~ **air command** *(US)* Kommando *n* der strategischen Luftstreitkräfte *(LW)*; ~ **air reconnaissance** strategische Luftaufklärung *f (LKr)*; ~**al** strategisch; ~ **bombing force** strategische Bombenstreitkräfte *f/pl (LW)*; ~ **concentration** Aufmarsch *m (takt)*; ~ **concentration by rail** Eisenbahnaufmarsch *m (takt)*; ~ **objective** strategisches *Ziel n (Kr)*; ~ **reconnaissance** strategische Aufklärung *f (Kr)*.

**strateg|ist** Stratege *m*; ~**y** Strategie *f*; ~**y of attrition** Zermürbungsstrategie *f*.

**strat|ification of airspace** Schichtung *f* des Luftraums *(Flsich)*; ~**ified** geschichtet; ~**iform** schichtförmig; ~**o-cumulus (cloud)**, *abbr* **SC** geschichtete Haufenwolke *f*; Stratokummulus *m (met)* ***(Def)***; ~**oliner** Stratosphärenverkehrsflugzeug *n*; ~**opause** Stratopause *f* ***(Def)***; ~**o-sphere** Stratosphäre *f (met)* ***(Def)***; ~**osphere aircraft** Stratosphärenflugzeug *n*; ~**osphere balloon** Stratosphärenballon *m*; ~**osphere flight** Stratosphärenflug *m*; ~**um**, *pl* **strata** Schicht *f*; Lage *f*; Ablagerung *f*; ~**us (cloud)**, *abbr* **ST** Schichtwolke *f*; Stratus *m (met)* ***(Def)***.

**stray** atmosphärische Störung *f (Funk)*; ~ **currents** *pl* vagabundierende Ströme *m/pl (el)*; ~**ed aircraft** vom Kurs (signifikant) abgewichenes Luftfahrzeug *n (Flsich)*; ~ **light** gesteuertes *od* Streulicht *n*; ~ **signal** Verlustkommando *n (Rak)*.

**streak** Schliere *f (aerodyn)*.

**stream** Strom *m*; Strömung *f*; ~**line** Stromlinie *f (aerodyn & met)* ***(Def)***; stromlinienförmig gestalten; ~~ **axle** Profilachse *f*; ~~**d** stromlinienförmig; ~~**(d) form** Stromlinienform *f*; ~~**(d) shape** Stromlinienform *f*; ~~ **fairing** Stromlinienverkleidung *f*; ~~ **flow** wirbelfreie *od* glatte Strömung *f (aerodyn)*; ~~ **in shape** stromlinienförmig; ~~ **strut** Profilstrebe *f*; ~~ **loop aerial** stromlinienförmige Rahmenantenne *f (Fernm)* ***(Def)***; ~~ **motion** Potentialströmung *f (aerodyn)* ***(Def)***; ~~ **wire** Profildraht *m (Lfz)* ***(Def)***; ~-**lining** stromlinienförmige(s) Gestaltung *f (od* Verkleiden *n)*; ~**lining** Umfließen *n*.

**street fighting** Straßenkampf *m (takt)*.

**strength** Festigkeit *f*; Ergiebigkeit *f (aerodyn)*; Stärke *f (einer Einheit: mil)*; ~ **calculation** Festigkeitsberechnung *f (stat)*; ~**ened floor** verstärkter Boden *m (Fracht-Flzg)*; ~**ening point** Befestigungspunkt *m*; ~ **factor (of safety)** Sicherheitsfaktor *m (der konstruktiven Auslegung: Flzg)*; ~ **of field** Feldstärke *od* -intensität *f (Kompass)*; ~ **of relative wind** Flugwindstärke *f*; ~ **specifications** *pl* Bauvorschrift *f*; Belastungsvorschriften *f/pl*; ~ **test** Festigkeitsprüfung *f*.

**stress** Spannung *f (Werkstoffe)*; Beanspruchung *f (aerodyn)*; Druck *m (stat)*; Festigkeit *f*; ~ **analysis** statistische Berechnung *f*; Festigkeitsnachweis *m*; ~ **calculation** Festigkeitsberechnung *f*; ~**ed skin** (selbst)tragende Haut *f (Flzg)*; ~**ed-skin construction** Schalenbauweise *f (Flzg)* ***(Def)***; ~**ing** Beanspruchung *f (Flzg)*; *sl für* Festigkeitsberechnung *f*; ~ **ratio** Spannungsverhältnis *n (Konstr)* ***(Def)***; ~-**strain analysis** statische Kontrolle *od* Analyse *f*.

**stretch** ausziehen *(Gummiseil beim Segel-Flzg-Start)*; ~**ed aircraft** gestreckte Version *f* eines Luftfahrzeugs; ~**er** Tragbahre *f*; ~**er bearer** Krankenträger *m*.

**strik|e** Angriffsanflug *m (LKr)*; einen Angriff fliegen *(LKr)*; auftreffen *(Bombe)*; Streik *m*; streiken; ~**e a flag** Flagge streichen *od* niederholen; ~**e aircraft** Angriffsflugzeug *n (LW)*; ~**e camp** Lager abbrechen *(mil)*; ~**e ground** aufschlagen *(unfreiwillige Bodenberührung eines Flzgs)*; ~**er** Schlagbolzen *m (Schusswaffe)*; ~**ing point** Einschlagpunkt *m (Bombe)*; ~**ing potential** Angriffskraft *f (takt)*; ~**ing power** Schlagkraft *f (takt)*; ~**ing velocity** Auftreffgeschwindigkeit *f (Bombe)*.

**stringer** Längsversteifung *f (Flzg)*; Stringer *m (Flzg)* ***(Def)***; Holm *m (Flzg)*.

**strioscopic method** Schlierenmethode *f (aerodyn)*.

**strip** Streifen *m*; Start- und Landestreifen *m (Bod)* ***(Def)***; auseinandernehmen; ~**e** Tresse *f (Uniform)*; ~**es** *pl (E & US)* Unteroffiziersstreifen *m/pl*; ~ **flange** Gurtblech *n (am Holmsteg: Flzg)*; ~ **light** Start- und Landestreifenfeuer *n*; ~ **map** Flugstrecken- *od* Streifenkarte *f (Kart)*; ~ **mosaic** Bildreihe *f (LPhot)*; ~**per ring** Abstreifring *m (Flmot)*; ~ **reconnaissance** Streifenaufklärung *f (takt)*; ~ **theory** Streifentheorie *f (aerodyn)*.

**strobe| beacon** Blitz- *od* Schwebungsfeuer *n (Bod)*; ~ **line** Messlinie *f (Radar)*; ~~ **indication** Messlinienanzeige *f (Radar)*.

**stroke** Hub *m*; Takt *m (Flmot)*; Einfederung *f (Fahrwerk)*; ~ **of lightning** Blitzschlag *m*; ~ **reversal** Hubwechsel *m (Flmot)*; ~ **to-bore-ratio** Verhältnis *n* zwischen Hub und Bohrung *(Flmot)*.

**strong| breeze** starker Wind *m (Beaufort-Stärke 6: met)* ***(Def)***; ~ **deceleration** starke Verzögerung *od* Abbremsung *f*; ~ **gale** Sturm *m (Beaufortstärke 9: met)* ***(Def)***; ~**hold** Kampfstand *m*; Bollwerk *n (takt)*; ~**point** Zurrpunkt *m (Flzg)*; Stützpunkt *m (takt)*.

**strop** Aufziehleinenstropp *m (Fallsch)* ***(Def)***.

**structur|al** strukturell; konstruktiv; ~**al damping** strukturelle Dämpfung *f (Konstr)* ***(Def)***; ~**al defect** Konstruktions- *od* Materialfehler *m*; ~**al distortion** Konstruktionsverformung *f*; ~**al element** Bauelement *n (Flzg)*; ~**al fatigue** Strukturermüdung *f*; ~**al limitation** Festigkeitsbegrenzung *od* -grenze *f (Konstr)*; ~**al part** Bauteil *m & n (Flzg)*; ~**al repair** Zellenreparatur *f (Flzg)*; ~**al safety** Bausicherheit *f*; ~**al strength** Baufestigkeit *f*; ~**al weight** Konstruktionsgewicht *n*; ~**e** Struktur *f*; Gebäude *n*; Flugwerk *n (Flzg)*; Zelle *f (Flzg)*.

**strut** Strebe *f*; Stiel *m (Flzg)* ***(Def)***; verstreben *(Flzg-Bau)*; ~ **-braced mid-wing monoplane** abgestrebter Mitteldecker *m (Flzg)*; ~ **intersection** Strebenknoten *m (Flzg)*; ~ **spacing** Strebenabstand *m (Flzg)*; ~**ting** Verstrebung *f*; ~-**type radiator** Strebenkühler *m (Flmot)*.

**stub| axle** Achsenschenkel *m*; Achsstummel *m*; ~ **(exhaust) pipe** Auspuff- *od* Abgasstutzen *m (Flmot)* ***(Def)***; ~ **(line)** Stichleitung *f*; ~ **plane** *or* **wing** Ansatztragfläche *f*; Flossenstummel *m (Flzg bzw Flugboot)* ***(Def)***.

**stuck** bewegungsunfähig *(Kfz)*; **get** ~ stecken bleiben.

**stud** Steh- *od* Stiftbolzen *m.*

**student** Schüler *m*; Student *m*; ~ **charter flight** Studentencharterflug *m (LVerk)*; ~ **pilot** Flugschüler *m*; ~ **squadron**, *abbr* **STURON** Schülerstaffel *f (LW)*; ~'**s seat** Schülersitz *m (Flzg).*

**stuff** Zeug *n*; ~**ing box** Stopfbuchse *f.*

**stuka** Sturzkampfflugzeug *n, abbr* Stuka *m (LW).*

**stunt** Flugkunststück *n*; ~ **flyer** Kunstflieger *m*; ~ **flying** Kunstflug *m*; ~**s** Kunstflug *m.*

**sturbs** *sl für* Funkstörungen *f/pl.*

**sub| assembly** Teilmontage *f (Flzg-Bau)*; ~-**assembly line** Teilmontagestraße *f (Flzg-Bau)*; ~-**base course** untere Tragschicht *f (Startbahnbau)*; ~ **calibre** (*US* **caliber**) Kleinkaliber *n*; ~ **calibre target practice** Kleinkaliberschießen *n*; ~**carrier** Hilfs- *od* Zwischen- *od* Subträger *m (Fernm)*; ~ **charter** Subcharter *m (LVerk)*;~**clutter visibility** Zielerkennbarkeit *f (gegenüber Bodenecho: Radar)*; ~ **committee** Unterausschuss *m*; ~**division** Unterteilung *f*; ~**freezing temperature** Temperatur *f* unter dem Gefrierpunkt *(met)*; ~**geostrophic wind** untergeostrophischer Wind *m (met)*; ~**grade** Planum *n*; Untergrund *m (Startbahn usw)*; ~**gravity** Quasischwerelosigkeit *f* ***(Def)***; ~**jective noise-meter** Vergleichsgeräuschmesser *m (Instr)* ***(Def)***; ~**ject to licence** (*US* **license**) **arrangements** lizenzpflichtig; ~**ject to military service** wehrdienstpflichtig: ~**limation nucleus** Sublimationskern *m (met)*; ~**machine gun** Maschinenpistole *f*; ~**marine** Unterseeboot, *abbr* U-Boot *n*; ~**mit** einreichen *(Flugplan usw)*; ~**ordinate** untergeordnet; Untergebener *m*, ~ **pressure gauge** (*US* **gage**) Unterdruckmessgerät *n*; ~-**scale of the altimeter** Einstellskala *f* des Höhenmessers *(Flzg)*; ~**scriber** Teilnehmer *m (Tel)*; ~~ **extension** Nebenanschluss *m (Tel)*; ~~ **line** Teilnehmerleitung *f (Tel)*; ~**sidence** abklingende aperiodische Bewegung *f (Stab)* ***(Def)***; Absinken *n (einer Luftmasse: met)*; ~**sidiary office** Außen- *od* Nebenstelle *f*; ~**sidiary runway** Nebenpiste *f (Bod)*; ~**soil water** Grundwasser *n*; ~**sonic** subsonisch; Unterschall-; ~~ **aeroplane** Unterschallflugzeug *n*; ~~ **area rule** Unterschallflächenregel *f od* -satz *m*; ~~ **configuration** Unterschallkonfiguration *od* ~-auslegung *f (Flzg)*; ~~ **flight** Unterschallflug *m*; Flug *m* mit Unterschallgeschwindigkeit; ~~ **flow** Strömung *f* im Unterschallbereich *(aerodyn)* ***(Def)***; ~~**s** Unterschallaerodynamik *f*; ~**sonic speed** Unterschallgeschwindigkeit *f* ***(Def)***; ~ **sonic wing** Unterschall(trag)flügel *m (fFzg)*; ~**stantiating test** Prüfung *f* zum Nachweis; ~**stitute** Ersatz *m*; Ersatzmann *m*; Stellvertreter *m*; ~**stitute material** Austauschstoff *m*; ~**stratosphere** Substratosphäre *f*; ~**structure** Unterbau *m*; ~**tropic** subtropisch; ~-**unit** Teileinheit *f (mil).*

**success|ful landing** gelungene Landung *f (Flzg)*; ~**ive photographs** *pl* Reihenbilder *n/pl (LPhot).*

**suck** saugen; ~ **in** ansaugen *(Flmot)*; ~**ing-away of boundary layer** Grenzschichtabsaugung *f.*

**sucted foreign body** angesaugter Fremdkörper *m (Trubo).*

**suction** Ansaugen *n*; Sog *m*; Unterdruck *m*; ~ **aerofoil** Unterdrucktragfläche *f*; ~ **carburet(t)or** Saugvergaser *m*; ~ **effect** Sogwirkung *f*; ~ **face** Saug- *od* Sog- *od* Unterdruckseite *f (Prop)* ***(Def)***; ~ **flap** (Grenzschicht-)Absaugklappe *f (Lfz)* ***(Def)***; ~ **pipe** Saugleitung *f*; ~ **pressure** Saugdruck *m*; Sog *m*; ~ **pump** Sogpumpe *f*; ~ **side** Saugseite *f (Luftschraube)*; ~ **slot** Absaugschlitz *m (Lfz)* ***(Def)***; ~ **stroke** Ansaughub *m*; Ansaugtakt *m*; Ladehub *m (Flmot)*; ~ **valve** Einlassventil *n (Flmot)*; ~ **zone** Depressionszone *f*; Saugzone *f (auf Tragfläche).*

**sudden** plötzlich; ~ **change of weather** Wetterumschlag *m (met)*; ~ **engine failure** plötzlicher Triebwerksausfall *m*; ~ **pull-up** hartes Abfangen *n (Flzg aus Sturzflug)*; ~ **roll** gerissene Rolle *f (Kunstflug)*; ~ **shift of wind** Windsprung *m (met).*

**sufficient stability** ausreichende Stabilität *f (Lfz).*

**suitab|ility test** Eignungs- *od* Zulassungsprüfung *f*; ~**le** geeignet; ~~ *for cross-country work* geländegängig *(Kfz).*

**summary** Zusammenfassung *f*; gedrängte Übersicht *f.*

**summer lightning** Wetterleuchten *n (met).*

**summons to land** Landeaufforderung *f.*

**sump** Ölsumpf *m (Flmot)*; ~ **pan** Ölwanne *f (Flmot).*

**sun|-blind** Sonnenblende *f*; sonnengeblendet; ~ **compass** Sonnenkompass *m (Astronav)* ***(Def)***; ~ **direction finding** Sonnenpeilung *f (Astronav)*; ~ **dog** *sl für* Nebensonne *f*; ~**down** Sonnenuntergang *m*; ~**rise** Sonnenaufgang *m*; ~'**s azimuth** Sonnenazimut *m & n*; ~**set** Sonnenuntergang *m*; ~**set effect** Dämmerungseffekt *m (bei Funkpeilungen)*; ~**set glow** *or* **light** Abendrot *n*; ~**spot** Sonnenfleck *m*; ~~ **number** Sonnenfleckenzahl *f.*

**sunk| head rivet** Senkkopfniet *m*; ~ **rivet** Senkniet *m.*

**super| flying boat** Großflugboot *n*; ~-**helicopter** Großhubschrauber *m.*

**supercharge** aufladen *(Flmot)*; vorverdichten *(Flmot)* ***(Def)***; ~**d engine** Ladermotor *(Flmot)* ***(Def)***; Höhenmotor *m (Flmot).*

**supercharger** Lader *m*; Vorverdichter *m*; Gebläse *n (Flmot)* ***(Def)***; ~ **casing** Ladergehäuse *n*; ~ **control lever** Laderbedienhebel *m*; ~ **drive gear** Laderantriebsritzel *n*; ~ **drive power** Laderantriebsleistung *f*; ~ **gear** Laderstufe *f*; ~ **gear change** Ladergangwechsel *m (Flmot)*; ~ **housing** Ladergehäuse *n*; ~ **impeller** Lader- *od* Gebläselaufrad *n (Flmot)*; ~ **intercooler** Ladeluftkühler *m*; ~ **pressure** Ladedruck *m (Flmot)*; ~ **rotor** Laderlaufrad *n*; ~ **speed** Laderdrehzahl *f*; ~ **stator** Ladeleitrad *n*; ~ **volute** Laderschnecke *f.*

**super| circulation** Überzirkulation *f (aerodyn)* ***(Def)***; ~ **compression** Überverdichtung *f*; ~~ **engine** Überverdichtungsmotor *m (Flmot)* ***(Def)***; ~**cooled** unterkühlt *(met)*; ~**critical aerofoil** überkritischer Flügel *m (Flzg)*; ~**critical angle of attack** überkritischer Anstellwinkel *m (Flzg)*; ~**critical wing** superkritische Tragfläche *f (Flzg)*; ~**geostrophic wind** übergeostrophischer Wind *m (met)*; ~**heat** überhitzen; Aufwärmen *f (Lfz l )* ***(Def)***; ~**heterodyne receiver** Überlagerungsempfänger *m (Funk)*; ~**high frequency**, *abbr* **SHF** superhohe Frequenzen *f/pl*; Zentimeterwelle *f (Funk: 3–30 GHz)*; ~**imposed frequency** Überlagerungsfrequenz *f (Funk)*; ~**imposing of symbols** Symboleinblendung *f (Radar).*

**superior** Vorgesetzter *m*; vorgesetzt; überlegen; ~**ity** Überlegenheit *f*; Übermacht *f (takt)*; ~**ity in the air** Luftüberlegenheit *f (takt)*; ~ **strength** Übermacht *f (takt).*

**super|light aeroplane** superleichtes *od* Ultraleichtflugzeug *n*; ~**numerary crew member** überzähliges Besatzungsmitglied *n (LVerk)*; ~-**power transmitter** Höchstleistungssender *m (Funk)*; ~**pressure** Überdruck *m (Lfz l)* ***(Def)***; ~**quick (impact) fuse** *or* **fuze** empfindlicher (Aufschlag-)

Zünder *m*; ~**saturate** übersättigen; ~**saturation** Übersättigung *f*.

**supersonic** supersonisch; Überschall-; ~ **aeroplane** Überschallflugzeug *n*; ~ **aircraft** Überschallluftfahrtzeug *n*; ~ **bang** Überschallknall *m*; ~ **boom** Überschallknall *m*; ~~ **propagation** Überschallknallausbreitung *f*; ~ **cruise** Überschallreiseflug *m*; ~ **figther** Überschalljäger *m (LW)*; ~ **flight** Überschallflug *m*; ~ **flow** Überschallströmung *f*; Strömung *f* im Überschallbereich *(aerodyn) (Def)*; ~ **missile** Überschallflugkörper *m*; ~ **profile** Überschallprofil *n (Tragfläche)*; ~ **ramjet**, *abbr* **SRJ** Überschallstaustrahltriebwerk *n od* -antrieb *m*; ~**s** Überschallaerodynamik *f*; Supersonik *f*; ~ **speed** *or* **velocity** Überschallgeschwindigkeit *f (aerodyn) (Def)*; ~ **transport**, *abbr* **SST** Überschallverkehr *m (LVerk)*; ~~ **aircraft** Überschallverkehrsluftfahrzeug *od* ~-flugzeug *n*; ~(**-type**) **wing** Überschalltragfläche *f (Flzg)*; ~ **wind tunnel** Überschall(wind)kanal *m (aerodyn) (Def)*.

**super | stall** *(stark)* überzogener Flugzustand *m (mit Leitwerk in abgelöster Strömung) (Flzg)*; ~~ **recovery manoeuvre** Ausleitmanöver *n* aus dem starken Überziehen *od* aus dem Superstall(-Zustand) *(Flbetr)*; ~**vise** beaufsichtigen; überwachen; ~**vision of air navigation** Flugüberwachung *f*.

**supplement | al air carrier** Bedarfs(luftverkehrs)unternehmen *n*; ~**ary** ergänzend; nachträglich; Ergänzungs-; ~~ **aerodrome** Hilfsflugplatz *m (LVerk)*; ~~ air Zusatzluft *f (Flmot)*; ~~ **charge** Zusatzladung *f (Rak)*; ~~ **flight** Zusatzflug *m*; Verdichtungskurs *m (Lverk)*; ~~ **meteorological office**, *abbr* **SMO** Flugwetternebenstelle *f*; ~~ **observation** zusätzliche Beobachtung *f (met)*; ~~ **procedures** *pl* Ergänzungsverfahren *n/pl*.

**supplies** *pl* Nachschubgut *n*; Versorgungsgut *n*.

**supply** Versorgung *f*; Nachschub *m*; versorgen; (be)liefern; ~ **bomb** Versorgungsbombe *f (LKr)*; ~ **by air** Luftversorgung *f*; ~ **column** Nachschubkolonne *f*; ~ **depot** Versorgungsdepot *n*; Nachschubpark *m (mil)*; ~**-dropping** Versorgungsabwurf *m*; Abwerfen *n* von Versorgungsgütern; ~**-dropping container** Versorgungsabwurfbehälter *m (LKr)*; ~ **dump** Versorgungslager *n*; ~ **line** Nachschubverbindung *f*; Nachschublinie *f*; ~ **mains** Netz(haupt)leitung *f (el) (Def)*; ~ **point** (Nachschub-)Ausgabestelle *f*; ~ **route** Nachschubweg *m*; ~ **service** Versorgungs- *od* Nachschubdienst *m (mil)*; ~ **services** *pl* Nachschubwesen *n*; Versorgungswesen *n (mil)*; ~ **ship** Trossschiff *n (Marine)*; ~ **situation** Nachschub- *od* Versorgungslage *f*; ~ **squadron** Versorgungsstaffel *f (LW-Logistik)*; ~ **train** Nachschubkolonne *f*; ~ **troops** *pl* Versorgungstruppen *f/pl (mil)*; ~ **vehicle** Versorgungsfahrzeug *n*.

**support** Unterstützung *f (takt)*; Träger *m*; Stütze *f*; Lager *n*; unterstützen *(takt)*; decken *(takt)*; stützen; abstützen; unterstützen; ~ **area** *(behind the front)* Etappe *f (mil)*; **assigned for** (**tactical** *or* **mutal**) ~ auf Zusammenarbeit *f* angewiesen *(mil)*; **attachment for logistical** ~ wirtschaftliche Unterstellung *f (mil)*; ~ **base** *(US LW)* Wirtschaftstruppenteil *m*; **close air** ~ unmittelbare Luftunterstützung *f*; Luftnahunterstützung *f (takt)*; ~**ed state** unterstützter Staat *m*; ~ **float** Stütz- *od* Hilfsschwimmer *m (See-Flzg)*; ~**ing area** tragende Fläche *f (Flzg)*; ~**ing artillery** Unterstützungsartillerie *f*; ~**ing fire** Unterstützungsfeuer *n (takt)*; ~**ing strap** Tragegurt *m*; ~**ing surface** tragende Fläche *f (Flzg)*; ~**ing surfaces** *pl* tragende Flächen *f/pl (Flzg) (Def)*; ~**ing web** Stützsteg *m*; **offensive air** ~ offensive Luftunterstützung *f (takt)*; ~ **reaction** Gegendruck *m (stat)*, **reconnaissance air** ~ Aufklärungsluftunterstützung *f (takt)*; **tactical air** ~ taktische Luftunterstützung *f*; **transport air** ~ Transportluftunterstützung *f (takt)*.

**suppress | ed aerial** versenkte Antenne *f (Fernm) (Def)*; ~**ed time delay** unterdrückte Zeitverzögerung *f (DME-Entfernungsmessgerät)*; ~**or** Entsorgungsgerät *n (el) (Def)*.

**supreme command** Oberkommando *n (mil)*.

**surcharge** Zuschlaggebühr *f (LVerk)*; ~**d airmail** zuschlagpflichtige Luftpost *f*; ~ **for luggage** Übergepäckgebühr *f (LVerk)*.

**surface** Oberfläche *f (Startbahn usw)*; Fläche *f*; Boden *m*; ~ **area** Flächeninhalt *m*; ~ **course** Oberflächenschicht *f*; Decke *f*; Belag *m (Startbahnbau)*; ~ **crack** Mantelriss *m*; ~**-effect flying boat** Luftkissenflugboot *n*; ~ **forces** *pl* Überwasserstreitkräfte *f/pl (Marine)*; ~ **friction** Oberflächenreibung *f*; ~ **friction drag** Reibungswiderstand *m (aerodyn) (Def)*; ~ **inversion** Bodeninversion *f (met)*; ~ **leakage current** Kriechstrom *m (el)*; ~ **light** Unterflurfeuer *n (Bod)*; ~ **load-carrying capacity** Oberflächenbelastbarkeit *f*; ~ **loading** Flügelbelastung *f (Konstr) (Def)*; ~ **marking** Oberflächenmarkierung *f (auf Piste: Bod)*; ~ **movement control**, *abbr* **SMC** Kontrolle *f* der Bewegungen *(von Lfz usw)* am Boden: ~ **movement radar**, *abbr* **SMR** Radar(gerät) *n* für Bodenbewegungskontrolle; ~ **observation** Bodenwetterbeobachtung *f*; ~ **of contact** Kontakt- *od* Berührungsfläche *f*; ~ **oil cooler** Oberflächenkühler *m (Flmot) (Def)*; ~ **pressure** Bodenluftdruck *m (met)*; ~ **quality** Oberflächengüte *f*; ~ **radiator** Oberflächenkühler *m (Flmot) (Def)*; ~ **roughness** Oberflächenrauhigkeit *f*; ~ (**search**) **radar** Radargerät *n* zur Abbildung der Erdoberfläche; ~ **temperature** Oberflächentemperatur *f*; ~**-to-air missile**, *abbr* **SAM** Boden-Luft-Flugkörper *m (LW)*; ~**-to-surface missile**, *abbr* **SSM** Boden-Boden-Flugkörper *m*; ~ **treatment** Oberflächenbehandlung *f*; ~ **vessel** Überwasserfahrzeug *n (Marine)*; ~ **wave** Bodenwelle *f (Funk)*; ~ **weather chart** Bodenwetterkarte *f*; ~ **wind** Bodenwind *m (met)*.

**surfacing** Oberflächenschicht *od* Decke *f* aufbringen *(Startbahnbau)*.

**surg | e** Welle *f*; Stromstoß *m (el)*; Stoßwelle *f*; Rückschlagen *n (Turbo)*; gestörte Verdichterförderung *f*; Pumpen *n (Turbo)*; ~**e chamber** Ansaugkammer *f (Turbo)*; ~**e tank** Ausgleichtank *m (Kraftstoffsystem)*; ~**ing** Pumpen *n (Schwanken des Ladedruckreglers)*.

**surplus | capacity** Überkapazität *f (LVerk)*; ~ **power** zusätzliche Leistung *f*; Leistungsüberschuss *m (Flmot)*; ~ **stock** Über- *od* Mehrbestand *m*; ~ **to establishment** überplanmäßig *(mil)*.

**surrender** Waffenstreckung *f*; Kapitulation *f*; sich ergeben; kapitulieren.

**surrounding air** umgebende *od* Umgebungsluft *f*.

**surveillance** Übersicht *f*; ~ **controller** Rundsichtradarlotse *m*; Radarlotse *m* für Rundsichtradargerät *(Flsich) (Def)*; ~ **plotting board** Luftlagetisch *m (Flmelde)*; ~ **radar** (**element**), *abbr* **SRE** Rundsichtradargerät(eelement) *n (Def)*; **radar** ~ Radarleitdienst *m*.

**survey** Vermessung *f*; Übersicht *f*; vermessen; ~ **aircraft** Vermessungsflugzeug *n*; ~ **and mapping unit** Vermessungs- und Kartenabteilung *f (mil)*; ~**ing** Vermessung *f*; Vermessungskunde *f*; ~ **measurement** photogrammetrische Kartierung *f*; ~ **plane** Vermessungsflugzeug *n*.

**survivа|bility** Überlebensfähigkeit *f*; Standfestigkeit *f*; **~ble aircraft accident** Luftfahrzeugunfall *m* mit Überlebensmöglichkeit; **~l craft** Rettungsfahrzeug *n*; **~l equipment** Notausrüstung *f (Flzg)*; **~l radio equipment** Not- *od* Rettungsfunkgerät *n*; **~l training** Überlebenstraining *n*.

**susceptibility| to binding** Neigung *f* zum Hängen *(Ladedruckregler)*; **~ to shocks** Stoßempfindlichkeit *f*.

**suspected sabotage** Sabotageverdacht *m*.

**suspen|d** zeitweilig vom Dienst entheben; aufhängen; einhängen *(Bomben)*; **~ded** freihängend *(untergehangene Turbo-Triebwerke: Flzg)*; **~d freely** beweglich aufhängen *(Kompassnadel)*; **~d on gimbals** kardanisch aufhängen; **~d operation** Betrieb einstellen; **~sion** zeitweilige Dienstenthebung *f*; Aufhängung *f (Bomben)*; **~sion band** Traggurt *m*; **~sion bridge** Hängebrücke *f*; **~sion lug** Aufhängeöse *f (Bombe)*; **~sion mount(ing)** Kardanaufhängung *f*.

**sustainded| fire** Dauerfeuer *n (takt)*; **~ flight** Dauerflug *m*; **~ operation** Dauerbetrieb *m*; **~ output** *or* **power** Dauerleistung *f (Flmot)*; **~ wave** ungedämpfte Welle *f (Funk)*.

**sustainer** Marschtriebwerk *n (FK)* ***(Def)***.

**swashplate** Taumelscheibe *f*; Schwabbelscheibe *f*; **~ controls** *pl* Taumelscheibensteuerung *f (Hubschrauber)*; **~ engine** Taumelscheibenmotor *m (Flmot)*; **~ pump** Taumelscheibenpumpe *f (Flmot-Einspritzpumpe)*.

**sweep** absuchen *(Scheinwerfer; Radar)*; räumen *(Minen)*; bestreichen *(Art)*; Zeitlinie *f*; Strahlablenkung *f (Radar)*; **~ (angle)** Pfeilung *f*; Pfeilwinkel *m (Konstr)* ***(Def)***; **~back** pfeilen *(Tragfläche)*; **~back** (positive) Pfeilform *od* -stellung *f (Tragflächen)* ***(Def)***; **~backer** *sl für* Flugzeug *n* mit gepfeilten Tragflächen; **~ effect** Pfeilungswirkung *f od* -effekt *od* -einfluss *m*; **~ forward** negative Pfeilform *f (Tragfläche)* ***(Def)***; **~ frequency** Kippfrequenz *f (Funk)*; **~ of airfoil** Pfeilung *f (Tragfläche)*; **~ width** Suchstreifenbreite *f (SAR)*; **~ with fire** bestreichen *(takt)*.

**sweet** *sl für* ruhig *(Motorlauf)*.

**swell** Dünung *f*; Schwell *m (met)* ***(Def)***; Ausbauchung *f*.

**swept|-back wing** Pfeilflügel *m (Flzg)*; gepfeilter Tragflügel *m*; Pfeilformtragfläche *f (Flzg)*;**~-forward wing** vorgepfeilter Tragflügel *m (Flzg)*; **~ gain** Nachechodämpfung *f (Radar)*; **~ tail** gepfeiltes *od* Pfeilleitwerk *n (Flzg)*; **~ volume** (Zylinder-)Hubraum *m (Flmot)*; **~ wing** Pfeilflügel *(Flzg)* ***(Def)***.

**swerve** pendeln; abweichen; **~ in taking off** ausbrechen *(Flzg beim Start)*.

**swing** durchdrehen; anwerfen *(Luftschraube)*; Ausbrechen n *(Flbetr am Boden)* ***(Def)***; **~ bearing** Pendellager *n*; **~ing lever** Schwenkarm *m*; **~ing testing base** Kompensierscheibe *f*; **~ off (the runway)** abkommen; ausbrechen *(Flzg bei Start/Landung von Startbahn)*; *~ on to a new course* auf neuen Kurs eindrehen *(Flzg)*; *~ the airscrew* Luftschraube durchdrehen; *~ (the airscrew) by hand (Luftschraube)* von Hand durchdrehen; *~ the plane* herumziehen *(Flzg in Kurve)*; **~-wing aeroplane** Flugzeug *n* mit variabler *od* veränderter Flügelpfeilung.

**swirl| burner** Drall- *od* Zentrifugaldüse *f*; Einspritzdüse *f* vom Wirbeltyp *(Turbo)*; **~-vane** Schaufelflammenhalter *m*; Wirbelblech *n (Turbo)* ***(Def)***.

**swishtail** Abbremsen *n (der Fahrt durch wechselseitige Seitenruderbetätigung)*; abbremsen.

**switch** Schalter *m*; **~ board** Schalttafel *f (el)*; *(US)* Fernsprechvermittlung *f*; Klappenschrank *m (Tel)*; **~ control box** Schaltkasten *m*; **~ing centre** Vermittlungszentrale *f (Fernm)*; **~ing director** (automatische) Schalt- und Wähleinrichtung *f (Fernm)*; **~ing function** *or* **operation** Schaltvorgang *m*; **~ing jack** Schaltklinke *f (Tel)*; **~lever** Schalthebel *m*; **"~off!"** „Aus!" *(Zuruf zum Ausschalten der Zündmagneten: Flmot)*; **~ panel** Verteiler(schalt)tafel *f (el)*; **~ position** Riegelstellung *f (takt)*.

**swivel** Spannschloss *n*; Karabinerhaken *m*; drehen; **~ axis** Schwenkachse *f*; **~ hinge** Schwenkgelenk *n*; **~ joint** Kugelgelenk *n*; **~ling** (*US* **~ing**) Schwenken *n (Bug- und Spornräder: Flzg)*; *~ through x degress* um x Grad drehen *(Flzg auf Kompensierscheibe)*; **~ wheel** Schwenkrad *n*.

**swoop down** *sl für* herunterstoßen *(stark andrücken: Flzg)*.

**sword knot** Faustriemen *m (Uniform)*.

**syllabus** Lehrplan *m*.

**symbol** Symbol *n*; Zeichen *n (Kart)*; **~ic code form** Schlüsselform *f* in Symbolen *(met)*; **~ic letter** Buchstabensymbol *n (met)*.

**symmetr|ic(al) break-down** symmetrisches Abreißen *od* Ablösen *n (aerodyn)*; **~ical flutter** symmetrisches Flattern *n (Konstr)* ***(Def)***; **~ical profile** symmetrisches *od* spiegelgleiches *od* nichtgewölbtes Profil *n (aerodyn)*; **~y plane** Symmetrieebene *f*.

**synchro** (selbst)synchronisierend; **~mesh transmission** Synchrongetriebe *n (Flmot)*; **~nization** Synchronisierung *f*; **~nization of watches** Uhrenvergleich *m*; **~nize** synchronisieren *(starre Bordwaffen)*; **~nizer** Synchronisiergerät *n*; Bordwaffensteuerung *f*; **~nizing cam mechanism** synchronisierendes Nockensystem *n (Hubschrauber)*; **~nizing device** *or* **gear** Synchronisiervorrichtung *f (starre Bordwaffen)*; Schussfolgeregler *m (Flzg)*; **~nous garbling** Störung *od* Schlüsselverwirrung *f* durch synchrone Antworten *(SSR-Radar)*; **~nous motor** Synchronmotor *m*; **~nous operation** Synchronbetrieb *m (Fernm)*; **~scope** Synchroskop *n (Flmot)* ***(Def)***; **~ unit** Selbstsynchronisiervorrichtung *f*; automatische Nachsteuerung *f*.

**synoptic(al)** synoptisch; übersichtlich *(met)*; **~ chart** Übersichtskarte *f*; synoptische (Wetter-)Karte *f*; **~ hour** synoptischer Termin *m (met)*; *~ line of simultaneous thunderstorms* Isobronte *f (met)*; Linie gleichzeitiger Gewitter *(met)*; **~ meteorology** synoptische Meteorologie *f* ***(Def)***; **~ observation** synoptische Beobachtung *f (met)*; **~s** Synoptik *f* ; **~ (weather) chart** synoptische Wetterkarte *f (met)* ***(Def)***.

**synthetic| display** synthetische Darstellung *f (Radar)*; **~ dynamic display**, *abbr* **SDD** synthetische dynamische Darstellung *f*; rechnergesteuerte synthetische Darstellung *f (Radar)*; **~ flight trainer** Instrumentenflugübungsgerät *n*; **~ fuel** synthetischer Kraftstoff *m*; **~ material** Kunststoff *m*; **~ petrol** synthetisches Benzin *n*; **~ radar display** synthetische Radar-Schirmbilddarstellung *f*; **~ resin** Kunstharz *n*; **~ trainer** (Flug-) Übungsgerät *n (Link-Trainer usw)*.

**system** Anlage *f*; Einrichtung *f*; System *n*; Verfahren *n*; **~atic error** regelmäßiger Fehler *m*; **~ engineering** Systemtechnik *f*; **~ of co-ordinates** Koordinatensystem *n*; **~s planning** Systemplanung *f*.

# T

**T** *(ICAO- & NATO-Buchstabieralphabet)* Tango; *(altes, internationales Buchstabieralphabet)* Tare; ~-**antenna** T-Antenne *f (Funk)*; ~-(**shaped**) **tail** T-Leitwerk *n (Flzg)*.

**tab** Hilfsruder *n od* -klappe *f (Flzg-Trimmung)* ***(Def)***; **balance(d)** ~ Ausgleichsruder *n (Flzg)*; **controlled** ~ gesteuertes Hilfsruder *n (Flzg)*; **spring** ~ federgesteuertes Hilfsruder *n (Flzg)*.

**table| of (basic) allowances**, *abbr* **T/A** *(US LW)* Ausrüstungsnachweisung *f (für Sondereinheiten: mil)*; ~ **of clearances and fits** Passungsliste *f*; ~ **of contents** Inhaltsverzeichnis *n*; ~ **of distribution**, *abbr T/D (US LW)* Sonderstärkennachweisung *f (mil)*; ~ **of equipment** Ausrüstungsnachweisung *f (mil)*; ~ **of frequency allocation** Frequenzbereichsplan *m (Fernm)*; ~ **of logarithms** Logarithmentafel *f*; ~ **of organization and equipment**, *abbr* **T/O & E** *(US)* Stärke- und Ausrüstungsnachweisung *f (mil)*; ~ **of peacetime organization** Friedensstärkenachweisung *f (mil)*.

**tabular display** tabellarische Anzeige *od* Darstellung *f*.

**tabulation** zahlenmäßige Aufstellung *f*.

**tac** *sl für* Drehzahlmesser *m*; Tachometer *n*.

**TACAN** (*short for* **tactical air navigation**) taktische Flugnavigation *f (LW)*; ~ **aid** taktische Flugnavigationshilfe *f*; ~ **azimuth measurement** TACAN-Azimutmessung *od* -bestimmung *f (Nav)*; ~ **distance measuring equipment**, *abbr* **DME** TACAN-Entfernungsmessausrüstung *f*; TACAN-DME *n (nav)*; ~ **ground beacon** TACAN-Bodenfunkfeuer *n*; ~ **system** TACAN-System *n (nav)*.

**tachometer** Drehzahlmesser *m*; Tachometer *n*; ~ **drive** Drehzahlmesserantrieb *m*.

**tack** beidrehen; Reißzwecke *f*; Stift *m*; ~ **coat** Verbindungsschicht *f (Startbahnbau: Bod)*; ~**y snow** Pappschnee *m*; Schneematsch *m*.

**tactical** taktisch; ~ **Air Command** *(US)*, *abbr* **TAC** Kommando *n* der Taktischen Luftstreitkräfte; ~ **air control centre**, *abbr* **TACC** taktischer Fliegerleitstand *m*; ~ **air control group**, *abbr* **TACG** taktische Fliegerleitgruppe *f*; ~ **air control net** taktisches Fliegerleitnetz *n (Fernm)*; ~ **air controller** taktischer Fliegerleitoffizier *m*; ~ **air control party**, *abbr* **TACP** taktischer Fliegerleittrupp *m*; ~ **air control squadron**, *abbr* **TACRON** taktische Fliegerleitstaffel *f*; ~ **air direction centre**, *abbr* **TADC** taktischer Fliegerführungsstand *m*; ~ **air direction net** taktisches Fliegerführungsnetz *n (Fernm)*; ~ **air direction post**, *abbr* **TADP** taktischer Fliegerführungsposten *m*; ~ **Air Force**, *abbr* **TAF** Taktische Luftflotte *f (LW)*; ~ **air navigation**, *abbr* **TACAN** taktische Flugnavigation *f*; ~ **air reconnaissance** taktische Luftaufklärung *f*; ~ **air situation** (taktische) Luftlage *f (LKr)*; ~ **air support** taktische Luftunterstützung *f (LKr)*; ~ **assignment** taktische Unterstellung *f (LKr)*; ~ **ATFM** (*short for* **air traffic flow management**) **activities** *pl* taktische ATFM-Aktivitäten *f/pl (Flsich)*; ~ **employment** taktischer Einsatz *m*; taktische Verwendung *f*; ~ **grouping** Gefechtsgliederung *f*; ~ **operations staff** Gefechtsstab *m*; ~ **purpose** Einsatzzweck *m*; ~ **reconnaissance** taktische Aufklärung *f*; ~ **situation** taktische Lage *f*; Kampflage *f*; ~ **symbol** taktisches Zeichen *n*; ~ **training** Gefechtsausbildung *f*; ~ **-type aircraft** *pl* K-Typen *m/pl (LW)*; ~ **unit** Kampfeinheit *f*; **basic** ~~ kleinste taktische Einheit *f (mil)*; ~ **use** taktischer Einsatz *m*.

**tactic|ian** Taktiker *m*; ~**s** Taktik *f*; Gefechtslehre *f*.

**tactile** fühlbar; ~ **output (signal)** fühlbares Ausgangssignal *n (Fernm)*; ~ **warning unit** Geber *m* taktiler *od* fühlbarer Signale; taktiler Signalisator *m (Instr)*.

**tag** Anhänger *m*; Anhängezettel *m*.

**tail** Heck *n (Flzg)*; Rumpfende *n (Flzg)*; Schwanz *m sl (Flzg)*; ~ **aerial** Heckantenne *f (Flzg)*; ~ **assembly** Leitwerk *n (Flzg)*; ~ **attack** Angriff *m* von hinten *(LKr)*; ~ **bearing**, *abbr* **BB** Rückenpeilung *f (nav)*; ~ **boom** Leitwerksträger *m (Flzg)* ***(Def)***; ~ **buffeting** Leitwerkschütteln *n (Flzg)*; ~ **chord** Höhenflossentiefe *f*; ~-**controlled** schwanzgesteuert; ~ (**control**) **surface** Leitwerksfläche *f*; ~ **conus** *or* **cone** Heckkonus *m (Flzg)* ***(Def)***; ~ **decalage** Heckschränkung *f*; ~ **dihedral** V-Stellung *f* des (Heck-)Leitwerks *(Flzg)*; ~-**down landing** Landung *f* mit großem Anstellwinkel *(Flzg)*; ~-**end Charlie** *sl für* Heckschütze *m*; Holzauge *n sl*; ~-**engine layout** Hecktriebwerkanordnung *f (Flzg)*; ~**erons** *pl* Höhenquerruder *n (Lfz)* ***(Def)***; ~ **fin** Seitenflosse *f (Flzg)*; Kielflosse *f (Luftschiff)*; ~-**first plane** Flugzeug *n* mit Vorderschwanz; Entenflugzeug *n*; ~ **float** Schwanz- *od* Heckschwimmer *m (See-Flzg)*; ~ **group** (Schwanz-)Leitwerk *n (Flzg)*; ~ **gun** Heckwaffe *f (Bomben-Flzg)*; ~**gunner** Heckschütze *m (LW)*; ~-**gun position** Heckstand *m (Bomben-Flzg)*; ~-**guy mooring** Heckstroppverankerung *f (Lfz l)* ***(Def)***; ~**heaviness** Schwanz- *od* Hecklastigkeit *f (Flzg)* ***(Def)***; ~**heavy** schwanzlastig *(Flzg)*; ~ **hook** Fanghaken *m (Flzg)* ***(Def)***; ~ **landing** Schwanzlandung *f (Flzg)*; ~**less airplane** schwanzloses Flugzeug *n* ***(Def)***; ~ **lift** Schwanzauftrieb *m (Flzg)*; ~ **light** Hecklicht *f (Flzg)*; ~ **load** Heck(leitwerk)last *f (Flzg)*; ~-**load moment** Schwanzlast(igkeits)moment *n (Flzg)*; ~ **men** *pl* Haltemannschaft *f (Segel-Flzg-Start)*; ~ **nozzle** Heckdüse *f (Turbo)*; ~ **of aircraft** Rumpfende *n (Flzg)*; ~-**off** leitwerklos *(Lfz)*; ~**ored cover** der Flugzeugform angepasste Abdeckplane *f*; ~ **parachute** (Heck-)Bremsschirm *m (Flzg-Bremsschirm)*; ~ **pipe** Abgas(führungs)rohr *n (Flmot)* ***(Def)***; Strahlrohr *n (Turbo)*; ~~ **temperature** Strahlrohrtemperatur *f (Turbo)*; ~ **plane** Dämpfungsflosse *f*; Höhenflosse *f (Flzg)* ***(Def)***; ~~ **servo (unit)** Höhenflossen- *od* Stabilisatorkraftsteuergerät *n (Flzg)*; ~ **propeller** Heck(luft)schraube *f od* ~ **propeller** *m (Lfz)*; ~ **rotor** Schwanz- *od* Heckrotor *m (Heli)* ***(Def)***; ~-**setting angle** Höhenflosseneinstellwinkel *m (Flzg)* ***(Def)***; ~-**sitting VTOL (aeroplane)** VTOL-Hecklander *m (Flzg)*; ~ **skid** Schleif- *od* Heck- *od* Schwanzsporn *m (Flzg)* ***(Def)***; ~-**skid spring** Spornfeder *f (Flzg)*; ~-**skid springing** Spornfederung *f (Flzg)*; ~-**skid towing** Spornschlepp *m (Flzg am Boden)*; ~ **slide** Abrutschen *n (Flzg über den Schwanz) (Flbetr)* ***(Def)***; Männchen *n (Kunstflug)*; über den Schwanz abrutschen *(Flzg)*; ~-**slip** abrutschen *(Flzg nach hinten)*; ~ **spin** Trudeln *n (Flzg)*; *go into a* ~ *spin* über den Schwanz abrudeln *(Flzg)*; ~ **stall** Überziehen *n* des Leitwerks *(Flbetr)*; ~ -**starting VTOL (aeroplane)** VTOL-Heckstarter *m (Flzg)*; ~ **surface** Leitwerksfläche *f (Flzg)*; ~ **turret** Heckturm *m*; Heckstand *m (Bomben-Flzg)*; ~ **unit** (Heck- *od* Schwanz-)Leitwerk *n (Flzg)* ***(Def)***; ~~ **loads** *pl* Leitwerkbelastung *od* -last *f (Flzg)*; ~ **vortex** Heck- *od* Rückenwirbel *m (aerodyn)*; ~-**warning device** Nachtjägerwarngerät *n (in Richtung: Radar)*; ~ **wave** Heckwelle *f (aerodyn)*; ~~ **of sonic boom** Heckwelle *f* des Überschallknalls; ~ **wheel** Spornrad *n*; Radsporn *m (Flzg)*; ~~ **landing gear** Spornradfahrwerk *n (Flzg)* ***(Def)***; ~ *wheel to rudder control* Seitenruder- mit Spornradsteuerung *f (Flzg)*; ~ **wind** Rücken- *od* Schiebewind *m*; ~~ **landing** Rücken- *od* Mitwindlandung *f (Flbetr)*.

**take| a bearing** (an)peilen *(nav)*; ~ **a sight** Beobachtung nehmen *(Astro-nav)*; (~) **aim** zielen; anvisieren; ~ **apart** auseinandernehmen *(Flmot usw)*; ~ **away** abnehmen

*(Flzg-Teile)*; ~ **bearings** (an)peilen *(nav)*; ~~ *on the stars* Sterne *m/pl* schießen *sl (Astro-nav)*; ~ **cover** in Deckung gehen *(takt)*; ~ **down** auseinandernehmen; ~ **evasive action** ausweichen *(Luftkampf)*; ~ **it around** *or* **through** durchstarten *(Flbetr)*; ~ **it on** *sl für* schnell Höhe gewinnen; ~ **off** starten; abfliegen *(Flzg)*; ~**-off** Start *m*; Abflug *m (Flzg)*; Starten *n (Flbetr)* ***(Def)***; ~**-off ability** Startfähigkeit *f (Lfz)*; ~**-off aid** Starthilfe *f*; ~**-off and landing characteristics** *pl, abbr* **TOLC** Start- und Landeeigenschaften *f/pl, abbr* SLE *(Lfz)*; ~**-off area** Startbereich *m & n (Bod)* ***(Def)***; ~**-off boost** Startladedruck *m (Flmot)*; ~**-off by automobile winch** Autowindenstart *m (Segel-Flzg)*; ~**-off clearance** Startfreigabe *f (Flsich)*; ~**-off climb area** Abflugsektor *m (Bod)* ***(Def)***; ~**-off climb performance** Startsteigleistung *f (Lfz)*; ~**-off climb surface** Abflugfläche *f (Flbetr)* ***(Def)***; ~**-off configuration** Startzustand(sform) *m (f) (Lfz)*; ~**-off contact** Abhebekontakt *m (FK)*; ~**-off direction** Startrichtung *f (Flbetr)*; ~**-off distance** Startlänge *od* -strecke *f*; ~~ **available**, *abbr* **TODA** verfügbare Startstrecke *f (Bod)* ***(Def)***; ~~ **required** erforderliche Startstrecke *f (Lfz)*; ~**-off end of runway** Anfang *m* der Piste *(Bod)*; *false ~-off* Fehlstart *m*; ~**-off fee** Startgebühr *f (LVerk)*; ~**-off flap position** *or* **setting** Startklappenstellung *f*; Startstellung *f* der Klappen *(Flzg)*; ~**-off flight path** Startflugbahn *f od* ~weg *m (Flbetr)*; ~~ **area** Startflugbahn- *od* -flugwegbereich *m (Bod)*; ~~ **surface** Startflugbahn- *od* -flugwegfläche *f (Flbetr)*; *~-off from a slope* Hangstart *m (Segelflug)*; ~**-off funnel** Abflugtrichter *m (Bod)*; ~**-off hook** Starthaken *m (Träger-Flzg)*; ~**-off horsepower** Startleistung *f (Flmot)* ***(Def)***; ~**-off manifold pressure** Startladedruck *m (Flmot)*; ~**-off monitoring system** Startüberwachungsanlage *f (Flsich)*; ~**-off output** *or* **power** Abflug- *od* Startleistung *f (Flmot)*; ~**-off path** Start(flug)weg *m (Flbetr)*; ~**-off performance** Startleistung *f (Lfz)*; ~**-off point** Startpunkt *m (Flbetr)* ***(Def)***; ~**-off power and/or thrust rating** Start-Nennleistung *f bzw* -Schub *m (Turbo)* ***(Def)***; ~**-off power rating** Start-Nennleistung *f (Flmot)* ***(Def)***; ~**-off quality** Startverhalten *n (Flzg)*; ~**-off rate of climb** Startsteiggeschwindigkeit *f (Flbetr)*; ~**-off rocket** Startrakete *f (Flzg)*; ~**-off RPM** Startdrehzahl *f (Flmot)*; ~**-off run** Start(lauf)strecke *f*; Startlauf *m (Flbetr)* ***(Def)***; ~~ **available** verfügbare Startlaufstrecke *f (Bod)* ***(Def)***; ~~ **required** erforderliche Startlaufstrecke *f (Lfz)*; ~**-off runway** Startbahn *od* -piste *f*; ~**-off safety speed** sichere Start- *od* Abhebegeschwindigkeit *f (Lfz)* ***(Def)***; ~**-off sequence** Start(reihen)folge *f (Flbetr)*; ~**-off speed** Abhebe- *od* Startgeschwindigkeit *f (Flzg)* ***(Def)***; ~**-off surface** Startfläche *f*; ~**-off thrust** Startschub *m (Turbo)*; ~**-off time** Startzeit *f*; ~**-off weight** Abflug- *od* Startmasse *f (Lfz)*; ~**-off zone** Startzone *f (Flugplatz)*; ~ **on** aufnehmen *(Belastungen usw)*; ~ *over an airplane* ein Flugzeug abnehmen *od* übernehmen; ~ *the offensive* zum Angriff übergehen *(takt)*; ~ *(to) flight* die Flucht ergreifen; ~ *to pieces* auseinandernehmen *(Flmot usw)*; ~ *(to) the air* aufsteigen *(Flzg)*; ~ *up a position of all-round defence (US defense)* sich einigeln *(takt)*.

**taking**| **of bearings** (An-)Peilen *n (nav)*; ~**-off** Starten *n (Flbetr)* ***(Def)***; ~**-over** Abnahme *f (Fluggerät)*; Übernahme *f*.

**talcum** Talkum *n*.

**talk**| **down** heruntersprechen *(GCA-Verfahren: Flsich)*; *to be ~ed into the base* auf den Platz heruntergesprochen werden *(Flzg: Flsich)*.

**tallyho** Abschuss! *m (Sprechfunkverkehr: Pilot an Jägerleitoffizier: LW US)*.

**tandem**| **aeroplane** Tandemflugzeug *n*; ~ **airscrews** *pl* Tandemluftschrauben *f/pl (Flzg)*; ~ **arrangement** Tandemanordnung *f*; ~ **cockpit** Tandemcockpit *m*; Cockpit *m* mit hintereinander angeordneten Sitzen *(Flzg)*; ~ **propellers** *pl* Tandemluftschrauben *f/pl (Def)*; ~ **rotor** Tandemrotor *m (Heli)*; ~**-type landing gear** Tandemfahrwerk *n (Flzg)*; ~ **wheels** *pl* Tandemfahrwerk *n (Flzg)*; ~ **wheel undercarriage** Tandemfahrwerk *n (Flzg)*; ~**(-wing) aeroplane** Tandemflugzeug *n*.

**tangent** Tangente *f*; Tangens *m*; tangierend; ~**ial acceleration** Tangentialbeschleunigung *f*; ~**ial force** Tangentialkraft *f*; ~**ial stress** Tangential ~ *od* Scher- *od* Schubbeanspruchung *f*; ~ **sight** Kurvenvisier *n*.

**tank** Tank *m*; Behälter *m (Kraftstoff usw)*; Panzer(kampfwagen) *m (mil)*; ~**age** Tankraum *m*; Fassungsvermögen *n (Kraftstoff)*; ~ **buster** *sl für* Panzerknacker *m (sl: Flzg)*; ~ **car** Kessel(tank)wagen *m*; ~ **cupola** Panzerkuppel *f*; ~**er** Tankschiff *n*; ~~ **airplane** Tanker(flugzeug) *m (n)* ***(Def)***; ~**ette** Kleinkampfwagen *f (mil)*; *external* ~ Außenbehälter *m (Flzg)*; ~ **installation** Tankanlage *f (Flugplatz)*; *jettisonable* ~Abwurfbehälter *m (Flzg)*; ~ **oil cooler** Behälterölkühler *m (Flmot)* ***(Def)***; *selfsealing* ~ selbstabdichtender Behälter *m (Flzg)*; ~ **skin** Behälterhaut *f*; ~ **trailer** Tankanhänger *m (Kfz)*; ~ **trap** Panzerfalle *f (takt)*; ~ **truck** Kessel(tank)-wagen *m (Kfz)*; ~ **vent(ilation)** Behälterentlüftung *f*; ~ **vent pipe** Behälterentlüftung(srohr) *f (n) (Lfz)* ***(Def)***.

**tap** abhören *(Tel)*; ~**ping service** Abhördienst *m (Tel)*.

**tape** Band *n*; Streifen *m*; Lochstreifen *m*; ~ **antenna** Bandantenne *f (Funk)*; ~ **feed** Lochstreifenvorschub *m (Fernm)*; ~~ **sequence** Streifenvorschubzeichenfolge *f (Fernm)*; ~ **multiplier** Lochstreifenvervielfältiger *m (Fernm)*; ~ **printer** Streifenschreiber *m (Fernm)*; ~ **punch pin** Streifenlochstempel *n (Fernm)*; ~**r** Verjüngung *f*; Zuspitzung *f (Tragfläche)*; sich verjüngen *(Tragfläche)*; ~ **recorder** Tonbandgerät *n*; ~**-recording** Bandaufnahme *f (Funk)*; ~**red aileron** spitz zulaufendes Querruder *n (Flzg)*; ~**red (off)** verjüngt; zugespitzt; ~**red wing** Trapezflügel *m (Flzg)* ***(Def)***; ~**-relay** Lochstreifenbetrieb *m od* -weitergabe *f (Fernm)*; ~~ **heading** Lochstreifenvorsatz *m (Fernm)*; ~~ **message** Lochstreifenmeldung *f (Fernm)*; ~~ **network** Fernschreibnetz *n* für Lochstreifenweitergabe *(Fernm)*; ~~ **operation** Lochstreifenbetrieb *m (Fernm)*; ~~ **station** Lochstreifen(weitergabe)stelle *f (Fernm)*; ~ **re-set** Wiedereinlegen *n* des Lochstreifens *(Fernm)*; ~**ring** Zuspitzung *f (Tragfläche)*; ~~ *in section* Profilverjüngung *f*; ~**r (ratio)** Schlankheits- *od* Trapez- *od* Zuspitzungs- *od* Verjüngungsverhältnis *n (Tragfläche: Flzg)*; ~ **transmitter** Lochstreifenschneider *m*.

**tappet** (Ventil-)Stößel *m (Flmot)*; ~ **guide** Stößelführung *f (Flmot)*.

**taps** *sl für* Instrumente *n/sl*.

**tare weight** Leermasse *f*; Rüstgewicht *n (Lfz)* ***(Def)***.

**target** Ziel *n (Radar, takt)*; Zielscheibe *f*; ~ **aeroplane** Ziel(darstellungs)flugzeug *n (Luftschießen: LW)*; ~ **area** Zielraum *m (takt)*; ~ **blip** Zielzeichen *n (Radar)*; ~ **bombing** gezielter Bombenwurf *m (LKr)*; ~ **butt** Kugelfang *m (Schießstand)*; ~ **course** Zielweg *m (Flak)*; ~ **designation** Zielansprache *f (takt)*; ~ **designation grid** Zielgeviertafel *f (Art)*; ~ **displacement** Zielauswanderung *f (Flak)*; ~ **finding** Ziel(auf)findung *f (LKr)*; ~ **indicators** *pl* Zielmarkierung *f (LKr)*; ~ **information** Zielunterlagen *f/pl (LKr)*; ~ **locating set** Zielortungsgerät *n (Radar)*; ~ **map** Zielkarte *f (LKr)*; ~ **markers** *pl* Zielmarkierungsbomben *f/pl*; Zielmarkierung *f (LKr)*; ~ **marking** Zielmarkierung *f (LKr)*; ~ **of opportunity** Gelegenheitsziel *n (takt)*; ~ **pick-up** Zielauffassung *f*; Zielerfassung *f (Radar)*; ~ **plane** (ferngelenktes) Ziel(darstellungs)flugzeug *n (Flak usw)*; ~ **recon-**

naissance Zielerkundung *f (takt)*; ~ **representation** Zielwiedergabe *f (Radar)*; ~**-seeking** zielsuchend *(Flak-Rak)*; ~**-simulating flight** Zieldarstellungsflug *m*; ~ **simulation** Zieldarstellung *f (Flak usw)*; ~ **speed** Zielgeschwindigkeit *f*; ~ **towing** Scheibenschlepp *m (Flzg)*; ~**-towing duties** *pl* Scheibenschleppfliegen *n*; ~ **tracking** Zielverfolgung *f (Radar)*; ~ **travel** Zielauswanderung *f (Flak)*.

**tariff** Tarif *m*; ~ **rate** Zollsatz *m*; ~**s** *pl* Gebühren(ordnung) *f/pl (f)*.

**tarmac** (asphaltiertes) Rollfeld *n (Flugplatz)*; Hallenvorfeld *n*; Abstellfläche *f (Flugplatz)*; ~ **control** Rollordnung *f (Flugplatz)*.

**tarpaulin** Segeltuchplane *f*; Persenning *f*.

**taschengurt** Taschengurte *m/pl (Fallsch)* ***(Def)***.

**task** Auftrag *m*; Aufgabe *f*; ~ **force** Sonderverband *m*; Kampfgruppe *f (Takt)*.

**taut | airship** unstarres *od* nichtstarres Prallluftschiff *n (Lfz l)*; ~**ness** Spannung *f (Bespannstoff: Flzg)*.

**tax** Steuer *f*; Abgabe *f*; ~ **clearance certificate** Steuerquittung *f od* -zeugnis *n (Lverk)*.

**taxi** rollen *(Flzg am Boden)*; ~ **channel** Wasserrollbahn *f*; Zufahrtrinne *f (Wasserflugplatz)* ***(Def)***; ~~ **lights** *pl* Zufahrtrinnen- *od* Wasserrollbahnfeuer *n/pl* ***(Def)***; ~~ **markers** *pl* Zufahrtrinnenmarker *m/pl* ***(Def)***; Wasserrollbahn-Sichtzeichen *n/pl*; ~ **circuit** Rollroute *f od* -plan *m (Bod)*; ~ **clearance** Rollfreigabe *f (Flsich)*; ~ **driver** *sl für* Fluglehrer *m*; ~ **frequency** Rollfrequenz *f (Funk)*; ~**-holding position** Rollhalt(eort) *m (Flbetr am Bod)* ***(Def)***; ~**ing** Rollen *n (Flzg am Boden)*; ~**ing trial** Rollversuch *m (Flzg)*; ~ **off** *or* **out** abrollen *(Flzg am Boden)*; ~ **plane** Mietflugzeug *n*; ~**-strip** Rollstreifen *m (Flugplatz)*; ~ **test** Rollversuch *m (Flzg)*; ~ **track** Rollbahn *f (Flugplatz)* ***(Def)***; ~**way** Rollweg *m od* -bahn *f (Bod)* ***(Def)***; ~~ **fillets** *pl* Rollweg- *od* Rollbahnausrundungen *f/pl (Bod)*; ~~ **holding position markings** *pl* Rollhaltmarken *f/pl (Bod)*; ~~ **lights** *pl* Rollbahn- *od* Rollwegfeuer *n/pl (Bod)* ***(Def)***; ~~ **margin** Rollweg- *od* Rollbahnrandzone *f* (Bod); **parallel** ~~ Parallelrollbahn *f (Bod)*; ~~ **slope** Rollweg- *od* Rollbahnneigung *f (Bod)*.

**taxying** (*vergl* **taxiing**) Rollen *n (Lfz am Bod)* ***(Def)***; ~ **aids** *pl* Rollhilfen *f/pl (Bod)*; ~ **characteristics** *pl* Rollverhalten *n od* -eigenschaften *f/pl (Lfz)*; ~ **guidance system** Rollleitsystem *n (Bod)*; ~ **guide line** Rollleitlinie *f (Flugs)*; ~ **instruction** Rollanweisung *f (Flsich)*; ~ **qualities** *pl* Rollverhalten *n od* -eigenschaften *f/pl (Lfz)*.

**team** Mannschaft *f*; Team *n*.

**tear | -down inspection** Befundaufnahme *f (Flmot)*; ~**drop turn** (tropfenförmige) Verfahrenskurve *f (Flbetr)*; ~**-off cap** Reißkappe *f (Fallsch)* ***(Def)***; ~ **resistance** Reiß- *od* Zerreißfestigkeit *f*.

**techn | ical** technisch; ~**ical aeronautics** Luftfahrttechnik *f*; ~**ical assistance** technische Hilfe(leistung) *f*; ~**ical channel** fachlicher Dienstweg *m (mil)*; ~**ical director** *or* **manager** technischer Leiter *m*; ~**ical manual** technisches Handbuch *n*; Bedienungs- *od* Betriebsanleitung *f*; ~**ical Orders** *pl*, *abbr* **TOs** technische Anweisungen *f/pl (LW)*; ~**ical Sergeant** *(US LW)* Stabsfeldwebel *m*; ~**ical standard** Fachnorm *f*; ~**ical stop** technische Landung *f*; Landung *f* aus technischen Gründen *(LVerk)*; ~**ical term** Fachausdruck *m*; Fachwort *n*; ~**ical terminology** Fachsprache *f*; ~**ician** Techniker *m*; ~**ique** Arbeitsverfahren; Technik *f (Fertigkeit)*; ~**ologist** Technologe *m*; ~**ology** Technologie *f (Lehre von der Technik)*.

**tele | briefing** fernmündliche Einsatzbesprechung *f (LKr)*; ~**communication** Fernmeldeverkehr *m* ***(Def)***; ~**communication log** Fernmeldelog *n*; ~**communication network** Fernmeldenetz *n*; ~**communications** *pl* Fernmeldewesen *n*; ~**communication service** Fernmeldedienst *m*; ~**communication traffic** Fernmeldeverkehr *m*; ~**compass** Fernkompass *m*; ~**controlled** ferngelenkt *(Flzg)*; ~~ **missile** Fernlenkflugkörper *m*; fernlenkbarer *od* -gelenkter Flugkörper *m*; ~**gram** Telegramm *n*; ~**graph** Telegraph *m*; ~**graph construction office** Telegraphenbauamt *n*; ~**graphic** telegraphisch; ~**graph key** Morsetaste *f*; ~**graph line** Telegraphenlinie *f*; Telegraphenleitung *f*; ~**graph message** Morsespruch *m*; ~**graph pole** *or* **post** Telegraphenmast *m*; ~**graph speed** Tastgeschwindigkeit *f (Funk)*; ~**graphy** Telegraphie *f*; Tastfunk *m*; ~**measuring system** Fernmess- *od* Telemetriesystem *n*; ~**meter** Entfernungsmesser *m*; Messgeräte *n* mit Fernablesung; Fernmessgerät *n (Instr)* ***(Def)***; ~**metry** Telemetrie *f*; Messwertfernübertragung *f*; ~~ **equipment** Fernmess- *od* Telemetrieapparatur *f od* -gerät *n*; ~**phone** Telephon *n*; Fernsprecher *m*; ~**phone central** Fernsprechvermittlung *f*; ~**phone code** Fernsprechschlüssel *m*; ~**phone communication** Fernsprechverbindung *f*; ~**phone connection** Fernsprechanschluss *m*; ~**phone construction company** Fernsprechbaukompanie *f (mil)*; ~**phone construction truck** Fernsprechbauwagen *m*; ~**phone directory** Fernsprechverzeichnis *n*; ~**phone exchange** Fernsprechvermittlung *f (E)*; ~**phone line** Fernsprechleitung *f*; ~~ **seizure** (Telephon-)Fangschaltung *f*; ~**phone message** Fernspruch *m (Tel)*; ~**phone network** *or* **system** Fernsprechnetz *n*; ~**phone operating platoon** Fernsprechbetriebszug *m (mil)*; ~**phone operator** Fernsprecher *m (Personal)*, ~**phone repeater** Fernsprechverstärker *m*; ~**phone traffic** Fernsprechverkehr *m*; ~**phone wire** Fernsprechleitung *f*; ~**phonic** telephonisch; ~**phony** Fernsprechwesen *n*; Fernsprechen *n*; ~**phony conversation** Ferngespräch *n*; ~**photo** Fernbild *n*; ~**photo lens** Teleobjektiv *n (LPhot)*; ~**printer** Fernschreibmaschine *f*; Fernschreiber *m (Gerät)*; ~**printer exchange** Fernschreibvermittlung *f*; ~**printer network** Fernschreibnetz *n*; ~**printer paper strip** *or* **tape** Fernschreibstreifen *m*; ~**scope** Fernrohr *n*; ~**scopic bomb sight** Bombenzielfernrohr *n (Lotfe)*; ~**scopic shock absorber** Teleskopstoßdämpfer *m (Flzg-Fahrwerk)*; ~**scopic leg** *or* **strut** Teleskopfederbein *n (Flzg-Fahrwerk)*; ~**scopic sight** Zielfernrohr *n*; ~**scoping bridge** *or* **passage-way** ausziehbare Fluggastbrücke *f (Bod)*; ~**speedometer** Fernfahrtmesser *m (Flzg)*; ~**-tachometer** Ferndrehzahlmesser *m (Flmot)*; ~**talk system** Wechselsprechanlage *f (Tel)*; ~**tape** Morsestreifen *m*; ~**type** Fernschreiber *m (Gerät)*; fernschreiben; Fernschreib-; ~~ **broadcast** Fernschreibrundsendung *f*; ~~ **circuit** Fernschreibleitung *f*; ~~ **communication centre** Fernschreibzentrale *f*; ~~ **exchange** Fernschreibbetriebsstelle *f*; Fernschreibvermittlung *f*; ~~ **key** Fernschreibmaschinentaste *f*; ~~ **message** Fernschreiben *n*; Fernschreibmeldung *f*; ~~ **net** Fernschreibnetz *n*; ~~ **operator** Fernschreiber *m (Personal)*; ~~**r** *m* Fernschreiber *m (Gerät)*; ~~ **writer**, *abbr* **TT** Fernschreibmaschine *f*; ~~~ **circuit** Fernschreibverbindung *od* -leitung *f*; ~~~ **equipment** Fernschreibgerät *n od* -ausrüstung *f*; ~~~ **operation** Fernschreibbetrieb *m*; ~~~ **operator** Fernschreiber *m (Personal)*; ~~~ **tape** Fernschreiblochstreifen *m* ***(Def)***; ~~~ **test tape** Fernschreib-Prüflochstreifen *m*; ~**typist** Fernschreiber *m (Personal)*; ~**vision**, *abbr* **TV** Fernsehen *n*; Fernsehfunk *m*; ~~ **antenna** Fernseh- *od* TV-Antenne *f*; ~~ **head** Fernseh(such)kopf *m (FK)*; ~~ **probe** Fernsehsonde *f*; ~**x network** Fernschreibwählnetz *n*; ~**x operation** Telexbetrieb *m (Fernm)*.

**tell-table|** (**indicator**) Anzeigenvorrichtung *f (mit Rückmeldeeinrichtung für Betriebszustände)*; ~ **lamp** Kontroll- *od* Warnlampe *f (für Fahrwerk usw)*; (Betriebszustands-) Anzeigelampe *f*; ~ **sign** Schauzeichen *n*.

**temperate** mäßig; gemäßigt; ~ **climate** gemäßigtes Klima *n (met)*.

**temperature** Temperatur *f*; ~ **accountability** Temperaturberücksichtigung *f (Flbetr)*; ~ **barrier** Temperaturbarriere *f*; ~ **correction** Temperaturkorrektion *od* -berichtigung *f*; ~ **decrease** Wärmeabnahme *f (met)*; ~ **drop** Wärmeabfall *m (met)*; ~ **field** Temperaturfeld *n (met)*; ~ **gauge** (*US* **gage**) Temperaturmesser *m*; ~ **gradient** Temperaturgradient *m*; Temperaturgefälle *n (met)*; ~ **inversion** Temperaturumkehr *od* -inversion *f (met)* ***(Def)***; ~ **lapse rate** vertikales Temperaturgefälle *n (met)*; ~ **radiation** Temperaturstrahlung *f*; ~ **recorder** Temperaturschreiber *m*; Thermograph *m (met)*; ~ **regulator** Temperaturregler *m (Flmot)*; ~ **rise** *or* **rising** Temperaturanstieg *m od* -zunahme *od* -erhöhung *f*; ~**-sensing element** Temperatur- *od* Thermofühler *m*; ~ **shock** Temperatursprung *od* -stoß *m (met)*; ~ **stress** Temperaturspannung *f (Konstr)* ***(Def)***; ~ **variation** Temperaturschwankung *f*.

**tempest** Sturm *m (allg)*; Unwetter *n*.

**temporar|ily fit** zeitlich tauglich *(mil)*; ~**y admission** befristete Zulassung *f (LVerk)*; ~**y airfield** Behelfs(flug)platz *m*; ~**y duty**, *abbr* **TDY** Dienstreise *f*; Kommando *n (bis zu 60 Tagen)*; ~**y emergency lighting** vorläufige *od* Bedarfsnotbefeuerung *f (Bod)*; ~**y flight limitation** zeitweilige *od* temporäre Flugbeschränkung *f (Flbetr)*; ~**y grade** *or* **rank** zeitweiliger Dienstgrad *m*; Dienstgrad *m* auf Zeit *(mil)*; ~**y landing-ground** Behelfslandeplatz *m (für Flzge)*; ~**y visitor** zeitweiliger Besucher *m (LVerk)* ***(Def)***.

**ten-ten** (**cloud**) zehn-zehntel *(Wolkenbedeckung: met)*.

**tendency|** **to hunt** Neigung *f* zum Überdrehen *(Flmot)*; Neigung *f* zum Übersteuern *(Regler)*; ~ **to thunderstorm** Gewitterneigung *f (met)*.

**tender** Anhänger *m (Kfz)*; Mutterschiff *n*.

**tensi|le force** Zugkraft *f (Konstr)*; ~**le strength** Zerreiß- *od* Zugfestigkeit *f*; ~**le stress** Zugbeanspruchung *f*; ~**le test** Zugversuch *m*; Zerreißprobe *f*; ~**ometer** Spannungsmesser *m (Steuerzüge auf richtige Spannung)*; ~**on** Spannung *f*; ~**on indicator** Spannungsanzeiger *m*; ~**on spring** Zug- *od* Spannfeder *f*; ~**on stiffness** Dehnsteifigkeit *f*; Zugfestigkeit *f (Konstr)*; ~**on wire** Spanndraht *m (Flzg)*; ~**on wrench** Drehmoment-Schraubenschlüssel *m*.

**tent** Zelt *n*; ~ **camp** Zeltlager *n*; ~ **cloth** Zeltleinwand *f*; ~ **equipment** Zeltausrüstung *f*; ~ **pitching** Zeltbau *m*.

**tentacle** Fliegerverbindungstrupp *m (LW E)*.

**tephigram** Tephigramm *n (aerologisches Diagramm: met)*.

**terminal** Nah-; Abfertigungsgebäude *n (LVerk)*; Polklemme *f (el)*; Kabelschuh *m (el)*; Endstelle *f (Tel usw)*; ~ (**aerodrome**) Bestimmungsflugplatz *m*; Zielflugplatz *m*; ~ **aerodrome forecast** Flugplatzwettervorhersage *f* des Zielflugplatzes; ~ **airport** End- *od* Bestimmungs- *od* Zielflughafen *m*; ~ **amplifier** Endverstärker *m (Tel)*; ~ **area chart** Karte *f* des Nahkontrollbezirks *(Flsich)*; ~ **area communication** Fernmeldeverkehr *m* im Nahkontrollbezirk *od* Nahverkehrsbereich; ~ **area routing** Streckenführung *f* im Nahkontrollbezirk *od* Nahverkehrsbereich *(Flsich)*; ~ **area surveillance radar**, *abbr* **TAR** Nahverkehrsbereichs- *od* Nahkontrollbezirksradar(gerät) *n*; Flugplatzrundichtradar(gerät) *n*; ~ **ballistics** End- *od* Terminalballistik *f (FK)*; ~ **block** Kabelendverzweiger *m (Tel)*; Anschlussklemmleiste *f (el)*; ~ **building** Abfertigungsgebäude *n*; Flughof *m (Bod)*; ~ **control area**, *abbr* **TMA** Nahverkehrsbereich *m (Flsich)* ***(Def)***; ~~ **chart** Karte *f* des Nahkontrollbezirks; TMA-Karte *f (Flsich)*; ~ **equipment** Endausstattung *f*; Endstellenausrüstung *f (Tel usw)*; ~ **forecast** Zielflughafen-(Wetter-)Vorhersage *f*; ~ **guidance** Endphasenlenkung *f (FK)*; ~ **impedance** Abschlussimpedanz *f (el)*; ~ **line** Endleitung *f (Tel)*; ~ **nose-dive** Endsturzflug *m (Flbetr)* ***(Def)***; ~ **speed** *or* **velocity** Endgeschwindigkeit *f (Lfz)* ***(Def)***; ~ **station** Endstelle *f (Fernm)*; ~ **velocity dive**, *abbr* **TV dive** Sturzflug *m* mit Endgeschwindigkeit; ~ **voltage** Klemmenspannung *f (el)*.

**terminology** Terminologie *f*; ~ **of orders** Befehlssprache *f*.

**terms** *pl* **of reference**, *abbr* **TOR** Aufgabenbereich *m od* -stellung *f*.

**terrain** Gelände *n*; ~ **appreciation** Geländebeurteilung *f (takt)*; ~ **clearance** Bodenfreiheit *f (Flbetr)*; ~~ **indicator** Echolot *n (für „Höhe-über Grund"-Messungen: Flzg)*; ~~ **warning indicator** Echolot-Warngerät *n (Funk)* ***(Def)***; ~ **features** *pl* Geländegestaltung *f*; ~**-following radar** Geländefolgeradar(gerät) *n (Flzg)*; ~ **intelligence** Geländeerkundung *f (takt)*; ~ **obstacle** Geländehindernis *n*; ~ **photography** Geländeaufnahme *f (LPhot)*; ~ **point** Geländepunkt *m*; ~ **problem** Geländeaufgabe *f (Manöver)*; ~ **reconnaissance** Geländeerkundung *f (takt)*; ~ **representation** Geländedarstellung *f (Kart)*; ~ **surface** Geländeoberfläche *f*; ~ **survey**(**-ing**) Geländevermessung *f (Kart)*.

**terrestrial|** **atmosphere** Erdatmosphäre *f (met)*, ~ **coordinates** *pl* Erdkoordinaten *f/pl (Kart)*; ~ **gravitation** Erdgravitation *f*; ~ **gravity field** Erdschwerefeld *n*; ~ **guidance** terrestrische Lenkung *f (FK)* ***(Def)***; ~ **magnetic** erdmagnetisch; ~ **magnetism** Erdmagnetismus *m*; ~ **navigation** terrestrische Navigation *f*; Sichtnavigation *f*; ~ **photography** Geländeaufnahme *f (LPhot)*; ~ **radiation** Erdstrahlung *f (met)*; *auch* Abendthermik *f*.

**territor|ial air command** Kommando *n* der Luftwaffenbodenorganisation; ~**ial organization** Territorialorganisation *f (mil)*; ~**ial waters** *pl* Hoheitsgewässer *n/pl*; ~**y of a state** Staatsgebiet *n*; Hoheitsgebiet *n (eines Staates)*.

**terror attack** *(on residential areas)* Terrorangriff *m (auf Wohnviertel: LKr)*.

**tertiary holes** *pl* Tertiärluftlöcher *n/pl (Turbo)* ***(Def)***.

**test** Prüfung *m*; Versuch *m*; Probe *f*; Test *m*; Vermessung *f*; prüfen; erproben; ~ **airplane** Versuchsflugzeug *n*; ~ **altitude chamber** Versuchshöhenkammer *f*; ~ *an airplane in flight* Flugzeug einfliegen; ~ **bed** Prüfstand *m od* -gerüst *n (Flmot, Gerät)* ***(Def)***; ~ **bulletin** Prüfbericht *m*; ~ **certificate** Prüf(ungsbe)schein(igung) *m (f)*; ~ **count-down** Test-Countdown *m*; ~ **engineer** Prüf- *od* Versuchsingenieur *m*; ~ **equipment** Prüfgerät *n*; ~ **flight** Abnahme- *od* Werkstattflug *m*; Erprobungs- *od* Probe- *od* Prüfflug *m*; ~**-fly** einfliegen *(ein Flzg)*; ~ **flying** Versuchs- *od* Erprobungsfliegen *n*; ~ **firing** Probeschießen *n*; ~(**ing**) **apparatus** Prüfgerät *n*; ~(**ing**) **bench** Prüfstand *m*; ~(**ing**) **button** Prüfknopf *m (Funk usw)*; ~(**ing**) **device** Prüfgerät *n*; ~**ing establishment** *or* **station** Versuchsanstalt *f*; ~**ing ground** Erprobungs- *od* Versuchsgelände *n*; ~ **instruction** *pl* Prüfvorschrift *od* -ordnung *f*; ~ **jig** Prüf- *od* Messgerüst *n*; ~ **lamp** Prüflampe *f*; ~ **lauch**(**ing**) Versuchs- *od* Probe- *od* Teststart *m (FK)*; ~ **modulation**

Prüfmodulation *f (Funk)*; ~ **of skill** Geschicklichkeits(flug)prüfung *f*; ~ **pilot** Einflieger *m*; Versuchsflieger *m*; Test- *od* Erprobungspilot *od* -luftfahrzeugführer *m*; ~~**s'school**, *abbr* **TPS** Testpilotenschule *f*; ~ **plant** Prüfanlage *f*; ~ **point** Prüf- *od* Messpunkt *m*; ~ **range** Prüf- *od* Messbereich *m*; Erprobungsstelle *od* -station *f*; ~ **report** Prüfprotokoll *n*; **resonance** ~ Resonanzversuch *m (Flzg-Festigkeit) n*; ~ **rig** Prüfgerüst *n*; ~ **run** Prüf- *od* Versuchslauf *m (Flmot)*; ~ **section** Versuchs- *od* Mess(flug)strecke *f*; ~ **sheet** Prüfprotokoll *n*; ~ **signal** Abstimmzeichen *n* Prüfsignal *n (Funk)*; ~ **specification** Prüfvorschrift *f*; ~ **specifications** *pl* Prüfausführungsbestimmungen *f/pl*; ~ **stand** Prüfstand *m* ***(Def)***; ~ **tape** Prüflochstreifen *m (Fernschreiber)*; ~ **tunnel** Versuchskanal *m (aerodyn)*.

**tethered| balloon** Fesselballon *m (Lfz l)*; ~ **flight** Fesselflug *m (Senkrechtstarter, Flugmodell)*.

**tetra-ethyl| lead** Bleitetraäthyl *n*; ~ **fuel** (Tetraäthyl-) Bleikraftstoff *m*.

**text** Wortlaut *m*; Text *m*; ~**book** Lehrbuch *n*; Leitfaden *m*; ~ **in clear** Klartext *m (Funk)*.

**thaw(ing) weather** Tauwetter *n (met)*.

**theatre** (*US* **theater**) **| of operations** Operationsgebiet *n (Kr)*; ~ **of war** Kriegsschauplatz *m (Kr)*.

**theodolite** Theodolit *m (Kart)*; ~ **triangulation** Ortsbestimmung *f* durch Theodoliten *(Kart)*.

**theoretical** theoretisch; ~ **ceiling** Rechnungsgipfelhöhe *f (Flzg)*; ~ **size** Sollmaß *n*; ~ **thrust** theoretischer *od* berechneter *od* Sollschub *m (Turbo)*; ~ **training** theoretische Ausbildung *f (Lfz-Führer)*; ~ **value** Sollwert *m*.

**theory** Theorie *f*; Lehre *f*; ~ **of anti-aircraft fire** Flakschießlehre *f*; ~ **of compass deviation** Deviationslehre *f (Kompass)*; ~ **of flight** Fluglehre *f*; ~ **of gunnery** Schießlehre *f*; ~ **of models** Modellgesetz *n*; ~ **of probability** Wahrscheinlichkeitsrechnung *f*; ~ **of relativity** Relativitätstheorie *f*; ~ **of tatics** Gefechtslehre *f*; ~ **of the boundary layer** Grenzschichtlehre *f (aerodyn)*.

**thermal** thermisch; Thermik *f (met)* ***(Def)***; ~ **barrier** Wärmemauer *f (aerodyn)* ***(Def)***; ~ **bubble** Thermikblase *f*; Aufwindblase *f (Segelflug)*; ~ **conduction** Wärmeleitung *f*; ~ **conductivity** Wärmeleitfähigkeit *f*; ~ **current** Warmluftstrom *m*; (Boden-)Thermik *f (met)*; ~ **deformation** thermische Verformung *f*; ~ **diffusion** Wärme- *od* Thermodiffusion *f*; ~ **engine** Wärmekraftmaschine *f*; ~ **expansion coefficient** Wärmeausdehnungszahl *f*; ~ **fog dispersion** thermische Nebelbekämpfung *od* -auflösung *f*; ~ **gliding** Thermiksegelflug *m*; ~ **ground effect** thermischer Bodeneffekt *m*; ~ **instability** thermische Instabilität *f (met)*; ~ **insulation** Wärmeisolierung *od* -dämmung *f*; ~ **jet engine** Heißstrahltriebwerk *n (Turbo)*; ~ **lift** thermischer Auftrieb *m (aerodyn)*; Thermik f; thermischer Aufwind *m (met)*; ~ **noise** thermisches *od* Wärme- *od* Widerstandsrauschen *n (Funk)*; ~-**protective material** Wärmeschutzmaterial *n od* -stoff *m*; ~ **shielding** Wärmeschutz *m od* -abschirmung *f*; ~ **soaring** Thermiksegelflug *m*; ~ **stress** Wärmespannung *od* -beanspruchung *f*; ~ **unit** Wärmeinheit *f*; ~ **upcurrent** Wärmeaufwind *m*; aufsteigender Luftstrom *m* bei Thermik *(met)*; ~ **wave** Wärme- *od* Hitzewelle *f (met)*; ~ **wind** thermischer *od* Schwerwind *m (met)* ***(Def)***.

**thermic** thermisch; ~ **current** Thermik *f*; ~ **flight** Thermik(segel)flug *m*; ~ **gliding** *or* **soaring** Thermiksegelflug *m*; ~ **upwash near ground** Bodenthermik *f (met)*.

**thermionics** Thermionik *f (met)*.

**thermite** Thermit *n*; ~ **bomb** Thermitbombe *f (LKr)*; ~ **incendiary bomb** Thermitbrandbombe *f (LKr)*.

**thermo|couple** Thermoelement *n*; ~~ **instrument** Thermoinstrument *n*; thermoelektrisches Messinstrument *n*; ~**de-icing** Warmluftenteisung *f (Flzg)*; ~ **dynamic** thermodynamisch; ~ **dynamic process** thermodynamischer Prozess *m*; ~**dynamics** Thermodynamik *f*; Wärmelehre *f*; ~**elastic** thermoelastisch; ~~**ity** Thermoelastizität *f*; ~**electrical current** thermoelektrischer *od* Thermostrom *m (el)*; ~**element** thermoelektrisches *od* Thermoelement *n*; ~**graph** Thermograph *m* ***(Def)***; Temperaturschreiber *m*; ~**magnetism** Thermomagnetismus *m*; ~**mechanics** Thermomechanik *f (Thermodynamik im engeren Sinn)*; ~**meter** Thermometer *n* ***(Def)***; ~**metry** Temperaturmessung *f*; ~**nuclear** thermonuklear *(Kernphysik)*; ~~ **energy** thermonukleare Energie *f*; ~**s flask** Thermosflasche *f*; ~**siphon cooling** Kühlung *f* mit selbsttätigem Umlauf; ~**stat** Thermostat *m*; Temperaturregler *m*; ~**static control** Thermoregelung *f*; ~**statics** Thermostatik *f*.

**thick** dick; dicht; schlecht *(Wetter)*; ~ **airscrew blade** Dickblatt *n (Luftschraube)*; ~ **cloud** dichte Bewölkung *f*; Dreck *m sl*; ~**ening (of cloud)** Bewölkungszunahme *f (met)*; ~ **fog** dichter Nebel *m (met)*; ~-**layered** dickschichtig; ~**ness** Mächtigkeit *f (Wolkendecke)*; ~~ **chart** Schichtdickenkarte *f*; Karte *f* der relativen Topographie *(met)*; ~~/**chord ratio** Dickenverhältnis *n*; relative Profildicke *f (Lfz)* ***(Def)***; ~~ **lines** *pl* Linien *f/pl* gleicher Schichtdicke; relative Topographie *f (met)* ***(Def)***; ~~ **of the profile** Dicke *f* des (Luftschrauben-)Profils; ~ **propeller blade** Dickblatt *n (Luftschraube)*; ~-**walled** dick- *od* starkwandig; ~ **weather** *sl* dickes Wetter *n*; Dreck(wetter) *m (n) sl*.

**thimble** Seilkausche *f*.

**thin** dünn; schwach; fein; ~-**layered** dünn- *od* feingeschichtet; dünnschichtig; Dünnschicht; ~ **propeller blade** Dünnblatt *n (Luftschraube)*; ~(-**section**) **wing** dünnflügelige Tragfläche *f (Flzg)*; ~-**walled** dünn- *od* schwachwandig.

**thread** Gewinde *n*; ~ **pitch** Gewindesteigung *f*.

**threat** Bedrohung *f*; ~**en** bedrohen.

**three|-axes autopilot** Dreiachsenkurssteuerung *f*; Dreikanalregler *od* -autopilot *m (Flzg)*; ~-**axes guidance** Dreiachsenlenkung *f (FK)*; ~-**axes stabilized** dreiachsenstabilisiert; ~-**axle vehicle** Dreiachser *m (Kfz)*; ~-**barrelled** (*US* **barreled**) **gun** Drilling *m (Flak)*; ~-**bay biplane** Dreistieler *m (Doppeldecker: Flzg)*; ~-**blade(d) airscrew** Dreiblattluftschraube *f*; ~-**component balance** *or* **scale** Dreikomponentenwaage *f (aerodyn)* ***(Def)***; ~-**component propellant** Dreikommponenten-Treibstoff(gemisch) *m (n) (FK)*; ~-**control system** Dreifachsteuerung *f (Flzg)*; ~-**degree of freedom** dreifachfrei; mit drei Freiheitsgraden; ~-**dimensional autopilot** Dreiachsen(kurs)steuerung *f (Flzg)*; ~-**dimensional boundary layer** dreidimensionale Grenzschicht *f (aerodyn)*; ~-**dimensional display** dreidimensionale Darstellung *f (Radar)*; ~-**dimensional theory** dreidimensionale *od* räumliche Theorie *f*; ~-**dimensional wing theory** dreidimensionale *od* räumliche Tragflügeltheorie *f*; ~-**engine(d)** dreimotorig; ~-**engine layout** Dreimotorenanordnung *f (Flzg)*; ~-**gyro system** Dreikreiselanordnung *f*; ~-**jet aeroplane** dreistrahliges Flugzeug *n*; Flugzeug *n* mit drei Strahltriebwerken; ~**leg landing gear** Dreibeinfahrwerk *n (Flzg)*; ~-**man crew** Drei-Mann-Crew *f*; dreiköpfige Besatzung *f (Lfz)*; ~-**phase (alternating) cur-**

rent Dreiphasenstrom *m*; Drehstrom *m (el)*; ~**phibious** triphibisch; ~-**plane autopilot** Dreiachsen(kurs)steuerung *f (Flzg)*; ~-**point engine suspension** Dreipunktaufhängung *f (Flmot)*; ~**pointer** *sl für* saubere (Dreipunkt-)Landung *f (Flzg)*; ~-**pointer indicator** Drehzeiger- *od* Dreianzeigegerät *n (Instr)*; ~-**point landing** Dreipunkt- *od* Normallandung *f (Flzg)*; *touch down ~-point* in Dreipunktlage aufsetzen *(Flzg)*; ~-**seater** dreisitzig; Dreisitzer *m (Flzg)*; ~-**shaft by-pass turbojet** dreiwelliges Zweistrom-TL-Triebwerk *n (Turbo)*; ~-**speed gear** *or* **transmission** Dreiganggetriebe *n*; ~-**spool by-pass engine** dreiwelliges Mantelstromtriebwerk *n (Turbo)*; ~-**stage blower** *or* **booster** *or* **compressor** *or* **supercharger** Dreistufenlader *m (Flmot)*; ~-**stage rocket** dreistufige *od* Dreistufenrakete *f*; ~-**strutter** Dreistieler *m (Doppeldecker: Flzg)*; ~-**view drawing** Dreiseitenriss *m od* -zeichnung *f*; ~-**way cock** Dreiwegehahn *m*; ~-**wheel(-ed) under carriage** Dreiradfahrwerk *n (Flzg)*.

**threshold**, *abbr* **THR** Schwelle *f (Bod)* ***(Def)***; ~ **contrast bar** Schwellenkontrastbalken *m (Bod)*; ~ **lights** *pl* Schwellenfeuer *n/pl (an Anfang und Ende der Landebahn)* ***(Def)***; ~ **of audibility** *or* **hearing** Schallempfindlichkeitsschwelle *f*; (untere) Hörschwelle *f*; Reizschwelle *f* des Ohres *(Flmed)*.

**throat** (-**type**) **microphone** Kehlkopfmikrophon *n*.

**throttle** Drossel *f (Vergaser)*; Gashebel *m (Flmot)*; ~ (**back** *or* **down**) drosseln *(Flmot)*; Gas zurücknehmen *od* wegnehmen *(Flmot)*; ~ **control** Gas- *od* Leistungshebel *m (Flmot & Turbo)*; ~ **gate** Kulisse *f* des Gashebels; ~ **governor** Drosselregler *m (Flmot)*; ~ **ice** Vergaservereisung *f (met)* ***(Def)***; ~ **jockeying** *sl* mit dem Gashebel spielen *(Flmot)*; ~ **lever** Gashebel *m (Flmot)*; ~ **plate** Drosselklappe *f (Vergaser)*; ~ **position** Gashebelstellung *f (Flzg)*; ~ **quadrant** Gas(drossel)- *od* Leistungshebelblock *m od* -führung *f od* -gestänge *n (Flmot)*.

**through**|-**airline operation** Durchgangsfluglinienbetrieb *m (LVerk)*; ~ **air service** durchgehende Fluglinie *f (LVerk)*; ~-**flight** durchgehender Flug *m (LVerk)* ***(Def)***; ~-**flow turbojet** Strahlturbine *f* mit Axialverdichter; Axialverdichter-TL-Triebwerk *n (Turbo)*; ~ (**official**) **channels** auf dem Dienstweg, *abbr* a. d. D.; ~-**spar** durchgehender Holm *m (Flzg)*; ~-**type landing-gear axle** durchgehende Fahrwerkachse *f (Festfahrwerk: Flzg)*.

**throw** Kröpfung *f*; ~**er** Werfer *m (mil)*.

**thrust** Schub *m*; Längs- *od* Axialdruck *m (Turbo; Luftschraube)* ***(Def)***; Vorstoß *m (takt)*; ~ **augmentation** Schubverstärkung *f (Turbo)*; ~ **augmenter** Schub(kraft)verstärker *m (Turbo)*; ~ -**bearing** Drucklager *n (Luftschraube)*; ~ **build-up** Schubaufbau *m od* -zunahme *f (Turbo)*; ~ **component** Schubkomponente *f od* -anteil *m*; ~ **cutback** Schubdrosselung *od* -rücknahme *f (Turbo)*; ~ **cut-off** Schubabschaltung *f (Turbo)*; ~ **decay** Schubabfall *m (Turbo)*; ~ **face** Druck- *od* Schubseite *f (Luftschraube)*; ~ **fan** Schubgebläse *n*; Fan-Triebwerk *n (Turbo)*; ~ **gain** Schubgewinn *m (Turbo)*; ~ **horsepower**, *abbr* ~ **HP** Schubleistung *f (Luftschraube)*; effektive Propellerleistung *f*; ~ **increment** Schubgewinn *m (Turbo)*; ~**ing weapon** Stoßwaffe *f*; Stichwaffe *f*; ~ **lever** Schub(leistungs)hebel *m (Turbo)*; ~ **nozzle** Rückstoß- *od* Schubdüse *f (Turbo)*; ~ (**performance**) Schubleistung *f (Turbo)*; ~ **propeller** Schub- *od* Druckpropeller *m*; ~ **reversal** Schubumkehr *f (Turbo)*; ~ **reverser** Schubumkehrer *m od* -umlenkung *f (Turbo)* ***(Def)***; ~ **spoiler** Strahlbremse *f (Turbo)* ***(Def)***; ~ **strength** Schubstärke *f*; ~-**vector control** Schubvektor(en)steuerung *od* -regelung *f (Turbo-Senkrechtstarter)*; ~ **vectoring** Schubrichtungsänderung *od* -vektorsteuerung *f (Turbo-Senkrechtstarter)*; ~~ **nozzle** Vektorsteuerungsdüse *f (Senkrechtsarter)*; ~/**weight ratio** Schub/Masse-Verhältnis *n*; reziproke Schubbelastung *f (Konstr)* ***(Def)***; ~ **wire** Schubkabel *n (Lfz l)* ***(Def)***; ~-**zero position** Schub-Nullstellung *f (Luftschraube)*.

**thumb**| **jump** Daumensprung *m (Entfernungsschätzen)*; ~ **nut** Flügelmutter *f*; ~**screw** Flügelschraube *f*; ~ **width** Daumenbreite *f (Entfernungsschätzen)*.

**thunder** Donner *m*; donnern; ~ **bolt** Blitzstrahl *m*; ~ **cloud** Gewitterwolke *f (met)*; ~ **head** Gewitterkopf *m (eines Kumulonimbus: met)*; ~-**shower** Gewitterschauer *m*; ~ -**squall** Gewitterbö *f*; ~ **storm** Gewitter *n*; ~~ **flight** Gewitterflug *m*; ~~ **flying** Gewitterfliegen *n*; ~~ **tower** Gewitterturm *m (met)*; ~~ **disturbance** Gewitterstörung *f (met)*; ~~ **front** *or* **line** Gewitterfront *f (met)*; ~~ **warning** Gewitterwarnung *f (met)*; ~-**stroke** Donnerschlag *f (met)*; ~**y air** Gewitterluft *f (met)*.

**tick** Teilstrich *m (Kart)*; Ton *m* eines Zeitzeichens.

**ticket** *sl für* Flugzeugführerschein *m*.

**tickle** dippen *(Vergaser)*; ~**r** Dipper *(Vergaser)*.

**tid**|**al flat** Watt *n*; ~**al range** Tidenhub *m*; Gezeitenunterschied *m*; ~**al wave** Sturmflut *m*; ~**es** *pl* Gezeiten *pl*; ~**e table** Gezeitentafel *f*.

**tie**| **bar** Anker- *od* Verankerungseisen *n od* -stange *f*; ~ -*downs pl sl* Verankerungsgerät *n (Flzg)*; ~-**in line** Endleitung *f (Tel)*; ~ **rod** Spurstange *f (Kfz)*; Zugstange *f*; Verbindungsstange *f*.

**tight**|**en** spannen *(Spanndrähte)*; *(fest)* anziehen *(Schraube)*; ~**en up** anspannen *(Spannkabel)*; ~**ener** Spannrolle *f*; ~ **formation** enger Verband *m (Flzg-Verband)*; ~**ly fitting** strammsitzend *(Anschnallgurt)*; ~ **turn** enge *od* Steilkurve *f (Flbetr)*.

**tilt** Verkantung *f*; Verschwenkung *f (LPhot)*; verkanten *(LPhot)*; ~**able wing** Kipp- *od* Schwenktragflügel *m (Flzg)*; ~ **angle** Kippwinkel *m (Senkrechtstart)*; ~(**ing**) **engine pod** schwenk- *od* kippbare Triebwerkgondel *f (Senkrechtstarter)*; ~**ing moment** Kippmoment *n (Längsmoment)*; ~(**ing**) **propeller** schwenk- *od* kippbare Luftschraube *f*; Kipp- *od* Schwenkpropeller *m*; ~ *(of a vertical photograph)* Bildneigung *f (LPhot)*; ~-**resistance** Kippsicherheit *f*; ~ **rotor** Kipprotor *m (Heli)*; ~-**wing aircraft** Kippflügelluftfahrzeug *n*; Kippflügler *m (Lfz)*.

**timber body** Holzrumpf *m (Segel-Flzg)*.

**time** Zeit(dauer) *f*; *(Zeit)* messen; (Geräte) einregeln; ~ **base** Abtastperiode *f (Radar)*; ~ *between exposures* Bildfolge *f (LPhot)*; ~ **bomb** Bombe *f* mit Zeitzünder; Zeitbombe *f (LKr)*; ~ **check** Uhrenvergleich *m*; ~ **compliance technical orders** *pl* termingebundene technische Anweisungen *f/pl (US/LW)*; ~ **constant** Zeitkonstante *f (el)*; ~ **correction** Zeitverbesserung *f*; ~ **countdown** Zeitzählung *f*; Countdown *m*; ~ **date** Zeitangabe *f*; ~ **delay** (zeitliche) Verzögerung *f (Fernm)*; ~~ **circuit** Verzögerungsschaltung *f (Fernm)*; ~ **difference** Zeit- *od* Uhrendifferenz *f*; Zeitunterschied *m*; ~, **distance, speed computer**, *abbr* **TDS computer** Dreieckrechner *m (nav)*; ~ **division multiplex**, *abbr* **TDM** Zeitmultiplex *m (Fernm)*; ~**d approach** zeitgesteuerter Anflug *m*; **expected approach**~, *abbr* **EAT** vorausichtlicher Anflugbeginn *m (Flsich)*; ~ **exposure** Zeitaufnahme *f (LPhot)*; ~ **fuse** *or* **fuze** Zeitzünder *m (bombe: LKr)*; **Greenwich mean** ~, *abbr* **GMT** mittlere Greenwich-Zeit *f*, *abbr* MGZ; ~ **interval** Zeitintervall *n od* ~-abschnitt *od* -abstand *m*; ~**keeper** Zeitnehmer *m*; Zeitstudienbeamter *m*; ~ **lag** zeitliche Rücktrift *f (Bomben-*

*ballist)*; Verzugszeit *f (Flak)*; ~ **measurement** Zeitmessung *f*; ~ **of arrival** Lande- *od* Ankunftszeit *f (Flsich)*; ~ **of attack** Angriffszeit *f (takt)*; ~ **of climb** Steigzeit *f (Flzg)*; ~ **of departure** Abflugzeit *f (Flsich)*; ~ **of dispatch** Abgangszeit *f (Meldung usw)*; ~ **of expiry** Freigabeablauf *m (Flsich)*; Gültigkeitsdauer *f (Pass usw)*; ~ **off (the ground)** Abhebezeit *f (Flbetr)*; ~ **of fall** Fallzeit *f (Bomben-ballist)*; ~ **of filing** Aufgabezeit *f (einer Meldung)*; ~ **of flight** Flugzeit *od* -dauer *f*; ~ **of injection** Einspritzdauer *f (Flmot)*; ~ **of landing (run)** Landezeit *f (Flzg)*; ~ **of overhaul** Überholungszeit *f (Flzg)*; ~ **of transmission** Übermittlungszeit *f (Fernm)*; ~**-optimal flight** zeitoptimaler Flug *m*; ~**r** Zeitgeber *m*; Timer *m*; ~ **radio signal** Radiozeitzeichen *n*; Zeitzeichen *n (Funk)*; ~ **recorder** Zeitschreiber *m*; ~ **relay** Zeitschütz *n (el)*; ~ **saving** Zeitersparnis *f*; ~ **scale** Zeitmaßstab *m*; ~ **separation** Zeitstaffelung *f*; ~ **sharing** Zeit(auf)teilung *f (Fernm)*; ~ **signal** Zeitzeichen *n (Funk)*; ~ **slot** Zeitraster *m (Flsich)*; ~~ **allocation** Zeitrasterzuweisung *f (Flsich)*; ~ **sweep** Zeitablenkung *f (Radar)*; ~**-switch mechanism** Zeitschaltwerk *n*; ~ **table** Kursflugplan *m (LVerk)*; ~**-to-peak** Anstiegszeit *f* bis zur Spitze *(Überschallknall)*; ~ **to take-off** Startdauer *f (Flbetr)* ***(Def)***; **universal** ~, *abbr* **UT** mittlere Greenwich-Zeit, *abbr* MGZ; ~ **zone** Zeitzone *f*.

**timing** (Zünd-)Einstellung *f (Flmot)*; Zeitvermessung *f*; ~ **adjustment range** Zündverstellbereich *m & n (Flmot)*; ~ **control lever** Zündverstellhebel *m (Flmot)*; ~ **gear** Steuerung *f (Flmot)*; ~ **mark** Einstellmarke *f (Zündung)*; ~ **of ignition** Zündeinstellung *f (Flmot)*.

**tin | fish** *sl für* Lufttorpedo *m*; Aal *m sl*; ~**foil** Staniolstreifen *m (zum Stören von Radar)*; ~**smith** Blechschmied *m*; Klempner *m*; ~**ted goggles** Fliegerschutzbrille *f* mit Sonnenschutzgläsern.

**tip** (Tragflächen-)Spitze *f*; (um)kippen; ~ **chord** Endsehne *od* -tiefe *f*; ~ **clearance** Zwischenraum *m* zwischen den Tragflächenspitzen *(im Verbandsflug)*; ~**-driven rotor** Reaktionsrotor *m*; Rotor *m* mit Blattspitzenantrieb *m (Heli)*; ~ **navigation light** Seitenpositions- *od* Tragflächenlicht *n (Flzg)*; ~ **over** auf den Kopf gehen *(Flzg bei Landung)*; ~**-path plane** Blattspitzenebene *f (Heli)* ***(Def)***; ~**per** Kipper *m (Kfz)*; ~**ping moment** Kippmoment *n (Längsmoment)*; ~**ping of the propeller** Luftschraubenbeschlag *m*; ~ **radius** Luftschraubenhalbmesser *m*; ~ **speed** Umfangsgeschwindigkeit *f (Luftschraubenspitzen)*; Blattspitzengeschwindigkeit *f (Heli)* ***(Def)***; ~ **tank** Flächenendbehälter *m (Flzg)*; ~ **vortex** Spitzenwirbel *m (Luftschraube)*; Randwirbel *m (aerodyn)* ***(Def)***.

**tire** *(US)* (*E*: **tyre**) Reifen *m (Laufrad)*; ~ **casing** *or* **cover** Laufraddecke *f*; ~ **gage** *(US)* Reifendruckprüfer *m*; ~ **pressure** Reifendruck *m (Laufrad usw)*; ~ **profile** Reifenprofil *n*.

**title of licence** Bezeichnung *f* des Ausweises *od* der Lizenz.

**toe | brake** Fuß- *od* Zehendruckbremse *f (Flzg)*; ~~ **pedal** Bremsfußpedal *n (Flzg)*; ~**-in** Sturz *m*; Einwärtsstellung *f (Fahrwerklaufräder)*; ~~ **angle** Einwärtswinkel *m (von Pistenfeuern: Bod)*; ~**-out** negativer Sturz *m*; ~ **strap** Beinrückholgurt *m (Schleudersitz)*.

**toggle | lever** Kniehebel *m*; ~ **switch** Kippschalter *m (el)*.

**tolerance** (Frequenz-) Toleranz *f*.

**toll | cable** *(US)* Fernkabel *n (Tel)*; ~ **network** *(US)* Fernleitungsnetz *n (Tel)*.

**tommy | gun** Maschinenpistole *f*; ~ **screw** Knebelschraube *f*.

**ton-kilometers** *pl* Tonnenkilometer *m/pl (LVerk)*; ~ **available** angebotene Tonnenkilometer *m/pl, abbr* ATK *(LVerk)*.

**tone** Ton *m (Akkustik)*; ~**-corrected perceived noise level,** *abbr* **PNLT** tonkorrigierter empfundener Lärmpegel *m*; ~ **correction** Einzeltonkorrektur *f*; ~ **identification signal** Tonkennungszeichen *n (Fernm)*; ~ **wheel** Tonrad *n (Fernm)*.

**tool** Werkzeug *n*; ~**ing** Vorrichtungsbau *m (Flzg-Bau)*.

**tooth |** *pl* **teeth** Zahn *m*; ~**ed segment** Zahnsegment *n*; ~ **engagement** Zahneingriff *m*; ~**ing** Verzahnung *f*.

**top | aileron** Oberflügel-Querruder *n (Doppeldecker: Flzg)*; ~ **boom** *or* **chord** Obergurt *m (Holm)*; ~**-cover** Höhenabschirmung *f (takt: LKr)*; ~ **dead centre** (*US* **center**) oberer Totpunkt *m (Flmot)*; ~ **flange** Obergurt *m (Flzg)*; ~ **gas(oline) tank** *(US)* Fallbehälter *m (Kraftstoff)*; ~**-heavy** kopflastig *(Flzg)*; ~**-heaviness** Kopflastigkeit *f (Flzg)*; ~ **light** Spitzenfeuer *n*; Topplicht *n (Bod)*; ~ **longeron** Rumpfoberholm *m (Flzg)*; ~ **of cloud** Wolkenobergrenze *f*; ~ **of descent** Sinkflugbeginn *m (Flbetr)*; ~**ping-up** Nachfüllen *n (Lfz l)* ***(Def)***; Volltanken *n*; ~ **plane** Oberflügel *m (Doppeldecker)*; ~ **rib flange** Rippenobergurt *m (Tragfläche)*; ~ **rudder** Höhensteuer *n (Ruderausschlag)*; ~ **secret** streng geheim *(Verschlusssachse)*; ~ **speed** Höchstgeschwindigkeit *f*; ~ **tank** Fallbehälter *m (Kraftstoff)*; ~ **up** *sl für* Gas nachfüllen *(Ball)*; ~ **wing** obere Tragfläche *f*; Oberflügel *m (Doppeldecker-Flzg)*.

**topographic(al) | base** topographische Grundlage *f (Kart)*; ~ **features** *pl* topographische Merkmale *n/pl*; ~ **map** topographische *od* Geländekarte *f (Kart)*; ~ **survey** topographische *od* Erdvermessung *f (Kart)*.

**torch** Fackel *f*; (Stab-)Taschenlampe *f (el)*; ~ **igniter** Fackelzünder *m (Turbo)* ***(Def)***.

**tornado** Tornado *m*; Wirbelsturm *m (met)* ***(Def)***.

**"torn-tape" relay installation** nichtautomatische *od* Lochstreifen-Weitergabeeinrichtung *f (Fernm)* ***(Def)***.

**torodial guide vane** toroidale Eintrittsleitschaufel *f (Turbo)* ***(Def)***.

**torpedo** Torpedo *m*; torpedieren; ~ **bomber** *or* **carrier** Torpedoflugzeug *n (LW)*; ~ **establishment** Torpedowaffenplatz *m (mil)*; ~ **hit** Torpedotreffer *m (Kr)*; ~ **recovery boat** Torpedofangboot *n*; ~ **release** Torpedoabwurf *m (LKr)*; ~ **tube** Torpedorohr *n*.

**torque** Drehmoment *n (Prop)* ***(Def)***; Drall *m*; ~ **balance** Drehmomentenwaage *f*; Drehlastenwaage *f*; ~ **balancing** Drehmoment(en)ausgleich *m*; ~ **compensation** Drehmomentenausgleich *m (Hubschrauber)*; ~ **dynamometer** Drehmomentenwaage *f (Flmot)* ***(Def)***; ~ **horsepower,** *abbr* ~ **HP** Drehleistung *f (Luftschraube)*; ~ **links** *pl* Federbeinschere *f*; Drehmomentenstückegabel *f (Fahrwerk: Lfz)* ***(Def)***; ~ **loading** Verdrehbelastung *f*; ~**meter** Drehmoment(en)messer *m (Flmot)* ***(Def)***; ~ **scale** Drehmomentenwaage *f*; ~ **shaft** Verdrehstab *m*.

**torsion** Drehung *f*; Verdrehung *f*; Torsion *f*; ~**al deflection** Verdrehung *f*; Drillverformung *f*; ~**al force** Torsions- *od* Verdrehkraft *f*; Verdrehungsbelastung *f*; ~**al moment** Dreh(ungs)moment *n (Verdrehung)*; ~**al resistance** Verdrehsteifigkeit *f*; ~**al rigidity** *or* **stiffness** *or* **strength** Verdrehsteifigkeit *f*; Torsionsfestigkeit *f*; ~**al stress** Verdrehungs- *od* Drehbeanspruchung *f*; ~ **box** Torsionskasten *m (Schwenkflügler)*; ~ **load** Verdrehbelastung *f*; ~ **nose** Torsionsnase *f (Tragfläche)*; ~ **rod** Torsionsstab m.

**total area** Gesamtfläche *f*; ~ **cloudiness** Gesamtbewölkung *f (met)*; ~ **correction** Gesamtverbesserung *f (nav)*; ~ **cylinder volume** Gesamtzylinderinhalt *m (Flmot)*; ~ **declination** Gesamtabweichung *f*; ~ **delay** Gesamtverzögerung *f*; ~ **departure** Gesamtabweichung *f (nav)*; ~ **deviation** Gesamtablenkung *f (Kompass)*; ~ **displacement** Gesamthubraum *m (Flmot)*; ~ **drag** Gesamtwiderstand *m (aerodyn)*; ~ **equivalent brake horsepower** gesamte äquivalente Bremsleistung *f (Turbo)* ***(Def)***; ~ **equivalent shaft horsepower** gesamte Wellenvergleichsleistung *f* in Pferdestärken *(Flmot)*; ~ **flight** *or* **flying time** Gesamtflugzeit *od* -dauer *f*; ~ **force** Gesamtkraft *f*; ~ **head** Gesamtdruck *m (aerodyn)* ***(Def)***; ~ **lift** Gesamtauftrieb *m (aerodyn)* ***(Def)***; ~ **loaded (flying) weight** Fluggewicht *n (Flzg)*; ~ **loss** Totalverlust *m (Flzg)*; ~ **noise exposure level**, *abbr* **TNEL** Gesamtlärmbelastungswert *m*; ~ **operational costs** summarische *od* Gesamtbetriebskosten *pl*; ~ **time of flight** Gesamtflugzeit *od* -dauer *f*; ~ **usable bandwidth** gesamte benutzbare Bandbreite *f*; zugeteiltes Frequenzband *n (Funk)*; ~ **usefuel load** Gesamtlast *f (Gesamtgewicht abzüglich Leergewicht: Flzg)*; ~ **war** totaler Krieg *m*; ~ **wing area** Gesamtflächeninhalt *m (Tragfläche)*; ~ **wreck** restloser Bruch *m*; Kleinholz *n sl (Flzg)*.

**tottering contact** Wackelkontakt *m (el)*.

**touch** berühren; tangieren; *sl für* fliegerisches Gefühl *n*; ~ **and go landing**, *abbr* **TGL** Aufsetzen *n* und Durchstarten *(Flzg)*; ~**-bottom** *sl für* Bruchlandung *f (Flzg)*; ~ **down** aufsetzen *(Flzg bei Landung)* ***(Def)***; ~**-down** Aufsetzen *n (Flzg bei Landung)* ***(Def)***; ~**-down (point)** Aufsetzpunkt *m (Flzg auf Landebahn)* ***(Def)***; ~**-down speed** Aufsetzgeschwindigkeit *f (Flzg)*; ~ **down threepoint** in Dreipunktlage aufsetzen *(Flzg)*; ~**-down zone**, *abbr* **TDZ** Aufsetzzone *f (Flbetr)*; ~**-spark ignition** Abreißzündung *f*; ~ **typing** Blindschreiben *n*.

**tour|ing aircraft** Reiseflugzeug *n*; ~**ist card** Touristenkarte *f od* -ausweis *m (LVerk)*; ~**ist's flights** *pl* Touristikflüge *m/pl (LVerk)*; ~ **operator** Reiseveranstalter *m*; ~ **organizer** Reiseveranstalter *m*.

**tournadozer** Schub- *od* Planierraupe *f od* -gerät *n (Flugplatzbau)*.

**tow** schleppen; ~ **aeroplane** Schleppflugzeug *n*; ~ **away** abschleppen; ~ **cable** Schleppseil *n*; ~**ed aeroplane** geschlepptes Flugzeug *n*; ~**ed flight** Schleppflug *m*; ~**ed glider** geschlepptes Gleitflugzeug *n (Lfz)* ***(Def)***; ~**ed sleeve target** Schleppseil *m*; Schleppsack *m (Luftschießen)*; ~**(ed) start** *or* **take-off** (Schlepp-)Seilstart *od* Schleppstart *m (Segel-Flzg)*; ~**er** Turm *m*; *(kurz für)* Kontrollturm *m (Bod)*; ~**ering cloud** Quellwolke *f (met)*; ~**er shelter** Hochbunker *m (LS)*; ~**ing** Abschleppen *n*; ~**(ing) airplane** Schleppflugzeug *n*; ~**ing bar** Schleppdeichsel *f (Starrschlepp)*; ~**ing cable** Schleppseil *n*; ~**ing dolly** Spornwagen *m*; ~**ing service** Abschleppdienst *m*; ~**ing test** Schleppversuch *m*; ~**ing track** Schleppkurs *m (Scheibenschlepp: Luftschießen)*; *~ing with a winch* Windenschlepp *m (Segel-Flzg)*; ~ **line** Schleppseil *n*; ~**nend ring** Townend-Ring *m (Stern-Flmot)*; ~ **off** abschleppen; ~ **winch** Schleppseilwinde *f (Segel-Flzg)*.

**trac|e** Spur *f*; Leuchtspur *f (Leuchtspurmunition)*; durchpausen *(Karte usw)*; ~**er ammunition** Leuchtspurmunition *f*; ~**er (bullet)** Leuchtspurgeschoss *n*; ~**er composition** *or* **mixture** Leuchtsatz *m (Leuchtspurmunition)*; ~**ing paper** Pauspapier *n*.

**track**, *abbr* **TR** Kurs *m* über Grund *(nav)* ***(Def)***; Spurweite *f (Flzg-Fahrwerk)* ***(Def)***; Raupenkette *f (Kfz)*; ~ **angle** Kurswinkel *m (über Grund) (nav)* ***(Def)***; ~ **bearing** rechtweisende Richtung *f (nav)*; ~ **crawl search** Streckensuchverfahren *n (SAR)*; ~**ed vehicle** (Gleis-)Kettenfahrzeug *n (Kfz)*; ~ **guidance** Hilfe *f* für Kursführung über Grund; ~ **guide** Kursführungs- *od* -leitanlage *f (Fernm)* ***(Def)***; ~**ing** Verfolgen *n (Flzg-Kurs mittels Radar)*; ~**ing radar** Kursführungs- *od* Verfolgungsradar(gerät) *n*; ~**ing telescope** Richtfernrohr *n*; ~**-laying vehicle** (Gleis-)Kettenfahrzeug *n*; Raupenfahrzeug *n (Kfz)*; ~ **made good** geflogener Kurs *m* über Grund *(Flbetr)*; ~ **of lightning** Blitzbahn *f*; ~ **of the airscrew** Luftschraubenbahn *f*; ~ **of a depression** Depressionszugstraße *f (met)*; ~ **recorder** Flugwegschreiber *m (Flzg-Instr)*; ~**s and suspensions** *pl* Laufwerk *n*; Fahrwerk *n (Panzerkampfwagen)*; ~ **separation** Kursstaffelung *f* über Grund *(Flsich)*; ~**s handover** Übergabe *f* der Kursführung *(LKr)*; ~ **shield** Laufradpanzerung *f*; Kettenabdeckung *f (Panzerkampfwagen)*; ~ **signal** Kursmeldung *f od* -signal *n*; **sound** ~ Tonstreifen *m (auf Film)*; ~ **spacing** Suchkursabstand *m (SAR)*.

**tract|ion** Zugkraft *f*; Bodenhaftung *f*; Griffigkeit *f*; ~**or** Schlepper *m*; Trecker *m (Kfz)*; ~**or aircraft** Zugschrauber *m (Flzg)*; Flugzeug *n* mit Zugschraube *f* ***(Def)***; ~**or engine** Zugschraubenmotor *m (Flmot)*; ~**or-type undercarriage** Raupenfahrwerk *n (Flzg)*.

**trade|-off** Überschreitungsausgleich *m*; ~**s** Passat(winde) *m (pl)*; ~ **sample** Warenmuster *n*; ~ **wind** Passatwind *m (met)* ***(Def)***; ~~ **belt** Passatwindgürtel *m (met)*; ~~ **circulation** Passatzirkulation *f od* -kreislauf *m (met)*.

**traffic** Verkehr *m*; ~ **area** Verkehrsgebiet *n (Bod)*; ~ **circuit** Platzrunde *f (Flsich)*; ~ **control clearance** Flugverkehrsfreigabe *f*; Einfluggenehmigung *f (Flsich)*; ~ **demand** Verkehrsbedarf *m od* -nachfrage *f*; Beförderungsnachfrage *f (LVerk)*; ~ **density** Verkehrsdichte *f*; ~ **direction indicator** Verkehrsrichtungs(an)-zeiger *m*; ~ **director** Radarlotse *m* für Suchradar *(Flsich)* ***(Def)***; ~ **document** Beförderungspapier *n (LVerk)*; ~ **flow** Verkehrsfluss *od* -strom *m*; ~~ **restriction** Verkehrsflussbeschränkung *f*; ~ **handling** Abfertigung *f (allg LVerk)*; Verkehrsabwicklung *f (Flsich)*; ~ **jam** Verkehrsandrang *od* -stau *m*; ~ **offering** Verkehrsangebot *n*; ~ **pattern** Verkehrsschema *n*; ~ **requirement** Verkehrsnachfrage *f*; ~ **rights** *pl* Verkehrsrechte *n/pl*; ~ **stop** gewerbliche Landung *f (LVerk)*; ~ **summary** Verkehrsergebnis *n*; ~ **volume** Verkehrsaufkommen *n od* -umfang *m (LVerk)*.

**trail** Streifen *m (Kondensstreifen)*; Wirbelschleppe *f (aerodyn)*; Rücktrift *f (Bomben-ballist)*; nachschleppen; ausfahren *(Lfz-Tankschlauch)* ***(Def)***; ~ **angle** Rücktrifftwinkel *m (Bomben-ballist)*; ~ **drift sight** Rücktriftzielgerät *n (Bombenwurf)*; ~**ed hose** Betankungsschlauch *m*; Tankschnorchel *m*; ~**er** Anhänger *m (Kfz)*; ~**er coupling** Anhängerkupplung *f (Kfz)*; ~**er mount** Lafettenfahrzeug *n (Art)*; ~**ing aerial** Schleppantenne *f (Flzg)*; ~**ing edge** Tragflächenhinterkante *f*; Blatthinterkante *f (Luftschraube)*; Profilhinterkante *f*; Austrittskante *f (Lfz)* ***(Def)***; Hinterflanke *f (Puls: Funk)*; ~~ **flap** Hinterkanten- *od* Landeklappe *f (Flzg)*; ~~ **(flow) separation** Ablösung *f* der Strömung an der Hinterkante *(der Flzg-Tragfläche)*; ~**ing sweep** Rückwärtspfeilung *f (Prop)* ***(Def)***; ~**ing vortex** Wirbelschleppe *f*; freier Wirbel *m (aerodyn)* ***(Def)***; ~**ing wind** Längswind *m (in Richtung der Flzg-Längsachse)*; ~ **line** Rücktriftlinie *f (Bomben-ballist)*; ~ **rope** Schlepptau *od* -seil *n (Ball)* ***(Def)***.

**train** Zug *n (Eisenbahn)*; Kolonne *f*; Tross *m (mil)*; schulen; ausbilden; üben; richten *(Art)*; ~ *as a pilot* fliegen lernen; ~ **bombing** Bombenreihenwurf *m (LKr)*; ~**ee** Schüler *m*; Rekrut *m (mil)*; Anlernling *m*; ~**er** Übungs- *od* Schulflugzeug *n*; ~ **vehicle** Trossfahrzeug *n (mil)*.

**training** Ausbildung *f*; Schulung *f*; **advanced** ~ Fortgeschrittenenausbildung *f*; ~ **advisor** Ausbildungsberater *m*; **aircraft maintenance** ~ fliegertechnische Ausbildung *f*; ~ **airplane** Übungs- *od* Schulflugzeug *n*; ~ **approach** Ausbildungs- *od* Übungsanflug *m (Flbetr)*; ~ **camp** Ausbildungslager *n*; ~ **centre** (*US* **center**) Ausbildungsstelle *f od* -zentrum *n*, **communications and electronics**, *abbr* **C & E** ~ Fernmeldeausbildung *f (LW)*; ~ **course** Schulungskursus *m*; **crew** ~ *(US)* Waffenausbildung *f (LW)*; Besatzungsaubildung *f*; ~ **equipment** Ausbildungsgerät *n*; ~ **film** Lehrfilm *m*; ~ **flight** Ausbildungs- *od* Schulflug *m*; **flight** *or* **flying** ~ fliegerische Ausbildung *f*; ~ **glider** Schulgleiter *m*; Übungssegelflugzeug *n*; ~ **instructions** *pl* Ausbildungsvorschrift *f*; ~ **instrument** Ausbildungsgerät *n*; ~ **jump** Übungssprung *m (Fallschirm)*; ~ **manual** Ausbildungshandbuch *n*; Ausbildungsvorschrift *f*; **on-the-job**, *abbr* **OJT** ~ Ausbildung *f* im Einsatz *od* am Arbeitsplatz *(LW)*; **operational** ~ Waffenausbildung *f (LW)*; ~~ **unit**, *abbr* **OTU** Waffenausbildungseinheit *f*; Waffenschule *f (LW)*; ~ order Ausbildungsanweisung *f*; ~ **personnel** Lehrpersonal n; Ausbilder *m/pl*; ~ **phase** Ausbildungsstufe *f*; ~ **programme** Ausbildungs- *od* Schulungsprogramm *n*; ~ **schedule** Ausbildungs(zeit)plan *m*; ~ **unit** Ausbildungs- *od* Übungsverband *m (LW)*.

**trajectory** Geschossbahn *f*; Flugbahn *f (Geschoss)*; Fallkurve *f (Bombe)*; ~ **acceleration** Bahn- *od* Flugbahnbeschleunigung *f (FK)*; ~ **band** Stützgurt *m (Lfz l)* ***(Def)***; ~ **diagram** Flugbahnbild *od* -diagramm *n*; ~ **guidance** Bahnführung *f*; Führung *f* auf einer (vorgegebenen) Bahn *(FK)*; ~ **of a depression** Depressionszugrichtung *f (met)*; ~ **plane** (Geschoss-)Bahnebene *f (ballist)*; ~ **tangent** Bahntangente *f (ballist)*.

**trans|ceiver** kombiniertes Sende- und Empfangsgerät *n (Funk)*; ~**ducer** Übertrager *m*; Magnetverstärker *m (Steuerung)*; Messgeber *od* -umformer *m*; Signalumformer *m*; Wandler *m (Funk)*.

**transfer** Versetzung *f (Personal)*; Übergabe *f*; Verlegung *f (Einrichtungen; Feuer usw)*; versetzen; verlegen; übergeben; ~ **baggage** Umladegepäck *n (LVerk)*; ~ **connection** Umsteigeverbindung *f (LVerk)*; ~ **flight** Transferflug *m*; ~ **line** Übergabelinie *f (Fernm)*; ~ **of control** Kontrollübergabe *f (Flsich)*; ~~ **message**, *abbr* **TFR** Kontrollübergabemeldung *f (Flsich)*; ~~ **point** Kontrollübergabepunkt *m (Flsich)*; ~ **of fuel, mid-air** ~~ Flugauftankung *f*; ~ **of radar control** Übergabe *f* der Radarkontrolle *(Flsich)*; ~ **of radar identification** Übergabe *f* der Identität eines Radarzieles *(Flsich)*; ~ **point** Übergabepunkt *m*; ~**ring controller** übergebender Lotse *m (Flsich)*; ~**ring control unit** übergebende Flugverkehrskontrollstelle *f (Flsich)*; ~**ring unit** übergebende Stelle *f*; ~ **time** Durchgangszeit *f (Fernm)*; ~ **valve** Ausgleichsventil *n (Flmot)* ***(Def)***.

**trans|form** transformieren; umformen; umspannen *(el)*; ~~**ation of energy** Energie(um)wandlung *f*; ~~**er** Transformator *m*; *(ruhender)* Umformer *m (el)*; ~~**ing** Transformierung *f (el)*; ~**ient flight** nichtstationärer Flug *m (Sat)*; ~**istor** Transistor *m*; Festkörperhalbleiter *m (el)*; ~**istor computer** Transistorrechner *m*.

**transit| area** Transit- *od* Durchgangsbereich *m (Flughafen)*; ~ **airport** Durchgangsflughafen *m (LVerk)*; ~ **camp** Durchgangslager *n*; ~ **flight** Transit- *od* Durchflug *m (LVerk)*; ~**ion** Umschulung *f (auf anderes Flzg-Muster)*; Übergang *m*; ~**ion(al) flight** Transitions- *od* Übergangs- *od* Umschulungsflug *m (Flbetr)*; ~**ional surface** Übergangsfläche *f (Startbahn/Rollfeld)* ***(Def)***; ~**ion altitude** Übergangshöhe *f (Flbetr)* ***(Def)***; ~**ion curve** Übergangskrümmung *f*; ~**ion distance** Übergangsstrecke *f*; ~**ion layer** Übergangsschicht *f (Flbetr)* ***(Def)***; ~**ion level** Übergangsfläche *f (Flbetr)* ***(Def)***; ~**ion piece** Übergangsstück *n (Tragfläche/Rumpf: Flzg)*; ~**ion point** Umschlagpunkt *m (aerodyn)* ***(Def)***; ~**ion strip** Übergangsstreifen *m (Startbahn/Rollfeld)*; ~**ion to turbulence** Übergang *m* laminar/turbulent; Turbulenzentstehung *f (aerodyn)*; ~ **landing** Zwischenlandung *f (LVerk)*; ~ **passengers** *pl* Transitfluggäste *m/pl*; ~ **route** Durchflugstrecke *f*; Transitroute *f (LVerk)*; ~ **time** Laufzeit *f (Radar & el)*; ~ **(traffic)** Durchgangs- *od* Transitverkehr *m (LVerk)*; ~ **visa** Transitvisum *n*; Durchreisesichtvermerk *m*.

**trans|late** übersetzen; ~**lational** *or* ~**latory motion** *or* **movement** fortschreitende *od* Translationsbewegung *f*; ~**lator** Übersetzer *m*; Übertrager *m (el)*; ~**latory acceleration** translatorische *od* konvektive *od* Translationsbeschleunigung *f*; ~**mission** Getriebe *n (Flmot)*; Sendung *f (Funk)*; Übergabe *f*; Übermittlung *f*; Durchgabe *f (von Meldungen usw)*; ~~ **apparatus** Sender *m (Funk)*; ~~ **brake** Getriebebremse *f (Kfz)*; ~~ **case cover** Getriebegehäusedeckel *m (Flmot)*; ~~ **channel** Übertragungs- *od* Sendekanal *m (Fernm)*; ~~ **factor** Durchlässigkeit(sfaktor) *f (m) (Fernm)*; ~~ **gearing** Übersetzungsgetriebe *n*; ~~ **identification** Übermittlungs- *od* Weitergabekennung *f (Fernm)*; ~~ **identification tape** Übermittlungskennungslochstreifen *m (Fernm)*; ~~ **line** Übertragungs- *od* Energieleitung *f (Fernm & el)*; ~~ **of orders** Befehlsübermittlung *f (takt)*; ~~ **rods** *pl* Übertragungsgestänge *n*; ~~ **speed** Sendegeschwindigkeit *f (Fernm)*; ~~ **time** Laufzeit *f (Funk)*; Echolaufzeit *f (Radar)*; Sendedauer *f (Fernm)*; ~**missometer** Transmissometer *n*; (automatisches) Horizontalschicht-Messgerät *n (met)*; ~**mit** senden *(Funk)*; absetzen *(Funkspruch)*; ~~ *by key* tasten *(Funk)*; ~~-**receive tube** Empfängersperröhre *f (Funk)*; ~~**ter** Geber *m*; Sender *m (Funk)*; ~~**ter arrangement** Gebevorrichtung *f (Funk)*; ~~**ter centre** (*US* **center**) Sende(r)zentrale *f (Funk)*; ~~**ter installation** Sendeanlage *f (Funk)*; ~~**ter-receiver**, *abbr* **transceiver** Funksendeempfänger *m*; Sende-Empfangsgerät *n*; Sender/-Empfänger *m (Funk)*; ~~**ter set** Sende(r)-anlage *f od* -gerät *n (Funk)*; **"~~ting"** „Ich sende" *(Sprechfunkverkehr: Flsich)*; ~~**ting antenna** Sendeantenne *f (Funk)*; ~~**ting in clear** Klartextfunken *n*; ~~**ting pulse** Sendeimpuls *m (Funk)*; ~~**ting station** Sendestelle *f (Funk)*; ~~**ting terminal letter** Kennbuchstabe *m* der Sendestelle *(Fernm)*; ~**oceanic service** *or* **traffic** (Trans-)Ozeanluftverkehr *m*; ~**oceanic flight** (Trans-)Ozeanflug *m*.

**transonic** transonisch; Transschall-; schallnah; ~ **acceleration** Beschleunigung *f* auf Überschallgeschwindigkeit *(Flbetr)*; ~ **aerodynamics** Transschall- *od* transonische Aerodynamik *f*; Aerodynamik *f* bei schallnahen Geschwindigkeiten; ~ **aeroplane** Transonikflugzeug *n*; Flugzeug *n* für schallnahe Geschwindigkeiten; ~ **barrier** Schallmauer *f*; ~ **flight** schallnaher Flug *m*; ~**s** Aerodynamik *f* des schallnahen Bereichs; ~ **speed** transonische *od* schallnahe Geschwindigkeit *f* ***(Def)***; ~~ **range** schallnaher Geschwindigkeitsbereich *m (aerodyn)* ***(Def)***.

**trans|parancy of the air** Durchsichtigkeit *f* der Luft; ~**parent cockpit cover** durchsichtiges Kabinendach *n (Flzg)*; ~**piration** Transpiration *f (Lfz l)* ***(Def)***; ~~ **cooling** Transpirations- *od* Schwitzkühlung *f*; ~**ponder** (*short for* **transmitter/responder**), *abbr* **TSP** Transponder *m*; *(automatisches)* Antwortgerät *n (Funk)* ***(Def)***; ~~ **dead time** Transpondertotzeit *f (Funk)*; ~~ **efficiency** Nutzeffekt *m* des Antwortgeräts; ~~ **time delay** Sekundärradar- *od* SSR-Antwortverzögerung *f*.

**transport** Transport *m (allg)*; ~ **(airplane)** Verkehrs- *od* Transportflugzeug *n*; ~ **air support** Transport-Luftunterstützung *f (takt)*; ~**ation** Beförderung *f*; Transport *m*; Transportmittel *n*; Transportwesen *n*; ~~ **order** Transportbefehl *m*; Fahrbefehl *m (Kfz)*; ~~ **aviation** Transportluftfahrt *f*; Transportflugwesen *n*; (~) **capacity offered** Beförderungs- *od* Verkehrsangebot *n (LVerk)*; ~ **column** Fahrkolonne *f*; Tross *m*; ~**er** Transportflugzeug *n*; ~ **flyer** Verkehrs- *od* Transportflieger *m*; ~ **glider** Lastensegler *m (Flzg)*; ~ **system** Transport- *od* Verkehrssystem *n*; ~ **tariff** Beförderungstarif *m (LVerk)*.

**trans|ship** umschlagen *(Fracht usw)*; ~~**ment** Umschlag *m od* -ladung *f (LVerk)*; ~-**sonic**, *vergl/cf* **transonic**; ~**versal beam** Querträger *m (Konstr)*; ~**versal speed** Transversal- *od* Quer- *od* Seitengeschwindigkeit *f*; ~**verse acceleration** seitliche *od* Transversalbeschleunigung *f* ***(Def)***; ~ **verse axis** Querachse *f (Flzg)*; ~**verse bracing** Querverspannung *f (Flzg)*; ~**verse bulkhead** Querschott *n (Flugboot)*; ~**verse force** Quer- *od* Seitenkraft *f (im körperfesten Koordinatensystem)*; ~**verse frame** Querspant *m*; ~**verse oscillation** Querschwingung *f*; ~**verse projection** transversale Projektion *f (Kart)*; ~**verse slope** Querneigung *f (Bod)*; ~**verse spar** Querholm *m (Flzg)*; ~**verse stability** Querstabilität *f (Flzg)*; Stabilität *f* um die Längs- und Hochachse *(Flzg)*; ~**verse strength** Biegefestigkeit *f*.

**trap** Hinterhalt *m*; Falle *f (takt)*; Abscheider *m (Wasser aus Kraftstoff)*; ~-**door** Bodenklappe *f (Flzg)*; ~**ez bar** Trapezträger *m (Lfz l)* ***(Def)***; ~ **shooting** Tontaubenschießen *n*.

**travel** Reise *f*; Zeigerausschlag *m*; Hub *m*; Einfederung *f*; Federungsweg *m (Fahrwerk)*; reisen; ~ **group charter**, *abbr* **TGC** Reisegruppencharter *m (LVerk)*; ~**ling** (*US* ~**ing**) **expenses** *pl* Reisekosten *pl*; ~**ling shock wave** durchlaufende *od* fortschreitende *od* sich ausbreitende Stoßwelle *f*; fortschreitender Verdichtungsstoß *m (aerodyn)*; ~ **of centre** (*US* **center**) **of gravity**, *abbr* ~ **of c. g.** Schwerpunktwanderung *f*; ~ **of centre** (*US* **center**) **of pressure**, *abbr* ~ **of c. p.** Druckmittelpunktwanderung *f*; ~ **order** Marschbefehl *m*; Fahrausweis *m*; ~-**ready** reisefertig.

**travers|e** Querstück *n*; Schulterwehr *f (Befestigungsanlage)*; schwenken *(Geschütz)*; ~**e angle** Berechnungswinkel *m (Strahlen)*; ~**e strength** Biegefestigkeit *f*; ~**ing gear** *or* **mechanism** Seitenrichtmaschine *f (Art)*; ~**ing stop** Seitenbegrenzung *f (Art)*.

**tread** Lauffläche *f*; Profil *n (Laufrad)*; Spur(weite) *f (Lfz)* ***(Def)***; ~ **mine** Tretmine *f (Kr)*; ~ **profile** Reifenprofil *n*.

**treason** Landesverrat *m*; **high** ~ Hochverrat *m*.

**tree-landing** Baumlandung *f (Flzg usw)*.

**trefoil** Drillingsfallschirm *m* ***(Def)***.

**trench** Graben *m*; Schützengraben *m (Kr)*; ~ **mortar** Granatwerfer *m (Kr)*; ~ **periscope** Grabenspiegel *m (Kr)*; ~ **warfare** Grabenkrieg *m*; Stellungskrieg *m*.

**trend-type landing forecast** Trend-Landewettervorhersage *f*.

**trestle** Spindelbock *m (zum Aufbocken von Flzgn)*.

**trial** Versuch *m*; Probe *f*; Erprobung *f*; Prüfung *f*; ~ **approach** Versuchsanflug *m (nav)*; ~ **fire** Anschießen *n*; ~ **flight** Einfliegen *n*; Probeflug *m*; ~ **run** Probelauf *m (Flmot)*; ~ **shooting** Probebeschuss *m*.

**triang|le** Dreieck *n*; ~**le of error** Fehlerdreieck *n (nav)*; ~**le of velocities** Geschwindigkeitsdreieck *n (Geschwindigkeitsmessflug)*; ~**ular course** Dreieckkurs *m (nav)*; ~**ular parachute** Dreiecksfallschirm *m* ***(Def)***; ~**ular wing** Dreieckstragfläche *f (Flzg)*; ~**ulated rods** *pl* Dreieckverband *m (stat)*; ~**ulation** Vermessung *f*; Triangulation *f (Kart)*; ~**ulation point** trigonometrischer Punkt *m (Kart)*.

**triaxle control** Dreiachsensteuerung *f (Flzg)*.

**tributary** Nebenfluss *m (Kart)*; ~ **circuit** Nebenverbindung *f (Fernm)*; ~ **station** Nebenstelle *f (Fernm)* ***(Def)***.

**tricycle|landing-gear** Bugradfahrwerk *n (Flzg)* ***(Def)***; ~ **undercarriage** Bugradfahrwerk *n (Flzg)*.

**trigger** Drücker *m*; Auslöser *m (LPhot)*; Steuerimpuls *m*; Abzug *m (Waffe)*; ~ **amplifier** Auslöse- *od* Steuerimpulsverstärker *m (Fernm)*; ~ **circuit** Trigger- *od* Auslöseschaltung *f (Fernm)*; ~**ing** Transponderauslösung *f (Radar)*; ~**ing level** Auslösepegel *m (Radar)*; ~ **pulse** Trigger- *od* Auslöseimpuls *m (Radar)*.

**trijet** Trijet *m*; Strahlflugzeug *n* mit drei Triebwerken.

**trim** (aus)trimmen *(Flzg)* ***(Def)***; auswiegen *(Ball; Luftschiff)*; Trimmlage *f (Flzg)*; Trimming *n (Lfz l)* ***(Def)***; ~ **angle** Trimmwinkel *m*; ~ **change** Lastigkeitsänderung *f (Flzg)*; ~ **controls** *pl* Trimmsteuer(ung) *n (f) (Lfz)*; ~ **control setting** Trimm(ruder)stellung *f (Lfz)*; ~ **device** Trimmvorrichtung *f (Lfz)*; ~ **flap** Trimmklappe *f*; Trimmruder *n (Flzg)*; ~-**flap position indicator** Trimmungsanzeiger *m (Flzg)*; ~**(med) by the bow** buglastig *(Flugboot; Luftschiff)*; ~**med(-out) flight** Flug *m* in (aus)getrimmten Zustand; (aus-)getrimmter Flug *m*; ~**mer** Trimmrad *n (Flzg)*; ~**ming** Lastigkeitsregelung *f*; Trimmung *f*; ~**(ming) ballast** Trimmballast *m (Luftschiff usw)*; ~**ming device** Trimmvorrichtung *f (Flzg)*; ~**(ming) flap** Trimmklappe *f (Flzg)*; ~**ming strip** Trimmkante *f od* -streifen *m (Flzg)* ***(Def)***; ~**ming system** Trimmanlage *f (Flzg)*; ~**(ming) tab** Trimmruder *n od* -klappe *f (Lfz)* ***(Def)***; ~**(ming) tank** Trimmbehälter *m*.

**triode (tube)** Dreielektrodenröhre *f*; Triode *f (Funk)*.

**trip** stolpern; auslösen; Reise *f*; ~ *by air* Luftreise *f*; ~ **switch** Ausschalter *m*; Schalter *m*; Unterbrecher *m (el)*; ~ **wire** Stolperdraht *m (Kr)*; ~-**wire mine** Stolperdrahtmine *f (Kr)*.

**tripl|ane** Dreidecker *m (Flzg)*; ~**e axis control** Dreiachsensteuerung *f (Flzg)*; ~**e-engined** dreimotorig *(Flzg)*; ~**e-gyro compass** Dreikreiselkompass *m*; ~**e rudder** dreifaches Seitenleitwerk *n (Flzg)*.

**tri|plexed** *or* **triplicated autopilot** verdreifachter *od* Dreifachflugregler *m*; Dreifachautopilot *m (Lfz)*; ~**plicate** dritte Ausfertigung *f*; *in* ~~ in dreifacher Ausfertigung *(Schriftverkehr usw)*; ~**plicated control system** Dreifachsteuer(ungs)system *n (Lfz)*; ~**pod marker** Dreibeinmarker *m (Bod)*; ~**propellant** Dreistoff- *od* Dreikomponententreibstoff *m (Rak)*; ~**sonic** trisonisch; mit dreifacher Schallgeschwindigkeit.

**trolley** Förderkarren *m*; Laufkatze *f (Kran)*; Lauf- *od* Metallrolle *f*; ~ *for wings* Tragflächenwagen *m*.

**trombone** (Abstimm-)Posaune *f (Radar)*.

**troop** Truppe *f*; Trupp *m*; ~**carrier (aircraft)** Truppentransportflugzeug *n*; ~ **concentration** Truppenansammlung *f (takt)*; ~ **movement** Truppenbewegung *f (takt)*; ~ **shift** Truppenverschiebung *f (takt)*; ~ **transport** Truppentransport *m (takt)*; ~-**transport aircraft** Truppentransportflugzeug *n*.

**tropical** tropisch; ~ **air** tropische Warm- *od* Tropikluft *f (met)*; ~ **calm (zone)** tropische Kalmenzone *f (met)*; ~

**climate** tropisches Klima *n*; ~ **cyclone** tropischer Wirbelsturm *m (met)*; ~ **disturbances** *pl* tropische Störungen *f/pl (met)*; ~**ization (of aircraft)** Vorbereitung *f (eines Lfz)* für Tropeneinsatz; ~ **maritime air** maritime Tropikluft; tropische Meeresluft *f (met)*; ~ **radiator** Tropenkühler *m (Flmot)*; ~ **revolving storm** tropischer Wirbelsturm *m (met) (Def)*; ~ **storm** tropisches Unwetter *n (met)*.

**tropo|pause** Tropopause *f (met) (Def)*; ~~ **chart** Tropopausenkarte *f (met)*; ~**scatter** (*short for* **tropospheric scatter**) troposphärische Streuausbreitung *f (Funk)*; ~**sphere** Troposphäre *f (unterer Teil der Atmosphäre) (Def)*; ~**spheric propagation** troposphärische Wellenausbreitung *f (Funk)*; ~**spheric scatter** (*short:* **troposcatter**) troposphärische Streuausbreitung *f (Funk)*.

**trouble** Störung *f (Flmot; el usw)*; ~ **shooter** Störungssucher *m (Tel)*; ~ **shooting** Störungssuche *f*; Störungsbeseitigung *f*.

**trough** Trog *m*; Mulde *f*; ~ **(of low pressure)** Tiefdruckrinne *f (met) (Def)*.

**truce** Waffenruhe *f*; örtlicher Waffenstillstand *m (Kr)*.

**truck** *(US)* Lastkraftwagen *m*; *(E)* Rollwagen *od* -karren *m*.

**true** rechtweisend *(nav)*; wahr; ~ **airspeed**, *abbr* **TAS** wahre Flug- *od* Eigengeschwindigkeit *f (Flbetr) (Def)*; ~ **air speed indicator** *or* **air speedometer** Absolutfahrtmesser *m (Flzg)*; ~ **altitude** wahre Höhe *f* über Meer; berichtigte Höhe *f*; ~ **ascension** wahre Aszension *f (Astronav)*; ~ **bearing** rechtweisende Peilung *od* Richtung *f (nav) (Def)*; Azimut *m*; Standlinie *f (nav)*; ~ **colour** (*US* **color**) **perception** Farbentüchtigkeit *f (flgds. Personal)*; ~ **course** rechtweisender Kurs *m (nav) (Def)*; ~ **heading** rechtweisender Steuerkurs *m (nav) (Def)*; ~ **lead** Istvorhalt *m (ballist)*; ~ **line of flight** Flugweg *m* über Grund *(Flzg)*; ~ **north** rechtweisend *od* geographisch Nord *n (nav) (Def)*; ~ **sun** wahre Sonne *f (Astronav)*; ~ **track** rechtweisender Kurs *m* über Grund *(nav)*; ~~ **angle** rechtweisender Kurswinkel *m* über Grund *(nav)*; ~ **value** Istwert *m*.

**trumpet** Trompete *f*; Lautsprechertrichter *m (Funk)*; ~**-type) sound locator** Ringtrichterrichtungshörer *m (Flak)*.

**truncated cone** Kegelstumpf *m*.

**trunk| (air) route** Haupt(flug)strecke *f (LVerk)*; ~ **cable** Fernkabel *n (Tel)*; ~ **call** Ferngespräch *n (Tel)*; ~ **circuit** Fernleitung *od* -verbindung *f (Fernm)*; ~ **exchange** Fernamt *n (Tel)*; ~ **line** Stamm- *od* Fernleitung *f (Tel)*; ~ **network** Fernleitungsnetz *n (Fernm)*; ~ **route** Hauptflugstrecke *f (LVerk)*; ~ **system** Fernleitungsnetz *n (Tel)*.

**trunnion** Dreh- *od* Kurbelzapfen *m*.

**truss** Gitterträger *m*; Fachwerk *n (Flzg-Bau)*; ~**ed beam** Fachwerkträger *m (Flzg)*; ~**ed structure** aufgelöstes *od* gegliedertes Bauwerk *n*; ~**ed wing** Fachwerktragfläche *f (Flzg)*; ~ **rib** Fachwerk- *od* Gitterrippe *f (Flzg)*; ~ **spar** Fachwerkholm *m (Flzg)*.

**T-(shaped) antenna** T-Antenne *f (Funk)*.

**tub|e** Rohr *n*; Röhre *f*; *(US)* Radioröhre *f (Funk)*; Reifenschlauch *m*; ~**e base** *(US)* Röhrensockel *m (Funk)*; ~**e hiss** *(US)* Röhrenklingen *n (Funk)*; ~**e rectifier** *(US)* Röhrengleichrichter *m (Funk)*; ~**e socket** *(US)* Röhrensockel *m (Funk)*; ~**e wind tunnel** Rohrwindkanal *m (aerodyn)*; ~**ular** rohrförmig; ~~ **boom** Rohrbalken *m*; ~~ **combustion chamber** Rohrbrennkammer *f (Rak)*; ~~ **construction** Röhrenbauweise *f*; ~~ **flow** Rohrströmung *f*; ~~ **longeron** Rumpfröhrenholm *m (Flzg)*; ~~ **mast** Röhrenmast *m*; ~~ **radiator** Röhr(ch)enkühler *m (Flmot)*; ~~ **rivet** Hohlniet *m*; ~~ **sight** Ring- *od* Röhrchenvisier *n*; ~~ **spar** Rohr- *od* Röhrenholm *m (Flzg)*; ~~ **steel frame** Stahlrohrfachwerk *n (Flzg)*; ~~ **structure** Röhrenbauweise *f (Flzg)*; ~~ **strut** Rohrstrebe *f*.

**tug** Schlepper *m (Schiff)*; ~ **aircraft** *(for glider)* Schleppflugzeug *n*.

**tumbl|e** kippen *(Kreisel)*; sich überschlagen *(Geschoss)*; ~**er switch** Kippschalter *m*; ~**ing flight** Taumelflug *m*.

**tun|e** abstimmen *(Funk)*; ~**ed line** abgestimmte Leitung *f (Fernm)*; ~**e finely** nachstimmen *(Funk)*; ~**e in** einstellen *(Funk)*; ~**er circuit** Abstimmkreis *m od* -stufe *f (Funk)*; ~**ing** Abstimmen *n (Funk)*; Einregulieren *n (Flmot)*; ~**ing coil** Abstimmspule *f (Funk)*; ~**ing control** Frequenzeinstellung *f (Funk)*; ~**ing indicator** Abstimmanzeiger *m (Funk)*; ~**ing knob** Abstimmkondensatorgriff *m*; Abstimmknopf *m (Funk)*; ~**ing message** Abstimmspruch *m (Funk)*; ~**ing precision** Abstimmschärfe *f (Funk)*; ~**ing scale** Abstimmskala *f (Funk)*.

**tunnel** Windkanal *m (aerodyn)*; ~ **effect** (Wind-)Kanaleinfluss *m (aerodyn)*; **water** ~ geschlossener Wasserkanal *m (aerodyn)*.

**turbidity of the air** Lufttrübung *f (met)*.

**turbine** Turbine *f*; Turbinenlaufrad *n*; Läufer *m (Turbo)*; ~ **aircraft** Turbinenflugzeug *n*; ~ **blade** Laufradschaufel *f (Turbo)*; ~ **chamber** Turbinen(brenn)kammer *f (Turbo)*; ~ **disk** Turbinenscheibe *f (Turbo) (Def)*; ~**-driven supercharger** Abgaslader *m (Flmot)*; ~ **effluent** *or* **exhaust** Turbinenabgas *n*; ~ **engine** Turbo- *od* Turbinenmotor *m*; Turbine *f*; **contra-flow** ~~ Gegenstrom-Gasturbinentriebwerk *n*; ~ **entry** Turbineneinlauf *od* -eintritt *od* -einlass *m*; ~~ **duct** Turbineneintrittskanal *m (Turbo) (Def)*; ~ **exit** Turbinenauslauf *od* -austritt *od* -auslass *m*; ~ **inlet** *vergl/cf* ~ **entry**; ~ **jet unit** Strahlturbine *f (allg)*; TL-Triebwerk *n (Turbo)*; ~ **nozzle** Turbinendüse *f*; ~ **rotor** Turbinenläufer *m*; ~~ **blade** Turbinen(läufer- *od* -rotor)-schaufel *f*; ~ **starter** Anlassgasturbine *f*; ~ **static shroud** Turbinendeckband *n (Turbo) (Def)*; ~ **stator blade** Turbinenschaufel *f*; ~ **wheel** Turbinenlaufrad *n (Def)*.

**turbo| afterburner** Nachbrenner *m*; ~ **blade** (Laufrad-) Schaufel *f (Turbo)*; ~**-blower** Turbolader *m*; Turbinenbläser *m*; ~**charger** Turbolader *m (Flmot)*; ~ **compressor** Turboverdichter *m*; ~**-fan** Turbobläser *m*; ~~ **engine** Zweistrom- *od* Mantelstromtriebwerk *n (Turbo) (Def)*; ~**jet** Strahlturbine *f (allg)*; Turbinen-Luftstrahltriebwerk *n*, *abbr* TL-Triebwerk *n (Def)*; ~*jet and gas turbine engines pl* Turbinenmotore *m/pl*; ~*jet engine with regeneration* Zweikreis-TL-Triebwerk *n (Turbo)*; ~ **jet fan** *(US)* Doppelstromturbotriebwerk *n*; Zweikreiser *m (Turbo)*; ZTL-Triebwerke *n (Turbo)*; ~**jet power plant** TL-Antriebsanlage *f*; ~~ **with variable geometry** TL-Triebwerk *n* mit veränderlicher Geometrie; ~**liner** Düsenverkehrsflugzeug *n*; ~**prop(eller engine)** Propellerturbinen(-Luftstrahl)-Triebwerk, *abbr* PTL-Triebwerk *n (Def)*; ~**ramjet engine** Turbinen-Staustrahltriebwerk *n (Turbo) (Def)*; ~**rocket engine** Raketen-TL-Triebwerk *n*; ~-**starter** Anlassgasturbine *f (Turbo) (Def)*; ~ **supercharger** Turbo(höhen)lader *m (Flmot)*; ~ **vane** Turbinenschaufel *f*; ~ **vane ring** Schaufelkranz *m (Turbo)*.

**turbul|ator** Wirbel- *od* Turbulenzerzeuger *m*; Turbulisator *m*; ~~ **guide vane** Verwirbler(leit)schaufel *f*; ~**ence** Böigkeit *f (met)*; Verwirbelung *f (aerodyn)*; Turbulenz *f*; ~**ence cloud** Turbulenzwolke *f (met)*; ~**ence** *or* **turbulent field** Turbulenzfeld *n (aerodyn)*; ~**ence tunnel**

Wirbelkanal *m (aerodyn)*; ~**ent** verwirbelt *(Strömung)*; ~~ **air** turbulente Luft *(met)*; ~~ **boundary layer** turbulente Grenzschicht *f (aerodyn)* ***(Def)***; ~~ **flow** verwirbelte *od* turbulente Strömung *f (aerodyn)* ***(Def)***; ~~ **friction** turbulente *od* Turbulenzreibung *f (aerodyn)*; ~~ **heating** turbulente Erwärmung *f*; ~~ **separation** turbulentes Ablösen *n (aerodyn)* ***(Def)***.

**turn** Kurve *f (Flzg)*; Umdrehung *f (Flzg beim Trudeln)*; Kurve fliegen; kurven *(Flzg)*; ~ **and bank indicator** Wende(-und Querlagen)zeiger *m (Flzg-Instr)* ***(Def)***; ~ **and slip indicator** Wende- und Schiebeflug(an)zeiger *m (Flzg-Instr)* ***(Def)***; ~**around** Stand- *od* Abfertigungs- *od* Liegezeit *f (bis zum nächsten Einsatz: LVerk usw)* ***(Def)***; ~~ **cycle** Umlaufzeit *f (LVerk usw)* ***(Def)***; ~~ **time** Standzeit *f* am Umkehrort *(LVerk usw)*; ~ **buckle** Spannschloss *n (Flzg)*; ~ **control** Richtungsgeber *m (Kurssteuerung)*; ~ **in** einkurven *(Flzg auf Feindverband: LKr)*; ~ **indicator** Wendezeiger *m (Flzg)* ***(Def)***; ~-**indicator gyro** Wendezeigerkreisel *m*; ~**ing** Drehen *n (in Abtriftrichtung: Fallsch)* ***(Def)***; ~~ **basin** Wendebecken *n (Seeflughafen)*; ~~ **combat** Kurvenkampf *m (LKr)*; ~~ **error** (Kompass-)Drehfehler *m*; ~~ **force** Drehkraft *f*; ~~ **manoeuvre** Dreh- *od* Wende- *od* Kurvenmanöver *n (Luftkampf)*; ~~ **moment** Drehmoment *n*; ~~ **over** Überschlag *m (Flzg bei Landung)*; ~~ **point** Wendemarke *f (Luftrennen)*; Kursänderungspunkt *m (nav)*; ~~ **radius** Kurvenradius *od* -halbmesser *m (Lfz)* ***(Def)***; ~**meter** Wendezeiger *m (Flzg)*; ~ **off** abdrehen; abschwenken; ~~ **taxiway** Abrollweg *m od* -bahn *f (Bod)*; ~ **of the spin** Trudel(um)drehung *f (Flbetr)*; ~ **over** überschlagen *(Flzg bei Landung)*; Umlauf *m*; Rotation *f (der Lfz-Flotte: LVerk usw)*; **single-needle** ~ Kurve *f* mit einer Pinselbreite *(Flbetr)*; ~ *the airscrew (by hand)* Luftschraube (von Hand) durchdrehen; ~ *with (apparently) inverted controls* Steuerwechselkurve *f (Kunstflug)*.

**turpentine** Terpentin *n*.

**turret** Geschützturm *m (Flzg)*; Schützenstand *m (Flzg)*; ~ **mount** Turmlafette *f (Flzg)*; ~ **nozzle** schwenkbares Strahlrohr *n (Brandbekämpfung)*; ~ **traversing** *or* **mechanism** Turmschwenkwerk *n (Flzg; Panzerwagen)*.

**TV**| (*short for* **television**) **head** Fernseh- *od* TV-Kopf *m (FK)*; ~ (*short for* **test vehicle**) *(fliegender)* Versuchsträger *m*; ~ **observation** Fernsehbeobachtung *f (LKr)*.

**twilight** Zwielicht *n*; Dämmerung *f (nav)* ***(Def)***; ~ **attack** Dämmerungsangriff *m (takt)*; ~ **effect** Dämmerungseffekt *n (bei Funkpeilungen)*; ~ **zone** Mischzone *f (AN-Verfahren)*.

**twin**| **barrel** Zwillingslauf *m (Flak usw)*; ~-**body** Zweikörper-; ~ **boom** Doppelleitwerkträger *m (Flzg)*; ~-**boom aircraft** Doppelrumpfflugzeug *n*; ~-**engined** zweimotorig *(Flzg)*; ~ **fins and rudders** *pl* doppeltes Seitenleitwerk *n (Flzg)*; ~ **float plane** Zweischwimmer-flugzeug *n*; ~ **fuselage** Doppelrumpf *m (Flzg)*; ~-**jet** zweistrahlig *(Flzg)*; ~ **lead** Doppelleitung *f (el)*; ~ **nose-wheel** Zwillingsbugrad *n (Flzg)*; ~ **piston engine** Doppelkolbenmotor *m (Flzg)*; ~-**ribbed radiator** Doppellamellenkühler *m (Flmot)*; ~-**row radial (engine)** Doppelsternmotor *m (Flmot)*; ~ **rudders** ***pl*** Doppelseitenruder *n (Flzg)*; ~-**shaft by-pass turbojet** Zweiwellen-Zweistrom-TL-Triebwerk *n*; ~-**shaft gasturbine engine** Zweiwellentriebwerk *n (Turbo)*; ~-**shaft turbojet (engine)** Zweiwellen-TL-Triebwerk *n (Turbo)*; ~-**shaft turboprop (engine)** Zweiwellen-PTL-Triebwerk *n (Turbo)*; ~ **tail** Doppelleitwerk *n (Flzg)*; ~ **tail boom** Doppelleitwerkträger *m (Flzg)*; ~ **turret** Zwillingsturm *m (Bomben-Flzg)*; ~ **vertical control surfaces** *pl* doppeltes Seitenleitwerk *n (Flzg)*; ~ **wheels** *pl od* ~-**wheel unit** Zwillings(lauf)räder *n/pl (Flzg-Fahrwerk)*.

**twist** Drall *m*; Verwindung *f*; Verdrehung *f (Konstr)*; verdrehen; zusammendrehen; ~ **drill** Spiralbohrer *m*; ~ **effect** *(of slipstream)* Drallwirkung *f (Luftschraubenstrahl)*; ~**ed pair** verdrillte zweiadrige Leitung *f (el)*; ~**er** Windhose *f (met)*; ~**ing moment** Verdrehungs- *od* Dreh- *od* Verdrehmoment *n*; ~ *or* ~**ing resistance** Verdreh(ungs)festigkeit *f (Konstr)*; ~ **movement** *(of the slipstream)* Drall *m (Luftschraubenstrahl)*.

**two**| **aircraft (flying) together** Rotte *f (Verbandsflug)*; ~-**axis autopilot** Zweiachsen- *od* Zweikanalautopilot *m od* -kurssteuerung *f (Flzg)*; ~-**bank radial (engine)** Doppelsternmotor *m (Flmot)*; ~-**barrelled** (*US* **barreled**) **gun** Zwilling(sgeschütz) *m (n) (Flak)*; ~-**bay biplane** zweistieliger Doppeldecker *m (Flzg)*; Zweistieler *m (Flzg)*; ~-**blade(d) airscrew** *or* **propeller** Zweiblattluftschraube *f*; ~-**bladed rotor** Zweiblattrotor *m od* -tragschraube *f (Heli)*; ~-**circuit turbine jet unit** Doppelstrom-Turbodüsentriebwerk *n*; Zweikreiser *m (Turbo)*; ZTL-Triebwerk *n (Turbo)*; ~-**component propellant** Zweikomponententreibstoff *m*; Diergol-Raketentreibstoff *m*; ~-**condition code** Zweizustandscode *m*; auf zwei Zuständen aufgebauter Code *m*; ~-**cycle engine** Zweitaktmotor *m*; ~-**dimensional theory** zweidimensionale Theorie *f*; ~-**engined** zweimotorig *(Flzg)*; ~-**frequency glide path system** Zweifrequenzgleitwegsystem *n (Flsich)*; ~-**frequency localizer system** Zweifrequenz-Landekurssystem *n (Flsich)*; ~-**gyro system** Zweikreiselanordnung *f*; ~-**hand control** doublierte *od* Zweifachsteuerung *f*; ~-**man cockpit** zweistitziges *od* Zweimanncockpit *n (Flzg)*; ~-**man crew** zweiköpfige *od* Zweimannbesatzung *f (Lfz)*; ~-**pitch airscrew** *or* **propeller** zweifach verstellbare Luftschraube *f*; Zweistellungs(luft)schraube *f*; ~-**place airplane** Zweisitzer *m (Flzg)*; ~-**pointer instrument** Doppel- *od* Zweizeigerinstrument *n*; ~-**point landing** Zweipunkt- *od* Radlandung *f (Flbetr)*; ~-**position lever** Zweistellungshebel *m*; ~-**position propeller** Zweistellungsluftschraube *f*; ~-**row radial (engine)** Doppelsternmotor *m (Flmot)*; ~-**seater** Doppel- *od* Zweisitzer *m (Flzg)*; ~-**seat fighter** Jagdzweisitzer *m*; zweisitziges Jagdflugzeug *n (LW)*; ~-**ship element** Rotte *f*; Zweierverband *m (Verbandsflug)*; ~ **ships** *pl sl für* Rotte *f (Verbandsflug)*; ~-**spar construction** Zweiholmbauart *f (Flzg)*; ~-**speed blower** *or* **supercharger** Zweistufenlader *m (Flmot)*; ~-**spool by-pass turbojet** Zweistrom-TL-Triebwerk *n* in Zweistrombauweise; ~-**spool system** Doppelverdichterprinzip *n (Axialturbine: Turbo)*; ~-**spool turbojet (engine)** Doppelverdichter-TL-Triebwerk *n*; ~-**spool turboprop (engine)** Zweiwellen-Doppelverdichterpropellerturbine *f*; ~-**stage blower** *or* **supercharger** Zweistufenlader *m (Flmot)*; ~-**stage rocket** Zweistufenrakete *f*; ~-**step** zweistufig; ~-**stranded** zweiadrig *(Kabel: el)*; ~-**stroke engine** Zweitaktmotor *m*; ~-**strutter** Zweistieler *m (Doppeldecker)*; ~-**way communication** Gegen- *od* Wechselverkehr *m (Funk)*; Zweiwegverkehr *m od* -verbindung *f (Funk)*; ~-**way radio** Gegensprechfunkgerät *n*; ~-**way traffic** Gegen- *od* Wechsel- *od* Doppelverkehr *m (Funk usw)*; ~-**wheel landing gear** Zweiradfahrwerk *n (Flzg)*; ~ **wire circuit** Zweidrahtleitung *f (tel)*.

**type** Baumuster *n*; Typ *m*; Art *f*; ~-**approval** Musterzulassung *f*; ~ **certificate** Musterzulassungsschein *m*; ~ **certification** Musterzulassung *f (Lfz)*; ~ **design** Muster- *od* Bauunterlagen *f/pl*; Musterauslegung *f od* -entwurf *m (Lfz)*; ~ **designation** Musterbezeichnung *f*; ~ **of aircraft** Luftfahrzeugmuster *n* ***(Def)***; ~ **of cloud** Wolkenart *f (met)*; ~ **of emission** Art der Ausstrahlung *(Funk)*; ~ **of fire-control** Schießverfahren *n (Art)*; ~ **of flight** Art *f* des Fluges; ~ **of weapon** Waffenart *f (mil)*; ~ **plate** Typenschild *n (Flzg)*; ~ **rating** Musterberechtigung *f*; ~ **test** Muster- *od* Typenprüfung *f (Flzg)*; ~**writer** Schreibmaschine *f*; ~~ **ribbon** Farbband *n (Schreibmaschine)*.

**typhoon** Taifun *m*; tropischer Wirbelsturm *m (met)*.

**typing perforator** druckender Empfangslocher *m (Fernm).*

**tyre** *(E) (US* **tire**) Reifen *m (Laufrad);* ~ **gauge** *(E)* Reifendruckprüfer *m;* ~ **inner tube** Laufradschlauch *m (Flzg);* ~ **lever** Montiereisen *n od* -hebel *m;* ~ **pressure** Reifendruck *m (Flzg-Laufrad);* ~**s** Bereifung *f (Flzg & Kfz);* ~ **skidding** Blockieren *n* der Laufräder; Räderblockierung *f (Lfz).*

**tyro** Anfänger *m (Flugschüler).*

# U

**U** *(ICAO- & NATO-Buchstabieralphabet)* Uniform; *(altes, internationales Buchstabieralphabet)* Uncle; ~**-boat** Unterseeboot, *abbr* U-Boot *n.*

**ullage (space)** Fehlmenge *f;* Tankleer- *od* Ausdehnungsraum *m (z.B. Kraftstoffbehälter)* ***(Def).***

**ultimate| factor** Bruchfaktor *m (Konstr)* ***(Def);*** ~ **load** Bruchlast *f* ***(Def);*** ~ **stress** Bruchspannung *f;* ~ **vacuum** Grenz- *od* Endvakuum *n.*

**ultra|-high** frequency, *abbr* **UHF** ultrahohe Frequenz *f;* Dezimeterwelle *f (300 – 3000 MHz);* ~**-high speed airplane** Höchstgeschwindigkeitsflugzeug *n;* ~**-light aircraft** Kleinstflugzeug *n;* ~**-lights** pl sl für Kleinstflugzeuge *n/pl;* ~**-short wave** Dezimeterwelle *f (Funk);* ~**sonic location** Ultraschallortung *f;* ~**sonics** *pl* Ultra- *od* Überschall *m;* ~**violet** ultraviolett.

**umbilical connector** Nabelschnuranschluss(stecker) *m (FK)* ***(Def).***

**umbrella** *sl für* Fallschirm *m;* ~**(-shaped) antenna** Schirm- *od* Fächerantenne *f (Fun).*

**umpire** Schiedsrichter *m (Sportwettbewerbe; takt Übungen);* ~**'s aid(e)** Schiedsrichtergehilfe *m (takt).*

**umpty** Strich *m (Morsealphabet).*

**un|accelerated flight** stationärer *od* beschleunigungsfreier Flug *m (FK);* ~**accompanied baggage** unbegleitetes Gepäck *n (LVerk)* ***(Def);*** ~**adjustable** unverstellbar; ~**aided eye** unbewaffnetes Auge *n;* ~**airworthiness** Luftuntüchtigkeit *f (Luftfahrzeug);* ~**anchored (contact) mine** Ankertau(kontakt)mine *f (Kr);* ~**armed** unbewaffnet; unscharf *(Bombe; Zünder);* ~**balance** Unwucht *f (Luftschraube).*

**unboosted** unaufgeladen *(Flmot).*

**un|certainty phase,** *abbr* **INCERFA** Alarmstufe 1 *(Ungewissheitsstufe: Flsich)* ***(Def);*** ~**changeable** unverstellbar; nicht auswechselbar; ~**conscious** besinnungslos; bewusstlos; Mattscheibe haben *sl;* ~**controlled airspace** unkontrollierter Luftraum *m (Flsich);* ~**controlled flight** unkontrollierter Flug *m (Flsich);* ungesteuerter Flug *m (Flbetr);* ~**controlled mosaic** Bildskizze *f;* nicht entzerrtes Luftbild *n (Lphot)* ***(Def);*** ~**conventional** vom Üblichen abweichend; nicht herkömmlich; unkonventionell *(Bauart).*

**undamped oscillation** ungedämpfte Schwingung *f (Funk).*

**underbody tank** Unterrumpfbehälter *m (Lfz).*

**undercarriage,** *abbr u/c (E)* Fahrgestell *n (Flzg)* ***(Def);*** ~ **axle** Fahrgestellachse *f (Flzg);* ~ **bracing** Fahrgestellauskreuzung *f;* ~ **cushioning** Fahrgestell(ab)federung *f;* ~ **door** Fahrgestellklappe *f;* ~ **indicator** Fahrgestellanzeige(gerät) *f (n) (Flzg);* ~ **leg** Fahrgestell(feder)bein *n;* ~ **lever** Fahrgestellhebel *m (Flzg);* ~ **lock operating mechanism** Fahrgestellverriegelung *f;* ~ **oleo leg** Fahrgestellfederbein *n (Flzg);* ~ **(operating) jack** Fahrgestellbetätigungszylinder *m (Flzg);* ~ **springing** Fahrgestellfederung *f (Flzg);* ~ **strut** Fahrgestellstrebe *f;* ~ **track** Spurweite *f (Flzg-Fahrwerk);* ~ **warning light** Fahrgestellwarnlampe *f (Flzg);* ( ~) **wheel brake** Laufradbremse *f (Flzg-Fahrwerk).*

**under|cart** *sl für* Flugzeugfahrgestell *n;* ~ **command** manövrierfähig *(Lfz);* ~ **control** unter Kontrolle *(Flsich);* manövrierfähig *(Luftfahrzeug);* ~**cooling** Unterkühlung *f (met & Funk);* ~**exposure** Unterbelichtung *f (LPhot);* ~**ground cable** Erdkabel *n (Fernm);* ~**shoot** zu kurz kommen *(Flzg bei Landung)* ***(Def);*** ~**slung** hängend *(Flmot usw);* ~ ~ **radiator** Hänge- *od* Bauchkühler *m (Flmot);* ~ ~ **tank** Außen(bord)- *od* Hängebehälter *m (Lfz);* ~**speed** Unterdrehzahl *f;* Untergeschwindigkeit *f;* ~ **way** in Fahrt; frei *(unverankertes Wasser-Flzg);* ~**wing engine nacelle** Unterflügeltriebwerksgondel *f (Flzg);* ~**wing pylon** Unterflügelpylon *od* -träger *m (Flzg);* ~**wing radiator** hängender Tragflächenkühler *m (Flmot)* ***(Def);*** ~**wing tank** Unterflügelbehälter *m (Flzg).*

**un|directed flow** ungerichtete Strömung *f;* ~**disturbed** ungestört *(Luftströmung);* ~**dock** ent- *od* abkoppeln *(Raum-FK);* ~ ~**ing** Ab- *od* Entkoppeln *n;* Trennung *f (Raum-FK);* ~**drainable lubricating oil** nichtablassbarer Schmierstoff *m (Flmot);* ~**dulating light** Festfeuer *n* mit periodisch veränderlicher Lichterscheinung *(Bod)* ***(Def).***

**un|economical** unwirtschaftlich; ~**evenness of the ground** Bodenunebenheit *f;* ~**exposed** unbelichtet *(LPhot).*

**un|faired** unverkleidet; ~**feather** Luftschraube von Segelstellung auf Reisestellung fahren; ~**fit** untauglich; ungeeignet; ~**fitness for flying** Flug(dienst)untauglichkeit *f;* ~**fold** entfalten *(Fallschirm);* sich öffnen; entwickeln; darlegen; ~**folding** Entfaltung *f (Fallschirm);* ~*folding by stages* stufenweises Entfalten *n (Fallschirm).*

**un|gathered parasheet** Parasheet-Fallschirm *m* ohne verstärkte Basis *(Fallsch)* ***(Def);*** ~**geared** unübersetzt *(Flmot);* ~**guided missile** ungelenkter Flugkörper *m;* ~**identified flying object,** *abbr* **UFO** unbekanntes *od* nicht identifiziertes Flugobjekt *n, abbr* UFO.

**uni|directional traffic** einseitiger Verkehr *m (Funk);* ~**flow scavenging** Gleichstromspülung *f;* ~**form** Uniform *(mil);* einheitlich; gleichförmig; ~~ **acceleration** gleichförmige Beschleunigung *f;* ~~ **flow** gleichförmige Strömung *f (aerodyn)* ***(Def);*** ~**ty of flow** Gleichförmigkeit *f* der Strömung *(aerodyn);*~**polar** einpolig *(el).*

**un|intentional** unbeabsichtigt; ungewollt; ~**intentional spin** unbeabsichtigtes *od* unfreiwilliges Trudeln *n (Flbetr);* ~**intentioned** unbeabsichtigt; ungewollt; ~**iplex** Uniplex- *od* Einkanalbetrieb *m (Funk).*

**unit** Einheit *f;* (Dienst-)Stelle *f;* Verband *m (mil);* Truppenteil *m (takt);* ~ **authorization list,** *abbr* **UAL** *(US LW)* Ausrüstungsnachweisung *f* für Einheiten; ~ **cost** Stückpreis *m;* ~ **load** Flächeneinheitsbelastung *f;* Belastung *f* pro Flächeneinheit *(Flzg);* ~ **mission equipment,** *abbr* **UME** *(US LW)* aufgabengebundene Ausrüstung *f* für Einheiten; ~ **of heat** Wärmeeinheit *f;* ~ **of measurement** Maßeinheit *f;* ~ **property account** Gerätenachweis *m* für Einheiten *(mil);* ~ **stress** Belastung *f* pro Flächeneinheit *(Flzg);* ~ **support equipment,** *abbr* **USE** *(US LW)* standortgebundene Ausrüstung *f* für Einheiten.

**United Nations** *pl, abbr* **UN** Vereinte Nationen *f/pl, abbr* VN.

**universal| current** Allstrom *m (el)*; ~ **joint** Kardan- *od* Kreuz- *od* Universalgelenk *n*; ~ **meridian** Nullmeridian *m*; Meridian *m* von Greenwich *(Kart)*; ~ **Postal Convention** Weltpostvertrag *m*; ~ **Postal Union**, *abbr* **UPU** Weltpostverein *m*; ~ **suspension** Kardanaufhängung *f*; ~ **time**, *abbr* **UT** Weltzeit *f*; Greenwicher Zeit *f*.

**unjacketed** unbemantelt; unverkleidet.

**un|lade** entladen; ausladen *(Flzg)*; ~**lading** Ausladen *n*; Entladung *f (LVerk)* ***(Def)***; ~**landable weather** Flugwetter *n*, das (normalerweise) keine Landung gestattet *(QBI QGO)*; ~**lawful act against civil aviation** widerrechtliche Handlung *f* gegen die Zivilluftfahrt; ~**lawful interference** widerrechtlicher Eingriff *m*; ~**lawful seizure of aircraft** widerrechtliche Inbesitznahme *f* von Luftfahrzeugen; ~**leaded** ungebleit *(Kraftstoff)*; ~**limited ceiling** Wolkenlosigkeit *f (met)*; ~**limited route concept** Konzept *n* unbegrenzter Streckenauswahl *(LVerk)*; ~**limited visibility** unbegrenzte Sicht *f (met)*; ~**load** abladen; ausladen; entladen *(Geschütz)*; ~~**ing** Ausladen *n*; Entladung *f (LVerk)*; ~**lock** entriegeln *(Fahrwerk; Waffen)*; ~-**locked** unverriegelt *(Fahrwerk)*; ~**locking** (**device**) Entriegelung *f*.

**un|manned** unbemannt *(Flzg)*.

**un|observed fire** Schießen *n* ohne Beobachtung *(Art)*; Planschießen *n (Art)*; ~**obstructed** ungehindert; ~~ **approach** hindernisfreier Anflug *m*; ~~ **light** unbehindert sichtbares Licht *n (Bod)*.

**un|paved airfield** unbefestigter *od* Rasenflugplatz *m*; Feldflugplatz *m (mil)*; ~**paved runway** unbefestigte Piste *f (Bod)*; ~**paved taxiway** unbefestigte(r) Rollbahn *f (od* Rollweg *m) (Bod)*; ~**powered approach** Anflug *m* mit nichtarbeitendem Triebwerk *(Flbetr)*; ~**powered landing** Landung *f* mit nichtarbeitendem Triebwerk *(Flbetr)*; ~**prime** entschärfen *(Bombe)*; ~**protected** ungeschützt.

**unqualified** ungeeignet.

**un|reliability of operation** Betriebsunsicherheit *f*.

**un|scheduled** außerplanmäßig *(LVerk)*; ~**seal** entplomben *(Höhenschreiber)*; ~**serviceability light** Sperrungsfeuer *n (Bod)*; ~**serviceability marking** Ausschusszeichen *n*; Kennzeichnung *f* für Unbrauchbarkeit *(Lufttüchtigkeit: Lfz)*; ~**serviceability markings** *pl* Sperrungsmarken *f/pl (Bod)*; ~**serviceable** unbrauchbar; (betriebs)unklar; ~~ **area** unbenutzbare Fläche *f (Bod)*; ~**skilled worker** ungelernter Arbeiter *m*; ~**solder** los- *od* ablöten; ~**sprung** ungefedert; ~**stable** instabil; unstabil; ~~ **equilibrium** labiles Gleichgewicht *n*; ~~ **oscillation** instabile Schwindung *f (Stab)* ***(Def)***; ~**staggered** ungestaffelt *(Doppeldecker)*; ~**steadiness** Unwucht *f (Luftschraube)*; ~**steady weather** labile Wetterlage *f (met)*; ~**screw** abschrauben; ~-**screwable** abschraubbar; ~**stick** abheben *(Flzg vom Boden)*; ~~ **point** Abhebepunkt *m (Lfz-Start)*; ~~ **speed** Abhebegeschwindigkeit *f (Flbetr)*; ~**successful landing** abgebrochene *od* Fehllandung *f (Flbetr)*; ~**successful take-off** Fehlstart *m (Flzg)*; ~**supercharged** selbstansaugend; unaufgeladen *(Flmot)*; ~**surfaced pavement** fester Bodenbelag *m* ohne Deckenschluss *(Bod)*; ~**swept** ungepfeilt *(Flzg-Tragfläche)*; ~**symmetrical loading** unsymmetrische Belastungs- *od* Lastverteilung *f (Konstr)* ***(Def)***.

**untearable** unzerreißbar.

**un|usable fuel supply** nichtausfliegbare *od* tote Kraftstoffmenge *f (Lfz)*; ~**usual positions** *pl* ungewöhnliche Fluglagen *f/pl (Flbetr)*.

**unworthy to bear arms** wehrunwürdig.

**up|-and-down lock** Fahrgestellverriegelung *f (Lfz)* ***(Def)***; ~**current** Aufwind *m (met)*; ~~ *due to a slope* Hangaufwind *m*; ~~ *due to hot air* thermischer Aufwind *m*; ~~**s field** Aufwindfeld *n (met)*; ~**draft** *(US) or* ~**draught** *(E)* Aufwind *m (met)*; ~ **gust** Steigbö *f (met)*; ~**per air** obere Luft *f (met)*; ~~ **analysis** Höhenwetteranalyse *f (met)*; ~~ **ascent** Höhenaufstieg *m (met-Sonde)*; ~~ **chart** Höhenwetterkarte *f*; ~~ **observation** Höhenwetterbeobachtung *f*; ~~ **space** oberer Luftraum *m (Flsich)*; ~~ **temperature** Höhentemperatur *f (met)*; ~**per area control centre**, *abbr* **UAC** Bezirkskontrollstelle *f* für den oberen Luftraum *(Flsich)*; ~**per base course** obere Tragschicht *f (Pistenbau)*; ~**per camber** Saugseitenwölbung *f (der Flzg-Tragfläche)* ***(Def)***; ~**per cold front** Höhenkaltfront *f (met)*; ~**per component** *(of a composite aircraft)* Oberflugzeug *n („Vater und Sohn")*; ~**per control area**, *abbr* **UTA** oberer Kontrollbezirk *m (Flsich)*; ~**per dead centre** (*US* **center**) oberer Totpunkt *m (Flmot)*; ~**per flange** Obergurt *m (Flzg)*; ~**per flight information region**, *abbr* **UIR** oberes Fluginformationsgebiet *n (Flsich)*; ~**per inversion** obere *od* Höheninversion *f (met)*; ~**per limit** Obergrenze *f*; ~**per longeron** Rumpfoberholm *m (Flzg)*; ~**per sideband** oberes Seitenband *n (Funk)*; ~**per surface** Oberseite *f (Flzg-Tragfläche)*; ~**per warm front** Höhenwarmfront *f (met)*; ~**per wind electronic observation** elektronische Höhenwindmessung *f (met)*; ~**per wind radar observation** Radarhöhenwindmessung *f (met)*; ~**per winds** *pl* Höhenwinde *m/pl (Met)*; ~**per wind visual observation** optische Höhenwindmessung *f (met)*; ~**per wing** Oberflügel *m (Doppeldecker)*; ~**right cylinder** stehender Zylinder *m (Flmot)*; ~**right(-type) engine** Standmotor *m*; stehender Motor *m*; ~**side-down flight** Rückenflug *m*; ~**sidedown flight carburet(t)or** Rückenflugvergaser *m (Flmot)*; ~**side-down loop** Looping *m* aus der Rückenlage nach oben *(Kunstflug)*; ~**slope fog** Hebungs- *od* Hangnebel *m (met)*; ~**slope wind** Hangaufwind *m (met)*; ~**stairs** *sl für* in der Luft befindlich *(Flzg)*; ~**stroke** Aufwärtshub *m (Flmot)*; ~**ward-(air) current** Aufwind(strömung: *met*); ~**ward (slow) roll** Pirouette *f (Kunstflugfigur)*; ~**ward stepping** Höhenstufung *f (Verbandsflug)*; ~**wash** Aufwind *m (met)*; Thermik *f*; ~ **wind** windwärts; gegen den Wind; Aufwind *m*; ~~ **landing** Landung *f* gegen den Wind *(Flzg)*; ~~ **leg** Gegenwindteil *m (der Platzrunde: Flbetr)*; ~~ **light units** *pl* hintere Feuereinheiten *f/pl (Bod)*; ~~ **region** Aufwindgebiet *n (Segelflug)*; ~~ **soaring** Aufwindsegelflug *m*.

**urgency| communication** Dringlichkeitsverkehr *m*; ~ **message** Dringlichkeitsmeldung *f (Funk)*; ~ **signal** Dringlichkeitssignal *n (PAN; XXX: Funk)*; Dringlichkeitszeichen *n*.

**usab|ility factor** Benutzbarkeitsfaktor *m*; ~**le height** nutzbare Höhe *f (Fernm)*; ~**le range** nutzbare Reichweite *f (Fernm)*.

**useful| lift** nützlicher Auftrieb *m (aerodyn)*; ~ **load** Nutzlast *f (Kfz)*; Zuladung *f (Flzg)* ***(Def)***; ~ **resistance** Nutzwiderstand *m (aerodyn)*.

**use| of chaff(-chaff)** Passivstörung *f (Radar)*; Verdüppelung *f (Radar)*; ~ **of smoke screen** Nebeleinsatz *m (LKr)*; ~ **of window** Passivstörung *f (Radar)*; Verdüppelung *f (Radar)*; ~ **opposite controls** Gegensteuer geben *(Flzg)*.

**user| charge** Benutzergebühr *f (LVerk)*; ~ **nation** *or* **state** Benutzerstaat *m (von fremden Einrichtungen)*.

**U-strut** U-Stiel *m*; U-Strebe *f*.

**utilit|ies** Heizung; Strom-; Wasser- u. Gasversorgung *f*; Elt. und Masch.; ~**y aircraft** Nutzluftfahrzeug *n*; ~**y frequency** Arbeitsfrequenz *f (Funk)*; ~**y plane** Mehrzweckflugzeug *n*.

**utilization| of exhaust gases** Abgasverwertung *f (Flmot)*; ~ **of terrain** Geländeausnutzung *f (takt)*; ~ **of waste gases** Abgasverwertung *f (Flmot)*.

**UTM** (*short for* **universal transverse Mercator**) **projection** universale transversale Mercator-Projektion *f*; UTM-Projektion *f (Kart)*.

# V

**V** *(ICAO- & NATO-Buchstabieralphabet)* Victor; *(altes, internationales Buchstabieralphabet)* Victor; ~ **antenna** Fächerantenne *f (Funk)*; ~**-belt drive** Keilriemenantrieb *m*; ~ **engine** V-Motor *m (Flmot) (Def)*; ~**-formation** Keilform *f (Verbandsflug)*; ~**-tail** V- *od* Schmetterlingsleitwerk *n (Flzg)*; ~**-weapon** V-Waffe *f*; Vergeltungswaffe *f (Kr)*.

**vaca|ncy** Stellenangebot *n*; Fehlstelle *f*; freie Planstelle *f (mil)*; ~**nt** frei; unbesetzt; ~**te** freimachen.

**vacuum** luftleerer Raum *m*; Vakuum *n*; ~ **flight path** Fallkurve *f* im luftleeren Raum *(Bomben-ballist)*; ~ **pressure** Unterdruck *m*; ~ **pump** Sogpumpe *f*; Unterdruckpumpe *f*; Vakuumpumpe *f*; ~ **system** Unterdruckanlage *f*; ~ **tube** Vakuumröhre *f (Funk)*.

**valid** gültig; ~**ation** Gültigkeitserklärung *f*; ~**ity** Gültigkeit *f*; Rechtskräftigkeit *f*.

**valley breeze** *or* **wind** Talwind *m (met) (Def)*.

**value** Wert *m*; Messwert *m*; Zahlenwert *m*.

**valve** Ventil *n (Flmot)*; Röhre *f (Funk: E)*; ~ **adjustment** Ventileinstellung *f (Flmot)*; ~ **arm** Ventilhebel *m (Flmot)*; ~ **clearance** Ventilspiel *n (Flmot)*; ~ **control** Ventilsteuerung *f*; ~ **face** *or* **head** Ventilteller *m (Flmot)*; ~ **gear** Ventilsteuerung *f (Flmot)*; ~ **guide** Ventilführung *f*; ~ **hood** Ventilabdeckung *f (Lfz l) (Def)*; ~**-in-head engine** oben- *od* kopfgesteuerter Motor *m*; ~ **lifter** Stößel *m (Flmot)*; ~**-lifter guide** Stößelführung *f (Flmot)*; ~ **line** Ventilleine *f (Lfz l) (Def)*; ~ **parachute** Ventilfallschirm *m*; ~ **port** Ventilöffnung *f (Flmot)*; ~ **push-rod** Stößelstange *f (Flmot)*; ~ **rigging** Ventilleinen *f/pl (Lfz l) (Def)*; ~ **rocker** Ventilhebel *m*; Kipphebel *m*; Schwinghebel *m (Flmot)*; ~ **seat(ing)** Ventilsitz *m (Flmot)*; ~ **seizing** Festfressen *n* der Ventile *(Flmot)*; ~ **shaft** *or* **spindle** *or* **stem** Ventilschaft *m (Flmot)*; ~ **spring** Ventilfeder *f (Flmot)*; ~**-spring surge** Ventilfederschwingung *f*; ~ **sticking** Festsitzen *n* der Ventile *(Flmot)*; ~ *the gas* Gas abblasen *(Ball)*; ~ **tappet** Ventilstößel *m*; ~**-timing system** Ventilsteuerung(svorrichtung) *f*; Ventilsteuerzeit *f (Flmot)*.

**valving pressure** Abblasedruck *m (Ball)*.

**vanadium steel** Vanadiumstahl *m*.

**vane** Leitschaufel *f (Turbo)*; ~ **sight** Windfahnenvisier *n*; ~ **supercharger** Flügelradverdichter *m (Flmot) (Def)*; ~ **-type pump** Flügelradpumpe *f*.

**vanguard** Vorhut *f (takt)*.

**vapour** (*US* **vapor**) Dampf *m*; Dunst *m*; ~ **concentration** absolute Feuchte *od* Feuchtigkeit *f (met) (Def)*; ~ **condensation** trail, *abbr* **contrail** Kondensstreifen *m (Flzg in großer Höhe)*; ~**ization fog** Verdunstungsnebel *m (met)*; ~**ize** verdampfen; ~ **lock** Dampfsack *m*; Dampf(blasen)sperre *f (verdampfter Kraftstoff in Kraftstoffleitung) (Def)*; ~ **mist** Dunstwolke *f*; ~ **pressure** Dampfdruck *m (met)*; ~ **trail** Kondensstreifen *m (Def)*.

**variable|-area propelling nozzle** verstellbare Schubdüse *f (Turbo) (Def)*; ~**-area wing** Tragflügel *m* mit veränderlicher *od* variabler Fläche *(Flzg)*; ~ **condenser** Drehkondensator *m (Funk)*; ~**-datum boost control** variabler Ladedruckregler *m*; Ladedruckregler *m* mit veränderlicher Ausgangsstellung der Regeldose *(Flmot) (Def)*; ~ **geometry**, *abbr* **VG** variable Geometrie *f (Konstr)*; ~~ **intake** Lufteinlauf *m* mit veränderlicher Geometrie *(Turbo) (Def)*; ~**-incidence wing** Verstelltragfläche *f (Flzg)*; ~**-pitch propeller** Verstell-Luftschraube *f (Def)*; ~ **resistance** Regelwiderstand *m (el)*; ~ **sweep** veränderliche Pfeilung *f (Flzg-Tragflächen)*; veränderliche Ablenkung *f (el)*; ~~ **wing** Tragfläche *f* mit variabler *od* veränderbarer Pfeilung *(Flzg)*; ~ **tube** Regelröhre *f (Funk)*.

**vari|ation** Ortmissweisung *f*, *abbr* **OM** *(nav)*; Kompassmissweisung *f*; Deklination *f (nav) (Def)*; Streuung *f (Schusswaffe)*; ~**ation of course** Kursabweichung *f (nav)*; ~**ation of the star altitude** Höhenänderung *f (Gestirn: Astro-nav)*; ~**ometer** Variometer *n (Flzg) (Def)*.

**varnish** Lack *m*; Firnis *m*; lackieren; firnissen; ~ **shop** Malerwerkstatt *f*; Lackiererei *f*; ~ **wiring** Lackleitung *f (el)*.

**vector** leiten; mit Radar führen *(Flsich)*; einweisen *(Flzg auf Ziel mittels Radar und Funk: LKr)*; ~**ing** Einweisung *f (Flzg auf Ziel bzw. Zielraum: LKr)*.

**veer** (nach rechts) drehen *(Wind)*; ~ **away** *or* **off** abdrehen *(anderen Kurs einschlagen: Flzg)*; ~**(ing)** Winddrehung *f (nach rechts, bzw. im Uhrzeigersinn)*; Rechtsdrehen *n (met) (Def)*.

**vegetation** Bodenbewachsung *f*.

**vehicle** Fahrzeug *n*; ~**-borne** verlastet.

***veil*** Schleier *m*; ~ **cloud** Schleierwolke *f (met)*; federige Schichtwolke *f*; Cirrostratus *m (met)*.

**velocity** Geschwindigkeit *f*; ~ *along the path* Bahngeschwindigkeit *f (Geschoss; Kreisel)*; ~ **head** Staudruck *m*; ~**-head speed indicator** Staudruckfahrtmesser *m (Flzg)*; ~ **of descent** Sinkgeschwindigkeit *f*; ~ **of flow** Strömungsgeschwindigkeit *f*; ~ **of light** Lichtgeschwindigkeit *f*; ~ **of rotation** Drehgeschwindigkeit *f (Kompass usw)*; ~ **of sound** Schallgeschwindigkeit *f*; ~ **triangle** Winddreieck *n (nav)*.

**veneer** Furnier *n*.

**vent** Druckausgleichs- *od* Entlüftungsöffnung *f*; Ent- *od* Belüftung *f (Lfz)*; Scheitelloch *n (Fallsch) (Def)*; ~ **cap** Scheitelabdeckung *f (Fallsch) (Def)*; ~ **hem** Scheitelrand *m (Fallsch) (Def)*; ~ **hole** Luftloch *n*; ~**ilating system** Be- *od* Entlüftungsanlage *f*; ~**ilation** Lüftung *f*; Belüftung *f*; Entlüftung *f*; Ventilation *f*; ~**ilation system** Belüftungsanlage *f*; ~**ilator** Vetilator *m*; Lüfter *m*; ~ **line** Be- *od* Entlüftungsleitung *f*; ~ **pipe** Entlüftungsrohr *n*; ~**ral drop tank** Rumpfabwurfbehälter *m (Flzg)*; ~**ral gun mount** Bodenlafette *f (Bomben-Flzg)*; ~**ral hatch** Boden(einstieg)-

luke *f (Flzg)*; ~**ral radar dome** Rumpfradarwanne *f (Flzg)*; ~**ral tank** Bauchbehälter *m (Lfz) (Def)*; ~**ral turret** Bodenwaffenstand *m*; Bodenwanne *f (Bomben-Flzg)*.

**venturi| nozzle** *or* **orifice** Venturidüse *f*; ~ **tube** Venturirohr *n (Flzg) (Def)*.

**Ver(e)y| cartridge** *(E)* Leuchtpatrone *f*; ~ **light** Leuchtkugel *f*; ~ **pistol** Leuchtpistole *f*.

**verification** Prüfung *f*; Nachprüfung *f*; Verifikation *f (Abrüstungsvereinbarungen)*; ~ **fire** Prüfungsschießen *n*.

**vernier** Nonius *m*; ~ **dial** Feineinstellung *f (Funk)*; ~ **engine** Feinstellmotor *m*; Vernier-Triebwerk *n (Rak)*; ~ **tuning** Feinabstimmung *f (Funk)*.

**version** Ausführung *f*; Baumuster *n (Flzg)*.

**vertex** *(of trajectory)* Scheitelpunkt *m (ballist)*.

**vertical** senkrecht; lotrecht; ~ **aerial photograph** Senkrechtbild *n (LPhot)*; ~ **ascent** senkrechter Abschuss *m (Rak & FK)*; ~ **axis** Hochachse *f (Flzg)*; ~ **bank** Messerflug *m (Kunstflug) (Def)*; ~ **circle** Vertikalkreis *m (nav) (Def)*; ~ **clearance** Höhenabstand *m od* -freiheit *f (Flzg von Bodenhindernissen)*; ~ **direction** Lotrichtung *f*; ~ **dive** senkrechter Sturzflug *m*; Kopfsturz *m (Flzg)*; ~ **engine** Motor *m* mit stehenden Zylindern *(Flmot) (Def)*; ~ **error** Antennenfehler *m (Schleppantenne: Flzg)*; ~ **fin** Seitenflosse *f (Flzg)*; Kielflosse *f (Luftschiff)*; ~ **gradient** Temperaturgradient *m (met)*; ~ **guidance** Vertikal- *od* Höhenführung *f (Lfz mittels Radar)*; ~ **gust** Vertikal- *od* Steigbö *f (met)*; ~ **gyro** Vertikalkreisel *m (Instr) (Def)*; ~ **interval** Höhenabstand *m (Verbandsflug)*; ~ **jump** Abgangsfehler(winkel) *m (Flak)*; ~ **lauch(ing)** Senkrechtstart *od* -aufstieg *m (FK)*; ~ **pattern** Vertikal(strahlungs)-diagramm *n (Fernm)*; ~ **photograph** *or* **picture** Senkrechtbild *n (LPhot)*; ~ **position** Höhenlage *f*; vertikaler Standort *m (Flbetr)*; ~ **roll** Pirouette *f (Kunstflugfigur)*; ~ **separation** Vertikal- *od* Höhenstaffelung *f (Flsich) (Def)*; ~ **speed** Senkrechtgeschwindigkeit *f (Flzg)*; Steig- und Sinkgeschwindigkeit *f (Flzg)*; ~ **speed indicator** Variometer *n (Flzg-Instr) (Def)*; ~ **stack(ing)** Höhenstufung *f (Flsich)*; ~ **stabilizer** Kiel- *od* Seitenflosse *f (Flzg)*; ~ **stall** Männchen *n (Kunstflugfigur)*; ~ **strut** Stiel *m (zwischen Doppeldecker-Tragflächen)*; ~ **tail fin** Seitenflosse *f (Flzg)*; ~ **tail plane** Seitenflosse *f (Flzg)*; ~ **tail surfaces** *pl* Seitenleitwerk *n (Flzg)*; ~ **take-off** Senkrechtstart *m (Hubschrauber)*; ~ **take-off**, *abbr* **VTO aeroplane** Senkrechtstarter *m (Flzg)*; VTO-Flugzeug *n*; ~ **tunnel** Trudelwindkanal *m (aerodyn)*; ~ **turn** Vertikalkurve *f (Flbetr)*; ~ **visibility** Vertikalsicht *f (met)*; ~ **whirlwind** Windhose *f (met)*; Trombe *f (met)*; ~ **wind tunnel** vertikaler Windkanal *m*; Trudelkanal *m (aerodyn) (Def)*.

**vertigo** Schwindel(gefühl) *m (n) (durch Luftkrankheit: Flmed)*.

**very high frequency**, *abbr* **VHF** sehr hohe Frequenz *f*; Meterwelle *f*; Ultrakurzwelle *f*; *abbr* UKW *(30 - 300 MHz: Funk)*; ~ **direction finding station**, *abbr* **VDF** UKW-(Funk-) Peilstelle *f*; ~ **omnirange (beacon)**, *abbr* **VOR** UKW-Drehfunkfeuer *n (Funk) (Def)*; ~ **rotating talking beacon** UKW-Drehfunkfeuer *n* für Sprechverkehr *(Funk) (Def)*.

**very long range**, *abbr* **VLR** sehr große Reichweite *f (Fernm)*; ~ **radar** Langstreckenradar(gerät) *n (über 1200 km)*.

**very low frequency**, *abbr* **VLF** sehr niedrige Frequenz *f*; Myriameterwelle *f*; Längstwelle *f (Funk: 3–30 KHz)*.

**veteran flyer** Flugpionier *m*.

**veterinary| officer**, *abbr* **vet** Veterinäroffizier *m (mil)*; ~ **service** Veterinärdienst *m (mil)*.

**$V_F$** $V_F$-Bemessungsgeschwindigkeit *f* bei ausgefahrenen Klappen *(Lfz) (Def)*.

**VFR|** *(short for* **visual flight rules** *pl)* Sichtflugregeln *f/pl (Flsich) (Def)*; ~ **flight** VFR-Flug *m (Flbetr) (Def)*; ~ **movement message** VFR-Bewegungsmeldung *f (Flsich)*.

**$V_g$ recorder** $V_g$-Schreiber *m (Instr) (Def)*.

**VgH recorder** VgH-Schreiber *m (Instr) (Def)*.

**vibrat|e** schwingen; vibrieren; ~**ion** Erschütterung *f*; Schwingung *f*; ~**ion absorber** Schwingungsdämpfer *m*; ~**ion absorption** Schwingungsdämpfung *f*; ~**ional behaviour** Schwingungsverhalten *n*; ~**ional loads** *pl* Schwingungslasten *f/pl (Konstr)*; ~**ion damper** Schwingungsdämpfer *m*; ~**ion fatigue life** Dauerschwing- *od* Dauerwechselfestigkeit *f (Konstr)*; ~**ion-free** schwingungsfrei; ~**ion indicator** Schwingungsanzeiger *m*; ~**ion-proof** schwingungsfest; ~**ion stress** Schwingungsbeanspruchung *f*; ~**ion test** Schüttelversuch *m*; Schwingungsprüfung *f (Stab)*; ~**or** Zerhacker *m (Funk & Tel)*; ~**or converter** Zerhackerumformer *m (Tel & Funk)*.

**vibrograph** Schwingungsschreiber *m*.

**Vice Admiral** Vizeadmiral *m (Marine)*.

**victory in aerial combat** Luftsieg *m (LKr)*.

**video** Video-Signal *n*; Video- *(Fernm)*; ~ **frequency** Videofrequenz *f (Fernm)*; ~ **link** Video-Übertragung *od* ~Verbindung *f (Fernm)*; ~ **mapping** elektronische Karteneinblendung *f (Radar)*.

**view| finder** Sucher *m (LPhot)*; ~**ing slot** Sehschlitz *m*.

**violent storm** orkanartiger Sturm *m (Beaufort-Windstärke 11: met) (Def)*.

**virtu|al inertia** scheinbare Trägheit *f (Konstr) (Def)*; ~**al temperature** virtuelle Temperatur *f (met)*; ~**osity flight** Geschicklichkeitsflug *m*.

**visa** Sichtvermerk *m*; Visum *n (Pass)*.

**visc|id** schwerflüssig; ~**idity** Zähigkeit *f*; Schwerflüssigkeit *f*; ~**osimeter** Viskosimeter *n*; ~**osity** Viskosität *f*; Zähigkeit *f (Schmierstoff)*; ~**osity index** Zähigkeitszahl *f (Schmierstoff)*; ~**ous** schwerflüssig; ~**ous flow** reibungsbehaftete *od* Reibungsströmung *f (aerodyn)*.

**visé** Sichtvermerk *m*; Visum *n (Pass)*.

**vis|ibility** Sicht *f (met) (Def)*; ~**ibility conditions** *pl* Sichtverhältnisse *n/pl (met)*; ~**ibility-measuring instrument** Sichtmessgerät *n (met)*; ~**ible horizon** sichtbarer Horizont *m*; Kimm *f*; ~**ion** Sehkraft *f*; Sehvermögen *n*; ~**ional adaptability to darkness** Dunkelanpassungsfähigkeit *f*; ~**ion by night** Nachtsehvermögen *n*; ~**itor** Besucher *m*; ~**ual acuity** Sehschärfe *f*; ~**ual aids** pl optische (Lande-) Hilfsmittel *n/pl (Flsich)*; ~**ual alarm signal** optisches Alarmzeichen *n*; ~**ual approach** Sichtanflug *m (Flsich) (Def)*; ~~ **and landing**, *abbr* **VAL** Sichtanflug *m* und -landung *f (Flsich)*; ~~ **slope indicator system**, *abbr* **VASIS** Gleitwinkelfrequenzsystem *n (Bod)*; ~**ual/aural (radio)** ***range***, *abbr* **VAR** (Vier-)Kurs-Funkfeuer *n* mit Sicht- & Höranzeige *(Fernm) (Def)*; ~**ual call sign** optisches Rufzeichen *n (Fernm) (Def)*; ~**ual circling** Sichtplatz- *od* -warterunde *f*; Platzrunde *f* mit Bodensicht *(Flbetr)*; ~~ **approach** Platzrundenanflug *m* mit Bodensicht *(Flbetr)*; ~**ual communication** Sichtzeichenverbindung *f*; optische Zeichengebung *f*; ~**ual contact** Blickverbindung *f (allg)*; Erd- *od* Bodensicht *f (Flbetr)*; ~~ **approach** Sichtanflug *m (Flbetr)* ***(Def)***; ~**ual course indicator** optische Kursanzeige *f (Lfz)*; ~**ual distress signal** optisches Notzeichen *n*; ~**ual field narrowing** Gesichtsfeldeinengung *f (Flmed)*; ~**ual flight** Sichtflug *m*; Fliegen *n* mit Sicht *(Flbetr)* ***(Def)***; ~**ual flight rules** *pl, abbr* **VFR** Sichtflugregeln *f/pl*; ~**ual flight rules flight,** *abbr* **VFR flight** VFR-Flug *m*; nach Sichtflugregeln durchgeführter Flug *m (Flsich)*; ~**ual flight rules weather conditions** *pl, abbr* **VFR weather conditions** VFR-Wetterbedingungen *f/pl*; Wetterbedingungen *f/pl*, die Flüge nach Sichtflugregeln gestatten *(Flsich)*; ~**ual flying** Fliegen *n* mit Sicht *(Flbetr)*; ~**ual glide slope indicator** optischer Gleitweganzeiger *m (Flzg)*; ~**ual ground aids** *pl* optische Bodenhilfen *f/pl*; ~**ual guidance** optische Führung *f*; ~**ual indicator** Sichtanzeiger *m*; Schauzeichen *n*; ~ **ual meteorological conditions** *pl, abbr* **VMC** Sichtwetterbedingungen *f/pl (met)* ***(Def)***; ~**ual navigation** Sichtnavigation *f*; ~**ual observation** Augen- *od* Sichtbeobachtung *f (met)*; ~**ual orbiting** Sichtplatzrunde *f*; Platzrunde *f* (fliegen) mit Bodensicht *(Flbetr)*; ~**ual range** Sichtweite *f*; Sichtbereich *m & n*; ~**ual reconnaissance** Augen- *od* Sichtaufklärung *f (takt)*; ~**ual reference to the ground** *or* **terrain** Erd- *od* Bodensicht *f (Flbetr)*; ~**ual report** Sichtbeobachtungsmeldung *f (Luftaufkl: LW)*; ~**ual requirements** *pl* verlangtes Sehvermögen *n (Flmed)*; ~**ual signal** optisches *od* Sichtzeichen *n*; ~**ual tuning** optische Abstimmung *f (Funk)*; ~ **viva** kinetische Energie *f*.

**VMC** (*short for* **visual meterological conditions**) Sichtwetterbedingungen *f/pl (met)* ***(Def)***.

**vocal frequency** Sprechfrequenz *f (Funk)*.

**voice| communication** Sprechverkehr *m od* -verbindung *f (Fernm)*; ~ **frequency (band)** Sprachfrequenz(band) *f (n) (Funk)*; ~ **radio** Sprechfunk *m (Funk)*; ~ **recording** Sprachaufzeichnung *f*.

**volley** Salve *f (takt)*; ~ **fire** Gruppenfeuer *n*; Gruppenschießen *n (Art)*.

**VOLMET** (*short for* **meterological information for aircraft in flight) broadcast** VOLMET-Rundfunk *m od* -Rundsendung *f (met & Fernm)*.

**volt** Volt *n (el)*; ~**age** Spannung *f (el)*; ~**age drop** Spannungsabfall *m (el)*; ~**age node** Spannungsknoten *m (el)*; ~**age regulator** Spannungsregler *m (el)*; ~**meter** Spannungsmesser *m (el)*; Voltmeter *n (el)*.

**volume** Rauminhalt *m*; Band *m (Buch)*; Lautstärke *f (Funk)*; ~ **amplifier** Lautverstärker *m (Funk)*; ~ **build-up** Lautstärkezunahme *f (Funk)*; ~ **control** Lautstärkeregelung *f*; Lautstärkeregler *m (Funk)*; ~ **fade** *or* **fading** Lautstärkeabnahme *f (Funk)*; ~ **of fire** Feuerstärke *f (Art)*; ~ **of reception** Empfangslautstärke *f (Funk)*; ~ **production** Massenherstellung *f (von Flzgn usw)*; ~ **regulation** Lautstärkeregelung *f (Funk)*; ~**ter** (Durchfluss-)Mengenmesser *m*; ~**tric** mengenmäßig; ~**tric capacity** Fassungsvermögen *n*; Kubikinhalt *m (Flmot)*.

**volunteer** Freiwilliger *m*; sich freiwillig melden.

**vomit** sich erbrechen; kotzen *sl*.

**VOR** (*short for* **VHF omni-range**) UKW-Drehfunkfeuer *n (Fernm)* ***(Def)***; ~ **aggregate error** VOR-Systemfehler *m (Fernm)*; ~ **airborne equipment error** VOR-Bordgerätefehler *m (Lfz)*; ~ **pilotage element error** Anteil *m* der Luftfahrzeugführung am VOR-Systemnutzungsfehler; ~ **radial displacement error** konstanter Teil *m* des Gesamtfehlers des VOR-Radials *(Fernm)*; ~ **radial signal error** Gesamtfehler *m* des VOR-Radials *(Fernm)*; ~ **radial variability error** nichtkonstanter Teil *m* des Gesamtfehlers des VOR-Radials *(Fernm)*; ~ **receiver test facility** VOR-Empfängerprüfeinrichtung *f od* -gerät *n (Fernm)*; ~ **system use error** VOR-Systemnutzungsfehler *m (Fernm)*.

**vort|ex,** *pl* **vortices** Wirbel *m (aerodyn)* ***(Def)***; ~**ex line** Wirbellinie *f (aerodyn)* ***(Def)***; **line** ~**ex** Linienwirbel *m (aerodyn)*; ~**ex propagation** Wirbelausbreitung *od* -erweiterung *f (aerodyn)*; ~**ex-ring state** Wirbelringzustand *m (Heli)* ***(Def)***; ~**ex separation** Wirbelablösung *f od* -aufplatzen *n (aerodyn)*; ~**ex sheet** Wirbelfläche *f (aerodyn)* ***(Def)***; ~**ex street** Wirbelstraße *f (aerodyn)* ***(Def)***; ~**ex thermometer** Wirbelthermometer *n*; ~**ex turbulence** Wirbelturbulenz *f (aerodyn)*; ~**ex wake** wirbeliger *od* Wirbelnachlauf *m (aerodyn)*; ~**icity** Verwirbelung *f*; Wirbelstärke *f (aerodyn)* ***(Def)***; ~**icity zone** Wirbelbereich *m (aerodyn)*.

**$V_{SO}$** $V_{SO}$-Überziehungsgeschwindigkeit *f (mit voll ausgefahrenen Landeklappen: Flbetr)* ***(Def)***.

**$V_{SI}$** $V_{SI}$-Überzieh(ungs)geschwindigkeit *f (Flbetr)* ***(Def)***.

**V/STOL** (*short for* **vertical/short take-off and landing) aircraft** Kurz- und Senkrechtstarter *m (Flzg)* ***(Def)***.

**VTOL** (*short for* **vertical take-off and landing**) Senkrechtstart *m* (und -landung *f*) *(Flbetr)* ***(Def)***; ~ **aircraft** Senkrechtstarter *m (Lfz)*.

**vouch** belegen *(Geräteverwaltung)*; Belegwechsel machen; ~**er** Beleg *m*.

**voyage** *(größere)* Reise *f (See- od Luftreisen)*; ~ *by air* Luftreise *f (LVerk)*.

**V-(type)| belt** Keilriemen *m (Kfz)*; ~ **engine** V-Motor *m (Flmot)*.

**vulcanize** vulkanisieren.

**vulnerab|ility** Verletzbarkeit *f (gegen Luftangriffe)*; ~**le** verletzbar *(LKr)*; ~~ **area** sicherheitsempfindlicher Bereich *m (Bod)*; ~~ **point** empfindlicher Punkt *m (LKr)*.

# W

**W** *(ICAO- & NATO-Buchstabieralphabet)* Whiskey; *(altes, internationales Buchstabieralphabet)* William.

**waist| belt** Bauchgurt *m (Flzg-Anschnallgurt)*; ~**ed body** Wespentaillenkörper *m*; spindelförmiger *od* taillierter Körper *m (Konstr)*; ~**ed fuselage** Wespentaillenrumpf *m*; spindelförmiger *od* Spindelrumpf *m (Flzg)*.

**waiting list** Warteliste *f (LVerk)*.

**wake** Kielwasser *n (Schiff)*; Luftschraubenstrahl *m (Flzg)*; Nachstrom *m*; Nachlauf *m*; Wirbelschleppe *f (aerodyn)* ***(Def)***; ~ **depression** Nachlaufdelle *f (aerodyn)*; ~ **speed** Nachlauf- *od* Nachströmgeschwindigkeit *f (aerodyn)*; ~ **turbulence** Nachlaufturbulenz *f*; turbulente Nachströmung *od* Wirbelschleppe *f (aerodyn)*; ~ **category** Wirbelschleppenkategorie *f (aerodyn)*.

**walk|ie-talkie** tragbares (Sprech-)Funkgerät *n*; Tornisterfunkgerät *n*; ~**ing way** *or* ~**way** Laufgang *m (Luftschiff)*; Trittleiste *f (auf Flzg-Tragfläche)*; ~**-throughdetector** Torsonde *f (Bod)*.

**wall| (boundary) layer** Wandgrenzschicht *f (aerodyn)*; ~**(ed) rib** Stegrippe *f (Flzg)*; ~ **friction** Wandreibung *f (aerodyn)*; ~ **roughness** Wandrauhigkeit *f*; ~ **shear-stress balance** Wandschubspannungswaage *f*.

**wander| off course** vom Kurs abkommen *(Flzg)*; sich verfranzen *sl (Flzg)*; ~ **rate** Auswanderungsgeschwindigkeit *f*.

**waning** *(of the moon)* Abnahme *f (Mond)*; ~ **moon** abnehmender Mond *m*.

**war** Krieg *m*; ~ **college** Kriegsakademie *f*; ~ **communiqué** Kriegsbericht *m*; ~ **correspondent** Kriegsberichter *m*; ~ **custom** Kriegsbrauch *m*; ~ **Department** *(US)* Kriegsministerium *n*; ~ **diary** Kriegstagebuch *n*; ~ **economy** Wehr- *od* Kriegswirtschaft *f*; ~ **establishment** *(E)* Kriegsstärkenachweisung *f*; ~ **exigency** Kriegsnotwendigkeit *f*; ~**fare** Kriegführung *f*; **electronic** ~~, *abbr* **EW** elektronische Kampfführung *f*; *abbr* Eloka *(LKr)*; Hochfrequenzkriegführung *f*; *abbr* HF-Kriegführung *f*; ~ **flight badge** Frontflugspange *f*; ~ **game** Kriegsspiel *n*; ~**head** Gefechtskopf *m (Torpedo: Mine usw)*; ~ **invalid** Kriegsbeschädigter *m*; ~ **neurosis** Kriegsneurose *f*; ~ **of attrition** Abnutzungs- *od* Zermürbungskrieg *m*; ~ **Office** *(E)* Kriegsministerium *n*; ~ **of movement** Bewegungskrieg *m*; ~ **on land** Landkrieg *m*; ~**plane** Einsatz- *od* Front- *od* Kampfflugzeug *n (LW)*; ~**ship** Kriegsschiff *n*; ~ **strength** Kriegsstärke *f (einer Einheit)*; ~**-time table of equipment** Kriegsausrüstungsnachweisung *f*; ~**-time table of organization** *(US)* Kriegsstärkenachweisung *f*.

**warehous|e** Lagerhaus *n*; ~**eman** Lagerhalter *m*; ~**e squadron** Lagerhausstaffel *f (LW-Logistik)*; ~**ing** Lagerung *f*; Einlagerung *f*.

**warm| air** Warmluft *f (met)*; ~~ **current** Thermik *f (thermischer Aufwind)*; ~~ **mass** Warmluftmasse *f (met)*; ~ **fog** warmer Nebel *m (met)*; ~ **front** Warm(luft)front *f (met)* ***(Def)***; ~~ **thunderstorm** Warmfrontgewitter *n (met)*; ~ **occlusion** Okklusion *f* mit Warmfrontcharakter *(met)*; ~ **sector** Warm(luft)sektor *m (met)* ***(Def)***; ~ **up** aufwärmen; warmlaufen lassen *(Flmot)*; ~**-up** Warmlaufen *n*; Warmfahren *n (Flmot)*; ~**-up run** Warmfahren *n*; Warmlaufen *n (Flmot)*.

**warning** Warnung *f*; Gefahrenmeldung *f*; Wetterwarnung *f* ***(Def)***; ~ **device** Warngerät *n*; ~ **horn** Warnhorn *n (Flzg)*; ~ **light** Warnlicht *n*; Warnlampe *f (Fahrwerk usw)*; ~ **message** Warnmeldung *f*; Wetterwarnung *f*; ~ **net** Meldenetz *n (Tel & LS)*; ~ **order** Vorbefehl *m (mil)*; ~ **plate** Warnungsschild *n*; ~ **radar** Warnradar(gerät) *n*; Radarwarnstation *f*; ~ **service** Meldedienst *m (LS)*; ~ **signal** Ankündigungssignal *n*.

**warp** verwinden; verziehen *(Holz)*; ~ **angle** Verwindungs- *od* Verdrehungswinkel *m*; ~**ed wing** verwundene Tragfläche *f (Flzg)*; ~**ing** Verwindung *f*; Verdrehung *f*.

**Warrant Officer** *(US & E)* Dienstgradgruppe *f*, die zwischen Uffz. und Offz. liegt, *etwa dem früheren Feldwebel-Leutnant m entsprechend*.

**wash** Luftstrudel *m*; glatter Strömungsabfluss *m (aerodyn)*; ~**er** Unterlegscheibe *f*; Dichtung(sring *m od* -sscheibe *f*) *f*; ~**er flange** *or* **ring** Dichtungsflansch *m*; ~**-in** positive Verwindung *f (Flzg-Tragfläche)* ***(Def)***; Flügelverdrehung *f* nach oben; ~ **out** *sl für* zum Fliegen ungeeignetes Personal ablösen; ~**-out** negative Verwindung *f (Flzg-Tragfläche)* ***(Def)***; Flügelverdrehung *f* nach unten; *sl für* Ablösung *f (ungeeignetes Personal)*; ~**-out rate** *sl für* Ablösungsquote *f (ungeeignetes Personal)*.

**wastage rate** *(E)* Ablösungsquote *f (flgd. Personal während Ausbildung)*.

**waste** Abfall *m*; Altmaterial *n*; ~ **gas**, *pl* **gases** Abgas *n (Flmot)*; ~ **gas duct** Abgaskanal *m (Flmot)*.

**watch** Besetzung *f*; Wachgruppe *f*; Hörbereitschaft *f (Tel- & Funk-Betrieb)*; Wache *f (allg)*; ~ **frequency** Wachfrequenz *f (Funk)*.

**water| aerodrome** Wasserflughafen *m*; ~**-and-ration kit** Wasser- und Verpflegungsnotausrüstung *f (Lfz)*; ~ **bottle** Feldflasche *f*; ~ **channel** offener Wasserkanal *m (aerodyn)* ***(Def)***; ~**-cirdulating pump** Kühlwasserpumpe *f*; ~ **clearance** Abstand *m (Luftschraubenspitzen vom Wasser)*; ~ **column** Wassersäule *f*; ~**-cooled** wassergekühlt *(Flmot)*; ~ **cooling** Wasserkühlung *f (Flmot)*; ~ **drag** hydrodynamischer *od* Wasserwiderstand *m*; ~ **flight** Überwasserflug *m*; Flug *m* über der Wasseroberfläche *(Flbetr)*; ~ **flying** Überwasserfliegen *n od* -fliegerei *f*; ~**(-)pilot** Seeflieger *m*; ~ **handling characteristics** Betriebseigenschaften *f/pl od* -verhalten *n* auf dem Wasser *(See-Lfz)*; ~ **injection** Wassereinspritzung *f (Flmot)* ***(Def)***; ~**-jacket** Kühlmantel *m (um Zylinder: Flmot)*; ~ **landing** Wasserlandung *f (Flzg)*; ~ **landing-gear** Schwimmwerk *n (See-Flzg)*; ~ **lift-off** Abheben *n* vom Wasser; Abwassern *n (Flbetr)*; ~ **loads** *pl* Belastung *f* durch Wasserkräfte *(See-Lfz)*; ~ **loop** Ausbrechen *n (See-Lfz auf dem Wasser)*; ~**-planing side-fin** Stützflosse *f (Flugboot)*; ~**proof** wasserdicht; ~ **radiator** Wasserkühler *m (Flmot)*; ~ **recovery** Ballastwassergewinnung *f (Lfz l)* ***(Def)***; ~**-repellent** wasserabstoßend; ~ **rescue service** Seenotrettungsdienst *m*; ~ **rudder** Wasserseitenruder *n (Flugboot)*; ~ **run** Start- *od* Landelauf(strecke) *m (f) (See-Lfz)*; ~ **separator** Wasserabscheider *m*; ~ **spray** Spritzwasser *n*; ~**spout** Wasserhose *f (met)*; ***(Def)***; ~ **suit** Anit-G-Fliegeranzug *m* ***(Def)***; ~ **surface** Wasser(ober)fläche *f*; ~~ **conditions** *pl* Beschaffenheit *f* der Wasseroberfläche; ~ **take-off** Wasserstart *m (See-Lfz)*; ~ **tank vehicle** Tanklöschfahrzeug *n (Bod)*; ~**tight** wasserdicht; ~~ **compartment** Schott *n (Flugboot)*; ~ **touch-down point** Wasseraufsetz- *od* Wasserungspunkt *m (See-Lfz)*; ~ **tunnel** geschlossener Wasserkanal *m (aerodyn)* ***(Def)***; ~ **(with) methanol injection** Wasser-Methanol-Einspritzung *f (Flmot)*.

**watt** Watt *n (el)*; ~ **hour** Wattstunde *f (el)*; ~**meter** Wattmeter *n*; Wattmesser *m (el)*.

**wave** Welle *f (Funk & takt)*; ~ **band** Wellenband *n (Funk)*; ~ **cloud** Wogen- *od* Lentikulariswolke *f (met)* ***(Def)***; ~ **guide** Wellen- *od* Hohlleiter *m (Radar)*; ~~ **cut-off frequency** Hohl- *od* Wellenleitergrenzfrequenz *f (Radar)*; ~~ **section** Hohl- *od* Wellenleiterabschnitt *m (Radar)*; ~ **length** Wellenlänge *f (Funk & Radar)*; ~**like motion** wellenförmige *od* Wellenbewegung *f*; ~ **propagation** Wellenausbreitung *f (Funk)*; ~ **range** Wellenbereich *m & n (Funk & Radar)*; ~ **reflection** Wellenreflexion *f*; ~ **train** Wellenzug *m*.

**way|-point**, *abbr* **WP** Wegpunkt *m (nav)*; ~**-time diagram** Weg-Zeit-Diagramm *n (nav)*.

**weak** arm; mager *(Kraftstoff/Luftgemisch: Flmot)*; ~ **gravity field** schwaches Schwerefeld *n*; ~ **mixture** armes *od* Spargemisch *n (Flmot)*; ~**-mixture cruising** Reiseflug *m* mit armem Gemisch; Sparflug *m*; ~**-mixture knock rating** Klopffestigkeit *f* bei armem Gemisch *(Flmot)* ***(Def)***; ~ **stall** schwaches Abkippen *od* Durchsacken *n (Flbetr)*; ~ **tie** Entfaltungsregelung *f (Fallsch)* ***(Def)***.

**weapon** Waffe *f*; ~ **of attack** Angriffswaffe *f*.

**wear** Abnutzung *f*; abnutzen; ~ **and tear** Verschleiß *m*; ~ **down** zermürben *(takt)*; ~**ing course** Verschleißschicht *f (Start-/Rollbahnbelag: Bod)*; ~**ing test** Verschleißprüfung *f*; ~-**resistant** verschleißfest; abriebbeständig.

**weather**, *abbr* **WX** Wetter *n*; Witterung *f*; ~ **analysis** Wetteranalyse *f*; ~ **broadcast** Wettersendung *od* -ausstrahlung *f (Funk)*; ~ **bulletin** Wetterbericht *m od* -meldung *f*; ~ **chart** Wetterkarte *f*; ~**cock** in den Wind drehen *(Flzg)* ***(Def)***; ~~ **stability** Windfahnenstabilität *f (Stab)* ***(Def)***; ~ **code** Wetterschlüssel *m*; ~ **conditions** *pl* Wetterbedingungen *f/pl*; Wetterverhältnisse *n/pl*; Wetterlage *f*; ~ **cover** Wetterschutz *m*; ~ **deterioration** Wetterverschlechterung *f*; ~ **expert** Meteorologe *m*; Wetterfrosch *m sl*; ~ **factor** Wetterelement *n*; ~ **factors** *pl* Witterungseinflüsse *m/pl (Art)*; (~)**forecaster** Wetterberater *m*; (~)**forecast folder** Wetterberatungsmappe *f*; ~ **forecast(ing)** Wettervorhersage *od* -voraussage *f*; ~ **forecast(ing) station** Wetterwarte *f*; ~ **front** Wetterfront *f*; ~ **glass** Barometer *n (met)*; ~ **information** Wetterberatung *f*; ~ **instruments** *pl* Wetterdienstgerät *n*; ~ **map** Wetterkarte *f*; ~ **message** Wettermeldung *f*; ~ **minima** *pl* Wettermindestbedingungen *f/pl (Flsich)*; ~ **observation** Wetterbeobachtung *f*; ~ **observer** Wetterbeobachter *m*; ~ **observing service** Wetterbeobachtungsdienst *m*; ~ **phenomenon** (*pl* **phenomena**) Witterungserscheinung(en) *f (pl)*; ~ **radar** Wetterradar(gerät) *n (Fernm)* ***(Def)***; ~~ **observation** Wetterradarbeobachtung *f*; ~ **reconnaissance** Wettererkundung *od* -aufklärung *f (takt)*; ~ **report** Wetterbericht *m od* -meldung *f (met)* ***(Def)***; ~ **resistance** Verwitterungsbeständigkeit *f*; ~ **satellite** Wetter(beobachtungs)satellit *m*; ~ **service** Wetterdienst *m*; ~ **side** Luv *f*; Wind- *od* Wetterseite *f*; ~ **station** Wetterstelle *od* -warte *f*; ~ **symbol** Wettersymbol *n (Einzeichnung in Wetterkarte)*; ~ **track** Wettererkundungs(flug)strecke *f*; ~ **type** Wettertyp *m*; ~ **vane** Wetterfahne *f (Einzeichnung in Wetterkarte)*; ~ **warning** Wetterwarnung *f*.

**web** Fadenkreuz *n (Bombenzielgerät; Visier)*; ~ **of spar** Holmsteg *m (Flzg)*; ~ **rib** Stegrippe *f (Tragfläche)*; ~-**type impeller** halboffenes (Lader-)Laufrad *n (Flmot)*.

**wedge** Keil *m (allg)*; Hochdruckkeil *m (met)* ***(Def)***; ~ **formation** Kettenkeil *m (Verbandsflug)*; Keilform(ation) *f (Verbandsflug)*; ~ **intake** keilförmiger Lufteinlauf *m (Turbo)* ***(Def)***; ~ **of high pressure** Hochdruckkeil *m (met)*.

**weigh** wiegen; ~**ing and balancing** Auspendeln *n (Hubschrauber-Rotorblätter)*; ~ ***off*** Ballast abwerfen *(Ball)*; ~ **out** auswiegen *(Ball; Luftschiff)*; ~**t** Gewicht *n (allg)*; Masse *f (Lfz)*; ~**t and balance** Wiegen *n* und Schwerpunktbestimmung *f (Flzg)*; ~**t balance** Gewichtsausgleich *m (Leitwerk)*; ~**t category** Gewichtsklasse *f (Lfz)*; ~**t compensation** Gewichtsausgleich *m*; ~**t distribution** Gewichtsverteilung *f*; ~**t document** Ladeplan *m (LVerk)*; ~**ted mean** gewogenes Mittel *n (LVerk)*; ~**t empty** Leer- *od* Eigengewicht *n*; Leermasse *f (Lfz)* ***(Def)***; ~**t increase** Gewichtserhöhung *f*; ~**t in running order** Betriebsgewicht *n*; ~**tless** schwere- *od* gewichtslos; ~~**ness effect** Schwerelosigkeitsauswirkung *f*; ~~**ness simulation** Simulation *f* der Schwerelosigkeit *f (Flmed)*; ~**t load factor** Nutz- *od* Gewichtsladefaktor *m (LVerk)*; ~**t of air** Luftgewicht *n*; ~**t of balloon gas** Füllungsgewicht *n (Ball)*; ~**t of load** Ladegewicht *n (Flzg)*; ~**t per (brake) horsepower** Gewicht *n* je PS; Leistungsgewicht *n (Flmot)* ***(Def)***; ~**t per unit** Einheitsgewicht *n*; *~t per unit of thrust* Schubgewicht *n (Turbo)* ***(Def)***.

**weld** Schweißstelle *f*; Schweißung *f*; schweißen; ~**ed frame** geschweißter Rahmen *m*; ~**ed joint** Schweißnaht *f*; ~**er** Schweißer *m*; ~**(ing)** Schweißung *f*; ~**ing apparatus** Schweißgerät *n*; ~**ing operator** Schweißer *m*; ~**ing rod** Schweißstab *m*; Schweißelektrode *f*; ~**ing seam** Schweißnaht *f*; ~**ing shop** Schweißerei *f*; ~**ing torch** Schweißbrenner *m*; ~**ing wire** Schweißdraht *m*; ~**less tube** nahtloses Rohr *n*; ~ **together** verschweißen.

**well** Vertiefung *f*; ~**s** *pl* Aussparungen *f/pl (für Einziehfahrwerk: Flzg)*.

**west** Westen *m*; ~**ergaard formula** Westergaardsche Formel *f (zur Berechnung der Startbahnstärken)*; ~**erlies** *pl* Antipassat *m (met)*; ~**ern** westlich; ~**(ern) longitude** westliche Länge *f (Kart)*.

**wet** nass; feucht; ~ **adiabat** Feucht- *od* Sättigungsdiabate *f (met)*; ~-**and-dry bulb hygrometer** Aspirations-Psychrometer *n (met)*; ~ **bulb depression** Temperaturdifferenz *f* zwischen Trocken- und Feuchtthermometer *(met)*; ~ **bulb temperature** Feuchttemperatur *f (met)*; ~-**bulb thermometer** Feucht- *od* Nassthermometer *n (met)*; ~ **fog** Nebel *m* mit Sprühregen; nässender Nebel *m*; ~ **lease** mieten *od* vermieten mit Kraftstoff und Besatzung *(Lfz)*; ~**ness** Nässe *f*; Feuchtigkeit *f*; ~ **power** Nassleistung *f (Flmot mit Wasser-Methanol-Einspritzung)*; ~ **runway** feuchte Piste *f (Bod)*; ~ **snow** Nassschnee *m*; ~ **thrust** Nassschub *m (Turbo)*; ~-**type filter element** Nassfilterelement *n (Flmot)* ***(Def)***.

**wheel** Rad *n*; schwenken *(takt)*; ~ **alignment** Radstand *m (Fahrwerk)*; ~ **and track vehicle** Zwitterfahrzeug *n (Kfz)*; ~ **axle** Laufradachse *f (Fahrwerk)*; ~ **base** Rad- *od* Achs(ab)stand *m (Flzg-Fahrwerk)* ***(Def)***; ~ **block** Bremsklotz *m (Flzg)*; ~ **brake** Radbremse *f (Laufrad)*; ~ **chock** Bremsklotz *m (Flzg)*; ~ **control** Hand- *od* Radsteuerung *f (Flzg)*; ~~**s** *pl* Handradsteuerung *f (Flzg)*; ~-**cum-track vehicle** Zwitterfahrzeug *n*; Raupen-Räderfahrzeug *n (Kfz)*; ~**door** Laufradklappe *f (Fahrwerk)*; ~ **drag** Radwiderstand *m*; ~ **drive** Räderantrieb *m (Lader usw)*; ~**ed vehicle** Räderfahrzeug *n (Kfz)*; ~**ed tractor** Radschlepper *m (Kfz)*; ~**er** *sl für* Radlandung *f (Flzg)*; ~ **fairing** Laufradverkleidung *f (Fahrwerk)*; ~ **flutter** Schwänzeln *n (Bug- oder Spornrad: Flzg)*; ~ **fork** Radgabel *f*; ~ **grip** Spake *f (Handradsteuer: Flzg)*; ~ **landing** Radlandung *f (Flzg)*; ~ **load** Raddruck *m*; Radlast- *od* -belastung *f (Kfz & Flzg)*; ~ **pick-off** Radmessfühler *m*; ~**s down** ausgefahrenes Fahrwerk *n (Flzg)*; ~**"s down!"** „Fahrwerk *n* aus(ge)fahren!" ***(Flbetr:*** *Befehl bzw. Ausführung)*; ~ **shimmy** Radflattern *n (Bug- od Spornrad: Flzg)*; ~ **(side) cover** Laufradverkleidung *f (Fahrwerk: Flzg)*; ~-**ski landing gear** Radkufenfahrwerk *n (Flzg)*; ~ **spats** *pl* Radverkleidung *f (Fahrwerk: Flzg)*; ~ **spindle** Achsschenkel *m (Kfz)*; ~ **steering** Radsteuerung *f (Flzg)*; ~ **strut** Radträger *m od* -fahrwerksbein *n (Flzg)*; **"s up!"** „Fahrwerk ein(ge)fahren!" *(Flbetr: Befehl bzw. Ausführung)*; ~~ **landing** Bauchlandung *f (Flzg)*; ~ **track** Spurweite *f (Fahrwerk: Flzg)*; ~-**track vehicle** Räder-Raupenfahrzeug *n (Kfz)*; ~-**type landing-gear** Radfahrwerk *n (Flzg)*; ~ **well** Fahrwerksschacht *m (Lfz)* ***(Def)***; ~~ **door** Fahrwerks(abdeck)klappe *od* -tür *f (Flzg)*.

**when loaded** im Lastfall (Flzg).

**while| cruising** auf Strecke *(LVerk)*; ~ **installed** in eingebautem Zustand.

**whip** Schlag *m (einer Welle)*; ~ **antenna** Stabantenne *f (Funk)*; ~ **stall** Männchen *n (Kunstflugfigur)*.

**whirl** (Luft-)Wirbel *m*; Strudel *m*;~-**chamber** Wirbelkammer *f*; ~**ing** Flattern *n (Welle)*; ~**ing arm** Rundlauf *m (aerodyn Messgerät)* ***(Def)***; ~**ing storm** Wirbelsturm *m (met)*; ~**ing test stand** Schleuderprüfstand *m*; ~ **test** Schleuderprüfung *f*;

Probelauf *m (Hubschrauber am Boden)*; ~ **wind** Wirbelwind *od* -sturm *m*; Windhose *f (met)* ***(Def)***.

**whistling bouy** Heulboje *f*.

**white| frost** Raufrost *m*; Raureif *m (met)*; ~ **noise** weißes *od* statistisch verteiltes Rauschen *n (Funk)*; ~ **type of ice formation** Raueisbildung *f (met)*.

**whole gale** schwerer Sturm *m (Beaufort-Stärke 10: met)*.

**wick lubrication** Dochtschmierung *f*.

**wid|e** weit; breit; umfangreich; ~**e aileron** breites Querruder *n (Flzg)*; ~**e-angle head display** Weitwinkel-Blickfelddarstellung *f od* -Head-up-display *n (Lfz)*; ~**e-angle photograph** Weitwinkelaufnahme *f (LPhot)*; ~**eband** Breitband *n (Funk)*; ~**e-blade airscrew** *or* **propeller** Breitblattluftschraube *f*; ~**e body aeroplane** Großraumflugzeug *n*; ~**-body family** Familie *f* der Großraumflugzeuge; Widebody-Familie *f (Flzg)*; ~**e-branched air-route network** weitverzweigtes Liniennetz *n (LVerk)*; ~**e-spread rain** anhaltender Regen *m*; verbreitete Regenfälle *m/pl (met)*; ~**e- undercarriage** breites Fahrwerk *n (Flzg)*; ~**th** Breite *f*; Weite *f*; Spannweite *f*; ~*th of blade* Blattiefe *f*; Flügelbreite *f (Tragfläche; Luftschraube)*; ~*th of landing-gear* Spurweite *f (Fahrwerk)*; ~*th of march column* Marschbreite *f (takt)*; ~*th* of *the fuselage* Rumpfbreite *f (Flzg)*; ~*th of the spar* Holmbreite *f (Flzg)*.

**winch** Winde *f*; Spill *n*; ~ **launching** Windenstart *m (Segel-Flzg)*.

**"WILCO"** *(Sprechfunk-Kurzform für "will comply")* „Werde Anweisungen befolgen!"

**wind** Wind *m (met)*; ~ **accountability** Windberücksichtigung *f (Flbetr)*; ~ **across** Querwind *m (Flzg-Träger)* ***(Def)***; ~**age** Windeinfluss *m*; ~**(age) correction** Windverbesserung *f (nav)*; ~ **angle** Wind(einfall)winkel *m (nav)*; ~ **arrow** Windpfeil *m (Wetterkarte)*; ~ **arrow head** Windpfeilspitze *f (Wetterkarte)*; ~ **arrow tail** Windpfeilende *n (Wetterkarte)*; ~ **axes** *pl* Flugwindachsen *f/pl (aerodyn)* ***(Def)***; ~ **backing** Rückdrehen *n* des Windes *(met)*; ~ **calculation** Windberechnung *f*; ~ **calm** Windstille *f*; Kalme *f (met)*; ~ **chart** Windkarte *f (met)*; ~ **clouds** *pl* Schönwetterwolken *f/pl*; ~ **component** Windkomponente *f*; ~ **computation** Windberechnung *f*; ~ **cone** Windkegel *m*; Windsack *m (Windrichtungsanzeiger: Bod)* ***(Def)***; ~ **correction** Windkorrektur *od* -verbesserung *f (nav)*; ~~ **angle** Luvwinkel *m (nav)*; ~ **deflection** Ablenkung *f* durch den Wind *(ballist)*; ~ **diagram** Winddreieck *n (nav)*; ~ **direction** Windrichtung *f*; ~ **direction indicator**, *abbr* **WDI** Windrichtungsanzeiger *m (Bod)* ***(Def)***; ~ **distribution** Windverteilung *f (met)*; ~ **down** Längswind *m (Flzg-Träger)* ***(Def)***; ~ **drift** Wind(ab)trift *f*; ~ **effect** Windeinfluss *m (nav)*; ~ **factors** *pl* Windverhältnisse *pl (ballist)*; ~ **field** Windfeld *n (met)*; ~ **finding** Windbestimmung *f (nav)*; ~~ **radar** Windmessradar(gerät) *n*; ~ **force** Windstärke *f (nach Beaufort: met)*; ~ **gauge** Windstärke- *od* -geschwindigkeitsmesser *m (met)*; ~ **gradient** Windgradient *m (met)*; ~ **gustiness** Windböigkeit *f*; ~ **indicator** Wind(richtungs)anzeiger *m (Flugplatz)*; ~ **influence** Windeinfluss *m (nav)*; ~**ing** Wicklung *f*; Windung *f (el)*; ~**ing-up detachment** Abwicklungskommando *n (mil)*; ~ **intensity** Windstärke *f*; ~ **lull** Flaute *f (met)*; ~ **measuring instrument** Windmessungsinstrument *od* -messgerät *n*; ~**mill** im Fahrtwind mitdrehen *(Luftschraube)*; mahlen *(Luftschraube im Fahrtwind)*; *sl für* Hubschrauber *m*; Windmühlenrad *n (Prop)* ***(Def)***; ~~ **airplane** Windmühlenflugzeug *n*; ~~**-brake state** Tragschrauberzustand *m (Heli)* ***(Def)***; ~**milling** Mitdrehen *n (der Luftschraube im Fahrtwind)*; Mahlen *n od* Antrieb *m (Prop durch den Fahrtwind)* ***(Def)***; ~~ **propeller** vom Luftstrom angetriebener *od* „windmühlender" Propeller *m*; ~~ **resistance** Schleppwiderstand *m (aerodyn)*; ~~ **restart** Wiederanlassen *n* durch Windmühleneffekt *(Flmot)*; ~~ **speed** Autorotationsgeschwindigkeit *f (Heli)*; ~~ **torque** Schleppdrehmoment *n (Prop)*; ~**-opposite side** Lee(seite) *f*; Seite *f* unter dem Wind; ~**ow** Metall- *od* Staniolstreifen *m (Radar)*; Störfolie *f (Radar)*; Düppelstreifen *m (Radar)*; ~**ow jamming** Folienstörung *f (Radar)*; ~**ow noise** Foliengeräusch *n (Radar)*; ~ **pressure** Winddruck *m*; ~**proof** winddicht; ~**rose** Windrose *f (Kompass usw)*; Winddiagramm *n (der vorherrschenden Winde: met)* ***(Def)***; ~**s aloft** Höhenwinde *m/pl (met)* ***(Def)***; ~**screen** *(E)* Windschutzscheibe *f*; ~ **shadow** Windschatten *m*; ~ **shear** Windscherung *f (met)* ***(Def)***; ~**shield** *(US)* Windschutzscheibe *f*; ~**shield de-icer** Windschutzscheiben-Enteisung *f od* -Enteiser *m*; ~**shield wiper** Scheibenwischer *m (Kfz)*; ~ **shift** Winddrehung *f (met)*; ~ **sleeve** Windsack *m (Bod)*; ~ **sock** Windsack *m (Windrichtungsanzeiger)*; ~ **speed** Windgeschwindigkeit *f*; ~ *speed and direction, abbr WSD* Wind *m* nach Richtung und Stärke; ~ **star** Winddreieck *n (nav)*; ~ **strength** Windstärke *f (met)*; ~ **structure** Windstruktur *f (met)*; ~ **tee** *(T-förmiger)* Wind(richtungs)anzeiger *m*; Wind-„T" *od* Lande-„T" *n (Bod)* ***(Def)***; ~ **thresh** Pfeifen *n (des Windes in Flzg-Spanndrähten)*; ~ **triangle** Winddreieck *n (nav)*; ~~ **computer** Dreieckrechner *m (nav)*; ~ **tunnel** Windtunnel *m*; Windkanal *m (aerodyn)* ***(Def)***; ~~ **balance** Windkanalwaage *f (Instr)*; ~~ **calibration** Windkanaleichung *f*; *closed* ~~ geschlossener Windkanal *m (aerodyn)*; *high-speed* ~~ Hochgeschwindigkeitskanal *m (aerodyn)*; ~~ **model** Windkanalmodell *n (Flzg)*; ~~ **simulation** Windkanalsimulation *f*; *supersonic* ~~ Überschallkanal *m (aerodyn)*; ~~ **(test) data processing** Bearbeitung *f od* Auswertung *f* der Windkanalversuchsdaten; ~~ **throat** Messstrecke *f* eines Windkanals; ~ **vane** Windfahne *f (Wetterkarte)*; ~ **variation** Windschwankung *f (met)*; ~ **vector** Windvektor *m*; ~ **velocity** Wind *m* nach Richtung und Stärke; Windgeschwindigkeit *f*; ~ **velocity indicator** Windgeschwindigkeits(- & Richtungs)anzeiger *m*; ~**-ward** windwärts; windseitig; ~**ward side** Luv *f*; Windseite *f*; ~**y** windig.

**wing** Tragfläche *f (Flzg)*; Flügel *m (Lfz)* ***(Def)***; *(E)* Gruppe *f (flgd. Verband: LW)*; *(US)* Geschwader *n (flgd. Verband einschl. zugehöriger Bodenteile: LW)*; ~ **aerodynamic centre** (Trag-)Flügelneutralpunkt *m (aerodyn)*; ~ **aerodynamics** Tragflügelaerodynamik *f*; ~ **airfield** Geschwader(flug)-platz *m (LW)*; ~ **antenna** Tragflächenantenne *f (Flzg)*; ~ **area** Tragflächeninhalt *m*; tragende Fläche *f (Flzg)*; ~ **arrangement** Tragflächenanordnung *f*; ~ **aspect ratio** Tragflächenstreckung *f od* -seitenverhältnis *n (Konstr)*; ~ **assembly** Tragwerk *n (Flzg)*; ~ **attachment** Tragflächenanschluss *m*; ~ **bar** (Pisten-)Seitenbalken *m*; Außenkettenfeuer *n/pl (Bod)* ***(Def)***; ~~ **light** Außenkettenfeuer *n (Bod)*; ~ **bay** Tragflügel- *od* Tragflächensektion *f (Flzg)*; ~**-body fillet** Verkleidung *f* des Tragflügel-Rumpf-Übergangs *od* -Anschlusses *(Flzg)*; ~ **boundary layer** Tragflügelgrenzschicht *f (aerodyn)*; ~ **bracing** Tragflächenverspannung *f*; ~ **camber** Tragflächenwölbung *f*; ~ **cannon** Tragflächenkanone *f*; ~ **car** Seitengondel *f (Lfz l)* ***(Def)***; ~ **centre of gravity**, *abbr* ~ **c. g.** Tragflügel- *od* Tragflächenschwerpunkt *m (Flzg)*; ~ **centre** (*US* **center**) **section** Tragflächenmittelstück, *abbr* TM-Stück *n*; ~ **chord** Profil- *od* Flügelsehne *f*; Profil- *od* Flügeltiefe *f (aerodyn)*; ~**co** *sl (E) für* Oberstleutnant *m (LW)*; ~ **clearance** Tragflächenabstand *m*; ~ **column** Geschwaderkolonne *f (Verbandsflug)*; ~ **commander** *(US)* Geschwaderkommodore *m (LW)*; ~ **Commander**, *abbr* **WC** *(E)* Oberstleutnant *m (LW)*; ~ **contour** Tragflächenumriss *m*; ~ **covering** Tragflächenbespannung *od* ~-beplankung *f*; ~

**cross section** Tragflächenschnitt *m*; ~ **curvature** Tragflächenwölbung *f*; ~ **de-icer** Tragflächenenteiser *m*; ~ **depth** Tragflächentiefe *f*; ~ **design** Tragflächenform *f*; ~ **dihedral** V-Form *f* der Tragfläche; ~ **distortion** Tragflächenverdrehung *f*; ~ **drag** Tragflächenwiderstand *m*; ~(~) **strut** Tragflächenstrebe *f (Flzg)*; ~ **dropping** *(plötzliches)* Durchsacken *n* einer Tragfläche; ~ **drop tank** Tragflächen-Abwurfbehälter *m*; ~**ed flight** flächengestützter Flug *m*; ~**edge** Tragflächenkante *f*; Flügelrand *m od* -kante *f (Flzg)*; ~**ed rocket** Flügelrakete *f*; ~ **end** Tragflächenende *n*; ~ **endplate** Tragflächenkappe *f*; ~ **fence** Grenzschichtzaun *m (Flzg-Tragfläche)*; ~ **fillet** Tragflächenübergang *m*; Übergangsstück *n*; Tragflügelverkleidung *f (Flzg-Rumpf/Tragfläche)*; ~ **fitting** Tragflächenbeschlag *m*; ~ **fixing** Tragflächenbefestigung *f*; ~ **flap** Flügel- *od* Landeklappe *f (Flzg)*; ~ **float** Tragflächen- *od* Stützschwimmer *m (See-Flzg)*; ~~ **stump** Flossenstummel *m (Flugboot)*; ~ **flow-over** Tragflügelanblasung *f (aerodyn)*; ~ **flutter** Flattern *n* der Tragfläche; ~ **folding mechanism** Tragflächenklappenmechanismus *m (Träger-Flzg)*; ~**-fuselage fillet** Verkleidung *f* des Tragflügel-Rumpf-Übergangs *od* -Anschlusses *(Flzg)*; ~ **gap** Tragflächenabstand *m (Doppeldecker)*; ~ **geometry** Tragflügelgeometrie *f (Konstr)*; **gink** ~**s** *sl (E)* mit den Tragflächen wackeln *(Flzg)*; ~**-heavy** querlastig *(Flzg)*; ~ **jig** Tragflächenhelling *f*; ~ **junction** Tragflächenanschluss *m*; ~ **leading edge** Tragflächenvorderkante *f*; ~ **lift** Tragflächenauftrieb *m (aerodyn)*; ~ **loading** Tragflächen- *od* Flächenbelastung *f (Konstr)* **(Def)**; ~ **maintenance airfield** Hauptinstandsetzungs(flug)platz *m (LW)*; ~**man** Rottenflieger *m*; *sl* Katschmarek *m (Verbandsflug)*; ~ **model** Modelltragfläche *f*; ~**-mounted cannon** Tragflächenkanone *f*; ~(**-mounted**) **engine** Tragflächentriebwerk *n (Flzg)*; ~(**-mounted**) **pod** Tragflächengondel *f (Flzg)*; ~ **mounting attachment** Rumpfanschlusspunkt *m* der Tragfläche *(Flzg)*; ~ **nacelle** Tragflächengondel *f (Flzg)*; ~ **nose** Tragflächennase *f*; ~ **oscillation** Tragflügelschwingung *f (Strukt)*; ~**-over** hochgezogene Kehrtkurve *f*; Immelmann-Turn *m (Kunstflug)*; ~ **panel** Tragflächenfeld *n*; ~ **pivot** Tragflächenanlenkung *f*; ~ **plan** Tragflächenumriss *m*; ~ **plating** Tragflächenbeplankung *f*; ~ **pod** Tragflächengondel *f od* -pod *m (Flzg)*; ~ **power** (Trag-)Flächenleistung *f*; Leistung *f* je Flächeneinheit ($kW/m^2$); ~ **profile** Tragflächenprofil *n*; ~ **pylon** Tragflächenpylon *od* -träger *m (Flzg)*; ~ **radiator** Tragflächenkühler *m (Flmot)* **(Def)**; ~ **rib** Rippe *f (Tragfläche)*; **rock** ~**s** mit den Tragflächen wackeln *(Flzg)*; ~ **root** Tragflächenwurzel *f od* -ansatz *m*; ~**s** *pl* Flugzeugführerabzeichen *n*; **scimitar** ~ Sicheltragfläche *f (Flzg)*; ~ **section** Tragflächenschnitt *m*; ~ **semispan** Halbflügelspannweite *f (Flzg)*; ~ **setting** Tragflächeneinstellung *f*; ~ **skeleton** Tragflächengerippe *n*; ~ **skid** Tragflächenkufe *f*; ~ **skin** Tragflächenbeplankung *od* -haut *f*; ~ **radiator** Tragflächenhautkühler *m*; ~**s-level turn** flache *od* Schiebekurve *f (Flbetr)*; ~ **slot** Tragflächenspalt *od* -schlitz *m*; ~ **span** Spannweite *f (Flzg)*; ~ **spar** Tragflächenholm *m*; ~**spread** Tragflächenbreite *f*; ~ **stall(ing)** Abkippen *n* über die Tragfläche *(Flbetr)*; ~ **structure** Tragflächenaufbau *m*; ~ **strut** Tragflächenstrebe *f*; ~~ **system** Tragflächenverstrebung *f*; ~ **surface** tragende Fläche *f*; ~ **sweep** Tragflächenpfeilung *f (Flzg)*; ~~**-back** positive *od* Rückwärtspfeilung *f* der Tragflächen; ~~**-forward** negative *od* Vorwärtspfeilung *f* der Tragflächen; ~ **tank** Tragflächenbehälter *m*; ~ **taper** Tragflächenverjüngung *f*; Tragflächenzuspitzung *f*; ~ **thickness** Tragflächendicke *f*; ~ **threshold light** seitliches Schwellenfeuer *n (Bod)*; ~**tilt(ing)** Tragflügelkippen *n od* -kippvorgang *m (Flzg)*; ~~ **system** Tragflügelkippsystem *n (Flzg)*; ~ **tip** Tragflächenende *n*; Flügelspitze *f od* -randbogen *m (Flzg-Tragfläche)*; ~~ **clearance** Flügelendfreiheit *f (Flzg)*; ~~ **light** Flügelendlicht *n od* -leuchte *od* -lampe *f (Flzg)*; ~~ **edge** Randbogen *m (Tragfläche)*; ~~ **flare** Landefackel *f (Flzg)*; ~~ **float** Randbogen-Stützschwimmer *m*; Flügelend(stütz)schwimmer *m (Flugboot)*; ~~ **landing** Landung *f* mit Bodenberührung einer Tragfläche *(Flbetr)*; ~~ **navigation** *or* **position light** Tragflügel(positions)licht *n (Flzg)*; ~ **plate** Endscheibe *f (Tragfläche)*; ~~ **rake** Tragflächenspitzenneigung *f od* -überhang *m*; ~~ **skid** Tragflächen-Stützkufe *f*; ~~ **tank** Tragflächenendbehälter *m*; ~~ **vortex** Randwirbel *m (aerodyn)*; ~ **top (mounted) engine** Triebwerk *n* auf der Tragflächenoberseite *(Flzg)*; ~ **trailing edge** Tragflächenhinterkante *f*; ~ **truck** Tragflächen(transport)wagen *m*; ~ **truss** Tragflächenfachwerk *n*; ~ **twist** Tragflächenverdrehung f; ~ **unit** Tragwerk *n*; ~ **wake** von der Tragfläche abgelöste Strömung *f (aerodyn)*; ~ **walk** Lauffläche *f (auf Tragfläche)*; ~ **warping** Tragflächenverformung *f*; ~ **wedge formation** Geschwaderkeil *m (Verbandsflug)*; ~ **width** Tragflächenbreite *f*; ~ **with internal framework** Fachwerktragfläche *f*; ~ **without sweep** ungepfeilte Tragfläche *f*.

**wint|er** Winter *m*; ~**erization** Überwinterung *f*; ~~ **of aircraft** Vorbereitung *f* eines Luftfahrzeugs für den Winterflugbetrieb; ~~ **trial** Winterfestigkeitserprobung *f*; ~**erize** winterfest machen; ~**er thunderstorm** Wintergewitter *n (met)*; ~**ry** winterlich; ~~ **weather** winterliches Wetter *n*.

**wipe out** aufreiben; vernichten *(takt)*.

**wire** Draht *m*; Kabel *n*; Telegramm *n*; telegraphieren; ~**-braced** drahtverspannt; ~~ **mid-wing monoplane** verspannter Mitteldecker *m (Flzg)*; ~ **bracing** Drahtverspannung *f (Flzg)*; ~ **broadcasting** Drahtfunk *m (Funk)*; ~ **circuit** Drahtverbindung *f (Tel)*; ~ **communication** Drahtverbindung *f (Tel)*; ~ **control** Drahtsteuerung *od* -kommandolenkung *f (FK)*; ~ **entanglement** Drahthindernis *n*; Drahtverhau *m (Kr)*; ~ **guidance** Drahtsteuerung *od* -kommandolenkung *f (FK)*; ~ **lead-in point** Kabelaufführungspunkt *m (Tel)*; ~**less** drahtlos; *(E)* Funk *m*; ~~ **communication** Funkverbindung *f*; ~~ **conversation** Funkgespräch *n*; ~~ **deception** Funktäuschung *f (Intell)*; ~~ **equipment** Funkgerät *n*; ~~ **interception station** Abhörstelle *f (Intell)*; ~~ **log** Funkkladde *f*; ~~ **message** Funkspruch *m*; Funkmeldung *f*; ~~ **operator** Bordfunker *m*; Funker *m*; ~~ **receiver** Funkempfänger *m*; ~~ **set** Funkgerät *n*; ~~ **silence** Funkstille *f*; ~~ **station** Funkstelle *f*; ~~ **telegraphy**, *abbr* **W/T** drahtlose Telegraphie *f*; Tastfunk *m*; Funktelegraphie *f*; ~~ **telegraphy operator** Tastfunker *m*; Funktelegraphist *m*; ~~ **telephony** drahtlose Telephonie *f*; Sprechfunk *m*; ~~ **traffic** Funkverkehr *m*; ~ **line** Drahtleitung *f (Tel)*; ~ **net** Fernsprechnetz *n*; ~ **netting** Maschendraht *m*; ~ **patrol** Störungssuchtrupp *m (Tel)*; ~ **recorder** Drahttongerät *n*; ~ **reinforcement** Drahteinlage *f (Flzg-Bereifung)*; ~ **release** Drahtauslösung *f (LPhot)*; ~ **report** Drahtmeldung *f*; Fernspruch *m*; ~ **spoke wheel** Drahtspeichenrad *n*; ~ **system** Fernsprechnetz *n*.

**wiring** Verdrahtung *f (el)*; Leitungen *f/pl (el)*; ~ **diagram** Leitungs- *od* Schalt- *od* Verdrahtungsplan *m (el)*; ~ **system** Leitungssystem *n (el)*; Bordnetz *n (Flzg)*.

**with| delay** mit Verzögerung, *abbr m. V. (Bombenzünder)*; ~**draw** zurückziehen; sich absetzen *(takt)*; ~**drawal** Rückzug *m*; Absetzbewegung *f (takt)*; ~~ **form** Entnahmeschein *m (Beleg)*; ~~ **from action** Abbrechen *n* des Gefechtes *(takt)*; ~~ **route** Rückzugstraße *od* -linie *f (takt)*; ~ **heavy precipitation** niederschlagsreich *(met)*; ~ **inherent stability** eigenstabil *(Hubschrauber usw)*; ~ **light precipitation** niederschlagsarm *(met)*; ~**out delay(ed action)** ohne Verzögerung, *abbr* o. V. *(Bombenzünder)*; ~ **throttle wide open** mit Vollgas.

**wobbl|e** Schlag *m (einer Welle)*; schwanken; wackeln; flattern; wobbeln *(periodisch bewegen: Funk, Konstr)*; **~e engine** Taumelscheibenmotor *m (Flmot)*; **~e pump** Taumelscheibenpumpe *f*; **~ing frequency** Wobbel- *od* Heultonfrequenz *f (Funk)*.

**woman| auxiliary** Stabshelferin *f (mil)*; **~ pilot** Flugzeugführerin *f*; Fliegerin *f*.

**wood** Holz *n*; **~ed area** Waldgelände *n*; **~(en) aircraft** Holzflugzeug *n*; **~en airscrew** Holzluftschraube *f*; **~en body** Holzrumpf *m (Flzg)*; **~(en) construction** Holzbauweise *f*; **~en shell fuselage** Holzschalenrumpf *m (Flzg)*; **~en spar** Holzholm *m (Flzg)*.

**woodpack** *sl für* Haufenwolke *f (met)*.

**wop** *sl (E) für* Funker *m*.

**work** bearbeiten; arbeiten; **~ bay** Wartungsboxe *f*; **~ing diagram** Arbeitsdiagramm *n*; **~ing conditions** *pl* Betriebsbedingungen *f/pl*; **~ing face** Druckseite *f (Luftschraube)*; **~ing fluid** Arbeits- *od* Betriebsflüssigkeit *f*; **~ing frequency** Arbeitsfrequenz *f (Funk)*; **~ing hour** Arbeits- *od* Betriebsstunde *f*; **~ing instructions** *pl* Betriebs- *od* Bedienungsvorschrift *f*; **~ing life** Lebensdauer *f (Maschinenteil)*; **~ing order** Betriebsbereitschaft *f*; **~ing pressure** Betriebsdruck *m*; **~ing section** Mess-Strecke *f (aerodyn)* ***(Def)***; **~ing stroke** Arbeitshub *m*; Ausdehnungs- *od* Expansionshub *m (Flmot)*; **~ing temperature** Betriebstemperatur *f (Flmot)*; **~ing template** (Werkstatt-) Lehre *f*; **~ order** Arbeits- *od* Werkstattauftrag *m*; *~ out a course* Kurs berechnen *(nav)*; **~shop** Werkstatt *f*; **(~)shop management** Betriebsleitung *f*; **~shop template** (Werkstatt-)Lehre *f*; **~ uniform** Arbeits- *od* Drillichanzug *m (mil)*.

**world| aeronautical chart** Luftfahrtweltkarte *f (Kart)*; **~ flight** erdumkreisender *od* Weltflug *m*; **~ Health Organization**, *abbr* **WHO** Weltgesundheitsorganisation *f*; **~ Meteorological Organization**, *abbr* **WMO** Weltorganization *f* für Meteorologie.

**worm| drive** Schnecken(an)trieb *m*; **~ gear** Schneckenrad (getriebe) *n*; **~'s-eye-view** Froschperspektive *f*; Ansicht *f* von unten; **~ shaft** Schneckenwelle *f*.

**worst flight path** schlechteste Flugbahn *f (Flsich)*.

**wounded** Verwundeter *m*; verwundet *(Kr)*; **~ veteran** Kriegsbeschädigter *od* -versehrter *m*.

**wow** Jaulen *n (niederfrequente Schwankung: Funk usw)*.

**wreck** Wrack *n*; Trümmer *pl*; abwracken *(Flzg)*; zertrümmern; **~age** Wrack(teile) *n (pl)*; **~~ analysis** Wrackuntersuchung *f*; **~~ trail** Wrackrutschstrecke *f*; **~er** *or* **~ing car** *or* **~ing truck** Abschleppwagen *m*.

**wrench** Schraubenschlüssel *m*.

**wring it out** *sl für* Kunstflug vorführen; alles aus einem Flugzeug *(leistungsmäßig)* herausholen.

**wrinkling** Faltenbildung *f (Tragflächen)*.

**wrist| compass** Armbandkompass *m*; **~ pin** Anlenk- *od* Kolbenbolzen *m (Flmot)* ***(Def)***; **~~ end** Anlenkbolzenende *n (Flmot)* ***(Def)***.

**writ|e off** absetzen *(Gerät abschreiben)*; **~ten order** schriftlicher Befehl *m*.

**wrong| estimate** Fehlschätzung *f*; **~ take-off** Fehlstart *m (Flzg)*.

# X

**X** *(ICAO- & NATO & altes, internationales Buchstabieralphabet)* X-Ray; **~-ray** Röntgenaufnahme *f*; eine Röntgenaufnahme machen; röntgen; **~-ray equipment** Röntgenausrüstung *f*; **~-ray examination** Durchleuchtung *f*; Röntgenuntersuchung *f*; **~-rays** *pl* Röntgenstrahlen *m/pl*; **~-(type) engine** X-Motor *m (Flmot)* ***(Def)***; **~-wing** Kreuzflügel *m*.

# Y

**Y** *(ICAO- & NATO-Buchstabieralphabet)* Yankee; *(altes, internationales Buchstabieralphabet)* Yoke.

**yard** Yard *m (= 0,914 m)*; **~stick** Maßstab *m*.

**yaw** gieren *(Flzg um Hochachse)*; **~ channel** Gierkanal *m (Autopilot)*; **~-guy wires** *pl* Bugseitenleinen *f/pl (Lfz l)* ***(Def)***; **~ing** Gieren *n*; Gierbewegung *f (Flzg um Hochachse)* ***(Def)***; ~~ angle Gierwinkel *m (Flbetr)*; **~(~) axis** Gierachse *f (Flzg)*; **~~ conditions** *pl* Gierbedingungen *f/pl*; Schiebeflugzustände *m/pl (Flzg)*; **~(~) damper** Gierdämpfer *m (Flzg)*; **~~ landing** Schiebelandung *f (Flbetr)*; **~~ moment** Giermoment *n (aerodyn)* ***(Def)***; **~meter** Gierungsmesser *m (Instr)* ***(Def)***; **~(~) oscillation** Gierschwingung *f (Stab)*.

**yearly** jährlich; **~ precipitation** jährlicher Gang *m* der Niederschläge *(met)*.

**yellow screen** Gelbfieber *m (LPhot)*.

**yield| point** *or* **~ strength** Streck- *od* Elastitätsgrenze *f (Konstr)*.

**yoke** Gabelkopf *m*; Gelenkgabel *f*.

**Y-strut** Y-Strebe *f*.

# Z

**Z** *(ICAO- & NATO-Buchstabieralphabet)* Zulu; *(altes, internationales Buchstabieralphabet)* Zebra; **~-marker (beacon)** Z-(Markierungs)Funkfeuer *n (Fernm)* ***(Def)***; **~ time** Z-Zeit *f (mittlere Greenwich-Zeit)*.

**zap flap** Zapklappe *f (Spreizklappenart: Flzg)*.

**zebra time** Z-Zeit *n*; mittlere Greenwich-Zeit *f*.

**zenith (of trajectory)** Zenit *m (nav)* ***(Def)***; Scheitelpunkt *m (ballist)*; **~ distance** Zenitdistanz *od* -entfernung *f (nav)* ***(Def)***.

**zeppelin** Luftschiff *n*.

**zero** Null *f*; **~ adjustment** Nullpunkteinstellung *f*; **~ altitude** Bodennähe *f*; **~ angle of attack** Nullanstellwinkel *m (Flzg-Tragfläche)*; **~ beat** Schwebungslücke *f (Funk)*; **~-beat reception** Empfang *m* auf Schwebungslücke *(Funk)*;

~ **centrigrade isotherm** Nullgrad-Celsius-Isotherme *f (met)*; ~ **conductor** Nullleiter *m (el)*; ~ **delivery pressure** Nullförderdruck *m (Hydr)* ***(Def)***; ~ **error point** Nullfehlerpunkt *m*; ~ **fuel weight** Leertankmasse *f (Lfz)*; ~**-g load** Null-G *n*; Lastvielfaches *n Null*; ~**-gravity simulation** Simulation *f* der Schwerelosigkeit *(Flmed)*; ~ **hour** X-Uhr; Nullzeit *f*; Angriffszeit *f (takt)*; ~**-incidence** unangestellt *(Tragfläche)*; ~ **incidence** Nullanstellung *f (Tragfläche)*; ~~ **line** Linie *f* des Nullauftriebes *(aerodyn)*; ~**-length launcher** Punktstartgerät *n (FK)* ***(Def)***; ~ **lift** Nullauftrieb(skraft) *m (f)*; Auftrieb *m* Null *(aerodyn)*; ~~ **angle** Nullauftriebswinkel *m (aerodyn)*; ~ **line** Grundrichtung *f (Art)*; ~ **meridian** Nullmeridian *m*; Meridian *m* von Greenwich *(Kart)*; ~ **noise** Geräuschfreiheit *od* -losigkeit *f*; ~ **passage** Nulldurchgang *m (nav)*; ~~ **reader** ILS-Kreuzzeiger(gerät) *m (n) (nav)*; ~ **setting error** Nullstellungsfehler *m (Instr)*; ~ **thrust pitch** Nullschubsteigung *f (Prop)*; ~**-thrust polar** Nullschubpolare *f*; ~ **visibility** Sicht *f* Null; keine Sicht *f (met)*; ~ **yaw** ohne Gieren *n*; Gier- *od* Schiebewinkel *m* Null *(Lfz)*; ~**-zero** pottendicht *(sl) (dichter Nebel)*; ~~ **ejection** Null-Null-Katapultieren *n (Schleudersitz)*; Katapultieren *n* aus dem Stand *(Höhe = 0; Fahrt = 0)*.

**zigzag** zickzack fliegen; ~**ging target** kurvendes Ziel *n (Flak)*.

**zipp | er** (**fastener**) Reißverschluss *m*.

**zone** Zone *f*; Gebiet *n*; Bereich *m & n*; ~ **centre** Zentralamt *n*, *abbr* ZA *(früher: Durchgangsfernamt: Tel)*; ~ **fire** Flächenfeuer *n (Art)*; ~ **of action** Gefechtsraum *m (takt)*; ~ **of advance** Vormarschstreifen *m (takt)*; ~ **of airport** Flughafenzone *f*; ~ **of attack** Angriffsraum *m (takt)*; ~ **of burbling** Abreißzone *f (aerodyn)*; ~ **of communications** rückwärtiges Gebiet *n (takt)*; Etappe *f (mil)*; ~ **of contact** Eingriffsfläche *f*; Eingriffsbereich *m & n*; ~ **of defence** (*US* **defense**) Abwehr- *od* Verteidigungszone *f*; ~ **of dispersion** Streuungsbereich *m & n (ballist)*; ~ **of doldrums** Doldrumgebiet *n (met)*; ~ **of fire** Feuerzone *f (takt)*; ~ **of negative pressure** Depressions- *od* Saug- *od* Unterdruckzone *f (Tragfläche: aerodyn)*; ~ **of no-course signal** No-Course-Signal-Zone *f (Funknav)*; ~ **of operations** Operationsgebiet *n (takt)*; ~ **of silence** Zone *f* des Schweigens *(Funk)*; ~ **of the interior** *(US)*, *abbr* **ZI** Heimatgebiet *n*; ~ **rating** Zonenberechtigung *f (Flsich)*; ~ **scanning** zonenförmige Abtastung *f (Radar)*; ~ **signal** Zonensignal *n (Funk)*; ~ **time**, *abbr* **ZT** Zonenzeit *f (nav)* ***(Def)***.

**zoning plan** Bauschutzbereichs- *od* Baubeschränkungsplan *m (Bod)*.

**zoom** Hochziehen *n (Flzg)*; Chandelle *f (Kunstflug)*; steil nach oben ziehen *(Flzg)*; ~**ing** *(kurzes)* Hochziehen *n*; Hochreißen *n (Flbetr) f* ***(Def)***; ~**-off** Kavalierstart machen *(Flzg)*; ~ (**up**) hochziehen *(Flzg)*.

**Zulu time** Z-Zeit *f*; mittlere Greenwich-Zeit *f*.

TEIL 3

# Aerospace-Definitionen – DEUTSCH

PART 3

# Aerospace Definitions– GERMAN

# A

**Abbinden,**
*cf / vgl* **Erdverbindung**

**Abblasturbine,**
*cf / vgl* **Abgasturbine**

**Abfangen,**
*cf / vgl* **Herausnehmen**

**Abfangen**
Aus dem Sturzflug herausnehmen.

**Abfangen; ausschweben**
In einer allmählichen Ausrundung beim Landevorgang niedergehen, indem von einem steilen Sinkflug in eine im Wesentlichen parallel zur Landefläche verlaufende Flugrichtung übergegangen wird.

**Abfangen (in der Luft)**
Sicht- oder Radarverbindung mit einem eigenen Luftfahrzeug aufnehmen.

**Abfangen (zur Landung)**
Übergang vom Landeanflug in eine Horizontalbewegung unmittelbar vor dem Landen.

**Abfangklappe**
Klappe, deren Betätigung das Längsmoment eines Luftfahrzeuges so beeinflusst, dass das Flugzeug aus einem Sturzflug automatisch abgefangen wird oder den Luftfahrzeugführer beim Abfangen unterstützt.

**Abfanglastvielfaches,**
*cf / vgl* **Auftriebsfaktor**

**Abfangweg; Fangstrecke**
Strecke, die ein landendes Flugzeug zurücklegt, bis es von der Landebremsvorrichtung zum Stillstand gebracht wird.

**Abfertigungszeit; Aufenthaltszeit am Boden**
Für ein Luftfahrzeug erforderliche Zeit beim Entladen und Beladen von Frachtgut, Fluggästen und Verbrauchsgut vom Zeitpunkt der Landung bis zur Abflugzeit.

**Abfließen von Luft; erhöhter Luftabfluss**
Abfließen von Luft über einem örtlich zusammengefallenen Teil des Randes einer Fallschirmkappe entweder infolge Instabilität des Schirms oder durch Slippen.

**Abflugfläche**
Ein festgelegter Teil einer schiefen Ebene oder einer anderen festgelegten Fläche, der im Grundriss durch die vertikale Projektion des Abflugsektors begrenzt und so gewählt ist, dass die Höhen bestimmt werden können, oberhalb welcher es notwendig sein kann, die unter „Abflugsektor" beschriebenen Maßnahmen zu ergreifen.

**Abflugpunkt; Abflugort**
Navigatorischer Kontrollpunkt, von dem aus Luftfahrzeuge auf Kurs gehen.

**Abflugsektor; Startsteigbereich**
Ein festgelegter Teil auf der Boden- (oder Wasser-)oberfläche hinter dem Ende einer Piste oder Freifläche in Startrichtung. Es handelt sich um einen Sektor, in dem es notwendig sein kann, eine oder mehrere der folgenden Maßnahmen zu ergreifen; den Bau neuer Hindernisse zu beschränken; Objekte zu entfernen oder Objekte zu markieren, um ein ausreichendes Maß von Sicherheit und Zügigkeit für den Betrieb von Luftfahrzeugen während der Startsteigphase zu gewährleisten.

**Abflugzeit,**
*cf / vgl* **Startzeit**

**Abgasanlage**
Die Leitung oder die Leitungen, durch die die Abgase aus den Brennkammern und der Gasturbine in die Atmosphäre abgeleitet werden.

**Abgasaustrittskegel,**
*cf / vgl* **Abgaskonus**

**Abgas(führungs)rohr**
Ein Rohr, das die Abgase vom Sammler in die Atmosphäre leitet.

**Abgaskonus; Abgasaustrittskegel**
Der Teil einer Gasturbine, durch den die Abgase aus der ringförmigen Austrittsöffnung hinter der Turbine in das Strahlrohr geleitet werden. Es besteht meist aus zwei Hauptteilen, einem äußeren und einem inneren Konus, die beide koaxial mit der Turbinenachse verlaufen.

**Abgasleitschaufeln**
Eine Anordnung von Leitschaufeln, die hinter der Turbine eingebaut sind, um den Drall aus der Abgasströmung gleichzurichten.

**Abgassammelring; Spiralgehäuse**
Bei Sternmotoren benutzter Abgassammler in Ringform.

**Abgassammler**
Ein Rohr oder eine Kammer, in die die Abgase aus einer Anzahl von Zylindern eines Flugmotors geleitet werden.

**Abgasschubrohr; Treibstrahlrohr**
Ein Abgasrohr, das so geformt oder angebracht ist, dass es merklichen Schub liefert.

**Abgasstutzen; Auspuffstutzen**
Ein im allgemeinen kurzes Rohr, durch das Abgase von einem Flugmotorenzylinder normalerweise in die freie Luft abgeleitet werden.

**Abgastemperatur**
Die in anerkannter Weise gemessene mittlere Temperatur des Abgasstrahles.

**Abgasturbine; Abblasturbine**
Eine an einem Kolbenmotor angeschlossene Turbine, in welche die Abgase jedes einzelnen Zylionders zur Nutzung ihrer kinetischen Energie geleitet werden.

**Abgedichtete Kabine**
Von Personen benutzter Teil eines Luft- oder Raumfahrzeugs, in dem eine bewohnbare Atmosphäre mit bordeigener Ausrüstung unabhängig von der umgebenden Atmosphäre (falls vorhanden) aufrechterhalten wird.

**Abgedichtete Verkleidung,**
*cf / vgl* **Geschlossene Motorhaube**

**Abgehender Wirbel,**
*cf / vgl* **Freier Wirbel**

**Abgeschirmte Zündanlage**
Eine Zündanlage, deren Einzelteile mit einem geerdeten Metallschirm umgeben sind, um Störungen der Funkanlage zu verhüten.

**Abgeschirmter Nasenausgleich; Innenausgleich**
Ruderausgleich, bei dem ein Teil der Steuerfläche vor ihrer Drehachse liegt und in einem von Abschirmungen begrenzten Raum arbeitet. Die Abschirmungen bilden einen Teil des Profilumrisses.

**Abhebegeschwindigkeit; Startgeschwindigkeit**
Angezeigte Fluggeschwindigkeit eines Luftfahrzeugs im Augenblick des Abhebens.

**Abkippen; Abschmieren; Wegrollen**
Ungesteuerte, bei asymmetrischen Kräften auftretende Rollbewegung eines Luftfahrzeugs.

**Abkippgeschwindigkeit; Überziehgeschwindigkeit**
Äquivalente Fluggeschwindigkeit, die mit dem größten Auftriebsbeiwert eines Luftfahrzeugs übereinstimmt.

**Abklingende aperiodische Bewegung;**
**Aperiodisches Abklingen**
Störung, die ohne Schwingungen abnimmt.

**Ablassventil,**
*cf / vgl* **Schnellablassventil**

**Ablaufpunkt,**
*cf / vgl* **Beginn der Einflugschneise**

**Ablenkfilterung; Impulstrennung**
Ein Filtrierverfahren, bei dem Fremdkörper in einem Luftstrom durch dessen Umlenkung abgesondert werden.

**Ablösen; Abreißen; Ablösung**
Ablösen der Strömung von einer festen Oberfläche, mit der sie in Berührung gewesen ist.

**Ablösungspunkt**
Punkt, in dem sich die laminare oder turbulente Strömung von der Oberfläche eines Körpers ablöst.

**abnicken,**
*cf / vgl* **(plötzliche) Kopflastigkeit**

**Abreißanstellwinkel; kritischer Anstellwinkel**
Im Englischen weniger häufig auch als "Stalling angle of attack" bezeichnet. Der kleinste Anstellwinkel eines Tragflügels oder Flügelquerschnitts oder eines anderen Körpers mit dynamischem Auftrieb, bei dem die Luftströmung vom Profil abreißt, d.h. ein kritischer Anstellwinkel.

**Abreißgeschwindigkeit**
Geschwindigkeit eines Tragflügels, bei der die Ablösung der Luftströmung einsetzt. Steht auch in Zusammenhang mit dem Höchstauftrieb.

**Abreißpunkt; Ablösungspunkt**
Der mit zunehmendem Anstellwinkel erreichte Punkt, in dem das Abreißen (der Luftströmung) einsetzt.

**Abrutschen über den Schwanz**
Rückwärtsbewegung eines Flugzeugs entlang seiner Längsachse aus einem senkrechten oder fast senkrechten Flugzustand nach einer Verringerung der Vorwärtsgeschwindigkeit auf Null.

**Absaugschlitz**
Schlitz in einer Oberfläche, wie z.B. der einer Tragfläche, durch den Grenzschichtluft abgesaugt wird.

**Abschalten,**
*cf / vgl* **Brennstopp**

**Abschirmung; Strahlungsschutz**
Eine Abschirmvorrichtung zum Abdecken von glühenden Metallteilen.

**Abschnappkupplung; Schnapper (eines Anlassmagneten);**
**Anlasser mit Schnapper**
Eine mechanische Vorrichtung, die zur Erleichterung des Anlassens eines Flugmotors eine Reihe von Impulsen an den Magneten leitet.

**Abschuss,**
*cf / vgl* **Start**

**Abschwung**
Flugmanöver, das aus einer halben gerissenen oder einer halben langsamen Rolle besteht, der ein halber Looping aus der Rückenfluglage nachfolgt (normalerweise ein Looping rückwärts aus dem Rückenflug), wodurch das Flugzeug auf Gegenkurs gebracht wird.

**Absetzer**
Besatzungsmitglied, das den Abwurf von Lasten aus einem im Fluge befindlichen Luftfahrzeug überwacht.

**Absolute Feuchtigkeit/Feuchte; Dampfkonzentration**
Die in der Luft enthaltene Wasserdampfmenge pro Volumeneinheit.

**Absoluter Geräuschmesser; absoluter Lärmmesser**
Geräuschmesser, der vom Beobachter keine subjektive Beurteilung der zu messenden Größe fordert.

**Absoluthöhenmesser**
Ein Funkhöhenmesser oder gleichartiges Gerät, das die wahre Höhe eines Luftfahrzeugs senkrecht über Grund anzeigt.

**(Absolut)ladedruck**
Der absolute Druck in der Ladeleitung eines Motors an einem Punkt, der für jede Motorbauart einheitlich festgelegt ist. (Vgl. **Ladedruck**).

**(Absolut)ladedruckmesser**
Ein Instrument zum Anzeigen des Absolutladedrucks (Vgl. **Ladedruckmesser**).

**Absperren,**
*cf / vgl* **Brennstopp**

**Absprung mit verzögerter Öffnung**
Fallschirmabsprung, bei dem der Springer länger mit dem Öffnen wartet, als es normalerweise zum sicheren Freikommen vom Luftfahrzeug notwendig ist.

**Abstandsstrebe; Versteifungsstrebe**
Strebe oder Bauteil, speziell für die Aufnahme von Widerstandskräften vorgesehen; z.B. Streben im Rahmenwerk eines Tragflügels zum Zweck der Aufnahme von Belastungen, die von Luftkräften in der Tragflügelebene herrühren, oder auf die Fahrwerkstrebe einwirken, um Widerstandsbelastungen durch die Laufräder bei der Landung entgegenzuwirken.

**Abtransport auf dem Luftweg**
Abtransport von Personal und Frachtgut auf dem Luftweg.

**Abtrift; Windversetzung**
Durch Windeinfluss hervorgerufene horizontale Versetzung eines Luftfahrzeugs von seinem Flugweg über Grund, dem es bei Windstille gefolgt wäre.

**Abtriftwinkel**
Der zwischen dem Steuerkurs eines Luftfahrzeuges und dem Kurs über Grund gemessene Winkel. Es wird als „steuerbord" (+) oder „backbord" (-) bezeichnet, je nachdem, ob der Kurs über Grund nach steuerbord oder nach backbord von dem Steuerkurs abweicht.

**Abweichung; Deklination (eines Gestirns)**
Winkelentfernung zu einem Gestirn gemessen über 90 Grad vom Himmelsäquator nach Nord oder Süd entlang des Stundenkreises des Gestirns.
Vergleichbar mit der geographischen Breite auf der Erdkugel.

**Abwerfbarer Behälter; Abwurfbehälter**
Behälter, der im Notfall abgeworfen werden kann.

**(Abwerfbarer) Rumpfaußenbehälter**
Ein abnehmbarer oder abwerfbarer, zusätzlicher Kraftstoffbehälter, der so konstruiert ist, dass er an der Rumpfunterseite eines Flugzeugs befestigt werden kann.

**Abwerfbares Gewicht; Gesamtballastmenge**
Bei Luftfahrzeugen leichter als Luft: Gesamtgewicht, das im Notfall abgeworfen werden kann.

**Abwerfbares Rettungsfloß; Rettungsschlauchboot**
Ein Floß, insbesondere ein aufblasbares Floß, das für einen Abwurf mit einem Fallschirm oder zum Mitführen durch einen Fallschirmspringer geeignet ist.

**Abwind; induzierter Abwind**
Eine von einer aerodynamischen Auftriebsfläche, z.B. einem Tragflügel, nach unten abgelenkte Strömung.

**Abwurfbehälter**
Außenbehälter zum Abwerfen im Fluge, wenn er leer ist.

**Achsversetzung**
Beim Flugzeugfahrwerk: Senkrechter Abstand zwischen Schwenkachse und Radachse.

**Achtel**
Die einem Achtel der Himmelsfläche entsprechende Einheit, die der Angabe des Bedeckungsgrades dient.

**Adiabatisch**
Die Veränderung von Dichte und Temperatur einer Substanz unter der Einwirkung von Druckänderungen, wobei kein Wärmeaustausch mit der Umgebung stattfindet.

**Advektion**
Der Vorgang des Transportes durch horizontale Verschiebungen in der Atmosphäre, z.B. Wärmetransport von niedrigen zu höheren Breiten.

**Aerodynamik**
Lehre von der Bewegung der Luft oder anderer Gase.

**Aerodynamische Dämpfung**
Der durch Bewegung verursachte Anteil aerodynamischer Kräfte bzw. Momente an der Dämpfung eines Systems.

**Aerodynamische Fläche,**
*cf / vgl* **Tragflügel**

**Aerodynamische (mittlere) Flügeltiefe; Bezugsflügeltiefe**
Eine Flügeltiefe, definiert durch 1/S multipliziert mit dem Integralwert aus c sq dy zwischen den Grenzen von -b sub 2 und +b sub 2, wobei c die Sehnenlänge in der Distanz y von der Symmetrieebene ist, und b für die Spannweite und S für die Gesamtflügelfläche stehen.

**(Aerodynamische) Stabilität**
Eine auf die Einwirkung aerodynamischer Kräfte zurückzuführende Stabilität.

**Aerodynamische Steifigkeit**
Der durch Bewegung verursachte Anteil aerodynamischer Kräfte und Momente an der Steifigkeit eines Systems.

**Aerodynamische Verwindung**
Richtungsänderung der Nullauftriebslinie längs der Spannweite einer Tragfläche oder eines anderenTragflügels.

**Aerodynamischer Auftrieb**
Kraftkomponente in Richtung der Auftriebsachse, die nur von der relativen Anströmung herrührt.

**Aerodynamischer Ausgleich**
Eine Luftschraube ist dann aerodynamisch ausgeglichen, wenn die auf ihre Blätter wirkenden Luftkräfte keinerlei periodische Kräfte oder Momente an der Luftschraubenhalterung erzeugen.

**(Aerodynamischer) Ruderausgleich**
Verringerung des der Drehbewegung einer Steuerfläche entgegenwirkenden Scharniermoments, entweder durch Anordnung der Steuerflächen solchermaßen, dass sich ein Teil davon vor dem Scharnier befindet, oder durch Anbringung einer Ausgleichsklappe an der Steuerfläche.

**(Aerodynamisches) Drehmoment**
Ein von aerodynamischen Kräften auf einen Gegenstand, insbesondere Luftschrauben oder Drehflügel, ausgeübtes Drehmoment.

**Aeroelastisches (aperiodisches) Auskippen**
Aeroelastische Instabilität, die sich ergibt, wenn die Änderungsgeschwindigkeit der aerodynamischen Kräfte oder Momente, die aus elastischer Auslenkung resultieren, diejenige der elastischen Rückführkräfte oder -momente übertrifft.

**Aeroelastizität**
Zweig der Mechanik, der die Erscheinungen behandelt, die auf der Wechselwirkung von aerodynamischen Beschleunigungs- und elastischen Kräften beruhen. Speziell der Tendenz von Luftfahrzeugtragflächen und Verdichter- oder Turbinenschaufeln, unter einer Last auszulenken, wodurch zyklische Änderungen in dem aerodynamischen Auftriebsverhalten eintreten.

**Aeropause**
Region unbestimmten Ausmaßes in der oberen Atmosphäre, die als Grenze oder Übergangsregion zwischen dem dichteren Teil der Atmosphäre und dem äußeren (Welt-)Raum angesehen wird.

**Aktionsradius**
Größte Entfernung, die ein Luftfahrzeug von seiner Basis und zurück auf einem gegebenen Kurs mit normaler Beladung ohne Nachtanken und unter Berücksichtigung aller sicherheitsmäßigen und betrieblichen Faktoren zurücklegen kann.

**Aktive Zielsuchlenkung**
Zielsuch-Lenksystem, bei dem der Flugkörper sowohl die Strahlungsquelle zur Zielbeleuchtung als auch den Empfänger für die vom Ziel als Resultat der Anstrahlung reflektierten Strahlung trägt.

**(Akustisches) Echolot; Behm-Lot; Schallhöhenmesser**
Versuchsmuster eines Höhenmessers, der die absolute Höhe

durch Zeitmessung zwischen Abgabe eines bestimmten Schallsignals von einem Luftfahrzeug und dem Eintreffen seines Echos von der Oberfläche ermittelt.

**(Akustisches) Minimum; Schweigezone**
Minimales Funksignal oder völliges Ausbleiben eines Signals, wie es aufgrund der Sendecharakteristik einer Antenne ober beim Empfang eines Funkpeilgeräts auftritt.

**alarmieren**
Benachrichtigung zur Vorbereitung von Such- und Rettungsmaßnahmen und Anordnung zur Überwachung bestimmter Funkfrequenzen.

**Alarmstelle**
Eine Stelle, die als Vermittler zwischen einer Person, die ein in Not befindliches Luftfahrzeug meldet, und einer Such- und Rettungsleitstelle bestimmt ist.

**Alarmstufe(n)**
Ein allgemeiner Begriff, der wechselweise Bereitschaftsstufe, Notstufe oder Ungewissheitsstufe bedeutet.

**Alarmstufe 1 (Ungewissheitsstufe)**
Eine Lage, in der Ungewissheit hinsichtlich der Sicherheit eines Luftfahrzeugs und seiner Insassen besteht.

**Alarmstufe 2 (Bereitschaftsstufe)**
Eine Lage, in der über die Sicherheit eines Luftfahrzeuges und seiner Insassen Besorgnis besteht.

**Alarmstufe 3 (Notstufe)**
Eine Lage, in der weitgehende Gewissheit darüber besteht, dass einem Luftfahrzeug und seinen Insassen schwere und unmittelbare Gefahr droht oder dass sie sofortige Hilfe benötigen.

**Alleinflugzeit; Soloflugzeit**
Flugzeit, während der ein Luftfahrzeugführer alleiniger Insasse eines Luftfahrzeuges ist.

**Allgemeine Wetterübersicht**
Die allgemeine Beschreibung einer Wetterlage zu einer gegebenen Zeit, wobei diese aus der auf synoptischen Wetterkarten eingezeichneten Luftdruck-, Temperatur- und Windverteilung abgeleitet ist, sowie eine Aussage über die Entwicklungstendenzen und des aus diesen Veränderungen voraussichtlich zu erwartenden Wetters für ein bestimmtes Gebiet.

**Allzweck-**
Eigenschaftsbezeichnung für ein Flugzeug, das auf Wasser, Eis, Schnee und fast jedem unvorbereiteten, aber verhältnismäßig glatten und hindernisfreien Stück Erdboden, wie z.B. Sand oder Sumpf, zu starten und zu landen vermag.

**Altokumulus**
Weiße oder graue oder weiß-grau gemischte Wolkenfelder, -decken oder -schichten – im allgemeinen mit Schattenbildung –, die aus dünnschichtigen, kugel- oder rollenförmigen oder ähnlichen Wolkenmassen manchmal faseriger oder diffuser Art bestehen, die miteinander verbunden oder nicht verbunden sein können; die Ausdehnung der meisten der regelmäßig angeordneten kleinen Elemente scheint zwischen einem und fünf Grad zu liegen.

**Altostratus**
Gräuliche oder bläuliche Wolkendecke oder -schicht gestreifter, faseriger oder gleichförmiger Art. Teile davon können so dünn sein, dass Sonne oder Mond gerade noch wahrnehmbar sind, wie durch Milchglas, jedoch ohne das Halo-Phänomen.

**Amphibienluftfahrzeug**
Luftfahrzeug, das sowohl von einer Land- als auch Wasseroberfläche aus operieren kann.

**An Masse legen**
(a) Herstellung einer elektrischen Verbindung geringer Impedanz zwischen einem Stromkreis und einem Bezugspunkt oder einer Bezugsebene.
(b) Die leitende Verbindung eines Prüfkoffers oder -rahmens mit einem Gegenstand oder einer Fahrzeugstruktur.

**Anbringungsfehler,**
*cf / vgl* **Einbaufehler**

**Anderthalbdecker**
Doppeldecker, bei dem ein Tragflächenpaar eine wesentlich geringere Spannweite aufweist als das andere Paar.

**Anemograph**
Ein Gerät zum Registrieren der Windgeschwindigkeit und teilweise auch der Windrichtung.

**Anemometer**
Ein Gerät zum Messen der Windgeschwindigkeit.

**Anerkannter Prüfer für Luftfahrtgerät,**
*cf / vgl* **Luftfahrzeugprüfingenieur**

**Aneroidbarometer**
Ein Barometer, dessen Anzeigemechanismus von der Verformung einer luftdichten Metalldose unter veränderlichem Außendruck betätigt wird.

**Anfangsanflug**
Der aus dem ersten Anflug auf die erste zum Verfahren gehörige Navigationseinrichtung oder auf einen vorbestimmten Standort bestehende Teil eines Anflugverfahrens.

**Anfangsanflugbereich**
Ein Bereich von festgelegter Breite, der zwischen dem letzten Navigationsstandort oder Koppelort und entweder einer für einen Instrumentenanflug benutzten Einrichtung oder einem Punkt liegt, der zur Begrenzung des Anfangsanflugs verwendet wird.
**Anmerkung:** Wo kein solcher Bereich angegeben ist, sind die in den Anflugkarten vermerkten Sektormindesthöhen anzuwenden.

**Anflug mit Gas; Gasanflug; Landeanflug mit Leistung**
Anflug, bei dem das Luftfahrzeug mit Motorleistung anfliegt, im Gegensatz zum Gleitanflug.

**Anflug mit horizontaler Radarführung,**
*cf / vgl* **PPI-Anflug**

**Anflug- und Landehilfsmittel**
Verfahren und Anlagen zur Unterstützung von Luftfahrzeugen beim Anflug auf einem Flugweg eigener Wahl und bei der anschließenden Landung.

**Anflug (zur Landung)**
Flugmanöver mit dem Ziele, ein Luftfahrzeug in eine auf den Landebereich bezogene Position zum Zwecke des Abfangens und Landens zu bringen.

**Anflugbefeuerung**
Befeuerungsanlage, die so angeordnet ist, dass sie den Luftfahrzeugführer unterstützt, beim Sinkflug vor einer Landung sein Luftfahrzeug in Richtung zur Piste und entlang einer geraden Flugbahn zu steuern.

**Anflugbereich**
Der Luftraum über einem Anflugsektor.

**Anflugfläche**
Ein festgelegter Teil einer schiefen Ebene oder einer Verbin-

dung von Ebenen, der im Grundriss durch die vertikale Projektion des Anflugsektors begrenzt und so gewählt ist, dass die Höhen bestimmt werden können, oberhalb welcher es notwendig sein kann, die in der Definition **„Anflugsektor"** beschriebenen Maßnahmen zu ergreifen.

**Anflugfolge**
Die Reihenfolge, in der zwei oder mehreren Luftfahrzeugen der Landeanflug freigegeben wird.

**Anfluggeschwindigkeit**
Angezeigte Fluggeschwindigkeit, mit der ein Flugzeug zur Landung anfliegt.

**Anflughilfsmittel**
Verfahren und Anlagen zur Unterstützung von Luftfahrzeugen, einen Anflug auf einem Kurs oder Flugweg eigener Wahl durchzuführen.

**Anflugkontrolldienst**
Flugverkehrskontrolldienst für ankommende und abgehende Flüge.

**Anflugkontrolle**
Dienststelle, die einen Anflugkontrolldienst durchführt.

**Anflugkontrollradar(gerät)**
Ein Primär-Rundsichtradar geringer Leistung mit der erforderlichen Abdeckung zur Informationsabgabe von Entfernung und Azimut für Luftfahrzeuge innerhalb des Anflugkontrollbereichs.

**Anflugkontrollstelle**
Eine Dienststelle, die Flugverkehrskontrolldienst für kontrollierte Flüge durchführt, die auf einem oder mehreren Flugplätzen ankommen oder von dort abgehen.

**Anflugkurssektor,**
*cf / vgl* **Kurssektor**

**Anflugleerlauf(betriebs)zustand**
Triebwerke im Anflug so auf Leerlauf halten, dass ein schnelles Fahrtaufholen zum Durchstarten gewährleistet ist.

**Anflugleuchtfeuer**
Ein Luftfahrtleuchtfeuer, das auf der verlängerten Pistenmittellinie in einem bestimmten Abstand von der Schwelle aufgestellt ist.

**Anflugsektor**
Ein festgelegter Teil auf der Boden-(oder Wasser-)oberfläche vor der Schwelle. Es handelt sich um einen Sektor, in dem es notwendig sein kann, eine oder mehrere der folgenden Maßnahmen zu ergreifen: den Bau neuer Hindernisse zu beschränken oder Objekte zu entfernen oder Objekte zu markieren, um ein ausreichendes Maß von Sicherheit und Regelmäßigkeit für den Betrieb von Luftfahrzeugen während der Anflugphase zu gewährleisten.

**(Anflug-)Sinkverfahren; Sinkflug; Sinkanflug**
Teil eines Zwischenverfahrens zwischen dem Ende des Anfangsanflugs und dem Einleiten des Endanflugverfahrens, während dessen ein zum Endanflug freigegebenes Luftfahrzeug von der Höhe seines Anfangsanflugs auf die Höhe sinkt, in der das Endanflugverfahren eingeleitet wird.

**Anflugtrichter**
Ein festgelegter Luftraum um einen Sollanflugweg, innerhalb dessen von einem zur Landung anfliegenden Luftfahrzeug angenommen wird, dass es einen normalen Anflug durchführt.

**Anflugwinkelanzeige(r)**
Optische Anlage, die dem Führer eines zur Landung auf einem Flugplatz anfliegenden Luftfahrzeugs den richtigen Sinkflugwinkel anzeigt.

**Anflugwinkelfeuer**
Luftfahrtfeuer, die derart aufgestellt sind, dass sie den festgelegten Sinkflugwinkel während eines Anfluges auf einen Flugplatz kennzeichnen.

**Anflugzeitpunkt**
Der Zeitpunkt, zu dem ein Luftfahrzeug den Endanflug zur Landung beginnt.

**Angeblasene Klappe**
Klappe auf der Oberseite, aus der Luft oder ein anderes Gas unter solchem Druck ausströmt, dass die Klappenwirksamkeit erhöht und eine Grenzschichtablösung vermieden werden.

**Angefachte aperiodische Bewegung; Aufklingen; Divergenz**
Störung, die ohne Schwingungen anwächst.

**Angefachte aperiodische Längsbewegung; aufklingende Längsbewegung**
Eine angefachte aperiodische Bewegung in der Symmetrieebene.

**Angefachte aperiodische Seitenbewegung; aufklingende Seitenbewegung**
Eine angefachte aperiodische Bewegung bestehend aus Rollen, Gieren, Schieben oder einer Kombination dieser Bewegungen, die zum Trudeln oder zu einem Sturzspiralflug führen kann.

**Angefachte aperiodische Spiralbewegung; aufklingende Spiralbewegung**
Eine aufklingende Seitenbewegung, die leicht in einen Sturzspiralflug mit zunehmender Kurvendrehgeschwindigkeit übergeht.

**Angelenkter Massenausgleich**
Massenausgleich, der mit der Steuerfläche durch eine Reihe von Anschlüssen verbunden ist.

**Angezeigte Abkippgeschwindigkeit**
Angezeigte Fluggeschwindigkeit beim Überziehen.

**Angezeigte Fluggeschwindigkeit**
Anzeige der Fluggeschwindigkeit auf einem Luftdruckinstrument in einem Luftfahrzeug, berichtigt um die Instrumenten- und Parallaxenfehler, jedoch nicht um Luftdruckfehler.

**Angezeigte Höhe; angezeigte Flughöhe**
Die von Höhenmessern jeglicher Art angezeigte Flughöhe. Bei einm barometrischen Höhenmesser ist dies die hinsichtlich Instrumentenfehler und Abweichungen von der Normatmosphäre nicht korrigierte bzw. kompensierte Ablesung.

**Ankerschiene,**
*cf / vgl* **Führungsschiene**

**Ankerseil; Ankertau**
Seil zum mechanischen Niederholen eines Ballons in seine Verankerung.

**Anlasseinspritzpumpe**
Eine Vorrichtung zum Einsprühen von Kraftstoff in die Ansaugleitung oder in die Brennkammer, um das Anlassen des Motors zu erleichtern.

**Anlasser mit Schnapper,**
*cf / vgl* **Abschnappkupplung**

**Anlassgasturbine; Turboanlasser**
Anlassmotor mit einer eingebauten kleinen Gasturbine, die durch Druckluft oder ein anderes Gas mit oder ohne Verbrennungsvorgang angetrieben wird.

**Anlass(verbrennungs)motor; Riedelanlasser; Verbrennungsanlasser**
Ein Verbrennungsmotor, der die Energie zum Anlassen eines Flugmotors liefert.

**Anlasszündkerze**
Eine Zündkerze zum Zünden des Kraftstoffes beim Anlassen einer Gasturbine.

**Anlass(zünd)spule**
Eine Induktionsspule, die einen Funken erzeugt, um das Anlassen eines Flugmotors zu erleichtern.

**Anlenkbolzen; Kolbenbolzen; Kolbenzapfen**
Ein Bolzen, der einen Nebenpleuel mit dem Hauptpleuel verbindet.

**Anlenkbolzenende**
Das Ende eines Nebenpleuels, an dem sich der Kurbelzapfen befindet.

**Anoxie; lebensgefährlicher Sauerstoffmangel**
Sauerstoffmangel, der so ernst ist, dass er zum Tod führen kann. Manchmal fälschlicherweise für **Hypoxie** (geringerer Sauerstoffmangel) verwendet.

**Ansatztragfläche; Flossenstummel; Stummelfläche**
Kurzes Tragflächenstück, das aus dem Flugzeugrumpf oder Flugbootkörper (von dem es gewöhnlich einen Bestandteil bildet) hervorragt und mit dem ein Tragflügel verbunden werden kann.

**Ansaugluftheizung; Ansaugluftvorwärmer**
Eine Vorrichtung zum Anwärmen der Ansaugluft eines Motors.

**Ansaugluftsammler; Plenumkammer; Verdichtervor-kammer**
Ein Behälter, der üblicherweise von einem Staudruck-Lufteinlass gespeist wird und von dem die Ansaugluft für das Triebwerk oder für andere Funktionen entnommen wird.

**Ansaugluftverteiler; Ansaugleitung**
Eine Rohrverzweigung, durch die die Ansaugluft oder das Gemisch in die einzelnen Zylinder verteilt wird.

**Anschlussklemme**
Ein Isolierkörper, der ein oder mehrere Verbindungsstücke trägt.

**Anschlusskupplung; Luftbetankungskupplung**
Vorrichtung, die ein Absperrventil enthält, das zwischen dem Fangtrichter und dem ausgefahrenen Ende eines Betankungsschlauchs liegt, und der Aufnahme der Betankungssonde eines aufnehmenden Luftfahrzeugs und der Verriegelung in der für die Betankung erforderlichen Stellung dient.

**Anschlussrohr,**
*cf / vgl* **Gabelrohr**

**Anstellwinkel**
Winkel zwischen der Sehne einer Tragfläche oder der Bezugslinie eines Körpers und der Richtung des ungestörten Luftflusses ohne Schiebeeinfluss.
**Anmerkung**: Nicht zu verwechseln mit **Einstellwinkel**.

**Anstellwinkelanzeiger**
Instrument, das den Winkel zwischen der Flugbahn und der Längsachse eines Luftfahrzeugs, gemessen in der Symmetrieebene, anzeigt.

**Anstellwinkelsteuerung**
Mechanismus oder Vorrichtung, durch die der Anstellwinkel eines Luftschraubenblattes oder Luftfahrzeugs, einer Rakete, eines Flugkörpers usw. gesteuert oder reguliert werden kann.

**Anstellwinkelverstellung**
Änderung des Blattanstellwinkels mit dem Azimutwinkel um das Verstellgelenk.

**Anströmwinkelmesser,**
*cf / vgl* **Gierungsmesser**

**Antennenkuppel; Radom; Radarkuppel**
Wetterfeste und den Durchgang von Funkwellen nicht beeinflussende Umkleidung einer Antennenanlage.

**Anti-G-Anzug**
Von Luftfahrzeugbesatzungen getragene Sonderbekleidung, mit der die Wirkung der positiven Beschleunigung auf den menschlichen Körper herabgesetzt werden soll.

**Antirollkabel**
Bei Luftfahrzeugen leichter als Luft:
Draht, der das Rollen eines Bauteils relativ zum Gerippe oder zur Hülle verhindern soll.

**Antisymmetrisches Flattern**
Flattern, bei dem die Komponenten auf Steuer- und Backbord eines Luftfahrzeuges in jedem Augenblick gleiche Verschiebungen in entgegengesetzten Richtungen erfahren.

**Antrieb des Propellers durch den Fahrtwind; Mitdrehen im Fahrtwind**
Ein Propeller „läuft im Fahrtwind mit", wenn er Leistung an die Propellerwelle abgibt.

**Antrieb im Uhrzeigersinn,**
*cf / vgl* **Rechtsantrieb**

**Anwerfvorrichtung,**
*cf / vgl* **Handanlasser**

**Anzuwendende Lufttüchtigkeitsvorschrift(en)**
Die umfassenden und ausführlichen Lufttüchtigkeitsvorschriften, welche ein Vertragsstaat für die in Betracht kommende Luftfahrzeugklasse aufstellt.

**Aperiodisches Abklingen,**
*cf / vgl* **Abklingende aperiodische Bewegung**

**Apogäum**
Der Punkt, an dem sich ein Flugkörper oder Satellit auf seiner Flugbahn am weitesten vom Mittelpunkt des Schwerkraftfeldes des oder der Körper entfernt befindet, dessen bzw. deren System er angehört.

**Äquivalente Fluggeschwindigkeit; äquivalente Eigengeschwindigkeit**
Wahre Eigengeschwindigkeit (TAS) multipliziert mit der Quadratwurzel der relativen Luftdichte für eine bestimmte Höhe.
**Alternativ**: Berichtigte Eigengeschwindigkeit (CAS) mit korrigiertem Kompressibilitätsfehler.

**Äquivalente Wellenleistung**
Wellenleistung eines Propellerturbinen-Triebwerks plus einer zuzüglichen Leistung, die bei Beaufschlagung der Welle einen Luftschraubenschub gleich dem Strahlschub des Triebwerks erzeugen würde.

**Arbeitsfolgeventil**
Ein Wahlventil, das zu einem bestimmten Zeitpunkt betätigt wird, um aus einem vorgegebenen Arbeitsgang den darauffolgenden Arbeitsgang in beliebiger Folge einzuschalten.

**Astrokompass**
Mechanisches Gerät zur Auflösung des sphärischen Dreiecks und zur Anzeige des wahren Steuerkurses.

**Astrokuppel**
Eine aus transparentem Material gefertigte Kuppel mit bekannten optischen Eigenschaften, durch welche astronomische Beobachtungen angestellt werden können.

**Astro-Selbststeuerung**
Steuerung eines Flugkörpers mittels Instrumenten und Vorrichtungen, die zuvor ausgewählte Himmelskörper automatisch anmessen, Standorte berechnen und den Flugkörper auf einen vorgegebenen Flugweg dirigieren.

**Asymmetrisches Flattern**
Flattern, bei dem die Komponenten auf Steuer- und Backbord eines Luftfahrzeuges in jedem Augenblick ungleiche Verschiebungen in Bezug auf die Symmetrieebene erfahren.

**Atemsperre; Erstickungsanfall**
Gefühl der Enge oder Verengung in der Brust, Schmerzen beim Atmen, Atembeklemmung und gelegentlich Hustenanfälle sind alles Symptome der Druckfallkrankheit.

**Atmosphäre**
Die Lufthülle der Erde.

**Atmosphärische Lichtbrechung;**
**atmosphärische Refraktion**
Refraktion, infolge der Atmosphäre, die bewirkt, dass die Höhe eines Gestirns größer erscheint als sie wirklich ist.

**Atmosphärische Turbulenz**
Ungleichmäßige Veränderungen der Luftbewegung.

**Atomares Strahltriebwerk; Nuklear-Turbotriebwerk;**
**kernenergetisches Turbostrahltriebwerk**
Turbostrahltriebwerk, das an Stelle einer Brennkammer über einen nuklearen Reaktor verfügt, der die einströmende Luft zur Expansion durch die Turbine und Austritt durch die Strahldüse erhitzt.

**Auf dem Luftweg transportieren**
Personen und Lasten mit Hilfe von Luftfahrzeugen transportieren.

**Auf Station**
Status eines Ozeanstationsschiffes, das sich innerhalb der Grenzen seiner zugeteilten Ozeanstation befindet.

**Aufbäumen,**
*cf / vgl* **(Plötzliche) Schwanzlastigkeit**

**Aufenthaltszeit am Boden,**
*cf / vgl* **Abfertigungszeit**

**Auffangdüse; Auffangtrichter**
Glockenförmige Öffnung stromabwärts einer offenen Messstrecke in einem Windkanal.

**Auffangmenge**
Diejenige Wassermenge, die an den ausgesetzten Teilen eines Luftfahrzeugs beim Flug durch die Wolken oder durch Regen aufgefangen wird. Man gibt sie im allgemeinen in Masse pro Stunde pro $m^2$ an

**Auffangverhältnis; Wasserauffangverhältnis**
Derjenige Teil der gesamten Wassermenge in der Flugbahn eines Luftfahrzeuges, der tatsächlich mit dem Luftfahrzeug in Berührung kommt. Dieses Verhältnis hängt von einer Reihe von Faktoren ab, unter anderem von der Fluggeschwindigkeit, der Tropfengröße und der Form des betreffenden Teiles des Luftfahrzeuges.

**Aufklingen,**
*cf / vgl* **Angefachte aperiodische Bewegung**

**Aufladen; Vorverdichten**
Das Zuführen einer größeren Menge von Luft oder Kraftstoff-/ Luftgemisch in einen Verbrennungskolbenmotor als dieser normalerweise bei dem vorherrschenden Luftdruck ansaugen würde.

**Aufnicken,**
*cf / vgl* **(Plötzliche) Schwanzlastigkeit**

**Aufrüsten; Einstellen**
Entsprechender Zusammenbau und Justieren der verschiedenen Einzelteile eines Luftfahrzeugs, z.B. der Kontrollorgane für Steuerwerk und Triebwerk.

**Aufrüstposition, Rüstlage**
Lage, in der bei horizontaler Querachse eine willkürlich gegebene Längsbezugsachse ebenfalls horizontal ist.

**Aufschlageis**
Eisbildung, die beim Auftreffen von Schnee, Schneeregen oder unterkühlten Wassertröpfchen auf Luftfahrzeugflächen eintritt, die eine Temperatur am oder unter dem Gefrierpunkt aufweisen.

**Aufsetzen; Landen**
Ein Luftfahrzeug setzt auf, wenn es den Boden berührt und nicht mehr voll von der Luft getragen wird.

**Aufsetzpunkt**
Der Punkt, an dem der Soll-Gleitweg die Landebahn schneidet.
**Anmerkung**: Der oben definierte Aufsetzpunkt ist nur ein Bezugspunkt und nicht unbedingt der Punkt, an dem das Luftfahrzeug die Landebahn tatsächlich berührt.

**Auftrieb**
Komponente der aerodynamischen Gesamtkraft in Richtung der Auftriebsachse.

**Auftriebsachse**
Gerade durch den Schwerpunkt in der Symmetrieebene senkrecht zur Widerstandsachse.

**Auftriebsfaktor; Abfanglastvielfaches**
Der gesamte, senkrecht zur Flugbahn auf das Flugzeug wirkende aerodynamische Auftrieb, geteilt durch die Masse des Flugzeuges.
**Anmerkung**: Im stetigen, horizontalen Geradeausflug ist dieser Lastfaktor (dieses Lastvielfache) gleich Eins.

**Auftriebskomponente**
Komponente der dynamischen Gesamtkräfte, die auf einen umströmten Körper einwirken und die in Richtung des Auftriebs wirkt.

**Auftriebsmittelpunkt**
Schwerpunkt der Luft, die von dem Gas eines Luftfahrzeugs leichter als Luft verdrängt wird, wenn für den Gesamtauftrieb Normalbedingungen bestehen.

**Auftriebsreserve**
Überschuss des hydrostatischen Auftriebs eines Wasserflug-

zeugs mit ganz eingetauchtem Bootskörper oder Schwimmern über sein Gewicht.

**Auftriebsschwerpunkt; Auftriebsmittelpunkt**
Schwerpunkt der Flüssigkeit, die von einem ganz oder teilweise in eine Flüssigkeit eingetauchten Luftfahrzeug oder einem anderen Körper verdrängt wird.

**Auftriebsseile; Auftriebskabel**
Bei Luftschiffen:
Seile in der Ebene eines Ringes, die Gewichtslasten auf den oberen Teil des Gerippes übertragen.

**Auftriebsverteilung bei Auftrieb Null; Nullauftriebsverteilung**
Auftrieb eines gegebenen Tragflügelquerschnitts, wenn der Gesamtauftrieb am Profil gleich Null ist. Dieser Auftrieb hängt von der Verwindung der Tragfläche ab.

**Aufwärmung; Überhitzung**
In einem Luftfahrzeug leichter als Luft:
Differenz zwischen der Gastemperatur in der Hülle oder Gaszelle und der Temperatur der umgebenden Luft. Wenn die Gastemperatur die höhere ist, so ist die Aufwärmung positiv.

**Aufzeichnen; verfolgen**
Beobachtung oder Aufzeichnung des Weges eines sich bewegenden Zieles.

**Aufzeichnung von Kurs und Entfernung; Mitkoppeln; Flugwegaufzeichnung**
Die kontinuierliche Aufzeichnung der rechtweisenden Steuerkurse und der in der Luft geflogenen Entfernungen.

**Aufziehkabel**
Seil oder biegsames Kabel an einem Fallschirm, das nach Betätigung den Verpackungssack öffnet und die Entfaltung des Fallschirms ermöglicht.

**Aufziehleinenstropp; Stropp**
Ein Stück Drahtkabel, Schnur oder Gurt mit Schlaufenenden oder Metallbeschlägen zur Vergrößerung der Entfernung beim Entfalten zwischen zwei Teilen einer Fallschirmausrüstung.

**Aufziehschirm**
Schirm, der dem Herausziehen einer Last aus einem Luftfahrzeug im Flug dient. Er wird Verzögerungsschirm bezeichnet, wenn er dem Entfalten des Haupt-Lastenfallschirms dient.

**Aufzutankendes Luftfahrzeug**
Ein Luftfahrzeug, das in der Luft betankt wird.

**Auge des Sturmes; Sturmzentrum**
Zone im Zentrum eines tropischen Wirbelsturmes, die durch schwache Winde und oft auch aufgebrochene Bewölkung gekennzeichnet ist.

**Ausbrechen**
Unfreiwillige Abweichung eines Luftfahrzeuges aus einer geraden Richtung während des Rollens, Landens oder Startens.

**Ausfahren; den Betankungsschlauch ausfahren**
Aus dem Tankerluftfahrzeug erfolgendes Herausdrehen des Betankungsschlauchs in Kontaktposition.

**Ausfahrverriegelung,**
*cf / vgl* **Fahrwerk(ausfahr)verriegelung**

**Ausfüllungsgrad,**
*cf / vgl* **Völligkeit**

**Ausgebeulter Rand; teilweiser Kappendurchschlag**
Teil der Kappenbasis, der zwischen zwei Fangleinen des Fallschirms beim Entfalten mit seiner Innenseite nach außen taschenförmig aufgebläht wird. Dies wird manchmal mit „**überschlagener Fangleine**" verwechselt.

**Ausgeglichenes Ruder**
Steuerfläche, die über einen aerodynamischen Ausgleich verfügt.

**Ausgleichsklappe**
Hilfsruder, das den für die Betätigung einer Steuerfläche erforderlichen Kraftaufwand verringern soll.

**Ausgleichsventil; Umfüllventil; Umförderventil**
Ventil, mittels dessen vor allem im Fluge der Kraftstofffluss von einem Behälter zum anderen ermöglicht wird. Es arbeitet normalerweise so, dass es sich bei Unterschreitung eines bestimmten Kraftsoffspiegels öffnet und Kraftstoff aus einem anderen Behälter zufließen lässt.

**Auskehlung,**
*cf / vgl* **Verkleidungsübergang**

**Ausladen; Entladung**
Das Absetzen von Fracht, Post, Gepäck oder Bordvorräten aus einem Luftfahrzeug nach einer Landung, ausgenommen Fracht, Post, Gepäck der Bordvorräte, die auf dem nächsten Abschnitt desselben durchgehenden Fluges weiterbefördert werden.

**Ausschuss,**
*cf / vgl* **Aussteigen mit Schleudersitz**

**Ausschweben**
Nach dem Abfangen und vor der Landung horizontal ausschweben.

**Außenbeaufschlagte Radialturbine,**
*cf / vgl* **Zentripetalturbine**

**Außenfeuerkette,**
*cf / vgl* **(Pisten-)Seitenbalken**

**Außenhaut; äußere Hülle**
Die äußere Bespannung des Gerippes eines starren Luftschiffes.

**Außenträger; Pylon; Außenlastträger**
Konstruktion an einem Luftfahrzeug, an der sich z.B. ein Raketenschuh oder ein Abwurfbehälter befindet.

**Äußere Horizontalfläche**
Ein festgelegter Teil einer Horizontalfläche oberhalb der Umgebung eines Flugplatzes jenseits der horizontalen Grenzen der Kegelfläche, wo anwendbar. Die Fläche legt eine Höhe fest, oberhalb welcher es im Interesse geeigneter wirksamer Instrumentenanflugverfahren notwendig sein kann, Beschränkungen für Neubauvorhaben ins Auge zu fassen.

**Äußere Hülle,**
*cf / vgl* **Außenhaut**

**Äußerer Firstträger**
In Luftschiffen: Einzelteil der äußeren Ringe eines versteiften Hauptringes.

**Äußerer Verpackungssack; äußere Packhülle**
Eine Stofftasche, in die im Falle, dass die Fallschirmkappe in einen gesonderten inneren Verpackungssack verpackt ist, andere Teile des Fallschirms verstaut werden.

**Aussteigen; Von-Bord-Gehen**
Das Verlassen eines gelandeten Luftfahrzeuges durch Besatzung oder Fluggäste, soweit sie ihre Reise nicht auf dem nächsten Abschnitt desselben durchgehenden Fluges fortsetzen.

**Aussteigen mit Schleudersitz; Ausschuss**
Verlassen eines Luftfahrzeugs im Notfall mit Hilfe von herausschießbaren Sitzen durch Luftfahrzeugbesatzungsmitglieder.

**Ausstellung eines Wartungsabnahmescheins**
Durch Unterzeichnen eines Wartungsabnahmescheines bescheinigen, dass die in dem Wartungshandbuch vorgeschriebenen Prüfungs- und Wartungsarbeiten richtig ausgeführt worden sind.

**Ausstieg,**
*cf / vgl* **Notabsprung**

**Ausströmen lassen,**
*cf / vgl* **Entlüften**

**Ausweich(fernmelde)verbindungsart**
Eine gleichwertige Fernmeldeverbindung zusätzlich zur Hauptverbindungsart.

**Ausweichflugplatz**
Ein im Flugplan bezeichneter Flugplatz, der angeflogen werden kann, wenn eine Landung auf dem Zielflugplatz nicht angezeigt erscheint.
**Anmerkung**: Ein Ausweichflugplatz kann auch der Startflugplatz sein.

**Ausweichflugplatz**
Flugplatz mit einem Minimum an essentieller Ausstattung zur Nutzung als Landeplatz in Notfällen ober bei Ausfall von Haupt- oder Auflockerungs(flug)plätzen oder im Falle taktischer Flexibilität.

**Ausweichfrequenzen**
Die für die entsprechenden Flugstrecken verwendbaren Sprechfunkfrequenzen, außer Haupt- oder Nebenfrequenzen.

**Auswiegen; Ballastabgabe**
Justieren des Auftriebs oder der Trimmung durch Abwerfen bzw. Ablassen von Ballast oder Gas.

**Automatische Erdung**
Die automatische Verbindung der Erdungsanlage eines Luftfahrzeuges mit der Erde.

**Automatische Gemischanreicherung**
Eine Kraftstoff-/Luft-Gemischeinstellung, mit der eine reiche Kraftstoffmischung erzielt wird und Höhenänderungen automatisch ausgeglichen werden.

**Automatische Gemischverarmung**
Eine Kraftstoff-/Luft-Gemischeinstellung, mit der das für einen effizienten Reiseflug ärmstmögliche Kraftstoff-Luftgemisch erzielt wird und Höhenänderungen automatisch ausgeglichen werden.

**Automatische Sauerstoffanlage**
Ein am Bedarf orientiertes Sauerstoffsystem, das oberhalb einer bestimmten Flughöhe Sauerstoff mit einem höheren als dem atmosphärischen Druck abgibt.

**Automatische Verstellschraube**
Luftschraube mit einem Mechanismus zur automatischen Verstellung der Luftschraubenblätter auf den für die jeweiligen Betriebsverhältnisse günstigen Steigungswinkel.

**Automatische Weitergabeeinrichtung**
Eine Fernschreibeinrichtung, die über ein automatisches Gerät Meldungen von ankommenden zu abgehenden Leitungen weitervermittelt.
**Anmerkung**: Mit diesem Ausdruck sind sowohl voll- wie halbautomatische Einrichtungen erfasst.

**Automatischer Fallschirm**
Fallschirm, der mittels eines barometrischen oder anderen Verzögerungsrelais in einer vorbestimmten Höhe geöffnet wird.

**Automatischer Funkpeiler**
Ein Funkpeilgerät, das automatisch und laufend eine gemessene Einfallsrichtung des empfangenen Signals - üblicherweise visuell - anzeigt.

**Automatischer Messdatenschreiber**
Gerät zur Anzeigeregistrierung einer Anzahl von Messgeräten im Fluge.

**Automatisches Fernmeldelog**
Mechanisch oder elektrisch hergestellte Aufzeichnungen des Verkehrs einer Flugfernmeldestelle.

**Autorotation**
Flugzustand, bei dem sich ein Hubschrauberrotor oder ein anderer aerodynamischer Körper in freier, andauernder Drehbewegung befindet, die durch Luftkräfte ohne weitere Leistungszugaben bewirkt wird.

**Avcat**
Flugkraftstoff für Turbomotore auf Kerosingrundlage mit hohem Flammpunkt.
**Anmerkung**; Eine hinter der Bezeichnung **Avcat** hinzugefügte Zahl gibt den höchsten Gefrierpunkt an; z.B. ist **Avcat/40** ein **Avcat**-Flugkraftstoff, der oberhalb -40°C nicht einfriert.

**Avgas**
Flugkraftstoff für Ottomotoren.

**Avionik,**
*cf / vgl* **Luftfahrtelektronik**

**Avtur**
Flugkraftstoff für Turbomotoren auf Kerosingrundlage.
**Anmerkung**: Eine hinter der Bezeichnung Avtur hinzugefügte Zahl gibt den höchsten Gefrierpunkt an; z.B. ist **Avtur/40** ein **Avtur**-Flugkraftstoff, der oberhalb -40°C nicht einfriert.

**Axialdeck**
Flugdeck, das parallel zur Längsachse eines Flugzeugträgers angeordnet ist.

**Axiallader**
Ein Lader, bei dem die Verdichtung durch einen Axialverdichter erfolgt.

**Axialseil; Längsseil**
Seil längs der Achse eines starren Luftschiffes, das die Mittelknoten aller verspannten Ringe verbindet und das vorn und hinten am Gerippe befestigt ist.

**Axialströmung**
Komponente der Strömung senkrecht zur Blattspitzenebene.

**Axialträger**
Träger längs der Achse eines starren Luftschiffes, der die Mittelknoten aller verspannten Ringe verbindet und der vorn und hinten am Gerippe befestigt ist.

**Axialturbine**
Eine Turbine, die im wesentlichen in axialer Richtung durchströmt wird.

**Axialverdichter**
Ein Verdichter, bei dem die Luft durch ihren in axialer Richtung erfolgenden Strömungsdurchtritt hinter abwechselnd rotierenden bzw. feststehenden oder gegenläufig drehenden Schaufelradanordnungen verdichtet wird.

**Axialzylindermotor,**
*cf / vgl* **Trommelmotor**

**Azimut,**
*cf / vgl* **Peilung**

**Azimut; rechtweisende Peilung**
Richtung eines Gegenstands von einem Punkt, die als in der Horizontalen und im Uhrzeigersinn von rechtweisend Nord gemessener Winkel ausgedrückt wird.

**Azimutgleiche**
*cf / vgl* **Linie gleicher Peilung**

**Azimutkreisel**
In Luftfahrzeugen benutztes Kreiselgerät zur Darstellung eines willkürlichen Bezugsazimuts, auf den bezogen der Steuerkurs des Luftfahrzeugs gemessen wird.

# B

**B-Bildschirm**
Bildschirmwiedergabe von rechtweisender Peilung bzw. Azimut und Entfernung.

**Bahn,**
*cf / vgl* **Platte**

**Bahn(länge)**
Bei Luftfahrzeugen leichter als Luft:
Ein Teil von einer Anzahl formgerecht geschnittener Teile, die zusammengefügt die Hülle für eine Gaszelle bilden.

**Bahnneigungsschreiber,**
*cf / vgl* **Flugbahnwinkelschreiber**

**Bake; Funkfeuer**
(a) Ein Licht bzw. Feuer, Gruppe von Lichtern, elektronisches Gerät oder andere Vorrichtungen, die der Führung; Orientierung oder Warnung von Luftfahrzeugen, Raumfahrzeugen usw. im Fluge dienen.
(b) Eine Struktur, ein Bauwerk oder eine Station, an der eine solche Vorrichtung montiert ist oder sich dort befindet.

**Ballast**
Jegliche Substanz, die so in einem Luftfahrzeug leichter als Luft mitgeführt wird, dass sie zum Trimmen oder zum Höhengewinn abgeworfen werden kann.

**Ballastabgabe,**
*cf / vgl* **Auswiegen**

**Ballastwassergewinnung; Wasserrückgewinnung**
Bei Luftschiffen: Gewinnung von Wasser aus den Auspuffgasen, um Ballast zu bekommen.

**Ballistischer Flugkörper**
Flugkörper, der nach seiner Schubphase einer ballistischen Flugbahn folgt.

**Ballon**
Ein Luftfahrzeug, leichter als Luft, ohne eigenen Kraftantrieb.

**Ballon mit veränderlichem Volumen,**
*cf / vgl* **Dehnungsballon**

**Ballonet(ballon)**
Drachenballon mit einer Abteilung, in die Luft gedrückt wird, um die Ballonform aufrechtzuerhalten, wenn der Ballon nicht ganz mit Gas gefüllt ist.

**Bänderfallschirm**
Fallschirm mit Bahnen, die aus einer von Zwischenspalten unterbrochenen Vielzahl von Bändern besteht.

**Bar**
Die meterologische Einheit des Luftdruckes. Ein Bar ist gleich einer Million Dyn (ein Megadyn) pro Quadratzentimeter und entspricht 750,1 mm (29,531 Zoll) Quecksilbersäule bei 0° Celsius bei einer Schwerkraftbeschleunigung von 980,665 $cm/sec^2$.

**Bárány-Stuhl; Drehstuhl nach Bárány**
Eine nach dem schwedischen Arzt Robert Bárány (1876 –1936) benannte Stuhlart, auf der eine Person gedreht wird, um ihre Anfälligkeit für Gleichgewichtsstörungen zu überprüfen.

**Barograph; Höhenschreiber**
Ein Höhenmesser mit graphischer Aufzeichnung.

**Barometer**
Ein Gerät zum Messen des Drucks der Atmosphäre.

**Barometertendenz; Luftdrucktendenz**
Die Luftdruckänderung innerhalb eines festgelegten Zeitraums, in der Regel 3 Stunden for dem Beobachtungszeitpunkt.

**Barometrisch gesteuerter Kraftstoffregler**
eine Vorrichtung, die die Fördermenge einer Kraftstoff-Förderpumpe selbsttätig als Funktion des atmosphärischen Luftdrucks regelt.

**Barometrische Navigation: Aerologation;**
**Fliegen nach Druckfeld; Druckflächenflug**
Planung und Durchführung eines Langstreckenfluges mit Bezugnahme auf die barometrische Druckverteilung.

**Barometrischer Höhenmesser**
Aneroidbarometer mit Skala zur Anzeige der Höhe über Meer bezogen auf Normatmosphäre.

**Barometrisches Druckausgleichsventil;**
**barometrisch gesteuertes Abluftventil**
Eine Vorrichtung, die den Kraftstoff-Förderdruck und damit die Fördermenge einer Kraftstoffpumpe selbsttätig als Funktion des atmosphärischen Luftdrucks durch die Betätigung eines Ausgleichsventils regelt.

**Barothermograph**
Ein Gerät, das gleichzeitig den Luftdruck und die Temperatur aufzeichnet.

**Barrette; Kurzbalken**
Drei oder mehr Luftfahrtbodenfeuer, die in querlaufender Linie eng nebeneinanderstehen, so dass sie aus der Entfernung wie ein kurzer Lichtbalken aussehen.

**Basis,**
*cf / vgl* **Glocke**

**Basis,**
*cf / vgl* **Kappenbasis**

**Basisdurchmesser; Munddurchmesser**
Entfernung zwischen gegenüberliegenden Fangleinenbefestigungspunkten am unteren Rand einer voll gefüllten Fallschirmkappe.

**Basiserweiterung,**
*cf / vgl* **Lippe**

**Bauchbehälter**
Behälter, der in die Rumpfunterseite eingebaut ist; es kann sich um einen festeingebauten, einen Abwurf- oder einen abwerfbaren Behälter handeln.

**Beaufort-Bezeichnung**
Ein von Konteradmiral Sir Francis Beaufort eingeführtes System von Buchstaben zum abgekürzten Notieren von Wettererscheinungen.

**Beaufort-Windstärkeskala; Windstärken nach der Beaufort-Skala**
Eine Zahlenskala, welche die Werte 0 (Windstille) bis 12 (Orkan) umfasst und von Konteradmiral Sir Francis Beaufort aufgestellt wurde. Nach ihr wird die Windstärke durch Beobachtung ihrer Wirkungen an alltäglichen Objekten geschätzt.

**Bebauung**
Alle von Menschenhand auf der Erdoberfläche errichteten Anlagen, wie Städte, Eisenbahnen, Kanäle usw.

**Bedeckungsgrad**
Der Bruchteil des von Wolken verdeckten Himmels; die Bedeckung wird offiziell in Achteln angegeben.

**(Befestigter) Abstellplatz**
Für das Parken von Luftfahrzeugen hergerichtete befestigte Fläche.

**Befestigungsleinenwerk; Takelung**
Leinenwerk zwischen einem Drachenballon und dem Haltekabel.

**Befestigungspunkt**
Bei Luftfahrzeugen leichter als Luft: Punkt, an dem das Leinenwerk mit dem Haltekabel verbunden ist.

**Beginn der Einflugschneise; Ablaufpunkt**
Ort der Verlängerung der Betriebs-Landebahnachse, über dem ein Luftfahrzeug einen Steuerkurs auf diese Landebahn eingenommenhaben muss, um zu einem von der Anflugkontrollstelle bestimmten Zeitpunkt einzufliegen.

**Behälterölkühler; Tankölkühler**
Eine Kombination von Ölkühler und Ölbehälter.

**Behmlot,**
*cf / vgl* **(Akustisches) Echolot**

**Behörden**
Dienststellen oder Beamte eines Vertragsstaates, die für die Anwendung und Durchsetzung derjenigen Gesetze und Vorschriften dieses Staates verantwortlich sind, die sich in irgendeiner Hinsicht auf die vorliegenden Normen (Richtlinien) und Empfehlungen beziehen.

**Beladen,**
*cf / vgl* **Zuladen**

**Beladung,**
*cf / vgl* **Zuladen**

**Belastungsfaktor,**
*cf / vgl* **Prüffaktor**

**Beleuchter,**
*cf / vgl* **Beleuchtungsradar**

**Beleuchtungsradar; Beleuchter**
Sendegerät, das ein Ziel so beleuchtet, dass die reflektierten Ausstrahlungen für die Lenkung benutzt werden können.

**Bemessungsflügelfläche; Bezugsflügelfläche**
Die vom Flügelumriss (einschließlich Flügelklappen in eingefahrener Stellung und Querruder, jedoch ohne Ausrundungen und Verkleidungsübergänge) begrenzte Fläche, projiziert auf eine die Flügelsehnen enthaltene Fläche. Der Umriss wird in sinnvoller Weise als durch Gondeln und Rumpf bis zur Symmetrieebene durchlaufend angenommen.

**Bemessungsgrundmasse; Bemessungsflugewicht**
Bemessungsmasse, bei der ein Luftfahrzeug bestimmten, einschlägigen Lufttüchtigkeitserfordernissen entsprechen soll.

**Bemessungshöchstmasse**
Die dem Festigkeitsnachweis für Fluglastfälle zugrunde gelegte größte Masse des Luftfahrzeuges.

**Bemessungslandemasse; Bemessungslandegewicht**
Die dem Festigkeitsnachweis für das Landen zugrunde gelegte größte Masse des Luftfahrzeuges.

**Bemessungsrollmasse; Bemessungsrollgewicht**
Die dem Festigkeitsnachweis für Belastungen, die vor dem Startbeginn bei Bewegungen am Boden auftreten können, zugrunde gelegte größte Masse des Luftfahrzeuges.

**Bemessungsstartmasse; Bemessungsstartgewicht**
Die dem Festigkeitsnachweis für den Beginn des Startlaufs zugrunde gelegte größte Masse des Luftfahrzeuges.

**Beobachtungsballon**
Ballon mit Korb oder Gondel für Beobachter.

**Beplankung,**
*cf / vgl* **Haut**

**Berechtigung; Zulassung**
In der Zivilluftfahrt:
Eine Eintragung in einem Ausweis für Luftfahrtpersonal, die einen Teil dieses Ausweises bildet und besondere Bedingungen, Rechte oder dessen Einschränkungen festsetzt.

**Berechtigung für IFR-Flüge,**
*cf / vgl* **Instrumentenflugberechtigung**

**Bergwind**
Ein Fallwind, der nachts oder im Winter entlang von Tälern oder Berghängen hinunterweht.

**Berichtigte Eigengeschwindigkeit;**
**berichtigte Fluggeschwindigkeit**
Die berichtigte Fluggeschwindigkeit ist gleich der Fahrtmesseranzeige berichtigt um Einbau- und Instrumentenfehler. Infolge der Berichtigung der Fahrtmesserskala um den adiabatischen Kompressionseinfluss in Meereshöhe wird in der internationalen Normatmosphäre in Meereshöhe die berichtigter Fluggeschwindigkeit gleich der wahren Fluggeschwindigkeit.

**Besatzungs(betriebs)raum; Führerraum**
Raum in einem Luftfahrzeug, in dem sich die Arbeitsplätze der Flugbesatzung befinden.

**Besatzungsmitglied**
Eine Person, die vom (Luftfahrzeug-)Halter bestimmt ist, während der Flugzeit Aufgaben in einem Luftfahrzeug zu erfüllen.

**Beschleunigungen** (Raumfahrtmedizin)
(a) Winkelbeschleunigung: Die Änderungsgröße der Winkelbeschleunigung.
(b) Lineare Beschleunigung: die Änderungsgröße der Geschwindigkeit unter Beibehaltung einer konstanten Richtung.
(c) Negative Beschleunigung: meist verwendet zur Anzeige einer Beschelunigungskraft, die – bei sitzender Position – von den Beinen zum Kopf wirksam ist.
(d) Positive Beschleunigung: meist verwendet zur Anzeige einer Beschleunigungskraft, die – bei sitzender Position – vom Kopf zu den Beinen wirksam ist.
(e) Querbeschleunigung; meist verwendet zur Bezeichnung einer Beschleunigung, die im rechten Winkel zur Längsachse des Körpers verläuft.

**Beschleunigungsmesser**
Gerät zur Messung von Beschleunigungen durch Messung der Inertialreaktion einer Messmasse, z. B. ein Beschleunigungsanzeiger, ein Höchstbeschleunigungsanzeiger, ein Beschleunigungsschreiber usw.

**Beschleunigungszähler**
Beschleunigungsmesser, der registriert, wie oft die Beschleunigung einen oder alle einer Anzahl von bestimmten Werten überschritten hat. Er kann auch Fluggeschwindigkeit und bzw. oder Flughöhe in festgesetzten Zeitabständen registrieren.

**Bespannung,**
*cf / vgl* **Haut**

**Bester Gleitwinkel; kleinster Gleitwinkel**
Der flachste Gleitwinkel, den ein Luftfahrzeug ohne Motorschubleistung ständig beibehalten kann.

**Bestimmung des Nordwertes**
Ablesen von Kartengitterwerten in nördlicher Richtung, d. h. von unten nach oben.

**Bestimmung des Ostwertes**
Das Ablesen von Kartengitterwerten in ostwärtiger Richtung, d.h. von links nach rechts.

**Betankungsanzeiger; Tankanzeige**
Vorrichtung zur Anzeige des beendeten Auffüllens der einzelnen Kraftstoffbehälter in einem Luftfahrzeug.

**Betankungsausleger; Betankungsschwenkarm**
Beweglicher Ausleger an einem Tankwagen, der eine Rohrleitung trägt, um Kraftstoff aus einer überhöhten Position abgeben zu können.

**Betankungs-Magnetventil**
Betankungsventil, dessen Öffnen und Schließen durch eingebaute Elektromagnete bewirkt wird.

**Betankungs-Schwimmerventil**
Betankungsventil im Kraftstoffbehälter, das durch einen Schwimmer auf der Kraftstoffoberfläche betätigt wird.

**Betankungssonde; Betankungsausleger**
Nach vorn ragende, rohrförmige Konstruktion an einem (Kraftstoff) aufnehmenden Luftfahrzeug, die eine Verbindung zwischen der aufnehmenden Kraftstoffanlage und dem Fangtrichter der Anschlusskupplung am Betankungsschlauch des Tankerluftfahrzeugs während des Betankens herstellt.

**Betankungsventil; Betankungsabschaltventil**
In einem Kraftstoffbehälter oder eine mit dem Behälter in Verbindung stehende Kraftstoffleitung eingebaute Vorrichtung, mittels derer das Auffüllen des Behälters überwacht und der Kraftstofffluss unterbrochen wird sobald ein gewünschter Kraftstoffspiegel erreicht ist.

**Betriebsbedingungen,**
*cf / vgl* **Zu erwartende ~**

**Betriebslastvielfaches**
*cf / vgl* **Zuladungsfaktor**

**Betriebsleermasse**
Masse eines zum Fliegen ausgerüsteten Luftfahrzeugs. Es umfasst im Allgemeinen die Grundmasse plus diejenigen „variablen" Dinge , die für die Art des Flugauftrages im wesentlichen konstant bleiben. Hierzu gehören: Schmierstoff, die Besatzung und deren Gepäck, Ausrüstung des Stewards sowie gegebenenfalls mitgeführte Not- und Sonderausrüstung.

**Beulen,**
*cf / vgl* **Knicken**

**Be- und Enttankungsventil; Wechselflussventil**
Ein Ventil, das den Kraftstofffluss wahlweise in beiden Richtungen ermöglicht.

**Bevollmächtigter**
Eine verantwortliche Person, die einen (Luftfahrzeug-)Halter vertritt und durch ihn oder in seinem Namen ermächtigt ist, alle Formalitäten im Zusammenhang mit Einflug- und Ausflugabfertigung der Luftfahrzeuge des Halters, der Besatzung, der Fluggäste, der Fracht, der Post, des Gepäcks und der Bordvorräte zu erfüllen.

**Bewegliche Bodenfunkstelle**
Eine Funkstelle im Flugfernmeldedienst, ausgenommen Luft(fahrzeug)funkstellen, die während der Fahrt oder bei Haltern an nicht festgelegten Orten verwendet werden.

**Beweglicher Flugfunkdienst**
Ein Funkdienst zwischen Luftfunkstellen und Bodenfunkstellen oder zwischen Luftfunkstellen untereinander.

**Bewegungsfläche; Roll- und Vorfeld**
Der Teil eines Flugplatzes, der für Bewegungen von Luftfahrzeugen am Boden bestimmt ist, einschließlich des Rollfeldes und der (Hallen-)Vorfelder.

**Bezirkskontrolldienst**
Flugverkehrskontrolldienst für IFR-Flüge in Kontrollbezirken.

**Bezirkskontrollstelle**
Dienststelle, die einen Bezirkskontrolldienst durchführt.

**Bezugsdruck**
Produkt der halben Dichte mit dem Quadrat der Strömungsgeschwindigkeit.

**Bezugsebene; Bezugsfläche; Bezugshöhe**
Horizontale Ebene, auf die die Höhen- oder Tiefenangaben einer Karte bezogen sind.

**Bezugsfeuchtigkeit; Bezugsfeuchte**
Das Verhältnis zwischen Temperatur und Bezugsfeuchte wird wie folgt definiert: Bei ISA-Temperatur und darunter: 80% relative Luftfeuchte; bei Temperaturen am und oberhalb ISA-Wert plus 28° Celsius: 34% relative Feuchte und Temperaturen zwischen ISA-Wert und 28° C ändert sich die relative Feuchtigkeit linear mit den für jene Temperautren angegebenen Feuchtewerten.

**Bezugsfläche** (Kartografie)
Horizontale Ebene, auf die Höhen- und Tiefenangaben auf einer Karte bezogen sind.

**Bezugsfläche,**
*cf / vgl* **Ladebezugsebene**

**Bezugsflügelfläche,**
*cf / vgl* **Bemessungsflügelfläche**

**Bezugsflügeltiefe,**
*cf / vgl* **Aerodynamische (mittlere) Flügeltiefe**

**Bezugskompass**
Tragbarer Magnetkompass, der mit einer Visiereinrichtung zur Feststellung des magnetischen Steuerkurses eines Luftfahrzeugs versehen ist und der Eichung von Luftfahrzeugkompassen dient.

**Bezugslinie**
Ganz allgemein eine Bezugslinie auf jeder Art von Instrument, wie z.B. eine Horizontlinie auf einem Fluglagekreisel.

**Bezugspunkt,**
*cf / vgl* **Datumpunkt**

**Bezugspunkt des Warteverfahrens,**
*cf / vgl* **Wartepunkt**

**Bezugsradius**
Ein willkürlich definierter Radius an der Luftschraube, auf den bestimmte Luftschraubenkennzahlen bezogen werden. (In der Regel 0,7 R in Großbritanien oder 0,75 R in den USA, wobei R gleich dem Blattspitzenradius ist).

**Bezugsschnitt; typischer Querschnitt**
Schnitt durch eine Konstruktion, deren Verschiebungen als Koordinaten in einer halbstarren Darstellung angenommen werden.

**Blashutze**
In Luftschiffen:
Hutze, durch die Luft infolge des Luftschraubenstrahls in Ballonets gedrückt wird.

**Blatt,**
*cf / vgl* **Platte**

**Blattbelastung; Blattflächenbelastung**
Schub des Rotors (oder das Luftfahrzeuggewicht) dividiert durch die Gesamtfläche der im Grundriss gesehenen Rotorblätter.

**Blattdruckseite; Druckseite**
Die Seite eines Luftschraubenblattes, die von den unteren Begrenzungen der als Blattprofile angesehenen Blattelemente gebildet wird.

**Blatt(einstell)winkel**
Der normalerweise spitze Winkel zwischen der Blattdruckseite eines Blattelements und der Rotationsebene der Luftschraube. Bei gewölbter Blattdruckseite wird er auf die Sehne bezogen.

**Blattfehleinstellung; ungleiche Steigung**
Wenn der Einstellwinkel eines Luftschraubenblattes von dem der anderen Blätter abweicht.

**Blattpfeilung**
Die Winkelabweichung zwischen der Verbindungslinie der Schwerpunkte der Luftschrauben-Konstruktionsabschnitte und einer diese durchstoßenden Geraden auf der Rotationsebene, die die Propellerachse tangiert.

**Blattrückseite,**
*cf / vgl* **Saugseite (der Luftschraube)**

**Blattspitzenebene**
Ebene senkrecht zur Normalachse der Blattspitzenebene; Ebene, die im wesentlichen den von den rotierenden Blattspitzen beschriebenen Weg enthält.

**Blattspitzengeschwindigkeit; Umfassungsgeschwindigkeit**
Mittlere Winkelgeschwindigkeit des Rotors multipliziert mit dem Rotorhalbmesser.

**Blatt-V-Stellung**
Die Neigung der Verbindungslinie der Schwerpunkte der Luftschrauben-Konstruktionsblattschnitte gegen die Rotationsebene der Luftschraube. (**Rückwärtsneigung, Vorwärtsneigung**).

**Blech**
*cf / vgl* **Platte**

**Blendschutz**
Eine Vorrichtung, die den Führer eines Luftfahrzeuges gegen Blendung durch heiße Abgase oder Glühen des Abführungsrohres schützt.

**Blindanflug-Funkfeuersystem**
Ein besonderes VHF-DME-System, bei dem Rebecca und eine Spezialdarstellung im Luftfahrzeug in Verbindung mit einem Richtfunkfeuer am Boden (BABS) am Ende der Landebahn Verwendung finden.

**Blindfluginstrumente**
Speziell dafür ausgelegte Instrumente, die einem Piloten ausreichende Informationen liefern, ein Luftfahrzeug ausschließlich nach Instrumenten zu fliegen.

**Blindübermittlung**
Eine Übermittlung von einer Fernmeldestelle an eine andere, wenn eine Zweiwegverbindung nicht zustande kommt, aber angenommen wird, dass die gerufene Stelle die Übermittlung doch empfangen kann.

**Blinkfeuer; Blitzfeuer**
Periodisch unterbrochenes Feuer, bei dem die helle Periode wesentlich kürzer ist als die dunkle.

**Blizzard,**
*cf / vgl* **Schneesturm**

**Blockzuschnittbauart,**
*cf / vgl* **Längsschnittbauart**

**Bö; Windunruhe**
Rascher Anstieg der Windgeschwindigkeit im Verhältnis zu der mittleren, zur Zeit vorherrschenden Stärke.

**Bö(e); Windstoß**
Ein kräftiger Wind, der schnell aufkommt und vergeht und nur wenige Minuten andauert.

**Bodenanlassgerät**
Jede nicht an Bord eines Luftfahrzeuges mitgeführte Vorrichtung zum Anlassen von Flugmotoren.

**Bodenanschlüsse; Bodenprüfanschlüsse**
Anschlüsse, die im Flugzeug dazu vorgesehen sind, die Hydraulik, Pneumatik- oder Elektronikanlage mit einer außerhalb des Luftfahrzeuges befindlichen Kraftquelle zu verbinden, um die Bordanlage zu prüfen.

**Bodenausrüstung; Bodengerät**
Gegenstände besonderer Art für die Wartung, Instandsetzung und Versorgung eines Luftfahrzeuges am Boden, einschließ-

lich Prüfgerät. Insbesondere das für die Abfertigung von Fracht und Fluggästen Benötigte.

**Boden/Bord-(Funk-)Verkehr**
Einwegverkehr von Bodenstationen zu Luftfahrzeugen.

**Bodenecho**
Die von einme Radargerät empfangenen Bodenechos von Land oder See.

**Bodenlaufzeit**
Zeit, in der der Motor läuft, während das Luftfahrzeug abgestellt ist oder rollt.

**Bodenleerlaufzustand**
Der Zustand kleinster Drehzahl bei Vorwärtsgeschwindigkeit Null und höchster Abgastemperatur bei dieser Drehzahl.

**Bodensicht**
Die von einem beauftragten Beobachter gemeldete Sicht auf einen Flugplatz.

**Boden-Wetterradar(gerät)**
Ein vom Wetterdienst benutztes Rundsichtradargerät. In seiner Primärrolle kann es dem Auffinden und Verfolgen von Wolken, Niederschlägen oder Wetterballonen oder in einer Sekundärrolle dem Auffinden und Verfolgen entsprechend ausgestatteter Ballone dienen.

**Böen(schwell)tiefe; Böenwachstumsdistanz**
Die horizontale Strecke, in der der Aufwind in einer Böe von seinem Ausgangswert auf seinen Maximalwert ansteigt.

**Böenwachstumsdistanz,**
*cf / vgl* **Böen(schwell)tiefe**

**Bogen,**
*cf / vgl* **Platte**

**Bogiefahrwerk; Tandemfahrwerk**
Fahrwerk, das aus zwei hintereinander angeordneten Laufradpaaren besteht, die am Ende eines zentralen Fahrwerkbeines schwenkbar angeordnet sind.

**Bootskörper; Bootsrumpf; Gerippe, Gerüst**
Hauptbauteil eines Flugbootes oder eines Luftschiffes.

**Bootsstummel,**
*cf / vgl* **Schwimmerstummel**

**Bord-Boden-Funkverkehr**
Zweiweg-Verkehr zwischen Luftfahrzeugen und Funkstellen oder anderen Stellen auf der Erdoberfläche.

**Bordflugzeug**
Luftfahrzeug schwerer als Luft, das zum Starten und Landen auf dem Deck eines Schiffes besonders geeignet ist.

**Bordfunkstelle,**
*cf / vgl* **Bordstation**

**Bordgestütztes Luftfahrzeug/Flugzeug**
Ein Luftfahrzeug, insbesondere ein Starrflügelflugzeug, das sich an Bord eines Flugzeugträgers befindet und von ihm aus operiert.

**Bordingenieur; Flugingenieur; Bordtechniker**
Mitglied der Flugbesatzung, das für technische Dienstverrichtungen verantwortlich ist.

**Bordstation; Bordfunkstelle**
Eine Funkstelle im beweglichen Flugfunkdienst an Bord eines Luftfahrzeuges oder eines Raumfahrzeuges.

**Bordtechniker,**
*cf / vgl* **Bordingenieur**

**Bordverständigungsanlage; Eigenverständigungsanlage,** *Abk* **EiV; Gegensprechanlage**
Fernsprechanlage innerhalb eines Luftfahrzeugs für die Besatzung.

**Bordvorräte**
Waren, einschließlich Verpflegungsvorräte, die zum sofortigen Verbrauch geeignet und für die Verwendung oder den Verkauf an Bord eines Luftfahrzeuges während des Fluges bestimmt sind.

**Bord-Wetterradar(gerät)**
Ein im Allgemeinen im X-Band oder im C-Band arbeitendes Bord-Radargerät, das meist über eine Bildschirmdarstellung Wetterinformationen oder -warnungen über die Position potentiell gefährlicher Wolken liefert.

**Boxermotor**
Ein Kolbenmotor, dessen Zylinder einander gegenüberliegend angeordnet sind, wobei die Pleuelstangen auf einer gemeinsamen Kurbelwelle gelagert sind.

**Brandschott**
Feuersichere oder feuerhemmende Wandung oder Schott, das einen Flugmotor von der übrigen Luftfahrzeugstruktur trennt, um die Ausbreitung jeglichen beim Motor entstehenden Feuers zu verhindern.

**Breitenentfernung; Abweitung**
Die in Ost-West-Richtung zurückgelegte loxodromische Distanz.

**Bremsklappe,**
*cf / vgl* **Sturzflugbremse**

**Bremsleistung; Nutzleistung; Wellenleistung**
Die an der abgegebenen Welle verfügbare Leistung in PS.

**Bremsschirm**
Von einem Luftfahrzeug zur Verkürzung seiner Landestrecke ausgesetzter Fallschirm.

**Bremssteigung,**
*cf / vgl* **Negative Steigung**

**Brenner**
Eine Vorrichtung, durch die der Kraftstoff in eine Brennkammer eingespritzt wird. Brenner können mit einer festen oder variablen Düse ausgestattet sein. Im Amerikanischen kann der Begriff die gesamte Brennkammer unfassen.

**Brennkammer**
Eine Kammer, in der der Verbrennungsprozess stattfindet. Die Brennkammer kann sowohl als eine einzige Kammer, als auch als ein System von mehreren Flammrohren ausgebildet sein.

**Brennkammeranlage,**
*cf / vgl* **Strahlrohranlage**

**Brennkammer-Zwischenstück; Verbindungsmotor**
Eine Rohrverbindung zwischen zwei benachbarten Brennkammern oder Flammrohren.

**Brennschluss**
Zeitpunkt, zu dem eine Rakete ihre Brennstoffe aufgebraucht hat.

**Brennschlussentfernung**
Entfernung eines Flugkörpers bis zur Brennschluss-Stufe.

**Brennschlussgeschwindigkeit**
Die Geschwindigkeit, die ein Flugkörper mit Raketenantrieb bei Brennschluss erreicht hat.

**Brennstoff; Kraftstoff**
Substanz, die zum Freiwerden ihrer Energie der Oxydation bedarf.

**Brennstopp; Abschalten; Absperren**
Absichtliches Abstellen eines Rückstoßtriebwerks.

**Brennstoppgeschwindigkeit**
Die Geschwindigkeit, die ein Flugkörper im Zeitpunkt des Brennstopps erreicht hat.

**Briefing; Einweisung; Flugvorbesprechung**
Die vorherige Ausgabe bestimmter Anweisungen oder Informationen.

**Bruchfaktor; Sicherheitszahl gegenüber der Bemessungsbruchlast**
Die Sicherheitszahl, die mit der für Entwurfszwecke als Höchstbelastung angesehenen Belastung übereinstimmt, d.h. die Bemessungsbruchlast.

**Bruchlast**
Maximale Beanspruchung, der eine Kosntruktion zu widerstehen imstande sein muß.

**Buffeting,**
*cf / vgl* **Schütteln**

**Bugkappe**
Bei Luftschiffen:
Bauteil, der das vorderste Ende des Gerippes oder der Hülle bildet.

**Bugkühler**
Ein Kühler, der in den Bug eines Flugzeugrumpfes oder einer Motorgondel eingebaut ist.

**Bugradfahrwerk; Dreiradfahrwerk**
Fahrwerk mit Bugradfahrgestell.

**Bugseitenleinen**
Seile die vom Bug eines Luftschiffs herabhängen und seitlich am Boden verankert werden.

**Bugversteifungen**
Kurze Längsträger, die radial an der Bugkappe eines Drachenballons, eines unstarren oder eines halbstarren Luftschiffs angebracht sind, um die Hülle örtlich gegen aerodynamische Drücke zu versteifen.

**Bumslandung,**
*cf / vgl* **Durchsacken bei der Landung**

**Bürgerliche Dämmerung**
Für rechnerische Zwecke: die Periode am Morgen oder am Abend, während der sich die Sonne zwischen dem Horizont und einem um 6° unterhalb des Horizonts gelegenen Punkt befindet.

**Buys-Ballotsches Gesetz**
Das meteorologische Gesetz, das aussagt, dass bei einm Beobachter, der mit dem Rücken zur Windrichtung steht, auf der nördlichen Halbkugel der Luftdruck links niedriger ist als auf der rechtenSeite. Auf der südlichen Halbkugel ist es umgekehrt.

**Bypass-Triebwerk; Mantelstrom-, Zweikreis-Triebwerk; Mantelgebläseturbotriebwerk**
Ein Gasturbinen-Triebwerk, bei dem ein Teil der Nutzenergie dazu benutzt wird, einen in einer Düse laufenden Verdichter zu treiben. Dies kann entweder der vordere oder der hintere Verdichter sein, und der Bypass-Luftstrom kann entweder mit dem Hochdruck- oder Verbrennungsluftstrom vermischt sein oder direkt vom Verdichter ausströmen.

# C

**C-Bildschirm**
Ein Kathodenstrahl-Bildschirm, auf dem Echos als Punkte erscheinen mit dem rechtweisenden Peilwinkel als horizontale Koordinate und dem Höhenwinkel als senkrechte Koordinate.

**Cetan-Zahl**
Die Zahl, mit der das relative Zündvermögen eines Brennöls für Dieselmotore ausgedrückt wird.

**Chuffing; ungleichmäßige Verbrennung**
Charakteristisches Merkmal bei einigen Raketen mit aussetzender Verbrennung und ungleichmäßigem Geräusch.

**Cockpit,**
*cf / vgl* **Führerraum**

**Coriolis-Effekt**
Auswanderung des durch die Luftblase in einem Sextanten gekennzeichneten künstlichen Horizonts infolge der Wechselwirkung zwischen der Winkelgeschwindigkeit der Erde und derjenigen des Luftfahrzeugs um die Erdachse.

**Crabpot-Ventil**
Spezieller Typ von Stoffventil, das von einem Handseil betätigt wird.

**Crossbar-Anflugfeuer,**
*cf / vgl* **Querbalken**

# D

**D-Wert; D-Faktor**
Die Differenz D zwischen der tatsächlichen Höhe einer bestimmten Druckfläche über NN und der Höhe der gleichen Druckfläche in der internationalen Norm(al)atmosphäre.

**Dämmerung**
Zeitspanne unmittelbar vor Sonnenaufgang oder nach Sonnenuntergang, während das Sonnenlicht durch Reflektion von Partikeln in der Atmosphäre auf die Erde fällt. Man unterscheidet astronomische, nautische und bürgerliche Dämmerung, je nachdem, ob die Zeit gemessen wird vom Sonnenaufgang bzw. -untergang bis zu dem Zeitpunkt, in dem der Mittelpunkt der Sonnen 18°, 12° oder 6° unter dem Horizont steht.

**Dampf(blasen)sperre; Dampfsack**
Von verdampftem Kraftstoff in den Leitungen verursachte Unterbrechung oder Verlangsamung des Kraftstoff-Flusses in einer Kraftstoffanlage.

**Dampfkonzentration,**
*cf / vgl* **Absolute Feuchtigkeit**

**Dämpfungsfaktor; Dämpfungsverhältnis**
Das Verhältnis der Amplitude einer beliebigen Schwingung aus einer Serie gedämpfter Schwingungen zu der nachfolgenden der gleichen Phase.

**Dämpfungsmoment**
Moment, das vom Betrag der Auslenkung abhängt. Ein positives Dämpfungsmoment wirkt der Bewegung entgegen.

**Dämpfungsventil**
Ein Ventil, das dazu vorgesehen ist, Flüssigkeitsschwingungen in einer Hydraulikanlage zu dämpfen.

**Datumpunkt; Bezugspunkt**
Punkt, dessen Koordinaten bekannt sind oder als bekannt angenommen werden, und von dem aus Berechnungen oder Messungen durchgeführt werden können.

**Dauerfluss-Sauerstoffanlage**
Sauerstoffanlage, bei der Sauerstoff sowohl beim Einantmen als auch beim Ausatmen zufließt.

**Dauertonzone; Zone gleicher Amplitude; Gleichsignalzone**
Zone, in welcher mit einem System sich überschneidender Zeichen angezeigt wird, dass sich ein Luftfahrzeug auf einem bestimmten Kurs befindet.

**Decklande-Spiegelvisier; Deck-Sichtlandegerät**
Landehilfe auf einem Flugzeugträger, die einige Lichteranordnung umfasst, die so stabilisiert ist, dass dem Luftfahrzeugführer der richtige Sinkflug auf das Flugdeck angezeigt wird.

**Dehnungsballon; Ballon mit veränderlichem Volumen**
Drachenballon, der mit Gummischnüren oder anderen Vorrichtungen versehen ist, die seine Form erhalten, wenn er nicht ganz mit Gas gefüllt ist.

**Deklination,**
*cf / vgl* **Kompassmissweisung**

**Deklination (eines Gestirns)**
*cf / vgl* **Abweichung**

**Delta-drei-Winkel**
Spitzer Winkel zwischen der Senkrechten zur Blattachse im Grundriss und der Schlaggelenkachse.

**Delte-Tragfläche**
Eine Tragfläche, die in der Draufsicht einem Dreieck gleicht.

**Den Betankungsschlauch ausfahren,**
*cf / vgl* **Ausfahren**

**Depression,**
*cf / vgl* **Tief(druckgebiet)**

**DETRESFA**
Das Kennwort für Alarmstufe 3 (Notstufe).

**Deviation,**
*cf / vgl* **Kompassablenkung**

**Diagonalstoff**
Mehrschichtiger Stoff, bei dem eine oder mehrere Lagen so geschnitten sind, dass die Kettenfäden im Winkel zur Länge verlaufen.

**Dichtehöhe,**
*cf / vgl* **Luftdichtenhöhe**

**Dichten; Imprägnieren**
Behandlung eines Stoffes, um ihn gasdicht oder wetterbeständig zu machen.

**Dichtring,**
*cf / vgl* **Zylinderkopfring**

**Dichtungsring; Gaskranz**
Ein Federring, der eine Gasabdichtung zwischen dem Kolben und der Zylinderwand herstellt.

**Dickenverhältnis; relative Profildicke; Profildickenverhältnis**
Verhältnis der senkrecht zur Profilsehne gemessenen maximalen Profildicke zur Flügeltiefe, üblicherweise als Prozentsatz ausgedrückt.

**Die Lufttüchtigkeit bescheinigen**
Bescheinigen, daß ein Luftfahrzeug oder Teile davon den bestehenden Lufttüchtigkeitsanforderungen entsprechen, nachdem sie überprüft, überholt, instandgesetzt, geändert oder eingebaut worden sind.

**Dienstgipfelhöhe**
Höhe, in der die maximale Steiggeschwindigkeit eines Luftfahrzeugs einen bestimmten Wert aufweist, der in etwa dem nutzbaren Wert entspricht.

**Dieselmotor; Motor mit Verdichtungszündung**
Ein Kolbenmotor, bei dem sich das Gemisch im Zylinder allein durch die infolge der Kompression eintretende Temperaturerhöhung entzündet.

**Differentialventil**
Ein Ventil, das die relative Fördermenge in zwei oder mehreren Leitungen regelt.

**Differenz der Modulationsgrade (DDM)**
Der prozentuale Modulationsgrad des stärkeren Signals abzüglich des prozentualen Modulationsgrades des schwächeren Signals, geteilt durch 100 (ILS-Verfahren).

**Diffusion**
Gasbewegung zwischen benachbarten Schichten infolge der Tendenz von Gasen, sich gleichförmig zu vermischen. Diffusion findet nicht nur zwischen sich unmittelbar berührenden Schichten statt, sondern auch zwischen solchen, die durch eine durchlässige Wand getrennt sind, deren Poren so klein sind, dass der Gasaustausch der Konzentrationsdifferenz proportional ist.

**Diffusion; Spannungsverlauf**
Änderung der Spannungsverteilung über den Querschnitt eines Bauteils der Länge nach infolge direkter Belastung in Längsrichtung.

**Diffusor**
Anordnung, um die kinetische Energie eines strömenden Mediums in Druckenergie umzuwandeln; bei Strömung im Unterschallbereich ein Rohr, dessen Querschnitt sich zunehmend in der Strömungrichtung erweitert.

**Diffusor**
Ein Ring fester Leitschaufeln oder ein oder mehrere sich erweiternde Kanäle am Verdichteraustritt, in dem die kinetische Energie der Luft in Druck umgewandelt wird.

**Diffusorwinkel**
Winkel zwischen der Achse und der Oberfläche eines Kreis-

kegels, für den die Querschnittfläche sich in demselben Verhältnis entlang seiner Achse vergrößert, wie bei dem Diffusor.

**Divergenz,**
*cf / vgl* **Angefachte aperiodische Bewegung**

**Divergenzgeschwindigkeit**
*cf / vgl* **Kritische Auskippgeschwindigkeit**

**Doldrum(s),**
*cf / vgl* **Kalmengürtel**

**Dom,**
*cf / vgl* **Krone**

**Doppelflutiger Verdichter; zweiflutiger Verdichter**
Ein Verdichter, bei dem die Luft zu beiden Seiten des Laderlaufrads oder des Läufers eintritt.

**Doppelkolbenmotor; Gegenkolbenmotor**
Ein Motor, in dessen Zylindern jeweils zwei Kolben gegeneinander arbeiten.

**Doppelpeilung; Peilstandort**
Schnittpunkt zweier oder mehrerer Standlinien, die nicht zur gleichen Zeit durch Peilung ermittelt, aber auf eine gemeinsame Zeit korrigiert wurden.

**Doppelsteuerschulung; Schulung am Doppelsteuer**
Flugzeugführerschulung, bei welcher der Flugschüler mit dem Lehrer fliegt und das Flugzeug mit einem Satz der Doppelsteuerung fliegen darf.

**Doppeltriebwerk**
Ein Triebwerk, das aus zwei Kraftmaschinen besteht, die unabhängige koaxiale Propeller antreiben.

**Doppler-Navigationsverfahren**
Navigationsverfahren, bei dem der Dopplereffekt auf Funkfrequenzen Anwendung findet, um die Radialgeschwindigkeit eines Zieles in Relation zum Beobachter oder die wahre Grundgeschwindigkeit eines Luftfahrzeuges festzustellen und daraus durch Integration die zurückgelegte Entfernung zu ermitteln.

**Drachen**
Ein mit Papier, Stoff, Metall oder einem anderen Material bespanntes Gerüst, das am Ende eines Seils oder Kabels allein durch die Unterstützung des Windes geflogen wird, der sich entlang seiner Fläche bewegt.

**Drachenballon**
Fesselballon, der so geformt und getrimmt ist, dass seine Stabilität und sein aerodynamischer Auftrieb von der Anströmung herrühren.

**Drehbare Rahmenantenne; drehbare Ringantenne**
Rahmenantenne, die im Azimut gedreht werden kann und zur Richtungsbestimmung benutzt wird.

**Drehbewegungsderivativa**
Stabilitätsderivativa, die mit der Drehbewegung des Luftfahrzeugs zusammenhängen.

**Drehen (in Abtriftrichtung); Drehmanöver**
Manöver, mit dem sich ein Springer im allgemeinen in die Abtriftrichtung dreht, indem er an bestimmten Fangleinen zieht.

**Drehflügler; Drehflügelluftfahrzeug**
Ein mit eigener Kraft angetriebenes Luftfahrzeug, schwerer als Luft, das sein tragende Kraft im Fluge durch Luftkräfte auf einen oder mehrere Drehflügel erhält.

**Drehfeuer,**
*cf / vgl* **Rundstrahlfeuer**

**Drehfunkfeuer**
*cf / vgl* **Rundstrahl-Funkfeuer**

**Drehfunkfeuer für Sprechverkehr**
Selbsttätig arbeitende UKW-Funkfeueranlage für Sprechverkehr, deren Strahlungsdiagramm gleichmäßig rotiert.

**Drehmoment** (aerodynamisch)
Das Moment der Luftkräfte einer Luftschraube um ihre Drehachse.

**Drehmoment(en)messer**
Ein in einen Motor eingebautes Gerät zum Messen des abgegebenen Drehmoments.

**Drehmomentenstückegabel; Federbeinschere**
Gestänge zur Verhinderung der Verdrehung von Gliedern eines Teleskopfederbeins gegeneinander.

**Drehmomentenwaage**
Ein Prüfgerät, das die Motorleistung aufnimmt und das Drehmoment misst.

**Drehstuhl nach Bárány,**
*cf / vgl* **Bárány-Drehstuhl**

**Dreieckfallschirm**
Fallschirm, der im flach ausgelegten Zustand annähernd Dreiecksform besitzt.

**Dreikomponentenwaage**
Wägeeinrichtung im Windkanal zum Messen von drei Kraftkomponenten und Momenten, die im allgemeinen Auftrieb, Widerstand und Längsmoment umfassen.

**Dreiradfahrwerk,**
*cf / vgl* **Bugradfahrwerk**

**Drillingsfallschirm**
Drei miteinander gekoppelte Fallschirme.

**Drohne; ferngelenktes Luftfahrzeug**
Unbemanntes Luftfahrzeug mit vorher eingestellten oder fernbedienten Steuerorganen. Vgl. auch **„Unbemanntes Luftfahrzeug“**.

**Druckanzug**
Bekleidungsstück, das so gestaltet ist, dass ein absoluter Druck sowohl im wie auch um den Körper auf einem solchen Niveau gehalten wird, dass die schädigenden Auswirkungen der Höhe (Sauerstoffmangel, Gasausperlung und Druckfallkrankheit) nicht zum Tragen kommen. Druckanzüge können je nach ihrem Verwendungszweck und ihrer Konstruktion unterteilt werden.

**Druckanzug**
Ein Anzug, der bei positiven Beschleunigungen Druck auf den Unterleib und die unteren Gliedmaßen ausübt, um einen Blutstau unterhalb der Brust zu verhüten oder zu verzögern.

**Druckatmung; Druckbeatmung**
Eine Verfahrensweise, bei welcher der Druck in den Atmungsorganen oberhalb des Umgebungsdrucks gehalten wird, um einen höheren Sauerstoff-Partialdruck in den Luftzellen der Lunge zu erzeugen als andernfalls möglich.

**Druckbetankung**
Auffüllen der Kraftstoffbehälter eines Luftfahrzeugs mittels eines Außenbord-Pumpaggregats, das Kraftstoff unter Druck in

einer geschlossenen Leitung zu einem Anschluss am Luftfahrzeug fördert, von wo der Kraftstoff über einen Verteilerkopf in die Kraftstoffbehälter fließt.

**Druckenttankung; Tankentleerung mittels Saugpumpe**
Ablassen von Kraftstoff aus den Kraftstoffbehältern eines Luftfahrzeugs über eine Bord-Enttankungsanlage zu einem Anschluss am Luftfahrzeug und von da über eine geschlossene Leitung zu einer Außenbord-Sogpumpe.

**Druckerhöher,**
*cf / vgl* **Gebläse**

**Druckfallkrankheit**
Syndrom oder Syndrome, die in Verbindung mit einem Abfall des Luftdrucks, aber ohne Sauerstoffmangel auftreten. Gefäßkrämpfe, Erstickungsanfälle, sog. Taucherkrankheit, Kribbeln, Störungen des Nervensystems und des Kreislaufs können dabei festgestellt werden.

**Druckflächenflug,**
*cf / vgl* **Barometrische Navigation**

**Druckflächenkarte,**
*cf / vgl* **Karte konstanten Niveaus**

**Druckgradient,**
*cf / vgl* **Luftdruckgradient**

**Druckhöhe**
Einen atmosphärischen Druck als die Höhe angeben, welche diesem Druck in der Normatmosphäre entspricht.

**Druckhöhe**
Bei Luftfahrzeugen leichter als Luft:
Höhe in der Normatmosphäre, in der sich – bezogen auf einen gegebenen Füllungsgrad in Meereshöhe – in der Ballonhülle oder Gaszelle ein bestimmter Überdruck einstellt.

**Druckkabine**
Kabine, in der Mittel vorgesehen sind. den Luftdruck auf einem höheren Niveau als dem des Umgebungsdrucks zu halten.

**Druckkapsel**
Druckkabine eines Luftfahrzeugs für Besatzungsmitglieder, die in einigen Ausführungen im Notfall abgesprengt werden kann.

**Drucklose Betankung,**
*cf / vgl* **Offenes Betanken**

**Druckluftanlage; Pneumatische Anlage**
(a) Eine besondere Art von Leistungsübertragung durch unter Druck stehender Luft.
(b) Beim Luftfahrzeug: Die gesamte Druckluftanlage.

**Druckluftanlasser**
Eine Vorrichtung zum Anlassen eines Motors unter Verwendung der Expansionskraft von Druckluft in den Zylindern oder anderswo.

**Druckluftanlasser**
Eine Anlasserart für Verbrennungs-Kolbenmotore, bei der den Zylindern Druckluft zum Durchdrehen des Motors zugeführt wird.

**Druckluft-Stellsystem,**
*cf / vgl* **Pneumatischer Kreis**

**Druckluft-Windkanal,**
*cf / vgl* **Überdruckkanal**

**Druckmelder,**
*cf / vgl* **Prallmelder**

**Druckmesskopf,**
*cf / vgl* **Staudruckmesser**

**Druckpumpe,**
*cf / vgl* **Öldruckpumpe**

**Druckpropeller**
Ein Propeller, der so angebracht ist, dass er im normalen Betriebszustand die Propellerwelle auf Druck beansprucht.

**Druckpropellerflugzeug; Flugzeug mit Druckpropeller**
Flugzeug, das von Druckpropellern angetrieben wird, die hinter den Triebwerken angeordnet sind.

**Druckpunktwanderung**
Die mit der Änderung des Anstellwinkels einhergehende Lageänderung des Druckpunktes eines Tragflügels entlang der Flügelebene.

**Druckregler**
Vorrichtung zum Verhüten des Überschreitens eines vorbestimmten Kraftstoff-Förderdrucks.

**Druckseite,**
*cf / vgl* **Blattdruckseite**

**Drucksonde,**
*cf / vgl* **Staudruckmesser**

**Drucksturz,**
*cf / vgl* **Explosive Dekompression**

**Druckverkleidung**
*cf / vgl* **Offene Motorhaube**

**Druckwiderstand**
Teil des Widerstandes infolge der Druckkomponenten senkrecht zur Oberfläche.

**Dünung; Schwell**
Wellenbewegung der Meeresoberfläche, die nach dem Aufhören der ursprünglichen Störungsursache verbleibt, oder die auf eine Störung in einem entfernten Gebiet zurückzuführen ist. Dünung besteht normalerweise aus langen, regelmäßigen Wellenbewegungen von geringer Höhe.

**Duplexbetrieb; zweifach; mehrfach**
Ein Verfahren, bei dem der Verkehr zwischen zwei Fernmeldestellen gleichzeitig in beiden Richtungen stattfinden kann.

**Duplexbrenner; Zweifachbrenner**
Ein Brenner mit zwei Wirbelsystemen und einer einzigen Austrittsöffnung.

**(Durch Standlinien-Parallelverschiebung ermittelter) Peilstandort; Doppelpeilung**
Schnittpunkt von zwei oder mehreren Standlinien, die nicht zur gleichen Zeit bestimmt worden sind und die auf eine gemeinsame Bezugszeit umgerechnet wurden.

**Durchgangsbereich,**
*cf / vgl* **Transitbereich**

**Durchgangseinrichtungen,**
*cf / vgl* **Transiteinrichtungen**

**Durchgehender Flug**
Ein bestimmter Flug, der auf der gesamten Strecke vom ausgangspunkt über beliebige Zwischenpunkte bis zum Be-

stimmungsort die gleiche, vom (Luftfahrzeug-)Halter festgelegte Bezeichnung trägt.

**Durchlässigkeit**
Stärke der Diffusion eines Gases durch das Flächenelement eines Werkstoffes unter festgelegten Bedingungen.

**Durchlässigkeitsmessgerät**
Gerät zum Messen der Durchlässigkeit eines Stoffes.

**Durchsacken bei der Landung; Bumslandung**
Landen eines Luftfahrzeugs mit ungewöhnlich hoher Sinkgeschwindigkeit oder mit sehr kleiner Vorwärtsgeschwindigkeit.

**Durchstarthöhe,**
*cf / vgl* **Fehlanflughöhe**

**Düse; Überschall-Effusor**
(a) Teil oder Gesamtheit eines Ausflussrohrs in einem Überschallkanal, in dem die Strömung mittels eines konvergierend-divergierenden Rohrs von Unterschall- auf Überschallgeschwindigkeit beschleunigt und eine gleichförmige Strömung erzielt wird.
(b) Die Verengung in einem Unterschallkanal mit einer offenen Mess-Strecke.

**Düsenkühler; ummanteltes Kühlsystem**
Ein Kühler, der in eine Luftführung eingebaut ist.

**Düsenleitschaufeln,**
*cf / vgl* **Eintrittsleitschaufeln**

**Düsenölkühler; ummantelter Ölkühler**
Ein Ölkühler, der in eine Luftführung eingebaut ist.

**Dynamisch ähnliches Modell**
Modell, dessen elastische und Massenverteilungen wie auch geometrische Abmessungen maßstäblich so abgestimmt sind, dass bestimmte Bewegungsmerkmale sowohl bei dem Modell als auch bei dem Luftfahrzeug natürlicher Größe gleich sind, abgesehen von den Auswirkungen des Maßstabes (Reynoldsche Zahl) auf die Aerodynamik.

**Dynamische Erwärmung**
Die Erwärmung der Oberfläche eines Luftfahrzeugs infolge seiner Bewegung durch die Luft. Die Erwärmung erfolgt dadurch, dass die Luft an der Oberfläche relativ zum Luftfahrzeug zum Stillstand gebracht wird, und zwar entweder durch ein direktes Auftreffen in der Stauzone oder durch die Wirkung der Luftzähigkeit an anderer Stelle.

**Dynamische Stabilität**
Uneingeschränkte Stabilität der Bewegung unter voller Berücksichtigung der aerodynamischen Kräfte, der Schwerkraft und Trägheit.

**Dynamischer Auftrieb**
Aerodynamischer Auftrieb infolge der Bewegung der Luft relativ zu einem Luftfahrzeug leichter als Luft.

**Dynamischer Ausgleich; dynamisches Auswuchten**
Eine Luftschraube ist dann dynamisch ausgeglichen, wenn die von der rotierenden Schraube ausgehenden Zentrifugalkräfte keinerlei periodische Kräfte oder Momente auf den Propellersitz übertragen.

**Dynamischer Druck,**
*cf / vgl* **Staudruck**

**Dynamisches Auswuchten,**
*cf / vgl* **Dynamischer Ausgleich**

# E

**E-Schirm; E-Bildschirm**
Radarschirmbild, auf dem Echosignale als Punkte erscheinen mit dem Entfernungswert als horizontale und dem Höhenwinkel oder der Höhe als vertikale Komponente.

**Echoanzeige**
Eine frei gebrauchte Bezeichnung, die sich auf ein isoliert auftretendes Radarecho oder eine momentane Auslenkung oder Intensitätsänderung eines Radarechos sowie auf die daraus resultierenden Änderungen auf dem Schirmbild bezieht.

**Echolot; Höhenanzeiger**
Instrument in einem Luftfahrzeug, das die Entfernung zwischen dem Luftfahrzeug und der senkrecht darunter befindlichen Oberfläche anzeigt.

**Echolot,**
*cf / vgl* **(Akustisches) Echolot**

**Echolot-Warngerät; Geländeabstandswarnanzeiger**
Bord-Funknavigationsgerät, das ein Warnsignal gibt, wenn der Abstand zwischen dem Luftfahrzeug und der senkrecht darunter liegenden Erdoberfläche einen vorgegebenen Mindestwert unterschreitet.

**Effektiver Verzerrungsgrad**
Der Verzerrungsgrad eines Gerätes, der unter tatsächlichen Betriebsbedingungen gemessen werden kann.

**Effusion**
Gasaustausch durch Poren, die genügend groß sind, dass die Geschwindigkeit ungefähr der Quadratwurzel des Druckgefälles proportional ist.

**Effusor; Ausflussrohr**
Anordnung, um Druckenergie eines strömenden Mediums in kinetische Energie umzuwandeln.

**Eigengeschwindigkeit,**
*cf / vgl* **Wahre Fluggeschwindigkeit**

**Eigengewicht,**
*cf / vgl* **Festmasse**

**Eigenstabilität**
Ein so ausgelegtes System jeglicher Art, das bei Störung seines Normalbetriebes ohne äußere Einwirlung zu diesem zurückkehrt.

**Eigenverständigungsanlage (EiV); Bordverständigungsanlage; Gegensprechanlage**
Telefonanalge, mit deren Hilfe Personal eines Luftfahrzeugs sich untereinander verständigen kann.

**Einbaufehler, Anbringungsfehler**
Teil des Unterschieds zwischen berichtigter und angezeigter Fluggeschwindigkeit, der davon herrührt, dass der registrierte statische Druck nicht gleich dem Umgebungsdruck ist. Diese Unstimmigkeit kann auf die Lage der Messstellen für dynamischen und statischen Druck am Luftfahrzeug oder die Bewegungsverhältnisse, bzw. beide Komponenten zurückzuführen sein.

**Eindecker**
Flugzeug oder Gleiter mit einem Paar Tragflächen.

**Einfach-Treibstoff; Monotreibstoff; Monopropergol**
Treibstoff, der aus einer Substanz besteht und keines weiteren chemischen Zusatzes für die Schuberzeugung bedarf.

**Einfahrverriegelung,**
*cf / vgl* **Fahrgestell-Einziehsperre**

**Einfanggeschwindigkeit**
Geschwindigkeit eines Luftfahrzeugs relativ zum Schiff oder zum Boden in dem Zeitpunkt, wenn es in die Landebremsvorrichtung einhakt.

**Einflugpunkt**
Der erste Meldepunkt in einer Luftstraße / einem Beratungsbezirk, über den ein Flug beim Einflug in ein Fluginformationsgebiet oder einen Kontrollbezirk führt. Auch als 'Einflug-Fix' bezeichnet.

**Einflutiger Verdichter**
Ein Verdichter, bei dem die Luft nur auf einer Seite des Laderlaufrads oder des Läufers eintritt.

**Einkanal-Simplexbetrieb**
Simplexbetrieb, bei dem in beiden Richtungen der gleiche Frequenzkanal benutzt wird.

**Einladen,**
*cf / vgl* **Zuladen**

**Einsatzentfernung; Einsatzreichweite**
Entfernung, über die ein Flugkörper seine Funktion auszuführen in der Lage ist.

**Einsatzkommando,**
*cf / vgl* **Flugbetriebsleitung**

**(Einsatz-)Profil; Flugprofil**
Die rechtwinklige Projektion eines Flugweges oder eines Teiles davon auf die Vertikalfläche, in der der Sollkurs über Grund liegt.

**Einsatzreichweite,**
*cf / vgl* **Einsatzentfernung**

**Einspritzpumpe**
Eine Kraftstoffpumpe, welche die gleiche Funktion erfüllt wie der Einspritzvergaser.

**Einspritzung**
Die Einführung von Kraftstoff, Kraftstoff und Luft, Kraftstoff und Oxidator, Wasser oder anderen Substanzen in das Einströmsystem eines Motors oder in eine Brennkammer.

**Einspritzvergaser**
Ein Vergaser, in dem der Kraftstoff unter Druck in den Luftstrom gespritzt wird, bevor er in die einzelnen Zylinder geleitet wird.

**Einsteigen,**
*cf / vgl* **Zusteigen**

**Einstellen,**
*cf / vgl* **Aufrüsten**

**Einstell-Leinenwerk**
In Luftfahrzeugen leichter als Luft:
Leinenwerk, das sich automatisch einer Änderung der Zugrichtung anpasst.

**Einstellpropeller**
Ein Propeller, dessen Blätter in Ruhestellung auf eine gewünschte Steigung eingestellt werden können.

**Einstellwinkel**
Winkel zwischen der Profilsehne einer Tragfläche oder einer Höhenflosse und der Horizontalen, wenn sich das Flugzeug in der Aufrüstungsposition befindet.
**Anmerkung**: Nicht zu verwechseln mit **Anstellwinkel.**

**Eintragungsstaat**
Der Staat, in dessen Luftfahrzeugregister das Luftfahrzeug eingetragen ist.

**Eintrittskante,**
*cf / vgl* **Vorderkante**

**Eintrittsleitschaufeln**
Radiale oder ringförmige Leitflächen im Lufteinlauf.

**Eintrittsleitschaufeln; Düsenleitschaufeln; Turbinenleitschaufelring**
Ein Kranz stationärer Schaufeln, der die Gase aus den Brennkammern beschleunigt und in Richtung auf ein Turbinenlaufrad lenkt.

**¼-Punkt; Viertelpunkt**
Punkt auf der Profilsehne eines Tragflügelprofils im Abstand von einem Viertel der Flügeltiefe von der Vorderkante.

**¼-Punktlinie; Viertellinie**
Durch die ¼-Punkte eines Tragflügels oder einer anderen aerodynamischen Oberfläche gezogene Linie.

**Einweisung,**
*cf / vgl* **Briefing**

**Einziehbares Fahrgestell; einfahrbares Fahrwerk**
Fahrgestell, das aus seiner Start- und Landestellung zur Widerstandsverminderung in die Zelle eingezogen werden kann.

**Einziehbares Querruder; Unterbrecherquerruder**
Ein in die Tragfläche einziehbares Querruder, speziell eine als Querruder Verwendung findende einziehbare Störkappe.

**Elastikbänder**
Elastische Gummi- oder Federbänder mit beidseitigen Haken zum schnellen Öffnen eines Fallschirmpacksacks.

**Elastikseil,**
*cf / vgl* **Gummiseil**

**Elastisch ähnliches Modell; elastisches Modell**
Modell, dessen Steifigkeitsverteilung wie auch geometrische Abmessungen so aufeinander abgestimmt sind, dass das aeroelastische Verhalten des Modells mit dem eines Luftfahrzeuges natürlicher Größe übereinstimmt.

**Elektrische Anlage**
Eine Gruppe elektrischer Ausrüstungsteile, die für einen bestimmten Zweck aufeinander abgestimmt sind.

**Elektrische Ausrüstung**
Einzelne Teile, die zusammen die elektrische Anlage eines Luftfahrzeuges bilden.

**Elektrische Störungen**
Jede Art elektrischer Störung, die sich auf elektrische oder elektronische Ausrüstung auswirkt.

**Elektrischer Anlasser**
Ein Elektromotor, der zum Durchdrehen eines Motors beim Anlassen benutzt wird.

**Elektrisches Instrument**
Ein Gerät zum Anzeigen, Aufzeichnen oder Messen einer Strommenge oder einer elektrischen Betriebsbedingung.

**Elevons,**
*cf / vgl* **Kombinierte Höhen- oder Querruder**

**Endanflug**
Der Teil eines Instrumentenanflugverfahrens, von dem Zeitpunkt an, zu dem das Luftfahrzeug
(a) die letzte Verfahrens- oder Queranflugkurve, falls vorgeschrieben, vollendet hat, oder
(b) einen festgelegten Punkt überflogen hat, oder
(c) auf den letzten für das Verfahren festgelegten Kurs eingedreht hat, bis zum Überfliegen eines in der Nähe eines Flugplatzes gelegenen Punktes, von dem aus
 i) eine Landung durchgeführt werden kann, oder
 ii) ein Fehlanflugverfahren eingeleitet wird.

**Endanflughöhe**
Flughöhe, in welcher zum Endanflug anzusetzen ist.

**Endanflugverfahren**
Der Teil eines Anflugs beginnend zu dem Zeitpunkt, zu dem das Luftfahrzeug – entweder zur unmittelbaren Landung in Richtung der Piste oder in Gegenrichtung der Piste fliegend oder um die letzte Verfahrenskurve zu beenden – die Achse der in Betrieb befindlichen Piste erreicht, und endend entweder durch die Landung oder zu dem Zeitpunkt, zu dem ein Fehlanflugverfahren begonnen wird.

**Endgeschwindigkeit**
(a) Höchster Wert der Grenzgeschwindigkeit
(b) Die Geschwindigkeit, bei der sich der Widerstand eines frei fallenden Körpers in einer gegebenen Höhe mit seinem Gewicht ausgleicht.

**Endscheibe**
Scheibe oder Fläche am Ende eines Tragflügels, in etwa senkrecht und parallel zur Flugrichtung angebracht. Eine gleichartige Wirkung wie mit einer größeren Flügelstreckung wird hierdurch erzielt.

**Endsturzflug**
Sturzflug, bei dem ein Luftfahrzeug seine Endgeschwindigkeit erreicht.

**Enteiserschlauch,**
*cf / vgl* **Tragflügel-Enteisungsvorrichtung**

**Enteisung**
Schutz von Luftfahrzeugen gegen Vereisung indem das Ansetzen von Eis zugelassen wird, um es dann durch mechanische, chemische oder thermische Mittel zu entfernen.

**Entenflugzeug**
Flugzeug, dessen die erforderliche Längsstabilität und Steuerung liefernde Flächen vor der Haupttragfläche angeordnet sind.

**Entenleitwerk**
*cf / vgl* **Nasenfläche**

**Entensteuerungssystem**
Steuerflächen, die vor dem Auftriebsmittelpunkt angeordnet sind.

**Entfaltung; Streckung**
Teil des Fallschirmverhaltens vom Augenblick, zu dem der Fallschirm dem Luftstrom ausgesetzt ist, bis zum Beginn der Entfaltung.

**Entfaltungsregelung; Sollbruchabbindung**
Schwache Schnur oder Faden, der zu einem bestimmten Zeitpunkt des Entfaltungsvorgangs reißt und dafür vorgesehen ist, die Entfaltung in vorgegebener Weise erfolgen zu lassen.

**Entfernung**
Strecke vom Startgerät zu einem in der Flugbahn des Flugkörpers genau bezeichneten Punkt. Die Messrichtung ist im einzelnen anzugeben, z.B. als schräg, horizontal oder entlang des Großkreises.

**Entfernungen vom Äquator,**
*cf / vgl* **Meridionalteile**

**Entfernungskennzeichnungsfeuer**
Feuer, die innerhalb des Anflugsektors die Entfernungen von den Schwellenfeuern anzeigen.

**Entfernungsmessgerät; Entfernungsmesseinrichtung**
Radarsystem, meist im L-Band arbeitend, mittels dessen ein Luftfahrzeug ein Funkfeuer am Boden (Transponder) abfragen und damit seine Entfernung dazu feststellen kann.

**Entladung,**
*cf / vgl* **Ausladen**

**Entlastungsvorrichtung; Kraftausgleich**
Feder, elastische Schnur oder eine andere unter Federspannung stehende Vorrichtung, wie sie z.B. im Steuerungssystem eines Luftfahrzeugs Verwendung findet, um eine entgegenwirkende Kraft auszugleichen.

**Entlüften; ausströmen lassen**
Eine Flüssigkeit, wie Luft oder Flüssigsauerstoff, aus einer Leitung, einem Behälter oder Ähnlichem ausströmen lassen.

**Entlüftungshutze**
Abdeckung, Verkleidung oder eine Anzahl von Öffnungen in der äußeren Bespannung eines starren Luftschiffs, durch die Gas aus dem Innern des Gerippes entweichen kann.

**Entscheidungshöhe; kritische Höhe**
Im Flugbetrieb: Höhe über Platz, in der bei einem Instrumentenanflug der Sinkflug zu beenden ist, falls der Anflug nicht nach Sicht fortgeführt werden kann.

**Entscheidungshöhe**
Eine festgelegte Höhe, in der ein Fehlanflug eingeleitet werden muss, falls die zur Fortsetzung des Landeanflugs erforderliche Erdsicht nicht aufgenommen worden ist.
**Anmerkung 1**: Die Entscheidungshöhe kann auf Bezugswerte wie mittlere Meereshöhe, die Flugplatzhöhe, die Höhe der Schwelle oder die höchste Höhe auf den ersten 900 m (3000 Fuß) der Piste bezogen werden, wie es die zuständige Behörde jeweils festgelegt hat.
**Anmerkung 2**: Mit „Erforderliche Erdsicht" ist derjenige Teil der optischen Hilfen oder des Anflugsektors gemeint, der für den Luftfahrzeugführer so lange in Sicht gewesen sein sollte, dass er den Luftfahrzeugstandort und das Ausmaß der Standortänderung gegenüber dem Soll-Flugweg hat feststellen können.
**Anmerkung 3**: Es ist wesentlich, dass bei der Berechnung der Entscheidungshöhe die Hindernisfreigrenze, die Leistungseigenschaften des Luftfahrzeuges und die Anflug- und Fehlanflugsysteme berücksichtigt werden.

**Entstörgerät; Entstörer**
Ein Gerät zur Unterdrückung unerwünschter Spannungsschwankungen, die elektrische Störungen verursachen können.

**Erden**
Die elektrische Verbindung (eines Drahtes u. dgl.) mit der Erdungsanlage eines Luftfahrzeuges.

**Erdfeldlenkung,**
*cf / vgl* **Terrestrische Lenkung**

**Erdinduktionskompass; magnetgestützter Kreiselkompass**
Azimutanzeige durch einen von einem Magnetfeldmesser gestützten Kreisel.

**Erdleitung; Masserückleitung; Masse**
Der elektrisch verbundene Teil eines Flugwerks, der als Teil des elektrischen Bordneztes verwendet wird.

**Erdleitungssystem**
Ein elektrisches Stromverteilungssystem, das die gegebenenfalls durch zusätzliche Leiter verstärkte Erdleitung einschließt.

**Erdnähe,**
*cf / vgl* **Perigäum**

**Erdungsanlage; Erde**
Eine Anlage, bei der alle metallischen Teile eines Luftfahrzeugs miteinander verbunden sind, um ein Leitungsnetz mit geringem elektrischen Widerstand zu bilden, das alle elektrischen Ströme und Ladungen sicher verteilt.

**Erdverbindung; Abbinden; leitende Verbindung**
Mechanische Verbindung von Metallteilen zur Herstellung eines elektrischen Kontakts niedriger Impedanz für Gleich- und Wechselstrom.

**Erhöhter Luftabfluss,**
*cf / vgl* **Abfließen von Luft**

**Erkennungszeichen**
Namenszeichen zur Identifizierung eines Punktes aus der Luft.

**Ersatzteile**
Für Instandsetzung oder Austausch bestimmte Gegenstände zum Einbau in ein Luftfahrzeug – einschließlich Motoren und Propeller.

**Erster Luftfahrzeugführer**
Ein voll auf einem Luftfahrzeugmuster einsatzbereiter Luftfahrzeugführer, der für das Fliegen eines Luftfahrzeugs verantwortlich ist.

**Erstickungsanfall,**
*cf / vgl* **Atemsperre**

**Erwartet**
Angewandt in Verbindung mit den verschiedenen Ausdrucksformen der Leistungsarten (z.B. Steiggeschwindigkeit oder Steigwinkel) weist dieser Ausdruck auf die Normleistung eines Musters unter den gegebenen Bedingungen hin (z.B. Gewicht, Höhe über Meer und Temperatur).

**Exosphäre**
Die äußerste Schicht der Atmosphäre.

**Explosive Dekompression; Drucksturz**
Sehr schnelle Verminderung des umgebenden Luftdrucks, wie sie nach einem Schaden an einer Druckkabine oder einem Druckanzug entstehen kann. Normalerweise angenommen als auf Druckausgleichszeiten von 1/10 Sekunde oder kürzer begrenzt.

# F

**Fächerförmiges Befestigungspflaster**
Bei Luftfahrzeugen leichter als Luft:
Fächerförmiges Pflaster aus Stoff und Gurten, das fest mit der Hülle verbunden ist.

**Fächermotor**
Ein Verbrennungs-Kolbenmotor, dessen Zylinder so angeordnet sind, dass sie einem in der Hand gehaltenen, gespreizten Fächer ähneln.

**Fackelzünder**
Eine Kombination von einer Anlasszündkerze und einem Kraftstoffzerstäuber, mit deren Hilfe die Verbrennung beim Anlassen einer Gasturbine eingeleitet wird.

**Fahnenstellung,**
*cf / vgl* **Segelstellung**

**Fahrgestell**
Hauptbaugruppe des Fahrwerks (z.B. Hauptfahrgestell, Bugrad, Spornrad).

**Fahrgestell-Einziehsperre; Einfahrverriegelung**
Vorrichtung, die das unbeabsichtigte Einfahren des Fahrgestells verhindert.

**Fahrtmesser**
Mess- und Anzeigegerät für Fluggeschwindigkeit.

**Fahrtwindgetriebene Luftschraube,**
*cf / vgl* **Stehende Luftschraube**

**Fahrwerk**
Teile eines Luftfahrzeugs (ausgenommen der Bootskörper eines Flugbootes), die seiner Unterstützung und Fortbewegung auf Land, Wasser oder einer anderen Oberfläche und der Aufnahme des Landestoßes dienen. Sie bestehen aus dem Hauptfahrwerk (einschließlich Laufräder, Kufen; Skier) und Hilfselementen, wie Bugfahrwerk, Heckrad oder Schleifsporn sowie Tragflächen-Stützschwimmer.

**Fahrwerk(ausfahr)verriegelung; Ausfahrverriegelung**
Eine Sperrvorrichtung, die ein Einziehfahrwerk in der Ausfahrstellung verriegelt.

**Fahrwerksschacht**
Aissparung oder Vertiefung in einer Tragfläche, dem Rumpf usw. zur Aufnahme des Lauftads eines Einziehfahrwerks.

**Fahrwerkverriegelung**
Verriegelung an einem einziehbaren Fahrwerk, um es in der aus- oder eingefahrenen Stellung zu halten.

**Faksimile(übertragungs)system**
Fernmeldesystem zur Übermittlung unbewegter Bilder und deren Empfang in dauerhafter Form.

**Fallbehälter; Falltank**
Ein Kraftstoffbehälter, von dem aus der Kraftstoff lediglich unter der Wirkung der Schwerkraft zum Motor gefördert wird.

**Fallendes Blatt**
Eine Art Kunstflugfigur, bei der ein Flugzeug unter annähernder Beibehaltung einer Horizontalfluglage und eines etwa gleichbleibenden Steuerkurses eine Reihe kontrollierter Trudelbewegungen mit allmählicher Höhenaufgabe und Pendelbewegungen nach beiden Seiten ausführt und damit die Bewegungen eines fallenden Blattes nachahmt.

**Fallschirm**
Eine aus Fallschirmkappe, Tragegurten, Verbindungsleinen, Verpackungssack und fallweise einem Hilfsschirm bestehende Konstruktion. Die Packhülle und das daran befestigte Gurtzeug werden als zum Fallschirm gehörig angesehen, wenn sie nicht integraler Bestandteil der am Fallschirm hängenden Last sind.

**Fallschirm mit angelenkten Fangleinen**
Fallschirm dessen Fangleinen an der Kappenbasis befestigt sind und nicht über die Fallschirmkappe verlaufen.

**Fallschirm mit geformter Kappe,**
*cf / vgl* **Kugelkappenfallschirm**

**Fallschirmachse**
Gedachte gerade Linie, welche den Fallschirmscheitel mit dem Schnittpunkt der Fangleinen verbindet. Beim Fallschirm herkömmlicher Art fällt diese Linie mit der Symmetrieachse zusammen.

**Fallschirmausrüstung**
Fallschirm einschließlich all seines Zubehörs.

**Fallschirmbahn**
Für die Mehrzahl der Fallschirmkappen ist dies die Bezeichnung für eine von einer Anzahl zugespitzt geschnittener Bahnen, die zusammengefügt die Widerstand erzeugende Oberfläche der Kappe bilden. Das gebräuchlichste Kappenmuster ist an den Seiten von der Radialnaht, am unteren Teil von dem Schürzensaum und am oberen Teil von dem Scheitelsaum eingefasst.

**Fallschirmbehälter**
Der Teil der Ausrüstung eines Lastenfallschirms, in dem der Fallschirmverpackungssack untergebracht ist.

**(Fallschirm-)Feld**
Teil einer Fallschirmbahn.

**Fallschirmgurtzeug; Gurtzeug**
Bei Fallschirmen: Eine Anordnung von Gurtbändern und Metallteilen, durch welche die Abbremskräfte der Fallschirmkappe gleichmäßig auf die Last oder den Fallschirmspringer verteilt werden.

**Fallschirmkappe; Kappe**
Teil eines Fallschirms, bestehend aus der Oberfläche, die aerodynamische Kräfte erzeugt, und den Fangleinen, die zu einem oder mehreren Konfluenzpunkten führen.

**Fallschirm-Packbehälter; Fallschirmwanne**
Ein offener, flacher Behälter, in den eine Fallschirmausrüstung verstaut und durch eine ablösbare Abdeckung in ihrer Lage gehalten wird.

**Fallschirmspringer**
Person, welche einen Fallschirm benutzt.

**Fallschirmtraube,**
*cf / vgl* **Mehrfachfallschirm**

**(Fallschirm-)Verpackungssack; Packhülle**
Eine Stofftasche oder -hülle, in der ein Fallschirm verpackt ist.

**Fallwind; katabatischer Wind**
Ein sich am Hang abwärts bewegender Wind, der auftritt, wenn die Luft in Bodennähe kälter ist als die weiter vom Boden entfernte Luft auf gleicher Ebene.

**Falscher Auftrieb**
Bei einem Luftfahrzeug leichter als Luft:
Zusätzlicher Auftrieb infolge Aufwärmung.

**Fangeinrichtung; Fangnetz**
Netz oder andere Fangvorrichtung am Ende der nahe dem Ende einer Piste zur Verhütung des Überrollens bei Start oder Landung von Luftfahrzeugen.

**Fangeinrichtung**
Auf Flugzeugträgern oder Pisten vorhandene Vorrichtung, mit deren Hilfe Luftfahrzeuge, die mit einem Fanghaken ausgestattet sind, zum Stillstand gebracht werden.

**Fanghaken**
Haken an einem Luftfahrzeug zum Erfassen der Landebremsvorrichtung.

**Fangleine**
Jede Art von Leine, die an der Fallschirmkappe befestigt ist und die Luftwiderstandskräfte auf die Last überträgt.

**Fangnetz,**
*cf / vgl* **Fangeinrichtung**

**Fangstrecke,**
*cf / vgl* **Abfangweg**

**Fangtrichter**
Normalerweise konisch geformte Vorrichtung an der Anschlusskupplung am Ende des Betankungsschlauchs eines Tankerluftfahrzeugs. Durch ihren Eigenwiderstand zieht sie den Schlauch beim Ausfahren aus, stabilisiert ihn und dient als Zielpunkt für eine Betankungssonde.

**Fassrolle,**
*cf / vgl* **(Korkenzieher-)Rolle**

**Federbeinschere,**
*cf / vgl* **Drehmomentenstückegabel**

**Federhilfsruder,**
*cf / vgl* **Federsteuerung**

**Feder-Steuerdrucksimulator**
Ein Steuerdrucksimulator, bei dem die bei nicht vorhandenen Luftkräften erforderliche Kraft zum Bewegen einer Steuervorrichtung von der Größe des Ausschlags, bezogen auf den ausgetrimmten Zustand, abhängt.

**Federsteuerung; federgesteuertes Hilfsruder; Federhilfsruder**
Ausgleichsruder, dessen Winkelausschlag mit dem Zusammendrücken oder Ausziehen einer in die Hauptsteueranlage eingebauten Feder gekoppelt ist. Hauptzweck ist, den Kraftaufwand des Luftfahrzeugführers bei hohen Fluggeschwindigkeiten zu verringern. Die Feder kann vorgespannt sein, so dass das Hilfsruder erst dann ausschlägt, wenn die Steuerkraft einen festgelegten Betrag überschreitet.

**Federwolke,**
*cf / vgl* **Zirrus**

**Fehlanflughöhe; Durchstarthöhe**
Geringste Höhe, in der ein Endanflug, wenn er nicht durchgeführt werden kann, abzubrechen ist.

**Fehlanflugverfahren**
Das anzuwendende Verfahren, wenn nach einem Instrumentenanflug eine Landung nicht durchgeführt wird, was normalerweise eintritt, wenn das Luftfahrzeug
(a) bis auf die Entscheidungshöhe gesunken und keine Erdsicht hergestellt ist, oder
(b) durch die Flugverkehrskontrolle angewiesen wird, hochzuziehen oder den Anflug zu wiederholen.

**Fehlbahnfallschirm**
Fallschirm, bei dem eine oder mehrere Bahnen ganz oder teilweise ausgeschnitten sind, wobei Kappenbasis und Scheitelrand erhalten bleiben.

**Fehlerdreieck,**
*cf / vgl* **Standliniendreieck**

**Fehlmenge; Tankleerraum; Restvolumen**
Die einem Behälter, wie z.B. einem Kraftstoffbehälter, von seiner Gesamtkapazität abgehende Einfüllmenge.

**Feinhöhenmesser,**
*cf / vgl* **Statoskop**

**Feldnaht,**
*cf / vgl* **Quernaht**

**Ferngelenktes Luftfahrzeug,**
*cf / vgl* **Drohne**

**Fernmeldenebenstelle**
Eine feste Flugfernmeldestelle, die Meldungen empfangen oder senden kann, aber nicht weitergibt, abgesehen von Meldungen für ähnliche Stellen, die über sie an eine Fernmeldezentrale angeschlossen sind.

**Fernmeldeverbindungen für die Flugbetriebsleitung**
Fernmeldeverbindungen, die für die Ausübung der Befugnis, den Beginn, die Fortsetzung, die Umleitung oder die Beendigung eines Fluges zu bestimmen, erforderlich sind.
**Anmerkung**: Solche Verbindungen werden üblicherweise für den Austausch von Nachrichten zwischen Luftfahrzeugen und Luftfahrzeughaltern benötigt.

**Fernmeldeverbindungen mit gedrucktem Beleg**
Fernmeldeverbindungen, bei denen an jeder Endstelle automatisch eine bleibende, gedruckte Aufzeichnung aller übermittelten Meldungen erfolgt.

**Fernmeldeverkehr**
Jede Übermittlung, Aussendung und jeder Empfang von Zeichen, Signalen, Schriftzeichen, Bildern und Tönen oder Nachrichten jeder Art durch Draht, Funk, optische oder andere elektromagnetische Systeme.

**Fernmeldezentrale**
Eine feste Flugfernmeldestelle, welche die Meldungen zwischen anderen ihr unmittelbar angeschlossenen festen Flugfernmeldestellen vermittelt.

**Fernmessgerät**
Instrument oder Apparat zur automatischen Messung von Werten, wie z.B. Geschwindigkeit, Beschleunigung, Temperatur usw., von dem aus die Messwerte an eine abgesetzte Empfangsstation übermittelt werden, wie z.B. im Falle eines Höhensondenballons oder einer Messrakete.

**Fernschreiblochstreifen**
Ein Streifen, auf dem zur Übermittlung über Fernschreibverbindungen Zeichen im Fünferalphabet gelocht (Stanzstreifen) oder geprägt (Prägestreifen) aufgezeichnet sind.

**Feste Flugfernmeldestelle**
Eine Fernmeldestelle im festen Flugfernmeldedienst.

**Feste Flugfernmeldeverbindung**
Eine Verbindung im festen Flugfernmeldedienst.

**Feste Rahmenantenne; feste Schleifenantenne**
Rahmenantenne, die fest in Richtung der Flugzeuglängsachse angebracht ist und in Verbindung mit einem Zielflugempfänger benutzt wird.

**Fester Flugfernmeldedienst**
Ein Fernmeldedienst zwischen bestimmten festen Punkten, der vor allem der Sicherheit der Luftfahrt und dem regelmäßigen, leistungsfähigen und wirtschaftlichen Betrieb des Fluglinienverkehrs dient.

**Festes Flugfernmeldenetz**
Ein weltweites System zusammengeschlossener fester Flugfernmeldeverbindungen, das als Teil des festen Flugfernmeldedienstes dem Austausch von Nachrichten zwischen den festen Flugfernmeldestellen innerhalb des Netzes dient.
**Anmerkung**: „Zusammengeschlossen" bedeutet hier eine Betriebsart, die erforderlich ist, um zu gewährleisten, dass von jeder festen Flugfernmeldestelle innerhalb des Netzes an jede andere Nachrichten übermittelt werden können.

**Festfeuer**
Ein Feuer, das, von einem festen Punkt aus betrachtet, eine gleichbleibende Lichtstärke hat.

**Festfeuer mit periodisch veränderlicher Lichterscheinung; Feuer mit wechselnder Helligkeit**
Periodisch in seiner Helligkeit zu- und abnehmendes Feuer.

**Festgelegter Mittelpunkt**
Der für eine Ozeanstation vorgeschriebene geographische Standort.

**Festmasse; Eigengewicht**
Masse eines Luftfahrzeuges, leichter als Luft, im flugfähigen Zustand ohne Kraftstoff, Öl, abwerfbares Gewicht oder Nutzlast.

**Festpropeller; nichtverstellbarer Propeller**
Ein Propeller, dessen Blätter nicht verstellt werden können.

**Festtreibstoff; Feststoff**
Raketentreibstoff in fester Form, der normalerweise sowohl Brennstoff wie Oxidant in fester Form kombiniert oder gemischt enthält (jedoch weder in Pulverform noch granuliert).

**Festzeichenlöschung,**
*cf / vgl* **Festzielunterdrückung**

**Festzielunterdrückung; Festzeichenlöschung**
Eine Schalttechnik, bei der Echozeichen von Zielen, die auf den Beobachter bezogen ortsfest sind, unterdrückt werden. Dadurch können die Festzeichen ortsfester Objekte, wie z.B. von Hügeln, auf dem Schirmbild entfallen, so dass die Echoanzeigen beweglicher Ziele besser zu sehen sind. Diese Technik kann so variiert werden, dass radial ablaufende Ziele mit Geschwindigkeiten größer als Null unterdrückt werden. Diese Geschwindigkeit wird als 'blinde Geschwindigkeit' bezeichnet.

**Feuchtadiabatischer Temperaturgradient**
Der Temperaturgradient gesättigter Luft unter adiabatischen Bedingungen. Er ändert sich schnell mit der Temperatur und langsam mit dem Druck. Bei einem Luftdruck zwischen 1050 und 700 Millibar beträgt die Änderung bei 10°C etwa 0,5°C je 100 m.

**(Feuchter) Dunst**
Sichtverminderung in der bodennahen Schicht der Atmosphäre, hervorgerufen von in der Luft schwebenden Wassertröpfchen. Man spricht von Dunst, wenn die Sicht dabei mindestens 1000 m beträgt.

**Feuchtigkeit; Luftfeuchtigkeit; Feuchte**
Der Zustand der Atmosphäre in Bezug auf Wasserdampf.

**Feuchtigkeitsgehalt**
In einem beliebigen Luftvolumen das Verhältnis der Wasserdampfmenge zur Menge der trockenen Luft.

**Feuchtigkeitsmesser,**
*cf / vgl* **Hygrometer**

**Feuchtigkeitsschreiber,**
*cf / vgl* **Hygrograph**

**Feuer mit wechselnder Helligkeit,**
*cf / vgl* **Festfeuer mit periodisch veränderlicher Lichterscheinung**

**Feuerfester Werkstoff**
Ein (Bau)Stoff, der gegenüber Hitze mindestens gleich widerstandsfähig ist wie Stahl, wenn die Abmessungen in beiden Fällen dem besonderen Zweck angepasst sind.

**Feuer-Heißluftballon,**
*cf / vgl* **Heißluftballon**

**Feuerring; Liderungsring**
Ein Dichtungsring mit L-förmigem Querschnitt.

**FIDO; künstliche Nebelauflösung; FIDO-Anlage**
Abkürzung wie oben angegeben, als ein Wort ausgesprochen. FIDO findet Verwendung für das Verfahren zum Zerstreuen des Nebels über der Landebahn mittels der Verbrennung von meist aus perforierten Rohren beiderseits der Landebahn austretendem Benzin oder anderem flüssigen Brennstoff.

**Filterelement**
Auswechselbarer Teil zum Entfernen von mitgeführten Partikelchen aus einem Flüssigkeitsstrom.

**Flächenbelastung,**
*cf / vgl* **Tragflächenbelastung**

**Flächennasenkühler; Vorderkantenkühler**
Ein Oberflächenkühler, der ein Teil der Vorderkante einer Tragfläche ist.

**Flachtrudeln**
Trudeln mit großem mittleren Anstellwinkel, wobei die Flugzeuglängsachse um weniger als 45° nach unten geneigt ist.

**Flammendämpfer**
Eine Vorrichtung, die das Sichtbarwerden von heißen Abgasen und damit die Entdeckung eines Luftfahrzeuges bei Dunkelheit verhindern soll.

**Flammenrückschlagsicherung**
Vorrichtung in der Einströmleitung eines Motors, die ein Zurückschlagen der Verbrennungsflamme bei einer Fehlzündung verhindert.

**Flammpunkt; Zündpunkt**
Temperatur, bei der eine Substanz wie Schweröl Dämpfe entwickelt, die bei Zündung augenblicklich entflammt werden oder verbrennen.

**Falmmrohr**
Ein im inneren der Brennkammer angebrachtes Rohr, in dem der Verbrennungsprozess stattfindet.

**Flatterbereichsgrenze; Schüttelgrenze**
Ein die Betriebsbedingungen begrenzender Bereich, oberhalb dessen der Auftriebswert nicht erhöht werden kann, ohne dass Flattern auftritt.

**Flatterdämpfer**
Dämpfer zum Unterdrücken des Flatterns (eines Bug- oder Spornrads).

**Flattern; Radflattern**
Schwingung eines schwenkbaren Rades um die Schwenkachse, hervorgerufen beim Rollen über eine Oberfläche, deren Reibungskoeffizient einen kritischen Wert überschreitet.

**Flattern; aero-elastische Schwingungen**
Ungedämpfte Schwingungen infolge der Wechwelwirkung zwischen aerodynamischen Kräften, elastischen Reaktionskräften und Trägheitskräften.

**Flattern in abgerissener Strömung**
Flattern in einem oder mehreren Freiheitsgraden unmittelbar vor Erreichen des kritischen Anstellwinkels.

**Flettnerruder,**
*cf / vgl* **Servoklappe**

**Fliegen mit Bodensicht; Sichtflug**
Flug, bei dem der Luftfahrzeugführer die Lage seines Luftfahrzeugs im Raum und seinen Flugweg von Ort zu Ort mittels visueller Bezugnahme auf den Horizont und auf Landmarken bestimmt.

**Fliegen nach Druckfeld,**
*cf / vgl* **Barometrische Navigation**

**Fliegende Besatzung,**
*cf / vgl* **Flugbesatzung**

**Fliegender Flügel; schwanzloses Flugzeug; Nurflügelflugzeug**
Flugzeugtyp, der im wesentlichen aus einer Tragfläche besteht mit in diese integriertem Rumpf und nicht sichtbarem Steuerwerk, da Steuerruder oder -vorrichtungen unmittelbar an die Tragfläche angeschlossen sind. Auch als **„schwanzloses Flugzeug“** bezeichnet.

**Fliegerarzt**
Militär- oder Marinearzt, der sich auf Flugmedizin spezialisiert hat, einer fliegenden Einheit zugeordnet ist und dem von der zuständigen Stelle diese Bezeichnung zuerkannt worden ist.

**Fliegerisches Gefühl**
Das Empfinden oder der Eindruck, den ein Luftfahrzeugführer hinsichtlich seiner oder seines Luftfahrzeugs Fluglage, Orientierung, Geschwindigkeit, Bewegungsrichtung oder Beschleunigung, oder der Entfernung zu nahegelegenen Objekten hat; meist in Zusammenhang mit der Stabilität und dem Ansprechen des Luftfahrzeugs auf Steueranschläge gebraucht.

**Flosse**
(a) Feste Fläche außerhalb der Hülle oder Außenhaut eines Luftfahrzeuges leichter als Luft, die aerodynamische Stabilität gibt.
(b) Diejenigen Teile der Stabilisierungswulst eines Drachenballons, die Längsstabilität geben.

**Flossen,**
*cf / vgl* **Leitwerk**

**Flossenstummel,**
*cf / vgl* **Ansatztragfläche**

**Flossenträger**
Rahmen, der an das röhrenförmige Befestigungspflaster der Hülle eines unstarren oder halbstarren Luftschiffes geschnürt ist, um die Kräfte einer Flosse weiterzuleiten.

**(Flug-)Alarmdienst**
Ein Dienst, dessen Aufgabe es ist, die geeigneten Stellen zu benachrichtigen, wenn ein Luftfahrzeug die Hilfe des Such- und Rettungsdienstes benötigt, und diese Stellen, soweit erforderlich, zu unterstützen.

**Flugbahn,**
*cf / vgl* **Flugweg**

**Flugbahnwinkelschreiber; Bahnneigungsschreiber**
Gerät zur Registrierung des Winkels zwischen der Flugbahn und der Horizontalen.

**Flugbenzin; Avgas; Luftfahrzeug-Ottokraftstoff**
Flugkraftstoff für Ottomotoren.

**Flugbegleiter,**
*cf / vgl* **Steward(ess)**

**Flugbesatzung; fliegende Besatzung**
Diejenigen Besatzungsmitglieder, die primär mit dem Betrieb und der Navigation des Luftfahrzeugs und dessen Flugsicherheit befasst sind.

**Flugbesatzungsmitglied**
Ein zugelassenes Besatzungsmitglied, dem Aufgaben übertragen worden sind, deren Erfüllung für den Betrieb eines Luftfahrzeuges während der Flugzeit wesentlich ist.

**Flugbeschränkungsgebiet**
Ein Luftraum von festgelegten Ausmaßen über den Landgebieten oder Hoheitsgewässern eines Staates, in welchem Flüge von Luftfahrzeugen auf Grund bestimmter Bedingungen eingeschränkt sind.

**(Flugbetriebs-)Abstellplatz; Vorfeld**
Das allgemeine Umfeld in der Nähe der Flugzeughallen auf einem Flugplatz, einschließlich der Hallenvorfelder und Parkrampen, innerhalb dessen Luftfahrzeuge für den Flugbetrieb fertiggemacht oder bereitgestellt werden; eine Reihe flugfertig geparkter Luftfahrzeuge.

**Flugbetriebsleistung; Einsatzkommando**
Die Ausübung der Befugnis, den Beginn, die Fortsetzung, die Umleitung oder die Beendigung eines Fluges zu bestimmen.

**Flugbetriebsunternehmen,**
*cf / vgl* **(Luftfahrzeug-)Halter**

**Flugboot**
Wasserflugzeug, das vom Hauptbootskörper oder Bootsrumpf auf dem Wasser getragen wird.

**Flugbremse,**
*cf / vgl* **Luftbremse**

**Flug(daten)schreiber**
Eine in ein Luftfahrzeug eingebaute Vorrichtung zum Aufzeichnen seiner Flugcharakteristik, des Sprechverkehrs der Besatzung und/oder der umgebenden Flugbedingungen. Hauptzweck ist der Beitrag zu Unfall- bzw. Vorfalluntersuchungen.

**Flugdeck**
Marineluftfahrt: Das flache Oberdeck eines Schiffes, auf dem Starts und Landungen durchgeführt werden.

**Flugdienstzeit**
Die gesamte Zeit von dem Augenblick an, in dem ein Flugbesatzungsmitglied unmittelbar nach einer Ruhezeit und vor einem Flug oder einer Reihe von Flügen seinen Dienst antritt, bis dieses Besatzungsmitglied nach Abschluss eines derartigen Fluges oder einer Reihe solcher Flüge von allen Pflichten befreit wird.

**Flugeigenschaft**
Im Flug gezeigte Eigenschaft eines Luftfahrzeugs, einer Rakete usw. oder ähnlichen Fluggeräts, wie beispielsweise eine Tendenz zum Abkippen oder Gieren, – das Vermögen, sich in bestimmten Geschwindigkeitsbereichen usw. flugstabil zu verhalten.

**Flügel,**
*cf / vgl* **Tragfläche**

**Flügel mit eckigen Kanten,**
*cf / vgl* **Gestutzte Tragfläche**

**Flügelbelastung; Oberflächenbelastung**
Mittlere Normalkraft pro Flächeneinheit, die ein bestimmter Tragflügel unter speziellen aerodynamischen Bedingungen aufnimmt.

**Flügelkühler,**
*cf / vgl* **Tragflächenkühler**

**Flügelradverdichter; Flügelradlader**
Ein Lader, in dem die Verdichtung durch die Rotation eines exzentrisch in einem festen Gehäuse gelagerten Rotors erfolgt, an den Schaufeln angelenkt sind.

**Flügelschnitt,**
*cf / vgl* **Tragflügelprofil**

**Flügelstiele**
Streben, die einen Tragflügel mit dem Tragflügel darüber oder darunter verbinden.

**Flügelstreckung**
Verhältnis des Quadrats der Spannweite zur Gesamtfläche eines Tragflügels.

**Flügeltiefe; Sehnenlänge**
Die entlang der Flügelsehne gemessene Entfernung zwischen den Flügelvorder- und -hinterkanten.
**Anmerkung:** Manchmal wird die Flügelsehne zwischen den Wölbungsmittelpunkten der Flügelvorder- und -hinterkanten gemessen.

**Flugerprobung**
Erprobung eines Luftfahrzeugs oder sonstigen Fluggeräts, bei der das zu erprobende Gerät tatsächlich geflogen bzw. gestartet wird. Mit Flugerprobungen will man besondere Erprobungsziele erreichen und praktische Erfahrungen mit dem Gerät gewinnen.

**Flugfeld,**
*cf / vgl* **Start- und Landestreifen**

**Flugfernmeldedienst**
Ein Fernmeldedienst für alle Zwecke der Luftfahrt.

**Flugfernmeldelog**
Aufzeichnungen über den Betriebsablauf einer Flugfernmeldestelle.

**Flugfernmeldeorganisation**
Eine für den Betrieb einer oder mehrerer Flugfernmeldestellen verantwortliche Organisation.

**Flugfernmeldestelle**
Eine Fernmeldestelle im Flugfernmeldedienst.

**Flugflächen**
Flächen konstanten Luftdrucks, die auf den Druckwert 1013,2 mb (760 mm Hg, 29,92 Zoll Hg) bezogen und durch bestimmte Druckabstände gestaffelt sind.
**Anmerkung 1**: Ein auf Normatmosphäre geeichter barometrischer Höhenmesser
(a) zeigt **Höhe über Meer** an, wenn er auf einen QNH-Wert eingestellt ist;
(b) zeigt **Höhe** über dem QFE-Bezugswert an, wenn er auf einen QFE-Wert eingestellt ist;
(c) kann zur Anzeige von **Flugflächen** verwendet werden, wenn er auf den Druck 1013,2 mb (760 mm Hg, 29,92 Zoll Hg) eingestellt ist.
**Anmerkung 2**: Die in **Anmerkung 1** verwendeten Ausdrücke **„Höhe"** und **„Höhe über Meer"** bezeichnen Flughöhen und nicht geometrische Höhen.

**Flugfunkleitstelle**
Eine Flugfernmeldestelle, die für die Abwicklung des Fernmeldeverkehrs, für Betrieb und Kontrolle von Luftfahrzeugen in einem bestimmten Gebiet die Hauptverantwortung hat.

**Flugfunkstelle**
Eine Funkstelle im beweglichen Flugfunkdienst. Sie kann sich am Boden, an Bord eines Schiffes oder in einem Satelliten befinden.

**Fluggeschwindigkeit**
Die Geschwindigkeit (entweder wahre oder angezeigte) eines Körpers in Bezug auf die umgebende Luftmasse.

**Fluggeschwindigkeitsmesser**
Instrument, das die angezeigte Fluggeschwindigkeit eines Luftfahrzeuges misst.

**Flughafen,**
*cf / vgl* **Verkehrsflughafen**

**Flughafensteuer**
Ein Drehfeuer auf oder in der Nähe eines Flughafens zur Kennzeichnung der genauen oder generellen Lage des Flughafens.

**Flughafengebühren(ordnung)**
Gebührensätze für Benutzung der Lande-, Start-, Abstell- und Halleneinrichtungen auf Flughäfen.

**Fluginformationsdienst**
Ein Dienst, dessen Aufgabe es ist, Ratschläge und Auskünfte für die sichere und leistungsfähige Durchführung von Flügen zu erteilen.

**Fluginformationsgebiet**
Ein Luftraum von festgelegten Ausmaßen, in welchem Fluginformationsdienst und (Flug-)Alarmdienst zur Verfügung stehen.

**Fluginformationszentrale**
Eine Dienststelle für die Durchführung des Fluginformationsdienstes und des Alarmdienstes.

**Flugingenieur,**
*cf / vgl* **Bordingenieur**

**Fluginstrumentensystem,**
*cf / vgl* **Flugüberwachungsinstrumenten-Anlage**

**Flugkörperhaltekralle,**
*cf / vgl* **Raketenschuh**

**Fluglage**
Die durch die Beziehung seiner Flugachsen zu einer Datumlinie in einer meist – aber nicht notwendigerweise – horizontalen Datumebene bestimmte Lage eines Luftfahrzeugs.

**Fluglage zum Erdboden**
Lage des Luftfahrzeuges, die durch die Neigung seiner drei Achsen in Bezug auf den Erdboden bestimmt ist.

**Flug(lagen)anzeiger**
Teil einer Flugüberwachungsinstrumenten-Anlage, der Angaben zur Fluglage liefert.

**Fluglageregler**
Teil einer automatischen Flugregelungsanlage, mittels dessen eine Stabilisierung der Fluglage bezogen auf interne Bezugswerte erfolgt.

**Flugleistungen; Leistungsfähigkeit**
Diejenigen Eigenschaften eines Luftfahrzeugs, durch die der einsatzmäßige Nutzwert eines Luftfahrzeugs bestimmt wird (d.h. Höchstgeschwindigkeit, Steigfluggeschwindigkeit, Reichweite, Gesatmflugmasse und erforderliche Startbahnlänge).

**Fluglinie,**
*cf / vgl* **Luftverkehrsunternehmen**

**Flug-Machzahl**
Eine im freien Luftstrom im Flug gemessene Mach-Zahl im Unterschied zu einer im Windkanal gemessenen.

**Flugmasse,**
*cf / vgl* **Startmasse**

**Flugmedizin; Luftfahrtmedizin**
Medizinzweig, der sich mit den Auswirkungen des fliegerischen Umfelds auf den Menschen befasst. Etwas spezifischer: die menschlichen Leistungsaspekte, die mit der Führung von Luftfahrzeugen verbunden sind sowie die Verhütung oder Minderung der mit dem Fliegen einhergehenden physiologischen, psychologischen und pathalogischen Stressauswirkungen.

**Flugmeldung**
Eine während des Fluges durch den verantwortlichen Luftfahrzeugführer in Übereinstimmung mit den Erfordernissen für Standort-, Betriebs- oder Wettermeldung auf AIREP-Formular vorbereitete Meldung.

**Flugmotor; Flugtriebwerk**
Ein Triebwerk, das die hauptsächliche Vortriebs- oder Hubkraft für ein Luftfahrzeug liefert.

**Flugnavigation**
Die Kunst und Wissenschaft, ein Luftfahrzeug zu einem bestimmten Zielort zu führen.

**Flugnavigationsdienst**
Ein Funkortungsdienst für Luftfahrzeuge zur Standort- oder Richtungsbestimmung oder zur Hinderniswarnung während des Fluges.

**Flugnot; Luftnot**
Ein Zustand ernster und unmittelbar drohender Gefahr, der sofortige Hilfe erfordert.

**Flugplan**
Vorgeschriebene, für die Flugverkehrsdienststellen bestimmte Angaben über den beabsichtigten Flug oder Teil eines Fluges einer Luftfahrzeuges.

**Flugplatz**
Ein festgelegtes Gebiet auf dem Lande oder Wasser (einschließlich der Gebäude, Anlagen und Ausrüstung), das ganz

oder teilweise für Ankunft, Abflug und Bewegungen von Luftfahrzeugen bestimmt ist.

**Flugplatz mit Verkehrskontrolle**
Ein Flugplatz mit Flugverkehrskontrolldienst für den Flugplatzverkehr.
**Anmerkung**: Die Bezeichnung „Flugplatz mit Verkehrskontrolle“ besagt, dass Flugverkehrskontrolldienst für den Flugplatzverkehr besteht, schließt aber nicht notwendigerweise ein, dass eine Kontrollzone vorhanden ist. Eine Kontrollzone ist nur für Flugplätze erforderlich, auf denen Flugverkehrskontrolldienst für IFR-Flüge durchgeführt wird, nicht jedoch für Flugplätze, auf denen dieser Dienst nur für VFR-Flüge zur Verfügung steht.

**Flugplatz(bezugs)höhe**
Die Ortshöhe über Meer des höchsten Punktes im Landebereich.

**Flugplatzbezugspunkt**
Der Punkt, der die geographische Lage eines Flugplatzes bestimmt.

**Flugplatzerkennungszeichen**
Ein Zeichen, das sich auf einem Flugplatz oder in dessen Nähe befindet, um die Erkennung des Flugplatzes aus der Luft zu erleichtern.

**(Flug)Platzkontrolldienst**
Flugverkehrskontrolldienst für den Flugplatzverkehr.

**(Flug)Platzkontrolle**
Dienststelle zur Abwicklung des (Flug)Platzkontrolldienstes.

**(Flug)Platzkontrollstelle; Flugplatz-Kontrollturm**
Eine Dienststelle für die Kontrolle des Flugverkehrs.

**Flugplatzleuchtfeuer**
Luftfahrtleuchtfeuer, das die Lage eines Flugplatzes anzeigt.

**(Flug)Platzrollplan; (Flug)Platzrollroute**
Der unter Berücksichtigung der jeweiligen Windverhältnisse für Luftfahrzeuge festgelegte Weg auf dem Rollfeld.

**Flugplatzverkehr**
Der gesamte Verkehr auf dem Rollfeld eines Flugplatzes und aller in der Nähe eines Flugplatzes fliegenden Luftfahrzeuge.
**Anmerkung**: Ein Luftfahrzeug ist in der Nähe eines Flugplatzes, wenn es sich in einer Platzrunde befindet, in diese einfliegt oder sie verlässt.

**Flugplatzverkehrszone**
Ein um einen Flugplatz zum Schutz des Flugplatzverkehrs festgelegter Luftraum von bestimmten Ausmaßen.

**Flugplatz-Wettermindesbedingungen**
Grenzwerte der Wetterverhältnisse, die zur Bestimmung der Benutzbarkeit eines Flugplatzes für Start oder Landung vorgeschrieben sind.
**Anmerkung**: Diese Definition schließt die Anwendung von Grenzbedingungen für den Betrieb, wie z.B. „Entscheidungshöhe“ nicht aus.

**Flugprofil,**
*cf / vgl* **(Einsatz-)Profil**

**Flugsicht**
Die Sicht in Flugrichtung aus dem Führerraum eines im Flug befindlichen Luftfahrzeuges.

**Flugsimulator; Simulator**
Gerät, das mittels der Elektronik, Mechanik und Optik den Betrieb eines Luftfahrzeugs oder anderen Systems simuliert. Es kann Konstruktionsarbeiten oder die Ausbildung erleichtern.

**Flugtriebwerk,**
*cf / vgl* **Flugmotor**

**Flugüberwachungsintrumenten-Anlage; Fluginstrumentensystem**
Anordnung von Messgeräten und Anzeigen die dem Luftfahrzeugführer Angaben zur Geschwindigkeit, Orientierung und zum Flugweg eines Luftfahrzeugs in Bezug auf einen bekannten Bezugswert liefert.

**Flugunfall,**
*cf / vgl* **Luftfahrzeugunfall**

**Flugverkehr**
Alle sich im Flug befindlichen oder auf den Rollfeldern der Flugplätze bewegenden Luftfahrzeuge.

**(Flugverkehrs-)Beratungsbezirk**
Ein bestimmtes Gebiet innerhalb eines Fluginformationsgebietes, in welchem ein Flugverkehrsberatungsdienst verfügbar ist.

**Flugverkehrsberatungsdienst**
Ein für den (Flugverkehrs-)Beratungsluftraum bestimmter Dienst, dessen Aufgabe es ist, die Staffelung von Luftfahrzeugen, die nach IFR-Flugplänen verkehren, soweit wie möglich zu sichern.

**(Flugverkehrs-)Beratungsluftraum**
Ein allgemeiner Begriff, der wechselweise Beratungsbezirk(e) oder Luftweg(e) bedeutet.

**(Flugverkehrs-)Beratungsstrecke; Luftweg**
Eine Strecke innerhalb eines Fluginformationsgebietes, auf der ein Flugverkehrsberatungsdienst verfügbar ist.
**Anmerkung**: Der Flugverkehrskontrolldienst ist umfassender als der Flugverkehrsberatungsdienst. (Flugverkehrs-)-Beratungsbezirke und Luftwege werden daher nicht innerhalb kontrollierter Lufträume eingerichtet, jedoch kann Flugverkehrsberatungsdienst unterhalb und oberhalb von Kontrollbezirken vermittelt werden.

**Flugverkehrsdienst(e)**
Ein allgemeiner Begriff, der wechselweise Fluginformationsdienst, (Flug-)Alarmdienst, Flugverkehrsberatungsdienst, Flugverkehrskontrolldienst, Bezirkskontrolldienst, Anflugkontrolldienst oder (Flug)Platzkontrolldienst bedeutet.

**Flugverkehrsdienststelle**
Ein allgemeiner Begriff, der wechselweise Fluginformationszentrale oder Flugverkehrskontrollstelle bedeutet.

**Flugverkehrsfreigabe einer Flugfläche oberhalb der Wolkendecke**
Freigabe zum Sichtflug über Wolken, Dunst, Rauch o.Ä.

**Flugverkehrskontrolldienst**
Ein Dienst, dessen Aufgabe es ist:
1) Zusammenstöße zu verhindern:
   (a) zwischen Luftfahrzeugen untereinander,
   (b) zwischen Luftfahrzeugen und Hindernissen auf dem Rollfeld und
2) einen raschen und geordneten Ablauf des Flugverkehrs zu gewährleisten.

**Flugverkehrs(kontroll)freigabe**
Die für ein Luftfahrzeug erteilte Genehmigung, unter den von einer Flugverkehrskontrollstelle angegebenen Bedingungen zu verkehren.

**Flugverkehrskontrollstelle**
Ein allgemeiner Begriff, der wechselweise Bezirkskontrollstelle, Anflugkontrollstelle oder (Flug)Platzkontrollstelle bedeutet.

**Flugverkehrskontrollzentrale**
Dienststelle des Flugverkehrskontrolldienstes, in der die Funktionen einer Fluginformationszentrale und einer Bezirkskontrollstelle vereinigt sind.

**Flugverkehrslotse,**
*cf / vgl* **Radarlotse für Suchradar**

**Flugverkehrslotse für Start- und Landebahn**
Beauftragter des Flugverkehrskontrolldienstes, der sich normalerweise an dem der Windrichtung entgegengesetzten Ende der in Betrieb befindlichen Piste befindet und bei der Kontrolle des Luftverkehrs behilflich ist.

**Flugverkehrsstrecke**
Eine festgelegte Strecke, die für die Lenkung des Verkehrsflusses nach den Erfordernissen der Flugverkehrsdienste bestimmt ist.
**Anmerkung**: Der Begriff **„Flugverkehrsstrecke"** steht wechselweise für Luftstraße, Luftweg, kontrollierte oder unkontrollierte Strecke, Anflug- oder Abflugstrecke usw.

**Flugvorbesprechung,**
*cf / vgl* **Briefing**

**Flugweg; Flugbahn**
Weg des Schwerpunktes eine Luftfahrzeuges in Relation zur Erde.

**Flugweg,**
*cf / vgl* **(Flugverkehrs-)Beratungsstrecke**

**Flugweg mit kürzestem Zeitbedarf**
Flugweg zwischen zwei Punkten, der die geringstmögliche Streckenflugzeit erfordert.

**Flugwegaufzeichnung,**
*cf / vgl* **Aufzeichnung von Kurs und Entfernung**

**Flugwerk; (Luftfahrzeug-)Zelle**
Rumpf. Leitwerksträger, Motorgondeln, Triebwerk- und andere Verkleidungen sowie Tragflügeloberflächen (einschl. Rotore, aber ausgenommen Luftschrauben und rotierende Flügel von Triebwerken) und Fahrwerk eines Luftfahrzeugs mit ihren Hilfsgeräten und -Steuerorganen.

**Flugwetterstation**
Eine Stelle, die bestimmt ist, Wetterbeobachtungen anzustellen und Wettermeldungen für die internationale Luftfahrt abzugeben.

**Flugwetterwarte**
Eine Dienststelle, die bestimmt ist, den Wetterdienst für die internationale Luftfahrt durchzuführen.

**Flugwindachsen**
Koordinatensystem mit dem Ursprung im Luftfahrzeug und mit Achseneinrichtungen, die durch die Anströmrichtung festgelegt sind.

**Flugzeit**
Die gesamte Zeit vom erstmaligen Abrollen eines Luftfahrzeugs mit eigener Kraft zum Zwecke des Startens bis zum Stillstand nach Beendigung des Fluges.
**Anmerkung**: Die hier definierte Flugzeit ist gleichbedeutend mit dem im allgemeinen Sprachgebrauch üblichen Ausdruck **„Blockzeit"**, die vom Augenblick des Abrollens des Luftfahrzeuges vom Beladeplatz bis zum Halten am Entladeplatz gemessen wird.

**Flugzeit in einem Segelflugzeug**
Die gesamte im Flug verbrachte Zeit eines geschleppten oder nicht geschleppten Segelflugzeuges von dem Augenblick an, in dem sich das Segelflugzeug zum Zweck des Startens in Bewegung setzt, bis zu einem Stillstand nach Beendigung des Fluges.

**Flugzeug**
Ein mit eigener Kraft angetriebenes Luftfahrzeug, schwerer als Luft, das seinen Auftrieb im Flug hauptsächlich aus aerodynamischen Reaktionen auf Flächen erhält, die unter gegebenen Flugbedingungen fest bleiben.

**Flugzeug,**
*cf / vgl* **Luftfahrzeug**

**Flugzeug mit Druckpropeller,**
*cf /vgl* **Druckpropellerflugzeug**

**Flugzeug mit Mischantrieb**
Ein Luftfahrzeug, das über eine Triebwerkskombination von z.B. einem Kolbenmotor und einem Strahltriebwerk verfügt.

**Flug(zeug)besatzung,**
*cf / vgl* **Luftfahrzeugbesatzung**

**Flugzeuge im Warteraum,**
*cf / vgl* **Stack**

**Flugzeug-Flughandbuch**
Ein bis zum Lufttüchtigkeitszeugnis gehöriges Handbuch, in welchem die Grenzen festgelegt sind, innerhalb derer das Flugzeug als lufttüchtig anzusehen ist, und das Anweisungen und Angaben enthält, welche die Flugbesatzung für den sicheren Betrieb des Flugzeugs benötigt.

**Flugzeugführer,**
*cf / vgl* **Luftfahrzeugführer**

**Flugzeughalle; Hangar**
Gebäude oder anderes geeignetes Schutzbauwerk zum Unterstellen von Luftfahrzeugen.

**Flugzeugsextant; Sextant für Luftfahrzeuge**
Instrument, mit dessen Hilfe die Höhe von Gestirnen bestimmt wird und das mit einem künstlichen Horizont ausgerüstet ist, z.B. Libellen- oder Kreiselsextant. Flugzeugsextanten können mit Spezialzubehör, wie z.B. einem Periskop, mittelnden, integrierenden oder anderen Mechanismen ausgerüstet sein.

**Flugzeugträger**
Spezialschiff, auf dem Luftfahrzeuge untergebracht und gewartet werden und auf dem sie starten und landen können.

**Flugzeugzustandsformen**
Verschiedenartige Stellungen der beweglichen Teile, wie z.B. Landeklappen, Fahrwerk usw., welche die aerodynamischen Eigenschaften des Flugzeuges beeinflussen.

**Flüssiger Raketentreibstoff**
Speziell ein Raketentreibstoff in flüssiger Form.

**Flüssigkeitseinspritzung; Kühlmitteleinspritzung**
Ein Verfahren zur Verbesserung der Triebwerksleistung durch Einspritzen einer Kühlflüssigkeit (z.B. Wasser, Alkohol oder eine Mischung aus beiden) in die Luftströmung vor, während oder nach dem Verdichtungsvorgang.

**Flutlicht,**
*cf / vgl* **Scheinwerfer**

**Föhn**
Ein trockener, warmer Wind, der an der Leeseite herunterweht, wenn die allgemeine Windströmung das Gebirge quert.

**Föhnwolken,**
*cf / vgl* **Orographische Wolken**

**Förderleitungen**
Rohrleitungen, die Öl oder Kraftstoff vom Behälter zum Motor oder Hilfsgerät führen.

**Formrippe**
*cf / vgl* **Hilfsrippe**

**Formwiderstand**
Der normale Druckwiderstand bei schockfreiem Fluss, vermindert um den induzierten Wirbelwiderstand.

**Formwiderstand,**
*cf / vgl* **Profilwiderstand**

**Fowler-Klappe; die Flügeltiefe vergrößernde Klappe**
Landeklappe, die beim Ausfahren die wirksame Flügeltiefe vergrößert, z.B. **Gouge-Klappe**.

**Fracht; Luftfracht**
Alle in einem Luftfahrzeug beförderten Güter, ausgenommen Post, Bordvorräte und Gepäck.

**Fraktokumulus**
Zerrissene Kumuluswolken, deren Bestandteile ständige Veränderungen erfahren.

**Fraktostratus**
Ein Stratus, der in unregelmäßig zerrissene Fragmente aufgelöst ist.

**Franz-Standort; Standort nach Erdsicht**
Standort eines Luftfahrzeugs über Grund, der durch direkte Beobachtung des Bodens bestimmt wurde.

**Freiballon**
Ballon, der frei in der Luft schwebt.

**Freiballonfahrer; Luftschiffer**
Ein als Führer oder Besatzungsangehöriger eines Freiballons oder Luftschiffs Tätiger.

**Freiballonnetz**
Netz über der Hülle eines Freiballons, an dem der Korb aufgehängt ist.

**Freier Auftrieb; Nettoauftrieb**
Gesamauftrieb, vermindert um die verfügbare und feste Masse eine Luftfahrzeugs leichter als Luft. Bei einem Fesselballon ist er gleich der Seilspannung am oberen Ende des Haltekabels.

**Freier Fall**
(a) Fall oder Abwurf eines Körpers, wie z.B. einer Rakete ohne Lenkung und Schub, die keiner Verzögerung durch einen Fallschirm oder andere Bremsvorrichtung unterworfen ist.
(b) Zustand einer Person, die durch die Atmosphäre herabsinkt und lediglich durch auf den Körper einwirkende Luftkräfte abgebremst wird. Allgemein auf den Zustand eines Fallschirmspringers bezogen zwischen dem Absprung aus dem Luftfahrzeug und der Entfaltung seines Fallschirms.

Vgl. auch **verzögerte Füllung**.

**Freier Kreisel**
Kreisel, der frei beweglich ist.

**Freier Wirbel; Wirbelschleppe; abgehender Wirbel**
Von der Oberfläche eines Körpers sich stromabwärts erstreckender Wirbel.

**Freifallschirm,**
*cf / vgl* **Von Hand betätigter Fallschirm**

**Freifläche**
Eine festgelegte, rechteckige Fläche in Verlängerung eines Start- und Landestreifens oder einer Wasserpiste, die als geeignet ausgewählt und so hergerichtet ist, dass darüber ein Luftfahrzeug seinen Anfangssteigflug bis zu einer bestimmten Höhe durchführen kann.

**Freiflughafen; zollfreier Flughafen**
Ein internationaler Flughafen, auf welchem Besatzung, Fluggäste, Gepäck, Fracht, Post und Bordvorräte – vorausgesetzt, dass sie bis zum Ausflug nach einem Ort außerhalb des Hoheitsgebietes in einem festgelegten Bereich verbleiben – aussteigen oder ausgeladen werden, verbleiben, umsteigen oder umgeschlagen werden dürfen, ohne irgendwelchen Zollgebühren oder Zöllen und, besondere Umstände ausgenommen, irgendeiner Kontrolle zu unterliegen.

**Freiflugkanal; Freiflugwindkanal**
Windkanal, in dem das Verhalten eines Modells im freien Flug beobachtet werden kann.

**Freigabegrenze**
Der Punkt, bis zu dem für ein Luftfahrzeug eine Flugverkehrsfreigabe erteilt wird.

**Freihandelszone**
Ein Gebiet, in dem Güter, Handelswaren oder Gepäck in Verwahrung gegeben, gelagert, gepackt, behandelt oder verkauft werden können und von dem aus sie nach einem anderen Ort außerhalb des eigenen Staatsgebietes verbracht werden dürfen, ohne dass für sie Zollgebühren entrichtet werden müssen. Zolluntersuchungen können jedoch unter bestimmten Umständen durchgeführt werden.

**Freizone**
Ein Bereich, in welchem Waren inländischen oder ausländischen Ursprungs zugelassen sind, in Verwahrung gegeben, verpackt, ausgestellt, verkauft, weiterbearbeitet oder verarbeitet werden können und aus dem diese Waren nach einem Ort außerhalb des Hoheitsgebietes verbracht werden können, ohne Zöllen oder Inlandsverbrauchssteuern oder, besondere Umstände ausgenommen, einer Kontrolle zu unterliegen. Waren inländischen Ursprungs, die in eine Freizone zugelassen wurden, können als ausgeführt angesehen werden.

**Frequenzabgesetzter Simplexbetrieb**
Eine Art des Einkanal-Simplexbetriebes, bei welcher der Fernmeldeverkehr zwischen zwei Stellen in der Weise erfolgt, dass in beiden Richtungen je eine Frequenz benutzt wird, die beide absichtlich etwas gegeneinander abgesetzt sind, jedoch in einem für den Betrieb zugewiesenen Teil des Spektrums liegen.

**Frequenzkanal**
Ein zusammenhängender Teil des Frequenzspektrums, der für eine Ausstrahlung in einer bestimmten Sendeart geeignet ist.
**Anmerkung**: Die Einteilung der Austrahlungen und Angaben über den benötigten Teil des Frequenzspektrums, der einer bestimmten Übertragunsart zugeordnet ist (Bandbreite), sind in den Funkvorschriften der Internationalen Fernmeldeunion (ITU) festgelegt

**Frische Brise**
Windstärke (Beaufort-Zahl) 5: Kleine belaubte Bäume beginnen zu schwanken; Schaumkämme bilden sich auf den Seen (Windgeschwindigkeit: 17–21 Knoten).

**Front**
Eine Linie oder ein schmales Band, die auf der Erdoberfläche die Grenze zwischen zwei Luftmassen mit merklich verschiedenen Luftdichten angeben. Eine Front wird normalerweise gekennzeichnet durch einen Bewölkungs- und Niederschlagsgürtel und eine mehr oder weniger ausgeprägte Windänderung.

**Frontauflösung,**
*cf / vgl* **Frontolyse**

**Frontogenese; Frontbildung**
Die Entwicklung oder merkliche Verstärkung einer Front.

**Frontolyse; Frontauflösung**
Das Auflösen oder die merkliche Abschwächung einer Front.

**Frontseitiger Kurssektor; Frontkurssektor**
Der Kurssektor, der auf derselben Seite des Landekurssenders liegt wie die Piste.

**Frost**
Der Zustand, bei dem die Lufttemperatur unter den Gefrierpunkt des Wassers absinkt.

**Frühlingspunkt,**
*cf / vgl* **Widderpunkt**

**Führen,**
*cf / vgl* **Steuern**

**Führen durch Kursanweisungen**
In der Luft befindliche Luftfahrzeuge durch Übermittlung von Steuerkurs und Anweisungen von der Bodenstelle an das Luftfahrzeug.

**Führergondel**
Gondel, von der aus ein Luftschiff geführt wird.

**Führerraum; Cockpit**
In Militärluftfahrzeugen:
Kabine zur Unterbringung der (des) Luftfahrzeugführer(s).

**Führerraum,**
*cf / vgl* **Besatzungs(betriebs)raum**

**Führungskabel; Ankerseil**
In einem Flugzeugrumpf befestigtes Stahlkabel, auf welchem die selbsttätigen Aufziehleinen gleitend angebracht sind.

**Führungsschiene; Ankerschiene**
Metallschiene, die in einem Luftfahrzeug befestigt ist und als Ankerseil benutzt wird.

**Füllansatz**
Schlauch am Boden eines Ballons zur automatischen Gasentleerung im Fluge oder zur Füllung und Entleerung am Boden.

**Füllen,**
*cf / vgl* **Nachfüllen**

**Füllnetz**
Bei Luftfahrzeugen leichter als Luft:
Netz aus Schnüren zum Niederhalten einer Hülle beim Füllen.

**Füllung**
Vorgang des Öffnens des Fallschirms nach der Entfaltung.

**Füllungszeit,**
*cf / vgl* **Öffnungszeit**

**Füllzeit**
Zeit zwischen der Beendigung des Entfaltevorgangs (**„Leinen stramm“**) und der vollen Füllung der Fallschirmkappe.

**Funkanflughilfen**
Funkanlagen, mit deren Hilfe sich die Position eines Luftfahrzeugs vom Zeitpunkt der Annäherung an einen Flugplatz oder Flugzeugträger bis zur Erreichung einer Position, aus der die Landung durchgeführt werden kann, mit beträchtlicher Genauigkeit feststellen lässt.

**Funkbake,**
*cf / vgl* **Funkfeuer**

**Funkentfernungsmessung**
Ortsbestimmung durch Funk, bei der die Entfernung eines Objekts mit Hilfe der von diesem direkt ausgesandten, reflektierten oder auf gleicher oder anderer Wellenlänge neu abgestrahlten Funkwellen bestimmt wird.

**Funkfeuer; Funkbake**
Funksender, dessen Ausstrahlungen einem Fahrzeug ermöglichen, seine eigene Richtung oder seinen Standort, auf das Funkfeuer bezogen, mittels eines Funkempfängers oder Peilgeräts zu bestimmen.

**Funkfeuer(betriebsstelle)**
Eine besondere Funkstelle, deren Ausstrahlungen es einer beweglichen Funkstelle ermöglichen sollen,
(a) ihre Funkpeilung oder Richtung in Bezug auf dieses Funkfeuer oder
(b) die Entfernung von diesem oder
(c) beides zu bestimmen.

**Funkfeuerkennung**
Die durch das Funkfeuer (eines Flugsicherungsschiffes) ausgestrahlte Schlüsselgruppe.

**Funkhöhenmesser; Radarhöhenmesser**
Ein Höhenanzeigegerät, das nach dem Radarprinzip arbeitet.

**Funkkompass; Radiokompass**
Ein Funkpeilgerät, welches die Peilrichtung zu dem Sender anzeigt, der am Empfangsgerät eingestellt ist.

**Funknavigation**
Verwendung elektromagnetischer Wellen zur Bestimmung des Standortes oder einer Richtung oder zur Hinderniswarnung beim Navigieren.

**Funknavigationshilfsmittel**
Funkanlagen, die dazu benutzt werden, Luftfahrzeuge bei der Standortbestimmung, beim Auffinden des Bestimmungsortes und beim Landen zu unterstützen.

**Funkpeilen; Funkpeilwesen**
Funkortung, bei der nur die Richtung einer Station mit Hilfe ihrer Ausstrahlungen bestimmt wird.

**Funkpeilgerät; Funkpeiler**
Funkempfangsgerät, mit dem die Empfangsrichtung eines Signals bestimmt wird, indem die Richtung der vorderen Welle oder des magnetischen oder elektrischen Vektors gemessen wird.

**Funkpeilstelle**
Eine Funkstelle, die dazu dient, nur die Richtung anderer Funkstellen mit Hilfe derer Ausstrahlung zu ermitteln.

**Funkpeilung; Funkpeilrichtung**
Der durch eine Funkpeilstelle ermittelte Winkel zwischen der scheinbaren Richtung einer bestimmten Quelle elektromagnetischer Wellen und einer Bezugsrichtung. Eine rechtweisende Funkpeilung hat als Bezugsrichtung geographisch Nord, eine missweisende Funkpeilung magnetisch Nord.

**Funksonde,**
*cf / vgl* **Radiosonde**

**Funkstelle für die (Flug)Platzkontrolle**
Eine Funkstelle für die Verbindung zwischen einer (Flug)-Platzkontrollstelle und Luftfahrzeugen oder beweglichen Bodenfunkstellen.

**Funktelefonie,**
*cf / vgl* **Sprechfunk**

# G

**Gabelpleuel**
Ein System von mehreren Pleuelstangen, von denen eine das Hauptpleuellager enthält, während die anderen auf der Hauptpleuelstange oder konzentrisch mit dieser auf der Kurbelwelle gelagert sind.

**Gabelrohr; Verzweigungsrohr; Anschlussrohr**
Ein kurzes Rohrstück, das die Abgase von einem Zylinder eines Flugmotors zum Abgassammler leitet.

**Gasanflug,**
*cf / vgl* **Anflug mit Gas**

**Gasentladungsleuchte; Kondensatorenentladungslampe**
Eine Lampe, in der Blitze hoher Leuchtdichte von außerordentlich kurzer Dauer durch die Entladung elektrischer Energie hoher Spannung in einer gasgefüllten Röhre erzeugt werden.

**Gaskranz,**
*cf / vgl* **Dichtungsring**

**Gaslandung,**
*cf / vgl* **Landung mit Gas**

**Gasleitung**
Stoffschlauch, der durch die ganze Länge eines starren Luftschiffs läuft und Zuleitungen für das Füllen der Gaszellen hat.

**Gasschacht**
In Luftfahrzeugen leichter als Luft; Leitung zwischen dem Ventil einer Gaszelle und der Entlüftungshutze.

**Gasturbinentriebwerk**
Eine Kraftmaschine, in der Arbeitsgas durch einen Verbrennungsprozess erhitzt und mittels einer Turbine zur Arbeitsleistung ausgenutzt wird.

**Gasvolumen**
Volumen einer Gasfüllung unter Normalbedingungen.
**Anmerkung**: Dies ist das bei aerostatischen Rechnungen verwandte Volumen.

**Gaszelle**
Eine unter mehreren mit Auftriebsgas gefüllten Abteilungen oder Kammern bestimmter Luftschiffe, insbesondere Starrluftschiffe; zum Teil auch für die nicht unterteilte Vollhülle eines Ballons oder Luftschiffs verwendeter Begriff.

**Gaszellennetz**
System von Seilen, das jede der Gaszellen eines starren Luftschiffes umspannt.

**Gaszellen-Umfangsseile; Gaszellennetz**
In Luftschiffen:
Umfangsseile innerhalb von Längsträgern, die den Druck der Gaszellen aufnehmen sollen.

**GCA-Anflug**
Verfahren, um ein Luftfahrzeug während seines Anflugs durch Benutzung von Rundsicht- und Präzisionsradargeräten vom Boden aus so herunterzusprechen, dass es bei schlechter Sicht und niedriger Wolkenuntergrenze in eine Position kommt, von der aus die Landung erfolgen kann.

**GCA-Anflugsystem**
Eine Funknavigationsanlage, die aus einem Rundsicht-Radargeräteelement (SRE) und einem Präzisionsanflug-Radargeräteelement (PAR) besteht und der Durchführung vom Boden geleiteter Anflüge dient.

**GCA-Verfahren**
Die Verfahrensweise, ein Luftfahrzeug während seines Anfluges unter Verwendung von Rundsicht- und Präzisionsanflugradar so herunterzusprechen, dass es in eine für die Landung geeignete Lage gebracht wird.
**Anmerkung**: Dies geschieht normalerweise durch Sprechfunkübermittlung von Steuerkurs- und Höhenanweisungen der Radarstelle an den Luftfahrzeugführer.

**Gebläse; Druckerhöher**
Vorrichtung zur Erhöhung des Überdrucks in einem Drachenballon über den, der normalerweise mittels einer Lufthutze erreicht wird.

**Gebläsegleichrichter**
Ein in der Nähe des Antriebsgebläses im Windkanal angeordnetes System radialer Leitschaufeln, das der durch das Gebläse hervorgerufenen Rotation des Luftstrahls entgegenwirkt.

**Gee; Gee-System**
Bodenbezogenes Funknavigationsverfahren auf Ultrakurzwelle, bei dem ein Empfangsgerät im Luftfahrzeug die Zeitdifferenz zwischen dem Empfang von Impulsen von zwei oder mehreren Bodensendestationen misst, die eine Kette bilden (Haupt- und eine oder mehrere Nebenstationen). Der Standort des Luftfahrzeugs wird dann unter Zuhilfenahme einer Landkarte oder Schautafel mit einem aufgedruckten Hyperbel-Gitternetz ermittelt.

**Gee H, Gee-H-System**
Eine Radar-Navigationsanlage, die aus zwei gesonderten festen Transpondern besteht, die von einem Sender in einem Luftfahrzeug abgefragt werden; dadurch ist im Luftfahrzeug die Messung der Entfernungen zu den beiden festen Stationen möglich.

**Gefahrenfeuer**
Ein Luftfahrtleuchtfeuer zur Bezeichnung einer Gefahr für die Luftfahrt.

**Gefahrengebiet**
Ein Luftraum von festgelegten Ausmaßen, in dem zu bestimmten Zeiten Vorgänge stattfinden können, die für Luftfahrzeuge gefährlich sind.

**Gegenkabel**
Drähte oder Kabel, die Kräfte entgegengesetzt zur Auftriebsrichtung aufnehmen.
**Gegenkolbenmotor,**
*cf / vgl* **Doppelkolbenmotor**

**Gegenkursteil**
Teil eines Landeverfahrens, bei dem das Luftfahrzeug einen zur Endanflugrichtung entgegengesetzten Kurs fliegt.

**Gegenläufige Propeller**
Ein Propellerpaar, das auf zwei koaxialen Wellen angebracht ist, welche einen gemeinsamen Antrieb besitzen und im Gegensinn rotieren.

**Gegenpassat; Antipassat**
Winde, die manchmal über den Passatwinden in Höhen von 1000 m (3000 Fuß) und darüber auftreten und in entgegengesetzter Richtung zu diesen wehen.

**Gegensprechanlage,**
*cf / vgl* **Bordverständigungsanlage**

**Gegenstrom-Brennkammer; Gegenstromsystem**
Eine Brennkammer, in der Primärluft und Abgase nach dem Gegenstromprinzip geführt werden.

**Gegenstrom-Turbo-Triebwerk**
Ein Gasturbinentriebwerk, bei dem die Verdichter- und Turbinenschaufeln entweder aus einem einzigen Stück gearbeitet oder direkt nebeneinander eingebaut sind, wobei die beiden Schaufelkränze in entgegengesetzter Richtung durchströmt werden.

**Gekuppeltes Triebwerk; Doppeltriebwerkeinheit**
Ein aus mehreren Kraftmaschinen bestehendes Triebwerk, wobei die Motoren gekuppelt sind und eine gemeinsame Welle antreiben.

**Geländeabstandswarnanzeiger,**
*cf / vgl* **Echolot-Warngerät**

**Geländeform,**
*cf / vgl* **Relief**

**Gelenkig angeschlossenes Blatt**
Blatt, das mit dem Rotorkopf durch Schlag-, Schwenk- und Verstellgelenke verbunden ist (voll angelenkt).

**Geltender Flugplan**
Der Flugplan, der etwaige, durch nachträgliche Freigaben bewirkte Änderungen einschließt.

**Gemischregler**
Eine Vorrichtung in der Kraftstoff-Zumessanlage zur Regelung des Gemischs.

**Gemischter Kühler**
Ein mit einem Ölkühler kombinierter Kühler, der so gebaut ist, dass seine Kühlröhren abwechselnd Kühlmittel und Öl enthalten.

**Gemischverteilung**
Die quantitative und qualitative Verteilung des den einzelnen Zylindern eines Motors zugeführten Kraftstoffluftgemischs.

**Genehmigt**
Von einem Vertragsstaat für einen bestimmten Zweck als geeignet befunden.

**Genehmigte Ausbildung**
Ausbildung nach besonderem Lehrplan und unter besonderer Aufsicht, die von einem Vertragsstaat genehmigt sind.

**Geodätische Bauweise**
Konstruktionsprinzip unter Benutzung räumlich gekrümmter Rahmen, bei dem die Hauptstäbe geodätischen Linien der Oberfläche folgen, so dass die in den Bauteilen auftretenden Kräfte entweder Zug- oder Druckkräfte sind.

**Geographisch/rechtweisend Nord**
Richtung des geographischen Nordpols.

**Geometrische Blattsteigung**
Der Weg, den ein Blattelement während einer vollen Umdrehung der Luftschraube in Richtung der Luftschraubenachse zurücklegen würde, wenn es auf einer Schraubenlinie tangential zu der Blattsehne fortschreiten würde.
**Anmerkung**: Die geometrische Steigung der Blattelemente am Bezugsradius einer Luftschraube fester Steigung wird üblicherweise als die **„Steigung“** der betreffenden Luftschraube definiert und ist auf dieser als solche angegeben.

**Geometrische Verwindung**
Änderung des Winkels zwischen der Sehne und einer festen Richtung längs der Spannweite einer Tragfläche.

**Geostrophische Windgeschwindigkeit**
Die Windgeschwindigkeit, die aus dem Druckgradienten, der Luftdichte, der Rotationsgeschwindigkeit der Erde und der geographischen Breite unter Vernachlässigung der Krümmung der Luftbahn berechnet wird.

**Gepaartes Triebwerk; Zwillingstriebwerk**
Zwei völlig unabhängige Triebwerke, die dicht nebeneinander, übereinander oder hintereinander angeordnet sind.

**Gepäck**
Persönliche Gegenstände der Fluggäste oder der Besatzung, die auf Grund einer Vereinbarung mit dem (Luftfahrzeug-) Halter in einem Luftfahrzeug befördert werden.

**Gepresster Kontakt**
Eine dauerhafte mechanische Verbindung, bei der eine Zwinge oder ein Kabelschuh durch einfachen Druck an eine Kabelader angeklemmt ist.

**Gerade Aufsteigung,**
*cf / vgl* **Rektaszension**

**Geradeausanflug**
Instrumentenanflug, bei dem der Endanflug beginnt, ohne zuvor eine Verfahrenskurve ausgeführt zu haben. Er wird nicht unbedingt mit einer Geradeauslandung oder mit den Minima für Geradeauslandungen abgeschlossen.

**Gerätekategorie I-ILS**
Ein Instrumentenlandesystem, das Kursführungsinformationen von der Reichweitengrenze des ILS bis zu dem Punkt liefert, wo die Kurslinie des Landekurssenders den Gleitweg in einer Höhe von 60 m (200 Fuß) oder weniger über der horizontalen Fläche, die den ILS-Bezugspunkt enthält, schneidet.

**Gerätekategorie II-ILS**
Ein Instrumentenlandesystem, das Kursführungsinformationen von der Reichweitengranze des ILS bis zu dem Punkt liefert, wo die Kurslinie des Landekurssenders den Gleitweg in einer Höhe von 15 m (50 Fuß) oder weniger über der horizontalen Fläche, die den ILS-Bezugspunkt enthält, schneidet.

**Gerätekategorie III-ILS**
Ein Instrumentenlandesystem, das, soweit erforderlich, mit Hilfe von Zusatzeinrichtungen Kursführungsinformationen von der Reichweitengrenze der Anlage bis zur Oberfläche und entlang der Oberfläche der Piste liefert.

**Geräuschmesser; Lärmmesser; Geräuschmessgerät**
Instrument zum Messen einer für die Stärke eines Geräusches charakteristischen Größe, z. B. Schalldruck oder Lautstärke.

**Gerippe,**
*cf / vgl* **Bootskörper**

**Gerissene Rolle**
Rolle, bei der das Luftfahrzeug zunächst scharf angezogen und dann mit dem Seitenruder schnell in die gewünschte Richtung gerollt wird. Diese Rolle entspricht im wesentlichen einer im Horizontalflug ausgeführten Trudelbewegung.

**Gerüst,**
*cf / vgl* **Bootskörper**

**Gesamtauftrieb**
Kraftkomponente in Richtung der Auftriebsachse unter Ausschluss der Schwerkraft.

**Gesamtauftrieb (unter Normbedingungen)**
Bei Luftfahrzeugen leichter als Luft:
Auftrieb in der Normatmosphäre in Meereshöhe für einen gegebenen Zustand der Gaszusammensetzung und Füllung.

**Gesamtballastmenge,**
*cf / vgl* **Abwerfbares Gewicht**

**Gesamtdruck**
Summe von Staudruck und statischem Druck.

**Gesamtdruck,**
*cf / vgl* **Pitot-Druck**

**Gesamte äquivalente Bremsleistung**
Beim Propellerturbinen-Luftstrahltriebwerk: Die Summe aus der Leistung an der Luftschraubenwelle und der aus dem Strahlschub umgerechneten äquivalenten Schubleistung.

**Gesamtflügelfläche**
Inhalt der Fläche, die begrenzt wird von den beiden Tragflächenspitzen, den Vorder- und Hinterkanten und den geradlinigen Verbindungen der Schnittpunkte zwischen den Kanten und dem Rumpf bzw. den Tragflächengondeln unter Ver nachlässigung der Verkleidungen.

**Gesamtfluggewicht,**
*cf / vgl* **Startmasse**

**Gesamtflugzeit**
Die Summierung der Flugzeiten.

**Gesamtschub; Wellenschub**
Die von den Blättern einer Luftschraube im Strömungsfeld ihrer Wirksamkeit entwickelte axiale Luftkraft.

**Geschäftsflugzeug**
Passagier- oder kleines Transportflugzeug, das speziell für die Nutzung durch führende Geschäftsleute konstruiert ist.

**Geschlepptes Gleitflugzeug; Schleppsegler**
Gleitflugzeug, das für längere Flüge darauf angewiesen ist, sich schleppen zu lassen.

**Geschlossene Mess-Strecke**
Eine von massiven Wänden begrenzte Mess-Strecke eines Windkanals.

**Geschlossene Motorhaube; abgedichtete Verkleidung**
Eine Motorhaube, die so konstruiert ist, dass keine Außenluft in die Motorgondel eintreten kann.
**(Geschlossener) Wasserkanal**
Anordnung zur Erzeugung einer wohldefinierten Wasser- bzw. Flüssigkeitsströmung für strömungsdynamische Versuche.

**Geschlossenes Vereisungsnetz**
Ein den Hauptlufteinlass völlig ausfüllendes Vereisungsnetz. Falls es im Fluge ganz vereist, wird ein alternativer Lufteinlass automatisch geöffnet.

**Gesteuerte, langsame Rolle**
Eine vorwiegend durch Querruderbetätigung geflogene Rolle, bei der Seiten- und Höhenruder der Trimmung dienen und der gesamte Flugweg im wesentlichen geradlinig verläuft. Im Englischen auch als **"aileron roll"** (= **Querruderrolle**) bezeichnet.

**Gesteuerter Kreis; Verriegelungsschaltung**
Ein Stromkreis, in dem die Betätigung eines elektrischen Apparateteils von der Erfüllung gewisser vorbestimmter Bedingungen in anderen Apparateteilen, Schaltungen oder Stromkreisen abhängig gemacht worden ist.

**Gesteuertes Hilfsruder; Trimmruder**
Ausgleichsruder, das im Fluge verstellt werden kann.

**(Gestielter) Hochdecker; Parasol**
Eindecker, dessen Tragflächen in einer gesonderten Konstruktion über dem Rumpf vereinigt werden.

**Gestirnhöhe**
Bodenlänge eines Vertikalkreises oder entsprechender Winkel im Erdmittelpunkt zwischen der Standlinie eines Gestirns und dem Himmelshorizont.

**Gestirnhöhenunterschied**
*cf / vgl* **Intercept**

**Gestutzte Tragfläche; Flügel mit eckigen Enden**
Tragfläche, die in der Draufsicht an ihrem Ende bzw. ihren Enden mehr oder weniger rechtwinklig abgeschnitten ist.

**Gewitterwolkenturbulenz,**
*cf / vgl* **Kumulonimbus-Turbulenz**

**Gieren; Gierbewegung**
Drehbewegung um die Hochachse.

**Giermoment**
Ein Luftkraftmoment, das dazu tendiert, ein Luftfahrzeug oder einen ähnlichen Körper um seine Hochachse zu drehen.

**Gierungsmesser; Anströmwinkelmesser**
Instrument, das Änderungen des aerodynamischen Anstellwinkels ermittelt. Der Begriff ist in seiner Anwendung nicht auf Instrumente beschränkt, die Änderungen im Gierverhalten ermitteln.

**Gitter,**
*cf / vgl* **Schaufelgitter**

**Gitternavigation,**
*cf / vgl* **Gradnetznavigation**

**Gitternetz,**
*cf / vgl* **Gradnetz**

**Gitter-Nord**
Die Nord- oder Nullrichtung, die durch die Bezugsrichtungslinie des Gitters angezeigt wird.

**Glatteis**
Eine glatte Eisschicht, die dadurch entsteht, dass Regen auf ein Luftfahrzeug oder auf ein anderes ihm ausgesetztes Objekt fällt, dessen Temperatur unter dem Gefrierpunkt liegt.

**Gleichförmige Strömung**
Parallel verlaufende Strömung mit insgesamt konstanter Geschwindigkeit.

**Gleichgewichtshöhe**
Höhe, in der sich unter gegebenen Bedingungen zwischen dem Auftrieb und der Masse eines Ballons oder eines Luftschiffes, das motorlos schwebt, Gleichgewicht einstellt.

**Gleichsignalzone,**
*cf / vgl* **Dauertonzone**

**Gleichstrom-Brennkammer; System mit geradem Durchfluss**
Eine Brennkammer, in der Primärluft und Abgase nach dem Gleichstromprinzip geführt werden.

**Gleichstromumformer; Umformer**
Eine rotierende Maschine oder eine Kombination von Maschinen zur Umwandlung von Wechselstrom in Gleichstrom.

**Gleitboden**
Derjenige Teil des Bodens eines Bootskörpers oder Schwimmers, der hydrodynamischen Auftrieb liefern soll.

**Gleitflug**
Ein allmählicher Sinkflug mit wenig oder gar keiner Schubleistung.

**Gleitschuh,**
*cf / vgl* **Raketenschuh**

**Gleitweg**
Ein für die Führung in der Höhe bei einem Endanflug bestimmtes Sinkflugprofil.

**Gleitweg-Funkfeuer; Gleitwegsender**
Richtfunkfeuer, das Teil eines Instrumenten-Landesystems ist und die Abweichung des Luftfahrzeugs in der Senkrechten von seinem optimalen Sinkflugweg anzeigt.

**Gleitwegsektor**
Ein Sektor in der den Gleitweg enthaltenen Vertikalebene, der durch den geometrischen Ort aller Punkte mit dem DDM-Wert 0,175 begrenzt ist.
**Anmerkung**: Der Gleitwegsektor wird durch den Gleitweg in zwei Teile geteilt, die in Bezug auf die Sektoren oberhalb und unterhalb des Gleitweges oberer und unterer Sektor genannt werden.

**Gleitwegwinkel**
Der Winkel des Gleitweges bezogen auf die Horizontalebene.

**Gleitwinkel**
Winkel zwischen dem Gleitflugweg und der Horizontalen.

**Gleitzahl**
Das Verhältnis der bei einem Gleitflug zurückgelegten Strecke zur aufgegebenen Höhe.

**Gletscherwind**
Eine kalte Brise, die entlang dem Gletscherverlauf abwärts weht und auf die Abkühlung der Luft über dem Eise zurückzuführen ist.

**Glocke; Basis**
Der verstärkte Basissaum, der die Peripherie einer Fallschirmkappe bildet.

**Glühzünden; Nachzünden**
Nach dem Ausschalten der Zündanlage eines Motors in den Zylindern erfolgende Zündungen.

**Gondel**
Eine stromlinienförmige, vom Rumpf eines Luftfahrzeugs abgesetzte Konstruktion oder Verkleidung zur Aufnahme von Besatzung, Motoren und anderer Zuladung.

**Gondel,**
*cf / vgl* **Pod**

**Gradientwindgeschwindigkeit**
Eine geostrophische Windgeschwindigkeit, bei deren Berechnung auch die Krümmung der Luftbahn berücksichtigt wird.

**Gradnetz**
Netz von Linien zur Darstellung der Breiten- und Längengrade auf einer Karte, einem Plan oder einer graphischen Darstellung.

**Gradnetz; Gitternetz; Kartengitter**
Gitterlinien auf einer Karte, die als Bezugssystem zum Messen von Winkeln und zur Festlegung von Standorten dienen.

**Gradnetznavigation; Gitternavigation**
Eine Navigationsart, die ein Gradnetz anstelle des auf rechtweisend Nord bezogenen Koordinatensystems zum Messen von Winkeln benutzt.

**Graupel; Reifgraupel**
Kleine, weißliche, nicht durchsichtige Eiskörnchen.

**Grenzgeschwindigkeit**
Stationäre Geschwindigkeit, die ein Luftfahrzeug im Geradeausflug bei gegebenem Bahnneigungswinkel unter gegebenen atmosphärischen und Vortriebsbedingungen erreichen kann.

**Grenzschicht**
Dünne, an einer Oberfläche anliegende Strömungsschicht, in der die Reibungskräfte vorherrschend sind.

**Grenzschichtablösung**
Ablösen einer Strömung mit laminarer oder turbulenter Grenzschicht.

**(Grenzschicht-)Absaugklappe; Saugklappe**
Klappe, deren Wirksamkeit durch Grenzschichtabsaugung erhöht wird.

**Grenzschichtabsaugung**
Grenzschichtbeeinflussung durch Absaugen von Luft aus der Grenzschicht.

**Grenzschichtbeeinflussung**
Beeinflussung der Grenzschichtbildung auf künstlichem Wege mit dem Ziel, den Übergang oder den Abriss zu bewirken.

**Grenzschichtverdichtung; Grenzschichtausblasung**
Grenzschichtbeeinflussung durch die Injekttion von Luft oder anderem Gas in die Grenzschicht.

**(Grenzschicht-)Zaun**
Eine auf der Tragflächenoberseite in Richtung der Profilsehne verlaufende Leiste, mittels derer die Druckverteilung auf der Oberfläche beeinflusst wird und/oder auf den Querfluss der Grenzschicht entweder direkt oder durch Wirbelbildung eingewirkt wird.

**Grivation**
Der in der Horizontalen überall gemessene Winkel zwischen der Gradnetzlinie und der magnetischen Nordrichtung.

**Große Höhe**
Üblicherweise eine Höhe von über 10 000 Metern (33 000 Fuß).

**Großkreis**
Schnittstelle der Erdoberfläche mit einer durch den Erdmittelpunkt gehenden Fläche.

**Großkreisbeschickung**
*cf / vgl* **Umrechnungswinkel**

**Grundgeschwindigkeit**
Horizontalkomponente der Grundgeschwindigkeit eines Luftfahrzeugs relativ zur Erdoberfläche.

**Grundierung; Grundanstrich**
Die erste komplette Farbschicht eines auf einer unbemalten oder versiegelten Oberfläche erfolgenden Farbanstrichs.

**Grundmasse**
Gewicht mit allen Dingen, die als zur fest eingebauten Betriebsausrüstung aus dem (nicht förderbaren) Restkraft- und -schmierstoff gehörend erklärt sind zuzüglich der 'variablen' Dinge oder der 'für den Verbrauch bestimmten' Zuladung für die verschiedenen Flugaufträge. (*Cf/vgl* **Betriebsmasse**)

**Gruppe im festen Flugfernmeldenetz**
Drei oder mehr Funkstellen im festen Flugfernmeldenetz, die auf der gleichen Frequenz miteinander verkehren.

**Gültigkeitserklärung (eines Luftfahrerscheins)**
Die von einem Vertragsstaat getroffene Maßnahme, durch die an Stelle der Erteilung seines eigenen Ausweises für Luftfahrtpersonal ein von einem anderen Vertragsstaat ausgestellter Ausweis als gleichwertig anerkannt wird.

**Gültigkeitserklärung (eines Lufttüchtigkeitszeugnisses)**
Die von einem Vertragsstaat getroffene Maßnahme, durch die an Stelle der Ausstellung eines eigenen Lufttüchtigkeitszeugnisses ein von einem Vertragsstaat ausgestelltes Lufttüchtigkeitszeugnis als gleichwertig anerkannt wird.

**Gummischlauchenteiser,**
*cf / vgl* **Tragflügel-Enteisungsvorrichtung**

**Gummiseil; Startseil; Plastikseil**
Starkes, vieladriges Gummiseil mit einer geflochtenen Textilummantelung, das z. B. als Stroßdämpfer bei bestimmten Leichtflugzeugen oder als Startseil für Segelflugzeuge Verwendung findet.

**Gurtpyramide,**
*cf / vgl* **Mehrfachstropp**

**Gurtzeug,**
*cf / vgl* **Fallschirmgurtzeug**

# H

**H-Motor**
Ein Kolbenmotor, dessen vier Zylinderreihen von hinten gesehen ein „H" bilden.

**Hagel**
Niederschlag aus Kumulonimbuswolken in der Form von Eiskugeln, welcher häufig während eines Gewitters auftritt.

**Halbaktive Zielsuchlenkung**
Zielsuchlenksystem, bei dem der Empfänger im Flugkörper vom Ziel reflektierende Ausstrahlungen, die nicht vom Flugkörper herrühren, nutzbar macht.

**Halbautomatische Weitergabeeinrichtung**
Eine Fernschreibeinrichtung, bei der die Festlegung der Verantwortung für die Weitergabe in Bezug auf eine einlaufende Meldung und auf die darauf folgende Herstellung der erforderlichen Verbindungen zur entsprechenden Weitergabe das Eingreifen des Bedienungspersonals bedingt, bei der jedoch alle anderen normalen Weitergabevorgänge automatisch erfolgen.

**Halb(durch)messer**
Der im Winkelmaß gemessene Radius der Sonne oder des Mondes, der zu der beobachteten Höhe hinzugerechnet oder von dieser abgezogen werden muss, wenn der obere oder untere Rand dieser Gestirne beobachtet wird.

**Halbe Rolle**
Halbe Drehung um die Längsachse.

**Halber Überschlag; halber Looping**
Kunstflugfigur, die aus der Hälfte eines fluglagenmäßig beliebigen Loopings besteht, meist ein aus der Normalfluglage nach oben angesetzter Halblooping.

**Halbintegralbehälter**
Herausnehmbarer Behälter, der in eingebautem Zustand Teil der Konstruktion eines Luftfahrzeugs ist.

**Halbstarre Theorie; hablstarre Methode**
Näherungsverfahren der Festigkeitslehre, bei dem die theoretisch unendliche Anzahl von Freiheitsgraden durch eine endliche Anzahl dargestellt wird, wobei jedem Freiheitsgrad eine unveränderliche Form zugeordnet wird.

**Halbstarres Luftschiff**
(a) Luftschiff mit einem starren Längsträger, der die Belastung verteilt und die Aufrechterhaltung der zugrunde gelegten Hüllenform unterstützt.
(b) Luftschiff, dessen Form mittels eines leichten, starren Gitterwerks und des Innendrucks aufrechterhalten wird.

**Haltekabel**
Seil, das einen Fesselballon oder Drachen mit der Winde verbindet.

**Haltekabelrolle**
Trommel oder Umlenkrolle, die an dem Haltepunkt des Leinenwerks befestigt ist und das Haltekabel trägt und dabei die Kabelspleißung oder die Kabelklampen entlastet.

**Haltepunkt**
Die untersten Enden des Leinenwerks eines Drachenballons, die zu einem Punkt geführt werden, an dem das Schleppseil befestigt ist.

**Handanlasser; Anwerfvorrichtung**
Eine zum Flugmotor gehörige Vorrichtung zum Durchdrehen eines Motors von Hand, ohne dabei die Luftschraube von Hand durchzudrehen.

**Hangar,**
*cf / vgl* **Flugzeughalle**

**Hängender Tragflächenkühler; Unterflügelkühler**
Ein Kühler, der an der Unterseite einer Tragfläche angebracht ist.

**Haubenkappe,**
*cf / vgl* **Nasenkappe**

**Haufenwolke,**
*cf / vgl* **Kumulus**

**Haufenwolken**
Wolken mit beträchtlichem vertikalen Aufbau.

**Hauptankertau; Hauptfesselseil**
Seil, das durch den Verankerungskonus eines Luftschiffs führt.

**Haupteinflugzeichen (HEZ)**
Markierungsfunkfeuer, das beim Instrumentenlandesystem (ILS) dazu dient, den zweiten vorbestimmten Punkt während eines Instrumentenanflugs zu kennzeichnen.

**Haupt(fernmelde)verbindungsart**
Die Fernmeldeverbindung, die üblicherweise von Luftfahrzeugen und Bodenstellen bei Vorhandensein mehrerer Verbindungsarten in erster Linie zu verwenden ist.

**Hauptfrequenz**
Die Sprechfunkfrequenz, die einem Luftfahrzeug als erste Möglichkeit für Flugfunkverkehr in einem Sprechfunknetz zugeteilt ist.

**Haupthimmelsrichtungen; Hauptstriche**
Die Himmelsrichtungen Nord, Süd, Ost und West.

**Hauptlängsträger; Längsspant**
Längsträger, der einen wesentlichen Bauteil eines starren Luftschiffes bildet.

**Hauptnetz; Hauptleitung**
Ein Leistungssystem zum Leiten elektrischer Energie von einer Stromquelle zu einem Hauptverteilungspunkt in einem Luftfahrzeug.

**Hauptpiste**
Die Piste, die von der zuständigen Behörde als Hauptpiste bestimmt worden ist.

**Hauptradialstrebe**
In Luftschiffen:
Strebe, die den inneren und äußeren First eines versteiften Hauptringes verbindet.

**Hauptrichtung**
Steuerkurs in Richtung der Haupthimmelsrichtungen.

**Hauptrotor**
Die vollständige Baugruppe der rotierenden Teile eines Verdichters oder einer Turbine, deren Hauptfunktion die Schuberzeugung ist.

**Haupttragfläche; Tragwerk**
Fläche eines Luftfahrzeuges, die den Hauptteil des Auftriebs liefert. Sie wird im allgemeinen unterteilt in Backbord- und Steuerbord-Tragflächen.

**Hauptwolkenuntergrenze**
Verwendet in den USA und ziemlich generell in Luftfahrtkreisen zur Kennzeichnung der niedrigsten Höhe über Grund, in und unter der die Bewölkung mehr als die Hälfte des Himmels bedeckt.

**Haut; Bespannung, Beplankung**
Beplankung eines Rahmenwerks.

**Heckkonus**
Segment oder Einzelteil, das am Ende eines Gegenstandes kegelförmig oder als Kegel ausläuft, wie z.B. das spitz zulaufende Heckteil eines Flugzeugrumpfes; ein Abgaskonus.

**Hecklastigkeit,**
*cf / vgl* **Schwanzlastigkeit**

**(Heck-)Leitwerk**
Zusammenfassung der Stabilisierungs- und Steuerflächen, die sich am hinteren Ende eines Luftfahrzeugs befinden.

**Heckradfahrwerk,**
*cf / vgl* **Spornradfahrwerk**

**Heckrotor**
Ein Rotor, dessen Hauptaufgabe es ist, die Drehmomentauswirkung des Hauptrotors eines Drehflüglers auszugleichen und Richtungs- bzw. Gierkontrolle zu bewirken.

**Hecksporn,**
*cf / vgl* **Schleifsporn**

**Heckstroppverankerung**
Verfahren, um einen Ballon dicht am Boden in seiner Fahrlage festzumachen. Dabei wird ein vom Heck des Ballons herabhängendes Seil gezwungen, sich auf einem Kreise zu bewegen.

**Heißluftballon; Feuer-Heißluftballon**
Heißluftballon, der unter der Öffnung der Hülle ein Feuer mit sich führt, um die Innenluft für längere Fahrten aufgeheizt zu halten.

**Heißstart**
Anlassen eines Strahltriebwerks, bei dem die Abgastemperatur im Strahlrohr auf einen abnormen und nicht mehr betriebssicheren Wert ansteigt.

**Heizmantel**
Ein Mantel um einen Abgassammler oder um ein Abgasrohr, in dem Luft aufgewärmt wird.

**Helikopter,**
*cf / vgl* **Hubschrauber**

**Herausnehmen; Abfangen; Rückführung**
Vorgang, durch den ein Luftfahrzeug aus einem Flugmanöver wieder an den normalen Geradeaus- und Horizontalflug zurückgeführt wird.

**Hilfsansatz**
Bei Luftfahrzeug leichter als Luft:
Schlauchleitung, die so gefaltet ist, dass sie auch im gefalteten Zustand einen Luftdurchgang erlaubt.

**Hilfsansatz für Ventilaustausch**
Hilfsansatz zwischen dem Ventil und einem Gasbehälter, der es ermöglicht, nach Abbinden des Ansatzes Ventile ohne Gasverlust auszuwechseln.

**Hilfsbehälter,**
*cf / vgl* **Zusatzbehälter**

**Hilfsdruckluft**
Ein Vorrat an Druckluft, mit dem im Falle des Versagens des normalen Antriebs gewisse Teile der Hydraulik- oder Pneumatikanlage eines Luftfahrzeuges betätigt werden können.

**Hilfsenergieeinheit; Hilfsaggregat; Hilfsgastubine**
Ein unabhängiges Aggregat und Hilfsgerät zur Leistungsabgabe an Neben- und einige Hauptsysteme in Notfällen.

**Hilfsflügel; Hilfsfläche**
Ein im allgemeinen unterhalb und in der Nähe der Tragflächenhinterkante angebrachter Hilfstragflügel, der zur Erhöhung von Auftrieb und Widerstand ausgelenkt wird.

**Hilfsflugplatz; Ausweich(flug)platz**
Flugplatz, den zu benutzen für den Fall bestimmt wird, dass ein Luftfahrzeug seinen Streckenflugplatz nicht erreichten kann.

**Hilfsgerätegetriebe**
An das Triebwerk angeschlossenes Getriebe für den Antrieb von Hilfsgeräten.

**Hilfsmittel zur Standortbestimmung**
Funkanlagen, die der Bestimmung des geographischen Standorts von Luftfahrzeugen dienen.

**Hilfsnetz,**
*cf / vgl* **Nebennetz**

**Hilfspatrone; Notpatrone**
Eine Patrone, deren Verbrennungsgase im Falle des Versagens des normalen Antriebs eine Hydraulik- oder Pneumatikanlage eines Luftfahrzeuges betätigen oder eine Notvorrichtung, wie z.B. einen Schleudersitz, auslösen können.

**Hilfsradialstrebe**
In Luftschiffen:
Strebe, die den inneren und äußeren First eines versteiften Hilfringes verbindet.

**Hilfsring**
In Luftschiffen:
System von Bauteilen, das die Längsträger verbindet und einen vollständigen Ring zwischen den Hauptringen bildet.

**Hilfsrippe; Formrippe; Nasenrippe**
Eine vor dem Vorderholm eines Tragflügels zwischen den Hauptrippen angeordnete, nicht voll ausgeführte und z.T. nur skelettartig ausgebildete Tragflügelrippe, die der Formerhaltung der Tragflächenvorderkante dient. Im Englischen auch als **"former rib"** (= **Formrippe**) oder **"nose rib"** (= **Nasenrippe**) bezeichnet.

**Hilfsrotor**
Rotor, dessen Hauptaufgabe darin liegt, das Reaktionsmoment des Hauptrotors in einem Drehflügler auszugleichen und bzw. oder die Bewegung eines Luftfahrzeuges um eine seiner Achsen zu ändern, – meist in Form eines Heckrotors.

**Hilfsschirm**
Ein am Verpackungssack oder Hauptfallschirm befestigter Hilfsschirm mit kleiner Kappe zur Unterstützung des Entfaltungsablaufs.

**Hilfsschirmverbindungsleinen,**
*cf / vgl* **Mehrfachstropp**

**Hilfsstreben**
In Luftschiffen:
Streben im äußeren Teil eines Ringes, die zwischen und parallel zum Längsrahmen liegen.

**Hilfstriebwerk**
Ein zusätzlicher Motor mit zugehöriger Ausrüstung, der die Antriebsleistung für die Bordanlagen eines Luftfahrzeuges liefert.

**Hilfstriebwerk; Starttriebwerk**
Von einem Flugkörper oder Luftfahrzeug mitgeführtes zusätzliches Triebwerk, das nach Abgabe seiner Schubkraft entweder von seinem Träger abgestoßen wird oder aber damit verbunden bleibt. Ein Hilfs- oder Starttriebwerk kann aus einer oder mehreren Einheiten bestehen oder zusammengesetzt sein.

**Hindernis,**
*cf / vgl* **Screen**

**Hindernisfeuer**
Feuer, meist auf einem Bauwerk oder natürlichem Gelände, das Hindernisse kennzeichnet.

**Hindernisfreifläche**
Eine Fläche, über die keine Hindernisse hinausragen dürfen, wenn der erforderliche Hindernisabstand gewahrt bleiben soll.

**Hindernisfreigrenze**
Die Höhe über Flugplatz, unterhalb welcher der vorgeschriebene vertikale Mindestabstand beim Anflug oder im Falle eines Fehlanflugs nicht mehr eingehalten werden kann.

**Hintereinander eingebauter Kühler; Reihenkühler**
Ein Düsenkühler, der vor einem Ölkühler eingebaut ist.

**Hintereinander eingebauter Ölkühler; Reihenölkühler**
Ein Düsenkühler, der hinter einem Kühlstoffkühler eingebaut ist.

**Hinterkante; Austrittskante; Hinterteil**
(a) Rückwärtige Kante einer aerodynamischen Fläche oder eines anderen Körpers, der sich durch die Luft bewegt.
(b) Rückwärtiger Teil einer Flächenstruktur.

**Hintersteven; Achtersteven**
Einzelbauteil, der den Rumpf, Bootskörper oder Schwimmer abschließt.
**Anmerkung**: Nicht mit **Seitenruderholm** zu verwechseln.

**Hitzemauer,**
*cf / vgl* **Wärmemauer**

**Hochachse**
Die z-Achse eines Systems von Körperachsen, bei denen die xz-Ebene die Symmetrieebene ist.

**Hochdruckgebiet; Hoch; Antizyklone**
Ein Gebiet mit relativ hohem barometrischem Luftdruck. Auf der nördlichen Halbkugel wehen die Winde im Uhrzeigersinn um den Hochdruckkern, auf der südlichen Halbkugel in entgegengesetztem Uhrzeigersinn.

**Hochdruckkeil; Keil hohen Luftdrucks**
Ein Gebiet relativ hohen Luftdrucks, das sich von einem Hochdruckgebiet aus erstreckt, wobei die Isobaren die Form eines Keiles mit abgerundeter Spitze haben.

**Hochdruckrücken; Rücken**
Ein Rücken (hohen Luftdrucks) ist eine Erweiterung einer Antizyklone (Hochdruckgebiet).

**Hochgeschwindigkeitskanal**
Windkanal, in dem die Strömungsgeschwindigkeit, obwohl unter der Schallgeschwindigkeit liegend, genügend hoch ist, um den Einfluss der Kompressibilität am Modell zu beobachten.

**Hochreißen,**
*cf / vgl* **(Kurzes) Hochziehen**

**Hochverdichteter Motor,**
cf / vgl **Überdichtungsmotor**

**Höchstauftriebswinkel,**
*cf / vgl* **Kritischer Anstellwinkel**

**Höchste Dauerleistung,**
*cf / vgl* **Höchstzulässige Dauerleistung**

**Höchste Motorüberdrehzahl**
Die höchste Motordrehzahl, bei deren Einhaltung während einer angegebenen Zeitdauer der Motor erwiesenermaßen keinen Schaden erleidet.

**Höchste Propellerüberdrehzahl**
Die höchste Propellerdrehzahl, bei deren Einhalten während einer angegebenen Zeitdauer der Propeller erwiesenermaßen keinen Schaden erleidet.

**Höchste Sparleistung**
Die bei Internationaler Normatmosphäre in einer festgelegten Höhe erzeugte Leistung in Pferdestärke bei den für Dauerbetrieb mit Sparfluggemischeinstellung für einen Motor zugelassenen Betriebsgrenzwerten.

**Höchste Startleistung**
Die bei Normverhältnissen in Meereshöhe erzeugte Leistung in Pferdestärke bei den für einen normalen Start zugelassenen Betriebsgrenzwerten eines Motors mit einer Begrenzung auf fünf Minuten ununterbrochener Laufzeit.

**Höchstflugdauer**
Zeitdauer, die ein Luftfahrzeug unter gegebenen Bedingungen in der Luft bleiben kann, ohne nachzutanken.

**Höchstfluggeschwindigkeit**
Höchste wahre Fluggeschwindigkeit im horizontalen Geradeausflug, die ein Luftfahrzeug unter näher bezeichneten Bedingungen in der Internationalen Normatmosphäre erreichen kann.

**Höchstladung,**
*cf / vgl* **Höchstzulässige Ladung**

**Höchstzulässige Dauerleistung; höchste Dauerleistung**
Die bei Internationaler Normatmosphäre in einer festgelegten Höhe erzeugte Leistung in Pferdestärke bei den für den Dauerbetrieb eines Motors zugelassenen Betriebsgrenzwerten.

**Höchstzulässige Dauerleistung und/oder höchstzulässiger Dauerschub**
Die Leistung und/oder der Schub (jedoch ohne Propellerschub), die am Stand bei Normatmosphäre in Meereshöhe bei den für Dauerbetrieb zugelassenen Höchstwerten für Drehzahl und Abgastemperatur erzeugt werden.

**Höchstzulässige Flugmasse; (zulässige) Flughöchstmasse**
Höchste Flugmasse eines Luftfahrzeugs, die unabhängig von den Betriebsbedingungen nach den geltenden Bestimmungen zulässig ist.

**Höchstzulässige Ladung; Höchstzuladung**
Höchstzulässige Startmasse minus Leermasse eines Luftfahrzeuges. Die Leermasse schließt alle feste Ausrüstung, nichtentnehmbaren Kraftstoff, nichtablassbares Öl, Motorkühlmittel und Hydraulikflüssigkeit ein.

**Höchstzulässige Landemasse; (zulässige) Landehöchstmasse**
Die nach der Konstruktion eines Luftfahrzeugs oder aufgrund betriebsbedingter Beschränkungen höchstzulässige Gesamtmasse, mit der ein Luftfahrzeug mit Ausnahme von Notfällen landen darf.

**Höchstzulässige Startmasse; (zulässige) Starthöchstmasse**
Höchste Gesamtmasse, mit der ein Luftfahrzeug aufgrund seiner Konstruktion oder Betriebsgrenzwerte starten darf.

**Hohe Überschallgeschwindigkeit,**
*cf / vgl* **Hyperschallgeschwindigkeit**

**Hohe Wolken**
Für gewöhnlich aus Eiskristallen bestehende Wolken mit einer durchschnittlichen Höhe von über
3000 m (10 000 Fuß) in Polarbereichen,
5000 m (16 500 Fuß) in gemäßigten Bereichen,
6000 m (20 000 Fuß) in Äquatorialbereichen.

**Höhe**
(a) Der lotrechte Abstand einer Horizontalebene, eines Punktes oder eines als Punkt angenommenen Gegenstandes von einem bestimmten Bezugswert.
**Anmerkung**: Der Bezugswert kann entweder im Text oder in einer Erläuterung der betreffenden Veröffentlichung angegeben sein.
(b) Die lotrechte Ausdehnung eines Gegenstandes.
**Anmerkung**: Der Ausdruck **„Höhe"** kann auch in bildlichem Sinne für eine Ausdehnung benutzt werden, die nicht lotrecht ist, z. B. für die Höhe der auf einer Piste aufgemalten Buchstaben oder Zahlen.

**Höhe über Grund**
Höhe über der Land- oder Wasseroberfläche, über der ein Luftfahrzeug, Flugkörper oder Raumfahrzeug fliegt.

**Höhe über NN**
Der lotrechte Abstand einer Horizontalebene, eines Punktes oder eines als Punkt angenommenen Gegenstandes vom mittleren Meeresspiegel.

**Höhe über NN,**
*cf / vgl* **Ortshöhe über Meer**

**Höhenangabe; Höhe eines Punktes**
Zahlenangabe auf einer Karte, welche die Höhe eines bestimmten Ortes angibt.

**Höhenanpassung**
Ein physiologischer Prozess als Folge eines längeren, dem verringerten atmosphärischen Druck Ausgesetztseins ohne oder ohne ausreichende Maßnahme gegen die daraus resultierende Hypoxie (Sauerstoffmangel).

**Höhenanzeiger,**
*cf / vgl* **Echolot**

**Höhenfarbskala,**
*cf / vgl* **Höhenschichtfarben**

**Höhenflosse; Höhenleitwerk**
Feststehender, beweglicher oder im Flug verstellbarer Tragflügel, der sich hinter der Haupttragfläche befindet und zur Steuerung um die Querachse und/oder Längsstabilität beiträgt.

**Höhenflossen-Einstellwinkel**
Winkel zwischen der Sehne der Haupttragfläche und der Sehne der Höhenflosse.

**Höhenkammer**
Eine luftdichte Kammer, in der Luftdruck, Temperatur oder Feuchtigkeit so reguliert werden können, dass sie dem atmosphärischen Druck in unterschiedlichen Höhen entsprechen.

**(Höhen-)Kammeraufstieg**
Simulierter Aufstieg in einer Höhenkammer.

**Höhenkrankheit**
(a) Allgemein jede Erkrankung, die auf reduzierten Sauerstoff- und Luftdruck zurückzuführen ist.

(b) Syndromkomplex, gekennzeichnet durch Depression, Appetitlosigkeit, Übelkeit, Erbrechen und Kollaps als Folge des verringerten atmosphärischen Drucks, bei Personen, die einer größeren Höhe ausgesetzt sind als derjenigen, bis zu der ihre Höhenanpassung erfolgt ist.

**Höhenleistungszahl**
Das Verhältnis der in einer bestimmten Höhe über einer Bezugsgröße entwickelten Motor- oder Schubleistung zu der in Normalnull gelieferten Leistung. Die Höhenleistungszahl bezieht sich stets auf die Motor- oder Schubhöchstleistung bei Vollgasstellung.

**Höhenmesser**
Gerät zur Höhenanzeige.

**Höhenmesser-Eichgerät**
Gerät zum Messen der Instrumentenfehler eines Höhenmessers.

**Höhenmotor**
Ein Kolben-Flugmotor hoher Aufladung, dessen Höchstleistung in einiger Höhe über Normalnull erreicht wird, und der für eine Verwendung in verhältnismäßig großen Flughöhen bestimmt ist.

**Höhenmotor,**
*cf / vgl* **Ladermotor**

**Höhenparallaxe**
Winkel zwischen der Verbindungsgeraden von einem Gestirn zum Beobachter und der Verbindungsgeraden vom Gestirn zum Erdmittelpunkt.

**Höhenquerruder**
Ein Ruder, in dem die Funktionen des Querruders und des Höhenruders kombiniert sind.

**Höhenquerruder,**
*cf / vgl* **Kombinierte Höhen- und Querruder**

**Höhenruderausschlag; Höhenruderwinkel**
Winkel zwischen der Sehne der Steuerfläche und der Sehne der zugehörigen festen Fläche.

**Höchenschichtfarben; Höhenfarbskala**
Eine Folge von Schattierungen oder Farbabstufungen zur Darstellung von Höhenschichten.

**Höhenschreiber; Barograph**
Messgerät, das die Änderung der Höhe in Abhängigkeit von der Zeit registriert.

**Höhensonde**
Eine mittels Freiballon, Flugzeug oder anderem Vehikel aufgestiegene Sonde zur Messung und Aufzeichnung meteorologischer Vorgänge oberhalb der Erdoberfläche.

**Höhenstaffelung**
In Einheiten für den senkrechten Abstand ausgedrückte Staffelung von Luftfahrzeugen.

**Höhenwinde**
Die durch Konturen der Erdoberfläche unbeeinflussten Winde in großen Höhen; ihre Richtung und Geschwindigkeit.

**Höhenwinkeldifferenz,**
*cf / vgl* **Intercept**

**Holländische Rolle; Taumelschwingung**
Querschwingung eines Luftfahrzeuges, insbesondere wenn das Verhältnis der Roll- zur Gierbewegung beträchtlich ist.

**Holm**
Hauptbauteil eines Tragflügels oder Leitwerks in Richtung der Spannweite.

**Holmauskreuzungen**
Drähte oder Kabel im Rahmenwerk eines Tragflügels und in seiner Ebene, die quer zu den Widerstandskabeln verlaufen und Kräfte in der entgegengesetzten Richtung aufnehmen.

**Holmrahmen; Spant**
Besonders fester Rahmen in der Ebene eines beliebigen Holms.

**Homing,**
*cf / vgl* **Ziel(peil)flug(verfahren)**

**Horizontal- und Vertikalebenen** (AMC-Positionslichter)
Für diesen Zweck gilt:
(a) die Horizontalebene ist die Ebene, welche die Flugzeuglängsachse enthält und senkrecht zur Symmetrieebene des Flugzeuges steht;
(b) Vertikalebenen stehen senkrecht zu der unter (a) definierten Horizontalebene.

**Horizontbalken**
Kreiselstabilisierte Linie oder Balken in einem künstlichen Horizont.

**Horizontfeuer**
Feuer, die eine Bezugslinie am Boden zur Unterstützung des Luftfahrzeugführers beim Starten anzeigen.

**Hornausgleich; Außenausgleich**
Am äußeren Ende einer Steuerfläche vor der Scharnierlinie angeordnete, örtlich begrenzte Ausgleichsfläche. Sie kann durch eine davorliegende Fläche abgeschirmt sein.

**Hubraum**
Das Gesamtvolumen in dem Zylinder bzw. in den Zylindern eines Kolbenmotors, das in jedem der Zylinder bei einem Arbeitshub verdrängt wird.

**Hubschrauber; Helikopter**
Ein Luftfahrzeug schwerer als Luft, das seine tragende Kraft im Fluge durch Luftkräfte auf einen oder mehrere mit eigener Kraft angetriebene Drehflügel erhält, die sich um im wesentlichen lotrechte Achsen drehen.

**Hubschrauberzustand; normaler Rotorbetriebszustand**
Betriebszustand eines Rotors im Bereich des Senkrechtfluges, wobei die Luft nach unten durch die Rotorfläche strömt und die Strömung in der Rotorfläche beim Schwebeflug gleich oder beim Steigflug größer ist als die induzierte Geschwindigkeit.

**Hülle**
(a) Der Gasbehälter eines Ballons, eines unstarren oder eines halbstarren Luftschiffes,
(b) die Außenhaut eines Luftschiffes, in dem die Gaszellen von Luft oder einem neutralen Gas umgeben sind.

**Hüllenseile,**
*cf / vgl* **Umfangsaußenseile**

**Hunting**
(a) Ungesteuerte Schwingung um die Flugbahn, deren Amplitude ungefähr konstant bleibt.
(b) Fluktuationen um einen Mittelpunkt durch Instabilität, wie bei Schwingungen einer Instrumentennadel um den Nullpunkt, – oder das abwechselnde Vor- oder Nachlaufen eines Wechselstrom-Synchronmotors.

**Hurrikan,**
*cf / vgl* **Orkan**

**Hydraulikanlage**
(a) Eine besondere Art von Leistungsübertragung durch unter Druck stehender Flüssigkeit.
(b) Beim Luftfahrzeug: die gesamten hydraulischen Einbauten.

**Hydraulikbehälter**
Der Vorratsbehälter, der die Arbeitsflüssigkeit für eine Hydraulikanlage enthält.

**Hydraulikkreis**
Hydraulikanlage eines Luftfahrzeuges, der einer bestimmten Funktion dient, z.B. der **Landeklappen-Hydraulikkreis**, der **Fahrwerk-Hydraulikkreis**.

**Hydraulikspeicher**
Ein Druckgefäß zum Aufspeichern hydraulischer Energie.

**Hydraulische Verriegelung**
Ein Zustand in einer Hydraulikanlage, bei dem die Strömung unterbunden und damit ein Teil der Ausrüstung verriegelt ist oder eine Vorrichtung zum Herstellen dieses Zustands.

**Hygrograph; Feuchtigkeitsschreiber**
Ein registrierendes Hygrometer.

**Hygrometer; Feuchtigkeitsmesser**
Ein Gerät zum Messen der Luftfeuchtigkeit.

**Hyperbel(navigations)verfahren**
Ein Funknavigationsverfahren zur Bestimmung eines Luftfahrzeugstandorts unter Verwendung von zwei oder mehreren Hyperbelgitternetzen, die durch Ausstrahlungen von mindestens drei Bodensendern gebildet werden.

**Hyperschallaerodynamik**
Teil der Aerodynamik, der sich mit Hyperschallgeschwindigkeiten befasst.

**Hyperschallgeschwindigkeit; hohe Überschallgeschwindigkeit**
Eine im Vergleich zur Schallgeschwindigkeit meist als mindestens das Fünffache der Schallgeschwindigkeit anzunehmende Geschwindigkeit.

**Hypoxia; Hypoxie; Sauerstoffmangel**
Zustand, bei dem der Sauerstoff-Teildruck im Blut und in den Geweben unterhalb des Normalwertes reduziert ist.

**H2S**
Primäre Radar-Bordausrüstung, die auf dem Schirm einer Kathodenstrahlröhre ein Bild der Erdoberfläche unterhalb eines Luftfahrzeugs liefert.

# I

**IFR**
Das für die Bezeichnung von Instrumentenflugregeln benutzte Zeichen.

**IFR-Flug**
Ein nach den Instrumentenflugregeln durchgeführter Flug.

**ILS,**
*cf / vgl* **Instrumentenlandesystem**

**ILS-Einflugzeichen**
Markierungsfunkfeuer in einem Instrumentenlandesystem.

**IMC**
Das für die Bezeichnung von Instrumentenwetterbedingungen benutzte Zeichen.

**IMC,**
*cf / vgl* **Instrumentenwetterbedingungen**

**Immelmann-Turn**
(Benannt nach Max Immelmann(1890–1916), deutscher Flieger) Flugmanöver, bei dem das Flugzeug einen halben Looping rückwärts ausführt, gefolgt von einer halben Rolle zurück in die normale Ausgangsfluglage, wodurch eine Flugrichtungsänderung um 180° unter gleichzeitigem Höhengewinn erzielt wird. Der Immelmann-Turn ist eine Flugmanöverart zur Richtungsumkehr.

**Imprägnieren,**
*cf / vgl* **Dichten; Lackieren (mit Spannlack)**

**Impulssteuerung,**
*cf / vgl* **Ablenkfilterung**

**In den Wind drehen**
Bei Luftfahrzeugen, Raketen usw., insbesondere Flugzeugen: Das Eindrehen in Windrichtung, oder die Neigung in den Wind zu drehen.

**INCERFA**
Das Kennwort für Alarmstufe 1 (Ungewissheitsstufe).

**Induktive Messsonde,**
*cf / vgl* **Magnetfeldmesser**

**Induzierter Abwind,**
*cf / vgl* **Abwind**

**Induzierter Leistungsverlust**
Bei einem Propeller:
Der Teil der Antriebsleistung, der dazu aufgewandt wird, den induzierten Widerstand der an der Schuberzeugung beteiligten Blattelemente zu überwinden.

**Inkompressible Strömung**
Strömung, deren Dichteänderungen ignoriert werden können.

**Inland-Fluglinie(nverkehr)**
Planmäßiger Fluglinienverkehr, der durch den Luftraum nur eines Staates führt.

**Innenausgleich,**
*cf / vgl* **Abgeschirmter Nasenausgleich**

**Innenkiel; Kielschwein**
Längsträger am Boden eines Bootskörpers oder eines Schwimmers.

**Innenverspannungsdraht,**
*cf / vgl* **Widerstandkabel**

**Innere Dämpfung**
Dämpfung als Materialeigenschaft eines Bauteils.

**Innere Horizontalfläche**
Ein festgelegter Teil einer horizontalen Ebene oberhalb eines Flugplatzes und seiner unmittelbaren Umgebung. Diese Fläche legt die Höhe fest, oberhalb welcher es notwendig sein kann, eine oder mehrere der folgenden Maßnahmen zu ergreifen: den Bau neuer Hindernisse zu beschränken; Objekte zu entfernen oder zu markieren, um ein ausreichendes Maß von

Sicherheit und Regelmäßigkeit für Luftfahrzeuge zu gewährleisten, die vor Einleiten der Anflugphase in der Platzrunde nach Sicht fliegen.

**Innerer Firstträger**
Bei Luftschiffen:
Einzelteil des inneren Ringes eines versteiften Hauptringes.

**Inspektionsfenster**
Bei Luftschiffen:
Öffnung in einer Hülle oder Gaszelle, die mit einem durchsichtigen Material bedeckt ist, um die Inspektion ihres Inneren zu erleichtern.

**Instabile Schwingung**
Schwingung mit anwachsender Tendenz.

**Instabilität**
Zustand eines Körpers, der – aus dem Gleichgewichtszustand verdrängt – sich weiterhin von seinem ursprünglichen Zustand entfernt oder dazu tendiert.

**Instrumentenanflug**
Die Technik, einen Anflug auf einem vorbestimmten Flugweg durchzuführen, der durch Funk- oder Radar-Navigationshilfsmittel und -anlagen genau gekennzeichnet ist.

**Instrumentenanflugpiste**
Eine Instrumentenpiste mit einer nichtoptischen Hilfe, die zumindest für einen Geradeausanflug ausreichende Richtungsführung bietet.

**Instrumentenanflugsektor**
Ein Anflugsektor für eine Instrumentenpiste in der Landerichtung, für die eine nichtoptische Hilfe vorgesehen ist.

**Instrumentenanflugverfahren**
Eine Folge von vorbestimmten Flugbewegungen zur ordnungsgemäßen Führung eines Luftfahrzeuges unter Instrumentenflugbedingungen vom Beginn des Anfangsanflugs bis zu einer Landung oder bis zu einem Punkt, von dem aus eine Landung mit Sicht durchgeführt werden kann.
**Anmerkung**: Dem Ausdruck **„Instrumentenflugbedingungen"** wird in dieser Begriffsbestimmung vor anderen Ausdrücken, wie z.B. **„Instrumentenwetterbedingungen"**, der Vorzug gegeben, weil sich letzterer Ausdruck auf wetterbedingungen bezieht, die Flüge nach Instrumentenflugregeln notwendig machen, aber nicht unbedingt Flug nach Instrumenten.

**Instrumentenbodenzeit**
Zeit, während der ein Luftfahrzeugführer am Boden einen Scheininstrumentenflug auf einem mechanischen Gerät durchführt, das durch die zuständige Behörde anerkannt ist.

**Instrumentenflug**
Flug, bei dem Flugweg und Fluglage eines Luftfahrzeugs allein mit Hilfe von Instrumenten gesteuert werden.

**Instrumentenflugberechtigung;**
**Berechtigung für IFR-Flüge**
Berechtigung eines Luftfahrzeugführers zur Flugdurchführung nach Instrumenten.

**Instrumentenflugzeit**
Zeit, während der ein Luftfahrzeugführer ein Luftfahrzeug nur nach Instrumenten und ohne äußere Bezugspunkte steuert.

**Instrumentenlandebahn auf Wasser**
Eine Wasserlandebahn für Luftfahrzeuge, die andere als Sichtflug-Hilfsmittel benutzen.

**Instrumentenlandesystem (ILS)**
Ein System der Funknavigationshilfe zur Unterstützung von Luftfahrzeugen bei der Landung; das System bietet sowohl Kurs- wie Höhenführung als auch an bestimmten Punkten Entfernungsanzeigen zur Landebahnschwelle.

**Instrumentenpiste; Instrumentenlandebahn**
Eine Piste für den Flugbetrieb mit Luftfahrzeugen unter Verwendung nichtoptischer Hilfen; hierzu gehören:
(a) Instrumentenanflugpiste.
Eine Instrumentenpiste mit einer nichtoptischen Hilfe, die zumindest für einen Geradeausflug ausreichende Richtungsführung bietet.
(b) Präzisionsanflugpiste.
Eine Instrumentenpiste mit ILS- oder GCA-Anflughilfen, die für die Benutzung bei schlechten Sichtbedingungen oder bei niedriger Wolkenuntergrenze bestimmt ist.

**Instrumentenwetterbedingungen (IMC)**
Wetterverhältnisse hinsichtlich Sicht, Abstand von Wolken und Wolkenuntergrenze, die schlechter sind als die für VMC festgelegten Mindestwerte.

**Instrumentenzeit**
Instrumentenflugzeit oder Instrumentenbodenzeit.

**Integralbehälter; Integraltank**
Teil der Konstruktion eines Luftfahrzeugs, der so ausgelegt ist, dass er einen Behälter bildet.

**Integrierte Antenne,**
*cf / vgl* **Versenkte Antenne**

**Intercept; Gestirnshöhenunterschied; Höhenwinkeldifferenz**
Die (normalerweise in Bogenminuten) angegebene Differenz zwischen der beobachteten Höhe eines Gestirns und der für den Beobachtungszeitpunkt berechneten Höhe.

**Interferenz; Störung**
Der Empfang unerwünschter Signale. Interferenz kann natürlicher Art sein, z.B. Weltraumgeräusche oder atmosphärische Störungen, – oder von Menschen erzeugt. Letzteres kann auf Versehen oder Nachlässigkeit beruhen, wie z.B. Strahlungen von Elektrogeräten, oder unverantwortliche Benutzung einer für den gewünschten Dienst nicht genehmigten Funkfrequenz; oder auch auf Absicht, was zu Funkstörungen führt, einer Art von elektronischen Gegenmaßnahmen. Interferenzen können fortdauernder oder vorübergehender Art sein.

**Internationale Norm(al)atmosphäre (INA)**
Eine international vereinbarte Normatmosphäre, die zum Vergleich der Leistungen von Luftfahrzeugen, der Eichung von Höhenmessern usw. benutzt wird.

**Internationaler Fernmeldedienst**
Ein Fernmeldedienst zwischen beweglichen Fernmeldestellen, die sich in verschiedenen Staaten befinden oder verschiedenen Staaten unterstehen.

**Internationaler Flughafen**
Jeder Flughafen, der von dem Vertragsstaat, in dessen Gebiet er liegt, als Flughafen für Ein- und Ausflug im internationalen Flugverkehr bezeichnet worden ist, und auf dem die Formalitäten in Bezug auf Zoll, Einreise, Gesundheitswesen, landwirtschaftliche Quarantäne u.ä. vorgenommen werden.

**Internationale(r) Fluglinie(nverkehr)**
Fluglinienverkehr, der durch den Luftraum über dem Gebiet von mehr als einem Staat führt.

**Internationales NOTAM-Büro**
Eine von einem Staat für den internationalen NOTAM-Austausch bezeichnete Stelle.

**Internationales Rufzeichen**
Rufzeichen, das nach den Bestimmungen des Internationalen Fernmeldevereins (UIT) zugewiesen ist, um eine Funkstelle zu kennzeichnen. Die Nationalität der Funkstelle ist durch das erste oder die ersten beiden Zeichen gekennzeichnet. (Im optischen Signalverkehr werden diese Rufzeichen **„Unterscheidungssignale“** genannt).

**Inversion; Umkehrung** (Radiometeorologie)
Abweichung des Wertes einer atmosphärischen Charakteristik, z.B. Refraktionsvermögen, Temperatur, Feuchtigkeit usw., von den mit der Höhe verbundenen normalen Zu- oder Abnahmen; oder auch die Luftschicht, in der die Abweichung erfolgt (die Inversionsschicht) oder die niedrigste Höhe, in der die Abweichung festgestellt wird (die Basis der Inversion).

**Irreversibles Steuersystem,**
*cf / vgl* **Selbsthemmendes Steuerwerk**

**Isentropisch**
Ohne Entropieveränderung; im allgemeinen gleichbedeutend mit **„adiabatisch“**.

**Isobare**
Eine Linie auf einer Wetterkarte, die Orte gleichen Luftdrucks verbindet, wobei dieser auf ein bestimmtes Bezugsniveau bezogen ist.

**Isogone**
Eine auf einer Karte dargestellte Verbindungslinie aller Punkte gleicher Ortsmissweisung für einen bestimmten Zeitraum.

**Isogrive**
Verbindungslinie auf einer Karte zwischen Orten gleicher Grivation.

**Isohypse,**
*cf / vgl* **Luftdruck-Höhenlinie**

**Isohypsenkarte,**
*cf / vgl* **Karte konstanten Drucks**

**Isolationsprüfung**
Die Prüfung der Isolation eines elektrischen Bauteils mit einer vorgeschriebenen Prüfspannung.

**Isolierplatte,**
*cf / vgl* **Turbinenradabschirmung**

**Isotache**
Linie auf einer Karte, die Punkte gleicher Geschwindigkeitswerte verbindet; findet allgemein für Windgeschwindigkeit Verwendung.

# J

**JATO; Start mit Starthilfe**
(Abkürzung von **“jet-assisted take off“**). Flugzeugstart, bei dem zur Erzeugung zusätzlichen Schubs ein oder mehrere Rückstoßgeräte, meist Raketen, eingesetzt werden.

# K

**Kabelbaum**
Ein vorgefertigter Kabelstrang mit den dazugehörigen Kabelenden.

**Kabelschacht; Kabelführung**
Ein Schacht in der Flugzeugzelle, in dem elektrische Leitungen verlegt sind.

**Kabine**
Alle Räumlichkeiten, die der Beförderung von Fluggästen und Fracht dienen.

**Kabinenbesatzung; Kabinenpersonal**
Diejenigen Besatzungsmitglieder, die primär mit der Betreuung von Fluggästen und Fracht im Luftfahrzeug befasst sind.

**Kabinen(druck)höhe**
Die in einer Luftfahrzeug-Druckkabine aufrechterhaltene Druckhöhe.

**Kabinendruckregler**
Instrument, das die Höhen von Kabine und Luftfahrzeug misst und das Regulierventil kontrolliert, um ein vorbestimmtes Kabinen-/Luftfahrzeug-Höhenverhältnis oder eine gewählte Kabinenhöhe aufrechtzuerhalten.

**Kabinenhaube; Kabinendach**
Die durchsichtige Abdeckung eines Führerraums oder Cockpits.

**Kabinenluftverdichter**
Ein Verdichter, der den Luftdruck in der Kabine über dem der Außenluft hält.

**Kalmengürtel; Doldrums**
Die Meeresgebiete am Äquator, in denen Windstillen mit veränderlichen Winden abwechseln, die häufig von schweren Regenfällen, Gewittern und Böen begleitet sind.

**Kaltfront**
Die Grenze auf der Erdoberfläche zwischen vordringenden Kaltluftmassen und den Warmluftmassen, unter die sie sich schieben.

**Kaltstartanlage,**
*cf / vgl* **Ölverdünnungsanlage**

**Kammerhöhe; simulierte Druckhöhe; simulierte Höhe**
Simulierte Merkmale des Luftzustandes in einer Höhenkammer, im allgemeinen Zusammensetzung, Luftdruck und Temperatur betreffend, wie sie normalerweise in einer gegebenen Standardhöhe vorherrschen.

**Kapazität**
(a) Einer elektrischen Anlage: Die elektrische Leistung, die insgesamt von Generatoren und Batterien (falls vorhanden) einem elektrischen Netz unter bestimmten Bedingungen geliefert werden kann.
(b) Einer Batterie: Die gewöhnlich im Ampère-Stunden ausgedrückte Elektrizitätsmenge, die einer Batterie unter gegebenen Entladebedingungen entnommen werden kann.

**Kapillarströmung,**
*cf / vgl* **Transpiration**

**Kappe,**
*cf / vgl* **Fallschirmkappe**

**Kappenbasis; Basis**
Der Fallschirmbasisrand, an welchem die Fangleinen befestigt sind.

**Kapsellader,**
*cf / vgl* **Roots-Lader**

**Kardanfeststelleinrichtung,**
*cf / vgl* **Kreiselarretierung**

**Karte konstanten Drucks; Isohypsenkarte**
Eine Karte, auf der durch Höhenschichtlinien die Höhe einer Fläche gleichen Druckes über Meer angegeben wird.

**Karte konstanten Niveaus; Druckflächenkarte**
Eine Karte, auf der die Isobaren für eine bestimmte Höhe über Meer eingezeichnet sind.

**Kartengitter,**
cf / vgl **Gradnetz**

**Karusellfahren,**
*cf / vgl* **Ringelpietz**

**Katabatischer Wind,**
*cf / vgl* **Fallwind**

**Katapult**
Mechanische Vorrichtung, mit der Luftfahrzeuge bis zur Fluggeschwindigkeit beschleunigt werden.

**Katapult-Endgeschwindigkeit**
Geschwindigkeit eines Luftfahrzeuges relativ zum Schiff in dem Zeitpunkt, wenn es das Katapult verlässt.

**Kegelfläche**
Eine festgelegte Fläche, die von der Peripherie der inneren Horizontalfläche schräg aufwärts nach außen verläuft und die vertikalen Grenzen festlegt, oberhalb welcher es notwendig sein kann, eine oder mehrere der folgenden Maßnahmen zu ergreifen: den Bau neuer Hindernisse zu beschränken; Objekte zu entfernen oder Objekte zu markieren, um ein ausreichendes Maß von Sicherheit und Regelmäßigkeit für Luftfahrzeuge zu gewährleisten, die in Flugplatznähe nach Sicht fliegen.

**Kehre,**
*cf / vgl* **Richtungswechsel(-Flugmanöver)**

**Keil hohen Drucks,**
*cf / vgl* **Hochdruckkeil**

**Keilförmiger Lufteinlauf; Keileinlauf**
Lufteinlauf mit veränderlicher Geometrie, meist in rechteckiger Form, dessen Fläche und Form durch die Position einer oder mehrerer angestellter Leitflächen bestimmt werden.

**Kennfeuer**
Ein Luftfahrtleuchtfeuer, das eine Kennung ausstrahlt, mit deren Hilfe ein bestimmter Bezugspunkt ausgemacht werden kann.

**Kenn(ungs)gerät,**
*cf / vgl* **Transponder**

**Kern**
Material zwischen den Schichten einer Sandwich-Konstruktion, das die Schichten so stabilisiert, daß sie eine direkte Belastung aufnehmen können.

**Kernenergetisches Turbostrahltriebwerk**
*cf / vgl* **Atomares Strahltriebwerk**

**Kettenseile; Linktrossen**
In Luftschiffen:
Seile, die annähernd in einer Kettenlinie zwischen zwei Befestigungspunkten verlaufen und die Lasten von anderen Seilen aufnehmen und weiterleiten.

**Kiel**
(a) Rahmenkonstruktion entlang dem Inneren oder Äußeren der Unterseite des Gerippes eines starren Luftschiffs, die ein Bestandteil des Gerippes ist und die Aufgabe hat, die konzentrierten Lasten zu verteilen.
(b) Starrer oder angelenkter Bauteil entlang der Unterseite der Hülle eines halbstarren Luftschiffes.

**Kielschwein,**
*cf / vgl* **Innenkiel**

**Kimm**
Leiste, die die Gleitfläche eines Flugbootskörpers oder Schwimmers seitlich abschließt und die in der Seitenansicht etwa parallel zum Kiel verläuft.

**Kinetischer Druck**
Die kinetische Energie bezogen auf die Volumenseinheit der Strömung. Sie ist gleich der Hälfte des Produkts aus Strömungsdichte und dem Quadrat der Geschwindigkeit. (*cf / vgl* **Dynamischer Druck; Staudruck**)

**Kippen; Nicken**
Drehbewegung um die Querachse.

**Kippmoment,**
cf / vgl **Längsmoment**

**Klappe; Landeklappe**
Jede Fläche, die normalerweise zum rückwärtigen Teil einer Tragfläche gehört und im Fluge verstellt werden kann und deren Hauptzweck die Erhöhung des Auftriebs ist.

**Klappenausschlag**
Winkel zwischen der Sehne der Steuerfläche und der Sehne der zugehörigen festen Fläche.

**Klareis**
Ein Überzug von klarem Eis an einem Luftfahrzeug in Wolken mit hohem Wassergehalt, meist aus großen, unterkühlten Wassertropfen bestehend, – oder wenn Regen auf ein Luftfahrzeug oder ein anderes dem Wetter ausgesetztes Objekt fällt, dessen Temperatur unterhalb 0° Celsius liegt.

**Klarluftturbulenz; Turbulenz im wolkenfreien Raum**
Luftturbulenz in einem Ausmaß, das bei einem im Flug befindlichen Luftfahrzeug zu Bockigkeit führt. Derartige Turbulenz ist weder auf Wolken noch direkt auf den Reibungseinfluss von bodennahen oder konvektiven Luftströmungen zurückzuführen.

**Klartext,**
*cf / vgl* **Offene Sprache**

**Klassisches Flattern**
Flattern, das ausschließlich wegen der Kopplung (aerodynamische, elastische oder durch die Trägheit) zwischen zwei oder mehr Freiheitsgraden auftritt.

**Kleinster Gleitwinkel,**
*cf / vgl* **Bester Gleitwinkel**

**Kleintrombe,**
*cf / vgl* **Sandhose**

**Klettergang; Kletterschacht**
Schacht, der durch das Innere eines Luftschiffs führt und Zugang gibt zur Oberseite der Hülle oder des Gerippes.

**Klimaanlage**
Anlage zur Regelung von Lufttemperatur, Frischluftaustausch und/oder Luftfeuchtigkeit in einem am Boden befindlichen Luftfahrzeug.

**Klopffestigkeit bei armem Gemisch**
Eine Zahlengröße, die die Klopffestigkeit eines Kraftstoffs bei armem Gemisch angibt.

**Klopffestigkeit bei reichem Gemisch; Klopffestigkeit bei fettem Gemisch**
Eine Zahlengröße, die die Klopffestigkeit eines Kraftstoffs bei hoher Motorleistung angibt.

**Knicken; Beulen**
Deformation eines Bauelements, zunächst hervorgerufen durch Instabilität bei Belastung, gleichgültig, ob die Deformation elastisch oder bleibend ist und ob sie sofort zum Bruch führt oder nicht.

**Knickflügel**
Tragfläche, deren innerer Teil betonte V-Stellung aufweist und deren äußerer Teil entweder eine negative V-Stellung oder deutlich geringere V-Stellung hat.

**Knoten**
Eine nautische Meile (1,8532 km oder 1,1508 statute miles) Stundengeschwindigkeit.

**Knüppel(betätigungs)kraft,**
*cf / vgl* **Steuerkraft**

**Knüppelsteuerung**
(Nach dem 1934 verstorbenen französischen Luftfahrtpionier Armand Depordussin im Englischen auch **"dep control"** genannt.)
Steuerwerk für Flugzeuge, bei dem Höhen- und Querruder über einen Steuerknüppel und das Seitenruder durch Fußdruck auf Pedale oder einen um einen Zapfen drehbaren Hebelarm betätigt werden.

**Koaxiale Propeller**
Zwei Propeller, die auf zwei koaxialen Wellen angebracht sind, welche unabhängig voneinander angetrieben werden und normalerweise im Gegensinn zueinander rotieren.

**Kolbenbolzen**
Der Bolzen, der die Pleuelstange mit dem Kolben verbindet.

**Kolbenbolzenende**
Das Ende einer Pleuelstange, an dem sich der Kolben befindet.

**Kolben(bolzen)zapfen,**
*cf / vgl* **Anlenkbolzen**

**Kolbenlader**
Ein Lader, bei dem die Verdichtung in einer Kolbenpumpe erfolgt.

**Kolbenmotor; Kolbentriebwerk**
Eine Verbrennungskraftmaschine, in der durch die Bewegung eines Kolbens in einem geschlossenen Zylinder Gas verdichtet und unter Arbeitsleistung ausgedehnt wird.

**Kollektive Blattsteuerung,**
*cf / vgl* **Nichtperiodische Steigungssteuerung**

**Kollisionskurs**
Der von einem Luftfahrzeug, Flugkörper usw. gleichbleibend geflogene Kurs, der bei unverändertem Beibehalten zur Kollision mit einem anderen Luftfahrzeug führt.

**Kombinationsflugschrauber,**
*cf / vgl* **Verbund-Drehflügler**

**Kombinierte Höhen- und Querruder; Höhenquerruder; Elevons**
Steuerflächen, in denen die Funktionen des Höhen- und Querruders vereinigt sind. Am Leitwerk angebracht, werden sie manchmal als **"tailerons"**, in der Form voll beweglicher Tragflächenenden gelegentlich als **"controllers"** bezeichnet.

**Kommandant**
Das Besatzungsmitglied, welches für ein Luftfahrzeug verantwortlich ist. Der Kommandant eines Flugboots wird häufig als **"Master"** (Kapitän) bezeichnet.

**Kommandolenkung**
Steuerung eines Lenkflugkörpers oder anderen unbemannten Vehikels mittels elektronischer Signale (oder bei einigen Kurzstrecken-Flugkörpern mittels drahtübertragener elektrischer Signale) an Empfänger in dem Flugkörper, die bewirken, dass er einem vorgegebenen Flugweg folgt.

**Kompassablenkung; Deviation**
Winkelunterschied zwischen magnetischem und Kompass-Steuerkurs.

**Kompassmissweisung; Deklination; Ortsmissweisung**
Der in der Horizontalen gemessene Winkel zwischen dem rechtweisenden und dem magnetischen Meridian.

**Kompensieren**
Vorgang zur Bestimmung der Kompassabweichung durch Drehen eines Luftfahrzeugs auf verschiedene Steuerkurse. Dies kann in der Luft (**Luftkompensieren**) oder am Boden (**Bodenkompensieren**) vorgenommen werden.

**Kompensierscheibe**
Eine Fläche, die mit Vorrichtungen zum Ausrichten von Luftfahrzeugen zwecks Kompensierung der Kompasse versehen ist.

**Kompressibilitätswiderstand**
Bei hohen Geschwindigkeiten auftretende Zunahme des Widerstandes infolge der Kompressibilität der Luft.

**Kompressoreinlassklappe**
Ein Ventil, das automatisch den Eintrittsquerschnitt zu einem Luftverdichter so regelt, dass in unterschiedlichen Höhen eine gewünschte Förderleistung erzielt wird.

**Kondens(ations)streifen**
Spur von Wassertröpfchen oder Eispartikelchen, verursacht von den Abgasen eines Flugmotors, wenn die Feuchtigkeitswirkung des Wasserdampfes stärker ist als der entgegenwirkende Heizeffekt der Abgase.

**Kondensatorenentladungslampe,**
*cf / vgl* **Gasentladungsleuchte**

**Kondensstreifen**
Unter bestimmten atmosphärischen Bedingungen hinter einem Flugtriebwerk auftretender Kondensstreifen.

**Konferenzverbindungen**
Fernmeldeverbindungen, die einen direkten Sprechverkehr zwischen drei oder mehreren Stellen gleichzeitig ermöglichen.

**Konsol-Funkfeuer; Sonne**
Mittelwellen-Richtfunkfeuer mit ungedämpfter Welle und großer Reichweite, das Zeichen so aussendet, dass eine Anzahl von radialen Zonen gleicher Zeichen entsteht, welche sich mit konstanter Winkelgeschwindigkeit in der Horizontalebene drehen und durch Gebiete mit Punkt- und Strichzeichen getrennt werden. Die Peilrichtung einer beweglichen Funkstelle zum Funkfeuer läßt sich durch Auszählen der empfangenen Punkt- und Strichzeichen innerhalb jeder der jeweiligen Zonen ermitteln.

**Konstruktionsmasse**
Gewicht einer Rakete ausschließlich des Treibstoffs, der Nutzlast und gegebenenfalls Besatzung.

**Kontakthöhenmesser**
Höhenmessgerät, in dem beim Erreichen einer vorher festgelegten Höhe elektrische Kontakte hergestellt oder unterbrochen werden.

**Kontrollbezirk**
Ein kontrollierter Luftraum, der sich von einer festgelegten Höhe über der Erdoberfläche an ohne eine obere Begrenzung, falls eine solche nicht festgelegt ist, nach oben erstreckt.

**Kontrollierter Flug**
Jeder Flug, für den Flugverkehrskontrolldienst ausgeübt wird.

**Kontrollierter Luftraum**
Ein Luftraum von festgelegten Ausmaßen, in welchem Flugverkehrskontrolldienst für kontrollierte Flüge durchgeführt wird.

**Kontrollzone**
Kontrollierter Luftraum, der sich von der Erdoberfläche bis zu einer festgelegten Höhe erstreckt.

**Konuswinkel**
Winkel zwischen der Längsachse eines Blattes und der Blattspitzenebene.

**Konvektion**
Der Vorgang des Transportes von Wärme und Masse durch vertikale Bewegungen in der Atmosphäre.

**Konvektive Turbulenz**
Luftturbulenz, die vorwiegend in Verbindung mit unterschiedlichen Vertikalluftströmungen auftritt und durch Erwärmung der an die Erdoberfläche angrenzenden Atmosphäre entsteht.

**Konventionelle Staffelung; Staffelung ohne Radar**
Die Staffelung, die angewendet wird, wenn Standortinformationen über Luftfahrzeuge aus anderen Quellen als Radar gewonnen werden.

**Konvergenz**
Unterschied zwischen den Winkeln, unter denen ein Großkreis zwischen zwei Orten die Meridiane an diesen zwei orten schneidet.

**Koordinierungszentrale für SAR-Einsätze**
*cf / vgl* **SAR-Leitstelle**

**Kopflastigkeit**
Tendenz eines Luftfahrzeugs, im Flug nach vorn abzukippen.

**Kopilot,**
*cf / vgl* **Zweiter Pilot** *od* **Zweiter Luftfahrzeugführer**

**Koppelnavigation**
Navigation auf der Grundlage von Geschwindigkeit und der von einem bekannten Standort geflogenen Zeit und Richtung.

**Koppelstandortanzeiger**
Vorrichtung oder Gerät, welches selbständig den Standort über Grund oder Koppelstandort eines Luftfahrzeuges bestimmt und anzeigt.

**Korb**
Konstruktion, üblicherweise aus Rohrgeflecht, die an der Ballonhülle hängt und zur Aufnahme der Besatzung, von Ballast usw. dient.

**Korbring; Lastring**
Ring, an dem sowohl der Korb als auch das Netz eines Freiballons befestigt sind.

**(Korkenzieher-)Rolle; Fassrolle**
Kunstflugfigur, bei der ein Flugzeug in eine Rollbewegung um eine versetzte Achse gebracht wird, so dass es einen korkenzieherähnlichen Flugweg beschreibt.

**Körniger Eisregen,**
*cf / vgl* **Schneeregen**

**Körperachsen,**
*cf / vgl* **Körperfeste Achsen**

**Körperfeste Achsen; Körperachsen**
Fest mit dem Luftfahrzeug verbundenes System von rechtwinkligen Koordinatenachsen, die normalerweise vom Schwerpunkt ausgehen. Die x-Achse ist üblicherweise nach vorn gerichtet und liegt in (oder parallel zu) der Symmetrieebene, die y-Achse ist steuerbordseitig und die z-Achse senkrecht zu beiden angeordnet, so dass ein rechtsgängiges System entsteht.

**Kraftausgleich,**
*cf / vgl* **Entlastungsvorrichtung**

**Kraftsteueranlage,**
*cf / vgl* **Stützmotor-Steuerwerk**

**Kraftsteuerung**
Steuerwerk, bei dem ein Kraftverstärker zwischen Steuerbedienorgan und Steuerfläche eingebaut ist.

**Kraftstoff,**
cf / vgl **Brennstoff**

**Kraftstoff aufnehmendes Flugzeug,**
*cf / vgl* **Aufzutankendes Luftfahrzeug**

**Kraftstoff-Ablassventil**
Ein automatisches Ventil, das die Kraftstoffleitung schnell entleert, wenn der Kraftstoffdruck unter einen festgesetzten Wert fällt. Es tritt normalerweise beim Abstellen des Triebwerks in Tätigkeit.

**Kraftstoffdruck-Schalter**
Ein Schalter, der verhindert, dass der elektrische Anlassermotor mit voller Leistung arbeitet, ehe der Kraftstoffdruck einen Sollwert erreicht.

**Kraftstoff-Förderpumpe; Zubringerpumpe**
Eine Kraftstoffpumpe, die eine Kraftstoffzuleitung unter Druck hält.

**Kraftstoffgrad,**
*cf / vgl* **Oktanzahl**

**Kraftstoffleistungszahl,**
*cf / vgl* **Oktanzahl**

**Kraftstoffregler**
Vorrichtung zur Regelung der Kraftstoffversorgung für ein Triebwerk in Abhängigkeit von der Leistungswahl durch den Luftfahrzeugführer, den Umgebungsbedingungen und den Betriebsgrenzwerten für das Triebwerk.

**Kraftstoff-Sammelleitung; Kraftstoffverteiler**
Eine Kraftstoffleitung mit einer Anzahl von Abzweigungen, durch die der Kraftstoff den einzelnen Brennern zugeführt wird.

**Kraftstoff-Schnellablass**
Eine Vorrichtung, die das schnelle Ablassen des Kraftstoffs in einem Notfall ermöglicht.

**Kraftstoffspeicher**
Eine Anlage, in der während einer bestimmten Phase des Anlassvorgangs Kraftstoff gespeichert wird, so dass anschließend die Kraftstoffzufuhr kurzzeitig erhöht werden kann, sobald ein vorgegebener Kraftstoffdruck erreicht ist.

**Kraftstoffverteiler,**
*cf / vgl* **Kraftstoffsammelleitung**

**Kraftstoff-Zufuhrunterbrecher; Leerlaufabstellvorrichtung**
Eine Vorrichtung zum Unterbrechen der Förderung von zugemessenem Kraftstoff.

**Kraftstoff- bzw. Schmierstoffzusatz**
Kraft- oder Schmierstoffen zur Qualitätsverbesserung oder zur Herstellung einer erwünschten Qualität beigegebene Stoffe oder Substanzen.

**Kraftüberleitung (durch schubübertragende Elemente)**
*cf / vgl* **Schubfluss**

**Kragweite,**
*cf / vgl* **Überhang**

**Kreisel**
Rotierender Körper, normalerweise in einem Kardanrahmen aufgehängt, in dem er in einer oder zusätzlich mehreren Richtungen frei beweglich ist.

**Kreiselarretierung; Kardanfeststelleinrichtung**
Gerät zum Ausrichten nach einer Bezugslage und zum mechanischen Fesseln des Kardanrahmens eines Kreisels.

**Kreiselgestützter Magnetkompass,**
*cf / vgl* **Kreiselmagnetkompass**

**Kreiselmagnetkompass; kreiselgestützter Magnetkompass**
Kreiselstabilisierter Magnetkompass.

**Kreiselstabilisiert**
Bei einem Flugkörper: Stabilisierung des Fluges durch eine Drehbewegung um seine Längsachse.

**Kreisflächenbelastung**
Rotorschub dividiert durch die Rotorkreisfläche.

**Kreisförmiges Befestigungspflaster**
Rundes Pflaster, das dazu bestimmt ist, Zugkräfte in jeder Richtung aufzunehmen.

**Kreisfunkfeuer,**
*cf / vgl* **Ungerichtetes Funkfeuer**

**Kreuzflügelsteuerung**
Steueranlage für die Kurskontrolle, die um die Quer- und um die Hochachse wirksam ist und im allgemeinen eine kreuzförmige Steueranordnung aufweist.

**Kreuznaht,**
*cf / vgl* **Quernaht**

**Kreuzträger**
Kreuzförmige Konstruktion in einem Luftschiff mit vertikalen und horizontalen Armen, die die Kräfte von den Protzösen am Seitenruder und Höhenruder aufnimmt und die Stabilisierungsfläche trägt.

**Kritische Auskippgeschwindigkeit; Divergenzgeschwindigkeit**
Niedrigste bezogene Fluggeschwindigkeit, bei der aero-elastisches Auskippen auftritt.

**Kritische Entfaltungsgeschwindigkeit; kritische Füllungsgeschwindigkeit**
Diejenige Geschwindigkeit, bei welcher sich eine halb gefüllte Fallschirmkappe im verögerten Fall normal voll entfaltet, oberhalb derer sie sich jedoch nicht entfaltet.

**(Kritische) Flattergeschwindigkeit**
Fluggeschwindigkeit, bei der Flattern mit konstanten Schwingungen in gegebener Wirkungsweise auftritt.

**Kritische Füllungsgeschwindigkeit,**
*cf / vgl* **Kritische Entfaltungsgeschwindigkeit**

**Kritische Geschwindigkeit (eines Wasserflugzeugs); Aufstufgeschwindigkeit**
Geschwindigkeit an der Wasseroberfläche, bei der ein Spitzenwert für den induzierten Wasserwiderstand erreicht wird. Für ein leicht beladenes Wasserluftfahrzeug gibt es verschiedene Geschwindigkeiten dieser Art, die höchste ist als Aufstufgeschwindigkeit bekannt.

**Kritische Höhe; Volldruckhöhe**
Die Höhe, über der ein Luftfahrzeug oder ein luftabhängiger Lenkflugkörper nicht mehr ordnungsgemäß funktioniert.
Bei Flugtriebwerken:
Die größte Höhe, in der ein vorgeschriebener Ladedruck ohne Mitwirkung des Flugstaudrucks bei einer gegebenen Drehzahl aufrechterhalten wird.

**Kritische Höhe,**
*cf / vgl* **Entscheidungshöhe**

**Kritische Kollapsgeschwindigkeit,**
*cf / vgl* **Untere kritische Geschwindigkeit**

**(Kritische) Steuerungsumkehrgeschwindigkeit; Umkehrgeschwindigkeit**
Niedrigste äquivalente Fluggeschwindigkeit, bei der Steuerungsumkehr eintritt.

**Kritische Triebwerkeinheit(en)**
Triebwerkeinheit, deren Ausfall die Eigenschaften des Luftfahrzeugs im betrachteten Fall am ungünstigsten beeinflusst.

**Kritischer Anstellwinkel; Höchstauftriebswinkel; Strömungsabreißwinkel**
Anstellwinkel, bei dem der Auftriebsbeiwert ein Maximum erreicht.

**Kritischer Anstellwinkel,**
*cf / vgl* **Abreißanstellwinkel**

**Kritischer Punkt,**
*cf / vgl* **Umkehrgrenzpunkt**

**Krone; Dom**
Der obere Teil einer Fallschirmkappe.

**Kufe**
Eine Art Kufe, die jedoch nicht als Ski ausgebildet ist, und beim Hauptfahrwerk bestimmter Flugzeuge, vor allem älterer Muster, Verwendung findet. Im Englischen auch als **"skid"** (= **Kufe**) bezeichnet.

**Kugelkappenfallschirm; Fallschirm mit geformter Kappe**
Fallschirm, dessen Kappe aus Bahnen zusammengesetzt ist, deren Seiten nicht geradlinig geschnitten sind.

**Kühlerklappen; Kühlluftklappen**
Eine Reihe von beweglichen Klappen an der Hinterkante einer Motorhaube, die die Kühlluftströmung regeln.

**Kühlmittel**
In der Motorenterminologie, jegliche Flüssigkeit oder Gas, die zur Kühlung eines Motors oder seiner Bauteile zirkuliert werden.

**Kühlmitteleinspritzung,**
*cf / vgl* **Flüssigkeitseinspritzung**

**Kühlung durch Düsenkühler; ummanteltes Kühlsystem**
Eine Kühlanlage, bei der die Kühlluft entweder vor oder hinter dem Triebwerk durch eine oder mehrere Düsen geführt wird.

**Kühlwiderstand**
Widerstand, der mit der Kühlung der Triebwerksanlage zusammenhängt.

**Kumulonimbus**
Schwere Wolkenmassen mit kräftiger Vertikalentwicklung, deren obere Teile faserig sind und sich häufig in Form eines Ambosses ausbreiten. Sie sind gewittriger Art und von heftigen Aufwinden begleitet.

**Kumulonimbus-Turbulenz; Gewitterwolkenturbulenz**
Konvektive Turbulenz heftiger Art in oder in der Nähe von Kumulonimbuswolken.

**Kumulus; Haufenwolke**
Einzelwolken mit vertikaler Entwicklung; ihre Oberseite ist kuppelförmig mit kräftigen Auswüchsen, die Unterseite ist nahezu eben.

**Kunstflug**
Mit einem Luftfahrzeug absichtlich ausgeführte Flugbewegungen, die mit einer plötzlichen Änderung seiner Fluglage, einer anormalen Fluglage oder einer anormalen Geschwindigkeitsänderung verbunden sind.

**Künstliche Nebelauflösung,**
*cf / vgl* **FIDO(-Anlage)**

**Künstlicher Horizont**
Instrument mit eingebautem senkrechten Kreisel, das die Lage eines Luftfahrzeugs um seine Quer- und Längsachse anzeigt.

**Künstliches Mondlicht**
Künstliche Beleuchtung, bei der die Lichtstärke zwischen der des Sternenlichts und der des Vollmondlichts bei klarer Nacht liegt.

**Künstliches Steuergefühl,**
*cf / vgl* **Simulierte Steuerkraft**

**Künstliches Tageslicht**
Künstliche Beleuchtung, bei der die Lichtstärke größer ist als Vollmondlicht bei klarer Nacht. (Die optimale Lichtstärke für künstliche Beleuchtung entspricht dem Tageslicht.)

**Kuppellichtbrechung,**
*cf / vgl* **Strahlenbrechung durch Astrokuppel**

**Kurbeltrieb; Pleuelstange mit Zubehör**
Ein System von einer oder mehreren Pleuelstangen, die auf einem gemeinsamen Kurbelzapfen arbeiten.

**Kurbelwellenende**
Das Ende einer Pleuelstange, an dem sich der Kurbelzapfen befindet.

**Kurbelzapfen**
Das lösbare kurze Ende einer Kurbelwelle eines Umlauf- oder Sternmotors.

**Kurs über Grund**
Der auf die Erdoberfläche projizierte Flugweg eines Luftfahrzeuges, dessen Richtung an irgendeinem Punkt gewöhnlich in Graden ausgedrückt und auf rechtweisend, missweisend oder Gitter-Nord bezogen wird.

**Kursführungsanlage**
Funkfeueranlage, die es ermöglicht, Luftfahrzeuge auf einem oder mehreren Kursen zu leiten.

**Kursfunkfeuer; Vierkursfunkfeuer**
Ein im Mittelwellenbereich arbeitendes Funkfeuer, dessen Sender zwei oder vier Kurse über Grund ausstrahlt. Es kann auch Sprachübertragungen vornehmen.

**Kursgleiche; Loxodrome**
Eine Linie gleichbleibender Richtung, die alle Meridiane unter dem gleichen Winkel schneidet. Auf einer Mercator-Kartenprojektion erscheint die Loxodrome als gerade Linie.

**Kurskreisel**
Azimutkreisel mit unmittelbarer Anzeige und der Möglichkeit, einen bestimmten Kompasssteuerkurs als Bezugswert einzustellen.

**Kurslinie; Zielkurslinie**
Der in einer beliebigen Horizontalebene gebildete geometrische Ort aller der Pistenmittellinie am nächsten liegenden Punkte mit dem DDM-Wert Null.

**Kurssektor; Anflugkurssektor**
Ein Sektor in einer Horizontalebene, der die Kurslinie enthält und durch den geometrischen Ort aller der Kurslinie nächstgelegenen Punkte mit DDM-Wert 0,155 begrenzt ist.

**Kurswinkel (über Grund)**
Der zu einem beliebigen Zeitpunkt gemessene Winkel zwischen dem Kurs über Grund und dem durch das Luftfahrzeug verlaufenden Meridian.

**Kurszeiger**
Gerät zum Anzeigen des Steuerkurses eines Luftfahrzeuges auf einer Skala, die durch einen Kreisel mit horizontaler Achse im Raum gehalten wird.

**Kurvenradius; Wendekreisradius**
Der Halbmesser des angegebenen Kleinstkreises, innerhalb dessen alle Laufräder eines Luftfahrzeugs einen Vollkreis auf dem Boden beschreiben können.

**Kurzbalken,**
*cf / vgl* **Barrette**

**(Kurzes) Hochziehen; Hochreißen**
Ausnutzen von kinetischer Energie, um Höhe zu gewinnen.

**Kurzstartflugzeug**
Luftfahrzeug schwerer als Luft, ausgelegt für kurzen Start- und Landungslauf am Boden, der mittels zusätzlichem Auftrieb durch Kraftantrieb oder der Verwendung besonderer aerodynamischer Vorrichtungen ermöglicht wird.

**Kurzstrecken-Navigationshilfe**
Gerät oder System, das Navigationshilfe bis zu einer Entfernung von nicht mehr als 200 nautischen Meilen (= etwa 360 km)leistet.

**Küstenlinie**
Eine Linie, die dem allgemeinen Küstenverlauf folgt, außer dass in Fällen von Buchten oder Meerbusen mit weniger als dreißig Seemeilen Breite die Linie die Bucht oder den Meerbusen geradlinig kreuzen soll, so dass sie den allgemeinen Küstenverlauf auf der gegenüberliegenden Seite schneidet.

# L

**Lackieren (mit Spannlack); Imprägnieren**
Behandlung der Oberfläche eines Gewebes, um es zu spannen, zu verstärken oder luftdicht zu machen.

**Ladebezugsebene; Bezugsfläche**
Bei der Beladung von Luftfahrzeugen: Gedachte senkrechte Ebene an oder in der Nähe des Luftfahrzeugbugs, von der aus alle waagerechten Entfernungen für Zwecke der Schwerpunktermittlung gemessen werden. In den Zeichnungen aller Luftfahrzeuge ist diese Bezugsebene als Station „Null“ eingetragen.

**Ladedruck**
Der Druck an einem bestimmten Punkt der Einströmleitung, der für jedes Motormuster festgelegt ist. Der Ladedruck wird als Druckdifferenz zu dem Normaldruck in Meereshöhe gemessen. (*Vgl* **Absolutladedruck**)

**Ladedruckmesser**
Ein Instrument zum Anzeigen des Ladedrucks. (*Vgl* **Absolutladedruckmesser**)

**Ladedruckregler**
Eine Vorrichtung, die den Absolutladedruck so regelt, dass ein vorgegebener Wert nicht überschritten wird.

**Ladedruckregler mit veränderlicher Ausgangsstellung der Regeldose; Variabler Ladedruckregler; Laderegelung mit veränderlichem Sollwert**
Ein Ladedruckregler, bei dem der regulierte Absolutladedruck sich kontinuierlich mit der Gashebelstellung verändert.

**Ladedruckregler-Übersteuerung**
Eine Vorrichtung, mittels deren der Sollwert eines Ladedruckreglers überschritten werden kann.

**Ladeliste**
Dokument, aus dem die in einem Luftfahrzeug beförderte Nutzlast, ausgedrückt in Passagieren und/oder Fracht, nach Bestimmungsorten aufgeschlüsselt, genau ersichtlich ist.

**(Ladeluft-)Zwischenkühler**
Ein Kühler, der an der Druckseite eines Laders angebracht ist, um entweder die komprimierte Ansaugluft oder das Gemisch zu kühlen.

**Lader; Ladergebläse**
Ein Verdichter, der die Dichte der Ansaugluft oder des angesaugten Gemischs eines Flugmotors erhöht. Dieser kann entweder direkt vom Motor oder von einer Abgasturbine angetrieben werden.

**Lader in Verdrängerbauart,**
*cf / vgl* **Lader mit positiver Förderung**

**Lader mit positiver Förderung;**
**Lader in Verdrängungsbauart**
Ein Lader, in dem Luft- oder Gemischmengen durch Verdrängung verdichtet werden.

**Lader mit Schaltgetriebe,**
*cf / vgl* **Umschaltbarer Lader**

**Laderegelung mit veränderlichem Sollwert,**
*cf / vgl* **Ladedruckregler mit veränderlicher Ausgangsstellung der Regeldose**

**Laderlaufrad; Impeller**
Der rotierende Teil eines Zentrifugalverdichters mit entsprechend geformten Leitschaufeln.

**Ladermotor; Höhenmotor**
Ein Kolbenmotor, dessen Ladedruck durch mechanische Mittel über den im Lufteinlass herrschenden Druck erhöht werden kann.

**Lage der Sehne**
Die Lage der Profilsehne ist definiert durch die Koordinaten x, y, z ihres 1/4-Punktes, bezogen auf die Körperachsen und ihre Neigung gegen die x-y-Ebene.

**Laminare Grenzschicht**
Eine Grenzschicht mit laminarem Strömungsverlauf.

**Laminare Strömung; Laminarströmung**
Strömung, in der kein Vermischen aneinander grenzender Schichten erfolgt (ausgenommen im Molekularbereich).

**Laminare Unterschicht**
Eine sehr dünne, unmittelbar an einem Körper anliegende laminare Strömung einer Grenzschicht unterhalb einer turbulenten Schicht.

**Laminares Ablösen**
Ablösen der Grenzschicht, wenn sich diese noch im laminaren Zustand befindet.

**Landbrise,**
*cf / vgl* **Landwind**

**Landeanflug mit Gas,**
*cf / vgl* **Anflug mit Gas**

**Landeanflug-Bremsschirm**
Schirm, der zur Erziehung eines steileren Landeanflugs von einem Luftfahrzeug ausgesetzt wird.

**Landebereich**
Derjenige Teil der Rollfläche, der in erster Linie für Start und Landung eines Luftfahrzeuges vorgesehen ist.

**Landebremsvorrichtung**
Vorrichtung, die mittels aerodynamischer Reaktionen die Geschwindigkeit eines Luftfahrzeugs bei der Landung herabsetzt, wie z.B. Luftschrauben mit Bremssteigungseinstellung.

**Landefläche**
Derjenige Teil der Fläche eines Flugplatzes, den die zuständige Behörde für den normalen Landelauf (Boden oder Wasser) von in einer bestimmten Richtung landenden Luftfahrzeugen für verfügbar erklärt hat.

**Landegeschwindigkeit**
Minimalgeschwindigkeit, mit der ein Luftfahrzeug normalerweise landet.

**Landehilfen**
Befeuerungs-, Funkfeuer-, Radar- oder Fernmeldeeinrichtungen oder Systeme aus solchen Einrichtungen, die Luftfahrzeugen beim Anflug und der Landung Hilfe leisten.

**Landeklappe**
Eine Klappe, die so bezeichnet wird, wenn ihre spezielle Funktion beim Landevorgang gemeint ist.

**Landekreuz,**
*cf / vgl* **Windrichtungsanzeiger**

**Landekurs**
Der in einer beliebigen Horizontalebene gebildete geometrische Ort aller Punkte, an denen der DDM-Wert (Differenz der Modulationsgrade) gleich Null ist.
**Anmerkung**: In Bezug auf das an Bord empfangene Strahlungsdiagramm bedeutet dies Nullpunktanzeige auf einem normal eingestellten Landekursanzeiger (*cf / vgl* **„Kurslinie"**).

**Landekurssender**
Ein sende- und empfangsseitig der Kursbestimmung dienender Teil des Instrumentenlandesystems, durch das einem Luftfahrzeug seine seitliche Versetzung in Bezug auf eine bestimmte spezielle Anflugmittellinie angezeigt wird. Richtfeuer des Instrumentenlandesystems (ILS), das die Abweichung des Luftfahrzeugs in der Horizontalen von seinem optimalen Sinkflugweg über der Anfluggrundlinie anzeigt. Wenn ein Funkfeuer mit gleichartiger Arbeitsweise als Bestandteil des SBA-Landefunkfeuersystems benutzt wird, bezeichnet man es als **„Anflugfunkfeuer"**.

**Landen; Landung**
Ein Luftfahrzeug landet, wenn es aufhört, von der Luft getragen zu werden, an Fluggeschwindigkeit verliert und zur Ruhe kommt.

**Landen,**
*cf / vgl* **Aufsetzen**

**Landepuffer**
Fender an einem Ballon oder Luftschiff, der eine Beschädigung bei der Berührung mit dem Erdboden verhindern soll.

**Landeradarlotse,**
*cf / vgl* **Radarlotse für Präzisions-Radargerät**

**Landerichtungsanzeiger**
Ein Gerät, das die für Start und Landung jeweils bestimmte Richtung sichtbar anzeigt.

**Landestoß-Beschleunigungsmesser**
Gerät zur Messung der negativen Beschleunigung eines Luftfahrzeugs beim Aufsetzen.

**Landestrecke**
Strecke, die ein Luftfahrzeug während des Landens auf dem Boden zurücklegt.

**Landestreifen**
Ein für das Starten und Landen von Luftfahrzeugen hergerichteter Geländestreifen.

**Lande-T,**
*cf / vgl* **Windrichtungsanzeiger**

**Landeverfahren**
Derjenige Teil eines Instrumentenanflugverfahrens, der in einer festgelegten Höhe über dem Hauptfunkfeuer oder dem Landekurssender beginnt und entweder mit der Landung endet oder mit der Einleitung eines Fehlanflugverfahrens.

**Landewindanzeiger,**
*cf / vgl* **Windrichtungsanzeiger**

**Landezeit**
Zeitpunkt, in dem ein Luftfahrzeug aufsetzt.

**Landflugzeug**
Ein für den Betrieb auf einer Landoberfläche konzipiertes Flugzeug.

**Landmarkierung**
Eine für Luftfahrzeuge sichtbar angelegte Markierung am Boden, die Richtungshinweise oder andere zweckdienliche Informationen gibt.

**Landung**
Alle aufeinanderfolgenden Zustände eines Luftfahrzeuges zwischen dem Augenblick, in dem der Luftfahrzeugführer Maßnahmen einleitet, um mit dem Boden (oder mit einem festen Untergrund) Berührung zu bekommen und dem Augenblick, in dem er das Luftfahrzeug zum Stillstand bringt oder bringen könnte.

**Landung am Aufsetzpunkt**
Eine Landung, bei welcher der Pilot sein Luftfahrzeug an einem bestimmten Punkt aufsetzt, – auch als **„Ziellandung"** bezeichnet.

**Landung mit Gas; Gaslandung**
Landung, bei der das Flugzeug bis zum Aufsetzen mit Motorleistungsabgabe geflogen wird.

**Landwind; Landbrise**
Ein ablandiger Wind, der in der Nacht und am frühen Morgen dadurch hervorgerufen wird, dass sich die Luft über Land schneller abkühlt als über Wasser.

**Längsachse; Rollachse**
Die x-Achse in einem System von Körperachsen, in dem die xz-Ebene die Symmetrieebene ist.

**Längsachse** (AMC-Positionslichter)
Für den Zweck dieser Bestimmung wird die Längsachse des Flugzeuges so gewählt, dass sie bei normaler Reisegeschwindigkeit als Parallele zur Flugrichtung durch den Schwerpunkt des Flugzeuges geht.

**Längsbewegung**
Eine Bewegung in der Symmetriebene.

**Längsgeschwindigkeit**
Geschwindigkeitskomponente in der ungestörten Luft in Richtung der Flugzeuglängsachse.

**Längsinstabilität**
Instabilität, infolge derer die Bewegung eines Luftfahrzeugs in der Symmetrieebene (in Richtung der Längs- und Hochachse und um die Querachse) dazu neigt, vom stationären Zustand abzuweichen.

**Längskraft**
Komponente der aerodynamischen Gesamtkraft in Richtung der x-Achse (oder Längsachse).

**Längsmoment; Kippmoment; Nickmoment**
Moment um die Querachse eines Luftfahrzeuges oder ähnlichen Körpers.

**Längsnaht,**
*cf / vgl* **Radialnaht**

**Längsneigungsmesser; Nickanzeiger**
Instrument, das den Anstellwinkel oder die Drehgeschwindigkeit eines Luftfahrzeugs oder anderen Körpers um die Querachse anzeigt.

**Längsneigungswinkel**
Winkel zwischen der Ebene, die die Querachse und die Flugwindachse enthält, und der Ebene, die Quer- und Längsachsen enthält. Im Horizontalflug ist der Längsneigungswinkel der Winkel zwischen der Längsachse und der Bewegungsrichtung des Luftfahrzeugs.

**Längsrahmen**
In Luftschiffen: Teil eines Längsträgers, der mit einem Querrahmen eine Einheit bildet.

**Längsschnittbauart; Blockzuschnittbauart**
Bei der Fallschirmherstellung:
Anordnung der Fallschirmbahnen so, dass die Schussfäden des Stoffs parallel zur Mittellinie der Fallschirmbahn verlaufen.

**Längsscchwingung**
Eine Schwingung in der Symmetrieebene.

**Längsseil,**
*cf / vgl* **Axialseil**

**Längsspant,**
*cf / vgl* **Hauptlängsträger**

**Längsstabilität; Stabilität um die Querachse**
Stabilität der Bewegung in der Symmetrieebene.

**Längsstaffelung**
Staffelung in Längsrichtung auf in gleicher oder etwa gleicher Flugfläche befindlichen Luftfahrzeugen unter Angabe von Zeiteinheiten oder Entfernung entlang des Kurses über Grund.

**Längsstringer,**
*cf / vgl* **Längsträger**

**Längsträger; Rumpfholm; Längsstringer; Längsspant**
Haupt-Längsbauteil eines Rumpfes oder einer Gondel.

**Längsträgerfeld**
Teil eines Längsträgers zwischen benachbarten Ringen.

**Längsversteifung; Stringer; Versteifungsprofil**
Versteifung, die die Platte unterstützt, Kräfte auch in Längsrichtung aufzunehmen; sie kann die Platte gegen Beulenbildung stabilisieren.

**Längswind**
Horizontalkomponente des Windes in Richtung der Längsachse eines Flugzeugträgers oder des Katapults.

**Lärmmesser,**
*cf / vgl* **Geräuschmesser**

**Lastring,**
*cf / vgl* **Korbring**

**Lastvielfaches**
Verhältnis der Resultierenden aus einem System äußerer gegebener Belastungen zur Masse des Luftfahrzeugs. Diese Lasten können durch aerodynamische Kräfte, durch die Schwerkraft, durch Berühren mit dem Boden oder Wasser oder aus Kombinationen dieser Kräfte entstehen.

**Laufrad-Eintrittsleitschaufeln; rotierende Leitschaufeln**
Gewölbte Ansätze an den Gebläseschaufeln, die entweder in den Eintrittskanal hineinragen oder dicht hinter diesem liegen.

**LCN-Zahl,**
*cf / vgl* **Rollbahnbelastungswert**

**Leck; Undichtigkeit**
Gasverlust einer Hülle oder Gaszelle, der auf Diffusion, Effusion, Transpiration oder auf Entströmen durch den Ballonhals zurückzuführen ist.

**Lecksucher; Lecksuchgerät**
Instrument, das die Anwesenheit von Luft in Gasen anzeigt, deren Dichte wesentlich von derjenigen der Luft abweicht. Es kann benutzt werden, um Undichtigkeiten in einer Hülle oder einer Gaszelle festzuhalten.

**Leerlaufabstellvorrichtung,**
*cf / vgl* **Kraftstoff-Zufuhrunterbrecher**

**Leerlaufventil; Minimaldruckregelventil**
Eine Vorrichtung, die verhindert, dass der Kraftstoffdruck zu den Brennern unter einen Sollwert abfällt.

**Leermasse**
Masse eines Luftfahrzeugs einschließlich der Massenanteile seiner Triebwerksanlage, der eingeschlossenen Kraft- und Schmierstoffe, des Kühlstoffs und der Hydraulikflüssigkeit, des normalerweise mitgeführten Ballastes, der fest eingebauten Ausrüstung und Ausstattung sowie anderer Gewichte, wie sie in diesem Zusammenhang definiert werden können. Wird manchmal auch auf Raketen angewandt, hier abzüglich der Massenanteile ihrer Treibstoffe und Nutzlast.
Für den Flugbetrieb: die gewogene Masse eines einzelnen Luftfahrzeuges ohne zusätzliche bewegliche Ausrüstung und verfügbare Last.
Auch als **Hersteller-Leergewicht** bezeichnet.

**Leermasse; Rüstgewicht**
Für Konstruktionszwecke: nominale Masse eines flugbereiten Luftfahrzeugmusters, jedoch ausschließlich Besatzung, Kraftstoff, Öl, beweglicher Ausrüstung oder Nutzlast.

**Leertankmasse**
Für betriebliche Zwecke: die Gesamtmasse des Luftfahrzeugs abzüglich Kraftstoff.

**Leeseitig stehende Wolken,**
*cf / vgl* **Leewellen**

**Leewellen; leeseitig stehende Wellen**
Stehende Wellen auf der Leeseite.

**Leichte Brise**
Windstärke (Beaufort-Zahl) 2: Wind im Gesicht fühlbar, Blätter säuseln, Windfahne bewegt sich (Windgeschwindigkeit 4–6 Knoten).

**Leinenwerk; Rigging; Takelung**
Bei Luftfahrzeugen leichter als Luft:
System von Drähten oder Schnüren mitsamt deren Befestigungen, mit dessen Hilfe das Leergewicht oder die Hauptseilspannung über das Gerippe oder die Hülle verteilt wird.

**Leinenwerkpflaster; Riggingpflaster; Takelungsbesatz**
Pflaster, welches das Leinenwerk mit der Hülle eines Ballons verbindet.

**Leiser Zug**
Windstärke (Beaufort-Zahl) 1: Rauch spricht auf Windrichtung

an, jedoch keine Windfahne (Windgeschwindigkeit: 1–3 Knoten).

**Leistungsbelastung**
Gesamtmasse eines Luftfahrzeugs dividiert durch die Leistung des oder der Triebwerke in PS (kW).

**Leistungseinstellung**
Die Einstellung jeder Art von Steuerung oder Regelung, die Einfluss auf die Motorleistung hat, wie z. B. Gashebelstellung, Gemischregelung oder Einstellung der Luftschraubensteigung.

**Leistungsfähigkeit,**
*cf / vgl* **Flugleistungen**

**Leistungsgewicht**
Das Verhältnis des Trockengewichts eines Triebwerks zu der maximalen zulässigen Leistung.

**Leistungszusatz; Leistungserhöhung**
Vorrichtung oder Anlage zur kurzzeitigen Leistungs-erhöhung eines Motors über seine normale höchste Dauerleistung hinaus.

**Leitende Verbindung,**
*cf / vgl* **Erdverbindung**

**Leiter einer Voruntersuchung**
Die mit der Verantwortung für die Organisation, Durchführung und Überwachung einer Voruntersuchung beauftragte Person.
**Anmerkung**: Mit dieser Begriffsbestimmung ist nicht beabsichtigt, die Übertragung der Tätigkeit des Leiters einer Voruntersuchung auf eine Kommission oder ein anderes Gremium auszuschließen.

**Leitschaufel**
Blatt oder Leitblech, das gegenüber einem rotierenden Blatt stationär bleibt und der Lenkung eines Luftstroms dient, wie z.B. in einem Axialverdichter oder einer Turbine.

**Leitstelle des Such- und Rettungsdienstes,**
*cf / vgl* **SAR-Leitstelle**

**Leitstrahlanflug**
Durchführung eines Endanfluges auf einem vorgegebenen Weg, der durch Ausstrahlungen eines Funknavigations-Hilfssystems bestimmt ist.

**Leitstrahlanflug-Funkfeuersystem,**
*cf / vgl* **Blindanflug-Funkfeuersystem**

**Leitstrahllenkung**
Lenksystem, bei dem sich ein Flugkörper selbst entlang der Achse eines Leitstrahls, Licht- oder anderen Strahls lenkt.

**Leitstrahlreiter; Strahlreiter**
Von einem Radar- oder Funkstrahl geleiteter Flugkörper.

**Leitwerk; Stabilisierungswülste; Flossen**
Einheit aus Flossen und Seitenruder am Heck eines Drachenballons, die aerodynamische Stabilität liefert.

**Leitwerksträger**
(a) Bei bestimmten Hubschraubern der konische rückwärtige Teil des Rumpfes, an dessen hinterem Ende sich der Heckrotor und/oder Stabilisierungsflosse(n) befinden.
(b) Freitragende Konstruktion zur Aufnahme des Leitwerks eines Luftfahrzeugs, dessen Rumpf diese Funktion nicht wahrnimmt.

**Lenkanlage,**
*cf / vgl* **Lenksystem**

**Lenkempfänger**
Empfangsgerät in einem Flugkörper, das übermittelte Werte so umwandelt, dass sie in die Steueranlage eingespeist werden können.

**Lenkflugkörper**
Flugkörper, der auf einem Teil oder auf seinem gesamten Flugweg geleitet werden kann.

**Lenksystem; Lenkanlage**
System, das Informationen über den Flug eines Flugkörpers ermittelt, diese mit den Zielwerten in Beziehung setzt, den gewünschten Flugweg des Flugkörpers ermittelt und die notwendigen Kommandos an die Steueranlage des Flugkörpers gibt.

**Lentikularis-Wolke; Wogenwolke**
Eine orographische Wolke, die sich an der höchsten Wölbung einer stehenden Welle bildet und gewöhnlich linsenförmig ist.

**Letzte Verfahrenskurve**
Der Teil eines Endanflugverfahrens, bei dem ein auf Gegenkurs zu der in Betrieb befindlichen Piste fliegendes Luftfahrzeug auf diese in Richtung zum Flugplatz einkurvt.

**Leuchtfeuer; Funkfeuer; Bake**
Ein Feuer, eine Gruppe von Feuern, elektronische Geräte oder andere Vorrichtung, durch die im Flug befindliche Luftfahrzeuge, Raumfahrzeuge usw. geleitet, orientiert oder gewarnt werden.
Konstruktion, Bauwerk oder eine Station, auf der sich eine solche Vorrichtung befindet oder montiert ist.

**Libelle,**
*cf / vgl* **Querneigungsanzeiger**

**Liderungsring,**
*cf / vgl* **Feuerring**

**Linearfeuer**
Lichtsignal mit wahrnehmbarer Längenausdehnung.

**Linie gleicher Peilung; Azimutgleiche**
Die Linie, die alle diejenigen Punkte auf der Erdoberfläche verbindet, von welchen die Großkreispeilungen eines gegebenen Punktes gleich sind.

**Linien gleicher Schichtdicke**
Linien, welche auf einer Karte diejenigen Punkte verbinden, für die der vertikale Abstand zwischen bestimmten Flächen gleichen Druckes derselbe ist.

**Linienbö(e)**
Auf breiter Front vordringende Böen, die bei der Verdrängung einer Warmluftmasse durch Kaltluft entstehen.
**Anmerkung**: Der Durchgang einer voll entwickelten Böenfront, die mehrere hundert Kilometer breit sein kann, ist üblicherweise von den folgenden meteorologischen Erscheinungen begleitet: sehr rasche Änderung der Windrichtung und schwere Regenfälle, Hagel oder Schneefälle, Gewitter, starker Anstieg des Luftdrucks, rascher Temperaturabfall und heftige Aufwinde. Ein häufig beobachtetes Merkmal ist eine langgestreckte, bogenförmige oder geradlinige dunkle tiefliegende Bewölkung.

**Linienflugverkehr**
Jeder planmäßige, mittels Luftfahrzeugen für die öffentliche Beförderung von Fluggästen, Post oder Fracht ausgeübte Fluglinienverkehr.

**Linienwirbel; Wirbellinie**
Wirbel, dessen Wirbelstärke linienförmig konzentriert ist.

**Linksdrehender Propeller; linksgängiger Propeller**
Ein Propeller, der sich, vom Heck des Luftfahrzeuges aus gesehen, im entgegengesetzten Uhrzeigersinn dreht.

**Linktrossen,**
*cf / vgl* **Kettenseile**

**Lippe; Basiserweiterung**
Teilweise über den Rand des Fallschirms hinausragender Stoffteil, der das Entfalten der Fallschirmkappe erleichtern soll.

**Lochstreifen-Weitergabeeinrichtung; Nichtautomatische Weitergabeeinrichtung**
Eine Fernschreibeinrichtung, bei der Meldungen in Fernschreiblochstreifenform empfangen und weitergegeben werden und bei der alle Weitergabevorgänge durch das Eingreifen des Bedienungspersonals erfolgen.

**Looping; Überschlag**
Flugfigur eines Flugzeugs in der Vertikalebene. Normalerweise ist dabei die Oberseite des Luftfahrzeugs dem Krümmungsmittelpunkt der Flugbahn zugekehrt.

**Looping nach außen,**
*cf / vgl* **Looping vorwärts**

**Looping (rückwärts); normaler Looping**
Die gebräuchliche Form des Überschlags in rückwärtiger Richtung, bei dem das Flugzeug von der Normalfluglage ausgehend fortlaufend einen nach hinten gekrümmten Steigflug und über die Rückenlage einen bogenförmigen Sturzflug bis zur Wiedereinnahme der ursprünglichen Fluglage beschreibt.

**Looping vorwärts; Looping nach außen**
Ein Looping, bei dem die obere Oberfläche des Luftfahrzeugs während der gekrümmten Flugbahn weiterhin nach außen zeigt.

**Loran**
Ein bodenbezogenes Funknavigationsverfahren auf Mittel- oder Langwelle, bei dem ein Empfänger in einem Luftfahrzeug das Zeitintervall zwischen dem Empfang von Impulsen zweier oder mehrerer synchronisierter, zu einer Kette gehörender Bodensendestationen (eine Haupt- und eine oder mehrere Nebenstationen) misst. Die Standortbestimmung für das Luftfahrzeug erfolgt dann anhand von Karten mit einem aufgedruckten Hyperbel-Gitternetz von Isochronen (Zeitgleichen). Die ursprüngliche Version, Loran A, von 1940 war 1975 überholt. Die gegenwärtige Version mit 100 kHz, Loran C, verwendet reflektierende Boden- und Raumwellen. Ihre Gruppen arbeiten mit acht (oder mit der Hauptstation neun) Impulsen. Das Loran D ist eine taktische Version von Loran C und arbeitet mit 18 Impulsen je Gruppe.

**Lorin-Triebwerk,**
*cf / vgl* **Staustrahltriebwerk**

**Lösbares Verbindungsstück**
Eine Vorrichtung zum Herstellen einer betriebsfähigen elektrischen Verbindung zwischen einzelnen Leitern, derart, dass die Verbindung leicht getrennt und wieder angeschlossen werden kann.

**Lotkreisel,**
*cf / vgl* **Vertikalkreisel**

**Loxodrome,**
*cf / vgl* **Kursgleiche**

**Luftablassventil; Überströmventil**
Ventil, durch welches überflüssige Luft aus der Druckbelüftungsanlage in die freie Atmosphäre abgelassen wird.

**Luftansaugstutzen,**
*cf / vgl* **Lufthutze**

**Luftatmendes Triebwerk**
Bezeichnung für ein luftatmendes Triebwerk, das seinen Sauerstoff aus der Atmosphäre bezieht im Gegensatz zu der Selbstversorgung wie bei einer Rakete.

**Luftaufnahme; Luftbild**
Eine aus einem im Flug befindlichen Luftfahrzeug aufgenommene Photographie der Erdoberfläche.

**Luftaustauscher**
Vorrichtung, durch die ein Teil der in einem Windkanal umlaufenden Luft durch Frischluft mit dem Hauptzweck ersetzt wird, Überhitzung zu vermeiden.

**Luftbetankung**
Der Vorgang der Ergänzung von Kraftstoff bei einem Luftfahrzeug in der Luft, indem dieser mittels Schlauchleitungen oder anderem Spezialgerät von einem Luftfahrzeug in das andere befördert wird. Auch als **„Betankung im Fluge“** bezeichnet.

**Luftbetankungskupplung,**
*cf / vgl* **Anschlusskupplung**

**Luftbremse; Flugbremse**
Anordnung zur willkürlichen Erhöhung des Luftwiderstandes eines Luftfahrzeuges.

**Luftbremse,**
*cf / vgl* **Sturzflugbremse**

**Luftbrücke,**
*cf / vgl* **Lufttransport**

**Luftdichtenhöhe; Dichtehöhe**
Luftdichte in Höhe ausgedrückt, die derjenigen nach der internationalen Norm(al)atmosphäre entspricht.

**Luftdruck**
Der Druck, der an einer beliebigen Stelle der Atmosphäre durch das Gewicht der zentral über einem bestimmten Gebiet liegenden Luftmasse erzeugt wird.

**Luftdruck,**
*cf / vgl* **Luftkraft**

**Luftdruckgradient; Druckgradient**
Häufig begrenzt auf den Betrag der Luftdruckänderung an einer horizontalen Ebene in der Richtung senkrecht zu den auf einer Wetterkarte eingezeichneten Isobaren.

**Luftdruck-Höhenlinie; Isohypse**
Eine Linie auf einer Wetterkarte, die anzeigt, in welcher Höhe in der Atmosphäre ein bestimmter Luftdruck herrscht.

**Luftdrucktendenz,**
*cf / vgl* **Barometertendenz**

**Luftdruck-Vorhersagekarte,**
*cf / vgl* **Vorhergesagte Isobarenkarte**

**Luftdurchlässigkeit; Porosität**
Die Eigenschaft eines Materials, welches einem Gas den Durchtritt gestattet. Sie wird gewöhnlich gemessen durch den Luftfluss je Flächenmaß, der bei einer gegebenen Druckdifferenz durchtritt.

**Luftdurchsatz-Messgerät**
Gerät zur Messung des Luftdurchflusses in Leitungen.

**Lufteinlauf mit veränderlicher Geometrie; verstellbarer Einlauf**
Lufteinlauf, dessen Fläche und Form im Flug verändert werden können.

**Lufteintrittsgehäuse; Verdichtereintrittsgehäuse**
Ein Gehäuse, durch das Luft in den Verdichter angesaugt wird.

**Luftembolie**
Die Bildung oder das Ausscheiden von Gasen in bzw. aus den Flüssigkeiten und Geweben des menschlichen Körpers, wie sie insbesondere bei zu schnellen Änderungen von hohem zu niedrigem Luftdruck auftreten.
Allgemein synonym mit der **Druckfallkrankheit**

**Luftfahrt**
Die Wissenschaft und Fertigkeit des Entwerfens, der Konstruktion und des Betriebs von Luftfahrzeugen; im engeren Sinn: die Wissenschaft oder Fertigkeit mit Luftfahrzeugen zu operieren.
Luftfahrt allgemein:
(a) Betrieb von Luftfahrzeugen,
(b) Synonym für **„Flugwesen"**.

**Luftfahrt mit Aerostaten**
*cf / vgl* **Luftschifffahrt**

**Luftfahrtbodenfeuer**
Jede Lichtquelle, die eigens als Hilfe für die Flugnavigation vorgesehen und nicht an einem Luftfahrzeug angebracht ist.

**Luftfahrtelektronik; Avionik**
(a) Technologie der Verwendung der Elektronik in jeglicher Form in Luft- und Raumfahrzeugen.
(b) Bordgerät, das unter Anwendung dieser Technologie hergestellt wird.

**Luftfahrtfeuer**
Jede Lichtquelle, die eigens als Hilfe für die Flugnavigation vorgesehen ist.

**Luftfahrthandbuch**
Eine von einem Staat oder in dessen Auftrag herausgegebene Veröffentlichung, die für die Luftfahrt wesentliche Angaben von längerer Gültigkeitsdauer enthält.

**Luftfahrtkarte**
Eine Darstellung eines Teiles der Erdoberfläche, ihrer Bebauung und ihres Reliefs unter besonderer Berücksichtigung der Erfordernisse der Luftfahrt.

**Luftfahrtleuchtfeuer**
Ein Luftfahrtbodenfeuer zur Bezeichnung eines bestimmten Punktes auf der Erdoberfläche – wie beispielsweise ein Flugplatz, eine Landmarke oder Gefahrenstelle –, das aus allen Richtungen ständig oder periodisch aufleuchtend sichtbar ist.

**Luftfahrtmedizin,**
*cf / vgl* **Flugmedizin**

**Luftfahrt-Rundfunkdienst**
Ein Rundsendedienst zur Übermittlung von Informationen für die Luftfahrt.

**Luftfahrzeug; Flugzeug**
Ein Flugzeug, so beschaffen, dass es sich mittels einer unterstützenden Auftriebskraft, die nicht auf Reaktionen der Luft gegenüber der Erdoberfläche basiert, durch die Luft bewegen kann.

**Luftfahrzeug leichter als Luft; Aerostat**
Ein Luftfahrzeug, das hauptsächlich durch seinen statischen Auftrieb in der Luft getragen wird.

**Luftfahrzeug schwerer als Luft; Aerodyn**
Ein Luftfahrzeug, das seinen Auftrieb vorwiegend durch Luftkräfte erhält.

**Luftfahrzeugausrüstung**
Gegenstände, einschließlich Erste-Hilfe- und Lebensrettungsgerät, die für den Gebrauch an Bord eines Luftfahrzeuges während des Fluges bestimmt sind, ausgenommen Bordvorräte und bewegliche Ersatzteile.

**Luftfahrzeugbesatzung; Flug(zeug)besatzung**
Personengruppe, die Dienstleistungen entweder in Verbindung mit dem Fliegen des Luftfahrzeugs verrichtet oder deren Tätigkeiten an Bord des Luftfahrzeugs der Auftragsdurchführung dienen.

**Luftfahrzeugführer; Pilot; Flugzeugführer**
(a) Ein Besatzungsmitglied, welches das Luftfahrzeug fliegt.
(b) Eine Person, die ausgebildet und einsatzbereit ist, ein Luftfahrzeug zu fliegen.

**(Luftfahrzeug-)Halter, Flugbetriebsunternehmer**
Personen, Personenvereinigungen oder Unternehmen, die ein Luftfahrzeug in Betrieb haben oder zum Betrieb anbieten.

**Luftfahrzeugkategorie**
Einteilung von Luftfahrzeugen nach besonderen Grundmerkmalen, z. B. Flugzeug, Segelflugzeug, Drehflügler, Freiballon.

**(Luftfahrzeug-)Kommandant,**
*cf / vgl* **Verantwortlicher Luftfahrzeugführer**

**Luftfahrzeugmuster**
Alle Luftfahrzeuge der gleichen Grundkonstruktion, ungeachtet aller Abänderungen, jedoch mit Ausnahme derjenigen, die eine Änderung der Handhabung oder der Flugeigenschaften zur Folge haben.

**Luftfahrzeug-Ottokraftstoff,**
*cf / vgl* **Flugbenzin**

**Luftfahrzeugprüfingenieur; anerkannter Prüfer für Luftfahrtgerät**
Jemand, der von der zuständigen Behörde ermächtigt ist, zu bescheinigen, dass Prüfungen durchgeführt wurden, die nach den geltenden Bestimmungen erforderlich sind.

**Luftfahrzeugunfall; Flugunfall**
Ein Vorfall, der sich im Zusammenhang mit dem Betrieb eines Luftfahrzeugs von dem Zeitpunkt an ereignet, da eine Person das Luftfahrzeug mit der Absicht zu fliegen betritt, bis zu dem Zeitpunkt, da alle diese Personen wieder ausgestiegen sind, wobei:
(a) eine Person infolge ihres Aufenthaltes in oder auf dem Luftfahrzeug, einer unmittelbaren Berührung mit ihm oder mit ihm verbundenen Teils getötet oder schwer verletzt wird oder
(b) das Luftfahrzeug Schäden oder strukturelle Ausfälle erleidet, die sich auf die strukturelle Festigkeit, die Leistungs- und Flugeigenschaften des Luftfahrzeugs nachteilig auswirken, und die normalerweise eine größere Reparatur oder einen Austausch des betroffenen Einzelteils erfordern würden.

**Luftfahrzeugzelle,**
*cf / vgl* **Flugwerk**

**Luftfeuchtigkeit,**
*cf / vgl* **Feuchtigkeit**

**Luftfilter**
Ein Satz von Filterelementen, die in den Lufteinlass eingebaut sind.

**Luftfracht,**
*cf / vgl* **Fracht**

**Luftfrachtführer; Luftverkehrsunternehmen; Verkehrsflugzeug**
(a) Eine Person oder Gesellschaft, die Fracht oder Passagiere gegen Bezahlung befördert.
(b) Ein Luftfahrzeug, das Fracht oder Passagiere befördert.

**Luftgelandet**
Auf dem Luftweg transportiert und nach Landung des Luftfahrzeugs ausgeladen.

**Lufthutze; Luftansaugstutzen**
Hutze, durch die Luft infolge des Fahrtwindes in Ballonets oder Stabilisierungskörper gedrückt wird.

**Luftkraft** *(Aerodyn)*; **Luftdruck** *(Met)*
Der Druck oder die Kraft, die von ruhender oder in Bewe-gung befindlicher Luft ausgeübt wird.

**Luftkraftwaage**
Wägeeinrichtung zum Messen von Luftkräften und Momenten.

**Luftkrankheit**
Durch das Fliegen verursachte Bewegungskrankheit.

**Luftlog**
Gerät zur Registrierung des von einem Luftfahrzeug relativ zu seiner Flugbahn zurückgelegten Wegs.

**Luftmasse**
Eine große atmosphärische Luftmasse, die über einen längeren Zeitraum hin annähernd konstanten Bedingungen unterworfen war, so dass in ihr keine scharfen horizontalen Temperatur- oder Feuchtigkeitsunterschiede bestehen.

**(Luft-)Meilenanzeiger**
Instrument, welches fortlaufend und selbsttätig den gegenüber der Luft zurückgelegten Weg anzeigt.

**(Luft-)Meilenzählwerk**
Instrument, das fortlaufend und automatisch die gegenüber der Luft zurückgelegten Meilen anzeigt und diese Werte auf andere automatische Instrumente überträgt.

**Luftnot,**
*cf / vgl* **Flugnot**

**Luft-Öl-Federbein**
Eine mit Öl, Druckluft oder anderem Gas gefüllte Art von Stoßdämpfer.

**Luftraum**
Der Raum in der Luft oberhalb der Erdoberfläche oder ein bestimmter Teil dieses Raums, der allgemein durch die nach oben projizierten Begrenzungen eines auf der Erdoberfläche befindlichen Gebiets definiert wird.

**Luftschiff**
Ein Luftfahrzeug, leichter als Luft, mit eigenem Kraftantrieb.

**Luftschiffer,**
*cf / vgl* **Freiballonfahrer**

**Luftschifffahrt; Luftfahrt mit Aerostaten**
Betrieb von Luftfahrzeugen leichter als Luft.

**Luftschraube; Propeller**
Baugruppe radial angeordneter und so ausgelegter aerodynamischer Flächen, dass sie mit oder ohne Kraftantrieb in der Luft rotieren. Der Blatteinstellwinkel verändert sich normalerweise entlang der Längsrichtung jeder dieser Flächen.

**Luftschraube mit Bremssteigung,**
*cf / vgl* **Umsteuerbare Luftschraube**

**Luftschraubendurchmesser**
Der Durchmesser des Kreises, den die Spitzen der Blätter einer Luftschraube beschreiben.

**Luftschrauben-Enteisungsring; Schleuderring**
Vorrichtung an der Luftschraubennabe, aus der Enteisungsflüssigkeit durch die Zentrifugalkraft auf die Luftschraubenblätter geschleudert wird.

**Luftschraubenkreisfläche; Rotorkreisfläche**
Flächeninhalt des von den Blattspitzen beschriebenen Kreises.

**Luftschraubennachlauf; Propellerstrahl**
Der hinter einer sich drehenden Luftschraube erzeugte Luftnachlauf.

**Luftschraubenstrahl; Propellerstrahl**
Der Luftstrahl, der von dem laufenden Propeller nach hinten induziert wird.

**Luftschraubenwirkungsgrad**
Das Verhältnis der Schubleistung zur Antriebsleistung einer Luftschraube.

**(Luft-)Sperrgebiet**
Ein Luftraum von festgelegten Ausmaßen über den Landgebieten oder Hoheitsgewässern eines Staates, in welchem Flüge von Luftfahrzeugen verboten sind.

**Luftrahl-Klappe; Strahlklappe**
Dünne Schicht von Luft oder anderem Gas, das unter hohem Druck in der Nähe der Tragflächenhinterkante in einem Winkel zur Hauptluftströmung zur Auftriebserhöhung austritt und damit die Funktion einer Klappe verrichtet.

**Luftstraße**
Ein in Form eines Korridors errichteter, mit Funknavigationshilfen ausgerüsteter Kontrollbezirk oder Teil eines Kontrollbezirks.

**Luftstraßenfeuer**
Leuchtfeuer, das an einer Luftstraße oder in deren Nähe aufgestellt ist.

**Luftstrom**
Eine Luftströmung wie in einem Windkanal oder hinter einem in Bewegung befindlichen Flugzeug, – ein Luftdurchfluss, oder Luftabfluss.

**Lufttransport; Luftbrücke**
Das Transportieren von Passagieren oder Fracht auf dem Luftweg.

**Lufttransportmasse; angebotene Nutzlast**
Die Gesamtmasse von Personal und/oder Lasten, die auf dem Luftweg befördert wird oder werden kann, oder die für die Beförderung auf dem Luftweg angeboten wird.

**Lufttüchtig**
In Übereinstimmung mit den Bestimmungen der zuständigen Behörde, die die Eignung eines Luftfahrzeuges für den Flugbetrieb bescheinigt.

**Luft- und Raumfahrt**
*cf / vgl* **Luft- und Weltraum**

**Luft- und Weltraum**
Die Lufthülle der Erde und den darüber liegenden Raum betreffend; zwei getrennte Bereiche, die als zusammengehörig hinsichtlich des Startens, der Lenkung und Kontrolle von Beförderungsmitteln angesehen werden, die sich in beiden Räumen bewegen.

**Luftverkehrsunternehmen; Fluglinie**
Jedes Luftverkehrsunternehmen, das eine internationale Fluglinie anbietet oder betreibt.

**Luftverkehrsunternehmen,**
*cf / vgl* **Luftfrachtführer**

**Lungenautomatische Sauerstoffanlage**
Sauerstoffanlage, bei der Sauerstoff oder ein Sauerstoff-Luftgemisch dem Benutzer lediglich beim Einatmen zufließt.

**Luvwinkel; Vorhaltewinkel**
Winkelmaß für die notwendige Kursverbesserung, um den Flugweg über Grund mit dem Steuerkurs eines Luftfahrzeugs, einer Rakete usw. in Übereinstimmung zu bringen, ausgedrückt im Gradunterschied zwischen Flugweg über Grund und Steuerkurs.

# M

**Machmeter; Machmesser**
Instrument zum Messen der Machzahl.

**Machzahl**
Verhältnis der wahren Eigengeschwindigkeit zur Schallgeschwindigkeit unter den gegebenen atmosphärischen Verhältnissen.

**Magnetfeldmesser; induktive Messsonde; Magnetfeldsonde**
Detektor, der ein elektrisches Signal abgibt, welches der Stärke des in Richtung seiner Achse wirkenden Magnetfeldes der Erde proportional ist.

**Magnetgestützer Kreiselkompass,**
*cf / vgl* **Erdinduktionskompass**

**Magnetische Lenkung; Magnetlenkung**
Eine Form der terrestrischen Lenkung.

**Magnetische Störung(en)**
Unerwünschte und unbeabsichtigte Einwirkungen auf Geräte durch von elektrischen Strömen bzw. magnetischen Materialien herrührende magnetische Felder, einschließlich Veränderungen der Magnetisierung vorhandener Materialien durch elektrische Ströme oder mechanischen Stoß.

**Magnetkompass**
Instrument, welches ein frei aufgehängtes Magnetsystem enthält, das nur auf die Horizontalkomponente des Erdmagnetfeldes anspricht und damit die Richtung des Magnetfeldes am Beobachtungsort anzeigt.

**Magnetlenkung,**
*cf / vgl* **Magnetische Lenkung**

**Manövermaß bei festem Steuerknüppel; Maß der Abfangstabilität bei festem Steuerknüppel**
Entfernung des mittleren Schwerpunktes vor dem Manöverpunkt bei festem Steuerknüppel in Bruchteil der Längsbezugsgröße ausgedrückt, üblicherweise die mittlere aerodynamische Sehne. Dies ist ein Maß für den Steuersäulenausschlag, der erforderlich ist, beim stationären Abfangen eine gegebene Normalbeschleunigung zu erzielen.

**Manövermaß bei losem Steuerknüppel; Maß der Abfangstabilität bei losem Knüppel**
Entfernung des mittleren Schwerpunktes vor dem Manöverpunkt bei losem Steuerknüppel, ausgedrückt in Bruchteil der Längsbezugsgröße. Dies ist ein Maß für die auf die Steuersäule auszuübende Kraft, um beim stationären Abfangen eine gegebene Normalbeschleunigung zu erzielen.

**Manöverpunkt bei festem Steuerknüppel**
Schwerpunktlage, bei der der zur Beibehaltung einer stationären Normalbeschleunigung erforderliche Steuerruderausschlag von der Beschleunigung unabhängig ist.

**Manöverpunkt bei losem Steuerknüppel**
Schwerpunktlage, bei der die zur Beibehaltung einer stationären Normalbeschleunigung erforderliche Kraft an der Steuersäule von der Beschleunigung unabhängig ist.

**Manöverventil,**
*cf / vgl* **Steuerungsventil**

**Mantelgebläseturbotriebwerk,**
*cf / vgl* **Bypass-Triebwerk**

**Mantel(strom)triebwerk; Zweikreistriebwerk**
Triebwerke, bei denen lediglich ein Teil der Einlaufluft die Turbine passiert.

**Mantelstromtriebwerk,**
*cf / vgl* **Bypass-Triebwerk**

**Marken; Sichtzeichen**
Auf Oberflächen dargestellte Zeichen, um aeronautische (führungstechnische) Hinweise zu geben.

**Marker; Markierungen**
Gegenstände, außer Lande- und Windrichtungsanzeigern und Flaggen, die benutzt werden, um am Tage Hindernisse anzuzeigen oder aeronautische (führungstechnische) Hinweise zu geben.

**Markierungsfunkfeuer**
Funkfeuer, das ein Vertikaldiagramm zur Übermittlung von Standortinformationen an Luftfahrzeuge ausstrahlt.

**Marschtriebwerk; Marschantrieb**
Bei Lenkflugkörpern:
Triebwerk, das nach Ausbrennen der Zusatztriebwerke, soweit vorhanden, den Schub erzeugt.

**Maß der Abfangstabilität bei festen Knüppel,**
*cf / vgl* **Manövermaß bei festem Steuerknüppel**

**Maß der Abfangstabilität bei losem Knüppel,**
*cf / vgl* **Manövermaß bei losem Steuerknüppel**

**Maß für die statische Stabilität mit festem Knüppel; Stabilitätsmaß mit festem Steuerknüppel**
Maß des Steuerknüppelausschlags, das erforderlich ist, eine gegebene Änderung der getrimmten Geschwindigkeit bei

konstantem Auftrieb oder, allgemeiner ausgedrückt, bei konstanten aerodynamischen Kraftresultierenden zu erzielen.

**Maß für die statische Stabilität mit losem Knüppel; Stabilitätsmaß mit losem Steuerknüppel**
Maß der Steuerknüppelkraft, die aufzuwenden ist, eine gegebene Änderung der getrimmten Geschwindigkeit bei konstantem Auftrieb oder, allgemeiner ausgedrückt, bei konstanten aerodynamischen Kraftresultierenden zu erzielen.

**Masse(rückleitung),**
*cf / vgl* **Erdleitung**

**Massenausgleich; Ausgleichsgewicht**
Masse normalerweise an einer Steuerfläche, gewöhnlich vor der Drehachsenlinie, die die Tätigkeitskopplung zwischen der Ruderbewegung und anderen Freiheitsgraden des Luftfahrzeugs verringern oder ausschalten soll.

**Mäßige Brise**
Windstärke (Beaufort-Zahl) 4: Hebt Staub und loses Papier; bewegt Zweige und dünne Äste (Windgeschwindigkeit: 11–16 Knoten).

**Maßstab**
Mit einer Einteilung versehene Linie, mit deren Hilfe Entfernungen auf der Karte gemessen und als tatsächliche Entfernungen abgelesen werden können.

**Maßstabseinfluss; Maßstabseffekt**
Einfluss einer Größenänderung eines Körpers auf die dimensionalen aerodynamische Beiwerte bei unveränderten sonstigen Bedingungen. Allgemeiner: Einfluss einer Änderung der Reynold'schen Zahl.

**Maximaler Durchmesser im gefüllten Zustand**
Durchmesser des Kreises, der die maximale horizontale Projektion der entfalteten Fallschirmkappe umschreibt.

**Maximaler Förderdruck**
Derjenige Förderdruck, bei welchem durch Betätigung der Steuervorrichtung die Förderleistung der Pumpe automatisch abzunehmen beginnt.

**Meacon-Funkfeuertäuschung; Meacon-Funkfeuermaskierung**
Elektronische Gegenmaßnahmen zur Veranlassung, dass gegnerische Funknavigationsmittel irreführende Informationen abgeben. Sie arbeiten im Allgemeinen damit, gegnerische Signale aufzufangen und als Dauerstörung wieder auszustrahlen.

**Mehrdecker**
Flugzeug oder Gleiter mit zwei oder mehreren meist übereinanderliegenden Paaren von Tragflächen, z. B. Doppeldecker oder Dreidecker.
**Anmerkung**: **“Monoplane, biplane, triplane”** oder **“multiplane”** werden in Verbindung mit einem bestimmten Einzelteil auch adjektivisch gebraucht, z. B. **“biplane rudder” = doppeltes Seitenruder, “triplane tail” = dreifaches Leitwerk** usw.

**Mehrfach,**
*cf / vgl* **Duplex(betrieb)**

**Mehrfachfallschirm; Fallschirmtraube**
Gruppe von zwei oder mehr Fallschirmkappen, die eine gemeinsame Last tragen und so angeordnet sind, dass sie sich gleichzeitig öffnen.

**Mehrfachpleuelstangen,**
*cf / vgl* **Nebeneinander gelagerte Pleuelstangen**

**Mehrfachsternmotor; Mehrreihen-Sternmotor**
Ein Sternmotor mit zwei oder mehreren Zylindersternen.

**Mehrfachtropp; Gurtpyramide; Hilfsschirmverbindungsleinen**
Bei Fallschirmen:
(a) Aufziehleinenstropp mit mehreren Endstücken.
(b) Eine oder mehrere Leinen, die den Hilfsschirm mit dem Scheitelpunkt oder dem Verpackungssack eines oder mehrerer Fallschirme verbinden.

**Mehrlagengewebe,**
*cf / vgl* **Mehrschichtiger Stoff**

**Mehrreihen-Sternmotor,**
*cf / vgl* **Mehrfachsternmotor**

**Mehrschichtiger Stoff; Mehrlagengewebe**
Stoff, der aus mehr als einer Schicht besteht.

**Mehrstufiger Lader**
Ein Lader, bei dem zwei oder mehrere Verdichtungsstufen hintereinander angeordnet sind.

**Mehrstufiger Verdichter**
Ein Axialverdichter mit zwei oder mehreren, meist mehr als zwei, Reihen von Rotorblättern und Leitschaufeln; ein Radialverdichter mit zwei oder mehreren Gebläse- oder Flügelrädern.

**Mehrteiliger Ölkühler,**
*cf / vgl* **Vielzelliger Ölkühler**

**Mehrwegehahn,**
*cf / vgl* **Wahlventil**

**Meldepunkt**
Ein festgelegter geographischer Ort, in Bezug auf den der Standort eines Luftfahrzeuges gemeldet werden kann.

**Meridionalteile; Entfernungen vom Äquator**
Normalerweise in Bogenminuten ausgedrückte Entfernungen vom Erdäquator entlang des Meridians bis zu einer bestimmten geographischen Breite.

**Messerflug(lage)**
Querlage, bei der die Querachse eines Luftfahrzeugs senkrecht oder annähernd senkrecht zur Horizontalebene verläuft.

**Messöffnung für den statischen Druck,**
*cf / vgl* **Statisches Luftloch**

**Mess-Strecke**
Ausgewählte Strecke von bekannter Länge zur Messung der Grundgeschwindigkeit eines Luftfahrzeuges. – In der Aerodynamik: Der Teil eines Wind- oder Wasserkanals, in dem Versuche durchgeführt werden.

**Meteorograph**
Ein Gerät, das gleichzeitig zwei oder mehrere meteorologische Größen aufzeichnet (z. B. Luftdruck, Temperatur, Luftfeuchtigkeit).

**Millibar**
der tausendste Teil eines Bar (1 Zoll oder 25,40 mm Quecksilbersäule = 33,864 Millibar).

**Minderungskurve**
Eine Richtungsänderung, deren Auswirkung so groß ist, dass im Betrieb der Verminderung des Steigwinkels (verglichen mit jenem im Geradeausflug) ausdrücklich Rechnung zu tragen ist.

**Mindestfluggeschwindigkeit**
Niedrigste Fluggeschwindigkeit, bei der ein Luftfahrzeug im horizontalen Geradeausflug in der Internationalen Normatmosphäre unter näher bezeichneten Bedingungen gehalten werden kann.

**Mindesfluggeschwindigkeit bei Triebwerkausfall**
Die niedrigst mögliche Geschwindigkeit eines mehrmotorigen Luftfahrzeugs, bei welcher der Luftfahrzeugführer bei gleichbleibender Triebwerkleistung und Luftfahrzeugzustandsform in der Lage ist, nach Ausfall von einem oder mehreren Triebwerken einen geraden Kurs zu halten.

**Mindestflughöhe**
Die niedrigste Flughöhe, wie sie nahe oder auf der Grenze praktischer Flugdurchführung für das betreffende Fluggerät oder den Flugzweck gesehen wird.

**Minimaldruckregelventil,**
*cf / vgl* **Leerlaufventil**

**Misspfeilung**
Wenn der Pfeilwinkel eines Luftschraubenblattes von dem der anderen Blätter bzw. des anderen Blatts der Luftschraube abweicht.

**Missweisend Nord**
Die Richtung, die vom nordweisenden Pol einer freibeweglich aufgehängten und nur vom Magnetfeld der Erde beeinflussten Magnetnadel angezeigt wird.

**Missweisender Kurs**
Kurs bezogen auf magnetisch Nord; Kompasskurs mit korrigierter Deviation.

**Missweisender Meridian**
Horizontalrichtung der magnetischen Achse eines frei aufgehängten Magnetsystems, wenn dieses lediglich der Einwirkung des Erdfeldes ausgesetzt ist.

**Mistelschleppkombination**
Begriff zur Kennzeichnung von zwei miteinander fest verbundenen oder ineinander gehakten Luftfahrzeugen; meist ein größeres Flugzeug, das ein kleineres trägt.

**Mit Spurfehler,**
*cf / vgl* **Spurfehler**

**Mitbewegte Luftmasse**
Diejenige Luftmasse, die sich relativ zur umgebenden Atmosphäre mit der Geschwindigkeit der Fallschirmkappe bewegt.

**Mitdrehen im Fahrtwind,**
*cf / vgl* **Antrieb des Propellers durch den Fahrtwind**

**Mitkoppeln,**
*cf / vgl* **Aufzeichnung von Kurs und Entfernung**

**Mitteldecker**
Eindecker, dessen Tragflächen ungefähr in der Mitte zwischen der Ober- und Unterseite des Rumpfes angebracht sind.

**Mittelhohe Wolken**
Wolken mit einer durchschnittlichen Höhe zwischen
2000–4000 m (6500–13000 Fuß) in Polarbereichen,
2000–7000 m (6500–23000 Fuß) in gemäßigten Bereichen,
2000–7600 m (6500–25000 Fuß) in Äquatorialbereichen.

**Mittelquadrat**
Ein Seegebiet von zehn nautischen Meilen im Quadrat, dessen Achsen nach rechtsweisend Nord-Süd und Ost-West ausgerichtet sind und dessen Mittelpunkt der festgelegte Standort ist.

**Mittelteil,**
*cf / vgl* **(Tragflächen-)Mittelstück**

**Mittlere Flügeltiefe**
Flügeltiefe, deren Länge gleich der Gesamtflügelfläche dividiert durch die Spannweite ist.

**Mittlere geometrische Flügeltiefe; mittlere geometrische Profiltiefe**
Die Bemessungsflügelfläche geteilt durch die Flügelspannweite.

**Mittlere Greenwich-Zeit**
Für den Meridian von Greenwich geltende mittlere Sonnenzeit.

**Mittlere Ortszeit (MOZ)**
Mittlere Zeit bezogen auf einen beliebigen Meridian. Bei der Astronavigation ist dies der Meridian des Beobachters.

**Modellarm; Modellstiel**
Ein stromaufwärts in den Windkanal ragender Träger, an dessen vorderem Ende ein Modell angebracht werden kann.

**Monopropergol,**
*cf / vgl* **Einfach-Treibstoff**

**Monotreibstoff,**
*cf / vgl* **Einfach-Treibstoff**

**Monsun**
Ein vorwiegend jahreszeitlich auftretender Wind, der mit großer Richtungskonstanz in Abhängigkeit von der Örtlichkeit und dem Jahreszeitpunkt weht.

**Morsefeuer**
Feuer, das Lichtsignale in Form von Morsezeichen ausstrahlt.

**Mosaik,**
*cf / vgl* **Zusammengesetztes Luftbild**

**Motor mit hängenden Zylindern**
Ein Kolbenmotor, dessen Zylinder unterhalb der Kurbelwelle angeordnet sind.

**Motor mit stehenden Zylindern**
Ein Kolbenmotor, dessen Zylinder senkrecht über der Kurbelwelle stehen.

**Motor mit Verdichtungszündung,**
*cf / vgl* **Dieselmotor**

**Motorgondel**
In Luftschiffen:
Gondel, oder Teil einer Gondel, die ganz von der Triebwerksanlage eingenommen wird.

**Motorhaube: Triebwerkverkleidung**
Die Verkleidung eines Teils oder des ganzen in ein Luftfahrzeug eingebauten Triebwerkes.

**Motorloses Flugzeug,**
*cf / vgl* **Segelflugzeug**

**Munddurchmesser,**
*cf / vgl* **Basisdurchmesser**

**Mündliche Wetterberatung**
Von einem Meteorologen gegebene mündliche Erläuterung, ergänzt durch Antworten auf Fragen über bestehende und zu erwartende Wetterverhältnisse.

**Mustermotor**
Der erste Motor eines noch nicht geprüften Musters bzw. einer Anordnung der/die einer Musterprüfung unterzogen werden soll.

**Musterpropeller**
Der erste Propeller eines noch nicht geprüften Musters bzw. einer noch nicht geprüften Anordnung, der/die einer Musterprüfung unterzogen werden soll.

# N

**N-Stiel; N-Strebe**
Ein Satz von drei Streben, normalerweise zwischen zwei Tragflächen, die in Form des Buchstaben „N" angeordnet sind.

**N-Strebe,**
*cf / vgl* **N-Stiel**

**Nabelschnuranschluss(stecker); Nabelschnurstecker**
Einheit, über die einem Raketenflugkörper elektrische, pneumatische, hydraulische und andere Versorgungsdienste vor seinem Abfeuern geliefert werden.

**Nabenwulst; Mittelstück des festen Propellers**
Das Mittelstück eines aus einem Stück gearbeiteten Propellers.

**NACA-Haube; Ringhaube; ringförmige Verkleidung**
Schmale, ringförmige Verkleidung eines Sternmotors zur Verringerung des Luftwiderstandes und Verbesserung der Kühlung.

**Nach außen zunehmende Verwindung,**
*cf / vgl* **Positive Verwindung**

**Nach außen abnehmende Verwindung,**
*cf / vgl* **Negative Verwindung**

**Nachflammen**
Verbrennung von restlichem Festtreibstoff in einem Raketentriebwerk nachdem der Hauptverbrennungsvorgang und der Schub aufgehört haben.

**Nachfüllen; Füllen**
Wiederauffüllen eines Luftfahrzeugs leichter als Luft mit Gas.

**Nachlauf**
Abstand zwischen Mittelpunkt der Berührungsfläche eines Reifens und Schnittpunkt der Schwenkachse mit dem Boden.

**Nachlaufrechen**
Eine Gruppe von Pitot-Röhren für gleichzeitige Messung des Gesamtdrucks an einer Anzahl von Punkten im Luftstrom.

**Nachrichten für Luftfahrer (NOTAM)**
Eine Nachricht über Errichtung, Zustand oder Änderung jeglicher Luftfahrtanlagen, Dienste, Verfahren oder aber Gefahren, deren rechtzeitige Kenntnis für das betroffene Luftfahrtpersonal wesentlich ist. Kurzbezeichnung: NOTAM.
- Verteilung Klasse I:
  Verteilung auf dem Fernmeldeweg.
- Verteilung Klasse II:
  Verteilung auf anderem als dem Fernmeldeweg.

**Nacht**
Die Stunden zwischen dem Ende der bürgerlichen Abenddämmerung und dem Beginn der bürgerlichen Morgendämmerung oder eine andere Zeitspanne zwischen Sonnenuntergang und Sonnenaufgang, die durch die zuständige Behörde festgelegt werden kann.
**Anmerkung**: Die bürgerliche Dämmerung endet am Abend und beginnt am Morgen, wenn sich die Mitte der Sonnenscheibe 6° unter dem Horizont befindet.

**Nachverbrennung**
Verbrennung hinter der letzten Turbinenstufe zur Erzeugung von zusätzlichem Schub.

**Nachzünden,**
*cf / vgl* **Glühzünden**

**Nahkontrollbezirk,**
*cf / vgl* **Nahverkehrsbereich**

**Nahverkehrsbereich; Nahkontrollbezirk**
Ein Kontrollbezirk, der in der Regel am Knotenpunkt von Flugverkehrsstrecken in der Nähe eines oder mehrerer größerer Flugplätze errichtet ist.

**Nase,**
*cf / vgl* **Vorderkante**

**Nasenfläche; Entenleitwerk**
Feststehende, bewegliche oder im Flug verstellbare Fläche, die sich vor der Haupttragfläche befindet und zur Steuerung um die Querachse und/oder die Längsstabilität beiträgt.

**Nasenkappe; Propellerhaube; Haubenkappe**
Eine Nabenwulst- oder eine Nabenverkleidung, die konzentrisch auf der Nabe befestigt ist und mit dieser rotiert. Die Nasenkappe reicht nach hinten nicht über die Vorderkante der Blattwurzeln hinweg.

**Nasenklappe; Vorderkantenklappe**
Klappe an der Tragflächenvorderkante, die nach unten ausgelenkt wird, um die Wölbung zu vergrößern und dadurch das Überziehverhalten zu verbessern.

**Nasenrippe; Hilfsrippe**
Eine Formrippe zwischen dem vorderen Holm und der Vorderkante eines Profils.

**Nassfilterelement**
Filterelement in einem Luftfilter, in dem die Filterung durch einen Flüssigkeitsfilm erfolgt.

**Nautische Meile; Seemeile**
Entfernungsmaßeinheit, die der Bogenminute eines Großkreises entspricht. Die internationale nautische Meile wird mit 1853,2115 m angenommen.

**Navigationsfestpunkt,**
*cf / vgl* **Peilstandort**

**Navigationslichter,**
*cf / vgl* **Positionslichter**

**Nebel**
Sichtverminderung in der bodennahen Schicht der Atmosphäre, hervorgerufen von in der Luft schwebenden Wassertröpfchen mit oder ohne Rauch. Man spricht von Nebel, wenn die Sicht auf weniger als 1000 m zurückgeht. Der Begriff **„Nebel"** findet in synoptischen Wettermeldungen keine Anwendung, wenn die Sichtverminderung auf trockenen Rauch zurückzuführen ist.

**Nebeneinandergelagerte Pleuel; Mehrfachpleuelstangen**
Eine Anordnung von flach ausgebildeten Pleuelstangen, deren Köpfe schmal ausgebildet und dicht nebeneinander auf einer gemeinsamen Kurbel gelagert sind und meist auf Rollenlagern laufen.

**Nebenfrequenz**
Die Sprechfunkfrequenz, die einem Luftfahrzeug als zweite Möglichkeit für Flugfunkverkehr in einem Sprechfunknetz zugeteilt ist.

**Nebennetz; Hilfsnetz**
Ein Leitungssystem zum Leiten elektrischer Energie von irgendeinem Punkt eines Hauptnetzes zu einem oder mehreren stromverbrauchenden Apparatteilen.

**Negative Beschleunigung; Verzögerung**
Die auf einen Körper als negative Beschleunigung einwirkende Kraft.

**Negative Pfeilstellung oder Pfeilung**
*cf / vgl* **Positive oder negative Pfeilstellung oder Pfeilung**

**Negative Steigung; Bremssteigung**
Bei einer Luftschraube:
Eine negative Steigungseinstellung.

**Negative Verwindung; nach außen abnehmende Verwindung**
Anstellwinkelverkleinerung zur Spitze einer Tragfläche oder eines anderen Tragflügels hin.

**Negative V-Stellung**
Nach unten geneigte Stellung eines Tragflügels oder einer anderen Fläche.

**Neigung der Auftriebskurve**
Die Neigung der Kurve des Flügel-Auftriebsbeiwertes über dem Anstellwinkel, ausgedrückt als Zunahme des Auftriebsbeiwertes je Einheit im Bogenmaß.

**Nennleistung; zulässige Motorleistung**
Angabe der spezifizierten Mindestleistung (in Kilowatt oder Schub) unter vorgegebenen Betriebsbedingungen und vorgegebener Dauer.
Speziell: Die in den entsprechenden Vorschriften für einen bestimmten Arbeitszustand zugelassene Motorleistung; z.B. höchste Startleistung, Kampfleistung, höchste Dauerleistung, Sparflugleistung.

**Nettoauftrieb,**
*cf / vgl* **Freier Auftrieb**

**Nettoflügelfläche**
Gesamtflügelfläche nach Abzug des vom Rumpf bedeckten Teils.

**Netto-Höhe; „sichere" Höhe**
Die Höhe eines Punktes auf der jeweiligen Netto-(Start-)Flugbahn.

**Nettoschub**
Der Gesamtschub eines Strahltriebwerks abzüglich des durch den Impuls der einströmenden Luft erzeugten Widerstandes.

**Netto-Steigwinkel; „sicherer" Steigwinkel**
Der Netto-Steigwinkel („sichere" Steigwinkel) ist bei den vorliegenden Anforderungen der erwartete Steigwinkel vermindert um den durch Steuerausschläge bedingten Wert (d.h. um jenen Winkel, der für die Durchführung von Flugbewegungsänderungen notwendig ist) und um einen Toleranzwert (d.h. um jenen Winkel, der zur Berücksichtigung von solchen Leistungsänderungen notwendig ist, die erwartungsgemäß im Betrieb nicht genau erfasst werden können).

**Netto-Tragflächenbelastung**
Gesamtmasse dividiert durch Nettoflügelfläche.

**Netzfreie Fernmeldeverbindungen**
Sprechfunkverbindungen, die von einer Stelle des beweglichen Flugfunkdienstes außerhalb des Sprechfunknetzes hergestellt werden.

**Netzfunkstelle**
Eine Bodenfunkstelle, die Teil eines Sprechfunknetzes ist.

**Netz(haupt)leitung**
Leiter, die elektrische Energie von einem Stromerzeuger zu einer Sammelschiene übertragen.

**Neutralpunkt**
Punkt an einem Tragflügel, um den die Änderungsgeschwindigkeit des Längsmoments mit dem Anstellwinkel gleich Null ist.

**Neutralpunkt mit festem Knüppel; Trimmdifferenzpunkt mit festem Knüppel**
Schwerpunktlage, bei der das Stabilitätsmaß bei festem Steuerknüppel gleich Null ist.

**Neutralpunkt mit losem Knüppel; Trimmdifferenzpunkt mit losem Knüppel**
Schwerpunktlage, bei der das Stabilitätsmaß bei losem Steuerknüppel gleich Null ist.

**Nicht auf Station**
Status eines Ozeanstationsschiffes, das sich außerhalb der Grenzen seiner zugeteilten Ozeanstation befindet.

**Nicht entzerrtes Luftbild**
Ein ohne Korrektur von Verzerrungen jeder Art zusammengesetztes Luftbild, das demzufolge Maßstabsfehler aufweist.

**Nichtperiodische Steigungssteuerung; kollektive Blattsteuerung**
Steuerung, bei der allen Blättern unabhängig von ihrem Azimutwinkel die gleiche Änderung des Blatteinstellwinkels erteilt wird.

**Nichtverstellbarer Propeller,**
*cf / vgl* **Festpropeller**

**Nickanzeiger,**
*cf / vgl* **Längsneigungsmesser**

**Nicken,**
*cf / vgl* **Kippen**

**Nickmoment,**
*cf / vgl* **Längsmoment**

**Niederschlag**
Ein allgemeiner Ausdruck für alle Formen, in denen Wasser aus der Atmosphäre ausgeschieden wird und die Erdoberfläche erreicht.

**Nieseln,**
*cf / vgl* **Sprühregen**

**Nimbostratus**
Graue, meist dunkle Wolkenschicht von diffusem Aussehen, das von mehr oder weniger andauerndem Regen- oder Schneefall hervorgerufen wird, der meist den Boden erreicht. Sie ist so dick, dass die Sonne nirgendwo hindurchscheint. Unter der Schicht befinden sich häufig tiefe, mit ihr verbundene oder nicht verbundene Wolkenfetzen.

**Nordsternberichtigung**
Derjenige Winkel, um den die beobachtete Höhe des Polarsterns korrigiert werden muss, um seine Abweichung vom Himmelspol zur Bestimmung der Breite zu berücksichtigen.

**Normatmosphäre; Normalatmosphäre**
Eine für bestimmte Zwecke definierte hypothetische Atmosphäre, deren physikalische Eigenschaften durch willkürliche Werte gegeben sind, die annähernd den Durchschnittswerten entsprechen.

**Normaler Looping,**
*cf / vgl* **Looping rückwärts**

**Normaler Rotorbetriebszustand,**
*cf / vgl* **Hubschrauberzustand**

**Normalflug**
Alle für einen Flug von Punkt zu Punkt erforderlichen Flugregime, d.h. Start, Steigflug, Geradeaus- und Horizontalflug, Sinkflug, Kurvenflug, Slippen und Landen.

**Normalgeschwindigkeit; Vertikalgeschwindigkeit**
Geschwindigkeitskomponente in der ungestörten Luft in Richtung der Hochachse.

**Normalkraft; Vertikalkraft**
Komponente der aerodynamischen Gesamtkraft in Richtung der z-Achse (oder Hochachse).

**Normalzeit; Standardzeit**
Willkürliche Ortszeit, die für ein bestimmtes Gebiet benutzt wird und die im allgemeinen von der mittleren Grennwich-Zeit um eine geeignete Anzahl von Stunden abweicht.

**Notabsprung; Ausstieg**
Vorgang des Verlassens eines im Flug befindlichen Luftfahrzeugs mittels Fallschirm. Allgemein und speziell für diesen Vorgang angewandt, wenn Ausstieg ohne Schleudersitz, Rettungskapsel oder ähnliche Vorrichtung erfolgt.

**Notpatrone,**
*cf / vgl* **Hilfspatrone**

**Notwasserung; Notlandung auf (dem) Wasser**
Die Notlandung eines Luftfahrzeuges auf Wasser.

**Notwasserungsausrüstung; Schwimmwerk**
Notwasserungshilfsmittel für Luftfahrzeuge.

**Nuklear-Turbotriebwerk,**
*cf / vgl* **Atomares Strahltriebwerk**

**Nullauftriebsrichtung**
Anströmrichtung in Bezug auf ein Flügelprofil, für die bei einem parallelen unverwundenen Tragflügel dieses Profils kein Auftrieb entsteht.

**Nullauftriebsverteilung,**
*cf / vgl* **Auftriebsverteilung bei Auftrieb Null**

**Nullförderdruck**
Derjenige stabile Druck unter Steuerbetätigung und konstanter Geschwindigkeit, bei dem eine Hydraulikpumpe ihre Förderung einstellt.

**Nullkegel**
Ein symmetrisch über einem Funkfeuer liegender kegelförmiger Raum, in dem der Empfang effektiv gleich Null ist.

**Nullzählen; Rückzählen**
Verfahren, bei dem eine programmierte Serie von Vorabschuss-Systemüberprüfungen durchgeführt wird, die zeitlich in umgekehrter Zahlenreihenfolge ablaufen und in dem Abschuss eines Flugkörpers oder Raumfahrzeugs gipfeln.

**Nurflügelflugzeug,**
*cf / vgl* **Fliegender Flügel**

**Nutzladefaktor,**
*cf / vgl* **Zulandungsfaktor**

**Nutzlast**
Der Teil der Zuladung, für den Bezahlung genommen wird, d.h. Fluggäste, Postgut und fracht.

**Nutzleistung,**
*cf / vgl* **Bremsleistung**

**Nutzleistungswirkungsgrad**
Das Verhältnis der an der Welle verfügbaren Schubleistung zur Antriebsleistung einer Luftschraube.

**Nutzschub**
Die resultierende Vorschubkraft einer Kombination von Luftschraube und Motorgondel oder Flugzeugrumpf, gemessen parallel zur Luftschraubenachse.

# O

**Oberflächenbelastung,**
*cf / vgl* **Flügelbelastung**

**Oberflächenkühler**
Ein Kühler, der einen Teil der Oberfläche eines Luftfahrzeugs zur Wärmeabfuhr benutzt.

**Oberflächenölkühler**
Ein Ölkühler, der einen Teil der Oberfläche eines Luftfahrzeuges als Kühlfläche benutzt.

**Oberflächenreibung; Wandreibung**
Reibung oder Widerstand einer viskosen Strömung an der Haut bzw. Bespannung eines Luftfahrzeugs oder anderen Körpers.

**Oberseitenwölbung,**
*cf / vgl* **Saugseitenwölbung**

**Offene Mess-Strecke**
Eine nicht von Wänden begrenzte Mess-Strecke eines Windkanals.

**Offene Motorhaube; Druckverkleidung**
Eine Motorhaube, in welcher der Luftdruck entweder durch den Staudruck oder durch eine Kühlluftschraube erhöht wird.

**Offene Sprache; Klartext**
Im Zusammenhang mit diesem Dokument bezeichnet der Begriff „offene Sprache“ eine Sprache, die für Luftfahrtpersonal direkt verständlich ist durch Anwendung:
(a) des Wortschatzes einer Landessprache in seiner in der Luftfahrt üblichen Bedeutung:
(b) von Abkürzungen, die von der ICAO für die Benutzung (c) im internationalen Flugfernmeldedienst zugelassen sind;
(d) von Zahlenwerten, die sich selbst erklären.

**Offener Wasserkanal**
(a) Offener Kanal für die Untersuchung der Strömung hinter einem ruhenden Körper in einem Strömungskanal mit einer freien Wasseroberfläche.
(b) Ein flacher, offener Kanal zur Untersuchung der Überschallströmung anhand der Analogie zwischen Wasserwellen und Schockwellen in der Luft.

**Offener Windkanal**
Windkanal, dessen Mess-Strecke offen ist.

**Offenes Betanken; drucklose Betankung**
Auffüllen der Kraftstoffbehälter eines Luftfahrzeugs durch eine Öffnung an der Oberseite ohne kraftstoff- oder luftdichten Anschluss.

**Offenes Vereisungsnetz**
Ein vor dem Lufteinlass so eingebautes Vereisungsnetz, dass es einen Schlitz freilässt der nicht zueisen kann.

**Öffnungssicherung**
Vorrichtung, die an oder in der Nähe der Öffnung eines Fallschirmpacks angebracht ist, um zu verhindern, dass die Fallschirmkappe aus dem Pack austritt, bevor die Fangleinen frei sind.

**Öffnungswinkel** (AMC-Positionslampen)
Die drei Öffnungswinkel, auf die Bezug genommen wird, sind:
(a) der Öffnungswinkel L, der durch zwei sich schneidende Vertikalebenen gebildet wird, von denen die eine parallel zur Flugzeuglängsachse liegt und die andere, in Flugrichtung gesehen, um 110° nach links zur ersten steht;
(b) der Öffnungswinkel R, der durch zwei sich schneidende Vertikalebenen gebildet wird, von denen die eine parallel zur Flugzeuglängsachse liegt und die andere, in Flugrichtung gesehen, um 110° nach rechts zur ersten steht;
(c) der Öffnungswinkel A, der durch zwei sich schneidende Vertikalebenen gebildet wird, die zu einer durch die Längsachsen gehenden Vertikalebene, entgegen der Flugrichtung gesehen, in Winkeln von 70° nach rechts und 70° nach links stehen.

**Öffnungszeit; Füllungszeit**
Zeit zwischen dem Beginn des Entfaltens und der vollen Füllung der Fallschirmkappe, d.h. die Summe der Zeiten für Entfalten und Füllung.

**Okklusion**
Die verbleibende Front, nachdem die Kaltfront eines Tiefs die Warmfront überholt hat und die Warmluftmasse vom Boden abgehoben hat.

**Oktanzahl; Kraftstoffleistungszahl; Kraftstoffgrad**
Die durch ihre Zündfähigkeit ausgedrückte Güte eines Kraftstoffs.

**Ölabstreifring**
Ein Federring, der überflüssiges Öl von der Zylinderwand abstreifen soll.

**(Öl-)Behälterentlüftungsrohr; Tankentlüftungsrohr**
Eine Rohrleitung vor dem Luftraum in einem Ölbehälter zur freien Atmosphäre oder in das Motorgehäuse.

**Öldruckpumpe; Druckpumpe**
Eine Pumpe, die das Schmieröl unter Druck zum Motor oder Motorenzubehör fördert.

**Ölfederbein**
Teleskopischer Bauteil, der die Landeenergie dadurch aufnehmen soll, dass Öl unter Druck durch eine Öffnung passiert.

**Ölkühler im Lufteintritt *oder* im Lufteinlauf**
Ein in den Lufteintritt einer Triebwerksanlage eingebauter Kühler.

**Ölregelventil**
Ein selbständiges Ventil zum Regeln der Funktion eines Ölkühlers, z.B. **Umgehungsventil, Viskositätsventil, thermostatisches Ventil, Anti-Stoßwellenventil**.

**Ölrückförderpumpe; Rückölpumpe**
Eine Pumpe, die das benutzte Schmieröl aus dem Sumpf eines Motors und den Hilfsgeräten absaugt und in den Ölbehälter zurückfördert.

**Ölsumpf**
Der Teil des Motorgehäuses, in dem das Schmieröl aufgefangen und zur Ölpumpe geleitet wird.

**Ölverdünnungsanlage; Kaltstartanlage**
Eine Anlage, in der das Schmieröl verdünnt werden kann, um das Anlassen eines kalten Motors zu unterstützen.

**(Optischer) Abtriftmesser**
Gerät zum Messen des Abtriftwinkels.

**Optisches Rufzeichen**
Rufzeichen, das in erster Linie für den optischen Signalverkehr vorgesehen ist.

**Orkan; Hurrikan; tropischer Wirbelsturm**
Windstärke (Beaufort-Zahl) 12: Windgeschwindigkeit: mehr als 64 Knoten.

**Orkanartiger Sturm**
Windstärke (Beaufort-Zahl) 11: Sehr selten; schwere Schäden (Windgeschwindigkeit: 56–63 Knoten).

**Ornithopter,**
*cf / vgl* **Schwingenflügler**

**Orographische Wolken; Staubewölkung; Föhnwolken**
Wolken, die sich bei einem zwangsweisen Aufgleiten der Luft über hohem Grund bilden. Lentikulare Wellenwolken, einschließlich der Wolkenbildung auf der weiteren Leeseite von hohem Grund, sind gewöhnliche orographische Wolken, während Stratus-, Kumulus- und Zirruswolken auch manchmal orographischen Ursprungs sind.

**Örtliche Schallgeschwindigkeit**
Die örtliche Geschwindigkeit des Schalls. Der Schall pflanzt sich durch verschiedenartige Medien mit unterschiedlichen Geschwindigkeiten fort und bei jedem gegebenen Medium mit unterschiedlicher Geschwindigkeit in Abhängigkeit von den unterschiedlichen Temperaturverhältnissen usw. In der Normatmosphäre in Normal Null beträgt die Schallgeschwindigkeit etwa 335 m/sec oder ca. 1206 km/h.

**Örtlicher Vertreter des (Luftfahrzeug-)Halters**
Ein Vertreter des (Luftfahrzeug-)Halters, der so günstig untergebracht ist, dass eine sofortige Übermittlung von betrieblichen Auskünften an die örtliche Wetterwarte und der Empfang von Wetterinformationen für betriebliche Zwecke möglich sind.

**Ortshöhe über Meer; Höhe über NN**
Der vom mittleren Meeresspiegel gemessene lotrechte Abstand eines Punktes oder einer Fläche, die sich auf der Erdoberfläche befindet oder mit ihr verbunden sind.

**Ortskennung**
Eine nach der von der ICAO aufgestellten Regeln zusammengesetzte 4-Buchstaben-Schlüsselgruppe, die dem Ort einer festen Flugfernmeldestelle zugeteilt ist.

**Ortsmissweisung**
Der Winkelunterschied zwischen rechtweisend Nord und missweisend Nord.
**Anmerkung**: der gegebene Wert zeigt an, ob der Winkelunterschied Ost oder West in Bezug auf rechtsweisend Nord ist.

**Ortsmissweisung,**
*cf / vgl* **Kompassmissweisung**

**Ortssternzeit,**
*cf / vgl* **Siderische Ortszeit**

**Ozeanstation**
Ein quadratischer Bereich mit einer Seitenlänge von 210 Seemeilen, dessen Mittelpunkt der festgelegte Standort ist und dessen Achsen nach rechtweisend Nord-Süd und Ost-West ausgerichtet sind.

**Ozeanstationsschiff**
Ein besonders ausgerüstetes Schiff, das dazu bestimmt ist, eine Ozeanstation zu besetzen. (Dieser Ausdruck sollte nur für eingesetzte Schiffe verwendet werden.)

# P

**Packen**
Das Zusammenfalten und Verstauen einer Fallschirmkappe und der Fangleinen in den Verpackungssack.

**Packhülle,**
*cf / vgl* **(Fallschirm-)Verpackungssack**

**Packschlauch**
Lange Stoffhülle für einen Fallschirm, die oft Verwendung findet für seinen ordnungsgemäßen Austritt aus dem Packsack oder dem Stauraum.

**Packschlaufen**
Schlaufen aus Bändern, Gurten oder Schnüren, unter denen die Fangleinen, Tragkabel oder -drähte in der Packhülle verstaut werden.

**Parallel(doubliertes) Gewebe,**
*cf / vgl* **Parallelstoff**

**Parallelstoff; parallel(doubliertes) Gewebe**
Mehrschichtiger Stoff, bei dem alle Lagen parallele Kettenfäden haben.

**PAR-Anflug; Präzisions-GCA-Anflug**
Standard-Instrumentenanflugverfahren mit elektronischem Gleitweg, z.B. mittels ILS und PAR.

**Parasheet-Fallschirm**
Fallschirm, der aus einem oder mehreren Stoffstücken mit parallelem Fadenlauf besteht und ein regelmäßiges Vieleck bildet, an dessen Ecken die Fangleinen befestigt sind.

**Parasheet-Fallschirm mit verstärkter Basis**
Ein Parasheet-Fallschirm, dessen Basis durch ein Basisband verstärkt ist.

**Parasheet(-Fallschirm) ohne verstärkte Basis**
Ein Parasheet-Fallschirm, dessen Basis nicht durch ein Basisband verstärkt ist.

**Parasol,**
*cf / vgl* **(Gestielter) Hochdecker**

**Passat(winde); Passate**
Regelmäßig anhaltende Winde, die von den Rossbreiten nach dem Kalmengürtel wehen. Auf der nördlichen Halbkugel kommen sie aus Nordosten, auf der südlichen Halbkugel aus Südosten.

**Passive Zielsuchlenkung**
Zielsuchlenksystem, bei dem der Empfänger in einem Flugkörper Ausstrahlungen des Ziels verwertet.

**Passives Zielsuchverfahren; Passivzielsuche**
Zielanflug eines Luft- oder Raumfahrzeugs, bei dem sich das Fahrzeug unter Nutzbarmachung der vom Ziel abgegebenen oder ausgestrahlten Energiewellen selbst auf dieses einsteuert.

**Peilempfänger,**
*cf / vgl* **Zielflugempfänger**

**Peilrahmen,**
*cf / vgl* **Rahmenenatenne**

**Peilstandort; Navigationsfestpunkt**
Unter Bezugnahme auf terrestrische Objekte, Funknavigationsmittel, Astronavigation oder andere Navigationsmittel ermittelter geographischer Standort.

**Peilung; Peilwinkel; Azimut**
Der Winkel zwischen einer lotrechten Bezugsebene durch den Beobachtungspunkt und der lotrechten Ebene durch diesen Punkt und den zu beobachtenden Punkt.

**Peilwinkel,**
*cf / vgl* **Peilung**

**Pendelventil; Wechselventil**
Ein Ventil, das selbständig eine von zwei Leitungen zu bzw. von einem hydraulisch betätigten Bauteil öffnet und Flüssigkeit ein- oder ausströmen lässt, wobei es gleichzeitig die andere Leitung abschließt, je nachdem, welche Leitung unter Druck steht; das Umschalten erfolgt automatisch.

**Penetrieren,**
*cf / vgl* **Sinken auf Anflughöhe**

**Perigäum; Erdnähe**
Der in einer Umlaufbahn der Erde nächstgelegene Punkt, wenn die Erde Anziehungsmittelpunkt ist.

**Periode**
Dauer einer vollen Schwingung.

**Periodische Steigerungssteuerung; zyklische Blattsteuerung**
Steuerung, bei der der Blattanstellwinkel harmonisch mit dem Azimutwinkel des Blattes geändert wird.

**Pfeilflügel**
Gepfeilte Tragfläche, insbesondere eine Tragfläche, bei der sowohl die Vorder- wie auch die Hinterkante eine positive Pfeilung aufweist.

**Pfeilung; Pfeilwinkel**
Der Winkel zwischen einer Tragfläche oder anderem Tragflächenprofil oder der Bezugslinie in einem Tragflügel und der Senkrechten zur Längsachse eines Luftfahrzeugs, d.h. Rückwärtspfeilung bzw. positive Pfeilung oder Vorwärtspfeilung bzw. negative Pfeilung.

**Phugoid-Schwingung**
Langperiodische Schwingung, die durch periodische Änderungen der Fluggeschwindigkeit charakterisiert ist.

**Pilot,**
*cf / vgl* **Luftfahrzeugführer**

**Pilotballon**
Ein frei aufsteigender Ballon für die Bestimmung von Höhenwinden und der Wolkenuntergrenze.

**Piste; Start- und Landebahn**
Eine festgelegte, rechteckige Fläche auf einem Landflugplatz, die in ihrer Länge für Lande- und Startlauf von Luftfahrzeugen hergerichtet ist.

**Pistenbegrenzungsfeuer; Pistenrandfeuer**
Eines aus einer Anzahl von Feuern, welche die seitlichen Begrenzungen einer Piste über ihre gesamte nutzbare Länge hin kenntlich machen.

**Pistenfeuer**
Feuer zur Kennzeichnung der Start- und Landefläche einer Piste.

**Pistengrundlänge**
Die von der zuständigen Behörde gewählte Länge, die als Grundlage für die Planung einer Piste und der damit zusammenhängenden äußeren Merkmale des Landflugplatzes dient.

**Pisten(oberflächen)feuer; Pistenunterflurleuchte**
Feuer aus einer Anlage so angeordneter Überrollfeuer, dass der Luftfahrzeugführer im Erkennen der Pistenoberfläche und im geraden Ansteuern der Piste unterstützt wird.

**Pistenrichtungsanzeiger**
Eine Gruppe von Luftfahrtbodenfeuern, die so angeordnet und aufgestellt sind, dass sie beim Anflug auf eine Piste frühzeitige Richtungs- und Querlageführung geben.

**Pistenrichtungsfeuer**
Leuchtfeuer zur Kennzeichnung eines Orts in Anflugrichtung zu einer bestimmten Flugplatzpiste.

**(Pisten-)Seitenbalken; Außenkettenfeuer**
Eine Linie von Feuern an der Pistenschwelle, die seitlich vom Pistenrand im rechten Winkel zur Pistengrundlinie verlaufen; Seitenbalken sind normalerweise symmetrisch, paarweise gegenüberliegend, auf beiden Seiten der Piste angeordnet.

**Pistensichtweite; Pistensichtbereich**
Die größte Entfernung in Start- und Landerichtung, in der die Piste oder die sie begrenzenden vorgeschriebenen Feuer oder Marker von einem Standort oder einem bestimmten Punkt auf ihrer Mittellinie gesehen werden können, und zwar aus eine Höhe, die der durchschnittlichen Augenhöhe der Piloten beim Aufsetzen entspricht.
**Anmerkung**: Der durchschnittlichen Augenhöhe der Piloten beim Aufsetzen entspricht eine Höhe von etwa 5 m (16 Fuß).

**Pitot-Druck; Gesamtdruck**
Der an einem in der örtlichen Strömungsrichtung liegenden Pitot-Rohr abgenommene Druck. Befindet sich der Abnahmepunkt im Unterschallbereich der Strömung, so entspricht er dem Gesamtdruck; befindet er sich im Überschallbereich der Strömung, entspricht er dem Gesamtdruck hinter einem normalen Verdichtungsstoß.

**Pitot-Rohr; Staurohr**
Ein Rohr, offen zur einströmenden Luft, zur Messung des Staudrucks an einem Punkt, wobei der Druck bei Unterschallgeschwindigkeiten dem Gesamtdruck entspricht.

**Plankappendurchmesser; Plandurchmesser**
Durchmesser des größten, einen Plankappenfallschirm umschreibenden Kreises, wenn der Schirm auf dem Boden ausgebreitet ist.

**Plankappenfallschirm**
Fallschirm, dessen Kappe aus dreieckigen Bahnen besteht, welche im ausgebreiteten Zustand ein regelmäßiges Vieleck bilden.

**Platte; Blatt; Bahn; Blech; Bogen**
Material, dessen Dicke gering ist im Vergleich zu seinen anderen Abmessungen.

**(Platz-)Anflugfunkfeuer**
Ungerichtetes Funkfeuer mit kleiner Leistung, das einem Instrumentenlandesystem (ILS) zugeordnet ist.

**Platzeinflugzeichen (PEZ)**
Markierungsfeuer, das bei Instrumentenlandeverfahren dazu dient, einen letzten vorbestimmten Punkt während eines Instrumentenanflugs zu kennzeichnen und dem Luftfahrzeugführer die Nähe der Landebahnschwelle anzuzeigen.

**Platzrandbefeuerung,**
*cf / vgl* **Umgrenzungsfeuer**

**Platzrunde**
Die festgelegten Flugwege, die von Luftfahrzeugen in der Nähe eines Flugplatzes innerhalb eines bestimmten Luftraums einzuhalten sind.

**Platzrundenfeuer**
Ein so angeordnetes und zu einer Befeuerungsanlage gehöriges Feuer, dass Luftfahrzeuge beim Fliegen einer Platzrunde vor der Landung unterstützt werden.

**Plenumkammer,**
*cf / vgl* **Ansaugluftsammler**

**Pleuelanordnung mit Gleitflächen**
Eine Pleuelstangenanordnung, bei die einzelnen Pleuel in einer Gleitfläche enden, die zwischen Flanschen läuft, welche entweder außen am Lager des Hauptpleuels oder in einer Ringnute gelagert sind.

**Pleuelstange mit Zubehör,**
*cf / vgl* **Kurbeltrieb**

**Pleuelstangensystem,**
*cf / vgl* **Pleuelstern**

**Pleuelstern; Pleuelstangensystem**
Eine Anordnung von Pleuelstangen, wobei die Hauptpleuelstange am Kurbelwellenende so ausgebildet ist, dass es die Nebenpleuel an Flanschen oder Angüssen mit Hilfe von Anlenkbolzen aufnimmt.

**(Plötzliche) Kopflastigkeit; Abnicken**
Vorgang oder Augenblick, in dem die Luftfahrzeugnase nach unten weggeht.

**(Plötzliche) Schwanzlastigkeit; Aufnicken; Aufbäumen**
Vorgang oder Augenblick, in dem die Luftfahrzeugnase nach oben weggeht; Tendenz eines Luftfahrzeugs mit seiner Nase nach oben wegzugehen.

**Pneumatische Anlage,**
*cf / vgl* **Druckluftanlage**

**Pneumatischer Kreis; Druckluft-Stellsystem**
Druckluftanlage eines Luftfahrzeuges, die einer bestimmten Funktion dient; z.B. der Landeklappenkreis, der Fahrwerkskreis.

**Pod; Gondel**
Gondel, die sich außen an einem Rumpf oder einer Tragfläche befindet.

**Polarkoordinatensystem,**
*cf / vgl* **Rho-Theta-Navigation**

**Polarsteuerung; Steuerung von Nick- und Rollachse**
Steueranlage, die lediglich um die Querachse und um die Längsachse wirksam ist.

**Polhöhe; Poldistanz; Polabstand**
Bodenlänge auf einem Himmelsmeridian oder entsprechender Winkel im Erdmittelpunkt zwischen einem Gestirn und dem oberen Himmelspol.

**Porosität,**
*cf / vgl* **Luftdurchlässigkeit**

**Porpoising; Tauchstampfen; Stampfen**
Wellenförmige Bewegung eines Wasserflugzeugs oder Amphibienluftfahrzeugs während seiner Vorwärtsbewegung auf dem Wasser infolge Instabilität.

**Positionslichter; Navigationslichter**
Durch Bestimmungen im Einzelnen festgelegte Lichter, die ein Luftfahrzeug im Flug während der Dunkelheit zu führen hat.

**Positionsmeldung; Standortmeldung**
Meldung eines auf einem Flug befindlichen Luftfahrzeugs an eine Bodenleitstelle über seinen Standort, häufig auch mit weiteren Angaben, wie z. B. Steuerkurs, Fluggeschwindigkeit usw.

**Positive oder negative Pfeilstellung** *oder* **Pfeilung**
Winkel am Grundriss zwischen einer gegebenen Bezugslinie längs eines Tragflügels und der Senkrechten zur Symmetrieebene. Für einen Tragflügel als Ganzes wird die Linie der 1/4-Punkte bevorzugt, jedoch kann jede andere im einzelnen festgelegte Linie, wie die Vorder- und Hinterkante, für einen besonderen Zweck gewählt werden.

**Positive Verwindung; nach außen zunehmende Verwindung**
Anstellwinkelvergrößerung zur Spitze einer Tragfläche oder eines anderen Tragflügels hin.

**Post**
Briefsendungen und andere Gegenstände, die von Postverwaltungen übergeben worden und zur Auslieferung an solche bestimmt sind.

**Potentialströmung**
Stationäre Bewegung einer Flüssigkeit um ein Hindernis in laminarer Strömung, wobei die Bahnen der Flüssigkeitsteilchen weder plötzliche Richtungsänderungen zeigen noch geschlossene Kurven beschreiben.

**PPI-Abflug**
Eine besondere Art von Abflug mit Hilfe von Rundsichtradar, wobei der Radarlotse einem Luftfahrzeug zu einem sicheren und schnellen Abflug aus der Nähe eines Flugplatzes verhilft.

**PPI-Anflug; Anflug mit horizontaler Radarführung**
Besondere Art von Anflug, wobei der Radarlotse entweder das Rundsicht-Anzeigegerät des Flugplatzes oder lediglich den Azimutteil des GCA-Radars verwendet, um das Luftfahrzeug beim Anflug auf die Piste zu unterstützen.

**PPI-Sichtgerät,**
*cf / vgl* **Rundsichtanzeigegerät**

**Prall-Luftschiff**
*cf / vgl* **Unstarres Luftschiff**

**Prallmelder; Druckmelder**
Vorrichtung an einer Gaszelle, die das Erreichen eines vorher festgelegten Drucks anzeigt.

**Präzisionsanflugpiste**
Eine Instrumentenpiste mit ILS- oder GCA-Anflughilfen, die für die Benutzung bei schlechten Sichtbedingungen oder bei niedriger Wolkenuntergrenze bestimmt ist.

**Präzisionsanflugradar**
Primärradargerät zur Bestimmung des Standorts eines Luftfahrzeuges während des Endanfluges nach seitlichen und senkrechten Abweichungen von einem Soll-Anflugweg und nach Entfernung in Bezug auf den Aufsetzpunkt.
**Anmerkung**: Präzisionsanflugradargeräte ermöglichen es, Luftfahrzeugführer während der letzten Phasen des Landeanfluges durch Funk zu führen.

**Präzisions-GCA-Anflug,**
*cf / vgl* **PAR-Anflug**

**Primärluftlöcher**
Öffnungen im vorderen Teil eines Flammrohrs, durch die der zum Einleiten des Verbrennungsvorgangs notwendige Teil der Luft einströmt.

**Primärradar**
Radar, bei dem das Objekt oder Ziel lediglich die einfallende Strahlung reflektiert.

**Profildicke**
Die größte Entfernung zwischen den oberen und unteren Konturlinien eines Tragflügelprofils, gemessen senkrecht zur Skelettlinie des Profils.

**Profildickenverhältnis,**
*cf / vgl* **Dickenverhältnis**

**Profildraht**
Draht mit länglichem Querschnitt zur Verminderung des Luftwiderstandes.

**Profilsehne; Sehne**
Gerade durch die Krümmungsmittelpunkte der Vorder- und Hinterkante eines Tragflügelprofils.

**Profilwiderstand; Formwiderstand**
Widerstand in Verbindung von Verlusten am Gesamtdruck und an der Gesamttemperatur in der Grenzschicht. Bei schockfreiem Luftfluss ist dies die Summe aus Reibungs- und Formwiderstand.

**Profilwiderstands-Leistungsverlust**
Der Teil der Antriebsleistung, der von dem Profilwiderstand der Luftschraubenblätter aufgenommen wird.

**Programmlenkung**
Lenkung, die auf programmierten Werten basiert.

**Programmsteuerung; Programmlenkung**
Eine Art von Flugkörpersteuerung, bei der Vorrichtungen in dem Flugkörper, die vor dem Start eingestellt werden, die Flugbahn des Flugkörpers bestimmen.

**Propeller; Luftschraube**
Eine mit Blättern versehene Luftschraube, die durch einen Motor angetrieben wird und so ausgelegt ist, dass sie vermittels ihrer Rotation in der Luft Schub erzeugt.

**Propellerhaube; Nasenkappe**
Eine stromlinienförmige Verkleidung der Propellernabe oder Nabenwulst, die koaxial montiert ist und sich mit dem Propeller dreht.

**Propellernabe**
(a) Bei einem aus einem Stück gearbeiteten Propeller: Das

lösbare Bauteil, mit dem der gesamte Propeller auf der Propellerwelle befestigt ist.

(b) Bei einem Propeller mit eingesetzten Blättern: Das Mittelstück, in das die einzelnen Blattwurzeln eingesetzt sind.

**Propellerstrahl,**
*cf / vgl* **Luftschraubennachlauf; Luftschraubenstrahl**

**Propellerturbinen-Luftstrahltriebwerk,** *Abk* **PTL-Triebwerk; Turboproptriebwerk**
Ein Gasturbinentriebwerk, bei dem ein Teil der Nutzleistung zum Antrieb eines Propellers benutzt wird.

**Propeller-Turbotriebwerk; PTL-Triebwerk**
Ein Turbotriebwerk mit Luftschraube, das sowohl Propellerschub wie auch Düsenschub abgibt.

**Proportionalsteuerung; Proportionalregelung**
Steuerungssystem, bei dem das Ausgangssignal mit dem Eingangssignal in linearer Beziehung steht, und die Maßnahme zur Fehlerbehebung proportional zum Fehler erfolgt.

**Prototyp; Versuchsmuster**
Alle mechanischen Geräte betreffend: Ein Fertigungsmodell, das für eine vollständige Bewertung seiner mechanischen und elektrotechnischen Gestaltung, seiner Ausführung und Leistung geeignet ist.

**Prüffaktor; Belastungsfaktor; Sicherheitsfaktor**
Der der Prüflast entsprechende Sicherheitsfaktor.

**Prüfgerüst; Prüfstand; Versuchsanlage**
Plattform, Einbauvorrichtung oder Rahmen, in bzw. auf denen ein Gerät, insbesondere ein Motor, für Prüfzwecke befestigt ist.

**Prüfstand; Versuchsanlage**
Ortsfeste Plattform oder Tisch mit montiertem Prüfgerät zur Überprüfung oder Erprobung von Motoren, Instrumenten usw.

**Psychrometer**
Ein Feuchtigkeitsmesser mit „trockenem" und „feuchtem" Thermometer.

**PTL-Triebwerk,**
*cf / vgl* **Propeller-Turbinentriebwerk**

**Pufferzone**
Sicherheitszone im Luftraum, die zwischen zwei aneinander grenzenden Flugschneisen oder Warteräumen eingerichtet ist.

**Pulsostrahltriebwerk**
Eine Kraftmaschine, in der ein pulsierender Gasstrahl durch Verbrennung von Kraftstoff in Luft dadurch erzeugt wird, dass die durch die Vorwärtsgeschwindigkeit erzeugte Kompression durch Druckwellen im Triebwerk erhöht wird, die durch periodisches Schließen des Lufteinlasses oder durch andere Mittel erzeugt werden.

**Punktfeuer**
Ein Lichtsignal ohne wahrnehmbare Längenausdehnung.

**Punktlandung; Ziellandung**
Luftfahrzeuglandung, bei welcher der Flugzeugführer anstrebt, die erste Bodenberührung bei der Landung an einem vorher bestimmten Punkt erfolgen zu lassen.

**Punktstartgerät**
Ein Startgerät, das einen in Stellung gebrachten Flugkörper an bestimmten Ansatzpunkten stützt, und von dem aus der Flugkörper zum gleichen Zeitpunkt freigegeben werden kann, zu dem der Aufbau der Schubkraft ausreicht, einen erfolgreichen Start sicherzustellen.

**Punktwirbel,**
*cf / vgl* **Zweidimensionaler Wirbel**

**Pylon,**
*cf / vgl* **Außenträger**

## Q

**q-Steuerdrucksimulator**
Steuerdrucksimulator, bei dem der (künstliche) Steuerdruck proportional der äquivalenten Fluggeschwindigkeit ist.

**Quadrantenflugregel**
Regel, nach der Luftfahrzeuge, die einen missweisenden Kurs über Grund innerhalb eines bestimmten (Kompass-)Quadranten fliegen, auf einer der für diesen Quadranten festgelegten Flugflächen zu fliegen haben.

**Quadratfallschirm,**
*cf / vgl* **Viereckfallschirm**

**Quasischwerelosigkeit,**
*cf / vgl* **Schwereminderung**

**Querachse**
Gerade durch den Schwerpunkt senkrecht zur Symmetrieebene. Positiv nach steuerbord.

**Queranflugteil**
Der etwa rechtwinklig zum Endanflugteil verlaufende Teil eines Anflugschemas, der vom Gegenanflugteil des Platzverkehrsschemas ausgeht.

**Querbalken; Crossbar-Anflugfeuer**
Eine Linie von Feuern, die Teil der Anflugbefeuerung sind und rechtwinklig zu den die Mittellinie der Befeuerungsanlage bildenden Feuern verlaufen und symmetrisch zu dieser Linie angeordnet sind.

**Querbeschleunigung; Seitenbeschleunigung**
Beschleunigung in seitlicher Richtung in Bezug auf die Bewegungsrichtung; Beschleunigung, die entlang der Querachse eines Luftfahrzeugs, einer Rakete usw. verläuft.

**Querbewegung; Seitenbewegung**
Eine aus Rollen, Gieren, Schieben oder jeglicher Kombination daraus bestehende Bewegung.

**Quergeschwindigkeit; Schiebegeschwindigkeit**
Geschwindigkeitskomponente in der ungestörten Luft in Richtung der Querachse.

**Querinstabilität,**
*cf / vgl* **Rollinstabilität**

**Querkraft; Seitenkraft**
Komponente der aerodynamischen Gesamtkraft in Richtung der Querkraftachse.

**Querkraftachse**
Gerade durch den Schwerpunkt senkrecht zur Auftriebs- und Widerstandsachse. Positive Richtung ist rechts.

**Querkraftmesser,**
*cf / vgl* **Schiebekraftmesser**

**Querlage**
Fluglage eines Luftfahrzeugs, einer Rakete usw. in Bezug auf seine bzw. ihre Querachse.

**Quermoment,**
*cf / vgl* **Rollmoment**

**Quernaht; Feldnaht; Kreuznaht**
Naht zwischen zwei aneinander grenzenden Feldern einer Fallschirmbahn.

**Querneigung einnehmen; quer neigen**
Die Querachse eines Luftfahrzeugs in eine Winkellage zur Horizontalebene bringen.

**Querneigungsanzeiger; Libelle**
Fluginstrument, das aus einer mit Dämpfungsflüssigkeit gefüllten, leicht gebogenen und durchsichtigen Röhre besteht, in der sich eine Kugel befindet. Die Lage oder Bewegungen der Kugel in der Röhre sollen insbesondere das Abrutschen oder Schieben beim Kurvenflug anzeigen.

**Querruder**
Steuerflächenpaare, die normalerweise entlang der Tragflächenhinterkante angelenkt und so ausgelegt sind, dass sie die Rollbewegung eines Luftfahrzeugs mittels Differentialauslenkung steuern.

**Querruderausschlag**
Winkel zwischen der Sehne der Steuerfläche und der Sehne der zugehörigen festen Fläche.

**Querruder-Giermoment**
Durch Querruderbetätigung bedingtes Gieren.

**Querrudervibration,**
*cf / vgl* **Transsonisches Querruderflattern**

**Querruder(wirkungs)umkehr**
Eine normalerweise durch den in einer gegebenen Richtung erfolgenden Querruderausschlag hervorgerufene Umkehr der Steuerwirkung.

**Querschwingung; Seitenschwingung**
Eine aus Rollen, Gieren, Schieben oder jeglicher Kombination daraus bestehende Schwingung.

**Querseile**
In Luftschiffen:
System von Seilen, das die Knoten eines Hauptringes miteinander verbindet.

**Querstabilität; Stabilität um die Längsachse; Seitenstabilität**
Stabilität der Bewegung gegenüber Rollen, Gieren, Schieben oder jeglicher Kombination daraus.

**Quersteuerung**
Steuerung der Bewegung eines Flugkörpers um die Achsen, die senkrecht zur Längsachse stehen.

**Querwand,**
*cf / vgl* **Schott**

**Querwind**
Horizontalkomponente des Windes senkrecht zur Längsachse eines Flugzeugträgers oder des Katapults.

# R

**Radar**
Funkerfassungs- und Entfernungsmessgerät, das Angaben über die Entfernung, Richtung und/oder Höhe von Gegenständen durch das Aussenden und Rückempfangen elektromagnetischer Energie liefert.

**Radaranflug**
Ein Anflug, der von einem Luftfahrzeug nach den Anweisungen eines Radarlotsen durchgeführt wird.

**Radarantwort**
Die Sichtanzeige eines von einem Objekt ausgestrahlten Radarsignals auf einem Radarschirmbild als Antwort auf eine Abfrage.

**(Radar-)Anzeigegerät für Flugplatz-Bodenverkehr**
Eine an einem Kontrollpunkt auf einem Flugplatz stationierte Radaranlage, die alle festen und beweglichen Objekte über einer bestimmten Größe auf den Pisten und den Rollflächen anzeigt.

**Radarbake; Radarfunkfeuer; Sekundärradar**
Ein Kennungs(funk)gerät (Transponder), das ein kodiertes Signal auf einer Radarfrequenz ausstrahlt und einem abfragenden Fahrzeug die Bestimmung von Azimut und Entfernung vom Transponder ermöglicht.

**Radardienst**
Begriff zur Bezeichnung eines Dienstes, der mit unmittelbarer Hilfe von Radar durchgeführt wird.

**Radarecho**
Die Sichtanzeige eines von einem Gegenstand reflektierten Radarzeichens auf einem Radarschirmbild.

**Radarechoanzeige**
Ein allgemeiner Begriff, der wechselweise ein Radarecho oder eine Radarantowrt von einem Luftfahrzeug bedeutet.

**Radarerfassung; Radarkontakt**
Die Lage, die besteht, wenn die Radarechoanzeige eines bestimmten Luftfahrzeuges auf dem Radarschirmbild gesehen und identifiziert wird.

**Radarerfassungsbereich**
Die Grenzen, innerhalb derer Objekte durch eine oder mehrere Radarstationen erfasst werden können.

**Radarführung (durch Kursanweisungen)**
Erteilung navigatorischer Führungshinweise an Luftfahrzeuge in Form von bestimmten Steuerkursen mit Hilfe von Radar.

**Radarfunkfeuer,**
*cf / vgl* **Radarbake**

**Radarhöhenmesser,**
*cf / vgl* **Funkhöhenmesser**

**Radarhorizont**
Der Erhebungswinkel, unter dem die Anstrahlung einer Radarstation auf den Erdhorizont treffen.

**Radaridentifizierung**
Der Vorgang, eine bestimmte Radarechoanzeige auf ein bestimmtes Luftfahrzeug zu beziehen.

**Radarkarte**
In ein Radarschirmbild eingeblendete Informationen, durch die ausgewählte Merkmale leicht dargestellt werden können.

**Radarkontrolle; Radarleitung**
Begriff, der besagt, dass bei der Durchführung des Flugverkehrskontrolldienstes durch Radar gewonnene Informationen unmittelbar verwendet werden.

**Radarkuppel,**
*cf / vgl* **Antennenkuppel**

**Radarleitdienst; Radarüberwachung**
Verfahren zum Beobachten von Luftfahrzeugen durch Radar und Weitergabe der dabei gewonnenen Informationen, um für die flüssige Verkehrsabwicklung, für die Staffelung von Luftfahrzeugen, bei Standortmeldungen und in Notlagen Unterstützung zu geben.

**Radarlotse; Radarkontrollleiter**
Ein qualifizierter Flugverkehrslotse, der eine Radarberechtigung für die ihm zugewiesenen Aufgaben besitzt.

**Radarlotse für Präzisions-Radargerät; Landeradarlotse**
Radarlotse, der beauftragt ist, während des Endanflugs Sprechfunkanweisungen für den Präzsisionsanflug an den Luftfahrzeugführer durchzugeben oder Überwachungsangaben an ihn zu übermitteln, wenn er nach einem anderen als dem Präzisionsanflug-Radarverfahren anfliegt.

**Radarlotse für Rundsicht-Radar(gerät); Rundsichtradarlotse**
Radarlotse für Radar, der mit der Bedienung und Auswertung von Radar-Such- bzw. Höhensuchradar-Geräten beauftragt ist.

**Radarlotse für Suchradar; Flugverkehrslotse**
Radarlotse, der damit beauftragt ist, Luftfahrzeuge zu identifizieren und den Luftverkehr so zu leiten, dass geeignete Abstände zwischen Luftfahrzeugen und ihren Kursen über Grund eingehalten werden, um eine jederzeit flüssige Verkehrsabwicklung zu ermöglichen.

**Radarschirmbild**
Eine elektronische Darstellung von gewonnenen Radarinformationen, die den Standort und die Bewegung von Luftfahrzeugen anzeigen.

**Radarstaffelung**
Die Staffelung, die angewendet wird, wenn Informationen über Luftfahrzeugstandorte aus Radarquellen gewonnen werden.

**Radarstelle**
Derjenige Teil einer Flugverkehrsdienststelle, der zur Ausübung eines oder mehrerer Dienste Radargeräte benutzt.

**Radarstörflecke**
Die Sichtanzeige unerwünschter Zeichen auf einem Radarschirmbild.

**Radarüberwachung; Radarleitdienst**
Die Verwendung von Radar zu dem Zweck, Luftfahrzeuge zu überwachen und ihnen Angaben und Hinweise in Bezug auf wesentliche Abweichungen vom Sollflugweg zu erteilen.

**Radflattern,**
*cf / vgl* **Flattern**

**Radflügelflugzeug,**
*cf / vgl* **Schaufelflügler**

**Radiallader,**
*cf / vgl* **Schleuderlader**

**Radialnaht; Längsnaht**
Naht zwischen zwei aneinander grenzenden Bahnen einer Fallschirmkappe.

**Radialkühler; Ringkühler**
Ein ringförmiger Kühler, der von der Kühlluft radial durchströmt wird.

**Radialrotor**
Rotor eines Hub- oder Flugschraubers.

**Radialseile; Radialverspannung**
In Luftschiffen:
System von Seilen, das die Knoten eines Ringes mit dem Mittelknoten verbindet.

**Radialturbine**
Eine Turbine, die von den Reaktionskräften eines auf die Laufradschaufeln strömenden Arbeitsgases getrieben wird, wobei dieses durch Düsen oder Leitschaufeln gelenkt wird. Die Durchströmung erfolgt im wesentlichen in radialer Richtung.

**Radialverdichter; Zentrifugalverdichter**
Ein Verdichter, der mit abwechselnd festen und umlaufenden achsial befestigten Schaufeln arbeitet; die allgemeine Strömungsrichtung ist radial.

**Radiokompass,**
*cf / vgl* **Funkkompass**

**Radiosonde**
Instrument oder Gerät, das meteorologische Erscheinungen, wie z.B. Temperatur, Luftdruck usw. wahrnehmen kann und die Messwerte über Funk an eine Empfangsstelle zur automatischen Aufzeichnung übermittelt.

**Radiosonde; Funksonde; Wettersonde**
Ein kleiner Funksender mit empfindlichen Sensoren, mittels derer Beobachtungen in der oberen Atmosphäre, normalerweise Luftdruck, Temperatur und Feuchtigkeit, ermöglicht werden.

**Radlandung**
Landung eines mit Schleifsporn oder Spornrad ausgestatteten Luftfahrzeugs, bei der das Heck des Luftfahrzeugs beim Ausrollen so lange wie möglich oberhalb des Erdbodens gehalten wird.

**Radom,**
*cf / vgl* **Antennenkuppel**

**Radstand; Achs(ab)stand**
Bei dem Fahrwerk eines Luftfahrzeugs:
Abstand in Längsrichtung zwischen den Mittelpunkten des Hauptlaufrads und des Bug- bzw. Spornrads.

**Radverkleidung**
Verkleidung des Laufrades eines Festfahrwerks.

**Radverkleidungen**
Ein Satz tropfenförmiger Verkleidungen um die Laufräder eines Festfahrwerks bei bestimmten Flugzeugmustern.

**Rahmen**
(a) Allgemein: Ebener Bauteil quer zur Achse größerer davor und dahinter angeordneter Bauteile, der die Form des Querschnitts der Konstruktion hält.
(b) Im Besonderen: Bauteil in der Querschnittsebene eines Rumpfes, eines Bootskörpers oder einer Gondel, der deren Kontur folgt.

**Rahmenantenne; Peilrahmen; Schleifenantenne**
Antenne, die aus einer oder mehreren Windungen eines Leiters besteht und die zur Peilung oder zum Funkempfang dient. Der Leiter kann dabei entweder selbsttragend sein oder in einem festen Rahmen geführt werden.

**Rakete**
Ein von einem Raketentriebwerk angetriebener Flugkörper.

**Raketenmotor**
Vorrichtung zur Erzeugung von Schub durch das Ausstoßen normalerweise gasförmiger Materie, wobei der Schub ausschließlich von in der Anlage mitgeführtem Treibstoff erzeugt wird.

**Raketenschuh; Gleitschuh; Flugkörperhaltekralle**
Der Teil einer Abschussrampe, die einen Flugkörper in seiner Abschussposition hält und elektrische oder andere Dienste vor dem Start liefern kann; oder der untere Teil eines Startgerätes, der den Gleitkontakt mit der Startschiene hält.

**Raketensonde; Sondenrakete**
Rakete, die Messgeräte zur Durchführung von Beobachtungen in der oberen Atmosphäre trägt.

**Raketentreibstoff**
Jegliches Agens, das dem Verbrauch oder der Verbrennung in einer Rakete dient und ihr die Schubkraft verleiht, wie z.B. Brennstoff, Sauerstoffträger, Additive; Katalysatoren oder jede daraus gewonnene Zusammensetzung oder Mischung.

**Randkennzeichen; Umgrenzungsmarker**
Sichtzeichen, welche die Grenze eines Landebereichs kennzeichnen.

**Randtief,**
*cf / vgl* **Sekundärdepression**

**Randwirbel**
Freier Wirbel, der an der Spitze eines Tragflügels oder einer anderen Auftriebsfläche dadurch entsteht, dass die Luft aus dem Bereich hohen Drucks zum Bereich niedrigen Drucks strömt.

**Räumliche Orientierung**
Die Wahrnehmung der eigenen Lage im Raum.

**Raureif; Raueis**
Eine leichte, weiße, undurchsichtige Eisablagerung, die sich in Wolken geringen Wassergehalts bildet, die aus kleinen, unterkühlten Wassertropfen bestehen.

**Raureif; Reif**
Ein weißer, kristalliner Eisüberzug, der sich an einem Luftfahrzeug bei klarer Luft ablagert, wenn die Temperatur der Luftfahrzeugoberfläche unter 0° Celsius liegt und kälter ist als der Reifpunkt der Luft, mit der sie Kontakt hat.

**Raureifpunkt; Reifpunkt**
Diejenige Temperatur, auf die feuchte Luft ohne Änderung ihres Drucks oder Feuchtigkeitsgehalts abgekühlt werden muss, damit sie bei vorhandenem Eis saturiert wird.

**Rebecca-Eureka-System** *oder* **-Verfahren**
Ein besonderes VHF-DME-System, das mittels eines bordseitigen Abfrage- und Antwortgerätes (Rebecca) und einer Funkbake am Boden (Eureka) Entfernungs- wie auch Zielfluginformationen gibt.

**Rechtsantrieb; Antrieb im Uhrzeigersinn**
Ein Antrieb, der, von der Antriebsseite her gesehen, im Uhrzeigersinn läuft.

**Rechtsdrehen (des Windes)**
Eine Änderung der Windrichtung im Uhrzeigersinn; dies gilt für beide Hemisphären.

**Rechtsdrehender Motor**
Ein Flugmotor, dessen Luftschraubenwelle im Uhrzeigersinn rotiert, wenn der Motor zwischen Luftschraube und Betrachter liegt.
**Anmerkung**: Das Vorzeichen des Drehsinns eines Flugmotors ist unabhängig von der Einbaurichtung des Motors im Flugzeug.

**Rechtsdrehender Propeller; rechtsgängiger Propeller**
Ein Propeller, der sich, von Heck des Luftfahrzeuges aus gesehen, im Uhrzeigersinn dreht.

**Rechtsdrehendes Hilfsgerät**
Ein Hilfsgerät, das von der Antriebsseite her gesehen im Uhrzeigersinn läuft und an einen im entgegengesetzten Uhrzeigersinn laufenden Antrieb angeschlossen ist.

**Rechtsweisend Nord,**
*cf / vgl* **Geographisch Nord**

**Rechtsweisende Peilung,**
*cf / vgl* **Azimut**

**Rechtsweisender Kurs**
Eine auf rechtsweisend Nord bezogene Kursmessung.

**Rechtweisender Steuerkurs**
Von rechtweisend Nord gemessener Steuerkurs.

**Red-out; Sehstörung; Rotsehen**
Zustand, in dem das Gesichtsfeld wie von einem roten Schleier überdeckt zu sein scheint, was vom Einwirken negativer Beschleunigung herrührt.

**Reduzierte Frequenz**
Verhältnis des Produkts aus der Frequenz einer Schwingung und einer Bezugslänge eines gegebenen schwingungsfähigen Systems zur wahren Fluggeschwindigkeit.

**Reduzierventil**
Automatisches Ventil, das eine von einem Hochdrucksystem abgenommene Flüssigkeitsförderung im Niederdruckbereich bewirkt.

**Refraktion,**
*cf / vgl* **Strahlenbrechung**

**Regen**
Flüssigkeitsniederschlag in Form von Tropfen, die von beträchtlicher Größe sind (übereinstimmend mit einem Durchmesser von mehr als etwa 0,5 mm).

**Regenmesser**
Ein Gerät zum Messen der Regenmenge.

**Regentraufe**
Bei Luftschiffen leichter als Luft:
Stoffstreifen, der an einer Seite der Hülle oder äußeren Haut angebracht ist, um die darunterliegenden Teile vor Regen zu schützen.

**Registrierballon; Wetterballon; Sondenballon**
Ein kleiner Freiballon, der selbsttätig registrierende meteorologische Messgeräte trägt, um die atmosphärischen Bedingungen in der Höhe zu ermitteln.

**Reguläre Funkstelle**
Eine aus einem Strecken-Bord/Boden-Sprechfunknetz ausgewählte Funkstelle für die Aufnahme der Fernmeldeverbindung mit oder das Abhören des Fernmeldeverkehrs von Luftfahrzeugen unter normalen Bedingungen.

**Regulärer Flughafen,**
*cf / vgl* **Streckenflugplatz**

**Reibungsturbulenz**
Luftturbulenz, die durch Windströmung über Bodenunebenheiten erzeugt wird.

**Reibungswiderstand**
Widerstand infolge der Tangentialkräftekomponenten an der Oberfläche eines Körpers.

**Reichweite**
Strecke, die ein Luftfahrzeug ohne Nachtanken unter gegebenen Bedingungen fliegen kann.

**Reif,**
*cf / vgl* **Raureif**

**Reifgraupel,**
*cf / vgl* **Graupel**

**Reifpunkt,**
*cf / vgl* **Raureifpunkt**

**Reihenkühler,**
*cf / vgl* **Hintereinander eingebauter Kühler**

**Reihenmotor**
Ein Kolbenmotor, dessen Zylinder in einer oder mehreren Reihen hintereinander angeordnet sind.

**Reihenölkühler,**
*cf / vgl* **Hintereinander eingebauter Ölkühler**

**Reinheit**
Bei Luftfahrzeugen leichter als Luft:
Anteil eines tragenden Gases in einem gegebenen Volumen.

**Reinheitsmessgerät**
Gerät zum Messen des Volumenanteils an tragendem Gas in der Gasfüllung eines Luftfahrzeugs leichter als Luft.

**Reiseflug-Gipfelhöhe**
Größte Höhe, in der die sichere Reisegeschwindigkeit ohne Überschreiten der höchsten Reisesparleistung gehalten werden kann.

**Reiseflughöhe; Reiseflugfläche**
Eine Höhe, die während eines wesentlichen Teiles eines Fluges beibehalten wird.
**Anmerkung**: (gekürzt): Im Flugfunkverkehr wird eine Reiseflughöhe als Höhe über Meer, Höhe oder Flugfläche angegeben, je nach Bezugswert und der in einem bestimmten Gebiet benutzten Höhenmessereinstellung.

**Reiseflugregelung**
Planmäßiges Verfahren, ein Luftfahrzeug so zu fliegen, dass ein optimaler Kraftstoffverbrauch im Verhältnis zu Zeit oder bzw. und Entfernung erzielt wird.

**Reißbahn**
Streifen auf der Ballonhülle, der sich leicht zwecks schneller Entleerung im Notfall aufreißen oder abreißen läßt.

**Reißkappe; Reißlasche**
Stoffkappe, die leicht auf die Öffnung einer Packhülle aufgenäht ist, und die durch Zug an der selbsttätigen Aufziehleine aufgerissen wird, woraufhin sich der Fallschirm entfalten kann.

**Reißleine**
Bei Luftfahrzeugen leichter als Luft:
Leine zum Aufreißen der Reißbahn.

**Rektaszension; gerade Aufsteigung**
Bogen auf dem Himmelsäquator oder entsprechender Winkel im Erdmittelpunkt oder entsprechender sphärischer Winkel am Pol zwischen dem Himmelsmeridian eines Himmelskörpers und des Widderpunktes in östlicher Richtung in Zeiteinheiten vom Widderpunkt gemessen.

**Relative Feuchtigkeit; relative Feuchte**
Das in Prozenten ausgedrückte Verhältnis des tatsächlich vorhandenen Wasserdampfdrucks zum Sättigungsdampfdruck über einer ebenen, in flüssigem Zustand befindlichen Wasseroberfläche bei gleicher Trockentemperatur.

**Relative Profildicke,**
*cf / vgl* **Dickenverhältnis**

**Relief; Geländeform**
Die Höhenunterschiede der Erdoberfläche, die auf Luftfahrtkarten durch Höhenlinien, Höhenschichtfarben, Schummerung oder Höhenpunkte über Meer dargestellt sind.

**Reservefaktor,**
*cf / vgl* **Sicherheitsfaktor**

**Reservefallschirm**
Zweiter Fallschirm, der gelegentlich von Fallschirmspringern mitgeführt und im Notfalle gebraucht wird, wenn der normalerweise benutze Schirm versagt.

**Resonanzversuch**
Versuch, bei dem eine Konstruktion durch künstliche Anfachung über einen Frequenzbereich zum Schwingen angeregt wird, um die Eigenfrequenzen und die Schwingungsformen des Systems zu bestimmen.

**Restvolumen,**
*cf / vgl* **Fehlmenge**

**Rettungseinheit**
Eine aus geschultem Personal zusammengestellte Einheit, die für sofortigen Such- und Rettungseinsatz ausgerüstet ist.

**Rettungsfallschirm**
Fallschirm, der vom Insassen eines Luftfahrzeugs zum Rettungsabsprung benutzt wird.

**Rettungsschlauchboot,**
*cf / vgl* **Abwerfbares Rettungsfloß**

**Reynold'sche Zahl; Reynolds-Zahl**
Undimensionaler Kennwert für das Verhältnis des Trägheitskraftimpulses zur Zähigkeitskraft des strömenden Mediums. Er ist gleich $Vl/v$, wobei V für die Strömungsgeschwindigkeit, l für eine Bezugslänge und v für die kinematische Zähigkeit (des Mediums) steht.

**Reziproke Schubbelastung,**
*cf / vgl* **Schub-Masse-Verhältnis**

**Rho-Theta-Navigation; Polarkoordinatensystem**
Kurzbezeichnung für ein Koordinatensystem, in dem die Position eines Punktes mittels seiner Entfernungen zu zwei bekannten Fixpunkten (mit einer gewissen Ungenauigkeit) bestimmt wird. Davon als Adjektiv abgeleitet die Bezeichnung eines Navigationsverfahrens.

**Richtungsinstabilität**
Instabilität, infolge derer ein Luftfahrzeug dazu neigt, unter Schieben und Gieren vom Geradeausflug abzuweichen, wenn es mit den Querrudern am Rollen verhindert wird.

**Richtungsstabilität**
Stabilität der Bewegung gegenüber Gieren, Schieben oder einer Kombination beider.
Vgl. auch **Windfahnenstabilität** oder **Schiebegierstabilität**.

**Richtungswechsel(-Flugmanöver); Kehre**
Flugmanöver oder Kunstflugfigur, bei der ein Flugzeug in die entgegengesetzte Flugrichtung gesteuert wird, wie z.B. bei einer **"Chandelle"**, einem **Immelmann-Turn** oder **Abschwung**.

**Riedelanlasser,**
*cf / vgl* **Anlass(verbrennungs)motor**

**Rigging,**
*cf / vgl* **Leinenwerk**

**Riggingpflaster,**
*cf / vgl* **Leinenwerkpflaster**

**Ringelpietz; Ausbrechen; Karusellfahren**
Nicht steuerbare heftige Richtungsänderung eines Luftfahrzeugs während des Rollens, Landens oder Startens.

**Ringförmige Leitschaufel,**
*cf / vgl* **Toroidale Eintrittsleitschaufel**

**Ringförmige Verkleidung,**
*cf / vgl* **NACA-Haube**

**Ringhaube,**
*cf / vgl* **NACA-Haube**

**Ringkühler; Radialringkühler**
Ein Kühler, der so geformt ist, dass er in eine Ringhaube passt, wobei die Kühlluft in axialer Richtung strömt.

**Ringrollbahn,**
*cf / vgl* **Rollfeldringstraße**

**Rinne,**
*cf / vgl* **Wasserpiste**

**Rinnenfeuer; Wasserpistenfeuer; Wasserlandebahnbefeuerung**
Feuer, die so entlang einer Landerinne angeordnet sind, dass sie die für Start und Landung zu benutzende Bahn kennzeichnen.

**Rippe**
Bauteil, der die erforderliche Kontur des Tragflügels oder Leitwerks hält und auch als tragender Bauteil dienen kann.

**Rippenkühler**
Ein Kühler, dessen wärmeabführende Oberfläche durch Rippen vergrößert ist.

**Röhrenförmiges Befestigungspflaster**
Bei Luftfahrzeugen leichter als Luft:
Röhrenförmiges Stoffgebilde, das an der Hülle befestigt ist und das dazu dient, einen starren Bauteil daran anzuschnüren.

**Rollachse; Längsachse**
Längsachse durch ein Luftfahrzeug oder ähnlichen Körper, um die sich dieser dreht. Es kann dies eine Körper-, Tragflächen- oder Stabilitätsachse oder jede andere in Längsrichtung verlaufende Achse sein.

**Rollbahnbelastungswert; Tragfähigkeitszahl; LCN-Zahl**
Zahl, durch die die Belastungsfähigkeit der befestigten Oberfläche eines Flugplatzes ausgedrückt wird.

**Rollbahnfeuer**
Feuer zur Kennzeichnung einer Rollbahn.

**Rolle**
Eine teilweise oder volle Drehung eines Luftfahrzeugs um seine Längsachse.

**Rollen**
Drehbewegung um die Längsachse.

**Rollen**
Bewegung eines Luftfahrzeugs auf dem Boden mit eigener Kraft, außer bei Start und Landung.

**Rollfeld**
Der Teil eines Flugplatzes, der für Start und Landung sowie für die damit verbundenen Bewegungen von Luftfahrzeugen zu benutzen ist, ausgenommen Vorfelder.
**Anmerkung**: Das Rollfeld umfasst Landebereich, Rollbahnen usw.

**Rollfeldringstraße; Ringrollbahn**
Rollbahn in Form eines geschlossenen Kreises.

**Rollhalt(eort); Rollhaltepunkt**
Ein bezeichneter Ort, an dem rollende Luftfahrzeuge und andere Fahrzeuge zum Anhalten aufgefordert werden können, um ausreichenden Abstand von einer Startbahn einzuhalten.

**Rollinstabilität; Querinstabilität**
Instabilität, infolge derer die Bewegung eines Luftfahrzeugs nach einer Rollstörung zu einer anwachsenden Schwingung wird und nicht in eine horizontale Lage strebt.

**Rollmoment; Quermoment**
Luftkraftmoment, das die Tendenz hat, ein Luftfahrzeug oder einen ähnlichen Körper um seine Längsachse zu drehen. Dieses Moment gilt als positiv, wenn es die Steuerbordseite des Körpers nach unten drückt.

**Roll- und Vorfeldfläche,**
*cf / vgl* **Bewegungsfläche**

**Rollwaage**
Wägeeinrichtung im Windkanal zum Messen von Luftkräften und Momenten an einem Modell, das um eine Längsachse rotiert.

**Rollweg; Rollbahn**
Ein festgelegter Weg auf einem Landflugplatz, der für die Benutzung durch rollende Luftfahrzeuge ausgewählt oder hergerichtet ist.

**Rollwinkel**
Winkel, um den ein Luftfahrzeug um seine horizontale oder geneigte Längsachse gedreht werden muss, um die Querachse in eine horizontale Lage zu bringen. Beim Flug mit horizontaler Längsachse ist der Rollwinkel gleich dem zwischen der Querachse und der Horizontalebene gebildeten Winkel.

**Roots-Lader; Kapsellader**
Ein Lader, in dem die Verdichtung durch die Relativbewegung zweier ineinandergreifender Rotoren in einem festen Gehäuse erfolgt.

**Rotierende Leitschaufeln,**
*cf / vgl* **Laufrad-Eintrittsschaufeln**

**Rotierender Umformer**
Eine rotierende Maschine zur Umwandlung von einer Gleichstromspannung in eine oder mehrere andere Gleichstromspannungen.

**Rossbreiten**
Schönwettergürtel in etwa 30 bis 40 Grad geographischer Breite mit veränderlichen, leichten Winden in Verbindung mit den subtropischen Hochdruckgebieten.

**Rotor; Drehflügel**
Eine Baugruppe von Tragflügeln, einschließlich Nabe, Gelenken usw., die um eine im Wesentlichen senkrechte Achse rotieren, um Auftrieb und Schub zu erzeugen, – oder nur Auftrieb bei Hub- und Tragschraubern oder Ähnlichem.

**Rotorauftrieb**
Komponenten des Rotorschubs, die senkrecht nach oben wirken.

**Rotorhalbmesser; Rotorradius**
Entfernung der Blattspitze vom Mittelpunkt der Rotornabe bei einem Schwenkwinkel von Null und einem Konuswinkel von Null bzw. seines Einbauwertes.

**Rotorkopf**
Gesamte Rotorbaugruppe ohne Rotorblätter.

**Rotorkreisfläche,**
*cf / vgl* **Luftschraubenkreisfläche**

**Rotormast; Rotorbock; Rotorantriebswelle**
Verlängerte Antriebswelle des Hauptrotors, wobei sich der Rotorkopf in einer beträchtlichen Entfernung vom Rumpf befindet.

**Rotornabe**
Das rotierende Mittelstück des Rotorkopfes, das die Blattarme und Gelenkanschlüsse trägt.

**Rotsehen,**
*cf / vgl* **Red-out**

**Rückdrehen (des Windes)**
Eine Änderung der Windrichtung im entgegengesetzten Uhrzeigersinn; dies gilt für beide Hemisphären.

**Rücken,**
*cf / vgl* **Hochdruckrücken**

**Rückentrudeln**
Trudeln, bei dem sich das Luftfahrzeug in Rückenfluglage befindet und der Anstellwinkel des Tragflügels größer ist als der kritische Anstellwinkel in seinem negativen Bereich.

**Rückförderleitungen; Rückölleitungen**
Rohrleitungen, durch die das Schmieröl vom Motor und von Hilfsgeräten zum Ölbehälter zurückgeleitet wird.

**Rückführmoment; Rückstellmoment**
Moment, das ein Luftfahrzeug nach einer Drehbewegung wieder in seine Ursprungslage zurückbringen will. Es ist abhängig von der Auslenkung.

**Rückführung,**
*cf / vgl* **Herausnehmen**

**Rücklaufbrenner**
Ein Brenner, in dem ein Teil des geförderten Kraftstoffes (zur Erzielung eines konstanten Eonspritzdrucks) wieder zurückfließen kann, anstatt in die Brennkammer einzuströmen.

**Rückölleitungen,**
*cf / vgl* **Rückförderleitungen**

**Rückölpumpe,**
*cf / vgl* **Ölrückförderpumpe**

**Rückschlag-Funkensperre**
Eine Funkensperre in der Leitung zur Zündspule, um das Zurückschlagen vom Magnet zu verhindern.

**Rückseitiger Kurssektor**
Der Kurssektor, der auf der anderen Seite des Landekurssenders liegt wie die Piste.

**Rückstoßtriebwerk; Strahltriebwerk**
Ein Triebwerk, das Schub durch seine Reaktion auf eine von ihm ausgestoßene Substanz entwickelt; speziell ein Triebwerk, das einen Gasstrom ausstößt, der durch die Verbrennung von Kraftstoff innerhalb des Triebwerks erzeugt wird.

**Rückwärtspfeilung**
Eine Blattpfeilung der Blatthinterkante.

**Rückzählen,**
*cf / vgl* **Nullzählen**

**Ruder,**
*cf / vgl* **Steuerfläche**

**Ruderkraft; Steuerkraft**
Eine auf eine Steuerfläche wirkende aerodynamische Kraft oder eine vom Luftfahrzeugführer oder mittels Kraftverstärkern im Steuerwerk des Luftfahrzeugs zur Auslenkung einer Steuerfläche auf diese ausgeübte Kraft.

**Rudermoment; Scharniermoment**
Moment um die Gelenkachse einer Steuer- oder anderen angelenkten Fläche infolge von Luftkräften.

**Ruderverriegelung; Steuerverriegelung**
Mechanische Vorrichtung, die durch positive Verriegelung die Steuerruder und das Steuerwerk eines geparkten Luftfahrzeugs gegen Beschädigungen durch starken Wind oder Böen sichern soll.

**Rufzeichen einer Ozeanstation**
Das zur Kennung einer Ozeanstation bestimmte Rufzeichen, das von dem Ozeanstationsschiff verwendet wird, das dieser Ozeanstation zugeteilt ist und sie besetzt.

**Ruhezeit**
Jeder Zeitraum, während dessen sich ein Flugbesatzungsmitglied am Boden aufhält und vom (Luftfahrzeug-)Halter von allen Pflichten befreit ist.

**Rumpf**
Hauptbauteil eines Luftfahrzeuges, außer von Flugbooten oder Flugboot-Amphibien.

**Rumpfholm,**
*cf / vgl* **Längsträger**

**Rundfunk: Rundsendung**
Eine Übermittlung von Informationen für die Luftfahrt, die nicht an eine oder an mehrere bestimmte Stellen gerichtet ist.

**Rundlauf**
Anordnung zur Durchführung von Versuchen an Modellen, die am Ende eines langen Armes aufgehängt sind, der in einer horizontalen Ebene rotiert.

**Rundsichtanzeigegerät; PPi-Sichtgerät; Sternschreiber**
Darstellung von Radarinformationen mittels Polarkoordinaten. Dies kann eine Abdeckung von 306° umfassen oder auf einen kleineren Sektor limitiert sein, z.B. 45° in Anflugrichtung, was dann als Sektorabtastung bezeichnet wird.
**Anmerkung**: Ein Rundsichtanzeigegerät, wie es in der Regel für Zwecke der Flugverkehrskontrolle verwendet wird, besteht

im Allgemeinen aus einer Kathodenstrahlröhre, auf welcher die Richtung eines Radarechos durch seine Winkellage auf dem Bildschirm in Bezug auf einen vorher festgelegten Punkt angezeigt wird. Die Entfernung des Radarechos wird angezeigt durch seinen auf einem Radius gemessenen relativen Abstand vom Mittelpunkt des Rundsichtanzeigegeräts. Um über die relative Lage des Radarechos genauere Einzelheiten zu erlangen, kann auf der Kathodenstrahlröhre ein geeignetes Kartenbild eingeblendet werden.

**Rundsichtradar; Überwachungsradar**
Radargerät zur Bestimmung des Standortes eines Luftfahrzeuges nach Entfernung und Richtung.

**Rundsicht-Radargeräteelement; Rundsichtradareinheit**
Das Rundsichtelement eines GCA-Systems.

**Rundsichtradarlotse,**
*cf / vgl* **Radarlotse für Rundsichtradar(gerät)**

**Rundstrahlfeuer; Drehfeuer; Rundstrahler**
Feuer, das über eine im wesentlichen gleichbleibende Lichtstärke im Umkreis von 360° unter jeweils beliebigem Erhebungswinkel innerhalb festlegbarer Einschränkungen verfügt.

**Rundstrahl-Funkfeuer; Drehfunkfeuer**
Nach allen Seiten hin ausstrahlendes Funkfeuer, das einen Bezugspunkt abgibt, auf den bezogen eine Peilung von einem Luftfahrzeug aus erhalten werden kann.

**Rüstlage,**
*cf / vgl* **Aufrüstposition**

**Rüstgewicht,**
*cf / vgl* **Leermasse**

**Rütteln,**
*cf / vgl* **Schütteln**

# S

**Sammelschienen**
Ein System von elektrischen Leitern, das an das elektrische Bordnetz angeschlossen ist, von dem der Strom den Stromkreisen bzw. Verbindungsleitungen zugeleitet wird.

**Sandhöse; Staubteufel; Staubtrombe; Kleintrombe**
Ein Wirbelwind, der über heißen sandigen Gebieten durch starke Konvektion entsteht, wobei Staub oder Sand in einer vertikalen Säule hochgesaugt wird.

**Sandsturm,**
*cf / vgl* **Staubsturm**

**Sandwich; Schichtwerkstoff, Verbundmaterial**
Im Wesentlichen bestehend aus zwei Platten, die durch einen Kern geringerer Materialdichte getrennt und zugleich fest verbunden werden. Die Platten können aus Plastik oder Metall bestehen.

**SAR-Bereich,**
*cf / vgl* **Such- und Rettungsbereich**

**SAR-Leitstelle; Leitstelle des Such- und Rettungsdienstes; Koordinierungszentrale für SAR-Einsätze**
Eine für die Förderung einer leistungsfähigen Organisation des Such- und Rettungsdienstes und die Koordinierung der Durchführung von Such- und Rettungsmaßnahmen innerhalb eines Such- und Rettungsbereichs verantwortliche Stelle.

**SAR-Unterleitstelle**
Die einer SAR-Leitstelle untergeordnete Zentrale zur wirksamen Lenkung des Einsatzes der vorhandenen Einrichtungen innerhalb eines festgelegten Bereiches.

**Sattel**
Ein sattelförmiges Gebiet im Isobarenfeld mit relativ hohem Druck an zwei entgegengesetzten Seiten und niedrigem Druck an den beiden anderen Seiten.
**Anmerkung**: Wenn zwei Hochdruckgebiete und zwei Tiefdruckgebiete gleichzeitig in abwechselnder Folge auftreten, bildet sich in der Mitte ein einziger Sattel.

**Sättigungsdampfdruck**
Der Partialdruck des Wasserdampfes im Gleichgewicht mit einer ebenen Wasser- oder Eisfläche. Er nimmt mit der Temperatur zu und ist bei einer gegebenen Temperatur unterhalb 0°C größer über unterkühltem Wasser als über Eis.

**Sauerstoffanlage**
Die gesamte Ausrüstung eines Luftfahrzeugs, mittels derer die Insassen mit Sauerstoff versorgt werden.

**Sauerstoffmangel,**
*cf / vgl* **Hypoxia**

**Sauerstoffmessgerät; Sauerstoffprüfgerät**
Gerät, das den Volumenanteil an Sauerstoff in der Gasfüllung eines Ballons oder Luftschiffs anzeigt.

**Sauerstoff-Sparregler**
Vorrichtung, die zwischen eine Dauerfluss-Sauerstoffanlage und den Nutzer eingebaut werden kann, damit Sauerstoff während der Ausatmungsphase des Atmungsvorgangs gespeichert werden kann, um dann während der Einatmungsphase zur Verfügung zu stehen, – hierdurch Reduzierung von Sauerstoffverlusten und wirksamere Ausnutzung eines gegebenen Sauerstoffdurchflusses.

**Sauerstoffträger**
Ein Sauerstoff bildendes Agens, das die Verbrennung von Brennstoff fördert und aufrecht erhält.

**Saugklappe,**
*cf / vgl* **(Grenzschicht-)Absaugklappe**

**Saugseite**
Die Seite eines Luftschraubenblattes, die von den oberen Begrenzungen der Blattelemente gebildet wird, die als Flügelschnitte anzusehen sind.

**Saugseite der Luftschraube; Blattrückseite**
Die nach vorn zeigende, gekrümmte Seite eines Luftschraubenblattes oder Rotors.

**Saugseitenwölbung; Oberseitenwölbung**
Wölbung der Tragflügeloberseite; im Englischen auch als **"top camber"** bezeichnet.

**SBA-Landefunkfeuersystem**
Anflugführungshilfe für Luftfahrzeuge aus den frühen 30er Jahren. Auch als 'Standard-Blindanflug-Verfahren' bezeichnet.

**Schale**
Ein gekrümmter, zweidimensionaler Bauteil (dünn in der dritten Dimension), der Biegebeanspruchung, querverlaufende Scher- und Membranbelastungen aufnehmen kann.

**Schalenbauweise**
Bauart wie z.B. eines Flugzeugrumpfes, bei der fast alle oder sämtliche Beanspruchungen von der Beplankung oder Außenhaut aufgenommen werden.

**Schalldämpfer; Strahlschalldämpfer**
In die Schubdüse eingebaute Vorrichtung zur Herabsetzung des vom Düsenstrahl verursachten Lärms.

**Schallgeschwindigkeit,**
*cf / vgl* **(Örtliche) Schallgeschwindigkeit**

**Schallhöhenmesser,**
*cf / vgl* **(Akustisches) Echolot**

**Schallmauer**
Populäre Bezeichnung für das starke Anwachsen des Widerstandes, dem ein Luftfahrzeug bei Annäherung an die Schallgeschwindigkeit ausgesetzt ist. Im Englischen auch als **"sound barrier"** bezeichnet.

**Schallnahe Geschwindigkeit,**
*cf / vgl* **Transsonische Geschwindigkeit**

**Schallnaher Geschwindigkeitsbereich**
Der Bereich ungestörter Strömungsgeschwindigkeiten in der Nähe der örtlichen Schallgeschwindigkeit, bei dem in der Nachbarschaft des Körpers gemischte Strömungsbereiche auftreten.

**Scharniermoment,**
*cf / vgl* **Rudermoment**

**Schauer**
Niederschlag, oft von kurzer Dauer, der lediglich aus Haufenwolken fällt.

**Schaufelflügler; Radflügelflugzeug**
Drehflügler, dessen Rotor in seiner Form einem Schaufelrad ähnelt, der kraftgetrieben ist und sich um eine horizontale Achse dreht.

**Schaufelgitter; Gitter**
In der Lehre der Aerodynamik eine Serie von aerodynamischen Flächen/Profilen, die so angeordnet sind, dass der Ausgangswert der einen direkt in den Eingangswert der anderen eingeht.

**Schaufelrotor**
Rotor eines Schaufelflüglers.

**Scheinbare Trägheit**
Anteil der wirksamen Trägheitskräfte bei der Schwingung eines Körpers infolge der Anwesenheit von umgebender Luft, der proportional der Luftdichte ist.

**Scheinwerfer; Flutlicht**
Licht zur intensiven Beleuchtung einer begrenzten Fläche, z.B. Vorfeld-Scheinwerfer, Flugplatz-Scheinwerfer oder Pisten-Scheinwerfer.

**Scheitel**
Begriff zur Bezeichnung des Mittelpunktes und höchsten Punktes einer entfalteten Fallschirmkappe. Dieser Punkt liegt normalerweise im Schnittpunkt der Scheitelleinen der Kappe.

**Scheitelabdeckung**
Stoffkappe über dem Scheitelloch des Fallschirms, die am Scheitelrand angenäht ist.

**Scheitelleine**
Fangleine, die zentral vom Fallschirmscheitel zum unteren Ende der Fangleinen führt.

**Scheitelloch; Scheitelöffnung**
Öffnung in der Fallschirmkappe, üblicherweise an derem höchsten Punkt.

**Scheitelöffnungskappe**
Ein in die Krone einer Fallschirmkappe eingenähtes Tuchstück zur Verstärkung der Krone oder zur Verringerung ihrer Porosität.

**Scheitelrand**
Der normalerweise durch ein Band verstärkte Rand des Scheitellochs eines Fallschirms.

**Scherseile**
In Luftschiffen:
Gekreuzte Diagonalseile zwischen benachbarten Rahmen zur Übertragung vertikaler Scherkräfte.

**Schichtwerkstoff,**
*cf / vgl* **Sandwich**

**Schiebeflug; Slippen**
Bewegung eines Luftfahrzeuges, wobei die umgebende, ungestörte Luftströmung eine Geschwindigkeitskomponente entlang der Querachse hat.

**Schiebefluganzeiger; Schiebewinkelanzeiger**
Instrument zur Anzeige von Änderungen im Schiebeflug.

**Schiebegeschwindigkeit,**
*cf / vgl* **Quergeschwindigkeit**

**Schiebegierstabilität**
*cf / vgl* **Windfahnenstabilität**

**Schiebekraftmesser; Querkraftmesser**
Instrument zur Messung von Änderungen der auf dieses von außen einwirkenden Schiebekraft, wobei die Schwerkraft ausgeschlossen ist.

**Schiebewinkel**
Der in der Horizontalen gemessene Winkel zwischen der Längsachse eines schiebenden Luftfahrzeugs und seinem Flugweg über Grund; ein Abtriftwinkel.

**Schiebewinkelanzeiger**
Instrument zur Messung des Schiebewinkels.

**Schlagbewegung; Schlagen**
Winkelschwingungen eines Blattes um die Schlaggelenkachse.

**Schlaggelenk**
Blattgelenk, das eine Verstellung des Schlagwinkels gestattet.

**Schlängeln,**
*cf / vgl* **Snaking**

**Schlauchboot**
Ein in einem Luftfahrzeug zum Gebrauch nach einer Notlandung auf dem Wasser mitgeführtes, aufblasbares Boot.

**Schlauchwolke,**
*cf / vgl* **Trichterwolke**

**Schleierwolke,**
*cf / vgl* **Zirrostratus**

**Schleifenantenne,**
*cf / vgl* **Rahmenantenne**

**Schleifsporn; Schwanzsporn; Hecksporn**
Eine bei bestimmten Luftfahrzeugen unterhalb des rückwärtigen Endes angebrachte Kufe zur Unterstützung des Rumpfhinterteils.

**Schleppflug**
Flug, bei dem ein Segelflugzeug von einem Flugzeug geschleppt wird.

**Schleppflugzeit in einem Segelflugzeug**
Die gesamte im Schlepp durch ein Flugzeug benötigte Zeit vom Augenblick, in dem sich das Segelflugzeug zum Zwecke des Startens in Bewegung setzt, bis zum Augenblick des Ausklinkens.

**Schleppsegler,**
*cf / vgl* **Geschlepptes Gleitflugzeug**

**Schleppseil**
(a) Seil, das vom Ballon über den Boden gezogen wird und das die Geschwindigkeit über Grund verringern und die Höhe selbsttätig regulieren soll durch Änderung des Gewichts des vom Ballon frei herabhängenden Seilstücks;
(b) Seil, das in einem Luftschiff zur Handhabung am Boden mitgeführt wird.

**Schleppseil-Winkelanzeiger**
Anzeigegerät, das den am Befestigungspunkt in der Vertikalebene gemessenen Winkel zwischen einem Schleppseil und der Längsachse des geschleppten oder des Schleppflugzeugs anzeigt.

**Schleuderlader; Zentrifugallader; Radiallader**
Ein Lader, bei dem die Verdichtung durch ein Schleudergebläse erfolgt.

**Schleuderring,**
*cf / vgl* **Luftschrauben-Enteisungsring**

**Schleudersitz**
Vorrichtung in Form eines Sitzes, der durch ein Kanonen-Sprengsatzsystem, eine Rakete oder Kombination aus beiden angetrieben wird, um den Besatzungsangehörigen in einem Notfall in sicherem Abstand aus seinem Luftfahrzeug herauszubefördern und die nachfolgende sichere Entfaltung seines Personenfallschirms zu ermöglichen. Gelegentlich befindet sich der Sitz in einer Kapsel zum Schutz vor Luftkräften; diese Form wird allgemein als **'Rettungskapsel'** bezeichnet.

**Schleudersitzkanone; Absprengkanone**
Eine durch Explosivkraft betätigte Kanone aus Teleskoprohren, die einen Schleudersitz, eine Kapsel oder einen anderen Körper mit seinem Insassen aus einem Luftfahrzeug herausschießt.

**Schlitzantenne**
Schlitz in der Metalloberfläche (eines Luftfahrzeugs), der als Sende- und Empfangselement wirkt. Wenn hinter diesem Schlitz eine Vertiefung von bestimmter Größe angebracht ist, wirkt diese als Reflektor, und die Antenne ist dann gerichtet.

**Schlitzflügel,**
*cf / vgl* **Spaltflügel**

**Schluckform,**
*cf / vgl* **Squid**

**Schnapper (eines Anlassmagneten),**
*cf / vgl* **Abschnappkupplung**

**Schnee**
Niederschlag in Form von flockigen Eiskristallen.

**Schneekufenfahrwerk**
Fahrwerk mit Kufen.

**Schneekufen-Federbein; Sockel**
(a) Pfostenkonstruktion, die eine Schneekufe mit dem Luftfahrzeug verbindet.
(b) Pfostenkonstruktion in einem Luftfahrzeug, an der ein Bediengerät oder eine Gruppe solcher Geräte angebracht ist.

**Schneeregen; körniger Eisregen**
Niederschlag von Regen und Schnee zusammen oder von halbgeschmolzenem Schnee. In der amerikanischen Fachsprache wird **"sleet"** oft gebraucht, um damit kleine Eiskügelchen zu bezeichnen.

**Schneesturm; Blizzard**
Ein starker Wind, der von starker Kälte und Schneetreiben begleitet ist.

**Schnellablassventil; Ablassventil**
Ventil, mittels dessen im Notfall Kraftstoff nach außenbords abgelassen werden kann.

**Schnelltrennschloss,**
*cf / vgl* **Zentralverschluss**

**Schott; Spant; Querwand**
Trennwand oder Rahmen, die eine Konstruktion unterteilen, sie unterstützen oder ihr Form geben.

**Schottverspannung**
In Luftschiffen:
System von Seilen in der Ebene eines Hauptringes, das benachbarte Gaszellen trennt und deren Druck aufnimmt.

**Schrägentfernung**
Geradlinige Strecke von einem festgelegten Punkt zu einem entfernten Objekt.

**Schrägschnittbauart**
Bei der Fallschirmherstellung:
Anordnung der Fallschirmbahnen so, dass die Fadenrichtung des Stoffes mit der Mittellinie der Fallschirmbahn üblicherweise einen Winkel von 45° bildet.

**Schränkung**
Winkel zwischen den Sehnen der oberen und unteren Tragfläche eines Doppeldeckers in einer Schnittebene parallel zur Symmetrieebene.

**Schrittgeschwindigkeit**
Der reziproke Wert des Einheitsintervalls in Sekunden gemessen. Dieser Wert wird in Baud ausgedrückt.
**Anmerkung**: Telegraphiesignale sind durch Zeitintervalle gekennzeichnet, deren Dauer gleich lang oder länger als das kürzeste oder das Einheitsintervall ist. Die Schrittgeschwindigkeit (früher Telegraphiegeschwindigkeit) wird daher als reziproker Wert des Einheitsintervalls ausgedrückt. Ist zum Beispiel das Einheitsintervall 20 Millisekunden lang, so beträgt die Schrittgeschwindigkeit 50 Baud.

**Schub; Schubkraft**
(a) Die dem Antriebssystem zuzuschreibende Kraft.
(b) Die parallel zur Luftschraubenachse verlaufende Komponente der resultierenden Luftkraft an einer Luftschraube.

**Schubdüse; Strahldüse**
Die Düse, die am hinteren Ende des Strahlrohres oder des Abgaskonus angebracht ist.

**Schubfluss; Kraftüberleitung (durch schubübertragende Elemente)**
Art von Spannungsverlauf, bei der die von Bauelementen aufzunehmende Endbelastung von der Schubsteifigkeit der verbindenden Scherplatten bestimmt wird.

**Schubgewicht; Schub-Masse-Verhältnis**
Das Verhältnis des Trockengewichts eines Triebwerks zu dem maximalen zulässigen Schub in Meereshöhe.

**Schubkabel**
Bei Luftfahrzeugen leichter als Luft:
Draht, der den Schub von einer Motorgondel nach hinten auf das Gerippe oder die Hülle leiten soll.

**Schub-Masse-Verhältnis; Schubgewicht; Schubvielfaches; reziproke Schubbelastung**
Eine Größe zur Bewertung der Leistung eines Triebwerkes, die durch Dividieren der Schubkraft durch die Masse (das Gewicht) des Triebwerkes abzüglich des Kraftstoffs errechnet wird.
Falls das (englische) Pfund als Bemessungseinheit für Schub und Masse dient, ist das Resultat Schub in Pfund pro Pfund des Triebwerkes.

**Schubmittelpunkt**
Punkt in der Ebene eines Querschnitts eines Trägers mit gleichförmigem Profil, in dem eine Schubkraft, gleichgültig in welcher Richtung sie wirkt, reine Biegung ohne Torsion verursacht.

**Schubumlenkung; Schubumkehrer**
Eine verstellbare Konstruktion der Schubdüse, durch die der Strahlschub umgelenkt werden kann.

**Schubvernichter,**
*cf / vgl* **Strahlbremse**

**Schubvielfaches,**
*cf / vgl* **Schub-Masse-Verhältnis**

**Schubwaage**
Eine Art von Schubmessgerät, bei dem zur Messung des Schubs eines Raketen- oder Strahltriebwerkes eine Waage verwendet wird.

**Schulgleiter**
Ein für die Anfangsschulung von Segelflugzeugführern hergestellter Gleiter von robuster Bauweise, für den ein offener Fachwerkrumpf typisch ist. Dieses Luftfahrzeug ist in erster Linie für den Gleitflug und nicht für den Segelflug ausgelegt.

**Schulter**
Eine an den Rand einer befestigten Oberfläche angrenzende Fläche, die so hergerichtet ist, dass sie für Luftfahrzeuge, die vom Belag abkommen, einen Übergang zwischen dem Belag und der angrenzenden Oberfläche bildet.

**Schulterdecker**
Eindecker, dessen Tragflächen an oder nahe der Oberseite des Rumpfes angebracht sind.

**Schulung am Doppelsteuer,**
*cf / vgl* **Doppelsteuerschulung**

**Schulungszeit am Doppelsteuer**
Flugzeit, während der eine Person an Bord eines Luftfahrzeuges von einem Luftfahrzeugführer Flugschulung erhält.

**Schüttelgrenze,**
*cf / vgl* **Flatterbereichsgrenze**

**Schütteln; Buffeting; Rütteln**
Unregelmäßig pendelnde Beschleunigung um alle Achsen, die durch auf das Luft- oder Raumfahrzeug einwirkende aerodynamische Kräfte entsteht, wie sie bei Turbulenz, Kompressibilität usw. auftreten.

**Schutzanzug**
Ein zum Schutz des Menschen vor schädlichen Umwelteinflüssen, wie z.B. gefrierendem Wasser, geschaffener Anzug.

**Schwache Brise**
Windstärke (Beaufort-Zahl) 3: Blätter und dünne Zweige bewegen sich, Wind streckt einen Wimpel (Windgeschwindigkeit: 7–10 Knoten).

**Schwanzlastigkeit; Hecklastigkeit**
Tendenz eines Luftfahrzeugs, im Flug nach hinten abzukippen.

**Schwanzloses Flugzeug**
Luftfahrzeug, dessen Steuerflächen für die Längssteuerung in die Haupttragfläche einbezogen sind.

**Schwanzloses Flugzeug,**
*cf / vgl* **Fliegender Flügel**

**Schwanzsporn,**
*cf / vgl* **Schleifsporn**

**Schweb(eflug-)Gipfelhöhe**
Maximale Höhe, in der ein Drehflügler sich unter den gegebenen Bedingungen im Schwebeflug halten kann.

**Schweigezone,**
*cf / vgl* **(Akustisches) Minimum**

**Schwell,**
*cf / vgl* **Dünung**

**Schwelle**
Der Anfang des für die Landung benutzbaren Teiles der Piste.

**Schwellenfeuer**
Feuer, durch welche die Längsbegrenzungen des für die Landung nutzbaren Teils der Piste oder des Start- und Landestreifens gekennzeichnet werden.

**Schwenkgelenk**
Blattgelenk, dass die Auslenkung eines Blattes in die Rotationsebene gestattet.

**Schwereminderung; Quasischwerelosigkeit**
Bedingungen, unter denen das auf eine Person oder einen Gegenstand einwirkende Beschleunigungsfeld kleiner ist als die Schwerkraft der Erde. Auftreten bei ballistischen Flugbahnen und Orbitalflügen.

**Schwerer Sturm**
Windstärke (Beaufort-Zahl) 10: Selten auf dem Lande; Bäume werden entwurzelt; beträchtliche Beschädigungen an Bauwerken (Windgeschwindigkeit: 48–55 Knoten).

**Schwerpunktbezugspunkt**
Ein willkürlich gewählter fester Punkt, von dem aus die Entfernungen zu den Schwerpunkten der verschiedenen mitgeführten Zuladungen ermittelt werden, um die Lage des (mittleren) Schwerpunkts des beladenen Luftfahrzeugs zu bestimmen.

**Schwimmender Kolbenbolzen**
Ein Kolbenbolzen, der sowohl im Kolben als auch im Pleuelstangenlager frei rotieren kann.

**Schwimmer**
Wasserdichter Körper, der einem Wasser- oder Amphibienflugzeug auf dem Wasser Auftrieb und Querstabilität gibt und ihm Start und Landung ermöglicht.

**Schwimmerflugzeug**
Wasserflugzeug, das im Wasser von Schwimmern getragen wird.

**Schwimmerstummel; Bootsstummel**
Ausladender Teil am Bootskörper, der Querstabilität auf dem Wasser ergeben soll.

**Schwimmervergaser**
Ein Vergaser, bei dem die Höhe des Kraftstoffspiegels durch einen Schwimmer und ein Nadelventil geregelt wird.

**Schwimmerwagen**
Ausrüstung zum Herausholen von Wasserflugzeugen aus dem Wasser entweder auf Land oder an Bord von Schiffen und umgekehrt.

**Schwimmwerk,**
*cf / vgl* **Notwasserungsausrüstung**

**Schwingenflügler; Ornithopter**
Ein Luftfahrzeug, schwerer als Luft, das seine tragende Kraft im Fluge hauptsächlich durch Luftkräfte auf Flügel erhält, die ein schlagende Bewegung ausführen.

**Schwingungstrudeln**
Trudeln mit anhaltenden Schwingungen, die besonders stark um die Längsachse und um die Querachse so in Erscheinung treten, dass sich z.B. die Drehgeschwindigkeit um die Längsachse bei jeder Trudelumdrehung von Null bis zu einem erheblichen Wert und wieder zurück verändert.

**Schwungkraftanlasser**
Eine Anlasseranlage, bei der die zum Durchdrehen des Motors notwendige Energie in einem kleinen Schwungrad gespeichert wird, das entweder von Hand oder maschinell auf hohe Tourenzahl gebracht wurde, und dann über eine Rutschkupplung auf den Motor übertragen wird.

**Screen; Hindernis**
Angenommenes Hindernis von näher bezeichneter Höhe, das der Bestimmung der Start- und Landeleistung eines Luftfahrzeugs zugrundegelegt wird.

**Sechs-Komponentenwaage**
Wägeeinrichtung im Windkanal zum Messen der Kräfte und Momente um drei Achsen.

**Seeflugzeug,**
*cf / vgl* **Wasserflugzeug**

**Seegang**
Grad des durch örtliche Ursachen hervorgerufenen Seegangs. Er wird mittels eines Seegangs-Code gemeldet, aufsteigend von 0 bis 9 gemessen, je nach durchschnittlicher Höhe der Wellen.

**Seemeile,**
*cf / vgl* **Nautische Meile**

**Seenebel**
Nebel, der sich über See bildet, für gewöhnlich durch Kondensation in den unteren Schichten einer Warmluftmasse, die über eine verhältnismäßig kalte Wasseroberfläche hinwegströmt.

**Seewind; Seebrise**
Ein auflandiger Wind, der am Tage dadurch hervorgerufen wird, daß sich die Luft über Land schneller erwärmt als über Wasser.

**Segelflugzeug; motorloses Flugzeug**
Ein Luftfahrzeug, schwerer als Luft, ohne eigenen Kraftantrieb, das seinen Auftrieb im Flug hauptsächlich durch dynamische Luftkräfte an Flächen erhält, die unter gegebenen Flugbedingungen feststehend bleiben.

**Segeln**
Fliegen ohne Motorkraft, insbesondere mit einem Segelflugzeug, mit dem unter Nutzung aufsteigender Luftströmungen die Höhe gehalten bzw. Höhe gewonnen wird.

**Segelstellung; Fahnenstellung**
Die im Propellerhandbuch festgelegte Steigungseinstellung, die im Fluge bei stillgelegtem Motor annähernd den geringsten Widerstand und ein (Propeller-)Schleppdrehmoment von angenähert Null ergibt.

**Sehne,**
*cf / vgl* **Profilsehne**

**Sehnenlänge,**
*cf / vgl* **Flügeltiefe**

**Sehstörung,**
*cf / vgl* **Red-out**

**Seitenbeschleunigung,**
*cf / vgl* **Querbeschleunigung**

**Seitenbewegung,**
*cf / vgl* **Querbewegung**

**Seitenflosse**
Feststehende, vertikale Fläche zur Erzielung von Richtungsstabilität.

**Seitenflossenholm**
Hauptbauglied einer Seitenflosse; das normalerweise das Seitenruder trägt.

**Seitengondel**
Gondel, die außerhalb der Mittelachse eines Luftschiffs aufgehängt ist.

**Seiteninstabilität,**
*cf / vgl* **Snaking**

**Seitenkraft; Querkraft**
Komponente der aerodynamischen Gesamtkraft in Richtung der y-Achse (oder Querachse).

**Seitenruder**
Steuerfläche, die bei einem Luftfahrzeug ein Giermoment erzeugt.

**Seitenruder; Seitenflosse**
Bewegliche Fläche zur Steuerung der Gierbewegung eines Luftfahrzeugs leichter als Luft.
Teil der Stabilisierungswulst eines Drachenballons, der ausschließlich zur Gierstabilität beiträgt.

**Seitenruderausschlag**
Winkel zwischen der Sehne der Steuerfläche und der Sehne der zugehörigen festen Fläche.

**Seitenruder(fuß)hebel; Seitensteuerhebel**
Fußhebel, mit dem das Seitenruder betätigt wird.

**Seitenruderholm**
Hauptbauglied eines Seitenruders, das normalerweise die Seitenrudergelenke trägt.

**Seitenruderpedalen; Seitensteuerpedalen**
Pedalen, mit denen das Seitenruder betätigt wird.

**Seitenschwingung,**
*cf / vgl* **Querschwingung**

**Seitenstabilität,**
*cf / vgl* **Querstabilität**

**Seitenstaffelung**
Seitliche Staffelung von Luftfahrzeugen, die sich auf gleicher oder etwa gleicher Flugfläche befinden, unter Angabe der Distanz oder der Winkelabweichung zwischen den Kursen über Grund.

**Sektormindesthöhe**
Die geringste Höhe über Meer, die in Notlagen benutzt werden kann und die einen Mindestabstand von 300 m (1000 Fuß) über allen Hindernissen im Bereich eines Kreissektors mit einem Radius von 25 nautischen Meilen um eine Punktnavigationseinrichtung gewährleistet.

**Sekundärdepression; Randtief; Teiltief**
Tiefdruckgebiet, das sich innerhalb der Zirkulation eines anderen Tiefs bildet, das anfangs einen höheren mittleren Luftdruck hat als das ursprüngliche bzw. primäre Tiefdruckgebiet.

**Sekundärluftlöcher**
Öffnungen, die hinter den Primärluftlöchern in einem Flammrohr angebracht sind und durch die der Teil der Ansaugluft einströmt, der zur Vervollständigung des Verbrennungsvorgangs und zur Stabilisierung der Flamme benötigt wird.

**Sekundärradar,**
*cf / vgl* **Radarbake**

**Selbsthemmendes Steuerwerk; irreversibles Steuersystem**
Steuerwerk, bei dem die Steuerfläche vom Luftfahrzeugführer frei bewegt werden kann, während aerodynamische Kräfte allein die Steuerung nicht beeinflussen können.

**Selbsttätige Aufziehleine**
(a) Leine oder Kabel, durch dessen Spannung die Entfaltungsfolge aufgrund der relativen Bewegung zweier Körper ausgelöst wird, wobei der eine Fallschirmausrüstung trägt. Der andere Körper ist im allgemeinen ein Führungskabel oder ein verstärkter Befestigungspunkt in einem Luftfahrzeug.
(b) Eine Leine bestimmter Länge, die an einem Festpunkt im Luftfahrzeug festgemacht ist und mit dem anderen Ende mit dem Sitz (des Piloten) in der Weise verbunden ist, dass der Sitz, wenn er sich beim Ausschuss eine bestimmte Strecke bewegt hat, diese Vorrichtung auslöst.

**Selbsttätige (Flug-)Regelung**
Betriebszustand, bei dem Steuerruder und/oder Triebwerkbediengerät in Übereinstimmung mit von Instrumenten aufgefassten Signalen automatisch betätigt werden, ohne dass ein Luftfahrzeugführer über Steuervorrichtungen einwirkt.

**Selbsttätige Gemischregelung**
Eine Vorrichtung, die die Kraftstoffmenge entsprechend den Änderungen der Luftdichte zumisst.

**Selbsttätiges Druck(ver)minderungsventil**
Ein in die Druckleitung eingebautes Ventil, das eine Umleitung der Arbeitsflüssigkeit vornimmt, sobald der Leistungsdruck einen bestimmten Wert erreicht hat.

**Selbsttätiges Ventil; Sicherheitsventil**
Ventil, das so gebaut ist, dass es sich selbsttätig beim Erreichen eines gegebenen Druckes öffnet oder schließt.

**SELCAL-System**
Ein System, das erlaubt, einzelne Luftfahrzeuge über Sprechfunkkanäle, welche die Bodenstation mit den Luftfahrzeugen verbinden, selektiv anzurufen.

**Senkrecht/Kurzstartflugzeug; V/STOL-Flugzeug**
Ein Senkrechtstarter, der auch mit einem kurzen Bodenlauf starten und landen kann, insbesondere beim Betrieb mit erhöhtem Gewicht.

**Senkrechtstart,**
*cf / vgl* **VTOL**

**Serienmotor**
Ein Motor, der mit einem bereits mustergeprüften in der Konstruktion, den Werkstoffen und der Bauausführung im wesentlichen übereinstimmt.

**Serienpropeller**
Ein Propeller, der mit einem bereits mustergeprüften in der Konstruktion, den Werkstoffen und der Bauausführung im wesentlichen übereinstimmt.

**Servoklappe; Servoruder; Flettnerruder**
Ausgleichsruder, das vom Luftfahrzeugführer unmittelbar betätigt wird, um Kräfte zu erzeugen, die ihrerseits die Hauptfläche bewegen.

**Servo-Steuersystem,**
*cf / vgl* **Stützmotor-Steuerwerk**

**Servosteuerung**
Steuerungsmechanismus zur Verminderung des Kraftaufwandes des Luftfahrzeugführers durch ein Relais.

**Sextant für Luftfahrzeuge,**
*cf / vgl* **Flugzeugsextant**

**Sichere Flugdauer**
Zeit, die ein Luftfahrzeug in der Luft bleiben kann, ohne eine Sicherheitsreserve an Kraftstoff anzugreifen.

**Sichere Geschwindigkeit**
Niedrigste über der Abkippgeschwindigkeit liegende Geschwindigkeit, die beim Luftfahrzeugführer eine sichere Reserve für den gesteuerten Flug gewährleistet. Für mehrmotorige Luftfahrzeuge liegt diese Geschwindigkeit nicht unter der Geschwindigkeit, bei der die Seitensteuerbarkeit für den Luftfahrzeugführer auch dann erhalten bleibt, wenn das die Seitensteuerbarkeit am meisten beeinflussende Triebwerk vollkommen ausfällt.

**„Sichere" Höhe**
*cf / vgl* **Netto-Höhe**

**Sichere Last**
Maximale Beanspruchung eines Luftfahrzeugs oder Luftfahrzeugteils, wie sie bei einem speziellen Betriebszustand zu erwarten ist.

**Sichere Reisegeschwindigkeit**
Äquivalente Fluggeschwindigkeit, die die niedrigste, bequem fliegbare Reisegeschwindigkeit ergibt.

**Sichere Startgeschwindigkeit** *oder* **Abhebegeschwindigkeit**
Die niedrigste, oberhalb der Mindestfluggeschwindigkeit liegende Geschwindigkeit in Startzustandsform und nach Ausfall des für die Luftfahrzeugführung wesentlichen Triebwerks, bei der dem Piloten ein sicherer Spielraum für die Luftfahrzeugführung verbleibt.

**„Sicherer" Steigwinkel,**
*cf / vgl* **Netto-Steigwinkel**

**Sicherheitsfaktor; Sicherheitszahl**
Ein Rechnungsvielfaches, das verwendet wird, um höhere Belastungen als die angenommenen sowie Unsicherheiten bei der Bemessung und Ungenauigkeiten bei der Herstellung zu berücksichtigen.

**Sicherheitsfaktor; Reservefaktor; Sicherheitsmarge**
Das Verhältnis der höchsten Festigkeit einer Konstruktion zu der alle Faktoren einbeziehenden Belastung.

**Sicherheitsfaktor,**
*cf / vgl* **Prüffaktor**

**Sicherheitsfangnetz**
Netz oder andere Vorrichtung, mittels derer ein Luftfahrzeug aufgefangen wird, wenn es bei der Landung die Landebremsvorrichtung verfehlt.

**Sicherheits-Höchstfahrmesser; Sicherheitsfahrtmesser**
Fahrtmesser mit einem zusätzlichen Zeiger, der automatisch die „angezeigte Fluggeschwindigkeit" entsprechend einer vorbestimmten Grenz-Machzahl anzeigt. Auf dem Gerät kann außerdem die höchstzulässige Fluggeschwindigkeit markiert sein.

**Sicherheitshöhe**
(a) Eine unter Berücksichtigung des Geländes und der Genauigkeit, mit welcher der Standort eines Luftfahrzeugs bekannt ist, errechnete Höhe, in der ein Minimum an sicherem Überflug des Geländes garantiert ist.
(b) Höhe, unterhalb derer es lebensgefährlich ist, einen Flug nach Instrumenten durchzuführen.

**Sicherheitsluftfahrzeugführer**
(a) Ein Luftfahrzeugführer, der einen anderen Luftfahrzeugführer (z.B. einen Flugschüler oder einen Blindflug übenden Luftfahrzeugführer) begleitet, um ihn vor Gefahren zu warnen oder erforderlichenfalls die Führung des Luftfahrzeugs zu übernehmen.
(b) Ein Luftfahrzeugführer an Bord eines ferngesteuerten oder automatisch gesteuerten Luftfahrzeugs, um es bei Geräteausfall zu fliegen.

**Sicherheitsmarge,**
*cf / vgl* **Sicherheitsfaktor**

**Sicherheitsmindesthöhe**
Die Höhe, unterhalb deren das Fliegen wegen vorhandener Bodenerhebungen oder sonstiger Hindernisse gefährlich ist.

**Sicherheitsreißleine**
Vorrichtung zum selbsttätigen Öffnen der Reißbahn, wenn sich der Ballon von seiner Verankerung losreißt.

**Sicherheitsventil,**
*cf / vgl* **Selbsttätiges Ventil**

**Sicherheitszahl gegenüber der Bemessungsbruchlast,**
*cf / vgl* **Bruchfaktor**

**Sicherungsdrahtstift; Vorsteckstift**
Stift, der die Laschen eines Fallschirm-Packsacks zusammengefasst sichert und von der Reißleine oder Aufziehleine herausgezogen wird.

**Sicherungsfaden**
Ein Faden mit festgelegter Sollbruchstärke zur Verhütung unbeabsichtigter Öffnung des Fallschirm-Packsacks oder allgemein: der Trennung von zwei Teilen vor der beabsichtigten Trennung, wie z.B. des Aufziehgriffs beim manuellen Fallschirm.

**Sicht; Sichtweite**
Das durch atmosphärische Verhältnisse bedingte und in Längenmaßen ausgedrückte Vermögen, bei Tag auffällige unbeleuchtete und bei nacht auffällige beleuchtete Gegenstände zu sehen und zu erkennen.

**Sichtanflug**
Ein als IFR-Flug durchgeführter Anflug, bei dem das Instrumentenanflugverfahren abgebrochen oder nicht angewendet wird und der mit Erdsicht erfolgt. – Allgemein: Anflug nach Instrumentalflugregeln, der mit Erdsicht erfolgt.

**Sichtanflugpiste**
Eine Piste, die für den Flugbetrieb von Luftfahrzeugen nach Sichtanflugverfahren bestimmt ist.

**Sichtflug; Fliegen mit Sicht**
Flug, bei dem der Luftfahrzeugführer sein Sehvermögen unmittelbar und nicht die Instrumente dafür benutzt, den Flugzustand, die Lage seines Luftfahrzeugs zu anderen Objekten usw. festzustellen. Bestimmte Instrumente, wie z.B. der Höhenmesser, Fahrtmesser, Kompass usw. werden beim Sichtflug benutzt.

**Sichtlinienkreisel,**
*cf / vgl* **Visierkreisel**

**Sichtwetterbedingungen**
Wetterverhältnisse, ausgedrückt in Werten für Sicht, Abstand von den Wolken und Hauptwolkenuntergrenze, welche den festgelegten Mindestwerten entsprechen oder darüber liegen.

**Sichtzeichen,**
*cf / vgl* **Marken**

**Siderisch**
Auf Sterne bezogen.

**Siderische Ortszeit; Ortssternzeit**
Der vom Meridian des Beobachtungsorts aus in westlicher Richtung in Zeiteinheiten gemessene Stundenwinkel des Himmelsmeridians des Widderpunktes.

**SIGMENT-Meldung**
Meldungen über das Auftreten oder das voraussichtliche Auftreten einer oder mehrerer der folgenden Wettererscheinungen in einem Gebiet, über dem Flugwetterüberwachung durchgeführt wird:
- Aktiver Gewitterherd
- tropischer Wirbelsturm
- ausgeprägte Linienbö
- starker Hagel
- starke Turbulenz
- starke Vereisung
- starker Wind über Gebirgsgegenden
- verbreitete Sandstürme/Staubstürme.

**Signal; Zeichen**
In der Elektronik: jeder ausgestrahlte elektrische Impuls.
Im Fernmeldebetrieb: eine Spruchart, deren Text aus einem oder mehreren Buchstaben, Wörtern, Zeichen, Signalflaggen, optischen Zeichen oder bestimmten Geräuschen mit vorher vereinbarter Bedeutung besteht und die mit optischen. akustischen oder elektrischen Mitteln übermittelt oder ausgesendet werden.

**Signalfeld; Signalplatz; Signalfläche**
Ein Feld zum Auslegen von Bodensignalen auf einem Flugplatz.

**Signalleuchte für Flugplatzverkehr**
Ein üblicherweise tragbarer Scheinwerfer mit gebündeltem Strahl und einer Visiereinrichtung zum Richten des Strahles.

**Signalleuchtfeuer für den Bodenverkehr**
Feuer, das auf einer Bewegungsfläche zum Regeln des Verkehrs auf dem Boden angebracht ist.

**Simplexbetrieb**
Ein Verfahren, bei dem der Verkehr zwischen zwei Fernmeldestellen jeweils nur in einer Richtung stattfindet.
**Anmerkung**: Bei der Anwendung im beweglichen Flugfunkdienst kann zwischen folgenden Verfahren unterschieden werden:
(a) **Einkanal-Simplexbetrieb;**
(b) **Zweikanal-Simplexbetrieb;**
(c) **frequenzabgesetzter Simplexbetrieb.**

**Simplexbrenner**
Ein Brenner mit einem einzigen Wirbelsystem und einer einzigen Austrittsöffnung.

**Simulator,**
*cf / vgl* **Flugsimulator**

**Simulierte (Druck-)Höhe,**
*cf / vgl* **Kammerhöhe**

**Simulierte Steuerkraft; künstliches Steuergefühl**
Ein simuliertes Steuergefühl, das durch manchmal in das Steuerwerk eines Luftfahzeugs eingebaute Mechanismen bewirkt wird, wobei die auf die Steuerflächen einwirkenden Kräfte nicht auf die Steuerorgane im Cockpit übertragen werden.

**Sinkanflug,**
*cf / vgl* **(Anflug-)Sinkverfahren**

**Sinken auf Anflughöhe; Penetrieren**
Die Phase des Sinkflugverfahrens von großer Flughöhe bis auf eine festgesetzte Anflughöhe.

**Sinkflug,**
*cf / vgl* **(Anflug-)Sinkverfahren**

**Skelettlinie**
Eine in der Mitte zwischen den oberen und unteren Konturlinien eines Tragflügelprofils gezogene Linie.

**Skelettlinie (eines Tragflügels)**
Eine Linie, die in allen Punkten in der Mitte zwischen der Profiloberseite und -unterseite verläuft, wobei die Abstände senkrecht zu der Profilsehne gemessen werden.

**Slippen; Schiebeflug**
Die Änderung der Fallrichtung durch einseitiges Ziehen an den Fangleinen, so dass der Luftabfluss an einer Seite der Fallschirmkappe vermehrt wird.

**Snaking; Schlängeln; Seiteninstabilität**
Ungesteuerte Gierschwingung, deren Amplitude ungefähr konstant bleibt.
Pendelbewegung eines Luftfahrzeugs, Flugkörpers usw. von Seite zu Seite; technisch handelt es sich um eine andauernde Schwingung um die Längsachse mit konstanter Amplitude.

**Sollbruchabbindung,**
*cf / vgl* **Entfaltungsregelung**

**Soloflugzeit,**
*cf / vgl* **Alleinflugzeit**

**Sonde für den statischen Druck,**
*cf / vgl* **Statisches Druckmessrohr**

**Sondenballon,**
*cf / vgl* **Registrierballon**

**Sondenrakete,**
*cf / vgl* **Raketensonde**

**Sonder-VFR-Flug**
Ein von der Flugverkehrskontrolle genehmigter, kontrollierter VFR-Flug in einer Kontrollzone bei Wetterverhältnissen, die unter den Sichtwetterbedingungen VMC liegen.

**Sonne,**
*cf / vgl* **Konsol-Funkfeuer**

**Sonnenkompass**
Eine Art Astrokompass, bei dem der Schatten eines Stiftes oder Sonnenzeigers genutzt wird.

**Spaltflügel; Schlitzflügel**
Tragflügel, in dem eine oder mehrere Luftdurchtrittsöffnungen (oder Schlitze) zwischen seiner Ober- und Unterseite angebracht sind, um einen Strömungsabriss und daraus resultierendes Überziehen zu verzögern.

**Spaltklappe**
Klappe, deren Vorderkante so geformt ist, dass der Spalt bzw. die Spalten zwischen ihr und der Tragfläche in nach unten ausgeschlagenem Zustand der Klappe die Strömung über ihrer Oberseite verbessern.

**Spaltquerruder**
Querruder, dessen Vorderkante so geformt ist, dass durch den Spalt zwischen ihm und der Tragfläche beim Ruderausschlag nach unten die Strömung an seiner Oberseite verbessert wird.

**Spannungsverhältnis**
Das Verhältnis der Minimalbelastung zur Maximalbelastung bei Ermüdungsfestigkeitsversuchen in einem Arbeitstakt, wobei Zugbeanspruchung als positiv und Druckbeanspruchung als negativ angesehen wird. Generelle Bezeichnung ist R.

**Spannungsverlauf,**
*cf / vgl* **Diffusion**

**Spannweite**
(a) Eines Flugzeugs: Abstand zwischen den Tragflächenspitzen senkrecht zur Symmetrieebene.
(b) Eines Tragflügels: Länge, die entlang einer festgelegten Linie gemessen wird.

**Spannweitenbelastung**
Gesamtmasse eines Luftfahrzeuges dividiert durch die Spannweite.

**Spant,**
*cf / vgl* **Holmrahmen; Schott**

**Sperrballon**
Drachenballon, dessen Halteseil benutzt werden kann, Luftfahrzeuge zu zerstören, die damit in Berührung kommen.

**Spezifischer Verbrauch**
(a) Bei Triebwerken mit Propellerantrieb: die je PS in der Stunde verbrauchte Kraftstoff- oder Ölmenge.
(b) Bei Strahltriebwerken: das je Schubeinheit in der Stunde verbrauchte Gewicht von Treib- oder Kraftstoff.

**Spindel des Verankerungskonus**
Bauteil des Luftschiffs, der den Verankerungskonus trägt.

**Spiralgehäuse,**
*cf / vgl* **Abgassammelring**

**Spiralgleitflug**
Andauernder Kurvenflug im Gleitflugzustand.

**Spiralstabilität**
Eigenschaft eines Flugzeugs, aus einer mit steiler Querlage geflogenen Spirale nach unten von selbst in den Normalflugzustand zurückzukehren, oder die Flugeigenschaft, aus einer Kurve mit Querlage nicht in einen Spiralflug überzugehen.

**Spoiler,**
*cf / vgl* **Störklappe**

**Spornradfahrwerk; Heckradfahrwerk**
Fahrwerk mit Spornrad-Fahrgestell.

**Sprechfunk; Funktelefonie**
Die Übertragung von Sprache mit Hilfe modulierter Funkwellen.

**Sprechfunknetz**
Eine Gruppe von Boden-Sprechfunkstellen, die auf Frequenzen der gleichen Familie arbeiten und auf ihnen hörbereit sind, und die sich gegenseitig in einer festgelegten Weise unterstützen, um ein Höchstmaß an Zuverlässigkeit der Flugfunkverbindungen und die Verbreitung des Flugfunkverkehrs sicherzustellen.

**Spreizklappe**
Landeklappenanordnung in der Unterseite des Tragflügels.

**Sprühregen; Nieseln**
Flüssigkeitsniederschlag in Form von sehr kleinen Wassertropfen (allgemein angenommen zwischen 02, und 0,5 mm).

**Sprungstart**
Startart eines Drehflüglers, bei der die Rotorblätter mit Nullauftriebssteigung auf hohe Drehzahl und dann plötzlich auf Startsteigung gebracht werden, so dass ein Start anfänglich mit verhältnismäßig hoher Abhebegeschwindigkeit erfolgt.

**Spurfehler; mit Spurfehler**
Wenn die V-Stellung eines Luftschraubenblattes von der der anderen Blätter bzw. des anderen Blattes abweicht.

**Spurkreis**
der von einem rotierenden Porpeller oder Rotor mit ordnungsgemäßer Ausrichtung beschriebene kreisförmige Weg.

**Spur**(**weite**).
Die Querentfernung zwischen den Mittelpunkten der Längsachse von Laufrädern, Schwimmern usw. eines Fahr- bzw. Schwimmwerks. Im Englischen auch als **"track"** bezeichnet.

**Squid; Schluckform**
Eine unter bestimmten Druckverhältnissen auftretende, einem Tintenfisch ähnelnde abnorme Formgebung einer voll entfalteten Fallschirmkappe, die dynamisch stabil ist. (Auch als Verb gebräuchlich: **Luft schlucken**.)

**Stabile Schwingung**
Schwingung mit abklingender Tendenz.

**Stabilisierungsfallschirm**
Fallschirm, der die Aufgabe hat, eine andernfalls unstabile Last zu stabilisieren.

**Stabilisierungswülste,**
*cf / vgl* **Leitwerk**

**Stabilität**
Eigenschaft, infolge derer jede Abweichung von einer stationären Bewegung zum Abklingen neigt. Ein gegebener stationärer Flugzustand ist stabil, wenn ein Luftfahrzeug nach einer Störung wieder ohne Steuerbetätigung des Luftfahrzeugführers in diesen Zustand zurückkehrt.

**Stabilität um die Querachse,**
*cf / vgl* **Querstabilität**

**Stabilitätsderivativa**
Größen, die die Änderungsgeschwindigkeit der auf ein Luftfahrzeug wirkenden aerodynamischen Kräfte und Momente infolge Änderung der Komponenten von Geschwindigkeit, Winkelgeschwindigkeit usw. ausdrücken.

**Stabilitätsmaß bei festem Steuerknüppel,**
*cf / vgl* **Maß für die statische Stabilität bei festem Knüppel**

**Stabilitätsmaß bei losem Steuerknüppel,**
*cf / vgl* **Maß für die statische Stabilität bei losem Knüppel**

**Stack; Wartestapel; Flugzeuge im Warteraum**
Ein Anzahl von Luftfahrzeugen in der Warteschleife in unterschiedlichen Flughöhen oder Flugflächen, die auf ihren Abruf zur Landung auf einem Flughafen warten.

**Staffelung** (Lfz mit mehreren Tragflächen)
Entfernung zwischen der Tragflächenvorderkante und der unter ihr angeordneten, gemessen parallel zu der Längsachse des Flugzeuges.

**Staffelung ohne Radar,**
*cf / vgl* **Konventionelle Staffelung**

**Stampfen,**
*cf / vgl* **Porpoising**

**Standard-Blindflugkurve; Standardkurve**
Kurve, bei der die Kursänderung des Luftfahrzeugs konstant 3° pro Sekunde beträgt. Auch als **'rate one'-Kurve** bezeichnet.

**Standardzeit,**
*cf / vgl* **Normalzeit**

**Standlinie**
In der Flugnavigation einer Linie, auf der sich ein Luftfahrzeug bekanntermaßen befindet, z.B. eine Linie mit allen möglichen Standorten eines Luftfahrzeugs zu einer gegebenen Zeit. Eine Standlinie kann u.a. eine höhengleiche Kreisstandlinie, eine Funkpeilung oder eine Linie in Richtung einer Funkpeilung sein. Auch eine Eisenbahn, Landstraße oder Ähnliches kann eine Standlinie darstellen. – Allgemeiner: Linie, welche durch die Beobachtung von terrestrischen Objekten, Gestirnen oder Funkhilfsmitteln bestimmt wurde und auf welcher sich der Beobachter zum Zeitpunkt der Beobachtung rechnerisch befindet.

**Standliniendreieck; Fehlerdreieck**
In der Navigation:
Das Dreieck, das von drei Standlinien gebildet wird, die sich nicht in einem Punkte schneiden.

**Standnennschub**
Schub eines Strahltriebwerkes unter normalen Verhältnissen in Normal Null ohne Schubverstärkung durch Nachverbrennung, Wassereinspritzung oder andere Methoden.

**Standort nach Erdsicht,**
*cf / vgl* **Franz-Standort**

**Standort ohne Windberücksichtigung: Windstillepunkt**
Der errechnete Standort eines Luftfahrzeugs ohne Berücksichtigung des Windes.

**Standort über Grund**
Derjenige Punkt auf der Erdoberfläche, der sich senkrecht unter einem Luftfahrzeug befindet.

**Standortmeldung,**
*cf / vgl* **Positionsmeldung**

**Standschub**
Bei Strahltriebwerken: Der Gesamtnutzschub, der unter bestimmten Umgebungsverhältnissen von einem unbewegten Triebwerk geliefert wird.

**Standschub**
Der Schub, den eine Luftschraube ohne Längsbewegung liefert.

**Starker Wind**
Windstärke (Beaufort-Zahl) 6: Äste bewegen sich; Telegraphendrähte pfeifen; es ist schwierig, einen Regenschirm zu halten (Windgeschwindigkeit: 22–27 Knoten.)

**Starres Luftschiff; Starrluftschiff**
Luftschiff, dessen zugrundegelegte Hüllenform durch ein starres Gerippe aufrechterhalten wird.

**Starrverbundenes Blatt**
Blatt, das außer einem Verstellgelenk keine Drehzapfenverbindung mit der Rotorwelle besitzt.

**Start**
Der Vorgang des Startens. Der Vorgang des Abhebens einer Rakete von ihrer Startrampe oder eines Luftfahrzeugs, wenn es (vom Boden) abhebt.

**Start; Abschuss**
Übergang eines Flugkörpers vom Ruhezustand zum Flug mit eigenem Antrieb.

**Start mit Starthilfe,**
*cf / vgl* **JATO**

**Startbereich**
Ein festgelegter Teil der Boden- oder Wasseroberfläche am Ende einer Piste, Stoppfläche oder Freifläche, der für Startlauf und Startabbruch zur Verfügung steht.

**Startdauer; Zeit bis zum Abheben**
Die zum Starten benötigte Zeit.

**Starten**
Ein Luftfahrzeug startet, wenn es sich aus der Ruhelage vom Startpunkt aus in Bewegung setzt bis es abhebt.

**Startfläche**
Derjenige Teil der Fläche eines Flugplatzes, den die zuständige Behörde für den normalen Startlauf von in einer bestimmten Richtung startenden Luftfahrzeugen für verfügbar erklärt hat.

**Startgerät; Startrampe**
Konstruktion zur Unterstützung eines Flugkörpers vor und während des Abschusses.

**Startgeschwindigkeit,**
*cf / vgl* **Abhebegeschwindigkeit**

**Start(lauf)strecke; Startlauf**
Strecke, die während des Starts auf dem Boden zurückgelegt wird.

**Startleistung**
Maximale Nennleistung, die ein Flugmotor für eine festgelegte kurze Zeitdauer für den Start und anfänglichen Steigflug abzugeben in der Lage ist, ohne Schaden zu nehmen.

**Startmasse; Flugmasse; Gesamtfluggewicht**
Masse eines Luftfahrzeuges mit seiner Besatzung und Inhalt.

**Start-Nennleistung**
Die Bremsleistung in Normatmosphäre in Meereshöhe bei den für normalen Start zugelassenen Höchstwerten für Kurbelwellendrehzahl und Ladedruck.

**Start-Nennleistung und/oder -Nennschub**
Die Leistung und/oder der Schub (jedoch ohne Propellerschub), die am Stand in Normatmosphäre in Meereshöhe bei den für normalen Start zugelassenen Höchstwerten für Drehzahl und Abgastemperatur erzeugt werden.

**Startplattform**
Der die Belastung aufnehmende Sockel oder die Plattform, von der aus eine Rakete gestartet wird.

**Startpunkt; Startstelle**
Der Punkt auf der Start- und Landebahn bzw. Wasserlandebahn, an welchem der Luftfahrzeugführer auf volle Triebwerksleistung geht, um zu starten.

**Startrampe,**
*cf / vgl* **Startgerät**

**Startseil,**
*cf / vgl* **Gummiseil**

**Startsteigbereich,**
*cf / vgl* **Abflugsektor**

**Starttriebwerk,**
*cf / vgl* **Hilfstriebwerk**

**Start- und Landebahn,**
*cf / vgl* **Piste**

**Start- und Landestreifen; Flugfeld**
Rechtwinkliger Teil des Landebereichs, der für Start und Landung von Luftfahrzeugen in einer bestimmten Richtung hergerichtet ist und der in manchen Fällen eine Piste enthält.

**Startzeit; Abflugzeit**
Zeitpunkt, in dem ein Luftfahrzeug vom Boden abhebt.

**Statische Belastung; statische Beanspruchung**
Unter statischen Verhältnissen auftretende Belastung, wie z. B. die durch die Masse des Luftfahrzeugs im beschleunigungsfreien Flug auf die Tragflächen des Luftfahrzeugs ausgeübte Belastung.

**Statische Höhe**
Bei Luftfahrzeugen leichter als Luft:
Gleichgewichtshöhe in der Normatmosphäre unter Bedingungen, die der Konstruktion zugrunde gelegt sind.

**Statische Stabilität**
Stabilität unter ausschließlicher Berücksichtigung der aerodynamischen Steifigkeit.

**Statischer Auftrieb** (Lfz)
(a) Auf ein ganz oder teilweise in eine Flüssigkeit eingetauchtes Luftfahrzeug oder einen anderen Körper wirkende Vertikalkraft, die gleich dem Gewicht der verdrängten Flüssigkeit ist.
(b) Eine auf ein Windkanalmodell einwirkende horizontale

Kraft, verursacht durch die auf Grund der vorhandenen Windkanalwände entstehende Vibration des statischen Drucks in dem Testabschnitt.
(c) Differenz zwischen dem Gewicht der Luft, die von einem ruhenden Luftfahrzeug leichter als Luft verdrängt wird, und dem Gewicht der Gasfüllung.

**Statischer Ausgleich; statische Wuchtung**
Eine Luftschraube ist dann statisch ausgeglichen, wenn sie reibungsfrei in ihrer Achse gelagert, in jeder Lage und bei jedem Blattwinkel stehen bleibt.

**Statischer Druck**
Mittelwert der Spannungskomponenten dreier senkrecht zueinander stehender Oberflächenelemente, die sich relativ zu einer Strömung im Ruhezustand befinden. Es ist der Druck, der mit einem relativ zur Strömung im Ruhezustand befindlichen Infinitesimalinstrument gemessen würde.

**Statischer Massenausgleich**
Zustand einer Steuerfläche, bei welcher der Massenausgleich mit dem Mittelpunkt der Masse auf der Drehachse liegt.

**Statisches Druckmessrohr;**
**Sonde für den statischen Druck**
Rohr oder Rohranordung zur Aufnahme des statischen Drucks einer in Bewegung befindlichen Flüssigkeit. Das Rohr ist mit einer oder mehreren Öffnungen in Richtung zur Flüssigkeit versehen, so dass ihre Strömung über sie fließt. Zur Messung der Fluggeschwindigkeit wird eine Sonde für den statischen Druck mit einem Pitot-Staurohr in einer Prandtl-Sonde kombiniert.

**Statisches Luftloch;**
**Messöffnung für den statischen Druck**
Kleine Öffnung in einer als Teil des Rumpfes so angebrachten Platte, dass der statische Umgebungsdruck gemessen werden kann.

**Statisches Pitot-Rohr,**
*cf / vgl* **Staudruckmesser**

**Statoskop; Feinhöhenmesser**
Instrument zur Anzeige kleiner Höhenänderungen oder Abweichungen von einer vorher eingestellten Sollhöhe.

**Staubewölkung,**
*cf / vgl* **Orographische Wolken**

**Staubsturm; Sandsturm**
Staub oder Sand, der durch einen starken und turbulenten Wind bis in große Höhen hinaufgetragen wird, wobei die Sicht am Boden und in der Höhe stark reduziert wird (für eine synoptische Bodenwetterkarte unter 1 km).

**Staubteufel,**
*cf / vgl* **Sandhose**

**Staubtrombe,**
*cf / vgl* **Sandhose**

**Staudruck; kinetischer Druck; dynamischer Druck**
(a) Der aus ihrer Bewegung resultierende Druck einer Flüssigkeit; er entspricht der Hälfte der Flüssigkeitsdichte multipliziert mit dem Quadrat der Flussgeschwindigkeit. Im UK (Vereinigtes Königreich) wird dieser Wert häufig als **'kinetischer Druck'** bezeichnet. Bei einem nicht komprimierbaren Flüssigkeitsfluss ist der dynamische Druck gleich der Differenz zwischen dem Gesamtdruck und dem statischen Druck; im UK wird für diese Differenz der Begriff **'dynamischer Druck'** häufig auch bei komprimierbarem Flüssigkeitsfluss verwendet.
(b) In der Luft- und Raumfahrtmedizin sind es die aerodynamischen Kräfte, die auf einen Körper im Zustand relativer Bewegung in der Atmosphäre einwirken. Proportional zu der Dichte des Mediums und dem Quadrat der Geschwindigkeit ist dies der Druck, wie er vom Staudruckfahrtmesser wahrgenommen wird. Diese Kraft ist von Wichtigkeit bei der Bewertung der auf den menschlichen Körper beim Ausstieg aus einem im Flug befindlichen Luftfahrzeug einwirkenden Belastungen. Wird auch als **"Q-Kraft"** und **"Staudruck"** bezeichnet.

**Staudruck-Lufteinlass**
Ein Lufteinlass, der sich in der Flugrichtung hin nach vorne öffnet, so dass der Druck der Ansaugluft durch den Flugstaudruck erhöht wird.

**Staudruckmesser; Druckmesskopf; Drucksonde**
Vorrichtung, die ein Pitot-Rohr in einer Form umfasst, die zum Anbringen an einem Luftfahrzeug geeignet ist.

**Staupunkt**
Punkt, an dem sich Stromlinien trennen oder vereinigen und die Strömungsgeschwindigkeit gleich Null ist.

**Staurohr,**
*cf / vgl* **Pitot-Rohr**

**Staustrahltriebwerk; Lorin-Triebwerk**
Ein Motor, in dem durch Verbrennung von Kraftstoff in Luft ein Gasstrahl erzeugt wird, wobei die Luft lediglich durch die Vorwärtsgeschwindigkeit komprimiert wird, durch ein entsprechend geformtes Rohr strömt und sich in einer Schubdüse ausdehnt.

**Stechflug,**
*cf / vgl* **Sturzflug**

**Stehende Luftschraube;**
**fahrtwindgetriebene Luftschraube**
Luftschraube, die ihre Drehbewegung im Flug eingestellt hat oder im Fahrtwind mitläuft.

**Stehende Wellen**
Auf- und absteigende Luftströmungen, die unter bestimmten Umständen mit der Windströmung über Bergen, Hügeln oder selbst verhältnismäßig kleinen Hügelketten zusammenhängen. Die Wellen können sich leewärts über große Entfernungen und um ein Mehrfaches der Hindernishöhe nach oben erstrecken.

**Steifer Wind**
Windstärke (Beaufort-Zahl) 7: Ganze Bäume in Bewegung; Behinderung beim Gehen gegen den Wind (Windgeschwindigkeit: 28–33 Knoten).

**Steifigkeitskriterium**
Beziehung zwischen der Steifigkeit und anderen Eigenschaften eines Bauteils, deren Erfüllung sicherstellt, dass weder Flattern noch irgendwelche anderen Instabilitäten, noch Verlust an Steuerbarkeit eintreten.

**Steiggeschwindigkeit**
Vertikalkomponente der wahren Fluggeschwindigkeit unter festgesetzten Bedingungen.

**Steigungseinstellung**
Der an dem Bezugsradius einer Luftschraube gemessene Blattwinkel einer Einstellschraube oder einer Verstellluftschraube.

**Stellmotor**
Servo-Vorrichtung, die in einem Luftfahrzeug eine begrenzte Linearbewegung ausführt.

**Sternmotor; Sterntriebwerk**
Ein Kolbenmotor mit einer oder mehreren Zylinderreihen, wobei die Zylinder in Winkelabständen radial um eine gemeinsame Kurbelwelle angeordnet sind. Beim Sternmotor sind die Zylinder fest eingebaut, während sich die Kurbelwelle dreht.

**Sternschreiber,**
*cf / vgl* **Rundsichtanzeigegerät**

**Steueransprechzeit,**
*cf / vgl* **Steuerverzug**

**Steuer(bedien)organe; Steuerwerk**
Die vom Luftfahrzeugführer zur Betätigung der Steuerflächen unmittelbar bewegten Bedienelemente.

**Steuerdruck**
Bedeutet in der Luftfahrt generell die durch aerodynamische Einwirkungen auf die Steuerflächen oder Rotorblätter bewirkte Übertragung von Kräften auf die Steuerorgane im Führerraum; sie solchermaßen übertragenen Kräfte.

**Steuerdruck; Steuergefühl**
Der speziell von einem Luftfahrzeugführer über die Steuerorgane im Führerraum verspürte Steuerdruck oder Eindruck der Stabilität und Kontrolle eines Luftfahrzeugs, der entweder von den auf die Steuerflächen wirkenden aerodynamischen Kräften oder von Kräften herrührt, die diese aerodynamischen Kräfte simulieren.

**Steuerfläche; Ruder**
Ein Tragflügel oder Teil desselben, der sich bewegt, um Änderungen der an einem Luftfahrzeug wirksamen Kräfte und/ oder Momente zu bewirken und es zu steuern.

**Steuergefühl,**
*cf / vgl* **Steuerdruck**

**Steuerknüppel; Steuersäule**
Hebel zur Steuerung der Bewegungen eines Luftfahrzeugs im Flug. In einem Starrflügler werden die Höhenruder durch Vor- und Rückwärtsbewegungen des Steuerknüppels und die Querruder durch seitliche Bewegungen betätigt; bei einem Drehflügler wird der Rotor durch den Steuerknüppel so verstellt, daß ein Schub des Rotors in der gewählten Richtung erzielt wird.

**Steuerkraft; Knüppel(betätigungs)kraft**
Kraft, die ein Luftfahrzeugführer aufzuwenden hat, um den Steuerknüppel oder die Steuersäule zu bewegen.

**Steuerkraft,**
*cf / vgl* **Ruderkraft**

**Steuerkurs**
Die Richtung der Längsachse eines Luftfahrzeugs, definiert durch den Winkel, den sie mit einem bestimmten Meridian in der Horizontalen bildet. Der Kurswinkel wird im Uhrzeigersinn von Nord gemessen. Als Bezugsmeridian kann sowohl der rechtweisende als auch der magnetische, der Kompass- oder Gittermeridian benutzt werden, wobei der Steuerkurs entsprechend bezeichnet wird.

**Steuern; führen**
Bedienung der Steuerorgane eines Luftfahrzeuges während der Flugzeit.

**Steuersäule**
Hebel der Säule, die ein Handrad oder dergleichen tragen, mit denen die Höhen- und Querrudersteuerung betätigt werden.

**Steuerstrich**
Linie auf jeder Art von richtungsanzeigendem Instrument oder Vorrichtung, die die Längsachse des Luftfahrzeugs oder Schiffs darstellt und damit den Steuerkurs anzeigt.

**Steuerung um Nick- und Rollachse,**
*cf / vgl* **Polarsteuerung**

**Steuerungsumkehr; Steuerumkehr**
Zustand, bei dem infolge exzessiver struktureller Verformung die Ruderausschläge entgegen der üblichen Reaktion eine Bewegung des Luftfahrzeugs im entgegengesetzten Sinn hervorrufen.

**Steuerungsventil; Manövrierventil**
Ein im Ballon oder in einer Gaszelle oben eingebautes Ventil zum Abblasen von Gas.

**Steuerungsvorlauf**
Phasenwinkel, um den die gesteuerte periodische Steigerungsänderung von der entsprechenden Stellung des Steuerungshebels im Azimut abweicht.

**Steuerverriegelung,**
*cf / vgl* **Ruderverriegelung**

**Steuerverzug; Steueransprechzeit**
Die zwischen einer Ruderbetätigung und der damit erzielten Reaktion oder Wirkung liegende Zeitspanne, wie z.B. zwischen der Betätigung der Steuerung im Führerraum eines Luftfahrzeugs und der daraufhin erfolgenden Bewegung des Luftfahrzeugs.

**Steuerwerk,**
*cf / vgl* **Steuer(bedien)organe**

**Steward/Stewardess; Flugbegleiter(in)**
Mitglied der Kabinenbesatzung, das für Beköstigung, allgemeinen Komfort und Sicherheit der Fluggäste verantwortlich ist.

**Stiel,**
*cf / vgl* **Strebe**

**Steilauskreuzungen**
Drähte oder Kabel, die die Tragflügelkonstruktion in der Ebene eines Paares von Vorder- und Hinterstielen verspannen.

**Still,**
*cf / vgl* **Windstille**

**Stirnwiderstand**
Der gegen die Vorderseite eines sich durch die Luft bewegenden Luftfahrzeugs oder anderen Körpers ausgeübte, proportional zur Größe der Stirnfläche wirksame Widerstand der Luft.

**Stöchiometrisch**
Bei einem brennbaren Gemisch: Vorhandensein des genauen Gemischverhältnisses, wie es für eine vollständige Verbrennung erforderlich ist.

**STOL**
Abkürzung für **"Short take-off and landing" = Kurzstart und -landung**.

**Stoppbahn; Stoppfläche**
Eine festgelegte rechteckige Fläche auf dem Boden am Ende einer Piste in Startrichtung, die von der zuständigen Behörde bezeichnet und so hergerichtet ist, dass darauf ein Luftfahrzeug im Falle eines abgebrochenen Starts zum Halten gebracht werden kann.

**Stoppbahnfeuer**
Eines aus einer Anzahl von Feuern, welche die Begrenzungen einer Stoppbahn kenntlich machen.

**Störklappe; Spoiler**
Vorrichtung, die bei Auslenkung in den Luftstrom über einer Oberfläche die Strömung verändert. Im Falle eines Tragflügels wird der Auftrieb verringert und der Widerstand erhöht.

**Störklappen-Querruder**
Bewegliche oder einziehbare Störklappe, die der Quersteuerung eines Flugzeugs dient, normalerweise – aber nicht immer – bei hohen Geschwindigkeiten.

**Störmoment**
Moment, das irgendeine Drehung des Luftfahrzeuges zu verursachen sucht.

**Störung,**
*cf / vgl* **Interferenz**

**Störung**
Änderung oder Abweichung vom stationären Zustand.

**Stoßdämpfer**
(a) Vorrichtung, die der Ableitung von Energie dient und die Reaktion eines mechanischen Systems auf einwirkenden Schock modifiziert.
(b) Energie aufnehmender Bauteil des Fahrgestells.

**Stoßwellen,**
*cf / vgl* **Verdichtungsstoß**

**Strahlaustritt,**
*cf / vgl* **Strahldüse**

**Strahlbremse; Schubvernichter**
Eine verstellbare Konstruktion der Schubdüse, durch die der Strahlschub reduziert werden kann.

**Strahldüse; Schubdüse; Strahlaustritt**
Düse bei einem Strahl- oder Raketentriebwerk, aus der die Verbrennungsgase ausgestoßen werden.

**Strahlenbrechung; Refraktion**
Ablenkung von Lichtstrahlen beim Durchgang durch unterschiedliche Medien.

**Strahlenbrechung (*oder* Refraktion) durch Astrokuppel; Kuppellichtbrechung**
Refraktion, die durch die optischen Eigenschaften einer Astrokuppel hervorgerufen wird.

**Strahlklappe,**
*cf / vgl* **Luftstrahl-Klappe**

**Strahlreiter,**
*cf / vgl* **Leitstrahlreiter**

**Strahlrohr**
Das Rohrende eines Strahltriebwerks, durch das die Abgase ausströmen.

**Strahlrohranlage; Brennkammeranlage**
Übliche Bezeichnung der in einem Staustrahltriebwerk oder in einer Gasturbine verwandten Kombination von Flammenhalter oder Stabilisator, Brennkammer und Einspritzanlage.

**Strahlschalldämpfer,**
*cf / vgl* **Schalldämpfer**

**Strahlstrom**
In der Meteorologie: Ein flacher, röhrenförmiger quasi-horizontaler Luftstrom, dessen Achse entlang einer Linie der Höchstgeschwindigkeit liegt und der nicht nur durch hohe Geschwindigkeiten gekennzeichnet ist, sondern auch durch starke Geschwindigkeits-Quergradienten. Generell befindet er sich in der Nähe der Tropopause.

**Strahltriebwerk,**
*cf / vgl* **Rückstoßtriebwerk**

**Strahltriebwerk mit Axialverdichter**
Eine Gasturbine, die über einen Axialverdichter verfügt.

**Strahlungsschutz,**
*cf / vgl* **Abschirmung**

**Strahlwirkungsgrad,**
*cf / vgl* **Vortriebswirkungsgrad**

**Stratokumulus**
Graue und/oder weißliche Wolkenfelder, -decken oder -schichten, die fast immer dunkle Stellen aufweisen, bestehend aus mosaik-, kugel-, rollenförmigen oder ähnlichen Wolkenmassen, die ineinander übergehen können und meist nichtfaserigen Art sind; die meisten der regelmäßig angeordneten kleinen Elemente scheinen, vom Beobachter am Boden aus gesehen, eine Ausdehnung von über fünf Grad zu haben.

**Stratopause**
Grenze in der Atmosphäre zwischen Stratosphäre und Mesosphäre.

**Stratosphäre**
Die Schicht der Atmosphäre über der Troposphäre und unterhalb der Mesosphäre, in der die Temperatur im allgemeinen mit zunehmender Höhe zunimmt.

**Stratus; Schichtwolke**
Im Allgemeinen graue Wolkenschicht mit ziemlich gleichförmiger Untergrenze, aus der Nieselregen, Eisprismen oder Schnee fallen können. Wenn die Sonne durch die Wolke sichtbar ist, zeichnet sie sich klar ab. Halo-Erscheinungen treten bei Stratuswolken nicht auf, es sei denn bei sehr tiefen Temperaturen. Stratus hat zeitweilig die Form zerrissener Wolkenfelder.

**Strebe; Stiel**
Bauteil zur Aufnahme von Axialkräften.

**Streckenabschnitt; Teilstrecke**
Teilstück einer Flugstrecke, das durch zwei aufeinander folgende markante Punkte bestimmt wird, die im Flugplan aufgeführt sind.

**Streckenflugplatz; regulärer Flughafen**
Ein Flugplatz, der im Flugplan als Zielflugplatz angeführt werden kann.

**Streckung,**
*cf / vgl* **Entfaltung**

**Stringer,**
*cf / vgl* **Längsversteifung**

**Stromlinie**
Eine Linie, die so beschaffen ist, dass der örtliche Strömungsverlauf überall und zu jeder Zeit in Richtung ihrer Tangente verläuft.

**Stromlinienförmige Rahmenantenne; stromlinienförmig verkleidete Ringantenne**
Rahmenantenne, die ganz in einer stromlinienförmigen Ver-

kleidung angebracht ist, welche aus einem nichtleitenden Material besteht.

**Strömung im Überschallbereich; Überschallströmung**
Strömung, deren Geschwindigkeit überall im Überschallbereich liegt.

**Strömung im Unterschallbereich; Unterschallströmung**
Strömung, deren Geschwindigkeit überall im Unterschallbereich liegt.

**Strömungsablösung**
Das Abreißen der Strömung oberhalb einer Fläche; Zustand einer von der Oberfläche eines Körpers abgelösten und an seinen Konturen nicht mehr anliegenden Strömung.

**Strömungsabreißwinkel,**
*cf / vgl* **Kritischer Anstellwinkel**

**Strömungsabriss**
Zusammenbruch der an einer Tragfläche oder Turbotrieb-werkschaufel anliegenden Strömung, was zu gravierenden Veränderungen der aerodynamischen Eigenschaften führt, insbesondere zum Verlust des Auftriebs.

**Strömungsabriss im Verdichter; Verdichterabreißen**
Ein Zustand, der in einem Rotationsverdichter eintritt, wenn der Luftstrom bei einigen der Turbinenlaufschaufeln und Leitschaufeln unter einem solchen Winkel auftrifft, dass eine Umkehrung der Strömungsrichtung erfolgt. Dies kann in einem Gasturbinentriebwerk zum Flammabriss führen.

**Strömungsmechanik**
Untersuchung des Gleichgewichts von Körpern, die in eine Flüssigkeit eingetaucht sind oder darauf schwimmen; die Untersuchung der Bewegung von Flüssigkeiten und die Rückwirkungen der Flüssigkeitsbewegung auf den Körper. Die Strömungsmechanik wird eingeteilt in folgende vier Zweige: **Aerodynamik**, die sich mit der Bewegung der Luft oder anderer Gase befasst, **Aerostatik**, die sich mit dem Gleichgewicht ruhender Körper in Luft oder anderen Gasen befasst, **Hydrodynamik**, die sich mit der Bewegung des Wassers oder anderer Flüssigkeiten befasst, **Hydrostatik**, die sich mit dem Gleichgewicht ruhender Körper in Wasser oder anderen Flüssigkeiten befasst.

**Stropp,**
*cf / vgl* **Aufziehleinenstropp**

**Strukturelle Dämpfung**
Gesamte Dämpfung einer Konstruktion nach dem Zusammenbau.

**Stufe**
Absatz im Boden eines Bootskörpers oder Schwimmers zur Erleichterung des Abhebens vom Wasser.

**Stummelfläche,**
*cf / vgl* **Ansatztragfläche**

**Stundenwinkel**
Die in westlicher Richtung von einem bestimmten Himmelsmeridian zu einem Gestirn gemessene Bogenlänge auf dem Himmelsäquator oder der entsprechende Winkel im Erdmittelpunkt oder der entsprechende sphärische Winkel am Pol. Wenn der betreffende Himmelsmeridian durch den Beobachtungsort geht, wird der Stundenwinkel als **„örtlicher Stundenwinkel"** bezeichnet, z.B. **„Greenwicher Stundenwinkel"**. Geht der betreffende Himmelsmeridian durch den Widderpunkt, wird der Stundenwinkel als **„siderischer Stundenwinkel"** bezeichnet.

**Sturm**
Windstärke (Beaufort-Zahl) 9: Leichte Beschädigungen an Bauwerken (Kaminaufbauten und Ziegel fallen) (Windgeschwindigkeit: 41–47 Knoten).

**Stürmischer Wind**
Windstärke (Beaufort-Zahl) 8: Zweige brechen; Gehen im Freien erschwert (Windgeschwindigkeit: 34–40 Knoten).

**Sturmzentrum,**
*cf / vgl* **Auge des Sturmes**

**Sturzflug; Stechflug**
Steiler Sinkflug mit oder ohne Triebwerksleistung.

**Sturzflugbremse; Luftbremse; Bremsklappe**
Luftbremse in Form einer Klappe oder Platte. Im Englischen auch als **"drag brake"** (= **Widerstandsbremse**) bezeichnet.

**Sturzwinkelanzeiger**
Gerät zum Anzeigen des Winkels zwischen der Vertikalen und der Flugbahn eines Luftfahrzeuges im Sturzflug.

**Stützdraht**
Draht, der die einzelnen Teile eines Leinenwerks im richtigen Abstand zueinander hält.

**Stützgurt**
In Luftfahrzeugen leichter als Luft:
Gurtband, das über die Oberseite einer Hülle führt und deren Verformung unter Last verringern soll.

**Stützmotor-Steuerwerk; Servo-Steuersystem; Kraftsteueranlage**
Steuerwerk, bei dem ein Kraftverstärker zwischen Steuerbedienorgan und Steuerfläche eingebaut ist, um den unmittelbaren Kraftaufwand des Luftfahrzeugführers zu ergänzen.

**Stützschwimmer**
Kleiner Schwimmer zum Stabilisieren eines Seeflugzeugs im Wasser, normalerweise paarweise mit je einem Schwimmer an den Tragflächen eines Flugbootes oder Seeflugzeugs mit Zentralschwimmkörper angeordnet.

**Such- und Rettungsbereich; SAR-Bereich**
Der Bereich, in dem eine bestimmte Such- und Rettungsleitstelle für Such- und Rettungsoperationen verantwortlich ist.

**Superzirkulation,**
*cf / vgl* **Überzirkulation**

**Symmetrisches Flattern**
Flattern, bei dem die Komponenten auf Steuer- und Backbord eines Luftfahrzeugs in jedem Augenblick gleiche und symmetrische Verschiebungen in Bezug auf die Symmetrieebene erfahren.

**Synchroskop**
Instrument nach Art der Voltmeter, das eine Drehzahldifferenz der Triebwerke eines Luftfahrzeugs anzeigt.

**Synoptische Meteorologie**
Das Sammeln und Aufzeichnen von Daten über Wetterbedingungen in einem größeren Gebiet zu einem gegebenen Zeitpunkt.

**Synoptische Wetterkarte**
Eine Karte, die die Wetterbedingungen zu einer gegebenen zeit für ein größeres Gebiet zeigt.

**System mit geraden Durchfluss,**
*cf / vgl* **Gleichstrom-Brennkammer**

# T

**Tafel**
Teil einer unversteiften Platte. Platte, die dicker ist als ein spezifiziertes Maß.

**Takelung,**
*cf / vgl* **Befestigungsleinenwerk**

**Takelungsbesatz,**
*cf / vgl* **Leinenwerkpflaster**

**Takelungsgurt,**
*cf / vgl* **Traggurt**

**Talwind**
Ein Aufwind, der am Tage entlang von Tälern und an Bergabhängen hinaufweht infolge der Erwärmung des Bodens durch Sonneneinstrahlung.

**Tandemfahrwerk,**
*cf / vgl* **Bogiefahrwerk**

**Tandem-Luftschrauben**
Hintereinander angeordnetes, meist gegenläufig arbeitendes Luftschraubenpaar.

**Tankanzeige,**
*cf / vgl* **Betankungsanzeiger**

**Tankentleerung mittels Saugpumpe,**
*cf / vgl* **Druckenttankung**

**Tankentlüftungsrohr,**
*cf / vgl* **(Öl-)Behälterentlüftungsrohr**

**Tankerluftfahrzeug**
(a) Luftfahrzeug, so ausgelegt oder hergerichtet, dass es Kraftstoff oder andere Flüssigkeiten in Mengen transportieren kann.
(b) Luftfahrzeug, so ausgestattet, dass es ein anderes Luftfahrzeug betanken kann.

**Tankleerraum,**
*cf / vgl* **Fehlmenge**

**Tankölkühler,**
*cf / vgl* **Behälterölkühler**

**Tankwagen**
Tankfahrzeug, das mit Pumpgerät und Ausrüstung ausgestattet ist, die dem Betanken von Luftfahrzeugen dienen.

**Taschengurte**
Kurze Bänder oder Gurte, die quer zu den Fangleinen und um diese herumlaufend die Ränder benachbarter Lagen der Fallschirmkappe miteinander verbinden, um die Füllungsgeschwindigkeit des Fallschirms zu erhöhen.

**Tauchstampfen,**
*cf / vgl* **Porpoising**

**Taumelscheibenmotor; axiales Kolbentriebwerk**
Ein Verbrennungs-Kolbenmotor, bei dem die Zylinder parallel zu seiner Kurbelwelle angeordnet sind, – auch als **„Axial-Triebwerk“** bezeichnet.

**Taumelschwingung,**
*cf / vgl* **Holländische Rolle**

**Taupunkt**
Diejenige Temperatur, auf die feuchte Luft ohne Änderung ihres Drucks oder Feuchtigkeitsgehalts abgekühlt werden muss, damit sie in Bezug auf Wasser in flüssigem Zustand saturiert wird.

**Teilstrecke,**
*cf / vgl* **Streckenabschnitt**

**Teiltief,**
*cf / vgl* **Sekundärdepression**

**Teilweiser Kappendurchschlag,**
*cf / vgl* **Ausgebeulter Rand**

**(Temperatur-)Inversion; Temperaturumkehr**
Wetterbedingungen, unter denen die üblicherweise mit zunehmender Höhe erfolgende Temperaturabnahme umgekehrt wird, d.h. es erfolgt ein Ansteigen der Temperatur mit zunehmender Höhe.

**Temperaturspannung; Wärmespannung**
In einer Konstruktion aus Materialien mit unterschiedlichen linearen Ausdehnungskoeffizienten dann auftretende Spannungen, wenn diese Konstruktion einer anderen als zum Zeitpunkt des Zusammenbaues vorherrschenden Temperatur ausgesetzt wird.

**Terrestische Lenkung; Erdfeldlenkung**
Lenksystem bezogen auf Stärke und/oder Richtung des erdmagnetischen Felds (magnetische Lenkung) und/oder des Erdschwerefelds.

**Tertiärluftlöcher**
Öffnungen in einem Flammrohr, die hinter den Sekundärluftlöchern in einem Flammrohr angebracht sind und durch die die restliche Ansaugluft eintritt, um sich mit den Brenngasen zu vermischen und dadurch deren Temperatur herabzusetzen.

**Thermik**
Ein Luftvolumen, das dadurch über Auftrieb verfügt, dass es in Relation zu seiner umgebenden Luft von geringer Dichte ist und somit in der Umgebungsluft aufsteigt.

**Thermischer Scherwind**
Die Vektordifferenz zwischen den Winden in zwei Höhenniveaus, die sich aufgrund des mittleren horizontalen Temperaturgradienten der dazwischenliegenden Luftschicht ergibt.

**Thermometer**
Ein Gerät zum messen der Temperatur.

**Tiefdecker**
Eindecker, dessen Tragflächen an oder nahe der Unterseite des Rumpfes angebracht sind.

**Tiefdruckgebiet; Tief; Depression**
Ein Gebiet mit relativ niedrigem Luftdruck. Auf der nördlichen Halbkugel zirkulieren die Winde im entgegengesetzten Uhrzeigersinn um den Tiefdruckkern, auf der südlichen Halbkugel im Uhrzeigersinn.

**Tiefdruckrinne; Trog**
Eigenschaft des Luftdrucks, gekennzeichnet durch konkav in Richtung eines Tiefdruckgebietes verlaufende Isobaren mit maximaler Krümmung entlang der Achse oder der Troglinie. Ebenfalls angewandt zur Kennzeichnung eines länglichen Bereichs niedriger Werte eines bestimmten Elements, z.B. einer Einsenkung oder Mulde in einer Schichtdicke.

**Tiefe Wolken**
Wolken mit einer durchschnittlichen Höhe von weniger als 2000 m (6500 Fuß).

**Tornado; Wirbelsturm**
(a) Ein heftiger Wirbelwind mit kleinem Durchmesser, der sich über Land fortbewegt und in dem Winde von zerstörender Gewalt um ein Zentrum wehen. Er bildet ein Gebiet starker Aufwindströmungen und ist im allgemeinen an einer trichterförmigen Wolke zu erkennen.
(b) In Westafrika ein Gewitter in Begleitung einer Böenlinie. Tritt am häufigsten etwa bei Beginn und Ende der Regenzeit auf.

**Toroidale Eintrittsleitschaufel; ringförmige Leitschaufel**
Sich nach außen erweiternde, ringförmige Leitschaufel im Einlassgehäuse, die die einströmende Luft gleichmäßig über den Laufradeintritt verteilen soll.

**Tragbarer Windmesser; Windmessgerät**
Ein tragbares Anemometer.

**Tragende Bauteile**
Diejenigen Bauelemente einer Konstruktion, deren Bruch das Luftfahrzeug ernstlich gefährden würde.

**Tragende Flächen; Tragflächen**
Flächen, deren Hauptaufgabe darin besteht, Auftrieb für ein Luftfahrzeug zu liefern.

**Trägerluftfahrzeug; Trägerflugzeug**
Ein Luftfahrzeug, das etwas trägt, – insbesondere ein Luftfahrzeug, das ein anderes Luftfahrzeug trägt.

**Tragfähigkeitszahl,**
*cf / vgl* **Rollbahnbelastungswert**

**Tragfläche; Flügel; Tragwerk**
Fläche eines Luftfahrzeugs, die den Hauptteil des Auftriebs liefert. Sie kann in das Tragflächen-Innenstück, das Tragflächen-Außenstück und das Randbogenstück unterteilt werden.

**Tragflächenabstand** (Lfz mit mehreren Tragflächen)
Abstand zwischen der Vorderkante einer Tragfläche und der darunter befindlichen, gemessen parallel zu der Körperachse.

**Tragflächenbelastung; Flächenbelastung**
Gesamtmasse dividiert durch Gesatm-Flügelfläche.

**Tragflächenboot**
Ein Boot, das derart konstruiert ist, dass es bei voller Bewegung auf dem Wasser gleiten kann und dabei vorwiegend von hydrodynamischen Kräften getragen wird.

**Tragflächenkühler; Flügelkühler**
Ein Kühler, der in eine Tragfläche eingebaut ist.

**(Tragflächen-)Mittelstück; Mittelteil**
Mittlerer Teil einer Tragfläche, an den die äußeren Tragflächenstücke anschließen. Weist eine Tragfläche kein klar abgegrenztes Mittelstück auf, so wird dieses als zwischen den Befestigungspunkten der Tragflächen am Rumpf oder an den Rumpfstreben liegend angenommen.

**Tragflügel; aerodynamische Fläche**
Körper, der so geformt ist, dass er eine Kraft senkrecht zu seiner Bewegungsrichtung in einer Flüssigkeit mit einem Mindestmaß von Widerstand erzeugt.

**Tragflügel-Enteisungsvorrichtung; Enteiserschlauch; Gummischlauchenteiser**
Mit Pressluft aufblasbarer Gummistreifen auf der Tragflügelvorderkante zum Absprengen des Eisansatzes.

**Tragflügelprofil; Flügelschnitt**
Umriss eines Tragflügelquerschnittes in einer Ebene parallel zu der Symmetrieebene.

**Traggurt**
Teil des Fallschirmgurtzeugs, der die beiden Hauptaufziehleinen in Form einer Schleife unter dem Sitz verbindet.

**Traggurt; Takelungsgurt**
In Luftfahrzeugen leichter als Luft:
Verstärkter Gurt an der Hülle zur Befestigung des Leinenwerks.

**Trägheitslenkung**
Lenksystem, bei dem von im Flugkörper gemessenen Beschleunigungen abgeleitete Geschwindigkeiten oder Entfernungen, oder beides, mit Daten verglichen werden, die vor dem Abschuss gespeichert wurden.

**Tragschrauber**
Ein Luftfahrzeug schwerer als Luft, das seine tragende Kraft im Fluge durch Luftkräfte auf einen oder mehrere Drehflügel erhält, die sich frei um im wesentlichen lotrechte Achsen drehen.

**Tragschrauberzustand;**
**Zustand bei vertikaler Autorotation**
Betriebszustand eines Rotors bei schnellem vertikalen Sinkflug, bei dem sowohl der Schub als auch der axiale Durchfluss und die axiale Strömung durch und außerhalb der Rotorkreisfläche die gleiche Richtung haben.

**Tragwerk,**
*cf / vgl* **Haupttragfläche**

**Transitbereich; Durchgangsbereich**
Ein besonderer, in Verbindung mit einem internationalen Flughafen stehender, von den Behörden genehmigter und unter deren unmittelbarer Aufsicht stehender Bereich für die Aufnahme des Durchgangsverkehrs während eines kurzen Aufenthaltes in dem Vertragsstaat.

**Transiteinrichtungen; Durchgangseinrichtungen**
Von den zuständigen Behörden genehmigte Sondervorkehrungen, die es ermöglichen, dass der Durchgangsverkehr während eines kurzen Aufenthaltes in dem Vertragsstaat unter unmittelbarer Aufsicht dieser Behörden verbleibt.

**Transpiration; Kapillarströmung**
Strömung eines Gases durch Öffnungen, deren Querschnitt klein ist im Verhältnis zu ihrer Länge, wobei jedoch der Querschnitt genügend groß ist, so dass die Austauschgeschwindigkeit im Wesentlichen von der Zähigkeit des Gases bestimmt wird und annähernd der Druckdifferenz proportional ist.

**Transponder; Kenn(ungs)gerät**
Sender/Empfänger, der bei ordnungsgemäßer Abfrage ein Antwortsignal sendet, wobei Abfrage und Antwort auf unterschiedlichen Frequenzen erfolgen.

**Transsonische/schallnahe Geschwindigkeit**
Geschwindigkeit eines Körpers im Verhältnis zum umgebenden Gas, wobei die Strömung an einigen Stellen des Körpers im Unterschallbereich und an anderen im Überschallbereich liegt.

**Transsonisches Querruderflattern; Querrudervibration**
Schwingung eines Querruders um sein Scharnier mit begrenzter Amplitude. Sie tritt meist bei Geschwindigkeiten im hohen Unterschall- und im transsonischen Bereich auf.

**Trapezflügel; zugespitzer Flügel**
Tragfläche, deren Flügeltiefe von der Tragflächenwurzel bis zur -spitze ständig abnimmt.

**Trapezträger; Trapez**
(a) Horizontaler Querträger unmittelbar über dem Korb eines Drachenballons, zu dem die Steuerbord- und Backbordleinen führen in solch einer Weise, dass der Korb frei kippen kann, aber am Rollen relativ zum Ballon gehindert ist;
(b) Träger an einem Luftschiff zum Befestigen oder Ausklinken eines Luftfahrzeugs schwerer als Luft.

**Treibstoff**
Eine oder mehrere Substanzen, die für die Erzeugung von Gas auf chemischem Weg in dem für die Schuberzeugung erforderlichen und steuerbaren Maß Verwendung finden.

**Treibstrahlrohr,**
*cf / vgl* **Abgasschubrohr**

**Trennung**
Loslösen eines Flugkörpers von seinem Startgerät oder eines Teils eines Flugkörpers von einem anderen oder der Augenblick, in dem das Loslösen erfolgt.

**Trichterwolke; Trombe; Wolkenschlauch; Schlauchwolke**
Durch einen Wirbel hervorgerufene Wolkensäule oder umgekehrter Wolkenkegel unterhalb einer Wolkenuntergrenze. Sie kann bei Kumulonimbus- und – weniger häufig – bei Kumulus-Wolken auftreten.

**Triebwerk(anlage)**
Kompletter Zusammenbau oder Installation eines oder mehrerer Motoren mit Zubehör (Ansaug-, Kühl-, Zündanlage usw.), durch die die Antriebskraft für eine Beförderungsmittel oder Fahrzeug mit eigenem Antrieb, wie z. B. ein Luftfahrzeug, eine Rakete usw. erzeugt wird.

**Triebwerkdrehzahl**
Die Umdrehungen pro Minute des Hauptrotors eines Triebwerks oder anderer besonders gekennzeichneter Teile desselben.

**Triebwerkgondel**
Ummantelung oder Gehäuse um ein Triebwerk.

**Triebwerkverkleidung,**
*cf / vgl* **Motorhaube**

**Trimmdifferenzpunkt mit festem Knüppel,**
*cf / vgl* **Neutralpunkt mit festem Knüppel**

**Trimmdifferenzpunkt mit losem Knüppel,**
*cf / vgl* **Neutralpunkt mit losem Knüppel**

**Trimmen; austrimmen**
Das Steuerwerk so einstellen, dass ein Luftfahrzeug eine gewünschte Fluglage im beschleunigungsfreien Flugzustand ohne Belastung der Steuersäule oder der Seitenruderpedalen beibehält.

**Trimming**
Bei Luftschiffen:
Zustand des statischen Gleichgewichts um die Querachse.

**Trimmkante; Trimmstrreifen; Trimmblech**
Metallstreifen oder Stück Schnur oder Draht, die nur am Boden verstellbar und an der Hinterkante einer Steuerfläche angebracht sind, um den Ruderausgleich oder die Trimmung zu beeinflussen.

**Trimmruder; Trimmklappe**
Hilfsruder, dessen Einstellung gegenüber der Hauptfläche vom Luftfahrzeugführer gesondert vorgenommen werden kann.

**Trimmruder,**
*cf / vgl* **Gesteuertes Hilfsruder**

**Trockenadiabatischer Temperaturgradient**
Der Temperaturgradient trockener unsaturierter Luft unter adiabatischen Bedingungen (angenähert 1 °C pro 100 m oder 5,4 °F pro 1000 Fuß).

**(Trockener) Dunst**
Sichtverminderung hervorgerufen durch in der Luft schwebende extrem kleine trockene Partikel.

**Trockenfilterelement**
Das Filterelement eines Luftfilters, in dem die Filterung durch trockene Materie erfolgt.

**Trockengewicht**
Das Gewicht eines Triebwerks ohne Kraft-, Schmier- und Kühlstoff, jedoch einschließlich aller zum Betrieb des Motors notwendigen Hilfsgeräte sowie aller Antriebe für das übrige Zubehör.

**Trockenleergewicht**
Gewicht eines Systems ohne Kraft- und Schmierstoffe.

**Trombe,**
*cf / vgl* **Trichterwolke**

**Trommelläufer; Verdichterläufertrommel**
Ein Zylinder oder eine Reihe von miteinander verbundenen Scheiben, auf die die rotierenden Blätter eines Verdichters montiert sind.

**Trommelmotor; Axialzylindermotor**
Ein Kolbenmotor, dessen Zylinderachsen parallel zur Kurbelwellenachse angeordnet sind.

**Tropischer Wirbelsturm; Orkan**
Ein kleines zyklonenartiges Tiefdruckgebiet, das seinen Ursprung in tropischen Meeresgebieten hat und in dem starke Winde herrschen, die oftmals Orkanstärke erreichen. Auf der nördlichen Halbkugel drehen diese im entgegengesetzten Uhrzeigersinn und auf der südlichen Halbkugel im Uhrzeigersinn. In Westindien werden sie als Hurrikane bezeichnet, im Indischen Ozean und in Australien als Zyklone und im Gelben Meer als Taifun.

**Tropopause**
Die Übergangszone zwischen der Stratosphäre und der Troposphäre.

**Troposphäre**
Die untere Schicht der Atmosphäre, die sich bis zu einer etwa zwischen 25 000 und 50 000 Fuß (etwa 7500–15 000 m) variablen Höhe erstreckt, in der die Temperatur mit zunehmender Höhe normalerweise im Durchschnitt um 3 °F je 1000 Fuß oder 0,6 °C je 100 m abnimmt.

**Trudelfallschirm**
Fallschirm, der an einem Luftfahrzeug befestigt ist, um das Herausnehmen aus dem Trudeln zu unterstützen.

**Trudelkanal,**
*cf / vgl* **Vertikaler Windkanal**

**Trudeln**
Andauernder Spiralsinkflug, bei dem der mittlere Anstellwinkel größer als der kritische Anstellwinkel ist.

**Turbinendeckband; Turbinenstatorabdeckung**
Ein Ring, der das Vorbeiströmen des Abgases um die Schaufelspitzen in einer Axialturbine verhindert.

**Turbineneintrittskanal; Turbineneinlauf**
Der Kanal, durch den die Verbrennungsgase der Turbine zugeleitet werden.

**Turbinenlaufrad**
Rad oder Rotor mit zahlreichen Leitschaufeln, speziell in einem Gasturbinentriebwerk, angetrieben vom Impuls einer oder der Reaktion auf eine Strömung, die über die Leitschaufeln fließt. Oft als **'Turbine'** bezeichnet.

**Turbinenleitschaufelring,**
*cf / vgl* **Eintrittsleitschaufeln**

**Turbinen-Luftstrahltriebwerk,** *Abk* **TL-Triebwerk; Turbostrahltriebwerk**
Ein Gasturbinentriebwerk, bei dem die gesamte Nutzleistung ausschließlich aus der Strömungsenergie der durch eine Schubdüse austretenden Luft und Abgase als Vortriebsschub gewonnen wird.

**Turbinenradabschirmung; Isolierplatte**
Eine Schutzscheibe, die die Rückseite des Turbinenlaufrades gegen die Hitze der Abgase abschirmt.

**Turbinenscheibe; Turbinenlaufscheibe**
Der rotierende Teil einer Axialturbine, auf dem die Schaufeln befestigt sind.

**Turbinen-Staustrahltriebwerk; Turbostaustrahltriebwerk**
Bezeichnung für ein Turbinenstrahltriebwerk mit angebautem Nachbrenner.

**Turboanlasser,**
*cf / vgl* **Anlassgasturbine**

**Turboproptriebwerk,**
*cf / vgl* **Propellerturbinen-Luftstrahltriebwerk**

**Turbostrahltriebwerk,**
*cf / vgl* **Turbinen-Luftstrahltriebwerk**

**Turbulente Grenzschicht**
Eine Grenzschicht mit turbulentem Strömungsverlauf.

**Turbulente Strömung**
Strömung, in der kleine, unregelmäßige Schwankungen eine Normalströmung mit der Zeit überlagern.

**Turbulentes Ablösen**
Ablösen einer zuvor anliegenden Grenzschicht.

**Turbulenz im wolkenfreien Raum**
*cf / vgl* **Klarluftturbulenz**

**Typischer Querschnitt,**
*cf / vgl* **Bezugsschnitt**

# U

**Überdruck**
In einem Luftfahrzeug leichter als Luft:
Betrag, um den der Gasdruck an einem bestimmten Punkt in einer Hülle oder Gaszelle den Druck in der umgebenden Luft bei gleicher Höhe übersteigt.

**Überdruckkanal; Druckluft-Windkanal**
Windkanal, in dem Druckluft als Strömungsmedium verwandt wird, um hohe Reynoldssche Zahlenwerte zu erreichen.

**Übergangsfläche**
Eine festgelegte Fläche, die vom Rand der Anflugfläche und von einer Linie aus, die am Ende des inneren Randes jedes Anflugsektors beginnt und in Landerichtung parallel zur Pistenmittellinie gezogen ist, schräg aufwärts nach außen verläuft. Die Übergangsfläche legt die Höhen fest, oberhalb welcher es notwendig sein kann, eine oder mehrere der folgenden Maßnahmen zu ergreifen: den Bau neuer Hindernisse zu beschränken; Objekte zu entfernen oder Objekte zu markieren; um ein ausreichendes Maß von Sicherheit und Regelmäßigkeit für Luftfahrzeuge zu gewährleisten, die während der Anflug- oder Fehlanflugphasen in niedrigen Höhen und versetzt von der Pistenmittellinie fliegen.

**Übergangs(flug)fläche**
Die niedrigste Flugfläche, die für die Benutzung oberhalb der Übergangshöhe verfügbar ist.

**Übergangshöhe**
Die Höhe über Meer in der Umgebung eines Flugplatzes, in oder unterhalb welcher die Flughöhe eines Luftfahrzeuges nach Höhe über Meer bestimmt wird.

**Übergangsschicht**
Der Luftraum zwischen der Übergangshöhe und der Übergangsflugfläche.

**Überhang; Kragweite; Überlappung**
(a) Betrag, um dem die Spitze einer von zwei übereinander angeordneten Tragflächen über die Spitze der anderen hinausragt.
(b) Abstand vom äußersten Unterstützungspunkt bis zur Spitze einer Tragfläche.

**Überlappung,**
*cf / vgl* **Überhang**

**Überlastversuch**
Die Prüfung eines elektrischen Bauteils auf Betriebsbedingungen, die außerhalb des normalen Arbeitsbereichs liegen, die jedoch gelegentlich auftreten können.

**Überrollfeuer; Unterflurleuchte**
Feuer, das ein Überrolltwerden durch ein Luftfahrzeug-Laufrad aushält, ohne dass es selbst oder das Luftfahrzeug beschädigt werden.

**Überschall-Effusor,**
*cf / vgl* **Düse**

**Überschallgeschwindigkeit**
Eine oberhalb der (örtlichen) Schallgeschwindigkeit liegende Geschwindigkeit.

**Überschallkanal**
Windkanal, in dem die Strömungsgeschwindigkeit über der Schallgeschwindigkeit liegt.

**Überschallknall**
(a) Schall, der den Beobachter erreicht, wenn ein Luftfahrzeug mit oder oberhalb der Schallgeschwindigkeit fliegt.
(b) Die hörbare Auswirkung der von einem Überschallflugzeug erzeugten Druckwelle.

**Überschallströmung,**
*cf / vgl* **Strömung im Überschallbereich**

**Überschießen,**
*cf / vgl* **Zu weit kommen**

**Überschlag,**
*cf / vgl* **Looping**

**Übersteuern**
Bezeichnung für einen zur Erzielung eines gewünschten Flugzustandes übergroßen Ausschlag der Steuerruder eines Luftfahrzeugs durch den Luftfahrzeugführer.

**Überströmventil,**
*cf / vgl* **Luftablassventil**

**Überverdichtungsmotor; hoch verdichteter Motor**
Ein nicht aufgeladener Kolbenmotor, der ein hohes Verdichtungsverhältnis besitzt und so konstruiert ist, dass er nur über einer bestimmten Höhe mit voll geöffneter Drosselklappe laufen darf.

**Überwachungsradar,**
*cf / vgl* **Rundsichtradar**

**Überziehen** (als Substantiv)
Der Vorgang des Fliegens eines Luftfahrzeugs bis zu dem Anstellwinkel, bei dem es überzogen wird (Slang: bei dem es abschmiert).

**Überziehen** (als Verb)
Ein Luftfahrzeug in den Flugzustand bringen, in dem eine Tragfläche oder ein anderer dynamischer Auftriebskörper mit einem Anstellwinkel fliegt, der größer ist als der Winkel für den Höchstauftrieb, was zu Auftriebsverlust und Widerstandserhöhung führt.

**Überziehungsgeschwindigkeit,**
*cf / vgl* **Abkippgeschwindigkeit**

**Überzirkulation; Superzirkulation**
Zusätzliche Zirkulation um eine aerodynamische Fläche, die dann entsteht, wenn Luft oder Gas in einem größeren Maß über die Oberfläche geblasen wird als zur Unterdrückung der Grenzschichtablösung benötigt wird, oder wenn Gas von der Hinterkante her geblasen wird.

**UKW-Drehfunkfeuer**
Ein radial nach allen Seiten ausstrahlendes UKW-Funkfeuer, das einem Luftfahrzeug mit entsprechender Geräteausstattung eine Anzeige der Funkfeuer-Peilrichtung liefert. Es kann lediglich seitliche Abweichungen vom Flugweg liefern, aber auch gesprochene Informationen senden. (Ursprünglich stand **VOR** für **Visual omni-range**, da es dem Piloten lediglich Sichtangaben und keine Sprechfunkinformationen liefern konnte).

**Umfangsaußenseile; Hüllenseile**
In Luftschiffen:
Umfangsseile außerhalb oder innerhalb der Längsträger, an denen die Außenhaut befestigt ist.

**Umfangsgeschwindigkeit,**
*cf / vgl* **Blattspitzengeschwindigkeit**

**Umförderventil,**
*cf / vgl* **Ausgleichsventil**

**Umformer,**
*cf / vgl* **Gleichstromumformer**

**Umfüllventil,**
*cf / vgl* **Ausgleichsventil**

**Umgrenzungsfeuer; Platzrandbefeuerung**
Feuer, die die Grenzen eines Landebereichs kennzeichnen.

**Umgrenzungsmarker,**
*cf / vgl* **Randkennzeichnungen**

**Umkehrgeschwindigkeit,**
*cf / vgl* **(Kritische) Steuerungsumkehrgeschwindigkeit**

**Umkehrgrenzpunkt; kritischer Punkt**
Derjenige Punkt zwischen zwei Positionen, von dem aus ein Luftfahrzeug zu jeder dieser Positionen die gleiche Flugzeit benötigt.

**Umkehrgrenzpunkt**
Am weitesten vom Heimathafen entfernter Punkt, den ein Luftfahrzeug erreichen und von dem es mit einer gegebenen Sicherheitsreserve an Kraftstoff zum Heimathafen zurückkehren kann.

**Umkehrpropeller,**
*cf / vgl* **Umsteuerbare Luftschraube**

**Umkehrung** (Radiometeorologie)
*cf / vgl* **Inversion**

**Umlaufmotor**
Ein Kolbenmotor, dessen Zylinder radial um eine gemeinsame, feststehende Kurbelwelle verteilt sind, wobei die Zylinder rotieren.

**Umlaufzeit**
Dieser Begriff wird im Zusammenhang mit Landfahrzeugen, Schiffen und Luftfahrzeugen angewendet und umfasst: die Ladezeit am Heimatort, die Fahrzeit (Flugzeit) zwischen Heimat- und Bestimmungsort (hin und zurück), die Ent- und Beladezeit am Bestimmungsort, die Entladezeit am Heimatort, die für die Instandhaltung vorgesehene Zeit sowie gegebenenfalls die Wartezeit an den Abfertigungsanlagen.

**Ummanteltes Kühlsystem,**
*cf / vgl* **(Kühlung durch) Düsenkühler**

**Ummantelter Ölkühler,**
cf / vgl **Düsenölkühler**

**Umrechnungswinkel; Großkreisbeschickung**
Die an einem Punkt gemessene Winkelabweichung zwischen der Großkreispeilung und der Loxodrompeilung eines anderen Punktes.

**Umschalter Lader; Lader mit Schaltgetriebe**
Ein Lader, der über ein Getriebe angetrieben wird, dessen Übersetzungsverhältnis umgeschaltet werden kann.

**Umschlagpunkt**
In der Aerodynamik:
Punkt, an dem die Strömung vom laminaren zum turbulenten Zustand umschlägt.

**Umsteuerbare Luftschraube; Luftschraube mit Bremssteigung; Umkehrpropeller**
Luftschraube, deren Steigungswinkel so verstellt werden

kann, dass sie einen umgekehrten Schub erzeugt und somit die Landestrecke verringert.

**Umsteuerventil,**
*cf / vgl* **Wahlventil**

**Unbegleitetes Gepäck**
Gepäck, das nicht in demselben Luftfahrzeug befördert wird wie die Fluggäste oder die Besatzung, denen es gehört.

**Unbemanntes Luftfahrzeug**
Ein speziell für das Fliegen und die Funktions- oder Auftragsdurchführung ohne einen an Bord befindlichen menschlichen Luftfahrzeugführer konstruiertes oder dafür ausgerüstetes Luftfahrzeug. Wird auch als **Drohne** oder **RPV (remotely piloted vehicle)** bezeichnet.

**Undichtigkeit,**
*cf / vgl* **Leck**

**Ungerichtetes Funkfeuer; Kreisfunkfeuer**
Ein Funkfeuer mit einer Rundstrahl-Festantenne dessen Peilung lediglich von Luftfahrzeugen mit Peilgeräteausstattung festgestellt werden kann.

**Ungewissheitsstufe; Alarmstufe 1**
Eine Lage, in der über die Sicherheit eines Luftfahrzeugs und seiner Insassen Ungewissheit besteht.

**Ungleiche Steigung,**
*cf / vgl* **Blattfehleinstellung**

**Ungleichmäßige Verbrennung,**
*cf / vgl* **Chuffing**

**Unstarres Luftschiff; Prall-Luftschiff**
Luftschiff, dessen zugrunde gelegte Hüllenform allein durch den Innendruck aufrechterhalten wird.

**Unsymmetrische Belastungs- oder Lastverteilung**
Beanspruchungsbedingung bei einem Flugzeug mit ungleicher Verteilung der Belastungen beiderseits der Symmetrieebene, wie z.B. bei einer Rolle.

**Unterbrecherquerruder,**
*cf / vgl* **Einziehbares Querruder**

**Unterbrochenes Feuer**
Periodisch unterbrochenes Feuer, dessen helle Perioden gleich oder länger als die dunklen sind.

**Untere kritische Geschwindigkeit; kritische Kollapsgeschwindigkeit**
Diejenige Geschwindigkeit, bei welcher ein normalerweise voll gefüllter Fallschirm im beschleunigten Fall in die Birnenform zusammenfällt.

**Unterflügelkühler,**
*cf / vgl* **Hängender Tragflügelkühler**

**Unterflurleuchte,**
*cf / vgl* **Überrollfeuer**

**Unterschallgeschwindigkeit**
Eine unterhalb der (örtlichen) Schallgeschwindigkeit liegende Geschwindigkeit.

**Unterschallströmung,**
*cf / vgl* **Strömung im Unterschallbereich**

**Untersuchung(sverfahren)**
Das Verfahren, das zur Ermittlung der Ursache eines Luftfahrzeugunfalls oder Vorfalls einschließlich der Abfassung des entsprechenden Berichtes führt.

**Unterwasser-Tragflügel; Wassertragflügel**
In ihrer Form einem Tragflügel gleichende Fläche an einem Wasserflugzeug oder Amphibien-Bootskörper oder Schwimmer, die hydrodynamischen Auftrieb zum Erleichtern des Abhebens erzeugt.

# V

**V-Leitwerk**
Flugzeugleitwerk, bei dem die Steuerflächen in einer ausgeprägt positiven V-Stellung angeordnet sind.

**V-Motor**
Ein Kolbenmotor, dessen Zylinderreihen so zueinander angeordnet sind, dass sie von hinten gesehen den Buchstaben „V“ bilden.

**V-Stellung; V-Form**
Der Winkel, unter dem die Backbord- und Steuerbord-Tragflächen oder Dämpfungsflächen eines Flugzeugs oder Gleiters aufwärts gegen die durch die Querachse laufende Bezugsebene geneigt sind. Bei einer Neigung nach unten wird der Winkel als negative V-Stellung und im Englischen auch als **"anhedral"** und **"cathedral"** bezeichnet.

**Variabler Ladedruckregler,**
*cf / vgl* **Ladedruckregler mit veränderlicher Ausgangsstellung der Regeldose**

**Variometer**
Instrument zur Anzeige der Steig- und Sinkgeschwindigkeit.

**Ventilabdeckung; Ventilhaube**
Abdeckung oder Verkleidung, die das Ventil einer Hülle eines Luftschiffes gegen die Witterung schützt.

**Ventilleine**
Leine zum Bedienen eines Ventils.

**Ventilleinen**
Bei Luftfahrzeugen leichter als Luft:
Leinen, üblicherweise innerhalb einer Gaszelle oder Hülle, mit deren Hilfe ein automatisches Ventil betätigt wird.

**Venturi-Rohr**
(Nach G. B. Venturi (1746–1822) benannt). Ein Rohr oder eine Leitung mit konvergierendem-divergierendem Durchgang, wodurch nach der Bernoullischen Gleichung die Geschwindigkeit eines hindurchfließenden Gases erhöht und der Druck vermindert wird. Das Venturi-Rohr findet verschiedenartige Anwendungen, wie z.B. zum Antrieb sogbetriebener Fluginstrumente.

**Verankerungskonus; Verankerungskegel**
Koniscfher Bauteil an der Bugspitze eines Luftschiffs.

**Verankerungspunkt; Verankerungsbeschlag**
Verstärkter Teil eines Luftschiffs oder seiner Verseilung, von dem die Verankerungsseile ausgehen.

**Verantwortlicher Luftfahrzeugführer; (Luftfahrzeug-)Kommandant**
Der für den Betrieb und die Sicherheit eines Luftfahrzeuges während der Flugzeit verantwortliche Luftfahrzeugführer.

**Verbindung im festen Flugfernnetz**
Eine Verbindung, die einen Teil des festen Flugfernmeldenetzes bildet.

**Verbindungsrohr,**
*cf / vgl* **Brennkammer-Zwischenstück**

**Verbrauch**
Die gesamte in der Stunde verbrauchte Kraftstoff- oder Ölmenge.

**Verbrennungsanlasser**
Vorrichtung, bei der die heißen Gase der Kraftstoffverbrennung zum Durchdrehen des Motors, um ihn anzulassen, entweder unmittelbar oder durch Kopplung an eine Welle, genutzt werden.

**Verbund-Drehflügler; Kombinationsflugschrauber**
Luftfahrzeug, das sich im Fluge die Eigenschaften sowohl des Flugzeugs wie des Drehflüglers nutzbar macht.

**Verbundmaterial,**
*cf / vgl* **Sandwich**

**Verbund-Turbotriebwerk**
Ein Gasturbinentriebwerk, dessen Verdichter aus einer Anzahl von mechanisch nicht miteinander gekuppelten Stufen besteht, die jeweils von einer gesonderten Turbine angetrieben werden.

**Verdampfungskühlung; Verdunstungskühlung**
Eine Kühlananlage, die von der Wärmeabgabe einer Flüssigkeit bei ihrer Verdampfung Gebrauch macht. Das Kühlmittel erreicht den Siedepunkt, verdampft und wird nach seiner Kondensation wieder in den Zylindermantel zurückgeführt.

**Verdichterabreißen,**
*cf / vgl* **Strömungsabriss im Verdichter**

**Verdichteraustrittskanäle**
Die Kanäle, durch die die verdichtete Luft vom Verdichter in die Brennkammern strömt.

**Verdichtereintrittsgehäuse,**
*cf / vgl* **Lufteintrittsgehäuse**

**Verdichtergehäuse**
Ein Gehäuse, das das Laderlaufrad oder den Läufer eines Verdichters umschließt.

**Verdichterläufertrommel,**
*cf / vgl* **Trommelläufer**

**Verdichterstufe**
Verdichter oder Teil eines Verdichters, der im Fall eines Axialverdichters aus einer Reihe fester und einer Reihe rotierender Schaufelräder oder im Falle eines Zentrifugalverdichters aus einem Laderlaufrad und seinem dazugehörigen Diffusor besteht.

**Verdichtervorkammer,**
*cf / vgl* **Ansaugluftvorkammer**

**Verdichtungsstoß; Stoßwelle**
Schmales Band quer zu den Stromlinien, innerhalb dessen abrupte Erhöhungen von Druck, Dichte und Temperatur sowie eine abrupte Verringerung der Strömungsgeschwindigkeit in Verbindung mit einem Entropiezuwachs auftreten. Die Normalkomponente der Strömungsgeschwindigkeit verläuft in Bezug auf den Verdichtungsstoß in Anströmrichtung im Überschallbereich, in Abströmrichtung im Unterschallbereich. Sie wird als anliegend oder abgelöst bezeichnet, je nach dem, ob sie sich oder ob sie sich nicht mit dem auslösenden Körper in Kontakt befindet.

**Verdrängtes Luftvolumen**
Volumen der Luft, die von einem festen Körper gleicher Form und Größe wie die äußere Haut oder Hülle eines Luftfahrzeuges leichter als Luft verdrängt würde.
**Anmerkung**: Dies ist das bei aerodynamischen Rechnungen verwandte Volumen.

**Verdunstungseis**
Eisbildung in der Ansauganlage an oder in der Nähe von Flächen, welche von Kraftstoff benetzt und durch dessen Verdunstung abgekühlt werden. Eis kann sich sowohl aus freien Wassertropfen als auch durch Sublimieren von Wasserdampf bei Temperaturen bis zu ungefähr + 25° Celsius bilden.

**Verdunstungskühlung,**
*cf / vgl* **Verdampfungskühlung**

**Vereisung**
(a) Vorgang, bei dem sich Luftfeuchtigkeit als Eis niederschlägt; die Bedingung, unter der Vereisung auftritt.
(b) Ein Ansetzen von Eis.

**Vereisungsgeschwindigkeit**
Die Geschwindigkeit, mit der eine Eisschicht unter gegebenen Bedingungen an einer Oberfläche eines Luftfahrzeugs wächst; sie wird im Allgemeinen in cm-Dicke pro Minute angegeben.

**Vereisungsindex; Vereisungsgrad**
Die geschätzte Wahrscheinlichkeit des Auftretens von Vereisung zu einem gegebenen Zeitpunkt an einem gegebenen Ort.

**Vereisungsschutz**
Schutz von Luftfahrzeugen gegen Vereisung durch Verhüten der Eisbildung (z.B. durch ständiges Beheizen).

**Vereisungsschutzgitter**
Ein Drahtnetz, das in einem Lufteinlass mit der Absicht eingebaut ist, eine Auffangfläche für den Ansatz von Eis zu schaffen und dadurch eine Eisbildung in der Ansauganlage zu verhüten.

**Verengungsverhältnis**
Verhältnis der Querschnittsfläche am Beginn der Verengung zum Querschnitt an ihrem Ende.

**Verfahrenskurve**
Eine Bewegung, bei der eine Kurve geflogen wird, die von einem festgelegten Kurs über Grund wegführt und auf die eine Kurve in entgegengesetzter Richtung folgt, wobei beide Kurven so ausgeführt werden, dass das Luftfahrzeug auf dem Gegenkurs eindrehen und diesem folgen kann.
**Anmerkung 1**: Verfahrenskurven werden entsprechend der einleitenden Kurve wie folgt als „links“ oder „rechts“ bezeichnet:
(a) Verfahrenskurve links – eine Verfahrenskurve, bei der die einleitende Kurve nach links ausgeführt wird;
(b) Verfahrenskurve rechts – eine Verfahrenskurve, bei der die einleitende Kurve nach rechts ausgeführt wird.
**Anmerkung 2**: Verfahrenskurven können entweder für den Horizontalflug oder Sinkflug entsprechend den Bedingungen jedes einzelnen Instrumentenanflugverfahrens festgelegt werden; die einzige Beschränkung ist, dass der festgelegte Hindernismindestabstand nicht überschritten werden darf.

**Verfolgen,**
*cf / vgl* **Aufzeichnen**

**Verfügbare Landestrecke**
Länge der Landebahn, die staatlicherseits als verfügbar und

geeignet deklariert worden ist für die Landestrecke eines Flugzeugs, wie im Einzelnen von der ICAO definiert.

**Verfügbare Last**
Bei einem Luftfahrzeug leichter als Luft:
Alle Masseanteile außer der festen Masse.

**Verfügbare Last; Zuladung**
Beim Militärluftfahrzeug: Kraftstoff, Öl und Munitionszuschlag. Beim Zivilluftfahrzeug = Betriebsladung: Besatzung, Kraftstoff, Öl und Nutzlast.

**Verfügbare Startlaufstrecke**
Länge der Startbahn, die vom Staat als verfügbar und geeignet für den Startlauf eines startenden Flugzeugs freigegeben worden ist. In den meisten Fällen stimmt dies mit der Länge der Startbahnbefestigung überein.

**Verfügbare Startstrecke**
Länge der verfügbaren Startlaufstrecke plus Länge der verfügbaren Freifläche (falls vorhanden).

**Verfügbarer Auftrieb**
Bei einem Luftfahrzeug leichter als Luft:
Gesamtauftrieb vermindert um festes Gewicht.

**Vergaservereisung**
Eisablagerung an oder nahe des Vergasers eines Flugmotors infolge der Abkühlung der Luft bei isentropischer Expansion der Ansaugluft im Temperaturbereich zwischen 0° bis 5°C.

**Vergleichsgeräuschmesser**
Instrument zum Messen der Lautstärke durch Hörvergleich mit einem Bezugsgeräusch.

**Verkehrsflughafen; Flughafen**
Ein Flugplatz, auf welchem Einrichtungen zum Unterstellen, Warten und Instandsetzen von Luftfahrzeugen und für den Empfang und die Abfertigung von Fluggästen und von Luftfracht vorhanden sind. Zolldienst kann ebenfalls zur Verfügung stehen.

**Verkehrsflugzeug,**
*cf / vgl* **Luftfrachtführer**

**Verkleidung**
Nichttragender Bauteil, der zur Verringerung des Widerstandes an beliebiger Stelle angebracht ist.

**Verkleidungsübergang; Ausrundung; Auskehlung**
Verkleidung der Naht zweier Flächen zur Verbesserung der Luftströmung.

**Verriegelungsschaltung,**
*cf / vgl* **Gesteuerter Kreis**

**Verschiebeschlitten**
Vorrichtung zur seitlichen Bewegung von Luftfahrzeugen auf dem Boden.

**Verschlusskegel**
Kleines, kegelförmiges Metallstück, das auf eine der Verschlussklappen eines Verpackungssacks genäht ist. Es ist kurz vor seinem oberen Ende durchbohrt, um einen Verschlussstift aufzunehmen. Die übrigen Verschlussklappen sind mit je einer Ringöse versehen, die über den Kegel und unter den Verschlussstift passen.

**Verschlussklappe**
Bei Fallschirmen:
Stoffabdeckung, die aus einer Anzahl dreieckiger, am Rande eines Verpackungssacks, eines Behälters oder einer Packhülle angebrachter Klappen gebildet wird. Die Ecken dieser Klappen sind üblicherweise zunächst untereinander verbunden, bis durch Lösen eines Sicherungsdrahtstiftes oder Aufreißen einer Verschlussschlaufe die Klappen freigegeben werden.

**Verschlusssache**
Informationen oder Sachen amtlichen Charakters, die im nationalen Interesse geschützt werden müssen.

**Verschlussstift; Vorstecker**
Der Stift, der die Klappen eines Fallschirmverpackungssacks zusammenhält und durch Betätigung des Aufziehkabels oder der Aufziehleine herusgezogen wird.

**Verschmelzen**
Beschädigung an Fangleinen oder Gewebe des Fallschirmes durch von Reibung erzeugter Hitze.

**Verschobener Koordinatennullpunkt**
Fester Punkt südlich und westlich einer Gitterzone, von dem aus Gitterentfernungen nach Osten und Norden gemessen werden.

**Verseilung**
In Luftschiffen:
Seilnetz, das Reibung der Gaszellen an den Längsträgern verhindern soll.

**Versenkte Antenne; integrierte Antenne**
Antenne, die nicht über die Oberfläche eines Luftfahrzeugs hinausragt, um den Luftwiderstand der Antenne auszuschalten.

**Verstärkungspflaster; Verstärkungsbesatz**
In Luftschiffen leichter als Luft:
Pflaster zur Verstärkung einer Naht, z.B. auf der Hülle an der Vorderkante einer Lufthutze.

**Versteifung; Aussteifung**
Bauteil, der an einer Platte angebracht ist, um deren Bewegung senkrecht zu ihrer Oberfläche zu beschränken.

**Versteifungsprofil,**
*cf / vgl* **Längsversteifung**

**Versteifungsstrebe,**
*cf / vgl* **Absstandsstrebe**

**Verstellbare Schubdüse**
Eine Schubdüse, deren Querschnittsfläche verändert werden kann, um den Optimalzustand für die Betriebsbedingungen des Triebwerks zu erreichen.

**Verstellbarer Einlauf,**
*cf / vgl* **Lufteinlauf mit veränderlicher Geometrie**

**Verstellgelenk**
Blattgelenk, das eine Änderung des Blattanstellwinkels gestattet.

**Verstell-Luftschraube; Verstellpropeller**
Ein Propeller, dessen Blätter im Fluge auf bestimmte vorgegebene Anstellwinkel verstellt werden können.

**Verstellpropeller mit konstanter Drehzahl**
Ein Verstellpropeller, dessen Steigungseinstellung selbsttätig so reguliert wird, dass er eine vorgegebene konstante Drehzahl beibehält.

**Versuchsanlage,**
*cf / vgl* **Prüfgerüst; Prüfstand**

**Versuchsmuster,**
*cf / vgl* **Prototyp**

**Verteilter Massenausgleich; verteiltes Ausgleichsgewicht**
Massenausgleich, der längs der Spannweite der Steuerfläche verteilt ist.

**Vertikaler Temperaturgradient; vertikales Temperaturgefälle**
Der Betrag der Temperaturabnahme mit zunehmender Höhe.

**Vertikaler Windkanal; Trudelkanal**
Windkanal, in dem die Luftströmung senkrecht geleitet wird. Diese Anordnung wird in der Hauptsache zur Untersuchung des freien Trudelns besonderer Modelle benutzt.

**Vertikalgeschwindigkeit,**
*cf / vgl* **Normalgeschwindigkeit**

**Vertikalkraft,**
*cf / vgl* **Normalkraft**

**Vertikalkreis**
Ein Großkreis durch den Zenit auf der Himmelskugel, dessen Ebene senkrecht auf dem Himmelshorizont steht.

**Vertikalkreisel; Lotkreisel**
In Luftfahrzeugen benutztes Kreiselgerät zur Darstellung eines vertikalen Bezugswertes, auf den bezogen die Lage des Luftfahrzeugs gemessen wird.

**Verwirbelung,**
*cf / vgl* **Wirbelstärke**

**Verzerrungen, Verzerrungsgrad bei genormten Prüfbedingungen**
Der Grad der Wiedergabeverzerrung eines bestimmten Prüftextes bei verzerrungsfreier Modulation, gemessen in einem bestimmten Zeitabschnitt.

**Verzögerte Füllung,**
*cf / vgl* **Verzögerte Öffnung**

**Verzögerte Öffnung; verzögerte Füllung**
Normaler Vorgang zum Entfalten oder Öffnen eines Fallschirms, der durch einen selbsttätigen Mechanismus verzögert wird.

**Verzögerung,**
*cf / vgl* **Negative Beschleunigung**

**Verzweigungsrohr,**
*cf / vgl* **Gabelrohr**

**$V_F$**
Bemessungsgeschwindigkeit bei ausgefahrenen Klappen.

**VFR**
Das für die Bezeichnung von Sichtflugregeln benutzte Zeichen.

**VFR-Flug**
Ein nach Sichtflugregeln durchgeführter Flug.

**$V_g$-Flugschreiber**
Instrument, das gleichzeitig auftretende angezeigte Fluggeschwindigkeits- und normale Beschleunigungswerte (im Allgemeinen durch Aufzeichnung) registriert.

**VgH-Flugschreiber**
Flugschreiber, der gleichzeitig auftretende angezeigte Fluggeschwindigkeits-, normale Beschleunigungs- und Druckhöhenwerte (im allgemeinen durch Aufzeichnung) registriert.

**Vielzelliger Ölkühler; mehrzelliger Ölkühler**
Ein Ölkühler, der aus einer Anzahl von Kühlungselementen besteht.

**Viereckfallschirm; Quadratfallschirm**
Fallschirm, dessen Kappe im flach ausgelegten Zustand annähernd quadratisch ist.

**(Vier)Kursfunkfeuer**
An Land befindliche Funknavigationsstation, die zum Flug-Navigationsfunkdienst gehört und Dauerton-Funkzonen herstellt. (In gewissen Fällen kann ein (Vier-)Kursfunkfeuer auch an Bord eines Schiffes aufgestellt werden).

**(Vier)Kursfunkfeuer mit Sicht- und Höranzeige**
UKW-(Vier)Kursfunkfeuer, bei dem an Bord des Luftfahrzeugs zwei Kurse durch Sicht- und zwei durch Höranzeige angezeigt werden.

**Vierrad-Fahrwerk; Vierpunktfahrwerk**
Fahrwerk, das aus vier einzelnen Laufrädern oder Laufradeinheiten besteht.

**(Viertelkreisige) Funkfehlweisung**
Durch die Einflüsse der Bauteile eines Luftfahrzeugs verursachte Fehlweisung eines ankommenden Funkstrahls. Der Fehler ist Null bei Peilungen in Richtung der Längs- und der Querachse und am größten bei Peilungen in den Viertelkreisen.

**Viertellinie,**
*cf / vgl* **1/4-Punktlinie**

**Viertelpunkt,**
cf / vgl **1/4-Punkt**

**Visierkreisel; Sichtlinienkreisel**
Stabilisierungskreisel an einer Flugkörperantenne, der sicherstellt, daß die Antenne des Kreisels bei vorübergehendem Aussetzen eines Empfangssignals mechanisch stabil bleibt.

**VMC**
Das für die Bezeichnung von Sichtflugwettbedingungen benutzte Zeichen.

**Vollautomatische Weitergabeeinrichtung**
Eine Fernschreibeinrichtung, bei der die Festlegung der Verantwortung für die Weitergabe in Bezug auf eine einlaufende Meldung und auf die daraus folgende Herstellung der erforderlichen Verbindungen zur entsprechenden Weitergabe sowie alle anderen normalen Weitergabe-vorgänge automatisch erfolgen und auf diese Weise das Eingreifen des Bedienungspersonals, ausgenommen für Überwachungszwecke, überflüssig macht.

**Volldruckhöhe,**
*cf / vgl* **Kritische Höhe**

**Völligkeit; Ausfüllungsgrad**
(a) Das Verhältnis der Summe der Flächen der Blätter einer Luftschraube zu deren Spitzenkreisfläche.
(b) Das Verhältnis der Summe der auf dem Bezugsradius gemessenen Blatttiefen einer Luftschraube zu dem Umfang des Bezugsradius.

**Von-Bord-Gehen,**
*cf / vgl* **Aussteigen**

**Von Hand betätigter Fallschirm; Freifallschirm**
Personenfallschirm, der durch den Springer von Hand betätigt werden kann.

**Voraussichtlicher Anflugzeitpunkt**
Der Zeitpunkt, zu welchem für ein ankommendes Luftfahrzeug voraussichtlich der Beginn des Landeanfluges freigegeben wird.

**Vorderkante; Eintrittskante; Nase**
Vordere Kante eines Tragflügels oder anderen Körpers, der sich durch die Luft bewegt.

**Vorderkantenklappe,**
*cf / vgl* **Nasenklappe**

**Vorderkantenkühler,**
*cf / vgl* **Flächennasenkühler**

**Voreinflugzeichen (VEZ)**
Funkfeuer, das bei einem Instrumentenlandesystem dazu dient, den ersten vorbestimmten Punkt während eines Instrumentenanflugs zu kennzeichnen.

**Vorfeld: Abstellfläche; (Flugbetriebs-)Abstellplatz**
Eine auf einem Flugplatz festgelegte Fläche, auf der Luftfahrzeuge zum Zweck des Ein- oder Ausladens, des Auftankens, Parkens oder zur Wartung abgestellt sind.

**Vorflügel**
Ein vor dem Hauptflügel so angeordneter Hilfsflügel, dass ein Spalt entsteht.

**Vorhalterechnung; Vorhaltermittlung**
Errechnung des vor einem sich bewegenden Ziel liegenden Punktes, auf den der Flugkörper zu richten ist, um das Ziel abzufangen.

**Vorhaltermittlung,**
*cf / vgl* **Vorhalterechnung**

**Vorhaltewinkel,**
*cf / vgl* **Luvwinkel**

**Vorhergesagte Isobarenkarte; Luftdruck-Vorhersagekarte**
Eine Karte der Luftdruckverteilung, die für einen bestimmten, zukünftigen Zeitpunkt vorhergesagt ist.

**Vorstecker,**
*cf / vgl* **Verschlussstift**

**Vorsteckstift,**
*cf / vgl* **Sicherungsdrahtstift**

**Vortriebswirkungsgrad; Strahlwirkungsgrad**
Das Verhältnis der Vortriebs-Schubleistung zur Antriebsleistung einer Luftschraube.

**Voruntersuchung**
Die Ermittlung allen Tatsachenmaterials im Zusammenhang mit einem Luftfahrzeugunfall.

**Vorverdichten,**
*cf / vgl* **Aufladen**

**Vorwärtspfeilung**
Eine Blattpfeilung in Richtung der Blattvorderkante.

$V_{SI}$
Eine Überziehungsgeschwindigkeit oder stetige Mindestgeschwindigkeit.

$V_{SO}$
Eine Überziehungsgeschwindigkeit oder stetige Mindestgeschwindigkeit mit Flügelklappen in Landestellung.

**V/STOL-Flugzeug,**
*cf / vgl* **Senkrecht-/Kurzstartflugzeug**

**VTOL; Senkrechtstart**
Abkürzung für **"vertical take-off and landing"**. Attributives Eigenschaftswort zur Bezeichnung von Luftfahrzeugen schwerer als Luft, die senkrecht starten und landen können.

# W

**W-Triebwerk**
Ein Motor mit drei Zylinderreihen, die, von hinten gesehen, eine breite Pfeilspitze bilden.

**Wabengleichrichter**
Aus sich überkreuzenden Leitflächen im Windkanal gebildetes Gitter, das dazu dient, größere Störungen zu vermindern und die Strömung geradezurichten.

**Wabenkühler**
Ein Kühler, der aus einem wabenförmigen Röhrensystem besteht, in dem das Kühlmittel umläuft.

**Wahlventil; Mehrweghahn; Umsteuerventil**
Ein Ventil, mit dessen Hilfe die Flüssigkeitsströmung in einen von einer Anzahl von Kreisen oder „Wegen" geleitet werden kann.

**Wahre Fluggeschwindigkeit; Eigengeschwindigkeit**
Die Geschwindigkeit des Flugzeuges relativ zur ungestörten Luft.

**Wahrscheinlicher Standort**
Standort eines Luftfahrzeugs, der aus allen verfügbaren Daten ermittelt wurde, wobei deren wahrscheinliche Genauigkeit in Rechnung gestellt wurde.

**Wandreibung,**
*cf / vgl* **Oberflächenreibung**

**Wärmemauer; Hitzemauer**
Durch die jenseits bestimmter, sehr hoher Geschwindigkeiten auftretende aerodynamische Aufheizung gegebene Behinderung des Fliegens. Im Englischen auch als **"heat barrier"** = **Hitzemauer** bezeichnet.

**Wärmespannung,**
*cf / vgl* **Temperaturspannung**

**Warmfront**
Die Grenze auf der Erdorberfläche zwischen vorrückenden Warmluftmassen und der Kaltluft, auf welcher sie aufgleiten.

**Warm(luft)sektor**
Ein bodennaher Warmluftsektor in vielen frisch gebildeten Depressionen, begrenzt von der Warmfront (an seiner Vorderseite) und der Kaltfront.

**Wartepunkt**
Geographisch oder elektronisch festgelegter Bezugspunkt über der Erd- oder Wasseroberfläche, der dazu dient, in der Luft befindlichen Luftfahrzeugen einen bestimmten Punkt als Wartestation zuzuweisen. Speziell:
**Bezugspunkt des Warteverfahrens**
(a) Ein erkennbarer Punkt, in dessen Nähe zu bleiben ein im Fluge befindliches Luftfahrzeug angewiesen ist.
(b) Ein Wartepunkt beim Rollen.

**Warteschleife**
Der Flugweg über Grund, dem an einem Wartepunkt zu folgen ein Luftfahrzeug angewiesen ist.

**Wartestapel,**
*cf / vgl* **Stack**

**Warteverfahren**
Ein vorherbestimmtes Verfahren, durch das ein Luftfahrzeug in einem festgelegten Luftraum gehalten wird, während es auf weitere Freigabe wartet.

**Wasserauffangverhältnis,**
*cf / vgl* **Auffangverhältnis**

**Wassereinspritzung**
Das Einspritzen von Wasser in das Verbrennungsgemisch eines Motors zur Verbesserung der Verbrennung im Motor oder zur Erzeugung zusätzlicher Kühlung.

**Wasserflugzeug; Seeflugzeug**
Flugzeug, das auf dem Wasser starten und landen kann.

**Wasserflugzeug-Schleppkanal**
Länglicher, enger Tank mit gleichförmigem Querschnitt und einem Schleppwagen, auf dem Modelle zur Beobachtung und Messung ihres Verhaltens in der Bewegung angebracht werden können.

**Wassergefüllter Anti-G-Fliegeranzug**
Anti-G-Anzug, in dessen Zwischenschicht sich eine Flüssigkeit (Wasser) befindet; hierdurch wird bei Einwirkung von positiven Beschleunigungskräften automatisch der erforderliche hydrostatische Druckgradient annähernd erreicht.

**Wasserhose**
Das Gegenstück zum Tornado über See.
**Anmerkung**: Der Kern wird durch Kondensation von Wassertropfen sichtbar, welche infolge adiabatischer Abkühlung durch die Druckerniedrigung im Kern eintritt.

**Wasserlandebahn,**
*cf / vgl* **Wasserpiste**

**Wasserlandebahnbefeuerung,**
*cf / vgl* **Rinnenfeuer**

**Wasserpiste; Rinne; Wasserlandebahn**
Eine festgelegte, rechteckige Fläche auf einem Wasserflugplatz, die in ihrer Länge für Lande- und Startlauf von Luftfahrzeugen bestimmt ist.

**Wasserpistenfeuer,**
*cf / vgl* **Rinnenfeuer**

**Wasserrollbahn,**
*cf / vgl* **Zufahrtrinne**

**Wasserrollbahnfeuer,**
*cf / vgl* **Zufahrtrinnenfeuer**

**Wasserrollbahn-Sichtzeichen; Zufahrtrinnenmarker**
Sichtzeichen, die eine Wasserrollbahn kennzeichnen.

**Wasserrückgewinnung,**
*cf / vgl* **Ballastwassergewinnung**

**Wassertragfläche**
Eine zum Gleiten auf der Wasseroberfläche ausgelegte Tragfläche.

**Wassertragflügel,**
*cf / vgl* **Unterwasser-Tragflügel**

**Wechselfeuer**
Unterbrochenes Feuer, bei dem die Farbe wechselt.

**Wechselflussventil,**
*cf / vgl* **Be- und Enttankungsventil**

**Wechselrichter,**
*cf / vgl* **Wechselstromumformer**

**Wechselstromumformer; Wechselrichter**
Eine Vorrichtung zur Umwandlung von Gleichstrom in Wechselstrom.

**Wechselventil,**
*cf / vgl* **Pendelventil**

**Wegrollen,**
*cf / vgl* **Abkippen**

**Wellenleistung,**
*cf / vgl* **Bremsleistung**

**Wellenschub,**
*cf / vgl* **Gesamtschub**

**Wendekreisradius,**
*cf / vgl* **Kurvenradius**

**Wendekurve**
Eine Kurve, die vom Luftfahrzeug zwischen dem Ende des Abflugkurses über Grund und dem Anfang des Endanflugkurses über Grund während des Zwischenanfluges durchgeführt wird. Diese Kurse über Grund sind nicht reziprok.
**Anmerkung**: Wendekurven können so festgelegt werden, dass sie je nach Umständen des einzelnen Instrumentenanflugverfahrens entweder im Horizontalflug oder während des Sinkens durchgeführt werden, wobei die einzige Beschränkung darin besteht, dass die festgelegten Hindernisabstände nicht verletzt werden dürfen.

**Wende- (und Querneigungs)zeiger**
Instrument, das die Funktionen eines Wendezeigers und Querneigungszeigers in sich vereint.

**Wende- und Schiebeflug(an)zeiger; Wendezeiger**
Instrument, in dem die Funktionen eines Wendezeigers und eines Schiebekraftmessers kombiniert sind.

**Wendezeiger**
Instrument zur Anzeige der Drehgeschwindigkeit eines Luftfahrzeuges um seinen Hochachse.

**Wetterauskunft; Wetterinformation(en)**
Wettermeldungen, Analysen, Wettervorhersagen und alle anderen Angaben, die sich auf bestehende oder zu erwartende Wetterverhältnisse beziehen und von einer Wetterdienstbehörde oder deren Wetterwarten ausgegeben werden oder von diesen erhältlich sind.

**Wetterballon,**
*cf / vgl* **Registrierballon**

**Wetterbeobachtung**
Die Feststellung eines oder mehrerer Wetterelemente.

**Wetterbericht; Wettermeldung**
Eine Beschreibung der vorherrschenden Wetterbedingungen an einem bestimmten Ort zu einer gegebenen Zeit.

**Wetterdienstbehörde**
Die Behörde, die meteorologische Dienste für die internationale Luftfahrt im Namen eines Vertragsstaates leistet oder sie veranlasst.

**Wetterinformation(en)**
*cf / vgl* **Wetterauskunft**

**Wettermeldung; Wetterbericht**
Eine Angabe über beobachtete Wetterverhältnisse, bezogen auf eine bestimmte Zeit und einen bestimmten Ort.

**Wettersonde,**
*cf / vgl* **Radiosonde**

**Wettervorhersage**
Die Voraussage der Wetterbedingungen für einen bestimmten Ort, für ein bestimmtes Gebiet, oder entlang einer bestimmten Flugstrecke, welche für einen bestimmten Zeitraum erwartet werden.
**Anmerkung**: Wettervorhersagen für die Luftfahrt werden üblicherweise für verschieden lange Zeiträume ausgegeben, die zwischen wenigen Stunden (kurzfristige Wettervorhersage) bis zu 30 Stunden schwanken. Sie enthalten Angaben über:
(i) Richtung und Geschwindigkeit des Bodenwindes,
(ii) Höhenwinde und Temperaturen,
(iii) Bewölkung: Bedeckungsgrad, Art, Höhe der Unter- und Obergrenze (über Meer),
(iv) Bodensicht,
(v) Wetterbedingungen,
(vi) Höhe der 0°C-Isotherme (über Meer),
(vii) Vereisung am Flugwerk,
(viii) (Erforderlichenfalls) Luftdruck in (mittlerer) Meereshöhe,
(ix) Besondere Wettererscheinungen.

**Wetterwarnung**
Die im voraus erfolgende Mitteilung über gefährliche Witterungserscheinungen, wie z.B. Gewitter, Sturm, Flugwerkvereisung.

**Widderpunkt; Frühlingspunkt**
Derjenige Punkt auf der Himmelskugel, in dem die Sonne auf ihrer Bahn auf der Ekliptik den Himmelsäquator von Süden nach Norden kreuzt. Dies tritt während der Frühlings-Tagundnachgleiche ein.

**Widerstand**
Komponente der aerodynamischen Geamtkraft in Richtung des ungestörten relativen Luftflusses, – im Flug mit Kraftantrieb unter Ausschluss von Einflüssen des Schubs auf diese Komponente.

**Widerstandachse**
Gerade durch den Schwerpunkt parallel zur ungestörten Anströmrichtung. Positiv in der Anströmrichtung.

**Widerstandsbeiwert**
Verhältnis des Widerstandes zum Produkt aus dynamischem Druck und einer Bezugsfläche.

**Widerstandskabel; Widerstandsseil; Innenverspannungsdraht**
(a) In Luftfahrzeugen leichter als Luft: Draht, der den Widerstand einer Gondel oder eines anderen Bauteils nach vorn auf das Gerippe oder die Hülle leiten soll.
(b) In Tragflügeln: Drähte oder Kabel im Rahmenwerk eines Tragflügels und in seiner Ebene, die Kräfte in der allgemeinen Richtung des Widerstandes aufnehmen sollen.

**Wiedereintritt**
Der Vorgang, wenn ein Raumfahrzeug oder anderes Objekt in die wahrnehmbare Atmosphäre zurückkommt nachdem es zuvor in größere Höhen aufgestiegen war; die mit diesem Vorgang verbundene Tätigkeit.

**Wiedereintritts(flug)körper oder -fahrzeug**
Jedes eine Nutzlast tragende Fahrzeug, das konstruiert ist, die wahrnehmbare Atmosphäre zu verlassen und danach wieder durch sie zur Erde zurückzukehren.

**Wiederholen**
Ein Verfahren, nachdem die Empfangsstelle eine empfangene Meldung oder einen besonderen Teil dieser Meldung an die Sendestelle zurückübermittelt, um auf diese Weise die Bestätigung des richtigen Empfanges zu erhalten.

**Windfahnenstabilität; Schiebegierstabilität**
Tendenz eines Körpers, in die Anströmrichtung zu drehen.

**Windhose,**
*cf / vgl* **Wirbelwind**

**Windkanal**
Anordnung zur Erzeugung einer wohldefinierten Luft- oder anderen Gasströmung zur Durchführung von strömungsdynamischen Versuchen.

**Windkanal mit geschlossener Rückführung; Windkanal geschlossener Bauart**
Windkanal, in dem die hinter dem Modell strömende Luft durch ein Verbindungsrohr zurück in die Messstrecke geleitet wird.

**Windkanal offener Bauart**
Windkanal, der über kein Verbindungsrohr zwischen dem stromabwärtigen Ende des Diffusors und dem stromaufwärtigen der Verengung verfügt.

**Windmessgerät,**
*cf / vgl* **Tragbarer Windmesser**

**Wind(mühlen)rad**
Eine Luftschraube, die dazu vorgesehen ist, Energie aus der relativen Luftströmung zu gewinnen.

**Windrichtungsanzeiger; Lande-T; Landewindzeiger**
Ein auf einem Flugplatz oder dem Landebereich befindliches Sichtzeichen in Form des Buchstaben „T" oder eines Flugzeugs, das in der Luft befindlichen Luftfahrzeugen die Windrichtung anzeigt. Im Englischen auch als **"landing tee"** (= **Landekreuz**) bezeichnet.

**Windrose; Winddiagramm**
Ein Diagramm, das für einen bestimmten Ort und gewöhnlich für einen mehr oder weniger langen Zeitraum die Häufigkeit von Winden verschiedener Richtung und Stärke angibt.

**Windsack**
Windrichtungsanzeiger in Form eines abgeschnittenen kegelförmigen Stoffsackes.

**Windscherung**
Eine über eine kurze Strecke erfolgende Änderung der Windgeschwindigkeit und/oder der Windrichtung mit einer reißenden oder scherenden Wirkung. Sie kann in horizontaler oder vertikaler Richtung und gelegentlich in beiden Richtungen erfolgen.

**Windschreiber**
Ein Instrument zur Registrierung der Windgeschwindigkeit und in manchen Ausführungen auch der Windrichtung.

**Windstärke nach der Beaufort-Skala,**
*cf / vgl* **Beaufort-Windstärkeskala**

**Windstille; still**
Abwesenheit eines spürbaren Windes. Windstärke (Beaufort-Zahl) 0; Windstille; Rauch steigt gerade empor (Windgeschwindigkeit: weniger als 1 Knoten).

**Windstillepunkt,**
*cf / vgl* **Standort ohne Windberücksichtigung**

**Windstillepunkt-Anzeiger**
Eine Bordrechenanlage, die den Standort des Luftfahrzeugs auf der Basis von Steuerkurs, Fluggeschwindigkeit und abgelaufener Zeit ständig anzeigt.

**Windstoß,**
*cf / vgl* **Bö(e)**

**Windunruhe,**
*cf / vgl* **Bö(e)**

**Windversetzung,**
*cf / vgl* **Abtrift**

**Winkelbeschleunigung**
Die Beschleunigung eines Körpers um eine Achse.

**Winkeldeck**
Flugdeck, das so angeordnet ist, dass Luftfahrzeuge – in der Horizontalebene gesehen – in einem Winkel zur Längsachse des Flugzeugträgers landen.

**Wirbel**
Ein in kreisförmiger Bewegung befindlicher Strömungsbereich hoher und andauernder Wirbelintensität.
Allgemeiner: Flüssiges Element hoher Wirbelstärke.

**Wirbelblech**
Ein Blech zum Verwirbeln der in die Brennkammern eintretenden Primärluft.

**Wirbelfläche**
Fläche, in der eine Unterbrechung der tangential zu ihr verlaufenden Geschwindigkeitskomponente eintritt.

**Wirbellinie; Linienwirbel**
Eine Linie, die so beschaffen ist, dass ihre Richtung überall der des örtlichen Wirbelverlaufs entspricht.

**Wirbelringzustand**
Betriebszustand des Rotors bei langsamem Sinkflug, gekennzeichnet durch die Abwesenheit eines definitiven Nachstroms und durch große Rezirkulationsverluste, wenn die Richtung des axialen Durchflusses durch den Rotorflächenkreis entgegengesetzt des axialen Durchfluss außerhalb des Rotorflächenkreises ist. Im Grenzbereich dieses Zustands ist der Nettodurchfluss durch den Rotorflächenkreis gleich Null.

**Wirbelschleppe,**
*cf / vgl* **Freier Wirbel**

**Wirbelstärke; Verwirbelung; Wirbelströmung**
Drehbewegung einer Strömung, die im allgemeinen in irgendeinem Punkt einer Strömung als gleich der doppelten mittleren Winkelgeschwindigkeit eines kleinen Strömungselements um diesen Punkt definiert wird.
Der **Wirbelvektor** in einer gegebenen Richtung durch einen Punkt in einer Strömung ist gleich der Zirkulation um ein Flächenelement senkrecht zu dieser Richtung dividiert durch den Flächeninhalt.

**Wirbelstraße**
Regelmäßige Anordnung von Linienwirbeln in zwei annähernd parallelen Reihen, die sich manchmal hinter zweidimensionalen Körpern bildet.

**Wirbelsturm,**
*cf / vgl* **Tornado**

**Wirbelwind; Wirbelsturm; Windhose**
Ein begrenztes Gebiet, in welchem die Luft rasch um einen Kern tiefen Druckes wirbelt. Wirbelwinde können manchmal bis in Höhen von vielen hundert Metern hinaufreichen.

**Wirksame Blattfläche**
Eine dimensionslose Zahl als ein Maß der effektiven Blattfläche, die dazu verwendet wird, die Fähigkeit eines Luftschraubenblattes zur Leistungsaufnahme auszudrücken. Sie ist definiert durch die Formel: AF (5/R) 5 RO,2 Rcr 3dr, wobei R der Luftschraubenradius und c die Blatttiefe am Radius r ist.

**Wirksame Lichtintenstität**
Die wirksame Lichtintensität eine Blitzfeuers (Blinkfeuers), die der Intensität eines Festfeuers derselben Farbe gleich ist, das unter denselben Beobachtungsbedingungen die gleiche Sichtweite ermöglicht.

**Wirtschaftlichste Reichweite**
Reichweite, bei der das Luftfahrzeug dauernd unter den Bedingungen geflogen wird, die für die jeweilige Flugmasse und den vorherrschenden Winden den wirtschaftlichsten Kraftstoffverbrauch ergeben.

**Wogenwolke,**
*cf / vgl* **Lentikularis-Wolke**

**Wölbung**
(a) Krümmung der Skelettlinie eines Flügelprofils; allgemeiner: Krümmung einer Fläche.
(b) Das Verhältnis der größten Höhe der Skelettlinie über der Profilsehne zur Flügeltiefe.

**Wölbungsklappe**
Landeklappenanordnung, die den rückwärtigen Teil des Tragflügels bildet und sich als Ganzes bewegt.

**Wolkenhöhe**
Die Höhe der Wolkenuntergrenze über Grund.

**Wolkenhöhenmesser**
Vorrichtung oder Gerät zum Messen der Höhe einer Hauptwolkenuntergrenze.

**Wolkenscheinwerfer**
Ein Scheinwerfer, der einen Lichtfleck an der Wolkenunterseite erzeugt, um hierdurch deren Höhe zu bestimmen.

**Wolkenschlauch,**
*cf / vgl* **Trichterwolke**

**Wolkenspiegel; Wolkenzugmesser**
Ein Gerät zur Bestimmung der Zugrichtung und relativen Geschwindigkeit der Wolken vom Boden aus.

**Wolken- und Zusammenstoß-Warnanlage**
Primäres Bord-Radargerät, das auf dem Schirm einer Kathodenstrahlröhre den Standort von möglicherweise gefährlichen Wolkenformationen, anderen Luftfahrzeugen oder Hindernissen auf dem Flugweg anzeigt.

**Wolkenzugmesser,**
*cf / vgl* **Wolkenspiegel**

# X/Y

**X-Motor**
Ein Kolbenmotor, dessen Zylinderreihen von hinten gesehen den Buchstaben „X" bilden.

# Z

**Z-(Markierungs-)Funkfeuer**
Eine bestimmte Art von Markierungsfunkfeuer mit einem kegelförmigen Ausstrahlungsdiagramm, das eng gebündelt entlang der Vertikalachse des Nullkegels eines Kursfunkfeuers verläuft.

**Zeichen,**
*cf / vgl* **Signal**

**Zeit bis zum Abheben,**
*cf / vgl* **Startdauer**

**Zeitweiliger Besucher**
Jede Person, ohne Unterschied der Rasse, des Geschlechts, der Sprache oder Religion, die aussteigt und in das Gebiet eines Vertragsstaates einreist, in dem sie nicht ständig wohnt, und sich dort nicht länger als drei Monate zu rechtmäßigen, nicht auf Einwanderung gerichteten Zwecken wie Touristik, Erholung, Sport, Gesundheit, familiäre Gründe, Studium, religiöse Pilgerfahrten oder Geschäfte aufhält und während ihres Aufenthaltes in dem besuchten Gebiet keiner erwerbsmäßigen Beschäftigung nachgeht.

**Zelle,**
*cf / vgl* **Flugwerk**

**Zenit**
Punkt auf der Himmelskugel senkrecht über einem Beobachter.

**Zenitentfernung; Zenitdistanz; Zenitwinkel**
Bogen des Vertikalkreises von einem Gestirn bis zum Zenit. Er ist 90° minus der Höhe.

**Zentralverankerung**
Methode, einen Ballon mit Hilfe einer Zentralverseilung dicht am Boden zu verankern.

**Zentralverschluss; Schnelltrennschloss**
Kastenförmige Vorrichtung an entweder den Fallschirmgurten oder den Sitzgurten, welche die Ösen der Anschnallgurte oder der Fallschirmgurte aufnimmt, die alle gleichzeitig ausgeklinkt werden können.

**Zentralverseilung**
Hilfsseile, die in einen Schäkel einmünden, an dem das Ankertau befestigt wird.

**Zentrifugallader,**
*cf / vgl* **Schleuderlader**

**Zentrifugalverdichter; Radialverdichter**
Ein Kompressor, bei dem die Luftverdichtung durch den mittels eines Gebläserades radial nach außen erfolgenden Strömungsdurchtritt in einen Diffusor erfolgt.

**Zentripetalturbine; außen beaufschlagte Radialturbine**
Eine Turbine, die im wesentlichen in radialer Richtung nach innen hin durchströmt wird, wobei die Abgase in axialer Richtung austreten. Der Druckabfall des Arbeitsgases wird im wesentlichen durch die Wirkung der Zentrifugalkräfte bei Durchtritt durch das Turbinenlaufrad verursacht.

**Zielflugempfänger; Peilempfänger**
Funkgerät, das mittels Sicht- oder Höranzeige die Abweichung der Längsachse eines Luftfahrzeugs von der Linie, die es mit einer Funksendeanlage verbindet, anzeigt.

**Zielflug-Hilfsmittel**
Verfahren, mit denen ein Luftfahrzeug zu einem Flugplatz oder Flugzeugträger geleitet wird.

**Zielkurslinie,**
*cf / vgl* **Kurslinie**

**Ziellandung,**
*cf / vgl* **Punktlandung**

**Ziel(peil)flug(verfahren); Homing**
Bei Luftfahrzeugen: Ein Verfahren unter Benutzung des Peilgerätes einer Funk- oder Radarstation und der Ausstrahlung einer zweiten, von denen mindestens eine beweglich ist, wobei die bewegliche Station sich stetig auf einer Standlinie der anderen annähert.

**Zielsuchkopf**
Das (normalweisende im Kopf untergebrachte) Gerät eines Zielsuch-Flugkörpers, das die Ausstrahlung vom Ziel auffasst und die Werte an den Empfänger der Lenkanlage weiterleitet.

**Zielsuchlenkung**
Leitverfahren, bei dem ein Flugkörper mittels Informationen, die er vom Ziel empfängt, auf dieses gelenkt wird.

**Zirkulation**
Integral über die Strömungsgeschwindigkeitskomponenten längs irgendeines geschlossenen Weges, erstreckt über diesen Weg.

**Zirrokumulus**
Dünne weiße Wolkenfelder, -decken oder -schichten ohne Schattenbildung, die aus sehr kleinen kernförmigen, gerippten oder ähnlichen Elementen bestehen, die ineinander übergehend oder voneinander getrennt mehr oder weniger regelmäßig angeordnet sind; die meisten dieser Elemente scheinen für den Beobachter am Boden eine Ausdehnung von weniger als einem Grad zu haben.

**Zirrostratus; Schleierwolke**
Ein durchsichtiger, weißlicher Wolkenschleier faserigen oder glatten Aussehens, der generell Halo-Erscheinungen hervorruft.

**Zirrus; Federwolke**
Nicht zusammenhängende, zarte und faserige Wolken ohne Schattenbildung, im allgemeinen von weißer Farbe.

**Zollfreier Flughafen; Freiflughafen**
Jeder internationale Flughafen, auf dem Besatzung, Fluggäste, Gepäck, Fracht, Post und Bordvorräte unter der Voraussetzung, dass sie bis zum Ausflug nach einem Ort außerhalb des Staatsgebietes innerhalb der im Flughafen festgesetzten Grenzen verbleiben, aussteigen oder ausgeladen werden können, an Bord bleiben oder umgeladen werden können, ohne zur Zahlung von Zollgebühren verpflichtet zu sein. Zolluntersuchungen können jedoch unter besonderen Umständen durchgeführt werden.

**Zone gleicher Amplitude,**
*cf / vgl* **Dauertonzone**

**Zonenzeit**
Eine Ausdehnung der Normalzeit auf Seegebiete, die in Streifen von je 15 Längengraden, mit dem ersten beidseitig des Nullmeridians beginnend, unterteilt sind; die Zonenzeit ist dann jeweils die mittlere Ortszeit des mittleren Meridians eines solchen Streifens.

**Zu erwartende Betriebsbedingungen**
Durch Erfahrung bekannte oder während der Betriebslebensdauer eines Flugzeuges im Rahmen seiner zulässigen Verwendungsmöglichkeiten voraussehbare Bedingungen, welche die atmosphärischen Verhältnisse, die Geländebeschaffenheit, das Betriebsverhalten des Flugzeuges, das Können des Personals und alle die Flugsicherheit beeinflussenden Faktoren berücksichtigen. Nicht eingeschlossen sind:
(a) jene Extreme, die durch betriebliche Verfahren wirksam vermieden werden können, und
(b) jene Extrme, die derart selten auftreten, dass die Forderung nach Erfüllung der Normen für solche Extreme einen höheren Grad der Lufttüchtigkeit ergäbe, als es aufgrund der Erfahrung notwendig und durchführbar ist.

**Zu kurz kommen**
So landen oder zum Landen anfliegen, dass ein Luftfahrzeug vor dem beabsichtigten Bereich aufsetzt.

**Zu weit kommen; Überschießen**
So landen, dass ein Luftfahrzeug hinter dem beabsichtigten Bereich aufsetzt.

**Zubringerpumpe,**
*cf / vgl* **Kraftstoff-Förderpumpe**

**Zufahrtrinne; Wasserrollbahn**
Ein festgelegter Weg auf einem Wasserflugplatz, der für die Zufahrt von Luftfahrzeugen bestimmt ist.

**Zufahrtrinnenfeuer; Wasserrollbahnfeuer**
Luftfahrtbodenfeuer, die längs einer Zufahrtrinne angeordnet sind und den Weg für Luftfahrzeuge anzeigen.

**Zufahrtrinnenmarker,**
*cf / vgl* **Wasserrollbahn-Sichtzeichen**

**Zugespitzer Flügel,**
*cf / vgl* **Trapezflügel**

**Zugpropeller; Zugluftschraube**
Ein Propeller, der so angebracht ist, dass er im normalen Betriebszustand die Propellerwelle auf Zug beansprucht.

**Zugpropellerflugzeug**
Flugzeug, das von Zugpropellern angetrieben, d.h. Anordnung der Luftschrauben vor den Triebwerken.

**Zuladen; Einladen; Beladen; Beladung**
Das Unterbringen von Fracht, Post, Gepäck oder Bordvorräten an Bord des diese transportierenden Luftfahrzeuges auf einem Fluge, ausgenommen Fracht, Post, Gepäck oder Bordvorräte, die bereits auf einem früheren Abschnitt desselben durchgehenden Fluges eingeladen wurden.

**Zuladung; verfügbare Last**
Gesamtladung, die an Bord eines Luftfahrzeugs gebracht wird, einschließlich Kraft- und Schmierstoff, Besatzung, Fluggästen, Post, Fracht, Bewaffnung usw., wobei die Menge dieser Ladung gleich der Differenz zwischen Gesamtflugmasse und Leermasse des Luftfahrzeugs ist.

**Zuladungsfaktor; Nutzladefaktor; Betriebslastvielfaches**
Tatsächliche Nutzlast bei einem bestimmten Flug als Prozentsatz der höchstzulässigenFlugmasse.

**(Zulässige) Flughöchstmasse,**
*cf / vgl* **Höchstzulässige Flugmasse**

**Zulässige Frachtlast**
Die Menge an Ladegut – ausgedrückt in Gewicht, Raumbedarf und Flugentfernung zum Bestimmungsort –, die jeweils von bestimmten Luftfahrzeugen befördert werden kann.

**(Zulässige) Landehöchstmasse,**
*cf / vgl* **Höchstzulässige Landemasse**

**Zulässige Motorleistung,**
*cf / vgl* **Nennleistung**

**(Zulässige) Starthöchstmasse,**
*cf / vgl* **Höchstzulässige Startmasse**

**Zulässiger Verzerrungsgrad**
Der größte Verzerrungsgrad der Leitung, bei dem das am Leitungsende angeschlossene Gerät alle angebotenen Signale noch einwandfrei verarbeiten kann.

**Zulassung,**
*cf / vgl* **Berechtigung**

**Zündgeschirr**
Das zwischen Zündverteiler und Zündkerzen eines Motors angeordnete System von Hochspannungskabeln einschließlich ihrer Durchführungen und Abschirmung.

**Zündpunkt,**
*cf / vgl* **Flammpunkt**

**Zusammengesetzte Karte**
Eine Karte, auf der für verschiedene Punkte entlang einer Flugstrecke die Wetterbedingungen zu denjenigen Zeiten angegeben werden, zu denen das Flugzeug diese planmäßig überfliegen wird.

**Zusammengesetztes Luftbild; Mosaik**
Zusammenstellung von Luftbildern, die so aneinander gepasst sind, dass sie ein zusammenhängendes Bild ergeben.

**Zusatzbehälter; Hilfsbehälter**
Ausbaubarer Kraftstoffbehälter, in dem eine zusätzliche Kraftstoffmenge mitgeführt werden kann.

**Zusatzrakete**
Rakete, die kurzzeitig zusätzlichen Schub für ein über eine andere Antriebsart verfügbares Luftfahrzeug, einen Flugkörper oder ähnliches Gerät liefert.

**Zusatzraketenantrieb**
Raketentriebwerk, zusätzlich zum Haupttriebwerk, zum Beschleunigen eines Flugkörpers.

**Zustand bei vertikaler Autorotation,**
*cf / vgl* **Tragschrauberzustand**

**Zuständige Behörde (die für die Erteilung der Erlaubnis ~)**
Die von einem Vertragsstaat für die Erteilung der Erlaubnis an Luftfahrtpersonal als verantwortlich bezeichnete Behörde.

**Zustandsform** (angewandt auf das Flugzeug)
Eine besondere Kombination von Stellungen der beweglichen Teile, wie Flügelklappen, Fahrwerk usw., welche die aerodynamischen Eigenschaften des Flugzeuges beeinflussen.

**Zusteigen; Einsteigen; Anbordgehen**
Das Besteigen eines Luftfahrzeuges zwecks Antritt eines Fluges, ausgenommen durch Besatzung oder Fluggäste, die be-

reits auf einem früheren Abschnitt desselben durchgehenden Fluges eingestiegen waren.

**(Zwangsläufig) angelenktes Hilfsruder**
Mechanisch mit einer Steuerfläche verbundenes Ausgleichsruder, dessen Winkelausschlag durch den der Steuerfläche bestimmt wird.

**Zweidimensionaler Wirbel; Punktwirbel**
Schnitt durch einen Linienwirbel zur Betrachtung ebener Strömungen.

**Zweifach,**
*cf / vgl* **Duplex(betrieb)**

**Zweifachbrenner,**
*cf / vgl* **Duplexbrenner**

**Zweiflutiger Verdichter,**
*cf / vgl* **Doppelflutiger Verdichter**

**Zweikanal-Simplexbetrieb**
Simplexbetrieb, bei dem in beiden Richtungen je ein Frequenzkanal benutzt wird.

**Zweikomponententreibstoff; Zweistofftreibmittel**
Flüssigkeits-Treibstoff, der aus zwei Substanzen – einem Brennstoff und einem Sauerstoffträger – besteht, die getrennt voneinander gehalten werden bis ihre gegenseitige chemische Reaktion für die Schuberzeugung erforderlich ist.

**Zweikreistriebwerk,**
*cf / vgl* **Mantelstromtriebwerk; Bypass-Triebwerk**

**Zweipunktsteuerung**
Ein Fernsteuersystem, bei dem die Steuerkraft stets entweder plus oder minus 100% des Maximalwertes beträgt. Im Gegensatz: **'Proportionalregelung'.**

**Zweistofftreibmittel,**
*cf / vgl* **Zweikomponententreibstoff**

**Zweiter Pilot; Zweiter Luftfahrzeugführer; Kopilot**
Ein Inhaber eines Luftfahrscheines für Luftfahrzeugführer, der Tätigkeiten eines Luftfahrzeugführers, mit Ausnahme der des (Luftfahrzeug-)Kommandanten ausübt; ausgenommen sind Luftfahrzeugführer, die sich ausschließlich zu ihrer Flugschulung an Bord befinden.

**Zwillingstriebwerk,**
*cf / vgl* **Gepaartes Triebwerk**

**Zwischenanflug**
Der Teil eines Instrumentenanflugverfahrens zwischen dem ersten Eintreffen über der ersten Navigationseinrichtung oder dem vorbestimmten Standort und dem Beginn des Endanflugs.
**Anmerkung**: Bei Radaranflügen wird keine Unterscheidung zwischen Anfangs- und Zwischenanflug gemacht.

**Zwischenerhitzer**
Eine Brennkammer, die zwischen zwei Stufen einer Turbine angeordnet ist, um zusätzliche Energie zu liefern.

**Zwischenlandung; Zwischenhalt**
Jede planmäßige Landung zwischen Endflugplätzen oder Flugplätzen der Streckenabschnitte.

**Zwischenlängsträger**
In Luftschiffen:
Leichter Hilfslängsträger, der zwischen Hauptlängsträgern liegt.

**Zwischenwand**
Stoffbrennwand innerhalb eines Luftfahrzeugs leichter als Luft, die gasdicht sein kann, um einzelne Abteilungen zu schaffen (z.B. **Ballonet-Zwischenwände**) oder gasdurchlässig zur Aufrechterhaltung der Form sein kann (z.B. **Stabilisierungskörper-Zwischenwände**).

**Zyklische Blattsteigung,**
*cf / vgl* **Periodische Steigungssteuerung**

**Zylindereinspritzpumpe**
Eine Kraftstoffpumpe, die den Kraftstoff unmittelbar in die einzelnen Zylinder einspritzt.

**Zylinderkopfring; Dichtring**
Ein Ring, der eine Gasabdichtung zwischen dem Zylinderkopf und der Zylinderlauffläche eines Schieberventils herstellt.

TEIL 4

# Aerospace-Definitionen – Englisch

PART 4

# Aerospace Definitions– English

# A

**Abac scale**
A special form of nomogram, graduated in difference in longitude, middle latitude and conversion angle.

**Abeam**
By or to the side of - applied to aircraft, as the plane passed abeam of the reporting point.

**Absolute altimeter**
A radio or similar apparatus that is designed to indicate the true vertical height of an aircraft above the terrain.

**Absolute altitude**
The altitude above a land or water surfave over which an aircraft, missile or spacecraft is flying.

**Absolute ceiling**
The altitude at which the maximum rate of climb of an aircraft becomes zero in the International Standard Atmosphere under specified conditions.

**Absolute humidity,**
*cf / vgl* **Vapour concentration**

**accelerate-stop cistance avilable,**
*cf / vgl* **Emergency distance available**

**Acceleration error**
The error caused by the effect of the vertical component of the Earth's magnetic field on the directional properties of a suspended magnetic element.

**Accelerations**
(aerospace medicine)
(a) Angular acceleration: the rate of change of angular velocity.
(b) Linear acceleration: The rate of change of velocity while maintaining a constant direction.
(c) Negative acceleration: most often used to indicate an accelerative force which produces a reaction from the legs toward the head in a seated position.
(d) Positive acceleration: most often used to indicate an accelerative force which produces a reaction from the head toward the leg in a seated poasition.
(e) Transverse acceleration: most often used to mean an acceleration acting perpendicular to the long axis of the body.

**Acceoerator pump**
A mechanism which temporarily enriches the mixture with the opening of the throttle.

**Accelerometer**
An instrument for measuring acceleration by sensing the inertial reaction of a proof mass, e.g. an **indicating accelerometer**, a **maximum-reading accelerometer**, a **recording accelerometer**, etc.

**Accessory gearbox**
An engine-driven gearbox for driving accessories.

**Accuracy landing**
A landing in which the pilot stets his aircraft down on a particular spot.
Also called a **"precision landing"**.

**Acrobatic flight**
Manoeuvres intentionally performed by an aircraft involving an abrupt change in ist attitude, an abnormal attitude, or an abnormal variation in speed.

**Active homing guidance**
A system of homing guidance wherein both the source for illuminating the target and the receiver for detecting energy reflected from the target as a result of ist illumination are carried within the missile itself.

**Actuator**
A power-operated device on aircraft to effect movement over a limited linear range.

**Additive**
Any material or substance added fo fuels or lubricants to improve them or give them some desired quality.

**Adiabatic**
Applied to the changes in the temperature and densitiy of a substance subjected to change of pressure, without loss or gain of heat.

**Adjustable-pitch propeller**
A propeller, the blades of which can be adjusted to a desired pitch setting when not rotating.

**Advection**
The process of transfer by horizontal motion in the atmosphere, e.g., the transfer of heat from low to high latitudes.

**Advisory airspace**
A generic term meaning variously, advisory area(s) or advisory route(s).

**Advisory area**
A designated area within a flight information region where an air traffic advisory service is available.

**Advisory route**
A route within a flight information region along which an air traffic advisory service is available.
**Note.** – Air traffic control service provides a much more complete service than air traffic advisory service; advisory areas and routes are therefore not established within controlled airspace, but air traffic advisory service may be provided below and above control areas.

**Aerial**
That part of a radio equipment which is designed to radiate or to receive radio waves.
'**Aerial**' is the common British usage; '**antenna**', with the same meaning, is common in the USA.

**Aerial photograph**
A photograph of the Earth's surface taken from an aircraft in flight.

**Aerobatics**
Evolutions intentionally performed with an aircraft, other than those required for normal flight.
See also **"acrobatic flight"**

**Aerodrome**
A defined area on land or water (including any buildings, installations and equipment) intended to be used either

wholly or in part fot the arrival, departure and movement of aircraft.

**Aerodrome beacon**
Aeronautical beacon used to indicate the location of an aerodrome.

**Aerodrome control**
A unit established to provide aerodrome control service.

**Aerodrome control radio station**
A station providing radio communication between an aerodrome control tower and aircraft or mobile aeronautical stations.

**Aerodrome control service**
An air-traffic control service for aerodrome traffic.

**Aerodrome control tower**
A unit established to provide air traffic control service to aerodrome traffic.

**Aerodrome elevation**
The elevation of the highest point of the landing area.

**Aerodrome identification sign**
A sign placed on or adjacent to an aerodrome to aid in identifying the aerodrome from the air.

**Aerodrome location beacon**
A light beacon denoting the location of an aerodrome.

**Aerodrome meteorological minima**
Limiting meteorological conditions prescribed for the purpose of determining the usability of an aerodrome either for the take-off or landing.
**Note.** – This definition does not preclude the use of limiting conditions for operations, such as **"decision height"**.

**Aerodrome reference point**
The designated geographical location of an aerodrome.

**Aerodrome surface movement indicator (ASMI)**
A primary radar system displaying, at a control point on an aerodrome, all fixed or moving objects above a certain size on the runways and taxying surfaces.

**Aerodrome taxi circuit**
The specified path of aircraft on the manoeuvring area during specific wind conditions.

**Aerodrome traffic**
All traffic on the manoeuvring area of an aerodrome and all aircraft flying in the vicinity of an aerodrome.
**Note.** – An aircraft is in the vicinity of an aerodrome when it is in, entering or leaving an aerodrome traffic circuit.

**Aerodrome traffic circuit**
The specified paths to be flown by aircraft operating in the vicinity of an aerodrome within a defined airspace.

**Aerodrome traffic zone**
An airspace of defined dimensions erstablished around an aerodrome for the protection of aerodrome traffic.

**Aerodynamic balance**
A balance designed for measuring aerodynamic forces or moments.

**Aerodynamic balance**
Reduction of the hinge moment opposing rotation of a control surface, either by so disposing the surface that part of it is forward of the hinge or by fitting a balance tab to it.

**Aerodynamic balance**
A propeller is in aerodynamic balance when the aerodynamic action on the blades results in no periodic forces or moments on the mounting.

**Aerodynamic centre**
The point about which the rate of change of pitching moment with angle of attack is zero.

**Aerodynamic damping**
The part of the damping of a system which is contributed by the aerodynamic forces and/or moments called into play by the motion.

**Aerodynamic lift**
The component along the lift axis of the resultant force due only to the relative airflow.

**Aerodynamic mean chord**
A chord of length defined by 1/S times the integral of c sq dy between the limits of -b sub 2 and +b sub 2, where c is the chord length at distance y from the plane of symmetry. b is the span, and S is the gross wing area.

**Aerodynamic stability**
Stability resulting from the effect of aerodynamic forces.

**Aerodynamic stiffness**
That part of the stiffness of a system which is contributed by the aerodynamic forces and moments called into play by the motion.

**Aerodynamic torque**
Torque exerted on something, especially a propeller or rotor, by aerodynamic forces.

**Aerodynamic twist**
A variation in the direction of the zero-lift line along the span of a wing or other aerofoil.

**Aerodynamics**
Dealing with the motion of air or other gas.

**Aerodynamics**
*cf / vgl* **Mechanics of fluids**

**Aerodyne**
*cf / vgl* **Heavier-than-air aircraft**

**Aeroelastic divergence**
The aeroelastic instability which results when the rate of change of aerodynamic forces or couples resulting from elastic displacement exceeds the rate of change of elastic restoring forces or couples.

**Aeroelasticity**
A branch of mechanics which treats the phenomena resulting from the interaction of aerodynamic, intertial, and elastic forces. Specifically, the tendency of aircraft wings and compressor or turbine blades to deflect under a load causing cyclic changes in the aerodynamic lift pattern.

**Aeroembolism**
The formation or liberation of gases in the fluids and tissues of the body, as brought on expecially by too-rapid change from a high atmospheric pressure to a lower one. Commonly used as synonymous with **"decompression sickness".**

**Aero-engine**
An engine used to provide the main propulsive or lifting power for an aircraft.

**Aerofoil**
A body so shaped as to produce aerodynamic reaction normal to the direction of ist motion through a fluid with minimum drop.

**Aerofoil section**
The shape of the boundary of a section of an aerofoil in a plane parallel to ist plane of symmetry.

**Aerologation,**
*cf / vgl* **Pressure-pattern flying**

**Aerometeorograph**
A meteorograph carried aloft by a free balloon, airplane, or other vehicle to measure and record meteorological phenomena above the earth's surface.

**Aeronaut**
One who operates, or serves as a crew member on, a free balloon or airship.

**Aeronautical beacon**
An aeronautical ground light visible at all azimuths, either continuously or intermittently, to designate a particular point on the earth, such as an airfield, a landmark or hazard.

**Aeronautical broadcasting service**
A broadcasting service intended for the transmission of information relating to air navigation.

**Aeronautical chart**
A respresentation of a portion of the Earth, ist culture and relief, specifically designated to meet the requirements of air navigation.

**Aeronautical fixed circuit**
A circuit forming part of the aeronautical fixed service (AFS).

**Aeronautical fixed service (AFS)**
A telecommunictaion service between specified fixed points provided primarily for the safety of air navigation and for the regular, efficient and economical operation of air services.

**Aeronatical fixed station**
A station in the aeronautical fixed service.

**Aeronautical fixed telecommunication network (AFTN)**
An integrated world-wide system of aeronautical fixed circuits provided, as part of the aeronautical fixed service, for the exchange of messages between the aeronautical fixed stations within the network.
**Note.** – "Integrated" is to be interpreted as a mode of operation necessary to ensure that intelligence can be transmitted from any aeronautical fixed station within the network to any aeronautical fixed station within the network.

**Aeronautical fixed telecommunication network circuit**
A circuit forming part of the AFTN.

**Aeronautical ground light**
Any light specially provided as an aid to air navigation, other than a light displayed on an aircraft.

**Aeronautical information publication (AIP)**
A publication issued by or with the authority of a State and containing aeronautical information of a lasting character essential to air navigation.

**Aeronautical light**
Any light established for the purpose of aiding air navigation.

**Aeronautical meteorological office**
An office designated to provide meteorological service for internaional air navigation.

**Aeronautical meteorological station**
A station designated to make observations and meteorological reports for use in interntional air navigation.

**Aeronautical mobile service**
A radio communication service between aircraft stations and aeronautical stations, or between aircraft stations.

**Aeronautical radio navigation service**
A radio determination service for the benefit of aircraft, intended for the determination of position or direction, or for obstruction warning in navigation.

**Aeronautical station**
A station in the aeronatuical mobile service. It may be placed on land, on board a ship, or in a satellite.

**Aeronautical telecommunication agency**
An agency responsible for operating a station or stations in the aeronautical telecommunication service.

**Aeronautical telecommunication log**
A record of the activities of an aeronautical telecommunication station.

**Aeronautical telecommunication service**
A telecommunication service porovided for any aeronautical purpose.

**Aeronautical telecommunication station**
A station in the aeronautical telecommunication service.

**Aeronautics**
The science and art of designing, constructing and operating aircraft; more narrowly: the science or art of operating aircraft.

**Aeropause**
A region of indeterminate limits in the upper atmosphere, considered as a boundary or transition region between the denser portion of the atmosphere and outer space.

**Aeroplane**
A power-driven heavier-than-air aircraft, deriving ist lift in flight chiefly from aerodynamic reactions on surfaces which remain fixed under given conditions of flight.

**Aeroplane configutations**
Various combinations of the positions of the movable elements, such as wing flaps, landing gear, etc., which affect the aerodynamic characteristics of the aeroplane.

**Aeroplane flight manual**
A manual, associated with the certificate of airworthiness, containing limitations within which the aeroplane is to be considered airworthy, and instructions and information neccessary to the flight crew members for the safe operation of the aeroplane.

**Aerospace**
Of or pertaining to the Earth's atmospheric envelope and the space above it; two separate entities considered as a single realm for activity in the launching, guidance and control of vehicles which will travel in both entities.

**Aerostat**
*cf / vgl* **Lighter-than-air aircraft**

**Aerostatics,**
*cf / vgl* **Mechanics of fluids**

**Aerostation**
The operation of lighter-than-air aircraft.

**Aero-tow flight**
Flight during which a glider is being towed by an aeroplane.

**Aero-tow flight time in a glider**
The totatl time occupied in tow by an aeroplane, from the moment the glider first moves for the purpose of taking off until the moment it is released from the tow device.

**Afterbruning**
The burning of residual solid propellant in a rocket motor after the main burning and thrust have ceased.

**Afterburning,**
*cf / vgl* **Reheat**

**Aftercooler,**
*cf / vgl* **Intercooler**

**Afterfiring**
Firing taking place in the cylinders of an engine after the ignition has been shut off.

**AFTN group**
Three or more radio stations in the aeronautical fixed telecommunications network exchanging communications on the same radio frequency.

**Ailavator**
(Aileron + elevator) Same as **"elevon"**: A control surface combining the functions of aileron and elevator.

**Aileron angle**
The angle between the chord of the control surface and the chord of the corresponding fixed surface.

**Aileron buzz**
An oscillation of limited amplitude of an aileron about ist hinge. It most often occurs at high subsonic and transonic speeds.

**Aileron reversal**
A reversal of the effect usually produced by the deflection of an aileron in a given direction.

**Aileron roll,**
*cf / vgl* **Slow roll.**

**Aileron yaw**
Yaw caused by aileron movement.

**Ailerons**
Pairs of control surfaces, normally situated at the trailing edge of the wing structure, designed to control an aiercraft in roll by their differential movement.

**Ailevator**
(Aileron + elevator) A variant of **"ailavator"**. Same as **"elevons"**.

**Air brake**
Any device primarily used to increase the drag of an aircraft at will.

**Air breather**
Term for air-breathing engine, an engine which obtains its oxygen from the atmosphere rather than having it self-contained as in a rocket.

**Air bump**
A local air disturbance, usually called a **"bump"**.

**Air carrier**
(a) A person or organization that carries freight or people by aircraft for hire.
(b) An aircraft that carries cargo or passengers.

**Air cleaner,**
*cf / vgl* **Air filter**.

**Air-compressor intake throttle**
A valve controlling automatically the intake of an air compressor to maintain a required condition on the delivery side at varying altitudes.

**Air conditioner**
A unit used to control the temperature, fresh air changes and/or humidity of the air in an aircraft on the ground.

**Aircraft**
A vehicle designed to travel through the air dependent on lift support other than reactions of the air against the Earth's surface.

**Aircraft accident**
An occurrence associated with the operation of an aircraft which takes place between the time any person boards the aircraft with the intention of flight until such time as all such persons have disembarked, in which
(a) any person suffers death or serious injury as a result of being in or upon the aircraft or by direct contact with the aircraft or anything attached thereto, or
(b) the aircraft incurs damage or structural failure which adversely affects the structural strength, performance or flight characteristics of the aircraft and which would normally require major repair or replacement of the affected component.

**Aircraft carrier**
A ship specially built for the housing, launching, recovery and servicing of aircraft.

**Aircraft category**
Classification of aircraft according to specified basic characteristics, e.g. aeroplane, glider, rotorcraft, free balloon.

**Aircraft dinghy**
An inflatable boat carried in an aircraft for use after alighting on water in an emergency.

**Aircraft equipment**
Articles, other than stores and spare parts of a removable nature, for use on board an aircraft during flight, including first-aid and survival equipment.

**Aircraft operating agency**
The person, organization or enterprise engaged in, or offering to engage in an aircraft operation.

**Aircraft station**
A radio station in the aeronautical mobile service on board an aircraft or an aispace vehicle.

**Aircraft vectoring**
The directional control of in-flight aircraft through transmission of azimuth heading and direction from ground control to aircraft.

**Aircrew**
The group of persons having duties concerned either with the flying of the aircraft or whose duties on board the aircraft affect the fulfilment of the aircraft's mission.

**Air evacuation**
Evacuation by aircraft of personnel and cargo.

**Airfield,**
*cf / vgl* **Aerodrome.**

**Air filter**
An assembly of filter elements in the air intake.

**Airflow meter**
An instrument for measuring the flow of air in ducts.

**Airfoil section**
*cf / vgl* **aerofoil section**

**Airframe**
The fuselage, booms, nacelles, cowlings, fairings, aerofoil surfaces (including rotors but excluding propellers and rotating aerofoils of engines) and landing gear of an aircraft and their accessories and controls.

**Air-ground communication**
Two-way communication between aircraft and stations or locations on the surface of the Earth.

**Air-ground control radio station**
An aeronautical telecommunication station having primary responsibility for handling communications pertaining to the operation and control of aircraft in a given area.

**Air-injection starter**
A type of starter for internal-combustion reciprocating engines that introduces compressed air into cylinders of an engine in order to rotate it.

**Air-intake casing**
A casing through which the air is admitted to the compressor.

**Air-intake guide vanes,**
*cf / vgl* **Inlet guide vanes**

**Air-intake oil cooler**
A cooler incorporated in an air-intake.

**Air interception**
To effect visual or radar contact with a friendly aircraft.

**Air intercharger**
A device whereby a part of the air passing round the circuit in a wind tunnel is replaced by air from outside, the main object being to avold overheating.

**Air landed**
Moved by air and disembarked or unloaded, after the aircraft has landed.

**Airlift**
(a) The total weight of personnel and/or cargo that is, or can be, carried by air, or that is offered for carriage by air.
(b) To transport passengers and cargo by use of aircraft.
(c) The action of transporting persons or freight by air.

**Airline**
Any air transport enterprise offering or operating a(scheduled) international air service.

**Air fog**
An instrument for recording the distance, relative to the air, travelled by an aircraft along the flight path.

**Air marker**
A mark on the ground made so as to be visible to aircraft, indicating direction or giving other useful information.

**Air mass**
A large mass of air, the whole of which has been subjected for a considerable time to approximately similar conditions so that no sharp horizontal differences of temperature and humidity exist within it.

**Air meter**
A type of portable anemometer.

**Air-mileage indicator**
An indicating instrument which shows continuously and automatically the air distance flown.

**Air-mileage unit**
An instrument which derives continuously an automtically the air distance flown, and feeds this function into other automatic instruments.

**Air navigation**
The art and science of conducting an aircraft to a specified destination.

**Air-oil shock strut**
A kind of shock strut containing oil and compressed air or other gas.

**Air plot**
A continuous plot of true headings steered and air distances flown.

**Airport**
An aerodrome at which facilities are provided for the shelter, servicing and repair of aircraft, and for receiving and discharging passengers or goods. Customs facilities may also be available.

**Airport beacon**
A rotating beacon located at or near an airport to indicate the specific or general location of the airport.

**Airport tariffs**
Charging scales relating to the use of landing, take-off, parking and hangar facilities at airports.

**Air position**
The calculated position of an aircraft assuming no wind effect.

**Air-position indicator**
An airborne system which presents a continuous indication of the aircraft position on the basis of heading, airspeed, and elapsed time.

**Air pressure**
The pressure or force exerted by either still or moving air.

**Air refueling**
The action of resupplying an aircraft with fuel in the air, conveying it from one aircraft to the other by means of hoses or other special equipment. Also called **"flight refueling"** or **"inflight refueling"**.

**Air report**
A report prepared by the pilot-in-command during the course of a flight in conformity with requirements for position, operational, or meteorological reporting in AIREP form.

**Air scoop**
A scoop through which air is forced into ballonnets or stabilizers by the relative wind.

**Airscrew**
An assembly of aerofoils, radially disposed, and designed to rotate in air with or without the application of power. The blade angle of each aerofoil usually varies along ist length.

**Air service**
Any scheduled air service performed by aircraft for the public transpart of passengers, mail or cargo.

**Air sextant**
An instrument which determines the altitude of a celestial body, employing a special device to provide an artificial horizon, e.g., **bubble sextant** or **gyro sextant**. It may be fitted with a periscopic, averaging, integrating, or other special device.

**Airship**
A power-driven lighter-than-air aircraft.

**Air sickness**
Motion sickness provoked by flight.

**Airspace**
Space in the air above the surface of the Earth, or a particular portion of such space, usually defined by the boundaries of an area on the surface, projected upward.

**Airspeed**
The speed (either true or indicated) of an object relative to the ambient airstream.

**Airspeed indicator**
An airspeed meter and display.

**Airspeed meter**
An instrument which measures the indicated airspeed of an aircraft.

**Airstream**
A stream of air; as in a wind tunnel or past a moving airplane; an airflow.

**Airstrip**
A strip of land cleared for the take-off and landing of aircraft.

**Air to ground communication**
One-way communication from aircraft to stations or locations on the surface of the Earth.

**Air traffic**
All aircraft in flight or operating on the manoeuvring areas of aerodromes.

**Air traffic advisory service**
A service provided within advisory airspace to ensure separation, in so far as possible, between aircraft which are operating on IFR flight plans.

**Air-traffic control centre**
An air traffic control service unit combining the services of a flight information centre and an area control centre.

**Air-traffic control clearance**
Authorization for an aircraft to proceed under conditions specified by an air traffic control unit.

**Air-traffic control service**
A service provided for the purpose of:
1) preventing collisions
   a) between aircraft and
   b) between aircraft and obstructions on the manouvring area and
2) expediting and maintaining an orderly flow of air traffic.

**Air traffic control unit**
A generic term meaning variously, area control centre, approach control office or aerodrome control tower.

**Air traffic service(s)**
A generic term meaning variously, flight information service, alerting service, air traffic advisory service, traffic service, area control service, approach control service or aerodrome control service.

**Air traffic service unit**
A generic term meaning variously, flight information centre or air traffic control unit.

**Air traffic light**
A light, usually portable, giving a narrow beam and provided with a sigthing device for directing the beam.

**Air volume**
The volume of air that would be displaced by a solid body of the same form and size as the outer cover or envelope of a lighter-than-air aircraft.
**Note**. – This is the volume used in aerodynamic calculations.

**Airway**
A control area or part of a control area in the form of a corridor equipped with radio navigational aids.

**Airway beacon**
A light beacon located on or near an airway.

**Airworthy**
Complying with the regulations prescribed by the competent authority certifying the fitness for flight of an aircraft.

**ALERFA**
The code word used to designate an alert phase.

**Alert phase**
A situation wherein apprehension exists as to the safety of an aircraft and ist occupants.

**Alert, to ~**
To warn to prepare for search and rescue and to direct the guarding of specified radio frequencies.

**Alerting post**
An agency designated to serve as an intermediary between a person reporting an aircraft in distress and a rescue coordination centre.

**Alerting service**
A service provided to notify appropriate organizations regarding aircraft in need of search and rescue aid, and to assist such organizations as required.

**Alighting**
An aircraft alights when it ceases to be airborne, loses flying speed and comes to rest.

**Alighting gear**
That part of an aircraft (other than the hull of a flying boat) provided for ist support on land or water, and for absorbing the shock on alighting. In addition to the undercarriage, alighting gear includes subsidiary items such as nose or tail wheels or wing-tip floats.

**Alighting run**
The distance travelled in contact with the Earth during alighting.

**All burnt**
The time a which a rocket has consumed its propellants.

**All-burnt range**
The range of a missile to the all-burnt stage.

**All-directional patch**
A circular patch designed to take pull in any direction.

**Allowable cargo load**
The amount of cargo, determined by weight, cubic displacement and distance to be flown, which may be transported by specified aircraft.

**Alternate aerodrome**
An aerodrome specified in the flight plan, to which a flight may proceed when it becomes inadvisable to land at the aerodrome of intended landing.
**Note**. – An alternate aerodrome may be the **aerodrome of departure.**

**Alternate frequencies**
The radiotelephony frequencies appropriate to the route concerned other than primary or secondary frequencies.

**Alternating light**
An intermittend light varying in colour.

**Alternative airfield**
An airflield with minimum essential facilities for use as an emergency landing ground, or when main or redeployment airfields are out of action or as required by tactical flexibility.

**Alternative means of communication**
A means of communication provided with equal status, and in addition to the primary means.

**Altigraph**
A recording altimeter.

**Altimeter**
A device for indicating altitude.

**Altimeter calibrator**
An apparatus for measuring the instrument errors of an altimeter.

**Altitude**
The vertical distance of a level, a point or an object considered as a point, measured from mean sea level.

**Altitude acclimatization**
The process of physiological adaptation as a response to prolonged sojourn at reduced atmospheric pressure with no or inadequate correction of the resulting hypoxia.

**Altitude chamber**
An airtight chamber within which the air pressure, temperature or humidity can be adjusted to duplicate the atmospheric pressure at different altitudes.

**Altitude engine**
A reciprocating aircraft engine with a high degree of supercharging, having ist maximum rated power output at some altitude above sea level and intended for use at relatively high altitudes.

**Altitude sickness**
(a) In general, any sickness brought on by exposure to reduced-oxygen tension and barometric pressure.
(b( The syndrome of depression, anorexia, nausea, vomiting, and collapse, due to decreased atmospheric pressure, occuring in an individual exposed to an altitude beyond that to which acclimatization has occured.

**Altocumulus**
A white and/or grey patch, sheet or layer of clouds generally with shading, composed of laminae, rounded masses, rolls, etc. which are sometimes partly fibrous or diffuse and which may or may not be merged; most of the regularly arranged small elements usually have an apparent width of between one and five degrees.

**Altostratus**
A greyish or bluish cloud sheet or layer of striated, fibrous or uniform appearance. There may be parts thin enough to reveal the Sun or Moon vaguely, as through ground glass, but altostratus does not show halo phenomena.

**Amphibian**
An aircraft capable of operating from either a land or a water surface.

**Anemograph**
An instrument for recording the speed, and sometimes also the direction, of the wind.

**Anemometer**
An instrument for determining the speed of the wind.

**Aneroid barometer**
A barometer, the action of which depends on the distortion of an airtight metal box with variation of atmospheric pressure.

**Angle-of approach indicator**
An optical device indicating to the pilot of an aircraft approaching to land at an aerodrome the appropriate descent path.

**Angle-of-approach lights**
Aeronautical ground lights arranged so as to indicate the desired angle of descent during an approach to an aerodrome.

**Angle of attack**
The angle between a suitable reference line in a body (such as the axis of a body of revolution – or the chord line of a wing) and the projection of the velocity relative to the ambient undisturbed relative airflow air on to the plane of symmetry.

**Angle of crab**
The horizontal angle between the longitudinal axis of a crabbed aircraft and its line of flight: a **drift angle**.

**Angle of incidence**
(a) The acute angle between the chord of an aerofoil (usually the geometric chord) and the longitudinal axis of an aircraft, measured in a plane parallel to the plane of symmetry for horizontal aerofoils and the horizontal plane for vertical aerofoils. See '**angle of attack**'.
(b) Of a wave: the angle between the direction of propagation and the plane tangent to a reference surface.
**Note**. – Not to be confused with **rigging angle of incidence**.

**Angle of pitch**
(a) The angle, as seen from the side, between the longitudinal body axis of an aircraft or similar body and a chosen reference line or plane, usually the horizontal plane. This angle is positive when the forward part of the longitudinal axis is directed above the reference line.
(b) Of a propeller: the same as '**blade angle**'.

**Angle of roll**
The angle that the lateral body axis of an aircraft or similar body makes with a chosen reference plane in rolling: usually, the angle between the lateral axis and a horizontal plane. The angle of roll is considered positive if the roll is to starboard.

**Angle of side-slip**
The angle between the direction of the undisturbed relative flow and the plane of symmetry.

**Angle of stall**
The angle of incidence corresponding to the maximum lift coefficient.

**Angled deck**
A flight deck arranged for the landing of aircraft at an angle, in the horizontal plane, to the fore-and-aft axis of an aircraft carrier.

**Angular acceleration**
The acceleration of a body about an axis.

**Anhedral**
A negative dihedral.

**Annular radiator**
A radiator shaped to fit within a circular cowling and through which the cooling air flows axially.

**Anoxia**
Oxygen deprivation serious enough to cause death. Sometimes incorrectly used for '**hypoxia**'.

**Antenna (aerial)**
That part of a radio system which is intended to transfer electromagnetic energy to, or receive it from, free space.
'**Aerial**' ist the common British usage; '**antenna**' with the same meaning is more common in the USA. Neither term includes the wave-guide or transmission line by which the aerial is connected to the radio transmitter or receiver.

**Anti-drag wires**
Wires or cables incorporated in the framework of an aerofoil and in ist plane, complementary to the drag wires and resisting forces in the opposite direction.

**Anti-g suit**
An inflatable garment designed to apply pressure to the legs and the abdomen to retard the flow of blood to the lower body and to augment the return of blood thence to the thoracic cavity under coditions of positive acceleration (+ g). Also commonly referred to as a **g-suit**.

**Anti-icing**
The protection of aircraft against icing by preventing ice formation (e. g. by continuous heating).

**Anti-lift wires**
Wires to resist forces in the opposite direction to the lift.

**Anti-rolling wire**
In aerostats: a wire to prevent rolling of any component relative to the hull or envelope.

**Anti-spin parachute**
A parachute attached to an aircraft to assist in its recovery from a spin.

**Anti-symmetrical flutter**
Flutter in which the components on port and starboard sides of an aircraft undergo, at any instant, equal but opposite displacements with respect to the plane of symmetry.

**Anti-trade winds**
A reverse current sometimes occurring above the trade winds at an altitude of 1000 m (3000 feet) or more.

**Anticipated operating conditions**
Those conditions which are known from experience or which can be reasonably envisaged to occur during the operational life of the aeroplane taking into account the operations for which the aeroplane is made eligible, the conditions so considered being relative to the meteorological state of the atmosphere, to the configuration of terrain, to the functioning of the aeroplane, to the efficiency of personnel and to all the factors affecting safety of flight. Anticipated Operating Conditions do not include:
(a) those extremes which can be effectively avoided by means of operating procedures; and
(b) those extremes which occur so infrequently that to require the Standards to be met in such extremes would give a higher level of airworthiness than experience has shown to be necessary and practical.

**Anticyclone**
A region of relatively high barometric pressure. The winds circulate clockwise round the centre in the northern, and counterclockwise in the southern hemisphere.

**Apex**
Term used to designate the centre and topmost point of an inflated parachute canopy. Normally that point is formed by the intersection of the canopy vent lines.

**Apogee**
The point at which a missile trajectory or a satellite orbit is farthest from the center of the gravitational field of the controlling body or bodies.

**Approach**
The airspace over an approach area.

**Approach**
To manoeuvre an aircraft into position relative to the landing area for flattening-out and alighting.

**Approach aids**
Systems designed to assist aircraft to make an approach along a chosen track or path.

**Approach-and-landing aids**
Systems designed to assist aircraft to make an approach along a chosen path and a subsequent landing.

**Approach area**
A specified portion of the surface of the ground or water preceding the threshold. It is an area within which it may be necessary to take one or more of the following actions: restrict the creation of new obstructions; or, remove objects or mark objects in order to ensure a satisfactory level of safety and regularity for aircraft operations during the approach phase.

**Approach control**
A unit established to provide an approach control service.

**Approach control office**
A unit established to provide air traffic control service to controlled flights arriving at, or departing from, one or more aerodromes.

**Approach control radar (ACR)**
A low powered primary surveillance radar with the coverage necessary to provide range and azimuth information on aircraft within the approach control area.

**Approach-control service**
An air traffic control service for arriving or departing flights.

**Approach funnel**
A specified airspace around a nominal approach path within which an aircraft approaching to land is considered to be making a normal approach.

**Approach idling conditions**
Holding of engines at idle speed during approach with capability for quick recovery of speed for go-around.

**Approach light beacon**
An aeronautical beacon placed on the extended centre line of a runway at a fixed distance from the threshold.

**Approach lights**
A system of lights so arranged as to assist a pilot in aligning his aircraft with a runway and in following a straight path when descending preparatory to landing.

**Approach parachute**
A parachute deployed from an aircraft to steepen the approach.

**Approach sequence**
The order in which two or more aircraft are cleared to approach to land at the aerodrome.

**Approach speed**
The indicated airspeed at which an aircraft approaches for landing.

**Approach surface**
A specified portion of an inclined plane or a combination of planes limited in plan view by the vertical projection of the approach area and chosen so as to establish the heights above which the action may need to be taken, as described in the definition of '**approach area**'.

**Approach time**
The time at which an aircraft commences ist final approach preparatory to landing.

**Appropriate airworthiness requirement(s)**
The comprehensive and detailed airworthiness codes established by a Contracting State for the class of aircraft under consideration.

**Approved**
Accepted by a Contracting State as suitable for a particular purpose.

**Approved training**
Training carried out under special curricula and supervision approved by a Contracting State.

**Apron**
A defined area on an aerodrome where aircraft stand for purposes of loading or unloading, refuelling, parking, or servicing.

**Area control centre**
A unit established to provide an area-control service.

**Area control service**
An air traffic control service for flights under IFR within control areas.

**Arrester barrier**
A net or other arresting device at or near the end of a runway to prevent aircraft from overrunning on either take-off or landing.

**Arrester hook**
A hook on an aircraft to engage arresting gear.

**Arresting gear**
A device installed in aircraft carriers, or on runways, for bringing to rest an aircraft fitted with an arrester hook.

**Arrival time**
The time at which an aircraft touches down.

**Arrow engine**
An engine with three rows of cylinders forming, in end view, a broad arrow head.

**Articulated blade**
A blade connected to the rotor head by flapping, lag and feathering hinges (fully articulated).

**Artificial daylight**
Illumination of an intensity greater than the light of a full moon on a clear night. (The optimum illumination is the equivalent of daylight.)

**Artifical feel**
A control feel simulated by mechanisms sometimes incorporated in the control system of an aircraft where the forces acting on the control surfaces are not transmitted to the cockpit controls.

**Artifical horizon**
An instrument with a selfcontained vertical gyro which displays the attitude of the aircraft in elevation and bank.

**Artificial moonlight**
Illumination of an intensity between that of starlight and that of a full moon on a clear night.

**Aspect ratio**
The ratio of the square of the span to the gross area of an aerofoil.

**Associated air mass**
The mass of air which moves relative to the air stream at the same velocity as a parachute canopy.

**Astro-compass**
A mechanical device for the solution of the astronomical triangle and the indication of true heading.

**Astrodome**
A transparent dome, with known optical characteristics, through which astronomical observations can be made.

**(Astronomical) altitude**
The arc of a vertical circle, or corresponding angle at the centre of the Earth, intercepted between a celestial body and the celestial horizon.

**Asymmetrical flutter**
Flutter in which the components on the port and starboard sides of an aircraft undergo, at any instant, asymmetrical and unequal displacements with respect to the plane of symmetry.

**Atmosphere**
The air surrounding the Earth.

**Atmospheric pressure**
The pressure produced at any point in the atmosphere by the weight of the air above a unit area centred at that point.

**Atmospheric refraction**
Refraction due to the atmosphere, which causes the altitude of a celestial body to appear greater than it really is.

**Atmospheric turbulence**
Random variations in the motion of the air.

**ATS route**
A spedified route designed for channelling the flow of traffic as necessary for the provision of air traffic services.
**Note.** - The term "**ATS route**" is used to mean variously, airway, advisory route, controlled or uncontrolled route, arrival or departure route, etc.

**Attitude**
The orientation of an aircraft determined by the relationship of its axes and some datum line in a datum plane, usually, but not necessarily, horizontal.

**Attitude relative to ground**
The attitude of an aircraft as defined by the inclination of its three axes to the ground.

**Authorized agent**
A responsible person who represents an operator and who is authorized by or on behalf of such operator to act on all formalities connected with the entry and clearance of the operator's aircraft, crew, passengers, cargo, mail, baggage or stores.

**Auto-lean**
A fuel-air mixture setting providing the leanest fuel-air mixture possible for efficient operation at cruising speeds, automatically compensated for changing altitudes.

**Automatic control**
The state in being when the control surfaces and/or engine controls are automatically operated in accordance with signals detected by instruments and with no pilot control through flying controls.

**Automatic cut-out valve**
A valve incorporated in the supply pipeline which causes delivery to be diverted when the pipeline pressure has reached the designed figure.

**Automtatic direction finder (ADF)**
A radio direction finder, which automatically and continuously provides a measure of the direction of arrival of the received signal. Data are usually displayed visually.

**Automatic mixture control**
A device for varying the quantity of fuel delivered in accordance with changes in air desnity.

**Automatic observer**
An apparatus for recording automatically the readings of a specified set of instruments in flight.

**Automatic parachute**
A parachute which is caused to deploy at a predetermined height by a barometric or other time-delay device.

**Automatic propeller**
A propeller incorporating a mechanism that automatically sets the blades at the most favorable angle for different operating conditions.

**Automatic relay installation**
A teletypewriter installation where automatic equipment is used to transfer messages from incoming to outgoing circuits.
**Note.** – This term covers both fully-automatic and semi-automatic installations.

**Automatic telecommunication log**
A record of the activities of an aeronautical telecommunication station recorded by electrical or mechanical means.

**Automatic valve**
A valve arranged to open and close automatically at predetermined pressures.

**Autopilot**
That part of an automatic flight control system which provides attitude stabilization with reference to internal references. Also known as '**automatic pilot**'.

**Auto-rich**
A fuel-mixture setting providing a rich fuel mixture, automatically compensated for changes in altitude.

**Autorotation**
A condition of flight wherein there is free and continuous rotation of a helicopter rotor or other aerodynamic body, caused by air forces and not sustained by power inputs.

**Auxiliary parachute**
A subsidiary parachute with smaller canopy attached to the pack or to the main parachute to assist in the deployment sequence.

**Auxiliary power plant**
An independent engine and ancillary equipment to provide power for auxiliary services on an aircraft.

**Auxiliary power unit (APU)**
An independent engine and ancillary equipment to provide power for auxiliary services and some main services in emergency.

**Auxiliary rotor**
A rotor, the primary function of which is to counterbalance the torque reaction of the main rotor in a rotorcraft and/or to change the motion of the aircraft about one of the body axes. Usually takes the form of a '**tail rotor**'.

**Auxiliary tank**
A removable tank in which an additional supply of fuel can be carried.

**Avcat**
An aviation turbine fuel of the kerosene type with a high flash point.
**Note.** – The addition of a figure after the term Avcat gives an indication of the maximum freezing point, e. g. Avcat/40 is an Avcat which has a freezing point not higher than -40°C.

**Avgas**
An aviation gasoline.

**Aviation**
(a) The operation of aircraft.
(b) Synonym for '**Aeronautics**'.

**Aviation medicine**
That branch of medicine dealing with the effects on man of the environment of flight. More specifically, the effects of flight, the performance by man of those tasks inherent in the control of aircraft and the prevention or alleviation of the physiological, psychological and pathalogical effects of stresses associated with flight.

**Avionics**
(a) The technology of the use of electronics in all its forms in airborne and aerospace vehicles.
(b) Airborne equipment produced by the use of such technology.

**Avtur**
An aviation turbine fuel of the kerosene type.
**Note.** – The addition of a figure after the term Avtur gives an indication of the maximum freezing point, e. g. Avtur/40 is an Avtur which has a freezing point no higher than -40°C.

**Axial cord**
A central rigging line joining the apex of a parachute to the lower extremities of the rigging lines.

**Axial deck**
A flight deck parallel to the fore-and-aft axis of an aircraft carrier.

**Axial engine**
An engine with the axes of its cylinders arranged parallel to the driving shaft.

**Axial flow**
The component of the air flow normal to the tip-path plane.

**Axial-flow compressor**
A compressor in which the air is compressed by ist passage axially past rows of blades alternately rotating and either fixed or contra-rotating.

**Axial-flow engine**
A gas turbine engine having an axial-flow compressor.

**Axial-flow supercharger**
A supercharger in which the air or mixture is compressed by an axial-flow compressor.

**Axial-flow turbine**
A turbine through which the general direction of flow is axial.

**Axial girder**
A girder along the axis of a rigid airship connecting the central fitting of each braced transverse frame and secured to the hull structure fore and aft.

**Axial wire**
A wire along the axis of a rigid airship connecting the central fitting of each braced transverse frame and secured to the hull structure fore and aft.

**Axis**
An imaginary straight line joining the apex of the parachute to the lower extremities of the rigging lines. In a conventional parachute it is the axis of symmetry.

**Axle offset**
In aircraft landing gear: the perpendicular distance between the castor axis and the wheel axis.

**Azimuth**
The direction of an object from a point, expressed as a horizontal angle measured clockwise from true North.

**Azimuth gyro**
A gyroscopic instrument used in aircraft to establish an arbitrary azimuth datum and to measure the aircraft heading relative to it.

# B

**B-scope; B-type display**
A bearing- or azimuth-range display.

**Back course sector**
The course sector which is situated on the opposite side of the localizer from the runway.

**Backing**
A counter-clockwise change of wind direction in either hemisphere.

**Baggage**
Personal property of passengers or crew carried on an aircraft by agreement with the operator.

**Bail out**
The process of abandonment of an aircraft in flight by use of a parachute. Generally used more specifically for such action unassisted by an ejection seat, escape capsule or similar device.

**Balance tab**
A tab designed to reduce the effort required to operate a control surface.

**Balanced surface**
A control surface embodying aerodynamic balance.

**Ballast**
Any substance so carried in a lighter-than-air aircraft as to be dischargeable for trimming or for gaining height.

**Ballasting-up**
The operation of adjusting the buoyancy or trim by releasing ballast or gas.

**Ballistic missile**
A missile which follows a ballsistic trajectory when thrust is terminated.

**Ballonnet balloon**
A kite balloon containing a compartment into which air is forced in order to maintain the shape of the balloon, when it is not full of gas.

**Ballonnet diaphragm,**
*cf / vgl* **Diaphragm**

**Balloon**
A non-power-driven lighter-than-air aircraft.

**Balloon flying cable**
The rope connecting a captive or kite balloon to the winch.

**Bang Bang (control)**
Describes a system of telecontrol in which the applied control force is either plus or minus 100 percent of its maximum value, and never anything less. Contrast **'proportional control'**.

**Bank, to ~**
To cause the lateral axis of an aircraft to take up an angle to the horizontal.

**Bank indicator**
A flight instrument consisting of a ball enclosed in a slightly curved transparent tube filled with a damping liquid, the position or movements of the ball in the tube being intended especially to indicate skidding or slipping in a turn.

**Bar**
The meteorogical unit of atmospheric pressure, equal to one million dynes (one megadyne) per square centimetre, an equivalent to 750,1 millimeters (29.5300 in.) of mercury at 0°C with the acceleration due to gravity equal to 980.665 cm/sec$^2$.

**Barany chair**
After Robert Barany (1876–1936), Swedish physician. A kind of chair in which a person is revolved to test his susceptibility to vertigo.

**Barograph**
A recording barometer.

**Barometer**
An instrument for measuring the pressure of the atmosphere.

**Barometric altimeter**
An aneroid barometer graduated to indicate altitude according to a standard atmosphere.

**Barometric fuel control**
A device which with changes in atmospheric pressure regulates the flow in the fuel manifold, by varying the delivery of a fuel pump.

**Barometric pressure control,**
*cf / vgl* **Barometric fuel control**

**Barometric tendency**
The barometric change during a specified period, usually 3 hours, before the time of observation.

**Barostat,**
*cf / vgl* **Barostatic relief valve**

**Barostatic relief valve**
A device which, with changes in atmospheric pressure, regulates the pressure supplied, and thereby the flow in the fuel manifold, by means of spill through a relief valve.

**Barothermograph**
An instrument recording pressure and temperature simultaneously.

**Barrage balloon**
A kite balloon, the cable of which may be used to destroy aircraft which come in contact with it.

**Barrel engine**
An internal-combustion reciprocating engine having the cylinders parallel to ist drive shaft. Also called an "**axial engine**".

**Barrel roll**
An aerobatic performance in which an airplane is made to roll while simultaneously revolving about an offset axis, describing a corkscrew flight path.

**Barrette**
Three or more aeronautical ground lights closely spaced in a transverse line so that from a distance they appear as a short bar of light.

**Base leg**
That segment or portion of an approach pattern approximately at right angles to the final approach on the downwind side of the pattern.

**Base turn**
A turn executed by the aircraft during the intermediate approach, between the end of the outbound track and the beginning of the final approach track. These tracks are not reciprocal.
**Note.** – Base turns may be designated as being made either in level flight or while descending, according to the circumstances of each individual instrument approach procedure, the only restriction being that the obstacle clearances specified be not infringed.

**Basic dry rating**
The thrust under standard sea-level conditions of a jet engine not using afterburning, water injection or other methods of thrust augmentation.

**Basic lift**
The lift of a given airfoil section when the lift on the entire airfoil is zero. This lift depends upon the twist of the wing.

**Basic weight**
That weight which includes all items declared as fixed operating equipment and trapped fuel and oil, to which it is only necessary to add the 'variable' or 'expendable' load items for the various missions.
*cf / vgl* **Operating weight**

**Basket**
A structure, usually of wicker, suspended from the envelope of a balloon for carrying crew, ballast etc.

**Bay longitudinal**
In airships, that portion of a longitudinal between adjacent transverse frames.

**Beaching gear**
Equipment used for transferring seaplanes from water to land or ship, or vice-versa.

**Beacon**
(a) A light, group of lights, electronic apparatus, or other device that guides, orients, or warns aircraft, spacecraft, etc. in flight.
(b) A structure, building, or station where such a device is mounted or located.

**Beam approach**
The technique of making a final approach on a predetermined path defined by the emission from a ground radio navigational aid system.

**Beam approach beacon system (BABS),**
*cf / vgl* **Blind approach beacon system**

**Beam rider**
A missile guided by radar or radio beam.

**Beam rider guidance,**
*cf / vgl* **Beam riding guidance**

**Beam riding guidance**
A system of guidance in which a missile steers itself along the axis of a beam of radiation, or light, or other type of beam.

**Bearing**
The angle between a vertical plane of reference through the point of observation and the vertical plane containing this point and the point to be observed.

**Beaufort notation**
A system of letters originated by Rear-Admiral Sir Francis Beaufort for recording weather phenomena.

**Beaufort scale of wind force**
A numerical scale, ranging from 0 (Calm) to 12 (Hurricane),

originated by Rear-Admiral Sir Francis Beaufort for the estimation of wind force by observing ist effects on common objects.

**Belly tank**
A detachable or droppable auxiliary fuel tank designed to be attached to the belly of an airplane.

**Bias contruction**
In parachute manufacture, the arrangement of the gores such that the direction of the threads of the fabric make an angle, usually of 45°, with the centre-line of the gore.

**Biassed fabric**
A multi-ply fabric with one or more of the plies so cut that the warp threads lie at an angle to the length.

**Big-end**
The crank-pin of a connecting rod.

**Biplane,**
*cf / vgl* **Multiplane**

**Bipropellant**
A liquid propellant in the form of two substances, a fuel and an oxidant, which are kept separate until their mutual chemical reaction is required.

**Blade activity factor**
A non-dimensional function of the blade planform, used to express the capacity of a blade for absorbing power and defined by the formula:
AF (5/R) 5 R 0.2 Rcr 3 dr, where R is the blade tip radius and c is the blade chord length at the radius r.

**Blade angle**
The angle, normally acute, between the pressure face of an element of a propeller and the plane of rotation. When the pressure face is curved, the blade angle is measured with reference to the chord.

**Blade angle setting,**
*cf / vgl* **Pitch setting**

**Blade back**
The front side of a propeller or rotor blade which is curved.

**Blade damper,**
*cf / vgl* **lag damper**

**Blade loading**
The rotor thrust (or aircraft weight) divided by the total area, in plan view, of the rotor blades.

**Blade sweep**
The angular deviation of the locus of centroids of blade sections from the radial line tangential thereto at the propeller axis, projected on to the plane of rotation.

**Blade tilt**
The angular deviation of the locus of centroids of blade sections from the plane of rotation. (**Backward tilt, Forward tilt**).

**Blank gore parachute**
A parachute in which the whole or part of one or more gores is cut out. The peripheral and vent hemis are retained.

**Bleed**
To let a fluid, such as air or liquid oxygen, escape from a pipe, tank, or the like.

**Blind approach beacon system (BABS)**
A particular VHF DME system using Rebecca and a special display in the aircraft in conjunction with a directional ground beacon (BABS) at the far end of the runway. (Now absolete).

**Blind-flying instruments**
Instruments specifically designed to supply a pilot with information sufficient for him to fly an aircraft using instruments only.

**Blind transmission**
a transmission from one station to another station in circumstances where two-way communication cannot be established but where it is believed that the called station is able to receive the transmission.

**Blip**
A term used loosely to refer to an isolated radar return, or to a momentary deflection or change of intensity in a radar return, and to the consequent changes seen on the display.

**Blister light**
A light which can withstand being run over by an aircraft wheel without damage to either itself or the aircraft.

**Blizzard**
A high wind accompanied by extreme cold and driving snow.

**Block contruction**
In parachute manufacture:
arrangement of the gores such that the direction of the threads of the fabric is parallel to the centre-line of the gore.

**Block time,**
*cf / vgl* **Flight time**

**Blowdown turbine**
A turbine attached to a reciprocating engine which receives exhaust gases separately from each cylinder, utilizing the kinetic energy of the gases.

**Blower pipe**
In airships:
A scoop through which air is forced into ballonnets by the slipstream of the propeller.

**Blown flap**
A flap over the upper surface of which air or other gas ist ejected with sufficient momentum to increase ist effectiveness, and prevent boundary separation.

**Blown periphery**
A portion of the peripheral hem blown between two rigging lines on another section of the parachute canopy during inflation and inflating inside out, thus forming a lobe. This is sometimes erroneously termed "**Thrown line**".

**Boat seaplane**
*cf / vgl* **Flying boat**

**Body axes**
A system of rectangular cooridnate axes fixed in the aircraft, usually with the origin at the centre of gravity. The x-axis is usually directed forward and in (or parallel to) the plane of symmetry, the y-axis is to starboard, and the z-axis perpendicular to these so as to form a right-handed system.

**Bogie undercarriage**
An undercarriage carrying pairs of tandem wheels pivoted at the end of a central strut.

**Bonding**
The process of mechanically connecting together metal parts so that there may be a low-impedance electrical contact for dc and ac.

**Bonding system,**
*cf / vgl* **Earth system**

**Boost control**
A device which so regulates the manifold pressure that a predetermined value is not exceeded.

**Boost control cut-out,**
*cf / vgl* **control override**

**Boost control override**
A device to override the boost control so that a pressure higher than the normal controlled pressure can be obtained.

**Boost gauge**
An instrument for indicating the boost pressure. (*Cf* **Manifold pressure gauge**.)

**Boost pressure**
The pressure in the induction system at a point standardized for each type of engine, expressed as an amount above or below the standard sea-level atmospheric pressure. (*Cf* **Manifold pressure**.)

**Boost rocket motor**
A rocket motor, additional to the main motor, for accelerating a missile.

**Booster**
A device for increasing super-pressure of a kite balloon above that normally attained by means of an air scoop.

**Booster**
An auxillary or intitial propulsion system which travels with a missile or aircraft and which may or may not separate from the parent craft when its impulse has been delivered. A booster system may contain or consist of one or more units.

**Booster coil**
An induction coil providing a spark to facilitate starting.

**Booster motor,**
*cf / vgl* **Boost rocket motor**

**Booster pump**
A fuel pump used to maintain positive pressure in a feed pipe.

**Booster rocket**
A rocket that supplies temporary additional thrust to an aircraft, missile, or the like having other means of propulsion.

**Bootstrap gyro,**
*cf / vgl* **Sight-line gyro**

**Boss**
The central portion of an integral propeller.

**Boundary layer**
The thin layer of fluid adjacent to a surface, in which the viscous forces are dominant.

**Boundary-layer blowing**
Boundary-layer control by injecting air or other gas into the boundary layer.

**Boundary layer control**
Control by artificial means of the dvelopment of the boundary layer with the object of affecting its transition or separation.

**Boundary layer separation**
The separation of a flow having a boundary layer, either laminar or turbulent.

**Boundary layer suction**
Boundary-layer control by withdrawing air from the boundary layer.

**Boundary layer transition**
The change from laminar to turbulent flow in a boundary layer.

**Boundary lights**
Lights defining the boundary of a landing area.

**Boundary markers**
Markers indicating the limits of a landing area.

**Bow cap**
In airships:
A structure forming the extreme forward end of the envelope or hull.

**Bow stiffeners**
Short longitudinal members arranged radially round the bow of a kite balloon or nonrigid or semi-rigid airship to stiffen the envelope locally against aerodynamic pressure.

**Bowser**
A tank vehicle carrying pumping apparatus and associated equipment used in refuelling aircraft.

**Brake horsepower (bhp)**
The horsepower available of the out-put shaft.

**Brake parachute**
*cf / vgl* **deceleration parachute**

**Braking pitch**
Of a propeller:
A pitch setting selected to give reverse thrust, either by windmilling at small positive pitch or by power operation at negative pitch.

**Braking rocket**
A rocket fitted on or in an aircraft, missile, or the like that discharges counter to the direction of flight. Also called **"retrorocket"**.

**Branch pipe**
A short pipe which conveys exhaust gases from a cylinder to an exhaust manifold.

**Bridle**
In parachutes:
(a) A multilegged strop.
(b) One or more lines of webbing connecting the pilot chute with the vortex or the deployment bag of one or more parachutes.

**Briefing**
The act of giving in advance specific instructions or information.

**Broadcast**
A transmission of information relating to air navigation that is not addressed to a specific station or stations.

**Bubble sextant,**
*cf / vgl* **Air sextant**

**Buckling**
A structural deformation due initially to instability under load, irrespective of whether the deformation is elastic or permanent and whether it leads at once to collaps or not.

**Buffer zone**
An airspace safety zone established between adjacent traffic lanes or holding patterns.

**Buffet boundary**
A range limiting operating conditions above which the lift coefficient cannot be raised without encountering buffeting.

**Buffeting**
Irregular oscillating acceleration in all axes resulting from aerodynamic forces acting on the aircraft or spacecraft, as encountered in turbulence, compressibility etc.

**Bulk injection carburettor**
A carburettor which injects the fuel under pressure into the airstream at some point beforce it is distributed to the cylinders.

**Bulk injection pump**
A fuel-metering pump which carries out the same functions as a bulk injection carburettor.

**Bulkhead**
A partition or frame serving to divide, support, or give shape to a structure.

**Bulkhead wiring**
In airships:
System of wires in the plane of a main transverse frame, separating, and taking the pressure of, adjacent gas bags.

**Bumping bag**
A fender on a balloon or airship to prevent damage from contact with the ground.

**Bungee**
A spring, elastic cord, or other tension device used for example in a control system of an aircraft to balance an opposing force.

**Bungees**
Elastic rubber or spring bands with hooks at both ends for the quick opening of a parachute pack.

**Bunt**
A manoeuvre in which an aircraft performs part of an inverted or outside loop.

**Buoy-to-buoy-time**
*cf / vgl* **Flight time**

**Buoyancy**
(a) The vertical force on an aircraft, or other body, wholly or partly immersed in a fluid, equal to the weight of the fluid displaced.
(b) A horizontal force exerted on a wind tunnel model, caused by the vibration of static pressure along the test section which is due to the presence of the wind tunnel walls.

**Burble point**
A point reached in an increasing angle of attack ot which burble begins.

**Burner**
A device injecting a spray of fuel into a combustion chamber. May be of the fixed- of variable-orifice type. In American practice the term may include the whole combustion chamber.

**Burnout,**
*cf / vgl* **All burnt**

**Burnout velocity**
The velocity attained by a rocket-propelled vehicle at the all-burnt stage.

**Busbars**
A system of conductors, connected to the suuply mains from which electric power is taken to circuits and/or feeders.

**Butterfly tail**
An airplane tail assembly in which the surfaces are set at a pronounced positive dihedrahl forming a V.

**Buys Ballot's law**
The meteorological law stating that if an observer stands with his back to the wind, pressure is lower on his left side than his right in the Northern and, vice versa, in the Southern Hemisphere.

**Bypass engine**
Any engine where only part of the intake flow passes through the turbine.

**By-pass valve,**
*cf vgl* **Oil control valve**

# C

**C-scope**
A cathode ray scope on which signals appear as spots, with bearing angle as the horizontal coordinate and elevation angle as the vertical coordinate.

**Cabin**
All compartments used for the carriage of passengers and cargo.

**Cabin altitude**
The pressure altitude maintained in a pressurized aircraft cabin.

**Cabin crew**
Those members orf the aircrew whose primary concern is the care of the passengers and cargo on the aircraft.

**Cabin supercharger**
A compressor for maintaining the pressure in the cabin above the ambient air pressure.

**Cable-angle Indicator**
An indicator showing the angle in the vertical plane, at the point of attachment, between a towing cable and the longitudinal axis of the towing or towed aircraft.

**Cable duct**
A channel in an airframe in which electric ccables are run.

**Caging device**
A device for orienting and mechanically locking the gimbals of a gyro to a reference position.

**Calibrated airspeed (CAS)**
An airspeed indicator reading corrected for position and instrument error. As a result of the sea level adiabatic compressible flow correction to the airspeed instrument dial, CAS is equal to the true airspeed (TAS) in an international standard atmosphere at sea level. Also known as **rectified airspeed (RAS).**

**Calm**
The absence of an appreciable wind.
Beaufort number 0: calm; smoke rises vertically (Wind speed: less than 1 knot).

**Camber**
(a) Curvature of the median line of an aerofoil section; more generally, the curvature of a surface.
(b) The ratio of the maximum height of the median line above the chord to the chord length.

**Camber line**
*cf / vgl* **Median line**

**Canard aeroplane**
An aeroplane with the surfaces providing the requisite longitudinal stability and control in front of the main plane.

**Canard controls**
Control surfaces which are forward of the centre of lift.

**Canopy** (aircraft)
The transparent covering of cockpits.

**Canopy** (parachute)
The portion of a parachute consisting of the surface producing aerodynamic forces and the suspension lines extended to one or more confluence points.

**Capacity**
(a) Of an electrical system: the electric power which the associated generators and batteries (if any) can supply to an electrical system under specified conditions.
(b) Of a battery: the quantitiy of electricity, usually expressed in ampere-hours, which may be taken from a battery at a given rate of discharge.

**Capsule**
A pressurized compartment of an aircraft housing crew members and sometimes capable of being ejected in an emergency.

**Cardinal heading**
A heading in the direction of the cardinal points.

**Cardinal points**
The directions: north, south, east and west.

**Cargo**
Any property carried on an aircraft other than mail, stores and baggage.

**Carrier aircraft**
(a) An aircraft, especially a fixed-wing airplane, that is carried and operates from an aircraft carrier.
(b) An aircraft that carries something, especially an aircraft that carries another aircraft.

**Cartesian control**
A system providing directional control about the pitch and yaw axes, generally exercised by cruciform control devices.

**Cartridge starter,**
*cf / vgl* **Combustion starter**

**Cascade(s)**
In aerodynamic theory, a series of airfoils arranged so that the output of one feeds directly into the input of another.

**Castor length**
In aircraft landing gear, the distance between the centre of the tyre contact area and the intersection with the ground of the castor axis produced.

**Catapult**
A mechanical device which accelerates an aircraft to flying speed.

**Catenary wires**
In airships:
Wires approximately forming a catenary between two points of attachment to collect and transmit loads from other wires.

**Ceiling**
The maximum height attainable by an aircraft or airborne vehicle under given conditions and at which it can perform effectively.

**Ceiling** (meteorology)
Used in the USA, and fairly generally in aviation circles, to specify the lowest height above the ground at which all cloud at and below that level covers more than half the sky.

**Ceilometer**
A device or apparatus for measuring the height of a cloud ceiling.

**Celestial guidance**
The guidance of a missile by means of instruments and devices which automatically sight preselected celestial bodies, calculate positions, and direct the missile along a predetermined flight path.

**Centre line,**
*cf / vgl* **Median line**

**Centre of buoyancy**
The centre of gravity of the fluid displaced by an aircraft, or other body, wholly or partially immersed in a fluid.

**Centre of gross lift**
The centre of gravity of the air displaced by the gas in a lighter-than-air aircraft under standard conditions of gross lift.

**Centre of pressure**
The point on some reference line (e. g. the chord line of an aerofoil) about which the pitching moment is zero.

**Center-of-pressure travel**
The movement of the center of pressure of an airfoil along the chord with changing angle of attack.

**Centre point mooring**
A method of securing a balloon close to the ground by means of a centrepoint rigging.

**Centre point pennant**
A wire for hauling a balloon down to the bed mechanically.

**Centre point rigging**
Auxiliary rigging wires brought to a shackle by which the balloon is attached to the centre point penannt.

**Centre section**
The middle or central section of a wing, to which the outer wing panels are attached. Where a wing has no clearly defined central section, the centre section is considered to lie between

points of attachment of the wing to the fuselage or fuselage struts.

**Centre square**
An ocean area 10 nautical miles square, orientated with its axes true North-South and East-West, the centre of which is the designated station.

**Centrifugal compressor**
A compressor in which the compression is initiated by the passage of the air radially outward through an impeller and into a diffuser.

**Centrifugal supercharger**
A supercharger in which the air or mixture is compressed by a centrifugal compressor.

**Certify as airworthy, to ~**
To certify that an aircraft or parts thereof comply with current airworthiness requirements after being inspectel, overhauled, repaired, modified or installed.

**Cetane number**
A number indicating the relative ignitability of a fuel oil for compression ignition engines.

**CG datum point**
An arbitrarily chosen fixed point from which distances are measured to the centres of gravity of the various loads carried, for the purpose of determining the position of the centre of gravity of the loaded aircraft.

**Chamber ascent**
A simulated ascent in an altitude chamber.

**Channel**
A defined rectangualr area on a water aerodrome intended for the landing and take-off of aircraft along its length.

**Channel lights**
Lights arranged along channel indicating the path to be used for taking-off and alighting.

**Channel patch**
In aerostats:
A channel shaped fabric fitting secured to the envelope to enable a rigid member to be laced thereto.

**Chine**
The extreme side member of the planing bottom of a hull or float running approximately parallel to the keel in side elevation.

**Chock-to-chock time**
*cf / vgl* **flight time**

**Chokes**
A sense of tightness of constriction in the chest, retrosternal soreness or pain on inspiration, inspiratory 'snatch' and, occasionally, paroxysmal coughing, all of which constitute one of the manifestations of decompression sickness.

**Chord**
The straight line through the centres of curvature at the leading and trailing edges of an aerofoil section.

**Chord lenght**
The distance between the leading and trailing edges of an aerofoil, measured along the chord line.
**Note.** – The chord is sometimes measured between the centres of curvature of the leading and trailing edges.

**Chord position**
The position of the chord is defined by the coordinates (x, y, z) its quarter- chord point referred to body axes and its inclination, θ, to the x-y plane.

**Chord wiring**
In airships:
A system of wires connecting the points of a main transverse frame.

**Chuffing**
The characteristic of some rockets to burn intermittently and with an irregular noise.

**Circling guidance light**
One of a system of lights arranged to help aircraft in making a circuit before landing.

**Circulation**
The integral of the component of the fluid velocity along any closed path with respect to the distance round the path.

**Circumferential gas bag wires**
In airships:
Circumferential wires inside longitutinals to take the pressure of the gas bags.

**Circumferential outer-cover wires**
In airships:
Circumferential wires outside or within longitudinals to which the outer cover is attached.

**Cirrocumulus**
Thin white patch, sheet or layer of clouds, without shading, composed of very small elements in the form of grains, ripples, etc. merged or separate and more or less regularly arranged; most of the elements have an apparent width of less than one degree to an observer on the ground.

**Cirrostratus**
A transparent, whitish cloud veil of fibrous or smooth appearance and generally producing halo phenomina.

**Cirrus**
Detached clouds of delicate and fibrous apperance, without shading, generally white.

**Civil twilight**
For computation purposes, the period during which the sun is between the horizon and a point 6° below the horizon, morning or evening.

**Civil twilight** (Nav),
*cf / vgl* **Twilight**

**Classical flutter**
Flutter which accurs because of coupling (inertial, aerodynamic or elastic) between two or more degrees of freedom.

**Classified matter**
Official information or material which requires protection in the national interest.

**Clear air turbulence (CAT)**
Atmospheric turbulence on a scale sufficient to cause bumpiness with respect to an aircraft in flight. Such turbulence is neither associated with clouds nor directly ascribable to the frictional influence of the ground or convection currents.

**Clearance limit**
The point to which an aircraft is granted an air traffic control clearance.

**Clearway**
A defined rectangular area forming an extension to a strip or channel, selected and prepared as a suitable area over which an aircraft may make its initial climb to a specifed height.

**Climbing shaft**
A shaft leading up through the interior of an airship to give access to the top of the hull or envelope.

**Clipped wing**
A wing having its tip or tips more or less squared off as seen in a planform.

**Clockwise accessory**
*cf / vgl* **Right-hand accessory**

**Clockwise drive**
*cf / vgl* **Right-hand drive**

**Closed working section**
A wind tunnel working section that is bounded by solid walls.

**Cloud amount**
The proportion of sky obscured by cloud; officially expressed in oktas.

**Cloud and collision warning system**
A primary-radar equipment in an aircraft providing, by a cathode-ray tube display, indication of the position of potentially dangerous clouds, other aircraft, or high ground in its path.

**Cloud height**
The height of the cloud base above the ground.

**Cloud searchlight**
A projector for producing an illuminated region on the cloud base to determine its height.

**Cluster**
A group of two or more parachute canopies attached to a single load and designed to open simultaneously.

**Coaxial propellers**
Two propellers mounted on concentric shafts having independent drives and normally rotating in opposite directions.

**Cocked hat**
In navigation:
The triangle formed by the intersection of three position lines that do not meet at one point.

**Cockpit**
In military aircraft:
A compartment housing the pilot(s).

**Code light**
An intermittent light having a characteristic conforming to signals of the Morse code.

**Col**
A saddle-shaped region in the isobaric field, with relatively high pressure on two opposite sides, and relatively low pressure on the remaining sides.
**Note.** – If two anticyclones and two depressions occur simultaneously, arranged in alternate sequence, a single col is formed in the centre.

**Cold front**
The boundary line at the Earth's surface between advancing cold air and the warmer air under which it pushes.

**Collective pitch control**
A control by which an equal alteration of blade pitch angle is imposed on all the blades independently of their azimuthal position.

**Collector**
A bell-mouth duct downstream of an open working section of a wind tunnel.

**Collector ring**
An exhaust manifold in the form of a ring, used in radial engines.

**Collision course**
The steady course taken by an aircraft, missile, etc. which, if maintanied, will cause it to collide with another airborne vehicle.

**Combustion chamber**
A chamber in which the combustion occurs. This may be a simple chamber or contain one or more flame tubes.

**Combustion starter**
A device in which the hot gases from the combustion of fuel are used to rotate an engine for starting, either directly or by coupling on to a shaft.

**Combustor**
A name generally assigned to the combination of flame holder or stabilizer, igniter, combustion chamber, and injection system of a ramjet or gas turbine.

**Command guidance**
The guidance of a guided missile or other pilotless vehicle by means of electronic signals (or electric signals by wire for some shortrange missiles) sent to receiving devices in the vehicle which cause it to follow a desired path.

**Commander**
The member of the aircrew in charge of an aircraft. In a flying boat the commander is often referred to as the **master**.

**Commercial crew,**
*cf / vgl* **Cabin crew**

**Commercial load,**
*cf / vgl* **Payload**

**Communication centre**
An aeronatutical fixed station which relays or retransmits telecommunication traffic from (or to) a number of other aeronautical fixed stations directly connected to it.

**Compass base**
An area provided with means for orienting aircraft to facilitate compensating of their compasses.

**Compass deviation**
The angular difference between magnetic and compass headings.

**Compass swinging**
The action of turning an aircraft about to different headings to determine the deviation of its compass. This may be done in the air (**airswinging**) or on the ground (**groundswinging**).

**Competent licensing authority**
The authority designated by a Contracting State as responsible for the licensing of personnel.

**Component vorticity**
*cf / vgl* **Vorticity**

**Composite aircraft**
(a) A term applied to two aircraft fastened or hitched together, usually a large airplane carrying a smaller airplane.
(b) An aircraft having a composite power plant, e. g., a reciprocating engine and a jet engine.

**Composite chart**
A chart depicting points along an air route, the weather conditions forecast for the times at which it is estimated that the aircraft will be over those points.

**Compound rotorcraft**
An aircraft utilizing in flight features of both aeroplane and rotorcraft.

**Compound turbine engine**
A gas turbine engine in which the compression of the intake air is performed in stages in a number of mechanically separate compressors each of which is driven by a separate turbine.

**Compressed air starter**
A device for starting an engine by utilizing the expansive energy of compressed air, in the cylinders or otherwise.

**Compressed air tunnel**
A wind tunnel in which compressed air is used as the working fluid in order to obtain high values of the Reynolds number.

**Compressibility drag**
The increase in drag arising from the compressibility of the air which occurs at high speeds.

**Compression ignition engine**
An engine in which ignition of the charge in the cylinder is produced by the heat of compression alone.

**Compression ring,**
*cf / vgl* **Gas ring**

**Compressor casing**
A casing enclosing the impeller or rotating member.

**Compressor delivery ducts**
Ducts which connect the compressor delivery to the combustion system.

**Compressor drum**
A cylinder, or series of connected disks, upon which the rotating blades of an axial-flow compressor are mounted.

**Compressor stage**
A compressor, or part of a compressor, consisting of one row of rotating and one row of fixed blades in an axial flow machine or one impeller and its associated diffuser in a centrifugal machine.

**Compressor stall**
A condition in a rotary air compressor in which some of the blades or vanes meet the airflow at such an angle that the flow is reversed. It may lead to failure of combustion in a gas-turbine engine.

**Condensation trail**
A trail of water droplets or ice particles produced by an aircraft engine exhaust when the humidifying effect of the water vapour exceeds the opposed heating effect of the exhaust.

**Condenser discharge light**
A lamp in which high brightness flashes of extremely short duration are produced by the discharge of electricity at high voltage through a gas enclosed in a tube.

**Cone of silence**
A conical region symmetrically above a ground beacon in which the power is effectively zero.

**Cone of silence marker,**
*cf / vgl* **Z marker-beacon**

**Conference communications**
Communications facilities whereby direct speech conversation may be conducted between three or more locations simultaneously.

**Configuration** (as applied to the aeroplane)
A particular combination of the positions of the movable elements, such as wing flaps, landing gear, etc., which affect the aerodynamic characteristics of the aeroplane.

**Conical surface**
A specified surface sloping upwards and outwards from the periphery of the inner horizontal surface and establishing the vertical limits above which it may be necessary to take one or more of the following actions: restrict the creation of new obstructions; remove objects or mark objects in order to ensure a satisfactory level of safety and regularity for aircraft manoeuvring visually in the vicinity of an aerodrome.

**Coning angle**
The angle between, the blade-span axis and the tip-path plane.

**Connecting rod assembly**
The complete assembly of one or more connecting rods working on one crankpin.

**Connector**
A device for making an efficient electrical joint between conductors, such that the joint may readily bo broken and remade.

**Connector block**
An insulating body containing a connector or connectors.

**Consol beacon**
A continuous-wave, medium-frequency, long range directional radio beacon producing a number of radial equi-signal zones which shift in azimuth at a fixed rate and are separated by zones of dot-and-dash signals. The bearing of a mobile station with respect to the beacon is determined by a count of the dot-and-dash signals within each respective zone.

**Constant flow oxygen equipment**
A form of oxygen administration apparatus in which, at a given altitude, the flow of oxygen is constant and does not vary with the phases of the respiratory cycle of the user. Also termed '**continuous flow oxygen equipment**'.

**Constant level chart**
An isobaric chart drawn for a specified altitude.

**Constant pressure chart**
A chart showing, by means of contour lines, the altitude of a constant-pressure surface.

**Constant-speed propeller**
A propeller, the pitch setting of which varies automatically to maintain a preselected constant rotational speed.

**Construction weight**
The weight of a rocket exlusive of propellant, load, and crew, if any.

**Consumption**
The total quantitiy of fuel or oil consumed per hour.

**Contact flying**
Flying in which a pilot ascertains his aircraft's attitude and finds his way from place to place by visual reference to the horizon and to landmarks.

**Contacting altimeter**
An Instrument in which electrical contacts are made or broken at a predetermined altitude.

**Continuous flow oxygen system,**
*cf / vgl* **constant flow oxygen equipment**

**Contra-flow turbine engine**
A gas turbine engine in which the turbine and compressor blades are integral or adjacent, and the working fluid flows in opposite directions through the respective passages of the two sets of blades.

**Contra-rotating propellers**
Two propellers mounted on concentric shafts having a common drive and rotating in opposite directions.

**Contraction ratio**
The ratio of the cross-sectional area at the beginning of the contraction to that at ist end.

**Contrail,**
*cf / vgl* **Condensation trail**

**Control advance**
The phase angle by which the controlled change of cyclic pitch variation is displaced in azimuth from the direction of control-lever displacement.

**Control area (CTA)**
A controlled airspace extending upwards from a specified limit above the surface of the Earth without on upper limit unless one is specified.

**Control car**
The car from which an airship is operated.

**Control column**
The lever, or pillar, supporting a handwheel or its equivalent, by which the longitudinal and lateral controls are operated.

**Control feel**
The feel or impression of the stability and control of an aircraft that a pilot receives through the cockpit controls, either from the aerodynamic forces acting on the control surfaces of from forces simulating these aerodynamic forces.

**Control force**
An aerodynamic force acting on a control surface, or a deflecting force exerted on a control surface by the pilot or by power devices in the aircraft control system.

**Control lag**
A time lapse occuring between the movement of a control and the response or effect which the movement brings about, as between the movement of a cockpit control in an aircraft and the responsive movement of the aircraft.

**Control lock**
A mechanical device designed to safeguard, by a positive lock, the control surfaces and flying control system against damage in high winds or gusts when the aircraft is parked.

**Control stick**
A lever for controlling the movements of an aircraft in flight. On a fixed-wing airplane, the control stick operates the elevators by a back-and-forth movement and the ailerons by a side-to-side movement; on a helicopter, the control stick operates on the rotor so as to direct rotor thrust in a chosen direction.

**Control surface**
An aerofoil or part thereof which moves to produce changes in the forces and/or moments acting on an aircraft in order to control it.

**Control zone (CTZ)**
A controlled airspace extending from the surface of the Earth to a specified height.

**Controllable-pitch propeller**
A propeller, the blades of which can be changed to certain predetermined pitch settings when rotating.

**Controlled aerodrome**
An aerodrome at which an air traffic control service is provided to aerodrome traffic.
**Note.** – The term **"controlled aerodrome"** indicates that an air traffic control service is provided to aerodrome traffic but does not necessarily imply that a control zone exists, since a control zone is required at aerodromes where air traffic control service will be provided to IFR flights, but not at aerodromes where it will be provided only to VFR flights.

**Controlled airspace**
An airspace of defined dimensions within which air traffic control service is provided to controlled flights.

**Controlled flight**
Any flight which is provided with air traffic control service.

**Controlled tab**
A balance tab which is controllable in flight.

**Convection**
The process of transfer of heat and mass by vertical motion in the atmosphere.

**Convection clouds,**
*cf / vgl* **Heap clouds**

**Convectional turbulence**
Atmospheric turbulence predominantly associated with varying vertical air currents caused by heating of the atmosphere adjacent to the Earth's surface.

**Convergency**
The difference between the angles at which a great circle between two places cuts the meridians at the two places.

**Conversion angle**
The angular difference at a point between the great circle bearing and the rhumb line bearing of another point.

**Convertor**
A rotary machine, or combination of machines, for the conversion of alternating into direct current.

**Coolant**
In engine terminology, any liquid or gas circulated to cool an engine or ist components.

**Cooling drag**
Drag associated with the cooling of the power plant.

**Co-Pilot**
A licensed pilot serving in any piloting capacity other than that of pilot-in-command but excluding a pilot who is on board the aircraft for the sole purpose of receiving flight instruction.

**Core**
The material between the faces of a structural sandwich, stabilizing the faces so that they may carry a direct load.

**Coriolis effect**
The displacement of the apparent horizon as defined by the bubble in a sextant, caused by the interaction of the Earth's angular velocity and the angular velocity of an aircraft around the Earth's axis.

**Countdown**
The procedure whereby a programmed series of pre-firing systems checks is carried out, timed in reverse numerical order, culminating in the firing of a missile or space vehicle.

**Counter-rotating propellers,**
*cf / vgl* **Contra-rotating propellers**

**Counting accelerometer**
An accelerometer recording the number of times the acceleration has exceeded any or all of a number of predetermined values. It may also record airspeed and/or altitude at pre-set intervals.

**Coupled-engine power unit**
A power unit containing engines coupled together to drive a common shaft.

**Coupled flutter,**
*cf / vgl* **Classical flutter**

**Course,**
*cf / vgl* **Heading**

**Course line**
The locus of points nearest to the runway centre line in any horizontal plane at which the DDM is zero.

**Course sector**
A sector is a horizontal plane, containing the course line and limited by the loci of points nearest to the course line at which the DDM is 0.155.

**Cowling**
A cover surrounding the whole or part of a power unit when installed in an aircraft.

**Crabpot vlave**
A special type of fabric sleeve, the operation of which is controlled by a hand-line.

**Crankcase sump**
That portion of the engine in which lubricating oil is collected and led to the oil pumping system.

**Crew,**
*cf / vgl* **Aircrew**

**Crew member**
A person assigned by an operator to duty on an aircraft during flight time.

**Crimped joint**
An effectively permament mechanical joint in which a ferrule or lug clamped by simple pressure onto a cable core.

**Critical altitude**
The altitude beyond which an aircraft or airbreathing guided missile ceases to perform satisfactorily.

**Critical closing speed**
The speed, during acceleration, at which a normally inflated parachute will collapse into the squid form.

**Critical height**
With aero engines:
The maximum altitude at which a specified manifold pressure can be maintained without ram at a specified engine speed.

**Critical height**
In air traffic:
The height above aerodrome elevation at which descent during instrument approach should be discontinued if the approach cannot be continued visually.

**Critical opening speed**
The speed, during retardation, at which a parachute canopy in the squid form assumes normal inflation, but above which it will not inflate.

**Crtitical point**
That point between two positions from which it will take an aircraft equal time to reach either position.

**Critical power unit(s)**
A power unit, the failure of which gives the most adverse effect on the aircraft characteristics relative to the case under consideration.

**Crossbar**
A line of lights forming part of an approach light system being at right angles to, and symmetrically disposed about, the line of lights forming the centre-line of the system.

**Cross-over attachment**
A circular drum or pulley fitted to the metalic vee of a balloon rigging to carry the main flying cable, while relieving the load on the cable clamps or splice.

**Cross seam**
With parachutes:
The seam joining two adjacent panels in a gore.

**Cross-wind axis**
The straight line through the centre of gravity perpendicular to the lift and drag axes. The positive direction is to the right.

**Cross-wind force**
The component of the total aerodynamic force in the direction of the cross-wind axis.

**Crown**
The upper portion of a parachute canopy.

**Cruciform girder**
A cruciform structure in an airship with its arms vertical and horizontal, taking the forces from the rudder and elevator pintles and supporting the stabilizing fins.

**Cruise control**
The method of operating an aircraft to produce optimum fuel economy with regard to time or distance, or both.

**Cruising ceiling**
The greatest height at which the cruising threshold can be maintained exceeding maximum weak-mixture cruising power.

**Cruising level**
A level maintained during a significant portion of a flight.
**Note.** – (**abridged**) In air-ground communications a level will be expressed in terms of **"altitude"**, **"height"** or a **"flight level"** depending upon the reference and the altimeter setting in use in a particular area.

**Cruising threshold**
The equivalent airspeed giving the lowest acceptable continuous cruising speed.

**Culture**
All features constructed on the surface of the Earth by man, such as cities, railways, canals, etc.

**Cumulonimbus**
Heavy masses of cloud with great vertical development, the upper parts having a fibrous appearance and often spreading out in the shape of an anvil. Associated with violent vertical currents and thundery conditions.

**Cumulonimbus turbulence**
Intense convectional turbulence within or near cumulonimbus cloud.

**Cumulus**
Detached clouds with vertical development. The upper surface is dome-shaped and exhibits protuberances, while the base is nearly horizontal.

**Current flight plan**
The flight plan, including changes, if any, brought about by subsequent clearances.

**Curve of equal bearing**
The curve joining all points on the Earth's surface from which the great circle bearings of a given point are the same.

**Customs free airport**
Any international airport at which, provided they remain within the designated boundaries of the airport until removal by air to a point outside the territory of the State, crew, passengers, baggage, cargo, mail and stores may be disembarked or unladen, may remain and may be transshipped, without being subjected to customs charges or duties, but where customs examination may be carried out in special circumstances.

**Customs-free trade zone**
An area where goods, merchandise or baggage may be deposited, stored, packed, processed or sold, and from which they may be removed to a point outside the territory of the State without being subjected to customs charges or duties, but where customs examination may be carried out in special circumstances.

**Cutoff**
The delibrate shutting off of a reaction engine.

**Cutoff velocity**
The velocity attained by a missile at the point of cutoff.

**Cyclic pitch control**
A control by which the blade pitch angle is varied harmonically with the blade azimuth position.

**Cyclogyro**
A rotorcraft on which the rotor is similar in form to a paddle wheel, power-driven about a horizontal axis.

**Cyclone,**
*cf / vgl* **Tropical revolving storm**

# D

**D-value**
The difference, D, between the actual height above mean sea level of a particular pressure surface and the height of the same pressure surface in the international standard atmosphere.

**Damping factor**
The ratio of the amplitude of any one of a series of damped oscillations to that of the following one at the same phase.

**Damping moment**
A moment dependent on the rate of displacement. When the damping is positive the moment tends to resist the motion.

**Damping valve**
A valve to prevent fluid oscillations.

**Danger area**
An airspace of defined dimensions within which activities dangerous to the flight of aircraft may exist at specified times.

**Datum level**
A horizontal plane to which elevations, heights, or depths on a map or chart are related.

**Datum point**
Any reference points of known or assumed co-ordinates from which calculations or measurements may be made.

**Dead reckoning**
Navigation based on speed, elapsed time and direction from a known position.

**Dead stick**
A propeller that has stopped rotating during flight, or a windmilling propeller.

**Décalage**
The angle between the chord of the upper plane of a biplane and that of the lower plane in a section parallel to the plane of symmetry.

**Deceleration parachute**
A parachute attached to a craft and deployed to slow the craft, especially during landing. Also called a **brake parachute**, **drogue parachute**, **parabrake**.

**Decision height**
A specified height at which a missed approach must be initiated if the required visual reference to continue the approach to land has not beem established.
**Note 1** – Decision height may be referenced to datums such as MSL, the aerodrome elevation, the elevation of the threshold or the highest elevation within the first 900 m (3000 ft) of the runway, as specified by the Competent Authority.
**Note 2** – The "required visual reference" means that section of the visual aids or of the approach area which should have been in view for sufficient time for the pilot to have made an assessment of the aircraft position and rate of change of position, in relation to the nominal flight path.
**Note 3** – It is essential that the calculation of the decision height takes into account the OCL, the performance of the aircraft and of the approach and missed approach systems.

**Deck landing projector sight**
A landing aid on an aircraft carrier incorporating a system of lights so stabilized as to indicate to the pilot the correct descent path onto the flight deck.

**Declination**
The angular distance to a body on the celestial sphere measured north or south through 90 degrees from the celestial equator along the hour circle of the body. Comparable to latitude on the terrestrial sphere.

**Decompression sickness**
A syndrome or syndromes arising in association with a reduction of atmospheric pressure in the absence of or unassociated with hypoxia. Bends, chokes, creeps, formication, neurological and circulatory disturbances are recognized.

**Degree of stadardized test distortion**
The degree of distortion of the restitution measured during a specific period of time when the modulation is perfect and corresponds to a specific text.

**De-icer boot**
A rubber strip on the leading edge of an airfoil, inflated with compressed air to break up ice which has formed.

**De-icing**
The protection of aircraft against icing by allowing ice to build up and causing it to be removed by mechanical, chemical or thermal means.

**Delayed drop**
A live parachute descent begun by a free fall, for a distance greater than that normally allowed for the opening parachute to clear the aircraft.

**Delayed opening**
The normal deployment of the parachute, or development of the canopy, delayed by an automatic device.

**Delta-three angle**
The acute angle between the normal to the blade axis in plan view and the flapping-hinge axis.

**Delta wing**
A wing of triangular planform.

**Demand oxygen system**
An oxygen system in which oxygen or an oxygen/air mixture flows to the user during inspiration only.

**Density altitude**
An atmospheric density expressed as the altitude which corresponds to that density in the international standard atmosphere.

**Density height,**
*cf / vgl* **Density altitude**

**Dep control**
(After Armand Déperdussin (died 1924), French aviation pioneer). The control system for airplanes in which the elevators and ailerons are operated by a control column and the rudder is operated by foot pressure on pedals or on a pivoted bar.

**Departure**
The rhumb line distance made good in an East-West direction.

**Departure point**
A navigational check point used by aircraft as a marker for setting course.

**Departure time**
The time at which an aircraft becomes airborne.

**Deployment**
That portion of a parachute's operation occuring from the instant the parachute is exposed to the airstream until the instant canopy inflation begins.

**Deployment bag,**
*cf / vgl* **Sleeve**

**Depression**
A region of relatively low atmospheric pressure. The winds circulate counter-clockwise round the centre in the northern and clockwise in the southern hemisphere.

**Design gross weight**
The design weight at which it is expected that an aircraft will meet the relevant specified airworthiness requirements.

**Design landing weight**
The maximum weight of the aircraft at which, for structural design purposes, it is assumed that it will be planned to land.

**Design maximum weight**
The maximum aircraft weight used in structural design for flight load condition.

**Design take-off weight**
The maximum weight at which the aircraft for structural design purposes, is assumed to be planned to be at the start of the take-off run.

**Design taxying weight**
The maximum weight of the aircraft at which structural provision is made for loads liable to occur during use of the aircraft on the ground prior to the start of take-off.

**Design wing area**
The area enclosed by the wing outline (including wing flaps in the retracted positions and ailerons, but excluding fillets of fairings) on a surface containing the wing chord. The outline is assumed to be extended through the nacelle and fuselage to the plane of symmetry in any reasonable manner.

**Designated station**
The geographical position prescribed for an ocean station.

**Despatcher**
A person who supervises the exit of stores from an aircraft in flight.

**DETRESFA**
The code word used to designate a distress phase.

**Development**
The inflation of the parachute after deployment.

**Dew point**
The temperature to which humid air must be cooled without change of pressure or humidity mixing ratio for it to become saturated with respect to liquid water.

**Diameter**
The diameter of the circle described by the tips of the blades.

**Diaphragm**
A fabric partition within a lighter-than-air aircraft, which may be gastight to provide separate compartments (e. g. **Ballonnet diaphragm**) or non-gastight to maintain shape (e. g. **Stabilizer diaphragm**).

**Differences in depth of modulation (DDM)**
The percentage modulation depth of the larger signal minus the percentage modulation depth of the smaller signal, divided by 100 (ILS).

**Differential-control valve**
A valve for regulating the distribution of flow between two or more pipelines.

**Diffuser**
A device for transforming the kinetic energy of a fluid into pressure energy; in subsonic flow a duct which increasis gradually in section along the direction of flow.

**Diffuser**
A ring of fixed vanes, or one or more expansion passages, situated in the compressor delivery to assist in the conversion of the velocity of the air into pressure.

**Diffuser cone-angle**
The angle between the axis and the surface of a right circular cone for which the rate of change of cross-sectional area with distance along the axis is the same as that of the diffuser.

**Diffusion**
The movement of a gas by which adjacent layers tend towards uniformity of composition, applied not only to contiguous layers but also to those separated by a permeable partition in which the discontinuities have diamters so small that the transfer of gas is proportional to the concentration difference.

**Diffusion**
Variation along any length of a structure of transverse distribution of stress due to direct loads applied in the direction of that length.

**Dihedral**
The angle at which in an aeroplane or glider, the port and starboard parts of the main plane or tailplane are inclined upwards to the transverse plane of reference. If the inclination is downward the angle is termed **anhedral**, **negative dihedral**, or **cathedral**.

**Dihedral angles** (AMC-Navigation Lights)
The three dihedral angles referred to in this specification are as follows:
(a) Dihedral angle L is formed by two intersecting vertical planes, one parallel to the longitudinal axis of the aeroplane, and the other at 110° to the left of the first, when looking forward along the longitudinal axis.
(b) Dihedral angle R is formed by two intersecting vertical planes, one parallel to the longitudinal axis of the aeroplane, and the other at 110° to the right of the first, when looking forward along the longitudinal axis.
(c) Dihedral angle A is formed by two intersecting vertical planes making angles of 70° to the right an 70° to the left respectively, looking aft along the longitudinal axis, to a vertical plane passing through the longitudinal axis.

**Dilatable balloon**
A kite balloon fitted with rubber cord or other device to control its shape when not full of gas.

**Direct-injection pump**
A fuel-metering pump which injects the fuel directly into the individual engine cylinders.

**Direct transit area**
A special area established in connection with an international airport, approved by the public authorities concerned and under their direct supervision, for accommodation of traffic which is pausing briefly in its passage through the Contracting State.

**Direct transit arrangements**
Special arrangements approved by the public authorities concerned by which traffic which is pausing briefly in its passage through the Contracting State may remain under their direct control.

**Direction indicator**
An instrument for indicating aircraft heading relative to a scale stabilized by a horizontal-axis gyroscope.

**Directional gyro**
An azimuth gyro with a direct display and means for setting the datum to a specified compass heading.

**Directional instability**
The instability whereby the motion of an aircraft tends to depart from straight flight by a combination of side-slipping and yawing when kept on a level keel by the ailerons.

**Directional stability**
Stability of motion involving yawing, sideslipping, or a combination of these. See also **Weathercock stability**.

**Dischargeable weight**
Of an aerostat:
the total weight which can be discharged in an amergency.

**Disembarkation**
The leaving of an aircraft after a landing, except by crew or passengers continuing on the next stage of the same through-flight.

**Disk area**
The area of the circle described by the tips of the blades.

**Disk loading**
The thrust of the rotor divided by the rotor disk area.

**Disposable lift**
Of an aerostat:
The gross lift less the fixed weight.

**Disposable load**
For a military aircraft: the fuel, oil and armament stores. For a civil aircraft: the crew, fuel, oil and pay load.

**Disposable weight**
Of an aircraft:
All weight other than fixed weight.

**Distance-marking lights**
Lights indicating distances, in the approach area, from the threshold lights.

**Distance measuring equipment (DME)**
A radar system, usually L-band, which enables an aircraft to interrogate (and thus determine its distance from) an associated ground beacon (transponder).

**Distress**
A state of being threatened by serious and imminent danger and of requiring immediate assistance.

**Distress phase**
A situation wherein there is reasonable certainty that an aircraft and its occupants are threatened by grave and imminent danger or require immediate assistance.

**Distributed mass-balance weight**
A mass-balance weight which is distributed along the span of the control surface.

**Disturbance**
A displacement or deviation from steady-state conditions.

**Disturbing moment**
A moment which tends to produce any rotational displacement of an aircraft.

**Ditching**
The forced landing of an aircraft on a water surface.

**Dive**
A steep descent, with or without power.

**Dive-angle indicator**
An instrument for indicating the angle between the vertical and the flight path of on aircraft in a dive.

**Dive brake,**
*cf / vgl* **Air brake**

**Dive flap**
A flap-type air brake used to reduce the limiting velocity of an aircraft.

**Divergence**
A disturbance which increases without oscillation.

**Divergence speed**
The lowest equivalent air speed at which aeroelastic divergence occurs.

**Doldrums**
The equatorial oceanic regions of calms and variable winds which are often associated with heavy rains, thunderstorms, and squalls.

**Dome refraction**
Refraction due to the optical characteristics of an astrodome.

**Domestic air service**
A scheduled air service which passes through the air space over only one state.

**Doping**
Treatment of a fabric surface to tauten, strengthen or render it air-tight.

**Doppler navigation system**
A navigations system in which the Doppler effect is used, at radio frequencies, to determeine the radial velocity of a target relative to the observer or the true ground speed of an aircraft and hence, by integration the distance run.

**Double channel simplex**
Simplex using two frequency channels, one in each dirction.

**Double-engine power unit**
A power unit containing two engines which drive co-axial propellers.

**Double-entry compressor**
A compressor in which air is admitted to both sides of the impeller, or to both ends of the rotating member.

**Down lock**
A locking device that holds a retractable landing gear in the extended position.

**Downwash**
A flow deflected downwards by an aerodynamic lifting surface, e. g. wing.

**Drag**
the component of the total aerodynamic force in the direction of the undisturbed relative air flow. In powered flight, contributions to his component arising from thrust are excludet.

**Drag axis**
The straight line through the centre of gravitiy parallel to the direction of the undisturbed flow. The positive direction is downstream.

**Drag brake,**
*cf / vgl* **Speed brake**

**Drag coefficient**
The ratio of drag to the product of dynamic pressure and a reference area.

**Drag hinge,**
*cf / vgl* **Lag hinge**

**Drag struts**
A strut or structural member specifically designed to resist drag forces; for example, struts incorporated into the framework of an aerofoil for the purpose of carrying the loads induced by air forces in the plane of the aerofoil, or on the landing gear strut, to resist wheel drag loads on landing.

**Drag wire(s)**
(a) In aerostats: a wire led forward from a car or other unit to the hull or envelope for the purpose of resisting drag forces.
(b) In aerofoils: wires or cables incorporated into the framework of an aerofoil or its plane to resist forces in the general direction of the drag.

**Drift**
Horizontal displacement of an aircraft, under the action of wind, from the track which it would have followed in still air.

**Drift angle**
the angle between the heading of an aircraft and the track. It is called 'starboard' or 'port' according to whether the track is to starboard or port of the heading.

**Drift correction angle**
A measure of the amount of turning necessary to make the track of an aircraft, rocket, etc, coincide with its heading or course, measured from the track to the heading.

**Drift sight**
An instrument used to measure drift angle.

**Drip flap**
In aerostats:
A strip of fabric secured by one edge to the envelope or outer cover to deflect rain from the surface below it.

**Drizzle**
Liquid precipitation in the form of very small water drops (by convention with diameter between about 0.2 and 0.5 mm).

**Drogue**
A device attached to the reception coupling at the end of the refuelling hose of a tanker aircraft, usually of conical shape. By means of its own drag it extends and stabilizes the hose during trailing and provides an aiming point for a probe.

**Drone (aircraft)**
An unmanned aircraft with pre-set or remotely operated controls. See '**Pilotless aircraft**'.

**Droop flap**
A flap at the leading edge of a wing, deflected downward to increase camber and thus improve stalling characteristics.

**Drop tank**
An external tank designed to be dropped in flight when empty.

**Dry adiabatic lapse rate**
The lapse rate of dry unsaturated air under adiabatic conditions (approx. 1 deg C per 100 metres or 5.4 deg F per 1000 feet).

**Dry-type filter element**
The filter element of an air filter which affects filtration by means of a dry matrix.

**Dry weight**
(a) Of aircraft: for operational purposes, the gross weight of the aircraft less fuel.
(b) Of enginess: the weight of an engine without liquid, but including all accessories essential to its running and any drives incorporated in it for non-essential accessories.

**Dual instruction**
Pilot instruction in which the student flies with the instructor and is allowed to operate the aircraft with one of the sets of dual controls.

**Dual instruction time**
Flight time during which a person is receiving flight instruction from a pilot on board the aircraft.

**Ducted cooling**
A system in which cooling air is constrained to flow in (a) duct(s) to or from the power plant.

**Ducted-fan turbine engine**
A gas turbine engine in which a portion of the net energy is used to drive a ducted fan. It may be either the front or rear fan and the by-pass airflow may either be mixed with the high-pressure or combustion airflow, or be discharged directly from the fan.

**Ducted oil cooler**
A cooler installed in a duct.

**Ducted radiator**
A radiator installed in a duct.

**Dump valve**
An automatic valve which rapidly drains the fuel manifold when the fuel pressure falls below a predetermined value. It usually operates when the engine is stopped.

**Duplex**
A method in which telecommunications between two stations can take place in two directions simultaneously.

**Duplex burner**
A burner with alternative fuel entries and a single exit orifice.

**Dust devil**
A whirlwind, formed by strong convection over hot sandy regions which raises dust or sand in a vertical column.

**Dust storm**
Dust or sand, lifted to great heights by a strong and turbulent wind, reducing surface and upper visibility to low limits (below 1 km for a surface synoptic report).

**Dutch roll**
A lateral oscillation of an aircraft, particularly one in which the ratio of the rolling to yawing motion is appreciable.

**Dynamic balance**
A propeller is in dynamic balance when the intertial forces due to its rotation result in no periodic forces or couples on the mounting.

**Dynamic heating**
Heating of the surface of an aircraft by virtue of its motion through the air. The heat is generated because the air at the surface is brought to rest relatively to the aircraft, either by direct impact in the stagnation region or by the action of viscosity elsewhere.

**Dynamic lift**
The aerodynamic lift due to the movement of the air relative to a lighter-than-air aircraft.

**Dynamic model**
A model for which the mass and elastic distributions and linear dimensions have been so scaled that certain features of the motion of both model and full-scale aircraft are the same, apart from the effect of scale (**Reynolds number**) on the aerodynamics.

**Dynamic pressure**
(a) The pressure of a fluid, resulting from its motion, and equal to one half the fluid density times the fluid velocity squared. In the UK this quantity is often referred to as '**kinetic pressure**'. In incompressible flow, dynamic pressure is the difference between the total pressure and the static pressure; in the UK the term '**dynamic pressure**' is often used for this difference in compressible flow as well.
(b) In aerospace medicine, the aerodynamic forces acting on a body under conditions of relative motion within the atmosphere. Proportional to the density of the medium and the square of the velocity, this is the pressure sensed by the airspeed indicator. The force is of importance in the assessment of the stresses applied to the human body during escape from a moving aircraft. Also known as '**Q-force**' and '**ram pressure**'.

**Dynamic stability**
Complete stability of motion when aerodynamic forces, gravity and inertia are all taken into account.

**Dynamotor,**
*cf / vgl* **Rotary transformer**

# E

**E-scope**
A cathode ray scope on which signals appear as spots, with range as the horizontal and elevation angle or height as the vertical coordinate.

**Earth return**
The electrically-bonded part of an airframe, used in an electrical circuit.

**Earth return system**
An electric power distribution system incorporating the earth system reinforced as necessary by additional conductors.

**Earth system**
A system in which all the metallic parts of an aircraft are interconnected to form a low resistance network for the safe distribution of electric currents and charges.

**Earth, to ~**
The electrical connection (of a wire, etc.) to the earth system of an aircraft.

**Easting**
Eastward (that is left to right) reading of grid values.

**Economizer**
A device which may be interposed between a continuous-flow oxygen source and the user in order that oxygen may be accumulated during the expiratory phase of respiration for subsequent availability during inspiration, thus reducing wastage and permitting more efficient utilization of a given rate of oxygen flow.

**Eddy**
An element of fluid having intense vorticity.

**Effective intensity**
The effective intensity of a flashing light is equal to the intensity of a fixed light of the same colour which will produce the same visual range under identical conditions of observation.

**Effective margin**
That margin of an individual apparatus which could be measured under actual operating conditions.

**Efficiency**
The ratio of the thrust horse-power to the torque horse-power.

**Efficiency of catch**
The proportion of the total water droplets in the path of an aircraft which actually strike it. This proportion depends on a number of factors, including the speed of the aircraft, the size of the droplets, and the shape of the part concerned.

**Effuser**
A device for transforming pressure energy of a fluid into kinetic energy.

**Effusion**
The flow of gas through holes which are sufficiently large for the velocity to be approximately proportional to the square root of the pressure difference.

**Ejection**
Escape of aircrew members from an aircraft by means of explosively propelled seats.

**Ejection gun**
An explosively powered gun of telescoping tubes which propels an ejection seat, capsule, or other body, and its occupant, from an aircraft.

**Ejection seat**
A device in the form of a rest which may be propelled by a gun and cartridge system, a rocket, or a combination of both, to carry the aircrew occupant clear of his aircraft in an emergency and allow subsequent safe development of his personal parachute. The seat is occasionally encapsuled for protection against aerodynamic loads; this form is generally termed an '**escape capsule**'.

**Ejector pipe**
A pipe so disposed or shaped as to produce appreciable forward thrust.

**Ejector seat,**
*cf / vgl* **Ejection seat**

**Elastic model**
A model in which the distribution of stiffness as well as the linear dimensions are so represented as to make the aeroelastic behaviour of the model correspond to that of the full-scale aircraft.

**Electric starter**
An electric motor to rotate an engine for starting.

**Electrical bonding,**
*cf / vgl* **Bonding**

**Electrical equipment**
Individual items which together make up an electrical system in an aircraft.

**Electrical instrument**
A device for indicating, recording or measuring an electrical quantity or condition.

**Electrical interference**
Any electrical disturbance which has undesirable effects on electrical or electronic equipment.

**Electrical system**
A group of electrical equipment with all items correlated for a specific purpose.

**Elevation**
The vertical distance of a point or a level, on or affixed to the Earth's surface, measured from mean sea level.

**Elevator**
A flap-type control surface designed to control an aircraft in pitch.

**Elevator angle**
The angle between the chord of the control surface and the chord of the corresponding fixed surface.

**Elevons**
Control surfaces combining the functions of ailerons and elevators. When placed on the tail they are sometimes called **tailerons**. Elevons in the form of all-moving wing tips have been referred to occasionally as **controllers**.

**Embarkation**
The boarding of an aircraft for the purpose of commencing a flight, except by such crew or passengers as have embarked on a previous stage of the same through-flight.

**Emergency air**
Compressed air for energizing a hydraulic or pneumatic circuit in the event of failure of the normal power supply.

**Emergency cartridge**
A cartridge, the combustion products of which energize a hydraulic or pneumatic circuit in the event of the failure of the normal power supply, or operate an emergency mechanism, such as an ejection seat.

**Emergency parachute**
A parachute used by an occupant of an aircraft for an emergency descent.

**Emergency phase(s)**
A generic term meaning variously, alert phase, distress phase or uncertainly phase.

**Empty weight**
The weight of an aircraft including the weight of its power plant, trapped fuel and oil, coolant, fluid in the hydraulic system, ballast normally carried, fixed equipment and furnishings, and other weight as may be defined in context; also

sometimes applied to a rocket less the weight of its propellants and load.

**Empty weight dry**
The weight of a system minus fuels and lubricants.

**End plate**
A plate or surface at the end of an airfoil, attached in a substantially vertical plane parallel to the direction of flight. Its effect is similar to that of increased aspect ratio.

**End speed**
The speed of an aircraft relative to the ship at the moment of release from the catapult.

**Endurance**
The length of time for which an aircraft can continue flying under given conditions without refuelling.

**Engaging speed**
The speed of an aircraft relative to the ship or the ground at the moment of engaging the arresting gear.

**Engine car**
In airship:
A car, or portion of a car, wholly devoted to propulsive machinery.

**Engine pod**
The enclosure or housing around an engine.

**Engine rating**
A statement of the specified minimum output (horsepower or thrust) under prescribed conditions and for a prescribed period.

**Engine speed**
The revolutions per minute of the main or other specified rotor assembly.

**Entry point**
The first airways/advisory area reporting point over which a flight passes upon entering a flight information region or control area. Also called an '**entry fix**'.

**Envelope**
(a) The gas-containing unit of a balloon, non rigid, or semi-rigid airship.
(b) The outer cover of an airship in which the gas-containing units are surrounded by a layer of air or inert gas.

**Equilibrium height**
The altitude at which, under given conditions, equilibrium is established between the lift and weight of a free balloon or an airship acting as a free balloon.

**Equi-signal zone**
A zone within which, with an overlapping signal pattern system, indication is given that an aircraft is on a particular track.

**Equivalent aerspeed (EAS)**
The true airspeed (TAS), multiplied by the square root of the relative density for an appropriate altitude.
Alternatively: calibrated airspeed (CAS) corrected for the compressibility error.

**Equivalent shaft horsepower**
The shaft horsepower of a turboprop engine, plus an additional power which, if applied to the shaft, would produce a propeller thrust equal to the jet thrust of the angine.

**Eta patch**
In aerostats:
A fan-shaped patch of fabric and webbing secured to the envelope.

**Evaporative cooling**
A cooling system which utilizes the latent heat of evaporation by allowing the coolant to boil and, after condensation, to return to the cylinder jackets.

**Evaporative ice**
Ice formed on the induction ystem, on or near surfaces wetted by fuel and cooled by its evaporation. Ice can form from water in the free state or by sublimation from vapour, at air temperatures up to about 25°C.

**Executive aircraft**
A passenger airplane or small transport designed especially for the use of business executives.

**Exhaust-collector ring**
A circular manifold which collects the exhaust from the cylinders of a radial engine.

**Exhaust cone**
An assembly which leads the exhaust gases from the annular turbine discharge to the jet pipe. It usually consists of two main parts, an inner and an outer cone, mounted concentrically with the turbine wheel.

**Exhaust gas temperature**
The average temperature of the exhaust gas stream obtained in an approved manner.

**Exhaust manifold**
A pipe or chamber into which exhaust gases are led from a number of cylinders.

**Exhaust nozzle**
A nozzle through which exhaust gases are ejected as from a jet or rocket engine.

**Exhaust stack**
A pipe, usually a short pipe, for leading exhaust gases from an engine cylinder and discharging them, ordinarily, into the open.

**Exhaust stator-blades**
An assembly of stator-blades situated behind the turbine discharge, to remove residual whirl from the exhaust gases.

**Exhaust system**
The duct or ducts through which the exhaust gases from the combustion system and turbine are discharged.

**Exosphere**
The outermost layer of the atmosphere.

**Expanding balloon,**
*cf / vgl* **Dilatable balloon**

**Expected**
Used in relation to various aspects of performances (e. g. rate or gradient of climb) this term means the standard performance of a type, under relevant conditions (e. g. weight, altitude and temperature).

**Expected approach time**
The time a which it is expected that an arriving aircraft will be cleared to commence approach for a landing.

**Explosive decompression**
A very rapid reduction in ambient pressure as may occur following failure of the integrity of a pressure cabin or pressure suit. Usually considered as being confined to the description of equilibration times of the order of 0.1 second or less.

**Exposure suit**
A suit designed to protect a person from a harmful environment, such as freezing water.
Correct term: **Anti-exposure suit**.

**Extension flap**
A flap, the movement of which increases the effective chord length of the aerofoil, e. g. **Fowler flap**; **Gouge flap**.

**External-airfoil flap**
An auxillary airfoil, usually located below and near the trailing edge of a wing, that is deflected to increase lift and drag.

**Extractor parachute**
A parachute designed to withdraw a load from an aircraft in flight. It is called a retarder parachute when it is used to deploy the main load-carrving parachute.

**Eye of storm**
The central region of an intense tropical cyclone, featuring light winds and often well-broken clouds.

# F

**Facility performace category I-ILS**
An ILS which provides guidance information from the coverage limit of the ILS to the point at which the localizer course line intersects the glide path at a height of 60 meters (200 feet) or less above the horizontal plane containing the ILS reference point.

**Facility performance category II -ILS**
An ILS which provides guidance information from the coverage limit of the ILS to the point at which the localizer course line intersects the glide path at a height of 15 metres (50 feet) or less above the horizontal plane containing the ILS reference point.

**Facility performance category III-ILS**
An ILS which, with the aid of ancillary equipment where necessary, provides guidance information from the coverage limit of the facility to, and along, the surface of the runway.

**Facsimile**
A system of telecommunication for the transmission of fixed images with a view to their reception in a permanent form.

**Factor of safety**
A design factor used to provide for the possibility of loads greater than those assumed, and for uncertainties in design and fabrication.

**Fairing**
A secondary structure added to any part to reduce its drag.

**Falling leaf**
A kind of aerobatic stunt or performance in which an airplane maintaining an approximately level altitude and an approximately constant heading makes a series of checked spins, oscillating from side to side and gradually sinking, simulating the movements of a falling leaf.

**False lift**
Of an aerostat:
the additional lift caused by positive superheat.

**False origin**
A fixed point to the south and west of a grid zone from which grid distances are measured eastward and northward.

**False rib**
An incomplete airfoil rib, often skeletonized, inserted ahead of the front spar of the airfoil between the main ribs to assist in maintaining the form of the leading edge. Also called a "**former rib**" or "**nose rib**".

**Fan engine**
(a) An internal-combustion reciprocating engine with its cylinders so disposed that they suggest the spread feathers of a hand-held fan.
(b) A ducted-fan engine.

**Fan marker-beacon**
A type of radio beacon, the emissions of which radiate in a (vertical) fan-shaped pattern.

**Fan straighteners**
Radial vanes installed near the fan in a wind tunnel to counteract the rotation of the stream produced by it.

**Feathered pitch**
The pitch setting, specified in the Propeller Instruction Manual, which, in flight with the engine stopped, gives approximately the minimum drag, and corresponds with a windmilling torque of approximately zero.

**Feathering**
A variation, with azimuth angle, in the blade pitch angle about the feathering hinge.

**Feathering hinge**
A blade pivot which allows the blade pitch angle to be varied.

**Feathering pitch**
A pitch setting selected to give minimum speed of rotation and approximately minimum drag when the engine is stopped.

**Feed pipes**
Pipes leading oil or fuel from the tank to the engine or accessory.

**Feedback**
In aeronautics, the transmittal of forces initated by aerodynamic action on control surfaces or rotor blades to the cockpit controls; the forces so transmitted.

**Feeder circuit**
An arrangement of conductors for transmitting electric power from some point on a main circuit to one or more current-consuming items of apparatus.

**Feel**
The sensation of force and displacement experienced by the pilot, either from the air forces on the control surface, or from some artificial means through those limbs which are in contact with the flying controls.

**Feel**
The sensation or impression that a pilot has or receives as to his, or his aircraft's attitude, orientation, speed, direction of movement or acceleration, or proximity to nearby objects, or as most often used, as to the aircraft's stability and responsiveness to control.

**Fence**
A projection from the surface of a wing, extending chordwise to modify the wing surface pressure distribution and/or interfere with boundary-layer cross-flow, either directly or by creating a vortex.

**FIDO**
Abbreviation for '**fog, intense, dispersal of ~**' pronounced as a word and used to signify the act or method of dispersing fog over a runway by burning gasoline or other liquid fuel, usually in perforated pipes, at the sides of the runway.

**Fillet**
A fairing at the junction of two surfaces to improve the airflow.

**Filter element**
A replaceable component for removing entrained particles from fluid stream.

**Fin**
A fixed vertical surface designed to provide directional stability.

**Fin**
(a) A fixed surface outside the envelope or outer cover of a ligther-than-air aircraft providing aerodynamic stability.
(b) Those parts of the stabilizers of a kite balloon providing stability in pitch.

**Fin carrier**
A frame laced to channel patches on the envelope of a nonrigid or semi-rigid airship to distribute the forces from a fin.

**Fin post**
The principal structural member of a fin, usually carrying the rudder.

**Final approach**
That part of an instrument approach procedure from the time the aircraft has
(a) completed the last procedure turn or base turn if specified; or
(b) crossed a specified fix; or
(c) intercepted the last track specified for the procedures, until it has crossed a point in the vicinity of an aerodrome from which:
I) a landing can be made; or
II) a missed-approach procedure is initiated.

**Final approach altitude**
The altitude at which to begin the final approach.

**Final approach procedure**
The part of the approach procedure beginning when the aircraft reaches the axis of the runway in use; either heading towards the runway to land directly, or heading for the reciprocal of the runway or to complete the final procedure turn, and ending either upon landing or when missed-approach action is taken.

**Final controller,**
*cf / vgl* **Precision controller**

**Final procedure turn**
The part of the final-approach procedure during which an aircraft on the reciprocal leg reverses ist course toward the aerodrome to proceed along the runway in use.

**Fire balloon**
A hot-air balloon that carries a fire beneath the open mouth of the bag to keep the air within heated for prolonged flight.

**Fire wall**
A fire-proof or fire-resistant wall or bulkhead separating an engine from the rest of an aircraft structure to prevent the spread of any fire originating at the engine.

**Fireproof material**
A material capable of withstanding heat as well as or better than steel when the dimensions in both cases are appropriate for the specific purpose.

**First mean chord**
*cf / vgl* **Standard mean chord**

**First pilot**
A pilot, fully qualified on type, responsible for flying an aircraft.

**First point of Aries**
The point on the celestial sphere at which the sun, on its passage along the ecliptic, crosses the celestial equator from South to North. This occurs at the vernal equinox.

**Fix**
A geographical position by visual reference to the surface, by reference to radio navigational aids, by celestial plotting or by another navigational device.

**Fixed light**
A light having constant luminous intensity when observed from a fixed point.

**Fixed loop aerial**
A loop aerial permanently fixed with respect to the centre line of the aircraft and used with a homing receiver.

**Fixed-pitch propeller**
A propeller having no provision for changing the pitch setting.

**Fixed weight**
The weight of a lighter-than-air aircraft complete in flying order, without fuel, oil, dischargeable weight or payload.

**Fixing aids**
Systems designed to determine the geographical position of an aircraft.

**Flame damper**
A device to prevent visual detection of an aircraft by its exhaust flame.

**Flame-trap**
A device fitted to the induction system of an engine to check a return flame from a backfire.

**Flame tube**
A tube, within a combustion chamber, in which combustion occurs.

**Flap**
Any surface usually forming part of the rear portion of a wing, adjustable in flight, the primary function of which is to increase lift.

**Flap angle**
The angle between the chord of the control surface and the chord of the corresponding fixed surface.

**Flapping**
Angular oscillation of a blade about the flapping hinge.

**Flapping hinge**
A blade pivot which allows the flapping angle to vary.

**Flare**
Usually, to flare out. To descend in a smooth curve in landing, marking a transition form a steep descent to a direction of flight substantially parallel to the surface.

**Flare-out,**
*cf / vgl* **Flattening-out**

**Flash point**
The temperature at which a substance, such as fuel oil, give off a vapor that will flash or burn momentarily when ignited.

**Flashing light**
An intermittent light in which the light periods are clearly shorter than the dark periods, with a repeated cycle.

**Flat diameter**
The diameter of the maximum inscribed circle of a flat parachute when spread out on the ground.

**Flat parachute**
A parachute, the canopy of which consists of triangular gores forming a regular polygon when laid out flat.

**Flat spin**
A spin at a large mean angle of incidence with the longitudinal axis more nearly horizontal than vertical.

**Flattening-out**
The transistion between the approach and the horizontal motion before landing.

**Flexural centre,**
*cf / vgl* **Shear centre**

**Flick roll**
A rapidly executed roll in which the autorotation of the wings is used to speed up this manoeuvre.

**Flight characteristic**
A characteristic exhibited by an aircraft, rocket etc. in flight, such as a tendency to stall or to yaw, ability to remain stable at certain speeds, etc.

**Flight crew**
Those members of the aircrew whose primary concern is the operation and navigation of the aircraft and its safety in flight.

**Flight crew member**
A lincensed crew member charged with duties essential to the operation of an aircraft during flight time.

**Flight deck**
The compartment in an aircraft containing the operating stations of the flight crew.

**Flight deck**
Naval aviation: The flat upper deck of a ship on which take-off and landing operations are conducted.

**Flight duty period**
The total time from the moment a flight crew member commences duty, immediately subsequent to a rest period and prior to making a flight or a series of flights, to the moment he is relieved of all duties having completed such flight or series of flights.

**Flight engineer**
A member ot the flight crew responsible for engineering duties.

**Flight indicator**
A component of a flight instrument system giving information about attitude.

**Flight information centre**
A unit established to provide flight information service and alerting service.

**Flight information region (FIR)**
An airspace of defined dimensions within which flight information service and alerting service are provided.

**Flight information service (FIS)**
A service provided for the purpose of giving advice and information useful for the safe and efficient conduct of flights.

**Flight instrument system**
An arrangement of meters and displays giving to the pilot information on the speed, orientation and flight path of an aircraft relative to a known datum.

**Flight levels**
Surfaces of constant atmospheric pressure which are related to a specific pressure datum, 1013.2 millibars (760 mm Hg, 29.92 in Hg), and are separated by specific pressure intervals.
**Note 1** – A pressure type altimeter calibrated in accordance with the Standard Atmosphere:
(a) when set to QNH altimeter setting, will indicate **altitude**;
(b) when set to a QFE altimeter setting, will indicate **height** above the QFE reference datum;
(c) when set to a pressure of 1013.2 mb (29.92 inches) may be used to indicate flight levels.
**Note 2** – The terms **"height"** and **"altitude"** used in **Note 1** above, indicate altimetric rather than geometric heights and altitudes.

**Flight line**
The general area surrounding the hangars at an airdrome, including aprons and ramps, where aircraft are made ready or kept ready for flight; a line of parked aircraft ready for flight.

**Flight Mach number**
A free-stream Mach number measured in flight as distinguished from one measured in a wind tunnel.

**Flight path**
The path of the centre of gravitiy of an aircraft relative to the Earth.

**Flight-path recorder**
An instrument for recording the angle of the flight path to the horizontal.

**Flight plan**
Specified information provided to air traffic services units, relative to the intended flight, or portion of a flight, by an aircraft.

**Flight recorder**
A device installed in an aircraft to record information about its flight characteristics, crew communications and/or the ambient conditions in flight. Its main purpose is to complement accident/incident investigations.

**Flight refuelling,**
*cf / vgl* **Air refueling**

**Flight surgeon**
A military or naval medical officer specializing in aviation medicine, assigned to an aviation unit, and so designated by proper authority.

**Flight test**
The testing of an aircraft or other vehicle by actual flight or launching. Flight tests are planned to achieve specific test objectives and gain operational information.

**Flight time**
The total time from the moment the aircraft first moves under its own power for the purpose of taking off until it comes to rest at the end of the flight.
**Note.** – Flight time as here defined is synonymous with the term "**block-to-block**" **time** or "**chock-to-chock**" **time** in general usage which is measured from the time the aircraft moves from the loading point until it stops at the unloading point.

**Flight time in a glider**
The total time occupied in flight, whether being towed or not, from the moment the glider first moves for the purpose of taking off until the moment it comes to rest at the end of the flight.

**Flight visibility**
The visibility forward from the cockpit of an aircraft in flight.

**float**
A watertight body giving buoyancy and stability in roll on the water to a seaplane or amphibian and enabling it to take-off and alight.

**Float refuelling valve**
A refuelling valve in a fuel tank operated by a float on the surface of the fuel.

**Float seaplane**
A seaplane provided with floats as its means of support on water.

**Float, to ~**
To travel horizontally after flare-out and before landing.

**Float-type carburettor**
A carburettor in which the head of the fuel supplied to the jet is controlled by a float and a needle valve.

**Floating gudgeon pin**
A gudgeon pin which is free to rotate in both piston and connecting rod.

**Floodlight**
A light providing intense illumination over a restricted area, e. g. apron floodlight, aerodrome floodlight, runway floodlight.

**Flotation gear**
Emergency flotation appliances for aircraft.

**Flow separation**
The breakaway of flow from over a surface; the condition of a flow separated from over the surface of a body and no longer following its contours,

**Flutter**
A sustained oscillation due to the interaction between aerodynamic forces, elastic response and inertia forces.

**Flutter speed**
The airspeed at which a constant amplitude flutter in a given mode occurs.

**Fluxgate**
A detector which gives an electrical signal proportional to the intensity of the external magnetic field acting along its axis.

**Fluxgate compass**
An azimuth presentation from a gyroscope monitored by a fluxgate.

**Fluxvalve,**
*cf / vgl* **Fluxgate**

**Flying boat**
A seaplane of which the main body or hull is also the means of support on water.

**Flying controls**
Input elements directly moved by the human pilot to operate the control surfaces.

**Flying rigging**
The system of rigging between a kite balloon and the flying cable.

**Flying time**
The summation of the flight times.

**Flying wing**
A type of airplane consisting essentially of a wing, the fuselage being an integral part of the wing and no empennage being present, the control surfaces or devices being attached to the wing itself. Sometimes calles a "**tailless airplane**".

**Flying wires,**
*cf / vgl* **Lift wires**

**Foehn**
A warm, dry wind which blows down the leeward slopes, when the general wind current comes over mountains.

**Fog**
Atmospheric obscurity produced in the surface layer by suspended water droplets, with or without smoke, in which visibility falls below 1 km. In synoptic reporting "**fog**" is not used when the obscurity is caused by dry smoke.

**Fore plane,**
*cf / vgl* **Nose plane**

**Forecast**
A statement of the meteorological conditions at a given place, over a given area or along a given route, to be expected during a definite period.
**Note.** – Forecasts for air navigation are issued, normally, for varying periods from a few hours (short period forecasts) to 30 hours ahead and include information regarding:
(I) The direction and speed of the surface wind,
(II) Upperwinds and temperatures,
(III) Cloud: amount, type, altitude of base and top.
(IV) Surface visibility,
(V) Weather conditions,
(VI) Altitude of the 0°C isotherm,
(VII) Airframe icing,
(VIII) Mean sea level pressure when required,
(IX) Special features of the meteorological situation.

**Forked assembly**
An assembly by connecting rods in which one carries the big-end bearing and the remainder encircle and oscillate upon a surface formed on the master rod or big-end bearing concentric with the latter.

**Form drag**
For shock-free flow, the normal-pressure drag less the trailing vortex drag.

**Four-course beacon,**
*cf / vgl* **Radio range**

**Fowler flap,**
*cf / vgl* **Extension flap**

**Fractocumulus**
Ragged cumulus in which the different parts show continual change.

**Fractostratus**
A stratus broken up into irregular, ragged fragments.

**Frame**
(a) Generally: a plane structure transverse to the axis of major fore and aft members, maintaining the shape of the cross-section of the assembly.
(b) Specifically: a structural member, lying in a transverse plane of a fuselage, hull or nacelle, and following the periphery.

**Frame longitudinal**
In airships:
that portion of a longitudinal in the way of a transverse frame forming a component member thereof.

**Free airport**
An international airport at which, provided they remain within a designated area until removal by air to a point outside the territory of the State, crew, passengers, baggage, cargo, mail and stores may be disembarked or unladen, may remain and may be transshipped, without being subjected to any customs charges or duties and, except in special circumstances, to any examination.

**Free balloon**
A balloon floating freely in the air.

**Free-balloon net**
A net over the envelope of a free balloon, from which the basket is suspended.

**Free fall**
(a) The fall or drop of a body, such as a rocket, not guided, not under thrust, and not retarded by a parachute or other braking device.
(b) The conditions of a person descending through the atmosphere, unretarded other than by aerodynamic forces acting on the body. Generally used in reference to the condition of a parachutist between emergence from the aircraft and the deployment of his parachute. see also '**delayed opening**'.

**Free-flight wind tunnel**
A wind tunnel in which the model can be observed in free flight.

**Free gyro**
A gyro which is free from restraint.

**Free parachute**
A man-carrying parachute which can be deployed manually by the parachutist.

**Free zone**
An area where merchandise, whether of domestic or foreign origin, may be admitted, deposited, stored, packed, exhibited, sold, processed or manufactured, and from which such mechandise may be removed to a point outside the territory of the State without being subjected to customs duties or internal consumer taxes or, except in special circumstances, to inspection. Merchandise of dometstic origin admitted into a free zone may be deemed to be exported.

**French landing**
With an airplane having a tail skid or tail wheel, a landing in which the tail is held off the ground as long as possible during the deceleration.

**Frequency channel**
A continuous portion of the frequency spectrum appropiate for a transmission utilizing a specified class of emission.
**Note.** – The classification of emissions and information relevant to the portion of the frequency spectrum appropriate for a given type of transmission (bandwidths) are specified in the ITU Regulations.

**Frequency parameter**
The ratio of the product of the frequency of an oscillation and a representative length of an oscillating system to the true airspeed.

**Fresh breeze**
Beaufort number 5: Small trees in leaf begin to sway; crested wavelets form on inland water (wind speed: 17–21 knots).

**Frictional turbulence**
Atmospheric turbulence produced by wind flow over surface irregularities.

**Front**
A line or narrow belt marking the boundary at the Earth's surface between two air masses of different densities. A front is usually associated with a belt of clouds and precipitation, and a more or less sharp change in winds.

**Front course sector**
The course sector which is situated on the same side of the localizer as the runway.

**Frontogenesis**
The development or marked intensification of a front.

**Frontolysis**
The disappearance or marked weaking of a front.

**Frost**
A condition in which the temperature of the air is below the freezing point of water.

**Fuel**
A substance requiring oxidation for the release of its energy.

**Fuel accumulator**
A device for storing fuel, during a portion of the starting cycle, in order to augment the flow momentarily when a predetermined fuel pressure has been reached.

**Fuel control unit**
A device for controlling the fuel supply of an engine in accordance with pilot demand, ambient conditions and engine limitations.

**Fuel cut-off**
*cf / vgl* **Slow-running cut-off**

**Fuel grade**
The quality of a fuel as defined by its liability to detonate.

**Fuel-jettison gear**
Gear for the rapid disscharge of fuel during an emergency.

**Fuel manifold**
A main pipe together with a series of branch pipes, which distributes fuel to the burners.

**Fuel nozzle,**
*cf / vgl* **Burner**

**Fuel-pressure switch**
A device which ensures that full current is not applied to the electric starter motor until the fuel pressure has reached a predetermined figure.

**Fully-automatic relay installation**
A teletypewriter installation where interpretation of the relaying responsibility in respect of an incoming message and the resultant setting-up of the connection required to effect the appropriate retransmissions is carried out automatically, as well as all other normal operations of relay, thus obviating the need for operator intervention, except for supervisory purposes.

**Fully-factored load,**
*cf / vgl* **Ultimate load**

**Funnel cloud**
A cloud column or inverted cloud cone, protruding from a cloud base, produced by a vortex. It may occur with cumulonimbus and, less often, with cumulus formation.

**Fuselage**
The main structural body of an aircraft other than a flying boat or boat amphibian.

# G

**G-suit**
A suit that exerts pressure on the abdomen and lower parts of the body to prevent or retard the collection of blood below the chest under positive acceleration.

**Gale**
Beaufort number 8: Breaks twigs off trees, generally impedes progress (wind speed: 34–40 knots).

**Gap** (of a multiplane aircraft)
The distance between the leading edge of a plane and of the one below it, measured parallel to the body axis.

**Gapless-type ice guard**
An ice guard fitted in the intake mouth, used in conjunction with an automatic alternative air inlet.

**Gapped-type ice guard**
An ice guard mounted forward of the air intake entry to provide a gap which does not ice up.

**Gas bag**
A gas-containing unit of a rigid airship.

**Gas-bag alarm**
A device connected to a gas bag which indicates when a predetermined pressure has been reached.

**Gas-bag net**
A net of cordage or wire to hold a gas bag in position.

**Gas-bag wiring**
A system of wiring which encloses each gas bag of a ridgid airship.

**Gas cell**
One of serveral compartments or chambers in certain airships, usually in a rigid airship, which holds lifting gas; also, sometimes applied to the single, entire envelope of a balloon or airship.

**Gas hood**
A hood, cowl, or series of ports in the outer cover of a rigid airship, through which gas escapes from inside the hull.

**Gas main**
A fabric hose running through the length of a rigid airship, having branches to the gas bags for inflation.

**Gas ring**
A spring ring for maintaining a gas-tight seal between the piston and the cylinder wall.

**Gas trunk**
In aerostats:
A duct between a gas-bag valve and a gas hood.

**Gas-turbine engine**
An engine in which the working fluid is heated by internal combustion and expanded through a turbine.

**Gas volume**
The volume of the contained gas under standard conditions.
**Note.** – This is the volume used in aerostatic calculations.

**Gate**
A position on the extension of the axis of the runway in use,above which an aircraft heading towards that runway is required to pass at a time assigned by approach control.

**Gathered parasheet**
A parasheet, the periphery of which is constrained by a hem cord.

**Geared tab**
A balance tab, mechanically linked to a control surface so that its angular movement is determined by that of the control surface.

**Gee**
A very-high-frequency ground-referenced system of radio navigation in which a receiver in a craft measures the time-difference between the arrivals of pulses from two or more synchronized ground transmitters, comprising a chain (master and one or more slaves). The craft is then located by reference to a map or chart on which a lattice of isochrones, in this case hyperbolic, is overprinted.

**Gee H**
A radar navigating system comprising two separate fixed transponder stations interrogated by a transmitter in an aircraft, thus enabling the distance to each fixed station to be measured in the aircraft.

**General inference**
A general description of the meteorological situation at a given time, deduced from the pressure, temperature and wind fields shown on synoptic charts, together with the changes in progress and a statement of the type of weather likely to be experienced over a particular area as a result of these changes.

**Gentle breeze**
Beaufort number 3; Leaves and small twigs in constant motion; wind extends light flag (wind speed: 7–10 knots).

**Geodetic constructions**
A method of making curved space frames in which the principal structural members follow geodesics in the surface, so that the forces set up in the members are either tension or compression.

**Geometric pitch**
The distance which an element of a propeller would advance in one revolution when moving along a helix to which the line defining the blade angle of that element is tangential.
**Note.** – The geometric pitch of an element of a fixed pitch propeller at the standard radius is usually referred to as the 'pitch' of the particular propeller, and is marked on it.

**Geometric twist**
Variation, in the angle between the chord and a fixed datum along the span of a wing.

**Geostrophic wind speed**
The speed of the wind calculated from the pressure gradient, the air density, the rotational velocity of the Earth and the altitude, but neglecting the curvature of the path of the air.

**Gills**
A set of movable flaps at the rear of a cowling to control the flow of cooling air.

**Glacier breeze**
A cold breeze, blowing down the course of a glacier, owing its origin to the cooling of the air in contact with the ice.

**Glare shield**
A device designed to prevent a pilot's night vision from being impaired by exhaust flames or glow.

**Glaze** (ice)
A coating of clear ice which forms on an aircraft in clouds of high water content, consisting mainly of large, supercooled water drops, or when rain falls on an aircraft or other exposed object which has a temperature below O deg C.

**Glazed frost**
A layer of smooth ice formed by rain falling on aircraft or other exposed object the temperature of which is below freezing point.

**Glide**
A gradual descent, with little or no thrust.

**Glide path**
A descent profile determined for vertical guidance during a final approach.

**Glide path angle**
The angle of the glide path above the horizontal plane.

**Glide-path beacon**
A directional radio beacon, forming part of the instrument landing system, which indicates vertical deviation of the aircraft from its optimum path of descent.

**Glide path sector**
A sector in the vertical plane containing the glide path, limited by the loci of points at which the DDM is 0.175.
**Note.** – The path sector is divided by the glide path into two parts called upper sector and lower sector referring respectively to the sectors above and below the glide path.

**Glide ratio**
The ratio of the forward distance to the vertical distance descended in a glide.

**Glide slope,**
*cf / vgl* **Glide path**

**Glider**
A non-power-driven heavier-than-air aircraft, deriving its lift in flight chiefly from aerodynamic reactions on surfaces which remain fixed under given conditions of flight.

**Gliding**
*cf / vgl* **Glide**

**Gliding angle**
The angle between the flight path in a glide and the horizontal.

**Glow screen**
A device for obscuring the glow from hot metal.

**Gore** (aerostats)
One of a number of shaped sections which, when assembled, form the envelope of a gas bag.

**Gore** (parachutes)
For most canopy types, this is the designation given to one of a number of tapered sections which, when assembled, form the canopy drag-producing surface. The most common gore design is bounded by the radial seam at the sides, the skirt hem at the base, and the vent hem at the top.

**Gouge flap,**
*cf / vgl* **Extension flap**

**Gradient wind speed**
The speed of the wind calculated as for geostrophic wind speed, but taking into account the curvature of the path of the air.

**Graphic scale**
A graduated line by means of which distances on the map or chart may be measured in terms of actual ground distance.

**Graticule**
A network of lines representing parallels and meridians on a map, chart, or plotting sheet.

**Gravity tank**
A tank from which engine is supplied with fuel by means of gravity alone.

**Great circle**
The intersection of the Earth's surface with a plane passing through its centre.

**Greenwich hour angle,**
*cf / vgl* **Hour angle**

**Greenwich mean time (GMT)**
Mean solar time at the meridian of Greenwich.

**Grid**
A network of lines on a map or chart used to provide data to which directions and positions can be related.

**Grid navigation**
A system of navigation utilizing a grid instead of true north for the measurement of angles.

**Grid north**
The northerly or zero direction indicated by the grid datum of directional reference.

**Grivation**
The horizontal angle between the grid datum and the magnetic meridian at any point.

**Gross lift**
Of an aerostat:
the buoyancy in a standard atmosphere, at sea level, under standard conditions of purity of gas and fullness.

**Gross thrust,**
*cf / vgl* **Shaft thrust**

**Gross weight**
The weight of an aircraft with its crew and contents.

**Gross wing area**
The area of the surface bounded by the two wing tips, the leading and trailing edges and by straigth lines which join their intersections (ignoring fillets) with the fuselage and wing nacelles.

**Cross wing loading,**
*cf / vgl* **Wing loading**

**Ground-controlled approach (GCA)**
The technique or procedure for "talking down" an aircraft during its approach, through the use of surveillance and precision radar from the ground. The purpose of this procedure is to place the aircraft in a position for landing during conditions of bad visibility and low ceiling.

**Ground-controlled approach procedures**
The technique or procedures for talking down, through the use of both surveillance and precision approach radar, an aircraft during its approach so as to place it in a position for landing.
**Note.** – The foregoing is normally accomplished through radio telephony transmissions of heading and level instructions from the radar unit to the pilot of the aircraft.

**Ground-controlled approach system (GCA)**
A system of radionavigation comprising a Surveillance radar element (SRE) and a Precision approach radar (PAR) element used to facilitate a ground-controlled approach.

**Ground equipment**
Articles of a specialized nature for use in the maintenance, repair and servicing of an aircraft on the ground, including the testing equipment, especially that used in cargo- and passenger-handling operations.

**Ground idling conditions**
The conditions of minimum rotational speed associated with zero forward speed and the maximum exhaust gas temperature at this rotational speed.

**Ground looping**
An uncontrollable violent turn made by an aircraft while taxying, landing or taking-off.

**Ground position**
The position on the Earth vertically below an aircraft.

**Ground-position indicator**
An instrument or device which determines and automatically displays the ground position or dead-reckoning position of an aircraft.

**Ground running-time**
The period of engine-running time while an aircraft is at rest and/or taxying.

**Ground (sea) (land) returns**
Echos received from the Earth (sea or land) on radar set.

**Ground speed**
The horizontal component of an aircraft's velocity relative to the Earth's surface.

**Ground starter**
Any device, not carried in an aircraft, for starting an aero-engine.

**Ground test couplings**
Couplings which enable hydraulic, pneumatic or electrical systems to be tested by an externally applied source of power.

**Ground-to-air communication**
One-way communication from ground stations to aircraft.

**Ground-traffic signal light**
A light installed on a movement area for the purpose of controlling traffic on the ground.

**Ground visibility**
The visibility at an aerodrome, as reported by an accredited observer.

**Grounding**
(a) The establishment of a low-impedance eclectrical path between an electrical circuit and some reference point or plane.
(b) The bonding of an equipment case or framework to an object or vehicle structure.

**Gudgeon pin**
The pin which aattaches the connecting rod to the piston.

**Guidance receiver**
The receiving set in a missile which converts the received intelligence into a form suitable for feeding to the control system.

**Guidance system**
A system which evaluates flight information, correlates it with target data, determines the desired flight path of the missile and communicates the necessary commands to the missile flight control system.

**Guided missile**
A missile whose flight path can be controlled during part or all of its flight.

**Gull wing**
A wing whose inbord section has pronounced dihedral and whose outboard section has either anhedral or markedly less dihedral.

**Gust**
A rapid increase in wind speed relative to the mean strength obtaining at the time.

**Gust gradient distance**
The horizontal distance over which the speed of a gust changes from its initial to its maximum value.

**Gyro**
A spinning rotor, usually in a gimbal system,provided with one of more additional degress of freedom.

**Gyro horizion**
*cf / vgl* **Artificial horizon**

**Gyro-magnetic compass**
A magnetic compass which is stabilized by a gyroscope.

**Gyroplane**
A heavier-than-air aircraft supported in flight by the reactions of the air on one or more rotors which rotate freely on substantially vertical axes.

**Gyroscope,**
*cf / vgl* **Gyro**

# H

**Hail**
Precipitation in the form of pellets of ice from cumulonimbus clouds, often associated with thunderstorms.

**Half loop**
An airplane maneuver consisting of one half of a complete loop of any kind, usually one half of an inside loop begun from an upright position.

**Half-roll**
A half-revolution about the longitudinal axis.

**Hand starter**
A device embodied in an aero-engine or attached thereto, for rotating the engine by hand, otherwise than by the propeller, for starting.

**Hangar**
A building or other suitable shelter for housing aircraft.

**Hardstand(ing)**
Any paved or hardened surface set up for parking aircraft.

**Harness**
With parachutes: An arrangement of webbings and hardware which distributes the deceleration forces from the parachute canopy uniformly over the load or parachutist.

**Harness release,**
*cf / vgl* **Quick release box**

**Hazard beacon**
An aeronautical beacon used to desgnate a danger to air navigation.

**Haze**
Atmospheric obscurity due to the suspension in the air of extremely small dry particles.

**Head resistance**
The resistance exerted by the air against the front of an aircraft or other body moving throught it, proportional to its frontal area.

**Heading**
The direction of the longitudinal axis of an aircraft defined by the horizontal angle it makes with a specified meridian. It is measured clockwise from North. The meridian may be true, magnetic, compass or grid, and the heading is correspondingly named.

**Heap clouds**
Clouds of appreciable vertical development.

**Heat barrier,**
*cf / vgl* **Thermal barrier**

**Heating muff**
A chamber which surrounds an exhaust pipe or manifold for the purpose of providing hot air.

**Heavier-than-air aircraft**
An aircraft which derives its lift in flight shiefly from aerodynamic forces.

**Height**
(a) The vertical distance of a level, a point, or an object considered as a point, measured from a specified datum.
**Note.** – The datum may be specified in the text or in an explanatory note in the publication concerned.
(b) The vertical dimension of an object.
**Note.** – The term "height" may also be used in a figurative sense for a dimension other than vertical, e. g. height of a letter or a figure painted on a runway.

**Height indicator**
An aircraft instrument which indicates the distance between the aircraft and the surface vertically beneath.

**Height power factor**
The ratio of the power or thrust developed at a specified altitude to that which would be developed at standard sea level. It applies to maximum power or thrust conditions at full throttle.

**Helicopter**
A heavier-than-air aircraft supported in flight by the reactions of the air on one or more power-driven rotors which operate on substantially vertical axes.

**Hem rigged parachute**
A parachute, the rigging lines of which are attached at the peripheral hem and do not pass over the canopy.

**H-engine**
An engine with ist cylinders forming, in end view, the letter "H".

**High,**
*cf / vgl* **Anticyclone**

**High altitude**
Conventionally, an altitude above 10 000 metres (33 000 feet).

**High clouds**
Clouds, usually composed of ice crystals, with an average cloud height higher than:
3000 m (10 000 feet) in polar regions,
5000 m (16 500 feet) in temperate regions,
6000 m (20 000 feet) in equatorial regions.

**High-speed wind tunnel**
A wind tunnel in which the stream velocity, although still subsonic, is suffciently high to enable the effects of compressbility of the fluid to be observed.

**High-voltage test**
A test of the insulation characteristics of electrical equipment performed at a specified test voltage.

**High-wing monoplane**
A monoplane in which the wings are located at or near the top of the fuselage. Also called a **shoulder-wing monoplane**.

**Hinge moment**
The moment about the hinge axis of a control or other hinged surface due to aerodynamic forces.

**Hoar frost**
A white crystalline coating of ice which forms on an aircraft in clear air when the temperature of the aircraft surface is below 0°C and ist colder than the frost-point of the air with which it is in contact.

**Hoar-frost point**
The temperature to which humid air must be cooled without change of pressure or humidity mixing ratio for it to become saturated in the presence of ice.

**Holding pattern**
The flight track that an aircraft is directed to follow at a holding point.

**Holding point**
(a) An identifiable point, in the vicinity of which an aircraft in flights is instructed to remain.
(b) A taxi-holding position.

**Holding procedure**
A predetermined manoeuvre with keeps an aircraft within a specified airspace whilst awaiting further clearance.

**Holding track,**
*cf / vgl* **Holding pattern**

**Homing**
Of aircraft:
A procedure which entails using the direction-finding equipment of one radio or radar station in conjunction with that of another, wherein at least one of the stations is mobile, and whereby the mobile station tracks continuously along a position line toward the other station.

**Homing aids**
Systems designed to guide an aircraft to an aerodrome or carrier.

**Homing guidance**
Guidance in which a missile is directed toward a destination by means of information received from the destination.

**Homing head**
The equipment (usually in the nose) of a homing missile which detects radiation from the target and passes the information to the guidance receiver.

**Homing receiver**
A radio apparatus which indicates aurally or visually deviation of the longitudinal axis of an aircraft from the line joining it to a radio transmitter.

**Honeycomb**
A grid of intersecting surfaces in a wind tunnel designed to reduce large-scale disturbances and straighten the air flow.

**Honeycomb radiator**
A radiator consisting of a block of tubes between which the coolant circulates.

**Hoop,**
*cf / vgl* **Load ring**

**Horizon bar**
The gyro-stabilized line or bar in an artificial horizon.

**Horizon lights**
Lights indicating a ground reference to assist a pilot taking-off.

**Horizontal and vertical planes** (AMC-navigation lights)
For the purpose of this specification:
(a) the horizontal plane is the plane containing the longitudinal axis and perpendicular to the plane of symmetra of the aeroplane;
(b) vertical planes are planes perpendicular to the horizontal plane definied in (a).

**Horn balance**
A localized balance area forward of the hinge line at the tip of a control surface. This may be shielded by a surface in front.

**Horse latitudes**
The belts of variabale light winds and fine weather associated with the subtropical anticyclones at about 30–40 degree latitudes.

**Hot start**
The start of jet engine in which the temperature of the exhaust pipe rises to an abnormally high and unsafe degree.

**Hour angle**
The arc of the celstial equator, corresponding angle at the centre of the Earth, or a corresponding spherical angle at the pole, measured westwards from a specified celestial meridian to that of a celestial body.
If the specified celestial meridian is that of the observer, the hour angle is known as the **Local hour angle (L.H.A.)**, e. g. **Greenwich hour angle (G.H.A.)**.
If the specified celestial meridian is that of the first point of Aries, the hour angle is known as the **Sidereal hour angle (S.H.A.)**.

**Hovering ceiling**
The maximum altitude at which a rotary-wing aircraft can hover under the given conditions.

**H2S**
A primary-radar equipment in an aircraft providing, on a cathode-ray tube display, a representation of the Earth's surface below.

**Hub**
(a) In an integral propeller: the detachable part on which the complete propeller is mounted on the propeller shaft.
(b) In a propeller with detachable blades: the central portion to which the blade roots are attached.

**Hull**
The main structural body of a flying boat or airship.

**Humidity**
The condition of the atmosphere in respect of water vapour.

**Humidity mixing ratio**
In any volume of air, the ratio of the mass of water vapour to the mass of dry air.

**Hump speed**
A speed, over water, at which there is a peak value for the induced wave drag. For a slightly loaded aircraft vehicle, there will be several hump speeds, the highest being known as the primary hump speed.

**Hunting**
(a) An uncontrolled oscillation about the flight path, the amplitude of which remains approximately constant.
(b) Fluctuation about a midpoint due to instability, as oscillations of the needle of an instrument about the zero point, or the alternate lead or lag of a synchronous motor with respect to the alternate current.

**Hurricane**
Beaufort number 12: Windspeed 64 knots and over.

**Hydraulic accumulator**
A pressure vessel for storing hydraulic energy.

**Hydraulic circuit**
An aircraft hydraulic system which serves a particular purpose; e. g. **Flap circuit, Undercarriage circuit**.

**Hydraulic lock**
A condition in which the fluid is prevented from flowing, therebly locking some part of the equipment, or a device for providing this condition.

**Hydraulic system**
(a) A particular method of transmitting power by means of liquid under pressure.
(b) Of an aircraft: the complete hydraulic installation.

**Hydrodynamics,**
*cf / vgl* **Mechanics of fluids**

**Hydrofoil**
A surface on a seaplane or amphibian hull or float, similar in form to an aerofoil, designed to faccilitate take-off by providing hydrodynamic lift.

**Hydroplane**
(a) A hydrofoil designed to skim the surface of the water.
(b) A boat designed to ride on the surface of the water when in motion, deriving much of its support from hydrodynamic action.

**Hadrostatics,**
*cf / vgl* **Mechanics of fluids**

**Hygrograph**
A recording hygrometer.

**Hygrometer**
An instrument for measuring the humidity of the air.

**Hyperbolic system**
A radionavigation system designed to fix the position of an aircraft by reference to two or more hyperbolic grids derived from emissions generated by three or more ground transmitters.

**Hypersonic speed**
A speed usually implying five or more times the speed of sound.

**Hypersonics**
That branch of aerodynamics that deals with hypersonic flow.

**Hypoxia**
A condition in which the partial pressure of oxygen in the blood and in the tissues is reduced below the normal value.

**Hypsometric tints**
A succession of shades or colour graduations used to depict ranges of elevation.

# I

**Ice guard**
A screen fitted to an intake to provide a surface for the adhesion of ice and so prevent its serious accretion in the air intake system.

**Icing**
(a) The action or process by which atmospheric moisture is deposited as ice; the condition under which this phenomenon occurs such as to encounter icing.
(b) An accreation of ice.

**Icing index**
An estimate of the probability of ice formation at a particular place and time.

**Identification beacon**
An aeronautical beacon which emits a coded signal by means of which a particular point of reference can be identified.

**Identification sign**
A name sign which identifies a point from the air.
**Idling control valve,**
*cf / vgl* **Minimum pressure valve**

**IFR**
The symbol used to designate the instrument flight rules.

**IFR flight**
A flight conducted in accordance with instrument flight rules (IFR).

**Igniter plug**
An electric discharge plug for igniting a fuel when starting the turbine.

**Ignition harness**
The system of high-tension wiring, together with any conduits or shielding, between the distributor and spark plugs of an engine.

**Illuminating radar,**
*cf / vgl* **Lamp set**

**ILS marker**
A location marker in an instrument landing system.

**IMC**
The symbol used to designate instrument meteorological conditions.

**Immelmann (turn)**
(After Max Immelmann (1890–1916), German aviator) An airplane maneuver in which the plane makes an inside half-loop and then makes a half-roll back to its original upright position, thus changing dirction by 180° and simultaneously gaining altitude. The Immelmann turn is a form of reversement.

**Impact accelerometer**
An acceleromter used to measure the deceleration of an aircraft on landing.

**Impact ice**
Ice which forms when snow, sleet, or supercooled water droplets impinge upon aircraft surfaces, etc. which are at or below freezing temperature.

**Impeller**
The rotating member of a centrifugal compressor, carrying suitably shaped vanes.

**Impeller-intake guide-vanes,**
*cf / vgl* **Rotating guide-vanes**

**Impulse starter**
A mechanical device which gives a series of impulses to the magneto to facilitate starting.

**INCERFA**
The code word used to designate an uncertainty phase.

**Incidence indicator**
An instrument for indicating the angle in the plane of symmetry between the flight path and the longitudinal axis of an aircraft.

**Incidence wires**
Wires or cables bracing the main plane structure in the plane of a pair of front and rear struts.

**Incompressible flow**
A flow in which the density changes of the fluid can beignored.

**Indicated airspeed (IAS)**
The reading of airspeed from a pressure instrument in the aircraft, corrected for instrument and parallax errors, but not for pressure errors.

**Indicated altitude**
Altidute as shown by any altimeter. With a pressure (barometric) altimeter, it is the altitude shown by readings which are uncorrected for instrument error and uncompensated for variations in standard air conditions.

**Indicated stalling speed**
The indicated airspeed at the stall.

**Indicating accelerometer,**
*cf / vgl* **Accelerometer**

**Induced power loss**
Of a propeller:
The power expended in overcoming the induced drag of the blade elements contributing to thrust.

**Induction flame damper,**
*cf / vgl* **Flame-trap**

**Induction manifold**
A branched pipe for distributing the air or mixture to a number of cylinders.

**Inertia starter**
A device by which energy is stored in a small high-speed flywheel and, for starting, transmitted to the engine through a slipping clutch, the flywheel being energized either by hand of otherwise.

**Inertial guidance**
A system of guidance in which velocities or distances, or both, are derived from accelerations measured in the missile and with data stored before launching.

**Inertial model**
*cf / vgl* **Dynamic model**

**Inflation net**
In aerostats:
A net of cordage used to hold down an envelope during inflation.

**Inflation time**
The interval between the end of deployment ("lines taut“) and the full inflation of a parachute canopy.

**In-flight refuelling,**
*cf / vgl* **Air refueling**

**Inherent stability**
A system of any type designed so that when its normal operation is disturbed it returns to that operation without outside interference.

**Initial approach**
That part of an approach procedure consisting of the primary approach to the first navigational facility associated with the procedure, or to a predetermined position.

**Initial approach area**
An area of defined width lying between the last preceding navigational fix or deadreckoning position and either the facility to be used for making an instrument approach or a point associated with such a facility that is used for demarcating the termination of initial approach.
**Note.** – Where no such area is specified the minimum sector altitudes shown on approach charts are applicable.

**Injection**
The introduction of fuel, fuel and air, fuel and oxidizer, water, ot other substances into an engine induction system or combustion chamber.

**Inlet guide vanes**
Radial or circumferential vanes fitted into an air intake.

**In-line engine**
An engine with its cylinders arranged in bank(s) from front to rear.

**Inner horizontal surface**
A specified portion of a horizontal plane located above an aerodrome and its immediate environment. This surface establishes the height above which it may be necessary to take one or more of the following actions: restrict the creation of new obstructions; remove objects or mark objects to ensure a satisfactory level of safety and regularity for aircraft manoeuvring visually in the aerodrome circuit before commencing the approach phase.

**Inner marker beacon**
A marker beacon, associated with instrument landing systems, used to define a final pre-determined point during an instrument approach and to indicate the proximity of the runway threshold.

**Inner pack,**
*cf / vgl* **Pack**

**Inner ridge-girder**
In airships:
A component member of the inner ring of a stiff-jointed main transverse frame.

**Inner section,**
*cf / vgl* **Wing**

**Inquiry**
The process leading to a determination of the cause of an aircraft accident or incident including completion of the relevant report.

**Inside loop**
A loop, usually begun from an upright flying position, in which the aircraft's upper surface is toward the inside of the loop.

**Inspection port**
In airships:
An opening, covered with a transparent disk to facilitate inspection of the interior of an envelope or gas bag.

**Instability**
The condition of body if, when displaced from a state of equilibrium, it continues or tends to continue, to depart from the original condition.

**Installation error**
An error in a pilot-static system owing to faulty connections or the like, thus affecting the measurements of the pitot-static instruments.

**Instrument approach**
A technique for making an approach on a predetermined path which is defined by a radio or radar navigational aid system.

**Instrument approach area**
An approach area serving an instrument runway in the landing direction for which a nonvisual aid has been provided.

**Instrument approach procedure**
A series of predetermined manoeuvres for the orderly transfer of an aircraft under instrument flight conditions from the beginning of the initial approach to a landing, or to a point from which a landing may be made visually.

**Note**. – The term "**instrument flight conditions**" is used in this definition in perference to other terms such as "**instrument meteorological conditions**", because the latter term refers to meteorological conditions necessitating flight under the **Instrument Flight Rules**, but does not necessarily imply flight by reference to instruments, which is the intent of the present wording.

**Instrument approach runway**
An instrument runway served by a non-visual aid providing at least directional guidance adequate for a straight-in-approach.

**Instrument channel**
A channel for aircraft using non-visual aids.

**Instrument flight**
Flight in which the path and attitude of the aircraft are controlled solely by reference to instruments.

**Instrument flight time**
Time during which a pilot is piloting an aircraft solely by reference to instruments and without external reference points.

**Instrument ground time**
Time during which a pilot is practising, on the ground, simulated instrument flight on a mechanical device approved by the Competent Licensing Authority.

**Instrument landing system (ILS)**
A system of radio navigation designed to assist aircraft in landing; the system providing both lateral and vertical guidance, including indications as to the distance from the runway threshold at specific points.

**Instrument meteorological conditions (IMC)**
Meteorological conditions expressed in terms of visibility, distance from clouds, and ceiling, less than the minima specified for visual meteorological conditions (VMC).

**Instrument rating**
A rating authorizing a pilot to do instrument flying.

**Instrument runway**
A runway intended for the operation of aircraft using non-visual aids and comprising:
(a) Instrument approach runway.
An instrument runway served by a non-visual aid providing at least directional guidance adequate for a straight-in-approach.
(b) Precision approach runway.
An instrument runway served by ILS or GCA approach aids and intended for use in conditions of poor visibility, or low cloud base.

**Instrument time**
Instrument flight time or instrument ground time.

**Insulation plate**
A shield designed to protect the rear face of the turbine disk from the heat of the exhaust gases.

**Intake air heater**
A device designed to increase the temperature of the intake air entering the engine.

**Integral tank**
Part of the structure of the aircraft adapted to form a tank.
**Intercept**
The difference (usually in minutes of arc) between the observed altitude of a celestial body and that calculated for the time of observation.

**Intercom,**
*cf / vgl* **Intercommunication**

**Intercom,**
*cf / vgl* **Interphone**

**Intercommunication**
A telephone system within an aircraft for the use of the crew.

**Interconnector**
A pipe connecting adjacent combustion chambers or flame tubes.

**Intercooler**
A component installed on the delivery side of a supercharger or compressor for the purpose of cooling either the compressed air or the mixture.

**Interference**
The reception of unwanted signals. Interference may be natural, e. g. cosmic noise or atmospherics, or man-made. Man-made interference can be due to oversight or carelessness, e. g. radiation from electrical machinery, or to the irresponsible use of a frequency not authorized for the desired service; or deliberate, when it becomes jamming, a form of ECM (electronic countermeasures). Interference may be coherent or non-coherent.

**Interheater**
A combustion-chamber unit situated between the turbine stages, designed to provide additional power.

**Interlocking circuit**
A circuit in which the operation of one item of electrical apparatus is made dependent upon the fulfilment of certain predetermined conditions in other items of apparatus, controls or circuits.

**Intermediate approach**
That part of an approach procedure from the initial arrival at the first navigational facility, or predertermined position, to the beginning of the final approach.
**Note**. – In radar approaches no distinction is made between initial and intermediate approach.

**Intermediate base-struts**
In airships: Struts in the outer ring of a transverse frame intermediate between, and parallel to, the frame longitudinal.

**Intermediate longitudinal**
In airships: A light auxiliary longitudinal, intermediate between main longitudinals.

**Intermediate radial strut**
In airships:
A strut which connects the inner and outer ridge main joints of a stiff-jointed intermediate transverse frame.

**Intermediate stop**
Any scheduled stop between termini or sector points.

**Intermediate transverse frame**
A system of members which connect the longitudinal girders forming a complete ring between the main transverse frames.

**Intermittent jet (engine),**
*cf / vgl* **Pulse jet (engine)**

**Internal-combustion starter**
An internal-combustion engine used to rotate an engine for starting.

**Internal damping**
The damping intrinsic to the material of the structure.

**International airport**
Any airport designated by the Contracting State in whose territory it is situated as an airport of entry and departure for international air traffic, where the formalities incident to customs, immigration, public health, agricultural quarantine and similar procedures are carried out.

**International air service**
An air service which passes through the airspace over the territory of more than one State.

**International call sign**
A call sign assigned in accordance with the provisions tf the International Telecommunications Union to identify a radio station. The nationality of the radio station is identified by the first or the first two characters. (When used in visual signalling, International Call Signs are referred to as "**Signal Letters**").

**International NOTAM Office (NOF)**
An office designated by a State for the exchange of NOTAMs internationally.

**International standard atmosphere (ISA)**
A standard atmosphere, adopted internationally for use in comparing the performance of aircraft, the calibration of altimeters, etc.

**International telecommunication service**
A telecommunication service between offices or stations of different States, or between mobile stations which are not in the same State, or are subject to different States.

**Interphone/intercom**
A telephone apparatus by means of which personnel can talk to each other within an aircraft.

**Interplane struts**
Struts which connect a plane to the plane above or below.

**Inversion** (Radiometeorology)
The departure of the value of an atmospheric characteristic, e. g. refractivity, temperature, moisture, etc. from a normal increase or decrease with altitude; also, the atmospheric layer through which the departure occurs (the inversion layer) or the lowest altitude at which the departure is found (the base of the inversion).

**Inverted engine**
An engine having its cylinders situated below the crankshaft.

**Inverted loop**
A loop in which the aircraft's upper surface remains outside the curved flight path.

**Inverted spin**
A spin in which the aircraft is inverted, its wing incidence exceeding the negative stalling incidence.

**Inverter; invertor**
A device for converting direct current into alternating current.

**Investigation**
The gathering together in an orderly manner of factual information relating to an aircraft accident.

**Investigator-in-charge**
The person charged with the responsibility for the organization, conduct and control of an investigation.

**Note**. – Nothing in the above definition is intended to preclude the functions of an investigator-in-charge being assigned to a commission or other body.

**Inward-flow-turbine**
A turbine in which the general direction of flow is radially inwards with axial outlet, and the pressure drop in the working fluid is caused largely by the action of centrifugal force during passage through the rotating member.

**Irreversible controls,**
*cf / vgl* **Irreversible control system**

**Irreversible control system**
A flight controll system in which the control surface can be moved freely by the pilot but cannot be moved by aerodynamic forces alone.

**Isentropic**
Without change of entropy; generally equivalent to "**adiabatic**".

**Isobar**
A line on a weather chart which shows atmospheric pressure at a standard level.

**Isogonal**
A line on a map or chart for the purpose of joining points of equal magnetic variation for a specified epoch.

**Isogriv**
A line drawn on a map or chart for the purpose of joining points of equal grivation.

**Isolating spark gap**
A spark gap in the high-tension booster lead, designed to prevent feed-back from the magneto.

**Isotach**
A line on a chart connecting points of equal speed value, commonly used for wind speed.

**Issuing a maintenance release**
To certify that the inspection and maintenance work has been completed satisfactorily in accordance with the methods prescribed in the Maintenance Manual by signing the maintenance release.

# J

**Jackstay**
In aerostats:
A wire designed to maintain the correct spacing between the component parts of a rigging system.

**JATO**
(From "**Jet-assisted take-off**"). A take-off utilizing an auxiliary jet-producing unit or units, usually rockets, for additional thrust.

**Jet flap**
A sheet of high velocity air or other gas, ejected near the rear of a wing at an angle to the main air stream, so as to increase lift, thus performing the function of a flap.

**Jet pipe**
The terminal duct of a gas-turbine engine through which exhaust gases are discharged.

**Jet silencer**
A device incorporated into the propelling nozzle for the purpose of reducing noise from the jet.

**Jet stream**
In meteorology: flat, tubular, quasi-horizontal current of air, the axis of which is along a line of maximum speed and which is characterized, not only by great speeds, but also by strong transverse gradients of speed. It es generally near the tropopause.

**Jet turbine engine,**
*cf / vgl* **Turbojet**

**Jettison valve**
A valve which permits the discharge of fuel overboard in emergency.

**Jettisonable tank**
A fuel tank which can be jettisoned in an emergency.

**Jump take-off**
Of a rotary-wing aircraft:
A kind of take-off in which the rotor blades, at a non-lifting pitch, are driven at high rotational speed, then suddenly increased in pitch, resulting in a take-off at a comparatively fast initial vertical speed.

**Junk ring**
A ring for maintaining a gastight seal between the cylinder head and the bore of a sleeve valve.

# K

**Katabatic wind**
A down-slope flow which occurs when the air near the ground is colder than the air at the same level, but further from the ground.

**Keel**
(a) An internal or external framework along the underside of the hull of a rigid airship, forming an integral part of the structure as a means of distributing the effect of the concentrated loads along the hull.
(b) A rigid or articulated member along the underside of a semi-rigid airship envelope.

**Keelson**
A longitudinal member forming part of the main structure of a hull or float and running internally along the bottom.

**Kinetic pressure**
The kinetic energy per unit volume of fluid. It is equal to half the product of the fluid density and the square of the speed. (*cf / vgl* **Dynamic pressure**)

**Kite**
A framework covered with paper, cloth, metal, or another material, designed to be flown at the end of a rope or cable and having, as its only support, the wind moving past its surface.

**Kite balloon**
A captive balloon so shaped and trimmed as to derive stability and aerodynamic lift from the relative wind.

**Knot**
One nautical mile (6070.1033 feet or 1.1508 statute miles or 1.8532 km) per hour.

**Knuckle pin,**
*cf / vgl* **Wrist-pin**.

# L

**Lading**
The placing of cargo, mail, baggage or stores onboard the transporting aircraft to be carried on a flight, excluding such cargo, mail, baggage or stores as have been laden on a previous stage of the same through-flight.

**Lag damper**
A damping mechanism that restricts motion of the blade about the lag hinge.

**Lag hinge**
A pivot that allows the movement of a blade in the plane of rotation.

**Laminar boundary layer**
A boundary layer in which the flow is laminar. A flow in which there is no mixing between adjacent layers (except on a molecular scale).

**Laminar separation**
Boundary layer separation, wherein the boundary layer is still laminar.

**Laminar sublayer**
A very thin layer of laminar flow in a boundary layer, next to the body and beneath a turbulent layer.
See also '**Viscous sub-layer**'.

**Lamp set**
Transmitting equipment which illuminates a target so that the reflected radiations can be used for guidance.

**Land breeze**
An off-shore wind during the night and early morning, caused by the more rapid cooling of the air over land than over water.

**Landing**
The whole of the successive situations of an aircraft between the moment when the pilot manoeuvres to make contact with the ground (or a solid platform) and the moment when he stops or could stop the aircraft.

**Landing aids**
Any illuminating light, radio beacon, radar device, communicating device, or system of such devices for aiding aircraft in an approach and landing.

**Landing area**
That part of the movement area primarily intended for the take-off and landing of aircraft.

**Landing brake**
A device using aerodynamic reactions to slow down an aircraft in landing, such as a reversible pitch propeller.

**Landing compass**
A portable magnetic compass fitted with a sighting device to determine the magnetic heading of an aircraft, used for calibrations of aircraft compasses.

**Landing direction indicator**
A device which indicates the direction of movement for a take-off or landing.

**Landing distance available**
The length of runway which is declared by the State to be available and suitable for the ground landing run of an aeroplane. (Specifically defined by ICAO).

**Landing flap**
A flap, so called when considering its special application in landing.

**Landing gear**
That part of an aircraft (other than the hull of a flying boat) provided for its support and movement over land, water, or some other surface, and for absorbing the shock on landing. It comprises the main supports (incorporating wheels, skids, skis) and auxiliary items such as **nose-wheels**, **tail-wheels** or **skids**, and **wing-tip floats**.

**Landing procedure**
That part of an instrument approach procedure which begins at a designated height over the main beacon or localizer and ends either upon landing or at the time a missed-approach action is initiated.

**Landing run,**
*cf / vgl* **Alighting run**

**Landing speed**
The minimum airspeed at which an aircraft normally lands.

**Landing surface**
That part of the surface of an aerodrome, which the aerodrome authority has declared available for the normal ground or water run of aircraft landing in a particular direction.

**Landing tee,**
*cf / vgl* **wind tee**

**Landing wires,**
*cf / vgl* **Anit-lift wires**

**Landplane**
An aeroplane designed to operate from a land surface.

**Lapse rate**
The rate of decrease in air temperature with an increase in height.

**Lateral acceleration**
Acceleration to the side of the line of movement; acceleration along the lateral axis of an aircraft, rocket, etc.

**Lateral attitude**
The attitude of an aircraft, rocket, etc. with respect to its lateral axis.

**Lateral axis**
The straight line through the centre of gravity perpendicular to the plane of symmetry. The positive direction is to starboard. See also "**Transverse axis**".

**Lateral control**
Control of the motion about the axes of a missile normal to the longitudinal axis.

**Lateral divergence**
A divergence involving rolling, yawing, sideslipping, or any combination of these.

**Lateral force**
The component of the total aerodynamic force along the y-axis (or transverse axis).

**Lateral instability,**
*cf / vgl* **Rolling instability**

**Lateral motion**
Motion involving rolling, yawing, sideslipping, or any combination of these.

**Lateral oscillation**
An oscillation involving rolling, yawing, sideslipping, or any combination of these.

**Lateral separation**
The lateral spacing of aircraft at or about the same flight level, expressed in terms of distance or angular displacement between tracks.

**Lateral stability**
Stability of motion involving rolling, yawing, sideslipping, or any combination of these.

**Lateral velocity**
The resolved part of velocity relative to the undisturbed air in the direction of the lateral axis.

**Launch**
The transition from static repose to dynamic flight of a missile.

**Launch pad**
The load-bearing base or platform from which a rocket vehicle is launched.

**Launcher**
A structure which supports a missile before and during launching.

**Launching shoe**
The part of a launcher which supports a missile in its launching position and may provide electrical and other services prior to launch, or the part of a missile support foot which makes sliding contact with the launcher rail.

**Lead prediction**
The process of prediction of the point ahead of a moving target at which the missile should be aimed to intercept the target.

**Leading edge**
The forward edge of an aerofoil or other body moving through air.

**Leading-edge radiator**
A surface radiator which forms part of the leading edge of a wing.

**Leading sweep**
A blade sweep toward the leading edge.

**Leak detector**
An instrument which detects the presence of air in gases which have a substantially different density from that of air. It can be adapted to find leaks in an envelope or gas bag.

**Leakage**
The loss of gas from an envelope or gas bag, from diffusion, effusion, transpiration or escape into the air through the neck of the balloon.

**Lee waves**
Standing waves on the lee side.

**Left-handed propeller**
A propeller rotating counter-clockwise as viewed from behind the aircraft.

**Let down**
The part of an intermediate procedure, between the end of the initial approach and the beginning of the final-approach procedure, during which an aircraft cleared to begin ist final-approach procedure is descending from its initial approach altitude to the height at which final-approach procedure begins.

**Lincensed aircraft engineer**
A person licensed by the competent authority to certify that the inspection tests required by the current regulations have been made.

**Lift**
The component of the total aerodynamic force in the direction of the lift axis.

**Lift axis**
The straight line through the centre of gravity in the plane of symmetry and perpendicular to the drag axis.

**Lift component**
A component of the total dynamic forces on a body in a fluid flow, acting in the lift direction.

**Lift web**
Part of a parachute harness connecting the two main risers in the form of a loop under the seat.

**Lift wires**
In airships:
Wires in the plane of a transverse frame transmitting the loads due to gravity to the upper part of the hull.

**Light air**
Beaufort number 1: Direction of wind by smoke drift, but not by wind vanes (wind speed: 1–3 knots).

**Light beacon**
A light indicating a geographical position: it may be fixed, flashing or occulting, or coded to give a Morse signal.

**Light breeze**
Beaufort number 2: wind felt an face, leaves rustle; ordinary vane moved by wind (wind speed: 4–6 knots).

**Lighter-than-air-aircraft**
An aircraft which is supported chiefly by its buoyancy in air.

**Limit load**
The maximum load expected to be applied, in a particular condition of operation, to the aircraft or to any part of it.

**Limiting velocity**
The steady velocity attainable by an aircraft along a straight path at any specified angle to the horizontal under given atmospheric and propulsive conditions.

**Line of position**
In air navigation, a line along which an aircraft is known to be, i. e. a line containing all possible locations of an aircraft at a given instant. A line of position may be a circle of equal altitude, a radio bearing, a line in the direction of a bearing, etc. A railroad, highway, or the like may also provide a line of position.

**Line squall**
A squall advancing on a wide front.
**Note.** – The passage of a well-developed line squall, which may be hundreds of kilometers long, is usually marked by a rapid rise of wind speed, veer of wind, heavy rain, hail or snow, thunder and lightning, rapid rise in atmospheric pressure, a rapid fall of temperature, and violent vertical disturbances. A frequent characteristic is a long arch or line of low black cloud.

**Line vortex**
A vortex in which the vorticity is concentrated in a line.

**Linear light**
A luminous signal having perceptile length.

**Lip**
A partial extension to the periphery of a parachute canopy to faciliate development.

**Liquid propellant**
Specifically, a rocket propellant in liquid form.

**Load classification number (LCN)**
The number which defines the load-carrying capacity of the paved surface of an aerodrome.

**Load factor**
The ratio of the total load in a specified direction (usually along the normal axis). Such load may arise from the aerodynamic forces, inertia forces, gravity, ground or water reaction, or from combination of these forces.

**Load factor**
The actual payload as a percentage of the maximum permissible pay load on a particular flight.

**Load manifest**
A document specifying in detail the payload expressed in terms of passengers and/or freight carried in one aircraft for a specific destination.

**Load ring**
A ring to which the basket suspensions and the net of a free balloon are secured.

**Local mean time (LMT)**
Mean time measured with reference to any particular meridian. In celestial navigation, the mean time of the observer's meridian.

**Local sidereal time (LST)**
The hour angle, expressed in time, of the celestial meridian of the first point of Aries, measured westward from the observer's meridian.

**Localizer**
A radio direction-finding system (transmitting and receiving), forming part of the instrument landing system, which gives an aircraft an indication of its lateral position relative to a specific approach path centre line.

**Localizer beacon**
A directional radio beacon, forming part of the instrument landing system, which indicates horizontal deviation of the aircraft from its optimum path of descent along the runway axis. When a beacon having a similar function is used as part of the **standard beam approach system (SBA)** it is called an "**Approach beacon**".

**Localizer course**
The locus of points, in any given horizontal plane, at which the DDM (Differences in depth of modulation) is zero.
**Note.** – In terms of the received radiation pattern this is equivalent to zero deflection of a normally adjusted airborne localizer indicator (see also "**course line**").

**Location indicator**
A 4-letter code group formulated in accordance with rules pre-

scribed by ICAO and assigned to the location of an aeronautical fixed station.

**Locator beacon**
A non-directional radio beacon of low power, associated with an instrument landing system.

**Longeron**
A main langitudinal member of a fuselage or nacelle.

**Longitudinal**
A girder on the outside of the hull structure of an airship running fore and aft.

**Longitudinal axis**
The x-axis of a system of body axes in which the xz-plane is the plane of symmetry.

**Longitudinal axis** (AMC - Navigation Lights)
For the purpose of this specification, the longitudinal axis of the aeroplane is a selected axis parallel to the direction of flight at a normal cruising speed, and passing through the centre of gravity of the aeroplane.

**Longitudinal divergence**
A divergence in the plane of symmetry.

**Longitudinal force**
The component of the total aerodynamic force along the x-axis (or longitudinal axis).

**Longitudinal instability**
The instability whereby motion in the plane of symmetry of the aircraft (along the normal and longitudinal axes and in pitch) tends to depart from the steady state.

**Longitudinal motion**
Motion in the plane of symmetry.

**Longitudinal oscillation**
An oscillation in the plane of symmetry.

**Longitudinal separation**
The longitudinal spacing of aircraft at or about the same flight level expressed in units of time or distance along a track.

**Longitudinal stability**
Stability of motion in the plane of symmetry.

**Longitudinal velocity**
The resultant part of the velocity relative to the undisturbed air in the direction of the longitudinal exis.

**Loom**
A preformed cable run and the associated terminations.

**Loop**
A closed flight path of an aeroplane in a vertical plane. Normally the aircraft's upper surface remains on the inside of the curved flight path.

**Loop aerial,**
*cf / vgl* **Loop antenna**

**Loop antenna**
An antenna consisting of one or more turns of a conductor, either self-supporting or with a protective covering, used for direction-finding and communication.

**Loran** (long-range (aid to) air navigation)
A medium- or low-frequency ground-referenced system of radio navigation in which a receiver in a craft measures the time interval between the arrivals of pulses from two or more synchronized ground transmitters comprising a chain (one master and one or more slaves). The craft is then located by refernce to a map or chart on which a lattice of isochrones, in this case hyperbolic, is overprinted. The original (1940) version, Loran A, is now (1975) absolete. The current 100 kHz version, Loran C, uses ground and sky-wave propagation. Groups use eight (or nine, for master station) pulses. Loran D, a tactical version of Loran C, operates at 18 pulses per group.

**Low**
*cf / vgl* **Depression**

**Low clouds**
Clouds with an average cloud height lower than 2000 m (6500 ft).

**Low-wing monoplane**
A monoplane in which the wings are located at or near the bottom of the fuselage.

**Lubber line**
(a) A line on any direction-indicating instrument or device representing the longitudinal axis of the aircraft, or vessel, and hence indicating heading.
(b) Loosely, a refernce line on any instrument, such as a horizontal line on an attitude gyro.

# M

**Mach number**
The ratio of the true airspeed to the speed of sound under prevailing atmospheric conditions.

**Machmeter**
An instrument for measuring Mach number.

**Magnetic compass**
An instrument containing a freely suspended magnetic element which, while affected solely by the horizontal component of the Earth's magnetic field, indicates the direction of the field at the point of observation.

**Magnetic course**
Course relative to magnetic north; compass course corrected for deviation.

**Magnetic declination,**
*cf / vgl* **Variation**

**Magnetic guidance**
A form of terrestrial guidance.

**Magnetic interference**
Undersirable and unintended effects on apparatus due to magnetic fields created by electric currents or magnetic materials or both. It includes modification of the magnetization of existing material by electric currents or mechanical shock.

**Magnetic meridian**
The horizontal direction of the magnetic axis of a freely suspended magnetic element influenced only by the Earth's field.

**Magnetic north**
The direction indicated by the north seeking pole of a freely suspended magnetic needle,influenced only by the Earth's magnetic field.

**Magnetic variation**
The angular difference between True North and Magnetic North.
**Note.** – The value given indicates whether the angular difference is East or West of True North.

**Mail**
Dispatches of correspondence and other objects tendered by and intended for delivery to postal administrations.

**Main circuit**
An arrangement of conductors for conveying electric power from the power source to a main distributer point in an aircraft.

**Main longitudinal**
A longitudinal forming an essential structural member of a rigid airship.

**Main mooring wire**
The rope paid out through the mooring cone of an airship.

**Main plane**
The main supporting surface of an aircraft, usually divided into port and starboard wings.

**Main radial strut**
In airships:
a strut connecting the inner and outer ridge main joints of a stiff-jointed main transverse frame.

**Main rotor**
The complete assembly of the parts of the compressor and turbine, the primary function of which is to provide thrust.

**Main runway**
The runway determined as such by the Competent Authority.

**Main seam**
The seam joining two adjacent gores in a canopy.

**Maneton**
The detachable short end of a crankshaft in a rotary or radial engine.

**Manifold pressure**
The absolute pressure in the induction system at a point standardized for each type of engine (*cf* **Boost pressure**).

**Manifold pressure gauge**
An instrument for indicating the manifold pressure. (*cf* **Boost gauge**).

**Manoeuvre margin with stick fixed**
The distance of the centre of gravity forward of the manoeuvre point with stick fixed, expressed as a fraction of the longitudinal reference dimension, usually the mean aerodynamic chord. It is a measure of the displacement of the control column necessary to produce a given normal acceleration in a steady pull-out.

**Manoeuvre margin with stick free**
The distance of the centre of gravity forward of the manoeuvre point with stick free, expressend as a fraction of the longitudinal reference dimension. It is a measure of the force on the control column necessary to produce a given normal acceleration in a steady pull-out.

**Manoeuvre point with stick fixed**
The position of the centre of gravity for which the displacenent of the control surface required to maintain a steady normal acceleration does not depend on the acceleration.

**Manoeuvre point with stick free**
The position of the centre of gravity for which the force on the control column required to maintain a steady normal acceleration does not depend on the acceleration.

**Manoeuvring area**
That part of an aerodrome to be used for the take-off and landing of aircraft and for the movement of aircraft associated with take-off and landing, excluding aprons.
**Note.** – The manoeuvring area includes the landing area, taxiways, etc.

**Manoeuvring load factor**
The total aerodynamic lift on the aeroplane, acting perpendicularly to the flight path, divided by the weight of the aeroplane.
**Note.** – In straight steady level flight, this load factor equal to unity.

**Manoeuvring valve**
A valve fitted in the top of a balloon or gas bag for releasing gas.

**Mares tails,**
*cf / vgl* **Cirrus**

**Margin**
The maximum degree of distortion of the circuit at the end of which the apparatus is situated which is compatible with the correct translation of all the signals which it may possibly receive.

**Marker beacon**
A radio beacon which radiates vertically a distinctive signal for providing position information to aircraft.

**Markers**
Objects, other than landing direction indicators, wind direction indicators and flags, used to indicate obstructions or to convey aeronautical information by day.

**Markings**
Signs displayed on surfaces in order to convey aeronautical information.

**Mass-balance weight**
A mass normally attached to a control surface, usually forward of the hinge line, for the purpose of reducing or eliminating the inertial coupling between angular movement of the control and some other degree of freedom of the aircraft.

**Mast,**
*cf / vgl* **Rotor mast**

**Master,**
*cf / vgl* **Commander**

**Master and articulated assembly**
An assembly of connecting rods in which the big end of the master rod carries the articulated rods oscillating on wrist pins and held in lugs or flanges on the master rod.

**Maximum continuous performance,**
*cf / vgl* **Maximum continuous power**

**Maximum continuous power**
The horsepower developed in international standard atmosphere at a specified altitude in the limiting engine operating conditions approved for use during periods of unrestricted duration.

**Maximum continuous power and/or thrust**
The power and/or thrust (other than propeller thrust) developed under standard sea level static conditions, under the maximum conditions of rotational speed and exhaust gas temperature approved for use during periods of unrestricted duration.

**Maximum delivery pressure**
The pressure at which the operation of control mechanism automatically begins to reduce the delivery from the pump.

**Maximum disposabel load**
The maximum licensed take-off weight minus the weight empty of the aircraft. The weight empty includes all fixed equipment, unusable fuel supply, undrainable oil, engine coolant and hydraulic fluid.

**Maximum engine overspeed**
The maximum engine rotational speed that has been determined to have no detrimental effect on the engine when used for a stated period of time.

**Maximum flying speed**
The maximum true airspeed of an aircraft in straight and level flight in International Standard Atmosphere under specified conditions.

**Maximum inflated diameter**
In parachutes:
The diameter of a circle of which the area is equal to the maximum projected area of the canopy.

**Maximum landing weight**
The maximum weight at which an aircraft is permitted, by design or operational limitations, to land exept in an emergency.

**Maximum propeller overspeed**
The maximum propeller rotational speed which has been determined to have no detrimental effect on the propeller when used for a stated period of time.

**Maximum-reading accelerometer,**
*cf / vgl* **Accelerometer**

**Maximum safe airspeed indicator**
An airspeed indicator with an additional pointer which shows automatically the indicated airspeed corresponding to a predetermined limiting Mach number. In addition there may be a mark on the dial showing the maximum permissible airspeed.

**Maximum take-off power**
The horsepower developed in standard sea level conditions in the limiting engine operating conditions approved for use in normal take-off, and restricted to a continous period of five minutes.

**Maximum take-off weight**
The maximum weight at which an aircraft is permitted, by design or operational limitations, to take off.

**Maximum weak-mixture power**
The horsepower developed in international standrad atmosphere at a specified altitude in the limiting engine operating conditions approved for use during periods of unrestricted duration with economical cruising mixture strength.

**Maximum weight**
The maximum flyinhg weight of an aircraft permissible under the regulations obtaining, irrespective of operating conditions.

**Meaconing**
An electronic countermeasure intended to make enemy radio navigational aids give misleading information. Usually works by receiving and re-radiating enemy signals as coherent interference.

**Mean geometric chord**
The design wing area divided by the wing span.

**Mean line**
A line midway between the upper and lower contours of an airfoil profile.

**Mechanics of fluids**
The study of equilibrium of bodies immersed in or floating on fluids; the study of the motion of fluids, and the reactions of the fluid motion on bodies in contact with the fluid. It is divided into the following four branches:
**Aerodynamics** – which treats of the motion of air or other gas.
**Aerostatics** – which treats of the equilibrium of stationary bodies in air or other gas.

**Hydrodynamics** – which treats of the motion of water or other liquid.

**Hydrostatics** – which treats of the equilibrium of stationary bodies in water or other liquid.

**Median line** (of an aerofoil)
A line, each point of which is equidistant from the upper and lower boundaries of the aerofoil section, the distances being measured normal to the chord.

**Medium clouds**
Clouds with an average cloud height of:
2000–4000 m (6500–13 000 ft) in polar regions,
2000–7000 m (6500–23 000 ft) in temperate regions,
2000–7600 m (6500–25 000 ft) in equatorial regions.

**Memory guidance**
Guidance based on programmed information.

**Meridional parts**
The distance, usually in minutes of arc, from the terrestrial equator along the meridian to a particular latitude.

**Mesh wiring**
In airships:
A network of wires to prevent the gas bag from chafing against the longitudinals.

**Metallic vee**
The lowest legs of a kite balloon rigging brought to a single point to which the balloon flying cable is attached.

**Meteorograph**
An instrument recording two or more of the common meteorological quantities (e. g. pressure, temperature, humidity).

**Meterorological authority**
The authority providing or arranging for the provision of meteorological service for international air navigation on behalf of a Contracting State.

**Meteorological briefing**
Oral commentary by a meteorologist supplemented by answers to questions on existing and expected meteorological conditions.

**Meteorological information**
Meteorological reports, analyses, forecasts and any other state-

ment relating to existing or expected meteorological conditions originating from or available through a Meteorological Auhority or ist meteorological offices.

**Meteorological observation**
The evaluation of one or more meteorological elements.

**Meteorological report**
A statement of observed meteorological conditions related to a specified time and location.

**Middle marker beacon**
A marker beacon, associated with the instrument landing system, used to define the second predetermined point during an instrument approach.

**Mid-wing monoplane**
A Monoplane in which the wings are located approximately midway between the top and bottom of the fuselage.

**Millibar**
The thousandth part of a bar. (1 in or 25.40 mm of mercury = 33.864 millibars).

**Minimal flight path**
The flight path between two points that affords the shortest possible time enroute.

**Minimum control speed**
The lowest possible speed of a multi-engined aircraft at which, at a constant power setting and aricraft configuration, the pilot is able to maintain a straight course after failure of one or more engines.

**Minimum flight altitude**
The lowest altitude considered near, or at, the limits of practical flight for the particular equipment or purpose involved.

**Minimum flying speed**
The minimum airspeed at which an aircraft can be maintained in straight and level flight in the international standard atmosphere under specified conditions.

**Minimum gliding angle**
The shallowest gliding angle an aircraft can steadily maintain with no engine thrust.

**Minimum pressure valve**
A device which prevents the burner fuel pressure from falling below a predetermined value.

**Minimum safety altitude**
The altitude below which it is hazardous to fly owing to presence of high ground or other obstacles.

**Minimum sector altitude**
The lowest altitude which may be used under emergency conditions which will provide a minimum clearance of 300 metres (1.000 ft) above all obstacles located in an area contained within a sector of a circle of 25 nautical miles radius centred on a radio aid to navigation.

**Missed-approach altitude**
The minimum altitude at which a final approach should be discontinued if it cannot be completed.

**Missed-approach procedure**
The procedure to be followed if, after an instrument approach, a landing is not effected and occuring normally:
(a) when the aircraft has descended to the decision height and has not established visual contact, or
(b) when directed by air traffic control to pull up or to go around again.

**Mist**
Atmospheric obscurity produced in the surface layer by suspended water droplets in which visibility remains at 1 km or more.

**Mixed-matrix radiator**
A radiator compounded with an oil coller so that alternate tubes are used for coolant and oil.

**Mixing ratio of moist air,**
*cf / vgl* **Humidity mixing ratio**

**Mixture control**
A device embodied in the fuel-metering system for adjusting the mixture strength.

**Mixture distribution**
The distribution, with respect to both quantity and quality, of the fuel-air mixture supplied to the several cylinders of an engine.

**Mobile surface station**
A station in the aeronautical telecommunication service, other than an aircraft station, intended to be used while in motion or during halts at unspecified points.

**Moderate breeze; moderate wind**
Beaufort number 4: Raises dust und loose paper; small branches are moved (wind speed: 11–16 knots).

**Modulation rate**
The reciprocal of the unit interval measured in seconds. This rate is expressed in bauds.
**Note.** – Telegraph signals are characterized by intervals of time of duration equal to or longer than the shortest or unit interval. The modulation rate (formerly telegraph speed) ist therefore expressed as the inverse of the value of this unit interval. If, for example, the unit interval is 20 milliseconds, the modulation rate ist 50 bauds.

**Momentum separation**
The removal of entrained particles from the airstream by utilizing their momentum.

**Monocoque**
A type of construction of an airplane fuselage, in which most or all the stresses are carried by the covering or skin.

**Monoplane**
An aeroplane or glider with one pair of wings.

**Monopropellant**
Propellant in the form of a single substance requiring no additional chemical component for the production of thrust.

**Monsoon**
A markedly seasonal wind which blows with great constancy of direction from points depending on the locality and time of the year.

**Mooring cone**
The conical member at the extreme bow of an airship.

**Mooring point**
A specially strengthened part of an airship or its rigging from which mooring ropes are led.

**Mooring spindle**
The airship member which supports the mooring cone.

**Mosaic**
An assemblage of aerial photographs matched so as to form a continuous picture.

**Most economical range**
The range when an aircraft is contiuously flown under conditions giving maximum fuel economy for the weight and prevailing wind.

**Most probable position**
The position of an aircraft estimated from all the data available, taking into account their probable accuracy.

**Mountain breeze**
A katabatic wind which blows down valleys and mountain slopes at night or in winter.

**Mouth diameter**
In parachutes:
The distance between opposite rigging points at the peripheral hem with the canopy fully inflated.

**Mouth lock**
A device, situated at or near the exit of a parachute pack, preventing the canopy from emerging until the rigging lines are deployed.

**Movement area**
That part of an aerodrome intended for the surface movement of aircraft, including the manoeuvring area and aprons.

**Moving target indication (MTI)**
A circuit technique which supresses the echoes from targets stationary relative to the observer. This enables the permanent echoes from fixed objects, e. g. hills, to be omitted from the display so that echoes from moving targets can be better seen. The technique can be varied so as to suppress echoes from targets having chosen radial speeds other than zero. Such a speed is called a **'blind velocity'**.

**Multi-element oil cooler**
A cooler composed of a number of cooling units.

**Multiplane**
An aeroplane or glider with two or more sets of wings usually one above another, e. g., **Biplane** oder **Triplane**.
**Note**. – Monoplane, biplane, triplane or multiplane are also used as adjectives associated with a particular component, e. g. **Biplane rudder**, **triplane tail** etc.

**Multi-ply fabric**
Fabric formed of more than one ply.

**Multi-row radial engine**
A radial engine with two or more rows of cylinders.

**Multi-speed supercharger**
A gear-driven supercharger in which alternative gear ratios may be engaged.

**Multi-stage compressor**
An axial-flow compressor having two or more, usually more than two, stages of rotor and stator blades; a radial-flow compressor having two or more impeller wheels.

**Multi-stage supercharger**
A supercharger having two or more stages of compression in series.

# N

**N-struts**
A set of three struts, usually interplane struts, arranged like the letter "N".

**Nacelle**
A streamlined structure or fairing on an aircraft, separate from the fuselage, for housing crew, engines or other items of load.

**Nautical mile**
A unit of distance equal to one minute of a great circle. The international nautical mile is taken to be 1.853 km (6076.10333 feet).

**Nautical twilight**
*cf / vgl* **Twilight**

**Navigation lights**
Lights, specified by regulations, to be shown by all aircraft in flight during the hours of darkness.

**Near gale**
Beaufort number 7: Whole trees in motion; inconvenience felt when walking against wind (wind speed: 28–33 knots).

**Neck**
A tube at the bottom of a balloon for the automatic discharge of gas in flight and for use in inflation and deflation.

**Negative accelerations,**
*cf / vgl* **Accelerations**

**Negative dihedral**
A downward inclination of a wing or other surface (*cf* **Anhedral**).

**Negative G**
A force acting on a body undergoing negative acceleration.

**Nephoscope**
An instrument for determining, from the ground, the direction of motion of a cloud and its velocity-height ratio.

**Net efficiency**
The ratio of the net thrust horse-power to the torque horsepower.

**Net gradient (of climb)**
The net gradient of climb throughout these requirements is the expected gradient of climb diminished by the manoeuvre performance (i. e. that gradient of climb necessary to provide power to manoeuvre) and by the margin (i. e. that gradient of climb necessary to provide for those variations in performance which are not expected to be taken explicit account of operationally).

**Net height**
The height of a point on the net (take-off) flight path being considered.

**Net lift**
The gross lift less the disposable and fixed weights of a lighter-than-air air craft. In a captive balloon. it is equal to the cable tension at the top of the flying cable.

**Net thrust**
The gross thrust of a jet engine minus the drag due to the momentum of the incoming air.

**Net wing area**
The gross wing area, less the part covered by the fuselage.

**Net wing loading**
Gross weight divided by net wing area.

**Network station**
An aeronautical station forming part of a rario telephony network.

**Neutral point with stick fixed**
The centre of gravity position for which the static margin with stick fixed is zero.

**Neutral point with stick free**
The centre of gravity position for which the static margin with stick free is zero.

**Night**
The hours between the end of evening civil twilight and the beginning of morning civil twilight or such other period between sunset and sunrise as may be specified by the appropriate authority.
**Note.** – Civil twilight ends in the evening when the centre of the sun's disc is 6 degrees below the horizon and begins in the morning when the centre of the sun's disc is 6 degrees below the horizon.

**Nimbostratus**
Grey cloud layer, often dark, the appearance of which is rendered diffuse by more or less continuously falling rain or snow which in most cases reaches the ground. It is thick enough throughout to blot out the sun. Low ragged clouds frequently occur below the layer, with which they may or may not merge.

**No-flow pressure,**
*cf / vgl* **Zero-delivery pressure**

**No-lift direction**
The direction of the airflow relative to an aerofoil section for which the lift would be zero on a parallel untwisted aerofoil of that section.

**No-wind position,**
*cf / vgl* **Air position**

**Noise meter**
An instrument for the measurement of some quantity characteristic of the strength of a noise, e. g. sound pressure level of intensity.

**Noise suppressor,**
*cf / vgl* **Jet silencer**

**Non-directional radio beacon (NDB)**
A radio beacon with a fixed omnidirectional aerial, whose bearing can only be determined by an aircraft equipped for direction finding.

**Non-instrument runway**
A runway for the operation of aircraft using visual approach procedures.

**Non-network communications**
Radio telephony communications conducted by a station of the aeronautical mobile service, other than those conducted as part of a radio telephony network.

**Non-pressure cowling**
A cowling designed to prevent entry of surrounding air into the engine nacelle.

**Non-radar separation**
The separation used when aircraft position information is derived from sources other than radar.

**Non-ramming intake**
An air intake in which the effect of forward speed on intake air pressure is neutralized.

**Non-return-flow wind tunnel**
A wind tunnel not provided with a duct between the downstream end of the diffuser and the upstream end of the concentration.

**Non-rigid airship**
An airship in which the internal pressure alone maintains the designed shape of the envelope.

**Normal axis**
The z-axis of a system of body axes in which the zx-plane is the plane of symmetry.

**Normal flight**
All flight regimes necessary for travel from point to point. i.e. taking-off, climbing, straight and level flight, descending, turning, sideslipping and landing.

**Normal force**
The component of the total aerodynamic force along the z-axis (or normal axis).

**Normal loop**
The usual form of inside loop, in which the aircraft, beginning from an upright flying position, passes successively through a backward-curving climb, inverted flight, and a curving dive, regaining its original attitude at the finish.

**Normal propeller state**
The operating condition of a rotor in substantially vertical flight wherein the flow is downward through the disc and the flow at the disc is equal to (hover) or greater than (climb) the induced velocity.

**Normal velocity**
The resolved part of the velocity relative to the undisturbed air in the direction of the normal axis.

**Northing**
Northward (that ist, from botton to top) reading of grid values on a map.

**Nose cap,**
*cf / vgl* **Bow cap**

**Nose cap**
A boss or hub fairing fitted co-axially and rotating with the propeller. It does not extend aft to the front of the blade roots.

**Nose heaviness**
The tendency of an aircraft to pitch nose down in flight.

**Nose plane**
An aerofoil fixed, movable or adjustable in flight, located forward of the main plane, contributing to longitudinal control and/or stability.

**Nose radiator**
A radiator fitted at the front of a fuselage or nacelle.

**Nose rib**
A former between the front spar and leading edge of an aerofoil.

**Nose stiffeners,**
*cf / vgl* **Bow stiffeners**

**Nose-wheel landing gear**
A landing gear with a nose-wheel undercarriage.

**Notice to arimen (NOTAM)**
A notice containing information concerning the establishment, condition or change in any aeronautical facility, service, procedure or hazard, the timely knowledge of which is essential to personnel concerned with flight operations. Also known as NOTAM.
- Class I distribution.
  Distribution by means of telecommunication.
- Class II distribution.
  Distribution by means other than telecommunication.

**Nozzle**
(a) An effuser, or part of an effuser, in a supersonic wind tunnel in which the fluid is accelerated from subsonic to supersonic speed by means of a convergent-divergent duct and a region of uniform flow achieved. (Sometimes called a **supersonic effuser**.)
(b) The contraction of subsonic wind tunnel having an open working section.

**Nozzle guide ring**
A ring of stationary guide-vanes which accelerate the gas and direct it onto a row of rotating turbine blades.

**Nozzle guide-vanes**
*cf / vgl* **Nozzle guide ring**

**Nuclear turbojet**
A turbojet engine having a nuclear reactor, rather than a combustion chamber, to heat the incoming air for expansion through the turbine and out through the jet nozzle.

**Null**
A minimum radio signal or an absence of any signal, as in the transmitting pattern of an antenna or in the reception of a direction-finding set.

# O

**Objective noise-meter**
A noise meter not requiring from the user any subjective judg(e)ment of the magnitude of the quantity under measurement.

**Observation balloon**
A balloon fitted with a basket or car to carry observers.

**Obstacle clearance limit (OCL)**
The height above aerodrome elevation below which the minimum specified vertical clearance prescribed cannot be maintained either on approach or in the event of a missed approach.

**Obstacle clearance surface**
A surface above which obstacles must not penetrate if the required obstacle clearance is to be maintained.

**Obstruction light**
A light, usually on a surface structure or natural terain, indicating the presence of an obstruction.

**Obstruction markers**
Markers indicating obstructions forming potential hazards to aircraft.

**Obturator ring**
A gas ring L-shaped in cross section.

**Occlusion**
The residual front after the front of a depression has overtaken the warm front and the warm sector has been lifted from the surface of the Earth.

**Occulting light**
An intermittent light in which the light periods are equal to or longer than the dark periods, with a repeated cycle.

**Ocean station**
The area enclosed by a square with sides of 210 nautical miles centred on the designated station and oriented with its axes true North-South and East-West.

**Ocean station call sign**
The call sign assigned to identify an ocean station when used by an ocean station vessel assigned to and occupying the ocean station identified thereby.

**Ocean station vessel**
A vessel specially equipped and currently assigned to occupy an ocean station.
(This term should not be used for vessels not on duty).

**Off station**
The status of an ocean station vessel when outside the limits of its assigned ocean station.

**Offset frequency simplex**
A variation of single channel simplex wherein telecommunication between two stations is effected by using in each direction frequencies that are intentionally slighthy different but contained within a portion of the spectrum allotted for the operation.

**Oil control valve**
An automatic valve to regulate the performance of an oil cooler, e. g. **By-pass**, **Viscosity**, **Thermostatic** or **Anti-surge valve**.

**Oil dilution system**
A system by which the oil can be diluted to assist cold starting.

**Oil ring,**
*cf / vgl* **Scraper ring**

**Okta**
The unit, equal to the area of one eigth of the sky, used in specifying cloud amount.

**Oleo**
A telescopic structural member designed to dissipate the energy at landing by the passage of oil under pressure through an orifice.

**Oleo leg,**
*cf / vgl* **Oleo**

**Oleo strut,**
*cf / vgl* **Oleo**

**Omni-directional beacon**
A beacon radiating in all directions and providing a datum in relation to which a bearing is obtainable in an aircraft.

**Omni-directional light**
A light having a substantially uniform intensity through 360° in azimuth at any particular angle of elevation within such limits as may be specified.

**Omni-directional radio beacon,**
*cf / vgl* **VHF Omni-range**

**On station**
The status of an ocean station vessel when within the limits of the assigned ocean station.

**On-top cruising level clearance**
An aircraft clearance for VFR flight above cloud, haze, smoke or other formation.

**Open-jet wind tunnel**
A wind tunnel with an open working section.

**Open line refuelling**
A method of filling the fuel tanks of an aircraft through an aperture at the top without a fuel or gas-tight connection.

**Open working section**
A wind tunnel working section that is not bounded by walls.

**Opening time**
The interval between the beginning of parachute deployment and the full inflation of the canopy, i.e. the sum of the deployment and inflation times.

**Operating crew,**
*cf / vgl* **Flight crew**

**Operating range**
The range over which a missile is capable of carrying out its function.

**Operating weight**
The weight of an aircraft equipped for flight. Normally comprises the 'basic weight' plus those 'variable' items which remain substantially constant for the type of mission. These include oil, crew, crew's baggage, steward's equipment and emergency and extra equipment that may be carried. Alos called '**Operating weight empty**'.

**Operational control**
The exercise of authority over the initiation, continuation, diversion or termination of a flight.

**Operational control communications**
Communications required for exercising authority over the initiation, continuation, diversion or termination of a flight.
**Note.** – Such communications are normally required for the exchange of messages between aircraft and aircraft operating agencies.

**Operator**
A person, organization or enterprise engaged in or offering to engage in an aircraft operation.

**Operator's local representative**
An agent of the operator suitably located to permit the ready supply of operational information to the local meteorological office and to receive meteorological information for operational purposes.

**Opposed-cylinder engine**
An engine with its cylinders arranged opposite each other in the same plane, their connecting rods working on the same crankshaft.

**Opposed-piston engine**
An engine with two pistons acting in opposition in the same cylinder.

**Orbit point**
A geographically or electronically defined reference point over land or water, used in stationing airborne aircraft.

**Ornithopter**
A heavier-than-air aircraft supported in flight chiefly by the reactions of the air on planes to which a flapping motion is imparted.

**Orographic clouds**
Clouds which are formed by forced uplift of air over high ground. Lenticular wave clouds, including those formed well to leeward of the high ground are common orographic clouds whilst stratus, cumulus and cirrus clouds are also sometimes orographic in origin.

**Oscillatory spin**
A spin in which sustained oscillations are present, the most marked being in roll and pitch, e. g. the rate of roll changes from zero to a high value and back again in each cycle.

**Out-of-alignment**
Of a propeller:
Having the blade sweep of one blade different from that of the other(s).

**Out-of-pitch**
Of a propeller:
Having the blade angle of one blade different from that of any other at the same radius.

**Out-of-track**
Of a propeller:
Having the blade tilt of one blade different from that of the other(s).

**Outer cover**
The external covering of the hull of a rigid airship.

**Outer horizontal surface**
A specified portion of a horizontal plane located above the environment of an aerodrome beyond the horizontal limits of the conical surface, where applicable. The surface establishes a level above which consideration may to be given to the control of new construction to facilitate practicable or efficient instrument approach procedures.

**Outer marker beacon**
A beacon, associated with an instrument landing system which defines the first predetermined point during an instrument approach.

**Outer pack**
A fabric envelope in which other components of a parachute system are stowed when the canopy is packed in a separate inner pack.

**Outer ridge-girder**
In airships:
A component member of the outer rings of a stiff-jointed main transverse frame.

**Outer section,**
*cf / vgl* **Wing**

**Outside loop**
A loop, usually entered from an upright flying position, in which the aircraft's back remains toward the outside of the circle flown. Sea also **inverted loop**.

**Overcontrol**
Of a pilot; to displace or move an aircraft's controls more than is necessary for the desired performance.

**Overhang**
(a) The extent to which the tip of one of two superimposed planes projects beyond the tip of the other.
(b) The distance from the outer point of support to the tip of a plane.

**Overshoot**
To land beyond the intended area.

**Oxidant**
An oxidizing agent which promotes and sustains combustion of fuel.

**Oxygen meter**
An instrument indicating the proportion by volume of oxygen in the gas in a balloon or airship.

**Oxygen system**
The complete equipment of an aircraft providing oxygen to the occupants.

# P

**Pack**
A fabric bag or envelope in which a parachute is packed.

**Pack cone**
A small, conical, metal post sewn to one of the flaps of pack. A hole is drilled laterally through the cone a short distance from the apex to admit a locking pin. The other flaps are each fitted with a grommet to pass over the cone, and under the locking pin.

**Pack cover,**
*cf / vgl* **Pack**

**Pack-elastics**
In parachute packs:
elastic cords, with a means of fastening at either end, fixed under tension to pack flaps to ensure their quick opening.

**Packing** (Parachutes)
The operation of folding the main canopy and enclosing or inserting it with the rigging lines in the pack.

**Paddle-plane,**
*cf / vgl* **Cyclogyro**

**Paddle-wheel rotor**
A rotor of a cyclogyro.

**Paired engines**
Two completely independent engines mounted close together.

**Pancaking**
The landing of an aircraft at an abnormally high rate of descent or low forward speed.

**Panel**
A sub-division of a gore.

**Pantobase**
Designating an airplane capable of taking off from and alighting on water, ice, snow, and almost any unprepared but fairly smooth and clear land surface, such as sand or swamp.

**Pants**
A set of tear-drop shaped fairings around the wheels of a fixed landing gear on certain airplanes.

**Parachute**
An assembly consisting of canopy, risers, bridles, deployment bag, and, in some cases a pilot chute. The pack and attaching webbing (harness) are considered a part of the parachute when they are not built into the suspended load as an integral part of the load.

**Parachute assembly**
A parachute complete with all its equipment.

**Parachute bucket,**
*cf / vgl* **Parachute container**

**Parachute canopy**
The umbrellalike main element of a parachute, which spreads out to catch the air.

**Parachute container**
The part of a supply-dropping parachute assembly which houses the parachute pack.

**Parachute harness**
The assembly of straps, buckles etc. which fits around the body or around a burden to be dropped and to which a parachute is attached.

**Parachute tray**
An open shallow compartment in which a parachute assembly is stowed and retained by a releasable cover.

**Parachutist**
A person using a parachute.

**Parallax in altitude**
The angle between the straight line from a celestial body to an observer and the straight line from the celestial body to the centre of the Earth.

**Parallel fabric**
A multi-ply fabric with the warp threads of all the plies parallel.

**Pararaft**
A raft, especially an inflatable raft, designed to be dropped by parachute, or to be carried by a parachutist.

**Parasheet**
A parachute constructed from a piece (or pieces of fabric with parallel warp of fabric in the form of a regular polygon, with the rigging lines attached to the apices of the polygon.

**Parasol monoplane**
A monoplane in which the wings are united in a seperate structure above the fuselage.

**Passive homing**
The homing of an aircraft or spacecraft wherein the craft directs itself toward the target by means of energy waves transmitted or radiated by the target.

**Passive homing guidance**
A homing guidance system wherein the receiver in a missile utilizes radiations from the target.

**Payload**
That part of the useful load from which revenue is derived (i. e. passengers, mail and freight).

**Pedestal**
The pillar connecting a ski to the aircraft.
An upright structure in an aircraft on which is mounted a control or a group of controls.

**Penetration**
The phase of the letdown from high altitude to a specified approach altitude.

**Performance**
Those properties of an aircraft which determine its operational usefulness (i. e. maximum speed, rate of climb, ceiling, range, all-up weight and runway length requirements).

**Perigee**
That orbital point nearest the Earth when the Earth is the center of attraction.

**Perimeter track**
A taxiway in the form of a closed circuit.

**Period**
The time taken for a complete oscillation.

**Peripheral hem**
The border round the periphery of a parachute to which the rigging lines are attached.

**Permeability**
The rate of the diffusion of gas through unit area of material under specified conditions.

**Petal cap** (parachutes)
A fabric cover formed by joining the bases of a number of triangular flaps to the periphery of a pack, container or tray. The apices are usually joined together temporarily until a static pin or weak tie allows the flaps to separate upon despatch.

**Petticoat**
With lighter-than-air aircraft:
A sleeve so pleated as to leave a clear passage when collapsed.

**Phugoid oscillation**
A long-period longitudinal oscillation characterized by periodic changes in airspeed.

**Pilot**
(a) A member of the aircrew who flies the aircraft.
(b) A person who has been trained and is qualified to fly an aircraft.

**Pilot balloon**
A freely-ascending balloon which may be used to determine upper winds and height of cloud base.

**Pilot-in-command**
The pilot responsible for the operation and safety of the aircraft during flight time.

**Pilot parachute**
A small auxiliary parachute attached to the apex of the main parachute, designed to pull the latter out of its pack.

**Pilot, to ~**
To manipulate the flight controls of an aircraft during flight time.

**Pilotless aircraft**
An aircraft specially designed or equipped to fly and perform its function or mission without a human pilot aboard. Sometimes known as **drone** or **RPV** (remotely piloted vehicle).

**Pinpoint**
The ground position of an aircraft determined by direct observation of the ground.

**Piston displacement**
In a reciprocating engine, the total volume within the cylinder or cylinders displaced during one stroke of each piston.

**Piston engine**
An engine in which the working fluid its expanded in a cylinder against a reciprocating piston.

**Piston pin,**
*cf / vgl* **Gudgeon pin**

**Piston supercharger**
A supercharger in which compression is effected in a cylinder.

**Pitch control**
Any mechanism or device that controls or regulates pitch, either of a blade or of an aircraft, rocket, missile, etc.

**Pitch indicator**
An instrument that indicates the amount of pitch. or the rate of pitch of an aircraft or other body.

**Pitch setting**
The blade angle of adjustable or variable pitch propellers, mesured at the standard radius.

**Pitch-under**
An act or instance or an aircraft pitching nose downward.

**Pitch-up**
An act or instance of an aircraft pitching nose-up; a tendency of an aircraft to pitch nose-up.

**Pitching**
Angular motion about the transverse axis.

**Pitching moment**
A moment about a transverse axis of an aircraft or similar body.

**Pitot comb**
A group of pitot tubes deployed for simultaneous measurement of total pressure at a number of points in an airflow.

**Pitot pressure**
The pressure measured by a pitot-tube correctly aligned with the local direction of flow. At a point where the flow is subsonic it is equal to the total pressure, at a point where the flow is supersonic it is equal to the total pressure behind a normal shock wave.

**Pitot tube**
A single tube for measuring stagnation pressure at a point with an open end facing upstream, wherein at subsonic speeds the pressure is equal to the total pressure.

**Pitotstatic tube,**
*cf / vgl* **Pressure head**

**Plain flap**
A flap forming the rear portion of the aerofoil and moving as a whole.

**Plain language**
For the purpose of this document, plain language refers to a language conveying to aeronautical personnel a directly intelligible meaning through the use of:
(a) the vocabulary of a national language, taken with its usual meaning in aviation;

(b) abbreviations approved by ICAO for use in the international aeronautical telecommunication service;
(c) numerical values of self-explanatory nature.

**Plan position approach (PPI approach)**
A special type of approach given by the radar controller, using either the airport surveillance radar or the GCA azimuth radar only, to assist the aircraft to the runway.

**Plan position indicator (PPI)**
A display of radar information using polar coordinates. It may cover 360 deg or be limited to a smaller sector, e. g., 45 deg of dead ahead; then called '**sector scan**'.
**Note.** – A plan position indicator normally used for air traffic control purposes generally consists of a cathode ray tube on which the relative direction of a radar echo is indicated by ist position in azimuth on the cathode ray tube in relation to a predetermined datum point. The range of the radar echo is indicated by its relative distance from the centre of the PPI tube and along a radius. A suitable map may be superimposed on the cathode ray tube as means of providing more specific detail with regard to the relative position of the radar echo.

**planes,**
*cf / vgl* **Aerofoil**

**Planing bottom**
That part of the under surface of a hull or float designed to provide hydrodynamic lift.

**Plate**
A portion of an unstiffened sheet; a sheet having thickness greater than a specified amount.

**Plenum chamber**
A chamber, usually fed from a ramming intake, supplying air to the engine or for other purposes.

**Pneumatic circuit**
An aircraft pneumatic system serving a particular purpose; e. g., **Flap circuit**, **Undercarriage circuit**.

**Pneumatic system**
(a) A particular method of transmitting power by means of air under pressure.
(b) Of an aircraft: The complete pneumatic installation.

**Pod**
A nacelle supported externally from a fuselage or wing.

**Point light**
A luminous signal appearing without perceptible length.

**Point of attachment**
In aerostats:
The point where the rigging is attached to the flying cable.

**Point of no return (PNR)**
The point furthest removed from base to which an aircraft can fly and return to base still retaining a given safety margin of fuel.

**Point vortex**
A cross-section of a line vortex in two-dimensional flow.

**Polar control**
A system providing control about the pitch and roll axes only.

**Polar distance**
The arc of a celestial meridian, or corresponding angle at the centre of the Earth, intercepted between a celestial body and the elavated celestial pole.

**Porosity**
The property of a material which allows a gas to flow through it. It its usually measured by the rate of air per unit area passing through the fabric at a pressure difference specified.

**Porosity meter**
A instrument for measuring the porosity of fabric.

**Porpoising**
Undulatory movement of a seaplane or amphibian, during forward motion on water, caused by instability.

**Position error**
The part of the difference between the calibrated and indicated air speeds due to the recorded static pressure not being equal to the ambient pressure. This discrepancy may arise from the location of the pressure head on the aircraft or the conditions of motion, or both.

**Position line**
A line, obtained from observations of terrestrial or celestial objects, or from radio aids, on which the observer is computed to be at the time of the observation.

**Position report**
A report from an aircraft in flight to a controlling station giving the aircraft's position, often together with other information, such as heading, speed, etc.

**Positive accelerations,**
*cf / vgl* **Accelerations**

**Positive-displacement supercharger**
A supercharger in which volumes of air or mixture are isolated and compressed.

**Power approach**
An approach during which the aircraft is under power, as opposed to a glide approach.

**Power-assisted control system**
A flight control system in which a power amplifier is placed between the flying control and the control surface to supplement the pilot's direct effort.

**Power boost**
A device or system for increasing temporarily the power of an engine above its normal maximum continuous rating.

**Power landing**
An airplane landing in which the airplane is under power until it touches down.

**Power loading**
The gross weight of an aircraft divided by the horsepower of the engine(s).

**Power plant**
The complete assemblage or installation of engine or engines with accessories (induction system, cooling system, ignition system, etc.) that generates the motive power for a self-propelled vehicle or vessel such a an aircraft, rocket, etc.

**Power rating**
The power permitted by the relevant regulations for a certain specified use; e. g. **Maximum take-off rating**, **Combat rating**, **Maximum continuous rating**, **Weak-mixture rating**.

**Power setting**
The setting of any control or regulator that effects the output of an engine or power plant, such as a throttle setting, a mixture-control setting, or a propeller-pitch setting.

**Power unit,**
*cf / vgl* **Power plant**

**Powered control system**
A flight control system in which a power amplifier is placed between the flying control and the control surface.

**PPI approach,**
*cf / vgl* **Plan position approach**

**PPI departure**
A special type of surveillance radar departure given by the radar controller to assist an aircraft in safely expediting its departure from the vicinity of an aerodrome.

**Prebaratic chart**
An isobaric chart forecast for some specified time ahead.

**Precipitation**
A general term for the forms in which water may fall from the atmosphere and reach the surface.

**Precision approach = PAR approach**
A standard instrument approach procedure in which an electronic glide slope is provided, e. g., ILS and PAR.

**Precision approach radar (PAR)**
Primary radar equipment used to determine the position of an aircraft during final approach, in terms of lateral an vertical deviations relative to a nominal approach path, and in range relative to touchdown.
**Note.** – Precision approach radars are designated to enable pilots of aircraft to be given guidance by radio communication during the final stages of the approach to land.

**Precision approach runway**
An instrument runway served by ILS or GCA approach aids and intended for use in conditions of poor visibility or low cloud base.

**Precision controller**
A radar controller employed in the transmission of PAR talk-down instructions to the pilot of an aircraft on the final approach to the runway, and in passing monitoring information to the pilot when using a landing aid other than PAR.

**Preset guidance**
A kind of missile guidance in which devices in the missile, adjusted before firing, establish the path of the missile.

**Pressure altimeter,**
*cf / vgl* **Barometric altimeter**

**Pressure altitude**
Atmospheric pressure expressed in terms of the altitude which corresponds to that pressure in the International Standard Atmosphere.

**Pressure breathing**
A technique whereby the pressure within the respiratory track is maintained above ambient in order to achieve a higher oxygen partial pressure in the pulmonary alveoli than would otherwise be possible.

**Pressure cabin**
A cabin in which means are provided to maintain the air pressure at a higher level than the ambient air pressure.

**Pressure contour**
A line drawn on a chart showing the altitude at which a specified pressure accours in the atmosphere.

**Pressure controller**
(a) An instrument which senses cabin and aircraft altitudes and controls the discharge valve to maintain a predetermined cabin/aircraft altitude relationship or a selected cabin altitude.
(b) A device to prevent a selected fuel delivery pressure from being exceeded.

**Pressure cowling**
A cowling in which the pressure of the air is increased, either by ram effect or by a fan.

**Pressure defuelling**
A method of extracting fuel from the fuel tanks of an aircraft by using an internal defuelling system, a connection on the aircraft and a closed line to an external suction pump.

**Pressure-demand oxygen system**
A demand oxygen system that furnishes oxygen at a pressure higher than atmospheric pressure above a certain altitude.

**Pressure drag**
The part of the drag to the resolved component of the pressure normal to the surface.

**Pressure face**
The face of a propeller blade formed by the lower boundaries of the blade elements considered as aerofoil sections.

**Pressure gradient**
Aften confined to the rate of change of pressure in a horizontal plane in a direction normal to the isobars on a weather chart.

**Pressure head**
A device which contains a pitot tube in a form suitable for mounting on an aircraft.

**Pressure height**
Of an aircraft:
The altitude in standard atmosphere at which, for a given fullness at sea level, the envelope or gas bag will reach a predetermined superpressure.

**Pressure height,**
*cf / vgl* **Pressure altitude**

**Pressure-pattern flying**
The planning and navigating of a long-range flight by reference to the barometric pressure distribution.

**Pressure pump**
A pump which supplies oil under pressure to the engine or accessory.

**Pressure refuelling**
A method of filling the fuel tanks of an aircraft from an external pumping unit which delivers fuel under pressure in a closed line to a connection on the aircraft, from which the fuel flows, via a refuelling gallery, to the fuel tanks.

**Pressure-rigid airship**
An airship that maintains form both by means of a light rigid framework and internal pressure.

**Pressure suit**
A garment designed to maintain an absolute pressure both within and surrounding the body at such a level as to prevent the adverse effects of altitude (hypoxia, ebullism and decompression sickness). Pressure suits may be classified according to purpose and construction.

**Pressurized cabin**
The occupied space of an aircraft in which the air pressure has been increased above that of the ambient atmosphere by compression of the ambient atmosphere into the space. See also **'Pressure cabin'**.

**Primary frequency**
The radio telephony frequency assigned to an aircraft as a first choice for air-ground communication in a radio telephony network.

**Primary glider**
A ruggedly built glider, typically having an open framework fuselage, for the elementary training of glider pilots. The craft is designed chiefly for gliding, rather than soaring.

**Primary holes**
Holes through which a portion of the airflow is passed into a flame tube for the early stage of combustion.

**Primary means of communication**
The means of communication to be adopted normally by aircraft and ground stations as a first choice where alternative means of communication exist.

**Primary radar**
Radar in which the object or target reflects only the incident radiation.

**Primary structure**
Those portions of the structure the failure of wihich would seriously endanger the aircraft.

**Primer**
(a) The first complete coat of paint in a paint scheme applied to an unpainted or sealed surface.
(b) A device for spraying fuel into the induction system or the combustion chamber to facilitate starting.

**Printed communication**
Communications which automatically provide a permanent printed record at each terminal of a circuit of all messages which pass over such circuit.

**Probe**
A tubular structure mounted on a receiver aircraft, projecting forwards, which provices a connection between the receiver fuel system and the reception coupling in the drogue on the refuelling hose of a tanker during refuelling.

**Procedure turn**
A manoeuvre in which a turn is made away from a designated track followed by a turn in the opposite direction, both turns being executed so as to permit the aircraft to intercept and proceed along the reciprocal of the designated track.
**Note 1.** – Procedure turns are designated "left" or "right" according to the direction of the initial turn as follows:
(a) Procedure turn left – a procedure turn in which the initial turn is to the left;
(b) Procedure turn right – a procedure turn in which the initial turn is to the right.
**Note 2.** – Procedure turns may be designated as being made either in level flight or while descending, according to the circumstances of each individual instrument approach procedure, the only restriction being that the obstacle clearance specified not be infringed.

**Profile**
The orthogonal projections of a flight path or portion thereof on the vertical surface containing the nominal track.

**Profile drag**
Drag associated with losses in total pressure and total temperature in the boundary layer. For shock-free flow it is the sum of the form drag and the skin-friction drag.

**Profile-drag power loss**
The power expended in overcoming the profile drag of the blade elements of a propeller.

**Profile thickness**
The maximum distance between the upper and lower contours of an airfoil profile measured perpendicular to the mean line of the profile.

**Prohibited area**
An airspace of defined dimensions, above the land areas or territorial waters of a State, within which the flight of aircraft is prohibited.

**Proof factor**
The factor of safety corresponding to the proof load.

**Proof test**
A test of an item equipment with load conditions outside the normal, but which may occur.

**Proofing**
The treatment of fabric to render it gastight or weather-resisting.

**Propellant**
One or more substances used for the chemical generation of gas at the controlled rates required to provide thrust.

**Propeller**
A power-driven bladed airscrew designed to produce thrust by its rotation in air.

**Propeller wash**
The wash produced aft of a rotating propeller.

**Propelling nozzle**
The nozzle attached to the rear end of the jet pipe or to the exhaust cone.

**Propjet (engine)**
A turbopropeller engine that develops both propeller thrust and jet thrust.

**Proportional control**
A control system in which the output signal is linearly related to the input and in which the action to correct an error is made proportional to that error.

**Propulsive efficiency**
The ratio of the propulsive thrust horsepower to the torque horsepower.

**Prototype**
Of any mechanical device, a production model suitable for complete evaluation of mechanical and electrical form, design, and performance.

**Prototype engine**
The first engine, of a type and arrangement not approved previously, to be submitted for type approval test.

**Prototype propeller**
The first propeller of a type and arrangement not approved previously, to be submitted for type approval test.

**Prudent limit endurance (PLE)**
The time which an aircraft can remain airborne and still retain a safety margin of fuel.

**Psychrometer**
A wet-and-dry bulb hygrometer.

**Public authorities**
The agencies or officiats of a Contracting State responsible for the application and enforcement of the particular laws and regulations of that State which relate to any aspect of ICAO Standards and Recommended Practices.

**Pull-out**
Recovery from a dive.

**Pull-out distance**
The distance travelled by an aircraft during arrest by an arresting gear.

**Pulse jet (engine)**
An engine producing a pulsating jet by burning fuel in air in such a way that the compression due to forward speed augmented by the pressure waves within the unit, the pulsation being produced by intermittent closing of the intake or by other means.

**Purity**
In lighter-than-air aircraft:
the percentage of lifting gas in a given volume.

**Purity meter**
An instrument for measuring the proportion by volume of the lifting gas present in the gas in a lighter-than-air aircraft.

**Pusher aeroplane**
An aeroplane fittet with pusher propellers, i. g., propellers located behind the power units.

**Pusher propeller**
A propeller designed normally to produce compression in the propeller shaft.

**Pylon**
The structure on an aircraft which carries, for example, a launching shoe or a drop tank.

**Pylon,**
*cf / vgl* **Rotor mast**

# Q

**Q-correction**
The correction applied to observed altitudes of Polaris, to compensate for its displacement from the North celestial pole, when obtaining latitudes.

**q feel system**
An artifical feel system in which the feel force is proportional to the equivalent airspeed.

**Quadrantal errors**
The directional errors due to the effect of an aircraft's structure on an incoming radio signal. The error is zero on fore-and-aft and beam bearings and a maximum on quadrantal bearings.

**Quadrantal rule**
A rule by which aircraft flying on a magnetic track within a particular quadrant shall fly at any one of the series of levels specified for that quadrant.

**Quadricycle landing gear**
A landing gear consisting of four separate wheels or wheel units.

**Quarter-chord line**
The line through the quarter-chord points of wing or other aerodynamic surface.

**Quarter-chord point**
The point on the chord of an aerofoil section at one quarter of the chord length behind the leading edge.

**Quick release box,**
*cf / vgl* **Quick release fitting**

**Quick release fitting**
Box shaped fitting on either the parachute harness or seat harness which accepts the lugs of the restraining or parachute straps and by which they may all be released simultaneously.

# R

**Radar**
Radio detection and ranging equipment which provides information on range, azimuth and/or elevation of objects by transmission and return of electromagnetic energy.

**Radar approach**
An approach executed by an aircraft under the direction of a radar controller. (*cf / vgl* **Ground-controlled approach**)

**Radar beacon**
A transponder beacon transmitting a coded signal on radar frequency, permitting an interrogating craft to determine the bearing and range of the transponder.

**Radar blip**
A generic term meaning variously a radar echo or a radar response from an aircraft.

**Radar clutter**
The visual indication on a radar display of unwanted signals.

**Radar contact**
The situation which exists when the radar blip of a particular aircraft is seen and identified on a radar display.

**Radar control**
Term used to indicate that radar-derived information is employed directly in the provision of air traffic control service.

**Radar controller**
A qualified air traffic controller holding a radar rating appropriate to the functions to which he is assigned.

**Radar coverage**
The limits within which objects can be detected by one or more radar stations.

**Radar display**
An electronic display of radar-derived information depicting the position and movement of aircraft.

**Radar echo**
The visual indicatioon on a radar display of a radar signal reflected from an object.

**Radar horizon**
The angle of elevation at which the beams from a radar apparatus are intercepted by the Earth's horizon.

**Radar identification**
The process of correlating a particular radar blip with a specific aircraft.

**Radar map**
Information superimposed on a radar display to provide ready indication of selected features.

**Radar monitoring**
The use of radar for the purpose of monitoring aircraft and providing them with information and advice relative to significant deviations from nominal flight path.

**Radar response**
The visual indication, on a radar display, of a radar signal transmitted from an object in reply to an interrogation.

**Radar separation**
The separation used when aircraft position information is derived from radar sources.

**Radar service**
Term used to indicate a service provided directly by means of radar.

**Radar surveilance**
A procedure for the observation of aircraft by radar, and the dissemination of information so gained to assist in the expeditious flow of trafic, aircraft separation, position reports and emergency situations.

**Radar unit**
That element of an air traffic services unit which uses radar equipment to provide one or more services.

**Radar vectoring**
Provision of navigational guidance to aircraft in the form of specific headings, based on the use of radar.

**Radial engine**
An engine with a row, or rows, of cylinders spaced radially round a common crankshaft, the cylinders being stationary and the crankshaft revolving.

**Radial-flow compressor**
A compressor which functions by the action of alternate rows of fixed and moving blades, axially mounted, the general direction of flow being radial.

**Radial-flow turbine**
A turbine which functions by the action of the working fluid on rows of rotating blades in conjunction with nozzles, or rows of fixed blades, the general direction of flow being radial.

**Radial rotor**
A rotor of a helicopter or a gyroplane.

**Radial wiring**
In airships:
A system of wires connecting the joints of a transverse frame to its central fitting.

**Radio altimeter**
A height indicator working on the radar principle.

**Radio approach aids**
Equipment making use of radio to determine the position of an aircraft with considerable accuracy from time it is in the vicinity of an airfield or carrier until it reaches a position from which landing can be carried out.

**Radio beacon**
A radio transmitter whose radiations enable a craft to determine its own direction or position relative to the beacon by means of a communication receiver or direction finder.

**Radio beacon identification**
The code group transmittel by the radio beacon of an ocean station vessel.

**Radio beacon station**
A special radio station the emissions of which are intended to enable the mobile station to determine:
(a) its radio bearing or direction with reference to the radio beacon station; or
(b) the distance which separates it from the latter; or
(c) both of these.

**Radio bearing**
The angle between the apparent direction of a definite source of emission of electromagnetic waves and a refernce direction, as determined at a radio direction-finding station. A true radio bearing is one for which the reference direction is that of true North. A magnetic radio bearing is one for which the reference direction is that of magnetic North.

**Radio compass**
A radio direction-finder which indicates the bearing of the transmitter to which the receiver is tuned.

**Radio direction finder**
Radio receiving equipment which determines the direction of arrival of a signal by measuring the orientation of the wave front or of the magnetic or electric vector.

**Radio direction finding**
Radio-location in which only the direction of a station is determined by means of its emissions.

**Radio direction-finding station**
A radio station intended to determine only the direction of other stations by means of transmissions from the latter.

**Radiometeorograph**
An instrument or apparatus that senses meteorological phenomena, such as temperature, pressure, etc., and transmits by radio the values of these phenomena to a receiving station for automatic recording: a **radiosonde**.

**Radio navigation**
The use of radio waves in navigation for the determination of position or direction, or for obstruction warning.

**Radionavigational aids**
Radio systems used to assist aircraft to determine their position, to reach their destination, or to land.

**Radio range**
A medium-frequency beacon transmitter defining two or four tracks. It may also carry voice transmission.

**Radio range finding**
Radio-location in which the distance of an object is determinded by means of its radio emissions, whether independent, reflected or re-transmitted on the same or other wavelength.

**Radio range station**
A radio navigation land station in the aeronautical radio navigation service providing radio equisignal zones. (In certain instances a radio range station may be placed on board a ship).

**Radiosonde**
A small radio transmitter incorporating sensitive elements by means of which observations usually of pressure, temperature and humidity, may be obtained from the upper atmosphere.

**Radio telephony**
The transmission of speech by means of modulated radio waves.

**Radio telephony network**
A group of radio telephony aeronautical stations which operate on and guard frequencies from the same family and which support each other in a defined manner to ensure maximum dependability of air-ground communications and dissemination of air-ground traffic.

**Radius of action**
The maximum distance an aircraft can travel away from its base, along a given course with normal load, and return without refuelling, allowing for all safety and operating factors.

**Radome**
A cover, for an aerial system, which is weatherproof and transparent to radio frequency energy.

**Rain**
Liquid precipitation in the form of drops of appreciable size (by convention with diameter greater than about 0,5 mm).

**Rain gauge**
An instrument for measuring rainfall.

**Rain ice,**
*cf / vgl* **Glazed frost**

**Ramjet engine**
An engine producing a jet by burning fuel in air which has been compressed by forward speed alone, in an appropriately shaped duct and expanded in a nozzle.

**Ramming intake**
An air intake directed forward to increase the intake air pressure.

**Range**
(a) The distance an aircraft can travel under given conditions without refuelling.
(b) The distance from the launcher to a defined point in the missile's trajectory, measured in a specified manner. The direction should be specified, e. g. slant, horizontal or great circle.

**Rate of catch**
The rate at which water from a cloud or rain strikes an exposed part of an aircraft, usually expressed in mass per unit area per unit time.

**Rate of climb**
The vertical component of the true airspeed in stated conditions.

**Rate-of-climb indicator,**
*cf / vgl* **Vertical speed indicator**

**Rate of icing**
The rate of growth of ice on a surface under given conditions, usually expressed in units in depth per unit of time.

**Rate of side-slip,**
*cf / vgl* **Lateral velocity**

**Rating**
An authorization entered on or associated with, a license and forming part thereof, stating special conditions, privileges, or limitations pertaining to such license.

**Reacted pressure,**
*cf / vgl* **Zero delivery pressure**

**Reaction balance**
A kind of thrust meter using a balance to measure the thrust of a rocket or jet engine.

**Reaction engine**
An engine that developes thrust by its reaction to a substance ejected from it; specifically, such an engine that ejects a jet or a stream of gases created by the burning of fuel within the engine. Also called **Reaction motor**.

**Reaction motor,**
*cf / vgl* **Reaction engine**

**Readback**
A procedure whereby the receiving station repeats a received message or an appropriate part thereof back to the transmitting station so as to obtain confirmation of correct reception.

**Rebecca-Eureka system**
A particular VHF DME system using an airborne interrogator and responder (Rebecca) and a ground beacon (Eureka) to give both distance and homing guidance.

**Receiver aircraft**
An aircraft which is being refuelled in the air.

**Reception coupling**
A device incorporating a shut-off valve, interposed between the drogue and the trailing end of a refuelling hose, to receive the probe of a receiver aircraft and to lock it in the required position for refuelling.

**Reciprocal leg**
The part of a landing procedure during which the aircraft is headed on the reciprocal of the final approach direction.

**Recording accelerometer,**
*cf / vgl* **Accelerometer**

**Recording altimeter**
An instrument by which variation in altitude is recorded against time.

**Recovery**
The process of returning to substantially straight and level flight from a manoeuvre.

**Recovery flap**
A flap, the operation of which so alters the pitching-moment characteristics of an aircraft that recovery from a dive is automatic, or is made easier to the pilot.

**Rectified airspeed**
The indicated airspeed corrected for instrument and position errors.

**Red-out**
A condition in which the visual field appears to be covered by a red veil, resulting from the application of negative (-G z) acceleration.

**Reduced frequency,**
*cf / vgl* **Frequency parameter**

**Reducing valve**
An automatic valve which provides a low pressure supply of fluid, tapped from a high pressure system.

**Re-entry**
The event occuring when a spacecraft or other object comes back into the sensible atmosphere after being rocketed to higher altitudes; the action involved in this event.

**Re-entry vehicle**
Any payload-carrying vehicle designed to leave the sensible atmosphere and then return through it to Earth.

**Reference datum**
As used in the loading of aircraft, an imaginary vertical plane at or near the nose of the aircraft from which all horizontal distances are measurend for balance purposes. Diagrams of each aircraft show this reference datum as balance station "Zero".

**Reference humidity**
The relationship between temperature and reference humidity is defined as follows: at temperatures at and below ISA, 80 per cent relative humidity; at temperatures at and above ISA plus 28 deg C. 34 per cent relative humidity; at temperatures between ISA and ISA plus 28 deg C. the relative humidity varies linearly between the humidity specified for those temperatures.

**Reference pressure**
Half the product of the density and the square of the velocity of a fluid.

**Reference section**
A section of a structure, the displacements of which are taken as the co-ordinates in a semi-rigid representation.

**Refraction**
The bending of rays of light due to their passage through different media.

**Refrigerant injection**
The injection of a refrigerant e. g., water, alcohol or mixture thereof into the working fluid before, during or after compression to enhance the engine performance.

**Refuel / defuel valve**
A valve capable of passing flow in either direction selectively.

**Refuelling boom**
A movable spar carrying a pipeline on a bowser for delivering fuel from an overhead position.

**Refuelling indicator**
A device to give indication of the completion of the filling of each tank in an aircraft.

**Refuelling tender,**
*cf / vgl* **Bowser**

**Refuelling valve**
A device, installed in a fuel tank or on a fuel pipe communicating with the tank to control the replenishment of the tank and cut off the fuel flow when a desired level has been reached.

**Registering balloon**
A small free balloon carrying self-recording instruments for obtaining information on upper-air conditions.

**Regular aerodrome**
An aerodrome which may be listed in the flight plan as an aerodrome of intended landing.

**Regular station**
A station selcted from those forming an enroute air-ground radio telephony network to communicate with or to intercept communications from aircraft in normal conditions.

**Reheat**
Combustion after the last turbine stage to provide additional thrust. Also called '**afterburning**' or '**post-combustion**'.

**Relative humidity**
The ratio, expressed as a percentage, of the actual vapour pressure to the saturation vapour pressure over a plane liquid water surface at the same dry-bulb temperature.

**Relief**
The inequalities in elevation of the surface of the earth represented on the aeronautical charts by contours, hypsometrc tints, shading or spot elevations.

**Remote mass-balance weight**
A mass-balance weight which is connected to the control surface by a series of links.

**Rendering (a certificate of airworthiness) valid**
The action taken by a Contacting State, as an alternative of issuing its own Certificate of Airworthiness, in accepting a Certificate of Airworthiness, issued by any other Contracting State as the equivalent of its own Certificate of Airwothiness.

**Rendering (a license) valid**
The action taken by a Contracting State, as an alternative to issuing its own license, in acceptiong a license issued by any other Contracting State as the equivalent of its own licence.

**Renversement,**
*cf / vgl* **Reversement**

**Reporting point**
A specified geographical location in relation to which the position of an aircraft can be reported.

**Rescue coordination centre**
A unit responsible for promoting efficient organization of search and rescue service and for coordinating the conduct of search and rescue operations within a search and rescue region.

**Rescue sub-centre**
A centre subordinate to a rescue coordination centre, established to direct more efficiently the available facilities within a specified area.

**Rescue unit**
A unit composed of trained personnel and provided with equipment suitable for the expeditious conduct of search and rescue.

**Reserve buoyancy**
Excess of the bouyancy of a seaplane, with its hull or floats completely immersed, over its weight.

**Reserve factor**
The ratio of the ultimate strength of a structure to the fully-factored load.

**Reserve parachute**
A second parachute sometimes carried by a parachutist for use in emergency when the parachute normally used fails to function.

**Reservoir**
The make-up tank containing fluid for a hydraulic system.

**Resonance test**
A test in which forced oscillation over a range of frequencies is applied to a structure with the object of determining the natural frequencies and modes of oscillation of the structure.

**Rest period**
Any period of time on the ground during which a flight crew member is relieved of all duties by the operator.

**Restoring moment**
A moment tending to restore an aircraft to its previous attitude after any rotational displacement, which is dependent upon that displacement.

**Restricted area**
An airspace of defined dimensions, above the land areas or territorial waters of a State, within which the flight of aircraft is restricted in accordance with certain specified conditions.

**Retarder parachute,**
*cf / vgl* **Extractor parachute**

**Retractable aileron**
An aileron that retracts into the wing; specifically a retractable spoiler used as an aileron.

**Retractable undercarriage**
An undercarriage which can be withdrawn from its operative position, usually into the structure, to reduce drag.

**Retraction lock**
A device preventing inadvertent retraction of the undercarriage.

**Return circuit wind tunnel**
Wind tunnel in which the air flowing past the model is ducted back to return to the working section. Also known as '**closed circuit wind tunnel**'.

**Return-flow system**
A combustion system in which the entering air and the emerging gas flow in opposite directions.

**Return-flow wind tunnel,**
*cf / vgl* **Return circuit wind tunnel**

**Reversal of control**
The condition in which the displacement of a control surface produces a motion of the aircraft in a reverse sense to that usually produced because of excessive structural distortion.

**Reversal speed**
The lowest equivalent airspeed at which reversal of control occurs.

**Reverse pitch**
Of a propeller:
A negative pitch setting.

**Reversement**
Any maneuver or stunt in which an airplane is made to reverse its direction of flight such as a chandelle, an Immelmann turn, or wing over. Also called a „**Renversement**“.

**Reversible-pitch propeller**
A propeller which may be angled so as to produce reverse thrust, thus reducing the landing roll.

**Reynolds number**
A non-dimensional parameter representing the ratio of the momentum of inertial force to the viscous force in fluid flow. It is equal to Vl/v, where V is the fluid speed, l is a typical length and v is the kinematic visocity.

**Rho-theta**
Shorthand for a coordinate system in which the position of a point is defined (with some ambiguity) by its distances from two points of known position. Hence, an adjective used to describe a navigation system.

**Rhumb line**
A line of constant direction that intersects all meridians at the same angle. A rhumb line appears as a straight line on a Mercator projection. Also known as '**loxodrome**'.

**Rib**
A member which maintains the required contour of the covering material of planes or control surfaces, and which may also act as a structural member.

**Ribbon parachute**
A parachute with gores consisting of a large number of ribbons with slots between them.

**Rich-mixture knock rating**
A numerical measure of the anti-knock value of a fuel applicable to high power.

**Ridge**
A ridge (of high pressure) is an extemsion of an anticyclone.

**Rigging**
The relative adjustment or alignment of the different components of an aircraft, e. g. flight and engine controls.

**Rigging**
In aerostats:
The system of wires or cords and their attachments, by which the dead weight, or the main cable tension, is distributed over the hull or envelope.

**Rigging angle of incidence**
The angle between the chord of the main plane or tailplane and the horizontal datum plane when the aeroplane is in the rigging position.
**Note.** – Not to be confused with aerodynamic angle of incidence.

**Rigging band**
In aerostats:
A reinforced band secured ot the envelope for the attachment of the rigging.

**Rigging line**
Any cord attached to the canopy which transmits the drag of the parachute to the load.

**Rigging patch**
A patch connecting the rigging to the envelope of a balloon.

**Rigging position**
The attitude in which, with the lateral axis horizontal, an arbitrary longitudinal datum line is also horizontal.

**Right ascension (RA)**
The arc of the celestial equator, or the corresponding angle at the centre of the Earth, or corresponding spherical angle at the pole, intercepted between the celestial meridian of a celestial body and that of the first point of Aries, measured eastward from the first point of Aries in units of time.

**Right-hand (or clockwise) accessory**
An accessory which rotates in a clockwise manner, with

respect to an observer who is facing the driven end, so as to mate with an anti-clockwise drive.

**Right-hand (or clockwise) drive**
A drive rotating clockwise to an observer facing the driving end.

**Right-handed engine**
An engine in which the propeller shaft rotates in a clockwise direction with the engine between the observer and propeller. **Note.** – The "hand" of an engine remains unaltered whatever its position in the aircraft.

**Right-handed propeller**
A propeller rotating clockwise as viewed from behind the aircraft.

**Rigid airship**
An airship having a rigid framework to maintain the designed shape of the envelope.

**Rigidly-mounted blade**
A blade which has no pivoted connection to the shaft other than a feathering hinge.

**Rime (ice)**
A light, white opaque deposit of ice which forms in clouds of low water content, consisting of small, supercooled water drops.

**Ring cowling**
A narrow, ring-shaped cowling for a radial engine, designed to reduce drag and improve cooling.

**Ring radiator**
A radiator of circular form through which the cooling air flows radially.

**Rip cord**
(a) In aerostats:
Cord for tearing open the rip panel.
(b) In parachutes:
A cord or flexible cable on a parachute which, when pulled, opens the pack and allows the parachute to deploy.

**Rip link**
A device for ripping the balloon automatically on break-away.

**Rip panel**
In aerostats:
A strip which can be readly ripped off or torn open for rapid deflation in an emergency.

**Rip pin**
The pin which secures together the flaps on a parachute pack and is withdrawn by a pull on the rip cord or static line.

**Rocket**
A missile propelled by a rocket motor.

**Rocket engine,**
*cf / vgl* **Rocket motor**

**Rocket motor**
A device for producing thrust by the ejection of matter, usually in gaseous form, the thrust being generated entirely from propellant carried in the system.

**Rocket propellant**
Any single agent used for consumption or combustion in a rocket and from which the rocket derives its thrust, such as fuel, oxidant, additive, catalyst, or any compound or mixture of these.

**Roll**
A partial or complete rotation of an aircraft about its longitudinal axis.

**Roll axis**
A longitudinal axis through an aircraft or similar body, about which the body rolls. It may be a body, wing, or stability axis, or any other lengthwise axis.

**Roll-off**
An undemanded rolling motion of an aircraft resulting from asymmetric forces.

**Roll, to ~**
*cf / vgl* **Rolling**

**Rolling**
Angular motion about the longitudinal axis.

**Rolling balance**
A wind tunnel balance for measuring aerodynamic forces and moments while the model is rotating about a longitudinal axis.

**Rolling instability**
The instability whereby the motion of the aircraft takes up an increasing oscillation after a rolling disturbance and does not settle down to a horizontal position.

**Rolling moment**
A moment that tends to rotate an aircraft or similar body about a longitudinal axis. This moment is considered positive when it tends to depress the starboard side of the body.

**Roots supercharger**
A supercharger in which compression is effected by the relative motion of two meshing rotors in a fixed case.

**Rotary derivatives**
Stability derivatives associated with rotation of the aircraft.

**Rotary engine**
An engine with its cylinders equally spaced round a common crankshaft, the crankshaft being stationary and the cylinders revolving.

**Rotary transformer**
A rotary machine used for the conversion of d. c. of one voltage to d. c. of one or more other voltages.

**Rotatable loop aerial**
A loop antenne, used in direction-finding, which can be rotated in azimuth.

**Rotating guide-vanes**
Curved extensions of the impeller vanes projecting into, or adjacent to, the throat of the air-intake casing.

**Rotor**
An assembly of aerofoils, together with a hub, hinges etc., that rotates about a substantially vertical axis to provide lift and thrust or lift only for a helicopter, an autogiro or the like.

**Rotor head**
The entire rotor assembly, less the rotor blades.

**Rotor hub**
The central rotating member of the rotor head which carries the blade arms and hinge assemblies.

**Rotor lift**
The components of the rotor thrust acting vertically upward.

**Rotor mast**
An elongated main rotor drive shaft, whereby the rotor head is located at an appreciable distance above the fuselage.

**Rotor radius**
The distance of the blade tip from the centre of the rotor hub for zero lag angle and zero or built-in coning angle.

**Rotorcraft**
A power-driven heavier-than-air aircraft supported in flight by the reactions of the air on one or more rotors.

**Rounding-out,**
*cf / vgl* **Flattening-out**

**Route segment**
A portion of a route to be flown as defined by two consecutive significant points specified in a flight plan.

**Rudder**
A control surface designed to control an aircraft in yaw.

**Rudder**
(a) The movable surface for controlling the motion of a lighter-than-air aircraft in yaw.
(b) That part of the stabilizer of a kite balloon which provides stability in yaw only.

**Rudder angle**
The angle between the chord of the control surface and the chord of the corresponding fixed surface.

**Rudder bar**
The foot-bar by which the rudder is operated.

**Rudder pedals**
Pedals by which the rudder is operated.

**Rudder post**
The principal structural member of a rudder, usually carrying the hinges.

**Runner**
A kind of slide, other than ski, used in the main landing gear of certain airplanes, especialy early airplanes: a **skid**.

**Running fix**
The intersection of two or more position lines not obtained simultaneously, adjusted to a common time.

**Running rigging**
In aerostats:
A system of rigging which automatically adjusts itself to a change of direction of pull.

**Runway**
A defined rectangular area, on a land aerodrome, prepared for the landing and take-off run of aircraft along its length.

**Runway alignment beacon**
A light beacon indicating a location in the approach to a particular runway of an aerodrome.

**Runway alignment indicator**
A group of aeronautical ground lights so arranged and located as to give early direction and roll guidance on the approach to a runway.

**Runway controller**
An air-traffic control representative, normally stationed at the down-wind end of the runway in use, to assist in the control of air traffic.

**Runway edge light**
One of a number of lights indicating the lateral limits of a runway throughout its usable length.

**Runway lights**
Lights defining a runway to indicate the area of taking-off and landing.

**Runway selcted basic length**
The length selected by the Competent Authority as a basis for the design of a runway and associated physical characteristics of the land aerodrome.

**Runway surface light**
A light forming part of a system of blister lights so arranged as to assist the pilot of an aircraft to discern the runway surface and maintain alignment with the runway.

**Runway visual range**
The maximum distance in the direction of take-off or landing at which the runway, or the specified lights or markers delineating the runway, can be seen from a position above a specified point on the centre line at a height corresponding to the average eye-level of pilots at touchdown.
**Note.** – A height of approximately 5 metres (16 feet) is regarded as corresponding to the average eye-level of pilots at touchdown.

# S

**Safety barrier**
A net or other contrivance by means of which an aircraft that misses the arresting gear is brought to rest.

**Safety height**
(a) A calculated height, taking into account the terrain and the accuracy with which an aircraft position is known, which guarantees a minimum safe clearance over the terrain.
(b) The altitude below which it is hazardous to fly in instrument-flying conditions.

**Safety pilot**
(a) A pilot who accompanies another pilot (e. g. a student pilot or a pilot practising blind flying) to warn of a danger or to take over the controls if necessary.
(b) A pilot who rides in a remotely controlled or automatically controlled aircraft to fly it in the event of equipment failure.

**Safety speed**
The lowest speed above stalling speed which gives the pilot a safe margin of control in flight. In multi-engined aircraft specifically, this is not less than the speed at which the pilot can maintain directional control in event of the complete failure of the engine most affecting directional control.

**Safety thread**
A thread with specified breaking strength used to prevent the accidental opening of a parachute pack or in general the separation of two parts before the intended separation, as the grip of manual parachutes.

**Safety tie,**
*cf / vgl* **Safety thread**

**Sailplane**
A glider designed to utilize only atmospheric currents for sustained free flight.

**Sand pillar,**
*cf/vgl* **Dust devil**

**Sandstorm,**
*cf / vgl* **Dust storm**

**Sandwich**
Essentially, two sheets separated by and adhered to a lower density core. The sheets may be plastic or metallic material.

**Saturated adiabatic lapse rate**
The lapse rate of saturated air under adiabatic conditions. Its value varies rapidly with temperature and slowly with pressure. For pressures between 1050 and 700 mb it is approximately 0.5 deg C per 100 metres at 10°C.

**Saturation vapour pressure**
The partial pressure of water vapour in equilibrium with a plane surface of water or of ice. It increases with temperature and below 0°C it is, at a given temperature, greater over supercooled water than over ice.

**Scale effect**
The effect upon any non-dimensional aerodynamic coefficient of a change in the size of a body, other conditions remaining unchanged. More generally, the effect of a change in the Reynolds number.

**Scavenge pipes**
Return pipes leading oil from the engine or accessory to the oil tank.

**Scavenge pump**
A pump which withdraws used oil from the engine or accessory and returns it to the oil tank.

**Scraper ring**
A spring ring for removing superfluous oil from the cylinder wall.

**Screen**
An imiginary obstacle of specified height assumed in determination of the take-off and landing performance of aicraft.

**Screened ignition system**
An ignition system in which all components are surrounded by an earthed metallic screen to prevent radio interference therefrom.

**Scud,**
*cf / vgl* **Fractostratus**

**Sea breeze**
An on-shore wind during the day, caused by the more rapid heating of the air over land than over water.

**Sea disturbance**
The degree of sea disturbance produced by local causes. It is reported in a state-of-sea code in which the scale number increases from 0 to 9 according to the average wave height.

**Sea fog**
Fog formed at sea, usually condensation of moisture in the lower layers of a warm air current passing over a relatively cold sea surface.

**Sealed cabin**
The occupied portion of an aircraft or spacecraft within which a habitable atmosphere is maintained by on-board equipment independent of the surrounding atmosphere (if any).

**Sealed cowling,**
*cf / vgl* **Non-pressure cowling**

**Seaplane**
An aeroplane capable of operating from a water surface.

**Seaplane tank**
A long narrow tank of uniform section, provided with a travelling carriage to which models are attached for observation of their behaviour in motion.

**Search-and-rescue area**
The area in which search-and-rescue operations become the responsibility of a particular rescue co-ordination centre.

**Searing**
Damage to parachute rigging lines or fabric due to heat generated by friction.

**Second mean chord,**
*cf / vgl* **Aerodynamic mean chord.**

**Second pilot,**
*cf / vgl* **Co-pilot**

**Secondary depression**
A depression forming within the circulation of another depression, which has initially a higher central pressure than the original (primary) depression.

**Secondary frequency**
The radio telephony frequency assigned to an aircraft as a second choice for air-ground communication in a radio telephony network.

**Secondary holes**
Holes through which air is passed into a flame tube downstream of the primary holes to stabilize the flame and to complete combustion.

**Secondary-surface radiator**
A radiator with the cooling surface increased by fins.

**SELCAL system**
A system which permits the selective calling of individual aircraft over radio telephone channels linking in ground station with the aircraft.

**Selector valve**
A valve for directing the flow of fluid into any one of a number of circuits or 'ways'.

**Semi-active homing guidance**
A homing guidance system wherein a receiver in the missile utilizes radiations which are reflected by the target and which emenate from a source other than the missile.

**Semi-automatic relay installation**
A teletypewriter installation where interpretation of the relaying responsibility in respect of an incoming message and the resultant setting-up of the connections required to effect the appropriate retransmissions require the intervention of an operator but where all other normal operations of relay are carried out automatically.

**Semi-diameter**
The angular radius of the sun or moon which must be added

to, or subtracted from, observed altitudes when the lower or upper limb of either is observed.

**Semi-integral tank**
A detachable tank which forms part of the aircraft structure when in place.

**Semi-rigid airship**
An airship having a rigid longitudinal member to distribute the load and to assist in maintaining the designed shape of the envelope.

**Semi-rigid theory**
An approximate theory of elastic structures in which the theoretical infinite number of degrees of freedom is represented by a finite number, each being associated with an invariable mode.

**Separation**
Detachment of the flow from a solid surface with which it has been in contact.

**Separation**
The detachment of a missile from its launcher, or of one part of a missile from another, or the moment in time at which such detachment occurs.

**Separation point**
The point at which the streamline flow, whether laminar or turbulant, separates from the surface of a body.

**Sequence valve**
A selector valve which comes into operation at some stage in the movement of one component to initiate movement of the next component in any sequence.

**Series engine**
An engine essentially identical in desigen, in materials, and in methods of construction, with one which has been approved previously.

**Series oil cooler**
A ducted cooler mounted behind a radiator.

**Series propeller**
A propeller essentially identical in desigen, in materials and in methods of construction, with one which has been approved previously.

**Series radiator**
A ducted radiator mounted in front of an oil cooler.

**Service ceiling**
The altitude at which the maximum rate of climb of an aircraft has a defined value for a service operation.

**Servo-control**
A control devised to reinforce the pilot's effort by a relay.

**Servo-tab**
A balance tab directly operated by the pilot to produce forces which in turn move the main surface.

**Sesquiplane**
A biplane in which one pair of wings is of substantially less span than the other pair.

**Shaft thrust**
Of a propeller:
The axial aerodynamic force exerted by the blades in the flow field in which they are situated.

**Shaped parachute**
A parachute the canopy of which is constructed of gores that are not straightsided.

**Shear centre**
That point in the plane of a section of a member of uniform cross-section at which a shear force, in whatever direction it is applied, produces only bending without twist.

**Shear lag**
The type of load diffusion in which the end load carried by structural elements is determined by the shear stiffness of the connecting shear panels.

**Shear wires**
In airships:
crossed diagonal wires between adjacent frames to take vertical shear.

**Sheet**
Material of which the thickness is small in comparsion with the other dimensions.

**Shell**
A non-planar, two-dimensional structure (thin in the third direction), which can carry bending, transverse shear and membrane loads.

**Shimmy**
An oscillation of a castoring wheel about the castor axis excited when travelling on a surface the coefficient of friction of which exceeds a critical value.

**Shimmy damper**
A damper designed for suppressing shimmy.

**Shipplane**
A heavier-than-air aircraft specially adapted for taking-off and landing on a ship's deck.

**Shock absorber**
(a) A device for dissipation of energy used to modify the response of a mechanical system to applied shock.
(b) The energy-absorbing member of the undercarriage.

**Shock cord**
A strong, many-stranded rubber cord encased in a braided fabric sheath, e. g. used as a shock absorber in certain light aeroplanes or as a launching device for gliders. Also known as '**Bungee cord**'.

**Shock wave**
A narrow region, crossing the streamlines, through which there occur abrupt increases in pressure, density and temperature, and an abrupt decrease in velocity, accompanied by an increase of entropy. The normal componant of velocity relative to the shock wave is supersonic upstream and subsonic down-stream. It is called attached or detached according to whether it does or does not appear to be in contact with the body originating it.

**Shoe,**
*cf / vgl* **Launching shoe**

**Shoreline**
A line following the general contour of the shore, except that in cases of inlets or bays less than thirty nautical miles in width, the line shall pass directly across the inlet or bay to intersect the general contour on the opposite side.

**Short distance navigational aid**
An equipment or system which provides navigation assistance to a range not exceeding 200 nautical miles.

**Shoulder**
A area adjacent to the edge of a paved surface so prepared as to provide a transition between the pavement and the adjacent surface for aircraft running off the pavement.

**Showers**
Precipitation often of short duration, falling only from convection clouds.

**Shroud line,**
*cf / vgl* **Rigging line**

**Shrouded balance**
A balance with control area forward of its hinge and operating within a space bounded by shrouds which form part of the aerofoil contour.

**Shuttle valve**
A valve permitting fluid from one of two pipes to enter or to leave a component, at the same time isolating the other pipe, depending on which is under pressure, the change from one pipe to the other being automatic.

**Side-by-side assembly**
An assembly of connecting rods in which a number of similar plain connecting rods are arranged successively side-by-side with narrow big-ends usually carrying roller bearings.

**Side force**
The component of the total aerodynamic force along y-axis (or transverse axis).

**Side-force meter**
An instrument for measuring changes in the external side force acting upon it, excluding gravity.

**Sideslip display**
An instrument which displays variations in sideslip.

**Sideslip indicator,**
*cf / vgl* **Sideslip display**

**Sideslip meter**
An instrument for measuring the angle of sideslip.

**Sideslipping**
Motion of an aircraft relative to the ambient undisturbed air which has a transverse component of velocity along the transverse axis.

**Sideslipping**
Changing the direction of descent by pulling the parachute rigging lines on one side to increase the spilling locally.

**Side-tracking skate**
A device to facilitate moving an aircraft sideways on the ground.

**Sidereal**
Pertaining to the stars.

**Sight-line gyro**
A stabilizing gyroscope attached to a missile aerial to ensure that the gyroscope aerial remains mechanically stable in the temporary absence of a received signal. Also known as '**Bootstrap gyro**'.

**SIGMET information**
Information prepared by a meteorological watch office regarding the occurence or expected occurence of one or more of the following phenomena:

- Active thunderstorm area
- Tropical revolving storm
- Severe line squall
- Heavy hail
- Severe turbulence
- Severe icing
- Marked mountain waves
- Widespread sandstorm/duststorm.

**Signal**
(a) As applied to electronics, any transmitted electrical impulse.
(b) Operationally, a type of message, the text of which consists of one or more letters, words, characters, signal flags, visual displays or special sounds, with prearranged meaning and which is conveyed or transmitted by visual, accustical or electrical means.

**Signal area**
An area on an aerodrome used for the display of ground signals.

**Significant turn**
A turn, the change of direction of which is sufficiently large for explicit account of the reduction of gradient of climb (as compared with that in straight flight) to be taken operationally.

**Simplex**
A method in which telecommunication between two stations takes place in one direction at a time.
**Note.** – In application to the Aeronautical Mobile Service this method may be subdivided as follows:
a) single channel simplex;
b) double channel simplex;
c) offset frequency simplex.

**Simplex burner**
A burner with a single fuel entry and a single exit orifice.

**Simulated altitude**
A set of environmental conditions maintained within a chamber which duplicates certain of the conditions, commonly composition, pressure and temperature, that usually occur at some given standard altitude.

**Simulator**
A device which by electronic, mechanical and optical means simulates the operation of an aircraft or other system. It may be used to facilitate design or training.

**Single channel simplex**
Simplex using the same frequency channel in each direction.

**Single-entry compressor**
A compressor in which the air is admitted to one side only of the impeller, or at one end of the rotating member.

**Single-stage turbine**
A turbine having one set of stator blades followed by a set of rotor blades.

**Six-component balance**
A wind-tunnel balance for measuring a complete system of forces and moments about three axes.

**Ski landing gear**
A landing gear incorporating skis.

**Skid,**
*cf / vgl* **Runner**

**Skin**
Sheet covering a framework of stiffeners.

**Skin friction**
The friction or resistance of a viscous fluid against the skin of an aircraft or other body.

**Skirt**
The reinforced hem forming the periphery of a canopy.

**Slant range**
The straight-line distance from a specified point to a remote object.

**Slat**
An auxiliary aerofoil positioned forward of the main aerofoil so as to form a slot.

**Sleet**
Precipitation of rain and snow together or of partially melted snow. In American terminology, sleet is often used to signify small ice pellets.

**Sleeve**
A long fabric container for a parachute canopy, often used to control its deployment from a parachute pack or stowage.

**Singer ring**
A device at the hub of a propeller from which de-icing or anti-icing fluid is thrown out along the blades by centrifugal force.

**Slip tank,**
*cf / vgl* **Drop tank**

**Slipper-type assembly**
An assembly of connecting rods in which each rod has a slipper, held in place by flanges, riding on the outer surface of the big-end bearing, or in an annular groove.

**Slipstream**
The stream of air discharged aft by a rotating propeller.

**Slope of the lift curve**
The slope of the curve of the wing lift coefficient against the angle of attack, expressed as increment of the lift coefficient per radian.

**Slot antenne**
A slot in a metal surface (of an aircraft) which acts as a transmitting and receiving element. If the slot is backed by a cavity of specific size, the cavity acts as a reflector and the antenna is then directional.

**Slotted aerofoil**
An aerofoil having one or more air passages (or slots) connecting its two surfaces to delay separation and consequent stall.

**Slotted aileron**
An aileron whose leading edge is so shaped that the slot between it and the wing improves the flow over its upper surface when the aileron is deflected downwards.

**Slotted flap**
A flap whose leading edge is so shaped that the slot, or slots, between it and the wing improves the flow over its upper surface when the flap is deflected downwards.

**Slow roll**
A roll performed largely by movement of the ailerons, the rudder and elevators being used for trimming purposes, and the flight path remaining substantially straight throughout. Also called an **"aileron roll"**.

**Slow-running cut-off**
A device for cutting off the supply of metered fuel.

**Small-end**
The piston end of a connecting rod.

**Snaking**
(a) A yawing oscillation, the amplitude of which remains approximately constant.
(b) A weaving of an aircraft, missile, etc. from side to side; technically, a persistent directional oscillation of constant amplitude.

**Snap roll**
A roll in which the aircraft is first brought sharply nose-up, then rolled by a quick application of the rudder in the desired direction of roll. This roll is essentially a spin executed in horizontal flight (*cf / vgl* **Flick roll**).

**Snow**
Precipitation in the form of feathery ice crystals.

**Snow pellets**
Small, white, opaque grains of ice.

**Soar, to ~**
To fly without engine power, expecially in a sailplane, maintaining or gaining altitude from ascending air currents.

**Sock,**
*cf / vgl* **Sleeve**

**Soft hail;**
*cf / vgl* **Snow pellets**

**Solenoid refuelling valve**
A refuelling valve the opening and closing of which is controlled by integral electromagnets.

**Solid propellant**
A rocket propellant in solid form, usually such a propellant containing both fuel and oxidizer combined or mixed in a solid (not powdered nor grandulated) form.

**Solidity**
(a) The ratio of the total blade area to the disk area.
(b) The ratio of the sum of the chord lengths of the blades at the standard radius to the circumference of a circle of that radius.

**Solo flight time**
Flight time during which a pilot is the sole occupant of an aircraft.

**Sonic altimeter**
An experimental form of altimeter that measures absolute altitude by means of the elapsed time interval between the transmission of a distinctive sound from an aircraft and the return of its echo from the surface.

**Sonic bang**
(a) The noise heard when shock waves from an aircraft, flying at or above the speed of sound reach the observer.
(b) The audible effect of the pressure wave produced by a supersonic aircraft.

**Sonic barrier**
A popular term for the large increase in drag that acts upon an aircraft approaching the speed of sound. Also called the **"sound barrier"**.

**Sonic boom,**
*cf / vgl* **Sonic bang**

**Sonic speed**
The local speed of sound. Sound travels at different speeds through different mediums and at different speeds through any given medium under different conditions of temperature etc. In standard atmosphere at sea level sonic speed is approximately 335 m/sec or 1206 km/h.

**Sound barrier,**
*cf / vgl* **Sonic barrier**

**Sound meter,**
*cf / vgl* **Noise meter**

**Sounding balloon**
A balloon, free or captive, carrying equipment for the measurement of meteorological or other (e. g. radiation) quantities in the atmosphere.

**Sounding rocket**
A rocket carrying equipment for making observations in the upper atmosphere.

**Span**
(a) Of an aeroplane: The distance between the wingtips normal to the plane of symmetry.
(b) Of an aerofoil: The length along a specified line.

**Span loading**
The gross weight of an aircraft divided by the span.

**Spar**
A principal spanwise structural member of an aerofoil or control surface.

**Spar frame**
A specially strong frame in the plane of any spar.

**Spare parts**
Articles of a repair or replacement nature for incorporation in aircraft, including engines and propellers.

**Spat**
A fairing around the wheel of a fixed landing gear.

**Spatial orientation**
The awarenes of one's attitude in space.

**Special VFR flight**
A controlled VFR flight authorized by air traffic control to operate within a control zone under meteorological conditions below the visual meteorological conditions (VMC).

**Specific consumption**
(a) Of engines driving propellers: the quantity of fuel or oil consumed per horsepower per hour.
(b) Of jet reaction engines: the weight of propellant or fuel consumed per unit of thrust per hour.

**Speed brake**
An air brake in the form of a flap or plate. Also called a "**drag brake**".

**Speed course**
A selected course of known length, used for obtaining the ground speed of an aircraft.

**Spill burner**
A burner in which a portion of the entering fuel is recirculated instead of passing into the combustion chamber.

**Spill valve**
A valve through which excess air in the pressurizing system is discharged to the atmosphere.

**Spilling**
The escape of air, with local partial collapse at the periphery of a parachute canopy, caused either by the instability of the parachute or by side-slipping.

**Spin**
A continuous spiral descent in which the mean angle of attack exceeds the angle of stall.

**Spin-stabilized**
Of a projectile: stabilized in flight by a rotating motion about ist longitudinal axis.

**Spinner**
A streamlined fairing, fitted coaxially and rotating with the propeller, enclosing the hub or boss.

**Spiral divergence**
A lateral divergence, which tends to a spiral descent with increasing rate ot turn. Also called '**spiral instability**'.

**Spiral glide**
A banked continuous gliding turn.

**Spiral instability,**
*cf / vgl* **Spiral divergence**

**Spiral stability**
The property of an airplane to recover of itself from a steeply banked downward spiral, or the property of an airplane not to go into a spiral from a banked turn.

**Split flap**
A flap inset into the lower surface of an aerofoil.

**Split patch**
In aerostats:
A patch used for reinforcing the ends of fabric attachments, e. g. the leading edge of an air scoop, to the envelope.

**Split S**
An airplane performance or maneuver consisting of half a snap roll or half slow roll followed by an inverted half-loop (usually an inverted inside half-loop) resulting in a reversal of the dirction of flight of the airplane.

**Spoiler**
A device which when deflected into the airflow over a surface modifies the flow and in the case of an aerofoil, reduces the lift and increases the drag.

**Spoiler aileron**
A movable or retractable spoiler intended for the lateral control of an aircraft, usually, but not always, at high speeds.

**Sponson**
A projection from a hull to give lateral stabilitv on the water.

**Spot height**
A number on a map or chart denoting the elevation of a particular point.

**Spot landing**
An aircraft landing in which the pilot attempts to make initial contact with the ground at a pre-selected spot during landing.

**Spring feel system**
An artificial feel system in which the load required to move a

flying control in the absence of air forces is dependent on the displacement from the trimmed condition.

**Spring tab**
A balance tab, the angular movement of which is geared to the compression or extension of a spring, embedded in the main control circuit. The primary purpose is to reduce the pilot's effort at high airspeeds. The spring may be preloaded so that the tab does not move until that effort exceeds the preset value.

**Squall**
A strong wind which rises and dies away rapidly, lasting only for a few minutes.

**Square parachute**
A parachute, the canopy of which when laid out flat, is approximately square.

**Squid**
An abnormal configuration, squid-like in form, taken up by a fully-deployed canopy under certain pressure conditions. It is dynamically stable. (Also used as a verb).

**Stability**
The qualitiy whereby any deviation from steady motion tends to decrease. A given type of steady motion is stable if an aircraft will return to that state of motion after disturbance without movement of the controls by the pilot.

**Stability derivatives**
Quantities expressing the rate of change of the aerodynamic forces and moments with respect to changes in the components of velocity, angular velocity, etc.

**Stabilizer** (aerostats)
The unit comprising fins and rudders at the stern of a kite balloon providing aerodynamic stability.

**Stabilizer diaphragm,**
*cf / vgl* **Diaphragm**

**Stabilizing float**
A small float used to stabilize a seaplane in the water, usually one of a pair attached to the wings on either side of a flying boat or single-float seaplane.

**Stabilizing parachute**
A parachute used to stabilize an otherwise unstable load.

**Stable oscillation**
An oscillation which tends to decrease.

**Stack**
A number of aircraft in the holding pattern at different altitudes or flight levels awaiting their turn to land at an aerodrome.

**Stagger** (of a multiplane)
The distance between the leading edge of a plane and the one below it, measured parallel to the longitudinal body axis.

**Stagnation point**
A point where streamlines divide or combine, and where the fluid speed is zero.

**Stall**
The breakdown of attached flow on a wing or turbomachinery blade leading to marked changes in aerodynamic characteristics, in particular loss of lift.

**Stall fence,**
*cf / vgl* **Fence**

**Stall pressure,**
*cf / vgl* **Zero-delivery pressure**

**Stall speed**
The speed of an airfoil at which airflow separation begins. Also associated with maximum lift.

**Stall, to ~**
To bring an aircraft into the flight condition in which a wing or other dynamically lifting body flies at an angle of attack (angle of incidence) greater than the angle of maximum lift, resulting in a loss of lift and an increase in drag.

**Stalling**
The act of flying an aircraft to the angle of attack at which it stalls.

**Stalling angle**
Less often: Stalling angle of attack. The minimum angle of attack of an airfoil or airfoil section or other dynamically lifting body at which a stall occurs, i.e. a critical angle of attack.

**Stalling flutter**
Flutter in one or more degrees of freedom near the angle of stall.

**Stalling speed**
The equivalent airspeed corresdonding to the maximum lift-coefficient of an aircraft.

**Standard atmosphere** (specific)
When the term Standard Atmosphere is used in any Standards for the Airworthiness of Aircraft that are applicable to aircraft the prototype of which is submitted to the appropriate national authorities for certification it means an atmosphere defined as follows:
(a) The air is a perfect dry gas;
(b) the physical constants are:
- sea Level Mean Molecular Weight:
  $M_0 = 28.9644 \times 10^{-3}$ kg/mole
- Sea Level Atmospheric Pressure:
  $P_0 = 1013.250$ millibars
  $= 1.013250 \times 10^5$
  newtons $m^{-2}$
- Sea Level Temperature:
  $t_0 = 15°C$ (59° F)
  $T_0 = 288.15°$ K (518.67° R)
- Sea Level Atmospheric Densitiy:
  $P_0 = 1.2250$ kg $m^{-3}$
- Temperature of the Ice Point
  $T_i = 273.15°$ K (491.67° R)
- Universal Gas Constant:
  $R_* = 8.31432$ Joules $(°K)^{-1}$ mole $^{-1}$

(c) the temperature gradient from 5000 standard geopotential metres below sea level to an altitude at which the air temperature becomes -56.5°C is -0.0065°C per standard geopotential metre; from that level (11 000 standard geopotential metres) to an altitude of 20 000 standard geopotential metres the temperature gradient is zero (0), and from 20 000 to 32 000 standard geopotential metres the temperature gradient is + 0.0010°C per standard geopotential metre.

**Standard atmosphere** (general)
Any hypothetical atmosphere the physical properties of which are given arbitrary values, approximately to mean conditions, for specific purposes.

**Standard beam approach system(SBA)**
Early 1930's system of approach guidance for aircraft. Also called '**Standard blind approach**'.

**Standard mean chord**
A chord of length equal to the gross wing area divided by the span.

**Standard radius**
An arbitrary radius used for specifying the characteristics of a propeller (usually 0.7R in UK or 0.75R in USA where R = blade tip radius).

**Standard rate turn**
A turn in an aircraft in which the heading changes at the rate of 3° per second. Also known as a **rate 1 turn**.

**Standard time**
An arbitrary local time used over a specified area, usually differing from Greenwich mean time by a convenient number of hours.

**Standing waves**
Ascending and descending currents associated in certain circumstances with wind flow over mountains, hills or even relatively small ridges. The waves may extend on the lee side to great distances and to several times the elevation of the obstacle.

**State of registry**
The State on whose register the aircraft is entered.

**Static blance**
The condition of a control surface in which the mass-blance is such that the centre of mass lies on the hinge axis.

**Static balance**
A propeller is in static balance if, when concentrically mounted on a spindle supported by knife-edges, it will remain at rest in any position at any blade angle.

**Static cable**
A steel cable, to which static lines are attached and on which they can slide, extending along the inside of the fuselage and secured at both ends.

**Static ceiling**
Of an aerostat:
The equilibrium height in standard atmosphere under design conditions.

**Static ground**
The automatic connection to the ground of an aircraft earth system.

**Static jet thrust**
In jet propulsion engines: the net standard thrust with no translational motion at specified ambient conditions.

**Static lift**
The difference between the weight of the air displaced by a lighter-than-air aircraft at rest and that of the gas contained therein.

**Static line**
(a) A cord or cable, the tension in which initiates a deployment sequence due to the relative motion of two bodies, one if which contains a parachute assembly. The other body is commonly the anchor cable or a strong point on an aircraft.
(b) A cord of specific length anchored to a stationary structure such as the aircraft, the other end being connected to a device on the seat such that when the seat has moved a certain distance during ejection the device is initiated.

**Static load**
A load imposed under static conditions, such as the load imposed upon the wings of an aircraft in unaccelerated flight by the weight of the aircraft.

**Static margin with stick fixed**
A measure of the stick movement required to produce a given change in the trim speed at constant lift, or more generally, at constant aerodynamic resultant force.

**Static margin with stick free**
A measure of the stick force required to produce a given change in the trim speed at constant lift, or more generally, at constant aerodynamic resultant force.

**Static pin**
The pin which secures together the flaps on a parachute pack and which is withdrawn by a pull on the rip cord or static line. Also called **'Rip pin'**.

**Static pressure**
The mean of the normal components of stress on three mutually perpendicular elements of surface at rest relative to a fluid. It is the pressure which would be measured by an infinitesimally small instrument at rest relative to the fluid.

**Static-pressure tube**
A tube or tube arrangement that receives the static pressure if a moving fluid, the tube being provided with one or more openings that are presented to the fluid so that the stream flows across them. A static tube is combined with a pilot tube in the pitot-static tube for the measurement of airspeed.

**Static rail**
A metal rail secured to the inside of an aircraft and used as an anchor cable.

**Static stability**
Stability when only aerodynamic stiffness is taken into account.

**Static thrust**
The thrust developed by a rotating propeller with no translational motion.

**Static vent**
A small aperture in a plate fixed to form part of the fuselage and located appropriately for measuring the ambient static air pressure.

**Statistical accelerometer,**
*cf / vgl* **Counting acceleromter**

**Stator blade**
A blade or vane that remains stationary with respect to a rotating blade and that serves to guide or direct a flow, as in an axial-flow compressor or in a turbine.

**Statoscope**
An instrument for indicating small changes in altitude or variations from a present altitude.

**Step**
A discontinuity in the under-surface of a hull or float to facilitate take-off.

**Stern post**
A single member terminating a fuselage, hull or float.
**Note**. – Not to be confused with **Rudder post**.

**Steward/Stewardess**
A member of the cabin crew responsible for the feeding, general comfort and safety of the passengers.

**Stick force**
The force required for a pilot to move the control stick or control column.

**Stiffener**
A member attached to a sheet to restrain its movement normal to the surface.

**Stiffness criterion**
A relation between the stiffness and other properties of a structure which, when satisfied, is sufficient to prevent flutter or other type of instability or loss of control.

**Sting**
An arm, projection upstream in a wind tunnel, to the forward end of which a model can be attached.

**Stoichiometric**
Of a combustible mixture: having the exact proportions required for complete combustion.

**STOL**
Abbrevation for "**Short take-off and landing**".

**STOL aircraft**
A heavier-than-air aircraft designed to take off and land with a short ground run, either by the provision of powered lift or by the use of special aerodynamic devices.

**Stopway**
A defined rectangular area on the ground at the end of a runway in the direction of take-off designated and prepared by the Competent Authority as a suitable area in which an aircraft can be stopped in the case of an interrupted take-off.

**Stopway light**
One of a number of litghts to indicate the limits of a stopway.

**Stores**
Articles of a readily consumable nature for use or sale on board an aircraft during flight, including commissary supplies.

**Storm**
Beaufort number 10: seldom experienced inland. Trees uprooted; considerable structural damage occurs (wind speed: 48–55 knots).

**Stowage loops**
Tape, webbing, or cordage loops for stowing the rigging lines, lift cables or wires in a pack.

**Straight-flow system**
A combustion system in which the entering air and the emerging gas flow in the same direction.

**Straight-in approach**
An instrument approach wherein final approach is begun without first having executed a procedure turn. Not necessarily completed with a straight-in landing or made to straight-in landing minima.

**Straight-through wind tunnel,**
*cf / vgl* **Non-return-flow wind tunnel**

**Straighteners,**
*cf / vgl* **Honeycomb**

**Stratocumulus**
Grey and/or whitish patch, sheet or layer of cloud which almost always has dark parts composed of tessellations, rounded masses, rolls etc., which may or may not be merged and which are usually non-fibrous; most of the regulalrly arranged small elements have an apparent width of more than five degress to an observer on the ground.

**Stratopause**
The atmospheric boundary between the stratosphere and the mesosphere.

**Stratosphere**
The layer of the atmosphere above the troposphere and below the mesosphere below which the temperature generally increases as height increases.

**Stratus**
Generally grey cloud layer with a fairly uniform base, which may give drizzle, ice prisms, of snow grains. When the sun is visible through the cloud its outline is clearly discernible. Stratus does not procedure halo phenomena exept, possibly, at very low temperatures. Sometimes stratus appears in the form of ragged patches.

**Streamline**
A line such that, at any instant, the local direction of flow at any point on it is in the direction of the tangent.

**Streamline loop antenna**
A loop antenna completely enclosed in a streamline housing of insulating material.

**Streamline motion**
The steady motion of a fluid past an obstacle in laminar flow when the paths of all particles contain neither abrupt changes in direction nor closed curves.

**Streamline wire**
A wire the cross-section of which is elongated to reduce its drag.

**Stress ratio**
In fatigue testing, the ratio of the minimum stress to the maximum stress in one cycle, considering tensile stresses as positive, compressive stresses as negative. Generally designed R.

**Strassed-skin structure**
A structure covered with sheet which contributes substantially to its strength and stiffness.

**Stringer**
A stiffener which also assists the sheet to carry direct load in the direction of its length, and may stabilize the sheet in buckling.

**Strip**
A rectanguiar portion of the landing area, specially prepared for the take-off and landing of aircraft in a particular direction, in some cases including a runway.

**Strong breeze**
Beaufort number 6: large branches in motion; whistling heard in telegraph wires; umbrellas used with difficulty (wind speed: 22–27 knots).

**Strong gale**
Beaufort number 9: slight structural damage occurs (chimney pots and slates removed) (wind speed: 41–47 knots).

**Strop**
A length of wire cable, cordage or webbing, with loop ends or metal fittings attached, to increase the distance at deployment between two components of a parachute assembly.

**Structural damping**
The total damping of a built-up structure.

**Strut**
A structural member intended to resist axial load.

**Stub pipe**
A short pipe which discharges the exhaust gases directly from a cylinder in the absence of a manifold.

**Stub plane**
A short length of plane projecting from the fuselage or hull (usually forming a part thereof) to which an aerofoil can be connected.

**Sub-circuit,**
*cf / vgl* **Feeder circuit**

**Subgravity**
Conditions in which the acceleration field acting on a person or object is less than that of the Earth's gravitational force. Attainable in ballistic trajectory and orbital flight.

**Subjective noise-meter**
An instrument for the measurement of loudness by aural comparison with a reference sound.

**Subsidence**
A disturbance which decreases without oscillation.

**Subsonic flow**
Flow in which the speed is everywhere subsonic.

**Subsonic speed**
A speed below sonic speed.

**Suction face**
The face of a propeller blade formed by the upper boundaries of the blade elements, considered as aerofoil sections.

**Suction flap**
a flap whose effectiveness is increased by boundary-layer suction.

**Suction slot**
A slot in a surface, such as a wing's surface, through which boundary layer air is removed by suction.

**Sun compass**
A form of astro-compass utilizing the shadow of a pin or gnomon.

**Supercharge, to ~**
To force more air or fuel-air mixture into an internal combustion reciprocating engine than the engine would normally induct under the prevailing atmospheric pressure.

**Supercharged engine**
An engine in which the charge pressure in the induction system may be increased, by mechanical means, above that produced by normal aspiration.

**Supercharger**
A compressor used to increase the density of the air or mixture supplied to an engine. Normally driven either by the engine or by an exhaust turbine.

**Supercirculation**
The additional circulation around an aerofoil which occurs when air or gas is blown along the upper surface at a rate greater than that required to suppress boundary-layer separation, or when gas is blown from the trailung edge.

**Supercompression engine**
An unsupercharged engine of high compression ratio which is designed not to be run at full throttle except at or above some predetermined altitude.

**Superheat**
In a lighter-than-air aircraft:
the difference between the temperature of the gas in the envelope or gas bags and that of the surrounding air. If the gas temperature is the higher, the superheat is positive.

**Superpressure**
In a lighter-than-air aircraft:
the amount by which the gas pressure at a specified point in an envelope or gas bag exceeds the pressure in the surrounding air at the same height.

**Supersonic effuser,**
*cf / vgl* **Nozzle**

**Supersonic flow**
Flow in which the speed is everywhere supersonic.

**Supersonic speed**
A speed above sonic speed.

**Supersonic wind tunnel**
A wind tunnel in which the stream velocity is greater than the speed of sound.

**Supplementary aerodrome**
An aerodrome designated for use when an aircraft is unable to reach its regular aerodrome.

**Supply mains**
Conductors conveying power from a generating source to a busbar.

**Supporting surfaces**
Surfaces, the primary function of which is to provide lift for an aircraft.

**Suppressed antenna**
An antenna which, to reduce its drag, does hot project from the surface of an aircraft.

**Suppressor**
A device used to suppress unwanted voltage fluctuations, which might give rise to electrical interference.

**Surface-friction drag**
Drag arising from the resolved components of the tangential forces on the surface of a body.

**Surface loading**
The mean normal force per unit area carried by a particular aerofoil under specified aerodynamic conditions.

**Surface oil cooler**
A cooler in which some part of the surface of the aircraft is adapted for cooling.

**Surface radiator**
A radiator in which some part of the surface of the aircraft is adapted for cooling.

**Surveillance controller**
A radar controller employed in the use and interpretation of search and/or height-finding radar equipment.

**Surveillance radar**
Radar equipment used to determine the position of an aircraft in range and azimuth.

**Surveillance radar element (SRE)**
The surveillance element of a GCA system.

**Sustainer (motor)**
In guided missiles:
a motor which provides thrust after the boosts, if any, are all-burnt.

**Sweep**
The slant of a wing or other airfoil, or of a reference line in an airfoil, with repect to the perpendicular to the longitudinal axis of the aircraft, i.e. **sweepback** or **sweepforward**.

**Sweep-back or sweep-forward**
The angle in plan view between a specified spanwise line along an aerodynamic surface and the normal to the plane of symmetry. For an aerodynamic surface as a whole, the quarter-chord line is preferred, but any other specified line, such as the leading or trailing edge, may be taken for a particular purpose.

**Swell**
Wave motion persisting in the sea after the distrurbing cause has passed away or due to a disturbance at a distance, usually characterised by long, low, regular undulations.

**Swept wing**
A wing having sweep; especially a wing having sweepback of both the leading and the trailing edges.

**Swing**
Involuntary deviation of an aircraft from a straight course while taxying, landing or taking-off.

**Swirl-vane**
A vane used to impart a swirling motion to the air passing into the flame tube or combustion chamber.

**Symmetrical flutter**
Flutter in which the components on the port and starboard sides of an aircraft undergo, at any instant, equal and symmetrical displacements with respect to the plane of symmetry.

**Synchroscope**
An instrument of the voltmeter type that indicates a difference in the rotational speeds of an aircraft's engines.

**Synoptic meteorology**
The collection and presentation of information regarding meteorological conditions over a wide area at a given time.

**Synoptic weather chart**
A chart showing the weather conditions prevailing at a given time over a wide area.

# T

**Tab**
A hinged rear portion of a control surface or flap.

**Tail booms**
(a) On certain helicopters, the conical rear portion of the fuselage carrying at its rear the tail rotor and/of stabilizer(s).
(b) A cantilever carrying the tail unit of an aircraft in which the fuselage does not perform this function.

**Tail cone**
A segment or component having a cone or conelike shape at the rear end of a body, such as the tapering rear part of an aircraft fuselage; an exhaust cone.

**Tail-guy mooring**
A method of securing a balloon close to the ground in its flying attitude, in which the outboard end of a rope attached to the stern of the balloon is constrained to travel in a circle.

**Tail heaviness**
The tendency of an aircraft to pitch nose-up in flight.

**Tail hook**
An arresting hook at the tail if an airplane. Also called '**Arrester hook**'.

**Tail pipe**
A pipe which leads exhaust gases away from a manifold.

**Tail plane**
An aerofoil fixed, movable or adjustable in flight, located aft of the main plane, contributing to longitudinal control and/or stability.

**Tail rotor**
A rotor, the principal function of which is to counterbalance the torque reaction of the main rotor of a rotorcraft and to provide directional (yaw) control.

**Tail-setting angle**
The angle between the chord of the main supporting surface and the chord of the tail plane.

**Tail skid**
On certain aircraft, a skid attached to the rear part of the airplane on the underside and supporting the tail.

**Tail slide**
Rearward motion of an aeroplane along its longitudinal axis from a vertical or near vertical attitude, following a deceleration to zero forward speed.

**Tail unit**
The combination of stabilizing and controlling surfaces situated at the rear of an aircraft.

**Tail-wheel landing gear**
A landing gear with a tail-wheel undercarriage.

**Tailerons**
*cf / vgl* **Elevons**

**Tailless aircraft**
An aircraft with its longitudinal control surfaces incorporated in the main plane.

**Take-off**
The procedure of taking-off. The action of a rocket vehicle departing from its launch pad, or of an aircraft as it becomes airborne.

**Take-off area**
A defined portion on the surface of the ground or water at the end of a runway, stopway or clearway, available for accelerate-stop purposes.

**Take-off climb area**
A specified portion of the surface of the ground (or water)

beyond the end of a runway or clearway in the direction of take-off. It is an area within which it may be necessary to take one or more of the following actions: restrict the creation of new obstructions; remove objects or mark objects in order to ensure a statisfactory level of safety and efficiency for aircraft operations during the take-off climb phase.

**Take-off climb surface**
A specified portion of an inclined plane or other specified surface limited in plan by the vertical projection of the take-off climb area and chosen so as to establish the heights above which the action described in **"take-off climb area"** may need to be taken.

**Take-off distance available**
The length of take-off run available plus the length of clearway available (if provided).

**Take-off horsepower**
A maximum rated horsepower that an engine can develop without damage to itself for a specified short period of time for take-off and initial climb.

**Take-off point**
The point on the runway or channel at which the pilot opens the throttle with a view to taking-off.

**Take-off power and/or thrust rating**
The power and/or thrust (other than propeller thrust) developed under standard sea level static conditions, under the maximum conditions of rotational speed and exhaust gas temperature approved for use in normal take-off.

**Take-off power rating**
The brake horsepower developed under standard sea level conditions, under the maximum conditions of crankshaft rotationsal speed and engine manifold pressure approved for use in normal take-off.

**Take-off run**
The distance travelled in contact with the Earth during taking-off.

**Take-off run available**
The length of runway which is declared by the State to be available and suitable for the ground run of an aeroplane taking-off. This in most cases corresponds to the physical length of the runway pavement.

**Take-off safety speed**
The lowest speed above the minimum flying speed at which, in the take-off configuration and after failure at take-off power of the engine most affecting control, a safe margin of control by the pilot is ensured.

**Take-off speed**
The indicated airspeed of an aircraft at the instant of take-off.

**Take-off surface**
That part of the surface of an aerodrome which the aerodrome authority has declared available for the normal ground or water run of aircraft taking off in a particular direction.

**Taking-off**
An aircraft is taking-off while it accelerates from the take-off point until it becomes airborne.

**Tandem propellers**
A set or arrangement of propellers one behind the other, usually contrarotating propellers.

**Tank oil cooler**
A cooler and oil tank combined.

**Tank vent pipe**
A pipe leading from the air-space in an oil tank to the atmosphere or engine casing.

**Tanker,**
*cf / vgl* **Tanker aircraft**

**Tanker aircraft**
(a) An aircraft designed or adapted for carrying fuel or other liquids in bulk.
(b) An aircraft equipped to refuel another aircraft.

**Tapered wing**
A wing in which there is progressive decrease in the chord length from root to tip.

**Tare weight**
For design purposes: the standard weight of a type of aircraft complete in flying order but without crew, fuel, removable equipment or payload.

**Taschengurt**
Short lengths of tape or webbing, across and external to the rigging lines, joining adjacent lobes of the peripheral hem, to increase the rate of inflation, of the parachute.

**Taxi-channel**
A defined path, on a water aerodrome, intended for the use of taxying aircraft.

**Taxi-channel lights**
Aeronautical ground lights arranged along a taxi-channel to indicate the route to be followed by taxying aircraft.

**Taxi-channel markers**
Markers indicating a taxi channel.

**Taxi-holding position**
A designated position at which taxying aircraft and other vehicles may be required to hold in order to provide adequate clearance from a runway.

**Taxi track,**
*cf / vgl* **Taxiway**

**Taxiway**
A defined path, on a land aerodrome, selected or prepared for the use of taxying aircraft.

**Taxiway lights**
Lights marking a taxiway.

**Taxying**
Movement of an aircraft under its own power in contact with the Earth, other than when taking-off or landing.

**Tear-off cap**
A piece of fabric, lightly sewn over the opening of a parachute back, and torn off by tension in the static line, allowing the parachute to deploy.

**Telecommunication**
Any transmission, emission or reception of signs, signals, writing, images and sounds or intelligence of any nature by wire, radio, visual or other electro-magnetic system.

**Telemeter**
An instrument or apparatus for automatically measuring a quantity, such as speed, acceleration, temperature, etc., and

transmitting the measurement to a distant station, used for example in a sounding balloon or rocket.

**Teletypewriter tape**
A tape on which signals are recorded in the 5-unit Start-Stop code by completely severed perforations (chad tape) or by partially severed perforation (chadless tape) for transmission over teletypewriter circuits.

**Temperature inversion**
A condition in which the usual decrease of temperature with increasing altitude is inverted, i.e. in which the temperature increases with increasing altitude.

**Temperature stress**
A stress inducted when a structure, embodying material with different coefficients of linear expansion, is exposed to a temperature other than that prevailing at the time of assembly.

**Temporary visitor**
Any person, without distinction as to race, sex, language or religion, who disembarks and enters the territory of a Contracting State other than that in which that person normally resides; remains there for not more than three months for legitimate non-immigrant purposes, such as touring, recreation, sports, health, familiy reasons, study, religious pilgrimages, or business, and does not take up any gainful occupation during his stay in the territory visited.

**Terminal control area**
A control area normally established at the confluence of Air Traffic Service routes in the vicinity of one or more major airfields.

**Terminal nose-dive**
A dive during which an aircraft reaches its terminal velocity.

**Terminal velocity**
(a) The highest value of the limiting velocity.
(b) The velocity for which the drag of a freely falling body just balances the weight of a given altitude.

**Terrain clearance warning indicator**
An airborne radionavigational device giving a warning signal when the clearance between the aircraft and the Earth immediately below reaches a predetermined minimum value.

**Terrestrial guidance**
A system of guidance with reference to the strength and/or direction of the Earth's magnetic field (magnetic guidance) and/of gravitational field.

**Tertiary holes**
Holes through which air is passed into a flame tube downstream of the secondary holes to dilute the hot gas and so to reduce its temperature.

**Test bed**
A base, mount, or frame within or upon which a piece of equipment, especially an engine, is secured for testing.

**Test stand**
A stationary platform or table, together with any testing apparatus attached thereto, for testing or proving engines, instruments, etc.

**Thermal**
A volume of air which possesses buoancy on account of low density relative to its environment and so rises through the enviroment.

**Thermal barrier**
An obstacle to flight beyond certain very high speeds owing to the aerodynamic heating that takes place. Also called **"heat barrier"**.

**Thermal wind**
The vector difference between the winds at two levels due to the mean horizontal gradient of temperature in the layer of atmosphere between those levels.

**Thermograph**
A recording thermometer.

**Thermometer**
An instrument for measuring temperature.

**Thermostatic valve,**
*cf / vgl* **Oil control valve**

**Thickness/chord ratio**
The ratio of the maximum thickness of an aerofoil section measured perpendicular to the chord, to the chord length, usually expressed as a percentage.

**Thickness lines**
Lines joining points on a chart of which the vertical distance between specified constant pressure surfaces is the same.

**Thickness ratio,**
*cf / vgl* **Thickness/chord ratio**

**Three-component balance**
A wind-tunnel balance for measuring three components of forces and moments, usually lift, drag and pitching moment.

**Threshold**
The beginning of that portion of the runway usable for landing.

**Threshold lights**
Lights indicating the longitudinal limits of that portion of the runway or strip which is usable for landing.

**Throttle ice**
Ice formed in or near the engine throttle by the cooling due to isentropic expansion of the inspired air in the temperature range of 0°C to 5°C.

**Through-flight**
A particular operation of aircraft, identified by the operator by the use throughout of the same symbol, from point of origin via any intermediate points to point of destination.

**Thrown line,**
*cf / vgl* **Blown periphery**

**Thrust**
(a) The force attributed to the propulsive system.
(b) The component of the resultant air force on a propeller, parallel to the propeller axis.

**Thrust reverser**
A controllable device mounted at or on the propelling nozzle to reverse the jet thrust.

**Thrust spoiler**
A controllable device mounted at or on the propelling nozzle to reduce the jet thrust.

**Thrust / weight ratio**
A quantity used to evaluate engine performance, obtained by dividing the thrust output by the engine weight less fuel. If the

pound is used as the unit of measure for thrust and weight, the result is pounds of thrust per pound of engine.

**Thrust wire**
In aerostats:
a wire led aft from an engine car to the hull or envelope to transmit thrust.

**Time to take-off**
The duration of taking-off.

**Tip-path plane**
The plane normal to the no-flapping axis; the plane substantially containing the path described by the blade tips as they rotate.

**Tip speed**
The mean angular velocity of the rotor multiplied by the rotor radius.

**Tip vortex**
A free vortex arising at the tip of an aerodynamic lifting surface owing to the flow of air around the tip from the high-pressure region to the low-pressure region..

**Top camber,**
*cf / vgl* **Upper camber**

**Topping-up**
The replenisheant of a lighter-than-air aircraft with gas.

**Torch igniter**
A combined igniter plug and fuel atomizer for initiating combustion when starting the turbine.

**"Torn-tape" relay installation**
A teletypewriter installation where messages are received and relayed in teletypewriter tape form and where all operations of relay are performed as the result of operator intervention.

**Tornade**
(a) A violent whirlwind of small radius, advancing over the land, in which winds of destructive force circulate round a centre. It forms a region of strong ascending currents and is generally made visible by a funnel cloud.
(b) In West Africa the squall accompanying a thunderstorm; it occurs most frequently near the beginning and end of the rainy seasons.

**Toroidal guide vane**
A flared annular guide-vane in an air-intake casing to guide the incoming air evenly over the entire area of the impeller intake.

**Torque** (aerodynamic)
The moment of the air forces on a propeller about its axis of rotation.

**Torque dynamometer**
An item of test equipment for absorbing the power and measuring the torque of an engine.

**Torque links**
A linkage to prevent relative rotation between telescopic members.

**Torquemeter**
A device fitted to an engine for measuring its torque output.

**Total equivalent brake horsepower**
In propeller turbine engines: the brake horsepower available at the propeller shaft plus the equivalent horsepower derived from the jet thrust.

**Total head**
The sum of the dynamic and static pressure.

**Total lift**
The component of force in the direction of the lift axis excluding that due to gravity.

**Touchdown**
The point where the nominal glide path intercepts the runway.
**Note.** – Touchdown as defined above is only a datum and is not necessarily the actual point at which the aircraft will touch the runway.

**Touch-down, to ~**
An aircraft touches down when it makes contact with the Earth and ceases to be fully airborne.

**Towed glider**
A glider which relies on towing for sustained flight.

**Track**
The projection on the Earth's surface of the path of an aircraft, the direction of which at any point is usually expressed in degrees from North (true, magnetic or grid).

**Track**
The circular path described by a rotating propeller or rotor in proper alignment.

**Track**
The distance between the outer points of contact of the port and starboard main undercarriages.

**Track**
*cf / vgl* **Tread**

**Track angle**
The angle, at any instant, between the track and the meridian through the aircraft.

**Track guide (system)**
A radio beacon system providing one or more tracks for the guidance of aircraft.

**Track, to ~**
To observe or plot the path of a moving target.

**Tractor aeroplane**
An aeroplane fitted with tractor propellers, i.e. propellers located ahead of the power units.

**Tractor propeller**
A propeller designed normally to produce tension in the propeller shaft.

**Trade winds**
Persistent winds which blow from the horse latitudes towards the doldrums. They flow from the north-east in the northern hemisphere and from the south-east in the southern hemisphere.

**Traffic director**
A radar controller employed in the identification and directing of aircraft in a desired traffic pattern, and in maintaining suitable separation between aircraft and between aircraft tracks so as to allow an expeditious flow of air traffic at all times.

**Trail rope**
(a) A rope trailed by a balloon over the ground to decrease the ground and to regulate the height automatically when near the ground by varying the weight of the rope carried by the balloon.

(b) A rope carried in an airship for ground handling.

**Trail, to ~**
To unwind the hose from the tanker aircraft to the contact position.

**Trailing edge**
(a) The rear edge of an aerodynamic surface or other body moving through the air.
(b) The rearward portion of the structure of a surface.

**Trailing edge cord,**
*cf / vgl* **Trimming strip**

**Trailing edge strip,**
*cf / vgl* **Trimming strip**

**Trailing sweep**
A blade sweep towards the trailing edge.

**Trailing vortex**
A vortex extending downstream from the surface of a body.

**Trajectory band**
In aerostats:
A band of webbing carried over the upper surface of an envelope to reduce deformation under load.

**Transfer valve**
A valve which enables fuel to be transferred from one tank to another, particularly during flight. Usually so arranged that, when the fuel in a tank falls below a predetermined level, the valve opens and admits fuel from another tank.

**Transition altitude**
The altitude in the vicinity of an aerodrome at or below which the vertical position of an aircraft is controlled by reference to true altitudes.

**Transition layer**
The airspace between the transistion altitude and the transition level.

**Transition level**
The lowest flight level available for use above the transition altitude.

**Transition point**
In aerodynamics:
The point of change from laminar to turbulent.

**Transitional surface**
A specified surface sloping upwards and outwards from the edge of the approach surface and from a line originating at the end of the inner edge of each approach area, drawn parallel to the runway centre line in the direction of landing. The transitional surface establishes the heights above which it may be necessary to take one or more of the following actions: restrict the creation of new obstructions; remove objects or mark objects in order to ensure a satisfactory level of safety and regularity for aircraft flying at low altitude and displaced from the runway centre line in the approach, or missed approach phases.

**Transonic speed**
The speed of a body relative to the surrounding fluid at which the flow in some places on the body is subsonic and in other places supersonic.

**Transonic speed range**
The range of undisturbed stream speeds near the local speed of sound when mixed flow regions occur in the neighbourhood of the body.

**Transpiration**
The flow of gas through passages long in comparsion with their diameter, the diameter being, however, suffciently large for the rate of transfer to be determined chiefly by the viscosity of the gas and to be approximately proportional to the pressure difference.

**Transponder**
A receiver / transmitter which generates a reply signal upon proper interrogation, the interrogation and reply being on different frequencies.

**Transverse accelerations,**
*cf / vgl* **Accelerations**

**Trapez bar**
(a) A transverse horizontal bar, immediately above the basket of a kite balloon, to the ends of which the port and starboard rigging are led, so arranged that the basket can move freely in pitch but not in roll, relative to the balloon.
(b) A bar on an airship for the attachment or release of heavier-than-air aircraft.

**Tread**
The transverse distance between the longitudinal centers of the main wheels, floats, etc. of a landing gear. Also called the **"track"**.

**Trefoil**
A cluster of three parachutes.

**Triangular parachute**
A parachute which is approximately triangular when laid out flat.

**Tributary station**
An aeronautical fixed station that may receive or transmit messages but which does not relay except for the purpose of serving similar stations connected through it to a communication centre.

**Tricycle landing gear,**
*cf / vgl* **Nose-wheel landing gear**

**Trim**
Aerostats: The condition of static balance in pitch.

**Trim, to ~**
To set the flying controls so that an aircraft will maintain a steady flight condition with no load on the control column or rudder pedals.

**Trimming strip**
A strip of metal or length of cord or wire, adjustable only on the ground, applied to the trailing edge of a control surface to modifity the balance or trim.

**Trimming tab**
A tab, the setting of which in relation to the main asurface is separately adjustable by the pilot.

**Tropical revolving storm**
A cyclonic depression, originating over tropical oceans, with strong winds, often of hurricane force, circulating counterclockwise in the northern, and clockwise in the southern hemisphere. Known as **Hurricane** in the West Indies, **Cyclone** in the Indian Ocean and Australia and **Typhoon** in the China seas.

**Tropopause**
The transition zone between the stratosphere and the troposphere.

**Troposphere**
The lower layer of the atmosphere extending to an altitude varying roughly between 7 500 and 15 000 m (25 000 and 50 000 feet) in which temperature normally decreases with altitude at an average rate of 3 deg F per 1000 feet or 0.6 deg C per 100 metres.

**Trough**
A pressure feature characterized by isobars concave towards a depression with maximum curvature along its axis or trough line. Also used to signifty an elongated region of low values of any specified element, e.g. thickness trough.

**True airspeed (TAS)**
The speed of the aeroplane relative to undisturbed air.

**True bearing,**
*cf / vgl* **Azimuth**

**True course**
A course measured with respect to true north.

**True heading**
Heading measured from true north.

**True north**
The direction of the geographic north pole.

**Tuba,**
*cf / vgl* **Funnel cloud**

**Turbine disk**
The rotating member on which the blades of an axial-flow turbine are carried.

**Turbine entry duct**
A duct leading the products of combustion to the turbine.

**Turbine shroud ring,**
*cf / vgl* **Turbine static shroud**

**Turbine static shroud**
A ring used to prevent the escape of gas past the tips of the blades in an axial-flow turbine.

**Turbine wheel**
A multivaned wheel or rotor, especially in a gas-turbine engine, rotated by the impulse from or reaction to a fluid passing across the vanes. Often called a turbine.

**Turbofan,**
*cf / vgl* **Ducted-fan turbine engine**

**Turbojet**
A gas turbine engine in which the net energy available is utilized by the air or hot gas solely in the form of a jet issuing through a propelling nozzle.

**Turboprop**
A gas-turbine engine in which a proportion of the net energy is used to drive a propeller.

**Turboramjet engine**
A name applied to a turbojet with an afterburner attached.

**Turbo-starter**
A starter incorporating a small turbine energized by compressed air or other gas, with or without combustion.

**Turbulent boundary layer**
A boundary layer in which the flow is turbulent.

**Turbulent flow**
Flow in which small irregular fluctuations with time are superposed on a mean flow.

**Turbulent separation**
Separation of a previously attached turbulent boundary layer.

**Turn-and-bank indicator**
An instrument which combines the functions of a turn indicator and a cross level.

**Turn-and-sideslip indicator,**
*cf / vgl* **Turn-and-slip indicator**

**Turn-and-slip indicator**
An instrument which combines then functions of a turn indicator and a side-force meter.

**Turn indicator**
An instrument for indicating the rate of turn of an aircraft about the vertical axis.

**Turnaround cycle**
This term is used conjunction with vehicles, ships, and aircraft and comprises the following: loading time at home, time to and from destination, unloading and loading time at destination; unloading time at home, planned maintenance time and, where applicable, time awaiting facilities.

**Turnaround (time)**
The time required for an aircraft to unload and reload cargo, freight, passengers and consumables from time of landing to departure time.

**Turning**
The manoeuvre by which a parachutist turns his body, generally to face the direction of drift, by pulling on particular rigging lines.

**Turning radius**
The radius of the specified minimum circle within which all the wheels will remain, while the aircraft makes a complete turn, on the ground.

**Twilight**
The period of time preceding sunrise, or following sunset, during which light from the sun is present owing to scatter from particles in the atmosphere. It is described as **astronomical**, **nautical** or **civil**, according to whether the period is measured from sunrise or sunset to the time when the sun's centre is 18°, 12° of 6° respectively below the horizon.

**Twist and steer,**
*cf / vgl* **Polar control**

**Type of aircraft**
All aircraft of the same basic design including all modifications thereto except those modifications which result in a change in handling or flight characteristics.

# U

**Ullage**
The amount that a container, such as a fuel tank, lacks of being full.

**Ultimate factor**
The factor of safety corresponding to the load which is regarded as the ultimate for design purposes, i.e. the fully-factored load.

**Ultimate load**
The maximum load which a structure is required to be capable of withstanding.

**Umbilical connector**
A unit through which electrical, pneumatic, hydraulic and other supplies are conveyed to a rocket vehicle before it is launched.

**Unaccompanied baggage**
Baggage not carried on the same aircraft with the passengers or crew to whom it belongs.

**Uncertainty phase**
A situation wherein uncertainty exists as to the safety of an aircraft and its occupants.

**Uncontrolled mosaic**
A mosaic assembled without correction for distortion of any kind, and so containing errors in scale.

**Undercarriage**
A major assembly of the landing gear. (Main, Nose, Tail.)

**Undershoot**
To land, or to follow an approach path which would cause an aircraft to land, short of the intended area.

**Under-wing radiator**
A radiator fitted below a wing.

**Undulating light**
A continuously luminous light increasing and decreasing in intensity in cyclic sequence.

**Unfactored load,**
*cf / vgl* **Limit load**

**Ungathered parasheet**
A parasheet, the periphery of which is not constrained by a hem cord.

**Uniform flow**
Flow in which the streamlines are parallel and the velocity is constant throughout.

**Unlading**
The removal of cargeo, mail, baggage or stores from an aircraft after a landing, except cargo, mail, baggage or stores continuing on the next stage of the same through-flight.

**Unsealed cowling,**
*cf / vgl* **Pressure cowling**

**Unstable oscillation**
An oscillation which tends to increase.

**Unsymmetrical loading**
A loading condition of an airplane in which the load is unequally distributed on each side of the plane of symmetry, as in a roll.

**Up-and-down-lock**
A lock on a retractable undercarriage to hold it in either the retracted or the operative position.

**Upper camber**
The camber of the upper side of an airfoil. Also called "**top camber**".

**Useful load**
The entire load put aboard an aircraft, including fuel, oil, crew, passengers, mail, cargo, armament, etc., the amount of this load, equal to the difference between the gross weight and the empty weight of the aircraft.

# V

**Valley breeze**
A wind which blows up valleys and mountain slopes during the day when the sun warms the ground.

**Valve hood**
A hood or cowl which protects the valve on an airship envelope against the weather.

**Valve line**
A cord for the operation of a valve.

**Valve petticoat**
A petticoat between the valve and gas container, making it possible to tie off the petticoat and to change valves without loss of gas.

**Valve rigging**
In aerostats:
The rigging, usually inside a gas bag or envelope, by means of which an automatic valve is operated.

**Vane supercharger**
A supercharger in which compression is effected by the motion of the vanes carried in a rotor eccentrically located in a fixed case.

**Vapor lock**
A stoppage or diminution of fuel flow in a system caused by fuel vapor in the lines.

**Vapour concentration**
The mass of water vapour per unit volume of air.

**Vapour trail**
A condensation trail left by an aircraft engine under certain atmospheric conditions.
See also '**condensation trail**'.

**Variable-area propelling nozzle**
A propelling nozzle in which the flow area can be varied to obtain optimum engine operating conditions.

**Variable-datum boost control**
A boost control in which the controlled manifold pressure varies progressively with the position of the hand throttle lever.

**variable-density wind tunnel,**
*cf / vgl* **Compressed-air wind tunnel**

**Variable geometry intake**
An air intake whose area or shape can be varied in flight.

**Variable-pitch propeller**
A propeller with provision for changing the pitch setting when rotating.

**Variation**
The horizontal angle between the true and magnetic meridians.

**Variometer,**
*cf / vgl* **Vertical speed indicator**

**Veering**
A clockwise change of wind direction in either hemisphere.

**V-engine**
An engine with its cylinders forming, in end view, the letter "V".

**Vent**
An opening, usually in the centre of a parachute canopy.

**Vent cap**
A piece of fabric covering the vent in parachutes, sewn on to the vent hem.

**Vent hem**
The hem, usually reinforced by tape, round the periphery of the vent of a parachute.

**Vent patch**
A patch sewn into the crown of a parachute canopy to reinforce the crown or to reduce its porosity.

**Ventral tank**
A tank fitted in the under surface of the fuselage, which may be of the fixed, drop of jettisonable type.

**Venturi tube**
(After G. B. Venturi (1746–1822). A tube or pipe having a converging-diverging passage which initially increases the velocity and decreases the pressure of fluid flowing through it, in accordance with Bernoulli's law. The venturi tube has various applications, such as driving suction-operated aircraft instruments.

**Vertical bank**
A bank in which the lateral axis of the aircraft is perpendicular, or substantially so, to the horizontal plane.

**Vertical circle**
A great circle on the celestial sphere passing through the zenith,the plane of which is at right angles to the celestial horizon.

**Vertical engine**
An engine with its cylinders vertically above the crankshaft.

**Vertical gyro**
A gyroscopic instrument used in aircraft to establish a vertical datum and to measure the aircraft attitude relative to it.

**Vertical separation**
Separation between aircraft expressed in units of vertical distance.

**Vertical speed indicator**
An instrument for indicating the rate of climb or descent. Also known as a '**variometer**'.

**Vertical wind tunnel**
A wind tunnel in which the air stream is vertical. Principally used in testing a special form of model in a free spin.

**$V_F$**
The design flap speed.

**VFR**
The symbol used to designate the visual flight rules.

**VFR flight**
A flight conducted in accordance with visual flight rules (VFR).

**Vg recorder**
A flight recorder giving (usually graphically) simultaneous values of indicated airspeed and normal acceleration.

**VgH recorder**
A flight recorder giving (usually graphically) simultaneous values of indicated airspeed, normal acceleration and pressure altitude.

**VHF omni (directional) range (VOR)**
A very-high-frequency omnidirectional beacon which gives, to a suitably equipped aircraft, an indication of its bearing with respect to the beacon. It may give only left-right information. It may also carry voice transmission. (Originally **VOR** stood for **Visual Omni-Range**, because it gave a visual rather than an aural indication to the pilot).

**VHF rotating talking beacon**
An atuomatic very-high-frequency radio-telephone beacon system having a radiation pattern which is continuously rotated.

**Violent storm**
Beaufort number 11: very rarely experienced; accompanied by widespread damage (wind speed: 56–63).

**Virtual inertia (mass)**
The part of the effective inertia (mass) of an oscillating body which is due to the presence of the surrounding air and is proportional to the density of that air.

**Viscosity valve,**
*cf / vgl* **Oil control valve**

**Visibility**
The ability, as determined by atmospheric conditions and expressed in units of distance, to see and identify prominent unlighted objects by day and prominent lighted objects by night.

**Visual approach**
An approach by an IFR flight when either part or all of an instrument approach procedure is not completed and the approach is executed in visual reference to terrain.

**Visual / aural range (VAR)**
A very-high-frequency radio range. In the aircraft, two tracks are identified by visual and two by aural indication.

**Visual call sign**
A call sign provided primarily for visual signalling.

**Visual contact approach**
An approach under IFR carried out by visual reference to the ground.

**Visual flight**
Flight in which the pilot uses his vision directly, rather than instruments, to determine attitude, position relative to other objects, etc. Certain instruments, such as the altimeter, airspeed indicator, compass, etc. are used in visual flight.

**Visual meteorological conditions (VMC)**
Meteorological conditions expressed in terms of visibility, distance from cloud, and ceiling equal to, or better than specified minima.

**VMC**
The symbol used to designate visual meteorological conditions.

**VOR,**
*cf / vgl* **VHF omni-range**

**Vortex**
A region of fluid in high energy sustained circulatory motion.

**Vortex line**
A line such that its direction is everywhere that of the local vorticity.

**Vortex-ring state**
The operating conditions of a rotor in slow vertical descent characterized by the absence of a definite slipstream and by large recirculation losses, when the axial flow through the rotor disc area is in the opposite direction to the axial flow outside the rotor disc area and to the rotor thrust. At the limit of this condition the net flow through the disc area is zero.

**Vortex sheet**
A surface across which there is a discontinuity in the velocity component tangential to the surface.

**Vortex street**
A regular arrangement of line vortices in two approximately parallel rows, which is sometimes formed behind two-dimensional bodies.

**Vorticity**
Generally, rotational motion in a fluid, defined, at any point in a fluid, as twice the mean angular velocity of a small element of fluid surrounding the point.
The **component vorticity** in a given direction at a point in a fluid is equal to the circulation round an elementary surface normal to the direction, divided by the area of the surface.

**$V_{S0}$**
A stalling speed or minimum steady flight speed with wing flaps in the landing position.

**$V_{S1}$**
A stalling speed of minimum steady flight speed.

**V/STOL aircraft**
A VTOL aircraft which can also take off and land with a short ground run, particularly when operating at an increased weight.

**VTOL**
Abbreviation for **V**ertical **T**ake-**o**ff and **L**anding. An attribute adjective designating a heavier-than-air aircraft that can take off and land vertically.

# W

**Wake**
The region of fluid behind a body in which the total pressure has been changed by the presence of the body.

**Warm front**
The boundary line at the Earth's surface between the advancing warm air and the colder air over which it rises.

**Warm sector**
A surface sector of warm air in many recently-formed depressions bounded by the warm (at its leading edge) and cold fronts.

**Warning**
Advance notification of a meteorological phenomenon which may be dangerous, e. g. thunderstorm, gale or airframe icing.

**Wash-in**
Increase in angle if incidence towards the tip of a wing or other aerofoil.

**Wash-out**
Decrease in angle of incidence towards the tip of a wing or other aerofoil.

**Water channel**
(a) An open channel for investigating the flow past a stationary body in a stream with a free surface.
(b) A shallow open channel for investigating supersonic flow by using the analogy between surface waves on water and shock waves in air.

**Water injection**
The injecting of water into the combustible mixture of an engine to improve combustion within the engine ot to provide additional cooling.

**Water recovery**
Of an aerostat:
The collection of water from the exhaust gas for ballast.

**Water suit**
An anti-g suit in which the fluid used in the interlining is a liquid water thereby automatically approximating the required hydrostatic pressure gradient under positive acceleration.

**Water tunnel**
An apparatus for producing a controlled stream of water or other liquid for fluid dynamic experiments.

**Waterspout**
The counterpart of a tornade, over water.
**Note.** – The core is made visible by the condensation of water drops from adiabatic cooling produced by the lowering of pressure in the core.

**Wave cloud**
An orographic cloud formed at the crest of a standing wave, commonly lenticular in form.

**Weak link,**
*cf / vgl* **Weak tie**

**Weak-mixture knock rating**
A numerical measure of the anti-knock value of a fuel applicable to most economical cruising.

**Weak tie**
A piece of cord or thread which is intentionally broken at some stage of the deployment of a parachute in order that the deployment may occur in some predetermined manner.

**Weather radar (airborne)**
An airborne radar equipment, usually X-band or C-band, which gives weather information or warning, usually on a cathode-ray tube display, of the position of potentially dangerous clouds.

**Weather radar (ground)**
A ground surveillance radar used by the meteorological service. It may be used in a primary role to detect and track clouds or precipitation, or meteorological balloons, or in a secondary role to detect and track suitably euquipped balloons.

**Weather report**
A statement of the actual meteorological conditions at a specified place and time.

**Weathercock, to ~**
Of an aircraft, a rocket, etc., especially of an airplane:
To head into the wind, or to try to head into the wind.

**Weathercock stability**
The tendency of a body to turn into the relative wind.

**Wedge**
A region of relatively high pressure extending from an anticyclone, with the isobars in the shape of a wedge with its angle rounded.

**Wedge intake**
A variable geometry intake, usually of rectangular form, whose area and shape are defined by the position of one or more variabale ramps.

**Weight empty**
For operational purposes: the measured weight of an individual aircraft less nonmandatory removable equipment and disposable load. Also called **manufacturing weight empty**.

**Weight per horse-power**
The dry weight of an engine divided by its maximum permissable horse-power.

**Weight per unit of thrust**
The dry weight of an engine divided by the maximum permissabel thrust under standard sea level conditions.

**Wet-type filter element**
A filter element in an air filter, in which the filtration is effected by a liquid film.

**Wheel base**
In aircraft landing gear:
The fore-and-aft distance between the main-wheel centre and the nose-wheel or tail-wheel centre.

**Wheel well**
A recess or hollow in a wing, fuselage, etc. for a retractable landing-gear wheel.

**Whirling arm**
An apparatus for making experiments by carrying models or instruments at the extremity of an arm rotating in a horizontal plane.

**Whirlwind**
A limited region in which air revolves rapidly round a core of low pressure, sometimes extending upwards many hundreds of meters.

**Winch suspension,**
*cf / vgl* **Flying rigging**

**Wind across (the deck)**
The horizontal component of the wind at right angles to the fore-and aft line of a ship or catapult.

**Wind axes**
A system of co-ordinate axes with the origin in the aircraft and the direction fixed by that of the relative airflow.

**Wind cone**
A wind indicator in the form of a truncated fabric cone.

**Wind-direction indicator**
A wind-actuated device indicating visually to aircraft the direction of the surface wind.

**Wind down,** *or* **over, the deck (WOD)**
The horizontal component of the wind along the fore-and-aft line of a ship or catapult.

**Wind rose**
A diagram showing, for a definite locality, and usually for a more or less extended period, the frequency of winds of different directions and strengths.

**Wind shear**
A change in wind speed and/or wind direction in a short distance, resulting in a tearing or shearing effect. It can exist in a horizontal or vertical direction, and occasionally in both.

**Wind tee**
A weather vane shaped like the letter "T" or like an airplane, located on an airdrome or landing area to show the wind direction to flying aircraft. Also called a "**landing tee**".

**Wind tunnel**
An apparatus for producing a controlled stream of air or other gas for fluid dynamic experiments.

**Windmill**
An airscrew designed to procedure power by axial translation relative to the air.

**Windmill-brake state**
The operating condition of a rotor in a fast vertical descent when the rotor thrust and the axial flow through and outside the rotor disk area are all in the same direction.

**Windmilling**
A propeller is "windmilling" when it is delivering power to the propeller shaft.

**Winds aloft**
Winds at high altitudes, unaffected by surface features; the direction and speed of such winds.

**Wing**
A main supporting surface of an aircraft. This may be divided into **inner**, **outer** and **wing-tip sections**.

**Wing car**
A car suspended off the centre line of an airship.

**Wing loading**
Gross weight divided by gross wing area.

**Wing radiator**
A radiator located in a wing.

**Wing-tip section,**
*cf / vgl* **Wing**

**Wingbar**
A line of lights at the runway threshold extending laterally outwards from the edge of a runway at right angles to the runway direction; wingbars are normally provided symmetrically in opposite pairs on each side of the runway.

**Working section**
That part of a wind or water tunnel where experiments are made.

**Wrist-pin**
The pin which attaches an articulated connecting rod to the master rod.

**Wrist-pin end**
The crank-pin end of an articulated rod.

# X

**X-engine**
An engine with its cylinders forming, in end view, the letter "X".

# Y

**Yaw-guy wires**
Ropes dropped from the bow of an airship and attached to the yaw-guys on the ground.

**Yaw meter**
An instrument which detects changes in direction of air flow. By use, the term is not restricted to instruments detecting changes in yaw.

**Yawing**
Angular motion about the normal axis.

**Yawing moment**
A moment that tends to rotate an aircraft, or similar body, about a vertical axis.

# Z

**Z marker-beacon**
A form of marker beacon radiating a narrow conical beam along the vertical axis of the cone of silence of a track beacon.

**Zenith**
The point on the celestial sphere directly above the observer.

**Zenith distance**
The arc of the vertical circle, intercepted between a celestial body and the zenith. It is equal to 90° minus the altitude.

**Zero delivery pressure**
The stabilized pressure at which, at constant speed and under the action of a control mechanism, there is no flow from a hydraulic pump.

**Zero-length launcher**
A launcher which supports a missile in position at a number of discrete points from which it can be released simultaneously when the build-up of thrust is sufficient to ensure an effective launch.

**Zone of silence marker,**
*cf / vgl* **Z marker beacon**

**Zone time**
An extension of standard time to sea areas, which are divided into 15° bands of longitude, the first being centred on 0°, each taking as zone time the local mean time (LMT) of the central meridian of the band.

**Zooming**
Utilizing kinetic energy to gain height.

TEIL 5

# ABKÜRZUNGEN

PART 5

# ABBREVIATIONS

# A

| | |
|---|---|
| A | attack (aircraft designation) |
| A | ampere; Ampere |
| A (time) | local time |
| AA | anti-aircraft ... |
| A/A | air-to-air |
| AAA | anti-aircraft artillery |
| AAC | automatic amplitude control |
| AALO | anti-aircraft artillery liaison officer |
| AAOR | anti-aircraft artillery operations room |
| AB | air base |
| abbr | abbreviation; abbreviated |
| ABC | advance-booking charter |
| ABN | aerodrome beacon |
| abn | airborne |
| AC | aerodynamic centre |
| AC | *(E)* Air Commodore |
| a/c | aircraft |
| AC | alternating current |
| AC | altocumulus |
| ACA | airspace control authority |
| ACC | area control centre |
| ACE | altimeter control equipment |
| ACM | *(E)* Air Chief Marshal |
| ACP | altimeter check point |
| ACR | approach control radar |
| AC & W | aircraft control and warning (service) |
| ad | aerodrome |
| a.D. | außer Dienst |
| ADA | advisory area |
| ADC | aide-de-camp |
| ADC | *(US)* Air Defense Command |
| ADF | automatic direction finder |
| ADIS | automated data interchange system |
| ADIZ | air defence identification zone |
| Adj | adjutant |
| admin | administration; administrative |
| ADP | automatic data processing |
| ADR | advisory route |
| ADREP | accident/incident data report |
| advon | advance(d) echelon |
| A & E | aircraft and engine (maintenence) |
| aero | aeronautics; aeronautical |
| AF | air force |
| AF | audio frequency |
| AFB | air force base |
| AFC | Air Force Cross |
| AFC | automatic frequency control |
| AFIL | air-filed flight plan |
| AFIS | aerodrome flight information service |
| AFL | air force letter |
| AFLS | approach flashlighting (system) |
| AFM | air force manual |
| AFP | air force pamphlet |
| AFP | alternate flight plan |
| AFR | air force regulation |
| AFS | aeronautical fixed service |
| AFSC | air force speciality code |
| AFTN | aeronautical fixed telecommunication network |
| A/G | air-to-ground |
| AGA | aerodromes, air routes and ground aids |
| AGC | automatic gain control |
| Ah | ampere-hour |
| AIC | aeronautical information circular |
| AIG | address indicator group |
| AIG | accident investigation |
| AIP | aeronautical information publication |
| AIR | airworthiness |
| AIREP | air report |
| AIS | aeronautical information service |
| a. Kr. | auf Kriegsdauer |
| ALERFA | alert phase |
| ALO | air liaison officer |
| ALP | air liaison party |
| ALT | alternate aerodrome |
| alt. | altitude |
| AM | amplitude modulation |
| AM *or* a.m. | antemeridian |
| AMC | acceptable means of compliance |
| AMC | *(US)* Air Materiel Command |
| ammo | ammunition |
| amp | ampere |
| amph | amphibian; amphibious |
| AmpHr | ampere hour |
| AMS | aeronautical mobile service |
| AMSL | above mean sea level |
| AN | air navigation |
| AN | Ausrüstungsnachweisung |
| ANL | automatic noise limiter |
| ANP | air navigation plan |
| AOA | aerodrome obstruction chart |
| AOC | *(E)* Air Officer Commanding |
| AOP | air observation post |
| AP | air publication |
| APC | armoured (US armored) personnel carrier |
| APC | automatic phase control |
| API | air position indicator |
| APO | army post office |
| APP | approach control (office) |
| APT | automatic picture transmission |
| APU | auxiliary power unit |
| ARDC | *(US)* Air Research and Development Command |
| ARFOR | area forecast |
| ARO | air traffic services reporting office |
| ARP | aerodrome reference point |
| ARP | air raid protection |
| ARP | air report |
| ARS | special air report |
| ARSR | air route surveillance radar |
| AS | altostratus |
| a/s | airspeed |
| ASDA | accelerate-stop distance available |
| ASI | airspeed indicator |
| ASK | available ton kilometres |
| ASMI | aerodrome surface movement indicator |
| ASR | airsport surveillance radar |
| ASW | anti-submarine warfare |
| AT | air transport |
| ATA | actual time of arrival |
| ATAF | Allied Tactical Air Force |
| ATC | air traffic control |
| ATD | actual time of departure |
| ATFM | air traffic flow management |
| athodyd | aero-thermo-dynamic duct |
| ATIS | automatic terminal information service |
| ATK | angebotene Tonnenkilometer |
| atm | atmosphere; atmospheric |
| ATO | assisted take-off |
| ATRC | *(US)* Air Training Command |

**ATS** air traffic service(s)
**attn** attention
**ATZ** aerodrome traffic zone
**auto** automatic
**AUW** all-up weight
**aux** auxiliary
**AVC** automatic volume control
**avg** average
**avgas** aviation gasoline
**avionics** aviation electronics
**AVM** *(E)* Air Vice Marshal
**avn** aviation
**AVSEC** aviation security
**AW** aircraft warning (service)
**AWACS** airborne warning and control system
**AWOL** absence without leave
**AWTI** air weapons training installation
**AWX** allweather ...
**AWY** airway
**azm** azimuth

# B

**B** bomber (aircraft designation)
**BA** braking action
**BABS** beam approach beacon system; blind approach beacon system
**BAL** base authorization list
**BASE** cloud base
**BasOps** base operations
**BB** back bearing
**BCN** beacon
**BCST** broadcast
**BDRY** boundary
**BG** Brigadier General
**BHP, bhp** brake horsepower
**bit** binary digit
**BL** bomb line
**BLC** boundary layer control
**BMEP** brake mean effective pressure
**BOH** break-off height
**BOQ** bachelor officers'quarters
**BRG** bearing
**BT** basic training *or* trainer
**BTO** bombing through overcast
**BTU** British thermal unit
**B.z.B.** Bord zu Bord- ...

# C

**C** cargo (aircraft designation)
**°C** degree Celsius
**CA** calibrated altitude
***CA*** certificate of airworthiness
**CAD** computer-aided design
**CAD/CAM** computer-aided design and computer -aided manufacture
**Capt** Captain
**CAS** calibrated airspeed
**CAS** close air support
**CAS** collision avoidance system
**CAS RAF** Chief of the Air Staff, Royal Air Force
**CAT** clear air turbulence
**CAVU** ceiling and visibility unlimited
**CB** cumulonimbus
**CBR** California bearing ratio
**CC** cirrocumulus
**CC** continuous current
**cc** cubic centimeter
**CCV** control configured vehicle (*or* aeroplane)
**CDB** central data bank
**C & E** communications and eletronics
**CEP** circular error probability
**cf** confer; compare
**CG or c.g.** centre of gravity
**CI** cirrus
**CI** combat information net
**CI** compression-ignition
**CINC** *or* **C.i.C.** commander-in-chief
**CIC** *(US)* Counterintelligence Corps
**CL** centre (US center) line
**clg** ceiling
**CNR** composite noise rating
**CO** commanding officer
**c/o** care of
**Co.** course
**C of A.** certificate of airworthiness
**CofS** chief of staff
**CofS USAF** Chief of Staff, United States Air Force
**Col** Colonel
**COM** communication(s)
**conrod** connecting rod
**contrail** condensation trail
**CoT** true course
**CP** controllable pitch
**c.p.** centre of pressure
**Cpl** Corporal
**CPS** cycles per second
**CRT** cathode ray tube
**CS** centre section
**CS** cirrostratus
**CSC** course and speed computer
**CSU** constant speed unit
**CTA** control area
**CTOL** conventional take-off and landing
**CTZ** control zone
**CU** cumulus
**C.V.** chevl vapeur
**CVR** cockpit voice recorder
**CW** continuous wave
**CWS** collision warning system
**cwt** hundredweight
**CWY** clearway
**cyl** cylinder

# D

**db** decibel
**DC** direct current
**DDM** difference in depth of modulation; Differenz der Modulationsgrade
**DEC** Decca
**deg** degree
**DETRESFA** distress phase
**DEV** deviation
**DF** *or* **D/F** (radio) direction finding *or* finder
**DFC** Distinguished Flying Cross
**DFM** Distinguished Flying Medal
**DIN** Deutsche Industrienorm
**Dist.** (flying) distance
**dm** decimetre
**DME** distance-measuring equipment
**DMO** dependent meteorological office
**DORAN** Doppler ranging system
**DR** dead reckoning

| | |
|---|---|
| **D.R.** | dispatch rider |
| **DRC** | distant reading compass |
| **DSB** | double sideband |
| **D-value** | difference value |
| **D-Wert** | Differenzwert |
| **DX** | duplex |
| **DZ** | dropping zone |

# E

| | |
|---|---|
| E | east |
| EA | Endamt |
| EAS | equivalent airspeed |
| EAT | expected approach time |
| ECL | equipment component list |
| ECM | electronic countermesures |
| E/D | embarkation/disembarkation |
| EDP | electronic data processing |
| EDV | elektronische Datenverarbeitung |
| EET | estimated elapsed time |
| EF | Endfernamt |
| EGT | exhaust gas temperature |
| EHF | extremely high frequency |
| EHP | effective horse-power |
| EIRP | effective isotropically-radiated power |
| Ei.V. | Eigenverständigung(sanlage) |
| E.L. | Erkennungsleuchte |
| ELBA | emergency location beacon aircraft |
| ELEV | elevation |
| elevons | elevator-ailerons |
| ELINT | electronic intelligence |
| EM | emission |
| eng | engine |
| EPNL | effective perceived noise level |
| EPR | engine pressure ratio |
| E.S. | Erkennungssignal |
| ESD | energy spectral density |
| ESWL | equivalent single wheel load |
| ETA | estimated time of arrival |
| ETD | estiamted time of departure |
| ETS | effective tip speed |
| EUM | European-Mediterranean Region |
| EW | electronic warfare |

# F

| | |
|---|---|
| F | fighter (aircraft designation) |
| °F | degrees Fahrenheit |
| FA | fighter aviation |
| FAC | forward air controller |
| FAL | Facilitation of International Air Transport |
| FAO | Food and Agriculture Organization |
| FB | fighter bomber (aircraft designation) |
| FCST | meteorological forecast |
| FD | frequency doubler |
| FDP | forward direction post |
| FDR | flight data recorder |
| FI | fighter interceptor |
| FIC | flight information centre |
| FIDO | fog, intense, dispersal of ... |
| FIFOR | flight (weather) forecast |
| FIR | flight information region |
| FIRB | flight information region boundary |
| 1$^{st}$ Lt | First Lieutenant |
| FIS | flight information service |
| FK | ferngelenkter Körper, Flugkörper, Fernlenkkörper |
| FL | *(E)* Flight Lieutenant |
| FL | flight level |
| flt | flight |
| FM | fan marker |
| FM | frequency modulation |
| FNA | final approach |
| FO | *(E)* Flying Officer |
| FOB | free on board |
| FOD | foreign object damage |
| FP | fixed pitch |
| FP | freezing point |
| fpln | flight plan |
| FR | fighter reconnaissance (aircraft designation) |
| freq | freqency |
| FS | fractostratus |
| FSCC | fire support coordination center |
| FSL | fullstop landing |
| FSO | flying safety officer; Flugsicherungsoffizier |
| ft | foot |
| ftr | fighter |
| fus | fuselage |
| FY | fiscal year |

# G

| | |
|---|---|
| G *or* g | gravitaional acceleration; gravity (force) |
| G/A | ground attack |
| G/A | ground-to-air |
| gal | gallon |
| gal/h | gallons per hour |
| GAR | guided aircraft rocket |
| gas | gasoline |
| GC | great circle |
| GC | *(E)* Group Captain |
| GCA | ground controlled approach |
| GCI | ground-controlled intercept(ion) |
| GCL | ground controlled landing |
| GEE | ground environment equipment |
| Gen | General |
| GEOREF | geographic reference |
| GEOREFS | geographical reference system |
| GEV | ground-effect vehicle |
| GHA | Greenwich hour angle |
| GIT | group inclusive tour |
| GLO | ground liaison officer |
| GM | Greenwich meridian |
| GM | guided missile |
| GMT | Greenwich mean time |
| GO | ground observer (team) |
| GOC | ground observer corps |
| govt | government |
| GP | general purpose |
| GP | glide path |
| GPH | gallons per hour |
| GPI | ground position indicator |
| GPM | gallons per minute |
| GPS | global positioning system |
| grad | graduate |
| grivation | grid navigation |
| GS *or* G/S | ground speed |
| GST | Greenwich siderial time |
| GTC | gain time control |
| GTE | gas turbine (engine) |
| GW | guided weapon |

# H

| | |
|---|---|
| **H** | Heeres- ... |
| **H** | helicopter (aircraft designation) |
| **h** | hour |
| **HA** | Hauptamt |
| **HA** | hour angle |
| **HAL** | holding and approach-to-land procedure |
| **HBN** | hazard beacon |
| **$H_C$** | calculated altitude |
| **HDF** | high frequency direction-finding station |
| **HDG** *or* **hdg** | heading |
| **HE** | high explosive |
| **HEK** | helicopter |
| **HEZ** | Haupteinflugzeichen |
| **HF** | high frequency |
| **HF/DF** | high frequency direction-finding station |
| **HGT** | height |
| **$H_O$** | observed altitude |
| **HP** | horse-power |
| **HQ** | headquarters |
| **hr** | hour |
| **HAT** *or* **H.T.** | hight tension |
| **HUD** | head-up display |
| **HVDF** | high and very high frequency direction-finding stations (at the same location) |
| **hyd** | hydraulic |
| **hydro** | hydrographic |
| **Hz** | hertz; Hertz |

# I

| | |
|---|---|
| **IAL** | instrument-approach and landing chart |
| **IAS** | indicated airspeed |
| **IATA** | International Air Transport Association |
| **IBN** | identification beacon |
| **IC** | internal combustion |
| **ICAO** | International Civil Aviation Organization |
| **ICBM** | intercontinental ballistic missile |
| **ICW** | interrupted continuous wave |
| **ID card** | identification card |
| **ident** | identification |
| **IE** | index error |
| **i. e.** | id est = that is |
| **IF** | intermediate frequency |
| **IFF** | identification friend or foe |
| **IFR** | instrument flight rules; Instrumentenflugregeln |
| **IFRB** | International Frequency Registration Board |
| **IGA** | international general aviation |
| **ign** | ignition |
| **IHP** | indicated horsepower |
| **IL** | intermittierender Luftstrahl |
| **ILS** | instrument landing system; Instrumentenlandesystem |
| **IM** | inner marker |
| **IMC** | instrument meteorological conditions |
| **imp** | imperial |
| **LMW** | international map of the world |
| **in** | inch |
| **INA** | initial approach |
| **INA** | internationale Norm(al)atmosphäre |
| **INCERFA** | uncertainty phase |
| **INERU** | international noise exposure reference unit |
| **info** | inform(ation) *or* informational |
| **INS** | inertial navigation system |
| **intel** | intelligence (service) |
| **intercom** | intercommunication |
| **IP** | initial point |
| **IR** | infrared (radiation) |
| **IR** | interrogator-responder |
| **IRAN** | inspection and repair as necessary |
| **IRGM** | intermediate-range guided missile |
| **ISA** | international standard atmosphere |
| **ISB** | independent sideband |
| **ITC** | inclusive tour charter flight |
| **ITO** | invitational travel order |
| **ITU** | International Telecommunication Union |

# J

| | |
|---|---|
| **J** | jet |
| **JATO** | jet-assisted take-off |
| **jetp** | jet-propelled |
| **JOC** | joint operations centre |
| **JP** | jet pilot |
| **j.p.** | jet-propelled ... |

# K

| | |
|---|---|
| **KA** | Knotenamt |
| **kc** | kilocycle |
| **kcal** | kilogram-calorie |
| **KdS** | Kommando der Schulen |
| **kg** | kilogram; Kilogramm |
| **km** | kilometre; Kilometer |
| **km/h** *or* **kmph** | kilometers per hour; Kilometer je Stunde |
| **KSTAN** | Kriegsstärke- und Ausrüstungsnachweisung |
| **KT** | knot(s); Knoten |
| **kW** | kilowatt; Kilowatt |

# L

| | |
|---|---|
| **L** | liaison (aircraft designation) |
| **L** | locator |
| **l** | litre; Liter |
| **LAAA** | light anti-aircraft artillery |
| **LAT** | latitude |
| **lb** | pound |
| **LCN** | load classification number |
| **LDA** | landing distance available |
| **ldg** | landing |
| **LDI** | landing direction indicator |
| **LE** | leading edge |
| **LF** | low frequency |
| **LG** | landing gear |
| **LG** | landing ground |
| **LH** | left hand |
| **LHA** | local hour angle |
| **Lj** | Lichtjahr |
| **LLZ** | localizer |
| **LMT** | local mean time |
| **ln** | liaison |
| **LO** | liaison officer |
| **LOC** | lines of communication |
| **log** | logistics |
| **LONG** | longitude |
| **LOP** | line of position |

**LORAN** long-range aid to air navigation
**LOX** liquid oxygen
**LP** low-pressure
**LRG** long range
**LST** local siderial time
**LT** local time
**ltr** letter
**LTT** landline-teletypewriter
**lub** lubricant; lubrication
**LW** long wave
**lx** lux; Lux
**LY** light year
**LZ** landing zone

# M

**M** Mach number; Mach-Zahl
**m** meter; Meter
**MA** military attaché
**MAAA** medium anti-aircraft artillery
**maint** maintenance
**MajGen** Major General; Generalmajor
**MAP** aeronautical maps and charts
**MAS** Military Agency for Standardization; Militärisches Amt für Standardisierung
**max** maximum
**MB** maschinelles Berichtswesen
**MB** medium bomber
**MB** millibar; Millibar
**Mc** *or* **mc** megacycle
**Mc/s** megacycles per second
**MCW** modulated contiuous wave
**MDAP** mutual defense assistance program *or* pact
**MDF** medium frequency direction-finding station
**MDS** minimum discernible siganl
**m.d.W.d.G.b.** mit der Wahrnehmung der Geschäfte beauftragt
**ME** multi-engine
**MEAL** master equipment authorization list
**MEP** mean effective pressure
**MET** meteorology
**METAR** meteorological aviation routine report
**METO** maximum except take-off (power)
**MF** medium frequency
**MG** machine gun; Maschinengewehr
**M-gear** medium supercharger gear
**MGZ** mittlere Greenwich-Zeit
**MHD** magnetohydrodynamics; magnetohydrodynamical; Magnethydrodynamik
**MHW** mean high water
**MHWN** mean high water neaps
**MHWS** mean high water springs
**MHz** Megahertz
**mi** (statute) mile; *(engl.)* Meile
**mic** microphone
**mil** military
**min** minimum
**min** minute; Minute
**MIP** mean indicated pressure
**MIRV** multiple independently *or* individually targetable *or* targeted re-entry vehicle
**misc** miscellaneous
**Mk** mark
**MKR** marker (radio) beacon
**ML** mean level
**MLS** microwave landing system
**MLW** mean low water
**MLWN** mean low water neaps
**MLWS** mean low water springs
**MM** middle marker
**mm** millimeter; Millimeter
**MMO** main meteorological office
**MNPS** minimum navigation performance specifications
**MO** medical officer
**M & O** maintenance and operation
**MOD** Ministry of Defence
**MOS** military occupational speciality
**MOZ** mittlere Ortszeit
**MP** military police
**mph** miles per hour; *(engl.)* Meilen je Stunde
**MPP** most probable position
**MPW** maximum permissible weight
**M & R** maintenance and repairs
**MRG** medium range
**m/s** meter per second; Meter pro Sekunde
**M & S** maintenance and supply
**M Sgt** Master Sergeant
**MSL** mean sea level
**MTBF** mean time between failures
**MTI** moving target indication
**MTL** mean tide level
**MTT** minimum time track
**m.V.** mit Verzögerung
**MVDF** medium, high and very high frequency direction-finding stations (at same location)
**MWARA** major world air route area
**mwK** mißweisender Kurs
**MWO** meteorological watch office

# N

**N** north; Nord(en)
**NAAFI** *(E)* Navy, Army, Air Force Institution
**NACA** National Advisory Committee for Aeronautics
**NATO** North Atlantic Treaty Organization
**nav** navigation(al); Navigation
**NAVAID** navigational aid
**NBFM** narrow-band frequency modulation
**NCO** noncommissioned officer
**NDB** non-directional radio beacon
**NM** nautical mile
**NN** Normal Null = mittlere Seehöhe = mittlerer Meerespiegel
**no** number
**NOF** international NOTAM office
**NOTAM** notice to airmen
**NPT** normal pressure and temperature
**Ns** nimbostratus; Nimbostratus

# O

**OAS** offensive air support
**OC** officer commanding
**OCL** obstacle clearance limit
**OCS** obstacle clearance surface
**OIC** *or* **O i/c** officer in charge
**OJT** on-the-job training
**OK** all correct
**OM** outer marker
**omnirange** omnidirectional radio range (station)
**ON** octane number

| | |
|---|---|
| **OP** | observation post |
| **OPS** | operations |
| **O/R** | on request |
| **ORs** | other ranks |
| **OSLw** | Offizierschule der Luftwaffe |
| **OSV** | ocean station vessel |
| **OTU** | operational training unit |
| **o.V.** | ohne verzögerung |
| **OWS** | ocean weather station |
| **oxy** | oxygen |
| **oz** | ounce |
| **O.Z.** | Oktanzahl |

# P

| | |
|---|---|
| **P** | priority (message) |
| **p.a.** | per annum |
| **PAM** | pulse amplitude modulation |
| **pam** | pamphlet |
| **PAMC** | provisional acceptable means of compliance |
| **PAN** | international emergency signal |
| **PANS** | procedures for air navigation services |
| **PAR** | precision approach radar |
| **para** | paragraph |
| **paraglider** | parachute glider |
| **pc** | piece |
| **PCM** | pulse code modulation |
| **PCN** | pavement classification number |
| **PDI** | pictorial deviation indicator |
| **PDM** | pulse duration modulation |
| **PEL** | personnel licensing |
| **PEZ** | Platzeinflugzeichen |
| **PFC** | Private First Class |
| **Photo/R** | photo(graphic) reconnaissance |
| **PI** | port inner |
| **PIBAL** | pilot balloon observation |
| **PIO** | public information officer |
| **PLE** | prudent limit of endurance |
| **PLN** | flight plan |
| **PM** *or* **p.m.** | postmeridian |
| **PN** | pseudo-random noise |
| **PNL** | perceived noise level |
| **PNLT** | tone-corrected perceived noise level |
| **PNR** | point of not return |
| **PO** | (E) Pilot Officer |
| **PO** | port outer |
| **POL** | petroleum, oil and lubricants |
| **pos** | position |
| **POW** | prisoner of war |
| **pp** | postage paid |
| **PPI** | plan position indicator |
| **PPL** | private pilot licence |
| **PPM** | pulse position modulation |
| **PPR** | prior permission required |
| **PR** | photo(graphic) reconnaissance |
| **PRF** | pulse repetition frequency |
| **prop** | propeller |
| **PRP** | pulse repetition period |
| **PS** | Pferdestärke |
| **PS** | postscript |
| **PSI** *or* **psi** | pound per square inch |
| **PSK** | phase shift leying |
| **PSP** | pierced steel plank(ing) |
| **PT** | physical training |
| **PT** | primary trainer |
| **pt** | pint |
| **PTL** | Propellerturbinen-Luftstrahltriebwerk |
| **PTM** | pulse time modulation |
| **PW** | prisoner of war |
| **PWI** | proximity warning indicator |
| **PWM** | pulse width modulation |
| **PX** | position report |
| **PX** | *(US)* post exchange |

# Q

| | |
|---|---|
| **QM** | quartermaster |
| **QTOL** | quiet take-off and landing |
| **qty** | quantity |
| **quad** | quadrant; Quadrant |
| **qual** | qualification; qualify |

# R

| | |
|---|---|
| **R** | reconnaiccance (aircraft designation) |
| **R** | Reynolds number |
| **R** | routine (message) |
| **RA** | right ascension |
| **RAC** | rules of the air and air traffic control |
| **RACON** | radar beacon |
| **RADAR** | radio detection and ranging |
| **RAF** | *(E)* Royal Air Force |
| **RAI** | runway alignment indicator |
| **RAS** | rectified airspeed |
| **RATO** | rocket-assisted take-off |
| **RATOG** | rocket-assisted take-off gear |
| **rawinsonde** | radio *or* radar wind sonde |
| **RB** | reconnaissance bomber (aircraft designation) |
| **RBI** | radar blip identification |
| **RCC** | rescue coordination centre |
| **RCM** | radar countermeasures |
| **R & D** | research and development |
| **RDARA** | regional and domestic air route area |
| **RDF** | radio direction-finder |
| **REB** | Rebecca/Eureka |
| **recce** | reconnaissance |
| **ref** | reference |
| **REG** | aircraft nationality and registration marks |
| **REP** | reporting point |
| **Revi** | Reflexvisier |
| **rev(s)** | revolution(s) |
| **RF** | radio frequency |
| **RF** | reconnaissance fighter (aircraft designation) |
| **RFC** | radio facility chart |
| **RH** | right hand |
| **RL** | rhumb line |
| **RLG** | relief landing ground |
| **RNAV** | area navigation |
| **RNG** | radio range |
| **ROA** | rules of the air |
| **ROFOR** | route forecast |
| **ROTC** | Reserve Officers Training Corps |
| **RP** | reporting point |
| **RP** | rocket projectile |
| **RPM** | rotations *or* revolutions per minute |
| **RPS** | radar position symbol |
| **RPS** | revolutions per second |
| **RPV** | remotely piloted vehicle |
| **RSC** | rescue sub-centre |
| **RSP** | responder beacon |
| **RSR** | (en-)route surveillance radar |

| | |
|---|---|
| **R/T** | radio telephony |
| **rtd.** | retired |
| **RTF** | radio telephony |
| **RTG** | radio telegraphy |
| **RTOL** | reduced take-off and landing |
| **R-Trieb** | Raketentriebwerk |
| **RTT** | radio teleprinter |
| **RV** | rendezvous |
| **RV** | rescue vessel |
| **RVR** | runway visual range |
| **RVTO** | rolling vertical take-off |
| **RWY** | runway |

# S

| | |
|---|---|
| **S** | south; Süd(en) |
| **s** | second; Sekunde |
| **SAC** | Strategie Air Command |
| **SAM** | surface-to-air missile |
| **SAR** | search and rescue (service) |
| **SARPS** | standards and recommended practices |
| **S/B** | stand-by |
| **SBA** | standard beam approach (system); standard blind approach (system) |
| **SC** | service ceiling |
| **SC** | stratocumulus |
| **SDD** | synthetic dynamic display |
| **SE** | single engine |
| **SEC** | security |
| **2nd Lt** | Second Lieutenant |
| **SELCAL** | selective calling system |
| **selsyn** | self-synchronous unit; self-synchronizing |
| **SG** | specific gravity |
| **SG** | Standing Group |
| **sgd** | signed |
| **S-gear** | supercharger gear |
| **Sgt** | Sergeant |
| **SHA** | sidereal hour angle |
| **SHAPE** | Supreme Headquarters Allied Powers Europe |
| **SHF** | super high frequency |
| **SHORAN** | short range electronic navigation (system) |
| **SI** | starboard inner |
| **SID** | standard (instrument) departure (route) |
| **SIF** | selective identification feature |
| **SIGMET** | significant meteorological information |
| **SINPFEMO** | SINPFEMO-Empfangsgüte |
| **SINPO** | SINPFEMO-Empfangsgüte |
| **sitrep** | situation report |
| **SIWL** | single isolated wheel load |
| **SL** | sea level |
| **SL** | *(E)* Sqadron Leader |
| **SLAP** | slot allocation procedure |
| **SLAR** | side-looking airborne radar |
| **SLBM** | sea-launched ballistic missile |
| **SLE** | Start- und Landeeigenschaften |
| **SLOE** | special list of equipment |
| **SM** | servicing manual |
| **SMC** | surface movement control |
| **SMO** | supplementary meteofological office |
| **SMR** | surface movement radar |
| **SO** | special order(s) |
| **SO** | starboard outer |
| **SOP** | standing operating procedure |
| **SOS** | international signal of distress |
| **sp gr** | specific gracvity |
| **SPI** | special position identification pulse |
| **SPL** | sound pressure level |
| **SPS** | secondary propulsion system |
| **sq** | square |
| **sq(d)n** *or* **sq** | squadron |
| **SR** | special regulations |
| **SR** | strategic reconnaissance (aircraft designation) |
| **SR** | sunrise |
| **S-ratio** | supercharger ratio |
| **SRE** | surveillance radar element |
| **SRG** | short range |
| **SRJ** | supersonic ramjet |
| **SRR** | search and rescue region |
| **SS** | sunset |
| **SSB** | single sideband |
| **S Sgt** | Staff Sergeant |
| **SS-LORAN** | skywave synchronizing long-range aid to air navigation |
| **SSM** | surface-to-surface missile |
| **SSR** | secondary surveillance radar |
| **SST** | supersonic transport |
| **ST** | standard time |
| **ST** | Stratus |
| **STA** | statistics |
| **STA** | straight-in-approach |
| **STANAG** | standardization agreement |
| **STAR** | standard (instrument) arrival (route) |
| **std** | standard |
| **STOL** | short take-off and landing |
| **strat** | strategic |
| **strato** | stratosphere; Stratosphäre |
| **Strat/R** | strategic reconnaissance |
| **STURON** | student squadron |
| **sup** | supply |
| **SUPPS** | regional supplementary procedures |
| **SW** | short wave |
| **swbd** | switchboard |
| **SWY** | stopway |
| **SX** | simplex |

# T

| | |
|---|---|
| **T** | trainer (aircraft designation) |
| **T** | (metric) tonne |
| **T/A** | table of allowances |
| **TAC** | Tactical Air Command |
| **TAC** | tactical air control |
| **TACAN** | tactical air navigation (aid) |
| **TACC** | tactical air control centre |
| **TACG** | tactical air control group |
| **TACP** | tactical air control party |
| **Tac/R** | tactical reconnaissance |
| **TACRON** | tactical air control squadron |
| **TAD** | tactical air direction net |
| **TADC** | tactical air direction centre |
| **TADP** | tactical air direction post |
| **TAF** | tactical air force |
| **TAR** | terminal area surveillance radar |
| **TAS** | true airspeed |
| **T/D** | table of distribution |
| **TDM** | time division multiplex |
| **T.D.S.** | time, distance, speed |
| **TDY** | temporary duty |
| **TDZ** | touchdown zone |
| **TE** | trailing edge |
| **tech** | technical |
| **TEL** | telecommunication (service) |
| **telecon** | teletypewriter conference |
| **temp** | temporary |
| **TFR** | transfer-of-control message |
| **TGC** | travel group charter |

**TGL** touch-and-go landing
**THP** thrust horsepower
**THR** threshold
**TKP** ton-kilometres performed
**TL** Turbinenluftstrahl ...
**TM** technical manual
**TM** Tragflächenmittel ...
**TMA** terminal control area
**TNEL** total noise exposure level
**tng** training
**TNR** non-radar transfer of control (message)
**TO** take-off
**TO** technical order
**TOB** take-off boost
**TODA** take-off distance available
**TO & E** table of organization and equipment
**TOLC** take-off and landing characteristics
**TOR** time of receipt
**TOT** time over target
**TP** teleprinter
**tpt** transport
**TR** track
**TRA** transfer of radar control
**transceiver** transmitter-receiver
**TRUPLAN** flight plan through intermediate stops
**TSP** transponder
**TT** teletypewriter
**TU** thermal unit
**TV** television
**TV** terminal velocity
**TVOR** terminal VOR
**TWR** aerodrome control tower
**TWX** teletypewriter exchange
**TWY** taxiway

# U

**UAC** upper area control (centre)
**UAL** unit authorization list
**U/C** undercarriage
**UCA** upper control area
**UFO** unidentified flying object
**UHF** ultra-high frequency
**UIR** upper flight information region
**UIT** internationale(r) Fernmeldeverein(igung)
**UK** United Kingdom
**UKW** Ultrakurzwelle
**UN** United Nations
**uncld** unclassified
**UPU** Universal Postal Union
**UME** unit mission equipment
**u/s** unserviceable
**USA** United States of America
**USAF** United States Air Force
**USE** unit support equipment
**UT** universal time
**UTM** universal transverse Mercator (projection)

# V

**V** volt; Volt
**V** velocity
$V_A$ design manoeuvring speed
$V_B$ design speed for maximum gust intensity
$V_C$ design cruising speed
$V_D$ design diving speed
$V_{DF}$ demontrated flight diving speed
$V_F$ design flap speed
$V_{MC}$ minimum control speed
$V_{NE}$ never exceed speed
$V_{NO}$ normal operating (limit) speed
$V_{SO}$ stalling speed with full(y extended) flaps
$V_{SI}$ stalling speed without flaps
**VA** vulnerable area
**VAL** visual approach and landing
**VAR** variation
**VAR** visual-aural range
**VASIS** visual approach-slope indicator system
**VDF** very high frequency direction-finding station
**veh** vehicle
**vel** velocity
**vert** vertical
**VEZ** Voreinflugzeichen
**VFR** visual flight rules
**VG** variable geometry
**vgl** vergleiche
**VHF** very high frequency
**VIP** very important person
**vis** visual
**visrep** visual report
**viz.** videlicet = namely
**VLF** very low frequency
**VLR** very long range
**VMC** visual meteorological conditions
**VN** Vereinte Nationen
**VOLMET** meteorological information for aircraft in flight
**VOR** VHF omnidirectional radio range; VHF omnirange
**VP** variable-pitch
**VP** vulnerable point
**VS** Verbrauchssatz
**vs.** versus
**V/STOL** vertical/short take-off and landing
**VTO** vertical take-off
**VTOL** vertical take-off and landing
**V.Z.** Verzugszeit

# W

**W** watt; Watt
**W** west; West(en)
**w/** with
**WAC** world aeronautical chart
**WAF** Women in the Air Force
**WC** *(E)* Wing Commander
**WDI** wind direction indicator
**WECPNL** weighted equivalent continuous perceived noise level
**wg** wing
**WHO** World Health Organization
**wk** week
**WL** water line
**WMO** World Meteorological Organization
**wng** warning
**WO** Warrant Officer
**WOD** wind over the deck
**W/Op** wireless (telegraphy) operator
**WP** way-point
**WPM** words per minute
**wpn** weapon
**WSD** wind speed and direction
**WT** *or* **wt** weight
**W/T** wireless telegraphy

| | |
|---|---|
| **WWI** | World War I |
| **WW II** | World War II |
| **WX** | weather |

# X

| | |
|---|---|
| **X** | experimental (aircraft designation) |
| **X-ray** | radiogram; radiograph |

# Y

| | |
|---|---|
| **yd** | yard |
| **yr** | year |

# Z

| | |
|---|---|
| **Z** | radio range station location marker |
| **Z** | Zulu (time) (mittlere Greenwich-Zeit) |
| **ZA** | Zentralamt |
| **ZD** | zenith distance |
| **ZI** | *(US)* zone of interior |
| **ZM** | Z-marker (beacon) |
| **ZTL** | Zweistrom-Turbinenluftstrahl ... |
| **ZT** | zone time |

Top-News
Für Luftfahrt-Begeisterte
Wovon Piloten und Flugbegeisterte träumen, steht im aerokurier – denn hier finden Sie die schönsten und interessantesten Seiten der Allgemeinen Luftfahrt.
7/2000 JULI DM 8,-
aerokurier
plus: AVIONIK SPECIAL
CESSNA CARAVAN
DIE ERFOLGSSTORY
Reportage
JU-52
PREISVERGLEICH VERSICHERUNGEN
http://www.aerokurier.rotor.com
Jeden Monat bringt Ihnen der aerokurier spannende Reportagen, faszinierende Reiseberichte, aktuelle Pilot Reports sowie fundierte Technikberichte und gibt fliegerische Praxis-Tipps für Anfänger und Profis – vom Segelflug bis zur Geschäftsfliegerei.
Jetzt am Kiosk.
Sparen Sie beim aerokurier-Abo –
gleich bestellen beim aerokurier Abo-Service,
Postfach 103455, 70029 Stuttgart, Tel. 0711/182-2575, Fax 0711/182-2550
E-Mail abo-service@motor-presse-stuttgart.de